HANDBUCH
DER
LEBENSMITTEL-
CHEMIE

HERAUSGEGEBEN VON

A. BÖMER
MÜNSTER I. W.

A. JUCKENACK
BERLIN

J. TILLMANS †
FRANKFURT A. M.

DRITTER BAND
TIERISCHE LEBENSMITTEL

Springer-Verlag Berlin Heidelberg GmbH
1936

TIERISCHE LEBENSMITTEL

BEARBEITET VON

E. BAMES · FR. BARTSCHAT · A. BEHRE · A. BEYTHIEN
A. BÖMER · A. EICHSTÄDT · A. GRONOVER · J. GROSSFELD
W. HENNEBERG† · H. HOLTHÖFER · O. MEZGER† · W. MOHR
R. STROHECKER · J. UMBRECHT · A. ZUMPE

SCHRIFTLEITUNG:
A. BÖMER

MIT 174 ABBILDUNGEN

Springer-Verlag Berlin Heidelberg GmbH
1936

ISBN 978-3-662-41778-2   ISBN 978-3-662-41926-7 (eBook)
DOI 10.1007/978-3-662-41926-7

Inhaltsverzeichnis.

Eier.

Von Professor Dr. J. GROSSFELD-Berlin. (Mit 16 Abbildungen.)

Fleisch und Fleischerzeugnisse.

Nährmittel.
Von Professor Dr. A. BEYTHIEN-Dresden.

Einführung
zu den Bänden III—IX.

In den Bänden I und II sind die „Allgemeinen Bestandteile der Lebensmittel" und die Untersuchungsverfahren für diese Bestandteile behandelt. Diese beiden Bände stellen damit gleichsam ein in sich geschlossenes Handbuch der wichtigsten Bestandteile des Tier- und Pflanzenreiches und deren Bestimmung für den Physiologen dar.

Mit dem vorliegenden Bande III beginnen die Bände, welche die einzelnen Lebensmittel behandeln. Hierbei mußte davon abgesehen werden, ähnlich wie im Bande I des Königschen Handbuches und seinen beiden Nachträgen die große Zahl der im Laufe fast eines Jahrhunderts ausgeführten Einzelanalysen aufzuführen; im anderen Falle hätte sich der Umfang unseres Handbuches um mehrere Bände vermehrt. Da die Sammlung der Einzelanalysen aber immerhin sowohl für die wissenschaftliche Forschung als auch für die Praxis des Lebensmittelchemikers wertvoll ist, werden neben unserem Handbuch auch der Band I des Königschen Handbuches und die beiden Nachträge dazu ihre Bedeutung behalten.

Gegenüber der Anordnung der Untersuchungsverfahren im Königschen und in anderen lebensmittelchemischen Werken ist in unserem Handbuche bei der Mehrzahl der Lebensmittel eine abweichende Darstellung der Untersuchungsverfahren insofern gewählt worden, als den Verfahren zur Bestimmung der Bestandteile ein besonderer Abschnitt über die Überwachung des Verkehrs mit den einzelnen Lebensmitteln angefügt ist, in dem lediglich die bei der Lebensmittelkontrolle anzuwendenden Untersuchungsverfahren und ihre Bedeutung für die Beurteilung der Lebensmittel behandelt worden sind. Wir hoffen dadurch nicht nur die Darstellung der zahlreichen Untersuchungsverfahren übersichtlicher zu gestalten, sondern auch die Verwendbarkeit des Handbuches bei der praktischen Lebensmittelkontrolle heben zu können.

Sodann erschien es zweckmäßig, hier zunächst das für die Beurteilung aller in den Bänden III—IX behandelten Lebensmittel und Bedarfsgegenstände maßgebende Gesetz zur Änderung des Lebensmittelgesetzes vom 11. Dezember 1935 und die entsprechende neue Fassung des Lebensmittelgesetzes vom 17. Januar 1936, ferner die für eine größere Zahl von Lebensmitteln maßgebende neue Lebensmittel-Kennzeichnungsverordnung vom 8. Mai 1935 zu bringen.

Der nur für die einzelnen Lebensmittel geltende Rechtsstoff wird im Zusammenhange mit ihrer sonstigen Behandlung in diesem und in den folgenden Bänden dargestellt.

Endlich erschien es zweckmäßig, hier auch die in den Bänden III—VIII vielfach wiederkehrenden allgemeinen Begriffe: Nährstoffe, Nahrungsmittel, Nahrung, Nährwert usw. zu erläutern und eine Anleitung zur Entnahme und Vorbereitung des Untersuchungsmaterials anzufügen.

    A. BÖMER.   **A. JUCKENACK.**

I.

Änderung des Lebensmittelgesetzes

gemäß Gesetz vom 11. Dezember 1935[1].

Von

DR. JUR. HUGO HOLTHÖFER - Berlin,

Oberlandesgerichtspräsident i. R.

Vorbemerkungen.

I. In Bd. I, S. 1283—1325 dieses Handbuches ist das Lebensmittelgesetz vom 5. Juli 1927 in der Fassung des § 51 des (Milch-) Gesetzes vom 3. Juli 1930 abgedruckt und erläutert. Es bildet nach wie vor den Kern des deutschen Lebensmittelrechts, aus dem in dem vorgezeichneten gesetzlichen Rahmen des § 5 LMG. die Normensetzung für die einzelnen Lebensmittel durch Verordnungen der Reichsregierung nach und nach entwickelt werden sollte.

An solchen Verordnungen sind bisher ergangen:

1. Die durch das Gesetz über die Verwendung salpetrigsaurer Salze im Lebensmittelverkehr (Nitritgesetz) vom 19. Juni 1934 (RGBl. I S. 513) ersetzte Verordnung über Nitritpökelsalz vom 21. März 1930, ferner die Verordnungen über

2. Honig vom 21. März 1930 (RGBl. I S. 101),

3. Kunsthonig vom 21. März 1930 (RGBl. I S. 102),

4. Kaffee vom 10. Mai 1930 (RGBl. I S. 169) — mitgeteilt und erläutert in Bd. VI dieses Handbuches, S. 529,

5. Kaffee-Ersatzstoffe und Kaffee-Zusatzstoffe vom 10. Mai 1930 (RGBl. I S. 171) — mitgeteilt und erläutert wie zu 4., S. 541,

6. Kakao und Kakaoerzeugnisse vom 15. Juli 1933 (RGBl. I S. 504) — mitgeteilt und erläutert wie zu 4., S. 549,

7. Obsterzeugnisse vom 15. Juli 1933 (RGBl. I S. 495),

8. Speiseeis vom 15. Juli 1933 (RGBl. I S. 510),

9. Teigwaren vom 12. November 1934 (RGBl. I S. 1181),

10. Tafelwässer vom 12. November 1934 (RGBl. I S. 1183).

Ferner sind im vorliegenden Bande unter den im Klammerzusatz angegebenen Seitenzahlen mitgeteilt und erläutert die Verordnung zur Ausführung des Milchgesetzes vom 15. Mai 1931 (S. 491), die Butterverordnung vom 20. Februar 1934 (S. 546) und die Käseverordnung vom 20. Februar 1934 (S. 553) sowie die Lebensmittel-Kennzeichnungsverordnung vom 8. Mai 1935 (S. 16).

II. Von dem gewaltigen Umbruch des Staatsaufbaues seit 1933 und der Umgestaltung der nationalen Wirtschaft, insbesondere der Ernährungswirtschaft im Zusammenhang mit dem weitschichtigen Aufbau des Reichsnährstandes, konnte auch und konnte gerade das Lebensmittelrecht nicht unberührt bleiben.

---

[1] Reichsgesetzblatt 1935, I, 1430.

Organe und Hergang der Rechtsetzung durch das Reich und innerhalb des Reichsgebietes haben sich gewandelt.

Der Reichsrat besteht seit dem Gesetz vom 14. Februar 1934 (RGBl. I S. 89) nicht mehr. Desgleichen ist durch die Verordnung vom 30. März 1933 (RGBl. I S. 147) in aller Form beseitigt das in manchen Gesetzen (so auch z. B. in § 5 LMG.) vorgesehene Erfordernis der Mitwirkung von Ausschüssen des Reichstages beim Erlaß von Verordnungen der Reichsregierung. Für den Reichsgesundheitsrat in seiner bisherigen Gestaltung und Betätigung (§ 6 LMG.) ist im heutigen Staatsorganismus kein Raum mehr.

Das staatsrechtliche Verhältnis des Reichs zu den Ländern ist grundlegend umgestaltet. Die Länder sind zu Gebietskörperschaften geworden, die nur noch als Verwaltungseinheiten ohne eigene Hoheitsrechte fortbestehen. Ihre Hoheitsrechte sind nach Artikel 2 des Gesetzes über den Neuaufbau des Reichs vom 30. Januar 1934 (RGBl. I S. 75) auf das Reich übergegangen. Die Landesregierungen haben nach § 4 der Ersten Verordnungen über den Neuaufbau des Reiches vom 2. Februar 1934 (RGBl. I S. 81) „im Rahmen ihres Aufgabenkreises den Anordnungen der zuständigen Reichsminister Folge zu leisten".

„Die Wahrnehmung der Hoheitsrechte, die von den Ländern auf das Reich übergegangen sind", bleibt nach § 1 der vorerwähnten Verordnung „den Landesbehörden zur Ausübung im Auftrage und im Namen des Reiches insoweit übertragen, als das Reich nicht allgemein oder im Einzelfalle von diesen Rechten Gebrauch macht."

Dadurch ist § 11 Abs. 3 Satz 2 des bisherigen LMG. überholt, der dem Reich Grundsatzregelungen vorbehielt. Denn nach dem eben Ausgeführten steht ja dem Reichsminister des Innern jetzt gegenüber den Länderregierungen und ihren Behörden das Anweisungsrecht der übergeordneten gegenüber den nachgeordneten Behörden zu.

Seitdem die Reichsregierung neben der obersten Verwaltung des Reichs zugleich die regelmäßige Gesetzgebung des Reichs unter Ausschaltung parlamentarischer Körperschaften und ohne Beteiligung der Länder ausübt (auf Grund des Gesetzes vom 24. März 1933 — RGBl. I S. 141), hat auch die Unterscheidung von Rechts- und Verwaltungsvorschriften zur Ausführung oder Durchführung der Reichsgesetze an Bedeutung verloren, jedenfalls soweit bisher ein die Zuständigkeit zum Erlaß solcher Vorschriften bestimmender Gesichtspunkt in der Wahl der einen oder der anderen Bezeichnung gefunden wurde. Darüber hinaus werden in steigendem Maße das sachliche Recht und die seiner Ausführung dienenden Maßnahmen dadurch verebnet, daß vielfach die Reichsregierung in von ihr erlassenen Gesetzen dem zuständigen Reichsminister über die Durchführung der Gesetzes hinaus ihre „Ergänzung" und damit auch ihre maßgebende Auslegung anvertraut hat. Dieses Höchstmaß von Ermächtigungen wird auch in § 22 des Abänderungsgesetzes zum LMG. dem Reichsminister des Innern erteilt, der dabei in den Fällen des § 5 im Einvernehmen mit dem Reichsminister für Ernährung und Landwirtschaft handeln muß. Daraus ergibt sich jedenfalls soviel, daß Begriffsbestimmungen und Bezeichnungen, die in künftigen Verordnungen gemäß § 5 LMG. — etwa entgegen dem bisherigen Sprachgebrauch und der bisherigen Verkehrsübung — vorgeschrieben werden sollten, auch von den Gerichten nicht deshalb die Rechtsgültigkeit abgesprochen werden könnte, weil sie mit Sinn und Willen des in § 4 LMG. niedergelegten maßgebenden Rechtsgedankens in Widerspruch stünden. Bisher war diese Frage nicht ganz unzweifelhaft. Vgl. die Ausführungen von Holthöfer zu den Essigurteil des Reichsgerichts vom 5. April 1935 in „Juristische Wochenschrift" 1935, S. 2274.

Aus der Fülle der dem Reichsminister des Innern in § 22 (§ 20 n. F.) LMG. erteilten Ermächtigungen verdient besondere Erwähnung die dortselbst (Abs. 2 Nr. 3) ausdrücklich hervorgehobene Befugnis,

Ausnahmen von den Vorschriften des Gesetzes und den nach § 5 derselben erlassenen Verordnungen vorübergehend zuzulassen, soweit die Wirtschaftslage es erfordert.

Bisher half man sich in Fällen dieser Art (Beispiele gibt die amtliche Begründung) so, daß die oberste Verwaltungsstelle an die ihr zum Dienstgehorsam verpflichteten nachgeordneten Behörden, denen die Überwachung des Lebensmittelverkehrs oblag, die Anweisung erließ, Lebensmittel von bestimmter mit dem geltenden Recht nicht in Einklang stehender Beschaffenheit nicht zu beanstanden. Dadurch kamen die Gerichte, für die jene Verwaltungsanweisungen nicht maßgebend waren, in aller Regel nicht in die Lage, die gesetzwidrige Beschaffenheit solcher Lebensmittel festzustellen und zu ahnden. Wurde ausnahmsweise, etwa auf Anzeige eines Verbrauchers oder eines Mitbewerbers, ein Strafverfahren anhängig, so ermöglichte § 153 Abs. 2 und 3 der Strafgesetzordnung eine Nichtbestrafung, denn „die Schuld des Täters war gering und die Folgen der Tat unbedeutend", weil er nichts anders getan hatte, als die Mehrzahl seiner Berufsgenossen, die gleich ihm wirtschaftlichen Notwendigkeiten im Einklang mit den Anschauungen der obersten Lebensmittelpolizeibehörde Rechnung getragen hatten.

Dieser immerhin mißliche, um das Gesetz herumführende Not- und Umweg wird in Zukunft durch Verordnung eines allgemein gültigen Ausnahmerechts vermieden werden können, indem gemäß § 20 Abs. 2 Nr. 3 LMG. der Reichsminister des Innern vorübergehend Abweichungen vom Regelrecht des in Frage kommenden Lebensmittels gestattet, ohne das Regelrecht für diese Lebensmittel dadurch für die Dauer zu beseitigen.

III. 1. Die Entwicklung der nationalen Ernährungswirtschaft drängte auf eine Steigerung der Güte und Marktfähigkeit inländischer Erzeugnisse. Die hierzu erforderlichen rechtlichen Maßnahmen waren auf dem Wege des bisherigen § 5 LMG. allein schon deshalb nicht zu schaffen, weil der bisherige Ermächtigungsrahmen des § 5 keine zweifelsfreie Rechtsgrundlage zu Standardisierungsvorschriften gab. Daraus erklärt es sich, daß im Zusammenhang mit dem neuen Wirtschafts- und namentlich Ernährungswirtschaftsrecht auch auf anderem Wege Normen für einzelne Lebensmittel entstanden, die man ihrer rechtspolizeilichen Natur nach eigentlich in Reichsverordnungen gemäß § 5 LMG. erwarten sollte.

2. Hierher gehören mehr oder weniger die Vorschriften über **Handelsklassen.** Eine allgemeine Ermächtigung zum Erlaß derartiger „Vorschriften für landwirtschaftliche Erzeugnisse einschließlich der Erzeugnisse des Garten- und Weinbaus und der Imkerei sowie für Erzeugnisse der Fischerei" hat die Reichsregierung im I. und III. Abschnitt des Kapitels V des Achten Teils der Verordnung des Reichspräsidenten zur Sicherung von Wirtshaft und Finanzen vom 1. Dezember 1930 (RGBl. I S. 517, 602) erhalten. Von dieser Ermächtigung her sind in besonderen Verordnungen geschaffen worden: Handelsklassen für Kartoffeln (Verordnung vom 5. Dezember 1932, RGBl. I S. 540), Weizen, Roggen, Braugerste, Futtergerste und Hafer (Verordnung vom 3. August 1932 und 29. Juli 1933, RGBl. I S. 397 und 566). Sie bildet auch neben dem Reichsnährstandgesetz vom 23. September 1933 (RGBl. I S. 626) und dem Gesetz über den Verkehr mit Eiern die Rechtsgrundlage der „Eierverordnung" in ihrer heutigen Fassung (17. März 1932; 17. Mai 1933; 8. Juni 1934; 17. April 1935; RGBl. I, S. 146, 273, 479, 570).

Diese Verordnungen über Handelsklassen sind, weil allgemein gültiges Reichs-rechts, im Reichsgesetzblatt veröffentlicht.

3. Ferner hat der **Reichsnährstand** im Rahmen seiner marktordnenden Aufgaben auf Grund der §§ 2, 10 des „Gesetzes über den vorläufigen Aufbau des Reichsnährstandes und Maßnahmen zur Markt- und Preisregelung für land-wirtschaftliche Erzeugnisse" vom 13. September 1933 (RGBl. I S. 626) für ein-zelne Lebensmittel Normen und Gütevorschriften durch die in den Reichs-nährstand eingebauten Zusammenschlüsse erlassen, die bei deren ausgedehntem sachlichen und persönlichen Wirkungsbereich praktisch für das ganze Reichs-gebiet Geltung beanspruchen. Rein rechtlich betrachtet, sind die vom Reichs-nährstand und seinen Zusammenschlüssen aufgestellten Norm- und Gütevor-schriften, die sich als „Anordnungen" bezeichnen und im „Verkündungsblatt des Reichsnährstandes" veröffentlicht werden (Verordnung vom 19. Dezember 1934 — RGBl. I S. 1272), sog. autonomes Recht einer innerstaatlichen Körper-schaft. Es leitet seine Existenzmöglichkeit überhaupt, seine Grenzen, seine Durch-setzbarkeit aus Aufgabensetzung und dementsprechenden Ermächtigungen von Seiten des Reichs her. Deshalb bleibt es dem allgemeinen Reichsrecht (Gesetzen und Verordnungen, auch solchen der Reichsregierung auf Grund des § 5 LMG.) nachgeordnet, wie ein Ermächtigter seinem Vollmachtgeber, ein Beauftragter seinem Auftraggeber, ein Geschäftsführer ohne Auftrag seinem Geschäftsherrn.

Sachlich darf daher die Normsetzung des Reichsnährstandes für einzelne Lebensmittel nicht gegen das allgemeine vom Reich gesetzte Recht verstoßen. Wie sich dieser Grundsatz auswirkt, ist in dem Aufsatz „Ausbau des Lebens-mittelrechts" in der „Deutschen Nahrungsmittelrundschau" 1935, Heft 21, S. 170 von HOLTHÖFER auseinandergesetzt. Dort ist auch darauf hingewiesen, daß die ordentliche Verordnungsrechtsetzung der Reichsregierung — zum Teil rechtlich gehemmt durch den zu engen Rahmen des bisherigen § 5 LMG. — nicht genügte, um alle Fragen für den Verkehr mit wichtigen einzelnen Lebensmitteln so umfassend und so schleunig zu regeln, wie es die sich stürmisch umbildende nationale Ernährungswirtschaft für nötig hielt.

Wie sich unter dem jetzt umgestalteten § 5 LMG., der die Ermächtigungen zur lebensmittelrechtlichen Rechtsetzung durch Verordnungen des Reichs-ministers des Innern erheblich erweitert, die derzeitige Mehrspurigkeit der Normensetzung auf lebensmittelrechtlichem Gebiet in ruhiger werdenden Zeiten entwickeln und ineinander einspielen wird, kann heute noch nicht gesagt werden.

Jedenfalls verlangt die Neufassung des § 5 LMG. in aller Form für die Ver-ordnungs-Rechtsetzung auf dem Gebiet der einzelnen Lebensmittel gemeinsames Handeln des Reichsministers des Innern und des Reichsministers für Ernährung und Landwirtschaft, zu dessen Geschäftsbereich auch die Überwachung der Normensetzung des Reichsnährstandes und seiner Zusammenschlüsse gehört (§ 4 des Gesetzes über den vorläufigen Aufbau des Reichsnährstandes vom 13. September 1933 — RGBl. I S. 626).

IV. Die Verlautbarungen des Werberates der deutschen Wirtschaft, der positiv gestaltend auf einen lauteren Wettbewerb und auf Klarheit und Wahrheit der Angaben, Bezeichnungen und Aufmachungen im Warenverkehr hinwirkt, können für die Auslegung des § 4 Nr. 3 LMG. von gewisser Bedeutung werden. Näheres hierüber findet sich in den „Ergänzungen zu S. 107 (Anm. 15) der 2. Aufl. des Kommentars von HOLTHÖFER-JUCKENACK (Berlin: Carl Hey-mann 1936)". § 4 Nr. 3 LMG. ist in seiner neuen Fassung noch stärker als bisher dem § 3 des Gesetzes gegen den unlauteren Wettbewerb angeglichen. Auf den engen Zusammenhang der letztgenannten beiden Vorschriften untereinander, die beide sowohl den Verbraucher vor Täuschungen als den redlichen Wettbewerber vor unlauteren Mitbewerbern zu schützen bestimmt sind, hat das Reichsgericht wiederholt hingewiesen. So neuerdings in den sog. Essig-Urteil vom 5. April 1935, in „Juristische Wochenschrift" 1935 S. 2272 Nr. 8 unter II.,1, wozu die Anmerkungen von HOLTHÖFER ebenda S. 2274 unter II zu vergleichen ist.

V. Die vorstehenden Darlegungen unter I—IV mögen genügen, um ein Bild davon zu geben, in welchem Rahmen das Lebensmittelrecht durch die neueste Entwicklung der staatlichen, wirtschaftlichen und der dadurch beeinflußten rechtlichen Lebensformen des deutschen Volkes heute gestellt ist.

Die Änderungen des Lebensmittelgesetzes durch das Gesetz vom 11. Dezember 1935 werden hierdurch und durch die amtliche Begründung (die aus dem Reichsanzeiger vom 21. Dezember 1935 Nr. 298 entnommen ist) im allgemeinen verständlich werden. Lediglich zu der Neufassung des § 5 LMG. sei außer dem, was über die gesetzlich geregelte Mitwirkung des Reichsernährungsministers bei Verordnungen auf Grund des § 5 LMG. bereits unter III gesagt ist, noch folgendes bemerkt: Durch Heraushebung der Verordnungsrechtsetzung dieser Art aus den allgemeinen Ermächtigungen, die in § 20 LMG. zur Durchführung und Ergänzung des LMG. dem zuständigen Reichsminister gegeben werden, hat man bewußt mit den notwendigen Erweiterungen den Rahmen erhalten, in dem nach der ursprünglichen Absicht das allgemeine Lebensmittelrecht durch sachliche Rechtsetzung für die einzelnen Lebensmittel seine Vervollständigung finden soll. Wenn dabei in § 5 Nr. 1 die nach der Begründung gewollte Erweiterung nicht durch Hinzufügung weiterer Einzelermächtigungen Ausdruck gefunden hat, sondern im Gegenteil durch eine kürzere Fassung, so erklärt sich das zwanglos; denn die Hinzufügung weiterer Einzelermächtigungen hätte ein schwer lesbares Satzgefüge ergeben. Diesen Nachteil konnte man vermeiden, weil heute nach Beseitigung des Reichsrates und der Mitwirkung eines Reichstagsausschusses nicht mehr der Vorteil einer genauen Beteiligungsabgrenzung von außerhalb der Reichsregierung stehenden Organen der Reichsrechtsetzung damit verbunden ist.

§ 5 Nr. 2 vertraut den beiden beteiligten Reichsministern das wichtige Recht an, nach ihrem Ermessen einen sog. Konzessionszwang für die Herstellung und den Vertrieb bestimmter Lebensmittel einzuführen. Über Grund und Tragweite dieser Ermächtigung sagt die amtliche Begründung einiges (s. S. 13).

Gesetz zur Änderung des Lebensmittelgesetzes [1].

Vom 11. Dezember 1935.

Die Reichsregierung hat das folgende Gesetz beschlossen, das hiermit verkündet wird:

Artikel 1.

Das Gesetz über den Verkehr mit Lebensmitteln und Bedarfsgegenständen (Lebensmittelgesetz) vom 5. Juli 1930 (Reichsgesetzbl. I S. 134) in der Fassung vom 31. Juli 1930 (Reichsgesetzbl. I S. 421) wird geändert wie folgt:

I. Im § 4 wird der Nr. 3 angefügt:

„Dies gilt auch, wenn die irreführende Bezeichnung, Angabe oder Aufmachung sich bezieht auf die Herkunft der Lebensmittel, die Zeit ihrer Herstellung, ihre Menge, ihr Gewicht oder auf sonstige Umstände, die für die Bewertung mitbestimmend sind."

II. § 5 erhält folgende Fassung:

„§ 5.

Der Reichsminister des Innern kann gemeinsam mit dem Reichsminister für Ernährung und Landwirtschaft

---

[1] Reichsgesetzbl. 1935, I, 1430.

1. *zum Schutze der Gesundheit für den Verkehr mit Lebensmitteln und Bedarfsgegenständen Verordnungen zur Durchführung der Verbote des § 3 erlassen;*

2. *die Herstellung und den Vertrieb bestimmter Lebensmittel von einer Genehmigung abhängig machen;*

3. *verbieten, daß Gegenstände oder Stoffe, die bei der Gewinnung, Herstellung oder Zubereitung von Lebensmitteln nicht verwendet werden dürfen, für diese Zwecke hergestellt, angeboten, feilgehalten verkauft oder sonst in den Verkehr gebracht werden, auch wenn die Verwendung nur für den eigenen Bedarf des Abnehmers erfolgen soll;*

4. *für bestimmte Lebensmittel vorschreiben,*

a) daß sie nur in Packungen oder Behältnissen von bestimmter Art oder nur in bestimmten Einheiten abgegeben werden dürfen,

b) daß an den Vorratsgefäßen oder sonstigen Behältnissen, in denen sie feilgehalten oder zum Verkauf vorrätig gehalten werden, der Inhalt angegeben wird,

c) daß auf den Packungen oder Behältnissen, in denen sie abgegeben werden, oder auf den Lebensmitteln selbst Angaben über die Herkunft, die Zeit der Herstellung, den Hersteller oder Händler und über den Inhalt anzubringen sind;

5. *Begriffsbestimmungen für die einzelnen Lebensmittel aufstellen, Vorschriften über ihre Herstellung, Zubereitung, Zusammensetzung und Bezeichnung erlassen sowie festsetzen, unter welchen Voraussetzungen Lebensmittel als verdorben, nachgemacht oder verfälscht unter die Verbote des § 4 fallen, sowie welche Bezeichnungen, Angaben oder Aufmachungen als irreführend diesen Verboten unterliegen;*

6. *Vorschriften erlassen gegen die Einfuhr von Lebensmitteln, die den Vorschriften dieses Gesetzes oder den auf Grund dieses Gesetzes erlassenen Vorschriften nicht entsprechen;*

7. *Vorschriften über das Verfahren bei der zur Durchführung dieses Gesetzes erforderlichen Untersuchung von Lebensmitteln und Bedarfsgegenständen erlassen."*

III. *§ 6 fällt weg.*

IV. *Im § 8 erhält Satz 1 folgende Fassung:*

„Die Polizeibehörde kann ihre Sachverständigen ermächtigen, zum Schutze der Lebensmittel gegen Verunreinigung oder Übertragung von Krankheitserregern unaufschiebbare Anordnungen vorläufig zu treffen oder beanstandete Lebensmittel vorläufig zu beschlagnahmen."

V. *Im § 11 Abs. 3 fällt Satz 2 weg.*

VI. *Im § 12 erhält Abs. 3 folgende Fassung:*

„Ist durch die Tat eine schwere Körperverletzung oder der Tod eines Menschen verursacht worden, so ist die Strafe Zuchthaus bis zu zehn Jahren; daneben kann auf Geldstrafe erkannt werden."

VII. *§ 22 wird durch folgende Vorschrift ersetzt:*

„§ 22.

Der Reichsminister des Innern erläßt die zur Durchführung oder Ergänzung dieses Gesetzes erforderlichen Rechts- und Verwaltungsvorschriften, in den Fällen des § 5 gemeinsam mit dem Reichsminister für Ernährung und Landwirtschaft.

Der Reichsminister des Innern kann Ausnahmen von den Vorschriften dieses Gesetzes und den nach § 5 dieses Gesetzes erlassenen Verordnungen zulassen:

1. *für Versuche, die mit seiner Genehmigung angestellt werden,*

2. *für Erzeugnisse, die für die Ausfuhr bestimmt sind, soweit nicht die Vorschriften des Einfuhrlandes entgegenstehen,*

3. *in sonstigen Fällen vorübergehend, soweit die Wirtschaftslage es erfordert."*

VIII. *Es ist zu setzen:*
a) im § 4 Nr. 2 statt „§ 4 Nr. 4": „§ 5 Nr. 5";
b) im § 13 Abs. 1 statt „§ 5 Nr. 2, 3": „§ 5 Nr. 2—4, 6";
c) im § 23 statt „§§ 5, 22": „§ 5".

Artikel 2.

Der Reichsminister des Innern wird ermächtigt[1], den Wortlaut des Lebensmittelgesetzes im Reichsgesetzblatt in geänderter Fassung und fortlaufender Paragraphenfolge neu bekanntzumachen, dabei den veränderten staatsrechtlichen Verhältnissen und sonstigen Änderungen der Rechtslage anzupassen und etwaige Unstimmigkeiten des Gesetzestextes zu beseitigen.

Berlin, den 11. Dezember 1935.

Der Führer und Reichskanzler: Adolf Hitler.

Der Reichsminister des Innern: In Vertretung: Pfundtner.

Amtliche Begründung[2].

Das Lebensmittelgesetz vom 5. Juli 1927 hat sich nach dem Urteil aller Sachverständigen voll bewährt; es sind jedoch im Laufe der Jahre einige Änderungen und Ergänzungen erforderlich geworden.

Zu I. In der Rechtsprechung ist die Frage zweifelhaft geworden, ob das Verbot, Lebensmittel unter irreführender Bezeichnung, Angabe oder Aufmachung in den Verkehr zu bringen, auch auf den Fall Anwendung findet, daß zwar keine bessere Beschaffenheit (Qualität), wohl aber eine größere Menge oder ein größeres Gewicht der Ware, also eine höhere Quantität, vorgetäuscht wird. Das Oberlandesgericht Hamm hat in mehreren Urteilen vom 23. März 1933, vom 26. April 1933 und vom 2. Juni 1934 aus der Entstehungsgeschichte des § 4 Nr. 3 die Folgerung abgeleitet, daß diese Vorschrift sich nur auf die Qualität beziehen könne. Die entgegengesetzte Meinung, der auch die Praxis im allgemeinen gefolgt ist, vertreten mit ausführlicher Begründung das Oberlandesgericht Dresden in einem Urteil vom 26. November 1930 (Juristische Wochenschrift 1931, S. 813), das Reichsgericht in einem Urteil vom 16. Januar 1934 (Juristische Wochenschrift 1934, S. 841) sowie HOLTHÖFER-JUCKENACK, Lebensmittelgesetz, 2. Aufl., S. 107. Die neue Fassung soll die Streitfrage in der den Bedürfnissen der Praxis entsprechenden Richtung klarstellen.

Zu II. Die Fassung des § 5 hat sich als nicht ausreichend erwiesen, um im Verordnungswege diejenigen Vorschriften zu erlassen, die erforderlich sind, um Schädigungen der Volksgesundheit und Unlauterkeit im Handel und Verkehr zu verhüten und damit die wirksame Durchführung des Gesetzes zu sichern. Was zunächst die zur Durchführung des § 3 dienenden Vorschriften der Nr. 1 anlangt, so hat sich das Bedürfnis ergeben, auch diejenigen Anforderungen einzubeziehen, die im Interesse der Volksgesundheit an die dem Lebensmittelverkehr dienenden Räume, Geräte und Einrichtungen sowie an die mit der Herstellung und dem Vertriebe von Lebensmitteln beschäftigten Personen und deren gesundheitliche Überwachung zu stellen sind. Für den Verkehr mit Milch sind entsprechende Vorschriften bereits im § 13 des Milchgesetzes vorgesehen. Ohne sich bietenden Möglichkeiten damit irgendwie auszuschöpfen, mag ferner nur beispielsweise gedacht werden an das Verbot, leichtverderbliche Lebensmittel im Straßen-, Markt- oder Hausierhandel zu vertreiben, im Verkehr mit Lebensmitteln bestimmte Gebote der Reinlichkeit oder Vorsicht außer Acht zu lassen oder zum menschlichen Genuß ungeeignete Flüssigkeiten in den für die Aufbewahrung von Getränken gebräuchlichen Flaschen in den Handel zu bringen.

Herstellung und Vertrieb bestimmter Arten von Lebensmitteln erfordern ein erhöhtes Maß von Sachkenntnis, Erfahrung und Zuverlässigkeit oder besondere technische Einrichtungen. Nr. 2 soll die Möglichkeit bieten, nach dem Vorbilde des § 4 des Nitritgesetzes und des § 14 des Milchgesetzes die entsprechenden Betriebe genehmigungspflichtig zu machen und einheitliche Vorschriften über die zu stellenden Anforderungen, die Zuständigkeit der Behörden und das Verfahren zu erlassen.

Nr. 3 entspricht der bisherigen Nr. 2, Nr. 4 lehnt sich an die bisherige Nr. 3 an, erweitert jedoch die dort vorgesehene Ermächtigung dahin, daß für bestimmte Arten von Lebensmitteln eine weitergehende Kennzeichnung vorgeschrieben wird, die sich auch auf die Angabe

---

[1] Von dieser Ermächtigung hat der Reichsminister des Innern unter dem 17. Januar 1936 Gebrauch gemacht (s. S. 11).
[2] Reichsanzeiger Nr. 298 vom 21. Dezember 1935.

des Inhalts der beim Vertriebe von Lebensmitteln verwendeten Gefäße, auf die Verwendung von Packungen oder Behältnissen von bestimmter stofflicher Zusammensetzung, Größe, Gestalt oder sonstiger Beschaffenheit, auf die Abgabe in bestimmten, nach Anzahl, Größe, Menge, Gewicht oder Gebrauchswert bemessenen Einheiten sowie auf die Angabe der Herkunft nach Land oder Ort erstreckt.

Nr. 5 ist mit einer sachgemäßen Erweiterung, Nr. 7 unverändert aus dem geltenden Gesetz (Nr. 4, 5) übernommen, während Nr. 6 inhaltlich im wesentlichen dem bisherigen § 22 entspricht.

Die Möglichkeit, lebensmittelpolizeiliche Vorschriften auf Grund des Landesrechts zu erlassen, bleibt bestehen, soweit die Vorschriften des Reiches nicht entgegenstehen.

Zu III. Die Vorschrift der §§ 6, 22 Abs. 2, wonach vor Erlaß der Ausführungsverordnungen der verstärkte Reichsgesundheitsrat anzuhören ist, hat sich nicht bewährt. Der Reichsgesundheitsrat hat zwar stets nur in Ausschüssen getagt, aber auch diese Ausschüsse sind verhältnismäßig große Körperschaften, deren Mitglieder niemals alle über ausreichende Fachkenntnisse zur Beurteilung der jeweils zur Erörterung stehenden wissenschaftlichen und technischen Einzelfragen verfügen werden. Überdies stehen die Kosten solcher Tagungen nicht in dem richtigen Verhältnis zu dem Wert der dabei erzielten Ergebnisse. Den heutigen Grundsätzen der Staatspraxis wird eher dadurch entsprochen, daß jeweils ein kleiner, von Fall zu Fall auszuwählender Kreis von Sachkennern unter angemessener Beteiligung der betroffenen Wirtschaftskreise und ihrer berufsständischen Vertretungen einberufen wird.

Zu IV—VI. Die Änderung des § 8 liegt im Zuge der Reichsreform. § 11 Abs. 3 Satz 2 erscheint entbehrlich im Hinblick auf den neuen § 22 Abs. 1. Die neue Fassung des § 12 bringt eine dem Sinne der Vorschrift entsprechende Klarstellung.

Zu VII. Der bisherige § 22 ist in § 5 Nr. 6 übernommen worden. Abs. 1 des neuen § 22 bringt die in neueren Gesetzen übliche allgemeine Ermächtigung zu Durchführungs- und Ergänzungsvorschriften; der bisherige § 11 Abs. 3 Satz 2 wird damit entbehrlich.

Nr. 1 des Abs. 2 entspricht dem Abs. 2 der Nr. 4 des geltenden § 5 mit der Maßgabe, daß die Genehmigung im Interesse der Einheitlichkeit durch die oberste Reichsbehörde erteilt werden soll.

Zu Nr. 2 ist folgendes zu bemerken: Die Vorschriften ausländischer Staaten weichen von den deutschen Vorschriften vielfach ab. Das kann zur Folge haben, daß die zur Ausfuhr gelangenden, den heimischen Vorschriften entsprechenden Lebensmittel- und Bedarfsgegenstände deutscher Erzeugung den Vorschriften des Einfuhrlandes nicht genügen, nach dessen Vorschriften jedoch nicht hergestellt oder behandelt werden dürfen, weil dies nach den deutschen Vorschriften nicht zulässig wäre. Um der Ausfuhr keine unnötigen Fesseln anzulegen, erscheint es ratsam, in angemessenen Grenzen, soweit es der deutschen Wirtschaft förderlich und den Belangen der Gesundheitspflege nicht abträglich ist, Ausnahmen zuzulassen, wobei aber ausreichende Sicherung dafür zu schaffen ist, daß die den deutschen Vorschriften nicht entsprechenden Erzeugnisse nicht in den inländischen Verkehr gelangen.

Nr. 3 trägt der Tatsache Rechnung, daß zufolge der Devisenbewirtschaftung oder sonstiger wirtschaftlicher Schwierigkeiten vielfach die zu einer den gesetzlichen Anforderungen entsprechenden Herstellung, Zubereitung oder Behandlung der Lebensmittel erforderlichen Rohstoffe und Verfahren nicht mehr zur Anwendung gelangen können.

Die nach § 22 Abs. 2 zulässigen Ausnahmsbewilligungen können sowohl allgemein wie auch für den Einzelfall erteilt werden.

Zu VIII. Die Änderung der Verweisungen bedarf keiner Begründung.

Bekanntmachung der neuen Fassung des Lebensmittelgesetzes[1].

Vom 17. Januar 1936.

Auf Grund des Artikels 2 des Gesetzes zur Änderung des Lebensmittelgesetzes vom 11. Dezember 1935 (Reichsgesetzbl. I S. 1430)[2] wird nachstehend der Wortlaut des Lebensmittelgesetzes in der nunmehr geltenden Fassung bekanntgemacht.

Berlin, den 17. Januar 1936.

Der Reichsminister des Innern: In Vertretung: Pfundtner.

---

[1] Reichsgesetzblatt 1936, I, 17.
[2] Dieser Band, S. 3.

Gesetz über den Verkehr mit Lebensmitteln und Bedarfsgegenständen (Lebensmittelgesetz).

(Vom 5. Juli 1927 in der Fassung vom 17. Januar 1936.)

§ 1.

(1) Lebensmittel im Sinne dieses Gesetzes sind alle Stoffe, die dazu bestimmt sind, in unverändertem oder zubereitetem oder verarbeitetem Zustand von Menschen gegessen oder getrunken zu werden, soweit sie nicht überwiegend zur Beseitigung, Linderung oder Verhütung von Krankheiten bestimmt sind.

(2) Den Lebensmitteln stehen gleich: Tabak, tabakhaltige und tabakähnliche Erzeugnisse, die zum Rauchen, Kauen oder Schnupfen bestimmt sind.

§ 2.

Bedarfsgegenstände im Sinne dieses Gesetzes sind:

1. Eß-, Trink-, Kochgeschirr und andere Gegenstände, die dazu bestimmt sind, bei der Gewinnung, Herstellung, Zubereitung, Abmessung, Auswägung, Verpackung, Aufbewahrung, Beförderung oder dem Genusse von Lebensmitteln verwendet zu werden und dabei mit diesen in unmittelbare Berührung zu kommen;

2. Mittel zur Reinigung, Pflege, Färbung oder Verschönerung der Haut, des Haares, der Nägel oder der Mundhöhle;

3. Bekleidungsgegenstände, Spielwaren, Tapeten, Masken, Kerzen, künstliche Pflanzen und Pflanzenteile;

4. Petroleum;

5. Farben, soweit sie nicht zu den Lebensmitteln gehören;

6. andere Gegenstände, welche der Reichsminister des Innern bezeichnet.

§ 3.

Es ist verboten,

1. a) Lebensmittel für andere derart zu gewinnen, herzustellen, zuzubereiten, zu verpacken, aufzubewahren oder zu befördern, daß ihr Genuß die menschliche Gesundheit zu schädigen geeignet ist;

b) Gegenstände, deren Genuß die menschliche Gesundheit zu schädigen geeignet ist, als Lebensmittel anzubieten, zum Verkaufe vorrätig zu halten, feilzuhalten, zu verkaufen oder sonst in den Verkehr zu bringen;

2. a) Bedarfsgegenstände der im § 2 Nrn. 1 bis 4, 6 bezeichneten Art so herzustellen oder zu verpacken, daß sie bei bestimmungsgemäßem oder vorauszusehendem Gebrauche die menschliche Gesundheit durch ihre Bestandteile oder Verunreinigungen zu schädigen geeignet sind;

b) so hergestellte oder verpackte Bedarfsgegenstände dieser Art anzubieten, zum Verkaufe vorrätig zu halten, feilzuhalten, zu verkaufen oder sonst in den Verkehr zu bringen.

§ 4.

Es ist verboten,

1. zum Zwecke der Täuschung im Handel und Verkehr Lebensmittel nachzumachen oder zu verfälschen;

2. verdorbene, nachgemachte oder verfälschte Lebensmittel ohne ausreichende Kenntlichmachung anzubieten, feilzuhalten, zu verkaufen oder sonst in den Verkehr zu bringen; auch bei Kenntlichmachung gilt das Verbot, soweit sich dies aus den auf Grund des § 5 Nr. 5 getroffenen Festsetzungen ergibt;

3. *Lebensmittel unter irreführender Bezeichnung, Angabe oder Aufmachung anzubieten, zum Verkaufe vorrätig zu halten, feilzuhalten, zu verkaufen oder sonst in den Verkehr zu bringen. Dies gilt auch, wenn die irreführende Bezeichnung, Angabe oder Aufmachung sich bezieht auf die Herkunft der Lebensmittel, die Zeit ihrer Herstellung, ihre Menge, ihr Gewicht oder auf sonstige Umstände, die für die Bewertung mitbestimmend sind.*

§ 5.

Der Reichsminister des Innern kann gemeinsam mit dem Reichminister für Ernährung und Landwirtschaft

1. *zum Schutze der Gesundheit für den Verkehr mit Lebensmitteln und Bedarfsgegenständen Verordnungen zur Durchführung der Verbote des § 3 erlassen;*

2. *die Herstellung und den Vertrieb bestimmter Lebensmittel von einer Genehmigung abhängig machen;*

3. *verbieten, daß Gegenstände oder Stoffe, die bei der Gewinnung, Herstellung oder Zubereitung von Lebensmitteln nicht verwendet werden dürfen, für diese Zwecke hergestellt, angeboten, feilgehalten, verkauft oder sonst in den Verkehr gebracht werden, auch wenn die Verwendung nur für den eigenen Bedarf des Abnehmers erfolgen soll;*

4. *für bestimmte Lebensmittel vorschreiben,*

   a) daß sie nur in Packungen oder Behältnissen von bestimmter Art oder nur in bestimmten Einheiten abgegeben werden dürfen;

   b) daß an den Vorratsgefäßen oder sonstigen Behältnissen, in denen sie feilgehalten oder zum Verkaufe vorrätig gehalten werden, der Inhalt angegeben wird;

   c) daß auf den Packungen oder Behältnissen, in denen sie abgegeben werden, oder auf den Lebensmitteln selbst Angaben über die Herkunft, die Zeit der Herstellung, den Hersteller oder Händler und über den Inhalt anzubringen sind;

5. *Begriffsbestimmungen für die einzelnen Lebensmittel aufstellen, Vorschriften über ihre Herstellung, Zubereitung, Zusammensetzung und Bezeichnung erlassen sowie festsetzen, unter welchen Voraussetzungen Lebensmittel als verdorben, nachgemacht oder verfälscht unter die Verbote des § 4 fallen, sowie welche Bezeichnungen, Angaben oder Aufmachungen als irreführend diesen Verboten unterliegen;*

6. *Vorschriften erlassen gegen die Einfuhr von Lebensmitteln, die den Vorschriften dieses Gesetzes oder den auf Grund dieses Gesetzes erlassenen Vorschriften nicht entsprechen;*

7. *Vorschriften über das Verfahren bei der zur Durchführung dieses Gesetzes erforderlichen Untersuchung von Lebensmitteln und Bedarfsgegenständen erlassen.*

§ 6.

(1) Die mit der Überwachung des Verkehrs mit Lebensmitteln und Bedarfsgegenständen beauftragten Beamten der Polizei und die von der zuständigen Behörde beauftragten Sachverständigen, bei Gefahr im Verzug auch die sonstigen Beamten der Polizei, sind befugt, in die Räume, in denen

1. *Lebensmittel gewerbsmäßig oder für Mitglieder von Genossenschaften oder ähnlichen Vereinigungen gewonnen, hergestellt, zubereitet, abgemessen, ausgewogen, verpackt, aufbewahrt, feilgehalten oder verkauft werden,*

2. *Bedarfsgegenstände zum Verkaufe vorrätig gehalten oder feilgehalten werden,*

während der Arbeits- oder Geschäftszeit einzutreten, dort Besichtigungen vorzunehmen und gegen Empfangsbescheinigung Proben nach ihrer Auswahl zum Zwecke der Untersuchung zu fordern oder zu entnehmen. Soweit nicht der Besitzer ausdrücklich darauf verzichtet, ist ein Teil der Probe amtlich verschlossen oder versiegelt zurückzulassen und für die entnommene Probe eine angemessene Entschädigung zu leisten.

(2) Soweit Erzeugnisse vorwiegend zu anderen Zwecken als zum menschlichen Genusse bestimmt sind, beschränkt sich die im Abs. 1 Nr. 1 bezeichnete Befugnis auf die Räume, in denen diese Erzeugnisse als Lebensmittel zum Verkaufe vorrätig gehalten oder feilgehalten werden.

(3) Die Befugnis zur Besichtigung erstreckt sich auch auf die Einrichtungen und Geräte zur Beförderung von Lebensmitteln, die Befugnis zur Probeentnahme auch auf Lebensmittel und Bedarfsgegenstände, die an öffentlichen Orten, insbesondere auf Märkten, Plätzen, Straßen oder im Umherziehen, zum Verkaufe vorrätig gehalten, feilgehalten oder verkauft werden oder die vor Abgabe an den Verbraucher unterwegs sind.

(4) Als Sachverständige (Abs. 1) können auch die von den Berufsvertretungen und Berufsverbänden der Landwirtschaft, der Industrie, des Handwerks und des Handels zur Überwachung der Betriebe bestellten technischen Berater berufen werden.

§ 7.

Die Polizeibehörde kann ihre Sachverständigen ermächtigen, zum Schutze der Lebensmittel gegen Verunreinigung oder Übertragung von Krankheitserregern unaufschiebbare Anordnungen vorläufig zu treffen oder beanstandete Lebensmittel vorläufig zu beschlagnahmen. Die getroffenen Anordnungen sind unverzüglich dem Besitzer oder dessen Vertreter zu Protokoll oder durch schriftliche Verfügung zu eröffnen und der Polizeibehörde mitzuteilen. Die Mitteilung einer Beschlagnahme kann an den Besitzer der beschlagnahmten Gegenstände oder dessen Vertreter auch mündlich erfolgen. Die Polizeibehörde hat die getroffenen Anordnungen unverzüglich entweder durch polizeiliche Verfügung zu bestätigen oder aufzuheben.

§ 8.

Die Inhaber der im § 6 bezeichneten Räume, Einrichtungen und Geräte und die von ihnen bestellten Betriebs- oder Geschäftsleiter und Aufseher sowie die Händler, die an öffentlichen Orten, insbesondere auf Märkten, Plätzen, Straßen oder im Umherziehen, Lebensmittel oder Bedarfsgegenstände zum Verkaufe vorrätig halten, feilhalten oder verkaufen, sind verpflichtet, die Beamten und Sachverständigen bei der Ausübung der im § 6 bezeichneten Befugnisse zu unterstützen, insbesondere ihnen auf Verlangen die Räume zu bezeichnen, die Gegenstände zugänglich zu machen, verschlossene Behältnisse zu öffnen, angeforderte Proben auszuhändigen, die Entnahme von Proben zu ermöglichen und für die Aufnahme der Proben geeignete Gefäße oder Umhüllungen, soweit solche vorrätig sind, gegen angemessene Entschädigung zu überlassen.

§ 9.

(1) Die Beamten der Polizei und die von der zuständigen Behörde beauftragten Sachverständigen sind, vorbehaltlich der dienstlichen Berichterstattung und der Anzeige von Gesetzwidrigkeiten, verpflichtet, über die Tatsachen und Einrichtungen, die durch die Ausübung der im § 6 bezeichneten Befugnisse zu ihrer Kenntnis kommen, Verschwiegenheit zu beobachten und sich der Mitteilung und Verwertung von Geschäfts- oder Betriebsgeheimnissen zu enthalten, auch wenn sie nicht mehr im Dienste sind.

(2) Die Sachverständigen sind hierauf zu beeidigen.

§ 10.

(1) Die Zuständigkeit der Behörden und Beamten für die im § 6 bezeichneten Maßnahmen richtet sich nach Landesrecht.

(2) Landesrechtliche Bestimmungen, die den Behörden weitergehende Befugnisse als die im § 6 bezeichneten geben, bleiben unberührt.

(3) Der Vollzug des Gesetzes liegt den Landesregierungen ob.

§ 11.

(1) Wer vorsätzlich einem der Verbote des § 3 oder einer nach § 5 Nr. 1 erlassenen Vorschrift zuwiderhandelt, wird mit Gefängnis und mit Geldstrafe oder mit einer dieser Strafen bestraft.

(2) Der Versuch ist strafbar.

(3) Ist durch die Tat eine schwere Körperverletzung oder der Tod eines Menschen verursacht worden, so ist die Strafe Zuchthaus bis zu zehn Jahren; daneben kann auf Geldstrafe erkannt werden.

(4) Neben der Freiheitsstrafe kann auf Verlust der bürgerlichen Ehrenrechte, neben Zuchthaus auch auf Zulässigkeit von Polizeiaufsicht erkannt werden.

(5) Ist die Zuwiderhandlung fahrlässig begangen, so tritt Geldstrafe und Gefängnis oder eine dieser Strafen ein.

§ 12.

(1) Wer vorsätzlich einem der Verbote des § 4 oder einer nach § 5 Nrn. 2 bis 4, 6 erlassenen Vorschrift zuwiderhandelt, wird mit Gefängnis bis zu sechs Monaten und mit Geldstrafe oder mit einer dieser Strafen bestraft.

(2) Ist die Zuwiderhandlung fahrlässig begangen, so tritt Geldstrafe bis zu einhundertfünfzig Reichsmark oder Haft ein.

§ 13.

(1) In den Fällen des § 11 ist neben der Strafe auf Einziehung oder Vernichtung der Gegenstände, auf die sich die Zuwiderhandlung bezieht, zu erkennen, auch wenn die Gegenstände dem Verurteilten nicht gehören. In den Fällen des § 12 kann dies geschehen.

(2) Kann keine bestimmte Person verfolgt oder verurteilt werden, so kann auf die Einziehung oder Vernichtung der Gegenstände selbständig erkannt werden, wenn im übrigen die Voraussetzungen hierfür vorliegen.

§ 14.

(1) Ergibt sich in den Fällen der §§ 11, 12, daß dem Täter die erforderliche Zuverlässigkeit fehlt, so kann ihm das Gericht in dem Urteil die Führung eines Betriebs ganz oder teilweise untersagen oder nur unter Bedingungen gestatten, soweit er sich auf die Herstellung oder den Vertrieb von Lebensmitteln oder Bedarfsgegenständen erstreckt. Vorläufig kann es eine solche Anordnung durch Beschluß treffen.

(2) Die zuständige Verwaltungsbehörde kann die nach Abs. 1 Satz 1 getroffene Anordnung aufheben, wenn seit Eintritt der Rechtskraft des Urteils mindestens drei Monate verflossen sind.

(3) Wer der Untersagung zuwiderhandelt, wird mit Gefängnis und mit Geldstrafe bestraft.

§ 15.

(1) In den Fällen der §§ 11, 12 kann neben der Strafe angeordnet werden, daß die Verurteilung auf Kosten des Schuldigen öffentlich bekanntzumachen ist. Auf Antrag des freigesprochenen Angeklagten kann das Gericht anordnen, daß der Freispruch öffentlich bekanntzumachen ist; die Staatskasse trägt in

diesem Falle die Kosten, soweit sie nicht dem Anzeigenden auferlegt worden sind (§ 469 der Strafprozeßordnung).

(2) In der Anordnung ist die Art der Bekanntmachung zu bestimmen; sie kann auch durch Anschlag an oder in den Geschäftsräumen des Verurteilten oder Freigesprochenen erfolgen.

§ 16.

Wer der durch § 8 auferlegten Verpflichtung zuwiderhandelt, wird mit Geldstrafe bis zu einhundertfünfzig Reichsmark oder mit Haft bestraft.

§ 17.

(1) Wer der durch § 9 Abs. 1 auferlegten Verpflichtung zuwiderhandelt, wird mit Gefängnis bis zu einem Jahre oder mit Geldstrafe bestraft.

(2) Die Verfolgung tritt nur auf Antrag des Verletzten ein; die Zurücknahme des Antrags ist zulässig.

§ 18.

Wenn im Verfolg der behördlichen Untersuchung von Lebensmitteln oder von Bedarfsgegenständen eine rechtskräftige strafrechtliche Verurteilung eintritt, fallen dem Verurteilten die der Behörde durch die Beschaffung und Untersuchung der Proben erwachsenen Kosten zur Last. Sie sind zugleich mit den Kosten des gerichtlichen Verfahrens festzusetzen und einzuziehen.

§ 19.

Die auf Grund dieses Gesetzes auferlegten Geldstrafen sind nach näherer Anordnung der obersten Landesbehörden als Beihilfen für die Unterhaltung der öffentlichen Anstalten zur Untersuchung von Lebensmitteln zu verwenden.

§ 20.

(1) Der Reichsminister des Innern erläßt die zur Durchführung oder Ergänzung dieses Gesetzes erforderlichen Rechts- und Verwaltungsvorschriften, in den Fällen des § 5 gemeinsam mit dem Reichsminister für Ernährung und Landwirtschaft.

(2) Der Reichsminister des Innern kann Ausnahmen von den Vorschriften dieses Gesetzes und den nach § 5 dieses Gesetzes erlassenen Verordnungen zulassen:

1. für Versuche, die mit seiner Genehmigung angestellt werden,
2. für Erzeugnisse, die für die Ausfuhr bestimmt sind, soweit nicht die Vorschriften des Einfuhrlandes entgegenstehen,
3. in sonstigen Fällen vorübergehend, soweit die Wirtschaftslage es erfordert.

§ 21.

In den nach § 5 zu erlassenden Verordnungen dürfen an die aus dem Ausland eingeführten Lebensmittel und Bedarfsgegenstände keine geringeren Anforderungen gestellt werden als an gleichartige inländische.

§ 22.

Der Reichsminister des Innern kann mit Inkrafttreten der nach § 5 zu erlassenden Verordnungen die durch diese Verordnungen ersetzten Vorschriften des Gesetzes über das Branntweinmonopol vom 8. April 1922 (Reichsgesetzbl. I S. 335, 405), des Biersteuergesetzes vom 9. Juli 1923 (Reichsgesetzbl. I S. 557) und des Gesetzes, betreffend die Verwendung gesundheitsschädlicher Farben bei der Herstellung von Nahrungsmitteln, Genußmitteln und Gebrauchsgegenständen, vom 5. Juli 1887 (Reichsgesetzbl. S. 277) außer Kraft setzen.

II.

Lebensmittel-Kennzeichnungsverordnung.

Von

Dr. Jur. Hugo Holthöfer - Berlin,
Oberlandesgerichtspräsident i. R.

§ 5 Nr. 3 alter Fassung (= § 5 Nr. 4 neuer Fassung) des Lebensmittel-gesetzes und die ihn auf bestimmte Lebensmittel anwendende „Lebensmittel-Kennzeichnungsverordnung" haben ihr Wurzelgut in der Kriegsgesetzgebung des Jahres 1916, nämlich in der grundlegenden Bundesratsverordnung vom 18. Mai 1916 (RGBl. 380) in Verbindung mit der Verordnung vom 26. Mai 1916 (RGBl. I S. 422) und ihren späteren Ergänzungen. Jener Zeit verdankt auch die erste Vorläuferin des heutigen § 4 Nr. 3 des Lebensmittelgesetzes, die Verordnung vom 26. Juni 1916 (RGBl. S. 588), ihre Entstehung, welche irreführende Bezeichnungen und Angaben im Lebensmittelverkehr unter Strafe stellte. Die Lebensmittel-Kennzeichnungsverordnung verlangt nur für die in ihr bestimmt bezeichneten Lebensmittel eine genau vorgeschriebene „äußere Kennzeichnung" — und zwar nur dann, wenn diese Lebensmittel in sog. „Originalpackungen" vertrieben werden. Daneben gilt, was § 4 Nr. 2 des Lebensmittelgesetzes (Kenntlichmachung verdorbener, nachgemachter oder verfälschter Lebensmittel) allgemein — also auch für unverpackte und lose verpackte wie für „originalverpackte" Lebensmittel — verlangt und § 4 Nr. 3 des Lebensmittelgesetzes allgemein verbietet (nämlich irreführende Angaben, Bezeichnungen und Aufmachungen). Fernerhin ist neben der Lebensmittel-Kennzeichnungsverordnung zu befolgen, was sonstige Gesetze oder Verord-nungen zur Kennzeichnung bestimmter Lebensmittel oder Lebensmittelsorten vorschreiben.

Die ursprüngliche Verordnung aus dem Jahre 1916 wurde auf Grund des Abs. III der Verordnung über Handelsbeschränkungen vom 13. Juli 1923 (RGBl. I S. 706) durch die Verordnung vom 13. Juli 1923 (RGBl. I S. 728) „über die äußere Kennzeichnung von Waren" geändert und ergänzt. An die Stelle der letzteren trat die auf Grund des § 5 Nr. 3 des Lebensmittelgesetzes erlassene Verordnung „über die äußere Kennzeichnung von Lebensmitteln" vom 29. September 1927, geändert durch die Verordnung vom 28. März 1928 (RGBl. I S. 318) bzw. 136. Die amtliche Begründung zu der Verordnung vom 29. September 1927 ist bei Holthöfer-Juckenack, 1. Aufl., S. 416 abgedruckt. Diese Verordnung ist kurz erläutert bei Stenglein (Kommentar zu den straf-rechtlichen Nebengesetzen, 5. Aufl.) S. 738 und Stenglein, Erg.-Bd. 1933, S. 325.

Die Verordnung hatte in verschiedenen Punkten eine gegensätzliche Auslegung gefunden und auch sonst gewisse Schwierigkeiten mit sich gebracht, denen man durch Anweisungen an die mit der Überwachung des Lebensmittelverkehrs betrauten Stellen zunächst zu begegnen suchte. Eine Änderung der Verordnung war aber auf die Dauer nicht zu umgehen und führte 1932 zu einem den damaligen gesetzgebenden Körperschaften zugeleiteten Regierungsentwurf, der in der Reichsratsdrucksache Nr. 73, Tagung 1932, nebst Begründung enthalten ist.

Im Gegensatz zu anderen Entwürfen gemäß § 5 LMG. wurde der Verordnungs-entwurf (1932) mit Begründung nicht veröffentlicht, sondern fand nur in Bruchstücken den Weg in Fachzeitschriften. Manche Gründe wirkten zusammen, daß dieser Entwurf erst nach verschiedenen Änderungen in Gestalt der heutigen Verordnung vom 8. Mai 1935 geltendes Recht wurde, ohne daß — infolge des Umbaues der Reichsgesetzgebung — eine auf die endgültige Fassung der Verordnung abgestimmte amtliche Begründung verfaßt worden wäre. Gerade die Tragweite dieser Verordnung läßt sich aber nur schwer verstehen, wenn man Entstehung und Begründung der einzelnen Vorschriften nicht zur Hand hat. Sie hier aus den verschiedenen Quellen zusammenzustellen, scheitert schon an dem im Rahmen dieses Handbuchs hierfür zur Verfügung stehenden Raum. Es muß auf die in R. v. Deckers Verlag, G. Schenk, Berlin W 9, 1935 erschienenen „Lebensmittelkennzeichnungsverordnung mit Unterlagen und Erläuterungen" von MERRES verwiesen werden. MERRES hat durch Textgegenüberstellungen und Anmerkungen die neue Verordnung so dargestellt, daß an Hand der mitgeteilten amtlichen Begründungen zu der Verordnung und ihrer Vorläuferinnen und der einschlägigen behördlichen Erlasse die beteiligten Kreise ein vollständiges Bild von Sinn und Tragweite der Verordnung in ihrer heutigen Gestalt gewinnen können.

So erfährt man auf S. 38—42 des Büchleins von MERRES Werdegang und Begriffsinhalt der Ausdrücke: „Packungen und Behältnisse (= Originalpackungen)" und „Verbraucher", die über die Kennzeichnungsverordnung hinaus für das ganze Gebiet des Lebensmittelrechts Bedeutung haben (vgl. z. B. §§ 2 und 9 des Milchgesetzes, unten S. 498 und 510).

Verordnung über die äußere Kennzeichnung von Lebensmitteln (Lebensmittel-Kennzeichnungsverordnung) [1].

Auf Grund des § 5 des Lebensmittelgesetzes vom 5. Juli 1927 (Reichsgesetzbl. I S. 134) in der Fassung des § 51 Nr. I des Milchgesetzes vom 31. Juli 1930 (Reichsgesetzbl. I S. 421, 429) wird nach Anhörung des nach § 6 des Gesetzes verstärkten Reichsgesundheitsrats verordnet:

§ 1.

(1) Der Kennzeichnungspflicht unterliegen folgende Lebensmittel, sofern sie in Packungen oder Behältnissen an den Verbraucher abgegeben werden:

1. Dauerwaren von Fleisch oder mit Fleischzusatz in luftdicht verschlossenen Behältnissen sowie Fleischpasten;

2. Dauerwaren von Fischen, einschließlich Marinaden, sowie Fischpasten, Sardellenbutter;

3. Dauerwaren von Krustentieren;

4. Milch- und Sahnedauerwaren (Dauermilch und Dauersahne);

5. Gemüsedauerwaren, einschließlich Trockengemüse;

6. Obstdauerwaren, einschließlich Trockenobst, Obstmus, Obstkraut, Obstkonfitüren, Marmelade, Obstsaft, Obstgelee, Obstsirup, Obstsüßmost, Obstdicksaft sowie Verdünnungen aus Obstsüßmost oder Obstdicksaft, ferner Traubensüßmost, Traubendicksaft sowie Verdünnungen aus Traubensüßmost oder Traubendicksaft;

7. Honig, Kunsthonig, Rübenkraut (Rübensaft);

8. diätetische Lebensmittel;

9. Fleischextrakt, Hefeextrakt und Extrakte aus anderen eiweißhaltigen Stoffen, Erzeugnisse in fester und loser Form (Würfel, Tafeln, Körner, Pulver usw.) aus Fleischextrakt, Hefeextrakt oder Extrakten aus anderen eiweißhaltigen Stoffen, eingedickte Fleischbrühe sowie die Ersatzmittel der genannten Erzeugnisse, kochfertige Suppen in trockener Form;

---

[1] Reichsgesetzbl. 1935, I, 590.

     10. Krebsextrakt, Krabbenextrakt;
     11. Eipulver (Volleipulver, Eidotterpulver) und ihre Ersatzmittel;
     12. Puddingpulver, Backpulver;
     13. Gewürze und ihre Ersatzmittel sowie Gewürzauszüge;
     14. Schokolade und Schokoladenwaren, außer in Packungen unter 25 g, Schoko-
laden- und Kakaopulver;
     15. Marzipan und Marzipanersatz;
     16. Kaffee, Kaffee-Ersatzstoffe und Kaffee-Zusatzstoffe, Tee und seine Ersatz-
mittel, Mate;
     17. Teigwaren;
     18. Zwieback, Keks, Biskuits, Waffeln, Lebkuchen;
     19. Haferflocken, Hafergrütze, Hafermehl, Hafermark;
     20. Speiseöle.

     (2) Ohne die vorgeschriebene Kennzeichnung dürfen diese Lebensmittel in den Packungen oder Behältnissen nicht feilgehalten, verkauft oder sonst in den Verkehr gebracht werden.

     (3) Die Kennzeichnung hat der Hersteller oder derjenige anzubringen, der das Lebensmittel aus dem Zoll-Ausland einführt. Falls ein anderer das Lebensmittel unter seinem Namen oder seiner Firma in den Verkehr bringen will, hat dieser andere die Kennzeichnung anzubringen; in diesem Falle findet die Vorschrift im Abs. 2 auf den Hersteller und den Einführenden keine Anwendung.

§ 2.

     (1) Auf den Packungen oder Behältnissen müssen an einer in die Augen fallenden Stelle in deutscher Sprache und in deutlich sichtbarer, leicht lesbarer Schrift angegeben sein:
     1. der Name oder die Firma und der Ort der gewerblichen Hauptniederlassung dessen, der das Lebensmittel hergestellt hat; befindet sich die gewerbliche Hauptniederlassung des Herstellers im Ausland, ist aber das Lebensmittel im Inland hergestellt, so muß außerdem der Ort der Herstellung in folgender Form angegeben werden: „Hergestellt in ..."; bringt ein anderer als der Hersteller das Lebensmittel in der Packung oder dem Behältnis unter seinem Namen oder seiner Firma in den Verkehr, so ist anstatt des Herstellers dieser andere anzugeben;
     2. der Inhalt nach handelsüblicher Bezeichnung;
     3. der Inhalt nach deutschem Maß oder Gewicht (entsprechend der Maß- und Gewichtsordnung) zur Zeit der Füllung oder nach Stückzahl, vorbehaltlich der Vorschriften in den Absätzen 2 und 3.

     (2) An Stelle der im Abs. 1 Nr. 3 vorgeschriebenen Angaben ist folgendes anzugeben:
     1. bei Dauerwaren von Fleisch oder mit Fleischzusatz in luftdicht verschlossenen Behältnissen das Gewicht, welches das knochenfreie Fleisch (einschließlich Fett) oder der Speck zur Zeit der Füllung hat; bei Fleischsülze darf das Gewicht des Gelees, bei Rippchen, Eisbein und Geflügeldauerwaren das Gewicht der Knochen in dem angegebenen Gewicht einbegriffen sein; bei geschmorten Fleischdauerwaren genügt die Angabe des Gewichts des rohen Fleisches;
     2. bei Dauerwaren von Fischen, einschließlich Marinaden, das Gewicht der zubereiteten Fische oder Fischteile zur Zeit der Füllung, außerdem die Zeit der Füllung nach Monat und Jahr, sofern es sich nicht um Ware handelt, die durch Erhitzen haltbar gemacht ist; die Verpflichtung zur Angabe der Zeit der Füllung fällt fort, wenn auf der Packung oder dem Behältnis getrennt von den übrigen Angaben an einer in die Augen fallenden Stelle die deutliche, nicht verwischbare Inschrift angebracht wird „Kühl aufbewahren, zum alsbaldigen Verbrauch bestimmt"; bei Sardinen

(culpea pilchardus), die durch Erhitzen in Öl haltbar gemacht sind, genügt an Stelle der Gewichtsangabe die Angabe der Zahl der eingefüllten Fische;

3. bei eingedickter Milch der Inhalt nach Gewicht zur Zeit der Füllung sowie der Gehalt an Fett und fettfreier Milchtrockenmasse in Hundertteilen des Gewichts, bei sterilisierter Sahne und sterilisierter Schlagsahne der Inhalt nach Gewicht zur Zeit der Füllung sowie der Gehalt an Fett in Hundertteilen des Gewichts, bei Milchpulver, Magermilchpulver und Sahnepulver außerdem die Zeit der Herstellung nach Monat und Jahr;

4. bei Gemüsedauerwaren und Obstdauerwaren das Gewicht des Gemüses oder Obstes zur Zeit der Füllung ohne die zugesetzte Flüssigkeit, sofern nicht für die Füllung eine Normaldose (§ 3) verwendet wird. Hiervon ausgenommen sind Trockengemüse sowie Trockenobst, Obstmus, Obstkraut, Obstkonfitüren, Marmelade, Obstsaft, Obstgelee, Obstsirup, Obstsüßmost, Obstdicksaft sowie Verdünnungen aus Obstsüßmost oder Obstdicksaft, ferner Traubensüßmost, Traubendicksaft sowie Verdünnungen aus Traubensüßmost oder Traubendicksaft; bei diesen Erzeugnissen finden die Vorschriften des Absatzes 1 Nr. 3 Anwendung;

5. bei kochfertigen Suppen in trockener Form, wieviel Teller Suppe (1 Teller = 250 ccm) daraus hergestellt werden können;

6. bei Backpulver die Gewichtsmenge Mehl, zu deren Verarbeitung der Inhalt der Packung auch noch nach der im Verkehr vorauszusehenden Lagerzeit ausreicht;

7. bei Puddingspulver der Inhalt nach Gewicht zur Zeit der Füllung sowie die Menge Flüssigkeit, die zur Herstellung des Puddings erforderlich ist;

8. bei Volleipulver der Inhalt nach Gewicht zur Zeit der Füllung sowie wieviel Eiern im Gewicht von je 45 g, bei Eidotterpulver, wieviel Eidottern im Gewicht von je 16 g der Inhalt der Packung entspricht;

9. bei Schokolade und Schokoladenpulver der Inhalt nach Gewicht zur Zeit der Füllung sowie die Menge der Kakaobestandteile in Hundertteilen des Gewichts;

10. bei Kaffee-Ersatzstoffen und Kaffee-Zusatzstoffen der Inhalt nach Gewicht zu dem Zeitpunkt, zu dem die Ware in den Verkehr gebracht wird.

(3) Bei Gratisproben, die als solche bezeichnet sind, und bei Gewürzen und ihren Ersatzmitteln in Packungen oder Behältnissen unter 25 g bedarf es keiner Gewichtsangabe.

§ 3.

(1) Unter einer ¹/₁-Normaldose ist eine Dose zu verstehen, die, in nicht verschlossenem Zustand gemessen, einen Rauminhalt hat
bei Gemüsedauerwaren von 900 ccm,
bei Obstdauerwaren von 850 ccm.

(2) Als Normaldosen im Sinne des § 2 Abs. 2 Nr. 4 gelten neben der ¹/₁-Normaldose: ¹/₈-, ¹/₄-, ¹/₂-, 1¹/₂-, ²/₁-, 2¹/₂-, ⁵/₁-Normaldosen, bei Gurken ¹/₂-, ²/₁-Normaldosen sowie 5-Liter-Dosen und 10-Liter-Dosen.

(3) Die Dosen müssen als Normaldosen entsprechend den zugelassenen Größen bezeichnet werden. Sie müssen handelsüblich gefüllt sein und dürfen nicht mehr Flüssigkeit enthalten, als technisch unvermeidbar ist.

§ 4.

Die Vorschriften dieser Verordnung gelten auch für die aus dem Ausland eingeführten Lebensmitteln.

§ 5.

(1) Diese Verordnung tritt am 1. Juni 1935 in Kraft. Gleichzeitig tritt die Verordnung über die äußere Kennzeichnung von Lebensmitteln vom 29. September 1927 (Reichsgesetzbl. I S. 318) in der Fassung der Änderungsverordnung vom 28. März 1928 (Reichsgesetzbl. I S. 136) außer Kraft.

(2) Für Lebensmittel, die bisher der Kennzeichnungspflicht nicht unterlagen, tritt die Verordnung am 1. Januar 1936 in Kraft.

(3) Lebensmittel, die bisher nach der im Abs. 1 Satz 2 genannten Verordnung zu kennzeichnen waren, sind bis zum 31. Dezember 1935 auch dann als ausreichend gekennzeichnet anzusehen, wenn sie den bisherigen Kennzeichnungsvorschriften genügen.

Berlin, den 8. Mai 1935.

Der Reichsminister für Ernährung und Landwirtschaft. I. V.: H. Backe.

Der Reichsminister des Innern. I. A.: Dr. Gütt.

Anmerkungen.

Zu § 1 Abs. 1. „Flüssige Suppen mit Fleischzusatz" sind nur dann nach Nr. 1 kennzeichnungspflichtig, wenn auf den Zusatz von Fleisch ausdrücklich hingewiesen ist. Fleischsalate sind nach der Begründung keine Dauerwaren. Würste, auch Dauerwürste, in zugedrehten Cellophanpackungen, befinden sich nicht in luftdicht verschlossenen Behältnissen, sind also nicht kennzeichnungspflichtig. Sterilisierte Gurken, Essiggurken, saure Gurken, Mixed-Pickles u. dgl. sind Gemüsedauerwaren (Nr. 5). Obstpektin, Obstgeliersaft gehören nicht zu den Obstdauerwaren (Nr. 6).

Merres billigt es (S. 49), daß die meisten beteiligten Industriekreise auch Suppenwürzen (wie Maggi, Knorr, Cenovis usw.) vorschriftsmäßig kennzeichnen, obwohl sich aus Wortlaut und Entstehungsgeschichte der Nr. 9 eine solche Verpflichtung nicht mit Sicherheit herleiten lasse.

Unter Nr. 13 (Gewürze und Gewürzauszüge) rechnet nach Merres (S. 50) Mostrich nicht, weil er eine Zubereitung aus Senf, Essig, Zucker und anderen Stoffen sei. Auch nicht Speisesalz und Essige; denn sie seien zwar würzende Stoffe, aber keine „Gewürze". (Auf die Aufzählung der „Gewürze" bei Bames: „Lebensmittel-Lexikon", S. 70, wird verwiesen.)

Nicht unter Nr. 14 fallen Zuckerwaren mit Schokoladefüllungen oder Schokoladezusätzen wie Krokants, Bonbons, Dragées, Karamellen, Foudants, was durch einen Hinweis auf § 4 der VO. über Kakao- und Kakaoerzeugnisse (Bd. VI des Handbuchs, S. 558) verständlich gemacht wird.

Der Geltungsbereich der Nr. 17 ergibt sich aus der Begriffsumgrenzung für Teigwaren in der „VO. über Teigwaren" vom 12. November 1934 (RGBl. I S. 1181).

Die Ausdehnung der Kennzeichnungspflicht auf Speiseöle (Oliven-, Sesam-, Erdnußöle u. dgl.) in Nr. 20 ist die Folge zahlreicher Irreführungen der Verbraucherschaft durch Flaschen mit hochgezogenen Böden und aus besonders dickwandigem Glas.

Zu § 1 Abs. 2 u. 3. „Neutrale Packungen" sind zulässig, d. h. wer die Waren nicht selbst herstellt oder einführt, aber sie unter seinem Namen oder seiner Firma vertreiben will, braucht sie noch nicht vorschriftsmäßig gekennzeichnet zu beziehen (Merres, S. 55). Er muß aber die Kennzeichnung nachholen, wenn er die Ware in „Originalpackungen" dem Verbraucher näher bringen will.

Zu § 2 Abs. 1 Nr. 2. „Handelsüblich" bedeutet zugleich: gemeinverständlich; wo eine fremdsprachliche Bezeichnung diesem Erfordernis nicht genügt (z. B. „Haricots verts") muß die dem deutschen Verbraucher geläufige Bezeichnung (= „grüne Bohnen") hinzugefügt werden.

Zu § 2 Abs. 2 u. 3. Den in diesen Absätzen enthaltenen Sondervorschriften für eine Anzahl von Lebensmitteln treten hinzu noch einige zusätzliche Anforderungen ähnlicher, den Inhalt klarstellender Art, nämlich:

für Bienenhonig gemäß der Preiskommissar-VO. vom 8. Juni 1933 (RGBl. I S. 363) und der VO. des Reichsministers für Ernährung und Landwirtschaft vom 22. Oktober 1935 (RGBl. I S. 1253);

für Kunsthonig gemäß der Preiskommissar-VO. vom 4. Januar 1935 (RGBl. I S. 9);

für Kaffee in vorbereiteten Packungen gemäß Preiskommissar-VO. vom 3. Mai 1933 (RGBl. I S. 259) — abgedruckt Bd. VI, S. 541 dieses Handbuchs.

Diese besonderen Verordnungen finden sich, ausgenommen die VO. vom 22. Oktober 1935, im Wortlaut bei Merres a. a. O. S. 76 und 77.

Bei sog. „Markenwaren" ist weiterhin zu genügen den Kennzeichnungsvorschriften der Preiskommissar-VO. vom 29. Februar 1932 (RGBl. I S. 210), 1. Juli 1932 (RGBl. I S. 347) in der Fassung vom 28. September 1932 (RGBl. I S. 492). Wegen des Begriffs der „Markenware" i. S. dieser VO. verweist die VO. auf RGBl. 1931 I S. 700 § 2 Abs. 4, wo „Markenwaren" erklärt werden als „Waren, die selbst oder deren Umhüllungen, Ausstattungen oder Behältnisse, aus denen sie verkauft werden, mit einem ihre Herkunft kennzeichnenden Merkmal (z. B. Firma, Wort- oder Bildzeichen) versehen sind".

Nährstoffe, Nahrungsmittel, Nahrung, Nährwert.

Von

Professor DR. A. BÖMER - Münster i. W.

Nährstoffe. Unter einem „Nährstoff" oder einem „Nahrungsstoff" versteht man einen einzelnen Stoff, wie Wasser, Zucker, Stärke, Casein oder ein Gemisch chemisch ähnlicher Stoffe, wie Proteine, Fette, welche einen wesentlichen stofflichen Bestandteil des tierischen Körpers neu zu bilden oder zu ersetzen vermögen oder zur Wärme- und Energieerzeugung im Körper oder zu beiden Zwecken dienen können. So können die Proteine zur Neubildung von Proteinen und anderen Stickstoffverbindungen, die Nährstoffe Zucker und Stärke zur Neubildung von Fett und zur Wärme- und Energieerzeugung im Körper dienen und kann der Nährstoff Wasser das Wasser des Körpers ersetzen.

Die wichtigsten Nährstoffgruppen sind die Proteine, die Fette und die Kohlenhydrate; von diesen sind die Proteine von besonderer Bedeutung, weil sie allein zum Leben unbedingt notwendig sind, während die beiden anderen Nährstoffgruppen sich weitgehend gegenseitig ergänzen und zum Teil auch durch die Proteine ersetzt werden können. Je nachdem es sich bei der Ernährung, wie beim wachsenden Organismus um den Zuwachs von Fleisch oder beim ausgewachsenen Organismus um Milchleistung oder Fettansatz oder um Kraftleistung handelt, muß bei der Zufuhr von Nährstoffen in erster Linie auf eine solche von Proteinen oder auf eine solche von Fetten und Kohlenhydraten Bedacht genommen werden, mit anderen Worten, es muß in beiden Ernährungsweisen das „Nährstoff-Verhältnis", d. h. das Verhältnis zwischen den Nährstoffgruppen Proteine einerseits und Fette + Kohlenhydrate andererseits ein verschiedenes sein. Man spricht daher in diesem Sinne von einem engen und einem weiten Nährstoffverhältnis; im ersteren Falle ist der Gehalt an Proteinnährstoff größer als im zweiten Falle.

Unter „Nährstoff-Verhältnis" versteht man also das Verhältnis von Proteinen (N × 6,25) zu Fetten + Kohlenhydraten, wobei das Fett, entsprechend seinem höheren Verbrennungswerte durch Multiplikation mit 2,3 auf den Verbrennungswert der Kohlenhydrate umgerechnet wird. Es enthalten z. B. im Mittel:

	Proteine	Fett	Kohlenhydrate
Milch	3,00%	3,30%	4,80%
Kartoffeln . . .	2,08%	0,15%	20,00%

Also entfallen auf 1 Teil Protein an Kohlenhydraten:

$$\text{Milch . . } \quad x : 1 = (3,30 \times 2,3 + 4,8) : 3,00; \quad x = 4,1$$
$$\text{Kartoffel} \quad x : 1 = (0,15 \times 2,3 + 20,00) : 2,08; \quad x = 9,8.$$

Das Nährstoff-Verhältnis (Nh : Nfr) in der Milch ist demnach = 1 : 4,1 und das in der Kartoffel = 1 : 9,8, ersteres ein enges, letzteres ein weites.

Das Nährstoff-Verhältnis hat für die tierische Fütterung eine größere Bedeutung als für die menschliche Ernährung, da es bei ersterer aus wirtschaftlichem Grunde mehr darauf ankommt, zwischen der Fütterung von Jungvieh und Milchvieh mit engem und der Mast von ausgewachsenen Tieren mit weitem Nährstoff-Verhältnis zu unterscheiden. Bei der menschlichen Ernährung spielen diese Unterschiede keine wesentliche Rolle.

Nahrungsmittel sind Nährstoffgemische, wie Milch, Fleisch, Kartoffeln, welche die Natur als solche bietet, oder Nährstoffe, welche, wie Stärke, Zucker, Casein, aus natürlichen Nährstoffgemischen technisch gewonnen werden und keine natürlichen Stoffe enthalten, welche in den vorhandenen Mengen den tierischen Organismus in seinen Funktionen zu beeinträchtigen vermögen. Sind solche Stoffe in Naturprodukten vorhanden, so sind letztere, auch wenn sie reich an Nährstoffen sind, keine Nahrungsmittel.

Genußmittel. Neben den Nahrungsmitteln nimmt der Mensch noch täglich eine größere oder geringere Menge anderer Stoffe oder Stoffgemische zu sich, welche zwar, nicht durchaus zum Leben notwendig sind und auch nicht wesentlich zum Aufbau oder zur Erhaltung des Körpers dienen, welche der Mensch sich aber nicht entgehen läßt, wenn sie ihm zur Verfügung stehen. Es sind dieses die „Genußmittel", welche, wie z. B. alkoholische Getränke, Kaffee, Tee, Kakao, Tabak, Gewürze, vorzugsweise durch einen oder mehrere darin enthaltene Stoffe (Alkohol, Coffein, Theobromin, Nicotin oder Ätherische Öle) einen wohltuenden und anregenden Einfluß auf das Zentralnervensystem oder das Herz ausüben und dadurch die ganze Lebenstätigkeit steigern. Daneben aber enthalten die Genußmittel zum Teil auch Nährstoffe, die beim Verzehr natürlich dem Körper ebenfalls zugute kommen. Die Grenze zwischen den Nahrungs- und den Genußmitteln ist infolgedessen keine scharfe, und man faßt daher beide heute unter der Bezeichnung „**Lebensmittel**" zusammen.

Etwas abweichend hiervon definiert das deutsche Lebensmittelgesetz vom 5. Juli 1927 (Bd. I, S. 1287) den Begriff „Lebensmittel"; infolgedessen gehören nach ihm, abweichend von der obigen Definition, auch Backpulver, Farbstoffe und Konservierungsmittel für Lebensmittel und ähnliche Substanzen zu den Lebensmitteln, andererseits aber lediglich die alimentären Genußmittel, so daß der Tabak usw. besonders behandelt werden mußte.

Nahrung. Die menschliche Nahrung setzt sich aus einem Gemisch von Lebensmitteln zusammen. Nur beim Kinde besteht die Nahrung in den ersten Lebensmonaten lediglich aus einem Lebensmittel, der Muttermilch, welche die Nährstoffe in der für die Entwicklung des Kindes zweckmäßigsten Mischung und Form enthält. Dagegen ist Milch für den Erwachsenen keine auskömmliche Nahrung mehr; dieser wählt aus den zur Verfügung stehenden Nahrungsmitteln, wie Fleisch, Eiern, Brot, Kartoffeln, Gemüsen, Obst und anderen, sowie Genußmitteln diejenigen aus, die ihm nach Geschmack, Bekömmlichkeit, Gewöhnung usw. zusagen und erreichbar sind. Die Zusammensetzung der Nahrung ist im übrigen in weitgehendem Maße von den klimatischen Verhältnissen des Wohngebietes und den dort zur Verfügung stehenden pflanzlichen und tierischen Nahrungsmitteln sowie von der Art der Betätigung abhängig. In der gemäßigten Zone herrscht die gemischte, d. h. aus tierischen und pflanzlichen Lebensmitteln bestehende Nahrung vor, doch gibt es auch hier Menschen, die aus gesundheitlichen Rücksichten ausschließliche Pflanzen-, zum Teil Pflanzenrohkost mit oder ohne Beigabe von Eiern, Milch und Milcherzeugnissen als Nahrung wählen.

Die Nahrung muß zunächst natürlich eine zum Wachstum, zur Erhaltung des Lebens und zur Arbeitsleistung hinreichende Menge von Nährstoffen enthalten, daneben aber auch gewisse Mengen von Vitaminen (Bd. I, S. 768), „Ergänzungsstoffen" zu den Nährstoffen. Im allgemeinen sind in einer gemischten Nahrung genügende Mengen von Vitaminen, ferner auch von Mineralstoffen und Wasser vorhanden, aber bei unzweckmäßiger Ernährung kann das Fehlen oder ein Mangel an diesen Stoffen auch zu Erkrankungen führen.

Nährwert. Unter dem Nährwert eines Nahrungsmittels versteht man die Gesamtmenge der seinen Wert für die Ernährung des Menschen bedingenden

Bestandteile und Eigenschaften. Als Hauptbestandteile werden allgemein nur Proteine, Fette und Kohlenhydrate zur Bewertung herangezogen, weil diese Nährstoffgruppen für die menschliche und tierische Ernährung die größte Bedeutung haben und sich mehr oder weniger genau durch die Analyse bestimmen lassen, während die Rohfaser der pflanzlichen Lebensmittel für die menschliche Ernährung nur eine untergeordnete Bedeutung besitzt und ferner Wasser und Mineralstoffe überhaupt nicht bewertet zu werden pflegen, weil Wasser fast überall in beliebiger Menge zur Verfügung steht und Mineralstoffe fast in allen natürlichen Lebensmitteln in hinreichender Menge und geeigneter Zusammensetzung vorhanden sind.

Von der Einbeziehung der Vitamine, der Phosphatide und der mancherlei sonstigen in vielen Lebensmitteln vorhandenen, mehr oder weniger wertvollen Stoffe, insbesondere der Geschmack- und Reizstoffe, in den Nährwert, muß einstweilen ganz abgesehen werden, weil für alle diese Stoffe noch keine meßbaren Größen bekannt sind.

Vielfach wird unter Nährwert der „Wärmewert", d. h. die Verbrennungswärme der Nahrungsmittel bzw. die Summe der Verbrennungswärmen der Nährstoffgruppen Proteine, Fette und Kohlenhydrate, ausgedrückt in Calorien, verstanden[1], indem man einerseits den ausnutzbaren Anteil der Nährstoffe, andererseits aber auch den für die Verdauung notwendigen Energieaufwand und den sonstigen Energieverlust mit in Rechnung setzt. Letzterer ist für Fette und Kohlenhydrate nur gering, während er für Proteine nach Abzug des Harnstoffwertes $(5,711 - 0,877) = 4,834$ zu 27% angenommen wird. So kommt es, daß für je 1 kg der physiologisch ausnutzbaren Nährstoffe:

	Proteine	Fette	Kohlenhydrate
statt der Roh-Calorien	5,7	9,3	4,0
die Rein-Calorien nach RUBNER	4,1	9,3	4,1

angenommen werden. Im übrigen siehe M. RUBNER in Bd. I, S. 1194.

Da aber der Körper neben der Wärmezufuhr durch die Nahrung ständig einer bestimmten, aber für die verschiedenen Zwecke verschiedenen Menge von verdaulichen Proteinen zur Erzeugung von Blutproteinen und Fleisch, zur Bildung der zur Verdauung und zu den Umsetzungen in den Geweben und Organen notwendigen Enzyme bedarf — biologischer Wert der Proteine —, so kann für die Beurteilung des Nährwertes eines Nahrungsmittels nicht lediglich dessen Wärmewert dienen. Es muß daher, um den Nährwert eines Nahrungsmittels voll zum Ausdruck zu bringen, stets auch sein prozentualer Gehalt an verdaulichen Proteinen angegeben werden. Beide Werte, der Wärmewert in Calorien und der prozentuale Gehalt an verdaulichen Proteinen, lassen sich aber nicht auf einen gemeinsamen Nenner bringen[2] und daher gestatten beide Werte keinen genauen Vergleich zwischen dem Nährwert zweier Nahrungsmittel.

Preiswerteinheiten. Schon im Jahre 1876, also zu einer Zeit, wo die Bestimmung des Nährwertes durch die Verbrennungswärme noch nicht zur Erörterung stand, haben J. KÖNIG[3] und A. KRÄMER[4] versucht, auf Grund des Gehaltes eines Nahrungsmittels oder Futtermittels an Proteinen, Fetten und Kohlenhydraten und seines Marktpreises mit Hilfe der Methode der kleinsten Quadrate das mittlere Preisverhältnis der drei Nährstoffe rechnerisch festzustellen.

Diese Berechnungen bezweckten also im Gegensatz zur Bestimmung des physiologischen Nährwertes eines Nahrungsmittels lediglich die Feststellung, ob in einem bestimmten Nahrungsmittel die Nährstoffe teurer oder billiger

---

[1] Vgl. hierzu C. OPPENHEIMER: Biochem. Zeitschr. 1917, **79**, 302 u. R. HÖBER: Biochem. Zeitschr. 1917, **82**, 68.

[2] Über einen dahin gehenden, aber nicht befriedigenden Versuch vgl. H. FINCKE: **Z.** 1926, **52**, 65.

[3] J. KÖNIG: Zeitschr. Biol. 1876, **11**, 497.

[4] A. KRÄMER: Blätter für Gesundheitspflege in Zürich 1876.

waren als der Mittelpreis der Nährstoffe in den dessen Berechnung zugrunde
gelegten Nahrungsmitteln. Auf Grund dieser Festellung sollte dann entschieden werden, ob die Verwendung eines Nahrungsmittels in Fällen, in denen es
auf dessen geschmackliche und sonstige besonderen Vorzüge nicht oder weniger
ankommt, zu empfehlen war oder nicht. Auf Grund des so ermittelten Preis-
verhältnisses der drei Nährstoffe Proteine, Fette und Kohlenhydrate und des
prozentualen Gehaltes eines Nahrungsmittels an diesen wurde dann die Summe
seiner „Preiswerteinheiten"[1] oder „Geldwerteinheiten" berechnet.

   In der Folgezeit ist dann viel über die Bedeutung und Berechtigung der
so gewonnenen Preiswerteinheiten und ihr Verhältnis zum Nährwert gestritten
worden[2]. Daran, daß die Preiswerteinheiten eine gewisse Bedeutung im oben
geschilderten Sinne besitzen, kann wohl nicht gezweifelt werden, nur muß man
immer berücksichtigen, daß sie zum Nährwert eines Nahrungsmittels in keiner
direkten Beziehung stehen.

   Eine größere Bedeutung als für die menschlichen Nahrungsmittel besitzen die Preiswerteinheiten aus verschiedenen Gesichtspunkten für die tierischen Futtermittel, auf die
hier aber nicht näher eingegangen werden soll.

   Eine gewisse Unsicherheit bei der Berechnung der Preiswerteinheiten der
Nahrungsmittel besteht darin, daß das Preiswertverhältnis von Proteinen, Fetten und
Kohlenhydraten, namentlich das von Proteinen gegenüber den Fetten und den Kohlenhydraten, bei den einzelnen Nahrungsmitteln — weniger bei den Futtermitteln — ein
mehr oder weniger verschiedenes ist; immer bleibt dabei aber bestehen, daß die Proteine,
namentlich bei den Nahrungsmitteln aus dem Tierreich, geldlich wesentlich höher bewertet
werden als Fette und Kohlenhydrate. Es werden daher bei der Berechnung der Preiswerteinheiten zwar keine konstanten absoluten, wohl aber relative gleichsinnige Werte erhalten.
Es kommt hinzu, daß die Preiswerteinheiten abhängig sind von den Marktpreisen; sie
können daher mit diesen auch zeitlich und örtlich schwanken.

   J. König[3] hat zuletzt mit S. S. Plonskier das Preiswertverhältnis der
verdaulichen Nährstoffe Proteine, Fette, Kohlenhydrate auf Grund der Marktpreise von Münster i. W. in der Vorkriegszeit nach der Methode der kleinsten
Quadrate erneut berechnet und dabei folgende Wertverhältnisse in runden
Zahlen erhalten:

	Proteine		Fette		Kohlenhydrate
Tierische Nahrungsmittel . .	8	:	2	:	1
Pflanzliche Nahrungsmittel .	3	:	2	:	1

   Der Wertfaktor für verdauliche tierische Proteine ist also durchweg erheblich
höher als der für verdauliche pflanzliche Proteine, wie ja überhaupt die tierischen
Nahrungsmittel relativ erheblich höher bewertet und bezahlt werden als die
pflanzlichen von gleichem Gehalt an Nährstoffen. Es ergibt sich daraus ferner,
daß für die Berechnung der Preiswerteinheiten der tierischen Nahrungsmittel
andere Wertfaktoren zugrunde gelegt werden müssen wie für die pflanzlichen
Nahrungsmittel und daß infolgedessen hinsichtlich der Preiswerteinheiten genau
genommen auch die tierischen nicht mit den pflanzlichen Nahrungsmitteln,
sondern beide Gruppen nur unter sich vergleichbar sind. Um nun mit Hilfe
obiger Wertfaktoren die Preiswerteinheiten eines Nahrungsmittels zu erhalten,
multipliziert man den Gehalt des Nahrungsmittels an Nährstoffen mit den
Wertfaktoren dieser Nährstoffe, addiert die einzelnen Werte und vergleicht
ihre Summe mit dem Marktpreise.

---

[1] Die ursprünglich von J. König gewählte Bezeichnung „Nährwerteinheiten" war
nicht zutreffend und irreführend; sie ist daher heute verlassen.
[2] Vgl. dazu E. Seel u. P. Elbe: Z. 1916, **32**, 1; E. Seel: Z. 1918, **35**, 106. — G. Fendler:
Z. 1916, **32**, 393; 1917, **33**, 193. — J. König: Z. 1916, **32**, 5 u. 399; 1917, **33**, 209. In
diesen Arbeiten ist auch die weitere Literatur eingehend erörtert.
[3] J. König: Z. 1918, **35**, 217. — J. J. Plonskier: Dissertation Münster i. W. 1917;
auch Heft 24 der Veröffentlichungen der Landwirtschaftskammer für Westfalen 1917.

IV.

Entnahme und Vorbereitung des Untersuchungsmaterials.

Von

Professor DR. A. BEYTHIEN - Dresden.

Mit 21 Abbildungen.

In allen Fällen, in denen der Chemiker zur Erstattung eines Gutachtens über die stoffliche Zusammensetzung irgendeines Gegenstandes berufen wird, ist die Art der Probenahme und die weitere Behandlung der Proben für die Zuverlässigkeit der später erlangten Untersuchungsbefunde von ausschlaggebender Bedeutung.

I. Probenentnahme.

Wie die Probenahme auszuführen ist, hängt von der Fragestellung ab und kann durch diese in mannigfaltigster Weise beeinflußt werden. Von den vielseitigen Aufgaben des Lebensmittelchemikers sind neben der Feststellung des Nähr- und Geldwertes besonders der Nachweis von Verdorbenheit und Verfälschungen zu erwähnen, ferner die Prüfung auf gesundheitsschädliche oder andere verbotene Stoffe und die Bestimmung einzelner Bestandteile, für welche durch Gesetze oder Verordnungen Mindest- oder Höchstgehalte vorgeschrieben sind. Sie alle stellen an die Geschicklichkeit und Findigkeit des Sachverständigen schon bei der Probenahme höchste Ansprüche und erfordern gründliche Überlegung und Sachkunde. Abgesehen von den weniger häufigen Fällen, bei denen es sich um homogene chemische Verbindungen oder Lebensmittel wie Zucker, Kochsalz, Speiseöle, Wein, Branntwein, Essig handelt, hat es der Lebensmittelchemiker in der Regel mit Naturprodukten oder Fabrikaten zu tun, die in ihren einzelnen Teilen verschiedenartig zusammengesetzt sind (Fleisch aus Muskeln, Fettgewebe, Sehnen und Bändern; Fische aus Fleisch, Gräten, Schuppen und anderem Abfall; Käse und Brot aus Rinde und Innenschicht) oder sich, wie Milch, Honig, bei der Aufbewahrung entmischen.

Zum Nachweise von Verfälschungen wird es häufig zweckmäßig sein, einzelne Teile des Gegenstandes abzutrennen und für sich zu untersuchen, insbesondere bei aus mehreren nicht mischbaren Schichten bestehenden Flüssigkeiten, bei Faßbutter, in der sich äußerlich verschiedenartige Herde oder Nester unterscheiden lassen, bei derben Fleischstücken, von denen man zum Nachweise verbotener Konservierungsmittel nur die äußeren, zur Prüfung auf ausreichende Pökelung aber die inneren Teile heranziehen wird. Auch wenn bei größeren Mengen von pflanzlichen Rohstoffen (Kartoffeln, Rüben, Kohlköpfen, Obstfrüchten) die Frage beantwortet werden soll, ob darin beschädigte oder krankhaft veränderte Teile enthalten sind, und wodurch diese Schädigung verursacht worden ist, empfiehlt es sich, die Individuen von äußerlich abweichender Beschaffenheit herauszulesen und für sich zu untersuchen. Für alle diese Fälle lassen sich selbstredend allgemeine Regeln und Gesichtspunkte nicht aufstellen, sie werden vielmehr bei den einzelnen Gruppen von Lebensmitteln und Bedarfsgegenständen zu besprechen sein.

Anders liegt die Sache, wenn die mittlere Zusammensetzung einer Ware bestimmt werden soll, denn dann muß die Analyse für die ganze zum Verkaufe gelangende Menge Geltung haben. Handelt es sich also z. B. um Lebensmittel in verkaufsfertigen Packungen, wie Milch in Flaschen, Dosen mit Gemüsekonserven, Honig, Marmelade, oder zur Abgabe an das Publikum bereitgestellte Stücke, wie Würste, Butter, Margarine, Schokoladetafeln, so können diese ohne weiteres entnommen werden, während bei kleinen Vorräten fester oder flüssiger Waren, wie Mehl in Schubkästen, Öl in Kannen, ein Durcheinanderrühren mit Löffeln oder Spateln aus Porzellan, Eisen oder Horn erforderlich, aber meist auch ausreichend ist.

Schwieriger und umständlicher gestaltet sich die richtige Probenahme aus großen Vorräten oder Beständen; denn dann muß durch sorgfältige Auslese und Mischung dafür gesorgt werden, daß die in das Laboratorium gelangende Probe einen Durchschnitt der Gesamtware darstellt oder ihm doch so nahe als möglich kommt. Für die Lösung dieser Aufgabe können nach den bisherigen Erfahrungen einige Vorsichtsmaßregeln angegeben werden. Sie müssen selbstredend nach der Art der vorliegenden Stoffe verschieden sein.

1. Harte, steinige Massen, Steinkohlen usw. Bei diesen Stoffen, die vielfach in ganzen Schiffsladungen oder Eisenbahnzügen verfrachtet werden und aus Mischungen großer und kleinerer Stücke mit Gruß und Pulver bestehen

Abb. 1.
Diagonalteilung.

können, empfiehlt es sich, die Probe gleich bei der Entladung in der Weise zu entnehmen, daß man einen bestimmten Prozentsatz der in Bewegung gesetzten Einheit, also beispielsweise jeden 5., 10. oder 20. Förderkorb (Schubkarren, Schaufelinhalt) beiseite stellt und auf einem ebenen Platze zu einer 8—10 cm hohen Schicht von rechtwinkeliger Begrenzung ausbreitet, wobei möglichst gleichmäßige Verteilung der groben und feineren Teile anzustreben ist. Die Fläche wird in mehrere Quadrate und davon jedes durch die Diagonalen in 4 gleiche Teile zerlegt. Von sämtlichen Quadraten nimmt man dann, wie Abb. 1 zeigt, zwei der mit der Spitze aufeinander stoßenden Dreiecke (*AA* oder *BB*) weg, schüttet die so erhaltene Hälfte der Gesamtmasse wiederum zu einer rechteckigen Schicht auf, halbiert diese durch Diagonalteilung in gleicher Weise und setzt dieses Verfahren solange fort, bis etwa 300—500 kg gewonnen sind. Die hierin enthaltenen größeren Stücke werden durch Zerschlagen mit dem Hammer oder einfacher auf maschinellem Wege in besonderen Steinbrechern so weit zerkleinert, daß sie höchstens noch Walnußgröße haben. Die wiederum zu einer Schicht von 8—10 cm Höhe ausgebreitete Masse zerlegt man nach dem oben beschriebenen Verfahren der Diagonalteilung in kleinere Mengen, so daß schließlich 10—15 kg verbleiben, zerkleinert diese solange, bis sie restlos durch ein Sieb von 3 mm Maschenweite hindurchgehen, und fährt mit der Diagonalteilung weiter fort, bis die Probe genügend, d. h. auf etwa 2 kg verjüngt ist.

An Stelle der umständlichen Handarbeit können auch automatisch oder mechanisch wirkende Vorrichtungen benutzt werden, wie sie von V. SAMTER[1], O. BENDER (nach amerikanischen Quellen)[2] u. a. empfohlen worden sind.

Einfacher gestaltet sich die Sache bei weniger grobstückigen Materialien, wie Kies, Salz, Getreide oder Samen aller Art (Kaffee, Tee, Kakaobohnen). Hier genügt es in der Regel, daß man bei Schiffsladungen aus jedem Förderkorb, bei Eisenbahnwaggons von möglichst vielen Stellen mittels eines Löffels Einzelproben

[1] V. SAMTER: Chem.-Ztg. 1908, **34**, 1224.
[2] O. BENDER: Zeitschr. angew. Chem. 1911, **24**, 1164.

von je 0,5 kg entnimmt, diese zu einem Haufen vereinigt, umschaufelt, ausbreitet und nach dem Prinzipe der Diagonalteilung auf etwa 2 kg verringert.

Zur Erleichterung dieser Art der Probenahme hat O. BINDER[1] einen automatischen Mischapparat (Abb. 2) für Laboratoriumszwecke in der Weise eingerichtet, daß die zerkleinerten Stücke oder die Samen aus einem Trichter a gleichmäßig in 4 Becher geteilt werden; der Inhalt von 2 sich quer gegenüberstehenden Bechern wird vereinigt und abermals in derselben Weise geteilt, bis eine genügend kleine Durchschnittsprobe zur Zerkleinerung für die Analyse gewonnen ist.

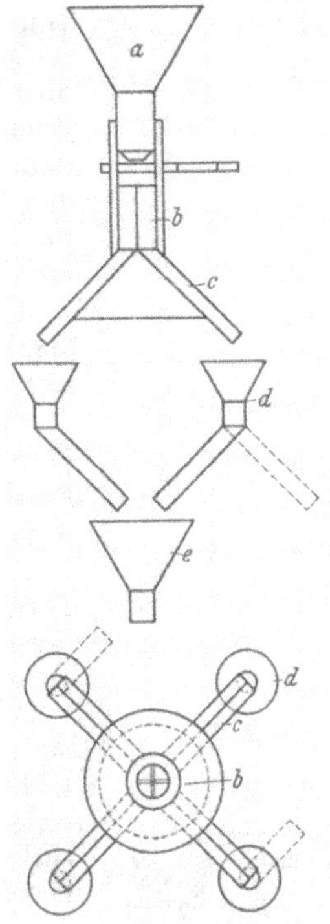

2. Obst, Kartoffeln, Rüben. Zur Erlangung einer Durchschnittsprobe muß man aus einem Haufen große, mittlere und kleine Exemplare im Verhältnisse zur Gesamtmenge aussuchen, und zwar von großen Wurzelgewächsen etwa 9—12, von kleineren 20—30 Stück. In Säcken oder Kisten befindliche Stücke werden vorher ausgeschüttet und flach ausgebreitet. Die ausgesuchten Stücke befreit man, wenn nötig, durch Abspülen mit kaltem Wasser von anhaftender Erde und läßt sie nach dem Abtrocknen mit einem Tuche mehrere Stunden an der Luft liegen. Unter Umständen ist es vorteilhafter, von jedem Exemplare nur die Hälfte, ein Viertel oder kleinere Stücke durch Längsschnitte abzutrennen.

3. Von sperrigen Stoffen, wie Blattgemüse, Salat, Tabak u. dgl. müssen erst mehrere Einzelpflanzen oder Pflanzenteile in größerer Zahl ausgewählt und dann mittels einer scharfen Schere, eines Messers oder einer Schneidemaschine tunlichst fein (zu Häcksel) zerschnitten werden. Wenn die vorhandene Menge nicht mehr als 1 kg beträgt, verwendet man sie unmittelbar zur Vortrocknung, andernfalls vermischt man sie möglichst gleichmäßig mit den Händen, breitet sie zu einer Schicht aus und verfährt weiter nach dem Prinzip der Diagonalteilung.

Abb. 2.
Automatischer Probenehmer nach O. BINDER.

4. Samen, feinkörnige, mehlartige u. ä. Stoffe in Säcken, Ballen, Fässern, Kisten oder auch in hohen Haufen wie bei Schiffsladungen können mit Hilfe von Probestechern entnommen werden, die in mannigfachen Formen in Gebrauch sind.

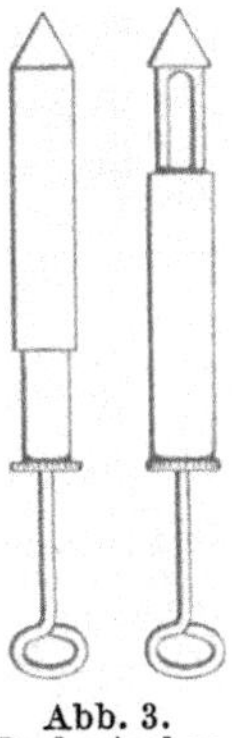

Der Probestecher von P. METZGER[2] (Abb. 3) besteht aus zwei ineinander beweglichen Messingzylindern, von denen der innere, längere mit einem röhrenförmigen Ausschnitt versehen ist und unten spitz zuläuft. Wird der Apparat geschlossen in das Probegut gesteckt und dann der äußere Zylinder in die Höhe gezogen, so füllt sich der röhrenförmige Ausschnitt durch Drehen des Handgriffs mit der Substanz. Darauf schiebt man den äußeren Zylinder in seine ursprüngliche Lage zurück, wodurch der Ausschnitt geschlossen und jede Beimischung von den übrigen Teilen des Probegutes beim Herausziehen verhindert wird. Bei genügender Länge des Probestechers lassen sich auf diese Weise Proben aus den verschieden tiefen

Abb. 3.
Probestecher nach METZGER.

---

[1] O. BINDER: Zeitschr. analyt. Chem. 1909, **48**, 32; vgl. auch E. S. PETTYJOHN: Ind. Engin. chem. 1931, **3**, 163, durch Zeitschr. analyt. Chem. 1932, **9**, 442.
[2] P. METZGER: Zeitschr. analyt. Chem. 1900, **39**, 791.

Schichten entnehmen, für sich allein untersuchen oder auch, zur Feststellung der durchschnittlichen Zusammensetzungen, vermischen.

In einfacherer Weise ermöglicht dies der Kornprobestecher von FR. NOBBE (Abb. 4), der das Aussehen eines Spazierstocks hat und ebenfalls aus zwei ineinander beweglichen Messinghülsen besteht, von denen die innere aber auf der gegen 1 m betragenden Gesamtlänge 10 Ausschnitte hat, so daß man beim Einführen in den Sack oder Haufen jedesmal gleich aus ebensoviel Schichten der Masse eine kleine Teilprobe erhält. Ähnlich ist der Samen- oder Fruchtspazierstock von Dr. Peters & Rost eingerichtet.

Um aus der Tiefe von Schiffen oder Kornlagern Proben herauszuholen, kann man sich des Kahnstechers (Abb. 5) bedienen.

Falls es notwendig oder wünschenswert ist, aus geschlossenen Säcken Proben zu entnehmen, so verwendet man spitze Probezieher von der in Abb. 6 dargestellten Form des Apparates von Dr. Peters & Rost, der mit einem Etui versehen ist, und von dem ein großes Modell zur Entnahme von Getreide, ein kleineres zur Entnahme von Mehl benutzt wird. Der demselben Zweck dienende Probestecher von v. WEINZIERL besteht aus einer in eine Stahlspitze auslaufenden Röhre, die, 3 cm von der Spitze entfernt, einen 3 cm langen Ausschnitt zur Aufnahme des Probegutes besitzt.

Für die meisten Rohstoffe der Industrie, der Landwirtschaft und des Gewerbes sind von den an ihrem Einkaufe oder Verkaufe beteiligten Organisationen wohl immer unter Mitwirkung chemischer und technischer Sachverständiger, besondere Vorschriften ausgearbeitet worden, deren peinliche Beachtung den vereidigten Probenehmern zur Pflicht gemacht wird. Als ein Beispiel derartiger Regeln seien hier nur die Beschlüsse des Verbandes Landwirtschaftlicher Versuchsstationen vom Jahre 1918 angeführt:

Abb. 4.
Kornprobestecher nach FR. NOBBE. (Verein. Fabriken für Laboratoriumsbedarf Berlin.)

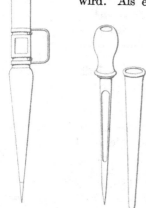

Abb. 5. Kahnstecher. (Verein. Fabriken für Laboratoriumsbedarf Berlin.)

Abb. 6.
Probezieher für Säcke.

1. a) Bei gesackter Ware sind von Getreide, Koniferen und anderen leicht fließenden Samenarten aus jedem Sacke oben, in der Mitte und unten kleine Mengen zu entnehmen, und zwar bei 1—20 Säcken aus jedem Sack, bei mehr als 20—100 Säcken aus mindestens 20 Säcken; die einzelnen Mengen sind zusammenzumischen. Bei Posten von mehr als 100 Säcken empfiehlt es sich, mehrere Durchschnittsmuster zu ziehen und untersuchen zu lassen. Jedes solche Muster soll aus nicht mehr als 100 Säcken stammen.

Zur Entnahme der Proben wird die Benutzung von Korn- bzw. Kleeprobenstechern empfohlen.

b) . . . .

c) Bei lose lagernder Ware sind aus dem Innern des Haufens, von oben, aus der Mitte und von unten, im ganzen von mindestens 10 Stellen kleine Mengen zu nehmen, und diese zu mischen.

Die Probenahme aus gekaufter Saatware muß tunlichst sofort nach Empfang der Ware unter Zuziehung eines einwandfreien Zeugen geschehen.

2. Die für eine vollständige Untersuchung einzusendende Samenmenge soll möglichst betragen:

200 g von Getreide, kleinsamigem Mais und kleinsamigen Bohnen, Rübenknäulen, Rotbuche u. ä. großen Samen; 300 g bei besonders großkörnigen Maissorten und Bohnenarten; $1^1/_2$ Liter zur Bestimmung des Volumgewichtes von Getreide.

5. Feste Fette, wie Schmalz, Butter, Margarine, Cocosfett, werden aus Fässern am besten mit Hilfe spitz zulaufender, 25—40 cm langer Stech-bohrer aus Messing oder vernickeltem Eisen entnommen, indem man diese senkrecht in das Probegut einführt, umdreht und wieder herauszieht. Die an 4—6 Stellen des Gefäßes heraus-geholten Fettquirle werden durch Mischen bzw. Durch-kneten zu einer Durchschnittsprobe vereinigt.

In besonderen Fällen kann auch der Spiralbohrer der American Society for Testing Materials und der hülsen-förmige Probestecher nach ALLEN-AUERBACH (Hersteller: A. Dargak in Hamburg), die beide in den „Einheitlichen Untersuchungsmethoden der Wizöff" beschrieben sind, benutzt werden.

6. Für zäh- oder halbflüssige Substanzen bedient man sich meist des Probestechers von A. GAWALOWSKI, von dem in Abb. 7 zwei Ausführungsformen abgebildet sind. Er besteht aus zwei ineinander liegenden, unten geschlos-senen Metallzylindern, die mit je einem ziemlich breiten Metallschlitz versehen sind und durch Bajonettverschluß so miteinander in Verbindung stehen, daß aus ihnen durch einfache Drehung ein völlig geschlossener Hohlzylinder gebildet werden kann. Der genügend lange Probestecher wird geschlossen eingeführt, dann mittels des Holzgriffes geöffnet, wobei gleichmäßig aus allen Höhenschichten Substanz eindringt, und in geschlossenem Zustande wieder herausgezogen und entleert. Bei 4—6maliger Wiederholung ist man sicher, eine gute Durch-schnittsprobe erlangt zu haben.

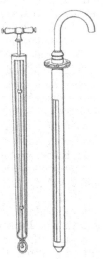

Abb. 7. Probestecher nach GAWALOWSKI.

7. Flüssigkeiten, wie Milch, Öle, Essig, Bier, Wein, Branntwein müssen, wenn irgend möglich, vor der Probenahme sorgfältig gemischt werden. Dies gelingt bei in Fässern befindlichen Stoffen am besten durch andauerndes Rollen der Gebinde, bei kleineren Mengen durch wiederholtes Umgießen in andere Gefäße oder durch Rühren und Schütteln. Ganz oder teilweise gefrorene Flüssigkeiten müssen zuvor durch längere Erwärmung auf nicht zu hohe Temperaturen völlig aufgetaut werden.

Die bei leicht sich entmischenden Emulsionen, wie Milch, oder bei kohlensäurehaltigen Getränken, wie Bier, zu beachtenden besonderen Vorsichtsmaßregeln werden bei den einzelnen Waren-gattungen näher besprochen.

Die Entnahme erfolgt bei ausfließenden Flüssigkeiten (Zisternen, Tankwagen) oder bei Gefäßen mit weiter Öffnung vermittels des Schöpflöffels, sonst mit Hilfe verschiedenartig geformter Stech-heber (Abb. 8). Wenn eine Durchmischung nicht angängig ist und, wegen voraussichtlicher Entmischung, gesonderte Proben aus ver-schiedenen Schichten entnommen werden müssen, führt man den mit dem Daumen verschlossenen Heber bis zu der gewünschten Tiefe ein, öffnet ihn dann und zieht ihn nach abermaligem Auf-setzen des Daumens heraus. Auf diese Weise gelingt es, die untersten Teile mit etwaigem Bodensatze gesondert herauszuheben.

Abb. 8. Stechheber.

Einige weitere Apparate für die Entnahme von Ölproben (Tankprobegerät-Tauchgefäß usw.) werden in den „Einheitsmethoden der Wizöff", Probenehmer für andere Sonderfälle (Wasser, Luft) in den betreffenden Abschnitten dieses Buches besprochen.

II. Verpackung und Kennzeichnung der Proben.

Die entnommenen Proben sind sofort an Ort und Stelle so zu verpacken, daß bis zur nachfolgenden Untersuchung weder eine stoffliche Veränderung, noch eine Verwechslung eintreten kann. Beide Forderungen setzen die Verwendung geeigneter Umhüllungen und Gefäße sowie sorgfältige Verschließung und Beschriftung voraus.

1. Verpackung der Proben. In der Regel können feste, körnige oder pulverförmige Stoffe, die nicht feucht und nicht hygroskopisch sind und in nicht zu langer Zeit nach der Entnahme zur Untersuchung gelangen, wie Getreide, Sämereien, Mehl, Gewürze u. dgl. in Papierbeutel, zweckmäßig in solche mit äußerer Umhüllung von Pergamentpapier, abgefüllt werden. Das gleiche gilt, soweit die amtliche Lebensmittelkontrolle in Betracht kommt, auch für die festen Speisefette (Butter, Margarine, Cocosfett), die meist schon in Papier- oder Kartonumhüllung feilgehalten und in dieser Originalpackung entnommen werden, sowie für einige etwas feuchtere Stoffe, wie frisches Fleisch, wenn es nicht auf die Bestimmung des Wassergehaltes ankommt.

Anders ist es natürlich bei Substanzen, die sich an der Luft schnell verändern (Chlorkalk, Pottasche), und für halb- oder ganzflüssige Stoffe. Für sie und für alle Proben der ersteren Art, die längere Zeit, etwa bis zu einer Kontrollanalyse, aufgehoben werden müssen, sind Gefäße aus Glas, Porzellan, Steingut, die durch Glas- oder Korkstopfen abgeschlossen werden können, oder, unter Umständen, Metallgefäße anzuwenden, also z. B. Glasflaschen, Pulvergläser mit Korkstopfen oder Schraubverschluß, Blechdosen mit aufgeschraubtem Holzdeckel u. dgl. Alle Gefäße sind vorher sorgfältig zu reinigen und dann vollständig auszutrocknen.

2. Kennzeichnung der Proben. Zur Sicherung der Identität und zur Verhinderung von Verwechslungen ist es unbedingt erforderlich, daß jede Probe sofort möglichst sorgfältig bezeichnet wird. Flaschen zur Aufbewahrung von Milch und anderen Flüssigkeiten tragen zweckmäßig eingebrannte oder auf umgelöteten Blechstreifen befindliche Nummern, die in allen Schriftstücken wiederkehren. Außerdem wird die Warenbezeichnung, das Gewicht der entnommenen Menge, der Name und der Wohnort des Betriebsinhabers, der Zeitpunkt und die Örtlichkeit der Probenahme auf der angeklebten Etikette angegeben oder, bei Papierumhüllungen auf diese sofort aufgeschrieben.

Von besonderer Wichtigkeit ist die Frage der Versiegelung, die zwar dann überflüssig erscheint, wenn die Probenehmer die entnommenen Proben unmittelbar dem Untersuchungsamte zustellen, die aber dann unerläßlich ist, wenn die Probe durch mehrere Hände geht, also bei allen amtlich hinterlassenen Gegenproben und bei allen für Handelszwecke dienenden Kontrollmustern. Zum Verschließen sind unbedingt Lacksiegel zu verwenden, weil Siegelmarken unverletzt abgeweicht werden können und nach unseren Erfahrungen bereits mehrfach losgelöst worden sind. Das Siegel ist auf Verschlußkorken so anzubringen, daß es auch den Flaschenrand bedeckt, bei Papierumhüllungen mit Bindfadenverschnürung tunlichst an mehreren Stellen. Für solche Gegenproben, die zur Nachuntersuchung durch einen anderen Sachverständigen bestimmt sind, empfiehlt es sich, auf der unabnehmbaren, d. h. mit angesiegelten Bezettelung außer den vorstehend mitgeteilten Angaben noch eine Beschreibung der Gefäßform (runde oder eckige Flasche, Blechdose o. ä.) anzubringen, da sonst Unterschiebung fremder Proben möglich ist.

Im Verlaufe der amtlichen Lebensmittelkontrolle ist von uns festgestellt worden, daß eine Milchhändlerin, bei der verfälschte Milch angetroffen worden war, am Tage darauf eine Gegenprobe von guter Milch versiegeln ließ und diese dem Handelschemiker zur Untersuchung übergab.

Die zahlreichen, zur Erlangung einwandfreier Proben zu beachtenden Umstände erfordern eine hervorragende Sachkunde der Probenehmer (Lebensmittelchemiker, Aufsichtsmannschaften, von der Handelskammer vereidigte Probenehmer). Sie haben zum Teil zu genau präzisierten Vorschriften geführt, wie den Beschlüssen der Wizöff für Fette, Öle, Seife, Glycerin, des Verbandes Landwirtschaftlicher Versuchsstationen für Sämereien, und größerer Industrieller Vereinigungen für Rohzucker, Dünge- und Futtermittel, Chemikalien usw., die genau zu beachten sind.

Für die Probenehmer der amtlichen Lebensmittelkontrolle kommen schließlich noch die „Grundsätze für die einheitliche Durchführung des Lebensmittelgesetzes" in Betracht, die bereits vom Reichsinnenministerium dem Reichsrate zur Beschlußfassung vorgelegt worden sind und voraussichtlich demnächst Gesetzeskraft erlangen werden. Artikel 10, Abs. 8 dieses Entwurfes lautet:

„Wird nach § 7 Abs. 1 des Lebensmittelgesetzes ein Teil der Probe amtlich verschlossen oder versiegelt zurückgelassen (Gegenprobe), so hat der Polizeibeamte oder der Sachverständige, der die Probe entnommen hat, dem Betriebsleiter oder dessen Stellvertreter zugleich zu eröffnen, daß er die Gegenprobe möglichst bald, spätestens innerhalb einer Frist von zwei Wochen, auf seine Kosten durch einen hierfür zugelassenen Sachverständigen untersuchen lassen darf, daß er jedoch der zuständigen Polizeibehörde dies schriftlich mitteilen und dabei den Sachverständigen benennen muß, dem er die Probe übergeben hat. Der Betriebsinhaber oder dessen Stellvertreter ist ferner darauf hinzuweisen, daß er sich durch Vornahme einer Veränderung an der Gegenprobe einer strafbaren Handlung schuldig macht. Die Zulassung der Sachverständigen erfolgt auf Antrag widerruflich für die einzelnen Polizeibezirke durch die zuständige Behörde. Soweit es sich um chemische Sachverständige handelt, sind hierfür nur Chemiker zuzulassen, die den Ausweis als geprüfter Lebensmittelchemiker besitzen. Die Sachverständigen sind darauf zu verpflichten, daß sie auf die Unverletztheit des Verschlusses oder Siegels und auf etwaige Merkmale achten, die auf eine an der Gegenprobe vorgenommene Veränderung hinweisen, ferner, daß sie die Gegenprobe so genau beschreiben, daß über die Übereinstimmung mit der Probe kein Zweifel aufkommen kann, schließlich, daß sie die Untersuchungen nach bestem Wissen und Gewissen vornehmen . . ."

Gegen diesen Entwurf sind von seiten der Industrie mehrfache Einwendungen erhoben worden, die sich vor allem gegen die Festsetzung einer Frist für die Nachuntersuchung und die Beschränkung der Sachverständigen auf behördlich zugelassene Lebensmittelchemiker richten. Wie ich aber bereits in einem früheren Aufsatze „Über die Behandlung der sog. Gegenproben"[1] des näheren ausgeführt habe, ist die Festsetzung einer nach Tagen oder Wochen bemessenen Frist unbedingt erforderlich, weil später beantragte Kontrolluntersuchungen leicht verderblicher Lebensmittel, wie Fleisch, Milch, Butter, zu falschen Gutachten führen können und daher zwecklos sind.

Die von uns erlebte Tatsache, daß ein Gegengutachter eine ihm $6^1/_2$ Monate nach der Entnahme übergebene Hackfleischprobe noch auf schweflige Säure untersuchte und deren Abwesenheit feststellte, beweist dies zur Genüge. Die Beschränkung auf wirklich sachverständige Personen erscheint zur Ausschaltung chemischer Kurpfuscher unentbehrlich, sind uns doch Gutachten sog. Sachverständiger entgegengehalten worden, die den Fettgehalt der Milch mit dem FEHSERschen Laktoskop oder gar dem MARCHANDschen Kremometer bestimmt hatten, oder den Wassergehalt der Butter von 15jährigen Laborantinnen hatten bestimmen lassen. Es liegt sicher im Interesse der Industrie und des Handels, wenn dieser Entwurf wenigstens in seinen Hauptpunkten Gesetzeskraft erlangt und schon jetzt von den Chemikern bei der Probenahme berücksichtigt wird.

Auch hier seien als Beispiel einer Vorschrift für die sachgemäße Verpackung der entnommenen Durchschnittsproben die Beschlüsse des Verbandes Landwirtschaftlicher Versuchsstationen vom Jahre 1918 im Wortlaute mitgeteilt:

Das aus den zusammengemischten kleinen Mengen hergestellte Durchschnittsmuster ist in drei möglichst gleichmäßige Teile zu teilen (bei Rüben unter Berücksichtigung der

---

[1] Deutsch. Nahrungsm.-Rundschau 1932, S. 17.

besonderen Vorschriften), und diese drei in trockene Behälter zu verpackenden Proben sind von dem Zeugen mit eigenem Siegel zu versiegeln bzw. mit eigener Plombe zu plombieren.

Eine Probenahmebescheinigung des Zeugen, aus der zu ersehen ist, daß die Proben in ordnungsmäßiger Weise in Gegenwart des Zeugen genommen und von ihm versiegelt wurden, ist der einzusendenden Probe beizufügen; die beiden anderen Proben sind in einem ungeheizten, trockenen Raume zu etwaigen weiteren Untersuchungen aufzubewahren.

Samenproben, die auf ihren Wassergehalt untersucht werden sollen, sind stets in Gläsern oder Blechbüchsen luftdicht zu verschließen. Mit Korkstopfen versehene Gläser und Blechbüchsen sind zu diesem Zwecke mit Siegellack, Kautschukpflaster, Wachs od. dgl. abzudichten. Eingeschliffene Glasstopfen sind einzufetten.

Bei Sämereien, bei denen sowohl Wassergehalt als Keimfähigkeit bestimmt werden sollen, sind zur Untersuchung tunlichst zwei Proben, eine luftdicht verschlossen, eine gewöhnlich verpackt, einzusenden.

Für diese gewöhnliche Verpackung der auf Keimfähigkeit zu prüfenden Proben eignen sich am besten feste Leinwandbeutel oder starke Doppeltüten; luftdichter Einschluß solcher Proben ist zu vermeiden.

III. Zerkleinern und Mischen der Proben.

Die nach vorstehenden Regeln entnommene Probe muß zur Erlangung einwandfreier Untersuchungsbefunde in einen solchen Zustand der Gleichmäßigkeit versetzt werden, daß auch die oft sehr kleine, für die Analyse erforderliche Gewichts- oder Raummenge der mittleren Durchschnittsbeschaffenheit der Substanz entspricht.

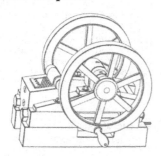 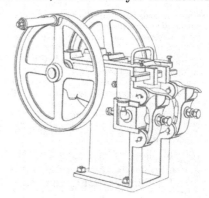

Abb. 9.   Abb. 10.
Laboratoriumssteinbrecher.   Laboratoriumssteinbrecher. Kruppsches System.
(Ver. Fabriken für Laboratoriumsbedarf Berlin.)

Dieses erreicht man bei mischbaren Flüssigkeiten einfach dadurch, daß man sie vor jeder Wägung oder Abmessung bei mittlerer Temperatur von 17—18⁰ gründlich durchschüttelt, bei zähflüssigen, salbenartigen Stoffen, wie Fetten, Sirupen, Honig, Gelee, Marmelade durch Verarbeiten mittels eines Spatels aus Glas, Horn, blankem Eisen oder durch Verreiben in einem Porzellanmörser in der Weise, daß kein Wasser ausgepreßt oder ausgeknetet, sondern in der ganzen Masse gleichmäßig verteilt wird.

Bei festen Stoffen ist sorgfältiges Pulverisieren unter Zuhilfenahme von Sieben erforderlich. Die dazu benutzten Mühlen haben je nach der Art der zu zerkleinernden Substanz überaus mannigfache Formen, von denen nachstehend nur beispielsweise einige der gebräuchlichsten angeführt seien.

1. Kohlen und harte Mineralien werden zunächst in sog. Laboratoriums-Steinbrechern, von denen in Abb. 9 und 10 ein amerikanisches System und ein Kruppsches System abgebildet sind, zerkleinert und dann anschließend im Achatmörser oder auch in mechanischen Mahlwerken mit Achatmörser und Achatpistill (Abb. 11) fein pulverisiert. Auch kann man sich mit Vorteil besonderer Kugelmühlen mit Stahlmantel und Stahlkugeln (Abb. 12) oder,

wenn Eisen ferngehalten werden muß, mit Porzellantrommel und Porzellan-
kugeln (Abb. 13) bedienen.

2. **Lufttrockene spröde Lebensmittel** wie Getreide, Teigwaren, Pfeffer, Zimt,
Kaffee u. dgl. werden mit Hilfe verschiedener, zum Teil auch in Haushaltungen
benutzter Mühlen nach Art der Kaffee-
mühle oder der in Abb. 14 abgebildeten
Malzschrotmühle gemahlen.

Für größere Substanzmengen eignet
sich die bekannte Excelsiormühle

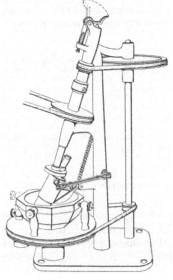

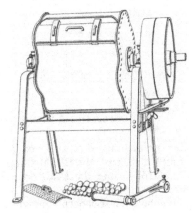

Abb. 11. Mechanisches Mahlwerk.
(Verein. Fabriken für Laboratoriumsbedarf Berlin.)

Abb. 12. Kugelmühle aus Stahl.

(Abb. 15 und 16), die mit der Hand bedient, aber auch für Kraftbetrieb eingerichtet werden kann, indem man die Handkurbel oder das hintere Schwung-
rad abnimmt und durch eine Riemenscheibe ersetzt. Zum Kraftbetriebe, für
den sowohl Wasserstrom als auch Elektromotoren benutzt werden können,
sind etwa $1/2-1$ Pferdekraft erforderlich. Die Reibevorrichtung besteht aus

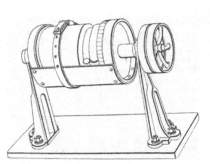

Abb. 13. Kugelmühle aus Porzellan. (Verein.
Fabriken für Laboratoriumsbedarf Berlin.)

Abb. 14. Malzschrotmühle.

zwei flachen, ringförmigen, senkrecht angeordneten Scheiben (Abb. 16), die aus
Hartguß hergestellt sind. Auch die Seckmühle (Abb. 17), ferner die Schlag-
scheibenmühle Titöha der Firma Thieme & Töwe in Halle (Abb. 18),
die leicht zu reinigende Nellco-Liliputmühle von Nelles & Comp. in
Meißen (Sa.) Abb. 19 und einige der vorhin besprochenen Kugelmühlen sind für
die Pulverung lufttrockener Substanzen zu empfehlen.

An die Feinheit des von den Mühlen gelieferten Pulvers sind je nach den analytischen Bestimmungen, zu denen es benutzt werden soll, verschieden-artige Anforderungen zu stellen. Während bei Gewürzen, Kaffee u. dgl. in der Regel das gröbere Pulver der Kaffeemühle ohne weiteres Verwendung finden kann, ist es für andere Stoffe und besondere Zwecke erforderlich, den Feinheitsgrad bis zur äußerst möglichen Grenze zu steigern.

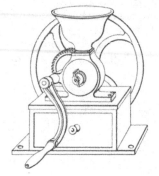

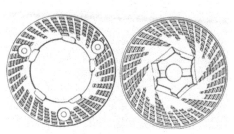

Abb. 15.   Abb. 16.

Abb. 15 und 16. Excelsiormühle nebst Mahlscheiben.

Zur Erreichung dieses Zieles bedient man sich geeigneter Siebvorrich-tungen, d. h. aus Metall (Messing) oder Holz hergestellter Ringe von etwa 6—7 cm Höhe, über die Drahtnetz, Roßhaar- oder Seidengewebe verschiedener Feinheit gespannt werden kann; oder in die man lose metallene Siebscheiben mit eingebohrten Löchern einlegt. Die kreisrunden Löcher der Metall-platten haben meist Durchmesser von 0,5—1,0 und 2 mm, und bei

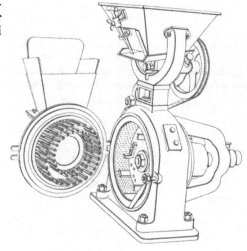

Abb. 17. Seckmühle.   Abb. 18. Schlagkreuzmühle Titöha.
                                   (Thieme & Töwe in Halle a. S.)

den feineren Sieben aus Seidenflor gehen 10—60 Öffnungen auf 1 cm, ent-sprechend einer Maschenweite von 0,1—1 mm. Eine Reihe derartiger Siebe von zunehmender Feinheit, etwa 3 oder 5 werden zu sog. Siebsätzen vereinigt, die mit Deckel und unterem Sammelbehälter versehen sind und getrennt, jedes für sich, oder zusammengesetzt benutzt werden können. Von der großen Zahl der vorgeschlagenen Anordnungen (von Knop, Kühn, Alex Müller u. a.) ist in Abb. 20 der nach den Vereinbarungen des Verbandes Landwirtschaft-licher Versuchsstationen anzuwendende Siebsatz abgebildet.

Man kann die durch Sieben abgetrennten Fraktionen einzeln für sich untersuchen. Zur Herstellung einer gleichmäßigen Durchschnittsprobe wird die

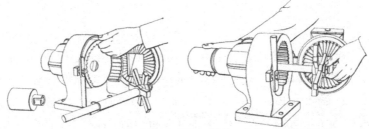

Abb. 19. Nellco-Liliputmühle. (Nelles & Co. in Meißen.)

auf dem größten Siebe verbliebene Masse erneut in Mühlen oder Mörsern gepulvert, bis sie restlos durch das nächste Sieb und so fortfahrend, bis alles durch
das feinste Sieb hindurchgeht. Für die meisten Zwecke wird
es ausreichen, bis zur Feinheit von 1 mm Maschenweite zu
pulverisieren; in besonderen Fällen, wie bei Mineralanalysen
muß hingegen durch feinste Müllergaze gebeutelt werden. Auf
keinen Fall dürfen etwaige gröbere Teilchen beseitigt werden,
vielmehr ist unbedingt dafür zu sorgen, daß die ganze Masse
das Sieb passiert.

3. **Wasserreiche und sperrige Stoffe,** wie Wurzelgewächse,
Obst, Gemüsearten, Fleisch, Wurst usw. werden erst, sei es
direkt oder nach Entfernung der wertlosen Teile vorgetrocknet,
indem man sie in dünne Scheiben oder Streifen schneidet, diese
auf einen gewogenen Metalldraht aufreiht und dann, nach Feststellung des Gesamtgewichtes für einige Tage in einen auf
50—60° erwärmten Trockenschrank bringt. Bei Fleisch mit
anhaftendem Fett empfiehlt es sich, das letztere abzutrennen
und für sich zu untersuchen. Nach dieser Vortrocknung, deren
nähere Einzelheiten im Abschnitt „Wasserbestimmung" (Bd. II,

Abb. 20. Siebsatz.

S. 550) besprochen sind, läßt man die Substanz $\frac{1}{2}$ Tag an der
Luft liegen, damit sie wieder die Luftfeuchtigkeit aufnimmt, und zerkleinert sie
nun nach dem Wägen, wie oben beschrieben, in der Schrotmühle oder im Mörser.

4. **Wasserreiche, aber zerreibbare Stoffe,** wie
Kartoffeln oder Rüben (nach Entfernung der Köpfe
und Schwänze), sowie Obst (nach Abtrennung der
Stiele, Steine oder Kerngehäuse) werden mit einer
einfachen Kartoffelmühle nach Art der Fleischmühle (Abb. 21), wie sie in Haushaltungen benutzt
wird, zerkleinert oder mit besonderen Reibemühlen,
wie denjenigen von LUCKOW oder PELLET-LAMONT,
dem Rübenfräser von KIEHL, der Rübenbohr-
maschine von Keil & Dolle u. a. in einen feinen,
sog. geschliffenen Brei verwandelt, der nach gründ-

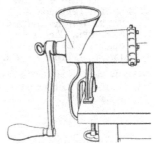

Abb. 21. Fleischmühle.

licher Durchmischung für die einzelnen Bestim-
mungen abgewogen werden kann. Fleisch- und Wurstwaren lassen sich ebenfalls
durch eine zweckmäßig eingerichtete Fleischhackmaschine (Abb. 21) zerkleinern.

5. **Zähe und fette Stoffe,** die sich, wie Schokolade und Käse, weder quetschen
noch mahlen lassen, können sich mittels einer Hand-Kartoffelreibe in den erforderlichen Zustand der Zerkleinerung überführen lassen.

Allgemeine Buch-Literatur über Lebensmittelchemie.

Verzeichnis der wichtigsten neueren deutschen Literatur.

A. BEHRE: Kurz gefaßtes Handbuch der Lebensmittelkontrolle. Bd. I 1931, Bd. II 1935. Leipzig: Akademische Verlagsgesellschaft.

A. BEYTHIEN: Laboratoriumsbuch für Nahrungsmittelchemiker. Dresden u. Leipzig: Th. Steinkopff 1931.

A. BEYTHIEN, C. HARTWICH u. M. KLIMMER: Handbuch der Nahrungsmitteluntersuchung. In 3 Bänden. Leipzig: Chr. H. Tauchnitz 1914/20.

K. V. BUCHKA: Das Lebensmittelgewerbe. Leipzig: Akademische Verlagsgesellschaft 1914/18.

A. BUJARD u. E. BAIER: Hilfsbuch für Nahrungsmittelchemiker, 4. Aufl. Berlin: Julius Springer 1920.

F. ELSNER: Die Praxis des Chemikers bei der Untersuchung von Nahrungs- und Genußmitteln usw., 6. Aufl. Hamburg u. Leipzig: L. Voss 1907.

V. GERLACH: Das deutsche Nahrungsmittelbuch, 3. Aufl. Heidelberg: C. Winter 1922.

G. GASSNER: Mikroskopische Untersuchung pflanzlicher Nahrungs- und Genußmittel. Jena: G. Fischer 1931.

J. GROSSFELD: Anleitung zur Untersuchung der Lebensmittel. Berlin: Julius Springer 1927.

H. HOLTHÖFER u. A. JUCKENACK: Lebensmittelgesetz. Kommentar. Berlin: Carl Heymanns Verlag 1927. 2. Aufl. Teil I 1933; Ergänzung dazu 1936.

O. KESTNER u. H. W. KNIPPING: Die Ernährung des Menschen. 2. Aufl. Berlin: Julius Springer 1926.

J. KÖNIG: Chemie der menschlichen Nahrungs- und Genußmittel, 4. Aufl., Bd. I. Berlin: Julius Springer 1903. Dazu Nachträge A 1919; B 1923; Bd. III, 1 1910, 2 1914, 3 1918. 5. Aufl., Bd. II, 1920.

J. KÖNIG: Die Untersuchung landwirtschaftlich und landwirtschaftlich-gewerblich wichtiger Stoffe, 5. Aufl., Bd. I u. II. Berlin: Paul Parey 1923 u. 1926.

F. LAFAR: Mykologie der Nahrungsmittelgewerbe, Bd. III des Handbuches der Technischen Mykologie. Jena: Gustav Fischer 1905/08.

J. MOELLER: Mikroskopie der Nahrungs- und Genußmittel aus dem Pflanzenreiche, 3. Aufl. von C. GRIEBEL. Berlin: Julius Springer 1928.

C. A. NEUFELD: Der Nahrungsmittelchemiker als Sachverständiger. Berlin: Julius Springer 1907.

W. PLÜCKER: Untersuchung der Nahrungs- und Genußmittel. Allgemeine Methoden. Abt. IV, Teil 14 von ABDERHALDENS Handbuch der biologischen Arbeitsmethoden. Berlin u. Wien: Urban & Schwarzenberg 1931.

H. RÖTTGER: Lehrbuch der Nahrungsmittelchemie, 5. Aufl. von E. SPAETH und A. GROHMANN. Leipzig: Johann Ambrosius Barth 1926.

R. STROHECKER: Chemische Technologie der Nahrungs- und Genußmittel. Leipzig: Otto Spamer 1926.

J. TILLMANS: Lehrbuch der Lebensmittelchemie. München: J. F. Bergmann 1927.

Codex alimentarius austriacus, 2. Aufl. 1911/17.

Schweizerisches Lebensmittelbuch, 3. Aufl. Bern: Neukomm & Zimmermann 1917 mit Anhang 1922.

Milch und Milcherzeugnisse.

Erster Teil.

Milch.

Von

Professor **Dr. A. Gronover**-Karlsruhe.

Abschnitte IV und V von **Dr. R. Strohecker**-Frankfurt a. M.

Mit 40 Abbildungen.

Als Nahrungsmittel steht die Milch wohl an erster Stelle, da sie die meisten für die menschliche Ernährung wichtigsten Stoffe enthält und für Säugling und Kind das wichtigste Nahrungsmittel ist.

Schon lange war dem Menschen die Gewinnung und Verwertung der Milch bekannt. Die Milchspender waren früher hauptsächlich die Ziege und das Schaf. Erst nach Bearbeitung der heimatlichen Scholle zur Gewinnung von Getreide und Futterarten wurde der hauptsächlichste Milchlieferant das Rind. In kälteren Gegenden wurde die Milchproduktion stark gefördert und ging mit der Weiterentwicklung der Landwirtschaft Hand in Hand. Eine gewaltige Produktionssteigerung trat aber erst ein, als man Futtermittel, Grünfutter, Getreide, Ölfrüchte, Rüben usw. in ausreichender Menge anbaute. Mit dieser Entwicklung wurde zugleich auch eine Steigerung des Milchertrages durch geeignete Zuchtwahl gefördert.

Steigerung der Milchleistung je Kuh in kg im Jahr.

Dänemark	1898 = 1970 kg	1914 = 2644 kg	1925 = 2846 kg
Deutschland	1812 = 1280 kg	1914 = 2000—2400 kg	1926 = 2163 kg
Schweden	1870 = 1200 kg	1913 = 2150 kg	1923 = 2300 kg
Australien	1908 = 1103 kg	1914 = 1285 kg	1925/26 = 1453 kg

In Deutschland hat man demnach innerhalb eines Jahrhunderts den Milchertrag auf fast das Doppelte steigern können. Es ist sogar nicht von der Hand zu weisen, daß dieser Leistungsertrag noch erhöht werden kann. Man kann annehmen, daß die mittlere Produktionsergiebigkeit bei einer Lactationsdauer von 300 Tagen je Rind in Deutschland rund 7 Liter im Tage beträgt.

Wenngleich auch eine erhebliche Steigerung der Milchmenge, die jährlich produziert wird, in den letzten Jahren erzielt worden ist, so ist leider in vielen Ländern keine genügende Steigerung des Konsums von Frischmilch zu verzeichnen.

Durchschnittlich betrug der tägliche Verbrauch an Milch je Tag und Kopf der Bevölkerung in größeren Städten im Jahre 1926 etwa $^1/_4$ Liter in Deutschland, während vor dem Kriege der Verbrauch etwa $^1/_3$ Liter betrug. In verschiedenen Ländern ist der Milchverbrauch je Kopf und Tag folgender:

Frankreich	1924 = 0,19 Liter	Vereinigte Staaten . . . 1924 = 0,36 Liter
Niederlande	1923 = 0,24 ,,	Norwegen . . . . 1920 = 0,64 ,,
Ungarn	1923 = 0,25 ,,	Dänemark . . . . 1923 = 0,71 ,,
Deutschland	1926 = 0,26 ,,	Schweiz . . . . 1926 = 0,74 ,,
England	1925 = 0,27 ,,	Schweden . . . . 1924 = 0,84 ,,

Der Verbrauch in einigen Städten Amerikas wurde in den letzten Jahren sogar bis auf 1 Liter gesteigert.

Der Geldumsatz der Milch in der ganzen Welt erreicht ganz ungeheuer hohe Zahlen. Für Deutschland wird der jährliche Geldumsatz der Milch auf 4 Milliarden RM. geschätzt. Er ist also bedeutend größer als der des gesamten Kohlenbergbaues und etwa viermal so groß wie der der gesamten Roheisenindustrie, und dennoch werden große Mengen von Molkereierzeugnissen, wie knodensierte Milch, Butter und Käse, noch vom Ausland nach Deutschland eingeführt.

Die jährliche Milchproduktion der Welt wird auf 158,5 Millionen Tonnen veranschlagt; davon kommen (in Millionen Tonnen) auf die einzelnen Länder:

Vereinigte Staaten . .	54,0	Dänemark	4,2	Neuseeland	2,6
Deutschland	20,7	Australien	3,6	Finnland	2,0
Frankreich.	12,0	Niederlande	3,6	Schweden	1,2
Großbritannien . . .	6,0	Tschechei	3,5	Chile	0,15
Kanada	5,0	Irland	3,2	Japan	0,02
		Schweiz	2,75		

Näheres siehe W. Fleischmann - H. Weigmann: Lehrbuch der Milchwirtschaft, 7. Aufl. Berlin: Paul Parey 1932. — M. Klimmer: Milchkunde, 2. Aufl. Berlin: R. Schoetz 1932. — W. Winkler: Handbuch der Milchwirtschaft, Bd. III, 1. Wien: Julius Springer 1931.

Außer dem Verbrauch an Frischmilch selbst werden große Mengen Milch direkt in Büchsen sterilisiert, meist aber eingedickt und noch gezuckert und durch nachfolgende Sterilisation haltbar gemacht. Neben der Gewinnung von Rahm und Butter werden ferner noch große Mengen Milch zu Käse verarbeitet. Aus den bei der Käsebereitung abfallenden Molken wird noch Milchzucker gewonnen. Das aus Magermilch abgeschiedene Casein findet auch technische Verwendung, so zur Herstellung von künstlichem Schildpatt für Kämme usw.

I. Entstehung der Milch.

1. Bau und Funktion der Milchdrüse.

Bei Säugern bilden sich an beiden Bauchseiten, aus dem Hautgewebe entstanden, die Milchdrüsen aus, die bei Fleischfressern und dem Schwein reihenweise an beiden Seiten des Bauches angeordnet sind. Beim Menschen befinden sich die Milchdrüsen auf beiden Seiten der Brust, dagegen liegen sie bei den Wiederkäuern und den Einhufern zwischen den beiden Hinterschenkeln, und ist die linke und rechte Milchdrüse miteinander verwachsen; dieses Organ wird Euter genannt und besitzt, z. B. bei der Ziege, zwei Milchausführungskanäle, die Zitzen, während bei der Kuh vier Zitzen ausgebildet sind.

Dieses drüsenreiche Organ, das Euter, wird von einem mächtigen Adersystem umgeben und durchzogen, das dem Euter bestimmte Stoffe zur Milchbildung spendet. Ferner noch wird das Euter innen und außen von einem feinmaschigen Lymphgefäßsystem und Nervensystem umsponnen.

Das Euter der Wiederkäuer und Einhufer wird durch ein in der Mitte der Bauchlängsseite befindliches Aufhängeband in eine linke und rechte Euterseite getrennt. Man unterscheidet beim Kuheuter eine vordere und hintere Seite und ferner eine rechte und linke Vorder- und Hinterseite, die voneinander getrennt sind, was durch Injektion mit rot- und blaugefärbter Gelatine nachgewiesen werden kann.

Der Fassungsraum des Euters ist geringer, als der Milchmenge, die ermolken wird, entspricht. In stützendem Bindegewebe eingelagert, befindet sich im Innern des Euters die Drüsenmasse. Diese besteht aus den Milchdrüsenbläschenzellen, auch Milchzellen genannt. In guten milchspendenden Eutern herrschen die drüsigen Zellelemente vor, während das Bindegewebe in seiner Masse zurücktritt. Die Milchzellen bilden auf der Innenseite der Milchdrüsenalveolen eine einschichtige Epithelzellschicht. Die Alveolen, bzw. ihre Ausführungskanälchen, stehen mit immer weiter werdenden Kanälchen in Verbindung, die in größere Hohlräume einmünden, welche über den Milchausführungskanälen, den Zitzen, liegen und Milchzisternen genannt werden.

Zugleich mit der Schwangerschaft tritt bei den Säugern eine starke Entwicklung des Euters ein. Nach und schon kurze Zeit vor dem Geburtsakt sondert das Euter eine milchähnliche Flüssigkeit, das Colostrum, ab. Allmählich ändert sich deren Zusammensetzung, und das alsdann sich Ausscheidende ist die Milch.

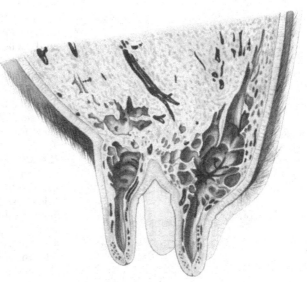

Abb. 1. Sagittalschnitt durch die linke Euterhälfte einer Kuh, deren Hohlraumsystem gefüllt war; Venengeflechte dunkelschwarz gefärbt. (Aus Grimmer: Lehrbuch der Chemie und Physiologie der Milch, 2. Aufl. Berlin: Paul Parey 1926.)

Die in die Milchdrüsenalveolen hineinragenden einschichtigen Epithelzellenreihen bilden an ihren Zellen Ausbuchtungen, in denen sich Fetttröpfchen befinden bzw. bilden; sie zerfallen und werden wieder aufgebaut. Zugleich strömt ultrafiltriertes Blut aus dem Adersystem des Euters zu, das das Bindegewebe in zahlreichen Gefäßen durchzieht und sich in Capillaren aufteilt, die, an die Milchzellen sich anlehnend, das Ultrafiltrat des Blutes an sie abgeben. Die Capillaren selbst sind durch Anastomose unter sich miteinander verbunden. Näheres siehe O. Zietzschmann[1]; C. W. Turner[2].

2. Physiologie der Milchdrüse und Lactationsstadium.

Mit beginnender Schwangerschaft bilden sich im weiblichen Organismus, dem Eierstock und dem Uterus, Hormone, die ins Blut gelangen und zur weiteren Euterentwicklung bzw. Milchzellenbildung anregend wirken. Die nach der Geburt und kurz vorher zuerst sich bildende Ernährungsflüssigkeit ist keine

---

[1] A. Grimmer: Lehrbuch der Chemie und Physiologie der Milch. Berlin: Paul Parey 1926.
[2] C. W. Turner: The structure of the cow's udder. Univ. of Missouri, Agricult. Exper. Stat. Bull. **344** (1935).

normale Milch. Diese sog. Colostralmilch, wie bereits oben erwähnt, ändert sich schon nach einigen Tagen wesentlich; bis zur völlig normalen Milch vergehen etwa 14 Tage. Die Zeit der Milchabsonderung nennt man Lactationsperiode; sie dauert so lange an, bis das neue Lebewesen sich den veränderten Lebensbedingungen bzw. der Ernährungsart angepaßt hat. Nachdem das neue Lebewesen den Mutterleib verlassen hat, wo es die Nahrung lediglich aus dem Blutstrom der Mutter erhielt, muß ihm seiner nun völlig veränderten Ernährungsweise wegen, und da die Nahrung nunmehr durch Magen und Darm geleitet wird, eine dem Organismus angepaßte Nahrung geliefert werden, welche stets die gleichen Bausteine zur Ernährung und zum Wachstum enthält.

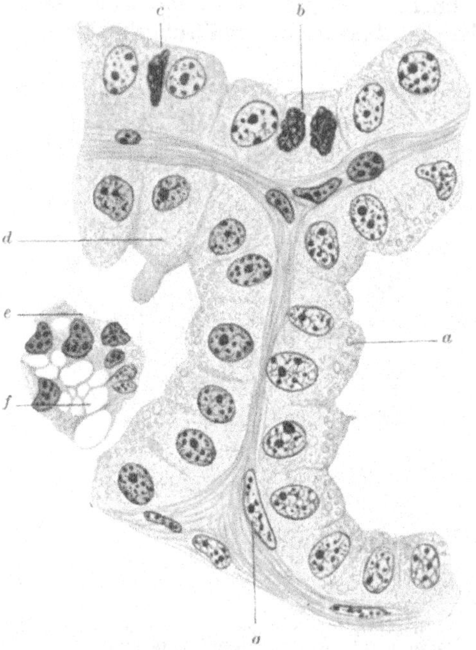

Die Milch ist ein Sekret der Milchzellen. Durch deren Zerfall und Wiederaufbau wird das notwendige Sekret während der Lactationsperiode gebildet, dem das Ultrafiltrat des Blutes und der Lymphe beigemischt wird. Die zerfallenen Milchzellen liefern das Fett, die Proteine und den Milchzucker. Auch die Leukocyten liefern durch Zerfall Milchfett (S. 51).

Den Zerfall der Milchzellen kann man mikroskopisch feststellen. Es bilden sich in dem Innern dieser Zellen mikroskopisch kleine Fetttröpfchen, die man im Gewebe selbst vermittelst Osmiumsäure oder Sudanlösung nachweisen kann. In der Colostralmilch und in frischermolkener Milch findet man die Fetttröpfchen vielfach zu Gruppen miteinander verklebt.

In den Milchzellen selbst wird das Casein, das weder im Blutserum noch in den sonstigen Zellen vorkommt, gebildet. Auch das Albumin dürfte in den Milchzellen entstehen,

Abb. 2. Milchdrüsenalveolen der Ziege. Zeit: nach der Geburt. Beginn der Fettbildung. *a* Fetttröpfchen im Epithel, *b* Kernteilungsfigur (Tochterkerne), *c* Leukocyt im Epithel, *d* Epithelzelle mit Protoplasmafortsatz, *e* Alveolarinhalt mit Zellen, *f* freies Fett, *g* interalveoläres Bindegewebe. (Nach MARTIN.) (Aus GRIMMER: Lehrbuch der Chemie und Physiologie der Milch, 2. Aufl. Berlin: Paul Parey 1926.)

bzw. in diesen umgewandelt werden, während das Globulin wohl ein Zersetzungsprodukt des Caseins sein dürfte.

Auch die Bildungsstätte des Milchzuckers ist im Euter selbst zu suchen, was auch wohl bei der Citronensäure der Fall sein wird. Die Salze stammen zum Teil aus dem Blut und zum Teil aus den Milchzellen selbst, während das Wasser als Dispersionsmittel der Milchbestandteile in weit überragender Menge dem Blute entnommen wird.

Da, wie schon erwähnt, das Fassungsvermögen des Euters geringer ist als die ermolkene Milchmenge selbst, so ist daraus zu ersehen, daß durch Reizerscheinungen des Nervensystems während des Melkens neue Milch gebildet wird. Man kann also zwei Phasen der Milchbildung beobachten. Nach dem letzten Melken wird im Euter neue Milch gebildet, die erste Phase der Milchbildung, während die zweite Phase der Milchbildung beim Melken selbst einsetzt.

II. Eigenschaften der Milch.

1. Allgemeines.

a) Aussehen, Geschmack und Geruch. Die Milch ist eine weißlich bis gelblich-weiße Flüssigkeit. Ihre weißliche Färbung beruht darauf, daß das emulsionsartig zerteilte Fett und ferner auch noch die kolloidzerteilten Proteine das Licht reflektieren, was seine Bestätigung darin findet, daß Magermilch ebenfalls ein weißliches Aussehen besitzt. Bei Weidefütterung nimmt die Milch einen stärkeren Stich ins Gelbliche an, da nach PALMER und ECKLES hauptsächlich das Carotin und weniger das Xanthophyll der frischen Pflanzen dem Fett eine intensivere Gelbfärbung verleihen.

F. S. DEAN[1] hat Farbmessungen mit dem Tintometer vorgenommen. Je nach der Tierart sind auch die Käsestoffe stärker oder weniger stark gelblich gefärbt. Dieser Farbstoff stammt jedoch auch aus den Pflanzen. Beim Dicklegen der Milch werden wahrscheinlich die ausgefällten Proteine den gelbgrünen Farbstoff der Molken zum Teil mit niederschlagen, dieser Farbstoff ist nach B. BLEYER und O. KALLMANN[2] ein dem Urochrom verwandter Farbstoff, der ein normaler Bestandteil des Milchplasmas ist (siehe S. 61, 75). Auch die Größe der Fettkügelchen spielt bei dem Farbenton der Milch mit eine Rolle.

Der Geschmack normaler Milch ist mild süßlich. Bei Erkrankungen des Euters kann die Milch einen salzigen Geschmack annehmen. Wenn gewisse Stoffe (Rübenblätter, Wasserrüben u. a. m.) in größeren Mengen verfüttert werden, so können diese Stoffe der Milch einen unangenehmen und auch bitteren Geschmack verleihen; gleiches kann durch verschimmeltes Futter hervorgerufen werden. Die Milch hat keinen ausgesprochenen Geruch; man kann sagen, daß sie einen eigentümlichen, nichtspezifischen Geruch besitzt. Ziegenmilch besitzt zuweilen einen Bockgeruch, was lediglich auf eine unrichtige Haltung des Milchtieres zurückzuführen ist. Milch kranker Tiere und mit gewissen Bakterien und Schimmelpilzen verunreinigte Milch kann einen abnormen Geruch aufweisen.

b) Reaktion. Frisch ermolkene Milch gesunder Milchtiere reagiert gegenüber Lackmuslösung, dessen Umschlagsstufe bei p_H 7—8 liegt, sowohl neutral als auch schwach alkalisch oder auch amphoter; d. h. sowohl blaues Lackmuspapier wird gerötet, als auch rotes Lackmuspapier schwach gebläut. Milch von Einhufern und auch Frauenmilch reagieren schwach alkalisch. Gegen Phenolphthalein, Umschlagsstufe bei p_H 8—10, reagiert Milch sauer und gegen Dimethylorange, Umschlagsstufe bei p_H 3,3—4,1, alkalisch. Weiteres über den aktuellen und potentiellen Säuregrad der Milch siehe S. 48.

c) Zerteilungsgrad der Milchbestandteile. Auf Grund kolloidchemischer Betrachtungen besteht die Milch aus einem komplizierten System polydisperser Stoffe. Die einzelnen Bestandteile der Milch: Fett, Proteine, Milchzucker, Citronensäure, Phosphorsäure und die verschiedenen Salze, sind in ihr in den verschiedensten Dispersitätsgraden, Zerteilungsgraden, vorhanden. Das Fett findet sich in der Milch in flüssigem Zustand in Gestalt kleinster Tröpfchen in dem Dispersionsmittel dem Milchplasma, Milchserum, auch Emulsionssuspensoid genannt, vor; es ist also emulsionsartig in der Milch zerteilt, während die Proteine und ein Teil der phosphorsauren Salze, das Dicalciumphosphat, in der Milch, bzw. dem Plasma, im kolloidalen Zerteilungszustand sich befinden. Der Milchzucker, die Salze und noch sonst vorhandene Milchbestandteile

---

[1] F. J. DEAN: Journ. of dairy scien. 1924, **7**, 47; Milchw. Forsch. 1926, **3**, Ref. 70.
[2] B. BLEYER u. O. KALLMANN: Biochem. Zeitschr. 1924, **153**, 459; 1925, **155**, 54.

sind molekular zerteilt, von ihnen finden sich die Salze zum Teil auch im Ionenzustand vor.

Demnach sind die einzelnen Bestandteile der Milch im Dispersionsmittel, dem Wasser, in folgendem Zustand vorhanden:

Grob dispers	Fett	als Mikronen
Kolloid dispers	Casein	als Submikronen und Amikronen
	Albumin	als Amikronen
	Salze	als Amikronen
Molekular dispers	Milchzucker	als Moleküle
	Salze	als Moleküle und Ionen.

G. WIEGNER[1] gibt folgende Zerteilung und Größe der Milchbestandteile an:

1. Wasser: Als Dispersionsmittel.
2. Fett: Als Mikronen oder mikroskopisch sichtbare Teilchen (Durchmesser 1,6—10 μ).
3. Casein: Als Submikronen und Amikronen. (Wenig Submikronen, die beim Verdünnen mit Wasser sichtbar gemacht werden können, meist Amikronen.) (Durchmesser 0,1—0,005 μ).
4. Albumin: Höchstwahrscheinlich ausschließlich in Form von Amikronen (Durchmesser 0,015—0,005 μ).
5. Milchzucker: In Form von Einzelmolekülen (Durchmesser 0,00067 μ, berechnet aus dem Molekularvolumen, oder 0,0011 μ, berechnet aus der LOHSCHMIDTschen Zahl).
6. Mineralstoffe: In Form von Ultramikronen (jedenfalls Amikronen, doch liegen noch keine Bestimmungen vor), von Einzelmolekülen und vor allem von Ionen (Durchmesser etwa 0,0004—0,0005 μ, berechnet aus dem Molekularvolumen).

Nach A. SCHNECK[2] wird der Dispersitätsgrad der Milch durch Verdünnen mit Wasser erhöht.

Die einzelnen Milchbestandteile unterliegen nach G. WIEGNER[1] um so geringeren Schwankungen in ihrer Menge, je weitgehender und gleichmäßiger ihre Zerteilung ist. Das fast ausschließlich in Form von Mikronen vorhandene Albumin ist gegenüber dem Casein der leichter quellbare lyophilere Proteinkörper, während dem Casein lyophobere Eigenschaften zukommen. Das Albumin ist als ein umhüllendes Schutzkolloid, Stabilisator, des Caseins zu betrachten, welches ebenso wie die in der Milch teils in Form von Ionen vorhandenen phosphorsauren und citronensauren Salze, die teilweise in Bindung mit dem Casein stehen, dessen hydrophobe Eigenschaften zurückdrängen und eine Entquellung mithin verhindern.

Nach WIEGNER[3] bewegt sich der Gehalt der Kuhmilch an Submikronen des Caseincalciums innerhalb enger Grenzen. In der Frauenmilch sind die Submikronen des Caseincalciums bedeutend kleiner als in der Kuhmilch, wodurch beide Milcharten voneinander unterschieden werden können.

d) Aufrahmfähigkeit. Infolge ihres geringeren Spezifischen Gewichtes steigen die Milchfetttröpfchen in der Milch, da sie leichter sind als die anderen Milchbestandteile, in die Höhe und trennen sich wenigstens teilweise vom Milchplasma. Je größer die Fetttröpfchen sind, um so schneller und vollkommener ist ihre Trennung. Auch bilden die Fetttröpfchen in der Milch traubenförmige Konglomerate, die ein schnelleres Aufsteigen ermöglichen. Die fettreicheren oberen Partien einer solchen aufgerahmten Milch nennt man Rahm und die darunter befindliche Flüssigkeit Magermilch. Eine völlige Trennung des Fettes vom Milchplasma findet jedoch nicht statt; die kleinen Fetttröpfchen verbleiben im Plasma. Je mehr Kolloide, Proteine, die Milch enthält, um so weniger schnell erfolgt eine Aufrahmung. Durch Erhitzen der Milch wird der Kolloidzustand der Proteine und auch der Zustand der zusammenhängenden Fetttröpfchen, wie auch die Klebkraft ihrer Hüllen verändert. Die Fettkügelchen sollen nach

[1] G. WIEGNER: Z. 1914, **27**, 425.
[2] A. SCHNECK: Milchw. Forsch. 1928, **7**, 1.
[3] G. WIEGNER: Kolloid-Zeitschr. 1911, **8**, 227; Z. 1914, **27**, 425.

O. Rahn[1] und Sirks[2] aus ihren Verbänden gelöst werden. Wichtig ist die Höhe der Temperatur, bei der die Erhitzung der Milch vorgenommen wurde. Wird Milch bis auf 61° erhitzt, so ist die Aufrahmung ebenso günstig, wenn nicht günstiger als bei Rohmilch. Wird die Erhitzung über 63° gesteigert und noch höher, so rahmt die Milch um so schlechter auf, und zwar je höher sie erhitzt worden ist (H. Weigmann)[3].

Nach G. Wiegner[4] steht die Zeit, in der von den Fettkügelchen eine bestimmte Wegstrecke beim Aufrahmen zurückgelegt wird, in direktem Verhältnis zu ihrer relativen Oberfläche, bzw. ist direkt proportional dem Quadrat ihrer Durchmesser.

Weinlig[5] stellte fest, daß die Aufrahmfähigkeit erheblich von der Länge der Erhitzung mit abhängig ist. Wurde Milch 5 Minuten lang auf 70° erhitzt, so trat die erste meßbare Rahmmenge erst nach 4 Stunden auf, bei 10 Minuten langer Erhitzung auf 70° war nach Ablauf von 8 Stunden noch keine meßbare Menge Rahm nachweisbar (siehe Orla-Jensen S. 182).

e) **Inkubationsstadium.** Die erste Zeit nach dem Melken der Milch nennt man Inkubationsstadium. Während dieser Zeit treten wenigstens sinnfällige Änderungen der Milch nicht ein. Dieses Stadium dauert um so länger an, je reinlicher die Milch gewonnen und je kühler sie aufbewahrt wurde. Die Zeit ist von nicht langer Dauer und beträgt in der Regel nicht mehr als 12 Stunden. Nach Plaut dauert dieses Stadium 48—52 Stunden bei Milch, die auf 10° gehalten wurde, bei 15° 20—24 Stunden, bei 20° 12—20 Stunden, bei 37° 6 Stunden. Während dieses Stadiums tritt kaum eine Änderung des Säuregrades ein; im Gegenteil wird eine geringe Abnahme desselben beobachtet, was auf ein Entweichen der Kohlensäure aus der Milch zurückzuführen ist (van Slyke). Man nimmt heute an, daß bactericide Stoffe der Milch die Entwicklung der Bakterien zuerst hemmen. Schon nach kurzer Zeit ist dieses Inkubationsstadium abgelaufen, und es tritt ein Ansteigen des Säuregrades ein, der alsdann eine Änderung der inneren Struktur, Dispersoid- und Bindungsverhältnisse der Salze der Milch bedingt.

2. Spezifisches Gewicht.

Das Spezifische Gewicht der Milch ist abhängig von der Art und Menge der in ihr befindlichen suspendierten und gelösten Stoffe. Ein hoher Fettgehalt drückt z. B. das Spezifische Gewicht der Milch herab, während ein hoher Gehalt an Proteinen oder Milchzucker oder auch Salzen es erhöht, da das Spezifische Gewicht der fettfreien Trockenmasse, also das der Proteine, des Milchzuckers und der Salze, bei 15° 1,601 beträgt; diese Bestandteile sind, ebenso wie das Fett, dessen Spezifisches Gewicht im Mittel bei 15° bei 0,930717 liegt, bezüglich des Spezifischen Gewichtes nur geringen Schwankungen unterworfen (W. Fleischmann[6]). Bei Frauenmilch und der Milch aller Milchtiere unterliegt das Spezifische Gewicht großen Schwankungen. Bei Kuhmilch z. B. bewegt es sich bei 15° im allgemeinen innerhalb 1,027—1,034; es sind aber auch größere Schwankungen nach oben und unten häufiger festgestellt worden.

Direkt nach dem Melken ist das Spezifische Gewicht der Milch geringer als nach einigen Stunden (Th. A. Quevenne[7]); die Differenz kann 0,0008—0,0015 bei 15° betragen. Diese Differenz beruht nach W. Fleischmann und G. Wiegner[8]

[1] O. Rahn: Forschung a. d. Gebiet der Milchwirtsch. u. Molkerei 1921, 1, 133, 165, 213.

[2] H. A. Sirks: Forschung a. d. Gebiet der Milchwirtsch. u. Molkerei 1922, 2, 207.

[3] H. Weigmann: Süddtsch. Molkereiztg. 1926, 47, 1253; 1928, 7, 197.

[4] G. Wiegner: Z. 1914, 27, 425.

[5] A. Weinlig: Forschung a. d. Gebiet der Milchwirtsch. u. d. Molkereiwesens 1922, 2, 127, 175.

[6] W. Fleischmann: Lehrbuch der Milchwirtschaft, 4. Aufl., S. 63.

[7] Th. A. Quevenne: Ann. d'hygiène 1841, 26, 257.

[8] W. Fleischmann u. G. Wiegner: Journ. Landwirtsch. 1913, 283.

hauptsächlich auf einer Zustandsänderung des Milchfettes bzw. der Milchfettkügelchen, die beim Abkühlen der Milch sich kontrahieren bzw. erstarren.
Nebenbei tritt wahrscheinlich auch eine Quellungsänderung der kolloidal verteilten Proteine ein (Schroeder[1]), die jedoch von unwesentlicher Bedeutung für
die obige Erscheinung ist. Für die Praxis hat die Umrechnung des Spezifischen
Gewichtes der Milch auf den luftleeren Raum keinen Zweck.

Magermilch besitzt ein höheres Spezifisches Gewicht als die Milch selbst,
aus der sie gewonnen worden ist. Die Erhöhung des Spezifischen Gewichtes
der Magermilch geht mit dem prozentualen Fettentzug Hand in Hand.

Das Spezifische Gewicht der Milchseren ist geringer als das der Milch selbst, gleichgültig, ob es sich um Spontanserum, Essigsäureserum oder das Serum nach E. Ackermann
oder B. Pfyl und R. Turnau (siehe S. 170) handelt, da die Seren fast nur die molekular-
und ionengelösten Bestandteile der Milch, Milchzucker und Salze, und geringe Mengen
an Proteinen enthalten.

Die größte Dichte der Milch liegt nicht wie bei Wasser bei $+ 4,08^0$, sondern
unter 0^0.

3. Oberflächenspannung, Viscosität und Kohäsion.

a) Oberflächenspannung. Als Maßstab für die Oberflächenspannung wird
die des Wassers zugrunde gelegt. Die in der Milch befindlichen Stoffe erhöhen
teils die Oberflächenspannung, teils erniedrigen sie diese. Der Milchzucker und
die Salze und auch das emulsionsartig verteilte Fett haben keinen Einfluß auf
die Oberflächenspannung, während die Proteine erniedrigend wirken. Die Erniedrigung liegt nach O. Rahn[2] bei 0,7—0,8, gegenüber Wasser als 1. Infolge
des hohen Gehaltes der Colostralmilch an Proteinen ist ihre Oberflächenspannung sehr erniedrigt. Beim Stehen der Milch nimmt nach Burri und
Nussbaumer[3] die Oberflächenspannung ständig ab; nach etwa 12 Stunden ist
ihr tiefster Stand eingetreten; dieser Rückgang erfolgt um so schneller, je tiefer
die Abkühlungstemperatur ist. Bei einer Temperatur von 10^0 ist der tiefste
Stand schon nach 2 Stunden erreicht. Wird die Milch bis auf 37^0 erwärmt,
so tritt keine Erhöhung der Oberflächenspannung ein. Bauer[4] stellte jedoch
fest, daß bei längerer Erwärmung auf 50^0 die anfängliche Oberflächenspannung
wieder hergestellt wird. Er nimmt an, daß die Oberflächenspannung eine
Funktion des Fettes ist, was jedoch wohl nicht zutreffen dürfte. Magermilch
besitzt eine höhere Oberflächenspannung als die ursprüngliche Vollmilch, aus
der die Magermilch gewonnen worden ist. Der Grund hierfür erklärt sich aus dem
höheren Spezifischen Gewicht der Magermilch gegenüber der Vollmilch. Der
Dispersitätsgrad der Proteine selbst spielt nach Kreidl und Lenk[5] keine Rolle,
da Albuminmilchen, Einhufer- und Frauenmilch, keine wesentlichen Unterschiede gegenüber den Caseinmilchen bezüglich der Oberflächenspannung, bestimmt durch die capillare Steighöhe mittels Fließpapier, zeigen. Vielmehr ist
der prozentuale Gehalt an Proteinen maßgebend.

b) Viscosität und Kohäsion. Die Viscosität ist hauptsächlich von den
Proteinen und dem Fett abhängig. Nach Kobler[6] soll der Dispersitätsgrad
des Caseins einen großen Einfluß auf die Viscosität der Milch ausüben. Als
zweiter Faktor kommt erst das Fett in Betracht, während der Milchzuckergehalt nach Cavazzani[7] ohne wesentliche Bedeutung für die Viscosität ist.

[1] Schroeder: Pharm. Zentralh. 1884, 316.
[2] O. Rahn: Molkereiphysikalischer Leitfaden. Verlag Molkereizeitung 1925.
[3] R. Burri u. Th. Nussbaumer: Biochem. Zeitschr. 1909, 22, 9.
[4] H. Bauer: Biochem. Zeitschr. 1911, 32, 362.
[5] A. Kreidl u. E. Lenk: Sitzungsber. Akad. Wiss. Wien Abt. III, 120, 1911.
[6] B. Kobler: Untersuchung über Viscosität und Oberflächenspannung der Milch. Diss.
Zürich.
[7] E. Cavazzani: Zeitschr. Physiol. 1904, 18, 841.

Viscositätsschwankungen von Milchen bei 15—20⁰ (Wasser = 1):

Kuhmilch	Frauenmilch	Ziegenmilch	Schafmilch
1,5—4,2	1,6—2,0	2,1—2,5	2,4—2,7

Nach Fr. Soxhlet[1] spielt bei der Viscosität auch die Temperatur eine wesentliche Rolle, sie nimmt bei ansteigender Temperatur nicht gleichmäßig ab und beträgt (Wasser = 100):

bei 0⁰	10⁰	20⁰	30⁰
221,0	190,6	211,7	169

Bei 37⁰ fand Cavazzani für Kuhmischmilch 167—203, für Ziegenmilch 201—215 und für Frauenmilch 141—256.

Bei Morgen- und Abendmilch wurden Schwankungen in der Viscosität festgestellt, hier ist wohl der verschiedene Gehalt an Trockensubstanz, Casein, Albumin und Fett zu verschiedenen Tageszeiten desselben Individuums ausschlaggebend, jedoch ist keine gesetzmäßige Änderung feststellbar.

Es spielen verschiedene Faktoren mit, wie Dispersion des Caseins bei erhöhtem Gehalt und die Größe und Traubenbildung der Fetttröpfchen (H. Weigmann[2], siehe auch A. Tapernoux und K. Vuillaume[3]).

Magermilch und auch gewässerte Milch besitzen eine geringere Viscosität. Das Lactationsstadium und auch Erkrankungen müssen, da die Trockensubstanz der Milch sowohl prozentual als auch der Menge der maßgebenden Bestandteile nach Veränderungen erleidet, die Viscosität beeinflussen. Stärkere Bewegung der Milch wirkt auf die Viscosität ein, was für die Käserei sehr wichtig ist, offenbar tritt eine Dispersionsänderung der Proteine ein. Auch die Erhitzung der Milch ist nach A. Weinlich[4] von Einfluß auf die Viscosität. Dauerpasteurisierte, also bei einer Temperatur von 63⁰ erhitzte Milch zeigt eine Herabsetzung der Viscosität; es soll dieses auf Veränderung der Dispersion des Caseins beruhen, während bei Milch, die auf 80⁰ erhitzt worden ist, die Erhöhung der Viscosität auf Verdunstung und weniger auf die Veränderung der Dispersion des Albumins zurückzuführen ist.

4. Osmotischer Druck und Gefrierpunkt.

Der osmotische Druck der Milch der Warmblüter ist genau der gleiche wie der des Blutes und nur geringen Schwankungen unterworfen. Es ist mithin die Milch isoton mit der Blutflüssigkeit (van d. Laan[5]). Der osmotische Druck beträgt rund 8 Atmosphären. Um ihn zu ermitteln, bedient man sich der Gefrierpunktsbestimmung der Milch, aus deren Wert man ihn berechnen kann. Alle molekular- und ionengelösten, dispersen Stoffe drücken den Gefrierpunkt des Wassers bzw. des Milchplasmas herab. In der Milch selbst spielen das Fett und die Proteine bei der Erniedrigung des Gefrierpunktes keine Rolle, da sie nicht echt, also nicht molekular, gelöst sind, sondern in fein dispersem Zustand sich in der Milch befinden und mithin keinen osmotischen Druck ausüben können. Der geringe osmotische Druck, den die ionendispersen Proteine ausüben, ist belanglos. Mithin kommen nur der molekular disperse Milchzucker und die molekular- und ionendispersen Salze für die Herabsetzung des Gefrierpunktes in Betracht.

[1] Fr. Soxhlet: Landw. Vers.-Stationen **19**, 118.
[2] H. Weigmann: Milchw. Forsch. 1927, **4**, 259.
[3] A. Tapernoux u. R. Vuillaume: Lait 1934 **14**, 449.
[4] A. Weinlich: Forschung aus d. Geb. der Milchwirtsch. u. des Molkereiwesens 1922, **2**, 127, 175.
[5] van d. Laan: Biochem. Zeitschr. 1915, **71**, 289.

Die Gefrierpunktsdepression normaler Milch liegt im allgemeinen bei $\varDelta$ —0,53 bis —0,56⁰ bei einer Konstante von 19, jedoch sind Schwankungen von $\varDelta$ —0,52—0,57⁰ gefunden worden. Nur bei sehr stark euterkranken und sonst kranken Kühen tritt eine Verschiebung des Gefrierpunktes auf, was jedoch nur selten festgestellt wurde (S. 173); A. Pawletta, Dagmar v. Ventzki, Petersheyde[1]; H. Oestermann[2]. Man kann sagen, daß bei normaler Milch der Milchzucker ungefähr 35—50% der Depression ausmacht und der Rest durch die Salze bedingt wird (S. 172). Bei Milch kranker, namentlich euterkranker Kühe geht der Gehalt an Milchzucker zurück. Der Ausfall an Milchzucker wird hauptsächlich durch Chloride, namentlich Natriumchlorid, ausgeglichen, und hierdurch die Konstanz des osmotischen Druckes bzw. der Gefrierpunktsdepression der Milch zu erhalten versucht.

Stärker einsetzende Säuerung beeinflußt den Gefrierpunkt der Milch; sie drückt ihn tiefer herab, da aus 1 Molekül Milchzucker 4 Moleküle Milchsäure entstehen, von denen jedes Mol die gleiche Depression ausübt wie ein Mol Milchzucker; es ist deshalb in solchen Fällen eine Korrektur anzubringen (S. 173).

Gekochte und ungekochte Milch der gleichen Herkunft besitzen, wie J. Pritzker[3] nachgewiesen hat, die gleiche Gefrierpunktsdepression. Demnach wird Milch durch den Kochprozeß in bezug auf die Gefrierpunktsdepression nicht oder nicht wesentlich beeinflußt.

Weder Rasse, Alter, Nahrung, Lactationsstadium, Jahres- noch Melkzeit beeinflussen den Gefrierpunkt der Milch wesentlich (J. Pritzker[3]).

Aus der Gefrierpunktsdepression einer Milch läßt sich, wie folgt, der osmotische Druck berechnen:

Einem jeden tausendstel Grad der Gefrierpunktsdepression entspricht ein osmotischer Druck von 0,01212 Atm., errechnet aus $\dfrac{22,42}{1,85}$. An Stelle der Konstante von 1,85 haben andere Forscher die Konstante 1,9 benutzt. Wenn z. B. eine Gefrierpunktsdepression von —0,55⁰ gefunden wurde, so ist der osmotische Druck = 6,67 Atm. bei 0⁰. Wenn dieser Druck auf 37⁰, Bluttemperatur, umgerechnet werden soll, so ist die Berechnung $6{,}67 \cdot \left(1 + \dfrac{37}{273}\right) = 7{,}57$ Atm. bei 37⁰.

5. Lichtbrechung.

Der Brechungsindex der Milch liegt zwischen 1,347—1,3515 bei 40⁰. Man kann sagen, daß im allgemeinen mit der fettfreien Trockensubstanz ein Ansteigen der Brechung erfolgt. Eine genaue Gesetzmäßigkeit kommt jedoch nicht vor, da viele Fälle beobachtet wurden, bei denen trotz ansteigender Brechung eine Erniedrigung der fettfreien Trockensubstanz vorlag, obwohl man hierfür einen höheren Wert hätte erwarten müssen. Dem Brechungsindex der Milch kommt keine praktische Bedeutung zu (A. Gronover und Türk[4]).

Anders ist es jedoch mit der Bestimmung der Brechung des Milchserums. Meist handelt es sich um das Chlorcalciumserum, welches durch Zusatz von Chlorcalcium zur Milch und nachfolgendem Erhitzen auf 100⁰ hergestellt wird (S. 167), dieses Serum, nach E. Ackermann[5], ist fast proteinfrei. Völlig frei von Proteinen ist das nach Pfyl und Turnau[6] hergestellte Serum (S. 171).

G. Wiegner[7] hat festgestellt, daß aus dem nach Ackermann hergestellten Chlorcalciumserum der Milch auf Grund der Lorentzschen Formel $R = \dfrac{(N^2 - 1)}{(N^2 + 2)} \cdot \dfrac{1}{s}$ (N = Brechungs-

---

[1] A. Pawletta, Dagmar v. Ventzki, Petersheyde: Z. 1935, 68, 359.
[2] H. Oestermann: Pharm. Zentralh. 1935, 76, 300.
[3] J. Pritzker: Z. 1917, 34, 69.
[4] A. Gronover u. F. Türk: Z. 1931, 61, 85.
[5] E. Ackermann: Z. 1907, 13, 186.
[6] B. Pfyl u. R. Turnau: Arb. Kaiserl. Gesundh.-Amt 1922, 40, 245.
[7] G. Wiegner: Milchw. Zentralbl. 1909, 5, 473; 1911, 7, 534; Z. 1910, 20, 70.

exponent bei beliebiger Temperatur, $s =$ Dichte bei gleicher Temperatur) sich die sog. Spezifische Refraktion des Milchserums aus der Spezifischen Refraktion der Hauptbestandteile des Serums, nämlich des Milchzuckers, der Asche, der Proteine, der Citronensäure und des Wassers, errechnen läßt. Es werden die gefundenen prozentualen Werte dieser Bestandteile mit den Spezifischen Refraktionen multipliziert und alsdann addiert. Z. B. Milchzucker (I) 5,2 g, Asche (II) 0,55 g, Citronensäure (III) 0,1 g, Protein (IV) 0,3 g und Wasser (V) 93,85 g = die Trockensubstanz des Serums enthält mithin 6,15 g.

Die Spezifischen Refraktionen sind für $I = 0,20688$, $II = 0,1377$, $III = 0,1922$, $IV = 0,2148$ und $V = 0,20606$. Man enthält alsdann die Spezifische Refraktion dieses Serums $= 0,2057$ bei $17,5^0$.

Die Beziehung zwischen Brechungsexponent, Spezifischer Refraktion und Spezifischem Gewicht, die sich aus obiger Formel errechnen, macht es möglich, da die Spezifische Refraktion eine Konstante ist, aus dem Brechungsexponenten das spezifische Gewicht des Serums zu berechnen. Das Spezifische Gewicht des Serums ist abhängig von dessen Trockensubstanz, deren Zusammensetzung fast konstant ist, und beträgt bei $20^0 = 1,685$. Demnach läßt sich nach folgenden zwei Formeln von G. WIEGNER 1. aus dem Spezifischen Gewicht des Serums und auch 2. aus dessen Brechungsexponenten seine Trockenmasse (t) berechnen.

$$1.\ t = 245,36 - 244,92 \cdot \frac{1}{d\frac{20}{4}} \quad \text{und} \quad 2.\ t = 245,36 - \frac{(N^2 + 2)}{(N^2 - 1)} \cdot 50,405.$$

S. ROTHENFUSSER und M. KOTSCHOPOULOS [1] und ferner S. ROTHENFUSSER und F. WIDENBAUER [2] haben sich eingehend mit der Refraktometrie der hochdispersen Anteile beschäftigt und verwendeten hierzu das Bleiserum nach S. ROTHENFUSSER. Zugleich wurde auch das Chlorcalciumserum in den Kreis ihrer Betrachtungen gezogen. Das Bleiserum zeichnet sich dadurch aus, daß es stets leicht klar zu erhalten ist, gegenüber dem Chlorcalciumserum, das bei stärker saurer Milch schwer zu klären ist. Die aus den einzelnen analytisch festgelegten hochdispersen Bestandteilen des Milchserums errechneten Brechungen stimmten sehr gut mit dem tatsächlich gefundenen Wert der Brechung überein.

Siehe auch TH. SUNDBERG [3] über Beziehung zwischen Zucker -und Chlorgehalt in der Serumrefraktion.

6. Spezifische Wärme.

Infolge wechselnder Zusammensetzung der Milch ist ihre Spezifische Wärme nicht unerheblichen Schwankungen ausgesetzt. Die Spezifische Wärme der Milch setzt sich zusammen aus der Funktion ihrer einzelnen Bestandteile, die in emulsionsartigem und in gelöstem bzw. gequollenem Zustande vorkommen. Mit steigendem Fettgehalt nimmt die Spezifische Wärme zu, da bei 15^0 ein Teil des Milchfettes erstarrt ist und eine bestimmte Wärmemenge zu seiner Verflüssigung absorbiert. Mit steigender Temperatur ändert sich die Spezifische Wärme; von wesentlicher Bedeutung ist der Aggregatzustand des Milchfettes. Eine Milch mit 4,3% Fett ergab nach A. R. JOHNSON und B. W. HAMMER [4] bei 0^0 den Wert von 0,92, bei 15^0 von 0,938 und bei 60^0 von 0,918, Wasser $= 1$, während Magermilch mit 0,3% Fett einen solchen von 0,949 bei 20—40^0 im Mittel, mit Schwankungen von 0,94—0,963, zeigte. Es kühlt sich demnach eine Milch schneller als Wasser ab und erwärmt sich auch schneller als solches. In dem Molkereibetrieb spielt dieses für das Anwärmen und Abkühlen der Milch keine wesentliche Rolle. Nach GUERIN soll die Spezifische Wärme der Milch 0,98, nach W. FLEISCHMANN [5] bei einem Fettgehalt von 3,17% 0,9457 betragen.

7. Elektrische Leitfähigkeit.

Die elektrische Leitfähigkeit ist abhängig von den im ionisierten Zustande in der Milch sich befindenden Elektrolyten. Da der osmotische Druck der Milch als eine fast konstante Größe zu betrachten ist (S. 45), so wird die

---

[1] S. ROTHENFUSSER u. M. KOTSCHOPOULOS: Milchw. Forsch. 1934, **16**, 80.

[2] S. ROTHENFUSSER u. F. WIDENBAUER: Milchw. Forsch. 1934, **16**, 388.

[3] THURE SUNDBERG: Milchw. Forsch. 1934, **16**, 153.

[4] A. R. JOHNSON u. B. W. HAMMER: Journ. Industr. u. Engin. Chem. 1914, **6**, 569; Z. 1916, **32**, 449.

[5] W. FLEISCHMANN: Journ. Landwirtsch. **50**, 33.

Leitfähigkeit um so höher liegen, je mehr der prozentuale Gehalt an Milchzucker
herabgedrückt wird, weil in diesen Fällen, um den osmotischen Druck konstant
zu erhalten, eine Erhöhung der Elektrolyten eintritt. Der Hauptsache nach sind
es Chloride, wahrscheinlich Natriumchlorid, die den Ausgleich schaffen. Demnach muß auch die elektrische Leitfähigkeit, selbst bei normalen Milchen,
größeren Schwankungen unterliegen. Das Lactationsstadium, die Rasse, die
Fütterungsart u. a. spielen eine Rolle; auch auftretende Säuerung der Milch
erhöht die Leitfähigkeit. Diese liegt bei 25^0 allgemein zwischen $46-58 \cdot 10^{-4}$ Ohm.
Bei kranken Kühen, namentlich euterkranken Kühen, steigt sie ganz erheblich an, was mit einer Erhöhung der Chloride Hand in Hand geht. Man hat Werte bis zu $90 \cdot 10^{-4}$ Ohm bei 25^0 be-obachtet. Nach R. STROH-ECKER[1] unterliegt die Leit-fähigkeit des Anfangs- und Endgemelkes keinen erheb-lichen Schwankungen, eben-so wie bei einer Vollmilch, die zum Teil entrahmt ist.

Tabelle 1. Leitfähigkeit bei 25^0 ($\times 10^{-4}$).

	Milch		Serum (150 ccm Serum + 3 ccm Essig-säure)	Verwendete Essigsäure (150 ccm Wasser + 3 ccm Essig-säure)
	gefunden	korrigiert		
Milch 1	61,4	65,9	96,2	4,25
„ 2	47,4	51,5	79,3	4,25
„ 3	55,0	59,4	83,0	4,25
„ 4	56,3	60,7	78,5	4,25

Unterschiede findet man jedoch bei einzelnen Eutervierteln, die bei Eutererkrankungen ganz erheblich unter sich differieren können. Weiteres siehe
J. KRENN[2].

Eine erhebliche Änderung der Leitfähigkeit zwischen gekochter und ungekochter Milch findet nicht statt.

Aus vergleichenden Bestimmungen der Leitfähigkeit der Milch und des
Serums läßt sich ersehen, daß in der Milch selbst ein Teil der Salze, wahrscheinlich die Kalkphosphate, in ihrer molekularen Dispersion und nicht oder
wenigstens nur ein Teil in Ionendispersion vorkommen (A. GRONOVER und
WERNER[3]); siehe Tabelle 1.

8. Reaktion. Säuregrade.

Je nach dem Zusatz verschiedener Farbstoffe zu frischer Milch tritt ein verschiedener Farbumschlag auf, der für die betreffenden Farbstoffe charakteristisch
und von der Anzahl der aktuellen Ionen der p_H-Stufe abhängig ist (S. 50).
Gegenüber Lackmusfarbstoff, dessen Farbumschlag bei der p_H-Stufe 7—8 liegt,
zeigt Milch sowohl eine schwach alkalische, als auch eine amphotere Reaktion,
d. h. der Lackmusfarbstoff wird sowohl schwach gebläut als auch gerötet.
Methylorange, dessen p_H-Stufe bei 3,1—4,4 liegt, gibt mit Milch einen in das
Alkalische umschlagenden, gelben Farbenton. Gegenüber Phenolphthalein, dessen
p_H-Stufe bei 8,2—10 liegt, reagiert die Milch aller Tiere sauer.

Die saure Reaktion frischer Milch gegenüber Lackmus wird bedingt durch
die sauren Alkaliphosphate und die freie bzw. halbgebundene Kohlensäure,
die alkalische Reaktion durch die Anwesenheit von zwei- bzw. dreibasisch-
phosphorsauren Alkalien und Alkalicarbonaten.

In der Praxis werden die Säuregrade einer Milch titrimetrisch nach
FR. SOXHLET-HENKEL[4] oder THÖRNER[5] bestimmt; diese Säuregrade umfassen
die aktuellen und potentiellen Ionen, eine Parallelität zwischen Wasserstoff-

[1] R. STROHECKER: Z. 1925, 49, 342.
[2] J. KRENN: Z. 1929, 57, 148, 635; 1930, 59, 32.
[3] A. GRONOVER: Z. 1925, 50, 114.
[4] TH. HENKEL: Chem. Zentralbl. 1887, 229.
[5] W. THÖRNER: Milchztg. 1893, 22, 58.

zahl und Säuregraden liegt nicht vor. Als Indicator wird in beiden Fällen Phenolphthalein benützt. Die gefundenen Werte sind nicht miteinander vergleichbar. THÖRNER setzt der auf ihren Säuregehalt zu untersuchenden Milch Wasser zu; hierdurch wird eine hydrolytische Spaltung der Phosphate hervorgerufen; infolgedessen differieren die Werte gegenüber den nach SOXHLET-HENKEL gefundenen und sind nicht ineinander umrechenbar.

Man kann sagen, daß 1 Säuregrad nach SOXHLET-HENKEL etwa 2,5 Säuregraden nach THÖRNER entspricht.

Da in der Milch sich stets Kohlensäure befindet, so wird diese bei der Titration nach SOXHLET-HENKEL und auch nach THÖRNER wenigstens zum Teil mitbestimmt. Deshalb hat Milch, die vorher erwärmt worden ist, niedrigere Säuregrade als die ungekochte Milch. Ein Teil der Kohlensäure wird als freie Kohlensäure, CO_2, ein Teil als Metakohlensäure, H_2CO_3, also in einem teilweise hydratisierten Zustande, und als saures kohlensaures Salz in der Milch vorliegen. Die schwachen Säuren, wie Phosphorsäure und Citronensäure, werden durch den relativ hohen Partialdruck der Kohlensäure aus ihrer Salzverbindung in Freiheit gesetzt unter Bildung von sauren kohlensauren Salzen. Auch die Proteine binden Kohlensäure, ob chemisch oder nur adsorptiv, ist noch nicht entschieden. Auf jeden Fall hat SIEGFRIED festgestellt, daß die freien NH_2-Gruppen der Proteine Kohlensäure binden unter Bildung von Carbaminsäureverbindungen.

Setzt man Milch neutrale Formaldehydlösung zu, so wird nach R. STEINEGGER[1] und M. SIEGFELD[2] bei steigender Formaldehydmenge auch eine steigende Acidität der Milch beobachtet, was darauf beruht, daß die Aminogruppen, die mit der Carboxylgruppe des Proteinmoleküls in Bindung stehen, in eine Methylenverbindung ($R - N = CH_2$) übergeführt werden, wodurch die Carboxylgruppen frei werden, bzw. ihre H-Ionen zur Geltung kommen.

Wenn man einen den wirklichen Säuregraden der Milch entsprechenden Wert haben will, so kann man nach BERBERICH[3] der Milch neutrales Kaliumoxalat zusetzen. Die Säuregrade der Milch nehmen ab, da die Kalksalze ausgefällt werden und an Stelle des Calciums die stärkere Base tritt und selbst auf Zusatz von Wasser zur Milch der Endpunkt der Titration nicht beeinflußt wird. Man erhält so fast die gleichen Titrationswerte, wie wenn man die Milch nach VAN SLYKE und BOSWORTH[4] durch Tonzellen filtriert und das so gewonnene Serum der Titration unterwirft.

Wird Milch längere Zeit erhitzt, so tritt wahrscheinlich eine Spaltung des Milchzuckers in Milchsäure ein, die eine Erhöhung der Acidität hervorruft.

Mit zunehmender Alterung der Milch, also einige Stunden nach dem Melken, macht sich durch die Lebenstätigkeit von Bakterien eine Zunahme der Säuerung bemerkbar, die durch den Zerfall des Milchzuckers zu Milchsäure hervorgerufen wird.

Die Säuregrade frischer Kuhmilch (Caseinmilch) liegen höher als die der Albuminmilch (Einhufermilch und Frauenmilch).

9. Wasserstoffzahl (Wasserstoffionenkonzentration).

Im Blute befindet sich freie Kohlensäure, die zwecks Unschädlichmachung von einem sog. Puffersystem abgefangen wird, ohne daß eine Vermehrung der aktuellen Ionen, also höhere Acidität, eintritt. Bei der Milch liegen die Verhältnisse ähnlich. Als Puffer wirken in der Milch die Phosphorsäure, Citronensäure bzw. ihre sauren Salze und die Proteine selbst. Die Kohlensäure verdrängt aus den schwachen Alkalisalzen, hauptsächlich der Citronensäure, durch ihren

[1] R. STEINEGGER: Z. 1905, 10, 659.
[2] M. SIEGFELD: Mokereiztg. Hildesheim 1906, 47.
[3] F. M. BERBERICH: Molkereiztg. Hildesheim 1907, 47.
[4] L. L. VAN SLYKE u. A. W. BOSWORTH: Journ. Biol. Chem. 1914, 19, 73; Z. 1918, 36, 124.

hohen Partialdruck die Säure unter Bildung von Bicarbonat (S. 49). Auch die beginnende Säuerung der Milch, infolge der Bildung von Milchsäure aus dem Milchzucker durch die Lebenstätigkeit der Milchsäurebakterien, wird zuerst noch gepuffert. Das Pufferungsvermögen der Milch wird herabgedrückt, zu gleicher Zeit findet eine weitgehende Veränderung der Dissoziationsverhältnisse statt; der Dispersitätsgrad wird weitgehend verändert. Je mehr der Säuregrad zunimmt, um so mehr finden obige Veränderungen statt, es kommt alsdann zur Säuregerinnung der Milch bzw. der Proteine. Durch Erhitzen wird nach van Dam die Wasserstoffzahl erhöht. Nach O. Allemann[1] und W. van Dam[2] gerinnt die Milch bei einer Wasserstoffzahl von p_H 4,9, bei Magermilch liegt die Stufe etwas höher. Auch die Mineralbestandteile werden durch die Säurebildung in ihren chemischen Bindungen weitgehend verändert. Die Alkali- und Erdalkaliphosphate werden zum Teil in milchsaure Salze übergeführt unter Bildung saurer Phosphate.

Nach J. Tillmans[3] besitzt Kuhmilch eine Wasserstoffzahl von $p_H = 6,3$—6,6, daraus hat Tillmans berechnet, daß in der Milch die Phosphorsäure durchschnittlich zu 65% als primäres und zu 35% als sekundäres phosphorsaures Salz vorhanden ist. Die p_H-Stufe der Frauenmilch liegt bei 7,0. Weiteres siehe S. 121.

10. Verhalten der Milch gegen Alkalien; Reaktion nach Umikoff.

Versetzt man Milch mit ätzenden oder kohlensauren Alkalien, so wird sie zuerst etwas dünnflüssiger, nimmt zuletzt aber eine stark zähflüssige Beschaffenheit an. Wenn die Milch längere Zeit stehen bleibt, so entsteht eine Rotfärbung, die beim Erwärmen schneller eintritt.

W. Grimmer[4] beobachtete, daß diese Reaktion allein schon von Milchzucker hervorgerufen werden kann, eine Beschleunigung der Reaktion erfolgt jedoch bei Gegenwart von Proteinen (Casein, Albumin).

Wird Frauenmilch mit Ammoniak versetzt, so tritt beim Erwärmen auf 60° eine schön violettrote Färbung auf (Reaktion nach Umikoff[5]). Nach N. Sieber[6] wird die Reaktion durch den Milchzucker und die vorhandenen Citrate ausgelöst. Mit zunehmendem Lactationsstadium soll eine intensivere Reaktion eintreten; erwärmt man jedoch Kuhmilch mit Ammoniak, so zeigt sich nur eine hellgelbe Färbung.

III. Zusammensetzung der Milch.

A. Bestandteile der Milch.

1. Wasser.

Der überwiegendste Bestandteil der Milch ist Wasser; der Gehalt daran beträgt rund 83—87%. Das Wasser dient als Dispersionsmittel der einzelnen Milchbestandteile und entstammt größtenteils dem Blute. Näheres über den Zerteilungszustand von Fett, Proteinen, Milchzucker und Salzen siehe S. 51.

2. Fett.

Über die Entstehung des Milchfettes gehen die Ansichten noch auseinander. Sicher ist, daß ein Teil des Milchfettes aus den Milchzellen durch fettigen Zerfall

---

[1] O. Allemann: Biochem. Zeitschr. 1912, 45, 346.
[2] W. van Dam: Biochem. Zeitschr. 1918, 87, 107.
[3] J. Tillmans: Z. 1920, 40, 23.
[4] W. Grimmer: Milchw. Zentralbl. 1907, 3, 296.
[5] Umikoff: Jahrb. Kinderheilk. 1896, 42, 356.
[6] N. Sieber: Zeitschr. physiol. Chem. 30, 101.

der Proteine entsteht (S. 40). Da das Milchfett sich in seiner Zusammensetzung vom Körperfett der Säuger unterscheidet, z. B. dadurch, daß Glyceride der Buttersäure nur in dem Milchfett vorkommen, so dürfte daraus der Schluß zu ziehen sein, daß es wie die meisten tierischen Fette in der Hauptsache aus Kohlenhydraten gebildet wird und nur sehr entfernt mit dem aufgenommenen Fett des Futters, dessen Gehalt an Fett in der Regel nur gering ist, im Zusammenhang steht. Über den Einfluß größerer Fettmengen im Futter siehe Bd. I, S. 259.

ZUNTZ und USSOW[1] konnten durch Verfüttern von Natriumbutyrat an einem Hunde keine prozentuale Erhöhung des Buttersäuregehaltes in dessen Milchfett feststellen. Andererseits ist es jedoch gelungen, durch Verfütterung mit jodreichen Fetten im Milchfett Jod bzw. jodierte Fettsäuren nachzuweisen. Auch gelang es durch Verfüttern von Leinöl, das eine sehr hohe Jodzahl besitzt, eine Erhöhung der Jodzahl des Milchfettes zu bewirken, die sogar die Jodzahl des Leinöls überstieg (GOGITIDSE[2]). Wurde nach BOWES[3] Erdnußöl zum Futter gegeben, so konnte im Ziegenmilchfett Arachinsäure nachgewiesen werden.

An der Fettbildung des Milchfettes sollen nach W. GRIMMER und G. SCHWARZ[4] die Leukocyten, die sich in großer Menge in dem Drüsengewebe des Euters vorfinden, beim Aufbau desselben eine Rolle mitspielen.

Nach alledem kann man annehmen, daß das Milchfett sich nur zum geringen Teil aus dem Futterfett bildet und sich größtenteils aus dem Körperfett aufbaut, welches letztere vorwiegend aus den Kohlenhydraten des Futters stammt. Ferner wird das Milchfett auch zum Teil aus dem fettigen Zerfall der Milchzellen bzw. der Proteine mit herrühren.

In der Milch findet sich das Fett, vom physikalischen Standpunkt aus betrachtet, in grob disperser Zerteilung, in Gestalt feinster Tröpfchen, Kügelchen, vor, was schon gegen Ende des 16. Jahrhunderts von VAN LEEUWENHOCK festgestellt worden ist. Als Dispersionsmittel der Fettkügelchen dient das Plasma der Milch. Bei frisch ermolkener Milch hängen die Fettkügelchen vielfach teilweise zu größeren, teilweise traubenförmigen Aggregaten zusammen.

Die Größe der Fettkügelchen unterliegt erheblichen Schwankungen, sie bewegt sich zwischen $1-22\ \mu$, im Durchschnitt $1-10\ \mu$ ($1\ \mu = 0,001$ mm). Ihre Größe ist sowohl bei den verschiedenen Säugern, als auch bei den einzelnen Rassen verschieden. Rassen, die fettreichere Milch geben, haben auch meist größere Fettkügelchen. Bei rassenreinen Milchtieren soll die Größe der Fettkügelchen nur geringen Schwankungen unterliegen (C. W. TURNER und A. C. HASKELL[5]). Nach SCHNECK[6] dagegen soll gegen Ende des Lactationsstadiums die mittlere Größe der Fettkügelchen abnehmen. Bei gebrochenem Melken enthalten die ersten Milchmengen eine geringere Anzahl größerer Fettkügelchen, die in den nachfolgenden Anteilen an Zahl zunehmen.

Das Gewicht eines Fettkügelchens schwankt zwischen $0,000\,000\,002$ bis $0,000\,000\,5$ mg.

SCHELLENBERGER[7] gibt für verschiedene Rassen die Zahl der in 1 ccm vorkommenden Milchkügelchen, wie folgt, in Millionen an:

Jersey	2064—4643	Angler	2886—6200
Voigtländer	1944—4477	Ostfriese	2521—5911
Simmenthaler	2995—5210	Schwyzer	4008—5327

---

[1] ZUNTZ u. USSOW: Arch. Anat. u. Physiol. 1900, 382.

[2] GOGITIDSE: Zeitschr. Biol. 1904, 45, 353.

[3] O. C. BOWES: Journ. Biol. Chem. 1915, 22, 11; Z. 1921, 42, 318.

[4] W. GRIMMER u. G. SCHWARZ: Milchw. Forsch. 1925, 2, 163.

[5] C. W. TURNER u. A. C. HASKELL: Univ. Missouri coll. agric. res. bull. 1929, 130; Milchw. Forsch. 1934, 16, 64, Ref.

[6] A. SCHNECK: Milchw. Forsch. 1928, 7, 1.

[7] SCHELLENBERGER: Milchztg. 1895, 22, 817.

Man kann sagen, daß die Zahl der Fettkügelchen in 1 kg Milch bei einem Durchmesser von 10 μ = 70000 Millionen und bei einem Durchmesser von 1,6 μ 17 Billionen betragen würde.

Bei entrahmter Milch sind nur noch die kleinsten Fettkügelchen vorhanden.

In ermolkener Milch befinden sich die Fettkügelchen unmittelbar nach dem Ausmelken in flüssigem Zustand, da das Milchfett bei 30—35⁰ schmilzt. Wird die Milch abgekühlt, so wird ein Teil der Fettkügelchen nach der mikroskopischen Untersuchung sich noch in flüssigem Zustande vorfinden, trotzdem sie bei dieser Temperatur eigentlich hätten fest sein müssen. VAN DAM[2] hat festgestellt, daß bei allmählicher Abkühlung die Änderung des Aggregatzustandes der Fettkügelchen langsam vor sich geht; bei 16⁰ sind wohl die meisten Fettkügelchen

Abb. 3. Krystallbildung im Fett von erhitzter, sich langsam abkühlender Milch. (Nach MORRES.)

noch flüssig, bei 13—10⁰ ist wohl bereits der größte Teil halbfest und unterhalb 10⁰ befinden sich wohl alle Fettkügelchen im festen Aggregatzustand. Je schneller die Abkühlung erfolgt, um so größer ist die Änderung des Aggregatzustandes und der damit verbundenen Kontraktion der Fettkügelchen, die alsdann in ihrem Innern mehr oder weniger große Krystallkonglomerate oder Krystalle enthalten. Zugleich wird auch die Kugelform verändert.

Diese Erscheinungen spielen bei dem Butterungsprozeß eine wichtige Rolle, da der Festigkeitsgrad des Milchfettes einer bestimmten Temperatur entspricht.

Abb. 4. Krystallformen des Fettes in erhitzter, rasch abgekühlter Milch. (Nach MORRES.)

Es haben die Versuche von W. VAN DAM[3] mittels des Dilatometers hierüber Aufschluß gegeben; weiteres hierüber siehe unter Butter.

Obenstehende Abbildungen von W. MORRES[4] zeigen die von ihm mikroskopisch beobachteten Zustandsänderungen der Milchfettkügelchen bei erhitzter, langsam und schnell sich abkühlender Milch, welche auch O. RAHN und W. MOHR[5] bestätigt haben.

Auch wird durch die Kontraktion der Fettkügelchen kurz nach dem Melken das Spezifische Gewicht der sich abkühlenden Milch beeinflußt (siehe S. 43).

Infolge ihres geringeren Spezifischen Gewichtes (0,92) gegenüber dem des spezifisch schwereren Milchplasmas steigen die Fettkügelchen in der Milch in die Höhe, die Milch rahmt auf. Durch die kolloidal dispersen Proteine werden die Milchfettkügelchen eine Zeit in der Schwebe gehalten. Jedoch liegen hier nach RAHN viel kompliziertere Verhältnisse vor; diese werden nicht allein durch die verschiedenen Spezifischen Gewichte von Fett zu Plasma, wäßrige Phase, sondern auch durch die Viscosität geregelt. Durch Erhöhung der Viscosität kann

[2] W. VAN DAM: Chem. Weekbl. 1912, Nr 50.
[3] W. VAN DAM: Landw. Vers.-Stationen 1915, **86**, 393.
[4] W. MORRES: Milchw. Zentralbl. 1909, **5**, 416 u. 502.
[5] O. RAHN u. W. MOHR: Milchw. Forsch. 1924, **1**, 363.

eine Beschleunigung des Aufrahmens erfolgen, z. B. durch Zusatz von Gelatine, Albumin usw. Wird dagegen ein Zusatz von Zucker gemacht, so tritt eine Verzögerung der Aufrahmung ein. Auf Grund der von STOKES (1847) aufgestellten Formel ist man in der Lage, die Geschwindigkeit des Aufsteigens der Fettkügelchen zu berechnen.

$$V = \frac{2\,r^2\,(ds - df)\,g}{9\,y}.$$

V = Geschwindigkeit des Aufsteigens in cm je Sekunde, r = Radius der Fettkügelchen, ds und df das Spezifische Gewicht der Magermilch bzw. des Milchfettes, g = Schwerkraftbeschleunigung und y die Viscosität der Magermilch.

Schon nach kurzem Stehen kann man eine Ansammlung von Milchfettkügelchen an der Oberfläche von Milch feststellen (Rahmschicht).

Sowohl bei den natürlichen, als auch dem durch Zentrifugieren bedingten Aufsteigen der Milchfettkügelchen ist das Aufsteigen nicht eine beschleunigte, sondern eine gleichförmige Bewegung (W. FLEISCHMANN[1]).

Je größer im allgemeinen die Fettkügelchen sind und um so mehr sie zusammengeballt sind, um so schneller erfolgt die Aufrahmung; sie wird aber nach Arbeiten von RAHN[2] und auch A. SCHNECK[3] noch von vielen anderen Bestandteilen und ihrem Zerteilungsgrad in der Milch beeinflußt. Das Aufrahmen der Milch ist als eine Trennung der dispersen Phase, des Fettes, vom Dispersionsmittel, dem Plasma, zu betrachten. Besonders ist es der Dispersionsgrad des Fettes, der den typischen Verlauf des Aufrahmens individuell beeinflußt. Es findet jedoch das Zusammenballen und schnellere Aufsteigen der Fetttröpfchen nicht allein ihre Erklärung durch die Hülle, die die Fetttröpfchen umgibt und sie zu Konglomeraten miteinander verklebt, selbst dann noch nicht, wenn man nach A. O. DAHLBERG auch noch den elektrischen Ladungszustand einerseits der Fettkügelchen und anderseits der Ionen, hauptsächlich soll es sich um Calciumionen handeln, in Betracht zieht. Es müssen vielleicht noch andere Momente, z. B. die Zusammensetzung des Milchplasmas selbst, von Bedeutung sein.

Bekannt ist, daß Milch, die über 65⁰ erhitzt ist, schlecht aufrahmt; dieses findet nach RAHN[4] seine Erklärung darin, daß die die Milchfettkügelchen umgebende Haptogenmembran ihre klebrige Eigenschaft verliert, wodurch die aufsteigenden Fettkügelchen ihrer Eigenschaft, beim Aufsteigen sich mit anderen und auch noch kleineren Milchfettkügelchen zu größeren Konglomeraten zu vereinigen, was ein schnelleres Aufsteigen, Aufrahmen, bedingt, beraubt werden. Wenn man einer durch Erhitzen veränderten Milch Gelatine zusetzt, so erreicht die Aufrahmung wieder ihre frühere Geschwindigkeit, da sich wieder Konglomerate bilden, also die Haptogenmembran wieder verklebende Eigenschaften angenommen hat.

Darüber, ob die Milchfettkügelchen von einer Haut, Haptogenmembran, umgeben sind, ist viel diskutiert worden. Die Fettkügelchen der Milch werden sich, da die Grenzfläche Protein- oder Serum-Fett kleiner ist als die von Wasser-Fett, mit einem Proteinfilm umgeben. Beim Aufrahmen fließen sie nicht zusammen; man schloß daraus, daß sie von einer dünnen, feinen Haut umgeben sind.

[1] W. FLEISCHMANN: Landw. Vers.-Stationen 1891, **39**, 31.
[2] O. RAHN u. P. F. SHARP: Physik der Milchwirtschaft 1928. Forsch. a. d. Gebiet der Milchwirtschaft u. des Molkereiwesens 1921, 1, 133, 165, 213.
[3] A. SCHNECK: Milchw. Forsch. 1928, 7, 1.
[4] RAHN: Forschungen aus dem Gebiet der Milchwirtschaft und des Molkereiwesens 1921, 1, 113, 168, 213.

Gestützt wurde diese Annahme einer Membran dadurch, daß man aus der Milch das Milchfett durch Schütteln mit Äther nicht quantitativ entfernen kann und daß ferner erst nach Zusatz von Alkalien, die die Membran sprengen sollen, quantitativ das Fett sich durch Äther erfassen läßt. Fr. Soxhlet[1] jedoch zeigte, daß auch nach Zusatz von Essigsäure, das die Proteine ausfällt, also nicht lösend auf die Proteinmembran wirkt, quantitativ das Fett in Äther übergeführt werden kann. Abderhalden und Voeltz[2] glaubten, daß die Membran keine reine Caseinmembran sei, sondern daß andere Proteine an der Bildung teilnehmen. Dagegen ist Quinke[3] der Ansicht, daß die Oberflächenspannung der einzelnen Milchfettkügelchen genügt, um ihre Vereinigung und Lösung in Äther zu verhindern, wie auch schon Soxhlet meinte. Fleischmann[4] nimmt an, daß im Milchplasma die Fettkügelchen nicht frei herumschwimmen, sondern daß gelöste Milchteilchen an den Fettkügelchen adhärieren.

O. Rahn[5] nimmt eine Proteinhülle an, die außer Globulin und Agglutinin noch ein anderes Protein enthält, einen sog. Schaumstoff. v. Dam, Hekma, Sierks und Brouwer[6] sind der Ansicht, daß die Proteinhülle zu den Euglobulinen zu zählen ist. G. Schwarz[7] meint, daß die Proteinhülle aus einer Proteinart besteht, die von Casein, Albumin und Globulin verschieden ist. Nach J. Prieger[8] wird aus der Differenz der elektrischen Umladepunkte der Schluß gezogen, daß der Umladepunkt der Fetteilchen von einer proteinähnlichen Hülle bestimmt ist, die das Teilchen umspannt.

Nach Orla-Jensen[9] ist diese Frage noch nicht völlig geklärt, was wohl der Fall sein dürfte.

Wird Milch homogenisiert, so tritt keine Aufrahmung der Fettkügelchen ein, da diese über 1000fach verkleinert sind, so daß sie auch mikroskopisch nicht mehr sichtbar sind.

Das Milchfett, das in einer Menge von 2,2—5,0% im Mittel 3,5% in der Kuhmilch vorkommt, besteht aus neutralen fettsauren Estern des Glycerins. Als Fettsäuren sind folgende zu nennen.

1. Flüchtige Fettsäuren.	2. Nichtflüchtige Fettsäuren.
Buttersäure $CH_3 \cdot (CH_2)_2 \cdot COOH$	Laurinsäure $CH_3 \cdot (CH_2)_{10} \cdot COOH$
Capronsäure $CH_3 \cdot (CH_2)_4 \cdot COOH$	Myristinsäure $CH_3 \cdot (CH_2)_{12} \cdot COOH$
Caprylsäure $CH_3 \cdot (CH_2)_6 \cdot COOH$	Palmitinsäure $CH_3 \cdot (CH_2)_{14} \cdot COOH$
Caprinsäure $CH_3 \cdot (CH_2)_8 \cdot COOH$	Stearinsäure $CH_3 \cdot (CH_2)_{16} \cdot COOH$
	Ölsäure $CH_3(CH_2)_7 \cdot CH:CH(CH_2)_7 \cdot COOH$.

Das Ansteigen um stets 2 CH_2-Gruppen in den Fettsäuren dürfte mit dem sog. paarigen Abbau der Fette im Organismus im engsten Zusammenhang stehen, Gesetz nach Knoop.

Die Buttersäure findet sich zu 4,32—5,00% im Milchfett vor. Im übrigen ist die Zusammensetzung des Fettes nicht unwesentlichen Schwankungen ausgesetzt. Die Höhenrassen produzieren ein Fett, das durchgängig einen höheren Gehalt niedrigmolekularer Fettsäuren besitzt. Auch die Jahreszeit soll einen Einfluß auf die Zusammensetzung des Fettes ausüben. Nach Hunzicker und Spitzer[10] u. a. geben frischmelkende Kühe ein Milchfett, das reicher an niedrigmolekularen Fettsäureglyceriden als gegen Ende des Laktationsstadiums ist. Eine erhebliche Veränderung erleidet das Milchfett durch die Art der Fütterung.

Im übrigen siehe Bd. IV.

---

[1] Fr. Soxhlet: Landw. Vers.-Stationen **19**, 118.
[2] E. Abderhalden u. Voeltz: Zeitschr. physiol. Chem. 1909, **59**, 13.
[3] Quinke: Pflügers Arch. 1878, **19**, 129.
[4] W. Fleischmann: Lehrbuch der Milchwirtschaft, 6. Aufl., 1920, S. 73.
[5] O. Rahn: Hildesheimer Molkereiztg., Sept. 1924; Kolloid-Zeitschr. 1922, **30**, 174.
[6] W. v. Dam, Hekma, Sierks u. Brouwer: Verslagen landbouwkund; Onderzocking der Rijkslandb. Pröfstat., Horn 1923, **28**, 22, 100; 1925, **30**, 18.
[7] G. Schwarz: Milchw. Forsch. 1929, **7**, 572.
[8] J. Prieger: Biochem. Zeitschr. 1930, **217**, 331.
[9] Orla-Jensen: Vortrag in London, 1928, 16.
[10] O. F. Hunzicker u. G. Spitzer: Proc. Indiana Acad. of Science 1909, 25.

3. Stickstoffsubstanzen.

O. HAMMARSTEN[1] unterscheidet drei Proteine in der Milch: Casein, Lactalbumin und Lactoglobulin. E. DUCLAUX[2], LINDET und AMMANN[3] nehmen an, daß Lactalbumin und Lactoglobulin Spaltungsprodukte des Caseins sind.

Das Casein zählt zu den Nukleoalbuminen, das Lactalbumin zu den Albuminen und das Lactoglobulin zu den Globulinen. Da die benannten Proteine sehr labil sind, so konnten ihre genuinen Eigenschaften bisher nicht untersucht werden. Enzyme und Säuren verändern ihre Eigenschaften.

Zu den lyophoben Proteinen zählen Casein und Lactoglobulin, während das Lactalbumin dem lyophilen Typus angehört. Schon durch geringe Zusätze von Elektrolyten (Salzen und Säure) gelingt es, das Casein zur Ausflockung zu bringen, es also in ein Gel zu verwandeln, während dieses beim Lactalbumin erst durch größere Zusatzmengen möglich ist.

Das Lactoglobulin bildet bezüglich der Ausflockung eine Zwischenstufe, man rechnet es zu den Emulsionskolloiden, das Casein zu den Suspensionskolloiden. Man faßt das Lactalbumin als ein Schutzkolloid auf, das die Ausflockung, Gelbildung, des Caseins verzögert, während die in der Milch vorhandenen Phosphate, Citrate und Rhodanide zu den Peptisatoren des Caseins zu zählen sind, siehe auch S. 42.

Da das Casein außer in der Milchdrüse im Körper des Säugers sich nicht vorfindet, so muß es in der Milchdrüse bzw. den Milchzellen umgebildet werden. Es wurde angenommen, daß nach erfolgtem Abbau der Proteine in der Milchdrüse ein völliger Aufbau zum Casein, Milchprotein, stattfindet (HILDEBRAND[4], GRIMMER[5]). MADER[6] fand nun in der Milch nicht unerhebliche Mengen Aminosäurestickstoff, in ganz frischer Frauenmilch 50—60 mg im Liter und in Kuhmilch 18—25 mg. Er ist der Ansicht, daß die Bausteine der Milchproteine, die Aminosäuren, die ja permeabel sind, unmittelbar vom Blut herangeführt werden, wenigstens ein Teil von ihnen. Durch Aufnahme komplementärer Substanzen wird die spezifische Struktur in der Milchdrüse zum Abschluß gebracht, hierbei wird jedoch die Artspezifität der Caseine der verschiedenen Säuger gewahrt.

In der Kuhmilch finden sich im Mittel 3% Casein, 0,5% Lactalbumin und 0,00035% Lactoglobulin.

a) Casein. In der Frauenmilch und Einhufermilch ist der Gehalt an Albumin gegenüber dem Casein erhöht, welch letzteres bei der Milch der übrigen Säuger vorherrscht; dieses trifft namentlich beim Rind, der Ziege und dem Schaf zu. Als Nukleoprotein ist das Casein ein phosphorhaltiges Protein. KOSSEL[7] und HAMMARSTEN[8] stellten seine Verschiedenartigkeit gegenüber anderen Nucleoproteiden fest. Die Caseine der verschiedenen Tierarten sind unter sich nicht ganz identisch; vor allem ist das Casein der Frauenmilch und Einhufermilch ganz verschieden zusammengesetzt, wie auch TANGL[9] annimmt.

[1] O. HAMMARSTEN: Zur Kenntnis des Caseins. Upsala 1877.
[2] E. DUCLAUX: Sur le lait, Etudes chimiques et mikrobiolog. Paris 1887.
[3] L. LINDET u. L. AMMANN: Compt. rend. Paris 1906, **142**, 1282.
[4] HILDEBRAND: Hofmeisters Beiträge 1906, **8**, 191.
[5] W. GRIMMER: Biochem. Zeitschr. 1913, **53**, 429.
[6] A. MADER: Milchw. Forsch. 1929, **8**, 39.
[7] A. KOSSEL: Zeitschr. physiol. Chem. 1886, **10**, 248.
[8] O. HAMMARSTEN: Zeitschr. physiol. Chem. 1893, **19**, 19.
[9] F. TANGL: Pflügers Arch. 1908, **121**, 534.

So fanden die Nachgenannten folgende Zusammensetzung des Caseins:

Tabelle 2. Zusammensetzung des Caseins.

Bestandteile	Kuhmilch		Frauen-milch (WRO-BLEWSKI)	Stuten-milch	Schaf-milch (TANGL)	Ziegen-milch
	HAMMAR-STEN	SLYKE und BOSWORTH				
Kohlenstoff	52,96	53,5	52,24	52,36	52,92	52,9
Wasserstoff	7,05	7,13	7,32	7,09	7,05	6,86
Stickstoff	15,65	15,80	14,07	16,44	15,71	15,48
Schwefel	0,758	0,72	1,12	0,53	0,72	0,70
Phosphor	0,847	0,71	0,68	0,88	0,81	0,76
Verhältnis $P:N$ . . .	0,054	0,045	—	—	—	—

Über die Entstehung des Caseins im Euter herrscht noch keine Klarheit. Es gelingt nur sehr schwer, reines Casein herzustellen, Näheres hierüber siehe bei PFYL und TURNAU[1] und auch B. BLEYER[2], die die Methode von O. HAMMARSTEN modifiziert haben. Das so hergestellte Casein ist nicht ganz frei von Asche. Das nach diesen Methoden erhaltene Casein ist ein weißes, nicht hygroskopisches Pulver. Es kommt wahrscheinlich in Form eines Calcium-Caseinatkomplexes in der Milch vor.

Das Äquivalentgewicht des Caseins als Säure berechnet COHN[3], ähnlich wie B. BLEYER, zu 2096—2166 und das Mindestmolekulargewicht zu 10 000. Das Casein ist eine stärkere Säure als Kohlensäure, da es diese aus ihren Salzen in Freiheit setzt, jedoch wird Casein durch Kohlensäure unter Druck und in der Wärme bei 60⁰ und 25 bis 30 Atm. ausgefällt. Der isoelektrische Punkt von Kuhmilch-Casein liegt nach MICHAELIS und PECHSTEIN[4] bei p_H 4,6. Über die Verschiebung des isoelektrischen Punktes siehe SÖRENSEN und SLÁDEK[5].

Casein ist, wie alle Proteine, amphoter und geht also sowohl mit Alkalien, als auch mit Säure chemische Bindungen ein, jedoch wiegt der Säurecharakter vor. Mit den Hydroxyden der Erdalkalien liefert es nach BLEYER keine echten Salze. Nach SÖLDNER[6] und COURANT[7] soll das Casein drei- und nach LAQUEUR und SACKUR[8] vier- bis sechsbasisch sein. L. L. VAN SLYKE und BOSWORTH halten das Casein für achtbasisch. B. BLEYER und SEIDL[9] machen geltend, daß es sich nicht um Äquivalentzahlen handelt, sondern daß Bindungen vorliegen, die dem Sinne des HENRYschen Verteilungsgesetzes folgen, wenn es sich nicht nur um bloße Adsorbate handelt.

Der Gehalt an Stickstoff liegt beim Casein bei 15,4—15,71%, der mittlere Wert dürfte nach B. BLEYER und R. SEIDL 15,5% betragen. Mithin ist der Stickstoffaktor nicht wie bei den übrigen Proteinen 6,25, sondern 6,45.

SVEDBERG und CARPENTER[10] haben bei der Molekulargewichtsbestimmung des Caseins drei Fraktionen unterschieden mit Molekulargewichten von 75000—100000, 188000 und 375000, die sich auch serologisch verschieden verhalten; so konnten CHERBULIEZ und SCHNEIDER[11] zwei Caseine, α und β, isolieren, das β-Casein gleicht in seinem Verhalten

[1] B. PFYL u. R. TURNAU: Arb. Kais. Gesundh.-Amt 1914, 47, 347.
[2] B. BLEYER: Biochem. Zeitschr. 1922, 128, 48.
[3] E. S. COHN: Physiol. Ber. 1925, 5, 349; Journ. Biol. Chem. 1925, 63, 721.
[4] A. MICHAELIS u. PECHSTEIN: Biochem. Zeitschr. 1912, 47, 260.
[5] S. P. L. SÖRENSEN u. L. SLÁDEK: Kolloid-Zeitschr. 1929, 49, 16; Milchw. Forsch. 1931, 11, 7, Ref.
[6] FR. SÖLDNER: Landw. Vers.-Stationen 1888, 35, 351.
[7] G. COURANT: Pflügers Arch. 1891, 50, 109.
[8] A. W. LAQUEUR u. O. SACKUR: Hofmeisters Beiträge 1902, 3, 193.
[9] B. BLEYER u. R. SEIDL: Biochem. Zeitschr. 1922, 128, 48.
[10] C. L. M. SVEDBERG u. F. L. CARPENTER: Journ. Amer. Chem. Soc. 1930, 52, 701; Milchw. Forsch. 1931, 11, 7, Ref.; 1931, 53, 1812; 1932, 13, 29, Ref.
[11] E. M. CHERBULIEZ u. SCHNEIDER: Helv. chim. Acta 1932, 15, 597; 1933, 16, 600; Lait 1933, 13, 264; Milchw. Forsch. 1933, 15, 135, Ref.; 1934, 16, 58.

den Globulinen, später gelang es, das Casein in vier Substanzen zu zerlegen. BR. JIRGEN-
SONS[1] konnte das Casein in zwei Fraktionen zerlegen, die eine davon ist in Alkohol löslich,
während die unlöslichere Fraktion reicher an Phosphor ist.

Durch Alkalien wird infolge Razemierung die Linksdrehung des Caseins
herabgedrückt (DAKIN und DUDLEY[2]). Schon durch Kochen mit Wasser
tritt eine Zersetzung des
Caseins ein, es findet eine
Abspaltung phosphorhalti-
ger Stoffe statt und zu-
gleich bildet sich noch
Schwefelwasserstoff. Bei
längerer Einwirkung von
Säure oder Alkali in der
Hitze bilden sich Poly-
peptide und Aminosäuren.
Nach der von D. D. VAN
SLYKE ausgearbeiteten Me-
thode gelingt es, neben-
stehende Abbauprodukte
des Caseins zu erhalten.

Tabelle 3. Abbauprodukte nach VAN SLYKES
Verfahren.

In % des Gesamt-Stickstoffs	Casein	Para-Casein	Albumin aus saurer Molke	Albumin aus süßer Molke
Ammoniak-N	10,32	11,09	7,17	7,09
Melanin-N	1,45	1,97	3,26	3,81
Gesamt-Basen . . .	22,87	22,29	—	—
Cystin-N	0,76	1,07	1,14	1,08
Arginin-N	7,33	8,84	8,34	5,85
Histidin-N	5,31	3,70	8,29	4,27
Lysin-N	9,61	8,97	8,65	9,66
Gesamt-N des Filtrates	64,95	65,62	—	—
Amino-N	47,33	45,30	52,29	53,03
Nicht-Amino-N . . .	17,58	19,54	14,59	13,48

Tabelle 4. Abbauprodukte nach anderen Verfahren aufgespaltener Caseine.

In % des Gesamt-Stickstoffs	Kuhcasein			Ziegen-casein	Frauen-casein	Kuhmilch-Albumin JONES und JAHNS
	ABDER-HALDEN	OSBORNE	VAN SLYKE	ABDERHALDEN		
Alanin	0,9	1,5	—	1,5	1,2	3,30
Valin	1,0	7,2	—	—	1,3	2,41
Leucin	10,5	7,2 (9,3)	—	7,4	8,8	3,30
Prolin	3,1	4,7 (6,7)	6,7	4,62	2,85	14,03
Phenylalanin	3,2	2,4 (3,2)	—	2,75	2,80	12,80
Glutaminsäure . . .	10,7	15,6	—	10,25	10,95	9,3
Asparaginsäure . . .	1,2	1,4	—	1,1	1,00	3,76
Cystin	0,06	—	—	—	—	1,95
Serin	0,2	0,5	—	—	—	1,95
Tyrosin	4,5	3,9 (4,5)	—	4,65	4,58	1,25
Oxyprolin	0,25	0,23	—	—	—	
Histidin	2,6	2,5	6,21	—	—	
Arginin.	5,8	3,8	7,41	—	—	
Lysin	4,9	3,8	10,30	—	—	
Tryptophan	1,5	1,5	—	—	—	1,76
Diaminotrioxydo-dekansäure	0,75	0,75	—	vorhanden	—	
Ammoniak	—	1,61	10,43	—	—	

Glykokoll nicht vorhanden

Aus diesen Zahlen ist zu ersehen, daß bei den verschiedenen Caseinen, ob-
gleich die Mengenverhältnisse der Elementarsubstanzen nicht wesentlich
schwanken, doch die einzelnen Bausteine, auch bei der gleichen Tierart, zum
Teil wesentlich differieren. DUDLEY und WOODMANN[3] nehmen an, daß die
Unterschiede der verschiedenen Caseine nur in der verschiedenen intramolekularen
Anordnung der verschiedenen Aminosäuren liegen. Nach E. ABDERHALDEN und
E. ROSSNER[4] zeigen die Absorptionsspektren der Caseine verschiedener Milch-

---

[1] BR. JIRGENSONS: Biochem. Zeitschr. 1934, **268**, 414.
[2] H. D. DAKIN u. H. W. DUDLEY: Journ. Biol. Chem. 1913, **15**, 263.
[3] H. W. DUDLEY u. H. E. WOODMANN: Biochem. Zeitschr. 1915, **9**, 97.
[4] E. ABDERHALDEN u. E. ROSSNER: Zeitschr. physiol. Chem. 1927, **168**, 171.

tiere keine wesentlichen Abweichungen. Mithin liegt eine weitgehende, wenn nicht vollständige Übereinstimmung des inneren Baues der Caseine vor. Charakteristisch ist jedoch das Fehlen von Glykokoll im Casein und ferner fällt der hohe Gehalt an Tyrosin und Lysin auf.

Wird Casein vermittelst Pepsin-Salzsäure verdaut, so wird selbst nach langer Einwirkungszeit der Verdauungsflüssigkeit nur ein geringer Teil des Phosphors in Phosphorsäure übergeführt, nebenbei entstehen Aminosäuren. Dagegen wird bei der Trypsinverdauung das Casein zerlegt und der gesamte Phosphor geht in Lösung; es entstehen auch hierbei Aminosäuren, Näheres siehe bei der Reifung des Käses S. 364.

Durch die enzymatische Wirkung des Labs, Chymosin, wird das Casein in sog. Paracasein umgewandelt. Trotz der vielen vorgenommenen Untersuchungen gehen die Ansichten über das Paracasein noch auseinander.

Das von VAN SLYKE und BOSWORTH[1] hergestellte Casein und Paracasein ergaben folgende Elementarzusammensetzung:

	Kohlenstoff	Wasserstoff	Stickstoff	Phosphor	Schwefel
Casein	53,5	7,13	15,80	0,71	0,72%
Paracasein . .	53,5	7,26	15,80	0,71—0,83	0,72—0,87%

Nach HAMMARSTEN zerfällt das Casein in 2 ungleiche Bruchstücke des Paracaseins und andere Proteinteilstücke, von denen das Molkenprotein vorherrscht. Dieser Ansicht steht die von VAN SLYKE und BOSWORTH entgegen, die ihren Untersuchungen nach eine weitgehende Übereinstimmung in der prozentualen Zusammensetzung von Casein und Paracasein feststellten (siehe oben); sie nehmen eine Spaltung des Caseins in 2 gleichgroße Bruchstücke an.

WRIGHT[2] stellte die optische Drehungsveränderung des Caseins gegenüber der des Paracaseins in alkalischer Lösung fest. Es ergab sich, daß beide Caseine die gleiche Kurve bei der Spaltung aufwiesen, woraus zu schließen ist, daß keine chemische Änderung bei der Labfällung eintritt; sie nehmen eine kolloidchemische Änderung des Caseins bei Einwirkung von Lab an.

Nach PORCHER[3] dürfte der Kalkgehalt bei der Labeinwirkung eine wichtige Rolle spielen. Das in der Milch in kolloidaler Lösung sich befindende Casein soll in Form von Calciumcaseinat-Calciumphosphat vorliegen. Wird das Casein durch Säuren gefällt, so handelt es sich um freies Casein, das als unlösliche Säure ausfällt, während das Labcasein als Calciumcaseinat ausgeschieden wird. Es muß also das Säurecasein in das komplexe Calciumcaseinat überführbar sein. Löst man das Säurecasein in Kalkhydratlösung auf und neutralisiert das überschüssig zugesetzte Kalkhydrat mit Phosphorsäure, so kann man durch Lab Labcasein ausscheiden. Das Säurecasein ist mithin in das komplexe Calciumcaseinat-Calciumphosphat übergeführt worden, wenngleich auch ein geringer Abbau des Caseins durch Lab erfolgt. Auch hier bedarf es noch der Klärung, siehe PALMER und RICHARDSON[4], SUTERMEISTER und BRÜHL[5].

Bei der natürlichen Säuerung der Milch durch Milchsäurebakterien wird die Dicalciumcaseinverbindung gelöst, wobei sich das Casein abscheidet, also Gerinnung der Milch eintritt. Bei 6—10 SOXHLET-Graden ist nach TILLMANS und LUCKENBACH[6] die Milchsäure an den Kalk der Milch völlig gebunden, bei 10,4 SOXHLET-Graden wird die Milch säuerlich.

Weiteres über Casein siehe Bd. I, S. 230, 236, 239 und Bd. II, S. 692.

---

[1] L. L. VAN SLYKE u. A. W. BOSWORTH: Journ. Biol. Chem. 1913, **14**, 211.
[2] P. A. WRIGHT: Biochem. Journ. 1924, **18**, 245.
[3] CH. PORCHER: Chim. and Industrie 1928, **19**, 589, 809; Lait 1929, **9**, 134.
[4] L. S. PALMER u. F. W. RICHARDSON: Colloid Symposion, Monograph. 1925, III. Kap., 8.
[5] SUTERMEISTER u. BRÜHL: Das Casein, von ERWIN SUTERMEISTER, deutsch bearbeitet von E. BRÜHL, 14.
[6] J. TILLMANS u. W. LUCKENBACH: Milchw. Forsch. 1926, **3**, 262.

b) Lactalbumin. Dieses zu den Albuminen zählende Protein steht in naher Beziehung zum Serumalbumin. Das hydrophile, leicht dispergierende, kolloidal lösliche, ziemlich stabile Lactalbumin ist, wenigstens teilweise, in seinem Dispersionsmittel, dem Serum der Milch, ionisiert.

Nach Sebelien ist die prozentuale Zusammensetzung folgende:

Kohlenstoff = 52,19%, Wasserstoff = 7,18%, Stickstoff = 15,77%, Sauerstoff = 23,13%, Schwefel = 1,73% und Phosphor = 0,0%.

Osborne fand einen etwas höheren Schwefelgehalt. Über den Abbau des Albumins siehe S. 57. Wie bei Casein schon erwähnt wurde, ist das Lactalbumin bei Frauenmilch und Einhufermilch gegenüber dem Casein anderer Milchspender erhöht. Das Lactalbumin dient als Stabilisator des Caseins, S. 55. Bei der Gerinnung von Frauen- und Einhufermilch flockt das Casein viel feiner als das anderer Milchspender aus.

Über die Hitzekoagulation des Lactalbumins siehe S. 182, die Ausscheidung des Lactalbumins ist nach Bleyer und Diez[1] vollkommen, wenn sie in saurer Lösung erfolgt. Grimmer, Kurtenacker und Berg[2], ferner Bleyer und Diez[1] haben festgestellt, daß die durch die verschiedenen Fällungsmethoden gewonnenen Lactalbumine in ihrer Zusammensetzung verschieden sind. Sjögren, Bertil und Svedberg[3] stellten ein krystallisiertes und nicht krystallisiertes Albumin her, die Molekulargewichtsbestimmung mittelst Ultrazentrifuge ergab, daß zwischen beiden Albuminen kein Unterschied besteht, daß aber das Albumin nicht einheitlich, sondern eine Mischung von 2 Molekulargewichten, 12000 und 25000, ist. In der Milch kommt eine Albuminform, deren Molekulargewicht dem Hauptteil nach größer ist als 1000, nicht vor. Es dürfte sich bei den höheren Molekulargewichten um Aggregate des Albumins handeln.

Die chemische Zusammensetzung des Albumins ist folgende:

	Kohlenstoff	Wasserstoff	Stickstoff	Schwefel	Sauerstoff
Nach Sebelien . . .	52,19	7,18	15,77	1,73	23,13 %
Nach Ellenberger[4] .	54,47	7,37	15,67	1,32	21,13 %

Wie beim Casein bildet sich auch beim Abbau des Albumins kein Glykokoll. Ferner zeichnet sich das Albumin durch einen hohen Gehalt an Prolin und Phenylalanin gegenüber Casein aus (S. 57).

Weiteres über das Albumin siehe Bd. I, S. 210, 236.

c) Lactoglobulin. Dieses dritte, in der Milch nur in sehr geringer Menge vorkommende Protein ist in dem Milchserum und in der Molke selbst nachweisbar, Sebelien[5] und Osborne haben sich eingehend mit dem Lactoglobulin befaßt. Den Eigenschaften der Lösung und der Fällung nach zählt man es zu den Globulinen. Durch Zusatz von Elektrolytsalzen kann das Lactoglobulin in eine kolloidale Lösung übergeführt werden.

Die Zusammensetzung ist:

Kohlenstoff = 51,88%, Wasserstoff = 6,98%, Stickstoff = 15,44%, Schwefel = 0,86%, Phosphor = 0,24%.

Das Lactoglobulin scheint ein Gemisch verschiedener Globuline zu sein. Bleyer und Diez[6] sind der Ansicht, daß das Lactoglobulin des Schrifttums ein sekundäres Umwandlungsprodukt ist, wenigstens trifft dieses für das Molkenglobulin zu. Bei Molken liegt das Ausflockungsoptimum des Lactoglobulins bei $p_H = 6,3$.

---

[1] B. Bleyer u. St. Diez: Milchw. Forsch. 1925, **2**, 91, 229, 333.

[2] W. Grimmer, C. Kurtenacker u. Berg: Biochem. Zeitschr. 1923, **137**, 465.

[3] Sjögren, Bertil u. Svedberg: Journ. Amer. Chem. Soc. 1930, **52**, 3650; Milchw. Forsch. 1931, **12**, 102, Ref.

[4] Ellenberger: Arch. ges. Physiol. Suppl., 1902, 313.

[5] J. Sebelien: Zeitschr. physiol. Chem. 1885, **9**, 445.

[6] B. Bleyer u. St. Diez: Milchw. Forsch. 1925, **2**, 340.

Der Gerinnungsbeginn tritt nach TIEMANN[1] bei 72⁰ ein.

d) Agglutinin. Nach den Untersuchungen von STORCH[2] soll das Zusammenkleben der Fettkügelchen durch ein mucinähnliches Protein hervorgerufen werden. v. DAM, HEKMA, SIRKS und BROUWER[3] sind der Ansicht, daß dieses Protein zu den Euglobulinen zu rechnen ist. ORLA-JENSEN[4] hält das Agglutinin nicht für ein Globulin. Das Agglutinin soll auch nach seiner Ansicht in der ganzen Milch verteilt sein.

O. RAHN[5] nimmt an, daß außer dem Agglutinin sich noch ein anderes Protein, Schaumstoff, vorfindet, welches die Schaumbildung der Milch hervorruft, seine Existenz ist jedoch noch nicht sicher gestellt. Auf jeden Fall scheint in dieser Beziehung noch manches einer näheren Klärung zu bedürfen.

Zu den Proteinen dürften wohl auch die von E. HEKMA[6] bei 600—1000facher Vergrößerung im Dunkelfeld in der Milch beobachteten scheibenförmigen Körperchen zu zählen sein, die als Milchplättchen bezeichnet werden. Auf Zusatz von Lab ballen sie sich zu Klümpchen zusammen. Schon KREIDL und NEUMANN[7] hatten im Ultramikroskop diese Körperchen beobachtet, die sie Lactokonien nannten.

e) Reststickstoff. Außer den genannten drei Proteinen finden sich noch Abbauprodukte, Albumosen und Peptone, in der Milch vor, die allerdings in frischer Milch nicht vorkommen und erst später aus den Proteinen durch Abbau, wahrscheinlich durch die Tätigkeit von Bakterien, gebildet werden. Durch Phosphorwolframsäure können sie ausgefällt werden. Der eigentliche Reststickstoff besteht aus Purinbasen, Harnsäure 1,0—1,5 mg-%, nach REIF[8], Kreatin, Kreatinin, Harnstoff, Carbaminsäure, Hippursäure, Allantoin, Schleimstoffen, Aminosäure, Aminen und Ammoniak, 3—4 mg im Liter, in ansaurer Milch 14 mg und mehr (J. TILLMANS, A. SPLITTGERBER und H. RIFFART[9]). Ferner sind noch zu erwähnen Rhodanverbindungen, Cholin und Lecithin, die beiden letzteren aus dem Milchfett stammend.

Tabelle 5.

In 100 ccm Milch mg		Voll-milch	Lab-molke	Saure Molke
Gesamt-Stickstoff		466,4	125,2	119,7
Protein-Stickstoff		392,0	65,8	56,3
Rest-Stickstoff	(rechnerisch) .	74,4	49,4	63,4
	(gefunden = Filtrat-Gesamt Stickstoff) . .	69,0	51,2	62,4
Albumosen-Stickstoff		33,1	18,9	24,3
Phosphorwolframsäure-Stickstoff (Peptonstickstoff)		19,5	20,4	18,2
Purinbasenstickstoff		2,3	1,2	2,2
Harnsäure		1,6	0,6	1,2
Kreatinin (präformiert) . . .		1,4	1,2	1,2
Kreatin		2,6	2,1	2,1
Aminosäure-Stickstoff		2,9	3,1	7,8
Harnstoff-Stickstoff		10,1	10,8	12,0
Ammoniak-Stickstoff (präformiert)		—	1,2	3,0
Rest-Stickstoff, nach W. DENIS und A. J. MINOT bestimmt .		23,3	28,8	36,2

[1] H. TIEMANN: Zeitschr. physiol. Chem. 1898, **25**, 363.

[2] A. STORCH: Monatsh. Chem. **18**, 244.

[3] W. v. DAM, E. HEKMA, H. A. SIRKS u. E. BROUWER: Verslagen landbouwkund. Onderzoekningen de Rijkslandb. Proef-stat. Hoorn. 1923, **28**, 22, 100; 1925, **30**, 18.

[4] ORLA-JENSEN: Vortrag in London 1928, 16.

[5] O. RAHN u. P. F. SHARP: Physik der Milchwirtschaft. Berlin: Paul Parey 1928.

[6] E. HEKMA: Verslagen landbouwkund. Onderzoekningen de Rijkslandb. Proef.-stat. Hoorn. 1923, **28**, 22, 100; 1925, **30**, 36.

[7] A. KREIDL u. NEUMANN: Pflügers Arch. 1908, **123**, 523.

[8] G. REIF: Biochem. Zeitschr. 1925, **161**, 128.

[9] J. TILLMANS, A. SPLITTGERBER u. H. RIFFART: Z. 1914, **27**, 59.

B. Bleyer gibt die in Tabelle 5 aufgeführte Zusammensetzung für die Reststickstoffsubstanzen an.

Der Rest-Stickstoff soll nach Kopatscheck[1] nur innerhalb enger Grenzen schwanken, 23—35 mg-% N.

Zu den stickstoffhaltigen Stoffen sind auch noch die Phosphatide zu rechnen, siehe S. 66.

In der Milch konnte ferner noch nach B. Bleyer und Kallmann[2] ein stickstoffhaltiger gelbgrüner Farbstoff festgestellt werden, das früher sog. Lactochrom, welches in enger Beziehung zu dem Urochromogen und Urochrom, dem Farbstoff des Harns, stehen soll. Nach neueren Untersuchungen handelt es sich um einen Pflanzenfarbstoff, Lactoflavin; siehe S. 41, 75.

4. Milchzucker.

Der Milchzucker (Lactose) kommt als Kohlenhydrat außer in der Amnionflüssigkeit der Kühe nur in der Milch der Säuger vor.

Bei unvollständigem Ausmelken oder nicht mehr Nähren kann zuweilen vorübergehend Milchzucker im Harn, Lactoseurin, infolge von Rückstauung auftreten. Der Milchzucker ist die einzige Zuckerart, die in der Milch vorhanden ist.

Alle Angaben, daß noch andere Zuckerarten vorkommen sollen, dürften wohl nicht zutreffen. Sebelien[3] will in der Milch eine Pentose nachgewiesen haben. Auch Laxa[4] konnte nur sehr geringe Mengen einer angeblichen Pentose feststellen. Ob diese Pentose aber wirklich in der Milch vorhanden ist, bedarf noch der Überprüfung.

Der Milchzucker zählt zu den Biosen und befindet sich in der Milch in einer α- und β-Modifikation vor und zwar im Verhältnis von 1 : 1,55 (Sharp[5]). Die Bildung des Milchzuckers dürfte in den Milchzellen vor sich gehen. Da die Milch ein Ultrafiltrat des Blutes ist, so wird die Glucose des Blutes an die Milchdrüsen abgegeben; Kaufmann und Magné[6] stellten fest, daß bei nicht milchgebenden Kühen der Zuckergehalt des Blutes sowohl aus der Vena mammaria, als auch der Vena jugularis gleich groß war, während bei milchenden Kühen der Zuckergehalt der Vena mammaria um 0,04—0,17% geringer war als in der Vena jugularis. Zu ähnlichen Ergebnissen gelangten Blackwood, J. Henderson, J. Dempster Stirling[7]. Man muß annehmen, daß der Milchzucker aus der Glucose aufgebaut wird in der Weise, daß ein Molekül Glucose in die stereoisomere Galactose durch eine Kinase der Drüsensubstanz umgewandelt wird, die alsdann mit einem zweiten Molekül Glucose unter Austritt von Wasser Milchzucker bildet. Da Carnivoren bei Fütterung mit Fleisch reichlich Milchzucker in der Milch bilden, so ist daraus zu schließen, daß die Galactose aus der Glucose aufgebaut wird und nicht aus Futtermitteln, die Galactose als solche enthalten, herrührt. Es besteht auch die Möglichkeit, daß ein Teil des Milchzuckers aus dem Zerfall der Proteine der Milchdrüsen entsteht. Über den Aufbau des Milchzuckers bestehen immerhin noch Unklarheiten, siehe Porcher[8], Röhmann[9], Best[10], Thierfelder[11], Widmark und O. Carlens[12].

[1] Kopatscheck: Milchw. Zentralbl. 1929, 58, 298.
[2] B. Bleyer u. Kallmann: Biochem. Zeitschr. 1924, 153, 459; 1925, 155, 54.
[3] J. Sebelien: Festschrift für Hammarsten, Upsala 1906.
[4] O. Laxa: Le Lait 1921, 1, 118.   [5] P. F. Sarp: Milchw. Forsch. Ref. 1931, 12, 18.
[6] Kaufmann u. Magné: Compt. rend. Paris 1906, 143, 779.
[7] Blackwood, J. Henderson, J. Dempster Stirling: Biochem. Journ. 1932, 26, 362; Milchw. Forsch. Ref. 1933, 14, 73.
[8] Ch. Porcher: Compt. rend. Paris 1905, 140, 73; Biochem. Zeitschr. 1910, 23, 370.
[9] F. Röhmann: Biochem. Zeitschr. 1919, 93, 237.
[10] Best: Gaz. med. de Paris 1879, No. 12.   [11] Thierfelder: Diss. Rostock 1883.
[12] O. M. B. Widmark u. O. Carlens: Biochem. Zeitschr. 1925, 158, 3, 81; 1927, 181, 176.

Die Werte für den Gehalt an Milchzucker liegen bei Kuhmilch zwischen 4—6%, bei Erkrankung der Euter sinkt der Milchzuckergehalt, während Frauenmilch meist einen höheren Milchzuckergehalt aufweist. Schon kurze Zeit nach dem Melken werden durch die Lebenstätigkeit der Bakterien Milchsäure und Buttersäure aus ihm gebildet. Bei Einwirkung von Hefe auf Milch kann ferner noch eine alkoholische Gärung unter Zersetzung des Milchzuckers eintreten, siehe Bd. I, S. 752. Das spezifische Enzym der Bakterien und Hefe, das die Spaltung des Milchzuckers in Glucose und Galactose bewirkt, wird Lactase genannt, E. Fischer, Bierry und Salazar[1] konnten das Enzym aus der Darmschleimhaut von Kaninchen, Hund, Kalb und Schaf gewinnen. Nur bei Neugeborenen und Säuglingen konnten Ibrahin und Kaumheimer[2] Lactase in der Darmschleimhaut, nicht aber in der Bauchspeicheldrüse, nachweisen; Weiteres siehe Bd. I, S. 428.

Wenn es sich um eine reine Milchsäuregärung handelt, so werden nach Barthel aus 1 Molekül Milchzucker 4 Moleküle Milchsäure gebildet, es sind bis zu 98% Milchsäure nach der Zersetzungsgleichung des Milchzuckers gefunden worden. In der Milch wird jedoch nicht aller Milchzucker bei der Säuerung umgesetzt, da durch den steigenden Säuregehalt die Bakterien in ihrer Lebensenergie zurückgedrängt werden. Die entstandene Milchsäure ist die Aethylidenmilchsäure, CH_3—$CH(OH)$—$COOH$, siehe Bd. I, S. 641.

5. Mineralstoffe.

Obgleich die Blutflüssigkeit und die Milch isoton sind, so ist doch die Art und Menge der Mineralstoffe bei beiden Flüssigkeiten wesentlich von einander verschieden.

In Milchen können diese oder jene Mineralstoffe in geringerer oder größerer Menge vorkommen. Auch die Art der Zerteilung ist verschieden, der molekular und ionendisperse Anteil kann ferner noch verschieden groß sein. Außerdem sind größere oder geringere Mengen der Mineralstoffe, Salze, an die Proteine durch Adsorption gebunden.

Da die Milch zum Teil aus dem Ultrafiltrate des Blutes besteht, so werden die molekular- und ionengelösten Bestandteile des Blutes, d. h. die Salze, an das Drüsengewebe des Euters abgegeben. Zu diesen Mineralstoffen des Blutes, den Salzen, kommen noch bei der Bildung der Milch im Euter die des Drüsengewebes selbst hinzu. Vor allem ist auch der prozentuale Gehalt an den einzelnen Mineralstoffen bei Blut und Milch wesentlich verschieden, z. B. ist der Calcium- und Kaliumgehalt der Milch wesentlich höher als der des Blutes.

Der Aschengehalt als Rohasche liegt zwischen 0,6—0,86%, bei der Kuhmilch im Mittel bei 0,75%, bei Frauenmilch zwischen 0,16—0,3%. Bei vorsichtigem Veraschen von Milch bleiben die Mineralstoffe als Asche, Rohasche, zurück. Der Hauptbestandteil der Asche der Milch besteht aus Kalkphosphaten und Alkalichloriden, von denen das Kaliumchlorid vorherrscht. Die Salze der organischen Säuren, Citronensäure usw., finden sich in der Asche als Carbonate vor. Aus den organischen Stoffen der Milch, den Proteinen, Phosphatiden usw. wird der Phosphor in Phosphorsäure und der Schwefel in Schwefelsäure übergeführt, die in der Asche als Salze zurückbleiben.

Wenn man den an organische Stoffe, Casein, Phosphatide usw., gebundenen Phosphor und Schwefel auf Phosphorsäure und Schwefelsäure umrechnet und von dem Aschenwert der Milch abzieht, so erhält man die Reinasche. Auch kann man nach Pfyl und Samter[3] die Proteine vorher ausfällen. Es enthält

---

[1] E. Fischer, Bierry u. Salazar: Compt. rend. Paris Soc. Biol. 1904, **57**, 181.
[2] Ibrahin u. Kaumheimer: Zeitschr. physiol. Chem. 1909, **62**, 287; 1910, **66**, 19, 37.
[3] B. Pfyl u. W. Samter: Z. 1925, **49**, 253.

das sog. Tetraserum nur minimale Spuren Casein. In dem so hergestellten Serum (siehe S. 170), kann man alsdann die Mineralstoffe bestimmen.

Tabelle 6. Rohasche von Milchen verschiedener Säuger nach ABDERHALDEN.

Milch von	K_2O %	Na_2O %	Fe_2O_3 %	CaO %	MgO %	P_2O_5 %	Cl %
Mensch	0,0795	0,0253	0,0008	0,0489	0,0065	0,0585	0,0468
Hund	0,1382	0,0779	0,0020	0,4545	0,0195	0,5078	0,1656
Schwein	0,0945	0,0776	0,0040	0,2489	0,0157	0,3078	0,0756
Schaf.	0,0967	0,0864	0,0041	0,2453	0,0148	0,2928	0,1297
Ziege	0,1302	0,0617	0,0036	0,1974	0,0154	0,2840	0,1019
Rind	0,1776	0,0972	0,0021	0,1671	0,0231	0,1911	0,1368
Pferd	0,1050	0,0140	0,0020	0,1240	0,0130	0,1311	0,0310
Meerschweinchen.	0,0754	0,070	0,0013	0,2417	0,0241	0,2880	0,0999
Kaninchen . . .	0,2516	0,1980	0,0020	0,8914	0,0552	0,9966	0,1355

Aus vorliegender Tabelle kann man die großen Unterschiede der Milchaschenbestandteile der einzelnen Säuger ersehen.

Tabelle 7. Zusammensetzung der Kuhmilchasche nach SÖLDNER.

Bestandteile	Roh-asche %	Rein-asche[1] %	Bestandteile	Roh-asche %	Rein-asche[1] %
Kaliumoxyd (K_2O) . . .	20,50	25,92	Phosphorsäure	25,7	21,57
Natriumoxyd (Na_2O) . .	9,50	11,92	Schwefelsäure	9,9	0,00
Calciumoxyd (CaO) . .	19,70	24,68	Chlor	13,1	16,38
Magnesiumoxyd (MgO) .	2,50	3,12		103,0	103,60
Eisenoxyd (Fe_2O_3) . . .	0,10	0,01	Sauerstoff in einer dem		
Kohlensäure (CO_2) . . .	2,00	0,00	Chlor äquivalenten Menge	3,0	3,6

Die Differenzen zwischen Roh- und Reinasche beruhen zum Teil auf der Volumänderung.

Nach F. E. NOTTBOHM[2] enthält die Milchasche (0,77%) im Mittel: Kaliumoxyd 23,62, Natriumoxyd 3,85, Calciumoxyd 20,72 und Phosphorsäure 25,33%.

Daß die Anionen und Kationen sich in der Milch in dieser Zusammensetzung vorfinden, ist nicht wahrscheinlich. Auf jeden Fall ist ein Teil der Salze teils chemisch, teils durch Adsorption an die Proteine gebunden. Wenn man das Serum herstellt, so wird zweifellos eine ganz andere

Tabelle 8. Zusammensetzung der Milchsalze nach BOSWORTH und VAN SLYKE[3].

Bestandteile	Kuh-milch %	Ziegen-milch %	Frauen-milch %
Salze	0,901	0,939	0,313
Natriumchlorid	0,000	0,095	0,000
Kaliumchlorid	0,000	0,160	0,000
Calciumchlorid	0,119	0,115	0,059
Monokaliumphosphat . . .	0,000	0,073	0,069
Dikaliumphosphat	0,230	0,000	0,000
Dicalciumphosphat . . .	0,175	0,092	0,000
Tricalciumphosphat . . .	0,000	0,062	0,000
Monomagnesiumphosphat .	0,103	0,000	0,027
Dimagnesiumphosphat . . .	0,000	0,068	0,000
Trimagnesiumphosphat . .	0,000	0,024	0,000
Natriumcitrat	0,222	0,000	0,055
Kaliumcitrat	0,052	0,25	0,103

Dispersion der Salze vorliegen, als in der Milch selbst. Auf Grund der Kompensationsdialyse konnten RONA und MICHAELIS[4] feststellen, daß etwa 40—50%

---

[1] Darunter ist hier die kohlen- und schwefelsäurefreie Asche verstanden.
[2] F. E. NOTTBOHM: Milchw. Forsch. 1927, 4, 336.
[3] A. W. BOSWORTH u. L. L. VAN SLYKE: Journ. Biol. Chem. 1916, 24, 187.
[4] P. RONA u. MICHAELIS: Biochem. Zeitschr. 1909, 21, 114.

des Kalkes diffusibel sind, während der Rest nicht diffusibel und zum Teil chemisch oder adsorptiv an das Caseinmolekül gebunden ist, siehe S. 172. Nach PIETTRE, MAURICE[1] soll in der Milch aller kolloidaler Kalk als Tricalciumphosphat vorhanden und nicht an Casein gebunden sein. J. TILLMANS[2] stellte fest, daß in der Milch sich die Phosphorsäure zu 35% als sekundäres und zu 65% als primäres Phosphat befindet.

In Colostralmilch (Tabelle 9) ist durchschnittlich der Gehalt an Natrium etwas erniedrigt, eine deutliche Erhöhung ist im Gehalt an Kalium, Calcium und Phosphorsäure zu beobachten.

Tabelle 9. Zusammensetzung der Colostralmilchasche nach TRUNZ[3].

Bestandteile	Roh-asche %	Rein-asche %	Bestandteile	Roh-asche %	Rein-asche %
Aschemenge	0,774	0,705	Eisenoxyd	0,43	0,48
Kaliumoxyd	22,33	24,61	Chlor	10,63	11,67
Natriumoxyd	6,51	7,14	Phosphorsäure	30,34	25,66
Calciumoxyd	26,61	29,27	Schwefelsäure	2,08	—
Magnesiumoxyd . . .	3,26	3,58			

Die Fütterung ist nach M. SCHRODT und H. HANSEN[4] auf die Aschenbestandteile der Milch nur von geringem Einfluß. Wesentlicher macht sich das Laktationsstadium bemerkbar. Hier findet man im letzten Drittel eine Vermehrung der Aschenbestandteile. Von diesen nimmt der Gehalt an Kalium und Phosphorsäure ab, während die anderen Bestandteile ansteigen (TRUNZ[3]).

Eine wesentliche Änderung erfährt die Milchasche bei Erkrankung des Milchtieres bzw. des Euters selbst; es entsteht vielfach dann die sog. salzige Milch. Diese Milch besitzt einen erhöhten Gehalt an Chloriden und einen geringen Gehalt an Milchzucker, der Gehalt an Kalium sinkt und der an Natrium steigt (BÖGOLD und STEIN[5], GRONOVER[6], STROHECKER und BELOVESCHDOFF[7], SCHRODT[8], STORCH[9]). NOTTBOHM[10] sagt, daß der normale und anormale Verlauf der Sekretion durch den Quotienten $\frac{Na_2O}{K_2O}$, den er Alkalizahl nennt, gegeben sei. Die Alkalizahl normaler Milch liege zwischen 2—10, im Mittel bei 7,2—7,3.

Man kann sagen, daß die Mineralstoffe in der Milch wesentlichen Schwankungen unter sich unterworfen sind, auch soll im Sommer der Aschengehalt niedriger als im Winter sein (ANDERSEN[11]).

Schwefelsäure findet sich in der Milch als präformierte Schwefelsäure, jedoch nicht als gepaarte Schwefelsäure, sondern als einfache Sulfatschwefelsäure vor und ist nach J. TILLMANS[12] als ein normaler Bestandteil zu betrachten; sie beträgt etwa 92 mg in der Kuhmilch, 50 mg in der Ziegenmilch, 23 mg in der Stutenmilch und 24 mg SO_3 in der Frauenmilch im Liter.

---

[1] PIETTRE MAURICE: Compt. rend. Paris 1931, **193**, 1041.
[2] J. TILLMANS: Diss. Obermeier, Frankfurt 1919.
[3] A. TRUNZ: Zeitschr. physiol. Chem. 1903, **40**, 263; Z. 1904, **7**, 683.
[4] SCHRODT u. HANSEN: Landw. Vers.-Stationen 1885, **31**, 55.
[5] BÖGOLD u. STEIN: Maelkeritende 1890, 493.
[6] A. GRONOVEP: Z. 1923, **45**, 18; 1925, **50**, 111.
[7] R. STROHECKER u. J. BELOVESCHDOFF: Milchw. Forsch. 1928, **5**, 249.
[8] M. SCHRODT: Jahresbericht der Milchwirtschaftl. Instituts Kiel 1887/88.
[9] STORCH: KÖNIG, 4. Aufl., Bd. I, 1903.
[10] F. E. NOTTBOHM: Milchw. Forsch. 1927, **4**, 336.
[11] A. C. ANDERSEN: Milchw. Forsch. 1930, **10**, 128.
[12] J. TILLMANS u. W. SUTTHOFF: Z. 1910, **20**, 49.

Der Gehalt an Kieselsäure (O. Kettmann[1]), Fluor und Calciumcarbonat ist ebenfalls sehr gering. Der Kieselsäuregehalt beträgt im Mittel etwa 1,6 mg SiO_2 in 1 kg; ihre Menge soll wesentlich vom Futter abhängen; Heu, Stroh und Gräser, die viel Kieselsäure enthalten, sollen gegenüber Kraftfuttermitteln, Wurzelgewächsen, Leguminosen diesen Gehalt erhöhen. Durch Erkrankung (Euterentzündung) wird der Gehalt an Kieselsäure herabgedrückt. Die Colostrummilch enthält in den ersten Tagen einen höheren Gehalt an Kieselsäure.

Jod, welches stets in der Milch vorkommt, ist nur in sehr geringer Menge vorhanden. Bei Colostralmilch steigt der Jodgehalt an, um alsdann schnell auf die für Milch normalen Werte zu sinken (Kieferle, Kettner, Zeller und Hanusch[2], Miethke und Courth[3], Scharrer und Strobel[4]).

Durch Zusätze von Jodsalzen zur Nahrung wird der Jodgehalt in der Milch gesteigert und fällt nach Aussetzen der Jodfütterung schnell wieder auf normale Werte herab, die Zusammensetzung der Milch selbst wird nicht beeinflußt (Roemmele und Meyer[5]); auch soll der Milchertrag nicht gesteigert werden, doch sind hierüber die Ansichten verschieden.

Im Sommer ist der Jodgehalt im allgemeinen höher als im Winter. Auch in Seegegenden ist der Gehalt an Jod in der Milch erhöht, was mit dem erhöhten Jodgehalt der Luft und des Futters zusammenhängt (Miethke und Schlag[6]).

Nach Schropp[7] befindet sich das Jod im Milchserum, das Milchfett ist frei von Jod oder enthält nur minimale Spuren desselben.

Der Gehalt an Jod liegt nach Th. von Fellenberg[8], dessen Zahlen wohl etwas zu niedrig sein dürften, da die Methode der quantitativen Feststellung verbessert worden ist, zwischen 14—40 γ, im Mittel bei etwa 24 γ im Liter Kuhmilch; in Seegegenden steigt der Gehalt bis zu 50—125 γ an, bei Schafmilch bis zu 520 γ. In der Frauenmilch wurden 43 γ Jod im Liter gefunden. Weiteres siehe S. 196.

Zweifellos kommt dem Jodgehalt der Milch eine bedeutsame physiologische Wirkung zu, was namentlich in Kropfgegenden zur Bekämpfung dieser Erkrankungen wichtig ist.

Der Gehalt an Mangan liegt bei Kuhmilch nach Büttner und Miermeister[9] zwischen 0,0058—0,0173 mg Mn_2O_3 in 100 Teilen Milch. Ähnliche Werte fand F. E. Richards[10].

Nach Nottbohm und Dörr[11] beträgt der Eisengehalt der Milch im Mittel 0,3—0,7 mg im Liter, durch Fütterung mit Eisensalzen soll er nicht erhöht werden. Ein Ansteigen des Eisengehaltes tritt jedoch gegen Ende des Laktationsstadiums ein. Zu ähnlichen Ergebnissen gelangten J. Tillmans und A. Rohrmann[12], E. Lesné[13], Wallgren[14].

Mit der Verfeinerung der Nachweismethoden der anorganischen Bestandteile, z. B. der Spektroskopie, wird man sicher noch dieses oder jenes Element finden, das in der Milch in Spuren vorkommt; so sollen z. B. Bor, Titan, Vanadin,

---

[1] O. Kettmann: Milchw. Forsch. 1927, 5, 73.
[2] F. Kieferle, J. Kettner, K. Zeller u. H. Hanusch: Milchw. Forsch. 1927, 4, 1.
[3] M. Miethke u. H. Courth: Milchw. Forsch. 1932, 13, 394.
[4] K. Scharrer u. A. Strobel: Milchw. Forsch. 1927, 4, 498.
[5] Roemmele u. Meyer: Milchw. Forsch. 1932, 13, 59.
[6] M. Miethke u. H. Schlag: Molkereizeitung, Hildesheim 1931, 45, 2397; Milchw. Forsch. 1932, 13, 31 Ref.
[7] Schropp: Biochem. Zeitschr. 1929, 213, 1; Milchw. Forsch. 1930, 10, 7, Ref.
[8] Th. von Fellenberg: Bericht an die Schweizer Kropfkommission 1923.
[9] G. Büttner u. A. Miermeister: Z. 1933, 65, 644.
[10] Richards: Biochem. Journ. 1930, 24, 1572.
[11] Nottbohm u. Dörr: Z. 1914, 28, 417.
[12] J. Tillmans u. A. Rohrmann: Z. 1921, 41, 1.
[13] E. Lesné: Lait 1931, 11, 355; Milchw. Forsch. 1931, 12, 157 Ref.
[14] A. Wallgren: Milchw. Forsch. 1933, 14, 4, Ref.

Rubidium, Lithium und Strontium nach N. C. WRIGHT und PAPISH[1] in der Milch sich feststellen lassen. Kupfer findet sich in der Milch in wechselnden Mengen vor (G. QUAM und HELLWIG[2]). CHR. ZBINDEN[3] hat nach obiger Methode noch Aluminium, Chrom, Zinn, Blei, Titan, Vanadium und Zink als regelmäßigen Bestandteil der Milch nachgewiesen. Bor konnte jedoch nicht festgestellt werden.

Ferner zählen zu den normalen Bestandteilen der Milch noch Spuren Eisen, Jod und Kieselsäure.

6. Citronensäure.

In frischer Milch kommt als einzige organische Säure, abgesehen von der nur in sehr minimalen Mengen auftretenden Rhodanwasserstoffsäure, (S. 60), nur die Citronensäure vor. Sie ist nicht im Blut der Säuger vorhanden und muß sich also in der Drüsensubstanz selbst bilden. Ob sie ein Oxydationsprodukt des Milchzuckers ist, bedarf noch der Klärung.

B. BLEYER und J. SCHWAIBOLD[4] gelang es, diejenige Menge an Citronensäure in der Milch zu finden, die auf Grund von Erwägungen von SÖLDNER[5] errechnet wurde. SÖLDNER errechnete durchschnittlich 2,5 g auf 1 Liter Milch. BLEYER und SCHWAIBOLD fanden 2,4—2,5 g und B. ROGINA[6] 1,7—2,5 g. Diese Befunde deckten sich auch mit denen von F. KIEFERLE, J. SCHWAIBOLD und CH. HACKMANN[7], die im Mittel 2,7 g im Liter Milch fanden, wobei die einzelnen Viertelgemelke zum Teil wesentliche Verschiedenheiten aufwiesen. In extremen Fällen stieg der Gehalt bis 4,0 g und fiel bei anormaler Milch bis zu 1,2 g. Sie nehmen an, daß der Citronensäuregehalt in Beziehung zum Milchzuckergehalt der einzelnen Euterviertel steht und mit diesem steigt oder fällt. SÖLDNER nahm an, daß der Gehalt an Phosphorsäure nicht ausreicht, um mit den Chloriden die Basen bis zur neutralen oder amphoteren Reaktion zu binden. Es muß noch ein Überschuß von Kalk, CaO, vorhanden sein, der auch nicht durch die Kohlensäure und Casein gebunden wird. Demnach dürften Beziehungen bezüglich der Menge bestehen sowohl zwischen den Gehalten an Milchzucker als auch an Casein, Calciumphosphat und Citronensäure (KIEFERLE, SCHWAIBOLD und HACKMANN[7], sowie R. STROHECKER[8]). Beim Kochen der Milch wird nach G. OBERMAIR[9] ein Teil der Citrate ausgefällt, B. ROGINA[6] konnte diese Angabe nicht bestätigen. Der Citronensäure dürfte die Rolle der Pufferung, Dispergierung und Peptisation in der Milch zukommen. Mit Abnahme des Milchzuckergehaltes tritt auch zugleich eine Abnahme der Citronensäure auf, wie oben erwähnt.

Bei Frauenmilch wurde ein Gehalt von 1,15—1,40, bei Ziegenmilch von 1,6—1,8 und bei Kuhmilch von 2,4—2,6 g Citronensäure im Liter gefunden.

Die in Milch gefundene Milch-, Butter- und Essigsäure sind durch Bakterientätigkeit bedingte Abbauprodukte des Milchzuckers (S. 49).

7. Phosphatide.

In der Milch kommen nach KOCH und WOODS[10] zwei verschiedene Phosphatide vor, ein Lecithin und ein Kephalin. Ihre Isolierung wurde von G. BISCHOFF[11],

[1] N. C. WRIGHT u. J. PAPISH: Science 69, 78; Z. 1933, 65, 109.
[2] G. N. QUAM u. A. HELLWIG: Journ. Biol. Chem. 1928, 78, 681; Z. 1933, 65, 108.
[3] CHR. ZBINDEN: Lait 1931, 11, 113.
[4] B. BLEYER u. J. SCHWAIBOLD: Milchw. Forsch. 1925, 2, 260.
[5] FR. SÖLDNER: Landw. Vers.-Stationen 1888, 35, 361.
[6] B. ROGINA: Z. 1935, 69, 337.
[7] F. KIEFERLE, J. SCHWAIBOLD u. CH. HACKMANN: Milchw. Forsch. 1925, 2, 312.
[8] R. STROHECKER: Milchw. Forsch. 1928, 5, 249.
[9] G. OBERMAIR: Arch. Hygiene 1904, 50, 52.
[10] W. KOCH u. H. S. WOODS: Journ. Biol. Chem. 1906, 1, 203; Z. 1907, 13, 274.
[11] G. BISCHOFF: Zeitschr. physiol. Chem. 1928, 173, 227; Z. 1932, 63, 84.

Sasaki, Rinjiro, Eikichi Hiratsuka[1] durchführt und von letzteren festgestellt, daß ein Myristo-laurolecithin und Palmito-laurokephalin sich in der Milch befindet. W. Diemair, B. Bleyer, M. Ott[2] konnten mittels Methylalkohol und Reinigung durch Acetonfällung aus ätherischer Lösung ein Monoamino-phosphatid isolieren.

Durch Erhitzen werden nach Bordas und de Baczkowski[3] die Phosphatide unter Abspaltung von Phosphorsäure zerstört. Die Ansichten, wie die Phosphatide in der Milch auf Milchfett und Serum verteilt sind, sind noch nicht abgeschlossen. Auf jeden Fall bleiben bei der Entrahmung der Milch die Phosphatide fast quantitativ in der Magermilch zurück. Erhebliche Mengen der Phosphatide gehen in den Zentrifugenschlamm über (Grimmer und Schwarz[4]). Der Gehalt an Phosphatiden soll in der Kuhmilch 0,025—0,045 und in der Frauenmilch 0,037% betragen. Näheres über Phosphatide siehe Bd. I S. 252 und 317.

8. Sterine.

In der Milch kommt als Sterin Cholesterin vor, dessen Menge in der Kuhmilch etwa 0,1% und in der Frauenmilch etwa 0,05% beträgt. Die individuellen und täglichen Schwankungen sollen sehr groß sein. Im Fette des Zentrifugenschlammes konnten Grimmer und Schwarz[4] 4,5% Cholesterin nachweisen. Dem Cholesterin kommt eine bedeutsame physiologische Wirkung zu. Über die Konstitution und Wirkung siehe Bd. I, S. 287, 824, 853, 1169.

9. Enzyme (Fermente).

Als Enzyme (Fermente) bezeichnet man Katalysatoren organischer Natur mit spezifischen Reaktionsvermögen, welche von den lebenden Zellen gebildet werden. Die Wirkung kann jedoch unabhängig von der Gegenwart der Zellen sein. (Bd. I, S. 677).

Die Enzyme der Milch stammen teils aus dem Blut, den Leukocyten, teils aus den Zellen des Euters selbst. Man unterscheidet Enzyme, die an die Zelle gebunden sind, wie bei den Leukocyten, und Sekretionsenzyme, deren Ursprung in den sekretorischen Drüsen liegt.

Welche Rolle die originären Enzyme in der Milch spielen, ist noch völlig ungeklärt. Auch weiß man nicht, ob sie für die Ernährung des Säuglings von Belang sind.

Da man wohl bei noch so großer Vorsicht beim Melken stets eine Bakterien enthaltende Milch erhält, so kommen zu den ursprünglichen Enzymen der Milch noch diejenigen hinzu, die durch die Lebenstätigkeit der Bakterien entstanden sind. Eine Trennung beider Enzymarten ist bis jetzt noch nicht möglich.

Die in der Milch vorkommenden Enzyme: 1. Hydrolasen, 2. Oxydasen bzw. Peroxydasen, 3. Katalasen sind teils ursprünglich vorhandene Enzyme, teils solche, die sich durch die Lebenstätigkeit von Bakterien gebildet haben. Schon Arnold[5] und Béchamp[6] haben die Anwesenheit von Enzymen in der Milch erkannt. So konnte Arnold nachweisen, daß frische Milch Guajakharzlösung bläut, während Béchamp in der Frauenmilch ein stärkespaltendes Enzym nachwies. S. M. Babcock und H. G. Russel stellten die Anwesenheit eines proteolytischen Enzymes fest.

---

[1] Sasaki, Rinjiro, Eikichi Hiratsuka: Prov. imp. Acad. (Tokyo) 1931, 7, 99. Milchw. Forsch. 1932, 13, 31, Ref.
[2] W. Diemair, B. Bleyer, M. Ott: Biochem. Zeitschr. 1934, 272, 119.
[3] F. Bordas u. de Baczkowski: Compt. rend. Paris 1902, 136, 56.
[4] W. Grimmer u. G. Schwarz: Milchw. Forsch. 1925, 2, 163.
[5] C. Arnold: Arch. Pharm. 1881, 16, 41.
[6] Béchamp: Compt. rend. Paris 96, 1508.

a) **Hydrolasen.** In der Milch kommen drei Hydrolasen vor und zwar eine Karbohydrase, eine Esterase und eine Protease.

Eine in der Milch originär vorkommende Hydrolase, Karbohydrase, ist die Amylase (BÉCHAMP[1], GRIMMER[2], H. LENZEN[3]). Ihre Menge bzw. ihre Wirkungskraft ist abhängig von dem physiologischen und pathologischen Zustand des Euters. Diese Amylase, auch wohl als Diastase bezeichnet, besitzt die Fähigkeit, gelöste Stärke in Zucker überzuführen, die Spaltungsprodukte sollen nach MORO[4] aus Dextrin und Maltose bestehen. Das Optimum der Temperatur liegt bei Milch bei 30° und bei Colostralmilch, die reicher an Amylase ist, bei 35—40°. Von wesentlicher Bedeutung ist auch die p_H-Stufe. Durch Erhitzen wird die diastatische Wirkung der Amylase geschwächt, W. WEDEMANN[5] gibt an, daß nach halbstündigem Erwärmen bei 53—55° eine deutliche Schwächung eintritt und bei 56° die Amylase zerstört wird. Zwischen dem Fettgehalt von Milch und dem Gehalt an Amylase bestehen gewisse Beziehungen. Im Rahm finden sich mehr Enzyme vor als in der Magermilch. Ebenso enthalten die zuerst ermolkenen fettärmeren Partien weniger Enzym als die später ermolkene, fettreichere Milch. Wird die Milch mittelst Lab gefällt, so geht das Enzym in den Bruch, nur sehr geringe Mengen verbleiben in der Molke. Die Milch der verschiedenen Säuger weist einen verschiedenen Amylasegehalt auf.

A. I. VANDERVELDE[6] hat in der Milch ein den Milchzucker zerstörendes Enzym festgestellt. Dieses glykolytische Enzym wies er in der Weise nach, daß er der Milch Jodoformketon (3 g Jodoform in 100 ccm Dimethylketon gelöst) zusetzte. Hierdurch wurden wohl die Bakterien in ihrer Entwicklung zurückgehalten, nicht aber das Enzym zerstört. Nach längerer Einwirkung war der Gehalt an Milchzucker -vermindert. Nach W. GRIMMER[7] ist es nicht ausgeschlossen, daß es sich doch wenigstens teilweise mit um Bakterienenzyme handeln kann.

Als weiteres zu den Hydrolasen gehörendes Enzym konnte GRIMMER[8] eine Esterase, Salolase, in der Milch mit Sicherheit feststellen, die befähigt ist, Salol, Salicylsäurephenylester, in Salicylsäure und Phenol zu zerlegen. Vorher hatten NOBÉCOURT und MERKLEN[9] in Frauen- und Eselmilch, nicht aber in Kuh- und Ziegenmilch diese Esterase feststellen können. GRIMMER konnte sie in den Extrakten der Milchdrüsen von Rind, Schaf, Ziege, Schwein und Pferd in erhöhter Menge nachweisen.

Eine zweite Esterase ist die **Monobutyrase**. Dieses in der Milch vorkommende Enzym kann nicht, wie Lipase, die Fette, neutralen Ester des Glycerins, in Fettsäuren und Glycerin spalten, sondern nur die Monosäureglyceride, die in den Fetten allerdings nicht vorkommen. GRIMMER[8] konnte dieses Enzym in allen von ihm untersuchten Milchdrüsen nachweisen. Das Enzym wird aber bei einer Temperatur von 65° zerstört, GILLET[10], auch gegenüber Salzen und Säuren ist es sehr labil.

Nach den Untersuchungen von BABCOCK und RUSSEL[11] wurde auch noch eine proteinspaltende Hydrolase in der Milch gefunden. Diese **Protease** wurde

[1] BÉCHAMP: Compt. rend. Paris **96**, 1508.
[2] W. GRIMMER: Biochem. Zeitschr. 1913, **53**, 429.
[3] H. LENZEN: Arb. Bakt. Labor. Städt. Schlachthofes Berlin 1911, **3**, 1.
[4] MORO: Jahresber. Kinderheilkunde 1902, **56**, 392.
[5] W. WEDEMANN: Zeitschr. Fleisch- u. Milchhyg. 1925, **25**, Heft 29, 301; Biochem. Zeitschr. 1921, **125**, 179, Literaturangabe von WELZMÜLLER.
[6] A. I. VANDERVELDE: Biochem. Zeitschr. 1908, **11**, 61.
[7] W. GRIMMER: Lehrbuch der Chemie und Physiologie der Milch. Berlin: Paul Parey 1926.
[8] W. GRIMMER: Biochem. Zeitschr. 1913, **53**, 429.
[9] NOBÉCOURT u. MERKLEN: Compt. rend. Paris 1901, **53**, 148.
[10] CH. GILLET: Journ. de physiol. et de pathol. générale 1902, **4**, 439; 1903, **5**, 503.
[11] S. M. BABCOCK u. H. S. RUSSEL: Zentralbl. Bakteriol. 1900, II, **6**, 17.

Galaktase genannt. Wenn sie möglichst steril entnommene Milch mit Konservierungsmitteln (Chloroform, Benzol usw.) versetzten, so konnten sie nach
8 Monaten eine nicht unbedeutende Menge gelöster Stickstoffsubstanzen feststellen. ORLA-JENSEN[1] und auch v. FREUDENBERG[1], sowie auch ZAITSCHEK[2]
und v. SZONTAGH[3] sind der Ansicht, daß in der Milch kein proteolytisches
Ferment vorkommt.

Dagegen scheint in der Milch eine Peptidase vorzukommen, wie WOHL-
GEMUTH und STRICH[4] in Frauen- und Kaninchenmilch nachgewiesen haben,
die Glycyltryptophan in seine Komponenten zerlegt. WARFIELD[5], der dieses
Enzym auch in der Frauenmilch nachgewiesen hat, gibt an, daß es beim Erhitzen der Milch auf 74,5° während 14 Stunden nicht abgetötet wird. In der
tätigen, nicht aber ruhenden Milchdrüse fand GRIMMER[6] ein peptolytisches
Ferment.

b) Peroxydasen. Das Enzym Peroxydase konnte in Milch von Einhufern,
Hund und Kaninchen nicht nachgewiesen werden, dagegen findet es sich in
geringer Menge in Kuh-, Ziegen- und Schafmilch, ebenso auch in Frauenmilch
vor. Man neigt der Ansicht zu, daß diese Peroxydase ein originäres Enzym der
Milch ist. Schon im Jahre 1820 wurde dieses Enzym in der Milch von PLANCHE
festgestellt und ist erst von ARNOLD[7] zur Unterscheidung von gekochter und
ungekochter Milch benützt worden. Durch Erhitzen der Milch wird das Enzym
abgetötet, hierbei spielt die Temperatur und die Länge des Erhitzungsgrades
eine Rolle; siehe S. 181. Die ausgelöste Reaktion der Abschwächung der Peroxydase beim Erhitzen unterliegt dem Gesetz monomolekularer Reaktionen,
d. h. das Verhältnis von Temperatur und Erhitzungsdauer folgt dem Verlauf
einer logarithmischen Kurve, VAN ECK. Colostralmilch, die viele Zellelemente
enthält, gibt eine stärkere Reaktion und enthält mehr Enzyme als normale
Milch. Nach MARFAN[8] sollen die polynukleären Zellen die Träger des Enzyms
sein, während SPOLVERINI[9] es als ein Ausscheidungsprodukt des Futters hält.
VIALE[10] erkennt die Enzymnatur nicht an.

Durch Aussalzen mit Ammoniumsulfat reißt das ausgefällte Albumin die
Peroxydase mit, die sich jedoch nicht mehr vom Albumin trennen läßt. Man
neigt der Ansicht zu, daß das Albumin überhaupt der Träger der Peroxydase ist,
dieses ist jedoch nach neueren Untersuchungen von W. GRIMMER und M. TEITEL-
BAUM[11] nicht der Fall.

c) Aldehydkatalase (Perhydridase). Eine Aldehydkatalase konnte F. SCHAR-
DINGER[12] in der Milch nachweisen. Der Nachweis beruht auf der Entfärbung
einer Methylenblaulösung (Wasserstoffakzeptor), die Formalinlösung (Sauerstoffakzeptor) enthält, durch Milch; Näheres siehe S. 156. Nach BRAND[13] liegt
das Optimum der Wirksamkeit bei 70°, nach G. SCHWARZ[14] jedoch bei 30—60°,
wie er an Buttermilch feststellen konnte, die er aus hochprozentigem rein-
gewaschenem Rahm beim Verbuttern gewonnen hatte. Bei 69—70° soll eine

---

[1] ORLA-JENSEN u. v. FREUDENBERG: Zentralbl. Bakteriol. 1900, **6**, 33, 734.
[2] A. ZAITSCHEK: Pflügers Arch. 1904, **104**, 539.
[3] v. SZONTAGH: Jahrb. Kinderheilkunde 1905, **62**, 715.
[4] J. WOHLGEMUTH u. STRICH: Sitzungsber. Preuß. Akad. Wiss., Berlin 1910, 56.
[5] WARFIELD: Journ. med. research. Res. 1911, **25**, 235.
[6] W. GRIMMER: Biochem. Zeitschr. 1913, **53**, 429.
[7] ARNOLD: Arch. Pharm. 1881, **16**, 41.
[8] A. B. MARFAN: Journ. physiol. et pathol. générale 1920, 985.
[9] G. M. SPOLVERINI: Ann. d'Hygiene sperim. 1904, **12**, 451.
[10] VIALE: Milchw. Forsch. 1927, **4**, 26.
[11] W. GRIMMER u. M. TEITELBAUM: Milchw. Forsch. 1933, **14**, 475.
[12] F. SCHARDINGER: Z. 1902, **5**, 27, 1113.
[13] BRAND: Münch. med. Wochenschr. 1907, Nr 17.
[14] G. SCHWARZ: Milchw. Forsch. 1929, **7**, 540, 558, 572.

Abschwächung des Enzyms eintreten. Der Zusatz von Salzen, Natriumchlorid, Ammoniumsulfat, Kaliumphosphat, schwächt die Enzymwirkung nicht. Es kann vielmehr Milch stärkeren Erhitzungsgraden ausgesetzt werden, bevor eine Abschwächung eintritt. Nach Römer und Sames[1] besitzt die zuerst ermolkene Milch weniger Enzyme als die zuletzt ermolkene, fettreichere. Beim Aufrahmen enthält der Rahm fast die ganze Menge an Enzymen. G. Schwarz nimmt an, daß das Enzym an die Fetthüllen gebunden ist. Auf folgende Weise konnten Sbarsky und Michlin[2] die Enzymnatur der Aldehydkatalase nachweisen. Aus Buttermilch, die das Schardingersche Enzym in verstärkter Menge enthält, wurden durch Zusatz der dreifachen Menge Aceton die gelösten Proteine ausgeschieden, die das Enzym mit niederschlagen. Der getrocknete Niederschlag wurde mit Petroläther entfettet und alsdann mit 0,02 N-Salzsäure ausgezogen. Die auf diese Weise gewonnene Lösung hatte eine 480mal stärkere enzymatische Wirkung als die ursprüngliche Milch. Schon am ersten Tag nach dem Kalben gelang es Michlin[3] und alsdann fortlaufend während des Laktationsstadiums das Enzym in der Milch nachzuweisen. R. Wildt[4] dagegen hat festgestellt, daß in der Colostralmilch die Reaktion nur sehr schwach eintritt und in einigen Milchen frischmelkender Kühe die Enzymwirkung nicht nachgewiesen werden konnte, während bei brünstigen und euterkranken Kühen die Reaktion verstärkt auftrat.

d) Reduktase. Dieses zu den Oxydoreduktasen zählende Ferment ist wohl kein der Milch originäres Enzym, sondern ein durch die Lebenstätigkeit von Bakterien entstandenes Enzym, ein Endoenzym. Daß es sich hauptsächlich um Bakterienenzyme handelt, kann daraus geschlossen werden, daß sterilisierte Milch die Reaktion nicht gibt, während die Reaktion auf Enzyme eintritt, wenn man dieser Milch etwas Rohmilch zufügt. Ganz frisch und sehr rein ermolkene Milch gibt nach Skar[5] ebenfalls eine positive, aber nur sehr schwache Enzymreaktion. Diese Reaktion verläuft parallel mit dem vorhandenen Gehalt an Leukocyten, woraus zu schließen ist, daß auch ein originäres Enzym noch vorhanden ist. Daß auch sicher der Hauptsache nach Bakterienenzyme vorliegen, konnte Barthel[6] dadurch nachweisen, daß die Reaktion um so stärker eintrat, je höher der Keimgehalt der Milch war. Der Sauerstoffgehalt der Milch verzögert die Entfärbung der Methylenblaulösung etwas; siehe S. 156. Die Stärke der Reaktion ist ferner noch abhängig von der Art der Bakterien selbst, die sich in der Milch entwickeln, diesen Nachweis konnten Orla-Jensen[7], Wolff und Weigmann[8], Hanke[9] u. a. antreten. Während Barthel[10] annimmt, daß die Reaktion eine rein katalytische ist, d. h. die Salze der Milch als Katalysatoren wirken, und die Citronensäure als Wasserstoffdonator bzw. Sauerstoffakzeptor fungiert, ist G. Schwarz[11] der Ansicht, daß es sich um einen rein chemischen Prozeß handelt, er nimmt an, daß sich infolge der längeren Erhitzung der Milch auf 110°, wie Barthel sie vornimmt, aldehydartige Spaltungsprodukte des Milchzuckers und ferner auch noch Spaltungsprodukte der Proteine, Peptide und Aminosäuren entstehen, die die Reaktion beschleunigen.

[1] P. H. Römer u. Sames: Z. 1910, 20, 1.
[2] B. Sbarsky u. D. Michlin: Biochem. Zeitschr. 1925, 155, 485.
[3] D. Michlin: Biochem. Zeitschr. 1925, 168, 36; Milchw. Forsch. 1926, 3, 29 Ref.
[4] R. Wildt: Milchw. Forsch. 1923, 2, 249.
[5] O. Skar: Zeitschr. Fleisch- u. Milchhyg. 1913, 23, 442; Molkerei-Ztg. Berlin 1913, 23, 374.
[6] Chr. Barthel: Milchztg. 1910, 30, 25.
[7] Orla-Jensen: Zentralbl. Bakteriol. 1907, 18, 211.
[8] A. Wolff u. H. Weigmann: Zentralbl. Bakteriol. 1916, 44, 164.
[9] Hanke: Milchw. Forsch. 1925, 2, 343.
[10] Chr. Barthel: Z. 1917, 34, 137.
[11] G. Schwarz: Milchw. Forsch. 1929, 7, 540, 558, 572.

Die Reaktion selbst beruht auf der Entfärbung gewisser Farbstoffe (Methylen-blau, usw.), die der Milch zugesetzt werden; Näheres siehe S. 153. Die Reaktion wird im Gegensatz zu der Peroxydasereaktion allein schon durch den Wasser-stoffakzeptor, den Farbstoff, ausgelöst.

e) **Katalasen.** Das Enzym der sog. Katalase charakterisiert sich dadurch, daß es aus Wasserstoffsuperoxyd Wasser und molekularen Sauerstoff bildet, der als Gas aus dem Gemisch von Milch und Wasserstoffsuperoxydlösung ent-weicht. O. Loew[1] war der erste, der die Zersetzung von Wasserstoffsuperoxyd durch Milch feststellte; er nannte das Enzym Katalase. Die Reaktion zählt sowohl zu den Reduktasen, als auch zu den Peroxydasen, da sie Peroxyd zersetzt; Raudnitz[2] nennt sie Superoxydase. Frauenmilch ist am reichsten an diesem Enzym; geringere Mengen finden sich in der Einhufermilch, während es in der Milch von Rind, Schaf und Ziege wieder reichlicher auftritt. Colostrummilch enthält größere Mengen von Katalase, der Katalasengehalt, Katalasenzahl, hängt aber auch von dem Zustand des Milchtieres selbst ab. Gegen Ende der Laktation ist die Milch an Enzym reicher, auch Brunst, Futterwechsel usw. sind von Einfluß. Namentlich erhöht sich der Gehalt an Enzym, wenn es sich um eine Erkrankung des Euters handelt, wenn also eine Milch vorliegt, die reich an zelligen Elementen, Leukocyten usw., ist. Derartige Erhöhungen der Katalase-zahlen dienen mithin zum Nachweis von Eutererkrankungen. Auch ein ver-mehrter Bakteriengehalt, wie er bei älterer Milch vorhanden ist, ruft eine Er-höhung der Katalasenzahl hervor. Auch hier wieder findet man, daß die Art der in der Milch sich entwickelnden Bakterien die Katalasenzahl stärker oder weniger stark beeinflussen kann, Orla-Jensen[3], Kluyver[4], A. Müller[5] u. a.; siehe S. 159. Das Optimum der Reaktion liegt bei der Bluttemperatur bei 37⁰. Nach halbstündigem Erhitzen auf 63⁰ ist in Kuhmilch das Enzym vernichtet. Die Zersetzung des Wasserstoffsuperoxyds tritt anfangs stärker auf und schwächt sich allmählich ab. Setzt man erneut Wasserstoffsuperoxyd zu, so tritt wiederum die gleiche Erscheinung ein. Wichtig ist auch hierbei die p_H-Stufe der Milch. In stark saurer Milch wird die Reaktion gehemmt; setzt man zur Abstumpfung der Säure Alkali zu, so wird die Hemmung der katalytischen Wirkung auf-gehoben. Setzt man der Milch proteinfällende Stoffe zu, so wird das Enzym mit niedergerissen, ähnlich wie bei der Aldehydkatalase. Von diesem Nieder-schlag kann das Enzym durch Auswaschen mit physiologischer Natriumchlorid-lösung getrennt werden. Nach A. Zeilinger[6] scheint eine Parallelität zwischen Blut- und Milchkatalase zu bestehen.

Bd. I, S. 677 bringt Eingehenderes über Enzyme.

f) **Zymasen.** Zu diesen zählt eine Reihe von Enzymen, die nicht der Milch entstammen und lediglich durch die Bakterientätigkeit in die Milch gelangen, wie Lactase, Invertase, Maltase und die Lactazidase der Hefen. Auch die proteolytischen und fettspaltenden Enzyme zählen zu den Enzymen der Bakterien.

10. Bakterizidie.

Man hat beobachtet, daß die unter besonderen Vorsichtsmaßregeln ermolkene, also keimarme Milch während einiger Stunden eine Entwicklung von Bakterien hemmen kann; die Zahl der Bakterien soll sich sogar verringern (Koning[7]).

---

[1] O. Loew: U.S. Dep. of agric. Report. 1901, No 68.
[2] R. W. Raudnitz: Zeitschr. Biol. 1902, **43**, 256.
[3] Orla-Jensen: Zentralbl. Bakteriol. 1907, **18**, 211.
[4] A. J. Kluyver: Milchw. Forsch. 1924, **2**, 207 Ref.
[5] A. Müller: Zeitschr. Hygiene 1921, **93**, 350.
[6] A. Zeilinger: Biochem. Zeitschr. 1933, **257**, 450.
[7] I. C. Koning: Milchw. Zentralbl. 1905, **1**, 49.

Dieses trifft nicht allein für die Milch, sondern auch die Colostrummilch und für das Milchserum selbst zu, namentlich die Colostrummilch besitzt eine stärkere bactericide Wirkung. Da das Milchserum ein Ultrafiltrat des Blutes (Buchner[1], Brudny[2]) ist, so kommt auch dem Milchserum (de Freudenberg[3]), eine wenn auch schwächere bactericide Wirkung zu, während in der Milch selbst diese Eigenschaft stärker vorhanden ist. Jedoch sollen auch die Leukocyten, namentlich ein erhöhter Gehalt davon, bei der Enzymbildung, wie z. B. in der an Leukocyten (Phagocyten) reicheren Colostrummilch, eine Rolle spielen. Bei der Milch selbst, die arm an Leukocyten ist, ist nach Rosenau und Mc.Coy[4] dieses nur von einer untergeordneten Bedeutung, es sollen vielmehr die Agglutinine der Fetttröpfchen die Bakterien festhalten und so ihre Entwicklung hemmen.

Die begrenzte Fähigkeit der bactericiden Wirkung ist von verschiedenen Faktoren abhängig, die uns zum Teil unbekannt sind; sie wird durch die Temperatur wesentlich beeinflußt. Nach Drewes[5] nimmt bei schon 37° die Wirkung nach 4—5 Stunden ständig ab. Bei erhöhter Temperatur ist die bactericide Wirkung stärker als bei niederer Temperatur, jedoch nimmt sie schneller ab (Koning[6], Hunziker[7] u. a.). Höhere Temperaturen zerstören die keimhemmende Wirkung; diese Versuche wurden mit verschiedenen Bakterienarten durchgeführt und dürften die Temperaturen für die verschiedenen Bakterienarten und Bakterienstämme sich verschieden verhalten. Orla-Jensen hat nachgewiesen, daß bei der Dauerpasteurisierung, $^1/_2$stündiges Erhitzen auf 63°, die bactericide Kraft nur gering geschwächt wird, was jedoch nach den Untersuchungen von Drewes nicht der Fall sein dürfte. Durch Zusatz von Wasserstoffsuperoxydlösung wird nach Much[8] je nach der Länge der Einwirkung die bactericide Wirkung geschwächt bzw. völlig zerstört.

Die Milch euterkranker Kühe, die meist reich an Leukocyten ist, besitzt eine erhöhte bactericide Kraft, wie Rullmann und Trommsdorff[9] nachgewiesen haben.

Selbst die Milch der verschiedenen Rassen bzw. Milchtiere und auch die der einzelnen Euterviertel ist verschieden in ihrer bactericiden Kraft.

Verschiedene Forscher bestreiten die bactericiden Eigenschaften der Milch. So sind z. B. Stocking[10] und Bartelli[11] der Ansicht, daß die Abnahme der Bakterien im natürlichen Konkurrenzkampf der verschiedenen Bakterienarten unter einander zu suchen sei und damit ihre vorerstige Abnahme ihre Erklärung finde. Nach Bartelli sollen die Milchsäurebacillen durch ihre gebildete Milchsäure das Wachstum der anderen Bakterien hemmen. Jedoch dürfte durch die Untersuchung vieler anderer Forscher feststehen, daß die Milch bactericide Kraft besitzt, diese aber bei verschiedenen Bakterienarten verschieden groß sein kann. Zu dieser bactericiden Kraft sind auch die verschiedenen Immunkörper der Milch zu zählen, die je nach der Erkrankung des Milchtieres von maßgebender Bedeutung sind; Weiteres siehe S. 73.

---

[1] E. Buchner: Arch. Hygiene 1890, 10, 84.
[2] Brudny: Zentralbl. Bakteriol. 1908, 21, 193.
[3] E. de Freudenberg: Ann. d. microgr. 1891, 3, 416.
[4] Rosenau u. Mc.Coy: Journ. of med. research. 1908, 18, 165.
[5] K. Drewes: Milchw. Forsch. 1927, 4, 403.
[6] C. J. Koning: Milchw. Zentralbl. 1905, 1, 49.
[7] O. F. Hunziker: Zentralbl. Bakteriol. II. 1902, 9, 874.
[8] H. Much: Münch. med. Wochenschr. 1908, Nr. 8.
[9] W. Rullmann u. R. Trommsdorff: Arch. Hygiene 1906, 59, 224.
[10] W. A. Stocking: Storrs Agric. Exp. Stat. Conn. Bull. 1905, No. 37.
[11] Ch. Bartelli: l'Hygiene de la viande et de lait 1909, 249.

11. Immunkörper.

Wenn der menschliche oder tierische Organismus von Bakterien befallen wird, so bilden sich im Blut bzw. Blutserum des Tieres verschiedene sog. Immunkörper, die auch nach der Erkrankung noch kürzere oder längere Zeit in der Blutbahn kreisen. Ein Teil dieser Immunkörper sind direkte Schutzstoffe, die befähigt sind, die von den Krankheitserregern erzeugten Giftstoffe, Toxine, unschädlich zu machen, zu binden (Gegengifte, Antikörper, Antitoxine). Zu ihnen zählen die:

a) **Antigene.** Diese Antikörper gehen auch in die Milch über, allerdings ist ihre Antitoxinwirkung in der Milch etwa 15—25mal schwächer als die des Blutes selbst (EHRLICH[1]). Die vom Säugling genossene Milch schützt ihn gegen diese oder jene Krankheit, die die Mutter befallen hatte, Laktationsimmunität (LEVADITI). Die Colostrummilch enthält größere Mengen dieser Antikörper gegenüber der Milch selbst, deren Gehalt an solchen bei fortschreitendem Lactationsstadium immer geringer wird (RÖMER). Wichtig ist jedoch, daß hauptsächlich nur die Antikörper des gleichen Individuums eine stärkere Schutzwirkung bei dem Säugling auslösen, also vom Darm aus in die Blutbahn gelangen (RÖMER und MUCH[2], IKEDA[3]). Die Antikörper, Antitoxine, sind Stoffe, die an die Globulinfraktion der Milch gebunden sind.

b) **Agglutinine.** Diese bewirken die Bindung, das Festhalten bzw. Zusammenballen von Bakterien, die in dem Organismus eingedrungen sind. Diese Agglutinine finden sich nach KRAUS[4] auch in der Milch vor. So konnten Typhus-, Coli-, Tuberkuloseagglutinine u. a. von den Forschern in der Milch nachgewiesen werden. Der Agglutiningehalt ist in der Milch jedoch geringer als im Blut bzw. Blutserum selbst.

In der Milch kommen aber auch Normalagglutinine, die z. B. die roten Blutkörperchen anderer Tierarten zur Agglutination bringen, vor (SCHENK[5]). Das Kuhcolostrum soll einen hohen Agglutiningehalt haben (H. LANGER).

c) **Bacteriolysine, Hämolysine und Opsonine.** Während bei der Antitoxinund auch Agglutininwirkung es sich jeweils nur um einen Stoff handelt, der gebildet wird und seine schützende Wirkung ausübt, sind zur Auslösung der Wirkung obiger Immunkörper zwei Stoffe notwendig, der Amboceptor und das Komplement. Werden diese im Blut kreisenden Stoffe, die auch in die Milch übergehen, jedoch hier schwächer vertreten sind als im Blut, auf 55—60° erwärmt, so wird der eine Stoff im Blut- bzw. Milchserum, das Komplement, zerstört, während der Amboceptor die Erwärmung übersteht.

Bei den Bakteriolysinen wird nicht das Gift selbst abgefangen, sondern die Bakterien werden abgetötet, vernichtet. Siehe hierzu: MORO[6], KLEINSCHMIDT[7], KRAUS[4], NÖGGERATH[8] u. a.

Ähnlich verhält es sich mit den Hämolysinen, die befähigt sind, artfremde Blutkörperchen zur Auflösung zu bringen. Auch soll hier wieder die Wirkung in der Milch schwächer als im Blut bzw. Blutserum sein, während Colostrummilch eine erhöhte hämolytische Wirkung zeigt; siehe hierzu KLEINSCHMIDT,

---

[1] F. EHRLICH: Zeitschr. Hygiene 1892, **12**, 183.
[2] V. H. RÖMER u. H. MUCH: Jahrb. Kinderheilkunde 1906, **63**, 684.
[3] IKEDA: Sc. report. from the govern. inst. for infect. dis. Tokyo 1924, **3**, 29; siehe GRIMMER: Lehrbuch der Chemie und Physiologie der Milch.
[4] R. KRAUS: Zentralbl. Bakteriol. II. 1897, **21**, 592.
[5] SCHENK: Monatschr. Geburtsh. 1903, **19**.
[6] E. MORO: Jahrb. Kinderheilkunde 55.
[7] KLEINSCHMIDT: Monatschr. Kinderheilk. 1911, **10**, 254.
[8] C. NÖGGERATH: Deutsch. med. Wochenschr. 1909, 43.

Kopf[1], Bauer und Sassenhagen[2] u. a. Die Ansichten sind jedoch bei
benannten Forschern, ob Komplement und Amboceptor überhaupt in der
Milch enthalten sind, sehr geteilt. Ferner werden noch als Schutzmaßnahmen
beim Eindringen von Bakterien die sog. Opsonine angesehen. Diese Stoffe
sollen die Bakterien so beeinflussen bzw. verändern, daß sie von den Leukocyten verdaut werden, Phagozytose. Wird jedoch das Blut bzw. das Blutserum
auf 60⁰ erwärmt, so wird diese Substanz zerstört und können die Leukocyten
die Bakterien nicht verzehren, bzw. unschädlich machen. Diese Schutzstoffe
sind auch in der Milch aufgefunden worden, Wordhead und Mitchel[3]. Werden
Tiere gegen diese oder jene Bakterienart immunisiert, so treten größere Mengen
von Opsoninen auf (v. Eisler und Sohma[4]). Andere Forscher verneinen das
Vorhandsein von Opsoninen.

d) Lactoserum. Werden einem Tier Proteine dieser oder jener Tierart,
also artfremde Proteine, eingespritzt, so bilden sich in dem Blut bzw. Blutserum
dieses Tieres Stoffe, sog. Präzipitine oder Koaguline, Antiserum, die mit der
Proteinart derjenigen Tierart, deren Proteine zur Einspritzung benützt wurden,
in völlig klaren Lösungen, sowohl des Blutserums, als auch der Proteinlösungen,
Trübungen bzw. Fällungen erzeugen. Meist nimmt man als Versuchstiere
Kaninchen oder Meerschweinchen.

Bordet[5] konnte feststellen, daß, wenn er Milch einem Kaninchen einspritzte,
das Blutserum spezifische Präzipitine enthielt, wie auch von anderen Forschern
bestätigt worden ist. Diese so gewonnenen Antiseren zeigten nicht allein die
Milch des Tieres an, dessen Milch zur Einspritzung genommen war, sondern
gaben auch mit dem Blutserum dieser Tierart Präzipitinreaktion. Die Reaktionen
waren jedoch nicht streng artspezifisch, da auch positive Reaktionen mit der
Milch anderer Tierarten eintraten, die dieser Tierart verwandtschaftlich nahe
stehen. So zeigte Kuhmilchantiserum auch mit Ziegen- und Hammelmilch, bzw.
dem Blutserum dieser Tierarten Trübungen, also positive Präzipitinreaktionen,
die allerdings schwächer als bei Kuhmilch selbst waren (Schlossmann[6], Moro[7],
Uhlenhuth[8] u. a.). Da auch schwach positive Reaktionen mit den entsprechenden Blutseren selbst eintreten, so dürfte darin auch eine Artverwandt-
schaft der Proteine der Milch und des Blutes zu erblicken sein.

Nun enthält die Milch drei chemisch verschiedene Proteinkörper, Casein,
Lactalbumin und Lactoglobulin. Hamburger[9] konnte zeigen, daß, wenn er
Kaninchen mit Kuhcasein behandelte, bzw. dessen Lösungen einspritzte, welches
durch Fällen mittels Essigsäure aus der Kuhmilch gewonnen war, dieses so
hergestellte Antiserum mit Kuhcaseinlösungen und auch mit Kuhmilch positive
Präzipitinreaktionen ergab. Nicht dagegen reagierte dieses Antiserum mit
Lactalbumin. Wurde dagegen das aus der Kuhmilch isolierte Lactalbumin
einem Kaninchen eingespritzt, so gab das gewonnene Antiserum mit Kuhmilch
und Kuhlactalbumin eine positive Reaktion, während Kuhcaseinlösung negativ
reagierte. Durch Tonzellen filtrierte Kuhmilch gab, einem Kaninchen eingespritzt, auch typische Präzipitine, die sowohl mit Kuhmilch, als auch mit

---

[1] J. Kopf: Über Haptine im Rinderserum und in der Kindermilch 1911, **10**,. 254;
Grimmer: Lehrbuch der Chemie und Physiologie der Milch.
[2] J. Bauer u. M. Sassenhagen: Berliner tierärztl. Wochenschr. 1910, **27**, 141.
[3] Wordhead u. Mitchel: Journ. Pathol. and Bacter. 1907, **11**, 408.
[4] Eisler u. Sohma: Wiener klin. Wochenschr. 1908, 684.
[5] J. Bordet: Ann. Inst. Pasteur 1899, **13**, 240.
[6] A. Schlossmann: Münch. med. Wochenschr. 1903, **38**, Nr. 14.
[7] E. Moro: Deutsch. med. Wochenschr. 1903, Nr. 5.
[8] P. Uhlenhuth u. O. Weidanz: Praktische Anleitung zur Ausführung des biologischen
Eiweißdifferenzierungsverfahrens. Jena: Gustav Fischer 1909.
[9] H. I. Hamburger: Wien. klin. Wochenschr. 1900, 49; 1901, 1201.

dem Tonzellenfiltrat der Kuhmilch positiv reagierten; siehe hierzu auch BAUER-MEISTER[1].

Die Caseinmilcharten, Kuhmilch, Ziegenmilch usw., unterscheiden sich von den Albuminmilcharten, Frauenmilch und Einhufermilch, dadurch, daß mit Kuhmilch vorbehandelte Kaninchen ein Antiserum geben, das nicht z. B. gegen Frauenmilch und umgekehrt reagiert.

Ferner gibt auch gekochte Milch mit dem betreffenden Antiserum, das durch Einspritzen mit vorher gekochter Milch hergestellt wurde, eine positive Reaktion, SCHÜTZE, UHLENHUTH, MÜLLER u. a., zitiert bei UHLENHUTH und WEIDANZ, siehe Fußnote 3.

Mittels der Komplementablenkungsmethode konnte BAUER[2] nachweisen, daß das Casein ein organeigenes Produkt ist, während das Lactalbumin dem Blute entstammt, bzw. mit dessen Albumin verwandt ist, und das Lactglobulin dem Casein näher als dem Lactalbumin steht.

Man ist mittels der Komplementablenkungsmethode in der Lage, Verfälschungen von Kuhmilch mit Milch anderer Tierarten zu erkennen.

Ein weiterer serologischer Nachweis für Milch bzw. Milchproteine kann durch die anaphylaktische Reaktion erbracht werden (UHLENHUTH und HAENDEL[3], GRAETZ[4] u. a.). Wird z. B. einem Kaninchen Kuhcasein eingespritzt, so wird es nach einigen Einspritzungen überempfindlich gegen Kuhmilch und Kuhcasein, nicht aber gegen Lactalbumin.

12. Vitamine.

Von den bisher im Pflanzenreich und Tierreich festgestellten Vitaminen konnten in der Milch folgende Vitamine nachgewiesen werden: Vitamin A, das zum größten Teil im Milchfett sich vorfindet. Das Vitamin D findet sich infolge seiner Fettlöslichkeit hauptsächlich in Milchfett vor und ist der Gehalt daran als gering zu bezeichnen. In geringer Menge konnte in der Milch noch das Vitamin E festgestellt werden. Zu den in der Milch vorkommenden Vitaminen zählt auch ein Vitamin B, das zum Vitamin-Komplex B gehört. Der in den Molken der Milch vorkommende Farbstoff, das Lactoflavin, siehe W. GRIMMER und H. SCHWARZ[5]; und S. 61, BLEYER und KALLMANN, ist nach KUHN, RICHARD, GYÖRGY und WAGNER-JAUREGG[6], ein Vitamin B_2. Wenig reich ist ferner noch die Milch an Vitamin C. Näheres über Vitamine der Milch siehe A. SCHEUNERT, Bd. I, S. 768.

13. Gase der Milch.

In der Milch kommen als Gase Kohlensäure, Sauerstoff und Stickstoff vor. Die Hauptmenge der Gase besteht unmittelbar nach dem Melken aus Kohlensäure, die allmählich entweicht, wodurch ein Rückgang der Milchacidität eintritt; siehe Inkubationsstadium, S. 43.

PFLÜGER[7] fand an Gasen, die er über Quecksilber aufgefangen hatte, folgende Mengenverhältnisse in Kuhmilch.

---

[1] BAUERMEISTER: Arch. Gynäkol. 1910, **90**, 349; GRIMMER: Lehrbuch der Chemie und Physiologie der Milch. Berlin: Paul Parey 1926.

[2] J. BAUER: Versammlg. d. Gesellsch. f. Kinderheilk. 1909, 57; GRIMMER, Lehrbuch der Chemie und Physiologie der Milch. Berlin: Paul Parey 1926.

[3] P. UHLENHUTH u. O. WEIDANZ: Praktische Anleitung zur Ausführung des biologischen Eiweißdifferenzierungsverfahren. Berlin: Gustav Fischer, Jena, 1909.

[4] FR. GRAETZ: Zeitschr. Immunitätsforsch. exp. Therapie 1911, **9**, 677.

[5] W. GRIMMER u. G. SCHWARZ: Milchw. Forsch. 1925, **2**, 163.

[6] P. KUHN, RICHARD, GYÖRGY u. TH. WAGNER-JAUREGG: Ber. Deutsch. Chem. Ges. 1933, **66**, 576, 1034; **67**, 892, 898, 1125.

[7] E. PFLÜGER: Pflügers Arch. 8169, **2**, 156.

	Sauerstoff	Stickstoff	Kohlensäure (áusgepumpt)	Im Ganzen
Milch I	0,10	0,70	7,60	8,40 Vol.-%
„ II	0,09	0,80	7,40	8,29 Vol.-%

Thörner[1] fand in frischer Kuhmilch 57—86 ccm Gase im Liter. Der Gehalt an Kohlensäure steigt in saurer Milch erheblich an. Durch Kochen wird namentlich der Kohlensäuregehalt herabgedrückt.

Külz fand in Frauenmilch folgende Gasmengen:

Milch	Gesamtgas	Sauerstoff	Kohlensäure	Stickstoff
I	7,49	1,25	2,87	3,47 ccm
II	7,60	1,44	2,35	3,81 ccm
III	7,09	1,07	2,40	3,63 ccm
IV	7,53	1,38	2,63	3,52 ccm
V	7,36	1,23	2,74	3,39 ccm

B. Nährwert der Milch.

Die Hauptnährstoffe der Milch sind das Fett, die Proteine, zu denen das Casein, Lactalbumin und Lactoglobulin zu zählen sind, und als Kohlenhydrat der Milchzucker. Außer diesen Nährstoffen enthält die Milch noch viele Stoffe, die nicht als Nährstoffe zu betrachten sind, die jedoch für den Organismus, namentlich für den der Säuglinge, von außerordentlicher Wichtigkeit sind. Hierher sind die Salze zu rechnen, zu denen vor allem die phosphorsauren Kalksalze zählen, die für den Knochenbau des Säuglings unbedingt notwendig sind. Außerdem enthält die Milch als wichtige Ergänzungsstoffe Vitamine.

Auch den in der Milch vorhandenen Phosphatiden und Jodverbindungen kommt eine physiologische Bedeutung zu. Wenn auch der Eisengehalt der Milch gering ist, so genügt er doch dem Säugling, der von der Mutter erhebliche Eisenmengen mitbekommen hat.

Dem Gehalt an Kieselsäure soll nach neueren Ansichten eine nicht unerhebliche physiologische Wirkung zukommen.

Wichtig ist auch die feine Verteilung der Milchbestandteile in dem Dispersionsmittel, dem Wasser. Infolge der feinen Verteilung werden die Nährstoffe leichter von den Verdauungssäften angegriffen.

Wie schon im Bd. I, S. 1191 ausgeführt, kann der Calorienwert, Nährwert, der Milch aus dem Gehalt der einzelnen Nährstoffgruppen errechnet werden und zwar dem Fett, dem Milchzucker und den Proteinen, Casein, Lactalbumin und Lactoglobulin. Man hat dabei den Prozentgehalt an Fett mit 9,3, den Gehalt an Milchzucker und Proteinen mit je 4,1 zu multiplizieren.

Beispiel:

    Fettgehalt . . . . 3,5% . 9,3 = 32,55 Calorien
    Milchzuckergehalt . . . . . 4,8% . 4,1 = 19,68   „
    Proteingehalt . . . . 3,8% . 4,1 = 15,58   „
                                          ——————————
                                          67,81 Calorien

Mithin würde der Calorienwert für 1 kg dieser Milch 678,1 Calorien betragen.

Diesen Calorienwert bezeichnet man als Rohcalorien. Da nun der Ausnutzungswert der Milch beim Säugling für das Fett 97%, für die Proteine 95,5% und für die Kohlenhydrate 99% beträgt, so kann man sagen, daß der Rohcalorienwert der Milch fast dem des Reincalorienwertes gleich ist.

Näheres siehe bei M. Rubner, Bd. I, S. 1162.

---

[1] W. Thörner: Chem.-Ztg. 1894, 18, 1845.

C. Einflüsse auf die Zusammensetzung der Milch.

1. Einflüsse des Milchtieres.

a) Individualität und Rasse.

Eine ergiebige Milchproduktion ist nur dann möglich, wenn eine kräftige Entwicklung der Milchdrüsen bzw. des Euters des Milchtieres vorhanden ist. Selbst die beste Fütterung kann bei mangelhafter Ausbildung oder Veranlagung der Sekretionsorgane die Milchmenge und auch die Güte der Milch nicht wesentlich beeinflussen. Durch die Rasse wird im allgemeinen die Güte und auch die Menge der erzeugten Milch bestimmt. Niederungsrassen (Ostfriesen, Holländer Oldenburger u. a.), liefern meist viel, jedoch eine gehaltärmere Milch, was meist im Fettgehalt deutlich bemerkbar ist, während Höhenrassen (Allgäuer, Simmentaler u. a.) und insbesondere auch die englischen Schläge (Jersey u. a.) fettreichere, überhaupt gehaltreichere Milch geben, was in der Trockensubstanz zum Ausdruck kommt. Der Gehalt an Casein ist gesteigert, während der Gehalt an Albumin und Globulin geringer ist. Dagegen ist die erzeugte Milchmenge bei diesen Rassen meist erheblich geringer. KIRCHNER[1] gibt bei drei Rassen folgende Werte an:

Tabelle 10.

Rasse und Milchmenge im Jahr auf 500 kg Lebendgewicht berechnet	Trocken-substanz %	Fett %	Stickstoff-haltige Substanz %	Milchzucker und Asche %	Fett in der Trocken-substanz %
Ostfriesische 3096	11,21	3,04	2,88	5,29	27,12
Badische Simmentaler 2281 .	12,68	3,73	3,47	5,48	29,42
Jersey 2005	15,84	5,99	3,78	6,07	37,82

b) Fütterung.

Man kann sagen, daß bei richtiger und reichlicher Ernährung des Milchtieres sowohl die Menge als auch der Gehalt an Milchbestandteilen zunimmt. Ist die Ernährung unzureichend und ihrer Zusammensetzung nach ungenügend, sei es daß Fett, Kohlenhydrate und vor allem Protein nicht hinreichen, so nimmt die Milchmenge wesentlich ab, weniger werden dabei die einzelnen Bestandteile der Milch als solche betroffen.

Während der Kriegsjahre ging der Milchertrag aus Mangel an Kraftfuttermitteln erheblich zurück, während die Zusammensetzung nur unwesentlich verändert wurde (BEHRE[2]). Allerdings geben auch manche Milchtiere trotz mehr als ausreichender und kräftiger Futterstoffe eine gehaltarme Milch; die Zusammensetzung der Milch ist ebenso wie die Milchleistung weitgehend von individuellen Eigenheiten des Milchtieres abhängig.

Um die Kühe mit den besten Leistungen an Milchergiebigkeit und Fettgehalt der Milch zu erkennen, schließen sich die Landwirte vielfach in sog. Milchkontrollvereine zusammen, durch deren Geschäftsführer die Leistungen der einzelnen Kühe im Ertrage und Fettgehalt durch regelmäßige, etwa vierwöchentliche Kontrolle festgestellt werden. Die besten Milchtiere werden dann zur Nachzucht ausgewählt.

Kohlenhydrate und Fette können sich im Organismus gegenseitig in gewissem Umfang vertreten bzw. ersetzen; insbesondere wird die Hauptmenge des Fettes der landwirtschaftlichen Nutztiere aus den im landwirtschaftlichen Betriebe stets reichlich erzeugten Kohlenhydraten gebildet, während umgekehrt Fett in Kohlenhydrate wohl nicht mit Sicherheit umgewandelt wird. Durch O. FRANK wurde dagegen erwiesen, daß auch Proteine an der Fettbildung mit beteiligt sind. Bei übermäßiger Steigerung von Fettgaben, wie z. B. in Gestalt von

---

[1] W. KIRCHNER: Milchztg. 1890, **13**, 731.
[2] A. BEHRE: Z. 1920, **39**, 202.

fettreichen Ölkuchen, wird eine Steigerung des Milchfettes nicht erzielt, es tritt im Gegenteil vielfach eine Verringerung des Fettgehaltes der Milch ein; dabei tritt auch vielfach eine ungünstige Beeinflussung der Beschaffenheit des Milch- bzw. Butterfettes auf; Näheres darüber siehe in Bd. IV. Durch kohlenhydratreiche Nahrung wird der Gehalt an Milchzucker in der Milch nicht erhöht. Eine Erhöhung von fettreicher und kohlenhydratreicher Nahrung kann zwar unter Umständen eine Ersparnis an Protein bewirken, da Fett und Kohlenhydrate sowohl Wärmeerzeuger als auch letzten Endes Milchsubstanzbildner sind, immerhin müssen aber gute Milchtiere mit einer reichlichen Menge Protein gefüttert werden, da sie große Mengen von diesem in die Milch abgeben.

Eine gute Milchkuh mit z. B. 20 kg täglicher Milchleistung gibt darin allein je nach dem Proteingehalt etwa 600—700 g Protein in der Milch ab, eine Menge, die dem Tiere neben der zur Erhaltung des Lebens erforderlichen Menge Protein im Futter gereicht werden muß, wenn es nicht vom Körperprotein zehren soll.

Ähnliches gilt auch von den Mineralstoffen, namentlich vom Kalk, da eine gute Milchkuh bei einem Aschengehalt der Milch von 0,75% mit 0,20% Calciumoxyd in 20 kg Milch täglich 150 g Mineralstoffe mit 40 g Calciumoxyd abgibt, die durch Futter ersetzt werden müssen.

Kalium und Phosphorsäure sind demgegenüber in dem Futter in der Regel hinreichend vorhanden.

Von den drei Nahrungsstoffen ist nach alledem als wichtigstes das Protein zu bezeichnen. Es müssen also dem Organismus genügend Proteine zugeführt werden, zumal auch proteinreiche Nahrung den Gehalt an Proteinen und Fett in der Milch erhöht, der Milchzuckergehalt nimmt etwas ab. Das Ansteigen des Caseins und Albumins ist gleichmäßig. Es müssen also bei der Ernährung des Milchtieres 2 Faktoren berücksichtigt werden, erstens das Erhaltungsfutter, das den Körper auf dem notwendigen Ernährungszustand erhält, und zweitens das Produktionsfutter, also ein Futterüberschuß. Von der Art der Zusammensetzung, d. h. der Güte dieses Futters, hängt die Leistungsfähigkeit des Milchtieres, der Milchertrag und auch die Güte der Milch mit ab.

Nicht allein der Gehalt der in einem Futtermittel vorhandenen verdaulichen Nährstoffe, sondern auch die in dem Futtermittel enthaltenen Reizstoffe, die auf die Geschmacksnerven einwirken, üben auf die Milchproduktion einen günstigen Einfluß aus. Zu ihnen zählen gutes Heu, Malzkeime, Fenchel, Palmkern- und Cocoskuchen, Melasse und auch Salze (O. Kellner[1], E. Honkamp[2], A. Morgen[3]).

Verregnetes und verschimmeltes oder faules Futter und Futter, das Bitterstoffe enthält, sowie manche Abfälle wirken ungünstig auf den Milchertrag ein. Manche Futtermittel verleihen der Milch einen unangenehmen Geschmack, zu ihnen rechnen: Rübenblätter, Steckrüben, Rapskuchen, Schlempe u. a. (O. Laxa[4]).

Auch die Mineralstoffe spielen für den Milchertrag eine Rolle. Durch kalkarmes Futter, das auf kalkarmen Böden gewachsen ist, wird Milch erzeugt, die kalkarm ist und sich Lab gegenüber anormal verhält. Kleine Zugaben von Calciumphosphat und -carbonat sowie von Kochsalz sind für die Milcherzeugung günstig, namentlich sind die Chloride als Elektrolyte und Kalksalze als schwächere Puffer und als Caseinkalkverbindungen in der Milch von Bedeutung. Nach Fingerling[5] sollen Zugaben anorganischer und organischer Phosphorverbindungen keine Aschenerhöhung, ebenso nach G. v. Wendt[6]

[1] O. Kellner: Milchztg. 1910, **39**, 98; Z. 1911, **22**, 301.
[2] E. Honkamp: Z. 1921, **41**, 17.
[3] A. Morgen: Landw. Vers.-Stationen 1904, **61**, 1.
[4] O. Laxa: Z. 1919, **37**, 39.
[5] G. Fingerling: Biochem. Zeitschr. 1912, **39**, 239; Z. 1912, **24**, 696.
[6] G. v. Wendt: Z. 1910, **20**, 474.

saure Kalkphosphate nur vereinzelt eine Steigerung des Kalkgehaltes bewirken. Nach HANSEN[1] unterscheidet man 4 Gruppen von Futtermitteln: 1. Indifferente Futtermittel, 2. Futtermittel, die die Milchmenge selbst erhöhen, die gesamt produzierte Fettmenge aber nicht wesentlich verändern, 3. Futtermittel, die den Fettgehalt bei gleichbleibender Milchmenge erhöhen, und 4. Futtermittel, die bei gleichbleibender Milchmenge den Fettgehalt herabdrücken. Zur Gruppe 3 gehören vor allem die Palmkern- und Cocoskuchen, wenn sie in größeren Mengen, d. h. 3—4 kg je 1000 kg Lebendgewicht, gefüttert werden. Die Ansicht, daß durch sehr wasserreiche Futtermittel eine an Gehalt ärmere Milch erzeugt wird, ist von KOCHS[2], TANGL und ZAITSCHEK[3], TURNER, SHAW, NORTON und WRIGHT[4] u. a. als im allgemeinen nicht zutreffend widerlegt.

Bei alledem ist zu bedenken, daß die Milchdrüsen in enger Beziehung zu den inneren Sekretionsdrüsen stehen und der Organismus bestrebt ist, eine gleichmäßig zusammengesetzte Milch zu erzeugen, wie auch die Kriegsmilch gezeigt hat.

Plötzlicher Futterwechsel von Trockenfutter zu Grünfutter und umgekehrt macht sich erst allmählich geltend, es tritt eine Änderung in der Milchzusammensetzung oft erst nach 6—8 Tagen ein.

Manche Weidepflanzen z. B. Euphorbiacen, Ranunculacen, Cicuta virosa, Colchicum autumnale u. a. können bewirken, daß giftige Stoffe in die Milch übergehen und zu Vergiftungserscheinungen Veranlassung geben.

c) Haltung des Milchviehes.

Günstig auf die Milchproduktion des Milchtieres, d. h. auf eine Steigerung der Milchmenge, wirkt gute Pflege des Körpers des Milchtieres (R. BACKHAUS[5]). Der Aufenthalt in guter Luft, in hellen und luftigen Ställen neben mäßiger Bewegung steigern auch die Milchsekretion (TH. HENKEL[6], DORNIC[7], A. MORGEN[8]. Eine längere Trockenperiode und auch anhaltendes Regenwetter wirken auf die Milchabsonderung ungünstig ein, was sich hauptsächlich im Fettgehalt bemerkbar macht (W. KIRCHNER[9]).

d) Lactationszeit.

Die Dauer der Milchabsonderung nennt man Lactationsperiode, sie währt solange, bis das neue Lebewesen sich den veränderten Lebensbedingungen bzw. der Ernährungsart angepaßt hat. Bei gesunden Kühen dauert die Lactationsperiode rund 300 Tage, durch Zuchtwahl ist es gelungen, sie erheblich zu verlängern. Während der Lactationszeit beobachtet man zuerst ein Steigen und späteres Fallen der Milchmenge. Innerhalb 4 Monate hält sich die Milchmenge ziemlich konstant und fällt alsdann allmählich; in den letzten Monaten der Lactation, also ungefähr vom 5. Monat an gerechnet, findet ein zuerst sehr erhebliches Ansteigen im Fettgehalt und der Trockenmasse statt, in den letzten Monaten ist der Anstieg sämtlicher Milchsubstanzen erheblich. Man kann das

---

[1] J. HANSEN: 2. Bericht von Dickopshof, S. 187.
[2] KOCHS: Journ. Landwirtsch. 1902, 44, 61.
[3] F. TANGL u. A. ZAITSCHEK: Landw. Vers.-Stationen 1911, 74, 183.
[4] W. F. TURNER, R. H. SHAW, R. P. NORTON u. P. A. WRIGHT: Journ. agricult. Res. 1916, 6, 167.
[5] R. BACKHAUS: Journ. Landwirtsch. 1893, 41, 332.
[6] TH. HENKEL: Landw. Vers.-Stationen 1895, 46, 329; HILGERs Vierteljahresschrift 1895, 10, 495.
[7] DORNIC: Milchztg. 1895, 25, 331.
[8] A. MORGEN: Landw. Vers.-Stationen 1898, 51, 117.
[9] W. KIRCHNER: Handbuch der Milchwirtschaft.

Lactationsstadium als eine periodische Schwankung auffassen. Im 1. Monat wird die größte Milchmenge produziert. Es tritt dann ein Rückgang im Verhältnis von etwa 8:5 ein. Die folgende Phase, bei der sich die Milchmenge auf ungefähr gleicher Höhe hält, dauert $2^1/_2$ Monate; dann tritt abermals eine Minderung der Milchmenge ein im Verhältnis von etwa 5:2. Für mehrere Monate bleibt nun die Milchabsonderung ziemlich konstant und geht dann ziemlich gleichmäßig bis zum Eintritt des Trockenstehens dauernd zurück.

Die im ersten Lactationsstadium ermolkene Milch ist meist ärmer an Fett, Proteinen und Milchzucker, während die im letzten Lactationsstadium ermolkene Milch reich an diesen Bestandteilen ist. Diese Schwankungen können prozentual ganz erheblich sein.

Während einer Lactationsperiode werden durchschnittlich 3000 kg Milch erzeugt. Etwa 50—60 Tage steht das Milchtier trocken. Durch Futterarten, die milchtreibende Eigenschaften besitzen, kann im Verein mit häufigerem Melken die Frist des Trockenstehens verringert werden. Ratsam ist es jedoch, zur Erholung des Milchtieres die Frist des Trockenstehens nicht zu verkürzen.

Auch das Alter des Milchtieres ist für die Menge der Milchabsonderung von wesentlicher Bedeutung. Nach W. FLEISCHMANN ist bei Kühen die Höhe der Energie des Stoffwechsels in 10—11 Jahren erreicht. Im Alter von 3 Jahren werden die Kühe meist milchend.

e) Brunst und Kastration.

Im allgemeinen ist die Brunst von keinem wesentlichen Einfluß auf die Zusammensetzung der Milch. Häufiger beobachtet man ein Zurückgehen und darauf ein Ansteigen des Fettgehaltes (BURR[1], O. MEZGER[2], K. ALPERS[3], STENG[4]). WEBER[5] ist der Ansicht, daß als Ursache für einen geringeren Fettgehalt ein Zurückhalten, Hochziehen der Milch seitens des Rindes in der Brunst erfolgt. O. MEYER[6] stellte fest, daß trotz vollständigen Ausmelkens und unveränderter Milchmenge der Fettgehalt stark schwankte. Die fettfreie Trockensubstanz unterliegt kaum Änderungen. Auch ist der Gesamtgehalt der Proteine kaum verändert, zuweilen ist bei Kuhmilch das Verhältnis von Casein zu Albumin verschoben. Von den echt gelösten Stoffen, dem Milchzucker und den Salzen, erleidet ersterer kaum erhebliche Schwankungen, während der Gehalt an Chloriden steigt. Hand in Hand geht hiermit ein geringes Steigen oder Fallen der Refraktion, des Gefrierpunktes und der Leitfähigkeit. PLÜCKER und STEINRUCK[7] wollen ein starkes Ansteigen des Gefrierpunktes und der Leitfähigkeit beobachtet haben; siehe hierzu GRONOVER und TÜRK[8], R. BAUER[9]. Es dürfte wohl den Tatsachen entsprechen, daß die Leitfähigkeit und der Gefrierpunkt der Milch beeinflußt werden (MEYER). Größere Abweichungen sind jedoch nie mit Sicherheit bei Brunst allein beobachtet worden, auf jeden Fall nicht bei dem Gefrierpunkt. Der Säuregehalt geht in der Regel etwas zurück. Die Gerinnungsfähigkeit der Milch wird herabgesetzt bei der Gär- und Labgärprobe, während die Katalasenzahl sich etwas erhöht. In der Regel nimmt jedoch die Milchmenge selbst ab (FLEISCHMANN[10], HITTCHER[11], MEZGER[12]).

---

[1] A. BURR: Kurzer Grundriß der Chemie der Milch und Milcherzeugnisse 1927.
[2] O. MEZGER: Z. 1908, **16**, 273.   [3] K. ALPERS: Z. 1912, **23**, 503.
[4] H. STENG: Inaug.-Diss. Tübingen 1913.
[5] E. WEBER: Milchw. Zeitschr. 1911, 1.
[6] O. MEYER: Z. 1932, **64**, 235.
[7] W. PLÜCKER u. A. STEINRUCK: Z. 1930, **60**, 112.
[8] A. GRONOVER u. F. TÜRK: Z. 1932, **63**, 403.
[9] R. BAUER: Z. 1933, **65**, 42.
[10] W. FLEISCHMANN-WEIGMANN: Lehrbuch der Milchwirtschaft, 7. Aufl., S. 168.
[11] H. HITTCHER: Milchztg. 1893, **22**, 849.   [12] O. MEZGER: Z. 1908, **16**, 273.

Die Milch von Kühen, die an Nymphomanie leiden (sog. Brüller), weist nach F. SCHAFFER[1] eine abnorm hohe Trockensubstanz auf, die bedingt ist durch einen sehr hohen Gehalt an Milchzucker und Albuminen.

Kastrierte gesunde Kühe können oft mehrere Jahre hindurch eine normale Milch liefern, meist aber ist diese Zeit auf etwa 18 Monate beschränkt. Die Milch kastrierter Kühe soll nach LAJOUX[2] einen angenehmeren Geschmack haben. In der Praxis macht man jedoch von der Kastration bei Kühen wegen der damit verbundenen Gefahren keinen Gebrauch.

Plötzliche Erregungszustände der Kühe, wie sie durch Schreck, Unwetter und Absetzen der Kälber hervorgerufen werden können, vermögen die Milchzusammensetzung und die Milchmenge ungünstig zu beeinflussen.

f) Alter.

Von dem ersten Kalben ab steigert sich bei den Kühen von Jahr zu Jahr innerhalb gewisser Grenzen die Milchergiebigkeit. Mit fortschreitendem Alter nimmt dann die Milchergiebigkeit allmählich ab. Der Grad der Abnahme ist dabei vielfach durch mangelnde Futteraufnahme infolge von Mängeln der Kauwerkzeuge bedingt. Es scheint, daß auch die Zusammensetzung sich verändert, groß sind die Schwankungen meist nicht, sie wirken sich mehr im Fettgehalt aus.

g) Arbeit.

Geringe Bewegung bzw. mäßige Arbeit der Milchtiere wirkt sich günstig in gesundheitlicher Beziehung aus. Die Milchmenge wird etwas geringer, der Gehalt an Fett und Trockensubstanz steigt an. Wenn die Milchtiere jedoch überangestrengt werden durch schwere Arbeit, so nimmt vorübergehend nach HENKEL[3] die Milchmenge ab, auch tritt eine Verminderung der Milchbestandteile selbst ein. Der Fettgehalt fällt stärker, als die übrigen Milchbestandteile. Die Katalasenzahl soll sich dabei erhöhen.

h) Krankheiten.

Durch Krankheit des Milchtieres, sei es eine allgemeine Erkrankung oder eine Erkrankung des Euters, kann die Milch weitgehend in ihrer Zusammensetzung verändert werden. Durch Fütterung gewisser Futtermittel erleidet die Milch bezüglich ihres Geschmackes eine Verschlechterung. Es können auch gewisse Arzneimittel in die Milch übergehen (Bd. I, S. 1140).

α) **Infektionskrankheiten.** Zu diesen Erkrankungen des Milchtieres zählen in erster Linie die Tuberkulose, durch Streptokokken hervorgerufene Euterentzündungen und die Maul- und Klauenseuche.

Tuberkulose. Bei dieser, ohne Eutertuberkulose, zeigt die Milch meist eine normale Beschaffenheit, während bei Eutertuberkulose, je nach dem Grade der Erkrankung, eine weitgehende Veränderung der Milch eintreten kann. Hiervon wird am meisten das Spez. Gewicht der Milch betroffen, welches erheblich sinken kann, ebenso wie der Fettgehalt. Da der Gehalt an Milchzucker wesentlich abnimmt, so wird die Trockensubstanz und auch die fettfreie Trockensubstanz mehr oder weniger ungünstig beeinflußt. Man findet fettfreie Trockensubstanzen, die beträchtlich unter 7,0% liegen. Der Aschegehalt, insbesondere der Gehalt an Calciumphosphat, nimmt meist ab, während der Gehalt an Chloriden, namentlich an Natriumchlorid, steigt. Das Verhältnis von Chlor zu Milchzucker wird größer; siehe Chlor-Zucker-Zahl nach KOESTLER, S. 203. Der

---

[1] F. SCHAFFER: Rep. analyt. Chem. 1884, **4**, 202.
[2] H. LAJOUX: Molkereiztg. 1891, **5**, 19.
[3] TH. HENKEL: Landw. Vers.-Stationen 1895, **46**, 329.

Gehalt an Proteinen nimmt zu, von diesen sinkt der Gehalt an Casein, während der Albumingehalt sich erhöht. Der Säuregehalt ist meist erniedrigt. Infolge des höheren Gehaltes an Chloriden ist die elektrische Leitfähigkeit der Milch mehr oder weniger stark erhöht (Monovisin[1], Jackson und Rothera[2], Schnorf[3], Petersen[4], Zanger[5], Gronover[6]).

Strohecker und Beloveschdoff[7] multiplizieren die Leitfähigkeit mit 10^4 und dividieren sie noch durch den Milchzuckergehalt. Hierdurch tritt die Erhöhung der Leitfähigkeit bei kranken Tieren noch deutlicher hervor, siehe S. 174.

Während die Refraktion und die Leitfähigkeit gegenüber normaler Milch erheblich verändert werden — Kern[8] sowie Ackermann[9] stellten fest, daß die Refraktion erheblich herabgedrückt wird —, tritt eine Änderung der Gefrierpunktsdepression meist nicht auf, da der Mindergehalt an Milchzucker durch erhöhten Chloridgehalt mehr oder weniger ausgeglichen wird, zuweilen tritt aber eine stärkere Erniedrigung des Gefrierpunktes ein (v. der Laan[10], Monvoisin[1]).

Bei nicht zu starker Erkrankung weist die Milch eutertuberkulöser Kühe ein fast normales Aussehen auf, bei zunehmender Krankheit bekommt sie ein gelbliches Aussehen und schwimmt vielfach flockiges Gerinnsel darin herum. Die Erkrankung kann ein oder mehrere Euterviertel befallen. Infolge des Mangels an Milchzucker und der damit verbundenen Erhöhung des Natriumchloridgehaltes nimmt die Milch einen salzigen, wäßrigen Geschmack an.

Auch der Enzymgehalt derartiger Milch unterliegt einer Veränderung, die auf schwerer Allgemeinerkrankung oder Erkrankungen des Euters beruhen. In sehr weit fortgeschrittenem Stadium der Krank-

Tabelle II. Zusammensetzung der Milch bei Eutertuberkulose. (Nach Monvoisin.)

Art und Aussehen der Milch	13. II. 06	15. II. 06	26. II. 06	26. II. 06	5. III. 06	6. III. 06	6. III. 06	8. III. 06	10. III. 06
	Mischmilch aller 4 Viertel; normales Aussehen	Mischmilch aller 4 Viertel; normales Aussehen	Misch-milch der gesunden Viertel; normales Aussehen	Milch des kranken Viertels; gelblich, flockig	Milch des kranken Viertels; gelblich, flockig	Milch der gesunden Viertel; normales Aussehen	Milch des kranken Viertels; gelblich, flockig	Milch des kranken Viertels; gelblich, flockig	Milch des kranken Viertels; gelblich, flockig
Acidität, als Milchsäure °/00	0,895	1,140	1,018	0,530	0,692	1,384	0,530	0,407	0,244
Gesamt-Stickstoff °/00	7,03	6,71	5,05	11,04	10,44	6,05	9,93	9,35	8,81
Fett °/00	29,5	16,0	22,5	18,0	5,0	2,5	7,5	2,0	6,6
Zucker °/00	24,6	31,2	38,7	7,7	4,8	38,2	3,5	4,2	2,9
Trockensubstanz °/00	116,9	108,2	108,6	111,6	97,9	101,5	88,95	79,9	77,8
Asche °/00	8,45	8,0	6,55	9,2	9,25		8,9	8,7	8,7
Chlor, als NaCl berechnet °/00	2,43	2,27	2,16	4,71	4,81	1,73	4,72	4,54	4,31
Gefrierpunkt	—0,560°	—0,575°	—0,550°	—0,540°	—0,555°	—	—0,545°	—	—
Refraktion bei 15°	1,3488	1,3423	1,3382	1,3382	1,3381	1,3426	1,3376	1,3374	1,3375

[1] M. A. Monvoisin: Compt. rend. Paris 1909, 149, 644.
[2] L. Ch. Jackson u. C. Rothera: Biochem. Journ. 1914, 8, 1.
[3] C. Schnorf: Z. 1906, 11, 457.
[4] Fr. Petersen: Untersuchung des elektrischen Widerstandes der Milch, Diss. Kiel 1904.
[5] A. Zanger: Schweizer Arch. Tierheilk. 1908, 50, 247.
[6] A. Gronover: Z. 1923, 45, 18.
[7] R. Strohecker u. J. Beloveschdoff: Z. 1918, 35, 153; Milchw. Forsch. 1928, 5, 249.
[8] W. Kern: Milchw. Forsch. 1928, 5, 39.
[9] E. Ackermann: Z. 1907, 13, 186; 1915, 30, 287.
[10] v. der Laan: Biochem. Zeitschr. 1915, 71, 289.

heit soll nach VOLLRATH[1] eine sehr starke Peroxydasenreaktion auftreten, ebenso ist die Katalasenzahl erhöht (KONING[2], KOESTLER[3], LENZEN[4]). Namentlich bei Mastitis wird durch Aldehydkatalase nach BAUER und SASSENHAGEN[5] Formalin-Methylenblau schneller als normalerweise entfärbt. VOLLRATH fand jedoch keine Regelmäßigkeit in der Reaktion. Der Gehalt an diastatischen Enzymen, wie auch der Gehalt an Eiterkörperchen kann nach KONING und VOLLRATH erhöht sein.

Mastitis, Galt oder rässige Milch: Bei der durch Streptokokken hervorgerufenen Euterentzündung sind ähnliche Veränderungen beobachtet worden wie bei der Eutertuberkulose. Bei leichten Mastitisfällen tritt nur eine unwesentliche Veränderung in der Zusammensetzung der Milch ein (MEZGER, FUCHS und JESSER[6], AMBERGER[7]). Stets ist eine Erhöhung der Eiterkörperchen und anderer Zellelemente zu beobachten (S. 203).

Maul- und Klauenseuche: In leichten Fällen treten nur unwesentliche Veränderungen der Milchzusammensetzung ein, die sich auf eine geringe Abnahme des Casein- und Milchzuckergehaltes erstrecken, während eine Erhöhung des Fett- und Aschegehaltes beobachtet wurde. Bei sehr schweren Fällen gleicht die Milch in ihrer Zusammensetzung der Colostralmilch (SCHWARZ[8]). Ähnlich liegen die Verhältnisse bei Milzbranderkrankung des Milchtieres.

β) **Grießige oder sandige Milch** ist erkennbar an dem Auftreten von weichen oder harten Konkrementen. Diese können unter Umständen die Zitzengänge verstopfen und bestehen meist aus Calciumphosphat.

γ) **Blutige Milch** rührt entweder von inneren Verletzungen oder Blutüberfüllung (Hyperämie) des Euters her. Auch wunde Zitzen können die Ursache sein. Bei Waldweidegang stellt sich leicht Blutharnen ein, was zu blutiger Milch Veranlassung gibt.

2. Einflüsse der Gewinnung.

a) Art des Melkens.

Bevor der Melkprozeß vorgenommen wird, ist besonders auf eine Säuberung des Euters das Augenmerk zu richten. Die Reinigung erfolgt am besten mittels eines sauberen Tuches und durch nachfolgendes Einfetten mit Vaseline. Wenn sehr unsaubere Stellen am Euter vorhanden sind, so sind diese mit lauwarmem Seifenwasser abzuwaschen und wieder trocken zu reiben. Nach dem Gebrauch müssen die Eutertücher in heißem Seifenwasser ausgewaschen werden. Beim Melken selbst ist der Schwanz des Tieres festzubinden. Aus jeder Zitze müssen die ersten Striche in ein besonderes Gefäß entleert werden; diese Milch darf der später ermolkenen Milch nicht zugemischt werden.

Die Gewinnung der Milch erfolgt durch Handmelken oder Maschinenmelken. Beim Handmelken muß der Melker vorher seine Hände gründlich waschen. Man unterscheidet beim Handmelken folgende Arten:

1. Fäusteln: Es wird mit der ganzen trockenen Faust unter hauptsächlicher Benutzung von Daumen, Zeigefinger und Mittelfinger gemolken.

2. Strippen oder Zipfeln: Hierzu wird der vorher mit Vaseline eingefettete Daumen und Zeigefinger benützt.

---

[1] F. VOLLRATH: Untersuchungen über den Einfluß äußerer und innerer Krankheiten auf den Enzymgehalt der Kuhmilch. Diss. Stuttgart.

[2] C. J. KONING: Milchw. Zentralbl. 1908, 4, 156.

[3] G. KOESTLER: Milchw. Zentralbl. 1920, 49, 217, 229.

[4] H. LENZEN: Arbt. bakteriol. Labor. städt. Schlachthofes, Heft 3, Berlin 1911.

[5] J. BAUER u. M. SASSENHAGEN: Med. Klinik 1909, Nr. 51.

[6] O. MEZGER, H. FUCHS u. H. JESSER: Z. 1913, 25, 513.

[7] C. AMBERGER: Z. 1912, 23, 369.

[8] G. SCHWARZ: Milchw. Forsch. 1926, 3, 132.

3. Knebeln: Hier wirken der eingefettete Zeige- und Mittelfinger und das Endglied des eingebogenen Daumens.

Von diesen Methoden ist eigentlich nur das Fäusteln das gegebene Melkverfahren.

Um die letzten Anteile der Milch zu erfassen, ist eine Massage des Euters notwendig, HEGELUNDsches Melkverfahren, das sog. Nachmelken, siehe A. WENK[1]. In der Regel melkt man von der rechten Seite der Kuh und zwar zuerst die beiden vorderen und dann die beiden hinteren Viertel. Seltener melkt man die gleichseitigen Euterviertel oder kreuzweise aus.

An Stelle des Handmelkens wird in größeren Abmelkwirtschaften vielfach das Melken mit Maschinen (Melkmaschinen) durchgeführt (GORINI[2], KÄPPELI[3], WEIDEMANN[4]). Man unterscheidet nach B. MORTING[5]: 1. Saugmaschinen, 2. Druckmaschinen und 3. Saug- und Druckmaschinen. Neuerdings sind noch verschiedene andere Melkmaschinen in Betrieb. Das Anlegen der Melkmaschinen und die Inbetriebnahme muß vorsichtig erfolgen. Die Maschinenteile und Schläuche müssen peinlichst sauber gehalten werden, und sind die Schläuche mit desinfizierenden Flüssigkeiten zu reinigen. Erforderlich ist jedoch, daß ein Nachmelken mit der Hand stattfindet. Viele Landwirte lehnen die Melkmaschinen ab und bestreiten ihre Vorzüge, sicher ist jedoch, daß eine viel keimärmere und mithin auch haltbarere Milch durch Maschinenmelken gewonnen wird.

Nach dem Melken muß die Milch geseiht werden, damit gröbere Teilchen, Spreu, Fliegen oder Haare, die in die Milch gefallen sind, entfernt werden. Man benützt engmaschige Seihetücher, die eine Watteeinlage enthalten. Nach dem Seihen müssen die Seihetücher gut ausgewaschen und getrocknet werden. Um eine möglichste Verschmutzung der Milch während des Melkens zu vermeiden, verwendet man halbgeschlossene Melkeimer, in die man den Inhalt der Zitzen entleert. Alsdann ist die Milch sehr schnell in fließendem Wasser oder durch Tiefkühlung abzukühlen, auch ist dafür zu sorgen, daß sie unmittelbar nach dem Melken aus dem Stall entfernt wird.

Bei gebrochenem Melken sind die ersten Anteile fettarm, während die letzten Anteile der ermolkenen Milch sehr fettreich sind.

P. FAHRENWALD fand bei gebrochenem Melken in 4 Fraktionen bei Abendmilch:

Tabelle 12.

Melk-fraktion	Fettgehalt in %	
	Kuh I	Kuh II
1	2,95	2,40
2	3,25	3,75
3	4,10	4,25
4	6,50	5,10

Infolgedessen versteht man unter Vollmilch bzw. Milch schlechthin das ganze Gemelke einer oder mehrerer Kühe. Es ist nun eine bekannte Tatsache, daß die Refraktion des Milchserums und die fettfreie Trockensubstanz im Anfang- und Endgemelke die gleichen Werte ergeben und nur der Fettgehalt differiert. Daraus ist der Schluß zu ziehen, daß eine Gleichartigkeit der Milchbildung vorliegt. Die Differenz im Fettgehalt ist nur darauf zurückzuführen, daß in den Capillaren der Drüsen die Fettkügelchen zurückgehalten werden (ACKERMANN[6], HÖFT[7], MEZGER[8]).

b) Melkzeit.

Die sog. Melkzeit, d. h. die Zeit, die zwischen zwei Melkungen liegt, ist von wesentlichem Einfluß auf die gewonnene Milchmenge selbst und auch auf

[1] A. WENK: Molkereiztg. Berlin 1905, 15, 169; Z. 1906, 11, 453.
[2] C. GORINI: Milchztg. 1910, 39, 183; Z. 1911, 22, 301.
[3] J. KÄPPELI: Milchw. Zentralbl. 1916, 45, 241; Z. 1917, 34, 342.
[4] W. WEIDEMANN: Chem.-Ztg. 1921, 45, 1067.
[5] B. MORTING: Arbt. deutsch. Landwirtsch.-Gesellschaft, Heft 33; Berliner Molkereiztg. 1916, 33, 257; 35, 265, 274; 36, 281.
[6] E. ACKERMANN: Chem.-Ztg. 1901, 25, 1160.
[7] H. HÖFT: Z. 1909, 18, 550.   [8] O. MEZGER: Z. 1910, 19, 720.

ihre Zusammensetzung. Bei zweimaligem Melken, also von 12 zu 12 Stunden, ist die Morgen- und Abendmilch von ziemlich gleicher Beschaffenheit. Bei dreimaligem Melken, also wenn mittags nochmals gemolken wird, ist die Mittags- und Abendmilch gehaltreicher, dieses trifft meist nur für das Fett zu, während die anderen Milchbestandteile nur unwesentlich verändert sind. Bei dreimaligem Melken wird eine größere Milchmenge erzielt als bei zweimaligem Melken. Bei Beginn des Lactationsstadiums ist häufiger ein drei- sogar viermaliges Melken notwendig. Ungenaues Einhalten der Melkzeiten und unvollkommenes Aus- melken schädigen das Milchtier und auch den Milchertrag. Auch der Wechsel im Melkpersonal spielt eine Rolle, bei eingewöhnten Melkern ist die Milchmenge größer. Im allgemeinen ist bei zweimaligem Melken die Abendmilch am fett- reichsten; bei dreimaligem Melken ist diejenige Milch am fettreichsten, deren Gewinnung die kürzeste Ruhezeit voraufgegangen ist.

Nach den auf dem Gutshof Tapiau [1] angestellten Versuchen wird bei dreimaligem Melken eine etwa 7% höhere Milchergiebigkeit erzielt. Ob zwei- oder dreimaliges Melken vorzuziehen ist, ist eine umstrittene Frage. Zweimaliges Melken strengt das Milchtier weniger an.

Tägliche Schwankungen: Die täglichen Schwankungen, wenn solche vorkommen, drücken sich meistens im Fettgehalt aus, die Menge der anderen Bestandteile, ausgedrückt durch die fettfreie Trockensubstanz, die Refraktion- und Gefrierpunktsdepression, unterliegt nur sehr geringen Schwankungen, trotzdem die Milchmenge selbst geringen Schwankungen unterliegt. Wenn Mischmilch mehrerer Kühe vorliegt, so kommen diese Schwankungen kaum zum Ausdruck, es sei denn, daß alle Tiere gleichmäßig beeinflußt worden sind, Unwetter usw.

c) Aufbewahrung.

Nach dem Melken und Seihen muß die in Kannen befindliche Milch, wie schon auf S. 84 erwähnt, möglichst bald, am besten im fließenden Wasser abgekühlt werden, damit eine Entwicklung der Bakterien zurückgedrängt und eine Säuerung der Milch vermieden wird. Wichtig ist, daß die Milch möglichst bald den Sammelstellen zugeführt wird, damit sie gegebenenfalls tief gekühlt werden kann.

d) Erhitzung.

Durch die Erhitzung wird die Milch tiefgehend verändert. Diese Veränderung ist um so größer, je höher die Erhitzungstemperatur war, und um so länger die Milch auf dieser Erhitzungstemperatur gehalten wurde. Äußerlich kann man der Milch nichts Besonderes ansehen. Das Spez. Gewicht, die Gefrier- punktsdepression (PRITZKER [2]) und die Leitfähigkeit werden nicht oder nur unwesentlich beeinflußt, die Viscosität erleidet aber besser erkennbare Ver- änderungen. Nach WEINLIG [3] besitzt eine auf 66—65° erhitzte Milch eine ge- ringere, während eine auf 80° erhitzte Milch eine höhere Viscosität als Rohmilch zeigt. Nach seiner Ansicht soll die Verminderung der Viscosität beim Erhitzen auf 63—65°, Dauerpasteurisierung, auf eine Veränderung des Caseins zurück- zuführen sein, während sie bei stärkerer Erhitzung zum Teil durch Verände- rungen des Albumins, in der Hauptsache aber durch Wasserverdunstung verursacht wird.

Die Säuregrade, die Trockensubstanz und der Aschegehalt der Milch werden durch Erhitzung nicht beeinflußt, dagegen erfahren das Fett und die Proteine

---

[1] Berliner Molkereiztg. 1912, 427.
[2] J. PRITZKER: Z. 1917, 34, 69.
[3] A. WEINLIG: Forschung a. d. Gebiet der Milchwirtsch. u. d. Molkereiwesens 1922, 2, 127, 175.

Veränderungen, ferner nimmt der Gehalt an Lecithin ab. Magee und Glennie[1] haben nachgewiesen, daß auch der Jodgehalt beim Erhitzen der Milch durch Verflüchtigung zurückgeht. Ferner tritt auch eine Caramelisierung des Milchzuckers durch längeres Erhitzen ein, zugleich erfolgt auch eine Reduktionsverminderung gegenüber Fehlingscher Lösung.

Morres[2] fand, daß in erhitzter Milch die Fettkügelchen auffallend groß waren; er führt dieses auf eine Vereinigung einer größeren Anzahl normaler Fettkügelchen zurück, die Fettkonstanten erleiden jedoch dabei keine Veränderung, dieses wurde auch von O. Rahn und W. Mohr[3] bestätigt.

Je nach der Dauer der Erhitzung und der Temperaturhöhe sind die Veränderungen der Milchproteine verschieden. Nach Sebelien[4] wird Albumin in salzfreien Lösungen bei Temperaturen von 72° zur irreversiblen Gerinnung gebracht. Je nach dem Salzgehalt schwankt diese Temperatur zwischen 72—84°, es ist demnach der Koagulationspunkt von der Menge der vorhandenen Elektrolyten abhängig.

Wenn Milche viel Albumin enthalten, z. B. Frauenmilch, Einhufermilch, Colostralmilch, so tritt beim Erhitzen eine Gerinnung ein. Es entsteht bei Colostralmilch ein feines Gerinnsel, während man bei Frauen- und Einhufermilch äußerlich die Gerinnung nicht feststellen kann. Bei entrahmter Frauenmilch macht sich die Gerinnung durch eine Opalescenz kenntlich. Bei Milch, die viel Casein und wenig Albumin enthält, gerinnt also das Albumin, wird aber vom nicht geronnenen Casein in kolloidaler Lösung gehalten, so daß man mit dem Auge keine Veränderung der Milch feststellen kann.

O. Rahn[5] stellte fest, daß beim Erhitzen die Albumingerinnung in der Milch nicht normal verläuft, was auch schon Grimmer, Kurtenacker und Berg[6] beobachtet haben. Es nimmt nämlich der sog. Temperaturkoeffizient, die Wärmebeschleunigung, mit steigender Temperatur ab. Nach Rahn wird vielleicht ein geringer Teil der geronnenen Proteine hydrolytisch gespalten, es ist wohl anzunehmen, daß dabei auch die p_H-Stufe eine Rolle mitspielt.

Bei 10 Minuten langem Erhitzen auf 100° wurden nur 72% des vorhandenen Albumins zur Gerinnung gebracht. Daß eine Zersetzung der Milchproteine eintritt, konnte Eichloff nachweisen. Schon beim Stehen von Milch im kochenden Wasserbade wurde Ammoniak und Schwefelwasserstoff gebildet, auch sollen gasförmige Phosphorverbindungen entstehen.

Die Ausfällung des Albumins spielt auch eine Rolle bei den verschiedenen Erhitzungsgraden der Milch, bei der Pasteurisierung und bei der Hocherhitzung; siehe S. 182.

Das Casein wird beim Erhitzen ebenfalls verändert (Fleischmann, Dietzel und Munck). Wenn Milch höher als auf 50° erhitzt worden ist, so scheidet sich das Casein bei der Säurefällung nicht in groben Klumpen wie bei roher Milch aus, sondern es tritt eine feinflockige Ausfällung ein. Kieferle und Gloetzl[7] haben die Veränderungen der Milchproteine analytisch festgelegt.

Ferner werden durch das Erhitzen der Milch die Keime, wenigstens teilweise, abgetötet, je nach der Temperatur der Erhitzung erleiden die Enzyme und Vitamine eine Abschwächung.

[1] H. E. Magee u. A. E. Glennie: Biochem. Journ. 1928, 22, 11; Z. 1933, 65, 109.
[2] W. Morres: Milchw. Zentralbl. 1909, 5, 502.
[3] O. Rahn u. W. Mohr: Milchw. Forsch. 1924, 1, 363.
[4] J. Sebelien: Zeitschr. physiol. Chem. 1885, 9, 445.
[5] O. Rahn: Milchw. Forsch. 1925, 2, 373.
[6] W. Grimmer, C. Kurtenacker u. Berg: Biochem. Zeitschr. 1923, 137, 472.
[7] F. Kieferle u. Gloetzl: Beiträge zur Kenntnis der stickstoffhaltigen Körper der Milch mit besonderer Berücksichtigung des Reststickstoffs der Milch. Süddeutsch. Versuchs- u. Forschungsanstalt für Milchwirtschaft Weihenstephan.

Wird Milch in offenen Gefäßen bis zum Kochen erhitzt, so scheidet sich auf ihr eine Haut ab, die nach DROOP-RICHMOND vorwiegend aus Casein und Albumin nebst eingeschlossenem Fette besteht. Ihre Trockensubstanz betrug 43,5% und der Fettgehalt 24,9%. Die Hautbildung beginnt schon bei 40⁰. FRIESE[1] ist der Ansicht, daß die Größe der Oberfläche von ausschlaggebender Bedeutung ist, da alsdann dem Luftzutritt eine größere Oberfläche geboten wird. Nach FLEISCHMANN soll es sich bei der Hautbildung lediglich um eine Verdunstungserscheinung, also ein Austrocknen, handeln. RETTGER hat nachgewiesen, daß die Hautbildung unterbleibt, wenn vor dem Erhitzen Öl auf die Milch gegossen wird, wodurch also die Ansicht FLEISCHMANNs bestätigt wird.

Auch werden die Enzyme, wie schon erwähnt, beim Erhitzen der Milch geschwächt oder völlig zerstört; Näheres siehe S. 181.

e) Gefrieren.

Beim Gefrieren der Milch in Kannen findet der Ansatz des Eises an den Wandungen der Gefäße statt, auch auf der Oberfläche der Milch kommt es zur Bildung von Eisplättchen, die schließlich zu einer mehr oder weniger zusammenhängenden Eismasse gefrieren.

Bei diesem Prozeß kommt es zu einer Entmischung der Milchbestandteile. Wird jedoch eine derartige Milch vorsichtig aufgetaut, so unterscheidet sie sich nicht wesentlich von der ursprünglich ungefrorenen Milch.

Gefriert Milch schnell, so daß ihr zum Aufrahmen keine Zeit gelassen wird, so enthält der flüssige Anteil durchweg etwas mehr Fett, weil die zwischen den Eisplättchen ablaufende Flüssigkeit stets eine gewisse Menge Fett mit fortreißt. Gefriert dagegen die Milch langsam, so daß sie aufrahmt, d. h. das Fett in die Höhe steigt, so können die Eisplättchen leicht Fett mechanisch mit einschließen und umgekehrt einen höheren Fettgehalt annehmen als der flüssige Teil.

So fand P. VIETH[2] bei einem durch Abkühlen von Milch in einer Salzlösung von —10⁰ angestellten Versuch, daß der gebildete, aus feinen Krystallblättchen bestehende Eisblock in seinem oberen Teil eine scharf abgegrenzte Rahmschicht (mit 25,3% Trockensubstanz und 18,94% Fett), in seinem unteren Teil eine Magermilch-Eisschicht (mit 7,86% Trockensubstanz und 0,68% Fett) enthielt, während der inwendig in dem Eisblock eingeschlossene flüssige Teil einen Gehalt von 19,58% Trockensubstanz und 5,44% Fett besaß.

C. MAI[3] erhielt für oberes lockeres Eis 7,7%, für hartes Eis an der Wandung 3,2%, für flüssig gebliebene Milch 2% Fett, bei 3,4% Fett in der ursprünglichen Milch; RICHMOND kam zu ähnlichen Ergebnissen. Wenn man nach CORBLIN Milch in dünnen Lamellen gefrieren läßt, unter Benützung besonderer Apparate, so erhält man nach dem Auftauen eine Milch, die sich in keiner Weise von der ursprünglichen Frischmilch unterscheidet. Man hat auch versucht, Milch bei —2⁰ zum Gefrieren zu bringen unter Ausscheidung des Wassers in Gestalt von Schnee. Durch Zentrifugieren ließ sich alsdann der gefrorene Anteil abschleudern und durch Nachtrocknen in Trockenmilch verwandeln (C. KNOCH). Eingehend ist das Gefrieren der Milch und seine Veränderung von J. CRITL[4] bearbeitet worden.

3. Anormale Milch (Colostrummilch, Biestmilch).

Als anormale Milch kann jede anormal aussehende oder schmeckende Milch, z. B. blutige Milch, rässige, salzige Milch usw. angesehen werden.

---

[1] W. FRIESE: Milchw. Forsch. 1924, 1, 316.
[2] P. VIETH: Milchztg. 1887, 16, 106; 1890, 19, 29. [3] C. MAI: Z. 1912, 23, 250.
[4] J. CRITL u. G. KOESTLER: Landw. Jahrb. der Schweiz 1926.

Zur nicht normalen Milch ist auch die Colostrummilch zu zählen. Kurz vor der Geburt und nach der Geburt wird von den Säugern ein Sekret abgesondert, das äußerlich der Milch ähnlich·ist, die sog. Colostrum-, Biest- oder Erstlingsmilch, das Produkt der einsetzenden Tätigkeit der Milchdrüsen. Dieses Sekret ist dickflüssig und von gelblicher bis rötlicher Farbe und hat einen faden Geruch. Das Sekret reagiert entweder alkalisch oder sauer und gerinnt beim Erwärmen infolge des hohen Gehaltes an Albumin sehr leicht. Bei normalem Fettgehalt (Hittcher), wie er sonst in der Milch vorkommt, findet man jedoch einen sehr stark erhöhten Gehalt an Trockensubstanz. H. Tiemann[1] fand in Colostrummilch bis zu 32,93% Trockensubstanz und bis zu 21,76% Stickstoffsubstanz. Diese fast doppelt erhöhte Trockensubstanzmenge gegenüber normaler Milch beruht auf dem hohen Albumingehalt. Der Gehalt an Milchzucker ist gering und der an Asche gegenüber normaler Milch erhöht. Nach etwa 3 bis 5 Tagen nimmt das Sekret die Beschaffenheit normaler Milch an, in etwa 10—14 Tagen hat die Milch alsdann vollkommen die Eigenschaften normaler Milch erlangt. Es liegt in dem Übergang von der Colostrummilch bis zur Normalmilch, wenigstens in den ersten 4—5 Tagen, nach G. Koestler und besonders nach den Ausführungen von W. Grimmer[2] eine Gesetzmäßigkeit vor. Auf Grund eingehender Untersuchungen verschiedener Forscher zeigt W. Grimmer, daß der Übergang der Colostrummilch zur normalen Milch, also Abnahme der· Einzelsubstanzen, besonders des Albumins und Globulins, proportional der Differenz der jeweils vorhandenen Substanzmengen und ihrer Minimalmengen gegen Ende der Colostralperiode ist. Diese Gesetzmäßigkeit ist nach etwa 4 Tagen beendet. Werden die Werte in ein Koordinatensystem eingetragen, so ergaben sich Kurven, die im Sinne des Massenwirkungsgesetzes gegenüber den berechneten Werten nur geringe Abweichungen zeigen. Das Fett der Colostrummilch ist auch von dem des Milchfettes verschieden. Nach H. Engel, H. Schlag nnd Mohr[3] beträgt direkt nach dem Kalben die Verseifungszahl 208,5—228,6, nach 24 Stunden 220,5—230,2, die Reichert-Meissl-Zahl 12,0—30,7, nach 24 Stunden 22,7—28,5 und die Polenske-Zahl 1,26 bis 1,61, nach 24 Stunden 1,7—2,66.

Nach R. Eichloff[4] besitzt das aus der Colostralmilch gewonnene Fett ein leicht körniges Gefüge und säuerlich bitteren Geschmack. Nach Engel und Schlag[5] schwankt in den ersten Gemelken von Colostrummilch der Wert für Casein zwischen 5,08—7,67%, für Albumin (+ Globulin) zwischen 9,2 bis 16,92%. Der Gehalt an Globulin geht schnell zurück. Nach J. Sebelien[5] bestehen 66% des Gesamt-Proteins der Kuhmilch aus Globulin, 22% aus Casein und 12% aus Albumin. Über die Zusammensetzung der Proteine der Colostrummilch berichten E. Winterstein und E. Strickler[6].

Der Gehalt an Milchzucker ist gering und liegt wesentlich unter dem normaler Milch; H. Tiemann fand als geringste Menge 1,63%. Nach J. Sebelien und E. Sunde soll in der Colostrummilch noch ein stärker rechtsdrehender Zucker, vielleicht Arabinose, vorkommen. In dem erhöhten Aschengehalt von 1,01—1,37% nach Engel und Schlag und 0,82—1,25% nach H. Tiemann ist vor allem ein erhöhter Gehalt an Calcium, Natrium, Chlor und Phosphorsäure

---

[1] H. Tiemann: Zeitschr. physiol. Chem. 1898, 25, 363; Z. 1899, 2, 232. — Vgl. auch F. W. Sutherst: Chem. News 1902, 86, 1; Z. 1903, 6, 594.
[2] W. Grimmer: Milchw. Forsch. 1924, 2, 31.
[3] H. Engel, H. Schlag u. Mohr: Milchw. Forsch. 1925, 2, 47.
[4] R. Eichloff: Milchztg. 1897, 26, 66.
[5] Engel u. Schlag: Zeitschr. physiol. Chem. 1889, 13, 171.
[6] E. Winterstein u. E. Strickler: Zeitschr. physiol. Chem. 1906, 47, 58; Z. 1906, 11, 603. — Vgl. ferner O. Mrozek u. H. Schlag: Milchw. Forsch. 1927, 4, 183. — R. Neseni: Milchw. Forsch. 1933, 14, 247.

festzustellen. Ferner ist der Gehalt an Lecithin und Cholesterin erhöht; KRÜGER[1] fand 12,9% Cholesterin und 8,1% Lecithin im Ätherauszug. Auch Leucin, Tyrosin, Harnstoff und ein gelber Farbstoff ließen sich in der Colostrummilch noch nachweisen.

Die mikroskopische Untersuchung zeigt, daß neben Fettkügelchen sog. Colostrumkörperchen in der Colostrummilch sich befinden; es sind kernhaltige mit Granula versehene Zellen, die fettigen Zerfall zeigen, also viele kleine Fetttröpfchen enthalten. Diese Zellen hängen traubenförmig zusammen, unter sich verbunden durch ein hyalines Bindemittel. Die Natur dieser Zellen ist noch nicht aufgeklärt, nach W. ERNST[2] soll es sich um Epithelzellen handeln, die mit Fett beladen sind. Außerdem finden sich in der Colostrummilch noch zahlreiche Leukocyten vor. Mit dem Übergang zur normalen Milch nehmen auch die Colostrumkörperchen ab.

Der calorische Wert der Colostrummilch übersteigt den normaler Milch fast um das Doppelte.

Colostrummilch von Frauen, Ziegen und Schafen zeigt fast die gleiche Zusammensetzung wie die der Kühe.

Nach EUGLING[3] hatte Colostrummilch folgende prozentuale Zusammensetzung:

Tabelle 13. Kuhmilch-Colostrum.

	Spez. Gewicht	Trocken-substanz	Fett	Casein	Albumin	Milch-zucker	Asche
Minimum	1,058	24,34	1,88	2,64	11,18	1,34	1,18
Maximum	1,078	32,57	4,68	7,14	20,21	3,83	2,31
Mittel	1,068	28,31	3,37	4,83	15,85	2,48	1,78

Tabelle 14. Frauenmilch-Colostrum nach CAMERER und SÖLDNER[4].

	Nach der Geburt Stunden	Trocken-substanz	Fett	Gesamt-protein	Milch-zucker	Asche
Frühcolostrum	26—51	16,04	4,08	5,80	4,09	0,48
Spätcolostrum	56—61	14,12	3,92	3,17	5,48	0,41

IV. Bearbeitung der Milch.

(DR. R. STROHECKER.)

Der Zweck der Bearbeitung der Milch ist begründet durch die Tatsache, daß die Milch, ihrer Zusammensetzung und Gewinnung entsprechend, einen überaus günstigen Nährboden für alle Bakterien darstellt, der leicht den Einwirkungen irgendwelcher Verunreinigungen (Stallschmutz, Kuhhaare, Schuppen, Berührung mit der menschlichen Hand) ausgesetzt ist. Sowohl die unschädlichen Milchsäurebakterien, als auch die pathogenen Keime vermehren sich rasch in ihr. Die Folge dieses Wachstums ist, daß nicht pfleglich behandelte Milch nicht nur schnell der Säuerung anheimfällt und damit für viele Zwecke im Haushalt unbrauchbar wird, sondern auch infolge eines Gehaltes an pathogenen Keimen eine gesundheitsschädliche Beschaffenheit annehmen kann. Zu beachten ist

---

[1] KRÜGER: Hildesheimer Molkereiztg. 1892, 189.
[2] W. ERNST: Grundriß der Milchhygiene für Tierärzte, 2. Aufl. 1926.
[3] EUGLING: Forschungen auf dem Gebiet der Viehhaltung 1878, 92.
[4] CAMERER u. SÖLDNER: Zeitschr. Biol. 1896, **33**, 43.

hier, daß unter dem Milchvieh häufig Krankheiten verbreitet sind; insonderheit sind es die Rindertuberkulose und die Streptokokkenmastitis (Gelber Galt), eine eitrige Euterentzündung, die vielfach in den Milchviehbeständen angetroffen werden. Diese Erkrankungen sind durch Bakterien (S. 445 und 450) bedingt, die auf den Menschen übertragen werden bzw. im menschlichen Organismus erhebliche Störungen hervorrufen können. Nach neueren Statistiken überschreitet der Prozentsatz an tuberkulösem Vieh auf vielen Schlachthöfen deutscher Städte 50%. Wenn auch diese Schlachthofstatistiken kein ganz getreues Bild über die Verbreitung der Rindertuberkulose geben, da sicherlich hierbei die Auswahl des Schlachtviehs eine Rolle spielt, so geht doch aus Milchstatistiken anderer Länder hervor, daß die Rindertuberkulose ungewöhnlich weit verbreitet ist. Andererseits steht fest, daß diese Erkrankung auf den Menschen übertragen werden kann. Besonders Kinder im ersten Lebensjahr sind dafür anfällig. Der Genuß von Rohmilch[1] von Tierbeständen, deren Gesundheitszustand nicht laufend überwacht wird, erscheint nicht unbedenklich. Hinzu kommt, daß auch andere ansteckende Krankheiten, wie Typhus, Ruhr usw. durch die Milch leicht übertragen werden können. Wiederholt sind derartige Infektionen einwandfrei nachgewiesen[2]. Aufgabe der Bearbeitung ist es daher, dafür Sorge zu tragen, daß alles, was die Milch auf ihrem Wege vom Euter bis zum Konsumenten verunreinigen kann, sei es grobsinnlicher Schmutz oder sei es bakterielle Verunreinigung, ausgeschaltet wird. Die Bearbeitung hat ferner die Aufgabe, die unvermeidlich in der Milch vorhandenen Keime auf dem Transport und bei der Verteilung nicht zur Entfaltung gelangen zu lassen, damit das Sauerwerden der Milch vermieden bzw. verzögert wird. Aber nicht nur für eine für Haushaltszwecke bestimmte Milch kommt eine Bearbeitung in Frage, auch die für die Butterei und Käserei bestimmte Milch wird häufig einer Erhitzung unterworfen, um die Anzahl der gasbildenden Keime (Coli-aerogenes- und Buttersäurebakterien) zu vernichten bzw. herabzumindern. Zusammenfassend kann man also sagen, daß die Bearbeitung der Milch vier Ziele aufweist: Entschmutzung, Verlängerung der Haltbarkeit, Befreiung von Krankheitserregern und Unschädlichmachung von technisch störenden Mikroorganismen.

Bei der Bearbeitung der Milch ist zu unterscheiden zwischen der Bearbeitung am Orte der Gewinnung und der Bearbeitung in der Molkerei.

A. Bearbeitung am Gewinnungsorte.

Die Bearbeitung der Milch am Gewinnungsorte hat in erster Linie dafür zu sorgen, daß beim Melken keine Verunreinigungen in die Milch gelangen bzw. daß die unvermeidlichen Schmutzteile möglichst schnell entfernt werden. In zweiter Linie ist eine Verzögerung der Säuerung während der Aufbewahrung und während des sich anschließenden Transportes zu bewirken. Die Bearbeitung ist so einzurichten, daß eine Berührung der Milch durch die menschliche Hand möglichst vermieden wird. Hierzu ist vor allen Dingen Reinlichkeit des Melkers notwendig, aber auch Reinhaltung der Milchtiere, insbesondere des Euters und der Melkgefäße ist für die Gewinnung einer gesunden, haltbaren Milch unbedingt erforderlich.

Das Melken wird sowohl mit der Hand, als auch maschinell vorgenommen. Bei beiden Arten ist die Milch der ersten Striche zu beseitigen, da in den Zitzen des Euters stets noch Milchreste der vorausgegangenen Melkzeiten vorhanden

---

[1] Vgl. auch P. SOMMERFELD: Handbuch der Milchkunde. München: J. F. Bergmann 1909. Nr. 23. — v. PIRQUET u. ENGEL: Handbuch der Kindertuberkulose. Leipzig: Georg Thieme 1930.

[2] Zeitschr. Fleisch- u. Milchhyg. 1933, **43**, 222.

sind, die in der Zwischenzeit zersetzt worden sind. Zweckmäßig melkt man
die ersten Striche in ein besonderes Gefäß, das man dann mit Wasser ausspült.
Das Beiseitemelken über die Streu bedeutet ein unnötiges Verunreinigen des
Stalles durch Milchteile.

Beim Handmelken besteht die Gefahr, daß Kuhhaare und Schuppen und
auch Kotteilchen durch Schwanzschlagen, Hautjucken u. dgl. in den Melkeimer
gelangen. Um diese Verunreinigungen möglichst auszuschalten,
verwendet man vielfach beim Melken nicht offene, sondern
überdachte (Abb. 5 und 6)
oder gedeckelte Melkeimer
(Abb. 7). Mitunter werden
in den Eimer noch Siebe
mit Wattefiltereinlagen eingebaut. Diesem Melkeimer
haften jedoch gewisse Mängel
an. Die Milch spritzt beim
Auffallen auf das Sieb leicht
ab, zerteilt größere Kotteilchen, so daß unter Umständen

Abb. 5.   Abb. 6.   Abb. 7. Gedeckelter
Überdachte Melkeimer.   Melkeimer.

die kleineren Schmutzteilchen das Filter passieren können, je nachdem, ob mit
starkem oder schwachem Druck aufgespritzt wird. Die Melkeimer müssen im
übrigen peinlichst sauber gehalten werden, Milchreste sind in geeigneter Weise
zu beseitigen (s. unten).

Zum maschinellen Melken mit sog. Melkmaschinen verwendet man Apparate verschiedenster Konstruktion. Die zur Zeit in Gebrauch
befindlichen Maschinen stellen durchweg Saug-
und Druckmaschinen dar; die Milch wird hierbei
pulsartig, ähnlich wie es beim Handmelken
geschieht, aus dem Euter herausgeholt. Man
unterscheidet grundsätzlich bei diesen Maschinen
zwischen solchen mit doppelwandigem und
solchen mit einwandigem Melkbecher. Erstere
werden durch Abb. 8 erläutert.

Der Melkbecher, der an die Zitzen des Euters
angelegt wird, besteht aus einem Metallmantel (m),
der den Zitzengummi (g) in sich aufnimmt. Im Innen-
raum (i) ist stets ein Vakuum vorhanden, im äußeren
Raume (z) wechselt ein Vakuum mit Luft von gewöhnlichem Druck. Eine besondere Schiebersteuerung an
einer Motorsaugpumpe bedingt das pulsartige Auftreten
von Vakuum und Normaldruck. Liegt z. B. in z Luft
von gewöhnlichem Druck vor, so wird der Zitzengummi
und damit die Zitze zusammengepreßt. Erscheint das
Vakuum in z, so wird der Pulseffekt ausgelöst, und

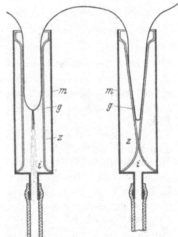

Abb. 8. Schema und Wirkungsweise
eines doppelwandigen Melkbechers.
(Nach B. MARTINY jr.)

durch das im Raum herrschende Vakuum wird nunmehr nach dem Öffnen des Zitzengummis
die Milch aus dem Euter angesaugt. Die Melkbecher, von denen an jede Zitze einer
angeschlossen wird, sind durch Gummischläuche mit einem kesselartigen, verschlossenen
Gefäße verbunden, das durch die Motorpumpe ständig unter Vakuum gehalten wird.

Größter Wert ist beim maschinellen Melken auf die Sauberkeit der
Apparatur zu legen, da hiervon naturgemäß der Erfolg abhängt.

Die Milch wird nach dem Melken sofort aus dem Stall in den zweckmäßig
in der Nähe liegenden Milchraum gebracht, damit sie nicht zu lange Zeit mit
der Stalluft in Berührung kommt, wodurch sie geschmacklich leiden könnte.
In dem Milchraum hat sich nunmehr sofort das Sieben (Seihen) anzuschließen,

damit der in der Milch vorhandene Schmutz nicht noch längere Zeit ausgelaugt und zerteilt wird, wodurch natürlich auch die Haltbarkeit leidet.

Als Milchsiebe verwendet man verschiedene Metalltrichter, unter anderen einen solchen, der mit einer Metallsiebplatte ausgestattet ist, auf oder unter der sich ein Tuch aus dichtem Stoffe, oder besser ein Wattefilter befindet. Der erwartete Erfolg wird bei dem Sieben jedoch nur dann erzielt, wenn für größte Reinheit und Dichtigkeit des Filtermaterials gesorgt wird. Dem Wattefilter ist unter allen Umständen vor den Filtertüchern der Vorzug zu geben, wenn auch die Filtration hierbei längere Zeit in Anspruch nimmt. Besonders empfohlen wird von O. Mezger und J. Umbrecht[1] eine neue gepreßte Wattescheibe (Haco-Rapid). Filtertücher haben den Nachteil, daß beim Aufgießen der Milch in breitem Strahle durch den Eigendruck der Flüssigkeit Schmutzteile durch die weiteren Maschen gepreßt werden, wodurch die Reinigung hinfällig gemacht

Abb. 9. Rundkühler.

wird. Dazu kommt die bei Filtertüchern notwendige öftere Reinigung, die gewisse Gefahren mit sich bringt; die Reinigung fällt beim Wattefilter weg, da die Filter stets nur einmal verwendet werden sollen. Das Reinigen der Filtertücher von alten Milchresten hat durch Auskochen mit Sodalösung und heißem Wasser zu erfolgen.

Unmittelbar an das Sieben der Milch schließt sich das Kühlen an. Die Temperatur der frischgemolkenen Milch reicht nahe an die Körpertemperatur heran; sie beträgt etwa 30°. Da sich bei dieser Temperatur alle Keime besonders gut entwickeln und vermehren, ist schnelles Herabdrücken der Temperatur erforderlich. Die frischgemolkene Milch bleibt im allgemeinen auf dem ursprünglichen Säuregrade stehen; die Zeit, in der eine nennenswerte Verschiebung des Säuregrades nicht beobachtet wird, wird als Inkubationszeit bezeichnet. Diese Inkubationszeit ist nicht immer die gleiche; sie ist um so länger, je weniger Bakterien die Milch enthält und je kühler sie aufbewahrt wird. Bei dem Kühlen soll gleichzeitig die Milch von dem Stallgeruch, der beim Melken im Stall aufgenommen wurde oder aber von dem Tier selbst stammt, befreit werden, was durch geeignetes Lüften erfolgen kann. Am einfachsten erfolgt die Kühlung durch Einstellen der offenen Kannen, in die die Melkeimer umgegossen wurden, in Kühlbassins, die von fließendem Wasser gespeist werden oder aber Eis enthalten. Ganz abgesehen davon, daß die Kannen in den Bassins leicht Verunreinigungen ausgesetzt sind, ist die Abkühlung in Anbetracht der verhältnismäßig dicken Milchschicht so langsam, daß unter Umständen im Laufe der Kühlung schon Säuerung bzw. kräftige Vermehrung des Keimgehaltes eintreten kann. Bessere Ergebnisse erzielt man mit sog. Rund- oder Flächenkühlern. In beiden Fällen fließt die Milch über eine gewellte Metallfläche (kupferverzinnt, Aluminium), die von innen im Gegenstrom durch kaltes Wasser gekühlt wird. Die Abb. 9 zeigt eine gebräuchliche Form des Rundkühlers. Die Milch wird gleichzeitig bei dem Rieseln über den Kühler gelüftet und kann hierbei den anhaftenden Stallgeruch abgeben. Sie wird hierbei 2—3° über die Temperatur des Kühlwassers abgekühlt. Bei den Flächenkühlern (Abb. 10) wird meistens die Wasserkühlung mit einer Solekühlung kombiniert in der Weise, daß der obere Teil des Flächenkühlers vom Wasser, der untere Teil von der eisgekühlten Sole gespeist wird. Im Interesse guter Lüftungswirkung liegt es natürlich, daß die Aufstellung des Kühlers in einem kühlen, staubfreien Raume, der nur der

[1] O. Mezger u. J. Umbrecht: Südd. Molkereiztg. 1932, Nr. 43 und 44.

Milchbearbeitung dienen soll, vorgenommen wird. Bei den Solekühlern ist entweder eine Eismaschine oder Eis notwendig.

Die gekühlte Milch wird dann in größeren Milchbassins gesammelt oder aber in nunmehr verschlossenen Kannen dem Transport übergeben. Zu beachten ist, daß die Milch auch nach dem Kühlen kühl gehalten wird, was besonders da bedacht werden muß, wo nur Wasserkühlung zur Verfügung steht. Die Wassertemperatur beträgt im allgemeinen 12°, was einer Milchtemperatur von 14—15° entspricht. Bei diesen Temperaturen ist die Vermehrung der Keime zwar eingeschränkt, jedoch durchaus noch nicht unterbunden, was bei dem Transport der wassergekühlten Milch zu bedenken ist. Unterbunden ist die Vermehrung der eigentlichen Milchsäurebildner erst bei Temperaturen unter 8°, d. h. bei Temperaturen, wie sie durch die Tief- oder Solekühlung hervorgerufen werden. Gewisse Bakterien werden jedoch auch bei diesen Temperaturen nicht am Wachstum und an der Vermehrung gehindert. Es sind dies Euterkokken und andere säure- und labbildende Kokken, Proteusarten, Kartoffelbacillen und andere Arten, die alle noch unter 5° bis 0°, wenn auch langsamer, gedeihen können.

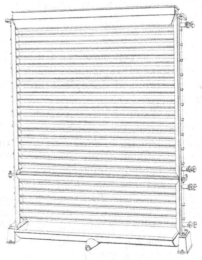

Abb. 10. Flächenkühler.

Die in der beschriebenen Weise behandelte Milch kommt dann entweder in Kannen zur Verteilung, oder sie wird noch innerhalb des Gutshofes in geeigneten Räumen auf Flaschen gefüllt. Es ist dabei peinlichst darauf zu achten, daß jede Berührung mit der menschlichen Hand unterbleibt.

Bei der Aufbewahrung, bei dem Abfüllen und bei dem Transport ist die Milch in jedem Falle vor Erwärmung, insbesondere vor Sonnenstrahlung zu schützen. Bei durchsichtigen Glasflaschen wird der Milch bei auch nur kurzer Sonnenbestrahlung schnell ein talgiger Geschmack erteilt, der in krassen Fällen so abwegig ist, daß die Milch als ungenießbar bezeichnet werden muß.

B. Bearbeitung in der Molkerei.

Eingangs (S. 89) wurde bereits darauf hingewiesen, daß eine Bearbeitung der Milch notwendig erscheint, einmal, um das Wachstum der Bakterien zu beschränken und um weiterhin die durch Verunreinigung durch pathogene Keime bedingten Gefahren zu beseitigen. Während der Zweck der Frischhaltung der Milch wenigstens teilweise durch die Bearbeitung am Orte der Gewinnung erreicht wird, wird die Beseitigung der bakteriellen Gefahr in der Hauptsache durch die molkereimäßige Behandlung in die Wege geleitet. Man könnte einwenden, daß auch durch das einfache Kochen im Haushalte gleichfalls das Ziel erreicht wird, das ist jedoch nur bedingt der Fall. Einerseits erhält die Milch durch das Aufkochen einen ausgesprochenen Kochgeschmack, der von vielen Menschen als unangenehm empfunden wird, andererseits ist die Abtötung der Krankheitserreger nicht vollständig, da die Hausfrau mitunter noch vor dem eigentlichen Kochen die aufschäumende Milch vom Herde entfernt, um ein Überlaufen zu verhindern. Das hat aber zur Folge, daß in den äußeren Teilen des Schaumes, der wegen der stattfindenden Verdunstung Temperaturen von unter 100° aufweist, die Bakterien, wenig behindert, den Kochprozeß überstehen können. Nach der Abkühlung senkt sich der Schaum wieder zur Flüssigkeit, die lebensfähigen Bakterien können sich damit von neuem in der Milch vermehren. Aus diesem Grunde ist eine molkereimäßige Behandlung bei aller Milch ratsam, bei der über die Herkunft der Milchtiere und über die Gewinnung nicht genaueste Kenntnis vorliegt und man nicht die Gewißheit hat, daß in allen Fällen Gründe für Bedenken nicht vorliegen. Neben der Beseitigung der bakteriellen Gefahren und der Verlängerung der Haltbarkeit der Milch für den Transport kommt der Molkerei aber die Aufgabe zu, die Milch zu entschmutzen, zu entlüften und minderwertige angelieferte Milch vor der Bearbeitung auszuschalten. Im folgenden ist die Behandlungsweise beschrieben, die die Milch auf ihrem Gange durch die Molkerei erfährt.

1. Allgemeines.

Die von den einzelnen Gütern, Bauernwirtschaften oder Milchsammelstellen der Molkerei zugeführte Milch wird zunächst bei Ankunft gewogen bzw. gemessen und dann, mitunter aber auch vorher, einer schnellen Vorprüfung unterzogen.

Die Vorprüfung geschieht in der Weise, daß die Milch mit Hilfe eines Lactodensimeters gespindelt wird. Vielfach verwendet man hierzu das sog. polizeiliche Lactodensimeter von Dr. Bischoff, das die Ablesung der halben Lactodensimetergrade gestattet. Normale Milch zeigt bei 15⁰ Werte von 15 bis 16 Lactodensimetergraden. Die Temperaturkorrektion geschieht mit Hilfe eines Thermometers, das jedoch gewöhnlich nicht die Ablesung der Temperatur selbst, sondern direkt die Korrekturablesung gestattet. Verdächtige Milchproben, d. h. solche, deren Spezifisches Gewicht unter 1,0300, sicher aber solche, bei denen es unter 1,0280 liegt, werden ausgeschieden, zurückgewiesen oder aber als Werkmilch (s. weiter unten) verwendet.

Während mit Hilfe des Lactodensimeters gewässerte oder unter Umständen auch kranke Milch erkannt werden kann, wird die Frische der Milch durch die Alkoholprobe (S. 204) oder Alizarolprobe (S. 204) festgestellt. Die Alkohol- und Alizarolprobe wird in den Molkereien in der Weise ausgeführt, daß man in geeigneten Reagensglasgestellen Reagensröhren mit einem Teil (meist 2—5 ccm) 68 vol.-%igem Alkohol oder 68 vol.-%iger alkoholischer, gesättigter Alizarinlösung füllt. Mit Hilfe eines Bechers, der gleichfalls 2—5 ccm Milch faßt, entnimmt man der vorher umgerührten oder umgeschüttelten Milch einen Teil und schüttelt das Reagensröhrchen nach Aufsetzen des Daumens um. Eine eintretende Gerinnung bei der Alkoholprobe und eine eintretende Gerinnung mit Verschiebung der Farbe der Alizarinlösung nach Gelb deutet an, daß sich die Milch im Zustande der Säuerung befindet. Die ansaure oder saure Milch wird von der Frischmilch getrennt gehalten, um entrahmt oder verkäst, also als Werkmilch verarbeitet zu werden.

Als dritte Vorprüfung wird die Schmutzprüfung vorgenommen, um zu verhindern, daß verschmutzte, und damit keimreiche Milch die Qualität der Gesamtmilch herabsetzt.

Im Anschluß an die Aufzählung dieser Vorprüfungen, die für die Qualität der verausgabten Milch von größter Bedeutung sind und deshalb nie unterbleiben sollen, wird nunmehr die Reinigung der Apparate und Kannen behandelt, die gleichfalls für die Güte der Ausgangsmilch einen wichtigen Faktor darstellt. Alte Milchreste sind Keimherde, die die damit in Berührung kommende Milch nicht nur im Geschmack und Geruch beeinflussen, sondern auch im Keimgehalt verschlechtern können. Apparate, Rohrleitungen, Bassins, Kannen und Flaschen sind deshalb nach Benutzung schnell und ausgiebig zu reinigen. Vernachlässigte

Milchreste bilden festhaftende, unangenehm käsig riechende Schmutzschichten, die nicht mehr durch einfaches Schwenken mit Wasser beseitigt werden können. In den Apparaten bilden sich als Folgen der Erhitzung häufig festhaftende Schichten, die als Milchstein bezeichnet werden. Zur Beseitigung dieser, sowie auch der käsigen Schichten ist die Behandlung mit Soda oder laugehaltigen Flüssigkeiten, kaltem oder heißem Wasser, Dampf und trockener Luft notwendig. Mitunter benötigt man auch **desinfizierende Flüssigkeiten**. Bei den Milchapparaten soll die erste Spülung möglichst nicht mit heißem Wasser, sondern mit kaltem Wasser vorgenommen werden, da andernfalls die sich bildende Kruste aus hitzekoagulierter Substanz schlecht entfernt werden kann. Rohrleitungen werden nach dem Durchspülen mit Lauge und Wasser zweckmäßig auseinandergenommen, damit Wasserreste austropfen können, auch bei den Apparaten ist auf etwaige Wasserrückstände zu achten. Kannen werden vielfach, soweit sie wenigstens außerhalb der Molkerei zur Spülung gelangen, durch Ausbürsten mit der Handbürste und Nachspülen gereinigt.

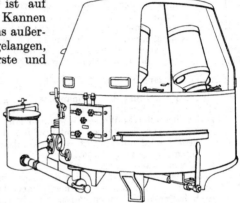

In größeren Molkereien wird die Spülung mittels Rundmaschinen (Abb. 11) vorgenommen. Die **Kanne** wird bei dieser Reinigung sowohl von innen, wie von außen mit heißer Lauge, heißem Wasser und heißer Luft gereinigt bzw. getrocknet. Mitunter werden auch sog. Bürstenreinigungsmaschinen verwendet, bei denen Bürsten in beweglichen Scharnieren drehbar angebracht sind. Bei dieser Behandlung werden die Kannen gleichzeitig mit Wasser und Dampf ausgespült.

Abb. 11. Schema einer Kannenreinigungsmaschine.

Für die Spülung der **Flaschen** kommt neben der Handspülung vor allem die automatische Spülung durch Maschinen in Frage. Um Flaschenbruch möglichst zu vermeiden, wird zunächst mit warmem laugehaltigem Wasser, dann mit heißer Lauge, schließlich mit warmem Wasser und zuletzt mit kaltem Wasser gespült. Als lauge- bzw. desinfizierende Stoffe enthaltende Lösungen verwendet man unter anderem folgende Flüssigkeiten[1]: **Caporit** (80—90%, Calciumhypochlorit), **Moskan** (150 g Natriumhydroxyd im Liter), **Aktivin** (85% Paratoluolsulfonchloraminnatrium), **Miamin** (Technisches Chloramin mit 25% Chlor), **Trosilin** (56% freies Alkali, 8% aktives Chlor)[2], **Molkanin** (Mischung aus Chloramin, Soda und Wasserglas), **Purin** (26% Natriumhydroxyd, 0,4% aktives Chlor), **Formalin, P₃-steril**[3] u. a. Eine ausführliche Zusammenstellung derartiger Reinigungsmittel befindet sich in obiger Literaturangabe. Im allgemeinen finden sowohl anorganische und organische Chlorpräparate mit und ohne Zusatz von Alkalien, wie auch Formalin, kresolhaltige Präparate und Mischungen von Ätzalkalien mit oder ohne Zusatz von Schutzstoffen, wie Wasserglas, Verwendung. Auch Soda allein oder in Mischungen findet vielfach Anwendung. Zu beachten ist, daß die Ätzalkalien enthaltenden Mittel nicht nur die Hände, sondern auch Metalle mehr oder weniger angreifen. Durch Zusatz von Schutzmitteln, wie Wasserglas od. dgl. hat man versucht, die Korrosion der Metalle herabzusetzen. Der eigentlichen Reinigung hat in allen Fällen ein ausgiebiges Nachspülen mit Wasser zu folgen. Kleinste Reste an freiem Chlor genügen schon, um der Milch einen talgigen Geschmack zu verleihen.

Zur analytischen Feststellung des Sauberkeitsgrades von Flaschen und anderen Behältnissen bedient sich E. VOLLHASE[4] der in der Wasseranalyse gebräuchlichen Permanganattitration. Die Methode wird in folgender Weise ausgeführt:

[1] Molkereiztg. Hildesheim 1930, 72, 77, 78, 80, 81 und 83.
[2] Molkereiztg. Hildesheim 1932, 112, 113, 115.
[3] M. SETERL: Milchw. Forsch. 1933, 15, 413.
[4] E. VOLLHASE: Pharm. Zentralh. 1932, 73, 497.

a) Reinigung der Flaschen. In einem geeigneten sauberen Kolben kocht man zunächst destilliertes Wasser ab. Die Menge wird so gemessen, daß nach dem Ausspülen des Meßzylinders, der notwendigen Glasstäbe und Pipetten noch mindestens 250 ccm zurückbleiben. Ein sauberer Meßzylinder, in den man die Glasstäbe hineingestellt hat, wird bis zum Rande mit kochendem Wasser gefüllt. Dann nimmt man die Glasstäbe heraus und spült sie nochmals mit kochendem Wasser ab. Die zum Ausspülen der Flaschen benutzte Wassermenge beträgt bei Gefäßen unter 100 ccm Inhalt so viel, daß die Flasche bis zum Hals gefüllt ist. Bei Gefäßen von 100—550 ccm Fassungsvermögen 100 ccm, bei Gefäßen von 500—1000 ccm 200 ccm, bei Gefäßen von über 1000 ccm für jede weitere 500 ccm 100 ccm mehr. Man spült zuerst mit einem Teil des heißen Wassers aus dem Meßzylinder die Wandungen des zu prüfenden Gefäßes unter Reiben mit dem Glasstabe ab und schüttelt den Behälter gründlich durch. Dann läßt man bedeckt auf Zimmertemperatur abkühlen. Der durch das Abkühlen bedingte Volumenverlust wird vernachlässigt.

b) Titration des Spülwassers. Zur Einstellung der Kaliumpermanganatlösung kocht man in einem 150 ccm-Erlenmeyer-Kolben 50 ccm destilliertes Wasser, 5 ccm 0,01 N.-Kaliumpermanganatlösung und 5 ccm Schwefelsäure (1 + 3). Unter Bedecken mit einem Uhrglas hält man 5 Minuten im Sieden und gibt dann sofort 5 ccm bzw. so viel 0,01 N.-Oxalsäure hinzu, bis völlige Entfärbung eintritt. Alsdann titriert man bis zur schwachen Rosafärbung. Nunmehr gibt man in den Kolben 10 ccm 0,01 N.-Oxalsäurelösung und titriert erneut mit Kaliumpermanganatlösung auf schwaches Rosa. Durch die erste Permanganattitration sind störende organische Stoffe entfernt worden. Der zu ermittelnde Faktor der Permanganatlösung ergibt sich aus den Quotienten $\dfrac{10}{\text{ccm Permanganatlösung}}$.

Nach dieser Einstellung der Permanganatlösung ist der Permanganatverbrauch des zum Ausspülen verwendeten destillierten Wassers zu ermitteln. In einem 150 ccm-Kolben kocht man 50 ccm destilliertes Wasser 5 Minuten lang mit 0,1—0,2 ccm weniger Permanganatlösung, als 10 ccm Oxalsäurelösung entspricht, und 5 ccm Schwefelsäure. Man hält 5 Minuten lang im Sieden, setzt dann sofort 10 ccm Oxalsäurelösung hinzu und titriert mit Permanganatlösung auf schwaches Rosa. Die Differenz zwischen Gesamt-Permanganatverbrauch und der 10 ccm Oxalsäure entsprechenden Permanganatmenge, multipliziert mit 2 und mit dem oben erhaltenen Faktor, ergibt den Permanganatverbrauch für 100 ccm Wasser. In derselben Weise wird nun der Permanganatverbrauch von 50 ccm Spülwasser ermittelt. Saubere Behälter zeigen einen Permanganatverbrauch von 0,3 ccm einer 0,01 N.-Lösung für 100 ccm des Gesamtfassungsvermögens. Unbeanstandet können noch 0,45 ccm bleiben, Gefäße, die diesen Wert um 10% überschreiten, sind als unsauber anzusprechen.

In engem Zusammenhang mit den Reinigungsmitteln soll hier kurz das Material, aus dem die Molkereiapparate usw. hergestellt werden, behandelt werden.

Für Bassins, Rohrleitungen, Erhitzungsapparate, Kannen usw. kommen in der Hauptsache folgende Metalle und Stoffe in Frage: Verzinntes Kupfer, Aluminium, V_2A-Stahl, verchromtes Kupfer, Messing, verzinntes Eisen und besonders für Bassins Glasemail. Erhitzer werden vielfach aus Zinn und Kupfer hergestellt. Glasemail und Aluminium haben sich für Annahme- und Ausgabebassins bewährt. Auch gekachelter Zement ist vielfach in Gebrauch. Für Kannen wurde bisher in der Hauptsache verzinntes Eisenblech verwendet, auch Aluminiumkannen sind in Gebrauch. Neuerdings trifft man mitunter Kannen aus V_2A-Stahl an, der hervorragend als Kannenmaterial geeignet ist, dessen allgemeiner Verwendung jedoch noch der hohe Preis entgegensteht. Bei verzinnten Apparaten oder Kannen ist zu beachten, daß der Zinnbelag bei der Benutzung, besonders aber bei zu derbem Scheuern mit der Zeit beseitigt wird. Öftere Neuverzinnung ist deshalb notwendig, da das freigelegte Eisen oder Kupfer sich in der Milch auflösen kann und ihr hierdurch einen eigenartig tintigen bzw. talgigen Geschmack verleiht. Außerdem ist z. B. die Verwendung einer eisenhaltigen Milch für die Herstellung von Quark, der für Handkäse- (Mainzerkäse) Fabrikation bestimmt ist, ungeeignet, da die Käsemasse infolge des Eisengehaltes eine graue vielfach unerwünschte Farbe annimmt. Holzgefäße sind früher an Stelle der Kannen vielfach benutzt worden. Nach den Preußischen Ausführungsbestimmungen zum Milchgesetz vom 16. Oktober 1931 dürfen jedoch derartige Gefäße nur noch 4 Jahre lang, solche zur Aufbewahrung von Molken noch 7 Jahre lang nach Inkrafttreten der Verordnung verwendet werden.

Schadhafte Stellen an Apparaten, die aus verzinntem Kupfer bestehen, können, wie schon angedeutet, die Ursache dafür sein, daß die Milch Kupferspuren annimmt, wodurch die Oxydation des Milchfettes begünstigt wird. Die Folge davon ist ein auffallend talgiger Geschmack.

Notwendig ist es, an dieser Stelle hervorzuheben, daß Metallkombinationen als Material für Molkereiapparate unter Umständen zu erheblichen Korrosionen führen. Kommen zwei Metalle gleichzeitig mit der Milch in Berührung, so treten zu der Eigenauflösung der Metalle noch komplizierte elektrochemische Vorgänge hinzu, die eine verstärkte Korrosion der Metalle im Gefolge haben. Die Metallkombinationen stellen galvanische Elemente dar, die je nach der Stellung der Einzelmetalle in der elektrochemischen Spannungsreihe einen mehr oder weniger kräftigen elektrischen Strom erzeugen. Verstärkt werden mitunter diese galvanischen Ströme durch sog. vagabundierende Ströme, die sich überlagern. W. MOHR und R. KRAMER [1] haben sich eingehend mit dieser Frage befaßt. V_2A-Stahl, Elektrolytchrom, verchromtes Kupfer werden in Kombination mit Zinn, verzinntem Kupfer, verzinntem Eisen weder bei 19⁰ noch bei 65⁰ in Gegenwart von Milch beeinflußt. Eisen zeigt in Verbindung mit dem genannten Metalle stets Korrosion. Auch bei Aluminium traten Lochfraßstellen auf. Gerade bei Aluminium ist es wesentlich, hervorzuheben, daß es nicht mit edleren Metallen in Verbindung stehen darf. Reines Zinn, verzinntes Kupfer und verzinntes Eisen sind untereinander als widerstandsfähig anzusehen, in Kombination mit Eisen werden an diesem jedoch Roststellen beobachtet. Aluminium zeigt in Verbindung mit diesen Metallen keine erkennbare Gewichtsabnahme, es konnten jedoch auch hier Lochfraßstellen beobachtet werden. Nickel zeigt in Kombination mit Zinn, verzinntem Kupfer und verzinntem Eisen keine Korrosion, mit Aluminium ist jedoch eine Verbindung unmöglich.

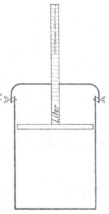

2. Abmessen der Milch.

Nach der Vorprüfung der Milch in der Molkerei beginnt der eigentliche Bearbeitungsgang mit dem Abmessen der eingelieferten Milch. In kleineren Betrieben wird dieses mit Hilfe von Meßeimern (Abb. 12) vorgenommen, in größeren Betrieben bedient man sich der Milchwaagen, die erlauben, an den Wägebalken

Abb. 12. Meßeimer.

das Gewicht der Milch direkt abzulesen. Das Umrechnen in Liter, soweit es überhaupt notwendig ist, erspart man sich durch Verwendung geeigneter Tabellen.

3. Reinigung der Milch.

Während die Milch am Orte der Erzeugung nur durch Filtrieren gereinigt wird, bedienen sich die Molkereien neben den Milchsieben, die hier als Vorfilter in Frage kommen, meist der Reinigungszentrifugen, bei denen der Schmutz aus der Milch ausgeschleudert wird. In Abb. 13 ist eine Trommel einer Reinigungszentrifuge im Durchschnitt dargestellt. Die Milch tritt zentral von oben her in die sich schnell drehende Trommel ein und wird dadurch selbst in schnelle kreisende Bewegung gesetzt, wobei der spezifisch schwerere Schmutz nach außen geschleudert und an der Peripherie der Trommel festgepreßt wird. Durch den Druck der einfließenden Milch wird die vom Schmutz befreite Milch nach oben

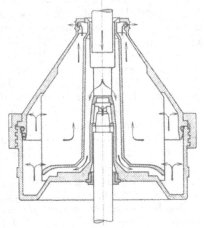

Abb. 13.
Trommel einer Reinigungszentrifuge.

zum Abfließen gebracht. Der Lauf der Flüssigkeit ist an den Pfeilen erkenntlich. Die Reinigungszentrifugen dieser Konstruktion unterscheiden sich von den Entrahmungszentrifugen dadurch, daß der Schlammraum weiter ist und daß

---

[1] W. MOHR u. R. KRAMER: Schriften des Reichskuratoriums für Technik in der Landwirtschaft. Berlin, Milchw. Ztg. 1932, vgl. auch W. MOHR und W. SCHROETER: Schriften des Reichskuratoriums für Technik in der Landwirtschaft, Heft 13, 1933; dort auch weitere Literatur.

die der Trennung von Rahm und Magermilch dienende Vorrichtung fehlt. Auffallend ist, daß durch die Reinigung der Milch der Keimgehalt keinesfalls, wie man annehmen könnte, erniedrigt, sondern im Gegenteil erhöht wird, was vermutlich eine Folge der durch das Zentrifugieren bedingten Zerreißung

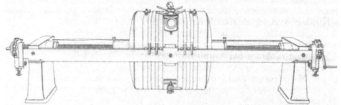

Abb. 14. Apparat zur Reinigung der Milch nach Art der Filterpressen.

und Verteilung der Bakterienanhäufungen ist. Neuerdings werden an Stelle der Reinigungszentrifuge auch Apparate verwendet, die nach dem Prinzip der Filterpressen gebaut sind (Abb. 14).

4. Erhitzung der Milch.

In den Molkereien schließt sich an die Entschmutzung der Milch die Erhitzung an. Die hierbei bezweckte Abtötung bzw. Abschwächung der Bakterien ist von drei Faktoren abhängig, erstens von der Höhe der Temperatur, weiterhin von der Dauer der Einwirkung und schließlich von dem Zustand, in dem sich die betreffenden Bakterien befinden. Was den letzten Punkt betrifft, so ist es von grundsätzlicher Bedeutung, ob die Bakterien in ihren vegetativen Formen, also in Formen, in denen sie sich fortpflanzen können, oder in Form der Dauersporen vorliegen. Die letzteren sind, wie der Name sagt, Dauerzustände, die eine dichte Haut aufweisen, wodurch die Sporen überaus widerstandsfähig gemacht werden, so daß diese selbst einige Minuten langes Erhitzen auf 110 bis 120⁰ überdauern. Zu den Bakterien, die Dauerzustände bilden, zählen z. B. die Heu- und Kartoffelbacillen, die das Kochen und selbst mitunter das Sterilisieren überstehen. Man hat bei dem Erhitzen zwischen dem Sterilisieren, d. h. einem Erhitzen über 100⁰, und dem Pasteurisieren (so genannt nach dem französischen Forscher Pasteur), d. h. dem Erhitzen auf Temperaturen unter 100⁰, zu unterscheiden. Wie angedeutet, wird mit dem Erhitzen die Abtötung bzw. das Unschädlichmachen verschiedener Keime bezweckt. Es fragt sich nun, welche Temperaturen notwendig sind, um diesen Zweck zu erreichen. Sicher steht fest, daß, je höher die Temperatur ist, um so leichter das Abtöten der Keime erfolgt. Andererseits ist aber zu bedenken, daß der Rohmilchcharakter der Milch durch lang andauernde und große Hitze leidet, insofern Kochgeschmack auftritt und das Aufrahmungsvermögen vermindert wird.

Milchsäurebakterien sind im allgemeinen nicht sehr widerstandsfähig; sie überstehen eine halbstündige Erhitzung auf 63⁰ oder ein 15 Minuten langes Erhitzen auf 70⁰ nicht. Allerdings gibt es hitzefeste oder thermoresistente Arten, die diese Temperaturen bei der angegebenen Dauer überstehen. Auch Coli- und Aerogenesbakterien gehen leicht zugrunde; doch auch hier gibt es widerstandsfähige Formen. Ähnlich verhalten sich die eiweißverflüssigenden Bakterien. Zu den Bakteriengruppen, die die angegebenen Temperaturen überstehen, zählen auch die sog. Thermophilen[1], das sind Bakterien, die Temperaturen von 60⁰ nicht nur überstehen, sondern sich im Gegensatz zu den Thermoresistenten dabei auch noch vermehren können. Anaerobier und Farbstoff-

---

[1] Fr. Jancke: Milchw. Forsch. 1928, **6**, 303.

bildner sind mitunter recht widerstandsfähig. Von den Krankheitserregern sind nur der Streptococcus mastitis, der Bacillus paratyphus B, der Tuberkelbacillus und Staphylococcus aureus etwas hitzebeständig; alle anderen sind leicht abtötbar. Offenbar hängt die Hitzebeständigkeit mit der Gegenwart gewisser, die Bakterien schützender Stoffe, wie Caseinflocken, Epithelzellen[1] und dem Grade der Verschmutzung zusammen[2]. Werden diese Stoffe durch Filtrieren oder durch die Reinigungszentrifuge vorher entfernt, so ist die Abtötung des Tuberkelbacillus recht leicht bei 60⁰ nach 5—10 Minuten langer Einwirkung zu erzielen.

Auch Hefen, die in der Milch mitunter vorkommen, werden durch ein 10 bis 20 Minuten langes Erhitzen auf 60—65⁰ abgetötet. Allgemein läßt sich sagen, daß sowohl Bakterien als auch die Hefen bei der zuletzt genannten Temperatur und Zeitdauer absterben. Die stärkste Verminderung der Keimzahl tritt in den ersten Minuten ein. Nur einige besonders kräftige Stämme und Bakteriengruppen erliegen diesen Temperaturen nicht. Durchschnittlich werden nach WEIGMANN 99% aller Keime durch eine ordnungsmäßig ausgeführte Erhitzung (siehe weiter unten) abgetötet.

Man unterscheidet bei den einzelnen Erhitzungsarten zwischen der Hocherhitzung mit Kurzzeit und Momenterhitzung und der Dauer- oder Niedrigerhitzung.

a) Hocherhitzung (Kurzzeit-, Momenterhitzung). Bei dieser wird die Milch kurze Zeit auf 85⁰, 75⁰ bzw. 71—74⁰ erhitzt und danach der Kühlung unterworfen. Diese Pasteurisierung wird im allgemeinen als Kurzpasteurisierung bezeichnet; wird dagegen die Milch nur einige Sekunden erhitzt, so spricht man von

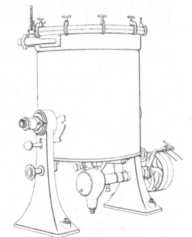

Abb. 15. Milcherhitzer (PASTEUR).

Momenterhitzung. Der Temperaturfestsetzung von 85⁰ liegt die Beobachtung BANGs zugrunde, nach der ein 1 Minute langes Erhitzen auf 80⁰ genügt, um die Krankheitserreger abzutöten. Aus Sicherheitsgründen gibt man noch eine Spanne von 5⁰ zu. Die Hocherhitzung gelangte um 1880 zur Einführung. Man bediente sich damals sog. Rührwerks- oder Rotationsapparate (Abb. 15), wie sie in vielen Molkereien, Buttereien, Käsereien noch heute als Erhitzer oder Vorwärmer in Betrieb sind. Es handelt sich dabei um doppelwandige, durch Dampf beheizbare Gefäße, die ein von oben oder von unten angetriebenes Rührwerk enthalten. Der Nachteil dieser Apparate liegt in erster Linie in der ungleichmäßigen Erhitzung der durchfließenden Milch. Nicht alle Milchteile befinden sich in gleicher Entfernung von der Heizfläche. Daher kommt es, daß nicht alle Milchteile, selbst bei Tätigkeit des Rührwerkes, die Temperatur von 85⁰ erreichen. Dafür werden wiederum andere Milchteilchen länger als notwendig erhitzt. Die Erhitzungsdauer bei diesen Apparaten ist abhängig von der Durchflußgeschwindigkeit und dem Rauminhalt der Apparate. Die Abhängigkeit gelangt durch nachstehende Gleichung zum Ausdruck:

$$\text{Erhitzungsdauer} = \frac{\text{Rauminhalt} \times 60}{\text{Stundenleistung des Apparates}}.$$ Weitere Nachteile der in diesen Apparaten erhitzten Milch beziehen sich auf die Veränderungen dieser Milch bei der Behandlung. Gegenüber Rohmilch weist die in diesen Apparaten

[1] TJADEN, ROSKA u. HERTEL: Arb. Kaiserl. Gesundh.-Amt 1902, 18, 219.
[2] S. E. PARK, R. GRAHAM, M. J. PRUCHA u. J. M. BRANNON: Journ. Bacteriol. 1932, 24, 461; C. 1933, I, 1699.

erhitzte Milch drei weitere Nachteile auf: Einmal besitzt sie gewöhnlich einen ausgesprochenen Kochgeschmack, ferner rahmt sie erheblich schlechter auf als Rohmilch und schließlich gerinnt eine derartige Milch beim Sauerstellen, wenn es überhaupt zu einem Gerinnen kommt, in eigenartiger Weise. Man beobachtet nämlich an der Oberfläche derartig geronnener Milch einen dichten Käsekuchen, während sich die Molke darunter klar absetzt, was häufig zu der fälschlichen Annahme führen kann, daß hier eine Fälschung vorliegt. Die durch die ungleichmäßige Erhitzung bedingten Nachteile der Rotationsapparate können umgangen werden, wenn man dafür Sorge trägt, daß die zur Erhitzung in Frage kommende Milchschicht entweder sehr dünn gestaltet oder

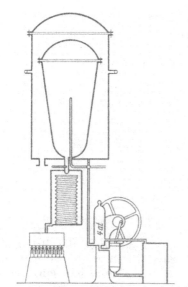

Abb. 16. Biorisatoranlage nach O. Lobeck.

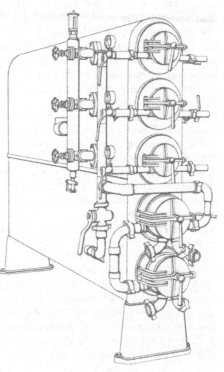

Abb. 17. Schema eines Montana-Erhitzers.

aber nicht von einer, sondern von zwei Seiten her erwärmt wird. Eine möglichst dünne Milchschicht wird bei dem Biorisator (Abb. 16) und dem Montana - Apparat (Abb. 17) erreicht. Zweiseitige Erhitzung der Milchschicht findet beim Stassano- und Tödtschen Momenterhitzer (Abb. 18) statt.

Der von O. Lobeck erfundene Biorisator besteht aus einem inneren, verschlossenen Kessel von umgekehrter Birnenform, der sich in einem von Heizdampf durchströmten äußeren Kessel befindet. In dem Kessel wird die vorher entschmutzte Milch mit Hilfe einer Druckpumpe und einer Düse zerstäubt. An den heißen Wandungen des Kessels läuft dann die zerstäubte Milch ab und wird sofort nach dem Ablaufen gekühlt. Die Wirkung des Apparates ist nach H. Weigmann sehr günstig. Krankheitskeime, wie Tuberkel-, Typhus-, Cholera- usw. Bacillen werden abgetötet. Benachteiligung der Aufrahmung wurde nicht beobachtet, es wurde im Gegenteil eine Verbesserung der Aufrahmung festgestellt. Auch die Enzyme sind noch in der Milch vorhanden.

Bei dem Montana - Apparat (Abb. 17), bei dem in gleicher Weise einseitig erhitzt wird, handelt es sich um ein von außen her erhitztes Rohrsystem, durch das die Milch strömt. Damit die Schichtdicke möglichst verringert wird, sind in die einzelnen Rohre Verdrängungsrohre eingebaut. Die Temperatur der erhitzten Milch erreicht hier 75⁰.

Eine zweiseitige Erhitzung weist der STASSANO-Apparat auf. Vorgesehen ist eine Erhitzungstemperatur von 75—80⁰. Der Apparat besteht in seinen wirksamen Teilen aus zwei ineinandergeschobenen Röhren, die einen Zwischenraum von 1—1,25 mm lassen. Durch diesen Zwischenraum wird die Milch gepreßt mit einer Durchlaufsgeschwindigkeit von 1 m je Sekunde. Die Länge der zu durchstreichenden Röhren beträgt 20 m, der ganze Apparat besteht aus drei Abteilungen. In der ersten Abteilung wird die kalte Milch auf einem Wege von 28 m etwa auf 50⁰ durch die im Gegenstrom fließende, schon 75⁰ warme Milch vorgewärmt. In der zweiten Abteilung erfolgt die eigentliche, schon oben beschriebene Stassanisierung auf 75⁰, die dritte Abteilung dient der Kühlung. Die Erhitzung in der zweiten Abteilung wird durch heißes Wasser, die Kühlung der dritten Abteilung durch kaltes Wasser vorgenommen. Nach J. P. HANSEN[1] beträgt die Durchlaufzeit durch die gesamte Anlage 2$^1/_2$ Minuten, die eigentliche Erhitzung 15—16 Sekunden. Stassanisierte Milch behält in Geruch und Geschmack ihren Rohmilchcharakter. Die Aufrahmefähigkeit ist etwas geringer als bei Rohmilch, dagegen etwas größer als bei gewöhnlicher hoch erhitzter Milch. Zwar leidet die Labempfindlichkeit etwas, jedoch nicht so sehr, daß die Milch zur Käserei nicht mehr tauglich wäre. Der bakteriologische Effekt ist günstig, Coli-, Abortus- und Tuberkelbacillen werden in der stassanisierten Milch abgetötet. Ein Nachteil der Rohrerhitzer liegt in der Schwierigkeit, die Röhren zu reinigen.

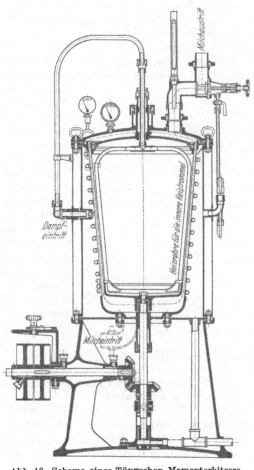

Abb. 18. Schema eines TÖDTschen Momenterhitzers.

Auch der TÖDTsche Momenterhitzer arbeitet mit zweiseitiger Erhitzung. Die Bauweise ergibt sich aus Abb. 18. Die innere Trommel ist verstellbar, und zwar auf 4, 7 und 11 mm Schichtdicke. Mit dem Apparat können leicht Temperaturen von 100 und über 100⁰ erreicht werden, da er unter Druck arbeitet. Auch hier ist der bakteriologische Effekt günstig. Neuerdings ist von der Reichsregierung die sog. Kurzzeiterhitzung[2] auf 71—74⁰ auf die Dauer von 40 Sekunden als ausreichendes Erhitzungs- bzw. Pasteurisierungsverfahren anerkannt worden. Die Kurzzeiterhitzung hat gegenüber der Hocherhitzung den Vorteil, daß der Rohmilchcharakter weitgehend gewahrt bleibt.

[1] J. P. HANSEN: Siehe FLEISCHMANN-WEIGMANN: Lehrbuch der Milchwirtschaft, 7. Aufl. 1932, a. a. O. S. 319. [2] Vgl. WEDEMANN: Reichs-Gesundheitsbl. 1935, 10, 859.

Zu der Hoch- bzw. der Momenterhitzung zählt auch ein Verfahren, daß sich zur Abtötung der Keime der durch den elektrischen Strom bedingten Wärmeentwicklung bedient. Das Verfahren wird als Elektropureprozeß bezeichnet. Es wird in der Weise durchgeführt, daß man mittels zweier 10 cm voneinander stehenden Elektroden einen Wechselstrom durch eine auf bestimmte Wärmegrade erhitzte Milch hindurchschickt, derart, daß die Milch mindestens 15 Sekunden auf 71⁰ erhitzt wird. Wie oben schon angedeutet, wird die Erwärmung der Milch zum Teil durch den dem Strome durch die Nichtleiter entgegengesetzten Widerstand bedingt. Die angegebene Temperatur und Erhitzungsdauer genügt, um die Milch von Krankheitserregern zu befreien. Geschmack und Aufnahmefähigkeit werden nicht beeinträchtigt.

b) Tief- bzw. Dauererhitzung. Erst einige Zeit nach Einführung der Hocherhitzung wurde der Nachweis geführt, daß die gleiche Wirkung, wie durch kurzes Erhitzen auf 85⁰, auch durch längeres Erhitzen auf niedrigere Wärmegrade erreicht wird. In Deutschland kam die Dauerpasteurisierung 1900 zur Einführung. Die ersten Apparaturen bestanden gewöhnlich aus einem Erhitzer, der die Milch auf etwa 60⁰ brachte und aus doppelwandigen, heizbaren Standwannen, in denen die erhitzte Milch $1/_2$ Stunde auf der Temperatur gehalten werden sollte. Später wurde das Standwannensystem verbessert und in das Zellensystem überführt, derart, daß die einzelnen Zellen in der Apparatur automatisch gefüllt und nach der vorgeschriebenen Erhitzungszeit wieder entleert wurden. Bei modernen Apparaten werden die Temperaturen automatisch registriert[1], so daß jederzeit an der Hand von Temperaturblättern die Erhitzungszeit und -höhe nachkontrolliert werden kann. Zur Vorerhitzung der später in die Zellen eingeleiteten Milch bedient man sich eines Vorerhitzers in Form der alten Pasteure oder in Form der neuen Plattenpasteure (siehe unten) oder aber, wenn die Milch schonend behandelt werden soll, eines Röhrenerhitzers oder eines Berieselungserhitzers. Der letztere hat den Vorteil, daß die Milch bei der Behandlung ausdünsten kann, während bei Röhrenerhitzern die Milch eben durchgeschlossene Röhren fließt, die eine Lüftung nicht zulassen. Meist werden bei den Zellsystemen vier Zellen nebeneinander oder zwei Zellen nebeneinander und zwei Zellen dahinter angeordnet, die in Abständen von 15 Minuten automatisch mit heißer Milch gefüllt werden. Die Entleerung geht gleichfalls automatisch vor sich. Die Rührwerke sorgen für ein möglichst schaumfreies Rühren. Sie sollen sogar den möglicherweise vorher durch die Reinigungszentrifuge gebildeten Schaum zerstören. Andere Formen der Dauererhitzungsapparate besitzen gleichfalls Zellensystem; jedoch handelt es sich dabei nicht um Standwannen, sondern um Durchflußwannen, bei denen der Milchstrom so geregelt wird, daß die vorgewärmte Milch gerade $1/_2$ Stunde braucht, um die Wanne auf dem vorgeschriebenen Wege zu durchfließen. Die Wanne besteht aus einem doppelwandigen, durch heißes Wasser heizbaren, rechteckigen Behälter, in dem die einzelnen Zellen, und zwar mit der Breitseite aneinander, sind. Der Durchfluß wird bei den einzelnen Systemen verschieden geregelt. Bei einigen Systemen

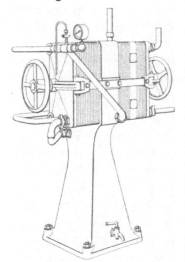

Abb. 19.
Schema eines Astra-Plattenerhitzers.

---

[1] Vgl. hierzu M. Neisser: Milchw. Forsch. 1926, **4**, 1.

bewegt sich die Milch in Schraubenwindungen, in anderen führt sie eine wellen-artige Bewegung aus, indem die erste Zelle zunächst von unten gefüllt wird. Die Milch steigt nach oben, fließt oben über und gelangt wiederum von unten in eine zweite Zelle usw. Das Ziel dieser Durchflußwannen ist eine möglichst gleich lange Erhitzung der einzelnen Milchteilchen. Mitunter wird dieses Ziel jedoch infolge Auftreten lokaler Strömungen nicht erreicht. Die einzelnen Zellen sind mitunter noch mit Sieben ausgestattet, die den beim Überfließen sich bilden-den Schaum zerstören sollen.

Als Erhitzer verwendet man neuerdings auch sog. Platten-pasteure (Abb. 19 und 20). Es sind dieses besonders konstruierte Wärmeaustauscher; sie besitzen teilweise die Form der in der Zuckerindustrie vielfach .verwen-deten Filterpressen. Die einzelnen Platten bestehen aus etwa qua-dratischen Bronzestücken, die mit Hilfe eines Eisenrahmens dicht in vertikaler Richtung aneinander-gereiht und durch verzinnte Kupferplatten oder Platten von anderen brauchbaren Metallen getrennt bzw. gedichtet sind. Die verwendeten Platten sind nicht glatt, sondern besitzen auf beiden Seiten eine Riefung. Der ganze Plattenpasteur ist in drei Ab-teilungen geteilt. In der ersten Abteilung wird die Vorwärmung vorgenommen, in der zweiten die Erhitzung, in der dritten die Wasser- bzw. Solekühlung. Zur Vorwärmung dient die rück-fließende, schon erhitzte Milch. Die Erhitzung der zweiten Ab-teilung wird durch heißes Wasser, die Abkühlung der dritten Ab-teilung durch Wasser und Sole vorgenommen.

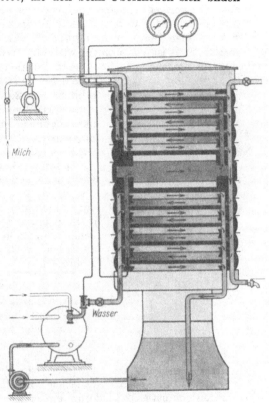

Abb. 20. Diskus-Milcherhitzer mit einstufigem Wärmeaustausch.

Die Riefung der Platten ist so angebracht, daß auf der einen Seite der Platte stets die Milch, auf der anderen Seite der betreffende Wärme- oder Kälteüberträger, also in Abteilung I heiße Milch, in Abteilung II heißes Wasser, in Abteilung III Wasser und Sole fließt. Die Abtötung der Keime ist in diesen Apparaten angeblich sehr gut, sowohl bei der Dauererhitzung, wie bei der Hocherhitzung, für die die Apparate auch verwendet werden können. Mitunter werden die Zellen nicht vertikal, sondern horizontal übereinander angeordnet (Diskusapparat).

Vom hygienischen Standpunkte aus sehr begrüßenswert erscheint die Pasteu-risierung der Milch in Flaschen, da hier die Gefahr nachträglicher Ver-unreinigung oder Infizierung nicht in Frage kommt. Bei dem sog. Degerma-verfahren wird die in die Flasche gefüllte Milch in fortlaufendem Betrieb durch ein heißes Wasserbad hindurchgeschickt. Anschließend daran erfolgt nach genügend langem Erhitzen Wasserkühlung. An Stelle der Glasflaschen werden mitunter auch Metallflaschen verwendet, die den Nachteil haben, daß sie undurchsichtig sind, andererseits aber den Vorteil größerer Haltbarkeit und den Schutz vor Sonnenstrahlung bieten.

c) Sterilisation. Das Sterilisieren der Milch hat heute lediglich Bedeutung für Säuglinge bzw. Säuglingsmilchmischungen und Dauermilch. Man versteht unter Sterilisieren das völlige Entkeimen, also sowohl die Befreiung von vegetativen Formen, als auch von Sporen. Notwendig hierzu ist längeres Erhitzen auf wesentlich über 100° liegende Temperaturen. Mitunter genügt Erhitzen auf 112—117°, gelegentlich sind Temperaturen von 120—130° notwendig, je nachdem mehr oder weniger widerstandsfähige Sporen vorliegen. Man erreicht die über 100° liegenden Temperaturen durch Verwendung gespannten feuchten Dampfes. Trockene Luft ist viel weniger wirksam. Will man die unter Druck arbeitenden Apparate umgehen, so kann man fraktioniert sterilisieren, was in der Weise geschieht, daß man zunächst 20 Minuten auf 100° erhitzt, auf 30° abkühlen läßt, dann nach vierstündigem Stehen nochmals erhitzt und schließlich das Abkühlen, Stehenlassen und Erhitzen noch einmal wiederholt. Auf die Herstellung der Dauermilch wird an späterer Stelle eingegangen.

d) Hofius-Verfahren[1]. Es ist ein auf einer neuen Grundlage stehendes Verfahren zur Frischhaltung der Milch, das darauf beruht, daß die Milch oder der Rahm unter Einhaltung bestimmter Temperaturgrenzen unter Sauerstoffdruck gesetzt wird. Die so behandelte Milch gewinnt an Wohlgeschmack und ist außerdem noch mehrere Tage länger haltbar als Rohmilch.

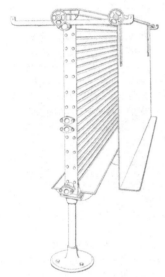

Abb. 21.
Flächenkühler mit Schutzblech.

5. Kühlung der Milch.

An die Erhitzung der Milch schließt sich stets eine Wasser- oder Solekühlung an. Ist dies nicht der Fall, oder wird die Milch zu langsam abgekühlt, so tritt eine Begünstigung des Wachstums der sog. thermophilen Bakterien ein. Auch die Aufrahmefähigkeit wird durch schnelles Abkühlen verbessert. Dagegen wird durch längeres Kühlhalten bei Temperaturen von etwa 5° wiederum ein schlechteres Aufrahmen bedingt, und zwar stellt sich die ungünstige Wirkung der Tiefkühlung anscheinend nach 5 Stunden ein. Abermalige Erwärmung kann jedoch wieder innerhalb 5 Stunden die Aufrahmefähigkeit verbessern. Bei den für die Kühlung bestimmten Apparaten unterscheidet man zwischen Rund- und Flächenkühlern einerseits und Röhrenkühlern andererseits. Während die beiden zuerst genannten offene, sog. Berieselungssysteme darstellen, handelt es sich bei der letzten Art um geschlossene Kühler. Berieselungskühler begünstigen die Entlüftung, bedingen jedoch Betriebsverluste durch Verdunsten der Milch, die im allgemeinen $1/_2$—2%, in Ausnahmefällen sogar bis 3% betragen. Um diese Verluste auf ein Minimum zu reduzieren, hat man zu beiden Seiten des Flächenkühlers (Abb. 21) verschiebbare Metallwände angebracht.

Bei den geschlossenen oder Röhrenkühlern handelt es sich um ein System ineinandergeschobener Röhren, bei denen sich Milch und Wasser oder Sole im Gegenstromverfahren fortbewegen. Der Vorteil dieser Apparate liegt darin, daß bei ihnen keine Verdunstungsverluste auftreten, und daß das mitunter

[1] Hofius: Zeitschr. Fleisch- u. Milchhyg. 1935, **45**, 381 u. Molk.-Ztg. Hildesheim 1935, **49**, 1408. — Vgl. auch F.P. 756970; C. 1934, I, 2845.

lästige Anfrieren der Milch auf dem Kühler hier unterbleibt. Der Nachteil der Röhrenkühler liegt darin begründet, daß die Milch in den Röhren nicht genügend ausdunsten kann. Um dem zu begegnen, hat man bei diesen Apparaten besondere Entgaser angebracht.

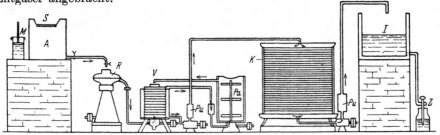

Abb. 22. Schema einer Hocherhitzeranlage. (Nach STROHECKER.)
M Meßkanne. *R* Reinigungszentrifuge. *Pu* Pumpe. *K* Kühler. *S* Sieb. *V* Vorwärmer. *Pa* Pasteur. *I* Sammelbasin. *Z* Kanne.

Die Kontaktinfektion durch Luft spielt bei den Berieselungskühlern nur eine sehr untergeordnete Rolle. Viel eher als durch den Luftkontakt kann die Neuinfektion der Milch durch unsaubere Kühlflächen oder Rohrleitungen bedingt sein. Empfehlenswert ist es, vor der Milchbearbeitung 5 Minuten lang heißes Wasser durch die gesamte Apparatur zu schicken.

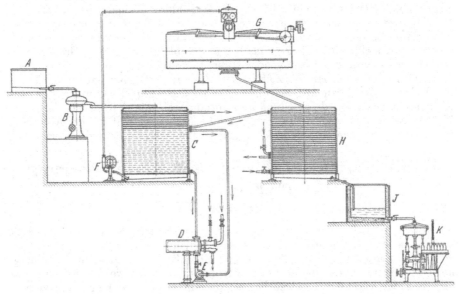

Abb. 23. Dauererhitzungsanlage.
A Milchbehälter. *B* Reinigungszentrifuge. *C* Wärmeaustauscher. *D* Heißwasserbereiter. *E* Heißwasserpumpe. *F* Milchpumpe. *G* Milchdauerheißhalter. *H* Wasser- und Solekühler. *I* Sammelbehälter. *K* Flaschenfüllung (Nach FLEISCHMANN-WEIGMANN.)

Die Bewegung der Milch zwischen den einzelnen Apparaten (Reinigungszentrifuge, Erhitzer, Wannensystem) wird durch Pumpen bewerkstelligt, auf deren Sauberkeit auch größter Wert gelegt werden muß.

In Abb. 22 ist die Gesamtschaltung einer Hocherhitzungsanlage wiedergegeben. Ergänzend sei hier bemerkt, daß gewöhnlich bei Anwendung der Rotationsapparate vor den Pasteur (*P*) ein Vorwärmer (*V*) geschaltet wird, durch den die kalte Milch mit Hilfe der rückströmenden heißen Milch im Gegenstromverfahren angewärmt wird. Die Abb. 23 stellt die schematische Zeichnung des Gesamtbetriebes einer Dauererhitzungsanlage dar.

Behandlung der Milch nach der Kühlung. Nach der ordnungsmäßigen Kühlung der Milch wird diese zunächst in ein Aufnahmebassin gepumpt, das sich im Kühlraum der Molkerei befindet. Nach dem vorschriftsmäßigen Umrühren wird die Milch, entsprechend ihrer Bestimmung, auf Kannen oder auf Flaschen gefüllt. Kannenfüllung wie Flaschenfüllung geschehen vielfach automatisch. Besonders der Flaschenfüllung hat die Technik großes Interesse entgegengebracht. An vielen Stellen sind Maschinen in Betrieb, die gleichzeitig die Flaschenspülung mittels laugehaltiger Flüssigkeiten, heißem und kaltem Wasser vornehmen und dann die gespülten Flaschen sofort zur Füllanlage bringen, ohne daß auf dem ganzen Wege, abgesehen von dem Einlegen und dem Abnehmen der Flaschen, die menschliche Hand damit in Berührung kommt. Auch Flaschenverschluß und Etikettierung werden automatisch vorgenommen.

Von großer Bedeutung für die milchverarbeitende Industrie ist der Milchschaum[1], der besonders bei Magermilch zu Betriebsstörungen und Betriebsverlusten führen kann. Stark schäumende Milch brennt im übrigen auch leicht an und zeigt leicht starken Kochgeschmack. Besonders Zentrifugen und Pasteurisierungsapparate erzeugen starke Schaumbildung. Man hat deshalb Schaumzerstörungsapparate konstruiert. Näheres bringt die angezogene Literatur.

Die Kühlräume, die die Bassins und die gefüllten Flaschen enthalten bzw. aufnehmen, sollen wegen der schädlichen Bestrahlung (Talggeschmack) und der Fliegenplage nicht zu hell sein. Meist sind die Fenster dieser Räume blau oder blaugrün angestrichen. Einmal wird hierdurch die Strahlung vermindert, andererseits meiden die Fliegen das blaue und blaugrüne Licht. Großer Wert ist bei der Abfüllung auf genügendes Rühren der Bestände zu legen, besonders dann, wenn die Milch längere Zeit in den Bassins gestanden hat. Als brauchbar haben sich hierzu mit Schwimmer versehene Flügelschraubenräder aus Aluminium erwiesen, deren Stand sich automatisch mit dem Stand der Milch in den Bassins ändert. Die Rührwerke sind schon einige Zeit vor der Abfüllung in Gang zu setzen, da naturgemäß eine gründliche Durchmischung Zeit erfordert.

V. Milchsorten des Handels und Milchversorgung.
(Dr. R. Strohecker.)
A. Milchsorten.

Unter Vollmilch im Sinne des Gesetzes versteht man das Gesamtgemelk einer Kuh, das durch regelmäßiges Ausmelken und gründliches Durchmischen gewonnen worden ist, das, abgesehen von einer Entschmutzung und Kühlung, keinerlei anderer Behandlung bzw. Erhitzung unterworfen worden ist, und das den von den obersten Landesbehörden gestellten Mindestanforderungen entspricht. Das Milchgesetz bzw. seine Ausführungsbestimmungen fordern für rohe Sammelmilch, d. h. für Milch aus verschiedenen Stallungen, sofern sie auf Flaschen gefüllt wird, eine Erhitzung vor Abgabe an den Verbraucher. Nicht gefordert werden kann die Erhitzung für von ländlichen Einzelbetrieben stammende Milch, die unter besonderen, durch die Ausführungsbestimmungen festgelegten Vorsichtsmaßregeln gewonnen und vertrieben wird, oder für solche Milch, die der Verbraucher direkt am Orte der Erzeugung bzw. in dem betreffenden landwirtschaftlichen Betrieb in Empfang nimmt.

---

[1] Milchw. Forsch. 1930, 11, 48 u. Schriften des Reichskuratoriums für Technik und Landwirtschaft, Sonderdruck 5, 1930. Berlin: Julius Springer.

1. Rohmilch und erhitzte Milch. Rohmilch im Sinne des Milchgesetzes kann sowohl Vollmilch, Markenmilch wie Vorzugsmilch sein. Über die beiden letzteren Sorten siehe S. 108.

Unter erhitzter Milch im Sinne des Milchgesetzes versteht man sowohl gekochte, als auch pasteurisierte Milch. Pasteurisierte Milch ist eine Milch, die spätestens 22 Stunden nach dem Melken nach ausreichender Reinigung ordnungsmäßig nach einem erlaubten Pasteurisierungsverfahren erhitzt und gekühlt worden ist.

Als erlaubte und anerkannte Verfahren gelten 1. die Dauererhitzung auf 63—65⁰ während der Dauer von mindestens $^1/_2$ Stunde in behördlich zugelassenen Apparaten, 2. die Momenterhitzung in dünner Schicht oder feiner Verteilung auf 85⁰, sofern die Überwachung der Temperatur ständig gesichert ist und die Erhitzung für die gesamte Milch gleichmäßig erfolgt. Die Temperatur von 85⁰ kann unterschritten werden, wenn das anzuwendende Verfahren die Pasteurisierung garantiert und außerdem von der Reichsregierung zugelassen ist. Hierzu zählt z. B. die sog. Kurzzeiterhitzung auf 71—74⁰ (S. 99). Als 3. anerkanntes Pasteurisierungsverfahren kommt die Hocherhitzung in Frage, bei der die Milch wenigstens eine Minute bei 85⁰ in zugelassenen Apparaten erhitzt wird.

In verschiedenen Städten Deutschlands ist der Pasteurisierungszwang eingeführt, d. h. durch eine sich auf das Milchgesetz bzw. auf seine Ausführungsbestimmungen stützende Verordnung wird bestimmt, daß sämtliche Milch, die in das Stadtgebiet eingebracht wird, einem anerkannten Erhitzungsverfahren unterworfen wird. Ausgenommen von dieser Bestimmung sind nur Markenmilch (S. 108), Vorzugsmilch (S. 108) und Milch, die direkt im landwirtschaftlichen Betrieb gewonnen und daselbst an den Verbraucher abgegeben wird.

2. Kannen- und Flaschenmilch. Kannenmilch ist eine in Kannen transportierte, gereinigte und gekühlte, erhitzte oder nicht erhitzte Vollmilch. Die Kannenmilch wird direkt aus der Kanne oder aber unter Verwendung einer besonderen Ausmeßkanne, d. h. einer kleinen Kanne handlichen Formats, der Verteilung an die Verbraucher zugeführt.

Flaschenmilch ist im Gegensatz hierzu nicht jede auf Flaschen gefüllte Milch. Nach § 9 des Milchgesetzes darf das Abfüllen der Milch in Gefäße nur im Betrieb des Erzeugers oder in Bearbeitungsstätten, d. h. Molkereien, Meiereien, Sennereien, Gutsmolkereien oder anerkannten Abfüllbetrieben vorgenommen werden; sie unterliegt im übrigen der Kennzeichnung. Das Abfüllen von Sammelmilch auf Flaschen ist nicht gestattet, es sei denn, daß die Milch vorher pasteurisiert wird und an der Bearbeitungsstätte zur Abfüllung gelangt. Das Abfüllen von Milch auf Flaschen durch Milchhändler ist nicht statthaft.

Nach dem Milchgesetz bzw. nach den dazu erlassenen preußischen Ausführungsbestimmungen darf die Milch, die in Gast- und Schankstätten, Kantinen, Milchhäuschen abgegeben wird, mit Ausnahme der für Kaffee, Tee usw. als Zugabe zum Vermischen bestimmten Milch und mit Ausnahme der abgekochten Milch nur in Flaschen oder ähnlichen Behältnissen, die einen festen Verschluß tragen, feilgehalten werden. Auf Betriebe, die an sich Rohmilch abgeben dürfen, bezieht sich diese Bestimmung nicht.

Als Material für Flaschen kommen sowohl Glasflaschen, als auch Stahlflaschen und neuerdings auch Papierflaschen in Frage. Stahlflaschen und Papierflaschen besitzen den Vorteil, daß sie die Lichtstrahlen nicht oder nur in geringerem Maße als Glas durchlassen. Bei den Papierflaschen fällt außerdem das Spülen weg. Notwendig erscheint aber nach O. MEZGER und J. UMBRECHT[1] eine vorherige Sterilisierung der Papierflaschen. Ein Nachteil der Stahlflaschen beruht darauf, daß man die Reinigung der Flaschen nicht genügend kontrollieren kann.

---

[1] O. MEZGER u. J. UMBRECHT: Südd. Molkereiztg. 1933, S. 199.

Die Form der Papierflaschen ist mitunter so gewählt, daß die Flasche an dem schmäleren keilförmig zulaufenden Ende eine gut verschlossene Naht trägt. Die Glasflasche herrscht bei weitem im Handel vor. Bei der Abfüllung ist größter Wert darauf zu legen, daß die Milch nicht mit der menschlichen Hand in Berührung kommt, was durch automatische Füllung (Abb. 24) erreicht wird. Kleinere Betriebe verwenden Hebelmaschinen, bei denen die in einem Gestell befindlichen Flaschen durch Hebeldruck gegen die Abfüllstutzen des Bassins gedrückt werden, wodurch die Öffnung des Verschlusses erfolgt. In größeren Betrieben wird die Flaschenmilch, wie schon oben besprochen, in Apparaten abgefüllt, die gleichzeitig auch die Reinigung der Flaschen zum Ziel haben. In der Stunde können solche Maschinen 3—4000 Flaschen füllen. Den Transport zwischen den einzelnen Apparatteilen besorgen Transportgurte.

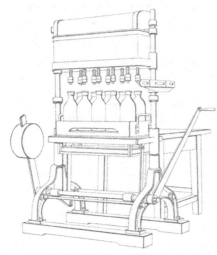

Abb. 24. Flaschenabfüllapparat.

3. Markenmilch. Der Begriff der Markenmilch ist durch das Milchgesetz gegeben: Als Markenmilch darf nur solche Milch bezeichnet werden, die, abgesehen von den allgemeinen, an Milch zu stellenden Anforderungen aus Betrieben stammt, die die Genehmigung einer Überwachungsstelle besitzen und deren Milch außerdem laufend von dieser Stelle überwacht wird.

Markenmilch darf nur von gesunden Tieren gewonnen werden. Die Viehbestände, die der Markenmilchgewinnung dienen, müssen dem staatlich anerkannten Tuberkulosetilgungsverfahren[1] angeschlossen sein. Markenmilch soll außerdem in den einzelnen Erzeugerbezirken den Mindestfettgehalt aufweisen, der bei pfleglicher Behandlung des Milchviehs erreichbar ist. Auch der Keimgehalt der Markenmilch soll den Anforderungen genügen, die bei sorgsamer und zweckmäßiger Gewinnung in den betreffenden Lieferbezirken zu erreichen ist.

Vor der Benutzung der Milchtiere als Markenmilchkühe müssen diese bzw. ihre Milch durch den beamteten Tierarzt oder einen von der Überwachungsstelle beauftragten Tierarzt klinisch bzw. bakteriologisch untersucht werden. Die Untersuchungen sind alle 3 Monate zu wiederholen. Milch von kranken oder krankheitsverdächtigen Kühen darf nicht als Markenmilch verwendet werden. Sehr wesentlich für die Gewinnung von Markenmilch ist auch, daß der Gesundheitszustand des Melkpersonals und der Personen, die bei der Gewinnung und der Behandlung roher Markenmilch tätig sind, durch den Arzt laufend überwacht werden muß.

Die Überwachungsstellen für Markenmilch können bestimmte Anforderungen an die Gewinnung, Behandlung, Beschaffenheit und insbesondere an den Fettgehalt und Keimgehalt der Markenmilch stellen.

4. Vorzugsmilch. Vorzugsmilch ist die qualitativ beste, im Verkehr befindliche Milch. Ihr Geschmack, ihre Haltbarkeit und ihr Keimgehalt sollen der gewöhnlichen Marktmilch und der Markenmilch überlegen sein. Zum Begriffe der Vorzugsmilch gehört es, daß sie frei von Krankheitserregern, seien sie tierischer oder menschlicher Herkunft, ist, so daß einem Rohgenuß keine Bedenken entgegenstehen. Man bezeichnete früher Vorzugsmilch auch als Sanitäts-,

---

[1] Vgl. Fleischmann-Weigmann: Lehrbuch der Milchwirtschaft, 7. Aufl., S. 264. Berlin: Paul Parey 1932.

Kur- oder Kindermilch. Aus dem Gesagten ergibt sich, daß die Anforderungen an die Vorzugsmilch die vom Milchgesetz bzw. seinen Ausführungsbestimmungen gestellt werden, wesentlich schärfer als bei Markenmilch sind. Während bei Markenmilch Fett- und Keimgehalt von der Überwachungsstelle festgelegt wird, schreiben bei Vorzugsmilch die Preußischen Ausführungsbestimmungen einen Mindestfettgehalt von 3% vor und beschränken den Keimgehalt auf höchstens 150000 Keime in 1 ccm. Außerdem darf die Milch in 1 ccm nicht mehr als 30 Colibakterien enthalten, sofern sie etwa als Vorzugsmilch in den Verkehr gebracht werden soll. Das aus 10 ccm Milch nach TROMMSDORFF (S. 202) gewonnene Zentrifugat darf 1,5 Teilstriche der für die Proben verwendeten Röhrchen nicht überschreiten. Vorzugsmilch darf höchstens einen Tag alt sein und auch während der Aufbewahrung nie die Temperatur von 15° überschreiten. Sie darf ferner nur in Flaschen oder anderen festen Behältnissen, die einen festen, über den Flaschenrand hinausreichenden Verschluß tragen, abgegeben werden. Krankenhäuser und ähnliche Anstalten können sie auch in plombierten Kannen beziehen. Sie darf im übrigen keiner Erhitzung unterworfen werden. Die Preußischen Ausführungsbestimmungen stellen weiter sehr strenge Anforderungen an die Reinigung und Desinfektion der Apparate, Rohrleitungen und Milchkannen.

Die Viehbestände, die Vorzugsmilch liefern sollen, müssen, wie bei der Markenmilch (S. 108), dem staatlich anerkannten Tuberkulosetilgungsverfahren angegliedert sein. Die Tiere müssen schließlich unter Kontrolle eines Kontrollvereins stehen. Als Vorzugsmilchkühe dürfen die Tiere erst verwendet werden, wenn sie vom beamteten Tierarzt nach dem hygienischen und bakteriologischen Befund dafür als geeignet anzusehen sind. Die klinische Untersuchung und die bakteriologische Prüfung der Milch ist monatlich zu wiederholen. Kranke Tiere sind selbstverständlich auszuschalten. In den ersten 10 Tagen nach dem Abkalben darf die Milch nicht als Vorzugsmilch Verwendung finden.

Eingehende Forderungen werden im übrigen an die Ställe und an die Fütterung bzw. an die Futtermittelmischung gestellt. Verboten sind unter anderem der Weidegang auf sauren Weiden. Für die Stallfütterung wird eine Reihe verbotener bzw. erlaubter Futtermittel aufgeführt.

Was über die Melkpersonen und sonstige Personen, die bei der Gewinnung und Behandlung der Vorzugsmilch in Frage kommen, bei Markenmilch gesagt wurde, gilt sinngemäß auch bei Vorzugsmilch.

Das Inverkehrbringen von Vorzugsmilch durch den Erzeuger ist genehmigungspflichtig und zwar durch die Polizeibehörde. Die Genehmigung ist abhängig von der Begutachtung des Betriebes durch den Tier- und Menschenarzt. Die Vorzugsmilchkühe sind listenmäßig zu führen.

5. Sonstige Milchsorten. a) Homogenisierte Milch. Wenn man einen Tropfen Rohmilch unter dem Mikroskope betrachtet, beobachtet man zahlreiche große und kleine Fettkügelchen. Die Fettkügelchen weisen Durchmesser von 3,6—10 μ auf (S. 123). Da Fett spezifisch leichter ist als die wäßrige Milchflüssigkeit, so steigen beim ruhigen Stehen die Fettkugeln an die Oberfläche der Flüsigkeit und zwar um so leichter und damit schneller, je größer die betreffenden Kügelchen oder die sich leicht bildende Ansammlung von solchen ist. Dieser Auftrieb des Fettes bedingt das Aufrahmen, das bei der Frischmilch im allgemeinen erwünscht ist, da die Hausfrau eine möglichst hohe Rahmschicht bzw. einen großen Fetthals in der Milchflasche liebt. Für manche Zwecke jedoch ist das Aufrahmen der Milch nicht erwünscht. So z. B. bei der Gewinnung von Kaffeerahm und bei der Gewinnung von Milch für Säuglingsernährung. Bei der Verwendung von Kaffeerahm bedingt der starke Fettauftrieb beim Zugießen des Rahmes zum heißen Kaffee mitunter ein Abscheiden von Fettaugen und damit

ein nicht genügendes „Weißen" des Kaffees. Im Falle der Säuglingsmilch bedingt der Auftrieb mitunter unerwünschte Entmischungen, die unter Umständen Ungleichmäßigkeiten in der Ernährung im Gefolge haben können. Um das Aufrahmen der Milch zu unterbinden, wurde das Homogenisieren der Milch empfohlen. (Erfinder: Julien im Jahre 1882.)

Das Homogenisieren bezweckt eine so weitgehende Verkleinerung der Fettkügelchen von den oben genannten Ausmaßen, daß ihr Auftrieb infolge Steigerung der Oberflächenkraft der Einzelkügelchen fast gleich Null wird. Eine Milch oder ein Rahm, deren Fettkügelchen auf etwa 0,2—0,8 μ verkleinert worden sind, rahmt nicht mehr auf. Ein homogenisierter Rahm besitzt eine weitaus größere Fähigkeit, den Kaffee zu weißen als nicht homogenisierter Rahm. Eine gewisse Homogenisierung der Milch oder des Rahmes tritt erfahrungsgemäß bei jeder Bearbeitung auf, die mit einer kräftigen Bewegung des Produktes verbunden ist. Eine solche homogenisierende Wirkung hat man bei Vorwärmern, die mit Rührwerk ausgestattet sind, bei Dauerwannen, in denen Rührflügel die Mischung besorgen und auch bei Reinigungszentrifugen beobachtet. Auch Drehkolbenpumpen verkleinern die Fettkügelchen und zwar stärker als die Zentrifugaloder Räderpumpen.

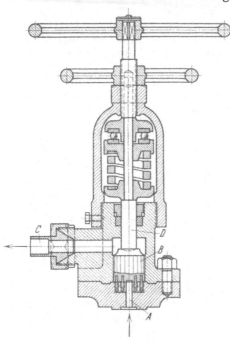

Abb. 25. Homogenisierkopf.
A Milchzufuhr. *B* Homogenisierkegel.
C Milchablauf. *D* Spindel zur Pressung des
Homogenisierkegels gegen die Sitzplatte.

Das Homogenisieren wird im allgemeinen in sog. Homogenisierungsmaschinen vorgenommen, bei denen die Milch mit Hilfe von Druck durch feine Düsen gepreßt wird, wobei das Zerreißen der Fettkügelchen vor sich geht. Der wesentliche Bestandteil einer Homogenisiermaschine ist der Homogenisierkopf (Abb. 25). In einem Kegelstück (*B*) befinden sich kleine Kanäle, durch die die Milch geleitet wird. Die feinen Kanäle stellte man früher aus Bronze, neuerdings aus Achat her.

Homogenisierte Milch zählt nach den Reichsausführungsbestimmungen zum Milchgesetz zu der zubereiteten Milch. Sie muß das Fett in so feiner Verteilung enthalten, daß während 24 Stunden nach der Zubereitung beim Seihen keine Rahmschicht gebildet wird.

b) Bestrahlte Milch. Die neuere Vitaminforschung (Bd. I, S. 820) hat gezeigt, daß die Rachitis eine sog. Avitaminose ist, die dann auftritt, wenn das antirachitische Vitamin D entweder nicht in ausreichender Menge in der Nahrung vorhanden ist, oder aber infolge ungünstiger Lebensbedingungen (Lichtarmut) sich im Körper nicht bilden kann. Huldschinsky (Bd. I, S. 822) beobachtete, daß durch Bestrahlen des Organismus mit ultravioletten Strahlen der Rachitis entgegen gearbeitet wird und damit Heilerfolge zu erzielen sind. Auch durch geeignete Bestrahlung ergosterinhaltiger Lebensmittel ist eine Anreicherung an Vitamin D möglich. Besonders die Milch wurde zur Bestrahlung empfohlen. Die ersten Versuche, die Milch mit ultravioletten Strahlen zu bestrahlen und das erhaltene Produkt als Lebensmittel zu verwenden,

scheiterten an dem überaus widerlichen, fischartigen Geschmack, der sich beim
Bestrahlen an der Luft einstellte. Da sich beim Zusammentreffen von ultravioletten Strahlen mit dem Sauerstoff der Luft stets Ozon bildet, ist anzunehmen,
daß die Einwirkung des Ozons auf den Milchfettgehalt und vielleicht auf die
Eiweißstoffe den Grund für den üblen Geschmack darstellte. O. K. Schulz[1]
glaubt, daß der unangenehme Geschmack, der etwas an Lebertran erinnert,
vom Casein herrührt. Man bezeichnet den Vorgang der Geschmacksumbildung
hier als „Jekorisation". Man hat deshalb versucht, den Sauerstoff der Luft den
man bald als den Störenfried erkannte, auszuschalten. Es geschieht das dadurch,
daß man indifferente Gase, wie Kohlensäure und Stickstoff, durch die Milch
leitet, hierdurch den Sauerstoff verdrängt und nun unter ordnungsmäßigem
Luftabschluß die Milch der Bestrahlung unterwirft.

Zu den Apparaten, die in dieser Weise arbeiten, gehören die Konstruktionen
von H. Scholl und E. O. Scheidt. Beim Schollschen Apparat wird die Milch
in einem vertikal stehenden Kessel durch Einleiten von Stickstoff oder Kohlensäure vom Sauerstoff befreit. Sie fließt dann aus diesem vertikal stehenden
Gefäß in eine mit abnehmbarem Deckel verschlossene Wanne und zwar derart,
daß sie über die die Seitenwandung bildenden wellenförmigen Flächen in dünner
Schicht rieselt. Im Innern der Wanne befinden sich mehrere Quecksilberquarz-
lampen. Die Lampen sind derart angebracht, daß die herabrieselnde Milch
genügend bestrahlt wird. Der Apparat ist, bevor er zur Bestrahlung verwendet
wird, mit Kohlensäure zu füllen. Erst dann kann mit dem Einlaufen der Milch
begonnen werden. Da die Quecksilberlampen große Wärme entwickeln, wird
durch Wasserkühlung für die Kühlung der wellenförmigen Flächen gesorgt.
Durch ein besonderes Ventil wird der Durchfluß geregelt, damit weder zu dicke
Milchschichten entstehen, noch zu langsames Laufen Platz greift. Es kommt
hierbei darauf an, daß die Milch in möglichst dünner Schicht bestrahlt wird.
Die ultravioletten Strahlen dringen infolge des vorhandenen Milchfettgehaltes
nicht weit in die Tiefe, da die suspendierten Milchfetteilchen die Strahlen
absorbieren. Die Ansichten über die Zweckmäßigkeit der Milchbestrahlung gehen
noch sehr auseinander[2].

Außer den beiden genannten Apparaten zur Herstellung der bestrahlten
Milch gibt es noch eine Reihe anderer Systeme, wie z. B. diejenigen von Kohl-
Hofmann, den Vita-Ray-Apparat und den Buhta-Apparat.

Das Vitamin D in konzentrierter Form ist in Präparaten wie Vigantol
oder wie Vitana enthalten. Diese Präparate werden aus Ergosterin durch
Bestrahlung gewonnen. Vigantol ist ein Öl, in dem bestrahltes Ergosterin aufgelöst ist. Vitana ist eine Emulsion von bestrahltem Ergosterin. Neuerdings
wird ein Präparat unter der Bezeichnung Ultralaktina in den Verkehr gebracht.
Es handelt sich dabei um eine bestrahlte Krause Trockenvollmilch, der antirachitische Wirkung nachgesagt wird. Siehe auch Bd. I, S. 828.

c) **Säuglingsmischungen.** Die Milch einer Tierart eignet sich im allgemeinen stets nur für die Ernährung des Säuglings der betreffenden Tierart.
Versuche, Tiere mit artfremder Milch aufzuziehen, hatten keinen genügenden
Erfolg. Die zweckmäßigste Ernährung für den menschlichen Säugling ist deshalb die Frauenmilch. Die Unterschiede in den verschiedenen Milcharten sind
in der chemischen Zusammensetzung begründet. Die als Ersatz für Frauenmilch in Frage kommende Kuh- oder Ziegenmilch sind beide caseinreicher und
albumin- und globulinärmer als Frauenmilch, was vor allem in der grobflockigen
Gerinnung dieser beiden Milcharten zum Ausdruck kommt. Besonders die
Ziegenmilch wurde früher vielfach als Ersatz für Muttermilch empfohlen, da sie

---

[1] O. K. Schultz: Milchw. Forsch. 1927, **4**, 37.
[2] Zeitschr. f. Vitaminforsch. 1935, **4**, 329 (Umfrage über Rachitisprophylaxe).

angeblich bekömmlicher und weiterhin frei von Tuberkelbacillen sein sollte. Die letztere Behauptung ist zweifellos nicht richtig, wenn auch bei Ziegen die Tuberkulose weniger häufig festgestellt wurde, als bei der Milch des Rindviehs. In der Hauptsache kommt als Ersatz für Frauenmilch die Kuhmilch in Frage. Allerdings ist die Kuhmilch in ihrer ursprünglichen Form wegen ihrer von der Frauenmilch abweichenden Beschaffenheit für den Säugling nicht ohne weiteres zu verwenden. Ihre Zusammensetzung ist vielmehr erst der Muttermilch an- zugleichen. Nicht ohne Einfluß ist wohl auch die Tatsache, daß Frauenmilch eisenreicher als Kuhmilch ist. Das Angleichen geschieht meist durch Verdünnen der Milch mit wäßrigen Haferschleimlösungen. In der ersten Zeit nach der Geburt verwendet man gewöhnlich Haferschleimmischungen, die zur Hälfte aus Milch, zur anderen Hälfte aus saccharose- oder milchzuckerhaltigen Haferschleim- lösungen bestehen. In der späteren Zeit geht man dann zu der sog. Zweidrittel- milch über, die aus $^2/_3$ Milch und $^1/_3$ zuckerhaltigem Haferschleim besteht. An Stelle von Hafer verwendet man auch vielfach Weizen-, Gersten- oder Reismehl. Auch Abkochungen von Kindermehl finden Anwendung. Die stets vorgenom- mene Verdünnung der Milch bezweckt in der Hauptsache eine Erniedrigung des Caseingehaltes. Die Abnahme in der Konzentration wird andererseits ausge- glichen durch den Zuckerzusatz; dem Mangel an Salzen wird durch Zusatz von Calciumphosphat begegnet.

Um den Casein- und Fettgehalt der Kuhmilch demjenigen der Frauenmilch anzugleichen, hat man auch einfache Verdünnung der Milch durch Wasser vor- geschlagen, wobei der durch die Verdünnung verringerte Zuckergehalt durch Zuckerzusatz wieder erhöht wird. Zu diesen Präparaten sind zu zählen: Das Bidesche Rahmgemisch und die Gärtnersche Fettmilch. Auch durch Eiweiß- abbau hat man versucht, die Caseinmenge der Kuhmilch herabzumindern (Vollmer-Verfahren). Backhaus behandelt Magermilch mit Lab, entfernt das abgeschiedene Paracasein und versetzt das molkeneiweißhaltige Serum mit Rahm. Bei anderen Präparaten wird neben Milchzucker und Rahm ein Zusatz von Hühnereiweiß vorgeschlagen (Bazinsky, Lehmann, Hesse, Fund und Rieth). S. Szekely scheidet das Casein der Kuhmilch in der Wärme (60⁰) unter Druck ab. Auf 60 Teile des erhaltenen Serums werden 2 Teile Milchzucker und 38 Teile pasteurisierten Rahmes (8,7% Fettgehalt) zugesetzt. Einen Ersatz der Muttermilch stellt auch die Lahmannsche vegetabilische Milch dar, die aus einer Mischung von Kuhmilch besteht, mit einem Extrakt süßer Mandeln, einer pflanzencaseinhaltigen Pflanzenfettemulsion.

Schon lange Zeit hat man die günstige Wirkung saurer Milchprodukte, insonderheit der Buttermilch, beobachtet. Die Buttermilch mit verschiedenen Zusätzen, wie Zucker, Mehl und anderen, spielt in der Säuglingsernährung eine wichtige Rolle. Nach Finkenstein und L. F. Meyer ist die „Eiweißmilch" auch ein Buttermilchprodukt. Sie wird in folgender Weise hergestellt: Zu- nächst wird die Milch gelabt, der ausgeschiedene Käsestoff wird durch mehrfaches Pressen durch feine Siebe in eine fein verteilte Form gebracht, die man dann in Buttermilch aufschwemmt. Die Mischung wird dann in Flaschen pasteurisiert oder in Büchsen sterilisiert. Auch die sog. Holländer Kindermilch ist ein Buttermilchprodukt, sie wird bereitet, indem man in 1 Liter Buttermilch unter Erwärmen 50 g Saccharose und 5 g Weizenmehl verrührt. Die Mischungen werden gleichfalls pasteurisiert. Zur Kalkanreicherung setzt man mitunter Calciumcarbonat oder -lactat zu. Derartige Buttermilchmischungen werden durch Trocknen mitunter in Konserven übergeführt, die da, wo Buttermilch nicht frisch zur Verfügung steht, gute Dienste leisten. Auch Yoghurt, Kefir und Acidophylusmilch hat man zur Bereitung von Säuglingsmilch heran- gezogen (vgl. S. 468).

Die Wirkung der Sauermilchpräparate beruht darauf, daß im Darm durch die verhältnismäßig hohen Milchsäuregehalte falsche Gärungen verhindert werden.

Da alle Säuglingsmilchmischungen vor der Verabreichung gewöhnlich der Pasteurisierung oder Sterilisierung unterworfen werden, so ist bei diesen Produkten mit Schädigungen der ursprünglich vorhandenen Vitamine der Kuhmilch zu rechnen, besonders das leicht oxydierbare Vitamin C wird durch die Behandlung beeinträchtigt. Um diesen Schädigungen des Säuglingsorganismus zu begegnen, verwendet man als Beikost Tomaten-, Citronen-, Apfelsinen- und Möhrensaft. Auch Spinat wird schon im frühen Lebensalter, besonders auch wegen seines hohen Eisengehaltes, dem Säugling verabreicht. Ein fehlender Gehalt an Vitamin D wird durch Verwendung bestrahlter Milch oder durch Verabreichung von Vitamin-D-Produkten behoben.

B. Milchversorgung.

Mit dem schnellen Anwachsen der Städte wurde die Milchversorgung gegen Ende des 19. und zu Anfang des 20. Jahrhunderts gezwungen, neue Wege einzuschlagen. Während bisher meist die im Umkreis der Städte liegenden Erzeugergebiete genügten, den Bedarf der Städte an Frischmilch zu decken, rückten mit der Stadterweiterung die Produktionsgebiete immer weiter vom Zentrum ab. Die vergrößerten Bedarfsgebiete verlangten neue Milchquellen, die nun in immer größeren Entfernungen von den Städten erschlossen werden mußten. Die Folge dieser Entwicklung war, daß die Versorgung der Städte mit frischer Rohmilch mitunter schwierig wurde, da vielfach Transporte von mehreren Bahnstunden zu überwinden waren, die natürlich auf die Beschaffenheit der Milch, zumal im Hochsommer, nicht ohne Einfluß blieben. In der gleichen Richtung wie die durch die Entwicklung der Städte bedingten Transportschwierigkeiten wirkten die Bestrebungen der modernen Hygiene, der Hausfrau keine pathogenen Bakterien mit der Milch ins Haus zu liefern.

Sowohl die Transportschwierigkeiten, als auch die Errungenschaften der modernen Hygiene forderten gebieterisch eine Behandlung der Milch über das Maß des meist vorgenommenen Entschmutzens und Kühlens vor Abgabe an den Verbraucher hinaus. Während der Säuerungsprozeß während des Transportes durch kräftige Tiefkühlung zurückgehalten werden konnte, war eine Befreiung der Milch von pathogenen Bakterien, deren Vorkommen, wie wir weiter oben (S. 90) gesehen haben, verhältnismäßig weit verbreitet ist, auf diesem Wege nicht möglich. Diese Aufgabe blieb der Erhitzung überlassen.

Bei der Erhitzung der Milch bestehen zwei Möglichkeiten, einmal eine Erhitzung am Orte der Erzeugung, also in einer Landmolkerei, weiterhin die Erhitzung am Orte des Verbrauchers, also in der Stadtmolkerei. So finden wir denn in den meisten Städten, in denen Vorschriften für die zwangsweise Pasteurisierung nicht bestehen, eine Rohmilchbelieferung aus der nächsten Umgebung. Aus weiteren Gegenden treffen dagegen in besonderen, für den Milchtransport geeigneten Milchkühlwagen Milchsendungen ein, die auf den Landmolkereien verarbeitet und in Sonderheit erhitzt worden sind. Hier tritt noch als dritte Belieferungsart die Belieferung der Stadtmolkereien mit Rohmilch hinzu. Diese Rohmilch ist natürlich gleichfalls im Kühlwagen sorgfältigst zu behandeln, damit sie noch in süßem Zustande in der Stadt eintrifft. Man könnte hier einwenden, daß ja diese Rohmilchbelieferung sich nur wenig von der zuerst angeführten unterscheidet. Es ist jedoch zu bedenken, daß mit dem Eintreffen der Rohmilch in der Stadt die Gefahrzone für die Milch noch nicht völlig überschritten ist. Die Verteilung der Milch nimmt bekanntlich auch noch mehrere

Stunden in Anspruch, so daß z. B. eine ansauer in der Stadt ankommende
Milch zweifellos beim Verbraucher im Gerinnungszustande ankommen wird,
während eine derartige Milch, sofort bei der Ankunft in der Stadtmolkerei
verarbeitet, durchaus noch in gebrauchsfähigem Zustande an die Verbraucher
gelangen kann.

Land- und Stadtmolkereien unterscheiden sich vor allem dadurch, daß letztere
in erster Linie nur auf Frischmilcherzeugung und unter Umständen auch auf
Verarbeitung der Milchreste auf Käse, Milchzucker usw. eingerichtet sind,
während ländliche Betriebe neben der Frischmilchversorgung meist noch eine
ausgedehnte Butterei oder Käserei unterhalten. In vielen Großstädten haben
die Frischmilchbetriebe zur Errichtung sog. Milchzentralen oder Milchhöfe
geführt.

Schon lange hat sich die Erkenntnis durchgesetzt, daß die pflegliche Behandlung der Milch nicht erst in der Molkerei beginnen darf. Die best eingerichtete Molkerei hat an Wert verloren, wenn die Milch schon ansauer oder sonst
minderwertig in ihr eintrifft. Aus diesem Grunde legen die Molkereien, wie überhaupt die gesamte Milchwirtschaft, größten Wert auf eine einwandfreie Milchgewinnung. In dem Bestreben, die hygienische Beschaffenheit zu fördern, haben
manche Milchzentralen die Erfassung der Milch auf dem Lande in ihre eigene
Hand gebracht, um so mit dem Landwirt in nähere Berührung zu kommen und
hierdurch Einfluß auf die Milchgewinnung zu erhalten. Über die Milch-Einzugs-
gebiete einiger großstädtischer Milchzentralen ist ein wohlorganisiertes Netz
von Milchsammelstellen gespannt, die die Aufgabe haben, in den einzelnen Gemeinden von den ortsansässigen Landwirten die Milch zu sammeln, sie in einfacher Weise mit Hilfe von Alkoholprobe und Spindelung sowie Temperatur-
messung auf die Beschaffenheit zu prüfen, zu seihen und mittels eines Wasserkühlers zu kühlen. Dabei ist auf getrennte Behandlung von Morgen- und Abendmilch Wert zu legen. Die ansaure oder sonst irgendwie minderwertige Milch wird
hier ausgeschieden. Die vom Reichsnährstand eingesetzte Kontrollorganisation
des sog. ,,Milchprüfringes" überwacht laufend die Qualität der Milch der einzelnen
Lieferungsgebiete. Bei den großen Entfernungen, die heutzutage bei Großstädten
für Milchtransporte in Frage kommen, genügt die einfache Wasserkühlung
besonders im Hochsommer nicht, um die Milch in verarbeitungsfähigem Zustand
an die Stätte des Verbrauchers bzw. in die Stadtmolkerei zu bringen. Manche
Milchzentralen leiten deshalb die Milch von den Sammelstellen, die gewöhnlich
abseits der Bahn liegen, zu an den Bahnen gelegenen Tiefkühlstationen,
wo sie vor dem Bahntransport nochmals tiefgekühlt wird. Bei anderen Milchzentralen wird mitunter die Milch in Molkereien, die auf dem Lande liegen,
gesammelt und vor dem Bahntransport verarbeitet; damit überhaupt die
Milch in verarbeitungsfähigem Zustand zur Stadt kommt, wo sie entweder
in der Molkerei nochmals tiefgekühlt wird oder aber direkt zur Verteilung
gelangt.

Die in den Tiefkühlstationen gesammelte Milch wird meist in den städtischen
Milchzentralen oder Molkereien am Orte des Verbrauches verarbeitet. Außer
dieser Belieferung, die meist in Kannen vorgenommen wird, tritt neuerdings
in den Städten auch der Transport der Milch mittels Lastautos in den Vordergrund.
Die Lastautos werden entweder mit Kannen beladen, oder sie führen große,
glasemaillierte Stahltanks mit sich, die Milchmengen von 1000 bis 5000 Liter
fassen. Auch auf den Eisenbahnen werden mitunter derartige Tanks verwendet.
In Amerika werden unter anderem Kleintanks mit 1000 bis 2000 Liter Fassungsvermögen benutzt. Diese Tanks sind in Holzkisten mit Isolation fest eingebaut.
Sie werden vom Auto oder Eisenbahnwagen mittels Kran abgehoben und weiter-
befördert.

VI. Milchuntersuchung.

A. Physikalische Untersuchungsmethoden.

1. Bestimmung des Spezifischen Gewichtes.

Die Bestimmung des Spez. Gewichtes der Milch kann mit dem Pyknometer, der MOHRschen oder WESTPHALschen Waage oder dem Aräometer vorgenommen werden. Näheres darüber siehe Bd. II, S. 7—15.

Pyknometerverfahren: Man kann sich der verschiedensten Pyknometer bedienen. Notwendig ist es jedoch, daß man die Milch, bevor man sie in das Pyknometer einfüllt, auf etwa 14⁰ bringt und nicht zu lange im Temperierbad von 15⁰ vor der endgültigen Einstellung stehen läßt, da sonst ein Aufrahmen der Milch stattfindet. Zur Bestimmung des Spez. Gewichtes sind Pyknometer wegen der Aufrahmungsgefahr weniger geeignet (E. FRITZMANN[1]).

MOHR-WESTPHALsche Waage: Bei Benutzung der MOHR-WESTPHALschen Waage braucht die Temperatur der Milch nicht genau 15⁰ zu betragen; man kann nach Feststellung der Wärmegrade das Spez. Gewicht der Milch auf 15⁰ umrechnen; siehe unten.

Aräometer: In der Praxis wird das Spez. Gewicht der Milch fast ausschließlich vermittelst des Aräometers bestimmt. Ein für die Milchuntersuchung besonders geeignetes Aräometer, Lactodensimeter oder Milcharäometer, ist von QUEVENNE und von SOXHLET konstruiert worden, das zugleich ein Thermometer eingeschlossen enthält.

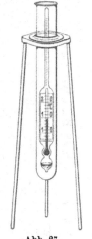

Abb. 27.
Aräometer
im kardanischen
Gehänge.

Das QUEVENNEsche Lactodensimeter gestattet keine genaue Ablesung, da die Gradeinteilung zu geringen Abstand besitzt, während das SOXHLETsche Lactodensimeter (Abb. 26) ein genaues Ablesen gestattet. Die Skala dieser Aräometer ist in sog. Lactodensimetergrade eingeteilt, welche angeben, wieviel Gramm 1 Liter Milch mehr wiegt als 1 Liter Wasser bei der gleichen Temperatur; z. B. entsprechen die Skalenwerte 28,0 oder 30,5 den Spez. Gewichten 1,0280 bzw. 1,0305.

Abb. 26.
Aräometer
mit Lacto-
densimeter-
Einteilung
mit Tempe-
raturangabe
nach
GERBER.

Vor der Bestimmung des Spez. Gewichtes ist die Milch kräftig durchzuschütteln, was auch vor jeder Bestimmung der Milchbestandteile stets erfolgen muß, damit eventuell aufgerahmte Fettklümpchen gleichmäßig wieder in der Milch verteilt werden. Nach einigen Minuten läßt man sie langsam in das Standgefäß fließen, damit eine unnötige Schaumbildung vermieden wird. Man senkt nun langsam unter Quirlen das Lactodensimeter ein und wenn man fühlt, daß es nicht mehr sinkt, so läßt man es los; es darf jedoch die Wandungen des Standgefäßes nicht berühren. Beim Ablesen der Lactodensimetergrade an der Spindel muß man den oberen Meniscus nehmen. Alsdann ist die Temperatur abzulesen.

Bei Massenuntersuchungen benutzt man an Stelle von Standgläsern zur Aufnahme der zu messenden Milch solche, die in einem kardanischen Gehänge hängen und unten einen Ausfluß haben (S. ROTHENFUSSER[2]).

---

[1] E. FRITZMANN: Zeitschr. öffentl. Chem. 1898, 4, 544; Z. 1899, 2, 238.
[2] S. ROTHENFUSSER: Z. 1932, 64, 114.

Wenn es sich um kleine Milchmengen handelt, so kann man mit Vorteil sehr kleine Aräometer benutzen, deren Milchaufnahmegefäß ebenfalls sich in einem kardanischen Gehänge (Abb. 27) befindet, wie es H. PODA[1] angegeben hat.

Tabelle 15. Korrektionstabelle der Lactodensimetergrade für **Vollmilch**.

Lacto-densi-meter-grade	Wärmegrade der Milch															
	10	11	12	13	14	15	16	17	18	19	20	21	22	23	24	25
15	14,4	14,5	14,6	14,7	14,8	15,0	15,1	15,2	15,4	15,6	15,8	16,0	16,2	16,4	16,6	16,8
16	15,4	15,5	15,6	15,7	15,8	16,0	16,1	16,3	16,5	16,7	16,9	17,1	17,3	17,5	17,7	17,9
17	16,4	16,5	16,6	16,7	16,8	17,0	17,1	17,3	17,5	17,7	17,9	18,1	18,3	18,5	18,7	18,9
18	17,4	17,5	17,6	17,7	17,8	18,0	18,1	18,3	18,5	18,7	18,9	19,1	19,3	19,5	19,7	19,9
19	18,4	18,5	18,6	18,7	18,8	19,0	19,1	19,3	19,5	19,7	19,9	20,1	20,3	20,5	20,7	20,9
20	19,3	19,4	19,5	19,6	19,8	20,0	20,1	20,3	20,5	20,7	20,9	21,1	21,3	21,5	21,7	21,9
21	20,3	20,4	20,5	20,6	20,8	21,0	21,2	21,4	21,6	21,8	22,0	22,2	22,4	22,6	22,8	23,0
22	21,3	21,4	21,5	21,6	21,8	22,0	22,2	22,4	22,6	22,8	23,0	23,2	23,4	23,6	23,8	24,1
23	22,3	22,4	22,5	22,6	22,8	23,0	23,2	23,4	23,6	23,8	24,0	24,2	24,4	24,6	24,8	25,1
24	23,3	23,4	23,5	23,6	23,8	24,0	24,2	24,4	24,6	24,8	25,0	25,2	25,4	25,6	25,8	26,1
25	24,2	24,3	24,5	24,6	24,8	25,0	25,2	25,4	25,6	25,8	26,0	26,2	26,4	26,6	26,8	27,1
26	25,2	25,3	25,5	25,6	25,8	26,0	26,2	26,4	26,6	26,9	27,1	27,3	27,5	27,7	27,9	28,2
27	26,2	26,3	26,5	26,6	26,8	27,0	27,2	27,4	27,6	27,9	28,2	28,4	28,6	28,8	29,0	29,3
28	27,1	27,2	27,4	27,6	27,8	28,0	28,2	28,4	28,6	28,9	29,2	29,4	29,6	29,9	30,1	30,4
29	28,1	28,2	28,4	28,6	28,8	29,0	29,2	29,4	29,6	29,9	30,2	30,4	30,6	30,9	31,2	31,5
30	29,0	29,2	29,4	29,6	29,8	30,0	30,2	30,4	30,6	30,9	31,2	31,4	31,6	31,9	32,3	32,5
31	30,0	30,2	30,4	30,6	30,8	31,0	31,2	31,4	31,7	32,0	32,3	32,5	32,7	33,0	33,3	33,6
32	31,0	31,2	31,4	31,6	31,8	32,0	32,2	32,4	32,7	33,0	33,3	33,6	33,8	34,1	34,4	34,7
33	32,0	32,2	32,4	32,6	32,8	33,0	33,2	33,4	33,7	34,0	34,3	34,6	34,9	35,2	35,5	35,8
34	32,9	33,1	33,3	33,5	33,8	34,0	34,2	34,4	34,7	35,0	35,3	35,6	35,9	36,2	36,5	36,8
35	33,8	34,0	34,2	34,4	34,7	35,0	35,2	35,4	35,7	36,0	36,3	36,6	36,9	37,2	37,5	37,8

Tabelle 16. Korrektionstabelle der Lactodensimetergrade für **Magermilch**.

	10	11	12	13	14	15	16	17	18	19	20	21	22	23	24	25
18	17,5	17,6	17,7	17,8	17,9	18,0	18,1	18,2	18,4	18,6	18,8	18,9	19,1	19,3	19,5	19,7
19	18,5	18,6	18,7	18,8	18,9	19,0	19,1	19,2	19,4	19,6	19,8	19,9	20,1	20,3	20,5	20,7
20	19,5	19,6	19,7	19,8	19,9	20,0	20,1	20,2	20,4	20,6	20,8	20,9	21,1	21,3	21,5	21,7
21	20,5	20,6	20,7	20,8	20,9	21,0	21,1	21,2	21,4	21,6	21,8	21,9	22,1	22,3	22,5	22,7
22	21,5	21,6	21,7	21,8	21,9	22,0	22,1	22,2	22,4	22,6	22,8	22,9	23,1	23,3	23,5	23,7
23	22,5	22,6	22,7	22,8	22,9	23,0	23,1	23,2	23,4	23,6	23,8	23,9	24,1	24,3	24,5	24,7
24	23,4	23,5	23,6	23,7	23,9	24,0	24,1	24,2	24,4	24,6	24,8	24,9	25,1	25,3	25,5	25,7
25	24,3	24,4	24,5	24,6	24,8	25,0	25,1	25,2	25,4	25,6	25,8	25,9	26,1	26,3	26,5	26,7
26	25,3	25,4	25,5	25,6	25,8	26,0	26,1	26,3	26,5	26,7	26,9	27,0	27,2	27,4	27,6	27,8
27	26,3	26,4	26,5	26,6	26,8	27,0	27,1	27,3	27,5	27,7	27,9	28,1	28,3	28,5	28,7	28,9
28	27,3	27,4	27,5	27,6	27,8	28,0	28,1	28,3	28,5	28,7	28,9	29,1	29,3	29,5	29,7	29,9
29	28,3	28,4	28,5	28,6	28,8	29,0	29,1	29,3	29,5	29,7	29,9	30,1	30,3	30,5	30,7	30,9
30	29,3	29,4	29,5	29,6	29,8	30,0	30,1	30,3	30,5	30,7	30,9	31,1	31,3	31,5	31,7	31,9
31	30,3	30,4	30,5	30,6	30,8	31,0	31,2	31,4	31,6	31,8	32,0	32,2	32,4	32,6	32,8	33,0
32	31,3	31,4	31,5	31,6	31,8	32,0	32,2	32,4	32,6	32,8	33,0	33,2	33,4	33,6	33,9	34,1
33	32,3	32,4	32,5	32,6	32,8	33,0	33,2	33,4	33,6	33,8	34,0	34,2	34,4	34,6	34,9	35,2
34	33,3	33,4	33,5	33,6	33,8	34,0	34,2	34,4	34,6	34,8	35,0	35,2	35,4	35,6	35,9	36,2
35	34,2	34,3	34,4	34,6	34,8	35,0	35,2	35,4	35,6	35,8	36,0	36,2	36,4	36,6	36,9	37,2
36	35,2	35,3	35,4	35,6	35,8	36,0	36,2	36,4	36,6	36,9	37,1	37,3	37,5	37,7	38,0	38,3
37	36,2	36,3	36,4	36,6	36,8	37,0	37,2	37,4	37,6	37,9	38,2	38,4	38,6	38,8	39,1	39,4
38	37,2	37,3	37,4	37,6	37,8	38,0	38,2	38,4	38,6	38,9	39,2	39,4	39,7	39,9	40,2	40,5
39	38,2	38,3	38,4	38,6	38,8	39,0	39,2	39,4	39,6	39,9	40,2	40,4	40,7	41,0	41,3	41,6
40	39,1	39,2	39,4	39,6	39,8	40,0	40,2	40,4	40,6	40,9	41,2	41,4	41,7	42,0	42,3	42,6

Die Normaltemperatur für das Spez. Gewicht ist, wie schon erwähnt, 15°; wenn man es bei einer höheren oder niedrigeren Temperatur bestimmt hat, so

---

[1] H. PODA: Z. 1901, 4, 22.

muß man die gefundenen Spez. Gewichte auf die Normaltemperatur von 15⁰ umrechnen.

Für jeden Wärmegrad über 15⁰ muß man dem festgestellten Lactodensimetergrad 0,2 zuzählen, z. B. 32,0 Lactodensimetergrade bei 18⁰ = 32,6 Lactodensimetergrade bei 15⁰ = 1,0326 Spez. Gewicht. Liegt die Temperatur unter 15⁰, so muß man für jeden Wärmegrad 0,2 Lactodensimetergrade abziehen, z. B. 32,0 Lactodensimetergrade bei 12⁰ = 31,4 Lactodensimetergrade bei 15⁰ = 1,0314 Spez. Gewicht. Zu bemerken ist, daß man frisch ermolkene Milch erst einige Stunden, am besten im Eisschrank, stehen läßt, da frisch ermolkene Milch Kontraktionserscheinungen des Fettes zeigt; siehe S. 43. Kalte Milch soll man schwach anwärmen und wärmere Milch abkühlen, so daß die Temperatur der zu messenden Milch nach oben oder unten nicht mehr als etwa 3—4 Wärmegrade von 15⁰ abweicht.

Tabelle 15 enthält die Normalwerte von 15⁰ für die bei 10—25⁰ bestimmten Lactodensimetergrade.

Über die Berechnung des Spezifischen Gewichtes siehe S. 126.

Geronnene Milch. Um das Spez. Gewicht geronnener Milch bestimmen zu können, muß diese zunächst wieder verflüssigt werden. Dieses erreicht man durch Zusatz einer gemessenen Menge Ammoniaklösung, deren Spez. Gewicht bekannt sein muß.

Die Formel zur Berechnung des Spez. Gewichtes ist dann folgende: $s = \dfrac{11\,s_1 - s_2}{10}$, wobei $s =$ Spez. Gewicht der Milch, s_1 das des Milch-Ammoniak-Gemisches, s_2 das der Ammoniaklösung ist. Zu 100 ccm Milch setzt man 10 ccm Ammoniaklösung.

Abb. 28. Milchverflüssigungskölbchen nach ROEDER.

Nach v. WISSEL[1] muß von der so ermittelten Zahl 0,001 = 1,0 Lactodensimetergrad abgezogen werden. Nach ROEDER kann man vorteilhaft Kölbchen (Abb. 28) mit erweitertem Hals zur Bestimmung des Spez. Gewichtes geronnener Milch verwenden, die bei 100 ccm oder 50 bzw. 30 ccm eine Marke tragen. Der Hals der Pyknometer ist kalibriert bis auf 110, 55 bzw. 33 ccm. Das Verfahren ist folgendes: Je nach der Milchmenge nimmt man 100, 50 oder 30 ccm Milch und fügt 10, 5 oder 3 ccm Ammoniaklösung hinzu, deren Spez. Gewicht bekannt ist. Das Kölbchen stellt man nunmehr in ein Wasserbad von 40—45⁰ und läßt es so lange darin stehen, bis eine Verflüssigung der Milch eingetreten ist; zeitweiliges Umschütteln fördert die Verflüssigung. Um beim Umschütteln Verluste zu vermeiden, schließt man das Kölbchen mit einem Gummistopfen.

Nach dem Abkühlen auf 15⁰ bestimmt man das Spez. Gewicht mit dem Lactodensimeter oder mit Hilfe der MOHR-WESTPHALschen Waage. Der Fettgehalt wird nach GERBER bestimmt.

Aus den erhaltenen Ergebnissen wird der Fettgehalt und das Spez. Gewicht der ursprünglichen Milch errechnet.

Spez. Gewicht: $s = \dfrac{(M + A) \cdot s_1 - A \cdot s_2}{M}$ ($M =$ die Menge der verwendeten geronnenen Milch, $A =$ Menge des angewendeten Ammoniaks, $s =$ Spez. Gewicht der ursprünglichen, geronnenen Milch, $s_1 =$ Spez. Gewicht des Milchammoniakgemisches bei 15⁰, $s_2 =$ Spez. Gewicht des Ammoniaks bei 15⁰.), Formel nach M. WEIBULL[2].

Fettgehalt: $f = f_1 \dfrac{(M + A)}{M}$ ($M =$ die Menge der geronnenen Milch, $A =$ Menge des angewendeten Ammoniaks, $f =$ Fettgehalt der ursprünglichen, geronnenen Milch, $f_1 =$ Fettgehalt der mittels Ammoniaks verflüssigten Milch).

Milch, die mit Konservierungsmitteln z. B. Kaliumbichromat haltbar gemacht ist, bedarf einer Korrektur, da sonst ein nicht stimmendes Spez. Gewicht

[1] v. WISSEL: Milchw. Zentralbl. 1905, **1**, 401; **Z.** 1906, **11**, 613.
[2] M. WEIBULL: Chem.-Ztg. 1893, **17**, 1670; 1894, **18**, 926.

der Milch festgelegt wird (M. Siegfeld[1]). Für jedes Gramm Kaliumbichromat auf 100 cm Milch sind vom Spez. Gewicht 0,007 abzuziehen.

2. Bestimmung der elektrolytischen Leitfähigkeit.

Die Grundlagen und Ausführungen zu dieser Bestimmung siehe Bd. II, S. 233. Bei Milch wendet man zweckmäßig solche Leitfähigkeitsgefäße an, bei denen die Elektroden senkrecht gestellt sind, da sonst leicht aufrahmendes Fett die waagerecht stehenden Elektroden ungünstig beeinflussen kann. Besonders geeignete Apparaturen, namentlich für Massenuntersuchungen, haben V. Gerber[2] und G. Roeder[3] angegeben.

Da die Leitfähigkeit von der Temperatur abhängig ist, so wird nach der Methode von Kohlrausch bei einer bestimmten Temperatur mittels eines Thermostaten gearbeitet. Das Leitvermögen steigt fast genau proportional der Temperatur an. Man ist also in der Lage, auch bei Zimmertemperaturen ohne Thermostat die Messung bei 15—25⁰ vornehmen zu können. Hierzu bedarf es der Eichung des Elektrodengefäßes mittels 0,05 N. Natriumchloridlösung. Durch Einbau eines Ausgleichwiderstandes läßt sich diese leicht erreichen. Wenn auch die Genauigkeit der Messung nicht an die nach der Methode von Kohlrausch heranreicht, so genügt sie bei weitem für die Praxis und ist für Massenuntersuchungen unentbehrlich. Näheres ist aus der Arbeit von G. Roeder und Bd. II S. 233 zu ersehen. Die Leitfähigkeit von Mischmilch liegt bei 46,0 bis $58,0 \cdot 10^{-4}$ Einheiten. Durch Säuerung wird die Leitfähigkeit der Milch erhöht, wie auch Eutererkrankungen eine solche hervorrufen können; Weiteres siehe S. 48 und 174, 203.

Auch durch die Kolloide wird die Leitfähigkeit beeinflußt, je größer ihre Menge ist, um so geringer ist die Leitfähigkeit der Milch.

Man kann nach Bugarski und Tangl[4] die sog. korrigierte Leitfähigkeit nach folgender Formel berechnen: $\dfrac{100 + 2,5\,P}{100}$, wobei $P =$ Grammzahl des Eiweißgehaltes in 100 ccm ist, dieser Wert wird alsdann mit dem gefundenen Wert für Leitfähigkeit multipliziert.

3. Bestimmung des Gefrierpunktes (Kryoskopie).

Die Bestimmung des Gefrierpunktes der Milch kann, wie in Bd. II, S. 111 näher beschrieben, ausgeführt werden. Es sei dazu jedoch kurz folgendes noch erwähnt:

Die zu untersuchenden Milchproben werden in das Reaktionsgefäß gebracht, und zwar in einer solchen Menge, daß nach Einsenken des Thermometers die Milchschicht etwa $2^{1}/_{2}$—3 cm die Kugel des Thermometers überragt. Alsdann stellt man dieselben in ein Kühlgefäß, das Eisstücke und Wasser enthält. Nach etwa $^{1}/_{4}$ Stunde kann man mit der Bestimmung beginnen. Bemerkt sei noch, daß man vorher in ein Reaktionsgefäß destilliertes Wasser füllt, das Thermometer einsenkt und ebenfalls in dem mit Eis gekühlten Wasser die ganze Apparatur abkühlen läßt. Alsdann bestimmt man den Gefrierpunkt des Wassers, spült mit gekühlter reiner Milch das Thermometer ab und nimmt die am Thermometer haftenden Tropfen mit Fließpapier weg, senkt das Thermometer in die zu untersuchende Milch und bestimmt ihren Gefrierpunkt. Zweckmäßig ist es, zur Einleitung des Gefrierens mit gefrorener Milch zu impfen. Nach Feststellung des Gefrierpunktes kann man zur Kontrolle die Gefrierpunktsbestimmung

[1] M. Siegfeld: Z. 1903, 6, 397.
[2] V. Gerber: Z. 1927, 54, 257.
[3] G. Roeder: Milchw. Forsch. 1931, 12, 236.
[4] Bugarski u. F. Tangl: Arch. ges. Physiol. 1897, 68, 389; 1898, 72, 531.

nach dem Auftauen und erfolgten Abkühlen in Eiswasser wiederholen. Bei
genügend genauer Bestimmung differieren die beiden Bestimmungen um nicht
mehr als 0,003⁰. Die Kochsalz-Eismischung des Kühlgefäßes darf eine Temperatur
von —3⁰ nicht unterschreiten. Das Reaktionsgefäß mit Milch wird ohne Kühl-
mantel direkt in das Kühlgefäß gestellt. Bei einiger Einarbeitung kann man
in der Stunde etwa 15 Bestimmungen nebst zweimaliger Kontrolle des Thermometers mit destilliertem Wasser zu Beginn und Ende der Operationen ausführen. Über die Eichung des Thermometers siehe Bd. II, S. 116.

Neuerdings haben J. GANGL und K. JESCHKI[1] einen besonders für die Bestimmung des Gefrierpunktes der Milch geeigneten Apparat beschrieben, dessen
Vorzüge unter anderem darin bestehen,
daß dafür nur 12 ccm Milch erforderlich
sind und die Bestimmung in kürzester
Zeit ausgeführt werden kann.

Apparatur[2]: Das Thermometer hat
einen Durchmesser von 10 mm und ist etwa
350 mm lang, wobei etwa 150 mm auf den
Skalenteil entfallen. Der Quecksilberkörper
hat eine Länge von etwa 20 mm. Die Capillare des Thermometers ist zur Ausschaltung
von Außeneinflüssen mit einem Vakuum-
mantel umgeben. Die Skala umfaßt etwa
1,5⁰ bei einer Teilung in hundertstel Grade.
Die Bezifferung ist ansteigend von unten nach
oben gewählt, wobei der Nullpunkt im
oberen Teile der Skala liegt. Durch diese
Skalenanordnung sollte der irrtümlichen
Meinung vorgebaut werden, daß der Nullpunkt des Thermometers etwa mit dem Nullpunkt der Skala zusammenfallen muß. Die
Anordnung des Thermometers ist eine derartige, daß der herausragende Quecksilberfaden so kurz wie möglich gehalten ist.

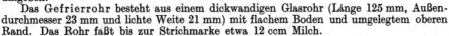
Abb. 29. Apparat zur Gefrier-
punktsbestimmung der Milch
nach J. GANGL und K. JESCHKI.

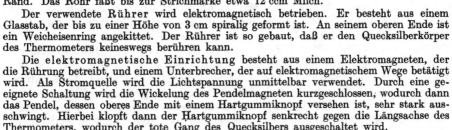

Das Kühlgefäß ist ein DEWARsches
Gefäß mit 80 mm Innendurchmesser und
einer Innenhöhe von 200 mm. Die Größe
des Gefäßes ist so gewählt, daß man mit einer
Eisfüllung bei jeweilig neuerlichen Salzgaben
einen ganzen Tag hindurch arbeiten kann.
Das Gefäß ist mit einem Metallmantel
umgeben.

Das Gefrierrohr besteht aus einem dickwandigen Glasrohr (Länge 125 mm, Außen-
durchmesser 23 mm und lichte Weite 21 mm) mit flachem Boden und umgelegtem oberen
Rand. Das Rohr faßt bis zur Strichmarke etwa 12 ccm Milch.

Der verwendete Rührer wird elektromagnetisch betrieben. Er besteht aus einem
Glasstab, der bis zu einer Höhe von 3 cm spiralig geformt ist. An seinem oberen Ende ist
ein Weicheisenring angekittet. Der Rührer ist so gebaut, daß er den Quecksilberkörper
des Thermometers keineswegs berühren kann.

Die elektromagnetische Einrichtung besteht aus einem Elektromagneten, der
die Rührung betreibt, und einem Unterbrecher, der auf elektromagnetischem Wege betätigt
wird. Als Stromquelle wird die Lichtspannung unmittelbar verwendet. Durch eine geeignete Schaltung wird die Wickelung des Pendelmagneten kurzgeschlossen, wodurch dann
das Pendel, dessen oberes Ende mit einem Hartgummiknopf versehen ist, sehr stark aus-
schwingt. Hierbei klopft dann der Hartgummiknopf senkrecht gegen die Längsachse des
Thermometers, wodurch der tote Gang des Quecksilbers ausgeschaltet wird.

Der Apparat ist auf einem schweren Gußeisenfuß montiert. Das Gefriergefäß ist oben
mit einem Hartgummideckel abgeschlossen, der mittels eines arretierbaren Bajonett-
verschlusses auf dem Metallgefäß zu befestigen ist. Auf dem Hartgummideckel ist die

¹ J. GANGL u. K. JESCHKI: Z. 1934, 68, 540.
² Zu beziehen von Firma Paul Haack, Wien IX./3, Garelligasse 4. (Österr. Muster-
schutz Nr. 266032; D.R.G.M. Nr. 1294049.)

elektromagnetische Einrichtung montiert und durch eine entsprechende Verschalung gegen Eindringen von Salzwasser gesichert. Der Deckel hat vier Bohrungen. Über der Durchbohrung für die Gefrierröhre befindet sich der Elektromagnet, der durch eine Röhre aus rostfreiem Metall gegen chemische Angriffe geschützt ist. Das Gefrierrohr, das mit einem Gummiring in dem Rohre geführt wird, ist mittels eines Korkes, an dem seitwärts eine Rille angebracht ist, mit dem Thermometer verbunden. In der zweiten Durchbohrung der Hartgummiplatte steckt ein Thermometer, das die in der Kältemischung herrschende Temperatur angibt. In der dritten Durchbohrung steckt das mit Milch gefüllte Impfrohr mit dem Impfstab. Der Impfstab besteht aus rostfreiem Metall; sein unteres Ende ist in einer Länge von 4 cm gerillt. In der vierten Bohrung ist ein Rührer für das Kältebad angebracht.

Der Vorkühler, links in der Abbildung, besteht aus einem zylindrischen Glasgefäß mit einem Durchmesser von 180 mm und einer Höhe von 140 mm. Er ist mit einem Deckel aus Hartgummi abgeschlossen, in dem 12 Löcher für die Gefrierröhren angebracht sind.

Arbeitsvorschrift: Das Vorkühlgefäß wird mit zerkleinertem Eis und Wasser gefüllt. Die Gefrierrohre werden bis zur Marke mit der zu untersuchenden Milch gefüllt und mit dem Rührer versehen. Das DEWARsche Gefäß wird ebenfalls mit zerkleinerten Eisstücken bei gleichzeitigen kleinen Salzgaben gefüllt, so daß das Gemisch nach gutem Durchrühren eine Temperatur von —4° erreicht.

In das Impfrohr wird Milch eingegossen. Der Impfstift ist während des Einbringens der Milch in diesem zu belassen, wobei vorteilhaft während des Erstarrens der Milch einige Male mit dem Impfstift umgerührt wird, damit man einen lockeren Krystallbrei erhält. So gelingt dann die Überführung von Eiskrystallen in das Gefrierrohr sehr leicht.

Das Thermometer, das mit einem Kork versehen ist, der auf die Gefrierröhre gut paßt und mit einer seitlichen schmalen Rille zur Einführung des Impfstiftes ausgestattet ist, wird ständig bei ungefähr 0° gehalten. Das wird am leichtesten so erreicht, daß man das Thermometer auch bei Nichtbenutzung des Apparates in dem DEWARschen Gefäß, das mit Eis gefüllt ist, stecken läßt.

Wenn die zu untersuchenden Proben auf ungefähr 0° vorgekühlt sind, wird das Thermometer in das Gefrierrohr eingeführt und dieses in die Kältemischung getaucht. Der Abstand des Thermometers vom Boden der Gefrierröhre soll 1—1,5 cm betragen. Gleich nach Einbringung des Gefrierrohres in die Kältemischung wird die Rührung eingeschaltet. Nach ½—1 Minute (je nach der Vorkühlung) fällt der Quecksilberfaden etwa 1° unter den Nullpunkt des Thermometers. In diesem Moment wird die Unterkühlung durch Impfung aufgehoben. Diese erfolgt derart, daß der Impfdraht durch die Rille, die am Korke angebracht ist, ohne Rücksicht auf die etwa abgestreiften Eiskrystalle, in das Gefrierrohr eingebracht wird, wobei der Draht bis auf den Grund des Rohres einzutauchen ist. Der Quecksilberfaden steigt sofort nach der Impfung rasch an. Hierbei bleibt vorerst die Rührung noch eingeschaltet. Etwa 20 Sekunden nach der Impfung hat sich die Steiggeschwindigkeit des Quecksilberfadens stark verringert. Jetzt wird durch Drehung des Schalters die Rührung aus- und der Klopfer eingeschaltet. Wenn nach wieder 20 Sekunden der Quecksilberfaden nicht mehr steigt, wird der Klopfmagnet ausgeschaltet und die Stellung des Quecksilberfadens abgelesen. Die Ablesegenauigkeit wird durch Verwendung einer geeigneten Lupe erhöht. Sofort nach der Ablesung wird das Thermometer in die nächste vorgekühlte Probe gesteckt. Die gefrorene Milch der ersten Probe kann wieder aufgetaut und zu entsprechenden Kontrollen verwendet werden, wenn es auch, falls entsprechende Milchmengen vorhanden sind, vorteilhafter ist, von vornherein zwei oder drei Röhrchen mit der gleichen Probe zu Kontrollzwecken zu füllen. Die ganze Bestimmung dauert 1½—2 Minuten.

Der Nullpunkt des Thermometers wird am Anfange und am Ende jeder Bestimmungsreihe in analoger Weise mit reinem Wasser bestimmt. Die Eichung des Thermometers und im weiteren Sinne ·des Apparates erfolgt mit einer

Harnstofflösung, die in 100 g Wasser 1,759 g Harnstoff enthält. Aus dem Gefrierpunkt (g) errechnet sich der Thermometerfaktor (x), der auch die „Apparatkonstante" enthält, aus der Beziehung: $x = \dfrac{0,545}{g}$. Als molekulare Gefrierpunkterniedrigung für Wasser wurde der Wert 1,860 angenommen.

Der Apparat eignet sich wegen seiner Ausmaße auch in vorzüglicher Weise für die Gefrierpunktsbestimmung von Eidotter und Eiklar. Die Dotter selbst der kleinsten Hühnereier reichen für eine Bestimmung aus.

Um vergleichbare Werte zu erhalten, muß der Säuregrad der Milch berücksichtigt werden; da aus 1 Molekül Milchzucker 4 Moleküle Milchsäure entstehen, wird die Gefrierpunktsdepression bei ansaurer Milch ganz erheblich beeinflußt, d. h. die Depression liegt tiefer unter 0^0 als bei der noch nicht ansauren Milch. Man muß also eine Korrektur vornehmen.

Nach J. PRITZKER[1] soll für jeden Säuregrad über 7, bestimmt nach SOXHLET-HENKEL (S. 141), ein Abzug von $0,008^0$ an der gefundenen Gefrierpunktsdepression gemacht werden. Liegt der Säuregrad unter 7, so ist für jeden Säuregrad 0,008 dem gefundenen Werte zuzuzählen. Nach DROSTE[2] liegt diese Korrektur zwischen $0,006$—$0,007^0$, hierüber siehe S. 173.

Als Konstante wird bei Milch meist 1,9, Konstante für Wasser als Lösungsmittel, wenigstens bei deutschen und schweizerischen Forschern, zugrunde gelegt, während man in Holland 1,86 als Konstante anwendet.

Da nun, wie in Bd. II S. 116 ausgeführt wurde, das Lumen der Capillare des Thermometers Fehler aufweisen kann, muß es vorher geeicht werden. Bei Thermometern mit feststehender Skala bedarf es einer Korrektur, während bei BECKMANNschen Thermometern je nach dem Stande des Quecksilberfadens die Korrektur eine verschiedene sein kann; siehe darüber J. PRITZKER[1], FR. BOLM[3] und P. WEINSTEIN[4].

Ist, wie Bd. II, S. 116 beschrieben, mit Harnstofflösung das benutzte Thermometer geeicht worden und hat man z. B., wie dort angeführt, die Konstante (k) für dieses Thermometer zu 1,912 gefunden, so muß die gefundene Gefrierpunktsdepression auf die Konstante 1,9 umgerechnet werden.

Es sei z. B. die Gefrierpunktsdepression für Wasser am BECKMANNschen Thermometer bei $+2,334^0$ und für Milch mit 7 Säuregraden bei $+1,784^0$ abgelesen worden, so ist der Gefrierpunkt der Milch $= -0,55^0$ bei 1,912 K, also bei K 1,9 $\dfrac{0,55 \cdot 1,9}{1,912} = -0,541^0$ bei K 1,9. Soll der oben gefundene Wert auf K 1,86 umgerechnet werden, so ergibt sich folgende Gleichung $\dfrac{0,55 \cdot 1,86}{1,912} = -0,535^0$ bei K 1,86.

Demnach ist es nicht gleichgültig, welche Konstante zugrunde gelegt wird. Aus diesem Grunde ist die Angabe der gewählten Konstante notwendig.

In der Praxis schreibt man für z. B. $-0,554^0 = \Delta \cdot 10^2 = 55,4$ (K 1,9).

Aus der Gefrierpunktsdepression kann man den osmotischen Druck der Milch errechnen, ebenso wie man auch aus letzterem den Gefrierpunkt der Milch errechnen kann.

Über die Berechnung des osmotischen Druckes aus dem Gefrierpunkt siehe S. 46.

4. Bestimmung der Wasserstoffzahl.

Man kann die Wasserstoffzahl (p_H) der Milch auf elektrometrischem und colorimetrischem Wege bestimmen; Näheres hierüber siehe Bd. II S. 136.

Die p_H-Messung bei der Milch nimmt man am besten mit der Wasserstoffelektrode vor. OLDENBURG[5] empfiehlt jedoch an Stelle der Calomelelektrode

---

[1] J. PRITZKER: Z. 1917, 34, 69. [2] DROSTE: Milchw. Forsch. 1924, 1, 21.
[3] FR. BOLM: Z. 1924, 48, 243. [4] P. WEINSTEIN: Z. 1928, 55, 590.
[5] F. OLDENBURG: Milchw. Ztg. 1930, 32, 1269.

die von BIILMANN vorgeschlagene Chinhydronelektrode und zwar in der von SMOLIK angegebenen Ausführung.

Neuerdings hat ROEDER ein Verfahren angegeben, das auf eine einfache Titration zurückgeführt wird. Die zu untersuchende Substanz wird mit einer Lösung verglichen, deren von vorneherein bekannte, zunächst gegenüber der Analysenlösung höhere Wasserstoffionenkonzentration durch Zugabe von 0,5 N.-Lauge fortdauernd solange geändert wird, bis sie ebenso groß geworden ist, wie diejenige der Analysensubstanz. Aus dem hierzu notwendigen Laugenverbrauch ergibt sich auf Grund einer ein für alle Male festgelegten elektrometrischen Eichung unmittelbar die erreichte Wasserstoffionenkonzentration der Vergleichslösung bzw. also auch die damit größengleiche der Analysenlösung. Der zu messenden Lösung und der Vergleichslösung von bestimmter p_H-Stufe wird Chinhydron zugesetzt. Als Vergleichslösungen dienen Ameisensäure, Essigsäure, Monokaliumphosphat und Borsäure, deren p_H-Stufe zwischen 3—10,5 liegt. Näheres siehe Bd. II S. 148.

Auch auf colorimetrischem Wege mittels verschiedener Indikatoren und auch nach den auf Zusatz von Farblösungen auftretenden Farbtönen kann man ungefähr die p_H-Stufe feststellen.

Mittelst der Alizarolprobe kann man nach J. TILLMANS und W. OBERMEIER[1] und ferner nach G. SCHWARZ[2] an Hand geeigneter Apparatur die p_H-Stufe an den Farbtönen erkennen. Bessere Ergebnisse erzielt man, wenn man nicht die Milch, sondern das aus ihr hergestellte Serum verwendet. Nach SCHWARZ versetzt man in einem Schüttelzylinder 20 ccm Milch mit 30 ccm neutralem Methylakohol und läßt unter häufigerem Umschütteln 5—10 Minuten lang stehen. Das durch ein trockenes Faltenfilter filtrierte Serum muß völlig klar sein. Andernfalls läßt man das Serum noch kurze Zeit stehen.

K. L. PESCH und U. SIMMERT[3] empfehlen für die p_H-Messung folgende Indicatoren und anzuwendende Mengen auf 50 ccm Alkohol (96 Vol.-%):

1. p_H 7,6—6,0 Bromthymolblau (0,2 g), Umschlag Blau nach Gelb
2. p_H 6,8—5,2 Bromkresolpurpur (0,1 g), Umschlag Purpur nach Gelb
3. p_H 6,0—4,4 Methylrot (0,1 g), Umschlag Rot nach Gelb.

Zu 5 ccm Milch in Reagensgläsern von 13 cm Länge und 13 mm Breite werden von 1. 6, 2. 4 und 3. 3 Tropfen zugesetzt und umgeschüttelt. Die Farblösung kann man mit einer Farbenskala vergleichen. Zum Vergleich dient Milch von bekannter p_H-Stufe. Auch kann man die Indikationsreihe von L. MICHAELIS[4] benützen. Hierzu benötigt man noch des Komparators; siehe Bd. II, S. 165. Diese colorimetrischen Methoden sind jedoch alle für Milch ungenau, während die genaue titrimetrische Bestimmung nach ROEDER ebenso schnell auszuführen ist. Für orientierende Bestimmungen können jedoch die Farbindikatoren benützt werden.

5. Bestimmung des Brechungsexponenten (Refraktometerzahl).

Die Bestimmung der Refraktion der Milch selbst wird kaum vorgenommen. Wenn man die Bestimmung ausführen will, so kann man das ABBESCHE Refraktometer oder ähnliche Refraktometer, z. B. das von GOERZ benutzen; siehe Bd. II S. 278 Refraktometrie.

Wichtiger ist jedoch die Bestimmung der Refraktion des Serums der Milch. Als Refraktometer wird hierfür das ZEISSsche Eintauchrefraktometer benutzt. Näheres siehe S. 167.

---

[1] J. TILLMANS u. W. OBERMEIER: Z. 1920, 40, 23.
[2] G. SCHWARZ: Milchw. Forsch. 1928, 6, 458.
[3] K. L. PESCH u. U. SIMMERT: Milchw. Forsch. 1929, 8, 551.
[4] L. MICHAELIS: Praktikum für physikalische Chemie, 2. Aufl. Berlin: Julius Springer 1922.

6. Bestimmung der Zahl und Größe der Fettkügelchen.

Von BOUCHARDAT und QUEVENNE wurde festgestellt, daß die Größe der einzelnen Fettkügelchen bei Frauen- und Tiermilch (Rind, Schaf und Esel) verschieden ist und ferner, daß die Größe der Fettkügelchen auch bei der Milch der einzelnen Rassen Unterschieden unterworfen ist. Auch das Lactationsstadium bedingt eine Verschiedenheit der Größe der Fettkügelchen. Von BABCOCK, F. W. WOLL, E. GUTZEIT[1] und anderen Forschern wurden diese Angaben bestätigt.

Nach GUTZEIT kann man die Größe der Fetttröpfchen in der Weise bestimmen, daß man Glascapillaren herstellt und verdünnte Milch in diese Capillaren aufsaugen läßt. Alsdann werden mehrere solcher Capillaren von etwa 5 cm Länge, die an den Enden zugeschmolzen werden, mittels Glycerin auf einem Objektträger befestigt, ein Deckglas aufgelegt und mittels des Okularmikrometers das Lumen der Capillaren gemessen, und die Länge des zu messenden Capillarabschnittes festgelegt. Den Kubikinhalt des Zylinders berechnet man nach der Formel $v = r^2 \cdot \pi \cdot l$. Nach etwa einer halben Stunde, nachdem die Fettkügelchen völlig aufgerahmt, zählt man die Anzahl der einzelnen Fettkügelchen und berechnet ihre Zahl auf 1 ccm unverdünnter Milch. Es sind verschiedene Abschnitte zu zählen, damit man gute Mittelwerte erhält. Ferner kann man auch mittels des Okularmikrometers die Größenordnung bestimmen.

Der Capillarfaden kann etwa 0,1 mm Durchmesser haben, während man eine etwa 300fache Vergrößerung zur Zählung wählt. Milch verdünnt man 100fach, Rahm etwa 500—1000fach. Die Zählung der Fettkügelchen kann auch nach der Methode von W. VAN DAM und H. A. SIRKS[2] erfolgen:

Für die direkte Messung der Fettkügelchen wurde eine starke Vergrößerung gebraucht, Wasserimmersion 10 von LEITZ und Okular 3 mit Mikrometer. Der Abstand von je 2 Teilstrichen im Mikrometer wurde zu 1,52 μ festgestellt; Zehntel von diesem Abstand können bei Bedarf geschätzt werden. Die Milch wird mit der 100fachen Menge 1,5%iger Gelatine verdünnt, um die BROWNsche Bewegung aufzuheben. Die Gelatine enthält zur Konservierung 1% Phenol. Die Milch-Gelatinemischung kommt in eine Glaskammer von $\pm$ 0,2 mm Dicke und wird mit Vaseline eingeschlossen. Wenn das Präparat einige Zeit im Wärmeschrank bei 30—40° steht, so sind alle Fettkügelchen nach dem Deckglas gestiegen. Durch langsames Verschieben des Präparates mit den Mikrometerschrauben des Objekttisches wird eine größere Anzahl von Kügelchen gemessen, die sich nacheinander im Gesichtsfeld zeigen, wobei, um jede unwillkürliche Bevorzugung von kleinen gegenüber großen Kügelchen auszuschließen, systematisch alle Kügelchen gemessen werden, welche mit der Skaleneinteilung in Berührung kommen. Die Kügelchen werden nach ihrer Größe in Gruppen geteilt. Dann wird bestimmt, wieviel Kügelchen zu jeder Gruppe gehören, und ihre Häufigkeit in Prozenten berechnet.

O. RAHN[3] hält es für praktischer, mit einem Trockensystem von 60facher und einem Okular von 15facher Vergrößerung zu arbeiten. 42 Teilstriche der Skala des angewendeten Okulars entsprachen 80 μ. Man kann also 2 μ = 1 Teilstrich setzen. Zur größeren Genauigkeit wurden drei verschiedene Verdünnungen der Milch hergestellt. Statt einer Zählkammer kann man den Tropfen der verdünnten Milch direkt auf einen Objektträger bringen und mit einem Deckglas alsdann bedecken. Wenn man nach der Auszählung noch die Anzahl der in jeder Größenklasse, von 0—1 und so weiter bis 19—20 μ, befindlichen Fettkügelchen mit $\frac{4}{3} r^3 \cdot \pi \cdot 0,92$, Spez. Gewicht des Milchfettes, multipliziert, so kann man das Gewicht des Fettes jeder Größenklasse errechnen, dividiert man dieses Gewicht durch die Anzahl der Fettkügelchen jener Größenklasse, so erhält man das Gewicht eines Fettkügelchens dieser Größenklasse.

Das Gewicht der Fettkügelchen liegt bei $0,06—3571 \cdot 10^{-9}$ mg, während ihre Größe zwischen 0,5—20 μ liegt.

7. Bestimmung der Viscosität und der Oberflächenspannung.

a) Zur Bestimmung der Viscosität der Milch kann man sich des Viscosimeters von WILH. OSTWALD, SOXHLET-REISCHAUER oder des TRAUBEschen Stalagmometers bedienen. Die Werte sind relativ und werden auf die innere

---

[1] E. GUTZEIT: Landw. Jahrb. 1895, 24, 539; Milch.-Ztg. 1895, 386.
[2] W. VAN DAM u. H. A. SIRKS: Verslagen landesbrouwk. onderzoekningen Rijkslandb. proefstation, Hoorn 1922, 26, 106.
[3] O. RAHN: Milchw. Forsch. 1925, 2, 383.

Reibung des Wassers = 1 bezogen. Infolge der starken Beeinflussung der Viscosität durch die Temperatur muß die Messung im Wasserbade vorgenommen werden. Das Viscosimeter muß vor dem Gebrauch mit Kaliumbichromat und Schwefelsäure gut gereinigt werden. Alsdann wird es bei einer bestimmten Temperatur, z. B. 20°, mittels Wassers geeicht.

Man bringt in den weiten Schenkel des Ostwaldschen Viscosimeters etwa 5 ccm Wasser und drückt das Wasser in den Schenkel mit der Capillare und zwar so, daß die Kugel dieses Schenkels gerade gefüllt ist; die im weiten Schenkel noch befindliche Flüssigkeit muß gerade bis an den Einlaß dieser Kugel stehen. Alsdann hängt man das Rohr in ein Temperierbad. Wenn die Badtemperatur erreicht ist, wird, wie eben beschrieben, die der Flüssigkeit in den Schenkel gedrückt und zwar so, daß sie in die Capillare oberhalb Kugel und das daran anschließende erweiterte Rohr aufsteigt. Man nimmt eine Stoppuhr zur Hand und schaltet ein, sobald der Flüssigkeitsspiegel sich an der Marke der Capillare oberhalb der Kugel befindet, und stoppt ab, sobald der Flüssigkeitsspiegel unterhalb der Kugel bis an die zweite Marke dieser Capillare gefallen ist. Die Sekundenzahl wird notiert und aus mehreren Bestimmungen der Mittelwert genommen. Alsdann füllt man nach dem Reinigen und Trocknen Milch ein und bestimmt in gleicher Weise die Ausflußgeschwindigkeit.

Die Berechnung ist: $v = \dfrac{t' \cdot s}{t}$, wobei t' = Auslaufzeit der Milch, t = Auslaufzeit des Wassers und s = Spez. Gewicht der Milch ist.

Ähnlich ist das Stalagmometer von Traube. Es ist eine rechtwinkelig gebogene Glasröhre, die in der Mitte eine Kugel besitzt und unter und oberhalb dieser an der Rohrverengerung eine Marke trägt. Man läßt von der oberen bis zur unteren Marke auslaufen und bestimmt die Auslaufzeit, genau wie eben beschrieben. Nur kann man das Stalagmometer nicht in ein Temperierbad hängen, sondern muß die Bestimmung in einem Raum von konstanter Temperatur ausführen. Mohr und Oldenburg [1] empfehlen das Viscosimeter von Lawaczeck. Näheres siehe Bd. II, S. 17.

b) Zur Bestimmung der Oberflächenspannung kann man das Stalagmometer nach Traube benutzen. Je nach der Durchtropfgeschwindigkeit nimmt man dasjenige Stalagmometer, das mehr oder weniger Flüssigkeit in seiner Kugel aufnehmen kann. Auf jeden Fall sollen in einer Minute nicht mehr als 10 Tropfen sich loslösen.

Auf der Kugel des Stalagmometers ist die Zahl der Wassertropfen bei 20° eingeritzt. Die oberhalb und unterhalb der Kugel angebrachte Skala erlaubt es, noch Bruchteile eines Tropfens bis auf 0,05 Tropfen = 0,5 Dezitropfen abzuschätzen, indem man durch einen Vorversuch einfach bestimmt, wieviel Skalenteile oben und unten einem Tropfen entsprechen. Um diese Einstellung zu ermöglichen, kann man den Zeigefinger oben auf die Öffnung des Apparates legen, wodurch die Abflußgeschwindigkeit verringert wird.

Die Abtropffläche des Apparates muß absolut rein und völlig von der Flüssigkeit benetzt sein. Die Apparatur muß erschütterungsfrei aufgestellt und der Versuch möglichst bei 20° durchgeführt werden. 5° Temperatursteigerung erhöht bei 100 Tropfen die Zahl um 1 Tropfen.

Die Berechnung der Oberflächenspannung ist folgende: δ = Oberflächenspannung, Zw = Tropfenzahl für Wasser, Z = Tropfenzahl der Milch, D = Spez. Gewicht der Milch bei der zu untersuchenden Temperatur.

$$\delta = \frac{Zw}{Z} \cdot D \cdot 100.$$

(Oberflächenspannung in Prozent der Oberflächenspannung des Wassers.)

Diese Bestimmung kann auch mit dem Soxhlet-Reischauerschen Viscosimeter oder nach der Methode der Steighöhe in Capillaren ausgeführt worden.

Mohr u. Brockmann [2] empfehlen zur Bestimmung der Oberflächenspannung die Abreißmethode unter Benützung der Torsionswaage von Hartmann und Braun. Näheres siehe Bd. II, S. 57.

---

[1] W. Mohr u. F. Oldenburg: Milchw. Forsch. 1929, 8, 429, 576.
[2] W. Mohr u. C. Brockmann: Milchw. Forsch. 1930, 10, 72.

B. Chemische Untersuchungsmethoden.

1. Bestimmung der Trockensubstanz.

Zur Bestimmung der Trockensubstanz bzw. des Wassergehaltes der Milch bedient man sich teils der direkten Bestimmung durch Wägung des Trocknungsrückstandes, in der Praxis aber berechnet man meist den Trockensubstanzgehalt aus dem Spez. Gewicht und dem Fettgehalt der Milch. Bei der gewichtsanalytischen Bestimmung ist zu beachten, daß infolge der ständig fortschreitenden Umwandlung des Milchzuckers in Milchsäure und deren Flüchtigkeit der Trockensubstanzgehalt der Milch ständig abnimmt und sich mehr oder weniger stark bräunt.

VIETH fand in bei 10—15° aufbewahrter Milch nach 48 Stunden eine Abnahme an Trockensubstanz von 0,30% und bei 19—21 Stunden aufbewahrter Milch sogar eine solche von 0,78%. Bis zum Zeitpunkt des Gerinnens fanden A. REINSCH und H. LÜHRIG[1] sogar Abnahme bis 1,04%, siehe auch DROST, STEFFEN und KOLLSTEDE[2].

Aus diesem Grunde liefert die Berechnung der Trockensubstanz aus Spez. Gewicht und Fettgehalt durchweg **brauchbarere Ergebnisse als die** gewichtsanalytische Bestimmung.

a) Gewichtsanalytische Bestimmung. Diese erfolgt durch Eindampfen der Milch in flachen Schalen ohne oder mit Verteilungsmitteln und Trocknen bis zur Gewichtskonstanz. Über die hierbei zu beobachtenden Gesichtspunkte siehe Band II, S. 539.

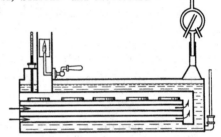

Abb. 30. Durchschnitt durch den SOXHLETschen Glycerin-Trockenschrank.

α) **Ohne Verteilungsmittel:** Hierbei verwendet man vielfach den SOXHLETschen Glycerintrockenschrank[3].

Dieser Trockenschrank (Abb. 30) ist mit 60%igem Glycerin (Siedepunkt 109°) gefüllt. Durch ein System von Röhren im Innern des Glycerinraumes und durch ein als Schornstein wirkendes weites Messingrohr mit Lockflamme wird ein Strom erwärmter Luft über die flachen Schalen mit der zu trocknenden Substanz geleitet und hierdurch eine schnelle Trocknung herbeigeführt. Ein SOXHLETscher Kugelkühler kondensiert das aus dem Glycerin entweichende Wasser.

Etwa 3 g Milch werden in der flachen Nickelschale (9 cm Durchmesser, 1 cm Höhe) mit Deckel abgewogen und der Inhalt unter häufiger Bewegung auf dem Wasserbade zur Trockne verdampft. Alsdann wird das Trocknen bis zur Gewichtskonstanz im Wasser- oder Glycerin-Trockenschrank zu Ende geführt.

β) **Mit Verteilungsmitteln.** In flache Schalen, meist Nickelschalen, schüttet man etwa 20 g ausgeglühten Seesand und wägt sie mit Deckel und kleinem Glasstäbchen. Alsdann wägt man etwa 10 g Milch dazu, verrührt diese gut mit dem Seesand und dampft das Ganze auf dem Wasserbade unter häufigerem Rühren ein. Nunmehr wird die Schale bei 105° im Glycerintrockenschrank bis zur Gewichtskonstanz getrocknet.

A. SPLITTGERBER[4] trocknet nur 1 Stunde im Glycerintrockenschranke, da infolge Zersetzung sonst zu wenig Trockensubstanz gefunden wird; siehe auch A. J. LICHTENBELT[5]. Nach H. LÜHRIG[6] erhält man durch Trocknen im Glycerintrockenschrank bei 105° etwa

[1] A. REINSCH u. H. LÜHRIG: Z. 1900, 3, 521.
[2] J. DROST, M. STEFFEN u. E. KOLLSTEDE: Milchw. Forsch. 1923, 1, 21.
[3] Hersteller: Fa. Johann Greiner in München.
[4] A. SPLITTGERBER: Z. 1912, 24, 493.
[5] A. J. LICHTENBELT: Chem. Weekbl. 1913, 10, 199; Z. 1914, 28, 321.
[6] H. LÜHRIG: Z. 1912, 23, 14.

0,12—0,15% Trockensubstanz weniger als bei 3—4stündigem Trocknen im Wassertrocken-schrank.

Auf Grund von Untersuchungen von H. HÖFT[1], A. SEGIN[2] und FR. ZILLIKENS[3] darf Essigsäure oder Formaldehyd zur Vermeidung von Hautbildung beim Eintrocknen nicht verwendet werden, weil dabei zu hohe Trockensubstanzgehalte gefunden werden.

b) Berechnung der Trockensubstanz aus dem Spez. Gewicht und dem Fett-gehalt. Die in der Praxis am meisten angewendeten Formeln sind die von W. FLEISCHMANN[4]; sie sind jedoch nur für Kuhmilch und für den größten Teil Deutschlands zutreffend[5]. Nach den Untersuchungen von FLEISCHMANN zeigt Milchfett im Mittel ein Spez. Gewicht von 0,93 bei 15°, das nur sehr geringen Schwankungen unterworfen ist. Gleiches gilt von dem Spez. Gewicht der fettfreien Trockensubstanz, also den Proteinen, dem Milchzucker und den Salzen; dieser Wert liegt bei 1,601.

Ist t = Trockensubstanzgehalt, f = Fettgehalt und s = Spez. Gewicht der Milch bei 15°, so bestehen zwischen diesen Werten folgende Beziehungen:

$$t = 1,2\,f + 2,665\,\frac{100\,s - 100}{s}; \qquad s = \frac{266,5}{266,5 + 1,2\,f - t};$$

$$f = 0,833\,t - 2,22\,\frac{100\,s - 100}{s} \quad \text{oder} = \frac{t - 2,665\,\dfrac{100\,s - 100}{s}}{1,2}.$$

Ist z. B. s (15°) = 1,0315 und f = 3,5%, so ist

$$t = 1,2 \times 3,5 + 2,665 \cdot \frac{100 \times 1,0315 - 100}{1,0315} = 12,33\%.$$

Von den obigen drei FLEISCHMANNschen Formeln findet allein die vorstehende zur Berechnung der Trockensubstanz praktische Anwendung, weil die Bestimmungen von Spez. Gewicht und Fettgehalt am leichtesten ausführbar sind und die direkte Bestimmung der Trockensubstanz am unsichersten ist.

W. FLEISCHMANN hat 2 Tabellen aufgestellt, durch welche die Berechnung der Trockensubstanz erleichtert wird; man erhält diese durch Addition der zusammengehörigen Werte für 1,2 f und für $2,665 \cdot \dfrac{100\,s - 100}{s}$. Letztere Werte enthält Tabelle 17; von der Aufnahme der Tabelle für 1,2 f ist dagegen abge-sehen worden, da diese Werte leicht zu ermitteln sind.

An Stelle dieser Tabellen kann man auch vorteilhaft die ACKERMANNschen automatische Rechenscheibe benützen (Firma A u e r & Cie, S-A in Zürich, Sihlquai 131) oder auch den von ROEDER eingeführten Rechenschieber für die Berechnung der Trockensubstanz verwenden (Firma R. N. Gerber & Co. in Leipzig).

FR. J. HERZ[6] hat für die Berechnung der Trockensubstanz die Formel $t = 1,2\,f + \dfrac{d}{4} + 0\,25$ aufgestellt, d = Lactodensimetergrade, f = Fett, deren Werte um höchstens 0,014% von denen der FLEISCHMANNschen Formel abweichen, siehe hierzu SAAR[7].

Diese Berechnung nach HERZ gibt im Vergleich mit der neueren, abgekürzten Formel von FLEISCHMANN[8] $t = \dfrac{4,8 \cdot f + d}{4} + 0,25$ (t = Trockensubstanz, f = Fettgehalt, d = Lacto-densimetergrade,) gut übereinstimmende Werte.

[1] H. HÖFT: Chem.-Ztg. 1905, **39**, 54; **Z.** 1905, **10**, 618.

[2] A. SEGIN: Milchw. Zentralbl. 1906, **2**, 115; **Z.** 1906, **12**, 241.

[3] FR. ZILLIKENS: Pharm. Ztg. 1909, **54**, 336; **Z.** 1910, **19**, 671.

[4] W. FLEISCHMANN: Journ. Landwirtsch. 1885, **33**, 251; Lehrbuch der Milchwirtschaft, 5. Aufl. 1915.

[5] G. KOESTLER (Mitt. Lebensmittelunters. Hygiene 1923, **14**, 82; **Z.** 1924, **48**, 319) berechnet statt der FLEISCHMANNschen Werte 1,2 für Fett und 2,665 für die fettfreie Trocken-substanz für die schweizerischen Verhältnisse die Werte 1,19 und 2,550.

[6] FR. J. HERZ: Milchw. Kalender 1909, 39; 1914, 45.

[7] SAAR: **Z.** 1928, **55**, 573.

[8] W. FLEISCHMANN: Journ. Landwirtsch. 1914, **62**, 159; **Z.** 1916, **31**, 82.

Tabelle 17. Zur Ermittelung des Wertes $2{,}665 \cdot \dfrac{d}{s}$ bei der Berechnung der Milchtrockensubstanz nach W. FLEISCHMANN.

(d = Lactodensimetergrade; s = Spez. Gewicht.)

d	$2{,}665\frac{d}{s}$	d	$2{,}665\frac{d}{s}$	d	$2{,}665\frac{d}{s}$	d	$2{,}665\frac{d}{s}$	d	$2{,}665\frac{d}{s}$	d	$2{,}665\frac{d}{s}$	d	$2{,}665\frac{d}{s}$
19,0	4,967	22,0	5,737	25,0	6,500	28,0	7,259	31,0	8,013	34,0	8,763	37,0	9,509
1	4,994	1	5,762	1	6,525	1	7,284	1	8,038	1	8,788	1	9,533
2	5,021	2	5,788	2	6,551	2	7,309	2	8,063	2	8,813	2	9,558
3	5,047	3	5,813	3	6,576	3	7,334	3	8,088	3	8,838	3	9,583
4	5,072	4	5,839	4	6,601	4	7,360	4	8,113	4	8,863	4	9,608
5	5,098	5	5,864	5	6,627	5	7,385	5	8,138	5	8,888	5	9,632
6	5,122	6	5,890	6	6,652	6	7,410	6	8,163	6	8,912	6	9,657
7	5,149	7	5,915	7	6,677	7	7,435	7	8,188	7	8,937	7	9,682
8	5,173	8	5,941	8	6,703	8	7,460	8	8,213	8	8,962	8	9,707
9	5,199	9	5,966	9	6,728	9	7,485	9	8,239	9	8,987	9	9,732
20,0	5,225	23,0	5,992	26,0	6,753	29,0	7,511	32,0	8,264	35,0	9,012	38,0	9,756
1	5,251	1	6,017	1	6,779	1	7,536	1	8,288	1	9,037	1	9,781
2	5,277	2	6,042	2	6,804	2	7,561	2	8,314	2	9,062	2	9,806
3	5,302	3	6,068	3	6,829	3	7,586	3	8,339	3	9,087	3	9,830
4	5,328	4	6,093	4	6,855	4	7,611	4	8,364	4	9,111	4	9,855
5	5,353	5	6,119	5	6,880	5	7,636	5	8,389	5	9,136	5	9,880
6	5,379	6	6,144	6	6,905	6	7,662	6	8,414	6	9,161	6	9,904
7	5,405	7	6,170	7	6,930	7	7,687	7	8,439	7	9,186	7	9,929
8	5,430	8	6,195	8	6,956	8	7,712	8	8,464	8	9,211	8	9,954
9	5,456	9	6,221	9	6,981	9	7,737	9	8,489	9	9,236	9	9,979
21,0	5,481	24,0	6,246	27,0	7,006	30,0	7,762	33,0	8,514	36,0	9,261	39,0	10,003
1	5,507	1	6,271	1	7,032	1	7,787	1	8,539	1	9,285	1	10,028
2	5,532	2	6,279	2	7,057	2	7,812	2	8,563	2	9,310	2	10,053
3	5,558	3	6,322	3	7,082	3	7,837	3	8,588	3	9,335	3	10,077
4	5,584	4	6,348	4	7,107	4	7,863	4	8,613	4	9,360	4	10,102
5	5,609	5	6,373	5	7,133	5	7,888	5	8,638	5	9,385	5	10,127
6	5,635	6	6,398	6	7,158	6	7,913	6	8,663	6	9,409	6	10,151
7	5,660	7	6,424	7	7,183	7	7,938	7	8,688	7	9,434	7	10,176
8	5,686	8	6,449	8	7,208	8	7,963	8	8,713	8	9,459	8	10,201
9	5,711	9	6,475	9	7,234	9	7,988	9	8,738	9	9,484	9	10,225
												40,0	10,250

Es sind ferner noch Formeln zur Berechnung der Trockensubstanz von HALENKE und MÖSLINGER[1], RICHMOND[2], BABCOCK, HEHNER-RICHMOND[3] aufgestellt worden. Nach HALENKE und MÖSLINGER ist die Berechnung folgende: $F = 0{,}8 \cdot t - \dfrac{s}{5}$. Hieraus leiten sich für t und s folgende Formeln ab:

$$t = \frac{F + \dfrac{s}{5}}{0{,}8} \quad \text{und} \quad s = (0{,}8 \cdot t - F)_5 .$$

(t = Trockensubstanz, F = Fett, s = Lactodensimetergrade.)

Bei frischer Milch und bei Milch von gesunden Kühen gibt die gefundene und berechnete Trockensubstanz gut übereinstimmende Werte, dagegen nicht bei Milch kranker Tiere und bei angesäuerter Milch. In letzterem Falle ist die Berechnung der Trockensubstanz genauer. Bei Ziegenmilch wendet man, falls man die Trockensubstanz nicht gewichtsanalytisch bestimmt, zur Berechnung die Formel von GRIMMER[4], oder die BABCOCKsche Formel,

$$t = 1{,}2 \cdot f + \frac{d}{4} \quad (t = \text{Trockensubstanz}, f = \text{Fett}, d = \text{Lactodensimetergrade}) \text{ an.}$$

[1] A HALENKE u. W. MÖSLINGER: Ber. über die Versammlung der Freien Vereinigung bayr. Vertreter d. angew. Chem., Berlin 1886, S. 110.
[2] H. D. RICHMOND: Dairy Chemistry, London 1899, S. 61.
[3] S. M. BABCOCK, HEHNER-RICHMOND: Analyst 1888, 13, 26.
[4] W. GRIMMER: Milchw. Zentralbl. 1910, 49, 67.

Berechnung der fettfreien Trockensubstanz: Wird von der Trockenmasse der Fettgehalt abgezogen, so erhält man die fettfreie Trockensubstanz. Man kann aber dieselbe auch aus folgender Formel $r = \dfrac{d}{4} + \dfrac{f}{5} + 0,2$ (d = Lactodensimetergrade, f = Fettgehalt) errechnen. Die Hoybergsche Formel ist für die meisten Zwecke ausreichend, $r = \dfrac{d+f}{4}$ (d = Lactodensimetergrade, f = Fett).

Berechnung des Spez. Gewichtes der Trockensubstanz. Nach folgender Formel läßt sich das Spez. Gewicht der Trockensubstanz (m) berechnen: $m = \dfrac{t \cdot s}{t \cdot s - (100 \cdot s - 100)}$ (t = Trockensubstanz, s = Spez. Gewicht). Nisius[1] und H. Witte[2] haben weitere Formeln zur Berechnung des Spez. Gewichtes der Trockensubstanz aufgestellt.

2. Bestimmung des Fettes.

Die Methoden der Fettbestimmungen sind Extraktionsmethoden. Das Fett wird entweder als solches zur Wägung gebracht oder auch durch Messung bestimmt. Man kann es ferner aus dem Spez. Gewicht einer Ätherfettlösung oder auch durch deren Lichtbrechung bestimmen. Aus den gefundenen Werten wird der Fettgehalt berechnet.

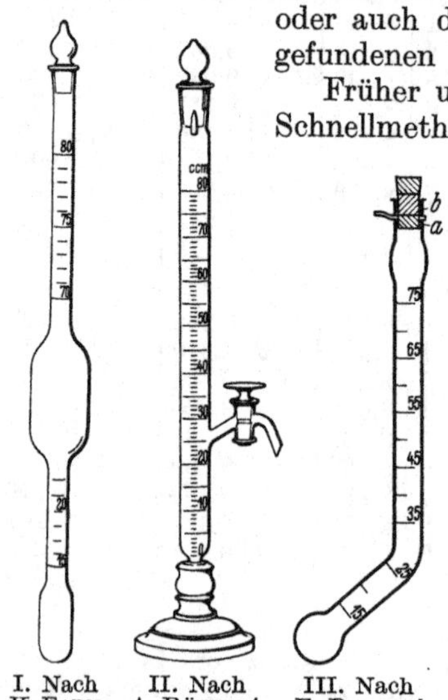

Früher unterschied man wissenschaftliche Methoden und Schnellmethoden. Die Schnellmethoden, es sind die Gerbersche und ähnliche Methoden gemeint, haben eine hohe Ausgestaltung erfahren und stehen den anderen Methoden an Genauigkeit nur wenig nach.

Es würde zu weit führen, alle Methoden mit ihren Abänderungen zu beschreiben, zumal die meisten dieser heute keine praktische Anwendung mehr finden. Am Schlusse seien diese Methoden kurz erwähnt. Nur die heute im Laboratorium und im Molkereibetriebe fast ausschließlich verwendeten Verfahren: Das Verfahren von Röse-Gottlieb und das Gerbersche acidbutyrometrische Verfahren und seine Abänderungen seien hier näher beschrieben.

I. Nach K. Farnsteiner[3].   II. Nach A. Röhrig[4].   III. Nach E. Rieter[5].

Abb. 31. Apparate zur Fettbestimmung nach Röse-Gottlieb.

a) Verfahren von Röse-Gottlieb. Das Verfahren wurde von B. Röse[6] zuerst beschrieben und von E. Gottlieb[7] verbessert. Es beruht darauf, daß eine bestimmte gewogene oder gemessene Menge Milch nacheinander mit Ammoniak, Alkohol, Äther und Petroläther geschüttelt und ein aliquoter Teil der abgeschiedenen ätherischen Fettlösung zur Trockne verdampft und gewogen wird.

Apparatur: Für die Ausschüttelung sind die verschiedensten Apparate vorgeschlagen worden; zunächst wurden 100 ccm-Meßzylinder mit Glasstopfen angewendet; heute sind vorwiegend die in Abb. 31 dargestellten im Gebrauch.

In einen dieser Apparate bringt man mittels einer Pipette 10 ccm Milch, deren Spez. Gewicht bekannt sein muß. Besser ist es, nach K. Farnsteiner

[1] Nisius: Milchztg. 1893, **22**, 272, 799.

[2] H. Witte: **Z.** 1909, 18, 464, 763; 1911, **21**, 234.

[3] K. Farnsteiner: **Z.** 1904, 7, 105.

[4] A. Röhrig: **Z.** 1905, 9, 531.

[5] E. Rieter: Chem.-Ztg. 1906, **30**, 531; **Z.** 1910, 19, 671.

[6] B. Röse: Zeitschr. angew. Chem. 1889, 100.

[7] E. Gottlieb: Landw. Vers.-Stationen 1892, **40**, 1.

in einem kleinen Gläschen mit Fuß und aufgeschliffener Glasplatte die Milch zu wägen. Alsdann fügt man der Reihe nach 2 ccm Ammoniak (10%) und 10 ccm absoluten Alkohol zu. Nach dem Umschütteln setzt man 25 ccm Äther zu, schüttelt um, gibt noch 25 ccm Petroläther hinzu und schüttelt erneut kräftig durch. Nach einigen Stunden — nach M. Popp[1] genügt eine Stunde zum Absitzen — liest man die Äther-Petrolätherschicht ab und entnimmt mittels einer Pipette — oder bei den Röhren von A. Röhrig und E. Rieter durch Abfließenlassen oder Abgießen — eine genau abgemessene Menge, etwa 40 ccm, der Äther-Petroläthermischung, läßt in ein kleines gewogenes Kölbchen, das einige Bimssteinstückchen enthält, laufen, destilliert das Äther-Petroläthergemisch ab und trocknet bei 100[0] eine Stunde lang, wägt und trocknet weiter kürzere Zeit, bis Gewichtskonstanz erreicht ist. Wichtig ist es, mittels eines Handgebläses dann und wann Luft einzublasen, damit die Äther-Petrolätherdämpfe nicht im Kolben verbleiben.

Eichloff und W. Grimmer[2] haben gefunden, daß nach der Methode von Gottlieb-Röse bei Vollmilch 0,05% Fett zu wenig gefunden wird. Sie empfehlen, die Äther-Petrolätherschicht bis auf etwa 2 mm abzutrennen und zweimal mit Äther-Petroläther nachzuspülen. Nach jedem Zusatz ist die Mischung wieder überzuheben.

Es genügt jedoch nach den Versuchen von E. Gottlieb und M. Popp[3], die Äther-Petrolätherschicht bis auf etwa 1 ccm abzuheben. Zum Überhebern eignet sich auch ein dünnes und sehr enges Glasrohr, mittels welchem man bis auf etwa 0,3 ccm abhebern kann.

Nach M. Weibull[4] darf der benutzte Alkohol nicht unter 90 Vol.-% haben. Die Konzentration des Ammoniaks ist nach M. Popp[4] belanglos.

Es soll jedoch in der Äther-Petroläthermischung das Fett nicht gleichmäßig verteilt sein (C. Huyge[5]). Nach dem Absetzen soll nochmals durchgeschüttelt werden, wodurch der Fehler aufgehoben wird.

Der Milch werden außer Fett auch noch andere in Äther-Petroläther lösliche Substanzen entzogen, z. B. Lecithin (Rosengreen[6], Siegfeld[7], Thomsen[8]), deren Anteil allerdings prozentual gering ist (0,02—0,03%).

C. J. Koning und W. C. Mooy[9] stellten bei Milch, die aus dem letzten Lactationsstadium stammte, flockige Ausscheidungen fest.

Berechnung: Angenommen, es seien 10,3 g Milch verwendet worden und das Volumen der Äther-Petrolätherschicht habe 52,5 ccm betragen. Von dieser Mischung seien 51,7 ccm abgehebert worden, die 0,342 g Fett ergeben haben. Mithin enthält die Milch

$$\frac{0,342 \cdot 52,7 \cdot 100}{51,7 \cdot 10,3} = 3,39\% \text{ Fett.}$$

b) Butyrometrische Verfahren. Diese Verfahren haben das Gemeinsame, daß die Proteine der Milch durch konz. Schwefelsäure und andere Mittel gelöst und das Fett als solches in kalibrierten Röhren (Butyrometer) gemessen wird. Die beiden ältesten dieser Verfahren, das Lactokrit-Verfahren von de Laval[10] und das von W. Thörner[11], können hier übergangen werden, weil sie heute nicht mehr angewendet werden und verdrängt sind durch:

α) N. Gerbers[12] Acidbutyrometrisches Verfahren. Bei diesem Verfahren, das dem älteren Babcockschen Verfahren[13] ähnlich ist, werden die Milchproteine durch konz. Schwefelsäure gelöst. Das Verfahren eignet sich

---

[1] M. Popp: Milchztg. 1904, 33, 305.
[2] R. Eichloff u. W. Grimmer: Milchw. Zentralbl. 1910, 6, 114; Z. 1911, 21, 426.
[3] E. Gottlieb u. M. Popp: Z. 1904, 7, 6.
[4] M. Weibull: Z. 1909, 17, 442; Milchztg. 1898, 27, 406.
[5] C. Huyge: Rev. Gén. du Lait 1909, 7, 265; Z. 1910, 20, 231.
[6] L. F. Rosengreen: Milchztg. 1904, 33, 337; Z. 1905, 9, 561.
[7] M. Siegfeld: Milchw. Zentralbl. 1905, 1, 244; 1906, 2, 1; Z. 1906, 12, 241.
[8] Thomsen: Landw. Vers.-Stationen 1905, 62, 387.
[9] C. J. Koning u. W. C. Mooy: Pharm. Weekbl. 1916, 53, 25, 50; Z. 1920, 39, 53.
[10] de Laval: Milchztg. 1887, 16, 117, 509, 554.
[11] W. Thörner: Chem.-Ztg. 1892, 16, 1101.
[12] N. Gerber: Milchztg. 1892, 21, 891; 1893, 22, 363, 656; 1895, 24, 169.
[13] S. M. Babcock: Amer. Dep. 7. Jahresbericht der Agr. Exp.-Stat. Wisconsin 1889/90, 98; Zeitschr. analyt. Chem. 1891, 30, 730; Milchztg. 1890, 19, 693, 746.

namentlich für Reihenuntersuchungen. Die gefundenen Fettwerte liegen meist 0,05% zu hoch. Seine Brauchbarkeit hängt von der richtigen Kalibrierung der Butyrometer ab.

Die Butyrometer (Abb. 32) sind dickwandige Röhrchen mit Bauch- und graduiertem Halsteil; letzteres ermöglicht es, 0,1% Fett abzulesen und 0,05% noch zu schätzen. Sie werden in den verschiedensten Formen hergestellt; ihr Lumen ist teils kreisrund teils flach.

Heute werden fast ausnahmslos Flachbutyrometer benutzt, die ein sehr genaues Ablesen gestatten. Auch verwendet man an Stelle des Gummistopfens andere Verschlüsse, z. B. den Fibu-Verschluß von FUNKE oder der Butyfix-Verschluß von GERBER. Auf diese Weise wird das Spritzen des Fettes im Hals des Butyrometers vermieden. Neuerdings bringt die Fa. Paul Funke-Berlin Butyrometer mit Universalhals in den Handel, die recht brauchbar sind.

Die im Handel befindlichen Butyrometer wurden bisher stets richtig kalibriert gefunden. Wenn man eine Nachkontrolle der Einteilung an den Butyrometern vornehmen will, so bestimmt man in der gleichen Milch den Fettgehalt nach RÖSE-GOTTLIEB und auch nach der Zentrifugalmethode. Der am Butyrometer abgelesene Fettgehalt muß mit dem nach RÖSE-GOTTLIEB gefundenen Wert praktisch übereinstimmen. Auch muß die Fettsäule in dem Butyrometer bei verschiedenen Skaleneinstellungen den gleichen Fettgehalt ergeben. — Nach C. MAI[1] kann man die Prüfung der Kalibrierung der Butyrometer auch mittels kleiner Zylinder vornehmen. Nach welchem Maßstab die GERBERSCHEN Butyrometer kalibriert sind, ist von F. REISS[2] näher untersucht worden; er kommt zu dem Schluß, daß so viel GERBER-Fett, d. h. durch Amylalkohol und Schwefelsäure verändertes Fett, zur Ablesung gelangt, als dem theoretischen Gehalt an unverändertem Milchfett entspricht.

Die Butyrometer werden in der in Abb. 33 angegebenen Weise in den Zentrifugenteller eingelegt. Es werden Apparate für bis zu 32 gleichzeitige Fettbestimmungen geliefert.

Zentrifugen: Diese besitzen teils Handantrieb, teils Wasser- und elektrischen Antrieb; zum Teil sind sie auch mit einer Wärmevorrichtung versehen. Die Tourenzahl soll 1000 in der Minute betragen. An Nebenapparaten werden, namentlich für den Gebrauch in Molkereilaboratorien, automatische Pipetten, Temperierbäder und Schüttelgestelle geliefert.

Abb. 32.
Butyrometer
nach
N. GERBER.

In die Butyrometer werden 10 ccm reine Schwefelsäure vom Spez. Gewicht 1,82 bei 15⁰ gefüllt; alsdann gibt man 11 ccm Milch von 15⁰ und 1 ccm Amylalkohol hinzu. Die Milch muß man langsam am Rande des Butyrometers in die Schwefelsäure fließen lassen. Die Öffnung wird mit einem Gummistopfen geschlossen und durch vorsichtiges Schütteln eine Mischung und Lösung der Nichtfettanteile bewirkt. Es tritt hierbei eine

Abb. 33. Zentrifugenteller mit eingelegten Butyrometern.

nicht unerhebliche Erwärmung des Inhaltes ein, und zugleich bräunt sich die Schwefelsäure. Man stellt die Röhrchen kurze Zeit in ein Wasserbad von 65⁰ und zentrifugiert etwa 3—4 Minuten lang. Alsdann setzt man die Röhrchen noch etwa 10 Minuten in das gleiche Wasserbad und liest nunmehr die Fettschicht an der Teilung ab; ratsam ist es, den unteren Teil des Fettsäulchens durch Druck auf den Gummistopfen auf eine ganze Zahl einzustellen. Hierbei ist zu beachten, daß bei Vollmilch der untere Meniscus, bei Magermilch der mittlere Meniscus gilt. Beträgt z. B. die Höhe der Fettsäule 3,2, so ist der Fettgehalt 3,2 g für 100 g Milch. Für Magermilch gibt es besondere Butyrometer mit sehr stark verengtem Skalenrohr.

Nach neueren Untersuchungen von G. KOESTLER und W. LOERTSCHER[3] gibt die GERBER-sche Acidbutyrometrie, verglichen mit der RÖSE-GOTTLIEBschen und SCHMIDT-BONDZYNSKI-schen Methode, nur dann genaue Werte, wenn die abgelesene Fettmenge in g auf 100 ccm

[1] C. MAI: Z. 1918, **36**, 278.
[2] F. REISS: Z. 1918, **36**, 273.
[3] G. KOESTLER u. W. LOERTSCHER: Z. 1929, **57**, 48.

Milch bezogen wird. Wenn der abgelesene Fettgehalt jedoch auf 100 g Milch, also z. B. 3,0 g Fett in 100 g Milch, angegeben wird, so unterlaufen Fehler, die um so größer sind, je höher der Fettgehalt ist. Es werden deshalb folgende Korrekturen vorgeschlagen: Bei einem Gehalt von 100 g Milch

Fettgehalt:	Bis 1,50	1,51—2,50	2,51—3,50	3,51—4,50	4,51—5,50 g Fett
Korrektur:	+ 0,00	— 0,05	— 0,10	— 0,15	— 0,20 g Fett.

Reagenzien: Wichtig ist, daß die erforderlichen Chemikalien auf Reinheit geprüft werden. Die Schwefelsäure soll ein Spez. Gewicht von 1,82—1,80 bei 15⁰ besitzen; dieses würde einer 90—91%igen Säure entsprechen (M. Siegfeld[1]).

Der Amylalkohol soll ein Spez. Gewicht von 0,815 bei 15⁰ haben; der Siedepunkt liege bei 128—130⁰. 1 ccm Amylalkohol mit 10 ccm Schwefelsäure und 11 ccm Wasser versetzt, soll nach dem Zentrifugieren nach 24stündigem Stehen keine ölige Abscheidung zeigen. M. Siegfeld[2] empfiehlt zur Beurteilung der Brauchbarkeit eines neuen Amylalkohols vergleichende Fettbestimmungen unter Verwendung eines bewährten Amylalkohols.

Zuweilen ist unten an dem Fettsäulchen des Butyrometers ein brauner Pfropfen zu beobachten, der ein genaues Ablesen der Fettschicht nicht zuläßt. Entweder ist in diesem Falle die Schwefelsäure zu konzentriert, oder die Milch enthält zuviel Formalin als Konservierungsmittel, oder auch rissige Stopfen können diese Pfropfen hervorrufen. Häufig gelingt es, sie dadurch zu entfernen, daß man die Röhrchen nochmals gut durchschüttelt und erneut zentrifugiert. M. Siegfeld[3] schlägt Zusatz von Wasserstoffsuperoxyd vor.

β) W. Koenigs[4] „Weka"-Verfahren. Das Verfahren soll Landwirten und Milchhändlern zur Fettbestimmung der von ihnen in den Verkehr gebrachten Milch dienen; es ist ein in der Ausführung einfaches und billiges Butyrometer-Verfahren, das keine Zentrifuge erfordert und ausreichend genaue Ergebnisse liefert. Man verfährt, wie folgt:

20 ccm Milch von 15—20⁰ und 12,5 ccm „Weka"-Lösung werden nacheinander in einem mit den entsprechenden Marken versehenen engen Standzylinder abgemessen, in den „Weka"-Prüfer — ein dem Gerber-Butyrometer ähnlichen aber größeres Butyrometer — gegeben und 1 Minute lang geschüttelt. Darauf wird der Prüfer 10 Minuten in 52—54⁰ warmes Wasser gestellt, wobei in der Mitte dieser Zeit noch einmal 1 Minute geschüttelt wird. Dann wird der Prüfer viermal, ohne zu schütteln, umgedreht, 20 Minuten in das warme Wasser gestellt und alsdann die hellgelbe Fettsäule mit Hilfe der Regulierschraube auf den Nullpunkt der Skala eingestellt, worauf die Fettprozente abgelesen werden.

Die Untersuchungsergebnisse wichen bei vergleichenden Untersuchungen von W. Koenig bei 17 Milchproben um — 0,01 bis + 0,1% von Ergebnissen der Gerberschen Acidbutyrometrie ab; sie waren im Mittel 0,02% höher. Die „Weka"-Lösung ist eine Auflösung von Natriumhydroxyd und Kalium-Natriumtartrat in einer Mischung von Äthyl-, Butyl-, Amylalkohol und Wasser. Sie kann ebenso wie die erforderlichen Apparate von der Firma Bartsch, Quilitz & Co. in Berlin NW 40, Doberitzer Str. 40 bezogen werden.

γ) Sonstige butyrometrische Verfahren: Da bei ungeschicktem Umgehen mit der konz. Schwefelsäure des acidbutyrometrischen Verfahrens Unglücksfälle vorgekommen sind, so hat man versucht, an Stelle der Säure Alkali zu verwenden. Dieses Sal-Verfahren nach Gerber[5] beruht darauf, daß die Proteine der Milch von alkalischen Tartrat- bzw. Boratlösungen gelöst werden; an Stelle von Amylalkohol wird zur besseren Abscheidung Isobutylalkohol genommen. Dieses Verfahren hat sich ebenso wie das Sinacid-Verfahren von A. Sichler[6], das dem Sal-Verfahren ähnlich ist, nicht eingebürgert (M. Popp[7]).

---

[1] M. Siegfeld: Z. 1903, **6**, 259.
[2] M. Siegfeld: Zeitschr. angew. Chem. 1903, **16**, 1217.
[3] M. Siegfeld: Z. 1903, **6**, 397.
[4] W. Koenig: Z. 1936, **71**, 1.
[5] Gerber: Milchztg. 1906, **35**, 38; Rev. Géneral du Lait 1906, 5, 318; Z. 1907, **13**, 36.
[6] A. Sichler: Milchztg. 1904, **33**, 417.
[7] M. Popp: Molkereiztg. Hildesheim 1904, Nr. 53; Z. 1906, **11**, 120.

Neusal-Verfahren: Aus beiden eben erwähnten Verfahren hat sich das Neusal-Verfahren von WENDLER[1] entwickelt. Zur Zerstörung bzw. Lösung der Proteine werden Salicylsäure und Citronensäure in Form von Salzen verwendet. Diesem Salzgemisch ist ein blauer Farbstoff zugesetzt. Das Neusal-Pulver ist im Handel erhältlich.

Wenn man die GERBERschen Acidbutyrometer verwendet, so ist die Vorschrift folgende: Auf 12 ccm Neusallösung kommen 9,7 ccm = 10 g Milch. Nach dem Verschließen der Röhren mittels Gummistopfens mischt man unter mehrmaligem Stürzen und Schütteln die Mischung gut durch und setzt alsdann die Butyrometer 3 Minuten in ein auf 50° angewärmtes Wasserbad. Nachdem man nunmehr bei einer Tourenzahl von 1000 Umdrehungen in der Minute etwa 3—4 Minuten zentrifugiert hat, stellt man sie bei 45° in ein Wasserbad und liest nach kurzer Zeit die Fettsäule ab.

Wenn man für diese Bestimmung Spezialbutyrometer benutzen will, so sind an Stelle von 12 ccm Neusallösung nur 4 ccm erforderlich, die Milchmenge ist gleichfalls 9,7 ccm.

Bei nicht gekochter Milch ist das Verfahren wohl dem GERBERschen Acidverfahren gleichwertig zu erachten (F. E. NOTTBOHM u. J. ANGERHAUSEN[2], M. SIEGFELD[3]). In gekochter Milch aber läßt sich nach F. E. NOTTBOHM und J. ANGERHAUSEN[2] nach dieser Methode das Fett nicht bestimmen, da die Proteine nicht völlig in Lösung übergeführt werden können. RIEDEL[4] hat festgestellt, daß bei mit Kaliumdichromat konservierter Milch nach dem Neusal-Verfahren der Fettgehalt um etwa 0,2% zu hoch ausfällt. Saure Milch und solche, die Formalin enthält, soll nach C. BEGER[5] ebenfalls keine einwandfreien Ergebnisse zeitigen.

Morsin-Verfahren: Zu diesem Verfahren bedarf es besonderer Butyrometer, entbehrlich ist dabei die Zentrifuge. Die Methode wird dort vorteilhaft angewendet werden können, wo es sich um gelegentliche Fettbestimmungen handelt. In die Butyrometer bringt man 6 ccm Morsin-Lösung und 10 ccm Milch. Nach dem Verschließen werden die Butyrometer kräftig geschüttelt und direkt in ein Wasserbad von 60° gestellt. Man läßt dieselben unter dreimaligem Umschütteln und Umstürzen in Zwischenräumen von 5 Minuten $^{3}/_{4}$ Stunden lang im Wasserbad stehen. Alsdann kann man direkt den Fettgehalt ablesen. Zwischen dem Ablesen und letzten Schütteln muß eine Zeit von 15—20 Minuten liegen. Angeblich soll der Genauigkeitsgrad derselbe wie der nach der Acidmethode sein.

Wenn zur Untersuchung nur sehr geringe Milchmengen zur Verfügung stehen, so kann man nach W. R. BLOOR[6] eine nephelometrische Methode anwenden.

c) Sonstige Verfahren. Außer den im Vorstehenden beschriebenen Verfahren ist noch eine Reihe sonstiger Fettbestimmungsverfahren vorgeschlagen worden, die größtenteils zwar brauchbare Ergebnisse liefern, aber in der Ausführung umständlich sind, zuviel Milch erfordern usw., teils aber auch ungenau sind. Von diesen Verfahren seien die wichtigsten hier kurz angeführt.

α) Gewichtsanalytische Verfahren: Eines der ältesten Verfahren ist das Eintrocknen der Milch in HOFMEISTERschen Schälchen mit einem Gemisch von Sand und Gips, Zerreiben der Masse im Mörser und Extraktion im SOXHLETschen Extraktionsapparat mit Äther. — Nach ADAMS[7] wird die Milch auf gewogenes fettfreies Filtrierpapier gespritzt und das Papier sofort gewogen. Nach dem Trocknen wird das Fett im SOXHLETschen Apparat mit Äther extrahiert und nach dem Verdunsten und Trocknen gewogen. Über die Fehlerquellen dieses Verfahrens siehe bei M. SIEGFELD[8], R. EICHLOFF[9] und A. HESSE[10]. TH. DIETRICH[11] verwendet als Aufsaugungsmittel Watte, und G. TIMPE[12] Asbest in einem Gooch-Tiegel.

β) Ausschüttelungsverfahren: Die Verfahren beruhen auf der Ausschüttelung der mit Alkalien oder Säuren versetzten Milch mit Äther, Petroläther, Trichloräthylen oder Tetrachlorkohlenstoff und der Bestimmung des Fettes durch das Spez. Gewicht, die Refraktion oder durch Wägung.

[1] O. WENDLER: Milchztg. 1910, 31, 230; Molkereiztg. Hildesheim 1910, 24, 690.
[2] F. E. NOTTBOHM u. J. ANGERHAUSEN: Z. 1910, 20, 495.
[3] M. SIEGFELD: Molkereiztg. Hildesheim 1910, 24, 713.
[4] RIEDEL: Deutsch. Milchwirtschaftl. Ztg. 1925, 157.
[5] C. BEGER: Milchw. Zentralbl. 1910, 6, 410.
[6] W. R. BLOOR: Journ. Amer. Chem. Soc. 1914, 36, 1300; Z. 1917, 33, 414.
[7] ADAMS: Analyst 1885, 10, 46; Zeitschr. analyt. Chem. 1888, 27, 85.
[8] M. SIEGFELD: Z. 1903, 6, 259.
[9] R. EICHLOFF: Milchw. Zentralbl. 1908, 4, 120; Z. 1908, 16, 528.
[10] A. HESSE: Molkereiztg. Berlin 1904, 14, 589; Z. 1906, 11, 457.
[11] TH. DIETRICH: Zeitschr. angew. Chem. 1889, 413.
[12] G. TIMPE: Zeitschr. öffentl. Chem. 1899, 5, 413; Z. 1900, 3, 340.

Das bekannteste und früher als das zuverlässigste Milchfettbestimmungsverfahren überhaupt angesehene Verfahren ist das aräometrische Verfahren von FR. SOXHLET[1], bei dem der Fettgehalt aus dem Spez. Gewicht der Äther-Fettlösung mittels eines Aräometers bestimmt wurde. Das Verfahren erfordert 200 ccm Milch. — J. GROSSFELD[2] extrahiert das Fett nach dem Bd. II, S. 829 beschriebenen Verfahren mit Trichloräthylen aus saurer Lösung und wägt das ausgezogene Fett; ähnlich verfahren W. SCHMID[3] und ST. BONDZYNSKI[4], die aus salzsaurer Lösung das Fett mit Äther ausschütteln. — W. LEITHE[5] extrahiert mit Tetrachlorkohlenstoff und bestimmt das Spez. Gewicht der Lösung pyknometrisch. — R. WOLLNY[6] bestimmt die Refraktion der konz. Äther-Fettlösung mittels des ZEISS-WOLLNYschen Milchfettrefraktometers (Bd. II, S. 274). Das Verfahren ist von H. NAUMANN[7] ausgearbeitet worden und liefert nach E. BAIER und P. NEUMANN[8] sehr gute Ergebnisse. Nach W. LEITHE[9] wird das Bleiserum der Milch mit Benzin ausgeschüttelt und die Benzin-Fettlösung refraktometriert.

γ) Optische Verfahren: Sie beruhen darauf, daß eine Milch um so undurchsichtiger ist, je mehr Fetttröpfchen sie enthält, wobei jedoch zu berücksichtigen ist, daß auch die Größe der Fetttröpfchen die Durchsichtigkeit beeinflußt. Solche Apparate, welche hierauf beruhen, sind die Lactoskope von FESER, VOGEL, REISCHAUER, HEUSNER und anderen; sie liefern nur wenig brauchbare Ergebnisse und sind meist für die Beurteilung der Milch im Haushalte, in Bäckereien usw. empfohlen worden.

3. Bestimmung der Stickstoffverbindungen.

In der Milch finden sich an Stickstoffverbindungen die drei Proteine Casein, Lactalbumin und Globulin. Außer diesen Proteinen sind in der Milch noch geringe Mengen von Stickstoffverbindungen anderer Art vorhanden.

a) Gesamt-Stickstoff. Er wird nach KJELDAHL (Bd. II, S. 575) bestimmt: 15—20 g Milch werden direkt in einem KJELDAHL-Kolben nach Zusatz von etwa 20—30 g konz. Schwefelsäure unter Zugabe von etwas Kupfersulfat oder anderen Stoffen verbrannt. Zuerst erwärmt man den Kolben schwach, steigert allmählich die Temperatur, bis die Substanz völlig verbrannt ist und bestimmt den Stickstoff durch Destillation nach Bd. II, S. 577. Zieht man von dem so gefundenen Gesamt-Stickstoff den nach b gefundenen Stickstoff, also den der Gesamt-Proteine, ab, so erhält man den Stickstoff, der nicht an Proteine gebunden ist.

b) Gesamt-Proteine nach H. RITTHAUSEN[10] (Bd. II, S. 607). 25 g Milch werden mit etwa 400 ccm Wasser verdünnt und mit 10 ccm FEHLINGscher Kupferlösung (34,63 g Kupfersulfat in 500 ccm Wasser) versetzt. Alsdann setzt man 4,0 ccm N.-Kali- oder Natronlauge hinzu, rührt gut durch und läßt absitzen. Die Flüssigkeit muß nach dem Absitzen noch schwach sauer reagieren; eine alkalische Reaktion ist zu vermeiden, da dabei nicht alle Proteine gefällt werden. Nach dem Absitzen wird die überstehende Flüssigkeit durch ein Filter gegossen und der Niederschlag durch Dekantation mehrmals ausgewaschen. Alsdann bringt man ihn auf das Filter, wäscht gut aus und verbrennt ihn nach KJELDAHL. Der gefundene Stickstoff wird mit 6,37 multipliziert.

Nach WEYL[11] verdünnt man 20 g Milch mit 20 ccm Wasser und gießt unter ständigem Umrühren diese Mischung in 80 ccm Aceton. Nach etwa einstündigem Stehen bringt man den Niederschlag auf ein gewogenes Filter, das

---

[1] FR. SOXHLET: Zeitschr. Landw. Vereins Bayern 1880, 659; 1881, 18; Chem.-Ztg. 1907, 31, 1107.

[2] J. GROSSFELD: Z. 1924, 47, 420; 1925, 49, 286.

[3] W. SCHMID: Zeitschr. analyt. Chem. 1888, 27, 464.

[4] ST. BONDZYNSKI: Landw. Jahrb. der Schweiz 1889; Chem.-Ztg. 1890, 14, Rep. 20.

[5] W. LEITHE: Z. 1934, 67, 441.

[6] R. WOLLNY: Milchztg. 1891, 20, 357.

[7] H. NAUMANN: Milchztg. 1900, 29, 50.

[8] E. BAIER u. P. NEUMANN: Z. 1907, 13, 369.

[9] W. LEITHE: Z. 1934, 38, 293.

[10] H. RITTHAUSEN: Zeitschr. analyt. Chem. 1878, 17, 241.

[11] TH. WEYL: Bericht 1910, 43, 508; Zeitschr. physiol. Chem. 1910, 65, 246.

Filtrat benutzt man, um die dem Becherglas anhaftenden Reste des Protein-
niederschlages vollends auf das Filter zu bringen. Alsdann wäscht man den
Niederschlag zweimal mit einer Mischung aus gleichen Teilen Aceton und Wasser
aus und spült noch mit Alkohol und Äther nach. Nach dem Trocknen
wird das Filter durch Extraktion mit Äther im SOXHLET-Apparat vom mitge-
rissenen Fett befreit, bei 105⁰ getrocknet und gewogen. Nach dem Wägen wird
es verascht und das Gewicht der Asche von dem Proteinwert abgezogen.

Nach SIMON[1] kann man die Fällung auch mit Phosphorwolframsäure oder Gerbsäurelösung nach ALMÉN (4 g Gerbsäure, 8 ccm Essigsäure (25%) und 190 ccm Alkohol (50%))
vornehmen. Auch durch Bestimmung des Leitfähigkeitsabfalls gegenüber einer bekannten
Salzsäurelösung läßt sich nach R. STROHECKER[2] der Gehalt an Proteinen ermitteln.

c) Casein, Albumin und Globulin. Nach HOPPE-SEYLER bzw. J. SCHMIDT[3]
verfährt man zur getrennten Bestimmung von Casein und Albumin in der
Weise, daß man 20 g Milch mit der 10—20fachen Menge Wasser verdünnt
und tropfenweise Essigsäure (1%) so lange hinzufügt, bis ein flockiger Niederschlag entsteht. Alsdann leitet man entweder bei gewöhnlicher Temperatur
oder nach dem Erwärmen auf 30—40⁰ eine halbe Stunde lang Kohlensäure ein,
bis die Flüssigkeit sich völlig geklärt hat und läßt etwa 12 Stunden in der Kälte
stehen. Die klare Flüssigkeit wird erst für sich filtriert, dann der Niederschlag
mit Hilfe zurückgegossenen Filtrates auf das gewogene Filter gebracht, auf
dem Filter erst mit Wasser, dann mit Alkohol und Äther ausgewaschen, bei 105⁰
getrocknet, gewogen und alsdann das Filter verascht. Die Asche wird vom
gewogenen Wert abgezogen. Besser ist es, in dem Niederschlag den Stickstoff
nach KJELDAHL zu bestimmen. Zur Berechnung auf Casein wird der gefundene
Stickstoff mit dem Faktor 6,39 multipliziert.

Der Faktor 6,39 ist von TANGL[4] als zutreffend erachtet worden; er deckt sich auch
mit den Werten von ELLENBERGER[5] und BUROW[6], die in reinem Casein den Gehalt an Stickstoff zu 15,64% fanden, was auch noch von DROOP und RICHMOND[7] bestätigt wurde.
B. PFYL und R. TURNAU[8], sowie B. BLEYER und R. SEIDL[9] fanden im Casein 15,5 bzw.
15,52% Stickstoff, was dem Faktor von 6,45 entspricht.

Diese Faktoren für Casein sind bei anderen Tierarten nicht als zutreffend zu erachten
und unterliegen, je nach der Tierart, größeren Schwankungen.

Nach SCHLOSSMANN[10] kann man das Casein auch durch Fällen mit kalt
gesättigter Alaunlösung bestimmen. Es werden 10 g Milch mit etwa 50 ccm
Wasser verdünnt und auf 40⁰ erwärmt. Alsdann läßt man 1 ccm Alaunlösung
langsam unter Umrühren zufließen, wodurch die Abscheidung des Caseins
herbeigeführt wird. Falls die überstehende Flüssigkeit nicht ganz klar sein
sollte, setzt man unter Umrühren noch tropfenweise etwa 0,5 ccm der Alaunlösung hinzu. Nach kurzer Zeit scheidet sich der Caseinniederschlag flockig
ab. Nach Filtration und Auswaschen auf einem Filter wird der Niederschlag
nach KJELDAHL verbrannt. Auch kann man den Rückstand wie oben entfetten und wägen.

Ob das gefällte Casein nun in der Tat reines Casein ist, bedarf noch der Klärung, da die
Ansichten hierüber auseinander gehen. Außer diesen Bestimmungsmethoden ist noch eine
ganze Reihe anderer Methoden vorgeschlagen worden, die meist auf Titration des ausgefällten Caseins beruhen.

[1] G. SIMON: Zeitschr. physiol. Chem. 1897, **22**, 197; Milchztg. 1897, **26**, 169.
[2] R. STROHECKER: Z. 1931, **61**, 69.
[3] HOPPE-SEYLER u. J. SCHMIDT: Zeitschr. physiol. Chem. 1885, **9**, 591.
[4] F. TANGL: Pflügers Arch. 1908, **121**, 534.
[5] ELLENBERGER: Arch. Anat. u. Physiol. Suppl., 1902, 313.
[6] BUROW: Diss. Basel 1905.
[7] H. DROOP-RICHMOND: Analyst 1908, **33**, 179; Z. 1908, **16**, 699.
[8] B. PFYL u. R. TURNAU: Arb. Kaiserl. Gesundh.-Amt 1914, **47**, 347.
[9] B. BLEYER u. R. SEIDL: Biochem. Zeitschr. 1922, **128**, 48.
[10] A. SCHLOSSMANN: Zeitschr. physiol. Chem. 1897, **22**, 197; Milchztg. 1897, **26**, 169.

L. L. van Slyke und A. W. Bosworth[1] verdünnen 20 g Milch mit 80 ccm Wasser und titrieren unter Zusatz von 1 ccm Phenolphthaleinlösung mit 0,1 N.-Natronlauge bis zur eben auftretenden Rotfärbung. Alsdann wird unter ständigem Schütteln bei einer Temperatur der Flüssigkeit von 18—24° so lange 0,1 N.-Essigsäure zugegeben, bis sich der Niederschlag klar abscheidet. Das Gemisch wird dann auf 200 ccm aufgefüllt, filtriert und ein aliquoter Teil (100 ccm) mit 0,1 N.-Natronlauge neutralisiert. Wenn a die Menge der verbrauchten Säure, b die der verbrauchten Natronlauge in ccm ist, so erhält man den Prozentgehalt an Casein zu $\left(\dfrac{a}{2} - b \right) \times 1{,}0964$.

B. Pfyl und R. Turnau[2] verfahren in der Weise, daß sie 50 ccm Milch auf 15° bringen und mit 0,1 N.-Natronlauge, carbonatfrei, bis zur schwach Rosafärbung unter Zusatz von 5—6 Tropfen einer Phenolphthaleinlösung (1%) titrieren. Alsdann werden 50 ccm Milch, wie bei der Herstellung des Tetraserums (S. 170), in einer Stöpselflasche 10 Minuten lang nach vorherigem Zusatz von 5 ccm Tetrachlorkohlenstoff geschüttelt und darauf mit 1 ccm Essigsäure (20%), deren Acidität genau bestimmt ist, versetzt. Nunmehr wird nochmals kurze Zeit geschüttelt und filtriert. 25 ccm des Filtrates werden nach Zugabe von 2 bis 3 Tropfen Phenolphthaleinlösung (1%) bei 14—15° bis zur eben eintretenden Rötung titriert. Die verwendete Essigsäure muß genau abgemessen werden. Hierzu bedient man sich einer Pipette mit sehr engem Lumen. Die Säuremenge läßt man in etwa 50 ccm ausgekochten Wassers fließen, dem man 5 Tropfen der Phenolphthaleinlösung zugibt, und titriert mit 0,1 N.-Alkalilauge.

Aus der ersten Titration und der vorher genau ermittelten Acidität der benutzten Essigsäure berechnet man den Alkaliverbrauch von 25 ccm Milch + 5 ccm Essigsäure (a ccm 0,1 N.-Lauge). Hieraus, aus dem Alkaliverbrauch bei der Titration des Serums (b ccm 0,1 N.-Lauge) und aus dem Fettgehalt der Milch (f g Fett in 100 ccm), berechnet sich der Caseingehalt nach folgender Formel: g Casein in 100 ccm $= 0{,}457 \left(a - b \cdot \dfrac{99{,}3 - f}{100} \right)$.

Als Äquivalentgewicht nehmen Pfyl und Turnau 1145 für Casein an.

Obige Methode ist im Prinzip der von G. Th. Matthaiopoulos[3] ähnlich. E. B. Hart[4] fällt das Casein, löst es in Lauge und titriert den Laugenüberschuß zurück, während T. Braitsford Robertson[5] das ausgefällte Casein in 0,1 N.-Alkalilauge löst und den Brechungsindex bestimmt.

Die titrimetrische Methode gibt mit der gewichtsanalytischen Methode nach Schlossmann gut übereinstimmende Werte.

Bei Frauenmilch und auch bei Milch der Einhufer läßt sich das Casein nach der Methode von Hoppe-Seyler schlecht bestimmen, da es sehr feinflockig ausfällt und deshalb nicht gut filtriert. Man setzt der Milch so viel 0,1 N.-Essigsäure zu, daß auf 100 ccm Milch etwa 70 ccm Essigsäure kommen und verdünnt alsdann auf das Fünffache des Milchvolumens. Nunmehr läßt man die Mischung 2—3 Stunden bei einer Abkühlung von 3—4° stehen, schüttelt um und erwärmt das Gemisch auf dem Wasserbade auf 40°. Das so gut zur Abscheidung gebrachte Casein wird filtriert, ausgewaschen und der Stickstoff nach Kjeldahl bestimmt. Bei Eselmilch setzt man zu 100 ccm Milch etwa 150—180 ccm 0,1 N.-Essigsäure; siehe Engel[6].

Albumin und Globulin: In dem vom Casein befreiten Filtrat nach Hoppe-Seyler bzw. J. Schmidt (S. 134) oder nach Schlossmann (S. 134), kann man Albumin und Globulin zusammen bestimmen. Dem Filtrat setzt man 6—10 ccm Gerbsäurelösung nach Almén (S. 134), zu. Nach dem Absitzen wird der Niederschlag auf einem Filter gesammelt, ausgewaschen und nach Kjeldahl verbrannt. Aus dem ermittelten Stickstoff läßt sich das Albumin und Globulin durch Multiplikation mit dem Faktor 6,34 errechnen. Man kann auch aus dem Filtrat durch Zusatz von Phosphorwolframsäurelösung (20%) das Albumin

[1] L. L. van Slyke u. A. W. Bosworth: Journ. Ind. Engin. chem. 1909, 1, 768; C. 1910, I, 1755.
[2] B. Pfyl u. R. Turnau: Arb. Kaiserl. Gesundh.-Amt 1914, 47, 374.
[3] G. Th. Matthaiopoulos: Zeitschr. analyt. Chem. 1908, 47, 492.
[4] E. B. Hart: Journ. Biol. Chem. 1909, 6, 451; Z. 1911, 22, 304.
[5] T. Braitsford Robertson: Journ. Ind. Engin. chem. 1909, I, 723; Z. 1911, 22, 618.
[6] Engel: Biochem. Zeitschr. 1908, 13, 89; 1908, 14, 234; 1909, 19, 132; Z. 1909, 18, 428.

und Globulin ausfällen. Man säuert hierzu das Filtrat mit verd. Salzsäure
an und fügt tropfenweise Phosphorwolframsäurelösung zu, bis keine weitere
Fällung mehr erfolgt. Nach dem Absitzen wird der Niederschlag auf einem
Filter gesammelt, mit Schwefelsäure (5%) nachgewaschen und nach KJELDAHL
der Stickstoff bestimmt.

Nach der Phosphorwolframmethode findet man etwas mehr Albumin und
Globulin als nach der Methode durch Fällung mit Gerbsäure, W. GRIMMER,
C. KURTENACKER und R. BERG[1].

Um das Globulin zu bestimmen, bedient man sich der indirekten Methode.
Man fällt nach J. SEBELIEN[2] in einer gleichgroßen Milchmenge (etwa 25 g) das
Casein und Globulin vermittelst Zusatz von 40 ccm kalt gesättigter Magnesium-
sulfatlösung und fügt alsdann noch so viel Magnesiumsulfat zu, bis eine ge-
sättigte Lösung entsteht. In dem auf dem Filter gesammelten und mit gesättigter
Magnesiumsulfatlösung ausgewaschenen Niederschlag wird der Stickstoff nach
KJELDAHL bestimmt. Wenn man von dem Wert für Casein + Globulin das
nach obigen Methoden gefundene Casein abzieht, so erhält man das Globulin.
Nach Abzug des Globulins von dem gefundenen Wert für Albumin und Globulin
erhält man das Albumin.

d) **Trennung aller Stickstoffverbindungen.** Nach L. L. v. SLYKE und
E. B. HART[3] verfährt man kurz, wie folgt: 1. Gesamt-Stickstoffbestimmung
nach KJELDAHL; 2. Caseinbestimmung in 10 g Milch nach der Essigsäure-
methode; bei frischer Milch kann das Casein nach SCHLOSSMANN gefällt werden;
3. Albumin- und Globulinbestimmung, das Filtrat von 2 wird mit Kalilauge
neutralisiert und auf 100° erhitzt; 4. Albumosenbestimmung, das Filtrat
von 3 wird auf 70° erwärmt, mit 1 ccm Schwefelsäure (50%) versetzt und nach
Übersättigen mit Zinksulfat weiter verarbeitet; 5. Peptone und Aminosäuren
werden in 50 g Milch wie bei Käse (S. 393) bestimmt.

e) **Aldehydzahl.** Wirkt Formaldehyd auf Proteine bzw. Aminosäuren ein, so wird die
NH_2-Gruppe zerstört und tritt an ihre Stelle eine Methylengruppe. R. STEINEGGER[4] hat
festgestellt, daß die Aldehydzahl in einem gewissen Verhältnis zu den Proteinen steht.
Die Säurezahl der Milch wird durch Zusatz von Formaldehyd erhöht, was dadurch zustande
kommt, daß jetzt nur noch die Carboxylgruppe als Säure allein in Reaktion tritt und nicht
durch die Aminogruppe aufgehoben wird. Zur Bestimmung der Aldehydzahl gibt man
in 2 Bechergläser je 100 ccm Milch und bestimmt in der einen Probe den Säuregrad nach
SOXHLET-HENKEL. Zu der anderen Probe setzt man Formaldehydlösung (5%), die säure-
frei sein muß, was durch Neutralisation der Formaldehydlösung erreicht werden kann.
Alsdann titriert man den Säuregehalt dieser Milch in der gleichen Weise. Die Differenz
beider Titrationen ist die Aldehydzahl.

H. DROOP RICHMOND und E. H. MILLER[5] behaupten, daß mit verschieden starken
Laugen verschiedene Werte erhalten würden und empfehlen zur Titration eine Strontium-
hydroxydlösung. W. C. DE GRAAF[6] gibt jedoch an, daß die Methode von STEINEGGER
brauchbare Werte gibt. Zwischen dem Proteingehalt und der Formaldehydzahl bestehen
gewisse Verhältnisse, diese liegen bei Kuhmilch bei 0,495, bei Frauenmilch bei 0,493 und bei
Buttermilch bei 0,318, was wohl auf teilweise Peptonisierung durch Milchsäurebakterien
zurückzuführen ist.

f) **Rest-Stickstoff.** Bestimmt man in der Milch durch Verbrennen nach
KJELDAHL den gesamten Gehalt an Stickstoff (S. 133) und zieht von diesem
den Gehalt an Stickstoff aus den Gesamt- bzw. Reinproteinen (S. 133) ab,
so ist dieser Wert der sog. Rest-Stickstoff; dieser entstammt verschiedenen
stickstoffhaltigen Substanzen der Milch (S. 60).

---

[1] W. GRIMMER, C. KURTENACKER u. R. BERG: Biochem. Zeitschr. 1923, **137**, 465.

[2] J. SEBELIEN: Zeitschr. physiol. Chem. 1889, **13**, 135.

[3] L. L. v. SLYKE u. E. B. HART: Amer. Chem. Journ. 1903, **29**, 150; Z. 1905, **9**, 168.

[4] R. STEINEGGER: Z. 1905, **10**, 659.

[5] H. DROOP RICHMOND u. E. H. MILLER: Analyst 1906, **31**, 224; 1911, **36**, 9; Z. 1907,
13, 147; 1912, **23**, 217.

[6] W. C. DE GRAAF: Pharm. Weekbl. 1914, **51**, 1561; Z. 1919, **38**, 45.

Der Gesamt-Stickstoff der Milch, sowie der Stickstoff der isolierten einzelnen Milchproteine können nach M. MIETHKE und H. FINZENHAGEN[1] auch mikroanalytisch bestimmt werden.

4. Bestimmung des Milchzuckers.

Die Bestimmung des Milchzuckers in der Milch kann nur nach völliger Ausfällung der Proteine und störenden Salze, z. B. des Calciums, erfolgen; sie kann alsdann entweder gewichtsanalytisch, titrimetrisch, refraktometrisch oder polarimetrisch ausgeführt werden.

Bei den polarimetrischen Verfahren muß man mit konzentrierteren Lösungen arbeiten, während die gewichtsanalytische und titrimetrische Bestimmung in weniger Milch, also auch stärkerer Verdünnung, ausgeführt werden kann. Nach B. BLEYER und H. STEINHAUSER[2] soll bei guter Ausfällung der Proteine und störenden Salze sowohl das gewichtsanalytische, bzw. titrimetrische Verfahren, als auch das polarimetrische Verfahren gut übereinstimmende Werte ergeben.

a) Gewichtsanalytisch nach A. SCHEIBE[3]. 25 g Milch werden in einen 500 ccm-Meßkolben gespült und auf etwa 400 ccm mit Wasser aufgefüllt. Alsdann setzt man 10 ccm FEHLINGscher Kupferlösung, 4 ccm N.-Natronlauge und 20 ccm einer gesättigten Natriumfluoridlösung zu; nach kräftigem Durchschütteln füllt man auf 500 ccm auf. Der Inhalt wird nach dem Absetzen klar filtriert.

Eine völlige Fällung der Proteine kann man jedoch auch durch kolloidales Eisenhydroxyd (W. GRIMMER[4]) erzielen. Es genügen 20 ccm kolloidaler Eisenhydroxydlösung (5%). Allerdings ist auch hier ein Zusatz von Natriumfluoridlösung, wie oben angegeben, notwendig. H. WEISS[5] fällt die Proteine mit Aluminiumsulfat und Natronlauge.

In 100 ccm klarem Filtrat wird der Milchzucker nach FR. SOXHLET gewichtsanalytisch mit FEHLINGscher Lösung nach Bd. II, S. 861 und Tabelle VI, S. 1692 bestimmt.

Nach R. KAACK und A. EICHSTÄDT[6] löst man das ausgeschiedene und ausgewaschene Kupferoxydul in etwa 5 ccm Salpetersäure (1:1) und wäscht das Filter, ALLIHN-Rohr oder Filtertiegel, mit heißem Wasser aus. Die Filtrate werden mit Bromwasser versetzt und letzteres durch Erhitzen völlig vertrieben. Alsdann wird starkes Ammoniakwasser zugegeben und erneut so lange gekocht, bis der Geruch nach Ammoniak verschwunden ist. Nunmehr wird mit Essigsäure angesäuert, nochmals aufgekocht und nach völligem Abkühlen im Überschuß Kaliumjodid hinzugesetzt. Es bildet sich Kupferjodür und freies Jod, welches letztere mittels 0,1 N.-Natriumthiosulfatlösung unter Zusatz von Stärkelösung titriert wird. 1 ccm Natriumthiosulfatlösung zeigt 6,357 mg Kupfer an.

b) Titrimetrisch nach G. BRUHNS[7] und H. WEISS[8]. In der Ausführung nach H. WEISS bringt man 20 g Milch in einen Meßkolben von 200 ccm und verdünnt mit etwas Wasser; alsdann fügt man 10 ccm Aluminiumsulfatlösung (20%) und etwa 7,5—8,0 ccm 2 N.-Natronlauge hinzu. Durch Tüpfeln auf Azolithminpapier ist zuvor festzustellen, wieviel ccm Natronlauge 10 ccm der Aluminiumsulfatlösung zur Neutralisation benötigen. Die doppelte Menge dieses Verbrauchs an Natronlauge fügt man alsdann der Milch zu. Nunmehr füllt man auf 200 ccm auf und filtriert nach vorherigem kräftigem Schütteln durch ein

[1] M. MIETHKE u. H. FINZENHAGEN: Milchw. Forsch. 1932, **14**, 187.
[2] B. BLEYER u. H. STEINHAUSER: Milchw. Forsch. 1924, **1**, 131.
[3] A. SCHEIBE: Zeitschr. analyt. Chem. 1901, **40**, 1.
[4] W. GRIMMER: Milchw. Zentralbl. 1917, 257.
[5] H. WEISS: Schweizer Mitt. Lebensm.-Unters. 1921, **12**, 133. — H. WEISS u. B. BLEYER: Milchw. Forsch. 1925, **2**, 108.
[6] R. KAACK u. A. EICHSTÄDT: Milchw. Forsch. 1928, **6**, 62.
[7] G. BRUHNS: Zeitschr. analyt. Chem. 1920, **59**, 337; Z. 1921, **42**, 310.
[8] H. WEISS: Mitt. Lebensmittelunters. 1921, **12**, 133; Z. 1923, **46**, 379.

Faltenfilter. 20 ccm des klaren Filtrates werden mit je 10 ccm der FEHLING-schen Lösung I und II und mit 20 ccm Wasser versetzt. Die Mischung nimmt man in einem ERLENMEYER-Kolben von 200 ccm vor, setzt eine Messerspitze Talkum hinzu und erhitzt auf einem Drahtnetz mit Asbesteinlage. Vom Aufkochen an hält man die Mischung 6 Minuten lang im Sieden, nimmt die Flamme weg und setzt sofort 30 ccm Wasser von 15—20° hinzu, B. BLEYER[1]. Alsdann bedeckt man die Kolbenöffnung mit einem kleinen Becherglas und kühlt unter einem Wasserstrahl ab. Nunmehr setzt man zu der abgekühlten Mischung 5 ccm Rhodanjodkaliumlösung (0,65 g Rhodankalium + 0,1 g Kaliumjodid in 5ccm Wasser), schwenkt gut um, gibt schnell 10 ccm 6,0 N.-Salzsäure oder 6,5 N.-Schwefelsäure hinzu und läßt aus einer vorbereiteten Bürette rasch 0,1 N.-Natriumthiosulfatlösung so lange zufließen, bis nach Umschütteln die anfängliche Bräunung zeitweilig in Grau übergeht. Jetzt fügt man nicht zu wenig Stärkelösung hinzu und titriert zu Ende. Der Niederschlag sieht ledergelb und bei Anwesenheit von viel Kupferoxydul rot aus. Wenn nach etwa 5 Minuten keine Bläuung oder Graufärbung der Lösung eintritt, so ist die Titration beendet. 1 ccm 0,1 N.-Natriumthiosulfatlösung = 6,36 mg Kupfer (Cu). Der Gehalt an Milchzucker kann der Tabelle 6, Bd. II, S. 1696 entnommen werden. Aus der Tabelle 18 von BRUHNS und WEISS kann man den Milchzuckergehalt direkt entnehmen.

Zweckmäßig ist es, bei Milch, wo die Ausscheidung von Kupferoxydul erheblich ist, vor der Titration schon Stärkelösung zuzusetzen und zur Beschleunigung der Jodausscheidung nur bis zu etwa 30° abzukühlen. Durch einen Leerversuch stellt man in der gleichen Weise den Titer der Rhodanjodkaliumlösung mittels 0,1 N.-Thiosulfatlösung fest und zieht von diesen hierfür benötigten ccm Thiosulfatlösung die beim Versuch zurücktitrierten ccm Thiosulfatlösung ab. Die Differenz besagt, wieviel ccm Thiosulfatlösung bzw. Rhodanjodkaliumlösung für die Zuckerbestimmung benötigt werden. Aus nachstehender Tabelle kann man den Milchzuckergehalt unmittelbar entnehmen.

Tabelle 18. Milchzuckerbestimmung nach BRUHNS-WEISS.

0,1 n Na$_2$S$_2$O$_3$ ccm	Milch-zucker %	0,1 n Na$_2$S$_2$O$_3$ ccm	Milch-zucker %	0,1 n Na$_2$S$_2$O$_3$ ccm	Milch-zucker %	0,1 n Na$_2$S$_2$O$_3$ ccm	Milch-zucker %	0,1 n Na$_2$S$_2$O$_3$ ccm	Milch-zucker %
10,0	2,31	13,0	3,04	16,0	3,76	19,0	4,51	22,0	5,28
2	2,36	2	3,09	2	3,81	2	4,56	2	5,33
4	2,40	4	3,14	4	3,86	4	4,61	4	5,38
6	2,45	6	3,19	6	3,91	6	4,66	6	5,43
8	2,50	8	3,24	8	3,96	8	4,71	8	5,48
11,0	2,55	14,0	3,27	17,0	4,01	20,0	4,76	23,0	5,54
2	2,60	2	3,33	2	4,06	2	4,82	2	5,59
4	2,65	4	3,36	4	4,11	4	4,87	4	5,64
6	2,70	6	3,41	6	4,16	6	4,92		
8	2,75	8	3,46	8	4,21	8	4,97		
12,0	2,80	15,0	3,51	18,0	4,26	21,0	5,02		
2	2,85	2	3,56	2	4,31	2	5,07		
4	2,90	4	3,61	4	4,36	4	5,12		
6	2,94	6	3,66	6	4,41	6	5,17		
8	2,99	8	3,71	8	4,46	8	5,22		

N. SCHOORL[2] verwendet an Stelle der FEHLINGschen Lösung die LUFFsche Lösung (Bd. II, S. 871). Es wird entweder das überschüssig zugesetzte Kuproion jodometrisch bestimmt und daraus das verbrauchte Kupfer berechnet, oder es wird das ausgeschiedene Kuproion ebenfalls auf jodometrischem Wege bestimmt und daraus der Milchzuckergehalt berechnet. Die Kochzeit beträgt 10 Minuten.

---

[1] W. WINKLER, W. GRIMMER u. H. WEIGMANN: Handbuch der Milchwirtschaft, Bd. I, S. 318. Wien: Julius Springer 1930. — Milchw. Forsch. 1924, **1**, 131.

[2] N. SCHOORL: Z. 1929, **57**, 566.

c) Titrimetrisch nach S. Rothenfusser[1]. Das Verfahren beruht auf der Ausfällung des Milchzuckers in methylalkoholischer Lösung mittels überschüssiger gemessener Bariumhydroxydlösung und Zurücktitration des überschüssig zugesetzten Bariumhydroxyds mittels 0,25 N.-Salzsäure.

Zu 30 ccm Milch werden in einem 150 ccm-Meßkolben etwa 100 ccm reinster Methylalkohol hinzugegeben. Nach gutem Durchschütteln füllt man mit Methylalkohol bis zur Marke auf, schüttelt nochmals gut durch und läßt die Mischung etwas stehen. Alsdann filtriert man einen Teil der Mischung schnell durch ein gut filtrierendes Filter und bedeckt den Trichter mit einem Uhrglase. In 75 ccm des Filtrates = 15 ccm Milch wird nach Zusatz von 10—12 Tropfen Phenolphthaleinlösung (2%) der Säuregrad genau mittels methylalkoholischer 0,25 N.-Barytlauge bestimmt und die Anzahl der verbrauchten ccm (S.Z.) notiert. Alsdann fügt man 40 ccm der methylalkoholischen 0,25 N.-Barytlauge in langsamem Strahle unter lebhaft rotierender Bewegung hinzu, füllt auf 150 ccm mit Methylalkohol auf, schüttelt kräftig durch und filtriert von der ungelösten Barium-Milchzucker-Verbindung ab. Auch hier ist wieder das Filter mit einem Uhrglas zu bedecken. 100 ccm des Filtrates = 10 ccm Milch werden nun mit 0,25 N.-Salzsäure zurücktitriert.

Berechnung: 1 Mol Milchzucker = 342,2 (+ 1 Mol H_2O = 360,2) = 1 Mol $Ba(OH)_2$ = 171,4, 1 ccm 0,25 N.-Barytlauge = 0,02137 g $Ba(OH)_2$.

Da in den 150 ccm der den Zuckerniederschlag enthaltenden Flüssigkeit 40 ccm 0,25 N.-Barytlauge enthalten sind, entsprechen 100 ccm Filtrat = 10 ccm Milch 26,66 ccm 0,25 N.-Barytlauge.

Zum Zurücktitrieren seien z. B. 14,9 ccm 0,25 N.-Salzsäure verbraucht worden, somit sind 26,66 —14,9 = 11,76 ccm Barytlauge verbraucht für Milchzucker.

Die Verhältniswerte sind $Ba(OH)_2$: Milchzucker = 1 : 2. Dann ergeben sich 0,0427 · 11,76 = 5,02% Milchzucker. Für die Volumveränderungen durch die Niederschläge kann der Sammelfaktor 1,005 gelten.

d) Polarimetrisch nach A. Scheibe[2]. 75 g Milch werden in einem 100 ccm-Kolben mit 7,5 ccm Schwefelsäure (20%) versetzt. Alsdann fügt man 7,5 ccm einer Quecksilberjodidlösung hinzu, füllt auf 100 ccm auf, schüttelt gut durch und filtriert klar durch ein Faltenfilter.

Die Quecksilberjodidlösung wird hergestellt, indem man 40 g Kaliumjodid in 200 ccm Wasser löst, nach Zusatz von 55 g Quecksilberjodid einige Zeit schüttelt, auf 500 ccm auffüllt und vom ungelösten Quecksilberjodid abfiltriert.

Die Ausfällung kann auch mittels kolloidalem Eisenhydroxyd vorgenommen werden. Man gibt 25 g Milch in ein 50 ccm-Kölbchen, fügt 20 ccm Eisenhydroxydlösung (20%) hinzu, füllt auf 50 ccm auf und schüttelt stark durch.

Auch diese so von den Proteinen befreite Milch gibt ein klares Filtrat. Die Polarisation wird in einem 200 mm-Rohr bei 20° im Halbschattenapparat mit Kreisteilung vorgenommen. Unter Zugrundelegung einer $[\alpha]_D$ des Milchzuckers von + 52,53 wird der Milchzucker, wie folgt, berechnet.

$$\text{Milchzucker} = \frac{a \cdot 100}{52,53 \cdot 2},$$ a ist die beobachtete Drehung. Im Halbschattenapparat mit Kreisteilung zeigt jeder Grad Drehung im 400 mm-Rohr bei 20° 0,4759 g Milchzucker an. Multipliziert man diesen Wert mit 0,94717, so erhält man krystallwasserfreien Milchzucker.

Da infolge des ausgeschiedenen Proteins und Fettes ein Volumfehler eingetreten ist, der bei Vollmilch 6 ccm und bei Magermilch 3 ccm ausmacht, so muß man den gefundenen Milchzuckergehalt mit 0,94 bzw. 0,97 multiplizieren.

Genau läßt sich das Volum des Niederschlages, wie folgt, bestimmen: Man löst 10 g reinen Milchzucker in einem 100 ccm-Kölbchen in 75 ccm Wasser auf, fügt 7,5 ccm obiger Quecksilberjodidlösung und 7,5 ccm obiger Schwefelsäurelösung zu, füllt auf 100 ccm auf und polarisiert die Lösung im 200 mm-Rohr (m_1). Ferner werden 10 g des gleichen Milchzuckers unter Erwärmen in 75 g der zu untersuchenden Milch gelöst und nach dem Abkühlen 0,5 ccm konz. Ammoniak zugegeben. Nach 10 Minuten setzt man wie oben die gleiche Menge Quecksilberjodidlösung und Schwefelsäurelösung hinzu, füllt auf 100 auf, schüttelt durch, filtriert und polarisiert im 200 mm-Rohr. Von der ermittelten Drehung zieht man die oben durch die 75 g Milch allein ermittelte Drehung ab (m_2).

[1] S. Rothenfusser: Z. 1933, **66**, 182.
[2] A. Scheibe: Zeitschr. analyt. Chem. 1901, **40**, 1; Z. 1902, **5**, 418.

Hieraus errechnet sich das Volum des Niederschlages $V = \dfrac{100\,(m_2-m_1)}{m_2}$. Der wirkliche Gehalt an Milchzucker in der Milch errechnet sich aus dem scheinbaren Gehalte durch Multiplikation mit $\dfrac{100-V}{100}$.

Diese Volumbestimmung ist bei Colostralmilch sowie Rahm unbedingt erforderlich.

E. FEDER[1] verwendet, um die Fehlerquellen nach A. SCHEIBE zu vermeiden, Asaprol. Als Fällungsmittel zur Ausfällung der Proteine werden noch Quecksilberacetat von GUÉRIN[2], Ferrocyankalium und Zinkacetat von C. CARREZ[3], Naphthalinsulfosäure von C. RIEGLER[4] empfohlen. Bei der Klärung zur Polarisation ist nach DROOP RICHMOND[5] Quecksilbernitrat zu verwerfen. Bleiessig darf auf jeden Fall zur Klärung nicht benutzt werden.

e) Refraktometrisch. Die WOLLNYsche, nach BRAUN[6] verbesserte Methode der refraktometrischen Milchzuckerbestimmung liefert nach E. BAIER und P. NEUMANN[7] sowie nach CH. PORCHER[8] hinreichend genaue Ergebnisse.

Meist wird jetzt hierzu das nach E. ACKERMANN[9] hergestellte Serum (S. 167) benutzt. Diese Methode gibt nur bei normaler Milch ziemlich richtige Werte. Aus der nachfolgenden, von E. ACKERMANN aufgestellten und von G. SCHULZE[10] verbesserten Tabelle kann man den Gehalt an Milchzucker ersehen.

Tabelle 19. Berechnung des Milchzuckers aus der Refraktion nach G. SCHULZE.

Re-frak-tion	Milch-zucker g in 100 ccm	Re-frak-tion	Milch-zucker g in 100 ccm	Re-frak-tion	Milch-zucker g in 100 ccm	Re-frak-tion	Milch-zucker g in 100 ccm	Re-frak-tion	Milch-zucker g in 100 ccm	Re-frak-tion	Milch-zucker g in 100 ccm
40,5	5,30	36,5	4,50	32,5	3,70	28,5	2,90	24,5	2,10	20,5	1,30
40,0	5,20	36,0	4,40	32,0	3,60	28,0	2,80	24,0	2,00	20,0	1,20
39,5	5,10	35,5	4,30	31,5	3,50	27,5	2,70	23,5	1,90	19,5	1,10
39,0	5,00	35,0	4,20	31,0	3,40	27,0	2,60	23,0	1,80	19,0	1,00
38,5	4,90	34,5	4,10	30,5	3,30	26,5	2,50	22,5	1,70	18,5	0,90
38,0	4,80	34,0	4,00	30,0	3,20	26,0	2,40	22,0	1,60	18,0	0,80
37,5	4,70	33,5	3,90	29,5	3,10	25,5	2,30	21,5	1,50	17,5	0,70
37,0	4,60	33,0	3,80	29,0	3,00	25,0	2,20	21,0	1,40	17,0	0,60

Nach A. BECKEL[11] kann man unter Zuhilfenahme einer Korrektur bei höherem Chloridgehalt auch das von ihm vorgeschlagene Kupferserum zur refraktometrischen Bestimmung des Milchzuckers benutzen.

Bei Erkrankung des Milchtieres kann der Milchzuckergehalt bei gleichzeitiger Steigerung des Chloridgehaltes unter normale Werte sinken (TH. SUNDBERG[12]). In solchen Fällen gibt alsdann die Refraktion nicht ganz zutreffende Milchzuckergehalte an. Auch bei gesäuerter Milch soll die Methode nicht anwendbar sein (E. ACKERMANN, L. PANCHAUD und E. AUERBACH[13]).

Die refraktometrische Bestimmung des Milchzuckers ist aber, falls man daraus nur die Chlor-Zucker-Zahl nach KOESTLER (S. 203) berechnen will, wohl meistens genau genug, sofern nicht ganz abnorme, viel Chlorid enthaltende Milch vorliegt.

[1] E. FEDER: Z. 1914, **28**, 20.
[2] GUÉRIN: Journ. Pharm. et Chim. 1908, **27**, 236; Z. 1908, **16**, 702.
[3] C. CARREZ: Ann. Chim. analyt. 1909, **14**, 187; Z. 1911, **20**, 231.
[4] C. RIEGLER: Ann. scient. Univ. Jassy 1901, **1**, 321; C. 1901, II, 872; Z. 1902, 5, 419.
[5] H. DROOP RICHMOND: Analyst 1910, **35**, 516; Z. 1912, **23**, 159.
[6] R. BRAUN: Milchztg. 1901, **30**, 578, 596, 613; Z. 1902, **5**, 781.
[7] E. BAIER u. P. NEUMANN: Z. 1907, **13**, 369, 382.
[8] CH. PORCHER: Rev. gén. Lait 1906, **6**, 49, 73; Z. 1908, **15**, 698.
[9] E. ACKERMANN: Mitt. Lebensmittelunters. Hygiene 1916, **7**, 319; 1918, **9**, 236; Z. 1917, **34**, 214; 1921, **41**, 82.
[10] G. SCHULZE: Z. 1929, **57**, 460.
[11] A. BECKEL: Z. 1932, **64**, 126.
[12] TH. SUNDBERG: Z. 1931, **62**, 509.
[13] E. ACKERMANN, L. PANCHAUD u. E. AUERBACH: Mitt. Lebensmittelunters. Hygiene, Schweiz 1918, **9**, 236.

Da sich in Frauenmilch ein unbekannter linksdrehender Körper befindet, so gibt die polarimetrische Milchzuckerbestimmung ungenaue Resultate. Man wird hier die gewichtsanalytischen oder titrimetrischen Methoden anwenden müssen. Hierbei ist zu bemerken, daß es schwer ist, ein klares Serum zu erhalten. C. CARREZ[1] verfährt in der Weise, daß man 10 g Milch in einem 100 ccm-Meßkolben mit 40—50 ccm Wasser verdünnt, 2 ccm Ferrocyankaliumlösung (500 g/1000) und 2 ccm Zinkacetatlösung (300 g/1000) zusetzt, umschüttelt und so lange verdünnte Natronlauge zutropft, bis nach vorherigem Zusatz von 1 Tropfen einer Phenolphthaleinlösung eine schwache Rötung bestehen bleibt; dann füllt man auf 100 ccm auf, schüttelt gut durch, filtriert und bestimmt im Serum den Milchzucker. G. DENIGÈS[2] setzt, um das sehr fein verteilte Fett besser niederzuschlagen, Eiweißlösung zu und fällt alsdann die Proteine, die das Fett mitreißen, mittels Natriummetaphosphatlösung (5%) unter Zusatz von konz. Essigsäure und konz. Salzsäure aus.

5. Bestimmung der Säuren.

a) Bestimmung der Gesamt-Säure (Säuregrade). Da die Milch infolge der Lebenstätigkeit von Milchsäurebakterien in ihrer Säuerung ständig fortschreitet, so ist die Säure unmittelbar nach der Probenahme bzw. nach Einlieferung der Milch zu bestimmen.

α) Verfahren nach SOXHLET HENKEL[3]: Diese in Deutschland wohl ausschließlich angewandte Methode wird in der Weise ausgeführt, daß man 50 ccm Milch in einen ERLENMEYER-Kolben gießt und 2 ccm alkoholische Phenolphthaleinlösung (2%) zusetzt. Alsdann titriert man mit 0,25 N.-Natronlauge bis zur deutlichen Rosafärbung. Um den Umschlag gut beobachten zu können, setzt man den Kolben auf eine weiße Unterlage. Die Säuregrade für 100 ccm Milch erhält man durch Multiplikation mit 2 = SOXHLET-HENKEL-(S.H.-)Säuregrade. Der normale Säuregehalt bewegt sich zwischen 6—7 SOXHLET-HENKEL-Säuregraden.

Als Indicator wird meist Phenolphthalein verwendet.

H. DROOP RICHMOND und H. C. HUISH[4] empfehlen dagegen die Verwendung von 0,01%iger Rosanilinacetatlösung in 96%igem Alkohol und bezeichnen die ccm N.-Alkalilauge für 1 Liter Milch als Säuregrade („Rosanilinstandard").

Wenn nur geringe Milchmengen zur Verfügung stehen, so verfährt man nach MORRES[5] in der Weise, daß man 20 ccm Milch unter Zusatz von 1 ccm Phenolphthaleinlösung mit 0,1 N.-Natronlauge titriert. Wenn man die verbrauchten ccm mit 2 multipliziert, so erhält man die SOXHLETschen Säuregrade für 100 ccm Milch. Die Ergebnisse stimmen gut überein.

β) Verfahren nach THÖRNER-PFEIFFER[6]: Es werden 10 ccm Milch mit 30 ccm Wasser verdünnt, einige Tropfen Phenolphthaleinlösung (5%) zugesetzt und mit 0,1 N.-Alkalilauge bis zum Umschlag titriert. Jedes verbrauchte ccm entspricht einem Säuregrade. 100 ccm frischer Milch besitzen 14—17 THÖRNERsche Säuregrade.

Diese so gefundenen Werte sind nicht vergleichbar mit den SOXHLET-HENKEL-Säuregraden, da in letzterem Falle durch die Verdünnung der Milch mit Wasser eine hydrolytische Spaltung der alkalisch reagierenden Phosphate bewirkt wird und eine Verringerung der wirklichen Säuregrade entsteht.

DORNIC[7] empfiehlt 10 ccm Milch mit 0,9 N.-Alkalilauge zu titrieren und berechnet den Gehalt an Milchsäure aus der verbrauchten Alkalimenge. 1 ccm dieser Lauge entspricht 0,01 g = 0,1% Milchsäure.

Nach H. HÖFT[8] und A. KIRSTEN[9] nimmt die Milch durch Kochen um etwa 0,56 Säuregrade ab, was wahrscheinlich auf einen Verlust an Kohlensäure zurückzuführen ist.

[1] C. CARREZ: Ann. Chim. analyt. 1909, 14, 187; Z. 1910, 20, 231.
[2] G. DENIGÈS: Bull. Soc. Pharmac., Bordeaux 1912, 52, 97; Z. 1913, 25, 65.
[3] SOXHLET-HENKEL: Milchw. Zentralbl. 1907, 3, 340.
[4] H. DROOP RICHMOND u. H. C. HUISH: Analyst 1912, 37, 168; Z. 1912, 24, 698.
[5] W. MORRES: Milchztg. 1908, 37, 385.
[6] W. THÖRNER-PFEIFFER: Chem.-Ztg. 1891, 15, 1108; 1899, 16, 1496, 1596.
[7] DORNIC: La Controlle du lait. Besancon 1897.
[8] H. HÖFT: Milchztg. 1901, 30, 103.
[9] A. KIRSTEN: Milchztg. 1902, 31, 134.

W. van Dam[1] sagt, daß trotz der Säureabnahme durch Kochen eine Konzentration der Wassrestoffionen stattfindet, und nach einigen Stunden die ursprünglichen Werte wieder hergestellt würden.

b) Bestimmung der Milchsäure. Nach H. Weigmann[2] versetzt man das aus der Milch hergestellte Serum mit Bariumhydroxyd und filtriert den Niederschlag, der hauptsächlich aus Bariumphosphat besteht, ab. In der Lösung verbleibt die Milchsäure als Calcium- und Bariumsalz. Durch Zusatz von verd. Schwefelsäure im Überschuß wird das Barium ausgefällt und der nun entstandene Überschuß an Schwefelsäure mit Bariumcarbonat entfernt; hierbei wird die freie Milchsäure wieder in lösliches Bariumsalz übergeführt. Dieses gelöste Bariumlactat kann man nunmehr im Filtrat durch Schwefelsäure fällen und als Bariumsulfat zur Wägung bringen. 1 Mol Bariumsulfat entspricht 2 Mol Milchsäure. Das Verfahren gibt mit Milchsäurelösungen, wie auch mit dem Serum geronnener Milch gut stimmende Werte.

E. Jerusalem[3] scheidet aus der Milch die Proteine durch Zusatz von Phosphorwolframsäure aus. Das Filtrat wird ammoniakalisch gemacht, eingedampft und nach Ansäuern mit Salzsäure im Perforationsapparat mit Äther ausgezogen. Den Ätherauszug alkalisiert man, nach vorherigem Zusatz von Wasser, destilliert den Äther ab, säuert die wäßrige Lösung an und oxydiert mit Kaliumpermanganat die Milchsäure zu Acetaldehyd, der alsdann jodometrisch bestimmt werden kann. Vgl. auch Bd. II, S. 1100.

c) Bestimmung der Citronensäure. Zu ihrer Bestimmung oxydiert A. Scheibe[4] die Citronensäure mit Kaliumbichromat und Schwefelsäure zu Kohlensäure; da das Verfahren von A. Scheibe sehr viel Milch (400 ccm) erfordert und sehr umständlich ist, sei von seiner Beschreibung hier abgesehen. M. Beau[5] oxydiert die Citronensäure mittels Permanganat unter Zusatz von Denigès' Quecksilberreagens (Bd. II, S. 1117) bis zur Acetondicarbonsäure und bestimmt die Mercurisulfat-Doppelverbindung gewichtsanalytisch, während R. Kunz[6] ebenfalls mit Permanganat unter Zusatz von Bromwasser oxydiert und das Aceton als Pentabromaceton zur Wägung bringt. Über neuere Verfahren siehe Bd. II, S. 1119.

α) Verfahren von M. Beau: Die Citronensäure wird mittels Kaliumpermanganat zu Acetondicarbonsäure ($HOOC \cdot H_2C \cdot CO \cdot CH_2 \cdot COOH$) oxydiert und deren schwer lösliches Quecksilberdoppelsalz (CH_2—CO—CH_2) $(COO)_2$ Hg zur Wägung gebracht.

50 g Milch werden in einem 200 ccm-Kolben mit 75 ccm Wasser verdünnt und mit 50 ccm folgender Lösung versetzt: Zu 50 g rotem Quecksilberoxyd, welches in 400—500 ccm Wasser suspendiert ist, setzt man unter fortwährendem Schütteln so viel konz. Schwefelsäure, bis alles gelöst ist, füllt die Lösung auf 1000 ccm auf, erhitzt zum Sieden und filtriert die nunmehr gebrauchsfertige Lösung. Diese Quecksilberlösung fällt die Proteine der Milch aus. Man füllt auf 200 ccm auf und filtriert vom Ungelösten ab. 100 ccm Filtrat = 25 ccm Milch werden zum Sieden erhitzt und die Citronensäure durch tropfenweises Zufließen einer 1%igen Kaliumpermanganatlösung oxydiert. Es bildet sich ein bräunlicher, schnell zu Boden setzender Niederschlag. Wenn die Flüssigkeit schwach rosa gefärbt erscheint, ist die Oxydation beendet. Alsdann erhitzt man das Gemisch, hellt den braunen Niederschlag durch etwas Wasserstoffsuperoxyd

---

[1] W. van Dam: Rev. gén. Lait 1909, **7**, 275; Z. 1910, **20**, 228.
[2] H. Weigmann: Jahresber. der Molkerei-Versuchsstation Kiel 1899/1900; Z. 1902, **5**, 170.
[3] E. Jerusalem: Biochem. Zeitschr. 1908, **12**, 360; Z. 1909, 18, 32.
[4] A. Scheibe: Zeitschr. analyt. Chem. 1902, **41**, 77.
[5] M. Beau: Rev. gén. Lait 1904, **3**, 385; Z. 1905, **9**, 560.
[6] R. Kunz: Arch. Chem. u. Mikrosk. 1914, **7**, 285; 1915, 8, 129; Z. 1916, **32**, 147, 456.

auf und filtriert durch ein ALLIHNsches Asbestrohr oder einen Filtertiegel. Der Niederschlag wird bis zum Verschwinden der Sulfatreaktion ausgewaschen und bei 100⁰ bis zur Gewichtskonstanz getrocknet. Der gefundene Wert, mit 0,271 multipliziert, ergibt den Gehalt an Citronensäure in 25 g Milch.

β) Verfahren von R. KUNZ: Die Citronensäure wird zu Aceton oxydiert, das als Pentabromaceton zur Wägung gelangt.

50 g Milch werden in einem 200 ccm-Meßkolben unter kräftigem Umschwenken mit 10 ccm einer mit dem gleichen Raumteil Wasser verdünnten Schwefelsäure versetzt. Alsdann fügt man 2 ccm Kaliumbromidlösung (40%) und 20 ccm Phosphorwolframsäurelösung hinzu. — Man stellt die Phosphorwolframlösung in der Weise her, daß man 120 g Natriumphosphat und 200 g Natriumwolframat in 1 Liter Wasser löst und zu dieser Lösung 100 ccm einer im Verhältnis 1:3 mit Wasser verdünnten Schwefelsäure hinzugefügt. — Alsdann füllt man die Mischung auf 200 ccm mit Wasser auf, schüttelt kräftig durch und filtriert nach dem Absitzen. 150 ccm des klaren Filtrates bringt man in einen ERLEN-MEYER-Kolben, fügt 25 ccm frisch gesättigtes Bromwasser hinzu und läßt die Mischung 5 Minuten in einem auf 48—50⁰ erhitzten Wasserbade stehen. Darauf setzt man nach dem Herausnehmen des Kolbens aus dem Wasserbade unter starkem Umschwenken 10 ccm Permanganatlösung (5%) in der Weise hinzu, daß man abwartet, bis die entstehende Rotfärbung immer wieder verschwindet, bevor man eine neue Menge von Permanganatlösung zufließen läßt. Nunmehr läßt man den Kolben nach vorherigem kräftigem Umschütteln stehen, bis sich das Mangansuperoxyd abzusetzen beginnt und schüttelt dann wieder. Dieses wird. so lange wiederholt, bis der Niederschlag eine helle Farbe angenommen und zum größten Teil sich gelöst hat. Das sehr fein verteilte Pentabromaceton wird von dem ausgeschiedenen Mangansuperoxyd mitgerissen. Wenn eine genügende Klärung durch gutes Absitzen erreicht worden ist, fügt man der noch warmen Lösung einige Tropfen schwach schwefelsaure konz. Ferrosulfatlösung zu, wodurch das Mangansuperoxyd in Lösung übergeführt und das Brom entfernt wird. Unter zeitweiligem Umschütteln läßt man die Lösung erkalten. Ist richtig gearbeitet worden, so ist der Niederschlag rein weiß und dicht. Nach einiger Zeit wird er krystallin und ist alsdann in Wasser völlig unlöslich. Zur Filtration eignen sich am besten Filtertiegel mit Sinterplatten. Der Niederschlag wird gesammelt, mit ganz schwach schwefelsaurem Wasser gewaschen (einige Tropfen verd. Schwefelsäure in viel Waschwasser gelöst) und im Vakuum-exsiccator über Schwefelsäure bis zur Gewichtskonstanz getrocknet. Das Gewicht des Pentabromacetons, mit 1,215 multipliziert, ergibt den Gehalt an Citronensäure nebst einem Molekül Krystallwasser in 100 g Milch.

γ) Verfahren von B. BLEYER und J. SCHWAIBOLD[1] (Bd. II, S. 1124): Sie haben das Pentrabromaceton-Verfahren zu einer mikrochemischen Methode ausgearbeitet.

10 g Milch bringt man in ein 50 ccm-Meßkölbchen und fügt der Reihe nach 2 ccm Schwefelsäure (50%), 1 ccm Kaliumbromidlösung (40%) und alsdann 4 ccm Phosphorwolframsäurelösung hinzu (120 g Natriumphosphat und 200 g Natrium-wolframat in einem Gemisch von 1 Liter Wasser und 100 ccm Schwefelsäure (30%) zu 1 Liter gelöst) und füllt auf 50 ccm auf. 5 ccm des Filtrates werden in ein den TROMMSDORFFschen ähnliches Röhrchen (Bd. II, S. 1125, Abb. 7[2]) gebracht und in ein Wasserbad von 45⁰ gestellt. Alsdann gibt man tropfenweise unter Schütteln so viel gesättigte Kaliumpermanganatlösung hinzu, bis sich eine braune Abscheidung von Mangandioxydhydrat bildet. Man stellt das Röhrchen wiederum in das Wasserbad, nimmt es nach kurzer Zeit heraus

---

[1] B. BLEYER u. J. SCHWAIBOLD: Milchw. Forsch. 1925, 2, 301.
[2] Die Röhrchen sind bei F. Lautenschläger in München erhältlich.

und fügt rasch so viel gesättigte, schwach schwefelsaure Ferrosulfatlösung zu, bis die Lösung eben wieder farblos geworden ist und läßt den Inhalt des Röhrchens erkalten. Nach 20—30 Minuten langem Absitzenlassen des gebildeten Niederschlages verfährt man weiter nach Bd. II, S. 1125.

Die so erhaltenen Befunde sind höher als die nach anderen Methoden gefundenen Mengen.

6. Bestimmung der Phosphatide.

Die Bestimmung des organisch gebundenen Phosphors der Phosphatide (Lecithine), die in enger Beziehung zu den Fetten stehen, wird nach J. NERKING und E. HAENSEL[1] nach folgendem Verfahren durchgeführt: Zu 100 g Milch werden unter langsamem Zusatz und stetem Rühren 200 ccm Alkohol zugegeben. Die ausgeschiedenen Proteine, die das Fett der Milch mitgerissen haben, werden nach gutem Absitzen von der überstehenden Flüssigkeit abfiltriert. Das Filter bringt man alsdann samt Niederschlag in eine Hülse und extrahiert im SOXHLET-Apparat etwa 30 Stunden lang mit Chloroform. Das alkoholische Filtrat wird bei einer 60° nicht übersteigenden Temperatur im Vakuum eingedampft und alsdann mit Chloroform ebenfalls erschöpfend extrahiert. Die beiden Chloroformextrakte werden miteinander vereinigt. Neben Fett finden sich die Phosphatide in Lösung. In einer Platinschale wird das Chloroform bei gelinder Wärme verdunstet und der verbleibende Rückstand mit Natriumcarbonat und Kaliumnitrat verascht.

Die Asche wird in bekannter Weise in salpetersäurehaltigem Wasser gelöst und die Phosphorsäure mit Molybdänlösung gefällt. Der gesammelte und ausgewaschene Niederschlag wird nunmehr in Ammoniak gelöst und nach Bd. II, S. 1361 mittels Magnesiamixtur die Phosphorsäure gefällt. Die gewogene Menge Magnesiumpyrophosphat wird mit dem Faktor 7,27 multipliziert. Der so gefundene Wert entspricht der in 100 g Milch vorhandenen Menge Phosphatid. Da noch nicht entschieden ist, ob in der Milch ein Distearyllecithin (STOKLASA[2]) oder ein Oleobutyrolecithin (BUROW[3]) vorhanden ist, so dürfte der Faktor 7,27 nur zutreffen, wenn Distearyllecithin vorliegt. Es dürfte daher am zweckmäßigsten sein, nur den Gehalt an Phosphatidphosphor oder als Glycerin-Phosphorsäure anzugeben.

Weitere Methoden zur Phosphatidbestimmung sind von F. BORDAS und S. DE RACZKOWSKY[4], BRODRICK und PITTARD[5] u. a. angegeben. BRODRICK und PITTARD sind der Ansicht, daß der Äther Wasser aufnimmt und anorganisch gebundener Phosphor mit in Lösung geht, wodurch der Gehalt an Phosphatid zu hoch wird. Sie finden viel weniger Phosphatid in der Milch als nach dem Verfahren von NERKING und HAENSEL gefunden wird.

Die Methode ist folgende: 100 g Milch (nach BUROW) werden tropfenweise in ein Gemisch gleicher Raumteile Alkohol und Äther, das mit einigen Tropfen Essigsäure (30%) angesäuert ist, gegeben und die Mischung 6 Stunden in einer Schüttelmaschine geschüttelt. Das Filtrat wird in einer Porzellanschale bei 36° im Thermostaten eingeengt, soweit wie möglich getrocknet, der Rückstand mit der 3fachen Menge frisch ausgeglühten und erkalteten Natriumsulfats verrieben und die Mischung quantitativ in eine Extraktionshülse gebracht und mit Chloroform 3—4 Stunden im SOXHLET-Apparat ausgezogen. Der Auszug wird alsdann wie oben weiter verarbeitet.

Mikrobestimmung der Phosphatide nach H. E. HOLM, P. A. WRIGHT und E. F. DEYSHER[6] auf nephelometrischem Wege.

---

[1] J. NERKING u. E. HAENSEL: Biochem. Zeitschr. 1908, **13**, 348; Z. 1909, **17**, 210; **18**, 427.

[2] J. STOKLASA: Zeitschr. physiol. Chem. 1897, **23**, 343.

[3] ROB. BUROW: Zeitschr. physiol. Chem. 1900, **30**, 495; Z. 1901, **4**, 606.

[4] F. BORDAS u. S. DE RACZKOWSKY: Journ. Pharm. et Chim. 1902, [6] **16**, 292; Z. 1903, **6**, 597.

[5] N. A. BRODRICK-PITTARD: Biochem. Zeitschr. 1914, **67**, 382; Z. 1916, **31**, 87.

[6] G. E. HOLM, P. A. WRIGHT u. E. F. DEYSHER: Journ. Dairy Sci. 1933, **16**, 445.

7. Bestimmung des Cholesterins.

Der Gehalt des Milchfettes an Cholesterin kann nach dem Verseifungsverfahren oder nach der Digitonin-Methode (W. Grimmer[1]) bestimmt werden. 200—250 g Milch werden mit 10 ccm Ammoniak versetzt und alsdann 200 ccm Alkohol zugegeben, man schüttelt nunmehr kräftig durch und fügt 250 ccm Äther und 250 ccm Petroläther hinzu. Nach jedem Zusatz ist die Mischung gut durchzuschütteln. Man hebert im Scheidetrichter die Äther-Petrolätherlösung, die das Milchfett enthält, ab und destilliert die Lösungsmittel ab. Den Rückstand verseift man mit 20 ccm alkoholischer Natronlauge (20%) und versetzt die Seifenlösung mit 50 ccm Wasser. Diese Seifenlösung schüttelt man mehrmals mit Äther aus, destilliert den Äther ab, bringt den Rückstand auf einem Wasserbade zur Trockne und zieht erneut mit Äther aus. Nach Abdestillieren des Äthers wird der Rückstand bis zur Gewichtskonstanz getrocknet; er besteht im wesentlichen aus Cholesterin.

Wenn man das Cholesterin in seiner Digitoninverbindung zur Wägung bringen will, so versetzt man die ätherische Lösung des Fettes der Milch mit alkoholischer Digitoninlösung (1%). Den krystallinen Niederschlag, der sich nach einiger Zeit abgeschieden hat, bringt man auf ein gewogenes Filter oder einen Filtertiegel und wäscht ihn mit Alkohol aus. Der nach dem Trocknen gewogene Niederschlag wird mit 0,25 multipliziert und man erhält so den Gehalt an freiem Cholesterin. Weiteres siehe Bd. IV.

8. Bestimmung der Mineralstoffe.

a) Bestimmung der Asche und ihrer Alkalität. Zur Aschenbestimmung wägt man etwa 25 g Milch in einer flachen Platinschale ab, setzt zur Koagulation der Proteine einige Tropfen verd. Essigsäure hinzu und dampft auf dem Wasserbade zur Trockne ein. Der Rückstand wird vorsichtig verkohlt und nach Bd. II, S. 1209 weiter behandelt.

Soll die Alkalität der Asche bestimmt werden, so verfährt man am besten nach J. Tillmans und A. Bohrmann (Bd. II, S. 1217).

Glüht man die Asche zu stark, so treiben die sauren Phosphate aus den Chloriden Chlor aus; außerdem sind Alkalichloride leicht flüchtig; ferner wirkt auch der Kohlenstoff auf die Chloride zersetzend ein und bedingt einen Verlust an diesen (J. D. Filippo und W. Adriani[2]).

b) Bestimmung der Kationen. *α) Eisen.* G. Fendler, L. Frank und W. Stüber[3] veraschen möglichst vollkommen 200 g Milch in einer Platinschale und übergießen die Asche mit 5 ccm eisenfreier Salzsäure (Spez. Gewicht 1,125). Es wird alsdann die zerriebene Asche mit warmem Wasser ausgezogen. Der unlösliche Teil wird samt dem eisenfreien Filter weiter verascht, hierzu der erste Aschenauszug gegeben und das Ganze zur Trockne verdampft; der Rückstand wird mit rauchender Salzsäure nochmals eingedampft, darauf mit 30 ccm konz. Schwefelsäure einige Zeit digeriert und schließlich über einem Pilzbrenner bis zum Entweichen von Schwefelsäuredämpfen erhitzt. Man füllt die salzsäurefreie Flüssigkeit auf 110 ccm auf, filtriert, bringt 100 ccm des Filtrats in einen 300 ccm fassenden Erlenmeyer-Kolben und dazu ein Stück reines Stangenzink und verschließt mit einem Bunsen-Ventil. Nach $^{1}/_{2}$stündigem Erwärmen auf dem Wasserbade nimmt man das Zinkstückchen mit einem Glasstab heraus und titriert mit 0,05 N.-Kaliumpermanganatlösung, deren

[1] W. Grimmer: Milchwirtschaftliches Praktikum. Leipzig: Akademische Verlagsgesellschaft Leipzig.
[2] J. D. Filippo u. W. Adriani: Z. 1926, 51, 374.
[3] G. Fendler, L. Frank u. W. Stüber: Z. 1910, 19, 369.

Titer man jodometrisch feststellt. Gleichzeitig wird in den verwendeten Reagenzien ein etwa vorhandener Eisengehalt festgestellt und dieser in Abzug gebracht. Es wurden in Kuhmilch 4—12 mg, in Milch von mit Eisenpräparaten gefütterten Kühen 5—8 mg Eisenoxyd in 1 Liter Milch gefunden, was wohl bei ersterer zu hoch sein dürfte.

C. Mai[1] hat das Eisen colorimetrisch nach der Rhodanmethode bestimmt. Fendler und Mitarbeiter sowie E. Ewers[2] weisen aber darauf hin, daß das colorimetrische Verfahren bei Gegenwart von Phosphaten versagt.

F. Edelstein und F. v. Csonka[3] verwenden 1 Liter Milch zur Eisenbestimmung, indem sie dieselbe anteilweise in einer Platinschale eindampfen, einäschern, neue Anteile Milch zugeben, wieder eindampfen und veraschen usw. Die Asche wird in heißem Wasser und wenig verd. Salzsäure gelöst, in ein Becherglas übergespült, mit einigen Tropfen Salpetersäure oxydiert, in einen Kjedahl-Kolben filtriert, mit heißem Wasser nachgewaschen und unter Zusatz von 5 ccm konz. Schwefelsäure abgeraucht. In der Lösung wird das Eisen jodometrisch bestimmt. Sie fanden auf diese Weise in Kuhmilch 0,4—0,7 mg/l Eisen (Fe), während nach Bahrdt und Edelstein[4] Frauenmilch 1,4—1,9 mg/l Eisen enthält.

F. E. Nottbohm und W. Weisswange[5] bestimmen das Eisen in der Milch mit Kupferron (Ammoniumsalz des Nitrosophenylhydroxylamins), das zur Trennung des Eisens von Aluminium und Chrom empfohlen wird und sich in Äther sowie Chloroform löst, in folgender Weise: 100 g Milch werden am besten in zwei Platinschalen unter Glastrichtern auf dem Wasserbade eingetrocknet, im Luftschrank allmählich auf 150—180° erhitzt und dann in einer Quarzmuffel verascht. Die völlige Veraschung nimmt man bei bedeckten Schalen über Pilzbrennern vor, wobei man die Asche mit etwas Wasser aufnimmt, wieder auf dem Wasserbade eintrocknet und nochmals schwach glüht. Die gänzlich weiß gebrannte Asche wird zweimal mit eisenfreier Salzsäure auf dem Wasserbad zur Trockne eingedampft, mit etwa 40 ccm 0,5 N.-Salzsäure aufgenommen, in einen Erlenmeyer-Kolben übergeführt und nach Zusatz einiger Tropfen Salpetersäure oxydiert. Nach völligem Erkalten spült man die Aschenlösung in einen Scheidetrichter, versetzt mit 2 ccm Kupferronlösung (5%), mischt gut durch und läßt ¼ Stunde stehen. Dann schüttelt man die Lösung zweimal mit etwa 25 ccm Chloroform aus, läßt die gelb bis grünlich gefärbte Chloroformschicht in einen 100 ccm fassenden weithalsigen Erlenmeyer-Kolben fließen und destilliert das Chloroform auf dem Wasserbade bis auf die letzten Spuren ab, was durch Neigen des Kölbchens leicht zu erreichen ist. Der Rückstand wird durch vorsichtiges Erhitzen des Kölbchens auf freier Flamme völlig verascht. Das nun deutlich wahrnehmbare Eisenoxyd bringt man durch Erwärmen mit Salzsäure und etwas Salpetersäure in Lösung, raucht noch zweimal die Salzsäure ab und bestimmt schließlich in der üblichen Weise das Eisen colorimetrisch. Die Verfasser fanden 1,3 mg Eisenoxyd in 1 Liter Milch.

H. Lachs und H. Friedenthal[6] haben zur Bestimmung des Eisens ein colorimetrisches Verfahren mit Kaliumrhodanidlösung beschrieben, bei dem sie von 5 ccm Milch ausgehen.

β) *Mangan.* Nach G. Büttner und A. Miermeister[7] wird die Milchasche zur Entfernung der Chloride mit Schwefelsäure abgeraucht, und das Mangan nach der Methode von J. Tillmans und H. Mildner[8] mittels Kaliumpersulfat bei Gegenwart von etwas Silbernitrat in Übermangansäure übergeführt, die

---

[1] C. Mai: Z. 1910, **19**, 21.

[2] E. Ewers: Apoth.-Ztg. 1898, **13**, 536; Z. 1899, **2**, 215.

[3] F. Edelstein u. F. v. Csonka: Biochem. Zeitschr. 1912, **38**, 14; Z. 1912, **24**, 695.

[4] Bahrdt u. Edelstein: Zeitschr. Kinderheilkunde 1910, **1**, 182.

[5] F. E. Nottbohm u. W. Weisswange: Z. 1912, **23**, 514.

[6] H. Lachs u. H. Friedenthal: Biochem. Zeitschr. 1911, **32**, 130; Z. 1912, **23**, 611.

[7] G. Büttner u. A. Miermeister: Z. 1933, **65**, 644.

[8] J. Tillmans u. H. Mildner: Journ. Gasbel. u. Wasserversorg. 1914, **57**, 496.

colorimetrisch mit einer alkalischen Phenolphthaleinlösung verglichen wird. Ist wenig Mangan vorhanden, so wird das von J. TILLMANS angegebene Verstärkungsreagens benutzt.

γ) Calcium. 25 g Milch werden zur Trockne gebracht und vorsichtig verascht. Die zerriebene Asche nimmt man mit Salpetersäure auf und raucht diese ab. Alsdann fügt man salpetersäurehaltiges Wasser hinzu, filtriert, setzt konz. gesättigte Ammoniumacetatlösung im Überschuß bis zur essigsauren Reaktion zu und läßt in der Kälte tropfenweise so viel Eisenchloridlösung (10%) zufließen, bis nach dem Absitzen des Ferriphosphats die Lösung noch schwach gelb gefärbt ist. Nach dem Aufkochen läßt man absitzen und filtriert vom Niederschlag ab, wäscht ihn mehrmals durch Dekantation aus, löst ihn alsdann in heißer konz. Salpetersäure, setzt so lange Ammoniak hinzu, bis nur noch eine schwach saure Reaktion vorhanden ist, fügt konz. Ammoniumacetatlösung im Überschuß zu, erhitzt nochmals bis zum Aufkochen und filtriert vom Niederschlag ab. Nötigenfalls verfährt man nochmals in gleicher Weise. Das Filtrat wird alsdann unter Zusatz von Essigsäure eingedampft, die Reaktion muß stets sauer bleiben. Zu der noch etwa 100—150 ccm betragenden Lösung setzt man in der Siedehitze Ammoniumoxalatlösung im Überschuß zu und verfährt weiter nach Bd. II, S. 1232, indem man das Calcium entweder gewichtsanalytisch oder titrimetrisch bestimmt.

δ) Magnesium. Man bestimmt dieses im Filtrate vom Calciumniederschlag nach *γγ*) bzw. nach Bd. II, S. 1233 als Magnesiumpyrophosphat.

M. MIETHKE und H. LEVECKE [1] bestimmen nach dem Verfahren von CRAMER und FISDALL [2] den Kalk und die Magnesia auf mikroanalytischem Wege.

S. RAUSCHNING [3] und G. P. SANDERS [4] verwenden an Stelle von Milch das nach RAUSCHNING hergestellte Trichloressigsäureserum, in welchem SANDERS auch das Magnesium bestimmte.

ε) Kalium und Natrium. Man verascht die Milch vorsichtig nach dem Auslaugeverfahren (Bd. II, S. 1210), nimmt den Rückstand mit verd. Salzsäure auf und verfährt zur Bestimmung der Alkalichloride (KCl + NaCl) nach Bd. II, S. 1225, zur Bestimmung des Kaliums nach S. 1234 und des Natriums nach S. 1238.

ζ) Kupfer. Zur Bestimmung der gelegentlich in Milchpulvern vorkommenden geringen Kupfermengen empfehlen J. TILLMANS und R. STROHECKER [5] zwei colorimetrische Verfahren, bei denen sie von 20 g Milchpulver ausgehen, diese in Quarz- oder Porzellanschalen veraschen und den Kupfergehalt mit Kupfersulfid- oder -xanthogenatlösungen von bekanntem Gehalt vergleichen.

CHR. ZBINDEN [6] hat zur Bestimmung des Kupfers in der Milch ein elektrolytisches Mikroverfahren vorgeschlagen. Nach diesem Verfahren fand er in Kuhmilch 0,84—0,85 mg/l Kupfer, in Ziegenmilch 0,45 mg/l und in Frauenmilch 0,59 mg/l. Bei in Kupferapparaten behandelter Milch fand er für die Frischmilch 0,51 und 0,54, für pasteurisierte Milch 0,83 und 0,90 und für kondensierte Milch 2,5 mg/l Kupfer.

c) Bestimmung der Anionen. *α) Chlor.* Es kann zwar in der mit alkalischen Zusätzen hergestellten Milchasche (Bd. II, S. 1220) nach dem Verfahren von J. VOLHARD (S. 1240) bestimmt werden [7], immerhin ist aber auch diese Bestimmung mit mehr oder weniger Chlorverlusten verbunden, die allerdings wesentlich geringer sind als bei der Veraschung ohne alkalische Zusätze.

[1] M. MIETHKE u. H. LEVECKE: Milchw. Forsch. 1932, **13**, 535.
[2] P. RONA: Praktikum der physiol. Chemie 1929, 368.
[3] S. RAUSCHNING: Milchw. Forsch. 1931, **12**, 482.
[4] G. SANDERS: Journ. Biol. Chem. 1931, **90**, 747; Milchw. Forsch. 1931, **12**, Ref. 189.
[5] J. TILLMANS u. R. STROHECKER: Z. 1924, **47**, 412.
[6] CHR. ZBINDEN: Lait 1932, **12**, 481; Milchw. Forsch. 1933, **14**, Ref. 56.
[7] F. E. NOTTBOHM: Milchw. Forsch. 1924, **1**, 351.

Richtigere Ergebnisse liefert die direkte Chlorbestimmung in der Milch nach den Verfahren von H. WEISS[1], J. DROST[2] sowie F. MACH und W. LEPPER[3]. Über potentiometrische Bestimmung s. C. ROHMANN[4].

Verfahren von H. WEISS: Zu 20 g Milch werden in einem 200 ccm-Meßkolben etwa 100 ccm Wasser und nach dem Umschütteln 20 ccm Aluminiumsulfatlösung (20%) und 1 ccm 1 N.-Natronlauge hinzugefügt und auf 200 ccm aufgefüllt. Nach gutem Umschütteln und Absitzenlassen wird die Mischung klar filtriert. In einem aliquoten Teil läßt sich mit Silbernitratlösung nach MOHR unter Zusatz von Kaliumchromat als Indicator das Chlor titrieren. 1 ccm 1/35,5 N.-Silbernitratlösung zeigt 1 mg Chlor an.

Ein Überschuß von Lauge muß vermieden werden, da man sonst unrichtige Ergebnisse erhält.

Verfahren von J. DROST: Zu 10 ccm Milch werden in einem 100 ccm-ERLEN-MEYER-Kolben unter Umschütteln 5 ccm Salpetersäure (Spez. Gewicht 1,165) und dann sofort 5 ccm 0,1 N.-Silbernitratlösung im zerstreuten Tageslicht hinzugegeben. Nachdem die Lösungen durch Umschwenken hinreichend gemischt sind, wird nach Zusatz von 1 ccm Eisenalaunlösung (10%) mit 0,1 N.-Ammoniumrhodanidlösung sofort nach J. VOLHARD titriert, bis eine deutlich länger bleibende Rotfärbung entstanden ist.

Verfahren von F. MACH *und* W. LEPPER: 50 ccm Milch werden in einem 500 ccm-Meßkolben mit Wasser auf etwa 400 ccm verdünnt und unter jedesmaligem Umschütteln mit 5 ccm Gerbsäurelösung (10%), 10 ccm durch Kochen mit Wasserstoffsuperoxyd und Schwefelsäure oxydierter Ferrosulfatlösung (10%), gesättigter Natriumcarbonatlösung bis zur alkalischen Reaktion (Farbumschlag!), etwa 1 ccm Wasserstoffsuperoxydlösung (3%) und Essigsäure im Überschuß versetzt. Im vollständig klaren Filtrat wird der Chlorgehalt nach J. VOLHARD titrimetrisch bestimmt.

β) Schwefelsäure und Schwefel. In der Milch kommt nach J. TILLMANS und W. SUTTHOFF[5] präformierte Schwefelsäure, als Sulfatschwefelsäure, vor, die in folgender Weise bestimmt wird: 2 Volumen Milch werden mit je 1 Volumen Salzsäure (2%) und Quecksilberchloridlösung (5%) versetzt. Das Filtrat ist farblos bis schwach gelb und ist frei von Proteinen.

Durch Zusatz von Bariumchlorid wird alsdann die gesamte präformierte Schwefelsäure ausgefällt, gesammelt, ausgewaschen, geglüht und gewogen.

Bei Frauenmilch bleibt das Quecksilberchlorid-Salzsäure-Serum schwach getrübt, durch Bildung eines Kupferhydroxydniederschlages läßt sich die Trübung entfernen. Die Schwefelsäure muß in der Kälte gefällt werden, da beim Einengen oder Kochen des Serums der Milchzucker infolge von Zersetzung Fällungen gibt. Nach einigen Tagen hat sich das Bariumsulfat völlig ausgeschieden.

Um in dem Milchserum etwa vorhandene gepaarte Schwefelsäure nachzuweisen, wird in der Weise verfahren, daß man das Quecksilberchloridserum nach der Methode von FOLIN[6], wie beim Harn, auf den vorgeschriebenen Säuregehalt bringt, indem man zu 200 ccm Milchserum 30 ccm Salzsäure (2%) und 40 ccm Wasser zusetzt und nunmehr 10 ccm einer Bariumchloridlösung (5%) ohne Umrühren und Umschütteln tropfenweise zufließen läßt. Nach einer Stunde wird umgeschüttelt, filtriert und aus dem geglühten Niederschlag die Sulfatschwefelsäure berechnet.

Zur Bestimmung der Gesamt-Schwefelsäure verfährt man in der gleichen Weise, nachdem man zuvor das Milchserum mit der Salzsäure 1/2 Stunde lang gekocht hat.

Der Unterschied zwischen Sulfat- und Gesamt-Schwefelsäure ist verschwindend klein, woraus hervorgeht, daß die Milch nur Sulfatschwefelsäure enthält.

[1] H. WEISS: Mitt. Lebensmittelunters. Hygiene 1921, **12**, 133; Z. 1923, **46**, 379.
[2] J. DROST: Z. 1925, **49**, 332.
[3] F. MACH u. W. LEPPER: Z. 1927, **53**, 454.
[4] C. ROHMANN: Z. 1928, **55**, 580.
[5] J. TILLMANS u. W. SUTTHOFF: Z. 1910, **20**, 49.
[6] FOLIN: HOPPE-SEYLER: Handbuch, 8. Aufl., Berlin 1909, S. 570.

Den Gesamt-Schwefel der Milch kann man nach J. TILLMANS und W. SUTTHOFF in der Weise bestimmen, daß man 100 ccm Milch mit Salpeter-Salzsäure aufschließt, filtriert, einengt und nach schwacher Alkalisierung mit Natronlauge verascht.

γ) Organisch und anorganisch gebundener Phosphor. Gesamt-Phosphor. Es werden 10—20 g Milch nach Bd. II, S. 1220 mit alkalischen Zusätzen verascht, die Asche vorsichtig unter Bedeckung mit einem Uhrglase mit Salpetersäure aufgenommen, diese ohne Verlust abgeraucht und diese Behandlung mehrmals wiederholt. Dadurch ist die Kieselsäure in die unlösliche Form übergeführt und kann durch Filtration entfernt werden. In dem Filtrat wird alsdann die Phosphorsäure nach Bd. II, S. 1257 bestimmt.

Anorganischer Phosphor. Zur Bestimmung des anorganischen Phosphors müssen die Proteine und Lipoide vorher ausgefällt werden, da das Casein und das Lecithin Phosphor enthalten. Man kann nach der Methode von F. BORDAS und F. TOUPLAIN[1] verfahren, oder nach B. PFYL und R. TURNAU bzw. B. PFYL und W. SAMTER[2]; das nach letzteren hergestellte Serum (S. 170), bzw. ein aliquoter Teil davon, wird eingedampft, unter alkalischen Zusätzen verascht und wie oben weiter behandelt.

Sehr zweckmäßig ist es auch, nach A. NEUMANN[3] die Zerstörung der organischen Substanz in der Milch und dem Serum mit Schwefelsäure und konz. Salpetersäure vorzunehmen (Bd. II, S. 1221).

Man fügt etwa 10 ccm konz. Schwefelsäure und 10 ccm konz. Salpetersäure der Milch bzw. dem Serum zu, wärmt den Kolben vorsichtig an und verdampft die Flüssigkeit. Der Kolbeninhalt muß immer flüssig bleiben; bilden sich Kohleteilchen, die zusammenbacken, so fügt man noch wenig konz. Schwefelsäure und etwas Wasser zu. Zugleich läßt man während der ganzen Aufschließung aus einem Scheidetrichter langsam konz. Salpetersäure zutropfen.

Wenn die organische Substanz völlig zerstört und der Kolbeninhalt farblos geworden ist, bestimmt man darin die Phosphorsäure nach Bd. II, S. 1257.

Bei Massenbestimmungen ist es zweckmäßig, den Molybdänniederschlag nach A. NEUMANN (Bd. II, S. 1260) zu titrieren.

Zieht man von der Gesamt-Phosphorsäure den Wert für die anorganische Phosphorsäure ab, so erhält man die organisch gebundene Phosphorsäure bzw. den organisch gebundenen Phosphor, als Phosphorsäure.

K. LANG und M. MIETHKE[4] bestimmen den Phosphor bzw. die Phosphorsäure nach der Mikromethode von K. LOHMANN und L. JENDRASSIK[5], sie unterscheiden Caseinphosphor, Lipoidphosphor und säurelöslichen Phosphor, der sich aus vier Unterfraktionen zusammensetzt.

δ) Kieselsäure. O. KETTMANN[6] hat nach der etwas abgeänderten Methode von B. PFYL und G. REIF[7] in folgender Weise die Kieselsäure in der Milch bestimmt:

500 g durch Watte filtrierte Milch werden in einer Nickelschale eingedampft, in einem Luftbad verkohlt, und die Kohle vorsichtig über einem Pilzbrenner geglüht. Der in wenig Wasser aufgenommene Rückstand wird auf ein kleines Filterchen gebracht und zweimal mit heißem Wasser ausgewaschen. Das Filtrat wird in einem Platintiegel im Luftbade eingedampft, und der Rückstand bis zum beginnenden Schmelzen schwach geglüht und gewogen. Der auf dem Filter verbleibende Rückstand wird in einem kleineren Platintiegel weiß geglüht und ebenfalls gewogen, die Summe beider ergibt die Gesamtaschenmenge. Der kleine Platintiegel dient zur weiteren Ausführung der Analyse. Die vereinigten Aschen löst man in etwa 50 ccm reiner konz. Salzsäure, wobei die Kieselsäure ungelöst zurückbleibt. Das Filtrat, welches unter Umständen noch Kieselsäure in kolloidaler Form in Lösung enthalten kann, wird in einem Platintiegel zur Trockne eingedampft, bis kein Geruch

[1] F. BORDAS u. F. TOUPLAIN: Ann. Falsif. 1911, **4**, 229; Compt. rend. Paris 1911, **152**, 1127; Z. 1911, **25**, 65; 1915, **30**, 286.

[2] B. PFYL u. W. SAMTER: Arb. Kaiserl. Gesundh.-Amt 1914, **47**, 347; Z. 1925, **49**, 253.

[3] A. NEUMANN: Zeitschr. physiol. Chem. 1903, **37**, 115; Arch. Anat. u. Physiol. 1905, 209.

[4] K. LANG u. M. MIETHKE: Milchw. Forsch. 1933, **14**, 195.

[5] K. LOHMANN u. L. JENDRASSIK: Biochem. Zeitschr. 1926, **178**, 419.

[6] O. KETTMANN: Milchw. Forsch. 1928, **5**, 73.

[7] B. PFYL u. G. REIF: Arb. Kaiserl. Gesundh.-Amt 1915, **48**, 321.

nach Salzsäure mehr vorhanden ist. Den fein gepulverten Rückstand nimmt man dann mit etwa 2—3 ccm konz. Salzsäure auf und verdünnt mit 100 ccm Wasser. Etwa noch vorhandene unlösliche Kieselsäure wird abfiltriert, nachdem zuvor die Lösung zum Sieden erhitzt worden war. Platintiegel und Filter werden viermal mit heißem Wasser nachgewaschen. Das noch feuchte Filter wird in dem kleinen Platintiegel verascht und die Gewichtszunahme festgestellt. Der Gesamtinhalt des Tiegels ist Rohkieselsäure.

Alsdann raucht man mit einer Mischung von Flußsäure und Schwefelsäure die Kieselsäure weg und wägt nach dem Glühen und Erkalten. Von diesem Rückstand muß der des angewandten Flußsäure-Schwefelsäuregemisches abgezogen werden. Der so erhaltene Rückstand wird von der Rohkieselsäure abgezogen. Man erhält alsdann die Reinkieselsäure (SiO_2).

Sämtliche Reagenzien müssen frei von Kieselsäure sein. Das destillierte Wasser muß nochmals destilliert werden, und zwar muß als Kühlröhre eine Silberröhre verwendet werden. Auch darf der heiße Platintiegel nicht mit einer Nickelzange angefaßt werden.

C. Nachweis der Enzyme.

Es finden in der Praxis folgende Enzymreaktionen[1] Anwendung:

1. Peroxydasen.

Da sowohl bei Oxydasen- als auch bei Peroxydasenreaktionen durchweg ein Sauerstoffüberträger, Donator, benutzt wird, so kann man nach P. Waentig[2] beide Reaktionen unter dem Namen Peroxydasereaktionen zusammenfassen, wenngleich auch die Reaktion ohne Zusatz von Sauerstoffüberträgern erfolgen kann.

Nach Ansicht von W. Grimmer[3] liegt keine Oxydasen- sondern eine Peroxydasenreaktion vor. F. Bordas und F. Touplain[4] verneinen das Vorhandensein einer Peroxydase in der Milch und behaupten, daß die Oxydation der leicht oxydierbaren Stoffe wie auch die Entwicklung von Sauerstoff aus Wasserstoffsuperoxyd durch das kolloidale Kalkcaseinat bewirkt werden soll. Meyer[5] und J. Surthon[6] treten jedoch dieser Auffassung entgegen und nehmen, da nicht ein und derselbe Körper, das Kalkcaseinat, die gleiche Wirkung haben kann, eine Anaeroxydase an, die nur in Gegenwart von Wasserstoffsuperoxyd eine Oxydation leicht oxydabler Körper, Acceptor, wie z. B. Phenylendiamin, Guajacol usw., bewirke und direkt ohne intermediäre Wirkung von Wasserstoffsuperoxyd eine Oxydation dieser Stoffe hervorrufe. Auch A. Hesse und W. D. Kooper[7] behaupten, daß die Oxydation des Rothenfusserschen Reagens nicht auf Oxydase bzw. Peroxydase, sondern lediglich durch alkalisch reagierende Stoffe der Milch verursacht würde; jedoch ist wohl die Grimmersche[8] Ansicht als die richtigere zu bezeichnen. In gekochter oder stark erhitzter Milch sind die wirksamen Enzyme vernichtet, es tritt daher keine der angeführten Enzymreaktionen mehr auf. Steht eine solche Milch jedoch einige Zeit, so entwickeln sich Bakterien, die ebenfalls Enzyme bilden. Je nach ihrer Vermehrungsgeschwindigkeit tritt alsdann eine schwache oder etwas stärkere positive Enzymreaktion ein. Siehe auch S. 181.

Als leicht oxydable Stoffe, Sauerstoffacceptoren, ist eine ganze Reihe organischer Körper bekannt, wie: α-Naphthylamin, Guajacol, Kreosot, Hydrochinon, α-Naphthol, Paraphenylendiamin, Dimethylparaphenylendiamin, Pyrogallussäure, Paraamidophenol, Benzidin, Orthomethylaminophenolsulfat, Paraamidodiphenylaminchlorhydrat, Hämatin, Ortol, Ursol, d,Di-p-diaminodiphenylsulfat, Tolidin und Toluidinhydrochlorid. Bei all diesen Stoffen wird

[1] Eine eingehende Zusammenstellung der Milchenzymreaktionen bis zum Jahre 1912 hat Splittgerber veröffentlicht. (Pharm. Zentralh. 1912, 53, 1324.)

[2] P. Waentig: Arb. Kaiserl. Gesundh.-Amt 1907, 26, 464.

[3] W. Grimmer: Milchw. Zeitschr. 1911, 7, 395; 1911 41, 166 (N.F.); Z. 1913, 25, 85.

[4] F. Bordas u. F. Touplain: Compt. rend. Paris 1909, 148, 1057; Journ. Pharm. et Chim. 1910, 102 (7), 118; Z. 1911, 22, 611.

[5] Meyer: Arb. Kaiserl. Reichsgesundh.-Amt 1910, 34, 115.

[6] J. Surthon: Compt. rend. Paris 1910, 150, 119; Journ. Pharm. et Chim. 1910, 102 (7), 165; Z. 1910, 20, 726; 1911, 22, 611.

[7] A. Hesse u. W. D. Kooper: Z. 1911, 21, 385; 1912, 23, 1; 1912, 24, 301.

[8] Grimmer: Milchw. Zentralbl. 1911, 7, 395; 1912, 8, 165.

durch Eintreten der Reaktion ihre chromogene Gruppe in einen Farbstoff umgewandelt, der alsdann durch seine Farbe die positive Reaktion anzeigt.

Bei Kaliumjodid-Stärkelösung wird Jod in Freiheit gesetzt, das eine Blaufärbung der Stärke bei positivem Befunde bewirkt.

Als Sauerstoffspender, Donator, dienen Wasserstoffsuperoxyd, Äthylhydroperoxyd, Peroxyde und ihre Salze, die ihren Sauerstoff abgeben.

a) Guajac-Reaktion. Diese Reaktion wurde schon im Jahre 1820 von PLANCHE benutzt und 1881 von K. ARNOLD[1] (ARNOLDsche Reaktion) besonders empfohlen. Wichtig für die richtige Ausführung der Reaktion ist, daß die Guajac-Harzlösung stets frisch bereitet wird, da in älteren Lösungen die Guajaconsäure, die den blauen Farbstoff bildet, also der Sauerstoffacceptor ist, sich zersetzt hat.

Zu 10 ccm auf 12° abgekühlter Milch, die sich in einem graduierten Zylinder befinden, setzt man einige Tropfen Wasserstoffsuperoxydlösung (3%) zu, schüttelt um und fügt alsdann mittels einer Pipette 2 ccm Guajaclösung (5% Guajacharzlösung in Alkohol oder Aceton) langsam in der Weise zu, daß die Lösung am Zylinderhals herunterläuft, um eine Schichtreaktion in Form eines scharf begrenzten blauen Ringes zu erhalten. Man kann aber auch mischen, wodurch sich bei roher Milch die ganze Mischflüssigkeit blau färbt. Beim Stehen nimmt die Intensität der Färbung zu.

Nach M. SIEGFELD[2] kann man als Reagens Guajac-Harz oder Guajac-Holz nehmen. Als Lösungsmittel wird Alkohol oder Aceton verwendet. Nach P. WAENTIG[3] sollen die Lösungen eine Stärke von etwa 5—10% besitzen.

Sehr vorsichtig muß man mit dem Zusatz des Wasserstoffoxyds sein, da etwas zuviel davon die Peroxydase zerstört.

Auch ohne Zusatz von Wasserstoffsuperoxydlösung tritt eine positive Reaktion ein, wenn es sich um nicht völlig frische Guajac-Harzlösung handelt, bei der sich die nötige Menge Peroxyd gebildet hat, durch welches die Überführung der Guajaconsäure in den blauen Farbstoff ermöglicht wird.

b) STORCHsche Reaktion. V. STORCH[4] fand, daß sich Paraphenylendiamin als Sauerstoffacceptor sehr eignet. J. TILLMANS[5] hat, da sich die Lösung nach STORCH sehr schnell zersetzt, folgende Abänderung empfohlen: Zu 10—20 ccm Milch, die sich in einem kleinen Becherglase befindet, setzt man aus einer Streubüchse, wie man sie z. B. für Pfeffer und Salz benutzt, eine Prise Paraphenylendiamin, das vorteilhaft mit der gleichen Raummenge Seesand vermischt ist, und streut aus einer zweiten Büchse gepulvertes Bariumsuperoxyd als Sauerstoffüberträger auf. Schüttelt man alsdann die Milch um, so tritt bei roher Milch in wenigen Sekunden eine tiefblaue Färbung auf. Hat man jedoch zuviel Bariumsuperoxyd zugesetzt, so entsteht infolge nun eintretender alkalischer Reaktion eine Rotfärbung.

Gekochte Milch bleibt während 10—15 Minuten völlig farblos.

An Stelle von Bariumsuperoxyd empfiehlt W. GRIMMER[6] der Haltbarkeit wegen Äthylhydroperoxyd (C_2H_5OOH) als Sauerstoffspender in 0,5%iger Lösung. Zu 2—3 ccm Milch fügt man 3 Tropfen einer Paraphenylendiaminlösung (2%) und dann 3 Tropfen Äthylhydroperoxydlösung (0,5%), vom Katalasenferment wird das Äthylhydroperoxyd nicht zerlegt. Als Acceptor kann man auch Guajacol oder Benzidin (WILKINSON und PETERS[7]) anwenden. Am meisten ist Guajacollösung zu empfehlen, da die Lösung gut haltbar ist.

---

[1] K. ARNOLD: Arch. Pharm. 1881, **219**, 41.

[2] M. SIEGFELD: Zeitschr. angew. Chem. 1903, **16**, 764.

[3] P. WAENTIG: Arb. Kaiserl. Gesundh.-Amt 1907, **26**, 464.

[4] V. STORCH: 40. Ber. Kgl. Veterinär- u. Landbauhochschule Kopenhagen 1898; Z. 1899, **2**, 239.

[5] J. TILLMANS: Z. 1912, **24**, 61.

[6] W. GRIMMER: Milchw. Zentralbl. 1915, **44**, 246.

[7] W. PERCY WILKINSON u. E. R. C. PETERS: Z. 1908, **16**, 172.

c) Rothenfussersche Reaktion. Um die Empfindlichkeit der Reaktion auf ungekochte Milch zu erhöhen, empfiehlt S. Rothenfusser[1] die Verwendung des Milchserums (Bleiserums). Ferner wird das Chlorhydrat des Paraphenylendiamins an Stelle der leicht zersetzbaren Base benutzt.

Zu 100 ccm Milch fügt man 6 ccm Bleiessig, schüttelt kräftig durch, filtriert und gibt zu einigen ccm des Serums einige Tropfen folgender Lösung hinzu: 1 g Paraphenylendiaminchlorhydrat in 15 ccm Wasser gelöst, mit einer Lösung von 2 g kryst. Guajacol in 135 ccm Alkohol versetzt. Nach Vermischen des Serums mit diesem Acceptor werden alsdann noch 1—2 Tropfen einer Wasserstoffsuperoxydlösung (0,3%) zugesetzt. Es tritt nur bei roher Milch eine Violettfärbung auf.

An Stelle obigen Acceptors kann man nach S. Rothenfusser Benzidin in alkoholischer Lösung (2%) anwenden. Zu 10 ccm des obigen Serums fügt man 5—10 Tropfen Benzidinreagens und alsdann eine gleiche Menge Essigsäurelösung (1%). Nach dem Umschwenken gibt man 2 Tropfen Wasserstoffsuperoxydlösung (0,3%) zu und schüttelt nochmals schwach durch. Eine sofort eintretende kornblumenblaue Färbung zeigt ungekochte Milch an, die bei gekochter Milch ausbleibt. K. Eble und H. Pfeiffer[2] benutzen eine 4%ige Benzidinlösung und eine 1%ige Wasserstoffsuperoxydlösung, siehe hierzu Bengen und Bohm[3].

Nach W. Grimmer tritt die Reaktion nicht ein, wenn die Milch mindestens 1 Minute auf 78—80° oder 5 Minuten auf 75° erhitzt worden ist. Wird eine Milch 4 Stunden lang auf 70° erhitzt, so ist die Zerstörung der Peroxydase noch nicht eingetreten. Mittels des Rothenfusserschen Reagens kann man noch einen Zusatz von 1% roher Milch in gekochter Milch nachweisen.

An Stelle von Paraphenylendiamin empfiehlt S. Rothenfusser[4] Paratetrolsulfit.

Das Reagens wird in folgender Weise zubereitet: 1 g Paraphenylendiaminchlorhydrat wird in 12 ccm Wasser gelöst; andererseits werden 4 g Guajacol (krystall.) in etwa 100 ccm Alkohol (96%) gelöst. Beide Lösungen werden alsdann gemischt und mit Alkohol (96%) auf 150 ccm aufgefüllt. Dann setzt man auf je 100 ccm Reagens 20 Tropfen einer frisch hergestellten Natriumbisulfitlösung (20%, reinst.) hinzu. Es sind Tropfen von der Größe gerechnet, daß 40 = 2,9 ccm entsprechen.

Man setzt zu 10 ccm Milch oder Bleiserum 3—4 Tropfen Wasserstoffsuperoxydlösung (3%), schüttelt leicht durch und gibt 10 Tropfen Paratetrolsulfitreagens zu. Es bildet sich eine violette Färbung der ganzen Lösung. Hocherhitzte oder abgekochte Milch geben die Reaktion nicht mehr. Bei dauererhitzter Milch, 65°, entsteht die Reaktion viel langsamer als bei roher Milch. Längeres Erhitzen auf 70—75° zerstört die Enzyme nicht völlig, selbst dann nicht, wenn die Milch $\frac{1}{2}$ Stunde auf 75° erhitzt wurde, so daß die Reaktion verzögert noch eintritt. Ein erhöhter Säuregrad verzögert ebenfalls die Reaktion. Das Bleiserum besitzt eine p_H-Stufe von meist 6,6—6,72.

Neuerdings benutzt S. Rothenfusser[5] einen neuen Sauerstoffacceptor, das Di-p-diaminodiphenylsulfat, und als geeigneten Sauerstoffüberträger Magnesiumperborat. Er empfiehlt eine besondere Apparatur[6].

Aus einer Streubüchse schüttet man eine kleine Menge des trockenen Reagensgemisches in etwa 5 ccm Milch. Es tritt je nach der Menge des zugesetzten Reagensgemisches auf der Oberfläche eine mehr oder weniger blaue

[1] S. Rothenfusser: Z. 1908, **16**, 68; 1911, **21**, 425.
[2] K. Eble u. H. Pfeiffer: Z. 1930, **60**, 311.
[3] M. F. Bengen u. E. Bohm: Z. 1934, **67**, 379.
[4] S. Rothenfusser: Z. 1930, **60**, 94.
[5] S. Rothenfusser: Z. 1931, **62**, 210.
[6] Die Apparatur wird von der Firma Gerber & Co., Leipzig C 1, geliefert.

Färbung auf. Nach dem Umschütteln wird die ganze Flüssigkeit stark blau gefärbt. Die Beobachtungszeit beträgt $\frac{1}{2}$ bis höchstens 1 Minute. Milch, die auf 77—79⁰ erhitzt worden ist, gibt eine verzögerte Reaktion; bei einer Erhitzung von $\frac{1}{2}$ Minute auf 75⁰ wird keine Reaktion mehr ausgelöst. Die eben beschriebene Methode eignet sich namentlich für die ambulante Kontrolle.

d) GUTHRIESche Reaktion. Da sicherlich der Säuregrad, also die p_H-Stufe der Milch, die Reaktion beeinflußt, so hat J. D. GUTHRIE[1] folgendes Verfahren ausgearbeitet:

Es werden gebraucht: Lösung I, 1 g Paraphenylendiamin gelöst in 20 ccm α-Naphthollösung (4%) in Alkohol (50%); Lösung II, 21 g krystall. Citronensäure, 170 ccm N.-Natronlauge, aufgefüllt mit Wasser zu 1 Liter. Lösung I und II werden vor dem Gebrauch gemischt, zu 20 ccm der Lösung I fügt man 200 ccm der Lösung II. Zu 25 ccm dieser Mischung setzt man 0,5—2,0 ccm Milch und 5 ccm 0,05 N.-Wasserstoffsuperoxydlösung zu. Wenn man die Reaktion unterbrechen will, so fügt man 5 ccm Cyankaliumlösung (0,1%) zu. Die Menge des gebildeten Indophenols kann colorimetrisch durch Vergleich mit einem Standardpräparat ermittelt werden.

T. ARAKAWA[2] weist nach, daß die Geschwindigkeit der Reaktion bei den einzelnen Farbstoffen verschieden ist und von der p_H-Stufe abhängt; die einen bedürfen eines alkalischen, die anderen eines sauren Mediums.

e) Jodid-Stärke-Reaktion. Man schüttelt 100 ccm Milch mit 1 ccm Wasserstoffsuperoxydlösung (1%), gibt zu 3 ccm dieser so behandelten Milch nach M. SIEGFELD 3 ccm Zinkjodid-Stärkelösung oder Jodkalium-Stärkelösung (2 bis 3 g Jodkali in wenig Wasser gelöst und zu 100 ccm einer 2—3% Stärkelösung gegeben) und schüttelt durch. Es lassen sich so noch 2% rohe Milch in gekochter Milch nachweisen.

Milchkonservierungsmittel wie: Formalin, Quecksilberchlorid, Salicylsäure, Benzoesäure, Kaliumbichromat, Phenole, eine größere Menge Wasserstoffsuperoxyd usw. schwächen die Enzymreaktionen oder lösen eine schwach positive Reaktion bei gekochter Milch aus, jedoch trifft dieses nicht für alle aufgezählten Reaktionen bzw. Reagenzien zu (E. WEBER[3], A. MONVOISIN[4], CH. H. LA WALL[5]).

2. Reduktase.

Durch Reduktionsmittel werden Farbstoffe, z. B. Indigocarmin, Lackmus, Neutralrot, Janusgrün, Methylenblau u. a., entfärbt und in ihre sog. Leukoverbindungen übergeführt. Diese Reduktionsfähigkeit besitzt namentlich ältere Milch. DUCLAUX, W. BLYTH[6] u. a. haben schon diese Erscheinungen beobachtet. Nach neuerer Ansicht liegt eine reine Bakterienwirkung vor (SCHMIDT, SELIGMANN, ORLA-JENSEN, BURRI und KÜRSTEINER). F. SCHARDINGER machte auf die Entfärbung von Methylenblau aufmerksam. M. NEISSER und WECHSBERG[7] benutzten diese biologische Reaktion zur Beurteilung der Menge der in der Milch enthaltenen Bakterien. Meist wird Methylenblau und neuerdings Janusgrün (Diäthylsafraninazodimethylanilin) benutzt; siehe ferner S. 70.

Die Ausführungsmethoden der Reduktasereaktion selbst sind bei SMIDT[8], P. TH. MÜLLER[9], F. SCHARDINGER, CH. BARTHEL, SOMMERFELD, CH. BARTHEL und ORLA-JENSEN verschieden.

---

[1] J. D. GUTHRIE: Journ. Amer. Chem. Soc. 1931, **53**, 242; Milchw. Forsch. 1931, **12** (Ref.), 190.

[2] T. ARAKAWA: Journ. exp. Med. 1930, **16**, 232; Milchw. Forsch. 1931, **12**, Ref. 83.

[3] E. WEBER: Zeitschr. Fleisch- u. Milchhyg. 1902, **13**, 84; Z. 1904, **7**, 99.

[4] A. MONVOISIN: Rev. gén. Lait 1909, **7**, 377; Z. 1910, **20**, 230.

[5] CH. H. LA WALL: Amer. Journ. Pharmac. 1909, 8, 57; Z. 1910, **19**, 666.

[6] W. BLYTH: Analyst 1901, **26**, 148.

[7] NEISSER u. WECHSBERG: Münch. med. Wochenschr. 1900, Nr. 37.

[8] SMIDT: Hygien. Rundschau 1904, **14**, 1137; Arch. Hygiene 1906, **58**, 313.

[9] P. TH. MÜLLER: Arch. Hygiene 1906, **56**, 108.

a) Methylenblau-Reaktion. F. SCHARDINGER[1] verwendet für den Nachweis folgende beide Lösungen:

Lösung I: 5 ccm einer gesättigten alkoholischen Methylenblaulösung wird zu 195 ccm Wasser gegeben. Lösung II: 5 ccm gesättigter alkoholischer Methylenblaulösung und 5 ccm Formaldehydlösung (40%) werden zu 190 ccm Wasser gegeben.

Zu je 20 ccm Milch setzte SCHARDINGER 1 ccm dieser Lösungen, stellte die Mischung in ein Wasserbad von 40—50° und beobachtete dabei, daß

1. von zwei Proben frisch ermolkener Milch, die mit Lösung I bzw. II gefärbt werden, bei der oben angeführten Temperatur die Probe mit Lösung II innerhalb kurzer Zeit — etwa in 10 Minuten — entfärbt wird, während die Probe mit Lösung I gefärbt bleibt,

2. von zwei ähnlich behandelten Proben einer Milch, die das sog. Inkubationsstadium nach SOXHLET (S. 204) überschritten hat, sich also im Zustand der Säuerung befindet, die Probe mit Lösung II immer entfärbt wird, während die Probe mit Lösung I manchmal entfärbt wird, manchmal aber auch gefärbt bleibt, je nach dem Alter bzw. dem Säuregrad der verwendeten Milch. Je näher die Milch der Gerinnung ist, um so rascher wird gewöhnlich eine mit Lösung I gefärbte Probe entfärbt;

3. Proben von gekochter Milch keine Entfärbungserscheinungen zeigen, weder bei Färbung mit I noch mit II.

Das verschiedene Verhalten der Milch gegen die beiden Methylenblaulösungen hat in der Folge durch die Annahme eine Erklärung gefunden, daß die Reduktion der Lösung I vorwiegend auf Bakterientätigkeit, die Reduktion der Lösung II auf Enzymwirkung beruhen soll. Der Zusatz von Formaldehyd, der 0,5% in dem Reagens — das nach obiger Vorschrift angefertigte Reagens enthält 0,125% — nicht überschreiten soll, verhindert das Bakterienwachstum in der Milch, nicht aber die Wirkung des Enzyms, das als Katalysator wirkt und die reduzierende Tätigkeit des Formaldehyds vermittelt. Man unterscheidet jetzt Reduktase und Aldehydkatalase (S. 156), weil auch Acetaldehyd in der gleichen Weise wirkt wie Formaldehyd.

Die Ausführung der Reduktaseprobe kann, wie eben beschrieben, nach SCHARDINGER mit Lösung I erfolgen.

CH. BARTHEL[2] empfiehlt das Zinkchloriddoppelsalz des Tetramethylthionins $[2\,(C_{16}H_{18}N_3SCl) \cdot ZnCl_2 \cdot H_2O]$; bei Verwendung anderer Salze tritt die Reduktion nicht ein.

Nach BARTHEL wird die Reduktaseprobe, wie folgt, ausgeführt: 10 ccm Milch werden mit 0,5 ccm der formaldehydfreien Methylenblaulösung (I) nach SCHARDINGER versetzt, mit einigen ccm Paraffinum liquidum überschichtet und in ein Wasserbad von 40—45° gestellt. Die Zeit, in der die Entfärbung vor sich geht, wird vermerkt. Tritt die Entfärbung schon nach einigen Minuten ein, so enthält die Milch sicherlich 100 Millionen oder noch mehr Bakterien in 1 ccm. Auch in den Fällen, in denen die Entfärbung innerhalb 1 Stunde bewirkt wird, muß die Milch als eine solche betrachtet werden, die allzu stark bakteriell verunreinigt ist, so daß sie als Nahrungsmittel, besonders für Säuglinge, nicht mehr in Betracht kommt. Milch, die innerhalb 3 Stunden entfärbt wird, muß als Milch geringer Qualität angesehen werden, während Milch, die mehr als 3 Stunden zur Entfärbung gebraucht, als gute Handelsmilch zu betrachten ist. Es müssen zur Sicherheit immer 2 Proben angesetzt werden. BARTHEL und ORLA-JENSEN haben bei der Ausführung der Methode bei 38—40° vier Grade von Milchqualität aufgestellt:

Klasse	Beschaffenheit	Entfärbungszeit	Keimzahlen
I	gut	$5^1/_2$ Stunden	Weniger als $^1/_2$ Million
II	mittel	2—$5^1/_2$ Stunden	$^1/_2$—4 Millionen
III	schlecht	20 Minuten bis 2 Stunden	4—20 Millionen
IV	sehr schlecht	weniger als 20 Minuten	mehr als 20 Millionen

---

[1] F. SCHARDINGER: Z. 1902, 5, 1113.
[2] CH. BARTHEL: Z. 1908, 15, 385; 1911, 21, 513; Milchztg. 1910, 39, 25; 1911, 22, 304.

O. RAHN[1] gibt an, daß diese Klassifizierung nur annähernd zutreffend ist. Wird bei höheren Temperaturen die Reduktion beobachtet, so sind die Entfärbungszeiten länger. Die Milch muß wegen der Vermehrung von Bakterien stets sofort untersucht werden, und es sind immer 2 Proben von der gleichen Milch anzusetzen. Um den Luftabschluß nicht durch Paraffinöl zu bewerkstelligen, das sich schlecht aus den Gläsern entfernen läßt, verwendet man Röhrchen mit Kugelverschluß. Empfehlenswert sind auch ·die Reduktaseröhrchen nach LOBECK[2].

CH. BARTHEL und ORLA-JENSEN empfehlen an Stelle der Methylenblaulösung die Verwendung von Reduktase-Tabletten[3].

b) Sonstige Reaktionen. SONS und GOUJOUX[4] verwenden eine Mischung von Methylenblau 1 : 4000 mit einer Fuchsinlösung (0,25 g Fuchsin in 50 ccm Alkohol gelöst und mit Wasser zu 1 Liter verdünnt). Zu 20 ccm Milch fügt man 3 Tropfen Fuchsin- und 5 Tropfen Methylenblaulösung. Diese Mischung zeigt, je nach dem Alter der Milch, bei 38—40° innerhalb weniger Minuten eine Farbenveränderung von Aschgrau über Lila zu Rosa; je rascher das Farbenspiel vor sich geht, desto veränderter und desto unbrauchbarer ist die Milch.

P. SOMMERFELD[5] benutzt statt Methylenblau Neutralrot (Toluylenrot), dessen Rosafärbung durch Reduktion in eine strohgelbe Farbe umgewandelt wird. Neuerdings wird an Stelle von Methylenblau Janusgrün (Dimethylsafraninazodimethylanilin) empfohlen. Nach CHRISTIANSEN[6] gibt man zu 10 ccm Milch 1 ccm sterilisierter Janusgrünlösung (0,01%) und erwärmt die Mischung auf 40—45°. Die Färbung geht über Hochrot in Farblos über. Die Reduktionszeit ist wesentlich kürzer als bei Benutzung von Methylenblau.

Einen Vorteil bei Verwendung von Janusgrün an Stelle von Methylenblau erkennen H. R. THORTON und E. G. HASTINGS[7] nicht an.

Nach K. L. PESCH und U. SIMMERT[8] soll Resazurin sehr gute Resultate zeitigen, zumal dieser Farbstoff nicht reoxydiert wird; auch ist die Reduktionszeit kürzer als bei Janusgrün. Die Probe ist bei Zimmertemperatur auszuführen. Die eingetretene Reduktion erkennt man an der auftretenden roten Farbe. Zur Untersuchung von Milch verwendet man eine gesättigte alkoholische Resazurinlösung. Die Lösung muß tiefcarminrot und klar sein. Da die Lösung nicht sehr haltbar ist, so ist sie alle drei Wochen neu herzustellen. Zu 5 ccm Milch werden in einem 13 cm langen und 13 mm weiten Reagensglas 5 Tropfen Resazurinlösung zugesetzt und unter zweimaligem vorsichtigem Umschütteln gemischt. Frische, keimarme Milch zeigt einen pastellblauen Farbton. Die Beobachtung geschieht bei 20°. Reduktionszeit:

Stufe	Reduktionszeit	Zustand der Milch	Stufe	Reduktionszeit	Zustand der Milch
1	mehr als 8 Stunden	äußerst keimarm	5	30 Minuten bis 1 Stunde	keimreich
2	5—8 ,,	sehr gut	6	10—30 Minuten	schlecht
3	3—5 ,,	gut	7	0—10 Minuten	sehr schlecht
4	1—3 ,,	mittelgut			

Zusammenfassend kann man nach PESCH und SIMMERT sagen: Durch Bestimmung der Wasserstoffzahl und Reduktionszeit ist die Möglichkeit gegeben, den Frischezustand einer Milch zu kontrollieren.

[1] O. RAHN: Milchw. Zentralbl. 1920, **49**, Heft 21—23.

[2] Die ganze Apparatur nebst Wärmekasten liefern die Firmen Dr. N. Gerbers & Co., Leipzig und Paul Funke & Co. in Berlin N 4.

[3] Die Tabletten können von der Firma Blauenfeld & Twede in Kopenhagen oder von Dr. Gerber & Co. in Leipzig bezogen werden.

[4] SONS u. GOUJOUX: Pharm. Zentralh. 1911, **52**, 1326.

[5] P. SOMMERFELD: Pharm. Zentralh. 1912, **53**, Nr. 51.

[6] CHRISTIANSEN: Molkereiztg. Hildesheim 1926, **40**, 1819; 1926, Nr. 102.

[7] H. R. THORTON u. E. G. HASTINGS: Journ. of Bacter. 1929, 18, 319; Milchw. Forsch. 1930, **10**, Ref. 57.

[8] K. L. PESCH u. U. SIMMERT: Milchw. Forsch. 1929, 8, 568.

A. C. Fay und G. A. Aikins[1] haben versucht, die Faktoren, die die Veränderungen im Oxydations-Reduktionspotential beeinflussen, mit der Reduktion von Methylenblau in der Milch in Beziehung zu setzen. Die Einwirkung von Luft, die Menge des Fettes und Sonnenlicht spielen bei der Reduktion des Methylenblaus eine Rolle.

Nach Orla-Jensen[2] kann man mit der Reduktaseprobe auch noch die Gärprobe verbinden. Während die reine Reduktaseprobe Anhaltspunkte über die Keimzahl der Milch gibt, gibt die Gärprobe über die Art der Keime Auskunft. Zu 40 ccm Milch setzt man 1 ccm der Schardingerschen Methylenblaulösung I (S. 154) hinzu und läßt in einem besonders geformten Gärröhrchen sowohl die Reduktion der Methylenblaulösung als auch den Gärprozeß bei 38° verlaufen. Während der ersten 20 Minuten müssen die Proben ständig beobachtet werden. Nach dieser Zeit genügt eine halbstündliche Beobachtung.

Man unterscheidet vier Klassen: 1. gute Milch reduziert frühestens in $5^1/_2$ Stunden, 2. Milch mittlerer Qualität entfärbt zwischen 2—$5^1/_2$ Stunden. 3. Schlechte Milch reduziert zwischen 20 Minuten bis 2 Stunden. 4. Sehr schlechte Milch reduziert in weniger als 20 Minuten.

3. Aldehydkatalase (Perhydridase).

Je frischer und ärmer eine Milch an Bakterien ist, um so länger dauert die Reduktion des Methylenblaus; sie kann 10 Stunden und noch länger währen. Setzt man jedoch der Milch Formaldehydlösung zu, so tritt eine rasche Reduktion des zugesetzten Farbstoffes ein. F. Schardinger[3] benutzt diese Reaktion, um den Nachweis hoch erhitzter Milch zu erbringen, da bei dieser Milch die Reaktion, Entfärbung des Methylenblaus, nicht eintritt. Bei dieser Reaktion ist das Methylenblau der Wasserstoffacceptor und das Formaldehyd der Sauerstoffacceptor, während das Enzym in der Milch als Katalysator dient; siehe S. 69, über die Ausführung der Schardingerschen Reaktion siehe S. 154. Wenn innerhalb 15 Minuten keine Entfärbung eingetreten ist, beläßt man die Mischung im Wasserbad und beobachtet alle $^1/_4$ Stunden. P. Buttenberg[4] empfiehlt beim Mischen eine quirlende Bewegung, da durch Schütteln eine Sauerstoffaufnahme aus der Luft erfolgt, die die Reduktion verzögert. Rohe Milch ist innerhalb 15 Minuten entfärbt, während gekochte Milch sich nicht entfärbt. Bei älterer gekochter Milch, bei der der Bakteriengehalt wieder sehr angestiegen ist und infolgedessen sich in der Milch Bakterienenzyme gebildet haben, tritt ebenfalls eine Entfärbung ein. Mithin ist die Beurteilung, ob gekochte oder ungekochte Milch vorliegt, nicht immer mit Sicherheit zu unterscheiden. Nach Hesse[5] darf der Säuregrad 10° nicht übersteigen.

Nach P. H. Römer und Th. Sames[6] liefert Anfangsgemelk diese Schardingersche Reaktion in der Regel nicht; bei der Endmilch tritt sie stets deutlich, bei der Mischmilch in der Regel auf. Je höher der Fettgehalt ist, um so deutlicher pflegt die Reaktion zu sein. Auch Rahm zeigt eine stärkere Reaktion als Magermilch. Es scheint demnach das Enzym vorwiegend an das Milchfett gebunden zu sein.

Eine gebundene Reduktase, die Koning[7] nach Zusatz von Alkali beobachtet haben will, gibt es nach Römer und Sames nicht, denn die Reduktion von Formaldehyd, Methylenblau, die in sonst versagender Milch nach Zusatz von Alkali auftritt, rührt von Milchzucker her.

[1] A. C. Fay u. G. A. Aikins: Journ. agricult. Res. 1932, 44, 71, 85; Milchw. Forsch. 1933, 14, Ref. 6.
[2] Orla-Jensen: Milchw. Zentralbl. 1912, 41, 417.
[3] F. Schardinger: Z. 1902, 5, 1113.
[4] P. Buttenberg: Z. 1903, 11, 380.
[5] Hesse: Z. 1910, 20, 480.
[6] P. H. Römer u. Th. Sames: Z. 1910, 20, 1.
[7] Koning: Milchw. Zentralbl. 1907, 3, 41.

R. BURRI u. J. KÜRSTEINER[1] geben an, daß durch Kochen der Milch reduzierende Stoffe entstehen, welche Reduktase vortäuschen können; nicht der über dem Reaktionsgemisch befindliche, sondern der in letzterem vorhandene molekulare Sauerstoff kann störend wirken. Bei nicht erhitzter bakterien- oder zellenreicher Milch gibt die Ausführung der Reaktion keinen sicheren Aufschluß, auch nicht über die Menge der Enzyme. R. REINHARDT und E. SEIBOLD[2] kommen in vielen Punkten zu dem gleichen Ergebnis; sie stellten auch fest, daß die Milch euterkranker Kühe diese SCHARDINGERsche Reaktion fehlerhaft beeinflußt.

Konservierungsmittel, z. B. Wasserstoffsuperoxyd in größerer Menge, Kaliumbichromat u. a. verhindern die Reaktion.

Die von BURRI und KÜRSTEINER erwähnte Beeinflussung der Reaktion durch in der Milch gelösten Sauerstoff umgehen R. STROHECKER und J. SCHNERB[3] dadurch, daß sie etwa 10 Minuten lang langsam Kohlensäure durch 20 ccm der in einem Reagensglas befindlichen Milch durchleiten. Das Reagensglas ist mit einem doppelt durchbohrten Gummistopfen verschlossen, durch dessen eine Bohrung das Kohlensäurezuleitungsrohr bis auf den Boden führt, während ein oben verjüngtes Glasrohr nur bis unter die Bohrung des Stopfens reicht. Nach dem Durchleiten der Kohlensäure lüftet man den Stopfen vorsichtig, fügt aus einer Pipette 1 ccm Formaldehyd-Methylenblaulösung (5 ccm gesättigte, alkoholische Methylenblaulösung + 5 ccm Formaldehydlösung (40%) + 1190 ccm Wasser) zu, verschließt das Reagensglas, mischt und leitet noch einige Perlen Kohlensäure durch. Man entfernt alsdann den Gummistopfen und setzt einen einfach durchbohrten Gummistopfen auf, durch dessen Bohrung eine Glascapillare bis unter den Stopfen reicht. Das Reagensglas stellt man nun in ein Wasserbad von 60° und beobachtet die Zeit bis zur Entfärbung. Rohmilch wird innerhalb 1—1³/₄ Minuten, dauerpasteurisierte Milch (¹/₂ Stunde bei 63 bis 65°) innerhalb 2¹/₄—3 Minuten und ungenügend erhitzte Milch (59—61°) innerhalb 1¹/₂—2 Minuten entfärbt. Wie oben erwähnt, hat der Fettgehalt einen wesentlichen Einfluß; dieser Faktor ist aber bei Sammelmilch, also Molkereimilch, dauerpasteurisierter Milch, unwesentlich. Man kann sagen, daß bei Sammelmilch innerhalb 4—7¹/₂ Minuten die Entfärbungszeit liegt.

4. Amylase (Diastase).

Nach verschiedenen Forschern (KONING, SCHENK, BARTHEL, ORLA-JENSEN u. a.) findet sich in der Milch ein diastatisches Enzym, eine Hydrolase, die Stärke in Zucker umwandelt; siehe S. 71.

C. J. KONING[4] führt die Reaktion wie folgt aus: Drei Reagensgläser werden mit je 10 ccm Milch beschickt. Zu diesen fügt man 1, 2 und 3 Tropfen einer frisch bereiteten Lösung von Amylum solubile (1%). Nach guter Durchmischung läßt man die Reagensgläser bei 15° stehen und setzt nach Verlauf von 30 Minuten zu jedem Röhrchen 1 ccm Jodlösung (1 g Jod, 2 g Kaliumjodid und 300 g Wasser) hinzu. Ist die Färbung nach dem Umschütteln nur citronengelb, so ist die Stärke hydrolysiert worden; falls eine Hydrolyse nicht eingetreten ist, färbt sich die Milch grau, graublau bis rein blau.

Nach P. WEINSTEIN[5] ist nicht jede Stärke verwendbar; am geeignetsten soll reine Kartoffelstärke sein. Angeblich soll bei ansaurer Milch die Reaktion

[1] R. BURRI u. J. KÜRSTEINER: Milchw. Zentralbl. 1912, 41, 168.
[2] R. REINHARDT u. E. SEIBOLD: Biochem. Zeitschr. 1911, 31, 294, 385.
[3] R. STROHECKER u. J. SCHNERB: Z. 1933, 65, 85.
[4] C. J. KONING: Biologische und biochemische Studien 1908, S. 21.
[5] P. WEINSTEIN: Z. 1930, 59, 513.

alsdann noch gelingen. G. HEISERER[1], S. ROTHENFUSSER[2] und H. KLUGE[3] sind der Ansicht, daß nur bei einer nicht sauren Milch die Reaktion einwandfrei verläuft und deshalb bei ansaurer Milch das Enzym durch Pufferlösung reaktiviert werden muß; das Optimum der Reaktion liegt bei 37⁰ und der p_H-Stufe 6,4. ORLA-JENSEN[4] verwendet zur Reaktion, wie auch KONING und WEINSTEIN, die Milch selbst, während ROTHENFUSSER und KLUGE das Bleiserum der Milch benutzen. Nach KLUGE muß das Serum die p_H-Stufe 6,9 besitzen, da die Diastasewirkung sonst abgeschwächt wird; ferner ist die Anwesenheit bestimmter anorganischer Salze, die als Co-Enzym aktivierend wirken, notwendig.

Man verfährt nach H. KLUGE, wie folgt:

Erforderliche Lösungen: 1. Bleiessiglösung (Deutsches Arzneibuch VI). — 2. Gesättigte Natriumphosphatlösung ($Na_2HPO_4 + 12 H_2O$). — 3. Natriumchloridlösung (0,85%). — 4. Stärkelösung: a) 1 g lösliche Stärke (Merck) wird mit 50 ccm Natriumphosphatlösung (11,944 g $Na_2HPO_4 + 12 H_2O$ in 500 ccm Wasser) und 50 ccm Kaliumphosphatlösung (4,539 g KH_2PO_4 in 500 ccm Wasser) versetzt, in einem Kölbchen 15 Minuten lang gekocht und nach dem Abkühlen in einem Meßkolben auf 100 ccm aufgefüllt; b) hergestellt aus Stärkelösung a durch Verdünnen mit Wasser im Verhältnis 1 : 1. — 5. 0,25 N.- und 0,1 N.-Natronlauge. — 6. 0,1 N.-Salzsäure. — 7. Bromthymolblau (0,04 g Bromthymolblau in 100 ccm Alkohol, 96%). — 8. 0,002 N.-Jodlösung.

Zweimal 100 ccm Milch werden unter Umschütteln tropfenweise mit 6 ccm Bleiessig versetzt. Nach einigem Stehen wird die Mischung nochmals kräftig geschüttelt und durch ein Faltenfilter filtriert. Zu 100 ccm des klaren Filtrates setzt man 2 ccm gesättigter Natriumphosphatlösung. Nach dem Umschütteln und zweistündigem Stehen wird der flockige Niederschlag abfiltriert. Dieses klare Filtrat nebst Zutaten wird in 10 Reagensgläser nach folgendem Schema eingefüllt:

Tabelle 20.

Röhr-chen	NaCl-Lösung ccm	Serum ccm	Stärkelösung ccm	Stärkelösung Lösung	0,25 N.-Natron-lauge. Tropfen	Röhr-chen	NaCl-Lösung ccm	Serum ccm	Stärkelösung ccm	Stärkelösung Lösung	0,25 N.-Natron-lauge. Tropfen
1	10	9	0,12	b	3	6	11,0	8	1,0	a	4
2	10	9	0,25	b	3	7	13,7	5,3	1,0	a	2
3	9,5	9	0,5	b	3	8	15,5	3,5	1,0	a	2
4	1,0	18	1,0	a	11	9	16,7	2,3	1,0	a	2
5	7,0	12	1,0	a	6	10	17,5	1,5	1,0	a	1

Die Natriumchloridlösung läßt man aus einer Bürette zufließen. Um zu vermeiden, daß Speicheldiastase mit in das Serum gelangt, schiebt man oben in die Meßpipette für das Serum ein Wattepfröpfchen. Nach obiger Beschickung werden die Röhren auf die p_H-Stufe 6,9 eingestellt. Man entnimmt nach guter Durchmischung jedem Röhrchen etwa 0,5—1,0 ccm Flüssigkeit und fügt 2 Tropfen Bromthymolblau zu. Den nunmehr auftretenden Farbton vergleicht man mit der Farbtafel von TÖDT[5]. Alsdann gibt man entweder 0,1 N.-Natronlauge oder 0,1 N.-Salzsäure zu und kontrolliert den Farbton; p_H-Stufe = 6,9. Ein etwaig eintretender flockiger Niederschlag in den Röhrchen wird nicht berücksichtigt. Nach dreistündigem Verweilen im Wasserbad bei 38—40⁰ werden ohne Aufwirbeln des Sedimentes aus jedem Röhrchen 2 ccm entnommen und diese mit 0,002 N.-Jodlösung versetzt, und zwar Röhrchen 1—3 mit einigen Tropfen, Röhrchen 4—10 mit genau 2 ccm. In durchfallendem Licht beobachtet

---

[1] G. HEISERER: Arch. Hygiene 1926, **97**, 195; Milchw. Forsch. 1927, **4**, Ref. 152.
[2] S. ROTHENFUSSER: Z. 1930, **60**, 94.
[3] H. KLUGE: Z. 1933, **65**, 71.
[4] ORLA-JENSEN: Z. 1932, **63**, 300.
[5] Zu beziehen durch Ströhlein & Cie. in Braunschweig und andere Firmen.

man die Färbung. Der Übergang von rein blauer bzw. lilablauer Farbe zur Mischfarbe Rotviolett oder dergleichen gilt als Schwelle.

Danach würde einem Farbumschlag der Jodprobe in den verschiedenen Röhrchen (Schwelle) folgende annähernden Diastase-Einheiten (D.E.) entsprechen:

Röhrchen:	1	2	3	4	5	6	7	8	9	10
D.E.	0,073	0,146	0,292	0,583	0,876	1,312	1,98	3,003	4,566	6,993

Durch Erhitzen der Milch wird die Diastasewirkung geschwächt, und zwar tritt bereits bei halbstündiger Erhitzung auf 55^0 eine erhebliche Schwächung ein, die fast so groß ist wie bei der Erhitzung auf 60—63^0 während einer halben Stunde. Rohe Milch D.E. $= 1,98 - 0,583$, im Mittel $1,312$, dauerpasteurisierte Milch $1/_2$ Stunde auf 63^0 D.E. $= 0,292$ im Höchstfall, bei Momenterhitzung (75^0) D.E. $= 0,146$ im Höchstfall, beim Kochen D.E. $= 0$.

Konservierungsmittel schwächen die Reaktion. Nach längerem Stehen tritt in pasteurisierter Milch eine Reaktivierung der Diastase ein, nicht dagegen bei gekochter Milch. Nach T. Chrzascz und C. Goralówna [1] haben Abend- und Mittagmilch in der Regel mehr Diastase als Morgenmilch.

5. Katalase.

100 g frische Milch von gesunden Milchtieren zersetzen innerhalb 2 Stunden 110 mg Wasserstoffsuperoxyd, was einem Gasvolumen von höchstens 25 ccm Gas entspricht. Nach Koning versteht man unter Katalasenzahl die Menge Wasserstoffsuperoxyd, welche durch 100 g Milch innerhalb 2 Stunden zersetzt wird.

Je höher der Enzymgehalt einer Milch ist, um so mehr Sauerstoff wird aus zugesetztem Wasserstoffsuperoxyd entwickelt und tritt mithin ein erhöhter Katalasewert auf. Anormale Milchsekretion, erhöhter Leukocyten- und Bakteriengehalt erhöhen ebenfalls den Katalasewert (v. Heygendorff und Meurer [2], Mogendorff [3]). Deshalb soll die Katalasenprobe umgehend, spätestens aber 3 Stunden nach dem Melken, ausgeführt werden.

F. Bordas und F. Touplain [4] behaupten, daß es gar keine Katalase in der Milch gebe, und die Reaktion durch das kolloidale Kalkcasein bedingt werde. G. Roeder [5] konnte die Angaben von Faitelowitz bestätigen, daß eine höhere Wasserstoffsuperoxydkonzentration die Katalasewirkung hemmt. Bei geringer Katalasemenge verläuft die Reaktion, wie Roeder durch eingehende Versuche feststellte, nicht nur langsamer, sondern es wird auch weniger Wasserstoffsuperoxyd zerlegt, und zwar um so weniger, je konzentrierter die Lösung relativ an Wasserstoffsuperoxyd ist. Es bestehen bezüglich der Hemmung der Reaktion ganz bestimmte Beziehungen zwischen der Wasserstoffsuperoxydkonzentration und der vorhandenen Katalasenmenge. Die Reaktion selbst wird durch mechanische Bewegung nicht beschleunigt, sondern nur die Abscheidung des Gases aus der Flüssigkeit.

Für die Bestimmung der Katalase stehen zwei Wege zur Verfügung, ein gasvolumetrischer und ein maßanalytischer. Im ersten Falle wird die Menge des bei der Zersetzung des Wasserstoffsuperoxyds entstandenen Sauerstoffs gemessen, im zweiten Falle die Menge des nicht zersetzten Wasserstoffsuperoxyds titrimetrisch bestimmt. A. Zeilinger [6] hat die Vorzüge und Nachteile beider

---

[1] T. Chrzascz u. C. Goralówno: Biochem. Zeitschr. 1927, **180**, 247; Z. 1932, **63**, 83.

[2] v. Heygendorff u. Meurer: Milchw. Zentralbl. 1910, **6**, 580.

[3] S. J. M. Mogendorff: Milchw. Zentralbl. 1910, **6**, 325; 1911, **7**, 189.

[4] F. Bordas u. F. Touplain: Rev. Soc. scientif. d'Hyg. aliment. 1909, **7**, 296; Z. 1910, **20**, 726.

[5] G. Roeder: Milchw. Forsch. 1930, **9**, 516.

[6] A. Zeilinger: Milchw. Forsch. 1933, **14**, 342.

Verfahren kritisch beleuchtet. In der Praxis findet vorwiegend das gasvolumetrische Verfahren Anwendung.

Zur Bestimmung der „Katalasezahl" ist eine ganze Reihe von Apparaten
empfohlen worden und im Gebrauch, die das gasvolumetrische Verfahren verwenden und die gebildete Gasmenge messen. Solche Apparate sind z. B. von
R. BURRI und W. STAUB, G. KOESTLER, HENKEL, GERBER-LOBECK, FAITELO-
WITZ, FUNKE, ROEDER und ZEILINGER konstruiert worden.

In der Praxis haben unter anderen von Apparaten, die eine quantitative
Bestimmung gestatten, die folgenden sich bewährt:

a) Katalaseprober nach Th. HENKEL[1] (Abb. 34). Bei ihm wird der durch
die Enzyme infolge der Zersetzung von Wasserstoffsuperoxyd gebildete Sauerstoff gemessen.

Durch Klemmen wird eine Reihe von Reagensgläsern in einem Wasserbade
festgehalten, die durch eine S förmig gebogene Glasröhre, die mittels Gummi-

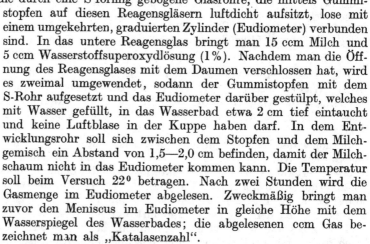

stopfen auf diesen Reagensgläsern luftdicht aufsitzt, lose mit
einem umgekehrten, graduierten Zylinder (Eudiometer) verbunden
sind. In das untere Reagensglas bringt man 15 ccm Milch und
5 ccm Wasserstoffsuperoxydlösung (1%). Nachdem man die Öffnung des Reagensglases mit dem Daumen verschlossen hat, wird
es zweimal umgewendet, sodann der Gummistopfen mit dem
S-Rohr aufgesetzt und das Eudiometer darüber gestülpt, welches
mit Wasser gefüllt, in das Wasserbad etwa 2 cm tief eintaucht
und keine Luftblase in der Kuppe haben darf. In dem Ent-
wicklungsrohr soll sich zwischen dem Stopfen und dem Milchgemisch ein Abstand von 1,5—2,0 cm befinden, damit der Milchschaum nicht in das Eudiometer kommen kann. Die Temperatur
soll beim Versuch 22° betragen. Nach zwei Stunden wird die
Gasmenge im Eudiometer abgelesen. Zweckmäßig bringt man
zuvor den Meniscus im Eudiometer in gleiche Höhe mit dem
Wasserspiegel des Wasserbades; die abgelesenen ccm Gas bezeichnet man als „Katalasenzahl".

Nach A. FAITELOWITZ[2] bedient man sich einer ähnlichen
Apparatur; das Zersetzungsgefäß enthält jedoch 100 ccm Milch.

Abb. 34.
Katalaseprober
nach
TH. HENKEL.

Durch eine besondere Vorrichtung kann man, wenn die Apparatur
zusammengesetzt ist, ein Gläschen in die Milch fallen lassen, das
1 ccm Wasserstoffsuperoxydlösung enthält. Das Eudiometerrohr,
das das Gas auffangen soll, ist vorher schon mit Wasser gefüllt
worden. Es besitzt an der Seite einen Schenkel, der durch Ausfließen von Wasser
vor dem Ablesen des Volumens gestattet, das Gas unter 1 Atmosphäre Druck
zu setzen. Die Apparatur befindet sich in einem Wasserbade von 25°, das
eine Schüttelvorrichtung besitzt, damit die in der Milch gelösten Gase
zuvor entweichen können. Nachdem dieses geschehen und im Eudiometer
wieder der Druck hergestellt ist, läßt man das Gläschen mit Wasserstoffsuperoxydlösung in die Milch fallen und beginnt nun wiederum mit dem Schütteln.
Nach 10, 15, 20 und 30 Minuten wird der Wasserstand im Eudiometer nach
Ablassen des Überschusses in dem kommunizierenden Rohre abgelesen.

Nach FAITELOWITZ genügt es nicht allein, die Sauerstoffmenge zu bestimmen, sondern er
berechnet die Geschwindigkeitskonstante (K) der Reaktion, da eine monomolekulare Reaktion
vorliegt. Wenn die Menge des entwickelten Sauerstoffs aus Wasserstoffsuperoxyd 15—50 ccm
beträgt, so gilt die Formel: $K = \dfrac{l}{t} \cdot \log \mathrm{nat} \left(\dfrac{a}{a-x} \right)$ t = die abgelesene Zeit, a = die

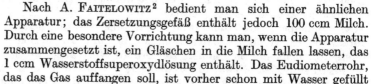

[1] TH. HENKEL: Molkereiztg. Berlin 1910, **13**, 26.
[2] A. FAITELOWITZ: Milchw. Zentralbl. 1910, **6**, 299.

Menge des angewendeten Sauerstoffs in ccm, d. h. die Sauerstoffmenge, die sich überhaupt aus der angewendeten Wasserstoffsuperoxydmenge entwickeln konnte, $x =$ die während der Beobachtungszeit abgespaltene Sauerstoffmenge in ccm. Bei gesunden Kühen, in frischer und nicht neutralisierter Milch liegt der Wert von K in der Regel zwischen 0,0025 und 0,0060, bei älterer Milch, die die Alkoholprobe noch besteht, bei 0,01—0,025.

Im Gegensatz zu Kooper behauptet Faitelowitz[1], daß die Säure in der Milch die Katalase nur lähmen, aber nicht vernichten kann; die Lähmung kann durch Neutralisation wieder rückgängig gemacht werden.

A. J. Burstein u. F. S. Frum[2] nehmen für die Katalasenbestimmung einen Kolben von 150—200 ccm Inhalt, der durch einen dreifach durchbohrten Gummistopfen verschlossen ist. Durch die eine Bohrung reicht ein Thermometer bis in die Milch hinein und gestattet genaues Ablesen der Temperatur im Kolben. Die andere Bohrung ist mit einer Bürette versehen, aus der man die Wasserstoffsuperoxydlösung der Milch zufließen läßt. Durch die dritte Öffnung führt ein Glasrohr, das vermittelst Gummischlauch mit einer Bürette mit Nivelliereinrichtung verbunden ist. Als Absperrflüssigkeit kann Quecksilber oder mit Luft gesättigtes Wasser dienen. Die Apparatur ist von S. Morgulis[3] angegeben und von den Verfassern verbessert worden. Es werden 60 ccm Milch in einem Kolben mit 18 ccm eines Puffergemisches auf die p_H-Stufe 6,5 gebracht. Die Pufferlösung muß eine Phosphatmischung sein, deren p_H-Stufe bei 6,5 liegt. Die Mischung wird nun schnell in einem vorgewärmten Wasserbade auf 17° erwärmt. Sobald die Temperatur von 17° erreicht ist, werden 65 ccm abpipettiert, in den Kolben des Apparates gebracht und dieser mit dem oben erwähnten dreifach durchbohrten Gummistopfen verschlossen. Der Zersetzungskolben steht in einem Wasserbad. Nach dem Anwärmen auf 17° läßt man nunmehr aus der Bürette 15 ccm Wasserstoffsuperoxydlösung (1%) zufließen, schüttelt den Kolben schnell durch und stellt die Luftmenge im Eudiometer und auch die Temperatur im Innern des Zersetzungskolbens durch ein im Kolben befindliches Thermometer unverzüglich fest. Während 3 Stunden hält man die Temperatur auf 17° und schüttelt alle 15 Minuten die Mischung durch. Die ganze Behandlung muß unter Atmosphärendruck verlaufen. Nach 3 Stunden kann das endgültige Ergebnis abgelesen werden. Zum Vergleich kann die unerhitzte Milch bei 17° der gleichen Behandlung unterworfen werden, aus der Differenz läßt sich die Abnahme der Katalasenzahl bei verschiedenen Erhitzungsgraden feststellen.

Wenn man die Veränderung der Katalasenzahl, die die Milch durch die verschiedenen Wärmegrade erleidet, ermitteln will, so wird die Milchmischung in einem Wasserbade schnell auf die gewünschte Temperatur gebracht und von diesem Punkt an $1/2$ Stunde oder länger auf dieser Temperatur gehalten und alsdann schnell abgekühlt.

Auf Grund eingehender Untersuchungen hat A. Zeilinger[4] besondere Apparate mit Schüttelvorrichtung zur Bestimmung der Katalasenzahl zusammengestellt, ähnlich dem von Faitelowitz. Batelli und Stern[5] haben ebenfalls geeignete Apparate ähnlicher Art konstruiert. Bei genauen Untersuchungen wird das Gasvolumen nach der Gasgleichung auf trockenes Gas bei 0° und 760 mm Barometerstand umgerechnet, andernfalls nicht unerhebliche Differenzen entstehen können. Zeilinger meint, daß das Optimum der Milchkatalase bei 20—21° liegt, bei Temperaturen bei 1 und 37° die Katalasenzahl bedeutend erniedrigt. Der Abfall der Reaktionskonstanten bei Zimmertemperatur und bei 37° hat seinen gesetzmäßigen Ausdruck in der allgemeinen Gleichung der Hyperbel $(x — a) \cdot (y — b) = K$ und findet wohl seine Erklärung in der Zerstörung der Milchkatalase bei höheren Temperaturen.

b) Sonstige Apparate zur gasvolumetrischen Bestimmung. Für eine annähernde Bestimmung der Katalasenzahl, die für die Praxis ausreicht und namentlich für Massenuntersuchungen am geeignetsten ist, finden neben anderen folgende Apparate Anwendung:

α) Apparat von Lobeck[6] (Abb. 35 I): Wie aus der Abbildung zu ersehen ist, besitzt der Apparat an seiner bauchigen Erweiterung einen Glasstutzen, der durch einen Korkstopfen verschlossen werden kann. Zuerst füllt man das graduierte Röhrchen des Apparates durch den seitlichen Stutzen mit aufschraubbarem Verschluß mit ausgekochtem Wasser, bringt dann, wenn das

---

[1] A. Faitelowitz: Milchw. Zentralbl. 1910, **6**, 299, 362, 420.

[2] A. J. Burstein u. F. S. Frum: Z. 1931, **62**, 489.

[3] S. Morgulis: Journ. Biol. Chem. 1921, **47**, 341; 1928, **77**, 115; Milchw. Forsch. 1929, 7, Ref. 28.

[4] A. Zeilinger: Milchw. Forsch. 1932, **14**, 342.

[5] Batelli u. Stern: Arch. di Fisiol. 1905, **2**, 471.

[6] O. Lobeck: Milchw. Zentralbl. 1910, **6**, 316.

zuviel zugesetzte Wasser abgetropft ist, 15 ccm Milch in den bauchigen Teil des Apparates und fügt, nachdem die Temperatur von 25 bzw. 37⁰ erreicht ist, 5 ccm Wasserstoffsuperoxydlösung (1%) zu. Nach Ausgleichung des Druckes wird die umgebogene Capillare mittels einer Gummikappe geschlossen. Die Hauptmenge des Sauerstoffs hat sich innerhalb der ersten Stunde gebildet, nach dieser Zeit kann man schon feststellen, ob eine katalasenreiche Milch vorliegt. Bei normaler Milch hat sich bei 37⁰ nach 2 Stunden, bei 25⁰ nach 24 Stunden die maximale Sauerstoffmenge gebildet. Bei sehr katalasenreicher Milch soll sich die Beobachtungszeit bis zu 8 Stunden und noch mehr ausdehnen. Bei mehr als 4 ccm Gas gilt die Milch als nicht mehr normal.

β) **Die Apparate von J. Pritzker**[1] **und G. Roeder**[2] (Abb. 35 II und III) bestehen aus graduierten Glasröhren, die eine bestimmte Menge Milch und Wasserstoffsuperoxyd (1%) fassen und durch Ringmarkierungen oder eine Ein-

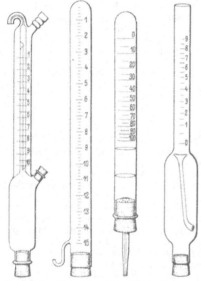

teilung erkennen lassen, wieviel Milch und Wasserstoffsuperoxydlösung zugesetzt werden muß. Man verschließt den Zylinder mit einem Gummistopfen und mischt den Inhalt. Beim Pritzkerschen Apparat ist am Glaszylinder seitlich ein capillares S-förmig gebogenes Glasröhrchen angeschmolzen. Man schiebt nach dem Füllen den Gummistopfen bis an die Ansatzstelle der Capillare, bis Milch aus letzterer tropft; alsdann kehrt man das Röhrchen um und läßt die Sauerstoffentwicklung bei 22⁰ vor sich gehen. Da die Milch aus der Capillare durch das sich entwickelnde Gas herausgedrängt wird, stellt man das Röhrchen in ein Becherglas. Beim Roederschen Katalasenzylinder befindet sich in dem durchbohrten Gummistopfen eine Capillare, durch die die überschüssige Milch von dem entwickelten Sauerstoff herausgedrückt wird, man muß deshalb das Röhrchen umgekehrt in eine Wanne stellen.

I. Nach   II. Nach   III. Nach   IV. Nach
Lobeck.   Pritzker.   Roeder.   Hackmann.
Abb. 35. Katalaseprober.

Die Graduierungen sind so vorgenommen, daß man durch Ablesen des Gasvolumens direkt die Katalasenzahl, ausgedrückt für 100 ccm Milch, erfährt. Bei dem Roederschen Apparat kann man auch noch Thybromol zusetzen und den Farbumschlag beobachten.

γ) **Apparat von Hackmann** (Abb. 35 IV). Es handelt sich um einen graduierten Zylinder, der oben offen und kalibriert ist. Dieser Zylinder ist an ein bauchiges Gefäß angeschmolzen, das unten eine Öffnung hat. Die Verbindung zwischen diesem Gefäß und dem kalibrierten Zylinder besteht in einem capillaren Röhrchen, das in den Bauch des Gefäßes führt. In das bauchige Gefäß gibt man 15 ccm Milch und 5 ccm Wasserstoffsuperoxydlösung (1%). Man verschließt alsdann den Hals durch einen Gummistopfen. Der durch die Zersetzung frei werdende Sauerstoff scheidet sich oben im Hals des Gefäßes ab und drückt nun die Milch in das graduierte Rohr. Die Höhe des Standes der Milch liest man ab und berechnet daraus die Katalasenzahl für 100 ccm Milch.

[1] J. Pritzker: **Z.** 1915, **30,** 49.
[2] G. Roeder: Milchw. Forsch. 1930, **9,** 516.

c) Titrimetrische Bestimmung. Nach C. J. Koning[1] kann man auch die Menge des noch nicht zersetzten zugesetzten Wasserstoffsuperoxyds nach Beendigung der Reaktion bestimmen. Man bringt in einen 250 ccm-Kolben 5 ccm Milch und 5 ccm Wasserstoffsuperoxydlösung (1%) und läßt das Gemisch bei Zimmertemperatur 2 Stunden lang stehen. Alsdann gibt man 10 ccm konz. Salzsäure und 10 ccm Kaliumjodidlösung (10%) und nach 10 Minuten langem Stehen 100 ccm Wasser und etwas Stärkelösung hinzu und mißt mittels 0,1 N.-Natriumthiosulfatlösung das ausgeschiedene Jod zurück.

Mit diesem Versuch setzt man in gleicher Weise einen Leerversuch an, bei dem aber durch 2—5 Tropfen konz. Salzsäure zuvor das Enzym der Milch zerstört wurde. Die hierbei verbrauchten ccm Natriumthiosulfatlösung werden von den beim Hauptversuch gebrauchten abgezogen. 1 ccm 0,1 N.-Natriumthiosulfatlösung zeigt 8 mg bzw. 0,56 ccm abspaltbaren Sauerstoff an; der so gefundene Wert, mit 20 multipliziert, gibt die Katalasenzahl für 100 ccm Milch an.

Bei hohem Katalasengehalt muß weniger Milch genommen werden. Nach A. Zeilinger wird das bei der jodometrischen Bestimmung durch das Wasserstoffsuperoxyd in Freiheit gesetzte Jod von Eiweiß-Fettgerinnsel adsorbiert und bei der Titration hartnäckig festgehalten. Man verfährt deshalb in der Weise, daß man in einem 100 ccm-Meßkolben 15 g Milch und 5 ccm Wasserstoffusperoxydlösung (1%) 2 Stunden aufeinander einwirken läßt, alsdann 1 ccm Eisessig zufügt und den Kolben kräftig umschwenkt. Schon nach einigen Minuten ist das Koagulum grobflockig ausgefallen, man setzt nun unter Umschwenken 3 ccm Natriumsulfatlösung (30%) zu und füllt den Kolben bis zu ³/₄ mit Wasser auf. Um die Schaumbildung zu zerstören, wird wiederum kräftig umgeschüttelt, auf 100 ccm aufgefüllt und dann durch ein Faltenfilter filtriert. 25 ccm des Filtrates werden in einen 300 ccm-Kolben pipettiert und mit 3 ccm Kaliumjodidlösung (10%) und 5 ccm Schwefelsäure (25%) versetzt. Den verschlossenen Kolben läßt man 1 Stunde im Dunkeln stehen, setzt nunmehr 150 ccm Wasser hinzu und titriert das ausgeschiedene Jod mittels 0,1 N.-Natriumthiosulfatlösung unter Zusatz von Stärkelösung zurück. Diesen Wert zieht man von der Kontrollprobe, die in gleicher Weise mit Milch angesetzt und weiter verarbeitet wurde, ab. Man setzt jedoch zur Zerstörung der Enzyme direkt Eisessig zu. Die Berechnung, siehe oben bei Koning.

Auch für die gasvolumetrischen Katalasenbestimmungen muß man den Wirkungswert der zu verwendenden Wasserstoffsuperoxydlösung festlegen. Dieses geschieht ebenfalls am besten auf jodometrischem Wege. Ob 30%iges Wasserstoffsuperoxyd (Perhydrol) oder 3%ige Wasserstoffsuperoxydlösung zur Herstellung der 1%igen Lösung verwendet wird, ist gleichgültig. Man nimmt von der etwa 1%igen Lösung 20 ccm, läßt diese in einen Glaskolben mit eingeschliffenem Glasstopfen laufen, setzt 10 ccm Kaliumjodidlösung (10%), die jodsäurefrei sein muß, hinzu und 10 ccm Schwefelsäure (30%). Nun verschließt man den Kolben und titriert nach 5 Minuten das ausgeschiedene Jod mit 0,1 N.-Natriumthiosulfatlösung in bekannter Weise zurück. 1 ccm 0,1 N.-Natriumthiosulfatlösung = 1,7 mg H_2O_2 oder = 8 mg O. 5 ccm einer 1%igen Lösung von Wasserstoffsuperoxyd liefern bei 20° und 740 mm. Barometerstand = 18,8 ccm Sauerstoff.

Je nach der angewendeten Milchmenge ist der frei gewordene Sauerstoff und mithin auch das Gasvolumen natürlich verschieden groß. Da bei den einzelnen aufgeführten Apparaten nun die Milchmenge, die untersucht wird, verschieden ist, kann die gebildete Gasmenge für die Beurteilung nicht als Einheit gelten. Es muß dieser Gaswert auf 100 g Milch umgerechnet werden. Auch spielt die Temperatur, bei der der Versuch zur Ausführung gelangte, eine Rolle.

6. Gärprobe.

Die Gär-Reduktaseprobe von Orla-Jensen ist schon bei der Reduktase (S. 156) besprochen worden.

---

[1] C. J. Koning: Milchw. Zentralbl. 1907, **3**, 67.

Die Gärprobe stellt man wie folgt an: Sterile Reagensgläser, die etwa 50 ccm Milch fassen, werden bis zum Rande mit Milch gefüllt und mit sterilen Deckeln bedeckt. Alsdann verbleiben sie 22 Stunden im Wasserbade von 30—40°. Nach 12 Stunden soll sauber ermolkene Milch gesunder Kühe noch nicht geronnen sein; gleichmäßig geronnene Milch kann innerhalb dieser Zeit gegenüber ungleichmäßig geronnener Milch jedoch noch nicht beanstandet werden. Nach weiteren 10 Stunden muß alle Milch gleichmäßig geronnen sein; siehe J. RODENKIRCHEN[1], WYSMANN und PETER[2], M. DÜGGELI[3].

Die Gärproben und Labgärproben spielen hauptsächlich in der Käserei eine wichtige Rolle.

D. Nachweis der Vitamine.

Über den chemischen und biologischen Nachweis sowie die Bestimmung der Vitamine der Milch siehe A. SCHEUNERT in Bd. I, S. 768, 992 sowie A. SCHEUNERT und M. SCHIEBLICH in Bd. II, S. 1469—1554.

VII. Überwachung des Verkehrs mit Milch.

In diesem Abschnitte handelt es sich lediglich darum, die Milch, wie sie in den Verkehr gelangt, auf ihre einwandfreie Beschaffenheit zu prüfen und die hierfür dienenden besonderen Untersuchungsverfahren näher zu beschreiben.

Als Zuwiderhandlungen gegen das Lebensmittelgesetz und das Milchgesetz (S. 490) kommen vorwiegend in Betracht: Wässerung, Entrahmung, mangelnde Erhitzung bei als pasteurisiert bezeichneter Milch, Zusatz von Neutralisations-, Verdickungs- und Konservierungsmitteln und Farbstoffen, Indenverkehrbringen von Arzneimittel enthaltender Milch, von Colostrummilch, sowie von Milch anderer Tierarten und endlich Verdorbenheit der Milch.

Darüber, ob im gegebenen Falle bei Zuwiderhandlungen gegen das Milchgesetz gleichzeitig auch ein Verstoß gegen das Lebensmittelgesetz vorliegt, siehe S. 489 und 538.

Auf Grund der Analyse ein sicheres Urteil abgeben zu können, ob es sich in der Tat um verfälschte usw. Milch handelt, ist wohl in manchen Fällen unmöglich. Dieses trifft namentlich auch bei schwach gewässerter oder teilweise entrahmter Milch zu. Die Milch ist von Natur aus Schwankungen unterworfen, die ihre Zusammensetzung beeinflussen. Man wird in vielen Fällen nur dann eine Milch zuverlässig beurteilen können, wenn zugleich auch die Analyse der Milch von dem gleichen Milchtier oder den gleichen Milchtieren, also eine sog. Stallprobenmilch, zur Verfügung steht. Andere Verfälschungen, wie z. B. Zusätze von Neutralisationsmitteln, Konservierungsmitteln usw., können jedoch ohne Stallprobenmilch richtig erkannt und beurteilt werden.

Vorausgeschickt sei, daß man unter Milch das durch regelmäßiges, vollständiges Ausmelken des Euters gewonnene und gründlich durchgemischte Gemelk von einer oder mehreren Kühen aus einer oder mehreren Melkzeiten, dem nichts hinzugefügt und nichts entzogen ist, versteht. Im Milchgesetz sowie in den dazu erlassenen Verordnungen des Reiches und der Länder haben die Gewinnung und der Verkehr mit Milch eine einheitliche Regelung erfahren; darüber siehe S. 492, 499 und 544.

---

[1] J. RODENKIRCHEN: Milchw. Forsch. 1918, **6**, 65.
[2] WYSMANN u. PETER: Milchwirtschaft, 4. Aufl., 1910.
[3] M. DÜGGELI: Zentralbl. Bakteriol. II 1907, **18**, 37, 224, 439; Z. 1909, **18**, 678.

Probenentnahme.

Die Probeentnahme von Milch, die sich im Verkehr befindet, erfordert Umsicht. Vor allem muß die Milch gut durchmischt sein. Da sich in den Milchkannen leicht oben eine Rahmschicht absetzt, so geht man entweder mit einem Quirler in die Milchkanne und sorgt so für gute Durchmischung oder man läßt die Milch mehrmals in eine andere, saubere und trockene Kanne umgießen. Bei Frostwetter ist vor der Entnahme festzustellen, ob nicht etwa ein Eismantel das Innere der Kanne umkleidet. Ist dieses der Fall, so ist erst dann die Probe zu entnehmen, wenn ein vollständiges Auftauen und Durchmischen erfolgt ist. In der Regel genügt, wenn nicht außer der gewöhnlich auszuführenden Analyse noch andere Bestandteile bestimmt werden sollen, $1/_4$ Liter Milch zur Untersuchung. Wenn die Proben von dem erhebenden Beamten nicht persönlich überbracht werden, so sind die Flaschen amtlich zu versiegeln.

Dem Besitzer des Milchviehs bzw. demjenigen, der die Milch in den Handel bringt, ist eine versiegelte Gegenprobe zu hinterlassen, sofern nicht ausdrücklich darauf verzichtet wird.

Falls die Untersuchungsstelle weiter entfernt ist, und die Gefahr besteht, daß die Milchprobe bis zum Eintreffen bei der Untersuchungsstelle gerinnen kann, so ist der Zusatz eines Konservierungsmittels ratsam. J. TILL-MANS[1], A. SPLITTGERBER und H. RIFFART, ferner W. OBERMEIER, M. RÜDIGER[2] sowie A. HEIDUSCHKA und A. KERN[3] u. a. m. haben eine Reihe von Konservierungsmitteln auf ihre Brauchbarkeit hierfür geprüft. Auf Grund ihrer Untersuchungen werden 0,5 ccm Formaldehyd (45%) zu 300 ccm Milch oder Senföl in 0,1%iger Konzentration zugesetzt; auch wird β-Naphthol empfohlen, 0,5 g zu 100 ccm Milch.

Quecksilberchlorid ist wegen seiner Giftigkeit nicht zu empfehlen. Für gewisse Zwecke, wenn es sich nur um die Fettbestimmung in der Milch handelt, ist Kaliumbichromat, 1 ccm einer kalt gesättigten Kaliumbichromatlösung zu 100 ccm Milch, sehr brauchbar.

Da einige der benannten Konservierungsmittel namentlich den Gefrierpunkt und die Refraktion der Milch beeinflussen, so muß stets dieselbe Menge des Konservierungsmittels zugesetzt und durch Leerversuche die Beeinflussung des Gefrierpunktes und der Refraktion festgestellt werden, der so gefundene Wert muß alsdann stets von den Werten der untersuchten und konservierten Milch abgezogen werden.

Stallprobe. Ist auf Grund der Untersuchung eine Verfälschung der Milch als möglich anzunehmen, so ist zum Vergleich eine Stallprobe zur Sicherung des Beweises vorzunehmen. Diese und die Entnahme der Proben hat dabei unter Aufsicht eines Beamten zu erfolgen. Vor der Entnahme der Stallprobemilch ist festzustellen, ob alle Gefäße, Melkeimer, Seiheimer usw., rein und trocken sind und kein Wasser enthalten. Die Aufsicht muß während der ganzen Stallprobe ununterbrochen stattfinden. Ferner müssen diese Stallproben möglichst bald, aber nicht später als nach 3 Tagen, vorgenommen werden, da innerhalb dreier Tage sich ein Futterwechsel (S. 79), wenn besseres oder schlechteres Futter gegeben wurde, nicht auswirkt. Man kann sagen, daß erst nach etwa 6—8 Tagen sich eine Änderung des Futterwechsels in der Milchzusammensetzung bemerkbar macht. Die Stallprobe muß zu derselben Melkzeit erfolgen, der die fragliche Milch entstammt. Bei Entrahmung ist es ratsam, während zweier Tage von sämtlichen Melkzeiten, Abend-, Mittag- und Morgen-

[1] J. TILLMANS: Z. 1914, **27**, 893; 1920, **40**, 30.
[2] M. RÜDIGER: Z. 1932, **64**, 171.
[3] A. HEIDUSCHKA u. A. KERN: Milchw. Forsch. 1930, **10**, 318.

milch, Proben zu erheben. Ferner sind die Proben von den Kühen zu nehmen, die an der Lieferung der betreffenden Milch beteiligt waren. Unter Umständen muß von jeder einzelnen Kuh gesondert eine Stallprobenmilch erhoben werden, namentlich dann, wenn die eine oder andere Kuh angeblich schlechte Milch liefern soll. Auch ist die ermolkene Milchmenge festzustellen. Wichtig ist auch ein vollständiges Ausmelken der Euter, da bekanntlich die zuletzt ermolkenen Milchanteile am fettreichsten sind. Ferner müssen nach Möglichkeit diejenigen Personen das Melken vornehmen, die sonst sich mit den Milchtieren beschäftigen, da andernfalls leicht von dem Melktier die Milch hochgezogen wird und ein vollständiges Ausmelken unmöglich ist.

Folgendes Muster kann zur Benutzung für die Beamten der Lebensmittelkontrolle dienen und ist ausgefüllt zugleich mit der erhobenen Milchprobe der Untersuchungsanstalt zu übergeben.

Stallprobe.

Erhoben bei .... in ...., am ....
vormittags um .. Uhr; nachmittags um .. Uhr, abends um .. Uhr.
1. Von wieviel Kühen stammt die Milch? ......
2. Bezeichnung der Proben nach den einzelnen Kühen: ....
....
3. Wieviel Liter Milch wurden am Tage der Beanstandung abgeliefert? ......
4. Wieviel Liter Milch wurden von den fraglichen Kühen ermolken? ......
5. Gesundheitszustand: ....
6. Zeit des Kalbens: ....
7. Art der Fütterung: ....
8. Rassenbezeichnung: ....
9. Wasserprobe aus dem benutzten Brunnen oder der Leitung: ....

Ort: .... Tag: .... 19..
Unterschrift.

Kommen nur wenige Kühe in Betracht, die die fragliche Milch geliefert haben, so ist von jeder Kuh gesondert eine Probe zu erheben, und die Litermenge der ermolkenen Milch festzustellen.

Erforderliche Bestimmungen zur Feststellung der Verfälschungen durch Wässerung und Entrahmung:

1. Aussehen,
2. Spezifisches Gewicht bei 15^0 (s),
3. Fett (f),
4. Trockensubstanz (t), gewichtsanalytisch oder rechnerisch,
5. Berechnung des Spez. Gewichtes der Trockensubstanz,
6. Fettfreie Trockensubstanz ($t-f$),
7. Säuregrade,
8. Refraktion des Milchserums,
9. Gefrierpunktserniedrigung der Milch,
10. Leitfähigkeit der Milch,
11. Asche,
12. Chlor,
13. Chlor-Zucker-Zahl,
14. Prüfung auf Nitrate,
15. Leukocytenprobe nach Trommsdorff,
16. Mikroskopische Untersuchung des Sedimentes.

Wenn auch nicht in jedem Falle alle diese Bestimmungen ausgeführt zu werden brauchen, so muß doch nach Lage der Sache eine richtige Auswahl getroffen werden.

1. Nachweis der Wässerung.

Durch Wässerung erleiden das Spez. Gewicht der Milch, ferner der Gehalt an allen grob und fein dispersen Bestandteilen, wie Fett, Proteine, Milchzucker und Mineralstoffe, also die Trockensubstanz und die fettfreie Trockensubstanz, ferner das Spez. Gewicht und die Refraktion des Serums eine Verminderung. Der Gefrierpunkt der Milch wird dagegen durch die Wässerung erhöht; er liegt also näher bei 0^0.

Die älteren Verfahren zum Nachweise der Wässerung der Milch beruhten auf der Bestimmung des Spez. Gewichtes und des Gehaltes an Fett und Trocken·substanz bzw. der fettfreien Trockensubstanz. Nachdem man erkannt hatte, daß von den Bestandteilen der Milch ihr Gehalt an Milchzucker und Mineralstoffen am konstantesten ist, ging man dazu über, auch das Spez. Gewicht und die Refraktion des Milchserums zu bestimmen und in den letzten beiden Jahrzehnten hat man immer mehr die Gefrierpunktsbestimmung zum Nachweise der Wässerung herangezogen.

a) Spez. Gewicht und Gehalt an Trockensubstanz und Fett. Die mittlere Zusammensetzung und die Schwankungen in der Zusammensetzung einer Milch sind im allgemeinen folgende:

Daß ausnahmsweise auch noch größere Schwankungen vorkommen, ist häufiger beobachtet worden. Da die Schwankungen dieser Werte also recht

	Mittel-wert	Höchst-wert	Mindest-wert
Spez. Gewicht (15%) . . .	1,0315	1,0330	1,028
Fett	3,5%	4,5%	2,5%
Trockensubstanz	12,25%	14,2%	10,5%
Fettfreie Trockensubstanz .	9,00%	10,0%	8,0%
Asche	0,75%	0,9%	0,7%

groß sind, so kann man durch ihre Bestimmung nur stärkere Wässerungen nachweisen, falls man nicht durch eine Stallprobe einwandfreie Vergleichsmilch zur Verfügung hat.

Nach der WIEGNERschen Regel (S. 42) unterliegen die grob dispersen Anteile den größten Schwankungen. Es läßt sich deshalb auf Grund des Fettgehaltes allein eine Milchwässerung nicht erkennen. Auch die Proteine, der Milchzucker und die Mineralstoffe sind nicht unerheblichen Schwankungen unterworfen, die in der Trockensubstanz bzw. fettfreien Trockensubstanz mit zum Ausdruck kommen, welch letztere sogar bis auf 7% bei normaler Milch sinken kann. Aus diesem Grunde kann auch die fettfreie Trockensubstanz nur gröbere Wässerungen von Milch anzeigen.

In der CORNALBAschen Zahl[1] werden die gröber dispersen Bestandteile, die der WIEGNERschen Regel nach größeren Schwankungen unterliegen, ausgeschaltet; es gelangen nur die molekular- und ionengelösten Bestandteile, der Milchzucker und die Salze, zur Wägung. Der prozentuale Gehalt an diesen Bestandteilen soll sich innerhalb enger Grenzen, 6,25 bis 5,96%, bewegen. H. HÖFT[2] stellte jedoch auch hier größere Schwankungen, 6,67—5,28%, fest. Demnach lassen sich nicht zu geringe Wässerungen von Milch durch diese Zahl erkennen.

b) Serum-Untersuchung. Von den Methoden, welche auf der Bestimmung des Spez. Gewichtes und der Refraktion des Serums beruhen, hat heute die Bestimmung der Refraktion nach E. ACKERMANN die übrigen Methoden fast ganz verdrängt; sie soll daher hier in erster Linie berücksichtigt werden.

Man bestimmt das Spez. Gewicht des Serums in gleicher Weise wie bei der Milch (S. 115); da meist nur geringe Mengen Serum zur Verfügung stehen, bedient man sich dabei zweckmäßig eines Pyknometers oder des von H. PODA (S. 116) empfohlenen kleinen Aräometers. Für die Bestimmung der Refraktion bedient man sich ausschließlich des ZEISSschen Eintauchrefraktometers (Bd. II, S. 274).

Von einigen Seiten ist auch die Bestimmung des Aschengehaltes des Serums zum Nachweis der Wässerung vorgeschlagen worden.

α) **Refraktion des Chlorcalciumserums nach E. ACKERMANN[3]:** αα) Zur Herstellung des Serums werden 30 ccm Milch in ein weites Reagensrohr und 0,25 ccm einer Chlorcalciumlösung (Spez. Gewicht 1,1375), welch letztere

---

[1] G. CORNALBA: Rev. gén. Lait 1908, **7**, 33; Z. 1910, **19**, 41.
[2] H. HÖFT: Milchw. Zentralbl. 1911, **7**, 361.
[3] E. ACKERMANN: Z. 1907, **13**, 186.

in einer Verdünnung von 1 : 10 eine Refraktion von 26 Skalenteilen am Eintauchrefraktometer ergeben muß, gebracht. Das Reagensrohr aus dickwandigem
Glas wird mit einem Gummistopfen verschlossen, aus dem ein Steigrohr von
etwa 22 cm Länge ragt, das als Kühlrohr dient. Alsdann stellt man das Rohr,
nachdem vorher durch Neigen mit aufgelegtem Handballen die Mischung mit
der zugesetzten Chlorcalciumlösung vorgenommen war, 15 Minuten lang in ein
lebhaft siedendes Wasserbad und dreht das Rohr im Wasserbad dann und wann
um. Alsdann kühlt man die Röhre nebst Inhalt durch Einstellen in kaltes Wasser
ab. Nach etwa 15 Minuten werden durch Klopfen, falls die Proteine nicht sich
am Glasrand zusammengeballt haben, und das Serum beweglich ist, die Proteine
zum Zusammenballen gebracht. Durch Hin- und Herneigen wird das Kondenswasser von der Glaswand abgespült, das Serum abfiltriert und, falls es völlig
klar ist, der Refraktion unterworfen. Falls das Filtrat nicht ganz klar ist, kann
man, ohne daß die Refraktion beeinträchtigt wird, eine kleine Messerspitze
reinsten Kieselgurs zusetzen und nach Durchschütteln erneut filtrieren. Läuft
das Serum zu Anfang noch nicht ganz klar durch, so wird durch mehrmaliges
Zurückgießen völlige Klärung erzielt. Alsdann füllt man das Serum in ein
kleines Bechergläschen, das zu dem Refraktometer mitgeliefert wird, und
stellt es 15 Minuten lang in ein Temperierbad von 17,5°, das so eingerichtet
ist, daß man bis zu 24 Bechergläschen einsetzen kann. Das Refraktometer,
Eintauchrefraktometer nach ZEISS (Bd. II, S. 274), selbst wird eingespannt,
so daß das Prisma vom Temperierbadwasser umspült wird. Wenn man jetzt
das Licht des Spiegels im Temperierbad so einstellt, daß es von unten auf das
Prisma fällt, so muß an der Skala eine Brechung von 15 Skalenteilen abgelesen
werden. Ist dieses nicht der Fall, so muß man eine Regulierung des Refraktometers vornehmen. Wenn man nun die Brechung des Serums bestimmen will,
so überzeugt man sich vorher, ob die Temperatur von 17,5° erreicht ist. Alsdann
trocknet man ohne starke Reibung das Prisma ab, hebt und senkt es einige
Male in dem Becherglächen mit Serum auf und ab, hängt es in die Auf-
hängevorrichtung und liest nun die Skalenteile ab. Bruchteile zwischen zwei
ganzen Skalenteilen werden mit Hilfe der am Okular befindlichen Trommel
bestimmt.

Liegt z. B. die Brechung zwischen 38 und 39, so stellt man die Trommel so, daß die
Brechungslinie auf 38 liegt und liest alsdann an dem Index der Trommel die Zehntel-
grade ab. Zuweilen ist die Trennungslinie nicht scharf und zeigt einen farbigen Saum,
um eine scharfe Einstellung und Ablesung zu ermöglichen, wird alsdann durch Drehen
am Ring des Refraktometers der Farbsaum aufgehoben und kann so eine farblose, scharfe
Trennungslinie hergestellt werden. Die Schwankungen beim Ablesen dürfen 0,1° nicht
übersteigen.

$\beta\beta$) Beziehungen zwischen Refraktion, Spez. Gewicht und Trockensubstanzgehalt des Serums: Durch den Zusatz von Chlorcalcium bei der
Herstellung des Serums nach ACKERMANN wird das Serumprotein auch innerhalb
weiter Grenzen optimal gefällt und auch die durch Hitze koagulierbaren Stoffe
werden ausgeschieden.

Nach von G. WIEGNER[1] aufgestellten Formeln kann man auch die Beziehungen zwischen Refraktion, Spez. Gewicht und Trockensubstanz des Serums
(= Summe der hochdispersen Bestandteile der Milch) ermitteln; WIEGNER hat
in einer Tabelle[2], aus der die nachfolgenden Zahlen (Tabelle 21) entnommen sind,
die den Refraktometerzahlen ($R_{17,5}$) 31,0—42,0 entsprechenden Brechungsindices
($n_\mathrm{D}^{17,5}$), Spez. Gewichte ($d^{15}/_{15}$) und Trockensubstanzgehalte (t_c) des Chlorcalciumserums, letztere auf 100 g Milch bezogen, zusammengestellt.

---

[1] G. WIEGNER: Milchw. Zentralbl. 1909, **5**, 473, 521; 1911, **7**, 534.
[2] G. WIEGNER: Milchw. Zentralbl. 1911, **7**, 534.

Tabelle 21.

$R_{17,5}$	$n_D^{17,5}$	$d^{15}/_{15}$	t_C %	$R_{17,5}$	$n_D^{17,5}$	$d^{15}/_{15}$	t_C %	$R_{17,5}$	$n_D^{17,5}$	$d^{15}/_{15}$	t_C %
31,0	1,33934	1,0177	4,25	35,0	1,34086	1,0218	5,22	39,0	1,34237	1,0259	6,18
31,5	953	182	4,37	35,5	105	223	5,33	39,5	256	264	6,30
32,0	972	187	4,48	36,0	124	229	5,48	40,0	275	270	6,43
32,5	991	193	4,63	36,5	143	234	5,59	40,5	294	275	6,55
33,0	1,34010	198	4,75	37,0	162	239	5,71	41,0	313	280	6,67
33,5	029	203	4,87	37,5	181	244	5,83	41,5	332	285	6,79
34,0	048	208	4,98	38,0	199	249	5,94	42,0	350	290	6,90
34,5	067	213	5,09	38,5	218	254	6,06				

$\gamma\gamma$) Nachweis der Wässerung durch die Refraktion des Serums: Die Refraktion des Serums (von 17,5°) liegt bei normaler Milch gesunder Kühe zwischen 37—41 Refraktometergraden. Man ersieht aus diesen Zahlen, daß immerhin noch erhebliche Unterschiede in der Refraktion des Chlorcalciumserums reiner Milch vorliegen können. Da die Refraktion des Serums sich aus den Funktionen des Milchzuckers und denen der Salze zusammensetzt und etwa $^5/_8$ der Brechung allein auf den Milchzucker entfallen können, so wird man bei frischmelkenden Kühen, die viel, aber meist eine weniger gehaltvolle Milch liefern, also Milch, die auch weniger Milchzucker enthält, und ebenso auch bei Niederungsrassen geringere Refraktometergrade finden, die unter Umständen eine geringe Wässerung vortäuschen können. Immerhin ist die Brauchbarkeit der Refraktion des Serums nach E. ACKERMANN zum Nachweis auch geringerer Milchwässerungen von C. MAI und S. ROTHENFUSSER[1], J. M. KRAMER[2], E. MOLLENHAUER[3], H. LÜHRIG[4], E. ACKERMANN und CH. VALENCIEN[5], R. PFISTER[6], G. D. LIEBER[7], TH. HENKEL[8], K. TEICHERT[9], A. GRONOVER und F. TÜRK[10] u. a. erwiesen worden. Allerdings urteilen einige Forscher auch nicht günstig über die praktische Bedeutung der Refraktion, z. B. HENKEL[11], C. K. KIPPENBERGER[12], M. SIEGFELD[13], A. BECKEL[14]. A. SCHNECK und H. PABEL[15] sind jedoch der Ansicht, daß das ACKERMANNsche Serum gegenüber allen anderen Seren das brauchbarste ist.

Zunehmende Säuerung bedingt eine Erhöhung der Refraktion; diese geht jedoch nicht proportional mit der Zunahme der Säuerung. Auch tritt eine Änderung des Refraktionswertes ein, wenn man das Serum nach dem Kochen längere Zeit mit den ausgeschiedenen Proteinen in Berührung läßt, da alsdann ausgeschiedene Citrate des Calciums in Lösung gehen sollen.

Krankheiten des Milchtieres, und zwar hauptsächlich Eutererkrankungen, beeinträchtigen die ganze Zusammensetzung der Milch und hauptsächlich das

[1] S. ROTHENFUSSER: Molkereiztg. Berlin 1909, 19, 37; Z. 1911, 21, 23.
[2] J. M. KRAMER: Bericht der Landwirtsch. chem. Untersuchungsanstalt Bregenz 1913.
[3] E. MOLLENHAUER: Diss. Königsberg 1914; Z. 1915, 30, 36.
[4] H. LÜHRIG: Molkereiztg. Hildesheim 1914, 28, 741; 1915, 29, 37; Z. 1915, 29, 377; 30, 287.
[5] E. ACKERMANN u. CH. VALENCIEN: Milchw. Zentralbl. 1914, 43, 345; Z. 1915, 30, 287.
[6] R. PFISTER: Molkereiztg. Berlin 1909, 19, 157.
[7] G. D. LIEBER: Molkereiztg. Hildesheim 1915, 44, 311; Z. 1917, 33, 520.
[8] TH. HENKEL: Molkereiztg. Berlin 1909, 19, 169.
[9] K. TEICHERT: Allgäuer Monatsschr. Milchwirtsch. u. Viehzucht 1913, 1, 29; Z. 1913, 26, 463.
[10] A. GRONOVER u. F. TÜRK: Z. 1925, 49, 187.
[11] HENKEL: Molkereiztg. Berlin 1908, 18, 613.
[12] C. K. KIPPENBERGER: Bericht. Bonn 1909; Z. 1911, 21, 220.
[13] M. SIEGFELD: Chem.-Ztg. 1910, 34, 619.
[14] A. BECKEL: Milchw. Zentralbl. 1912, 41, 353; Z. 1931, 62, 170.
[15] A. SCHNECK u. H. PABEL: Milchw. Forsch. 1928, 5, 209.

Milchserum ungünstig, da meist der Milchzuckergehalt sinkt und dadurch eine Herabdrückung des Spez. Gewichtes und der Refraktion des Serums erfolgt (WITTMANN[1], SCHNORF[2], RIPPER[3] u. a.); siehe S. 81.

Das neuerdings von A. BECKEL[4] empfohlene Kupferserum kann das ACKERMANNsche Serum nicht ersetzen, da bei erhitzter Milch das Albumin ausgefällt ist und deshalb bei nicht erhitzter Milch, weil ein Teil noch gelöst bleibt, wesentliche Differenzen in der Refraktion bei diesem Serum entstehen können; siehe A. GRONOVER und F. TÜRK[5].

β) Spontan- und Essigsäureserum: Zur Herstellung des Spontanserums läßt man die Milch freiwillig in einem bedeckten Gefäß gerinnen und filtriert klar von dem Quarg ab. Falls keine völlige Klärung erzielt wird, so kann man das abgegossene Serum mit etwas Kieselgur anschütteln und erhält alsdann ein klares Filtrat. Das Essigsäureserum wird in der Weise hergestellt, daß man die Gerinnung durch Zusatz von Essigsäure zur Milch vornimmt. Man erwärmt die Milch auf 40° und fügt einige Tropfen Essigsäure (20%) bis zur Gerinnung hinzu. Alsdann kühlt man das Koagulum ab und filtriert den Quarg ab.

Es sind noch andere Herstellungsmethoden von G. FENDLER, C. BORKEL und W. REIDEMEISTER[6], sowie N. SCHOORL und FR. CON[7] angegeben worden. Nach W. STÜBER erhält man ein klares Serum nach folgendem Verfahren: 100 ccm Milch werden in einer Medizinflasche mit 0,4 ccm Eisessig durchgeschüttelt, worauf man die Flasche in ein Wasserbad von 50—60° hängt. Nach etwa 1—2 Stunden hat sich das Serum abgeschieden. Man kühlt die Flasche unter Vermeidung allzu heftiger Bewegung in Eis ab und filtriert. Das Serum ist klar, wenn man es vermieden hat, den zusammenhängenden Caseinkuchen durch Schüttelbewegung zu zerteilen.

Die Ansichten über die beiden Herstellungsarten und ihre Auswertung sind verschieden; HERRAMHOF[8] empfiehlt z. B. das Spontanserum. Das Spez. Gewicht dieser Seren bei 15° liegt bei 1,027—1,030. Der Wert der Seren wird durch ihre wechselnde Zusammensetzung, z. B. Lösung von Albumin usw. beeinträchtigt, ebenso wie auch beim Spontanserum der Milchzuckerabbau eine Rolle spielt. Nach A. BURR, F. M. BERBERICH und FR. LAUTERWALD[9] ist das Spez. Gewicht des Essigsäureserums um 0,008 höher als das des Spontanserums.

Um die Fehlerquellen des Spontan- bzw. Essigsäureserums auszuscheiden, hat O. BIALON[10] die Berechnung des Spez. Gewichtes des Milchserums vorgeschlagen. Er geht von dem Spez. Gewicht des fettfreien Milchplasmas aus. $\sigma = \dfrac{100 \cdot s - f}{100 - \dfrac{f}{0,933}}$ (f = der prozentuale

Fettgehalt, s = das Spez. Gewicht der Milch) und berechnet durch Multiplikation mittels des empirisch ermittelten Faktors 0,9938 das Spez. Gewicht des Serums zu 0,9938 · σ. REICH[11] legt folgende Formel der Berechnung zugrunde: $s = (t - f) \cdot 0,00289 + 1,00185$. [t = Trockensubstanz (%) und f = Fett (%)].

γ) Tetraserum nach B. PFYL und R. TURNAU[12]: Mit Hilfe von Tetrachlorkohlenstoff und Essigsäure werden zwei verschiedene Seren hergestellt, die als Tetraserum I und II bezeichnet werden.

---

[1] J. WITTMANN: Österr. Molkereiztg. 1905, **12**, 75; Z. 1906, **11**, 611.

[2] C. SCHNORF: Neue physikalische Untersuchung der Milch. Zürich: Orell Füssli 1905; Molkereiztg. Berlin 1905, **15**, 253; Z. 1906, **11**, 457.

[3] M. RIPPER: Milchztg. 1903, **32**, 610; Molkereiztg. Berlin 1903, **13**, 471; Z. 1904, **7**, 406: siehe hierzu F. ERTEL: Milchztg. 1904, **33**, 81.

[4] A. BECKEL: Z. 1931, **62**, 170.

[5] A. GRONOVER u. F. TÜRK: Z. 1932, **63**, 403.

[6] G. FENDLER, C. BORKEL u. W. REIDEMEISTER: Z. 1910, **20**, 156.

[7] N. SCHOORL u. FR. CON: Z. 1907, **14**, 637.

[8] HERRAMHOF: Molkereiztg. Hildesheim 1914, **28**, 115; Z. 1915, **29**, 377.

[9] A. BURR, F. M. BERBERICH u. FR. LAUTERWALD: Milchw. Zentralbl. 1908, **4**, 145: Z. 1908, **16**, 529.

[10] O. BIALON: Milchw. Zentralbl. 1905, **1**, 363; Z. 1906, **11**, 614.

[11] E. REICH: Deutsch. Milchw. Ztg. 1906, 628.

[12] B. PFYL u. R. TURNAU: Arb. Kaiserl. Gesundh.-Amt 1912, **40**, 245.

Tetraserum I, albumin- und globulinhaltig, wird, wie folgt, hergestellt: 50 ccm Milch werden mit etwa 5 ccm reinem Tetrachlorkohlenstoff in einer Stöpselflasche 5—10 Minuten lang durchgeschüttelt, mit 1 ccm Essigsäure (20%) versetzt und noch einige Minuten geschüttelt. Vom Koagulum wird das Serum durch Zentrifugieren oder durch Filtration getrennt.

Soll Colostrummilchserum hergestellt werden oder handelt es sich um Milch kranker Tiere, so kann, wenn erforderlich, die doppelte Menge an Essigsäure genommen werden. Bei der Bestimmung der Refraktion müssen bei vermehrtem Essigsäurezusatz 0,2 Refraktometergrade abgezogen werden.

Tetraserum II, albumin- und globulinfreies Serum: Die Milch wird 20 Minuten lang im kochenden Wasserbade am Rückflußkühler erwärmt. Nach dem Erkalten wird der Kolben hin und her geneigt, damit das Kondenswasser im Kühlrohr durch das Serum abgespült wird und in den Kolben gelangt. 50 ccm des Serums werden alsdann wie bei Tetraserum I weiter behandelt.

Nach PFYL und TURNAU zeichnen sich beide Seren durch Klarheit, Fettfreiheit und chemische Zusammensetzung vor anderen Seren aus. Die Filtration hat keinen Einfluß auf das Ergebnis, während die zugesetzte Essigsäure den Refraktometerwert um $0,2^0$ erhöht, der Tetrachlorkohlenstoff dagegen keinen Einfluß auf die Refraktion und das Spez. Gewicht ausübt.

Trotzdem das Tetraserum gewisse Vorzüge besitzt und zur Bestimmung sowohl des Spez. Gewichtes als auch der Refraktion dienen kann, wird es in der Praxis anscheinend wenig angewendet.

Beziehungen zwischen Spez. Gewicht und Refraktion der verschiedenen Seren: B. PFYL und R. TURNAU machen darüber folgende Angaben:

Bei 100 Milchproben stellten sich folgende Beziehungen zwischen den Refraktometergraden bei $17,5^0$ heraus:

Tetraserum		Chlorcalcium-serum	Spontan-serum	Differenz der Refraktion zwischen		
I	II			Tetraserum I und II	Tetraserum II und Chlor-calciumserum	Tetraserum I und Spontan-serum
39,4—45,3^0	37,3—42,5^0	37,1—41,0^0	41,0—43,8^0	1,5—3,1^0	1—1,6^0	1,5—1,6^0

Die Refraktion von Tetraserum II und Chlorcalciumserum sollte die gleiche sein; da die Refraktion des letzteren aber 1,0—1,6^0 niedriger ist, so ist zu schließen, daß das Chlorcalciumserum entgegen anderweitigen Angaben eine Entfernung von Lösungsbestandteilen, Calciumsalzen, zur Folge haben muß. Auch die Refraktion des Spontanserums, welches ebenfalls noch Globulin und Albumin enthält, müßte mit der von Tetraserum I gleich sein. PFYL und TURNAU führen diese Unterschiede zum Teil auf die Essigsäure und den Tetrachlorkohlenstoff ($0,4^0$), zum Teil auf die Zersetzung des Milchzuckers usw. bei freiwilligem Gerinnen zurück.

Das Spez. Gewicht des Tetraserums II ist naturgemäß, ebenso wie die Refraktion, niedriger als beim Tetraserum I. Die Beziehungen zwischen Spez. Gewicht und Refraktion stellten sich, wie folgt:

	Tetraserum		Chlorcalcium-serum	Spontanserum
	I	II		
Lactodensimetergrade $\left(\frac{15^0}{4^0}\right)$:	27,1—30,1	26,1—28,6	22,1—26,9	22,2—31,9
Refraktometergrade $(17,5^0)$:	41,8—44,7	39,5—41,7	36,6—40,8	36,8—44,0

Die Unterschiede in der Refraktion der Tetraseren I und II schwanken hier zwischen 1,8—3,1^0, die der Spez. Gewichte dagegen nur zwischen 0,3—1,7^0; die Refraktion ist daher empfindlicher als das Spez. Gewicht.

Wird das Tetraserum I über 75^0 erhitzt, so nimmt die Lichtbrechung des Serums ab.

Man kann natürlich auch die Spontansera, das Essigsäureserum und andersartig gewonnene Seren, sowie durch Tonzellenfiltration gewonnenes Serum refraktometrisch untersuchen.

δ) Aschengehalt des Serums: A. REINSCH[1], H. LÜHRIG[2], R. SAAR[3], A. BURR und F. M. BERBERICH[4], ferner H. SPRINKMEYER und A. DIEDRICHS[5] haben nachgewiesen, daß

---

[1] A. REINSCH: Jahresbericht Altona 1905, 16; Z. 1906, 11, 408.

[2] H. LÜHRIG: Molkereiztg. Hildesheim 1908, 22, 1291; Z. 1910, 20, 478.

[3] R. SAAR: Molkereiztg. Hildesheim 1910, 24, 1455; Z. 1911, 22, 744.

[4] A. BURR u. F. M. BERBERICH: Chem.-Ztg. 1908, 32, 317.

[5] H. SPRINKMEYER u. A. DIEDRICHS: Z. 1909, 17, 505.

auch der Aschengehalt des Spontanserums zur Erkennung eines Wasserzusatzes zur Milch dienen kann. Der Aschengehalt des Serums normaler Milch ist geringeren Schwankungen unterworfen als der der Milch; er beträgt 0,70—0,80% mit 0,75% als Mittelwert. Ein Aschengehalt des Serums unter 0,70% macht die Milch der Wässerung verdächtig.

Man läßt etwa 100—200 ccm Milch in einer Flasche bei Zimmertemperatur freiwillig gerinnen, filtriert nach eingetretener Gerinnung, dampft 25 g Serum in einer Platinschale zur Trockne, verascht vorsichtig und bestimmt den Aschengehalt nach dem Auslaugeverfahren (Bd. II, S. 1210) unter Befeuchtung mit Ammoniumcarbonatlösung.

W. M. DOBERTY[1] hält auch die Bestimmung der Phosphorsäure, deren Gehalt in normaler Milch nur zwischen 0,213—0,223 g in 100 ccm schwanken soll, für ein geeignetes Mittel zum Nachweise einer Wässerung der Milch. Bei Sekretionsstörungen soll sich nach W. MÜLLER[2] der Gehalt an Phosphorsäure erniedrigen.

c) Gefrierpunkt[3]. Über die Bestimmung des Gefrierpunktes siehe S. 118.

Die Auswertung des Gefrierpunktes für den Nachweis einer Wässerung der Milch hat immer mehr an Bedeutung gewonnen und heute wohl von allen Seiten Anerkennung gefunden.

Blut und Milch sind isotone Flüssigkeiten, die an und für sich vollkommen verschieden zusammengesetzt sind. Der Gehalt an Phosphaten ist in der Milch wesentlich höher als im Blut und ferner enthält die Milch Milchzucker, der im Blut völlig fehlt. und dennoch sind beide Flüssigkeiten isoton. In der Milch findet man Milchzucker und Salze in einem solchen Verhältnis, daß die Einzelfunktionen der Gefrierpunktsdepression von Milchzucker und Salzen so aufeinander abgestimmt sind, daß sich eine fast konstante Gesamterniedrigung ergibt.

Nachstehende Tabelle gibt die Gefrierpunktserniedrigung von Milch, Milchzucker und Salzen in verschiedenen Milchen an (A. GRONOVER und F. TÜRK[4]).

Tabelle 22. Gefrierpunkte $\Delta \cdot 10^2$.

Milch Nr.	Milch	Milchzucker	Salze und andere molekular- und ionengelöste Stoffe
1	53,3	26,91	26,38
2	54,4	21,90	23,56
3	53,5	29,24	24,26
4	54,5	22,61	31,89
5 (Tuberkulöse Kuh)	56,5	12,98	43,53

Die Gefrierpunktserniedrigung der Milch liegt meist bei —0,53 bis —0,56° oder $\Delta \cdot 10^2$ ist 53—56° bei einer Konstanten von 19. Selten machen sich größere Schwankungen[5] bemerkbar. Bei Sammelmilch liegen die Werte $\Delta \cdot 10^2$ meistens bei 54—55° bei einer Konstanten von 19.

Es ist klar, daß die Gefrierpunktserniedrigung geringeren Schwankungen unterliegt, als die der Refraktion des Milchserums, da beim Mangel an Milchzucker ein Mehr an Salzen deren Fehlbetrag behebt. Dieses kommt bei der Refraktion nicht so stark zum Ausdruck, da die Salze gegenüber dem Milchzucker die Refraktion nicht so wesentlich beeinflussen.

Über den Wert der Gefrierpunktserniedrigung bei der Beurteilung gewässerter Milch sind außer anderen Arbeiten erschienen von: O. ALLEMANN[6], A. BEHRE[7], FR. BOLM[8], F. BORDAS und GENIN[9], J. FIEHE[10], J. GERUM[11], A. GRONOVER und

---

[1] W. M. DOBERTY: Analyst 1908, **33**, 273; Z. 1909, **17**, 681.

[2] W. MÜLLER: Mitt. Lebensmittelunters. Hygiene 1922, **13**, 52; Z. 1923, **46**, 381.

[3] J. GANGL u. K. JESCHKI (Z. 1934, **68**, 540) bezeichnen den hundertfachen vorzeichenlosen Zahlenwert des Gefrierpunktes als „Gefrierzahl", ein Ausdruck, der für die Praxis sehr zweckmäßig erscheint.

[4] A. GRONOVER u. F. TÜRK: Z. 1932, **63**, 403.

[5] A. PAWLETTA u. D. v. WENTZKY u. PETERSHEYDE: (Z. 1934, **68**, 359) fanden bei der Milch einer anscheinend gesunden Kuh in den 4 Eutervierteln $\Delta \cdot 10^2$ von 47,1—47,5.

[6] O. ALLEMANN: Landw. Jahrb. Schweiz 1905, 499.

[7] A. BEHRE: Molkereiztg. Hildesheim 1930, **44**, 3.

[8] FR. BOLM: Z. 1924, **48**, 243.

[9] F. BORDAS u. GENIN: Compt. rend. Paris 1896, **123**, 425; 1897, **124**, 568.

[10] J. FIEHE: Z. 1928, **55**, 251.

[11] J. GERUM: Z. 1928, **55**, 274.

F. Türk[1], A. Heiduschka[2], Jeschki[3], C. E. Klamer[4], J. Krenn[5], F. H. van der Laan[6], Monier-Williams[7], J. Pritzker[8], A. Schmid[9], Schnorf[10], Stöcklin[11], P. Weinstein[12], Winter[13], A. Lam[14] und M. C. Dekhuyzen[15]. R. Bauer[16] hat nachgewiesen, daß nicht allein innerhalb der Stallprobenfrist, sondern auch während des ganzen Lactationsstadiums die Schwankungen der Gefrierpunkte gering sind, wie aus seinen angeführten Analysen ersehen werden kann.

Der Säuregrad der Milch muß bei der Bestimmung des Gefrierpunktes mitberücksichtigt werden, weil eine zunehmende Säuerung auch eine stärkere Erniedrigung des Gefrierpunktes der Milch bewirkt, da aus einem Molekül Milchzucker vier Moleküle Milchsäure entstehen.

J. Pritzker[17] schlägt für jeden Säuregrad über 7° SH. einen Abzug von 0,008° vom gefundenen Wert der Gefrierpunktserniedrigung und für jeden fehlenden Säuregrad unter 7° eine Addition von 0,008° vor. J. Drost[18] gibt als Korrektur 0,006—0,007° für jeden fehlenden Säuregrad an.

Da erhöhte Säuregrade alle analytischen Ergebnisse ungünstig beeinflussen, so ist es besser, stärker saure Milch nicht zu untersuchen, bzw. bezüglich einer stattgefundenen Wässerung vorsichtig zu beurteilen. In solchen Fällen kann nur stärkere Wässerung mit Sicherheit erkannt werden.

Liegt der Säuregrad nicht wesentlich über 10°, so spielt die Korrektur von 0,008 oder 0,006 keine wesentliche Rolle.

Zu bemerken ist noch, daß die Milch kranker Kühe vielfach völlig normale Gefrierpunktserniedrigungen zeigt, trotzdem sie eine ganz anormale Zusammensetzung besitzt (Monvoisin[19], F. H. van der Laan[20], A. C. Plister[21], A. Gronover und F. Türk[22]).

P. Post[23] hat für die Beurteilung der Wässerung einer Milch die sog. Kryolac-Zahl eingeführt. Es werden der Gehalt an Milchzucker, Chlor und die Säuregrade nach Soxhlet bestimmt. Aus Tabellen kann man die Depression von Milchzucker, Chlor (Kaliumchlorid) und die des Säuregrades (Milchsäure) entnehmen. Diese Werte werden addiert und ergeben die sog. Kryolac-Zahl. Bei erhöhtem Säuregehalt ist ein entsprechender Abzug zu machen. Eine Kryolac-Zahl von 425 entspricht einer Gefrierpunktserniedrigung der Milch von $\Delta \cdot 10^2 = 54,0$.

[1] A. Gronover u. F. Türk: Z. 1923, **45**, 18; 1925, **49**, 187; 1925, **50**, 111; 1927, **53**, 520.
[2] A. Heiduschka: Milchw. Forsch. 1930, **10**, 165.
[3] K. Jeschki: Milchw. Forsch. 1931, **12**, 305.
[4] C. E. Klamer: Z. 1928, **55**, 45.
[5] J. Krenn: Milchw. Forsch. 1929, **7**, 436.
[6] F. H. van der Laan: Biochem. Zeitschr. 1915, **71**, 289.
[7] G. W. Monier-Williams: Ann. Falsif. 1915, **8**, 296.
[8] J. Pritzker: Z. 1917, **34**, 69.
[9] A. Schmid: Sanitärisch-demographisches Wochenbulletin der Schweiz 1905, 710.
[10] C. Schnorf: Neue physik. chem. Untersuchungen der Milch. Diss. Zürich 1905. — Vgl. auch Molkereiztg. Berlin 1905, **15**, 253; Z. 1906, **11**, 457.
[11] L. Stöcklin: Ann. Falsif. 1911, **4**, 232.
[12] P. Weinstein: Z. 1928, **55**, 591.
[13] J. Winter: Compt. rend. Paris 1895, **120**, 1696; 1896, **121**, 123, 1298; J. Winter u. E. Pamentier: Rev. gén. lait 1904, **3**, 193, 217, 241, 268.
[14] A. Lam: Chem. Weekbl. 1914, **11**, 84; Z. 1919, **37**, 133.
[15] M. C. Dekhuyzen: Chem. Weekbl. 1914, **11**, 91; Z. 1919, **37**, 133.
[16] R. Bauer: Z. 1933, **65**, 42.
[17] J. Pritzker: Z. 1917, **34**, 68.
[18] J. Drost: Milchw. Forsch. 1923, **1**, 21.
[19] A. Monvoisin: Compt. rend. Paris 1905, **149**, 644.
[20] F. H. van der Laan: Journ. Physiol. et Pathol. 1910, **12**, 54; Biochem. Zeitschr. 1915, **71**, 289.
[21] A. C. Plister: Chem. Weekbl. 1915, **12**, 354.
[22] A. Gronover u. F. Türk: Z. 1925, **49**, 187.
[23] P. Post: Z. 1926, **52**, 371.

A. BECKEL[1] errechnet die Gefrierpunktserniedrigung aus der Refraktion des aus der Milch hergestellten Kupferserums und dem Gehalt an Chlor. Das Serum wird, wie folgt, hergestellt:

30 ccm Milch werden mit 1,5 ccm Kupferlösung (17,5 g Kupfersulfat in 100 ccm Wasser) in einer Röhre von etwa 2 ccm Lumen 2—3mal umgestürzt; nach einigen Minuten kann man alsdann die Mischung klar filtrieren und die Brechung bestimmen.

A. BECKEL hat zur Berechnung des Gefrierpunktes bei ungewässerter Milch folgende Formel aufgestellt: $\Delta \cdot 10^2 = 54,5 + 1,5$ (B-Cl-Z — 40); (54,5 = Mittelwert des Gefrierpunktes normaler Milch, 1,5 = Gefrierpunktserniedrigung für 1° Brechung (es kann ein Wachsen oder Fallen des Gefrierpunktes eintreten), 40 = Mittelwert der Brechungs-Chlor-Zahl (B-Cl-Z); diese errechnet sich aus $B + 0,06 \cdot (Cl — 100)$, wobei B = Refraktion des Kupferserums bei 20°, Cl = % Chlor, 0,06 = B für 1 mg Chlor sind.

Hierzu haben A. GRONOVER und F. TÜRK[2] Stellung genommen und nachgewiesen, daß zwischen dem errechneten und tatsächlich gefundenen Gefrierpunkt häufiger nicht unerhebliche Differenzen bestehen.

d) Elektrolytische Leitfähigkeit. Auch diese kann unter Umständen zum Nachweis einer Milchwässerung mit herangezogen werden; über ihre Bestimmung siehe S. 118.

Die spezifische Leitfähigkeit normaler Milch liegt bei 44 bis $54 \cdot 10^{-4}$. Viel besser gibt aber die Leitfähigkeit über die Milch euterkranker Kühe (R. STROHECKER[3]) Aufschluß. Von R. STROHECKER und J. BELOVESCHDOFF[4] wurde der Begriff Leitfähigkeitszahl eingeführt. Die Formel hierzu ist $\frac{L}{M} \cdot 10^4$, wobei L = spezifische Leitfähigkeit und M = Milchzuckergehalt bedeuten. Diese Zahl liegt bei normaler Milch bei 9,1—10,4 und bei anormaler Milch über 10,5.

Bei Verdacht auf Wässerung entscheidet die Leitfähigkeits-Summenzahl ($M + L \times 10^3$), ob Anormalität der Milch oder Wässerung vorliegt.

e) Nachweis und Bestimmung von Nitraten. Nitrate kommen in normaler Milch nicht vor. Nach S. ROTHENFUSSER[5] u. a. konnten selbst nach fünftägigem Füttern mit Futterrüben und Kalisalpeter keine Nitrate in der Milch nachgewiesen werden. Wird dagegen eine größere Menge, 5—10 g, Kalisalpeter am Tage verfüttert, so konnte vorübergehend eine schwache Diphenylaminreaktion bei der Milch beobachtet werden (L. MARCAS und C. HUYGE[6]). Vgl. dazu ferner ORLA-JENSEN[7], M. HENSEVAL und G. MULLIE[8], sowie W. HARTMANN[9].

Wird der Milch ein nitrathaltiges Brunnenwasser zugesetzt, so gelangen Nitrate in die Milch; es kann daher der Nachweis von Nitraten in einer Milch zum Nachweise einer Wässerung der Milch mit herangezogen werden, namentlich dann, wenn auch das in Frage kommende Brunnenwasser untersucht werden kann und eine quantitative Bestimmung der Nitrate in der Milch und in dem Brunnenwasser erfolgt (J. TILLMANS[10] und A. BEHRE[11]).

In der Milch von Kühen, die mit einem nitrathaltigen Wasser getränkt worden waren, konnten dagegen Nitrate nicht nachgewiesen werden (S. ROTHENFUSSER[12], A. AMBÜHL und H. WEISS[13], J. TILLMANS[14], R. STROHECKER[15]).

[1] A. BECKEL: Z. 1931, **62**, 170.
[2] A. GRONOVER u. F. TÜRK: Z. 1932, **63**, 403.
[3] R. STROHECKER: Z. 1925, **49**, 342.
[4] R. STROHECKER u. J. BELOVESCHDOFF: Milchw. Forsch. 1928, **5**, 249.
[5] S. ROTHENFUSSER: Z. 1909, **18**, 351.
[6] L. MARCAS u. C. HUYGE: Rev. gén. Lait 1906, **5**, 385; Z. 1907, **13**, 702.
[7] ORLA-JENSEN: Rev. gén. Lait 1905, **4**, 275; Z. 1906, **11**, 452.
[8] M. HENSEVAL u. G. MULLIE: Rev. gén. Lait 1905, **4**, 512; Z. 1906, **11**, 615.
[9] W. HARTMANN: Z. 1923, **45**, 153.
[10] J. TILLMANS: Z. 1910, **20**, 676; 1911, **22**, 401; 1924, 48, 53.
[11] A. BEHRE: Z. 1924, 48, 153.
[12] S. ROTHENFUSSER: Z. 1909, **18**, 361.
[13] A. AMBÜHL u. H. WEISS: Mitt. Lebensmittelunters. Hygiene 1919, **10**, 53; Z. 1921, **42**, 321.
[14] J. TILLMANS: Z. 1916, **31**, 345.
[15] R. STROHECKER: Z. 1918, **35**, 153.

Nach K. Amberger[1] und J. Tillmans[2] kann ein Nitratgehalt der Milch auch von Seihetüchern herrühren, die mit nitratreichem Wasser gewaschen und getrocknet wurden. Endlich soll auch gelegentlich Kaliumnitrat zur Entfernung von Rübengeschmack sowie im Sommer zur Süßerhaltung der Milch hinzugesetzt werden (F. Reiss[3], D. E. Wood[4]); hierzu sind aber größere Mengen Kalisalpeter — 20 g auf 100 l) erforderlich, die wohl als solche Zusätze erkannt werden würden.

Immerhin zeigen alle diese Beobachtungen, daß bei dem Nachweis von Nitraten in Milch in der Beurteilung eines Wasserzusatzes eine gewisse Vorsicht geboten erscheint und niemals allein auf Grund der Nitratreaktion eine Wässerung als erwiesen angesehen werden sollte.

Zu beachten ist ferner, daß in älterer Milch durch Reduktionsvorgänge der Gehalt an Nitraten abnimmt, es empfiehlt sich daher, die Reaktion auf Nitrate möglichst bald nach der Einlieferung der Milch vorzunehmen.

Für den Nachweis und die Bestimmung von Nitraten in der Milch können folgende Verfahren dienen:

α) Nach W. Möslinger[5]: 100 ccm Milch werden unter Zusatz von 1,5 ccm Calciumchloridlösung (20%) aufgekocht und filtriert. Von einer Diphenylamin-lösung (20 mg Diphenylamin in 20 ccm verd. Schwefelsäure (1 + 3) gelöst und zu 100 ccm mit reiner konz. Schwefelsäure aufgefüllt) bringt man 2 ccm in ein kleines weißes Porzellanschälchen und läßt von dem hergestellten klaren Milch-serum 0,5 ccm tropfenweise in die Mitte der Diphenylaminlösung tropfen. Ohne zu mischen läßt man das Schälchen 2—3 Minuten ruhig stehen. Nach dieser Zeit schwenkt man vorsichtig um und läßt die Mischung einige Zeit stehen. Bei Anwesenheit von Salpetersäure treten blaue Streifen auf, die bei größerer Menge Salpetersäure stark dunkelblau werden; schließlich wird die ganze Flüssigkeit dunkelblau. Es lassen sich so noch 2 mg Salpetersäure im Liter Milch deutlich nachweisen.

Sehr vorteilhaft kann man auch das Ackermannsche Serum (S. 167) ver-wenden. In einem reinen Reagensglas wird eine Diphenylaminlösung mit etwa 3 ccm des Serums überschichtet. Ist Salpetersäure vorhanden, so tritt nach kurzer Zeit ein blauer Ring ein, der sich dunkelblau färbt. Schüttelt man um, so wird, wenn nicht zu geringe Spuren Salpetersäure sich in der Milch befinden, die ganze Lösung stark blau.

β) J. Tillmans und A. Splittgerber[6] verfahren, wie folgt:

αα) Bereitung des Reagens: 0,085 g Diphenylamin werden in einem 500 ccm-Kolben mit 190 ccm verd. Schwefelsäure (1 + 3) übergossen und nunmehr wird konz. Schwefelsäure (Spez. Gewicht 1,84) langsam zugegeben, bis der Bauch des Kolbens beinahe aufgefüllt ist, und umgeschüttelt. Durch die entstehende Erwärmung schmilzt das Diphenylamin und löst sich. Nach dem Erkalten füllt man bis zur Marke mit konz. Schwefelsäure auf und schüttelt um. Das Reagens wird in einer Glasstöpselflasche aufbewahrt.

ββ) Bereitung des Serums und Ausführung der Reaktion: 25 ccm Milch werden in einem 50 ccm-Schüttelzylinder mit Glasstopfen mit 25 ccm einer Mischung aus gleichen Teilen Quecksilberchloridlösung (50%) und Salz-säure (2% = 8 ccm Salzsäure vom Spez. Gewicht 1,125 und 92 ccm Wasser) versetzt und kurz umgeschüttelt. Darauf wird durch ein Faltenfilter filtriert und das wasserklare Serum sofort der Reaktion mit Diphenylamin-Schwefel-säure unterworfen, indem man 1 ccm des Filtrates mit 4 ccm des obigen Reagens

[1] K. Amberger: Z. 1915, 30, 16.
[2] J. Tillmans: Z. 1916, 31, 345.
[3] F. Reiss: Z. 1911, 22, 731.
[4] D. E. Wood: Analyst 1932, 57, 375; Z. 1935, 69, 507.
[5] W. Möslinger: Ber. über die 7. Vers. bayer. Chemiker in Speyer 1889, S. 82.
[6] J. Tillmans u. A. Splittgerber: Z. 1911, 22, 401; 1916, 31, 341.

in Röhrchen versetzt, umschüttelt und nach 1 Stunde die entstandene Färbung beobachtet.

γγ) Herstellung von Vergleichslösungen zur quantitativen Bestimmung: Zur Herstellung einer Lösung, die im Liter 100 mg N_2O_5 enthält, löst man 0,1871 g Kaliumnitrat in 1 Liter Wasser. Von dieser Lösung gibt man in 100 ccm-Meßkölbchen je 0,45, 0,85, 1,2, 1,5 und 2 ccm, setzt 2 ccm kaltgesättigte Natriumchloridlösung — weil die Reaktion nur bei Anwesenheit von Chloriden gut eintritt — und ferner noch 10 ccm Eisessig hinzu, alsdann füllt man auf 100 ccm auf. Die so hergestellten Vergleichslösungen, die sich unbegrenzt halten, entsprechen einem Gehalte von 1,0, 2,0, 3,0, 4,0 und 5,0 mg N_2O_5 im Liter Milch.

Man gibt je 1 ccm der Vergleichslösungen und die zu prüfenden Seren in Reagensröhrchen, läßt je 4 ccm Diphenylamin-Schwefelsäure an der Wand der Reagensgläser herunterfließen, mischt und kühlt ab. Die Röhrchen bleiben unter öfterem Durchschütteln 1 Stunde stehen. Die bei den zu untersuchenden Serumproben entstandenen Färbungen werden dann mit denen der Vergleichslösungen verglichen.

Bei höheren Gehalten an Salpetersäure muß man verdünnen, da sonst die Färbungen so stark werden, daß die Farbtöne nicht mehr zu unterscheiden sind. Das geschieht in diesem Falle am besten so, daß man anstatt der 25 ccm nur 12,5 oder 10 ccm usw. Milch anwendet und die an den 25 ccm fehlende Menge mit Wasser ergänzt. Man kann aber auch so vorgehen, daß man das Serum wie gewöhnlich bereitet und es einfach mit Wasser soweit wie notwendig verdünnt. Bei dieser Art des Arbeitens sind auch bei einer fünffachen Verdünnung noch die zur Einleitung der Reaktion notwendigen Mengen Natriumchlorid vorhanden.

Kennt man den Nitratgehalt des fraglichen, der Milch zugesetzten Wassers, so kann man den Wasserzusatz zur Milch berechnen: $x = \dfrac{100 \cdot a}{b}$. a ist der in der Milch gefundene Salpetersäuregehalt, b derselbe im Wasser.

Die benutzten Reagenzien und das destillierte Wasser dürfen natürlich keine Spur Salpetersäure enthalten.

Die Diphenylaminreaktion tritt auch positiv ein, wenn Wasserstoffsuperoxyd sich in der Milch befindet; es werden dadurch Nitrate vorgetäuscht. Auch Eisen, das durch Auflösen des Eisenoxyds aus stark verrosteten Kannen in die Milch gelangen kann, gibt zu gleicher Täuschung Veranlassung. In ersterem Fall kann man unter Zusatz von Schwefelsäure und 0,1 N.-Kaliumpermanganatlösung zum Serum das Wasserstoffsuperoxyd zerstören (R. STROHECKER[1]). Eisensalze lassen sich in Milchserum mit Ferrocyankalium nachweisen (F. REISS[2]). — Enthält die Milch als Konservierungsmittel Kaliumdichromat, so muß, damit Salpetersäure nachgewiesen werden kann, die Chromsäure zuerst reduziert werden. Nach A. REINSCH[3] kocht man die Milch mit Alkohol und Schwefelsäure und filtriert das Serum ab, das nun zur Reaktion benutzt werden kann. Man kann auch das Chlorcalciumserum mit Bleiessig versetzen, wodurch die Chromsäure als Bleichromat ausgefällt wird. Das überschüssige Blei wird mit Natriumcarbonatlösung gefällt. In dem Filtrate kann man alsdann die Salpetersäure nachweisen.

γ) Nach E. FRITZMANN[4] kann die Salpetersäure mit Formaldehyd-Schwefelsäure nachgewiesen und auch mit der acidbutyrometrischen Fettbestimmung (S. 129) verbunden werden.

Zu 11 ccm Milch gibt man 10 ccm einer etwas Formalin enthaltenden Schwefelsäure (Spez. Gewicht 1,82). Bei Gegenwart von Nitraten tritt nach dem Umschütteln eine violette bis blauviolette Färbung auf. Geringe Mengen Nitrate entgehen der Reaktion. M. SIEGFELD[5] empfiehlt die Schichtmethode, die Reaktion soll schärfer werden. Es können jedoch Farbtöne hierbei entstehen, die, auch wenn die Milch keine Salpetersäure enthält, Ungeübten

[1] R. STROHECKER: Z. 1917, **34**, 319.
[2] F. REISS: Z. 1921, **41**, 26.
[3] A. REINSCH: Z. 1906, **11**, 408.
[4] E. FRITZMANN: Zeitschr. öffentl. Chem. 1897, **3**, 610.
[5] M. SIEGFELD: Molkereiztg. Hildesheim 1902, **16**, 161.

solche vortäuschen. Die Reaktion wird bedingt durch Abbauprodukte aus den Proteinen bei Gegenwart von Oxydationsmitteln.

Nitrite geben ebenfalls mit Diphenylamin Blaufärbung; die Reaktion tritt jedoch sehr schnell ein, während die Nitratreaktion erst nach 1 Stunde die stärkste Färbung zeigt. Auch verläuft die Reaktion ohne den verstärkenden Zusatz von Natriumchlorid wie bei der Nitratreaktion. Vgl. Bd. II, S. 651 und 662.

f) Berechnung des Wasserzusatzes[1]. Aus dem unter a—e Angeführten ist zu entnehmen, daß bei Milch einzelner oder weniger Kühe auf Grund der Analysenergebnisse nur stärkere Wässerungen erkennbar sind. Liegt jedoch die entsprechende Stallprobenmilch vor, so können auch schwächere Wässerungen nachgewiesen werden.

α) **Aus der Zusammensetzung der Milch:** Sämtliche Bestandteile der Milch können auf Grund der Differenzen zwischen Liefermilch und Stallprobenmilch zum Nachweis und zur Berechnung eines Wasserzusatzes dienen. Namentlich gilt dieses für die **fettfreie Trockenmasse**, die innerhalb der Stallprobenfrist eine natürliche Schwankung, nur etwa bis zu 0,3%, aufweist.

Wenn die Untersuchungsergebnisse einer Handelsmilch und der zugehörigen Stallprobenmilch vorliegen, so kann auf Grund dieser Zahlen die zugesetzte Wassermenge annähernd berechnet werden. Da durch die Wässerung einer Milch deren Lactodensimetergrade und alle Bestandteile proportional sich vermindern, so können alle diese Werte zur Berechnung der zugesetzten Wassermenge verwendet werden.

Bedeuten bei der Stallprobenmilch L_1 die Lactodensimetergrade, t_1 den Trockensubstanzgehalt, f_1 den Fettgehalt und r_1 den Gehalt an fettfreier Trockensubstanz und bei der fraglichen Milch L_2, t_2, f_2 und r_2 die den Werten L_1, t_1, f_1 und r_1 entsprechenden Werte, so kann man die auf 100 Teile reiner Milch zugesetzte Wassermenge (W) nach den folgenden vier Formeln berechnen:

$$W = \frac{100\,(L_1 - L_2)}{L_2}; \quad \text{(I)} \qquad\qquad W = \frac{100\,(t_1 - t_2)}{t_2}; \quad \text{(II)}$$

$$W = \frac{100\,(f_1 - f_2)}{f_2}; \quad \text{(III)} \qquad\qquad W = \frac{100\,(r_1 - r_2)}{r_2}. \quad \text{(IV)}$$

Sind z. B. gefunden worden bei der

	L	t	f	r
Stallprobenmilch	31,8	12,33%	3,47%	8,89%
fraglichen Milch	28,5	11,09%	3,09%	8,00%,

so berechnen sich nach den 4 Gleichungen auf 100 Teile reiner Milch folgende Mengen zugesetzten Wassers (W):

	(I)	(II)	(III)	(IV)
$W =$	11,58	11,18	12,3	11,12%.

Die Formel IV ist von Fr. J. Herz[2] für die Berechnung des Wasserzusatzes als am besten geeignet bezeichnet worden.

Die in 100 Teilen gewässerter Milch enthaltene Menge zugesetzten Wassers (W) berechnet Herz nach der Formel:

$$W = \frac{100\,(r_1 - r_2)}{r_1} \qquad\qquad \text{(V)}$$

und die Menge der aus 100 Tln. reiner Milch durch die Wässerung gewonnenen verfälschten Milch (M) ergibt sich aus der Formel:

$$M = \frac{100\,r_1}{r_2}. \qquad\qquad \text{(VI)}$$

---

[1] Zuweilen werden an Stelle von Wasser der Milch **Molken** zugesetzt. Durch einen solchen Zusatz findet eine Herabsetzung des Fettes und der fettfreien Trockensubstanz statt. Die Refraktion und der Gefrierpunkt können, namentlich erstere, normale Werte zeigen, ist aber die Molke stark sauer, so tritt eine Erniedrigung des Gefrierpunktes ein.
[2] Fr. J. Herz: Chem.-Ztg. 1893, **17**, 836.

H. Droop-Richmond[1] hat vorgeschlagen, statt der fettfreien Trockensubstanz die Summe der Lactodensimetergrade und der Fettgehalte für die Berechnung des Wassergehaltes zugrunde zu legen, die mit im Mittel 36,0 konstanter sei als die beiden Einzelwerte.

Fr. J. Herz hat ferner zur Beurteilung der Milch die sog. Milchzahl vorgeschlagen, die man durch Addition der Lactodensimetergrade und des 10fachen Fettgehaltes erhält.

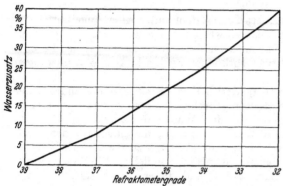

Bei der normalen unverfälschten Milch von Niederungsrassen beträgt die Milchzahl 58—60 und bei der von Höhenrassen nicht unter 62.

β) Aus der Refraktion des Serums: Bei Handelsmilch und innerhalb der Stallprobenfrist entnommener Stallprobenmilch betragen die Schwankungen in der Refraktion des Chlorcalciumserums nach E. Ackermann (S. 167) bis zu 1 Refraktometergrad (C. Mai und S. Rothenfusser[2]), K. Alpers[3]).

Abb. 36. Beziehungen zwischen Refraktion und Wasserzusatz.

In der Regel entspricht einer Differenz von 1,3 Refraktometergraden eine Wässerung von 5% und einer Differenz von 2,3⁰ eine solche von 10%.

Nach J. Pritzker[4] kann man den Wasserzusatz auf 100 Tl. reiner Milch aus der folgenden graphischen Tafel (Abb. 36) entnehmen.

γ) Aus dem Gefrierpunkt: Bei Handelsmilch und innerhalb der Stallprobenfrist entnommener Stallprobenmilch betragen die Schwankungen in den Gefrierpunkten höchstens $\Delta \cdot 10^2 = 3^0$.

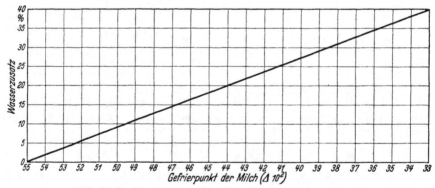

Abb. 37. Beziehungen zwischen Gefrierpunkt und Wasserzusatz.

Da das Steigen des Gefrierpunktes dem Wasserzusatz nahezu proportional ist, kann man nach Winter[5] den Wasserzusatz (x) nach der Formel $x = V \dfrac{\Delta - \Delta_1}{\Delta}$ berechnen, wobei

x = Volumen des zugesetzten Wassers im Volumen V der Handelsmilch,
Δ = Gefrierpunktserniedrigung der Stallprobenmilch,
Δ_1 = Gefrierpunktserniedrigung der Handelsmilch ist.

[1] H. Droop-Richmond: Analyst 1898, **23**, 169; Z. 1899, **2**, 239.
[2] C. Mai u. S. Rothenfusser: Z. 1911, **21**, 23.
[3] K. Alpers: Z. 1912, **23**, 497.
[4] J. Pritzker: Z. 1917, **34**, 69.
[5] J. Winter: Compt. rend. Paris 1895, **120**, 1696; 1896, **121**, 123, 1298. Siehe
J. Pritzker: Z. 1917, **34**, 69.

Unter der Annahme, daß die mittlere Gefrierpunktserniedrigung einer normalen Milch —0,55° betrage, was wohl bei Sammelmilch der Fall ist, berechnet sich der Wasserzusatz nach folgender Formel: $x = 100 - \dfrac{100 \cdot \varDelta}{0,55}$.

Nach J. PRITZKER[1] kann man den Wasserzusatz aus der vorstehenden graphischen Tafel (Abb. 37) entnehmen.

2. Nachweis der Entrahmung.

Bei einer Entrahmung der Milch oder beim Vermischen von Vollmilch mit Magermilch erfährt der Gehalt an Fett und Trockensubstanz eine Verminderung, das Spez. Gewicht selbst zeigt eine Erhöhung, da das spezifisch leichtere Fett zum Teil weggenommen wurde. Die fettfreie Trockensubstanz, die Refraktion des Milchserums und die Gefrierpunktsdepression erleiden keine nennenswerte Änderung; hierzu siehe L. L. VAN SLYKE[2], C. FORMENTI[3]. Nach B. A. VAN KETEL[4] liegt bei entrahmter Milch das Verhältnis von Fett zu Protein unter 1.

Dagegen wird das Spez. Gewicht der Trockensubstanz, dessen normaler Wert bei 1,4 liegt, erhöht, während der prozentuale Gehalt des Fettes in der Trockensubstanz, der normalerweise über 20% beträgt, sinkt; jedoch kommen auch hier erheblichere Schwankungen vor.

Da der Fettgehalt auch bei gleichen Melkzeiten, namentlich bei ein- und demselben Milchtier, von Tag zu Tag erheblicheren Schwankungen unterliegen kann und bei brünstigen Kühen vielfach geringer ist, was vielleicht dadurch erklärt werden kann, daß das Milchtier seine Milch schwer hergibt und die zuletzt ermolkenen Milchanteile am fettreichsten sind, so ist bei der Beurteilung einer Entrahmung große Vorsicht geboten. Es dürfte sich empfehlen, mehrere Tage hinter einander von dem gleichen Milchtier oder den gleichen Milchtieren Stallprobenmilch zu erheben, damit man einen besseren Einblick in die Zusammensetzung der Milch erhält.

Entrahmungen können auch dadurch vorgetäuscht werden, daß die Milch in Transportkannen vor der Entnahme der Proben nicht gemischt worden ist (S. 165). Schon mehrstündiges Stehen bedingt eine Aufrahmung, namentlich wenn es sich um rohe, nicht pasteurisierte Milch handelt. H. SCHLEGEL[5] hat nachgewiesen, daß beim Umgießen aufgerahmter Milch in verschiedene Kannen eine Milch mit verschiedenen Fettgehalten erhalten wird; die Form des Gefäßes und die Schnelligkeit des Umgießens spielen hierbei eine Rolle. A. REINSCH und FR. BOLM[6] zeigten, daß Milch nach 6stündigem Stehen in $1/2$ l-Flaschen und nach Entfernung der sichtbaren Rahmschicht noch einen Fettgehalt von 2,6% hatte, während er bei der ursprünglichen Milch 3,2% betrug.

Durch das Milchgesetz vom 31. VII. 1930 und seine Ausführungsbestimmungen ist für die Milch verschiedener Gegenden und auch für die verschiedenen Milchsorten ein Mindestfettgehalt festgesetzt worden; dieser liegt zwischen 2,7—3,5%.

Bei gebrochenem Melken sind die ersten Milchanteile fettärmer als die letzten Anteile des Ermolkenen (S. 84). Da man unter Milch das ganze Gemelke einer oder mehrerer Kühe versteht, so ist eine derartig gewonnene Milch als irreführend im Sinne des Lebensmittelgesetzes zu bezeichnen.

---

[1] J. PRITZKER: Z. 1917, **34**, 69. Daselbst auch weitere Literaturangaben.
[2] L. L. VAN SLYKE: Journ. Amer. Chem. Soc. 1908, **30**, 1166; Z. 1909, **17**, 321.
[3] C. FORMENTI: Z. 1910, **19**, 616.
[4] B. A. VAN KETEL: Pharm. Weekbl. 1915, **52**, 21; Z. 1919, **38**, 45.
[5] H. SCHLEGEL: Bericht Nürnberg 1912, 13; Z. 1913, **26**, 460.
[6] A. REINSCH u. FR. BOLM: Bericht Altona 1912, 13; Z. 1913, **26**, 461.

Berechnung des Entrahmungsgrades bzw. Magermilchzusatzes.

a) **Wenn Milch entrahmt ist**, so berechnet FR. J. HERZ[1] die von 100 Tln. reiner Milch durch Entrahmung entzogene Fettmenge (φ) nach der Formel:

$$\varphi = f_1 - f_2 + \frac{f_2(f_1 - f_2)}{100},$$ worin f_1 der prozentuale Fettgehalt der reinen und f_2 der der verfälschten Milch bedeutet.

Es ist aber zu berücksichtigen, daß bei beträchtlichen Schwankungen des Fettgehaltes diese Berechnungen oft unzuverlässig sind, namentlich wenn es sich um die Milch eines oder weniger Milchtiere handelt. Annähernd erhält man die entzogene Fettmenge einfach aus der Differenz der in der Stallprobenmilch und der fraglichen Milch enthaltenen Fettmengen.

b) **Wenn der Milch Magermilch zugesetzt ist**, so gilt für die Errechnung der zugesetzten Magermilchmenge folgende Gleichung: $100\,\dfrac{f_1 - f_2}{f_2}$.

Beispiel: Ist f_1 = Fettgehalt der Stallprobenmilch 3,8%, und f_2 = Fettgehalt der Liefermilch 2,6%, dann ist die Menge der zugesetzten Magermilch $= 100 \cdot \dfrac{3,8 - 2,6}{2,6} = 46,1$, d. h. zu 100 Tln. reiner Milch sind 46,1 Tle. Magermilch zugesetzt worden. Diese Formel besitzt natürlich nur dann ihre Richtigkeit, wenn die Magermilch nur einige Zehntel Prozente Fett enthält, die vernachlässigt werden können.

3. Nachweis gleichzeitiger Entrahmung und Wässerung.

Bei dieser kombinierten Verfälschung kann das Spez. Gewicht der Milch völlig normal sein, dagegen ist der Gehalt an Fett, Trockensubstanz und fettfreier Trockensubstanz erniedrigt. Auch die Refraktion des Chlorcalciumserums ist erniedrigt. Der Gefrierpunkt zeigt die Werte gewässerter Milch, sie liegen also näher an 0^0.

Die Berechnung des Entrahmungsgrades und des Wasserzusatzes ist in diesem Falle schwieriger.

RECKNAGEL[2] hat hierfür folgende beiden Formeln aufgestellt:

$$W = 2,8\,(s_1 - s_2) + 3\,(f_1 - f_2), \qquad \text{(I)} \qquad \varphi = \frac{100\,(f_1 - f_2) - f_1\,W}{100 - W - f_2}. \qquad \text{(II)}$$

Hierin bedeuten:

W = Wasserzusatz, s_1 = Lactodensimetergrade der Stallprobenmilch, s_2 = Lactodensimetergrade der fraglichen Milch, f_1 = Fettgehalt der Stallprobe, f_2 = Fettgehalt der fraglichen Milch, φ = Größe der Entrahmung, ausgedrückt in Prozenten entzogenen Fettes.

| | | Ist z. B. | | | | so ist: |
Fall	s_1	s_2	f_1	f_2	W = zuge-setztes Wasser	φ = ent-zogenes Fett
I	31,8	28,5	· 3,47	3,09	10,4 %	0,02%
II	34,0	32,5	4,04	2,86	7,4 ,,	1,00 ,,
III	31,2	24,6	4,19	3,27	20,9 ,,	0,05 ,,
IV	29,6	31,8	4,2	2,10	0,14 ,,	2,18 ,,

Bei Milch I und III liegt daher ein Wasserzusatz, bei Milch IV eine Entrahmung, bei Milch II eine kombinierte Fälschung, Entrahmung und Wasserzusatz, vor.

Die von FR. J. HERZ für diesen Zweck aufgestellte Formel lautet:

$$\varphi = f_1 - \frac{\left(100 - \dfrac{m f_1 - 100 f_2}{m}\right) \cdot \left(f_1 - \dfrac{m f_1 - 100 f_2}{m}\right)}{100},$$

worin bedeutet: φ = das von 100 Tln. reiner Milch durch Entrahmung entzogene Fett, f_1 = Fettgehalt der Stallprobe, f_2 = Fettgehalt der fraglichen Milch, $m = 100 - W$ = die

[1] FR. J. HERZ: Chem.-Ztg. 1893, 17, 836.
[2] RECKNAGEL: HILGER, Vereinbarungen 1885, 88; Ber. 6. Vers. Bayer. Vertr. angew. Chem. München 1887, 86.

in 100 Tln. gewässerter Milch enthaltene Menge ursprünglicher, ungewässerter Milch. *W* vgl. Formel V, S. 177.

Andere Formeln für diese Zwecke haben LOUISE und CH. RIQUIER[1], ferner V. GENIN[2], F. REISS[3], P. RINCKLEBEN[4] u. a. m. aufgestellt.

Auch aus der Refraktion des Chlorcalciumserums der fraglichen Milch und der Stallprobenmilch kann man den Wässerungsgrad bestimmen. In der Regel entspricht einer Differenz von 1,3 Refraktometergraden eine Wässerung von 5% und einer Differenz von 2,3 eine solche von 10% (S. 178).

4. Nachweis der Erhitzung.

Der Nachweis, ob eine Milch erhitzt worden ist und auch welche Erhitzungsgrade angewendet wurden, ob es sich um gekochte Milch oder eine dauerpasteurisierte Milch, die mindestens $1/_2$ Stunde auf 63—65° erhitzt worden ist, oder um eine hocherhitzte bzw. momenterhitzte Milch, also Milch, die bis auf 85°, neuerdings 71—74° bei 40 Sekunden, erhitzt wurde, handelt, spielt nach dem Milchgesetz, bzw. der ersten Reichsverordnung dazu eine wichtige Rolle.

Es dienen hierzu die nachfolgenden Reaktionen bzw. Verfahren; siehe auch S. 150—164.

a) Peroxydasenreaktion. Diese Reaktion zeigt an, ob eine hoch- bzw. momenterhitzte Milch, d. h. eine auf 83—85° erhitzte M lch vorliegt. Falls die Milch beim Erhitzen diese Temperaturen erreicht hat, tritt keine positive Reaktion mehr ein. Es genügen nach VAN DAM bei 80° $2^1/_2$ Sekunden, um die Peroxydase in der Milch zu zerstören. Die STORCHsche (S. 151) und ROTHENFUSSERsche Reaktion (S. 152) liefern den Nachweis, daß mindestens für 1 Minute auf 78—80° oder 5 Minuten über 75° erhitzt worden ist; nach S. ROTHENFUSSER (S. 152) werden die Enzyme selbst beim Erhitzen auf 75° während einer halben Stunde nicht völlig zerstört. Die Reaktion wird allerdings verzögert. Zur Prüfung ist ein Guajacharz-Reagens vorgeschrieben, das von der Firma H. Hauptner in Berlin bezogen werden kann.

Schwieriger ist es, niedrigpasteurisierte, d. h. $1/_2$ Stunde auf 63° erhitzte Milch zu erkennen. Auf jeden Fall wird die Peroxydasenreaktion verzögert. Nach J. J. VAN ECK[5] ist die Erhitzungsdauer bis zur Zerstörung des Enzyms eine logarithmische Funktion der Zeit, die mit absinkender Temperatur rasch zunimmt.

Steht jedoch die Milch nach der Erhitzung längere Zeit, so treten durch die Entwicklung von Bakterien wieder Enzyme auf, die eine rohe, nicht genügend erhitzte Milch vortäuschen können.

b) Reduktasenprobe. Diese Probe ist für den Nachweis erhitzter Milch nicht verwendbar, obgleich die Reduktionszeit bei hoch und niedrig erhitzter Milch stark verzögert wird.

c) Aldehydkatalasenreaktion. Diese Reaktion soll nach den Versuchen von R. STROHECKER und SCHNERB (S. 157) gestatten, dauererhitzte, d. h. $1/_2$ Stunde bei 63—65° erhitzte Milch durch die Länge der Entfärbungszeit nachzuweisen. Wenn auch längere Aufbewahrung molkereimäßig erhitzter Milch infolge von Bakterienentwicklung einen Einfluß auf die Entfärbungszeit hat, so soll dieser doch erst nach 24 Stunden sich bemerkbar machen.

---

[1] LOUISE u. CHR. RIQUIER: Compt. rend. Paris 1901, **132**, 992; 1903, **136**, 122; Z. 1902, **5**, 173; 1904, **7**, 686.

[2] V. GENIN: Compt. rend. Paris 1901, **133**, 743; Z. 1903, **6**, 230.

[3] F. REISS: Z. 1919, **37**, 173; 1923, **45**, 378.

[4] P. RINCKLEBEN: Milchw. Zentralbl. 1920, **49**, 164; Z. 1922, **44**, 59.

[5] J. J. VAN ECK: Z. 1911, **22**, 393.

d) Amylase - (Diastase-) Reaktion. Nach neueren Untersuchungen von
H. KLUGE[1] ist die Amylasenreaktion, wie auch ORLA-JENSEN und S. ROTHEN-
FUSSER (S. 158) berichten, geeignet, leichtere Erhitzung der Milch, z. B. momen-
tane Erhitzung auf 70° oder Dauererhitzung, $1/_2$ Stunde auf 63—65°, zu erkennen, da schon $1/_2$stündiges Erhitzen der Milch auf 55° eine erhebliche
Schwächung des Enzyms bewirkt. Bei gekochter Milch ist das Amylasen-
enzym zerstört, siehe P. WEINSTEIN[2].

e) Kremometrisches Verfahren. Diese Methode von ORLA-JENSEN[3] ist, wie
auch H. KLUGE[1] bestätigt, besonders gut geeignet, dauerpasteurisierte, kurz-
zeiterhitzte oder momenterhitzte Milch (Stassanisierung oder Biorisierung) zu
erkennen. Die Reaktion beruht darauf, daß in roher Milch das Agglutinin
durch Zusammenballung der Fettkügelchen ein schnelleres Emporsteigen derselben bewirkt. Dieses Agglutinin wird durch Erhitzen geschwächt. Nach
H. KLUGE bringt man in ein ALLIHNsches Rohr, das unten zugeschmolzen ist
und 15 ccm Fassungsvermögen besitzt, 15 ccm Milch, 2 Tropfen 1,0%iger
Wasserstoffsuperoxydlösung und etwas ROTHENFUSSERsches Reagens (S. 152);
nach gutem Mischen wird das Röhrchen mit einem in der Mitte durchbohrten
Korkstopfen verschlossen, wobei etwas Milch in die Bohrung des Stopfens
eintritt, und der letzte Luftrest aus dem Röhrchen verdrängt wird. Nunmehr
verschließt man die Bohrung lose mit einem rund geschmolzenen Glasstäbchen.
In ein zweites Röhrchen bringt man 7,5 ccm Milch und 7,5 ccm Wasser und behandelt es weiter, wie eben beschrieben. Dann stellt man beide Röhrchen
während 2 Stunden in ein Wasserbad von 12—15°. Die Rahmschicht läßt sich
gegen die gefärbte Milch gut markieren und wird nach Leerung des Röhrchens
ausgemessen. Das Verhältnis (A) zwischen der Dicke der Rahmschicht in verdünnter Milch, deren direkte Ablesung verdoppelt werden muß, und in unverdünnter Milch ist größer als 1 bei roher Milch und kleiner als 1 bei niedrig
erhitzter Milch. Es wird ferner das Verhältnis (C) zwischen der Dicke der Rahmschicht der verdünnten Milch, umgerechnet auf 100 ccm, und dem Fettgehalt
der unverdünnten Milch festgestellt. Dieses Verhältnis (C) ist besonders brauchbar, wenn wegen Hocherhitzung der Milch die Aufrahmung ganz gering geworden
ist. Für rohe Milch liegt das Verhältnis (C) zwischen 3,9—10, für dauererhitzte
Milch zwischen 0,1—3,7 und für momenterhitzte, stassanisierte Milch, zwischen
0—0,3. Milch, die $1/_2$ Stunde auf 55° erhitzt wurde, verhält sich wie rohe Milch.
Vor Beginn wird die zu prüfende Milch, um den Einfluß stattgehabter Tiefkühlung aufzuheben, 5 Minuten lang auf 50° erwärmt. Bei saurer Milch und
Milch mit relativ großen Fettkügelchen (Jersey-Milch) versagt diese Methode.

f) Albumingerinnungsverfahren. Das Verfahren wurde zuerst von M. RUBNER[4]
zum Nachweise der Erhitzung der Milch angewendet.

Nach ORLA-JENSEN[5] werden bei Dauerpasteurisierung nur etwa 9% und
bei Momenterhitzung (Stassanisierung) etwa 18% des Lactalbumins ausgefällt.
SELIGMANN[6] hat diese Tatsache zum Nachweis stattgehabter Pasteurisierung
schon im Jahre 1913 benutzt. 5 ccm Milch werden mit 20 ccm Wasser verdünnt
und dann mit 3 ccm 0,1 N.-Essigsäure versetzt. Das klare Filtrat wird alsdann
aufgekocht. Eine Opalescenz zeigt Milch an, die auf 85° erhitzt ist, während
bei aufgekochter Milch das Serum klar bleibt. WEDEMANN[7] benutzt das Tetra-

[1] H. KLUGE: **Z.** 1933, **65**, 71.
[2] P. WEINSTEIN: **Z.** 1934, **68**, 73.
[3] ORLA-JENSEN: Lait 1929, 9, Nr. 86—90; **Z.** 1932, **63**, 300.
[4] M. RUBNER: Hygienische Rundschau 1895, **5**, 1021.
[5] ORLA-JENSEN: **Z.** 1932, **63**, 300.
[6] SELIGMANN: SCHLOSSMANN: Methodik der biologischen Milchuntersuchung. S. 51.
Stuttgart: Ferdinand Enke 1913.
[7] WEDEMANN: Zeitschr. Fleisch- u. Milchhyg. 1924, **34**, 170.

serum von PFYL und TURNAU, S. 170, hierzu. P. WEINSTEIN[1] zentrifugiert die Milch in TROMMSDORFF-Röhrchen und bestimmt die Höhe des Sedimentes.

α) M. F. BENGEN und FR. BOHM[2] benutzen zum Nachweis erhitzter, d. h. dauerpasteurisierter Milch die leicht gerinnbaren Proteine (Albumine). Die Vorschrift zu diesem Verfahren ist nach M. F. BENGEN[2] folgende:

Von der zu untersuchenden Milch wird nach der unten beschriebenen Methode ein Serum hergestellt. Zugleich wird ein anderer Teil dieser gleichen Milch zuvor auf 63 bzw. 65° erhitzt und alsdann ebenfalls das Serum hergestellt. Man setzt zur Herstellung des Serums zu 20 ccm Milch 4 g fein gepulvertes Ammoniumsulfat zu, bringt durch kräftiges Schütteln das Salz schnell in Lösung und filtriert das Serum vom ausgeschiedenen Protein ab. Es muß dafür gesorgt werden, daß das Serum völlig klar ist.

Wichtig ist die genaue Erhitzung (Pasteurisierung) der einen Milchprobe auf 65°. Zu diesem Zweck werden 50 ccm Milch auf der Öffnung eines stark siedenden Wasserbades rasch mit eingesenktem genauem Thermometer auf 65° erwärmt und dann auf geschlossenem Wasserbad 5 Minuten auf dieser Temperatur gehalten, rasch abgekühlt und dann das Ammoniumsulfat, wie oben beschrieben, zugesetzt.

αα) Bestimmung der Trübungsstufe als Vorprobe: Um aus einer größeren Zahl von Proben die der mangelnden Erhitzung verdächtigen herauszufinden, ermittelt man die „Trübungsstufe" als Vorprobe.

Wenn man die beiden Seren, also das Serum der nicht nochmals erhitzten und das der erhitzten Milch, auf 70° erwärmt, so bleibt das Serum der nochmals erhitzten Milch völlig klar. Ist dagegen das Serum der nicht nochmals erhitzten Milch getrübt, so ist die Milch nicht genügend erhitzt worden; sie hat also nicht die Temperatur von 63° beim Erhitzen (Pasteurisieren) gehabt oder es ist ihr nach richtiger Erhitzung auf 63° rohe Milch zugegossen worden.

Um die beiden Seren auf 70° zu erhitzen, verfährt man in der Weise, daß man etwa je 5 ccm Serum in Reagensgläser füllt und diese in einem Wasserbade von 70° ohne Umschwenken 10 Minuten lang hängen läßt. Die Beobachtung der Trübung geschieht, nachdem man die Reagensgläser aus dem Wasserbade genommen hat. Zu beachten ist, daß der Säuregrad der Milch 10 SH.-Grade nicht überschreitet.

Um einen genaueren Überblick zu gewinnen, falls das fragliche Milchserum nach dem Erhitzen eine Trübung zeigte, verfährt man nach BENGEN in der Weise, daß man Serum einer dauerpasteurisierten Milch mit 20, 40, 60 und 80% Serum einer Rohmilch vermischt und die eintretenden Trübungen beobachtet (Trübungsstufen). Will man z. B. die Trübungsstufe 4 der nachfolgenden Übersicht erreichen, so werden 40% Rohmilchserum genommen.

Es werden folgende Trübungsstufen unterschieden:

Trübungsstufe 0: Die Milch ist in allen ihren Teilen wenigstens 5 Minuten auf 63—65° erhitzt worden.

Trübungsstufe 1—2: Es besteht der Verdacht, daß die Milch nicht in allen ihren Teilen auf 63—65° erhitzt worden ist.

Trübungsstufe 3 und mehr: Sie zeigt an, daß die Milch nicht in allen ihren Teilen auf 63—65° erhitzt gewesen ist. Entweder besteht sie aus einem Gemisch von pasteurisierter und von roher Milch, oder sie ist als Ganzes so unvollkommen erhitzt worden, daß nur Teile davon wirklich die Temperatur von 63—65° erreicht haben. In diesem Falle, der in der Praxis am häufigsten vorkommt, gibt die Beobachtung der Trübungsdifferenz die endgültige Entscheidung.

ββ) Bestimmung der Trübungstemperatur und der Trübungsdifferenz: Die Bestimmung der Trübungstemperatur wird in folgender Weise ausgeführt:

[1] P. WEINSTEIN: Z. 1928, 56, 457.
[2] M. F. BENGEN u. FR. BOHM: Molkereiztg. Hildesheim 1933, 47, 1057; Z. 1933, 66, 126.

Zum Vergleich der beim Erhitzen auftretenden Trübung der oben erwähnten Milchseren, der nochmals erhitzten Milch und der Milch direkt, bedarf es einer Vergleichsstandardlösung.

Vergleichsstandardlösung: 0,3 g Kartoffelstärke werden mit Wasser angerührt und mit insgesamt 50 ccm Wasser 10 Minuten im Sieden erhalten. Nach Zusatz von 15 ccm Glycerin wird nochmals 10 Minuten gekocht, dann läßt man rasch abkühlen, fügt 25 ccm Alkohol zu und füllt auf 100 ccm auf. Zum Gebrauch erhitzt man 5 ccm davon 10 Minuten im Wasserbade bei 70°, worauf sie die zum Vergleich zu verwendende Trübung annimmt. Wenn man diese Lösung mit etwas Paraffin überschichtet, so kann sie längere Zeit benutzt werden.

In einem Becherglas von $1^1/_2$ Liter Inhalt wird Wasser genau auf 65° erwärmt. In dieses hängt man drei Reagensgläser (18×155 mm) senkrecht ein. Das linke Röhrchen enthält das Serum der zu untersuchenden Milch, das rechte Röhrchen die selbst pasteurisierte Milch und das mittlere Röhrchen obige Stärkelösung. Es genügen je 5 ccm Flüssigkeit. In das linke und rechte Röhrchen wird ein genaues Thermometer eingesenkt. Alsdann steigert man langsam die Temperatur des Wasserbades, so daß sie von Minute zu Minute um 1° ansteigt. Mittels der Thermometer rührt man den Inhalt der Gläschen um und beobachtet zugleich den Temperaturanstieg. Sobald der Inhalt des linken Röhrchens, also das zu prüfende Serum, die gleiche Trübung wie die Stärkelösung (mittleres Röhrchen) zeigt, liest man die Temperatur ab, diese so gefundene Temperatur ist die Trübungstemperatur. Alsdann vertauscht man das linke und rechte Röhrchen und erwärmt weiter, bis auch dieses Röhrchen die gleiche Trübung wie die Stärkelösung zeigt. Die Differenz zwischen der ersten und der zweiten Temperaturfeststellung wird als Trübungsdifferenz bezeichnet.

γγ) Beurteilung der Erhitzung: Liegt die Trübungsdifferenz über 2° und die Trübungstemperatur des Serums der ursprünglichen Milch unter 70°, so ist der Beweis erbracht, daß die Milch nur zum Teil auf 63—65° gekommen ist, denn sonst hätte die kurze Nacherhitzung keine Veränderung in den Trübungsergebnissen hervorgerufen.

Bei einer Trübungsdifferenz von 5° und einer Trübungstemperatur von 64—65° war die Milch auch nicht teilweise auf 63—65° erhitzt. Sie ist als roh zu beurteilen, da selbst ein halbstündiges Erwärmen auf 60° ihren Charakter als Rohmilch nicht beeinflußt.

UMBRECHT und VOGT[1] fällen die im Serum befindlichen Proteine mit Pikrinsäurelösung (ESBACHs Reagens) und zentrifugieren den Niederschlag in einem THÖNYschen Mellimeter; siehe hierzu auch A. SCHNECK[2].

MIETHKE und HADENFELDT[3] haben die Methode des Nachweises pasteurisierter Milch nach BENGEN nachgeprüft und kommen zu dem Ergebnis, daß eine Unterschreitung der Pasteurisierungstemperatur von 63° erkannt werden kann und daß ferner ein Zusatz von 10% Rohmilch zur pasteurisierten Milch nachweisbar ist. Der Nachweis, daß die auf 63° pasteurisierte Milch nun auch während einer halben Stunde die Temperatur von 63° bzw. 65° beibehalten hat, kann jedoch nicht erbracht werden.

β) M. SCHNETKA[4] hat das Albumingerinnungsverfahren verbessert. Es wird nicht, wie nach M. F. BENGEN, nur Ammoniumsulfat zur Herstellung des Serums verwendet, sondern der Milch noch Ammoniak zugesetzt.

Das Verfahren ist folgendes:

Je 20 ccm Milch von Zimmertemperatur werden in zwei Röhrchen von 18 cm Länge und 2 cm Durchmesser gebracht. Durch Zusatz von 0,2 ccm Ammoniak (10%) macht man den Inhalt des einen Röhrchens alkalisch und fügt zu beiden Röhrchen 3,5 g fein geriebenes Ammoniumsulfat. Unmittelbar nach

---

[1] UMBRECHT u. VOGT: Süddeutsch. Molkereiztg. 1933, Heft 19.
[2] A. SCHNECK: Deutsch. Molkereiztg. 1933, Nr. 36.
[3] M. MIETHKE u. A. HADENFELDT: Molkereiztg. Hildesheim 1933, Nr. 86.
[4] M. SCHNETKA: Z. 1935, 69, 235.

dem Zufügen des Salzes werden die Röhrchen 40—50mal schnell hintereinander kräftig durchgeschüttelt und der Inhalt durch ein Hartfilter (Schleicher & Schüll Nr. 605) filtriert.

Von den Filtraten wird je 1 ccm in kleine Reagensgläschen (9 cm Länge, 1,2 cm Durchmesser) gefüllt, mit 4 ccm einer schwach ammoniakalischen Ammoniumacetatlösung (1%) [1 ccm Ammoniak (25%) auf 100 ccm Lösung] versetzt, umgeschüttelt und die Mischungen in ein siedendes Wasserbad gestellt. Die Wärmezufuhr des Wasserbades wird so geregelt, daß das Wasser nach 1,5 Minuten wieder ins Sieden gerät. Nach im ganzen 5 Minuten langer Erwärmung werden die Röhrchen in kaltem Wasser abgekühlt, der Inhalt in THÖNYsche Röhrchen umgefüllt und in der GERBERschen Milchfettzentrifuge zentrifugiert. Die Röhrchen sitzen in einem Korkstopfen, der in die Zentrifugenhülse geschoben wird. Nach 15 Minuten langem Zentrifugieren bei einer Tourenzahl von 1550 sind die Röhrchen sofort aus der Zentrifuge zu nehmen, und ist die Niederschlagsmenge abzulesen. Die erhaltenen Werte ergeben ein Maß für den Erhitzungsgrad und die Erhitzungsdauer einer Milch.

Bei dauerpasteurisierter Milch kann erwartet werden, daß

1. die Summe S + AS nicht größer als 24 ist,
2. das Verhältnis S : AS mindestens 1,4 beträgt,
3. der Wert AS nicht größer als 10 ist.

S = Milchserum ohne Ammoniakzusatz, AS = Milchserum mit Ammoniakzusatz.

Je nach der Größe der ermittelten Werte kann man die betreffende Milch kürzere oder längere Zeit auf das in Frage kommende Temperaturgebiet erwärmen und mit der so nachpasteurisierten Milch die Bestimmungen wiederholen. Durch Vergleich der erhaltenen Werte vor und nach der Pasteurisierung kann man sich leichter ein Urteil über die Vorbehandlung der Milch bilden.

Das Verfahren scheint bei dauerpasteurisierter Sammelmilch auch einen Anhalt über die Dauer der Pasteurisierung zu geben. Ein Zusatz von 10% Rohmilch zu pasteurisierter Milch läßt sich ebenfalls nach diesem Verfahren nachweisen.

Folgende Werte seien zur Erläuterung angeführt:

	S	AS	Verhältniszahl
Rohmilch	24,0	23,0	S : AS = 1,00
5 Minuten auf 63—65° erhitzt . . .	17,5	14,0	„ = 1,25
15 „ „ 63—65° „ . . .	17,0	10,0	„ = 1,70
30 „ „ 63—65° „ . . .	15,0	7,0	„ = 2,10

Bei momenterhitzter Milch ist der Niederschlag in den THÖNYschen Röhrchen minimal, höchstens handelt es sich um wenige Teilstriche.

Die geschilderte Methode gestattet auch, einen verhältnismäßig geringen Zusatz von Rohmilch zu dauerpasteurisierter und hocherhitzter Milch zu erkennen.

g) Sonstige Verfahren. An sonstigen Verfahren sind unter anderen noch folgende vorgeschlagen:

α) Refraktion der Tetraseren: Nach G. KAPPELLER[1] läßt sich durch den Vergleich der Refraktionen der Tetraseren I und II (S. 170) nachweisen, ob eine Milch auf über 75° erhitzt worden ist.

β) Fettkügelchen-Untersuchung: W. MORRES[2] schlägt zum Nachweis gekochter Milch die mikroskopische Untersuchung vor. Beim Kochen laufen die Fetttröpfchen zusammen und besitzen einen Durchmesser von 20—100 μ und mehr, während sie sonst selten mehr als 10 μ überschreiten; beim Abkühlen bilden sich alsdann in den zusammengeflossenen Fetttröpfchen strahlige Gebilde, in kleineren Fetttröpfchen moosartig verzweigte Äste von Fettkrystallstrahlen. Eine 300fache Vergrößerung genügt für diese Feststellungen. Aus den Verzweigungen und der Form der Gebilde soll sich sogar beurteilen lassen, ob die gekochte Milch schnell oder langsam, ob nur wenig oder tief abgekühlt worden ist.

---

[1] G. KAPPELLER: **Z.** 1913, **25,** 285.
[2] W. MORRES: Milchw. Zentralbl. 1909, **5,** 416, 502.

γ) Ringreaktion: Nach SCHERN-GORLISCHE[1] werden 5 ccm Milch mit 5 Tropfen einer Kohlesuspension (1% med. gepulverte Tierkohle in physiologischer Kochsalzlösung suspendiert) durchgeschüttelt und 2 Stunden bei gewöhnlicher Temperatur stehen gelassen. Nach 1—2 Stunden zeigt Rohmilch einen schwarzen Ring an der Oberfläche, während dauererhitzte und hocherhitzte Milch nach 24 Stunden keinen schwarzen Ring an der Oberfläche bildet. Nach KOHN und KLEMM[2] ist die Reaktion jedoch nicht ganz eindeutig. Ob Oberflächenspannung und innere Reibung die Erscheinung auslösen, ist noch nicht geklärt.

δ) Dithizon-Probe zum Nachweis hocherhitzter Milch, siehe K. EBLE u. H. PFEIFFER[3].

Auf Grund der angeführten Verfahren dürfte man wohl in der Lage sein festzustellen, ob eine Milch die Erhitzungstemperatur von 63 bzw. 65° erreicht hatte und ob dieselbe annähernd 30 Minuten lang auf 63—65° erhitzt worden ist. Man ist ferner in der Lage festzustellen, ob eine momenterhitzte Milch auf 85° erhitzt worden ist. Wenn jedoch die Momenterhitzung nur bei 75° durchgeführt wurde, so versagt die Methode nach BENGEN. Auch versagt der Enzymnachweis, da die Enzyme wohl geschwächt, aber nicht zerstört worden sind. Weitere Forschungen werden ergeben, ob es gelingen wird, den chemischen oder biologischen Nachweis zu erbringen, ob eine Milch auf 73 bzw. 75° erhitzt worden ist.

Auf jeden Fall muß man, um sicher zu gehen, verschiedene der angeführten Reaktionen ausführen, zu denen auch die Katalasenreaktion zu zählen ist.

Ein Teil dieser Reaktionen dient auch zum Nachweis des Zusatzes von Rohmilch zu erhitzter Milch.

5. Nachweis von Neutralisationsmitteln.

Als Neutralisationsmittel für sog. „ansaure" Milch werden Natriumcarbonat und -bicarbonat verwendet. Für den Nachweis dieser Neutralisationsmittel sind folgende Verfahren empfohlen:

a) Bestimmung des Kohlensäuregehaltes der Milchasche. Die Milchasche enthält wohl meist nicht mehr als 2% Kohlensäure. Ein Zusatz obiger Neutralisationsmittel erhöht nach FR. SOXHLET und A. SCHEIBE[4] ihren Gehalt an Kohlensäure, wobei natürlich auch der Aschengehalt als solcher mehr oder weniger erhöht wird.

b) Stufentitration nach J. TILLMANS und W. LUCKENBACH[5]. Eine Neutralisation läßt sich erkennen durch Stufentitration der gebundenen und ungebundenen Milchsäure, indem man Milchsäuremengen, die bei frischer Milch sehr gering, bei saurer oder neutralisierter Milch sehr hoch sind, in Beziehung setzt zu den ermittelten Säuregraden SH. Das Milchserum wird vermittels Phenolphthalein als Indicator mit 0,1 N.-Alkalilauge auf die p_H-Stufe 8,3 eingestellt und alsdann mittels 0,1 N.-Alkalilauge auf die p_H-Stufe des zugesetzten Dimethylgelbs, die bei 3,2 liegt, gebracht. Versuche haben ergeben, daß so 80% der gesamten Milchsäure bei dieser Stufentitration erfaßt werden.

Man verfährt folgendermaßen:

In 50 ccm Milch werden in üblicher Weise die Säuregrade nach SOXHLET und HENKEL titriert. Die fertig titrierte Flüssigkeit versetzt man mit 38 ccm kolloidaler Eisenlösung[6], schüttelt um und läßt sie dann 1/4 Stunde stehen. Darauf wird durch ein Faltenfilter filtriert. Es ergibt sich sofort ein gut durchlaufendes, klares und farbloses Filtrat. In einen Zylinder mit flachem Boden aus farblosem Glas von 2,5 cm Durchmesser und 13 cm Höhe bringt man 20 ccm dieses Serums und fügt so lange ungemessene 0,1 N.-Natronlauge hinzu, bis der Phenolphthaleinumschlag erreicht ist. In einen zweiten Zylinder derselben Art bringt man 20 ccm einer Pufferlösung, welche die Wasserstoffstufe 3,2 zeigt (21,008 g Citronen-

[1] K. SCHERN-B. E. GORLISCHE: Berliner tierärztl. Wochenschr. 1930, **46**, 893.
[2] F. G. KOHN u. E. KLEMM: Zeitschr. Infektionskrankh. 1931, **39**, 82.
[3] K. EBLE u. H. PFEIFFER: Z. 1934, **68**, 307.
[4] FR. SOXHLET u. A. SCHEIBE: Zeitschr. analyt. Chem. **21**, 549.
[5] J. TILLMANS u. W. LUCKENBACH: Z. 1925, **50**, 103; Milchw. Forsch. 1925, **3**, 225.
[6] Liquor ferri oxychlorati dialysati D.A.B. VI.

säure + 200 N.-Natronlauge zu 1 Liter aufgefüllt; davon 43 ccm + 57 ccm 0,1 N.-Säure).
Die letzte Mischung ist die Pufferlösung. Beide Flüssigkeiten werden nun mit 0,3 ccm einer
0,01%igen alkoholischen Dimethylgelblösung (Grübler) versetzt, und die Serumlösung
dann bis auf den gleichen roten Ton titriert, den die Pufferlösung besitzt. Vom Titerverbrauch
sind 0,17 ccm einer durch die hohe Wasserstoffstufe bedingten Korrektur abzuziehen. Der
übrigbleibende Rest ist umzurechnen auf 100 ccm Milch.

Man rechnet zu dem Zwecke aus, um wieviel durch die verschiedenen Zusätze die
Flüssigkeitsmenge vermehrt worden ist. Angenommen, die Säuregrade wären 6 gewesen,
so läge eine Gesamt-Flüssigkeitsmenge von 93 ccm vor (50 ccm Milch, 2 ccm Phenolphthalein,
3 ccm 0,25 N.-Lauge, 38 ccm Eisenlösung). Diese Zahl dividiert man durch 10 und erhält
damit den Faktor, mit dem die Titermenge zu multiplizieren ist, um den Verbrauch für
100 ccm Milch zu erhalten.

Die nachfolgende Tabelle 23 gibt nun die zu jedem Säuregrade gehörige Titermenge
an. Man liest also für die auf 100 ccm Milch umgerechnete Titermenge die zugehörigen
Säuregrade ab. Stimmen diese bis auf 1° mit den direkt ermittelten Säuregraden überein,
so ist die Milch nicht neutralisiert. Ergibt sich aber ein Unterschied bis 2°, so ist ein starker
Verdacht auf Neutralisierung vorhanden, und liegen die durch die Titration ermittelten
Säuregrade mehr als 2° höher als die direkt gefundenen, so ist die Neutralisation bewiesen.

Tabelle 23.

Titerverbrauch (0,1/n HCl), umgerechnet auf 100 ccm Milch ccm	Entspricht den Säuregraden	Titerverbrauch (0,1/n HCl), umgerechnet auf 100 ccm Milch ccm	Entspricht den Säuregraden	Titerverbrauch (0,1/n HCl), umgerechnet auf 100 ccm Milch ccm	Entspricht den Säuregraden	Titerverbrauch (0,1/n HCl), umgerechnet auf 100 ccm Milch ccm	Entspricht den Säuregraden	Titerverbrauch (0,1/n HCl), umgerechnet auf 100 ccm Milch ccm	Entspricht den Säuregraden
5,0	6,0	10,0	8,0	15,0	9,65	20,0	11,8	25,0	14,1
5,25	6,2	10,25	8,1	15 25	9,7	20,25	12,0	25,25	14,3
5,5	6,3	10,5	8,2	15,5	9,8	20,5	12,1	25,5	14,5
5,75	6,4	10,75	8,3	15,75	9,9	20,75	12,2	25,75	14,6
6,0	6,5	11,0	8,35	16,0	10,0	21,0	12,3	26,0	14,8
6,25	6,6	11,25	8,4	16,25	10,1	21,25	12,4	26,25	14,9
6,5	6,7	11,5	8,5	16,5	10,2	21,5	12,5	26,5	15,1
6,75	6,8	11,75	8,6	16,75	10,3	21,75	12,6	26,75	15,3
7,0	6,9	12,0	8,7	17,0	10,4	22,0	12,7	27,0	15,4
7,25	6,95	12,25	8,75	17,25	10,55	22,25	12,9	27,25	15,6
7,5	7,0	12,5	8,8	17,5	10,7	22,5	13,0	27,5	15,8
7,75	7,1	12,75	8,9	17,75	10,8	22,75	13,1	27,75	16,0
8,0	7,2	13,0	9,0	18,0	10,9	23,0	13,2	28,0	16,1
8,25	7,3	13,25	9,1	18,25	11,0	23,25	13,3	28,25	16,3
8,5	7,4	13,5	9,15	18,5	11,15	23,5	13,4	28,5	16,5
8,75	7,5	13,75	9,2	18,75	11,25	23,75	13,5	28,75	16,6
9,0	7,6	14,0	9,3	19,0	11,4	24,0	13,7	29,0	16,8
9,25	7,7	14,25	9,4	19,25	11,5	24,25	13,8	29,25	16,9
9,5	7,8	14,5	9,5	19,5	11,6	24,5	13,9	29,5	17,0
9,75	7,9	14,75	9,6	19,75	11,7	24,75	14,0	29,75	17,2
								30,0	17,4

Sofern die nach SOXHLET und HENKEL ermittelten Säuregrade über 15° liegen, es sich
also um erheblich gesäuerte Milch handelt, können vielleicht auch bei nicht neutralisierter
Milch größere Abweichungen als 2° zwischen Titermenge und Säuregraden beobachtet
werden.

Nach W. MOHR und W. KERCKHOFF[1] kommen bei diesem Verfahren zuweilen Störungen
vor, die durch verwendete kolloidale Eisenchloridlösungen bedingt sein können. E. HAUTSCH[2]
hat die TILLMANS-LUCKENBACHsche Methode nachgeprüft und ist der Ansicht, daß sie sich
im allgemeinen bewährt hat, doch können die Gehalte an Eisen und Chlor bei den dialy-
sierten Eisenchloridlösungen, je nach Konzentration, störend wirken. Der Verfasser umgeht
bei der Herstellung des Serums die dialysierte Eisenchloridlösung und verwendet Eisenchloridlösung und Natronlauge.

[1] W. MOHR u. W. KERCKHOFF: Milchw. Forsch. 1928, 5, 232.
[2] E. HAUTSCH: Inaug.-Diss. Frankfurt a. M. 1930. Milchw. Forsch. 1931, 11, 109.

c) **Bestimmung des Leitfähigkeitsabfalles nach R. STROHECKER**[1]. Von ihm wurde eine Methode empfohlen, die auf der Bestimmung des Leitfähigkeitsabfalls eines Eisenserums gegenüber einer 0,2 N.-Salzsäure beruht.

Die Methode gründet sich auf folgende Überlegung: Casein liegt in der Milch als Caseinkalk vor. Bei der Säuerung der Milch tritt die gebildete Milchsäure mit dem Caseincalcium in Reaktion unter Bildung von Calciumlactat und freier Caseinsäure. Stellt man aus einer derartigen Milch ein Serum her, so findet man das Calciumlactat in dem Serum wieder, während in dem entsprechenden Serum einer ungesäuerten Milch keine oder nur sehr geringe Mengen Lactat enthalten sind. Die Menge des gebildeten Calciumlactates kann mit Hilfe der spezifischen Leitfähigkeit, und zwar unter Heranziehung des Abfalles, den die in Frage kommende Lösung gegenüber einer bestimmten Salzsäure aufweist, ermittelt werden. Der Abfall ist bedingt durch die Gleichung:

$$\text{Ca-Lactat} + 2\,HCl = CaCl_2 + \text{Milchsäure}.$$

Da Milchsäure in Gegenwart eines Salzsäureüberschusses nicht oder nur sehr wenig dissoziiert ist, so zeigt die rechte Seite der Gleichung eine geringere Leitfähigkeit als die Einzelbestandteile der linken Seite der Gleichung. Es tritt damit ein Leitfähigkeitsabfall auf. Ähnlich wie die saure Milch, verhält sich die neutralisierte Milch. In dieser ist dieselbe Menge Calciumlactat enthalten wie in derselben Milch vor Neutralisation. Aus dem Leitfähigkeitsabfall, den ein aus einer derartigen Milch bereitetes Serum aufweist, kann somit auf den Säurezustand der Milch vor der Neutralisation geschlossen werden.

Die Methode wird im einzelnen, wie folgt, ausgeführt:

In der zu untersuchenden Milch werden zunächst die Säuregrade nach SOXHLET-HENKEL ermittelt (a ccm 0,25 n NaOH für 100 ccm). Zu 50 ccm Milch setzt man nunmehr $\frac{a}{2}$ ccm 0,25 N.-Natronlauge und $10 - \frac{a}{2}$ ccm doppelt destilliertes Wasser. Nach dem Vermischen setzt man 40 ccm dialysierte Eisenhydroxydlösung hinzu, rührt mit einem Glasstab kräftig um und läßt unter wiederholtem Umrühren einige Minuten stehen; hierauf wird filtriert. 20 ccm des Filtrates versetzt man mit 30 ccm doppelt destilliertem Wasser und mißt nach dem Durchmischen und Temperieren auf 18° die spezifische Leitfähigkeit (L_I). Weitere 20 ccm versetzt man mit 25 ccm doppelt destilliertem Wasser und 5 ccm 0,2 N.-Salzsäure. Nach dem Vermischen wird gleichfalls die Leitfähigkeit bei 18° bestimmt (L_{II}). Außer den beiden genannten Leitfähigkeiten mißt man noch diejenige einer Lösung von 5 ccm 0,2 N.-Salzsäure + 45 ccm doppelt destilliertes Wasser (L_{III}). Der Wert L_{III} wird nur einmal ermittelt. Er gilt, solange dieselbe Salzsäure und dasselbe Wasser Verwendung finden. Der Leitfähigkeitsabfall (L_A) ist dann gleich ($L_I + L_{III}$) — L_{II}. Aus der nachfolgenden Tabelle 24 entnimmt man die dem ermittelten Leitfähigkeitsabfall (L_A) entsprechenden Säuregrade vor der Neutralisation (S_K). Die Differenz $S_K - S$ (S sind die Säuregrade nach SOXHLET-HENKEL) gibt die Anzahl Grade an, um die neutralisiert wurde. Liegt der Wert der Differenz über 1,0°, so kann auf Neutralisation geschlossen werden.

Tabelle 24.

L_A	Säuregrade vor der Neutralisation S_K	L_A	S_K	L_A	S_K	L_A	S_K	L_A	S_K
6,0	4,60	10,0	6,85	14,0	9,15	18,0	11,40	22,0	13,65
6,5	4,85	10,5	7,15	14,5	9,40	18,5	11,70	22,5	13,90
7,0	5,15	11,0	7,45	15,0	9,70	19,0	11,95	23,0	14,20
7,5	5,45	11,5	7,70	15,5	10,00	19,5	12,25	23,5	14,40
8,0	5,70	12,0	8,00	16,0	10,30	20,0	12,55	24,0	14,65
8,5	6,00	12,5	8,30	16,5	10,55	20,5	12,80	24,5	14,90
9,0	6,30	13,0	8,60	17,0	10,85	21,0	13,10	25,0	15,15
9,5	6,60	13,5	8,90	17,5	11,15	21,5	13,40	25,5	15,40

[1] R. STROHECKER: Zeitschr. analyt. Chem. 1928, **74**, 1.

d) Sonstige Verfahren. α) Nach Lazarus[1] soll man neutralisierte Milch auch dadurch nachweisen können, daß man die Milch 1—2 Stunden im weiten Reagensglas erhitzt. Die Milch soll sich alsdann braun bis braunrot färben. Diese Färbung tritt natürlich nur dann ein, wenn eine überneutralisierte, also alkalische Milch vorhanden ist.

β) Nach P. Süss[2] kann man auch durch die auf Zusatz von Alizarollösung auftretende Farbtönung feststellen, ob eine überneutralisierte, d. h. ganz schwach saure oder alkalische Milch vorliegt. Die Milch nimmt alsdann einen rötlich-lila Farbenton an. Hat jedoch die Säuerung nach Zusatz des Neutralisationsmittels wieder eingesetzt und liegen jetzt die Säuregrade nach Soxhlet-Henkel bei 7—8 Säuregraden, so versagt die Alizarolprobe.

γ) Nach F. F. Lelli[3] soll man Natriumbicarbonat auch mittels einer alkoholischen Aspirinlösung, nach K. Eble und H. Pfeiffer[4] mittels Methylalkohol nachweisen können.

6. Nachweis und Bestimmung von Konservierungsmitteln.

Als Konservierungsmittel kommen bei Milch vorwiegend Borsäure (Borax), Wasserstoffsuperoxyd und Formaldehyd bzw. Hexamethylentetramin zur Anwendung, während die sonstigen Konservierungsmittel wohl kaum bei Milch in Frage kommen dürften.

a) Borsäure. α) Nachweis: Nach Meissl[5] werden 100 ccm Milch ·mit Kalkmilch bis zur deutlich alkalischen Reaktion versetzt, eingedampft, getrocknet, verascht und die in möglichst wenig konz. Salzsäure aufgenommene Asche nach Verdünnen mit Wasser filtriert. Die Lösung wird völlig auf dem Wasserbade eingetrocknet und der verbleibende Rückstand in wenig sehr verdünnter Salz-säure gelöst und in dieser Lösung alsdann die Borsäure nach Bd. II, S. 1265 mit Curcumin oder Alkohol und Schwefelsäure nachgewiesen.

β) Bestimmung: Diese erfolgt in der mit alkalischen Zusätzen hergestellten Asche von 100 g Milch nach dem acidimetrischen Verfahren nach Bd. II, S. 1266 oder dem colorimetrischen Verfahren nach A. Hebebrand Bd. II, S. 1267.

H. S. Shrewsbury[6] hat ein etwas umständliches acidimetrisches Verfahren beschrieben, bei dem zunächst die Phosphorsäure ausgefällt wird.

b) Wasserstoffsuperoxyd. Wasserstoffsuperoxyd wird bzw. wurde z. B. unter den Namen Perservid, Präservol, Soldona u. a. den Molkereien und Milch-händlern angeboten (H. Willeke, H. Schellbach und W. Jilke[7]).

Die Nachweisbarkeit des Wasserstoffsuperoxyds in Milch ist nur auf kurze Zeit beschränkt, da es sich sehr schnell darin zersetzt. Ein Zusatz von 2% einer Wasserstoffsuperoxydlösung (12 Vol.-%) ist nach 6—8 Stunden nicht mehr nachweisbar. Allerdings wird in solcher Milch die Katalasezahl sehr niedrig sein; daraus wird jedoch kein sicherer Schluß auf Wasserstoffsuperoxyd zu ziehen sein, da die niedrige Katalasezahl auch durch Erhitzung verursacht sein kann. Größere Zusätze als 2% sind aber unter Umständen dennoch nach mehreren Tagen nachweisbar (A. Renard[8]).

α) Nachweis: Nach C. Arnold und C. Mentzel[9] sind folgende 3 zuerst angeführten Reaktionen für den Nachweis von Wasserstoffsuperoxyd in Milch am meisten zu empfehlen:

αα) Vanadinsäure-Reaktion: Setzt man zu 10 ccm Milch 3 Tropfen Vanadinsäurelösung (1 g präzipitierte Vanadinsäure in 100 g verd. Schwefelsäure gelöst), so tritt sofort eine Rotfärbung auf, durch die noch 0,01 g Wasserstoff-superoxyd in 100 ccm Milch nachweisbar sind.

[1] Lazarus: Zeitschr. Hygiene 1890, 8, 229.
[2] P. Süss: Pharm. Zentralh. 1900, 41, 465.
[3] F. F. Lelli: Arch. Farmacol. 1906, 5, 645; C. 1907, I, 909.
[4] K. Eble u. H. Pfeiffer: Z. 1933, 65, 435.
[5] Meissl: Zeitschr. analyt. Chem. 1882, 21, 531.
[6] H. S. Shrewsbury: Analyst 1907, 32, 5; Z. 1907, 14, 701.
[7] H. Willeke, H. Schellbach u. W. Jilke: Z. 1912, 24, 227.
[8] A. Renard: Rev. d'hygiène 26, 97; Z. 1910, 20, 230.
[9] C. Arnold u. C. Mentzel: Z. 1903, 6, 305.

$\beta\beta$) Titansäure-Reaktion: Man setzt zu 10 ccm Milch 10—15 Tropfen einer Titansäurelösung in verd. Schwefelsäure. Es tritt eine deutliche Gelbfärbung bei Anwesenheit von 0,015 g Wasserstoffsuperoxyd in 100 ccm Milch auf; siehe auch S. AMBERG[1], der eine 1,5—2%ige Lösung von Titanhydrat in Schwefelsäure (25%) verwendet.

$\gamma\gamma$) Phenylendiamin-Reaktion: Zu 10 ccm Milch setzt man 3 Tropfen einer frisch bereiteten, wäßrigen p-Phenylendiaminlösung (2%). Liegt gekochte Milch vor, so muß man die gleiche Menge reiner roher Milch zugeben. Es tritt eine Blaufärbung ein. In 100 ccm Milch können noch 4 mg Wasserstoffsuperoxyd nachgewiesen werden (Peroxydase-Reaktion).

$\delta\delta$) Benzidin-Reaktion: Nach S. ROTHENFUSSER[2] gibt man 10 Tropfen alkoholische Benzidinlösung (2%) zu 10 ccm Milch oder Milchserum und einige Tropfen Essigsäure. Blaufärbung zeigt Wasserstoffsuperoxyd an. Siehe auch W. P. WILKINSON und E. R. C. PETERS[3], welche über die Empfindlichkeit der verschiedenen Reaktionen berichten.

$\varepsilon\varepsilon$) Zinkjodid-Stärke-Reaktion: Diese kann ebenfalls zum Nachweise von Wasserstoffsuperoxyd in Milch benutzt werden. Es dürfen jedoch keine Nitrite vorhanden sein. Man setzt zu 10 ccm Milch einige ccm schwach mit verd. Schwefelsäure angesäuerte Zinkjodid-Stärkelösung hinzu. Eine auftretende Blaufärbung zeigt Wasserstoffsuperoxyd an.

β) Bestimmung: Nach K. TEICHERT[4] kann man die Jodreaktion auch zur Bestimmung benützen: 25 ccm Milch werden mit 0,5 ccm Schwefelsäure (1 + 3) versetzt und vom koagulierten Protein und Fett abfiltriert. Von dem Filtrat werden 5 ccm in ein Glasstöpselgefäß gebracht und 10 ccm Kaliumjodidlösung (10%) und 0,5 ccm Schwefelsäure (1 + 3) zugesetzt. Nach dem Umschütteln läßt man die Flaschen 4 Stunden lang im Dunkeln stehen und titriert das ausgeschiedene Jod mit 0,1 N.-Natriumthiosulfatlösung unter Zusatz von Stärkelösung als Indikator zurück. 1 ccm 0,1 N.-Natriumthiosulfatlösung zeigt 1,7 mg Wasserstoffsuperoxyd an. Diese Methode ist bei Anwesenheit von Nitriten und Formaldehyd nicht anwendbar (E. FEDER[5]).

Zu berücksichtigen ist, daß bei der Prüfung auf Nitrate in gewässerter Milch solche durch die Anwesenheit von Wasserstoffsuperoxyd vorgetäuscht werden können. In solchen Fällen dürfte obige Peroxydasenreaktion noch auszuführen sein. Fällt diese positiv aus, so wird die Reaktion wohl auf die Anwesenheit von Wasserstoffsuperoxyd zurückzuführen sein. Um letzteres zu entscheiden, ist noch die Reaktion mit Vanadin-Schwefelsäure auszuführen (H. WILLEKE und Mitarbeiter[6]).

c) Formaldehyd. α) Nachweis: Man weist einen Zusatz von Formaldehyd entweder direkt in der Milch oder im Destillat nach. Letzterer Nachweis ist schärfer und eindeutiger; man kann dabei die in Bd. II, S. 1023 und 1036 angegebenen Reaktionen anwenden. Zum Nachweise direkt in der Milch können folgende Reaktionen dienen:

$\alpha\alpha$) Fuchsinbisulfit-Reaktion: Setzt man der fraglichen Milch entfärbte Fuchsinlösung (SCHIFFsches Reagens, siehe Bd. II, S. 1030) zu, so tritt bei Gegenwart von Formaldehyd eine Rotfärbung ein. Auf Zusatz einiger Tropfen verd. Schwefliger Säure darf die Reaktion nicht verschwinden (O. HEHNER[7], A. JORISSEN[8]). Nach E. SELIGMANN[9] muß

[1] S. AMBERG: Journ. Biol. Chem. 1906, 1, 229; C. 1906, I, 219.

[2] S. ROTHENFUSSER: Z. 1908, 16, 589.

[3] W. P. WILKINSON u. E. R. C. PETERS: Journ. Ind. Engin. chem. 1915, 7, 676; Z. 1908, 16, 515.

[4] K. TEICHERT: Methoden zur Untersuchung der Milch. S. 175. Stuttgart 1909.

[5] E. FEDER: Z. 1908, 15, 234.

[6] H. WILLEKE u. Mitarbeiter: Z. 1912, 25, 227.

[7] O. HEHNER: Analyst 1896, 21, 94.

[8] A. JORISSEN: Journ. Pharm. Liège 1897, 4, 257; Z. 1898, 1, 356.

[9] E. SELIGMANN: Zeitschr. Hygiene 1905, 49, 325; Z. 1903, 6, 602.

die Milch mit einigen Tropfen verd. Schwefelsäure angesäuert werden. Nach Utz, Eichholz u. a. versagt die Reaktion bei älterer Milch, da das Formaldehyd sich an die Proteine
bindet.

$\beta\beta$) Hehnersche Reaktion[1]: Setzt man konz. Schwefelsäure in geringer Menge
ein Oxydationsmittel zu, z. B. Eisenchlorid, Salpetersäure, Permanganat, Wasserstoffsuperoxyd usw. und unterschichtet die Milch mit dieser Säure, so tritt bei Gegenwart von
Formaldehyd an der Berührungsstelle ein blauvioletter Ring auf (O. Rosenheim[2]).

$\gamma\gamma$) Phenylhydrazin-Reaktion: Nach E. Riegler[3] löst man in 2 ccm Milch, die
mit 2 ccm Wasser verdünnt ist, 0,1 g krystall. Phenylhydrazinchlorhydrat und gibt alsdann 10 ccm Natronlauge (10%) hinzu. Reine Milch bleibt unverändert, während bei
formaldehydhaltiger Milch eine Rotfärbung eintritt. Das Phenylhydrazin muß rein weiß
sein, da sonst eine Reaktion auch bei Abwesenheit von Formaldehyd entsteht. W. Friese[4]
erklärt diese Reaktion für einwandfrei. Nach E. Rimini[5] bzw. C. Arnold und C. Mentzel[6]
löst man in etwa 3—5 ccm Milch ein erbsengroßes Stück Phenylhydrazinchlorhydrat und
setzt 2—4 Tropfen Natriumnitroprussidlösung (5—10%) und alsdann tropfenweise 8 bis
12 Tropfen einer Alkalilauge (10—15%) hinzu. Je nach der Menge des vorhandenen
Formaldehyds tritt eine blaue bis blaugraue, längere Zeit hindurch beständige Färbung
auf. Sowohl rohe als auch gekochte Milch geben selbst bei einem Gehalt von 0,015 g
im Liter eine deutliche Grünfärbung, während reine Milch nur gelblich gefärbt wird.

Destillation: Wenn nach einer der vorstehenden Methoden die Anwesenheit von
Formaldehyd in der Milch festgestellt worden ist, so ist eine Destillation zwecks Isolierung
des Formaldehyds ratsam.

Man kann die Methode von B. F. Thomson[7] oder die nach B. H. Smith[8] anwenden.
Letzterer destilliert die Milch in saurer Lösung, wie folgt: Zu 100 ccm Milch setzt man
1 ccm verd. Schwefelsäure (1 : 3) und destilliert in einem 500 ccm-Kolben mit langem
Hals vorsichtig mittels Pilzbrenners ab. In den ersten 20 ccm des Destillates befindet sich
etwa $^1/_3$ des vorhandenen Formaldehyds. Wenn Milch in der Kälte 48 Stunden aufbewahrt
wurde, so findet man die zugesetzte Menge wieder, während bei Milch, die längere Zeit
bei wärmerer Temperatur gestanden hat, geringere Werte gefunden wurden. Als guten
Nachweis des Formaldehyds im Destillate gibt S. Rothenfusser[9] folgendes Verfahren an:
10 ccm Kalilauge (15%) werden mit 10—15 Tropfen ammoniakalischer Silberlösung (Silbernitratlösung [2%] mit so viel Ammoniaklösung [10%] versetzt, bis der entstehende Niederschlag sich eben wieder gelöst hat) in der Weise versetzt, daß man nach Zusatz jedes Tropfens
bis zur völligen Lösung schüttelt. Wenn zuletzt eine bräunliche Trübung entstanden sein
sollte, so setzt man zur Lösung möglichst wenig Ammoniak hinzu. Wird nun dieses Reagens
mit der gleichen Menge des Milchdestillates gemischt, so reduziert das Formaldehyd schon
in der Kälte die Silberlösung, Ameisensäure erst beim Erwärmen. Zu einem andern Teile
des Milchdestillates setzt man die gleiche Menge Schwefelsäure (100 Tle. Schwefelsäure,
Spez. Gewicht 1,84 und 20 Tle. Wasser, in welchem sehr geringe Mengen eines Molybdän-,
Chrom-, Kobalt-, Nickel-, Gold-, Platin-, Silber-, Quecksilber- oder Kupfersalzes gelöst
sind), fügt etwas Caseinlösung, in Ammoniak gelöst, hinzu und erwärmt im Wasserbade.
Die Lösung wird bei Anwesenheit von Formaldehyd dunkel- bis hellviolett gefärbt.

Zum Nachweis kann man nach R. H. Williams und H. C. Sherman[10] auch Gallussäure verwenden. 5 ccm des Milchdestillates werden mit 0,2—0,3 ccm einer gesättigten
alkoholischen Gallussäurelösung gemischt. Dieses Gemisch wird alsdann auf konz. Schwefelsäure geschichtet. Bei Anwesenheit von Formaldehyd entsteht langsam eine blaue Zone.
Williams und Sherman haben diese Methode zu einer quantitativen ausgearbeitet. —
An Stelle der Gallussäure wird auch Phenol genommen (Schweizerisches Lebensmittelbuch).

Wenn das Konservierungsmittel Mystin verwendet wurde, so muß nach G. W. Monier-
Williams[11] das vorhandene Natriumnitrit entfernt werden. Das Präparat besteht aus einer
wäßrigen Lösung von 9,85% Natriumnitrit, 0,3% Formaldehyd und etwas Pfefferminzöl.

[1] O. Hehner: Analyst 1896, 21, 94; siehe auch Hensold: Milchztg. 1901, 30, 629.
[2] O. Rosenheim: Analyst 1907, 32, 106; Z. 1908, 15, 40; Milchw. Zentralbl. 1908, 4, 559.
[3] E. Riegler: Pharm. Zentralh. 1900, 41, 769; Z. 1902, 5, 420.
[4] W. Friese: Arb. Hygien. Institut Dresden 1908, 2, 109; C. 1908, I, 301.
[5] E. Rimini: Ann. di Farmacol. 1898, 97; Z. 1898, 1, 858.
[6] C. Arnold u. C. Mentzel: Chem.-Ztg. 1902, 26, 246; Z. 1902, 5, 353.
[7] B. F. Thomson: Chem. News. 1895, 71, 247.
[8] B. H. Smith: Journ. Amer. Chem. Soc. 1903, 25, 1028; 1905, 27, 1497; Z. 1904, 7,
403; 1906, 12, 244.
[9] S. Rothenfusser: Z. 1908, 16, 589.
[10] R. H. Williams u. H. C. Sherman: Journ. Amer. Chem. Soc. 1905, 27, 1497; Z.
1906, 12, 244.
[11] G. W. Monier-Williams: Food Reports London 1912, Nr. 17; Z. 1912, 23, 346.

In diesem Falle kann das Nitrit durch Harnstoff zersetzt werden. Um das Nitrit nach-zuweisen, benutzt man das GRIESS-ILOSVAYsche Reagens; Näheres siehe Bd. II, S. 661.

d) Hexamethylentetramin (Urotropin). Nach L. ROSENTHALER und E. UNGERER [1] stellt man ein Milchserum in der Weise her, daß man die Milch mit Salzsäure ansäuert und mit festem Ammoniumsulfat übersättigt, kräftig durchschüttelt und filtriert. Falls das Filtrat fetthaltig sein sollte, so entfernt man das Fett durch Ausschütteln mit Petroläther. Alsdann fügt man Quecksilberchloridlösung zu. In dem sich bildenden Niederschlag kann man das Urotropin mittels Morphium-Schwefelsäure nachweisen. Auch kann man den Niederschlag mit verd. Schwefelsäure destillieren und das entstandene Formaldehyd nach c) nachweisen.

e) Sonstige Konservierungsmittel. Von solchen seien hier noch behandelt:

α) **Fluorwasserstoffsäure.** 100—200 ccm Milch werden nach Zusatz von Kalkmilch bis zur alkalischen Reaktion eingedampft und verascht. Die Asche wird in einen Platintiegel gebracht und nach dem Ätzverfahren (Bd. II, S. 1427) auf Fluor geprüft.

D. OTTOLENGHI [2] beschreibt ein ebenfalls auf der Glasätzung beruhendes Verfahren, bei dem die Milch nicht verascht, sondern das Fluor durch Fällung mit Calciumchlorid abgeschieden und in dem Niederschlage das Fluor nach dem Ätzverfahren nachgewiesen wird. Nach diesem Verfahren ist noch 1 mg-% Fluor in der Milch nachweisbar. OTTOLENGHI gibt auch ein Verfahren an, das den Nachweis von Fluor bei Gegenwart von Bor nach dem Ätzverfahren gestattet. J. VILLE und E. DERRIEN [3] haben ein Verfahren zum Fluornachweis in Milch und anderen Lebensmitteln beschrieben, das auf der Veränderung des Spektrums des Methämoglobins durch Fluorsalze beruht.

β) **Benzoesäure.** Sie kann in Milch durch Sublimation und nachfolgende Identifizierung durch die Reaktionen von E. MOHLER (Bd. II, S. 1126) und A. JONESCU (Bd. II, S. 1127) nachgewiesen werden.

αα) E. PHILIPPE [4] versetzt 100 ccm Milch mit FEHLINGscher Kupfersulfatlösung und 10 ccm N.-Natronlauge. Nach kräftigem Umrühren fügt man etwa 200 ccm Wasser hinzu und rührt nochmals kräftig durch. Das sodann hergestellte klare Filtrat wird nach Zusatz von überschüssiger Salzsäure zwei- bis dreimal mit Äther ausgeschüttelt. Die klare, durch ein trockenes Filter gegossene ätherische Lösung wird bei gelinder Wärme in einer Glas-schale verdunstet. Ist Benzoesäure oder auch Salicylsäure zugegen, so zeigt der ätherische Rückstand Neigung zur Krystallisation. Man bedeckt alsdann das Glasschälchen mit einem das Schälchen überragenden Uhrglase, in dessen obere konkave Seite man zur Kühlhaltung etwas Wasser gibt. Die Schale setzt man auf ein Sandbad und erwärmt langsam so lange, bis das Sublimat nicht mehr zunimmt, und läßt erkalten. Unter dem Mikroskop kann man meist schon erkennen, ob es sich um Benzoesäure oder Salicylsäure handelt. Einen kleinen Teil der Krystalle löst man in einigen Tröpfchen Wasser und setzt verdünnte neutrale Eisenchloridlösung zu. Tritt eine violette Färbung auf, so liegt Salicylsäure vor. Löst man, falls keine Violettfärbung, sondern ein Niederschlag aufgetreten ist, einen kleinen Teil des Sublimates in einigen Tropfen Wasser, fügt einige Tropfen Natriumacetat-lösung und alsdann verdünnte neutrale Eisenchloridlösung zu, so entsteht bei Gegenwart von Benzoesäure ein rötlich-brauner Niederschlag von Ferribenzoat. Besser ist es nach A. JONESCU (Bd. II, S. 1127), die Benzoesäure noch in Salicylsäure überzuführen. Auf diese Weise läßt sich noch 1 mg Benzoesäure in 1 Liter Milch nachweisen. Man löst das Sublimat in etwa $^1/_2$—1 ccm Wasser, setzt 1 Tropfen Ferrichloridlösung (Mischung von 1 Vol. offizineller Ferrichloridlösung und 9 Vol. Wasser) sowie 1 Tropfen einer in gleicher Weise $(1 + 9)$ verdünnten Wasserstoffsuperoxydlösung (3%) hinzu, mischt und läßt stehen. Der an-fänglich gelbe Farbenton geht nach etwa 1 Stunde in Violett über, sofern Benzoesäure vorliegt. Hat man kein Sublimat erhalten, so kann man den Nachweis der Benzoesäure nach der Methode von E. MOHLER (Bd. II, S. 1126) anzutreten versuchen. Ist ein richtiges Sublimat vorhanden, so kann man den Schmelzpunkt bestimmen und auch noch die Benzoe-säure durch Überführung in Benzoesäure-Äthylester nachweisen. Nach dieser Methode läßt sich auch etwa zugesetztes Natriumbenzoat nachweisen.

ββ) MEISSL [5] verwendet die Milch direkt. Etwa 250—500 ccm Milch werden mit einigen Tropfen Kalk- oder Barytwasser versetzt und auf ein Viertel eingedampft, alsdann wird etwas Gipspulver zugesetzt und zur Trockne eingedampft; der Rückstand wird fein zer-rieben, mit wenig verd. Schwefelsäure befeuchtet und die fein gepulverte Masse mit Alkohol (50%) dreimal ausgeschüttelt. Die sauren alkoholischen Auszüge werden mit Barytwasser neutralisiert und auf ein kleines Volumen eingeengt, mit Schwefelsäure angesäuert und mit

---

[1] L. ROSENTHALER u. E. UNGERER: Pharm. Zentralh. 1913, **54**, 1153; Z. 1915, **29**, 184.
[2] D. OTTOLENGHI: Atti R. Accad. dei Fisiocritici 1905 [4]; **17**; Z. 1907, **14**, 364.
[3] J. VILLE u. E. DERRIEN: Bull. Soc. chim. Paris 1906, **35**, 239; Z. 1907, **13**, 656.
[4] E. PHILIPPE: Mitt. Lebensmittelunters. Hygiene 1911, **2**, 377; Z. 1912, **23**, 532.
[5] MEISSL: Zeitschr. analyt. Chem. 1882, **21**, 531.

Äther ausgeschüttelt. Bei freiwilligem Verdunsten enthält der Rückstand fast reine Benzoesäure, die in wäßriger Lösung mit einem Tropfen Natriumacetatlösung und einem Tropfen
neutraler Ferrichloridlösung einen rötlichen Niederschlag gibt.

γ) **Salicylsäure.** Nach der unter Benzoesäure beschriebenen Methode kann man auch
Salicylsäure oder ihre Salze nachweisen. Hierzu ist an Stelle des Kupferserums auch das
Essigsäureserum brauchbar. Versetzt man den ätherischen Verdunstungsrückstand in
wäßriger Lösung mit einigen Tropfen sehr verdünnter Ferrichloridlösung, so tritt eine
Violettfärbung ein.

Nach den Beobachtungen von DUNESCHI[1] verhindert Milchsäure die Ferrichlorid-
reaktion. Es wird dann der wäßrigen Lösung des Rückstandes etwas Bleiacetat zugesetzt,
wodurch die Salicylsäure gefällt wird, während Milchsäure gelöst bleibt. Der gesammelte
Niederschlag wird angesäuert und mit Äther ausgeschüttelt, welch letzterer die Salicylsäure aufnimmt.

7. Nachweis von Calciumsaccharat (Zuckerkalk) und Saccharose.

Unter der Bezeichnung ,,Zuckerkalk'' (Grossin) kommen stark alkalische
Lösungen von Calciumsaccharat mit wechselndem Gehalt an Calciumoxyd
(3,5—6%) und Saccharose (10,5—28,5%) in den Handel, die als ,,Rahm-
verbesserungs- und Rahmverdickungsmittel'' angeboten werden (F. REISS[2],
H. LÜHRIG[3], E. BAIER und P. NEUMANN[4]).

Durch den Zusatz von Zuckerkalk und Zucker (Saccharose) wird ein höherer
Fettgehalt bei Milch und Rahm vorgetäuscht. Ferner wird bei Zusatz von
Zuckerkalk die Säuerung der Milch hintangehalten und eine Wässerung der
Milch ermöglicht, ohne daß diese an dem Aussehen erkannt werden kann.
Zuckerkalk erhöht den natürlichen Kalkgehalt der Milch etwas, diese Erhöhung
ist jedoch so gering, daß daraus auf einen Zusatz von Zuckerkalk nicht immer
geschlossen werden kann. Ein niedriger Säuregehalt oder alkalische Reaktion
der Milch kann den Zusatz von Zuckerkalk anzeigen, wenn nicht durch weitere
Säuerung der durch den Zuckerkalk herabgesetzte Säuerungsgrad wieder angestiegen ist. Eine Bestimmung des Kohlensäuregehaltes in der Asche (S. 145)
könnte unter Umständen auch Aufschluß geben.

a) **Nachweis der Saccharose.** α) Vermittelst der COTTONschen Reaktion[5]
kann man nach E. BAIER und P. NEUMANN in folgender Weise die Saccharose
nachweisen. 25 ccm Milch oder Rahm werden in einem ERLENMEYER-Kölbchen
mit 110 ccm einer Uranacetatlösung (5%) versetzt und nach 5 Minuten durch
ein Faltenfilter filtriert. Zu 10 ccm des Filtrates gibt man 2 ccm einer gesättigten
Ammoniummolybdatlösung und 7 ccm Salzsäure (3%) und erwärmt 5 Minuten
lang in einem Reagensglas im Wasserbad auf 80°. Tritt eine Blaufärbung
ein, hervorgerufen durch Reduktion der Molybdänsäure, so liegt die Anwesenheit von Saccharose bzw. Zuckerkalk vor. Nach 10 Minuten langem Verweilen
im Wasserbad wird die Färbung tiefblau, während bei reiner Milch nach
5 Minuten eine schwach grünliche Färbung auftritt. Die Farbtöne sind am
besten bei durchfallendem Licht zu beobachten. Nach W. EICHHOLZ[6] ist dieses
Verfahren bei sterilisierter Milch und sterilisiertem Rahm nicht anwendbar, da
hochgradig sterilisierte Milch bzw. Rahm ebenfalls die Reaktion gibt, auch
wenn sie Saccharose nicht enthalten.

β) Nach S. ROTHENFUSSER[7] werden 25 ccm Milch mit Aceton auf 100 ccm
gebracht, kräftig geschüttelt und sofort filtriert. Alsdann wird das Filtrat
auf dem Wasserbade so lange eingedunstet, bis der Acetongeruch verschwunden

[1] DUNESCHI: Arch. di Farmacol. 1905, 4, 23.
[2] F. REISS: Z. 1904, 8, 605.
[3] H. LÜHRIG: Molkereiztg. Hildesheim 1906.
[4] E. BAIER u. P. NEUMANN: Z. 1908, 16, 51.
[5] COTTON: Rev. intern. falsific. 10, 186; C. 1898, I, 120.
[6] W. EICHHOLZ: Milchw. Zentralbl. 1910, 6, 536; Z. 1911, 21, 428.
[7] S. ROTHENFUSSER: Z. 1910, 19, 465; 1912, 24, 558, 568.

ist. Nunmehr fügt man eine Bariumhydroxydlösung (10 g in 20 ccm Wasser) zu, mischt durch und versetzt sodann mit 30 ccm Wasserstoffsuperoxydlösung (3%). Man rührt, namentlich anfangs, den Niederschlag öfters auf und fügt nach etwa 5 Minuten, wenn sich eine leichte Gelbfärbung bemerkbar machen sollte, noch so viel Wasserstoffsuperoxydlösung hinzu, daß eine völlige Entfärbung eintritt. Nach 20 Minuten, während welcher Zeit man öfters umgerührt hat, bringt man die Flüssigkeit auf ein kleines Filter. 5 ccm des Filtrates werden in einem Reagensglas mit 5 ccm Diphenylaminreagens (10 ccm Diphenylaminlösung [10%] in 96%igem Alkohol werden mit 25 ccm Eisessig und 65 ccm reiner Salzsäure [1,19] gemischt) versetzt und in einem kochenden Wasserbad bis zu 10 Minuten (nicht länger) belassen. Bei Anwesenheit von Saccharose zeigt sich schon nach 1—2 Minuten eine Blaufärbung, die nach 5 Minuten noch stärker geworden ist. Ein zweiter Teil des Filtrates darf, wenn man dem Inhalt FEHLINGsche Lösung zusetzt und gleichzeitig mit den anderen Proben in das kochende Wasserbad stellt, keine Reduktionserscheinungen (rötlichen Nieder·schlag) zeigen. Nach A. DEVARDA[1] ist es ratsam, bei höherem Milchzuckergehalt (6%) weniger Milch zu nehmen. Liegt Zuckerkalk vor, so empfiehlt es sich, vor der Fällung mit Aceton einige Tropfen verd. Essigsäure zuzusetzen; im übrigen ist die Behandlung die gleiche.

γ) J. NATH RAKSHIT[2] hat ein Verfahren ausgearbeitet, um Saccharose neben Lactose zu bestimmen. In der zu untersuchenden Milch wird durch vorsichtigen, tropfenweisen Zusatz von verd. Citronensäurelösung das Casein ausgefällt. In dem Serum wird der Milchzucker titrimetrisch mittels FEHLINGscher Lösung bestimmt. Alsdann wird eine bestimmte Menge FEHLINGscher Lösung mit einer berechneten Menge des Milchserums versetzt und durch Kochen das Kupfer ausgefällt. Diese Mischung enthält jetzt nur noch Saccharose. Die Mischung wird neutralisiert und alsdann unter Zusatz von Salzsäure (Bd. II, S. 888) die etwa vorhandene Saccharose invertiert. In dieser Mischung bestimmt man mittels FEHLINGscher Lösung den Invertzucker, der mittels des Faktors 0,95 auf Saccharose umgerechnet wird.

b) Bestimmung des Calciums. Nach E. BAIER und P. NEUMANN werden 250 ccm Milch von etwa 15° mit 10 ccm Salzsäure (10%) kräftig durchgeschüttelt. Von dem erhaltenen klaren Filtrat werden 104 ccm = 100 ccm ursprünglicher Milch in einem 200 ccm-Kölbchen mit 10 ccm Ammoniak (10%) versetzt und bis zur Marke mit Wasser aufgefüllt. Nach $^1/_2$ Stunde wird die Mischung klar filtriert. 100 ccm des Filtrates = 50 ccm Milch werden mit 10 ccm Ammoniumoxalatlösung (5%) versetzt und nach längerem Stehen der Kalk in bekannter Weise als Oxyd zur Wägung gebracht. Zu beachten ist, daß der Kalkgehalt der Milch auch Schwankungen unterworfen ist. Es wurden bei normaler Milch Gehalte von 0,145—0,27% CaO festgestellt.

Nachweis von künstlichen Süßstoffen.

Wenn die Milch Saccharose oder künstliche Süßstoffe enthält, schmeckt das aus der Milch hergestellte Serum süß.

Zum Nachweise von künstlichen Süßstoffen wird, wie folgt, verfahren:

Das Serum wird mit verd. Schwefelsäure angesäuert, etwas Alkohol zugefügt und mit Äther-Petroläther ausgeschüttelt. Der Verdunstungsrückstand der Äther-Petrolätherlösung schmeckt bei Anwesenheit von künstlichen Süßstoffen deutlich süß.

Nach C. FORMENTI[3] werden 100 ccm Milch mit 1 ccm Essigsäure (d = 1,038) versetzt und die Mischung $^1/_2$ Stunde auf dem Wasserbade durch Erwärmen zur Gerinnung gebracht. Das Koagulum wird abfiltriert und mit etwas heißem

---

[1] A. DEVARDA: Arch. Chem. u. Mikrosk. 1915, **8**, 69; **Z.** 1916, **32**, 455.

[2] J. NATH RAKSHIT: Journ. Ind. Engin. chem. 1914, **6**, 307; **Z.** 1916, **32**, 456.

[3] C. FORMENTI: Boll. chim. Farm. 1902, **41**, 453; **Z.** 1904, **7**, 108.

Wasser ausgewaschen. Das Filtrat ist geschmacklos, sofern in der Milch Saccharose, Dulcin oder Saccharin nicht vorhanden sind. Ist das Filtrat dagegen süß, so werden 5 ccm verd. Schwefelsäure (d = 1,134) zugesetzt und wie oben die Lösung mit Äther-Petroläther ausgeschüttelt und geprüft.

Die quantitative Bestimmung der künstlichen Süßstoffe (Saccharin und Dulcin) kann nach M. TORTELLI und E. PIAZZA[1] durchgeführt werden.

8. Nachweis fremder Farbstoffe.

Die Farbe normaler, namentlich fettreicher Milch von Weidetieren ist weiß mit einem schwach gelblichen Stich. Die Färbung ist bedingt durch die Farbstoffe der Weidegräser und besteht aus einem fettlöslichen Farbstoff, der Carotin ist, und einem wasserlöslichen grünlichgelben, jetzt näher bekannten Farbstoff, siehe S. 75, der in die Molken übergeht (M. LUNDBORG[2]). LUNDBORG gibt auch ein Verfahren zur Bestimmung des Carotins der Milch an.

Da das Carotin im Milchfett gelöst ist, ist der Rahm stärker gelb als die Milch, während die fettarme Magermilch eine mehr bläulich weiße Färbung besitzt. Um diese letztere Färbung zu verdecken bzw. fettarmer Milch den Anschein einer fettreicheren Milch zu verleihen, werden der Milch gelegentlich geringe Mengen eines gelben Farbstoffes[3] zugesetzt. Bei künstlich gefärbter Milch ist auch die daraus gewonnene Magermilch meist gelblichweiß gefärbt.

Nach den Angaben von A. E. LEACH[3] waren von den 1894—1898 in Massachusetts beobachteten 151 Milchfärbungen 88% mit Annatto (Orlean), 10% mit einem Azofarbstoff und 2% mit Caramel erfolgt. Im übrigen finden zum Färben der Milch gelegentlich alle in Molkereien zur Anwendung kommenden Farbstoffe Verwendung, nach M. W. BLYTH[4] außer den vorgenannten noch: Anilingelb, Säuregelb, Buttergelb, Safran, Curcuma u. a.

Zum Nachweis der künstlichen Färbung von Milch und Rahm wurde im Hygienischen Institut Hamburg[5] folgendes Verfahren ausgearbeitet:

100—200 ccm Milch oder Rahm werden mit Essigsäure schwach angesäuert, dann bis auf 80° erwärmt. Das Koagulum, das außer den Proteinen auch das Fett und den Farbstoff enthält, wird mittels Koliertuchs vom Serum getrennt, noch zweimal zur Entfernung des Milchzuckers mit Wasser digeriert, abgepreßt und dann noch feucht wiederholt mit Alkohol ausgekocht, bis dieser nicht mehr gefärbt wird. Die vereinigten Alkoholauszüge werden auf 10—20 ccm eingedampft, der Rest, erforderlichenfalls nach Zusatz der gleichen Menge absoluten Alkohols, im Eisschrank gekühlt. Nach 12stündigem Stehen gießt man die nur noch wenig gelöstes Fett enthaltende, bei Anwesenheit fremder Farbstoffe ziemlich stark gefärbte alkoholische Lösung in einen kleinen Zylinder ab und stellt in die Lösung einen Streifen von Filtrierpapier. Die Flüssigkeit steigt langsam bis nahe zum Rande des Gefäßes durch Capillaritätswirkung auf und verdunstet dort; während bei reiner Milch, je nach der natürlichen Farbe, eine schwach gelbliche bis bräunliche bandförmige Verfärbung am oberen Teile des Papiers entsteht, zeigen sich bei Zusatz der meist gebrauchten Käsefarben charakteristische breite Färbungen, bei Orleans (Annatto) z. B. rosa bis rötlichorange unterhalb des auch bei reiner Milch auftretenden Bandes. Die Papierstreifen befreit man vorteilhaft von dem anhaftenden Fett durch Waschen mit Petroläther, der die Farbstoffe auf der Faser nicht angreift. Mit diesem Verfahren lassen sich viele in der milchwirtschaftlichen Betriebe benutzte Farben nachweisen, allerdings manche auch nicht.

Ferner haben Nachweisverfahren angegeben: A. LEYS[6] für Annatto, J. FROIDEVEAUX[7] für Annatto, Safran, Curcuma, Mohrrüben, A. E. LEACH für Annatto, Azofarbstoffe und Caramel, H. C. LYTHGOE[8] für Anilinorange und M. W. BLYTH für alle in Frage kommenden Farbstoffe, auf die hier verwiesen sei. — Siehe ferner auch Bd. II, S. 1178.

---

[1] M. TORTELLI u. E. PIAZZA: Z. 1910, **20**, 401.
[2] M. LUNDBORG: Biochem. Zeitschr. 1931, **231**, 275.
[3] A. E. LEACH: Journ. Amer. Chem. Soc. 1900, **22**, 205; Z. 1900, **3**, 646.
[4] M. W. BLYTH: Analyst 1902, **27**, 146; Z. 1903, **6**, 228.
[5] Vgl. H. WEIGMANN: Z. 1907, **14**, 71.
[6] A. LEYS: Journ. Pharm. et Chim. 1898 [6], **7**, 286; Z. 1898, **1**, 651.
[7] J. FROIDEVEAUX: Ann. chim. analyt. 1898, **3**, 110; Z. 1899, **2**, 237.
[8] H. C. LYTHGOE: Journ. Amer. Chem. Soc. 1900, **22**, 813; Z. 1901, **4**, 611.

9. Übergang von Arzneimitteln in die Milch.

Nach der Ausführungsverordnung vom 15. Mai 1931 zum Milchgesetz vom 31. Juli 1930 ist es verboten, Milch von Kühen, die mit in die Milch übergehenden Arzneimitteln behandelt werden oder vor weniger als 5 Tagen behandelt worden sind, in den Verkehr zu bringen. Bestandteile von solchen Arzneimitteln sind in Bd. I, S. 1141 angegeben worden, doch muß betont werden, daß die Angaben hierüber sich vielfach widersprechen; dies hängt offenbar damit zusammen, daß die verabreichten Stoffe nach Art der Verbindungen, ferner nach Menge und Zeitdauer der Gaben vielfach verschiedene waren.

Weitere Angaben hierüber finden sich bei L. VAN ITALLIE[1], G. WESENBERG[2] und H. B. KALDEWYN[3]:

Nach VAN ITALLIE gehen in die Milch über: Jod, Arsentrioxyd und Fluorescein, dagegen gehen nicht über: Phenolphthalein und Rhabarber, Physostigmin, Pilocarpin, Morphin, Opium, Salicylsäure, Salol und Terpentinöl. — Nach WESENBERG gehen über: Jod, Brom und Helmitol (Formaldehyd), dagegen geht Eosin nicht über. — Nach KALDEWYN gehen über: Blei (bei einer Ziege), Chinin, Urotropin (Formaldehyd), dagegen gingen nicht über: Quecksilber, Blei (bei einer Kuh), Antimon, Zink, Wismut, Morphin, Cytisin, Aspirin, Phenolphthalein, Fluorescein.

Über den Nachweis dieser Arzneimittel und Gifte siehe Bd. II, S. 1273.

Eine besondere Rolle spielt, namentlich mit Bezug auf die Frage des endemischen Kropfes, neuerdings die

Bestimmung des Jods

in der Milch, da man neuerdings vielfach bestrebt ist, durch Zugabe von Kaliumjodid und anderen Jodverbindungen zum Futter der Milchkühe die Beschaffenheit der Milch hinsichtlich ihres Jodgehaltes zu verbessern. Nach TH. V. FELLENBERG enthält die normale Milch 14—40 γ Jod je Liter; F. KIEFERLE, J. KETTNER, K. ZEILER und H. HANUSCH[4] fanden für Einzelgemelke bei Stallhaltung und Winterfütterung 16—28, im Mittel 24 γ/l, bei Weidegang bzw. Grünfütterung 24—36, im Mittel 30 γ/l.

Während der Colostralperiode beobachteten sie bei einer Kuh nach Ablauf von 18 Stunden ein plötzliches Emporschnellen des Jodgehaltes von 32 auf 272 γ/l, dem ein rasches Absinken auf den normalen Wert in kurzer Zeit folgte, so daß nach 30 Stunden der Jodgehalt wieder nahezu normal war.

Durch die Zufütterung von Jod in Form von Kaliumjodid oder organischen Jodverbindungen wird der Jodgehalt der Milch beträchtlich erhöht. F. KIEFERLE und Mitarbeiter beobachteten dabei Steigerungen des Jodgehaltes bis auf 672 γ/l[5].

Zur Bestimmung des Jodgehaltes können die Verfahren von TH. V. FELLENBERG, J. SCHWAIBOLD und G. PFEIFFER (Bd II, S. 1242) dienen. F. KIEFERLE und Mitarbeiter haben das Verfahren von v. FELLENBERG[6] der Milchuntersuchung angepaßt und verfahren, wie folgt:

Zu 50 ccm Milch werden in einem Standglas etwa 3 g festes Kaliumhydroxyd hinzugegeben. Nachdem das Gemisch unter wiederholtem täglichem kräftigem Umschütteln einige Tage gestanden hat, werden 25 ccm mittels eines kleinen Meßzylinders in einen kleinen Rundkolben gebracht und nach Zusatz von einigen ccm Alkohol so lange am Rückflußkühler gekocht, bis eine Klärung der Lösung eingetreten ist. Diese Lösung wird

[1] L. VAN ITALLIE: Chem. Weekbl. 1904, **41**, 506; 1908, **45**, 1357; Z. 1905, **10**, 311; 1910, **19**, 216. — Vgl. auch Molkereiztg. Berlin 1905, **15**, 426.
[2] G. WESENBERG: Zeitschr. angew. Chem. 1910, **23**, 1347.
[3] H. B. KALDEWYN: Pharm. Weekbl. 1910, **47**, 1305, 1382; Z. 1911, **22**, 420.
[4] F. KIEFERLE, J. KETTNER, K. ZEILER u. H. HANUSCH: Milchw. Forsch. 1927, **4**, 1.
[5] Vgl. ferner A. REIJST-SCHEFFER: Pharm. Weekbl. 1908, **45**, 1359; Z. 1910, **19**, 217 und G. WESENBERG: Zeitschr. angew. Chem. 1910, **23**, 1347.
[6] TH. V. FELLENBERG: Mitt. Lebensmittelunters. Hygiene 1923, **14**, 161.

alsdann in eine ausgeglühte, blanke Eisenschale mit flachem Boden von 10 cm Durchmesser gebracht und der Kolben mit Wasser nachgespült; zu 1 Liter Wasser setzt man vorher 10—12 ccm gesättigte Kaliumcarbonatlösung. Der Inhalt der Schale wird auf einem Asbestdrahtnetz bei kleiner Flamme und häufigerem Durchrühren mit einem Glasstab zur Trockne gebracht. Besondere Vorsicht ist nun bei der vorzunehmenden Verkohlung des Schaleninhaltes geboten. Nachdem unter ständigem Durcharbeiten der Schaleninhalt schwach verkohlt ist, setzt man die Schale auf ein Dreieck und verkohlt bei nicht zu großer Flamme, bis keine Dämpfe mehr entweichen. Wenn Teile der Masse ins Glühen kommen, so muß die Flamme weggenommen werden. Man steigert nunmehr die Temperatur sehr vorsichtig, verkohlt weiter und hört mit dem Verkohlen auf, wenn der Schaleninhalt eine graubraune Färbung angenommen hat.

Nach dem Erkalten wird die Masse mit Wasser angefeuchtet, zerrieben, filtriert und die Schale mit Wasser nachgespült. Das Filtrat soll eine gelbe bis rotgelbe Farbe zeigen. Das Filter wird in die Eisenschale zurückgetan, verbrannt und verascht; hierbei kann man eine etwas höhere Temperatur anwenden. Alsdann wird das Filtrat in die erkaltete Eisenschale zurückgegossen und der Inhalt unter Umrühren zur Trockne gebracht. Nach dem Erkalten soll der Schaleninhalt spröde und von weißgrauer Färbung sein.

Unter tropfenweisem Zusatz von Wasser wird der Rückstand mit einem kleinen Pistill zerrieben, bis eine homogene, dick breiige Masse entsteht, die ziemlich zähflüssig ist; sie wird wiederholt mit Alkohol durchgeknetet, bis sie eine feste Konsistenz angenommen hat. Die Alkoholauszüge gießt man in einen ERLENMEYER-Kolben von 200—300 ccm Fassungsvermögen. Nunmehr setzt man zu dem trockenen Rückstand in der Eisenschale tropfenweise unter Umrühren gesättigte Kaliumcarbonatlösung, bis der Inhalt nach dem Verrühren wieder eine breiige Konsistenz angenommen hat. Erneut zieht man diesen Brei, wie oben beschrieben, mit Alkohol aus. Zur Gesamtextraktion benötigt man für 25 ccm Milch etwa 150—200 ccm Alkohol. Von den gesamten Alkoholauszügen wird der Alkohol abdestilliert und der Rückstand in Wasser gelöst. Diese Lösung wird in einer Platinschale von etwa 4 cm Durchmesser zur Trockne verdampft; vorher setzt man noch etwa 15 Tropfen konz. Kaliumcarbonatlösung hinzu. Nunmehr glüht man die Schale gelinde, zerdrückt mit einem Pistill den Glührückstand gleichmäßig und glüht nochmals gelinde. Der alsdann verbleibende Rückstand wird mit einigen Tropfen Wasser zu einem gleichmäßigen Brei angerührt und wiederum mehrmals mit Alkohol ausgezogen, bis der Rückstand fest geworden ist. Das Verrühren der Masse zu einem Brei wird mit einigen Tropfen konz. Kaliumcarbonatlösung erneut vorgenommen und das Ausziehen mit Alkohol nochmals wiederholt. Die Alkoholauszüge werden in einer Platinschale unter Zusatz von etwas Kaliumcarbonatlösung eingedampft, schwach geglüht und der Glührückstand nochmals, wie eben beschrieben, mit Alkohol ausgezogen. Diese Alkoholauszüge werden nunmehr in einer Platinschale unter Zusatz eines Körnchens Salpeter zur Trockne eingedampft und die Schale vorsichtig mehrmals durch eine kleine Flamme gezogen. Der Rückstand muß jetzt rein weiß sein. Wenn Flecken vorhanden sein sollten, so ist er erneut mit Kaliumcarbonat und Alkohol zu behandeln.

Der rein weiße Rückstand wird in 0,3 ccm Wasser gelöst, wobei man dafür sorgt, daß der ganze Boden benetzt und durch Hin- und Herneigen auch der Glührückstand am Schalenrand gelöst wird. Man läßt die Flüssigkeit durch Schrägstellen der Schale zusammenlaufen, bringt sie in ein Jodausschüttelungsröhrchen und spült die Schale mit 0,3 ccm Wasser aus. Aus der Lösung wird das Jod mittels 2—3 Tropfen einer Natriumnitritlösung (0,05 g Natriumnitrit in 10 ccm Wasser) und 3—4 Tropfen 3 N.-Schwefelsäure freigemacht. Um das ausgeschiedene Jod colorimetrisch bestimmen zu können, fügt man 0,01 ccm Chloroform, das über Kaliumcarbonat destilliert ist, hinzu und bringt es durch vorsichtiges Klopfen mit dem Zeigefinger auf den Boden des Röhrchens. Damit das Chloroform alles Jod aufnimmt, verschließt man das Röhrchen mit dem Finger, zieht über sein unteres Ende ein kurzes Stück Gummischlauch und läßt es vorsichtig kurze Zeit an den Taschen einer langsam rotierenden Zentrifuge aufstoßen, wobei durch die Erschütterung eine sehr feine Zerteilung des Chloroforms erfolgt. Nach Beendigung des Ausschüttelns wird das Röhrchen zentrifugiert. Wenn die Jodmenge 1 γ übersteigt, so kann man nochmals 0,01 ccm Chloroform zusetzen, damit man keine zu dunklen Farbentöne erhält.

Zum colorimetrischen Vergleich stellt man sich Typlösungen, die mit Wasser auf dasselbe Volumen verdünnt sind und gleichviel Chloroform und Nitritreagens enthalten, her. Man löst 0,2616 g reinstes Kaliumjodid und füllt es auf 2 Liter mit Wasser auf; 0,01 ccm enthält dann 1 γ Jod.

Wenn die Jodmenge 3 γ überschreitet, so wird das Jod mit Natriumthiosulfatlösung titrimetrisch bestimmt. Zu diesem Zweck löst man den Inhalt der Platinschale in Wasser, gießt die Lösung in einen kleinen ERLENMEYER-Kolben, spült die Schale nach und gibt Bromwasser im Überschuß hinzu. Alsdann kocht man das Brom aus dem Kölbchen, das man auf ein Asbestdrahtnetz stellt, völlig weg. Nach dem Abkühlen fügt man ein Körnchen reinstes Kaliumjodid hinzu, säuert mit einigen Tropfen 3 N.-Schwefelsäure an und titriert unter Zusatz von Stärkelösung mit $^1/_{600}$ N.-Natriumthiosulfatlösung das ausgeschiedene Jod. In ein anderes ERLENMEYER-Kölbchen bringt man genau 10 γ Jod, also 0,1 ccm von der eingestellten Kaliumjodidlösung, verdünnt mit Wasser, setzt Bromwasser hinzu und verfährt genau wie eben angegeben. Das ausgeschiedene Jod wird mit der $^1/_{600}$ N.-Natriumthiosulfatlösung zurücktitriert. Aus dem Verbrauch an Natriumthiosulfatlösung läßt sich alsdann das Jod in der Milch errechnen.

Zu bemerken ist noch, daß natürlich sämtliche angewendeten Chemikalien frei von Jod sein müssen. Den Alkohol (96—98%) und das Chloroform kann man zu diesem Zweck über Kaliumcarbonatlösung destillieren. Das Kaliumhydroxyd läßt sich rein, d. h. frei von Jod, durch bekannte Firmen beziehen. Das Kaliumcarbonat reinigt man in der Weise, daß man es mehrmals mit reinem Alkohol auszieht. Am besten stellt man sich eine gesättigte Kaliumcarbonatlösung her, die alsdann mit Alkohol ausgeschüttelt wird.

McCLENDON, REMINGTON, v. KOLNITZ und REDDING RUFE [1] beschreiben ein besonderes Verfahren der Verbrennung der organischen Substanz, in der das Jod bestimmt werden soll. Die organische Substanz wird in eine Silica- oder Pyrexröhre gespritzt, in welcher sich glühende Platinspiralen befinden. Das Rohr wird im Verbrennungsofen zum Glühen gebracht. Zur Aufnahme des Jods dient eine Sulfitlösung, Hydrazosäure zur Befreiung von überschüssigem Nitrit. Das Jod wird wie oben in Freiheit gesetzt und bestimmt. M.MIETHKE und H. COURTH [2] bedienen sich der sauren Verbrennung nach G. PFEIFFER [3] und titrieren das Jod nach L. W. WINKLER [4].

10. Nachweis von Colostralmilch [5].

Als verdorben im Sinne des Milchgesetzes ist Milch anzusehen, die kurz vor oder in den ersten Tagen nach dem Abkalben gewonnen ist (S. 528).

Über die Zusammensetzung und die Eigenschaften des Colostrums siehe S. 87.

Die Erkennung des Eutersekretes unmittelbar vor und in den ersten beiden Tagen nach dem Abkalben dürfte keine besonderen Schwierigkeiten machen, da diese Sekrete in Aussehen und Zusammensetzung so stark von normaler Milch abweichen, daß sie leicht erkannt werden können.

Die Farbe ist gelb bis gelbbraun (an das Fett gebunden), unter Umständen rötlich (durch Blutbeimischung), dann grau und nimmt erst etwa am 5. Tage nach dem Abkalben die Farbe normaler Milch an. Das Sekret ist ferner am ersten Tage dickflüssig, schleimig, klebrig oder fadenziehend, verliert aber nach etwa $1^1/_2$—2 Tagen diese Eigenschaften. Innerhalb dieser Zeit verschwindet meist die stark von normaler Milch abweichende Zusammensetzung der ersten Sekrete (hohes Spez. Gewicht, hoher Gehalt an Trockensubstanz, Casein, Albumin, Mineralstoffen und Chloriden, geringer Gehalt an Milchzucker).

Die Sekrete vor und bis etwa 10 Tage nach dem Abkalben sind gekennzeichnet durch einen hohen, allmählich abnehmenden Gehalt an Colostrumkörperchen, mit Fetttröpfchen beladene, tief gelbe, teils rundliche, teils unregelmäßig strahlen- oder sternförmige Leukocyten. Ein hoher Gehalt an solchen deutet daher auf Colostralmilch hin. Dabei ist aber zu berücksichtigen, daß auch die Milch von euterkranken Kühen stets Colostrumkörperchen enthält und in solcher von altmelkenden Kühen und bei Futterwechsel häufig vorkommen.

---

[1] McCLENDON, REMINGTON, v. KOLNITZ u. REDDING RUFE: Journ. Amer. Chem. Soc. 1930, **52**, 541; Milchw. Forsch. 1931, **11**, Ref. 108.

[2] M. MIETHKE u. H. COURTH: Milchw. Forsch. 1932, **13**, 394.

[3] G. PFEIFFER: Siehe Bd. II, S. 1243; Biochem. Zeitschr. 1931, **241**, 280.

[4] L. W. WINKLER: Zeitschr. angew. Chem. 1915, **28**, 496.

[5] ANDERS: Arch. wissensch. u. prakt. Tierheilk. 1909, **35**, 380; Milchw. Zentralbl. 1909, **5**, 465; Z. 1910, **20**, 478. — E. WEBER: Milchw. Zentralbl. 1910, **6**, 433; Z. 1911, **21**, 421. — J. PETERSEN: Milchztg. 1909, 48, 447; Z. 1911, **22**, 739. — H. ENGEL u. H. SCHLAG: Milchw. Forsch. 1924, **2**, 1. — A. PFEIFFER: Milchw. Forsch. 1927, 4, 210. — G. SCHULZE: Milchw. Forsch. 1928, **6**, 445.

Der alleinige Nachweis von Colostrumkörperchen gibt daher keinen Anhaltspunkt dafür, daß es sich um eine Beimischung von Colostralmilch handelt. Colostralmilch liefert bei der Leukocytenprobe nach TROMMSDORFF eine erhöhte Menge von Sediment (S. 89).

Colostralmilch gerinnt beim Kochen (S. 88) auch im frischen Zustand noch 2—4 Tage nach dem Abkalben zu einem festen Kuchen. Die Alkoholprobe (S. 204) hält Colostrummilch meist vom 4.—12. Tage an aus.

11. Nachweis von Ziegenmilch.

Da als „Milch" im Sinne des Milchgesetzes (S. 492, 529, 530) nur die Kuhmilch gilt, so ist Milch, der solche von anderen Tierarten zugesetzt ist, verfälscht, und die Milch anderer Tierarten, die lediglich als „Milch" bezeichnet wird, irreführend bezeichnet.

Praktisch kommt unter deutschen Verhältnissen wohl nur die Ziegenmilch als Verfälschungsmittel der „Milch" in Frage.

Der Nachweis von Ziegenmilch in Kuhmilch beruht auf dem verschiedenen Verhalten der Caseine gegenüber Ammoniak. Während Kuhcasein in Ammoniak (25%) vollkommen löslich ist, bleibt Ziegencasein vollkommen ungelöst, es quillt nur auf. Bedingung ist dabei, daß die Milch frisch ist; bei älterer und saurer Milch ist das Verfahren nach R. STEINEGGER[1] und W. AUSTEN[2] nicht anwendbar.

Die Untersuchung kann wie folgt durchgeführt werden: Die erforderliche Entrahmung der Milch nimmt man zweckmäßig in den GERBERschen Fettbestimmungsröhren für Käse vor, die 20 ccm Fassungsraum besitzen. Die Milch wird vorher auf 50⁰ erwärmt und alsdann längere Zeit in der GERBERschen Milchfettzentrifuge zentrifugiert. Das Fett setzt sich in den engen Teil des Rohres an und kann mittels Glasstabes oder Pipette aus dem Röhrchen entfernt werden. Nun fügt man 2 ccm Ammoniak (25%) hinzu, schüttelt sofort gut durch und setzt das Röhrchen $^1/_2$ Stunde lang in ein Wasserbad von 50—60⁰; zeitweilig nimmt man es heraus und schüttelt es gut durch. Hierauf wird das Röhrchen umgekehrt in die Zentrifuge gelegt, wobei dessen graduierter Teil nach außen kommt, und bei einer Tourenzahl von etwa 1200 rund 10 Minuten zentrifugiert. Falls geringe Mengen Gerinnsel noch in dem weiten Teil des Apparates sich befinden, werden die Reste, wenn sie sich festgesetzt haben sollten, mittels eines Glasstabes gelockert und zerteilt. Alsdann wird das Röhrchen nochmals im Wasserbad erwärmt und erneut in der gleichen Weise zentrifugiert. Kuhmilch gibt keinen oder nur einen unwesentlichen Niederschlag, während bei reiner Ziegenmilch das Caseingerinnsel etwa die Hälfte des engen Rohrteiles ausfüllt.

An Stelle der Butyrometer kann man auch Zentrifugengläser benutzen. Durch längeres Zentrifugieren kann man den Rahmpfropfen so fest erhalten, daß er sich mit einem Spatel aus dem Glas völlig entfernen läßt. Nun fügt man Ammoniak hinzu, schüttelt durch und verfährt, wie oben beschrieben. J. PRITZKER[3] nimmt Albuminometerröhren nach SCHMID, die Schätzungen der zugesetzten Menge Ziegenmilch gestatten. Da jedoch der Caseingehalt der Ziegenmilch nach W. AUSTEN[4] Schwankungen unterliegt, so können bestimmte Prozentsätze an Ziegenmilchzusatz nicht angegeben werden. Die

[1] R. STEINEGGER: Molkereiztg. Berlin 1903, 13, 398, 410; Z. 1904, 7, 396.
[2] W. AUSTEN: Milchw. Zentralbl. 1921, 50, 125; Z. 1923, 45, 382.
[3] J. PRITZKER: Mitt. Lebensmittelunters. Hygiene 1914, 5, 307; Z. 1916, 32, 453.
[4] W. AUSTEN: Milchw. Zentralbl. 1921, 50, 125; 1924, 53, 57; Z. 1925, 49, 129.

oben beschriebene Methode gestattet noch 20% Ziegenmilch in Kuhmilch nachzuweisen. Weiteres siehe aus den Arbeiten von A. Heiduschka und B. Beyrich[1]
und A. Gabathuler[2].

12. Hygienische Überwachung der Milch.

Die hygienische Überwachung des Verkehrs mit Milch bezweckt, Milch,
welche die Gesundheit zu schädigen geeignet oder aus anderen Gründen (Verschmutzung, Säuerung usw.) in ihrem Genuß- und Gebrauchswert erheblich
beeinträchtigt ist, zu erkennen und möglichst vom Verkehr auszuschließen.

Diese Überwachung muß im Stalle beginnen und sich dabei namentlich
auf den Gesundheitszustand der Milchtiere durch den Tierarzt erstrecken.
Die weitere hygienische Überwachung der im Verkehr befindlichen Milch ist
in erster Linie Aufgabe des Arztes.

Über die einschlägige bakteriologische Untersuchung der Milch siehe
S. 456.

Von den außerdem in Frage kommenden Untersuchungsverfahren seien die
folgenden hier behandelt:

a) Bestimmung des Schmutzgehaltes. Unrein ermolkene Milch enthält
immer mehr oder weniger Schmutz, bestehend aus Kuhkot, Haaren, Hautschuppen usw. mit den daran haftenden Bakterien, namentlich Darmbakterien.

W. Plücker[3] fand in 20 Proben Kuhkot aus verschiedenen Ställen während eines
Jahres 9,4—21,7, im Mittel 13,9% Trockensubstanz und von dieser waren 7,0—50,0, im
Mittel 22,3%, in Wasser löslich; es entspricht hiernach also die gewogene, unlösliche Kot-
Trockensubstanz im Mittel der 9,3fachen Menge frischen Kotes[4]. — Nach H. Lührig und
F. Wiedmann[5] liefert der Kuhkot (85,2% Wasser) etwa 10% mit Wasser, Alkohol und
Äther ausgezogene Trockensubstanz.

Die Bestimmung des Schmutzgehaltes erfolgte früher meist durch Wägung
des durch Filtration oder durch Sedimentation mit nachfolgender Dekantierung
und Trocknung gewonnenen Schmutzes, wobei also die Trockensubstanz etwa
der 10fachen Menge frischen Kotes[5] entsprach. Von G. Fendler und O. Kuhn[6]
und neuerdings von W. Plücker[3] ist die Messung des Schmutzvolumens in
engen Röhrchen vorgeschlagen worden. Im allgemeinen wird aber die Verschmutzung nach dem Schmutzbild von Wattescheiben beurteilt, durch die
eine bestimmte Menge Milch, meist 500 ccm, filtriert worden ist; man bezeichnet
dann die Milch je nach dem Schmutzbild als schmutzfrei, wenig, mittel, stark
oder sehr stark verschmutzt. Dieser Art der Beurteilung des Schmutzgehaltes
haftet natürlich eine gewisse Subjektivität an. Es dürfte sich daher empfehlen,
in zweifelhaften Fällen neben dem Schmutzbild auch die Menge der Trockensubstanz des in der Milch unlöslichen Schmutzes oder das Volumen des
Schmutzes zu bestimmen (G. Fendler und O. Kuhn[6]).

α) Das einfachste Verfahren zur Erkennung einer Verschmutzung der
Milch, das vielseitige Verwendung und Anerkennung erfahren hat, besteht darin,

---

[1] A. Heiduschka u. B. Beyrich: Milchw. Zentralbl. 1923, 52, 37, 49; Z. 1924, 48, 318.
[2] A. Gabathuler: Zeitschr. Fleisch- u. Milchhyg. 1914, 25, 20, 40, 51; Z. 1916, 32, 453.
[3] W. Plücker: Z. 1935, 70, 96.
[4] Ein Mangel dieser Verfahren besteht darin, daß in dem Sediment bzw. dem Filtrations-
rückstande außer Kuhkot auch noch andere Substanzen wie Haare, Hautschuppen, Stroh-
teilchen usw. vorhanden sein können, die andere Trockensubstanzgehalte aufweisen wie
Kuhkot. Das Sediment oder der Filtrationsrückstand enthält ferner gelegentlich auch
Caseingerinnsel, das aber durch verd. Ammoniak entfernt werden kann.
[5] H. Lührig u. H. Wiedmann: Bericht Chemnitz 1903; Z. 1904, 8, 204.
[6] G. Fendler u. O. Kuhn: Z. 1909, 17, 513. Daselbst findet sich auch eine Zusammenstellung der älteren Literatur.

daß man 500 ccm Milch in einer Flasche aus hellem Glase mit flachem Boden 1 Stunde lang ruhig hinstellt und darauf beobachtet, ob sich mehr oder weniger Schmutzteilchen am Boden des Gefäßes abgesetzt haben.

Um bei höherem Schmutzgehalt ein Bild der Verschmutzung als Überführungsstück zur Verfügung zu haben, filtriert man die 500 ccm Milch in einem geeigneten Apparat (Abb. 38, 39) durch eine Wattescheibe, wäscht den Schmutzrückstand mit wenig Wasser aus, trocknet die Wattescheibe und bedeckt sie mit einer Cellophanscheibe. Zum schnelleren Durchfiltrieren von Milch gibt es Vorrichtungen, bei denen man die Milch mittels eines Gummibläsers unter Druck setzen kann; eine solche Vorrichtung ist z. B. der Milchschmutzprober „Rascha" (Abb. 39).

M. BALLÓ[1] und W. PLÜCKER[2] haben statt Wattefilter Müllergaze zur Filtration empfohlen.

β) Gewichtsbestimmung des Schmutzes: Nach G. FENDLER und O. KUHN[3] verfährt man wie folgt:

In ein 100 ccm fassendes Zentrifugenglas, dessen verjüngter Ansatz eine Einteilung in 0,005 ccm = 5 cmm aufweist, werden 100 ccm der gut durchgemischten Milch eingefüllt, darauf wird das Glas mit einem Gummistopfen verschlossen und 10 Minuten lang bei 750 Umdrehungen je Minute zentrifugiert[4]. Der Schmutz setzt sich hierbei in dem verjüngten Teil so fest ab, daß die überstehende Milch abgegossen und die letzten Teile der Milch durch Aus-

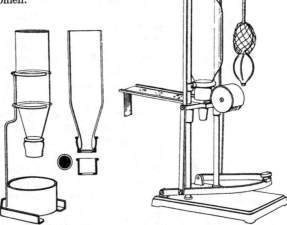

Abb. 39. Milchschmutzprober „Rascha".

Abb. 38. Vorrichtung zur Filtration von Milchschmutz.

spülen mit Wasser vollständig entfernt werden können. Dann wird der Schmutz, nötigenfalls nach Aufrühren mit einem Draht, mit 15 ccm Ammoniak (10%) geschüttelt und ½—1 Stunde einwirken gelassen. Man füllt mit Wasser bis zur Marke 100 ccm auf, zentrifugiert abermals, gießt wie vorher das Wasser ab, nimmt mit wenig Wasser auf und sammelt den Schmutz in einem gewogenen NEUBAUER-Tiegel. Nach dem Auswaschen mit Wasser, Alkohol und Äther wird bei 100° bis zur Gewichtskonstanz getrocknet und gewogen. Das Schmutzvolumen steht in keiner festen Beziehung zum Gewicht des Schmutzes.

Ein deutlicher Bodensatz bei der Untersuchung nach α) macht sich im allgemeinen bei einem Schmutzgehalt von 10 mg im Liter bemerkbar.

RENK[5], ferner A. STUTZER[6] sowie P. BOHRISCH und A. BEYTHIEN[7] haben schon früher eine gewichtsanalytische Bestimmung des Schmutzes vorgeschlagen, wobei sie den Schmutz aus 1 Liter Milch bei 2stündigem Stehen bestimmten; dabei heberten sie die Milch bzw. die Waschwässer bis auf 30 ccm so lange ab, bis alle Milch entfernt war.

---

[1] M. BALLÓ: Österr. Chemiker-Ztg. 1904, 7, 101; Z. 1905, 9, 158.
[2] W. PLÜCKER: Z. 1935, 70, 96.
[3] G. FENDLER u. O. KUHN: Z. 1909, 17, 513.
[4] Zum Schutze des Zentrifugenglases wird dieses in der Zentrifuge in einen passenden Gummifuß gestellt.
[5] RENK: Münch. med. Wochenschr. 1891, 99, 124.
[6] A. STUTZER: Die Milch als Kindernahrung usw. Bonn 1895, Verlag von Strauß; Vierteljahrsschr. Fortschr. Nahr.- u. Genußm. 1895, 10, 168.
[7] P. BOHRISCH u. A. BEYTHIEN: Z. 1900, 3, 319.

Bohrisch und Beythien untersuchten auf diese Weise die nach Dresden gelieferte Milch und fanden dabei folgende Schmutzmengen (mg in 1 Liter):

| | Wintermilch | | Sommermilch | |
	Morgenmilch (17 Proben)	Abendmilch (23 Proben)	Morgenmilch (20 Proben)	Abendmilch (18 Proben)
Mittel	5,6	6,9	2,9	2,3
Schwankungen . . .	2,7—7,5	3,0—24,6	0,6—6,5	0,9—4,2

Hiernach enthielt die Winter- (Stall-) milch etwa doppelt soviel Schmutz wie die Sommer- (Weide-) milch.

Das Verfahren von H. Weller[1] liefert nach G. Fendler und O. Kuhn[2] und anderen unrichtige Ergebnisse.

γ) Volumenbestimmung des Schmutzes: Hierfür ist von N. Gerber[3] ein „Schmutzfänger" vorgeschlagen, ein 500 ccm Milch fassendes, unten stark verjüngtes und mit Einteilung versehenes Rohr, in dem der in 24 Stunden abgesetzte Schmutz gemessen wird. Bei diesem Apparat entspricht 0,1 ccm Milchschmutz nach H. Grosse-Bohle[4] 5 mg und nach G. Fendler und O. Kuhn[5] 6,5—6,7 mg Milchschmutz; ferner entspricht nach H. Lührig und H. Wiedmann[6] 0,1 ccm Kuhkot 4—6,5 mg.

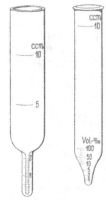

I. Nach   II. Nach
Trommsdorff.   Skar.
Abb. 40. Leukocytenprober.

W. Plücker[7] hat neuerdings ein Verfahren angegeben, bei dem 500 ccm Milch $^1/_2$ Stunde zum Sedimentieren hingestellt, dann 450 ccm abgehebert werden, und der Rest unter Umschütteln auf einer Nutsche mit Seidengazefilter abgesaugt und Flasche und Filter mit etwas Wasser nachgewaschen wird. Bleibt auf dem Filter auch Caseingerinnsel zurück, z. B. bei pasteurisierter Milch, so wird es durch etwas verd. Ammoniak gelöst. Der Schmutz wird vom Filter in ein Trommsdorffsches Leukocytenrohr (Abb. 40) gespritzt und zentrifugiert. Falls bei größeren Schmutzmengen nicht aller Schmutz sogleich in den capillaren Teil des Rohres hineingeht, wird mit einem Draht nachgeholfen. Darauf werden 3—4 Tropfen Chloroform oder Tetrachlorkohlenstoff zugegeben und nach nochmaligem Zentrifugieren das Volumen des Schmutzes abgelesen.

Nach Versuchen von Plücker mit Zusätzen von steigenden Kotmengen mit 2,5—25 mg Kottrockensubstanz auf 500 ccm Milch entspricht im Mittel 1 cmm Schmutz 8—10 mg unlöslicher Kottrockensubstanz und 70—95 mg frischem Kuhkot.

Die Volumenbestimmung des Schmutzes hat den Vorteil, daß sie auch noch eine mikroskopische Untersuchung des Schmutzes gestattet.

b) Leukocytenprobe nach R. Tromsdorff[8]. Durch diese Probe wird die Menge der aus der Milch durch Zentrifugieren abscheidbaren festen Bestandteile (Sediment) gemessen. Das Sediment besteht, außer aus dem nach a) bestimmbaren „Schmutz" aus dem Euter entstammenden Epithel-, Zylinder- und Blutzellen-Caseingerinnsel, unter anderem aus Leukocyten (abgestorbenen Zellen und Gewebeteilchen, Eiterflöckchen) und Bakterien.

Die Leukocytenprobe besitzt daher einen hohen diagnostischen Wert, da sie, verbunden mit mikroskopischen und bakteriologischen Untersuchungen, den Nachweis pathologischer Vorgänge im Euter gestattet (S. 83).

[1] H. Weller: Z. 1905, 10, 591; 1909, 18, 309.
[2] G. Fendler u. O. Kuhn: Z. 1910, 19, 13.
[3] Dr. N. Gerber: Milchschmutzproben, 2. Aufl. 1908.
[4] H. Grosse-Bohle: Z. 1907, 14, 81.
[5] G. Fendler u. O. Kuhn: Z. 1909, 17, 513.
[6] H. Lührig u. H. Wiedmann: Bericht Chemnitz 1903; Z. 1904, 8, 204.
[7] W. Plücker: Z. 1935, 70, 96.
[8] R. Trommsdorff: Münch. med. Wochenschr. 1906, 53, 541.

Zur Ausführung der Probe dienen die „Leukocytenprober", von denen die am meisten verwendeten die nach R. TROMMSDORFF und SKAR (Abb. 40) sind. Die Prober fassen 10 ccm Milch; die nach TROMMSDORFF besitzen in ihrem verengten Teile eine Einteilung von 0,001—0,02 ccm = 0,1—2 TROMMSDORFF-Graden, die nach SKAR eine solche in 1—100 Vol.-%/$_{00}$.

Zum Sedimentieren ist eine hochtourige Zentrifuge (1200 Umdrehungen) erforderlich.

Normale Milch ergibt in der Regel eine Sedimentmenge von 0,2—0,4 TROMMS-DORFF-Graden von weißer Farbe; dagegen zeigen außer der Milch euterkranker Kühe auch Colostrummilch und solche aus dem letzten Stadium der Lactation und beim Übergang zur Weidefütterung erhöhte Sedimentmengen.

Das Sediment ist daher stets, auch wenn es nur 0,2—0,3 TROMMSDORFF-Grade beträgt, mikroskopisch und bakteriologisch auf seine Bestandteile zu untersuchen.

c) **Chlor-Zucker-Zahl.** Nach G. KOESTLER[1] treten gegenüber normaler Milch bei gestörter Sekretion — namentlich bei Mastitis S. 81 — Veränderungen in der Richtung ein, daß außer der Katalase- und Leukocytenzahl der Gehalt der Milch an Albumin und Globulin, Natrium, Chlor und Schwefelsäure erhöht, dagegen der Gehalt an Milchzucker, Calcium-, Magnesium-, Kaliumoxyd und Phosphorsäure erniedrigt wird; gleichzeitig verringert sich der Gehalt an Wasserstoffionen, so daß die saure Reaktion der Milch abnimmt und schließlich in eine alkalische übergeht.

Nach KOESTLER ist die Störung des normalen Verhältnisses von Chlor zu Milchzucker am besten geeignet, um pathologische Sekretionsstörungen aufzufinden. Er bezeichnet das Verhältnis $\dfrac{100 \times \text{Chlor (\%)}}{\text{Milchzucker (\%)}}$ als Chlor-Zucker-Zahl und fand, daß diese Zahl bei normaler Milch zwischen 0,5 und 1,5 schwankte, während sie bei pathologischer Sekretion bis 15,4 stieg. Für normale Milch nimmt J. DROST[2] als oberste Grenze die Chlor-Zucker-Zahl 3,5 an, während H. WEISS[3] bei normaler Milch 2,0 als niedrigsten Wert fand und bei Mischmilch mehrerer Kühe schon einen Wert von 2,7 als verdächtig ansieht. Nach F. E. NOTTBOHM[4] ist schon bei einem Chlorgehalt der Milch über 0,12% Vorsicht geboten. Nach WEISS ist eine Bestimmung des Milchzuckers nur erforderlich, wenn der Chlorgehalt über 0,13 g in 100 ccm Milch liegt.

H. WEISS bestimmt das Chlor nach seinem S. 148 angegebenen Verfahren bzw. verwendet als Vorprobe ein Verfahren, bei dem 10 ccm Milch mit 90 ccm Wasser verdünnt und nach Zugabe von 1 ccm Kaliumchromatlösung (10%) mit $^1/_{35,5}$ N.-Silbernitrat bis zur eintretenden leichten Braunfärbung titriert werden. Dieses Verfahren liefert um etwa 0,015 bis 0,020 g in 100 ccm Milch höhere Werte als das S. 148 angegebene Verfahren. — Den Milchzucker bestimmt H. WEISS nach dem Verfahren von G. BRUHNS (Bd. II, S. 869).

Über die Veränderung der elektrolytischen Leitfähigkeit der Milch euterkranker Kühe siehe R. STROHECKER und J. BELOVESCHDOFF und J. KRENN siehe S. 174.

Zu beachten ist, daß die Milch frischmelkender Kühe, namentlich wenn es sich um Niederungsrassen handelt, einen niedrigen Gehalt an Milchzucker und einen dadurch bedingten relativ erhöhten Gehalt an Chloriden aufweisen kann, ohne daß das Milchvieh irgendwelche Sekretionsstörungen zeigt. Mithin ist die Chlor-Zucker-Zahl bei nur geringer Erhöhung immerhin mit einiger Vorsicht zu bewerten; auf jeden Fall liegen bei Sekretionsstörungen alsdann noch andere Merkmale, wie erhöhte Leukocytenzahl u. a., vor.

---

[1] G. KOESTLER: Mitt. Lebensmittelunters. Hygiene 1920, **11**, 154; Z. 1921, **42**, 319; Milchw. Zentralbl. 1920, **49**, 217; Z. 1922, **44**, 55.

[2] J. DROST: Milchw. Forsch. 1923, **1**, 21; vgl. auch Z. 1925, **49**, 332.

[3] H. WEISS: Mitt. Lebensmittelunters. Hygiene 1921, **12**, 133; Z. 1923, **46**, 379.

[4] F. E. NOTTBOHM: Milchw. Forsch. 1924, **1**, 345.

d) Prüfung auf Frische. Frische normale Milch hat im allgemeinen 6,5 bis 7,5 Säuregrade (S.H.); über ihre Bestimmung siehe S. 141. Die Säuregrade nehmen bei nicht erhitzter Milch infolge Milchsäurebildung durch die Milchsäurebakterien (S. 49) mit der Dauer der Aufbewahrung ständig zu, bis schließlich die Milch bei 25—30 Säuregraden (S.H.) gerinnt; sind gleichzeitig labausscheidende Bakterien vorhanden, so gerinnt die Milch schon bei niedrigeren Säuregraden. Saure und sog. „ansaure" Milch sind, soweit sie nicht als solche bezeichnet sind, als verdorben im Sinne des Milchgesetzes (S. 528) anzusehen. Zu ihrer Erkennung dienen die Koch-, Alkohol- und Alizarolprobe.

Ist die Milch unsauber gewonnen oder nachträglich unsauber behandelt, so finden sich in der Milch neben den Milchsäurebakterien auch Bakterien anderer Art, insbesondere auch proteolytische oder peptonisierende Bakterien. In solcher Milch nimmt auch der Gehalt an Ammoniak zu, dessen Menge dann einen Anhaltspunkt für die Beurteilung der Frische der Milch gibt.

Über die Bedeutung der Katalase- und Reduktaseprobe für die Beurteilung der Frische der Milch siehe S. 153, 159.

α) Kochprobe: In ein Reagensglas bringt man 5 ccm Milch und kocht auf. Gerinnt die Milch, so liegt eine stärker gesäuerte Milch (11—12 Säuregrade S.H.) vor, die nach dem Milchgesetz (S. 529) vom Verkehr ausgeschlossen ist. Scheiden sich Flocken aus, so kann die Milch von euterkranken Kühen herrühren.

β) Alkoholprobe: Man vermischt in einem Reagensglas gleiche Teile Milch und neutralen Alkohol (68 Vol.-%). Frische Milch zeigt meist keine Gerinnung. Ist der Säuregrad höher als 9 Säuregrade (S.H.), so treten Ausflockungen bzw. Gerinnung ein; solche Milch ist nach dem Milchgesetz (S. 529) gleichfalls vom Verkehr ausgeschlossen.

Ziegenmilch und Milch kranker Tiere kann nach A. AUZINGER[1] auch ausflocken, wenn die Säuregrade erheblich niedriger liegen.

Bei Vorzugsmilch wird die sog. doppelte Alkoholprobe in der Weise ausgeführt, daß man 1 Volumen Milch mit 2 Volumen Alkohol (68 Vol.-%) vermischt. Schon bei etwa 8 Säuregraden (S.H.) tritt hier Ausflockung ein (H. GROSSE-BOHLE[2]).

Feste Beziehungen zwischen Alkoholprobe und Säuregraden bestehen jedoch nach G. FENDLER und C. BORKEL[3] nicht. — Siehe auch die Ausführungen von W. MORRES[4] über die Alkoholprobe.

γ) Alizarolprobe: Dieses von W. MORRES[4] herrührende Verfahren verbindet die Alkoholprobe mit einer Farbenreaktion und gestattet dadurch, nicht nur den Säuregrad zu erkennen, sondern auch die Labgärung der Milch.

MORRES verwendet eine alkoholische (68 Vol.-%) gesättigte Lösung braunen Alizarins (Dioxyanthrachinon, $C_{14}H_6O_2(OH)_2$) in Teigform. Gleiche Teile dieser Lösung, die vollständig klar sein muß, und frischer normaler Milch müssen eine stark lilarote Färbung (Farbe der Rotklee- oder Heidekrautblüte) geben. Alkalisch ist die Alizarinlösung purpurviolett; mit steigenden Säuremengen geht die Färbung über Rot und Braun schließlich in Gelb über. Mit gleichen Teilen Milch (je 2 ccm) zusammengebracht, zeigt die Alizarolprobe infolge ihres Alkoholgehaltes nicht nur die gleichen flockigen Gerinnungen wie die Alkoholprobe (β), sondern auch dem Säuregehalte entsprechende Farbtöne an,

---

[1] A. AUZINGER: Milchw. Zentralbl. 1909, **5**, 293; Z. 1910, **19**, 217.
[2] H. GROSSE-BOHLE: Z. 1907, **14**, 78.
[3] G. FENDLER u. C. BORKEL: Z. 1911, **21**, 477.
[4] W. MORRES: Z. 1911, **22**, 459.

derer man bei reiner Milchsäuregärung mindestens 8 deutlich voneinander unterscheiden kann, nämlich:

Tabelle 25.

Säure-grade (S.H.)	Farbton des Alizarins	Flockenstärke mit Alkohol (68 Vol.-%)	Haltbarkeitszustand der Milch	Gerinnung der Milch	
				beim Kochen	von selbst
				nach Stunden	
7,0	Lilarot	keine Flocken (0)	normal und frisch	> 7	< 12
8,0	Blaßrot	sehr feinflockig (0—1)	beginnende Säuerung	5—7	$9^1/_2$—12
9,0	Bräunlichrot	feinflockig (1—2)	fortschreitende Säuerung	$3^1/_2$—5	$7^1/_2$—$9^1/_2$
10,0	Rötlichbraun	flockig (2—3)	vorgeschrittene Säuerung	$1^1/_2$—3	6—$7^1/_2$
11,0	Braun	dickflockig (3—4)	kritisches Stadium	$^1/_2$—1	$4^1/_2$—6
12,0	Gelblichbraun	sehr dickflockig (4—5)	Kochfähig-keits-grenze erreicht überschritten	sofort	3—$4^1/_2$
14,0	Bräunlichgelb	„ „ (5)		„	$1^1/_2$—3
16,0	Gelb	„ „ (5)	erheblich überschritten	„	0—$1^1/_2$

Bleibt bei eingetretener Gerinnung mit Alkohol der Farbton unverändert lilarot oder wird er bei eingetretener dickflockiger Gerinnung dunkler rot, ohne ins Bräunliche oder in Gelb umzuschlagen, so liegt reine Labgärung vor. Bei gemischter Säure- und Labgärung entstehen Zwischenfärbungen[1].

Die Alizarolprobe hält nach W. MORRES[2] gleichen Schritt mit der Reduktase-probe (S. 156).

An Stelle der Alizarolprobe ist von G. ROEDER[3] zur Erkennung von Euterentzündungen die Thybromolprobe vorgeschlagen worden, bei der eine Lösung von Bromthymolblau[4] verwendet wird und von der 1 ccm zu 5 ccm Milch gegeben werden. Es sollen dabei die Sekrete der 4 Euterviertel nebeneinander geprüft werden. Bromthymolblau ist in saurer Lösung gelb und in alkalischer blau. Normale Milch zeigt bei allen 4 Sekreten eine gelb-grüne Färbung. Bei beginnender Euterentzündung entsteht eine Verfärbung nach Blaugrün zu, während bei vorgeschrittener Erkrankung ein rein gelbe Färbung auftritt. Die Probe soll nach ROEDER zuverlässiger als die Alizarolprobe sein.

Als Katalase-Thybromolprobe bezeichnet G. ROEDER eine Verbindung der Katalase-probe mit der Thybromolprobe.

Die Thybromolprobe ist eine p_H-Messung; nach J. TILLMANS und W. OBERMEIER[5] besteht keine Parallelität zwischen Säuregraden und p_H-Stufe. E. MUNDINGER[6] hat für den gleichen Zweck eine Phenorolprobe beschrieben, bei der auf 5 ccm Milch 2 ccm einer mit 2—3 Tropfen Phenolphthalein versetzten 0,1 N.-Natronlauge verwendet wird.

δ) Bestimmung des Ammoniaks: Frische, sauber gewonnene Milch enthält nach J. TILLMANS, A. SPLITTGERBER und H. RIFFART[7] 0,3—0,4 mg-% Ammoniak, während A. J. BURSTEIN und F. S. FRUM[8] darin 30—40 Minuten nach dem Melken nur 0,10—0,12 mg-% fanden[9]. Diese Differenzen dürften

---

[1] Um die Farbübergänge bei der Alizarolprobe vergleichen zu können, bringen die Firmen Dr. M. Gerber & Co. in Leipzig (Carolinenstr. 13) und Paul Funke & Co. in Berlin N 4 (Chausseestr. 8) Farbtafeln in den Handel, die annähernd den Säuregrad und die p_H-Stufe der Milch anzeigen.

[2] W. MORRES: Milchw. Zentralbl. 1911, 7, 441; Z. 1912, 23, 214.

[3] G. ROEDER: Milchw. Forsch. 1929, 7, 365.

[4] Die Lösung wird von Dr. N. Gerber's Co. in Leipzig geliefert. Neuerdings wird von der gleichen Firma ein mit Bromthymolblau getränktes gelbrötliches „Indicatorpapier" in den Handel gebracht, auf das bei der Prüfung etwas Milch gemolken wird. Bei normaler Milch färbt sich dabei das Papier gelbgrün, bei kranken Sekreten wie die obige Lösung.

[5] J. TILLMANS u. W. OBERMEIER: Z. 1920, 40, 23.

[6] E. MUNDINGER: Süddeutsch. Molkereiztg. 1929, 50, 222.

[7] J. TILLMANS, A. SPLITTGERBER u. H. RIFFART: Z. 1914, 27, 59.

[8] A. J. BURSTEIN u. F. S. FRUM: Z. 1935, 69, 421.

[9] Ältere Angaben, z. B. von A. TRILLAT und SAUTON (Ann. Chim. analyt. Chem. 1905, 10, 335; Z. 1906, 11, 613) daß in frischer Milch kein Ammoniak vorhanden sei, sind offenbar unzutreffend und auf die angewandte Methodik zurückzuführen.

auf die Verschiedenheit der Verfahren der Ammoniakbestimmung zurückzuführen sein; siehe unten. Etwaige Verunreinigungen von außen her, etwa durch den Ammoniakgehalt der Stalluft usw., spielen bei diesen Gehalten keine Rolle. Bei der Aufbewahrung der Milch, namentlich bei Temperaturen über 12°, und insbesondere bei der Einwirkung proteolytischer Bakterien steigt der Ammoniakgehalt, so daß sich aus einem erhöhten Ammoniakgehalt Schlüsse auf längere unsachgemäße Aufbewahrung oder auf unsaubere Gewinnung bzw. Einwirkung der genannten Bakterien ziehen lassen.

Tillmans, Splittgerber und Riffart fanden für bei 22° aufbewahrter Milch:

		Frisch	nach $7^1/_2$	nach 25	nach 49 Stunden
Nicht verschmutzt	Säuregrade (S.H.)	7,4	8,0	21,6	40,8
	Ammoniak mg-%	0,51	0,94	1,45	4,57
dgl. + 1‰ Kuhkot	Säuregrade (S.H.)	7,6	8,6	23,2	46,4
	Ammoniak mg-%	0,55	1,19	2,64	8,76

Burstein und Frum fanden für bei 18—20° aufbewahrter Sammelmilch:

	Frisch	nach 3	nach 6	nach 9	nach 12 Stunden
Säuregrade (Thörner)	19,5	20,4	21,2	26,8	30,9
Ammoniak mg-%	0,20	0,22	0,23	0,28	0,33

Sie halten auf Grund ihrer — allerdings nicht zahlreichen — Untersuchungen 0,23 mg-% Ammoniak als höchstzulässigen Wert für Milch guter Qualität.

W. G. Whitman und H. C. Sherman[1] sowie R. H. Colwell und H. C. Sherman[2] fanden, daß die Pasteurisierung der Milch bei 75—90° weniger auf die peptonisierenden Fäulnisbakterien einwirkt als auf die säuernden Bakterien, und daß sich infolgedessen in pasteurisierter Milch im Vergleich zum Säuerungsgrad ein höherer Ammoniakgehalt findet als in nicht pasteurisierter Milch und erstere nach einigen Tagen vielfach einen fauligen, letztere aber meist einen sauren Geruch und Geschmack aufweist.

Die Bestimmung des Ammoniakgehaltes in der Milch erfolgte bei diesen Untersuchungen in folgender Weise:

αα) Verfahren von J. Tillmans, A. Splittgerber: 400 ccm Milch werden mit 40 ccm Bleiessig versetzt; zu 300 ccm des Filtrates gibt man 27 ccm gesättigte Natriumphosphatlösung. Es werden alsdann 240 ccm des Filtrates, entsprechend 200 ccm Milch, in einem breiten Becherglase mit Phenolphthalein, 15—20 ccm Magnesiumchloridlösung (10%) und 5 g pulverisiertem Natriumphosphat versetzt und mittels eines Rührwerkes so lange gerührt, bis das Natriumphosphat sich gelöst hat. Alsdann setzt man unter Fortsetzen des Rührens Natronlauge hinzu, bis eine bleibende schwache Rosafärbung eingetreten ist. Nach etwa $^1/_4$ Stunde wird der amorphe Niederschlag krystallin, und es verschwindet auch die Rosafärbung. Dieser Zeitraum muß gut abgepaßt werden, da hiervon die Filtrierfähigkeit des Niederschlages abhängig ist. Man setzt hierauf weiter tropfenweise Lauge zu, bis die Rosafärbung bestehen bleibt und rührt alsdann noch $^1/_4$ Stunde lang. Zuviel Natronlauge darf nicht zugesetzt werden, da sich sonst das Ammoniummagnesiumphosphat unter Bildung von Trimagnesiumphosphat und freiem Ammoniak zersetzen kann. In solchem Falle muß mit Salzsäure abgestumpft und vorsichtig erneut Natronlauge bis zur schwachen Rosafärbung zugesetzt werden. Das Rühren dauert insgesamt 30—40 Minuten. Alsdann filtriert man den Niederschlag sofort durch ein Filter, wäscht zunächst mit dem Filtrat und dann noch zweimal mit Wasser aus. Filter nebst Niederschlag werden in einen Destillationskolben gebracht, mit Wasser aufgeschwemmt und nach Zusatz von Magnesium und einigen Bimssteinstückchen das Ammoniak abdestilliert. Das Destillat wird in 0,1 N.-Salzsäure aufgefangen und die überschüssige Salzsäure mit 0,1 N.-Natronlauge unter Zusatz von Methylrot als Indicator zurücktitriert.

ββ) Verfahren von A. J. Burstein und F. S. Frum: Das Verfahren beruht auf der Umsetzung von synthetischem Natriumpermutit[3] mit Ammoniumsalzen, z. B. mit Ammoniumlactat, nach folgender Formel:

$$2\,CH_3\cdot CH(OH)\cdot COONH_4 + Na_2O(Al_2O_3)_n\,SiO_2\cdot 6\,H_2O \rightarrow 2\,CH_3\cdot CH(OH)\cdot COONa + (NH_4)_2O(Al_2O_3)_nSiO_2\cdot 6\,H_2O.$$

[1] W. G. Whitman u. H. C. Sherman: Journ. Amer. Chem. Soc. 1908, **30**, 1288; **C.** 1908, II, 1454.

[2] R. H. Colwell u. H. C. Sherman: Journ. Biol. Chem. 1908, **5**, 247; **C.** 1908, II, 1888.

[3] Die Reaktion wurde zuerst von O. Folin und R. D. Bell (Journ. Biol. Chem. 1917, **29**, 329; **C.** 1917, II, 771) zur Bestimmung des Ammoniaks im Harn angewendet. Der Permutit wird von der Permutit-A.G. in Berlin zur Entfärbung und Entmanganung von Wasser hergestellt.

Aus dem so gebildeten Ammoniumpermutit wird mit Natronlauge das Ammoniak ausgetrieben und colorimetrisch mit NESSLERS Reagens bestimmt.

Die Ausführung der Bestimmung geschieht, wie folgt:

In einem 200 ccm Meßkolben werden 3 g Natriumpermutit mit wenig Essigsäure (2%) und darauf zwei- bis dreimal mit Wasser gewaschen; alsdann gibt man in den Kolben 50 ccm der zu untersuchenden Milch und schüttelt den Permutit mehrere Minuten lang mit der Milch. Nachdem der Permutit sich abgesetzt hat, dekantiert man die Milch vorsichtig, gießt an deren Stelle Wasser, schüttelt, dekantiert wieder, und so einige Male, bis das über dem Permutit stehende Wasser völlig klar ist. Dann läßt man etwas (10—20 ccm) Wasser über dem Permutit stehen, gießt 5 ccm Natronlauge (10%) zur Austreibung des Ammoniaks aus dem Ammoniumpermutit und hinterher Wasser hinzu, so daß der Kolben etwa bis zu $^3/_4$ Inhalt gefüllt wird, wonach man 5 ccm NESSLERS Reagens zusetzt und mit Wasser bis zur Marke auffüllt. Die Probe ist nun zum Colorimetrieren gebrauchsfertig.

In derselben Weise wird eine Standardlösung hergestellt, indem man an Stelle der Milch zum Permutit 1 ccm Ammoniumsulfat- oder -chloridlösung, die 0,1 mg Ammoniak entspricht, zusetzt. Die Standardlösung ist verhältnismäßig lange (bis zu 1 Monat) haltbar.

Das Wasser und die Essigsäure, die bei der Bestimmung zur Verwendung kommen, dürfen natürlich kein Ammoniak enthalten. Um dem vorzubeugen, müssen Wasser und Essigsäure von Ammoniak durch Zugabe von Natriumpermutit, der die ganze Zeit über in den Gefäßen mit Wasser und Essigsäure bleibt, befreit werden. Zur Prüfung der Reinheit sämtlicher Reagenzien in bezug auf Ammoniak ist es ratsam, mitunter einen Leerversuch gleichzeitig mit dem Versuch vorzunehmen, indem man statt der Milch Wasser verwendet.

Die gesamte Bestimmung von Ammoniak in der Milch nach der geschilderten Methode nimmt 30—40 Minuten in Anspruch.

$\gamma\gamma$) W. N. BERG und H. C. SHERMAN[1] bestimmten das Ammoniak in der Milch nach dem Verfahren von BOUSSINGAULT-SCHAFFER, nach dem die mit dem gleichen Volumen Methylakohol gemischte Milch nach Zusatz von Natriumchlorid und wenig Natriumcarbonat bei 50 mm Druck destilliert wird.

VIII. Milcharten außer Kuhmilch.

Die Milch der verschiedenen Säuger läßt sich in zwei große Gruppen einteilen. Bei der einen Gruppe herrscht unter den Proteinen der Albumingehalt, bei der anderen Gruppe der Caseingehalt vor. Allerdings gibt es auch Milch von Säugern, die nicht zu diesen Gruppen gehört, wo einmal das Albumin, einmal das Casein überwiegt.

Zu ersterer Art mit erhöhtem Albumingehalt zählen Frauenmilch und die Milch der Einhufer (Pferd, Maulesel und Esel). Die Milch dieser Säuger charakterisiert sich dadurch, daß bei der Gerinnung die Proteine sehr fein ausgeflockt werden.

Ein typischer Vertreter der zweiten Gruppe ist die Milch der Wiederkäuer (Rind, Schaf, Ziege und Renntier). Die Milch dieser Tiere flockt infolge des erhöhten Caseingehaltes grobflockig aus. Eine Mittelstellung nehmen bezüglich der Proteine die anderen Säuger ein. Die Milch der nordischen Tiere ist sehr fettreich, zu ihnen zählt auch die fettreiche Milch der Fischsäuger, Wale und Delphine.

1. Frauenmilch.

Eine gute Durchschnittsprobe bei Frauenmilch zu erhalten, ist kaum möglich. Man verfährt wohl am besten so, daß man vor, nach dem Trinken und noch während des Trinkens des Säuglings Teilproben entnimmt. Ob die Verschiedenheit der Ernährung der Mutter eine Rolle in der Zusammensetzung der Milch spielt, ist noch nicht mit Sicherheit entschieden. Auf jeden Fall hat die Kriegszeit gezeigt, daß Frauenmilch in ihrer Zusammensetzung von der Ernährung und der Art der Ernährung nicht wesentlich beeinflußt wird, jedoch scheint die Menge während der Kriegszeit zurückgegangen zu sein.

---

[1] W. N. BERG u. H. C. SHERMAN: Journ. Amer. Chem. Soc. 1905, 27, 124; C. 1905, I, 1273.

Die Reaktion der Frauenmilch ist amphoter, jedoch relativ stärker alkalisch als Kuhmilch (COURANT[1], A. SZILI[2]); der Geschmack ist fade.

Das Spez. Gewicht liegt bei dem der Kuhmilch. Die Fettkügelchen sollen größer als die der Kuhmilch sein. Der mittlere Gehalt an Fett liegt nach MYERS[3] bei 3,85%, es werden auch solche von 1,27—6,2% angegeben. Das Fett ist arm an flüchtigen Fettsäuren (REICHERT-MEISSL-Zahl 1,57—2,00), während der Gehalt an ungesättigten Fettsäuren erhöht ist (BARDISIAN[4]).

Der Gehalt an Gesamt-Proteinen ist in der Frauenmilch gering und beträgt rund 1,6% im Mittel. In der Frauenmilch ist das Verhältnis von Casein zu Albumin = 1 : 1, bei der Kuhmilch = 6 : 1. Durch Labzusatz wird das Casein der Frauenmilch nur unvollkommen zur Gerinnung gebracht, auch durch Zusatz von Säuren wird es nur unvollkommen und sehr feinflockig gefällt, gegenüber dem grobflockigen Kuhcasein. Scheinbar soll der Salzgehalt dabei eine Rolle spielen; wird er durch Zusatz von Salzen erhöht, so fällt nach A. DOGIEL[5] das Casein grobflockig aus.

Nach LANGSTEIN, BERGELL und EDELSTEIN[6] enthält das Frauenmilchcasein etwa $^1/_3$ weniger Phosphor als das Kuhcasein.

Die Frauenmilch besitzt gegenüber Kuhmilch eine erheblich größere Milchzuckermenge. Der Gehalt daran beträgt rund 6%[3]. Auch der Gehalt an Citronensäure ist erhöht; B. BLEYER und J. SCHWAIBOLD[7] geben einen Gehalt von 1,10—1,46, im Mittel 1,27 g im Liter an. Der Aschegehalt zeigt erhebliche Schwankungen, im Mittel beträgt er nur 0,3%. Darin ist ein erhöhter Gehalt an Natriumchlorid festgestellt worden, während der Gehalt an Kalium und Magnesiumphosphat geringer als in Kuhmilch ist (O. LAXA[8]). Nach der Berechnung soll in der Frauenmilch die Phosphorsäure als Monokalium- und Monomagnesiumphosphat vorhanden sein (A. W. BOSWORTH[9]).

Der Gehalt an Vitaminen, A und B, und auch der an Enzymen soll gering sein (FRANK[10], MEYER und NASSAU, REYHER[11]). Dagegen soll der Amylasengehalt ziemlich hoch sein, auch der Katalasengehalt ist vermehrt (E. J. KASANSKAJA[12], LAGUNE[13]). Ein erhöhter Eisengehalt gegenüber Kuhmilch ist festgestellt worden; die Werte liegen bei 3,5—7,2 mg/l gegenüber 1,4—2,6 mg der Kuhmilch (J. K. FRIEDJUNG[14]). Zu erwähnen ist noch, daß nach A. MADER[15] der Aminostickstoff (50—60 mg/l) gegenüber Kuhmilch (18—25 mg/l) bedeutend erhöht ist; gleiches trifft für den Lecithingehalt mit 0,13% gegenüber Kuhmilch mit rund 0,05% zu (W. GLIKIN[16]). Nach A. MADER[15] konnten im Ultrafiltrat Histidin, Tyrosin und Asparaginsäure nachgewiesen werden, Kuhmilch enthält kein Tyrosin. Während der Lactationsperiode ist, von der Colostral-

[1] COURANT: Arch. ges. Physiol. 1891, 50, 109.
[2] A. SZILI: Biochem. Zeitschr. 1917, 84, 194; Z. 1920, 40, 275.
[3] B. MYERS: Brit. journ. of childr. dis. 1927, 24, Okt.-H.; Milchw. Forsch. 1928, 6, 141.
[4] A. BARDISIAN: Pediatria, arch. 1926, Bd. 2, H. 2, 189; Milchw. Forsch. 1927, 4, 77.
[5] A. DOGIEL: Zeitschr. physiol. Chem. 1885, 9, 591.
[6] LANGSTEIN, BERGELL u. EDELSTEIN: Jahrb. Kinderheilkunde 1908, 68, 568; 1910, 72, 1.
[7] B. BLEYER u. J. SCHWAIBOLD: Milchw. Forsch. 1925, 2, 260.
[8] O. LAXA: Časopis lékařů českých 1927, 66, 1792; Milchw. Forsch. 1928, 6, Ref. 116.
[9] A. W. BOSWORTH: Journ. Biol. Chem. 1915, 20, 707; C. 1915, II, 667.
[10] FRANK: Monatsschr. Kinderheilk. 1929, 42, 177; Milchw. Forsch. 1929, 8, Ref. 54.
[11] MEYER u. NASSAU, REYHER: Arch. Kinderheilk. 1926, 77, 161; Milchw. Forsch. 1927, 4, Ref. 42.
[12] E. J. KASANSKAJA: Milchw. Forsch. 1926, 3, 81.
[13] LAGUNE: Compt. rend. Paris 1913, 156, 1941; Milchztg. 1902, 31, 8.
[14] J. K. FRIEDJUNG: Milchw. Zentralbl. 1917, 18, 273; 1918, 19, 289; 1919, 20, 305; 1920, 21, 317.
[15] A. MADER: Milchw. Forsch. 1929, 8, 39;
[16] W. GLIKIN: Biochem. Zeitschr. 1909, 22, 348; Z. 1910, 20, 470.

milch mit 8,6% Proteinen an gerechnet, eine Abnahme der Proteine zu beobachten, während der Milchzuckergehalt ansteigt.

Nachweis von Kuhmilch. Nach J. GROSSFELD[1] kann als einfache Vorprobe das
Verhalten der Milch unter der Ultralampe dienen, wobei Frauenmilch bläulich, Kuhmilch
dagegen gelb fluoresciert. Nach etwa 10—20% Kuhmilchzusatz geben sich durch gelbliche
Luminescenz zu erkennen.

Zuverlässiger gelingt der Nachweis nach J. GROSSFELD durch die Buttersäurezahl,
die bei Frauenmilchfett sehr niedrig (0,4) ist, bei Kuhmilchfett — auch bei Ziegenmilchfett —
dagegen viel höher (etwa 18—25) liegt. Man kann für diese Bestimmung das aus 5—10 ccm
Milch nach dem ROESE-GOTTLIEBschen Verfahren (S. 128) gewonnene und gereinigte Fett
verwenden.

Über die Unterscheidung von Frauen- und Kuhmilch durch die Reaktion von UMIKOFF
siehe S. 50.

2. Stuten-, Eselin- und Maultiermilch.

Die Milch dieser Einhufer zeigt einen süßlichen Geschmack und besitzt
infolge ihres geringen Fettgehaltes ein bläuliches Aussehen, die Reaktion ist
alkalisch. Der Gehalt an Fett beträgt im Mittel etwa 1,2% — B. WAGNER[2]
fand bei 392 Proben Eselinnenmilch in den Jahren 1902—1906 0—0,7 im
Mittel 0,125% Fett, dagegen später auch bis 1,5% und in Colostrum bis zu
8,12% Fett — an Proteinen 2,0%, während der Gehalt an Milchzucker erhöht
ist und 5—6% beträgt. Der Aschegehalt ist wie bei der Frauenmilch gering
und beträgt etwa 0,4%.

Das Spez. Gewicht dieser Milcharten liegt bei dem der Kuhmilch (1,031
bei 15°); auch der Gefrierpunkt ist derselbe wie bei der Kuhmilch.

Näheres siehe hierüber: HILDEBRANDT[3], BURR[4], L. GAUCHER[5], H. DROOP
RICHMOND[6], C. J. KONING[7].

In südlichen Ländern wird an Stelle von Frauenmilch den Säuglingen Stutenmilch gegeben. Da die Einhufer gegen Tuberkulose ziemlich immun sind, so
ist ihre Milch frei von Tuberkelbacillen.

3. Ziegenmilch.

Ziegenmilch ähnelt in ihrer Zusammensetzung der Kuhmilch. Bei reinlich
gehaltenen Ziegen besitzt die Milch keinen auffallenden Geschmack, während
bei schlechter Haltung und beim Zusammenleben mit dem Bock die Milch
einen ausgesprochenen Bockgeschmack und -geruch besitzt. Infolge der billigen
Haltung der Ziegen, die selbst mit dem geringwertigsten Futter zufrieden sind,
werden sie von der ärmeren Bevölkerung namentlich in südlichen Ländern
vielfach gehalten. Von allen Säugern liefert die Ziege, auf das Körpergewicht
berechnet, die größte Milchmenge, und zwar jährlich etwa das 10—12fache ihres
Lebendgewichtes, während die Kuh nur das 5—6fache liefert. Da die Ziege
nicht von Tuberkulose befallen wird, so dient ihre Milch auch zur Säuglingsernährung. Man hat aber bei ausschließlicher Ernährung der Säuglinge mit
Ziegenmilch Anämie beobachtet. Man nimmt an, daß der Vitamingehalt sehr
gering ist; eindeutig ist die Krankheitserscheinung aber noch nicht geklärt.
Gegenüber Kuhmilch labt die Ziegenmilch etwa doppelt so schnell, dagegen
rahmt sie langsamer auf.

Der Gehalt an Chloriden ist nach R. STROHECKER[8] erhöht. Der Gefrierpunkt ist etwas höher als bei der Kuhmilch, etwa bei $\Delta \cdot 10^2 = 57$, während die

[1] J. GROSSFELD: Z. 1935, 70, 459.
[2] B. WAGNER: Z. 1906, 12, 658; 1908, 16, 174.
[3] HILDEBRANDT: Milchztg. 1907, 36, 583.
[4] A. BURR: Milchztg. 1907, 36, 553.
[5] L. GAUCHER: Compt. rend. Paris 1909, 148, 361; Z. 1911, 21, 687.
[6] H. DROOP RICHMOND: Z. 1911, 22, 740.
[7] C. J. KONING: Milchw. Ztg. 1909, 5, 221; Z. 1910, 19, 214.
[8] R. STROHECKER: Milchw. Forsch. 1925, 2, 450.

Leitfähigkeit im Mittel bei $49 \cdot 10^{-4}$ liegt. Sonst zeigt sie analytisch gegenüber Kuhmilch keinen Unterschied.

An Enzymen enthält die Ziegenmilch reichlich Peroxydase; der Katalasegehalt ist der der Kuhmilch gleich, auch enthält sie Amylase.

Die Colostralmilch besitzt eine ähnliche Zusammensetzung wie die Kuhmilch. Die Milchzeit beträgt 4—5 Monate.

Über das Casein der Ziegenmilch siehe A. W. Bosworth und L. L. van Slyke[1], ferner über ihre Zusammensetzung K. Alpers[2] und H. Hager[3].

4. Schafmilch.

Ostfriesische Schafe liefern jährlich 500—600 Liter Milch. Das Abmelken dauert bis zu 9 Monaten. Meist werden die Schafe, nachdem die Lämmer abgesetzt sind, nur noch kurze Zeit etwa 14 Tage gemolken. Größtenteils wird die Milch zur Käseherstellung verwendet.

Die Farbe der Schafmilch ist weißlich mit einem Stich ins Gelbliche. Die Milch besitzt einen eigenartigen Geruch und Geschmack; sie säuert langsamer als Ziegenmilch und zum Dicklegen ist mehr Lab erforderlich. Die Fetttröpfchen überwiegen an Größe erheblich die der Kuhmilch. Das Fett besitzt die ungefähre Zusammensetzung des Kuhmilchfettes; auch ist die sonstige Zusammensetzung der der Kuhmilch ähnlich. Die Schafmilch ist reich an Lecithin; an Enzymen enthält sie Peroxydase und Katalase. Der Gehalt an Lecithin ist ebenfalls gegenüber Kuhmilch erhöht. G. Biro[4] fand bei 262 Proben ungarischer Schafmilch folgende Gehalte:

	Spez. Gewicht	Trockensubstanz	Fett	Asche
Mittel	1,0361	19,70 %	7,87 %	0,75 %
Niedrigst	1,0302	17,09 %	5,65 %	0,68 %
Höchst	1,0355	22,98 %	10,45 %	0,88 %

Weiteres über die Zusammensetzung usw. der Schafmilch siehe bei Hucho[5], A. Kirsten[6], O. Laxa[7], R. Martin[8] u. a.

---

[1] A. W. Bosworth u. L. L. van Slyke: Journ. Biol. Chem. 1916, **24**, 173, 177; **C.** 1916, II, 746.

[2] K. Alpers: Z. 1912, **23**, 497.

[3] H. Hager: Milchw. Zentralbl. 1911, 7, 19; Z. 1912, **23**, 216.

[4] G. Biro: Z. 1913, **25**, 292; 1914, **27**, 397; 1916, **31**, 84.

[5] Hucho: Milchztg. 1896, **25**, 360.

[6] A. Kirsten: Milchw. Zentralbl. 1905, 1, 145; Z. 1906, **12**, 237.

[7] O. Laxa: Rev. gén. Lait 1909, 7, 289; Z. 1910, **20**, 228.

[8] R. Martin: Ann. Falsif. 1911, 4, 86; Z. 1913, **25**, 62.

Tabelle 26. Zusammensetzung verschiedener Milcharten.[1]

Milchart	Spez. Gewicht bei 15°	Trockensubstanz %	Gesamtprotein %	Casein %	Albumin + Globulin %	Fett %	Milchzucker %	Asche %
Frauenmilch	1,0300 / 1,026—1,036	13,50 / 8,23—15,7	1,60 / 1,09—9,76	0,80 / 0,4—1,6	0,50 / 0,2—1,2	4,50 / 0,76—9,05	6,30 / 2,94—7,65	0,25 / 0,1—0,4
Stutenmilch	1,0363 / 1,0334—1,045	9,82 / 9,4—10,4	2,14 / 1,6—2,1	—	—	0,61 / 0,4—1,1	6,73 / 6,3—7,1	0,35 / 0,3—0,48
Eselinnenmilch	1,0320 / —	8,77 / 8,0—11,5	1,50 / 1,0—2,4	0,94 / 0,6—1,8	0,53 / 0,3—0,7	1,15 / 0,05—4,6	6,00 / 4,8—6,6	0,40 / 0,3—0,5
Kuhmilch { Niederungsvieh	1,0310	12,00	3,30	2,50	0,60	3,20	4,60	0,80
Kuhmilch { Höhenvieh	1,0327	12,80	3,44	2,75	0,7	3,64	4,96	0,76
Ziegenmilch	1,0320 / 1,0263—1,0341	13,12 / 9,3—14,3	3,76	2,60	1,16	4,07 / 2,0—5,9	4,44	0,85 / —
Schafmilch	1,0355	16,43 / 13,3—25,0	5,15 / 4,3—6,6	4,17	0,98	6,18 / 2,2—12,8	4,17 / 4,0—6,6	0,93 / 0,8—1,2
Renntiermilch	—	35,75	10,91	8,69	2,22	19,73	2,61	1,43
Kamelmilch	—	11,75	3,60	—	—	2,50	5,00	0,65
Zebumilch	—	—	3,03	—	—	4,80	5,34	0,70
Büffelmilch	1,0319 / 1,031—1,0336	17,31 / 15,8—18,4	5,88 / 4,0—7,8	5,35	0,53	7,87 / 6,7—9,2	4,52 / 4,2—5,2	0,76 / 0,7—0,85
Schweinemilch	1,0412	19,04 / 17,1—20,5	6,20 / 5,3—7,3	—	—	7,06 / 3,9—9,5	4,25 / 3,1—6,0	1,07 / 0,8—?
Hundemilch	—	23,00	9,72	4,15	5,57	9,26	3,11	0,91
Katzenmilch	—	18,37	9,08	3,12	5,96	3,33	4,91	0,51
Delphinmilch	—	51,24	—	7,57	—	43,71	—	0,46
Finnwalmilch	1,046	38,40	—	8,20	3,75	22,24	1,79	1,66

[1] Die Zahlen sind entnommen der Arbeit von B. Bleyer im Handbuch der Milchwirtschaft, Bd. 1, S. 21. Berlin: Julius Springer 1930.

14*

Zweiter Teil.

Milcherzeugnisse.

I. Sauermilcharten.

Von

Dr. R. Strohecker - Frankfurt a. M.

Von allen Milcherzeugnissen haben die Sauermilcharten in den letzten Jahren den größten Aufschwung genommen. Mit der Verbreitung des Sportes wuchs auch, besonders im Sommer, der Bedarf an erfrischenden, nicht alkoholhaltigen Getränken oder sonstigen Zubereitungen.

Besonderer Beliebtheit erfreuen sich heutzutage neben der Dickmilch einige Sauermilcharten, deren Ursprung im Orient liegt und bei deren Bereitung in den meisten Fällen zunächst ein Abkochen und daran anschließend nach dem Abkühlen eine Impfung entweder mit Reinkulturen oder wenigstens mit einer gesäuerten Milch stattfindet. Zu diesen Produkten zählen vor allem Yoghurt, Kefir, das Jazma der Tataren, das Lebén der Ägypter und Araber, das Mazun Westasiens und andere mehr. Gleichfalls hierher zu zählen ist der Kumys der Tataren, der aus ungekochter Milch, vorwiegend Stutenmilch, bereitet wird und die lange Milch der Skandinavier.

1. Dickmilch. Die einfachste Art der Sauermilch ist die Dickmilch, die durch Selbstgärung entsteht.

Sie führt in den verschiedenen Gegenden verschiedene Namen, wie dicke Milch, Setzmilch, Schlickmilch, Schlippermilch, Glumse. In Süddeutschland nennt man sie gestöckelte Milch, Schlotter und Selber. In anderen Gegenden wiederum wird sie Plundermilch, Käsemilch usw. genannt.

In den verschiedenen Ländern bestehen Unterschiede in der Bereitung der Sauermilch bezüglich des Ausgangsmaterials. Teils werden Kuhmilch, teils Schafmilch und Büffelmilch, teils Mischungen verwendet.

Die hier einzuleitende Selbstgärung ist eine Gärung von milchsäurebildenden Bakterien, in erster Linie eine solche des Streptococcus lacticus. Die milchsäurebildenden Bakterien gelangen schon beim Melken oder bei der weiteren Behandlung der Milch in diese. Sie wandeln den Milchzucker bei ihrer Lebenstätigkeit in Milchsäure. Die hierbei entstehende freie Milchsäure tritt mit dem Caseincalcium der Milch in Reaktion, wobei sich Calciumlactat und freie Caseinsäure bildet; sobald der isoelektrische Punkt des Caseins infolge weiterer Milchsäurebildung durchschritten ist, beginnt die Ausfällung des Caseins und damit das „Dickwerden" des Produktes. Die vorhandene starke Milchsäuregärung hindert die unerwünschten Eiweißzersetzer am Wachstum. Man bereitet Dickmilch entweder in der Weise, daß man Rohmilch der natürlichen Gärung überläßt oder man beimpft pasteurisierte Milch mittels Reinkulturen von Milchsäurebakterien.

2. Yoghurt, auch Joghurt, Yaoert, bulgarisch Kisselo Mléko genannt, ist von den Sauermilchprodukten neben Dickmilch am weitesten verbreitet. Er stellt eine gallertartige homogene, ganz feinflockige, glänzende Masse dar von deutlich saurem Geschmack und angenehmem, charakteristischem Aroma. Zu uns kam der Yoghurt aus der Türkei und den Balkanländern. Sein Ursprung liegt in Asien, wo er seit alter Zeit bekannt ist. In der Hauptsache wird er auf dem Balkan, besonders in Bulgarien, aus Schaf- und Ziegenmilch, mitunter aus Büffelmilch, seltener aus Kuhmilch bereitet. In Mitteleuropa dient durchweg Kuhmilch als Ausgangsmaterial.

Zur Bereitung des Yoghurts wird in den Balkanländern die Milch unter dauerndem Kochen etwas eingedickt, mitunter auf drei Viertel, zwei Drittel oder die Hälfte des Volumens. Man kühlt dann das Konzentrat auf 40—45⁰ ab und versetzt mit einem Ferment, das Maja (türkisch) oder Podkwassa (bulgarisch) genannt wird. Man verwendet hierzu gewöhnlich einen übriggelassenen Rest des letzten Yoghurt-Ansatzes oder, wenn sich dieser Rest nicht mehr eignet, Reste von Yoghurt-Ansätzen der Nachbarn oder auch Trockenfermente, d. h. eingetrocknete Yoghurtrückstände. Von den flüssigen Fermenten, die zwar nicht als Reinkultur bezeichnet werden können, aber immerhin noch genügend rein sind, werden anfänglich 10% des Volumens, später 1 Eßlöffel auf 1 Liter Milch verwendet. Der Ansatz bleibt dann in einem gegen Wärmeabgabe geschützten Topfe so lange stehen, bis eine schneidbare Masse entstanden ist, die möglichst keine Molke abscheiden soll. Meist ist dieser Zustand nach 8—10 Stunden erreicht. Eine genaue Beschreibung der Herstellung des türkischen Yoghurts geben D. Mazhar, Hatidje und K. Hanim[1]. Über griechischen Yoghurt berichten G. P. Alivisatos und D. Arvanitis[2].

Je nachdem man zur notwendigen Milchsäuregärung flüssige Reinkulturen der später zu besprechenden Yoghurtflora bzw. Reste eines alten Yoghurtansatzes oder frische Trockenkulturen verwendet, benötigt man verschiedene Gärzeiten. Bei flüssigen Fermenten soll nach J. Kleeberg[3] die Gärung bei 45⁰ nach 3—4 Stunden, bei Trockenfermenten nach 10—14 Stunden beendet sein. Sobald die Gerinnung eingetreten ist, muß abgekühlt werden.

Mitunter wird in Bulgarien die in einem Ziegenbalg aufgehängte Milch kräftig in Bewegung gehalten und so auf den sog. Schüttelyoghurt verarbeitet, der infolge der mechanischen Erschütterung flüssige Konsistenz aufweist.

In Mitteleuropa dient durchweg Kuhmilch als Ausgangsmaterial. Auch hier werden die Gärtemperaturen auf etwa 40—45⁰ gehalten. Vielfach wird hier jedoch das Eindicken unterlassen. In diesem Falle genügt einfaches Aufkochen oder Pasteurisieren. Je nachdem man die Temperatur nahe an 45⁰ hält oder unter 40⁰ sinken läßt, erhält man verschiedene Milchsäuregehalte und damit Geschmacksunterschiede. Bei längerer Einwirkung höherer Temperaturen überwiegen bei der Gärung die Milchsäurelangstäbchen (s. weiter unten), bei 35—40⁰ die Milchsäure-Streptokokken. Im ersteren Falle setzt eine stärkere Milchsäurebildung ein als im zweiten Falle. Um zu sauren Geschmack zu vermeiden, kühlt man im allgemeinen die Milch sofort nach der Gerinnung ab.

Die Yoghurt-Flora besteht in der Hauptsache aus sog. Milchsäurelangstäbchen und Milchsäure-Streptokokken, die in Form von Diplokokken auftreten. In normalem Yoghurt sollen nach C. Griebel[4] Langstäbchen und Diplokokken in gleichen Mengen enthalten sein. J. Kleeberg verlangt für guten Yoghurt ein Überwiegen der Langstäbchen. Hefen und alkohol-, sowie kohlensäurebildende Bakterien sollen möglichst nicht darin enthalten sein. Nach Orla-Jensen setzen sich die Langstäbchen aus zwei Arten, nämlich dem Bacterium

[1] D. Mazhar, Hatidje u. K. Hanim: Chem.-Ztg. 1932, 56, 46.
[2] G. P. Alivisatos u. D. Arvanitis: Praktika 1933, 8, 147; C. 1934, II, 2005.
[3] J. Kleeberg: Zentralbl. Bakteriol. II 1926, 68, 321.
[4] C. Griebel: Z. 1912, 24, 541.

bulgaricum oder Thermobacterium bulgaricum und dem Thermobacterium yoghurt zusammen. Die Milchsäure-Langstäbchen sind in der Hauptsache als die Säurebildner des Yoghurts aufzufassen, während die Milchsäure-Streptokokken rascher als die Langstäbchen die gallertartige Gerinnung der Milch herbeiführen. Ihr Säurebildungsvermögen reicht nur bis zu etwa 0,5%, während bei Langstäbchen Säuregehalte bis über 2% beobachtet wurden[1]. Während in Bulgarien Yoghurt meist mit 2% Milchsäure hergestellt wird, ist in Mitteleuropa ein Produkt mit 1% Milchsäure als handelsüblich zu bezeichnen. Milchsäuregehalte über 1% werden vielfach wegen zu sauren Geschmackes abgelehnt. R. BEY[2] fand in Yoghurt drei Milchsäurelangstäbchen: Bacillus turcicus, homogenes und finis, von denen der erstere wahrscheinlich identisch mit Thermobacterium bulgaricum, der zweite identisch mit Thermobacterium yoghurt ist. R. BEY glaubt, daß sich mit dem Bacillus turcicus allein in Verbindung mit Diplokokken ein guter Yoghurt gewinnen läßt. Bacillus homogenes soll den Yoghurt sauer machen.

Nach C. GRIEBEL, W. HENNEBERG[3] und anderen Forschern[4] sind in Trockenfermenten vielfach die Milchsäurelangstäbchen entweder abgestorben oder in ungenügender Menge vorhanden. Frische, flüssige Yoghurtkulturen sind nach W. HENNEBERG[3] stets den Trockenkulturen vorzuziehen. Nur frische Trockenpräparate sind als brauchbar anzusprechen, wobei bemerkt sei, daß auch verhältnismäßig schnelles Absterben der Yoghurtbakterien schon in frischen Trockenpräparaten beobachtet worden ist. Bei Trockenpräparaten, die noch lebende Yoghurtbakterien enthalten, empfiehlt sich ein systematisches Umimpfen, um hierdurch fremde Mikroorganismen auszuscheiden. Nach F. DUCHÁCEK ist das Yoghurtbacterium in bezug auf Nährlösungen sehr wählerisch. In zuckerfreien Lösungen wächst es nicht, auch benötigt es zum Wachstum Kalkverbindungen. Übermäßige Luftzufuhr hemmt es in seiner Entwicklung. Es ist im allgemeinen so empfindlich, daß man es nicht länger als drei Monate am Leben halten kann.

E. METSCHNIKOFF[5] nahm an, daß das Thermobacterium bulgaricum fäulniswidrige Eigenschaften aufweist, die die bei Yoghurt beobachtete günstige Wirkung auf die Darmtätigkeit durch Ausschaltung der giftigen Fäulnisprodukte verursachen sollen. Nach dem gleichen Autor soll sich Bacterium bulgaricum im Darm ansiedeln und damit die Fäulniserreger überwuchern, bzw. verhindern, daß die Colibacillen in Gemeinschaft mit anderen Arten Eiweißstoffe unter Bildung giftiger Zersetzungsprodukte auflösen. Allerdings konnten bisher im menschlichen Kot Yoghurtbakterien nicht nachgewiesen werden. Sofern man für ausreichende Milchsäurebildung sorgt, wird durch die eigentlichen Darmbewohner, durch die Colibacillen und ähnliche Arten, keine Eiweißfäulnis eingeleitet. Um die Milchsäurebildung im Darm zu unterstützen, hat METSCHNIKOFF deshalb empfohlen, ein Bacterium dem Yoghurt beizumengen, das die Stärke im Darm in Zucker verwandeln soll, damit stets Zucker für die Milchsäurebildung zur Verfügung steht. Dies Bacterium wird als Glykobacterium[6] bezeichnet. Neuere Forschungen haben gezeigt, daß im menschlichen Darm sowohl der Erwachsenen als auch der Kinder, besonders der Brustkinder, zwei Milchsäurelangstäbchen-Arten vorkommen, das Bacterium bifidum und das Bacterium acidophilum, die sich beide deutlich von den Yoghurtbakterien

[1] F. DUCHÁCEK: Biochem. Zeitschr. 1915, 70, 269; Z. 1916, 32, 197.
[2] R. BEY: Milchw. Forsch. 1926, 3, (Ref.) 133.
[3] W. HENNEBERG: Zeitschr. Spiritusind. 1911, 34, 536; Z. 1912, 24, 412. — Zeitschr. Spiritusind. 1912, 35, 405; Z. 1913, 26, 364.
[4] R. OEHLER: Zentralbl. Bakteriol. II 1911, 30, 149; Z. 1912, 23, 347.
[5] E. METSCHNIKOFF: Compt. rend. 1907, 147, 579.
[6] PIORKOWSKY: Pharm. Ztg. 1912, 57, 876; Z. 1915, 30, 288.

unterscheiden, vor allem auch dadurch, daß sie Saccharose, Maltose, Dextrin und Stärke vergären. Der Zusatz eines Glykobacteriums erscheint daher überflüssig. Neuerdings werden auch yoghurtähnliche Präparate in den Handel gebracht, die an Stelle der typischen Yoghurtbakterien den Bacillus acidophilus enthalten und als Acidophilus-Milch oder als Reformyoghurt bezeichnet werden.

Mitunter wird auch Yoghurt aus Magermilch bereitet. In diesem Falle ist das Produkt deutlich als Magermilchyoghurt zu kennzeichnen.

Sehr verbreitet ist in Italien auch die Fabrikation des Yoghurtkäses. Er wird in der Weise bereitet, daß man möglichst fettreiche Schafmilch auf 85° erhitzt, dann auf 42° abkühlt, und nunmehr gleichzeitig labt und mit Yoghurtbakterien impft. Der erhaltene Quark wird dann abgepreßt und der Reifung überlassen. Auch in Deutschland wird Yoghurtkäse gehandelt. Über Acidophilus-Käse berichtet R. H. Leitch[1].

Das durch Aufschlämmen von getrocknetem oder flüssigem Yoghurt bereitete Getränk ist bei den Tataren beliebt und wird als Jazma bezeichnet.

Nach H. Weigmann[2] ist der Yoghurt 1908 in Mode gekommen. Er hat damals den Kefir und dieser wiederum 1882 den Kumys abgelöst. Die Überlegenheit des Yoghurts über Kefir und Kumys ist wohl durch die weit einfachere Gewinnungsweise begründet.

Die Zusammensetzung des Yoghurts ist in erster Linie von dem Eindickungsgrad abhängig: Nach R. Oehler[3] schwankt der Trockensubstanzgehalt zwischen 10,68 und 15,76%. Bei einem aus eingedickter Milch hergestellten Yoghurt stellte Hohenadel[4] folgende Werte fest: 2,70% Casein, 0,98% Albumin, 3,75% Albumosen und Peptone, 7,20% Fett, 9,40% Zucker, 1,38% Asche, 0,80% Milchsäure und Spuren Alkohol. R. Oehler fand Schwankungen im Milchsäuregehalt von 0,76—1,16%. Mit einem höheren Säuregehalt ist vielfach ein kräftigeres Yoghurtaroma verbunden. Wie schon angedeutet, erreicht in Bulgarien der Yoghurt vielfach einen Säuregehalt von 2%. Für türkischen Yoghurt gibt D. Mazhar[5] folgende Zahlen an:

	Trockensubstanz	Casein	Fett	Lactose	Säure	Flüchtige Säure
Sommer-Yoghurt	14,03–32,01	5,58–11,87	3,5–11,4	1,2–8,0	1,19–1,86	0,02% (1 Probe)
Herbst-Yoghurt	16,04–37,25	7,52–14,81	3,8–13,26	2,05–7,11	0,96–2,40	0,0024–0,036%

Die Zusammensetzung des griechischen Yoghurt teilen G. P. Alivisatos und D. Arvanitis[6] mit. Auf ein Patent zur Herstellung eines haltbaren Yoghurtgetränkes sei hingewiesen[7].

Dem Yoghurt verwandte Produkte stellen das in Syrien und Ägypten bereitete Lebén Raib oder Lebén, die in der Bukovina gewonnene Huslanka, das Tarho der ungarischen Steppe, der Sostej Siebenbürgens und der in Armenien gewonnene Mazun dar.

Lebén ist ähnlich wie Yoghurt beschaffen. Es wird aus Büffel-, Kuh- und Ziegenmilch mit Hilfe von altem Lebén, das man Roba nennt, bereitet. Es hat einen süßsäuerlichen Geschmack; eine Alkoholgärung hat nur in geringem Maße stattgefunden, das Casein ist nicht in feinen, sondern in gröberen Flocken geronnen. Zur Bereitung des Lebén wird aufgekochte und auf 40° abgekühlte Milch verwendet. Nach Rist und Khoury[8] sind im

---

[1] R. H. Leitch: Lait 1934, 14, 786; C. 1934, II, 3860.

[2] W. Fleischmann u. H. Weigmann: Lehrbuch der Milchwirtschaft. Berlin: Paul Parey 1932.

[3] R. Oehler: Zentralbl. Bakteriol. II 1911, 30, 149; Z. 1912, 23, 347.

[4] Hohenadel: Pharm. Zentralh. 1911, 52, 1337.

[5] D. Mazhar, Hatidje u. K. Hanim: Chem.-Ztg. 1932, 56, 46.

[6] G. P. Alivisatos u. D. Arvanitis: Praktika 1933, 8, 147; C. 1934, II, 2005.

[7] Dr. E. Klebs: D.R.P. 550457, 1932; C. 1932, II, 465.

[8] Rist u. Khoury: Ann. Inst. Pasteur 1902, 16, 65.

Lebén fünf verschiedene Organismen vorhanden, und zwar ein Streptobacillus lebénis, ein Bacillus lebénis, ein Diplococcus lebénis, eine echte Hefe und eine Mycodermaart.

Huslanka wird gewöhnlich aus Magermilch hergestellt. Das Produkt ist bis zu zwei Jahren haltbar.

Mazun wird durch eine Säure- und Alkoholgärung aus Büffel-, Schaf- oder Ziegenmilch, neuerdings auch aus Kuhmilch gewonnen, indem man etwas altes Mazun der frischen Milch zusetzt. Die Flora des Mazun ist in allen Fällen etwas verschieden von der des Yoghurts. Es liegen hier einige Untersuchungen vor, aus denen hervorgeht, daß die Langstäbchen des Yoghurts auch hier auftreten, allerdings begleitet von einem eiweißlösenden Stäbchen, das als Bacillus mazun bezeichnet wird. Außerdem wurden darin Hefen beobachtet, die einen fruchtesterartigen Geschmack bedingen. Charakteristisch für Mazun ist ein geringer Alkoholgehalt.

Mazun wird nicht nur direkt genossen, sondern auch nach Verdünnen und Verrühren mit Wasser getrunken, oder aber auch als Ansäuerungsmaterial bei der Butterbereitung zur Erzielung eines angenehmen Aromas verwendet. Auch die hier anfallenden Nebenprodukte, wie Buttermilch und Quark, werden genossen. Der Quark, auch Than genannt, wird mit Mehl versetzt und an der Sonne getrocknet. Der getrocknete Than heißt Tschorathan. Er liefert mit Spinat und Reis zusammengekocht und mit Pfefferminz und anderen Gewürzen schmackhaft gemacht, im Winter eine beliebte Speise, die Thanapur heißt.

3. Kefir. Wie schon oben angedeutet, ist Kefir seit dem Jahre 1882 in Deutschland, und zwar durch Kern, bekannt geworden. Er ist im Gegensatz zu Yoghurt ein Getränk von stark mussierendem Charakter, das in erster Linie aus Kuhmilch, seltener aus Stutenmilch gewonnen wird. Es handelt sich hierbei um ein schäumendes, säuerlich riechendes und schmeckendes Erzeugnis, das das Casein geronnen und in feinster Verteilung enthält. Der Geschmack erinnert etwas an Hefe. Nach J. Kleeberg[1] soll die Säure nur aus Milchsäure bestehen und nicht unter 1% und nicht über 2% betragen. Der Alkoholgehalt soll zwischen 0,5 und 1% liegen. Die Herstellung erfolgt auf folgendem Wege: Die Kefirkörner, die aus getrocknetem Kefir bestehen, läßt man in warmem Wasser 5—6 Stunden lang quellen. Die gequollenen Körner übergießt man dann 4 bis 5mal in Abständen von 3—4 Stunden mit warmer Milch. Sobald die Gärung beginnt, steigen die Körner an die Oberfläche. Die gequollenen, an der Oberfläche schwimmenden, hirnartig aussehenden Kefirkörner stellen das eigentliche Ferment dar. Man übergießt dieses mit ½ Liter aufgekochter oder pasteurisierter Milch und läßt 8—12 Stunden bei 16—20° unter öfterem Umrühren stehen. Darauf wird durch ein Sieb von den Kefirkörnern abgegossen. Der erste Abguß, auch Aulen-Kefir genannt, ist nach zweitägigem Reifen genußfertig, wird jedoch meistens als Ausgangsferment für eine größere Menge Kefir verwendet. Man gibt davon 20% zu abgekochter Milch und läßt bei 12—15° gerinnen. Nach 2—3 Tagen ist die Gerinnung beendet. Um Kahmbildung und grobflockige Abscheidung des Caseins zu verhindern, schüttelt man während der Gärung öfters um. Die verwendeten Kefirkörner werden alle 8 Tage mit Wasser abgewaschen und etwa 2 Stunden lang in 1%ige Natriumcarbonatlösung gelegt und dann wiederum abgewaschen. Der mehr oder weniger saure Geschmack des Kefirs hängt von der Menge der Kefirkörner und der Temperaturhöhe ab. Geringe Einsaat und geringe Temperatur bedingen milden Geschmack.

Die Kefirkörner setzen einen Teil des Milchzuckers in Milchsäure, einen anderen Teil in Alkohol und Kohlensäure um. Eiweiß wird nach J. Cl. Jandin[2] nur schwach angegriffen, Milchfett wird nicht zersetzt. Die Flora des Kefirs besteht nach J. Kleeberg hauptsächlich aus Milchsäurelangstäbchen, Milchsäurestreptokokken und Hefen. Nach W. Henneberg sind die Kefirkörner symbiotische Gebilde, die in der Hauptsache aus einer Abart des Heubacillus und aus einer Hefe, Saccharomyces kefir, bestehen. Daneben finden sich noch eine oder mehrere Torula-Arten, die begleitet werden von gewöhn-

[1] J. Kleeberg: Zentralbl. Bakteriol. II 1926, **68**, 321 u. 1927, **72**, 1.
[2] J. Cl. Jandin: Bull. Sciences pharmacol. 1914, **21**, 356; C. 1914, II, 888.

lichen Milchsäurebakterien und dem Streptobacterium caucasicum (Bacillus caucasicus).

In der Hauptsache wird die Kefirgärung durch eine Milchsäure- und durch eine alkoholische Gärung bedingt. W. Kuntze[1] nimmt ferner an, daß auch eine Buttersäuregärung stattfindet, die allerdings durch das Wachstum der Hefen in Schranken gehalten wird.

Die handelsüblichen Kefirkörner werden mit zunehmendem Alter unwirksam. Meist sind sie schon nach 2 Monaten unbrauchbar, was dadurch zu erklären ist, daß die Milchsäurestäbchen das Eintrocknen nicht vertragen. Weitere Untersuchungen über Beschaffenheit, Wirkung und Bereitung bringen B. Bou-rounoff[2] und andere.

Kefir findet Verwendung als Stärkungsmittel für schwache Personen zur Hebung des Allgemeinbefindens.

Zusammensetzung. Nach Hammarsten[3] weist Göteborger Kefir folgende Zusammensetzung auf:

Wasser...	88,915%	Lactalbumin.	0,186%	Mineralstoffe.	0,708%
Fett....	3,088%	Peptone ..	0,067%	Alkohol ...	0,720%
Casein ...	2,904%	Zucker ...	2,685%	Milchsäure. .	0,727%

In nachstehender Tabelle sind einige Analysen aus den Jahren 1909—1911 zusammengestellt.

Tabelle 1. Kefir.

Nr.	Nähere Bezeichnung	Wasser	Stick-stoff-sub-stanz	Ca-sein	Albu-min	Albu-mosen + Pepton	Fett	Milch-zucker	Milch-säure	Alko-hol	Asche
		%	%	%	%	%	%	%	%	%	%
1	Aus Wien.....	88,66	3,10	2,37	0,7	—	3,50	3,49	0,59	0,29	0,69
2	Herkunft unbekannt	—	—	2,98	0,28	0,050	3,10	2,78	0,81	0,20	0,79
3	Aus Holländ.-Indien	88,80	3,00	—	—	—	2,65	4,60	—	—	0,62
4	Kefir { 2 Tage alt .	—	—	2,57	0,43	0,071	3,62	4,70	0,67	0,23	0,64
5	4 ,, ,, .	—	—	2,59	0,41	0,089	3,63	2,24	0,83	0,81	0,63
6	6 ,, ,, .	—	—	2,56	0,40	0,120	3,63	1,67	0,90	1,10	0,62

Nach L. M. Horowitz-Wlassowa und M. I. Liwschitz[4] eignet sich auch Sojamilch sehr wohl zut Kefirbereitung.

4. Kumys ist ein dem Kefir ähnliches Getränk, das auch als Milchwein (Vinum lactis) bezeichnet wird. Der Name leitet sich von dem schon in frühem Altertum genannten Volk der Kumanen oder Komanen ab. Kumys hat seinen Ursprung in Asien bei den Tataren und Kirgisen, wo er in erster Linie aus Stutenmilch, mitunter auch aus Esels-, Kamel- oder Ziegenmilch bereitet wird. In Mitteleuropa, wo er vor etwa 50 Jahren bekannt geworden ist, wird er in der Hauptsache aus Kuhmilch hergestellt, wobei zu bemerken ist, daß infolge der vom Stutenmilcheiweiß abweichenden Beschaffenheit des Kuhmilchcaseins Kuhmilch schwerer auf Kumys zu verarbeiten ist[5]. Kumys erinnert im Ge-schmack und Geruch an Buttermilch. Das Casein liegt in einer sehr fein

---

[1] W. Kuntze: Zentralbl. Bakteriol. II 1909, 24, 101.

[2] B. Bourounoff: Lait 1934, 14, 819; C. 1934, II, 3861; vgl. auch H. Patzsch: Pharm. Ztg. 1934, 79, 20 und L. Gershenfeld: Amer. Journ. Pharm. 1932, 104, 540; C. 1932, II, 2755.

[3] Hammarsten: Jahresber. f. Tierchemie 1886, 16, 165; Weigmann: Lehrbuch der Milchwirtschaft, 7. Aufl., S. 377. Berlin: Paul Parey 1932.

[4] L. M. Horowitz-Wlassowau u. M. I. Liwschitz: Schrift.zentral. biochem. Forsch.-Inst. Nahr.-Genum.-Ind. (russ.) 1, 170; C. 1932, II, 1985.

[5] A. Ginsberg: Biochem. Zeitschr. 1911, 30, 1; Z. 1912, 23, 156.

verteilten Form vor. Gewöhnlich dient Vollmilch als Ausgangsmaterial, aber auch Magermilch kann verwendet werden. Ein wesentlicher Unterschied zwischen Kumys und Yoghurt besteht darin, daß Kumys aus roher Milch bereitet wird.

Nach B. Rubinsky[1] geschieht die Bereitung in folgender Weise: Zum fertigen Kumys setzt man etwa die 3—10fache Menge Stutenmilch und rührt um bzw. schlägt mit einem hölzernen Rührstock in Abständen von 1—2 Stunden jedesmal 10—15 Minuten. Auf diesem Wege erhält man nach 20—24 Stunden, bei großer Hitze schon nach 12—14 Stunden, den sog. „jungen" oder schwachen Kumys, der auf Flaschen oder, wie bei den Kirgisen und Kalmücken, in Lederschläuche (Ssaba) oder, wie bei den Baschkiren und in Rußland, in Holzgefäße (Tschiljaks) gefüllt und als solcher verbraucht wird. Der auf Flaschen gefüllte Kumys wird weiter verarbeitet; man läßt ihn innerhalb 12—20 Stunden bei einer Temperatur von etwa 20^0 wiederum eine Gärung durchmachen, wobei man den sog. „mittleren" Kumys erhält. Setzt man die Behandlung im Tschiljak fort, füllt dann auf Flaschen und überläßt bei Kellertemperatur nochmals 3—5 Tage der Gärung, so erhält man den sog. „starken" Kumys. Qualitativ soll der Tschiljak-Kumys besser sein als Flaschenkumys. Junger Kumys besitzt einen schwach säuerlichen, alkoholischen Geruch und kaum sauren Geschmack. Die Schaumbildung ist nur gering. Die Wirkung ist stark abführend. Der mittlere Kumys zeigt dagegen starke Schaumbildung, sein Geruch erinnert besonders im Herbst an Fruchtester. Der Geschmack ist sauer und alkoholisch. Während die Konsistenz des schwachen Kumys nicht von derjenigen der frischen Kuhmilch abweicht, ist mittlerer Kumys etwas konsistenter. Starker Kumys ist wieder etwas dünnflüssiger, jedoch ist er nicht saurer als mittlerer Kumys. Die Kumysgärung bewirkt eine erhebliche Veränderung der Stutenmilch. Der Milchzucker wird teilweise zu Milchsäure abgebaut, teilweise zu Alkohol vergoren. Auch das Casein erleidet einen tiefgreifenden Abbau zu Albumosen und Peptonen. An Milchsäure finden sich im schwachen Kumys 0,5—0,6% bzw. an Alkohol 0,7—0,9%, im mittleren Kumys 0,7—0,8% bzw. 1—2%, im starken Kumys 0,8—0,9% bzw. 1,8 bis über 3,0%.

Hat man als Impfmittel keinen alten Kumys zur Verfügung, so kann man auch saure Milch, Brotsauerteig oder Bierhefe verwenden. Man überimpft in diesem Falle so lange auf frische Stutenmilch, bis eine typische Kumysgärung eintritt.

Die Flora des Kumys besteht nach B. Rubinsky in der Hauptsache aus vier Mikroorganismen, und zwar aus Kumyshefe, Kumysbakterien, Streptococcus lactis und Bacterium acidi lactici. Von diesen finden sich nur die beiden ersten im alten Kumys, da die beiden letzteren durch die bei der Herstellung gebildete Milchsäure am Wachstum verhindert werden. Zuweilen tritt auch Bacterium caucasicum auf, das eine geringe Buttersäuregärung bewirkt. F. Löhnis[2] erklärt aber die Buttersäurebildung im Kumys als eine fehlerhafte Gärungserscheinung. L. Horowitz-Wlassowa[3] sieht folgende Mikroorganismen als richtige Kumysflora an: ein kokkenähnliches, gramnegatives Stäbchen, nämlich Bacterium orenburgii, eine in Symbiose mit diesem lebende Torula-Hefe, Torula kumys, und schließlich Bacterium bulgaricum. Mit diesen drei Organismen gelang es dieser Forscherin aus Stuten-, Kamel- und Ziegenmilch, nicht aber aus Kuhmilch und lange sterilisierter Stutenmilch, richtigen Kumys zu bereiten.

---

[1] B. Rubinsky: Zentralbl. Bakteriol. II 1910, **28**, 161; Z. 1911, **22**, 613.
[2] F. Löhnis: Handbuch der landwirtschaftlichen Bakteriologie, S. 292. Berlin 1910.
[3] L. Horowitz-Wlassowa: Zentralbl. Bakteriol. II 1925, **64**, 329.

Aus nachstehender Tabelle ergibt sich die Zusammensetzung einiger Kumysproben:

Tabelle 2. Kumys.

Nr.	Nähere Bezeichnung	Wasser %	Stickstoff-substanz %	Casein %	Albumin %	Albumosen u.Pepton %	Fett %	Milch-zucker %	Milch-säure %	Alkohol %	Asche %
1[1]	Aus Wiener Vollmilch .	88,82	3,02	2,34	0,27	0,39	3,50	3,49	0,71	1,19	0,71
2[2]	Aus entrahmter bzw. verdünnter Milch. . . .	—	—	0,80	0,30	1,04	1,12	0,39	0,96	3,19	3,33
3[3]	Kumys { 1 Tag alt . .	91,43	—	0,77	0,25	0,98	1,16	1,63	0,77	2,67	0,35
4[3]	8 Tage alt. .	91,12	—	0,85	0,27	0,76	1,12	0,50	1,08	2,93	0,35
5[3]	22 Tage alt. .	92,05	—	0,83	0,24	0,77	1,30	0,23	1,27	2,98	0,35
				Kohlen-säure	Gly-cerin						
6[4]	Aus Stutenmilch	91,535	1,913	0,876*	—	—	1,274	1,253	1,006	1,850	0,293
7[4]	Aus entrahmter Kuhmilch.	88,933	2,025	1,027	0,166	—	0,854	3,108	0,796	2,647	0,444

* Frei und gebunden.

Kumys wird in Rußland vielfach mit Hilfe von Reinkulturen gewonnen und in Sanatorien in großem Maße verwendet. In Deutschland spielt die Kumysbereitung kaum mehr eine Rolle. Auch Kefir wird nur selten hergestellt. Dagegen erfreuen sich Yoghurt und Acidophilusmilch eines ansehnlichen Umsatzes.

Unter Milch-Champagner versteht man Kumys oder mit Kohlensäure imprägnierte pasteurisierte Voll- oder Magermilch. Ein derartiges Produkt, dessen Eiweißsubstanz im übrigen durch Zusatz peptonisierender Fermente zu über 50% abgebaut ist, stellt die von Dr. WEHSARG[5] empfohlene Sajamilch dar, die besonders auch in ihrem Vitamingehalt der gewöhnlichen Kuhmilch überlegen sein soll.

Außer den genannten alkoholhaltigen Milchprodukten wie Kefir, Kumys, Milch-Champagner sind auch sog. Milch-Branntweine gelegentlich anzutreffen. Es handelt sich hierbei um Getränke, die bei den verschiedensten Völkern durch Destillation gegorener Milchprodukte erhalten werden. Hierzu zählen der aus Stutenmilch bereitete Araka, auch Arrki, Ojran oder Orjan genannt, der asiatischen Steppenvölker, der aus Schafmilch gewonnene Airan und der aus Stuten- und abgerahmter Schafmilch gewonnene Arsa. Der Alkoholgehalt dieser Produkte steigt mitunter bis auf 8%.

5. Tätte. Zuletzt sei von Sauermilchprodukten noch die sog. Tätte oder Langmilch erwähnt. Sie gilt in Schweden, Norwegen und Finnland, wo sie aus ungekochter Vollmilch und Magermilch gewonnen wird, als beliebtes Nahrungsmittel. Es handelt sich hier um eine stark saure, fadenziehende, lange haltbare Milch, die nicht verwechselt werden darf mit der gewöhnlichen fadenziehenden Milch, die auch „falsche Tätte" genannt wird und die sich vor allem durch geringere Haltbarkeit unterscheidet. Für die eigenartige Beschaffenheit der echten Tätte sind bestimmte, in Symbiose wachsende Milchsäurebakterien und Hefen verantwortlich. Nach OLSON-SOPP[6] handelt es sich hierbei um folgende Arten: 1. Streptobacillus taette, 2. Langstäbchen

[1] Zeitschr. landwirtschaftl. Versuchswesen in Österreich 1911, 14, 371.
[2] M. HOHENADEL: Pharm. Zentralh. 1911, 52, 1337.
[3] L. A. ROGERS: Washington U. S. Depart. of Agric. Bureau of animal industry 1909. S. 133.
[4] Nach W. FLEISCHMANN-H. WEIGMANN: a. a. O.
[5] A. FORSTER: Südd. Molkerei-Ztg. 1929, 50, 749.
[6] OLSON-SOPP: Zentralbl. Bakteriol. II, 1912, 33, 1.

des Lactobacillus taette, 3. Saccharomyces taette major oder minor und 4. gewisse Torula-Arten. Die einzelnen Vorgänge bei der Tätte-Bereitung sind noch nicht geklärt.

Wenn man Milch mit dem sog. Fettkraut (Pinguicula), einer sog. fleischfressenden Pflanze, zusammenbringt, und zwar mit den jungen Blättern dieser Pflanze, so erhält man auch ein fadenziehendes Produkt, das jedoch nicht haltbar ist, also mit der echten Tätte nichts zu tun hat. Im Zusammenhang damit steht wohl der Volksglaube, daß Tätte dann entsteht, wenn Kühe Tättegras oder Sonnentau auf der Weide fressen oder wenn sie auf der Weide mit der gemeinen Landschnecke in Berührung kommen. Nach Olson-Sopp hat Tätte folgende Zusammensetzung:

Tabelle 3. Tätte.

Bezeichnung	Spez. Gewicht	Wasser %	Fett %	Protein %	Milch-zucker %	Milch-säure %	Mineral-stoffe %	Kohlen-säure %	Alko-hol %
Milch	1,0326	87,19	3,85	3,35	4,94	—	0,67	—	—
Daraus Tätte, 6 Wochen alt	1,0240	88,04	3,36	2,84	3,67	1,44	0,65	0,6	0,37
Milch	1,0324	87,30	3,72	3,55	4,68	—	0,75	—	—
Daraus Tätte, mehrere Monate alt	1,0234	89,56	3,60	2,76	1,60	1,80	0,68	0,12	0,48

Untersuchung der Sauermilcharten.

Bei der Untersuchung der Sauermilcharten sind zunächst Geruch und Geschmack zu prüfen, um den Charakter der Sauermilch bzw. Abweichungen von der normalen Beschaffenheit einer Art festzustellen. Für die eigentliche Untersuchung ist auf gründlichste Mischung der Erzeugnisse durch Umrühren oder Umschütteln Wert zu legen. Kohlensäurehaltige Erzeugnisse sind vor der Bestimmung der Bestandteile dadurch von Kohlensäure zu befreien, daß man bei 15⁰ wiederholt von einem Gefäß in ein anderes gießt.

Die einzelnen Bestimmungen werden wie bei Milch bzw. in sinngemäßer Abänderung ausgeführt:

1. Trockensubstanz. 5—10 g Substanz werden in einer flachen Nickelschale (Durchmesser 8,5 cm, Randhöhe 2 cm) auf dem Wasserbade zur Trockne eingedampft, der Rückstand wird $^1/_2$ Stunde lang im Trockenschrank getrocknet und danach zur Wägung gebracht.

2. Gesamt-Stickstoffsubstanz. 15—20 g werden wie bei Milch nach Kjeldahl verbrannt und weiterbehandelt.

3. Casein. 20—50 g werden mit der 10—20fachen Menge Wasser verdünnt und, soweit die vorhandene Säure zur Abscheidung des Caseins nicht ausreicht, so lange tropfenweise mit verd. Essigsäure (1%ig) versetzt, bis ein flockiger Niederschlag entsteht. Man verfährt dann weiter wie bei der Caseinbestimmung in der Milch (S. 134).

4. Lösliche Stickstoffverbindungen. a) Albumin. Das Filtrat der Caseinfällung wird zum Sieden erhitzt, das ausgeschiedene Albumingerinnsel auf einem Filter gesammelt und nach dem Auswaschen auf dem Filter nach Kjeldahl verbrannt. Der erhaltene Stickstoffgehalt wird durch Multiplikation mit dem Faktor 6,25 oder auch 6,34 auf Albumin berechnet.

b) Proteosen. Das Filtrat vom Albumin wird auf 30—40 ccm eingeengt und dann mit Zinksulfat ausgesalzen. Über die weitere Behandlung siehe Bd. II, S. 612.

c) Pepton. Im Filtrat des Zinksulfatniederschlags fällt man die Peptone mit Phosphorwolframsaurem Natrium, wie Bd. II, S. 612 beschrieben.

d) Ammoniak. Vorhandenes Ammoniak wird in einer besonderen Probe von etwa 50 g auf die S. 205 beschriebene Weise bestimmt.

5. Fett. Zur Fettbestimmung verfährt man zweckmäßig nach dem für nicht gezuckerte Milchdauerwaren empfohlenen Verfahren von SCHMIDT-BONDZYNSKI[1]: 5 g Substanz werden nach Zusatz von etwas Bimsstein in einem mit Trichter bedeckten ERLENMEYER-Kölbchen mit 10 ccm Salzsäure (Spez. Gewicht 1,124) zunächst auf freier Flamme erhitzt. Sobald das Schäumen nachläßt, hält man auf einem Asbestdrahtnetz 20 Minuten lang in schwachem Sieden. Die warme Flüssigkeit wird dann in ein RÖSE-GOTTLIEB-Rohr übergeführt und das Kölbchen zunächst mit 10 ccm Alkohol, dann mit 25 ccm Äther und zuletzt mit 25 ccm Petroläther nachgespült. Nach gründlichem Durchmischen wird in üblicher Weise der Flüssigkeitsstand abgelesen und ein aliquoter Teil entnommen. Nach Abdestillieren des Lösungsmittels wird der Rückstand zur Wägung gebracht.

Als brauchbare Schnellmethode ist folgende Methode anzusprechen: 50 g Sauermilchprodukt werden mit 50 g Wasser versetzt und nach gründlichem Durchmischen darin der Fettgehalt nach GERBER ermittelt.

6. Milchzucker. Der Milchzucker wird in gleicher Weise wie bei Milch (S. 137) bestimmt. J. ROBCŽNICKS[2] empfiehlt für Yoghurt und sonstige Sauermilchprodukte die jodometrische Bestimmung nach N. SCHOORL (Bd. II, S. 866).

7. Mineralstoffe. 10—20 g Substanz werden in gleicher Weise wie bei Milch (S. 145) verascht.

8. Gesamt-Säure. 50 g Substanz werden mit 50 g Wasser gut durchgemischt und in 50 ccm der Mischung nach Zusatz von 2 ccm Phenolphthaleinlösung (2%) der Säuregrad nach SOXHLET-HENKEL bestimmt. Mitunter wird der Säuregehalt auf Milchsäure umgerechnet. In diesem Fall entspricht 1 ccm 0,25 N.-Alkalilauge = 0,0225 g Milchsäure.

9. Flüchtige Säure. Die Bestimmung der flüchtigen Säure kann mit der des Alkohols verbunden werden. In einem 500-ccm-Kolben destilliert man aus 200 g Substanz die flüchtigen Säuren in ähnlicher Weise wie beim Wein mit Wasserdampf über. Hierbei findet sich der Alkohol auch im Destillat. Wenn etwa 100 ccm Destillat übergegangen sind, titriert man die übergegangenen Säuren nach Zusatz von Phenolphthalein mittels 0,1 N.-Alkalilauge und berechnet den erhaltenen Wert auf Essigsäure. 1 ccm 0,1 N.-Alkalilauge = 0,006 g Essigsäure.

10. Alkohol. Die nach vorstehender Bestimmung erhaltene neutralisierte Lösung gibt man in einen Destillationskolben und destilliert den Alkohol über, indem man ihn in einem 50-ccm-Kölbchen auffängt, worin man das Spezifische Gewicht des Destillates ermitteln kann.

11. Kohlensäure. Eine genaue Bestimmung der Kohlensäure ist nur bei den Erzeugnissen möglich, die in Flaschen bereitet werden, und bei denen die Flaschen mit Korkstopfen verschlossen sind. In diesem Falle treibt man einen hohlen, unten mit einer Seitenöffnung versehenen, durchbohrten Pfropfenzieher, dessen oberes, durch einen Hahn abschließbares Ende durch einen Gummischlauch mit einem Kühler verbunden wird, in den Kork hinein. Im übrigen verfährt man wie bei der Kohlensäurebestimmung im Bier.

12. Nachweis von Frischhaltungsmitteln. Der Nachweis von Frischhaltungsmitteln erfolgt in derselben Weise wie bei Milch.

13. Wesentlich für die Beurteilung der Sauermilchprodukte ist die Prüfung auf die vorhandene Mikroflora. Die hierzu notwendige bakteriologische Untersuchung erfolgt nach den Bd. II, S. 1605 angegebenen Verfahren. Die in den einzelnen Produkten vorhandenen Bakterien bzw. Hefen sind S. 430 aufgeführt.

---

[1] F. E. NOTTBOHM u. O. BAUMANN: Z. 1931, 62, 164.
[2] J. ROBCŽNICKS: Latvijas Univ. Raksti 1933, 2, 289; C. 1933, II, 296.

II. Eingedickte Milch; Trockenmilch.

Von

DR. R. STROHECKER - Frankfurt a. M.

Mit 2 Abbildungen.

Zu den Milchdauerwaren zählt man die eingedickte Milch, auch Kondens-milch genannt, und die Trockenmilch oder die Milchpulver. Die ersten Versuche, die sehr leicht zersetzliche Milch in einen haltbaren Zustand überzu-führen, rühren von FR. APPERT[1] her, der schon im Jahre 1804 Milch durch Eindampfen auf $^2/_3$ ihres Volumens und anschließendes Erhitzen in der Flasche haltbar gemacht hat. Erst um die Mitte des vorigen Jahrhunderts begann die fabrikmäßige Herstellung der Kondensmilch, und zwar in Amerika. Um 1865 wurde in der Schweiz die erste Kondensmilchfabrik errichtet. In allen Fällen handelte es sich hierbei um gezuckerte Kondensmilch. Die Herstellung von ungezuckerter Kondensmilch wurde erst später fabrikatorisch in Angriff ge-nommen.

1. Eingedickte Milch (Kondensmilch).

Man kondensiert sowohl Voll- und Magermilch, als auch Buttermilch und Rahm.

a) Herstellung. Die Herstellung der gezuckerten Kondensmilch erfolgt in der Weise, daß man die sorgfältig ausgewählte und gereinigte Milch vorkocht und nach Zusatz von etwa 16%, nicht aber unter 15%, Zucker (Saccharose) in Vakuumpfannen, und zwar im Verhältnis 2,5 : 1 eindickt.

Colostralmilch, Mastitismilch, Milch von Kühen, die mit Brennerei- oder Brauerei-abfällen oder Sauerfutter od. dgl. gefüttert worden sind, darf nicht verwendet werden, da derartige Milch Fabrikationsfehler im Gefolge hat, die unter anderem in einer Bombage der verwendeten Dosen zum Ausdruck kommen.

Das Vorkochen der Milch hat den Zweck, einmal die Keime abzutöten und weiterhin das Albumin, das an den Wandungen der Pfannen zur Ausscheidung kommen könnte, vorher zur Gerinnung zu bringen. Das Verdampfen der Milch wird im Vakuum bei etwa 57—60° vorgenommen, und zwar so lange, bis das Kondensat bei 48,8° Temperatur 32° Beaumé oder bei 15,5° Tempe-ratur 33,5° Beaumé anzeigt. Danach wird die Milch rasch unter Umrühren auf 26° abgekühlt, um die Ausscheidung größerer Milchsäurekrystalle zu ver-hindern. Das Endprodukt soll eine gleichmäßige sirupöse, glänzende Masse darstellen, die nunmehr ohne vorherige Sterilisation in vorher sterilisierte Dosen abgefüllt wird. Eine gezuckerte Kondensmilch, die so weit eingedickt ist, daß nicht eine flüssige, sondern eine schneidbare, plastische Masse entsteht, wird als Blockmilch bezeichnet. Die Blockmilch wird in prismatischen Blöcken gehandelt und vielfach in der Schokoladenindustrie verwendet. Die einzelnen Blöcke werden nicht in Dosen verpackt, sondern nur mit Papier umhüllt dem Verkehr übergeben. Mitunter werden die einzelnen Blöcke auch von einer Paraffinhülle od. dgl. umgeben[2]. In ähnlicher Weise wie Blockmilch wird Block-sahne aus einem Gemisch von Sahne, Milch und Zucker gewonnen.

Als Fehler bei der Herstellung der gezuckerten Kondensmilch ist das Grießig-werden anzusprechen, das, wie schon angedeutet, auf Milchzuckerausscheidungen beruht. Ein weiterer Fehler ist das Nachdicken, das durch bestimmte säure-

---

[1] W. FLEISCHMANN u. H. WEIGMANN: Lehrbuch der Milchwirtschaft, 7. Aufl., 1932, S. 346. Berlin: Paul Parey.

[2] L. EBERLEIN: Die neuere Milchindustrie. Dresden u. Leipzig: Theodor Steinkopff 1926.

und labbildende Kokken und durch erhöhten Eiweißgehalt bedingt ist. Man vermeidet das Nachdicken durch Vorkochen bei höheren Temperaturen. Auch ein plötzliches Zusammenfallen der Milch infolge von Peptonisierung wird mitunter beobachtet und ist als Fehler anzusprechen. Es ist dies eine Folge der Anwesenheit von Erd- oder Heubacillen.

Die ungezuckerte Kondensmilch oder evaporierte Milch wird heutzutage in weit größerem Maße hergestellt und verbraucht als die gezuckerte Kondensmilch. Sie wird sowohl aus Vollmilch als auch aus Magermilch gewonnen. Die hierzu notwendige Vollmilch wird vorher durchweg homogenisiert. Auch bei der evaporierten Milch findet ein Vorkochen bei 95^0 während 5—10 Minuten statt, um koagulierbare Eiweißstoffe abzuscheiden. Angeblich werden auch mitunter zur Herstellung Natriumbicarbonat, Dinatriumphosphat und Natriumcitrat zur Erhöhung der Zähflüssigkeit zugesetzt. Die vorgewärmte Milch wird in kontinuierlich arbeitenden Vakuumapparaten im Verhältnis 2—2,7 : 1 eingeengt. Nach dieser Behandlung wird die Milch gekühlt, sofort in Dosen gefüllt und im Autoklaven bei 0,5 Atm. 20 Minuten lang sterilisiert. Hierauf erfolgt schnelle Abkühlung der Dosen.

Die ungezuckerte Kondensmilch weist vielfach eine mehr oder weniger starke bräunliche Farbe auf, die wohl in der Hauptsache auf eine Überhitzung bei der Sterilisierung zurückzuführen ist.

Außer Kondensvoll- und Kondensmagermilch in gesüßtem, wie ungesüßtem Zustand, wird auch noch Buttermilch kondensiert, und zwar vorwiegend in den Vereinigten Staaten. Dieses Produkt wird dort unter dem Namen ,,Semi-solid Buttermilk", als eiweißreiches Hühner- und Schweinefutter, in den Handel gebracht.

b) Die **Zusammensetzung** der gezuckerten und ungezuckerten Kondensmilch ergibt sich aus nachstehender Tabelle.

Tabelle 4. Kondensmilch.

Kondensmilchart	Wasser %	Fett %	Stick-stoff-sub-stanz %	Milch-zucker %	Saccha-rose %	Mineral-stoffe %	Analytiker
Gezuckerte Kondensvollmilch	26,50	9,00	8,50	13,30	40,90	1,80	WEIGMANN
,, ,,	23,32	8,95	9,15	13,19	43,46	1,93	GRIMMER
,, Kondensmagermilch	27,68	2,75	11,80	12,32	43,20	2,25	WEIGMANN
,, ,,	28,22	0,40	10,39	13,66	45,35	1,98	GRIMMER
Ungezuckerte Kondensvollmilch	69,95	9,27	8,00	10,88	—	1,71	KÖNIG

c) **Untersuchung.** Zur Untersuchung der ungezuckerten Kondensmilch verfährt man in der Weise, daß man 100 g der gut durchgemischten Substanz mit 100 g Wasser mischt und die Verdünnung dann wie gewöhnliche Vollmilch untersucht. Die Verdünnung gibt annähernd die Zusammensetzung wieder, die die Milch vor dem Eindicken besessen hat. Durch Multiplikation der erhaltenen Prozentgehalte mit 2 ergeben sich die Prozentgehalte der unverdünnten Kondensmilch.

Bei gezuckerter Kondensmilch ergeben sich einige Abweichungen von den üblichen Bestimmungsverfahren. Zunächst ist hier die meistens vorliegende Büchse einer Prüfung auf möglicherweise vorhandene Bombage zu unterziehen. Nach dem Öffnen ist zu prüfen, ob Fett- oder Milchzuckerabscheidung vorliegt. Wenn möglich, sind diese Abscheidungen mit der Gesamtmenge gut zu vermischen, andernfalls müssen sie getrennt untersucht werden. Was hier besonders für gezuckerte Kondensmilch hervorgehoben wird, gilt in entsprechender Weise auch für die ungezuckerte Kondensmilch. Zur Erzielung einer ordnungsmäßigen Durchschnittsprobe wird der Inhalt der Dose zweckmäßig in einer Reibschale verrührt. 40 g der Mischung werden dann zu 100 ccm mit Wasser gelöst und in einem aliquoten Teil der Flüssigkeit die üblichen Werte, wie Spezifisches Gewicht, Trockensubstanz, Stickstoffsubstanz und Asche ermittelt.

Die Fettbestimmung ist nach dem GERBER-Verfahren in der üblichen Weise meist nicht durchführbar, da die vorhandene Saccharose durch die Schwefelsäure verkohlt wird und damit die Ablesung nicht immer möglich ist bzw. sehr erschwert wird. Man kann jedoch nach BEYTHIEN so vorgehen, daß man 4—5 g Substanz in einem Produkten-Butyrometer mit 10 ccm Wasser bei 60 bis 70⁰ zur Lösung bringt und nach Zusatz von 1 ccm Amylalkohol und 10 ccm Schwefelsäure 20—25 Minuten zentrifugiert.

Als zuverlässiges Verfahren für die Bestimmung des Fettgehaltes in Kondensmilch, Blockmilch und auch Trockenmilch ist nach den von F. E. NOTTBOHM und O. BAUMANN[1] angestellten Versuchen und auch nach den Erfahrungen des Verfassers das Verfahren von M. WEIBULL zu empfehlen, das in folgender Weise ausgeführt wird: 10 g gezuckerte Kondensmilch oder Blockmilch werden in einem Becherglas mit 20 ccm Wasser verrührt und mit 30 ccm Salzsäure (Spez. Gewicht 1,124), sowie etwas Bimsstein versetzt. Nach Auflegen eines Uhrglases wird das Gemisch auf einer Asbestplatte 15—20 Minuten gekocht, wobei man anfänglich mit einem Glasstab umrührt, bis das Schäumen der Flüssigkeit aufhört. Die heiße, nunmehr braun bis schwarz aussehende Lösung wird mit dem gleichen Volumen heißen Wassers verdünnt und durch ein angefeuchtetes Filter gegossen. Man wäscht den Rückstand bis zum Verschwinden der Salzsäurereaktion mit heißem Wasser aus, trocknet das Filter samt dem Rückstand bei 100⁰, überführt in eine Extraktionshülse und extrahiert nunmehr das Fett durch einstündige Ätherextraktion im SOXHLET-Apparat.

Auch das Verfahren von SCHMID-BONDZYNSKI[1] kann in folgender Ausführung zur Fettbestimmung in gezuckerter Kondensmilch herangezogen werden: 5 g Kondensmilch werden danach in einem ERLENMEYER-Kölbchen mit etwas Bimsstein versetzt und das Kölbchen mit einem Trichter bedeckt. Alsdann versetzt man mit 10 ccm Salzsäure (Spez. Gewicht 1,124), erhitzt über freier Flamme, bis das Schäumen nachläßt und hält darauf noch etwa 20 Minuten über einem Asbestdrahtnetz in schwachem Sieden. Man läßt erkalten und behandelt den Rückstand in der üblichen Weise nach GOTTLIEB-RÖSE. Neuerdings hat W. LEITHE[2] ein refraktometrisches Verfahren beschrieben, das gleichzeitig mit der optischen Zuckerbestimmung verbunden werden kann.

Zur Bestimmung des Eindickungsgrades von kondensierter Milch kann man den Aschengehalt, den Kalkgehalt und den Proteingehalt heranziehen. Die Asche kann hierzu in der Weise bestimmt werden, daß man 20 g Milch mit Essigsäure ansäuert, zur Trockne verdampft, 2 Stunden im Trockenschrank bei 120⁰ trocknet, in üblicher Weise verascht und zur Wägung bringt. Dividiert man den prozentualen Aschengehalt durch den Faktor 0,71, so ergibt sich der Eindickungsgrad der Kondensmilch. Hat man den Kalkgehalt bestimmt, so kann man aus ihm durch Division durch 0,16 gleichfalls den Eindickungsgrad ermitteln. Aus dem Stickstoffgehalt, der in der üblichen Weise nach KJELDAHL ermittelt wird, läßt sich gleichfalls der Eindickungsgrad feststellen, wenn man den Prozentgehalt an Stickstoff durch 0,52 teilt.

Die Bestimmung des Saccharosegehaltes wird zweckmäßig in Verbindung mit der Milchzuckerbestimmung nach H. FINCKE[3] in folgender Weise durchgeführt: Man löst 100 g Kondensmilch in 300—400 ccm Wasser auf, versetzt

---

[1] F. E. NOTTBOHM u. O. BAUMANN: Z. 1931, 62, 164.
[2] W. LEITHE: Z. 1934, 68, 196.   [3] H. FINCKE: Z. 1925, 50, 358.

mit 20 ccm Bleiessig, bringt in einen 500-ccm-Meßkolben und füllt mit Wasser auf die Marke. Nach Durchmischung und Filtration polarisiert man im 200-mm-Rohr. Der erhaltene Wert, multipliziert mit 0,962, ergibt die sog. „erste korrigierte Drehung", die einen Ausdruck für die vorhandene Summe von Milchzucker und Saccharose darstellt. 40 ccm des Filtrates werden alsdann in einem 50-ccm-Kölbchen mit 0,75 g fein zerriebenem Calciumoxyd versetzt und die Mischung unter häufigem Umschütteln 1 Stunde lang in einem Wasserbad auf 75—80° erhitzt. Bei dieser Behandlung wird der Milchzucker zerstört. Man kühlt dann stark ab und säuert ganz schwach nach Zusatz von 2 Tropfen Phenolphthalein mittels verd. Schwefelsäure an. Hierauf setzt man sofort 2 ccm Bleiessig und nach dem Umschwenken 1 ccm gesättigte Natriumphosphatlösung hinzu. Nunmehr bringt man die Mischung auf 20°, füllt auf, filtriert und polarisiert wiederum im 200-mm-Rohr. Der erhaltene Wert wird um $^1/_4$ erhöht. Durch Multiplikation mit 0,942 wird die „zweite korrigierte Drehung" erhalten. Diese ist ein Ausdruck für den Saccharosegehalt. Durch Multiplikation mit 3,75 wird aus der „zweiten korrigierten Drehung" der Saccharosegehalt erhalten. Die Differenz zwischen den beiden korrigierten Drehungen, multipliziert mit 4,76, ergibt den Milchzuckergehalt der kondensierten Milch.

Außer den genannten Bestimmungen ist bei Kondensmilch besonders noch die Prüfung auf den Bleigehalt der Dosenverzinnung und der Lötstellen hervorzuheben.

d) Beurteilung. Für die Beurteilung der Ergebnisse ist, abgesehen von der einwandfreien Beschaffenheit der Kondensmilch, bei der in erster Linie auf Kondensmilchfehler wie Sandigkeit und Klumpigkeit und weiterhin auf den Keimgehalt Rücksicht zu nehmen ist, besonders darauf zu achten, ob die als Kondensvollmilch bezeichneten Produkte auch aus Vollmilch hergestellt sind, oder ob Verschnitte mit Magermilch vorliegen. Einen Anhaltspunkt für die Beurteilung liefert das Verhältnis von Fett zu Eiweiß, das bei Kondensvollmilch annähernd gleich 1 ist, bei Magermilch oder teilweise abgerahmter Milch jedoch den Wert von 1 erheblich unterschreitet.

Im übrigen stellt die Reichsausführungsverordnung zum Milchgesetz vom 15. Mai 1931 an eingedickte Milch bzw. Kondensmilch folgende Anforderungen: Ungezuckerte Kondensmilch muß mindestens 7,5% Fett und 17,5% fettfreie Trockenmasse aufweisen. Bei gezuckerter Kondensmilch ist ein Mindestfettgehalt von 8,3% und ein Mindestgehalt an Milchtrockenmasse von 22% und ein Wasserhöchstgehalt von 27% vorgeschrieben. Blockmilch ist nach den Reichsausführungsbestimmungen eine bis zum schnittfesten Zustand unter Zuckerzusatz eingedickte Milch, die mindestens 12% Fett, mindestens 28% fettfreie Milchtrockenmasse und höchstens 16% Wasser enthalten darf. Sie darf mit einem Überzug von Kakaobutter versehen sein. Der Überzug darf jedoch nicht mehr als 1% der Gesamtmasse betragen. Blocksahne ist nach der gleichen Verordnung ein bis zum schnittfähigen Zustand eingedicktes Gemisch aus Sahne und Milch, das unter Zusatz von Zucker hergestellt ist. Der Mindestfettgehalt soll 18%, der Mindestgehalt an fettfreier Milchtrockenmasse 20% und der Wasserhöchstgehalt 16% betragen. Auch Blocksahne darf mit einem Überzug von Kakaobutter versehen sein, sofern der Überzug nicht mehr als 1% der Gesamtmasse ausmacht.

Nach der Verordnung über die äußere Kennzeichnung von Lebensmitteln vom 8. Mai 1935 (S. 16) muß bei eingedickter Milch der Inhalt nach Gewicht zur Zeit der Füllung sowie der Gehalt an Fett und fettfreier Milchtrockenmasse in % des Gewichts, bei sterilisierter Sahne und sterilisierter Schlagsahne der Inhalt nach Gewicht zur Zeit der Füllung sowie der Gehalt an Fett in % des Gewichts, angegeben werden.

2. Trockenmilch.

Unter Trockenmilch versteht man ein in den pulverförmigen, festen Zustand übergeführtes Milchprodukt, das außer geringen Mengen Wasser nur die festen Bestandteile der Milch enthält.

a) Herstellung. Bei der Herstellung der Trockenmilch unterscheidet man vor allem zwei verschiedene Verfahren, das sog. Walzenverfahren und das Zerstäubungsverfahren.

Bei dem älteren, dem Walzenverfahren, wird auf eine durch Dampf oder Wasser beheizte, rotierende Walze oder auch auf mehrere Walzen Milch derart verteilt, daß sie in kurzer Zeit zu einem dünnen, feinen Häutchen antrocknet, das mit Hilfe von Schabeeinrichtungen abgenommen werden kann. Meist geschieht die Verteilung in der Weise, daß man die Walzen in vorkondensierte Milch eintauchen läßt, so daß bei ihrer Umdrehung eine dünne Milchschicht mitgeführt wird, die dann schnell antrocknet. Mitunter wird das abgeschabte Produkt noch nachgetrocknet und meist auch zerkleinert. Die Trocknung wird sowohl an der Luft wie auch im luftverdünnten Raum (Passburg-Eckenberg-Verfahren) vorgenommen. Bei den Apparaturen, die ohne Vakuum arbeiten, erreicht die dampfbeheizte Trommel Temperaturen von 115 bis 130⁰ (Just Hatmaker-Verfahren und Gabler-Saliter-Verfahren). Die nach diesem Verfahren erhaltenen Produkte sind wohl in Wasser meist gut verteilbar, jedoch vielfach nicht restlos löslich.

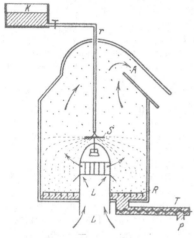

Abb. 1. Krause-Apparat.
K Kondensmilchbassin; *r* Zuleitungsrohr; *S* Zerstäuberscheibe; *L* Eintritt der heißen Luft; *R* Mechanischer Räumer; *T* Transportschnecke; *A* Weg der abgesaugten Luft; *P* Austritt des Milchpulvers.

Wesentlich bessere Löslichkeit zeigen die Trockenmilchprodukte, die nach einem Zerstäubungsverfahren gewonnen sind, sofern es sich hierbei um frische Ware handelt. Von Zerstäubungsverfahren ist eine ganze Reihe bekannt, von denen jedoch hier nur das Trufood-Verfahren der Merrel-Soule-Company in Amerika und das Krause-Verfahren hervorgehoben seien. Bei beiden Verfahren wird die vorher etwas kondensierte Milch einer Zerstäubung zu einem feinen Nebel unterworfen und in diesem Zustande bei nicht zu hohen Temperaturen getrocknet. Das Krause-Verfahren, das im großen und ganzen eine Vervollkommnung des Trufood-Verfahrens darstellt, wird in folgender Weise ausgeführt[1]: Die sorgfältig ausgewählte frische Milch wird zunächst auf ein Drittel bis ein Viertel ihres Volumens bei 60⁰ im Vakuum eingedunstet. Das so erhaltene Kondensat wird nunmehr in einem turmähnlichen Apparat, der mit Kacheln ausgelegt ist, dem sog. Krause-Apparat, auf eine sich im Turm befindende, schnellrotierende Scheibe gespritzt (Abb. 1), so daß die Milchmasse zu einem feinen Nebel versprüht wird. Der Nebel fällt langsam im Turm nach unten. Von unten her streicht in den Turm filtrierte Luft, die vorher auf 100 bis 200⁰ vorgewärmt worden ist. Diese Luft trocknet momentan den feinen Milchnebel, der hierbei in „Milchschnee" übergeht. Man kann den Vorgang durch kleine Fenster beobachten, die in den Turm eingelassen sind. Der Milchschnee setzt sich am Boden ab, er wird durch Schaufelvorrichtungen und weiterhin

---

[1] Vgl. J. Tillmans u. R. Strohecker: Z. 1924, 47, 411.

durch ein Schneckengewinde aus dem Turm entfernt. Trotz der hohen Einlaßtemperaturen der Luft von 100—120⁰ herrscht im eigentlichen Trockenfelde nur eine Temperatur von 40⁰. Die Herabsetzung der Temperatur kann durch die stattfindende erhebliche Verdunstung erklärt werden.

Infolge der niedrigen Trocknungstemperatur bleibt das Eiweiß unverändert löslich, während bei der Walzenmilch wegen der höheren Trocknungstemperatur Koagulationen eintreten, die nicht reversibel sind. Dies ist vor allem der Grund für die bessere Löslichkeit des KRAUSE-Milchpulvers.

Um aus Trockenmilchpulver Milch von der Konzentration normaler Frischmilch herzustellen, löst man bei Trockenvollmilch 125 g in 875 ccm Wasser, bei Magermilchpulver 90 g in 910 ccm Wasser auf. In beiden Fällen wird dann 1 Liter Milch erhalten, die der Frischmilch bzw. der frischen Magermilch entspricht. Während die Auflösung oder Aufschwemmung von Walzenmilch bald einen Niederschlag absetzt, bleibt KRAUSE-Milchpulver gut gelöst (s. auch Sedimentierprobe), sofern frische Ware zur Verfügung steht.

Während Walzenmilchpulver aus einer schuppenartigen, gelblich-weißen Masse besteht, stellt das nach dem KRAUSE-Verfahren erhaltene Produkt ein ganz feines, weiches und gleichmäßiges Pulver dar, das erst bei längerer Lagerung, besonders aber, wenn Wasser aus der Luft angezogen wird, in einen sandigen Zustand übergeht. Mikroskopisch sind beide Pulver leicht zu unterscheiden. Walzenmilchpulver besteht[1] aus flachen, unregelmäßigen, eckigen Schollen, während KRAUSE-Milchpulver ballonartige Teilchen aufweist. Die einzelnen Ballons sind bei Magermilchpulver 20—150 μ, bei Vollmilchpulver 20—130 μ groß. Da diese Ballons in Wasser sehr schnell zerfallen, beobachtet man zweckmäßig in Paraffin. Die einzelnen runden Teilchen enthalten gewöhnlich eine Luftblase. Der Keimgehalt der Walzenmilch ist entsprechend den höheren Erhitzungstemperaturen geringer als der der KRAUSE-Milch. In frischer KRAUSE-Trockenmilch wurden nach J. TILLMANS und R. STROHECKER[2] keine Sporenbildner, sondern Kokken, besonders Streptococcus lacticus angetroffen. In zersetzten Proben fanden sich dagegen Eiweißzersetzer der Subtilis-Gruppe.

Was die Haltbarkeit beider Produkte angeht, so ist diejenige der Walzenmilch lange nicht so gefährdet wie die der KRAUSE-Milch; letztere ist überaus hygroskopisch. Wird sie nicht sorgfältig vor Luftzutritt geschützt (Blechdosen) aufgehoben, so steigert sich der Wassergehalt sehr schnell, was in einer schlechten Löslichkeit und in einem unangenehmen Geschmack zum Ausdruck kommt. Sehr empfindlich ist die Trockenmilch, besonders aber die KRAUSE-Milch gegen die Einwirkung des Lichtes. Schon kurze Sonnenbestrahlung verändert unter Mitwirkung der Luft das Fett des Pulvers und erzeugt einen talgig-metallischen Geschmack. Dieser talgige Geschmack wird bei KRAUSE-Milch besonders durch die Anwesenheit von Spuren Kupfer begünstigt. Schon 4 mg Kupfer in 1 kg Trockenmilch sind deutlich im Geschmack erkennbar. Aus den Ausführungen über die Haltbarkeit der Trockenmilch geht hervor, daß sie, besonders aber die KRAUSE-Milch, gegen den Einfluß der Feuchtigkeit und des Lichts geschützt werden muß. In Blechkanistern oder paraffinierten Pappdosen ist Trockenmilch lange haltbar. Während des Krieges fand Trockenmilch in großem Maßstab im Haushalt Verwendung. Neuerdings ist ihr Verbrauch auf die Industrie (Schokoladefabriken, Konditoreien, Bäckereien, Keksfabriken) beschränkt.

Außer Trockenvoll- und Trockenmagermilch wird auch Rahm und Molke in Pulverform gewonnen. Die Herstellung dieser Produkte geschieht entsprechend, Molkenpulver ist besonders hygroskopisch. Mitunter wird auch Trockenmilch

---

[1] C. GRIEBEL: Z. 1916, 32, 445.
[2] J. TILLMANS u. R. STROHECKER: Z. 1924, 47, 411.

durch vorherigen Zusatz von Natriumbicarbonat alkalisiert. Bestimmte Zubereitungen aus getrockneter Buttermilch finden als diätetische Nährmittel Verwendung.

b) Die Zusammensetzung der Trockenmilchprodukte ergibt sich aus nachstehender Tabelle.

Tabelle 5. Trockenmilch.

Trockenmilchart	Wasser %	Fett %	Eiweiß %	Milch-zucker %	Mineral-stoffe %	Saccha-rose %	Analytiker
Walzen-Vollmilchpulver . .	5,16	26,22	25,47	33,93	6,22	1,20	Richmond-Drum
Walzen-Magermilchpulver .	3,55	2,55	35,45	45,60	7,80	2,80	
Krause-Vollmilchpulver .	1,87 bis 4,45	25,0 bis 29,0	26,75	36,55	5,87	—	Tillmans und Strohecker
„ „ .	3,61	27,52	26,61	35,20	5,97	—	Weigmann
„ „ .	2,00	28,0	29,50	34,50	6,00	—	Eberlein
„ -Magermilchpulver .	1,50	0,90	38,60	51,00	8,00	—	Eberlein
„ „ .	4,12	1,44	35,02	49,67	8,08	—	Weigmann
Trockensahne	0,67	62,23	14,58	19,35	3,17	—	Weigmann

c) Untersuchung. Für die Untersuchung der Trockenmilch sind in erster Linie von Bedeutung der Gehalt an Wasser, Fett, Eiweiß, Milchzucker, Säuregrad, Löslichkeitsprüfung und Kupfergehalt[1].

Der Wassergehalt kann durch einfaches Trocknen von 2 g Trockenmilch bei 100° (2$^1/_2$ Stunden) oder auch durch Xyloldestillation nach C. Mai und E. Rheinberger[2] bzw. nach der Abänderung von J. Pritzker und R. Jungkunz (Bd. II, S. 557) ermittelt werden. Da Xylol bei 137—140° siedet, wird hierbei auch das bei etwa 130° flüchtige Krystallwasser des Milchzuckers, das möglicherweise bei der Lagerung angezogen worden ist, erfaßt.

Der Fettgehalt wird zweckmäßig nach Schmid-Bondzynski oder aber nach der Gerber-Schnellmethode ermittelt. Das Gerber-Verfahren wird in folgender Weise ausgeführt: In die Teichert-Butyrometer werden je 10 ccm Gerber-Schwefelsäure gefüllt. Man überschichtet dann mit 8 ccm Wasser und 1 ccm Amylalkohol. Hierauf gibt man mittels eines Trichters, der einen weiten, kurzen Stiel besitzt, 2,5 g Trockenmilchpulver zu, verschließt mit einem Gummistopfen und schüttelt so lange um, bis keine Milchklümpchen mehr feststellbar sind (Vorsicht wegen der Erhitzung). Nach dem Erwärmen auf 70° wird $^1/_4$ Stunde lang zentrifugiert und dann der Fettgehalt direkt abgelesen.

Die Stickstoffsubstanz wird in der üblichen Weise nach Kjeldahl ermittelt.

Der Milchzucker kann in ähnlicher Weise bestimmt werden wie in der Milch (S. 137), nur ist hier auf gute Lösung des Pulvers Rücksicht zu nehmen. Auch titrimetrisch kann man den Milchzucker erfassen. Zweckmäßig verfährt man hierzu in folgender Weise nach J. M. Kolthoff[3]: 6 g Milchpulver werden in 50 ccm warmem Wasser aufgelöst und die Lösung quantitativ in ein 100-ccm-Kölbchen gespült. Hierauf werden nacheinander je 5 ccm einer Lösung von Zinkacetat (300 g im Liter) und Ferrocyankalium (150 g im Liter) zugefügt, bis zur Marke aufgefüllt, umgeschüttelt und filtriert. Von dem wasserklaren Serum werden 5 ccm mit 25 ccm 0,1 N.-Jodlösung und 15 ccm 2 N.-Natriumcarbonatlösung versetzt. Nach 25 Minuten langem Stehen wird mit 10 ccm

---

[1] Vgl. auch A. P. Schulz u. G. Steinhoff: Zeitschr. Spiritusind. 1934, **57**, 51 u. Lüthje: Zeitschr. Spiritusind. 1934, **57**, 62. Vgl. auch Amerikanisches Patent 1937527 (1931); C. 1934, I, 2845.

[2] C. Mai u. E. Rheinberger: Z. 1912, **24**, 125.

[3] I. M. Kolthoff: Z. 1923, **45**, 131 und 141.

4 N.-Salzsäure angesäuert und mit 0,1 N.-Natriumthiosulfatlösung der Jodüberschuß zurücktitriert. 1 ccm der verbrauchten 0,1 N.-Jodlösung entspricht
18 mg wasserhaltigem Milchzucker ($C_{12}H_{22}O_{11} + H_2O$). Mit der Anwendung von
Röntgenstrahlen bei der Untersuchung von Milchpulver haben sich S. L. TUCKEY,
H. A. RUEHE und G. L. CLARK[1] befaßt. Es wurde festgestellt, daß der Milchzucker in frischem Milchpulver nicht krystallin vorliegt.

Den Säuregrad ermittelt man in der normalen Trockenmilchauflösung
(12,5 g bzw. 9,0 g Pulver + 87,5 ccm bzw. 91,0 ccm Wasser) in der üblichen
Weise nach SOXHLET-HENKEL.

Für die Bestimmung der Löslichkeit, die gleichzeitig eine Prüfung
auf Verdorbenheit darstellt, eignet sich die von J. TILLMANS und R. STROH-
ECKER[2] empfohlene Sedimentprobe. Hierzu werden 5 ccm der normalen
Milchpulverauflösung (12,5 g + 87,5 g Wasser bei Vollmilchpulver
und 9 g + 91 g Wasser bei Magermilchpulver) in einem Sedimentier-
röhrchen (Abb. 2) mit 20 ccm Wasser verdünnt und diese Lösung
$^1/_4$ Stunde lang in der GERBER-Zentrifuge geschleudert. Das Sedi-
mentierröhrchen ist am unteren Ende verjüngt und an der verjüngten
Stelle graduiert. Frisches, gut lösliches Milchpulver liefert ein gut
abzulesendes Sediment von höchstens 0,1 ccm. Zersetzte, schlecht
lösliche Milchpulver zeigen Sedimente von 1—1,5 ccm[3] und darüber.

Wesentlich ist schließlich die Bestimmung kleiner Kupfermengen in der Trockenmilch. Empfehlenswert erscheint folgendes
Verfahren:

Abb. 2.
Sedimentier-
röhrchen.

20 g Milchpulver werden in einer Quarzschale bei dunkler Rotglut verascht und die Asche mit 10 ccm reiner konz. Salzsäure, sowie 10 ccm doppelt
destilliertem Wasser versetzt. Nachdem sich die Asche bis auf einige Kohleteilchen gelöst hat, versetzt man mit 7 ccm Ammoniak (10%). Nach
genügender Mischung gibt man möglichst schnell 5 ccm Eisessig hinzu,
wodurch der durch das Ammoniak gebildete Niederschlag zum größten Teil
wieder gelöst wird. Ungelöst bleiben nur geringe Mengen Eisen, sowie Kalkphosphate, Aluminiumhydroxyd und Kohleteilchen. Hierauf wird filtriert,
wobei ein gallertartiger Rückstand verbleibt, der jedoch durch Behandlung mit einigen
Tropfen Eisessig und durch weiteres Auswaschen mit Wasser zusammenschrumpft. Man
wäscht so lange aus, bis das Filtrat 50 ccm beträgt. Zweckmäßig filtriert man die Lösung
direkt in ein Colorimetergefäß aus farblosem Glas, das etwa 50 ccm faßt. In einen genau
so beschaffenen 50-ccm-Zylinder gibt man der Reihe nach dieselben Reagenzien, die vorher
zur Asche zugesetzt worden sind. Diese Lösung wird als Vergleichslösung verwendet.
Nachdem beide Lösungen Zimmertemperatur angenommen haben, gibt man in beide
Zylinder je 2 Tropfen Natriumsulfidlösung (10%) und rührt mit einem unten verbreiterten
Glasstab um. Sofern Kupfer in der Trockenmilch vorhanden ist, wird sich der Zylinder,
in dem sich die Milchasche befindet, dunkel färben.

Um die Menge des vorhandenen Kupfers zu ermitteln, tropft man zu der Vergleichslösung aus einer Bürette eine Kupferlösung hinzu, von der 1 ccm 0,1 mg Kupfer entspricht
(0,393 g Kupfersulfat [$CuSO_4 \cdot 5 H_2O$] im Liter). Nach jedem Zusatz wird die Vergleichslösung kräftig umgerührt und mit der Milchaschelösung verglichen. Man tropft so lange
Kupferlösung hinzu, bis Farbgleichheit eingetreten ist. Die an der Bürette abgelesene Menge
der Kupferlösung mit 5 multipliziert gibt mg-% Kupfer an.

d) Beurteilung. Auch an Trockenmilch werden nach den Ausführungsbestimmungen zum Milchgesetz bestimmte Anforderungen gestellt. Trockenmilch oder Trockenvollmilch muß mindestens 25% Fett enthalten und darf
bei Zerstäubungsmilch höchstens 4% Wasser und bei Walzenmilch höchstens
6% Wasser aufweisen. Für Trockenmagermilch gilt als Höchstgrenze sowohl

[1] S. L. TUCKEY, H. A. RUEHE u. G. L. CLARK: Monthly Bull. agric. Sci. Pract. 1934, 25,
317; C. 1934, II, 2918.
[2] J. TILLMANS u. R. STROHECKER: Z. 1924, 47, 411.
[3] Vgl. auch W. MOHR, W. MÜLLER u. R. BARFUSS-KNOCHENDÖPPEL: Milchw. Forsch.
1933, 16, 183.

bei Walzenmilch wie bei Zerstäubungsmilch ein Wassergehalt von 6%. Sahne-pulver oder Trockensahne müssen mindestens 42% Fett in der Trockenmasse und sollen höchstens 6% Wasser enthalten. Darüber hinaus sind an Zerstäubungs-milch noch folgende Anforderungen zu stellen: Die Ware soll gut löslich und geschmacklich einwandfrei sein. Das nach dem oben angegebenen Verfahren gewonnene Sediment soll höchstens 0,1 ccm betragen. Der Säuregrad in der wieder aufgelösten Trockenmilch soll 7,5⁰ S.H. nicht überschreiten. Kupfer soll in Trockenmilch höchstens in Spuren vorhanden sein.

Nach der Verordnung über die äußere Kennzeichnung vom 8. Mai 1935 (S. 16) ist auf Packungen oder Behältnissen von Milchpulver Name oder Firma und Ort desjenigen anzugegeben, der das Milchpulver herstellt. Der Inhalt ist in handelsüblicher Weise zu bezeichnen, außerdem das Gewicht des Inhalts, zur Zeit der Füllung, sowie der Fettgehalt in % und die Zeit der Herstellung nach Monat und Jahr anzugeben.

III. Rahm.

Von

Dr. R. Strohecker - Frankfurt a. M.

Mit 4 Abbildungen.

Beim ruhigen Stehen scheidet sich die Milch entsprechend dem verschie-denen Spezifischen Gewicht von Milchfett und restlicher Milchflüssigkeit, dem Milchplasma, das in der Hauptsache eine wäßrige Lösung von Eiweißstoffen, Milchzucker und Salzen darstellt, in zwei Schichten, und zwar in eine obere fettreichere und in eine untere fettärmere. Eine restlose Trennung des Milch-fettes von den übrigen Milchbestandteilen erfolgt nicht. Der fettreichere Anteil, der stets auch noch Eiweißstoffe, Milchzucker und Salze enthält, wird als Rahm, der fettärmere Teil als Magermilch bezeichnet. Während bei Rahm (Sahne, Schmand, Obers) das Milchfett angereichert ist, sind bei Magermilch die übrigen Milchbestandteile etwas erhöht, der Fettgehalt dagegen ist erheblich erniedrigt.

Nach den Reichsausführungsbestimmungen zum Milchgesetz versteht man unter Magermilch das bei der Entrahmung anfallende Erzeugnis, wobei es neben-sächlich ist, ob die Entrahmung durch freiwilligen Auftrieb zustande kommt oder durch Zentrifugalkraft bewerkstelligt wird. In der Hauptsache unterscheidet sich die Magermilch von der Vollmilch durch ihren geringeren Fettgehalt und einen entsprechend höheren Gehalt an Eiweißstoffen, Milchzucker, Salzen und Wasser. Weiterhin besitzt sie entsprechend ihrer Zusammensetzung ein höheres Spezifisches Gewicht und weist, besonders beim Ausgießen, eine mehr oder weniger ins Bläuliche spielende Farbe auf. Magermilch, die mittels freiwilligem Auftrieb gewonnen wird, ist fettreicher als Zentrifugenmagermilch. Erstere weist gewöhnlich Fettgehalte von etwa 1% und darüber auf, während der Fett-gehalt der Zentrifugenmagermilch bei neueren Zentrifugensystemen auf 0,04% bis 0,10% herabgedrückt wird. Im allgemeinen ist Zentrifugenmagermilch wertvoller als die durch freiwilligen Auftrieb gewonnene Milch, besonders bezüg-lich des Frischezustandes, da bei dem freiwilligen Aufrahmen gewöhnlich schon der Säuerungsprozeß in Erscheinung tritt.

Das Hauptprodukt bei der Entrahmung der Vollmilch ist natürlich der Rahm. Die Magermilch gilt als Nebenprodukt, wenn ihr auch noch ein erheblicher Nährwert zukommt. Abgesehen von dem höheren Fettgehalt und dem geringeren Gehalt an den übrigen Milchbestandteilen, unterscheidet sich der Rahm von der

Frischmilch durch ein geringeres Spezifisches Gewicht und eine erhöhte Konsistenz.

Die Herstellung von Kunstsahne, d. h. von Sahne, deren Fettgehalt nicht ausschließlich dem Milchfett entstammt, ist durch § 36 des Milchgesetzes vom 31. Juli 1930 (S. 528), der das Nachmachen von Milcherzeugnissen betrifft, verboten.

Die älteren Aufrahmungsverfahren wie das HOLSTEINsche, das GUSSANDER-, das DEVONSHIRE-, das SWARTZsche und andere Verfahren haben praktisch heutzutage keine Bedeutung mehr; sie sind verdrängt durch die Zentrifugenverfahren. Trotzdem seien hier einige dieser Verfahren kurz ihrem Wesen nach beschrieben. Alle Verfahren beruhen darauf, daß man die Milch unter bestimmten Bedingungen der Aufrahmung in Satten überläßt und dann den Rahm zur Verbutterung abschöpft (Schöpfrahm).

Bei dem HOLSTEINschen Verfahren werden Satten aus Holz, die innen und außen mit Ölfarbe angestrichen sind, ferner solche aus Glas oder aus Weißblech verwendet. Die Satten sollen in einem gewölbten, hohen großen Milchkeller mit dicken massiven Wänden stehen. Die Größe der Grundfläche des Aufrahmungsraumes soll für jede Kuh etwa 1 qm betragen. Die Höhe der Milchschüttung beträgt 4 bis 6 cm. Die Endwärme der Aufrahmung soll bei 12—15⁰ liegen; die Aufrahmungsdauer soll 24—36 Stunden betragen.

Das GUSSANDER-Verfahren bedient sich heizbarer Milchstuben mit Doppelfenstern. Als Satten werden flache, länglich-viereckige Weißblechgefäße mit abgerundeten Ecken verwendet, die auf niederen Füßen stehen und für das Ablassen der Magermilch eingerichtet sind. Für jede Kuh wird eine Grundfläche der Milchstube von etwa 0,6 qm beansprucht. Die Höhe der Milchschüttung beträgt 3—3,5 cm. Die Endtemperatur der Aufrahmung soll 20—24⁰, die Aufrahmungsdauer 23—24 Stunden betragen.

Das DEVONSHIRE-Verfahren beansprucht keinen besonderen Milchraum. Verwendet werden hierbei Tonsatten, flache Blechsatten oder kleine besonders eingerichtete viereckige Blechgefäße. Die Schüttungshöhe beträgt 6—10 cm. Die Milch wird nach 12 Stunden in den Aufrahmungsgefäßen bis fast zum Kochpunkt erhitzt. Die Aufrahmungsdauer beträgt 24 Stunden.

Abb. 1. Schematische Darstellung der Entrahmung durch Zentrifugalkraft. Die fettgedruckten Pfeile deuten den Weg des Rahmes an. Die dünngedruckten Pfeile deuten den Weg der Magermilch an. Die punktierten Pfeile deuten den Weg der Milch an. *te* Trommeleinsätze, von denen zahlreiche in Abständen von höchstens 3 mm übereinandergeschichtet sind. *s* Scheidewand zwischen Rahm und Magermilch.

Als letztes Verfahren sei hier das SWARTZsche Verfahren beschrieben, das insofern von besonderer Bedeutung ist, weil es die erste „Süßrahmbutter" geliefert hat. Das SWARTZsche Verfahren hat zuerst mit der seit vielen Jahrhunderten geübten Gewohnheit gebrochen, indem es bei der Aufrahmung erstmalig zur Verwendung von Eis schreitet. Das Verfahren an sich verlangt eine Grundfläche des Aufrahmungsraumes von höchstens 0,5 qm für die Kuh. Als Aufrahmungsgefäße werden länglich-viereckige 50 cm hohe 30—50 l fassende Weißblechgefäße mit abgerundeten Seitenkanten verwendet (SWARTZsche Satten). Die Milch steht darin 40 cm hoch. Die gefüllten Satten stehen in langen viereckigen Behältern, die so groß gewählt sind, daß in einem Behälter 6—10 Satten Platz finden können. Die Satten werden ganz in Eis eingepackt und 12—24 Stunden sich selbst überlassen. Nach dieser Zeit wird der Rahm abgenommen. Während nach dem SWARTZschen Verfahren in den ersten Stunden bei der Aufrahmung viel mehr Fett in den Rahm gelangt als bei den anderen Verfahren, dreht sich das Ergebnis nach 24 Stunden wesentlich um, da durch die Temperaturabkühlung das Aufrahmen erschwert wird. Das Aufrahmungsergebnis ist deshalb bei dem SWARTZschen Verfahren fast immer weniger gut als bei dem HOLSTEINschen Verfahren. Besonders zeigt sich das nach 26stündigem Stehen. Aus dem so erhaltenen süßen Rahm wird dann unmittelbar die Butter hergestellt.

Bei dem Zentrifugenverfahren bedient man sich der Zentrifugalkraft zur Abtrennung des leichteren Milchfettes von der wäßrigen Lösung (Milch-

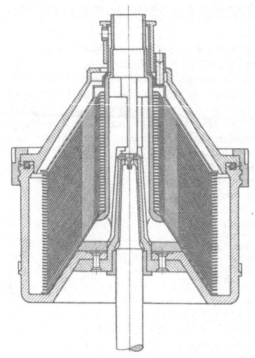

Abb. 2. Alfa-Trommel A 7 Modell 1913.
(Nach Fleischmann-Weigmann: Lehrbuch der Milchwirtschaft.)

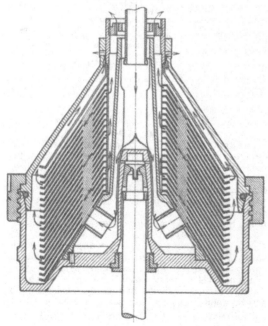

Abb. 3. Schnitt durch die Trommel der Westfalia-Zentrifuge.
(Nach Fleischmann-Weigmann: Lehrbuch der Milchwirtschaft.)

plasma). Man unterscheidet bei diesem Verfahren zwischen Zentrifugen mit Handbetrieb und solchen mit Kraftantrieb. Erstere werden besonders in kleineren Erzeugerbetrieben, letztere in Molkereien verwendet.

Das Grundsätzliche des Entrahmungsvorganges geht aus der schematischen Darstellung in Abb. 1 hervor. Die Entrahmungszentrifugen, auch Separatoren genannt, enthalten vielfach kegelförmige Einsätze (Tellereinsätze), die rotieren und an einer dem Mittelpunkt nahen Stelle Durchlaßstellen aufweisen. Setzt man die Trommeleinsätze samt der Trommel in schnell rotierende Bewegung, dann trennt sich die Milch in Rahm und Magermilch. Der Rahm wird durch die einströmende Milch und die Zentripedalkraft nach innen gedrückt, steigt durch die Durchlaßstellen auf und tritt damit aus der Zentrifuge heraus, während die Magermilch durch die Zentrifugalkraft nach außen geschleudert wird und damit infolge der Form der Einsätze nach unten gedrückt wird. Durch die einfließende Milch wird sie gleichfalls über die Scheidewand s abgedrückt.

Es existiert eine ganze Reihe verschiedener Zentrifugensysteme, deren Wirkungsweise auf ähnlichen Überlegungen, wie sie eben geschildert sind, beruhen. Die qekanntesten Zentrifugensysteme sind die Alfa-Laval-Trommeln (Abb. 2), die Westfalia-Zentrifugen (Abb. 3) und die Lanz-Zentrifuge „Nova". Diese Apparate arbeiten um so vollkommener, a) je wärmer die zu entrahmende Milch, b) je größer die Umdrehungsgeschwindigkeit, d. h. die

Tourenzahl ist, c) je weniger Milch in einer bestimmten Zeit durch die Trommel fließt.

Was Punkt a) angeht, so nimmt der Fettgehalt der Magermilch bei Temperaturen von 5—25° dauernd stark ab; darüber hinaus ist die Abnahme nur in geringerem Maße festzustellen. Die beste Entrahmungstemperatur ist die Temperatur von 61°; meist verwendet man jedoch Temperaturen von 45—55°.

Zu den Punkten b) und c) ist zu sagen, daß nach der von FLEISCHMANN aufgestellten Formel für den Fettgehalt der Magermilch (f) dieser umgekehrt proportional dem Quadrate der Drehgeschwindigkeit und proportional der Quadratwurzel aus der in einer Stunde entrahmten Menge ist. Die FLEISCHMANNsche Formel lautet:

$$f = C \cdot \frac{\sqrt{M}}{u^2} \cdot 1{,}035^{40-t},$$

in der C eine Konstante, die für jede Zentrifuge bestimmt werden muß, M die in der Stunde entrahmte Milchmenge, u die Drehgeschwindigkeit der Trommel und t die Entrahmungstemperatur bedeutet. Wenn daher die Konstante C bekannt ist, so läßt sich der Wert f für alle Werte von u, M und t berechnen.

Naturgemäß ist der Wirkungsgrad auch von dem Bau der Trommel abhängig. Beim Einhalten richtiger Bedingungen wird man theoretisch mit jeder Zentrifuge gleich gute Wirkungen erzielen können. Hinzu kommt jedoch, daß nicht alle Milch sich gleich gut entrahmen läßt. In erster Linie handelt es sich hier um Einflüsse, die auf die Gestalt der Fettkügelchen zurückgehen. Je größer die in dem Milchplasma emulgierten Fettkügelchen sind, um so leichter läßt sich eine Milch entrahmen. Milch mit kleinen Fettkügelchen, wie z. B. auf weiten Strecken beförderte Milch, hochpasteurisierte, gekochte Milch oder solche, die vor der Entrahmung durch Pumpen oder Rührwerke stark bewegt worden ist, ist wesentlich schwerer zu entrahmen als Rohmilch. Auch Milch altmelker Kühe und Milch, die während des Futterwechsels oder bei nassem, kaltem Wetter ermolken wurde, zählt hierzu. Der Grund für das abweichende Verhalten dieser Milchsorten ist entweder in der verringerten Fettkügelchengröße oder in der erhöhten Viscosität der Milch zu suchen.

Was das Verhältnis von Rahm und Magermilch bei der Entrahmung durch Zentrifugen angeht, so gilt zunächst, daß der Rahm um so dickflüssiger und damit fettreicher ist, je weniger von ihm aus der Milch entnommen wird. Im allgemeinen zieht man bei der Zentrifugenentrahmung zwischen 10 und 20% Rahm von der Vollmilch ab. Bei einem gewünschten Fettgehalt des Rahmes von $Rf\%$, einem Fettgehalt der Magermilch von $Mf\%$ und der angewendeten Vollmilchmenge von V Litern mit dem Fettgehalt Vf, ergibt sich die abzuziehende Rahmmenge R nach WEIGMANN aus folgender Gleichung:

$$R = V \cdot \frac{Vf - Mf}{Rf - Mf}.$$

Will man den Fettgehalt des Rahmes aus der entnommenen Rahmmenge berechnen, so gilt die Gleichung:

$$Rf = V \cdot \frac{Vf - Mf}{R} + Mf.$$

Unter dem Entrahmungsgrad (E) versteht man diejenige Menge Fett in Prozenten des Fettgehaltes der Vollmilch, die in den Rahm übergeht. Er ergibt sich aus der Gleichung:

$$E = \frac{100\,Vf - (100 - R) \cdot Mf}{Vf}.$$

Gewöhnlich wird der Rahm in deutschen Molkereien mit einem Fettgehalt von 20—30% gewonnen. Rahme mit Fettgehalten von 20—25% werden bei der Butterbereitung verwendet.

Nach den Ausführungsbestimmungen zum Milchgesetz muß Schlagrahm einen Fettgehalt von mindestens 28%, Kaffeerahm einen solchen von mindestens 10% aufweisen. Saure Sahne oder Sauerrahm ist eine in fortgeschrittener milchsaurer Gärung befindliche Sahne. Schlagrahm wird gewöhnlich mit Fettgehalten von 28—30%, Kaffeerahm mit Fettgehalten von 10—20% und Sauerrahm zur Erzielung einer dicksämigen Beschaffenheit mit einem Fettgehalt von etwa 15% hergestellt. Als Schlagrahm eignet sich am besten ein Rahm, der den oben angegebenen Fettgehalt von 28—30% aufweist und außerdem etwa 24 Stunden bei 3—4° aufbewahrt (gereift) worden ist. Kaffeerahm wird meist homogenisiert (S. 109), da er in diesem Zustande den Kaffee besser weißt. Homogenisieren kommt für Schlagrahm nicht in Frage, da die Schlagfähigkeit durch Homogenisieren leidet[1]. Die Schlagfähigkeit wird mitunter durch Zusatz von Dickungsmitteln, wie Zuckerkalk, erhöht. Ein derartiger Zusatz ist jedoch als Verfälschung anzusprechen.

Nach E. Hekma[2] enthält Zentrifugenrahm viel weniger Leukocyten und zellenförmige Gebilde als Schöpfrahm. Entsprechend ist Zentrifugenmagermilch reicher an Leukocyten als Schöpfmagermilch. Hekma hat diese Beobachtungen für Untersuchungszwecke ausgewertet. O. Gratz[3] empfiehlt zum Entsäuern der Milch und des Rahmes den Apparat „Elakt", der mit Hilfe des elektrischen Stromes die Milchsäure zerstört.

Das Spezifische Gewicht eines Rahmes (s), der einen Fettgehalt von $f\%$ aufweist, kann annähernd aus nachstehender Formel berechnet werden:

$$s = \frac{1032 - f}{100}.$$

Die Formel ist anwendbar bis zu einem Fettgehalt von 50%.

Die Zusammensetzung des Rahmes verschiedener Fettgehalte ergibt sich aus nachstehenden, von H. Weigmann[4] angegebenen Zahlen:

Tabelle 6. Rahm.

Fett %:	15	20	25	30	35	40	67,5
Stickstoffsubstanz % . . .	3,2	3,0	2,8	2,6	2,4	2,0	1,3
Milchzucker %	3,9	3,6	3,3	3,0	2,7	2,4	1,5
Mineralstoffe %	0,6	0,5	0,4	0,3	0,2	0,2	0,1
Wasser %	77,3	72,9	68,5	64,1	59,7	55,4	29,6
Spezifisches Gewicht bei 15°	1,017	1,012	1,007	1,002	0,997	0,992	0,965

Für Schöpfmagermilch und Zentrifugenmagermilch gibt H. Weigmann folgende Zahlen an:

Tabelle 7. Magermilch.

Bezeichnung	Wasser %	Fett %	Stickstoffsubstanz %	Milchzucker %	Salze %	Spez. Gewicht bei 15° %
Schöpfmagermilch	89,85	0,75	4,03	4,60	0,77	1,0340
Zentrifugenmagermilch . .	90,45	0,10	4,00	4,70	0,75	1,0345

---

[1] Vgl. auch Amerikanisches Patent 1939326 (1933); C. 1934, I, 2211 (Erhöhung der Schlagfähigkeit durch Zusatz von Natrium-, Kalium- und Ammoniumsalzen schwacher Säuren wie Weinsäure und Citronensäure) und Norweg. Patent 53448 (1932); C. 1934, I, 2992 (Erhöhung der Viscosität) sowie DRP. 538883 (1934); C. 1934, I, 3535.

[2] E. Hekma u. E. Brouwer: Jahrb. 1922 der Vereeniging tot Exploitative Proefzuivelboerdij S. 25; C. 1924, II, 768.

[3] O. Gratz: Lait 1934, 14, 145; C. 1934, I, 2842.

[4] H. Weigmann: Fleischmanns Lehrbuch der Milchwirtschaft, 7. Aufl., S. 535 u. 537. Berlin: Paul Parey 1932.

Der Verwertung der Magermilch, die in großen Mengen bei der Butter-fabrikation anfällt, hat man besondere Beachtung geschenkt. Trotzdem Mager-milch infolge ihres Eiweiß-, Milchzucker- und Salzgehaltes als sehr nahrhaft bezeichnet werden kann, hat sie im Haushalt keinen nennenswerten Absatz gefunden. Abgesehen von der Verarbeitung in Bäckereien, Milchzuckerfabriken, Käsereien, versucht man neuerdings die Magermilch in trockener Form gemischt mit stärkehaltigen Stoffen und Pflanzenlecithin auch unter Zusatz von Aroma-stoffen als Suppenmehl (Närmil) zu verwerten. Auch die sog. geschlagene Buttermilch ist zum Teil als Magermilchverwertung anzusprechen. Nach den Reichsausführungsbestimmungen zum Milchgesetz ist geschlagene Buttermilch das durch besondere Behandlung (Säuerung, Schlagen usw.) von Magermilch gewonnene Erzeugnis. Magermilch und Buttermilch haben neuerdings in Form des Milcheiweißbrotes Absatz gefunden.

Über die Zusammensetzung des Zentrifugenschlammes, der sich bei der Entrahmung an der Wandung der Zentrifuge in Form eines gelblich-schmutzigen Schleimes absetzt, gibt nachstehende Übersicht Aufschluß:

Zentrifugenschlamm.

Wasser	Stickstoffsubstanz	Fett	Sonstige organische Stoffe	Mineralstoffe
64,0—73,3	17,8—30,0	1,4—3,3	1,8—4,0	2,7—3,5%

Vermutlich handelt es sich bei dem Fett des Zentrifugenschlammes nicht um Milchfett, sondern um tierisches Fett, das aus zerfallenen Milchdrüsen oder Leukocyten stammt. Die Menge des Zentrifugenschlammes hängt von dem Grade der Verunreinigung der Milch und weiterhin vom Säuregrade der Milch ab. Mit zunehmender Säuerung nimmt die Menge des Sedimentes zu. Auf die Beobachtung, daß die in der Milch enthaltenen Milchzellen in den Schlamm übergehen, gründet E. HEKMA ein Verfahren zum Nachweis der Erhitzung von Milch, da die durch Erhitzung abgetöteten Zellen Farbstoff, in diesem Falle Trypanblau, aufnehmen, während die in roher Milch enthaltenen lebenden Zellen ungefärbt bleiben. Zum Nachweis der Dauerpasteurisierung eignet sich dieses Verfahren jedoch nicht. Da Zentrifugenschlamm sehr reich an Bakterien aller Art ist, soll er nicht für Futterzwecke verwendet werden. Er wird zweckmäßig durch Verbrennen beseitigt.

Untersuchung von Rahm.

Für die Untersuchung des Rahmes sind folgende Methoden hervorzuheben:

1. Die Bestimmung des Spezifischen Gewichtes wird zweckmäßig nicht mit der Spindel, sondern mit dem Pyknometer vorgenommen.

2. Zur Fettbestimmung eignet sich als exakte Methode das schon (S. 224) beschriebene Verfahren von SCHMIDT-BONDZYNSKI. Bei den Schnellmethoden für die Bestimmung des Rahmfettgehaltes hat man zu unterscheiden zwischen Abwägeverfahren und Abmeßverfahren.

Bei dem Abwägeverfahren kann man entweder so vorgehen, daß man 20 g Rahm mit 80 g Wasser vermischt und 11 ccm Mischung nach der GER-BERschen Milchfettbestimmung weiterhin untersucht. Die dann erhaltenen Ergebnisse müssen allerdings korrigiert werden, da die Butyrometer für ein Spezifisches Gewicht der Milch von 1,03 geeicht sind, während Rahm je nach Fettgehalt bzw. Verdünnung wesentlich geringere Spezifische Gewichte aufweist. Annähernd lassen sich die Werte korrigieren, wenn man die in dem Butyrometer abgelesenen Fettgehalte mit 1,03 multipliziert. Um auf den ursprünglichen Rahm umzurechnen, hat man dann noch mit dem Faktor 5 zu multiplizieren, da ja in 100 g der Mischung nur 20 g Rahm enthalten sind. Der zu prüfende Rahm wird zur Entfernung etwa vorhandener Luftblasen vorher zweckmäßig auf 40° erwärmt. Es werden weiterhin auch Butyrometer verwendet, bei denen man in einem Becherchen 5 g Rahm abwägt, den Rahm mit 17,5 ccm Schwefelsäure (Spez. Gewicht 1,525) und 1 ccm Amylalkohol versetzt und die Mischung bis zur Lösung des Caseins bei 80—81⁰ behandelt. Nachdem sich das Casein gelöst hat, zentrifugiert man 4—5 Minuten lang und liest den Fettgehalt bei 65⁰ ab.

Bei den Abmeßverfahren[1] mißt man 5 ccm Rahm mittels Rahmspritze (Abb. 4) ab und spritzt in besondere für Rahm geeichte Butyrometer, die man vorher mit 10 ccm Gerber-Schwefelsäure beschickt hat. Darauf wird die Rahmspritze noch einmal mit Wasser gefüllt und das Wasser gleichfalls in das Butyrometer gespritzt. Nach Zusatz von 1 ccm Amylalkohol wird verschlossen, gemischt, zentrifugiert und in der üblichen Weise der Fettgehalt abgelesen. Zu beachten ist hierbei nur, daß die Rahmbutyrometer den Nullpunkt im Gegensatz zu den Milchbutyrometern oben haben, und daß der obere Meniscus der Fettsäule stets auf den Nullpunkt eingestellt werden muß. Das ist notwendig, da die Skala dem mit zunehmendem Fettgehalt des Rahmes abnehmenden Spezifischen Gewicht Rechnung trägt. Auch sog. Nachspülpipetten[2] werden mitunter verwendet. Im allgemeinen haben die Abwägeverfahren eine größere Genauigkeit als die Abmeßverfahren.

3. Die Säuregrade des Rahmes werden in derselben Weise wie bei Milch (S. 141) ermittelt. Bei der p_H-Messung nach der Chinhydronmethode treten gewisse Schwierigkeiten auf[3].

4. Der Nachweis von Zuckerkalk, der als Dickungsmittel unter Umständen in Frage kommt, kann erbracht werden durch die Bestimmung des Calciums (S. 194) oder durch den Nachweis der Saccharose. Da jedoch das Milcheiweiß selbst erhebliche Calciummengen enthält und die durch Zuckerkalkzusatz bewirkte Erhöhung des Calciumgehaltes unwesentlich ist, wird zweckmäßig die Gegenwart von Zuckerkalk mit Hilfe des Saccharosenachweises erkannt. Einen gewissen Anhaltspunkt für die Gegenwart von Zuckerkalk liefert auch ein etwa vorliegender, sehr niedriger Säuregrad, da ja Zuckerkalk stark basische Eigenschaften aufweist[4].

Über den Nachweis der Saccharose nach E. Baier und P. Neumann siehe S. 193. S. Rothenfusser[5] erbringt den Saccharosenachweis im Rahm[6], wie folgt: 45 ccm 85—90⁰ warmer Rahm werden mit dem gleichen Volumen ammoniakalischer Bleiacetatlösung (bei Rahm mit unter 18% Fettgehalt verwendet man 2 Vol. Bleiacetatlösung + 1 Vol. Ammoniak vom Spez. Gewicht 0,944, bei höheren Fettgehalten wird Ammoniak vom Spez. Gewicht 0,967 verwendet) versetzt, ½ Minute tüchtig geschüttelt und nach einigen Minuten filtriert. 3 ccm des klaren Filtrates werden mit 3 ccm eines Diphenylaminreagens [10 ccm alkoholische Diphenylaminlösung (10%) + 25 ccm Eisessig + 65 ccm Salzsäure vom Spez. Gewicht 1,19] versetzt und 10 Minuten im kochenden Wasserbade erhitzt. Bei Anwesenheit von Saccharose tritt schon nach 1 bis 2 Minuten eine blaue Färbung auf, die schon nach 5 Minuten sehr intensiv wird.

Da Zuckerkalk stark alkalisch reagiert, bedingt sein Zusatz zu Rahm gleichzeitig eine Neutralisation, die nach dem von R. Strohecker[7] abgeänderten Tillmans-Luckenbach-Verfahren (S. 186) nachgewiesen werden kann. Notwendig für die Feststellung des Neutralisationsgrades sind folgende Werte:

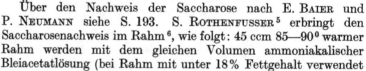

Abb. 4.
Rahmspritze
nach Köhler.

5g

[1] Grimmer: Milchw. Zentralbl. 1909, 5, 288; Z. 1910, 19, 219.
[2] O. Hoffmeister: Molk.-Ztg. Hildesheim 1913, 27, 119; Z. 1915, 30, 286.
[3] A. Unmack: Vet.-Landsbohöjskole Arskr. 1934, 175; C. 1934, II, 1862.
[4] Vgl. G. T. Pyne: Journ. Dairy Science 1930, 13, 140; C. 1930, II, 3368.
[5] S. Rothenfusser: Z. 1909, 18, 135; 1910, 19, 465.
[6] Über den Nachweis in Milch siehe S. 193.
[7] R. Strohecker: Z. 1927, 53, 221.

Aus dem Fettgehalt des Rahmes, ausgedrückt in ccm Fett in 100 ccm Rahm, den Säuregraden nach SOXHLET-HENKEL und schließlich dem Säureverbrauch von 20 ccm Eisenserum (S. 186) bei der Titration von Stufe 8,4 auf Stufe 3,2 lassen sich die Säuregrade des Rahmes vor der Neutralisation berechnen. Die Differenz zwischen diesen und den tatsächlich gefundenen Säuregraden gibt die Anzahl Grade an, um die neutralisiert wurde. Bezüglich der Einzelheiten des Verfahrens sei auf die Originalarbeit verwiesen.

Zur Prüfung von Schlagrahm auf sonstige Verdickungsmittel (Gelatine, Agar-Agar) empfiehlt O. BAUMANN[1] folgendes Verfahren: 25 ccm Rahm werden mit 25 ccm Wasser und 5 ccm Bleiacetatlösung erhitzt. Gibt das Filtrat mit konz. Pikrinsäurelösung eine Fällung, so kann Gelatine als nachgewiesen gelten. Eine Fällung des Filtrats mit 5%iger Gerbsäurelösung deutet auf Agar-Agar. Über den Nachweis von Magermilch vergleiche die angegebene Literatur[2]. E. LETZIG[3] hat die Viscositätsmessung zum Nachweis von Verdickungsmitteln herangezogen. Die relative Viscosität betrug bei 8,5%iger Sahne im Essigsäureserum 1,77, bei 14%iger Sahne 2,61 und bei 33%iger Sahne 7,35. Schon 0,2% Gelatine ruft eine nennenswerte Erhöhung hervor. Neuerdings muß auch mit der Verwendung von Apfelpektin als Verdickungsmittel gerechnet werden[4].

---

[1] O. BAUMANN: Z. 1928, 55, 577.
[2] Vgl. auch M. SCHMALFUSS u. H. WERNER: Z. 1934, 67, 287.
[3] E. LETZIG: Z. 1934, 68, 301.
[4] Vgl. W. ZIEGELMAYER: Nahr.-Rundschau 1935, 65.

IV. Butter.

Von

Professor Dr. W. Mohr und Dr. A. Eichstädt - Kiel.

Mit 24 Abbildungen.

Unter dem Begriff „Butter" versteht man ein aus der Milch, und zwar aus Kuhmilch gewonnenes Produkt. Andere Butterarten sind in Deutschland nicht im Handel. Sollte trotzdem Butter aus der Milch eines anderen Haustieres in Frage kommen, so wäre der Tiername dazu zu setzen, z. B. Ziegenbutter. Eine gesetzlich festgelegte Definition des Begriffes „Butter" ist nicht vorhanden, es sei denn, daß man eine solche aus dem § 1, Abs. 2 des Margarinegesetzes[1] ableiten will. Der Gesetzestext lautet:

„Margarine im Sinne des Gesetzes sind diejenigen, der Milchbutter oder dem Butterschmalz ähnlichen Zubereitungen, deren Fettgehalt nicht ausschließlich der Milch entstammt."

Auf Grund dieses Textes müßte man also Milchbutter oder Butterschmalz wie folgt definieren:

„Milchbutter und Butterschmalz sind Zubereitungen, deren Fettgehalt ausschließlich der Kuhmilch entstammt."

Abgesehen von dieser aus dem Text des Margarinegesetzes abzuleitenden Definition ist nur an einer Stelle der Begriff „Butter" scharf begrenzt und zwar in den „Vereinbarungen"[2]. Hier heißt es über die Butter: „Butter ist das erstarrte aus der Milch abgeschiedene Fett, welchem rund 15% süßer oder saurer Magermilch in gleichmäßiger und feinster Verteilung beigemischt sind." Klarer ist die Definition Butter in dem Buch von Lebbin und Baum[3] gegeben, in einer Form, wie sie sicherlich auch in der bisherigen Rechtsprechung angewandt worden ist. Sie kann daher als die heutige Festlegung des Begriffes „Butter" gelten.

„Butter ist in starrer Emulsion befindliches Milchfett mit wenigstens 80% Butterschmalz neben Wasser und sonstigen Milchbestandteilen. Salzhaltige Butter darf 16% Wasser enthalten, ungesalzene 18%[4]."

Historisches. Die Nachrichten über Butter aus dem Altertum sind recht spärlich. Ein Fries des Tempels in El-Obeit zeigt ein sumerisches Mosaikbild in Kalkstein und Muscheln aus der Zeit etwa 3000 v. Chr.[5], wo Tempeldiener die Kühe melken, Milch seihen und buttern. Jedoch benutzte man damals die Butter anscheinend nicht in der uns heute geläufigen Form, sondern als Butterschmalz, das in Schläuchen aus Tierfell aufbewahrt wurde, eine Aufbewahrung, die teilweise heute noch in der dortigen Gegend üblich ist und mit der besseren Haltbarkeit des Butterschmalzes zusammenhängt.

Auch in den Sprüchen Salomo's[6] heißt es bereits: Wenn man die Milch stößt, so macht man Butter daraus.

---

[1] Gesetz, betr. den Verkehr mit Butter, Käse, Schmalz und deren Ersatzmitteln vom 15. Juni 1897 (Margarinegesetz) (RGBl. S. 475).

[2] Vereinbarung zur einheitlichen Untersuchung und Beurteilung von Nahrungs- und Genußmitteln sowie Gebrauchsgegenständen für das deutsche Reich, Heft 1, S. 91. Berlin: Julius Springer 1897.

[3] Dr. G. Lebbin u. Dr. G. Baum: Deutsches Lebensmittelrecht, 1. Teil, S. 211. Berlin 1907.

[4] Bekanntmachung, betr. den Fett- und Wassergehalt der Butter, vom 1. März 1902 (RGBl. S. 64).

[5] Wooly: Vor Fünftausend Jahren, 9. Aufl., S. 16. Stuttgart 1930.

[6] Sprüche Salomonis 30, 33.

Griechen und Römer kannten die Butter als Speise- oder Genußmittel nicht, vielmehr wurde sie als Heilmittel oder Salbe verwandt. Die bekanntesten landwirtschaftlichen Schriftsteller der Römer, Cato, Varro und Pallagius erwähnen in ihren Aufzählungen der landwirtschaftlichen Erzeugnisse die Butter nicht. Dagegen berichtet Plinius[1] im 1. Jahrhundert nach Christo von einigen barbarischen Völkerschaften, daß diese Butter gewonnen haben und als Nahrungsmittel (wenn auch nur in reicheren Kreisen) verwandten. Erst durch die Völkerwanderung scheint die Butterbereitung auch im westlichen Europa bekannt geworden zu sein. Trotzdem hat es anscheinend im früheren Mittelalter nur wenig Butter in Mitteleuropa gegeben. In der Landgüterordnung Karl's des Großen wird die Butter als ein Produkt erwähnt, zu dessen Herstellung größte Reinlichkeit erforderlich sei[2].

Unter dem Einfluß der im 10. und 11. Jahrhundert emporblühenden Klöster tritt die Milchwirtschaft stärker in Erscheinung. Jedenfalls bürgert sich um diese Zeit das Wort Butter (griechisch βούτυρον) in der deutschen Sprache mehr und mehr ein. Im späteren Mittelalter erwähnen schon einzelne Schriftsteller die Butter als Handelsartikel und machen auch Angaben über Preise.

Ebenfalls findet man schon an einzelnen Stellen Beschreibungen über die Herstellung der Butter.

Aus dem 17. Jahrhundert ist bereits ein ganzes Buch[3] vorhanden, in dem die Butterbereitung in Holland näher beschrieben wird.

Es ist jedoch nach allen Nachrichten aus dem Mittelalter anzunehmen, daß auch in dieser Zeit die Butter noch als Luxusspeise galt und der Verbrauch im allgemeinen recht gering war. Als Beweis hierfür kann das Verbot des Buttergenusses an kirchlichen Fastentagen dienen und ferner die Tatsache, daß man sich von diesem Verbot durch die sog. päpstlichen Butterbriefe loskaufen konnte. Für die Gegenden mit ausgedehnter Viehwirtschaft, Friesland, die Niederlande, die Normandie und die Schweiz gelten diese Annahmen jedoch nicht. Besonders in den Gebieten an der Nordsee wurde die Butterbereitung schon vom 15. und 16. Jahrhundert ab nach festen Regeln betrieben. Häufig wird darüber berichtet, daß tüchtige Fachleute aus Friesland und den Niederlanden in andere Länder geholt wurden, um dort die Milchwirtschaft nach dem Muster ihrer Heimat auszubauen und zu verbessern. Auch der Preußenkönig Friedrich Wilhelm I. richtete auf einem seiner Güter an der Mark eine Art Meiereischule ein, verpachtete sie an einen Holländer und verlangte, daß die Bauern ihre Töchter zur Erlernung der Milchwirtschaft dorthin schickten.

Etwa in der Mitte des 19. Jahrhunderts ist ein stärkerer Anstieg des Butterverbrauchs zu merken. Besonders steigt der Bedarf in England in immer größerem Umfange. Als Hauptlieferungsgebiete kamen anfangs die Normandie und Holland in Frage. Um die Wende des 20. Jahrhunderts übernahm Dänemark die Belieferung der britischen Inseln. Auch in Deutschland kann man eine dauernde Zunahme des Butterverbrauchs in der zweiten Hälfte des vorigen Jahrhunderts feststellen. Zu Anfang der 90iger Jahre stieg der Verbrauch derartig an, daß die Eigenerzeugung hiermit nicht mehr Schritt halten konnte. Seitdem ist Deutschland auf die Einfuhr von Butter angewiesen gewesen. Erst im nationalsozialistischen Deutschland ist man energisch bestrebt, die Buttererzeugung in Deutschland selbst so zu heben, daß durch die Eigenerzeugung der Verbrauch gedeckt wird.

Vom wirtschaftlichen Standpunkt ist die Buttererzeugung der wichtigste Teil der Milchwirtschaft. Die gesamte in Deutschland erzeugte Milch macht wertmäßig etwa ein Drittel des Wertes der gesamten landwirtschaftlichen Erzeugnisse aus. Die deutsche Buttererzeugung[4] und der Verbrauch sind in der Tabelle 1 wiedergegeben.

Tabelle 1. Deutsche Buttererzeugung.

Jahr	Milcherzeugung in Millionen Liter	Wert in Milliarden RM	Molkereimäßige Buttererzeugung Tonnen	Butterverbrauch Tonnen
1913	19,247	1,73	—	375000
1932	23,500	1,86	224477	464519
1933	24,000	2,08	253452	484144
1934	23,689	2,34	278160	485763

---

[1] Plinius: Naturalis Historiae, Libri 28.

[2] Nach Fleischmann-Weigmann: Lehrbuch der Milchwirtschaft, 7. Aufl., S. 496. 1932.

[3] Martini Schoockii: Tractatus de Butyro, Groningae 1664; zit. nach Fleischmann-Weigmann: Lehrbuch der Milchwirtschaft, 7. Aufl., S. 497. 1932.

[4] Nach Angaben des Statistischen Reichsamtes und der Milchwirtschaftlichen Vereinigung (Hauptvereinigung).

A. Herstellung der Butter.

1. Rahmreifung.

Das Verfahren zur Herstellung der Butter umfaßt eine ganze Reihe von einzelnen Arbeitsvorgängen, von deren sorgfältiger Ausführung der Enderfolg, d. h. die Güte und Haltbarkeit der Butter abhängt. Aber nicht nur die mehr oder minder saubere Ausführung der einzelnen technischen Arbeiten gibt allein den Ausschlag, sondern auch die Fütterung des Milchviehs und die Milchgewinnung, das Melken, sind von erheblicher Bedeutung. Wie für jedes erstklassige Erzeugnis gilt auch bei der Butter die Forderung: erst ein einwandfreies Rohmaterial, gute Milch, dann auch ein gutes Endprodukt. Wohl kann ein erfahrener Fachmann unter Anwendung der theoretischen und praktischen Kenntnisse und unter Ausnutzung seiner technischen Hilfsmittel manches ausgleichen, was bei der Erzeugung und Gewinnung der Milch versehen worden ist, aber ein wirklich an der Spitze stehendes Erzeugnis wird er dauernd aus schlechtem Rohmaterial nicht herstellen können.

Um diese Forderung zu erfüllen, muß schon auf dem Lande bei der Gewinnung der Milch bestimmte Sorgfalt angewandt werden. Selbstverständlich dürfen die Forderungen an den Landwirt nicht übertrieben sein, wie etwa die generelle Forderung von Tiefkühlung der Milch, sondern man sollte nur das verlangen, was praktisch durchführbar ist. Dazu gehört z. B., daß die Milch von kranken Kühen zuletzt gemolken und in Kannen (durch Zettel u. dgl.) gekennzeichnet wird und daß sorgfältig gemolken wird (Waschen der Hände vor dem Melken, trockenes Abreiben des Euters mit trockenem Tuch, Wegmelken der ersten Striche in ein besonderes Gefäß, Vermeidung der Rauhfutter-Vorgabe, der Streuerneuerung und der Dungwegschaffung während des Melkens, Verwendung sauberer Melkeimer usw.). Das Seihen der Milch sofort nach dem Melken außerhalb des Stalles (so daß schädliche Infektionen der Milch vermieden werden) mit einwandfreiem Filtermaterial, z. B. Wattescheiben, muß unbedingt verlangt werden. Es muß weiter verlangt werden, daß Abendmilch und Morgenmilch getrennt werden, daß die Abendmilch bei einer einmaligen Anlieferung in einem geruchfreien, sauberen Raum aufbewahrt wird, so daß sie am nächsten Morgen in gutem Zustande an die Meierei angeliefert wird. Das Stickigwerden der Milch durch Aufbewahren in festverschlossenen Kannen muß vermieden werden (entweder Deckel halb schräg auf die Kannen setzen oder Zudecken der Kannen mit Wattefiltern). In vielen Fällen wird im Sommer und an warmen Tagen eine Wasserkühlung der Abendmilch durch Einstellen der Milchkannen in fließendes kaltes Wasser und Herunterkühlen durch Umrühren oder Kühlen der Milch über Wasserkühler unbedingt notwendig sein, um die Milch genügend süß an die Meierei angeliefert zu erhalten. Daß Milch durch Stehenlassen im Sonnenlicht sehr schnell einen talgigen, kratzigen Geschmack bekommt, der auch unweigerlich in der Butter auftritt, ist wohl allgemein bekannt. Offene Kannen mit Milch, Milchkühler, offene Milchbehälter dürfen also nicht so aufgestellt sein, daß die Milch der direkten Sonnenbestrahlung längere Zeit ausgesetzt ist. Natürlich muß auf der anderen Seite auch dafür gesorgt werden, daß offene Milchbehälter und Milchkannen auf dem Lande während der Aufbewahrung der Milch in diesen Gefäßen so aufgestellt oder zugedeckt werden, daß eine Verschmutzung der Milch durch Fliegen usw. vermieden wird. Als selbstverständlich muß eine gute Reinigung der Milchkannen und, falls vorhanden, des Wasserkühlers angenommen werden. Wenn es früher auch nicht immer leicht war zu erreichen, daß diese Mindestforderungen bei der Gewinnung und Behandlung auf dem Hof erfüllt wurden, so dürfte dies heute nach Einführung der Qualitätsbezahlung sehr leicht zu erreichen sein, da eine

Außerachtlassung dieser Mindestforderungen fast stets zu schlechten Ergebnissen bei der Qualitätsuntersuchung und infolgedessen zu Abzügen an Milchgeld führt, während peinliches Innehalten dieser Forderungen fast stets zu sehr guten Ergebnissen bei den Qualitätsuntersuchungen beiträgt. Zudem dürfte auch schon durch den Ausbau der Kontrollvereine und die direkte oder indirekte Beratung des Bauern durch die Ringleiter für Qualitätsuntersuchung in verhältnismäßig kurzer Zeit eine Besserung der Qualität der angelieferten Milch in der Meierei erreicht werden. Als zweckmäßige Untersuchungsmethoden zur Grundlage der Qualitätsbezahlung in Buttereien kommen neben der Fettgehaltsbestimmung die Schmutz- und Reduktaseprobe in Frage.

Die Arbeiten für die Butterherstellung beginnen in der Meierei mit der Entrahmung der angelieferten Vollmilch. Mit Recht hat man die Erfindung der Entrahmungszentrifuge und ihre Einführung als den Beginn einer geregelten meiereitechnischen Rahmbehandlung bezeichnet. Erst die Gewinnung größerer Rahmmengen in verhältnismäßig kurzen Zeiten ermöglichte die Verarbeitung größerer Milchmengen und damit die Herstellung einer einheitlichen Butter in erhöhtem Umfange.

Die Entrahmung steht insofern mit der Rahmreifung und der Butterung in Zusammenhang, als mit verschiedenem Fettgehalt des Rahmes Rahmreifung und Butterung geändert werden müssen und die Höhe des in der Magermilch verbleibenden Fettgehaltes die Butterausbeute beeinflußt. Die Tabelle 2 bringt die Abhängigkeit der Entrahmungsschärfe von der Temperatur.

Tabelle 2. Abhängigkeit der Entrahmungsschärfe von der Temperatur.
Entrahmung von roher Vollmilch in einer Westfalia-Zentrifuge mit 6850 Umdrehungen je Minute und einer durchschnittlichen Leistung von 2500 Liter je Stunde.

Entrahmungstemperatur .	15°	30°	45°	60°	80°
Fettgehalt der Magermilch	0,05	0,03	0,02	0,01	0,01 %

Mit den modernen Entrahmungszentrifugen (S. 231) ist bei Entrahmung normaler Vollmilch ein Fettgehalt unter 0,03 % in der Magermilch immer zu erreichen, wenn die Entrahmungtemperatur nicht unter 35° sinkt und die Umdrehungszahlen für die Trommel sowie die sonstigen, von der Lieferfirma angegebenen Betriebsvorschriften für die Bedienung der Entrahmungszentrifuge innegehalten werden.

Durch eine Erhöhung der Entrahmungstemperatur bis auf 60° und darüber werden bei den offenen Zentrifugen schlechte und unangenehme Gerüche gleichzeitig durch die in der Zentrifuge eintretende intensive Belüftung entfernt. Dieses Verfahren der Belüftung des Rahmes empfiehlt sich besonders in den Zeiten (Herbst) und in den Gegenden, in denen starke Rüben- bzw. Rübenblattfütterung vorherrschend ist.

Der Fettgehalt ist bei der Rahmgewinnung angenähert, entweder durch Verstellen der Rahmschraube oder durch Regulierung des Milchzuflusses einzustellen. Für deutsche Verhältnisse gilt im allgemeinen, daß bei mittlerem Fettgehalt der Vollmilch von 3—3,4 %, bezogen auf die zur Entrahmung kommende Milch, 12—15 % Rahm gewonnen werden. Der Fettgehalt des Rahmes stellt sich auf 20—22 %. Mit der Magermilch geht selbstverständlich immer ein Teil des Fettes verloren.

Zur Gewinnung einer gleichmäßigeren und haltbareren Qualität der Butter muß der Rahm zunächst erhitzt werden, um schädliche Bakterien abzutöten und ihren verderblichen Einfluß auszuschalten. Die Erhitzung ist so auszuführen, daß jeder Teil des Rahmes die gewünschte Erhitzungstemperatur erreicht. Dies gilt besonders für die ersten und letzten Anteile, die durch den

Erhitzer hindurchgehen. Werden diese Anteile nur unzulänglich erhitzt, so kann unter Umständen der Erfolg der Rahmerhitzung in Frage gestellt sein.

Von den gesetzlich zugelassenen Erhitzungsarten: Dauererhitzung ($^1/_2$ Stunde bei 62—65⁰), Kurzzeiterhitzung in gesetzlich zugelassenen Apparaten (bei 71 bis 74⁰), Hocherhitzung in gesetzlich zugelassenen Apparaten auf mindestens 85⁰, wird für die Erhitzung des Rahmes zweckmäßigerweise die Hocherhitzung gewählt und zwar auf hohe Temperaturen über 90—95⁰, um eine möglichst gute bakteriologische Wirkung zu erzielen. Man wird auch deshalb hohe Pasteurisierungstemperaturen wählen, um beim anschließenden Kühlen des Rahmes eine möglichst gute Be- und Entlüftung zu erreichen. Selbstverständlich muß darauf geachtet werden, daß bei den späteren Behandlungen des Rahmes und auch der Butter Reinfektionen mit schädlichen Bakterien soweit wie möglich ausgeschaltet werden.

So ist es unsinnig, zurückgelieferte, nicht verkaufte ansaure Verkaufsmilch oder unpasteurisierten Molkenrahm später zu dem einwandfrei pasteurisierten und behandelten Rahm zu geben, da hierdurch eine Reinfektion des Rahmes und ein schnelles Verderben der Butter hervorgerufen wird. Derartige sog. Restmilch sollte stets für sich getrennt verbuttert werden.

Alle Apparate, Mittel und Gegenstände, mit denen der Rahm nach dem Pasteurisieren und die Butter in Berührung kommen, müssen bakteriologisch einwandfrei sein. Es müssen also alle Apparate, Rohrleitungen, Rahmreifer, Butterfertiger usw. täglich sehr gut mechanisch von Fett nud Eiweißresten befreit und zweckmäßiger Weise desinfiziert werden. Ebenso sei bereits jetzt darauf hingewiesen, daß das verwendete Wasser bakteriologisch und chemisch einwandfrei sein muß, sowie auch das später verwendete Salz und Pergamentpapier. Auf die Bürsten bzw. Schaber zum Entfernen der letzten Anteile Rahm im Rahmreifer oder Rahmtank muß besonders geachtet werden.

Als Desinfektionsmittel sollte die Meierei nur amtlich geprüfte Desinfektions- und Reinigungsmittel anwenden und nur in den dort angegebenen Konzentrationen. Als einige, nicht alleinige, sehr brauchbare Mittel seien z. B. genannt eine 1%ige Lösung von P₃ bei 50⁰ und eine 0,25%ige Lösung von Trosilin bei 50⁰. Bezüglich der Anwendung der Mittel verweist die Forschungsanstalt für Milchwirtschaft Kiel ausdrücklich auf die von dort ausgestellten Gutachten. Dabei sei bemerkt, daß bei diesen Untersuchungen weitgehendst darauf Rücksicht genommen ist, ob etwa die betreffenden Mittel die Metalle, z. B. die Verzinnung, angreifen oder nicht, und daß nur solche Mittel zur Anwendung empfohlen werden, die weitgehendst das Material (Metall und Holz der Butterfertiger) schonen, zumal mit Schädigung des Metallmaterials sehr häufig unangenehme Geschmacksveränderungen in der Butter einhergehen. Ist es doch bekannt, daß bei schlecht verzinnten, kupfernen Rahmreifern, bei denen das Kufper mit dem säuernden Rahm in Berührung kommt, eine ölige Butter erhalten wird, und die Geschmacksverschlechterung auf den Einfluß des Kupfers zurückzuführen ist. Einen schädlichen Einfluß auf die Butterqualität haben Kupfer, Eisen, Bronze, Messing, Zink und Blei, besonders, wenn sie mit dem säuernden Rahm in Berührung kommen, während nicht rostender Stahl, Stahlemaille, Chrom und Aluminium ohne Einfluß auf die Qualität der Butter sind, wenn sie mit Rahm in Berührung gebracht werden.

Nach der Erhitzung wird der Rahm über einen Kühler geleitet und bis auf die Ansäuerungstemperatur abgekühlt. Die Anwendung eines offenen Flächenkühlers hat vor den geschlossenen Kühlern den Vorteil, daß der Rahm bei dem Fließen über die offenen Flächen be- und entlüftet wird, so daß auch an dieser Stelle noch fremde Gerüche entfernt werden. Eine Tiefkühlung des Rahmes gleich nach der Erhitzung auf Temperaturen von 2—6⁰, wie sie besonders von dem Holländer van Dam[1] empfohlen wird, ist meistens nicht erforderlich, da sie im allgemeinen keinen nennenswerten Einfluß auf die Konsistenz der Butter besitzt[2].

---

[1] van Dam u. Holwerda: Proefzuivelboerderij Hoorn, Verslag over het jaar 1926, S. 257; Verslag over het jaar 1926/27, S. 236.

[2] W. Mohr u. Oldenburg: Untersuchungen über die Konsistenz der Butter. Milchw. Ztg. Berlin 1933, **36**, Mitteilungen I, II, III.

Bei einer Butter, die zu dem Fehler „bröckelig" neigt, ist sie unter Umständen sogar schädlich, denn der Fehler wird durch die Tiefkühlung nur noch verstärkt. Nach dem Kühlen wird der Rahm in dem Rahmreifer (Abb. 1) bzw. im Rahmtank gesammelt.

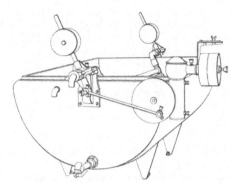

Für die Butterausbeute ist es wichtig, daß die in den verschiedenen Apparaten und Rohrleitungen zurückgebliebenen Rahmreste gesammelt werden, um sie ebenfalls der Hauptmenge im Rahmreifer zuzuführen. Dies geschieht am einfachsten, indem man von der Zentrifuge ab die gesamte Apparatur mit Wasser oder süßer Magermilch nachspült. Seitdem durch das Reichsmilchgesetz[1] der zulässige Höchstwasserzusatz für die Butter-

Abb. 1. Rahmreifer.

milch auf 10% festgesetzt worden ist, ist bei einem Nachspülen der Zentrifuge, des Erhitzers, Kühlers usw. mit Wasser äußerste Vorsicht geboten, da bei einem derartigen Arbeitsverfahren leicht die Gefahr besteht, daß der Wassergehalt der Buttermilch überschritten wird. Zudem kann durch Nachspülen mit bakteriologisch untauglichem Wasser eine Reinfektion des Rahmes (mit schädlichen Wasserbakterien, z. B. Fluoreszenten) eintreten. Es empfiehlt sich, zum

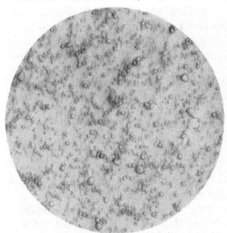

Abb. 2. Fettkügelchen in normalem Rahm (200 ×).

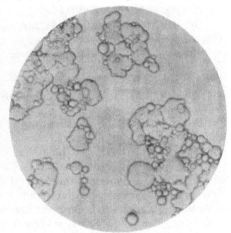

Abb. 3. Fettklumpen in pasteurisiertem gepumptem Rahm (200 ×).

Nachspülen nur süße Magermilch zu gebrauchen, die im Rahmerhitzer selbstverständlich auf die gleiche Temperatur erhitzt werden muß wie der Rahm. Sie wird gleichfalls gekühlt und der Hauptmenge des Rahms im Rahmreifer zugeführt.

In manchen Meiereien werden diese Nachspülreste nicht am selben Tag mit verarbeitet, sondern bis zum folgenden Tag aufbewahrt. Auch diese Methode ist in bakteriologischer Hinsicht zu verwerfen.

Während der Behandlung des Rahmes vor dem Säuern ist noch darauf zu achten, daß das Fett im Rahm nicht zusammengeklumpt oder zersplittert

---

[1] Erste Ausführungsverordnung zum Milchgesetz vom 15. Mai 1931, § 2 Ziff. 6 (S. 494).

wird. Eine Veränderung der Fettverteilung in den genannten Richtungen kann durch den Rührwerkserhitzer oder durch Rahmpumpen hervorgerufen werden (Abb. 2 und 3). In beiden Fällen leidet die Ausbeute bei der Verbutterung[1].

Eine Zusammenballung des Fettes beeinträchtigt ferner die Reifung des Rahmes, weil die Fettklumpen im Rahmreifer aufrahmen und an der Oberfläche eine Fettschicht bilden. Diese Schicht läßt sich durch Verrühren häufig nicht wieder vollständig in dem Rahm verteilen und säuert und reift unter Umständen nicht einwandfrei durch.

Der Rahm wird also nach der Erhitzung und der Kühlung im Rahmreifer gesammelt, um hier seine letzte Vorbereitung für den Butterungsprozeß zu erfahren. Er muß „reifen".

Unter der Reifung versteht man eine bestimmte Zustandsänderung des Rahmes, die ihn für die Verarbeitung zur Butter geeigneter macht. Es ist eine alte Erfahrung, daß sich ganz frische süße Milch oder frischer süßer Rahm nur schwer und unter erheblichen Fettverlusten verbuttern läßt. Die „Reifung" ist der wichtigste Vorgang der Rahmbehandlung, weil von ihrer Ausführung in der Hauptsache Geruch und Geschmack der Butter abhängig sind, also die beiden Faktoren, nach denen die Güte einer Butter in erster Linie beurteilt wird. Bei der Reifung verändert sich der physikalische Zustand des Fettes. Ein Teil des Fettes bleibt zwar noch im flüssigen Zustande, ein anderer Teil, und wahrscheinlich der größere, geht in einen plastischen Zustand über. Gleichzeitig treten auch Veränderungen bei den Eiweißstoffen und Veränderungen bzw. Verschiebungen der oberflächenaktiven Stoffe, die sich an der Oberfläche des Fettes anreichern, ein.

Bei der Herstellung von Sauerrahmbutter geht neben der Reifung die Säuerung des Rahmes einher, bei der durch die Bildung der Milchsäure der Quellungszustand des Caseins verändert und ein Teil des an das Casein gebundenen Calciums abgespalten wird.

Auf Grund dieser Erörterung ist es klar, daß die Durchführung der Reifung verschieden sein muß, je nachdem ob der Rahm sauer oder süß verbuttert werden soll.

Da in Deutschland die Sauerrahmbutter mengenmäßig die Herstellung der Süßrahmbutter weit überragt, beziehen sich die folgenden Darlegungen in der Hauptsache auf die Herstellung von Sauerrahmbutter.

Während bei den älteren Verfahren zur Butterbereitung das Butterungsgut einer spontanen Säuerung mit Hilfe der in der Milch bzw. dem Rahm in mehr oder weniger starkem Maße vorhandenen Milchsäurebakterien überlassen wurde, wird heutzutage die Säuerung des Rahmes durch Reinkulturen von Milchsäurebakterien, den sog. Säurewecker, hervorgerufen. Die Herstellung dieser Reinkulturen und die Art der dabei verwendeten Milchsäurebakterien ist in dem Abschnitte „Bakteriologie der Milcherzeugnisse" (S. 470) eingehend beschrieben.

Abb. 4 zeigt einen bakteriologisch einwandfreien Säurewecker (Streptococcus lactis und cremoris). Auch ein morphologisch und bakteriologisch einwandfreier Säurewecker mit unter dem Mikroskop einwandfreien Stämmen von Str. cremoris und lactis kann unter Umständen für die Butterherstellung ungeeignet sein, z. B. Malzgeschmack in der Butter hervorrufen. Es ist deshalb stets wichtig, die Reinkultur auch auf einwandfreien Geruch und Geschmack täglich zu prüfen.

Grundsätzlich sollte man als Milch für den Säurewecker nur die beste Milch aussuchen. Ob man Magermilch oder Vollmilch zum Ansetzen des Säureweckers benutzt, ist nicht so wesentlich. Es kommt vielmehr auf die Arbeitsgewohnheiten

---

[1] O. Rahn u. W. Mohr: Milchw. Forsch. 1924, **1**, 362.

des betreffenden Buttermeiers und Betriebsleiters an. In der Nordmark und in Dänemark wird zur Hauptsache sehr gut erhitzte bzw. im Säureständer aufgekochte und schnell heruntergekühlte Magermilch zum Ansetzen des Säureweckers genommen. In anderen Gegenden, z. B. Nordfriesland und Oldenburg, wird zum Teil Vollmilch verwendet. Die Vorteile bei Verwendung von Vollmilch liegen darin, daß man eine bakteriologisch besonders gute und gut schmeckende Milch für die Bereitung des Säureweckers aussuchen kann. Selbstverständlich muß, falls diese Milch noch in einer Reinigungszentrifuge gereinigt werden soll, die Zentrifuge nicht bereits überlastet gewesen sein, die Milch also am Anfang zentrifugiert oder für sich durch ein Filter gegossen werden. Die Vorteile der Verwendung von Magermilch für den Säurewecker sind dadurch bedingt, daß man die Reinheit der Säure und den Geschmack der sauren Magermilch besser feststellen kann als im allgemeinen bei Vollmilch. In bakteriologischer Beziehung ist es am besten, die für die Säure verwendete Milch kurz aufzukochen und sofort herunterzukühlen. Allerdings erhält man in der Butter dann stets in den ersten zwei Tagen einen mehr oder minder stark ausgeprägten Kochgeschmack, der sich aber nach 3—4 Tagen verliert.

Bereits vor mehreren Jahren haben wir eine Methode der Meierei Rastede, diesen anfänglichen Kochgeschmack zu vermeiden, in den verschiedenen Betrieben nachgeprüft, und zwar besteht die Methode darin, daß die zum Säurewecker angesetzte Milch nur für eine halbe Stunde auf 70° erwärmt, dann heruntergekühlt — so daß also durch Erhitzen selbst kein wesentlicher Koch-

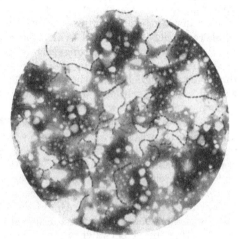

Abb. 4. Säurewecker.

geschmack in der Kultur eintritt — und gesäuert wird. Die mit einem derartigen Säurewecker hergestellte Butter hatte, obgleich ein hochpasteurisierter Rahm verwandt wurde, der an sich einen ziemlichen Kochgeschmack aufwies, schon vom ersten Tage an keinen Kochgeschmack.

Die Zugabe der Menge Muttersäure zur Kulturmilch soll sich bei der Verwendung einer guten Reinkultur in geringen Grenzen halten. Im allgemeinen nimmt man 0,5—1,0%. Die Säuerungstemperatur für den Säurewecker liegt wohl meistens um 21°. Bei der Säuerung des Säureweckers kann die Verwendung von Thermostaten zur Einhaltung gleichmäßiger Temperaturen vorteilhaft sein. Notwendig ist die Verwendung von Thermostaten für den Säurewecker zur Erzielung hochwertiger Butter jedoch keineswegs. Wird aber ein Thermostat benutzt, so muß dieser unbedingt gut sauber gehalten werden (reine Innenluft), ebenso wie bei der Verwendung von Kulturständern für die Säureweckerherstellung das zum Anwärmen und zum Temperieren benutzte Wasser häufiger abgelassen und erneuert werden muß, da es fast unvermeidlich ist, daß beim Herausnehmen der Säureweckerständer geringe Mengen von saurer Milch übergeschüttet werden, in das Temperierwasser gelangen und bei Nichterneuerung des Wassers unangenehme Gerüche auftreten und Zersetzungen des Metalls des Säureständers und Säureweckerbehälters hervorgerufen werden.

Die Reinkultur wird am besten möglichst frühzeitig — etwa nachdem 10 bis 15% des Butterungsgutes im Rahmreifer gesammelt sind — dem Butterungsgut zugegeben. Da der Rahm durch die Erhitzung niemals völlig steril wird, erreicht man durch diese Arbeitsmethode, daß die Säuerung sofort einsetzt und etwa noch vorhandene schädliche Bakterien in ihrer Entwicklung gehemmt werden. Die Menge der Reinkultur ist so zu bemessen, daß sie etwa 3—5% der Rahmmenge ausmacht. Bei der Abmessung ist auch der Fettgehalt des Rahmes zu berücksichtigen. Bei einem fettärmeren Rahm ist mehr Kultur erforderlich als für einen fettreicheren.

Nach der Zugabe der Kultur wird der Rahm gut durchgerührt und die Temperatur genau kontrolliert. Unter Umständen ist es erforderlich, den Rahm noch etwas anzuwärmen. Die Höhe der Reifungstemperatur richtet sich nach der Jahreszeit und der Raumtemperatur und ferner danach, ob man das „Kalt- oder Warmsäuerungsverfahren" anwenden will.

Bei der Kaltsäuerung entspricht die Reifungstemperatur ungefähr der späteren Butterungstemperatur (z. B. 12°). Sie wird unverändert bis zum Beginn der Butterung konstant innegehalten. In den deutschen und dänischen Molkereibetrieben wird das Warmsäuerungsverfahren am meisten angewandt, in Holland das Kaltsäuerungsverfahren. Das Warmsäuerungsverfahren hat nach unserer Überzeugung gegenüber der Kaltsäuerung gewisse Vorteile, da durch die anfänglich wesentlich höhere Reifungstemperatur die Säuerung relativ schnell vorwärts schreitet und die Entwicklung anderer schädlicher Mikroorganismen verhindert bzw. gehemmt wird.

Bei der Warmsäuerung liegt die Reifungstemperatur je nach Jahreszeit und Raumtemperatur zwischen 15 und 20°. Auf keinen Fall darf die Säuerungstemperatur höher sein als der sog. Erstarrungspunkt des Fettes. Während der ersten 8—9 Stunden Reifungszeit wird der Rahm noch zweimal gut (aber nicht zu heftig) durchgerührt, um eine gute Durchmischung aller Rahmteile zu erhalten und die Gefahr einer ungleichen Säuerung in den verschiedensten Schichten des Rahms zu verhindern. Nach Ablauf der oben angegebenen Zeit (8—9 Stunden) soll der Rahm bei der Warmsäuerung eine bestimmte Säuerungsstufe erreicht haben. Um eine Übersäuerung zu vermeiden und die Konsistenz der Butter zu beeinflussen, muß der Rahm jetzt gekühlt werden. Bei weichem Fett (im Sommer) wird man meistens den Rahm auf einige Grade unter Butterungstemperatur abkühlen, zumal man im Sommer infolge einer höheren Raumtemperatur mit einer nachträglichen Erwärmung wieder zu rechnen hat. Für die Wintermonate — mit infolge der Fütterungseinflüsse meistens hartem Fett — liegen die Verhältnisse umgekehrt. Entsprechend der im Laufe der Nacht absinkenden Raum- bzw. Außentemperatur darf der Rahm dann zweckmäßigerweise nicht vollständig bis auf Butterungstemperatur abgekühlt werden.

Die Variationen der Säuerungstemperatur und Kühlung des Rahmes (nach 8—9 Stunden) sind in der Praxis sehr groß. Als Beispiel seien zwei in der Praxis durchaus vorkommende Säuerungen für Winter und Sommer angeführt: Im Sommer (8—9 Stunden) zunächst bei 18°, dann Kühlung auf 9—10°, im Winter Säuern bei 15—16°, abends eine Kühlung des Rahms nicht notwendig.

Selbstverständlich muß bei der Angabe des Säuregrades eines Rahmes die Angabe seiner Fettprozente zur Definition des Säuregehalts mitgenannt werden. Auf Grund praktischer Erfahrungen[1] müssen nach den ersten 8—9 Stunden Reifungszeit die in Tabelle 3 zusammengestellten Säuregrade erreicht sein (d. h. vor der etwaigen Kühlung des Rahms).

Butterungsreif ist ein Rahm mit 20% Fett, wenn er 28 Säuregrade S.H. aufweist. Diesen Säuregraden entspricht eine elektrometrisch bestimmte p_H-Zahl von 4,6. Sämtliche Säuregrade S.H. des butterungsreifen Rahmes mit anderem Fettgehalt als 20% ergeben sich aus der Tabelle 4.

---

[1] F. Oldenburg u. W. Clauss: Milchw. Ztg. Berlin 1932, **37**, 337.

Tabelle 3. Richtiger Säuregrad für Butterungsrahm bei verschiedenem Fettgehalt (abends vor der Kühlung) nach 8—9 Stunden Reifung.

Fett- gehalt im Rahm %	Säuregrade (S.H.) vor der Kühlung abends	
	im Rahm	entsprechend im Plasma
3	24—25	—
6	23—24	—
10	22—23	25
15	21—21,5	—
20	um 20	—
25	um 19	—
30	18—20	25,5—29
35	17—19	—
40	16—18	26,5—32
50	14—16	—

Tabelle 4. Richtiger Säuregrad für butterungsreifen Rahm bei verschiedenem Fettgehalt.

Fett- gehalt im Rahm %	Säuregrade (S.H.) im butterungsreifen Zustand	
	im Rahm	entsprechend im Plasma
3	um 34	—
6	um 33	—
10	31,5—32	35
15	29,5—30	—
20	um 28	—
25	26 —27	—
30	24,5—26	35—37
35	22,5—24	—
40	21 —23	35—40
50	17,5—20	—

Daß die p_H-Zahl von 4,6 den Stand der Säuerung zeigt, der für die Ausbeute, d. h. für die beste Ausbutterung am günstigsten ist, läßt sich durch folgende Überlegungen zeigen. Nach den Untersuchungen von L. MICHAELIS und Mitarbeitern[1] liegt das Fällungsoptimum für Casein bei einer p_H-Zahl von 4,6. Für die Ausbutterung dürfte der Zustand des Caseins und der um das Fett gelagerten oberflächenaktiven Stoffe eine entscheidende Rolle spielen. Die um das Fett gelagerten oberflächenaktiven Stoffe sind gegen die Rahmflüssigkeit elektrisch aufgeladen.

In süßem Rahm sind die Hüllen negativ geladen und wandern im elektrischen Strom zum positiven Pol. Im sauren Rahm sind sie positiv geladen und wandern dann zum negativen Pol.

Die beste Ausbeute müßte also vorhanden sein, wenn die Hüllen ungeladen sind. Die Tabelle 5 bringt einen derartigen Versuch. Die Messungen der Kataphorese sind an der Buttermilch vorgenommen worden, da die Messungen im Rahm durch die starke Anhäufung von Fettkügelchen sehr schlecht zu beobachten waren. Die Säuerung wurde durch die Bestimmung der p_H-Zahl überwacht, und zwar in dem engen Intervall von p_H 4,7—4,0. Die Pfeile geben an, nach welchem Pol die Fettkügelchen unter dem elektrischen Strom gewandert sind. Sind für eine Messung Pfeile nach beiden Richtungen angegeben, so war keine Ladung vorhanden.

Bei diesen Versuchen wurde der niedrigste Fettgehalt in der Buttermilch bei einem p_H-Wert von 4,3—4,2 erhalten[2].

Tabelle 5. Kataphorese in Buttermilch.

Art der Behandlung des Rahms	p_H der Buttermilch	Fett- gehalt der Buttermilch %	Wande- rung der Fett- kügelchen mikro- skopisch	Wande- rung des Eiweißes makro- skopisch
Rahm nach 3stündigem Altern verbuttert	4,72	0,4	←	←
	4,38	0,2	←	←→
	4,20	0,25	→	←→
	4,06	0,4	→	→
Rahm mit Yoghurt gesäuert	4,37	0,25	←	←
	4,24	0,20	⇄	←→
	4,11	0,18	→	→
	3,92	0,20	→	→

In der Molkereipraxis werden die für die Ausbutterung günstigsten p_H-Zahlen nicht angewandt, da bei Übersäuerung eine ungünstige Geschmacksbeeinflussung der Butter eintritt. Dafür nimmt man aber die Alterung der

[1] L. MICHAELIS u. P. RONA: Biochem. Zeitschr. 1910, 27, 39. — L. MICHAELIS u. H. DAVISON: Biochem. Zeitschr. 1912, 39, 503. — L. MICHAELIS u. H. PECHSTEIN: Biochem. Zeitschr. 1912, 47, 260.
[2] W. MOHR: Milchw.-Ztg. Berlin 1931, 36, 281, 305, 321. — REESE: Dissertation Kiel 1931.

Eiweißstoffe zu Hilfe und kommt dann auf eine p_H-Zahl von 4,6, bei der die Ausbutterung günstige Ergebnisse zeigt.

Süßrahmbutterung wird in Deutschland kaum angewandt, spielt dagegen in anderen Ländern wie Frankreich, Irland, Argentinien, Neuseeland noch eine wichtige Rolle. Bei der Verarbeitung von süßem Rahm fällt natürlich die Bereitung der Reinkultur und die Rahmsäuerung fort, deren Leitung viel Mühe und sorgfältige Aufmerksamkeit erfordert. Rein technisch ist daher Süßrahmbutterherstellung erheblich einfacher. Der Rahm wird auf Temperaturen unter 10^0 gekühlt und macht dann eine mehr oder weniger lange Reifungszeit durch. Eine gewisse

Tabelle 6. Einfluß der Alterung auf die Ausbeute bei Verbutterung von süßem Rahm mit 20% Fett.

		Dauer der Alterung: Verbutterung		
		sofort	nach 1½ Stdn.	nach 3 Stdn.
Rahm	S.H.	7,0	7,0	7,0
	p_H	6,62	6,62	6,62
Butterungsdauer, Minuten		50	60	67
Buttermilch	Fettgehalt	1,0	0,4	0,45
	S.H.	8,0	8,2	8,0
	p_H	6,52	6,54	6,54

Reifung ist mit Rücksicht auf eine gute Ausbutterung nicht zu entbehren, wie die Zahlen in der Tabelle 6 zeigen.

Um süßen Rahm mit befriedigender Ausbeute zu verbuttern, genügt eine Reifungszeit von etwa 3 Stunden, in der Praxis wird die Reifung meistens auf 16—18 Stunden ausgedehnt.

2. Rahmverbutterung.

Die historische Entwicklung der Butterfässer kann hier übergangen werden, es sei in dieser Beziehung auf die ausgezeichnete Zusammenstellung von B. Martini[1] als auch von H. Weigmann[2] verwiesen. Die vorliegenden Ausführungen

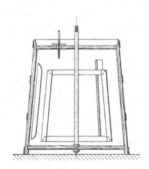

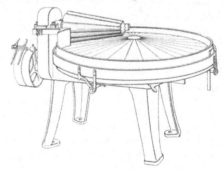

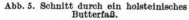

Abb. 5. Schnitt durch ein holsteinisches Butterfaß.　　　　Abb. 6. Tellerkneter.

beschränken sich auf die heute gebräuchlichen Formen der Butterfässer. Neben dem modernen Butterfertiger finden sich hier und dort auch noch die alten holsteinischen Butterfässer.

Das holsteinische Butterfaß ist ein Schlagbutterfaß mit stehender Welle. Wie die Abb. 5 zeigt, besteht es aus einem konischen Faß mit weiter Öffnung und einem Schlagwerk, das durch eine über dem Faß befindliche Welle in Bewegung gesetzt wird.

Damit das Rührwerk eine schlagende Bewegung ausüben kann, sind im Faß Schlagleisten angebracht, gegen die der Rahm geschleudert wird. Durch einen

---

[1] B. Martini: Kirne und Girbe, Berlin 1895.
[2] Fleischmann-Weigmann: Lehrbuch der Milchwirtschaft, 7. Aufl., 1932.

zweiteiligen Deckel wird das Faß während der Butterung geschlossen. Um das Faß gut reinigen zu können, ist das Schlagwerk herauszunehmen.

Zur Vervollständigung einer Butterei mit holsteinischen Butterfässern braucht man noch eine Knetvorrichtung, um die einzelnen Butterkörner zu einer einheitlichen Masse zu vereinigen und die Butter durchkneten zu können. Man bezeichnet eine derartige Maschine als Tellerkneter (Abb. 6).

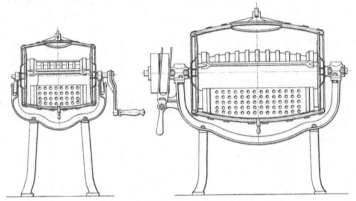

Abb. 7. LEFELDTsches Rollbutterfaß von 1884.

Das Waschen der Butter bietet bei dieser Betriebsweise einige Schwierigkeiten. Die Butter wird entweder während des Knetens gleichzeitig gewaschen, oder das Butterkorn wird mit einem Haarsieb aus der Buttermilch herausgeschöpft, in eine Holzwanne geschüttet, die mit Wasser gefüllt ist, mit dem Wasser vorsichtig umgerührt, das Wasser abgelassen und die Wanne von neuem mit frischem Wasser gefüllt. Dieser Vorgang wiederholt sich solange, bis das Waschwasser klar bleibt. Darauf muß das Butterkorn wiederum mit Hilfe eines Siebes auf den Tellerkneter gebracht werden.

Diese umständliche Arbeitsweise führte anfangs des 20. Jahrhunderts zur Wiedereinführung der alten Rollbutterfässer. Wenn auch die Form annähernd die gleiche blieb, so wurde doch die Inneneinrichtung

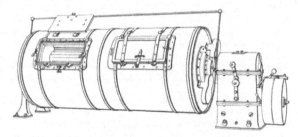

Abb. 8. Butterfertiger mit eingebauten Knetwalzen. Langer Typ.

wesentlich verändert. Die heute gebräuchlichen Konstruktionen sind aus dem Gedanken heraus entstanden, den Butterungsvorgang und die weitere Verarbeitung der Butter zu vereinfachen. Sie gestatten Buttern, Waschen, Salzen und Kneten im Faß selbst auszuführen. Zu diesem Zweck wurde die Knetvorrichtung mit in das Faß eingebaut. Die Knetwalzen dienen während des Butterns als Schlagleisten. Genau wie bei den alten Rollbutterfässern wird das Schlagen durch ein Drehen des Fasses um seine Längsachse bewirkt.

Um die modernen „Butterfertiger" — diesen Namen erhielt die Bauart etwa um 1906 — mit den alten Rollbutterfässern vergleichen zu können, ist das LEFELDTsche Butterfaß von 1884[1] in der Abb. 7 wiedergegeben.

[1] B. MARTINI: Kirne und Girbe, S. 143. Berlin 1895.

Die folgenden Abb. 8—10 zeigen die heute am meisten gebräuchlichen Formen von Butterfertigern. Wir unterscheiden einen langen und einen kurzen Typ. Bei dem langen Typ (Abb. 8) sind die Knetwalzen fest in das Faß eingebaut, und zwar je nach der Größe ein, zwei oder neuerdings sogar drei Paar Walzen. Abb. 9 zeigt den Schnitt durch einen derartigen Butterfertiger mit zwei Walzenpaaren.

Der kurze Typ des Butterfertigers (Abb. 10) enthält keine fest eingebaute Knetvorrichtung, sondern ist im Innern mit einer Reihe durchlöcherter Schlagleisten versehen. An der Stirnwand des Fasses befindet sich eine große Öffnung, durch die zum Kneten ein Wagen mit einem Paar Knetwalzen eingeschoben werden kann.

Zur Beobachtung der Butterung sind die Butterfertiger an den schmalen Seiten mit Schaugläsern versehen.

Als Material wird für Butterfertiger und Butterfässer nach wie vor Holz gebraucht, und zwar muß das Holz besonders fest und porenfrei sein. Als Holzarten für den Bau von Butter-

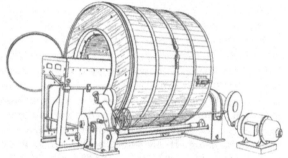

Abb. 9. Schnitt durch einen Butter- Abb. 10. Butterfertiger. Kurzer Typ mit einschiebbarem
fertiger mit zwei Paar eingebauten   Knetwagen.
          Knetwalzen.

fertigern kommen in Frage Teak, Mahagoni, Pitchpine und Eiche. Die verschiedenen Versuche, die bis in die neuere Zeit hineinreichen, Holz durch Metallmaterialien, Glasemaille usw. bei Butterfertigern zu ersetzen, haben bis jetzt zu keinem nennenswerten Erfolg führen können, da in Butterfertigern aus diesem Material das „Schmieren" der Butter kaum zu vermeiden ist und vorläufig das Kneten in derartigen Butterfässern zu große Schwierigkeiten macht.

Der Vollständigkeit halber sei aber doch auf ein neues Butterungsverfahren aufmerksam gemacht, das von Feremutsch[1] entwickelt ist. Auf Grund der sog. Butterungs-Koagulationstheorie von Wiegner, Gessner (s. später) hat Feremutsch ein Metall-Butterfaß konstruiert, in dem er unter Einleiten gasförmiger Kohlensäure und gleichzeitig schnellem Rühren die Abbutterung hervorruft. Nach Köstler soll bei diesem Verfahren die Butterausscheidung stark beschleunigt werden. Die Kohlensäure wird mit einem Druck von 4—5 atü in den Rahm eingepreßt, durch starkes Schlagen entsteht innerhalb kürzerer Zeit als 1 Minute die Butter. Verfasser hat selbst Gelegenheit gehabt, beim Buttern in einem Versuchsmodell von Feremutsch für 30 Liter teilzunehmen und zwar sowohl bei Butterungen von süßer wie saurer Vollmilch. Der Kohlensäuredruck ist inzwischen von Feremutsch auf 1,2 atü zurückgesetzt worden. Die Butterungsdauer betrug dabei durchschnittlich $1^{1}/_{3}$ Minute. Der durchschnittlich erzielte Fettgehalt in der Buttermilch bewegte sich von 0,55—0,65%.

Wenn auch bei dem jetzigen Stand der Entwicklung diesem neuen Verfahren noch manche Mängel anhaften, so ist doch sehr wohl die Entwicklungsmöglichkeit neuer Butterungsmaschinen in dieser Richtung gegeben.

Vorgang der Butterbildung. Die Umwandlung der ursprünglichen Emulsion von Fett in Milchplasma — des Rahms — in die Gestalt der Butter hat schon zu verschiedenen Erklärungsversuchen geführt, seitdem man sich überhaupt wissenschaftlich mit den Vorgängen der Milchverarbeitung befaßt hat.

---

[1] Feremutsch: Deutsche Patentanmeldung F 72136 Kl. 53e 6 vom 3. November 1931.

Die älteste dieser Theorien stammt von Ascherson[1]. Danach sollten die Fettkügelchen von einer festen Eiweißhülle umschlossen sein, die durch die starke mechanische Bearbeitung beim Buttern zerrissen würde, so daß das Fett aus den Hüllen herausquellen könnte und zusammenklebte. Diese Erklärung blieb lange Zeit unwidersprochen, bis W. Fleischmann 1876 die Annahme von den Hüllen der Fettkügelchen für unbewiesen und nicht notwendig erklärte. In demselben Jahre brachte Fr. Soxhlet[2] eine neue Theorie. Er nahm an, daß sich das Fett im Rahm noch in flüssigem Zustand befindet und daß die flüssigen Fettkügelchen nicht zusammenkleben könnten. Erst durch die mechanische Erschütterung beim Buttern würde das Fett fest und habe dann genügend Klebkraft, um größere Fettklümpchen zu bilden. Storch und andere bekämpften diesen Erklärungsversuch. Fast 20 Jahre hat es gedauert, bis von wissenschaftlicher Seite aus ein neuer Erklärungsversuch unternommen wurde. In die Zwischenzeit fallen die Versuche von H. Droop-Richmond[3] und W. Fleischmann[4], die den Beweis erbrachten, daß das Fett in Milch und Rahm größtenteils fest ist, wenn die Flüssigkeiten längere Zeit bei tiefen Temperaturen gestanden haben. Den gleichen Beweis führte der Holländer van Dam[5] später noch einmal sehr ausführlich.

Nach den beiden Amerikanern Fisher und Hooker[6] soll die Butterbildung während der Butterung durch eine Phasenumkehr zustande kommen. Die anfängliche Emulsion von Fett in Wasser soll sich dabei in die Emulsion von Wasser in Fett verwandeln, die dann

 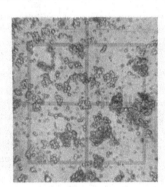 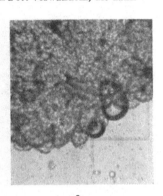

a   b   c
Abb. 11. Entstehung der Butter aus Rahm (200 ×).
a Rahm ungebuttert. b 10 Minuten gebuttert. c 25 Minuten gebuttert (kurz vor dem Brechen).

mit dem Wort Butter bezeichnet wird. Dieser Auffassung trat O. Rahn[7] bei der Entwicklung seiner Schaumtheorie entgegen. Nach seiner Ansicht kann aus einem Rahm nur Butter entstehen, wenn durch Rühren oder Schütteln Schaum erzeugt wird, ohne diesen Schaum sei keine Butterbildung möglich. Ähnliche Gedanken entwickelte schon Siedel[8] 1902 auf Grund praktischer Versuche und Erfahrungen. In dem durch das Schlagen gebildeten Schaum sammeln sich nach Rahn die Fettkügelchen an und werden hier unter dem Einfluß der Grenzflächenspannung, die sich in dem neu gebildeten System Flüssigkeit/Luft besonders auswirkt, zu Häufchen und dann zu Klümpchen zusammengepreßt, die nach dem „Brechen" des Schaumes durch weiteres Schlagen zu dem sichtbaren Butterkorn vereinigt werden. Rahn nimmt weiter an, daß gleichzeitig mit dem Fett auch Eiweißstoffe in den Schaum übergehen, und zwar ist nach seiner Ansicht ein besonderer Eiweißstoff als Hüllenstoff um das Fett gelagert, den er als Schaumstoff bezeichnet. Uns scheint der Beweis für die Existenz eines besonderen Hüllenstoffes um das Fett bis jetzt noch nicht erbracht und die einwandfreie Isolierung dieses Eiweißstoffes noch nicht geglückt zu sein. Selbstverständlich werden aber die grenzflächenaktiven Stoffe der fettfreien Milch sich an der Grenzfläche Fett/Serum anreichern.

[1] Ascherson: Arch. Anat. u. Physiol. 1840, 44.
[2] Fr. Soxhlet: Landw. Vers.-Stationen 1876, 19, 118.
[3] H. Droop-Richmond: Dairy chemistry 1899; zit. nach O. Rahn u. D. F. Sharp: Physik der Milchwirtschaft 1928.
[4] W. Fleischmann: Journ. Landwirtsch. 1902, 50, 33.
[5] van Dam: Landw. Vers.-Stationen 1915, 86, 393 u. Verslagen Landbouwkund. Onderz. d. Rijkslandbouwproefstations 18, 147.
[6] Fisher u. Hooker: Fats and Fatty Degeneration, New-York, Wiley and Sons, 1917, S. 93.
[7] O. Rahn: Forschungen auf dem Gebiete der Milchwirtschaft 1922, 3, 519.
[8] Siedel: Molkerei-Ztg. Hildesheim 1902, 16, 505.

Die Abb. 11 zeigt das Zusammengehen der Fettkügelchen während des Butterns nach Aufnahmen von O. Rahn[1] mikroskopisch beobachtet.

Nach der Theorie von Rahn wäre also die Butter eine Masse ineinander gepreßter fester Fettkügelchen, die größtenteils noch von ihren Adsorptionshüllen umgeben sind und zwischen denen Buttermilch und Waschwasser in mehr oder weniger großen Tropfen eingeschlossen sind. Die durch das Kneten teilweise zerstörten Adsorptionshüllen bilden dabei immer noch eine kontinuierliche Schicht oder mit anderen Worten die äußere Phase einer Fett in Wasser-Emulsion. Nach dieser Theorie wäre die Butter ihrem Gefüge nach als ein sehr konzentrierter Rahm anzusprechen.

Unter der Annahme einer Phasenumkehr während der Butterung nach Fisher und Hooker müßte dagegen die entstandene Butter Fett als kontinuierliche Phase enthalten,

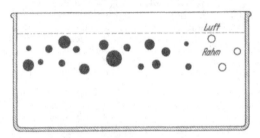

I. Rahm vor der Butterung. Die im Rahm verteilten Fettkügelchen sind von grenzflächenaktiven Stoffen (Hüllenstoff) umgeben. Ein geringer Teil dieser Stoffe befindet sich auch an der Grenzfläche Rahm-Luft.

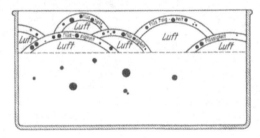

II. Rahm während der Butterung bei vollem Schaum. Durch Schaumbildung tritt eine Vergrößerung der Oberfläche ein. Die oberflächenaktiven Stoffe (Hüllenstoffe) gehen in den Schaum über. Die grenzflächenaktiven Stoffe werden teilweise den Fettkügelchen entzogen.
(W. Mohr u. C. Brockmann: Milchw. Forsch. 1930, 10, 173. — Köstler: Schweiz. Milch-Ztg. 1934, 43.)

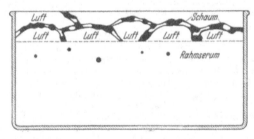

III. Rahm während der Butterung bei fallendem Schaum. Aus den Schaumwänden fließt ein Teil der Flüssigkeit ab, während die Fettkügelchen durch die Schaumwände festgehalten werden. Es tritt dann der letzte Vorgang zur Butterbildung ein: Das Zerschlagen der Schaumwände und das Zusammendrücken der Fettkügelchen zur Rohbutter durch das Schlagwerk unter Zerstörung der Emulsion Fett in Milchplasma.

Abb. 12. Schematische Darstellung des Butterungsvorganges.
● Fettkügelchen, ○ Hüllenstoff.

in welcher die Tröpfchen der wäßrigen Phase dispergiert sind. Nach neueren Untersuchungen von N. King[2] sind wohl beide Theorien zur vollständigen Erklärung der Butterbildung heranzuziehen. Denn nach Versuchen von ihm enthält die Butter eine kontinuierliche Phase von flüssigem Fett, dem sog. Butteröl, dessen Anwesenheit auf eine Trennung der festen und flüssigen Bestandteile des Fettes beim Abkühlen zurückgeführt wird. Dieses flüssige Butteröl wird nach den Beobachtungen von N. King schon durch einen relativ geringen Druck aus den Fettkügelchen herausgepreßt. Er läßt allerdings noch die Frage unentschieden, zu welchem Zeitpunkt des Butterungsvorganges, ob beim Buttern selbst oder beim Kneten diese als Phasenumkehr bezeichnete Erscheinung eintritt. W. Mohr[3] konnte experimentell an 80%iger künstlicher Sahne eine derartige Phasenumkehr feststellen.

[1] Rahn u. Sharp: Physik der Milchwirtschaft 1928, 85.
[2] N. King: Kolloid-Zeitschr. 1930, 52, 319.
[3] W. Mohr: Vortrag, Weltmilchkongreß Kopenhagen, 1931.

Somit sind bei einer Vereinigung der Theorien[1] für die Butterung zwei Stufen zu unterscheiden: 1. Die Konzentrierung des Fettes im Schaum und die Häufchenbildung und 2. die Zerstörung der Emulsion Fett im Milchplasma (Phasenumkehr) innerhalb dieser Häufchen unter der äußeren Einwirkung von Druck.

Der Vollständigkeit halber soll aber noch eine vollkommen andersartige Theorie der Butterbildung, die kürzlich von dem Russen Asseykin aufgestellt ist, angegeben werden. Seiner Meinung nach ist eine Schaumbildung zur Butterbildung nicht notwendig. Es müssen zur Butterbildung nur Wirbel innerhalb der Flüssigkeit (Rahm) von etwa 1—0,1 mm Durchmesser entstehen. Die Fettkügelchen mit dem erheblich kleineren Radius sollen sich in der radialen Richtung des linearen Wirbels über Klumpenbildung bis zur Kornbildung anreichern müssen.

Praktisches Buttern. Das Butterfaß wird vor dem Einlassen des Rahmes mit kaltem Wasser (häufig auch zuerst mit warmem, dann mit kaltem Wasser) gut ausgespült. Zu gleicher Zeit werden die später erforderlichen hölzernen Geräte, wie Spatel, Schaufel, Stampfer, Formen oder Formmaschinen mit heißem und kaltem Wasser behandelt.

Die Überleitung des Butterungsgutes vom Rahmreifer zum Butterfertiger erfolgt bei natürlichem Gefälle unter Zuhilfenahme einer offenen Rinne entweder aus gut verzinntem Eisenblech, Aluminium oder V_2A-Stahl. Bei der neuerdings in Betrieben häufig vorkommenden Aufstellung von Rahmreifern und Rahmtanks auf ebener Erde wird die Überführung des Rahmes in den Butterfertiger durch geeignete Pumpen bewerkstelligt, auf deren tägliche Reinigung aus den bereits häufig erwähnten bakteriologischen Gründen besonders zu achten ist. Während des Einfüllens des Rahmes in das Butterfaß wird auch die etwa erforderliche Menge an Farböl zur Erzielung einer gleichmäßigen Farbe der Butter zugesetzt (vgl. S. 264). Bei der Füllung des Fasses ist darauf zu achten, daß möglichst nicht mehr als 40% des Gesamtinhaltes ausgefüllt wird. Eine Rahmmenge, die etwa 50% des zur Verfügung stehenden Raumes ausmacht, ist als eben noch zulässiges Höchstmaß anzusehen. Werden mehr als 40% Rahm in den Butterfertiger gefüllt, so verlängert sich dadurch stets die Butterungszeit. Unter Umständen tritt gleichzeitig auch eine Erhöhung des Fettgehaltes in der Buttermilch ein. Diese Mengenangaben beziehen sich unter deutschen Verhältnissen auf Rahm mit 20% Fett. Wird ein Butterfertiger bis zu 40% mit Rahm von einem höheren Fettgehalt beschickt, so bereitet später das Kneten der erhöhten Buttermenge vielfach Schwierigkeiten. Bei zu geringer Füllung des Fasses hat man meistens einen größeren Fettverlust in der Buttermilch und infolge der geringen Buttermenge ebenfalls Schwierigkeiten beim Kneten zu erwarten. Um die an den Wandungen des Rahmreifers und dem Rührwerk haftenden letzten Anteile des Rahmes nicht zu verlieren, ist der Behälter mit bakteriologisch einwandfreiem Wasser oder unter Umständen mit gut erhitzter, tief gekühlter, gesäuerter saurer Magermilch nachzuspülen (technisch bietet allerdings diese letzte Methode Schwierigkeiten). Bei dieser Arbeit benutzte Bürsten dürfen natürlich zu keiner anderen Arbeit verwandt werden und müssen besonders sauber (am besten bis zum nächsten Gebrauch in der Lösung eines Desinfektionsmittels), zur Vermeidung einer Nachinfektion des Rahmes, aufbewahrt werden.

Ein sehr wichtiger Faktor für das Buttern ist zweifellos die Einstellung der richtigen Butterungstemperatur. Die Entscheidung über die Höhe der Temperatur muß schon im Rahmreifer durch Anwärmen oder Abkühlen getroffen sein. Die Temperatur des Rahmes im Butterfaß auf richtige Butterungstemperatur durch Zugabe von Eis oder warmem Wasser ist auf jeden Fall zu vermeiden, wenn uns auch bekannt ist, daß in Dänemark die Einstellung auf Butterungstemperatur fast nur mit Eis erfolgt. Die Butterungstemperatur muß sich nach der Vorbehandlung des Rahmes und nach der Konsistenz des Butterfettes

---

[1] Auch die als neue Theorie aufgestellte Theorie von Wiegner Gessner (s. Köstler: Schweizer. Milch-Ztg. 1934, **60**, 43) kann hier hineingearbeitet werden.

(je nach der Fütterung hartes oder weiches Fett) richten, wobei unter Umständen auch noch auf starke Temperaturdifferenz zwischen Anfangsbutterungstemperatur und Raumtemperatur (Nachwärmen des Rahmes während der Butterung) Rücksicht zu nehmen ist. Als richtige Butterungstemperatur ist derjenige Wärmegrad anzusehen, bei dem die Kornbildung der Butter langsam (etwa in 5 Minuten) erfolgt, das Butterkorn nach Beendigung der Butterung eine für die weitere Bearbeitung der Butter günstige Konsistenz aufweist, und bei dem nach Beendigung der Butterung ein Fettgehalt in der Buttermilch unter 0,4% erhalten wird. Die Höhe des Fettgehaltes in der Buttermilch hängt weiter nach W. Mohr, F. Oldenburg und R. Kramer[1] von der Größe des Butterkornes ab, bis zu der abgebuttert wird. Eine Korngröße von mehr als 2—3 mm ist falsch. In zahlreichen Versuchen im praktischen Betrieb und im Laboratorium ist gefunden, daß bei kleiner Korngröße, etwa 1,5 mm (so daß die abfließende Buttermilch gerade gut durch ein Sieb läuft) der niedrigste Fettgehalt in der Buttermilch erhalten wird. Eine Feinabbutterung hat weiterhin den Vorteil, daß das Butterkorn durch gründliches Waschen mit Wasser viel besser von der Buttermilch befreit werden kann als ein gröberes Korn, das schon einen Teil der Buttermilch eingeschlossen enthält. Die Bedeutung von Fettverlusten in der Buttermilch ergibt die einfache Überlegung, daß 0,1% Fett in 1000 Litern Buttermilch einer Buttermenge von $1\frac{1}{8}$—$1\frac{1}{4}$ kg entspricht. Eine Übersicht über den Einfluß verschiedener Butterungstemperaturen auf den Fettgehalt der Buttermilch vermittelt die Tabelle 7.

Tabelle 7. Mittelwerte von je 10 Butterungen mit 25%igem Rahm bei Temperaturen von 4—12°.

Butterungstemperatur °C	Butterungsdauer Minuten	Fettgehalt in der Buttermilch %
4	277	0,65
6	186	0,55
8	126	0,35
10	84	0,64
12	57	0,82

In dem vorliegenden Fall wurde der niedrigste Fettgehalt in der Buttermilch bei einer Butterungstemperatur von 8° erhalten. Allerdings ist dabei zu bedenken, daß das Butterfett infolge der Fütterung mit Sumpfschachtelhalm (Duwock) anormal weich war. Die im allgemeinen üblichen Butterungstemperaturen für Rahm mit 20—25% Fett von 10 und 12° riefen bereits recht erhebliche Fettverluste in der Buttermilch hervor. Tiefere Butterungstemperaturen bedingen längere Butterungszeiten und ebenfalls ungünstige Ergebnisse im Fettgehalt der Buttermilch. Unter normalen Fütterungsverhältnissen wird man im Sommer mit Temperaturen von 9—12° und im Winter von 12—15° rechnen können. Bei sehr hartem Fett infolge von Rüben oder Rübenblattfütterung oder infolge der Verfütterung von Kraftfuttermitteln, die hartes Fett geben, kommen auch allgemein Butterungstemperaturen von 16 und 17° vor.

In einzelnen Fällen haben wir in den letzten Jahren Rahmsorten angeliefert bekommen, die nur bei extrem hohen oder niedrigen Temperaturen zu verbuttern waren, so z. B. 2 Rahmproben mit 20—25% Fett, die erst bei Butterungstemperaturen von 22—23° abbutterten, während derselbe Rahm bei 18° in 6 Stunden nicht abbutterte und auch andererseits im Sommer Rahmproben mit 20—25% Fett, die zweckmäßigerweise bei 6—7° gebuttert werden mußten. Rahmbehandlung, Säuern usw. war selbstverständlich in normaler und richtiger Weise durchgeführt.

Die zu wählende Butterungstemperatur ist weiter von dem Fettgehalt des Rahms abhängig. Mit steigendem Fettgehalt muß die Butterungstemperatur zweckentsprechend heruntergesetzt werden und umgekehrt. Aus der Tabelle 8 geht hervor, daß auch bei einem Rahm mit einem niedrigeren Fettgehalt als 20% und den entsprechend veränderten Säuregraden vor dem Buttern eine gute

---

[1] W. Mohr, F. Oldenburg u. R. Kramer: Milchw. Ztg. Berlin 1933, 38, 867.

Abbutterung (geringer Fettgehalt in der Buttermilch) erreicht werden kann, wenn die Butterungstemperatur erhöht wird. Beim Verbuttern von Vollmilch empfiehlt sich allerdings nach 8—9stündigem Säuern stets die Anwendung der Kühlung auf 10—12° bis zur Butterungsreife.

Tabelle 8. Vergleichende Butterungen an Vollmilch und Rahmproben mit verschiedenem Fettgehalt bei gleicher Ausgangsmilch.

Fettgehalt der Milch bzw. des Rahms %	Säuregrad S.H.	p_H-Zahl	Butterungsdauer Minuten	Butterungstemperatur °C	Fett in der Buttermilch %	S.H.	p_H
						der Buttermilch	
1	34,6	4,54	—	—	nicht gebuttert		
2	34,3	4,54	88	16	0,35	30,8	4,47
3	32,8	4,46	60	16	0,32	30,6	4,48
4	32,8	4,49	56	16	0,31	31,4	4,45
5	32,5	4,50	45	16	0,33	31,3	4,47
6	33,0	4,50	50	15	0,40	31,3	4,47
10	31,5	4,60	45	12	0,40	34,0	4,47
15	29,8	4,58	40	10	0,35	30,2	4,56
20	28,6	4,56	40	9	0,25	29,6	4,56

Waschen. Nach Beendigung der Butterung wird die Buttermilch durch den dafür vorgesehenen Hahn aus dem Butterfertiger abgelassen. Um dabei mitgerissenes Butterkorn aufzufangen, filtriert man die Buttermilch durch ein reines Haarsieb. Die nun folgenden Arbeiten Waschen, Salzen und Kneten sind für die endgültige Butterausbeute und für die Qualität und Haltbarkeit genau so wichtig wie die Behandlung des Rahmes und das Abbuttern. Die Arbeiten sind so zu lenken, daß die Butter nach Beendigung des Knetens das richtige Gefüge (Streichfähigkeit, mattglänzendes Aussehen, Verteilung der Wassertröpfchen in feiner Form) hat. Zur Entfernung der restlichen Buttermilch muß das Butterkorn richtig gewaschen werden. Die Wassermenge entspricht bei Verbutterung von 20%igem Rahm ungefähr der abgelassenen Menge Buttermilch. Sie hat sich grundsätzlich nicht nach der Faßfüllung mit Rahm, sondern nach der Menge Butterkorn zu richten (bei Milchverbutterung ist z. B. weniger Butterkorn im Faß entstanden, es wird daher weniger Waschwasser benötigt). Das Auswaschen ist um so vollständiger, je kleiner die Korngröße ist und hat die beste Wirkung, solange das Korn noch locker nebeneinander liegt, so daß das Waschwasser zwischen die Körnchen eindringen und die Buttermilch wirklich entfernen kann. Um einen gründlichen Erfolg zu erzielen, wird der Butterfertiger nicht wie früher auf den langsamen Waschgang, sondern auf den schnellere Umdrehungen machenden Butterungsgang eingeschaltet, da bei zu langsamer Umdrehungsgeschwindigkeit die Wirkung nur gering ist. Das Waschen ist häufig (3—4mal) zu wiederholen, bis das Wasser völlig klar abläuft. Liegt ein Butterfett von normaler Konsistenz vor, so wird das Waschwasser auf eine Temperatur eingestellt, die der Butterungstemperatur entspricht, oder Leitungswasser mit der normalen Temperatur genommen. Durch Änderung der Temperatur des Waschwassers gelingt es in besonderen Fällen, Konsistenzfehler der Butter zu beseitigen. Bröcklige Butter hindert in manchen Gegenden Deutschlands, besonders in den Wintermonaten, den Absatz. Andere Gebiete leiden im Sommer unter zu weicher Konsistenz. Hier bietet eine Änderung der Waschwassertemperatur nach den Versuchen von MOHR und OLDENBURG[1] eine

---

[1] W. MOHR u. F. OLDENBURG: Untersuchungen über die Konsistenz der Butter. Milchw. Ztg. Berlin 1933, Mitteilungen I, II, III. — W. MOHR u. F. OLDENBURG: Über die Vermeidung bröckliger Winterbutter und zu weicher Sommerbutter. Molkerei-Ztg. Hildesheim 1934, 49, 578.

Möglichkeit, diese Konsistenzfehler zu beheben, und zwar kann man bei hartem Fett durch Waschen mit kaltem Wasser (4—6⁰) die Konsistenz der Butter geschmeidig machen, siehe auch Abschnitt über die physikalischen Eigenschaften (S. 277). Umgekehrt darf bei sehr weichem Fett nicht mit kaltem Wasser (4—6⁰), sondern muß mit so warmem Wasser gewaschen werden, daß die Butter gerade noch gut fertig geknetet werden kann (10—12⁰), wenn keine zu weiche Ware erzielt werden soll. Die Waschwassertemperatur ist weiter zum Teil entscheidend für den Wassergehalt in der fertigen Butter nach dem Kneten. Ist sie zu hoch, so wird häufig ein zu hoher Wassergehalt erzielt, zumal in diesem Fall nicht einwandfrei geknetet werden kann.

Kneten. Bei der Herstellung ungesalzener Butter wird die Butter sofort fertiggeknetet; bei Herstellung von gesalzener Butter direkt nach dem Waschen das Salz zugesetzt. Bis vor gar nicht langer Zeit war es allgemein üblich, die Butter mit trockenem Salz zu salzen, in den letzten Jahren hat sich jedoch das Salzen mit einer konzentrierten Salzlake immer mehr eingebürgert. Dabei sei an dieser Stelle darauf hingewiesen, daß die chemische Reinheit des Salzes (S. 305) für die Haltbarkeit der Butter sehr wichtig ist. Spuren von Schwermetallen im Salz können das Verderben der Butter sehr beschleunigen. Von dem trockenen Salz wird ein bestimmter Teil (etwa 1,0—2%) der Buttermenge abgewogen und auf das Butterkorn gestreut, das noch genügend anhaftendes Wasser enthält, um das Salz aufzulösen. Das Salzen mit Salzlake (Lösung im Verhältnis von 2 Liter Wasser auf 0,5 kg Salz) besitzt dem Trockensalzen gegenüber gewisse Vorteile. Die Verteilung erfolgt schneller, zudem kann die Salzlösung am Abend vorher zubereitet werden, aufgekocht und weitgehend keimarm gemacht werden. Es ist ja bekannt, daß das Salz häufig zahlreiche Schimmelpilze, Bakterien und Bacillen enthält, die für das Verderben der Butter von entscheidender Bedeutung sein können. Mit diesen Vorteilen des Arbeitens mit Salzlake muß man allerdings in Kauf nehmen, daß der Salzverbrauch ein größerer ist, anstatt 1,5—2%, 3—4%.

Bei der Wahl des Gefäßes zur Herstellung der Salzlake ist darauf zu achten, daß nicht durch das Material etwa schädliche Metalle in die Lösung hineingelangen. Gut brauchbar sind infolge ihrer guten Widerstandsfähigkeit auch gegen heiße Salzlake Emaille und eloxiertes Nickel. Die Benutzung von V_2A-Stahl ist bedenklich, da nach durchgeführten Laboratoriumsversuchen [1] Roststellen auftreten. Verchromtes Kupfer, verzinntes Eisen sind ungeeignet, da sie von der Salzlake außerordentlich stark angegriffen werden. Zum Aufkochen der Salzlösung darf nur einwandfreier Dampf (am besten Frischdampf) verwandt werden, falls wie in den meisten Fällen in der Praxis üblich, dieses Aufkochen durch direktes Einleiten von Dampf in die Lösung erfolgt. Abdampf ist in vielen Fällen schädlich, da häufig die Entöler für den Abdampf nicht einwandfrei bedient werden und Spuren schädlicher Stoffe (Phenole) in die Salzlake gelangen. Ebenso ist bei Verwendung von Dampf zum Aufkochen der Salzlake natürlich darauf zu achten, daß nicht Rost aus den Dampfleitungen mit in die Salzlake gelangt.

Nach der Zugabe des Salzes wird die Butter im Knetgang mehrere Male geknetet, in vielen Fällen ist es empfehlenswert, zunächst mit geschlossenen Luken und Ablaßhahn mehrere Male etwa 4—8 Faßumdrehungen zu kneten, um dann das herausgeknetete Wasser bzw. Salzlake abzulassen und das Fertigkneten mit geöffnetem Ablaßhahn und auf Kneten gestellten geöffneten Luken zu Ende zu führen. In manchen Fällen ist es vorteilhaft, von vornherein mit offenem Ablaßhahn und auf Kneten gestellten Luken sofort zu Ende zu kneten. Die Zahl der Faßumdrehungen bzw. Knetdurchgänge der Butter bis zum Zuendekneten muß sich nach der Konsistenz des Fettes, nach der Menge der zu knetenden Butter, nach der Form und Anzahl der Knetwalzen im Faß richten.

---

[1] W. Mohr, F. Oldenburg u. R. Kramer: Fragen zur Abbutterung des Butterungsgutes und zum Waschen und Salzen der Butter. Milchw. Ztg. Berlin 1933, **38**, 867.

Die vorher beschriebenen Vorgänge, Rahmreifung, Butterungstemperatur und Waschen sollen so geleitet werden, daß die Butter ohne „schmierig" zu werden mit 2—3 Paar Knetwalzen (16—20 Faßumdrehungen) gut geknetet werden kann. Die Beendigung des Knetprozesses wird dadurch ersehen, daß die Butter „trocken" ist — also beim Pressen mit einem Butterspachtel keine Wassertropfen mehr aus der Butter ausgepreßt werden — und noch nicht schmierig ist. Das „Schmierigwerden" der Butter erkennt man am fadenförmigen Festhaften von Fett an den etwa im Butterfertiger vorhandenen Faßbolzen, am Kneter oder an der Butterfaßwandung. Von dem früher für gesalzene Ware allgemein üblichen Verfahren, die Butter nach Zugabe des Salzes nur 2—3 Faßumdrehungen hindurch zu kneten, sie dann aus dem Faß herauszunehmen, 24 Stunden im Kühlraum aufzubewahren und nun erst fertig zu kneten, ist man in den letzten Jahren als unnötige Fabrikationserschwerung allgemein abgekommen; nur in den Fällen, in denen man Schwierigkeiten hat unter die gesetzlich höchstzulässige Wassergehaltsgrenze zu kommen, wird man sich noch dieses Verfahrens in Ausnahmefällen bedienen.

In Tabelle 9a ist ein Versuch wiedergegeben, wie der Wassergehalt bei der gleichen Butter durch Kühllagerung für 20 Stunden und darauf folgendes Fertigkneten bei Zimmertemperatur gesenkt werden kann.

Tabelle 9b zeigt die Abhängigkeit des Wassergehaltes von der Knettemperatur. In der Praxis wird es allerdings nicht möglich sein, diese Methode des Knetens bei niederen Temperaturen anzuwenden, sondern immer nur das Kneten bei Zimmertemperatur in Frage kommen.

Tabelle 9. Wassergehalt der Butter.

a) Nach verschieden langer Lagerung bei verschiedenen Temperaturen.

Die Butter war nach 22 Umdrehungen fertig geknetet.

Behandlung der Butter		Wassergehalt %
Ungesalzene Butter	Butterkorn 2 Stdn. bei 17—18⁰ gelagert	19,0
	Desgl. bei 5⁰	19,0
	Desgl. 7¹/₂ Stdn. gelagert	17,7
Gesalzene Butter	Butterkorn 7¹/₂ Stdn. bei 5⁰ gelagert, dann gesalzen	17,6
	Butterkorn gesalzen, dann 10 Std. bei 5⁰ gelagert	16,7
	Desgl. 20 Stdn.*	15,2

* Temperatur der Butter vor dem Kneten: 12,5⁰.

b) Abhängigkeit des Wassergehaltes von der Knettemperatur.

Behandlung der Butter	Temperatur der Butter beim Kneten ⁰C	Knetdurchgänge	Wassergehalt %
Butterkorn gesalzen 20 Stdn. bei 5⁰ gelagert	12,5	Nach 22 Umdrehungen fertig geknetet	15,2
	4,0	—	—
	—	5	15,7
	3,5	13	14,7
	3,0	22	14,2
	3,0	32	13,9
	3,0 (Raumtemp. 3⁰)	42	14,2

Gerade der Knetprozeß erfordert äußerste Sorgfalt, da auch von seiner einwandfreien Duchführung die Qualität der Butter (Gefüge, Wassergehalt, Haltbarkeit) abhängig ist.

Man muß sich natürlich darüber klar sein, daß eine Butter mit weichem Fett und eine Butter mit hartem Fett, die bei der gleichen Temperatur gebuttert worden sind, sich beim Kneten ganz verschieden verhalten. Die weiche Butter wird man nur wenige Male kneten können, da eine weitere Behandlung sie sofort schmierig machen würde. Die Butter mit dem harten Fett kann dagegen lange genug bearbeitet werden und erhält dabei eine gleichmäßige Struktur und Wasserverteilung. Die weiche Butter ist dagegen in den meisten Fällen „wasserlässig". Das Austreten von großen Wassertropfen ist dann aber kein Zeichen für die Höhe des Wassergehaltes. Den höheren Wassergehalt besitzt meistens die vollkommen trocken geknetete Butter. Häufig ist sogar eine Butter mit 12—13% Wasser stark wasserlässig, d. h. beim Drücken mit einem Spachtel oder Messer treten große Wassertröpfchen aus der Butter aus; ebenso scheidet sich Wasser beim Lagern in der Tonne unter dem Eigendruck des Gewichtes aus, so daß der betreffende Händler nicht unbeträchtliche wirtschaftliche Verluste dadurch erleidet. Der Fehler „wasserlässig" bei der Butter wird deshalb von allen Fachleuten als einer der schwersten überhaupt angesehen und bei Butterprüfungen mit Abzug bewertet. Dieser Fehler wird hervorgerufen durch ungleichmäßige Verteilung und ungleichmäßige Größe der Wassertröpfchen in der Butter. Der Fehler, ungleichmäßige Verteilung und ungleichmäßige Größe der Wassertröpfchen, ruft bei gesalzener Butter noch einen anderen äußerlich sichtbaren

Helle Stellen   Bunte Butter   Dunkle Stellen
Abb. 13. Wasserverteilung in der Butter.

Tropfen von 0—0,015 mm = 6,21%	Tropfen von 0—0,015 mm = 2,89%
„ „ 0,015—0,1 „ = 0,56„	„ „ 0,015—0,1 „ = 0,86„
„ über 0,1 „ = 6,25„	„ über 0,1 „ = 9,09„
Gesamt-Wassergehalt 13,02%	Gesamt-Wassergehalt 12,84%

Fehler, das Buntwerden der Butter, hervor. Man bezeichnet eine solche Butter auch als marmoriert. Sie zeigt dunkle und helle Streifen nebeneinander, die durch eine ungleichmäßige Verteilung des Wassers zu erklären sind. In den hellen Streifen finden sich nach Boysen[1] sehr viele kleine Wassertröpfchen, in den dunklen Stellen sehr viele große Wassertröpfchen (Abb. 13).

Zum Verständnis des Einflusses der verschiedenen Maßnahmen auf den Wassergehalt und die Wasserverteilung in der Butter ist es notwendig, darüber Klarheit zu schaffen, in welcher Weise das Kneten an sich auf diese beiden Eigenschaften der Butter einwirkt. Auf alle Fälle findet bei jedem Kneten zunächst eine Abnahme und dann ein Ansteigen des Wassergehaltes statt. Man erreicht also in allen Fällen zunächst ein Minimum im Wassergehalt, das einmal von der Konsistenz und der Zusammensetzung des Butterfettes abhängig ist, ferner aber auch durch alle vorhergehenden Maßnahmen der Butterherstellung bedingt wird. Bei gleicher Rahmbehandlung, Butterungstemperatur usw. erhält man stets aus demselben Rahm ein bestimmtes Minimum, das durch weiteres Kneten bei der gegebenen Raumtemperatur nicht unterschritten werden kann. M. Otte[2] hat bei seinen Versuchen gefunden, daß das Minimum für normale gesalzene Butter bei richtiger Arbeitsweise zwischen 11,5—15,5% schwankt. Zur Erreichung einer gleichmäßigen Wasserverteilung muß jedoch das Kneten stets noch weiter fortgesetzt werden, dabei tritt unter fast allen Umständen ein Anstieg des Wassergehaltes ein. Abb. 14 zeigt die Knetkurven von drei verschiedenen Butterproben.

Die absolute Höhe dieses Minimums hängt von verschiedenen Faktoren ab: Bei ungenügender Rahmkühlung während der Reifung, bei weichem Fett

---

[1] Boysen: Dissertation Kiel 1926, Verlag Julius Springer Berlin.
[2] M. Otte: Milchw. Forschungen 1931, 11, 551.

des Rahmes oder bei Anwendung zu hoher Butterungstemperaturen wird durch die Butterung ein so weiches Korn erzielt, daß bereits beim Kneten das Minimum des Wassergehaltes höher ist als der gesetzlich zulässige Wassergehalt der Butter. Zu hohe Waschwassertemperatur ruft aus demselben Grunde meistens dasselbe Ergebnis hervor. Auch bei Überbutterung auf etwa Erbsenkorngröße, bei dem bereits ein Teil der Buttermilch fein im Korn emulgiert wird, wird das Minimum des erreichbaren Wassergehaltes künstlich erhöht, hierbei aber zugleich auch die Haltbarkeit durch die im Korn emul-
gierte und nicht mehr auswaschbare und ausknetbare Buttermilch heruntergesetzt. Während in den bisher genannten Fällen Fehler in der Rahmbehandlung, Butterungstemperatur, Waschtemperatur und falsche Abbutterung leicht die Erhöhung des Minimums des Wassergehaltes ver-
ursachen, können auch bei einwand-
freiem Arbeiten durch Einzelfaktoren Be-
einflussungen des Minimums des Wassergehaltes auftreten.

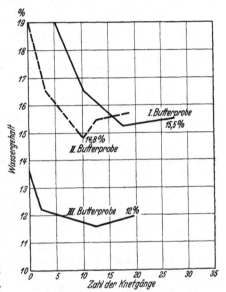

Abb. 14. Einfluß des Knetens auf den Wassergehalt der Butter bei 3 verschiedenen
Butterproben.

Daß Zugabe von Salz vor dem Kneten den Wassergehalt in der fertigen Butter herunterdrückt, ist allgemein bekannt und findet ja auch in den gesetz-
lichen Bestimmungen Berücksichtigung. Selbstverständlich wird nicht nur in der fertigen Butter durch Salzzugabe der Wassergehalt heruntergedrückt (s. auch Tabelle 7, Spalte 3 und 5), sondern auch das Minimum des Wassergehaltes, das beim Kneten erreicht wird, wird erniedrigt, und zwar beruht die Erzielung des geringeren Wassergehaltes hauptsächlich auf einer geringeren Adhäsion zwischen dem Butterfett und der Salzlake als zwischen dem Butterfett und dem Wasser[1].

Ebenso beeinflußt die Korngröße, bis zu der abgebuttert wird, auch wenn sie sich in normalen Grenzen bewegt, das Minimum des Wassergehalts, und zwar liegt das Minimum in diesem Fall um so höher, je kleiner das Korn ist.

Ferner spielt die Geschwindigkeit der Knet-
walzen, d. h. die Anzahl der Umdrehungen der Walzen je Minute, eine gewisse Rolle dabei, wie weit man beim Kneten mit dem Wassergehalt herunter-
kommen kann[1]. Wie groß die Unterschiede hierbei sein können, haben W. Mohr und Oldenburg[2] bei ihren Untersuchungen über die Konsistenz der Butter festgestellt. Die Umdrehungszahlen der Knetwalzen

Einfluß der Korngröße auf den niedrigsten zu erreichenden Wassergehalt fertiger Butter.

Korngröße	Wassergehalt
Sehr fein	15,5%
1,5 mm	14,0 „
Sehr fein	15,8 „
2 mm	13,8 „

schwanken nach diesen Untersuchungen bei den verschiedenen Modellen der Butterfertiger zwischen 20 und 95 Umdrehungen je Minute. Je höher die Umdrehungszahlen der Knetwalzen sind, desto höher liegt der Wassergehalt, auf den man im Minimum den Wassergehalt in der Butter reduzieren kann (Tabelle 10).

---

[1] W. Otte: Milch. Forschungen 1931, 11, 551.
[2] W. Mohr, F. Oldenburg u. R. Kramer: Milchw. Ztg. Berlin 1933, 38, 867.

Der Abstand der Knetwalzen voneinander ist ohne Einfluß auf die Höhe des Wassergehaltes.

Mit der Einführung der Butterfertiger ist überhaupt eine gewisse Gefahr verbunden, daß der Wassergehalt der erhaltenen fertigen Butter nicht gleichmäßig ist, zumal der Knetvorgang in dem Butterfertiger selbst (zum mindesten bei den Typen mit nicht einschiebbarem Knetwagen) nicht so gut zu beobachten ist wie auf dem alten Tellerkneter (S. 249) oder bei Butterfertigern mit einschiebbarem Knetwagen (S. 250)[1].

Tabelle 10. Einfluß der Walzengeschwindigkeit auf den niedrigsten zu erreichenden Wassergehalt der Butter.

Temperatur beim Kneten °C	Wassergehalt (%) bei einer Walzengeschwindigkeit je Minute			
	von 22	45	55	60 Umdrehungen
12	13,5	13,8		
14	14,3		14,7	
10	13,7		14,5	
14	15,1			16,2

In den jeweils in praktischen Betrieben aufgestellten Butterfertigern können in einem Arbeitsgang nur ganz bestimmte Buttermengen, und zwar die Buttermengen, die bei normaler Faßfüllung bei Verbutterung von 20%igem Rahm entstehen, einwandfrei geknetet werden, da hierauf die Dimensionen und Umdrehungen des Fasses und der Knetwalzen eingestellt sind. Bei wesentlich zu kleinen oder zu großen Buttermengen gegenüber der normalen für das jeweilige Faß vorgesehenen Buttermenge können und werden beim Kneten in den meisten Fällen Schwierigkeiten auftreten, insbesondere auch unterschiedliche Wassergehalte, wenn die Proben an verschiedenen Stellen des Butterfertigers genommen werden. Differenzen im Wassergehalt einer Herstellung können auch auftreten, wenn aus einem der vorher aufgezählten Fehler bei der Herstellung (falsche Rahmbehandlung bei zu weicher Butter) nicht richtig fertig geknetet (nicht genügend lange geknetet) werden kann.

Tabelle 11 enthält einen derartigen praktischen Versuch an einem Betriebs-Butterfertiger, der dies eindeutig beweist.

Tabelle 11. Wassergehalt der fertigen Butter an verschiedenen Stellen des Butterfertigers (3 Paar Walzen).

Probe	Umgänge des Fasses	Butter in Pfund	Wassergehalt in %			Größte Differenz %
			Links	Mitte	Rechts	
1. Bei falscher Behandlung des Rahmes.						
1	13	125	16,7	15,6	14,6	2,1
2	14	236	15,4	16,5	14,8	1,7
2. Bei richtiger Behandlung des Rahmes.						
3	19	209	14,8	14,5	14,8	0,3
4	20	215	15,0	15,0	14,9	0,1

Ähnliche Unterschiede findet man auch häufig, wenn die Knetwalzen eines Butterfertigers alt und schlecht sind.

Aus den gesetzlichen Bestimmungen sei hier noch einmal wiederholt, daß eine Butter mindestens 80% Fett enthalten muß. Daneben darf eine gesalzene Butter höchstens bis zu 16% Wasser und eine ungesalzene bis zu 18% Wasser

---

[1] Es sollen dabei keineswegs die Vorteile der Butterfertiger gegenüber den alten Holsteiner Fässern und Tellerknetern übersehen werden, die sowohl in technischer als auch in arbeitstechnischer Beziehung und auch in der Möglichkeit der einwandfreien und besseren Desinfektion zweifelsohne beim Butterfertiger vorhanden sind. Eine Rückentwicklung zum Holsteiner Faß und Tellerkneter ist aus den für das Kneten oben angegebenen Gründen niemals zu empfehlen und zu erwarten.

haben. Eine Beeinträchtigung des Geschmacks durch den Wassergehalt findet übrigens innerhalb der Grenzen von 11—17% nicht statt. Häufig ist eine Butter mit einem Wassergehalt von 15—16% in bezug auf Qualität (Konsistenz, Struktur und Haltbarkeit), wie bereits erwähnt, erheblich besser als eine Butter aus dem gleichen Rahm mit einem niedrigeren Wassergehalt, etwa 12—13%. Ein Wassergehalt von 15—16% ist besonders für gewöhnliche Ware als normal anzusehen, wenn die Behandlung des Rahmes, die Auswahl der Butterungstemperatur, der Waschwassertemperatur, die Art des Knetens und Salzens einwandfrei und sorgfältig erfolgt sind. Für gesalzene Ware gilt dies umsomehr, weil bereits seit mehreren Jahren erheblich schwächer gesalzen wird als früher, da der Verbraucher mehr und mehr eine schwach gesalzene Butter wünscht. Während früher 3—4% Trockensalz genommen wurden (2 und mehr % in fertiger Butter), wird heute 1—2% Trockensalz genommen (0,5—0,8% in fertiger Butter).

Abb. 15. I gut und II schlecht eingestampfte Butter.

Die Schwierigkeiten, gleichmäßigen Wassergehalt und gleichmäßige Wasserverteilung in der Butter zu erreichen, die Gefahr, leicht einen zu hohen Wassergehalt — besonders in der gesalzenen Butter — zu erhalten, erfordern eine sehr sorgsame Beobachtung durch den Fachmann beim Kneten und zwingen diesen auch dazu, während des Knetens den Wassergehalt in der fertigen Butter regelmäßig analytisch zu kontrollieren.

Verpacken und Formen. Ist das Kneten beendet, so wird die Butter im praktischen Molkereibetrieb sofort aus dem Butterfertiger herausgenommen und ausgeformt oder in Buttertonnen eingeschlagen. Das Herausnehmen soll nicht mit den Händen geschehen, sondern unter Zuhilfenahme von Holzschaufeln oder Holzspachteln.

Bei der Verpackung der Butter ist zwischen Groß- und Kleinhandel zu unterscheiden. In früheren Jahren benutzte man zur Verpackung von Vorratsbutter fast ausschließlich Töpfe aus Steingut. Der Versand von Butter im großen erfolgt heute ausschließlich in Holztonnen aus dem hellen Holz der Rotbuche. Die Tonnen fassen etwa 50 kg Butter. Bei den Buttertonnen ist in erster Linie darauf zu achten, daß sie aus gut ausgetrocknetem, nicht zu frischem Holz hergestellt sind. Bevor die Butter eingefüllt wird, müssen die Tonnen richtig vorbehandelt sein. Sie werden mit kochendem Wasser tüchtig ausgespült und dabei auf der Innenfläche mit einer Bürste scharf gereinigt. Dann wäscht man mit kaltem Wasser nach. Einzelne Meiereifachleute reiben dann noch die innere Fläche gründlich mit Buttersalz ein. Die Tonne wird jetzt mit Pergamentpapier ausgelegt. Zum Auslegen der Tonne sind drei Stücke nötig, zwei runde für Boden und Deckel und ein großes viereckiges Stück, das den Seiten der Tonnen angepaßt wird. Dieses viereckige Stück ist so zu bemessen, daß sowohl unten wie oben ein Stück übrig bleibt, welches umgelegt werden kann. Ist das Faß so mit Pergamentpapier ausgekleidet, so wird die Butter mit Hilfe eines Holzstampfers fest (Vermeidung von Luftlöchern) eingestampft. Von der Ausführung des Einstampfens hängt die Haltbarkeit der Butter bei einer längeren Aufbewahrung

in starkem Maße ab. Bei fehlerhafter Füllung bleiben Lufträume zurück, die
dem Wachstum schädlicher Mikroorganismen Vorschub leisten. Die Abb. 15
zeigt das Lichtbild einer gut und einer schlecht eingestampften Butter.

Für den Kleinhandel wird die Butter im überwiegenden Maße von den Meiereien oder dem Großhandel in 500, 250 oder 125 g-Packungen abgegeben. Das
Formen der Butter geschah früher in der Weise, daß man Holzformen mit der
Hand durch Einkneten und Abstreichen mit Butter füllte. Früher waren diese
teilweise am Boden mit geschnitzten Verzierungen versehen. Vielfach waren
diese Formen auch in Tischen angebracht. Das Formstück besitzt dann einen
beweglichen Boden, der durch einen Hebel mit dem Fuß auf und ab bewegt
werden kann.

Die Formen und die Holzteile des Tisches müssen natürlich tadellos sauber gehalten
werden und dürfen keine Risse aufweisen. Daß die Oberfläche des Tisches glatt sein muß,
erscheint wohl selbstverständlich. Teak-, Pitchpine-, Mahagoni- und Eichenhölzer sind
hierfür am geeignetsten. Vor dem Gebrauch werden die Formen erst mit heißem und dann
mit kaltem Wasser gut ausgespült.

In größeren Betrieben mit ausgedehntem städtischen Kleinverkauf bedient
man sich zum Formen maschineller automatisch arbeitender Einrichtungen, die
unter Umständen auch gleichzeitig mit einer Vorrichtung zum Einwickeln der
Butterstücke verbunden sein können. Bei diesen Maschinen wird die Butter
mit Schaufeln in einen Holztrichter gebracht und durch zwei gegeneinander-
laufende Schnecken aus Holz durch ein Formstück gepreßt.

Nach den Verordnungen und Anordnungen in den Jahren 1934 und 1935
(S. 547 und 551) darf Markenbutter, Deutsche Feine Molkereibutter und Molkereibutter nur noch in der genormten Stückenform (DIN LAND 1081) ohne Verzierungen in den Handel gebracht werden, Kochbutter und Landbutter noch
in beliebigen Formen (s. Abschnitt Gesetze und Verordnungen).

Zum Einwickeln der Butterstücke wird Pergamentpapier (seltener
Pergamentersatz oder kaschierte Folien, soweit diese nach den Verordnungen
und Anordnungen überhaupt zugelassen sind) benutzt. Markenbutter und Deutsche Feine Molkereibutter dürfen zur Zeit nur in echtem Pergament verpackt
in den Handel gebracht werden.

Es bestehen allerdings Bestrebungen, Aluminiumfolien, die als Verpackungsmaterial
die Haltbarkeit der Butter gegenüber einer Verpackung in Pergamentpapier verlängern,
mehr und mehr als Verpackungsmaterial einzuführen, da bei Aluminiumfolien die Butter
vor dem schädlichen Einfluß von Licht und Außenluft geschützt wird. Gleichzeitig will
man dabei auch bakterielle Infektionen vermeiden, die ihren Ausgangspunkt häufig im
Pergamentpapier finden. Um das Pergamentpapier geschmeidig zu machen, wird es bekanntlich bei seiner Herstellung mit Stärkesyrup, Dextrin oder Glycerin getränkt. Diese Stoffe
bilden aber einen guten Nährboden für Schimmelpilze. Um derartige Infektionen zu vermeiden, kann es empfehlenswert sein, Pergamentpapier vor dem Gebrauch in starker Salzlake
auszukochen.

Aufbewahren. Das Aufbewahren der fertiggestellten Buttermengen muß so
erfolgen, daß durch geeignete Lagerung eine zu starke Qualitätsminderung
oder gar ein Verderben der Butter verhindert wird, bevor sie dem Verbraucher
zugeführt werden kann. Jede Meierei gebraucht deshalb geeignete Räume,
um die für den Verbrauch hergestellte und ausgeformte Butter lagern zu können.
Solche Lagerräume müssen auch an sehr warmen Sommertagen eine gleichmäßige
niedrige Temperatur besitzen, gegen direktes Licht geschützt sein und mit ausreichender Lüftung versehen werden. Durch die fast überall schon vorhandenen
Kältemaschinen ist die Temperatur eines solchen Raumes leicht auf 3—7° einzustellen. Die Temperatur in dem Raum muß möglichst konstant gehalten werden. Häufiger Temperaturwechsel wirkt einer längeren Haltbarkeit entgegen.
Der Raum darf an keiner Stelle Schimmelbildung zeigen.

Für eine längere Lagerung von Butter in Kühlhäusern (Dauerbutter) müssen wesentlich tiefere Lagerungstemperaturen gewählt werden, als sie für den Kühlraum einer Meierei in Frage kommen, wenn man die Qualität der eingelieferten Butter erhalten will. Bei ausgedehnten Lagerungsversuchen hat W. OTTE[1] festgestellt, daß die Haltbarkeit der Butter um so besser ist, je tiefer die Temperatur des Kühlraumes liegt. Unabhängig von der sonstigen Beschaffenheit der Butter war die Haltbarkeit während einer dreimonatigen Lagerung bei — 15 bis — 20⁰ besser als bei — 10⁰ und diese wieder besser als bei einer Lagerung bei 0⁰ bis + 5⁰. Diese Ergebnisse decken sich mit den Erfahrungen aus amerikanischen Fachkreisen, die für eine längere Lagerung Temperaturen bis zu — 18⁰ empfehlen.

In neuerer Zeit haben HEISS und ENGEL wertvolle und interessante Beiträge zu dem Problem der Frischhaltung bei Dauerlagerung geliefert. Nach ihren Versuchen kann man Butter durch Lagerung in einer Atmosphäre von inerten Gasen wie z. B. Stickstoff, wesentlich verbessern, sofern Temperaturen von 0⁰ oder darunter angewendet werden und von vornherein so sorgfältig gearbeitet ist, daß die Butter in bakteriologischer Beziehung möglichst einwandfrei ist (niedriger Anfangskeimgehalt usw.).

Selbstverständlich muß auch der Verbraucher eine gewisse Sorgfalt bei der Aufbewahrung der Butter anwenden, wenn der Verbrauch derselben Butter sich auf mehrere Tage erstreckt.

3. Arten der Butter.

Von jeher hat man bei der Butter Qualitätsunterschiede gemacht und die Sorten durch besondere Bezeichnungen gekennzeichnet.

In den Nachkriegsjahren entwickelten sich diese Verhältnisse in einer Richtung, die allmählich zu einem unentwirrbaren Durcheinander auf dem Buttermarkt führte. Das Wörtchen „fein" reichte nicht mehr aus, die Konkurrenz bot „feinste Molkereibutter" an. Für einen Dritten genügte nicht einmal der Superlativ. Seine Butter erhielt die Bezeichnung „allerfeinste Meiereibutter". Dazu trat ferner eine Sucht, die Butter durch Phantasienamen kenntlich zu machen. Rechnet man noch dazu die Sorten Teebutter, Tafelbutter, Landbutter, Bauernbutter, Gutsbutter usw., dann ist es eigentlich erklärlich und verständlich, wenn der Verbraucher zwischen diesen vielen Sorten sich nicht mehr zurecht fand. Die Schaffung von Markenbutter änderte an diesen Verhältnissen auch nichts, eher erschwerte sie weiter die Übersicht, weil jedes Land und jede Provinz eine eigene Marke einführte.

Diese Zustände auf dem Buttermarkte sind durch die Verordnung über die Schaffung einheitlicher Sorten von Butter vom 20. Februar 1934 (S. 546) beseitigt. Von jetzt ab gibt es in Deutschland nur noch 5 Sorten Butter: Markenbutter, Feine Molkereibutter, Molkereibutter, Landbutter und Kochbutter.

Diese „Butterverordnung" regelt gleichzeitig einheitlich die Beurteilungsgrundsätze nach Geruch, Geschmack, Ausarbeitung, Gefüge und Aussehen (S. 546) und setzt die Anforderungen fest, die an jede dieser Sorten zu stellen sind.

Als deutsche Markenbutter darf nur solche Butter bezeichnet werden, die mindestens 17 Wertmale aufweist, wovon 9 auf den Geschmack entfallen müssen. Für feine Molkereibutter und Molkereibutter sind 16 bzw. 15 Wertmale insgesamt als Mindestforderung festgelegt, wovon 8 bzw. 7 Wertmale wieder für den Geschmack erteilt sein müssen. Unter der Bezeichnung Lanbdutter darf nur eine Butter verkauft werden, die 13 Wertmale, davon 6 für Geschmack erhalten hat. Nach dieser Bestimmung ist unter der Sorte Landbutter nicht nur Bauernbutter zu verstehen, sondern in diese Gruppe kommt auch alle Molkereibutter, die als abfallende Ware bezeichnet werden muß. Kochbutter soll nach der Verordnung mindestens noch zum Kochen, Backen oder Auslassen verwendet werden können.

Die Herstellung von deutscher Markenbutter, deutscher Feiner Molkereibutter und künftig auch wohl Molkereibutter, unterliegt besonderen Bestimmungen. Sämtliche Herstellerbetriebe dieser Buttersorten müssen sich einer regelmäßigen Überwachung und Prüfung der in ihren Betrieben hergestellten Buttersorten durch den Reichsnährstand (in diesem Fall Milchwirtschaftsverband bzw. Milchversorgungsverband) unterziehen. Eine besondere Kennzeichnung von

---

[1] W. OTTE: Milchw. Forsch. 1931, 11, 577.

Vorbruch- und Molkenbutter ist zur Zeit noch nicht gesetzlich festgelegt. Sie wird entsprechend ihrer Qualitätsmerkmale in den Handel gebracht.

Die Kennzeichnung der Buttersorten ist für das gesamte Reichsgebiet einheitlich gestaltet. Abb. 16 zeigt z. B. die Einheitszeichen für Markenbutter. I ist für Stückpackungen bestimmt; II ist die Banderole für Buttertonnen, die zweimal an jeder Tonne und zwar oben und unten befestigt werden muß; III ist als Einlegezettel bestimmt und wird auf Seidenpapier gedruckt, das in der Richtung der punktierten Linien perforiert ist, um eine zweimalige Benutzung auf jeden Fall zu verhindern.

Markenbutter darf künftighin — vom 1. Januar 1936 ab — nur noch ausgeformt im Kleinhandel feilgehalten werden; für ausgeformte Butter ist die Größe der Butterstücke vorgeschrieben. Die 500 g-Stücke müssen die Abmessungen $150 \times 100 \times 35$ mm aufweisen usw. (S. 262). Eine außerordentlich begrüßens-

Abb. 16. Kennzeichnung der deutschen Markenbutter.

werte Bestimmung findet sich weiter im § 13 der Verordnung. Danach dürfen zur Verpackung von Markenbutter nur ungebrauchte Holz- oder Pappgefäße verwendet werden, die mit echtem Pergamentpapier ausgelegt sein müssen. Im übrigen sei auf den Abschnitt Gesetzgebung (S. 545—552) verwiesen.

Farbe und Aroma. a) Farbe. Die Farbe der fertigen Butter ist nicht zu allen Zeiten des Jahres gleich. Bei Weidefütterung und Verfütterung von frischem Grünfutter hat die Butter eine schöne gelbe Farbe, im Winter bei Stallfütterung läßt diese Färbung nach und kann fast in Weiß übergehen. In diesen Zeiten ist die Färbung der Butter auf einen einheitlichen Farbton für den Verkaufswert in den meisten Gegenden Deutschlands von sehr erheblicher Bedeutung. Große Kreise der Verbraucherschaft verlangen im Sommer und Winter eine Butter von gleichmäßiger Farbe. Dazu kommt, daß die vom Ausland eingeführte Butter (dänische, holländische usw.) seit Jahrzehnten im Sommer und Winter eine gleichmäßige Färbung aufweist. Von diesen Exportländern wird, da die Farbe der Butter in den verschiedenen Verbraucherimportländern verschieden gewünscht wird, die Farbe der Butter auf das betreffende Importland das ganze Jahr hindurch laufend eingestellt. Mittel- und Nordengland fordern z. B. eine Butter, die für den deutschen Verbraucher viel zu auffällig rotgelb wäre. Den Wünschen der Abnehmer nach einheitlicher Farbe der Butter muß sich der Molkereifachmann fügen und ist daher gezwungen, zu gewissen Zeiten der Butter durch Zusatz eines Farbstoffes (S. 306) eine bestimmte gelbe Färbung zu verleihen. Für die Meiereien ist diese Forderung recht lästig. Sie erfordert außerdem in der Ausführung große Aufmerksamkeit, weil die Farbmenge richtig bemessen sein muß, damit die Butter nicht überfärbt wird. Das Färben hat auch nur dann Zweck, wenn es dem Fachmann gelingt, täglich den richtigen

Farbton herzustellen. Die zum Färben verwendeten Farbstoffe (S. 306) werden zum Gebrauch in feinsten Speiseölen gelöst und in dieser Form in den Handel gebracht und dem Rahm kurz vor dem Buttern zugesetzt. Von einer guten Butterfarbe verlangt man, daß sie keine gesundheitsschädlichen Stoffe enthält und daß sie keinen fremdartigen Geruch und Geschmack auf die Butter überträgt. Wenn offiziell das Färben der Butter auch noch nicht gestattet ist, so ist doch die Tatsache, daß Butter im Winter, Frühjahr und Herbst gefärbt wird, allen bekannt und wird stillschweigend geduldet. Wichtig erscheint es allerdings, daß die Auswahl der zu verwendenden Farbstoffe begrenzt wird, ebenso die Konzentration der Farbstofflösung und zwar dergestalt, daß möglichst wenig Farbstofflösung dem Rahm zugefügt werden braucht, etwa höchstens 10—20 ccm auf 100 Liter Rahm. Wichtig erscheint es weiter, daß auf jeden Fall von der Praxis ein Überfärben der Butter vermieden wird.

Aus diesem Grunde haben die Forschungsanstalten Kiel und Weihenstephan gemeinsam mit der Milchwirtschaftlichen Hauptvereinigung Berlin, um eine Vereinheitlichung der gefärbten Butter herbeizuführen, in letzter Zeit eingehende Versuche durchgeführt. Es ist durch Herausgabe einer Farbtafel von SAITNER von der Hauptvereinigung dem Praktiker eine richtige Handhabe gegeben, jeden Tag bequem festzustellen, ob die Farbe seiner Butter in normalen Grenzen liegt. Bei den 4 Farbfeldern, die direkt auf die Butter gelegt werden, wird durch die ausgeschnittenen Öffnungen ein direkter Vergleich mit der Butter ermöglicht. Durch die beiden Mittelfelder ist die Grenze normal gefärbter Butter aufgezeichnet, während das rechte Farbfeld überfärbte und das linke Farbfeld zu blaß gefärbte Butter zeigt.

Bei überfärbter und nicht richtig gefärbter Butter werden bei Butterprüfungen entsprechend der Butterverordnung § 1, I E Abzüge gemacht.

Durch Farbmessungen von W. MOHR und AHRENS[1] ist diese Grenze ausgedrückt nach OSTWALD (Bd. II, S. 424) in Vollfarbe, Weißgehalt usw. von:

	I	II
Weißton	40%	32%
Vollfarbe	2,25 $\{$ da, ea	2,60 $\{$ ea, fa
	etwa 41%	etwa 44%

Die Messung erfolgte mit dem Zeissschen Stufenphotometer bzw. Kugelreflektometer mit KRÜGERschen Farbstreifen (vgl. Bd. II, S. 434).

In einzelnen Fällen hat man festgestellt, daß Butterfarben bakteriell verunreinigt waren. Man hat daraufhin empfohlen, die Butterfarbe dem Rahm schon vor der Erhitzung zuzusetzen, mit zu erhitzen und zu säuern. W. MOHR und F. OLDENBURG[2] haben durch Versuche festgestellt, daß sich Butterfarbe in dem süßen Rahm nicht auflöst und sich beim Stehen des Rahmes im Rahmreifer an der Oberfläche wieder abscheidet. Diese Farbe löst sich beim Buttern nicht wieder vollständig auf, so daß leicht eine ungleichmäßig gefärbte Butter erhalten wird.

Den gleichen Fehler einer „fleckigen" Butter erhält man bei Verwendung nicht klarer, getrübter Butterfarblösung nach Lagerung der fertigen Butter nach 2—3 Tagen. Die mikroskopische Untersuchung der Trübung der Butterfarblösung ergab[3], daß die Trübung durch das Auskrystallisieren nadelförmiger Krystalle, zum Teil durch abgeschiedene runde Tröpfchen hervorgerufen war. Die Butterfarböllösung war in diesem Falle zu konzentriert eingestellt, jedenfalls für die übliche Aufbewahrungstemperatur in den Meiereien, da die Butterfarblösung häufig im Kühlraum bei 7⁰ aufbewahrt wird. In einem zweiten Falle war vegetabile und chemische Farbe gemischt worden und entsprechend der

[1] W. MOHR u. H. AHRENS: Molkerei-Ztg. Hildesheim 1935, **49**, 1651.
[2] W. MOHR u. F. OLDENBURG: Milchw. Ztg. Berlin 1933, **38**, 645.
[3] W. MOHR u. A. EICHSTÄDT: Milchw. Ztg. Berlin 1933, **38**, 165.

Zusammensetzung der verschiedenen Öllösungen sowie der Konzentrationen ebenfalls Abscheidung erfolgt.

b) Aroma. Nachdem H. Schmalfuss[1] und die Holländer C. B. van Niel, A. J. Kluyver und H. G. Derx[2] das Diacetyl als Grundlage des Butterdufts nachgewiesen hatten (S. 283), traten sofort überall Bestrebungen hervor, die Qualität der Butter durch einen Zusatz von Diacetyl zu verbessern. Die für das Butteraroma in Frage kommenden Mengen von Diacetyl sind so außerordentlich gering — nach den Angaben der holländischen Forscher sind in aromatischer Butter nur 2—4 mg Diacetyl in 1 kg vorhanden — daß eine Dosierung sehr große Schwierigkeiten bereitet. Die in dieser Richtung angestellten Versuche von O. Stüber[3], Fr. Jako[4], Dorner[5], W. Mohr und A. Eichstädt[6] brachten kein positives Ergebnis. Einesteils wurde weder eine Verbesserung noch Verschlechterung der Qualität gefunden; anderenteils fanden die Versuchsansteller eine erhebliche Verschlechterung der Qualität durch den Zusatz. Es mag dahingestellt sein, ob diese sich widersprechenden Ergebnisse auf eine zu schwache oder zu große Bemessung des Zusatzes zurückzuführen sind. Die Versuche von N. King[7] über die Einwirkung des Diacetyls auf das Butterfett und Angaben aus der Molkereipraxis über die Haltbarkeit hocharomatischer Butter sprechen jedenfalls dafür, daß durch eine zu große Diacetylkonzentration die Qualität im Laufe einer längeren Lagerung erheblich verschlechtert werden kann. Jedenfalls ist wohl nach Überzeugung aller behördlichen und wissenschaftlichen Stellen in Deutschland ein künstlicher Diacetylzusatz zur Butter als Lebensmittelfälschung anzusehen und zu verwerfen.

Auf der anderen Seite wird es Aufgabe der Wissenschaft sein, zu erforschen, durch welche Faktoren bei der Rahmreifung auf natürliche Weise das Diacetyl in der Butter in ausreichender Menge gebildet wird, welche Mengen für das Aroma der Butter wünschenswert sind und welche Mengen umgekehrt durch einen Überschuß ein schnelleres Verderben der Butter hervorrufen.

Butterausbeute. Wie bei allen technischen Prozessen ist für den Erfolg der Butterei nicht nur die Qualität des Endproduktes maßgebend, sondern ebenso die Ausbeute.

In der Praxis ermittelt man die Butterausbeute in der Weise, daß die erhaltene Menge an fertiger Butter gewogen wird. Das Gewicht wird fast stets in Pfunden angegeben. Die Ausbeute wird häufig so angegeben, daß man das Gewicht der für die Butterei entrahmten Milchmenge durch die Zahl der Pfunde dividiert und die Anzahl Kilogramm Milch erhält, die zu einem Pfund Butter gebraucht worden sind. Will man aber Zahlen aus den verschiedenen Meiereien vergleichen, um zu erkennen, welcher Betrieb technisch besser arbeitet, so ist die Kenntnis des Durchschnittsfettgehaltes der Milch unumgänglich notwendig, da die Anzahl für ein Pfund Butter gebrauchte Kilogramm Milch entsprechend der Höhe des Fettgehaltes verschieden ist. Nachstehende Übersicht gibt an, wieviel Pfund Butter aus 100 kg Milch mit verschiedenem Fettgehalt bei Verbutterung von Rahm unter normalen Arbeitsverhältnissen erhalten werden. Natürlich sind diese Zahlen nichts absolut Feststehendes, da jeweilig der in der Magermilch verbleibende Fettgehalt bzw. die darin verbleibende Fettmenge, der in der Buttermilch verbleibende Fettgehalt bzw. die entsprechende Fettmenge und der Wassergehalt der Butter immer etwas variieren. Die Ausbeute ist natürlich auch etwas von den je nach dem Verhältnis Rahmmenge, Buttermenge zu Butterfaß unvermeidlich auftretenden Verlusten abhängig (Haftenbleiben am Faß).

Ausbeute an Butter aus 100 kg Milch bei verschiedenem Fettgehalt bei Verbutterung von Rahm.

Fettgehalt . .	2,9	3,0	3,1	3,2	3,3	3,4	3,5%
Butterausbeute.	6,74	6,98	7,21	7,44	7,67	7,91	8,14 Pfd.

[1] H. u. H. Schmalfuss: Diacetyl; Grundlage des Butterdufts. Marg.-Indust. 1932, S. 278.
[2] C. B. van Niel, A. J. Kluyver u. H. G. Derx: Biochem. Zeitschr. 1929, 210, 234.
[3] O. Stüber: Österreich. Milchwirtsch. Ztg. 1932, 39, 159.
[4] Fr. Jako: Molkerei-Ztg. Hildesheim 1932, 46, 1783.
[5] Dorner: Schweizer. Milch-Ztg. 1933, 59, 13.
[6] W. Mohr u. A. Eichstädt: Milchw. Ztg. Berlin 1933, 38, 165.
[7] N. King: Milchw. Forschungen 1931, 12, 172.

Diese Zahlen reichen für den praktischen Betrieb völlig aus. Man hat natürlich schon vielfach versucht, die Butterausbeute formelmäßig genau festzulegen. In der Literatur findet man etwa 35 derartige Formeln, die von der Vollmilch ausgehen und etwa 8, bei denen der Rahm als Grundlage zur Berechnung dient [1]. Neben dem Fettgehalt der Vollmilch bzw. des Rahms ist in diesen Formeln der Fettgehalt der Magermilch, der Buttermilch und der Butter berücksichtigt. Die bekanntesten und wohl auch genauesten Formeln sind die von HITTCHER, FLEISCHMANN und PUCK.

$$\text{Formel von HITTCHER:} \quad B = \frac{100}{FB - fb} \cdot \frac{(fv - fm)(fr - fb)}{fr - fm},$$

$$\text{Formel von FLEISCHMANN:} \quad B = \frac{100 \cdot (fv - fm) - R \cdot (fb - fm)}{Fb - fb},$$

$$\text{Formel von PUCK:} \quad B = \frac{E \, fv - R \cdot fb \cdot 0{,}99}{Fb - fb}.$$

Hierin bedeuten $B =$ Butterausbeute aus 100 kg Milch, $fv =$ Fettgehalt der Vollmilch, $fm =$ Fettgehalt der Magermilch, $fb =$ Fettgehalt der Buttermilch, $Fb =$ Fettgehalt der Butter, $R =$ Rahmprozente, $fr =$ Fettgehalt des Rahms.

Im übrigen sind alle diese Butterausbeuteformeln etwas theoretischer Natur, solange in praktischen Betrieben die genauen Mengenmessungen an Rahm, Buttermilch, häufig auch aus arbeitstechnischen Gründen die genauen Mengenangaben der Ausgangsvollmilch infolge bisherigen Fehlens geeigneter Mengenmeßapparaturen nicht oder wenigstens nur bei ausnahmsweise besonders angestellten Versuchen möglich sind.

Für den praktischen Betrieb genügen die beiden folgenden Annäherungsformeln:

$$\frac{\text{kg Milch} \times \text{Fettgehalt der Milch}}{44} = \text{Pfd. Butter,}$$

$$\frac{\text{kg Rahm} \times \text{Fettgehalt des Rahmes}}{43} = \text{Pfd. Butter.}$$

Auf die Verluste infolge eines zu hohen Fettgehaltes der Buttermilch ist schon früher hingewiesen worden. In der gleichen Höhe bewegen sich etwa die Verluste als Folge einer schlechten Entrahmung. Während es sich bei der Buttermilch um Zehntelprozente des Fettes handelt, muß man bei der Magermilch entsprechend der wesentlich größeren Menge mit jedem hundertstel Prozent rechnen. Ebenso stark wie durch die Fettverluste in Magermilch und Buttermilch wird die Butterausbeute durch den Wassergehalt in der Butter beeinflußt.

Im Zusammenhang mit der Ausbeute spricht man auch häufig von dem Ausbutterungsgrad und dem Reinbutterungsgrad. Unter dem Ausbutterungsgrad versteht man diejenige Menge Fett in Hundertteilen des Rahmfettes, welche vom Rahm in die Butter übergegangen ist. Der Reinbutterungsgrad ist das Maß für einen möglichst vollständigen Übergang des Rahmfettes in das Fett der Butter und wird ausgedrückt durch den Verlust an Fett in der Buttermilch in Hundertteilen des Rahmfettes.

Betriebskontrolle. Ebenso wie die Butterausbeute muß die gesamte Butterherstellung in ihren einzelnen Herstellungsabschnitten ständig kontrolliert werden. Von W. MOHR ist ein Formular für die Betriebskontrolle aufgestellt, das für den praktischen Buttermeier und zur Anwendung in der Butterei direkt bestimmt ist. Bei den in dieser Betriebskontrolle geforderten Untersuchungen werden keine besonderen wissenschaftlichen oder schwierigen Methoden gefordert.

Ausgestaltung des Betriebes. Die Beschreibung über Butterherstellung würde nicht vollständig sein, wenn nicht wenigstens mit einigen Worten die ungefähren Anforderungen, die man an den Buttereiraum in technischer Beziehung stellt, hervorgehoben würden, da selbstverständlich nicht nur größte Sorgfalt beim Arbeiten an den Apparaten zur Herstellung einwandfreier Butter erforderlich ist, sondern auch zweckmäßige Ausgestaltung und Sauberkeit der ganzen Betriebsräume. Wände und Decken des Butterraumes müssen schimmelfrei sein; Fußböden müssen außer mit der zweckentsprechenden Auskleidung so angelegt sein, daß beim Reinigen od. dgl. verwendetes Wasser lachenfrei zu dem mit Geruchsverschluß geschützten Abfluß abfließen kann. Auf genügend Licht und gute Durchlüftung, ohne daß etwa durch direkte Sonnenstrahlen Geschmacksschädigungen im Rahm oder in der Butter hervorgerufen werden, ist besonders zu achten. Zur unbedingt notwendigen Ausrüstung einer Butterei gehören Säurewecker, Rahmreifer, Rahmkühler und Butterfertiger.

---

[1] A. PFEIFFER: Molkerei-Ztg. Hildesheim 1928, **42**, 631.

Die Betriebsgröße einer Butterei hat an sich keineswegs einen besonderen Einfluß auf die Hygiene der Butterherstellung oder die Möglichkeit der zu erzielenden Qualität. Es gibt genügend Beispiele in Deutschland, durch die bewiesen wird, daß es in kleinen und großen Buttermeiereien gleichmäßig möglich ist, in jeder Beziehung einwandfreie Markenbutter zu erzeugen, wenn die Qualität der angelieferten Milch dies überhaupt gestattet und das Personal über die erforderlichen Fachkenntnisse verfügt, sowie die nötige Sorgfalt bei der Butterherstellung anwendet.

4. Butterschmalz.

In einigen Gegenden Deutschlands (in der Hauptsache Süddeutschland) wird Butter ausgeschmolzen, die nichtfetten Bestandteile abgetrennt und nur das reine Butterfett aufbewahrt. Dieses Erzeugnis wird als Butterschmalz bezeichnet. Die Herstellung von Butterschmalz hat eine gewisse Bedeutung deshalb, weil es auf diese Weise gelingt, wenigstens einen Teil der Butter ohne große Schwierigkeiten für längere Zeit haltbar zu machen. Die durch die Herstellung bedingten Verluste werden durch einen entsprechend höheren Preis des fertigen Erzeugnisses und durch die unbedingte Gewißheit einer längeren Haltbarkeit ausgeglichen. Allerdings ist eine Voraussetzung dabei nötig, der Absatz für das Erzeugnis muß vorhanden sein. Bei der Herstellung von Butterschmalz sind verschiedene Punkte zu beobachten. Das Schmelzen der Butter darf nicht zu schnell vor sich gehen, da eine zu schnelle Erwärmung das Absetzen der nichtfetten Bestandteile verzögert bzw. unvollständiger geschehen läßt gegenüber einem vorsichtigen Ausschmelzen. Langsames und vorsichtiges Rühren der geschmolzenen Butter erleichtert die Abtrennung der nichtfetten Bestandteile. Durch starkes Umrühren kann unter Umständen das Absetzen von Eiweiß und Wasser fast vollständig unterbunden werden. Nach Untersuchungen von W. Mohr und A. Eichstädt[1] ist nachstehendes Verfahren anzuwenden: Das Ausschmelzen geschieht im Wasserbade, wobei darauf zu achten ist, daß die Temperatur ungefähr 40° bleibt. Ist alle Butter durchgeschmolzen, so wird die Temperatur noch 8 Stunden gehalten, bevor das klare blanke Butterfett abgezogen werden kann. Wird die Butter bei Temperaturen über 60° ausgeschmolzen, so wird das Butterfett nicht mehr blank und klar. Je höher die Schmelztemperatur steigt, desto stärker wird die Trübung des Fettes. Diese Trübung wird durch Eiweiß bzw. Milchzuckerteilchen hervorgerufen, deren Farbe mit zunehmender Temperatur in Braun übergeht.

Bei Temperaturen über 60° wird anscheinend den Eiweißteilchen das Quellwasser so schnell entzogen, daß sie in feinster Verteilung im Fett zurückbleiben und dort teilweise verbrennen. Nach den Untersuchungn von Patil und Hammer[2] nimmt der Gehalt des Butterschmalzes an sticktoffhaltigen Substanzen zu, je höher die Temperatur beim Ausschmelzen steigt. Der Wassergehalt nimmt dagegen ab. Der Verlust beim Ausschmelzen der Butter beträgt ungefähr 17 bis 18%.

Nach Untersuchungen von Teichert[3] ergaben die Analysen von Butterschmalz[4] die nachstehenden Durchschnittszahlen.

Wasser 0,24%   Wasserfreies Nichtfett 0,03%   Fett (Differenz) 99,73%.

Der Mindestfettgehalt eines guten Butterschmalzes wäre daher auf 99,5% festzusetzen. Der Wassergehalt in Verbindung mit dem wasserfreien Nichtfett darf demnach 0,50% nicht übersteigen.

---

[1] W. Mohr u. A. Eichstädt: Milchw. Ztg. Berlin 1933, **38**, 1088.
[2] Patil u. Hammer: Journ. Dairy Science 1928, **11**, 143.
[3] Teichert: Methoden zur Untersuchung von Milch und Milcherzeugnissen, 2. Aufl., S. 375. Stuttgart 1927.
[4] Kieferle u. Erbacher: Milchw. Forschungen 1928, **5**, 662.

W. Mohr und A. Eichstädt versuchten dann noch die bei der Herstellung trübe gewordenen Butterschmalzsorten zu klären, indem sie die flüssigen Fette filtrierten. Filterierpapier und Watte erwiesen sich als ungeeignet. Dagegen gelang es, Butterschmalzproben, deren Ausschmelztemperatur nicht über 70⁰ hinausgegangen war, mit Hilfe von Wattescheiben, wie sie für das Reinigen von Milch nach dem Melken verwandt werden, zu klären.

Im Geruch und Geschmack waren die bei Temperaturen unter 70⁰ hergestellten Butterschmalzproben feiner als die bei höheren Wärmegraden bereiteten. Oberhalb der genannten Temperatur wurde das Aroma wesentlich geringer; außerdem trat dann leicht ein etwas „angebrannter" Geschmack hervor.

Für die Haltbarkeit des Butterschmalzes ist letzten Endes auch noch das Material des Schmelzkessels maßgebend. Blanke Kupfer- und Eisenkessel sind unbrauchbar, da das Butterschmalz schon nach einigen Tagen metallisch oder auch ölig schmeckt. Auch die Verwendung von Aluminiumgefäßen kann unzweckmäßig sein, weil sich beim Reiben mit einem Holz- bzw. Metallrührer an den Wandungen des Gefäßes aus Butterfett und Aluminium eine schwärzliche Schmiere bildet, die unangenehm metallisch riecht und schmeckt und diesen Geruch und Geschmack auf das Endprodukt überträgt. Verchromte Gefäße sind ebenfalls nicht brauchbar. Der Chromüberzug wird an der Grenzfläche Fett/Luft innerhalb ganz kurzer Zeit völlig zerstört.

Gefäße aus Nickel gewährleisten nicht immer ein einwandfreies Produkt. Gut verwendbar für die Butterschmalzherstellung sind nur einwandfrei verzinnte und emaillierte Gefäße, ferner Behälter aus V₂A-Stahl.

5. Wiederauffrischung von Butter.

Altschmeckende, leicht ranzige Butter wurde früher häufiger mit guter frischer Butter vermischt und dann wieder in den Handel gebracht. Zu diesem Zweck verwandte man möglichst wasserarme feste Butter, machte sie mit warmem Wasser weich, fügte die alte Butter hinzu und knetete das Ganze kräftig durch. Das hierbei entstehende Produkt war im Geruch und Geschmack besser, zeichnete sich doch häufig durch einen viel zu hohen Wassergehalt aus. Nach Fleischmann-Weigmann[1] versuchte man alter schlecht schmeckender Butter dadurch wieder einen besseren Geschmack zu geben, daß man die Butter in einem Butterfertiger mit etwa 40⁰ warmem Wasser gut auswusch. Darauf butterte man die geschmolzene Masse mit einwandfreiem frischen Säurewecker durch und behandelte sie weiter wie frische Butter.

In der Patentliteratur findet man ebenfalls eine ganze Reihe von Verfahren, die eine Wiederauffrischung von alter Butter zum Ziele haben. In vielen Fällen wird hierbei die Butter ausgeschmolzen und das von Wasser und nicht fetten Bestandteilen befreite Fett in der Art der Margarine verarbeitet. Einen anderen Weg schlägt R. Frahm[2] vor. Bei diesem Verfahren wird die Butter geschmolzen und der Hauptteil des Wassers entfernt. Durch wiederholtes Zusetzen von frischem Wasser wird das Fett gereinigt. Um die geschmolzene Butter wieder in den ursprünglichen Zustand zurückzuführen, setzt der Erfinder jetzt frische Vollmilch von 55⁰ zu und zentrifugiert die entstandene Mischung. Hierbei soll man einen Rahm mit etwa 60% Fett erhalten. Dieser wird mit frischer Magermilch, die eine Temperatur von 90⁰ hat, verdünnt und bei 100⁰ momenterhitzt. Die weitere Behandlung des Rahmes gleicht der eines frischen Rahmes. Alle diese Verfahren haben jedoch in Deutschland keine Bedeutung erlangt, da eine Wiederauffrischung der Butter bisher gesetzlich verboten gewesen ist.

6. Vorbruch- und Molkenbutter.

Der Rückstand der Labkäserei, die Molke, enthält neben Milchzucker, Eiweiß und Mineralstoffen auch noch Fett. Die Höhe des Fettgehaltes ist

---

[1] Fleischmann-Weigmann: Lehrbuch der Milchwirtschaft, 7. Aufl., S. 630. 1932.
[2] R. Frahm: Patent Nr. 534202, Kl. 53e, Gruppe 6 vom 10. September 1931.

selbstverständlich verschieden. Er hängt nicht nur von der Kesselmilch und der
Art des Käses ab, sondern wird auch weitgehend durch die Bearbeitung im
Käsekessel und die dabei angewandten Temperaturen beeinflußt. Der Fettgehalt
der Molken liegt im allgemeinen bei 0,25—0,35%

Der Fettgehalt einer Molke ist weitgehend abhängig von der Käseart, bei
deren Herstellung die Molke abfällt und wie Tabelle 12 [1] ferner zeigt, von den
verschiedenen Fettgehaltsstufen, in denen die Käse hergestellt worden sind.

Tabelle 12. Fettgehalte in Labmolken von verschiedenen Käsen.

Nr.	Art des Käses	Fettstufen		
		vollfett	halbfett	mager
1	Emmentaler	0,75%	0,40%	—
2	Gouda	0,60%	0,30%	—
3	Edamer	0,60%	0,30%	—
4	Tilsiter	0,55%	0,30%	—
5	Limburger	0,40%	0,20%	0,10%
6	Camembert und Brie	0,35%	0,20%	0,05—0,1%
7	Frühstückskäse	0,41%	—	—
8	Romadur	—	0,12%	—

Diese Zahlen lassen erkennen, daß vor allem bei der Hartkäserei große Fettmengen mit in die Molke übergehen, die für die Meiereien einen Verlust bedeuten,
wenn sie nicht zurückgewonnen werden. Dabei ist zu berücksichtigen, daß die
Zahlen in der Tabelle Durchschnittszahlen sind. Infolge irgendwelcher Fehler
bei der Bearbeitung im Käsekessel kann unter Umständen der Fettgehalt der
Molken erheblich höher liegen, so daß die Gewinnung des Fettes zu einer Notwendigkeit wird, um die Verkäsung der Milch rentabel zu gestalten.

Zur Gewinnung des Fettes aus der Molke sind verschiedene Verfahren
bekannt, von denen drei in den meisten Fällen angewandt werden: 1. Das
kalte Verfahren oder die einfache Aufrahmung, 2. das heiße Verfahren oder
das Vorbrechen und 3. das Zentrifugieren der Molke.

Bei dem kalten Verfahren wird die Molke in entsprechenden Gefäßen
24 Stunden zum Aufrahmen aufgestellt und die Rahmschicht dann abgeschöpft.
Diese Arbeitsweise gibt keine sehr gute Ausbeute und hat außerdem den Nachteil, daß der gewonnene Rahm sauer ist und zwar durch „wilde Gärung" im Gegensatz zur Reinkulturgärung.

Zum Vorbrechen wird die Molke auf 68—75° angewärmt. Darauf wird
etwa 1% Molkensauer oder Molkenessig (eine sehr stark saure Molke) hinzugefügt, durchgerührt und bis auf 80—95° weiter erhitzt. Bei dieser Nachwärmung
erscheint an der Oberfläche der Molke der Vorbruch, eine weiße, schaumige,
körnige Masse. Die Kunst besteht darin, einen Vorbruch zu erhalten, der möglichst
alles Fett enthält und rahmähnlich ist. Nach dem Abschöpfen wird der Vorbruch
meistens noch 24 Stunden stehen gelassen, damit sich die mitgeschöpfte Molke
absetzen kann. Um kein zu fettes Butterungsgut zu haben, wird die Masse durch
reines Wasser verdünnt und darauf verbuttert.

Das Zentrifugieren der Molke wird heute in fast allen größeren Käsereien angewendet. Es beginnt, sobald genügend Molke vorhanden ist. Um ein
Verstopfen der Zentrifuge durch mitgerissene Eiweißteilchen zu verhindern,
wird die Molke zweckmäßig vor dem Zentrifugieren durch ein Haarsieb oder
ein Filtertuch filtriert. Damit der Molkenrahm einen ausreichenden Fettgehalt
erhält, ist es vielfach erforderlich, den zuerst gewonnenen dünnen Rahm noch

---

[1] Burr: Kurzer Grundriß der Chemie der Milch und der Milcherzeugnisse, S. 78. —
Reese: Dissertation 1932, S. 45.

ein zweites Mal und unter Umständen nach Waschen (Zusetzen) mit Wasser nochmals zu zentrifugieren.

Das kalte Aufrahmverfahren wird nur noch ganz selten angewandt. In der Hauptsache bedient man sich zur Gewinnung des Molkenrahms der beiden anderen Arbeitsweisen. Die Ausbeute ist jedoch bei der Zentrifugiermethode größer als bei dem Vorbruchverfahren. Nach KÖSTLER und MÜLLER[1] gewinnt man aus 1000 kg Molke nach dem Vorbruchverfahren 4,51 kg Butter bzw. 3,60 kg Butterfett und nach dem Zentrifugalverfahren 4,93 kg Butter bzw. 4,29 kg Butterfett.

Da diese Zahlen einen Durchschnitt vieler Versuche darstellen, zeigen sie deutlich die Überlegenheit des Zentrifugierverfahrens. Ein weiterer recht erheblicher Vorzug der Zentrifugenentrahmung von Molke liegt nach REESE[2] darin, daß der gewonnene Rahm süß ist, sich erhitzen läßt und mit Reinkulturen gesäuert werden kann, mit anderen Worten also genau so wie normaler Rahm behandelt und gebuttert werden kann und eine haltbarere und besser schmeckende Butter ergibt.

Über die Zusammensetzung von Zentrifugenmolkenrahm mit etwa 25% Fett gibt REESE folgende Zahlen an; als Vergleich dient die Analyse eines Vollmilchrahmes nach FLEISCHMANN.

Tabelle 13. Analysen von Molkenrahm.

Nr.	Bestandteil	Molkenrahm nach REESE			Vollmilchrahm nach FLEISCHMANN
		Schwankungen	Mittelwert	Zahl der Versuche	
1	Trockenmasse	25,86—31,24	29,21	5	31,5
2	Fett	21,5—25,75	24,3	6	25,0
3	Fettfreie Trockenmasse	4,36— 6,24	5,16	5	6,5
4	Milchzucker	4,02— 4,49	4,17	6	3,3
5	Gesamt-Stickstoff . .	0,65— 0,92	0,78	6	2,6 [3]
6	Casein	0,18— 0,42	0,34	5	2,0 [3]
7	Albumin	0,09— 0,44	0,29	4	--
8	Rest-Stickstoff	0,27— 0,33	0,29	3	—
9	Gesamt-Asche	0,56— 0,71	0,60	6	0,4
10	Unlösliche Asche . . .	0,17— 0,37	0,27	6	—
11	Lösliche Asche	0,27— 0,42	0,33	6	—

Die Analysen beider Rahmarten lassen zwischen Trockenmasse und fettfreier Trockenmasse keinen wesentlichen Unterschied erkennen. Die Werte für Milchzucker sind beim Molkenrahm höher. Daß der Eiweißgehalt des Molkenrahms viel niedriger liegt, ist selbstverständlich. Der Aschengehalt wurde bei Molkenrahm im Mittel um 0,2% höher gefunden. In dem Gehalt an Fett treten zwischen den beiden Rahmsorten kaum Unterschiede auf.

Die beste Ausbeute, d. h. den niedrigsten Fettgehalt in der Buttermilch, erzielte REESE aus hochpasteurisiertem Molkenrahm. Bei der Beurteilung der Säuerung sind die in Tabelle 13 gefundenen Unterschiede in der Zusammensetzung beim Molken- und Vollmilchrahm zu beachten. Die Säuregrade wurden bei allen Versuchen im Molkenrahm erheblich niedriger gefunden, etwa 15 bis 19 Säuregrade S.H. Die elektrometrisch bestimmte p_H-Zahl ergibt dagegen den gleichen Wert wie bei Vollmilchrahm, also etwa 4,60. Die günstigste Butterungstemperatur für Molkenrahm liegt tiefer als bei Vollmilchrahm. Die

---

[1] KÖSTLER u. MÜLLER: Landw. Jahrbuch der Schweiz, 1909, S. 543.
[2] REESE: Butterausbeute. Dissertation Kiel 1931, S. 47.
[3] Auf Grund der Angaben in WEIGMANN-FLEISCHMANN: Lehrbuch der Milchwirtschaft, 7. Aufl. 1932, S. 536 oben.

günstigste Butterungsdauer ist unter genau gleichen Verhältnissen für Vollmilch-rahm, auf Grund des höheren Caseingehaltes, länger. Der Fettgehalt in der Buttermilch weist keine Unterschiede auf. Das Waschen, Salzen und Kneten wird in der gleichen Weise ausgeführt wie bei anderer Butter. Die Qualität einer aus pasteurisiertem, gesäuertem Molkenrahm hergestellten Butter ist durchaus zufriedenstellend. Frisch ist sie in Geruch und Geschmack von anderer Butter kaum zu unterscheiden.

7. Butter aus der Milch anderer Tierarten.

Über Butter aus der Milch anderer Tierarten ist wenig bekannt. Die Herstel-lung von Ziegenbutter wird nur ganz selten erwähnt. Sie soll in Geruch und Geschmack abweichen. Schafmilchbutter ist weich und schmierig. Außer-dem wird teilweise von ihr behauptet, daß sie sehr wenig wohlschmeckend sei.

Häufig wird auf eine Angabe von Herodot Bezug genommen und mitgeteilt, daß dieser über die Verwendung von Stutenmilch zur Butterherstellung geschrieben habe. Nach Fleischmann[1] beruht diese Ansicht jedoch auf einem Irrtum, da das Fett der Stutenmilch bei 20° noch völlig flüssig ist.

In einigen Balkanländern, in denen aus wirtschaftlichen Gründen die Büffel-zucht vorherrschend ist, stellt man aus Büffelmilch Butter her. Die Fabrikation der Büffelbutter geschieht in der gleichen Art und Weise wie sie bei Kuhbutter durchgeführt wird. Der Geschmack soll gut und dem von Kuhbutter gleich sein. Nach Untersuchungen von N. Petkow[2] gleicht ihre Zusammensetzung nahezu derjenigen der Kuhbutter. Auch die physikalische und chemische Beschaffenheit des Fettes weicht kaum von der des Kuhbutterfettes ab. Nur der Gehalt an flüchtigen Fettsäuren ist nach den Untersuchungen von Petkow wesentlich höher. Ghee ist ein in Indien aus Büffelmilch in besonderer Weise hergestelltes, unserem Butterschmalz entsprechendes Erzeugnis[3].

8. Buttermilch.

Bei der Verbutterung von Milch oder Rahm wird nach der Abscheidung der Butter die Buttermilch gewonnen; sie ist demnach ein Nebenerzeugnis der Butte-rei. Im handelsüblichen Sinne gilt als Buttermilch nur dasjenige Produkt, das bei der Verarbeitung von saurer Vollmilch oder saurem Rahm erhalten wird. Im Reichsmilchgesetz ist die Begriffsbestimmung für Buttermilch im gleichen Sinne gegeben. Sie ist also das gesäuerte Plasma des Rahmes, dem eine geringe Menge Fett beigemengt ist. Ihre fettfreie Trockenmasse besteht aus den Eiweiß-stoffen, dem Milchzucker, den Salzen dieses Plasmas und einer dem Säuregrade entsprechenden Menge Milchsäure. Die Buttermilch ist an heißen Tagen im Sommer in manchen Gegenden ein sehr beliebtes Erfrischungsgetränk. Es ist ferner allgemeine Erfahrung, daß eine im bakteriologischen Sinne einwandfreie Buttermilch auch ein sehr gesundes Getränk — auch für Kinder und Säuglinge — ist, wobei der Milchsäuregehalt und die feine Verteilung des Caseins eine beson-dere Rolle spielen mögen.

Als mittlere Zusammensetzung gibt W. Fleischmann[4] folgende Zahlen an:

Wasser	Fett	Eiweiß	Milchzucker	Mineralstoffe
91,3	0,5	3,5	4,7 %	

Diese Angaben gelten natürlich nur für reine, unverwässerte Buttermilch und stellen einen Mittelwert aus sehr vielen Analysen dar. Die Höhe des Fett-

---

[1] Fleischmann-Weigmann: Lehrbuch der Milchwirtschaft, 7. Aufl., S. 146. 1932.
[2] N. Petkow: Z. 1901, 4, 826.
[3] R. Bolton u. C. Revis: Analyst 1910, 35, 343; 1911, 36, 392; Z. 1912, 23, 29 u. 357.
[4] Fleischmann-Weigmann: Lehrbuch der Milchwirtschaft, 7. Aufl., S. 631. 1932.

gehaltes hängt von der Vollkommenheit der Ausbutterung ab und ist heute durchschnittlich geringer. Die Zusammensetzung der fettfreien Trockenmasse ist gewissen Schwankungen unterworfen, die auf den Einfluß der Laktation zurückzuführen sind und mit der Zusammensetzung der Milch in verschiedenen Gebieten und verschiedener Milchviehrassen im Zusammenhang stehen.

Die Stickstoffverbindungen der Buttermilch setzen sich in der Hauptsache aus dem durch die Milchsäure ausgeschiedenen Casein und den übrigen Proteinen der Milch, Albumin und Globulin, zusammen. Daneben ist die Buttermilch auf Grund ihrer Herstellung reich an Phosphatiden. Hierin besteht auch ernährungsphysiologisch gesehen ein Vorteil gegenüber gesäuerter Magermilch, die früher vielfach bei großem Verbrauch von den Meiereien als „Buttermilch" verkauft wurde. Durch die erste Ausführungsverordnung zum Milchgesetz § 2 Ziffer 7 (S. 494) muß solche saure Magermilch jetzt für den Verkauf als „geschlagene Buttermilch" gekennzeichnet sein.

Die Angaben über den Phosphatidgehalt der Buttermilch weisen außerordentliche Schwankungen auf. Nach einer Zusammenstellung von W. MOHR und seinen Mitarbeitern[1] liegen die im Schrifttum angegebenen Werte zwischen 0,0332 und 0,2750%[2]. Der Grund hierzu liegt nach ihrer Ansicht in der verschiedenen Analysenmethodik. Sie selbst fanden in Buttermilch Werte von 0,0926 bis 0,1142%[3]. Nach allen Untersuchungen enthält aber Magermilch immer erheblich geringere Phosphatidmengen als Buttermilch.

Im Butterherstellungsprozeß läßt es sich nicht vermeiden, daß Apparate und Rohrleitungen in der Meierei der sonst zu großen Fettverluste wegen nachgespült werden müssen. Besonders gilt diese Forderung auch für den Rahmreifer, an dessen Wandungen und Rührwerk sonst beträchtliche Teile des sauren dicken Rahmes hängen bleiben. Zum Nachspülen wird in den allermeisten Fällen Wasser verwendet. Die Folge davon ist selbstverständlich, daß auch die später als Nebenprodukt gewonnene Buttermilch Wasserzusatz enthält; dieser entspringt also einer technischen Notwendigkeit. Dem hat der Gesetzgeber Rechnung getragen und in der ersten Ausführungsverordnung zum Milchgesetz festgesetzt, daß die Buttermilch Wasserzusatz enthalten darf, dessen Menge aber 10% nicht überschreiten soll.

Den Verkauf und den Verbrauch der Buttermilch können zwei Fehler sehr erheblich vermindern. Einmal das Absetzen, d. h. die Scheidung von Eiweiß und Serum, zum anderen die Art der Hitzegerinnung, die in denjenigen Teilen Deutschlands von Bedeutung ist, in denen Buttermilch in großem Umfange zur Herstellung von Suppen und anderen Speisen Verwendung findet.

Das Absetzen der Buttermilch kann in zwei Richtungen vor sich gehen. Man hat zwischen einem Absetzen an der Oberfläche d. h. der Bildung einer Serumschicht oben und einer sog. „inneren Entmischung" zu unterscheiden. Die Absonderung von Serum an der Oberfläche ist nach SIRKS[4] auf ein langsames Absinken des Caseins zurückzuführen.

Die innere Entmischung steht mit einem erhöhten Luftgehalt der Buttermilch im Zusammenhang. Sie braucht nicht immer in der Weise vor sich zu gehen, daß sich ein Absatz am Boden der Flasche bildet, sondern die Trennung von Serum und Eiweiß kann auch mitten

---

[1] W. MOHR, C. BROCKMANN u. W. MÜLLER: Molkerei Ztg. Hildesheim 1932, 46, 635. — W. MOHR u. J. MOOS: Molkerei Ztg. Hildesheim 1932, 46, 1451 und Milchw. Forschungen 1932, 13, 385.

[2] Nur die Werte von L. M. TURSTON und W. E. PETERSEN (Journ. Dairy Science 1928, 11, 278) liegen mit 0,3931—0,8768% wesentlich höher.

[3] Auf Grund eines neuen, als nicht einwandfrei bezeichneten Verfahrens fanden W. MOHR und J. MOOS bei Buttermilch zwei Werte von 0,8433 und 0,8908% und auch bei Vollmilch und Magermilch höhere Werte als sie bisher gefunden wurden.

[4] SIRKS: Over karnemelkschifting, Vereeniging Tot Exploitatie Eener Proefzuivelboerderij Te Hoorn. Verslag Over Het Jaar 1928.

in der Flasche auftreten. Von Oldenburg und anderen[1] wurden diese Angaben bestätigt. Fast überall wird in den Meiereien die Buttermilch vom Butterfaß zu einem Aufbewahrungs-behälter gepumpt. Der an sich schon durch das Buttern bedingte Luftgehalt wird durch die starke Bearbeitung mit der Pumpe noch weiter erhöht. Dadurch sind die Vorbedingungen für eine innere Entmischung gegeben. Um diese Luft auf eine einfache Weise zu entfernen, leitet man die Buttermilch nach dem Pumpen über einen Flächen- oder Rundkühler, ohne die Kühlung anzustellen. Durch mehrfache Wiederholung dieses Vorganges läßt sich die innere Entmischung fast ganz vermeiden.

Das Absetzen der Buttermilch an der Oberfläche wird stets nach mehr oder weniger langer Aufbewahrung eintreten und ist auf eine allmähliche Senkung des spezifisch schwereren Caseins zurückzuführen. Durch ausreichende Kühlung ist dieser Fehler ebenfalls zu verringern. Eigenartigerweise begünstigt Untersäuerung das Absetzen, während Übersäuerung dem Absetzen entgegenwirkt. Durch einen buttereitechnisch bedingten Wasserzusatz von höchstens 10% wird das Absetzen der Buttermilch nicht erhöht; höhere Zusätze an Wasser verstärken dagegen das Absetzen.

In den meisten Gegenden wird die Buttermilch zu Trinkzwecken verbraucht. In Norddeutschland ist es dabei vielfach auch üblich, Buttermilch für Suppen und Grützen zu verwenden. Meistens stellt die Hausfrau derartige Gerichte selbst her. Seit einiger Zeit ist es aber nach holländischem Vorbild üblich geworden, Buttermilchspeisen in den Molkereien zu kochen und in Flaschen gefüllt zu verkaufen. Für die Hausfrau hat dies Verfahren einen großen Vorteil. Sie bekommt die schon gargekochten Suppen ins Haus und braucht sie nur noch aufzuwärmen.

Tabelle 14. Einfluß der Säuerung und des Rahmfettgehaltes auf die Gerinnung der Buttermilch beim Kochen.

Rahm				Buttermilch				
Fett %	Säuregrade S.H. vor dem Buttern	Stärke der Säuerung	Säure-grade S.H.	pH	Zentrifugier-volumen des Caseins %	Vis-cosität Cp	Gerinnung der Buttermilch beim Aufkochen
Mager-milch	—	Untersäuerung	30,0	4,70	45	11,45	schlecht
	—	Normale Säuerung	34,0	4,40	40	10,05	schlecht
	—	Übersäuerung	38,0	4,24	36	5,16	mittelgut
	—	Übersäuerung	52,0	4,08	20	5,16	gut
	—	Übersäuerung	58,0	3,80	24	4,55	gut
3	30,8	Untersäuerung	28,0	4,60	48	11,4	gut
	34,0	Normale Säuerung	34,0	4,40	44	10,1	schlecht
	36,0	Übersäuerung	36,0	4,32	42	12,7	schlecht
15	25,2	Untersäuerung	24,8	4,65	48	7,3	gut
	29,2	Normale Säuerung	29,6	4,40	44	7,5	schlecht
	31,6	Übersäuerung	31,6	4,24	43	10,0	schlecht
20	24,0	Untersäuerung	23,6	4,65	48	7,3	gut
	28,0	Normale Säuerung	28,2	4,52	46	7,5	gut
	29,6	Übersäuerung	29,2	4,36	46	7,2	gut
30	20,8	Untersäuerung	21,2	4,68	53	10,0	gut
	24,4	Normale Säuerung	25,2	4,54	52	10,2	gut
	26,0	Übersäuerung	27,6	4,38	46	10,1	gut

Bei der Herstellung dieser Gerichte tritt jedoch unter Umständen eine un-erwünschte Erscheinung beim Kochen ein. Das Casein der Buttermilch flockt aus und ballt sich trotz allem Rühren und Schlagen zusammen. Diese Flockung geht meistens dann soweit, daß die Buttermilch zur Herstellung eines brauchbaren Produktes nicht mehr zu verwenden ist. Wie die Tabelle 14[2], in der der Voll-ständigkeit halber auch gesäuerte Magermilch („Geschlagene Buttermilch") mit

---

[1] Oldenburg, Monheim und Krauss: Über das Absetzen von Buttermilch. Milchw. Ztg. Berlin 1932, Nr. 30.
[2] W. Mohr u. Oldenburg: Milchw. Ztg. Berlin 1932, **37**, 1445.

aufgenommen ist, erkennen läßt, läßt sich die Buttermilch, die aus Rahm mit 20% und mehr Fett hergestellt ist, unabhängig von der Höhe des Säuregrades stets gut aufkochen. Buttermilch, die aus Rahm mit weniger als 15% Fett hergestellt ist, läßt sich bei niedrigeren Säuregraden (24—28 S.H.), ohne beim Kochen grobflockig zu werden, aufkochen, bei normalen und zu hohen Säuregraden jedoch nicht. Sehr saure Milch flockt beim Aufkochen normalerweise grobflockig zusammen, nur bei starker Übersäuerung (nur bei Yoghurt-Kultur zu erreichen) wird eine grobe Flockenbildung vermieden.

Eindeutige Erklärungen für diese auffälligen Erscheinungen sind nicht mit Sicherheit zu geben. Sicher spielen die Quellung des Caseins und wohl auch die Lage des isoelektrischen Punktes des Caseins bei $p_H = 4,3$ eine Rolle. Eigenartigerweise kann man das grobe Zusammenflocken des Caseins in saurer Magermilch oder auch in Buttermilch aus Rahm mit einem niedrigeren Fettgehalt als 20% verhindern, wenn die benutzte süße Magermilch oder der entsprechend süße Rahm ausreichend hoch erhitzt wird, z. B. 15 Minuten auf 90°.

B. Eigenschaften der Butter.

1. Physikalische Eigenschaften.

a) **Struktur.** Die Butter wurde lange Zeit allgemein als eine strukturlose Masse angesehen, in der Wasser oder Buttermilch mehr oder weniger unregelmäßig verteilt seien. Über die Struktur der Butter ist in den letzten Jahrzehnten mehr und mehr gearbeitet worden, seitdem man einzusehen begann, daß man es nicht mit einer strukturlosen Masse zu tun habe. Mikroskopische Untersuchungen an der Butter im Dunkelfeld[1] zeigten, daß die Fettkügelchen des Rahmes in der Butter mindestens zum Teil in ihrer ursprünglichen Form erhalten geblieben seien, so daß man sich berechtigt glaubte, die Butter als eine Emulsion vom Typus Fett-in-Wasser ansehen zu können. Nach Beobachtungen an Butter im mikroskopischen Hellfeld mußte man mit dem entgegengesetzten Emulsionstyp rechnen. Beide Ansichten fanden in RAHN und FISHER ihre Vertreter auf Grund der von ihnen aufgestellten Theorien über den Butterungsvorgang (vgl. S. 251 f.). O. RAHN[2] hat in einer schematischen Zeichnung (Abb. 17) die Struktur der Butter wiedergegeben, wie sie auf Grund der beiden Anschauungen aussehen müßte.

Zur Bestimmung des Emulsionstyps der Butter sind die verschiedensten Methoden in Anwendung gebracht worden. So soll auf Butter gelegtes Filtrierpapier fettig werden und nicht naß, ein Beweis für den Emulsionstyp Wasser-in-Fett. Diesen Beweis hat O. RAHN[3] angezweifelt. PALMER[4] versucht den Beweis für den Emulsionstyp Wasser-in-Fett mit Hilfe von fettlöslichen Indikatoren zu führen, die er dem Rahm zusetzte. Für den entgegengesetzten Emulsionstyp glaubten O. RAHN[5] und H. BOYSEN[6] einen Nachweis gefunden zu haben. RAHN stellte fest, daß das im Fett unlösliche Kochsalz aus einer konzentrierten Lösung im Laufe von mehreren Wochen in ungesalzene Butter hineindiffundiert. H. BOYSEN photographierte unter dem Mikroskop mit einer Filmkamera das Verschwinden der Wassertröpfchen in der Umgebung eines Salzkrystalls, seine Auflösung und die Zunahme der Lake um den Krystall. Zur Erklärung dieser Erscheinungen nahm RAHN eine kontinuierliche wäßrige Phase an, die zum Teil durch die Eiweißhüllen der Fettkügelchen gebildet würde.

---

[1] STORCH: Milchztg. 1897, **26**, 273; Biedermanns Zentralbl. 1897, **26**, 562.
[2] O. RAHN u. SHARP: Physik der Milchwirtschaft, S. 111.
[3] O. RAHN: Milchw. Forschungen 1926, **3**, 519.
[4] PALMER: Missouri Agr. Expt. Station Bull. 1919, **163**, 40.
[5] O. RAHN: Milchw. Forschungen 1926, **3**, 526.
[6] H. BOYSEN: Milchw. Forschungen 1927, **4**, 239.

1929 brachte N. KING[1] neue Untersuchungen über diese Frage. Er stellte Diffusionsversuche an Butter mit dem Farbstoff Sudan III an, das er in Butteröl auflöste. Diese Methode hat den einen Vorzug, daß dabei kein artfremder Bestandteil mit der Butter in Berührung kommt. Aus dieser Farblösung heraus diffundierte der rote Farbstoff recht schnell in ungesalzene Butter hinein. Bei Anwendung kleinerer Mengen konnte N. KING auf diese Weise die gesamte Butter gleichmäßig durchfärben. Auf Grund dieser Ergebnisse kommt er zu der Auffassung, daß die Butter eine Emulsion vom Typ Wasser-in-Fett sei.

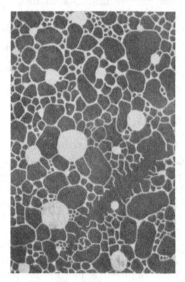 

a: Emulsion Fett in Wasser.
Alle Wassertröpfchen durch feinste Schichten, Adsorptionshüllen der Fettkügelchen (Eiweißhüllen), miteinander verbunden.

b: Emulsion Wasser in Fett.
Viele einzelne Wassertröpfchen in der homogenen Fettmasse.

Abb. 17. Gefüge der Butter nach RAHN und FISHER. (Schematische Darstellung.)

b) Wasserverteilung. Wichtig für die Beurteilung einer Butter ist auch die Verteilung des Wassers. Wird aus einer Butter mit einem Butterbohrer eine Probe herausgestochen, so darf die Rückseite des Bohrers keine sichtbaren Wasser- oder Laketröpfchen aufweisen. Wie schon bei der Besprechung des Knetvorganges erwähnt, ist diese Erscheinung durch ausreichendes Kneten zu vermeiden. H. BOYSEN[2] verdanken wir eine ausführliche Untersuchung über die Verteilung des Wassers in der Butter. Um die Verteilung des Wassers genau erfassen zu können, wurde von ihm eine mikroskopische Zählmethode ausgearbeitet, die es ermöglicht, die einzelnen Wassertröpfchen zu messen und zu zählen. Aus der großen Reihe seiner Untersuchungen sei hier die obenstehende Tabelle 15 angeführt.

Tabelle 15. Wasserverteilung in Butter vor und nach dem Salzen.

Gruppe	Tröpfchengröße μ	Vor dem Salzen %	Nach dem Salzen %	Zu- oder Abnahme %
I	1—15	11,31	7,01	— 4,30
II	15—100	1,37	1,39	(+ 0,02)
III	über 100	1,48	3,96	+ 2,48
Wassergehalt		14,16	12,36	— 1,80

[1] N. KING: Milchw. Forschungen 1929, 8, 423.
[2] H. BOYSEN: Milchw. Forschungen 1927, 4, 221.

Zur besseren Übersicht sind in dieser Tabelle die vielen Einzelzählungen zu 3 Gruppen zusammengefaßt. Ferner ist dabei nicht die Anzahl der Tröpfchen angegeben, sondern die Menge des Wassers, welche in diesen enthalten ist. In der Rohbutter ist der größte Teil des Wassers in den kleinsten Tröpfchen vorhanden. Durch das Salzen ist eine Abnahme der kleinsten und eine Zunahme der größten Tröpfchen festzustellen.

c) **Luftgehalt.** O. RAHN und W. MOHR[1] fanden ferner, daß jede Butter einen bestimmten Luftgehalt besitzt. Diese Tatsache ist durchaus verständlich, da durch das Schlagen große Mengen Luft in das Butterungsgut hineingelangen. Bei der mikroskopischen Beobachtung der Butterung (Abb. 11) kann man die Luftbläschen deutlich sehen, die von den Häufchen der Fettkügelchen eingeschlossen sind. Auch in der fertigen Butter ist bei der mikroskopischen Untersuchung noch ein Teil dieser Luftbläschen wieder zu erkennen. Nach den Untersuchungen ist der Luftgehalt der Butter recht verschieden. Als äußerste Werte wurden von RAHN und MOHR für normale Butter 0,97—8,38 ccm in 100 g gefunden. In der Arbeit der beiden Verfasser findet sich die sehr interessante Tabelle 16 über den Luftgehalt von Butterproben, die aus der Provinz Schleswig-Holstein stammen.

Tabelle 16. Mittlerer Luftgehalt von Butterproben aus Schleswig-Holstein.

Monat	Aus Ostholstein		Aus Westholstein		Aus Schleswig	
	Anzahl Proben	Luftgehalt ccm/100 g	Anzahl Proben	Luftgehalt ccm/100 g	Anzahl Proben	Luftgehalt ccm/100 g
Januar	—	2,51	—	2,49	—	2,26
März	9	3,44	1	3,00	0	—
Mai	3	4,95	3	4,03	4	3,43
Juni	3	4,21	2	6,23	3	4,81
August	3	2,70	3	6,38	4	4,59
September	4	4,41	3	5,06	3	4,62
Oktober	4	4,59	3	6,20	3	5,03
November	4	2,66	3	3,11	3	3,55

Die Rolle des Luftgehaltes in der Butter ist noch keineswegs geklärt. M. OTTE[2], der die ursprüngliche Formel zur Berechnung der Luftmenge verbesserte, konnte bei orientierenden Versuchen keinen besonderen Einfluß auf die Haltbarkeit feststellen. Jedenfalls bedarf es wohl noch weiterer eingehender Untersuchungen, um festzustellen, ob und in welcher Weise die Menge der von der Butter eingeschlossenen Luft zur Haltbarkeit in irgendeiner Beziehung steht.

d) **Konsistenz.** Für den Handel und für die Verbraucher stehen von den physikalischen Eigenschaften der Butter die Konsistenz, die Härte und die Streichfähigkeit mit an erster Stelle. Es ist eine durchaus bekannte Tatsache, daß die Konsistenz der Butter in den verschiedenen Jahreszeiten ungleichmäßig ausfällt. In den Sommermonaten oder allgemein bei Weidegang oder Grünfütterung (auch Silage) hat man meistens mit einer weichen, in den Wintermonaten (besonders bei Stroh- und Rübenfütterung) dagegen mit einer härteren Butter zu rechnen. In erster Linie ist für den Wechsel der Konsistenz der Butter die Fütterung des Milchviehs verantwortlich zu machen, wobei man grundsätzlich zwischen den Einflüssen von Kraftfutter und Grundfutter unterscheiden muß.

In Dänemark hat man in den letzten Jahren sehr eingehende Versuche über den **Einfluß der Kraftfuttermittel** auf die Konsistenz der Butter angestellt. Man war zu diesen umfangreichen Versuchen gezwungen, weil ein Teil der dänischen Meiereien durch zu harte oder zu weiche Konsistenz recht

[1] O. RAHN u. W. MOHR: Milchw. Forschungen 1924, 1, 213.
[2] M. OTTE: Milchw. Forschungen 1931, 11, 577 und 583.

erhebliche wirtschaftliche Verluste erlitten hatte. Das Ergebnis dieser Versuche ist für die Beeinflussung der Konsistenz der Butter durch die Fütterung von so ausschlaggebender Bedeutung, daß im Nachfolgenden eine Zusammenstellung hierüber gegeben werden soll.

Ergebnisse dänischer Untersuchungen über den Einfluß von Kraftfutter-mitteln auf die Konsistenz des Butterfettes.

Gruppe A: Futtermittel, welche weiche Butter (Jodzahl über 35) geben: Trockentreber, getr. Maisschlempe, Sesamkuchen, Sojabohnen, Sonnenblumenkuchen, Leinkuchen, Rapskuchen.

Gruppe B: Futtermittel, welche normale Butter (Jodzahl 29,4—34,1)geben: Erdnußkuchen, Baumwollsamenkuchen, getr. Kartoffelschlempe, Biertreber, Fisch-mehl, Tapiokamehl, Sojabohnenkuchen, Getreidemischung, Kohlrüben mit Blättern, Blutfutter, Sonnenblumenschrot, Weizenkleie und Hafer.

Gruppe C: Futtermittel, welche trockene und bröcklige Butter (niedrige Jodzahl) geben: Weizenkleie, Mais, Gerste, Roggenkleie, Kokoskuchen, Babassukuchen, Sojabohnenschrot, Palmkernkuchen, Roggengetreide, Weizengetreide, Erbsenmischgetreide.

Eine Gruppe zwischen B und C: Gerste und Mais geben Butter, die nicht besonders trocken, aber doch was Mais betrifft, von loser und körniger Beschaffenheit ist. Palmkern-kuchen, Cocoskuchen und Runkelrüben geben ferner eine blasse Butter.

Nach diesen Untersuchungen ist die Jodzahl des Butterfettes ein recht guter Maßstab für die Konsistenz der Butter. Je höher die Jodzahl liegt, desto weicher ist die Butter und umgekehrt.

In Dänemark, wo auch in landwirtschaftlichen Kreisen dahingestrebt wird, dem Molkerei-fachmann Winter und Sommer hindurch ein möglichst gleichmäßiges Arbeiten bezüglich der Butterungstechnik zu ermöglichen, um Rückschläge in der Qualität auf jeden Fall zu vermeiden, ist den Landleuten von amtlichen Stellen die Zusammenstellung von Futter-mischungen empfohlen, die jederzeit normales Fett ergeben. Bei Verfütterung von Futter-mitteln aus der Gruppe C sollen zum Ausgleich entsprechende Mengen irgendeines Futter-mittels aus der Gruppe A, und umgekehrt bei Verfütterung von zuviel Futtermitteln aus der Gruppe A entsprechende Mengen irgendeines Futtermittels aus der Gruppe C hinzu-genommen werden.

Die Beeinflussung der Konsistenz durch Futtermittel bezieht sich darauf, daß Rahmrei-fung, Butterungsprozeß, Waschen und Kneten, abgesehen von geringen Änderungen in der Butterungstemperatur, fast nicht geändert werden, wie es in Dänemark auch tatsächlich der Fall ist. Deutsche Fütterungsversuche [1] (in der Forschungsanstalt für Milchwirtschaft) führten unter solchen Herstellungsverfahren zu ganz ähnlichem Ergebnis.

In der Tabelle 17 ist noch der Einfluß einiger weiterer Futtermittel auf die Konsistenz angegeben (zum Teil auch Grundfuttermittel, die bei den obigen dänischen Untersuchungen keine Berücksichtigung gefunden haben).

Da es im Gegensatz zu solchen Ländern, die Kraftfuttermittel in unbegrenzten Mengen zur Verfügung haben (wie Dänemark), in Deutschland den Landwirten nicht möglich sein wird, einen Ausgleich in der Konsistenz des Fettes durch Verfütterung bestimmter Kraftfuttergemische herbeizuführen, der deutsche Landwirt vielmehr in den nächsten Jahren noch mehr als bisher auf die Ver-fütterung der auf seinem Hofe gewonnenen Futtermittel allein angewiesen sein wird, mußte für deutsche Verhältnisse danach getrachtet werden, durch Änderung des Butterherstellungsverfahrens die Schwankungen in der Konsistenz soweit wie möglich auszuschalten.

W. MOHR und F. OLDENBURG [2] haben eine Methode ausgearbeitet, die es gestattet, die Konsistenz einer Butter überhaupt objektiv zu messen. Zur Durchführung der Messung werden die Butterproben zuerst bei 4—6⁰ gelagert und dann für 24 Stunden in einen Raum mit 17⁰ gebracht. Erst nach Ablauf dieser Zeit wird die Messung vorgenommen. Die Festigkeit (Konsistenz) wird

---

[1] W. MOHR: Einfluß der Fütterung auf die Beschaffenheit der Butter. Vortrag auf der Tagung der Tierzuchtbeamten, Kiel, 1931. Hannover: M. u. H. Schaper.
[2] W. MOHR u. F. OLDENBURG: Milchw. Ztg. Berlin 1933, 38, 1018 u. Molkerei-Ztg. Hildesheim 1934, 48, 578.

Tabelle 17. Einfluß verschiedener Futtermittel auf den Butterungsprozeß, Geruch, Geschmack und Konsistenz der Butter.

Grundfutter	Zufutter	Beste Butterungstemperatur	Fett in der Buttermilch %	Geschmack der Butter nach 14 Tagen	Konsistenz der Butter
Grasfütterung	Duwockhaltiges Gras (Oldenburg)	August 8—10°	0,3	Ölig, tranig	Weich
5 kg Heu, 5 kg Haferstroh, 3,5 kg Kraftschrot	Lauwarm vergorene Duwocksilage, 10% Duwock (Oldenburg)	April 12°	0,25	,,	,,
Grasfütterung	Duwockgras, 5% Duwock (Friedrichsort)	Sept. 8°	0,45	Leicht futterig	,,
—	Haferschrot	—	—	—	,,
—	Sesamkuchen	—	—	—	..
5 kg Heu, 5 kg Haferstroh, 3,5 kg Kraftfutter	HeißvergoreneDuwocksilage, 12% Duwock (St. Margarethen)	Novbr. 12°	0,3	Stark ölig	Weich bis normal
30 kg Rüben, 4 kg Heu, 2 kg Stroh, 5 kg Vergleichs-Kraftfutter	Leinkuchen	—	0,25	Rein	Normal
25 kg Rüben, 5 kg Heu, 4 kg Stroh, Kraftfutter	Lupinenfischmehl	—	—	,,	,,
40 kg Rüben, 2 kg Heu, 4 kg Stroh, Kraftfutter	Ibeka-Kraftfutter	—	0,25	,,	,,
40 kg Rüben, 2 kg Heu, 4 kg Stroh, Kraftfutter	Fischmehl	—	0,25	,,	,,
40 kg Rüben, 2 kg Heu, 4 kg Stroh, 3,9 kg Kraftfutter	Saflor-Kuchen, 50% des Kraftfutters	—	—	,,	
40 kg Rüben, 6 kg Heu, 2 kg Stro, Kraftfutter	Sonnenblumenkuchen 33% des Kraftfutters	—	—	,,	
Rüben, Heu, Haferstroh, Kraftfutter	Maissilage	—	—	Farbe gelb	,,
Rüben, Heu, Haferstroh, Kraftfutter	Rübenblattsilage	—	—	Farbe blaß	,,
5 kg Heu, 2 kg Stroh, 40 kg Rüben, Kraftfutter	15 kg Kartoffeln (Sorte Pepo an Stelle der Rüben)	Jan. 12—14°	0,30		,,
9 kg Rüben, 4 kg Heu, 4 kg Stroh, 4,42 kg Vergleichsraftfutter	14,0 kg Lupinensilage	März 12—14°	0,2	talgig	normal bis fest
40 kg Rüben, 8 kg Heu, 2,5 kg Stroh, Kraftfutter	Dorschmehl	—	—	Nachgeschmack bitter	anfangs bröckelig, später zäh und gummiartig

dann auf 2 Arten bestimmt. Abb. 18 zeigt den Festigkeitsprüfer nach GREINER. Der Apparat arbeitet in der Weise, daß ein halbkugelförmiger Körper unter bestimmtem Gewicht in die Butteroberfläche einsinkt. Je tiefer die Halbkugel eindringt, desto weicher ist die Butter. Die Empfindlichkeit des Apparates ist recht groß. Der Zeiger zeigt schon einen Ausschlag an, wenn der Teller mit 0,2 g belastet wird.

Abb. 19 stellt einen Schneideapparat dar, mit dem die Schnittfestigkeit der Butter bestimmt werden kann.

Ein gespannter Draht (Abb. 19 rechts) zerschneidet einen Butterwürfel von bestimmten Abmessungen (3,5 cm Kantenlänge). Links auf der Abb. 19 befindet sich der Hilfsapparat zur Herstellung des Würfels. Mit einer Stoppuhr wird die Zeit bestimmt, die der Draht braucht, um unter einem gegebenen Druck den Butterwürfel zu durchschneiden. Je kürzer die Zeit für das Durchschneiden ausfällt, desto weicher ist die Butter. Das Gewicht des Drahtes (4,5 cm lang, 0,55 mm Durchmesser) einschließlich Spannvorrichtung, Leitstangen und

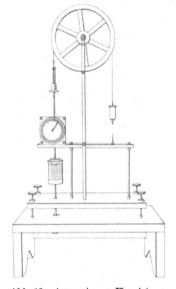

Abb. 18. Apparat zur Konsistenzmessung nach Greiner.

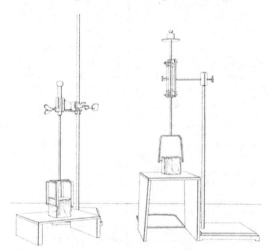

Abb. 19. Schneideapparat (rechts) und Hilfsapparat zur Herstellung des Butterwürfels (links).

Teller beträgt 40 g. Durch Auflegen von Gewichten kann der Druck beliebig erhöht werden. Die Meßergebnisse mit beiden Apparaten lassen ein objektives Urteil über die Konsistenz der Butter zu.

Aus den vielen Versuchen sollen hier in Tabelle 18 einige Meßergebnisse bei schleswig-holsteinischer Butter aufgeführt werden, die die eben gemachten Angaben belegen können. Die drei ersten Proben sind Winterbutter, die anderen 3 stammen aus dem Sommer zur Zeit des Weideganges.

Tabelle 18. Festigkeit verschiedener Butterproben, gemessen mit Hilfe des Greiner- und des Schneideapparates bei 17°.

A. Winterbutter.   B. Sommerbutter.

Nr.	Herkunft des Rahms	Greiner-Grade		Schnittfestigkeit		Nr.	Herkunft des Rahms	Greiner-Grade		Schnittfestigkeit	
		Gewicht g	Grade	Gewicht g	Sek.			Gewicht g	Grade	Gewicht g	Sek.
1	Angeln	300	1,00	200	19,7	4	Ostküste	100	3,2	ohne Zusatz-	17
2	Schwansen	300	1,20	200	20,6	5	,,	100	1,9	gewicht	60
3	Westküste	200	1,00	100	18,8	6	,,	200	1,7	50	29

Bei den Angaben über die Schnittfestigkeit bedeuten die Gewichtsbezeichnungen, daß Zusatzgewichte in der betreffenden Höhe gebraucht worden sind. Die Zahlen in der Tabelle 18 zeigen ganz klar, daß Sommerbutter eine geringere Konsistenz besitzt als Winterbutter. Aber auch innerhalb der beiden Gruppen sind deutliche Unterschiede aufzufinden. Die Winterbutter Nr. 3 ist weicher als die beiden anderen Proben. Sommerbutter Nr. 6 ist dagegen fester als die beiden Vergleichsarten. Mit diesen Meßergebnissen stimmen die gefundenen physikalischen Fettkonstanten und die Jodzahl völlig überein, wie die Tabelle 19 zeigt.

Schmelzpunkt, Erstarrungspunkt, Fließpunkt und Tropfpunkt fallen bei harter Winterbutter (Nr. 1 und 2) sehr hoch aus, Refraktion und Jodzahl dagegen niedrig. Die entsprechenden Kennzahlen für sehr weiche Sommerbutter (Nr. 4 und 5) liegen umgekehrt. Für normale Buttersorten (Nr. 3 und 6) findet man mittlere Werte für die Fettkennzahlen.

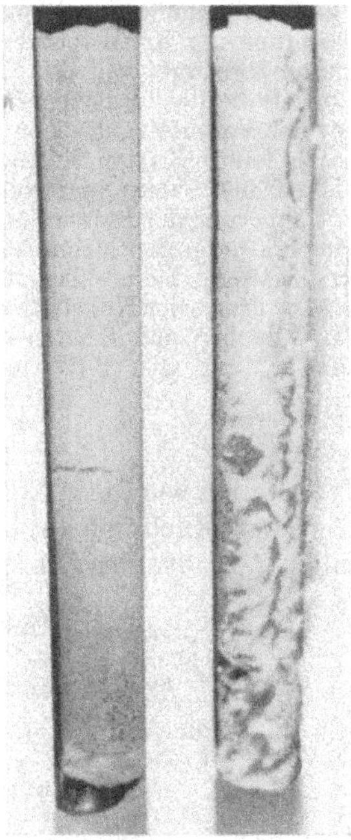

Tabelle 19. Fettkennzahlen von Butter verschiedener Konsistenz.

Kennzahl	Winterbutter, zur Bröckeligkeit neigend	Normale Butter	Sommerbutter, sehr weich
Schmelzpunkt . . .	$36,5^0$	$34,0^0$	$32,9^0$
Erstarrungspunkt .	$23,1^0$	$20,3^0$	$17,7^0$
Fließpunkt	$31,0^0$	$28,8^0$	$27,4^0$
Tropfpunkt	$33,7^0$	$31,1^0$	$28,8^0$
Refraktion	$40,3^0$	$41,5^0$	$44,5^0$
Jodzahl	$27,3^0$	$32,0^0$	$43,1^0$

In der Meierei selbst kann man die Schwankungen der Konsistenz der Butter durch die Art der Rahmbehandlung, der Kühlung, Reifung, Butterungstemperatur, Waschtemperatur bis zu einem gewissen Grade ausgleichen, worauf schon bei der Besprechung des Waschens der Butter kurz hingewiesen ist. In erster Linie ist es gelungen, den Fehler „hartbröcklig" bei zu starker Rüben- und Rübenblattfütterung durch meiereitechnische Behandlung zu beseitigen, und zwar durch Anwendung extrem tiefer Waschwassertemperatur (s. Tabelle 20).

Um zu zeigen, woran man den Fehler „hart-bröcklig" bei einer Butter erkennt, seien in Abb. 20 Stiche von glatter und bröckliger Butter dargestellt.

Abb. 20. Stich I aus glatter geschmeidiger, II aus bröckliger Butter.

Bei zu weicher Butter wird die Festigkeit nicht durch kaltes Waschwasser, sondern vielmehr durch relativ warmes Waschwasser erhöht.

Tabelle 20. Festigkeit verschieden gewaschener Butterproben, gemessen mit Hilfe des Greiner- und des Schneideapparates bei 17^0.
A. Harte und bröckelige Winterbutter.　　　B. Weiche Sommerbutter.

Waschwassertemperatur in Grad	GREINER-Grade Gewicht g	Grade	Schnittfestigkeit Gewicht g	Sek.	Waschwassertemperatur in Grad	GREINER-Grade Gewicht g	Grade	Schnittfestigkeit Gewicht g	Sek.
18	300	1,05	200	53,6	14	200	1,7	50	29
14	300	1,20	200	20,6	10	200	1,9	50	27
4	300	1,45	200	7,5	3	200	3,5	50	4,2
erst 12, dann 4	300	2,05	200	5,1					

Aus den Zahlen der Tabelle 20 gehen diese Tatsachen klar hervor. Diese zunächst sinnwidrig erscheinenden Ergebnisse erklären die beiden Verfasser mit einem Hinweis auf die Erfahrungen bei reinen Krystallisationsvorgängen. Wird ein krystallisierbares Stoffgemisch schnell und stark abgekühlt, so scheiden sich die Krystalle häufig in feinster Verteilung aus. Erfolgt dagegen die Abkühlung langsam, so bilden sich bedeutend größere Krystalle, die im Laufe der Abkühlung langsam wachsen. Ein Gefüge aus kleinen Krystallen besitzt aber eine geringere Festigkeit als ein grobkrystallines Gefüge. Bei einer Übertragung dieser Ansichten auf die Verhältnisse, die durch das Waschen der Butter mit Wasser von verschiedener Temperatur geschaffen werden, ist eine Erklärung der bei den praktischen Arbeiten gefundenen Tatsachen möglich. Mit diesem Hinweis wollen jedoch die beiden Versuchsansteller keine endgültige Erklärung der Erscheinungen geben, da es sich bei der Konsistenzbeeinflussung der Butter ja keineswegs nur um reine Krystallisationsvorgänge im physikalischen Sinne handelt.

Mit Hilfe ihrer Meßmethodik für die Konsistenz der Butter haben W. Mohr und F. Oldenburg gefunden, daß eine Tiefkühlung des Rahmes direkt nach der Erhitzung zur Verbesserung der Konsistenz zu weicher Butter nicht erforderlich ist und eine reine Wasserkühlung genügt, weil die Tiefkühlung bezüglich der Konsistenz des Endproduktes keine Vorteile besitzt. Dagegen übt eine Tiefkühlung nach 8—9stündiger Reifungszeit am Abend vor der Verbutterung einen günstigen Einfluß auf Verfestigung der Konsistenz aus. Übermäßig langes Kneten bei engem Abstand der Knetwalzen und hoher Umdrehungsgeschwindigkeit der Walzen sind von Nachteil für die Konsistenz der Butter. Längere Knetpausen mit Lagerung der Butter bei tieferen Temperaturen sind nicht zu empfehlen. Als Lagerungstemperatur in den Meiereien für kürzere Zeiten genügen 8—10°, um eine gute Konsistenz zu behalten. Tiefere Temperaturen wirken nur verteuernd, ohne bei weicher Butter eine Verbesserung der Konsistenz zu bringen. Die Beeinflussung der Konsistenz der Butter durch das Waschen und Kneten erfordert eine tägliche außerordentlich sorgfältige und scharfe Beobachtung aller Butterungsvorgänge.

2. Farbe.

Ähnlich wie die Konsistenz bei der Butter in der Hauptsache von der Fütterung des Milchviehs abhängig ist, steht auch die natürliche Farbe der Butter mit der Fütterung in engstem Zusammenhang. Als eine natürliche Farbe der

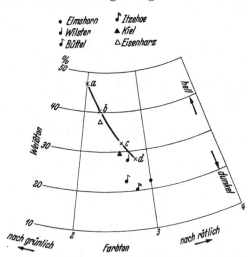

Abb. 21. Farbtöne natürlich gelber Sommerbutter.

Butter ist das Carotin[1] identifiziert worden. Im geringen Maße soll auch das Xanthophyll daran beteiligt sein. Diese Farbstoffe stammen auf jeden Fall aus der pflanzlichen Nahrung und werden also nicht erst im Tierkörper gebildet. Sie gelangen direkt oder auf dem Umwege über das Körperfett oder andere Körperteile in das Milchfett. Alle Futtermittel, die Carotin oder ähnliche Stoffe enthalten, ergeben darum eine mehr oder weniger gelb gefärbte Butter[2]. Bei Verfütterung carotinarmer Futterstoffe erhält man eine schwach oder gar nicht gefärbte (fast weiße) Butter. Zu den ersteren Futtermitteln gehören alle Weide- und Grünfutterpflanzen (auch Silage) und vor allem die Möhren, zu der zweiten Gruppe: Runkelrüben, Kartoffeln, Stroh, die Abfälle der Brennerei, der Zucker- und Stärkefabrikation sowie fast sämtliche Ölkuchen. Diese hauptsächlich im Herbst und Winter gebrauchten Futtermittel zwingen die Meiereien dazu, in diesen Zeiten künstliche Farbstoffe (S. 306) in der Butterei zu verwenden, um den Wünschen der Verbraucher gerecht zu werden, die das ganze Jahr hindurch eine Butter von gleichmäßiger Färbung verlangen. Auf die technische Ausführung dieser Färbung und die

---

[1] Escher: Zeitschr. physiol. Chem. 1913, **83**, 198. — Willstätter u. Escher: Zeitschr. physiol. Chem. 1910, **64**, 42. — Willstätter u. Mieg: Ann. Chem. 1907, **355**, 1.

[2] H. Schellbach (Z. 1927, **53**, 267) stellte bei einer Winter- (Land-) Butter mit auffallend rotgelber Farbe fest, daß die betreffenden Kühe in der fraglichen Zeit vornehmlich mit Mohrrüben neben nur kleinen Mengen Steckrüben gefüttert waren.

damit zusammenhängenden Fragen ist schon bei der Butterherstellung (S. 264) ausführlich eingegangen worden.

Im allgemeinen wird die Präzisierung der Farbe in der Wissenschaft und auch in der Farbindustrie nach dem OSTWALDschen Farbsystem (Bd. II, S. 424) vorgenommen. OSTWALD teilt alle in der Natur vorkommenden Farben in 24 Stufen Vollfarbe ein und erhält sämtliche vorkommenden Zwischenfarben durch Zumischen von Weiß bzw. Schwarz zu den Vollfarben[1].

Tabelle 21. Farbtöne natürlich gelber Sommerbutter.

Herkunft der Butter	Tag der Einlieferung	Farbton nach OSTWALD	Weißton (Blaufilter L III) %
Elmshorn (Holstein) . . .	25. V. 35	3,00	22,2
Wilster ,, . . .	28. V. 35	2,70	28,2
Büttel ,, ...	5. VI. 35	2,67	22,8
Itzehoe ,, ...	5. VI. 35	2,82	20,5
Lehrmeierei Kiel	19. VI. 65	2,57	29,6
Eisenharz (Allgäu)	7. VI. 35	2,27	36,9

Für die Farbe gefärbter Winterbutter gelten nach der Festlegung der Milchwirtschaftlichen Vereinigung (Hauptvereinigung) folgende Farbtöne:

		Farbton	Weißton
Feld Nr. a) Fehlerhaft schwache Färbung . .		2,0	47%
b) Helle Grenze . ⎱ der richtigen		2,2₅	40%
c) Dunkle Grenze ⎰ Färbung		2,6	32%
d) Fehlerhaft starke Färbung		2,8	28%

In der Abb. 21 und der Tabelle 21 sind die Farbtöne ungefärbter und extrem gelber Sommerbutter von verschiedenen Meiereien der Nordmark und Süddeutschlands nach dem OSTWALDschen Farbsystem dargestellt und zugleich die beiden Farbstufen mitangeführt, die als Grenze für gefärbte Butter von der Milchwirtschaftlichen Vereinigung (Hauptvereinigung) neuerdings festgelegt sind[2]. Es sei also noch einmal darauf hingewiesen, daß auf jeden Fall bei der Festlegung des Farbtones für gefärbte Butter ein unnatürliches Überfärben vermieden worden ist.

3. Geruch und Geschmack.

Gute Butter hat einen angenehmen, frischen, aromatischen Geruch, der nicht sauer sein darf, aber doch etwas daran erinnert. Der Geschmack muß dem entsprechen und darf bei schärfster Prüfung keinerlei Neben- oder Beigeschmack hinterlassen. Eine genaue und eindeutige Definierung des Geschmackes ist bei der Butter ebenso unmöglich, wie bei allen ähnlichen Sinneswahrnehmungen. Die Geruchs- und Geschmacksempfindungen lassen sich bisher noch nicht in Zahlen ausdrücken und sind bei den einzelnen Menschen viel zu verschieden.

Nach Einführung der Reinkulturen von Milchsäurebakterien zur Säuerung des Rahmes und den damit erzielten Erfolgen betreffs der Reinheit und Gleichmäßigkeit von Geruch und Geschmack hat es nicht an Versuchen gefehlt, chemisch-analytisch diejenigen Körper zu erfassen, die das der Butter eigentümliche Aroma hervorbringen. Erst 1928 und 1929 gelang es fast gleichzeitig deutschen[3] und holländischen Forschern[4] nachzuweisen, daß der spezifische Stoff

---

[1] Siehe auch W. MOHR und AHRENS: Molkerei-Ztg. Hildesheim 1935, **49**, 104 und 134.

[2] Die Messungen sind für den Farbton mit dem Stufenphotometer und KRÜGERschen Zusatzapparat gemessen worden, für den Weißton mit dem Stufenphotometer und Kugelreflektometer unter Verwendung des Blaufilters L III.

[3] H. SCHMALFUSS u. H. BARTHMEYER: Zeitschr. physiol. Chem. 1928, **176**, 282 und Biochem. Zeitschr. 1929, **216**, 330. — SCHMALFUSS: Diacetyl, Grundlage des Butterdufts. Marg.-Industrie 1932, S. 278.

[4] C. B. VAN NIEL, A. J. KLUYVER u. H. G. DERX: Biochem. Zeitschr. 1929, **210**, 234.

des Butteraromas nicht esterartiger Natur ist, wie man lange Zeit angenommen hatte, sondern daß es ein Diketon, das Diacetyl ($CH_3 \cdot CO \cdot CO \cdot CH_3$) ist. Sie konnten diese Tatsache chemisch beweisen. Dieses Diketon ist entweder ein direktes Stoffwechselprodukt der aromabildenden Milchsäurebakterien (s. Bakteriologie der Milcherzeugnisse bzw. der Butter S. 470) oder es entsteht durch Oxydation aus dem Acetylmethylcarbinol, das in diesem Fall als primäres Stoffwechselprodukt der Bakterien aufzufassen wäre. C. B. van Niel, A. J. Kluyver und H. G. Derx halten diese letztere Entstehungsweise für zutreffend. Nach ihrer Ansicht wird das Acetyl durch Luftsauerstoff oder unter Umständen durch andere Stoffwechselprodukte der Bakterien in Diacetyl übergeführt. H. Schmalfuss und seine Mitarbeiter vertreten die andere Auffassung. Sie konnten das Diacetyl auch in den Reinkulturen für die Butterherstellung in allen Fällen nachweisen. Auch in selbstgesäuerter Milch und in frischer süßer Vorzugsmilch gelang es Schmalfuss, Spuren von Diacetyl nachzuweisen. Auf Grund ihrer Analysen berechneten die Holländer den Diacetylgehalt in hocharomatischer Butter auf 2—4 mg in 1 kg Butter. In aromaärmerer Butter sind die Mengen entsprechend kleiner.

Bei Beurteilung der Butter auf Qualität (besonders Geruch und Geschmack) muß man das Prüfverfahren des Nahrungsmittelchemikers und Milchwirtschaftlers in gewisser Weise voneinander trennen. Vom nahrungsmittelchemischen Standpunkt aus wird die Butter meistens nur beurteilt zu der Zeit, zu der sie im Laden dem Verbraucher angeboten oder abgegeben wird, von milchwirtschaftlicher Seite wird dagegen zwecks Hebung der Qualität der Butter allgemein eine Kontrolle und Beurteilung der Butter nach bestimmten Richtlinien und Zeiten nach der Herstellung vorgenommen.

Folgende Einheitsbestimmungen zur Durchführung der Butter-Preisbewerbe-, -Schauen und -Prüfungen sind kürzlich von der Deutschen Milchwirtschaftlichen Hauptvereinigung[1] bekannt gegeben:

Bestimmungen über einheitliche Durchführung der Butterprüfungen durch die Milchwirtschaftsverbände.

I. Abruf und Einsendung der Butterproben.

a) Die Molkereien haben zur Förderung der Qualitätsverbesserung bei deutscher Butter dem Probenabruf des Milchwirtschaftsverbandes Folge zu leisten. Die angeforderte Menge Butter ist unverzüglich einzusenden. Wird am festgesetzten Absendetag nicht gebuttert, so ist dem Milchwirtschaftsverband hierüber umgehend Mitteilung zu machen, oder wenn es vom Milchwirtschaftsverband bestimmt wird, eine Probe am darauffolgenden Tage einzusenden.

b) Der mit jeder Butterprobe einzusendende Fragebogen, welcher über die Arbeitsweise bei der Herstellung Aufschluß gibt, ist von jeder Molkerei vollständig und wahrheitsgetreu auszufüllen.

c) Die Butterproben sind unter Verwendung des vorgeschriebenen Verpackungsmaterials an die Prüfungsstelle einzusenden, und zwar Tonnenware per Eilgut und Ballenware per Post- und Bahnexpreß.

Werden mit den Butterproben zugleich Rahm-, Säurewecker-, Buttermilchproben, Butterwaschwasser usw., eingefordert, so hat die Einsendung unter Beachtung der vom Milchwirtschaftsverband vorgeschriebenen Entnahme der Proben zu erfolgen.

II. Butterabruf.

Der Butterabruf von den Molkereien hat so zu erfolgen, daß der Rahm für die Prüfungsbutter keine besondere Behandlung mehr erfahren kann.

Werden von den Molkereien, die nicht täglich buttern, die Butterprüfungen nicht regelmäßig beschickt, so sind durch die milchwirtschaftlichen Fachberater anläßlich der Kontrolle von Zeit zu Zeit Proben zu entnehmen.

III. Einheitliche Form und Verpackung der Prüfungsbutter.

Zu den Butterprüfungen sind möglichst Tonnen zu 100 Pfund einzusenden. In solchen Gebieten jedoch, in denen die Durchführung der Tonnenprüfung erhebliche Schwierigkeiten

---

[1] Deutsche Molkerei-Ztg. Kempten 1935, **27**, 999.

bereitet, ist auch die Ballensendung gestattet. Zu jeder Prüfung ist in letzterem Falle ein 4-Pfund-Ballen in einem geruchfreien Karton einzusenden.

Es sind solche Aufklebeadressen zu verwenden, welche einen roten Streifen tragen mit der Aufschrift „Vor Wärme zu schützen".

IV. Lagerung.

Zur Eintragung der festgestellten Absende- und Eingangsdaten sowie etwaiger Zusatz-Vermerke wie „schlecht verpackt" oder „zu spät eingegangen" sind die vorgeschriebenen Listen zu verwenden.

Nach Eintragung der Butterproben in die Listen sind dieselben sofort in einen geeigneten ventilierbaren Kühlraum oder Schrank zu bringen. Die Temperatur in demselben muß sich zwischen 10 und 12° C bewegen und möglichst genau eingehalten werden. Zu diesem Zweck ist im Kühlraum oder -Schrank ein genau gehendes Thermometer anzubringen. Ferner ist darauf zu achten, daß sämtliche Butterproben bei der gleichen Temperatur lagern.

Die Butter wird bis zum 10. Tage bei einer Temperatur von 10—12° C aufbewahrt und dann der Prüfungskommission zur Beurteilung vorgelegt. In Ausnahmefällen kann die Butter am 9. oder 11. Tage beurteilt werden.

V. Prüfungskommissionen.

Jede Prüfungskommission besteht aus einem Vorsitzenden, der Beamter des Milch-wirtschafts- oder Milchversorgungsverbandes oder eines vom Milchwirtschaftsverband be-auftragten Institutes sein muß, und den Richtergruppen, welche vom Milchwirtschaftsver-band bestimmt werden.

Jede Richtergruppe besteht aus:

a) einem Fachberater, der zugleich Protokollführer ist,
b) einem Molkereifachmann,
c) einem Vertreter des Butterhandels.

Zu a): Zu den Butterprüfungen sind vor allem die Fachberater heranzuziehen, die im Außendienst als Berater der Molkereien mit den Aufgaben der Qualitätsförderung der Butter befaßt sind. Stehen für die einzelnen Richtergruppen nicht genügend Fachberater und Ver-treter des Butterhandels zur Verfügung, so sind an deren Stelle Molkereifachleute zu setzen.

Zu b): Innerhalb des Milchwirtschaftsverbandes soll jedem Molkereibetriebsleiter Ge-legenheit geboten werden, an den Butterprüfungen teilzunehmen. Die Leiter der Molkereien sind der Reihe nach abwechselnd zu den Prüfungen einzuladen.

Zu c): Als Vertreter des Handels dürfen nur solche Richter bestimmt werden, bei welchen ein zuverlässiges Urteil in der Bewertung der Butterproben begründeterweise vorausgesetzt werden kann.

Für den Fall, daß Butterrichter selbst Proben zur Prüfung eingesandt haben, hat die Einteilung der Richtergruppen so zu erfolgen, daß die Richter ihre eigene Butter nicht zu beurteilen bekommen.

Zu jeder Butterprüfung hat eine Einladung an einen benachbarten Milchwirtschafts-verband zu erfolgen, von welchem ein Sachverständiger entsandt wird. Das Austauschen der Richter muß dazu beitragen, die Gewinnung der angestrebten einheitlichen Beurteilung zu beschleunigen. Für den Austausch sind stets Richter mit besonderer Sachkenntnis und Erfahrung zu bestimmen.

Das Beurteilen der Butterproben muß mit größter Gewissenhaftigkeit durchgeführt werden.

Am Tage der Butterprüfung bis zu ihrer Beendigung haben sich die Richter des Genusses von Alkohol und des Rauchens zu enthalten.

Die Auslagen der Richter wie Tages-, Übernachtungs- und Reisespesen werden von dem Milchwirtschaftsverband beglichen, der die Butterprüfung angesetzt hat.

Die Auslagen der Austauschrichter werden von dem Milchwirtschaftsverband getragen, dem sie angehören.

Vom Milchwirtschaftsverband nicht geladene Personen haben keinen Zutritt zu den Prüfungsräumen.

VI. Vorarbeiten für die Prüfung.

Die Vorarbeiten für die Prüfung (wie das Auspacken, Numerieren der Proben usw.) dürfen nur von zuverlässigen neutralen Personen, die nicht als Richter tätig sind, ausgeführt werden.

Gesalzene und ungesalzene Proben sind zur Prüfung getrennt aufzulegen.

Butterproben mit Kennzeichen und solche, die infolge falscher Angaben nicht in die richtige Gruppe eingereiht wurden (Salzbutter zu ungesalzener und umgekehrt), sind außer Preisbewerb zu setzen.

Es ist dafür Sorge zu tragen, daß die Hilfsgeräte, wie Butterstecher, Probierlöffel, genügend Papier zum Reinigen der Bohrer und Spatel usw., vorhanden sind.

Außer Kochsalz und Brot, Kaffee und Milch darf während der Prüfung nichts verabreicht werden.

Außerdem sind Listen mit den Namen der Einsender nach Beendigung der Vorarbeiten aus dem Prüfungsraum zu entfernen.

Die Räume, in denen die Butter zur Prüfung aufgelegt wird, sollen hell, luftig und frei von Gerüchen sein, die sich der Butter mitteilen können. Die Raumtemperatur ist so zu halten, daß die Butter vom Auflegen der Probe bis zum Ende der Prüfung nicht leidet.

Solange die Prüfung nicht vollkommen abgeschlossen ist, darf in dem Prüfungsraum nicht geraucht werden.

Wenn keine getrennten Prüfungsräume für die einzelnen Richtergruppen vorhanden sind, sind die Butterproben so aufzulegen, daß die Richtergruppen sich gegenseitig nicht behindern.

VII. Beurteilung der Butter.

A. Die Bildung der Richtergruppen erfolgt durch den Vorsitzenden der Prüfungskommission.

Das Beurteilen der Butter findet ohne Kenntnis der Herkunft statt. Es wird von zwei verschiedenen Richtergruppen nacheinander durchgeführt.

Maßgebend für die Beurteilung ist das Punktierungssystem der Butterverordnung vom 20. Februar 1934 (RGBl. I, 1934, S. 117f.)[1].

Bei der Prüfung der Butter im Aussehen (Farbe) haben sich die Richter an die von der Deutschen milchwirtschaftlichen Vereinigung (Hauptvereinigung) festgelegten Standardfarben zu halten. Bei Butterproben, die zu wenig oder zu stark gefärbt sind, ist 1 Punkt, und bei solchen, die viel zu wenig oder viel zu stark gefärbt sind, 2 Punkte in Abzug zu bringen.

Bevor die einzelnen Richtergruppen mit der Prüfung beginnen, ist die Einheitlichkeit der Beurteilung dadurch anzustreben, daß die Gesamtheit der Richter mindestens drei gleiche Proben gemeinsam vorprüfen. Bei Ungleichheit der Beurteilung entscheidet der Vorsitzende.

B. Einer Richtergruppe sind in der Regel nicht mehr als 50 Proben zur Beurteilung vorzulegen.

Um den Sicherheitsfaktor bei der Beurteilung der Proben zu erhöhen, haben die zwei Richtergruppen immer in entgegengesetzter Reihenfolge zu prüfen.

Die Prüfungsergebnisse und die festgestellten Fehler sind in die vorgedruckten Listen einzutragen. Zur Bekämpfung der Butterfehler ist für die Molkereifachleute von besonderer Bedeutung, daß die festgestellten Fehler richtig benannt werden.

Erzielt eine Probe bei der Prüfung nicht 8 Punkte im Geschmack und 17 Punkte im Gesamturteil, so ist der jeweilige Fehler zu benennen.

In diese Ergebnislisten wird auch der Wassergehalt der Butter, welcher außer der Sinnenprüfung ermittelt wird, eingetragen.

C. Zum Schluß der Prüfung sind die Ergebnisse von zwei neutralen Personen oder den zwei Protokollführern zu vergleichen. Bei etwa vorkommenden Differenzen, welche das Einstufen der Butterproben in eine andere Sorte zur Folge haben könnten, ist eine Nachprüfung durch die beiden Richtergruppen, welche die Butter zuvor beurteilt haben, erforderlich. Außerdem ist eine Nachprüfung notwendig, wenn Differenzen mit 2 Punkten und mehr vorhanden sind. Beträgt die Differenz 1 Punkt, dann gilt die höhere Punktzahl, sofern keine andere Handelsklasse davon abhängt. Eine Nachprüfung erübrigt sich in solchen Fällen, wenn sich durch die Vermerke „Plus und Minus" die Differenzen verringern.

Beim Nachprüfen darf wohl angegeben werden, zwischen welchen Sortenbezeichnungen die Ergebnisse schwanken, nicht aber, welches Urteil die einzelnen Gruppen vorher gaben. Wird beim Nachprüfen keine Einigung erzielt, dann entscheidet der Vorsitzende der Prüfungskommission oder die Stimmenmehrheit.

Die Prüfungsergebnisse sind nach Beendigung der Prüfung von den Richtern zu unterzeichnen.

VIII. Bekanntgabe der Prüfungsergebnisse.

Die Bekanntgabe der Prüfungsergebnisse nach der Prüfung innerhalb der Kommission ist nicht gestattet, denn die Benachrichtigung der Molkereien erfolgt nur durch den Milchwirtschaftsverband.

4. Fehlerhafte Butter.

Bei der bekannten großen Empfindlichkeit der Butter ist es nur natürlich, daß Geruch und Geschmack einer Butter sehr leicht nach einer Seite hin zu beeinflussen sind, die zu einer Verminderung der Güte des Erzeugnisses führt.

---

[1] Siehe unten S. 546.

Daß Butter nicht aus Milch oder Rahm hergestellt werden darf, die nach der ersten Durchführungsverordnung zum Milchgesetz § 3f. zum Schutz der Gesundheit (S. 499) nicht zum Verkehr zugelassen ist, ist wohl selbstverständlich; ebenso selbstverständlich ist es, daß Milch bzw. der daraus gewonnene Rahm nicht auf Butter verarbeitet werden darf, die von Kühen stammt, die mit Futtermitteln gefüttert sind, die ihrerseits stark, besonders in geschmacklicher Beziehung, auf die Milch einwirken. Als solche unbedingt schädlichen Futtermittel sind anzusehen: Ricinuskuchen, verdorbene Ölkuchen, muffige oder verschimmelte Futterstoffe (auch Kraftfutterstoffe), Fenchel, Anis, Lauch (Knoblauch, Zwiebel), stark senfölenthaltende Futtermittel, saure Wiesengräser usw.[1]. Überhaupt kann die Milch durch Verfütterung von Futtermitteln mit ausgeprägtem Eigengeruch schon bei der Gewinnung Geruchsstoffe aufnehmen, die in vielen Fällen in der Butter trotz der meiereitechnischen Behandlung wieder hervortreten.

In Gegenden, in denen in starkem Maße Rüben — mögen es nun Zuckerrüben oder Futterrüben sein — in den Herbst- und Wintermonaten gefüttert werden, tritt häufig in dieser Zeit der so sehr gefürchtete Rübengeruch und -geschmack in der Butter auf. Eine Erklärung für das Auftreten dieses Fehlers ist schon von verschiedenen Seiten versucht worden. Von einigen Versuchsanstellern wird die Entstehung des Rübengeruchs und -geschmacks in Milchprodukten zur Hauptsache auf Bakterien und deren Stoffwechselprodukte zurückgeführt[2]. Daneben wird auch ein direkter Übergang von Geschmacksstoffen aus der Nahrung durch den Tierkörper in die Milch angenommen, ferner die Aufnahme des Geruchs aus der Luft des Stalles[3]. Neuere Untersuchungen eines Holländers[4] ergaben, daß der Geschmacksstoff, der der Milch bei starker Rübenfütterung den unangenehmen Geruch und Geschmack gibt, Trimethylamin ist, das entweder in den Rüben vorhanden ist oder zum mindesten durch Zersetzung irgendwelcher Bestandteile der Rüben (des Betains) entsteht. Nach den Erfahrungen des Physikalischen Instituts der Preußischen Versuchs und Forschungsanstalt für Milchwirtschaft in Kiel läßt sich der Rübengeruch und -geschmack bei der Butter durch Zentrifugieren der Milch bei hohen Temperaturen[5] (60^0), gutes und hohes Erhitzen des Rahmes auf mindestens 95^0, gute Entlüftung auf offenem Kühler, Verwendung einer guten Reinkultur und aufmerksame Leitung der Reifung des Rahmes und der Butterung (auf kleines Butterkorn und gutes Auswaschen) meiereitechnisch sicher beseitigen. Das gleiche Verfahren empfiehlt sich auch bei dem Übergang von Geruchs- und Geschmacksstoffen aus anderen Futtermitteln, z. B. schlecht gesäuertem Sauerfutter, Kohl- und Wasserrüben, rohen Kartoffeln, unentbitterten Lupinen, nassen Biertrebern und Schlempe, sofern letztere nicht bereits zuviel Fuselöle enthalten und in größeren Mengen als 40 kg pro Tier gefüttert werden, (dann ölige, bittere Butter).

In einzelnen Gebieten treten Geschmacksfehler in der Butter (ölig, tranig) auf, wenn das Milchvieh im Sommer auf Weiden ausgetrieben wird, die in starkem Maße mit Sumpfschachtelhalm (Duwock) bestanden sind. Bei Verfütterung von duwockhaltiger Grassilage tritt der Geschmacksfehler etwas zurück. Die Konsistenz der Butter ist aber, wie schon früher bemerkt, stets sehr weich. Dorschmehl, wie auch die übrigen Fischmehle geben, im Übermaß verfüttert, der Butter einen bitteren Nachgeschmack. Verfütterung großer Mengen Lupinensilage machen die Butter talgig schmeckend.

---

[1] Siehe auch Begründung und Verordnung über das Inkrafttreten der Milchgesetze und der ersten Verordnung des Milchgesetzes vom 15. Mai 1931; Kommentar NATHUSIUS-NELSON S. 256.

[2] WEIGMANN: Landw. Jahrb. 1908, 37, 261; 1914, 46, 343. — Milchw. Zentralbl. 1917, 46, 81. [3] W. MOHR u. BOCHOW: Molkerei-Ztg. Hildesheim 1929, 43, 961 u. 983.

[4] P. POST: Z. 1931, 61, 171 u. Pharm. Weekbl. 1930, 67, 1309.

[5] C. HÜTTIG, A. EICHSTÄDT u. H. F. HAHN: Milchw. Ztg. Berlin 1933, 38, 81.

Unter den zahlreichen Fehlern im Geschmack der Butter tritt oftmals auch der sog. Kochgeschmack in Erscheinung, der dem Verbraucher in vielen Fällen nicht erwünscht ist. Besonders in frischer Butter tritt dieser Geschmacksfehler häufig stark zutage und überdeckt das Aroma der Butter vollständig. Durch möglichst kurze Verbindung zwischen Rahmerhitzer und offenem Kühler (sofortige Kühlung und Entlüftung des Rahmes) läßt sich dieser Geschmacksfehler weitgehend mildern. In den allermeisten Fällen verschwindet er in spätestens 4 Tagen völlig. Nur, wenn die für die Reinkultur verwendete Milch übermäßig gekocht ist und die Kultur selbst sehr schwach aromatisch ist, wird der Kochgeschmack in der Butter auch bei längerer Lagerung noch im Vordergrund stehen[1]. Zwecks Beseitigung des Fehlers „Kochgeschmack" in der Butter durch Erhitzung der für die Reinkultur zur Verwendung kommenden Milch auf nur 70⁰ für $^1/_2$ Stunde siehe auch den Abschnitt Butterherstellung (S. 245).

Geringe Mengen von Kupfer-, Eisen-, Zink- und Cadmium-Verbindungen (z. B. 10 mg je Liter in dem zu verarbeitenden Rahm) rufen nach G. Schwarz und E. Müller[2] in der Butter einen im Laufe der Lagerung immer deutlicher werdenden „metallischen" Beigeschmack hervor. Diese Metallsalze beschleunigen die oxydative Zersetzung des Butterfettes, wirken auch als Katalysatoren auf die Zersetzung des Lecithins und sind in erster Linie ebenfalls die Ursache für den bei Dauerbutter, die bei niedriger Temperatur gelagert ist, häufig auftretenden fischigen Geschmack. Der Einfluß der genannten Metalle auf die Butter tritt am stärksten hervor, wenn sie bzw. ihre Salze bereits beim Säuern und Reifen im Rahm vorhanden sind, weniger stark, aber immerhin auch noch ausgeprägt, wenn sie mit dem Waschwasser beim Kneten in die Butter gelangen.

Aus dem Grunde ist auch die Behandlung des Butterwaschwassers nach dem Katadynverfahren, das in bakteriologischer Beziehung eine gute Wirkung hervorrufen kann, nicht empfehlenswert, da geringe Mengen Silber mit in das Waschwasser hineingehen und der Butter einen metallisch-öligen Geschmack verleihen.

Ein öliger Geschmack in der Butter wird auch durch Übersäuern der Kultur und des Rahmes herbeigeführt, unabhängig davon, ob die Kulturherstellung bzw. die Rahmsäuerung bakteriologisch einwandfrei erfolgt ist oder nicht[3] (s. Tabelle 22).

Tabelle 22. Auftreten des Butterfehlers „ölig" bei Verwendung mild saurer bzw. stark saurer Rahmsäuerungskultur und bei Verbutterung übersäuerten Rahmes.

Nr. der Proben	Verwendete Reinkultur	Rahm vor dem Buttern		Beurteilung des Rahms	Beurteilung der Butter nach 14 Tagen	
		S.H.	p_H		Geruch	Geschmack
1	mild sauer. 31,5 S.H.	27,5	4,62	normal sauer	hochfein	hochfein
2	p_H 4,52	33,0	4,32	übersäuert	säuerlich	leicht ölig
3	stark sauer. 39,5 S.H.	28,0	4,58	normal sauer	hochfein	ganz leicht unrein
4	p_H 4,26	32,4	4,35	übersäuert	säuerlich	stark ölig

Im Gegensatz dazu konnte ein Öligwerden der Butter durch Überfärben oder Überkneten, wie es von der Praxis vielfach angenommen wurde, nach Versuchen von W. Mohr und A. Eichstädt[4] nicht festgestellt werden.

---

[1] Oldenburg u. Habermann: Milchw. Ztg. Berlin 1932, **37**, 549.
[2] G. Schwarz u. E. Müller: Milchw. Forschungen 1933, **15**, 320.
[3] W. Mohr u. A. Eichstädt: Milchw. Ztg. Berlin 1933, **38**, 969.
[4] W. Mohr u. A. Eichstädt: Milchw. Ztg. Berlin 1934, **39**, Nr. 12.

Ebenso hat sich nicht die früher so häufig geäußerte Vermutung bestätigt, daß durch starkes Rühren des Rahmes während der Reifung, durch das unter Umständen viel Luft in den Rahm hineingebracht wird, ein öliger Geschmack der Butter hervorgerufen wird. Falls in derartigen Fällen ein bitterer, öliger Geschmack auftritt, ist er auf Übersäuerung zurückzuführen; ein Fehler, der allerdings dem Fachmann in solchen Fällen leicht unterläuft. Bei starkem Rühren des Rahmes während der Reifung wirkt sich der größere Luftgehalt im Rahm nämlich dahingehend aus, daß einmal der Rahm nicht so sämig erscheint wie normal und zweitens der Säuregrad bei der Titration zu niedrig ausfällt. Die Kontrolle durch Bestimmung der p_H-Zahl beweist, daß trotz des niedrigen titrierten Säuregrades der Rahm in den meisten Fällen bereits völlig durchgereift und gesäuert ist und bei Säuerung bis zu dem sonst normalen Aussehen bereits eine Übersäuerung stattgefunden hat.

Ein bitterer Geschmack in der Butter kann durch Verwendung ungeeigneten Salzes, insbesondere mit zu hohem Gehalt an Magnesiumsalzen hervorgerufen werden.

Fehlerhafte Butter wird ferner durch die direkte Einwirkung von Licht hervorgerufen. Dabei ist es nicht einmal erforderlich, daß Butter dem Sonnenlicht direkt ausgesetzt wird, sondern es genügt schon zum Auftreten des Fehlers, wenn die Butter mehrere Stunden hinter einer Glasscheibe dem diffusen Tageslicht ausgesetzt wird oder die Milch bzw. der Rahm längerer Einwirkung des Lichtes ausgesetzt ist. Es ist selbstverständlich, daß der Fehler schneller und stärker auftritt, falls die Butter unmittelbar von den Sonnenstrahlen getroffen wird. Der bei der Einwirkung von Licht auftretende Geruch und Geschmack ist für die Art der Veränderung so eigentümlich, daß man am besten von einem typisch sonnenbestrahlten Geruch und Geschmack sprechen muß. Vielfach wird der Fehler auch als brandig oder brenzlich bezeichnet.

Eine ganz ähnliche Veränderung erfährt Butter durch Ozon. Diese Tatsache ist außerordentlich wichtig für die Einlagerung von Butter, da es in vielen Kühlhäusern mitunter üblich ist, während der Einlagerung von Nahrungsmitteln die Räume durch mehrfaches Ozonisieren frei von muffigen und dumpfigen Gerüchen zu erhalten.

Butter mit „käsigem" oder „saurem" Geschmack wird erhalten, wenn zuviel Buttermilchbestandteile (Eiweiß) in der Butter zurückgeblieben sind, also besonders, wenn sehr stark übersäuert ist, so daß das Casein geflockt ist oder zu weit gebuttert bzw. das Butterkorn schlecht gewaschen ist.

Auf die Konsistenzfehler „schmierig", „wasserlässig" usw., auf den Fehler „bunt" ist bereits bei der technischen Butterherstellung (S. 257f.) bzw. bei den physikalischen Eigenschaften der Butter (S. 275f.) eingegangen worden. Desgleichen erübrigt es sich an dieser Stelle eingehend auf die durch bakteriologische Verunreinigung hervorgerufenen und in verschiedener Weise sich im Geruch und Geschmack äußernden Fehler, wie malzig, seifig, hefig, parfümranzig, einzugehen, da sie im Kapitel „Bakteriologie der Butter" (S. 471) eingehend beschrieben sind. Es genügt hier, darauf hinzuweisen, daß unsachgemäße Behandlung des Säureweckers, nicht einwandfreies Erhitzen des Rahmes, Reinfektionen des erhitzten Rahmes durch bakteriologisch unsaubere Rohrleitungen, Geräte (z. B. Säurewecker, Butterfertiger) nach der Erhitzung, Zugabe von zurückgelieferter, nicht verkaufter Trinkmilch oder Sahne zum einwandfrei erhitzten und mit Reinkultur angesäuertem Rahm, Waschen des Butterkorns mit bakteriologisch nicht einwandfreiem Wasser und Verwendung bakteriologisch ungeeigneter Hilfsstoffe wie Salz, Farbe, Pergamentpapier, Herstellung oder Lagerung der Butter in bakteriologisch ungeeigneter Luft (Verunreinigung der Räume) usw. bakterielle Fehler hervorrufen können. Peinlichste Sauberkeit in jeder Beziehung, ständige mechanische und bakteriologisch einwandfreie Reinigung aller mit dem Rahm oder der Butter in Berührung kommenden Gegenstände wird immer Vorbedingung für die Vermeidung von Fehlern bakteriologischer Art sein.

5. Verdorbene Butter.

Jede Butter erleidet beim Lagern früher oder später Veränderungen, die den Geruch und Geschmack beeinträchtigen und sie schließlich für den menschlichen Genuß unbrauchbar machen können. Die Veränderungen oder die Zersetzung der Fettsubstanzen werden durch chemische oder enzymatische oder bakterielle Einflüsse herbeigeführt. Dabei wirken höhere Temperaturen, Licht, Sauerstoff und Katalysatoren, wie Spuren von Metallsalzen außerordentlich beschleunigend auf den Zersetzungsprozeß ein. Zum Teil sind die im vorigen Abschnitt aufgeführten Fehler als Vorläufer eines schnellen Verderbens der Butter aufzufassen, zum Teil ist die Butter bei Auftreten der entsprechenden Fehler bereits als verdorben zu bezeichnen.

Für den Verbraucher und den Nahrungsmittelchemiker sowie den Butterhändler und Butterhersteller ist es eine sehr wichtige Frage, wann eine Butter als verdorben und damit für den menschlichen Genuß als nicht mehr verwendbar bezeichnet werden kann. Nach einem Urteil des Oberlandesgerichts Dresden vom 27. Juni 1906 ist für den Begriff Verdorbenheit völlige Unbrauchbarkeit, Ungenießbarkeit oder sogar Gesundheitsschädlichkeit des Nahrungsmittels nicht erforderlich. Es genügt nach diesem Gerichtsurteil, um eine Verdorbenheit festzustellen, wenn der normale Zustand zum schlechteren verändert ist und eine verminderte Tauglichkeit und Verwendbarkeit besteht. Bei Butter selbst wird zunächst die richtige Deklarierung der Handelssorten nach der Butterverordnung vom 20. Februar 1934 (S. 262) geprüft werden müssen, wobei natürlich als selbstverständlich vorauszusetzen ist, daß eine rein äußerlich unansehnliche Butter, die grobe Verschmutzung, Schimmelbildung, starke Verfärbung aufweist, ebenso von vornherein als verdorben anzusehen ist wie eine geschmacklich etwa faulige, sehr stark ölig metallisch schmeckende od. dgl. fehlerhafte Butter.

Wenn auch in den letzten Jahren von K. Täufel und seinen Mitarbeitern sehr wertvolle Beiträge zur direkten chemischen Analyse von chemisch veränderter, verdorbener Butter geliefert worden sind und wenn auch auf der anderen Seite von Henneberg, Richter, Damm (s. Kapitel Bakteriologie der Butter, S. 471) in den letzten Jahren sehr wertvolle Arbeiten über die mikrobiologische Flora der Butter und Arbeiten zur vorzeitigen Erkennung eines schnellen Verderbens der Butter durch mikrobiologische Methoden geliefert worden sind, so sind beide Methoden, sowohl der chemische als auch der bakteriologische Nachweis noch keineswegs in ihrer Auswertung so absolut eindeutig, daß man sich unbedingt darauf verlassen könnte und auf Geruch- und Geschmackprüfungen verzichten könnte (s. auch Abschnitt Nachweis der Verdorbenheit der Butter S. 303). Das beste Mittel zur Erkennung einer verdorbenen Butter ist immer noch die Sinnesprüfung auf Geruch und Geschmack, soweit sie erhebliche Abweichungen von einer normalen Beschaffenheit erkennen läßt; sie läßt auch in den meisten Fällen in dem frühesten Zustande das Verdorbensein einer Butter erkennen.

C. Bestandteile der Butter.

1. Fett.

Der Hauptbestandteil einer Butter ist das Fett. Sein Anteil darf nach den gesetzlichen Vorschriften 80% nicht unterschreiten, in den meisten Fällen schwankt der Wert zwischen 84 und 82%.

Die physikalischen Kennzahlen und die chemische Zusammensetzung des Butterfettes sind entsprechend der Mannigfaltigkeit der Fütterungseinflüsse, der Milchviehrassen und der Laktationsperiode relativ großen Schwankungen unterworfen. Das Spezifische Gewicht liegt bei 15° zwischen 0,926—0,940. Schmelzpunkt und Erstarrungspunkt sind bei Butterfetten großen Schwankungen unterworfen. Im physikalischen Sinne kann man von einem Schmelz- und Erstarrungspunkt überhaupt nicht reden, da beim Schmelzpunkt die Temperatur, bei der die letzten Teile der am höchsten schmelzenden oder sich lösenden Fettanteile flüssig werden, gemessen wird. Erstarrungspunkt und Schmelzpunkt sind entsprechend der Zusammensetzung des Fettes als kompliziertes Glycerid-Gemisch nicht identisch. Als Erstarrungspunkt bezeichnet man allgemein die Temperatur, bis zu der während des Abkühlens des Fettes unter bestimmten Bedingungen, beim Festwerden der Hauptmenge, das Thermometer nach der Unterkühlung wieder ansteigt. Angaben über Kennzahlen (Erstarrungspunkt, Schmelzpunkt) in der Literatur sind, wenn nicht gleichzeitig die Methoden angegeben werden, nach der die Bestimmung ausgeführt worden ist, wertlos, da bei Ausführung der Bestimmung nach verschiedenen Methoden sehr unterschiedliche Werte erhalten werden können. Der Schmelzpunkt schwankt bei verschiedenen Fetten, auch nach derselben Methode[1] in relativ weiten Grenzen, zwischen 32 und 37°; für den Erstarrungspunkt[2] werden als tiefster und höchster Grenzwert die Temperaturen von 17 und 23° angegeben.

Als weitere Kennzahlen zur Beurteilung eines Butterfettes und seines physikalischen Verhaltens benutzt man den Fließ- und Tropfpunkt nach UBBELOHDE[3]. Der Fließpunkt schwankt zwischen 26,5 und 31,0°, der Tropfpunkt zwischen 28 und 34°. Die Bestimmung dieser beiden Kennzahlen ist aber nur dann vergleichbar, wenn die zur Aufnahme des Fettes dienenden kleinen Glasnippel eine genau gleiche Auslauföffnung besitzen und nach der Füllung mit Fett immer bei der gleichen Temperatur aufbewahrt werden.

Zur Kennzeichnung des Butterfettes zieht man auch den Lichtbrechungsindex bei 40° heran. Die Bestimmung erfolgt mit dem Butterrefraktometer nach ZEISS. Die Werte für die Refraktion bei 40° werden in Skalenteilen angegeben und liegen zwischen 40 und 47.

Die chemische Zusammensetzung des Butterfettes wird in Band IV des Handbuches ausführlicher behandelt werden. Hier sollen nur einige Hinweise erfolgen. Schon 1823 wurde von CHEVREUIL[4] gezeigt, daß das Butterfett ein Gemisch von Glyceriden ist. Er trennte bereits die in der Butter enthaltenen Fettsäuren in flüchtige und nicht flüchtige. Ferner unterschied er bei den nicht flüchtigen Säuren feste und flüssige. In den folgenden 100 Jahren haben immer wieder neue Chemiker versucht, die Fettsäuren zu isolieren und einzeln zu bestimmen. Im Laufe der Zeit gelang es, die Anwesenheit einer ganzen Reihe von Fettsäuren festzustellen. Es sind dies 4 flüchtige Säuren: Buttersäure, Capronsäure, Caprylsäure und die Caprinsäure. Ferner wurden nachgewiesen 5 nicht flüchtige gesättigte Fettsäuren: Laurinsäure, Myristinsäure, Palmitinsäure, Stearinsäure und Arachinsäure. Gleichfalls nachgewiesen wurde als flüssige ungesättigte Säure die Ölsäure. A. GRÜN und Mitarbeiter[5] wiesen im Butterfett geringe Mengen Decen-, Dodecen-, Tetradecen- und Hexadecensäure nach. BOSWORTH und BROWN[6] wollen ferner ein Gemisch von gesättigten Fettsäuren

[1] W. MOHR: Milchw. Forsch. 1924, 2, 24.
[2] O. RAHN: Milchw. Forsch. 1924, 1, 15; 2, 24.
[3] L. UBBELOHDE: Zeitschr. angew. Chem. 1905, 18, 1220.
[4] FLEISCHMANN-WEIGMANN: Lehrbuch der Milchwirtschaft, 7. Aufl., S. 96. 1932.
[5] A. GRÜN u. TH. WIRTH: Ber. Deutsch. Chem. Ges. 1922, 55, 2197. — A. GRÜN u. R. WINKLER: Zeitschr. angew. Chem. 1924, 37, 228. — A. GRÜN: Fettanalyse 1925, 1, 7.
[6] BOSWORTH u. BROWN: Journ. biol. Chemistry 1933, 103, 115.

mit hohem Molekulargewicht isoliert haben, das zur Hauptsache aus Ligno-
cerinsäure, Behensäure und Cerotinsäure bestand. Eckstein[1] analysierte zur
gleichen Zeit einige andere Butterfette und fand darin Linolsäure und Linolen-
säure.

Die quantitativen Verhältnisse sind analytisch noch nicht einwandfrei
geklärt, so daß die in der Literatur vorhandenen Zahlen über die Zusammensetzung des Butterfettes mit einiger Vorsicht aufzunehmen sind, besonders da
sie häufig auch noch auf Berechnungen beruhen. Siehe darüber Bd. IV.

2. Organisches Nichtfett.

Die anderen Bestandteile der Butter: Wasser, Stickstoffverbindungen,
Milchzucker, Milchsäure und Mineralstoffe findet man in stets wechselnden Mengen, je nach Herkunft und Behandlung der Butter.

Die Stickstoffverbindungen der Butter bestehen zum größten Teil aus
Casein, daneben soll nach einigen Angaben noch wenig Albumin vorhanden
sein. Die meisten Analysen von Butter führen diese Bestandteile nicht getrennt
auf, sondern geben nur Gesamt-Eiweiß an. Die Höhe des Eiweißgehaltes
schwankt. A. Burr und Wagner[2] fanden in sibirischer Butter 0,15—1,15%
Eiweiß. Untersuchungen an schleswig-holsteinischer Butter[3] ergaben 0,25 bis
0,57% Eiweiß.

Der Milchzucker ist auch in stets wechselnden Mengen vorhanden. Für
den anfänglich vorhandenen Betrag ist die Säuerung des Rahmes und die Behandlung der Butter im Butterfaß maßgebend. Später im Laufe der Lagerung
nimmt der Gehalt an Milchzucker durch die Lebenstätigkeit der Milchsäurebakterien ab. In den schon erwähnten Untersuchungen an schleswig-holsteinischer
Butter wurden zu Anfang 0,18—0,65% Milchzucker gefunden. Nach 14tägiger
Aufbewahrung war diese Menge in den meisten Fällen bis auf etwa die Hälfte
zurückgegangen.

Die in der Butter vorhandene Milchsäure wird fast nur in amerikanischen
Analysen angegeben. Nach Hunziker[4] beträgt der Milchsäuregehalt bei Sauerrahmbutter etwa 0,14—0,16%. Unter Umständen soll er jedoch 0,4 und 0,5%
erreichen können. Zahlen für deutsche Butter sind nicht vorhanden. Auch
bei einzelnen Versuchen, Butterfehler mit Hilfe der chemischen Analyse aufzuklären, ist dieser Bestandteil nicht bestimmt oder berechnet worden.

Über die Zusammensetzung der Mineralstoffe in der Butter liegen auch
nur wenige Angaben vor. W. Fleischmann gibt für die Zusammensetzung
der Asche von ungesalzener gut ausgekneteter Butter aus saurem Rahm folgende
Werte an, die auch von Hunziker übernommen worden sind:

Tabelle 23. Zusammensetzung der Asche von Butter.

Kaliumoxyd (K_2O) . . 19,329%	Phosphorpentoxyd (P_2O_5) 44,277%
Natriumoxyd (Na_2O) . . 7,714%	Chlor (Cl) 2,604%
Calciumoxyd (CaO) . . 23,092%	Eisen, Schwefelsäure
Magnesiumoxyd (MgO) . 3,287%	und Verluste 0,288%

Ein Vergleich mit den Aschenanalysen der Vollmilch ergibt, daß die löslichen
Bestandteile zum Teil durch das Waschen aus der Butter entfernt werden,
während die Phosphate in ihr zurückbleiben.

[1] Eckstein: Journ. Biol. Chem. 1933, 103, 135.
[2] Burr u. Wagner: Molkerei-Ztg. Hildesheim 1931, 45, 1443.
[3] Schlag: Milchw. Ztg. Berlin 1932, 37, 1581.
[4] Hunziker: The Butter Industry, 2. Aufl., S. 466. 1927.

3. Vitamingehalt.

Mit der natürlichen Farbe der Butter, so weit sie auf Carotin zurückzuführen ist, ist der Gehalt an Provitamin A verknüpft. Außerdem enthält die Butter (farbloses) Vitamin A selbst, das seinerseits aus dem Provitamin A (z. B. Carotin) des Futters durch Umwandlung im Tierkörper entstanden und mit der Milch ausgeschieden worden ist. Es ist nicht sicher erwiesen, daß der Vitamin-A-Gehalt mit dem Carotingehalt (Provitamin-A-Gehalt) parallel geht. Erwiesen ist, daß diese beiden Stoffe in der Milch verschiedener Rinderrassen in ganz verschiedenem Verhältnis stehen. Man entnimmt dies z. B. den Angaben bei J. W. WILBUR, HILTON und HAUGE[1].

Über die jahreszeitlichen Schwankungen liegt z. B. folgendes Material vor[2], das auf spektroskopischen quantitativen Bestimmungen beruht, die sowohl für Carotin (Provitamin-A-Gehalt) als auch für Vitamin A als recht zuverlässig anzusprechen sind:

In 1 g Winterbutter finden sich je nach der Rasse 4,3—7,8 γ Carotin (Provitamin A) und 5,1—10,1 γ Vitamin A, in 1 g Sommerbutter je nach Rasse 5,5—17,0 γ Carotin und 8,5—15,1 γ Vitamin A.

Die individuellen Schwankungen von Tier zu Tier können 100% betragen; im allgemeinen geht der Carotingehalt dem Vitamin-A-Gehalt bei Butter nicht streng proportional. Dies geht auch zum Teil aus den Untersuchungen von BOOTH, KON, DANN und MOORE[3], wenn auch nicht so deutlich, hervor. Dort wurden Carotin und Carotin + Vitamin A auf optischem Wege quantitativ bestimmt. Natürlich hat auch die Art der Winterfütterung einen beträchtlichen Einfluß; G. BISHOP und C. DRUMMOND[4], die Carotin, Xanthophyll und Vitamin A getrennt spektroskopisch bestimmten, kamen zu dem Ergebnis, daß bei Verfütterung von Gras, das nach besonderem Verfahren getrocknet ist, der Gehalt der Butter an diesen drei Stoffen im Winter nicht geringer ist als im Sommer. (Es sei bemerkt, daß auch hier die gefundenen Werte für den Vitamin A-Gehalt zwischen 2 und 9 γ auf 1 g Butterfett liegen). Grassilage wirkt nicht so günstig[5]. Immerhin könnte in diesem Zusammenhang der bei uns sich mehr und mehr durchsetzende Silobetrieb auch hinsichtlich anderer Grünfuttermittel eine Situation schaffen, die allen Vitamin-A-Spekulationen ohnehin den Boden entzieht, obgleich diese auch jetzt schon unhaltbar sind (Einzelheiten darüber s. bei MOHR und AHRENS)[6]. Als zweites fettlösliches Vitamin gelangt Vitamin D bzw. das Provitamin (Ergosterin) aus der Milch in die Butter. Da in verseifbaren Anteilen des Butterfettes Vitamin-D wirksame Anteile gefunden wurden, während der Hauptanteil dem Unverseifbaren angehört[7], ist noch nicht restlos erwiesen, ob die Vitamin-D-Wirksamkeit der Butter auf nur einen einzigen Stoff zurückgeführt werden kann. Hieraus ergibt sich eine gewisse Unsicherheit in den zahlenmäßigen Angaben des Vitamin-D-Gehalts in der Butter in der Literatur. Die Bestimmungen erfolgen im Tierversuch an Ratten (Rattenschutzversuch) nach SCHEUNERT und SCHIEBLICH[8]. Man findet z. B. folgende zahlenmäßige Angabe (nach SCHIEBLICH[9]): 1,5 g Butterfett je Tag und Ratte gewährt noch keinen genügenden Rachitisschutz.

[1] J. W. WILBUR, HILTON u. HAUGE: Journ. Dairy Science 1933, **16**, 153.
[2] BAUMANN, STEENBOCK, BEESON, RUPEL: Fettlösliche Vitamine: Der Einfluß der Zucht und der Ernährung von Kühen auf den Carotin- und Vitamin-A-Gehalt von Butter. Journ. Biol. Chem. 1933, **103**, 339.
[3] BOOTH, KON, DANN u. MOORE: Biochem. Journ. 1933, **27**, 1189.
[4] G. BISHOP u. C. DRUMMOND: Biochem. Journ. 1933, **27**, 878.
[5] Vgl. hierzu auch A. STAFFE: Österr. Milchw. Ztg. 1933, **40**, 269.
[6] W. MOHR u. AHRENS: Milchw. Ztg. Berlin 1935, **40**, 1190.
[7] Biochem. Journ. **27**, 1302 u. **28**, 111 u. 121.
[8] A. SCHEUNERT u. M. SCHIEBLICH: Biochem. Zeitschr. 1929, **209**, 290.
[9] M. SCHIEBLICH: Die Tierernährung 1934, **6**, 71.

D. Zusammensetzung der Butter.

A. BURR[1] gibt auf Grund seiner jahrelangen Erfahrungen die Zusammensetzung ungesalzener Butter im Mittel mit folgenden Zahlen an:

Fett 84%	Die Trockenmasse setzt sich zusammen aus:	
Buttermilchbestandteile . . . 16%	Eiweiß 0,54%	
davon Wasser. 14,7%	Milchzucker (+ Milchsäure) . . 0,65%	
Trockenmasse. 1,3%	Salze. 0,11%	

Eine größere Anzahl von Butteranalysen wurde 1932 von H. SCHLAG[2] ausgeführt. An Hand der Analysen sollte der Versuch gemacht werden, die bei den Butterprüfungen der Schleswig-Holsteinischen Meierei-Verbände festgestellten Butterfehler aufzuklären. Von den zahlreichen Untersuchungen sind 20 in Tabelle 24 zusammengestellt, um zu zeigen, daß es nicht möglich ist, aus der chemischen Zusammensetzung Rückschlüsse auf die Herstellung oder die dabei gemachten Fehler zu ziehen. Auch eine Arbeit von FRIELINGHAUS[3] und eine weitere von BURR[4] versuchen das gleiche Ziel zu erreichen, ohne letzten Endes allgemein gültige Zusammenhänge zu finden.

E. Untersuchungsverfahren für Butter[5].

In diesem Abschnitte werden nur die Untersuchungsverfahren behandelt, die sich auf die Bestimmung der Bestandteile der Butter beziehen, während bezüglich der Zusammensetzung des Butterfettes auf Bd. IV verwiesen sei.

Probeentnahme. Für die Probeentnahme bedient man sich zweckmäßig eines Stechbohrers. Die an verschiedenen Stellen des Gebindes (Buttervorrat) entnommene Menge soll nicht unter 125 g betragen. Bei abgepackter Butter ist die Entnahme von mindestens einer Packung erforderlich. Die einzelnen Proben sind mit den Handelsbezeichnungen zu versehen. Zur Aufbewahrung und zum Versand eignen sich am besten Gefäße von Porzellan, glasiertem Ton, Steingut oder von dunkel gefärbtem Glase, die sofort durch einwandfreie Stopfen möglichst luftdicht zu verschließen und lichtdicht zu verpacken sind.

Die Sinnenprüfung erfolgt zweckmäßig gleich bei der Probeentnahme durch einen Sachverständigen in Anlehnung an die Bestimmungen der Butterverordnung (S. 546). Besteht der Verdacht, daß die Güte der Butter der Kennzeichnung nicht entspricht, so ist zur weiteren sachverständigen Beurteilung mindestens eine Probe von 500 g zu entnehmen. Eingewickelte Packungen sind bei der Probeentnahme möglichst nicht zu öffnen.

Vorbereitung der Probe. Die Gesamtprobe ist in einer Pulverflasche auf dem Wasserbad bei 45° zu schmelzen. Hierauf wird die Probe etwa 1 Minute lang geschüttelt und dann rasch in kleine, etwa 10 mm weite und 100 mm lange Glasröhrchen gegossen. Die etwa 4 g Butter fassenden Röhrchen sind unten mit einem Gummistopfen zu verschließen und in einer Kältemischung aufzubewahren.

Die nachstehend aufgeführten Untersuchungsverfahren sind zum Teil den „Entwürfen zu Festsetzungen über Lebensmittel, Heft 2: Speisefette und

---

[1] Angabe nach FLEISCHMANN-WEIGMANN: Lehrbuch der Milchwirtschaft, 7. Aufl., 1932, S. 634.

[2] H. SCHLAG: Milchw. Ztg. Berlin 1932, **37**, Nr. 49a.

[3] W. FRIELINGHAUS: Molkerei-Ztg. Hildesheim 1932, **46**, 665.

[4] A. BURR: Milchw. Ztg. 1931, **36**, 1157.

[5] Für die Untersuchung der Butter ist in der Bekanntmachung des Reichskanzlers vom 1. April 1898 (Zentralbl. f. d. Deutsche Reich 1898, **26**, 201—216; Z. 1898, **1**, 439) eine amtliche Anweisung zur chemischen Untersuchung von Butter ergangen, deren Methoden aber zum Teil heute als veraltet anzusehen sind.

Tabelle 24. Analysen schleswig-holsteinischer Butter.

Nr.	Punktzahl	Bewertung	Wasser %	Natriumchlorid		Asche		Milchzucker		Gesamteiweiß (N × 6,37) %	Säuregrade (100 g Fett ccm n NaOH)	Butterfehler
				direkt bestimmt %	in der Asche bestimmt %	lösliche %	unlösliche %	sofort %	nach 14 Tagen %			
1	15	hochfein	13,7	0,76	0,68	0,79	0,05	0,25	0,17	0,23	0,6	—
2	15	„	14,7	0,44	0,34	0,45	0,04	0,28	0,15	0,40	0,6	—
3	15	„	15,3	0,67	0,58	0,64	0,03	0,58	0,50	0,25	0,55	—
4	14	„	15,3	0,44	0,34	0,35	0,04	0,18	0,18	0,44	0,8	—
5	14	„	15,1	0,46	0,34	0,43	0,04	0,18	0,18	0,48	0,65	—
6	14	„	15,0	0,47	0,36	0,48	0,02	0,32	0,24	0,32	0,65	—
7	11	gut	15,4	0,70	0,58	0,70	0,05	0,29	0,14	0,51	0,65	käsig, unrein, alt
8	11	„	14,3	0,58	0,44	0,57	0,03	0,22	0,06	0,44	0,7	ölig
9	11	„	12,3	0,46	0,47	0,50	0,06	0,15	0,12	0,63	0,7	metallisch-ölig, wasserlässig
10	11	„	13,2	0,46	0,42	0,52	0,02	0,22	0,14	0,41	0,7	säuerlich, hefig, wasserlässig
11	10½	„	15,5	0,50	0,40	0,51	0,05	0,35	0,10	0,23	0,8	käsig, unrein
12	10½	„	15,3	0,44	0,37	0,45	0,07	0,35	0,12	0,25	0,8	käsig, altschmeckend
13	10	„	15,1	0,62	0,50	0,62	0,05	0,08	0,04	0,48	0,8	ölig, metallisch
14	10	„	15,4	0,49	0,44	0,56	0,04	0,05	0,05	0,51	0,7	brandig, unrein
15	10	„	15,4	0,58	0,42	0,55	0,04	0,56	—	0,49	0,75	talgig, leicht ranzig
16	10	„	14,7	0,41	0,39	0,49	0,06	0,66	—	0,51	0,85	talgig, sauer
17	9	fehlerhaft	13,8	0,50	0,46	0,51	0,06	0,35	0,25	0,38	0,55	altschmeckend, unrein
18	9	„	12,0	0,55	0,46	0,57	0,03	0,05	0,03	0,46	0,75	wasserlässig, trübe Lake
19	8½	„	14,8	0,01	0,01	0,06	0,06	0,05	0,05	0,51	1,1	total käsig
20	8	„	14,9	0,70	0,62	0,64	0,05	0,57	0,33	0,63	3,2	ranzig, stark unrein

Speiseöle" (Berlin: Julius Springer 1912) entnommen, bzw. nach diesen von Prof. Dr. Schwarz-Kiel zusammen mit Prof. Dr. Nottbohm-Hamburg aufgestellt und sollen die Grundlage zur künftigen Vereinheitlichung der Untersuchungsverfahren für Butter bilden.

1. Bestimmung des Wassers.

a) 5—8 g Butter werden in eine mit Deckel versehene, flache und etwas geglühten Seesand enthaltende Nickelschale abgewogen und $1/_2$ Stunde lang bei 105⁰ getrocknet. Nach Festellung des Gewichtes ist eine weitere Viertelstunde zu trocknen. Trocknen und Wägen sind bis zur Gewichtskonstanz zu wiederholen. Zu langes Trocknen ist zu vermeiden, da alsdann durch Oxydation des Fettes wieder Gewichtszunahme eintritt.

Abb. 22. Kölbchen zur Wasserbestimmung nach Boysen.

b) Verfahren von H. Boysen[1]. Die Butter wird im Vakuum (10—30 mm Hg) bei etwa 100⁰ getrocknet. Da sie unter vermindertem Druck stark schäumt, verwendet er Kölbchen mit einem besonderen Rohraufsatz (Abb. 22), die ein Verspritzen beim Schäumen verhüten.

In diese Kölbchen werden 2 g Butter eingewogen. Die Bestimmung ist nach 1—1$1/_2$ Stunden beendet. Die Werte sind sehr genau, da eine Oxydation während der Trocknung vermieden wird.

c) Schnellverfahren mittels Butterwasserwaagen. Zur Bestimmung des Wassergehaltes von Butter werden in der Praxis vielfach einfache Vorrichtungen verwendet, bei denen das Wasser aus der in kleinen (Nickel- oder Aluminium-) Bechern befindlichen Butter durch direktes Erhitzen mit einer Gas- oder Spiritusflamme ausgetrieben und der so entstandene Gewichtsverlust

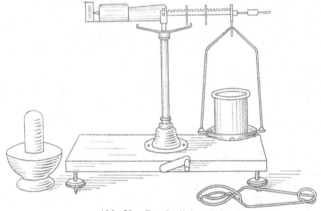

Abb. 23. „Perplex"-Apparat.

durch einfache Waagen verschiedener Art festgestellt wird. Da die Ergebnisse dieser sehr schnell ausführbaren Verfahren von denen des unter a) beschriebenen genaueren Verfahrens nur wenig — etwa 0,1—0,2% — abweichen, kann das Verfahren auch als Vorprobe im chemischen Laboratorium verwendet werden.

Man kann sich zur Bestimmung des Gewichtsverlustes natürlich auch der gewöhnlichen Analysenwaagen bedienen. Für die Praxis sind für diesen Zweck der von L. Müller[2] vorgeschlagene „Perplex"-Apparat, ferner die Universal-

---

[1] H. Boysen: Milchw. Forsch. 1927, **4**, 249.   [2] L. Müller: Z. 1908, **16**, 725.

waage „Superior" und die „Butter-Wasserwaage" von E. Wörner[1] und W. Mohr[2] empfohlen worden[3].

Der „Perplex-Apparat" (Abb. 23) besteht aus einer ungleicharmigen Waage nach Art der WESTPHALschen Waage. Der Waagebalken mit der Waageschale ist mit 20 Einkerbungen zur Aufnahme der beiden Reitergewichte von 2 und 0,2 g versehen, sodaß jede Einkerbung 1% Wasser für den großen und 0,1% für den kleinen Reiter entspricht; außerdem ist ein Anhängewicht von 10 g zur Tarierung, entsprechend den anzuwendenden 10 g Butter, beigegeben. Zur Aufnahme der letzteren dient ein Nickel- oder Aluminiumbecher. Zur Ausführung der Wasserbestimmung wird die Waage mit Becher und dem 10 g-Gewicht austariert, dann werden nach Entfernung des Gewichtes genau 10 g Butter eingewogen. Darauf wird der Becher mit Hilfe einer Zange über einer nicht zu starken Gas- oder Spiritusflamme unter ständigem vorsichtigem Umschwenken so lange erhitzt, bis die Butter aufhört zu schäumen und der Bodensatz sich leicht gebräunt hat; ein etwas zu langes Erhitzen ändert das Ergebnis der Bestimmung nicht wesentlich[4]. Nach kurzem Erhitzen wird der Becher auf die Waagschale gestellt und durch Anhängung der beiden Reitergewichte die Waage wiederum in die Gleichgewichtslage gebracht. Die an den betreffenden Stellen des Waagebalkens befindlichen Zahlen geben unmittelbar den Wassergehalt in ganzen und $1/10$ Prozenten an. Bei Margarine brennen die Proteine leicht in dem Metallbecher fest; man vermeidet dies nach L. MÜLLER dadurch, daß man den Becher nicht über freier Flamme, sondern über einer Asbestplatte von 3 mm Dicke erhitzt.

Die Wasserbestimmung mit der Universalwaage „Superior" geschieht in ähnlicher Weise, die „Butter-Wasserwaage" von E. Wörner und W. Mohr sind abgeänderte Briefwaagen, bei denen aus der Zeigerstellung vor und nach dem Erhitzen der Butter unmittelbar der prozentuale Wassergehalt abgelesen werden kann.

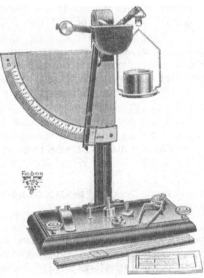

Abb. 24. Waage zur Wasserbestimmung nach W. Mohr.

2. Bestimmung der fettfreien Trockensubstanz.

Zur Bestimmung der fettfreien Trockensubstanz oder des „wasserfreien Nichtfettes" [Casein + Milchzucker + Mineralstoffe (Asche)] werden 5—10 g Butter in einem flachen Wägeglase unter häufigem Umschütteln im Trockenschranke bei 100° vom größten Teile des Wassers befreit; nach dem Erkalten wird das Fett mit absol. Alkohol und Äther gelöst, der Rückstand durch ein tariertes Filter von bekanntem geringem Aschengehalt filtriert und mit Äther hinreichend nachgewaschen. Das Filter mit dem Rückstande wird in dem benutzten Wägeglase getrocknet und gewogen; die Gewichtszunahme ergibt die Menge der wasserfreien Trockensubstanz oder des „wasserfreien Nichtfettes" (Casein + Milchzucker + Mineralstoffe + etwa vorhandenes sonstiges Nichtfett).

3. Bestimmung des Fettes.

Der Fettgehalt der Butter kann bestimmt werden:

a) Indirekt, indem man den Gehalt an Wasser + fettfreier Trockensubstanz von 100 abzieht.

[1] E. Wörner: Z. 1912, 24, 741.

[2] Schulz u. Funke: Deutsch. Molk.-Ztg. Kempten 1931, Nr. 11.

[3] Der „Perplex"-Apparat wird von der Firma Paul Funke & Co. in Berlin N 65, Fritz-Schulz-Str. 5, die „Superior"-Waage von Dr. N. Gerber & Co. in Leipzig in den Handel gebracht.

[4] G. Fendler u. W. Stüber (Z. 1909, 17, 90) empfehlen zur Feststellung des Endpunktes der Wasserverdampfung das öftere Aufdecken eines kalten Uhrglases auf den Becher, das einen Beschlag aufweist, solange das Wasser noch nicht vollständig verdunstet ist.

b) direkt nach einem der folgenden gewichtsanalytischen Verfahren:

α) Durch Eindampfen und Wägen eines aliquoten Teils der bei der Bestimmung der wasserfreien Trockensubstanz (des wasserfreien Nichtfettes) erhaltenen alkoholisch-ätherischen Lösung.

β) Nach dem Röse-Gottliebschen Prinzip. A. Hesse[1], A. Burr[2] und A. Froehner[3] haben die Anwendung des Roese-Gotliebschen Verfahrens zur Fettbestimmung in der Milch auch für die Bestimmung des Fettes in der Butter vorgeschlagen. Man verfährt wie folgt:

Etwa 1,0—1,1 g Butter werden mit einem Spatel aus einer abgewogenen Buttermenge herausgenommen (Differenzwägung) und mit 10 ccm heißem Wasser durch einen kurzen Trichter in ein graduiertes Rohr nach Röse-Gottlieb übergeführt. Nach Zugabe von 1 ccm Ammoniak und 10 ccm Alkohol wird das Gemisch solange geschüttelt, bis sich die Eiweißstoffe gelöst haben. Nach dem Abkühlen werden 25 ccm Äther und nach dem Durchschütteln 25 ccm Petroläther zugegeben und nochmals durchgeschüttelt. Sobald die Fettlösung klar geworden ist, hebert man sie in ein Kölbchen ab, schüttelt darauf die wäßrige Flüssigkeit mit 50 ccm einer Mischung gleicher Teile Äther und Petroläther und fügt nach vollständigem Absetzen und Klarwerden der ätherischen Lösung diese zu der ersten Abhebung im Fettkölbchen. Darauf verdunstet man den Äther und Petroläther und wägt das zurückgebliebene Fett nach der Trocknung.

γ) Nach dem Verfahren von J. Grossfeld[4]. In 5 g Butter wird das Fett mittels Trichloräthylens ausgezogen und nach Bd. II, S. 829 bestimmt.

δ) Für technische Zwecke kann die Fettbestimmung auch butyrometrisch in besonderen Butter-Butyrometern erfolgen.

4. Bestimmung der Stickstoffsubstanz.

Diese läßt sich nicht gut direkt nach der Methode von Kjeldahl vornehmen, da die Masse dabei in sehr starkes Schäumen gerät. Man verfährt deshalb in der Weise, daß man etwa 10 g Butter schmilzt und mit 20 ccm eines Gemisches aus gleichen Teilen Alkohol und Äther versetzt. Dann filtriert man durch ein quantitatives Filter und wäscht mit Äther, bis die Hauptmenge des Fettes entfernt ist. Vollkommen fettfrei brauchen Filter und Rückstand nicht zu sein. Filter und Rückstand werden zusammen nach Kjeldahl verbrannt. Durch Multiplikation mit dem Faktor 6,39 errechnet man aus der Stickstoffmenge den Gehalt an Casein.

5. Bestimmung des Milchzuckers.

Der Milchzucker kann auf indirektem Wege durch Differenzbildung bestimmt werden. Nach Ermittlung der Gesamtmenge des wasserfreien Nichtfettes, nach Bestimmung des Caseins und der Mineralstoffe ergibt der Unterschied gegen die Gesamtsumme den Milchzuckergehalt. Analytisch genau läßt sich der Milchzucker in einem wäßrigen Auszuge einer bestimmten abgewogenen Menge Butter ermitteln: 5—10 g Butter werden in einem Schütteltrichter mit heißem Wasser mehrfach ausgezogen. In den vereinigten wäßrigen Auszügen wird der Milchzucker wie bei Milch (S. 137) bestimmt.

6. Bestimmung der Säure.

Bei der Säurebestimmung ist zwischen der im Fett und der im Serum der Butter zu unterscheiden.

---

[1] A. Hesse: Z. 1904, 8, 673.   [2] A. Burr: Z. 1905, 10, 286.
[3] A. Froehner: Chem.-Ztg. 1906, 30, 1250.
[4] J. Grossfeld: Z. 1924, 47, 420 u. 1925, 49, 286.

Für die Ermittelung des Milchsäuregehaltes werden 50 g Butter bei 40^0 ausgeschmolzen; nach dem Absetzen der nicht fetten festen Bestandteile, das durch Zentrifugieren nach dem Schmelzen stark beschleunigt und vervollständigt werden kann, wird das klare Fett abgegossen und das abgeschiedene Serum mit Natronlauge und Phenolphthalein titriert. Verwendet man nach SOXHLET HENKEL 0,25 n-Natronlauge, so hat man die erhaltene Anzahl ccm Natronlauge mit 0,0225 zu multiplizieren und erhält dann die Milchsäure in g ausgedrückt. Bei der Methode nach THÖRNER titriert man mit 0,1 n-Natronlauge. Der Faktor für die Umrechnung ist in diesem Fall 0,009.

In mancher Hinsicht kann es von Bedeutung sein, den Gehalt der Butter an freien Fettsäuren zu kennen. Man bestimmt ihn wie folgt: 5—10 g Fett werden in 30—40 ccm einer neutralisierten Mischung gleicher Raumteile Alkohol und Äther gelöst und nach Zugabe von 1 ccm einer 1%igen alkoholischen Phenolphthaleinlösung mit 0,1 n-Alkalilauge titriert. Tritt während der Titration eine Abscheidung von Fett ein, so ist noch mehr Alkohol-Äther zuzusetzen.

Die freien Fettsäuren werden in „Säuregraden" ausgedrückt, wobei man unter den Säuregraden eines Fettes die ccm n-Alkalilauge versteht, die zur Neutralisation von 100 g Fett erforderlich sind.

7. Bestimmung der Mineralstoffe (Asche).

Das Filter mit der fettfreien Trockensubstanz (2) wird in einer Platinschale wie üblich unter Auslaugen der Asche (Bd. II, S. 1210) verascht.

a) Bestimmung des „organischen Nichtfettes". Zieht man den Gehalt an Mineralstoffen von der Gesamtmenge an Casein + Milchzucker + Mineralstoffe ab, so erhält man die Menge des im wesentlichen aus Casein und Milchzucker bestehenden „organischen Nichtfettes".

b) Bestimmung des Chlors. α) Die Asche wird mit heißem Wasser aufgenommen, in ein 100-ccm-Meßkölbchen gebracht und die Lösung nach dem Erkalten bis zur Marke aufgefüllt. 25 ccm der Flüssigkeit werden nach Zusatz von Kaliumchromat mit 0,1 n-Silbernitrat bis zur bleibenden Rotfärbung titriert. 1 ccm 0,1 n-Silbernitratlösung = 3,55 mg Chlor, entsprechend 5,85 mg Natriumchlorid.

Vgl. auch Bd. II, S. 1240.

β) Für technische Zwecke verfährt man nach REICHARDT[1] wie folgt: 10 g Butter werden im Scheidetrichter mit 100 ccm warmem Wasser geschüttelt. Nach Ablassen der wäßrigen Flüssigkeit wird die Butter noch dreimal mit insgesamt 100 ccm warmem Wasser behandelt. Die vereinigten Waschwässer werden klar filtriert und in einem aliquoten Teil der Chlorgehalt mit 0,1 n-Silbernitratlösung bestimmt.

F. Überwachung des Verkehrs mit Butter.

In diesem Abschnitte handelt es sich lediglich darum, die Butter und die Buttermilch, wie sie in den Verkehr gelangen, auf ihre einwandfreie Beschaffenheit zu prüfen und die hierfür dienenden besonderen Untersuchungsverfahren näher zu beschreiben.

Als Zuwiderhandlungen gegen das Lebensmittelgesetz, das sog. Margarinegesetz vom 15. Juni 1897 (Bd. IV) und das Milchgesetz (S. 490) bzw. die Butterverordnung vom 20. Februar 1934 (S. 546) kommen vorwiegend in Betracht: Zusatz von Margarine und sonstigen Fremdfetten, das In-den-Verkehrbringen

---

[1] REICHARDT: Arch. Pharm. 1877, **207**, 343.

von Butter mit zu niedrigem Fett- und zu hohem Wassergehalt, Zusatz von Konservierungs- und Neutralisationsmitteln, Wiederauffrischung von Butter, Verkauf von Molkenbutter als Rahmbutter und Verdorbenheit, endlich falsche Kennzeichnung der Handelsklassen nach der Butterverordnung.

Über den Nachweis von Margarine und sonstigen Fremdfetten siehe Bd. IV, über die Beurteilung der Handelsklassen von Butter nach der Butterverordnung S. 263 und über die einheitliche Durchführung der Butterprüfungen S. 284.

Im übrigen kommen vorwiegend die noch folgenden Untersuchungsverfahren in Betracht.

1. Prüfung auf Fett- und Wassergehalt.

Über den Fett- und Wassergehalt hat der Reichskanzler folgende Bekanntmachung vom 1. März 1902[1] erlassen.

„Auf Grund des § 11 des Gesetzes betr. den Verkehr mit Butter usw. vom 15. Juni 1897 (RGBl. S. 475) hat der Bundesrat beschlossen:

Butter, welche in 100 Gewichtsteilen weniger als 80 Gewichtsteile Fett oder im ungesalzenen Zustande mehr als 18 Gewichtsteile, im gesalzenen Zustande mehr als 16 Gewichtsteile Wasser enthält, darf vom 1. Juli 1902 ab gewerbsmäßig nicht verkauft und feilgehalten werden."

Bei der Kontrolle der Butter auf Grund dieser Vorschrift bestimmt man den Fettgehalt nach den S. 297f. angegebenen Verfahren.

In der Regel begnügt man sich zunächst mit einer Bestimmung des Wassergehaltes, weil, wenn dieser der Vorschrift entspricht, auch der Fettgehalt in der Regel innerhalb der vorgeschriebenen Grenzen liegt.

Für die Bestimmung des Wassergehaltes ist in den allermeisten Fällen die übliche Schnellmethode (S. 296) ausreichend. In Grenzfällen dürfte es sich jedoch empfehlen, die Methode von H. Boysen (S. 296) anzuwenden, mit der man in solchen Fällen die einwandfreiesten Ergebnisse erhält und die nicht durch starkes Verbrennen der Eiweißstoffe und Überhitzung des Fettes einen höheren Wassergehalt vortäuschen kann.

Über die zulässige Höhe des Kochsalzgehaltes sind Vorschriften nicht erlassen. Eine Beanstandung wegen eines zu hohen Salzgehaltes wird nur in ganz seltenen Fällen in Frage kommen, weil der Verbraucher eine Butter, die etwa zum Zweck der Verfälschung mit Kochsalz beschwert worden ist, schon ihres Geschmackes wegen ablehnen wird. Die Bestimmung des Salzgehaltes kann nach den S. 299 angegebenen Verfahren erfolgen.

Es sei an dieser Stelle auf interessante Feststellungen von A. Burr[2] hingewiesen, die ergeben haben, daß der Geschmack bezüglich des Salzgehaltes stark täuschen kann. Wie die Zahlen in Tabelle 25 zeigen, wurden bei Butterprüfungen häufig Proben als zu salzig bezeichnet, die weniger Salz enthielten als unbeanstandete Proben.

Tabelle 25. Als salzig schmeckend beurteilte Butterproben.

Nr.	Wasser %	Natrium-chlorid %	Beurteilung nach dem Geschmack	Nr.	Wasser %	Natrium-chlorid %	Beurteilung nach dem Geschmack
1	16,3	1,63	übersalzen	6	13,2	0,94	fein, gesalzen
2	13,0	1,29	scharf gesalzen	7	15,1	1,53	fein, gesalzen
3	—	1,01	scharf gesalzen	8	16,3	1,63	übersalzen
4	14,7	1,28	scharf gesalzen	9	14,7	1,28	stark gesalzen
5	14,3	0,67	herbe versalzen	10	13,0	1,29	scharf gesalzen

[1] Deutscher Reichsanzeiger Nr. 54 vom 4. März 1902; Z. 1902, 5, 395.
[2] A. Burr: Milchw. Ztg. Berlin 1931, 36, 1157.

2. Prüfung auf Konservierungsmittel.

Der Zusatz von chemischen Konservierungsmitteln (außer Kochsalz) ist zwar bei der Butter nicht wie bei den unter das Fleischbeschaugesetz vom 3. Juni 1900 fallenden übrigen Speisefetten tierischen Ursprungs (einschließlich Margarine) gesetzlich ausdrücklich verboten (S. 969), er ist aber auf Grund des Lebensmittelgesetzes zu beanstanden.

Als Konservierungsmittel für Butter kommen vorwiegend Borsäure, Fluorwasserstoffsäure, Benzoesäure und deren Salze sowie die Ester der Benzoesäure in Frage[1]. Da diese Verbindungen, wenn sie wirksam sein sollen, vorwiegend in der in der Butter vorhandenen wäßrigen Flüssigkeit gelöst sein müssen, so kann man für den Nachweis mit Vorteil die beim Schmelzen der Butter sich abscheidende wäßrige Schicht verwenden. Man verfährt unter Verwendung dieser wäßrigen Schicht zum Nachweise der obigen Konservierungsmittel zweckmäßig nach den für Borsäure auf S. 744, für Fluorwasserstoffsäure auf S. 746 und für Benzoesäure, ihre Salze und Ester nach den S. 752 und Bd. II, S. 1130 angegebenen Verfahren.

3. Prüfung auf Neutralisationsmittel.

Die Anwendung von Neutralisationsmitteln (Hydroxyde u. Carbonate der Alkalien und Erdalkalien) kommt bei Butter nicht in Frage, sondern nur bei Butterschmalz und wiederaufgefrischter Butter. Über die bei diesen Fetten zum Nachweise von Neutralisationsmitteln anzuwendenden Verfahren s. Band IV.

4. Prüfung auf fremde Farbstoffe.

Der natürliche gelbe Farbstoff der Butter ist das Carotin (S. 282)[2]. Zur künstlichen Färbung verwendet man heute fast ausschließlich Auflösungen von Orlean- oder künstlichen Farbstoffen in fetten Ölen, die vor dem Verbuttern dem Rahm zugesetzt werden und mehr oder weniger in das Butterfett übergehen. Farbstoffe, die nicht in Öl gelöst sind, gehen zum Teil auch in die wäßrige Flüssigkeit der Butter über, infolgedessen ist dann auch die sich beim Schmelzen der Butter abscheidende wäßrige Schicht gefärbt.

a) Prüfung des Fettes. In Anlehnung an die Untersuchungen von A. R. LEEDS[3] verfährt A. BIANCHI[4], wie folgt:

25—30 g Butterfett werden mit 50—60 ccm Methylalkohol auf dem Wasserbade am Rückflußkühler 1 Stunde gekocht, nach dem Abkühlen $1/4$ Stunde in Eiswasser gestellt und filtriert. Ungefärbte Butter liefert hierbei ein farbloses oder nur ganz schwach gelbes Filtrat; zugesetzte fremde Farbstoffe gehen dagegen in die methylalkoholische Lösung über. Je 10 Tropfen des Filtrates werden in drei kleinen Porzellanschälchen fast zur Trockne verdampft und zu den Rückständen je ein Tropfen konz. Schwefelsäure, Salpetersäure und Salzsäure zulaufen gelassen, die dabei auftretende Farbenreaktion wird beobachtet. Ungefärbte Butter zeigt hierbei ebenfalls schwache Farbreaktionen. Tabelle 26

---

[1] In der Bekanntmachung des Reichskanzlers vom 1. April 1898, betr. Anweisung zur chemischen Untersuchung von Fetten und Käsen (Zentralbl. d. f. Deutsche Reich 1898, **26**, 201; Z. 1898, **1**, 439) sind Anweisungen zum Nachweis von Borsäure, Salicylsäure und Formaldehyd in Butter gegeben, die zwar formell noch maßgebend sind, aber durch die Anweisungen in den Ausführungsbestimmungen D vom 22. Februar 1908 zum Fleischbeschaugesetz vom 3. Juni 1900 (S. 744) überholt sind.

[2] Über eine auffallend rotgelb gefärbte Butter nach reichlicher Fütterung von Mohrrüben siehe S. 282, Anmerkung 2.

[3] A. R. LEEDS: Analyst 1887, **12**, 150. — Siehe Bd. II, S. 1186.

[4] A. BIANCHI: Annali Chim. appl. 1916, **5**, 1; C. 1917, II, 326.

gibt die hierbei auftretenden Reaktionen der Butter sowie der wichtigsten zum
Färben der Butter verwendeten Farbstoffe an.

Tabelle 26. Reaktionen gelber Farbstoffe nach A. Bianchi.

Farbstoff	Schwefelsäure (konz.)	Salpetersäure (konz.)	Salzsäure (konz.)
Natürliches gelbes Butterfett	schwach carmoisinrosa	schwach rosa	nach längerem Stehen sehr schwach rosa
Saflor	grün, blau, dann violett	flüchtig blau, über hellgelb in farblos	keine Reaktion
Curcuma	rotviolett	rotviolett, bald verschwindend	rotviolett, mit Ammoniak rotbraun
Safran	dunkelblau, schnell über rotviolett in rotbraun	blau, plötzlich über grün in rötlich	keine Reaktion
Mohrrüben	braunviolett, purpurn, violett, braun	dunkelgelb, dann hellgelb	hellbraun
Orlean (Anatto) [1]	indigoblau, in violett übergehend	blau, dann farblos	keine Reaktion (nur leicht schmutziggelb oder braun)
Martiusgelb	gelb, in Rot übergehend	gelb mit roten Tröpfchen	gelber Niederschlag, mit Ammoniak orangerot werdend
Victoriagelb	braun, auf Zusatz von Ammoniak gelb	braun, auf Zusatz von Ammoniak gelb	farblos, auf Zusatz von Ammoniak gelb
Anilingelb	keine Reaktion	keine Reaktion	keine Reaktion
Sudangelb	carmoisinrot	carmoisinrot	rot
Metanilgelb	carmoisinrot	carmoisinrot bis violett	carmoisinrot
Buttergelb	rot, plötzlich in gelb übergehend, auf Wasserzusatz wieder rot	carmoisinrot	carmoisinrot

b) Prüfung der wäßrigen Schicht. Wenn diese eine gelbe Färbung
zeigt, so führt man mit der klar filtrierten Flüssigkeit folgende Reaktionen aus:

α) Bewirkt ein Zusatz von Ammoniak oder Alkalien eine Braun- oder Braunrotfärbung
der Flüssigkeit, so ist die Butter mit Curcuma gefärbt.

β) Wird die Flüssigkeit auf Zusatz von konz. Schwefelsäure blau und scheiden sich
auf Zusatz von Wasser schmutziggrüne Flocken aus, so deutet dies auf Orlean hin; geht
dagegen die blaue Färbung bald in Lila oder Violettbraun über und bewirkt in einer anderen
Probe Citronensäure eine grasgrüne Färbung, so ist auf Saflor zu schließen.

γ) Entsteht auf Zusatz von Salzsäure ein krystallinischer, gelber Niederschlag unter
gleichzeitiger Entfärbung der Flüssigkeit, so war Victoriagelb (Dinitrokresolkalium,
Safransurrogat) zugesetzt; dieses geht durch Schütteln der wäßrigen Flüssigkeit mit Benzol
in letzteres über und färbt es gelb. Tritt beim Bilden des gelben Niederschlages keine Entfärbung der Flüssigkeit ein, so ist Martiusgelb vorhanden; ein Zusatz von Natriumhydroxyd zu einer anderen Probe bewirkt dann einen rotbraunen Niederschlag.

δ) Bildet sich auf Zusatz von Eisenchlorid ein flockiger Niederschlag von schwärzlich
brauner Farbe, so sollen Ringelblumen (Calendula), entsteht eine braunschwarze Färbung,
so soll Saflor, entsteht eine dunkelbraunrote Färbung, so soll Safran verwendet sein.
Im übrigen vgl. auch Bd. II, S. 1184 und 1191.

Die künstliche Färbung der Butter ist seit langem üblich; sie ist daher, wenn
sie mit unschädlichen Farbstoffen erfolgt, nicht zu beanstanden. Gleichwohl
kann es Fälle geben, wo auch die künstliche Färbung mit unschädlichen Farbstoffen als Fälschung zu beanstanden ist, nämlich da, wo z. B. eine alte künstlich
gefärbte Winterbutter als Maibutter oder frische Grasbutter verkauft wurde.

Färbung mit schädlichen Farbstoffen ist selbstverständlich unstatthaft.

---

[1] Nach A. R. Leeds: Analyst 1887, **12**, 150; siehe Bd. II, S. 1186.

5. Prüfung auf Diacetylzusatz.

Über die Beurteilung des Diacetylzusatzes zu Butter siehe S. 266.

a) Nachweis nach H. SCHMALFUSS und H. BARTHMEYER[1]. 1 kg Butter wird mit 650 g gesättigter Natriumchloridlösung in einem 5-Liter-Kolben kurz geschüttelt. Der Kolben wird nun mit einem absteigenden LIEBIG-Kühler von 1 m Länge unter Zwischenschaltung einer Spritzfalle verbunden. Vor dem Erhitzen wird die Luft durch mit Natriumbicarbonat gewaschenes Kohlendioxyd verdrängt. Danach wird der Kolben zuerst auf etwa 110°, später bis auf 150° erhitzt. Es werden zweimal je 50 ccm übergetrieben. Zuerst werden die zuletzt entnommenen 50 ccm mit Natriumchlorid gesättigt und in der gleichen Weise, nur in entsprechend kleinerer Apparatur, nochmals wie oben erhitzt. Die zuerst übergehenden 8 ccm werden einzeln aufgefangen; sie dürfen kein Diacetyl enthalten. In den entsprechenden 8 ccm der zuerst übergegangenen 50 ccm wird das Diacetyl als Nickel-diacetyl-dioximin gefällt und in einer kleinen Glasfilternutsche gesammelt. Der Schmelzpunkt und der Mischschmelzpunkt mit synthetischem Diacetyldioxim liegt für eine Schmelzpunktbestimmung im geschlossenen Röhrchen bei 235°.

b) Bestimmung. H. SCHMALFUSS und H. RETHORN[2] haben neuerdings auch eine Vorschrift zur Bestimmung des Diacetyls als Nickel-diacetyl-dioximin bekanntgegeben, auf die hiermit verwiesen sei.

6. Prüfung auf wiederaufgefrischte Butter.

Wiederaufgefrischte Butter (S. 269) ist meistens eine künstliche Mischung aus Butterfett und Milch anderen Ursprungs. Ferner stammt das Butterfett fast ausschließlich von altschmeckender oder sogar ranziger Butter. Über die Erkennung solcher Butter liegen aus der amerikanischen Literatur einige Arbeiten vor, die eine ausführliche Beschreibung in einer Arbeit von A. BÖMER[3] gefunden haben. Der Nachweis ist außerordentlich schwer zu führen. Neben den Ergebnissen der Sinnenprüfung kann ein auffallend niedriger Säuregrad des Butterfettes bei abnormem Geruch und Geschmack einen Anhaltspunkt geben. Zur weiteren Identifizierung wird eine Beobachtung unter dem Polarisationsmikroskop empfohlen.

Es mag möglich sein, eine wiederaufgefrischte Butter von einer guten Butter zu unterscheiden, die Methoden versagen aber, wenn eine Vermischung der beiden Sorten stattgefunden hat. Im übrigen dürfte die Gefahr, daß in Deutschland wiederaufgefrischte Butter in den Verkehr kommt, nicht sehr groß sein.

7. Unterscheidung von Rahm- und Molkenbutter.

Eine analytische Unterscheidung zwischen diesen beiden Buttersorten (S. 269) ist recht schwierig. In der Mehrzahl der Fälle wird allein schon die Sinnenprobe eine Trennung ermöglichen. Der Hauptunterschied, der chemisch erfaßbar ist, liegt in der Zusammensetzung der Buttermilch[4].

8. Prüfung auf Verdorbenheit.

Verdorben ist eine Butter, wenn sie starke Fehler im Geruch, Geschmack oder Aussehen aufweist, die sie für den menschlichen Genuß ungeeignet machen. Die frühere Anschauung, daß die Ranzigkeit einer Butter durch den Gehalt an freien Fettsäuren — man sah früher 8 Säuregrade als Grenzwert an — bedingt

[1] H. SCHMALFUSS u. H. BARTHMEYER: Z. 1932, 63, 283.
[2] H. SCHMALFUSS u. H. RETHORN: Z. 1935, 70, 233.   [3] A. BÖMER: Z. 1908, 16, 27.
[4] W. MOHR u. F. OLDENBURG: Molkerei-Ztg. Hildesheim 1932, 46, 1629.

sei, ist längst als unrichtig erkannt worden. Wenn auch im allgemeinen der Gehalt der Butter an freien Säuren zunimmt, so kann doch ein erhöhter Gehalt an freien Fettsäuren nicht als Beweis für die Ranzigkeit angesehen werden, denn eine Butter kann unter Umständen einen hohen Gehalt an freien Fettsäuren aufweisen, ohne ranzig zu sein und umgekehrt.

Für den Chemiker ist es immer ein lohnendes Problem gewesen, auch chemisch den Nachweis der Verdorbenheit einer Butter führen zu können. Man hat die Bestimmung der freien Fettsäuren hierzu verwenden wollen. Eichholz[1] und C. Amthor[2] versuchten durch eine Bestimmung der wasserlöslichen bzw. der flüchtigen freien Fettsäuren und Ester einen Nachweis zu erlangen. Eine Prüfung auf Aldehyde, Ketone oder sonstige Oxydationsprodukte sollte einen Maßstab für die Verdorbenheit abgeben. Neuerdings ist die Frage der Ketonranzigkeit durch Arbeiten von Täufel und Thaler[3] einerseits und H. Schmalfuss[4] und seinen Mitarbeitern andererseits wieder in den Vordergrund gerückt worden. Ob aber diese neue Methode bei ihrer großen Empfindlichkeit einen Maßstab für die Verdorbenheit werden wird, ist noch fraglich. Auch die Reaktionen nach Kreis und v. Fellenberg geben keine befriedigenden Resultate. Die Ursache dieser Mißerfolge liegt unzweifelhaft in der Mannigfaltigkeit, mit der eine Butter verderben kann (vgl. dazu Bd. I, S. 334). Jede einzelne der genannten Reaktionen gilt für einen bestimmten Fall. Da aber die Butter niemals in einer bestimmten Richtung verdirbt, erfaßt man mit einer einzelnen Reaktion nicht den ganzen Umfang der Verdorbenheit. Man muß sich daher auf den Standpunkt stellen, daß die Prüfung auf Geruch, Geschmack und Aussehen bisher das beste Verfahren für die Prüfung einer Butter auf Verdorbenheit darstellt. Bei dieser Prüfung ist aber insofern besondere Vorsicht in der Beurteilung erforderlich, da der Geschmack gerade hinsichtlich der Beurteilung sehr verschieden ist und ferner eine Butter, die zum direkten Genuß nicht mehr brauchbar ist, trotzdem noch als „Kochbutter" im Sinne der Butterverordnung (S. 263) Verwendung finden kann.

Über „Butterfehler" und bakteriologische Butteruntersuchung s. S. 470.

9. Prüfung von Buttermilch.

Bei der Prüfung der Buttermilch (S. 272) kommen vorwiegend zwei Punkte in Betracht, nämlich die Bestimmung des Wasserzusatzes und die Unterscheidung von Buttermilch und saurer Magermilch, sog. „geschlagener Buttermilch".

a) Bestimmung des Wasserzusatzes. Nach § 2 der ersten Ausführungsverordnung vom 15. Mai 1931 zum Milchgesetz (S. 494) darf Buttermilch 10% Wasser oder 15% Magermilchzusatz, „reine Buttermilch" dagegen weder Wasser- noch Magermilchzusatz enthalten. Eine Deklaration des obigen Wasser- bzw. Magermilchzusatzes ist daher bei „Buttermilch" nicht erforderlich.

Über den Umfang einer Verwässerung der Buttermilch kann nur der Aschengehalt einwandfreien Aufschluß geben. Für Norddeutschland dürfte der Aschengehalt von unverwässerter Buttermilch 0,7% kaum unterschreiten. Durch Wasserzusatz wird er natürlich proportional diesem Zusatz erniedrigt.

Vielfach wird auch das Spezifische Gewicht des Spontanserums zur Beurteilung des Wasserzusatzes zu Buttermilch herangezogen; für reine Buttermilch werden dabei 26 Laktodensimetergrade bei 15° als unterer Normalwert angesehen. Dieser Wert ist aber nicht konstant, sondern schwankt je nach der

---

[1] Eichholz: Untersuchungen über die Ursache des Ranzigwerdens von Butter. Diss. Berlin 1901. — [2] Amthor: Zeitschr. analyt. Chem. 1899, **38**, 19.
[3] K. Täufel u. H. Thaler: Chem.-Ztg. 1932, **56**, 265.
[4] H. Schmalfuss u. Mitarbeiter: Margarine-Industrie **25, 26, 27**.

Trockensubstanz der Ausgangsmilch, dem Säuregehalt der Buttermilch in den verschiedenen Erzeugungsgebieten und in den verschiedenen Jahreszeiten. Ferner nimmt das Spezifische Gewicht beim Älterwerden infolge Zersetzung des Milchzuckers unter Zunahme des Säuregehaltes allmählich ab[1]. Diese letztere Abnahme beträgt aber innerhalb 2 Tagen nach den Untersuchungen von C. KEMPINSKI nur 0,1—0,8 Laktodensimetergrade. Bei der Berechnung eines Wasserzusatzes aus dem Spezifischen Gewicht des Serums ist daher bei der Überwachung des Verkehrs mit Buttermilch Vorsicht geboten.

b) Unterscheidung von „Buttermilch" und „geschlagener Buttermilch". Nach W. MOHR u. J. MOOS (S. 273) unterscheiden sich reine Buttermilch aus fettreichem Rahm (über 20% Fettgehalt) und saure Magermilch durch ihren verschiedenen Phosphatidgehalt. Der Gehalt an Phosphatid-Phosphor, nach dem Verfahren von N. A. BRODRICK-PITTARD[2] bestimmt, beträgt in 100 g (ccm) Vollmilch etwa 6—19 mg und bei Magermilch mit 0,03—0,08% Fett 0,5—0,7 mg; dagegen wurden bei einer Magermilch mit 0,26% Fett 18,6 mg gefunden. Bei reiner Buttermilch aus Rahm mit über 20% Fett schwankt der Phsophatid-Phosphor etwa zwischen 35—45 mg. Dabei ist zu beachten, daß der Gehalt an Phosphatid-Phosphor mit dem Gehalte an Fett zunimmt.

Hiernach dürften sich reine (ungewässerte) Buttermilch aus fettreichem Rahm von saurer Magermilch („geschlagener Buttermilch") durch die Unterschiede im Gehalt an Phosphatid-Phosphor unschwer unterscheiden lassen. Dagegen verwischen sich die Unterschiede, wenn es sich um saure gebutterte Magermilch oder um Buttermilch aus der Butterung von Vollmilch handelt. Ebenso dürfte es auch kaum möglich sein, einen Zusatz von „geschlagener Buttermilch" in reiner oder in „Buttermilch" (mit 10% Wasserzusatz) nachzuweisen.

Nach E. BROUVER[3] bietet auch die mikroskopische Untersuchung vermutlich eine Handhabe zur Unterscheidung der beiden Buttermilcharten: Zentrifugenmagermilch enthält viele Schaumhäutchen, welche in der Buttermilch nur sehr selten zu finden sind. Außerdem kommen in der Buttermilch viele zellige Elemente und ferner zahlreiche Butterklümpchen vor, welche in gesäuerter Magermilch fehlen. Bei einiger Übung dürfte es auch möglich sein, an Hand dieser Unterschiede eine Mischung von gesäuerter Magermilch und Buttermilch zu erkennen.

O. MEZGER, J. UMBRECHT und VOLKMANN[4] geben je eine vollständige Analyse von Buttermilch und „geschlagener Buttermilch" (sauer, gebutterter Magermilch) an und glauben namentlich Unterschiede im Aschengehalt gefunden zu haben. Uns erscheint eine Unterscheidung auf Grund des Aschengehaltes nicht möglich, da nach unseren Erfahrungen wesentliche Unterschiede nicht aufzutreten brauchen.

c) Nachweis von Gelatine in Buttermilch. Unter Umständen kann es erforderlich sein, Gelatine in Buttermilch nachweisen zu müssen. Durch einen Zusatz von 0,25% Gelatine kann man nach amerikanischen Erfahrungen das Absetzen der Buttermilch völlig verhindern. Der Nachweis ist in ähnlicher Weise zu führen, wie er bei Schlagsahne erfolgt.

Anhang.

Buttereihilfsstoffe.

1. Buttersalz.

Ein gutes Buttersalz soll weiß, trocken und in Wasser leicht löslich sein. Dabei ist die Korngröße ebenfalls zu beachten; besonders darf das Salz nicht zu grob sein. Es besteht dann die Gefahr, daß sich sehr große Krystalle nicht

[1] C. KEMPINSKI: Milchw. Forschungen 1930, 2, 506.
[2] N. A. BRODRICK-PITTARD: Biochem. Zeitschr. 1914, 67, 382.
[3] E. BROUVER: Bericht der Versuchsbutterei Hoorn über 1924, S. 11. — FLEISCHMANN-WEIGMANN: Lehrbuch der Milchwirtschaft, 7. Aufl., S. 632. 1932.
[4] O. MEZGER, J. UMBRECHT u. VOLKMANN: Südd. Molkerei-Ztg. 1929, S. 1.

schnell genug in der Butter auflösen und dann der Butter ein streifiges Aussehen
verleihen. Der unlösliche Rückstand verschiedener von Dibbern[1] untersuchter
Buttersalzsorten lag ungefähr bei 0,02%. Ähnliche Werte gibt auch Hunziker[2]
für amerikanisches Buttersalz an.

Der Natriumchloridgehalt eines Buttersalzes darf 97% nicht unterschreiten.
Für die von Hunziker untersuchten Sorten kann 98% als unterste Grenze
gelten. Die meisten Buttersalzproben enthielten jedoch etwa 99% Natriumchlorid. Dibbern gibt für ein Siedesalz folgende Zahlen an:

Natriumchlorid (NaCl)	Schwefelsäure (SO₃)	Calciumoxyd (CaO)	Unlösliches	Wasser
96,99	0,64	0,84	0,015	0,92%

Abgesehen von einem hohen Natriumchloridgehalt muß das Buttersalz unbedingt frei von Eisen sein, da geringe Spuren davon schon die Haltbarkeit
der Butter ungünstig beeinflussen können. Die Frage eines Gehaltes an Magnesiumsalzen ist durchaus umstritten. Uns erscheint es jedoch richtig zu sein,
zu verlangen, daß Buttersalz keine oder möglichst wenig Magnesiumsalze enthält. Die Gegenwart von Salpetriger Säure läßt allgemein den Verdacht aufkommen, daß das Salz irgendwie bakteriell verunreinigt ist.

Die Zusammensetzung guter Buttersalzsorten ist nach Untersuchungen von
Berberich[3] folgende:

Salz	Natriumchlorid (NaCl)	Calciumsulfat (CaSO₄)	Magnesiumsulfat (MgSO₄)	Magnesiumchlorid (MgCl₂)	Calciumchlorid (CaCl₂)	Natriumsulfat (Na₂SO₄)	Wasser
I	99,12	0,69	—	—	—	—	0,19%
II	99,48	0,08	0,09	—	—	0,22	0,15%
III	98,16	1,33	—	0,08	0,14	—	0,31%

Über weitere „Kochsalz"-Analysen sowie die Untersuchungsmethoden siehe
Bd. VI, S. 516—525.

2. Butterfarbe.

Von einer guten Butterfarbe muß verlangt werden, daß sie die Butter gelb
färbt, ohne ihr einen fremdartigen Geruch oder Geschmack mitzuteilen (S. 265).
Die in Deutschland heutzutage verwendeten Butterfarben sind Lösungen von
Orleanfarbstoff (Bd. I, S. 582) oder in der Mehrzahl Lösungen von synthetisch hergestellten Anilinfarbstoffen (Anilingelb, „Buttergelb", Martiusgelb, Victoriagelb u. a.). Letztere werden in konzentrierter Lösung in den Handel
gebracht und weisen auch einen gleichmäßigeren Farbton auf.

Als Lösungsmittel dienen je nach der Art der verwendeten Farbstoffe
und deren Konzentration verschiedene fette Öle (Hanföl, Sesamöl usw.)[4].
Über die Erkennung dieser Farbstoffe siehe S. 301 und Bd. II, S. 1186 und 1191.
Unter der Analysenquarzlampe zeigen die Lösungen des Orleanfarbstoffes eine
leuchtend gelbe Fluorescenz, während die Lösungen der Anilinfarbstoffe dunkel
bleiben.

3. Einwickelungspapier.

Als Einwickelungspapier für Butter dient fast ausschließlich Pergamentpapier, ein durch Behandlung mit Schwefelsäure gehärtetes Papier. Durch
gründliches Waschen wird es von der anhaftenden Säure befreit; um es wieder
geschmeidig zu machen, wird es vielfach mit Stärkesirup oder Glycerin getränkt.
Diese Stoffe sind hygroskopisch, so daß das Pergamentpapier leicht feucht wird

---

[1] H. Dibbern: Betrachtungen über Molkereihilfsstoffe. Ostpr. Molkerei- u. Käserei-
Ztg. 1925, Nr. 15—19.
[2] Hunziker: The Butter Industry, 1927, S. 335.
[3] Berberich: Molkerei-Ztg. Hildesheim, 1912, **26**, 889.
[4] M. Fritzsche (**Z.** 1909, **17**, 528) fand in 2 Butterfarben 53 und 60% Mineralöle.

und zusammen mit den genannten Stoffen einen guten Nährboden für die verschiedensten Mikroorganismen abgibt.

Vor seiner Verwendung zum Einwickeln der Butter wird es zweckmäßig etwa $^1/_2$ Stunde in möglichst heiße Salzlake gelegt, damit die Mikroorganismen abgetötet und etwa vorhandener Stärkesirup, Glycerin usw. herausgelaugt werden. A. BURR u. A. WOLFF[1] haben eine Reihe von Pergamentpapieren auf ihre Eignung zum Einpacken von Butter untersucht; sie stellen folgende Anforderungen an ein brauchbares Pergamentpapier: „Der Gehalt des Papiers an wasserlöslichen Stoffen darf 10%, der Gehalt an Zucker 8% und der Gehalt an Asche 4% nicht überschreiten. Auch muß das Papier geruchlos sein und darf solche Bestandteile nicht enthalten, welche die Qualität der darin verpackten Molkereiprodukte in irgendeiner Weise nachteilig zu beeinflussen imstande sind."

Untersuchungsverfahren.

Um das Gewicht festzustellen, wird aus der Mitte zweier Bogen je ein Stück von 100 qcm herausgeschnitten und im Wägeglas gewogen. Nach RIEDEL[2] schwankt das Gewicht von 100 qcm zwischen 43,87—101,47 g.

Zur Bestimmung des Wassers werden 3 g Papier aus verschiedenen Stellen herausgeschnitten, geschnitzelt und in einer geräumigen Platinschale bei 100° bis zur Gewichtskonstanz getrocknet und gewogen. RIEDEL fand zwischen 6,13 und 12,48% Wasser.

Um die löslichen Stoffe zu erhalten, werden die zur Bestimmung des Wassergehaltes getrockneten Schnitzel in einem Becherglas dreimal mit je 50 ccm kaltem Wasser je $^1/_2$ Stunde lang ausgelaugt. Das ausgelaugte Papier wird in der Platinschale wieder getrocknet. Nach A. BURR und A. WOLF schwankt die Menge der löslichen Stoffe zwischen 0,7 und 31,1%, nach RIEDEL zwischen 0,75 und 16,46%. Die anorganischen löslichen Stoffe werden durch Eindampfen und Veraschen der vorher erwähnten Auslaugungen bestimmt. Die Differenz zwischen den gesamten löslichen und den anorganischen löslichen Stoffen ergibt die organischen Stoffe.

Natriumchlorid wird ebenfalls in der Auslaugung durch Titration nach VOLLHARD bestimmt. Eisen muß sowohl in der Auslaugung bestimmt werden, als auch in der Asche. Das ausgelaugte Papier wird verascht. RIEDEL fand zwischen 0,24—0,98% Eisen in der Trockenmasse.

Bakteriologische Untersuchung: Diese bezieht sich im wesentlichen auf die Prüfung auf Schimmelpilze. Zum Nachweise dieser und anderer Keime und zur Bestimmung ihrer Menge legt man kleine Mengen steil zerschnittener Papierstückchen auf sauren Molkenagar in einer Petri-Schale und zählt nach wenigen Tagen der Aufbewahrung bei Zimmertemperatur die entwickelten Kolonien. Verwendet man eine bestimmte Papierfläche, so erhält man quantitative Ergebnisse.

---

[1] A. BURR: Molkerei-Ztg. Hildesheim 1906, 20, Nr. 39 u. Milchw. Zentralbl. 1907, 3, 161. — A. BURR u. A. WOLFF: Milchw. Zentralbl. 1910, 6, 241.

[2] RIEDEL: Molkerei-Ztg. Hildesheim 1926, 40, 55 und Mitt. Deutsch. Milchw. Reichsverb. 1931, Nr. 4.

V. Käse.

Von

Dr. O. Mezger † und Dr. J. Umbrecht-Stuttgart.

Mit 1 Abbildung.

Käse ist das aus Milch, Rahm, teilweise oder vollständig entrahmter Milch (Magermilch), Buttermilch oder Molke oder aus Gemischen dieser Flüssigkeiten durch Lab oder durch Säuerung (bei Molke durch Säuerung und Kochen) abgeschiedene Gemenge aus Eiweißstoffen, Milchfett und sonstigen Milchbestandteilen, das meist gepreßt, geformt und gesalzen, auch mit Gewürzen versetzt ist und entweder frisch oder auf verschiedenen Stufen der Reifung zum Genusse bestimmt ist[1].

Diese Begriffsbestimmung von 1913, deren Wortlaut auch heute noch in jeder Beziehung zu Recht besteht, zeigt, daß Käse auf sehr verschiedene Art und Weise und aus verschiedenen Milchsorten bzw. Milcherzeugnissen bereitet werden kann. Käse entsteht jedoch immer nur dadurch, daß das Casein der Milch allein oder zusammen mit anderen Proteinen oder diese Proteine für sich allein von der Hauptmenge des Wassers der Milch oder der Molke und der darin gelösten Bestandteile getrennt werden. Nach den zur Abscheidung des Käses benutzten Mitteln unterscheidet man Lab- und Sauermilchkäse. Nach der Festigkeit des gereiften Käseteiges teilt man die Labkäse ein in Hart- und Weichkäse. Besonders hierbei gibt es manche Übergänge. Die Mannigfaltigkeit der Art und Weise der Herstellung und die große Zahl der Herstellungsorte führen zu entsprechenden Benennungen von Käsesorten, die Gattungs- oder Herkunftsbezeichnungen sein können. Je nach der Tierart, von der die Milch stammt, unterscheidet man Kuhmilch-, Schafmilch-, Ziegenmilch-Käse usw. Die Verwendung von Milch verschiedenen Fettgehaltes bei der Herstellung von Käse hat zu einer Einstufung der Käse nach dem Fettgehalt geführt.

Schmelzkäse ist ein Erzeugnis, das durch Schmelzen von Käse unter Zusatz von Lösungen bestimmter Salze hergestellt wird. Kochkäse ist in gewissem Sinn ein Vorläufer des Schmelzkäses.

Margarinekäse sind käseartige Zubereitungen, deren Fettgehalt nicht oder nicht ausschließlich der Milch entstammt.

Nächst der Butter ist der Käse das wichtigste Milcherzeugnis. Die Käserei hat sich ihrem Umfang nach noch nicht in gleichem Maße entwickelt wie die Butterei.

Nach K. Ritter[2] betrug z. B. nur der Umsatz im Welthandel — nicht etwa die Welterzeugung, die unvergleichlich viel höher liegt — in den Jahren 1923—1927 an Butter durchschnittlich 4,1, an Käse durchschnittlich 3,1 Millionen Doppelzentner. Wenn auch diese Zahlen unter anderen wirtschaftlichen Verhältnissen gewonnen sind, als sie heute bestehen, die sich übrigens mit der Zeit auch wieder wie früher zugunsten der Käserei wenden können, so geben sie doch auch ein Bild von der großen Bedeutung des Käses im Rahmen der gesamten Weltwirtschaft. Ziffern über den neuesten Stand liegen nicht vor und, wenn wir solche hätten, so könnten daraus doch keine einwandfreien Schlußfolgerungen gezogen werden, da die Handelsgestaltung in vielen Ländern der Welt immer wieder starken Änderungen unterliegt. Die wichtigsten Käseausfuhrländer der Welt sind zur Zeit Neuseeland, die Niederlande, Canada, Italien und die Schweiz. Die wichtigsten Einfuhrländer

---

[1] Wortlaut der Begriffsbestimmung in den „Entwürfen zu Festsetzungen über Lebensmittel", Heft 4: „Käse", herausgegeben vom Kaiserlichen Gesundheitsamt. Berlin: Julius Springer 1913.

[2] Fleischmann-Weigmann: Lehrbuch der Milchwirtschaft, 7. Aufl., S. 12. Berlin: Paul Parey 1932.

sind zur Zeit Großbritannien, die Vereinigten Staaten von Nordamerika und Frankreich. 40% des im internationalen Handel umgesetzten Käses dürften Cheddar-Käse sein.

Der Umfang der deutschen Käseerzeugung ist durch die Erhebungen des Statistischen Reichsamts für die Jahre 1932 und 1933 weitgehend festgelegt[1]. Von den zur Zeit in Deutschland jährlich erzeugten 23—25 Milliarden Liter Milch wird etwa die Hälfte zu Molkereierzeugnissen, in erster Linie zu Butter und Käse, verarbeitet. Die deutsche Hartkäseerzeugung betrug 462058 dz im Jahre 1932. Sie war im Jahre 1933 um etwa 10% höher und dürfte im Jahre 1934 etwa zwischen den Ergebnissen von 1932 und 1933 gelegen haben. Die deutsche Weichkäseerzeugung betrug 650000 dz im Jahre 1932. Sie hatte sich im Jahre 1933 um etwa 13% erhöht und wird im Jahre 1934 etwa auf diesem Stand geblieben sein. Die Erzeugung der Sauermilchkäsereien schätzt man zur Zeit auf 700000 dz. An Speisequark sollen im Jahre 1932 im ganzen etwa 337000 dz gewonnen worden sein. Im Jahre 1933 wurden 4,2% mehr als im Jahre 1932 hergestellt. Die Quark-Erzeugung dürfte sich in den nächsten Jahren durch die Förderungsmaßnahmen der Reichs-regierung stark erhöhen.

In Deutschland dürften die Jahreserzeugung an Milch einen Wert von etwa 3 bis 4 Milliarden RM. (bei einer landwirtschaftlichen Gesamterzeugung von etwa 10 Milliarden RM.), diejenige der chemischen Industrie und des Kohlenbergbaues einen Wert von je etwa 3, diejenige an Fleisch und an Mühlenerzeugnissen einen Wert von je etwa 2,5 Milliarden RM. besitzen. Aus der Bedeutung der Milchwirtschaft für unsere Gesamtwirtschaft, von der man sich aus diesen Zahlen ein gewisses Bild machen kann, sind Rückschlüsse auf die wirtschaftliche Bedeutung der Käserei zu ziehen.

Nächst der Butter spielt als Milcherzeugnis der Käse in unserem Handelsverkehr mit dem Ausland eine besondere Rolle. In früheren Jahren war die Käseeinfuhr sehr groß. Selbst in der Zeit von Januar bis Juni 1934 führte Deutschland immer noch 165137 dz Käse (einschließlich Quark) im Wert von mehr als 14 Millionen Reichsmark ein. Die Aus-fuhr dagegen war gering. Mit Recht schenkt deshalb die Reichsregierung der Hebung der Käsewirtschaft im Rahmen der Förderung der Gesamt-Milchwirtschaft die größte Auf-merksamkeit.

Die deutschen Schmelzkäsebetriebe verarbeiteten im Jahre 1934 etwa $^1/_5$ des in Deutschland hergestellten Rohkäses (neben geringen Mengen ausländischem Rohkäse). Im Jahre 1934 wurden 90 Schmelzwerke gezählt, von denen die Mehrzahl in Süddeutschland liegt. Sie stellten im Jahre 1934 aus rund 240000 dz Rohkäse 300000 dz Schmelzkäse her[2].

Die Herstellung der meisten Käsesorten verteilt sich in Deutschland auf bestimmte Gegenden. Sie hat sich ganz von selbst der Landschaft und den klimatischen Verhältnissen der einzelnen Gebiete angepaßt. Die Hauptkäserei-gebiete liegen im Süden und im Norden Deutschlands. Im bayerischen und württembergischen Allgäu werden neben anderen Sorten hauptsächlich Emmentaler und Limburger Käse, verschiedene Käse nach Limburger Art und Camembert-Käse, weiterhin Butter-, Brie-, Weißlacker-Käse hergestellt. In Mitteldeutschland spielt die Sauermilchkäserei (Harzer- und andere Käse) eine große Rolle, am Niederrhein die Herstellung von Gouda- und Edamer-Käse. In Norddeutschland (Holstein, Pommern, Ostpreußen) werden hauptsächlich Tilsiter Käse hergestellt, aber auch andere Käse, wie z. B. Camembert-Käse in Pommern und Emmentaler-Käse in der Danziger Niederung. Die wenigen Doppelrahmkäsereien sind im Reiche zerstreut. Die Schmelzkäserei ist haupt-sächlich in Bayern und Württemberg zu Hause; es gibt jedoch auch in Nord- und Mitteldeutschland eine Reihe von Betrieben, darunter einige Großbetriebe.

Die Käserei ist eine Kunst, deren Ausübung noch mehr Einarbeitung und Erfahrung verlangt als die Butterei. Neben dem einfachen Hausbetrieb gibt es heute technisch gut eingerichtete genossenschaftliche und private Gewerbe-betriebe. Soweit aus diesen Käse in den Verkehr gebracht wird, unterliegt ihre technische Einrichtung den üblichen hygienischen Bestimmungen des Lebens-mittelgesetzes. Die Vollzugsverordnungen einzelner Länder zum Milchgesetz stellen, obgleich der Käse nicht unter dieses Gesetz fällt, an die Herstellungs-

---

[1] Vierteljahrshefte zur Statistik des Deutschen Reichs, 1935, Heft 1.
[2] Deutsch. Molk.-Ztg. Kempten 1935, **56**, 1771.

und Lagerungsbetriebe besondere technische und hygienische Anforderungen (vgl. z. B. die bayerische und die württembergische Vollzugsverordnung zum Milchgesetz)[1].

Markenkäse: Zur Förderung der Qualitätserzeugung ist wie in anderen Ländern im Jahre 1935 auch in Deutschland für Käse ein geschütztes Markenzeichen geschaffen worden[2]. Dieses gibt — ebenso wie bei Butter die Buttermarke — dem Käufer die Gewähr, daß das Erzeugnis, der Markenkäse, in jeder Beziehung den Ansprüchen, die an die ausgezeichnete Ware gestellt sind, genügt. Die Marke wird für Tilsiter-, Steinbuscher-Käse und andere Käse verliehen. Das Verleihen der Marke erfolgt auf Grund bestimmter wirtschaftlicher und technischer Bedingungen, die der Käsehersteller einhalten muß, und nach einer Prüfung, bei welcher der Käse in Aussehen, Gefüge, Farbe, Lochung, Geschmack usw. eine bestimmte Anzahl von Wertmalen zugeteilt bekommen haben muß.

Käseverordnung: Der im deutschen Zollgebiet gewerbsmäßig hergestellte, fertig gelagerte oder in den Verkehr gebrachte Labkäse und Sauermilchkäse aus Kuhmilch, Ziegenmilch und Schafmilch einschließlich der Schmelzkäse, Kochkäse und Zigerkäse unterliegt in Deutschland den Vorschriften der 1. Verordnung über die Schaffung einheitlicher Sorten für Käse (Käseverordnung) vom 20. Februar 1934 (S. 553).

I. Herstellung der Käse.

Die Kunst des Käsens besteht — wie H. Weigmann sich ausdrückt[3] — darin, die frische Käsemasse in physikalischer, chemischer und bakteriologischer Beziehung so vorzubereiten, wie es die herzustellende Art des Käses verlangt. Die Tätigkeit bestimmter Bakterien und Pilze und die Art der Bearbeitung und Behandlung der Käsemasse bei der Herstellung und Reifung verschaffen den verschiedenen Käsesorten ihre Eigentümlichkeit. Im Gegensatz zu früher könnte man bei der heutigen Kenntnis der Dinge fast überall und fast zu jeder Jahreszeit jede Käsesorte herstellen, wenn nur die in Frage kommende Milch zur Verfügung steht. Die nötigen Käsebakterien und -pilze sind anscheinend fast überall und immer vorhanden, um in die Milch gelangen zu können.

Zunächst kann man die Scheidung der Milch durch Säure oder Lab hervorbringen. In den meisten Fällen werden in geeigneter Art und Weise beide Scheidungsmittel gleichzeitig verwendet.

A. Allgemeines zur Herstellung der Käse.

1. Prüfung der Milch auf Käsereitauglichkeit.

Die chemische und biologische Beschaffenheit der Ausgangsmilch spielt in der Käserei noch mehr als in der Butterei eine Rolle. Krankheiten und Fütterung der Kühe können bekanntlich wesentliche Einflüsse auf die Milchzusammensetzung, insbesondere auch auf die chemische und physikalische Beschaffenheit der Proteine und auf die Art der Bakterienflora ausüben. Die Verwendung von alkalischer und salziger Milch, wie sie oft altmelke, hochträchtige und euterkranke (besonders an gelbem Galt erkrankte) Kühe liefern, bringt große Gefahren für die Käserei mit sich. Die Art der Fütterung der Kühe kann sowohl den Geschmack als auch die Teigbeschaffenheit der Käse beeinflussen. Die Verfütterung von Kraftfuttermitteln ist in Gegenden der Emmentalerkäserei nur in geringen Mengen zugelassen. Starke Verfütterung von Brennereirückständen, Schlempe, Trestern, Rübenblättern usw. kann eine sehr unerwünschte Kalkarmut der Milch mit sich bringen und damit eine geringe Labfähigkeit, der unter Umständen nur durch einen an sich unerwünschten Calciumchloridzusatz

---

[1] Bayr.GVBl. 1931, 437 und RgBl. f. Wttbg. 1931, 511.
[2] K. Kretschmer: Deutscher Markenkäse. Deutsch. Molk.-Ztg. Kempten 1935, **56**, 953.
[3] Fleischmann-Weigmann: Lehrbuch der Milchwirtschaft, 7. Aufl., S. 709. Berlin: Paul Parey 1932.

begegnet werden kann (vgl. S. 313). Der Übergang von der Trockenfütterung zur Weidefütterung im Frühjahr, besonders wenn er ſich schnell oder bei naßkalter Witterung vollzieht, kann empfindliche Störungen in der Käserei hervorrufen.

Der Käser muß die hauptsächlichsten Fehlerquellen der Käsereimilch kennen und sie beachten. Er ist deshalb gezwungen, die ihm angelieferte Milch regelmäßig zu untersuchen und damit die Milchgewinnung seiner Milcherzeuger zu überwachen.

Da die Käsereimilch so rein als möglich sein muß, spielt bei ihr die Prüfung auf Schmutzgehalt eine Hauptrolle. Vielerorts ist der Erzeuger verpflichtet, die Milch ungereinigt und nicht durch Filtrieren oder Zentrifugieren „geschönt" an die Käserei abzuliefern, damit der Käser die Sauberkeit der Milchgewinnung besser nachprüfen kann. Zum Nachweis saurer Milch dienen dem Käser hauptsächlich die Alizarolprobe und die Feststellung des Säuregrades nach SOXHLET-HENKEL. Kranke Milch kann er unter Umständen schon allein durch diese Untersuchungen herausfinden. Zu ihrem Nachweis kommen für den Käser hauptsächlich die Katalaseprobe und die Sedimentierprobe nach Trommsdorff mit anschließender einfacher mikroskopischer Sedimentuntersuchung in Frage. Die Thybromol- und die Phenorolprobe können ihm bei der Untersuchung von Milch einzelner Kühe gute Dienste leisten.

Die allgemeine Prüfung der Milch auf käsereischädliche Bakterien erfolgt mittels der Milchgärprobe, der Reduktaseprobe, der Gär-Reduktaseprobe und der Labgärprobe. In vielen Fällen sind aber auch noch besondere Prüfungen verschiedener in erster Linie bakteriologischer Art notwendig, wie sie in den bakteriologischen Laboratorien der milchwirtschaftlichen Untersuchungsanstalten vorgenommen werden.

Die Durchführung und Auswertung der hier angeführten Untersuchungsmethoden sind in dem Abschnitte über Milchuntersuchung (S. 115) bzw. im nachfolgenden Teile „Bakteriologie und Mykologie der Milch und Milcherzeugnisse" (S. 429) eingehend beschrieben.

2. Vorbehandlung der Milch.

Reifung der Käsereimilch. Die möglichst reine, gut gekühlte und süße Milch wird in der Käserei zuerst einer sog. „Reifung" bei einer gewissen Temperatur unterworfen, oft — wenn nötig — unter Zusatz einer Milchsäurebakterienkultur, eines Säureweckers. Die „Reifung" ist eine beginnende Säuerung. Die dabei erreichte Erhöhung des Säuregrades unter bakteriell einwandfreien Bedingungen unterstützt den Labprozeß, indem die durch die Lebenstätigkeit der Bakterien entstandene Milchsäure auf die Salze der Milch einwirkt und die Wasserstoffionenkonzentration erhöht. In der Emmentalerkäserei läßt man die Abendmilch 12 Stunden lang reifen. Der Reifungsgrad der z. B. für Weichkäse bestimmten Milch kann verhältnismäßig hoch sein, doch soll er 9° S.H. nicht übersteigen. Eine Milch, welche die einfache Alkoholprobe nicht mehr besteht, ist nicht mehr käsereitauglich. In der Praxis wird im allgemeinen so verfahren, daß man die Abendmilch bei gewisser Temperatur über Nacht stehen läßt und sie, ganz oder teilweise abgerahmt, am andern Morgen mit der frischen Morgenmilch zusammen verarbeitet. Man kann so der gesamten Milch verhältnismäßig leicht den richtigen Säuregrad geben.

Zwecks Abtötung schädlicher Bakterienarten hat sich in neuerer Zeit an manchen Orten die Pasteurisierung (Moment- oder Dauererhitzung) der Käsereimilch eingeführt. Die Milch wird nachträglich mit Säurewecker behandelt, in gleicher Weise wie oft auch nicht pasteurisierte Milch. Die Pasteurisierung hat jedoch häufig gewisse Nachteile, z. B. eine Labträgheit der Milch, zur Folge. Meistens sind auch die „Dickete" und der „Bruch" weicher als bei der Einlabung roher Milch, wodurch besondere Behelfsmaßnahmen nötig werden, z. B. ein Calciumchlorid-Zusatz (vgl. S. 313).

Einstellung der Kesselmilch auf Fettgehalt. Käse werden mit ganz verschiedenem Fettgehalt hergestellt und es sind gesetzlich bestimmte Fettgehaltsstufen (S. 553) vorgeschrieben. Es gibt Käsesorten, die nur in einer einzigen Fettstufe hergestellt werden, es gibt aber auch solche, die man in verschiedenen Fettstufen bereitet. Im großen ganzen werden Doppelrahmkäse aus mit Rahm gemischter Milch, Vollfettkäse aus nicht abgerahmter, also vollfetter, Halbfettkäse aus halbabgerahmter Milch bereitet usw. Es ist in der Praxis oft nicht so ganz leicht, die Kesselmilch auf den nötigen Fettgehalt so einzustellen, daß ein Käse mit einem bestimmten Fettgehalt in der Trockensubstanz herauskommt. So weit nicht Käse herzustellen sind, die nur aus voller oder überfetter Milch bereitet werden können, benutzt man die abgerahmte gereifte Abendmilch als „Magermilch". Diese wird im nötigen Verhältnis mit der frischen Morgenmilch gemischt. Dadurch wird einerseits der Säuregrad der gereiften Abendmilch auf das richtige Maß erniedrigt, andererseits ihr Fettgehalt so erhöht, daß die Mischung, die sog. Kesselmilch, den nötigen Fettgehalt besitzt. Es handelt sich meistens darum, das Mischungsverhältnis zwischen Magermilch und Vollmilch von bekanntem Fettgehalt so einzustellen, daß für die Kesselmilch ein bestimmter Fettgehalt erzielt wird. Die Berechnung kann mit Hilfe von Formeln, Rechenschiebern, Kurventafeln usw. erfolgen.

Farbzusatz zur Kesselmilch. Käse wird ähnlich wie Butter häufig gefärbt. Der Farbstoff wird der Kesselmilch vor dem Labzusatz beim Dicklegen zugesetzt. Es werden nur flüssige Käsefarben verwendet. Es handelt sich dabei um Orlean-Farbstoffe (Bd. I, S. 582) in alkoholischer Natronlauge gelöst[1] oder um Safranfarbstoffe (Bd. I, S. 581) in verdünnter alkoholischer Lösung. Als „Safranersatz" kommen mitunter giftige Teerfarbstoffe in den Handel. An Teerfarbstoffen, wie sie heute besonders zur Butterfärbung vielfach Verwendung finden, dürfen nur gesundheitsunschädliche verwendet werden (S. 306).

3. Lab (Labpräparate).

Das Labferment wird technisch fast nur aus den Mägen von Saugkälbern gewonnen. Doch werden dafür auch die Mägen junger Ziegen und Lämmer herangezogen. Das Lab wird verwendet als Naturlab, als Lablösung und als Labpulver.

Chemisch reines Labferment ist bis jetzt noch nicht hergestellt worden.

Naturlab. Die Käser bereiten sich aus dem Fundusteile getrockneter Labmägen die sog. Labkugeln. Diese werden fein zerrieben und mit saurer entfetteter Molke (Schotte) angesetzt. Nach ein- bis zweitätiger Extraktion wird die durch ein Seihtuch filtrierte Flüssigkeit der Kesselmilch zugesetzt. Naturlab wird heute noch viel in der Emmentalerkäserei benützt, obgleich die Wirkung naturgemäß eine wechselnde und die Haltbarkeit eine geringe ist. Es soll aber gegenüber den fabrikmäßig hergestellten Labpräparaten besondere Vorzüge haben. Diese hängen wohl damit zusammen, daß das Naturlab gewisse Bakterien enthält, die zur Reifung der Emmentaler Käse geradezu notwendig sind.

Lablösung (Labflüssigkeit, Labessenz, Labextrakt) ist eine fabrikmäßig hergestellte, schleimfreie Flüssigkeit, die, im Dunkeln aufbewahrt, haltbar sein soll. Für den Gebrauch in der Käserei wird sie in der Stärke 1 : 10000 hergestellt. (Labstärke und Labprüfung s. S. 417.)

Labpulver erhält man durch vollständige Sättigung schleimfreier Lablösungen mit Kochsalz. Die kochsalzhaltige Masse wird getrocknet, gemahlen und mit Kochsalz oder Milchzucker auf die Stärke 1 : 100000 eingestellt. Aus Labpulver hergestellte Labtabletten werden zur Labgärprobe bei der Prüfung der Milch auf Käsereitauglichkeit verwendet.

Peptolab enthält außer Lab auch ziemlich viel Pepsin des Kälbermagens (Erfinder: Spohr-Lugano). Andere Labpräparate enthalten Pepsin sozusagen nur als Verunreinigung. Das Peptolab übt außer der Labwirkung nach Teichert und Stocker[2] auf den Bruch eine

---

[1] C. Lind: Butterfärbung. Deutsche Molk.-Ztg. 1930, **51**, 37 und F. W. Freise: Pharmakologisch verwertbare Inhaltsstoffe der Bixa orellana L, Pharmaz. Zentralh. 1935, 1, 4.

[2] W. Stocker: Milchw. Forsch. 1926, **3**, 503.

erweichende Wirkung aus. Es soll sich gut bewährt haben und besonders auch das Reifen fördern. Peptolab soll weiterhin eine bactericide Wirkung, z. B. gegen Eitererreger, besitzen und bei Käsen das Wachstum von Blähungserregern unterdrücken. Das Pepsin des Peptolabs wird durch Salzsäure aktiviert.

Weiteres über die Herstellung und Anwendung von Labzubereitungen s. S. 333).

4. Labanwendung und Bearbeitung des Labbruches.

Labanwendung. Das Labferment legt die Milch in zeitlich fortschreitendem Vorgang dick. (Über Physik und Chemie der Labwirkung s. S. 356.) Man unterscheidet den „Gerinnungsmoment" und den „Dickungsmoment". Der letztere ist der Augenblick, in dem die Milch „schnittreif" ist. Die Menge und die Temperatur der Milch beim Einlaben und die Ausdickungszeit stehen in bestimmten Verhältnissen zueinander. Je mehr man Milch hat, desto mehr braucht man Lab oder desto größer muß die Labstärke sein. Je höher die Labtemperatur ist, desto kürzer ist die Gerinnungszeit und umgekehrt. Eine caseinreiche Milch braucht mehr Lab als eine caseinarme, ebenso eine zu wenig saure und eine kalkarme Milch. Die richtige Bemessung des Labzusatzes ist sehr wichtig. Die Käser nehmen gerne zu viel Lab, um die Ausbeute zu erhöhen; man nennt das „auf Gewicht käsen". Dabei enthält der Bruch mehr von den Proteinen der Milch, schließt gleichzeitig mehr Molke in sich ein und preßt dafür mehr Fett an seiner Oberfläche aus, als wenn mit weniger Lab, und dabei mit längerer Gerinnungszeit gearbeitet wird. So hergestellte Käse zeigen leicht verschiedene Fehler: sie sind weniger haltbar, faulen leichter, sind wasserhaltiger, albuminreicher und fettärmer als richtig gelabte Käse. Die bei der Herstellung der einzelnen Käsesorten für die Erwärmung der Kesselmilch anzuwendende Temperatur (die Labtemperatur) liegt im allgemeinen zwischen 28 und 35⁰. Hartkäse werden dabei verhältnismäßig schnell, Weichkäse langsam gelabt. Fettreiche Milch ist bei niedrigerer Temperatur zu laben, andererseits darf die Gerinnungsdauer nicht zu lang sein, weil sonst zu viel Fett in die Molke geht. Diese Gefahr ist z. B. bei der Butterkäse-Herstellung sehr groß (s. S. 325), also immer dann, wenn eine sehr fettreiche Milch zur Verarbeitung kommt.

Bei ungenügender Labfähigkeit der Milch, der sog. **Labträgheit** auf Grund eines Kalkmangels oder eines niedrigen Säuregrades (z. B. bei Milch von euterkranken Tieren) kann man durch Zusatz passender Mengen Calciumchlorid Abhilfe schaffen. Dieses erhöht den Kalkgehalt und bekanntlich auch den Säuregrad der Milch. Calciumchlorid setzt sich mit den Natrium- und Kaliumphosphaten der Milch um. Es bildet sich Calciumphosphat, das sich mit dem kalkarmen Casein verbindet. Das Calciumchlorid kann z. B. in Mengen von 5—10 g in 1 Liter Wasser gelöst auf 100 Liter Milch zugesetzt werden. (Vielfach wird aber auch mehr zugegeben, z. B. 40 g auf 100 Liter Milch, weil dadurch die Käseausbeute merklich erhöht wird. Doch werden dabei die Käse leicht zu fest.) Die Wiederherstellung einer durch Erhitzung verminderten Labfähigkeit kann ebenfalls durch Zugabe von Calciumchlorid erfolgen.

Der Labzusatz zur Kesselmilch geschieht unter besonders geartetem Umrühren mit der Käsekelle. Nach dem in dünnem gleichmäßigem Strahl erfolgten Zusatz des Labs wird die Milch mit der Kelle wieder in ihrer Strömung „aufgehalten". Die Milch darf während der Labzeit durch Bewegung in ihrer Gerinnung nicht gestört werden. Aus der Art der Gerinnung kann der Käser unter Umständen auf Milch- oder Labfehler schließen.

Bearbeitung des Labbruches. Wir behandeln hier nur die Bearbeitung des Labgerinnsels, also des Labbruches, wie er bei der Herstellung von Labkäsen nach dem Labzusatz als Calciumparacaseinat sich ausscheidet. Über die Bearbeitung des durch reine Säuerung entstehenden Säuregerinnsels, das aus Casein besteht, siehe unter „Sauermilchquark" (S. 315) und „Sauermilchkäse" (S. 320).

Der Labbruch, kurz Bruch oder Dickete genannt, ist ebenso wie der Sauermilchbruch eine weiße, mehr oder weniger feste weiche Masse. Für das bloße Auge ist diese strukturlos. Unter dem Mikroskop sieht man aber deutlich eine mitunter sogar stark ausgeprägte Struktur (Näheres darüber siehe S. 358).

Wenn der kuchenartige Bruch nach der Labung die nötige Festigkeit erlangt hat, wird er in der Regel mit dem Käsesäbel oder der Käseharfe, die mehrere parallel stehende Schneiden besitzt, zerschnitten. Die Art der Zerteilung ist bei den verschiedenen Käsesorten verschieden. In der Weichkäserei werden faust- bis nußgroße Stücke, in der Hartkäserei würfelförmige Stücke, die weiterhin bis zur Erbsengröße zerkleinert werden, hergestellt. Der Bruch wird um so härter und molkenfreier, je größer der Grad der Zerkleinerung ist. Nach der Zerkleinerung läßt man den Bruch sich absetzen, um ihn der Nachwirkung des Labes zu überlassen. Die Weiterbearbeitung des durch das „Verschneiden" hergestellten und möglichst gleichmäßig gearbeiteten „Kornes" zerfällt in der Hartkäserei in das „Wärmen" und in das „Ausrühren". Der abgesetzte Bruch wird wieder aufgerührt und langsam unter Umrühren auf erhöhte Temperatur gebracht (z. B. in der Emmentalerkäserei auf 55⁰, in der Tilsiterkäserei auf 40⁰). Dabei zieht sich der Bruch zusammen und preßt weiterhin Molke aus. Durch das Nachwärmen wird auch die Bakterienflora mehr oder weniger geregelt, d. h. das Wachstum der notwendigen Bakterien wird begünstigt, dasjenige der anderen geschädigt. Der ausgerührte Bruch bekommt schließlich die feste und trockene Beschaffenheit, die er haben soll.

5. Formen, Pressen und Salzen der Labkäse.

Formen. Mit der Hand werden heute nur einige wenige kleine Labkäse geformt, in erster Linie Ziegenmilch- und Schafmilchkäse. Fast alle anderen Labkäse werden je nach Sorte in passenden Holz- oder Metallformen geformt, mit oder ohne Pressung. Der Bruch für Käse, welche nicht gepreßt werden, muß in den Formen die anhaftenden Molken verlieren. Die Käse werden deshalb in den Formen immer wieder von Zeit zu Zeit gewendet, damit die Molke Gelegenheit hat, sich zu verteilen und abzulaufen. Das Formen geschieht in Räumen, die nicht zu warm und nicht zu kalt sein dürfen, um Gärungen und damit Blähungen der Käse zu verhindern. Die schnellreifenden, nicht lange haltbaren Weichkäse werden klein, die länger haltbaren und langsamer reifenden Hartkäse werden groß geformt.

Pressen. Bruch für Käse, die gepreßt werden, kommt in die sog. Käsetücher eingeschlagen in die Formen. Das Pressen hat bei gewissen Weichkäsen nur den Zweck, die dem Bruch anhaftende Molke zu entfernen. Bei Hartkäsen bezweckt es auch das Zusammenkleben der Bruchkörner und die Bildung einer glatten Oberfläche. Vielfach besteht die Meinung, daß durch das Pressen der Wassergehalt der Käse geregelt werden könne. Das trifft nicht zu. Es kann dadurch nur die anhaftende Molke entfernt werden, von den im Bruch eingeschlossenen Molken lassen sich nur geringe Mengen herauspressen. Es ist dabei aber nicht zu verhindern, daß gleichzeitig ein Teil des mechanisch eingeschlossenen Fettes ausgepreßt wird. Weichkäse werden entweder gar nicht oder nur schwach gepreßt. Es werden aber auch nicht alle Hartkäse bzw. alle schnittfesten Käse gepreßt. So wird z. B. der Tilsiter Käse ohne Pressung hergestellt.

Salzen. Fast alle Labkäse werden bei ihrer Herstellung gesalzen (abgesehen von einigen wenigen ungereiften französischen Weichkäsen). Nicht gesalzene Käse schmecken fade. Das Salzen macht den Käse haltbar und beeinflußt stark die Bakterienentwicklung und die Reifung der Käse. Durch das Salzen kann man eine gewisse Auslese der Mikroorganismen erzielen. Weiter dient das Salz dazu, den Wassergehalt der frischen Käse zu regeln und die Rinde fest zu machen. Das Salz entzieht dem Käse in starkem Maße das Wasser. Werden die Käse zu stark gesalzen, so wird die Bakterienentwicklung zu stark beeinflußt und es entsteht ein rauher, körniger Käse. Salzt man zu wenig, dann können geschmackliche Fehler verschiedener Art und Fäulniserscheinungen auftreten. Fäulnisbakterien können dabei überhand nehmen. Reife Käse enthalten durchschnittlich 2—3% Salz in der Käsemasse. Die einzelnen Käsesorten werden ganz verschieden stark gesalzen. Emmentaler Käse ist nur wenig gesalzen. Stärker gesalzen sind die anderen feineren Käse wie Edamer und Tilsiter. Die Weichkäse sind in der Regel schon ziemlich stark gesalzen; am meisten Salz enthalten Weißlacker- und Kräuter-Käse (s. Tab. 20, S. 382).

Es wird auf drei verschiedene Arten gesalzen. Man unterscheidet das Salzen im Bruch, das Salzen im Salzbad und das Trockensalzen. Das Salzen im Bruch, wobei nach dem Ablassen der Molke mit Salz bestreut und durchgeknetet wird, wird nur noch bei wenigen Käsesorten vorgenommen. Das Salzen im Salzbad kommt immer mehr auf. Hierzu wird eine 20—26%ige, also eine fast gesättigte Kochsalzlösung verwendet. Die Käse werden nur wenige Tage in das Salzbad gelegt. Das Trockensalzen, bei dem die Käse öfters mit Salz eingerieben werden, kostet am meisten Zeit und Arbeit. Hierbei spielt die Korngröße des Salzes eine Rolle. Zu feines Salz löst sich zu leicht und schließt dann die Rinde, so daß die Molke nicht mehr aus dem Käse austreten kann.

Das Diätsalz „Curtasal", eine Mischung von Natrium-, Calcium- und Magnesiumsalzen aliphatischer Carbon- und Oxycarbonsäuren mit einem Natriumgehalt von 33,81% läßt sich technisch an Stelle von Kochsalz zum Salzen von Käsen für Kranke, die einer kochsalzarmen Kost bedürfen, verwenden[1].

6. Lagerung der Käse während der Reifung.

Die Lagerung der Käse ist ein wichtiger Teil der ganzen Käseherstellung. Die während der Lagerung sich vollziehende Reifung der Käse muß gut, in vielen Fällen täglich, überwacht werden.

Die Lagerungsräume müssen eine technisch zweckentsprechende Einrichtung besitzen. In Käsereien, in denen lange lagernde Käse, z. B. Emmentaler, hergestellt werden, unterscheidet man Reifungsräume und Lagerkeller. In den ersteren liegen die Käse, solange sie in der Reifung noch nicht so weit vorgeschritten sind, bei ziemlich hoher Temperatur und verhältnismäßig niedrigem Feuchtigkeitsgehalt der Luft. In den Lagerkellern werden die älteren Käse bei 10—15° und bei einem Luftfeuchtigkeitsgehalt von 90—95% gehalten. Thermometer und Psychrometer müssen in den Kellern vorhanden sein. Die Lagerungsräume werden heute mit Dampf- und Warmwasserheizung ausgestattet, um die Temperatur regeln zu können.

In den Lagerräumen werden die Käse regelmäßig, zuerst oft, später weniger häufig gewendet, damit sie gleichmäßig abtrocknen. Außerdem werden sie je nach ihrer Eigenart trocken abgerieben oder mit Salzwasser behandelt oder aber geschmiert. Eine besondere Pflege verlangt die Schimmelbildung der Schimmelkäse (Camembert usw.).

Das Schmieren wird bei den sog. Schmierkäsen, den Weichkäsen, die nicht mit Schimmel gereift werden, durchgeführt. Die infolge des Salzens der Käse an der Oberfläche austretende Flüssigkeit wird mit der Hand gleichmäßig von Zeit zu Zeit verteilt. Dadurch werden die Poren der Rinde geschlossen und dem anaeroben Schmierkäsebacillus die Bedingungen zum Wachstum gegeben. Das Schmieren verleiht den Käsen einen scharfen Geschmack.

B. Herstellung und Beschreibung der einzelnen Käsesorten.

Allgemeine Zusammensetzung.

1. Sauermilch-, Lab- und sog. Eiweißquark (Ziger).

Sauermilchquark (Säurequark): Das Protein des Sauermilchquarks ist chemisch Casein. Sauermilchquark kann aus der Milch durch freiwillige Gerinnung und nachheriges Anwärmen abgeschieden werden. Für die Herstellung größerer Mengen, wie sie z. B. die Sauermilchkäserei benötigt, wird die Milch (frische süße

---

[1] W. Stocker: Diätsalz für die Käserei. Deutsche Molk.-Ztg. Kempten 1933, 54, 402.

Magermilch ohne Zusatz von Buttermilch oder Molken) nach Anwärmen auf 30—35⁰ oder während des Abkühlens nach einem vorangegangenen Pasteurisieren mit einem Säurewecker versetzt. Als Säurewecker kommen Milchsäurebakterienkulturen und technisch auch saure Magermilch in Frage (aber keinesfalls Buttermilch, weil damit hergestellter Quark einen bitteren Sauermilchkäse ergeben kann). Früher hat man oft mit Essig oder Essigsäure gearbeitet. Zur Herstellung besonders trockenen Quarks für bestimmte Zwecke wird nach einer Vorschrift[1] auch verdünnte reine arsenfreie Salzsäure verwendet. Zur richtigen Quarkbildung muß das Ausgangsmaterial in erster Linie bakteriell einwandfrei sein. Nach dem Abfließen der Molke wird der Quark in Tüchern oder Säcken gepreßt.

Sauermilchquark, käsereitauglich, ist das Ausgangsmaterial bei der Herstellung der gereiften Sauermilchkäse. Er fällt unter die für Quark herausgegebenen Bestimmungen. Für die Herstellung von Qualitäts-Sauermilchquark für die Sauermilchkäserei gibt es besondere Richtlinien[2]. Der Wassergehalt darf 68% nicht übersteigen. Die Ware muß metallfrei (höchstens 2 nach Schäffer) sein. Der Säuregehalt darf nicht unter 120 und nicht über 180⁰ nach S.H. liegen. Zur Verpackung von Sauermilchquark dürfen gebrauchte Gebinde, Fässer und Tonnen nur dann Verwendung finden, wenn sie einwandfrei, insbesondere geruchlos sind. Tonnen z. B. mit Fischgeruch sind verboten. Qualitätsquark wird wie Markenkäse nach Wertmalen beurteilt.

Lagerquark ist ein längere Zeit haltbarer Sauermilchquark ohne den typischen Charakter des Standquarks (s. unten), bei dem die Salzeinwirkung den Wert der Ware beträchtlich mindert. An seine Herstellung, Behandlung, Verpackung und Einlagerung werden besonders hohe Anforderungen gestellt[2].

Labquark. Das Protein des Labquarks ist chemisch Paracasein bzw. Calciumparacaseinat. Labquark wird aus auf 30—32⁰ angewärmter oder pasteurisierter Milch unter Zugabe von Lab hergestellt. Dabei wird z. B. eine Lösung von 0,25 g Labpulver in 100 ccm Wasser auf 100 Liter Milch zugegeben. Labquark dient in erster Linie zur Bereitung von Speisequark und Frischkäsen (S. 317).

Standquark wird am besten als Labquark, mitunter auch als Sauermilchquark, hergestellt, der durch Salzen haltbar gemacht und gelagert ist. Er heißt auch „konservierter" Quark. Die Konservierung wird — abgesehen vom Salzen mit Kochsalz — nicht etwa durch ausgesprochene chemische Konservierungsmittel, sondern dadurch erreicht, daß ein nur erstklassig gewonnener, trockener und metallfreier „Rohquark" nachgepreßt, gesalzen und gemahlen wird.

In Österreich darf der Reib-, Industrie- und Preßtopfen nach dem Codex-Alimentarius Austriacus (2. Aufl.) nur 65% Wasser besitzen.

Eiweißquark (Ziger). Das Eiweiß des sog. Eiweißquarks oder Zigers ist chemisch Molkenalbumose nebst Lactalbumin und Lactoglobulin und enthält oft Reste von Paracasein (S. 356). Der Ziger kann aus Sauermilch- oder Labmolken hergestellt werden. Am besten benutzt man Labmolken. Wenn man mittels Säure oder Lab den Quark, also das Casein bzw. Paracasein, aus der Milch gefällt hat und dann die Molke auf 92—95⁰ erhitzt, so flockt nach dem Ansäuern mit starkem Sauer (saurer Molke) nach einiger Zeit der Ziger, der „Eiweißquark", aus, den man z. B. zur Herstellung von Nährmitteln verwendet oder auf Suppenwürze mittels Säurehydrolyse weiterverarbeitet. Ziger soll mit einem Wassergehalt von weniger als 69—70% nur schwer herzustellen sein[3].

In der Käserei dient der sog. Eiweißquark oder Ziger in erster Linie zur Herstellung von Kräuterkäse oder Schabziger (S. 321), doch besteht dieser in der Praxis nicht aus Ziger allein, sondern aus Säurequark und Ziger (s. unter „Zigerkäse" S. 321).

---

[1] H. Weigmann: Handbuch der praktischen Käserei, 4. Aufl., S. 382. Berlin: Paul Parey 1933.

[2] K. Kretschmer: Käse, Verpackung und Gesetz. Deutsche Molk.-Ztg. Kempten 1934, S. 52 und 53.

[3] H. Weigmann: Handbuch der praktischen Käserei, 4. Aufl., S. 385. Berlin: Paul Parey 1933.

2. Speisequark und Frischkäse.

Die Speisequarksorten und auch die anderen Frischkäse sind ihrer Herstellungsweise nach sowohl Sauermilch- als auch Labkäse. Sie werden unter Säuerung und Labung der Milch hergestellt. Durch die Labung erzielt man ein weiches und feines Gerinnsel. Bei den Speisequarksorten kann man — praktisch wenigstens — nicht von einer Reifung sprechen. In Wirklichkeit ist eine solche aber vorhanden, wenn auch nur in sehr geringem Maß[1]. Frischkäse, wie Rahm- und Doppelrahmkäse, sind etwas mehr, aber auch nur in geringem Maß angereift. Bei ihrer „Reifung" spielen Oidien- und Hefe-Arten eine Rolle, dabei wirken die Edelpilze der Weiß-Schimmel-Arten mit. Die Käse sollen einen feinen, schwach säuerlichen, dabei nußkern- bis champignonartigen Geschmack haben.

Es wird in der Käsereipraxis teilweise immer wieder der Standpunkt vertreten, daß Speisequark nicht als Käse, sondern sozusagen als in feste Form gebrachte Milch anzusehen sei. Technisch hat diese Ansicht eine gewisse Berechtigung, schon weniger aber theoretisch[2] und am wenigsten in gesetzestechnischer Beziehung[1]. In letzterer Hinsicht ist die so lange strittig gewesene Frage jetzt dadurch entschieden, daß der Quark unter die Bestimmungen der Reichskäseverordnung fällt (S. 554, § 3, Abs. 4).

Speisequark wird wohl meistens als Labquark, vielfach aber auch als Sauermilchquark, hergestellt. Er muß gut abgetropft in den Handel kommen und von angenehm säuerlichem Geschmack sein. Er darf nicht bitter schmecken und soll höchstens 70—80% Wasser besitzen (in Österreich sind nur 78% zugelassen).

Die Schwankungen im Wassergehalt des Speisequarks entsprechen dem Gesetz der binominalen Verteilung. Die mittlere Schwankung innerhalb ganzer Erzeugungsreihen kann fast ebenso klein gehalten werden wie innerhalb eines Erzeugungsganges und beträgt im Mittel $\pm$ 2—3% Wasser[3].

Man bezeichnet als Speisequark sowohl den aus Magermilch und Buttermilch als auch den aus Vollmilch und einem Gemisch von Vollmilch und Rahm hergestellten Quark. Für Speisequark hat die Bestimmung des § 9 der Käseverordnung Geltung. Speisequark, dem Sahne (Rahm) beigemengt ist, darf entsprechend bezeichnet sein. Speisequark darf nur in folgenden drei Fettstufen hergestellt werden: a) Speisequark unter 10% Fett i. T. — Kennzeichnung „Speisequark"; b) Speisequark mit mindestens 20% Fett i. T. — Kennzeichnung „Speisequark mit Sahnezusatz, 20% Fett i. T."; c) Speisequark mit mindestens 40% Fett i. T. — Kennzeichnung „Speisequark mit Sahnezusatz, 40% Fett i. T.". Statt der Bezeichnung „Sahnezusatz" darf auch die Bezeichnung „Rahmzusatz" gebraucht werden. Die frühere Bezeichnung „Fettquark" für Speisequark mit Rahmzusatz ist heute nicht mehr zulässig.

„Sterilisierter Sahnequark in Dosen" ist eine falsche Bezeichnung für einen Speisequark mit Sahnezusatz, 20% Fett i. T., der nach einem bestimmten Verfahren hergestellt und in Dosen oder Papierpackungen in den Verkehr gebracht wird.

Geschlagener Speisequark ist ein z. B. in einer besonderen Schlagmaschine teilweise unter Milch- oder Sahnezusatz geschlagener Speisequark, der nach dem Schlagen eine geschmeidige, rahmähnliche Masse darstellt. Zur Herstellung geschlagenen Speisequarks ist keine besondere Fettbeimischung notwendig. Es ist deshalb darauf zu achten, daß im Handel mit fettarmem geschlagenem Speisequark dem Verbraucher kein Fett- oder Sahnequark vorgetäuscht wird.

Speisequark kommt in den verschiedenen Gegenden des Reiches und des Auslands unter den verschiedensten Namen in den Handel, zum Teil gesalzen und mit Kümmel, Zwiebel usw. gewürzt. Er heißt: weißer Käse, Schmierkäse, Streichkäse, Kümmelkäse, Zwarg, Rührkäse, Zwiebelkäse, Weichquark (schlesischer), Lukeleskäs

---

[1] O. Mezger u. J. Umbrecht: Ist frischer Speisequark ein Käse? Deutsche Molk.-Ztg. Kempten 1932, **53**, 874.

[2] K. Teichert: Über Speisequark. Deutsch. Nahrungsm.-Rundschau 1933, 165.

[3] A. Januschek: Weitere Studien über den Wassergehalt des Speisequarks. Milchw. Forsch. 1933, **16**, 19.

(Württemberg), Ziebeleskäse (Mittelfranken), Küchenkäse, Spittelkäse (Ostfries-
land), Klitschkäse, Klatschkäse, Korbkäse, Bockerkäse, Siebkäse, Flottkäse,
Quarkkuchen (Sachsen), Metzkuchen (Thüringen), Knappkäse (Kurland), Glumse
(Ostpreußen), Topfen (Österreich) usw. Cottage-Cheese (Dutch Cheese) ist amerikanischer Bauernkäse aus saurer Milch, Speisequark, verschieden geformt, frisch oder gereift.
In Frankreich nennt man den Speisequark frommage blanc, in Italien cacio fresco.
    Im Verkehr sind auch Zubereitungen wie ein „Rahmziger" (Quark mit Butter) und
andere. Hollunder-Käse (Thüringen) besteht aus Speisequark, Kartoffelbrei und Hol-
lunderblüten, Kartoffelkäse (Thüringen und Sachsen) ist eine Mischung von Speisequark
und Kartoffelbrei (1 : 2), zum Teil geformt und bis zu 14 Tagen gereift. Makai-Quark
ist Speisequark mit Rahm, Zucker und Zimmt, mit zerriebenem Pumpernickel bestreut
(Rheinland). Quarkkuchen oder Käsekuchen ist mit Speisequark zubereiteter Kuchen.
    Als genußfertiger „Kräuterkäse" wird heute auch mit Zigerkleepulver (Melilotus
coeruleus) und oft mit geriebenen Abfallstücken von Sauermilch- oder auch Labkäsen
teilweise unter Zusatz von Butter vermischter bzw. zusammengemahlener Speisequark
vertrieben. Solche „Kräuterkäse", die vielfach ausgesprochene „Zubereitungen" sind,
haben mit dem grünen Kräuterkäse, dem Schabziger (S. 321), der allein seither als „Kräuterkäse" bezeichnet wurde, in der Herstellung nichts gemein.
    Speisequark mit Fremdfett ist Margarinekäse (S. 353) im Sinne des Gesetzes.
Seine Herstellung ist heute in Deutschland verboten[1].
    · Eine Färbung von Speisequark wird mitunter vorgenommen. Sie wird immer bean-
standet werden können, wenn sie einen höheren Fettgehalt, als ihn der Speisequark besitzt,
vortäuscht.
    Lattopekt-Zusatz bei der Speisequarkherstellung soll den Säuregehalt des Quarks
herabsetzen, ferner die Säureentwicklung hemmen und dadurch den Quark länger haltbar
machen. Das Lattopekt soll außerdem dem Quark einen besonders vollmundigen Geschmack
verleihen[2]. Lattopekt ist eine Bezeichnung für Fruchtpektin bzw. für Fruchtpektinpräparate.
Seine Wirkung dürfte in erster Linie Kolloidwirkung sein. Flüssiges Lattopekt enthält
7—8%, trockenes 70—80% Reinpektin. (Über die Frage der Zulassung s. S. 409.)
    Schichtkäse und **Sahneschichtkäse** sind im allgemeinen Käse von viereckiger
Form und 6—8 cm hoch. Sie bestehen aus 2—3 waagerecht angeordneten
weißen, ungefärbten Quarkschichten, zwischen die 1—2 meist gelbe Schichten
ähnlicher Art, aber oft ganz verschiedenartiger Stärke eingelegt sind[3]. Die
gelben Schichten sind vielfach gefärbt. H. WEIGMANN[4] gibt folgende Herstel-
lungsvorschrift für Sahneschichtkäse:
    Man verwendet 2 Tle. Zentrifugenmagermilch und getrennt davon 1 Tl. Vollmilch,
die man mit Rahm auf 7% Fett gebracht hat und der man, damit sich die Rahmschicht
besser abhebt, gewöhnlich etwas färbt. Beide Milchsorten wärmt man jede für sich auf 20°
an und gibt ihnen soviel Lab zu, daß sie in einem Raum mit 18—20° in 20 Stunden dick sind.
Man setzt beide gegen Mittag an, dann sind die beiden Milchmengen am nächsten Morgen
so weit, daß die Paste abgeschöpft werden kann. Die mit Käsetuch ausgelegten und mit
seitlichen Löchern versehenen Formen füllt man zu einem Drittel mit Magermilchpaste,
zum zweiten Drittel mit Rahmmilchpaste und zum dritten Drittel wieder mit Magermilchpaste. Nach dem Abtropfen werden die Käschen in Pergamentpapier verpackt.
    Nach § 3 Abs. 3 der Käseverordnung vom 20. Februar 1934 müssen „Schichtkäse"
mit Ausnahme der „Sahneschichtkäse", die nach § 3 Abs. 1 mindestens Halbfettkäse
(20% Fett i. T.) sein müssen, mindestens als Viertelfettkäse (10% Fett i. T.) in den Verkehr
gebracht werden. Bei allen Schichtkäsen wird der Fettgehalt in der Trockenmasse nach der
Gesamttrockenmasse berechnet. „Schichtkäse" und „Sahneschichtkäse" dürfen nur verpackt
und nur mit der nötigen vollständigen (3teiligen) Kennzeichnung in den Verkehr kommen.
    Schichtkäse, deren gelbe Schicht z. B. lediglich aus gefärbtem magerem Quark besteht,
sind als verfälscht im Sinne von § 4 des Lebensmittelgesetzes anzusehen.
    Doppelrahmkäse stellen im Grunde genommen einen besonders gearbeiteten
und behandelten Rahmquark dar. Die heutigen deutschen Doppelrahmkäse

---

[1] Zweite Verordnung des Reichspräsidenten zur Förderung der Verwendung inländischer
tierischer Fette und inländischer Futtermittel vom 23. März 1933, Art. 5 (RGBl. 1933, I, 144).
    [2] F. KIEFERLE u. F. SONNLEITNER: „Das Pektin-Phänomen der Milch (die Verwendung
von Apfel-Pektin bei der Bereitung von Speisequark)". Deutsche Molk.-Ztg. Kempten
1934, **55**, 2 und K. DREWES: Die Pektinwirkung in der Sauermilchkäserei. Molk.-Ztg.
Hildesheim 1935, **49**, 421, 2805.
    [3] G. STAMM: Über Schichtkäse. Z. 1933, **66**, 593.
    [4] H. WEIGMANN: Handbuch der praktischen Käserei, S. 166. Berlin: Paul Parey 1933.

haben in den bekannten französischen frischen Rahm- und Doppelrahmkäse-
Arten wie Gervais, Pommel usw. ihre Vorbilder. Viele der deutschen Doppelrahmkäse sind heute aber von nicht geringerer Güte als die französischen. Doppelrahmkäse werden aus überfetter Milch oder aus Vollmilch mit Rahmzusatz unter
Verwendung von Säurewecker und wenig Labzusatz bereitet.

„Käse wie Gervais" und „Käse nach Art des Gervais" im Sinne von § 3 Abs. 2 Ziff. 1
der Käseverordnung ist Frischkäse, der in der Art der Herstellung dem Gervais oder Doppelrahmkäse gleichzusetzen ist und der als Frischkäse in gleicher Form und Packung wie der
Doppelrahmkäse in den Verkehr kommt. Rahmkäse, Süßrahmkäse und Frischkäse mit
anderen Bezeichnungen, die nach Art der Doppelrahmkäse wie Gervais hergestellt werden,
dürfen nur als Doppelrahmkäse mit einem Fettgehalt von 60% Fett i. T. in den Verkehr
gebracht werden. Rahmkäse, Süßrahmkäse und Frischkäse, für welche diese Voraussetzungen nicht zutreffen (z. B. Imperial) und die nach der Käseverordnung in der Fettstufe
der Rahmkäse zugelassen sind, dürfen in der für „Käse wie Gervais" und Doppelrahmkäse
gebräuchlichen flachen, viereckigen Form und in den für diese Käse benutzten flachen Kisten
nicht in den Verkehr kommen.

Die französischen Rahm- und Doppelrahmkäse kommen in verschiedenen Formen in
den Handel als Bondon's (Zapfen), Carré's (viereckig) und Coeur's (herzförmig). Sie sind
je nach Sorte verschieden stark fett- und salzhaltig. Die bekanntesten Namen sind: Neuf-
châtel frais, Gournay, Gournay fleuri (mit weißem Camembertschimmel), Carré
frais, Double crème, Petit Suisse, Malakoff, Gervais, Pommel, Demi sel usw.
Es gibt auch englische, italienische und schweizerische Doppelrahmkäse. Deutsche Doppelrahmkäse dürfen auf Grund einer Bestimmung des Vertrags von Versailles nicht als
„Gervais" sondern nur als Käse „nach Gervais-Art" od. dgl. verkauft werden. Für
Österreich z. B. gilt das nicht. In Österreich kann „Gervais" als Gattungsbezeichnung
geführt werden.

Mascherpone oder Mascarpone[1] (Mescarpone) ist ein italienischer Doppelrahmkäse aus Rahm mit Essig oder Citronensaft hergestellt (zylindrisch 6 cm hoch, 5 cm breit).
Er ist nicht zu verwechseln mit dem schweizerischen Mescarpino (vgl. S. 352), der ein Zigerkäse ist. Mascherpone hat gewöhnlich rund 85% Fett i. T.

Kajmak[2] ist ein in Serbien viel bereitetes Milcherzeugnis. Seine Herstellung ist äußerst
einfach. Milch wird aufgestellt, dann in große flache Gefäße gegossen und sich selbst überlassen. Nach 12 Stunden wird die gebildete Haut abgehoben, in Holzfäßchen gebracht,
gesalzen und so aufbewahrt. Kajmak kommt auch frisch und ungesalzen in den Verkehr.
Er soll durchschnittlich etwa 80% Fett i. T. besitzen. Skorup ist dem Kajmak ähnlich;
er wird auf dem westlichen Balkan aus abgekochter Milch hergestellt[3].

Imperial und „Käse nach Art des Imperial" sind frische Rahmkäse
französischen Ursprungs bzw. Rahmquark mit 50% Fett i. T. Sie werden aus
Rohmilch oder pasteurisierter Milch unter Verwendung von Säurewecker und
wenig Lab hergestellt.

Imperial und „Käse nach Art des Imperial" dürfen nur mit 50% Fett i. T. hergestellt
und nicht in Form, Größe und Verpackung wie Doppelrahmkäse oder Gervais in den Verkehr gebracht werden. Imperial und „Käse nach Art des Imperial" müssen unter anderem
mit „Rahmkäse, 50% Fett i. T." gekennzeichnet sein.

Yoghurt- und Acidophilus-Käse. Bei diesen handelt es sich um frische
Vollmilch- und Rahmkäse, die mit Kulturen besonderer Stämme der drei
bekannten Yoghurt-Bakterienarten Thermobacterium bulgaricum, Thermobacterium Jugurt und Streptococcus thermophilus bzw. mit einer Kultur der
einen Yoghurt-Bakterienart Streptococcus thermophilus und mit Thermobacterium acidophilum (einem von der menschlichen Mutterbrustwarze in den
Säuglingskot übergehenden und dort reichlich vorkommenden Bakterium)
hergestellt sind. Die Käse müssen lebende Yoghurt- bzw. Acidophilus-Bakterien
enthalten. Sie kommen in den Formen der Camembert-, Brie- und Gouda-
Käse in den Handel. Yoghurt-Camembert-Käse sind Yoghurt-Käse, die
noch eine Reifung mit Camembertpilzen durchgemacht haben.

---

[1] G. FASCETTI: Milch-Ztg. 1903, **32**, 518; Z. 1904, **7**, 408; Ber. über den internationalen
Milchkongreß. Rom 1935.
[2] A. ZEGA: Chem.-Ztg. 1897, **21**, 41.   [3] O. LAXA: Rev. génér. d. Lait 1910, 8 u. 9.

Frische Yoghurt- und Acidophilus-Käse können auch für sich zu Schmelzkäse oder unter Zusatz von Schmelzkäse irgendwelcher Sorte verarbeitet werden. A. Axelrod[1] stellt z. B. einen Käse folgendermaßen her: Pasteurisierte abgekühlte Milch wird bei 30 bis 40⁰ einer Fermentation durch Bakterien, wie z. B. Bac. caucasicus, Bac. bulgaricus, Kephirhefe usw. unterworfen, gegebenenfalls unter Zusatz von Salzen wie Trinatriumphosphat, Natriumcarbonat usw., die unter Neutralisierung der entstehenden Milchsäure die Fermentation begünstigen. Die so gewonnene Milch wird eingedickt, mit Säure und Lab behandelt und unter Zusatz von Schmelzkäse auf Käse verarbeitet.

3. Gereifte Sauermilchkäse.

Die Reifung der Sauermilchkäse durch Oidien und Kahmhefen einerseits und durch Bacterium linens-Rassen andererseits kennzeichnet sich dadurch, daß der Grad der „Tiefe" der Reifung oft groß ist und daß die gereifte Schicht viel lösliche Proteine enthält (starker „Umfang" der Reifung!).

Zur Herstellung der Käse wird der Sauermilchquark gesalzen, nochmals gepreßt, gemahlen, nochmals mit Salz und zugleich mit Kümmel und dem „Schnellreifungsmittel" versetzt. In der früheren Hausindustrie hat man ohne solche Mittel gearbeitet und besser schmeckende Käse erzielt als heute, wo die fabrikmäßige Schnellreifung zum Teil nur eine rein chemische Veränderung des Caseins darstellt. Die Schnellreifungsmittel enthalten zum größten Teil Natriumbicarbonat, weiterhin auch Calciumcarbonat in irgendeiner Form (siehe auch S. 363). Nach dem Mischen wird nochmals gemahlen und dann geformt. Die geformten Stücke werden zuerst getrocknet, dann läßt man sie „schwitzen". Dabei bildet sich an der Oberfläche eine Haut von Oidien und Kahmhefen, die das Casein leicht verflüssigen. Die Kahmhaut darf sich nur langsam entwickeln, weil sie sich sonst ablöst und der Käse damit „läufig" wird. Nach dem „Schwitzen" werden die Käschen mit einer Lösung von Salz, Natriumbicarbonat, etwas Käsefarbe und einer Rotbakterien-Kultur bestrichen und in einem luftigen Raum getrocknet. Die Rotbakterienrassen (Bact. linens mit gelbrotem Farbstoff) setzen nun die durch die Oidien und Kahmhefen bewirkte Reifung fort und bilden die Schmiere und den eigentlichen Käsegeschmack.

Über die Verwendungsmöglichkeit von (technischem) Casein zur Herstellung von Sauermilchkäse siehe S. 410.

Die Sauermilchkäse sind nach § 3 Abs. 4 der Käseverordnung in die Fettstufe der Viertelfett- und Magerkäse verwiesen. Sie sind von der Kennzeichnung befreit, wenn sie als Magerkäse hergestellt und in den Verkehr gebracht werden. Die bekanntesten gereiften Sauermilchkäse[2], von denen es sehr viele Arten gibt und die alle mehr oder weniger auf die soeben beschriebene Art und Weise aus Magermilchquark in den verschiedensten Formen hergestellt werden, sind: die Harzer Käse und Harzer Käse in Stangenform, weiter die Spitzkäse, Hauskäse, „Stangenkäse", Korbkäse, Kuhkäse und Landkäse. Diese Käsesorten unterscheiden sich in erster Linie durch Größe und Gewicht der einzelnen Käsestücke und der Packung. Weitere bekannte Sauermilchkäse sind: die Mainzer Handkäse, Alte und Berliner Kuhkäse, die Olmützer Quargeln, Magdeburger Korbkäse, Bauden- oder Koppenkäse, Thüringer Stangenkäse, Berliner Goldleisten, die Dresdener und bayerischen Bierkäse, die Vorarlberger Sauermilchkäse, sowie die Tiroler Sper-, Trocken- und Grann-Käse.

Besonders erwähnt seien noch die gereiften Topfkäse, die aus Quark bestehen, mit Butter, Salz und Kümmel gemischt werden und die man dann in einem Topf reifen läßt.

„Kräuterkäse" werden auch die Nieheimer- oder Lügder-Hopfen-Käse genannt, die auch hierher gehören und in Westfalen hergestellt werden. Sie werden zum Reifen in Hopfendolden gelegt, wodurch sie einen Hopfengeschmack annehmen.

Blauschimmelkäse, wie sie aus halbfetter oder vollfetter Milch in der Stendaler, Magdeburger und Leipziger Gegend nach Art der Camembert mit einer besonderen Blauschimmel-Rasse hergestellt werden, gehören ebenfalls zu den Sauermilchkäsen.

Altenburger Milbenkäse ist ein aus Quark von Kuhmilch oder Ziegenmilch oder einem Gemisch von beiden hergestellter gereifter Sauermilchkäse. Die Reifung erfolgt durch die Tätigkeit der Käsemilben, die sich beim Einlegen der an der Luft getrockneten und dabei vollständig hart gewordenen Käse in Töpfe oder Kisten aus vorhandenen Larven oder Eiern entwickeln, falls darin ausgewachsene Milben nicht schon vorhanden sind. Die Milben entwickeln sich in dem Käse zu Tausenden und sollen ihn sehr wohlschmeckend

---

[1] A. Axelrod: Französisches Patent 698478 vom 19. Dezember 1929; C. 1931, I, 3736.

[2] Wir verweisen auf die wertvollen farbigen Abbildungen von Sauermilchkäsen, die von Prof. W. Henneberg-Kiel stammen, in dem Heft von Brandis und Butenschön: Die Herstellung von Quark und Sauermilchkäse. Verlag: Molk.-Ztg. Hildesheim 1932.

machen. Der Käse wird mit Bier oder Wasser angefeuchtet gegessen. Normaler Milbenkäse, der als solcher gekennzeichnet ist, kann nicht beanstandet werden[1]. Auch im Ausland gibt es viele gereifte Sauermilchkäse, in Dänemark z. B. den Appetit-Ost. Bekannt ist auch der italienische Chiavari-Käse, der aus Vollmilch hergestellt wird.

4. Zigerkäse (Grüner Schabziger und Gammelost).

Grüner Schabziger, Kräuterkäse, Glarner Ziger. Der Schabziger ist am bekanntesten unter dem Namen „Kräuterkäse" und zwar als graugrüner, sehr trockener und harter Reibkäse in Spunden- oder Pulverform. Heute kommt er auch in kleinen rechteckigen Laiben mit 200—400 g bei weicher Beschaffenheit (Wassergehalt 60—65%, „streichfertig") in den Handel. (Kräuterkäse streich-fertig in Tuben und Mischungen von Kräuterkäse mit Schmelzkäse sind Schmelz-käse und als solche zu kennzeichnen.)

Der **Kräuterkäse** wird aus süßer Magermilch und Buttermilch, ausnahms-weise auch unter Beimischung von Molken, unter Kochen und Zusatz von saurer Molke hergestellt und besteht damit aus Säurequark und Eiweißquark (Ziger) gleichzeitig. Er ist chemisch also zur Hauptsache ein Gemisch von Casein, Molken-albumose, Lactalbumin nebst Lactoglobulin und enthält noch geringe Mengen von Paracasein (vgl. S. 356).

Zur Herstellung wird die süße Magermilch unter Umrühren erhitzt, bis sie kocht. Teil-weise wird Buttermilch mitverwendet. Noch während des Kochens wird stark saure Molke (70⁰ S.H.) auf besondere Art und Weise zugegeben, bis der ganze Quark (Säurequark + Ziger) ausgeschieden ist. Das abgetropfte und erkaltete Quarkgemisch läßt man in Fässern oder Kisten gären. In den Behältern, die durchlöchert sind, damit die Molke ablaufen kann, wird der Quark durch Beschweren mit Steinen gepreßt. Die Gärung dauert 4 bis 6 Wochen. Dem gepreßten, gegorenen und gemahlenen Quark werden 4—5% Kochsalz und 2—3% Zigerkleepulver (Melilotus coeruleus), manchmal auch noch Pfeffer und andere Kräuter zugemischt. Die Mischung wird geformt und auf besondere Art und Weise getrocknet. Das Trocknen dauert 2—6 Monate, worauf der Käse verpackt werden kann. Kräuterkäse in weicher Form ist nur weniger getrocknet. (Die Gärung ist vorzugsweise eine Milchsäure- und Buttersäuregärung.)

Gammelost ist ein norwegischer Käse, der wie der Schabziger aus Magermilch unter Säurezusatz und Kochen, technisch jedoch auf ganz andere Weise hergestellt wird. Er ist aber chemisch auch ein Gemisch von Säurequark und Ziger. Gammelost ist von brauner bis schwarzbrauner Farbe, innen grünlich. Er hat einen Apfel- und Citronengeschmack. Die Reifung wird durch drei verschiedene Schimmelpilzarten erzielt.

Pultost ist ein ähnlich dem Gammelost bereiteter norwegischer Käse von butter-artiger Beschaffenheit[2].

Bitterkäse, nordfriesischer, ist ein Hauskäse, dessen Herstellungsweise und Zusammensetzung viel Ähnlichkeit mit derjenigen des Gammelost hat[3]. Er wird, um ihn reifen zu lassen, mitunter vergraben. (Sog. „Erdkäse"[4] aus gesalzenem Rahm läßt man durch Eingraben in Sand reifen.)

Weiteres über Zigerkäse siehe S. 351.

5. Labkäse (Süßmilchkäse).

Diejenigen Käse, bei denen die Gerinnung der Milch zum größeren Teil oder nur durch das Labferment erfolgt, zählen wir zu den Labkäsen.

Die übliche Einteilung der Labkäse in Weich- und Hartkäse wird durch den verschiedenen Wasser-, besser Molkengehalt der Käse bedingt. Die Grenze liegt ungefähr bei dem Wassergehalt von 50%. Doch sind manche Übergänge vorhanden. Man kann die Labkäse weiterhin einteilen in weiche und feste Schnittkäse und in Reibkäse. Diese sind besonders trocken bzw. hart hergestellt, damit man sie fein reiben und als Dauerware verwenden kann.

---

[1] O. Mezger u. J. Umbrecht: Milben. Deutsch. Nahrungsm.-Rundschau 1931, 39.
[2] H. Schlag: Molk.-Ztg. Hildesheim 1929, **43**, 632.
[3] H. Schlag: Über nordfriesische Hauskäserei. Molk.-Ztg. Hildesheim 1930, **44**, 2126.
[4] K. Teichert: Sumpfbutter und Erdkäse. Milchw. Zentralbl. 1932, **61**, 322.

a) Weichkäse.

Die Weichkäse unterscheiden sich von den Hartkäsen abgesehen vom Wassergehalt noch besonders durch die Art der Reifung, die ihrerseits wieder teilweise von der Höhe des Wassergehalts abhängt. Je mehr Molke im Käse ist, desto mehr ist Milchzucker vorhanden. Da dieser leicht „säuert", bewirkt er einen verhältnismäßig hohen Säuregrad der unreifen Käsemasse. Dieser verhindert eine Reifung im weiteren Sinn, weshalb eine solche Reifung durch einen besonderen Angriff durch Organismen von außen her, durch Bakterien, Schimmelpilze und auch Hefen verschiedener Art erfolgen muß. Deshalb ist bei den Weichkäsen nicht wie bei den Hartkäsen eine gleichmäßige Reifung durch den ganzen Teig hindurch möglich. Diese Tatsache ist übrigens bei den Sauermilchkäsen die gleiche wie bei den Lab-Weichkäsen. Der Rindenteil hellt sich durch die Tätigkeit der von außen her kommenden Reifungsbakterien und -schimmelpilze zuerst auf. Die Reifung, die mit einer Neutralisierung bzw. Alkalisierung verbunden ist, greift dann immer mehr auf den sauren, kreideartigen Käse über.

Die Herstellung der Weichkäse ist wohlbegründet mit einer verhältnismäßig langen Gerinnungszeit verbunden. Dem Bruch sollen möglichst wenig Molken anhaften. Gepreßt werden die Weichkäse nicht oder nur wenig. Verpackungsmaterialien für Weichkäse sind Blattzinn und Blattaluminium je allein, ferner Pergamentpapier, Pergamin und paraffiniertes Pergamentpapier und Pergamin oder mit den genannten Papiersorten kaschierte Metallfolien.

Nach den am meisten vorkommenden Arten von Reifungsorganismen, die den einzelnen Käsesorten ihren Charakter verleihen und deren Wachstum durch die Behandlung der Käse während der Lagerung eingeleitet bzw. geregelt wird, unterscheidet man zwei Hauptgruppen, die Schimmel- und die Rotbakterienkäse, zwischen denen es aber auch wieder einige Übergänge gibt.

Gruppe I: *Schimmelkäse*[1].

Diese bilden in gewissem Sinn teils einen Übergang von den Frischkäsen zu den gereiften Käsen, teils leiten sie von den Sauermilch- zu den Labkäsen über. Einige der Frischkäse sind ja auch schon mehr oder weniger Schimmelkäse und andererseits gibt es gereifte Sauermilch-Schimmelkäse (vgl. S. 320).

Die Schimmelkäse zerfallen wieder in zwei Untergruppen, die Weiß-Schimmel- und die Blau-(Grün-) Schimmelkäse.

Weiß-Schimmelkäse. Diese werden außer durch Milchsäurebakterien durch besondere Rassen von Penicillien, Oidien, Hefen und Abarten von Bacterium linens gereift, die man alle als „Edelpilze" bezeichnet. Der bekannte Camembert-Schimmel (Penicillium Camemberti) erzeugt den sog. Champignon-Geschmack, Oidium casei einen Nußkerngeschmack. Die Bacterium linens-Arten erzeugen den scharfen ammoniakalischen Geruch und Geschmack.

Die bekanntesten Weiß-Schimmelkäse sind der Camembert- und der Brie-Käse.

Camembert-Käse ist der Hauptvertreter der Weiß-Schimmelkäse. Er stammt aus Frankreich, wird heute aber in Deutschland an verschiedenen Plätzen in einer Güte hergestellt, welche diejenige der französischen Camemberts oft weit übertrifft. Camembert-Käse kommen als kleine runde flachzylindrische Käse oder in Halbmondform oder in Dreieckform in 6/6-Packung in den Handel.

Für Camembert trifft die Käseverordnung die Bestimmung, daß Käse wie Camembert und Käse nach Art des Camembert mindestens als Fettkäse in den Verkehr zu bringen sind.

---

[1] Wir verweisen auf die guten farbigen Abbildungen von W. Henneberg in der Monographie: Betz-Lipp: Französische Weichkäse usw., 3. Aufl. Verlag: Molk.-Ztg. Hildesheim 1929.

Während die Käseverordnung damit einen Mindestfettgehalt vorschreibt, hat die Deutsche Milchwirtschaftliche Vereinigung darüber hinaus angeordnet[1]: „Camembert darf nur in zwei Fettstufen hergestellt werden und zwar 1. Käse wie Camembert und Käse nach Art des Camembert als Vollfettkäse mit einem Fettgehalt von 45% Fett i. T. und 2. Käse wie Camembert und Käse nach Art des Camembert in der Fettstufe der Rahmkäse mit einem Fettgehalt von 50% Fett i. T. als „Rahm-Camembert".

Brie-Käse (Käse von Brie, Fromage de Brie) ist ein Käse nach Art des Camembert, die Reifungsorganismen sind fast dieselben wie beim Camembert. Briekäse kommt in runden Kuchen von etwa 35 cm Durchmesser und 2,5—4 cm Höhe oder in für sich verpackten Teilstücken davon in den Handel (Schachtelbrie). Es gibt aber auch noch sog. Teller- oder Torten-Brie. Die Verpackungsart ist beim Schachtelbrie dieselbe wie beim Camembert.

Nach § 3 Abs. 2. Ziff. 2 der Käseverordnung dürfen Käse wie Brie und Käse nach Art des Brie nur als Rahmkäse mit mindestens 50% Fett i. T. in den Verkehr gebracht werden.

Dieser Bestimmung unterliegt nach einer Anordnung der Deutschen Milchwirtschaftlichen Vereinigung[1] nur der Schachtelbrie (Portionsbrie) in verkaufsfertiger Packung. Er kommt als „Rahmbrie" in 10/10-Packung (1 Teilstück wiegt 100 g) an den Verbraucher. Ausgenommen von der Bestimmung des § 3 Abs. 2 Ziff. 2 der Käseverordnung ist aber der Teller- (oder Torten-) Brie. Er darf bei Gewichten von 3,5—4 Pfund und 5—6 Pfund und Durchmessern von 23—25 cm und 30—32 cm in nicht verkaufsfertiger Packung mit einem Fettgehalt von 45% i. T., also als Vollfettkäse, hergestellt sein.

Blau- (Grün-) Schimmelkäse. Ihr Hauptvertreter ist der Roquefort-Käse. Bei diesem wird wie beim Gorgonzola und beim Stilton der Geschmack durch den Roquefort-Schimmel (Penicillium Roqueforti in verschiedenen Rassen) bestimmt, der den bekannten eigenartigen, ranzigen und ammoniakalischen Geruch und Geschmack hervorruft. Die Blauschimmelkäse unterscheiden sich von den Weiß-Schimmelkäsen dadurch, daß ihr Schimmelwachstum nicht, wie z. B. beim Camembert, an der Käseoberfläche, sondern im Innern der Käsemasse vor sich geht. Sie kommen in zylindrischen Formen von etwa 20 cm Durchmesser bei einer Höhe von 10 cm — Stilton ist 25 cm hoch — in den Handel. Die Festigkeit des Teiges ist etwa diejenige des Münsterkäses.

Roquefort ist Schafmilchkäse (zum Unterschied von Gorgonzola und Stilton, die Kuhmilchkäse sind). Im übrigen werden heute teilweise der Schafmilch in einer gewissen Menge Kuhmilch und sogar 2% Ziegenmilch zugemischt, so daß also ein Käse aus einem Gemisch von 3 Milchsorten bestehen kann. Er darf dann aber in Frankreich nicht mehr als „Roquefort" bezeichnet werden, sondern nur noch „nach Art des Roquefort" (en façon de R.). Es ist nämlich dort nach einem Gesetz von 1925 verboten, als „Roquefort" andere Käse als solche, die ausschließlich mit Schafmilch hergestellt sind und ihre Reifung in den Felsenhöhlen von Roquefort (nicht auch in den gekühlten künstlichen Kellern) erfahren haben, in den Verkehr zu bringen.

Zur Herstellung der Schimmelbildung im Käse wird in die Model der Bruch schichtenweise eingelegt und dazwischen das Schimmelpulver (etwa $^1/_4$ g auf 1 Käse) gestreut. Dieses ist mit Penicillium Roquefort verschimmeltes Brot, das fabrikmäßig hergestellt wird. Die Reifung erfolgt in natürlichen Felsenhöhlen, in die Stockwerke eingebaut sind und die eine eigenartige natürliche Belüftung haben. Die Temperatur der Luft soll am besten 5° nicht überschreiten. Ihr Feuchtigkeitsgehalt soll hoch sein. Die Käse werden zeitweise mit sog. Piquier-Maschinen ausgestochen, wobei auf jeden Käse etwa 60 Nadeln mit je 3 mm Durchmesser) treffen, damit der Schimmel im Innern der Laibe die nötige Luft bekommt, die er zum Wachsen braucht.

Der Roquefortkäse soll einen angenehm milden und pikanten Geschmack haben. Der Teig ist hart und bröckelnd, aber fett und soll auf der Zunge schmelzen. Die Käse haben eine leicht orangegelbe Rinde, der Teig ist weiß

---

[1] K. KRETSCHMER: Käse, Verpackung und Gesetz. Verlag: Deutsche Molk.-Ztg., Kempten 1934.

und mit azurblauen bis grünlich-schwärzlichen Schimmelflecken durchsetzt. Käse nach Art des Roquefort sind der Bleu d'Auvergne Sassenage, Mont Cenis und Serrazin. Roquefort und Käse nach Roquefort-Art sind mindestens Fettkäse.

Sogenannte Edelpilz-Käse, die nach Art des Roquefort bereitet sind, werden heute auch in Deutschland hergestellt, z. B. in Traunstein (s. auch S. 416).

Gorgonzola (Stracchino di Gorgonzola) wird in der Gegend von Mailand hergestellt und zwar nur aus Kuhmilch[1]. Er ist mit einem Roquefortschimmel durchsetzt, dem wie beim Roquefortkäse durch Anstechen der Käselaibe während der Reifung Luft zugeführt wird. Es gibt auch einen „weißen" Gorgonzola, der also keinen grünen Schimmel besitzt. Der Gorgonzola ist schwer, fett und weich im Teig. Da er dabei eine ziemlich hohe Form besitzt, verliert er leicht seine Form, weshalb die rot-weiße natürliche Rinde verstärkt werden muß. Dies ist bis vor kurzem mit einer rötlich gefärbten Schicht von Bariumsulfat mit Schweineschmalz als Bindemittel geschehen. Da die Verwendung von Bariumsulfat seit 1917 auch in Italien selbst verboten ist, wird dafür heute Tonerde benutzt. Eine Bariumsulfatrinde muß heute beanstandet werden (vgl. auch S. 411). Gorgonzola ist Fettkäse.

Stilton, ein englischer Käse, gehört in die Klasse der Rahmkäse. Nach § 3, Abs. 2 Ziff. 2 der Käseverordnung dürfen Stilton und Käse nach Art des Stilton (Beurteilung s. S. 416) nur als Rahmkäse in den Verkehr gebracht werden. Stilton wird auch unter Rahmzusatz zur Milch hergestellt. Er ist von einem graugrünen Schimmel durchzogen, dem während der Reifung durch Anstechen mit gewöhnlichen Stricknadeln die Luft zugeführt wird. Stilton ist ein zarter, fetter und brüchiger Käse, der in Blattzinn und Blechbüchsen verpackt wird. Er wird mit schweren spanischen Weinen begossen, die man in eine in den Käse gemachte Höhlung so lange einlaufen läßt, bis sich der Käse damit vollgesogen hat.

Blue Dorset ist ein mit Schimmelpilz durchsetzter in England hergestellter Magerkäse.

Gruppe II: *Rotbakterienkäse.*

Die Käse dieser Gruppe können ihrem Charakter nach als zwischen den Frisch- und Weiß-Schimmelkäsen und den Käsen nach Limburger Art stehend betrachtet werden. Die Rotbakterienkäse werden während der Reifung nur gewaschen, nicht geschmiert. Zu ihnen gehören folgende bekannte Käse: Münsterkäse (Gèradmer oder Gèromè), Neufchâtel-Käse[2], Butterkäse und Bel Paese, Stracchino di Milano, Hohenheimer-, Radolfzeller-, Mainauer-, Mondseer-Käse ferner eine große Anzahl der bekannten „Frühstücks"-Käse und „Delikateß"-Käse der verschiedensten Art, die in der Regel Phantasienamen tragen (Schloß-, Kloster-Käse usw.). Die französischen Käse Livarot, Mont d'Or, Pont l'Eveque und andere gehören auch hierher.

Bei fast allen Rotbakterienkäsen handelt es sich um Käse, die ihrer Fettstufe nach Rahmkäse oder Vollfettkäse sind. Solche Käse, die nur Phantasienamen tragen, müssen mindestens als Vollfettkäse gearbeitet sein. Die meisten Rotbakterienkäse sind ohne Rahmzusatz aus Vollmilch bzw. aus Milch mit einem der Vollmilch durchschnittlich nahekommenden Fettgehalt gearbeitet, auch dann, wenn sie als „Rahm"-Käse bezeichnet sind und 50% Fett i. T. besitzen.

Münsterkäse hat seine Heimat im Münstertal in den Vogesen. Die Milch des schwarz-weißen Vogesenviehs hat wie Höhenviehmilch durchschnittlich etwa 3,4% Fett. Zur Herstellung des Münsterkäses wird der Milch vielfach etwas Fett entzogen, damit der Käse in seinen äußeren Teilen nicht bitter wird. Der Münster-

---

[1] Näheres über die neuzeitliche Herstellung siehe Deutsche Molk.-Ztg. Kempten 1935, **56**, 1157.

[2] Vgl. hierzu O. Laxa: Über die Reifung des Neufchâteler Käses. Z. 1914, **28**, 387.

käse wird heute an den verschiedensten Orten hergestellt, z. B. auch in Bayern[1]. Die Labtemperatur liegt zwischen 26 und 32⁰. Die Herstellungsvorschriften weichen stark voneinander ab. Der Bruch wird in Walnußgröße geschnitten. Die Käse werden auf Lattenrosten getrocknet. Über den Reifungsvorgang ist noch so gut wie nichts bekannt. Ein leichter Anflug von Weißschimmel wird gern gesehen. Die eigentlichen Reifungsbakterien sind zweifellos Rotbakterien. Dem Käse verbleibt der milde Geschmack dadurch, daß er während der Reifung nur gewaschen und nicht im eigentlichen Sinn geschmiert wird. Münsterkäse hat eine rotgelbe geschmeidige Rinde und einen zarten gelben, oft speckigen, nur ganz wenig gelochten Teig. Der Geschmack ist mild und aromatisch. Er kommt in Laiben von 16—20 cm Durchmesser bei einer Höhe von 4—6 cm in paraffiniertes Pergamentpapier oder in Stanniol verpackt in den Handel. Er darf heute in Deutschland nur noch als Vollfettkäse (45% Fett i. T.) hergestellt werden.

Mondseer Käse werden in der Gegend von Mondsee im Salzkammergut hergestellt. Früher war der Käse im Teig dem Münsterkäse ähnlich. Nachahmungen aus der Umgegend von Salzburg können im Teig dem Tilsiter nahekommen. Mondseer Käse soll nach dem österreichischen Lebensmittelkodex vollfett sein. Sein Gewicht beträgt etwa 1 kg. Der echte Mondseer Käse ist der vollfette „Mondseer Schloßkäse" der Almeida'schen Gutsverwaltung.

Arenenberger Käse stammt aus Arenenberg im schweizerischen Kanton Thurgau. Er ist ein Vorläufer des Butterkäses und gleicht in Vielem dem Münsterkäse.

Hohenheimer Käse ist eine Art Münsterkäse. Er wird aus Milch mit 3,6% Fett unter Zusatz von etwas Käsefarbe hergestellt. Seine Labungstemperatur liegt bei 36⁰. Er reift von außen her und ist der Fettstufe nach ein Rahmkäse[2].

Butterkäse und Bel Paese. In Italien wird von der Firma Galbani in Melzo (Mailand) der dem Münsterkäse ähnliche Bel Paese hergestellt. Dieser Name ist der Fa. Galbani gesetzlich geschützt, weshalb der in derselben Art in Deutschland nach dem Kriege hergestellte Käse der Beschaffenheit des Teiges wegen den Namen „Butterkäse" erhielt[3]. Der Käse wird aus Vollmilch, vielfach unter Rahmzusatz, hergestellt, damit der Käse sicher 50% Fett i. T. erhält. Eine Verwendung von Butter kommt bei der Herstellung nicht in Frage. Die Labungstemperatur ist hoch. Sie kann über 40⁰ liegen. Bei der Butterkäseherstellung kann sehr viel Fett in die Molke übergehen, worin der Grund liegt, daß man ohne Rahmzusatz vielfach nicht auskommt. Es ist deshalb eine hohe Labungstemperatur, die bei starkem Labzusatz eine rasche Gerinnung der Milch bewirkt, notwendig. Ferner muß eine besondere Art der Technik der Verarbeitung des Bruches eingehalten werden. Der deutsche Butterkäse ist heute neben dem italienischen Bel Paese in Deutschland im Handel stark vertreten. Er wird in runden flachen Laiben von etwa 20 cm Durchmesser bei etwa 5 cm Höhe in den Handel gebracht. Der reife Käse hat eine gelbliche Farbe, schmilzt leicht im Munde und gehört in die Klasse der Rahmkäse, muß also mindestens 50% Fett i. T. besitzen. Sein Geschmack ist angenehm säuerlich. Er besitzt eine geringfügige Lochung (Augen von $1/_2$—5 mm Durchmesser). Butterkäse reift wie ein Hartkäse gleichmäßig innen und außen. An seiner Reifung, die auch noch nicht geklärt ist, hat wahrscheinlich der Streptococcus

---

[1] Der Ausdruck „Münsterkäse" ist also Gattungsbezeichnung.
[2] Nach Angabe von Prof. Dr. RÜDIGER-Hohenheim.
[3] O. MEZGER u. J. UMBRECHT: Butterkäse, Deutsche Nahrungsm.-Rundschau 1933, 23; Zu den Fragen der Kennzeichnung und Aufmachung von Butterkäse usw., Deutsche Molk.-Ztg. Kempten 1933, 54, 297.

thermophilus einen wesentlichen Anteil. Der italienische Bel Paese besitzt vielfach weit mehr als 50%, manchmal mehr als 60% Fett i. T.

Königskäse ist ein von der Firma Galbani in Robbio bei Pavia nach Art des Bel Paese hergestellter Käse mit 50% Fett i. T.

Frühstückskäse: Unter den verschiedensten Phantasiebezeichnungen, z. B. als „Frühstückskäse", „Delikateßkäse", „Klosterkäse", „Schloßkäse",, usw. kommen vielerlei kleingeformte Käse in den Verkehr, die ihrer Herstellung nach fast immer in die Gruppe der Rotbakterienkäse gehören (sie dürfen nicht verwechselt werden mit Schmelzkäsen, die heute unter gleichen Bezeichnungen vertrieben werden, oft aber aus dem verschiedenartigsten Rohkäsematerial hergestellt sind). Es handelt sich dabei meistens um kleine viereckige in Metallfolien oder in Pergamentpapier verpackte Einzelstücke, welche die buntesten Etiketten tragen. Die Käse sind manchmal nur wenige Tage alt. Sind sie älter, dann überwiegen auf der Rinde die Rotbakterien gegenüber den Hefen und Schimmelpilzen. Sie tragen aber keine ausgesprochene Schmiere, weil sie den dadurch bedingten Limburgergeruch und -geschmack nicht haben sollen. Die Herstellung der Käse ist in vielem ähnlich derjenigen des Camembertkäses.

Alle diese Käse mit Phantasienamen müssen nach § 3 der Käseverordnung mindestens als Vollfettkäse hergestellt sein.

Gruppe III: *Zwischen Rotbakterien- und Limburgerkäsen stehende Käse.*

Diese Käse, deren Hauptvertreter der Steinbuscher und der Liptauer Käse sind, haben manches mit den Weißschimmelkäsen einerseits und mit den nicht geschmierten Rotbakterienkäsen andererseits gemeinsam. In Reifung und Geschmack kommen sie dem schon ganz in die Limburger-Gruppe gehörenden Romadur am nächsten.

Steinbuscher Käse[1]. Für seine Herstellung, die (nach Angaben von Teichert) erstmalig im Jahre 1860 in Steinbusch in Brandenburg erfolgt sein soll, ist eine völlig einwandfreie und süße Milch notwendig, die unter Farbzusatz bei etwa 30° eingelabt wird. Der Steinbuscher hat eine schöne gelbe und trockene Haut, ist innen gleichmäßig durchgereift und etwa so schnittfest wie Tilsiter. Er wird in viereckiger Form (11 : 11 : 4,5 cm) bei einem Gewicht von 650—700 g hergestellt und hat einen milden Geschmack, der zwischen dem des Tilsiters und des Limburgers liegt.

Steinbuscher Käse darf nur als Vollfettkäse hergestellt werden. Nach der Begriffsbestimmung für Steinbuscher-Markenkäse ist das Äußere des Käses ohne eigentliche Rindenbildung, die Oberfläche hat einen rötlich stumpfen Schimmer, ohne Schmierebildung, das Gefüge ist weich, geschmeidig, die Farbe ist haferstrohgelb, nicht weißgelb, die Lochung ist klein und gleichmäßig, der Geschmack ist pikant bis säuerlich mild, aber nicht salzig oder scharf.

Brioler und Woriener Käse, deren Heimat Ostpreußen ist, sind Fettkäse aus ganzer Milch, die viel Ähnlichkeit mit dem Limburger besitzen.

Liptauer- oder Brinsen-Käse, der in verschiedenen Komitaten Nord-Ungarns bzw. in dem jetzt tschechoslowakischen Komitat Liptau hergestellt wird, ist ein gereifter Schafmilchkäse. Der Schafmilch werden — angeblich aus technischen Gründen — manchmal auch bis zu 10% Kuhmilch zugesetzt.

Seine Herstellung ist eine ganz eigenartige[2]. Den mit Lab, das aus Lämmer- oder Schweinemägen gewonnen ist, hergestellten Bruch läßt man zerkleinert in Tüchern

---

[1] H. Mergner: Die Herstellung von Steinbuscher Käse. Südd. Molk.- u. Käserei-Kalender. Verlag der Deutschen Molk.-Ztg. Kempten 1931, 325. — G. Schwarz u. H. Schlag: Untersuchung von Steinbuscher Käsen. Molk.-Ztg. Hildesheim 1935, 49, 95.
[2] O. Gratz: Schafmilchkäserei. — Die Herstellung von Liptauer und einigen anderen feinen Schafkäsen. Verlag Molk.-Ztg. Hildesheim 1933.

aufgehängt abtropfen. Der so in den Schäferhütten gewonnene eiförmige Rohkäse hat die Form eines Edamer Käses und heißt „homolka" oder „gomolya". Er wird noch unreif oder wenig angereift aus den Schäferhütten an die Käsefabriken geliefert. Dort läßt man ihn vielfach nachreifen. Die jungen Rohkäse sind weiß, die älteren haben eine gelbliche Schicht unter der Rinde, der Kern ist noch weiß. Ist bei allen Käsen die Reifung genügend weit vorgeschritten, so werden sie weiterverarbeitet. Die „Reifung" ist beim Liptauer Käse eine Art Gärung. Nach O. GRATZ und K. VAS[1] bewirken die an der Oberfläche befindlichen Oidien, Torulahefen, petonisierenden Kokken und Penicillien eine von außen nach innen fortschreitende Caseolyse, die sich in einer Verfärbung von Weiß über Gelb nach Rot äußert. Die Torulahefen verursachen in gewissem Maß eine Art alkoholische Gärung. Das „Scharfwerden" des Käses wird durch Enzyme der Oidien bewirkt. Damit verbunden ist eine Fettspaltung, die sich bis ins Innere der Rohkäse fortsetzt. Der scharfe Geschmack darf im Käse nicht zu stark hervortreten. Die Weiterverarbeitung des gereiften Rohkäses, des „gomolya", zum streichfähigen Liptauer oder Brinsenkäse, wie er in den Verkehr kommt, geschieht folgendermaßen: Die Rohkäse werden von der Rinde befreit. Der „Kern" der Käse wird in kleinen Stücken ziemlich stark gesalzen und gemahlen[2]. Das Mahlgut läßt man noch etwas nachreifen, dann wird es in Tönnchen eingestampft. In diesem wird der so fertiggestellte Brinsenkäse verschickt. Der Käse wird heute aber auch in kleinen Stückchen in Pergamentpapier, Zinnfolien oder paraffinierte Papierbecher verpackt.

Liptauer- oder Brinsen-Käse ist als ein gereifter Weichkäse anzusehen, der als „Streichkäse" in den Handel kommt. Er kann 50—60% Fett i. T. besitzen. Sein Wassergehalt mag durchschnittlich zwischen 38 und 50% liegen. Nach einer ungarischen Verordnung soll Liptauer-Brinsen mindestens 35—47% Fett i. T. und höchstens 50% Wasser enthalten. Nach einem Erlaß des tschechoslowakischen Ackerbauministeriums[3] vom 13. Juli 1935 muß „Delikateß-Brinsen" 50% Fett i. T. aufweisen und darf nur in der Zeit vom 1. April bis 31. Oktober alljährlich in den Verkehr kommen. Die zweite Sorte, der sog. „Liptauer-Brinsenkäse" braucht nur 40% Fett i. T. zu besitzen und kann das ganze Jahr hindurch in den Verkehr kommen. Die dritte Sorte, der „Winterbrinsen", der Kuhmilchquark enthalten darf, muß mindestens 30% Fett i. T. aufweisen.

„Garnierter Liptauer"[4] ist mit Paprika, Zwiebeln, Schnittlauch, Kapern, Senf, Salz, gehackten Sardellen, Kümmel und anderen Gewürzen vermischter Brinsenkäse.

„Liptauer-Ersatz", „Käse nach Liptauer Art". Als „Liptauer garniert" wird in Gastwirtschaften oft ein mit den für Liptauer üblicherweise verwendeten Gewürzen versetzter Speisequark angeboten. Meistens handelt es sich dabei um Mager- oder Vollmilch-Labquark (Säurequark eignet sich nicht). Mitunter enthält das Gemisch auch Butter, oft noch Weißlackerkäse oder andere Käsesorten in geriebener Form. Derartig hergestellte Frischquark-Zubereitungen dürfen deshalb, weil sie nicht ganz oder nur zum Teil aus Schafmilch hergestellt sind und in erster Linie auch deshalb, weil sie nicht die nötige Reifung durchgemacht und damit nicht den eigenartigen Geschmack des echten Liptauer Brinsenkäses besitzen, nur als „Liptauer-Ersatz" oder als „Käse nach Liptauer Art" verkauft werden[5] (vgl. hierzu S. 416). Gemische von Quark und Liptauer Käse können auf Grund des CaO-Gehalts erkannt werden[6]. Enthält die Mischung Margarine oder Margarinekäse oder Fremdfett irgendwelcher Art, so ist sie natürlich als „Margarinekäse" zu behandeln. Solcher darf heute in Deutschland überhaupt nicht hergestellt werden.

Gruppe IV: *Limburger Käse.*

Die Limburgerkäse sind alle ausgesprochene Schmierkäse (vgl. S. 315). Unter der Schmiere, die jeden Luftzutritt zum Käse verhindert, entwickeln sich von außen nach innen die proteolytischen Bakterien und zwar Anaerobier verschiedener Art, nachdem die Entsäuerung durch Penicillien, Oidien, Kahmhefen und Bacterium linens eingeleitet ist. Die Anaerobier, wie z. B. das

[1] O. GRATZ u. K. VAS: Die Mikroflora des Liptauer Käses und ihre Rolle beim Reifen und Scharfwerden desselben. Zentralbl. Bakteriol. II 1934, 41, 18.

[2] K. v. FODOR: Z. 1912, 23, 662; 24, 265.

[3] Neuregelung der Schafkäse-Erzeugung und des Schafkäsehandels in der Tschechoslowakei. Deutsche Molk.-Zgt. Kempten 1935, 56, 1132.

[4] P. BUTTENBERG u. K. PFIZENMAIER: Z. 1912, 23, 340.

[5] J. UMBRECHT: Was ist Liptauer Käse? Deutsche Molk.-Ztg. Kempten 1935, 56, 263. Ausführliche Stellungnahme mit Begründung. [6] K. v. FODOR: Z. 1912, 23, 662.

Paraplectrum foetidum, zersetzen das Casein. Es bilden sich dabei Peptone, Proteosen, Aminosäuren und Ammoniak. Die Käse zeigen mehr oder weniger alle den eigenartigen käsig-fauligen Limburger Käsegeruch, sie „stinken" alle mehr oder weniger.

Echte Limburger. Diese werden in der Limburger Gegend in Belgien hergestellt. Sie sind ungefähr 15 cm im Quadrat groß und 8 cm hoch. Käse nach Limburger Art sind auch der belgische Herve-Käse und der Royal-Brabant, ferner der französische Void-Käse.

Allgäuer-Limburger (Stangenkäse) ist der etwa um 1830 von Karl Hirnbein aus der Grafschaft Limburg ins Allgäu verpflanzte Käse. Der Limburger wurde dann bis vor einigen Jahrzehnten in vielen Gegenden Deutschlands hergestellt, in Norddeutschland meistens aus Magermilch, manchmal unter Zusatz von Buttermilch. Im Allgäu wird der Käse meistens aus einem Gemisch von Vollmilch und Magermilch, das auf einen bestimmten Fettgehalt eingestellt ist, bereitet. Der Allgäuer Limburger darf nur Fett- oder Halbfettkäse sein. Der halbfette, 20%ige, ist die gangbarste Sorte.

Die Milch mit einem Säuregrad von etwa 8° S.H. wird im Sommer bei etwa 28°, im Winter bei etwa 32° gelabt. Das Färben geschieht in der Regel mit Safran. Durch das „Verschneiden" und „Verziehen" wird der Bruch auf Walnußgröße gebracht. In sog. „Spanntischen" wird der geformte Käse leicht gepreßt. Nach dem Spannen wird er trocken oder im Salzbade gesalzen. Etwa am 5. Tage der Kellerbehandlung fangen die Käse an, einen gelben Überzug zu bekommen. Sie werden dann geschmiert. Wenn ungefähr $1/4$ des Käses noch unreif ist, nach etwa 4 Wochen, ist die Versandreife eingetreten. Der Allgäuer Limburger wird heute meistens als sog. „Stangenkäse" hergestellt in länglich prismatischer Form mit quadratischem Querschnitt bei einer Länge von etwa 20 cm und einer Höhe und Breite von 5—7 cm. Sein Gewicht beträgt etwa 0,8 kg. Verpackt sind die Käselaibe in Pergamentpapier, das oft paraffiniert ist, oder in kaschierte Zinn- oder Aluminiumfolien. Der Versand der Käse erfolgt zu etwa 40 Stück in flachen Holzkisten.

Der Allgäuer Limburger hat während der Versandzeit unter der Rinde eine speckig-glasige reifende Schicht, die immer weiter nach dem Innern zu vordringt. Mit dem Eintreten der Schnittreife ist der unreife, innere kreidige Kern verschwunden. Der schnittreife Käse hat einen glatten Teig. Dieser ist nur wenig und sehr klein gelocht. Die Käserinde ist gelbbraun bis rotbraun.

Backsteinkäse ist ein in Norddeutschland in Quadratform hergestellter Magerkäse nach Limburger Art. (Als „Backsteinkäse" werden von Laien heute auch noch vielfach die Allgäuer Limburger, die Stangenkäse, bezeichnet.) Harrach- und Konopisterkäse sind in Böhmen erzeugte Käse nach Limburger Art.

Quadratkäse und Stangenkäse in Zylinderform sind Viertelfett- oder Magerkäse nach Limburger Art.

Spitzkäse ist ein kleiner Magerkäse nach Limburger Art mit Kümmelzusatz. Marienhofer- und Schwarzenberger-Käse sind österreichische Käse nach Limburger Art.

Weißlacker oder bayerischer Bierkäse, ist ein weißschmieriger Limburger von scharfem Geschmack. Er kommt in Würfeln von etwa 12 cm Länge und Breite und 9 cm Höhe auf den Markt. Die ziemlich dünnflüssige, glänzende, weißlichgraue Schmiere ist eigenartig. Sie entsteht durch besondere Handhabung des Salzens und Schmierens. Weißlacker ist ein in Bayern sehr beliebter Käse, der heute nur noch als Vollfettkäse (45% Fett i. T.) hergestellt werden darf. Er wird in Pergamentpapier verpackt.

Romadur ist ein Käse nach Art des Limburgers. Die Herstellung ist bei beiden Käsesorten ziemlich gleichartig. Der Romadur ist milder als der Limburger. Sein Bruch wird fester und kleiner gemacht. Der Käse wird weniger stark gesalzen und geschmiert. An der Reifung des Romadur ist Bacterium linens am meisten beteiligt. Romadur ist heute als Fett- und Halbfett-Käse zugelassen (früher war er nur Vollfett- oder Fettkäse). Man findet mitunter auch 50%igen Romadur, also solchen, welcher der Fettstufe nach Rahmkäse ist. Romadur hat einen glatten, gleichmäßig durchgereiften Teig und zeigt keine Lochung. Die Käselaibchen sind 10—12 cm lang und je etwa 5 cm breit und hoch. Die Verpackung ist gleich wie beim Limburger.

Schloß- und Klosterkäse sind kleine romadurartige zarte Käse. Als Käse mit Phantasiebezeichnung müssen sie mindestens Fettkäse sein, wenn sie nicht gleichzeitig die Sortenbezeichnung „Romadur" tragen.

b) Hartkäse.

Die Hartkäse sind im Teig durchschnittlich fester als die Weichkäse, wenn auch die Festigkeit des Teiges bei den einzelnen Hartkäsesorten sehr verschieden sein kann. Bei der Herstellung der Hartkäse wird die Milch in bedeutend kürzerer Zeit dickgelegt als bei der Herstellung der Weichkäse. Der Bruch wird kleiner und durch Nachwärmen trockener gemacht. Die geformte Käsemasse wird meistens einer stärkeren Pressung ausgesetzt. Somit unterscheiden sich die Hartkäse von den Weichkäsen durch einen geringeren Molken- und damit durch einen geringeren Milchzucker- und Wassergehalt. Diese Tatsache bedingt die Verschiedenheit in der Art der Reifung zwischen den Hart- und den Weichkäsen. Die Hartkäsereifung vollzieht sich gleichmäßig durch die ganze Masse hindurch[1], während die Weichkäse im allgemeinen von außen nach innen reifen (s. S. 360). In älteren Hartkäsen können zwar parallel zur Hauptgärung auch von der Rinde her Reifungsvorgänge auftreten, aber immer nur in untergeordnetem Maße[2]. Die Hartkäse reifen langsam und sind im allgemeinen sehr haltbar. Die meisten werden als Rundkäse hergestellt, manche auch in Block- oder Brotform. Sie sind fast immer größer als die Weichkäse.

Da die Schnittfestigkeit und sonstige Eigenschaften bei den einzelnen Hartkäsen wie bei den Weichkäsen recht verschieden sein können, teilt man sie am besten nach H. Weigmann[3] ebenso wie die Weichkäse nach der Art der Reifung und ihrem daraus sich ergebenden Gesamtcharakter ein. Wir unterscheiden somit Käse nach Tilsiter-, nach Holländer-, nach Emmentaler- und nach Cheddar-Art.

Gruppe I: *Käse nach Tilsiter Art.*

Die Käse dieser Gruppe sind halbfette Schnittkäse. Der Reifungsart und dem Geschmack nach stehen sie zwischen dem Limburger und dem Gouda-Käse.

Werder oder Elbinger Käse ist ein westpreußischer Käse. Er hat die Form eines Gouda-Käses. Sein Durchmesser kann 25—50 cm, seine Höhe 8—10 cm betragen. Er wird zur Hauptsache aus Vollmilch und meistens im kleinbäuerlichen Betrieb hergestellt. Er ist ziemlich weich, wasserreicher als der Tilsiter und steht den Rotbakterienkäsen ziemlich nahe. Er reift aber gleichmäßig durch die ganze Masse und ist säuerlich mild, nicht scharf, obgleich er nicht gewaschen, sondern leicht geschmiert wird. Er kommt in Kisten oder Gebinden in den Handel.

Tilsiter Käse wird heute in Nord- und Süddeutschland sehr viel hergestellt. Er ist ein durch die ganze Masse gleichmäßig gereifter Käse. Er nimmt eine eigenartige Zwischenstellung zwischen Weich- und Hartkäsen ein. Sein Teig hat die Festigkeit eines weichen Schnittkäses. Er ist mit etwas rotbrauner Schmiere bedeckt (er wird aber gewaschen, nicht geschmiert) und besitzt durch den ganzen Teig gleichmäßig eine kleine schlitzartige oder runde Lochung.

---

[1] E. v. Freudenreich: Landw. Jahrb. Schweiz 1900, 234.

[2] G. Köstler: Über die von der Rinde her sich vollziehende Entsäuerung des Hartkäseteiges. Landw. Jahrb. Schweiz 1929, 1065.

[3] H. Weigmann: Handbuch der praktischen Käserei, S. 281. Berlin: Paul Parey 1933.

Der Geschmack ist leicht pikant; er erinnert nur schwach an denjenigen des Limburgers, ohne dabei weich und „schlaff' zu sein, wie derjenige der Holländer-Käse. Für das Zustandekommen des pikanten Geschmacks sind Milchsäure-langstäbchen und sporenbildende Bakterien der Mesentericus-Gruppe maßgebend.

Tilsiter-Markenkäse[1], der mindestens 45% Fett i. T. besitzen muß, unterliegt folgender Begriffsbestimmung: Tilsiter Käse sind halbfeste Schnittkäse mit meistens schwach nach außen gewölbter Randfläche. Die Schnittfläche darf sich nicht vorwölben. Das Äußere ist glatt, die gut angetrocknete Schmiere muß die Poren geschlossen haben. Die Farbe der Rinde ist gelb-braun. Das Innere hat ein geschmeidiges, fettes, unbedingt schnittfestes Gefüge. Seine Farbe ist strohgelb bis stark strohgelb (nicht rötlich); dunkler oder blauer Rand ist zu beanstanden. In der Lochung unterscheidet man Schlitzloch, Gerstenkorn- und Rundloch. Die für Tilsiter Käse charakteristische Schlitzloch- und Gerstenkornlochung ist von unregelmäßiger Form, selten über Gerstenkorngröße. Rundloch ist nicht typisch, wenn auch vereinzelte Rundlöcher bis Linsengröße als Zeichen milden Geschmacks angesehen werden. Der Geschmack ist angenehm pikant, zwischen leicht herbe bis zart säuerlich, bei jungen Käsen weniger ausgeprägt, keineswegs bitter oder aus-gesprochen sauer.

Zur Kennzeichnung von Tilsiter-Markenkäse werden heute Caseinmarken ähnlich wie bei Gouda- und Edamerkäse verwendet[2].

Zur Herstellung des Tilsiters wird Voll- oder Halbmilch mit etwa 8° S.H. unter Zusatz von Käsefarbe gelabt. Die Gerinnungszeit beträgt etwa 30 Minuten. Der Bruch wird zuerst auf Haselnuß-, dann auf Bohnengröße geschnitten. Dann wird er auf 42 bis 46° nachgewärmt. Dadurch erhält der Bruch weitere Festigkeit und Trockenheit und dadurch wird der Käse zum Hartkäse. Der Bruch wird in Holz- oder verzinnten Eisen-oder Zinkblechformen geformt. Eine Pressung des Bruchs in den Formen findet nicht statt. Der Käse wird nach dem Salzen zur Erzielung der festen Rinde und gleichzeitig zur Verhütung der Bildung einer Schmiere gewaschen, d. h. mit einem in Salzwasser ausgewaschenen Tuch wöchentlich mehrere Male abgewischt. Die Reifung dauert 4—6 Monate. Der Käse wird heute auch aus pasteurisierter Milch unter Reinkulturzusatz hergestellt.

Der Tilsiter Käse hat die runde Laibform mit scharfen Kanten (23—26 cm Durchmesser, 10—15 cm Höhe) oder die Block- oder Brotform. Die Laibe werden in Pergamentpapier oder Blattzinn gehüllt.

Der Tilsiter Käse kann in allen Fettstufen von vollfett bis halbfett in den Verkehr gebracht werden. Er darf auch heute weiterhin als Viertelfett-oder Magerkäse überall da hergestellt werden, wo er als Viertelfett- oder Mager-käse unter dieser Kennzeichnung seither schon hergestellt wurde.

Wilstermarschkäse (Holsteinscher Marschkäse)[3] ist ein Erzeugnis der holsteinischen Milchwirtschaft und in Schleswig-Holstein, Hamburg und Mecklen-burg bekannt.

Nach Fettgehalt und Alter der Milch unterscheidet man: Rahmkäse, Süßmilchkäse, zweizeitige und dreizeitige Käse und Herbstkäse. Die Rahmkäse werden aus Vollmilch mit Rahmzusatz, die Süßmilchkäse aus frischer Vollmilch bereitet. Zweizeitige Käse stammen aus Milch von zwei, dreizeitige aus Milch von drei verschiedenen Melkzeiten. Die Herbst-käse werden aus einem Gemisch von 48-, 24- und 12-stündiger Milch hergestellt. Der typische Marschkäse ist der zweizeitige. Der Käse hat die Form des Gouda-Käses.

Der Käse ist schon nach 4 Wochen verbrauchsreif und hat dann einen frischen, schwach säuerlichen Geschmack; ausgereifte Käse sind scharf. Wilster-marschkäse wird wie der Tilsiter in allen Fettstufen hergestellt.

Gruppe II: *Käse nach Holländer Art.*

Die bekanntesten Käse nach Holländer Art sind die Gouda- und Edamer-Käse. Diese Käse werden heute vielfach auch in Deutschland hergestellt, besonders am Niederrhein und in Schleswig Holstein. Unter „Holländer Käse"

---

[1] K. Kretschmer: Deutscher Markenkäse. Deutsche Molk.-Ztg. Kempten 1935, **56**, 953.

[2] W. Mohr: Kennzeichnung von Käse durch Caseinmarken. Molk.-Ztg. Hildesheim 1935, **49**, 899.

[3] A. Burr u. H. Schlag: Milchw. Ztg. 1928, **31**, **31a**, **32**; 1929, **10a**. — Molk.-Ztg. Hildesheim 1933, **47**, 85, 104.

versteht man in Norddeutschland in erster Linie den Gouda, in Süddeutschland den Edamer Käse. Die Holländer Käse sind halbfeste, gut schnittige Käse. Sie haben mit den Rotbakterienkäsen gar nichts mehr gemeinsam. Sie sind in der ganzen Masse gleichmäßig durchgereift. Der Teig hat wenige ungleichmäßig geformte kleine Augen. Der Geschmack ist mild, aber nicht süßlich wie beim Emmentaler, bei älteren Käsen kräftig und aromatisch.

Die Eigenart der Holländer Käse hängt nicht nur mit der Herstellungsweise, sondern in erster Linie auch mit der Eigenart der bei der Reifung tätigen Kleinlebewesen, über die man sich auch heute noch nicht völlig im klaren ist, zusammen. Die Käsereifung wird teils mehr der im Käse entstandenen Säure, teils mehr der Einwirkung der Labfermente zusgesprochen, teils in erster Linie den aus der Milch stammenden Bakterien und deren Fermenten. Das Plastischwerden des Teiges ist bei den Holländer Käsen eigenartig und könnte nur auf Fermentwirkung zurückzuführen sein. Das Plastischwerden allein kann aber nur als Vorreifung aufgefaßt werden, die Hauptreifung mit der Geschmacksbildung muß bakterieller Natur sein. Dabei sind besondere Milchsäurebakterien der Streptococcus lactis-Art beteiligt. Als Säurewecker wurden früher sauer und schleimig gewordene Molken verwendet. Diese enthielten die sog. Lange Wei, eine entartete schleimbildende Milchsäurebakterie. Heute benutzt man einen Magermilch-Säurewecker.

Gouda Käse hat die Form eines flachen Laibes mit abgerundeten Seitenflächen (etwa 35 cm Durchmesser und 12 cm Höhe); er kommt auch in Brotform in den Verkehr. Er wird hauptsächlich aus vollfetter Milch hergestellt, die eine gewisse „Reife" haben muß. Vielfach wird heute die Milch vor dem Verkäsen pasteurisiert.

Der Milch wird Käsefarbe und flüssiges Lab zugesetzt. Die Gärungszeit beträgt etwa 30 Minuten. Der Bruch wird über Walnuß- und Erbsengröße bis zur Weizen- und Reiskorngröße herab zerkleinert. Die Nachwärmungstemperatur beträgt etwa 40°. Der Bruch wird stark gepreßt, wobei mit den Molken auch viel Fett ausgepreßt werden kann. 25—50% der Molken werden abgezogen und durch Wasser ersetzt, wodurch viel Milchzucker ausgewaschen wird und der Käse weniger säuert. Darin liegt eine Besonderheit für den Gouda-Käse. Die Käse werden gesalzen und gewaschen bzw. „gewischt", nicht geschmiert. Nach 2 bis 3 Monaten sind sie genußreif. Vor dem Verkauf werden sie glatt gemacht und dazu abgeschabt, mit Leinöl eingerieben oder auch paraffiniert.

Die Käse holländischen Ursprungs kommen vollfett, fett und mager in den Handel. Soweit sie Kontrollmarken tragen, muß ein als vollfett bezeichneter Käse mindestens 45% Fett i. T., ein als „fetter Tageskäse" bezeichneter mindestens 40% Fett i. T. besitzen. Die Kontrollmarke für Gouda- und Edamer Käse ist das Niederländische Wappen. Es ist in blauer Tinte auf ein durchsichtiges Caseinplättchen gedruckt. Es trägt die Aufschrift: „Nederlandsche Kaascontrole onder Rijkstoezicht", außerdem für vollfetten Käse die Bezeichnung „volvet 45%", und die Anfangsbuchstaben der Kontrollstation und eine Nummer. Die Kontrollmarken[1] können nicht verwischt und entfernt werden. Sie werden bei der Zubereitung in den Käse eingepreßt.

Derby Käse ist nur für den englischen Markt bestimmter Gouda mit größerer, sog. englischer Lochung, festerem Teig und feinerem Geschmack.

Leydener Kümmelkäse, Groning'scher Kanterkaas und der Nägeles Käse sind mit Kümmel- und bzw. Gewürznelken versetzte Magerkäse nach Gouda Art.

Edamer Käse unterscheidet sich in der Herstellung wenig von Gouda-Käse. Der Hauptunterschied besteht darin, daß Edamer im Geschmack mehr säuerlich hergestellt wird (Zusatz von sauren Molken zur Kesselmilch!). Der Bruch wird viel weniger stark gepreßt, aber mit Orleanfarbe stärker gefärbt als derjenige des Gouda. Äußerlich ist die kugelige Form für den Edamer typisch. Er wird heute aber auch in Brotform hergestellt. Der genügend gereifte Käse wird gewaschen, gebürstet, geschabt, dann entweder mit gekochtem Leinöl oder mit roter Farbe eingerieben bzw. angestrichen.

---

[1] Vgl. auch W. MOHR: Kennzeichnung von Käse durch Caseinmarken. Molk.-Ztg. Hildesheim 1935, **49**, 899.

Als rote Farbe wurde früher Tournesol (Croton tinctorium, Färberröte) oder eine Mischung von Tournesol mit Berlinerrot benutzt. Heute benutzt man eine alkoholische Rosanilinlösung oder rotgefärbtes Paraffin.

Der Edamer Käse ist vollfett oder fett (in Friesland wird auch fettarmer Käse hergestellt). Er hat fast nie unter 40%, manchmal mehr als 55% Fett i. T. Die Kontrollmarkenkennzeichnung ist die gleiche wie beim Gouda (s. dort). Der fette Edamer Tagkäse trägt ein V, das in ein gleichseitiges Sechseck eingefügt ist.

Heemraads (fälschlicherweise „Geheimrats") Käse ist ein Käse nach Edamer Art, der etwas weicher und in kleiner flacher, nicht kugeliger Form gearbeitet ist.

Trappisten-Käse (Port du Salut) sind dem Gouda ähnlich, aber noch zarter. Ihre Herstellung fand zuerst im Trappisten-Kloster Port de Salut in Frankreich statt. Von österreichischen Trappisten wurde die Herstellung in Bosnien aufgenommen. Heute findet man sie auch in Ungarn und in der Tschechei. Die Form des Käses ist zylindrisch (18—25 cm Durchmesser, 3—5 cm Höhe). Der Teig ist in gereiftem Zustand elastisch und fast durchscheinend. Der Bruch wird nur schwach gepreßt. Während der Reifung wird der Käse gewaschen, nicht geschmiert. Die Rinde ist graugelb. Die Verpackung ist Pergamentpapier.

In Bosnien wird zur Herstellung des Trappistenkäses oft nicht nur Kuhmilch, sondern Mischmilch — und zwar Kuhmilch mit Schafmilch, manchmal wohl auch mit Ziegenmilch gemischt — verwendet. Auch in Ungarn und in der Tschechei soll Mischmilch verwendet werden. Der Trappistenkäse ist im allgemeinen mindestens ein Fettkäse.

Lederkäse (Holsteiner-Bütten- oder Mager-Käse) sind viertelfette oder magere Käse nach Holländer Art. Sie werden in Schleswig-Holstein aus ziemlich stark entrahmter Milch oder sogar aus Schleudermagermilch — manchmal zur Verbesserung des Geschmacks unter Buttermilchzusatz — hergestellt. Nach 2 bis 3monatiger Reife hat der Käse einen lederartigen Zustand. Unter Zusatz von Gewürzkümmel hergestellte Käse sind beliebt und können recht schmackhaft sein.

Steppenkäse wurde zuerst von Deutschen in der russischen Steppe bereitet und findet sich heute verschiedentlich in Europa. Er ist ein Zwischending zwischen Tilsiter und Gouda.

Gruppe III: *Käse nach Emmentaler Art.*

Die Käse nach Emmentaler Art sind fast alle groß und schwer; sie haben meistens die Form des Mühlsteins. Sie sind im allgemeinen sehr hart; es gibt aber auch einzelne Sorten, die einen verhältnismäßig weichen Teig haben. Sie werden aus Vollmilch oder halbfetter Milch, vereinzelt auch aus fettarmer Milch hergestellt und zwar hauptsächlich in den Alpenländern und deren Grenzgebieten. Weiterhin werden sie heute auch in Westpreußen, Schweden, Finnland und Nord-Amerika bereitet. Die Herstellung der Käse nach Emmentaler Art muß mit allergrößter Sorgfalt geschehen und ist gegenüber derjenigen anderer Käsesorten weitaus die schwierigste. Ihre Reifung ist in ziemlich vollkommener Weise geklärt (Näheres s. Literatur auf S. 361). Die Lochung der Käse wird durch eine infolge der auftretenden Propionsäuregärung entstandene Gasbildung hervorgerufen. Die Löcher, die sog. „Augen", sollen bei uns möglichst kirschgroß und im Teig gleichmäßig verteilt sein. In Amerika dagegen werden heute großgelochte Käse, solche mit walnußgroßer Lochung, bevorzugt.

Die Hauptsorten der Käse nach Emmentaler Art sind: der echte Emmentaler, der Allgäuer Emmentaler, der Greyerzer, der Spalen- oder Sbrinzkäse und dann die „Schweizerkäse" aus allen Herstellungsgebieten. Als „Schweizerkäse" bezeichnet man heute Käse nach Emmentaler Art aus Westpreußen Finnland, Nord-Amerika und aus dem gesamten Alpengebiet, insbesondere soweit sie ungenügende äußere Gütemerkmale haben. Dies gilt besonders für die falsch oder ungenügend gelochten Emmentaler. Wenn die Herstellung der

Käse nach Emmentaler Art in den einzelnen Herstellungsgebieten in gewissen Punkten auch etwas verschieden ist, so ist sie doch im großen ganzen überall dieselbe. „Emmentaler" und „Schweizerkäse" sind heute hauptsächlich handels-technische Unterscheidungsbezeichnungen für Käse erster und zweiter Güte. Dabei bezieht sich die Unterscheidung oft nur allein auf die sog. äußeren Güte-merkmale, wie z. B. auf die Art der Lochung, so daß ohne weiteres ein „Schweizer-käse" im Geschmack besser sein kann als ein „Emmentaler".

Der echte Emmentaler ist der im Emmental und sonst in der Schweiz hergestellte große Käse von 50—100 kg Gewicht, 80—100 cm Durchmesser und 10—15 cm Höhe. Er wird aus Vollmilch oder aus „eingestellter" Milch, wobei diese einen Fettgehalt von etwa 3,4% besitzt, hergestellt und muß mindestens Vollfettkäse sein. Der durchschnittliche Wassergehalt liegt bei 35—36%.

Zur Herstellung kann nur die allerbeste Milch verwendet werden. Jeder Milchfehler macht sich am fertigen Käse bemerkbar, weshalb die Milch für die Emmentaler-Herstellung immer auf Käsereitauglichkeit geprüft werden muß. Die teilweise in den „Stotzen" (hölzernen Schüsseln) etwas vorgereifte Milch wird bei etwa 35⁰ unter „Lab"-Zusatz in etwa 30 Minuten im Käsekessel zur Gerinnung gebracht. Als „Lab" wird heute Naturlab zwar selten mehr allein für sich, aber noch sehr viel in Form von sog. „Käsereikulturlab" verwendet. Im übrigen hat sich die Verwendung von „Kunstlab-Milchsäure-Kultur" gut eingeführt.

Beim reinen Naturlab-Verfahren (s. S. 312), das, wie gesagt, heute kaum mehr ver-wendet wird, wurde Naturlab ohne Reinkultur benutzt. Dabei wurden Blähungen erregende Bakterien durch Zusatz von Casol ausgeschaltet. Dieses ist eine Mischung organischer Säuren und soll sich aus 90% Essigsäure und 10% Propionsäure zusammensetzen. Casolin soll aus diesen Säuren im umgekehrten Verhältnis bestehen.

Beim Käsereikulturlab-Verfahren wird Naturlab in Verbindung mit einer Bakterien-reinkultur benutzt. Zur Herstellung des Käsereikulturlabs werden auf 80—90⁰ erhitzte und wieder abgekühlte vorgebrochene Molken mit einer von einem Laboratorium bezogenen Bakterien-Reinkultur geimpft. Das geimpfte Nährmaterial wird 20—24 Stunden bei etwa 20⁰ aufbewahrt. Mit der hierdurch erhaltenen „Kultur" werden die Labmagen mehrere Stunden lang stehen gelassen und dadurch aufgeweicht. Hierauf wird durch Einstellen in einen Brutschrank bei 30⁰ das Labferment aus den Labmagen ausgezogen. Dabei vermehren sich auch die in den Magenfalten sitzenden Milchsäurelangstäbchen und die als Reinkultur den Molken zugegebenen Bakterien. Man erhält so den Labauszug, wie er zum Dicklegen der Milch im Käsekessel benutzt wird. Er ist kräftig sauer und soll im Mittel einen Säuregrad von 45⁰ S.H. aufweisen.

Sirtenkulturlab ist ein mit rohen Molken (Sirte) gewonnener Labauszug. Dabei können nicht vorgebrochene, d. h. nicht entrahmte Molken (Fettsirte) oder entrahmte Molken (Magersirte) verwendet werden. Schottenlab ist mit enteiweißten (geschotteten) Molken gewonnener Labauszug.

Beim Kunstlab-Milchsäurekultur-Verfahren wird die Lab-Kultur, der die notwendigen Bakterien enthaltende Labauszug, unter Verwendung von Labpulver anstatt von Labmagen hergestellt. Die für die Molke zum Impfen verwendete Reinkultur muß dann alle für die Emmentaler-Reifung notwendigen Bakterien enthalten, also auch diejenigen, welche bei Verwendung von Naturlab (Labmägen) daraus in den Labauszug übergehen.

Peptolab (s. S. 312) wird heute ziemlich viel benutzt. Es beschleunigt die Käsereifung ebenso wie das Casol und Casolin (s. oben). Es unterdrückt also auch das Wachstum von Blähungserregern.

Vorkäsen, Nachkäsen und Kellerbehandlung. Wenn die Milch im Käsekessel nach dem Lab-Kultur-Zusatz ausgedickt hat, wird das Gerinnsel, die „Dickete", auf kunst-volle Art und Weise im Kessel mit der Käseharfe bis zur Hanfsamen- oder Weizenkorngröße zerkleinert und auch sonst mühevoll mechanisch behandelt. Dieses ganze Vorkäsen dauert etwa 45 Minuten. Dann kommt das Nachkäsen. Dazu wird der Kesselinhalt erneut erwärmt. Die Labwirkung schreitet dadurch weiter vorwärts, der Käsestoff zieht sich weiter zusammen. Durch besonderes Rühren wird der Bruch „trockengeschafft". Wenn er „fertig" ist, muß er sich leicht zerbröckeln lassen. Man fängt ihn nun in den Molken im Kessel in einem großen Käsetuch zusammen, hebt ihn mittels eines Flaschenzugs heraus und bringt ihn in einem Stück unter die Presse. Der in der Presse auf den Bruch ausgeübte Druck kann bis 10 dz betragen. Es darf aber auch nicht zu stark gepreßt werden, weil sonst Fett mit ausgepreßt wird. Dies erkennt man daran, daß die Molken weißlich getrübt abfließen. Nach dem etwa einen Tag und eine Nacht dauernden Pressen beginnt die Kellerbehandlung. Zuerst wird der Käse im Beizkeller gesalzen und zwar meistens zuerst trocken, dann naß. Vom Beiz-keller kommt der Käse in den Vor- oder Übergangskeller. Dieser hat eine Wärme von 16⁰ und eine Luftfeuchtigkeit von 88—92% (Messung durch Psychrometer). Dann kommt der Käse in den Gärkeller, der, je nachdem die Lochung des Käses größer oder weniger groß sein soll, 17—25° bei gleicher Luftfeuchtigkeit wie der Vorkeller besitzt. Zuletzt kommt er in den Lagerkeller. Im Vor- und Gärkeller, wo er zusammen etwa 80 Tage liegt, muß er noch sorgfältig durch Salzen, Schaben usw. behandelt werden. Im Lagerkeller wird wöchentlich noch zweimal gesalzen und geschabt.

Emmentaler Käse kann heute bei entsprechender Arbeitsweise auch aus pasteurisierter Milch hergestellt werden. Früher hielt man dies für unmöglich.

Allgäuer Emmentaler. Die Herstellung von Käse nach Emmentaler Art glückt bis heute fast nur im Allgäu in gleich guter Weise wie in der Schweiz. Dies ist der Grund, weshalb die Bezeichnung Allgäuer Emmentaler sich durchsetzen konnte. Im übrigen ist die Bezeichnung „Emmentaler" heute als Gattungsbezeichnung anerkannt. Die Herstellungsweise im Allgäu gleicht fast völlig derjenigen in der Schweiz. Die Allgäuer Emmentaler sind 70—80 kg schwer und 12—15 cm hoch. Die Lochung ist mittelgroß.

Ernte-Schweizerkäse sind meist halbfette Rundkäse nach Emmentaler-Art von 50—60 kg Gewicht.

Amerikanischer Schweizerkäse wird fast gleich wie in der Schweiz hergestellt. Er wird teilweise in Block- oder Brotform in den Verkehr gebracht.

Schwedischer Güterkäse (Herregardsost) ist ein Rundkäse nach Emmentaler Art, dem aber der süße Geschmack des Emmentalers fehlt. Er hat einen Durchmesser von 30—35 cm und eine Höhe von 10—12 cm.

Mager-Schweizerkäse werden an einzelnen Orten aus Milchgemisch mit etwa 0,4% Fett hergestellt. Der Käse hat 6—10% Fett i. T.

Greyerzer Käse (Fromage de Gruyère) stammt aus der Gegend von Greyerz. Er wird auch sonst in der Schweiz, im französischen Jura und in Vorarlberg in ähnlicher Weise wie der Emmentaler bereitet und zwar aus einer Milch mit 3,2—3,5% Fett; es gibt aber auch halbfetten Greyerzer. Die Form des Käses ist scharfkantig, in der Schweiz sind die Seitenflächen nach innen gezogen. Der schweizerische Greyerzer ist erbsengroß gelocht und hat einen ziemlich weichen, fettgriffigen, auf der Zunge schmelzenden Teig. Der Greyerzer wiegt 25—50 kg, hat einen Durchmesser von 50 cm und eine Höhe von 10—12 cm.

Spalen- oder Sbrinz-Käse ist ein im Kanton Unterwalden hergestellter sehr harter Käse nach Emmentaler Art. Man läßt ihn alt werden, so daß er als Reibkäse dienen kann. Der Spalenkäse ist ein kleiner Rundkäse von etwa 20 kg Gewicht, 10 cm Höhe und 45 cm Durchmesser. Er ist gewöhnlich Vollfettkäse; es gibt aber auch fette und halbfette Spalenkäse. 4—6 Stück der Käse werden in Holzfässern, sog. Spalen, verschickt; daher der Name Spalenkäse.

Saanen-Käse wird in der Landschaft Saanen im Kanton Bern und an anderen Orten in der Schweiz hergestellt. Der Teig der Saanen-Käse ist hart (nur etwa 25% Wassergehalt), im Alter spröde und gelbbraun. Er ist nur wenig gelocht. Der Käse wird um so wertvoller, je älter er wird, bis zum 7. Jahre. Mit 3 Jahren ist er handelsreif, vom 7. Jahre ab „verzinst" er sich nicht mehr. Er ist ein ausgesprochener Reibkäse nach Emmentaler Art, der oft mit dem Hobel in dünne Späne gehobelt wird.

Battelmatt-Käse sind ziemlich weiche Käse nach Emmentaler Art. Sie werden im Kanton Tessin und im Bregenzer Wald hergestellt. Im Geschmack nähern sie sich dem Tilsiter. Sie sind aber viel lagerungsfähiger. Sie haben ein Gewicht von 20—40 kg, 50—60 cm Durchmesser und 8—10 cm Höhe.

Berg-Käse. Darunter versteht man verschiedene Käse, die alle nach Emmentaler Art hergestellt und meistens sehr fettreich sind. Sie haben oft 50% und mehr Fett i. T. Sie werden auf den Alpen aus vollfetter Milch hergestellt.

Gruppe IV: *Käse nach Cheddar-Art.*

Bei der Herstellung des Cheddarkäses läßt man den Bruch nachsäuern. Dieses bedeutet eine besondere Eigenart, auf Grund deren alle so hergestellten Käse zu einer Gruppe zusammengefaßt werden. Die wichtigsten Vertreter der Gruppe sind neben dem Cheddarkäse der Chester- und der Parmesankäse. Alle diese Käse sind Hartkäse. Sie sind teils weicher, teils härter als der Emmentaler.

Cheddarkäse. Dieser in England und Nordamerika weit verbreitete und auch bei uns bekannte Käse stammt aus dem englischen Städtchen Cheddar. Seine Herstellung ist von da nach Amerika gewandert und von dort verbessert wieder zurückgekommen. In den Hauptpunkten sind sich aber der englische und der amerikanische Cheddar gleich.

Zur Herstellung von Cheddarkäse darf die Milch höchstens 8,5 Säuregrade S.H. haben. Sie wird mit Orleanfarbstoff stark gefärbt. Der fertige Käse ist bienenwachsgelb, oft orangerot. Die Milch wird bei etwa 30⁰ gelabt. Die Molke muß 2 Stunden nach der Salzung 7,5⁰ S.H. aufweisen. Der Bruch wird in Würfel geschnitten. Wenn er geschnitten ist, wird er dauernd in Bewegung gehalten. Gleichzeitig wird auf 38⁰ C erwärmt. Während des Nachwärmens nimmt der Säuregrad zu. Zur Feststellung des richtigen Säuregrads (8,5⁰ S.H.) wird die sog. Heißeisenprobe verwendet. Eine Probe des Bruchs wird auf ein heißes Eisen gebracht. Durch die Säurewirkung „schmilzt" der Bruch beim Erwärmen. Er läßt sich dann gummiartig in Fäden ausziehen (vgl. hierzu auch S. 340 u. 346). Der in Tüchern gefaßte Bruchkuchen wird in Blöcke geschnitten. Diese werden so behandelt, daß die Säure weiter auf den Bruch einwirken kann. Auf den Rost gesetzt hat er eine fleischige Beschaffenheit und läßt sich in faserige Stücke zerlegen. So wird er gemahlen, dann gesalzen, hierauf warm in Zinnformen gebracht und nach dem Abkühlen ziemlich stark gepreßt. Der Käse wird nach dem Pressen eingefettet, damit er nicht austrocknet. Das Reifen erfolgt bei besonderer Behandlung in Räumen mit 90% Luftfeuchtigkeit. Wenn er 2—3 Wochen alt ist, wird er paraffiniert, in Spanschachteln verpackt und einer weiteren Reifung überlassen. Das Paraffinieren verhindert Gewichtsverlust und Schimmelbefall.

Der Cheddarkäse hat eine zylindrische Form von verschiedener Größe. Zu uns kommen meist schwere Käse, die bis zu 60 kg Gewicht haben. Käse mit z. B. 27 kg Gewicht haben etwa 37 cm Durchmesser und 25—30 cm Höhe. Der Käse wird in verschiedenen Fettstufen von fett bis mager hergestellt. Ordnungsgemäß wird er aus ganzer Milch hergestellt. Der Wassergehalt beträgt 34—38%. Der Teig ist geschlossen, fest und biegsam und von mildem nußkernartigem Geschmack. Er soll auf der Zunge schmelzen.

Chesterkäse (Cheshirekäse) ist ein sehr bekannter englischer Käse von verschiedener Größe und von hoch-zylindrischer Form mit scharfen Kanten. Sein Gewicht schwankt zwischen 10 und 50 kg. Zum Färben des Chesterkäses werden Safran und Orlean-Farbstoff verwendet; er ist wie der Cheddarkäse stark gefärbt. Er wird stets aus Vollmilch hergestellt und ist der Fettstufe nach Fettkäse. Die Herstellung hat viel Ähnlichkeit mit derjenigen des Cheddarkäses. Der Teig des Chesterkäses ist fest, wachsartig, dabei aber locker; er schmilzt auf der Zunge. Der ausgereifte Chesterkäse kann eine geringe grünliche Schimmelbildung besitzen. Käse, die mehrere Jahre alt sind, sind sehr scharf.

Gloucester- und Berkeley-Käse sind dem Chesterkäse ähnliche Käse, voll- oder halbfett. Die für die Ausfuhr bestimmten Käse sind häufig außen mit Roterde gefärbt.

Dunlop-Käse ist ein in Schottland hergestellter, den Chesterkäsen ähnlicher Käse.

Cantal-Käse ist ein französischer Vollfettkäse. Auch seine Herstellung ist ähnlich derjenigen des Cheddarkäses. Sein Teig ist fest, geschlossen, von gelblicher Farbe. Die Form ist zylindrisch und hat 30—35 cm Durchmesser. Sein Gewicht kann bis 50 kg betragen. Alter Cantal-Käse hat einen harten und — von der Fettveränderung herrührend — etwas seifigen Teig.

Nögelost (Cheddarost), ein skandinavischer Käse, ist eine Nachahmung des amerikanischen Cheddarkäses [1].

Parmesankäse (Granakäse) ist der bekannteste Reibkäse. Er wurde wohl schon zu Plinius' Zeiten hergestellt und kam nachweislich schon 1633 von Venedig aus nach Hamburg. Er beansprucht eine Reifung von mindestens 3 Jahren und ist oft 5 Jahre alt und noch älter. Er wird in Norditalien hergestellt und stammt wohl aus der Gegend von Parma. Man unterscheidet zwei Hauptsorten, den Parmesaner und den Lodisaner, den eigentlichen Granakäse. Der Lodisaner ist etwas fettärmer als der Parmesaner. Auch in der Herstellungsweise bestehen Unterschiede.

---

[1] H. Schlag: Molk.-Ztg. Hildesheim 1929, **43**, 631.

Der Parmesankäse ist seiner Herstellung nach ein Bindeglied zwischen Käsen nach
Cheddar Art, also den im Bruch nachgesäuerten Käsen, und den Käsen nach Emmentaler
Art, den nur nachgewärmten Käsen. Der Bruch wird in eigenartigen trichterförmigen
Kupferkesseln bereitet, deren unterer Durchmesser (etwa 50 cm) demjenigen der Käse
entspricht. Zum Färben wird Safran zugesetzt, aber nicht wie sonst der Milch, sondern
erst dem zerkleinerten Bruch im Kessel. Den Bruch läßt man erst etwas nachsäuern,
dann wird er noch bei etwa 50° nachgewärmt. Das verhältnismäßig leichte Pressen dauert
24 Stunden. Nach dem Salzen läßt man den Bruch im Keller bei entsprechender Weiter-
behandlung reifen. Nach ein paar Monaten ist er genügend ausgetrocknet, um abgekratzt
und poliert zu werden. Im Lagerraum wird er mit Leinöl eingerieben. Später wird die Rinde
noch mit einem Kienruß- oder Beinschwarz-Leinöl-Gemisch oder mit Nußbaumblättern
schwarz oder grünlich-schwarz gefärbt.

Der Parmesankäse wird mit zunehmendem Alter immer trockener und
damit zum ausgesprochenen Reibkäse. Der Teig hat wenige ganz kleine Löcher
und ist fest und körnig, aber doch plastisch. Er hat eine gelbliche Farbe. Die
Laibe wiegen 40—75 kg. Der Lodisaner, dessen Teig im Anschnitt grünlich wird,
ist etwa halbfett — mit etwa 25% Fett i. T. — und hat einen Wassergehalt von
etwa 30%. Der Parmesaner, dessen Teig im Anschnitt gelb bleibt, ist dreiviertelfett
bis fett und hat 32—35% Wassergehalt. In der Form ist er dem Greyerzer
ähnlich. Nach 3—4 Jahren sind die Parmesankäse am wertvollsten. Man
kann sie aber 20 Jahre lang aufbewahren. „Stravecchio" ist die Nebenbezeich-
nung für ausgereiften alten Käse; „Maggenghi" heißen die von April bis September, „Quartiroli" die im Oktober und November und „Terzoli" die im Winter
hergestellten Käse.

Venezza ist ein parmesanartiger Käse aus dem Trentino.

Schnurkäse[1] (Cacio cavallo, Provolone u. a.) sind aus Voll-, Halb- oder
Magermilch oft als Räucherkäse hergestellte Reibkäse, die an Schnüren aufgehängt werden. Ihre Heimat ist Sizilien und Süditalien. Sie werden heute auch
in der Lombardei bereitet und werden in großen Mengen nach Nordamerika
ausgeführt. Das Merkmal der Käse ist die Säuerung des Bruches, bis er beim Erwärmen'Faden zieht (ähnlich wie beim Cheddar; s. auch S. 340 u. 346). Die Käse
wurden früher aus Schaf- und Ziegenmilch hergestellt, heute werden sie in vielen
Provinzen hauptsächlich aus Kuhmilch gemacht. Sie werden nach dem Formen
in Schnüren im Salzbade und später im Lagerkeller aufgehängt. Die Käse werden
vielfach leicht geräuchert. Er ist üblich, den Käsen aus helbfetter Milch
eine typische längliche Form zu geben, dann heißen sie Cacio cavallo. Die Käse
aus Vollmilch erhalten Kugelform und heißen Provolone. Die Käse haben
manchmal auch die Form einer langen Wurst.

Panedda, Casigiolu, Moliterno sind dem Cacio cavallo sehr ähnlich. Sie werden
in Sardinien hergestellt.

6. Schaf-, Ziegen-, Büffel- und Renntierkäse.

Überall dort, wo Schafe, Ziegen, Büffel, Renntiere und andere Milch gebende
Tiere gehalten werden, wird aus ihrer Milch auch Käse hergestellt. Der Verzehr
dieser Käse, die teils Sauermilch-, teils Labkäse sind, beschränkt sich meistens
auf den Ort, an dem sie hergestellt werden, oder auf seine nächste Umgebung.
Es gibt aber z. B. einige berühmte Schafkäse, die von ihrem Herstellungsort aus
fast nach allen Gegenden der Erde ausgeführt werden, wie z. B. den Roquefort-
und den Liptauer Käse.

Schaf- und Ziegenkäse unterliegen ebenso wie die Käse aus Kuhmilch den
Bestimmungen der Käseverordnung.

Die wichtigsten der Schaf- und Ziegenkäse sind oben schon nach ihrer Eigenart eingereiht
und beschrieben. Wir führen sie hier mit weiteren Schaf- und Ziegenkäsen nur der Vollständigkeit halber namentlich nochmals auf.

---

[1] W. Mohr u. M. Schulz: Schnurkäse. Molk.-Ztg. Hildesheim 1931, **45**, 1744.

Schafkäse.

In Deutschland ist früher viel Schafkäse hergestellt worden; zur Zeit ist die Herstellung unbedeutend. Es ist aber anzunehmen, daß sie mit der Steigerung der Schafzucht in den nächsten Jahren wieder an Bedeutung gewinnt. Deutsche Schafkäse werden hauptsächlich in Friesland und Mecklenburg bereitet.

Friesischer Schafkäse ist quadratischer Käse von $2^1/_2$—5 kg Gewicht[1]. Er wird aus Schafmilch mit einem Fettgehalt von 6—10% gewonnen, hat aber nur 40—50% Fett i. T., da beim Käsen viel Fett in die Molken geht und die Schafmilch auch einen höheren Proteingehalt hat als die Kuhmilch.

Marienkooger Käse[1] ist dem friesischen Schafkäse ähnlich.

Mecklenburgischer Schafkäse[2] ist ein auch im Handel befindlicher Käse. Er ist teilweise geräuchert (Räucherkäse) und kann 40—60% Fett i. T. haben, ist also auch ein ausgesprochen fettreicher Käse. Seine Form ist zylindrisch, sein Durchmesser etwa 10 cm, seine Höhe 2,5—7 cm. Der mecklenburgische Schafkäse dürfte heute der bekannteste und verbreitetste deutsche Schafkäse sein.

Von den ausländischen Schafkäsen ist der Roquefortkäse (näheres s. S. 323) der bekannteste. Ramadou ist ein Schafkäse der französischen Pyrenäen. In Frankreich gibt es noch eine Reihe von Schafkäsen von untergeordneter Bedeutung, teilweise sind sie nach Roquefort-Art gearbeitet. Der Mescarpino (s. S. 352) wird wohl auch heute noch teilweise aus Schafmilch bereitet.

Liptauer-Käse (näheres s. S. 326) ist der berühmteste ungarische Schafkäse. Die Szeklerbrinse[3] ist ein dem Liptauer Brinsenkäse ähnlicher Streichkäse, der oft in Schlundhäute gepackt wird und dann Salamikäse heißt. Schaf-Ricotta ist Schafmilchquark.

Der Monostorer Schafkäse[3] ist ein in Siebenbürgen hergestellter backsteinförmiger Käse. Ovarer Dessert-Schafkäse, Kamaraser und Brinsenkäse verschiedener Art sind in Ungarn in ihren Herstellungsgebieten beliebt. Korkovica oder Rindelkäse ist ein minderwertiger Liptauer, der aus der zur Liptauer-Herstellung (S. 327) nicht verwendeten Gomolya-Rinde bereitet wird. Die ungarischen Schafkäse werden teilweise auch in Österreich und in der Slowakei hergestellt.

Pecorino ist ein in der Campagna Romana und in Sardinien hergestellter Schafkäse. In Italien gibt es noch zahlreiche weitere Schafkäsesorten. Der Kaschkaval[4] ist der aus Schafmilch hergestellte Cacio cavallo des Balkans. Im Aussehen ähnelt er dem Emmentaler. Der Geruch des Kaschkaval, der besonders viel in Bulgarien hergestellt wird, ist ein ganz eigenartiger, der Geschmack ist leicht reizend. Oschtjepka und Parenica sind slowakische Schafkäse. Alle diese Käse sind im Bruch nachgesäuerte Käse. Ihr Bruch wird plastisch und knetbar gemacht und oft in die abenteuerlichsten Formen gebracht (auf Rollen aufgewickelt, zu Ketten verschlungen u. dgl.). Alle diese Käse werden meist geräuchert (Räucherkäse). Belo sirene ist bulgarischer Schafmilch-Quark ähnlich unserem Trockenquark[5].

Texeler Schafkäse ist ein seit Jahrhunderten bekannter holländischer Käse. Er wird mit Schafmist abgerieben und ist deshalb außen grün gefärbt.

Der Balkan kennt viele Schafkäse verschiedener Art, z. B. den serbischen Schafkäse und den bulgarischen sog. „Weißkäse"[4], der ein oft wenig gereifter Labkäse ist[5] und in Bulgarien in großen Mengen für den Hausbedarf bereitet wird[6]. Oft handelt es sich, wie auch insbesondere bei den italienischen, um Käse, die aus Mischungen von Kuhmilch, Schafmilch und Ziegenmilch hergestellt sind. Spanien und Portugal haben ebenfalls Schafkäse und Asien kennt eine große Menge der verschiedensten Arten.

---

[1] H. Schlag: Über nordfriesische Hauskäserei. Molk.-Ztg. Hildesheim 1930, 44, 2126.

[2] H. Niemeyer: Die Gewinnung und Verarbeitung von Schafmilch in Mecklenburg. Molk.-Ztg. Hildesheim 1930, 44, 2015.

[3] O. Gratz: Schafmilchkäserei. Verlag Molk.-Ztg. Hildesheim 1933.

[4] As. Zlataroff: Z. 1916, 31, 387. — M. Nicolon: Z. 1918, 36, 871. — A. Heiduschka: Z. 1924, 47, 261.

[5] A. Burr: Landw. Jahrb. 1927, 66, Erg.-Bd. I, 133; Z. 1931, 61, 122.

[6] I. P. Doneff: Deutsche Molk.-Ztg. Kempten 1936, 57, 1.

Ziegen-, Büffel- und Renntierkäse.

Ziegenkäse sind fast in allen europäischen Ländern und in Asien bekannt. Vielfach wird zu ihrer Herstellung Kuh- oder Schafmilch oder beides mitverwendet.

Altenburger Ziegenkäse ist ein sehr bekannter und beliebter Ziegenkäse. Er wird in der Form runder und ziemlich flacher Laibchen von 10—12 cm Durchmesser in Pergament eingeschlagen in den Verkehr gebracht. Er wird meist aus einem Gemisch von Kuh- und Ziegenmilch hergestellt, da reiner Ziegenmilchkäse sehr scharf im Geschmack ist. Manchmal wird auch Buttermilch mitverwendet. Altenburger Ziegenkäse ist mit Kümmel gewürzt. „Echter Altenburger Ziegenkäse" gilt als Vollfettkäse oder mindestens als Fettkäse. Im übrigen kommt aber Altenburger Ziegenkäse in den verschiedensten Fettstufen in den Verkehr. Nach der Käseverordnung muß er jedenfalls entsprechend dem Fettgehalt, den er besitzt, gekennzeichnet und mindestens Halbfettkäse sein.

Altenburger Milbenkäse (S. 320) ist auch Ziegenkäse.

Verschiedenartige Ziegenkäse werden weiterhin im Harz, in Thüringen und im Riesengebirge hergestellt. Frankreich kennt eine größere Anzahl von Ziegenkäsen. In der Schweiz und in allen Mittelmeerländern sind Ziegenkäse bekannt. Norwegen hat den Hviteost, Rußland den Getost als Ziegenkäse. Auch in Schweden und Finnland gibt es Ziegenkäse.

Pinzgauer Schnittkäse[1] wird in Tirol meist aus einem Gemisch von Kuh- und Ziegenmilch in Laiben von 8—30 kg Gewicht hergestellt und zwar als Mager-, Viertel- und Halbfett-Käse. Der Pinzgauer Schnittkäse hat nur ganz kleine Löcher und ein vollkommen glattes Gefüge. Er kann der Art und Geschmacksrichtung nach schwanken von der Art der Bergkäse (Emmentaler-Art) bis zum scharf schmeckenden Bierkäse (Weißlacker); er kommt in den meisten Fällen aber wohl dem Tilsiter am nächsten.

Büffelkäse. — Provola (oder Provatura) ist ein in Italien hergestellter Büffelkäse. Er ist ein im Bruch nachgesäuerter Käse. Scamorze ist ein süditalienischer kleiner Cacio cavallo aus Büffelmilch. Bufala und Borelli sind weitere italienische Büffelkäse. Der Kolozsvarer Büffelkäse erinnert an den Trappisten-Käse[2]. Auch in Bulgarien werden Büffelkäse hergestellt[3].

Renntierkäse[4]. — In Lappland und in den schwedischen Gebirgsgegenden wird Käse aus Renntiermilch hergestellt. Die Käse können ihrer Fettstufe nach Doppelrahmkäse sein. Sie sind klein zylindrisch oder backsteinförmig.

7. Topf- und Kochkäse.

Topf- und Kochkäse werden im Haushalt und im großen bereitet, meistens um mißlungene Käse der verschiedensten Art oder Speisequark zu verwerten. Man findet die verschiedensten Herstellungsvorschriften. Wir geben nachstehend Vorschriften von W. Fleischmann[5] wieder. Diese charakterisieren die beiden Käsesorten recht gut.

Topfkäse können z. B. aus zerkleinertem Emmentaler unter Zusatz von Salz, Gewürzen und Essig hergestellt werden. Die Käsemasse wird in verschiedenen Schichten in ein Holzgefäß eingestampft. Zwischen die einzelnen Schichten wird Salz und Pfeffer eingestreut. Im übrigen wird die ganze Masse in eine Salzschicht gebettet. Über das Ganze wird Essig, Bier oder Wein gegossen, dann wird das Gefäß mit einem Tuch und einem Holzdeckel zugedeckt. Dieser wird mit Steinen beschwert. Je stärker man beschwert, um so vorteilhafter ist

---

[1] Deutsche Molk.-Ztg. Kempten 1931, **52**, 1475.

[2] Jaszberenyi u. Irk: Mezögazdasagi Szemle 1909, **27**, 497; Z. 1910, **19**, 673. — F. Baitner: Z. 1913, **25**, 89.

[3] I. p. Doneff: Deutsche Molk.-Ztg. Kempten 1936, **57**, 1.

[4] Chr. Barthel und Mitarbeiter: Z. 1913, **26**, 238.

[5] W. Fleischmann: Lehrbuch der Milchwirtschaft, 6. Aufl., S. 473 und 467. Berlin: Paul Parey 1922.

es für das Gelingen des Käses. Wenn das Gefäß bei 12—20⁰ stehen bleibt, kann man die Masse nach Beseitigung des obenauf schwimmenden Schaumes als „fertigen Topfkäse" herausnehmen und verbrauchen. Sie läßt sich aber auch ohne Nachteil länger aufbewahren.

Ostfriesische Kräuterkäse, die oft aus einer Mischung von mißlungenen Käsen, Speisequark und Gewürzen bestehen, sind als Topfkäse anzusprechen.

Kochkäse. Quark von Magermilch läßt man, nachdem man ihn gemahlen und mit den nötigen Zusätzen wie Salz, Kümmel, Natriumbicarbonat usw. versetzt hat, 3—5 Tage bei 20⁰ „reifen". Die so vorbereitete Masse erwärmt man in einem Kochtopf, dessen Boden man mit Butter eingefettet hat, vorsichtig unter beständigem Rühren, wenn nötig auch unter Zusatz von Milch, und zwar so lange, bis die Masse sirupartig geworden ist. Dann gießt man die Masse aus und läßt sie erstarren. Weitere Vorschriften zur Kochkäseherstellung hat z. B. F. HAUN[1] angegeben.

Kochkäse sind oft zähflüssig und werden in Blechdosen, die bis 10 kg fassen, oder auch in Pergamentpapierpackungen vertrieben. Sie werden bis in die Tropen verschickt und können eine Käsekonserve darstellen.

Kieler Fettkäse (LASSENscher Fettkäse) wird als Kochkäse bezeichnet. Er wird hergestellt, indem wenig gereifter Magermilch-Labkäse in einem mit Dampf geheizten Apparat mit Salz, Gewürzen und Butter zusammengeschmolzen wird. Dieser Käse stellt seiner Herstellungsweise entsprechend den typischen Übergang vom Rohkäse zum Schmelzkäse dar ebenso wie die französischen Cancaillottes[2], die ähnlich hergestellt werden und noch älteren Ursprungs sind.

Die Käseverordnung kennt die Bezeichnung Kochkäse, aber nicht die Bezeichnung Topfkäse. Letztere sind also ohne weiteres in die Gruppe der Kochkäse einzureihen; als „Kunstkäse" kann man diese Käse nicht bezeichnen.

Kochkäse kann Mager- oder Viertelfettkäse sein und braucht als solcher auf der Verpackung keine weitere Kennzeichnung zu tragen, wenn aus der Bezeichnung seine Art hervorgeht. Für Topf- und Kochkäse seither üblich gewesene Phantasiebezeichnungen wie „Schmierkäse", „Streichkäse", „Appetitkäse", „Frühstückskäse" usw. sind heute nur zusammen mit der Bezeichnung „Kochkäse" als Sortenbezeichnung und nur dann zulässig, wenn der Käse mindestens Vollfettkäse ist, also mindestens 45% Fett i. T. besitzt.

Bei der Herstellung der Topf- und Kochkäse gehen in geringerem oder stärkerem Maß zweifellos Veränderungen der ursprünglichen Käsemasse vor sich[3], die den Veränderungen bei der Schmelzkäseherstellung ähnlich sind. Der Kieler Fettkäse (s. oben) kann als Vorläufer des Schmelzkäses aufgefaßt werden. Verdorbene Käse dürfen zur Bereitung von Topf- und Kochkäsen natürlich nicht verwendet werden. Diese sind umgearbeitete Käse, die vielfach den Anforderungen des Handels bezüglich der Gütemerkmale nicht gerecht geworden wären. Ihre Bekömmlichkeit steht außer Frage.

8. Schmelzkäse.

Schmelzkäse ist ein Erzeugnis, das durch Schmelzen von Käse unter Zusatz von Lösungen bestimmter Salze hergestellt wird[4].

Das Wort „Schmelzkäse" ist erstmalig in den milchwirtschaftlichen Kreisen selbst zur Unterscheidung des geschmolzenen Käses von Rohkäse verwendet worden, weil der Schmelz-

---

[1] F. HAUN: Deutsch. Nahrungsm. Rundschau 1933, 156.

[2] O. GRATZ: Die Technik der Schmelzkäseherstellung. Verlag Deutsche Molk.-Ztg. Kempten 1931.

[3] O. MEZGER u. J. UMBRECHT: Schmelzkäse. Verlag Deutsche Molk.-Ztg. Kempten 1930,

[4] Definition der „Leitsätze für die Beurteilung von Schmelzkäse", aufgestellt auf der 30. Hauptversammlung des Vereines Deutscher Lebensmittelchemiker zu Eisenach 1933. Z. 1933, 66, 100.

vorgang für das Auge ein richtiges Schmelzen darstellt. Bei der Herstellung des Schmelzkäses erleidet die Käsemasse allerdings nicht etwa allein durch Wärme ohne Anwendung
jedes weiteren Hilfsmittels eine physikalische Zustandsänderung, wie dies z. B. beim
Schmelzen von Eis oder von reinen konsistenten Fetten der Fall ist. Trotzdem ist das Wort
„Schmelzkäse" als Bezeichnung heute gesetzlich vorgeschrieben, weil es notwendig war,
den Vorgang der Umarbeitung des Rohkäses zu kennzeichnen, und weil alle anderen früheren
Bezeichnungen wie „Käse ohne Rinde", „Pasteurisierter Käse", „Schachtelkäse", „Konservenkäse" usw., ungenügend oder irreführend waren.

In den ersten Jahren seines Erscheinens auf dem Markt lag über dem Schmelzkäse ein fast undurchdringlicher Schleier des Geheimnisses, und doch ist seine
Herstellung in den Grundzügen eine uralte Sache. Schon seit alten Zeiten wird
der sog. Fondu von den Wallisern aus Hartkäse und Wein durch Erhitzen
der Mischung auf offenem Feuer zum sofortigen Genuß bereitet[1]. Fondu
wird am Tisch in kleinen pfannenartigen Gefäßen, unter denen sich eine Spiritusflamme befindet, zubereitet. Der Senne wirft die in Würfelform geschnittenen
Käsestücke (Bergkäse) in den kochenden Wein und steckt ein Stück Brot auf
eine Gabel. Er taucht sie in die weingeschmolzene fadenziehende Käsemasse und wickelt diese durch rasche Drehung um das Brotstück. Denken wir
außerdem daran, daß beim Erwärmen fast aller im Bruch nachgesäuerter und
stark nachgewärmter Käse (Cheddar, Schnurkäse) ein „Fadenziehendwerden"
des Käses eine ausschlaggebende Rolle spielt und daß dieses „Fadenziehendwerden" stets unter dem Einfluß von Säure und Wärme entsteht (S. 346), dann
muß man sich wundern, daß das von den Herstellern so geheim gehaltene Wesen
des Schmelzkäses so lange nicht erkannt worden ist. Dazu kommt, daß die
bekannten Kochkäse eigentlich auch nichts anderes sind, als Schmelzkäse.

Ein brauchbares Verfahren zum Käseschmelzen im heutigen Sinne hat erstmalig im
Jahre 1911 die Firma Gerber & Co. A.G. in Thun unter dem Gedanken der Herstellung
einer brauchbaren Käsekonserve für den Überseeversand in großem Maßstab verwendet[1],
nachdem schon 1895 die Fa. K. Höfelmayr, Edelweiß-Camembert-Fabrik, Kempten i. Allgäu,
ihren Roh-Camembert in verlöteten Blechbüchsen pasteurisiert zum Versand gebracht hatte.
Im Jahre 1916 hat die Kraft Cheese & Co. in Amerika die Schmelzkäseherstellung aufgenommen[2]. Als erste deutsche Firma hat sich die Fa. Gebr. Wiedemann in Wangen im
Allgäu im Jahre 1921 damit befaßt[1]. Zur Zeit gibt es in Deutschland etwa 60 Schmelzkäsefabriken, von denen einzelne sehr große Käsemengen verarbeiten. Im übrigen findet man
die Schmelzkäseherstellung heute fast in allen Ländern der Erde, in denen viel Rohkäse
hergestellt wird.

Der Zweck der Schmelzkäseherstellung ist ein mehrfacher: Technisch
fehlerhaftes — keinesfalls verdorbenes — Rohkäsematerial soll überhaupt eine
Verwendungsmöglichkeit finden. Die Haltbarkeit des Käses soll erhöht werden.
Weiter soll die Verarbeitung und der Genuß von Käse auch an Plätzen ermöglicht
werden, wo dies sonst nicht der Fall sein könnte.

Als Rohmaterial zur Schmelzkäseherstellung (wir sprechen hier kurz von
„Rohkäse") kommen heute fast alle Labkäsesorten und sogar auch Speise-
quark, Yoghurtkäse (S. 320), Ziger u. dgl. in Frage. In Amerika wird viel
Cheddarkäse verarbeitet, in Deutschland werden hauptsächlich die Käse nach
Emmentaler-, Limburger-, Tilsiter- und Holländer-Art geschmolzen.

Die richtige Auswahl von Käsen verschiedenen Alters, verschiedener Herkunft und
verschiedenen Fettgehaltes bei der Aufbereitung des Rohmaterials ist unter anderem für
die Herstellung eines Schmelzkäses von feinem Geschmack und richtiger Zusammensetzung
ausschlaggebend. Erfahrungsgemäß gibt eine zweckmäßige Mischung von jungen und
älteren Käsen gleicher Sorte ein Fertigmaterial von bestem Geruch und Geschmack. Bei
Weichkäsen wird im allgemeinen mittelreifes Material bevorzugt. Es läßt sich leichter
fehlerlos schmelzen und gibt weniger Anlaß zu Blähungen des fertigen Schmelzkäses. Von
den Käsen nach Emmentaler Art werden Käse jeglichen Alters, aber meistens in entsprechenden Mischungen, geschmolzen. Dabei ist es heute bei der Verwendung sowohl von Weich-

---

[1] O. Mezger u. J. Umbrecht: Siehe Fußnote 3 auf S. 339.
[2] O. Gratz: Siehe Fußnote 2 auf S. 339.

käse als auch von Hartkäse vielfach so, daß nicht nur Käse, denen die besonderen Gütemerkmale abgehen, geschmolzen werden, sondern daß das gesamte Fabrikat vieler Molkereien, also auch Käse erster Güte, verwendet wird. Viele Rohkäsehersteller arbeiten heute ausschließlich für Schmelzkäsefabriken, ja diese haben teilweise ihre eigenen Sennereien. An Käsen nach Emmentaler Art sind die Bergkäse, die häufig 50% und mehr Fett i. T. haben, ein sehr beliebtes Rohmaterial, ferner alle „gläsigen“ Käse, d. h. diejenigen, die nur kleine oder gar keine Löcher haben und deshalb sonst nur als Käse zweiter Güte verkauft werden könnten.

Es ist eine Selbstverständlichkeit, daß verdorbenes Rohmaterial vom Fabrikanten abgelehnt werden muß. Er muß ganz genau wissen, was als verdorben anzusehen ist und was nicht. Als verdorbenes Schmelzkäsematerial sind z. B. anzusehen Käse, die einen krankhaft bitteren, ekelerregenden oder sonst stark fehlerhaften Geschmack aufweisen, ferner Käse, bei denen es sich nicht mehr lohnt, die allzuvielen schadhaften Stellen auszuschneiden, oder überreife Weichkäse, die ihre Form so stark verloren haben, daß ihre Rinde nicht mehr vollständig abgeschabt werden kann. Sog. Stinker (Putrificus-Käse) sind zum Schmelzen ganz abzulehnen. Sie verleihen in jedem Fall, selbst in großer Verdünnung, dem Fertigerzeugnis einen ekelhaften Geruch und Geschmack und bedingen ein nachträgliches Blähen durch die Bakterien der Gattung Putrificus, die sie immer enthalten.

Zur Untersuchung des Rohmaterials ist der Schmelzkäsehersteller verpflichtet. Ebenso wie er täglich seine Fertigware z. B. auf den richtigen Fett- und Wassergehalt hin untersuchen muß, hat er das Ausgangsmaterial durch Stichproben in genügendem Umfang zu untersuchen. Außer der Untersuchung auf Fett- und Wassergehalt ist beim Rohmaterial die Untersuchung auf blähungserregende Bakterien (z. B. Sporogenes-Probe nach Weinzirl) besonders wichtig[1]. Geblähte Rohkäse sind immer ein gefährlicher Rohstoff. Sie enthalten stets in großer Menge die gegen Erhitzung sehr widerstandsfähigen Sporen verschiedener Blähungserreger, insbesondere von Buttersäurebakterien.

a) Technik der Schmelzkäseherstellung.

Das Ausgangsmaterial, der Rohkäse, wird zunächst von der Rinde und von schadhaften Stellen befreit. Große Käse werden in Stücke zerschnitten. Die Käsestücke werden in einem Wolf, wie er in der Wurstfabrikation verwendet wird, zerkleinert und dann in einem Walzwerk gemahlen. Der feingemahlenen Masse wird neben Wasser eine „Richtlösung“, d. h. eine Lösung von Salzen zugesetzt oder es werden die Salze in trockener Form als Schmelzmittel zugegeben. Die Mischung wird in einem mit Rührwerk versehenen Kessel unter dauerndem Umrühren, meist im Vakuum, unter Wärmezufuhr durch unmittelbar zugeführten trockenen Heißdampf geschmolzen. Die dabei gewonnene zähflüssige Käsemasse wird in mit Zinn- oder Aluminiumfolie ausgelegte Kistchen oder Formen anderer Art meist maschinell abgefüllt. Die abgefüllten Packungen sind nach dem Erkalten sofort versandfertig.

Im einzelnen sei zur Technik der Schmelzkäseherstellung ausgeführt:

Das Befreien der Rohkäse von der Rinde geschieht bei den Weichkäsen durch Abschaben der Käselaibe. Bei den großen Hartkäsen wird die Rinde durch Heißdampf weich gemacht und dann abgeschabt. Der Rindenabfall wird als Düngemittel verwendet. Der beim Ausschneiden schadhafter Stellen entstehende Abfall wird aussortiert als Futtermittel, im übrigen auch als Düngemittel verwendet. Das Walzwerk, in dem der gereinigte und zerschnittene bzw. im Wolf zerkleinerte Käse gemahlen wird, besteht meistens aus 3 Porphyrwalzen. Metallwalzen sollen nicht verwendet werden, wie überhaupt das Käsematerial bei der Schmelzkäseherstellung nur mit Metallen, die praktisch nicht angegriffen werden, wie z. B. V$_2$A-Stahl, Nickel, Zinn und Aluminium in Berührung kommen sollte. Es können sich sonst z. B. Metallsulfide bilden, die den Käse im Geschmack und in der Farbe nachteilig beeinflussen können. Durch die Art der Anordnung der Walzen wird nicht nur eine feine Mahlung, sondern auch ein gutes Durchmischen des Mahlguts bewirkt.

Das Schmelzen des Mahlguts wird in Schmelzkesseln vorgenommen, die 2—80 Liter und mehr Fassungsvermögen haben und evakuiert werden können. Sie bestehen in der Regel aus stark verzinntem Metall oder aus Reinnickel. Silumin und andere Metalle werden heute auch verwendet. Die Kessel größerer Ausführung sind von einem Heizmantel mit

---

[1] O. Mezger u. J. Umbrecht: Versuche und vorläufige Stellungnahme zur Frage der Verwendung von Konservierungsmitteln in der Schmelzkäseindustrie. Deutsche Molk.-Ztg. Kempten 1933, **54**, 1021.

Glycerinfüllung umgeben. An den Deckeln der Kessel oder an diesen selbst sind ein Thermometer, ein Vakuummesser und ein Rührwerk angebracht, außerdem bei größeren Kesseln ein Schauglas, durch welches man den Schmelzvorgang verfolgen kann. In den Deckel ist auch noch die Vorrichtung für die Dampfzuleitung eingelassen. (Näheres über die Apparaturen s. bei O. Gratz[1].) Zum Schmelzen wird nun eine bestimmte Menge der mit der sog. „Richtlösung" (s. unten) vermischten Käsemasse in den Kessel gegeben. Nach dessen Schließen wird die Käsemasse durch Zufuhr von Wärme in eine zähflüssige Masse verwandelt. Die Wärme wurde früher nur von außen her zugeführt, heute wird fast nur noch durch unmittelbares Einblasen von gespanntem Dampf in die Käsemasse aus einer Rohrleitung mit Düse unter Anwendung eines Vakuums erhitzt. Während des Schmelzprozesses wird andauernd sehr stark gerührt. Die Dauer des Schmelzprozesses ist je nach der Menge der Käsemasse und der Art des Schmelzgutes und der herzustellenden Schmelzkäsesorte verschieden, sie kann 4—25 Minuten dauern und beträgt meistens etwa 5—10 Minuten. Im allgemeinen wird dabei auf Temperaturen von 60—85° erhitzt. Aus Erfahrung weiß der Schmelzmeister, wann der Schmelzprozeß ungefähr beendet ist. Er entnimmt dann dem Kessel eine Käseprobe und prüft sie auf ihre Beschaffenheit. Ist diese noch ungenügend, so wird noch eine Zeit lang weitergeschmolzen, ist sie genügend, so wird die geschmolzene Masse noch möglichst warm abgefüllt und zwar heute fast ausschließlich maschinell, in sog. „Automaten".

Das Abfüllen in die mit Zinn- oder Aluminiumfolie ausgekleideten Holzkistchen ist einfach. Die Käsemasse läßt man aus Abfüllapparaten, die mit einem Heizmantel versehen sind, damit die geschmolzene Käsemasse möglichst lange flüssig bleibt, in die samt dem Metallfolienfutter vortarierten Kistchen ausfließen. Die gefüllten Kistchen werden wieder gewogen. Haben sie ein Untergewicht, so werden sie entsprechend aufgefüllt.

Die Pappschachtelpackungen werden heute fast alle vollautomatisch hergestellt. Die „Automaten" sind Maschinen, die das Herrichten der „Kokillen", das sind Hülsen aus Zinn- oder Aluminiumfolie, das Abfüllen der Käsemasse in die Kokillen, das Schließen und das Etikettieren automatisch besorgen. Zur Bedienung eines „Automaten" ist außer dem Schmelzmeister, der von Zeit zu Zeit Käsemasse in den Fülltrichter gießt, nur eine Person notwendig. Diese entnimmt der Maschine die meistens in sechsfacher Ausführung gleichzeitig gefertigten Dreieckpackungen und gibt sie in die bekannten Pappschachteln. Die Zinn- und Aluminiumfolien-Packungen müssen unbedingt luftdicht schließen, weil sonst die Käsestücke leicht verschimmeln oder austrocknen. Die Folien müssen an allen Stellen, besonders auch an den Ecken der Käsestücke luftdicht an der Käsemasse aufliegen. Trifft dies nicht zu, so bildet sich beim Abkühlen der frischen noch warmen Packungen leicht Kondenswasser zwischen Folie und Käsemasse. Dieser Umstand führt mittelbar fast immer zur Schimmelbildung, die man bei Schmelzkäse so häufig an den Ecken vorfindet. Mit der vollmaschinellen Abfüllung sind die daran zu stellenden hygienischen Anforderungen sehr weitgehend erfüllt. Die Gefahr einer Neuinfektion des Schmelzkäses ist fast völlig ausgeschaltet. Das Abkühlen der Schmelzkäsepackungen erfolgt langsam bei Zimmertemperatur, bevor die Packungen in den Kisten zum Versand kommen. Besondere Abkühlvorrichtungen haben sich als unnötig und unzweckmäßig erwiesen, ebenso wie sich jedes „Nachpasteurisieren" oder „Sterilisieren" als unangebracht und als oft wertlos herausgestellt hat.

Das Verpackungsmaterial besteht, wie schon angeführt, in fast allen Fällen aus Zinn- oder Aluminiumfolien und Holz oder Pappe. Über die Metallfolien siehe Näheres S. 421. Die Holzkistchen für die sog. Block-Käse müssen aus trockenem, geruchfreiem Holz hergestellt sein. An Pappschachteln sind heute nur noch bestimmte Größen und Formen zugelassen.

Schachteln mit doppeltem Boden sind heute als irreführende Aufmachung zu beanstanden.

b) Schmelzmittel und chemische und physikalische Vorgänge beim Käseschmelzen.

Mitbestimmend für die Beurteilung des Schmelzkäses in der Hinsicht, ob wir es mit einem umgearbeiteten Erzeugnis oder mit einem ausgesprochenen „Kunsterzeugnis" zu tun haben, waren unter anderem die Art der Zusätze zum Rohkäse und die Vorgänge beim „Schmelzen". Wenn letztere auch noch lange nicht vollständig geklärt sind, so kann es doch heute schon als Tatsache angesehen werden, daß die Käsesubstanz beim Schmelzen hauptsächlich physikalische und biologische, weniger chemische Veränderungen erleidet. Wir können den Schmelzkäse daher als einen „umgearbeiteten" Käse betrachten, besonders

---

[1] O. Gratz: Siehe Fußnote 2 auf S. 339.

nachdem heute in Deutschland festgelegt ist, welche Chemikalien und sonstigen Zusätze bei der Schmelzkäseherstellung Verwendung finden dürfen und welche nicht.

Ebenso wie bei der Milch, so haben wir auch beim Rohkäse ein polydisperses System vorliegen, d. h. die in ihm enthaltenen Bestandteile liegen in verschieden feinem Verteilungsgrade vor. Der Käse stellt eine Lösung dar von Salzen, Milchzucker und verschiedenen weiteren organischen Stoffen in Wasser, in welchem sich gleichzeitig Protein und Proteinabbaustoffe im kolloidalen Zustande befinden. Die ganze Lösung bildet zusammen mit dem meist fein verteilten Milchfett eine zähe Emulsion, welche sich nicht ohne weiteres von selbst entmischt[1]. Will man nun Schmelzkäse herstellen, so muß dieses ganze poly- disperse System in seinem Aufbau verändert werden. Dies muß aber in einer Art und Weise geschehen, daß der Emulsionscharakter des Systems während des Schmelzvorganges mehr oder weniger gewahrt bleibt und daß das Fertigerzeugnis wieder eine ebenso beständige Emulsion darstellt wie das Ausgangsmaterial. Der Schmelzvorgang wird im Prinzip durch eine Zustandsänderung der Proteine in die Wege geleitet. Dies geschieht in der Praxis mittels der sog. „Richt- lösung" bzw. durch Zusatz von Salzen in trockener Form zusammen mit Wasser unter gleichzeitiger Anwendung von Wärme.

α) Schmelzmittel (Richtlösungen).

Nach den „Leitsätzen für die Beurteilung von Schmelzkäse"[2] dürfen in Deutschland zur Einleitung und Durchführung des Schmelzvorganges nur verwendet werden:

αα) die organischen Säuren Citronensäure, Milchsäure, Weinsäure und deren Salze; ββ) die ortho-, meta- und pyrophosphorsauren Salze von Kalium, Natrium und Calcium.

Nachdem die Kenntnis der Hauptstoffe der verwendeten früher so sehr geheim gehaltenen „Richtlösungen" so langsam durchgesickert war, hat man im allgemeinen drei sog. „Verfahren" unterschieden: das Citronensäureverfahren, das Phosphatverfahren und eine Verbindung dieser beiden, das Citronensäure- Phosphat-Verfahren. Die hauptsächlichen Chemikalien, die von Anfang an zum Schmelzen verwendet wurden, waren immer Citronensäure und Dinatrium- phosphat. Diese Stoffe werden auch heute noch weitaus am meisten verwendet. Milchsäure wird in geringem Prozentsatz in vielen Fällen gerne zusammen mit Citronensäure gebraucht; Weinsäure wird wohl bei uns selten mehr angewendet. Von den Ortho-Phosphaten kommt heute praktisch nur noch das Dinatrium- phosphat in Frage. Die Verwendung von Meta-Phosphat nimmt immer größeren Umfang an; Pyrophosphate lassen sich nur in beschränkter Menge verwenden.

Die Herstellung der sog. „Richtlösung" wird im allgemeinen in den eigens dazu eingerichteten Betriebslaboratorien vorgenommen. Die unter Verwendung von Citronensäure, Milchsäure oder Weinsäure hergestellten Lösungen können von der verschiedenartigsten Zusammensetzung sein. Als Citratlösungen werden meistens schwach saure Natriumcitratlösungen aus krystallisierter Citronensäure und Natriumcarbonat hergestellt. Ihnen ist beim Citronensäure-Phosphat- Verfahren noch Phosphat zugesetzt. Dieses kann aber auch für sich trocken dem Schmelzgut zugegeben werden, wie überhaupt die Phosphate beim Phosphat- verfahren in der Regel trocken dem Schmelzgut zugesetzt werden. Die nötige

---

[1] F. KIEFERLE: Wissenswertes über Konservenkäse. Deutsche Molk.-Ztg. Kempten, Festschrift für die Wanderausstellung der D.L.G. in München 1929, 42.

[2] Aufgestellt auf der 30. Hauptversammlung des Vereins Deutscher Lebensmittelchemiker zu Eisenach 1933. Z. 1933, **66**, 100.

Wassermenge wird bei dieser „Trockensalzverwendung" hinterher becherweise in den Schmelzkessel gegeben, oft ganz nach Bedarf. Der Schmelzmeister weiß, daß er die vorgeschriebene Wassermenge nicht überschreiten darf. Im übrigen richtet er sich mit dem Wasserzusatz nach dem Wassergehalt des Rohkäses und danach, ob er eine schnittfeste oder mehr oder weniger streichfähige Schmelzware herstellen will. Die „Richtlösungen", also die fertigen Salzlösungen, dürfen nicht lange aufbewahrt werden. Ihre Herstellung geschieht unter Wärmeanwendung in Gefäßen aus Material, welches von der Lösung nicht angegriffen wird (vernickelte Kessel, Holz- und Steinzeugbottiche).

Zur Verwendung der einzelnen Schmelzmittel und zur Herstellung der „Richtlösungen" sei im einzelnen noch folgendes ausgeführt:

Die Durchschnittsmenge der benötigten Schmelzsalze beträgt 1—2% des Rohkäsegewichts. Man wird aber oft mehr brauchen, selten jedoch mehr als 3—4%.

Citronensäure eignet sich zum Schmelzen aller Käsesorten. Sie wird am meisten beim Schmelzen von Hartkäse verwendet. Mit Citrat geschmolzen ist ein Käse im allgemeinen schön schnittfest (die Schnittfestigkeit des Schmelzkäses hängt nicht allein vom Wassergehalt ab!) und von recht gutem Geschmack. Die aus dem Citronensaft gewonnene Citronensäure und die Gärungscitronensäure lassen sich gleich gut verwenden[1]. Es sollen nicht mehr als 3% Citronensäure beim Schmelzen angewendet werden. Die Citronensäure wird in Form einer Citratlösung, meist einer Natriumcitratlösung, dem Schmelzgut zugegeben. Eine Vorschrift für eine solche ist z. B.: 1,1 kg Acid. citr. cryst., 0,7 kg Natr. carb. anhydr., 2,6 kg Wasser[2]. Oft wird noch Kalkmilch zugegeben und auch Milchsäure. Je mehr Kalk verwendet wird, desto weißer wird der Schmelzkäse. Enthält die Citratlösung zuviel ungebundene Citronensäure, dann schmilzt der Käse schlecht und schmeckt sauer, enthält er zu wenig, so schmilzt er ebenfalls schlecht und schmeckt seifig.

Milchsäure wird allein wohl nie als Schmelzmittel verwendet, aber vielfach zusammen mit Citronensäure oder auch mit Phosphaten. Nach Angaben aus der Praxis läßt sich durch einen gewissen Milchsäurezusatz (Lactatbildung) oft eine besonders günstige Beschaffenheit des Schmelzkäses und ein angenehmerer Geschmack erzielen.

Weinsäure eignet sich verhältnismäßig wenig zum Käseschmelzen. Sie liefert oft ein sandiges Erzeugnis, auch im Gemisch mit Citronensäure, weil Tartrate leicht auskrystallisieren.

Orthophosphate lassen sich nicht immer gut zum Schmelzen verwenden. Das Mononatriumphosphat ist in der Regel zu sauer, das Trinatriumphosphat zu alkalisch. Von den Orthophosphaten kommt deshalb praktisch nur das Dinatriumphosphat in Frage. Dieses findet in großem Ausmaß Verwendung, und zwar hauptsächlich beim Schmelzen von Weichkäse; Hartkäse gelingen nicht immer so gut damit. Das Dinatriumphosphat hat, wie wir bei Versuchen gefunden haben[3], die merkwürdige Eigenschaft, dem Käse immer eine gewisse weiche, mitunter als „pappig" bezeichnete Beschaffenheit zu verleihen. PASZTOR[4] sagt z. B.: „Ich habe überhaupt den Eindruck gewonnen, daß die mit Dinatriumphosphat geschmolzenen Käse immer etwas weicher waren." Dies macht sich am meisten beim Block-Emmentaler bemerkbar, der tadellos schnittfest sein soll; er soll nicht am Messer kleben. Ein Dinatriumphosphat-Emmentaler kann zwar, wenn der Schmelzvorgang entsprechend geleitet wird (Wasserzusatz, Temperatur usw.), im ganzen härter sein als ein Citrat-Emmentaler. Aber trotzdem hat er immer eine etwas weichere, weniger „feste" Struktur. Dies beruht zweifellos darauf, daß Dinatriumphosphat und Citronensäure dem Käse in verschiedener Menge Kalk entziehen (s. S. 346). Dinatriumphosphat (p_H der Lösung der Handelsware nach eigenen Untersuchungen: 8,4—9,2) wird am besten gepulvert, also trocken dem Schmelzgut zugegeben, da es sich verhältnismäßig schwer im Wasser löst. Das Schmelzen geht mit Dinatriumphosphat, wenn nicht ganz außerordentliche Verhältnisse bestehen, im allgemeinen ausgezeichnet vonstatten. Es hat neben dem Vorteil des niedrigen Preises wie alle Phosphate den Nachteil, daß sich die Zinnfolie beim Luftzutritt leichter schwärzt (S. 414 und 421), als wenn der Käse mit Citrat geschmolzen ist. Wird zuviel Phosphat verwendet, so krystallisiert es, ähnlich wie die

---

[1] Näheres über die Citronensäure siehe O. MEZGER u. J. UMBRECHT in Fußnote 3 auf S. 339.

[2] O. GRATZ in Fußnote 2 auf S. 339; daselbst S. 53.

[3] J. UMBRECHT: Zur Verwendung von Metaphosphat bei der Schmelzkäseherstellung und zur Theorie des Schmelzprozesses. Südd. (jetzt Deutsche) Molk.-Ztg. Kempten im Allgäu 1932, 53, 233.

[4] ST. PASZTOR: Studien über die Vorgänge bei der Herstellung von Schmelzkäse. Molk.-Ztg. Hildesheim 1930, 44, 1403.

Tartrate, leicht aus und zwar oft so, daß sich im Käse bis 1 cm lange wasserklare Krystallnadeln und -haufen bilden, so daß der Verbraucher oft glaubt, auf Glas zu beißen (S. 413). Zuviel Phosphat verleiht dem Käse auch einen bitteren Geschmack.

Metaphosphat ist ein Hauptbestandteil des bekannten „Joha"-Richtsalzes (p_H 6,5 bis 7,5). Es hat gegenüber dem Orthophosphat den großen Vorteil, daß man damit einen unbedingt harten, schnittfesten Emmentaler-Blockkäse erhalten kann, wie mit Citronensäure[1]. Mit Metaphosphat können aber auch Weichkäse sehr günstig und dabei einwandfrei streichfähig geschmolzen werden.

Pyrophosphat läßt sich zur Herstellung von schnittfesten Käsen ähnlich wie das Metaphosphat verwenden. Es wird meist mit anderen Phosphaten gemischt.

Schmelzkäse läßt sich auch noch mit anderen, oben nicht angeführten Säuren herstellen. So könnten z. B. Mineralsäuren Verwendung finden. An organischen Säuren könnte in der Praxis z. B. noch die Adipinsäure in Frage kommen. Mit Fermenten, z. B. mit Papain, einer sehr energisch proteolytisch wirkenden Protease (aus Carica papaya) läßt sich der Schmelzvorgang bei Alkalizusatz ebenfalls durchführen. Zur Verwendungsmöglichkeit von Salzen des Caseins vgl. S. 410.

β) Chemische und physikalische Vorgänge beim Käseschmelzen.

Der Schmelzvorgang wird, wie schon oben ausgeführt, durch eine Zustandsänderung der Proteine in die Wege geleitet. Diese wird dadurch herbeigeführt, daß auf den Rohkäse das Schmelzmittel bei gleichzeitigem Wasserzusatz unter Erwärmen einwirkt. Mehr oder weniger weitgehende Erklärungen des Schmelzvorganges oder Beiträge dazu haben bis jetzt S. K. ROBINSON[2], H. L. TEMPLETON und H. H. SOMMER[3], F. KIEFERLE[4], O. MEZGER und J. UMBRECHT[5], K. VAS[6] und L. HABICHT[7] geliefert. Bis jetzt am weitesten geklärt sind die Vorgänge zweifellos durch die Arbeit von L. HABICHT. Sie stellen sich heute kurz zusammengefaßt folgendermaßen dar:

Erhitzt man einen Käse ohne den Zusatz eines Schmelzmittels, so gerinnt das Eiweiß weiter, es schrumpft und die Eiweißhüllen sind nicht mehr in der Lage, die Fettkügelchen einzuhüllen. Die Folge davon ist ein starker Fettaustritt, eine Zerstörung des Emulsionscharakters des ganzen polydispersen Systems der Käsemasse. Das Kochsalz, das dem Käse bei seiner Herstellung zugesetzt wurde, unterstützt wahrscheinlich die Schrumpfung, die „Aussalzung" des Eiweißes. Das Käseschmelzmittel hat nun zuerst zwei Aufgaben. Es muß möglichst schnell und dabei möglichst viel Käseeiweiß lösen, damit das beim Erwärmen austretende Fett durch Eiweiß-Sol wieder eingehüllt werden kann. Das Austreten von Fett zu Beginn des Schmelzprozesses ist ein in der Praxis bekannter Vorgang. Dieser ist darauf zurückzuführen, daß das Schmelzsalz oft nicht rasch genug wirkt. Die weitere Aufgabe des Schmelzmittels liegt darin, den ganzen vorhandenen Käsestoff in ein Eiweiß-Sol überzuführen. Je weiter der Schmelzvorgang fortschreitet, eine desto weitergehende Auflösung erfährt die Käsemasse. Schließlich wird das Eiweiß und das von ihm eingeschlossene Fett fast vollständig von der wäßrigen Phase getragen. Erkaltet die geschmolzene Käsemasse, dann kommen die gerüstbildenden Kräfte des Eiweißes wieder zur

---

[1] J. UMBRECHT: Siehe Fußnote 3 auf S. 344.

[2] S. K. ROBINSON: The pasteurisation of cheese. Proceedings of the Worlds Dairy Congress 1923, I, 274.

[3] H. L. TEMPLETON u. H. H. SOMMER: Some observations on processed cheese. Journ. of Dairy Science 1930, **13**, 203 und Improving the quality of processed cheese. Exp. Stat. Record **63**, 70.

[4] F. KIEFERLE: Wissenswertes über Konservenkäse s. Fußnote 1 auf S. 343.

[5] O. MEZGER u. J. UMBRECHT: Siehe Fußnote 3 auf S. 339.

[6] K. VAS: Eiweißabbau und die Schmelzbarkeit des Emmentaler Käses. Milchw. Forsch. 1931, **12**, 183.

[7] L. HABICHT: Über die wissenschaftlichen Grundlagen des Käseschmelzprozesses. Milchw. Forsch. 1934, **16**, 347.

Geltung, die Eiweißteilchen gehen wieder Verbindungen miteinander ein, das ursprüngliche elastische Gerüst bildet sich in gewissem Maß wieder zurück und der Schmelzkäse erhält langsam wieder eine dem Rohkäse ähnliche Teigbeschaffenheit.

Dies sind die hauptsächlichsten in erster Linie physikalischen Vorgänge beim Käseschmelzen. Daneben findet — aber anscheinend erst nach vorhergegangener Dispersion — der mehr chemische Vorgang der Entkalkung des Käseeiweißes statt. Es besteht heute wohl kein Zweifel mehr darüber, daß der Kalk an der Gerüstbildung der Käsemasse maßgebend beteiligt ist und daß bei Zusatz kalkentziehender Mittel die Änderung des Gerüstes auch auf Kalkentzug zurückzuführen ist.

H. Lässig [1] hat nach seiner Patentschrift D.R.P. 134297 schon im Jahre 1900 mit Lab niedergeschlagenes Eiweiß durch Erwärmen mit kalkentziehenden Mitteln wieder quellbar gemacht und dazu gesagt: „Die Zurückführung des unlöslichen Labcaseins, des Paracaseins der Käsereien, in die ursprüngliche quellbare Form geschieht durch Zuführung kalkentziehender Mittel, insbesondere solcher Säuren, die eine spezifische Verwandtschaft zum Kalk haben." Van Slyke [2] führte das „Plastischwerden" des Cheddar-Käseteiges auch auf Kalkentzug zurück. Die Substanz, welche die Eigenschaft hat, „gummiartig, ziehig" zu sein, ist milchsaures Paracasein [3]. Nachdem die Milchsäure den Kalk der Phosphate gebunden hat, bindet sie sich an den Kalk des Paracaseins.

Die in der Praxis verwendeten Schmelzmittel sind alle entkalkende Elektrolyte, und zwar entkalken die einzelnen Schmelzsalze verschieden stark. Damit dürfte auch die oben angeführte bekannte Tatsache (S. 344) zusammenhängen, daß ein mit Dinatriumphosphat geschmolzener Käse immer „weicher" ist als ein mit Citronensäure geschmolzener und daß ein Metaphosphat-Käse wieder hart sein kann wie ein Citratkäse.

L. Habicht hat in seiner oben angegebenen Arbeit unter anderem auch gezeigt, daß Schmelzsalze einwertige Kationen und mehrwertige Anionen haben müssen. Dies erklärt ganz die in der Praxis bisher gemachten Erfahrungen. Mehrwertige Kationen wirken lösehemmend und beeinträchtigen die dispergierenden Eigenschaften des Anions.

γ) Einflüsse auf die Beschaffenheit und Zusammensetzung des Schmelzkäses.

Je nach Menge, Alter und Beschaffenheit des Rohkäses ist die anzuwendende Schmelztemperatur und Schmelzdauer zu wählen. Der eine Käse schmilzt leichter, der andere weniger leicht. In der Praxis wird das Schmelzen meistens einfach dann beendet, wenn die Schmelzmasse die gewünschte Eigenschaft hat. Wird nicht lange und bei verhältnismäßig niederer Temperatur geschmolzen, dann kann es unter Umständen möglich sein, daß die Bakterien im Käse ungenügend abgetötet sind. Nach allen Erfahrungen und nach den Untersuchungen Csiszars [4] ist die Keimabtötung in der Praxis im allgemeinen fast 99—100%ig. Nur Sporenbildner werden durch die Erwärmung beim Schmelzvorgang nicht oder nicht restlos abgetötet und geben dann später Anlaß zu Gärungen und Blähungen des Fertigerzeugnisses während der Lagerung. Durch zu hohe Schmelztemperatur kann der Schmelzkäse einen Kochgeschmack erhalten. Es ist im Hinblick auf den Geschmack immer besser, man schmelzt bei niedriger Temperatur und dafür um so länger als umgekehrt. Je höher und

[1] O. Mezger u. J. Umbrecht: Siehe Fußnote 3 auf S. 339; daselbst S. 8 und 24.

[2] L. L. van Slyke u. A. W. Bosworth: New York Agric. Exp. Stat. Geneva. Techn. Bullet. 1907, 4.

[3] H. Weigmann: Handbuch der praktischen Käserei, S. 358. Berlin: Paul Parey 1933.

[4] J. Csiszar: Die Mikrobenflora des Schmelzkäses und über einige Einflüsse auf diese. Milchw. Forsch. 1931, 13, 319.

je länger erhitzt wird, desto stärker ist natürlich die Wasserverdunstung und desto fester das Gefüge des geschmolzenen Käses.

Der Fettgehalt des Käses wird vielfach ungünstig beeinflußt. Fettaustritt kommt beim Schmelzen um so leichter vor, je mehr das Protein des Rohkäses abgebaut ist. Überreife Käse werden schon allein deshalb stets mit halbreifen zusammen geschmolzen. Ausgetretenes Fett kann an der Kesselwand usw. hängen bleiben. Durch das Zusetzen der „Richtlösung" zum Rohkäse wird der Wassergehalt vermehrt. Die Trockenmasse wird durch den Schmelzsalzzusatz erhöht. Während des Schmelzprozesses können sich Fettsäuren verflüchtigen. So können verschiedene Ursachen an einem durch das Schmelzen zustande kommenden „Fettschwund", wie er oft beobachtet wird, die Schuld tragen. Ein solcher „Fettschwund" kann aber dadurch, daß weniger fettreiche mit fettreicheren Käsen gleicher Sorte zusammengeschmolzen werden (Schweizerkäse mit Bergkäse oder 20%iger Romadur mit 40%igem), meistens leicht ausgeglichen werden.

Der Wassergehalt des Schmelzkäses ist gegenüber demjenigen des Rohkäses fast immer erhöht. Nur in ganz seltenen Fällen wird beim Schmelzen kein Wasser zugegeben. Die Härte des Schmelzkäses hängt in erster Linie vom Wassergehalt ab, dann erst von den anderen in Frage kommenden Faktoren (übermäßigem Säuregehalt usw.). Den Wassergehalt hat der Schmelzkäsehersteller stets vollständig in der Hand. Ein Block-Emmentaler sollte normal eigentlich einen Wassergehalt von rund 40% haben (zugelassen sind heute 47%). Hat er weniger, dann ist er härter als der übliche Roh-Emmentaler, hat er mehr, dann ist er weicher. Durch entsprechende Einstellung des Wassergehaltes beim Schmelzen kann man aus einem Hartkäse einen ganz weichen, streichfähigen Schmelzkäse machen. Umgekehrt kann man aus einem Roh-Weichkäse einen harten Schmelzkäse herstellen[1]. Ein Schmelzkäse mit 43—46% Wasser hat etwa die Härte eines halbfesten Rohkäses. Schmelzkäse mit über 46% Wasser haben die Beschaffenheit, wie ihn Weichkäse besitzen. Der Höchstwassergehalt, den ein Schmelzkäse nach den oben genannten „Leitsätzen" in Deutschland haben darf, beträgt 67%. Vgl. auch S. 406. Das „Streichfähigschmelzen" wird durch eine besondere Technik, die eine außerordentlich starke Proteinquellung bedingt, erreicht. Ein „streichfähiger" Schmelzkäse muß sich ganz glatt wie Butter streichen lassen. Das „Streichfähigwerden" des Schmelzkäses hängt aber nicht allein vom Wassergehalt ab[2]. Man braucht zu einem „streichfähigen" Schmelzkäse oft weniger Wasser als zu einem nicht streichfähigen weichen Schmelzkäse. Das „Nässen" der Schmelzkäse (im allgemeinen nässen nur streichfähig geschmolzene Käse) ist ein Austreten von Wasser, das durch eine aus irgendwelchen Gründen erfolgende Störung des gequollenen Gallertsystems hervorgerufen wird[3]. „Nässender" Schmelzkäse ist verdorben. Er braucht nicht zu viel Wasser gehabt zu haben, er ist vielfach nur technisch falsch hergestellt; der Schmelzmeister sagt: Der Käse war „überquollen".

Die Reaktion des fertigen Schmelzkäses soll stets sauer, niemals alkalisch sein. Alkalischer Schmelzkäse schmeckt meistens seifig, oft hat er einen geradezu stinkenden Geruch, er bläht leicht und neigt zur Fäulnis, weiterhin trägt die alkalische Reaktion zu Schwarzfärbungen der Metallfolien bei (S. 403 und 421). Die titrimetrische Bestimmung des Säuregehalts ist ungenau. Als Milchsäure berechnet, hat Emmentaler-Schmelzkäse durchschnittlich 2% Säure, Limburger-Schmelzkäse 1—1,5% Säure. Die p_H-Bestimmung auf colorimetrischem Wege ist auch ungenau. Nach PASZTOR[4] bestimmt man die p_H-Zahl am besten mit der Chinhydronelektrode. Sie liegt nach seinen Untersuchungen im allgemeinen zwischen 5,2 und 6,3, bei Emmentaler-Schmelzkäse nach unseren Untersuchungen im Mittel bei 5,6. Liegt der Säuregrad hoch, die p_H-Zahl aber nieder, so liegt ein sehr saurer Käse vor, und dann wurde wohl Säure zum Schmelzen benutzt. Sind Säuregrad und p_H-Zahl sehr hoch, dann wurden wahrscheinlich zuviel Phosphate zugesetzt. Ist ein niedriger Säuregrad und eine hohe p_H-Zahl vorhanden, dann wurde vermutlich alkalisch geschmolzen.

δ) Besondere Zusätze zum Schmelzkäse.

Die besonderen Zusätze, die zum Würzen, als Streckungsmittel und aus anderen Gründen dem Rohkäse vor oder während des Schmelzens beigegeben werden können, sind ziemlich mannigfaltig und ganz verschiedener Art.

---

[1] O. MEZGER u. J. UMBRECHT: Ist Schmelzkäse ein Hart- oder ein Weichkäse? Deutsche Molk.-Ztg. Kempten 1930, 51, 1352.

[2] L. H. TEMPLETON u. H. H. SOMMER: Cheese spreads (streichfähiger Käse) I u. II. Journ. Dairy Science 1932, 15, 155; 1934, 17, 373.

[3] J. UMBRECHT: Zur Verwendung von Metaphosphat bei der Schmelzkäseherstellung und zur Theorie des Schmelzprozesses. Deutsche Molk.-Ztg. Kempten 1932, 53, 236.

[4] ST. PASZTOR: Die Bestimmung der Wasserstoffionenkonzentration im Schmelzkäse mit Hilfe der Chinhydron-Methode. Molk.-Ztg. Hildesheim 1930, 44, 1831.

Würzmittel, die in Frage kommen, sind hauptsächlich[1]: Kümmel, Zigerklee, Paprika, Tomatenmark, Schnittlauch, Knoblauch, Senf, Wein und andere. In Amerika werden auch Gewürznelken, Muskatnuß, Oliven und andere Stoffe zugesetzt. Das Räuchern ist auch ein Gewürzmittel. Zur Herstellung von Räucher-Schmelzkäse, sog. „Käseschinken"[2], wird geschmolzener Käse geräuchert. Eine bessere Art der Herstellung ist das Schmelzen von geräuchertem Käse.

Butter wird zum Ausgleich des Fettgehaltes zugesetzt. In Deutschland ist die Butterverwendung heute nicht mehr erlaubt (S. 407).

Kochsalz wird mitunter aus technischen Gründen, um eine bessere Quellung zu erzielen, dem Schmelzgut zugegeben.

Käsefarben, die sonst in der Käserei üblich und zulässig sind, finden besonders im Ausland viel Verwendung (Cheddar-, Chester-Schmelzkäse).

Rahm, Vollmilch, Kondensmilch sollen den Geschmack verbessern.

Trockencasein, Molkensirup, Magermilchpulver sind Stoffe, die im Ausland mitunter verwendet werden.

Stärke, Traganth, Calciumglycerinophosphat, Pektinstoffe, Lecithin usw. sind aus verschiedenen Gründen schon verwendet worden.

Vitaminpräparate, wie z. B. das Eviunis-Präparat, wurden dem Schmelzkäse auch schon zugesetzt.

Außer dem Zusatz von Gewürzen, Kochsalz und Käsefarben ist der Zusatz aller obengenannten Stoffe zum Schmelzkäse heute in Deutschland verboten[3].

Fettstoffe, die nicht der Milch entstammen, dem Schmelzkäse zugesetzt, bedingen, daß dieser ebenso wie der Rohkäse als Margarinekäse zu beurteilen ist.

Milchsäurebakterienkulturen besonderer Art können dem Schmelzkäse mittelbar zugesetzt werden. So kann z. B. Yoghurt-, Acidophilus-Kefirmilch usw. eingedickt mit Säure oder Lab behandelt und unter Zusatz von Schmelzkäse verarbeitet werden. Solche Käse werden meistens unter Kennzeichnung der fraglichen in ihnen enthaltenen Bakterienarten vertrieben.

Konservierungsmittel werden besonders im Ausland vielfach verwendet. Am meisten kommen in Frage: Benzoesäure und deren Abkömmlinge, Wasserstoffsuperoxyd, Hexamethylentetramin und Salpeter. In Deutschland ist heute bis auf weiteres jeder Zusatz von Konservierungsmitteln als verboten anzusehen.

C. Molken.

Die bei der Käseherstellung nach dem Dicklegen der Milch und nach dem Wegnehmen des Bruches verbleibende Flüssigkeit nennt man Molken (oder Käsemilch, Käsewasser, Sirte usw.). Man unterscheidet Sauer- oder Quarkmolken (Quarkserum) und Labmolken, je nachdem der Käsestoff durch Säure- oder Labwirkung gefällt worden ist. Molken reagieren immer sauer und zwar Sauermolken immer saurer als die entsprechenden Labmolken. Frische Labmolken sind immer weniger sauer als die zugehörige Milch, weil der Käsestoff, der auch schwach sauer reagiert, entfernt ist. Sie besitzen in der Regel etwa 4 Säuregrade S.H. Das Spez. Gewicht entfetteter Molken beträgt 1,027 bis 1,029. Die Viscosität der Molken ist geringer als die der Milch. Der Wärmewert beträgt 250 Calorien für 1 kg und die Spez. Wärme 0,975 bei 23—33⁰[4]. Der Fettgehalt der Molken hängt ganz von dem Fettgehalt der verkästen Milch und weiterhin davon ab, wie gekäst worden ist, ob dabei viel oder wenig Fett in die Molken übergegangen ist. Fettmolken nennt man Molken, die aus Vollmilch, Magermilchmolken solche, die aus Magermilch stammen.

---

[1] Nach einer Anordnung der Deutschen Milchwirtschaftlichen Vereinigung dürfen in Deutschland zur Zeit nur noch Kümmel, Zigerklee und Paprika als Würzmittel verwendet werden; alles andere ist verboten.

[2] O. Mezger u. J. Umbrecht: „Mayonnaisekäse" und „Käseschinken". Deutsche Nahrungsm.-Rundschau 1932, 124.

[3] Siehe die Leitsätze der Vereins Deutscher Lebensmittelchemiker: Fußnote 4 auf S. 339.

[4] W. Grimmer: Lehrbuch der Chemie und Physiologie der Milch, S. 86. Berlin: Paul Parey 1926.

Lactoflavin ($C_{17}H_{20}N_4O_6$) ist der Farbstoff der Molken, der die grünstichige Färbung bedingt. R. Kühn und seine Mitarbeiter[1] haben die Natur des Lactoflavins weitgehend geklärt. Aus 5400 Liter Molken haben sie 1 g des Farbstoffs gewonnen. In reinem Zustande krystallisiert das Lactoflavin in orangegelben Nadeln vom Schmelzpunkt 286°. Das krystallisierte Lactoflavin aus den Molken ist identisch mit dem reinen Vitamin B_2. Es ist weiterhin identisch mit dem Lactoflavin des von der Kuh verzehrten Heues. Kühn hat den Farbstoff aus Nitroxylidin auch synthetisch hergestellt. Im tierischen Körper liegt das Lactoflavin durch Phosphorsäure an Eiweiß gebunden vor und besitzt dabei die Eigenschaften eines Enzyms.

Tabelle 1. Zusammensetzung der Molken.

Bestandteile	Quark- oder Sauermolken nach A. Burr[2]	Labmolken nach A. Burr[2]	Labmolken nach Roeder und Benning[3]
Wasser	94—95	93—94	93,004—94,600
Fett	Spuren	Spuren bis 0,8	0,044— 1,050
Trockenmasse . .	5—6	6—7	6,996— 5,400
Stickstoffsubstanz	0,8—1,1	0,8—1,0	0,267— 1,128
Milchzucker . . .	3,8—4,2	4,5—5,0	4,304— 5,582
Milchsäure . . .	bis 0,8	Spuren	4,304— 5,582
Citronensäure . .	0,1	0,1	—
Asche	0,7—0,8	0,5—0,7	0,233— 0,817
Nährwerteinheiten	78—97	109—124	—
Stärkewert . . .	5,0	6,4	—

Der Aschegehalt der Labmolken ist geringer als derjenige der Sauermolken, weil diese viel dem Käsestoff durch die Milchsäure entzogenen Kalk enthalten.

Tabelle 2. Zusammensetzung der Molkenasche[4].

Molkenasche aus	Kaliumoxyd %	Natriumoxyd %	Calciumoxyd %	Magnesiumoxyd %	Eisenoxyd %	Phosphorsäure %	Schwefelsäure %	Chlor %
Kuhmilch (Schotten)	30,77	13,75	19,25	0,36	0,55	17,05	2,73	15,15
Ziegenmilch	39,25	9,53	6,39	4,68	0,58	12,90	4,11	29,15

Die Salze der Molken bestehen also vorwiegend aus Kaliumchlorid (49,94% und Kaliumphosphat (21,04%).

Verarbeitung der Molken. Bei der Herstellung der fetten Hartkäse aus Milch mit 3—4% Fett verbleiben in der Molke 0,4—0,9% Fett. Dieses Fett wird durch das sog. Vorbrechen, durch Erwärmen unter Zusatz von etwas gesäuerten Molken, bis die Gerinnung des Eiweißes gerade beginnt, gewonnen. Der „Vorbruch" wird verbuttert und man erhält die sog. Vorbruchbutter (S. 269). Nach dem Vorbrechen enthalten die Molken immer noch 0,1—0,5% Fett; bei Anwendung von Zentrifugen sind sie fast fettfrei und enthalten dann kaum noch 0,1% Fett.

Ein gutes Bild über die Zusammensetzung vorgebrochener und geschleuderter Molken gibt die nachstehende Tabelle 3 von Geiger[5].

Die Labmolken enthalten das sog. Molkenprotein (S. 356) neben Lactalbumin und Lactoglobulin und Reste von Paracasein. Beim Vorbrechen wird den Molken der globulinartige Eiweißstoff zum größten Teil zusammen mit dem Fett entzogen. Erhitzt man die Molken dann unter weiterem Zusatz von

[1] R. Kühn u. Mitarbeiter: Mehrere Arbeiten in Ber. Deutsch. Chem. Ges. 1933, 1934 und 1935. — H. Kleinfeller: Die Lyochrome. Chem.-Ztg. 1935, 59, 445; 66, 1034.
[2] A. Burr: In W. Winklers Handbuch der Milchwirtschaft, Bd. II, S. 340. Wien: Julius Springer 1931.
[3] Roeder u. Benning: Milchw. Forsch. 1925, 2, 199.
[4] J. König: Chemie der menschlichen Nahrungs- und Genußmittel, 4. Aufl., Bd. 2, S. 739. Berlin: Julius Springer 1904.
[5] Geiger: Jahresber. 1912 der Milchw. Unters.-Anst. Memmingen, außerdem bei L. Hermann: Über die Zusammensetzung und das Schotten der Rundkäsemolke. Deutsche Molk.-Ztg. Kempten 1929, 50, 461.

gesäuerten Molken („Sauer") weiter bis fast zum Kochen, dann fällt das Molkeneiweiß oder der Ziger, der sich aus Molkenprotein und Lactalbumin zusammen
mit Resten von Lactoglobulin und — in der Käsereipraxis — oft von Paracasein
zusammensetzt, aus. Das Molkeneiweiß oder der Ziger und damit auch der
Schabziger oder Kräuterkäse (S. 321) läßt sich aus allen Arten von Labkäse-
molken gewinnen. Die enteiweißten Molken nennt man „Schotten".

Tabelle 3. Zusammensetzung von vorgebrochenen und geschleuderten
Molken.

Bestandteile usw.	Molken aus Rundkäsereien		Molken von fetten Weichkäsen		Molken von mageren Weichkäsen
	vorgebrochen	geschleudert	nicht geschleudert	geschleudert	
Spez. Gewicht . .	1,0276	1,0262	1,0274	1,025	1,0270
Säuregrade	6,5	6,5	18,0	7,5	—
Wasser %	93,444	93,830	93,172	93,942	93,884
Trockenmasse % .	6,556	6,170	6,878	6,058	6,116
Fett %	0,070	0,030	0,230	0,080	0,056
Milchzucker % . .	5,672	5,408	4,960	4,881	4,870
Eiweißstoffe % . .	0,414	0,231	0,938	0,432	0,715
Salze %	0,400	0,501	0,750	0,665	0,475

W. Fleischmann[1] gibt die Zusammensetzung von Fettmolken, vorgebrochenen und
„geschotteten" Molken (Schotte) folgendermaßen (Tabelle 4) an:

Tabelle 4. Zusammensetzung von Fettmolken
und entfetteten Molken.

Bestandteile	Fett-molken %	Entfettete (vorge-brochene) Molken %	Schotte %
Wasser	92,70	93,15	93,80
Fett	0,75	0,30	0,35
Eiweißstoffe	1,00	0,95	0,30
Milchzucker und Säuren .	4,90	4,90	4,95
Mineralstoffe (Asche) . .	0,65	0,70	0,60

Verwertung der Molken. Am
meisten werden die Molken als
Futtermittel, besonders zur
Aufzucht und Mast von
Schweinen, verwertet. Im
übrigen finden die Molken als
solche, aber jeweils meist nur
in verhältnismäßig geringen
Mengen, zur Herstellung der
verschiedenartigsten Nähr-,
Diät- und Heilmittel Verwendung, wobei die Molken aller-
dings vielfach aus süßer Milch nach besonderen Verfahren kurz vor der Verwendung jeweils frisch hergestellt werden.

Zu Molkenkuren dient frisch hergestellte Molke, teilweise unter Zusätzen von Wein,
Citronensaft, Kräutern usw. Getränke, die unter Mitverwendung von Molken hergestellt
und teilweise vergoren sein können, sind „Molkenpunsch" und „Molkensekt". Galak-
tonwein ist ein durch peptonisierende Bakterien und Milchzuckerhefe vergorenes Molken-
getränk. Hallarenda ist ein kohlensaures Molkengetränk. Es hat nach A. Burri[2] folgende
Zusammensetzung: Spez. Gewicht 1,02715, Säuregrade 12,96° S.H. = 0,28% Milchsäure,
Fett Spuren, Milchzucker 0,25%, Saccharose 6,12%, Trockensubstanz 6,79%, Gesamt-
Asche 0,01%, Phosphorsäure (P_2O_5) 0,003%, Calciumoxyd (CaO) 0,01%, Magnesiumoxyd
(MgO) 0,002%, Freie Kohlensäure 0,24%, Gesamt-Eiweiß 0,014%, Chlor 0,019% (als
Natriumchlorid 0,031%, als Kaliumchlorid 0,04%).

„Hallarenda-Molken-Most" ist unvergoren. Molkenlimonade wird im allgemeinen
neben Milchzucker Saccharose und eingepreßte Kohlensäure enthalten. R. Burri[3] hat z. B.
folgende Zusammensetzung von Molkenlimonade festgestellt: Säuregrade nach Entfernung
der Kohlensäure 18,2—28,6, Eiweiß 0,2%, Saccharose 5,8—5,9%, Milchzucker 3,29 und
1,37%, Asche 0,47—0,64%; in der Asche Phosphorsäure (P_2O_5) 10,5—23,79%, Calciumoxyd
(CaO) 15,52—18,8%.

---

[1] W. Fleischmann: Lehrbuch der Milchwirtschaft, S. 475. Berlin: Paul Parey 1922.
[2] A. Burri: In W. Winklers Handbuch der Milchwirtschaft, Bd. II, S. 346. Wien:
Julius Springer 1931.
[3] R. Burri: Molkenlimonade. Milchw. Zentralbl. 1913, **42**, 46; Z. 1915, **30**, 289.

Molken finden als Heilmittel auch Verwendung zu äußerlichem Gebrauch, zu Bädern, Umschlägen und zur Herstellung von Brandwundensalben.

Als technische Verwertung von Molken kann unter anderem die Verwendung zur Weinschönung in Frage kommen. Infolge des beträchtlichen Gehalts der Molken an Milchzucker und Asche muß dabei eine Vermehrung des Extrakt- und Aschegehaltes berücksichtigt werden. Molkenessig sind auf Essigsäure vergorene Molken. Er kann in der verschiedenartigsten Weise hergestellt sein und findet im Haushalt als Speiseessig und vielfach auch zu technischen Zwecken Verwendung.

Eingedickte Molken werden mitunter zur Herstellung von Kunsthonig und zu Gebäcken, wie Molkenbrot[1], Molkenkeks, Molkenprinten usw. verwendet. Molkenkeks können nach K. FARNSTEINER[2] und Mitarbeitern folgende Zusammensetzung haben: Wasser 11,10%, Stickstoffsubstanz 7,98%, Fett 6,81%, Kohlenhydrate 72,35%, Asche 1,77%. Molkenkleie ist eine auf besondere technische Art und Weise hergestellte Mischung von Molkensirup mit Weizenkleie. Sie ist ein geschätztes Futtermittel. Nach bestimmten Verfahren hergestelltes Molkenpulver[3] kann nach seiner Wiederauflösung in Wasser zur Herstellung von Beeren- und Obstwein gebraucht werden.

Mysost[4] oder Mesosmör oder Molkenkäse (auch „Renntierkäse" oder bei Ziegenmilchzusatz auch Gjedost genannt) ist ein in den nordischen Ländern durch Eindampfen von Kuh- oder Ziegenmilchmolken oder eines Gemisches von beiden (hoch im Norden auch aus Renntiermilchmolken) und oft unter Rahmzusatz bereitetes Erzeugnis, das keinerlei Gärung oder Reifung durchgemacht hat. Es führt deshalb die Bezeichnung „Käse" eigentlich zu Unrecht. Mysost wird in den nordischen Ländern sehr viel gegessen und deshalb dort auch in großen molkereitechnisch hergestellt. Er ist aber auch in unseren Alpengegenden unter Bezeichnungen wie Schottensick oder Molkenzig bekannt. Er besteht hauptsächlich aus Milchzucker und stellt eine mehr oder weniger feste, meist schnittige, schokoladebraune Masse dar, die nach Molken bzw. Caramel riecht und schmeckt und auf Butterbrot gegessen wird. Die braune Farbe und der Caramelgeruch werden durch kleine Mengen von Lactocaramel verursacht, die beim Eindampfen der Molken aus dem Milchzucker entstehen. Mysost kommt in Backsteinform, in Metallfolien oder Papier verpackt, in den Verkehr. Es gibt vollfetten, halbfetten und mageren Mysost, er kann überhaupt in jeder Fettstufe erscheinen. In Norwegen sind die Fettstufen wie auch die Kennzeichnung nach Milchart und Fettstufe gesetzlich geregelt[4]. Die nachstehende Übersicht (Tabelle 5) gibt ein Bild über die durchschnittliche Zusammensetzung von Molkenkäse und über diejenige einzelner Sorten.

Molkeneiweiß oder Ziger ist das Koagulum, das nach dem Vorbrechen der Molken unter weiterem Zusatz von „Sauer" und bei weiterem Erhitzen der Molken bis fast zum Kochen ausfällt (S. 316). Molkeneiweiß spielt neben der Verfütterung der Molken und der Gewinnung von Vorbruchbutter bei der Molkenverwertung heute eine immer größere Rolle. Die Labmolken enthalten in der Praxis neben Molkenprotein (S. 356), Lactalbumin und Lactoglobulin auch noch Reste von Paracasein. Aus diesen Eiweißstoffen ist also das Molkeneiweiß zusammengesetzt, wobei das Verhältnis der einzelnen Eiweißstoffe der Menge nach im einzelnen Fall je nach der Art und Weise, wie die Molken hergestellt und verarbeitet worden sind, recht verschieden sein kann.

Die Herstellung von Molkeneiweiß geschieht am besten aus entfetteten (vorgebrochenen) Labmolken, man kann aber auch Sauermilchmolken verwerten. Man erhitzt bis zum beginnenden Sieden, nachdem man weiter angesäuert, d. h. weiterhin auf 100 Tle. ungefähr 2 Tle. „Sauer" (von 50° S.H.) zugesetzt hat. Dabei scheidet sich das Molkeneiweiß, der Ziger, in großen gelblich-weißen Stückchen an der Oberfläche ab. 100 kg Milch liefern ungefähr 2—3 kg Molkeneiweiß.

In der Käserei selbst findet das Molkeneiweiß Anwendung bei der Herstellung von Schabziger oder Kräuterkäse (S. 321), wobei allerdings in der Praxis als Ausgangsmaterial heute meistens ein Gemisch von süßer Magermilch und von Molken dient, dem oft noch Buttermilch zugesetzt ist, so daß also der Schabziger neben Molkeneiweiß auch viel

---

[1] Herstellung und Zusammensetzung siehe H. SCHLEGEL: Molkenbrot. Ber. Unters.-Amt Nürnberg 1918 und Z. 1920, **39**, 161.

[2] K. FARNSTEINER u. Mitarbeiter: Ber. Hygien. Inst. Hamburg 1900/02, 51; Z. 1904, 7, 300.

[3] A. BURR: Milchw. Zentralbl. 1911, 7, 118. — R. S. FLEMING: Journ. Ind. Engin. chem. 1912, **4**, 543; Z. 1913, **26**, 45.

[4] S. HALS: Über norwegische Molkenkäse. Z. 1909, **17**, 673. — E. WEKRE: Der norwegische Molkenkäse. Deutsche Molk.-Ztg. Kempten 1929, **50**, 1795.

Casein enthält. Zigerkäse sind auch der Hürdeliziger des Kantons Glarus und der Graubündener Mescarpino (früher aus Schaf-, heute aus Ziegenmilch unter Kuh- unf Buttermilchzusatz[1]), der mit dem Mascarpone (S. 319) nicht verwechselt werden darf. In Savoyen kennt man ein Gemisch von Ziger und Rahm unter der Bezeichnung Gruaux de montagne.

Tabelle 5. Zusammensetzung von Molkenkäse und Mysost.

Molkenkäse aus	Anzahl der Analysen	Wasser %	Fett %	Stickstoffsubstanz %	Milchzucker und sonstige N-freie Stoffe %	Milchsäure %	Asche %	Analytiker
Kuhmilch	3	22,86	13,83	7,16	48,82	1,23	5,65	Dahl[2]
Zentrifugen-Magermilch	6	30,85	0,92	8,37	53,79	0,10	5,98	
Satten-Magermilch . .	8	30,38	2,11	8,14	53,63	0,13	5,86	Fr. Werenskiold[3]
Kuhmilch	8	27,41	8,19	6,42	52,64	0,03	5,48	
Ziegenmilch	8	20,90	19,70	7,60	45,74	—	6,06	
Gemischen von Kuh- und Ziegenmilch . .	14	12,74	30,82	10,21	Milchzucker 41,71		4,52	S. Hals[4]
Mysost								
Vollfetter Rahmmysost	—	12,7	29,77	—	41,03	—	—	
Gemischter Ziegenmysost	—	13,4	32,21	—	40,27	—	—	E. Wekre[5]
Magermysost.	—	21,0	1,18	—	53,56	—	—	
Halbfetter Mysost . .	1	19,8	27,4	7,34	31,4	—	4,3	J. Umbrecht[6]
Frischer halbfetter Mysost	1	13,97	20,49	—	35,40	—	3,44 (Natriumchlorid 0,4%)	H. Schlag[7]

Der hier zuletzt aufgeführte von H. Schlag[7] untersuchte frische halbfette Mysost zeigte folgende Stickstoffverhältnisse: Gesamt-Stickstoff 1,74%. Abbauprodukte: in Wasser löslicher N = 0,91%, mit Gerbsäure fällbarer N = 0,48%, mit Phosphorwolframsäure fällbarer N = 0,59%, Ammoniak-N = 0,07%, Amid-N = 0,32%.

In frischem oder leicht gereiftem Zustande wird das Molkeneiweiß mitunter auch „Eiweiß-Quark" genannt. Während des Krieges und in den Nachkriegsjahren ist solcher „Eiweiß-Quark" neben Quark (Sauermilch- oder Labmilch-Quark) in den Verkehr gekommen. Da Höchstpreise festgesetzt waren, diese aber für den billigeren „Eiweißquark" dadurch oft umgangen worden sind, daß „Eiweißquark" einfach als „Speisequark" ohne weitere Kennzeichnung verkauft wurde, ergab sich ein Bedürfnis für chemische Unterscheidungsmöglichkeiten zwischen Sauer- und Labmilchquark einerseits und „Eiweißquark" andererseits. Näheres siehe die veröffentlichten ausführlichen Versuche von Beythien und Lüning[8]. Eine einwandfreie Methode zur Unterscheidung ist bis jetzt nicht gefunden worden. Das Molkeneiweiß wird in manchen Gegenden als Futtermittel verwendet. Zur Herstellung von technischem Molkeneiweiß wird das Eiweiß aus den heißen Molken unter anderem bei den Kalkzusatz gefällt. Der zuzusetzende Kalk muß möglichst rein sein. Lactalbumin bzw. lösliche Salze des Natriums, Calciums und Magnesiums mit Lactalbumin werden nach besonderen, teils patentierten Verfahren aus den Molken gewonnen. Frisches Molkeneiweiß (Ziger) kann zu den verschiedensten küchenmäßig hergestellten Gerichten, ebenso wie Speisequark verwendet werden. Durch Trocknen oder Räuchern haltbar

---

[1] Deutsche Molk.-Ztg. Kempten 1935, **56**, 1766.   [2] Dahl: Milch-Ztg. 1872, **1**, 210.
[3] Fr. Werenskiold: Zentralbl. Agrik.-Chem. 1890, **19**, 420; 1894, **23**, 843.
[4] S. Hals: Z. 1909, **17**, 673.   [5] E. Wekre: Deutsche Molk.-Ztg. Kempten 1929, **50**, 1796.
[6] J. Umbrecht: Jahresber. Chem. Unters.-Amt Stuttgart 1930, 23.
[7] H. Schlag: Molk.-Ztg. Hildesheim 1929, **43**, 632.
[8] A. Beythien u. J. Pannwitz: Ein Verfahren zur Unterscheidung von Quark und Molkeneiweiß: Z. 1918, **35**, 145. — O. Lüning u. W. Tönius: Die Unterscheidung von Molkeneiweiß und Quark. Z. 1918, **36**, 63. — O. Lüning und P. Herzig: Zur Bestimmung von Molkeneiweiß und Quark in Gemischen beider: Z. 1921, **42**, 23.

gemachtes Molkeneiweiß und ferner das nach verschiedenen Verfahren gewonnene Lactalbumin können zur Herstellung von Nahrungs- und Nährmitteln verschiedenster Art Verwendung finden, z. B. zur Bereitung von „Milcheiweiß-Salami", zu Fleischextrakten, Suppenwürzen usw. „Fissanpuder" ist ein Molkeneiweiß-Puder.

Eine Hauptverwertung der Molken bedeutet die Gewinnung des Milchzuckers (S. 426). Dabei werden große Mengen Molken verarbeitet. Deutschland deckt seinen Eigenbedarf an Milchzucker vollständig und dürfte dazu jährlich etwa 500 000 kg ausführen. Die Molken enthalten etwa 5% Milchzucker.

D. Margarinekäse (Kunstkäse, Kunstfettkäse).

Margarine- oder Kunstfettkäse sind käseartige Zubereitungen, deren Fettgehalt nicht oder nicht ausschließlich der Milch entstammt. Die Herstellung solcher Käse wurde zuerst in den Vereinigten Staaten von Nordamerika aufgenommen. Schon 1887 bereitete man dort Käse aus einer Emulsion von Magermilch und Fetten, die nicht aus der Milch stammten.

Über die wirtschaftliche Berechtigung der Margarinekäse-Herstellung äußerte sich W. FLEISCHMANN[1] folgendermaßen: „Bei näherer Erwägung der wahren Sachlage erweist sich die Kunstfettkäserei als eine Industrie von parasitischem Charakter, die nur um ihrer selbst willen auf Kosten des Milchhandels und des ärmeren Teils der Bevölkerung zu existieren versucht." Diese Ansicht hat man heute mehr denn je als richtig erkannt, weshalb auch die Margarinekäseherstellung heute in verschiedenen Ländern, wie z. B. in Deutschland und in Italien, verboten ist.

Obgleich wir heute in Deutschland keinen Margarinekäse mehr im Verkehr haben, sei seine Herstellung und Zusammensetzung nachstehend kurz beschrieben. Es besteht natürlich immer die Möglichkeit, daß auch bei uns zu Fälschungszwecken Margarinekäse hergestellt wird.

Die Herstellung der Margarinekäse[2] ist im großen ganzen folgende:

Aus Magermilch und Fremdfett irgendwelcher Art (Margarine, Cocosfett usw.) wird mit besonderen Emulsions- oder Homogenisiermaschinen eine Emulsion, der sog. Kunstrahm, bereitet. Davon wird der zu verkäsenden Magermilch, die von ganz einwandfreier Beschaffenheit sein muß, eine bestimmte Menge zugesetzt, die sich z. B. darnach richtet, was für eine Käsesorte man herstellen will. Aus dem Gemisch Kunstrahm-Magermilch können auf die übliche Art und Weise Käse nach Holländer-, nach Chester-Art usw., überhaupt fast Käse jeder Sorte, hergestellt werden. Die Herstellung der Margarinekäse ist viel umständlicher als diejenige der echten Käse. Trotz der feinen Fettverteilung steigt das Fett, solange es geschmolzen ist, schnell an die Oberfläche der „Käsemilch", so daß beim Käsen leicht ein großer Teil des Fettes verloren geht. Das Pasteurisieren der Milch und die Anwendung entsprechender Käsereifungsbakterien (Kulturen) unterstützt das Gelingen der einzelnen Margarinekäsesorten. Die Hauptsache bei der Margarinekäseherstellung sind nach W. WINKLER[3] aber immer eine gesunde Magermilch und die genaue Verteilung des Fettes.

Außer in Nordamerika wurde die Herstellung von Margarinekäsen besonders in Dänemark und in Italien betrieben, in geringerem Umfang auch in Holland und in Deutschland[1]. In Deutschland wurden Margarinekäse lange in Bahrenfeld in Holstein hergestellt. Noch in der letzten Zeit vor dem Inkrafttreten des Herstellungsverbots in Deutschland[4] kam bei uns in ziemlich großem Umfang die Herstellung von Margarine-Quark[5] auf. Dieser kam unter Bezeichnungen wie „Vegetabilischer Delikateß-Weichkäse", „Vegetabilischer Speise- und Sahnequark" usw. in den verschiedensten Fettstufen in den Verkehr. Teilweise enthielt solcher Margarine-Quark Stärke als Erkennungsmittel und er war dabei vielfach auch als „Margarinekäse" gekennzeichnet. Garnierter „Liptauer" unter Margarinezusatz

---

[1] W. FLEISCHMANN: Lehrbuch der Milchwirtschaft, 6. Aufl., S. 576. Berlin: Paul Parey 1922.

[2] R. WINDISCH: Über Margarinekäse. Arb. Kaiserl. Gesundh.-Amt 1896, 12, 598; Milch-Ztg. 1898, 14, 506.

[3] W. WINKLER: Briefliche Mitteilung.

[4] Zweite Verordnung des Reichspräsidenten zur Förderung der Verwendung inländischer tierischer Fette und inländischer Futtermittel vom 23. März 1933, Art. 5, § 1.

[5] A. BEYTHIEN: Pharm. Zentralh. 1934, 75, 20 und G. STAMM: Deutsche Nahrungsm.-Rundschau 1933, 155.

bereitet war bis vor kurzem keine Seltenheit. Es handelte sich in diesem Falle selbstverständlich um eine ausgesprochene Margarinekäse-Zubereitung. Auch Margarine-Schmelzkäse wurden in den letzten Jahren hergestellt[1], aber stets ohne die nötige Kennzeichnung „Margarinekäse" in den Verkehr gegeben. Aus der Gerichtspraxis der letzten Jahre ist sogar ein Fall zu verzeichnen, in dem ein Allgäuer Käser wegen Herstellung von Kunstfett-Emmentaler-Käse zu Schmelzzwecken schwer bestraft werden mußte.

Unter der Bezeichnung „Mayonnaisekäse" oder „Remouladenkäse" wurden schon Labkäse in den Verkehr gebracht, die aus einer Emulsion von Magermilch mit sog. Mayonnaise, einem Gemisch von Eigelb und Pflanzenölen, hergestellt waren[2].

Die Zusammensetzung des Margarinekäses hängt wie diejenige des echten Käses weitgehend mit der Herstellungsart, welche die herzustellende Käsesorte verlangt, zusammen. Dies gilt besonders für den Wassergehalt und die Fettmenge. Weiterhin ist das im Margarinekäse enthaltene Fett seiner Art nach immer nur zu einem verschwindend geringen Anteil Milchfett. (Dieses stammt aus der Magermilch.) Als „Fremdfette" können alle zum menschlichen Genuß tauglichen festen oder halbfesten pflanzlichen und tierischen Fette, weiterhin auch gehärtete Fette und Speiseöle in Frage kommen. Alte Analysen zahlreicher Lab-Margarinekäse der verschiedensten Sorten, ferner sog. „Pflanzenkäse" (S. 421), finden sich bei J. König[3].

Eine Übersicht über die mögliche Zusammensetzung einiger neuzeitlicher Margarinekäse gibt die nachstehende Zusammenstellung:

Tabelle 6. Zusammensetzung neuzeitlicher Margarinekäse.

Nähere Bezeichnung	Quark mit Pflanzenfettemulsion (Margarinekäse)	Quark mit Pflanzenfettemulsion	Mayonnaisekäse	Mayonnaisekäse	Mayonnaisekäse
Zeit der Untersuchung	1932	1933	1932	1933	1933
Wasser	57,2%	—	49,98%	53,8%	54,73%
Fett	22,9%	—	23,35%	19,0%	20,22%
Fett i. T.	53,5%	—	50,68%	41,1%	44,66%
Stärkenachweis . . .	positiv	negativ	positiv	negativ	—
Sesamölnachweis . .	negativ	negativ	—	—	negativ
Fettuntersuchung					
Buttersäurezahl. .	—	—	—	—	1,1
Reichert-Meissl-Zahl	—	1,1	—	1,74	5,0
Polenske-Zahl . .	—	—	—	3,0	0,2
Verseifungszahl . .	—	192	—	—	—
Jodzahl	—	—	—	—	120,1
Refraktion bei 40°	—	—	—	60,2	62,0
Analytiker	J. Umbrecht[4]	G. Stamm[5]	J. Umbrecht[4]	H. Diller[6]	A. Beythien[7]

P. Buttenberg[8] und seine Mitarbeiter haben im Jahre 1912 für die Zusammensetzung einiger Margarinekäse verschiedener Fettstufen folgende Zahlen gefunden:

[1] J. Umbrecht u. F. Maier: Zur Frage des Nachweises von Fremdfett in Schmelzkäse: Z. 1934, 67, 301.

[2] O. Mezger u. J. Umbrecht: „Mayonnaisekäse" und „Käseschinken". Deutsche Nahrungsm.-Rundschau 1932, 124. — A. Beythien: Pharm. Zentralh. 1934, 75, 20. K. Teichert: Molk.-Ztg. Hildesheim 1933, 47.

[3] J. König: Chemie der menschlichen Nahrungs- und Genußmittel, 4. Aufl., Bd. I, S. 337. Berlin: Julius Springer 1903 und Nachtrag A zu Bd. I, 1919. S. 526 f.

[4] Bericht 1932 des Chemischen Untersuchungsamtes der Stadt Stuttgart.

[5] G. Stamm: Deutsche Nahrungsm.-Rundschau 1933, 155.

[6] H. Diller: Deutsche Nahrungsm.-Rundschau 1932, 67.

[7] A. Beythien: Pharm. Zentralh. 1934, 75, 20.

[8] P. Buttenberg u. Mitarbeiter: Z. 1912, 23, 673.

Tabelle 7. Zusammensetzung von Margarinekäsen verschiedener Fettstufen.

Nähere Bezeichnung	Voll-fetter Käse	Fetter Käse			Magerkäse		
	Nr. 1	2	3	4	5	6	7
Wassergehalt %	46,46	26,91	46,27	51,17	56,09	57,10	50,88
Trockensubstanz %	53,54	73,09	53,73	48,83	43,91	42,90	49,12
Fett %	25,35	32,02	22,86	20,38	10,25	9,93	9,94
Fettgehalt der Trockensub-stanz %	47,35	43,81	42,55	41,74	23,34	23,15	20,24
Refraktion bei 40°	44,2	47,1	48,8	47,6	45,6	47,1	48,8
REICHERT-MEISSL-Zahl . .	4,40	2,91	3,57	4,95	3,24	4,45	3,47
Verseifungszahl	206,6	211,7	204,9	210,0	199,3	198,2	203,8
FARNSTEINER-Zahl	201,7	208,4	200,9	204,5	195,7	193,2	199,9
Sesamöl-Reaktion.	+	+	+	+	+	+	+

Untersuchungsergebnisse für Fette aus Rohkäsen, Schmelzkäsen und aus Margarine-Schmelzkäsen der verschiedensten Art und für Fremdfett-Sorten, wie sie heutzutage verwendet werden, enthält die nachstehende Übersicht[1]:

Tabelle 8. Zusammensetzung von Käsefetten.

Nr.	Gegenstand	Verhalten unter der Quarzlampe	Refrak-tion bei 40°	REICHERT-MEISSL-Zahl	POLENSKE-Zahl	Butter-säure-Zahl
1	Emmentaler	frisch extrahiert: stark gelb; später heller werdend	1,4552	27,0	1,6	17,4
2	Stangenkäse	gelblich weiß	1,4538	28,7	2,5	21,0
3	Tilsiter	mittelgelb	1,4534	28,4	2,5	—
4	Emmentaler o. R., Schmelz-käse	weiß mit gelbem Stich	1,4558	27,5	2,2	18,6
5	Romadur-Schmelzkäse . . .	weiß mit blauem Stich	1,4538	29,7	2,6	19,6
6	Dessert-Schmelzkäse . . .	schwach gelb	1,4568	28,2	2,8	21,8
7	Allgäuer Stangen-Limburger	bläulich-weiß	1,4548	28,7	3,1	—
8	Cenzi-Romadur	schwach gelb	1,4546	26,5	2,8	16,8
9	Bergmüller Stangenkäse . .	bläulich-weiß	1,4538	26,2	2,6	—
10	Stangen-Limburger o. R., „Weideblume"	„	1,4546	25,7	2,3	—
11	Allgäuer Feinkostkäse . . .	„	1,4532	29,0	2,3	20,7
12	Welko-Margarinekäse . . .	„	1,4604	1,0	1,1	0,3
13	Kümmel- A	„	1,4490	—	—	6,7
14	Margarinekäse B	„	1,4511	14,4	10,0	—
15	Selbstgeschmolzene I. .	„	1,4584	1,9	0,85	0,6
16	Margarinekäse II. .	„	1,4568	16,5	1,4	9,9
17	III. .	„	1,4575	10,7	1,2	4,7
18	Grüner Stangenkäse . . .	leicht gelblich	1,4532	28,3	2,0	21,8
19	Reifer Stangenkäse	bläulich-weiß	1,4529	28,6	2,0	21,6
20	I	gelb	1,4545	25,2	1,7	17,4
21	Helle Roh-Emmentaler II	„	1,4539	22,0	1,9	15,3
22	III		1,4550	26,0	1,9	17,4
23	Erdnußweichfett Sirius 31°.	bläulich-violett fluorescierend	1,4611	0,5	0,8	—0,1 bis —0,2
24	Erdnußhartfett Kronos 34°	desgl.	1,4600	0,7	0,8	
25	desgl. 38°	„	1,4599	0,5	0,7	
26	Geh. raff. Germaniahartfett (Waltran) 40—42° . . .	„	1,4584	0,4	0,9	
27	Geh. raff. Cocosfett 35—36°	„	1,4492	6,9	11,0	0,8

---

[1] J. UMBRECHT u. F. MAIER: Nachweis von Fremdfett in Schmelzkäse. Z. 1934, 67, 301.

II. Physik und Chemie der Käseentstehung und Käsereifung.

Das System Milch befindet sich unter normalen Verhältnissen im Gleichgewicht, das — wie sich G. Köstler[1] ausdrückt — durch mechanische (Butterungsvorgang), physikalische (Entrahmungsvorgang), chemische (spontane Säuerung), enzym-energetische (Labungsvorgang) und mikrobiologische (Gärungen aller Art) Einwirkungen gestört werden kann. Bei der Käseentstehung haben wir es in erster Linie mit physikalisch-chemischen und enzymenergetischen Einwirkungen auf das System Milch zu tun. Bei der Käsereifung handelt es sich besonders um mikrobiologische Einwirkungen auf das System Käse und um dadurch verursachte chemische und physikalisch-chemische Veränderungen.

Der Rohstoff für den Sauermilchquark und damit für die Sauermilchkäse ist — wenn wir vom Wasser-, Milchzucker-, Salzgehalt usw. des Rohmaterials absehen — chemisch Casein, das durch spontane Säuerung oder durch Sauerzusatz aus der Milch ausgeflockt wurde. Der Roshtoff der Frischmilchkäse ist ebenfalls Casein oder eine Casein-Paracasein-Mischung, derjenige der Labkäse ist Paracasein, das an Calciumoxyd und Tricalciumphosphat gebunden ist. Der Rohstoff der Zigerkäse ist sog. Molkeneiweiß (Molkenproteose) neben Lactalbumin und Lactoglobulin und enthält oft mehr oder weniger große Mengen von Paracasein (Herstellung s. S. 316).

A. Labwirkung.

Das Labferment oder Chymosin ist eine Protease. Setzt man Lab einer amphoteren bis schwach sauren oder auch einer schwach alkalischen Milch unter bestimmten Bedingungen zu, dann fällt das entstandene Paracasein in Form eines Gels aus, die Milch „scheidet" sich, sie „gerinnt".

Man nimmt nach W. Grimmer[2] heute an, daß das Labferment (Chymosin) grundverschieden vom Pepsin ist. Beide Enzyme haben sowohl labende als auch proteolytische Eigenschaften. Während beim Pepsin die proteolytischen Fähigkeiten sehr viel größer sind als die Labungsfähigkeit, ist dies beim Labferment umgekehrt. Im übrigen ist das Dunkel, das über den Magenenzympräparaten liegt, noch wenig gelichtet. Das labähnliche Ferment Parachymosin und die sog. Semi-Enzyme können unter Umständen für die Käserei noch besondere Bedeutung erlangen[3].

Eine allgemein anerkannte Ansicht über den Chemismus der Labwirkung besteht vorerst noch nicht. Doch müssen wir heute mit W. Grimmer[2] annehmen, daß die Wirkung des Chymosins in einer Spaltung des Milchcaseins besteht, wobei ein kalkhaltiger Komplex — Paracaseinkalk — ausfällt und eine wasserlösliche Substanz, die Molkenalbumose oder das sog. Molkenprotein oder das sog. Molkeneiweiß, entsteht. Die Menge der entstehenden Molkenalbumose ist von der Zeitdauer der Einwirkung des Labes abhängig. Die Molkenalbumose, die phosphorfrei ist, stellt keinen einheitlichen Stoff dar, sondern ein Gemisch verschiedener Stoffe (oft auch mit „Molkenprotein" bezeichnet), das sich unter dem Einfluß des Labes weiter verändern kann. Dasselbe gilt auch für das Paracasein. Da dessen Molekül aber sehr viel größer ist als das der Molkenalbumose, sind die Schwankungen in seiner Zusammensetzung entsprechend geringer.

---

[1] G. Köstler: Physikalisch-chemische Betrachtungen über Käse. Landw. Jahrb Schweiz 1931, 421.

[2] W. Grimmer: Lab und Labpräparate. W. Winklers Handbuch der Milchwirtschaft, Bd. II, 2, S. 139. Wien: Julius Springer 1931.

[3] G. Tewes: Beiträge zur Kenntnis der Magenenzyme. Inaug.-Diss. Universität München 1933.

VAN SLYKE und BOSWORTH[1] leugnen das Auftreten des sog. Molkeneiweißes. Das Casein werde durch die Labwirkung in zwei Moleküle Paracasein vom halben Molekulargewicht gespalten. M. BEAU[2] stellte im Gegensatz zur Spaltungstheorie die Polymerisationstheorie auf, nach der das Paracasein ein Polymerisationsprodukt von Casein und Calciumphosphat darstelle. Die Labwirkung sei so zu denken, daß das Enzym im Casein vorliegende Bindungen löse und anderweitig unter Kuppelung verschiedener Moleküle wieder aneinander schließe. Die obige, auch von GRIMMER vertretene Annahme dürfte aber von allen Theorien durch Untersuchungsergebnisse am besten gestützt sein, weshalb sie auch heute am meisten anerkannt ist.

Die Wirkung des Labenzyms[3] besteht also zuerst einmal darin, daß es proteolytisch, d. h. eiweißabbauend, in unserem Fall caseinabbauend, wirkt. Diese Wirkung des Labenzyms, die sog. „Labwirkung", ist von dem darauffolgenden Vorgang, der sog. „Labgerinnung" grundsätzlich zu unterscheiden. Die „Labgerinnung" ist eine Folgeerscheinung der „Labwirkung" und besteht darin, daß das entstehende Paracasein durch die Kalksalze als sog. Calciumparacaseinat ausgeflockt wird. Die Labgerinnung ist von der Anwesenheit löslicher Kalksalze in der Milch, von der vorausgegangenen Erhitzung der Milch, von der Acidität der Milch und von der Einwirkungstemperatur des Labes auf die Milch, außerdem noch von der Labmenge, d. h. von der vorhandenen Menge wirksamen Labenzyms, abhängig.

Die Spaltung des Caseins in Paracasein und Molkenalbumose (Molkenprotein) ist unabhängig von der Anwesenheit der Kalksalze. Dagegen ist die Gerinnung der Milch einmal von der Paracaseinbildung und dann von der Anwesenheit zwei- und dreiwertiger Kationen (Calcium kann z. B. durch Barium, Strontium usw. ersetzt werden) abhängig. In der Milch verursacht das Calcium die Gerinnung. Es ist aber noch nicht restlos geklärt, worin die Wirkung des Calciums besteht. Wahrscheinlich geht das an sich in Wasser lösliche Calciumparacaseinat mit den vorhandenen gelösten Kalksalzen eine Komplexverbindung ein, die ausflockt. Nach G. KÖSTLER[4] stellt sich physikalisch-chemisch der Labungsvorgang folgendermaßen dar:

Der ganze Vorgang verursacht eine völlige Störung des Gleichgewichts im System Milch. Mit der Eiweißspaltung sind die Bedingungen für die Gleichgewichtsstörung vorbereitet. Für das Casein und das Calciumphosphat dürfte in der Milch normalerweise eine weitgehende Koagulationsbereitschaft bestehen. Man nimmt neuerdings an, daß diese Stoffe vor der Behandlung mit Labenzym noch in einer Art „geschütztem" Zustand (Schutzkolloid) verharren, daß die Aufhebung dieses Schutzes während der Labwirkung stattfindet (1. Phase) und daß sich dann die in Koagulationsbereitschaft vorhandenen Milchbestandteile niederschlagen, koagulieren (2. Phase). Innerhalb dieser koagulierenden Phase folgt dann unter dem Einflusse des Labenzyms, sowie insbesondere unterstützt durch Kräfte, die dem Gesamtsystem Milch in diesem veränderten physikalisch-chemischen Zustande (Koagulation) eigentümlich sind, die Gelation (3. Phase), d. h. der Übergang in eine zusammenhängende Gallerte. Dieser sich unter dem Einfluß verschiedener Faktoren, wie Temperatur, mechanische Einwirkungen usw., vollziehende Vorgang hat zur Folge, daß aus den koagulierten Massen ein zusammenhängendes System, eine Gallerte, ein Gel, entsteht, das mehr oder weniger deutlich einen strukturellen Aufbau erkennen läßt.

---

[1] VAN SLYKE u. BOSWORTH: Journ. biol. Chem. 1913, **14**, 207; 15, 231; 1914, **19**, 397.

[2] MAURICE BEAU: Eine neue Theorie über die Wirkung des Labs auf das Casein der Milch. Lait 1932, **12**, 618; C. 1932, II, 1984.

[3] W. GRIMMER u. Mitarbeiter: Beiträge zur Kenntnis der Labwirkung. Milchw. Forsch. 1925, **2**, 457; 1926, **3**, 361; 1928, **6**, 274; 1931, 11, 302.

[4] G. KÖSTLER: Physikalisch-chemische Betrachtungen über Käse. Landw. Jahrb. Schweiz 1931, 421.

Mit zunehmender Einwirkungsdauer des Labenzyms auf die Milch nimmt deren Viscosität zu, bis Gerinnung eintritt. Kreidl und Neumann[1] stellten durch ultramikroskopische Untersuchungen fest, daß die Milch gewisse ultravisible Körperchen, die sog. Lactokonien, enthält, die nach ihren Untersuchungen nur aus Casein bestehen konnten. Weiter fanden sie, daß diese Lactokonien sich unter der Einwirkung des Labs mit der Zeit zu immer größer werdenden Flocken zusammenballen. Daraus wird sich wohl die Erscheinung erklären, daß die Viscosität mit Lab versetzter Milch immer mehr zunimmt. E. Hekma[2] hat in der Milch außer einem faserigen Eiweißstoff die sog. Milchplättchen gefunden, die auch nur ultramikroskopisch erkennbar und wohl mit den Lactokonien identisch sind. Durch die Einwirkung des Labs bzw. der Säuerung kleben die Eiweißstoffe zusammen, bilden Stränge und zuletzt die kuchenartige Masse mit Netzstruktur.

B. Innere Struktur der Käse.

Bei der mikroskopischen Untersuchung der Käsemasse zeigt es sich, daß sie eine Struktur besitzt und aus einem Eiweiß-Netzwerk besteht, das die geformten Bestandteile der Milch enthält.

Das Zustandekommen der inneren Struktur der Käse wird von G. Köstler[3] anschaulich geschildert. Er sagt: Die „freie" Oberfläche des Gels zu vergrößern, ist das vornehmliche Bestreben des Käsers. Durch das Zerschneiden der Gallerte im Käsekessel wird die freie Oberfläche des Käsegels vergrößert. Hand in Hand damit geht der Austritt der Molken aus den Gelklumpen (Bruchkörnern). Diese als Alterungsprozeß (Synaeresis) des Gels aufzufassende Erscheinung ist in ihrem Wesen von einer ganzen Reihe von Faktoren abhängig (Menge des durch das Gel adsorbierten Labstoffes, Wasserstoffionenkonzentration, Versuchstemperatur, mechanische Einflüsse wie das Absetzenlassen, die mechanische Bearbeitung des Käsebruchs usw.), deren Einfluß auf die Eigenschaften des reifen Käses (Wassergehalt der Käse!) der Käser gefühlsmäßig zu regulieren versteht. Der Käser muß dem Alterungsprozeß im Käsekessel mit seiner Arbeit folgen bzw. ihn „führend beeinflussen". Eilt er der Synaeresis zu sehr voraus, dann erhält er einen fetzigen, kleinkörnigen und wenig charakteristischen Käsebruch. Folgt er ihr zu langsam nach, dann wird die Käsemasse eher derb, die Körner schließen sich zu frühzeitig gegen außen ab und die Molken können weniger gut austreten. Diese vermögen auf die späteren Käsegärungen einen ungünstigen Einfluß auszuüben. Bei gewissen Käsesorten wird durch Nachwärmen und längere mechanische Bearbeitung des Bruches ein „Härten" des Käsekornes herbeigeführt. Dadurch erhält dieses auf seiner Oberfläche eine Verdichtungszone (Haut), deren physikalische Beschaffenheit auf die spätere Bündigkeit des Käseteiges nicht ohne Einfluß sein kann. Es kann sich um eine Verdichtung der oberflächlichen Zonen der einzelnen Käsekörnes (Verkrustung) handeln. Weiterhin dürften aus den Molken während der Endbearbeitung des Bruchs im Käsekessel gewisse Substanzen auf der Oberfläche der Käsekörner niedergeschlagen werden. Auf jeden Fall erhalten sich die Körnerzwischenschichten im Hartkäse bis zur völligen Geschmacksreife in einer Weise, daß es jederzeit gelingt, sie deutlich erkennbar zu machen (Färbungsverfahren). Die Käsemasse ist nach dem heutigen Stand der Erkenntnis als ein echtes Gel aufzufassen. Die disperse Phase, der Paracaseincalciumphosphatkomplex, dürfte dabei in Form von geflechtartig verbundenen Micellarverbänden vorliegen. Das Fett ist rein mechanisch eingeschlossen und in flüssigem Zustande vorhanden. Das Wasser, bzw. die flüssigen Milchbestandteile, dürften sowohl intermicellär als auch intramicellär in die Gelmasse eingelagert sein. Der jeweilige Stand des synaeretischen Vorgangs bestimmt weitgehend jene Menge an flüssigen Stoffen, die unter gleichbleibenden äußeren Verhältnissen vom Gel festgehalten werden können.

Ein gutes Bild von der Struktur des Käseteiges geben Schnitte von W. Ernst[4] (Abb. 1). Die Abbildung zeigt einen Schnitt durch ein Labgerinnsel (24 Stunden bei 37° gehalten), einen Schnitt durch einen Hartkäse und das Gefüge eines Frischkäses nach Gervais-Art. Die Bilder zeigen, wie das Labgerinnsel und der Hartkäseteig, ersteres mehr, von Kanälen durchzogen sind. Diese fehlen im Sauermilchkäse nach Gervais-Art. Das Bild des Hartkäseteigs zeigt weiterhin

[1] Kreidl u. Neumann: Pflügers Arch. ges. Physiol. 1908, **123**, 523.
[2] E. Hekma: Milchw. Forsch. 1926, **3**, 350.
[3] Siehe Fußnote 4 auf S. 357.
[4] Aus Beythien, Hartwich u. Klimmer: Handbuch der Nahrungsmitteluntersuchung, Bd. III, S. 338, Tafel IV. Leipzig: Verlag Rauchnitz 1920.

die körnige Struktur des Teiges. Untersuchungen von TH. L. HENKEL jun.[1] ergaben, daß zwischen Weich- und Hartkäsen in der Struktur große Unterschiede bestehen. Bei Weichkäsen besteht der Teig wohl auch aus körnigen Bruchteilen, die den Teig durchziehenden Kanäle fehlen aber. Diese Kanäle bei Hart- und halbfesten Schnittkäsen enthalten nach TH. L. HENKEL[2] und nach E. HEKMA[2] eine ziemlich homogene Flüssigkeit, die Eiweißstoffe (Molkeneiweiß und Umsetzungsprodukte des Paracaseins), Milchsäure und Kalksalze enthalten dürfte.

| Schnitt durch ein Labgerinnsel, das 24 Stunden im Brutschrank bei 37° war. Thionin. (1000 : 1.) | Gefüge eines Hartkäses. Fett rot. Formalinhärtung. Gefrierschnitt – Sudan III – Thionin. (Schwache Vergrößerung.) | Käse nach Gervais-Art. Formalin-Gefrierschnitt. Thionin. (1000 : 1.) |

Abb. 1. Schnitte durch Käse nach W. ERNST[3].

HEKMA zeigte ferner an Edamer und Gouda, daß die Kanäle sich bis unter die Käserinde hinziehen und daß so eine Kommunikation von außen nach innen hergestellt ist.

C. Chemie der Käsereifung.

Bei der Reifung der Käse handelt es sich im Endergebnis hauptsächlich um chemische Veränderungen, denen die rohe meist geformte und oft gepreßte Käsemasse bei der Lagerung innerhalb eines mehr oder weniger langen Zeitraums unterliegt. Die Reifung ist die Folge von enzymatischen Vorgängen und besonders von Gärungen oder anderen Umsetzungen, die durch Bakterien, Hefen oder Schimmelpilze hervorgerufen werden. Durch die Reifungsvorgänge wird die wenig gebundene körnige Bruchmasse in einen geschmeidigen, plastischen Teig verwandelt. Dabei entstehen die den einzelnen Käsesorten eigentümlichen Geruchs- und Geschmacksstoffe. Die während der Reifung beim Eiweiß des Käses (Casein oder Paracasein) auftretenden Veränderungen sind die bedeutendsten und sinnfälligsten. Aber auch Milchzuckerumsetzungen können für den ganzen Reifungsvorgang sehr wichtig sein. Fettveränderungen spielen nur bei den Schimmelpilz-Käsen eine größere Rolle.

---

[1] TH. L. HENKEL jun: Zur Kenntnis der Struktur der Käsesorten. Deutsche Molk.-Ztg. Kempten 1927, 48, 1025.
[2] E. HEKMA: Zur Kenntnis der Käsestruktur. Milchw. Forsch. 1926, 3, 350.
[3] Siehe Fußnote 4 auf S. 358.

Die Reifung der Käse kann man in eine sog. Vor- und in eine sog. Hauptreifung einteilen. Die Umsetzungen bei der Käsereifung sind im Anfang bei allen Käsen ziemlich gleichartig. Immer wird durch Milchsäurebakterien aus dem Milchzucker der im Bruch eingeschlossenen Molken Milchsäure gebildet. Diese Milchsäuregärung bildet zusammen mit einer gewissen Nachwirkung des Labenzyms bei den Labkäsen und einem einleitenden Eiweißabbau durch Kokken verschiedener Art die Vorreifung. An diese schließt sich die Hauptreifung an, während der die Käsesorte ihre Eigenart besonders in Geruch und Geschmack erhält. Die Hauptreifung besteht größtenteils in einem mehr oder weniger starken Eiweißabbau.

Die Reifung geht in den Hauptgruppen der Käsesorten der Eigenart ihrer Bestandteile und der Auswirkung der jeweiligen Herstellungstechnik entsprechend verschieden vor sich. Die Frischmilchkäse, deren Eiweiß meist aus einer Mischung von Casein und Paracasein oder nur aus Casein besteht, machen in mehr oder weniger starkem Grade nur die sog. Vorreifung durch. Ein Eiweißabbau tritt dabei kaum in die Erscheinung. Bei den Sauermilchkäsen, deren Eiweiß in der Regel Casein ist, macht sich bei dem Vorhandensein überschüssiger Säure zunächst ein Eiweißabbau im allgemeinen auch nur im Sinn der Vorreifung geltend. Erst im späteren Stadium unterliegen sie der Reifung von außen her, mit der dann ein starker Eiweißabbau verbunden ist. Die Labkäse, deren Eiweiß Paracasein ist, machen die Vor- und die Hauptreifung durch. Dabei reifen die halbfesten Käse und die Hartkäse gleichmäßig durch die ganze Masse. Sie „reifen von innen", weil die im Käse enthaltene Menge an Milchzucker und daraus entstandener Säure nicht groß ist. Diese wird durch die im Bruch vorhandenen Basen im allgemeinen gebunden und damit für die Bakterien unschädlich gemacht. Die weichen Labkäse reifen großenteils auch „von innen", jedoch gleichzeitig „von außen". Bei den Weichkäsen bestimmt diese Reifung von außen her den Charakter der Käsesorten. Bei ihnen tritt während der Vorreifung und teilweise auch während der Hauptreifung eine starke Milchsäuregärung auf. Die Säuerung bewirkt einen über die Entstehung von Paracaseinmonolactat hinausgehenden Abbau des Calciumparacaseinats, so daß — wie H. Weigmann[1] sagt — die beim Beizen erfolgende Aufnahme von Kochsalz eine Aufquellung oder „Lösung" des übersäuerten Bruches nicht mehr bewirken kann. Erst die von außen durch Schimmelpilze, Bakterien oder Kahmhefen herbeigeführte Entsäuerung und Ammoniakbildung ermöglichen dann die Umsetzung des Käsestoffes.

Die Lehre von der Entstehung von Fett aus Eiweiß im Tierkörper beherrschte um die Mitte des letzten Jahrhunderts auch die Ansichten über die Art der Käsereifung[2]. E. Pflügers Theorie und die Versuche von Jakobsthal[3] und anderen widerlegten aber diese Ansichten. Das Studium der Käsereifung haben dann Schweizer Forscher wie M. Weidmann[4] und B. Röse[5] in den Jahren von etwa 1880 ab weiter aufgenommen. Schon sie stellten im gereiften Käse Eiweißabbaustoffe verschiedener Art, wie Aminostickstoff, Ammoniak usw., fest. Hierauf befruchteten Winterstein[6] und seine Mitarbeiter die Kenntnis der Käsereifung in ganz besonderer Weise. Forschungsergebnisse zeigten, daß bei der Käsereifung eine große Anzahl definierbarer Eiweißabkömmlinge entsteht.

[1] Fleischmann-Weigmann: Lehrbuch der Milchwirtschaft, 7. Aufl., S. 736. Berlin: Paul Parey 1932.
[2] Blondeau: Ann. Chim. Phys. 1864, 1, 208.
[3] E. Pflüger: Arch. ges. Physiol. 1891, 50, 330; 1893, 54, 484.
[4] M. Weidmann: Land. Jahrb. 1882, 587.
[5] B. Röse: Zentralbl. Agrik.-Chem. 1885, 266.
[6] E. Winterstein u. Mitarbeiter: Zeitschr. physiol. Chem. 1902, 36, 28; 1904, 41, 485; 1906, 47, 28; 1909, 59, 138; 1919, 105, 25; Biochem. Zeitschr. 1923, 141, 193.

Forscher wie BARTHEL[1], BLEYER[2], BONDZYNSKI[3], BURR und SCHLAG[4], v. FREUDENREICH[5], GORINI[6], GRATZ[7], GRIMMER[8], ORLA JENSEN[9], VAN SLYKE[10] und andere und weiter auch W. HENNEBERG und H. WEIGMANN (s. Buchliteratur, S. 428) haben dann mit ihren Mitarbeitern in neuer und neuester Zeit die Mykologie und Chemie der Käsereifung sehr weitgehend bearbeitet, wenn auch insbesondere in der Chemie der Käsereifung noch viele Fragen offen sind.

1. Milchsäuregärung.

Als den wesentlichsten Teil der Vorreifung kann man wohl die Milchsäuregärung bezeichnen. Diese ist für die Gesamtreifung der Käse — wie wir soeben gesehen haben — unbedingt notwendig, wenn der Käse nicht einer falschen Reifung oder der Fäulnis unterliegen soll[11].

Die Hauptreifung des Rohkäses, die sich durch die Geruchs- und Geschmacksbildung kennzeichnet, findet infolge der Milchsäuregärung auf saurem Nährboden statt. Alle Käse machen eine kräftige Säuerung durch. Der Milchzucker wird in der im Käsekessel befindlichen Milch und später im Käsebruch bei den jeweils angewandten Temperaturen von durchschnittlich 25—35⁰ durch die Tätigkeit verschiedener Arten von Milchsäurebakterien in Milchsäure umgesetzt. Diese entzieht zunächst dem Phosphat und dem Käsestoff den Kalk, wobei sich Calciumlactat bildet. Später kann, wenn auch meistens nur in geringen Mengen, freie Milchsäure auftreten, die zur Bildung von Caseinlactat führen soll[12]. Aus dem Dicalciumparacaseinat bzw. Dicalciumphosphatparacaseinat der Labkäse sollen dabei Monocalciumparacaseinat und Paracasein, und dann weiterhin Paracaseinmono- und Paracaseindilactat entstehen. In den Hartkäsen z. B. findet man freie Milchsäure so gut wie überhaupt nicht. Die ablaufenden Molken bei den Hartkäsen, deren Titrationsacidität in erster Linie durch primäre Phosphate hervorgerufen wird, weisen nach VAN DAM[13] im allgemeinen nur eine geringe Wasserstoffionenkonzentration auf $(0,6—1,3 \cdot 10^{-5})$. Bei den Weichkäsen wird diese im allgemeinen bedeutend höher liegen.

Bei der Milchsäuregärung wird der Milchzucker fast ganz in Milchsäure umgesetzt, wenn die Gärung nur durch die üblichen Milchsäurebakterien erfolgt. Sind fehlerhafterweise Coli-aerogenes-Bakterien mitbeteiligt, so können neben Milchsäure noch Essigsäure, Kohlensäure und Wasserstoff auftreten[14].

[1] CHR. BARTHEL: Zentralbl. Bakteriol. II 1915, 44, 76; 1916, 44, 761; 1919, 49, 392.
[2] B. BLEYER: Milchw. Forsch. 1926, 3, 285.
[3] BONDZYNSKI: Landw. Jahrb. Schweiz 1894, 8, 189.
[4] BURR u. SCHLAG: Milchw.-Ztg. Stendal 1930, 40—41 und 50a—51a; Molk.-Ztg. Hildesheim 1929, 43, 417, 631, 1217, 2205; 1930, 44, 2125.
[5] v. FREUDENREICH: u. Mitarbeiter Landw. Jahrb. Schweiz 1894 und folgende.
[6] C. GORINI: Literaturverzeichnis. Milchw. Forsch. 1928, 5, 457.
[7] O. GRATZ: Z. 1912, 23, 379.
[8] W. GRIMMER u. Mitarbeiter: Milchw. Forsch. Jahrgänge von 1924 und Forsch. a. d. Geb. Milchw. u. Molk.-Wesens von 1920 ab.
[9] S. ORLA-JENSEN: Landw. Jahrb. Schweiz und Zentralbl. Bakteriol. 1904 f., insbesondere Zusammenfassung in Zentralbl. Bakteriol. II 1912, 32, 202 („Der jetzige Stand der Käsereifungsfrage").
[10] VAN SLYKE u. Mitarbeiter: Some of the relations of casein and Paracasein to bases and acids. New York Agr. Exper. Station Bull. 1905,. 231 und Amer. Chem. Journ. 1905, 461; ABDERHALDENS Handbuch der biologischen Arbeitsmethoden 1923, Abt. I, 7, 263.
[11] E. v. FREUDENREICH: Landw. Jahrb. Schweiz 1901, 15, 393.
[12] L. v. SLYKE u. E. B. HART: Some of the relations of casein and paracasein to bases and acids. New York Agr. Exper. Station Bull. 1905, 231 und Amer. Chem. Journ. 1905, 461.
[13] W. VAN DAM: Über die Konsistenz der Käsemasse bei Edamer Käsen. Zentralbl. Bakteriol. II 1910, 26, 189; 1912, 32, 7.
[14] W. GRIMMER: Die Chemie der Käsereifung. In W. WINKLERS Handbuch der Milchwirtschaft, Bd. II, 2, S. 237—238. Wien: Julius Springer 1931.

Bei der Entstehung der Käselochung, der „Augen", bilden Milchzucker und das bei der Milchsäuregärung entstandene Calciumlactat den Nährboden für die Bakterien. Die „Augen" bilden sich hauptsächlich während der Vorreifung der Käse und zur Zeit des Übergangsstadiums zur Hauptreifung. Anfangs sind die „Augen" klein. Ihre ganze Größe, z. B. beim Emmentalerkäse, erreichen sie erst während der Hauptreifung. In den „Augen" finden sich die „Tränen", ein „Saft", der Salz und Aminosäuren, die während der Hauptreifung entstehen, enthält. In den Hartkäsen entsteht die richtige Art der Lochung erst dann, wenn der Teig plastisch wird. Der Ausgangsstoff für die Gasbildung bei dieser Lochung ist nicht mehr Milchzucker als solcher, sondern das aus diesem über Milchsäure als Zwischenglied entstandene Calciumlactat. Normalerweise ist dabei die Gasbildung auf eine durch Propionsäurebakterien verursachte Propionsäuregärung[1] zurückzuführen. Als kennzeichnendes Spaltungserzeugnis entsteht hierbei Propionsäure und zwar werden von drei Milchsäuremolekülen zwei zu Propionsäure reduziert und eines zu Essigsäure und Kohlensäure oxydiert[2] Sind an der Gärung unter falschen Verhältnissen Buttersäurebakterien beteiligt, dann entstehen meist sog. „Blähungen" infolge überaus starker Gasbildung, wobei als Gärungserzeugnis Buttersäure auftritt.

2. Eiweißabbau.

Der Eiweißabbau bei der Käsereifung geht zunächst im Sinne einer einfachen Hydrolyse, einer Peptonisierung, vor sich, wobei Proteosen, Peptone und in mehr oder weniger starkem Umfang Aminosäuren gebildet werden. Nach bzw. neben diesem primären Eiweißabbau findet noch ein sekundärer statt, bei dem die gebildeten Abbaustoffe desamidiert werden, wodurch Ammoniak, Säuren usw. entstehen. Aminosäuren können sich jedoch auch durch Kohlensäureabspaltung, die für die Lochbildung wichtig sein kann, bilden. Wir unterscheiden im Eiweißabbau also eine erste Phase, die nichts anderes als eine Proteolyse darstellt, und eine zweite Phase, in der entweder die in der ersten Phase entstandenen Abbaustoffe in Aminosäuren (bzw. deren Abkömmlinge) zerlegt werden oder in der sich letztere unmittelbar bilden.

Die Eiweißumsetzungen werden ebenso wie die ganze Käsereifung durch die Tätigkeit von Mikroorganismen bzw. die Wirkung von Enzymen verursacht. Bei den Hartkäsen arbeiten neben Milchsäurebakterien vorzugsweise gewisse säure- und labbildende Bakterien bei schwach saurer Reaktion. Zu diesen gehören auch die von C. Gorini[3], der die säureproteolytische Theorie über die Käsereifung aufgestellt hat, als Acidoproteolyten bezeichneten Mikrokokken. Bei den Weichkäsen kann der Eiweißabbau durch Hefen und Schimmelpilze, die auf saurem Nährboden wachsen, eingeleitet und dann durch anaerobe sporenbildende Eiweißzersetzer weitergeführt werden (S. 327).

Die Frage, inwieweit das in der Labkäserei der Kesselmilch zugesetzte Labferment selbst am Eiweißabbau beteiligt sein kann, ist noch nicht geklärt. In gewissem Maße wird der Abbau durch die Labwirkung, durch die das Casein in Paracasein und Molkenalbumose gespalten wird (s. oben), eingeleitet. Durch die Labwirkung werden wohl Stoffe gebildet, die von den Reifungsbakterien leicht angegriffen werden können. Die Labwirkung kann aber teilweise auch durch labbildende Bakterien bzw. deren Enzyme verursacht sein. W. Grimmer[4] sieht eine Wirkung des dem Lab beigemischten Pepsins als vollkommen

---

[1] Orla-Jensen: Landw. Jahrb. Schweiz 1904, 401.
[2] Orla-Jensen: Zentralbl. Bakteriol. II 1909, **22**, 11.
[3] C. Gorini: Atti dei Laboratori della Lavida Publica al Ministero Interni, Roma 1892; Rivista d'Igiene e Sanita Pubblica, Roma 1893, IV, 549; Hygien. Rundsch. 1893, **3**, 381; Giornale della R. Societa Italiana d'Igiene, Milano 1894, **16**; Milchw. Forsch. 1928, 5, 457.
[4] W. Grimmer: Die Chemie der Käsereifung. W. Winklers Handbuch der Milchwirtschaft, Bd. II, 2, S. 238. Wien: Julius Springer 1931.

ausgeschlossen an, da dessen Wirkung erst bei $p_H = 4$ beginne, also bei einer Acidität, die bei Hartkäse nicht vorkomme und bei den Weich- und Sauermilchkäsen höchstens vorübergehend auftrete. Auch nach ORLA-JENSEN [1] kann die Käsereifung durch Pepsinzusatz nicht beschleunigt werden, wohl aber durch erhöhten Labzusatz. Der weitere Abbau der Substanzen, die sich unter der Wirkung des Labs bilden, erfolgt durch die proteolytischen Enzyme der Mikroorganismen etwas schneller in den Käsen, die eine Ergänzung an Lab erhalten haben [2]. Eine Beschleunigung der Käsereifung nur durch Zusatz der Enzyme der Magenschleimhaut kann man jedoch nicht erwarten [2]. Für eine Mitwirkung des im Lab enthaltenen Pepsins an der Käsereifung, wie sie W. VAN DAM [3] annimmt und wie sie auch aus Versuchen von ORLA-JENSEN [4] zu schließen ist, sprechen aber die Erfolge der Verwendung von Peptolab [5] (S. 312), das allerdings nur in Verbindung mit Säure wirksam ist. Das Peptolab verursacht eine Beschleunigung der Reifung, die damit zu erklären ist, daß es zur Bildung löslicher und damit für die Reifungsbakterien leicht zu verarbeitender Eiweißstoffe beiträgt.

Peptolab kann also als Schnellreifungsmittel bezeichnet werden. Unter Schnellreifungsmitteln versteht man sonst meist in der Sauermilchkäserei verwendete alkalische oder säurebindende Stoffe, wie Natriumbicarbonat, Calciumcarbonat und andere. Mit solchen wird Milchsäure neutralisiert, da diese, wenn sie zu reichlich vorhanden ist, das Vorschreiten der alkalischen Abbaustoffe bei der Reifung der Käse von außen nach innen verzögert und dadurch eine schlechte oder ungleichmäßige Durchreifung veranlaßt. Nach MORRES [6] werden Natriumbicarbonat und Calciumcarbonat am besten gleichzeitig verwendet, da ersteres allein neben der Säureabstumpfung eine Bildung von Natriumcaseinat und damit einen unangenehmen Leimgeschmack des Käses verursachen kann.

Die erste Phase des Eiweißabbaues, die Peptonisierung, findet bei der Vorreifung schon vor der Milchsäuregärung und gleichzeitig mit ihr statt. Sie wird in erster Linie durch Milchsäure-Streptokokken, Acidoproteolyten und andere eiweißlösende Bakterien hervorgerufen. Bei der Peptonisierung entstehen Proteosen und Peptone, deren Bildung nach einer gewissen Zeit einen Höchstpunkt erreicht, der bei der weiteren noch so langen Reifung nicht mehr überschritten wird. Die Höchstmenge der Peptone wird früher erreicht als diejenige des löslichen Gesamt-Stickstoffs. Hierauf sinkt die Peptonmenge im Vergleich zur Menge der niederen Abbaustoffe. Aus den Befunden W. GRIMMERs [7] für Tilsiter Käse, die in der nachstehenden Tabelle zusammengefaßt sind, ergibt sich folgendes:

Tabelle 9. Abbau der Stickstoffsubstanz bei der Reifung.

Stickstoff	Frischer Käse 6 Stdn. alt	3 Monate, 9 Tage alt	5 Monate, 2 Tage alt	7½ Monate alt	8 Monate, 11 Tage alt
In Prozenten des Gesamt-Stickstoffs					
Gesamt-Stickstoff	100	100	100	100	100
Löslicher N	14,65	33,34	39,26	40,52	38,37
Durch Gerbsäure fällbarer N . . .	10,17	16,45	19,55	12,94	9,48
Durch Phosphorwolframsäure fällbarer N	3,79	9,55	8,04	11,05	11,63
Aminosäuren-N	0,69	7,33	11,67	16,45	17,26
In Prozenten des löslichen Stickstoffs					
Durch Gerbsäure fällbarer N . . .	71,06	49,35	49,79	31,93	24,70
Durch Phosphorwolframsäure fällbarer N	24,25	28,65	20,49	27,48	30,31
Aminosäuren-N	4,69	21,99	29,72	40,59	44,99

[1] ORLA-JENSEN: Zentralbl. Bakteriol. II 1912, 32, 202.
[2] J. HAWESSON: Lait 1929, 9, 2—11, 148—161, 358—379, 500—517; Z. 1934, 68, 239.
[3] W. VAN DAM: Zentralbl. Bakteriol. II 1912, 32, 7; 1910, 26, 189.
[4] ORLA-JENSEN: Zentralbl. Bakteriol. II 1904, 13, 764.
[5] W. STOCKER: Milchw. Forsch. 1926, 3, 503.
[6] W. MORRES: Molk.-Ztg. Hildesheim 1931, 45, 1945.
[7] W. GRIMMER: Die Chemie der Käsereifung. W. WINKLERs Handbuch der Milchwirtschaft, Bd. II, 2, S. 239. Wien: Julius Springer 1931.

Die Menge des löslichen Stickstoffs hat nach 5 Monaten mit etwa 40% des Gesamt-Stickstoffs ihren Höchstwert erreicht. Nach 5 Monaten ist die Menge der durch Gerbsäure fällbaren Stickstoffsubstanzen ebenfalls am höchsten, sie geht aber später auf etwa die Hälfte zurück. Dagegen nehmen die durch Phosphorwolframsäure fällbaren Stickstoffsubstanzen und die Aminosäuren andauernd bis zur Beendigung der Versuche zu. Aus diesen Versuchsergebnissen geht hervor, daß aus der Menge des gelösten Stickstoffs im Vergleich zum Gesamt-Stickstoff nicht ohne weiteres auf den Grad der Reifung geschlossen werden kann, sondern daß auch die Menge der niederen Abbaustoffe mitbeurteilt werden muß. St. Bondzynski[1] hat deshalb die Menge der bei der Peptonisierung entstehenden löslichen Eiweißstoffe (Proteosen, Peptone) als Maß des „Umfanges", die Menge der bei dem weitergehenden Abbau des Käsestoffes auftretenden Stoffe (Aminosäuren, Ammoniak usw.) als Maß für die „Tiefe" der Käsereifung bezeichnet. Bei der chemischen Untersuchung kennzeichnet sich also der „Umfang" der Reifung durch die Menge der wasserlöslichen Eiweißstoffe oder des wasserlöslichen Stickstoffs in Prozenten des Gesamt-Stickstoffs und die „Tiefe" der Reifung durch die Menge des Zersetzungsstickstoffs (Aminosäuren und ähnliche Stoffe) und durch die Menge des Ammoniakstickstoffs (aus Ammoniak, der aus Aminosäuren oder daraus entstandenen Ammoniakverbindungen abgespalten wurde). Einen Überblick über den „Umfang" und die „Tiefe" des Eiweißabbaus bei einigen bekannten Käsesorten gibt die Tabelle 21, S. 383.

Bei der Peptonisierung wird auch der nichtlösliche Teil des Gesamt-Eiweißes angegriffen. Dies beweist die Tatsache, daß bis über 40% der Gesamt-Eiweißstoffe aus Caseoglutin bestehen können. Dieses ist eine in Wasser unlösliche, dagegen in 60—70%igem Alkohol lösliche phosphorfreie Proteose, die aber nach Grimmer[2] nicht einheitlicher Natur zu sein scheint. Wahrscheinlich gibt es in verschiedenen Reifungsstadien verschiedene Caseoglutine.

Tyralbumin[3] ist eine in Wasser lösliche, beim Erhitzen ausflockende Albumose, die sich neben dem Caseoglutin findet. Tyrocasein[3] steht dem Paracasein am nächsten. Es ist in Wasser und Alkohol unlöslich.

Möglicherweise entstehen bei den Labweichkäsen bei der starken Ammoniakbildung Ammoniumparacaseinate, bei den Sauermilchkäsen Ammoniumcaseinate.

In der zweiten Phase des Eiweißabbaus werden in chemischer Hinsicht die in der ersten Phase entstandenen Abbaustoffe (in erster Linie Proteosen) weiter in Aminosäuren usw. zersetzt oder letztere entstehen unmittelbar. In den langsam reifenden Hartkäsen kann man, wenn sie reif sind, viel mehr Aminosäuren als in den schnell reifenden Weichkäsen finden. Im übrigen ist im allgemeinen die Zersetzung bei den Weichkäsen und noch mehr bei den Sauermilchkäsen eine viel weitergehende und zwar sowohl nach dem Umfang als auch nach der Tiefe.

Durch Grimmer, van Slyke, Winterstein und andere (Schrifttum s. S. 361) wurde in Käsen verschiedener Sorten bis heute eine Reihe von Aminosäuren und deren Abkömmlingen festgestellt. Winterstein fand in 3 Monate altem Emmentaler Glykokoll, Alanin, Valin, Leucin, Prolin, Asparaginsäure, Glutaminsäure, Tryptophan, Histidin und Lysin. In einem reifen Emmentaler wurden von ihm nur Prolin, Oxyprolin, Phenylalanin und Isoleucin aufgefunden. van Slyke fand im Cheddarkäse Arginin, Histidin, Lysin und Tyrosin. Grimmer stellte in Limburgerkäse Histidin, Tyrosin und Leucin fest.

Ein noch weitergehender Abbau, der zu einer Spaltung der Aminosäuren führt, ist bei Hart- und Weichkäsen verschiedener Art und kann deshalb die

---

[1] St. Bondzynski: Landw. Jahrb. d. Schweiz 1894, 8, 189.
[2] W. Grimmer u. Mitarbeiter: Milchw. Forsch. 1925, 2, 183; 1926, 3, 495.
[3] E. Winterstein u. Mitarbeiter: Zeitschr. physiol. Chem. 1907, 47, 28; Biochem. Zeitschr. 1923, 141, 193.

beiden Käsegruppen kennzeichnen. Aus Arginin können dabei Ornithin und Harnstoff entstehen. In Hartkäsen kann eine Kohlensäureabspaltung auftreten. Dabei können sich Putrescin, Cadaverin, Oxyphenyläthylamin, Tryptamin und Histamin bilden.

In allen Käsen wird aus Aminosäuren Ammoniak abgespalten, oft in großen Mengen, wobei sich mannigfaltige Umsetzungsstoffe bilden können. GRIMMER[1] fand Oxyphenylmilchsäure, Phenylessigsäure, Oxyphenylessigsäure und aus Glutaminsäure entstandene Bernsteinsäure. Diese fand auch WINTERSTEIN im Emmentaler Käse. Indolmilchsäure und Imidazolylmilchsäure mögen nach den Arbeiten EHRLICHS[2] auch entstehen und zwar aus Phenylalanin, Tryptophan und Histidin.

Flüchtige Fettsäuren können sich aus Fett, Milchzucker und Milchsäure bilden. Es besteht heute aber wohl kein Zweifel mehr darüber, daß diese Säuren im Käse auch aus Aminosäuren entstehen. GRIMMER[1] fand jedenfalls bei der Einwirkung verschiedener Mikroorganismen auf Casein Essigsäure, Propionsäure, Buttersäure und Valeriansäure. In Backsteinkäse fand er diese vier Säuren ebenfalls; dabei war die Valeriansäure am stärksten vertreten. Dann folgte die Propionsäure und in sehr geringen Mengen Buttersäure und Essigsäure. ORLA-JENSEN[3] fand, daß außer Essigsäure auch Ameisensäure in allen Käsen vorkommt.

3. Fettveränderungen.

Wie schon oben (S. 360) erwähnt, kann die Frage der Fettbildung aus Eiweiß oder Milchzucker während der Käsereifung heute verneinend beantwortet werden[4].

Die Frage, welche Veränderungen das Milchfett bei der Käsereifung erleidet und in welchem Maße solche Veränderungen vor sich gehen, ist noch nicht eindeutig geklärt.

W. GRIMMER[5] hält die Veränderungen des Käsefettes gegenüber dem Milchfett im allgemeinen für sehr geringfügig. Er läßt eine Fettspaltung gelten, wenn im Käse Organismen vorhanden sind, deren Fettspaltungsvermögen einwandfrei nachgewiesen ist. Dies gilt in erster Linie für Schimmelpilzkäse wie z. B. Roquefort, Gorgonzola, Stilton. Im übrigen gibt er zu bedenken, daß nach seinen Untersuchungen große Mengen flüchtiger Säuren und anderer ätherlöslicher Bestandteile aus Aminosäuren entstehen können, weshalb seiner Ansicht nach mit einem Vergleich der Konstanten des Käsefettes mit denjenigen des Milchfettes nicht viel anzufangen sei. Eine hohe Säurezahl zeige nur die Anwesenheit größerer Mengen von freien Säuren an, nicht aber mit Sicherheit eine Fettspaltung. Selbst der Nachweis von freiem Glycerin würde nicht ohne weiteres beweisend für eine Fettspaltung sein, da dieses ebensogut aus Zucker oder Milchsäure gebildet sein könnte.

H. WEIGMANN und A. BACKE[6] stellten 1—7% des Milchfettes an freien nichtflüchtigen Säuren fest, entsprechend dem Alter und der Art der untersuchten Käse. Hartkäse enthielten weniger davon als Weichkäse.

---

[1] W. GRIMMER u. Mitarbeiter: Milchw. Forsch. 1924, 1, 374; 1927, 4, 547; 1929, 7, 595.

[2] F. EHRLICH u. Mitarbeiter: Ber. Deutsch. Chem. Ges. 1911, 44, 139 und 888; Biochem. Zeitschr. 1914, 63, 156.

[3] S. ORLA-JENSEN: Landw. Jahrb. Schweiz. 1904, 319; Zentralbl. Bakteriol. II 1904, 13, 161, 291, 514, 604, 687 und 753.

[4] Vgl. hierzu auch K. WINDISCH: Arb. Kaiserl. Gesundheitsamt 1900, 17, 281.

[5] W. GRIMMER: Die Veränderungen des Milchfettes. In W. WINKLERS Handbuch der Milchwirtschaft, Bd. II, 2, S. 243. Wien: Julius Springer 1931.

[6] H. WEIGMANN u. A. BACKE: Landw. Vers.-Stationen 1898, 51, 1.

Die meisten Untersucher stimmen — worauf A. Burr und H. Schlag[1] hinweisen — darin überein, daß beim Reifen der Käse eine allmählich fortschreitende Spaltung der Glyceride stattfindet und daß diese einen hohen Grad erreichen kann. An der Entstehung der im Käsefett sich vorfindenden freien, meist nicht flüchtigen Fettsäuren können Schimmelpilze, Bakterien und Enzyme mitwirken, und zwar — wie sich A. Burr und H. Schlag[1] ausdrücken — durch eine Zersetzung des Fettes, nicht aber des Milchzuckers und der Proteinstoffe. Diese Ansicht steht in gewisser Beziehung im Gegensatz zu derjenigen Grimmers (s. oben). Sie wird aber großenteils durch die Untersuchungen mehrerer Forscher, deren Ansicht auch Orla-Jensen[2] beigetreten ist, gestützt.

Besonders auf Grund der Untersuchungen von K. Windisch[3], die unter anderem auch Orla-Jensen[4] größtenteils anerkennt, kann man wohl mit einer im Einzelfall mehr oder weniger starken Fettzersetzung rechnen. Eine Spaltung des Fettes in Glycerin und freie Fettsäuren verursacht eine starke Vermehrung der letzteren. Die freien flüchtigen Fettsäuren (vgl. die Übersicht von Orla-Jensen, S. 386) verschwinden während der Reifung des Käses zum großen Teil durch Verdunstung oder dadurch, daß sie durch Bakterien aufgezehrt werden. (Die Einflüsse der Fettveränderungen auf die Fettkennzahlen s. S. 385.)

Die Bildung von aldehyd- und ketonartigen Stoffen aus dem bei der Fettspaltung frei werdenden Glycerin, das als solches bis jetzt im Käse noch nie nachgewiesen worden ist[2], kann man annehmen. H. G. Derx[5] und M. Stärkle[6] stellten die Entstehung von Methylketonen aus Fettsäuren fest, wenn Schimmelpilze bei Anwesenheit von Eiweiß und Ammoniak darauf einwirken. So können sich Methylpropylketon aus Capronsäure, Methylamylketon aus Caprylsäure, Methylheptylketon aus Caprinsäure und Methylnonylketon aus Laurinsäure bilden. M. Stärkle[6] hat Methylamylketon und Methylheptylketon im Roquefortkäse tatsächlich nachgewiesen. — Vgl. auch Bd. I, S. 332.

III. Chemische Zusammensetzung der Käse.

Die Hauptbestandteile der Käse sind Protein, Fett, Salze und Wasser. Das Verhältnis der Mengen dieser Stoffe zueinander richtet sich nach der Art der Herstellung der Käse und nach deren Charakter. Käse gleicher Sorte und gleicher Fettstufe weisen im allgemeinen keine bedeutenden chemischen Unterschiede auf.

Der Fettgehalt und der Reifungsgrad der Käse sind für die Zusammensetzung in erster Linie maßgebend. Viele Käsesorten werden in verschiedenen Fettstufen hergestellt. Oft wird die Milch dabei mehr oder weniger stark entrahmt, vielfach wird auch Vollmilch verwendet. Zur Herstellung besonders fettreicher Käse kann Rahm zugesetzt werden, womit nicht gesagt ist, daß Rahmkäse oder andere stark fetthaltige Käsesorten immer unter Rahmzusatz hergestellt sein müssen. Bei Käsen aus Vollmilch entspricht das Verhältnis von Eiweiß zu Fett ungefähr demjenigen in der Milch. Es liegt demnach nahe bei 1 : 1 und bewegt sich etwa zwischen 2 : 3 und 4 : 3. In den halbfetten Käsen liegt das Verhältnis bei 2 : 1 oder es liegt zwischen 4 : 2 und 9 : 3, in den Magerkäsen kann es bis 22 : 3 betragen. Bei den unter Rahmzusatz hergestellten Käsen bewegt sich das Verhältnis zwischen 1 : 3 und 2 : 3. Die Frage des Mindest-

[1] A. Burr u. H. Schlag: Molk.-Ztg. Hildesheim 1933, 47, 85 und 104.
[2] Orla-Jensen: Zentralbl. Bakteriol. II 1904, 13, 167.
[3] K. Windisch: Arb. Kaiserl. Gesundheitsamt 1900, 17, 281.
[4] Orla-Jensen: Zentralbl. Bakteriol. II 1904, 13, 161, 291, 428, 514, 604, 687, 753.
[5] H. G. Derx: Der oxydative Abbau der Fette durch Schimmel. Verh. Kgl. Akad. Wiss., Abt. Naturkunde 1924, 33, 545.
[6] M. Stärkle: Biochem. Zeitschr. 1924, 151, 371.

fettgehalts ist heute in Deutschland wie in den meisten anderen Ländern für die einzelnen Käsesorten gesetzlich geregelt[1].

Die nachstehenden Tabellen 10—14 geben ein allgemeines Bild über die Zusammensetzung der bekanntesten Käsesorten. Bei den aufgeführten Zahlen handelt es sich meist um Durchschnittszahlen, oft von sehr vielen Einzeluntersuchungen, so daß man daraus ersehen kann, wie die einzelnen Käsesorten beschaffen sein sollen.

Die in den seinerzeit von J. KÖNIG[2] aufgestellten Tabellen angeführten Einzelanalysen besagen heute aus verschiedenen Gründen vielfach nicht mehr viel. Im Folgenden sind deshalb daraus hauptsächlich nur brauchbare Durchschnittszahlen angegeben.

Im einzelnen, in erster Linie auch bezüglich des Zeitpunkts der Untersuchung, verweisen wir auf die von J. KÖNIG und von uns angegebene Originalliteratur.

Untersuchungen über Beziehungen der Milchzusammensetzung und der Art der Käseherstellung zur Zusammensetzung des fertigen Käses finden sich bei KÖNIG (4. Aufl., 1903, Bd. I und Nachtrag dazu, 1919) und in der von uns angegebenen milchwirtschaftlichen Buch-Literatur, in erster Linie in den Werken von GRIMMER, FLEISCHMANN-WEIGMANN und WINKLER (s. S. 428).

Untersuchungen über Käsereifung siehe S. 383.

A. Einzelne Bestandteile.

1. Wasser.

Der Wassergehalt der Käse ist in erster Linie von der Art der Bearbeitung des Bruchs, also von der Käsesorte, und vom Fettgehalt abhängig. Durch entsprechende Salzbehandlung kann der Wassergehalt auch noch während der Lagerung in gewissem Maß geregelt werden. Da der technisch notwendige und zweckmäßige Wassergehalt oft absichtlich erhöht wird, sind in einigen Ländern, z. B. in Dänemark[4], ebenso wie für den Fettgehalt auch für den Wassergehalt gesetzliche Bestimmungen getroffen worden. In Deutschland bestehen gesetzliche Bestimmungen bezüglich des Wassergehaltes bis heute noch nicht. Für solche käme die Festsetzung von Höchstgehalten an Wasser in der fettfreien Käsemasse in erster Linie in Frage[3].

Eine Grundlage für die Beurteilung der wichtigsten Käsesorten nach ihrem Wassergehalt gibt außer den Wassergehaltsangaben in den vorstehenden Übersichten die folgende Zusammenstellung für verbrauchsreifen Käse (Tabelle 15). Die Zahlen stellen Jahresdurchschnittszahlen dar und sind den Arbeiten von A. BURR und H. SCHLAG[5], die Käse norddeutscher Herstellung, von K. TEICHERT und H. SCHLAG[6], die Käse süddeutscher Herstellung, und von L. MÜLLER und H. SCHLAG[7], die Käse niederrheinischer Herstellung untersucht haben, entnommen. Die Werte, besonders diejenigen für die süddeutschen Limburger und Emmentaler und für den niederrheinischen Gouda stützen sich zum Teil auf eine sehr große Anzahl von Untersuchungen (17312 bzw. 1088 bzw. 2215 Proben).

---

[1] Verordnung über die Schaffung einheitlicher Sorten von Käse (Käse-Verordnung) vom 20. Februar 1934 (RGBl. 1934, I, 114); siehe unten S. 553.

[2] J. KÖNIG: Chemie der menschlichen Nahrungs- und Genußmittel, 4. Aufl., Bd. I. Berlin: Julius Springer 1903. Nachtrag zu Bd. I, 1919. [3] F. E. NOTTBOHM: Z. 1932, **63**, 183.

[4] F. E. NOTTBOHM: Z. 1932, **63**, 37. — M. SCHULZ: Deutsche Molk.-Ztg. Kempten 1932, **35**, 1097.

[5] A. BURR u. H. SCHLAG: Molk.-Ztg. Hildesheim 1927, **41**, 1229 (Norddeutsche Käse).

[6] K. TEICHERT u. H. SCHLAG: Milchw. Forsch. 1929 III, **7**, 259 (Süddeutsche Käse).

[7] L. MÜLLER u. H. SCHLAG: Molk.-Ztg. Hildesheim 1932, **46**, 2497, 2531 2549.

Tabelle 10.   **Quark**

Sortenbezeichnung (Zahl der Proben)	Wasser %	Fett %	Fett in der Trockenmasse %
			1. Sauermilchquark
Mittel (12) aus Milch mit durchschnittlich 0,04% Fett	73,64	0,25	0,95
Sauermilchquark (Mittelwert)	68,5	1,0	3,1
			2. Speise-
Aus Magermilch ⎰ Mittel (15)	76,71	0,65	2,80
mit Lab hergestellt ⎱ Schwankungen (15)	73,08—80,03	0,36—1,10	1,77—4,90
Speisequark (Mittelwerte)	79—80	wenig	—
Speisequark ⎰ 5,53% Fett	75,00	16,04	64,16
aus Rahm mit ⎱ 10,5% „	54,58	34,11	75,09
			3. Schicht-
a) Schichtkäse ⎰ Gesamtmasse	79,06	2,42	11,56
(Viertelfettkäse) ⎨ Fettarme Schicht . .	79,26	1,18	5,69
⎩ Fettreiche „ . .	79,17	35,8	17,19
b) Sahneschichtkäse ⎰ Gesamtmasse . .	70,99—76,25	6,26—12,94	24,30—44,61
(Halbfettkäse) ⎨ Fettarme Schicht. .	77,94—81,61	0,47— 1,02	2,33— 5,12
(8) ⎩ Fettreiche „ .	38,36—68,70	14,70—60,12	46,96—97,54
			4. Frischkäse
Imperial (Käse nach Gervais-Art) . . .	50,84	28,38	57,73
Doppelrahmkäse	45,16	38,03	69,34
Desgl. (1932)	49,60	32,30	64,10
Gervais	46,20	44,82	83,31
Desgl. [7]	41,52	44,45	76,01
Rosenheimer Gervais (1933)	42,13	40,49	69,97
Petit Suisse	54,60	35,00	77,10
Demi Sel	49,60	34,00	67,46
Mascarpone	45,88	45,30	83,71
Yoghurt-Käse	62,06	18,31	48,26
Englischer Rahmkäse	30,66	62,99	90,84
Double Crème	57,60	39,30	92,69
Neufchâtel frais	36,60	40,70	64,20
Kajmak	31,55	55,79	80,04
Skorup (ungefähre Grenzwerte)	20—25	50—75	70—85

[1] H. Schlag: Molk.-Ztg. Hildesheim 1933, **47**, 2202, 2226.

[2] Brandis-Butenschön: Die Herstellung von Quark und Sauermilchkäse, S. 7. Verlag Molk.-Ztg. Hildesheim 1932.

[3] Weitere 12 Analysen von Speisequark (Wasser, Fett, Stickstoffsubstanz, Asche, Calciumoxyd), ausgeführt durch v. Fodor s. Z. 1912, **23**, 667.

[4] Trockenmolke 5,5%; davon 3,0% Milchzucker; 0,5% Salze; 1,0% Albumin; 1,0% Milchsäure.

[5] M. Schulz: Handlexikon der Molkereipraxis. Verlag Deutsche Molk.-Ztg. Kempten 1935

[6] G. Stamm: Z. 1933, **66**, 593.

und Frischkäse.

a) Gesamt-Asche b) in H_2O unlöslich %	Milch-zucker %	Eiweißstoffe %	Säuregrade S.H.	Natrium-chlorid %	Untersucher bzw. entnommen aus
(ungesalzen)					
a) 1,31	—	—	127,9	0,15	H. SCHLAG [1]
a) 1,2	2,1	25,4	(Milchsäure 1,5%)	—	BRANDIS-BUTENSCHÖN [2]
quark [3]					
a) 1,58	—	—	—	—	} H. SCHLAG [1]
a) 1,18—2,18	—	—	—	—	
—	[4]	(Casein 15,0%)	60 (40—80) ($p_H = 4,2$—4,5)	0,2	M. SCHULZ [5]
a) 0,66	3,17	5,25	—	—	} H. SCHLAG [1]
a) 0,53	2,76	8,02	—	—	
käse					
—	—	—	—	—	
—	—	—	—	—	
—	—	—	—	—	} G. STAMM [6]
—	—	—	—	—	
—	—	—	—	—	
besonderer Eigenart [7]					
a) 2,14; b) 0,74	—	17,01 (s. Tabelle S.383)	—	1,19	} A. BURR und H. SCHLAG [8]
a) 2,09; b) 0,67	—	12,74 (s. Tabelle S.383)	—	1,30	
—	—	—	8,8° S.H. $p_H < 4,4$	—	J. UMBRECHT [9]
a) 0,65; b) 0,44	—	7,64 (s. Tabelle S.383)	—	0,04	A. BURR und H. SCHLAG [8]
—	—	—	—	—	P. BUTTENBERG [10]
a) 2,17	—	—	—	1,74	J. UMBRECHT [9]
a) 0,6; b) 0,5	—	7,30	—	—	} LINDET [11]
a) 3,0; b) 0,6	—	11,80	—	—	
a) 0,68	—	8,14	—	—	G. FASCETTI [12]
a) 1,69	—	14,0	—	0,60	P. BUTTENBERG [10]
a) 1,14	—	2,84	—	—	
a) 3,40	—	19,0	—	—	
a) 0,50	—	14,18	(9,02% Milchsäure)	—	J. KÖNIG [13]
a) 4,50	2,01	6,25	—	3,07	
a) 2—5	—	—	—	—	A. BURR [14]

[7] Vgl. hierzu HEUSER u. RANFT: Über Gervais-Käse des Handels. Z. 1912, **23**, 17. — A. BURR: Milchw. Ztg. 1935, **41**, 1591.
[8] A. BURR u. H. SCHLAG: Molk.-Ztg. Hildesheim 1932, **46**, 1377.
[9] J. UMBRECHT: Labor. Buch des Städt. Chem. Unters.-Amts, Stuttgart, 1932 und 1933.
[10] P. BUTTENBERG u. Mitarbeiter: Z. 1912, **23**, 669.
[11] LINDET, AMANN, BRUGIÈRE: Rev. gèn. Lait 1906, **5**, 416.
[12] G. FASCETTI: Milch-Ztg. 1903, **32**, 518; Z. 1904, **7**, 408.
[13] J. KÖNIG: Chemie der menschlichen Nahrungs- und Genußmittel, 4. Aufl., Bd. I. Berlin: Julius Springer 1903. Vgl. auch Nachtrag zu Bd. I, 1919.
[14] A. BURR: Milchw. Ztg. 1935, **41**, 1597. — O. LAXA: Rev. gén. Lait 1910, 8/9.

Tabelle 11. Gereifte Sauermilch- und Zigerkäse.

Sortenbezeichnung (Zahl der Proben)	Wasser %	Fett %	Fett in der Trockenmasse	Gesamt-Asche a) b) in H₂O unlöslich	Eiweißstoffe %	Natriumchlorid %	Untersucher bzw. entnommen aus
1. Sauermilchkäse.							
Harzer Käse	57,10	2,00	4,66	—	—	—	P. BUTTENBERG [1]
Magdeburger Korbkäse	60,75	3,25	8,28	—	—	—	P. BUTTENBERG [2]
Nieheimer (Lügder-) Hopfenkäse	30,00	3,33	4,76	a) 9,57	52,12	5,0	J. KÖNIG [3]
Mainzer Handkäse	53,74	5,55	11,99	a) 3,38	37,33		
Olmützer Quargeln	44,60	3,40	6,14	—	—	10,9	
Desgl.	48,51	5,53	10,74	a) 6,34	39,53		FLEISCHMANN-WEIGMANN [4] J. KÖNIG [3]
Stangenkäse (aus Sauer- a)	66,30	1,15	3,41	a) 5,27; b) 0,88	—	3,79	
milch, S. 320) b)	50,40	0,40	0,81	—	—	4,92	
Sauermilchkäse mit Blau- a)	63,00	8,01	21,62	a) 7,50; b) 0,90	—	4,51	A. BURR und H. SCHLAG [5]
schimmel (S. 320) b)	62,00	0,60	1,60	a) 6,47; b) 1,48	—	4,24	
2. Ziger und Zigerkäse.							
Ziger	31,00	3,48	5,04	a) 0,90	64,62	—	J. KÖNIG [3]
Schabziger (1885)	38,17	12,27	19,84	a) 3,83	45,73	—	
Allgäuer Kräuterkäse Marke H.B.	51,46	0,86	1,77	—	—		J. UMBRECHT [6]
Echter Allgäuer Kräuterkäse (in Pulverform)	33,02	2,53	3,78	a) 10,10	37,06	7,53	P. BUTTENBERG [1]
Glarner Schabziger	47,02	6,60	12,46	a) 6,64; b) 1,30	51,09	—	E. SCHULZE und BENNECKE [7]
Nordfriesischer Bitterkäse	40,86	1,05	1,76	a) 3,02	10,50 } Ges.-	—	H. SCHLAG [8]
Norwegischer { frisch (1911)	26,20	2,47	3,35	a) 1,81; b) 1,32	7,54 } N	0,06	P. R. SOLLIED [9]
Gammelost { alt (1929)	45,23	0,03	0,055	a) 1,77; b) 1,52	8,67	0,05	H. SCHLAG [10]
	38,16	0,01	0,016				

[1] P. BUTTENBERG u. Mitarbeiter: Z. 1910, 19, 480. — [2] P. BUTTENBERG u. Mitarbeiter: Z. 1912, 23, 672. — [3] J. KÖNIG: Chemie der menschlichen Nahrungs- und Genußmittel, 4. Aufl., Bd. I. Berlin: Julius Springer 1903. Vgl. auch Nachtrag zu Bd. I, 1919. — [4] FLEISCHMANN-WEIGMANN: Lehrbuch der Milchwirtschaft, 7. Aufl., S. 848. Berlin: Paul Parey 1932. — [5] A. BURR u. H. SCHLAG: Molk.-Ztg. Hildesheim 1932, 46, 1377. — [6] J. UMBRECHT: Laboratoriumsbuch des Städt. Chem. Untersuchungsamts Stuttgart, 1930. — [7] E. SCHULZE u. BENNECKE: Preuß. Landw. Jahrb. 1887, 16, 317; J. KÖNIG, vgl. Anm. 3. — [8] H. SCHLAG: Molk.-Ztg. Hildesheim 1930, 44, 2126. — [9] P. R. SOLLIED: Tidskrift for Kemi, Farmaci og Terapi, Kristiania 1911, 8, 169. — Z. 1915, 30, 291. — [10] H. SCHLAG: Molk.-Ztg. Hildesheim 1929, 43, 417.

Tabelle 12. **Labkäse — Weichkäse.**

Sortenbezeichnung (Zahl der Proben)	Wasser %	Fett %	Fett in der Trockenmasse %	a) Gesamt-Asche b) In H₂O unlöslich %	Milchzucker %	Eiweißstoffe %	Natriumchlorid %	Untersucher bzw. entnommen aus
a) Weiß-Schimmelkäse								
Rahm-Camembert	43,18	29,29	51,55	—	—	—	—	P. Buttenberg[1]
Vollfetter Camembert	54,84	20,67	45,77	—	—	—	—	J. Umbrecht[2]
Halbfetter Camembert	63,00	8,8	23,78	a) 3,68; b) 1,26	—	—	2,41	A. Burr und H. Schlag[3]
Camembert								
Fettstufe 55%, Mittel.	48,8	28,3	55	—	—	—	3,1	M. Schulz[4]
„ 50%, „	51,5	24,2	50	—	—	—	(2,5—3,9)	
„ 45%, „	53,9	20,7	45	—	—	—		
*Rahm-Brie.	49,79	25,87	51,55	a) 4,54	0,83	18,97	3,05	J. König[5]
b) Blau- (Grün-) Schimmelkäse								
Roquefort	38,84	35,18	57,52	a) 5,98	—	—	4,21	Fleischmann-Weigmann[6]
„	35,13	36,42	56,14	—	—	—	—	P. Buttenberg[1]
„	46,02	—	—	a) 7,25; b) 1,82	—	—	5,07	A. Burr und H. Schlag[3]
„	38,61	32,24	52,51	6,19	—	21,62	4,18	A. W. Dox[7]
Gorgonzola.	37,54	30,57	48,95	a) 4,26	1,65	25,98	2,34	J. König[5]
Stracchino di Gorgonzola	38,01	34,04	54,92	a) 4,70	—	23,39	1,08	P. Buttenberg[1]
Gorgonzola.	30,86	35,80	51,77	—	—	—		J. König[5]
Stilton.	29,17	36,87	52,06	a) 3,60	4,63	25,73	—	P. Buttenberg[1]
„	29,08	40,11	56,56	—	—	—	—	P. Buttenberg[1]
Blue Dorset	41,55	8,76	14,99	a) 5,60	—	—	2,93	J. König[5]

[1] P. Buttenberg u. Mitarbeiter: Z. 1912, 23, 670. [2] J. Umbrecht: Laboratoriumsbuch des Städt. Chem. Unters.-Amts Stuttgart, 1930/35. [3] A. Burr und H. Schlag: Molk.-Ztg. Hildesheim 1932, 46, 1377. [4] M. Schulz: Handlexikon der Molkereipraxis. Kempten i. Allg.: Deutsche Molk.-Ztg. 1935. (Die Durchschnittszahlen gründen sich größtenteils auf eine große Anzahl von im Laboratorium der Bayer. Milchversorgung G. m. b. H., Nürnberg, durchgeführter Untersuchungen.) [5] J. König: Chemie der menschlichen Nahrungs- und Genußmittel, 4. Aufl., Bd. I. Berlin: Julius Springer 1903. Vgl. auch Nachtrag zu Bd. I, 1919. [6] Fleischmann-Weigmann: Lehrbuch der Milchwirtschaft, 7. Aufl., S. 848. Berlin: Paul Parey 1932. [7] A. W. Dox: Z. 1911, 22, 241.

Tabelle 12 (Fortsetzung).

Sortenbezeichnung (Zahl der Proben)	Wasser %	Fett %	Fett in der Trockenmasse %	a) Gesamt-Asche b) In H_2O unlöslich %	Milchzucker %	Eiweißstoffe %	Natrium-chlorid %	Untersucher bzw. entnommen aus
c) Rotbakterienkäse und ähnliche								
Münsterkäse	43,76	27,55	48,99	a) 4,05; b) 1,57	—	14,49	—	P. Buttenberg [1]
„	54,71	20,99	46,35	—	—	—	2,24	A. Burr und H. Schlag [2]
Neufchâtel-Käse	47,75	25,55	48,90	—	—	—	—	P. Buttenberg [1]
„	53,60	24,20	52,20	—	—	—	—	P. Buttenberg [3]
Hohenheimer Käse (1935)	50,0	26,5	53,0	—	—	—	—	M. Rüdiger und A. Meyer [4]
Butterkäse	42,00	35,71	61,57	a) 3,62; b) 1,32	—	—	2,15	A. Burr und H. Schlag [2]
„	44,80	28,33	51,33	—	—	—	2,34	J. Umbrecht [5]
Frühstückskäse	43,00	26,84	47,08	—	—	—	4,18	A. Burr und H. Schlag [2]
Stein-buscher { Fettstufe 50 %	47,2	26,4	50	—	—	—	2,5 (2,2—2,9)	M. Schulz [6]
„ 45 %	49,5	22,7	45	—	—	—		
Fettstufe 50 % (17 Proben mit 48,09—51,77 % Fett i. T.)	47,39	26,41	50,19	a) 3,86; b) 1,64	Säuregrad 52° S.H.; p_H = 5,8	22,19	1,89	G. Schwarz und H. Schlag [7]
Fettstufe 45 % (23 Proben mit 45,12—47,78 % Fett i. T.)	47,80	24,22	46,39	a) 4.30; b) 1,92	Säuregrad 55,69°S.H.; p_H = 5,53	22,55	2,14	
Liptauer	38,49	38,44	62,49	—	—	—	—	P. Buttenberg [1]
„	41,88—53,39	21,45—32,12	45,21—57,59	a) 1,62—2,61	—	18,34—22,84	—	v. Fodor [8]
„	38,88—51,90	24,79—33,48	51,53—59,89	a) 2,67—4,95	—	18,63—23,79	—	Laxa [9]
d) Limburger Käse								
Limburger	37,70	34,20	54,90	a) 2,9	—	24,20	—	Fleischmann-Weigmann [10]
Allgäuer Limburger:								
Vollfettkäse { frisch	60	19	47,5	(Asche ohne Kochsalz: 2)	—	17	—	Fleischmann-Weigmann [11]
(Mittelzahlen) reif	46	25	46,3	(Asche ohne Kochsalz: 4)	…	22	—	

Allgäuer Limburger:								
Fetter Käse	53,5	—	—	—	—	—	—	E. ERBACHER [12]
Halbfetter Käse . . .	59,0	—	—	—	—	—	—	
Käse (Mittelzahlen) Fettstufe 40%	51,7	19,3	40	—	—	—	3,3 (2,9—4,1)	M. SCHULZ [13]
„ „ 20%	58,8	8,2	20	—	—	—	4,9 (3,9—6,0)	
Backsteinkäse (Quadratkäse)	67,08	4,78	14,52	a) 3,47	—	21,85	—	FLEISCHMANN-WEIGMANN [10]
„	73,10	2,80	10,41	a) 2,10	—	19,80	—	
Schwarzenberger-Käse . .	47,20	29,04	55,00	a) 5,99	—	17,77	—	J. KÖNIG [14]
„	59,28	10,44	25,64	a) 6,17	0,02	24,09	—	
Weißlacker (Bierkäse) . .	50,5	24,7	50	—	—	—	7,6 (6,0—8,5)	M. SCHULZ [13]
„	52,9	20,2	45	—	—	—		
Rahmkäse, Fettstufe etwa 55% und . .	49,40 / 54,01	27,40 / 25,17	54,15 / 54,73	—	—	—	—	O. MEZGER und H. JESSER [15]
Rahmkäse, Fettstufe 50% .	52,92	24,81	52,69	—	—	—	—	
Romadur-Käse Vollfettkäse, Fettstufe 45% . .	54,06	21,92	45,55	—	—	—	—	J. UMBRECHT [16]
Fettkäse, Fettstufe 40% . .	52,30	20,85	43,71	—	—	—	—	
Halbfettkäse, Fettstufe 20% . .	62,33	8,14	23,28	—	—	—	—	

[1] P. BUTTENBERG u. Mitarbeiter: Z. 1912, **23**, 670.   [2] A. BURR und SCHLAG: Molk.-Ztg. Hildesheim 1932, **46**, 1377.   [3] P. BUTTENBERG u. Mitarbeiter: Z. 1910, **19**, 479.   [4] M. RÜDIGER u. A. MEYER: Mündliche Berichte der Landesanstalt für Landw.-techn. Gew. der Landw. Hochschule Hohenheim 1935.   [5] J. UMBRECHT: Laboratoriumsbuch des Städt. Chem. Unters.-Amts Stuttgart, 1930/35.   [6] M. SCHULZ: Handlexikon der Molkereipraxis. Kempten: Deutsche Molk.-Ztg. 1935.   [7] G. SCHWARZ u. H. SCHLAG: Molk.-Ztg. Hildesheim 1935, **49**, 2641.   [8] v. FODOR: Z. 1912, **23**, 665.   [9] Vgl. O. GRATZ: Schafmilchkäserei, S. 41. Hildesheim: Molk.-Ztg. 1933.   [10] FLEISCHMANN-WEIGMANN: Lehrbuch der Milchwirtschaft, 7. Aufl., S. 847—848. Berlin: Paul Parey 1932.   [11] H. WEIGMANN: Handbuch der praktischen Käserei, 4. Aufl. Berlin: Paul Parey 1933.   [12] E. ERBACHER: Jahresdurchschnittswerte. Jahrb. Milchw. Unters.-Anstalt Kempten 1930. Deutsche Molk.-Ztg. Kempten 1930, **51**, 1307.   [13] M. SCHULZ: Handlexikon der Molkereipraxis. Kempten: Deutsche Molk.-Ztg. 1935.   [14] J. KÖNIG: Chemie der menschlichen Nahrungs- und Genußmittel, 4. Aufl., Bd. I. Berlin: Julius Springer 1903.   [15] O. MEZGER u. H. JESSER: Z. 1911, **22**, 495.   [16] J. UMBRECHT: Laboratoriumsbuch des Städt. Chemischen Unters.-Amts Stuttgart, 1933/35. — Durchschnittszahlen für aus der Kleinverteilung entnommene Käse.

Tabelle 13. **Labkäse — Hartkäse.**

Sortenbezeichnung	Wasser %	Fett %	Fett in der Trockenmasse %	a) Gesamt-Asche b) In H_2O unlöslich %	Milch-zucker %	Eiweiß-stoffe %	Säure-grade bzw. p_H	Natrium-chlorid %	Untersucher bzw. entnommen aus
1. Käse nach Tilsiter Art									
Tilsiter Käse (Mittelzahlen) der Fettstufe 50%	38,8	30,6	50						
45%	41,2	26,5	45				p_H des reifen Käses 5,2—5,6; des über-reifen 5,8 und mehr	2,1—3,0 Mittel 2,5	M. Schulz [1]
40%	43,2	22,7	40						
30%	47,1	15,9	30						
20%	50,4	9,9	20						
Magerkäse	56,0	—	—						
Tilsiter Käse (Mittelzahlen) der Fettstufe 45%	42,00	26,79	46,2						
30%	46,53	18,23	34,1						A. Burr [2]
20%	50,00	12,90	25,8						
10—15%	55,87	7,21	16,35						
Tilsiter Fettkäse (Einzelprobe)	38,80	25,00	40,85	a) 6,09; b) 2,58				3,25	A. Burr und H. Schlag [3]
40%	42,49	24,99	43,45						P. Buttenberg [4]
40%	53,54	18,92	40,72						
Wilstermarschkäse der Fettstufe 30%	52,88	15,46	32,97						A. Burr [2]
20%	53,92	11,40	24,74						
10%	57,22	6,58	15,38						
mager	58,96	2,14	5,21						
Holsteiner Marschkäse	43,87—33,40	—	43,20—51,90						A. Burr [5]
2. Käse nach Holländer Art									
Gouda (Mittelzahlen) der Fettstufe 50%	44,0	28,0	50						
45%	46,2	24,2	45				p_H des reifen Käses 5,2—5,3	2,0—3,0 Mittel 2,5	M. Schulz [1]
40%	48,4	20,6	40						
30%	52,2	14,3	30						
20%	55,5	8,9	20						

Gouda-Fettkäse	36,80	26,46	41,87	a) 5,19	3,22	28,33	—	2,60	J. König[6]
Gouda-Vollfettkäse	37,37	29,41	46,92	a) 5,14; b) 2,71	—	—	—	2,34	A. Burr und H. Schlag[3]
Derby-Käse	31,68	35,20	51,52	a) 4,24	4,38	24,50	—	—	J. König[6]
Edamer, Fettstufe 50%	45,0	27,5	50	—	—	—	—	} 2,0—3,0	M. Schulz[1]
45%	47,4	23,7	45	—	—	—	—	Mittel 2,6	
40%	49,6	20,2	40	—	—	—	—		
30%	53,4	14,0	30	—	—	—	—		
20%	56,7	8,6	20	—	—	—	—		
Edamer- Vollfettkäse	36,64	29,03	45,81	a) 5,11	3,54	25,68	—	—	J. König[6]
Fettkäse	38,41	26,46	42,96	—	—	—	—	—	P. Buttenberg bzw.
Halbfettkäse	43,21	14,93	26,28	—	—	—	—	—	Fleischmann-Weigmann[7]
Magerkäse	50,84	9,07	18,45	—	—	—	—	—	
Trappisten-Käse (Port du Salut)	47,51	25,93	49,40	a) 4,00	—	22,56	—	1,90	J. König[6]
Bosnischer Trappistenkäse	45,90	26,10	48,24	a) 4,00	—	20,90	—	—	
Lederkäse mit Kümmel	50,80	5,42	11,02	a) 5,61; b) 2,99	—	—	—	2,35	A. Burr und H. Schlag[3]
Lederkäse ohne „	49,10	5,42	10,65	a) 5,52; b) 3,13	—	—	—	2,30	
Russischer Steppenkäse	37,05	32,17	51,10	—	—	—	—	—	P. Buttenberg[4]

3. Käse nach Emmentaler Art.

Emmentaler Vollfettkäse (Mittelzahlen)	34,38	29,75	45,35	a) 4,92	1,46	29,49	—	2,43	J. König[6]
Mittelzahlen für Emmentaler Fettstufe 50%	33,5	33,2	50	—	—	—	—	} 1,1—2,4	M. Schulz[1]
„ 45%	36,0	28,8	45	—	—	—	—	Mittel1,9	
Echter Emmentaler Vollfettkäse	33,75	33,17	50,07	a) 5,97	—	27,11	—	—	G. Köstler[7]
	33,66	31,58	47,79	—	—	—	—	—	Köstler und Peter[7]

¹ M. Schulz: Handlexikon der Molkereipraxis. Kempten: Deutsche Molk.-Ztg. 1935. ² H. Weigmann: Handbuch der praktischen Käserei, 4. Aufl. Berlin: Paul Parey 1933. ³ A. Burr u. H. Schlag: Molk.-Ztg. Hildesheim 1932, 46, 1377. ⁴ P. Buttenberg u. Mitarbeiter: Z. 1912, 23, 671. ⁵ A. Burr: Molk.-Ztg. Hildesheim 1915, 29, 78, 89, 105 und 115; Z. 1915, 30, 290. ⁶ J. König: Chemie der menschlichen Nahrungs- und Genußmittel, 4. Aufl., Bd. I. Berlin: Julius Springer 1903. Vgl. auch Nachtrag zu Bd. I, 1919. ⁷ Fleischmann-Weigmann: Lehrbuch der Milchwirtschaft, 7. Aufl., S. 848. Berlin: Paul Parey 1932 bzw. Z. 1910, 19, 480.

Tabelle 13 (Fortsetzung).

Sortenbezeichnung	Wasser %	Fett %	Fett in der Trockenmasse %	Gesamt-Asche a) b) In H₂O unlöslich %	Milchzucker %	Eiweißstoffe %	Säuregrade bzw. p_H %	Natriumchlorid %	Untersucher bzw. entnommen aus
Desgl. (Gläsler)	33,81	32,98	49,82	a) 6,27	—	27,23	—	—	G. KÖSTLER [1]
Magerer Schweizerkäse	50,41	3,99	8,05	a) 3,70	—	41,90	—	—	J. KÖNIG [2]
Greyerzer-Käse	33,94	31,40	47,53	7,26	—	24,47	—	—	G. KÖSTLER [1]
Spalen-Käse (Sbrinz)	36,41	28,72	45,17	3,99	0,74	30,14	—	1,23	J. KÖNIG [2]
Battelmatt-Käse	28,14	33,69	46,88	7,38	2,55	28,24	—	4,46	
	47,71	24,08	46,05	2,87	—	22,09	—	—	

4. Käse nach Cheddar-Art

Sortenbezeichnung	Wasser %	Fett %	Fett in der Trockenmasse %	Gesamt-Asche a) b) In H₂O unlöslich %	Milchzucker %	Eiweißstoffe %	Säuregrade bzw. p_H %	Natriumchlorid %	Untersucher bzw. entnommen aus
Cheddar	34,06	31,75	48,14	3,75	3,36	27,26	—	1,01	J. KÖNIG [2]
Chester	33,96	27,46	41,58	5,01	3,89	27,68	—	1,75	J. KÖNIG [2]
„	28,08	38,18	53,11	—	—	—	—	—	P. BUTTENBERG [3]
Gloucester	34,39	28,30	43,13	4,55	3,86	28,90	—	1,30	J. KÖNIG [2]
Dunlop	38,46	31,86	51,77	3,81	—	25,87	—	—	
Cantal	36,26	34,70	54,44	4,45	—	24,59	—	2,23	J. KÖNIG [2]
Lodisaner [4]	31,82	19,34	28,36	6,29	1,99	40,56	—	—	J. KÖNIG [2]
Parmesan-Käse { Grana reggiano	32,56	21,75	32,25	5,07	8,35	32,27	—	1,65	J. KÖNIG [2]
Parmesaner	23,63	28,48	37,29	·	—	—	—	—	P. BUTTENBERG [3]
Grana reggiano Mittel nach { 1 Jahr	34,00	—	—	—	—	—	—	—	
2 Jahren	29,10	—	—	—	—	—	—	—	H. WEIGMANN [5]
3 „	21,50	—	—	—	—	—	—	—	
Schnurkäse (Cacio cavallo)	25,0	33,0	44,0	—	—	—	—	—	P. BUTTENBERG [3]
	19,76	36,71	45,74	5,60	—	37,83	—	3,26	J. KÖNIG [2]

[1] FLEISCHMANN-WEIGMANN: Lehrbuch der Milchwirtschaft, 7. Aufl., S. 848. Berlin: Paul Parey 1932.   [2] J. KÖNIG: Chemie der menschlichen Nahrungs- und Genußmittel, 4. Aufl., Bd. I. Berlin: Julius Springer 1903. Vgl. auch Nachtrag zu Bd. I, 1919.   [3] P. BUTTENBERG u. Mitarbeiter: Z. 1912, 23, 672.   [4] Der Lodisaner kann nach WEIGMANN (s. Anm. 5) 17,54—30,75% Fett i. T. besitzen.   [5] H. WEIGMANN: Handbuch der praktischen Käserei, S. 375.

Tabelle 14. Schaf-, Ziegen-, Büffel-, Renntier- und Stutenkäse.

Sortenbezeichnung (Zahl der Proben)	Wasser %	Fett %	Fett in der Trockenmasse %	Gesamt-Asche %	Milchzucker %	Eiweißstoffe %	Natriumchlorid %	Untersucher bzw. entnommen aus
1. Schafkäse.								
Roquefort siehe S. 371.								
Liptauer-Brinsen siehe S. 372.								
Cacio cavallo siehe S. 376.								
Nordfriesischer Schafkäse	36,78—52,86	23,38—30,04	42,93—50,08	2,34—4,20	—	18,86—28,60	—	H. Schlag [1]
Alter nordfriesischer Schafkäse	29,24	40,58	57,36		—		—	A. Burr und H. Schlag [2]
Marienkooger Schafkäse (3 Monate alt)	36,78	30,04	47,52	3,56	—	28,60		H. Schlag [1]
Schaf-Ricotta (Quark)	43,27	33,31	58,71	0,84		11,73		J. König [3]
Pecorino (Mittel)	27,5	33,0	45,5	—	10,42	—		Buttenberg [4]
Kaschkaval { frisch (10)	40,79	25,84	43,64	3,69	—	25,43	0,73	As. Zlataroff [5]
Kaschkaval { alt (17)	29,76	30,16	42,94	6,77	—	22,19	3,13	
Bulgarischer Weißkäse (135)	35—45	30—35	50—55	1,5—2,6 (NaCl-frei)	—	20,30	3—5	M. Nicolon [6]
2. Ziegenkäse.								
Schweizer Ziegenkäse	33,0—40,0	7,4—14,0	40,7—45,2	—	—	—	sehr viel	J. König [3]
Altenburger Ziegenkäse (9)	50,3—60,1	16,3—21,8		11,9	—	—	—	A. Beythien [7]
Mysost siehe S. 352.								
3. Büffelkäse.								
Kolozsvarer-Büffelkäse	40,69	28,12	47,41	2,35	Milchsäure 0,84 0,82	29,04	0,61	Irk [8]
Kolozsvarer-Büffelkäse	41,69	31,51	54,03	2,97 (NaCl-frei)	Milchzucker 0,74	23,11	15,66	F. Baitner [9]
4. Renntierkäse.								
Aus Norwegen	27,70	43,11	59,63	2,43	2,97	23,79	—	J. König [3]
Aus Schweden	28,81	44,02	61,83	2,40	—	22,57	—	Chr. Barthel [10]
5. Stutenkäse.								
Ohne nähere Bezeichnung	19,76	36,71	45,75	5,60	—	37,83	3,26	J. König [3]

[1] H. Schlag: Molk.-Ztg. Hildesheim 1930, 44, 2127. [2] A. Burr u. H. Schlag: Molk.-Ztg. Hildesheim 1932, 46, 1377. [3] J. König: Chemie der menschlichen Nahrungs- und Genußmittel. 4. Aufl., Bd. I. Berlin: Julius Springer 1903. Vgl. auch Nachtrag zu Bd. I, 1919. [4] P. Buttenberg: Z. 1916, 32, 200. [5] As. Zlataroff: Z. 1916, 31, 387. [6] M. Nicolon: Z. 1918, 36, 87. [7] A. Beythien: Z. 1913, 25, 89. [8] Irk: Mezögazdasagi Szemle 1909, 27, 497; Z. 1910, 19, 673. [9] F. Baitner: Hildesheim 1931, 45, 1050. [10] Chr. Barthel u. Mitarbeiter: Z. 1913, 26, 238.

Tabelle 15. Beziehungen zwischen Wassergehalt und Fettgehalt in der Trockenmasse[1].

Sortenbezeichnung	Fett in der Trockenmasse						
	< 10%	10—20%	20—30%	30—40%	40—45%	45—50%	50—60%
Emmentaler a) 1088 Proben .	58,30	48,50	44,72	40,83	**35,19**		35,71
Edamer und Gouda a) Edamer und Gouda 31 Proben	—	51,55	**50,50**	44,24	**43,63**		—
b) Edamer und Gouda	—	48,5—64,5	43,5—59,1	46,2—56,4	37,0—55,6		—
c) Edamer 264 Proben	—	—	51,71	50,09	44,12	42,43	41,28
Gouda 2215 Proben	—	—	48,98	47,24	43,79	42,71	41,85
Tilsiter a) 137 Proben . . .	61,60	52,33	**51,71**	**49,48**	**42,85**		40,15
b)	52,63	49,36	49,43	47,61	40,61		—
Romadur b)	—	60,99	63,20	54,82	**55,37**		—
c) 30 Proben . .	—	—	60,54	—	50,51		49,50
Weißlacker a) 136 Proben . .	64,42	61,48	58,40	57,33	**51,23**		50,40
Limburger a) 17312 Proben[2] . .	63,47	61,83	**60,12**	55,95	**50,64**		51,88
b)	56,22	59,30	55,13	53,65	52,23		—
c) 22 Proben . . .	—	—	59,36	—	50,77	48,64	—
Camembert a) 145 Proben .	63,50	64,53	62,37	60,47	**55,96**		51,15
b)	66,80	61,70	65,40	59,35	54,30		55,40
c) 8 Proben . .	—	—	—	—	60,90	52,49	52,94

Die vorstehende Tabelle 15 zeigt, daß Käse gleicher Sorte und gleichen Reifegrades um so mehr Wasser enthalten, je geringer der Fettgehalt in der Trockenmasse ist[1]. Das Fett liegt sozusagen unbeteiligt in der übrigen wasserhaltigen Käsemasse.

Tabelle 16. Wassergehalte der fettfreien Käsemasse.

Sorten-bezeichnung	Grenz-werte %	Mittel-werte %
Camembert . .	65—72	68
Butterkäse . .	63—67	65
Steinbuscher .	—	64
Limburger . .	62—68	64
Weißlacker . .	65—69	67
Tilsiter. . . .	52—60	56
Gouda. . . .	59—62	61
Edamer . . .	60—64	62
Emmentaler .	48—52	50

Für eine gesetzliche Festlegung des Wassergehalts von Käsen erscheint deshalb nach dem Vorschlag von F. E. Nottbohm[3] die Angabe des Wassergehaltes der fettfreien Käsemasse zweckmäßig. M. Schulz[4] gibt für die wichtigsten Käsesorten nebenstehende Zahlen an.

Wie auch aus den obenstehenden Übersichten (Tabelle 10—15) zu entnehmen ist, weichen die Angaben in der Literatur über den Wassergehalt der einzelnen Käsesorten vielfach stark voneinander ab. Es lassen sich — worauf schon F. E. Nottbohm[3] hingewiesen hat — zwei Gruppen unterscheiden. Vielfach erfassen die Untersuchungen der Untersuchungsämter der Lebensmittelkontrolle nur völlig verbrauchsreife Käse, bei denen der Wassergehalt verhältnismäßig nieder liegt, wogegen diejenigen der milchwirtschaftlichen Untersuchungsanstalten teilweise auch mehr oder weniger frisch hergestellte Käse umfassen, die noch verhältnismäßig viel Wasser enthalten. Diese Tatsache ist gegebenenfalls bei der Bewertung der Wassergehaltsangaben in den obenstehenden Übersichten zu berücksichtigen.

[1] Die Wassergehalte bei a) für süddeutsche Käse sind von K. Teichert und H. Schlag (Milchw. Forsch. 1929, **7**, 259), die bei b) für norddeutsche Käse sind von A. Burr und H. Schlag (Molk.-Ztg. Hildesheim 1927, **41**, Nr. 65) und die bei c) für niederrheinische Käse sind von L. Müller und H. Schlag (Molk.-Ztg. Hildesheim 1932, **46**, Nr. 142, 144 und 145) ermittelt.

[2] Der Milchwirtschaftliche Verein im Allgäu, E. V. (Jahresbericht 1930) hat auf Grund von 5048 Proben den mittleren Wassergehalt im Jahresdurchschnitt für Allgäuer Limburger wie folgt festgestellt: Bei 10% Fett i. T. auf 63,5%, bei 20% Fett i. T. auf 59,0%, bei 40% Fett i. T. auf 53,5% (Deutsche Molk.-Ztg. Kempten 1930, **36**, 1307).

[3] F. E. Nottbohm: Z. 1932, **63**, 37.

[4] M. Schulz: Deutsche Molk.-Ztg., Kempten 1932, **53**, 1097; Handlexikon der Molkereipraxis. Kempten: Deutsche Molk.-Ztg. 1935.

Besondere Beachtung verlangt auch die Tatsache, daß bei manchen Käsesorten (Weich-käsen) die höchsten Wassergehalte in der kälteren Jahreszeit (etwa September bis Mai) auftreten. In dieser Zeit ist es möglich, mehr Wasser als erforderlich in den Käsen zu belassen, d. h. „auf Gewicht" zu käsen.

2. Mineralstoffe.

Der Aschenwert der Käse und die Zusammensetzung der Asche unter-liegen je nach der Herstellungsweise der einzelnen Käsesorten und der ver-wendeten Kochsalzmenge mitunter recht großen Schwankungen. Bei der Säuregerinnung der Milch finden sich die Mineralstoffe größtenteils gelöst in den Molken. Die Sauermilchkäse mit ihrem kalkfreien Casein haben — wenn wir von dem bei der Herstellung gemachten Kochsalzzusatz absehen — von allen Käsen den geringsten Aschenwert. Die Labkäse dagegen haben einen hohen Aschenwert. Sie enthalten Paracasein, das an Calciumoxyd bzw. -phosphat gebunden ist. Bei der Labgerinnung bleiben daher mehr anorganische Stoffe im Käsebruch als bei der Säuregerinnung.

Für die Zusammensetzung der Asche einiger Käsesorten hat J. König[1] z. B. folgende Zahlen angegeben:

Tabelle 17. Zusammensetzung von Käseaschen nach J. König.

Bestandteile	Reifer Parmesankäse %	Holsteiner Meiereikäse %	Handkäse %	Schweizerkäse %
Kaliumoxyd (K$_2$O)	2,73	13,26	4,85	2,46
Natriumoxyd (Na$_2$O) . . .	14,65	1,40	45,74	33,01
Calciumoxyd (CaO)	34,72	35,43	2,55	17,82
Magnesiumoxyd (MgO) . .	1,21	2,38	—	0,81
Eisenoxyd (Fe$_2$O$_3$)	0,	0,80	0,11	0,17
Phosphorsäure (P$_2$O$_5$) . . .	36,11	38,37	13,68	20,42
Schwefelsäure (SO$_3$). . . .	0,94	0,17	—	—
Chlor (Cl)	11,43	7,44	43,94	33,61

Aus solchen Zahlen ergibt sich ohne weiteres, daß die Gesamt-Asche der Käse in ihrer Zusammensetzung außerordentlichen Schwankungen unterliegt. Wir ersehen daraus aber immerhin, daß Calciumoxyd und Phosphorsäure weit-aus die Hauptbestandteile der kochsalzfreien Asche bilden. Orla-Jensen und Plattner[2] haben gezeigt, daß im allge-meinen die Summe von Calcium- und Magne-siumoxyd und Phosphorsäure nur wenig kleiner als die natriumchloridfreie Asche ist und daß man daraus schließen kann, daß die letztere nur wenig Kaliumoxyd und Schwefelsäure enthält. Die Kaliumsalze gehen bei der Herstellung und beim Salzen der Käse fast ganz in die Molken über, so daß Käse im Gegensatz zur Milch ein kali-armes Lebensmittel ist. Der Schwefel des Caseins verflüchtigt sich bei der Ver-aschung größtenteils schon beim Verkohlen.

L. Mähr[3] hat gefunden, daß um so mehr Kalk mit den Molken abfließt, je mehr Säure sich während der Herstellung oder in der ersten Zeit der Reifung der Käse bildet. L. Mähr hat diesen Schluß aus obigen Zahlen (Tabelle 18) gezogen.

Tabelle 18.

Käsesorte	In % der fettfreien Trockensubstanz	
	Calcium-oxyd (CaO)	Phosphor-säure (P$_2$O$_5$)
Emmen- ⸨ Prima .	3,97	4,15
taler ⸩ Gläsler	3,64	4,18
Gorgonzola . .	3,12	4,20
Appenzeller . .	3,07	4,13
Gouda	2,85	4,25
Edamer	2,62	3,96
Backsteinkäse . .	2,25	3,79
Sauerkäse . . .	0,56	1,39

[1] J. König: Chemie der menschlichen Nahrungs- und Genußmittel, 4. Aufl., Bd. II, S. 733. Berlin: Julius Springer 1903. [2] Orla-Jensen u. E. Plattner: Z. 1906, 12, 199. [3] L. Mähr: Jahresbericht über die Tätigkeit der Landw. chem. Vers.-Station des Landes Vorarlberg in Tisis von W. Eugling, 1883. — Z. 1906, 12, 197.

Elger[1] hat bei Versuchen, den Kalkgehalt der Käseasche in Beziehung zur Käseherstellung zu bringen, ebenfalls gefunden, daß mit einer Erhöhung der Acidität der Kesselmilch der Kalkgehalt der Käse zurückgeht, doch hätte er — worauf F. E. Nottbohm[2] hingewiesen hat — bei der Berechnung besser den Kalkgehalt auf die kochsalzfreie statt auf die kochsalzhaltige Asche bezogen.

F. E. Nottbohm[2] hat an Hand der obenstehenden Zahlen von Mähr darauf hingewiesen, daß dabei der Kalkgehalt vom Emmentaler über den Gouda zum Weichkäse annähernd um die Hälfte abnimmt und beim Sauermilchkäse nur noch den achten Teil beträgt, und weiter, daß der Phosphorsäuregehalt, abgesehen vom Sauermilchkäse, eine merkliche Abnahme erst vom Edamer ab zeigt. F. E. Nottbohm[2] hat auch die Erklärung für die von Orla-Jensen und Plattner[3] aufgeworfene Frage, warum die holländischen Hartkäse so wenig Kalk enthalten, gegeben. Käse, bei deren Herstellung saure Molken zugesetzt werden (z. B. Edamer) oder bei denen eine Nachsäuerung im Bruch erfolgt (Käse nach Cheddar-Art), müssen nach der von Mähr getroffenen Feststellung Kalkverluste aufweisen.

Ein klares Bild über die Höhe der Asche verschiedener Käsesorten läßt sich nur dann gewinnen, wenn man die Menge des bei der Käseherstellung zugesetzten Kochsalzes berücksichtigt. Die Untersuchungen von F. E. Nottbohm[4] haben die in der nachstehenden Übersicht enthaltenen Zahlen ergeben:

Tabelle 19. Gehalt der Käse an NaCl-freier Asche.

Nr.	Bezeichnung	Wasser	Fett	Fettfreie Trockenmasse	Asche	NaCl	NaCl-freie Asche	NaCl-freie Asche der fettfreien Trockenmasse
		%	%	%	%	%	%	%
1	Schweizer Käse aus Finnland .	35,85	28,95	45,13	3,82	0,86	2,96	8,17
2	Desgl.	33,01	30,22	45,12	4,23	1,21	3,02	8,21
3	Schweizer Käse aus Bayern .	34,39	30,20	46,04	4,02	0,94	3,08	8,70
4	Holländer Käse	33,21	31,78	47,58	5,15	2,80	2,35	6,71
5	„ „ Gouda. . . .	34,98	29,03	44,64	6,12	3,58	2,54	7,05
6	„ „ Edamer . . .	42,36	24,40	42,33	5,21	3,15	2,06	8,03
7	„ „	36,55	19,21	30,28	5,57	2,50	3,07	6,94
8	Tilsiter Käse	42,17	28,78	49,97	4,60	3,13	1,47	5,07
9	„ „	47,14	22,71	42,97	4,70	2,48	2,22	7,37
10	„ „	36,85	28,20	44,66	5,32	3,32	2,00	5,72
11	„ „	37,90	28,60	46,06	5,39	3,02	2,37	7,08
12	„ „	36,62	31,69	50,00	4,54	2,51	2,03	6,41
13	„ „	36,03	29,30	45,80	4,06	2,26	1,80	6,52
14	Cheddar Canadian	26,72	39,27	53,59	4,01	1,92	2,09	6,16
15	Chester	29,37	35,98	50,94	3,76	1,61	2,15	6,22
16	Stilton	30,21	42,85	61,40	3,03	2,23	0,80	3,00
17	Gorgonzola	33,91	33,33	50,43	4,84	2,76	2,08	6,35
18	Dänischer Roquefort	38,93	30,55	50,02	4,94	3,60	1,34	4,39
19	Limburger Käse	58,83	9,39	22,80	6,52	4,37	2,15	6,71
20	Desgl. (ungesalzen-Labquark) .	56,26	9,33	21,33	2,59	0,18	2,41	7,02
21	Camembert Rhöna	51,02	26,60	54,30	3,35	2,59	0,76	3,40
22	Stolper Jungchen	49,60	25,99	51,57	5,08	4,52	0,56	2,29
23	Feinster deutscher Weichkäse .	58,09	19,37	46,23	5,15	4,34	0,81	3,61
24	Lauterbacher	55,90	20,51	46,51	4,68	3,91	0,77	3,26
25	Magerkäse Pradame	46,44	3,88	7,24	7,31	6,82	0,49	0,98
26	Harzkäse	56,69	0,87	2,00	5,88	4,64	1,24	2,93

F. E. Nottbohm schließt daraus: Die Höhe der natriumchloridfreien Asche wird von der Art der Herstellung der Käse stark beeinflußt. Alle Hartkäse zeigen im Aschengehalt weitgehende Übereinstimmung. Die Höhe der natriumchloridfreien Asche (berechnet auf fettfreie Trockenmasse) liegt für Schweizer,

---

[1] Elger: Inaug.-Diss. 1926. Halle a. S.: O. Thiele.   [2] F. E. Nottbohm: Z. 1933, 65, 440.
[3] Orla-Jensen u. E. Plattner: Z. 1906, 12, 198.   [4] F. E. Nottbohm: Z. 1933, 65, 446.

Holländer, Tilsiter, Cheddar und Chester zwischen 5,07 und 8,70% und beträgt im Durchschnitt rund 7%. Dabei ist sie bei den Käsen nach Emmentaler Art durchweg um 1,5% höher anzusetzen als bei sonstigen Labkäsen. Sehr nahe stehen den Hartkäsen in der Höhe des Aschengehalts bestimmte Weichkäse. Man kann damit rechnen, daß alle mit Lab dickgelegte Milch, die noch nicht zu weit vorgereift ist, einen Bruch liefert, der in der fettfreien Trockenmasse rund 7% Asche enthält. Der Gehalt des Camemberts an natriumchloridfreien Mineralstoffen ist nur etwa halb so hoch wie bei den Hartkäsen. Die Gründe dafür sind in der Herstellung des Käses zu suchen. Die Blauschimmelkäse neigen im Aschenwert entweder mehr zu den Hartkäsen, wie z. B. Gorgonzola, oder mehr zu den Camembertkäsen, wie z. B. Stilton und dänischer „Roquefort". Den niedrigsten Aschengehalt findet man naturgemäß bei ausgesprochenen Sauermilchkäsen (z. B. Magerkäse Pradame).

M. SCHULZ[1] gibt für die einzelnen Käseklassen folgende Grenzwerte für Calciumoxyd und Phosphorsäure an, die zusammen im wesentlichen die natriumchloridfreie Asche darstellen:

Calciumoxyd- und Phosphorsäuregehalt von Käsen.

Käsesorte	In % der fettfreien Trockensubstanz	
	Calciumoxyd (CaO)	Phosphorsäure (P_2O_5)
Hartkäse	3,6—4,0	4,0—4,2
Halbfeste Schnittkäse . .	2,6—3,0	3,9—4,1
Weichkäse	2,0—2,4	3,6—3,9
Sauermilchkäse	0,4—0,6	1,2—1,5

In den Tabellen 10—14 (S. 368—377) über die allgemeine Zusammensetzung der Käse haben wir unter anderem auch Angaben über den Aschenwert der Käse wiedergegeben, die sich im älteren Schrifttum finden. Sie sind kaum einmal auf fettfreie Trockenmasse umgerechnet und großenteils mangelhaft. Meistens fehlt die Angabe des auf Natriumchlorid entfallenden Teils der Asche. Abgesehen von den angeführten Untersuchungsergebnissen F. E. NOTTBOHMs geben mit wenigen anderen Ausnahmen die von A. BURR und H. SCHLAG in neuerer und neuester Zeit im Schrifttum niedergelegten Werte (vgl. S. 368—377) den besten Überblick über die bei der Zusammensetzung der Asche der einzelnen Käse bestehenden Verhältnisse. Dabei stellt die von A. BURR und H. SCHLAG angegebene „in Wasser unlösliche Asche" im großen Ganzen die natriumchloridfreie Asche dar. Die in Wasser lösliche Asche deckt sich im wesentlichen mit dem Natriumchloridgehalt der Gesamt-Asche.

Vielfach erscheinen auch Werte für die natriumchloridfreie Asche, soweit sie sich aus Angaben des älteren Schrifttums überhaupt berechnen lassen, so unwahrscheinlich, daß sie für eine Auswertung ungeeignet erscheinen. Darauf hat F. E. NOTTBOHM[2] besonders hingewiesen. Weiter ist zu berücksichtigen, daß zur Bestimmung der Asche und des Natriumchloridgehaltes oft recht verschiedene und manchmal ungenügende Untersuchungsmethoden verwendet worden sein dürften.

Während der Reifung des Käses kann sich der Mineralstoffgehalt an der Oberfläche der Käse anreichern[3]. Durch osmotische Strömungen, die infolge der Verdunstung des Wassers an der Oberfläche des Käses auftreten, wandern lösliche saure Calciumphosphate des Innern an die Oberfläche, wo sie durch alkalische Stoffe der Caseinzersetzung in der Form von unlöslichem Calciumphosphat ausgeschieden werden. (Das Kochsalz wandert von außen nach innen.) v. FODOR[4] hat bei Untersuchungen von Liptauerkäse gezeigt, daß der Gehalt an natriumchloridfreien Mineralstoffen innerhalb einer Herstellungsperiode (Mai—September) ständig abnehmen kann.

Wenn die Zahlenwerte für die Aschenbestandteile statt in Prozenten der fettfreien Trockenmasse im Verhältnis zum Gesamt-Stickstoff berechnet werden, so kann dies eine

---

[1] M. SCHULZ: Handlexikon der Molkereipraxis, S. 90. Kempten: Verlag der Deutschen Molk.-Ztg. 1935. [2] F. E. NOTTBOHM: Z. 1933, 65, 442.
[3] BENECKE u. SCHULZE: Landw. Jahrb. 1887, 16, 350; O. LAXA: Z. 1899, 2, 855 u. 1914, 28, 390. [4] v. FODOR: Z. 1912, 23, 665.

genauere Berechnungsart sein, weil die Menge der fettfreien Trockenmasse von der zufälligen Menge Kochsalz beeinflußt wird[1]. Deshalb hat eine Reihe von Forschern bei ihren Untersuchungen das Verhältnis Ca : N (Gesamt-N) festgelegt.

Auf Grund des Calciumoxydgehaltes kann man in vielen Fällen Lab- und Sauermilchgerinnsel auch in Gemengen erkennen, wenn der Calciumoxydgehalt auf fettfreie Trockenmasse oder den Gesamt-Stickstoffgehalt berechnet wird. So hat z. B. v. Fodor[2] auf Grund des Calciumoxydgehaltes brauchbare Unterlagen für die Unterscheidung von Kuhmilch-Sauermilch-Quark und Liptauer-Käse geschaffen.

Der Jodgehalt der Käse ist naturgemäß aus den verschiedensten Gründen großen Schwankungen unterworfen. In neuseeländischem Käse[3] wurden 31 γ Jod im kg frischer Substanz, in Magerkäse[4] 38 γ gefunden.

Der Kochsalzgehalt ist heute nicht nur bei den einzelnen verschiedenen Käsesorten, sondern auch bei Käsen gleicher Sorte oft noch ein recht verschiedener, und zwar in erster Linie deshalb, weil die einzelnen Käsehersteller aus verschiedenen Gründen bei der Herstellung und Lagerung der Käse ganz verschiedenartig salzen. Oft wird unnötig viel Salz verwendet, weshalb später für Markenkäse Grenzzahlen für den Kochsalzgehalt der einzelnen Käsesorten festgesetzt werden dürften. Über den durchschnittlichen Kochsalzgehalt der einzelnen Käsesorten geben die Tabellen 10—14 und 19 einen guten Überblick. Besonders verweisen wir hier noch auf die Arbeit von A. Meyer[5]. der auf Grund besonderer Untersuchungen über Kochsalzgehalt und Weiß-Schmierigkeit der Käse die nachstehende Übersicht aufgestellt hat:

Tabelle 20.

Käsesorte	Anzahl der Analysen	Natriumchloridgehalt (absoluter)			Natriumchlorid i. T.		
		Niedrigst %	Höchst %	Mittel %	Niedrigst %	Höchst %	Mittel %
Romadur 20%	91	2,81	4,79	3,90	6,85	13,02	9,70
„ 40%	73	2,81	4,71	3,80	6,07	11,90	8,75
Dessertkäse 20%	38	3,04	4,80	3,90	6,91	11,90	9,75
„ 40%	31	3,39	4,30	3,80	6,80	10,80	8,35
Stangenkäse 20% ⎫	254	3,90	5,90	4,90	9,00	16,00	12,50
„ 40% ⎬ Limburger .	7	2,92	4,09	3,30	5,40	9,40	7,08
„ 50% ⎭	3	3,51	4,44	3,94	7,41	8,04	7,63
Weißlacker 40—50%	16	6,20	8,50	7,60	12,06	20,21	16,66
Münsterkäse 45%	2	3,10	3,60	3,35	6,10	6,98	6,54
Steinbuscher 40%	2	2,22	2,86	2,54	4,27	5,58	4,92
Camembert 40%	40	2,54	3,90	3,10	4,62	8,73	6,84
Butterkäse „Schöne Heimat" 50%	8	1,81	2,34	2,00	3,29	4,52	3,79
Gorgonzola	2	2,75	2,96	2,85	4,54	4,84	4,69
Tilsiter 20%	6	2,15	3,01	2,55	3,77	5,67	4,69
„ 40%	6	2,13	2,74	2,39	3,75	4,77	4,16
Emmentaler	165	1,10	2,25	1,90	1,61	3,53	2,76
Parmesankäse	2	1,72	1,90	1,81	2,40	2,60	2,50
Kräuterkäse:							
A. Gesalzener Roh-Ziger . . .	2	4,95	5,17	5,06	11,64	11,79	11,72
B. Weicher Kräuterkäse . . .	5	4,21	5,53	4,74	9,89	12,44	11,00
C. Harter Kräuterkäse	3	6,55	6,99	6,76	11,29	11,99	11,60

Untersuchungen über Beziehungen der Milchzusammensetzung und der Art der Käseherstellung zur Zusammensetzung des fertigen Käses finden sich

---

[1] Orla-Jensen u. E. Plattner: Z. 1906, 12, 197. 　[2] v. Fodor: Z. 1912, 23, 665.
[3] E. C. Hercus, K. C. Roberts: Journ. Hygiene 1927, 26, 49. — Tab. Biologic., Bd. 7, S. 300. Berlin: W. Junk 1931.
[4] Th. v. Fellenberg: Mitt. Lebensmittelunters. Hygiene 1923, 14, 161; Biochem. Zeitschr. 1923, 139, 371. 　[5] A. Meyer: Milchw. Forsch. 1930, 10, 231.

bei J. König (4. Aufl., 1903, Bd. I und Nachtrag dazu, 1919) und in der von uns angegebenen milchwirtschaftlichen Buch-Literatur, in erster Linie in den Werken von Fleischmann-Weigmann und Winkler (s. S. 428).

B. Einfluß der Reifung.

Die Veränderungen der Stoffe der Käsemasse während der Reifung der Käse sind durch zahlreiche Untersuchungen weitgehend festgelegt. (Untersuchungsmethoden s. S. 390f.)

1. Stickstoffsubstanz.

Über die qualitative Zusammensetzung der Stickstoffsubstanz des Käses haben wir oben (S. 362) nähere Ausführungen gemacht. Wir verweisen auch auf das umfangreiche dort angegebene Original-Schrifttum.

Über den „Umfang" und die „Tiefe" der Käsereifung gibt die nachstehende Zusammenstellung von Untersuchungsergebnissen ein gutes Bild.

Tabelle 21. „Umfang" und „Tiefe" des Eiweißabbaus verschiedener Käse.

Käsebezeichnung	Von 100 Teilen Gesamt-Stickstoff sind:						Untersucher
	Wasserlöslicher N	Fällbarer N durch		Zersetzgs.-N	Amino-N	Ammoniak-N	
		Gerbsäure	Phosphorwolframsäure				
Gervais	10,00	5,83	5,83	—	4,16	1,33	A. Burr und H. Schlag [1]
Harzer Käse (2 Wochen alt, reif)	96,40	—	—	6,70	—	3,50	Orla-Jensen [2]
Harzer	85,00	50,10	71,95	—	13,06	14,98	A. Burr und H. Schlag [3]
Schabziger (ganze Masse) .	37,35	—	—	16,58	—	5,80	Orla-Jensen [2]
Gammelost, frisch	98,14	4,77	22,55	—	75,60	30,11	} H. Schlag [4]
desgl., alt	94,12	5,77	23,18	—	70,93	31,03	
Pultost (frisch)	82,08	10,18	38,72	—	43,36	12,83	H. Schlag [5]
Bitterkäse (nordfriesischer) 15 Wochen alt	78,18	9,37	30,17	—	18,36	84,01	} H. Schlag [6]
1 Jahr alt . .	75,29	20,32	43,64	—	31,67	18,95	
Camembert (reif, innen) . .	95,52	—	—	8,71	—	8,71	} Orla-Jensen [2]
Brie (nicht ganz ausgereift, innen)	47,10	—	—	7,58	—	5,14	
Roquefort (reif, ganze Masse)	52,50	—	—	23,64	—	4,99	
Stilton	71,86	16,02	49,35	—	22,51	8,87	H. Schlag [7]
Münsterkäse	—	23,86	34,97	—	9,15	3,92	A. Burr und H. Schlag [1]
Liptauer 1/2 Monat alt . .	29,2	—	—	9,7	—	1,1	} v. Fodor [8]
3 Monate alt .	23,6	—	—	12,2	—	3,1	
6 Monate alt . .	35,0	—	—	18,8	—	3,6	
Limburger 6 Wochen, innen .	24,82	—	—	5,27	—	4,37	} Orla-Jensen [2]
6 Wochen, außen .	55,10	—	—	12,58	—	4,51	
reif, außen	99,82	—	—	4,33	—	11,97	

[1] A. Burr u. H. Schlag: Molk.-Ztg. Hildesheim 1932, **46**, 1377.
[2] Orla-Jensen: Zentralbl. Bakteriol. II 1904, **13**, 166.
[3] A. Burr u. H. Schlag: Milchw. Ztg. Stendal 1930, 50a, 51 und 51a.
[4] H. Schlag: Molk.-Ztg. Hildesheim 1929, **43**, 418.
[5] H. Schlag: Molk.-Ztg. Hildesheim 1929, **43**, 633.
[6] H. Schlag: Molk.-Ztg. Hildesheim 1930, **44**, 2126.
[7] H. Schlag: Molk.-Ztg. Hildesheim 1929, **43**, 1217.   [8] v. Fodor: Z. 1913, **26**, 225.

Tabelle 21 (Fortsetzung).

Käsebezeichnung	Von 100 Teilen Gesamt-Stickstoff sind:						Untersucher
	Wasserlöslicher N	Fällbarer N durch		Zersetzgs.-N	Amino-N	Ammoniak-N	
		Gerbsäure	Phosphorwolframsäure				
Til-siter { normal	22,95	10,38	17,56	—	5,39	1,80	H. Schlag [1]
nicht ganz normal (süßlich), 7 Wochen alt	32,59	18,70	25,00	—	7,60	3,33	A. Burr und H. Schlag [3]
Wilstermarsch, innen, Alter { 2 Wochen	23,78	10,42	14,66	—	9,12	4,23	} A. Burr und H. Schlag [2]
4— 8 „	30,43	11,69	23,75	—	10,02	1,72	
10—14 „	38,84	18,35	26,54	—	18,45	3,08	
80 „	58,02	32,62	44,92	—	12,35	6,42	
Gouda { 3 Wochen alt	33,17	23,83	27,76	—	5,41	1,72	} A. Burr und H. Schlag [1]
8 „ „	21,34	14,84	16,26	—	5,08	1,42	
reif	26,63	15,82	19,84	—	6,78	1,75	A. Burr und H. Schlag [4]
Edamer, 4 Monate, innen	26,90	—	—	3,00	—	0,60	} Orla-Jensen [5]
Emmentaler, innen { 5 Monate	35,82	—	—	17,36	—	—	
12 „	33,15	—	—	17,35	—	2,37	
Echter (Schweizer) Emmentaler, reif	39,73	15,06	22,05	—	17,68	2,64	} A. Burr und H. Schlag [3]
Westpreußischer Emmentaler, reif	25,10	6,12	11,43	—	13,47	2,24	
Sbrinz- (Spalen-) Käse	33,19	11,64	11,64	—	21,53	3,08	
Schweizer Magerkäse, 8 Monate, innen	41,51	—	—	7,90	—	6,40	Orla-Jensen [5]
Chester	37,71	13,98	23,09	—	14,62	3,39	A. Burr und H. Schlag [6]
Cantal	58,84	17,00	41,21	—	17,29	4,32	A. Burr und H. Schlag [7]
Cacio cavallo	5,11	—	4,07	—	1,04	0,63	A. Burr und H. Schlag und Kantardjeff [8]
Nordfriesischer Schafkäse, reif, je etwa 3 Monate alt	32,21	12,39	18,69	—	13,51	3,38	} H. Schlag [9]
	35,75	12,27	24,50	—	12,25	4,45	
	27,44	9,30	14,06	—	13,38	2,96	
Marienkooger Schafkäse { 4 Wochen alt							} H. Schlag [9]
3 Monate alt							
Kaschkaval	27,32	17,54	19,95	—	7,77	1,34	A. Burr und H. Schlag und Kantardjeff [8]
Renntierkäse	43,46	—	—	12,24	—	1,58	Chr. Barthel und A.M. Bergmann [10]

Weitere Untersuchungen von Schaf- und Büffelmilchkäsen s. H. Schlag [11].

---

[1] H. Schlag: Molk.-Ztg. Hildesheim 1929, **43**, 2205.
[2] Fleischmann-Weigmann: Lehrbuch der Milchwirtschaft, 7. Aufl., S. 741. Berlin: Paul Parey 1932. — Siehe auch A. Burr u. H. Schlag: Molk.-Ztg. Hildesheim 1933, **47**, 85 und 104. — Milchw. Ztg. 1928, **31**, 31a, **32**; 1929, **10**a.
[3] A. Burr u. H. Schlag: Milchw. Ztg. Stendal 1930, 50a, 51 und 51a.
[4] A. Burr u. H. Schlag: Molk.-Ztg. Hildesheim 1932, **46**, 1377.
[5] Orla-Jensen: Zentralbl. Bakteriol. II. 1904, **13**, 166.
[6] A. Burr u. H. Schlag: Molk.-Ztg. Hildesheim 1929, **43**, 1219.
[7] A. Burr u. H. Schlag: Milchw. Ztg. 1930, 40, 40a, 41.
[8] A. Kantardjeff: Milchw. Forsch. 1928, **5**, 298.
[9] H. Schlag: Molk.-Ztg. Hildesheim 1930, **44**, 2126.
[10] Chr. Barthel u. A. M. Bergmann: Z. 1913, **26**, 241.
[11] H. Schlag: Molk.-Ztg. Hildesheim 1935, **49**, 176.

Die einzelnen Analysenergebnisse der Bestimmung der Stickstoffsubstanzen sind leichter zu beurteilen, wenn sie, wie dies in der vorstehenden Zusammenstellung geschehen ist, auf 100 Teile Gesamt-Stickstoff berechnet werden. Bei einer Umrechnung auf 100 Teile des wasserlöslichen Stickstoffs, wie sie auch oft vorgenommen wird, verschieben sich die Werte etwas anders. Die Menge der wasserlöslichen Eiweißstoffe oder des wasserlöslichen Stickstoffs kennzeichnet den „Umfang" der Reifung. Den größten Teil des wasserlöslichen Stickstoffs liefern im allgemeinen die höheren und niederen Peptone (durch Gerbsäure und Phosphorwolframsäure fällbarer Stickstoff). Der sog. Zersetzungsstickstoff, für den z. B. ORLA-JENSEN Zahlen angegeben hat (s. oben), wird hauptsächlich von Aminosäuren geliefert.

Aus den in der Tabelle 21 enthaltenen Zahlen geht hervor, daß bei reifen Weichkäsen der „Umfang" der Reifung meistens weit größer ist als bei Hartkäsen. Die „Tiefe" der Reifung geht aber vielfach auch bei Hartkäsen recht weit, oft weiter als bei Weichkäsen. Darauf haben ORLA-JENSEN[1] und A. BURR und H. SCHLAG[2] besonders hingewiesen. Der Grad der Eiweißzersetzung im reifenden Käse ist nach der Art der Käse verschieden. Bei einzelnen Käsesorten kann der „Umfang" der Reifung außerordentlich hoch sein, z. B. bei Harzer, Camembert und anderen, wenn wir wohl auch bei deutschen Käsen kaum einmal einen so weitgehenden Gesamtabbau feststellen können, wie ihn der skandinavische Gammelost erfahren kann. Einen weitgehenden Eiweißabbau erleiden bis zur vollständigen Reife wohl die meisten Schimmelpilzkäse. Mit fortschreitender Reifung verstärkt sich im allgemeinen der Eiweißabbau, doch ist das Fortschreiten der Zersetzung durchaus nicht immer und nicht in allen ihren Abschnitten gleichmäßig. Vielfach ist etwa im ersten Drittel der Reifung ein sprunghaftes Ansteigen, darauf ein ziemlich gleichmäßiges Fortschreiten oder fast ein Stillstand der Eiweißzersetzung festzustellen.

2. Fett.

Das Käsefett besitzt nicht mehr die Zusammensetzung des ursprünglichen Milchfettes. Wenn auch die Veränderungen des Milchfettes bei der Käsereifung und die Ursachen der möglichen Veränderungen noch nicht eindeutig geklärt sind (s. S. 365), so steht jedenfalls fest, daß die Kennzahlen des Käsefettes andere sind als die des Fettes der Milch, aus der die Käse hergestellt werden. Die REICHERT-MEISSL-Zahl und die Verseifungszahl des Käsefettes nehmen nach Untersuchungen von K. WINDISCH[3], ORLA-JENSEN[4], A. BURR und H. SCHLAG[5] und anderen während der Käsereifung ab. Diese Abnahme erklärt sich durch die Spaltung des Fettes in freie Fettsäuren und Glycerin und dadurch, daß die gebildeten freien flüchtigen Fettsäuren nur in geringem Maße im Käse erhalten bleiben, weil ihre größte Menge verdunstet oder durch Bakterien aufgezehrt wird. Auch die Refraktometerzahl nimmt ab und zwar infolge des Anwachsens der freien nichtflüchtigen Fettsäuren. Die Jodzahlen der Fette nehmen nach K. WINDISCH[3] zuerst ab, dann aber stetig zu und zwar durch die Entstehung von aldehyd- und ketonartigen Stoffen bei der Fettspaltung. Dies konnten jedoch A. BURR und H. SCHLAG[5] nicht bestätigen. Nach ihren Untersuchungen nimmt auch die Jodzahl ab. Die Untersuchungsergebnisse von K. WINDISCH[3] sind folgende:

[1] ORLA-JENSEN: Zentralbl. Bakteriol. II, 1904, **13**, 167.
[2] A. BURR u. H. SCHLAG: Molk.-Ztg. Hildesheim 1933, **57**, 87.
[3] K. WINDISCH: Arb. Kaiserl. Gesundheitsamt 1900, **17**, 281.
[4] ORLA-JENSEN: Z. 1906, **12**, 201.
[5] A. BURR u. H. SCHLAG: Molk.-Ztg. Hildesheim 1933, **47**, 85, 104.

Tabelle 22. Kennzahlen des Käsefettes.

Nr.	Bezeichnung und Alter der Käse		Säure-grade	Reichert-Meissl-Zahl	Freie flüchtige Fett-säuren	Ver-seifungs-zahl	Refrakto-meterzahl bei 40°	Jodzahl (nach Hübl)
I	Frühstückskäse	2 Tage .	5,2	27,56	0,15	227,5	43,4	30,89
		290 Tage .	267,6	4,40	1,60	210,0	36,0	36,12
II	Camembert	2 Tage. . .	4,4	27,87	0,11	228,6	43,6	30,62
		291 Tage. . .	85,8	20,56	2,15	218,7	41,2	35,03
III	Neufchâteler	4 Tage . .	5,2	28,76	0,16	228,8	43,8	30,83
		291 Tage . .	200,1	13,41	2,75	214,8	36,8	35,95
IV	Roquefort	5 Tage . . .	4,7	28,98	0,10	229,1	43,2	30,42
		674 Tage . . .	180,9	15,09	3,32	221,1	38,6	32,61

Weiterhin haben A. Burr und H. Schlag[1] festgestellt, daß auch die Grossfeldsche Buttersäurezahl im Verlauf der Käsereifung abnimmt.

Die Säuregrade des Käsefettes nehmen während der Käsereifung sowohl nach den Untersuchungen von K. Windisch[2] als auch nach denjenigen von A. Burr und H. Schlag anfangs zu, dann ab, zum Schluß aber wieder sehr stark zu. Dies ist eine Erscheinung, die vorerst noch nicht erklärt werden kann.

Bei der Untersuchung der Käsefette im Hinblick auf Verfälschungen werden die Neutralfette (nach K. Windisch) hergestellt, weil bei diesen die Veränderungen der Kennzahlen gegenüber den Normalkennzahlen für Milchfett nur gering sind. Über die Untersuchung und Beurteilung der Käsefette im Hinblick auf Verfälschungen siehe Bd. IV.

Bezüglich der chemischen Konstanten des Fettes von Kuh-, Ziegen-, Schaf-, Büffel-, Renntiermilch usw. verweisen wir auf die ausführliche Zusammenstellung von W. Grimmer[3].

3. Flüchtige Fettsäuren.

Art und Menge von flüchtigen Fettsäuren in Proben einiger bedeutender Käsesorten hat Orla-Jensen[4], wie folgt, festgestellt:

Tabelle 23. Flüchtige Fettsäuren im Käse.

Käsesorte		1000 g Käse enthalten g:								
		Durch die Fettspaltung entstanden		Durch die Spaltung des Caseins (bzw. des Paracaseins) und des Milchzuckers (bzw. der Milchsäure) entstanden					Gesamte Menge von	
		Capron-säure	Butter-säure	Vale-rian-säure	Butter-säure	Pro-pion-säure	Essig-säure	Amei-sen-säure	Ammo-niak	flüchtigen Fett-säuren
		g	g	g	g	g	g	g	g	g
Emmentaler	Inneres .	0,116	0,176	—	—	4,218	1,680	—	1,275	6,190
	Äußeres.	0,928	1,232	—	—	2,812	0,900	—	0,935	5,872
Edamer, Inneres . . .		—	—	—	—	0,224	0,678	0,057	0,255	0,959
Schweizer	Inneres . .	0,986	1,496	—	—	2,405	1,200	0,138	4,548	6,225
Magerkäse	Äußeres .	1,682	2,552	—	—	2,775	1,080	0,046	3,528	8,135
Roquefort, ganze Masse		0,928	1,672	—	—	—	0,540	0,092	1,955	3,232
Camembert, Inneres. .		0,081	0,246	—	—	—	0,069	0,092	2,975	0,478
Brie	Inneres	0,139	0,572	—	—	—	0,204	0,008	1,615	0,923
	Äußeres	0,128	0,466	—	—	—	0,120	0,013	3,698	0,727
Romadur	Inneres .	0,058	0,440	1,581	—	5,180	1,140	0,046	3,409	8,445
	Äußeres .	0,232	1,003	1,550	—	4,529	0,822	0,046	3,740	8,182
Glarner Schabziger, ganze Masse . . .		1,195	1,848	—	4,452	9,102	3,198	—	3,655	19,795

[1] A. Burr u. H. Schlag: Molk.-Ztg. Hildesheim 1933, 47, 85, 104.
[2] K. Windisch: Arb. Kaiserl. Gesundheitsamt 1900, 17, 281.
[3] W. Grimmer: Lehrbuch der Chemie und Physiologie der Milch, 2. Aufl., S. 143f. Berlin: Paul Parey 1926. [4] Orla-Jensen: Landw. Jahrb. Schweiz 1904, 319.

Im übrigen verweisen wir bezüglich von Untersuchungsergebnissen über die Vorgänge bei der Käsereifung auf J. KÖNIG: Chemie der menschlichen Nahrungs- und Genußmittel (4. Aufl., 1903 Bd. I, und Nachtrag dazu 1919) und auf die Buch-Literatur (S. 428).

C. Nährwert.

Der Nährstoffgehalt der Käse hängt wesentlich von ihrem Wassergehalt ab. Für die Beurteilung bieten daher nur auf Trockenmasse berechnete Werte eine genügende Unterlage, wie sie in nachstehender Übersicht zusammengestellt sind[1].

Tabelle 24. Nährwert der Käse.

Käsesorte	Wasser %	Asche %	Natrium-chlorid %	Ausnutzbare Nährstoffe			Ausnutzbare Calorien in 1 kg	
				Stickstoff-substanz %	Fett %	Kohlen-hydrate %	Frische Masse Cal.	Trocken-masse Cal.
1. Rahm- und Doppelrahmkäse.								
Rahm-Kajmak (Serbien)	31,55	4,50	—	5,84	52,73	1,95	5233	7644
Gervais und Neuf-châteler	46,12	1,10	—	12,62	35,53	1,65	3876	7194
Brie	49,47	4,54	1,8	17,74	25,39	0,85	3123	6221
2. Vollfett- und Fettkäse.								
Camembert	52,68	4,10	2,63	17,54	21,53	1,64	2789	5893
Edamer	37,53	5,11	2,57	24,01	26,59	3,43	3492	5573
Emmentaler . .	33,60	4,23	2,30	25,64	30,51	2,39	3986	6003
Gouda	35,98	4,20	2,60	15,64	27,07	3,63	3717	5797
Münster	53,11	3,70	1,30	26,36	21,73	2,62	2799	5969
Tilsiter	39,27	5,75	3,51	24,45	25,81	1,47	3463	5702
3. Halbfettkäse.								
Edamer oder Gouda	43,66	5,65	2,84	30,39	14,16	3,01	2686	4789
Limburger	52,02	5,63	3,79	24,96	10,89	4,02	2211	4608
Parmesan.	27,55	4,55	1,41	33,79	25,94	4,18	3969	5478
Romadur.	56,12	5,71	3,88	20,92	11,57	3,45	2074	4727
Tilsiter	46,35	6,04	3,10	26,45	15,71	2,62	2653	4945
4. Viertelfettkäse.								
Kräuterkäse . . .	56,14	3,55	—	26,52	7,18	4,21	1928	4397
Limburger	58,25	3,35	—	26,10	6,03	3,99	1794	4298
5. Mager- (Sauermilch-) Käse.								
Harzer	56,75	4,25	—	32,14	1,29	3,16	1560	3608
Mainzer Handkäse.	53,74	3,38	—	34,90	5,24	—	1918	4147
Kochkäse	68,20	3,09	2,35	20,85	2,36	3,79	1230	3867
Quark, frisch . . .	76,50	1,25	—	16,04	1,09	3,83	916	3898
6. Mysost (Molkenkäse) und Ziger.								
Sahnen-Molkenkäse	12,74	4,52	—	9,55	29,14	40,47	4761	5443
Sahnen-Magermilch-käse	22,74	8,72	—	10,72	0,69	54,65	2744	3552
Glarner Ziger . . .	46,02	10,10	—	34,65	6,24	—	2001	3707

Die Ausnutzung des Käses im Darm ist gut. Nach Versuchen M. RUBNERS[2], die zwar nicht mit Käse allein, sondern mit Milch und Käse zusammen ausgeführt wurden, bleiben unausgenutzt:

---

[1] J. KÖNIG: Nahrung und Ernährung des Menschen, S. 164. Berlin: Julius Springer 1926.
[2] M. RUBNER: Zeitschr. Biol. 1879, **15**, 115.

Bestandteile	2291 Milch 200 Käse %	2050 Milch 218 Käse %	2209 Milch 517 Käse %
Trockenmasse . . .	6,0	6,8	11,3
Stickstoff	3,7	2,9	4,9
Fett	2,7	7,7	11,5
Mineralstoffe (Asche)	26,1	30,7	55,7

Nach den Rubnerschen Versuchen wird der Käse bei Aufnahme von nicht zu großen Mengen fast völlig resorbiert. Bei genügender Zerkleinerung ist Käse — entgegen einer vielfach verbreiteten Ansicht — durchaus nicht schwer verdaulich.

G. Lebbin[1] gelangte bei einem Ausnutzungsversuch zu folgenden Zahlen:

Es wurden verzehrt 735 g Käse ohne Rinde. Zur Ausscheidung gelangten 172 g frischer Kot, der 36,1 g Trockenmasse ergab. Entsprechend den festgelegten Untersuchungsergebnissen für Käse und Kot ergab sich nachstehende Aufstellung.

	Aufnahme	Ausgabe	Verlust
Trockensubstanz . .	389,55 g	36,10 g	9,27 %
Proteine	146,39 g	9,67 g	6,60 %
Fett	144,13 g	3,83 g	2,65 %
Asche	38,57 g	11,15 g	28,91 %

Im allgemeinen wird man sagen können, daß ein Käse um so leichter verdaulich ist, je mehr das Eiweiß abgebaut ist. Besondere Schlüsse auf den Grad der Verdaulichkeit eines Käses darf man wohl aus dem Grade des „Umfangs" und der „Tiefe" der Reifung des fraglichen Käses ziehen.

Schmelzkäse sollen infolge der bei ihrer Herstellung stattfindenden Eiweißquellung leichter verdaulich sein als der Rohkäse, aus dem sie hergestellt sind.

IV. Untersuchung der Käse.

Käse aus verschiedener und sogar solche aus derselben Kesselbeschickung können trotz richtig eingestellter Kesselmilch und sachgemäßen technischen Arbeitens beträchtliche Unterschiede in der Zusammensetzung, insbesondere auch im Fettgehalt, aufweisen[2]. Weiterhin können sich die Rindenschicht und das Innere eines Käses aus mehrfachen Gründen in der Zusammensetzung voneinander unterscheiden, ja es kann sogar jeder dieser Hauptteile in sich selbst Unterschiede aufweisen. Dazu kommt die bedeutsame Tatsache, daß der Käse ein Lebensmittel ist, das sich überhaupt in andauernder Veränderung befindet. Damit nun bei diesen Verhältnissen die Richtigkeit einer Untersuchung gesichert ist bzw. die Untersuchungsergebnisse verschiedener Untersuchungsstellen verglichen werden können, müssen bei der Probenentnahme und chemischen Untersuchung möglichst einheitliche Regeln eingehalten werden.

Hierfür kommen bis auf weiteres noch die Bestimmungen der „Entwürfe zu Festsetzungen über Lebensmittel; Heft 4: Käse, vom 20. Februar 1913"[3] in Betracht. Diese haben die amtliche Vorschrift in der Bekanntmachung des Reichskanzlers vom 1. April 1898[4], ferner die vom Verein Deutscher Nahrungsmittelchemiker in den Jahren 1910 und 1912 zusammen mit den einschlägigen Wirtschaftskreisen vorgeschlagenen Abänderungen[5] des Abschnittes „Käse" der „Vereinbarungen"[6] von 1897 zur Grundlage. Die dem „Heft 4: Käse" der „Entwürfe" entnommenen Vorschriften sind im Folgenden durch Anführungszeichen kenntlich gemacht.

Das in Rom am 26. April 1934 getroffene internationale Abkommen über Vereinheitlichung der Methoden zur Probenentnahme und Untersuchung von Käse, dessen Vorschriften für die Probenentnahme, Wasser- und Fettbestimmung wir untenstehend auch wiedergeben, ist von der Deutschen Reichsregierung bis heute noch nicht ratifiziert worden.

[1] G. Lebbin: Z. 1912, 24, 335.   [2] Vgl. z. B. F. Kieferle: Z. 1935, 70, 107.
[3] Herausgeg. vom Kaiserl. Gesundheitsamt. Berlin: Julius Springer 1913.
[4] Zentralbl. für das Deutsche Reich 1898, 26, 201.
[5] Z. 1910, 20, 382 und 1912, 24, 131.
[6] Vereinbarungen zur einheitlichen Untersuchung und Beurteilung von Nahrungs- und Genußmitteln usw., Heft I, 72. Berlin: Julius Springer 1897.

A. Probenentnahme.

„Für die chemische Untersuchung von Käse sind etwa 200—300 g zu entnehmen. Hierfür sind bei kleineren Käsen ganze Käse (wenn nötig, mehrere) zu wählen, bei größeren Käsen solche Stücke auszuschneiden, die durch alle Schichten des Käses sich erstrecken. Eine etwaige Blattzinn- oder Papierumhüllung darf nicht entfernt werden. Von gefärbten oder sonst auffallenden Außenschichten sind besondere Proben zu entnehmen.

Die Proben sind in sorgfältig gereinigte Gefäße aus Glas, Porzellan oder Steingut zu füllen, die sofort möglichst luft- und lichtdicht zu verschließen sind.

Zur Erzielung von möglichst gleichmäßigen Durchschnittsproben für die einzelnen analytischen Bestimmungen werden die Proben — nach Entfernung einer etwa vorhandenen schmierigen oder mit Schimmelpilzen überzogenen oder hornartigen Außenschicht oder einer besonderen Hüllschicht oder eines Farbüberzugs — in einer Porzellanreibschale rasch zerdrückt und gemischt, bei den härteren Sorten auf einem Reibeisen oder in einer Fleischhackmaschine zerkleinert und gemischt. Die so vorbereitete Käsemasse wird sofort in weithalsige Glasgefäße mit Glasstopfen von etwa 50 ccm Inhalt gebracht, die möglichst angefüllt sein sollen.

Die Proben für die einzelnen Bestimmungen sind tunlichst unmittelbar nach der Herstellung der Durchschnittsprobe abzuwägen.“

Das Internationale Abkommen (s. oben) vom 26. April 1934 gibt in Anlage A folgende Vorschrift zur Probenentnahme:

Die Entnahme von Käseproben erfolgt unter Berücksichtigung folgender Unterscheidungen:

I. Käse, von denen Proben entnommen werden können:
a) mittels einer Sonde; b) durch Herausnahme eines Ausschnitts.

Bemerkungen:

a) Bei kleinen Käsen ist es im allgemeinen besser, einen Ausschnitt herauszunehmen, als die Sonde zu verwenden. Diese letztere kommt zur Anwendung, wenn der Käse mindestens über einen Monat alt ist. Zur Entnahme von Proben, für die man eine Sonde benötigt, wird diese der Größe des Käses entsprechend gewählt.

1. Die Sonde dringt in einem Abstande von 10—20 cm vom Rande des Käses aus durch eine Seite desselben in schräger Richtung nach dem Mittelpunkt zu in die Masse ein, z. B. bei Grana-, Gorgonzola-, Emmentaler- ,Schweizer-, Ovari- (5 Kilogramm), Fontina- und anderen Käsen.

2. Die Sonde durchdringt den Käse von einer Seite zur anderen durch den Mittelpunkt hindurch, z. B. bei Edamer (von 2 kg oder mehr), Provolone-, Cacio cavallo-Käse, u. a. m.

3. Die Sonde wird horizontal vom Mittelpunkt einer senkrechten Seite bis zum Mittelpunkt des Käses eingeführt, z. B. bei Gouda (von 2 kg Gewicht oder mehr), römischem Pecorino, Tilsiter u. a. m.

4. Für die in Fässern oder anderen Behältern versandten Käse, wie z. B. Caillebotte, Brynza und andere, erfolgt die Probenentnahme, indem die Sonde schräg von oben nach unten, durch den ganzen Inhalt des Fasses oder des Behälters hindurchgeführt wird.

b) Für die Käsesorten, bei denen ein Ausschnitt entnommen werden muß, geschieht dies, indem man vom Rande oder vom Mittelpunkte einer der Seiten ausgeht, und darauf sofort die Ätzung der in dieser Weise offengelegten Fläche der Käsemasse vornimmt, z. B. für Port-Salut-, Edamer-Käse u. a. m., sofern sie weniger als 2 kg wiegen.

Das Gewicht der entnommenen Proben darf nicht weniger als 40 g betragen.

Die Probe wird sofort in ein gut zu verschließendes Metall- oder Glasgefäß gelegt und sobald als möglich untersucht. Wenn die Probe nicht sofort in ein Metall- oder Glasgefäß hineingelegt werden kann, so wird sie vorläufig sorgfältig in Stanniolpapier eingewickelt. Auf keinen Fall darf die Probe in Papier oder in anderes absorbierendes Material verpackt oder mit Papier oder absorbierendem Material in Berührung gebracht werden.

Nachdem ungefähr 1 cm Kruste entfernt worden ist, die dann, falls Sonden verwendet wurden, dazu diente, die Löcher zu verstopfen, wird die Probe fein zerrieben und sorgfältig gemischt.

Bei Käsen wie Edamer und Gouda wird nicht die Kruste, sondern nur der Schimmel entfernt.

Unmittelbar vor jeder Analyse ist die Probe sorgfältig zu mischen.

II. Käsearten, die sich nicht für die oben beschriebenen Methoden der Probeentnahme eignen:

Bei weichen Käsen (Brie, Camembert und ähnlichen), die sich nicht für die oben beschriebenen Methoden der Probenentnahme eignen, wird die Probe entnommen, indem aus den zu untersuchenden Käsen ein mindestens 50 g wiegender Ausschnitt herausgenommen wird, um 40 g eßbaren Käse zu bekommen, nachdem die Schimmelkruste, die die äußeren Seiten des Käses umgibt, abgenommen worden ist; die so erhaltene Masse wird mittels eines Handspatels oder eines Mörsers vollkommen gleichmäßig gemischt. Dasselbe gilt für die in Schachteln verpackten Käse, für Gervais, Camembert, Schabziger und ähnliche Sorten.

III. Bei Massensendungen von Käse (Waggon-Ladungen) müssen die Proben derart entnommen werden, daß man eine tatsächliche Durchschnittsprobe erhält, ohne daß jedoch die Käsesendung eine wahrnehmbare Entwertung erleidet.

Technische Anweisung bezüglich der Entnahme von Käseproben.

Folgende Punkte sind ganz besonders zu berücksichtigen:

1. Handelt es sich um Käse großen Umfangs (wie z. B. beim Cheddar-Käse), so muß die Sonde eine genügende Länge besitzen, um durch die Mitte des Käses hindurchzudringen, damit Sicherheit besteht, daß die so erhaltene Probe die Durchschnittsbeschaffenheit des Produktes darstellt, d. h. des Teiles, der von außen bis zur Mitte geht, anstatt nur des äußeren Teiles, was der Fall wäre, wenn eine zu kleine Sonde verwendet würde.

2. Auf keinen Fall darf die Probe in Papier oder anderes absorbierendes Material eingewickelt, oder mit Papier oder absorbierendem Material in Berührung gebracht werden.

Zu diesen Vorschriften für die Probenentnahme sei noch folgendes bemerkt: Art, Größe und Festigkeit eines Käses müssen also bei der Probenentnahme besonders berücksichtigt werden. Jeder eßbare Teil eines Käses muß in der entnommenen Probe in angemessenem Verhältnis enthalten sein. Als „Ausschnitte" sind aus runden Käselaiben keilförmige Stücke in der Richtung der Radien herauszuschneiden. Bei gewissen Käsesorten — zu diesen gehört in erster Linie auch der Roquefort[1] — ist es, wenn man den tatsächlich vorhandenen durchschnittlichen Fettgehalt eines Laibes ermitteln will, erforderlich, daß man ein Segment in Größe von etwa $1/16$ des Umfanges des Käselaibes als Probe entnimmt[1]. Die Entnahme von Ausschnitten aus Käselaiben kommt besonders für polizeiliche Untersuchungen, diejenige von Böhrlingen (immer mindestens 2!) mittels des Käsebohrers (Sonde, Käsestecher) für wirtschaftliche Kontrolluntersuchungen in Frage.

Die Gegenprobe im Sinne von § 7 des Lebensmittelgesetzes kann bei Käse nur dann als unbedingt einwandfrei entnommen gelten, wenn sie einen Teil der zerkleinerten und gemischten Gesamtprobe darstellt und wenn sie in bezug auf Verpackung, Aufbewahrung usw. möglichst sachgemäß und möglichst gleichartig wie der in polizeilichen Händen verbleibende Probeteil behandelt wird. Bei der Entnahme von Proben kleinerer Einzelkäse genügt es nicht, wenn von einer Lieferung ein ganzes Käsestückchen zur polizeilichen Untersuchung und ein ganzes anderes als Gegenprobe zur Gegenuntersuchung entnommen werden. In einem solchen Falle sind beide oder mehrere Käsestückchen durchzuschneiden. Die beiden einen Hälften müssen zur polizeilichen Untersuchung, die beiden anderen als Gegenprobe zur Gegenuntersuchung gegeben werden.

B. Untersuchungsmethoden.

1. Sinnenprüfung.

„Der Käse ist auf die Art der Verpackung, auf Konsistenz, Aussehen, Geruch und Geschmack zu prüfen.

Dabei ist festzustellen, ob sich die inneren und äußeren Schichten in bezug auf Konsistenz und Farbe unterscheiden, ob eine besondere Rindenschicht vorhanden ist, ob an der Außenfläche angebrachte Fremdstoffe zu erkennen sind, ob die Farbe gleichmäßig oder fleckig ist; auch ist auf das Vorhandensein und die Beschaffenheit von Löchern zu achten, sowie darauf, ob der Käse von Schimmel oder von Maden durchsetzt oder von Milben befallen ist.

---

[1] F. Kieferle: Z. 1935, 70, 112.

Ferner ist darauf zu achten, ob der Käse einen der betreffenden Käsesorte fremden Geruch oder Geschmack oder einen krankhaft bitteren, seifigen oder ekelerregenden Geschmack oder einen fauligen oder sonst ekelerregenden Geruch besitzt."

Wenn bei einem Käse außergewöhnliche Färbungserscheinungen, undeutlicher Milbenbefall u. dgl. vorliegen, wenn an der Oberfläche oder im Innern der Käse ungewöhnliche Salzkrusten auskrystallisiert sind usw., wird die Prüfung auf Aussehen mit dem bloßen Auge durch eine anschließende mikroskopische Untersuchung vervollständigt. Diese kann als Voruntersuchung für entsprechende später durchzuführende chemische Untersuchungen (Farbstoff-, Asche-Untersuchungen usw.) sehr zweckmäßig sein.

2. Bestimmung des Wassers.

„2—3 g der Durchschnittsprobe (S. 389) des Käses werden in einer — zweckmäßig mit grobkörnigem, ausgeglühtem Quarzpulver oder mittels Salzsäure gereinigtem, ausgeglühtem Seesand, sowie einem Glasstäbchen beschickten — flachen Nickel- oder Platinschale rasch abgewogen und mit dem Quarzpulver oder Seesand möglichst gleichmäßig vermischt. Die Schale wird sodann in einem Trockenschrank auf 105—110⁰ erwärmt. Nach einer Stunde wird das Gewicht festgestellt, ebenso nach je weiteren 30 Minuten, bis keine Gewichtsabnahme mehr zu bemerken ist. Das Gewicht des Käserückstandes entspricht der **Trockenmasse**, der Gewichtsverlust dem **Wassergehalt des Käses.**"

Der Wortlaut der Vorschrift für die Wasserbestimmung nach dem Internationalen Abkommen vom 26. April 1934 (S. 388) ist folgender:

In einer kleinen flachen Abdampfschale werden 5 g Käse abgewogen. Kommt gereinigter Sand zur Verwendung (vorgeschrieben für weichen Käse), so wird der abgewogene Käse vorsichtig mittels eines mit abgeflachtem Ende versehenen Glasstäbchens, das zugleich mit der Kapsel tariert worden ist, gemischt.

Es empfiehlt sich, die Probe vorher bei gewöhnlicher Temperatur während mindestens 16 Stunden austrocknen zu lassen, wenn möglich, mit Hilfe des Vakuums; sodann wird die Probe bei mindestens 105⁰ direkt ausgetrocknet.

Das Austrocknen wird fortgesetzt und das Wägen in kurzen Abständen wiederholt, bis ein gleichbleibendes Gewicht erreicht wird.

Bei dem Schnellverfahren zur Wasserbestimmung nach TEICHERT-HAMMERSCHMIDT [1] erfolgt die Trocknung wie bei der Schnellbestimmung bei Butter (S. 296) in Bechern, die auf einer besonders gebauten Waage (Perplex) rasch gewogen werden können. Dieses Verfahren kann für Vor-Untersuchungen, die in großen Mengen durchzuführen sind, bei Betriebskontrollen usw. empfohlen werden. Es kann aber keinen Anspruch auf eine für rein wissenschaftliche oder gerichtliche Zwecke genügende Genauigkeit erheben.

Näheres zur Bestimmung des Wassers siehe Bd. II, S. 539 und 553.

Bei Käse werden zur Wasserbestimmung in den meisten Fällen besser 3—5 g Käse anstatt nur 2—3 g verwendet [2]. Es empfiehlt sich zweifellos, die Proben in den Sandschalen vor der eigentlichen Trocknung wenigstens eine kurze Zeit lang vorzutrocknen und dabei in kurzen Zeitabständen durchzurühren, weil sich sonst in vielen Fällen leicht in der Schale ein harter Casein-Sand-Kuchen bildet, aus dem das Wasser nicht mehr ganz auszutreiben ist. Im allgemeinen genügt eine Gesamttrocknungszeit von 2¹/₂—3 Stunden. Zu beachten ist, daß das Thermometer im Trockenschrank bis in Höhe der Platte, auf der die Schalen stehen, heruntergeführt werden muß [2]. Dies ist auch bei elektrischen Trockenschränken notwendig. Bei der Trocknung darf nicht zu scharf vorgegangen werden. Es genügt die Trocknung bis zur sog. annähernden Gewichtskonstanz. Eine völlige Gewichtskonstanz ist sowieso kaum einmal zu erreichen, und wenn zu lange getrocknet wird, sind Zersetzungen der Eiweißstoffe und Verluste an flüchtigen Fettsäuren, Ammoniak usw. unvermeidlich [3].

Die oben angegebene sog. indirekte Methode schließt mehrere Fehlerquellen in sich, da 1. bei der Trocknungstemperatur auch noch andere Käsebestandteile außer Wasser flüchtig sind, 2. das Wasser nicht immer wirklich vollständig austreibbar ist und 3. bei der Trocknung die Trockenmasse Veränderungen erfahren kann, die sich im Gewicht ausdrücken. Es wird deshalb immer wieder versucht, direkte Methoden zur Bestimmung des Wassers im Käse einzuführen.

[1] K. TEICHERT: Methoden zur Untersuchung von Milch und Milcherzeugnissen, 2. Aufl., S. 398. Stuttgart: Ferdinand Enke 1927. — Z. 1910, 20, 482.

[2] Vgl. auch F. E. NOTTBOHM u. O. BAUMANN: Z. 1934, 67, 308.

[3] ORLA-JENSEN u. E. PLATTNER: Z. 1906, 12, 195.

Die Destillationsmethode bei besonderer Art der Ausführung hat zwar teilweise Anerkennung gefunden, aber nicht allgemein. Mittels der Destillation nach Mai und Rhein-berger[1] unter Verwendung von Petroleum oder Xylol findet man in der Regel etwas höhere Werte als bei der indirekten Wasserbestimmung. Es wurde erkannt, daß die Destillations-methoden auch ihre Fehlerquellen besitzen[2]. Diese weitgehend auszuschalten, bemühten sich unter anderen J. Gangl und F. Becker[3], die bei Anwendung einer besonderen Appa-ratur mit Xylol oder Brombenzol arbeiten.

3. Bestimmung der Stickstoffsubstanzen[4].

a) Gesamt-Stickstoff. Die Bestimmung erfolgt nach Kjeldahl in derselben Weise wie bei Milch. Man verwendet bei fettarmen Käsen 0,5 g, bei fetten 1 g.

Keinesfalls sollen mehr als 1—2 g Käse angewandt werden, da es sonst vorkommen kann, daß die vorgelegte Menge Schwefelsäure nicht alles gebildete Ammoniak zu binden vermag. Es empfiehlt sich, namentlich bei wasserarmen Hartkäsen und dann, wenn die Käsemenge nahe an 2 g herankommt, 100 ccm 0,1 N.-Säure vorzulegen. Bei größeren Mengen muß man mit 0,25 N.-Säure arbeiten.

Wenn der gefundene Stickstoff auf Stickstoffsubstanz umgerechnet werden soll, verwendet man bei Käsen mit schwacher Reifung den Caseinfaktor 6,37, bei stark gereiften Käsen den Faktor 6,25. Dieser dürfte bei sehr starkem Eiweiß-abbau sogar noch zu hoch sein. Im Untersuchungsbericht muß der ver-wendete Faktor angegeben werden.

b) Bestimmung der löslichen Stickstoffsubstanzen[5]. Ein Teil der Stickstoff-substanzen liegt im gereiften Käse teils in gelöstem, teils in leicht löslichem Zustande vor. Nach W. Grimmer[4] sind es zum Teil Abbaustoffe des Caseins bzw. Paracaseins, zum anderen Teil aber auch an sich unlösliche Substanzen (Casein, Paracasein oder ähnliche), die infolge der Anwesenheit von Ammoniak oder anderen Basen in Lösung gehalten werden, z. B. Paracaseinammoniak. Infolge der Anwesenheit reichlicher Mengen von Kochsalz kann noch ein Teil des Bruches in Paracaseinnatrium umgewandelt sein, das ebenfalls löslich ist. Bei Sauermilchkäsen, die unter Zusatz von Alkalicarbonat hergestellt sind, kann das gleiche zutreffen. Die Menge des löslichen Stickstoffs ist also nicht gleichbedeutend mit der Menge der in dem Käse enthaltenen Abbaustoffe.

α) **Wasserlöslicher Stickstoff.** 40 g Käse werden in einer Reibschale mit Wasser möglichst fein verrieben. Die Anreibung spült man mit Wasser von etwa 40° durch einen Trichter in einen 1000-ccm-Kolben und füllt unter öfterem Umschwenken mit Wasser von Zimmertemperatur bis zur Marke auf. Dann läßt man 12—24 Stunden stehen. Der Aufschwemmung können, besonders wenn sie länger stehen soll, 1—2 Tropfen Formaldehydlösung zugegeben werden. Hierauf filtriert man durch ein trockenes Faltenfilter und bestimmt in 50 ccm (= 2 g Käse) des Filtrats (F) den Stickstoff (wasserlöslicher Stickstoff) nach Kjeldahl. Man berechnet dabei nur den Stickstoff, nicht die Stickstoffsubstanz.

Das Filtrat (F) dient in aliquoten Teilen auch zu den weiteren unten auf-geführten Bestimmungen zur Trennung der löslichen Stickstoffsubstanzen.

Orla-Jensen und E. Plattner[6] weisen darauf hin, daß bei der oben beschriebenen Arbeitsweise dadurch ein kleiner Fehler entsteht, daß der unlösliche Teil der Käsemasse ein gewisses Volumen einnimmt. Dieser Fehler kann dadurch größtenteils beseitigt werden, daß man beim Auffüllen des Meßkolbens das sich oben oft in beträchtlicher Menge

[1] C. Mai u. E. Rheinberger: Z. 1912, 24, 125.   [2] Vgl. auch Bd. II, 2, S. 554.
[3] J. Gangl u. F. Becker: Milchw. Forsch. 1934, 16, 325.
[4] W. Grimmer: Milchwirtschaftliches Praktikum, S. 181f. Leipzig: Akademische Verlagsgesellschaft m. b. H., 1926. — W. Winklers Handbuch der Milchwirtschaft, Bd. II, 2, S. 383f. Wien: Julius Springer 1931. — H. Weigmann: In Fleischmann-Weigmann: Lehrbuch der Milchwirtschaft, 7. Aufl., S. 838f. Berlin: Paul Parey 1932.
[5] L. L. van Slyke u. E. B. Hart: Amer. Chem. Journ. 1903, 29, 150. — Z. 1905, 9, 168; 1908, 15, 41. — Orla-Jensen u. E. Plattner: Z. 1906, 12, 202.
[6] Orla-Jensen u. E. Plattner: Z. 1906, 12, 202.

ansammelnde Fett durch Zusatz von Wasser über die Marke treibt. Das muß einige Stunden vor dem Filtrieren geschehen, damit die beim Schütteln aufgewirbelten unlöslichen Anteile, die sonst das Filter verstopfen würden, sich wieder genügend absetzen können.

Nach E. SANDBERG und Mitarbeitern[1] hat die oben beschriebene Arbeitsweise weitere verschiedene Fehlerquellen, vor allem die, daß das Paracasein in Kochsalz löslich ist (s. oben: Paracaseinnatrium) und daß verschiedene Kochsalzmengen zu einer verschiedenen Menge löslichen Stickstoffs führen müssen. Die Autoren glauben auch, daß sich bei einigen Käsen während der Reifung ein Eiweißkörper vom Charakter der Globuline bilde, der beim Ausziehen mit Wasser unlöslich werde. Dieser Eiweißstoff bleibe dagegen gelöst, wenn man die Bestimmung des löslichen Stickstoffs in einem nach gegebener Vorschrift bereiteten Käsesaft vornehme.

β) „Gelöstes" oder „lösliches" Eiweiß.

Unter „gelöstem" oder „löslichem" Eiweiß versteht man nach W. GRIMMER[2] diejenigen Anteile der gelösten Stickstoffsubstanzen, die noch hochmolekular zusammengesetzt sind und sich durch gewisse Eiweißfällungsmittel zur Abscheidung bringen lassen. Hierher gehören nicht nur die eigentlichen Eiweißstoffe (Casein, Paracasein, Albumin), sondern auch Peptone, welche durch diese Fällungsmittel gefällt werden können. Der Ausdruck „gelöstes" oder „lösliches" Eiweiß ist also streng genommen nicht richtig, da man auch hochmolekulare Eiweißabbaustoffe mit diesem Begriff umfaßt.

Die löslichen Eiweißstoffe werden in einem aliquoten Teil des Filtrats (F) mit Gerbsäure oder mit Phosphorwolframsäure gefällt. Die beiden Fällungen zeitigen verschiedene Ergebnisse. Durch die Phosphorwolframsäure werden auch die sog. Hexonbasen, weiterhin Aminosäuren und Ammoniakstickstoff gefällt.

αα) Mit Gerbsäure fällbarer Stickstoff. 50 ccm des Filtrats (F) werden mit ALMENscher Lösung (4 g stickstofffreie Gerbsäure + 190 ccm 50%iger Alkohol + 8 ccm 25%ige Essigsäure) bis zur Ausflockung versetzt und zum Absetzen stehen gelassen. Hierauf wird filtriert. Der Filterrückstand wird nach KJELDAHL verbrannt.

ββ) Mit Phosphorwolframsäure fällbarer Stickstoff. 50 ccm des Filtrats (F) werden in einem 100-ccm-Kolben mit 30 ccm verd. Schwefelsäure (1:4) und dann mit 20 ccm Phosphorwolframsäurelösung (10%) versetzt. Der Niederschlag bleibt bis zum nächsten Tage stehen. Dann wird er abfiltriert (nicht gewaschen, weil sich beim Waschen Teile davon wieder lösen) und nach KJELDAHL verbrannt. Statt des Niederschlags kann man auch einen aliquoten Teil des Filtrats davon (50 ccm) nach KJELDAHL verbrennen, doch hat dies den Nachteil, daß die Flüssigkeit im Kolben stark stößt. Das Stoßen kann man allerdings durch reichlichen Zusatz von Kupferoxyd verhüten. Die Menge des löslichen Eiweißstickstoffs findet man im letzteren Fall durch Abzug des im Filtrat gefundenen (und verdoppelten) Stickstoffs vom gesamten wasserlöslichen Stickstoff.

γ) Amino- (Amid-) Stickstoff. Dieser wird gefunden, indem man von dem wasserlöslichen Stickstoff den mit Phosphorwolframsäure fällbaren Stickstoff abzieht.

δ) Zersetzungsstickstoff. Dieser kann indirekt gefunden werden, indem man vom wasserlöslichen Stickstoff die Menge des Stickstoffs des löslichen Eiweiß und des Ammoniakstickstoffs (s. unten) abzieht. Er besteht hauptsächlich aus Aminosäuren.

ε) Aminosäuren-Stickstoff. Die Bestimmung wird nach der Methode von D. D. VAN SLYKE[3] (s. Bd. II, S. 621) durchgeführt.

---

[1] CHR. BARTHEL, E. SANDBERG u. E. HAGLUND: Lait 1928, 8, 285, 762 und 891; 1930, 10, 1; Z. 1933, 66, 478.
[2] W. GRIMMER: Milchwirtschaftliches Praktikum, S. 182. Leipzig: Akademische Verlagsgesellschaft m. b. H., 1926.
[3] Siehe auch E. ABDERHALDEN: Handbuch der biologischen Arbeitsmethoden 1923, Abt. I, Teil. 7, S. 263.

Die Methode beruht auf der Abspaltung des Stickstoffs aus den Aminosäuren mittels Salpetriger Säure und der Messung des Stickstoffs. Nach diesem Verfahren können jedoch nur die Aminosäuren der aliphatischen Reihe quantitativ bestimmt werden, nicht aber diejenigen, welche neben der Aminogruppe noch zyklisch gebundenen Stickstoff enthalten, wie Prolin, Tryptophan und andere, die der Reaktion mit Salpetriger Säure nicht oder nur teilweise unterliegen. Nach Chr. Barthel und E. Sandberg[1] muß man den nach der van Slykeschen Methode gefundenen Stickstoff mit 1,66 vervielfältigen.

ζ) **Formoltitrierbarer Stickstoff nach S. P. L. Sörensen[2] (Formoltitrierung).**

Diese Bestimmung dient zur unmittelbaren quantitativen Messung der proteolytischen Spaltung. Wir verweisen auf die Angaben in Bd. II, S. 617f., und die Originalarbeit von O. Gratz[3], die zeigt, daß sich durch die Formoltitrierung ein ähnlicher Einblick in die „Tiefe" der Käsereifung gewinnen läßt wie durch die Fällungsmethoden, und daß die beiden Methoden einander ergänzen.

η) **Ammoniak-Stickstoff.** 50 ccm des Filtrats (F) werden in einem Kjel-dahl-Kolben mit ungefähr 100 ccm Wasser verdünnt. Nach dem Zusatz von etwas Paraffin oder Oktylalkohol und Siedesteinen wird zum Freimachen des Ammoniaks ein gehäufter Teelöffel voll Magnesiumoxyd zugesetzt. Das freigewordene Ammoniak wird (im Vakuum) abdestilliert und in 0,1 N.-Schwefelsäure aufgefangen.

4. Bestimmung des Fettes.

Die heute anerkannte Methode zur Bestimmung des Fettes im Käse ist die Methode nach Schmid-Bondzynski-Ratzlaff.

Die Methode stellt eine Zusammenfasung der Methoden von Röse[4], Gottlieb[5] und Schmid-Bondzynski[6] dar. Das Röse-Gottlieb-Verfahren, das besonders Beachtung fand, nachdem K. Farnsteiner[7] und A. Röhrig[8] die Büretten verbessert hatten, arbeitet mit Ammoniak als Lösungsmittel und wurde von M. Weibull[9] noch verbessert. Das Verfahren von W. Schmid und St. Bondzynski — es wurde von Stanislaus Bondzynski zuerst für Milch angegeben und später von Stefan Bondzynski für Käse angewendet — arbeitet mit Salzsäure oder einer anderen Säure als Lösungsmittel. Das Röse-Gottlieb-Verfahren und das Schmid-Bondzynski-Verfahren hat Ratzlaff[10] in gewisser Beziehung zusammengefaßt. Diese Zusammenfassung ist die Grundlage des heute anerkannten Fettbestimmungsverfahrens.

In Einzelheiten hat die Methode immer wieder Abänderungen erfahren und der Wortlaut der Methode, wie er im Heft 4, Käse, der „Entwürfe" (s. oben), im Internationalen Abkommen (s. oben) und von F. E. Nottbohm[11] — von diesem zusammenfassend und verbessernd — niedergelegt worden ist, zeigt jeweils gewisse Abweichungen. Wir geben nachstehend den Wortlaut der Methode nach den „Entwürfen", nach dem Internationalen Abkommen und nach F. E. Nottbohm wieder, weil bis auf weiteres nach allen 3 Fassungen gearbeitet wird.

a) **Fettbestimmung nach den „Entwürfen".** „3—5 g der Durchschnittsprobe (S. 389) des Käses werden in einem weithalsigen Glaskölbchen von etwa 50 ccm Inhalt mit 10 ccm 38 %iger Salzsäure, sowie einigen Körnchen Bimsstein über einer kleinen Flamme bis zur Lösung der Eiweißstoffe erhitzt. Nach dem Erkalten wird die Mischung in einen bürettenartigen, etwa 100 ccm fassenden, in halbe Kubikzentimeter geteilten Glaszylinder von etwa 20 mm lichter Weite gebracht, der unmittelbar oberhalb der 25-ccm-Marke ein seitliches Ausflußrohr mit Glashahn besitzt. Das Kölbchen wird zuerst mit 10 ccm absolutem Alkohol, dann mit 25 ccm Äther, schließlich mit 25 ccm Petroläther nachgewaschen.

---

[1] Chr. Barthel u. E. Sandberg: Zentralbl. Bakteriol. II 1915, **44**, 76 und 1919, **49**, 392.
[2] S. P. L. Sörensen: Biochem. Zeitschr. 1908, **7**, 1 und 45.
[3] O. Gratz: Z. 1912, **23**, 379.   [4] B. Röse: Zeitschr. angew. Chem. 1888, 100.
[5] E. Gottlieb: Landw. Vers.-Stationen 1892, **40**, 1.
[6] W. Schmid u. Stefan Bondzynski: Zeitschr. analyt. Chem. 1888, **27**, 464 und 1894, **33**, 186. Landw. Jahrb. Schweiz 1889; Chem.-Ztg. 1890, **14**, Rep. 20.
[7] K. Farnsteiner: Z. 1904, **7**, 105.   [8] A. Röhrig: Z. 1905, **9**, 531.
[9] M. Weibull: Z. 1906, **11**, 736; 1909, **17**, 442.
[10] Ratzlaff: Milch-Ztg. 1903, **32**, 65.
[11] F. E. Nottbohm u. Mitarbeiter: Z. 1934, **67**, 309.

Die Waschflüssigkeiten werden einzeln der Käselösung zugefügt und der mit einem Glasstopfen verschlossene Zylinder nach jedem Zusatz etwa 20—30mal vorsichtig umgeschwenkt und bis zur Trennung der Schichten stehen gelassen. Nach zwei- bis ·dreistündigem Stehen des erhaltenen Gesamtgemisches muß die ätherische Schicht, die das Fett gelöst enthält, sich völlig klar abgeschieden haben. Nach Ablesung des Volumens der Fettlösung wird ein möglichst großer, durch Ablesung festgestellter Teil davon in ein gewogenes, etwa 120 ccm fassendes Glaskölbchen abgelassen, das Lösungsmittel abdestilliert, das zurück·bleibende Fett eine Stunde bei etwa 100° getrocknet und nach dem Erkalten im Exsikkator gewogen. Die gefundene Fettmenge, auf das gesamte Volumen der Fettlösung umgerechnet, ergibt den Fettgehalt der angewandten Menge Käse.

An Stelle der angegebenen Arbeitsweise kann man die Ausschüttelung auch in einem Glaszylinder von etwa den gleichen Abmessungen, aber ohne Teilung und ohne seitliches Ausflußrohr, vornehmen, sodann einen Gummistopfen mit engen Glasröhren nach Art der Spritzflaschenaufsätze anbringen, den größten Teil der ätherischen Schicht in ein gewogenes Glaskölbchen abblasen oder ab-hebern und die Ausschüttelung in gleicher Weise noch zweimal mit kleineren Mengen eines Gemisches aus gleichen Teilen Äther und Petroläther wiederholen. Darauf wird das Äthergemisch aus dem Glaskölbchen abdestilliert und im übrigen wie oben weiter verfahren. Die so gefundene Fettmenge ergibt den Fettgehalt der angewandten Menge Käse.

Der Fettgehalt ist unter Benutzung des Ergebnisses der Wasserbestimmung auf g Fett in 100 g Trockenmasse des Käses zu berechnen.“

b) Fettbestimmung nach F. E. Nottbohm und O. Baumann[1]. 2—3 g Käse werden nach Zusatz von etwas Bimsstein im Erlenmeyer-Kölbchen, das mit einem Trichter bedeckt ist, mit 10 ccm Salzsäure vom Spez. Gewicht 1,124 bis zum Nachlassen des Schäumens auf freier Flamme erhitzt. Darauf wird die Flüssigkeit noch etwa 15 Minuten über einem Asbestdrahtnetz in schwachem Sieden erhalten und noch warm in ein Rohr nach Gottlieb-Röse übergeführt. Unter Nachspülen des Kölbchens füllt man nacheinander mit 10 ccm Alkohol, 25 ccm Äther und 25 ccm Petroläther auf, wobei nach jedem Zusatz eine gründ-liche Durchmischung vorzunehmen ist. Sowie sich die Fettlösung klar abgeschie-den hat — was im allgemeinen nach einer Stunde erfolgt ist· — wird ein aliquoter Teil in ein tariertes Glaskölbchen abgehebert und der Rückstand nach dem Abdestillieren des Lösungsmittels und einstündigem Trocknen bei 105° zur Wägung gebracht.

c) Fettbestimmung nach dem Internationalen Abkommen (S. 388). Der Fettgehalt wird nach der Methode Schmid-Bondzynski-Ratzlaff festgestellt.

Steht keine Vorrichtung zur Verfügung, um direkt alle Feststellungshandlungen in derselben Röhre vornehmen und den gesamten Fettgehalt ausziehen zu können, so werden 3 g Käse in einem kleinen Glaskolben von ungefähr 50 ccm Inhalt abgewogen; man fügt 10 ccm Chlorwasserstoffsäure (D = 1,125) hinzu und erhitzt die Masse nach und nach vorsichtig schüttelnd bis zur vollständigen Auflösung des Käses.

Der Inhalt des Kolbens wird nach und nach in eine verschließbare Röhre hineingeschüttet, das Innere des Kolbens zuerst mit 10 ccm Alkohol zu 96%, dann mit 25 ccm reinem Äther und schließlich mit 25 ccm Petroleum-Äther (Siedepunkt 40—60°) ausgespült. Die Spülungs-flüssigkeiten werden der Käselösung hinzugegeben und nach jeder Zugabe wird die Röhre vorsichtig geschüttelt, nachdem sie vorher mit einem mit Wasser angefeuchteten Kork-stopfen verschlossen worden ist. Eine Pause von ungefähr zwei Stunden tritt ein, so daß eine vollständige Absonderung der Ätherfettlösung erreicht wird. Die klare Ätherfettlösung wird so vollständig wie möglich abgesondert (so daß nur noch ein ccm höchstens übrig bleibt) und in einen kleinen tarierten Glaskolben hineingebracht; in die Röhre werden ungefähr 25 ccm einer Mischung von Äther und Petroleumäther zu gleichen Teilen eingefüllt und dann wird die Mischung wiederholt geschüttelt. Nach einer Pause von einer Stunde wird die

[1] F. E. Nottbohm u. O. Baumann: Z. 1934, 67, 307.

Ätherlösung wiederum abgesondert und möglichst in den tarierten Kolben eingefüllt. Dieses Verfahren wird wiederholt. Dann wird die gesamte Ätherfettlösung destilliert und der Niederschlag im Trockenapparat auf ungefähr 102⁰ erhitzt, bis ein gleichbleibendes Gewicht erreicht ist.

Die Erfahrung lehrt, daß die Fettbestimmung nach Schmid-Bondzynski-Ratzlaff dann und nur dann stets genau übereinstimmende Werte liefert, wenn man sich in jeder Einzelheit streng an den Wortlaut der Vorschrift hält. Es muß verlangt werden, daß sich die einzelnen Untersuchungsstellen von gewissen Eigenarten in der Ausführung des Verfahrens freimachen[1]. Nun weisen aber auch die drei soeben unter a—c aufgeführten heute geltenden Vorschriften mehrfache nicht unwesentliche Unterschiede im Wortlaut auf.

So werden z. B. nach a) 3—5 g, nach b) 3 g und nach c) 2—3 g Käse zur Fettbestimmung verwendet. Am besten wägt man etwa 3 g in das Kölbchen ein, von fettarmen Käsen nimmt man etwas mehr, von fettreichen etwas weniger.

Nach a) wird 38%ige (Spez. Gewicht 1,19), nach b) und c) 25%ige (Spez. Gewicht 1,125) Salzsäure angewandt. Rohkäse wird sich fast in allen Fällen in der 25%igen Salzsäure leicht und vollständig lösen. Dies hat den Vorteil, daß das lästige Arbeiten mit der starken rauchenden Säure wegfällt. Dagegen erhält man bei manchen Schmelzkäsen mit 25%iger Säure keine glatte Lösung[2]. In solchen Fällen muß 38%ige Säure verwendet werden. Das Erhitzen des Käses mit der Salzsäure muß lange genug erfolgen, wobei man nach und nach vorsichtig schüttelt, bis zur vollständigen Auflösung des Käses bzw. bis zum Nachlassen des Schäumens, und zwar über freier, kleiner Flamme oder auf einer Heizplatte. Der Abbau der Eiweißstoffe beim Erhitzen des Käses mit Salzsäure geht nur allmählich vor sich. Es bedarf immer einer gewissen Einwirkungszeit in der Hitze, bis störende Kolloide genügend beseitigt sind. Wenn möglich, lassen wir deshalb gerne die Lösung auch wenn sie augenscheinlich vollständig ist, noch einige Stunden stehen. Der sich später im Glaszylinder an der Grenzfläche der wäßrigen und der ätherischen Flüssigkeit gewöhnlich bildende Eiweißring ist dann weniger stark und bietet damit weniger eine Fehlerquelle. F. E. Nottbohm[1] weist darauf hin, daß bei Verwendung von graduierten Gottlieb-Röhren eine Kochdauer von 15 Minuten nicht zu umgehen sei. J. Grossfeld[2] hält bei Verwendung von 25%iger Säure auch eine Aufschlußdauer von wenigstens etwa 10 Minuten für notwendig; selbst bei Verwendung von 38%iger Salzsäure genügen 5 Minuten vielfach (besonders bei Schmelzkäse) nicht.

Nach den Vorschriften a—c können verschiedene Arten von Glaszylindern zum Ausschütteln des Fettes mit den ätherischen Flüssigkeiten verwendet werden. Diese Tatsache kann leicht Unterschiede in den Untersuchungsergebnissen verschiedener Untersuchungsstellen verursachen. Am besten verwendet man graduierte Röhren nach Gottlieb oder die Röhrigschen Büretten[3] mit Ausflußhahn. In jedem Fall muß beim Abhebern bzw. Ablassen der ätherischen Fettlösung peinlich genau gearbeitet werden. Bei Verwendung nicht graduierter Glaszylinder muß ein zweimaliges Ausschütteln mit möglichst vollständigem Abhebern erfolgen, wobei aber leicht eine höhere Ausbeute erzielt wird.

Eine wesentliche praktische Vereinfachung und Verbilligung des Verfahrens kann man nach J. Grossfeld und W. Hoth[4] erzielen. Sie empfehlen als Lösungsmittel neben 38%iger Salzsäure auch 70%ige Schwefelsäure und verwenden nur Benzin zum Ausschütteln des Fettes und ganz einfache Geräte. Früher verwendete J. Grossfeld[5] Trichloräthylen an Stelle von Äther-Petroläther bzw. Benzin bei der Käsefettbestimmung.

Es wird einmal von zuständiger Stelle aus bestimmt werden müssen, welche Vorschrift in jeder ihrer Einzelheiten genau einzuhalten ist. Für die Praxis ist es weniger wichtig, ob die eine oder andere Arbeitsvorschrift mehr oder weniger Fehlerquellen besitzt, als daß man überall und immer genau gleich arbeitet. Denn jede kleine Ungleichheit kann Fehler nach sich ziehen, die, wenn auch im einzelnen nur gering, in ihrer Häufung zu wesentlich verschiedenen Untersuchungsergebnissen verschiedener Untersuchungsstellen führen können.

d) Weitere Fettbestimmungsmethoden. Für Vor- und Serienuntersuchungen sind die acidbutyrometrischen Verfahren nach van Gulik[6] und Gerber-Siegfeld[7] zu empfehlen, wenn sie auch die Genauigkeit der Methode nach Schmid-Bondzynski-Ratzlaff nicht ganz erreichen.

---

[1] F. E. Nottbohm: Z. 1934, 67, 315 bzw. 309.
[2] J. Grossfeld u. W. Hoth: Z. 1935, 69, 36 bzw. 40.   [3] A. Röhrig: Z. 1905, 9, 531.
[4] J. Grossfeld u. W. Hoth: Z. 1935, 69, 30.
[5] J. Grossfeld: Z. 1924, 47, 53.   [6] Van Gulik: Z. 1912, 23, 100.
[7] Gerber-Siegfeld: Milch-Ztg. 1904, 33, 433 und Milchw. Zentralbl. 1910, 6, 360.

α) **Fettbestimmung nach** VAN GULIK. 3 g der feinverteilten Hartkäse-
probe werden durch einen Fülltrichter in ein Butyrometer nach VAN GULIK
übergeführt, welches vorher zur Hälfte mit Schwefelsäure vom Spez. Gewicht 1,5
beschickt ist. Bei Weichkäse wird die Probe in das von N. GERBER angegebene
Lochbecherchen eingewogen. Bei Anwendung der Butyrometer nach HAMMER-
SCHMIDT sind nur 2,5 g Käse in das vorgesehene Schaufelbecherchen einzuwägen.
Unter zeitweiligem Schwenken des Butyrometers, das vorher in einem Wasserbade auf 65—70^0 erwärmt ist, geht die Masse in Lösung. Man fügt 1 ccm
Amylalkohol hinzu, füllt mit Schwefelsäure gleicher Stärke bis zum Teilstrich 35
auf und mischt den Butyrometerinhalt, ohne zu schütteln, vorsichtig, aber gründlich durch. Vor dem Zentrifugieren wird das Butyrometer zweckmäßig für
5 Minuten in das Wasserbad zurückgestellt. Das Ablesen der Ergebnisse erfolgt
bei 65^0.

β) **Fettbestimmung nach** GERBER-SIEGFELD. 1—2 g Käse werden in einem
ERLENMEYER-Kölbchen von 50 ccm Inhalt mit 10 ccm Salzsäure vom Spez. Gewicht 1,124
über kleiner Flamme erhitzt, bis alles gelöst ist. Dann wird die Flüssigkeit in das Butyrometer gebracht und das Glasgefäß mit 11 ccm gleich starker Salzsäure 4—5mal unter
leichtem Erwärmen ausgespült. Dann wird 1 ccm Amylalkohol zugesetzt, verschlossen,
durchgeschüttelt, im Wasserbade auf 60—70^0 erwärmt, noch einmal durchgeschüttelt und
zentrifugiert. Die abgelesenen Prozente sind mit 11,33 zu multiplizieren und durch das
Gewicht des Käses zu dividieren.

Von diesen beiden Methoden wird in Deutschland im allgemeinen heute noch die Methode
nach GERBER-SIEGFELD vorgezogen. Dagegen steht die Methode nach VAN GULIK im Ausland an erster Stelle. Sie ist auch nach Ansicht F. E. NOTTBOHMs[1] und nach unserer Erfahrung vorzuziehen. Weitere bekannte acidbutyrometrische Methoden sind diejenigen nach
BURSTERT[2], THOLSTRUP-PEDERSEN[3] und TEICHERT[2].

γ) **Bekannte Extraktionsmethoden** sind diejenige nach O. ALLEMANN[4], der die
Methoden von SOXHLET und SCHMID-BONDZYNSKI vereinigt hat, und die Methode von
BRODRICK-PITTARD[5], die eine Abänderung der ALLEMANNschen Methode darstellt.

δ) **Ein aräometrisches Verfahren** hat HACKMANN[6], ein pyknometrisches W. LEITHE[7]
ausgearbeitet. Dabei wird aus der Dichte der Lösung des Käsefettes in Tetrachlorkohlenstoff
die Fettmenge abgeleitet. Diese indirekten Verfahren sind aber bedeutend weniger genau
als die Verfahren mit direkter Wägung des Fettes.

ε) **Refraktometrische Verfahren** haben WOLLNY[8] und W. LEITHE[9] ausgearbeitet.

5. Abscheidung und Untersuchung des Käsefettes.

a) Abscheidung des Käsefettes. Die Art der Abscheidung des Fettes aus
den Käsen ist in vielen Fällen von besonderer Bedeutung. Sie richtet sich nach
dem Zweck, den die Untersuchung des Fettes erfüllen soll. Man unterscheidet
drei Hauptarten von Verfahren zur Gewinnung des Fettes, nämlich neutrale,
alkalische und saure Verfahren, je nachdem zur Abscheidung des Fettes nur
physikalische oder aber in erster Linie chemische Mittel und zwar Alkalien bzw.
Säuren verwendet werden.

Bei der Untersuchung von Käsefett muß in Rechnung gestellt werden, daß ein Teil
des Fettes im Käse während dessen Reifung gespalten worden ist (S. 365 und 385). Art
und Grad der Fettspaltung können je nach Sorte, Alter usw. der Käse recht verschieden
sein. Weiter ist zu berücksichtigen, daß während der Käsereifung in erster Linie auch beim
Abbau der Eiweißstoffe große Mengen flüchtiger Fettsäuren entstehen können (S. 365).

---

[1] F. E. NOTTBOHM: Z. 1934, 67, 315.
[2] K. TEICHERT: Methoden zur Untersuchung von Milch und Milcherzeugnissen, 2. Aufl.,
S. 408 und 415. Stuttgart: Ferdinand Enke 1927.
[3] THOLSTRUP-PEDERSEN: Moelkeritidende 1921, 661. — CHR. BAHTREL: Methoden zur
Untersuchung von Milch und Molkereiprodukten, 4. Aufl., S. 206. Berlin: Paul Parey 1928.
[4] O. ALLEMANN: Mitt. Lebensmittelunters. Hygiene 1913, 4, 253.
[5] N. A. BRODRICK-PITTARD: Z. 1915, 29, 112; 1916, 32, 355.
[6] CH. HACKMANN: Milchw. Forsch. 1926, 3, 43.   [7] W. LEITHE: Z. 1934, 67, 441.
[8] WOLLNY: Siehe TIEMANN, Die Untersuchungsmethoden für Milch, S. 49. Leipzig:
M. Heinsius Nachf. 1898.   [9] W. LEITHE: Z. 1935, 70, 91.

Nach den Untersuchungen von K. Windisch[1] und anderen Forschern besteht die während der Käsereifung eintretende Fettspaltung in einer Spaltung der Glyceride in freie Fettsäuren und Glycerin. Dabei verschwinden die freigewordenen flüchtigen Fettsäuren ganz oder größtenteils während der Reifung der Käse. Man kann deshalb das Fett reifer, nicht verdorbener Käse im wesentlichen als eine Mischung von nichtverändertem neutralem Fett und freien nichtflüchtigen Fettsäuren ansehen. Neutralisiert man die im Fett sich vorfindenden freien Säuren, dann erhält man das Neutralfett, das nach den Untersuchungen von K. Windisch[1] in seiner Zusammensetzung dem kaum gespaltenen Fett frischer Käse bzw. dem Butterfett weitgehend nahe kommt. Dieser Befund erklärt sich daraus, daß die flüchtigen und die nichtflüchtigen Fettsäuren — wie dies die Untersuchungen von H. Weigmann und A. Backe[2] und O. Henzold[3] ergeben haben — zu annähernd gleichen Teilen der Spaltung unterliegen. Neutralfett, wie es bei den alkalischen Verfahren zur Fettabscheidung ohne weiteres gewonnen wird oder wie es durch Neutralisieren von nach neutralen oder sauren Verfahren abgeschiedenem Fett dargestellt wird, verwendet man also am besten für die analytische Praxis, wenn es darauf ankommt, festzustellen, ob ein Käse ein echter Milchfettkäse ist oder ob er Margarine enthält, bzw. überhaupt unter Fremdfettzusatz hergestellt ist oder nicht (Prüfung auf Abstammung des Käsefettes).

Dagegen muß man bei Untersuchungen des Fettes auf den Zersetzungsgrad (Säuregrad) und bei Untersuchungen, die weitere Zwecke verfolgen, z. B. bei solchen über die Veränderungen des Käsefetts während der Reifung, das nach einem sauren Verfahren abgeschiedene Fett verwenden. Die freien Fettsäuren, die während der Reifung des Käses aus dem ursprünglichen neutralen Fett sich bilden, sind wichtige Bestandteile des Fettes der reifen Käse. Weiter können flüchtige Fettsäuren aus Eiweißstoffen entstanden und dem Käsefett beigemischt sein. Wird das Fett ohne einen die Reaktion der Käsemasse ändernden Zusatz abgeschieden, so gehen die während der Käsereifung aus dem Fett abgeschiedenen Fettsäuren, die im reifen Käse als Ammoniumsalze vorhanden sind, verloren. Nur bei der Abscheidung des Fettes unter Zusatz von Säuren werden alle aus dem Fett entstandenen Fettsäuren gewonnen, soweit sie noch vorhanden sind.

Für Untersuchungen bestimmter Art ist je nach den Verhältnissen des einzelnen Falles die günstigste Art des Verfahrens der Fettabscheidung aus dem Käse auszuwählen[4], unter Umständen versuchsmäßig festzulegen. Wir verweisen hierzu auf das S. 365 angegebene Originalschrifttum.

α) **Neutrale Fettgewinnungsverfahren.** „Je nach dem Fettgehalt des Käses werden etwa 50—100 g der Durchschnittsprobe (S. 389) des Käses in einer Porzellanschale mit einer ausreichenden Menge entwässerten Natriumsulfats innig vermischt, bis eine gleichmäßige krümelige Masse entsteht. Diese wird in einem Kolben mit einer zur Lösung des Fettes genügenden Menge Petroläther wiederholt durchgeschüttelt. Nach mehrstündigem Stehen wird der Kolbeninhalt auf ein Filter gebracht und der auf dem Filter verbleibende Rückstand mehrmals mit Petroläther nachgewaschen. Aus dem Filtrate wird der Petroläther abdestilliert und das zurückbleibende Käsefett in der Wärme mehrmals durch ein Faltenfilter gegeben."

Dieses in die „Entwürfe" aufgenommene, von P. Buttenberg und W. König[5] ausgearbeitete Verfahren eignet sich immer dann, wenn man zur Bestimmung der Fettkonstanten ein möglichst unverändertes Material beschaffen muß, oder wenn das unmittelbare Ausschmelzen nicht zum Ziele führt, oder wenn das Fett aus Mangel an Material möglichst vollständig gewonnen werden muß.

Bei fettreichen und nicht zu wasserhaltigen Käsen läßt sich im allgemeinen genügend Fett durch unmittelbares Ausschmelzen gewinnen. Man stellt den in Scheiben zerschnittenen oder zerdrückten Käse in einer Porzellanschale bei 80—90° in den Trockenschrank. Das nach und nach abfließende Fett braucht nur durch ein Filter gegossen zu werden. Mitlaufendes Wasser wird durch Absetzenlassen oder Zentrifugieren entfernt.

Man kann auch folgendermaßen verfahren: 200 g Käsemasse werden mit Wasser zu einem Brei angerieben. Der Brei wird mit so viel Wasser in eine Flasche von 500 bis

[1] K. Windisch: Arb. Kaiserl. Gesundheitsamt 1900, **17**, 281; Z. 1901, 4, 1146.
[2] H. Weigmann u. A. Backe: Landw. Vers.-Stationen 1898, **51**, 1.
[3] O. Henzold: Milch-Ztg. 1895, **24**, 729.
[4] Vgl. hierzu auch W. Grimmer: Die Untersuchung des Käsefettes. In W. Winklers Handbuch der Milchwirtschaft, Bd. II, Teil II, S. 338. Wien: Julius Springer 1931.
[5] P. Buttenberg u. W. König: Z. 1910, **19**, 477.

600 ccm Inhalt mit möglichst weitem Halse gespült, daß insgesamt etwa 400 ccm des Raumes eingenommen werden. Schüttelt oder zentrifugiert man die geschlossene Flasche, so scheidet sich das Käsefett an der Oberfläche ab; es wird abgehoben, mit Eis gekühlt, ausgeknetet, geschmolzen und das Fett durch ein trockenes Filter gegeben.

Man kann den zerkleinerten Käse auch einfach mit Äther ausziehen und zwar ohne Trocknen und Mischen mit Sand oder nach Vermischen mit Sand ohne oder nach dem Trocknen bei 80—100°. Hierbei sind aber je nach dem Verwendungszweck des Fettes die besonderen Eigenschaften des mit Äther ausgezogenen Käsefettes in Betracht zu ziehen (s. Originalschrifttum der Käsefettbestimmung, S. 394).

β) **Alkalisches Fettgewinnungsverfahren von A. Devarda**[1]. 50 bis 100 g des von der Rinde befreiten Käses werden in kleine Stücke geschnitten — wohl besser auf einer Reibe zerrieben — oder mit wenig Wasser in einer Reibschale verrieben und in einer Wolfbauerschen Scheideflasche[2] mit 50 bis 80 ccm Wasser, 100—150 ccm Äther und mit 2 Tropfen Phenolphthaleinlösung versetzt. Das ganze wird fleißig geschüttelt und so lange mit verdünnter Kalilauge versetzt, bis die wäßrige Flüssigkeit deutlich rot gefärbt bleibt. Darauf wird das Ganze noch einige Male gehörig geschüttelt. Die nach kurzer Zeit sich abscheidende Ätherfettschicht wird abgezogen, nötigenfalls filtriert und der Äther abdestilliert. Das so gewonnene Fett wird bei 100° getrocknet und, wenn notwendig, nochmals filtriert.

Die alkalischen Verfahren von A. Kirsten[3] und O. Henzold[4] gleichen im Grundsatz dem Verfahren von Devarda, aber ihre technische Art der Durchführung ist wesentlich anders.

γ) **Saures Fettgewinnungsverfahren von K. Windisch**[5]. 50—100 g zerkleinerte Käsemasse werden in einer Reibschale mit der $1\frac{1}{2}$—2fachen Menge Salzsäure vom Spez. Gewicht 1,125 zerrieben, die Mischung in ein Becherglas übergeführt und im kochenden Wasserbade erhitzt, bis das Fett sich als klare ölige Schicht an der Oberfläche der braunen bis violetten Flüssigkeit abgeschieden hat. Darauf stellt man das Becherglas in eiskaltes Wasser, bis das Fett erstarrt ist, hebt die Fettscheibe heraus, spült sie mit kaltem Wasser gut ab, bringt sie in eine Porzellanschale, gibt zur Entfernung etwa in dem Fette enthaltener kleiner Mengen Salzsäure Wasser hinzu, erwärmt bis zum Schmelzen des Fettes und rührt Wasser und Fett mit einem Glasstabe leicht durcheinander. Man läßt das Fett wieder erstarren, hebt die Fettscheibe ab, trocknet sie mit Filtrierpapier sorgfältig ab, schmilzt sie und filtriert das getrocknete Fett durch ein trockenes Filter.

J. Grossfeld[6] hat ein saures Verfahren zur Fettgewinnung mittels Trichloräthylens angegeben, das von O. Baumann[7] mit den übrigen Abscheidungsverfahren verglichen und günstig beurteilt wurde.

b) Darstellung des Neutralfettes. Das Neutralfett, wie man es zur Untersuchung auf Fremdfette am besten verwendet, kann man unmittelbar nach den oben angegebenen alkalischen Verfahren von Devarda, Kirsten und Henzold gewinnen.

Wenn man außer einem Fremdfettgehalt auch noch andere Verhältnisse der Zusammensetzung eines Käsefettes, z. B. den Zersetzungsgrad (Säuregrade), festzustellen hat, so scheidet man zunächst das saure Fett nach einem der oben angegebenen neutralen oder sauren Verfahren ab. Nach diesen beiden Arten von Verfahren erhält man das Fett einschließlich der vorhandenen freien und darin in Form von Seifen gebundenen Fettsäuren. Um das für die Prüfung

---

[1] A. Devarda: Zeitschr. analyt. Chem. 1897, **36**, 751.

[2] Diese Flasche hat in der Mitte eine starke Einschnürung und besteht somit gleichsam aus zwei verbundenen Kugeln.

[3] A. Kirsten: Z. 1898, **1**, 742.   [4] O. Henzold: Milch-Ztg. 1895, **24**, 729.

[5] K. Windisch: Arb. Kaiserl. Gesundheitsamt 1898, 14, 554; 1900, 17, 281.

[6] J. Grossfeld: Anleitung zur Untersuchung der Lebensmittel, S. 191. Berlin: Julius Springer 1927.   [7] O. Baumann: Z. 1926, **51**, 267.

auf Reinheit allein zu untersuchende Neutralfett zu erhalten, löst man das erhaltene Fett in Alkohol und Äther, setzt einige Tropfen alkoholischer Phenolphthaleinlösung hinzu und versetzt die Lösung unter starkem Umschütteln oder Rühren so lange mit wäßriger Kalilauge, bis alle Fettsäuren neutralisiert sind, wobei meist zwei Schichten entstehen, da die zuzusetzende Menge Kalilauge stets sehr beträchtlich ist. Alkohol und Äther dunstet man darauf auf dem Wasserbade bei möglichst niederer Temperatur ab, kühlt dann stark, hebt den erstarrten Neutralfettkuchen ab, trocknet ihn mit Filtrierpapier, schmilzt das Fett bei möglichst niederer Temperatur und filtriert es durch ein trockenes Filter.

c) Die Untersuchung des Käsefettes. Das nach einer der oben aufgeführten Methoden abgeschiedene Käsefett wird nach denselben Grundsätzen wie das Butterfett untersucht (s. Bd. IV).

6. Bestimmung von Asche, Natriumchlorid- und Schnellreifungsmitteln.

a) Bestimmung der Asche. „3—5 g der Durchschnittsprobe (s. S. 389) des Käses werden in einer Platinschale mit kleiner Flamme verkohlt. Die Kohle wird wiederholt mit kleinen Mengen heißen Wassers ausgewaschen, der wäßrige Auszug durch ein kleines Filter von bekanntem Aschengehalt filtriert und das Filter samt der Kohle in der Schale mit möglichst kleiner Flamme verascht. Alsdann wird das Filtrat in die Schale zurückgebracht, zur Trockne verdampft, der Rückstand ganz schwach geglüht und nach dem Erkalten im Exsikkator gewogen.“

Hierbei ist zu berücksichtigen, daß durch die entstehende freie Phosphorsäure Chlor ausgetrieben wird. Man muß daher eine zweite Probe zerriebener Käsemasse mit 1 Tl. Salpeter und 2 Tln. Natriumcarbonat innig mischen, im zugedeckten Tiegel sorgfältig verpuffen, in der mit und ohne Zusatz hergestellten Asche das Chlor bestimmen und das in ersterem Falle mehr gefundene Chlor der ohne Zusatz erhaltenen Asche zuzählen.

Siehe auch Bestimmung der Asche von natriumchlorid- und proteinreichen Stoffen, Bd. II, S. 1211.

Die natriumchloridfreie Asche wird nach F. E. Nottbohm[1] berechnet, indem von dem gefundenen Wert für die festgestellte Gesamt-Asche der aus der Chlorbestimmung errechnete Natriumchloridwert abgezogen wird.

Die Phosphorsäure wird besser nicht in der Asche, sondern in der nach Kjeldahl aufgeschlossenen Substanz bestimmt (s. auch Bd. II, S. 1257 f.).

b) Bestimmung des Natriumchlorids. „Zur Bestimmung des Kochsalzgehaltes im Käse ist die Käsemasse zunächst mit etwa $^1/_2$ g wasserfreiem Natriumcarbonat zu versetzen und dann zu verkohlen. Das Chlor wird in dem wäßrigen Auszuge der Asche entweder gewichtsanalytisch oder maßanalytisch bestimmt.“

Vgl. hierzu das oben zur Aschenbestimmung Angegebene. Im übrigen kann beim Arbeiten ohne Zusatz von Salpeter und Natriumcarbonat bei Innehaltung gleicher Arbeitsbedingungen mit ungefähr gleichen Chlorverlusten gerechnet werden[1]. Die Höhe des Chlorverlustes wird durch die Höhe des Chlorgehaltes des Käses bei der Aschendarstellung kaum beeinflußt[2].

Die Bestimmung des Natriumchlorids in der Käseasche hat bis jetzt wenig Anklang gefunden, da sich gezeigt hat, daß bei den durch das Veraschen bedingten Fehlerquellen leicht ungenaue Werte erzielt werden[2]. van der Burg[3] entfernt das Eiweiß, indem er es in verd. Natronlauge löst und dann mit Salpetersäure fällt. In einem aliquoten Teil des Filtrats bestimmt er dann das Chlor. E. Erbacher[4] verwendet die Methode von Koranyi zur Bestimmung des Chlorgehaltes im Blut.

F. E. Nottbohm empfiehlt das Verfahren von Frielinghaus[5] mit der von G. Röder[6] getroffenen Abänderung, welche die nach Schulze[7] ausgeführte

[1] F. E. Nottbohm u. O. Baumann: Z. 1933, 65, 444 und 445.
[2] A. Meyer: Milchw. Forsch. 1930, 10, 231.
[3] B. van der Burg: Lait, 1923, 3, 690.
[4] E. Erbacher: Deutsche Molk.-Ztg. Kempten 1928, 49, 1074.
[5] W. Frielinghaus: Molk.-Ztg. Hildesheim 1931, 45, 361.
[6] G. Röder: Die Käse-Industrie Hildesheim 1932, Heft 6.
[7] Schulze: Milchw. Zentralbl. 1927, 56, 157.

Chlorbestimmung in Milch bringt, wobei die MARTIUS-LÜTTKEsche Lösung angewendet wird. F. E. NOTTBOHM[1] gibt dazu folgende Vorschrift:

Etwa 2 g der zerkleinerten Käsemasse werden in einen 300 ccm fassenden ERLENMEYER-Kolben eingewogen und mit ùngefähr 20 ccm 0,1 N.-Natronlauge übergossen. Erfolgt bei Zimmertemperatur und öfterem Umschütteln nach einiger Zeit keine Lösung (was bei Schmelzkäse meistens der Fall zu sein pflegt), so hilft man mit Zerdrücken der Masse unter Erwärmen nach. Die Lösung wird dann mit 100—150 ccm destilliertem Wasser und einer ausreichenden Menge (15—20 ccm) 0,1 N.-Silbernitratlösung nach MARTIUS-LÜTTKE versetzt und mit 0,1 N.-Rhodanlösung titriert.

Die Berechnung des Natriumchloridgehalts aus der Chlorbestimmung und seine Inrechnungstellung bei Angabe der natriumchloridfreien Asche setzen voraus, daß praktisch alles im Käse gefundene Chlor aus dem Kochsalz stammt. Nach den Untersuchungen von NOTTBOHM und BAUMANN[2] kann man annehmen, daß die ungesalzene Käsemasse (ungesalzener Limburger, Quark) etwa 0,2 % Natriumchlorid enthält. Dies wäre bei der Berechnung zu berücksichtigen.

c) Nachweis von Schnellreifungsmitteln. Den Gehalt eines Käses an nennenswerten Mengen anorganischer Schnellreifungsmittel (S. 363) kann man durch die quantitative Analyse der Käseasche ermitteln. Die Käseasche enthält neben Kochsalz hauptsächlich Calciumphosphat. Die anorganischen Schnellreifungsmittel bestehen vorwiegend aus Natriumcarbonat, Natriumbicarbonat und Calciumcarbonat und enthalten dabei oft auch noch ziemlich große Mengen Kochsalz. Zum Nachweis der genannten Schnellreifungsmittel bestimmt man in der ohne Zusatz hergestellten Käseasche neben dem Chlorgehalt auch den Natriumgehalt[3] bzw. neben dem Phosphorsäuregehalt auch den Calciumgehalt und ermittelt, ob ein wesentlicher Überschuß an Natrium bzw. Calcium vorhanden ist oder nicht.

In gleicher Art und Weise kann man einen Zusatz von Calciumchlorid zur Kesselmilch (S. 313) im Käse nachweisen.

Vgl. hierzu „Mineralstoffe" in Bd. II, S. 1208.

7. Bestimmung des Milchzuckers.

Der Milchzucker ist im Käse immer nur in geringer Menge vorhanden und wird meistens aus der Differenz der Summe von (Wasser + stickstoffhaltige Substanz + Fett + Milchsäure + Salze) von 100 angenommen.

Wenn der Milchzucker unmittelbar bestimmt werden soll, so muß die Käsemasse zuerst entfettet werden. Man zieht dazu etwa 5 g Käse nacheinander mit Äther und Wasser aus. Den wäßrigen Auszug bringt man auf ein bestimmtes Volumen und bestimmt in einem aliquoten Teil den Milchzucker wie bei Milch (s. S. 137 und Bd. II, S. 863).

8. Bestimmung der „freien" Säure (Säuregrade, Milchsäure).

a) Säuregrade. 10 g Käsemasse werden unter Zusatz von warmem Wasser (40—50°) in einer Reibschale fein zerrieben. Die Emulsion wird mit Wasser auf das Volumen von 100 ccm gebracht und mit 0,25 N.-Natronlauge unter Verwendung von Phenolphthalein als Indikator titriert. Die Anzahl der verbrauchten ccm Lauge gibt mit 10 multipliziert (wie bei der Bestimmung der Säuregrade der Milch) die Säuregrade des Käses nach SOXHLET-HENKEL (Grade S.H.).

---

[1] F. E. NOTTBOHM u. O. BAUMANN: Z. 1933, 65, 444; 1934, 67, 310.
[2] F. E. NOTTBOHM u. O. BAUMANN: Z. 1933, 65, 445.
[3] Vgl. z. B. auch F. E. NOTTBOHM: Z. 1933, 65, 445.

Zur Säuregradbestimmung muß man den Käse selbst titrieren, man darf sich nicht mit der Titration eines wäßrigen Auszugs begnügen[1], da die durch die Vergärung des Milchzuckers entstandenen Säuren zum größten Teil vom Kalk der Phosphate und des Caseins gebunden sind.

Bei älteren Käsen besagt die Säuregradbestimmung meist nicht viel. Käse, die jung am sauersten waren, sind in reifem Zustand infolge der Ammoniakbildung oft am wenigsten sauer. Am besten läßt sich der höchste Säuregrad, den ein Käse zu Anfang der Herstellung besessen hat, aus dem Verhältnis des Kalks zum Stickstoff oder zu der Phosphorsäure abschätzen, denn je mehr Säure anfangs gebildet wird, desto mehr Kalk wird mit den Molken abfließen (s. auch S. 379).

b) Milchsäure. Die durch Titration bestimmte Säure des Käses kann in vielen Fällen einfach als „Milchsäure" berechnet und angegeben werden. 1 ccm 0,1 N.-Alkalilauge entspricht 0,009 g Milchsäure.

Zur unmittelbaren Bestimmung der Milchsäure im Käse vgl. Milchsäurebestimmung, Bd. II, S. 1100f. und die Arbeit von Suzuki und Hart[2]. Bei Käse ist das Verfahren von Partheil[3], die Destillation mit überhitztem Wasserdampf bei 130°, nicht anwendbar, da neben der Milchsäure hierbei Citronensäure, Bernsteinsäure und andere nicht zugegen sein dürfen. Bei Käse ist die Gegenwart dieser und anderer Säuren immer anzunehmen.

In proteosen- und aminosäurehaltigen Medien muß die Milchsäure nach Ohlson mit Äther ausgezogen werden. Nach H. Hohstettler[4] wird die Käsemasse zu diesem Zweck durch Behandeln mit 0,25 N.-Natronlauge in eine gleichmäßige Emulsion übergeführt. Dann werden durch Sättigen mit Ammoniumsulfat die Eiweißsubstanzen gefällt. Das milchsäurehaltige Filtrat wird hierauf im Kumagawa-Suto-Extraktor extrahiert. Die Milchsäure wird mit Zinkcarbonat als Zinklactat gefällt. Im gereinigten Zinklactat wird die Milchsäure quantitativ nachgewiesen. (Bestimmung nach Lehnhartz[5].) Es können Milchsäuremengen bis 0,1 mg in 20 ccm Lösung mit maximalem Fehler von ± 2% nachgewiesen werden.

9. Bestimmung und Kennzeichnung der flüchtigen Fettsäuren.

Zur Bestimmung der Gesamtmenge der flüchtigen Fettsäuren im Käse — einerlei ob sie durch Fett-, Eiweiß- oder Milchzuckerzersetzung entstanden sind — bestimmt man die Destillationszahl nach Orla-Jensen[6]. Unter der Destillationszahl versteht man die zur Neutralisation des aus 100 g Käse erzielten Wasserdampfdestillates nötige Anzahl ccm 0,1 N.-Natronlauge. W. Grimmer[7] fällt aus dem Wasserdampfdestillat die Bariumsalze und ermittelt aus deren Menge die Gesamtmenge der Fettsäuren und ihr mittleres Molekulargewicht.

Zur Kennzeichnung der einzelnen Fettsäuren benutzt Orla-Jensen[6] die Silbersalze, W. Grimmer die Bariumsalze, die man je durch fraktionierte Fällung erhält. Bei der fraktionierten Infreiheitsetzung der flüchtigen Fettsäuren wird zunächst die Valeriansäure frei. In der zweiten Fraktion finden sich Propion- und Essigsäure, in der dritten die letztere in überwiegender Menge oder ausschließlich.

10. Bestimmung der Wasserstoffionenkonzentration.

Wir verweisen hier auf die in Bd. II, S. 138f. geschilderten Meßverfahren. Bei Milch und Milcherzeugnissen und so auch bei Käse dürften sich die elektrometrischen Bestimmungsmethoden unter Verwendung der Kalomel- und insbesondere der Chinhydronelektrode (s. Bd. II, S. 149) am besten bewährt haben. St. Pasztor[8] hält für die p_H-Bestimmung bei Schmelzkäse die Chinhydron-Elektrode für am besten geeignet. W. Mohr und J. Moos[9] haben die am meisten in der Untersuchungspraxis für Milcherzeugnisse in Frage kommenden Apparaturen zusammengestellt.

[1] Orla-Jensen u. E. Plattner: Z. 1906, 12, 197.
[2] S. Suzuki u. C. H. Hart: Journ. Amer. Chem. Soc. 1909, 31, 1364; Z. 1910, 19, 674.
[3] A. Partheil: Z. 1902, 5, 1053.
[4] H. Hohstettler: Mitt. Lebensmittelunters. Hygiene 1934, 25, 107; Milchw. Forsch. 1935, 17, Ref., 139. [5] Lehnhartz: Zeitschr. physiol. Chem. 1928, 179, 1.
[6] Orla-Jensen: Landw. Jahrb. Schweiz 1904, 18, 314; Zentralbl. Bakteriol. II 1904, 13, 293f.; Z. 1906, 12, 193.
[7] W. Grimmer: Milchw. Praktikum, S. 179. Leipzig: Akademische Verlagsgesellschaft 1926. [8] St. Pasztor: Molk.-Ztg. Hildesheim 1930, 44, 1831.
[9] W. Mohr u. J. Moos: Originalarbeit in Milchw. Lit. Ber. 75, 429, Verlag Molk.-Ztg. Hildesheim 1933.

Bei der p_H-Bestimmung bei Käse muß der Kochsalzgehalt des untersuchten Käses besonders berücksichtigt werden. Der sog. Salzfehler macht bei etwa 2% Kochsalz enthaltendem Käse 0,03 p_H aus. Dieser Wert muß von dem erhaltenen p_H-Wert abgezogen werden.

Zur Bestimmung der Wasserstoffionenkonzentration kann die feste Käsemasse als solche unmittelbar verwendet werden. Der Käse kann auch mit Wasser verrührt und der so hergestellte Brei genau wie Milch untersucht werden. Weiter kann der Käse z. B. mit zwei Teilen Wasser verrieben, die Flüssigkeit ausgeschleudert und diese untersucht werden. Die Anwendung der einzelnen Methoden hängt von den Umständen im einzelnen Fall ab. P. D. WATSON[1] ermittelt den p_H-Wert mit Hilfe der Chinhydronelektrode nicht im festen Käse oder in einer wäßrigen Anreicherung, sondern im Saft des Käses.

Die Käsereifung spielt sich bei p_H 5,5—6 bzw. 6,2 ab. Schon kleine p_H-Verschiebungen können die Reifung stören. Eine Schwarzfärbung der Zinnfolien kann bei Schmelzkäse durch Verwendung von Phosphat oder Alkali mit p_H über 6,3 verursacht sein (s. S. 347 und S. 421).

V. Bakteriologie der Käse.

Siehe die Bearbeitung von W. HENNEBERG S. 429.

VI. Überwachung des Verkehrs mit Käse.

Allgemein gültiger Grundsatz für die Beurteilung von Käsen, d. h. von Erzeugnissen, die der Begriffsbestimmung für Käse (S. 308) entsprechen, ist, daß sie eine normale Beschaffenheit besitzen müssen. Welche Beschaffenheit für einen Käse im Einzelfall als normal anzusehen ist, richtet sich nach den hierfür bestehenden gesetzlichen Bestimmungen, den getroffenen wirtschaftlichen Anordnungen und Richtlinien, den anerkannten Gepflogenheiten der Käsereiwirtschaft und der Käseverteilung und unter Umständen auch nach den berechtigten Erwartungen des Verbrauchers.

Die gesetzlichen Bestimmungen, denen der Verkehr mit Käse unterliegt, sind neben den allgemeinen Bestimmungen des Lebensmittelgesetzes (S. 11 und Bd. I, S. 1284) und des Milchgesetzes (S. 490) und der Ausführungsverordnungen dazu — in erster Linie die Bestimmungen der „Verordnung über die Schaffung einheitlicher Sorten von Käse (Käseverordnung) vom 20. Februar 1934 (S. 553) und der übrigen S. 557 angeführten Verordnungen und Bekanntmachungen.

Heft 4 „Käse" der „Entwürfe zu Festsetzungen über Lebensmittel"[2] enthält den heute gültigen Wortlaut der Begriffsbestimmung für Käse und weiterhin Grundsätze für die Beurteilung und Untersuchung von Käse, die bis auf weiteres als allgemein anerkannte Richtlinien anzusehen sind, wenn sie auch keine Gesetzeskraft haben.

Die Anordnungen, Mitteilungen, Bekanntmachungen usw. der Deutschen milchwirtschaftlichen Vereinigung (Hauptvereinigung)[3] vervollständigen die gesetzlichen Bestimmungen über den Verkehr mit Käse.

Die notwendigsten Angaben für die Beurteilung der einzelnen Käse auf Grund der anerkannten Gepflogenheiten der Käsereiwirtschaft und der Käseverteilung sind in der Beschreibung der Herstellung usw. der Käse der einzelnen Klassen und Sorten (S. 315f.) gemacht. Im übrigen s. S. 415.

Die Tätigkeit in der Überwachung des Verkehrs mit Käse besteht — abgesehen von rein wirtschaftspolizeilichen Aufgaben und von der hygienischen Prüfung von Betriebs- und Geschäftsräumen usw. — besonders in der Über-

---

[1] P. D. WATSON: Ind. engin. Chem. 1927, **19**, 1272. — Z. 1932, **64**, 309.
[2] Herausgegeben vom Kaiserlichen Gesundheitsamt. Berlin: Julius Springer 1913.
[3] K. KRETSCHMER: Käse, Verpackung und Gesetz. Verlag Deutsche Molk.-Ztg. Kempten 1934; „Einheitsbestimmungen für deutschen Markenkäse". Deutsche Molk.-Ztg. Kempten 1935, **56**, 954 und Molk.-Ztg. Hildesheim 1935, **49**, 1433; „Begriffsbestimmungen für Käse", Deutsche Molk.-Ztg. Kempten 1935, **56**, 1466 und Molk.-Ztg. Hildesheim 1935, **49**.

wachung der Kennzeichnung der in den Geschäftsräumen der Groß- und Kleinverteiler aufgelegten Käse, in der Probenentnahme und in der Untersuchung und Beurteilung von aus dem Verkehr entnommenem Käse.

Die Untersuchung des Käses (Sinnenprüfung, physikalisch-chemische und bakteriologische Untersuchung) im Rahmen der Überwachung des Verkehrs mit Käse soll darüber Aufschluß geben, ob die Beschaffenheit des zu prüfenden Käses den gesetzlichen und sonstigen Anforderungen entspricht oder nicht. Festzustellen sind hauptsächlich die allgemeine Beschaffenheit der Käse (Aussehen, Geruch, Geschmack), die Kennzeichnung, der Wassergehalt, sowie der Fettgehalt und die Beschaffenheit des Fettes. Die Untersuchung soll hiernach in erster Linie darüber Auskunft geben, ob der zu prüfende Käse nicht verfälscht, nachgemacht und irreführend bezeichnet oder verdorben ist, und ob er in den Hauptstoffen die gesetzlich vorgeschriebene Zusammensetzung und damit den richtigen Nährwert und Nährstoffgehalt besitzt oder ob er wegen zu hohen Wassergehalts, zu niedrigen Fettgehalts oder wegen Fremdfettzusatzes als verfälscht, bzw. als irreführend bezeichnet anzusehen ist. Durch die Untersuchung sollen weiterhin mögliche Verfälschungen durch Zusätze von Streckungsmitteln, Konservierungsmitteln usw. festgestellt werden. Ferner soll sie die Unterlagen für die Beantwortung der Frage liefern, ob der zu prüfende Käse hygienisch einwandfrei ist oder ob er gesundheitsschädigende Stoffe (giftige Farben und Metalle, gesundheitsschädliche Konservierungsmittel, „Käsegift" usw.) enthält.

Zur Beurteilung von Käsen ist eine genaue Kenntnis der üblichen Herstellungs- und Lagerungsweise der einzelnen Käsesorten und der Gebräuche in der Groß- und Kleinverteilung oft unerläßlich, wenn die Ursachen von Käsefehlern verschiedenster Art und die für das Entstehen der festgestellten Käsefehler verantwortliche Persönlichkeit im Einzelfall ermittelt werden sollen.

Probenentnahme.

Die Vorschriften für die Probenentnahme siehe S. 389.

Wir verweisen insbesondere auf die Bemerkungen zur internationalen Vorschrift (S. 389) und auf unsere Bemerkungen zur Probenentnahme auf S. 390. Im Einzelfall wird man am besten in geeigneter Weise die Art der Probenentnahme unter gleichzeitiger Berücksichtigung der Vorschrift der „Entwürfe"[1] (S. 389) und der internationalen Vorschrift wählen. Wir machen hier insbesondere noch einmal darauf aufmerksam, daß von dem zu prüfenden Käse eine Durchschnittsprobe von allen Schichten entnommen werden und eine verlangte Gegenprobe das Mittel der entnommenen Probe darstellen muß.

Die entnommene Probe muß möglichst bald nach der Entnahme untersucht werden. Dies gilt insbesondere, wenn neben der physikalisch-chemischen Untersuchung auch oder in erster Linie eine bakteriologische in Frage kommt (z. B. bei Käsevergiftungen). Die Gegenprobe soll möglichst zur gleichen Zeit wie die im polizeilichen Auftrag zu prüfende Probe untersucht werden.

1. Prüfung auf den Wassergehalt.

Bei der Wasserbestimmung (S. 391) ermittelt man unmittelbar die Trockenmasse (Gesamt-Trockenmasse).

Für eine praktische Regelung des Wassergehaltes von Käsen liegt darin eine große Schwierigkeit, daß er vom Fettgehalt und von weiteren Umständen

---

[1] Wir bezeichnen auch in diesem Abschnitt mit „Entwürfe" kurz die „Entwürfe zu Festsetzungen über Lebensmittel", Heft 4: „Käse", herausgegeben vom Kaiserlichen Gesundheitsamt. Berlin: Julius Springer 1913.

abhängig ist, die für die einzelnen Käsesorten eigentümlich sind. In Deutschland bestehen vorerst noch keine gesetzlichen Bestimmungen für den Wassergehalt der Käse (S. 367). Bei der Beurteilung des Wassergehaltes der Käse der verschiedenen Sorten muß man sich deshalb nach der Höhe des Wassergehalts richten, wie er sich durch zahlreiche Untersuchungen für die einzelnen Käsesorten als annähernder Durchschnittswert ergibt. Die besten heute vorliegenden Durchschnittszahlen für die wichtigsten Käsesorten sind in Tabelle 15, S. 378, zusammengestellt. Weiterhin geben die Zahlen für den Wassergehalt in den Tabellen 10—14, S. 368—377, einen Überblick darüber, welchen Wassergehalt die einzelnen Käsesorten ungefähr haben sollen.

Da der Wassergehalt der Käse in gewisser Beziehung zum Fettgehalt in der Trockenmasse steht, ist es nach dem Vorschlag von F. E. Nottbohm[1] zweckmäßig, den Wassergehalt auf die fettfreie Käsemasse zu beziehen (S. 378). Die Angabe eines auf die fettfreie Käsemasse bezogenen Wassergehaltes muß als solche natürlich kenntlich gemacht sein.

F. E. Nottbohm[2] hat übrigens — und er wird darin von A. Beythien[3] unterstützt — vorgeschlagen, gleich noch einen Schritt weiter zu gehen und auch die schwankende Salzmenge auszuschalten, also den Wassergehalt auf die fett- und natriumchloridfreie Käsemasse zu berechnen. K. Teichert[5] hat festgestellt, daß der Wassergehalt der Käse mit zunehmendem Salzgehalt zunehmen kann.

Bestimmte Grenzen für den Höchstwassergehalt der Käse bestehen also — abgesehen von den Festsetzungen des Höchstwassergehaltes für die wichtigsten Quark- und Schmelzkäsesorten (s. unten) — in Deutschland heute noch nicht.

Dagegen sind solche z. B. in Dänemark[5] (s. auch S. 367) festgesetzt. § 2 der dänischen Bekanntmachung lautet:

„§ 2. Zum Vertrieb im Inlande oder zur Ausfuhr darf Käse nur in den untenstehenden Klassen hergestellt werden. Käse dürfen nicht weniger Fett in der Trockensubstanz und nicht mehr Wasser enthalten, als für jede Klasse festgelegt ist.

A. Hartkäse.

Klasse:	1	2	3	4	5	6
Mindestgehalt an Fett in der Trockensubstanz	45	40	30	20	10%	Magerkäse
Höchstgehalt an Wasser	50	52	54	57	59	60%

Emmentaler- und Cheddarkäse dürfen nur in der Klasse 1, dänischer Schweizerkäse nur in den Klassen 1, 2 und 3, Goudakäse, Tilsiterkäse, Steppenkäse und Tafelkäse in den Klassen 1, 2, 3 und 4 hergestellt werden.

B. Weichkäse.

Klasse:	7	8	9	Rohcasein und Labquark	Saurer Quark
Mindestgehalt an Fett in der Trockensubstanz	45	30	20%	—	—
Höchstgehalt an Wasser	60	60	65	65	70%

Camembertkäse darf nur in der Klasse 7 und Limburgerkäse nur in den Klassen 7, 8 und 9 hergestellt werden. Roquefortkäse darf nicht weniger als 50% Fett in der Trockenmasse oder mehr als 52% Wasser enthalten.

[1] F. E. Nottbohm: Z. 1932, **63**, 43.   [2] F. E. Nottbohm: Z. 1933, **66**, 85.
[3] A. Beythien: Milchw. Forsch. 1935, **17**, 7.
[4] K. Teichert: Milchw. Ztg. 1930, **49**, 1945.
[5] Dänische Bekanntmachung über Herstellung, Vertrieb und Ausfuhr von Käse vom 2. Juni 1928. Z. 1932, **63**, 42 und 183.

Bei „Myse“-Käse, Klosterkäse, Appetitkäse, Kräuterkäse und geräuchertem Quarkkäse sind für den Fett- und Wassergehalt keine Grenzen festgelegt.“

Wenn auch — worauf F. E. NOTTBOHM[1] besonders hinweist — die von Dänemark eingeführten Abstufungen des für einzelne Fettgehaltsstufen zulässigen Wassergehalts bei uns nicht ohne weiteres zur Nachahmung empfohlen werden können, so geben sie doch neben den Wassergehaltsangaben in den obengenannten Tabellen weitere brauchbare Anhaltspunkte.

Die Überwachung des Verkehrs mit Käse muß unter anderem verhindern, daß der Wassergehalt der Käse z. B. durch „auf Gewicht Käsen“ (S. 313 und 379) unnatürlich hoch gehalten wird. Käse mit allzuhohem Wassergehalt sind als verfälscht anzusehen. Bei der Beurteilung sind jedoch Auswirkungen auf die Höhe des Wassergehalts, wie sie anzuerkennende technische Bedürfnisse, jahreszeitliche Einflüsse (S. 379) usw. unter Umständen mit sich bringen können, zu berücksichtigen.

Der Höchstwassergehalt für Sauermilchquark[2] ist von der Deutschen Milchwirtschaftlichen Vereinigung auf 68% (S. 316), für Speisequark[3] auf 80% (S. 317) festgesetzt worden.

Für den Mindestgehalt an Trockenmasse bzw. den Höchstgehalt an Wasser der Schmelzkäse hat der frühere Verband Deutscher Konservenkäse-Fabrikanten e. V. Grenzwerte festgesetzt[4], die bis auf weiteres als maßgebend zu bezeichnen sind (S. 347). Nach diesen Festsetzungen muß Blockemmentaler 55% und Schachtelemmentaler 53% Mindestgehalt an Trockenmasse (entsprechend 45 bzw. 47% Höchstwassergehalt) besitzen. Geschmolzener Weichkäse muß 33% Mindestgehalt an Trockenmasse (entsprechend 67% Höchstwassergehalt) aufweisen.

Bei Schmelzkäse können und müssen diese Grenzwerte für Trockenmasse bzw. Wassergehalt genau eingehalten werden, da es der Hersteller vollständig in der Hand hat, den Wassergehalt richtig einzustellen. Schmelzkäse hat im allgemeinen einen um etwa 8—10% höher liegenden Wassergehalt als das Rohmaterial, aus dem er hergestellt wurde.

2. Prüfung auf den Fettgehalt.

Die Bestimmung des Fettgehalts siehe S. 394.

Es empfiehlt sich, bei der Fettbestimmung die von F. E. NOTTBOHM gegebene Vorschrift (S. 395) genau einzuhalten. Im übrigen verweisen wir noch ausdrücklich auf unsere Bemerkungen auf S. 396 zu den einzelnen von S. 394 ab aufgeführten Bestimmungsmethoden. Es ist zweckmäßig, zusammen mit den Fettgehaltszahlen jeweils anzugeben, nach welcher Methode gearbeitet wurde. Als Methode zur Voruntersuchung empfehlen wir die Fettbestimmung nach VAN GULIK (S. 397).

Der Fettgehalt wird stets auf die Trockenmasse berechnet und angegeben (s. Käseverordnung, S. 553). Liegt der durch die Untersuchung gefundene, auf Trockenmasse berechnete Fettgehalt weniger als 1% unterhalb des für die betreffende Käsesorte festgesetzten Mindestfettgehalts oder des angegebenen Gehalts, so kann wegen der unvermeidlichen Fehlerquellen, die durch Probenentnahme und Analyse entstehen können, der Käse daraufhin nicht als verfälscht oder irreführend bezeichnet angesehen werden.

---

[1] F. E. NOTTBOHM: Z. 1932, **63**, 43.

[2] K. KRETSCHMER: Käse, Verpackung und Gesetz, S. 52. Kempten: Deutsche Molk.-Ztg. 1934.

[3] K. KRETSCHMER: Deutsche Molk.-Ztg. Kempten 1935, **56**, 1466.

[4] Bekanntmachung des Verbandes Deutscher Konservenkäsefabrikanten e. V. (heute Wirtschaftliche Vereinigung der Schmelzkäsehersteller in der Deutschen Milchwirtschaftlichen Vereinigung) vom 6. April 1932. — Molk.-Ztg. Hildesheim 1932, **46**, 906; Deutsche Molk.-Ztg. Kempten 1932, **53**, 493.

Dies gilt ebenso bei Schmelzkäsen. Sind diese aus vollfetten Hartkäsen hergestellt, so sind bei ihnen weiterhin Abweichungen im Fettgehalt aus technischen Gründen innerhalb einer Fehlergrenze von 2% in der Trockenmasse zulässig (§ 4, Abs. 2, der Käseverordnung, S. 554). Das letztere gilt aber nicht für geschmolzene nicht vollfette Hartkäse. Bei diesen brauchen keinerlei durch technische Einflüsse usw. entstandene Fettschwankungen nach unten berücksichtigt zu werden, da es der Schmelzkäsehersteller vollständig in der Hand hat, den Fettgehalt richtig einzustellen.

Einreden von Schmelzkäseherstellern bei Bemängelungen des Fettgehaltes sind meist unberechtigt. Der Hersteller ist verpflichtet, das in seinen Betrieb hereinkommende Rohmaterial und den hinausgehenden geschmolzenen Käse laufend in genügender Weise zu prüfen. Weist der hereinkommende Rohkäse einen Fettabmangel auf, so muß fettreicheres Material der gleichen Käsesorte mitverschmolzen werden. Ein Butterzusatz, wie er nach den Leitsätzen für die Beurteilung von Schmelzkäsen[1] früher zugelassen war, ist bei dem Wortlaut von § 4, Abs. 2, der Käseverordnung heute unzulässig.

§ 2 der Käseverordnung (S. 553) gibt an, welche Fettgehaltsstufen gesetzlich zulässig sind; § 3 der Verordnung besagt, in welche Fettgehaltsstufen die Käse einzelner wichtiger Sorten einzureihen sind. Im übrigen enthält die Anordnung der Deutschen Milchwirtschaftlichen Vereinigung vom Jahre 1934[2] die Vorschriften für die Einreihung der wichtigsten Käsesorten in die gesetzlichen Fettgehaltsstufen und für ihre Kennzeichnung.

Die Bestimmungen von § 4 der Käseverordnung bilden die Grundlagen für die Anforderungen, die an den Fettgehalt von Schmelzkäse zu stellen sind.

Käse, dessen Fettgehalt nicht demjenigen der Fettgehaltsstufe, in die er auf Grund der bestehenden Vorschriften oder seiner Kennzeichnung nach einzureihen ist, entspricht, ist als verfälscht, nachgemacht oder irreführend bezeichnet anzusehen.

3. Prüfung auf Fremdfett.

Bei der Beurteilung der Kennzahlen des Käsefettes, die zum Nachweis eines Zusatzes fremder Fette heranzuziehen sind, ist besondere Vorsicht geboten. Das Käsefett besitzt meist nicht mehr die ursprüngliche Zusammensetzung des Milchfettes. Es erleidet im Verlauf der Käsereifung mehr oder weniger tiefgreifende Veränderungen. Näheres darüber siehe S. 365 und 385. Diese Fehler können und müssen in vielen Fällen bei einer Prüfung des Fettes auf einen Fremdfettgehalt praktisch so weit als möglich ausgeschaltet werden. Dies geschieht, indem die Neutralfette (S. 399) hergestellt und diese zur Untersuchung verwendet werden.

Die Neutralfette zeigen bei reinem Käse im reifen Zustande annähernd dieselben Kennzahlen (REICHERT-MEISSL-Zahl, Verseifungszahl, Refraktometerzahl, Jodzahl, Buttersäurezahl usw.) wie das Fett des frischen Käses bzw. der zur Herstellung des Käses verwendeten Milch. Nur bei völlig verdorbenem und ungenießbarem Käse trifft dies nicht mehr zu. Die sauren Käsefette dagegen zeigen bei reifen Käsen oft eine beträchtliche Erniedrigung der REICHERT-MEISSL-Zahl und Buttersäurezahl, der Verseifungs- und Refraktometerzahl. Die Jodzahl kann sich verschieden verhalten. Näheres über das Verhalten der Kennzahlen siehe S. 385. Man wird also im allgemeinen aus einer erhöhten Refraktion und aus einer stark erniedrigten REICHERT-MEISSL-, Verseifungs- und Buttersäurezahl auf einen Zusatz von Fremdfetten schließen können (vgl. auch die Tabellen 6—8, S. 354f.). Die Buttersäurezahl gibt mit die besten Anhaltspunkte.

---

[1] Aufgestellt auf der 30. Hauptversammlung Deutscher Lebensmittelchemiker zu Eisenach im Jahre 1933. Z. 1933, **66**, 100.

[2] K. KRETSCHMER: Käse, Verpackung und Gesetz, S. 21. Kempten: Deutsche Molk.-Ztg. 1934.

Untersuchungen über Zusatz von Cocosfett haben P. Buttenberg und K. Pfizenmaier[1] angestellt. Sie betrachten die Farnsteinersche Zahl, d. h. Verseifungszahl minus Reichert-Meissl-Zahl mal 1,12, als zur Erkennung von Cocosfett geeignet. Die Farnsteinersche Zahl[2] liegt bei reinem Käsefett zwischen 195—198. Sie steigt zwar bei überreifen Käsen (erkenntlich an hohen Säuregraden) auf 202—204, wird aber durch Cocos- und Palmkernfett stark erhöht und zwar auf 230—250. H. Sprinkmeyer und A. Fürstenberg[3] haben bei Ziegenmilchfett eine Farnsteinersche Zahl bis 210,6 beobachtet. Zu aller Sicherheit kann bei Verdacht auf Vorliegen von Cocosfett auch noch die Phytosterinacetatprobe verwendet werden. Die für die einzelnen Kennzahlen von P. Buttenberg und K. Pfizenmaier[1] bei Vergleichsuntersuchungen von reinem und mit Cocosfett verfälschtem Liptauer gefundenen Werte liegen in folgenden Grenzen:

	Echter Liptauer	Liptauer mit Cocosfett
Refraktion	43,5— 41,5	37,2— 36,5
Reichert-Meissl-Zahl . .	27,2— 21,8	21,2— 9,5
Verseifungszahl	221,2—227,3	230,7—246,2
Farnsteiner-Zahl	195,0—198,4	206,9—233,5
Polenske-Zahl	2,2— 2,3	4,2— 11,6
Jodzahl	36,0— 37,3	15,9— 25,3

Über die Kennzahlen des Fettes von Gorgonzola-Käse berichtet unter anderen R. C. H. Johnson[4].

Das Fett von Käsen aus Milch von Schafen, Ziegen und anderen Tieren kann andere Kennzahlen aufweisen als das Fett von Kuhmilchkäsen. So kann z. B. nach A. Scala[5] die Reichert-Meissl-Zahl bei abgelagertem Schafkäse nicht herangezogen werden, weil er bei zweifellos echten Käsen Werte bis zu 6,8 herunter fand. Für Schafmilchkäse-Fett hat auch A. v. Fodor[6] Kennzahlen angegeben.

Über Kennzahlen der Milch von Schafen, Ziegen und anderen Tieren siehe bei W. Grimmer[7].

Im übrigen verweisen wir bezüglich des Fremdfettnachweises im Käse auf die grundlegenden Arbeiten von K. Windisch[8] (S. 385 und Bd. IV).

Über Fremdfettzusatz und Kennzahlen bei Schmelzkäsen siehe S. 355.

Käse oder käseähnliche Zubereitungen, deren Fettgehalt nicht ausschließlich der Milch entstammt, sind als verfälscht, nachgemacht oder irreführend bezeichnet anzusehen, sofern sie nicht als Margarinekäse gekennzeichnet sind.

Die Herstellung von Margarinekäse ist heute in Deutschland verboten[9].

4. Prüfung auf sonstige Fremdstoffe.

a) Fremde Farbstoffe. Die künstliche Färbung der Käse (S. 312) gilt als erlaubt, wenn sie nicht zu Gesundheitsschädigungen führen oder eine Täuschung des Verbrauchers bewirken kann. Zum Färben der Käse werden im allgemeinen dieselben Farbstoffe verwendet wie zum Färben der Butter (S. 306 und 312).

Die Verwendung giftiger Teerfarbstoffe ist auf jeden Fall als unzulässig anzusehen, wenn auch die Frage, ob ein zu verwendender Teerfarbstoff gesundheitsschädlich ist oder nicht, an sich kaum einmal eine bedeutende Rolle spielt. Die dem Käse zugesetzten Farbstoffmengen sind im allgemeinen so gering, daß eine schädliche Wirkung kaum in Frage kommen kann. Außer den verschiedenen neuerdings eingeführten Teerfarbstoffen werden auch heute noch für

[1] P. Buttenberg u. K. Pfizenmaier: Z. 1912, **23**, 340.
[2] K. Farnsteiner: Z. 1905, **10**, 62.
[3] H. Sprinkmeyer u. A. Fürstenberg: Z. 1907, **14**, 388.
[4] R. C. H. Johnson: Analyst 1933, **58**, 469; Z. 1935, **70**, 420.
[5] A. Scala: Staz. Sperim. agrar. Ital. 1902, **35**, 570; Z. 1904, **7**, 110.
[6] A. v. Fodor: Z. 1912, **23**, 265 und 662.
[7] W. Grimmer: Lehrbuch der Chemie und Physiologie der Milch, 2. Aufl., S. 143 f. Berlin: Paul Parey 1926.
[8] K. Windisch: Arb. Kaiserl. Gesundheitsamt 1900, **17**, 281; Z. 1901, **4**, 1146.
[9] Zweite Verordnung des Reichspräsidenten zur Förderung der Verwendung inländischer tierischer Fette usw. vom 23. März 1933, Art. 5, § 1. — Gesetze u. Verordnungen, betr. Lebensmittel 1934, **26**, 36.

die Käsefärbung in erster Linie die beiden althergebrachten Farbstoffe pflanzlichen Ursprungs, der Orlean- und Safran-Farbstoff (Bd. I, S. 582 und 581),
verwendet. Nur bei einigen wenigen besonderen Käsesorten gebraucht man
für bestimmte Zwecke noch andere Farben, wie z. B. Tournesol, Berlinerrot
oder Rosanilin zum Färben der Rinde des Edamer Käses (S. 332).

Über den Nachweis der Käsefarben und die Beurteilung ihrer Güte siehe
S. 419.

Eine Täuschung durch künstliche Färbung der Käse ist in vielen
Fällen beobachtet. Es wird immer wieder versucht, dem Verbraucher durch
entsprechende Färbung einzelner Käse (z. B. von Quark, Schichtkäse — s. S. 318
und andere) einen höheren Fettgehalt, d. h. eine bessere Beschaffenheit, vorzutäuschen. In allen Fällen, in denen eine Täuschung des Verbrauchers möglich
erscheint — auch dann, wenn auf Grund der wirklichen Zusammensetzung
des Käses seine Kennzeichnung an sich richtig ist — muß Beanstandung wegen
Verfälschung bzw. Irreführung erfolgen (Rotfärbung von Speisequark bei der
Kennzeichnung „Speisequark mit Paprika"; starke künstliche Gelbfärbung
von Briekäse).

Fremde Farbstoffe können auch durch das Verpackungsmaterial (Durchfärben
von Druckfarben von Pergamentpapieren, Metallfolien usw.) auf oder in den Käse gelangen.
Über die Verwendung und Beurteilung von Farbstoffen für Casein-Käsemarken, wie sie
heute auch in Deutschland für Markenkäse (Tilsiter, Wilstermarscher, Edamer, Gouda)
verwendet werden, haben W. Mohr und G. Schwarz[1] berichtet. Gelangen aus Verpackungsmaterialien oder Käsereihilfsstoffen fremde Farben auf oder in den Käse, so wird es sich
meistens um mehr oder weniger geringfügige Verunreinigungen handeln, deren Vorhandensein aber den Käse unter Umständen verderben kann.

Zum Nachweise fremder Farbstoffe werden die zerkleinerten Käse im
allgemeinen am besten mit 50%igem Alkohol ausgezogen. Der Auszug wird
nach dem Verfahren von A. R. Leeds bzw. A. Bianchi (S. 302) untersucht
(vgl. S. 419).

b) Konservierungsmittel. Käse, bei deren Herstellung andere Konservierungsmittel als Kochsalz und Salpeter verwendet wurden, sind bis auf weiteres
als verfälscht bzw. gesundheitsschädlich anzusehen. Bei der Prüfung auf
Ameisensäure und Formiate ist zu berücksichtigen, daß geringe Mengen dieser
Stoffe auch bei der Käsereifung entstehen können. Ergibt die Bestimmung
weniger als 25 mg Ameisensäure in 100 g Käse, so ist der Nachweis eines
Zusatzes von Ameisensäure oder Formiaten nicht als erbracht anzusehen.

Über Konservierungsmittel bei Schmelzkäse siehe S. 348.

Über den Nachweis von Konservierungsmitteln bei Käse siehe Heft 4,
Käse, der obengenannten „Entwürfe". Im übrigen vgl. S. 742 sowie Bd. II,
S. 1072 und 1208. Für den Nachweis von Benzoesäure und ihren Derivaten
eignet sich besonders das Verfahren der Mikrosublimation[2].

c) Schnellreifungsmittel. Ihr Nachweis erfolgt durch die Untersuchung
der Asche (S. 401).

Die Verwendung von Schnellreifungsmitteln (S. 363) und Calciumchlorid
(S. 313) usw. in größeren als technisch unbedingt notwendigen Mengen ist als
Verfälschung anzusehen. Über die Beurteilung von Zusatzstoffen zu Schmelz-
käse siehe S. 347.

Die Frage der gesetzlichen Zulässigkeit der Verwendung von Lattopekt
(S. 318) bei Käse ist noch nicht geklärt.

d) Casein. Die Verwendung von technischem Casein und dessen Salzen, also
von dem von Milchsäure, Milchzucker usw. nahezu völlig freien, pulverförmigen

---

[1] W. Mohr: Molk.-Ztg. Hildesheim 1935, **49**, 899. — W. Mohr u. G. Schwarz u. Mitarbeiter: Molk.-Ztg. Hildesheim 1936, **50**, Nr. 10.

[2] G. Schwarz u. Mitarbeiter: Milchw. Forsch. 1935, **17**, 170.

Erzeugnis, das infolge des Trocknens so weitgehend verändert ist, daß es, auch wenn es mit entsprechenden Mengen Wasser angerührt wird, nicht mehr die Eigenschaften des frischen Quarks aufweist, bei der Herstellung von Käse und Schmelzkäse[1] ist als Verfälschung anzusehen. Nur bei Sauermilchkäse ist sie unter Kennzeichnung: „Sauermilchkäse mit Casein-Zusatz" zulässig, wobei das Wort „Caseinzusatz" gleich groß wie „Sauermilchkäse" angebracht sein muß. Bezeichnung wie Harzer-, Mainzer-Käse usw. sind für Käse mit Caseinzusatz nicht erlaubt.

Ein aus Casein hergestellter Käse ist als nachgemacht anzusehen. Ein solches Erzeugnis darf nach § 36 des Milchgesetzes weder hergestellt noch in den Verkehr gebracht werden[1].

e) Stärke und Mehl. Ein mit Stärke oder Mehl versetzter Käse ist im allgemeinen als verfälscht anzusehen.

Ausgenommen ist z. B. ein mit Kartoffelstärke hergestellter und als „Kartoffelkäse" gekennzeichneter, leicht gereifter Quarkkäse (Sachsen und Thüringen), der Kümmel und Vogelmiere (Sternkraut, Stellaria media) als Gewürze enthält und mit Bier oder Apfelwein übergossen gereicht wird.

α) Nachweis. Der Nachweis eines Zusatzes von Stärke bzw. Mehl kann im allgemeinen durch die mikroskopische Untersuchung erbracht werden, ferner nach folgendem Verfahren:

„10 g der Durchschnittsprobe (s. S. 389) des Käses werden mit 50 ccm Wasser aufgekocht. Die wäßrige Flüssigkeit wird nach dem Erkalten abfiltriert und mit Jod-Jodkaliumlösung vermischt. Tritt dabei eine deutliche schwarzblaue oder blaue Färbung auf, so ist ein Zusatz von stärkehaltigen Stoffen erwiesen. Eine schwache Bläuung kann auch durch den Stärkegehalt zugesetzter Gewürze hervorgerufen sein."

Bei Schmelzkäsen kann eine graugrüne oder blaugraue Färbung auftreten, ohne daß Stärkezusatz vorliegt[2]; im übrigen siehe S. 348.

β) Bestimmung. Die Bestimmung erfolgt nach der Methode von J. Mayr-hofer (Bd. II, S. 913) oder nach einer anderen der dort beschriebenen Methoden, wenn sie sich im Einzelfall eignet.

f) Metallische Verunreinigungen können den Käse verderben und dabei gesundheitsschädlich machen. Besonderer Wert ist unter anderem auf den Nachweis von Zink, das aus verzinkten Gerätschaften stammen, und von Arsen, das in Metallfolien usw. (S. 413 und 421) enthalten sein kann, zu legen.

Schwermetalle (Kupfer, Zinn, Zink, Blei, Antimon usw.), die bei der Bereitung oder durch die Verpackung in den Käse gelangen können, lassen sich in der mit Soda und Salpeter bereiteten Käseasche nach den üblichen Methoden nachweisen und bestimmen.

Über Schwarzfärbungen von Käse durch Metallfolien siehe S. 421.

Eisenbestimmung.

α) Dimethylglyoxim-Methode nach G. Schwarz[3]. Das Eisen wird colorimetrisch bestimmt. Bezüglich der gegebenen genauen Vorschrift verweisen wir auf S. 344 der Originalarbeit. Die Methode dürfte heute die beste sein. Sie kommt in erster Linie für wissenschaftliche Zwecke und für die Praxis der Untersuchungslaboratorien in Frage.

---

[1] Runderlaß des Reichs- und Preußischen Ministers des Innern vom 24. Juli 1935, IV b 5595/35. Vgl. auch K. Kretschmer: Deutsche Molk.-Ztg. Kempten 1935, **56**, 1296; Molk.-Ztg. Hildesheim 1935, **49**, 1905.

[2] J. Umbrecht u. E. Siebenlist: Deutsche Nahrungsm.-Rundschau 1933, 10.

[3] G. Schwarz u. E. Müller: Milchw. Forsch. 1933, **15**, 321.

β) **Bestimmung mit „Cupferon"** (Ammoniumsalz des Nitrosophenylhydroxylamins). Diese ebenfalls colorimetrische Methode, die F. E. Nottbohm[1] bei der Milchuntersuchung verwendet, kann auch bei Käse benutzt werden.

γ) **Methode nach Schäffer**[2]. Etwa 20 g Quark werden in einer Porzellanreibschale mit 20—30 Tropfen Ammoniak (Lösung 1) versetzt und durchgeknetet, bis die Masse glasig geworden ist. Sie muß dabei deutlich nach Ammoniak riechen. Dann werden 4 bis 5 Tropfen Schwefelammonium (Lösung 2) zugegeben. Die Masse wird nochmals durchgeknetet. Nach 5 Minuten vergleicht man die entstandene Färbung der Masse auf einer weißen Porzellanunterlage mit der Farbtafel, welche der käuflichen Sonderapparatur beiliegt. Ist der Quark eisenfrei, so hat er die Farbe der Type 1. Bei Type 2 ist eine gewisse Färbung und damit ein gewisser Fe-Gehalt vorhanden, der Quark kann aber noch zu Sauermilchkäse verwendet werden. Bei einer Färbung nach Type 3 oder bei noch stärkerer Färbung ist der Quark für die Käseherstellung ungeeignet.

δ) **Methode nach Butenschön**[3]. Hierbei wird Rhodan-Kalium zum Eisennachweis verwendet. Die Farbtypen zum Vergleich sind der käuflichen Apparatur auf einem fünfseitigen Zylinder beigegeben.

Trotz verschiedener Mängel, die W. Grimmer[4], G. Schwarz[5] und S. Rauschning[6] nachgewiesen haben, kommen für die milchwirtschaftliche Betriebskontrolle aus praktischen Gründen nur die Methoden nach Schäffer und Butenschön in Betracht. Nach Rauschning[6] ist die Methode Butenschön der Methode Schäffer vorzuziehen.

In den Untersuchungslaboratorien sind zur Kontrolle der üblichen Methoden zum Nachweis des Eisens oder aber beim Vorliegen nur sehr geringer Mengen Fe die obengenannten colorimetrischen Methoden nach Zerstörung der organischen Substanz anzuwenden. G. Schwarz[5] hat mittels seiner Dimethylglyoxim-Methode gefunden, daß der handelsübliche Quark im Mittel 0,4—0,5 mg Fe in 100 g aufweist und bezüglich seines Fe-Gehaltes eine gewisse Gleichmäßigkeit zeigt.

g) Fremdartige mineralische Beimengungen. Die Verwendung von Beschwerungsmitteln, wie Gips, Kreide usw., ist als Verfälschung anzusehen.

Über die Bariumsulfatverwendung bei Gorgonzolakäse siehe S. 324 und 420 und insbesondere S. 412 und 413. Sie kann wegen Gesundheitsschädlichkeit — bei einem etwaigen Gehalt an Bariumcarbonat — und unter Umständen auch wegen Verfälschung beanstandet werden[7].

Derartige Beimengungen können durch die Untersuchung der Asche, und zwar meistens auch beim Vorliegen geringer Mengen, sehr leicht erkannt und bestimmt werden, da ja die Käseasche vorwiegend aus Calciumphosphat und Natriumchlorid besteht.

h) Urin. Gelegentlich hat man Käse zur schnelleren Reifung in Urin eingelegt. Ein so behandelter Käse ist als verdorben im Sinne des Lebensmittelgesetzes anzusehen.

Nachweis. Da die Urinbehandlung vorwiegend auf die Oberfläche der Käse einwirkt, verwendet man zu ihrem Nachweise in erster Linie die Außenteile des Käses. Tritt eine Berlinerblaufärbung auf, wenn man auf die Rinde etwas Salpetersäure gießt und dann mit einer blanken Messerklinge reibt, dann deutet dies auf Harnsäure. Zum bestimmten Nachweis verreibt man 100 g der zu untersuchenden Käseteile mit verd. Natronlauge, kocht die filtrierte Lösung auf und gießt sie in heiße verdünnte Schwefelsäure. Der Niederschlag (Harnsäure usw.) wird abfiltriert, mit Wasser gewaschen und in einer Porzellanschale mit Salpetersäure zur Trockne verdampft. Mit dem Rückstand stellt man die Murexidprobe an (purpurrote Färbung mit Ammoniak, Blaufärbung auf weiteren Zusatz von Natronlauge).

5. Prüfung auf Verdorbenheit.

Ergibt die Sinnenprüfung (S. 390) eines mit dem Namen einer bekannten Käsesorte bezeichneten Käses, daß äußere Beschaffenheit, Konsistenz, Aussehen, Geruch oder Geschmack wesentlich von den die betreffende Käsesorte kennzeichnenden Eigenschaften abweichen, so muß nach den Umständen des Einzelfalles beurteilt werden, ob der Käse verdorben ist oder nicht.

---

[1] F. E. Nottbohm u. W. Weisswange: Z. 1912, **23**, 514.
[2] Schäffer: Milchw. Zentralbl. 1909, **5**, 425.   [3] Butenschön: Käse-Industr. 1927, **1**, 4.
[4] W. Grimmer: Milchw. Zentralbl. 1911, **7**, 211.
[5] G. Schwarz u. E. Müller: Milchw. Forsch. 1933, **15**, 343.
[6] S. Rauschning: Milchw. Forsch. 1934, **16**, 459.
[7] Gesetze u. Verordnungen, betr. Lebensmittel 1925, **17**, 120.

„Als verdorben anzusehen sind Käse, die durch Kleinlebewesen oder auf andere Art und Weise so tiefgreifend verändert oder so stark verunreinigt sind, daß sie für den menschlichen Genuß als untauglich bezeichnet werden müssen"[1].

Daß ein Käse verdorben ist, kann in den meisten Fällen allein schon durch die Sinnenprüfung (S. 390) festgestellt werden. In einzelnen Fällen läßt sich ein Urteil erst durch weitere Untersuchungen gewinnen oder sind diese zur Sicherheit und Vollständigkeit der Beurteilung anzustellen. Als zusätzliche Untersuchungen können in Betracht kommen: mikroskopische und bakteriologische Untersuchungen, die Bestimmung des Wassergehalts (S. 391), der Säuregrade (S. 401), der Wasserstoffionenkonzentration (S. 402), des Salzgehalts (S. 400), des Gehalts an einzelnen Arten von Eiweißabbaustoffen (S. 392f.) und andere. Ist der Käse verdorben, weil er stark verunreinigt ist, so kann der besondere physikalisch-chemische Nachweis von Beimengungen und Verunreinigungen (S. 408) und deren Identifizierung notwendig sein. Bitterer Käse muß unter Umständen auf Konservierungsmittel, wie Salpeter und Benzoesäure, untersucht werden. Dies gilt in erster Linie auch für Schmelzkäse.

Über die Untersuchung und Beurteilung verdorbenen Käses, dessen Genuß Vergiftungserscheinungen hervorruft, s. S. 415.

a) Käse, der von Maden oder in ungewöhnlicher Weise von falschem Schimmel durchsetzt, von Milben in erheblichem Maße (bei fehlender Kennzeichnung — s. Milbenkäse S. 320 und 414) befallen oder durch Kleinlebewesen tiefgreifend verändert ist oder einen bitteren, seifigen und dabei ekelerregenden Geschmack oder einen fauligen oder sonst ekelerregenden Geruch besitzt, ist als verdorben anzusehen.

b) Schmelzkäse sind, wenn dies durch die Untersuchung auch nicht nachgewiesen werden kann, immer verdorben, wenn sie aus Rohmaterial hergestellt sind, das schon vor der Verarbeitung als verdorben hätte bezeichnet werden müssen. Inwiefern Rohmaterial für die Schmelzkäseherstellung als verdorben anzusehen ist, darüber siehe im übrigen S. 341.

c) Ferner ist verdorben: Käse, der durch Aufnahme von Metallen oder Farbstoffen in ekelerregender Weise ungewöhnlich verfärbt ist; Käse, der einen nachweisbaren Uringehalt besitzt; Käse, der — wenn auch nur in geringen und durch die Untersuchung nicht nachweisbaren Mengen — Beimengungen enthält, deren Anwesenheit der Durchschnittsverbraucher, wenn er davon wüßte, als ekelerregend bezeichnen würde; Käse, der mit Gerätschaften hergestellt worden ist, deren Verwendung wegen starker Verunreinigung oder weil sie daneben ekelerregenden Zwecken gedient haben, im Sinne der Bestimmungen des Lebensmittel- oder Milchgesetzes hätte beanstandet werden müssen; Käse, der aus Milch hergestellt worden ist, in der Tiere (Katzen, Mäuse usw.) gelegen haben; Käse, von dem einwandfrei festgestellt ist, daß sein Genuß Gesundheitsstörungen veranlaßt hat (s. S. 415), auch dann, wenn die Ursachen dafür durch die Untersuchung des Käses nicht aufgefunden werden können; Käse, der aus Milch hergestellt ist, die im Sinne der Bestimmungen des Milchgesetzes für menschliche Genußzwecke nicht hätte verarbeitet werden dürfen; Käse, der Kleinlebewesen enthält, von denen anzunehmen ist, daß sie beim Genuß Gesundheitsstörungen verursachen können usw.

d) Käse, der fremdartige Beimengungen enthält, deren Mitgenuß unter Umständen zu Gesundheitsstörungen führen kann, ist ebenfalls als verdorben zu bezeichnen. Hierher gehört z. B. Käse, wenn er gewisse Konservierungsmittel enthält, und der Gorgonzola-Käse, wenn er Bariumsulfat in der Rinde enthält.

---

[1] Wortlaut der „Grundsätze für die Beurteilung" in den Entwürfen.

Vgl. hierzu die Preuß. Ministerialverordnung vom 20. Juli 1927[1], ferner S. 324, 411 und 420.

Käsefehler. Die Aufklärung von bakteriologischen Käsefehlern greift meist in das Gebiet der speziellen Milchbakteriologie über und ist als solche Aufgabe von Sonderinstituten. Dies gilt besonders auch für die Feststellung von für Menschen pathogenen Bakterien und für die Aufklärung von Käsevergiftungen bakteriologischer Art.

Ob ein Käse, der infolge fehlerhafter Käseherstellung oder -reifung eine ungewöhnliche Konsistenz besitzt, als verdorben oder nur als im Wert vermindert anzusehen ist, muß nach den Umständen des einzelnen Falles beurteilt werden. Das Inverkehrbringen fehlerhaften und deshalb im Wert verminderten Käses geschieht häufig unter Umständen, die zwar nicht eine Beanstandung wegen Verdorbenseins, dafür aber eine Beanstandung wegen irreführender Bezeichnung oder Aufmachung oder sogar wegen Verfälschung oder Nachmachung rechtfertigen können.

Die meisten Käsefehler haben bakteriologische Ursachen. Wir geben im Folgenden nur eine Übersicht über die häufigsten Käsefehler, die neben bakteriologischen auch chemische oder nur chemische bzw. chemisch-physikalische oder technische Ursachen haben.

a) **Käsefehler allgemeiner Art.** Im Geschmack können Käse unrein, sauer, bitter, ranzig, talgig, faulig und zu stark salzig sein. Meistens ist dabei der schlechte Geschmack durch die Tätigkeit von Bakterien irgendwelcher Art entstanden. Ein unreiner Geschmack kann durch Zusatz von muffigem Salz, durch Verwendung schlecht gereinigter Milch usw. verursacht sein. Saure oder „kurze" Käse („kort" bei Edamer bzw. den Holländer Käsen überhaupt) können entstehen, wenn sich im Käse eine größere Säuremenge bildet, als durch den vorhandenen Kalk und Paracaseinkalk gebunden werden kann. Der Fehler kann entstehen, wenn die Milch kalkarm ist, wenn im Bruch zuviel Molken belassen wurden, wenn zuviel Säurewecker zugesetzt wurde oder, wenn die Milch überhaupt zu sauer war. Bittere Käse kommen außerordentlich häufig vor und sind wegen des zu bitteren Geschmacks auch oft zu beanstanden. Meistens ist der Fehler auch hier bakteriologischer Art. Peptonisierende Bakterien, Hefen, schlecht gerinnende käsige Milch, aber auch falsches Salzen (S. 314) oder Konservierungsmittelzusätze (Salpeter, Benzoesäure) können bitteren Geschmack hervorrufen. Bittere Käse sind oft auch stark sauer. Seifiger Geschmack kann durch Alkali- oder Schleimbildner entstehen; eine Fettsetzung dürfte dabei meistens nur mittelbar in Frage kommen. Dasselbe gilt bei talgigem Geschmack, wobei meistens Lipasebildner am Werk sind. Knoblauchartiger Geruch kann durch Penicillium brevicaule erzeugt werden, wenn die Zinnfolie oder das Pergamentpapier Spuren von Arsen enthalten. Stark salziger Geschmack eines Käses braucht nicht nur durch zu starke Salzzugabe entstanden zu sein, er kann auch, wenigstens mittelbar, seine Ursachen in einer falschen Herstellungstechnik haben.

Geblähte Käse kommen besonders im Sommer außerordentlich häufig vor. Die Blähungen, d. h. Auftreibungen, entstehen im Käse durch fehlerhafte oder ungleichmäßige Gärung, welche die verschiedensten Ursachen haben kann. Meistens sind diese auch wieder bakteriologischer Art, mittelbar auch dann, wenn kranke und „rässe" Milch oder Biestmilch, die immer auch einen klebrigen Bruch geben, die Ursache sind. Unsachliche Labverwendung kann mittelbar auch geblähte Käse entstehen lassen. Die Käser setzen mehr Lab als notwendig zur Milch, wodurch eine größere Ausbeute erzielt wird. Man nennt das „auf Gewicht Käsen". Durch mehr Lab und ein Dicklegen der Milch in kürzerer Zeit enthält der Bruch unter anderem mehr Molken, wodurch mittelbar ein höherer Wassergehalt und eine Fehlerquelle für Blähungen und andere Fehler entsteht. Sind Käse gebläht, so haben sie oft auch einen fehlerhaften Geruch und Geschmack. Als Vorbeugungsmittel gegen das Blähen wird vielfach Salpeter, aber anscheinend mit wechselndem Erfolg, verwendet. Geblähte Käse sind sehr oft oder sogar meistens zur Schmelzkäseherstellung unbrauchbar, da sie ein späteres Blähen des geschmolzenen Käses veranlassen können. Stark geblähte Schmelzkäse sind verdorben.

b) **Salz- und Fettausscheidungen.** Schmelzkäse mit „Glassplittern" sind fast immer als verdorben anzusehen. Bei ihnen sind Salze der Richtlösung auskrystallisiert. Meistens handelt es sich um Phosphate oder Tartrate (S. 345). Das Auskrystallisieren

---

[1] „Verordnung, betr. Beurteilung von solchem Gorgonzola-Käse, der mit einer Schwerspat (Bariumsulfat) enthaltenden Rindenschicht versehen ist." Gesetze und Verordnungen usw., betr. Nahrungs- und Genußmittel usw., 1925, **17**, 120.

kann verschiedene technische Ursachen haben (Verwendung von zuviel Richtsalz, Austrocknen der Käse, falsche Schmelztechnik usw.). „Salzsteine" bei Emmentaler kommen nicht selten vor. Es handelt sich dabei um weiße, sandige Körnchen, die hauptsächlich aus Tyrosin bestehen, dabei noch Leucin und Lysin enthalten können, aber arm an anorganischen Salzen sind. Fettausscheidungen bei Emmentaler[1] machen sich im Teig und insbesondere auf der Rinde („Fettnarbe", fettige Rinde) bemerkbar. Fettausscheidungen bei Schmelzkäse kommen heute wenig mehr vor, können aber so stark sein, daß der Käse als verdorben zu bezeichnen ist.

c) Mäusefraß, Milbenbefall (Acarus oder Tyroglyphus siro) falscher Schimmel und Fäulnis lassen manchmal ganze Käse verdorben sein. Oft, aber besonders dann, wenn sich die schadhaften Stellen nur auf die Rindenteile erstrecken, können sie noch entfernt werden. Die Käse sind dann noch im Ausschnitt oder zur Schmelzkäseherstellung verwendbar. Fliegenmaden findet man häufig. Gefährlich sind verschiedene Arten der gemeinen Käsefliege (Piophila casei). Von Fliegenmaden bewohnte Käse reifen oft schneller als unversehrte. Es kommt besonders im Sommer oft vor, daß der Verbraucher in Weichkäsen beim Öffnen der Packungen eine Unmenge lebender Fliegenmaden bis zu 1 cm Länge und mehr vorfindet. Solcher Käse ist natürlich verdorben. Dabei können die Packungen in äußerlich tadellosem Zustand gewesen und ohne sichtbare Maden beim Klein- und Großverteiler angeliefert worden sein. Die Maden wachsen oft in verhältnismäßig kurzer Lagerzeit in warmen Ladenräumen aus. In solchen Fällen ist es oft schwer, den für den Fehler wirklich Verantwortlichen zu finden.

d) Farbfehler. Streifen und Flecken im Käseteig und auf der Rinde kommen häufig vor. W. Grimmer und J. Rodenkirchen[2] haben als Ursache für helle, grauweiße Stellen bestimmter Art an der Schnittfläche eine Oxydation bestimmter Käsefarbstoffe bei Anwesenheit von Salpeter und gewissen Bakterien festgestellt. Gelbe Flecken im Teig und auf der Rinde und weiße Flecken auf der Rinde werden mitunter durch Bakterien und Pilze verursacht.

Rotfärbungen kommen sehr häufig vor. Am bekanntesten ist das Bankrotwerden, das bei Sauermilch-, Weich- und Hartkäsen überall dort auftreten kann, wo Käsebretter aus Tannenholz Verwendung finden. Nach K. Teichert[3] und K. Demeter[4] (Rotfärbungen durch Pergamentpapier) kommt das Bankrotwerden dadurch zustande, daß Holzsaft, vermutlich unter Vermittlung des Kochsalzes, in den Käse eindringt. Der Holzsaft enthält Vanillin und Phloroglucin, die mit der entstehenden Milchsäure die bekannte Reaktion entstehen lassen. Rotfärbungen und Rostfleckigwerden können auch bakteriologische Ursachen haben.

Schwarze bis blaue Färbungen in den verschiedensten Schattierungen sind sehr häufig und können die verschiedensten Ursachen haben. Das Schwarz- bzw. Blauwerden der Käse ist in den meisten Fällen dadurch verursacht, daß die Milch oder der Käse mit Eisen in Berührung gekommen ist (Bildung von Eisensulfid). Wenn der Fehler nur in dem Maße auftritt, daß der Teig an den reifen Stellen dunkler als sonst gefärbt erscheint, dann nennt man den Käse dunkel- oder blauschnittig (schon 0,00075% Fe_2O_3 sollen zur Erzeugung des Fehlers genügen). Blauschnittigsein kommt besonders bei Limburger Käsen sehr häufig vor. Dunkelschnittige Käse können in vielen Fällen nicht als verdorben beanstandet werden; wenn sie auch als im Wert verminderte Ware gelten, können sie geschmacklich sehr gut sein. Kupfer kann schwarzbraune bis grünliche Färbung hervorrufen. Bei Verwendung von Safran zum Färben des Käses kann diese schwarzbraune Färbung (durch das im Safran enthaltene Glykosid) in eine rotbraune reduziert werden[5].

Bei Quark und Sauermilchkäsen sind Dunkelfärbungen durch Eisen ebenfalls häufig. Schwarzfärbungen können aber gerade auch bei Harzer Käsen bakteriologische Ursachen haben (Bact. denigrans). Käse nach Limburger Art können durch Cladosporium herbarum Schwarzfärbungen erleiden, Emmentaler können durch Monilia nigra schwarze Flecken erhalten[6]. Hellblaue Färbungen sind meistens bakteriologischer Art.

Schwarz- bis Dunkelfärbungen können auch durch Blei, Zinn und Antimon verursacht sein. Bei Schwarzfärbungen durch Metallfolien (S. 421) kann der Käse, insbesondere ein Schmelzkäse, unter Umständen verdorben sein.

e) Spezifische weitere Fehler der einzelnen Käseklassen und -sorten. Sauermilch- und Lab-Weichkäse zeigen oft, besonders im Sommer, den Fehler des „Ablaufens". Dieser ist bakteriologischer Art und entsteht vielfach durch zu warme und zu feuchte Lagerung (zu rasche Reifung). Hier sei nur gesagt, daß es in solchen Fällen ganz auf die

[1] J. Rüegg: Deutsche Molk.-Ztg. Kempten 1935, 56, 1195.
[2] W. Grimmer u. J. Rodenkirchen: Milchw. Forsch. 1935, 17, 39.
[3] K. Teichert: Forsch. Milchwirtschaft Greifswald 1921, 1, 81.
[4] K. Demeter: Milchw. Forsch. 1925, 2, 325.
[5] K. Teichert u. W. Stocker: Milchw. Forsch. 1926, 3, 460.
[6] W. Stocker: Deutsche Molk.-Ztg. Kempten 1932, 53, 1522.

Verhältnisse im einzelnen Fall ankommt, ob der Käse als verdorben oder im Wert vermindert oder gar nicht zu beanstanden ist. Stark überreife Käse sind dann immer als verdorben zu bezeichnen, wenn sie einen schmierigen Teig und einen widerlich fauligen Geruch und Geschmack aufweisen. Dies kommt z. B. bei auf Gewicht gekästen Limburgern (s. S. 313 und 379), besonders wenn sie noch schlecht gelagert wurden, ziemlich häufig vor. Käse nach Art des Camemberts sind z. B. immer dann als verdorben zu bezeichnen, wenn sie so stark überreif sind, daß dabei die Rindenschicht der einzelnen Käse geplatzt oder stark zerfallen ist, große Teile des Teiges rotbraun gefärbt sind und ein überaus starker Ammoniakgeruch vorhanden ist. Weiß-schmierige Limburger und Steinbuscher entstehen oft bei zu hohem Salzgehalt[1], doch kann der Fehler auch bakteriologischer Art sein und sich bei falscher Bearbeitung und Lagerung gebildet haben. Weißschmierige Limburger können im Wert als vermindert angesehen werden (beim Weißlackerkäse wird eine starke Weiß-schmierigkeit besonders erzeugt). Sog. „Bocker" sind infolge verschiedener Herstellungs-fehler zu trocken ausgefallene Limburger. Zu scharfer Liptauer entsteht, wenn Rinden-teile mit verarbeitet worden sind (s. S. 327 und 337). Holländer Käse sind manchmal weißrandig. Es handelt sich hier letzten Endes um einen Salzfehler (Salzstauung und geringere Aufquellung des Teiges am Rand). Gläsler sind Emmentaler Käse, die so gut wie keine Löcher, dafür aber Spalten haben. Wenn sie nicht sauer sind, haben sie fast immer einen sehr feinen Geschmack. Man kann bei Gläslern oft nicht von im Wert verminderten Käsen sprechen; sie entstehen vielfach, wenn die Milch sehr fett ist. „Stinker" sind Emmen-taler mit Buttersäuregärung (Bac. putrificus). Sie können unter Umständen als verdorben angesehen werden. Für die Schmelzkäseherstellung kommen sie nicht in Frage. Schmelzkäsefehler siehe weiterhin S. 347f.

„Käsegift". V. C. Vaughan[2] hat vor 50 Jahren aus Käse einen giftig wirkenden Stoff dargestellt, den er Tyrotoxikon nannte. Seitdem sind ähnliche Feststellungen nicht mehr gemacht worden.

Die Käsevergiftungen treten im allgemeinen bei überreifen, stark wasserhaltigen Käsen oder bei solchen, deren Bruch bei der Herstellung schlecht ausgearbeitet wurde, auf. Auch bei Schmelzkäsen sind schon Käsevergiftungen beobachtet worden. Fast in allen Fällen dürfte die Ursache von Käsevergiftungen bakteriologischer Art und damit der im Käse entstandene Giftstoff das Erzeugnis spezifischer Bakterien sein. Bakterielle Käsevergiftun-gen sind schon oft eindeutig festgelegt worden. Sie können ganz verschiedener Art sein[3]. H. Kühl[4] berichtet über einen Fall, der durch eine Aerogenesbakterie, die dem Bac. acidi lactici Hueppe nahestand, verursacht wurde.

Es sei besonders darauf hingewiesen, daß bei Vorhandensein verschiedener Bakterien-arten auch durchaus normal aussehender Käse schwere Gesundheitsstörungen, in erster Linie Erbrechen, Durchfall je mit Blutabgang usw. hervorrufen können, und daß dabei die weiteren Krankheitserscheinungen ähnliche wie bei schweren Fleischvergiftungen sein können (lange Bewußtlosigkeit, Kollaps usw.) und unter Umständen leicht zum Tode führen können.

Wenn daher durch Käsegenuß derartige Erkrankungen vorkommen, muß alles daran gesetzt werden, daß der fragliche Käse möglichst bald und eingehend in einem zuständigen bakteriologischen Institut untersucht wird. Käsever-giftungen treten bekanntlich ziemlich häufig auf. Ihnen muß dadurch mög-lichst vorgebeugt werden, daß Käse mit entsprechenden Fehlern (s. S. 412) rücksichtslos aus dem Verkehr gezogen werden. Dieses gilt besonders auch für Schmelzkäse.

6. Kennzeichnung der Käse.

Die Kennzeichnungsfragen für die einzelnen Käsesorten sind weitgehend bei deren Beschreibung, S. 315f., behandelt.

Zur Beurteilung allgemeiner Kennzeichnungsfragen sei auf die Bestimmungen der Käseverordnung (S. 553) und die Anordnung des Deutschen Milchwirtschaft-lichen Reichsverbandes von 1934[5] verwiesen.

---

[1] K. Teichert u. W. Stocker: Milchw. Forsch. 1926, **3**, 460.

[2] V. C. Vaughan: Zeitschr. physiol. Chem. 1886, **10**, 146; Chem. Zentralbl. 1886, **70** und 405; Arch. Hygiene 1887, **7**, 420.

[3] F. Flury u. H. Zangger: Lehrbuch der Toxikologie, S. 486f. Berlin: Julius Springer 1928.   [4] H. Kühl: Z. 1913, **25**, 193.

[5] K. Kretschmer: Käse, Verpackung und Gesetz, S. 21. Kempten: Deutsche Molk.-Ztg. 1934.

Als Gattungsbezeichnungen sind insbesondere anzusehen: Schweizer, Emmentaler, Tilsiter, Ragniter (ein ostpreußischer Käse, der dem Tilsiter sehr ähnlich ist), Holländer, Gouda, Edamer, Münster, Limburger, Harzer, Mainzer, Nieheimer, Thüringer, Brie, Camembert, Neufchateller. Dagegen ist Roquefort eine Herkunftsbezeichnung[1]. Ein in Deutschland mit Edelpilzen hergestellter Käse, der dem Roquefort im Geschmack und Aussehen ähnlich ist, darf auch nicht als „Käse nach Roquefort-Art" od. dgl. bezeichnet sein. Es ist nur die Bezeichnung „Deutscher Edelpilzkäse" oder eine ähnliche, die das Wort „Roquefort" überhaupt nicht enthält, erlaubt (s. auch S. 324). Ebenso ist Liptauer eine Herkunftsbezeichnung. Ein ganz oder hauptsächlich aus Kuhmilchquark hergestellter Käse darf seit neuestem auch nicht mehr „Liptauer-Ersatz" oder „Käse nach Liptauerart" (s. S. 327) heißen. Er darf heute nur noch „Speisequark, gewürzt mit Paprika und Zwiebelsaft usw."[2] benannt sein (Unterscheidung von Kuhmilchquark und von Liptauer-Käse auf Grund des Calciumgehalts nach v. Fodor s. S. 382). Auch im übrigen muß ein als Schafmilchkäse bezeichneter Käse, der nicht vorwiegend aus Schafmilch hergestellt ist, als verfälscht, nachgemacht oder irreführend bezeichnet angesehen werden. Daselbe gilt natürlich für Käse aus Milch von Ziegen und Käse aus Milch anderer Tierarten.

Ein mit einem Herkunftsnamen bezeichneter Käse, dessen Herkunft dieser Bezeichnung nicht entspricht, ist, soweit die Herkunftsbezeichnung nicht Gattungsbezeichnung geworden ist, als irreführend bezeichnet anzusehen. So ist auch z. B. ein „Allgäuer Limburger", der nicht im Allgäu hergestellt wurde, sondern z. B. im württembergischen Unterland oder gar in Norddeutschland, irreführend bezeichnet. Ein in Deutschland hergestellter Emmentaler oder Edamer darf nicht als „echter Emmentaler" bzw. als „echter Edamer" vertrieben werden.

Zur Kennzeichnung von Schmelzkäse vgl. die Bestimmungen der Käseverordnung, insbesondere deren § 8, Ziff. 3. Vgl. hierzu auch J. Umbrecht: „Zur Schmelzkäsekennzeichnung"[3].

Ein als „Deutscher Markenkäse" bezeichneter Käse, der in seinen Eigenschaften, seiner Aufmachung und seiner Kennzeichnung nicht den Einheitsbestimmungen für deutschen Markenkäse entspricht, ist irreführend bezeichnet oder aufgemacht.

Unter „Käse nach Art des Stilton" im Sinne von § 3, Abs. 2, Ziff. 2 der Käseverordnung ist sowohl ein Käse zu verstehen, der „genau nach der für den echten englischen Stilton charakteristischen Arbeitsweise" hergestellt ist, als auch ein Käse, der nach seiner ganzen Aufmachung und äußeren Beschaffenheit, insbesondere Konsistenz, Farbe, Geruch, Geschmack, mit echtem Stilton-Käse verwechselbar ist. Die sog. „Blauschimmelkäse" werden somit nicht alle ohne weiteres als „Käse nach Art des Stilton" anzusehen sein, es ist dieses vielmehr im Einzelfall eine Tatfrage[4]. Damit kann z. B. vom Roquefort oder von deutschen mit Blauschimmel hergestellten Edelpilzkäsen nicht verlangt werden, daß sie mindestens Rahmkäse seien, d. h. mindestens 50% Fett i. T. aufweisen.

---

[1] Urteil des Reichsgerichts vom 19. März 1935. — II, 294/34. — Deutsche Nahrungsm.-Rundschau 1935, 126.

[2] K. Kretschmer: Deutsche Molk.-Ztg. 1935, **56**, 1468.

[3] Deutsche Molk.-Ztg. 1935, **56**, 225.

[4] Amtliche Auskunft.

VII. Käsereihilfsstoffe.

1. Lab.

Zur Beurteilung der Wirksamkeit von Labpräparaten hat Fr. v. Soxhlet[1] den Begriff „Labstärke" geschaffen. Dieser Begriff soll besagen, wieviel Teile Milch von einem Teil eines Labpräparates (Lablösung oder Labpulver) bei 35⁰ in 40 Minuten zur Gerinnung gebracht werden. Die Bestimmung der Labstärke ist notwendig zur Beurteilung der Preiswürdigkeit der im Verkehr befindlichen Labpräparate und zur Feststellung der zur Milch zuzusetzenden Labmenge, die so bemessen sein muß, daß die Gerinnung einer bestimmten Milchmenge bei bestimmter Wärme in einer gewünschten Zeit erfolgt (s. auch S. 313).

Fr. v. Soxhlet ging bei der Einführung des Begriffs „Labstärke" in die Käsereipraxis von der Annahme von Storch und Segelke[2] aus, wonach das Produkt aus Labmenge und Gerinnungszeit eine Konstante bilde (Lab-Zeitgesetz). Er erkannte dabei aber selbst schon, daß Milch verschiedener Herkunft, besonders wenn sie etwas angesäuert ist, stark abweichende Werte für die Stärke eines und desselben Labpräparates ergeben kann. Die Ursache dafür ist darin zu suchen, daß Casein, gelöste Kalkverbindungen, Säuren usw. in der Milch nach der Menge und nach der Reaktions-Empfindlichkeit beträchtlichen Schwankungen unterliegen können. W. Grimmer[3] zeigte dann eindeutig, daß das Produkt aus Labmenge und Gerinnungszeit keine Konstante ist, sondern mit steigender Labmenge erheblich zunimmt. Er zeigte weiterhin, daß die Gerinnung um so schneller eintritt, je höher der Säuregrad der Milch ist. Auf Grund seiner Untersuchungen kam er zu dem Schluß, daß die Labstärkebestimmung nur dann einen Wert haben kann, wenn die Gerinnungszeit der Milch entsprechend den Verhältnissen in der Praxis möglichst lang gewählt wird (mindestens 15 bis 20 Minuten) und wenn die Labstärke auf einen genau bestimmten Säuregrad der Milch bezogen wird. Hierfür schlug er 7,0 Säuregrade nach Soxhlet-Henkel vor.

Bezüglich der Einzelheiten der Durchführung der Methode nach Grimmer verweisen wir auf das Originalschrifttum[4]. Rüdiger und R. Böhm[5] glauben aber festgestellt zu haben, daß die Labstärkebestimmung nach W. Grimmer keine einheitlicheren Ergebnisse liefert als die alte Methode nach Soxhlet bei Verwendung frischer Milch. Sie halten einen Zusatz von 7,5 ccm einer 10%igen Calciumchloridlösung zu 20 ccm Milch für die einheitlichere Durchführung der Labstärkebestimmung für am zweckmäßigsten.

Es wurde unter anderem auch schon verschiedentlich versucht, die Milch durch eine gleichmäßig zusammengesetzte, haltbare, labfähige Flüssigkeit zu ersetzen. J. Morgenroth[6] schuf andererseits zum Vergleich des zu prüfenden Labpräparates ein sog. Standardlab, das mindestens 1¹⁄₂ Jahre haltbar sein soll. Sog. Standardlab wird mitunter auch durch Mischen bester deutscher und dänischer Labpulver hergestellt.

Zusammenfassend ist festzustellen, daß es bis heute noch keine unbedingt anerkannte, wissenschaftlich genaue und zugleich praktisch brauchbare Methode zur Bestimmung der Labstärke gibt.

Lablösungen sollen eine Stärke von mindestens 1:10000, Labpulver eine solche von mindestens 1:100000 besitzen (s. auch S. 312), d. h. ein Teil Lab soll 10000 bzw. 100000 Teile frischer Milch bei 35⁰ in 40 Minuten zur Gerinnung bringen.

Das allgemein übliche Verfahren zur Bestimmung der Labstärke[7] ist folgendes:

5 ccm der zu prüfenden Labflüssigkeit werden mit destilliertem Wasser auf 100 ccm gebracht. Nach gründlicher Mischung mißt man 10 ccm, ent-

---

[1] F. v. Soxhlet: Milch-Ztg. 1877, 6, 513.

[2] Storch u. Segelke: Milch-Ztg. 1874, 3, 997.

[3] W. Grimmer u. Mitarbeiter: Milchw. Forsch. 1925, 2, 457; 1926, 3, 361.

[4] W. Grimmer: Milchwirtschaftliches Praktikum, S. 197. Leipzig: Akademische Verlagsgesellschaft m. b. H. 1926. — W. Winklers Handbuch der Milchwirtschaft, Bd. II, Teil 2, S. 390. Wien: Julius Springer 1931.

[5] R. Böhm: Die Bestimmung der Labstärke. Dissertation Landwirtschaftliche Hochschule Hohenheim 1933.

[6] J. Morgenroth: Zentralbl. Bakteriol. I 1899, 26, 349; I 1900, 27, 721.

[7] Fleischmann-Weigmann: Lehrbuch der Milchwirtschaft, 7. Aufl., S. 678. Berlin: Paul Parey 1932.

sprechend 0,5 ccm des zu prüfenden Labpräparates, mit einer Pipette ab, setzt sie zu 500 ccm ganz frischer Milch, die man genau auf 35° erwärmt hat (in einer Porzellanschale auf dem Wasserbade, das eine Temperatur von etwa 37° hat), und schreibt den Augenblick, in dem dies geschah, auf Sekunden genau auf. Die Lablösung bläst man mit Gewalt in die Milch ein, damit sie sich gleichmäßig verteilt, und rührt dann noch rasch um. Auf 1000 ccm Milch entfällt jetzt 1 Teil, d. h. 1 ccm des Labpräparates. Nun bewegt man das in die Milch schon vorher eingesetzte Thermometer sanft hin und her und beobachtet so genau als möglich die Zeit, die verstreicht, bis das erfolgte Eintreten der Gerinnung dadurch sichtbar wird, daß sich hinter dem bewegten Thermometer oder auf dessen Quecksilberkugel Käsestoff-Flöckchen eben bemerkbar machen. Dieser Punkt kann ziemlich genau festgestellt werden, da man beim Rühren kurz vorher schon einen gewissen Widerstand bemerkt. Die Wärme der Milch muß während des ganzen Versuchs möglichst genau auf 35° gehalten werden. Die Bestimmung muß mindestens doppelt ausgeführt werden. Aus verschiedenen Versuchen ist der Mittelwert zu berechnen.

Beispiel für die Berechnung. Angenommen, die Gerinnungszeit habe 330 Sekunden betragen, so würde sich die Milchmenge, die bei derselben Wärme durch dieselbe Labmenge erst in 40 Minuten (= 2400 Sekunden) zum Gerinnen gebracht wurde, wie folgt, ergeben: $330 : 2400 = 1000 : x$ und $x = 7272$. Das geprüfte Labpräparat (bezogen auf 1 ccm) hatte also eine Stärke von $1 : 7272$ oder rund von 7200.

Zur Prüfung von Labpulvern, die verhältnismäßig sehr stark wirken, löst man 1 g in 200 ccm Wasser (von etwa 15°). Die Lösung läßt man mindestens eine Viertelstunde lang stehen, schüttelt sie dann kräftig um und läßt je nach Umständen 5 oder 10 ccm davon auf 500 g frische Milch bei 35° einwirken, so daß das Verhältnis von Lab zu Milch annähernd das von $1 : 20000$ oder das von $1 : 10000$ ist. Bei Labpulvern berechnet man die Stärke auf 1 g Pulver.

Wir empfehlen bis auf weiteres bei diesen Bestimmungen, wenn praktisch angängig, die Forderungen Grimmers (s. oben) zu berücksichtigen, die dahin lauten, daß bei der Labstärkebestimmung eine Gerinnungszeit von mindestens 15—20 Minuten gewählt wird und daß die Labstärke auf den Säuregrad 7,0 S.H. bezogen wird. Die Sicherheit der Bestimmungen wird dadurch zweifellos wesentlich erhöht. Eine ungewöhnliche Körnung der Labpulver darf nicht übersehen werden, da sie eine Fehlerquelle bei der Labstärkebestimmung bilden kann[1].

2. Käsereisalz.

Das für Käsereizwecke zu verwendende Salz soll ein möglichst reines Siedesalz sein. Es soll in der Trockenmasse mindestens 98—99% Natriumchlorid aufweisen. Es soll ein rein weißes Aussehen haben, möglichst wenig hygroskopisch und in Wasser möglichst vollständig löslich sein. Das gewöhnliche Steinsalz entspricht allen diesen Anforderungen vielfach nicht. Für die Beurteilung des Käsereisalzes, in erster Linie des zum Trockensalzen zu verwendenden Salzes, spielt weiterhin noch die Korngröße eine ganz besondere Rolle.

Feines Salz löst sich schnell auf, verursacht deshalb in der Rindenschicht des Käses eine konzentrierte Salzlake, die diese Schicht zum baldigen Schließen bringt (s. auch S. 314), und verhindert so den Austritt der Molke aus dem Innern des Käses, so daß dieser dann leicht bläht und bitter wird. Wird grobkörniges Salz verwendet, so nimmt der Käse das Salz weniger schnell und deshalb in der Praxis auch in geringerer Menge auf.

Für das Trockensalzen der einzelnen Käsesorten kann Salz verschiedener Korngröße günstig sein. Im allgemeinen ist die richtigste Salzkorngröße 1,8 bis 2 mm[2]. Das Salz soll durch ein 2-mm-Maschensieb vollständig, durch ein

---

[1] R. Kotterer: Deutsch. Molk.-Ztg. Kempten 1934, 55, 234.

[2] H. Weigmann: Handbuch der praktischen Käserei, 4. Aufl., 1933, S. 142. Berlin: Paul Parey 1933. — W. Stocker: Milchw. Forsch. 1929, 8, 549.

1-mm-Sieb zum weitaus größten Teil gehen. F. KIEFERLE und F. SONNLEITNER[1] empfehlen zum Trockensalzen von Weichkäsen nach Camembertart die Verwendung von sog. Mischkörnungen mit überwiegend grobkörnigem Salz. Ihre Versuche mit Steinsalz konnten aus verschiedenen Gründen, unter anderem auch wegen der durch das zu hohe Raumgewicht mittelbar bedingten Nachteile, nicht befriedigen.

Salz für Käsereizwecke soll chemisch und bakteriologisch möglichst rein sein. Eisen darf höchstens in Spuren vorhanden sein. Nach den Untersuchungen von F. KIEFERLE und F. SONNLEITNER[1] ist es durchaus möglich, daß von den Salinen Käsereisalz (Siedesalz) geliefert wird, das Eisen nur in kaum wahrnehmbaren Spuren enthält. Salpeter oder andere Stoffe, die aus irgendwelchen Gründen, wenn auch nur in geringen Mengen, zugesetzt sein könnten, sind im Käsereisalz unter allen Umständen abzulehnen.

Die chemische Untersuchung des Kochsalzes s. Bd. VI, S. 521.

Salzproben genügen in bakteriologischer Hinsicht vielfach nicht den daran gerade auch in der Käsereipraxis zu stellenden Anforderungen. So waren z. B. auch von KIEFERLE und SONNLEITNER[1] aus dem Handel entnommene Proben teilweise stark mit Schimmelpilzen und Eiweiß verflüssigenden Kokken infiziert. Dagegen genügten unmittelbar von der Saline bezogene Proben in bezug auf bakteriologische Reinheit.

3. Käsefarbe.

Über die in Frage kommenden Farbstoffe siehe S. 312 und Bd. I, S. 581 und 582. Das Herausarbeiten der Farbstoffe aus dem Käse und ihre Unterscheidung bzw. Identifizierung geschieht am besten — wie bei der Untersuchung der Butterfarben — nach den Angaben von A. R. LEEDS bzw. A. BIANCHI (S. 301), im übrigen nach den für die einzelnen Farbstoffe in Frage kommenden üblichen bzw. möglichen Methoden (vgl. auch Bd. II, S. 1178).

Gewisse Azofarbstoffe lassen sich dadurch erkennen, daß man sie mit Salzsäure vom Spez. Gewicht 1,125 ausschüttelt. Sie färben die Salzsäure rosa bis rot.

Zur Untersuchung und Beurteilung des Orlean-Farbstoffs vgl. S. 306 und 312. Der Safran, der besonders als Käsefarbe viel verwendet wird, kann leicht verfälscht sein. Seine Untersuchung und Beurteilung erfolgt nach Bd. VI, S. 378f. bzw. nach den Angaben des Deutschen Arzneibuchs.

4. Packmaterial.

Die Art der Verpackung der Käse der einzelnen Klassen und der wichtigsten Sorten ist bei deren Beschreibung (S. 315f.) jeweils angegeben. Man unterscheidet bei vielen Käsen gesondert die „innere" Verpackung (Glättmittel, Pergamentpapier, Metallfolien usw.) und die „äußere" Verpackung (Holzkisten, Blechkasten usw.). Beide Arten von Verpackungsteilen haben in erster Linie die Aufgabe, den Käse vor äußeren Einflüssen zu schützen. Die „innere" Verpackung bezweckt aber weiterhin noch, den Käse vor dem Eintrocknen, vor einem Runzligwerden der Rinde, überhaupt vor zu starkem Wasserverlust, andererseits aber auch vor einer möglichen Wasseraufnahme von außen her zu bewahren. Die Wahl des Zeitpunktes der Verpackung der Käse in Pergamentpapier oder Metallfolien ist außerordentlich wichtig. Die Käse dürfen nicht zu frisch, aber auch nicht zu ausgereift sein, weil sie sonst infolge des dichten Abschlusses nicht genügend austrocknen können bzw. zu rasch weiterreifen. Durch eine falsche Wahl des Zeitpunktes der Verpackung können viele Fehler entstehen, die zu Käsebeanstandungen führen müssen.

a) Glättmittel und Mittel zur Verstärkung der Rinde. Das besondere Schließen und Glätten der Oberfläche bei vielen Käsesorten soll unter anderem

---

[1] F. KIEFERLE u. F. SONNLEITNER: Milchw. Forsch. 1932, 14, 104.

auch einen Befall durch Bakterien, Milben, Fliegen usw. verhindern. Die Oberfläche einzelner Käsesorten wird hierzu mit einem heißen Bügeleisen bearbeitet, vielfach wird sie mit Ölen, Nußbaumblätter-Abkochungen, Wein, Bier und Farben angestrichen und mitunter auch paraffiniert (z. B. bei Cheddar und Edamer). Zum Paraffinieren wird bei etwa 70° schmelzendes Paraffin oder eine Mischung von Paraffin und Ceresin verwendet.

Unter primitiven Verhältnissen wird die Käserinde in manchen Ländern manchmal auch heute noch unzulässigerweise mit Urin behandelt (Nachweis S. 411). Die bei Gorgonzola in Form eines Abputzes verwendete weiße Ton- oder Kalkerde (Terra di siena) dient zur Verstärkung der Rinde. Bariumsulfat darf heute nicht mehr verwendet werden (s. S. 324 und 411).

Ganz allgemein ist zu sagen, daß die Mittel zum Glätten und Verstärken der Rinde keinerlei Stoffe enthalten dürfen, die gesundheitsschädlich sind. Sie sollen auch nicht zu Täuschungen Veranlassung geben können, z. B. infolge eines hohen Gewichts (Bariumsulfat siehe oben).

b) Pergamentpapier. Untersuchung und Beurteilung siehe S. 307. An das Käsepergamentpapier sind im wesentlichen dieselben hohen Anforderungen bezüglich chemischer und bakteriologischer Reinheit zu stellen wie an das Butterpergamentpapier[1]. Neben dem üblichen Pergamentpapier finden in der Käserei in vielen Fällen Pergamin-Papiere (Pergamentersatz-Papiere) Verwendung und zwar besonders auch als Papiereinlage (Kaschierung) von Metallfolien. Wachs-Pergament-Papiere oder paraffinierte Papiere werden sehr häufig zum Verpacken von Limburger- und ähnlichen Käsen verwendet. Die Inhaltsstoffe der Papiere sollen Bakterien und Schimmelpilzen möglichst wenig als Nährboden dienen können, außerdem sollen sie keine Stoffe enthalten, die auf den Käse übergehen und dessen Beschaffenheit schädlich beeinflussen können (Metalle, Druckfarben, Konservierungsmittel, muffiger Geruch, Farben- und Lackgeruch).

Druckfarben auf Pergamentpapier (wie manchmal auch auf Metallfolien) sind bei Benutzung der Papiere zum Käseeinpacken oft sehr wenig beständig. Für Käse-Pergamentpapiere müssen die Druckfarben oft noch sorgfältiger ausgewählt werden als für Butter-Pergamentpapiere. Es können nur Farben in Frage kommen, die vor allem feuchtigkeitsbeständig und ölecht sind. Weiterhin müssen sie aber auch säure- bzw. alkalibeständig sein. Die Druckfarbe muß manchmal auch noch gegen die spezifischen Reifungserzeugnisse (Aminosäuren, Ammoniak, Schwefelwasserstoff, flüchtige Fettsäuren usw.) einzelner Käsesorten beständig sein (Kräuterkäse!). In manchen Fällen befriedigen die Druckfarben heute noch nicht. Wenn sie von Stoffen des Käses angegriffen werden, handelt es sich oft nicht um reine Lösungsvorgänge (wie vielfach bei der Butter), sondern um ausgesprochene chemische Zersetzungen (Braunfärbung gewisser roter Farbstoffe bei Limburger-Papieren durch Schwefelwasserstoff!). Dabei ist im einzelnen Fall zu unterscheiden, ob die Farbstoffe allein angegriffen werden oder ob die Farbfilme (getrocknete Bindemittel wie Leinöl usw.) gelöst bzw. zersetzt werden. Die Verwendung eines guten, widerstandsfähigen Farbfilmes scheint von ganz besonderer Bedeutung zu sein.

Im übrigen verweisen wir auf das zwar spärliche, aber gute Originalschrifttum[2]. Im einzelnen Fall muß ein Übergehen von Druckfarben auf den eingepackten Käse, wie es sehr häufig vorkommt, immer beanstandet werden, wenn gesundheitsschädliche Farbstoffe in Frage kommen oder wenn der Käse durch die Aufnahme von Druckfarben ausgesprochen ekelerregend aussieht.

Ein Druckfarbengeruch[3], wie er auch häufig vorkommt, ist immer zu beanstanden, wenn er den Geschmack eines Käses deutlich beeinflußt. Dies gilt besonders bei geschmacksempfindlichen Käsen (Brie-Käse u. a.).

Über eine Ligninreaktion, eine Rotfärbung, die in Pergamentpapier verpackte Käse an der Oberfläche annehmen können, berichtet K. Demeter[4].

---

[1] Siehe auch P. Arup: Bericht über den Internationalen Milchwirtschaftlichen Kongreß 1931, 3. Sekt., Vortrag Nr. 78, Deutsche Ausgabe, S. 96.

[2] E. Mundinger: Molk.-Ztg. Hildesheim 1927, 41, 2719. — Gebr. Hartmann: Deutsche Molk.-Ztg. Kempten 1928, 49, 421 und Molk.-Ztg. Hildesheim 1928, 42, 389. — W. Kühn: Der Farbenchemiker 1934, 5, 205.

[3] Klimachs Druckerei-Anzeiger 1928, 35, 847.

[4] K. Demeter: Milchw. Forsch. 1925, 2, 325.

c) Metallfolien. Zur Verpackung von manchen Schnittkäsen, wie z. B.
Tilsiter, und besonders zur Verpackung von Weich- und Schmelzkäsen werden
heute in sehr ausgedehntem Maße Metallfolien verwendet und zwar je nach
Eignung bzw. Notwendigkeit mit oder ohne Pergament- oder Pergamin-Papier-
Einlage (Kaschierung). Das Hauptmetall für die Herstellung der Käsefolien
ist heute noch das Zinn. Doch macht die Verwendung des Aluminiums sehr große
Fortschritte, besonders seit es gelungen ist, auch für die Verpackung von Schmelzkäse genügend geschmeidige und durch mechanische Bearbeitung und Lack-
überzüge chemisch wenig angreifbare Folien herzustellen[1].

Die Zinnfolien werden sehr leicht durch im Käse enthaltene Stoffe, durch entstehende
Reifungsstoffe oder durch Stoffe, die bei der Schmelzkäseherstellung zugesetzt werden (Phosphate usw. s. S. 344, 347 und 414) angegriffen. Durch die Lösung bzw. Korrosion entstehen mittelbar die bekannten Schwarzfärbungen. Bezüglich der Zusammensetzung der
Zinnfolien und der möglichen Ursachen der Schwarzfärbungen im einzelnen verweisen
wir auf das umfangreiche Originalschrifttum[2], in erster Linie auf die Arbeiten von
W. Frielingshaus[3], St. Pasztor[4] und E. Erbacher und H. Haug[5].

Das englische Gsundheitsministerium hat wegen der häufigen Korrosionserscheinungen
vor der Verwendung der Zinnfolie zum Einwickeln von Käse gewarnt[6].

Die Aluminiumfolien sollen möglichst wenig Eisen und Silicium enthalten, eine
möglichst glatte Oberfläche besitzen und sehr geschmeidig sein.

d) Pappschachteln und Holzkisten. An diese Verpackungsgegenstände ist in erster
Linie die Forderung zu stellen, daß sie aus genügend trockenen und geruchlosen Rohstoffen
hergestellt sind. Runde Pappschachteln, wie sie z. B. bei Schmelzkäse verwendet werden
(s. S. 342), dürfen keine doppelten Böden besitzen (s. auch S. 342).

e) Bezüglich der Verpackungsmaterialien für Schmelzkäse sei im übrigen besonders auf das Original-Schrifttum verwiesen[7].

Anhang.

Pflanzenkäse.

Pflanzenkäse sind aus eiweißreichen Samen bereitete käseähnliche Erzeugnisse. Sie werden hauptsächlich in Asien und Afrika hergestellt und haben in
einzelnen Gegenden wirtschaftliche Bedeutung.

Zur Herstellung von Pflanzenkäsen werden die Samen verschiedener
Leguminosen verwendet, in erster Linie Sojabohnen. Das in der Sojamilch
enthaltene Globulin der Sojabohne (Glycinin) gibt mit Calcium- und Magnesiumsalzen ausgefällt ein dem Casein ähnliches Erzeugnis[8].

Teou-Fou[9] (Tofu, Töfu) ist ein chinesischer Pflanzenkäse aus den Samen der Soja-
bohne. Er bildet in China und Japan teilweise die Grundlage der Ernährung der ärmeren
Bevölkerung. Die zerriebene Bohnenmasse wird unter Pressen mit Wasser ausgezogen.
Der durch ein Tuch filtrierte Auszug wird langsam zum Sieden erhitzt. Hierauf wird der
Flüssigkeit eine chlormagnesiumreiche Lauge, die durch Abdampfen von Wasser aus Salzseen
gewonnen ist, zugesetzt. Die Lauge kann z. B. 29,21% Magnesiumchlorid ($MgCl_2$), 1,12%
Magnesiumsulfat ($MgSO_4$) und 6,24% Natriumsulfat (Na_2SO_4) enthalten. Der Laugezusatz
bewirkt in dem Bohnenauszug eine feinkörnige Koagulation. Das Koagulum wird abgepreßt

[1] Milchw. Zentralbl. 1935, **64**, 40.
[2] B. Bleyer: Milchw. Forsch. 1927, **4**, 312; Deutsche Molk.-Ztg. Kempten, 1927, **48**,
313. — Elten: Chem.-Ztg. 1929, **53**, 586. — W. Mohr u. M. Schulz: Milchw. Ztg. 1930,
Nr. 26a, 27 und 28a. — H. L. Templeton u. H. H. Sommer: Journ. of Dairy Science 1930,
13, 203.
[3] W. Frielinghaus: Molk.-Ztg. Hildesheim 1930 **44**, 2665.
[4] St. Pasztor: Molk.-Ztg. Hildesheim 1931, **45**, 110.
[5] E. Erbacher u. H. Haug: Deutsche Molk.-Ztg. Kempten 1932, **53**, 1649.
[6] Zeitschr. Fleisch- u. Milchhyg. 1931, **41**, 535.
[7] O. Mezger u. J. Umbrecht: Schmelzkäse. Verlag Deutsche Molk.-Ztg. Kempten 1930.
O. Gratz: Die Technik der Schmelzkäseherstellung. Verlag Deutsche Molkerei - Ztg.
Kempten 1931.
[8] T. Katajama: Bull. Coll. Agr. Tokyo 1906, **7**, 117; Z. 1907, **14**, 589.
[9] Bloch: Bull. Scienc. Pharmacol. 1906, **13**, 138; Z. 1906, **12**, 564.

und baldmöglichst verwendet. Der Käse ist geruch- und geschmacklos, abgesehen von einem leicht brenzlichen Geschmack, und nur wenige Tage haltbar. Er kann z. B. enthalten: 83,85% Wasser, 4,33% Fett, 0,57% Asche, 11,25% Protein. Die Preßkuchen dienen als Viehfutter. Kori-Tofu ist das durch Ausfrierenlassen des größten Teils des Wassers hergestellte Erzeugnis und heißt „Eisbohnenkäse".

2 Proben Sojabohnenkäse aus dem Jahre 1912 enthielten nach einer Untersuchung durch W. V. LINDER[1]: 39,31, bzw. 45,07% Protein, 7,85 bzw. 6,04% Fett, 2,36 bzw. 1,83% Asche.

Hamananatto[2] ist ein in den zentralen Provinzen Japans hergestellter Bohnenkäse, der z. B. folgende Zusammensetzung haben kann: Wasser 44,73%, Stickstoffsubstanz 22,34%, Fett 3,44%, stickstofffreie Substanz 8,40%, Rohfaser 6,87%, Asche 18,54%. Zur Herstellung des Hamananatto werden gut gewaschene Sojabohnen weich gekocht, auf Strohmatten ausgebreitet und mit Weizenmehl gemischt. Es entwickeln sich Schimmelpilze. Diese werden dadurch abgetötet, daß man sie dem Sonnenlicht aussetzt. Nach etwa 12 Tagen wird Kochsalz und Ingwer zugesetzt. Hamananatto hat einen angenehmen salzigen Geschmack und einen an frische Brotkruste erinnernden Geruch. Ähnlich dem Hamananatto werden die Pflanzenkäse „Miso" und „Netto"[3] bereitet, doch besitzen diese einen anderen Geruch und Geschmack.

Pembe[4] und Daua-Daua[5] sind afrikanische Pflanzenkäse.

Pembe kommt in Kamerun auf den Markt. Er wird aus den gekochten, geschälten und zerquetschten Samen der Moracee Treculia africana Decne in weicher Form hergestellt und dabei einer Milchsäuregärung unterworfen.

Daua-Daua ist dem Pembe nicht ähnlich. Er wird aus den weichgekochten Samen der Mimosacee Parkia africana R.Br., die in geröstetem Zustand unter dem Namen „Sudankaffee" bekannt sind, in Form von kleinen Kuchen hergestellt. Seine Farbe ist dunkelgraubraun, sein Geruch eigenartig aromatisch, dem Europäer nicht angenehm. Der Geschmack ist bitter, scharf und aromatisch. Näheres über Zusammensetzung usw. siehe die Original-Literatur[4 u. 5].

---

[1] W. V. LINDER: Journ. Ind. and Engin. Chem. 1912, 4, 897; Z. 1913, 26, 270.
[2] S. SAWA: Bull. Coll. Agr. Tokyo Univ. 1902, 4, 419; Chem.-Ztg. 1902, 20, Rep. 174.
[3] K. YABE: Landw. Vers.-Stationen 1895, 45, 438.
[4] Zentralbl. Bakteriol. II 1905, 14, 480.
[5] H. FINKE: Z. 1907, 14, 511.

VI. Casein. Milchzucker.

Von

Dr. R. Strohecker - Frankfurt a. M.

1. Casein.

Mit der Verbreitung der Entrahmungszentrifuge nahm auch die Butterherstellung in großem Maße zu. Für die großen anfallenden Mengen Magermilch bestand zunächst, abgesehen von der Verwendung für Futterzwecke, keine genügende Verwertung, obwohl Magermilch infolge ihres hohen Eiweiß- und Milchzuckergehaltes als recht nahrhaftes Lebensmittel angesprochen werden kann. Man versuchte daher, die wertvollen Bestandteile der Magermilch, das Casein und den Milchzucker, für die Industriebedarf vorlag, daraus darzustellen und zu verwerten.

Herstellung. Bei der Herstellung des technischen Caseins unterscheidet man zwei im Wesen und in den Endprodukten voneinander abweichende Verfahren, einmal die Herstellung des Säurecaseins und weiterhin die Gewinnung des Labcaseins (Paracaseins). Da das Casein in der Milch an Kalk gebunden ist, so wird beim Säurecasein, zu dessen Herstellung man Magermilch mit bestimmten Säuren behandelt, ein Produkt erhalten, dem durch die Behandlung Kalksalze entzogen sind, das also mineralstoffärmer ist als das Labcasein, bei dem durch die Wirkung des Labes die gesamte Casein-Kalk-Verbindung ausgefällt wird. Darüber hinaus geht auch Tricalciumphosphat mit in das Koagulum über. Dementsprechend enthält das Labcasein wesentlich höhere Mineralstoffmengen als das Säurecasein.

Die Herstellung des Säurecaseins hat vor allem auf eine richtige Säuerung der Magermilch Rücksicht zu nehmen. Zu hohe Säuregaben beeinträchtigen die Konsistenz, zu geringe Säuerung hat unvollständige Fällung im Gefolge. Die optimale Säurewirkung wird bei dem isoelektrischen Punkt des Caseins, d. h. bei $p_H = 4,6$, erzielt. Als Säuerungsmaterial verwendet man entweder Milchsäure, Schwefelsäure oder Salzsäure. Je nach der verwendeten Säure unterscheidet man zwischen Milchsäure-, Schwefelsäure- und Salzsäurecasein. Bezüglich der Einzelheiten der Verfahren sei auf Spezialwerke verwiesen[1]. Als beste Sorte wird das Milchsäurecasein angesprochen, vor allem wegen seiner guten Löslichkeit in verdünnten Laugen, seiner Ausgiebigkeit und seiner niedrigen Viscosität.

Nach der Fällung wird das Casein von der Molke abgepreßt, die gepreßte Masse gemahlen und getrocknet. Zur Pressung wird der feuchte Käsestoff in Tücher geschlagen und in Quarkpressen bis auf einen Wassergehalt von 50—65% abgepreßt. Der Quark soll dann ganz trocken sein. Das Mahlen verfolgt den Zweck, die einzelnen Käsestoffteilchen gleichmäßig zu verteilen, so daß die Masse in einer gleichmäßigen Schicht auf Horden zum Trocknen ausgelegt werden kann. Die Trocknung wird vielfach in besonderen Apparaten vorgenommen. (Unterluftschnelltrockner, Trockenkammern usw.)

Das Labcasein soll aus möglichst fettarmer, nicht gesäuerter Magermilch gefällt werden. Das fertige Casein soll mindestens 7,5% Asche und höchstens 1% Fett enthalten. Das Hauptherstellungsgebiet für Labcasein ist Frankreich.

---

[1] W. Fleischmann-H. Weigmann: Lehrbuch der Milchwirtschaft, 7. Aufl., Abschnitt XII. Berlin: Paul Parey 1932. — E. Sutermeister-E. Brühl: Das Casein. Berlin: Julius Springer 1932. — C. Knoch: Handbuch der neuzeitlichen Milchverwertung, 3. Aufl. Berlin: Paul Parey 1930.

Die auf 35⁰ angewärmte Magermilch wird mit so viel Lab versetzt, daß die
Fällung innerhalb 15—20 Minuten erfolgt. Die Labmenge richtet sich im übrigen
auch nach dem Säuerungszustande der Magermilch. Wie bei der Gewinnung
des Säurecaseins wird die Ausfällung auch beim Labcasein kräftig abgepreßt,
zerkleinert und in dünner Schicht bei 43—46⁰ getrocknet. Höhere Temperaturen
sind zu vermeiden, da Labcasein in dieser Hinsicht empfindlicher als Säurecasein
ist. Höhere Temperaturen und langes Trocknen erzeugen Dunkelfärbung.

Verwendung. Casein findet eine sehr ausgedehnte Anwendung, so bei der
Herstellung von Anstrichfarben, in der Papierindustrie als Klebemittel, in der
Kunsthornfabrikation (Galalith od. dgl.), als Caseinleim, ferner in Form von
Nährpräparaten für Kinder, Diabetiker und Magenleidende (Plasmon, Sanose,
Sanatogen usw.), in Form von Schwermetallverbindungen, insonderheit Silber-
verbindungen, in der Medizin; die Schwermetallverbindungen besitzen stark
antiseptische Wirkung, ohne erhebliche Reizwirkungen zu verursachen. Neuer-
dings dient Casein in der kosmetischen Industrie als Grundlage für Salben.

Zusammensetzung. Casein ist chemisch ein Calciumcaseinatkomplex, der
kolloidchemisch als Suspensionskolloid aufzufassen ist, für das das Albumin
die Rolle eines Schutzkolloides und die stets vorhandenen Citrate, Phosphate
und Rhodanide die Rolle von Peptisatoren übernehmen. Die Frage, ob das Casein
eine einheitliche Substanz ist, oder aber, ob es aus vielen verschiedenen Proteinen
besteht, ist noch nicht endgültig entschieden. Nach der Elementaranalyse sind
die Caseine der verschiedenen Tierarten nicht zu unterscheiden. HAMMARSTEN
gibt für Kuhmilchcasein folgende Elementarzusammensetzung an:

Kohlenstoff	Wasserstoff	Stickstoff	Schwefel	Phosphor	P:N
52,96	7,05	15,65	0,75	0,85	0,054

LINDSTRÖM-LANG[1] fand in reinstem Casein 15,74% Stickstoff und 0,794%
Phosphor, entsprechend einem Phosphor-Stickstoff-Verhältnis von 0,0503. Das
Molekulargewicht des Caseins dürfte wesentlich über 192000 liegen. Bezüglich
der in Casein enthaltenen Aminosäuren gibt SUTERMEISTER-BRÜHL[2] folgende
Maximalausbeuten an:

Tabelle 1. Höchstausbeuten an Aminosäuren usw. in Prozenten des Caseins.

Glykokoll 0,45	Glutaminsäure . . . 21,77	Histidin 3,39
Alanin 1,85	Asparaginsäure . . . 4,10	Lysin 7,72
Valin 7,93	Oxyglutaminsäure . . 10,50	Sonstige Aminosäuren 1,15
Leucin 7,92	Serin 0,43	Ammoniak 1,61
Isoleucin 1,43	Oxyprolin 0,23	Phosphor 0,85
Prolin 8,70	Tryptophan 1,70	Schwefel 0,76
Phenylalanin . . . 3,88	Cystin 0,02	
Tyrosin 5,70	Arginin 4,84	

Nach F. L. BROWNE[2] kommt den auf verschiedenen Wegen hergestellten
Casein-Sorten folgende Zusammensetzung zu:

Tabelle 2. Zusammensetzung von Caseinen.

Caseinart	Wasser %	Fett %	Asche %	Stickstoff %	Säure ⁰
Milchsäurecasein . .	7,70	0,88	3,46	14,38	9,70
Schwefelsäurecasein	7,97	1,41	3,92	14,42	10,40
Salzsäurecasein . .	7,37	0,56	4,52	14,39	8,70
Labcasein	8,29	0,63	7,97	14,41	7,90
Buttermilchcasein .	8,41	6,65	1,62	14,78	9,23

Untersuchung. Beson-
derer Wert ist bei der Prüfung der Caseine des Han-
dels auf Schmutzfreiheit,
Farbe, Geruch, Mahlfeinheit,
Löslichkeit, Viscosität und
Ausgiebigkeit zu legen.

Im allgemeinen soll Ca-
sein eine hellgelbe Farbe

---

[1] LINDSTRÖM-LANG: Compt. rend. Labor. Carlsberg 1929, **17**, 43; vgl. auch SUTER-
MEISTER-BRÜHL: Das Casein. Berlin: Julius Springer 1932.
[2] E. SUTERMEISTER u. E. BRÜHL: Das Casein. Berlin: Julius Springer 1932.

aufweisen, nur bei Kaltleim-Casein ist ein rötlicher Stich nicht zu beanstanden. Der Geruch der Probe kann in der Weise geprüft werden, daß man 10 g Casein in 10 ccm Wasser aufquillt und einer Geruchsprobe unterwirft. Die besten Caseine weisen hierbei einen milchartigen, jedenfalls keinen auffallenden, ranzigen oder verdorbenen Geruch auf. Die Mahlfeinheit wird durch bestimmte Siebe geprüft.

Zur Prüfung der Löslichkeit verfährt man in folgender Weise: 15 g Casein, das mindestens grobgrießig sein soll, werden in einem 200-ccm-Becherglas mit 60 ccm Wasser angerührt. Nach zweistündigem Stehen setzt man unter Umrühren eine heiße Lösung von 2,3 g Borax ($Na_2B_4O_7 \cdot 10 H_2O$) in 15 ccm Wasser zu. Unter ständigem Umrühren erhitzt man die Mischung 10 Minuten lang in einem Wasserbade von 50°. Hierbei muß das Casein restlos verquellen und schließlich fast völlig in Lösung gehen. Minderwertiges Casein hinterläßt Klumpen, die selbst bei sorgfältigem Rühren nicht verschwinden.

Zur Bestimmung der Viscosität wird gleichfalls eine Boraxlösung des Caseins herangezogen. Sie wird entweder nach der Torsionsmethode oder mit Hilfe von Ausflußapparaten bei 40° bestimmt.

Von chemischen Prüfungen werden zweckmäßig die Bestimmung des Wasser-, Asche-, Stickstoff-, Fett-, Säure- und Milchzuckergehaltes ausgeführt, ferner der Phosphor-, Calcium- und mitunter der Schwermetallgehalt ermittelt.

Das Wasser wird durch 6stündiges Trocknen von 3 g Casein bei 100—105° bestimmt. Dabei ist zu beachten, daß das Casein hygroskopisch ist.

Die Asche wird in der üblichen Weise ermittelt. Das Verkohlen soll möglichst 1 Stunde dauern. Zum Brennen soll der Tiegelinhalt nicht kommen.

Den Stickstoff ermittelt man in der üblichen Weise nach KJELDAHL. Zur Umrechnung auf fett-, asche- und wasserfreie Stickstoffsubstanz bedient man sich des Faktors 6,38.

Das Fett wird zweckmäßig nach der Methode von GOTTLIEB-ROESE bzw. SCHMIDT-BONDZYNSKI in 1 g Casein ermittelt.

Die Bestimmung der Säure erfolgt in folgender Weise: 1 g Casein wird in einem ERLENMEYER-Kolben mit 25 ccm 0,1 N.-Natronlauge unter Umschütteln versetzt. Man schüttelt den Kolben verschlossen, bis die Lösung in einigen Minuten erfolgt ist. Dann öffnet man, spült den Stopfen mit Wasser ab, setzt 100 ccm Wasser und 0,5 ccm Phenolphthaleinlösung (1%) zu und titriert rasch unter kräftigem Schütteln mittels 0,1 N.-Salzsäure zurück. Die Anzahl ccm 0,1 N.-Natronlauge, die von 1 g Casein verbraucht werden, stellen den Aciditätswert dar.

Der Milchzucker wird in der Weise bestimmt, daß man 10 g Casein in einem 500-ccm-Kolben mit heißem Wasser durchfeuchtet, die Eiweißstoffe durch 10 ccm Kupfersulfatlösung (FEHLINGsche Lösung I) und 15 ccm 0,25 N.-Natronlauge unter Umschütteln fällt, bei 15° auf die Marke auffüllt und im Filtrat den Milchzucker durch Reduktion von FEHLINGscher Lösung ermittelt.

Phosphor und Calcium werden in der üblichen Weise in der Asche ermittelt. Zur Bestimmung der Schwermetalle zerstört man die Substanz zunächst mit Salpeter-Schwefelsäure und verfährt in der üblichen Weise.

Zur p_H-Bestimmung eignet sich die Chinhydronmethode gut[1].

Beurteilung. Handelscaseine sollen frei von Schmutz sein. Sie sollen eine weiße bis hellgelbe oder buttergelbe Farbe aufweisen. Dunklere Teile sollen nur in Spuren vorhanden sein. Die Mahlfeinheit wird nach dem Durchgang des Caseins durch verschieden feine Siebe bestimmt. Grobgrießiges Milchsäure-Casein muß durch das Sieb DIN Norm 6—7, mehlfeines Casein durch Sieb

---

[1] E. S. SNYDER u. H. E. HANSEN: Ind. Engin. Chem. 1934, 5, 409; C. 1934, I, 967.

DIN 40 gehen. Casein soll milchartig riechen ohne säuerlichen, käsigen oder ranzigen Beigeruch. Der Stickstoffsubstanzgehalt soll mindestens 78% betragen, der Wassergehalt höchstens 12%. Der Aschegehalt soll bei Säurecasein 4% (Schwankungen von 2—4%), bei Labcasein 9% (Schwankungen von 7,5—9%) nicht überschreiten. Der Fettgehalt von Säurecasein soll höchstens 3% und der von Labcasein höchstens 1% betragen. Der Säureverbrauch von 1 g Casein soll höchstens 12,5 ccm 0,1 N.-Lauge entsprechen. Milchsäurecasein weist meist Werte von 8,8—13 ccm, Labcasein Werte von 1,6—2,8 ccm auf.

2. Milchzucker.

Dem Milchzucker kommt die Formel $C_{12}H_{11}O_{22}$ zu. In krystallisiertem Zustand enthält er ein Molekül Krystallwasser. Bei 10⁰ sind 17 Teile Milchzucker in 100 Teilen und bei 100⁰ 40 Teile Milchzucker in 100 Teilen Wasser löslich. Er krystallisiert in rhombischen Krystallen. Der Geschmack des Milchzuckers ist wenig süß, etwas sandig. Er führt daher auch die Bezeichnung „Sandzucker". Die Hydratform des Milchzuckers ist in zwei Anhydride überführbar, in das α- und in das β-Anhydrid. Das erstere entsteht beim Trocknen des Hydrates bei 125⁰ bis zur Gewichtskonstanz, das β-Anhydrid kann man erhalten, wenn man eine bei 100⁰ gesättigte Lösung von Milchzucker kurze Zeit bei 104—105⁰ hält und dann 24 Stunden lang bei 100⁰ aufbewahrt. Es scheiden sich dann Krystalle aus, die aus dem reinen β-Anhydrid bestehen. Milchzuckerlösungen weisen eine optische Drehung von $[\alpha]_D^{20} = +52,5^0$ auf. Diese Lösungen zeigen sofort nach ihrer Herstellung Multirotation, die durch Zusatz von etwas Ammoniak aufgehoben werden kann. Nach FLEISCHMANN und WIEGNER[1] findet bei Lösung von Milchzucker in Wasser eine Volumenkontraktion statt.

Herstellung. Als Ausgangsmaterial für die Milchzuckerfabrikation dient die Molke, wie sie in der Labkäserei in Form der Labmolke, in der Sauermilchkäserei und bei der Caseinfabrikation in Form der Sauermolke anfällt. Die Labmolke enthält im allgemeinen etwa 0,7% mehr Milchzucker als Sauermolke, da sie ja von einer Milch stammt, die keinen erheblichen Säuerungsprozeß durchgemacht hat. Labmolke hat weiterhin den Vorteil, daß sie salzärmer ist, da der größte Teil des Kalkes mit dem Casein ausgefällt wird. Andererseits ist sie jedoch eiweißreicher, da sie neben Albumin und Globulin noch das beim Abbau des Caseins entstehende Molkeneiweiß enthält. Der Milchzuckergehalt der Labmolke beträgt etwa 4,8—4,9%. Um möglichst reinen Milchzucker zu erhalten, ist es zweckmäßig, die Molke durch Zusatz von etwa 0,1% Formalin vor Säuerung zu schützen, da die Säure bei höherer Temperatur und bei längerer Einwirkungszeit den Milchzucker in Glykose und Galaktose spaltet.

Bei der technischen Gewinnung des Milchzuckers unterscheidet man zwischen der Rohzuckergewinnung und der Feinzucker-(Raffinade-)Herstellung.

Die zu verwendenden Molken werden durch Natriumcarbonatzusatz auf einen Säuregrad von etwa 8,0⁰ abgestumpft. Hierauf wird auf etwa 90⁰ erhitzt, wobei sich das Molkeneiweiß abscheidet. Man zieht dann die klaren Molken ab oder filtriert sie durch Filterpressen. Alsdann dampft man in mehrstufigen Verdampfern auf 30—35⁰ Bé., entsprechend 60—70% Trockensubstanz im Kondensat, ein. Die eingedickte Molke wird in Krystallisationskästen oder in Krystallisiermaischen übergeführt, in denen sich nach 24 Stunden der gelbliche Rohzucker ausscheidet. Danach wird die Mutterlauge in Zentrifugen von den Krystallen abgeschleudert und diese werden nach dem Waschen mit Wasser in Vakuumapparaten getrocknet. Das abfallende Molkeneiweiß dient zur

---

[1] FLEISCHMANN u. WIEGNER: Journ. f. Landwirtsch. 1910, **58**, 45.

Schweinemast oder zur Bereitung von Nährpräparaten. Der Rohzucker weist nach A. Burr[1] folgende Zusammensetzung auf:

Trockenmasse	Milchzucker	N-Substanz	Fett	Asche	Sonstiges
85,93—99,82	78,45—95,95	0,62—3,22	0,08—0,41	1,19—5,40	0,03—5,09%

Das Raffinieren des Milchzuckers geschieht in der Weise, daß der Rohzucker wieder in heißem Wasser aufgelöst und die noch vorhandenen Verunreinigungen an Eiweiß, Phosphaten und Farbstoffen durch Zusatz von Essigsäure, Magnesiumsulfat und Knochenkohle oder Natriumhydrosulfit (Blankit) entfernt werden. Als Klärmittel wird auch Calciumaluminat empfohlen. Andere Fabriken verwenden Knochenkohle, Kieselgur und Blankit. Nach dieser Behandlung wird wiederum filtriert, die Milchzuckerlösung eingedampft und der Krystallisation überlassen. Danach schleudert man den Milchzucker in Zentrifugen ab, „deckt" ihn mit eisenfreiem, kaltem Wasser und trocknet den gereinigten Milchzucker bei Temperaturen bis höchstens 75°. Reinzucker enthält nach A. Burr 88,42 bis 99,98% Trockenmasse, 0,025—0,25% Asche und nur Spuren Eiweiß.

Die Ausbeute an Rohzucker beträgt etwa 4%, mitunter auch nur 3,5%, auf ursprüngliche Molke berechnet. Auf ursprüngliche Milch berechnet, kann mit einem Ausbeute-Prozentsatz von 2,15% gerechnet werden.

Untersuchung. Die Untersuchung des Milchzuckers des Handels hat sich in erster Linie auf die Bestimmung des Milchzuckergehaltes zu erstrecken, die in der üblichen Weise nach dem gewichtsanalytischen Verfahren (S. 137) vorgenommen werden kann. Auch die polarimetrische Bestimmung nach A. Scheibe (S. 139) liefert gute Ergebnisse. Für Betriebskontrollen können auch die refraktometrischen Bestimmungen sehr wohl herangezogen werden, da sie sich durch besondere Einfachheit auszeichnen.

Das anhaftende Wasser des Milchzuckers kann durch Trocknen im Trockenschrank ermittelt werden. Zur Bestimmung des Krystallwassers bedient man sich der Destillationsmethode unter Verwendung von Xylol als Destillationsmittel (Siedepunkt 137—140°). Empfehlenswert ist die von J. Pritzker und R. Jungkunz angegebene Apparatur (Bd. II, S. 557).

Die Aschebestimmung wird in der üblichen Weise ausgeführt.

Beurteilung. Nach dem D.A.B. VI muß eine heiß hergestellte wäßrige Milchzuckerlösung klar sein, sie darf höchstens schwach gelb gefärbt sein. Ammoniak und Schwefelwasserstoffwasser dürfen in ihr keine Veränderung hervorrufen. Die Gegenwart von Saccharose kann in folgender Weise erkannt werden: 0,5 g gepulverter Milchzucker werden in einem mit konz. Schwefelsäure ausgespülten Reagensrohr mit 10 ccm konz. Schwefelsäure vermischt. Es darf dann innerhalb einer Stunde keine Braunfärbung, höchstens eine Gelbfärbung eintreten. Die Reaktion beruht darauf, daß konz. Schwefelsäure Saccharose, nicht aber Milchzucker verkohlt. Nach dem D.A.B. VI kann Saccharose auch noch in folgender Weise erkannt werden: 1 g Milchzucker wird in 9 ccm Wasser gelöst. Nach Zusatz von 0,1 g Resorcin und 1 ccm Salzsäure kocht man 5 Minuten. Es darf dann keine Gelbfärbung eintreten. Eine Rotfärbung deutet auf Fructose bzw. Saccharose. Auch das Verfahren von S. Rothenfusser (S. 193) kann zum Nachweis von Saccharose in Milchzucker dienen.

Der Aschegehalt darf nach dem D.A.B. VI 0,25% betragen.

Eiweißstoffe sollen im Milchzucker nicht zugegen sein.

---

[1] A. Burr: Über Milchzucker. Molkerei-Ztg. Hildesheim 1911.

Buch-Literatur zum ersten und zweiten Teil.

CHR. BARTHEL: Die Methoden zur Untersuchung von Milch und Molkereiprodukten, 3. Aufl. Berlin: Paul Parey 1928.

BETZ-LIPP: Französische Weichkäse, ihre Herstellung und Behandlung, 3. Aufl. Hildesheim: Molkerei-Zeitung 1929.

BRANDIS-BUTENSCHÖN: Die Herstellung von Quark und Sauermilchkäse. Hildesheim: Molkerei-Zeitung 1932.

L. EBERLEIN: Die neuere Milchindustrie. Dresden u. Leipzig: Th. Steinkopff 1927.

W. FLEISCHMANN: Lehrbuch der Milchwirtschaft. Berlin: Paul Parey 5. Aufl. 1915, 6. Aufl. 1922.

FLURY-ZANGGER: Lehrbuch der Toxikologie. Berlin: Julius Springer 1928.

O. GRATZ: Die Technik der Schmelzkäseherstellung. Kempten: Deutsche Molkerei-Zeitung 1931.

O. GRATZ: Schafmilchkäserei. Hildesheim: Molkerei-Zeitung 1933.

W. GRIMMER: Lehrbuch der Chemie und Physiologie der Milch, 2. Aufl. Berlin: Paul Parey 1926.

W. GRIMMER: Milchwirtschaftliches Praktikum. Leipzig: Akadem. Verlagsgesellschaft m. b. H. 1926.

W. GRIMMER: Milchkunde, 2. Aufl. Berlin: Richard Schoetz 1932.

W. KIRCHNER: Handbuch der Milchwirtschaft. 7. Aufl. Berlin: Paul Parey.

J. KLEEBERG u. H. BEHRENDT: Die Nährpräparate und Sauermilcharten. Stuttgart: Ferdinand Enke 1930.

C. KNOCH: Handbuch der neuzeitlichen Milchverwertung, 3. Aufl. Berlin: Paul Parey 1930.

K. KRETSCHMER: Käse, Verpackung und Gesetz. Kempten: Deutsche Molkerei-Zeitung 1934.

B. LICHTENBERGER: Die Milchindustrie, Hildesheim: Molkerei-Zeitung 1926.

O. MEZGER u. J. UMBRECHT: Schmelzkäse. Kempten: Deutsche Molkerei-Zeitung 1930.

RAHN u. SHARP: Physik der Milchwirtschaft. Berlin: Paul Parey 1928.

M. SCHULZ: Milchwirtschaft von A—Z, Handlexikon der Molkereipraxis. Kempten: Deutsche Molkerei-Zeitung 1935.

P. SOMMERFELD: Handbuch der Milchkunde. Wiesbaden: J. F. Bergmann 1909.

F. STOHMANN: Die Milch und Molkereiprodukte. Braunschweig: F. Vieweg & Sohn 1898.

E. SUTERMEISTER u. E. BRÜHL: Das Casein. Berlin: Julius Springer 1932.

K. TEICHERT: Methoden zur Untersuchung von Milch und Milcherzeugnissen, 2. Aufl. Stuttgart: Ferdinand Enke 1927.

K. TEICHERT: Deutsches Käsereibuch. Stuttgart: Eugen Ulmer 1931.

H. WEIGMANN: FLEISCHMANNS Lehrbuch der Milchwirtschaft, 7. Aufl. Berlin: Paul Parey 1932.

H. WEIGMANN: Handbuch der praktischen Käserei, 4. Aufl. Berlin: Paul Parey 1933.

W. WINKLER mit W. GRIMMER u. H. WEIGMANN: Handbuch der Milchwirtschaft. Wien: Julius Springer, Bd. I 1930, Bd. II 1931, Bd. III 1935.

Entwürfe zu Festsetzungen über Lebensmittel. Herausgegeben vom Kaiserl. Gesundheitsamt, Heft 4. Käse. Berlin: Julius Springer 1913.

Milchwirtschaftlicher Literaturbericht. Herausgegeben vom Kollegium der Preuß. Versuchs- u. Forschungsanstalt für Milchwirtschaft in Kiel. Hildesheim: Molkerei-Zeitung 1928—1935.

Süddeutscher Molkerei- und Käsereikalender. Kempten: Deutsche Molkerei-Zeitung, Jahrg. 1930—1935.

Dritter Teil.

Bakteriologie und Mykologie der Milch und der Milcherzeugnisse[1].

Von

Professor DR. W. HENNEBERG †-Kiel.

Mit 34 Abbildungen.

I. Milch.

1. Allgemeines.

Da ausnahmslos fast in jedem Kuheuter bestimmte Bakterienarten, wie Mikrokokken und Corynebakterien, vorkommen, ist selbst die „aseptisch" ermolkene Milch[2] durch Bakterien verunreinigt (z. B. in einem in Kiel vor kurzem angestellten Versuch zwischen 9 und 3200 im Kubikzentimeter. Der Keimgehalt des ersten Striches ist meist bedeutend größer als der des zweiten. Die Abnahme in den folgenden geht nicht gleichmäßig vor sich. Bei sehr hoher Keimzahl im ersten Strich ist öfter auch im zehnten Strich noch ein großer Keimgehalt vorhanden). Der Keimgehalt und auch die Keimarten der Milch aus den einzelnen Drüsenvierteln können erheblich voneinander abweichen. Eine weitere Infektion erfolgt stets während des Melkens durch die Luftkeime, durch herabfallende Hautschuppen u. dgl., durch die Melkerhände sowie durch die Wände des Melkeimers. Beim Seihen, das möglichst bald geschehen soll, damit sich nicht die Keime von den Kuhhaaren, Stroh- und Kotteilchen, Fliegen usw. ablösen, werden die Kleinpilze (Bakterien, Hefen, Schimmelpilzsporen) nicht entfernt. Je länger die Milch nach dem Melken warm bleibt, desto schneller und stärker vermehren sich die in die Milch hineingelangten Keime. Bestimmte Keimarten, z. B. die Euterkokken und manche Stämme des Streptococcus lactis sind gegen die zunächst in mehr oder weniger starkem Maße wirksamen bactericiden Kräfte[3] der frisch ermolkenen Milch empfindlich, andere wie z. B. die Colibakterien nicht. Ein wesentlicher Einfluß auf das stets vorhandene Bakteriengemisch findet jedenfalls nicht statt. Eine sofortige und

---

[1] In diesem Abschnitt wurden — soweit es sich nicht um die Krankheitserreger (I, 4, 5, III, 3) handelt — die zahlreichen im Bakteriologischen Institut der Kieler Milchforschungsanstalt in den Jahren 1922—1935 ausgeführten Arbeiten des Verfassers, seiner Mitarbeiter und seiner Doktoranden (36 Dissertationen betreffend die Milch-, Butter- und Käsebakteriologie) mehr oder weniger berücksichtigt (s. die Anmerkungen). Jede Dissertation bringt ein ausführliches Verzeichnis der für das betreffende Spezialgebiet einschlägigen Literatur. Sämtliche Arbeiten des Bakteriologischen Instituts aus den Jahren 1922—1932 sind in dem Bericht „10 Jahre Preuß. Versuchs- und Forschungsanstalt für Milchwirtschaft" (Verlag Molkereizeitung Hildesheim) S. 121—158 übersichtlich zusammengestellt.
[2] GORINI: Euterkokken. Milchw. Forsch. 1926, **3**, 178. — STECK: Die latente Infektion der Milchdrüse. Hannover: Verlag Schaper 1930. — HENNEBERG: Molkereiztg. Hildesheim 1932 „10 Jahre Forschungsanstalt", Nr. 92 bis 100, S. 150.
[3] K. DREWES: Dissertation Kiel. — Milchw. Forsch. 1927, **4**, 403.

möglichst starke Kühlung ist unbedingt notwendig. Während des Transportes findet stets eine weitere Zunahme des Keimgehaltes durch die Kannenwände u. dgl. statt, wenn die Innenflächen nicht sehr gründlich gereinigt und bis zum Milcheinfüllen trocken gewesen waren. In den Molkereien muß zur Verhütung der Keimvermehrung und zur Keimverminderung eine Reinigung durch die Reinigungszentrifuge und eine sich daran anschließende schnelle Abkühlung und Kühlhaltung bis zum Verkauf vorgenommen werden. In den meisten Fällen findet auch eine Pasteurisierung statt. Sind die Leitungen, Pumpen, Kühler, Milchbehälter, Abfüllvorrichtungen und Flaschen (bzw. Kannen) nicht vorschriftsmäßig gesäubert, so tritt bald nach der Pasteurisierung eine Neuinfektion und Keimvermehrung ein. Diese ist besonders zu beachten, da sich in der durch die Erhitzung von den gewöhnlichen Milchsäurebakterien befreiten Milch viele Bakterienarten, deren Entwicklung sonst durch die Milchsäurebakterien mehr oder weniger gehemmt wird, üppig vermehren. Für die allermeisten Bakterienarten ist die Milch infolge ihrer Bestandteile und ihrer fast neutralen Reaktion ein sehr guter Nährboden.

Im folgenden sei eine kurze Übersicht gegeben über die wichtigsten Bakterien-, Hefen- und Schimmelpilzarten, die in der Milch und in den Milcherzeugnissen (oft auch in der Margarine) entweder eine nützliche oder schädliche Rolle spielen. Die Gruppeneinteilung ist meist nach ihren physiologischen Haupteigenschaften vorgenommen.

2. Übersicht über die Bakterien, Hefen und Schimmelpilze der Milch und Milcherzeugnisse.

A. Bakterien.

(Die Nichtsporenbildner nennt man Bakterien, die Sporenbildner Bacillen.)

a) Milchsäurebakterien.

Sämtlich ohne Sporen und ohne Eigenbewegung[1].

α) **Mikrokokken** (runde Zellen). „Tetrakokken" nach Orla-Jensen (Abb. 1). Säure- oder Säure- und Labbildner; letztere können die Süßgerinnung der Milch hervorrufen. Meist Caseinzersetzer. Manche starke Fettspalter. Einige Arten erzeugen bittere, andere schleimige Milch. Regelmäßige Bewohner des Kuheuters, bisweilen Erreger der „Staphylokokkenmastitis"[2]. Nützliche Käsereifungspilze sind die den Käsestoff unter Bildung eines käsigen Geschmacks abbauenden Arten.

β) **Streptokokken** (runde, seltener ovale Zellen meist in Ketten). Es handelt sich um eine große Anzahl von häufigen Arten oder Rassen[3]:

1. **Streptococcus lactis** (Abb. 2) (früher Streptococcus lacticus, Bacterium lactis acidi oder Bacterium Güntheri genannt) verursacht das Sauerwerden der Milch bei Zimmertemperatur. Anwendung in Mischung mit dem folgenden (Streptococcus cremoris) bei der Rahmsäuerung in den Buttereien (Abb. 3 und 28). Käsereifungspilz. Sehr gefürchtet sind in den Buttereien Rassen mit schlechtem Aroma (z. B. Malzaroma in Butter s. S. 471) oder mit starkem Schleimbildungsvermögen (S. 443, 458, 471). Letztere sind für die Taettemilch unentbehrlich (S. 463).

2. **Streptococcus cremoris** (Abb. 3) bildet sehr lange Ketten aus runden Zellen. Wächst nicht mehr über 37°. Verwendung mit vorigem zusammen bei der Rahmsäuerung, ebenso als Reifungspilz im Camembertkäse u. dgl. Neigung zur Schleimbildung.

---

[1] Orla-Jensen: The lactic acid bacteria. Mem. Acad. d. sci. Copenhague. Sect. d. sciences 1919, 5 [8], No 2. — W. Henneberg: Handbuch der Gärungsbakteriologie, 2. Aufl. Berlin: Verlag Parey 1926.

[2] H. Stolze: Dissertation Kiel 1930. — Milchw. Forsch. 1930, 10, 381.

[3] Demeter: Milchw. Forsch. 1929, 7, 201. — Sach: Dissertation Kiel 1935.

3. **Streptococcus citrovorus und paracitrovorus**[1] (besser Betacoccus cremoris genannt) zersetzt die Citronensäure (0,1—0,2%) der Milch. Aus Milchzucker entsteht Milchsäure, Essigsäure, Alkohol und Kohlensäure, wodurch bei seiner Verwendung die Rahmsäuerung aromatischer wird.

4. **Streptococcus thermophilus.** Ebenfalls lange Zellketten. Wachstum noch bei 45—50°, daher für den Emmentalerkäse und für den Yoghurt wichtig (Abb. 7).

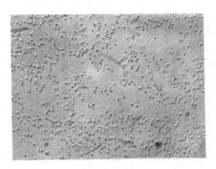

Abb. 1. Mikrokokken aus dem Euter (500 ×).

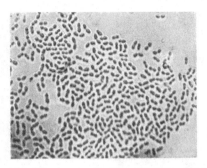

Abb. 2. Streptococcus lactis, gewöhnliches Milchsäurebacterium. Großzellige Rasse ohne Kettenbildung (vgl. Abb. 24) (1000 ×).

5. **Streptococcus liquefaciens** verflüssigt Gelatine und baut stark Casein ab. Verursacht bittere Milch und Käse.

6. **Streptococcus agalactiae**[2] (= mastitidis) (Abb. 4). Lange Zellketten. Erreger der gewöhnlichen Euterentzündung (= gelber Galt = Streptokokkenmastitis).

7. **Streptococcus pyogenes.** Manche Stämme sind für Mensch und Tier gefährliche Eitererreger. Nur bisweilen in der Milch, die von ihm gesäuert wird. Höchstwahrscheinlich manchmal Erreger der Euterentzündung = Angina-Epidemien in Amerika.

γ) **Streptobakterien** = meist Ketten stäbchenförmiger Bakterien. Streptobacterium casei (Abb. 5) ist einer der wichtigsten Käsereifungspilze, da er

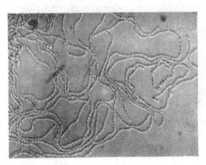

Abb. 3. Streptococcus cremoris aus dem Säurewecker (500 ×).

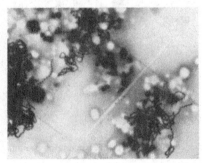

Abb. 4. Streptococcus agalactiae (= mastitidis) mit Leukocyten = Streptokokkenmastitis, gefärbtes Präparat (500 ×).

Casein stark abbauen kann. Viele Rassen. (Streptobacterium plantarum wird zur Futtereinsäuerung bei lauwarmer Temperatur von HENNEBERG empfohlen.)

δ) **Betakokken und Betabakterien.** Erstere sind rund, letztere stäbchenförmig. Beide erzeugen neben Milchsäure viel Nebenstoffe (Ameisensäure, Essigsäure, Alkohol und Kohlensäure). Betacoccus cremoris s. unter Streptococcus citrovorus. Betacoccus arabinosaceus wurde früher Leuconostoc genannt (Froschlaichpilz — wegen seiner starken Schleimbildung — in Zuckerfabriken). Die Rassen aus Milch und Käse säuern Milch. Betabacterium caucasicum findet

---

[1] HAMMER u. BAKER: Abstr. Bakt. 1927, **13**, 12.
[2] GUILLEBEAU: Landw. Jahrb. d. Schweiz 1890, **4**, 27.

sich in den Kefirknollen, breve in altem Käse (longum in Zuckerrübensaft und in Fischkonserven mit Gemüse = Bombage der Blechbüchsen).

ε) Thermobakterien (langgestreckte Zellen). Wärmeliebende Arten aus dem Darm, Magen der Kälber und Lämmer, heiß gewordenen Pflanzenstoffen. Th. lactis säuert noch bei 45—50° die Milch („Stippmilch" in manchen

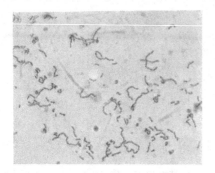

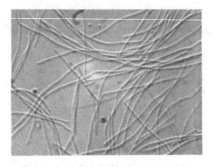

Abb. 5. Streptobacterium casei, Käsereifungs-
bacterium (500 ×).

Abb. 6. Thermobacterium Jugurt (500 ×

Gegenden); Th. cereale (= Delbrücki) wichtig für die Heißeinsäuerung der Futtermassen; Th. helveticum (früher casei ε genannt) aus dem Kälbermagen wird in den Schweizerkäsefabriken als Reifungspilz verwendet. Th. bulgaricum und Th. Jugurt (Abb. 6) sind die wichtigsten Yoghurtmilchsäurebakterien (Abb. 7). Ersterer (nach Orla-Jensen) mit Volutin und weniger starkem Säuerungsvermögen, letzterer ohne Volutin und sehr stark säuernd. Th. acido-

Abb. 7. Yoghurt [langgestreckte Thermobakterien, Streptococcus thermophilus (wenig),
Caseingerinnsel] (500 ×).

Abb. 8. Propionsäurebakterien (500 ×).

philum (eine Sammelgruppe) aus dem Säuglingsdarm wird zur Bereitung der Acidophilusmilch verwendet (S. 468).

b) Propionsäurebakterien.

Unbewegliche, sporenlose rundliche Zellen oder kurze Stäbchen (unter anaeroben Bedingungen), außerdem auch längere Stäbchen oft mit Anschwellungen (bei Luftzutritt) (Abb. 8). Mindestens 9 Arten. Aus Zucker, Alkoholen und Lactaten entstehen Propionsäure, Essigsäure und Kohlensäure. Propionibacterium Freudenreichii bildet Aroma und die Löcher (nach 5 Tagen) im Schweizerkäse. Hier und in anderen Käsesorten finden sich daneben noch andere Arten dieser Gruppe[1].

---

[1] F. Domke: Dissertation Kiel. — Milchw. Forsch. 1933, 15, 480.

c) Essigbakterien.

Kleine oft in Ketten vereinigte Kurzstäbchen, die sich vielfach parallel zueinander lagern und dadurch auf der alkoholhaltigen Flüssigkeitsoberfläche eine „Essighaut" bilden (Abb. 9). Manche Arten sind beweglich. Aus Alkohol entsteht Essigsäure; sie kommen daher erst zur Entwicklung, wenn sich Milch-

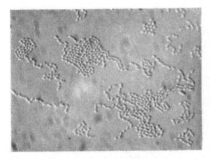

Abb. 9. Essigbakterien (500 ×). Abb. 10. Bacterium coli (500 ×).

zuckerhefen eingefunden haben. Verschiedene Arten sind im Kefir und Käse-quarg sehr schädlich[1].

d) Coli-Aerogenesgruppe.

Meist kleine, plumpe, gramnegative Kurzstäbchen, die aus Zucker wenig Milchsäure, viel Essigsäure, Kohlensäure und Wasserstoff bilden. Indolbildner. Bacterium coli (Abb. 10) beweglich. Zu unterscheiden sind Kalt- und Warm-

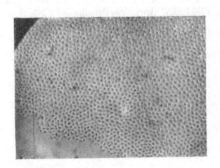

Abb. 11. Bacterium aerogenes (500 ×). Abb. 12. Bacterium typhi (500 ×).

colibakterien, erstere oft in der Erde, im Wasser, auf Pflanzen, im Darm der Kaltblüter, letztere im Darm der Kühe[2], Menschen usw. Wasser, ebenso Trink-milch mit größeren Mengen Coli ist zu beanstanden; manche Colirassen sind Krankheitserreger (Colimastitis). Gasbildung im Käse (Blähkäse).

Bacterium aerogenes (Abb. 11). Unbewegliche Zellen, oft mit Schleim-bildung. Schleimmilch, Käseblähung. Manche Rassen, besonders „atypische", verursachen in Milch und Butter Geschmacksfehler.

e) Typhus-Paratyphus-Enteritis-Dysenteriebakterien. — Bangbacterium.

Der vorigen Gruppe verwandt. Milch ist ein günstiger Nährboden. Keine Milch-gerinnung. Krankheitserreger, die meist durch Bacillenträger bzw. -ausscheider

---

[1] W. Henneberg: Milchw. Forsch. 1930, **9**, 375.
[2] Hausam: Dissertation Kiel. — Zentralbl. Bakteriol. II, 1930, **82**, 103.

(nicht bei Enteritis) in die Milch gelangen können. Typhusbakterien (Abb. 12) sind oft durch Milch übertragen. Enteritis- und Dysenteriebakterien sind Giftbildner. Giftkäse meist durch Bacterium enteritidis (auch durch Bacterium vulgare). Paratyphusmastitis.

Bacterium abortus infectiosi „Bangbacterium", Erreger des seuchenhaften Verkalbens, ebenso einer paratyphusähnlichen Erkrankung beim Menschen

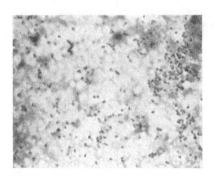

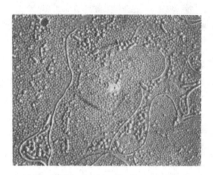

Abb. 13. Bacterium abortus infectiosi „Bangbacterium". Gefärbtes Präparat (1000 ×).

Abb. 14. Bacterium lactis viscosum „Schleimmilcherreger" (500 ×).

(Abb. 13). Sehr kleine Stäbchen, die oft in großer Menge in der Milch infizierter Kühe sind.

f) Alkaligenesgruppe.

Eine physiologische Sammelgruppe: Bacterium alcaligenes, farblose Bacterium fluorescens u. a.[1]. Erstere säuern keinen Zucker, verflüssigen nicht Gelatine, letztere[2] säuern etwas Glykose und verflüssigen Gelatine.

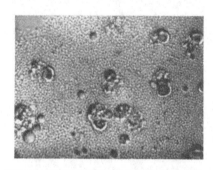

Abb. 15. Bacterium fluorescens (500 ×).

Abb. 16. Fettspaltender kurzstäbchenförmiger „Alkalibildner". Die Milchfetttröpfchen sind fast sämtlich stark zersetzt (500 ×).

Peritrich oder polar begeißelt. Beide verursachen in Milch alkalische Reaktion. Sehr häufige, gefürchtete Geschmacksfehlererreger in der kühl aufbewahrten Milch (bitter, faulig, unangenehm, süßlich). Gruppe des Bacterium lactis viscosum. Unbewegliche, meist rundlich-ovale oder kurzstäbchenförmige, häufig schlauchförmige Zellen (Abb. 14). Oft Streptokokkenformen[3]. Die Milch erhält einen jauchigen Geruch (bisweilen anfangs erdbeerähnlich) und oft einen seifigen oder kratzigen Geschmack. Manche Stämme machen die Milch schleimig. Äußerst häufig in Schmutzwasser und Milchresten und daher oft in der Milch.

---

[1] W. Henneberg: Milchw. Forsch. 1931, 12, 222.
[2] Hüttig: Milchw.-Ztg. 1929, Nr. 25.
[3] W. Henneberg u. Kniefall: Molkereiztg. Hildesheim 1933, 47, 64.

g) Farbstoffbildner.
(Sammelgruppe sehr verschiedener Arten.)

1. Bacterium fluorescens (Abb. 15). Fluorescierender, grüngelber Farbstoff (manche Stämme goldgelb, braun, schwarz) z. B. auf Weichkäse. Dünne, sehr bewegliche Stäbchen. Gelatine und Casein schnell verflüssigt. Wegen seines starken Fettspaltungsvermögens gefürchteter Butterschädling (Abb. 16, 21). Häufiger Wasserpilz[1].

2. Bacterium putidum. Wie vorige Art, doch Gelatine nicht verflüssigend; Fett nicht spaltend.

3. Bacterium pyocyaneum. Blaugrüner Farbstoff. Milch gerinnt vor der Zersetzung durch Lab. Sehr bewegliche, fast runde oder längere Zellen. Häufiger Wasserpilz.

4. Bacterium prodigiosum. Blutroter Farbstoff, nicht selten auf Weichkäse, bisweilen auf Harzkäse. Bewegliche rundliche oder stäbchenförmige Zellen. Wegen seiner starken Fettspaltung gefürchteter Butterschädling. Häufiger Wasserpilz.

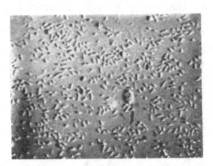 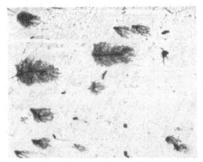

Abb. 17. Bacterium linens (Käse-Rotschmiere) (500 ×).   Abb. 18. Bacterium vulgare (Geißelfärbung) (500 ×).

5. Gruppe der Blaumilcherreger. Blaue Flecke in der Rahmschicht oder Blaufärbung der ganzen Milch. In den Molkereien jetzt selten.

6. Bacterium linens. Käserotbacterium. Bewegungslose, kleine, dünne Stäbchen (Abb. 17). Erreger der erwünschten „Rotschmiere" auf Weichkäse usw. Vorzügliches Reifungsaroma, daher oft in Reinkultur ausgesät[2].

h) Fäulnisbakterien.

Eiweiß wird unter Bildung übelriechender Stoffe (Schwefelwasserstoff, Indol u. dgl.) stark abgebaut.

1. Bacterium vulgare (= Proteus) (Abb. 18). Aerober Fäulnispilz. Sehr bewegliche, rundliche oder längliche Zellen, auch Zellfäden. Fäulniserreger in älterem Weichkäse und in den oberen Schichten des Sauerfutters. Gefürchteter Giftbildner.

2. Bacillus putrificus. Anaerober Fäulnispilz (s. unter k, β, B, 3). Sporenbildner. Bewegliche lange Stäbchen (Abb. 23). Die sporenenthaltenden Zellen sind trommelschlägelförmig. Nicht selten im Innern des Schweizerkäses und im Blechbüchsenkochkäse. Da Gas (Wasserstoff und Kohlensäure) in großer Menge entsteht, Auftreibung der Blechbüchsen (Bombage).

i) Corynebakterien, Mycobakterien und Actinomyces.

Neigung zur Bildung verzweigter Formen, besonders beim Actinomyces (häufig mycelartiges Wachstum wie bei Schimmelpilzen).

1. Corynebacterium. Sehr ungleichmäßige, oft keulenförmige, zum Teil sehr lichtbrechende unbewegliche Zellen. Fast in jedem Kuheuter, daher stets in der Milch und im Käse (zum Teil gelbe oder rote Farbbildner). Die Milch wird durch manche Stämme schleimig, bitter oder seifig[3].

---

[1] W. BECKER: Dissertation Kiel 1929. — Milchw. Forsch. 1930, 9, 286.
[2] F. STEINFATT: Dissertation Kiel 1929. — Milchw. Forsch. 1930, 9, 1.
[3] W. HENNEBERG: Milchw. Forsch. 1931, 12, 222. — Molkereiztg. Hildesheim 1932, Nr. 92—100.

2. Mycobacterium lacticola (ebenso M. phlei) in der Milch, in Butter und Käse häufig. Bisweilen Rotfärbung durch M. phlei. Verhalten bei der Ziehl-Neelsen-Färbung (S. 448) wie folgende Art, daher Verwechslung möglich. Ein Hauptunterschied ist das schnelle und üppige Wachstum auf den gewöhnlichen Nährböden.

Mycobacterium tuberculosis (Abb. 19). Erreger der Tuberkulose bei Menschen (Typus humanus) und warmblütigen Tieren (Typus bovinus). Dünne, bewegungslose Zellen ohne Sporenbildungsvermögen. Langsames Wachstum und nur auf Spezialnährböden (Ei und Glycerin enthaltend).

3. Actinomyces. Eine größere Anzahl von Arten bzw. Rassen. Bisweilen im Euter. Oft in Milch und Käse. Farbfehler auf der Käseoberfläche.

k) Sporenbildner.

α) Aerobe, d. h. luftliebende Arten.

Stets im Kuhkot[1]. Üppiges Wachstum nur bei Luftzutritt, wärmeren Temperaturen und in nichtsauren Stoffen, also nicht in kühl aufbewahrter

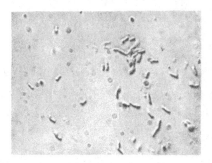

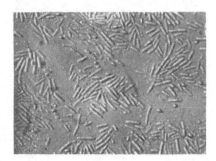

Abb. 19. Mycobacterium tuberculosis. Lebendes Präparat (1000 ×).

Abb. 20. Bacillus vulgatus, aerober Sporenbildner (500 ×).

Milch, Butter und Käse, ebenso wegen der Säureempfindlichkeit nicht in Butter und in frischem Käse.

Da manche hierhergehörige Arten äußerst hitzefeste Sporen ausbilden, verursachen sie nicht selten in warm und länger aufbewahrter aufgekochter oder schlecht sterilisierter Milch starke Zersetzung, bisweilen auch das Entstehen von Toxinen.

1. Bacillus vulgatus. „Gruppe der sog. Kartoffelbacillen." Nicht aufgetriebene, sehr bewegliche Zellen (Abb. 20). Sporen länglich. Milch gerinnt durch Lab, doch wird das Gerinnsel bald wieder aufgelöst. Fett wird zersetzt (Abb. 21). Oft in schlecht sterilisierter Milch.

2. Bacillus mesentericus ruber. Braunrot auf Kartoffelkulturen. Optimum 45⁰. Sporen halten 100⁰ 6 Stunden aus. Zu dieser Gruppe gehörende Arten finden sich oft in nicht genügend sterilisierter Milch, die durch ihren Einfluß bisweilen sehr bitteren Geschmack annimmt.

3. Bacillus mycoides. Wurzelähnliche Ausläufer rings um die Petrischalenkolonien. Größere Zellen. Zu dieser Gruppe gehörige Arten vermehren sich bei der Dauerpasteurisierung (63⁰ 30 Minuten) und erregen durch Lab die Süßgerinnung der Milch[2].

β) Anaerobe, d. h. luftscheue Arten.

Buttersäurebacillen bilden in der Milch unter starker Gasbildung (Kohlensäure und Wasserstoff) Buttersäure und Milchsäure. Zusammengezogenes, zerklüftetes Milchgerinnsel. Die Zellen sind schmal und lang oder nach Sporenbildung in der Mitte (Clostridien) oder am Ende (Plektridien) aufgetrieben. Nach Jodzusatz, wie die Abb. 22 zeigt, oft blauviolett. Sehr häufig in Erde und Kot, daher oft in der Milch.

---

[1] L. Vogeler: Dissertation Kiel 1929. — Milchw. Forsch. 1930, **10**, 180.
[2] W. Henneberg u. Christiansen: Molkereiztg. Hildesheim 1930, **44**, 47.

1. **Bacillus (Granulobacillus) saccharobutyricus mobilis = B. amylobacter** (Abb. 22). Der bewegliche Buttersäurepilz[1]. Sporen vertragen 100° nur 5 Minuten. Wie die folgende Art Schädling der Schweizerkäsereien (Aufblähen). Öfters in schlecht sterili-

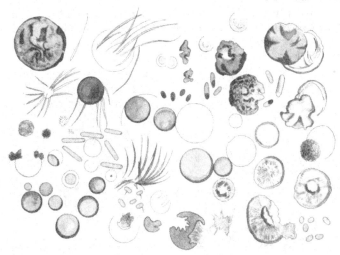

Abb. 21. Fettspaltende Bakterien (Sporenbildner oben in der Mitte, Bacterium fluorescens links in der Mitte, prodigiosum unten in der Mitte, Mikrokokken unten rechts). In verschiedener Weise zersetzte Milchfetttröpfchen. Zeichnung von HENNEBERG (etwa 1000 ×).

sierter Milch (Patentflaschen) und im Quarg für die Harzkäsereien (keine Reifung). Nützlich im Kräuterkäse.

2. **Bacillus saccharobutyricus immobilis, FRAENKELscher Gasbacillus (= B. Welchii = phlegmonis emphysematosae).** Der unbewegliche Buttersäurepilz. Noch häufiger als voriger in der Milch und in Milcherzeugnissen[2]. Hitzefestere Sporen: erst nach 90 Minuten bei 100° abgetötet.

 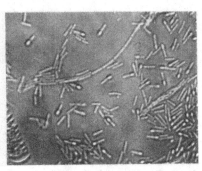

Abb. 22. Bacillus amylobacter, anaerober Sporenbildner, Buttersäurebacillus. Nach Jodjodkaliumbehandlung färbt sich fast der ganze Inhalt blau (500 ×).

Abb. 23. Bacillus putrificus, anaerober Sporenbildner (Fäulniserreger) (500 ×).

VAN BEYNUM[3] stellte neuerdings fest, daß nur die lactatvergärenden Arten als Blähungserreger im Käse in Betracht kommen, und bezeichnet diese als Clostridium tyrobutyricum.

3. **Bacillus putrificus,** anaerober Fäulnispilz (s. oben unter Gruppe h) (Abb. 23).

---

[1] SCHATTENFROH u. GRASSBERGER: Arch. Hygiene 1907, **60**, 40. — BREDEMANN: Zentralbl. Bakteriol. II, **23**, 384.

[2] EINHOLZ: Dissertation Kiel 1934.

[3] J. VAN BEYNUM: Verslagens van landbouwkundije Onderzoekingen 40. C. (1934).

B. Hefen.

Zu unterscheiden sind sporenbildende und nichtsporenbildende, gärende und nicht gärende Gruppen.

a) **Sporenbildende, Milchzucker vergärende Hefen.** Mehrere Arten **Saccharomyces lactis.** Nierenförmige Sporen. Häufig in der Milch. Schädlich im Säurewecker (Abb. 24) (gärige Butter[1]) und Käse (aufblähen[2]). Da die

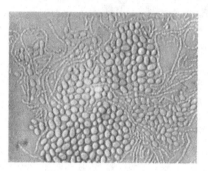

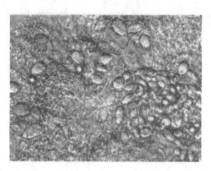

Abb. 24. Säurewecker (Streptococcus lactis) verunreinigt mit Milchzuckerhefen (500 ×) (vgl. Abb. 2 und 28).

Abb. 25. Kefirknöllchen (zerdrückt, Casein mit Natronlauge gelöst), Milchzuckerhefen, Kefirbacillen, Milchsäurebakterien (500 ×).

Alkoholgärung der sehr gefürchteten Essigsäuerung vorangeht, dürfen Gärhefen im Sauermilchquarg nicht vorhanden sein. Unentbehrlich wie auch andere Gärhefen im Kefir (Abb. 25) und anderen milchsauren, gärenden Milchgetränken (S. 465).

b) **Nichtsporenbildende, Milchzucker vergärende Hefen.** Gruppe der gärenden Eutorula. Wie vorige.

c) **Nichtsporenbildner ohne Gärvermögen.** Eutorula casei (Abb. 26). Kleine runde Zellen mit je einem Fetttropfen. Außerordentlich häufig auf der

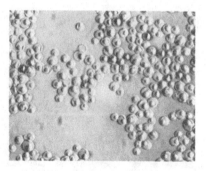

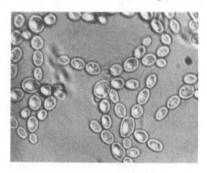

Abb. 26. Eutorula casei. Rundliche Hefe mit je einem Fetttröpfchen (500 ×).

Abb. 27. Mycoderma „Kahmhefe" (500 ×).

feuchten Käseoberfläche: Erreger der weißen Schmiere. Sehr salzwiderstandsfähig. Durch starkes Wachstum kann diese Hefe in Camembert- und Sauermilchkäsereien („Schimmelkäsereien") das gewünschte Wachstum des Camembertschimmels auf der Käserinde verhindern. Zur Eutorula-Gruppe gehören auch die Rosahefen[3]. Manche Arten verursachen einen schlechten und ranzigen Geschmack in der Butter. Bisweilen Rotfärbung der Butter.

---

[1] Gross: Dissertation Kiel-Dorpat 1932.
[2] E. Trüper: Dissertation Kiel. — Milchw. Forsch. 1928, **6**, 351.
[3] W. Nissen: Dissertation Kiel 1929. — Milchw. Forsch. 1930, **10**, 30.

d) Mycoderma = Kahmhefen. Nichtsporenbildner ohne Gärvermögen. Schnelle Hautbildung auf Alkohol- oder Milchsäure enthaltenden Flüssigkeiten (Kefir, Säurewecker) oder Käse[1]. Sehr luftliebend, daher stets auf der Oberfläche wachsend. Meist langgestreckte, inhaltsarme Zellen (Abb. 27). Manche Arten sind wegen ihres starken Fettzersetzungsvermögens in der Butter und Margarine sehr schädlich. Die Casein stark zersetzenden Arten bzw. Rassen verursachen das Abfließen des Harzkäses[2]. Als Säureverzehrer sind die Arten mit fehlendem oder geringem Peptonisierungsvermögen auf der Käseoberfläche erwünscht.

e) Fruchtätherhefen (Anomalus, Willia). Gärende, Kahmhäute bildende Hefen mit hutförmigen Sporen. Sie erzeugen Fruchtester z. B. im Quarg, der dann infolge seines Alkoholgehaltes durch Essigbakterien leicht verdirbt.

C. Schimmelpilze.

Eine größere Anzahl sehr verschiedener Arten wächst auf Milch, Butter und besonders üppig auf Käse; auch die Margarine verschimmelt leicht. Es bilden sich in vielen Fällen zunächst weiße, dann farbige, mit bloßem Auge sichtbare feinfädige Pilzmassen. Die Verfärbungen können durch die Farbe der reifen Sporen, des Mycels oder des Nährbodens entstehen. Die Sporen werden von verschimmeltem Heu, Stroh, Obst, Wandflächen u. dgl. durch die geringste Luftbewegung abgeweht, so daß sie stets in der Luft sind und so überallhin gelangen können. Die allermeisten Schimmelarten sind infolge ihres starken Fettspaltungsvermögens außerordentlich schädlich für die Butter und Margarine (Ranzigwerden). Nur die „Edelschimmelpilzarten“, d. h. der Camembertschimmel und der Roquefortschimmel sind in den betreffenden Käsereien sehr nützlich, sogar unentbehrlich.

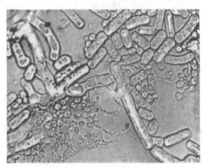

Abb. 28. Säurewecker, verunreinigt mit Oospora lactis und Eutorula (500 :) (vgl. Abb. 2 und 24).

a) Monilia. Aus dem fädigen, meist weißen Mycel sprossen hefeartige Zellen hervor. Letztere sind leicht mit Eutorulahefen zu verwechseln. Hierher gehören die weiße M. candida (eine pathogene Rasse ist der Soorpilz) und M. nigra, die schwarze Rindenflecke beim Schweizerkäse verursacht. Die weißen Arten (M. variabilis und candida) sind stets in alter Butter.

b) Oospora. Verzweigte Fäden, die sich im ganzen oder nur an den Enden durch Querwandbildung zu verschieden großen, meist etwas viereckigen „Oidien“ aufteilen. Nach Abtrennung und Abrundung bildet sich durch Keimung wieder neues Mycel. O. lactis bevorzugt milchsaure Nährböden, so daß sie stets auf der Oberfläche der Sauermilch, des Säureweckers (Abb. 28) und der frischen Käse zu finden ist. Als Entsäuerungspilz im letzteren Fall nützlich. Die Rassen[3] (bzw. Arten) mit starkem Fettspaltungsvermögen sind gefürchtete Butterschädlinge, die mit starkem Eiweißabbauvermögen die größten Schädlinge in der Sauermilchkäserei (Abfließen des Harzkäses s. Kahmhefe). O. aurantiaca. Zinnoberrote Flecke auf der Rinde von allerlei Käsesorten. Unter den Flecken

---

[1] A. Huesmann: Dissertation Kiel. — Milchw. Forsch. 1926, 3, 313.
[2] W. Henneberg: Molkereiztg. Hildesheim 1925, 39, 2302.
[3] U. Ritter: Dissertation Kiel. — Milchw. Forsch. 1931, 11, 163. — Lembke: Dissertation Kiel 1933.

tritt Erweichung und Höhlenbildung, sog. „Käsekrebs", ein. Dies ist oft auch auf andere Oospora-Arten und auf Penicillium brevicaule (s. unten) zurück-zuführen.

c) Penicillium. Pinselförmige Fruchtstände. Sehr viele, zum Teil schwierig zu bestimmende Arten. P. „glaucum" ist ein Sammelname für eine größere Anzahl grüner Schimmelpilzarten, so daß diese Bezeichnung zu vermeiden ist. Manche Arten (P. commune, biforme, expansum) haben einen sehr unan-genehmen, muffigen Geruch (z. B. Kartoffelkellergeruch, „Kellerschimmel"). Bei anderen ist dies nur auf bestimmten Nährböden der Fall. Auf der Butter- und Margarineoberfläche grünliche Flecke. Schnelle Ranzigkeit (sog. „Parfüm-ranzigkeit", S. 472, 476). Bestimmte Arten verursachen rings um die Kolonien und im Untergrund gelbe, rote oder violettbraune Verfärbungen. Solche „Farb-schädlinge" finden sich außer auf der Butter und Margarine besonders auf

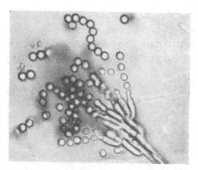

Abb. 29. Penicillium camembert (500 ×).

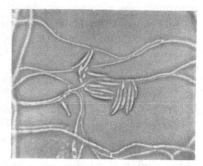

Abb. 30. Fusarium aus der Butter (250 ×).

Weichkäse, z. B. Camembert. — P. camembert („Edelschimmel", „Blau-schimmel") (Abb. 29), zuerst weiß, nach einigen Tagen durch die reifen Conidien (Sporen) erst blau, dann blaugrün, schließlich grau. Es verursacht das gewünschte Champignonaroma im Camembert, Brie und Schimmel-Sauermilchkäse (Mittel-deutschland). Eine weiße Rasse (P. candidum) findet fast nur in Frankreich eine größere Verwendung in den Camembertkäsereien[1]. — P. roquefort („Roquefortschimmel"). Grüne Conidien. Verwendung in den Roquefort-(ebenso Gorgonzola-, Stilton-) Käsereien. Reinkultureinsaat (auf trockenem Brot) zur Erzeugung des Roquefortaromas. Der Käse muß gelocht werden, damit durch Luftzufuhr in seinem Innern Schimmelpilzwachstum eintreten kann. Sehr häufig und gefürchtet in den Buttereien und Margarinefabriken. — P. brevicaule. Kurz gestielt. Große runde, mit einem schmäleren Ende ver-sehene Conidien. Weiße und braune Arten[2]. Sehr häufig auf der Oberfläche von Hartkäse, wo es öfters tiefe Löcher („Käsekrebs") verursacht. Bei Gegen-wart von Spuren Arsen entsteht eine nach Knoblauch riechende, sehr giftige gasförmige Arsenverbindung (Diäthylarsin). (Wegen dieser Schimmelpilzart sind Schweinfurtergrün-Tapeten verboten.) Camembertkäse, der in arsenhaltigem Stanniol oder Papier eingewickelt wurde, riecht oft nach Knoblauch.

d) Cladosporium. Unregelmäßige, etwas pinselförmige Fruchtstände, ver-schieden große und verschieden geformte, grünschwarze (sprossende) Conidien. Unterseite des Pilzrasens schwarz. Mehrere Arten (z. B. auch gelbliche). Schwarzgrüne Flecke auf Butter, Margarine und Käse und sehr oft an den Wänden und Decken der Molkereiräume. Sehr gefürchteter Ranzigkeitspilz.

[1] LEONIDSE: Zentralbl. Bakteriol. II, 1930, **82**, 211.
[2] W. HENNEBERG u. KNIEFALL: Milchw. Forsch. 1932, **13**, 520.

e) **Aspergillus.** Die conidienabschnürenden, flaschenförmigen Zellen sitzen auf dem kolbig oder rundlich angeschwollenen Ende des Fruchtträgers. Bei verschiedenen Arten auch Ascusfrüchte (Perithezien). Manche Arten sind wie die häufigsten Penicillien grün gefärbt. Meist wärmeliebende Pilze. Nicht selten auf älterem Käse.

f) **Fusarium.** Sichelförmige, mehrzellige Sporen (Abb. 30). Rötliches, spinnwebähnliches Mycel. Mehrere Arten. Oft auf der Käse-, Butter- und Margarineoberfläche. Rotbraune Flecke oder Verfärbung. Gefürchtete Ranzigkeitspilze.

g) **Mucor.** Sporen in geschlossenen Sporangien, die nach der Reifung platzen. Meist hohes, lockeres, graues Mycel. Bisweilen auf altem Harzkäse u. dgl. Reifungspilz für primitive Käsesorten (in die Erde vergrabene Friesenkäse, ebenso für norwegischen Gamelost). Viele Arten.

3. Milchfehler.

Außer durch Kleinpilzarten, besonders Bakterien, kann die Milch auch durch andere Ursachen einen schlechten Geruch und Geschmack erhalten. Die Milch (ebenso die Butter) nimmt aus der sie umgebenden Luft, z. B. einen Rübengeschmack bei Rübenverfütterung (bisweilen auch durch Bakterien in Ställen ohne Rübenfutter) im Kuhstall, einen muffigen Geschmack in ungelüfteten Räumen, einen Seifengeschmack in der Nähe von Seife usw. an. Ungelüftete Milchkannen, neu angeschaffte Molkereiapparate, stärker riechende Desinfektions- und Reinigungsmittel u. dgl. verursachen ebenfalls ein schlechtes Milcharoma. Bestimmte Stoffe des Futters und manche verwendeten Medikamente werden durch das Blut auf die Milch übertragen (Bd. I, S. 1141), so daß ein „fremder" Milchgeschmack entsteht. Die Milch von altmelkenden Kühen schmeckt oftmals streng, bisweilen gallenbitter. Ebenso können ganz gesunde Kühe plötzlich ohne erklärbare Ursachen eine ungenießbare, ranzige Milch abscheiden. Das letztere ist der Fall, wenn die Milch einen größeren Lipasegehalt aufweist, was bei der mikroskopischen Untersuchung an dem veränderten Aussehen der Fettkügelchen leicht erkannt werden kann. Fettspaltende Euterkokken (Abb. 1, 21) fehlen hier oder sind nur in der üblichen Menge nachzuweisen. Im folgenden sind die **wichtigsten bakteriellen** Milchfehler angegeben:

a) Sauerwerden der Milch.

Jede Rohmilch wird bei wärmerer Temperatur durch Streptococcus lactis (S. 431, Abb. 2) zur sauren Gerinnung gebracht. Bereits im Kuhstall gelangt dieses Milchsäurebacterium durch die Luft, durch die Melkeimerwände u. dgl. in die Milch. Es vermehrt sich um so schneller, je länger die Milch nach dem Melken in warmem Zustand ist. An schwülen Gewittertagen wird die Milch in kurzer Zeit sauer. Sauberkeit und schnelle Abkühlung sind die Bekämpfungsmittel. Die Milch wird besonders oft im Frühling und Herbst in schwach saurem Zustand an die Molkereien abgeliefert, weil zu diesen Zeiten vielfach eine Kühlung noch nicht bzw. nicht mehr stattfindet. In der Molkerei wird die Milch zur Verlängerung der Haltbarkeit meist pasteurisiert (S. 452—455) und bis zum Verkauf tiefgekühlt aufbewahrt. Im Haushalt kocht man die Milch kurz ab, gießt sie noch heiß in einen sauberen Porzellantopf und stellt diesen mit einem Deckel versehen in ein größeres Gefäß mit kaltem Wasser, das öfters erneuert wird. Die Molkereien prüfen bei der Annahme die Milch meist mit dem Geschmackssinn, mit der Alkoholprobe (S. 442), der Kochprobe (S. 442), Titration oder Alizarolprobe (S. 442). Schon eine „ansaure" Milch wird beanstandet. Die Titration geschieht meist mit 0,25 N.-Natronlauge (50 ccm Milch, 1 ccm 2%ige Phenolphthaleinlösung). Die ccm 0,25 N.-Lauge mit 2 multipliziert,

ergibt Säuregrade nach Soxhlet-Henkel (⁰ S.H.) (S. 486). Während frische
Milch gewöhnlich 6—7⁰ S.H. hat, sind die S.H.-Grade bei etwas sauer
schmeckender Milch 12⁰, bei der die einfache Alkoholprobe (1:1 mit 68%
Alkohol versetzt) nicht aushaltenden, d. h. Caseinausfällung zeigenden Milch 8,5⁰,
bei der beim Aufkochen gerinnenden Milch 10—11⁰, bei Zimmertemperatur
spontan gerinnender Milch 27⁰. Statt der Titration wird oft die Alizarolprobe
nach Morres und Lauterwald angewendet: Alizarin in 68%igem Alkohol
der Milch zugesetzt, verfärbt sich von Lilarot bis 7⁰ S.H. in Blaßrot bei 8⁰ S.H.,
Braunrot bei 9⁰ S.H., Rotbraun bei 10⁰ S.H., Braun bei 11⁰ S.H., Gelbbraun
bei 12⁰ S.H., Braungelb bei 14⁰ und schließlich Gelb bei und über 16⁰ S.H.
Bei gewöhnlicher Temperatur (20⁰) aufgestellte Proben (der Einzellieferanten)
zeigen früher oder später die Säuregerinnung, d. h. den Grad der Infektion mit
Milchsäurebakterien an (Haltbarkeitsprobe). Da Methylenblaumilch (S. 460)
auch durch die gewöhnlichen Milchsäurebakterien im Vermehrungszustand entfärbt wird, läßt diese sog. Reduktaseprobe, die meist zur Untersuchung der
Käsereitauglichkeit der Milch Verwendung findet, ebenfalls eine Beurteilung
des Milchsäurebakterienbestandes zu. Sehr empfehlenswert ist die Chinablau-
Milchzuckerbouillon-Agar-Petrischalenkultur (5 Tropfen gesättigte wäßrige Chinablaulösung + 100 ccm Milchzuckerbouillon + 1—2% Agar). Die Milchsäurebakterien wachsen als kleine, tiefblau gefärbte Kolonien (S. 457). Über die Bereitung
von Sauermilch zum Genuß s. S. 462. Ebenda ist auf die Gefährlichkeit
ansaurer Milch für Kinder und junge Kälber und Ferkel aufmerksam gemacht.

b) Süßgerinnung der Milch.

Hier können alle labbildenden Bakterienarten, wie Euterlabkokken, allerlei
Alkalibildner, z. B. Bacterium prodigiosum, fluorescens, alcaligenes, vulgare,
und aerobe Sporenbildnerarten, z. B. vulgatus, subtilis, mycoides, in Betracht
kommen. Bei weitem am schädlichsten sind die Labkokken[1] und Vertreter der
Vulgatus- und Mycoides-Gruppe; erstere kommen schon im gesunden Kuheuter,
letztere gewöhnlich durch Verunreinigung mit Erde oder Kuhkot in die Milch.
Zu bestimmten Zeiten oder unter besonderen Verhältnissen, z. B. beim Aufenthalt der Kühe auf nassen, moorigen Weiden tritt die Süßgerinnung epidemisch
auf. Sicher spielt auch die Witterung eine wichtige Rolle: In langen Trocken-
perioden bei warmem Wetter geben die Kühe auf bestimmten Weiden öfters
eine schon bei der einfachen Alkoholprobe gerinnende Milch. Wie die chemische
Analyse zeigte, handelt es sich bisweilen um eine Milch mit stark erhöhtem
Casein- und entsprechend großem Kalkgehalt. Man muß also eine chemisch
unnormale Milch und eine durch Labbildner angelabte, chemisch normale Milch
unterscheiden. Sicherlich kommen auch Mischfälle vor. Ein Labgehalt in der
Milch zeigt sich bei der Alkohol- und bei der Kochprobe. Beim Pasteurisieren
oder beim Abkochen im Haushalt gerinnt solche Milch. Wenn es sich um eine
Masseninfektion mit Lab-Euterkokken handelt, so sind die betreffenden Kühe
durch Beobachtung der Einzelmilchproben (Aufbewahren bei 30⁰, Säuregradbestimmung, Geschmacksprüfung) herauszusuchen und auszuschalten. Beim
Nachweis von labbildenden aeroben Sporenbildnern, die sich während der Dauerpasteurisierung (63⁰ 30 Minuten) vermehren, muß eine höhere Pasteurisierungstemperatur (65—67⁰ 30 Minuten) oder eine Hochpasteurisierung (85⁰) zur Anwendung kommen. Zweckmäßig ist auch, in solchen Fällen die Milch tiefgekühlt
zu transportieren und erst am Bestimmungsort zu pasteurisieren. Im Haushalt
süß geronnene abgekochte Milch ist unbedingt zu verwerfen, da Toxinbildung
durch Sporenbildner stattgefunden haben kann (S. 436).

---

[1] W. Henneberg: Molkereiztg. Hildesheim 1933, 47, 2369.

c) Schleimige Milch.

Wohl sämtliche Milchsäurebakterienarten mit Schleimbildungsvermögen, Bacterium aerogenes, Vertreter der Alkalibildnergruppe, und zwar besonders Bacterium lactis viscosum und Vertreter der Corynebakteriengruppe können die Milch [manche auch Sauermilch (S. 463), Yoghurt (S. 466), Kefir (S. 464), Molken, Quargkäse und Weichkäse (S. 486)] schleimig machen[1]. Da manche Euterkokken ein Schleimbildungsvermögen besitzen, kann die Milch von vornherein schon mit Schleimerregern infiziert sein. Meist tritt die Infektion erst durch Kontakt, z. B. durch unsaubere Leitungsrohre, Pumpen und Kühler, ein, da sich manche Schleimmilchbakterien in Wasser-Milchresten üppig vermehren. Schleimbildende Rassen des gewöhnlichen Milchsäurebacterium (Streptococcus lactis) können schon im Kuhstall in die Milch gelangen. Schleimige Milch läßt sich bisweilen nur zu kurzen, bisweilen zu meterlangen Fäden ausziehen. In Wasser gegossen, sinkt sie in fest zusammenhaftenden Schleimmassen bei blank bleibendem Wasser zu Boden. Verquellen der äußersten Membranschicht, Ausscheidung von Schleim und wohl am häufigsten die Verwandlung von Zucker in schleimige Stoffe ist die Ursache des Schleimigwerdens. Sehr leicht ist der mikroskopische Nachweis von Schleimbildung bei der Vitalfärbung mittels dünner Methylenblaulösung und am besten in den Federstrichpräparaten (S. 459). Die Bakterien liegen in gleichem Abstand voneinander; die Schleimmassen verhindern ihre gegenseitige Berührung. Mit Methylenblau vital gefärbte Rahmpräparate[2] aus frischer Lieferantenmilch zeigen die große Häufigkeit von Schleimmilcherregern (besonders Bacterium lactis viscosum-Gruppe Abb. 14). Pasteurisierung, Kühlung und schneller Verbrauch läßt sie in den meisten Fällen nicht zur Vermehrung kommen. Bisweilen ist die Milch auch nicht zum Schleimigwerden disponiert (S. 444—445). Schleimige Milch ist nicht gesundheitsschädlich, wenn es sich um Schleim-Milchsäurebakterien, d. h. um eine schleimig-saure Milch handelt (s. Taette S. 463).

d) Bittere Milch.

Manche Arten bzw. Rassen der Euterkokken, der Fluorescens-, Aerogenes-, Alcaligenes-, Corynebakterien-, Mycobakterien-, Actinomycesgruppe, ferner das Bacterium Zopfii, trifolii, herbicola, besonders der Streptococcus liquefaciens und manche aerobe Sporenbildnerarten verursachen das Bitterwerden der Milch und Milcherzeugnisse[3] (s. bitteren Käse S. 485). Auch bestimmte Hefen (wie Torula amara) und Schimmelpilzarten bzw. -rassen (Dematium, Sachsia, Oospora, Penicillium und Mucor) erzeugen einen bitteren Geschmack. Dieser Milchfehler tritt fast nur in kühlen Tagen und besonders in der kalten Jahreszeit auf, da manche „Bitterpilze" bei kühlen Temperaturen schneller als die Milchsäurebakterien wachsen. Unter diesen Verhältnissen wird auch die zum Sauerwerden aufgestellte Milch im Haushalt (S. 463) oftmals bitter. Sehr sauber gewonnene und sehr sauber behandelte Milch kann auch zur wärmeren Jahreszeit infolge fehlender Milchsäurebakterien oder Mangel an stärker säuernden Milchsäurebakterien einen bitteren Geschmack annehmen. Verhältnismäßig am häufigsten ist das Bitterwerden von nicht genügend sterilisierter Milch und Rahm (in Flaschen oder Blechbüchsen) durch hitzewiderstandsfähige aerobe Sporenbildner. In diesem Falle handelt es sich um bitter schmeckende, beim Eiweißabbau entstehende Peptone, während von anderen „Bitterpilzen" (z. B. manchen

---

[1] ELSE EMRICH: Dissertation T. H. München 1932. — W. HENNEBERG u. KNIEFALL: Molkereiztg. Hildesheim 1933, Nr. 64—66.

[2] W. HENNEBERG: Molkereiztg. Hildesheim 1933, 47, 257.

[3] W. HENNEBERG: Molkereiztg. Hildesheim 1931, 45, 769.

Kokken, Alcaligenes, Corynebakterien) ohne Peptonisierungsvermögen besondere Bitterstoffe gebildet werden.

Bekämpfungsmittel sind außer Sauberkeit Tiefkühlung (mindestens auf 4°), Pasteurisierung bzw. sorgfältige Sterilisierung, in manchen Fällen auch eine geringe (0,5—1%) Einsaat von Milchsäurebakterien.

e) Sonstige schlechtschmeckende Milch.

(Unrein, ölig, gärig, zusammenziehend, unangenehm süßlich, rübenähnlich, zuerst nach Erdbeeren, dann faulig, nach Seife, Hering, Kuhstall u. dgl.)

Derartige Milchfehler[1] sind äußerst häufig, und zwar besonders an kühleren Tagen im Sommer und an kühleren Frühlings- und Herbsttagen, also nicht an wärmeren Tagen im Sommer und nicht im Winter. Dies liegt wenigstens zum Teil an dem Ausbleiben einer nur in der Wärme schneller eintretenden Milchsäurebildung. Manchmal fehlt es bei sehr großer Sauberkeit im Kuhstall oder bei dauernd kalter Außentemperatur und bei Regenwetter an Milchsäurebakterien (S. 441). Bisweilen sind letztere in der Milch, können aber nicht aufkommen, so daß selbst die Einsaat kräftiger Milchsäurebakterien keine Änderung schafft. Wie letzteres zu erklären ist, muß noch eingehender erforscht werden. Jedenfalls besitzt solche Milch eine besondere, unnormale chemische oder bakterielle Beschaffenheit (Disposition, Gäranlage). Bisher weiß man, daß eine alkalische Reaktion der Milch, wie sie z. B. bei Kühen mit Euterentzündung (Streptokokkenmastitis) und bei Kühen mit Bacterium abortus-Infektion, auch noch längere Zeit nach der Krankheit oftmals auftritt, für das Aufkommen von Milchsäurebakterien äußerst ungünstig ist. Ebenso kann letzteres der Fall sein, wenn eine Überpufferung der Milch vorliegt, d. h. das Verhältnis von $CaO : anorg. P_2O_5$ zu eng ist[2]. Die Zufütterung von Kalk, die Verfütterung von kalkreichen Futtermitteln sowie das Düngen der Wiesen und Weiden mit Kalk sind beim gehäuften Auftreten von derartigen Milchfehlern angezeigt. Bisweilen weist die disponierte Milch einen erhöhten Casein- oder Globulingehalt auf (S. 442). Abhängig vom Futter ist die chemische und physikalische (zarte oder dickere Hüllen der Fettkügelchen) Beschaffenheit des Butterfettes. Fettkügelchen mit viel Ölsäure dürften von bestimmten Fettspaltern leichter zersetzt werden. Überhaupt kann alles, was in chemischer und physikalischer Hinsicht Milch von Milch unterscheidet (z. B. auch die Citronensäuremenge), hier in Frage kommen. Zu vermuten ist bisweilen auch ein zu geringer oder zu großer Gehalt an bactericid wirksamen Stoffen, die aus dem Blut stammen. Während die Euterkokken sich gegen die Bactericidie als sehr empfindlich erwiesen, sind einzelne Stämme des Streptococcus lactis und sämtliche geprüften Colibakterienstämme gar nicht empfindlich. Schließlich kann auch das vorhandene Bakteriengemisch von größtem Einfluß auf das Aufkommen bestimmter Bakterien sein. Die Milchsäurebakterien gelangen nur bei einem gewissen Peptongehalt, der durch peptonisierende Kleinpilzarten zustande kommt, zur üppigen Entwicklung. In Gegenwart sich stark vermehrender Milchsäurebakterien zeigt Bacterium aerogenes keine Gasbildung (S. 486)[3]. Manche Milchsäurebakterien erzeugen nur bei Anwesenheit von Gärhefen neben der Milchsäure Essigsäure in größeren Mengen (HENNEBERG).

Das massenhafte, epidemische Auftreten von Milchfehlern, z. B. auf manchen Weiden (auch nach Verfütterung des Heu von solchen), in manchen Kuhställen,

---

[1] BAHRS: Dissertation Kiel 1933. Leipzig: Univ.-Verlag Noske.
[2] RICHTER: Molkereiztg. Hildesheim 1929, Nr. 12. — Dr. RICHTER: Habilitationsschr. Kiel 1931.
[3] C. HÜTTIG: Milchw. Ztg. Berlin 1933, 38, 881; 1935, 40, 112.

in manchen Gegenden oder großen Bezirken zu bestimmten Zeiten oder in bestimmten Jahren kann auf eine durch irgendwelche Umstände bedingte Massenverbreitung gewisser Milchschädlinge[1] oder auch auf ein gehäuftes Auftreten von „disponierter" Milch zurückgeführt werden. Saprophytenepidemien gibt es ebenso wie Menschen- und Tierseuchen. Auch hier erkranken nur disponierte Lebewesen. — Die gefürchteten Milchgeschmacksfehlererreger finden sich in der Gruppe des Bacterium fluorescens, Bacterium alcaligenes (physiologische Gruppe), Bacterium vulgare, Bacterium coli-aerogenes, Corynebacterium[2]. Einzelne Vertreter dieser Gruppen verhalten sich oft sehr abweichend. Nicht selten liegen Mischinfektionen vor. Oftmals kann ein und derselbe Milchgeschmack von verschiedenen Bakterienarten hervorgerufen werden. Nur einiges sei zusammengestellt: Die Milch (zum Teil auch die Milcherzeugnisse) wird faulig durch Bacterium alcaligenes, vulgare, cloacae, Sarcinen, zusammenziehend (= lehmig) durch Bacterium cloacae, seifig durch Bacterium fluorescens, Corynebacterium, Alcaligenes, unangenehm süßlich durch Alcaligenes, nach „Kuhstall" schmeckend durch Alcaligenes, Colibakterien, nach „Jauche" schmeckend durch Bacterium lactis viscosum, nach Rüben schmeckend durch Bacterium coli und fluorescens, nach Erdbeeren schmeckend durch Bacterium fluorescens und lactis viscosum.

In manchen Fällen erzeugt der Genuß derartig infizierter Milch Darmkatarrh.

Die Bekämpfungsmittel richten sich nach der Art der Bakterien und ihres natürlichen Wohnplatzes. Entkeimung des Wassers oder neue Brunnenanlage[3] (Fluorescens ist ein Wasserpilz), Futter- oder Weidewechsel, Kalkfütterung, Vermeidung einseitigen Futters, Pasteurisierung, Tiefkühlung auf mindestens 4°[4], Milchsäurebakterienzusatz[5], größte Sauberkeit in der Molkerei[6], schneller Verbrauch.

Schädlichkeit für Butter s. S. 472, für Käse S. 485, für Sauermilchbereitung S. 463.

4. Bakterien in der Milch kranker Kühe.

Das Vorkommen von Krankheitserregern[7] in der Milch kranker Kühe beansprucht in hygienischer Hinsicht unser größtes Interesse. Aus diesem Grunde muß bei allen Krankheitsarten die Frage geprüft werden, ob die betreffenden tierpathogenen Kleinlebewesen auch für den Menschen gefährlich werden können. Eine Erkrankung des Euters bringt die Erreger unmittelbar in die Milch, während sie bei den übrigen Erkrankungen höchstens nur mittelbar durch die Ausscheidungen (Kot, Harn, Scheidenausfluß oder Tröpfchenverstäubung beim Husten), d. h. durch Unsauberkeit besonders beim Melken, die Milch infizieren können. — Euterkrankheiten, meist Euterentzündung (Mastitis)

---

[1] GRAPENGETER: Dissertation „Epiphyten-Bakterienflora" Kiel 1930.

[2] W. HENNEBERG: Milchw. Forsch. 1931, 12, 222.

[3] DAMM, DÖRING, DYRENFURTH, HÜBNER u. RICHTER (Milchforschungsanstalt Kiel): Die Gebrauchswasserversorgung von Molkereien und anderen Nahrungsmittelbetrieben, 1933. Verlag der Molkereizeitung Hildesheim und die Werke: H. WEIGMANN: Pilzkunde der Milch, 2. Aufl. Berlin: Paul Parey 1924. — W. HENNEBERG: Handbuch der Gärungsbakteriologie, 2. Aufl. Berlin: Paul Parey 1926. — Gärungsbakt. Wandtafeln, Tafeln 7 u. 8 „Milch". Berlin: Paul Parey 1928. — Bakteriologische Molkereikontrolle. Mikroskopische Bestimmung der für die Milchwirtschaft nützlichen und schädlichen Bakterien-, Hefen- und Schimmelpilzarten. 122 Textabbildungen. Berlin: Paul Parey 1934.

[4] H. GUBITZ: Dissertation Kiel 1927. — Milchw. Forsch. 1928, 5, 407.

[5] STAHL: Dissertation Kiel-München 1925.

[6] W. HENNEBERG u. WINNEGGE: Rampe und Hof als Infektionsquellen. Molkereiztg. Hildesheim 1930, 44, 1775.

[7] LEHMANN u. NEUMANN: Bakteriologische Diagnostik, 7. Aufl. München: J. F. Lehmann 1927. — ERNST: Grundriß der Milchhygiene. Stuttgart: Ferdinand Enke 1926.

können durch verschiedene Erreger hervorgerufen werden. Die gefährlichste Euterkrankheit ist die Tuberkulose, die am meisten verbreitete die Streptokokkenmastitis. In den letzten Jahren hat das Vorkommen des Bacterium abortus infectiosi im Euter bei infizierten Kühen (seuchenhaftes Verkalben) große Beachtung gefunden.

a) Streptokokkenmastitis („Gelber Galt").

Der Erreger ist Streptococcus agalactiae GUILLEBEAU (1927 beschrieben von KLIMMER und HAUPT[1]) = mastitidis ORLA-JENSEN[2] (Abb. 4). Charakteristisch sind die meist langen Zellketten, doch kommen daneben auch sog. Diplokokkenformen (d. h. Doppelzellen) in der Milch vor. Die Kolonien auf Agar bleiben ziemlich klein, Knäuelform, der Rand durch Ausläufer aufgelockert. Bouillon zeigt einen schleimig-flockigen Bodensatz, bleibt aber ungetrübt. Lackmusmilch nach 24 Stunden rot und geronnen, bisweilen sehr geringe Gasbildung. Bei 10⁰ kein Wachstum. Hämolyse bei Rind- und Schafblut fehlend. Die als Unterschied angegebene Saccharosesäuerung durch Streptococcus agalactiae ist kein Unterscheidungsmerkmal vom gewöhnlichen Milchsäurestreptococcus (Str. lactis). Auch bei gesunden Kühen finden sich bisweilen im Euter Streptokokken, deren Zugehörigkeit zur Lactis- oder Agalactiaegruppe oft nicht zu entscheiden ist. Infolge der kürzeren Ketten trübt sich durch diese Arten die Bouillon. Derartige atypische Stämme sind auch bei Mastitis gefunden[3]. Vielleicht sind es Übergangsformen zu Streptococcus thermophilus. Nach ORLA-JENSEN ist Str. mastitidis Stammform von Str. cremoris[4]. (Ursprünglich wurden aus Saprophyten pathogene Arten, doch erscheint es sehr wohl möglich, daß gelegentlich aus letzteren wieder Saprophyten werden [HENNEBERG].) Auch der sehr pathogene Streptococcus pyogenes mit Hämolyse ließ sich bisweilen im Euter nachweisen. In Amerika und Norwegen wurde nicht selten der Streptococcus epidemicus, der nach SEELEMANNs Ansicht[5] mit Str. pyogenes identisch ist, als Erreger von Anginaepidemien — anscheinend durch anginakranke Melker auf das Euter übertragen — im Euter festgestellt. Verbreitung der Galt-Streptokokken durch Naßmelken und infizierte Streu neuerdings bewiesen. Im Freien ist der Streptococcus agalactiae noch nicht gefunden. Bisweilen sind 25—50% und mehr des Viehbestandes, in der Regel mindestens in zwei Eutervierteln erkrankt. Anfangs kann trotz der Streptokokken und chemischen Milchveränderung (erhöhter Chlorgehalt, oft über 0,16 g Cl in 100 ccm Milch, salziger Geschmack bereits bei 0,13 g) die Milch für das Auge unverändert erscheinen. Bisweilen findet sich zuerst nur starke Zellvermehrung (d. h. Leukocyten, dadurch hoher Katalasegehalt), später erhöhter Chlorgehalt und Reaktionsänderung meist nach der alkalischen, seltener nach der sauren Seite. In anderen Fällen ist die Milch von Beginn an durch reichlichen Leukocytengehalt eitrig, flockig, bisweilen auch blutig-eitrig oder wäßrig. Die Milchmenge nimmt ab, das Drüsengewebe schrumpft, das Euter wird derb und hart. Schließlich versiegt die Milch, und je nach Befall wird die Kuh 2- oder 3strichig (d. h. 2 bzw. 1 Euterviertel sind verödet). Selbstheilung wird nur bisweilen beobachtet, und zwar im Altmelk- bzw. Trockenstadium. Manchmal tritt die Infektion während einer Lactationszeit zurück, um sich später wieder bemerkbar zu machen, oder es finden sich, wenn kein Befund vor dem Trockenstehen war, bald nach dem Kalben wieder

---

[1] KLIMMER u. HAUPT: Zentral Bakteriologie I 1927, **101**, 126.
[2] SEELEMANN: Die Streptokokkeninfektionen des Euters. Hannover: Schaper 1932 (mit Literaturverzeichnis). Deutsch. tierärztl. Wochenschr. 1935, Nr. 49, S. 769.
[3] SEELEMANN u. HADENFELDT: Milchw. Forsch. 1934, **16**, 101.
[4] O. KLINGMÜLLER: Dissertation Kiel 1930. — Milchw. Forsch. 1930, **10**, 431.
[5] SEELEMANN: Zeitschr. Fleisch- u. Milchhyg. 1933, **63**, 113.

von neuem Streptokokken in der Milch. Der Streptokokkenbefund kann sehr schwankend sein, oft sind im Anfangsgemelk am meisten. Viel Leukocyten sind allein kein sicheres Merkmal, da „Leukocytose" infolge chronischer Sekretionsstörung oder bei der Brunst nicht selten ist. Andererseits können bisweilen auch viel Mastitisstreptokokken und trotzdem wenig Leukocyten vorhanden sein. In den allermeisten Fällen deuten aber zahlreiche gewundene Streptokokkenketten, umgeben von polynucleären Leukocyten („Eiterflöckchen") mit Sicherheit auf Mastitis. Die Milch der Kühe mit „gelbem Galt" scheint für den Genuß ungefährlich zu sein, da sonst bei der ungeheuren Verbreitung dieser Krankheit und der auch heute auf dem Lande noch vielfach herrschenden Sitte, Rohmilch zu trinken, häufig Erkrankungen auftreten müßten. Wenn Halsentzündungen (Angina), Darmentzündungen und Vergiftungserscheinungen nach dem Genuß von Mastitismilch beobachtet sind, dürfte es sich nicht um den Galt-Streptococcus, sondern um die oben erwähnten anderen Streptokokkenarten (z. B. Str. pyogenes wohl identisch oder nahverwandt mit Str. epidemicus) gehandelt haben.

Bekämpfung ist notwendig, da nach dem Reichsmilchgesetz für Auge und Geschmack deutlich veränderte Mastitismilch auch in pasteurisiertem Zustand — ebenso die Milcherzeugnisse aus solcher — für den Handel verboten ist. Ist die Milch nicht sinnfällig verändert, sondern weist sie nur mikroskopisch Eiter auf, so muß sie unter Kenntlichmachung an die Sammelmolkereien geliefert und hier durch Zentrifuge gereinigt, pasteurisiert und zu Milcherzeugnissen verarbeitet werden (§ 4 der R.A.).

1. Vorbeugende Maßnahmen. Naßmelken verbieten, gründlich ausmelken, die ersten Striche nicht in die Streu bzw. ins Gras melken, jede Veränderung der Milchbeschaffenheit (flockig, wäßrig, blutig) streng beachten (dem Tierarzt melden), vor dem Ankauf von Kühen Euter und Milch untersuchen lassen, von jeder Kuh 2—6mal im Jahr Milch zur bakteriologischen Untersuchung einsenden.

2. Kranke Tiere im Stall und auf der Weide absondern und zuletzt oder von getrenntem Personal melken lassen. Kranke Milch an Kälber oder Schweine verfüttern, vorhergehende Erhitzung ist nicht erforderlich. Vaccinebehandlung in der Regel nutzlos. Nach SEELEMANNs Untersuchungen[1] ist ein großer Teil der streptokokkenkranken Kühe durch Behandlung des Euters mit „Entozon" (I. G. Farbenindustrie) zu heilen.

b) Tuberkulose-Mastitis und Rindertuberkulose.

Auf den Schlachthöfen in Deutschland wurden etwa 30% aller geschlachteten älteren Kühe, in manchen Gegenden sogar 50% und mehr als mehr oder weniger tuberkulös befunden. Nur 3—5% aller Rinder haben offene Tuberkulose. Schätzungsweise fanden sich früher in Schleswig-Holstein unter 1000 3 Kühe mit Eutertuberkulose. Besonders bei Eutertuberkulose gelangen die Tuberkulosebakterien in die Milch, seltener bei offener Lungen- (Husten), Darm- (beständiger Durchfall), Nieren-, Gebärmuttertuberkulose (eitriger Ausfluß), also meist durch Kuhkot und Harn. Die Tuberkulosebakterien leben etwa 10 Tage in der Milch[2]. Empfänglich sind für die Rindertuberkulose Kinder unter 8 Jahren. Nach Ansicht mancher Hygieniker sind 50% der an Tuberkulose (Drüsen-, Darm-, Knochentuberkulose) leidenden Kinder durch Rindertuberkelbakterien (rohe Milch, aus solcher bereiteten Butter und Speisequarg) krank geworden. Erwachsene (Melker) können durch Rindertuberkulosebakterien an Hauttuberkulose erkranken. Bei der meist mit Lungentuberkulose einhergehenden Eutertuberkulose, der für die Milch bei weitem gefährlichsten Krankheitsform, ist anfangs die Milch gar nicht verändert, später zeigt sie eitrigflockiges Gerinnsel und zuletzt eine wäßrige, gelbe Beschaffenheit. Im Zentrifugenschlamm größerer Sammelmolkereien können oft Tuberkelbakterien (Abb. 19) nachgewiesen werden (Meerschweinchenimpfversuch, Färbung nach

---

[1] SEELEMANN: 10 Jahre Preuß. Versuchs- und Forschungsanstalt für Milchwirtschaft in Kiel, S. 172. Verlag Molkereiztg. Hildesheim 1932.

[2] HEIM: Arbeiten a. d. Kais. Gesundheitsamt 1889, 5, 294.

Ziehl-Neelsen). Das sich färberisch gleich verhaltende Mycobacterium phlei bzw. lacticola (säurefester „Gras-Butterbacillus") unterscheidet sich vom Tuberkelbacillus durch sehr üppiges Wachstum bei Zimmertemperatur auf allen gewöhnlichen Nährböden. Der Tuberkelbacillus wächst nur langsam auf Spezialnährböden, z. B. auf Eiernährboden (nach Lubenau). Die Reinigung[1] von den in der gewöhnlichen Milch vorkommenden Sporen der Kartoffel- und Heubacillengruppe nach dem von Sumyoshi angegebenen Verfahren (1 Tl. 15%ige Schwefelsäure auf 20 Tle. Substrat) gelingt nicht. Die Kühe infizieren sich am häufigsten durch die Atemluft (Anhusten durch kranke Tiere bei zu dichter Gegenüberaufstallung). Den Ausbruch der Tuberkulose begünstigende Umstände sind beständiger Aufenthalt im Stall, schlechte Lüftung, Unterernährung, falsche Fütterung, überspannte Milchleistung, Überzüchtung, Zukauf nicht untersuchter Kühe.

Nach dem Reichsmilchgesetz darf die Milch (auch die Milcherzeugnisse) von Kühen mit äußerlich erkennbarer vorgeschrittener Lungen-, Euter-, Gebärmutter- und Darmtuberkulose, auch wenn die Erkrankung nur in hohem Grade wahrscheinlich ist, nicht in den Verkehr gebracht werden. Die Milch von Kühen mit den übrigen Tuberkuloseerkrankungen und bei einfachem Verdacht auf Eutertuberkulose kann gereinigt, erhitzt und verarbeitet werden.

c) Bacterium abortus infectiosi (Bang).

„Bang-Bacterium", Erreger des seuchenhaften Verkalbens und einer paratyphusähnlichen Erkrankung beim Menschen (wechselnd hohes Fieber, Milzvergrößerung, monate-, bisweilen jahrelanger Krankheitsverlauf, sehr selten Todesfälle). Charakteristisch sind die sehr kleinen Stäbchen, ohne Bewegung, ohne Sporenbildung (Abb. 13).

Beim Verkalben — $1/_3$ bis $2/_3$ aller Ställe sind infiziert — in ungeheurer Menge im Fruchtwasser, in der Nachgeburt und im Gebärmutterausfluß, sehr oft auch in der Milch. Infizierte Kühe können noch jahrelang, obwohl sie nicht mehr verkalben, Bakterien in der Milch in verschiedenen Mengen ausscheiden. Diese Bacillenausscheider müssen durch die Milchuntersuchung (Prüfung des Blut- und Milchserum auf Agglutinine, Kultur der Bakterien, Meerschweinchenimpfversuch) ausfindig gemacht werden[2]. Es hat sich herausgestellt, daß die Milch mancher Abortuskühe keine Abortusbakterien enthält und ebenso daß trotz negativen Milchserumtiters bisweilen eine Ausscheidung bestehen kann. Man muß daher, um mehr Sicherheit zu erlangen, die serologische Untersuchung des Blutes und der Milch zusammen mit der bakteriologischen Untersuchung ausführen. Mehrmalige Untersuchungen sind bei negativem Ergebnis notwendig[3]. Übertragung auf gesunde Kühe durch das durch das Fruchtwasser oder Scheidenausfluß verkalbender Kühe infizierte Futter, Trinkwasser, Gefäße oder Gerätschaften, bisweilen auch durch einen infizierten Bullen (oftmals Hodenanschwellungen). Beim Menschen erfolgt die Ansteckung durch Hautwunden der Hand, bei der Beschäftigung mit verkalbenden Kühen (Tierärzte) oder durch Genuß von Rohmilch oder aus Rohmilch bereiteter Schlagsahne, Speisequarg u. dgl. Die allermeisten Menschen scheinen aber immun zu sein.

Nach dem Milchgesetz muß die Milch von Abortuskühen oder Bang-Bakterienausscheidern pasteurisiert oder durch Verarbeitung unschädlich gemacht werden. In sehr vielen Fällen geschieht dies zur Zeit nicht[4].

---

[1] Klingmüller: Dissertation Kiel 1927. — Zentralbl. Bakteriol. I 1927, **104**, 482.
[2] Pröscholdt: Deutsch. tierärztl. Wochenschr. 1932, 673. — Zeller: Münch. tierärztl. Wochenschr. 1933, Nr. 29—33. — Seelemann: Deutsch, tierärztl. Wochenschr. 1935, Nr. 49, S. 769. [3] Stockmayer: Zeitschr. f. Infektionskrkh. d. Haustiere 1933, **44**, 105.
[4] Wundram: Berliner tierärztl. Wochenschr. 1933, Nr. 43, 685.

d) Enteritisbakterien.

Enteritisbakterien finden sich nicht selten im Darm gesunder Kühe (Enteritis-bakterienausscheider), besonders aber bei Tieren mit Durchfall und bei septischen Erkrankungen im Anschluß an Geburten, bei Magenperforation usw. Eine Ver-unreinigung der Milch mit Kot solcher Tiere ist sehr gefährlich, da es sich um starke Giftbildner handelt. Auch nach dem Kochen ist das Gift noch wirksam. Das Milchgesetz verlangt, daß aus Ställen mit Enteritisfällen sämtliche Milch pasteurisiert wird. Beobachtet sind auch Vergiftungen durch Käse aus Milch, die mit Enteritisbakterien (größere Gruppe von Schädlingen „Fleisch-vergifter", besonders Bacterium enteritidis und breslaviense) infiziert war.

e) Maul- und Klauenseuche (Febris aphthosa).

Ultravisibles Virus ist bei dieser Krankheit der Kühe nicht nur in den Blasen im Maule, an den Klauen, am Euter und an den Zitzen, sondern auch im Speichel, Harn und in der Milch vorhanden. Sehr leichte Verschleppung, z. B. durch Zurückgabe infizierter Milch, die in den Molkereien nicht genügend erhitzt wurde, auch durch Rohmilch und Milcherzeugnisse (Butter, Käse). Eine Ansteckung der Menschen, besonders der Kinder (Todesfälle) ist nicht selten beobachtet. Es treten öfters bei Befall der Strichkanäle als Folgeerscheinungen schwere Euterentzündungen auf. Die Erhitzung der Milch aus Beständen mit Maul- und Klauenseuche kann (nach dem Milchgesetz) nach Erlaubnis der zuständigen Behörde ausnahmsweise erst in den Sammelmolkereien vor-genommen werden, wenn hier die gesamte Milch erhitzt wird.

f) Sonstige Bakterien in der Milch kranker Kühe.

Bacterium pyogenes = Mastitis („Weideseuche", weil nicht oder nur sehr selten im Stall beobachtet). Kleine Stäbchen. Milch frühzeitig verfärbt und übelriechend. Akute, oft für Kühe tödliche Krankheit. Infektion vielleicht auf dem Lymph- und Blutweg durch Wunden an den Zitzen. Übertragung vielleicht durch Fliegen. Nur selten bei Kühen während der Lactationszeit, meist bei trockengestellten Kühen oder bei Weidekühen, die fettgemacht werden sollen. Die Krankheit tritt nur in der warmen Jahreszeit auf. Nicht selten auf bestimmten Weiden an der Westküste von Schleswig-Holstein[1], in Oldenburg und Ost-friesland, aber auch in Schlesien usw. beobachtet.

Staphylokokken-Mastitis. Manche „Euterkokken" scheinen plötzlich pathogen zu werden. Harmlose Mastitisform.

Actinomyces-Mastitis ist nur sehr selten beobachtet.

Der Erreger des Maltafiebers, Bacterium melitense, ist dem BANG-Bacterium nahe verwandt. Übertragen durch rohe Ziegenmilch (Mittelmeerküsten, Südafrika, China; bisher nicht in Deutschland).

Colimastitis und Colibakterien. Die meisten Colistämme sind sicherlich harmlos, doch gibt es pathogene Rassen (Abb. 10). Dies sind wahrscheinlich solche Bakterien, die nach Eindringen in die Organe, z. B. Colimastitis, zu Krankheitserregern geworden sind (vgl. Paratyphusbakterien). Die Colimastitis ist nur selten beobachtet. Durch das Euter oder durch den Kot können solche pathogenen Rassen gelegentlich in die Milch gelangen und schwere Erkrankungen verursachen. HENNEBERG beobachtete in Kiel eine derartige Massenerkrankung: Schon die kleinste Milchmenge rief sofortiges Erbrechen bei Erwachsenen und stärkeres Erkranken der Kinder hervor, was für eine Toxinbildung spricht.

Paratyphusbakterien können durch an Paratyphus erkrankte Kühe, und zwar durch deren Kot, Harn oder Milch — Paratyphusmastitis ist sehr selten — und ebenso durch Paratyphusbacillenträger (Kühe, auch Menschen, s. S. 451) in die Milch gelangen und sich hierin stark vermehren. Auch durch Quarg, Käse und Eiscrem ist die Krankheit auf den Menschen übertragen worden, doch stammen alle diese Paratyphusbakterien keines-wegs immer aus der Kuh (Kontakt mit Paratyphusbacillenträgern — Menschen, aus Wasser u. dgl.). Tierpathogene Stämme sind sogar oftmals für Menschen nicht pathogen.

Erreger der Wild- und Rinderseuche (eine Pasteurellose durch Bacterium multo-cidum).

---

[1] SEELEMANN u. BISCHOFF: Zeitschr. Infektionskrankheiten Haustiere **36**, 173.

Bei der hämorrhagischen Enteritis gelangen durch den Kot die Bakterien auch in die Milch, doch scheint der Erreger für den Menschen nicht krankheitserregend zu sein. Die Milch solcher Kühe darf nach dem Milchgesetz nicht in den Verkehr gebracht werden.

Erreger des „Rauschbrands" (Pararauschbrand = Bacterium parasarcophysematos).

Bei Infektionen durch Schleimhautwunden der Geburtswege (Geburtspararauschbrand der Kühe) oder Darmes — ebenso aus dem Darm mancher gesunder Kühe — können die Erreger in die Milch gelangen. Erkrankungen des Menschen an Rauschbrand sind beobachtet. Die Milch der an Rauschbrand erkrankten Tiere darf nach dem Milchgesetz nicht in den Verkehr gebracht werden.

Milzbranderreger (Bacillus anthracis). Die Milch kann sowohl bei milzbrandkranken Kühen als auch bei solchen Kühen, die mit abgeschwächten lebenden Milzbrandbacillen (Vaccine) behandelt wurden, die Erreger enthalten. — Das Milchgesetz verbietet das In-den-Verkehr-bringen der Milch der geimpften Tiere bis zum 9. Tag nach der Impfung.

Tollwuterreger. Da die Gefahr besteht, daß die Erreger von den kranken Tieren in die Milch gelangen, hat das Milchgesetz den Genuß der Milch solcher Tiere, auch wenn nur der Verdacht der Krankheit vorliegt, verboten.

Euterpocken (Vaccine). Ultravisibles Virus, das eine abgeschwächte Form des menschlichen Pockenvirus ist (vom Menschen ursprünglich stammend, durch die Übertragung auf die Kuh abgeschwächt). Beim Melken kann das Virus durch die kleinsten Wunden in die Hände dringen und „Melkerknoten" hervorrufen. Nach dem Milchgesetz braucht die Milch erst in den Molkereien erhitzt werden.

5. Übertragung menschlicher Krankheiten durch Milch.

Krankheitserreger, die nicht durch die Kühe, sondern durch den Menschen, zum Teil mittelbar durch Wasser, Fliegen u. dgl. auf die Milch und Milcherzeugnisse übertragen werden können, sind besonders die Typhus-, Paratyphus-, Menschen-Tuberkulose-, Diphtherie-, Cholerabakterien und wahrscheinlich auch die noch unbekannten Scharlacherreger[1]. Besonders häufig ist Milch der Überträger von Typhusbakterien (Bact. typhi, Abb. 12), da diese in der Milch sehr gut zu wachsen vermögen. Über die Lebensdauer von Typhus- und Paratyphusbakterien in Milcherzeugnissen stellte unter anderen auch Seelemann[2] Untersuchungen an. Es lebten in

	Typhusbakterien	Paratyphusbakterien
Sauermilch	bis 5 Tage	bis 8 Tage
Kefir	„ 5 „	„ 5 „
Yoghurt	„ 3 „	„ 4 „
Süßrahmbutter. . .	„ 26 „	„ 33 „
Saurerahmbutter . .	„ 26 „	„ 33 „
Labquarg	„ 12 „	„ 12 „
Sauermilchquarg . .	„ 8 „	„ 12 „

Nach Heim[3] leben die Typhusbakterien in Milch länger als 35 Tage.

Infektionsquellen können mit Typhusbakterien infiziertes Wasser, das zum Ausspülen der Melkeimer oder Milchkannen diente, die Fliegen, das Personal des Kuhstalles, der Molkereien und des Milchverkaufs sein. Besonders häufige Übertragungen fanden durch Bacillenträger (Menschen ohne frühere Typhuskrankheit) und Bacillenausscheider (nach früherer Typhuskrankheit) statt, wenn diese als Melker, Milchbearbeiter, Milchverkäufer usw. beschäftigt waren. Auch muß der Gesundheitszustand der betreffenden Familien beachtet werden, da öfters der Typhus z. B. durch Melkerfrauen, die typhuskranke Angehörige verpflegten, übertragen wurde. Alles dieses bezieht sich ebenfalls auf die Übertragungsmöglichkeit von Paratyphus, bacillärer Ruhr (= toxische Dysenterie), Diphtherie, Scharlach und bösartige Angina.

---

[1] Ernst: Handbuch der Milchwirtschaft, Bd. 1, Teil 1 „Die Milch". Wien: Julius Springer 1930.

[2] M. Seelemann: Milchw. Forsch. 1926, 3, 414.

[3] Heim: Arb. a. d. Kaiserl. Gesundheitsamt 1889, 5, 274.

Nach § 1 der Reichsausführungsbestimmungen zum Milchgesetz muß der Gesundheitszustand des Personals in Vorzugsmilchbetrieben ärztlich überwacht werden. Personen, die an offener Tuberkulose, Typhus, Paratyphus, Ruhr leiden oder dieser Infektionskrankheit verdächtig oder Erreger von Typhus, Paratyphus oder Ruhr dauernd oder zeitweilig ausscheiden, dürfen weder bei der Milchgewinnung noch bei der Ver- oder Bearbeitung und beim Milchhandel, soweit die Gefahr der Übertragung der Krankheitserreger besteht, beschäftigt werden (§ 13 des Milchgesetzes).

Eis aus infiziertem Wasser ist nicht selten eine Infektionsquelle gewesen. Typhusbacillen werden vom Menschen nicht nur durch die Exkremente, sondern auch durch den Harn und Speichel ausgeschieden. **Bacterium paratyphi B.** wird, wie schon gesagt, in der Regel vom Menschen auf die Milch übertragen (S. 449).

Enteritisbakterien kommen meist vom kranken Tier (S. 449, Milch, Kot, Harn), seltener durch kranke Menschen (Kot, Harn) oder durch infiziertes Wasser in die Milch.

Dysenterie-Ruhrbakterien werden fast nur durch kranke Menschen (auf dem Abort mit Kot beschmutzte Hände) oder durch Fliegen auf die Milch übertragen. Sie vermehren sich in der Milch sehr schnell. Außerhalb des menschlichen Körpers sterben sie sonst in kurzer Zeit ab.

Menschen-Tuberkulosebakterien können ebenfalls gelegentlich durch die Milch übertragen werden, wenn an offener Lungentuberkulose leidende Melker, Molkereiangestellte oder Verkäufer durch Aushusten die Bakterien in die Luft bringen und offene Milchgefäße u. dgl. in der Nähe sind. — Nach dem Milchgesetz (§ 13) dürfen derartige Personen bei der Milchgewinnung oder im Verkehr mit Milch nicht beschäftigt werden.

Auch **Scharlach-, Cholera- und Diphtherieerkrankungen** sind gelegentlich durch Milchgenuß übertragen worden. Die Erreger dürften fast stets (nur beim Scharlach nehmen manche Autoren auch eine Erkrankung der Kühe, d. h. Blasenbildung am Euter, an) durch kranke Menschen oder Bacillenausscheider (Diphtherie) in die Milch gelangt sein[1].

Sonstige Krankheitserreger in der Milch. Außer den von kranken Kühen oder kranken Menschen (oder von Bacillenträgern bzw. -ausscheidern) in die Milch gelangenden oben genannten Krankheitserregern sind hier noch kurz einige „Saprophyten" zu nennen, die ebenfalls die Milch für den Genuß gefährlich machen können.

Es wurde bereits S. 449 mitgeteilt, daß bisweilen manche Stämme der Coligruppe in dieser Hinsicht sehr schädlich sein können. Auch Vertreter der Paratyphusbakteriengruppe finden sich oft in der freien Natur. Am meisten verbreitet sind die aeroben und anaeroben Sporenbildnerarten. Unter den letzteren interessiert uns das gelegentliche Vorkommen des in der Erde sich wahrscheinlich überall vorfindenden **Bacillus botulinus** in der Milch. Da dieser berüchtigte Giftbildner bei kühler Temperatur nur sehr langsam und nur bei Abwesenheit von Sauerstoff wächst, so sind Vergiftungen bisher nur durch Käse in Blechbüchsen (S. 486) beobachtet. Durch die in diesen Fällen zur Verwendung kommenden Temperaturen werden die äußerst hitzefesten Sporen (über 100^0 unter mehrfachem Atm.-Druck teilweise noch lebend) natürlich nicht abgetötet. Nach neueren amerikanischen Untersuchungen soll das Gift (das bereits bei 60^0 abgeschwächt und bei 80^0 nach 30 Minuten unwirksam wird) durch Milchsäurebakterien zersetzt werden, wodurch das seltene Vorkommen von Vergiftungen durch Milcherzeugnisse erklärbar wird.

Krankheitserreger in „sterilisierter" Milch, d. h. Sporenbildner, deren Sporen bei nicht ausreichender Erhitzung in lebendem Zustand bleiben,

---

[1] LEHMANN u. NEUMANN: Bakteriologische Diagnostik, 7. Aufl. München: J. F. Lehmann 1927.

sind verschiedentlich, zuerst von Flügge[1], beobachtet. Es handelt sich um giftbildende Arten bzw. Rassen der Kartoffel- oder Heubacillengruppe (Bacillus vulgatus [Abb. 20] und subtilis) mit sehr hitzefesten Sporen, die in der Milch (über 18°) gut wachsen und die Milch meist mehr oder weniger stark zersetzen (zuerst Labgerinnung, Auflösung des Caseins, keine Gasbildung). Flügge fand unter seinen genauer geprüften 7 Arten 3, die in der Milch giftige Stoffe bildeten (schwerer Durchfall bei jungen Hunden; Meerschweinchen gingen nach intraperitonealer Impfung zugrunde). Weber[2] untersuchte 150 Proben „sterilisierter" Milch, von denen in 3 Proben 2 Giftbildner waren. Wenn auch giftbildende aerobe Sporenbildner nicht häufig zu sein scheinen, so liegt in der warmen Jahreszeit für die Säuglinge (Brechdurchfall, Cholera nostras, Sommerdiarrhöe) stets eine gewisse Gefahr vor, wenn abgekochte Milch längere Zeit unabgekühlt aufbewahrt wird. Die Milch kann bereits giftig sein, ohne daß sich dies durch die Sinnenprüfung feststellen läßt.

Kontrollierte Milch (Markenmilch, Vorzugsmilch).

Sowohl von kranken Kühen als auch von kranken Menschen (bzw. Bacillenträgern und -ausscheidern) drohen der Milch Gefahren (S. 445, 450). Durch Pasteurisierung der Milch, die in bestimmten Fällen vorgeschrieben ist (s. unter den einzelnen Krankheitserregern S. 445—450), wird eine sehr große Sicherung geschaffen. Da aber Rohmilch von vielen Konsumenten bevorzugt wird, hat man für besondere Milchsorten ein strenges Kontrollverfahren gesetzlich festgesetzt.

Markenmilch (kann auch pasteurisiert sein) muß, wenn roh, aus einem Kuhbestand sein. Verkauf nur in verschlossenen Flaschen (bzw. plombierten Kannen). Abfüllung nur im Betrieb des Erzeugers oder in von der Überwachungsstelle anerkannten Abfüllbetrieben. Gesunde Kühe. Anschluß an das Tuberkulosetilgungsverfahren, alle 3 Monate tierärztliche Untersuchung und bakteriologische Untersuchung der Milch. In Roh-Markenmilchbetrieben in jedem Jahr ärztliche Kontrolle der Melker und des Molkereipersonals.

Vorzugsmilch (muß roh sein). Außer den Bestimmungen für Markenmilch: Tierärztliche Kontrolle jeden Monat, ebenso bakteriologische Untersuchung. Vorzugsmilch darf nach den Preußischen Ausführungsbestimmungen zum Milchgesetz nicht älter als 24 Stunden sein, bis zur Abgabe an den Verbraucher 15° nicht überschreiten, höchstens bis 150000 Keime, darunter höchstens 30 Colibakterien, aufweisen. Vom hygienischen Standpunkt ist die Vorzugsmilch in vielen Fällen nicht einwandfrei[3].

6. Haltbarmachung der Milch.

Da die Milch bereits im Stall bzw. auf der Weide eine mehr oder weniger große Keimmenge erhält und da sich diese Keime (meist Bakterien) zum Teil sehr schnell vermehren, ist ihre Haltbarkeit besonders im Sommer sehr eingeschränkt. Durch größte Sauberkeit, durch sofortiges Seihen und Kühlen wird die Haltbarkeit verlängert. Am meisten empfiehlt sich eine Pasteurisierung, um in der warmen Jahreszeit das frühzeitige Sauerwerden zu verhüten. War dies in früheren Zeiten[4] der alleinige Zweck der Erhitzung, so wurde in späterer Zeit die Unschädlichmachung der bisweilen in der Milch vorkommenden Krank-

---

[1] Flügge: Zeitschr. Hygiene 1884, 17, 272.

[2] Weber: Arb. a. d. Kaiserl. Gesundheitsamt 1900, 12, 108.

[3] Wundram: Berl. tierärztl. Wochenschr. 1933, Nr. 43, 685.

[4] W. Henneberg: Zur Geschichte der Milchpasteurisierung. Molkereiztg. Hildesheim 1931, Nr. 151.

heitserreger die wichtigere Aufgabe[1]. Als Erhitzungsgrade kommen für die Praxis nur solche in Betracht, bei denen der Rohmilchcharakter (Aufrahmungs-fähigkeit, Geschmack, Verdaulichkeit) möglichst erhalten bleibt. Durch sehr viele Versuche wurde die Erhitzung auf 85° als ausreichend zur Abtötung der Tuberkulosebakterien und der übrigen Krankheitserreger festgestellt, doch wurde zum Teil in derartigen Erhitzungsapparaten der Rohmilchcharakter in unerwünschter Weise beeinflußt. Eine große Verbesserung brachte die sog. Dauerpasteurisierung, 63° 30 Minuten, da hierbei die Milch sehr geschont und gleichzeitig mit sehr großer Sicherheit die Unschädlichmachung der Krankheitserreger erreicht wurde[2]. Voraussetzung ist, daß die in Flocken eingeschlossenen Tuberkulosebakterien usw. vorher durch eine Reinigungszentrifuge entfernt wurden, weiter daß eine Schaumbildung in der Erhitzungswanne verhütet und schließlich daß durch ein selbstschreibendes Thermometer eine Kontrolle für eine Innehaltung der Temperatur und der Erwärmungszeit ermöglicht wird. Vom bakteriologischen Standpunkt ist diese Pasteurisierungsart fraglos die allersicherste, da sie in der langen Erhitzung den größten Sicherheitsfaktor besitzt. Noch sicherer erscheint die Dauerpasteurisierung der in geschlossenen Flaschen befindlichen Milch („Degermaverfahren"), weil hier eine nachträgliche Neuinfektion ausgeschlossen ist. Ein Übelstand hierbei ist aber der bisweilen fehlende bakteriendichte Verschluß, die Undurchsichtigkeit der Metallflaschen und die Benötigung eines sehr großen Raumes für den Apparat. In den letzten 8 Jahren war es das Bestreben der Maschinenindustrie, Pasteurisierungsapparate herzustellen, bei denen auch bei Temperaturen unter 85° in sog. Kurzzeiterhitzung die obengenannten Forderungen erfüllt wurden. Die bakteriologischen, ebenso die physikalischen und chemischen Nachprüfungen (in Kiel, Weihenstephan und zum Teil im Reichsgesundheitsamt) stellten fest, daß die erforderlichen Arbeitstemperaturen bei den einzelnen Apparatetypen sehr ungleich waren. Als Ziel wurde eine Erhitzung auf 71—74° vorgeschlagen, da diese alle Forderungen erfüllt, wenn nach Verlassen des eigentlichen Erhitzerteils noch eine etwa 40 Sekunden andauernde Heißhaltung der Milch erfolgt. Die von den drei genannten Instituten aufgestellten bakteriologischen Prüfungsnormen verlangen die sichere Abtötung von Tuberkulosebakterien[3] und den gewöhnlichen Colibakterien. Von letzteren werden zweckmäßig solche Stämme als Test ausgesucht, die 63° 25 Minuten, aber nicht mehr als 63° 30 Minuten lebend überstehen, um die Sicherheit der neuen Apparate mit der Dauerpasteurisierung vergleichen zu können[4]. Soweit bisher alle Untersuchungen gezeigt haben, verhalten sich die Tuberkulosebakterien niemals hitzeresistenter als die genannten Colistämme. Man kann als ganz sicher annehmen, daß auch die allermeisten Typhus- und Paratyphusstämme das gleiche Verhalten aufweisen. Daß hitzeresistentere Typhus- und Paratyphusstämme vorkommen, zeigten SEELEMANNs Untersuchungen. Ebenso fanden sich bei den Untersuchungen von RICHTER (im Sommer 1933) 63° 30 Minuten lebend überdauernde Colistämme. Diese werden also auch durch die Dauerpasteurisierung und zum Teil auch durch die Hochpasteurisierung (85°) nicht abgetötet. In der Praxis liegen aber die Verhältnisse anders, da es sich niemals um eine so starke Coliinfektion wie im Versuch handelt. Wenn also die Kurzzeiterhitzung wie auch jede andere im Milchgesetz zugelassene Erhitzungsart (s. oben) keine absolute Sicherheit darstellt, so dürfte sie doch in der Praxis völlig ausreichen.

[1] Arb. a. d. Preuß. Versuchs- u. Forschungsanstalt f. Milchwirtschaft Kiel. Prüfungen an Hoch- und Momenterhitzern. Milchw.-Ztg. Berlin 1932, 37, 461.

[2] DEMETER: Dauerpasteurisierung in den Vereinigten Staaten von Nordamerika. Milchw. Forsch. 1927, 4, Ref. 129.

[3] RICHTER u. SEELEMANN: Zeitschr. Hygiene 1926, 106, 538.

[4] HENNEBERG u. WENDT: Zentralbl. Bakteriol. II 1935, 93, 39.

Für die Kurzzeiterhitzung zur Zeit zugelassene Apparate.

1. „Astra"-Plattenerhitzer (Größe II) der Fa. Bergedorfer-Eisenwerk, Bergedorf. Nennstundenleistung (= L) 3000 Liter. Prüfungskennzeichen (= Pk) Kiel, Nr. 1.
2. Klein-Diskus „Perkeo"-Plattenerhitzer der Fa. Ed. Ahlborn A-G. in Hildesheim (L 3000, Pk Kiel Nr. 2).
3. Tödt-Erhitzer (Größe I) für Kurzzeiterhitzung der Fa. Tödt-G. m. b. H., Kiel (L 2500, Pk Kiel Nr. 3).
4. Plattenerhitzer „Norma II" der Fa. Roth's Molkereimaschinenfabrik G. m. b. H. in Stuttgart-O, (L 1500, Pk Kiel Nr. 4).
5. „Astra"-Plattenerhitzer (Größe II) (L 1000, Pk Kiel Nr. 5).
6. Diskus-Plattenerhitzer (Ahlborn) mit überschwingender Erhitzungstemperatur (L 5000, Pk Kiel Nr. 6).
7. Großleistungsplattenerhitzer der Fa. Ahlborn (L 10000, Pk Kiel Nr. 7).
8. „Astra"-Plattenerhitzer (Größe I) (L 3000, Pk Weihenstephan Nr. 1).
9. Plattenerhitzer „Norma I" (Größe 0) (L 500, Pk Weihenstephan Nr. 2).
10. „Phönix"-Plattenerhitzer „C" der Fa. Holstein & Kappert in Dortmund (L 2750, Pk Weihenstephan Nr. 3).
11. „Phönix"-Plattenerhitzer „CZ" (L 3250, Pk Weihenstephan Nr. 4).
12. „Phönix"-Plattenerhitzer „B" (L 1200, Pk Weihenstephan Nr. 5).
13. „Phönix"-Plattenerhitzer „BZ" (L 500, Pk Weihenstephan Nr. 6).
14. „Diskus"-Plattenerhitzer (L 3000, Pk Weihenstephan Nr. 7).

Erhitzungszwang. Nach dem Milchgesetz können die Landesregierungen einen Pasteurisierungszwang anordnen. Dies ist bereits in Stuttgart, Berlin, Stettin, Osnabrück geschehen. Es darf auch für Markenmilch (d. h. kontrollierte Milch s. S. 452), nicht aber für Vorzugsmilch und Milch, die vom Erzeuger in einem landwirtschaftlichen Betrieb gewonnen und an der Betriebsstelle selbst unmittelbar an die Verbraucher abgegeben wird, angeordnet werden. Vom hygienischen Standpunkt müßte in Hinsicht auf die Tuberkulose- und Typhusgefahr gefordert werden, daß sämtliche offene Milch pasteurisiert wird.

Wie auf S. 447—450 gesagt wurde, muß die Milch von Kühen mit bestimmten Krankheiten oder bei Verdacht bestimmter Krankheiten nach dem Milchgesetz erhitzt werden.

Zur Yoghurt- und Kefirbereitung muß nach dem Milchgesetz die Milch erhitzt werden.

Fütterungsmilch. Nach dem Viehseuchengesetz vom 7. Dezember 1911 müssen die aus Sammelmolkereien zurückgegebene Fütterungsmilch, Magermilch, Molke und andere Molkereiabfälle auf 85° durch Dampf oder im Wasserbade während 1 Minute erhitzt werden. Seit 28. November 1933 ist auch eine Dauererhitzung 60—63° 30 Minuten zugelassen (Bedingung: Reinigungszentrifuge, Schreibethermometer). Nach den neuen, 1. April 1936 in Kraft tretenden viehseuchenpolizeilichen Bestimmungen (Runderlaß des Preußischen Ministers für Ernährung und Landwirtschaft vom 20. Dezember 1934) müssen die Molken (auch Spülmilch und Restmilch) durch unmittelbar einwirkenden Wasserdampf bis zum wiederholten Aufkochen gebracht werden.

Über die Pasteurisierung des Rahmes in der Butterei s. S. 471 und der Käsereimilch s. S. 479.

Keimgehalt in der pasteurisierten Milch. Die Keimzahl ist meist um so größer, je mehr Keime in der Rohmilch waren. Es handelt sich nämlich in der Regel dann auch um entsprechend mehr hitzeresistente Arten und Sporen von Sporenbildnern. Hitzefester[1] sind z. B. Streptococcus agalactiae, faecium, thermophilus, glycerinaceus, manche Mikrokokken und Mikrobakterienarten. In der Tabelle sind einige Keimzahlen aus einem praktischen Betriebe als Beispiele zusammengestellt. Links vor der Pasteurisierung, rechts die gleiche Milch nachher. Die Gesamtkeimzahl ist auf anderen Platten als die Verhältniszahl zwischen S und NS (Chinablauagar) festgestellt (s. S. 457).

---

[1] E. Seibel: Dissertation Kiel. — Milchw. Forsch. 1927, 4, 41. — Keitel: Dissertation Kiel 1931. Weimarischer Verlag. — Fr. Jancke: Dissertation Kiel. — Milchw. Forsch. 1928, 6, 303. — Herrmann: Dissertation Kiel 1932.

Im Milchgesetz (Preuß. Ausführungsbestimmungen § 7) ist die Bestimmung getroffen, daß die Pasteurisierung (wenn sie vorgenommen werden soll) spätestens innerhalb 22 Stunden (nach Genehmigung innerhalb 25 Stunden) — vorausgesetzt, daß keine nachteilige Veränderung stattfindet — nach dem Melken stattfinden muß.

Wenn die Pasteurisierung richtig vorgenommen ist, ist die den Apparat verlassende Milch colifrei. Wirklich keimfreie pasteurisierte Milch kann man nur bei aseptischer Milchgewinnung erhalten, was aber keine praktische Bedeutung besitzt.

Keimzahlen von Milch.

Rohmilch			Dauerpasteurisierte Milch		
Gesamt-Keimzahl	Säurebildner	Nicht-Säurebildner	Gesamt-Keimzahl	Säurebildner	Nicht-Säurebildner
163 000	152 000	1 000	65 000	52 000	3 000
450 000	470 000	30 000	3 900	2 900	200
1 050 000	980 000	23 000	14 200	8 000	3 400
3 200 000	2 500 000	100 000	11 030	11 000	10
			70—75° = Erhitzung		
1 150 000	600 000	350 000	21 000	24 700	0
3 450 000	2 970 000	170 000	16 900	7 900	8 700
11 000 000	7 900 000	2 100 000	24 000	21 200	2 200
16 700 500	13 200 000	700 000	49 700	0	40 400

Nach den Preuß. Ausführungsbestimmungen zum Milchgesetz darf Vorzugsmilch bis zu 150 000 Keime und bis zu 30 Colibakterien (S. 452, 461) aufweisen.

Eine Neuverunreinigung erfolgt regelmäßig durch die Leitungen, Pumpen, Bassins, Abfüllvorrichtung und in der Regel auch durch die Innenflächen der Flaschen. Pasteurisierte Flaschenmilch weist oft 10 000—100 000 Keime auf. Sind es trotz größter Sorgfalt mehr, so enthielt die betreffende Rohmilch viel hitzeresistente Keime. Deshalb braucht aber die Haltbarkeit nicht immer verringert zu sein.

Abkochen im Haushalt. Die Milch braucht nur ganz kurz einige Male bis zum Aufwallen gebracht zu werden, um sämtliche Kleinpilzarten mit Ausnahme der Sporen der sporenbildenden Bacillen abzutöten. Wichtig ist eine möglichst schnelle Abkühlung (Topf in fließendes Wasser stellen oder wiederholt das Kühlwasser wechseln) zur Vermeidung der für das Auskeimen der Sporen günstigen Temperaturen (30—40°). Möglichst kühle Aufbewahrung. In der heißen Jahreszeit ist, wenn längere Aufbewahrung nötig ist, vor der Verabreichung an Säuglinge die Milch nochmals aufzukochen. Die gekochte Milch kann beim Warmstehen durch Sporenbildnerentwicklung in Zersetzung übergehen oder sogar giftig werden (S. 436, 451).

Haltbarmachung durch Sterilisierung. Wird eine dauernde Haltbarkeit der Milch — ebenso des Rahmes — gewünscht, so muß eine Sterilisierung in verschlossenen Flaschen oder Büchsen vorgenommen werden. Hierzu dient eine einmalige Hocherhitzung, z. B. 110° 20—30 Minuten oder eine wiederholte Erhitzung, z. B. das erstemal auf 80—95° und das zweitemal auf 105°. Die während der Zwischenzeit ausgekeimten Sporen werden durch das zweite Erhitzen abgetötet. Nach dem Milchgesetz muß die Milchsterilisierung innerhalb 22 Stunden nach dem Melken ausgeführt sein.

Verboten ist das In-den-Verkehr-bringen von sterilisierter Milch bzw. Sahne, die innerhalb von 3 Tagen bei 37° verdirbt oder deren Behältnisse aufgetrieben oder undicht sind. Letzteres bezieht sich auch auf Kondensmilch.

Keimgehalt in der sterilisierten Milch. Die Sterilisierung, d. h. eine absolute Keimfreimachung, gelingt mit Sicherheit nur in keimdicht geschlossenen Behältern (Blechbüchsen). In Flaschen handelt es sich meist nur um eine relative Keimfreiheit. Es sind vereinzelt hitzeresistente Sporen in lebendem Zustand oftmals an den Innenflächen oberhalb der Milch, Sahne u. dgl. vorhanden. Solange die Milchflasche in Ruhe gelassen wird oder sehr kalt aufbewahrt wird, ist die Milch haltbar.

Saure Milch (Yoghurt, Buttermilch) verhält sich schon nach einmaliger Pasteurisierung wie nach einer Sterilisierung, da die Sporenbildner wegen der Säure nicht wachsen können.

Gezuckerte Milch ist leichter als ungezuckerte zu sterilisieren. Es wirkt hier mit der Hitze gleichzeitig auch der Zuckergehalt abtötend.

Haltbarmachung durch ultraviolette Strahlen. Obwohl im Laboratoriumsversuch bei Bestrahlung einer sehr dünnen Milchschicht (Apparat von Scheidt) sehr günstige Ergebnisse, sogar eine Abtötung der Sporen, zu erhalten waren, eignet sich das Verfahren nicht für die Anwendung in der Praxis. Es ist nur wirksam, wenn eine sehr dünne (etwa 1 mm) Milchschicht zur Anwendung kommt[1].

Von verschiedenen Seiten sind Vorschläge zur Keimabtötung in der Milch durch den elektrischen Strom gemacht. Wieweit die Erwärmung allein bei der Einwirkung des elektrischen Stromes ausschlaggebend ist, erscheint noch ungeklärt.

Haltbarmachung durch Trocknung. Eine große Anzahl Bakterien kann ebenso wie die Sporen von Hefen und Schimmelpilzen das Eintrocknen vertragen. Frisch bereitete Trockenmilch nach dem Walzenverfahren ist weniger keimreich als die im Krause-Verfahren (Verstäubung) getrocknete Milch. Die Keimmenge hängt vom Keimgehalt der Rohmilch ab. Im hygienischen Interesse ist die der Trocknung vorhergehende Pasteurisierung, um die Krankheitserreger mit Sicherheit abzutöten.

Das Milchgesetz setzt als Höchstgrenze einen Wassergehalt von 4% in der Trockenmilch bzw. 6% in der Walzentrockenmilch (ebenso in der Trockenmagermilch und Trockensahne nach beiden Verfahren) fest. Wenn auch erst bei 14% Wasser Schimmelpilze wachsen können, darf Trockenmilch niemals in feuchten Räumen aufbewahrt werden.

7. Bestimmung der Keimzahl und Nachweis der wichtigsten Bakterien.

Die Keimzahl[2] ohne nähere Untersuchung der Keimarten ist nur für bestimmte Fälle wichtig. Es lassen sich der Grad der Verunreinigung, d. h. die Art der Behandlung, bisweilen auch das Alter und die voraussichtliche Haltbarkeitsdauer der Milch feststellen. Kennt man den Keimgehalt der aseptisch ermolkenen Milch, so läßt sich bei weiteren Untersuchungen genau beurteilen, woher die zunehmende Keimmenge stammt. Ebenso gibt die Keimzahlbestimmung vor und nach der Pasteurisierung den Pasteurisierungseffekt an usw. In hygienischer Hinsicht kann eine Rohmilch mit sehr großer Keimzahl besser sein als solche mit geringer, da es hier auf die Keimarten ankommt. Dasselbe kann auch betreffs der Haltbarkeit der pasteurisierten Milch der Fall sein.

---

[1] Vogeler im Bakt. Inst. Kiel 1930. Molkereiztg. Hildesheim 1930, 44, 1797.
[2] Demeter in W. Winkler: Handbuch der Milchwirtschaft, Bd. I, Teil 1 „Die Milch". Wien: Julius Springer 1930.

a) Bestimmung der Keimzahl.

Zu unterscheiden ist die direkte Keimzählung und die indirekte, d. h. die sog. Platten-Zählmethode (Petrischalenkolonien).

Bei ersterer wird gewöhnlich die Keimzählung nach BREED[1] zur Anwendung gebracht. Auf einem auf eine 1 qcm-Schablone gelegten Objektträger verteilt man mittels einer Capillarpipette und winklig gebogenen Nadel 0,01 ccm der betreffenden Milch. Nachdem in einigen Minuten die Milch angetrocknet ist, wird das Präparat in eine Farblösung, die aus 1 g Methylenblau, 54 ccm Alkohol (95%), 40 ccm Tetrachloräthan und 6 ccm Eisessig besteht, 1—4 Minuten eingetaucht und dann getrocknet. Die Entfernung des überflüssigen Farbstoffes wird durch Eintauchen in Wasser erreicht. Nach dem Trocknen ist das Präparat zur Zählung fertig. Bis zu 30 Gesichtsfelder, deren Größen durch Messung mittels des Objektivmikrometers bekannt sind, werden ausgezählt und die gefundene Keimzahl für 1 ccm berechnet. Bei dieser Zählmethode erfaßt man außer den lebenden sowohl die toten als auch die nicht mehr vermehrungsfähigen Zellen. Schwierigkeiten entstehen bei der Zählung der in Verbänden oder dichten Haufen liegenden Zellen, die bei der Petrischalen-Zählmethode, vorausgesetzt, daß sie bei der hier notwendigen Verdünnung im gleichen Zusammenhang verbleiben, eine einzige Kolonie bilden würden (s. unten). Der Vorteil der direkten Keimzählung ist das schnelle Ergebnis und die Vermeidung größerer Unkosten.

Petrischalenmethode. Da man bei Verwendung von verschieden zusammengesetztem Nähragar und verschiedener Bebrütungstemperatur und -dauer sehr abweichende Kolonienzahlen bekommt, muß zum Erlangen von Vergleichszahlen die Methode immer unter gleichen Bedingungen zur Anwendung kommen. Man nimmt in der Regel Milchzuckerbouillonagar (1000 ccm Wasser, 10 g Milchzucker, 10 g Pepton-Witte, 5 g Liebig's Fleischextrakt, 5 g Natriumchlorid — $p_H = 7,4$—7,6 durch Zusatz von etwa 11 ccm einer 4%igen Natronlauge — 20 g Agar). Für Rohmilchuntersuchungen sind als Verdünnungen 1000, 10000 und 100000, für pasteurisierte Milch 100 und 1000fache ausreichend (Verdünnungsflasche). Nach 48 Stunden bei 30° kann die Auszählung der Kolonien vorgenommen werden; hierbei sind die Petrischalen mit einer Kolonienzahl unter 30 und über 300 zur Vermeidung von falschen Keimzahlen auszuschalten.

Fehler entstehen durch Zusammenlagerung von mehreren Zellen, die nur zu einer einzigen Kolonie auswachsen. Manche Zellen vermehren sich nicht oder erst sehr viel später. Bestimmte Arten, die auf dem gewählten Nährboden oder in der Nähe von stark säuernden oder stark alkalibildenden Arten nicht oder nur sehr wenig wachsen, entgehen ebenfalls der Zählung. Im allgemeinen erhält man mittels dieser Zählmethode nur den vierten Teil der Keime wie mit der direkten, so daß die Art der Bestimmung bei Keimzahlangaben stets genannt sein muß.

Ein Vorteil der Petrischalenmethode ist, daß sich an der Art der Kolonien auf wenig bewachsenen Schalen das Vorhandensein bestimmter Arten erkennen läßt. Dies ist noch mehr der Fall, wenn man neben den Milchzuckerbouillonagarkulturen solche mit Chinablau-Milchzuckerbouillonagar (5 Tropfen gesättigte wäßrige Chinablaulösung zu 100 ccm Milchzuckerbouillonagar) ansetzt. Hier lassen sich die Säurebildner (blaue Kolonien) von den Nichtsäurebildnern (helle Kolonien) unterscheiden und ihre Zahlenmengen feststellen. Zu den nichtsäuernden Arten gehören die wichtigsten Milchfehlererreger (s. S. 445).

---

[1] BREED: Zentralbl. Bakteriol. II, 1911, **30**, 337.

Quantitative Ausstrichmethode nach Burri. Mittels einer biologisch geeichten Öse wird 1 cmm Milch auf die schräge, etwas angetrocknete Agarfläche in Reagensgläschen gleichmäßig aufgestrichen. Bei keimreicher Milch muß vorher eine hundertfache Verdünnung vorgenommen werden (in diesem Falle Multiplikation mit Faktor). Die herangewachsenen Kolonien werden ausgezählt[1].

Rollröhrchenmethode. Die in der Bakteriologie seit langem bekannte Rollkultur, die auch heute noch unter anderem zur Prüfung der Reinheit von Milchflaschen benutzt wird, ist von der Fa. Funke-Berlin in technischer Hinsicht weiter entwickelt und von Damm[2] auf ihre Genauigkeit mit der Plattenmethode verglichen worden. Die Keimzählung mittels der Rollröhrchen wird in der Weise ausgeführt, daß eine „Burri-Öse" mit unverdünnter oder in einem mit Gummistopfen versehenen Reagensglas im Verhältnis 1:10 verdünnter Milch in den temperierten Agar geimpft wird. Durch Rotation in einer eigens konstruierten Apparatur wird das Röhrchen in drehende Bewegung versetzt und der Agar gleichmäßig auf die Wandung des Röhrchens verteilt. Bei den oben erwähnten vergleichenden Untersuchungen zeigte sich, daß die Genauigkeit dieser Methode nicht so groß ist wie bei der Plattenmethode, daß sie dieser aber recht nahe kommt und bei einer Koloniezahl bis zu 300 recht gute Werte ergibt.

b) Nachweis der wichtigsten „Milch"-Bakterien.

α) Sinnenprüfung.

Durch Besichtigen und besonders durch den Geruchs- und Geschmackssinn läßt sich eine große Anzahl von Milchfehlern feststellen, aus denen sich die Anwesenheit bestimmter schädlicher Kleinpilzarten folgern läßt. Eine Milch, die sichtlich stark verschmutzt ist, enthält alle möglichen Milchschädlinge und kann auch nach der Reinigung und Pasteurisierung bakteriologisch nicht einwandfrei sein (verringerte Haltbarkeit). Milch mit Labgerinnung (meist Euterkokken) sieht anders aus als eine durch Säure (meist Streptococcus lactis) geronnene Milch. Mastitismilch zeigt oft einen gelblichen, eitrigen Bodensatz, bisweilen eine wäßrige, flockige Beschaffenheit oder Rotfärbung durch Blutbeimischung (Streptokokkenmastitis, Eutertuberkulose). Durch farbbildende Bakterien verfärbte (rot, blau, grünlich, gelb) Milch kommt kaum noch vor. Schleimige Milch deutet meist auf eine Infektion mit Schleimrassen des gewöhnlichen Milchsäurestreptococcus oder des Bacterium lactis viscosum, seltener auf Schleimmikrokokken, Bacterium aerogenes oder auf Schleimformen des Bacterium coli, der Corynebakterien- oder Alcaligenesgruppe.

Durch den Geruchsinn läßt sich jede stärker saure Milch erkennen, da die Milchsäurebakterien außer Milchsäure geringere oder größere Mengen von Essigsäure erzeugen. Eine schlecht sterilisierte Milch riecht bei Gegenwart von Buttersäurebacillen deutlich nach Buttersäure (gleichzeitig Gerinnung und starke Gasbildung).

Bereits bei 12° S.H. schmeckt die Milch säuerlich (meist Streptococcus lactis). Manche „Rassen" des gewöhnlichen Milchsäurebacteriums verursachen einen malzigen (brenzlichen), einen kohlartigen, strohigen oder unangenehm sauren Geschmack. Schmeckt die Sauermilch (z. B. Säurewecker in den Buttereien) yoghurtähnlich (etwas nach Essigsäure), so sind lange Milchsäurebakterien aufgekommen. An einem gallenbitteren Geschmack erkennt man z. B. die Gegenwart von bestimmten Mikrokokken-, Bacterium vulgare- und

---

[1] Burri: Worlds Dairy Congress London 1928.
[2] H. Damm: Milchw. Forsch. 1935, 17, 51.

„Alcaligenes"-Stämmen, an einem bitter- oder kratzig-seifigen Geschmack manche Corynebakterien- und Fluorescensrassen, an einem ekelhaft fauligen Geschmack manche Vertreter der Alcaligenesgruppe und an einem süßlich fauligen, zusammenziehenden Bacterium fluorescens. Milch mit Bacterium coli-aerogenes schmeckt oft „nach Kuhstall", mit manchen Fluorescens- oder Bacterium lactis viscosum-Stämmen anfangs „nach Erdbeeren". Verschiedene Vertreter der Coli- und Fluorescensgruppe verursachen einen rübenartigen Geschmack. Salzige Milch findet sich bei Euterentzündung.

Beim Schütteln verlöteter Blechbüchsen mit Milch hört man, ob die darin sterilisierte Milch durch Gerinnen klumpig, d. h. verdorben ist.

β) Mikroskopische Methoden.

Einfaches Präparat. Nur in vereinzelten Fällen lassen sich bestimmte Bakterienarten, wenn die Herkunft bekannt ist, mit Sicherheit feststellen. Man kann wohl die Gruppenzugehörigkeit, z. B. bei Mikrokokken, Streptokokken, langen Milchsäurebakterien, Sporenbildnern, wenn Sporen ausgebildet sind, sogleich erkennen, aber nicht die Arten. Ein gefärbter Milch-Zentrifugatausstrich gibt ein Urteil über die Keimmenge, aber nicht über die vorhandenen Keimarten. Man erkennt hierbei aber in den allermeisten Fällen, ob eine Streptokokkenmastitis vorliegt (Haufen von Leukocyten, durchsetzt von langen Streptokokkenketten).

Federstrichkultur ("Kultur" in hängenden Tröpfchen nach LINDNER[1]). Auf eine Seite des abflambierten Deckglases werden mit einer sterilisierten Zeichenfeder, die in die zu untersuchende Flüssigkeit (oder in Milch, sterilisierte Nährflüssigkeit, in die die zu untersuchende Reinkultur u. dgl. eingeimpft war) eingetaucht wurde, 3 Reihen verschieden verdünnter Flüssigkeitsstriche aufgetragen. Mit der Tröpfchenseite nach unten wird das Deckgläschen mittels Vaselin über die Höhlung eines hohlgeschliffenen Objektträgers luftdicht festgeklebt. — Da sich eine größere Anzahl morphologischer und physiologischer Merkmale darbieten, wie z. B. Schwärmvermögen, Schleimbildung, Formvariation, Mikrokolonienbildung, Fettspaltung (mit sterilem Wasser verdünnte Vollmilchfederstriche), Caseinausfällung, Einfluß von Wachstumstemperaturen, Verhalten in verschiedenen Nährflüssigkeiten bei aeroben und anaeroben Bedingungen (in der Höhlung auf dem Objektträger eine Öse Würze mit Kahmhefe oder Bouillon mit Bacterium prodigiosum), Krystallbildungen, ist die Artenbestimmung bei den wichtigsten milchbakteriologischen Analysen in der Regel sehr leicht in 1—2 Tagen möglich[2]. Dies betrifft z. B. die häufigsten Milchsäurebakterienarten, Bacterium coli, aerogenes, fluorescens, vulgare, lactis viscosum, Gruppe des Bacterium alcaligenes, Gruppe der Essigbakterien — Bacillus mesentericus, subtilis, mycoides, megatherium, amylobacter, Chauvoei, putrificus. Sehr leicht sind auch manche Milchzuckerhefen, Eutorula, Kahmhefen, Anomalushefen sowie viele Schimmelpilzarten, z. B. Oospora, Monilia, Sachsia, Dematium, Penicillium brevicaule, camembert, roquefort, Cladosporium, Aspergillus, Fusarium, Verticillium bestimmbar. Es sei bemerkt, daß nur mit Hilfe der Federstrich- oder Adhäsionskultur (statt der Federstriche eine gleichmäßige, sehr dünne Flüssigkeitsschicht) gute Photographien von den meisten Kleinpilzarten gewonnen werden können (vgl. z. B. die Abb. 2, 3, 9, 11, 14, 16, 23, 24, 27—30).

---

[1] LINDNER: Mikroskopische Betriebskontrolle in den Gärungsgewerben, 3. Aufl., S. 148. Berlin: Paul Parey 1901.
[2] W. HENNEBERG: Molkereiztg. Hildesheim 1928, Nr. 131. — Bakteriologische Molkereikontrolle. Berlin: Paul Parey 1934.

Nachweis von Volutin. Bei Färbung mit Löffler-Blau, dann Entfärbung mit 1%iger Schwefelsäure, werden die rotgefärbten Volutintröpfchen sichtbar. Dies ist zur Erkennung mancher Bakterienarten wichtig (Thermobacterium bulgaricum Orla-Jensen s. S. 432).

Gramfärbung. Das fixierte Ausstrichpräparat wird 1—3 Minuten mit Carbolgentianaviolett gefärbt, dann 1 Minute mit Jod-Jodkaliumlösung behandelt. Entfärbung mit absolutem Alkohol (meist 1—3 Minuten), kurze Nachfärbung mit 10fach verdünntem Carbolfuchsin. Die grampositiven Arten sind dunkelviolett, die gramnegativen rot gefärbt. Grampositiv sind z. B. alle Milchsäurebakterien und alle aeroben Sporenbildner, gramnegativ Bacterium coli, fluorescens, vulgare (meist).

γ) Kulturelle Bestimmungsmethoden.

Anreicherungs-Verfahren. Viele Arten wachsen in bestimmten Nährlösungen üppig und zeigen z. B. in Milch bei der „Gärprobe" charakteristische Zersetzungserscheinungen (Säurefällung, Labfällung, Caseinauflösung, Farb- und Gasbildung). Dies ist eine für die Käsereimilch sehr wichtige Probe.

Labgärprobe. In der mit etwas Lab versetzten Milch machen sich die Gasbildner (Milchzuckerhefe, Bacterium coli, aerogenes, anaerobe Sporenbildner) durch Zerklüftung des Koagulum bemerkbar (besonders wichtig zur Prüfung der Käsereimilch).

Milchagar-Schüttelkultur. Da das Gas nicht entweichen kann, ist eine etwa vorhandene Gasbildung gut nachweisbar. Nach Hüttig[1] ist eine Mischung zu gleichen Teilen von Milch und Bouillonagar, 24 Stunden 30⁰ am geeignetsten (Abb. 33 und 34).

Lackmusmilch. Säurebildner der Milch verursachen eine rote, Alkalibildner eine blaue Umfärbung. Das gewöhnliche Milchsäurebacterium (Streptococcus lactis) entfärbt vor der Gerinnung die Lackmusmilch, während die übrigen Arten unter Rotfärbung die Milch dicklegen[2].

Methylenblau-Milch-Reduktaseprobe. (5 ccm gesättigte alkoholische Methylenblaulösung [in fertiger Form „Reduktolen"[3]] mit 195 ccm Wasser — hiervon 0,5 ccm zu 10 ccm Milch. Aufbewahrung bei 38—39⁰.) Eine größere Anzahl Bakterien im Vermehrungszustand, z. B. Milchsäurebakterien, Bacterium coli und aerogenes, entfärben mehr oder weniger schnell die blaugefärbte Milch. Annähernd stimmt dies mit der Bakterienmenge überein. Eine gute Milch (bis zu etwa 500000 Keimen) entfärbt sich nicht in 5 Stunden, eine mittelgute entfärbt sich in 2—5 Stunden, eine schlechte in $^1/_2$—2 Stunden und eine sehr schlechte in $^1/_2$ Stunde oder schon früher. Zur bakteriologischen Beurteilung der Anlieferungsmilch ist die Methode durchaus brauchbar[4]. Orla-Jensen schlug vor, die Gär- und Reduktaseprobe zu vereinigen[5].

Katalaseprobe. Die Menge des aus einer Wasserstoffsuperoxydlösung (z. B. 15 ccm Milch + 5 ccm 1%ige Wasserstoffsuperoxydlösung) freigemachten Sauerstoffs gibt vor allem ein gutes Merkmal über die vorhandene Leukocytenmenge: Colostrum (ebenso „junge" Milch) und ebenso die Euterentzündungsmilch lassen sich in der Regel auf diese Weise leicht erkennen. Katalase wird nicht gebildet durch die „echten" Milchsäurebakterien (ebenso anaerobe Bacillen), dagegen durch Bacterium coli, vulgare und verschiedene andere peptonisierende

---

[1] Hüttig: Milchw.-Ztg. 1933, Nr. 58, S. 881.
[2] Heim: Zeitschr. Hygiene 1923, **101**, 104.
[3] Damm: Milchw. Ztg. 1935, **40**, 152.
[4] Barthel: Z. 1908, **15**, 385; 1911, **21**, 513. — Barthel u. Orla-Jensen: Milchw. Zentralbl. 1912, 417. — Christiansen (Bakt. Inst. Kiel): Molkereiztg. Hildesheim 1926, Nr. 102.
[5] Orla-Jensen: Molkereiztg. Hildesheim 1909, 373.

Arten. Aus dem Ausfall der Katalaseprobe läßt sich aber kein Schluß auf den Keimgehalt ziehen.

Spezifische (elektive) Anreicherungsflüssigkeiten. Bacterium coli und aerogenes wachsen gut in Galle-Nährlösungen. In Gentianaviolett-Galle-Pepton-Milchzuckerlösung (1000 ccm Wasser, 50 g Rindergalle, 10 g Pepton, 10 g Milchzucker. Neutralisiert mit Natronlauge. Zusatz von 4 ccm einer 1%igen Gentianaviolettlösung[1]) in EINHORN-Gefäßen oder DUNBARschen Gärkölbchen bildet diese Gruppe Gas.

Trypsin-Bouillon. 1 Liter fertige Bouillon $p_H = 7{,}4$ wird mit 0,2 g Trypsin (Grübler) in einer Glasstopfenflasche mit 10 ccm Chloroform und 5 ccm Toluol 24—48 Stunden bei 37⁰ aufbewahrt, dann filtriert. Hiervon verwendet man 1 Tl. und 3 Tle. physiologische Kochsalzlösung. Bacterium coli und vulgare bilden aus dem entstandenen Tryptophan Indol, das durch das EHRLICHsche Indolreagens (Rotfärbung) nachgewiesen werden kann (nach FRIEBER bereitet aus 5 g Paradimethylamidobenzaldehyd, 50 ccm Methylalkohol, 40 ccm konz. Salzsäure).

Sog. Sporogenes-Nachweismethode nach WEINZIRL[2]. Reagensgläschen mit Wattestopfen mit etwa 1 ccm (geschmolzen eingefülltem) Paraffin werden nach der Sterilisierung mit 5 ccm der zu untersuchenden Milch gefüllt und 10—15 Minuten im Dampftopf bei 80⁰ erhitzt. Das Paraffin bildet nach dem Erkalten einen luftdichten Abschluß. Wenn Anaerobe in der Milch sind, tritt nach 3 Tagen bei 37⁰ starke Gasbildung auf. — Man erfaßt auf diese Weise nur die in Sporenform vorhanden gewesenen anaeroben Bacillen, nicht die sporenlosen Zellen. Der FRÄNKELsche Gasbacillus ist z. B. oft ohne Sporen[3].

Saure Bierwürze oder Traubenzuckerbouillon mit 0,5% Essigsäure oder 1% Milchsäure läßt die säurevertragenden langen Milchsäurebakterienarten zum Wachstum kommen.

Petrischalenkulturen. Die Kolonienbildung (Form, Größe, Struktur, Färbung) ist für viele Arten, wie schon S. 457 angedeutet, sehr charakteristisch. Ebenso unterscheidet das Wachstum auf besonderen Nährböden (z. B. Würze-, Bouillon-, gezuckerte Bouillon-, Milch-Gelatine bzw. Agar) viele Arten voneinander. Ferner geben die Reaktions- und Temperaturverhältnisse gute Unterschiede. Bestimmte Arten verflüssigen Gelatinenährböden, lösen, d. h. peptonisieren das Casein (Milchagar) oder das hinzugefügte Calciumcarbonat (Säurebildung).

Chinablauwasseragar mit einem Butter- (Margarine-) Ausstrich dient zum Erkennen von Fettspaltern[4]. Säurebildung aus dem Fett verursacht tiefblaue Flecke. Zur Prüfung von Bakterienarten (ebenso Hefen- und Schimmelpilzarten) auf Fettspaltung mischt man steriles Butterfett zum Chinablauboden. Für Bakterien ist außerdem ein Zusatz von Bouillon nötig (S. 477).

Endoagar (1000 ccm Bouillonagar, 15 g Milchzucker, 5 g konz. alkoholische Fuchsinlösung, [25 ccm 10%ig] Natriumsulfitlösung — p_H 7,2—7,6) läßt Bacterium coli an den metallisch glänzenden, tiefrot gefärbten Kolonien erkennen.

Zur Feststellung der Colizahl in Vorzugsmilch wird nach amtlicher Vorschrift Lactose-Bromthymolblau = Trypaflavin-Agar benutzt. Der Agar hat folgende Zusammensetzung:

Zu 1000 ccm des gebräuchlichen Fleischwassers werden hinzugefügt: 100 g flüssiges Pepton, 5 g Kochsalz.

---

[1] KESSLER u. SWENARTON: Journ. of Bact. 1927, 14, 47.
[2] WEINZIRL: Amer. Journ. publ. Health 1921, 11, 149.
[3] EINHOLZ: Dissertation Kiel 1934.
[4] W. HENNEBERG: Molkereiztg. Hildesheim 1930, 44, 363.

Die Einstellung dieser Mischung erfolgt auf p_H 7,8; sodann werden 25 g Agar hinzugesetzt und filtriert. Erst jetzt fügt man 10 g Lactose und 10 ccm 1,5%ige alkoholische Bromthymolblau-Lösung hinzu. Dieser Nährboden besitzt grasgrüne Farbe (p_H 6,8). Der Agar wird zweckmäßig in Flaschen zu 100 ccm abgefüllt und vor dem Gebrauch zu 100 ccm verflüssigtem Agar 0,5 ccm einer 1%igen wäßrigen Trypaflavin-Lösung hinzugesetzt.

Betreffs des Nachweises pathogener Arten ist in der medizinisch-bakteriologischen Literatur[1] nachzusehen.

II. Sauermilcharten.

1. Sauermilch.

Die gewöhnliche Haushaltungs-Setzmilch (Dickmilch, Sauermilch) entsteht, wenn Rohmilch bei wärmerer Außentemperatur in Satten od. dgl. aufbewahrt wird. An kühlen Tagen im Sommer, ebenso in der kalten Jahreszeit, gelingt die Sauermilch erfahrungsgemäß nicht. Es fehlt in diesem Fall den Milchsäurebakterien die zum Wachstum und Säuerung notwendige Wärme, oder aber (besonders im Winter) die in Betracht kommenden Milchsäurebakterien sind in zu kleiner Menge oder überhaupt nicht vorhanden. Diese fehlen auch in der sauber behandelten pasteurisierten Milch. Wenn trotzdem die Sauermilchbereitung hier gelingt, so sind nachträglich die Milchsäurebakterien wieder hineingekommen (s. unten). Milchsäurebakterien finden sich in der warmen Jahreszeit in großer Menge überall, wo Milch gewonnen, verarbeitet oder wo Milch verspritzt wird oder Milchreste stehen bleiben. In der Luft des Kuhstalls und der Molkereien können sie im Sommer immer nachgewiesen werden. Der Erreger der sauren Milch ist der Streptococcus lactis (= früher Bacterium lactis acidi, Streptococcus lacticus oder Güntheri genannt, Abb. 2), deren natürliche Wohnplätze aufeinandergeschichtete pflanzliche Stoffe[2] (z. B. Komposthaufen, Rübenblätter), wahrscheinlich auch der Pansen[3] und der Darm[4] von Pflanzenfressern sind.

In der aus Rohmilch bereiteten, „von selbst" gesäuerten Sauermilch sind stets die meisten Rohmilchkeime (Bakterien, Hefen und Schimmelpilze) noch in lebendem Zustand. Der Bestand kann sich von Tag zu Tag ändern. Sie kann daher niemals von gleichmäßiger Beschaffenheit sein. Bald wird sie schnell, bald langsam oder gar nicht dick, stark — schwach — oder gar nicht sauer, schleimig, fadenziehend oder mit Gasblasen durchsetzt, im Geschmack unrein, bitter, seifig, faulig oder käseartig. Oft trennt sich frühzeitig das Gerinnsel von der Molke. Auf der Oberfläche ist eine Haut vom weißen Milchschimmel (Oospora lactis), Kahmhefen, oder es machen sich kleine Flecke (Kolonien) von weißem, gelblichem, grünlichem, blauem oder rotem Aussehen bemerkbar. Je weniger starke Milchsäurebildner in der Rohmilch vorhanden waren, desto leichter kommen die Erreger der Sauermilchfehler zur Entwicklung. Nur die säureliebenden oder -vertragenden Kleinpilzarten, wie der weiße Milchschimmel, die Kahmhefen und die gärenden Milchzuckerhefen entwickeln sich auch in stark saurer Sauermilch, doch sind diese für den Menschen und ebenso für die Tiere (s. unten) gänzlich harmlos. Der Milchschimmel in nicht zu großen Mengen verbessert sogar das Aroma, während seine frühzeitige starke Vermehrung einen

---

[1] Lehmann u. Neumann: Bakteriologische Diagnostik, 7. Aufl. München: J. F. Lehmann 1927.
[2] Hüttig: Dissertation Kiel 1927. — Landw. Jahrb. 1927, **65**, 689.
[3] Kreipe: Dissertation Kiel 1927.
[4] A. Voss: Dissertation Kiel 1928. — Milchw. Forsch. 1929, 8, 383.

käsigen Geschmack bedingt. Unerwünscht, bisweilen schädlich sind Milchzucker-hefen, Colibakterien, Aerogenesbakterien (alle drei „gären", d. h. bilden Gas), Schleimbildner (Streptococcus lactis mit Schleimbildungsvermögen, Schleim-Mikrokokken, Bacterium lactis viscosum, Bacterium aerogenes, Alkalibildner u. a.), „Bitterpilze" (z. B. Euter-Kokken, Streptococcus liquefaciens, Bacterium fluorescens, aerogenes, Zopfii, trifolii, herbicola), Ranzigkeitsbakterien (Bacterium fluorescens, vulgare), Erreger des seifigen, unangenehmen Geschmacks (Alkalibildnergruppe, Corynebakterien usw.), Farbbildner (Bacterium fluorescens, prodigiosum, verschiedene Blaumilcherreger). Eine mißlungene, d. h. mit vielen Bakterienarten u. dgl. verunreinigte Sauermilch kann sowohl für den Menschen als auch für Ferkel und Kälber sehr gefährlich sein. Oft treten bei letzteren tödliche Darmkatarrhe auf, wenn „ansaure" Milch verfüttert wird, während eine „dicksaure" Milch, bei der durch die starke Milchsäurebildung die schäd-lichen Begleitbakterien abgeschwächt oder abgetötet sind, ein vorzügliches Nahrungsmittel darstellt. Am sichersten ist auch hier die aus pasteurisierter Milch nach Einsaat hergestellte Reinkultur-Sauermilch.

Reinkultur-Sauermilch. Um von den angedeuteten Zufälligkeiten bei der Sauermilchbereitung unabhängig zu sein und besonders um in den Städten mit pasteurisierter Milchversorgung mit Sicherheit eine gute Sauermilch her-zustellen, wendet man neuerdings oftmals das Reinkulturverfahren[1] an.

Die Säuerungskultur kann jederzeit aus einer Butterei oder aus einem milch-bakteriologischen Institut (z. B. in Kiel) bezogen werden. Diese wird in die pasteurisierte oder im Haushalt kurz abgekochte Milch bei etwa 20—25° ein-gesät. Vor dem Genuß der Sauermilch entnimmt man jedesmal etwa einen Eßlöffel voll, um sie für die nächste Sauermilchbereitung zu verwenden. Auf diese Weise läßt sich auch im Winter im warmen Zimmer dauernd eine sehr wohlschmeckende Sauermilch bereiten. Dies Verfahren muß zu Seuchezeiten (Cholera, Typhus; über die Lebensdauer der Typhusbakterien in der Sauermilch s. S. 450) zur Verwendung kommen; ebenso ist es für Sanatorien und Kinder-heilstätten stets zu empfehlen.

2. Taette.

Die Bezeichnung für die zum Genuß absichtlich hergestellte schleimige Milch ist in Schweden Tätmjölk oder Taette, in Norwegen Tette und in Finnland Viili oder Piima (Pitjepine)[2]. Während sie in Norwegen und Finnland heut-zutage stets nur durch Übertragung aus der vorhergehenden Schleimmilch hergestellt wird, geschieht es in Schweden bisweilen noch mit Benutzung von Blättern des Fettkrautes (Pinguicula), seltener des Sonnentaus (Drosera). Ent-weder werden die zur Bereitung bestimmten Gefäße mit den Blättern ausgerieben oder die Blätter werden in die Milch hineingetan oder letztere wird über die in einem Sieb befindlichen Blätter gegossen. Bei den folgenden Herstellungen wird von der schleimigen Milch immer ein Teil übertragen. Die Taette schmeckt schwach säuerlich, setzt lange Zeit wegen ihrer schleimigen Beschaffenheit keine Molke ab und zeigt meist geringe Gasentwicklung. Da sie keine Übersäuerung aufweist, ist sie wochenlang genießbar. Es handelt sich, wie die mikroskopische Untersuchung ergeben hat, um eine schleimbildende Rasse des Streptococcus lactis, die von TROILI-PETERSSON (1899) stets auf den Blättern der Drosera inter-media gefunden wurde. Auf Pinguicula wies der Schwede JONSSON die Schleim-milcherreger nach. Eine ganze Reihe Forscher fand sie gelegentlich auf allen möglichen anderen Pflanzen, z. B. auf Galium, Rumex, Tussilago, Equisetum,

---

[1] W. HENNEBERG: Zeitungsdienst Reichsmilchausschuß 1928, Nr. 3.
[2] ELSE EMRICH: Dissertation T. H. München 1932. — W. HENNEBERG u. KNIEFALL: Molkereiztg. Hildesheim 1933, 47, 1446, 1474, 1492.

Viola tricolor, Urtica usw. Orla-Jensen hält das Bacterium lactis longi (Troili-Petersson) für eine Schleimrasse des Streptococcus cremoris. Höchstwahrscheinlich handelt es sich also um die Schleimform des Streptococcus lactis und cremoris. Eine größere Anzahl Untersuchungen beschäftigte sich mit der Frage, ob auch in anderen Gegenden auf Pinguicula und Drosera die Schleimmilchsäurebakterien durch Anreicherung in Milch stets nachweisbar seien. Dies ist natürlich keineswegs, auch nicht in den skandinavischen Ländern, der Fall. Wir wissen heute, daß die Schleimrassen des gewöhnlichen Milchsäurebacterium (Streptococcus lactis) gelegentlich überall gefunden werden, z. B. in der rohen Trinkmilch, im Säurewecker der Molkereien, in der gewöhnlichen Sauermilch, im Kefir usw. Eine normale Reinkultur des Streptococcus lactis und cremoris kann plötzlich schleimbildend werden und dauernd schleimig bleiben. Häufige Übertragungen bei kühlerer Temperatur regen offenbar das Schleimbildungsvermögen an. Bei der Taettebereitung kommen selbstverständlich auch andere Milchsäurebakterienarten und die verschiedensten Hefearten und Oospora lactis in die Schleimmilch, so daß sich stets eine geringe Alkoholgärung (0,3 bis 0,5 Gew.-% Alkohol wurde nachgewiesen) bemerkbar macht. Henneberg und Kniefall fanden in einer Probe finnländischer Schleimmilch ein schleimbildendes Corynebacterium, das einen sehr faden, laugigen Geschmack verursacht und daher als Schädling der Taette anzusehen ist[1]. — Die Firma Bolle-Berlin hat 1912, angeregt durch die Veröffentlichung des Norwegers Olsen-Sopp, Taette in den Handel gebracht, dies aber bald wieder aufgegeben. Auch in anderen Ländern hat sich die Taette nicht eingeführt. Zur Zeit wird sie nur noch im nördlichen Schweden, in entlegenen Gegenden von Norwegen und gewöhnlich nur im Sommer in Finnland genossen. Durch Eintrocknen kleiner Schleimmilchmengen läßt sich der Impfstoff lebend erhalten.

3. Kefir.

Der im Kaukasus beheimatete Kefir (Kefyr, im Kaukasus auch Kephor, wahrscheinlich von Kefy = Wonnetrank), ein milchsaures, in alkoholischer Gärung befindliches Getränk, kann überall im Haushalt und in Molkereien hergestellt werden[1]. Die Bereitung geschieht meist aus Kuhmilch (seltener Schaf- oder Ziegenmilch) mittels der Kefirpilze, das sind etwa erbsen- bis haselnußgroße, weiße, schwammige Knöllchen von blumenkohlähnlichem Aussehen. Getrocknete Kefirpilze sind gelbliche, hornartige Massen mit in der Regel schlechtem, käseähnlichem Geruch und Geschmack. Im Handel sind derartige trockene Pilzmassen nicht selten infolge ungeeigneter Behandlung bei der Trocknung sowie zu langer Lagerung unbrauchbar. Der Nachweis, ob Trockenkefir in hornartigen Massen, in Tabletten- oder Pulverform noch lebenskräftige Pilzmischungen enthält, kann am einfachsten durch eine Trinkkefirbereitung geschehen. Zunächst läßt man das Präparat in lauwarmem Wasser etwa 5 Stunden aufquellen, dann bringt man es nach Abgießen des Wassers in lauwarme Milch, die zweimal erneuert wird. Die lebenden Pilzknöllchen steigen durch die beginnende Gasbildung allmählich an die Oberfläche. Ergeben diese, in frische, pasteurisierte Milch gebracht, einen normalen Trinkkefir, so war das Präparat einwandfrei. Oftmals entsteht nur gewöhnliche Sauermilch, d. h. nur die Milchsäurebakterien waren am Leben. Bei Gegenwart von richtigen Hefen tritt auch Gasbildung ein. In der Regel fehlt der gegen Trockenheit empfindliche Kefirbacillus (s. unten), so daß die Knöllchen schlecht zusammenhaften und sich leicht zwischen den Fingern auseinanderreiben lassen. Mittels eines Zusatzes von dünner Methylenblaulösung zum mikroskopischen Präparat lassen

---

[1] W. Henneberg: Molkereiztg. Hildesheim 1925, **39**, 1653.

sich oftmals nur die im abgestorbenen Zustand vorhandenen Kefirbacillen-stäbchen nachweisen. Da man auf die Dauer keinen einwandfreien Trinkkefir aus einem Präparat, das nur Milchsäurebakterien und Hefen enthält, herstellen kann, so sind solche Präparate zu beanstanden. Als Kefir kann man nur ein mit Hilfe normal zusammengesetzter Kefirknöllchen bereitetes milchsaures, in alkoholischer Gärung befindliches Getränk verstehen. Trockenkefirpilze sind höchstens 1 Monat haltbar. Man verwendet daher am besten nur ungetrocknete Pilzknöllchen, wie sie aus den milchbakteriologischen Instituten (z. B. in Kiel) jederzeit zu beziehen sind. Da diese in kurzer Zeit durch fremde Pilzarten verunreinigt werden — es handelt sich niemals um absolute Reinkulturen (s. unten) — so müssen sie möglichst kühl aufbewahrt und bald in Benutzung genommen werden. Zu $^1/_2$ Liter kurz aufgekochter, dann auf etwa 20^0 ab-gekühlter Milch werden etwa 12 g Pilzknöllchen gegeben. Wenn nach einem Tag die Milch in dem mit einem Deckel versehenen Gefäß (Porzellan oder Stein-gut) Gerinnung und Gasbildung zeigt, können die Kefirknöllchen mittels eines Siebes für die nächste Bereitung abgetrennt und die Kefirmilch in eine Milch-flasche mit Patentverschluß gefüllt werden. Die gefüllten, bei Zimmertemperatur (im Sommer bei kühlerer Temperatur) aufbewahrten Flaschen werden öfters geschüttelt, um nach $^1/_2$—1 Tag einen homogenen trinkfertigen Kefir zu ergeben. Bei zu langer Vor- oder Nachgärung bleibt der Kefir trotz des Schüttelns klumpig. Gut gelungener Kefir ist sämig, mild säuerlich und prickelnd. Ist er zu sauer, so sind infolge zu warmer Temperatur oder zu langer Reifung zu viel Milchsäurebakterien, bei zu starker Gasbildung zu viel Gärhefen vorhanden. Dies läßt sich ändern durch Ausschaltung eines Teils der neu herangewachsenen Pilzknöllchen, durch Auswaschen der Knöllchen, durch kürzere oder längere Vorgärung oder Nachgärung und kühlere oder wärmere Temperatur. Je regel-mäßiger und je öfter die Bereitung geschieht, desto gleichmäßiger ist der trink-fertige Kefir.

Über die in den Pilzknöllchen befindlichen Kleinpilzarten ist eine große Anzahl Untersuchungen ausgeführt. Es ist selbstverständlich, daß die Befunde nicht stets gleichartig sind, da die Knöllchen niemals Reinkulturen sind, von verschiedener Herkunft stammen und oft recht verschieden behandelt sind. Man muß annehmen, daß die Pilzgemeinschaft, die stets in den Knöllchen vor-liegt, ursprünglich einmal durch Zufall in Rohmilch an irgendeiner Stelle im Kaukasusgebiet entstanden ist und daß hiervon alle Knöllchen, also auch die heutzutage in den deutschen Molkereien benutzten, abstammen. Bei der Weiter-züchtung im Haushalt oder in den Molkereien sind natürlich die verschiedensten Pilzarten durch die Milch, durch das Wasser beim Abspülen und durch Luft-sowie Kontaktinfektion hinzugekommen. Es hat daher einige Schwierigkeit gemacht, auch in den zu verschiedenen Zeiten frisch aus dem Kaukasus bezogenen Kefirknöllchen die wesentlichen Arten herauszufinden. Nach unserer heutigen Auffassung handelt es sich nur um eine Alkohol- und Milchsäuregärung, d. h. um Milchzuckerhefen und Milchsäurebakterien, die in den Knöllchen besonders durch den Kefirbacillus und durch ausgefälltes Casein in Zusammenhang gehalten werden. Löst man durch Natronlauge letzteres weg, so verschwindet die weiße Farbe der Knöllchen und die glashellen Massen der verschlungenen Hefen und Bakterien bleiben zurück (Abb. 25). Man findet stets mehrere Hefe- und Milch-säurebakterienarten neben den Kefirbacillen, und zwar Milchzucker vergärende wie Milchzucker nicht vergärende Hefearten (d. h. Saccharomyces- und Eutorula-Arten), den gewöhnlichen Milchsäurestreptococcus (Str. lactis), Betabacterium caucasicum und Streptobacterium casei. Außerhalb der Knöllchen sind in dem trinkfertigen Kefir außer den zahlreichen Diploformen und kurzen Ketten des Streptococcus lactis verhältnismäßig nur wenige Zellen der übrigen Arten. Bei fabrikmäßiger Herstellung von Kefir verschneidet man öfters den von den Kefirknöllchen befreiten Kefir vor der Nachgärung mit pasteurisierter Milch. An den dicken, langen und meist auch gekrümmten Zellen erkennt man den Kefirbacillus (B. caucasi Henneberg und Pick)[1]. Nach Hennebergs Ansicht ist es ein besonders durch Einfluß der Milchsäure dauernd sporenlos gewordener Sporenbildner, wofür besonders sein Glykogengehalt und sein Nichtwachsen auf den gewöhnlichen Nährböden spricht. In einer unter Hennebergs Anleitung von M. Pick ausgeführten Dissertation[1] wurde folgendes ermittelt: Nur in Milch mit Leber oder in Leber-Bouillon mit Milchzuckerzusatz (4,5%) läßt der Kefirbacillus sich leicht anreichern und auf entsprechendem Agar zweckmäßig unter anaeroben Verhältnissen reinzüchten. Bei Zimmertemperatur kommt er nur bei Gegenwart von Hefe in der Milch zum Wachstum und zur stärkeren Milchsäurebildung, die jedoch für die schnell eintretende Säuerung des Kefirs keine Bedeutung hat. Sein Eiweißabbauvermögen ist ebenfalls gering.

Wie ältere und neuere Versuche zeigen, läßt sich mittels eines Reinkulturgemisches von Milchzuckerhefe und den gewöhnlichen Milchsäurebakterien, also ohne den Kefirbacillus und ohne Knöllchen, ein wie Kefir schmeckendes Getränk gewinnen, ein Beweis für unsere Anschauung, daß der Kefirbacillus nur zum Zusammenhalten dieser Pilzgemeinschaften eine Rolle spielt, daß aber sämtliche andere von verschiedenen Autoren früher als wichtig angegebene Bakterien-, Hefen- und Schimmelpilzarten indifferente oder unerwünschte Verunreinigung sind. Als solche müssen z. B. gelten: Oospora lactis, Kahmhefen, nicht gärende Eutorulaarten, Aerogenes, Kartoffelbacillen (B. mesentericus), Buttersäurebacillen und Essigbakterien. Besonders schädlich sind von diesen größere Mengen von Oospora (Käsearoma) und Essigbakterien (Essiggeschmack und Essiggeruch). Sehr lästig ist auch das bisweilen auftretende Schleimigwerden des Kefirs, was auf Anwendung einer zu kühlen Gärtemperatur hindeutet. Es haben unter diesen Verhältnissen die Milchsäurebakterien ein zu starkes Schleimbildungsvermögen erlangt (s. S. 471).

Die Bestrebungen, mittels Reinkulturen-Mischungen von Infektionspilzen freie Kefirknöllchen und ebensolchen Trinkkefir zu erhalten, sind ohne Erfolg geblieben. Nur im kleinen Laboratoriumsversuch ist es bisweilen gelungen. Wie jahrzehntelange Fortzüchtungen und ebenso lange Kefirbereitungen zeigten, haben diese Bestrebungen keinen praktischen Nutzen, da fast niemals irgendwelche Störungen bei vorschriftsmäßiger Kefirbereitung und gleichmäßiger Behandlung der Kefirknöllchen auftraten. Nach dem Milchgesetz muß Kefir aus pasteurisierter Milch bereitet werden.

4. Yoghurt.

Jäurt oder Yaourte in Griechenland und der Türkei. Seit alten Zeiten wird diese Sauermilchspeise in allen Balkanstaaten aus Büffel-, Schaf-, Ziegen- oder Kuhmilch hergestellt[2]. Meist wird vorher die Milch auf dem Herd unter beständigem Rühren (etwa bis zur Hälfte) eingedickt, so daß sie eine mit dem Löffel zu essende feste, saure Speise ergibt. Nachdem die Milch auf 45—50⁰ (in einfachster Weise in den Heimatländern durch die Fingerprobe festgestellt) abgekühlt ist, erfolgt die Einsaat eines Teiles der vorigen Yoghurtbereitung (Maya, Podkwasa, Keschk). Dann wird das Gefäß (Topf oder Schale), durch Umhüllung mit einem Tuch gegen Abkühlung geschützt, etwa 8—10 Stunden bis zum Dick- und Sauerwerden stehen gelassen. Ursprünglich geschah — zum Teil auch heute noch — die Anstellung des Yoghurts aus dem Mageninhalt eines jungen, d. h. noch saugenden Lammes. In Westeuropa — hier stets aus Kuhmilch bereitet — wurde der Yoghurt durch die Propaganda des Bulgaren Metschnikoff, der dem Yoghurtgenuß eine hervorragende diätetische Wirkung

---

[1] Pick: Dissertation Kiel. Berlin: Julius Springer 1932.
[2] W. Henneberg: Molkereiztg. Hildesheim 1925, Nr. 91. — Kuntze: Molkereiztg. Hildesheim 1932, Nr. 14 u. 16.

(gegen das nach seiner Ansicht durch die Darmfäulnis bedingte frühzeitige Altern) zuschrieb, bekannt. Seitdem wird Yoghurt in vielen Haushaltungen und Molkereien mittels Reinkulturen bereitet. Das Eindicken der Milch wird in den Haushaltungen unterlassen, so daß eine mit dem Löffel zu essende oder nach Zerrühren zum Trinken geeignete Sauermilch entsteht. In den Molkereien geschieht meist eine mäßige Eindickung (z. B. durch wiederholtes Fließen über einen nicht mit Kühlwasser versehenen Flächenkühler). Die ursprüngliche, in den Heimatländern übliche Bereitungsweise zeigt an, daß es sich um wärmeliebende Milchsäurebakterien aus dem Lämmermagen handelt, die bei der dauernden Fortzüchtung in sehr warmer Milch (45—50⁰) immer weiter eine Reinigung erfahren. Aus solchem Yoghurt wurden in den bakteriologischen Laboratorien sowohl in den Balkanländern als auch in den westeuropäischen Ländern Reinkulturen gezüchtet, die überall zur Verwendung kommen. Um eine Reinkultur handelt es sich in dem Originalyoghurt natürlich nicht, sondern nur um eine Anreicherung der auf die Dauer bei 45—50⁰ in Milch wachsenden Lammagen-Milchsäurebakterien.

Wie die Untersuchungen in den verschiedenen Laboratorien ergaben, sind es langzellige, wärmeliebende Milchsäurebakterien, sog. Thermobakterien (ORLA-JENSEN) (früher als Lactobacillen bezeichnet) und wärmeliebende Streptokokken, und zwar Th. bulgaricum, Jugurt, lactis neben Str. thermophilus und lactis (Abb. 7). Milchzuckerhefen kommen nur auf, wenn die Säuerungstemperaturen unter 40⁰ waren. Dies ist gelegentlich auch bei der Yoghurtbereitung in den Balkanländern der Fall. Wenn die Bereitung mittels Reinkulturen bei höherer Temperatur geschieht, so bleibt eine Verunreinigung mit Gärhefen aus. Die Menge und Art der Milchsäurebakterien schwanken ebenfalls je nach Herkunft des Yoghurts, nach der Zusammensetzung der Reinkulturen, nach ihrer Behandlung und nach der Temperatur bei der Bereitungsweise des Yoghurts. Der stärkste Säurebildner, durch den leicht eine Übersäuerung des Yoghurts eintreten kann, ist das körnchenfreie, d. h. volutinfreie Thermobacterium Jugurt (ORLA-JENSEN), früher oftmals bulgaricum genannt (Abb. 6). In Milch erzeugt er bis zu 2,7% inaktive Milchsäure. Saccharose wird nicht, Maltose wenig gesäuert. Im Yoghurtpilzgemisch kommt er infolge seiner starken Säurebildung bei 40—45⁰ in der Milch bald zur Herrschaft. Bei der Fortpflanzung der Reinkulturen im Laboratorium darf man diese hohen Temperaturen nicht anwenden, da die Bakterien durch die schnell eintretende starke Säuerung eine Abschwächung erleiden. Bei 35—37⁰ erhält man bei kleiner Einsaat (0,6%) nach HENNEBERGs Versuchen die kräftigen Zellen. Will man eine Übersäuerung des Trinkyoghurts vermeiden, so ist der im Originalyoghurt bald fehlende, bald in Mischung mit der vorigen Art oder auch allein vorhandene körnchenhaltige, d. h. volutinenthaltende Milchsäurepilz Thermobacterium bulgaricum ORLA-JENSEN, der in Milch höchstens bis zu 1,7% Linksmilchsäure erzeugt, zu verwenden. Die ebenfalls im Magen junger säugender Lämmer und Kälber sich findenden beiden anderen wärmeliebenden langen Milchsäurebakterienarten Th. lactis und helveticum (Maltose stark säuernd) waren gelegentlich auch im Originalyoghurt nachweisbar. Im gut schmeckenden Yoghurt findet sich stets neben den oben genannten Arten der in Doppelform oder perlschnurartigen Ketten wachsende Streptococcus thermophilus (Abb. 7). Dieser bedingt das gute Aroma und die Sämigkeit, was auch daraus hervorgeht, daß bei seiner Abwesenheit der Yoghurt mehr oder weniger scharf sauer schmeckt. Saccharose wird stark, Maltose und Mannose nur in Spuren gesäuert. Sein Optimum liegt bei 38—44⁰, sein Maximum über 50⁰. In dauernd bei 45—50⁰ bereitetem Yoghurt kommt er allmählich zur Vorherrschaft. Bei 35—40⁰ reichert sich der ebenfalls nicht selten im Originalyoghurt nachgewiesene gewöhnliche Sauermilchstreptococcus (Str. lactis) an. Saccharose und Maltose werden stark gesäuert. In Milch entsteht bis zu 0,8% inaktive Milchsäure. Notwendig ist seine Anwesenheit im Yoghurt nicht. Henneberg empfiehlt daher für Yoghurtbereitung Misch-Reinkulturen des Thermobacterium bulgaricum, Jugurt und Streptococcus thermophilus. Da sich trotz aller Sorgfalt beim Yoghurtbereiten eine allmähliche Entmischung dieser drei Arten nicht vermeiden läßt, ist von Zeit zu Zeit die Verwendung einer neuen Reinkulturenmischung angezeigt. Zum Versand der Reinkulturen ins Ausland sind Zusätze von sterilisierter Kreide zur Vermeidung einer Übersäuerung und Abschwächung (besonders des Streptococcus thermophilus) notwendig. Solche „Dauerkulturen" halten sich 3—6 Monate bei gewöhnlicher Temperatur und länger als 7 Monate im Eisschrank.

Die im Handel befindlichen Trockenyoghurtkulturen sind weniger zu empfehlen, da sie nicht selten infolge unsachgemäßer Vorbehandlung und Trocknung oder zu langer Aufbewahrung völlig abgestorben sind[1]. Die Angabe des Herstellungsdatums müßte verlangt werden. Die Prüfung der zum Einnehmen oft in Tabletten, in Konfitüren, in Schokolade od. dgl. vertriebenen Yoghurtpilze kann ebenso wie die Prüfung der zur Yoghurtbereitung bestimmten Trockenpräparate am leichtesten durch eine Yoghurtbereitung und nachfolgendes Mikroskopieren geschehen. Oftmals fehlt der gegen Trockenheit empfindliche aromabildende Streptococcus thermophilus.

Fehlerhaft sind die Reinkulturen bzw. der Trinkyoghurt, wenn Milchzuckerhefen vorhanden sind, die eine alkoholische Gärung hervorrufen. Bei Gegenwart von Oospora lactis tritt ein käseähnlicher Geschmack ein. Schleimiger Yoghurt entsteht, wenn der Streptococcus thermophilus ein stärkeres Schleimbildungsvermögen erlangt, was durch etwas längere Säuerungszeit bei 40—45° leicht zu bekämpfen ist.

Die Angabe von Metschnikoff, daß sich die langen Yoghurtmilchsäurebakterien durch eine Yoghurtkur im Darm zur Bekämpfung der „Fäulnisbakterien" ansiedeln lassen, hat sich, soweit es die körnchenfreie Art betrifft, als Irrtum erwiesen (s. S. 469 unter Reformyoghurt[2]). Metschnikoff schlug vor, bei der Yoghurtkur gleichzeitig Datteln zu essen, damit die Yoghurtbakterien im Darm beständig Zucker zum Wachstum und zur Milchsäurebildung zur Verfügung hätten. Ebenso empfahl dieser Forscher die Einnahme von Präparaten (Tabletten), die neben den Yoghurtpilzen den Glykobacter peptolyticus enthielten. Dieser aus dem Hundedarm stammende aerobe Sporenbildner sollte im Darm die in den Nahrungsmitteln meist vorhandene Stärke in die zur Säuerung für die Yoghurtpilze nötigen Zucker umwandeln. Henneberg hält sowohl das Datteln- als auch das Glykobacteressen bei der Yoghurtkur für völlig überflüssig, da die Darmenzyme sowie die vielen stets in der Darmflora vorhandenen Sporenbildnerarten Stärke in Zucker zersetzen können.

Nach dem Milchgesetz muß Yoghurt stets aus pasteurisierter Milch hergestellt werden.

Es sei erwähnt, daß Henneberg für die Nichtmilchtrinker ein Yoghurtbier (Institut für Gärungsgewerbe in Berlin, Patent Nr. 245 607) empfohlen hat. Bei 1,5%iger Einsaat erlangte die Bierwürze in 8 Stunden eine Säurezunahme von 0,25% (Milchsäure). Die volutinfreien Stäbchen (Thermobacterium Jugurt Orla-Jensen) lebten 2—4 Wochen in Bier.

5. Acidophilusmilch.

Das Bacterium acidophilum[3], eine Sammelgruppe von langgestreckten Milchsäurebakterien, besonders des Säuglingsdarms, vermag sich unter bestimmten Bedingungen im Gegensatz zu den Yoghurtmilchsäurebakterien in großen Mengen

---

[1] W. Henneberg: Zeitschr. Spiritusind. 1911, Nr. 46.
[2] Maurer: Dissertation Kiel 1929.
[3] Schlirf: Zentralbl. Bakteriol. I 1926, **97**, 109. — Druckrey: Zentralbl. Bakteriol. II 1928, **74**, 373.

im Darm anzureichern. Es geschieht dies z. B. nach einigen Tagen bei täglichem
Genuß von Acidophilusmilch. Dieser sog. Reformyoghurt (nach HENNE-
BERG[1]) wird ganz ähnlich wie die Yoghurtmilch hergestellt, nur mit dem Unterschied, daß Bacterium acidophilum in die abgekochte Milch eingesät wird und
die Temperatur auf etwa 37—40° gehalten wird. Eine mikroskopische bakteriologische Kontrolle der Acidophilusmilch ist unbedingt etwa jeden dritten Tag
auszuführen, weil sonst in den Molkereien sehr leicht das gewöhnliche Milchsäurebacterium (Streptococcus lactis) hineingelangt und bald das empfindlichere
Acidophilusstäbchen unterdrückt.

6. Sonstige Sauermilchgetränke.

In der Bereitungsweise und daher auch in der Kleinpilzflora dem Yoghurt
sehr ähnlich ist das „Leben raib", Gioddu und Chieddu.

Leben raib wird in Syrien, Arabien, Ägypten und Algier aus Büffel-, Kuh- und Ziegenmilch bereitet. Die nach dem Kochen auf 40° abgekühlte Milch stellt man mit einer kleinen
Menge alten Leben raib („Roba") an und bewahrt sie an einem warmen Ort bis zur
Gerinnung (6 Stunden) auf. Es ist ein schwach gärendes, süß-säuerliches Getränk. Gefunden
wurden von RIST und KHOURY[2] Milchsäurebakterien und Hefen. Der als Streptobacillus
lebenis bezeichnete Milchsäurepilz, ebenso der Bacillus lebenis, dürften zur Gruppe der
langen Milchsäurebakterien gehören, der Diplococcus lebenis identisch mit Streptococcus
lactis sein.

Gioddu (= Mezzoradu) in Sizilien und Chieddu in Sardinien sind dem vorigen sehr
ähnliche saure und schwach gärende Milchgetränke, die ebenfalls Milchsäurebakterien und
Hefen enthalten.

Ähnlich sind Skorup in Serbien und Montenegro, „Hus lanka" in den Ostkarpathen
und Tarho in Ungarn und Siebenbürgen.

Dem Kefir ähnlich, insofern es sich um eine in stärkerer Alkoholgärung befindliche
saure Milch handelt, ist der Kumys. Er wird aus der an Zucker reicheren Stutenmilch,
bisweilen auch aus Kamel- und Eselmilch von den Kalmücken, Tataren, Baschkiren,
Kirgisen, Tongusen und Jakuten hergestellt. Die Anstellung erfolgt aus altem Kumys
oder an der Sonne getrockneten Kumysresten bei gewöhnlicher Temperatur. Die Reifung
dauert 2—5 Tage. An Kleinpilzarten wurden von SCHIPIUS[3] und von RUBINSKI[4] der
gewöhnliche Streptococcus lactis, ein langes Milchsäurebacterium und Hefen gefunden.
Die lange Milchsäurebakterienart peptonisiert das Milcheiweiß, so daß der Kumys ziemlich
dünnflüssig ist. Bisweilen treten Buttersäurebacillen als Schädlinge auf. Durch Destillation
des vergorenen Kumys (3,3% Alkohol) stellten bereits im 13. Jahrhundert die Tataren
einen Milchbranntwein „Ariki" her. Die getrockneten Rückstände dienen als Nahrungsmittel.

Mazun ist ein aus Büffel-, Schaf-, Ziegen-, auch aus Kuhmilch in Armenien bereitetes
saures, gärendes Milchgetränk bzw. Milchspeise. Es wird auch zur Aromatisierung bei der
Butterbereitung benutzt. Ebenso dient der mit Hilfe von Mazun bereitete Quarg, der nach
Zusatz von Mehl an der Sonne getrocknet wird („Than", „Tschorathan") als Nahrungsmittel. Zur Herstellung des Mazuns wird die nach dem Kochen auf etwa 37° abgekühlte
Milch mit etwas in Wasser oder Milch verriebenem getrockneten Mazun angestellt. Bereits
in 12—18 Stunden ist die Gerinnung und Gärung in dem mit einem Tuch umhüllten Topf
eingetreten. Neben langen Milchsäurebakterien wurden verschiedene Hefearten regelmäßig
gefunden, von WEIGMANN, GRUBER und HUSS[5] außerdem ein Bacillus Mazun. Dieser
Sporenbildner baut Eiweiß ab. Ob er für die Mazunreifung von Wichtigkeit ist, erscheint
fraglich.

Als besondere, zum Teil fremdländische Sauermilcharten seien hier folgende genannt:
„Zickte Milch" im Böhmerwald ist eine erhitzte, schwach saure Milch.

Herbst- oder Hirgstmilch in der Landshuter Gegend (Niederbayern) ist eine bei
kühler Temperatur monatelang haltbare, spontan gesäuerte Milch.

Oxygala wurde von den alten Römern aus Schaf- oder Kuhmilch, in die Balsamkraut,
Dosten oder Coriander hineingetan war, bereitet. Nach der Gerinnung wurden die Molken
durch ein vorher geschlossenes Loch in dem Gefäß entfernt.

---

[1] W. HENNEBERG: Molkereiztg. Hildesheim 1926, Nr. 149.
[2] RIST u. KHOURY: Ann. Inst. Pasteur 1902, **16**, 65.
[3] SCHIPIUS: Zentralbl. Bakteriol. II 1900, **6**, 775.
[4] RUBINSKI: Studien über den Kumys. Leipzig 1910.
[5] WEIGMANN, GRUBER u. HUSS: Zentralbl. Bakteriol. II 1907, **19**, 70.

Gros lait der Bretagne wird durch Zusatz von Sauermilch angesäuert. Schwache Gärung durch Hefen.

Bei anderen Sauermilcharten wird auch Lab in geringer Menge benutzt:

Boaßmilch in der Salzburger, Laufen- und Chimgaugegend wird durch Zusatz von fein geriebenen trockenem Labmagen oder durch Einhängen eines hiermit gefüllten Leinwandsäckchens dickgelegt und dann der Säuerung überlassen. Nach Abgießen der Molke erfolgt Zusatz frischer Milch. Dieses Verfahren kommt im Winter zur Anwendung, um Milch zu haben, wenn die Kühe im Sommer auf der Alp sind.

Sostej wird in der Gegend von Kronstadt aus roher oder gekochter Schafmilch, auch aus Kuh- oder Büffelmilch, unter Zusatz von etwas Lab bei kühler Temperatur in vollgefüllten Gefäßen bereitet.

III. Butter.

1. Säurewecker. Rahmsäuerung.

In Nord- und Mitteldeutschland bevorzugt man im Gegensatz zu Süddeutschland im allgemeinen eine stärker gesäuerte Butter. Die durch Milchsäurebakterien verursachte Rahmsäuerung hält viele säureempfindliche, schädliche Bakterienarten fern. Infolgedessen erzielt man mit größerer Sicherheit eine bessere Butterausbeute, ein besseres Aroma und erhöhte Haltbarkeit. Die gegen Säure nicht empfindlichen Kleinpilzarten wie die meisten Hefearten und die säureliebenden Arten wie Kahmhefe und manche Schimmelpilzarten, z. B. Oospora lactis, können durch die Rahmansäuerung am Wachstum nicht gehindert werden. Hier hilft nur größte Sauberkeit sowie die Einsaat von erprobten Milchsäurebakterien-Reinkulturen in den vorher ausreichend pasteurisierten Rahm.

Früher ließ man den Rahm, den man nach und nach gewonnen hatte, „von selbst" (spontan) sauer werden. Fanden sich durch Zufall geeignete Milchsäurebakterien und keine Butterschädlinge in dem Rahm vor, so konnte Butter mit bestem Aroma (s. unten) erhalten werden. Seitdem nach Erfindung der Zentrifuge die Gewinnung eines frischen Rahmes ermöglicht ist, wird nur noch auf dem Lande und in manchen kleinen Buttereien die unsichere Selbstsäuerung des Rahmes angewendet. Sämtliche größere Buttereien verfahren folgendermaßen:

Durch Übertragung der von irgendeinem Reinkulturenversand-Laboratorium bezogenen „Säureweckerkultur" auf pasteurisierte (es genügt eine Erhitzung auf 63° 30 Minuten oder auf 85° etwa 5 Minuten), dann auf 30° abgekühlte Magermilch erhält man nach etwa 20 Stunden einen „Säurewecker".

Die Reinkultur enthält in der Regel eine Mischung von Streptococcus lactis und cremoris (S. 341 Abb. 2 und 3). Eine Beimischung von besonderen Aromabakterien oder aromabildenden Hefen bzw. Oospora lactis-Rassen ist zwecklos, da diese bei der Weiterfortpflanzung des Säureweckers im Betriebe sehr schnell wieder ausgeschaltet werden. Dies betrifft z. B. auch die Beimischung von Betacoccus cremoris (= Streptococcus citrovorus oder paracitrovorus), der die Citronensäure der Milch zersetzt und aus Milchzucker neben Milchsäure in kleinen Mengen Essigsäure, Alkohol und Kohlensäure (d. h. Esterbildung) erzeugt. Da diese Art in Milch ohne Zusätze nicht gut wächst, kann eine Beimischung der Praxis nicht empfohlen werden. Wenn aromabildende Hefen oder Oospora-Rassen in kleinen Mengen zur Säureweckerkultur hinzugefügt werden, können sie sich im Betriebs-Säurewecker gelegentlich so stark vermehren, daß das Butteraroma schlecht wird. Außerdem erschweren derartige Zusätze ungemein die mikroskopische Kontrolle, da die Unterscheidung von schädlichen Hefen- und Oospora-Rassen sehr schwierig ist. Die Hauptsache ist, daß die zur Verwendung kommenden Milchsäurebakterien dauernd eine sichere und aromatische Milchsäuerung erzielen lassen. Arten bzw. Rassen mit

Malzgeschmack (S. 430) und Schleimbildungsvermögen (S. 430) dürfen ebensowenig wie zu schwach oder zu stark säuernde zur Rahmsäuerung benutzt werden.
Am einfachsten geschieht die Prüfung des Aromas der Reinkulturen mit dem
Geschmacks- und Geruchssinn. Auf diese Weise lassen sich z. B. die Rassen
mit der erwünschten Diacetylbildung bald herausfinden. Nachdem im
Laboratorium wiederholte Übertragungen auf pasteurisierte Milch und Prüfungen
der Säuerungskraft und des Aromas stattgefunden haben, hat man erst einigermaßen Sicherheit, daß sich die betreffenden Reinkulturen im Betrieb bewähren.
Trotzdem kommt es vor, daß manchmal sogleich oder nach Wochen in einzelnen
Betrieben eine „Degeneration", d. h. Malzgeschmack, Schleimbildung oder
Abschwächung der Säuerungskraft, zu beobachten ist. Worauf dies zurückzuführen ist (ungeeignete Milch, zu kühle Temperaturen, zu kleine Einsaat-
mengen, Verunreinigung mit fehlerhaften Milchsäurebakterien-Rassen), läßt sich
zur Zeit noch nicht angeben. Vom bakteriologischen Standpunkt ist es richtiger,
eine große Einsaatmenge (z. B. 5—10%ig) zu verwenden, damit von vornherein
durch die gesäuerte Milch ein gewisser Säureschutz gegen Alkalibildner und
andere säureempfindliche Bakterienarten vorhanden ist. Andererseits kommt
es darauf an, daß die Milchsäurebakterien im fertigen Säurewecker so kräftig
wie möglich für die Rahmansäuerung sind. Gewöhnlich wird daher eine 0,5%ige
Einsaat und eine Säuerungstemperatur unter 20⁰ verwendet. Sehr zweckmäßig
ist, im Laboratorium die „Muttersäure" in einem kleineren, leicht zu reinigenden
Porzellangefäß (oder Steingut) mit übergreifendem Deckel mit besonderer Sorgfalt fortzuführen und diesem jedesmal oder von Zeit zu Zeit die Ansatzkultur
für den Betriebs-Säurewecker zu entnehmen. Nach etwa 24 Stunden soll der
Säurewecker glatt geronnen sein und eine Säure von etwa 30⁰ S.H. aufweisen.
Eine Übersäuerung muß vermieden werden, da die festeren Caseinmassen sich
bei dem Auswaschen der Butter nicht genügend entfernen lassen (s. unten).
Nach Entfernung der oberen, meist mit Kahmhefe oder Oospora verunreinigten
Schicht (Abb. 27 und 28) findet ein Teil weitere Verwendung für die nächste
Säureweckerbereitung — besser ist die Anstellung aus der oben genannten Mutter-
säure —, der Rest dient zur Ansäuerung des Rahmes, gewöhnlich etwa als 5%ige
Einsaat. Der Rahm, der vorher bei etwa 85—95⁰ pasteurisiert wurde, soll bei
16—20⁰ in einigen Stunden genügend gesäuert sein. Sobald er 28—30⁰ S.H.
aufweist, bewahrt man ihn in abgekühltem Zustand bis zum Verbuttern auf.

Jede Verunreinigung des Säureweckers[1] und des Rahmes mit schädlichen
Kleinpilzarten muß verhütet werden, da hierdurch das Aroma und die Haltbarkeit der Butter leiden können (s. unten). Als Infektionsquellen kommen
zunächst in Betracht: Eine nicht ausreichende Pasteurisierung der Magermilch
und des Rahmes, unreine Gefäße, Kühler, Leitungen, Pumpen und Gerätschaften.

2. Butterfehler.

Bei der Butterung macht sich eine Rahmverunreinigung bisweilen schon an
dem starken Schäumen, am Geruch und an der verzögerten oder gänzlich aus-
bleibenden Butterbildung bemerkbar. Solches tritt besonders bei Anwesenheit
von Milchzuckerhefen oder von Eiweißzersetzern auf. Sind die Innenwände und
die Knetvorrichtungen im Butterfertiger nicht genügend mit der Bürste und mit
Kalkmilch oder durch Ausdämpfen gesäubert, so findet eine weitere Verunreinigung mit Butterschädlingen statt. Schließlich können auch noch durch das Butterwaschwasser, das Salz, das Pergamentpapier, die Innenwandung der Versand-
fässer sowie durch die Luft der Buttereiräume allerlei Schädlinge hineingelangen.

---

[1] W. HENNEBERG: Molkereiztg. Hildesheim 1925, Nr. 141. — HENNEBERG u. WINNEGGE:
Säurewecker-Analysen, 1928. — Molkereiztg. Hildesheim 1928, Nr. 32.

Das Wasser ist öfters reich an Bacterium fluorescens (Abb. 15, 16), punctatum, coli (Abb. 10) und aerogenes (Abb. 11), so daß es sogleich beim Auftreten von Butterfehlern bakteriologisch zu untersuchen ist[1]. Das Salz enthält, wenn es in offenen Fässern oder in Säcken in feuchte Betriebsräumen aufbewahrt wird, regelmäßig außer allen möglichen „Luft-Infektionspilzen" die Sporen von allerlei Schimmelpilzarten. Letzteres ist auch bei unsachgemäß lagerndem Pergamentpapier und bei Butterfässern aus frischem Holz oftmals der Fall. Die inneren Faßwände müssen daher stets mit einwandfreiem, in konzentrierter Salzlösung aufbewahrtem Pergamentpapier bedeckt werden. Ganz besonders häufig fallen auf die Oberfläche der fertigen Butter Schimmelpilzsporen aus der Luft, wenn sich an den Wänden und Decken sowie an den Türen, Tischunterseiten usw. Schimmelpilze angesiedelt haben. Größere, rundliche, weiße, dann blaugrüne Wand- und Deckenflecke entstehen durch Penicillium-Arten, dunkelbräunliche durch Cladosporium, rötliche durch Fusarium. Ihre Sporen werden durch den geringsten Luftzug abgeweht und durch die Luft überallhin gebracht. Wenn auch anfangs die Butteroberfläche für das Auge keine Veränderung erleidet, so ist doch das sich aus den Sporen entwickelnde luftbedürftige, farblose Schimmelpilzmycel in einigen Tagen schon überall vorhanden. Unter dem niemals ganz luftdicht der Butter anliegenden Pergamentpapier und auf seiner Innenfläche bilden sich besonders frühzeitig die grünlichen Sporen des Penicillium, die dunklen des Cladosporium und die rötlichen des Fusarium[2] aus. Derartige schimmelige Butter ist nicht haltbar.

Sämtliche Schimmelpilzarten mit starkem Fettspaltungsvermögen (Lipase), d. h. außer den drei eben genannten Arten Monilia, Sachsia, Dematium, ebenso die fettspaltenden Kahmhefen, Rosahefen, Eutorula und Mycotorula und viele fettspaltende Bakterienarten, z. B. Bacterium fluorescens, vulgare, punctatum, prodigiosum verursachen das Ranzigwerden der Butter. Über den Nachweis von Fettspaltungs-Mikroorganismen ist S. 437 und 461 näheres mitgeteilt. Betreffs der Seifigkeit und Parfümranzigkeit s. unter Margarine S. 474. Die Fettzersetzung tritt besonders infolge des vom Luftzutritt abhängigen Schimmelpilzwachstums zunächst nur an der Oberfläche auf. Je stärker die Butter mit Fettspaltern verunreinigt und je weniger kühl die Aufbewahrung ist, desto schneller wird sie ranzig. Eine stärkere Säuerung schützt, wie oben schon gesagt wurde, nur vor säureempfindlichen Bakterien, nicht vor den säureliebenden Schimmelpilzen und Kahmhefen. Auch das Salz hält nur salzempfindliche Arten, wie Bacterium fluorescens und prodigiosum, fern. Durch kühle Temperatur, z. B. 0^0, werden nicht an der Vermehrung verhindert: Bacterium punctatum und manche Stämme aus der Fluorescens-, Alcaligenes-, Paracoli-, Aerogenes- und Mikrokokkengruppe.

Die übrigen Butterfehler-Erreger sind teilweise oben bei dem Säurewecker und bei der Rahmreifung schon genannt. Der Geschmack der Butter wird malzähnlich (brenzlich) durch entartete Säurewecker-Milchsäurebakterien, scharf sauer durch Streptobakterien- und Thermobakterienarten, käsig durch eiweißabbauende Kahmhefen-, Oospora- und Bakterienarten, gärig durch Milchzuckerhefen, hefig durch Eutorulaarten[3] — in 1 g Butter in Schleswig-Holstein wurden 1000 bis 11,3 Millionen Hefen gefunden — seifig durch Alkalibildner, fischig durch Bacterium vulgare (Trimethylaminbildung), bitter durch Bacterium

---

[1] Damm, Döring, Dyrenfurth, Hübner u. Richter (Milchforschungsanstalt Kiel): Die Gebrauchswasserversorgung von Molkereien und anderen Nahrungsmittelbetrieben. Verlag der Molkerei-Ztg. Hildesheim 1933.
[2] Henneberg: Jahresbericht der Milchforschungsanstalt Kiel 1928—1930. Berlin: Paul Parey 1929, S. 19; 1931, S. 26.
[3] Gross: Dissertation Kiel-Dorpat 1932.

fluorescens, punctatum, sauerkohlähnlich durch bestimmte Milchsäurebakterien, unrein durch Bacterium coli und andere Arten, roquefortähnlich durch Penicillium roquefort.

Als Bekämpfungsmittel der Schädlinge seien hier, soweit sie sich nicht aus den obigen Mitteilungen ergeben, kurz genannt: Unreines Wasser muß durch Erhitzung oder Filtrierung (SEITZ-Filter, BERKEFELD-Filter, ENZINGER-Keimabscheider oder auch Chlorierung mit anschließender Aktiv-Kohlebehandlung) gereinigt, das Salz durch Erhitzung keimfrei gemacht werden. Die Wände der Buttereien sind häufig zu weißen. Die Aufbewahrung der Butter muß möglichst bei Temperaturen unter 0^0 geschehen.

3. Butter als Träger der Erreger menschlicher Krankheiten.

Seitdem fast in sämtlichen Buttereien zur Butterbereitung pasteurisierter Rahm Anwendung findet, ist die Verunreinigung der Butter mit Krankheitserregern außerordentlich selten geworden. Außerdem ist die Butter wegen ihres Milchsäure-, ihres Salz- und ihres sehr geringen Eiweißgehaltes u. dgl. sowie ihrer kühlen Aufbewahrungstemperatur für die pathogenen Kleinpilzarten kein günstiger Nährboden. Die meist aus Rohmilch bereitete Landbutter ist hygienisch viel weniger einwandfrei. Wenn in dem Viehbestande Kühe mit Eutertuberkulose, mit einer Abortus-BANG-Infektion, mit Enteritis, Maul- und Klauenseuche usw. (s. S. 447—450) vorhanden sind, so gelangen die betreffenden Krankheitserreger auch aus der Rohmilch in die Rohrahmbutter. Sowohl bei letzterer als auch bei der Butter aus pasteurisiertem Rahm kann bei der Herstellung, und zwar bei der Waschung der Butter mit hygienisch nicht einwandfreiem Wasser und ebenso durch Kontakt mit infizierten Händen (z. B. durch Typhus- oder Paratyphusbacillenträger bzw. -ausscheider) eine Verunreinigung mit Typhusbakterien u. dgl. stattfinden. Die Lebensdauer dieser pathogenen Arten ist besonders von dem Salz- und Säuregehalt der Butter abhängig. Aus diesem Grunde schwanken die Angaben hierüber beträchtlich, z. B. bei Tuberkelbakterien 12—30, bei Typhusbakterien 6—21 und bei Choleravibrionen 5—32 Tage.

4. Bakteriologische Butteruntersuchungen.

Eine Butter mit hohem Keimgehalt braucht im Geschmack und in der Haltbarkeit nicht immer schlechter als eine Butter mit niedrigem Keimgehalt zu sein, da es auf die Arten der Keime (Bakterien, Hefen und Schimmelpilze) ankommt. Es gibt oftmals in der Butter sehr schädliche neben weniger schädlichen oder unschädlichen Hefe-, Schimmelpilz- und Bakterienarten. Da man diese mit Hilfe von Schnellanalysen zur Zeit noch nicht sämtlich mit Sicherheit unterscheiden kann, erklären sich manche Unstimmigkeiten zwischen dem bakteriologischen Befund und dem Urteil der Butter-Preisrichter. In der Regel stimmen sehr gute und sehr schlechte Analysenbefunde mit dem Urteil der Praktiker überein, mittelgute nur bis zu 80%.

Nach den Erfahrungen im Kieler Bakteriologischen Institut[1] sind auszuführen:

1. Bestimmung der Nichtsäurebildner neben den Säurebildnern auf der Chinablau-Milchzuckerbouillonagar-Petrischale,

2. Bestimmung der Fettspalter auf der Chinablauwasseragar-Petrischale und gleichzeitig mittels der Vollmilchfederstrichkultur (s. S. 459, 461),

3. Bestimmung der Hefen und Schimmelpilze auf der Würzagar-Petrischale,

4. Nachweis von Eiweißzersetzern und Milchsäurebakterien durch Anreicherung in Milch +Bouillon (1 : 1) in Petrischalen.

---

[1] Deutscher Milchwirtschafts-Reichsverband. Berlin 3. Febr. 1932; Referat HENNEBERG.

Um einwandfreie Proben aus der Butter zu erhalten, wird zunächst eine etwa 0,5 cm dicke Schicht von der Butter-Oberfläche mittels eines sterilisierten Löffels entfernt, dann mittels eines sterilisierten „Käsebohrers" ein Bohrling entnommen. Dieser wird in einer sterilisierten Flasche in einem Wasserbad bei etwa 35⁰ geschmolzen. Mit einem lang gestielten Aluminiumbecher von 1 g Fassungsvermögen wird 1 g Butter entnommen und in eine mit 99 ccm Wasser (35⁰) angefüllte Verdünnungsflasche gebracht. Wie bei der Keimzahlbestimmung in Milch (S. 457) wird zur Verteilung 25mal die Verdünnungsflasche geschüttelt und aus der ersten Verdünnung 1 : 100 sofort 2 ccm in eine zweite Verdünnungsflasche mit 99 ccm Wasser übertragen. Durch Verwendung von 1 ccm der zweiten Verdünnung wird ein Verdünnungsgrad von 1 : 5000 (bezogen auf die ursprüngliche Butter) erzielt. Bei keimreicher Butter sind 10 000- oder 20 000 fache Verdünnungen geeigneter. In 1 ccm der Verdünnung wird die Gesamtkeimzahl auf Milchzuckerbouillonagar und daneben ebenso in 1 ccm die Verhältniszahl der Säure- und Nichtsäurebildner auf Chinablau-Milchzuckeragar bestimmt. Mit 1 ccm der Verdünnung werden entsprechend die Würzeagar-Petrischalen (Würze p_H etwa 4 mit Weinsäurezusatz) angestellt. Auswertung der 5 Tage bei Zimmertemperatur aufbewahrten Petrischalen. Für die Anreicherung in den Bouillon- bzw. Bouillon-Milch- (1 : 1) (etwa 8—10 ccm) Petrischalen wird ebenfalls 1 ccm der Verdünnung verwendet. Nach 5 Tagen bei Zimmertemperatur bleibt die Bouillon bei Abwesenheit von Bacterium fluorescens, vulgare u. dgl. ungetrübt. Die Bouillon-Milch wird bei Gegenwart von Milchsäurebildnern und Abwesenheit von Coli-aerogenes zur glatten Gerinnung gebracht. Zur Anlage der Chinablauwasseragar-Petrischale werden 1—2 Ösen der ungeschmolzenen Butter verwendet. Auswertung ebenfalls nach 5 Tagen. Nach Auflegen eines Deckglases lassen sich bei stärkerer Vergrößerung die Arten der Fettspalter (blaugefärbte Kolonien) genauer feststellen.

IV. Margarine.

1. Allgemeines.

Die bakteriologischen und mykologischen Befunde[1] sind sehr ähnlich wie bei der Butter (S. 472). Auch die Margarine verdirbt meist von der Oberfläche aus, weil sich hier die luftbedürftigen Schimmelpilze und Kahmhefen besonders schnell entwickeln können. Beide Gruppen sind in der Regel sehr starke Fettspalter, doch unterscheiden sie sich dadurch, daß erstere die sog. „aromatische oder Parfüm-Ranzigkeit", letztere „Seifigkeit" verursachen (s. unten). Häufige Fettspalter in der Margarine sind unter den Schimmelpilzen verschiedene Penicillium- und Aspergillus-Arten, Cladosporium, Verticillium, Cephalothecium, Fusarium, Phoma, Mucor, Rhizopus, Sachsia, Dematium, Monilia, Oospora — unter den Hefen: bestimmte Kahmhefen, manche Milchzuckerhefen, Eutorula und Mycotorula — unter den Bakterien Bacterium fluorescens, vulgare, prodigiosum, Vertreter aus der Alcaligenesgruppe und Bacillus mesentericus. Es hat sich auch in Laboratoriumsversuchen ergeben, daß besonders leicht das Cocos- und das Palmkernfett zersetzt werden. In den Margarinefabriken vermeidet man die Verwendung dieser Fette in der warmen Jahreszeit. Ein mit bloßem Auge feststellbares Verschimmeln der Oberfläche tritt meist erst nach längerer Lagerung der in Pergamentpapier eingewickelten Margarine ein, da hier die abgeschlossene wasserreiche Luftschicht zwischen Papier und Margarine die Ausbildung der je nach der Pilzart grün, gelb, braun, rot oder dunkelgrün

[1] R. Voss: Dissertation Kiel 1925. — H. Meubrinck: Dissertation Kiel 1928. — Milchw. Forsch. 1928, **6**, 187. — W. Henneberg: Veröffentlichungen der Margoel-Harburg 1930, H. 3.

gefärbten Conidien begünstigt. In anderen Fällen ergibt eine mikroskopische Untersuchung der Oberfläche älterer Margarine regelmäßig die Gegenwart von sterilen Schimmelpilzfäden (Mycel).

Außer durch verschiedene Schimmelpilzarten können Farbfehler durch farbbildende Bakterien (Bacterium prodigiosum) und Rosahefen hervorgerufen werden. Geschmacksfehler entstehen außer durch die genannten Ranzigkeitspilze z. B. durch die S. 471 erwähnten Malzgeschmack-Milchsäurebakterien (Streptococcus lactis). Diese können durch den Säurewecker bzw. durch die mit solchem angesäuerte Magermilch (S. 470) in die Margarine gelangen. Zur Aromatisierung der Margarine wählt man für den Säurewecker zweckmäßig solche Milchsäurebakterienstämme aus, die reichliche Mengen von Diacetyl bilden. Auch derartige Stämme von Thermobacterium lactis können zur Verwendung kommen. Ebenso scheinen die nur sehr wenig Fett spaltenden Stämme von Oospora lactis das Aroma zu verbessern, doch kommt ein solcher Zusatz in der Praxis kaum in Betracht. Bei den bakteriologischen Analysen von Margarineproben findet man außer den Säureweckermilchsäurebakterien (Streptococcus lactis und cremoris) fast regelmäßig verschiedene Oospora- und Hefenrassen. Bisweilen, wenn Yoghurtkulturen für den Säurewecker verwendet wurden, ließen sich Thermobacterium bulgaricum, Jugurt und Streptococcus thermophilus nachweisen. Sehr oft ist auch Str. faecium zu finden. Letztere fast in jeder Rohmilch vorkommende Art übersteht lebend die Dauerpasteurisierung (63° 30 Minuten) der Magermilch und kommt aus dieser in die Margarine.

Der Zusatz von 0,1% Benzoesäure bzw. Natriumbenzoat verzögert nur etwas die Entwicklung der Margarineschädlinge. Als am meisten hiergegen widerstandsfähig erwiesen sich die langen Milchsäurebakterienarten (Thermobakterien), am wenigsten das Bacterium fluorescens.

Als Infektionsquelle[1] kommt das Ausgangsmaterial, d. h. die pflanzlichen und die gehärteten tierischen Fette infolge der Hocherhitzung bei der Gewinnung, Raffination bzw. Härtung nicht in Betracht, vorausgesetzt, daß sie in luftdicht verschlossenen, vorher ausgedämpften Tonnen usw. kalt aufbewahrt wurden. Die meist in Säcken liegenden Preßtalgstücke (tierisches Fett) können dagegen Schimmelpilzwachstum aufweisen. Besonders kann die Magermilch (ebenso der Säurewecker [S. 471]) allerlei Schädlinge enthalten, wenn sie nach der Pasteurisierung unsauber behandelt und längere Zeit ohne Säureweckerzusatz gestanden hat. Margarine, die ohne Milchzusatz bereitet wird, hat im allgemeinen längere Haltbarkeit. Sehr viel Schädlinge (z. B. Bacterium fluorescens) können durch nicht filtriertes ungeeignetes Wasser oder durch unsachgemäße Aufbewahrung in Bassins von neuem verunreinigtes Wasser (beim Duschverfahren) in die Margarine gelangen.

Weitere Infektionsquellen sind das Trockeneigelb oder das flüssige Eigelb (sog. Stabilisatoren), ferner die Farblösung, das Salz, der Zuckersirup und schließlich die zur Kenntlichmachung der Margarine zugesetzte Kartoffelstärke. Letztere enthält immer Schimmelpilzsporen und müßte daher stets vorher pasteurisiert werden. Die hierbei verkleisterte Stärke läßt sich mit Jodlösung leicht nachweisen, so daß vom nahrungsmittelchemischen Standpunkte nichts gegen die Pasteurisierung einzuwenden sein dürfte.

Eine Verunreinigung der Margarine mit schädlichen Schimmelpilzen kann auch durch Schimmelpilzbildungen an den Wänden und Decken der Betriebsräume, an Holztüren, Apparaten und Geräten, Versandbehältern, Pergamentpapier, ferner durch verstaubte, d. h. mit Schimmelsporen bedeckte Treibriemen[2], die die Sporen in die Luft wirbeln, eintreten. Alle Holzgeräte (z. B.

---

[1] RICHTER: Veröffentlichungen der Margoel-Harburg 1930, H. 3.
[2] RICHTER (Bakt. Inst. Kiel): Molkereiztg. Hildesheim 1929, Nr. 133.

Wagen, Kneter, Formmaschinen) mit rauhen Flächen bilden eine besonders große Infektionsquelle, da sie niemals genügend gereinigt werden können.

Als Bekämpfungsmittel kommen in Betracht: Richtige Entlüftung der Räume, d. h. Vermeidung von Kondenswasserbildungen, Wandanstrich mit Kalkmilch nach Zusatz von 2%iger Sokrenalösung (Kieselfluorwasserstoff-Formaldehydpräparat). Letzteres desinfizierendes Imprägnierungsmittel ist gut geeignet, alle Holzteile, die nicht direkt mit der Margarine in Verbindung kommen, reinzuhalten. Auch Neomoscan, eine chlorhaltige Lauge mit Wasserglaszusatz, ist für Holzgeräte-Reinigung empfehlenswert. Ebenfalls schützt es bei der Reinigung die Aluminiumgeräte vor Korrosion.

2. Seifigkeit und Parfümranzigkeit der Margarine durch Kleinpilze.

Bereits erwähnt wurde, daß die besonders aus Cocos- oder Palmkernfett bereitete Margarine durch fettspaltende Schimmelpilze, Hefen und Bakterien sehr leicht zersetzt wird. Man unterscheidet hier die „Seifigkeit" und die „Parfümranzigkeit", die öfters auch gleichzeitig vorliegen können[1]. Die Seifigkeit entsteht durch eine einfache hydrolytische Fettspaltung infolge der Einwirkung der Lipase. Im Laboratorium der Harburger Ölwerke Brinckman & Mergell wurde zuerst nachgewiesen, daß das entstehende Caprin- und Caprylsäure-Gemisch den seifigen Geschmack der Cocos- und Palmkernfett enthaltenden Margarine verursacht. Richter und Damm[2] konnten dies bestätigen. Sie wiesen ferner nach, daß von 50 geprüften Kahmhefestämmen (der Kieler Sammlung) 29 und von 21 Oosporastämmen 6 im Cocosfett Seifigkeit hervorriefen. v. Lilienfeld fand 30^0 als Optimaltemperatur für die Lipase eines Enzympräparates aus einer Kahmhefeart und als günstigste Reaktion p_H 8 und p_H 5, so daß wahrscheinlich eine Mischung von zwei Lipasen vorliegt (Lipase des Magens weist als Optimum p_H 5, tierische Lipase 7—8,6, Bakterien- und pflanzliche Lipasen 7—9 auf).

Nigiton, ein als Konservierungsmittel für Margarine empfohlenes pepsinhaltiges Präparat, wirkt, wie Richter feststellte, nur in ganz bestimmter Konzentration sehr günstig, wenn Emulsionen von Wasser in Öl vorlagen. Die Proteinasen zerstören nicht, wie man ursprünglich meinte, die Lipase, lösen auch nicht die Bakterien auf, unterdrücken aber die hydrolytische Spaltung.

Die Parfümranzigkeit entsteht durch eine weitere Oxydation der Fettsäuren zu Ketonen („Ketonranzigkeit")[3]. Durch das durch eine gleichzeitige Eiweißspaltung entstehende Ammoniak bilden sich, wie Stärkle feststellte, zuerst die Ammoniumsalze der Fettsäuren. Hieraus entstehen durch eine β-Oxydation die β-Ketonsäuren. Ein weiterer Abbau durch die Carboxylase (Abspaltung von Kohlensäure) führt zu den Methyl-Alkyl-Ketonen. Beispielsweise entsteht aus der Caprinsäure = Methylheptylketon, aus der Laurinsäure = Methylnonylketon und aus der Myristinsäure = Methylundecylketon. Schon früher war von Voss und Henneberg beobachtet, daß die mit Penicillium-Arten verunreinigte Margarine einen aromatischen, etwa an Roquefortkäse erinnernden Geruch und Geschmack aufweist. Von 20 Schimmelpilzarten verursachten nach Untersuchungen von Richter 12 solche Parfümranzigkeit. Der Nachweis der Ketone geschieht nach einer 1900 von Fabinyi angegebenen, 1932 von Täufel und Thaler in die Praxis der Fettforschung eingeführten

---

[1] Richter u. v. Lilienfeld: Margarine-Industrie 1931, Nr. 23.
[2] Richter u. Damm: Milchw. Literaturbericht. Verlag Molkerei-Ztg. Hildesheim 1933, Nr. 76, S. 522.
[3] Vgl. Bd. I, S. 332.

Methode, die auf einer kirschroten Farbreaktion mit Salicylaldehyd (Kondensationsprodukt) beruht. Bei der Butteranalyse darf nur eine stark positive Reaktion bewertet werden, da selbst die feinste Butter schon einen Ketongehalt aufweisen kann. Das in der Butter vorhandene Diacetyl verursacht nicht den positiven Ausfall. Wenn ungesättigte Fettsäuren vorliegen, so kann es auch zur Bildung von Aldehyden, besonders Epihydrinaldehyd, kommen. Nachweis durch die sog. Kreis-Reaktion (Rotfärbung der Phloroglucinlösung). DAMM erhielt bei verdorbenen Butterproben vorwiegend einen negativen Befund, so daß sowohl der Keton- als auch der Aldehydnachweis nur mit Vorsicht zu bewerten ist.

3. Methoden zum Nachweis der Fettzersetzer.

Mikroskopische Nachweismethode (nach HENNEBERG[1]). In Vollmilch-Federstrichkulturen (am zweckmäßigsten 1 Tl. Vollmilch und 2 Tle. sterilisiertes Wasser) läßt sich oft schon nach 24 Stunden an dem veränderten Aussehen der Butterfettkügelchen die Gegenwart von fettspaltenden Bakterien, Hefen oder Schimmelpilzen feststellen. Die Fetttröpfchen (Abb. 16 und 21) erscheinen korrodiert oder sind mehr oder weniger in Krystalle, und zwar in kleine (Drusen) oder in große Fettsäure-Nadeln verwandelt. Bisweilen bleiben nur die Hüllen der Fettkügelchen übrig. Dies ist abhängig von der Pilzart sowie von der Art des Fettgemisches in den einzelnen Fetttröpfchen. Manche werden spät oder gar nicht angegriffen. Man kann mit dieser Methode auch die Fettspalter in der Margarine usw. nachweisen, im letzteren Fall auch das Verhalten der einzelnen Fettarten oder Fettgemische den einzelnen Fettspaltern gegenüber prüfen. Ebenso gelingt mit gleicher Methode der Lipasenachweis in aseptisch gewonnener Rohmilch s. S. 441 (Durchmusterung der Federstriche ohne fettspaltende Euterkokken), in Frauenmilch (stets lipasehaltig), in Körpersäften und in allen möglichen Enzympräparaten.

Geeignet für den mikroskopischen Nachweis von Fettspaltern in Margarine und Butter ist auch die von HENNEBERG angegebene „Fettring-Methode". Man überträgt das zu untersuchende Fett nach vorsichtigem Schmelzen (unter 50^0) in Ringform auf einen sterilisierten Objektträger, füllt das Innere des Ringes mit steriler Bouillon od. dgl. an und preßt ein abflambiertes Deckglas auf die Ringwandung, so daß keine Verdunstung der Nährlösung stattfinden kann. Die Kleinpilze wachsen aus dem Fett in die Nährlösung hinein und zersetzen von hier aus, wie sich mittels des Mikroskops feststellen läßt, den Rand des Fettringes. Auch ein einfaches Vaselineinschlußpräparat mit wenig Fett und Nährlösung ist brauchbar.

Petrischalenkulturen mit Nähragar, in dem lauwarm gemachte sterilisierte Butter od. dgl. durch Schütteln gleichmäßig verteilt wurde, lassen nach Einmischung von Butter- oder Margarine-Waschwasser (vorher sterilisiertes Wasser) die Kolonien der Fettspalter bei mikroskopischer Besichtigung leicht erkennen. Die Butterfett-Bläschen rings um die betreffenden Kolonien sind zersetzt (bei Bacterium prodigiosum gleichzeitig rotgefärbt).

Besonders zweckmäßig zum Nachweis von Fettspaltern in Butter, Margarine usw. ist die auf S. 461 genannte Chinablau-Wasseragar-Petrischale[2]. Nach Auflegen eines Deckglases auf eine blaugefärbte Kolonie (d. h. vorhandene Fettspaltung) läßt sich mittels des Mikroskops die Art des Fettzersetzers bestimmen.

---

[1] W. HENNEBERG: Molkereiztg. Hildesheim 1928, Nr. 131. — Bakteriologische Molkereikontrolle. Berlin: Paul Parey 1934.
[2] W. HENNEBERG: Molkereiztg. Hildesheim 1930, Nr. 21. — Bakteriologische Molkereikontrolle. Berlin: Paul Parey 1934.

V. Käse.

1. Allgemeines.

Zu unterscheiden sind in Hinsicht auf die Kleinpilzflora (Bakterien-, Hefen-
und Schimmelpilzflora) folgende Gruppen (mit besonderer Berücksichtigung
der deutschen Fabrikate):

I. Sauermilchkäse: Speisequarg (= „grüner Käse"), Quarg für Harzkäsereien, Harz-
käse, letztere ohne und mit Rindenschimmel.
II. Koch- und Schmelzkäse, Kräuterkäse, Gammelost.
III. Labkäse:
  A. Weichkäse.
    1. Mildes Aroma, a) Rahmkäse (Gervais), b) Rindenschimmelkäse (Camembert).
    2. Innenschimmelkäse (Roquefort).
    3. Strengeres Aroma (Limburger).
  B. Halb-Hartkäse (Tilsiter).
  C. Hartkäse.
    1. Lauwarme Temperatur bei der Brucherzeugung (Holländer).
    2. Heiße Temperatur bei der Brucherzeugung (Schweizerkäse).
  D. Im Bruch nachgesäuerte Käse (Cheddar, Parmesankäse).

Durch verschiedene Kleinpilzarten (Bakterien, Hefen, Schimmelpilze) wird
aus dem zuerst fade schmeckenden, schwerer verdaulichen Sauer- bzw. Lab-
quarg der aromatisch schmeckende, leichter verdauliche „Käse". Wird der
Käse, wie es in der Regel geschieht, aus Rohmilch bereitet, so sind zunächst
sämtliche Kleinpilzarten der Rohmilch auch im frisch hergestellten Käse noch
im lebenden Zustand erhalten. Sehr bald findet aber eine Anreicherung von
Milchsäurebakterien statt, durch die viele Rohmilch-Mikroorganismen an der
Vermehrung gehindert werden[1]. Ein Teil wird auch durch die meist kühle
Käsekellertemperatur, ein anderer durch das Salzen oder durch den Luftabschluß
im Käseinnern ausgeschaltet. Die äußere Rinde läßt nur bestimmte Arten aufkommen, und zwar luftliebende, salzfeste Arten, die in vielen Fällen (bei sämtlichen Käsesorten mit feuchtgehaltener Rinde) zur Reifung bzw. Aromaerzeugung
unentbehrlich sind.

Die eigentlichen Reifungsbakterien im Käseinnern sind verschiedene,
den Käsestoff bei saurer Reaktion langsam abbauende Milchsäurebakterienarten[2]. Nach einiger Zeit tritt auf der Käserinde nach Verzehrung der Milchsäure durch säureliebende Kahmhefen und durch den weißen Milchschimmel
(Oospora lactis) oder nach der Neutralisierung der Milchsäure durch die bei der
Eiweißzersetzung (außer durch die soeben genannten Pilze auch durch die verschiedenen „Fäulnisbakterien" u. dgl.) entstehenden alkalischen Stoffe, wie z. B.
Ammoniak, eine alkalische Reaktion auf. Diese ermöglicht das Wachstum der
erwünschten, besonders säureempfindlichen Rotschmierebakterien-Arten. Man
kann aus jeder Rohmilch, vorausgesetzt, daß sie eine normale chemische Zusammensetzung und eine normale Anfangsflora aufweist, sehr verschiedene
Käsesorten herstellen. Da die Kleinpilzflora in diesen Käsesorten vielfach
abweichend zusammengesetzt ist und der Eiweißabbau, wie die chemische
Analyse ergibt, verschieden tief und weit vor sich geht, muß die Art der Verkäsung der Milch sowie die sich daran anschließende Behandlung und Aufbewahrung der Käse von maßgebendem Einfluß auf die Käseflora und deren
Tätigkeit sein. Entscheidend sind besonders die Höhe und Zeitdauer der
Erwärmung bei der Verkäsung (Bruchbildung), die Nichteinsaat oder Einsaat
bestimmter Pilze, wie Milchsäurebakterien, Camembertschimmel u. dgl., der

---

[1] W. Baade: Dissertation Kiel: Einfluß von Zuckerzusatz auf die Pilzflora des
Käses und der Milch. Milchw. Forsch. 1928, 5, 375.
[2] v. Freudenreich: Zentralbl. Bakteriol. II 1902, 8, 678.

Grad und die Schnelligkeit der Molkenentfernung, die Größe und Form der Käse, die mehr oder weniger starke Salzung, die Rindenbehandlung und schließlich die Höhe der Temperatur und des Wassergehaltes im Gär- und Lagerkeller. Dadurch, daß man nach den für die verschiedenen Käsesorten nach Erfahrung aufgestellten Rezepten immer in gleicher Weise verfährt, sorgt man für das Aufkommen immer der gleichen Käseflora und erhält dadurch den für jede Käsesorte charakteristischen Geschmack und die gewünschte Beschaffenheit (Rindenfarbe, Struktur, Lochbildung). Sobald die Arbeitsweise nur wenig, z. B. betreffs der Wärmegrade bei der Bruchbildung, verändert wird, können andere Reifungsbakterien aufkommen und das Aroma, die Lochbildung usw. anders gestalten.

Von den auf S. 430—440 zusammengestellten Kleinpilzarten sind für die Käserei besonders nützliche bzw. unentbehrliche a) **Reifungsmilchsäurebakterien**: Streptococcus lactis (Abb. 2), Streptobacterium casei (Abb. 3), wahrscheinlich auch manche Säure-Lab-Mikrokokkenarten (Abb. 1) — für den Schweizerkäse Thermobacterium helveticum, Streptococcus thermophilus; b) **Propionsäurebakterien** (Abb. 8) für die Käsesorten mit deutlicher Lochbildung (Schweizerkäse); c) **Kahmhefen und Oospora-Rassen** (Abb. 27, 28), beide mit geringem Caseinlösungs-, aber starkem Entsäuerungsvermögen; d) **Käserotschmierebakterien** (Abb. 17) für alle Käsearten mit feuchtgehaltener Rinde; e) **Edelschimmelpilze** (P. camembert Abb. 29 bzw. roquefort) für die Schimmelkäsereien.

Je nach der Käsesorte müssen, wie aus dieser Zusammenstellung hervorgeht, bestimmte Arten unbedingt vorhanden sein. Wenn sie nicht von vornherein in der Rohmilch sind, müssen sie durch „Kontakt" in den Käsereien oder durch Einsaat hineingebracht werden. Das letztere ist z. B. der Fall in den Schweizerkäsereien betreffs des Th. helveticum, Streptococcus thermophilus, öfters auch der Propionsäurebakterien. Wird die Käsereimilch vorher erhitzt, so ist selbstverständlich eine Einsaat sämtlicher wichtiger Kleinpilzarten notwendig[1].

2. Spezielles über die Flora der verschiedenen Käsesorten.

a) Sauermilchkäse.

Der **Speisequark** (= Käse nur im weiteren Sinn) müßte aus hygienischen Gründen (S. 453) und in Hinsicht auf die bessere Qualität stets aus erhitzter Milch[2] bereitet werden. Zur Dicklegung der Milch genügt die gewöhnliche Säureweckerkultur; Temperatur 30⁰.

Yoghurt-Speisequark u. dgl. durch Einsaat von Yoghurt- bzw. Acidophiluskulturen (S. 468) statt von Säureweckerkultur. Temperatur 37—40⁰.

Zu beanstanden ist Speisequark in alkoholischer Gärung (Milchzuckerhefen), mit Fruchtesteraroma (Fruchtätherhefen) und besonders solcher mit unreinem Geschmack (Colibakterien u. dgl.).

Quark für die Harzkäsereien. Pasteurisierung der Milch sehr empfehlenswert[3]. Säuerung durch Einsaat[4] von Streptococcus lactis und Streptobacterium casei (s. oben). Unbedingt nötig ist ein schnelles und sauberes Abpressen (ausgedämpfte Sacktücher) und zur Aufbewahrung ein möglichst festes Einstampfen in saubere Fässer, Aufschichten von Salz auf die Oberfläche und Kühlhalten. Am schädlichsten ist eine Verunreinigung durch Buttersäurebacillen und Essig-

---

[1] W. Henneberg: Molkereiztg. Hildesheim 1925, Nr. 141.
[2] W. Henneberg: Molkereiztg. Hildesheim 1933, Nr. 52.
[3] W. Henneberg: Molkereiztg. Hildesheim 1925, Nr. 130 u. 1931, Nr. 77. — Drewes (Bakt. Inst. Kiel): Molkereiztg. Hildesheim 1929, Nr. 117.
[4] W. Henneberg: Zeitschr. „Die Käseindustrie" Hildesheim 1935 Nr. 5 u. 6.

bakterien (S. 433), sowie durch Eiweiß stark abbauende Kahmhefen- und Oospora-Rassen[1].

Harzkäse ohne Oberflächenschimmel (Glatt- oder Gelbkäse). In gut „eingearbeiteten" Käsereien findet sich das Rotschmierebacterium (Bact. linens) durch das Lagern der frischen Käse auf den diese Bakterien enthaltenden Horden von selbst ein. In anderen Fällen muß es durch Reinkulturenverspritzung angesiedelt werden. Schädlich sind besonders verflüssigende Kahm- und Oospora-Rassen, zu starke Entwicklung von Oospora lactis, verschiedene Farb- und Fäulnisbakterien.

Harzkäse mit Oberflächenschimmel (Schimmelkäse, Korbkäse, Leipziger Stangenkäse u. dgl.). Auf der Rinde soll neben dem Rotschmierebacterium der Camembertschimmel (S. 440) wachsen. Je nach den Gegenden wird mehr oder weniger Schimmelpilzwachstum und entsprechend wenig oder viel „Rotschmiere" gewünscht. Ebenso bevorzugt man bisweilen Schimmelrassen mit schneller Sporenbildung, d. h. schneller und starker Blaugrünfärbung (Conidienfarbe), bisweilen mit langsamer und geringer. Schädlich sind fremdfarbige Schimmelpilze, z. B. die gewöhnlichen grünen „Kellerschimmel", der falsche Camembertschimmel mit brauner oder braunvioletter Verfärbung der Rinde (Penicillium bruneo-violaceum) und das weiße, niedrige Rasen bildende P. brevicaule. Bisweilen bleibt trotz der Einsaat jedes Schimmelwachstum aus (zu große Feuchtigkeit, zu viel Natronzusatz). Die übrigen Schädlinge wurden beim Gelbkäse genannt.

Zigerkäse (Kräuterkäse). Bei der Gewinnung des Quarks und des Zigers (Albumin und Globulin) mittels saurer Molke (70° S.H.) wird eine Erhitzung auf 90° angewendet. Die Milchsäurebakterien sind hierdurch abgetötet, so daß die nachträgliche Gärung in festgepreßtem Zustand durch später wieder hineingelangte Milchsäurebakterien, in der Hauptsache aber durch Buttersäurebacillen (S. 437 Abb. 22) hervorgerufen wird. Das Aroma entsteht besonders durch den hinzugefügten Zigerklee (Melilotus coerulea). Haltbarkeit durch starkes Trocknen (etwa 10% Wasser).

Gammelost (Norwegischer Altkäse) aus gekochter, spontan geronnener Magermilch. Der Quarg wird der Selbstgärung in niemals gereinigten hölzernen Gefäßen überlassen. Reifung nach Angaben von O. Johan-Olsen durch zwei Mucorarten (Chlamydomucor casei und Mucor casei I) und durch Penicillium aromaticum. Nach diesem Autor ist die Verwendung mit Reinkultur gesäuerter pasteurisierter Milch und die schließliche Einsaat der reingezüchteten Schimmelpilze günstiger. Durch P. aromaticum entsteht eine grünliche, durch die Mucorarten eine bräunliche Färbung des fertigen Käses, der durch die Schimmelpilze sehr aromatisch schmeckt (nach Äpfeln, Citronen und Champignons).

b) Koch- und Schmelzkäse.

Kochkäse. Die Anreifung des aufgelockerten Sauermilchquarks vor dem Erhitzen geschieht durch nicht verflüssigende Kahmhefen- und Oospora-Rassen. Durch das nun folgende 30—40 Minuten andauernde Erhitzen (75—78°) werden alle Kleinpilzarten bis auf die Sporen der aeroben und anaeroben Bacillen abgetötet. Wird der Kochkäse in zugelöteten oder zugestanzten Blechbüchsen zur längeren Haltbarkeit durch Erhitzen (90—95° 15—35 Minuten) konserviert (oft unter Zusatz von Benzoesäure u. dgl. — Damm[2] fand in 50% der Blechbüchsen-Kochkäse Konservierungsmittel. Meist wird Mikrobin [Natriumbenzoat

[1] Schnell: Dissertation Berlin 1912. — Zentralbl. Bakteriol. II 1912, **35**, 1/5. — Lembke: Dissertation Kiel 1933.
[2] Damm: Noch unveröffentlichte Untersuchung. Kiel 1934.

+ p-Chlorbenzoesäure] verwendet), so können die sich aus den Sporen entwickelnden Kartoffelbacillen (Bacillus vulgatus, S. 436), Buttersäure- und
Putrificus-Arten (S. 437) den Käse völlig verderben: Bitterer Geschmack, übler
Geruch, Verflüssigung. Die beiden zuletzt genannten anaeroben Arten erzeugen
durch Gasbildung Bombage. Giftiger Kochkäse durch Bacillus botulinus!
(S. 486). Bei nicht bakteriendichtem Verschluß können auch allerlei Nichtsporenbildner, Hefen und Schimmelpilze aufkommen.

Schmelzkäse (Schachtelkäse, rindenloser Käse u. dgl.). Der verwendete Käse muß eine normale Käseflora enthalten, da hiervon die Beschaffenheit und die Haltbarkeit des Schmelzkäses abhängig ist. Von großem Einfluß
sind auch der Wassergehalt, die saure Reaktion des Schmelzkäses und die luftdichte Einhüllung (Stanniol u. dgl.). Da beim Schmelzen nur eine Erhitzung
auf 65—70° 15—25 Minuten zur Anwendung kommen darf, sind hitzefestere
Milchsäurebakterien stets noch lebend, was zur Haltbarkeit beiträgt. Geschmacksfehler im Schmelzkäse sind zum Teil auf Verwendung von fehlerhaftem
Käse (z. B. bitter, unrein, faulig), auf nicht genügende Entfernung der stets
unrein schmeckenden Rinde, zum Teil auf nicht ausreichende Pasteurisierung
(Schmelztemperatur bzw. Erhitzungsdauer) und Luftzutritt, d. h. nachträgliches
Aufkommen von allerlei Schädlingen, zurückzuführen. Zu letzteren gehören
besonders die Blähungserreger, d. h. Coli-aerogenes, Propionsäurebakterien,
Buttersäurebacillen und der anaerobe Fäulnispilz, seltener Milchzuckerhefen.
Für Schmelzkäse von längerer Haltbarkeit (Versand in die Tropen) muß bei der
Mischung von Käse verschiedenen Alters stets auf eine größere Beimischung
von jungen, d. h. viel lebende Milchsäurebakterien enthaltenden Käse geachtet
werden. Entwickeln sich Bacterium vulgare und andere Schwefelwasserstoffbildner, so färbt sich das Stanniolpapier schwarz.

c) Labkäse.

Rahmkäse (Käse nach Gervais-Art). Zweckmäßig ist die Dauerpasteurisierung der Milch und ein Zusatz von etwas Lab[1] und einer Reinkulturmischung
von schwach und aromatisch säuernden Milchsäurebakterien. Oftmals verwendet man hierbei den Betacoccus cremoris (= Streptococcus citrovorus) und
fügt etwa 0,2—0,4% Citronensäure und ebensoviel Saccharose zum Säurewecker, um ihn sicherer zum Wachstum zu bringen. In manchen Fällen sät
man zur Aromatisierung der Rahmkäse auch den weißen Camembertschimmel
in die zu verkäsende Milch, der sich jedoch nur wenig auf der Rahmkäseober-
fläche entwickeln soll. Fehlerhaft ist die Verunreinigung mit fremden Bakterien,
mit Hefen, Oospora und fremden Schimmelpilzen, da das Aroma dadurch bitter,
gärig oder unrein wird. — Bei anderen mild schmeckenden Käsesorten (z. B.
Münsterkäse) herrschen die Rotbakterien vor. Der Bel-Paese wird bei 40—52°
30 Minuten eingelabt, so daß außer dem Thermobacterium lactis der Streptococcus thermophilus angereichert wird. Während der 3—5 Wochen im kalten
Reifungskeller (2—6°) findet sich Bacterium linens ein.

Der Camembertkäse erhält sein Champignonaroma durch den weißblauen
Camembertschimmel (Penicillium camembert, Abb. 29) und durch eine Oospora-
Rasse (O. camembert). In Frankreich kommt meist der weniger aromatische,
weiße Camembertschimmel (P. candidum)[2] zur Verwendung, um eine Infektion
mit den grünen Penicillium-Arten[3] leichter erkennen zu können. Das Bacterium
linens darf nur in mäßiger Menge auf der Käseoberfläche vorhanden sein, weil

---

[1] SCHWARZ: Infektionspilze im Lab. Dissertation Kiel 1929. Noske-Leipzig.
[2] LEONIDSE: Zentralbl. Bakteriol. II 1930, 82, 211.
[3] ULLSCHECK: Dissertation Kiel 1928. — W. HENNEBERG: Molkereiztg. Hildesheim
1929, Nr. 4.

sonst das Aroma zu streng (Limburgerkäse ähnlich) wird. Durch genaue Regelung
der Temperatur, der Feuchtigkeit und Luftzufuhr im Trocken- und Reifungs-
raum läßt sich dies erzielen. Fehlerhaft sind Käse mit weißer Eutorula casei-
Schmiere (dadurch Verhinderung des Edelschimmelwachstums) und falschem
Schimmel (z. B. Grünschimmel Penicillium commune oder bruneo-violaceum
mit braunvioletter oder brauner Verfärbung des Untergrunds und der Umgebung
oder P. brevicaule mit niedrigem, weißem Rasen). Zu starke Oosporaentwicklung

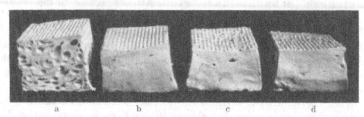

Abb. 31. Blähung bei 24 Stunden alten Frühstückskäsen durch verschiedene Bakterienarten der
Coli-aerogenes-Gruppe. a Zugabe von Bacterium aerogenes zur Käsereimilch. Starke Blähung.
b—d Zugabe verschiedener Rassen vom Bacterium coli commune aus Kuhkot. Keine Blähung.

verursacht eine runzlige Oberfläche, arsenhaltiges Stanniol oder Einwickelpapier
bei Gegenwart von P. brevicaule Knoblauchgeruch. Empfehlenswert ist eine
Dauerpasteurisierung der Käsereimilch, danach Reinkultureinsaat von Streptococcus lactis, cremoris, Streptobacterium casei, Penicillium camembert, Oospora
camembert — oft auch von Bacterium linens.

Roquefort. Das pikante Aroma (Eiweiß- und Fettzersetzung) entsteht
durch das Wachstum des Penicillium roquefort im Käseinnern. Blaugrüne Verfärbung nach Reifung der Sporen. Luftzufuhr (durch eine Stechmaschine) ist

Abb. 32. Blähung bei 24 Stunden alten Frühstückskäsen durch verschiedene Bakterienarten der
Coli-aerogenes-Gruppe. a und b Bacterium paracoli aus Sauerfutter. Mäßige Blähung. c und d
Bacterium coli commune aus Milch und Wasser. Keine Blähung.

zum Schimmelpilzwachstum notwendig. Fehlerhaft sind Käse mit anderen
Schimmelpilzarten, d. h. solchen, die eine unerwünschte Sporenverfärbung (erst
grün, dann braun) oder einen fremden Geschmack (bitter, schimmelig) verursachen.

Limburger, Romadour, Allgäuer Stangenkäse. Je stärker die Rotschmiere, in der außer Bacterium linens stets auch Kokken und andere Arten
vorhanden sind, desto pikanter das Aroma. Nach Weigmann soll durch das
Schmieren auch das Wachstum des anaeroben Plectridium foetidum (= Bacillus
putrificus), das den gewünschten strengen Geruch und Geschmack verursacht,
ermöglicht werden. Henneberg konnte dies nicht bestätigen. Fehlerhaft
sind Käse mit weißgrauer Schmiere durch Eutorula casei (zu molkenreiche
Käse). Eine schwarzgraue Rinde entsteht durch farbige Kokken, eine blutrote
durch Bacterium prodigiosum, eine grüngelbliche durch Bacterium fluorescens.
Gleichmäßig rosa ist das Innere wahrscheinlich durch die Zusammenwirkung

verschiedener Bakterien. Bitterer Geschmack durch Kokken oder Streptococcus liquefaciens[1].

Das Blähen der verschiedenen Weichkäse-Sorten ist besonders beim
Beginn der Weidezeit recht häufig. Es handelt sich in der Regel um eine Verunreinigung der Käsereimilch mit Bacterium aerogenes. Hüttig[2] wies nach,
daß die Annahme, Bacterium coli sei stets blähungserregend, nicht zutrifft. Die
wärmeliebenden Warmblüter-Coli können wegen der kühlen Käsekellertempera-
turen in Weichkäsereien meist nicht zur starken Vermehrung und Gasbildung
kommen. Dies geht auch aus den Abb. 31 und 32 hervor. Wesentlich für das
Aufblähen durch Bacterium aerogenes ist das Fehlen von stärker säuernden
Milchsäurebakterien: Je älter die Milch ist, d. h. je mehr Milchsäurebakterien
vorhanden sind, desto weniger kommt dieser Schädling auf. In aseptisch
ermolkener Milch, d. h. bei fehlenden Milchsäurebakterien tritt stets sehr starke
Blähung auf (s. Abb. 33 und 34, S. 486 und 487).

d) Hartkäse.

Tilsiter. Aroma infolge der Rotschmiereentwicklung dem Limburger ähn-
lich. Die normalen schlitzförmigen Löcher sind Bruchlöcher (eingeschlossene
Luft). Größere rundliche Löcher deuten auf höhere Nachwärmung des Bruches.
Gleichzeitig tritt Schweizerkäsearoma bei entsprechender Flora ein. Im normalen
Tilsiter[3] sind Streptococcus lactis und Streptobacterium casei jedenfalls die
wichtigsten Reifungsbakterien; Thermobakterien gelangen erst spät zum Wachstum. Im Widerspruch hiermit stehen die Angaben von W. Grimmer, daß die
Mesentericus-Gruppe (weniger das Plectridium foetidum) bei der Reifung bzw.
Aromabildung wichtig sei. Weigmann schreibt dem Plectridium foetidum eine
große Bedeutung bei der Aromabildung zu. Fehlerhaft sind die Käse mit Blähung
(s. unten), bitterem Geschmack (Bitterkokken und Streptococcus liquefaciens),
mit Weißschmiere (Eutorula), mit Schimmel (Penicillium commune, brevicaule).
Letzteres (braune Rasse) erzeugt schwarzviolette, Monilia nigra schwarze,
Oospora aurantiaca zinnoberrote, O. rosata orangerote Flecke. Penicillium
brevicaule und Oosporaarten verursachen Käsekrebs, d. h. Rindenzerstörung.
Bekämpfungsmittel: Pasteurisierung und Reinkultureinsaat (Mischungen).
Rechtzeitiges und gründliches Abreiben mit einem Salzwasser-Lappen verhütet
eine falsche Rindenflora. Wenn die Milch viel Bacterium coli oder aerogenes
enthält, d. h. „Blähgefahr" (Abb. 31 und 32) vorliegt, wird Salpeter der Käsereimilch (40 g auf 100 Liter) zugesetzt. Früher war man der Ansicht, daß diese
Bakterien den Sauerstoff aus dem Salpeter entnehmen und daher den Milchzucker unzersetzt lassen. Heute weiß man, daß die entstehende Salpetrige Säure
die Gärtätigkeit dieser Schädlinge hemmt[4]. Das Einbringen von Coli-Bakterio-
phagen in die Käsereimilch hatte bisher keine Erfolge[5].

Holländerkäse, Gouda (etwa Tilsiterform mit abgerundeten Ecken).
Infolge des öfters vorgenommenen Wasserzusatzes bei der Bruchbereitung und
des Pressens steht den Reifungsbakterien weniger Milchzucker zur Verfügung.
Durch das Trockenhalten der Rinde kommen kaum Rindenreifungspilze (Bac-
terium linens) auf. Alles dies ist zur Erzielung eines milden Geschmacks wichtig.
Die neben den schlitzförmigen Bruchlöchern vorhandenen mäßig vielen runden
Löcher sind wahrscheinlich auf die gasbildenden Propionsäurebakterien und
langen Milchsäurebakterien zurückzuführen. Letztere sind neben Streptococcus

---

[1] Stocker: Molkereiztg. Hildesheim 1931, Nr. 132. — Hüttig: Milchw.-Ztg. 1933, Nr. 45.
[2] Hüttig: Milchw. Ztg. 1933, Nr. 45.
[3] Diethelm: Dissertation Kiel 1932. Flora des normalen Tilsiter Käses.
[4] Bötel, Kniefall u. W. Henneberg: Molkereiztg. Hildesheim 1933, Nr. 22.
[5] Majer: Dissertation Kiel 1927.

lactis stets zu finden. WEIGMANN vertritt auch hier die Ansicht, daß bei der späteren Reifung Sporenbildner eine Rolle spielen. In Nordfriesland wird vielfach alle bakteriologisch unsichere Milch bis auf 90° vor dem Vermischen mit guter Milch erhitzt, um das Blähen der Käse zu vermeiden (außerdem Zusatz von Säurewecker, Calciumchlorid, Salpeter). Man kann auch nach Erhitzung (z. B. Momenterhitzung auf 85—90°) nur mit gewöhnlichem Säureweckerzusatz sehr gute Käse erzielen. Fehlerhaft sind Käse mit Blähung (s. unten), Innenverfärbung (zum Teil Wirkung des Salpeters auf bestimmte Käsefarbe[1]), Rindenkrebs durch Penicillium brevicaule und Oospora-Arten.

Beim Edamer (runde Form) wurde in Holland früher eine Schleimrasse des Streptococcus lactis verwendet, während man jetzt nur die gewöhnliche, d. h. nicht schleimige Säureweckerrasse benutzt. Der Säuregehalt des Käses ist etwas größer als beim Gouda, da er weniger gepreßt und auch im Sommer hergestellt wird. Zur Rindenschimmel-Verhütung wird er (ebenso öfters auch der Gouda) wiederholt gewaschen, dann abgeschabt und schließlich mit Leinöl oder Paraffin bestrichen. Bisweilen Pasteurisierung der Käsemilch, danach Säureweckereinsaat. Fehlerhaft ist eine zu starke Säuerung („kurze" Käse), durch die auch eine Spaltenbildung verursacht werden kann. Durch die Gasbildung des coli und aerogenes entstehen öfters lange Risse.

Emmentaler Käse (Schweizerkäse)[2]. Durch die hohe Nachwärmung des Bruches (50—60°) werden die meisten Rohmilch-Bakterien abgetötet oder so abgeschwächt, daß die mit dem Labansatz (früher oft Naturlab = getrockneter Kälbermagen, jetzt mit Reinkulturzusatz oder Kunstlab ebenfalls mit solchem) zugesetzten Thermobacterium helveticum („Käsereikultur" = casei ε) und Streptococcus thermophilus zur üppigen Entwicklung kommen. Während des Aufenthaltes im warmen Gärkeller (zuerst) vermehren sie sich weiter. Der süßliche Geschmack der reifen Käse ist auf die durch Caseinabbau entstehenden Aminosäuren zurückzuführen. Die „normalen" Löcher entstehen durch die Propionsäurebakterien aus dem Calciumlactat. Diese Bakterien müssen bei mangelhafter Lochung in Reinkultur zur Milch zugesetzt werden. Da die Rinde stets trocken behandelt wird, spielen die Rindenpilze bei der Reifung keine Rolle. Am meisten zu fürchten sind die Bläherreger, d. h. Bacterium aerogenes, coli, Buttersäurebacillen, seltener Milchzuckerhefen. Auch durch zu große Mengen von gasbildenden Milchsäure- und Propionsäurebakterien kann zuviel Lochung entstehen. Bekämpfungsmittel: Saubere Milch, Zusatz von Casol (90% Essigsäure, 10% Propionsäure) oder Casolin (90% Propionsäure, 10% Essigsäure) oder Peptolab (ein Pepsin und Salzsäure enthaltendes Labpräparat, zuerst von SPOHR in Lugano empfohlen). Bei fehlenden Propionsäurebakterien entstehen sog. „Gläsler" (beim Anschneiden zerfallend) oder „Halbgläsler" (schlitzförmige Löcher). Sehr wichtig ist, daß kräftige Milchsäurebakterien in der richtigen Menge vorhanden sind, da sonst allerlei Fehler entstehen. Stinkende Faulflecke im Innern werden durch Bacillus putrificus hervorgerufen. Dieser Schädling kann z. B. durch Kuhkot (nach Verfütterung von fauligen Futtermitteln oder mit Erde verunreinigtem Sauerfutter) in die Milch gelangen. Rotbraune Verfärbungen im Innern können durch eine rote Propionsäurebakterienart entstehen. Die Rindenschädlinge sind zum Teil die gleichen wie beim Tilsiter (S. 483). — In den letzten Jahren sind Schweizerkäse im Allgäu und in Österreich mit guten Ergebnissen aus erhitzter Milch (mit 0,15—0,2% Reinkulturzusatz) hergestellt. Die große Haltbarkeit der Schweizerkäse ist auf den geringen Wassergehalt (23—38%) zurückzuführen.

---

[1] W. HENNEBERG u. KNIEFALL: Molkereiztg. Hildesheim 1930, Nr. 81.
[2] PETER: Praktische Anleitung zur Fabrikation und Behandlung des Emmentaler Käses, 6. Aufl. Bern 1930.

e) Im Bruch nachgesäuerte Hartkäse.

Cheddar wird oftmals aus dauererhitzter Milch und Reinkulturen bereitet. Streptococcus lactis und eine Thermobacteriumart sind am wichtigsten. Letztere erzeugt neben Milchsäure ziemlich viel Essigsäure und etwas Propionsäure. Bestimmte, flüchtige Säure bildende Säure- und Lab-Mikrokokken und eine besondere Streptokokkenart (mit geringer Alkoholbildung) sollen zur Aromabildung ebenfalls nötig sein. Beobachtet wurde, daß bei größerem Labzusatz und geringerer Säuerung die Reifung früher eintritt. Käsefehler sind nicht selten. Durch kurzes Eintauchen in heißes Wasser, durch Abbürsten und schließlich durch einen Überzug mit Paraffin (anfangs sehr heißem) werden die Schimmelpilze bekämpft. Ein rostrote Flecke verursachendes Bacterium rudense (Milchsäurebakterienart) ist öfters schädlich.

Parmesankäse. Früher wurden bei Verwendung von Naturlab die im Kälbermagen vorkommenden langen Milchsäurebakterienarten zur Reifung benutzt. Bei dem starken Nachwärmen (55⁰) des Bruches kommen solche zur Anreicherung. Eine kurze Erhitzung der Milch bis auf 65⁰, nach Abkühlung Einsaat von Säure-Labkokken (Micrococcus acido-proteolyticus I und II), Thermobakterien und Streptococcus lactis haben nach GORINI gute Erfolge. Bekämpfung der Rindenschimmel durch Trockenhalten, Abschaben und Leinöleinreibung.

3. Übersicht über die durch Mikroorganismen verursachten Käsefehler.

Geschmacksfehler. Bitter durch besondere Kokkenarten, durch Streptococcus liquefaciens, seltener Bacterium fluorescens und „Alcaligenes-Gruppe"[1]. Faulig durch viele Arten, besonders Bacterium vulgare, fluorescens, coli, aerogenes, Alcaligenesgruppe, B. putrificus. Ranzig durch Bacterium fluorescens, vulgare.

Farbfehler des inneren Käse. Mehr oder weniger rot durch Bacterium casei fusci, rudense, erythrogenes, Propionibacterium rubrum. Dunkle, zum Teil bläuliche Flecke durch Bacterium cyaneofuscum, Cladosporium. Rindenverfärbungen durch Penicillium-Arten (z. B. commune, bruneo-violaceum[2], brevicaule), Cladosporium (dunkelgrün), Monilia nigra (schwarz), Oospora aurantiaca (zinnoberrot), rosata (orange), Fusarium (rotviolett), Cephalothecium (aprikosenrot), Bacterium prodigiosum (blutrot), fluorescens (grüngelb), denigrans und Kokkenarten (grauschwarz), Kokkenarten und Rassen des Bacterium linens (gelb). Bei Gegenwart von Eisen verursachen alle Schwefelwasserstoffbildner (bei alkalischer Reaktion) Schwarzfärbung durch Schwefeleisen. Manche Käsefarben werden bei Gegenwart von Salpeter und reduzierenden Bakterien verfärbt[3].

Übermäßig starke Lochbildung im Innern („Käseblähung") durch Bacterium aerogenes, coli (Abb. 31 und 32), Betabakterien, Propionsäurebakterien (wenn in zu großer Menge vorhanden), Buttersäurebacillen, seltener durch Milchzuckerhefen.

Abfließen (besonders oft beim Harzkäse) durch caseinverflüssigende Oospora- und Mycoderma-Rassen, seltener durch Bacterium vulgare.

Rindenlöcher „Käsekrebs" (bei Hartkäse) durch Penicillium brevicaule[4], Oospora aurantiaca, rosata, ovata.

---

[1] W. HENNEBERG: Molkereiztg. Hildesheim 1931, Nr. 41.
[2] HENNEBERG u. HIEDEWOHL: Molkereiztg. Hildesheim 1932, Nr. 4.
[3] HENNEBERG u. KNIEFALL: Molkereiztg. Hildesheim 1930, Nr. 81.
[4] HENNEBERG u. KNIEFALL: Milchw. Forsch. 1932, 13, 520.

Giftiger Käse. Nur selten Todesfälle beobachtet, sicher nachgewiesen durch Bacterium enteritidis und Bacillus botulinus. Letzterer hatte sich in zugelöteten Blechbüchsen mit Kochkäse entwickelt. Die Büchsen waren bombiert. Auch manche Rassen des Bacterium coli sollen verschiedentlich Vergiftungen durch Käse verursacht haben[1].

Verdorbener Käse. Die Frage, welche Käse als verdorben, d. h. für den Genuß ungeeignet anzusehen sind, wird sehr verschieden beantwortet. Bisweilen wurde z. B. Harzkäse mit Schimmelbesatz auf der Rinde in manchen Gegenden beanstandet, in anderen wird er höher als der ohne Schimmel bewertet. Ebenso bevorzugen manche Konsumenten den durch Überreife flüssig gewordenen Harzkäse oder Käse mit sehr strengem, fauligem Aroma, den andere als verdorben ansehen. Käse mit lebenden Milben wird auf den Märkten in Altenburg und Umgebung (Thüringen) als Delikatesse verkauft. Die Milben werden für den Käse besonders gezüchtet[2].

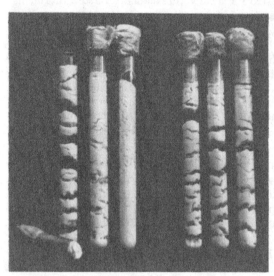

Abb. 33. Milch-Bouillonagar-Schüttelkultur. Rohmilch ohne Rahmsäuerungskulturzusatz. Links 3 Röhrchen mit Aerogeneszugabe, rechts 3 Röhrchen mit Milchzuckerhefezugabe, nach 0, 3 und 5 Stunden beimpft. Je älter die Milch (d. h. je mehr Milchsäurebakterien), desto weniger kommt Aerogenes auf. Milchzuckerhefen werden nicht beeinflußt.

4. Bakteriologische Untersuchungen von Käsereimilch, Sauermilchquarg und Käse.

Als eine gute Käsereimilch kann in bakteriologischer Hinsicht nur eine solche gelten, die neben den gewöhnlichen Reifungs - Milchsäurebakterien keine oder fast keine Käseschädlinge aufweist. Die Milchsäurebakterien dürfen nicht in zu großer Menge vorhanden sein, jedenfalls darf die Milch noch keinen zu starken Säuregrad (höchstens 9° S.H.) zeigen. Zur Untersuchung der Milch auf Käsereitauglichkeit kommen in Anwendung die Alkoholprobe, Titration, Reduktaseprobe, Gärprobe, Labgärprobe (S. 460) und die verschiedenen Coli-aerogenes-Prüfungen (Galle-Gentiana-Milchzucker-Peptonbouillon, S. 461; Bouillonagar Schüttelkultur — 5 ccm der zu untersuchenden Milch mit der gleichen Menge Bouillonagar 24 Stunden 30°, Abb. 33 und 34[3]) — Würzeagarpetrischale (Hefen und Schimmelpilze). Die Flora der Käseoberfläche (Rotschmiere) und des Käseinnern wird mittels der Petrischalenkulturen (Milchzuckerbouillonagar) und der Federstrichkulturen untersucht. Sehr geeignet zur Untersuchung des Käseinnern sind auch die Abtupf-Milchzuckerbouillonagar-Petrischale[4] sowie das Vaselineinschlußpräparat[4]. In ersterem Falle tupft man einen aseptisch entnommenen Käsebrocken auf die Agarfläche und drückt auf diese Stelle ein abflambiertes

---

[1] H. Weigmann: Pilzkunde der Milch. Berlin: Paul Parey 1924, S. 361. — Kähler: Dissertation Kiel 1935. Beiträge zur Kenntnis pathogener Colibakterien.

[2] H. Weigmann: Handbuch der Praktischen Käserei, 4. Aufl. von Euglings Handbuch der Käserei. Berlin: Paul Parey 1933. — W. Henneberg: Die wichtigsten Käsesorten in Wort und Bild. Verlag Molkereiztg. Hildesheim 1929.

[3] Hüttig: Milchw.-Ztg. 1933, Nr. 58, 881. 1935, Nr. 4.

[4] Henneberg: Bakteriologische Molkereikontrolle, S. 78. Berlin: Paul Parey 1934.

Deckglas fest auf. Nach einigen Tagen lassen sich die herangewachsenen Kolonien mikroskopisch untersuchen. Zur Herstellung des Vaselineinschlußpräparates werden von verschiedenen Stellen des Käseinnern aseptisch entnommene Teilchen auf dem abflambierten Objektträger in einem Milchzuckerbouillontröpfchen fein zerrieben und mit einem Deckglas bedeckt, dessen Ränder schließlich mit Vaselin umschlossen werden. Mikrotomschnitte haben sich in den meisten Fällen nicht bewährt, da durch das Fixieren und Färben die Bakterienformen zu sehr verändert werden. Letztere sind auch sonst bei manchen Arten im Käse nicht charakteristisch[1].

Zur Prüfung des Sauermilchquargs auf Brauchbarkeit für die Harzkäsereien kommt besonders die von HENNEBERG angegebene Reifungsprobe[2] zur Anwendung. In eine sterile Petrischale wird mittels eines abflambierten Löffels eine Quargprobe in der Weise fest eingepreßt, daß eine schräge Fläche entsteht. Aufbewahrung 2 Tage bei 30°. Sind schädliche Kahmhefen oder schädliche Oosporarassen vorhanden, so tritt zuerst in der dünnsten Schicht eine Verflüssigung des Quargs ein. Ein sich gleichzeitig zeigender starker Fäulnisgeruch deutet auf Gegenwart von Bacterium vulgare, eine grünlichgelbe Verfärbung auf Bacterium fluorescens.

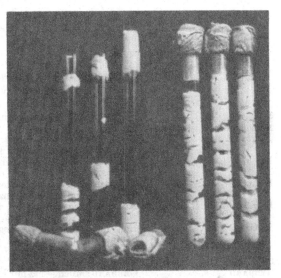

Abb. 34. Milch - Bouillonagar - Schüttelkultur. Aseptische Milch ohne Rahmsäuerungszusatz. Links 3 Röhrchen mit Aerogeneszugabe, rechts 3 Röhrchen mit Milchzuckerhefezugabe, nach 0, 3 und 5 Stunden beimpft. Bei fehlenden Milchsäurebakterien kommt Aerogenes zu starker Entwicklung (Gasbildung). Milchzuckerhefen werden nicht beeinflußt.

Eine starke Runzelhaut auf der nichtverflüssigten Quargoberfläche läßt auf einen zu reichlichen Bestand von Oospora lactis schließen (runzliger Käse). Essigsaurer und buttersaurer Quarg riecht deutlich nach diesen Säuren, reift gar nicht, ist daher unbrauchbar.

Buch-Literatur.

ERNST: Grundriß der Milchhygiene. Stuttgart: Ferdinand Enke 1926. — W. HENNEBERG: Handbuch der Gärungsbakteriologie, 2. Aufl. Berlin: Paul Parey 1926. — W. HENNEBERG: Gärungsbakteriologische Wandtafeln. Berlin: Paul Parey 1928. — W. HENNEBERG: Bakteriologische Molkereikontrolle. Berlin: Paul Parey 1934. — H. WEIGMANN: Die Pilzkunde der Milch, 2. Aufl. Berlin: Paul Parey 1924.

---

[1] DIETHELM: Dissertation Kiel 1932. Flora des normalen Tilsiter Käses. — W. HENNEBERG u. KNIEFALL: Milchw. Forsch. 1935, 17, 146—157. Einfluß von Kochsalz auf das Wachstum und die Zellform bei Milchsäurebakterien, Bct. coli, Bct. aerogenes und einigen anderen wichtigen Milchbakterien.

[2] W. HENNEBERG: Deutsch. Milchw.-Ztg. 1925, Nr. 4 (Lübeck). — Bakteriologische Molkereikontrolle, S. 67. Berlin: Paul Parey 1934.

Vierter Teil.

Gesetzgebung über Milch und Milcherzeugnisse.

A. Deutsche Gesetzgebung.

Von

DR. JUR. HUGO HOLTHÖFER - Berlin

Oberlandesgerichtspräsident i. R.

Literatur und Abkürzungen.

Ausführungsbestimmungen (Ausf.Best.)	Erste (Reichs-)Verordnung zur Ausführung des Milchgesetzes vom 15. Mai 1931 (RGBl. I, S. 150).
Bay.VO.	Bayrische Verordnung zum Vollzug des Milchgesetzes vom 23. Dezember 1931 (Ges.- u. VO.-Bl. S. 437).
Bay.OLG.	Bayrisches Oberstes Landesgericht, Sammlung der Entscheidungen (Band- und Seitenzahl).
Begr.	Amtliche Begründung (je nach Zusammenhang) zum Milchgesetz oder zur Ausführungsbestimmung dazu.
ERG.	Entscheidungen des Reichsgerichts in Strafsachen (Band- und Seitenzahl), herausgegeben von Mitgliedern des Reichsgerichts und der Reichsanwaltschaft. Leipzig: Veit & Co.
FlG.	Fleischbeschaugesetz.
GEBHARD	GEBHARD: Milchgesetz mit Erläuterungen. Ausgabe für Bayern. Kempten: Volkswirtschaftsverlag 1932.
GOLTDAMMER	GOLTDAMMERs Archiv für Strafrecht (Band- und Seitenzahl).
DE GUEHERY	R. DE GUEHERY: Milchgesetz mit allen Ausührungsbestimmungen des Reiches und Sachsens. Dresden: Heinrich 1932.
Höchstrichterliche Rechtsprechung	Vereinigte Entscheidungssammlung, Beilage zur Juristischen Rundschau. Berlin: de Gruyter & Co. (Jahrg. u. Seitenzahl).
HOLTHÖFER in Bd. I . .	Oberlandesgerichtspräsident i.R. HOLTHÖFER, „Deutsches Lebensmittelgesetz" in Bd. I dieses Handbuches, S. 1284f.
HOLTHÖFER-JUCKENACK .	HUGO HOLTHÖFER und ADOLF JUCKENACK: Lebensmittelgesetz-Kommentar. 2. Aufl. Berlin: Carl Heymanns Verlag 1933, nebst Ergänzungen, ebenda 1936.
JW.	Juristische Wochenschrift (Jahrgang und Seitenzahl). Leipzig: W. Moeser.
KG.	Kammergericht in Berlin.
KGJ.	Jahrbuch der Entscheidungen des Kammergerichts in Sachen der freiwilligen Gerichtsbarkeit, in Kosten-, Stempel- und Strafsachen (Band- und Seitenzahl). Berlin: Vahlen.
KGJErg.	Ergänzungsband zum vorstehenden Jahrbuch.
LEFFMANN	LEFFMANN und PENNEMANN: Kommentar zum Milchgesetz. München 1932.
LMBl.	Ministerialblatt der Preußischen landwirtschaftlichen Verwaltung und Landesforstverwaltung.
LMG.	Lebensmittelgesetz vom 5. Juli 1927 (RGBl. I, S. 134) nach der Neufassung vom 17. Januar 1936 (S. 11 dieses Handbuchbandes). „LMG. a. F." bezeichnet die bis dahin geltende Fassung.
MAYER	LUDWIG MAYER: Milchgesetz. Berlin: Stilke 1932.
MBl.iV.	Ministerialblatt für die Preußische innere Verwaltung (Jahrgang und Seitenzahl).
MICHEL	ELMAR MICHEL: Gaststättengesetz, 2. Aufl. Berlin: Carl Heymann 1935.
Milch-G.	Milchgesetz vom 31. Juli 1930 (RGBl. I, S. 421).

Nathusius-Nelson . . .	W. Nathusius und H. Nelson: Milchgesetz nebst Ausführungs-bestimmungen. Berlin: Carl Heymanns Verlag 1932. Dazu Nachtrag 1934.
OLG.	Oberlandesgericht.
Ostertag	Rob. von Ostertag u. Willi Schefold: Milchges. mit Reichs-ausführungsVO. und württemberg. VollzugsVO. Stuttgart: Ulmer 1932.
PVO.	Preußische Verordnung zur Durchführung des Milchgesetzes vom 16. Dezember 1931 (Ges.-S. S. 259).
RG.	Reichsgericht.
RGBl.	Reichsgesetzblatt; RGBl. I = Reichsgesetzblatt I. Teil.
Rohrscheidt	Kurt von Rohrscheidt: Gaststättengesetz. Berlin: Vahlen 1930.
Stenglein	M. Stengleins Kommentar zu den strafrechtlichen Neben-gesetzen des Deutschen Reiches. 5. Aufl. Berlin: Liebmann 1928—1931. Bearbeiter des Milchgesetzes ist Reichsanwalt Schneidewin.
Stenglein Erg.-Bd. 1933 .	Ergänzungsband 1933 zum vorstehenden Werk.
StGB.	Reichsstrafgesetzbuch.
StPO.	Reichsstrafprozeßordnung.
VO.	Verordnung.
Z.	Zeitschrift für Untersuchung der Lebensmittel.
Z.Beil.	Beilage dazu „Gesetze und Verordnungen betr. Lebensmittel".

I. Milch.

A. Allgemeines.

Das Recht der Milch ist weitgehend zusammengefaßt in dem **Milchgesetz vom 15. Mai 1931** (RGBl. I S. 150) und in den hierzu ergangenen **Ausführungs-Verordnungen**. Sie sind nachstehend im Wortlaut mitgeteilt. Über die Ent-stehungsgeschichte ist in Anmerkung 1a zu den Einleitungsworten des Milch-G. (S. 490) in großen Zügen berichtet. Eine Übersicht über den sonst für Milch und und Milchwirtschaft wichtigen Sonderrechtsstoff gibt Anmerkung 1b ebenda.

Soweit Sonderrecht nicht besteht, gilt das allgemeine Recht, insbesondere das LMG. Hätte das Milch-G. nur den lebensmittelpolizeilichen Zweck ver-folgt, die Verbraucherschaft vor gesundheitlich nicht einwandfreier (§ 3 LMG.) und nachgemachter, verfälschter, verdorbener und irreführend bezeichneter Milch (§ 4 LMG.) zu schützen, so hätte das insoweit Erforderliche in einer **Ver-ordnung** der Reichsregierung gemäß § 5 LMG. geregelt werden können. Damit aber erschöpfte sich nicht, was man auf dem Gebiete der Milch reichsrechtlich regeln wollte und geregelt hat, z. B. Genehmigungszwang zum Betrieb eines Milchabgabeunternehmens, milchwirtschaftliche Zusammenschlüsse, großzügige Standardisierung. Diese Fragen im Verordnungswege zu regeln, gab § 5 in seiner damaligen Fassung der Reichsregierung keine oder doch keine zweifels-freie Ermächtigung. Deshalb mußte die Form des Gesetzes gewählt werden.

Soweit des Milch-G. und die 1. AusführungsVO. dazu lebensmittelrechtlichen Inhalt haben, stellen sie sich bewußt in den Rahmen des allgemeinen LMG. Das kommt schon dadurch zum Ausdruck, daß die Eingangsworte der 1. VO. zur Ausführung des Milch-G. neben §§ 52, 53 des Milch-G. den § 5 Nr. 1a, b, c, Nr. 2, Nr. 4 des LMG. a. F. als Rechtsgrundlage bezeichnen. Hier sei weiter nur hervorgehoben, daß der Strafschutz für die lebensmittelrechtlichen Vorschriften des Milch-G. und seiner AusführungsVO. in weitem Umfange ohne weiteres durch die §§ 11, 12 LMG. gewährt wird. Näheres hierüber und über das Ver-hältnis des milchrechtlichen Sonderrechts zum Strafrecht überhaupt findet sich in den Anmerkungen zu §§ 44 bis 50 des Milch-G. unten S. 538f. Solange das Milch-G. und seine Ausführungsvorschriften noch nicht von Reichs wegen für das Gebiet des Verkehrs mit Milch und Milcherzeugnissen die allgemeinen Vorschriften der §§ 3, 4 des LMG. mit bindender Kraft ausgelegt und ergänzt hatten durch Begriffsbestimmungen, Verbote zum Schutz der Gesundheit und Festsetzungen, unter welchen Voraussetzungen Milch und Milcherzeugnisse ohne weiteres als verdorben, nachgemacht, verfälscht, irreführend bezeichnet zu gelten haben, so lange bildeten Milch und Milcherzeugnisse, die ja einen breiten und wichtigen Teil der menschlichen Ernährung ausmachen, einen Hauptgegenstand der Rechtsprechung zum alten Nahrungsmittelgesetz von 1879, zum LMG. und zum Polizeirecht der Länder. Insbesondere hat die Rechtsgültigkeit örtlicher Polizeiverordnungen über den Milchverkehr vielfach Gerichte und Verwaltungsgerichte beschäftigt.

Sehr vieles, was in dieser Hinsicht bisher streitig war oder streitig werden konnte, ist durch das Milch-G. und seine Ausführungsvorschriften rechtssatzmäßig geklärt. In weitem Umfang ist aus den in der Rechtsprechung im Laufe der Zeit aus dem allgemeinen Lebensmittelrecht für Milch und Milcherzeugnisse entwickelten Rechtsgrundsätzen jetzt allgemeinverbindliches, gesetztes Recht geworden. Daher braucht nur in verhältnismäßig geringem Umfang die Rechtsprechung der letzten 55 Jahre angeführt zu werden, die vor dem Erlaß des Milch-G. und seiner Ausführungsvorschriften liegt. So sind z. B. jetzt bei Milch und Milcherzeugnissen Konservierungsmittel, Neutralisierungsmittel, Verdickungsmittel, Färbemittel ohne Einschränkung verboten durch § 3 Nr. 4, 5; § 5 Nr. 4, 5; § 8 Nr. 5; § 9 Nr. 5 der 1. AusführungsVO. Verboten ist ferner zu gewinnen oder in den Verkehr zu bringen Milch von Kühen, die mit in die Milch übergehenden Arzneimitteln behandelt werden oder vor weniger als 5 Tagen behandelt worden sind (§ 3 Nr. 1 g ebenda). Gegen den Zusatz von Milch anderer Tierarten zu Milch (= Kuhmilch) wendet sich § 8 Nr. 7 und § 9 Nr. 6 a. a. O. Als nachgemacht oder verfälscht wird nach § 8 Nr. 1, 3, 4 Milch vom Verkehr ausgeschlossen, die nicht genügend durchgemischt ist, der Wasser, Eis oder Milcheis zugesetzt ist, der Magermilch zugesetzt ist. Wann Milch ohne weiteres als „verdorben" i. S. des § 4 Nr. 2 LMG. anzusehen ist, legt § 7 ebenda fest durch Zusammenfassung der wichtigsten Fälle, die im Verkehr beobachtet sind. Genug der Beispiele!

Im einzelnen muß auf die nachstehenden Anmerkungen zum Milch-G. verwiesen werden, dessen Vorschriften, wo es erforderlich erschien, in den Rahmen des LMG. hineingestellt sind unter Mitberücksichtigung des allgemeinen Strafrechts und einschlägiger Sondergesetze, wie z. B. des Gesetzes gegen den unlauteren Wettbewerb, des Warenzeichengesetzes usw.

B. Milchgesetz.
Vom 31. Juli 1930. — RGBl. I, S. 421.

Der Reichstag hat das folgende Gesetz[1] beschlossen, das mit Zustimmung des Reichsrats hiermit verkündet wird.

Anmerkungen.

[1] a) Geschichtliches. Eine geregelte Kontrolle des Milchverkaufs in den Städten als Abhilfe gegen die Verfälschung der Milch erklärten bereits die Materialien zum alten Nahrungsmittelgesetz vom 14. Mai 1879 für notwendig und empfahlen dafür den Verordnungsweg. Die Ansätze zu einer einheitlichen Regelung für das Reichsgebiet scheiterten jedoch damals und in der Folgezeit. Die Verschiedenheit der Rindviehrassen und des Viehfutters in den einzelnen Gegenden und die dadurch bedingte Verschiedenheit der Zusammensetzung der Milch wurde hauptsächlich gegen die Vereinheitlichungsbestrebungen ins Treffen geführt. Immerhin blieben diese Bestrebungen im Fluß und führten zunächst zu einem Erlaß der Preußischen Regierung vom 28. Januar 1884, in dem „Grundsätze betr. die Regelung des Verkehrs mit Milch" aufgestellt wurden. Ihnen folgte unterm 26. Juli 1912 der Preußische sog. Drei-Minister-Erlaß betr. „Grundsätze für die

Regelung des Verkehrs mit Kuhmilch als Nahrungsmittel für Menschen", dem Grundsätze für den Erlaß von Milch-Polizeiverordnungen beigegeben waren. Die Lebensmittelknappheit im Weltkrieg und in der Nachkriegszeit brachte auf der rechtlichen Grundlage des Gesetzes über die Ermächtigung des Bundesrates zu wirtschaftlichen Maßnahmen usw. vom 4. August 1914 auch für die Bewirtschaftung der Milch weitgehende reichsrechtliche Beschränkungen. Eine Erleichterung dieser Beschränkungen gewährte die VO. des Reichsernährungsministers vom 6. Juni 1924 (RGBl. I S. 643), abgeändert durch die VO. desselben Ministers vom 4. Juli 1925 (RGBl. I S. 96). Sie wurde, da ihre Rechtsgültigkeit vom Preußischen Oberverwaltungsgericht verneint wurde, demnächst in ein Reichsgesetz vom 23. Dezember 1926 (RGBl. I S. 528), abgeändert durch Reichsgesetz vom 23. März 1929 (RGBl. I S. 81), übergeführt. Dieses kurze Gesetz war von vornherein nur als eine Übergangsregelung gedacht bis zum Erlaß eines umfassenderen Reichsmilchgesetzes. In dem erwähnten Gesetz von 1926/1929 erhielten die Gemeinden das Recht, den Milchhandel in gewissen Grenzen von einer besonderen Erlaubnis abhängig zu machen. Außerdem wurden die obersten Landesbehörden ermächtigt, Anordnungen über den Fettgehalt und die äußere Kennzeichnung einzelner Käsesorten zu treffen. Mittlerweile war im März 1929 nach eingehenden Beratungen mit den beteiligten Wirtschaftsgruppen in fast anderthalbjähriger Arbeit ein sog. Referentenentwurf des jetzt geltenden Reichsmilchgesetzes herangereift. Nach Anhörung der Länderregierungen und der Spitzenverbände der Wirtschaft wurde ein Regierungsentwurf dem Reichsrat und dem Vorläufigen Reichswirtschaftsrat zugeleitet. Der Arbeitsausschuß des letzteren hat seit 1929 den Entwurf gründlichen Beratungen unterzogen, deren im wesentlichen zustimmende Ergebnisse bei NATHUSIUS-NELSON, S. 4—8 mitgeteilt sind. Der Reichstag verabschiedete den ihm im Juni 1930 zugegangenen Gesetzentwurf am 17. Juli 1930 mit verschiedenen Abänderungen.

b) Geltendes Recht. Unterm 31. Juli 1930 ist das Milch-G. im RGBl. I S. 421 veröffentlicht worden.

I. Das Milchgesetz ist seitdem abgeändert:

1. in seinem § 38 durch die Notverordnung vom 2. März 1933 (RGBl. I S. 97) und durch die Gesetze vom 11. Mai und 20. Juli 1933 (RGBl. I S. 261 und 527);

2. in seinem § 36 Abs. 2 durch Streichung der Worte „und Margarinekäse" durch die 2. VO. des Reichspräsidenten zur Förderung der Verwendung inländischer Fette usw. vom 23. März 1933 (RGBl. I S. 143—144).

II. Viele Bestimmungen des Milch-G. erhalten erst wirkliches Leben durch die 1. VO. zur Ausführung des Milch-G. vom 15. Mai 1931 (Ausf.Best.). Die Vorschriften, auf welche sie gestützt ist, sind aus ihrer Einleitung, abgedruckt S. 544, ersichtlich. Dort ist auch ihr Inhalt übersichtlich zusammengestellt. Zu der VO. hat die Reichsregierung eine eingehende amtliche Begr. im Deutschen Reichs- und Preußischen Staatsanzeiger vom 11. Juni 1931 veröffentlicht. Ihr wesentlicher Inhalt ist in die Anmerkungen zu den einzelnen Paragraphen des Milch-G. hineingearbeitet.

Die 1. AusführungsVO. (Ausf.Best.) ist geändert, wie folgt:

1. § 28 ist aufgehoben durch Artikel 3 des Gesetzes vom 20. Juli 1933 (RGBl. I S. 527).

2. In § 21 Abs. 1 ist die dort nachgelassene Schonfrist für Milchflaschenverschlüsse durch die 2. VO. zur Ausführung des Milch-G. vom 8. Dezember 1933 (RGBl. I S. 1062) bis zum 31. Dezember 1934 und durch die 4. VO. zur Ausführung des Milch-G. vom 20. Dezember 1934 (RGBl. I S. 1267) bis zum 30. Juni 1935 erstreckt worden.

3. § 1 Abs. 3 Nr. 2b (betr. Pasteurisierungsverfahren) ist durch die 3. VO. zur Ausführung des Milch-G. vom 3. April 1934 (RGBl. I S. 299) in der aus S. 493 ersichtlichen Weise abgeändert. Die amtliche Begr. hierzu ist im Reichsgesundheits-Bl. 1934 S. 430 abgedruckt.

4. Die Änderung in § 29 durch die 5. VO. zur Ausführung des Milchgesetzes s. S. 541 Anm. 2.

III. Ergänzende Ausführungsbestimmungen haben die Länder erlassen. Sie sind nach dem Stande vom April 1933 bei STENGLEIN Erg. 1933 in Anm. 2 zu § 52 (S. 135) zusammengestellt, aber seitdem mannigfach geändert, namentlich im Zusammenhang mit den Änderungen des § 38 des Milch-G., dem Zusammenschluß der Milchwirtschaft und ihrem Einbau in den Reichsnährstand. Auch die Wandlung der staatsrechtlichen Verhältnisse der Länder seit Anfang 1933 hat Änderungen in den Zuständigkeiten der Behörden mit sich gebracht.

Hier mag es genügen, die Preußischen und Bayrischen Ausführungsverordnungen nach ihrem jetzigen Stand (Juli 1935) zusammenzustellen:

Für Preußen ist grundlegend die VO. zur Durchführung des Milch-G. vom 16. Dezember 1931 (Pr.Ges.S. S. 259). Sie ist abgedruckt bei NATHUSIUS-NELSON S. 267. Eine 2. VO. vom 6. Oktober 1932 (Pr.Ges.S. S. 325) ist aufgehoben durch die 3. VO. zur Durchführung des Milch-G. vom 20. Oktober 1934 (Pr.Ges.S. S. 425). Durch diese 3. VO. sind weiterhin die §§ 48—72 (die „Zusammenschlüsse" betreffend) aufgehoben und § 23 den veränderten staatsrechtlichen Verhältnissen angepaßt worden. Die 4. VO. vom 19. Dezember 1935 (Pr.Ges.S. S. 159) verlängert die Frist des § 16 (betr. Holzgefäße für Milch) bis 31. Dezember 1936.

Die grundlegende „Bayrische VO. zum Vollzug des Milch-G. (MilchVO.)" vom 23. Dezember 1931 (G.- u. V.Bl. S. 437) — abgedruckt bei Nathusius-Nelson S. 288 — ist seitdem (geringfügig) abgeändert:

in ihrem § 43 Abs. 2 durch die VO. vom 24. August 1932 (G.- u. V.Bl. S. 390) und durch Aufhebung ihres § 46 (Verkehr mit Käse betreffend) durch die VO. vom 30. Juni 1934 (G.- u. V.B.1 S. 287).

Schließlich hat die VO. vom 26. Februar 1935 (G.- u. V.Bl. S. 103) den § 26 abgeändert im Verfolg der 3. ReichsVO. zur Ausführung des Milch-G. vom 3. April 1934 und der VO. zur Änderung der Ausführungsvorschriften zum Viehseuchengesetz vom 24. März 1934 — siehe unten S. 497 —. Hierzu hat ferner das Bayrische Staatsministerium des Innern und für Wirtschaft (Abteilung Landwirtschaft) erlassen die Bekanntmachung über Milcherhitzungseinrichtungen vom 18. März 1935 (G.- u. V.Bl. S. 117).

IV. Der Verkehr mit Milch und Milcherzeugnissen unterliegt einer marktordnenden Bewirtschaftung. Sie bedarf im Rahmen des vorliegenden Werkes keiner näheren Darlegung.

Grundlegend ist das Gesetz über den Verkehr mit Milcherzeugnissen vom 20. Dezember 1933 (RGBl. I S. 1093). Hierzu sind ergangen:

a) Die VO. über den Verkehr mit Milcherzeugnissen vom 21. Dezember 1933 (RGBl. I S. 1109), geändert durch die VO. vom 31. Januar 1934 (RGBl. I S. 79) und durch die VO. vom 9. Januar 1935 (RGBl. I S. 10), welch letztere Butter und Käse, die von inländischen landwirtschaftlichen Betrieben aus eigener Erzeugung abgegeben werden, von den Beschränkungen des Gesetzes befreit;

b) die 2. VO. über den Verkehr mit Milcherzeugnissen vom 9. März 1934 (RGBl. I S. 184), welche Trockenmilch in die Bewirtschaftung einbezieht.

V. Über milchwirtschaftliche Zusammenschlüsse und ihren organisatorischen Einbau in den Reichsnährstand siehe unten bei § 38.

§ 1.

(1) Diesem Gesetz unterliegt[1] der Verkehr mit Kuhmilch[2] und den aus Kuhmilch gewonnenen Erzeugnissen[2, 5], soweit sie für den menschlichen Genuß[3] bestimmt sind[3]. Doch erstreckt sich das Gesetz, abgesehen von den Vorschriften in §§ 3, 4 nicht auf den Verkehr mit diesen Lebensmitteln innerhalb des Haushalts, in dem sie Verwendung finden[4].

(2) Die Ausführungsbestimmungen können vorschreiben, wieweit dieses Gesetz auch für Milch anderer Tiere[1], einschließlich der Erzeugnisse, gelten soll.

(3) Als Milch im Sinne dieses Gesetzes gilt auch zubereitete Milch[6].

Ausführungsbestimmungen.

Abschnitt I.

Zu §§ 1, 3, 4 des Milchgesetzes und § 5 Nr. 1a, b, c, Nr. 2, 4 des Lebensmittelgesetzes (a. F.).

Begriffsbestimmungen.

Milch.

§ 1.

(1) **Milch** ist das durch regelmäßiges, vollständiges Ausmelken des Euters gewonnene und gründlich durchgemischte Gemelk von einer oder mehreren Kühen aus einer oder mehreren Melkzeiten, dem nichts zugefügt und nichts entzogen ist.

(2) Nur die nachstehend aufgeführten Milchsorten sind Milch, auch wenn sie, wie im Abs. 3 aufgeführt, zubereitet sind:

1. **Vollmilch** ist Milch, die den von der obersten Landesbehörde gestellten Mindestforderungen an ihre Zusammensetzung, besonders an den Fettgehalt und an das spezifische Gewicht, genügt oder, soweit solche Mindestforderungen nicht gestellt werden, nicht erheblich hinter der Zusammensetzung zurückbleibt, die die Milch des in Betracht kommenden Verbrauchergebietes durchschnittlich aufweist. **Minder-, fettarme** oder gleichsinnig bezeichnete **Milch**

ist Milch, die den von der obersten Landesbehörde[7] an die Zusammensetzung von Vollmilch gestellten Mindestforderungen nicht genügt oder, soweit solche Mindestforderungen nicht gestellt werden, erheblich hinter der Zusammensetzung zurückbleibt, die die Milch des in Betracht kommenden Verbrauchergebietes durchschnittlich aufweist.

2. Markenmilch[8] ist Vollmilch, die den Vorschriften im Abschnitt II des Gesetzes entspricht.

3. Vorzugsmilch ist Vollmilch, die den von der obersten Landesbehörde gestellten, besonders hoch bemessenen Anforderungen an ihre Gewinnung (Beschaffenheit des Stalles, Gesundheitszustand der Kühe und seine Überwachung, Fütterung, Haltung und Pflege der Kühe, Melken, Überwachung des Gesundheitszustandes des Personals), ihre Zusammensetzung (Fettgehalt, spezifisches Gewicht), ihre Beschaffenheit (Keimgehalt, Keimart, Frische), ihre Behandlung (Reinigung Kühlung, Aufbewahrung), ihre Verpackung und ihre Beförderung genügt.

(3) Zubereitete Milch ist nur:

1. Homogenisierte Milch. Homogenisierte Milch ist Milch, die infolge mechanischer Zerkleinerung der größeren Fettkügelchen das Fett in so feiner Verteilung enthält, daß sich während 24 Stunden nach der Zubereitung keine Rahmschicht bildet.

2. Erhitzte Milch:

a) Gekochte Milch ist bis zum wiederholten Aufkochen erhitzte Milch;

b) Pasteurisierte Milch ist Milch, die spätestens innerhalb 22 Stunden[9a] nach dem Melken nach ausreichender Reinigung mittels eines anerkannten Pasteurisierungsverfahren sachgemäß erhitzt und im unmittelbaren Anschluß daran tiefgekühlt (§ 23 Abs. 3) worden ist; die obersten Landesbehörden können aus zwingenden wirtschaftlichen Gründen im Einzelfalle die Überschreitung der 22stündigen Frist bis zu 3 Stunden zulassen, sofern durch zweckmäßige Maßnahmen einer nachteiligen Veränderung der Milch vor dem Pasteurisieren entgegengewirkt wird.

Als anerkannte Pasteurisierungsverfahren gelten[9b]:

Hocherhitzung auf mindestens 85° nach Arbeitsweisen mit Apparatetypen, die von der Reichsregierung zugelassen, und mit Einrichtungen, die von den Landesbehörden einzeln genehmigt sind;

Kurzzeiterhitzung auf 71—74° unter Voraussetzungen, die von der Reichsregierung näher zu bestimmen sind, nach Arbeitsweisen mit Apparatetypen, die von der Reichsregierung zugelassen, und in Einrichtungen, die von den Landesbehörden einzeln genehmigt sind;

Dauererhitzung auf 62—65° auf die Dauer von mindestens einer halben Stunde unter Voraussetzungen, die von der Reichsregierung näher zu bestimmen sind, nach Arbeitsweisen mit Apparatetypen, die von der Reichsregierung zugelassen, und in Einrichtungen, die von den Landesbehörden einzeln genehmigt sind;

Hocherhitzung im Wasserbad auf mindestens 85° auf die Dauer von mindestens einer Minute, wenn sie in Ausnahmefällen vorübergehend von den Landesbehörden genehmigt ist.

Die Reichsregierung kann andere Pasteurisierungsverfahren anerkennen und Übergangsbestimmungen für die Anerkennung von Einrichtungen als Pasteurisierungseinrichtungen treffen.

Milcherzeugnisse.
§ 2.

Milcherzeugnisse sind, abgesehen von Butter und Käse, auf die diese Verordnung keine Anwendung findet, nur die nachstehend aufgeführten Erzeugnisse:

1. Sauermilchsorten:

a) Sauermilch (Saure Milch, Setzmilch, Dickmilch u. ä.) ist das aus Vollmilch durch Gerinnung infolge von Selbstsäuerung oder infolge des Zusatzes von Milchsäurebakterien gewonnene Erzeugnis;

b) Joghurt, Kefir u. ä. sind die mit den spezifischen Gärungserregern aus erhitzter Vollmilch auch nach Eindampfen hergestellten Erzeugnisse.

2. Magermilch, auch erhitzt[10], ist das bei der Entrahmung von Milch anfallende Erzeugnis.

3. Saure Magermilch ist das aus Magermilch durch Gerinnung infolge von Selbstsäuerung oder infolge des Zusatzes von Milchsäurebakterien gewonnene Erzeugnis sowie entrahmte Sauermilch.

4. Magermilch-Joghurt, Magermilch-Kefir u. ä. sind die mit den spezifischen Gärungserregern aus erhitzter Magermilch auch nach Eindampfen hergestellten Erzeugnisse.

5. Molke ist die Flüssigkeit, die bei der Herstellung von Käse nach Abscheidung des Käsestoffs (Caseins) und des Fettes bei der Gerinnung der Milch anfällt.

6. Buttermilch ist das bei der Verbutterung von Milch oder Sahne nach Abscheidung der Butter anfallende Erzeugnis, wenn das dem Butterungsgut zugesetzte Wasser nicht mehr als 10 vom Hundert des anfallenden Erzeugnisses[11] oder, wenn statt Wasser Magermilch verwendet wird, die dem Butterungsgut zugesetzte Magermilch nicht mehr als 15 vom Hundert des anfallenden Erzeugnisses[11] beträgt; Reine Buttermilch ist Buttermilch ohne Zusatz von Wasser oder Magermilch zum Butterungsgut.

7. Geschlagene Buttermilch ist das durch besondere Behandlung (Säuerung, Schlagen usw.) von Magermilch gewonnene Erzeugnis[12].

8. Sahne (Rahm), Kaffeesahne, Trinksahne, auch homogenisiert oder erhitzt[13], ist das durch Abscheiden von Magermilch aus Milch gewonnene Erzeugnis mit einem Mindestfettgehalt von 10 vom Hundert.

9. Saure Sahne[14] ist in vorgeschrittener milchsaurer Gärung befindliche Sahne.

10. Schlagsahne[15] ist Sahne mit einem Mindestfettgehalt von 28 vom Hundert.

11. Milch- und Sahnedauerwaren[16] (Dauermilch und Dauersahne):

a) Sterilisierte Milch ist Vollmilch, die spätestens innerhalb 22 Stunden nach dem Melken nach einem als wirksam anerkannten Sterilisierungsverfahren[17] sachgemäß erhitzt worden ist, wenn der dabei erforderliche keimdichte Verschluß unverletzt bleibt;

b) Sterilisierte Sahne[14] ist Sahne, die nach einem als wirksam anerkannten Sterilisierungsverfahren[17] sachgemäß erhitzt worden ist, wenn der dabei erforderliche keimdichte Verschluß unverletzt bleibt; Sterilisierte Schlagsahne ist Schlagsahne, die nach einem als wirksam anerkannten Sterilisierungsverfahren sachgemäß erhitzt worden ist, wenn der dabei erforderliche keimdichte Verschluß unverletzt bleibt;

c) Eingedickte Milch ist das Erzeugnis, das aus Milch auch nach Zusatz von Zucker und Einstellung auf einen für die Verarbeitung nötigen Fettgehalt[18] durch Entziehung eines erheblichen Teils des Wassers gewonnen ist;

aa) Ungezuckerte Kondensmilch ist eingedickte Milch ohne Zusatz von Zucker, die mindestens 7,5 vom Hundert Fett und mindestens 17,5 vom Hundert fettfreie Trockenmasse enthält;

bb) Gezuckerte Kondensmilch ist eingedickte Milch mit Zusatz von Zucker, die mindestens 8,3 vom Hundert Fett, mindestens 22 vom Hundert fettfreie Milchtrockenmasse und höchstens 27 vom Hundert Wasser enthält;

cc) Blockmilch ist bis zum schnittfähigen Zustand eingedickte Milch mit Zusatz von Zucker, die mindestens 12 vom Hundert Fett, mindestens 28 vom Hundert fettfreie Milchtrockenmasse und höchstens 16 vom Hundert Wasser enthält und mit einem Überzug von Kakaobutter versehen sein kann, der nicht mehr als 1 vom Hundert der Gesamtmasse beträgt;

dd) Blocksahne ist ein bis zum schnittfähigen Zustand eingedicktes Gemisch aus Sahne und Milch mit Zusatz von Zucker, das mindestens 18 vom Hundert Fett, mindestens 20 vom Hundert fettfreie Milchtrockenmasse und höchstens 16 vom Hundert Wasser enthält und mit einem Überzug von Kakaobutter versehen sein kann, der nicht mehr als 1 vom Hundert der Gesamtmasse beträgt;

d) Gezuckerte Kondensmagermilch ist eingedickte Magermilch mit Zusatz von Zucker, die mindestens 26 vom Hundert fettfreie Milchtrockenmasse[19] und höchstens 30 vom Hundert Wasser enthält;

e) Milchpulver (Trockenmilch) ist das Erzeugnis, das durch weitgehende Entziehung des Wassers der Milch nach Einstellung auf einen für die Verarbeitung nötigen Fettgehalt[18] entweder mittels Zerstäubung in warmem Luftstrom gewonnen ist und mindestens 25 vom Hundert Fett in der Trockenmasse und höchstens 4 vom Hundert Wasser enthält (Sprühmilch, Zerstäubungsmilch) oder unter Anwendung von heißen Walzen gewonnen ist und mindestens 25 vom Hundert Fett in der Trockenmasse und höchstens 6 vom Hundert Wasser enthält (Walzenmilch);

f) Magermilchpulver (Trockenmagermilch) ist das Erzeugnis, das durch weitgehende Entziehung des Wassers der Magermilch entweder mittels Zerstäubung in warmem Luftstrom gewonnen ist und höchstens 6 vom Hundert Wasser enthält (Sprühmagermilch, Zerstäubungsmagermilch) oder unter Anwendung von heißen Walzen gewonnen ist und höchstens 6 vom Hundert Wasser enthält (Walzenmagermilch);

g) Sahnepulver (Trockensahne) ist das Erzeugnis, das durch weitgehende Entziehung des Wassers der Sahne entweder mittels Zerstäubung in warmem Luftstrom gewonnen ist und mindestens 42 vom Hundert Fett in der Trockenmasse und höchstens 6 vom Hundert Wasser enthält (Sprühsahne, Zerstäubungssahne) oder unter Anwendung von heißen Walzen gewonnen ist und mindestens 42 vom Hundert Fett in der Trockenmasse und höchstens 6 vom Hundert Wasser enthält (Walzensahne).

Anmerkungen.

[1] In § 1 steckt das Milch-G. den Rahmen ab, in dem es den „Verkehr" mit Milch bzw. die „Bewirtschaftung" der Milch (vgl. LEFFMANN § 1 Anm. 2 und NATHUSIUS-NELSON § 1 Anm. 6) regeln will. Es dehnt dabei einerseits seinen Anwendungsbereich auf „zubereitete" Milch und „Milcherzeugnisse" mit ihrem in Ausf.Best. § 1 Abs. 3 bzw. § 2 rechtssatzmäßig festbegrenzten Begriffsinhalt aus. Andererseits beschränkt es seinen Wirkungsbereich in dreifacher Hinsicht, nämlich:

a) Auf den Verkehr mit von Kühen gewonnener Milch; von der Ermächtigung des Abs. 2, die Geltung des Gesetzes auf die Milch anderer Tierarten (z. B. von Ziegen, Schafen, Eseln, Stuten) zu erstrecken, haben die Ausf.Best. für das Reichsgebiet keinen Gebrauch gemacht; auch in der PVO. und er Bay.VO. finden sich solche Ausdehnungen nicht;

b) auf den Verkehr mit Milch, soweit sie für den menschlichen Genuß bestimmt ist;

c) auf den Verkehr mit Milch außerhalb des Haushalts, in dem sie Verwendung findet. Hier sollen jedoch die gesundheitspolizeilichen Vorschriften der §§ 3 und 4 Milch-G. anwendbar bleiben. Siehe Anm. 4.

[2] a) Was i. S. des Milch-G. als Milch, Milcherzeugnis und zubereitete Milch zu gelten hat, unter welchen Namen die einzelnen Arten dieser Gruppen im Verkehr auftreten dürfen, welche Beschaffenheit sie aufweisen müssen, wenn sie zu Recht ihren Namen führen wollen, welche Abweichungen von dieser Norm sie ohne weiteres zu verdorbenen, nachgemachten, verfälschten oder irreführend bezeichneten Lebensmitteln i. S. des § 4 LMG. machen, unter welchen Umständen ihre Gewinnung oder ihr Vertrieb im Interesse der Gesundheit

verboten ist — für alles dies stellen die Ausf.Best. Begriffsbestimmungen, Grundsätze und Verbote auf. Durch die ausdrückliche Bezugnahme auf § 5 Nr. 1 a, b, c, Nr. 2 und 4 LMG. a. F. wird klargestellt, daß diese Ausf.Best. nicht als bloße Auslegungsregeln für Sachverständige und Gerichte aufgefaßt sein wollen, sondern daß sie den Charakter bindender Rechtssätze haben. Vgl. hierzu die eingehenden Ausführungen bei Holthöfer-Juckenack § 5 Anm. 7 S. 140.

b) Die in §§ 1 und 2 Ausf.Best. gegebenen Begriffsbestimmungen, was Milch (einschließlich „zubereitete" Milch-§ 1 Abs. 3 Milch-G.) und Milcherzeugnisse i. S. des Milch-G. sind, gehen von dem Grundsatz der Vollständigkeit aus, d. h. nur soweit hier Begriffsbestimmungen für Milch und Milcherzeugnisse aufgestellt sind, sind auch in Zukunft derartige Lebensmittel „Milch" oder „Milcherzeugnisse". (So Ausf.Best. Begr. besonderer Teil II zu Abschnitt I vor § 1; vgl. auch § 11 Nr. 1 Ausf.Best.). Daher erstreckt sich das Milch-G. nicht auf den Verkehr mit sonstigen Lebensmitteln eigener Art, zu deren Herstellung oder bei deren Herstellung Milch oder Milcherzeugnisse verwendet worden sind, wie z. B. Speiseeis, Milchkaffee, Milchsuppen, Milchreis, Milchpudding, mit Milchzusatz gekochte Fische, durch Einlegen in Milch vorbehandeltes Fleisch usw. Siehe Nathusius-Nelson § 1 Anm. 3 S. 48 und § 3 Anm. 6 S. 58. Diese sonstigen Lebensmittel eigener Art unterstehen rechtlich nur soweit nicht Sonderrecht für sie geschaffen ist, dem LMG., während der Verkehr mit „Milch" und „Milcherzeugnissen" (§ 2 Ausf.Best.) bis zur Herstellung eines Erzeugnisses, das nicht mehr Milch oder Milcherzeugnis i. S. der §§ 1 und 2 Ausf.Best. ist, auch dem Milch-G. unterfällt.

³ Nicht unter das Milch-G. fällt die Milch, die zur Verfütterung oder zu technischen Zwecken bestimmt ist. Ob Milch oder ein Milcherzeugnis zum menschlichen Genuß bestimmt ist, ist, wie bei § 1 LMG., nach Lage des einzelnen Falles zu entscheiden. Eine derartige Bestimmung kann sich ergeben

a) ohne weiteres aus den Umständen, z. B. aus vorbehaltslosem Feilhalten in einem Lebensmittelgeschäft,

b) aus der besonderen Hervorhebung dieser Zweckbestimmung im Einzelfall, z. B. durch Bezeichnung als Trinkmilch gegenüber einem Gelegenheitskäufer im Bauernhof.

Die Bestimmung kann auf dem Wege von der Gewinnung bis zum Verbrauch — auch für Teile, z. B. Abfall beim Buttern — geändert werden. Sobald und solange Milch und Milcherzeugnisse zum menschlichen Genuß bestimmt sind, greifen das Milch-G. und selbstverständlich auch die Ausf.Best. und die Durchführungsbestimmungen der Länder ein. Näheres hierzu bei Nathusius-Nelson § 1 Anm. 2 S. 47. — Über die Bedeutung der amtlichen Probeentnahme siehe Holthöfer in Deutsch. Nahrungsm.-Rundschau 1935, Nr. 2, S. 9: „Ist Probeentnahme ein Inverkehrbringen?"

⁴ Unter Haushalt ist hier wie in § 2 Abs. 3 des FlG. — S. 946 — der Privathaushalt einschließlich der Hausangestellten, der vom Meister verpflegten Handwerksgesellen und -lehrlinge, der landwirtschaftlichen von der Küche des Haushalts verpflegten Hilfskräfte und der Hausgäste zu verstehen, auch wenn derart zusammengehörige Personen etwa bei einem gemeinsamen Ausflug im Gasthaus Milch oder Milcherzeugnisse verzehren. Nicht als Haushalt in dem hier fraglichen Sinne gilt der Haushalt der Kasernen, Krankenhäuser, Erziehungsanstalten usw. Deshalb hat der Gesetzgeber sie ebenso wie Schankwirtschaften, Gastwirtschaften und ähnliche Betriebe in § 2 Milch-G. besonders neben dem „eigenen Haushalt" erwähnt.

Die §§ 3 und 4 Milch-G., die zum Schutz der Gesundheit erlassen sind, finden auch auf den Privathaushalt Anwendung.

Die Behandlung von Milch und Milcherzeugnissen, die jemand dem eigenen Verzehr zuführt, wird durch da Milch-G. überhaupt nicht betroffen, wenn dies auch als selbstverständlich im Gesetz nicht besonders gesagt ist. So mit Recht Nathusius-Nelson § 1 Anm. 6 S. 49.

⁵ Ihre — vollständige, nicht nur beispielsweise (vgl. oben Anm. 2) — Aufzählung findet sich in Ausf.Best. § 2. Auch Käse und Butter wollen nach dem Eingang dieses § 2 zu den Milcherzeugnissen i. S. des Milch-G. gerechnet sein. Sie haben eine Sonderregelung erfahren (S. 546 und 553).

⁶ Eine — vollständige (vgl. oben Anm. 2) — Zusammenstellung dessen, was unter der Sammelbezeichnung „zubereitete Milch" zu verstehen ist, enthält § 1 Abs. 3 Ausf.Best. Im Verkehr mit zubereiteter Milch muß auf die Art der Zubereitung, d. h. auf die Homogenisierung oder das Kochen oder auf die Pasteurisierung in irgendeiner Weise hingewiesen werden. § 10 Nr. 6 und 7 Ausf.Best. „die Angabe des angewendeten Pasteurisierungsverfahrens ist nicht erforderlich" (Ausf.Best. Begr. zu § 10 Nr. 7).

⁷ Diese — nach §§ 5 und 54 Abs. 2 Milch-G. auf nachgeordnete Behörden im Rahmen des Landesrechts übertragbare — Zuständigkeit ist in Preußen durch PVO. § 6 den Regierungspräsidenten, in Berlin dem Polizeipräsidenten überlassen mit der Maßgabe, daß die Mindestforderung an den Fettgehalt 2,7% nicht unterschreiten darf.

Die Regelung für Bayern findet sich in Bay.VO. §§ 1 und 10. § 10 Bay.VO. lautet:
„(1) Fettärmere Milch ist Milch, deren Fettgehalt um 0,3 v. H. und mehr hinter dem Fettgehalt zurückbleibt, den die Milch nach Feststellung einer öffentlichen oder staatlich anerkannten Untersuchungsanstalt innerhalb eines einheitlichen Wirtschaftsgebietes (z. B. Einzugsgebiet einer Stadt, Bereich der Emmentaler- oder der Weichkäserei) durchschnittlich aufweist.

(2) Fettärmere Milch ist vom 1. Oktober 1934 ab als solche zu bezeichnen." „Dabei ist hervorzuheben, daß nach § 5 Milch-G. die obersten Landesbehörden nur an Trinkmilch gewisse Mindestforderungen stellen können, nicht aber an Werkmilch" (Ausf.Best. Begr. zu § 1). Werkmilch ist Milch, die zur Verarbeitung auf Milcherzeugnisse bestimmt ist. (Grundsätze zu § 38 Milch-Ges. I in Anl. zu § 28 Ausf.Best.) „Milch, die diesen Mindestforderungen nicht entspricht, darf nicht schlechthin als „Milch" bezeichnet werden (§ 10 Nr. 5 Ausf.Best.). Eine Regelung des Verkehrs mit dieser Milch liegt selbstverständlich in ihrer Aufführung unter den Milchsorten nicht. Diese Regelung bleibt vielmehr, dem § 5 des Gesetzes entsprechend, den obersten Landesbehörden vorbehalten, ebenso wie diese vorschreiben können" (wie z. B. Bayern in dem vorstehend abgedruckten § 10 Abs. 2 Bay.VO.), „was unter einer gleichsinnigen Bezeichnung zu verstehen ist, die diese Milch tragen muß, wenn oder insoweit sie von den obersten Landesbehörden zum Verkehr zugelassen wird." (Ausf.Best. Begr. zu § 1.)

[8] Über Markenmilch siehe §§ 20f.

[9] a) Überschreitung der 22stündigen (bzw. landesrechtlich bis zu 25 Stunden verlängerten) Frist schließt nach § 10 Nr. 4 Ausf.Best. aus, daß die Milch als „pasteurisierte", „erhitzte" oder „zubereitete" Milch in Verkehr gebracht wird. b) Von hier ab hat § 1 Abs. 3 Nr. 2b durch die 3. VO. zur Ausführung des Milch-G. vom 3. April 1934 (RGBl. I S. 299) mit Wirkung vom 15. April 1934 die im Text mitgeteilte Neufassung erhalten.

Im Zusammenhang hiermit sind §§ 27 und 28 der Ausführungsvorschrift des Bundesrats vom 7. Dezember 1911 (RGBl. 1912 S. 4) geändert worden durch VO. des Reichsministers des Innern vom 24. März 1934 (RMinBl. S. 300).

Zu den in den beiden vorstehenden Sätzen erfolgten Rechtsänderungen ist unterm 20. Dezember 1934 ergangen (LMBl. 1935 S. 19f, abgedruckt auch im Reichsgesundh.Bl. 1935, Nr. 8, S. 150—162) der sehr ausführliche und mit zahlreichen Abbildungen versehene Runderlaß des Preußischen Landwirtschaftsministeriums betr. Änderung der §§ 27 und 28 der Ausführungsvorschriften des Bundesrats zum Viehseuchengesetz vom 7. Dezember 1911 (RGBl. 1912 S. 4) und 3. VO. zur Ausführung des Milch-G. vom 3. April 1934 (RGBl. I S. 299)." Der Erlaß ist durch Zulassung eines weiteren Milcherhitzungsapparates ergänzt unterm 22. Februar 1935 (LMBl. S. 126).

Die Vorschriften vom 20. Dezember 1934 sind den außerpreußischen Landesregierungen zur Nachachtung empfohlen worden durch den an gleicher Stelle wie die vorerwähnte PVO. abgedruckten „Runderlaß vom 4. Februar 1935 des Reichs- und Preußischen Ministers für Ernährung und Landwirtschaft an die außerpreußischen Landesregierungen betr. VO. zur Änderung der §§ 27, 28 der Ausführungsvorschriften zum Viehseuchengesetz und 3. VO. zur Ausführung des Milch-G. (Prüfung und Zulassung von Milcherhitzungsapparaten sowie amtliche Überwachung der Sammelmolkereien)." Wegen der Bay.VO. über diesen Gegenstand siehe oben S. 492.

[10] D. i. nach Maßgabe der Ausf.Best. § 1 Abs. 3 Nr. 2.

[11] Nicht des Butterungsgutes, sondern der Buttermilch. (Ausf.Best. Begr. zu § 2.)

[12] Diese Begriffsbestimmung ist bedenklich, da sie schwer in Einklang zu bringen ist mit dem Nachmachungsverbot in § 36 Milch-G. Nach der Bezeichnung „geschlagene Buttermilch" muß der unbefangene Verbraucher annehmen, eine besondere Sorte von Buttermilch, d. h. eines bei Verbutterung der Sahne anfallenden Erzeugnisses (§ 2 Nr. 6 Ausf.Best.) vor sich zu haben, nicht aber ein minderwertiges Magermilcherzeugnis, das dem Buttermilcherzeugnis nach Bezeichnung, Aussehen, Geschmack und Geruch verwechselbar ähnlich ist. Vgl. hierzu den Aufsatz von Juckenack in Z. 1931, Beil. 23, S. 49 und Nathusius-Nelson § 36 Anm. 2 S. 160—161.

[13] Das ist nach Maßgabe des § 1 Abs. 3 Nr. 1 und 2 Ausf.Best.

[14] Auch sie muß, da sie „Sahne" ist, einen Mindestfettgehalt von 10 vom Hundert haben.

[15] Gleich viel ob in geschlagenem oder flüssigem Zustand. Gegen die üblichen Zusätze von Zucker, Vanillin, Tragant in geschlagener Schlagsahne im Konditoreiverkehr wird man mit Nathusius-Nelson Ausf.Best. § 2 Anm. 8 — S. 223 — nichts einwenden können, da sie vom Publikum erwartet werden.

[16] Sie unterliegen der Kennzeichnungspflicht nach § 1 Abs. 1 Nr. 4, § 2 Abs. 2 Nr. 3 der VO. über die äußere Kennzeichnung von Lebensmitteln vom 8. Mai 1935 (RGBl. I S. 590).

[17] Ein bestimmtes Verfahren ist hier im Gegensatz zum Pasteurisierungsverfahren (nach § 1 Abs. 3) Ausf.Best. nicht vorgeschrieben. Die Ware darf jedoch nicht gegen die Verbote in Ausf.Best. § 5 Nr. 6 und 7 — unten S. 501 — verstoßen.

¹⁸ Vgl. § 9 Nr. 2 Ausf.Best. Über den Grund dieser Ausnahme siehe NATHUSIUS-NELSON Ausf.Best. § 2 Anm. 11 — S. 223.

¹⁹ Hier ist Milchtrockenmasse im Gegensatz zur vorhergehenden Nummer (unter aa) gesagt, um klarzustellen, daß hier die dem zugesetzten Zucker entstammende Trockenmasse (die ja bei aa fehlt) nicht mitzuzählen ist.

§ 2.

(1) Verbraucher¹ im Sinne dieses Gesetzes ist, wer Milch oder Milcherzeugnisse zum persönlichen Genuß oder zur Verwendung im eigenen² Haushalt bezieht.

(2) Als Verbraucher gelten außerdem Gastwirte, Schankwirte und andere Gewerbetreibende¹ᵇ, soweit sie diese Lebensmittel zur Verwendung innerhalb ihrer Betriebsstätte³ beziehen. Das Entsprechende gilt für Krankenhäuser, Heilanstalten, Erziehungsanstalten, Wohlfahrtsanstalten und ähnliche Einrichtungen.

(3) Milchwirtschaftliche Unternehmen sind nicht Verbraucher im Sinne dieses Gesetzes³, ¹ᵇ.

Anmerkungen.

¹ a) „Wo im Gesetz vom „Verbraucher" die Rede ist, handelt es sich um den Bezug im wirtschaftlichen Verkehr, also im wesentlichen um das Verhältnis des Kunden zum liefernden Unternehmen, gleichviel ob der Kunde die Milch selbst genießt oder sie in seinem Haushalt oder seinem eigenen Geschäftsbetriebe verwendet. Wie sich zumeist schon aus dem Inhalt der betreffenden Vorschriften ergibt, sollen jedoch mit dem Ausdruck „Verbraucher" nicht solche Kunden getroffen werden, die selbst milchwirtschaftliche Unternehmer sind und als solche Milch beziehen, also besonders nicht Milchhändler und milchbearbeitende Betriebe. Dies soll Abs. 3 ausdrücklich festlegen.

b) Eine Doppelstellung nehmen Gewerbebetriebe wie Schankwirtschaften, Bäckereien Konditoreien ein. Ihren Milchlieferanten gegenüber sind sie Verbraucher, während ihnen selbst gegenüber die Gäste und Kunden, an die sie Milch abgeben, Verbraucher sind." (Milch-G. Begr. zu § 2.)

² Das ist in der Haushaltsgemeinschaft, zu der er gehört. Vgl. § 1 Anm. 4.

³ Gegensatz zum Verbraucher: Diejenigen, die Milch und Milcherzeugnisse beziehen, um mit Milch und Milcherzeugnissen als solchen Handel zu treiben. Es haben hiernach sog. Milchrestaurants, die in der Hauptsache Milch vertreiben, und Milchhäuschen als milchwirtschaftliche Unternehmungen i. S. des § 2 Abs. 3 zu gelten. Geschäftsleute, die in der Hauptsache andere Ware, nebenbei auch Flaschenmilch vertreiben, sind weder milchwirtschaftliche Unternehmungen noch Verbraucher, letzteres nicht, weil sie die Milch nicht innerhalb ihrer Betriebsstätte verwenden. So NATHUSIUS-NELSON § 2 Anm. 7 — S. 57.

I. Allgemeine Vorschriften über den Verkehr mit Milch¹ᵃ.

§ 3¹.

(1) Milch von Kühen, deren Gesundheitszustand² die Beschaffenheit³ der Milch nachteilig beeinflussen kann⁴, darf, vorbehaltlich der Vorschriften des § 4⁵, weder als solche in den Verkehr gebracht⁶ noch zu Milcherzeugnissen⁷ oder anderen Lebensmitteln⁸ verwendet werden.

(2) Dieses Verbot bezieht sich insbesondere⁹ auf Milch von Kühen, die mit äußerlich erkennbarer Tuberkulose behaftet sind, sofern sie sich in der Lunge in vorgeschrittenem Zustand befindet oder Euter, Gebärmutter oder Darm ergriffen hat.

(3) Das Verbot des Abs. 1 gilt auch dann, wenn das Vorhandensein einer der Tuberkuloseformen des Abs. 2 in hohem Grade wahrscheinlich ist¹⁰.

§ 4¹ᵇ.

(1)¹¹ Milch von Kühen, die an Maul- und Klauenseuche³⁶ leiden, sowie Milch, die aus Beständen stammt, in denen diese Seuche herrscht, ebenso Milch von Kühen, die an äußerlich erkennbarer Tuberkulose³⁷, abgesehen von den im § 3 Abs. 2 und 3 genannten Formen, erkrankt sind oder bei denen einfacher Verdacht der Eutertuberkulose besteht¹⁰, darf als solche¹³ nur in den Verkehr gebracht⁶ oder zur Herstellung von Milcherzeugnissen⁷ oder anderen Lebensmitteln⁸ verwendet werden, wenn durch ausreichende Erhitzung¹⁴ oder ein gleichwertiges Verfahren jede Gefahr für die Gesundheit beseitigt ist.

(2) Die Ausführungsbestimmungen [15] regeln, inwieweit in den Fällen des Abs. 1 die gedachte Bearbeitung innerhalb oder außerhalb der Betriebsstätte des Erzeugers [16] zu erfolgen hat.

(3) Ferner können die Ausführungsbestimmungen weitere Ausnahmen von der Vorschrift des § 3, abgesehen von den Fällen des § 3 Abs. 2 und 3 [9], zulassen, wenn die Milch durch ausreichende Schutzmaßregeln, insbesondere durch Bearbeitung oder Verarbeitung, für den menschlichen Genuß tauglich gemacht wird.

Ausführungsbestimmungen.

Verbote [17] zum Schutze der Gesundheit.

Milch.

§ 3.

Es ist insbesondere verboten [17]:

1. für andere [18] zu gewinnen oder in den Verkehr zu bringen:

a) Milch von Kühen, die mit äußerlich erkennbarer Tuberkulose behaftet sind, sofern sie sich in der Lunge in vorgeschrittenem Zustand befindet oder Euter, Gebärmutter oder Darm ergriffen hat, oder bei denen das Vorhandensein einer dieser Tuberkuloseformen in hohem Grade wahrscheinlich ist [10] (Anhang zu Abschnitt II Nr. 12 der Ausführungsvorschriften des Bundesrats zum Viehseuchengesetze vom 7. Dezember 1911 — RGBl. 1912 S. 4);

b) Milch von Kühen, die an Milzbrand [19], Rauschbrand, Wild- und Rinderseuche oder Tollwut erkrankt oder einer dieser Seuchen verdächtig sind oder die vor weniger als neun Tagen mit lebenden Erregern des Milzbrandes geimpft sind;

c) Milch von Kühen [20], die infolge einer Infektion mit Bakterien der Enteritisgruppe erkrankt sind oder diese Bakterien ausscheiden [21], ferner Milch von Kühen, die an fieberhaften Krankheiten leiden, insbesondere an solchen, die sich im Anschluß an das Abkalben entwickeln oder mit Störungen des Verdauungsapparates verbunden oder Blutvergiftungen sind;

d) Milch von Kühen, deren Allgemeinbefinden erheblich gestört ist oder die an solchen Erkrankungen der Geschlechtsorgane leiden, bei denen reichlicher [22] Ausfluß besteht;

e) Milch von Kühen, die an einer entzündlichen Erkrankung der Haut des Euters oder des Euters selbst leiden, im Falle des gelben Galtes [23] jedoch nur dann, wenn die Milch sinnfällig verändert ist;

f) Milch von Kühen, die mit Futtermitteln [2] gefüttert werden, welche die Beschaffenheit der Milch nachteilig für die menschliche Gesundheit beeinflussen können;

g) Milch von Kühen, die mit in die Milch übergehenden Arzneimitteln [24] behandelt werden oder vor weniger als fünf Tagen behandelt worden sind;

2. [25] Milch in den Verkehr bringen, die Blei oder technisch vermeidbare Mengen Antimon, Zinn, Zink, Kadmium, Kupfer, Nickel, Eisen oder Aluminium enthält;

3. [25] Einrichtungen und Gegenstände, die bei bestimmungsgemäßem oder vorauszusehendem Gebrauche mit Milch in Berührung kommen, soweit sie dabei gesundheitsschädliche Stoffe an die Milch abgeben können, herzustellen oder in den Verkehr zu bringen, insbesondere solche, die:

a) ganz oder teilweise aus Blei oder einer in 100 Gewichtsteilen mehr als 10 Gewichtsteile Blei enthaltenden Metallegierung hergestellt sind;

b) an der Innenseite mit einer Metallegierung verzinnt sind, die in 100 Gewichtsteilen mehr als 1 Gewichtsteil Blei enthält, oder verzinkt oder mit einer Metallegierung gelötet sind, die in 100 Gewichtsteilen mehr als 10 Gewichtsteile Blei enthält;

c) mit Email oder Glasur versehen sind, die bei halbstündigem Kochen mit einem in 100 Gewichtsteilen 4 Gewichtsteile Essigsäure enthaltenden Essig an diesen Blei oder bei halbstündigem Kochen mit einer Lösung von 3 Gewichtsteilen Weinsäure in 100 Gewichtsteilen Wasser an diese Antimon in einer Menge abgeben, die bei Gefäßen von 0,5 Liter Rauminhalt und darüber mehr als 2 Milligramm Blei oder 2 Milligramm dreiwertiges Antimon für je 1 Liter Rauminhalt, bei Gefäßen von unter 0,5 Liter Rauminhalt mehr als 1 Milligramm Blei oder 1,5 Milligramm dreiwertiges Antimon für das ganze Gefäß beträgt;

d) ganz oder teilweise aus Kupfer — ausgenommen Kessel[26] —, Messing, Zink oder rostfähigem Eisen hergestellt sind, wenn diese Metalle nicht verzinnt oder mit einem Überzug von Email oder Aluminium versehen sind; die obersten Landesbehörden können abweichende Bestimmungen treffen;

e) verrostet[27] oder in ihrer Verzinnung oder in ihrem Überzug so schadhaft sind, daß das darunterliegende Metall in größerer Ausdehnung sichtbar ist;

f) mit blei- oder zinkhaltigem Gummi oder mit einer Mennige enthaltenden Masse abgedichtet sind;

4.[28] der Milch Frischerhaltungs- oder Neutralisierungsmittel zuzusetzen oder Milch, die solche Zusätze enthält, in den Verkehr zu bringen;

5.[29] Frischerhaltungs- oder Neutralisierungsmittel zum Zwecke des Zusatzes zu Milch herzustellen oder in den Verkehr zu bringen.

§ 4.

(1) Sofern nicht die Milch gemäß § 13[14] erhitzt ist, ist insbesondere verboten[17] für andere[18] zu gewinnen oder in den Verkehr zu bringen:

1. Milch von Kühen, die an Maul- und Klauenseuche[36] leiden, sowie Milch, die aus Beständen stammt, in denen diese Seuche herrscht; die obersten Landesbehörden können aus zwingenden wirtschaftlichen Gründen abweichende[30] Bestimmungen treffen, wenn sie ein der ausreichenden Erhitzung gleichwertiges Verfahren vorschreiben;

2. Milch von Kühen, die an äußerlich erkennbarer Tuberkulose[37], abgesehen von den im § 3 Nr. 1a genannten Formen erkrankt sind oder bei denen einfacher Verdacht der Eutertuberkulose besteht (Anhang[10] zu Abschnitt II Nr. 12 der Ausführungsvorschriften des Bundesrats zum Viehseuchengesetze);

3. Milch von Kühen, die infolge einer Infektion mit dem Abortusbazillus Bang erkrankt sind oder diesen Bazillus mit der Milch ausscheiden[35]; die obersten Landesbehörden können aus zwingenden wirtschaftlichen Gründen abweichende Bestimmungen treffen, wenn die Milch durch Verarbeitung für den menschlichen Genuß tauglich gemacht wird;

4. Milch, die aus Beständen stammt, in denen eine Infektion mit Bakterien der Enteritisgruppe festgestellt ist[20];

5. Milch von Kühen, die an Kuhpocken erkrankt sind.

(2) Ferner ist verboten, von Kühen, die an gelbem Galt[23] leiden, Milch, die, ohne sinnfällig verändert zu sein, lediglich mikroskopisch nachweisbaren Eiter enthält, für andere zu gewinnen oder in den Verkehr zu bringen, sofern sie nicht nach Reinigung mit Zentrifugen und ausreichender Erhitzung (§ 13) zu Milcherzeugnissen verarbeitet wird.

(3) Die Verbote in Abs. 1 Nr. 3, 4, 5, Abs. 2 gelten für den Inhaber des Erzeugerbetriebs[15] nicht, wenn in den Fällen des Abs. 1 Nr. 3, 4, 5 zum Zwecke der Erhitzung, im Falle des Abs. 2 zum Zwecke der Reinigung, Erhitzung und Verarbeitung[11] Milch an Sammelmolkereien[32] (§ 26 der Ausführungsvorschriften des Bundesrats zum Viehseuchengesetze[31]) unter Kenntlichmachung abgegeben wird.

(4) Das Verbot im Abs. 1 Nr. 1 gilt für den Inhaber des Erzeugerbetriebs[15] nicht, wenn die zuständige Behörde die Abgabe von Milch an Sammelmolkereien[32] unter der Voraussetzung, daß die Erhitzung der gesamten Milch dort gewährleistet ist, ausnahmsweise zuläßt.

Milcherzeugnisse[7].
§ 5.
Es ist insbesondere verboten[17]:

1. Milcherzeugnisse oder andere Lebensmittel unter Verwendung von Milch herzustellen, die unter die Verbote in §§ 3, 4 fällt;

2.[33] Milcherzeugnisse in den Verkehr zu bringen, die Blei oder technisch vermeidbare Mengen Antimon, Zinn, Zink, Kadmium, Kupfer, Nickel, Eisen oder Aluminium enthalten;

3.[29] Einrichtungen und Gegenstände, die bei bestimmungsgemäßem oder vorauszusehendem Gebrauche mit Milcherzeugnissen in Berührung kommen, soweit sie dabei gesundheitsschädliche Stoffe an die Milcherzeugnisse abgeben können, herzustellen oder in den Verkehr zu bringen, insbesondere solche der im § 3 Nr. 3 bezeichneten Art;

4.[28] Milcherzeugnissen Frischerhaltungs- oder Neutralisierungsmittel zuzusetzen oder Milcherzeugnisse, die solchen Zusatz enthalten, in den Verkehr zu bringen;

5.[29] Frischerhaltungs- oder Neutralisierungsmittel zum Zwecke des Zusatzes zu Milcherzeugnissen herzustellen oder in den Verkehr zu bringen;

6. sterilisierte Milch, sterilisierte Sahne, sterilisierte Schlagsahne, Kondensmilch oder Kondensmagermilch in oder aus Behältnissen, die aufgetrieben[34] oder vor dem Öffnen nicht mehr keimdicht verschlossen sind, in den Verkehr zu bringen;

7. sterilisierte Milch, sterilisierte Sahne oder sterilisierte Schlagsahne, die bei dreitägiger Erwärmung auf 37° verdirbt, in den Verkehr zu bringen.

Anmerkungen.
[1] a) Zu Abschnitt I. Die Vorschriften des Abschnitts I gelten entsprechend auch für den Verkehr mit Rahm, Magermilch, Buttermilch, Sauermilch, Joghurt und Kefir (§ 35 nebst Anm.) Das gleiche gilt nach Ausf.Best. § 27 (abgedruckt bei § 35 Milch-G.) auch für den Verkehr mit Molke.
Entsprechenden strafrechtlichen Schutz sichert § 49.
b) Zu § 3 und 4:
„Die Sicherstellung einer stofflich und gesundheitlich einwandfreien Milch bildet eine unerläßliche hygienische Forderung. Für die Erzielung einer derartigen Milch ist in erster Linie der Gesundheitszustand der Milchtiere maßgebend." (Begr. zu §§ 3, 4 Milch-G.) Die hierher gehörigen Vorschriften finden sich in §§ 3, 4 Milch-G. und in Ausf.Best. § 3 Nr. 1, § 4 und § 5 Nr. 1. Daneben gelten §§ 3, 4 LMG. und die einschlägigen — im folgenden mitberücksichtigten — Vorschriften des Viehseuchengesetzes vom 26. Juni 1909 (RGBl. S. 519) in der Fassung vom 18. Juli 1928 (RGBl. I S. 289) und vom 10. Juli 1929 (RGBl. I S. 133) nebst den dazu erlassenen Ausführungsvorschriften vom 7. Dezember 1911 (RGBl. 1912 S. 4) in der Fassung der Bek. vom 8. Februar 1918 (RGBl. S. 129) und vom 28. November 1930 (RMinBl. S. 667), sowie der VO. zur Änderung der §§ 27, 28 der Ausführungsvorschriften vom 24. März 1934 (RMinBl. S. 300), im Auszug mitgeteilt bei NATHUSIUS-NELSON S. 353f im Nachtrag 1934 S. 8. Die Strafbestimmungen zu § 3 und 4 Milch-G. befinden sich in § 44 Abs. 1 Nr. 1 und Abs. 2 Milch-G.
[2] Gemeint ist hier ein abnormaler, wenn auch nicht gerade krankhafter Gesundheitszustand des Tieres. Milch, deren Beschaffenheit durch ungeeignete Futtermittel (z. B. mit Rizinuskuchen verfälschte Ölkuchen, verschimmeltes Kraftfutter — vgl. Begr.) in einem der menschlichen Gesundheit abträglichen Grade beeinflußt ist, unterliegt dem Verbot des § 3 Nr. 1f Ausf.Best. Im Geschmack, Geruch oder Aussehen — gleichviel aus welchen Gründen — erheblich beeinträchtigte Milch ist durch § 6 Nr. 2 Ausf.Best. als „verdorben" vom Verkehr ausgeschlossen.

³ Unter Beschaffenheit wird man in Anlehnung an den Sprachgebrauch in Milch-G.
§ 5 und in Ausf.Best. § 1 Abs. 2 Nr. 1 und 3 nicht die Zusammensetzung (Fettgehalt und
Spezifisches Gewicht), sondern in erster Linie den Keimgehalt, die Keimart und die Frische
zu verstehen haben.

⁴ Auch wenn diese Wirkung tatsächlich nicht eintritt, bleibt das Verbot mit seinen Straf-
folgen (§ 44 Milch-G.) bestehen. Die wichtigsten Anwendungsfälle, wann diese Möglichkeit
gegeben ist, sind im Gesetz selbst (§§ 3 Abs. 2, § 4) aufgeführt; weitere Beispiele enthalten
die Ausf.Best. in § 3 Nr. 1 und § 4.

⁵ Und der gemäß Abs. 3 des § 4 zugelassenen weiteren Ausnahmen, die in § 4 Ausf.Best.
enthalten sind.

⁶ „In Verkehr bringen" bedeutet jedes Überlassen an einen anderen derart, daß dieser
darüber nach eigenem Ermessen verfügen kann. Siehe hierzu Holthöfer in Band I S. 1293
Anm. 16 und in Anm. 8 zu § 9 FlG. (S. 953) und KG. 10. Dezember 1935 in JW. 1936, S. 137.

Nicht überall, wo ein Gesetz ein Inverkehrbringen verbietet, ist der Verkehrskreis,
innerhalb dessen das Verbot gelten soll, der gleiche. Einzeldarlegungen hierzu finden sich
in dem Aufsatz von Holthöfer „Verbrauchshandlungen" in der „Deutschen Nahrungsmittelrundschau" 1934, S. 161.

Das Milchgesetz steckt in seinem § 1 seinen Geltungsbereich mit deutlichen Worten
insoweit ab, als es den Verkehr innerhalb des Verbraucherhaushalts von seinen Vorschriften
freistellt, soweit es sich nicht um die hygienischen Verkehrsverbote der §§ 3 und 4 handelt.
Nur teilweise aber ist rechtssatzmäßig klargestellt, inwieweit der Verkehr zwischen
Erzeugerbetrieb und gemeinschaftlicher Milchbe- oder -verarbeitungsstelle
(vgl. §§ 25—30 der Ausführungsvorschriften zum Viehseuchengesetz — Fundort siehe § 3
Anm. 1 b — sowie PVO. § 12 Abs. 2 und BayVO. § 23) von Verboten des Inverkehrbringens
ausgeschlossen sein soll. Das ist in § 4 Abs. 3 und 4 der 1. Ausf.VO. zum Milchges. geschehen.
In einem Urteil vom 2. Oktober 1928 (1 S. 538/28) hat das Kammergericht in der
Anlieferung verschmutzter Milch durch einen Genossen an eine Sammelmolkerei kein straf-
bares Inverkehrbringen gefunden, weil die Reinigung und Verarbeitung der Milch gerade Aufgabe der mit den erforderlichen technischen Mitteln ausgestatteten Molkerei sei und die
zur Beurteilung stehende Polizeiverordnung eine nicht zum unmittelbaren Verbrauch
erfolgende Abgabe von Milch ihren Vorschriften nicht unterstelle. Unter der Herrschaft
des Milchgesetzes wird bei den strengen Anforderungen, die § 6 des Milchges. und §§ 14—19
Ausf.Best. an die Behandlung der Milch im Erzeugerbetrieb stellt, für die Anwendung
des Rechtsgedankens, der für das erwähnte KG.-Urteil entscheidend war, kaum Raum
bleiben. Um so weniger, als es naheliegt, die Vorschriften in § 4 Nr. 3 und 4 Ausf.Best.
als eng auszulegende Ausnahme von einer gegenteiligen Regel zu werten.

Daß die Lieferung verwässerter Milch vom Erzeugerbetrieb an die Sammelbearbeitungsstelle erst unter dem Milchgesetz das Inverkehrbringen eines verfälschten Lebensmittels, „das überhaupt nicht zum Gegenstand des Verkehrs gemacht werden darf", bedeutet,
wird niemand bezweifeln, der das dahingehende vor dem Erlaß des Milchges. liegende KG.-
Urteil vom 7. Oktober 1929 (Holthöfer-Juckenack S. 71) und ERG. 30, 100 vergleicht.

Als eine der Abhilfe bedürfende Härte wird es in Milcherzeugerkreisen empfunden,
wenn Gerichte — etwa gestützt auf § 10 Ziff. 5 Ausf.Best. — Erzeuger-Landwirte wegen
Inverkehrbringens irreführend bezeichneter Milch bestrafen, die eine hinter dem vorgeschriebenen Fettgehalt zurückbleibende (§ 1 Abs. 2 Nr. 1 Ausf.Best. und § 5 Milch-
G.), aber sonst einwandfreie Milch — ohne Kennzeichnung als fettarme Milch — an die
Sammelbearbeitungsstelle liefern, auch wenn die letztere sie in einer Mischmilch mit vor-
schriftsmäßigem Fettgehalt dem Verbraucher zuführt. Nach den Urteilen des KG. vom
3. und 10. Dezember 1935 (1 Ss 494/35 und 1 Ss 510/35) — mitgeteilt in JW. 1936 S. 137
Nr. 46 und Nr. 47 — kommt eine Entlastung des Lieferers von der eigenen Untersuchungspflicht in Fällen in Frage, wo die Milch regelmäßig an eine Molkerei abzuliefern ist und die
Molkerei die Milch vereinbarungsgemäß vor der Verarbeitung zur Bestimmung
der Höhe des dem Lieferer zukommenden Entgelts auf den Fettgehalt untersuchen
läßt." In dem letzterwähnten Urteil, das Lieferung von Milch mit weniger als dem gesetzlich
vorgeschriebenen Fettgehalt an einen Milchhändler zum Gegenstand hat, wird im übrigen
als Standpunkt des KG. klargestellt: „Der Zweck des Milchgesetzes, der Schutz des Verbrauchers vor minderwertiger Milch, erfordert, daß der Landwirt sich selbst vor dem Inverkehrbringen der Milch davon überzeugt und dafür sorgt, daß die von ihm dem Händler
zugeleitete und damit dem Verbraucher nähergebrachte Milch stets wenigstens den behördlichen Mindestforderungen genügt."

⁷ Das sind die in Ausf.Best. § 2 unter diesem Begriff in vollständiger Aufzählung
aufgeführten Erzeugnisse.

⁸ Siehe hierzu § 1 Anm. 2 b, wo Beispiele sonstiger milchhaltiger Lebensmittel angegeben sind, die nicht „Milcherzeugnisse" i. S. des Milch-G. sind.

⁹ Weitere Verbote in Ausf.Best. § 3 Nr. 1 b—g und § 4. Die strengen ausnahmslosen
(§ 4 Abs. 3 Milch-G.) Verbote in Milch-G. § 3 Abs. 2 und 3 haben nach der Begr. ihren Grund

darin, daß bei Lungentuberkulose durch Aushusten, bei Gebärmutter- oder Darmtuberkulose durch den Kot und den Ausfluß aus dem Geschlechtsteil, bei der Eutertuberkulose durch das Melken selbst große Mengen von Tuberkelbacillen unmittelbar oder mittelbar in die ermolkene Milch gelangen.

[10] Der in Ausf.Best. § 3 Nr. 1a erwähnte Anhang zu den Ausführungsvorschriften des Viehseuchengesetzes ist bei NATHUSIUS-NELSON S. 391 abgedruckt. Er enthält unter Unterscheidung der Tuberkuloseformen der Lunge, der Euter, der Gebärmutter und des Darms unter I, 1 eine Zusammenstellung der klinischen Merkmale, die den einfachen Verdacht der Tuberkulose begründen, unter I, 2 eine Aufzählung der klinischen Merkmale, die das Vorhandensein einer solchen Seuche in hohem Grade wahrscheinlich machen.

[11] Der Inhalt dieses Abs. 1 ist in Ausf.Best. § 4 Abs. 1 Nr. 1 und 2 wiederholt. In den übrigen Fällen des § 4 Abs. 1 Nr. 3—5 und Abs. 2 Ausf.Best. handelt es sich um Milch von anderweitig erkranktem oder mit solchem zusammenstehendem Vieh. Grundsätzlich wird die in Ausf.Best. § 4 Abs. 1 zusammengestellte Milch nur nach vorschriftsmäßiger Erhitzung verkehrsfähig — und zwar auch zu Trinkzwecken, aber nicht als Markenmilch (s. Anm. 13). Die in § 4 Abs. 2 daselbst erwähnte Milch kann nur durch Reinigung mit Zentrifugen und durch ausreichende Erhitzung und nur zur Verarbeitung auf Milcherzeugnisse verkehrsfähig gemacht werden. Die Erhitzung muß im Falle des Abs. 1 Nr. 2 innerhalb des Erzeugerbetriebes erfolgen; das gleiche gilt für Abs. 1 Nr. 1, falls nicht eine Ausnahme im Rahmen des § 4 Abs. 4 Ausf.Best. zugelassen wird.

Für die Milch der in Ausf.Best. § 4 Abs. 1 Nr. 3, 4, 5 und Abs. 2 erwähnten Art läßt das Reichsrecht in Ausf.Best. § 4 Abs. 3 den Verkehr zwischen Erzeugerbetrieb und Sammelmolkerei (s. Anm. 31) zu, weil und sofern gerade in der Sammelmolkerei die bedenkliche Milch in der vorgeschriebenen Weise verkehrsfähig gemacht wird.

[13] Milch, die Schutzmaßregeln nach § 4 Milch-G. erfordert, darf nicht als Markenmilch in den Verkehr gebracht werden (§ 21 Milch-G.).

[14] Siehe hierzu § 13 in Verbindung mit § 1 Abs. 3 Nr. 2 Ausf.Best.

[15] In § 4 Abs. 3 und 4 Ausf.Best. Siehe Anm. 11.

[16] Über den Begriff „Betriebsstätte des Erzeugers" und „Erzeugerbetrieb", zu der z. B. eine abseits von dem Komplex der sonst zum Gutshof gehörigen Liegenschaften gelegene Gutsmolkerei nicht gehören würde, siehe NATHUSIUS-NELSON § 17 Anm. 3 —S. 116.

[17] Die Verbote der §§ 3—5 Ausf.Best. sind auch auf § 5 Nr. 1a, b, c LM. gestützt. Zuwiderhandlungen sind deshalb nach § 11 LMG. zu bestrafen, auch soweit sich die Vorschriften der Ausf.Best. mit §§ 3, 4 Milch-G. decken. (So z. B. § 3 Nr. 1a Ausf.Best. mit § 3 Abs. 2, 3 Milch-G. und § 4 Abs. 1 Nr. 1 und 2 mit § 4 Abs. 1 Milch-G.) Die Strafbestimmungen des § 44 Milch-G., soweit sie die §§ 3, 4 Milch-G. betreffen, sind (nach § 47 Milch-G.) nicht anwendbar neben dem einen höheren Strafrahmen enthaltenden § 11 LMG.

[18] „Das Verbot „für andere zu gewinnen", richtet sich nur gegen den Kuhhalter; die von ihm zum Melken beauftragten Personen gewinnen nur für den Kuhhalter, nicht für andere." Ausf.Best. Begr. zu §§ 3 und 4 Abs. 1.

[19] Wesen, Weiterverbreitung, Krankheitsmerkmale (am lebenden und toten Tier) der hier genannten Krankheiten sind in der „Gemeinfaßlichen Belehrung über die nach dem Viehseuchengesetz vom 26. Juni 1909 der Anzeigepflicht unterliegenden Seuchen, bearbeitet im Reichsgesundheitsamt zu Berlin (Ausgabe 1921)" zusammengestellt. Die Belehrung ist abgedruckt bei NATHUSIUS-NELSON S. 407.

[20] Stammt die Milch nicht von einer infizierten Kuh, aber aus einem Viehbestand, in dem eine Infektion mit Bakterien der Enteritisgruppe festgestellt ist, so gilt das relative Verbot des § 4 Abs. 1 Nr. 4 Ausf.Best.

[21] Kühe, die an Krankheiten — verursacht durch Bakterien der Paratyphus-Enteritisgruppe (Fleischvergifter) — gelitten haben, können ähnlich wie Menschen nach überstandenem Typhus auch nach der Genesung noch eine gewisse Zeit den Krankheitserreger ausscheiden. So v. OSTERTAG § 3 Anm. 5 S. 79. Über Paratyphus der Kälber siehe ABC Nr. 17 in der Neufassung vom 10. August 1933 (RMinBl. S. 420). Über die Abkürzung ABC siehe S. 925.

[22] Reichlicher Ausfluß soll nach der Begr. Abs. 2 dann als vorliegend angesehen werden, wenn befürchtet werden muß, daß die Milch durch ihn verunreinigt wird.

[23] Für nicht sinnfällig veränderte Milch von an gelbem Galt erkrankten Kühen gilt das relative Verbot des § 4 Abs. 2. Sinnfällig verändert ist die Milch, wenn die Veränderung mit den Sinnesorganen ohne Instrumente wahrnehmbar ist. Ein im Reichsgesundheitsamt bearbeitetes Merkblatt über den gelben Galt der Kühe ist im Verlag von Julius Springer erschienen.

[24] Beispiele bei KLIMMECK in den Mitt. des Deutschen Milchwirtschaftlichen Reichsverbandes Jahrgang 1931, Nr. 2, S. 21 (30), worauf bei NATHUSIUS-NELSON S. 226 hingewiesen wird.

[25] Die Vorschriften unter Nr. 2 und 3 berühren sich, ohne mit ihnen übereinzustimmen, mit den Vorschriften der abänderungsbedürftigen Gesetze betr. Verwendung gesundheitsschädlicher Farben bei der Herstellung von Nahrungsmitteln, Genußmitteln und Gebrauchsgegenständen vom 5. Juli 1887 (RGBl. S. 277) und betr. den Verkehr mit blei- und zinkhaltigen Gegenständen vom 25. Juni 1887 (RGBl. S. 273). Diese Gesetze sind bei Holthöfer-Juckenack 1. Aufl. S. 359 und 357 abgedruckt. Ihre Bedeutung im Rahmen des § 5 LMG. ergibt sich aus Holthöfer in Bd. I S. 1300 und 1301, insbesondere Anm. 5 daselbst.

[26] „Werden solche Kupferkessel nicht in blankgescheuertem oder geputztem Zustand sachgemäß verwendet, so fallen sie unter Ausf.Best. § 19 Nr. 2, weil dann die Gefahr besteht, daß Kupfer in die Milch übergeht" (Begr. zu Ausf.Best. §§ 3 und 4 Abs. 3).

[27] D. h. erheblich mit Rost bedeckt (Begr. wie Anm. 26 angeführt).

[28] Durch diese auf § 5 Nr. 1a LMG. beruhende Vorschrift wird eine „unwiderlegbare Vermutung" der Gesundheitsschädlichkeit derartiger Mittel geschaffen; eine richterliche Nachprüfung, ob tatsächlich im Einzelfall Gesundheitsgefährlichkeit vorliegt, ist nicht erforderlich. Siehe Holthöfer in Bd. I S. 1301 Anm. 5.

[29] Die Vorschrift beruht auf § 5 Nr. 2 LMG.

[30] „Diese Ausnahmebestimmung entspricht dem § 162 Abs. 1 letzter Satz der Ausführungsvorschriften zum Viehseuchengesetz; sie ist vor allem für den Fall erforderlich, wo die Milch zu Käse, insbesondere zu Emmentaler verarbeitet wird" (Ausf.Best. Begr. zu §§ 3, 4 Abs. 6).

[31] Der § 26 daselbst lautet: „Als Sammelmolkereien gelten solche Molkereien, in denen nicht ausschließlich die Milch von Kühen aus einem und demselben Betrieb und von solchen Kühen verarbeitet wird, die den in diesem Betrieb dauernd oder vorübergehend beschäftigten Personen gehören. Als Verarbeitung ist auch die Entrahmung der Milch anzusehen."

Unter Milch im vorbezeichneten Sinne sind nach einer Fußnote bei Nathusius-Nelson S. 358 auch die bei deren Verarbeitung sich ergebenden flüssigen Produkte — Rahm, Magermilch, Molke, Buttermilch — zu verstehen.

[32] Natürlich muß dann die Sammelmolkerei die an sich dem Erzeugerbetrieb obliegenden Pflichten vor dem Inverkehrbringen erfüllen.

[33] Vgl. Anm. 25.

[34] Gleichbedeutend mit „bombierte" (Ausf.Best. Begr. zu § 5).

[35] Gegen die Begr. zu der Vorschrift über Abortusbacillus Bang wendet sich v. Ostertag Ausf.Best. § 4 Anm. 5 — S. 83f. — mit eingehender Begründung. Er hält eine Verkehrsbeschränkung von Milch der in § 4 Nr. 3 Ausf.Best. gedachten Art für nicht erforderlich.

Eingehende Richtlinien für die Abortus-Bang-Bekämpfung sind im Runderlaß des Reichs- und Preußischen Ministeriums für Landwirtschaft vom 1. März 1935 (LMBl. 1935, S. 159) mitgeteilt.

[36] Beschreibung der Krankheit ABC Nr. 5 (s. Anm. 21).

[37] Beschreibung der Krankheit ABC Nr. 18 (s. Anm. 21).

§ 5.

(1) Die obersten Landesbehörden[1] können, vorbehaltlich[2] der Vorschriften des § 37 dieses Gesetzes und des § 5 des Gesetzes über den Verkehr mit Lebensmitteln und Bedarfsgegenständen (Lebensmittelgesetz) vom 5. Juli 1927 (RGBl. I, S. 134), bestimmen, welche Mindestforderungen[1] für die einzelnen Verbrauchergebiete[3] an die Zusammensetzung der Milch[4], soweit sie nicht verarbeitet wird[5], besonders an den Fettgehalt und an das spezifische Gewicht zu stellen sind. Sie regeln, inwieweit[6] Milch[5], die, ohne verfälscht zu sein[7], den festgesetzten Mindestforderungen nicht genügt, in den Verkehr gebracht werden darf.

(2) Vor der Festsetzung der Mindestforderungen für Verbrauchergebiete, die ganz oder zum Teil mit Markenmilch (Abschnitt II) beliefert werden, sind die beteiligten Überwachungsstellen (§ 26)[8] zu hören.

Anmerkungen.

[1] Siehe § 1 Anm. 7.

[2] D. h.: vorbehaltlich der dem Reich vorbehaltenen Zuständigkeit; vgl. hierzu Holthöfer-Juckenack Vorbemerkungen zu §§ 5—11 S. 116f. Von Reichs wegen ist der Begriff der „Vollmilch" in Ausf.Best. § 1 Abs. 2 Nr. 1 geregelt.

[3] Solche haben sich im Laufe der Zeit im Anschluß an die Entwicklung der Großstädte und ihre Belieferungsmöglichkeit durch die Erzeugergebiete herausgebildet. Siehe unter

anderem LEFFMANN, Einleitung S. 16f. Für ihre genaue geographische Abgrenzung, die gerade durch Bestimmungen gemäß § 5 nötig wird, haben die Landesbehörden zu sorgen.

⁴ Vgl. § 3 Anm. 3.

⁵ Die Regelungsbefugnis erstreckt sich auch hier nicht auf Werkmilch in dem in § 1 Anm. 7 erläuterten Sinne. Richtig weisen NATHUSIUS-NELSON § 5 Anm. 3 — S. 63 — darauf hin, daß Milch, die an Konditoreien und Bäckereien zur Herstellung von Lebensmitteln (die ja nicht „Milcherzeugnisse" i. S. des Milch-G. sind — vgl. § 1 Anm. 2 b) geliefert wird, Trinkmilch und keine Werkmilch ist.

⁶ D. h. ob und unter welchen Bezeichnungen und Einschränkungen.

⁷ In diesem Fall (z. B. bei Wässerung oder Magermilchzusatz) finden §§ 8 und 9 Ausf.-Best. in Verbindung mit § 4 Nr. 1 und 2 und § 13 LMG. Anwendung.

⁸ Es können verschiedene Überwachungsstellen beteiligt sein, wenn sich ihre Bezirke und die Verbrauchergebiete i. S. des § 5 nicht decken.

§ 6¹.

(1) Die Milch muß im Betriebe des Erzeugers bei⁷ und nach der Gewinnung und auf dem Wege vom Erzeuger bis zum letzten Verbraucher⁴ so behandelt werden, daß sie, soweit dies durch Anwendung der im Verkehr erforderlichen Sorgfalt² vermeidbar ist, weder mittelbar noch unmittelbar einer nachteiligen Beeinflussung, insbesondere durch Staub, Schmutz aller Art, Gerüche oder Krankheitserreger oder durch die Witterung ausgesetzt ist³.

(2) Das gilt ebenso, wenn die Milch nicht als solche an den Verbraucher⁵ abgegeben, sondern zu Milcherzeugnissen oder anderen in den Verkehr gelangenden Lebensmitteln verwendet wird.

§ 7⁶.

(1) Alle Räume⁷, wo Milch aufbewahrt⁸, bearbeitet⁹, feilgehalten¹¹, abgegeben¹² oder verarbeitet¹⁰ wird, müssen so beschaffen¹³, ausgestattet und gelegen sein und so behandelt und benutzt¹³ werden, daß die Milch, soweit dies durch Anwendung der im Verkehr erforderlichen Sorgfalt² vermeidbar ist, keiner nachteiligen Beeinflussung im Sinne des § 6 ausgesetzt ist³.

(2)¹⁴ Dasselbe gilt für die Beschaffenheit, Behandlung und Benutzung von Einrichtungen und Gegenständen, die mit Milch in Berührung kommen, wie Gefäßen, Geräten, Rohrleitungen, Zapfhähnen und Beförderungsmitteln.

(3) Die im Abs. 2 genannten Gefäße und Geräte dürfen nur zu ihrem bestimmungsmäßigen Gebrauche¹⁵ benutzt, nicht mit gesundheitlich bedenklichem¹⁶ Wasser gereinigt und nicht in Räumen aufbewahrt werden, wo Tiere gehalten werden¹⁷.

Ausführungsbestimmungen.

Abschnitt II.

Zu §§ 6, 7 des Gesetzes.

§ 14.

(1) Die im Verkehr mit Milch erforderliche Sorgfalt im Sinne der §§ 6, 7 des Gesetzes ist nicht angewendet, wenn nicht mindestens den Anforderungen in §§ 15—19 entsprochen ist.

(2) Die obersten Landesbehörden können in besonderen Fällen für kleinbäuerliche Betriebe Ausnahmen von der Bestimmung des § 15 Abs. 1, für Alpwirtschaften von den Bestimmungen des § 15 Abs. 1, §§ 16, 18, 19 zulassen.

§ 15.

(1) Die Ställe⁷, in denen Kühe gehalten werden und die nach dem Inkrafttreten dieser Verordnung gebaut oder umgebaut werden, müssen folgenden Anforderungen genügen:

1. Die Ställe müssen hell und gut zu lüften sein;
2. der Fußboden des Ganges muß wasserundurchlässig sein;

3. Die Jaucherinne muß wasserundurchlässig und so angelegt sein, daß die Jauche leicht abfließen kann; Tiefstallungen[7] sind nur nach näherer Anordnung der obersten Landesbehörden zulässig;

4. die Krippen (Barren) müssen leicht zu reinigen sein;

5. die Ställe dürfen nicht mit Aborten in unmittelbarer Verbindung stehen.

(2) Die obersten Landesbehörden können unter Berücksichtigung der wirtschaftlichen Verhältnisse anordnen, inwieweit beim Inkrafttreten dieser Verordnung vorhandene Ställe den Anforderungen des Abs. 1 genügen müssen.

§ 16.

Für die Pflege des Stalles und der Kühe gilt folgendes:

1. Die Wände müssen, soweit sie nicht abwaschbar sind, Kalkanstrich haben, der jährlich mindestens einmal zu erneuern ist;

2. das Reinigen des Stalles, die Entfernung des Dungs, die Erneuerung der Streu und das Putzen der Kühe muß regelmäßig erfolgen;

3. alle Stallarbeiten sind so vorzunehmen, daß die Milch weder mittelbar noch unmittelbar einer nachteiligen Beeinflussung, insbesondere durch Staub, Schmutz aller Art, Gerüche oder Krankheitserreger, ausgesetzt wird;

4. Bett- und Packstroh darf als Streu nicht verwendet werden.

§ 17.

Für das Melken[18] gilt folgendes:

1. Vor dem Melken sind das Euter und seine Umgebung sorgfältig zu reinigen;

2. die Melkpersonen haben beim Melken saubere, waschbare Oberkleidung zu tragen. Sie haben sich vor dem Melken Hände und Unterarme mit Wasser und Seife zu reinigen und dies nach Bedarf zu wiederholen;

3. die ersten Striche aus jeder Zitze dürfen nicht in das Melkgefäß gemolken werden;

4. die Melkpersonen haben sich bei Beginn des Melkens durch Prüfen des Aussehens von der einwandfreien Beschaffenheit der Milch zu überzeugen;

5. Kühe, die keine einwandfreie Milch geben, sind gesondert und nach den anderen zu melken;

6. die Milch ist unmittelbar nach dem Melken aus dem Stall zu entfernen und zweckdienlich zu seihen[19], zu lüften und zu kühlen; die obersten Landesbehörden können abweichende Bestimmungen treffen.

§ 18.

(1) Für die Räume, wo Milch aufbewahrt[8], bearbeitet[9], feilgehalten[11], abgegeben[12] oder verarbeitet[10] wird, gilt folgendes:

1. Sie müssen hell oder gut zu beleuchten, luftig, kühl, sauber und frei von Gerüchen, die sich der Milch mitteilen können, und frei von Ungeziefer und möglichst frei von Insekten sein;

2. der Fußboden muß wasserundurchlässig sein;

3. die Wände müssen bis zur Höhe von 1,50 Meter mit abwaschbarem Anstrich, Belag oder Verputz versehen sein;

4. die Räume dürfen nicht als Wohn-, Schlaf- oder Krankenzimmer benutzt werden;

5. die Räume dürfen nicht mit Aborten oder Ställen in unmittelbarer Verbindung stehen;

6. in den Räumen dürfen Haustiere nicht gehalten oder geduldet werden[17].

(2) Bei Betrieben, in denen Milch gewonnen wird[7], gelten die Bestimmungen im Abs. 1 Nr. 2, 3 nicht für die Räume, in denen Milch aufbewahrt wird.

(3) Bei Gast- und Schankwirtschaften, Kantinen, Milchhäuschen oder anderen Einrichtungen[20], in denen Milch zum Genuß an Ort und Stelle abgegeben wird, gelten die Bestimmungen im Abs. 1 Nr. 1, 2, 3, 5, 6 nicht für die Räume, in denen Milch feilgehalten oder abgegeben wird; dies gilt auch für die Bestimmung im Abs. 1 Nr. 4, soweit in Gast- und Schankwirtschaften der Ausschankraum als Wohnzimmer benutzt wird[21].

§ 19.

Für die Einrichtungen und Gegenstände[14], [22], die wiederholt mit Milch in Berührung kommen, gilt folgendes:

1. Zur Aufbewahrung und Beförderung dürfen Holzgefäße[14] nicht verwendet werden;

2. Einrichtungen und Gegenstände, die fremdartige Stoffe an die Milch abgeben können, dürfen nicht verwendet werden, insbesondere nicht solche der im § 3 Nr. 3 bezeichneten Art;

3. sie müssen so beschaffen sein, daß sie sich leicht reinigen lassen;

4. sie dürfen nicht erheblich verbeult sein;

5. zum Verschließen oder Abdichten dürfen Stoffe, die Milch aufsaugen, nicht verwendet werden;

6. Stand- und Verkaufsgefäße müssen mit übergreifenden Deckeln verschlossen sein;

7. Gefäße müssen nach der Reinigung zum Trocknen an einem sauberen Platze auf Gestellen mit der Öffnung nach unten aufgestellt werden, soweit sie nicht durch besondere Einrichtungen getrocknet werden.

Anmerkungen.

[1] § 6 gibt eine Generalnorm. Sie soll die nachbezeichneten Einzelvorschriften (1a—c) vervollständigen, da nicht zu übersehen ist, ob diese alle Möglichkeiten, die sich in der Praxis ergeben können, restlos erfassen.

a) Einzelvorschriften, die dem § 6 praktische Wirksamkeit zu sichern bestimmt sind, sind zum Teil in Abschnitt I des Milch-G. selbst enthalten, namentlich in den dem § 6 folgenden Paragraphen. § 7 z. B. gibt eine ähnliche Untergeneralnorm für im Milchverkehr benutzte Räume, Einrichtungen und Geräte.

b) Auf Grund der §§ 6, 7 Milch-G. sind von Reichs wegen zahlreiche Einzelvorschriften ergangen in Ausf.Best. §§ 14—19.

c) Diese wiederum sind ergänzt durch Durchführungsvorschriften der Länder. So in PVO. §§ 1, 2, 3, 9, 10, 11, 16, 70 und in Bay.VO. §§ 8, 9, 24, 25, 27, 28, 29, 31, 32, 36—38. Die hier sehr weitgehende Ermächtigung der Länder (§ 52 Abs. 2 Milch-G.) ergibt sich mittelbar aus der Fassung des § 14 Abs. 1 Ausf.Best. („wenn nicht mindestens") und ausdrücklich aus § 30 Ausf.Best. (abgedruckt bei § 57 Milch-G.).

[2] Die weitgehenden Anforderungen der §§ 6 und 7, deren Nichtbeachtung in § 44 Abs. 1 Nr. 1 und 2 unter Strafe gestellt ist, werden dadurch auf ein tragbares Maß beschränkt, daß in beiden Bestimmungen durch die Einschränkung: „soweit dies durch Anwendung der im Verkehr erforderlichen Sorgfalt vermeidbar ist" ein objektiver Beurteilungsmaßstab eingebaut ist. Die Nichtbeachtung der Vorschriften der §§ 14—19 Ausf.Best. soll nach der Fassung des § 14 ohne weiteres als Nichtbeachtung der erforderlichen Sorgfalt gelten. (Siehe unten §§ 44—50 Anm. 1 c Satz.)

[3] Zur Bestrafung genügt es allerdings nach der Fassung der §§ 6 und 7 nicht, wenn die vorbezeichneten (Anm. 1) Sorgfaltsvorschriften nicht beachtet werden. Es muß hinzukommen, daß im einzelnen Fall ein Zustand geschaffen ist, durch den die Milch einer nachteiligen Beeinflussung ausgesetzt, das ist konkret gefährdet ist. Denn mit selbständigen Strafdrohungen sind Zuwiderhandlungen gegen §§ 14—19 Ausf.Best. nicht versehen. Wer aber einwenden will, daß im konkreten Fall eine Vernachlässigung der in den Ausf.Best. und den landesrechtl. Durchf.Best. vorgeschriebenen Sorgfaltspflichten die Milch nicht einer nacheiligen Beeinflussung ausgesetzt habe, kommt in eine schwierige Beweislage. Denn „die Milch ist besonders empfindlich gegen äußere Einflüsse, leicht dem Verderb ausgesetzt und nimmt Krankheitserreger verschiedener Art leicht auf und überträgt sie leicht". So NATHUSIUS-NELSON § 6 Anm. 1a (S. 65). Ihre Nichtgefährdung durch Verletzung einer der ausdrücklich vorgeschriebenen Sorgfaltspflichten wird also im Einzelfall kaum überzeugend darzutun sein.

⁴ Vgl. § 2.

⁵ Milch (auch „zubereitete Milch" i. S. des § 1 Abs. 3 Ausf.Best. und die in Anm. 1a
zu §§ 3, 4 Milch-G. erwähnten Milcherzeugnisse Rahm, Magermilch, Buttermilch, Sauermilch, Joghurt, Kefir und Molke), die nicht als solche abgegeben wird, sondern als sonstiges
Milcherzeugnis (§ 2 Ausf.Best.) verarbeitet wird oder bei oder zur Herstellung von sonstigen
Lebensmitteln eigener Art (s. § 1 Anm. 2b) verwendet wird, unterliegt bis zum Zeitpunkt
ihrer dergestalten Bearbeitung oder Verwendung (z. B. auch in Gastwirtschaften, Heilanstalten, Bäckereien, Konditoreien) gleichfalls der besonderen Sorgfaltspflicht des § 6
Abs. 1 Milch-G. Nach jenem Zeitpunkt gelten die allgemeinen Vorschriften des LMG.

⁶ § 7 gilt für den gesamten Milchverkehr außerhalb des Privathaushalts, in dem sie
Verwendung findet, also auch für Gastwirtschaften, Anstaltshaushalte usw. Abweichungen
können nach § 55 Milch-G. für die Milchbehandlung im Eisenbahnverkehr angeordnet werden. Das ist bisher jedoch nicht geschehen.

⁷ Vorschriften über die bauliche Gestaltung der Räume, in denen Milch gewonnen
wird, insbesondere über die Viehställe gibt das Milch-G. selbst nicht. Auch die Ausf.Best.
(§§ 15 und 16) beschränken sich neben Vorschriften über die Pflege der Ställe auf Vorschriften über Neu- und Umbauten mit einer Ermächtigung für die Länder, die Vorschriften ganz oder zum Teil auf vorhandene Viehställe auszudehnen (§ 15 Abs. 2 Ausf.Best.).
Die PVO. (§ 1) und die Bay.VO. (§ 8), befassen sich im Rahmen des § 15 Abs. 1 Nr. 3
und Abs. 2 (Ausf.Best.) insoweit nur mit der Frage der Tiefstallungen.

Soweit § 7 über Räume Bestimmungen trifft, in denen Milch aufbewahrt, bearbeitet,
feilgehalten usw. wird, gelten sie auch für Betriebe, in denen zugleich gewonnen, aufbewahrt usw. wird. Nach § 18 Abs. 2 Ausf.Best. werden jedoch in derartigen Erzeugerbetrieben an die Räume, in denen die Milch — meist nur kurze Zeit — aufbewahrt wird,
nicht die gleichen Anforderungen gestellt, wie an die Bearbeitungs-, Verarbeitungs- und
Feilhaltungsräume.

Dafür, daß die Milch nicht unnötig lange im Stall bleibt, trägt § 17 Nr. 6 Ausf.Best. Sorge.

⁸ Auch vorübergehende Aufbewahrung z. B. bis zum Abtransport in die Sammelmolkerei gehört hierher, wenn es sich nicht nur um ein kurzes aus der Hand Stellen handelt.

⁹ Hierher gehört Reinigung, Kühlung, Erhitzung.

¹⁰ Nach Nathusius-Nelson § 7 Anm. 8 — S. 69 — soll der Begriff „verarbeiten" hier
nicht nur die Verarbeitung auf „Milcherzeugnisse", sondern auch zu anderen Lebensmitteln,
z. B. Backwaren und Süßspeisen, umfassen. Auf Milch bei Verwendung im Privathaushalt
ist § 7 nicht anwendbar (§ 1 Abs. 1 Milch-G.).

¹¹ „Feilhalten" bedeutet ein Bereithalten zum Verkauf für das große Publikum,
oder bestimmte, nicht individuell abgegrenzte Teile desselben. Die Verkaufsabsicht muß
dabei irgendwie erkennbar gemacht sein (im Gegensatz zum bloßen „Vorrätighalten").
Zum Feilhalten genügt Vorhandensein in dem dem Publikum zugänglichen Ladenraum,
Ausstellung im Ladenfenster, Aufnahme in aushängenden oder ausliegenden Preisverzeichnissen.

¹² Etwa gleichbedeutend mit „Inverkehrbringen", d. h. jede — entgeltliche oder un-
entgeltliche, gleichviel zu welchem Zweck erfolgende — körperliche Überlassung an einen
andern, die diesem andern die Verfügung über die Milch ermöglicht (vgl. ERG. 69, S. 99
zum Opiumgesetz vom 10. Dezember 1929; auch abgedruckt in Reichsgesundh.Bl. 1935,
S. 476).

¹³ Einzelvorschriften sind enthalten in Ausf.Best. § 18 und in PVO. § 10.

¹⁴ Die Vorschriften des Abs. 2 gelten auch für die bei der Gewinnung der Milch im
Stall mit ihr in Berührung kommenden Gegenstände und Einrichtungen.

Einzelvorschriften in Ausf.Best. § 19; weiterhin in PVO. §§ 11, 16 (§ 16 in der Fassung
vom 19. Dezember 1935 — PrGes. S. 159) über Spülung der Gefäße und einstweilige,
befristete Gestattung von Holzgefäßen und in Bay-VO. § 9 über Gefäße aus Aluminium
und einzelne Geräte aus Kupfer und Stahl.

¹⁵ Das sind z. B. Tassen nur als Behältnisse für Getränke, die in Tassen abgegeben zu
werden pflegen, Milchkannen nicht zum Herstellen von Viehfutter, Milchwannen nicht zum
Wäschebrühen usw.

¹⁶ Z. B. Wasser aus offenen Gewässern oder aus Brunnen, die gegen Stall-, Abort- oder
Fabrikabwässer nicht genügend abgedichtet sind.

¹⁷ D. h., wo sich nicht regelmäßig aufhalten sollen oder ungefährdet jederzeit aufhalten
können. (Z. B. Katzen, Hunde, Vögel.) Vgl. § 18 Abs. 1 Nr. 6 Ausf.Best.

¹⁸ Die PVO. § 2 schreibt trockenes Melken — unter Gestattung einer leichten Einreibung von Händen und Zitzen mit Melkfett — allgemein vor; die Bay.VO. § 20 gibt
Melkvorschriften nur für Vorzugsmilch.

¹⁹ Sondervorschriften über Seihen, Seihtücher und Filter in PVO. § 3 und Bay.VO.
§ 24 und (für Vorzugsmilch) § 21 Abs. 3.

Die Vorschrift § 17 Nr. 6 Ausf.Best. will (nach der Begr. hierzu) „selbstverständlich"
nicht verbieten, die Milch noch im Stalle selbst in der Weise zu seihen, daß sie aus dem

Melkgefäß durch eine zweckdienliche Seihvorrichtung hindurch in ein Sammelbehältnis gegossen wird".

[20] „Die Einschränkung in Abs. 3 rechtfertigt sich aus der Natur dieser Betriebe. Die Erleichterung wird nicht für die Räume gewährt, in denen Milch oder Milcherzeugnisse aufbewahrt werden" (so Begr. zu Abs. 3).

[21] Nicht aber darf ein als Wohnzimmer eingerichteter und benutzter Raum als Feilhalte- und Abgaberaum benutzt werden. So NATHUSIUS-NELSON Anm. 2 zu § 18 Ausf.Best. — S. 238.

[22] In Ausf.Best. § 3 Nr. 3 — oben S. 499 — wird die Herstellung und der Vertrieb von Einrichtungen und Gegenständen verboten, die Blei oder sonstige gesundheitsschädliche Metalle an die Milch abgeben können.

§ 8 [1, 10].

(1) Gefäße, Behältnisse, Milchwagen [2] und ähnliche Einrichtungen, aus [3] denen Milch unmittelbar [4] an den Verbraucher [5] abgegeben wird, sind auf der Außenseite [6] so zu kennzeichnen, daß dieser die Art [7] des Inhalts leicht [6] erkennen kann. Dies gilt nicht für Meßgefäße.

(2) Die Vorschrift des Abs. 1 gilt nicht für die in einem landwirtschaftlichen Betriebe [8] gewonnene Milch, soweit sie an der Betriebsstätte selbst [9] unmittelbar an den Verbraucher abgegeben wird.

Ausführungsbestimmungen.

Zu §§ 8, 12, 17 des Gesetzes.

§ 20.

Als landwirtschaftliche Betriebe [8] im Sinne des § 8 Abs. 2, § 12 Abs. 2 Nr. 2, § 17 Abs. 1 des Gesetzes gelten nur solche Betriebe, in denen die Milch von Kühen gewonnen wird, die ausschließlich oder überwiegend mit wirtschaftseigenem Futter ernährt werden. Die obersten Landesbehörden können bestimmen, welche weiteren Voraussetzungen bei in Städten gelegenen Abmelkwirtschaften [11] vorliegen müssen, damit sie als landwirtschaftliche Betriebe gelten.

Anmerkungen.

[1] „§ 8 beschränkt sich nicht, wie § 4 Nr. 3 LMG., auf das Verbot irreführender (zur Täuschung geeigneter) Bezeichnungen, sondern verlangt ausdrücklich, daß die Milchgefäße im Laden des Kleinhändlers, ebenso Milchwagen usw., deutlich gekennzeichnet werden." (Begr. zu § 8 Milch-G.)

[2] Milchwagen nur, wenn diese zugleich das Behältnis darstellen, also nicht Wagen, in denen Kannen mit Milch befördert werden.

[3] Für Gefäße, in denen Milch abgegeben wird, siehe § 9.

[4] Gegensatz: Abgabe an den Zwischenhändler.

[5] a) Verbraucher in dem umfassenden Sinn des § 2 Milch-G., nicht „letzter Verbraucher" i. S. des § 6 Milch-G.

b) Durch § 19 Milch-G. ist die Anwendbarkeit des § 8 Milch-G. ausdrücklich ausgeschlossen, soweit in Gast- und Schankwirtschaften in der dort üblichen Weise (also auch über die Straße) oder in Kantinen, Milchhäuschen oder sonst Milch zum Genuß auf der Stelle abgegeben wird.

[6] Also nicht in einer Weise, die nur dem Verkäufer, der z. B. aus den Zapfhähnen mehrerer in einem Milchwagen enthaltenen Bassins verschiedene Sorten verkauft, eine Unterscheidung ermöglicht. Der Verbraucher soll wissen, was er vor sich hat.

[7] Die Art des Inhalts muß so bezeichnet sein, daß keine Irreführung erfolgt und insbesondere die Grundsätze in §§ 10, 11 Ausf.Best. nicht verletzt werden.

[8] Vgl. § 20 Ausf.Best. Nach der dazugehörigen Begr. „bezweckt § 20, die landwirtschaftlichen Betriebe gegen die städtischen Abmelkwirtschaften abzugrenzen".

[9] Siehe § 4 Anm. 16. — Also im Gutshof und auf der Alm. Siehe auch § 17 Anm. 3 Milch-G. Genuß auf der Stelle ist hier nicht vorausgesetzt (wie nach Anm. 5 b in Kantinen usw.). Läßt der Landwirt die Milch zubringen, so greift die Regel des § 8 Abs. 1 Platz, weil sie dann nicht an der Betriebsstätte an den Verbraucher (oder seinen Vertreter) gelangt.

[10] Fehlt die Kennzeichnung überhaupt, so gilt die Strafvorschrift des § 44 Nr. 2 Milch-G. Bei Gebrauch irreführender Kennzeichnungen greift die härtere Strafvorschrift § 4 Nr. 3 (§ 12) LMG. ein.

[11] Siehe hierzu PVO. § 5, abgedruckt bei § 17 Anm. 1.

§ 9.

(1) Wird Milch in Gefäßen oder Behältnissen, auf die sie zur verkaufsfertigen Abgabe[1] an die Verbraucher abgefüllt ist[3], in den Verkehr gebracht[2], so müssen die Gefäße und Behältnisse den nachstehenden Anforderungen entsprechen:

1. sie müssen mit einem festen[4] Verschlusse versehen sein und sich, falls sie zu wiederholter Benutzung bestimmt sind, leicht reinigen lassen;

2. auf der Außenseite oder auf dem Verschlusse muß in deutlicher, nicht leicht zu entfernender Schrift die Sorte der Milch[5], der Name und Wohnort des Einfüllers stehen und angegeben sein, ob die Milch roh oder ob sie einer Erhitzung[6] oder einem gleichwertigen Verfahren[6] unterzogen worden ist.

(2) Die Ausführungsbestimmungen können Anordnungen über die Art der Verschlüsse[4] treffen und die weiteren Voraussetzungen[7] regeln, unter denen Milch in den im Abs. 1 genannten Formen in den Verkehr gebracht werden darf.

(3) Das Abfüllen der Milch in Gefäße oder Behältnisse (Abs. 1) darf nur im Betriebe des Erzeugers oder in Bearbeitungsstätten[8] vorgenommen werden.

Ausführungsbestimmungen.

Zu § 9 des Gesetzes.

§ 21.

(1) Der feste Verschluß[4] muß derart beschaffen sein, daß er selbst oder seine Sicherung beim Öffnen zerstört wird; nicht derart beschaffene Verschlüsse, insbesondere nicht derart beschaffene Pappscheibenverschlüsse, dürfen noch innerhalb zweier Jahre nach dem Inkrafttreten dieser Verordnung verwendet werden[9].

(2) Die Gefäße und Behältnisse müssen eine weite Öffnung haben.

(3) Gefäße oder Behältnisse aus Glas müssen durchsichtig sein.

(4)[10] Wer vorsätzlich Milch in Gefäßen oder Behältnissen, auf die sie zur verkaufsfertigen Abgabe an die Verbraucher abgefüllt ist, in den Verkehr bringt, ohne daß den Anforderungen im Abs. 1 bis 3 entsprochen ist, wird, sofern er nicht nach den Vorschriften des § 44 Abs. 1 Nr. 2, Abs. 2 in Verbindung mit § 9 des Gesetzes strafbar ist, mit Geldstrafe[10] bestraft; ist die Zuwiderhandlung fahrlässig begangen[10], so tritt Geldstrafe bis zu einhundertfünfzig Reichsmark ein.

Anmerkungen.

[1] § 9 gibt Bestimmungen über die Abgabe von Milch in „verkaufsfertiger Aufmachung" (so die Begr.). Damit soll dasselbe gesagt sein, was man bei festen Waren unter „Originalpackung" versteht. Im allgemeinen steht es im Belieben des Milch Abgebenden, ob er die Milch offen oder in „verkaufsfertiger Aufmachung" abgeben will.

Vorgeschrieben ist die Abgabe in verkaufsfertiger Aufmachung
a) reichsrechtlich (§ 25 Milch-G.) für Markenmilch,
b) landesrechtlich (PVO. § 39 und Bay.VO § 21 Nr. 4) für Vorzugsmilch.
c) Weiterhin sind die Behörden im Rahmen des § 10 Milch-G. ermächtigt, die Abgabe von Milch zum Genuß an Ort und Stelle davon abhängig zu machen, daß sie in verkaufsfertiger Aufmachung erfolgt.

Wo Abgabe in „verkaufsfertiger Aufmachung" freiwillig oder unter dem Zwang der vorstehend unter a, b, c erwähnten Vorschriften erfolgt, müssen die in § 9 Abs. 1 enthaltenen und die nach § 9 Abs. 2 weiter angeordneten Erfordernisse erfüllt werden.

[2] Hierzu gehört Verkehr innerhalb des Haushalts nicht (§ 1 Milch-G.).

[3] Die Anforderungen müssen erfüllt sein, wenn die Milch den Erzeugerbetrieb oder die Bearbeitungsstätte verläßt.

[4] Siehe § 21 Abs. 1 Ausf.Best. Eine Zusammenstellung der zur Zeit im Verkehr befindlichen vorschriftsmäßigen Verschlüsse ist im Reichsgesundh.Bl. 1935, S. 453 mitgeteilt.

[5] §§ 1, 2 Milch-G. in Verbindung mit § 10 Ausf.Best.

[6] § 1 Abs. 3 Nr. 2 in Verbindung mit § 13 Abs. 2 Ausf.Best.

[7] Daß bestimmte Milchsorten nicht in verkaufsfertiger Aufmachung, bei der das Publikum eine Qualitätsware vermutet, in den Verkehr gelangen dürfen, kann nicht auf Grund

des § 9 Abs. 2, wohl aber gemäß § 37 Milch-G. angeordnet werden (Nathusius-Nelson § 9 Anm. 7 — S. 77). Von Reichs wegen sind solche weiterem Voraussetzungen in § 21 Nr. 1—3 Ausf.Best. geregelt, für Preußen ist PVO. § 12 zu vergleichen.

[8] D. h. in Betriebsstätten, die sich mit Reinigung, Erhitzung oder Kühlung von Milch befassen (vgl. § 12 Milch-G. und § 23 Ausf.Best.). Für Preußen bestimmt PVO. § 12 Abs. 2: „Als Bearbeitungsstätten gemäß § 9 Abs. 3 Milch-G. gelten Molkereien, Meiereien, Sennereien, Gutsmolkereien oder vom Regierungspräsidenten, in Berlin vom Polizeipräsidenten, besonders anerkannte Abfüllbetriebe." Für Bayern siehe Bay.VO. § 23 Abs. 5 über „Abfüllbetriebe".

[9] Für Vorzugsmilch ist durch die in Anm. 1 mitgeteilten Länderbestimmungen diese Ausnahmegestattung beseitigt. Im übrigen ist die Schonfrist durch die 2. und 4. Ausführungs-VO. zum Milch-G. zu'etzt bis zum 30. Juni 1935 erstreckt worden. Siehe S. 491.

[10] Hier in § 21 Abs. 4 Ausf.Best. ist die Zuwiderhandlung gegen eine Ausf.Best. als solche (anders wie im Regelfall — vgl. §§ 6 und 7 Anm. 3) unter eine selbständige Strafdrohung gestellt. Bei vorsätzlicher Begehung ist Vergehensstrafe (Strafrahmen von 3—10000 RM mit den Steigerungsmöglichkeiten gemäß § 27a und § 27c StGB.), bei fahrlässiger Begehung ist Übertretungsstrafe angedroht.

Über die Möglichkeit einer Nichtverfolgung geringfügiger Zuwiderhandlungen siehe Holthöfer in Bd. I S. 1314 Anm. 6 und S. 1316 Anm. 8.

§ 10.

(1) Die zuständigen Behörden[3] können[2], vorbehaltlich[4] der Vorschriften des § 9 Abs. 2 dieses Gesetzes und des § 5 Nr. 3 des LMG., anordnen, inwieweit[1] Milch in Gast- oder Schankstätten, Kantinen, Milchläden, Milchhäuschen oder sonst zum Genuß an Ort und Stelle nur in den im § 9 genannten Formen abgegeben werden darf.

(2) Vor einer Anordnung der im Abs. 1 gedachten Art sind, sofern das Gebiet, für das die Anordnung gilt, ganz oder zum Teil mit Markenmilch beliefert wird, die beteiligten Überwachungsstellen[5] zu hören.

Anmerkungen.

[1] Der sachliche Grund zu der in § 10 gegebenen Ermächtigung ergibt sich aus der Begr. zu § 10. Dort heißt es: „Wo die Milch vom Verbraucher am Ort des Vertriebs sofort genossen wird, also in Schankwirtschaften, Schulen, auf Sportplätzen, Bahnhöfen usw., ist besondere Vorsicht geboten, einmal, weil häufig die Gefahr einer Verunreinigung der Milch besteht, und sodann, weil in der Regel die Möglichkeit zum Abkochen fehlt. Eine behördliche Anordnung nach § 10 wird vor allem in größeren Städten, aber auch in Kur- und Badeorten in Frage kommen. Wie durch das Wort „inwieweit" angedeutet ist, wird allerdings eine vorbehaltlose Anwendung dieser Art kaum getroffen werden können. Man denke z. B. an die Abgabe selbstgewonnener Milch an Sommergäste oder an die Milch- und Sahnekännchen in Schankwirtschaften."

[2] PVO. § 13 lautet: „(1) Milch, sofern sie nicht gekocht ist oder zur Vermischung mit anderen Betränken wie Kaffee, Tee usw. bestimmt ist, darf in Gast- und Schankstätten, Kantinen, Milchhäuschen oder sonst zum Genuß an Ort und Stelle nur in den im § 9 des Gesetzes und § 12 dieser VO. genannten Formen abgegeben werden. Das gilt nicht für die Abgabe von Milch in Betrieben, denen gemäß § 14 Milch-G. eine Erlaubnis zur Abgabe von Milch erteilt ist. Die verkaufsfertigen Packungen sind dem Verbraucher ungeöffnet auszuhändigen.

(2) Die Ortspolizeibehörde kann von der Vorschrift des Abs. 1 Ausnahmen zulassen, wenn den hygienischen Erfordernissen Rechnung getragen ist."

[3] Für Preußen vgl. Anm. 2.

[4] D. h. vorbehaltlich der vom Reich beanspruchten Zuständigkeit.

[5] Siehe hierzu § 5 Anm. 8. Diese Bestimmung ermöglicht den Überwachungsstellen, ihre Bedenken vorzubringen, wenn etwa gemäß § 10 die Abgabe von Milch auch in Krankenhäusern und Wohlfahrtsanstalten in verkaufsfertigen Aufmachungen angeordnet werden soll. Denn eine solche Anordnung würde (wie Nathusius-Nelson in § 25 Anm. 7 — S. 131 darlegen) die in § 25 Satz 2 Milch-G. vorgesehene Möglichkeit der Abgabe in plombierten Kannen und den offenen Ausschank aus ihnen innerhalb des Großverbraucherunternehmens ausschließen.

§ 11[1], [12].

(1) Wer[2] Milch an öffentlichen[3] Orten, insbesondere auf Märkten, Plätzen oder Straßen, an den[4] Verbraucher abgibt, hat sie durch besondere Maßregeln,

*namentlich bei der Abgabe, vor nachteiliger Beeinflussung im Sinne des § 6 zu
schützen. Insbesondere muß die Beschaffenheit, Benutzung und Handhabung der
Gefäße diesem Erfordernis entsprechen.*

(2) Dasselbe gilt für das Zubringen von Milch in die Behausungen[3].

*(3) Die Abgabe von Milch nach Abs. 1 und 2 ist nur[7] Unternehmern[5] gestattet,
die an festen Betriebsstätten[8] Milch gewinnen, bearbeiten[6] oder vertreiben[6].*

*(4) Die obersten Landesbehörden[9] können nach Maßgabe der Ausführungs-
bestimmungen[10] die weiteren Voraussetzungen[11] bestimmen, unter denen die Unternehmer Milch nach Abs. 1 und 2 abgeben dürfen.*

Ausführungsbestimmungen.
Zu § 11 des Gesetzes.
§ 22.

Nach Ablauf eines Jahres[10] vom Inkrafttreten dieser Verordnung ab ist
die Abgabe von Milch an öffentlichen Orten, insbesondere auf Märkten, Plätzen
oder Straßen, nur aus geschlossenen Gefäßen oder nur dann zulässig, wenn diese
so eingerichtet sind, daß die Auslaßstellen vor dem Eindringen von Staub oder
Schmutz geschützt sind.

Anmerkungen.

[1] Nach der Begr. zu § 11 soll „die Vorschrift eine Handhabe bieten zum Erlaß von
Einzelvorschriften, wie sie in vielen deutschen Ländern und Gemeinden bereits in Geltung
sind. Hierbei wird besonders geprüft werden müssen, inwieweit sich der Straßenhandel
mit offener Milch und das Umfüllen der Milch auf Straßen, in Hausfluren u. dgl. mit der
Vorschrift des § 11 verträgt".

[2] Nicht jeder darf das. Die Begrenzung enthält Abs. 3. Sie gilt auch, wenn die Milch
in „verkaufsfertiger Aufmachung" i. S. des § 9 Milch-G. in den Formen des § 11 Abs. 1 oder 2
abgegeben wird. Nathusius-Nelson § 11 Anm. 2 weisen darauf hin, daß auch Flaschenmilch durch Hitze oder Frost nachteilig beeinflußt werden kann. Eine Durchbrechung
der in Abs. 3 gegebenen Begrenzung ergibt sich aus § 19 Milch-G. Öffentliche Orte sind
Orte, die jedem — wenn auch vielleicht nur gegen Zahlung eines Eintrittsgeldes — zugänglich
sind. Die Frage, ob auch Flure und Korridore unversperrter Wohnhäuser dazu gehören
(vgl. hierzu ERG. 50, 101), ist für § 11 Milch-G. von untergeordneter Bedeutung, weil Abs. 2
die Vorschriften des Abs. 1 ausdrücklich auch auf das Zubringen von Milch in „Behausungen"
erstreckt. Dieser Begriff ist weiter als der des „Hauses". Er umfaßt auch Wohnwagen,
Wohnlauben, Flure, Korridore, Vorgärten, kurzum „Haus und Hof".

[4] „Der" Verbraucher bedeutet hier „Verbraucherschaft". Dieser Schicht stehen die
Unternehmer (Abs. 3) gegenüber. Hieraus ergibt sich, daß gelegentliches Ablassen von Milch
durch eine Hausfrau an eine andere nicht unter § 11 fällt.

[5] „Unternehmer" ist jeder, der sich nicht nur gelegentlich damit beschäftigt, an fester
Betriebsstätte Milch zu gewinnen usw., also auch der Landwirt, wenn dieser auch kein Gewerbe i. S. der Gewerbeverordnung betreibt.

[6] Zum Begriff „Vertreiben" siehe Bay.OLG. 14. Oktober 1932 und hierzu Holthöfer in JW. 1933, S. 707. Er umfaßt: zum Verkauf vorrätig halten, anbieten, feilhalten,
feilbieten, verkaufen — hier selbstverständlich mit Ausschluß des Verkehrs im Privathaushalt. — Zum Begriff Bearbeiten siehe § 9 Anm. 8.

[7] Ausnahme siehe § 19 Milch-G.

[8] „Feste Betriebsstätte" bedeutet Dauerbetrieb in hierzu eingerichteten Räumen.
Gegensatz: Geschäftsbetrieb nur im Umherziehen oder in auf Zeit errichteten Zelten oder
Buden. Wer an fester Betriebsstätte Milch gewinnt, bearbeitet oder vertreibt, ist nicht
darauf beschränkt, nur von ihm selbst gewonnene oder bearbeitete Milch in den Formen des
§ 11 Abs. 1 und 2 abzugeben.

[9] Siehe hierzu § 54 Abs. 2 Milch-G.

[10] Siehe Ausf.Best. § 22, die ab 1. Januar 1933 wirksam sind.

[11] Siehe z. B. Bay.VO. § 35 Abs. 2 in Verbindung mit § 23 Abs. 5.

[12] Strafbestimmung in § 44 Abs. 1 Nr. 1 und Abs. 2 Milch-G.

§ 12[12].

*(1) Die obersten Landesbehörden[1] können[2] vorbehaltlich der Vorschrift des
§ 37[3] anordnen, inwieweit[2] die Milch vor der Abgabe an den Verbraucher[4] zu*

bearbeiten, insbesondere einem Reinigungs-, Erhitzungs- oder Tiefkühlungsver-
fahren[5] zu unterziehen ist (Bearbeitungszwang). Sofern das Gebiet, für das die
Anordnung gilt, ganz oder zum Teil mit Markenmilch[6] beliefert wird, sind, unbe-
schadet der Vorschrift des Abs. 3, die beteiligten Überwachungsstellen zu hören.

(2) Eine Erhitzung[7] oder ein gleichwertiges Verfahren darf jedoch nicht
gefordert werden:

1. für Milch, die nach den Ausführungsbestimmungen unter Anwendung
besonderer Vorsichtsmaßregeln und unter besonderer Überwachung gewonnen,
behandelt und vertrieben werden muß[8];

2. für Milch, die der Erzeuger in einem landwirtschaftlichen Betriebe[9] gewinnt
und an der Betriebsstätte selbst unmittelbar an den Verbraucher[10] abgibt.

(3) Für Markenmilch[6] gelten die Vorschriften des § 32.

(4) Die Vorschriften des § 4 sowie Vorschriften des Reichs- oder Landesrechts
zur Bekämpfung übertragbarer Krankheiten bleiben unberührt[11].

Ausführungsbestimmungen.

Zu § 12 des Gesetzes.

§ 23.

(1) Reinigungsverfahren sind solche Verfahren, bei denen Filter oder Zentrifugen verwendet werden.

(2) Erhitzungsverfahren sind die im § 1 Abs. 3 Nr. 2 aufgeführten anerkannten oder von der Reichsregierung zugelassenen Pasteurisierungsverfahren.

(3) Tiefkühlungsverfahren sind solche Verfahren, durch die die Milch bis
auf mindestens 5°, nicht aber unter 0° gekühlt wird.

(4) Eine Erhitzung oder ein gleichwertiges Verfahren darf für Vorzugsmilch
(§ 1 Abs. 2 Nr. 3) nicht gefordert werden.

Anmerkungen.

[1] Siehe PVO. § 14 (Regierungspräsident bzw. in Berlin Polizeipräsident; sie haben
vor Erlaß der Anordnungen die Zustimmung des Ministers einzuholen) und Bay.VO. § 1
(Staatsministerium für Landwirtschaft und Arbeit).

[2] Grund: Verschiedenartigkeit der wirtschaftlichen Verhältnisse. Die Anordnungen
können örtlich (z. B. auf Großstädte oder bestimmte Großstädte) und zeitlich (z. B. für Zeiten
von Seuchengefahren) beschränkt werden.

[3] D. h. etwa gegebener Standardisierungsvorschriften.

[4] Es handelt sich hierbei um sog. Trinkmilch im Umfang der Anm. 1a zu §§ 3, 4 Milch-G.,
d. h. um Milch, die als solche an die Verbraucherschaft (in dem weiten Sinne des § 2 Milch-G.)
abgegeben wird.

[5] Begriffsbestimmungen in § 23 Ausf.Best. Siehe hierzu Bay.VO. § 24, 25 und 26
über Reinigung, Tiefkühlung und Erhitzung.

[6] „Und zwar auch dann, wenn die Markenmilch selbst (§ 20 Milch-G.) zufolge der Vorschrift des § 32 Abs. 1 Milch-G. von der beabsichtigten behördlichen Anordnung nicht
betroffen wird. Die praktischen Erfahrungen der Überwachungsstellen können auf diese
Weise für den allgemeinen Milchverkehr nutzbar gemacht werden" (Begr. zu § 12 Milch-G.).

[7] Wohl aber die sonstigen Bearbeitungsmaßnahmen gemäß Ausf.Best. § 23 Abs. 1 und 3.

[8] Durch § 23 Abs. 4 Ausf.Best. ist auf die Vorzugsmilch i. S. der Begriffsbestimmung
des § 1 Abs. 2 Nr. 3 Ausf.Best. verwiesen. Nähere Bestimmungen über Vorzugsmilch
finden sich in PVO. § 36f. (siehe besonders § 39 Abs. 4) und Bay.VO. §§ 12f., besonders
§§ 14 und 21 Abs. 4.

[9] Siehe § 8 Anm. 8 und 11.

[10] Siehe § 4 Anm. 16 und § 8 Anm. 9.

[11] Außer den bei § 4 Anm. 1 aufgeführten Rechtsquellen kommen in Frage das Gesetz
betr. die Bekämpfung gemeingefährlicher Krankheiten vom 30. Juni 1900 (RGBl. S. 306) —
abgedruckt bei NATHUSIUS-NELSON S. 323, kommentiert bei STENGLEIN-SCHNEIDEWIN
Bd. I S. 827 —, insbesondere § 15 daselbst, nebst den bei LEFFMANN S. 119 nach ihren Fund-
orten aufgezeichneten reichsrechtlichen Ausführungsvorschriften und landesrechtlichen
Vorschriften. Auch das Rinderpestgesetz vom 7. April 1869 (Bundesgesetzblatt S. 105)
enthält einschlägige Bestimmungen.

[12] **Strafbestimmungen** in § 44 Abs. 1 Nr. 1, Abs. 2.

$$\S\ 13^1.$$

(1) Personen, die

1. an Typhus, Paratyphus, Ruhr oder offener Tuberkulose leiden oder

2. unter Typhus-, Paratyphus- oder Ruhrverdacht erkrankt sind oder

3. Erreger von Typhus, Paratyphus oder Ruhr dauernd oder zeitweilig ausscheiden,

dürfen weder bei der Gewinnung der Milch noch sonst im Verkehr mit Milch in einer Weise[3] tätig sein, die die Gefahr[3] mit sich bringt, daß Krankheitserreger auf andere übertragen werden.

(2) In den Ausführungsbestimmungen kann[2] das Verbot des Abs. 1 auf andere übertragbare Krankheiten ausgedehnt werden.

(3) Im Verkehr[4] mit Milch dürfen ferner Personen nicht tätig sein, die mit Geschwüren, eiternden Wunden oder mit Ausschlägen behaftet sind, soweit[5] hierdurch die Beschaffenheit der Milch nachteilig beeinflußt werden kann oder ein ekelerregender Eindruck[6] erweckt wird.

(4) Wie das Verbot der Abs. 1, 2 und 3 durchzuführen, insbesondere der Gesundheitszustand der im Verkehr mit Milch tätigen Personen zu überwachen ist, und in welchem Umfang die Arbeitsämter zu unterrichten sind, bestimmen die obersten Landesbehörden[10].

(5) Unberührt bleiben[8] Vorschriften des Reichs- oder Landesrechts[7], die über den Abs. 1 hinausgehen[9].

Anmerkungen.

[1] **Strafbestimmungen** in § 45. Sie bedrohen sowohl die Personen, die im Milchverkehr entgegen den Verboten des § 13 tätig sind, als auch diejenigen, die in ihren Betrieben die verbotswidrige Beschäftigung dulden. Die Strafdrohungen sind hoch — sowohl bei Vorsatz als bei Fahrlässigkeit.

[2] „Nur **offene** Tuberkulose ist berücksichtigt, weil sie allein imstande sein dürfte, eine Infektion mit Tuberkelbacillen herbeizuführen. Die Ausdehnung auf Tuberkuloseverdacht würde schon aus praktischen Gründen zu weit führen und ist auch vom gesundheitlichen Standpunkt nicht erforderlich." (So die Begr. zu § 13.)

[3] Diese Gefahr wird z. B. vorliegen, wenn eine an offener Tuberkulose leidende Person beim Melken oder Abfüllen oder Zubringen offener Milch beschäftigt ist, nicht aber, wenn eine solche Person lediglich mit dem Transport von Flaschenmilch befaßt wird. Es kommt hier auf die Lage des einzelnen Falles an. NATHUSIUS-NELSON (§ 13 Anm. 4) bemerken dazu, daß dabei nur die Übertragung von Krankheitserregern durch den Genuß infizierter Milch, nicht die unmittelbare Ansteckung von Person zu Person in Frage kommen.

[4] Hierzu gehört auch, wenngleich hier nicht — wie in Abs. 1 — ausdrücklich erwähnt, das Gewinnen der Milch.

[5] Die Gefahr einer nachteiligen Beeinflussung der Milch beim Vorhandensein von Gebresten der in Abs. 3 genannten Art wird vielfach durch abschließende Verbände gebannt werden können, namentlich wenn sich die Gebresten an bekleideten Körperstellen befinden.

[6] In Betracht kommt dabei Empfindung des Durchschnittsmannes oder hier richtiger mit NATHUSIUS-NELSON (§ 13 Anm. 8) der Durchschnittsfrau, da diese dem Milchverkehr in aller Regel näher steht als der Mann.

Milch, die wegen ihrer Betreuung durch Personen der hier fraglichen Art Ekel erregt, wird — auch wenn sie dadurch keine Einbuße an Geschmack, Geruch oder Aussehen erlitten und keine nachweisbaren von den Gebresten herrührenden Fremdkörper in sich aufgenommen hat — als **verdorben** i. S. des § 4 Nr. 2, 12 LMG. angesehen werden können. Siehe HOLTHÖFER-JUCKENACK § 4 Anm. 8b — S. 98 und HOLTHÖFER in JW. 1933, S. 2594.

Sind Krankheitserreger in die Milch übergegangen, so daß sie **tatsächlich** geeignet ist, die Gesundheit zu beschädigen, so greift auch das Verbot des § 3a, 11 LMG. ein.

[7] Siehe hierzu PVO. §§ 15, 32, 45 und Bay.VO §§ 7, 19, 45. Hier wie dort sind in gewissem Umfang (namentlich bei mit Vorzugsmilch befaßtem Personal) erstmalige und weiterhin periodische ärztliche Untersuchungen vorgeschrieben.

[8] Bestehende oder neu zu erlassende Vorschriften.

[9] Sei es, indem sie die Vorschriften des § 13 Abs. 1 auf weitere Krankheiten ausdehnen, oder schärfere Maßnahmen anordnen — z. B. völlige Absonderung kranker Personen in § 8 Nr. 7 des Preußischen Gesetzes betr. Bekämpfung übertragbarer Krankheiten bei Ruhr.

[10] Über das Zusammenarbeiten zwischen den Arbeitsämtern und den Dienststellen der Gesundheitsfürsorge in Preußen verhält sich der Runderlaß des Ministers des Innern vom 23. Juni 1933 (MBliV. Teil II, S. 313).

§ 14.

(1) Wer ein Unternehmen zur Abgabe von Milch[1] betreiben[2] will, bedarf dazu der Erlaubnis[3] der zuständigen Behörde[4].

(2) Die Erlaubnis kann[5] auch juristischen Personen[6] und nichtrechtsfähigen Vereinen[6] erteilt werden.

(3) Für die Erteilung der Erlaubnis ist die Behörde zuständig[4], in deren Bezirke sich die Niederlassung[7] oder Zweigstelle[7] befindet.

(4) Die Erlaubnis erstreckt sich nur auf die Niederlassungen und Zweigstellen[7] des Unternehmens, die in dem Bescheid ausdrücklich[8] aufgeführt sind. Von diesen Niederlassungen und Zweigstellen aus kann der Unternehmer die Milch ohne örtliche Beschränkung abgeben[9], falls sich nicht aus dem Bescheid etwas anderes ergibt. Er ist hierbei den für die einzelnen Absatzgebiete geltenden besonderen Bestimmungen über den Milchverkehr[10] unterborfen.

(5) Die Erlaubnis darf nur erteilt werden, wenn

1. der Unternehmer[2], in den Fällen des Abs. 2 der Leiter[11] des Unternehmens, die erforderliche Zuverlässigkeit[12] besitzt.

2. die Personen, die für den milchwirtschaftlichen Betrieb des Unternehmens verantwortlich sind[13], über die hierfür[14] notwendige Sachkunde[15] verfügen,

3. der Tätigkeit[16] der in Nr. 2 erwähnten Personen nicht die Vorschriften des § 13 oder die auf Grund von § 13 erlassenen Bestimmungen entgegenstehen,

4. die Einrichtungen und Gegenstände[17] vorhanden sind, die zum Betrieb eines Unternehmens der betreffenden Art und Größe erforderlich sind,

5. die Räume, Einrichtungen und Gegenstände den im § 7 gestellten Anforderungen entsprechen[18],

6. anzunehmen[20] ist, daß der Unternehmer eine von der zuständigen Behörde festzusetzende Mindestmenge[19] in den Verkehr bringt.

(6) Die Erlaubnis darf weder auf Zeit[21] noch auf Widerruf[22] erteilt werden, soweit nicht die Ausführungsbestimmungen Ausnahmen vorsehen.

(7) Sie darf nur versagt werden, wenn den im Abs. 5 gestellten Anforderungen nicht genügt wird[23].

(8) Die Erlaubnis ist[25] zurückzunehmen, wenn sich nachträglich Umstände ergeben[24], die ihre Versagung rechtfertigen würden.

Ausführungsbestimmungen.

Zu §§ 14 bis 19 des Gesetzes.

§ 24[12].

Der Antragsteller ist als unzuverlässig insbesondere dann anzusehen, wenn Tatsachen die Annahme rechtfertigen, daß er das Gewerbe zum Vertrieb gesundheitsschädlicher, verdorbener oder verfälschter Lebensmittel mißbrauchen oder die Vorschriften über den Verkehr mit Lebensmitteln nicht beachten wird.

§ 25[21].

Die Erlaubnis ist bei juristischen Personen oder nichtrechtsfähigen Vereinen auf die Dauer von 30 Jahren zu beschränken.

Verordnung über das Inkrafttreten des Milchgesetzes.
Vom 15. Mai 1931.

Auf Grund des § 57 des Milchgesetzes vom 31. Juli 1930 (RGBl. I S. 241) wird nach Zustimmung des Reichsrats hiermit verordnet:

Artikel 1.
Inkrafttreten.

. . . .

Artikel 2.
Übergangsbestimmungen [26].
§ 1.
Zu §§ 14, 15, 17 des Gesetzes.

(1) Die Inhaber von Unternehmen der im § 14 des Gesetzes genannten Art, die zur Zeit des Inkrafttretens dieses Artikels [27] bereits bestehen, bedürfen einer Erlaubnis nach § 14 des Gesetzes, und zwar auch dann, wenn sie eine Erlaubnis auf Grund des § 1 des Gesetzes zur Regelung des Verkehrs mit Milch vom 23. Dezember 1926 oder auf Grund früherer Vorschriften haben; Inhaber solcher Unternehmen sind von der Erfüllung der Voraussetzung des § 14 Abs. 5 Nr. 6 des Gesetzes befreit, wenn der Inhaber das Unternehmen schon vor dem 8. August 1930 betrieben hat.

(2) Die Inhaber von Unternehmen, die nach § 14 des Gesetzes in Verbindung mit der Vorschrift im Abs. 1 oder nach § 17 des Gesetzes der Erlaubnis bedürfen und deren Unternehmen zur Zeit des Inkrafttretens dieses Artikels bereits bestehen, sowie ihre Stellvertreter gelten bis zum 1. April 1932 als widerruflich zugelassen. Diese Frist kann verlängert werden, wenn ein wichtiger Grund vorliegt.

(3) Wird innerhalb der Frist des Abs. 2 der Antrag auf Erteilung der Erlaubnis gestellt, so erlischt die widerrufliche Zulassung erst mit der endgültigen Entscheidung über diesen Antrag.

(4) Sind im Falle des Abs. 3 die gesetzlichen Erfordernisse für die Erteilung der Erlaubnis nicht gegeben, so hat die zuständige Behörde dem Antragsteller vor der Entscheidung über den Antrag eine angemessene Frist zur Erfüllung der gesetzlichen Erfordernisse zu setzen. Einer Fristsetzung bedarf es nicht, wenn der Antragsteller nicht bereit oder nicht in der Lage ist, die gesetzlichen Erfordernisse zu erfüllen.

§ 2.
Zu § 41 Milch-G. . . . .

Artikel 3.
Artikel 2 tritt am 1. Januar 1932 in Kraft.

Anmerkungen.

[1] a) **Unternehmen:** Jede planmäßige und nicht nur gelegentlich in Ausnahmefällen auf die Abgabe von Milch gerichtete Tätigkeit. Keine Begriffsmerkmal ist die Absicht der Gewinnerzielung. Deshalb gehören hierher nicht nur Gewerbebetriebe i. S. der Gewerbeordnung, sondern auch Genossenschaften (z. B. Konsumvereine) und milchwirtschaftliche Betriebe der öffentlichen Hand. Gleichgültig ist ferner, ob die Abgabe von Milch Hauptgegenstand oder einen Nebenzweig des Unternehmens bildet. Gleichgültig ist schließlich, ob die Abgabe an den Verbraucher (Kleinhandel) oder an den Zwischenhändler oder an Milchverarbeitungsbetriebe (Großhandel) erfolgt.

Die Milchabgabe in landwirtschaftlichen Betrieben hat in § 17 eine Sonderregelung erfahren; auch gelten Besonderheiten für die Abgabe im Schankwirtschaftsbetrieb und zum Genuß an Ort und Stelle (§ 19). Die Abgabe innerhalb des Privathaushalts wird von der Regelung des § 14 überhaupt nicht erfaßt. (§ 1 Satz 2 Milch-G. und Anm. 4 zu § 1).

b) **Unter Milch i. S. des § 14** ist sowohl offene Milch als solche in „verkaufsfertiger Aufmachung" (§ 9) zu verstehen. Der Erlaubniszwang gilt für sämtliche Milchsorten (Vollmilch, Markenmilch, Vorzugsmilch), die in § 1 Abs. 2 AusführungsVO. aufgeführt sind, einschließlich der „zubereiteten Milch" (§ 1 Abs. 3 Milch-G., § 1 Abs. 3 Ausf.Best.). Dem Erlaubniszwang unterfallen ferner nach § 35 Abs. 1 Milch-G. von Milcherzeugnissen **Rahm**, **Magermilch**, **Buttermilch**, **Sauermilch**, **Joghurt** und **Kefir** und (nach § 35 Abs. 2 Milch-G. in Verbindung mit § 27 Ausf.Best.) die **Molke**.

[2] Ein Unternehmen **betreibt**, wer es auf eigene Rechnung und unter eigener Verantwortung führt, mag er auch im Innenverhältnis anderen Stellen gegenüber (z. B. öffentlichen Körperschaften oder Organen privatrechtlicher Gesellschaften, etwa Vorständen, Aufsichtsräten oder Generalversammlungen) Rechenschaft schuldig sein und an von ihnen aufgestellte

Grundsätze gebunden sein. Daß das Unternehmen unter eigenem Namen geführt wird, ist nicht erforderlich. Oft werden z. B. Pächter oder Nießbraucher unter fremdem Namen, aber unter eigener Verantwortung und auf eigene Rechnung das Unternehmen betreiben.

[3] Inwieweit der schließlich zum Gesetz gewordene Konzessionszwang eingeführt werden sollte, war bei den Vorarbeiten zum Gesetz Gegenstand lebhafter Auseinandersetzungen. Hierüber berichtet LEFFMANN S. 123 in den Vorbemerkungen zu §§ 14—18. Die §§ 14f. zeigen eine weitgehende Angleichung an das Gaststättengesetz vom 28. April 1930 (RGBl. I S. 146).

[4] Für Preußen bestimmt PVO. § 23 in seiner Neufassung vom 20. Oktober 1934 (Ges.-S. S. 425) die zuständigen Behörden. Für Bayern: Bay.VO. §§ 2 und 5.

[5] Sie haben bei Erfüllung der Voraussetzungen einen öffentlichrechtlichen Anspruch auf die Erlaubnis (§ 14 Abs. 7 Milch-G.).

[6] Gleichviel, ob es sich um solche des Privatrechts oder des öffentlichen Rechts oder um gemischtwirtschaftliche Unternehmungen der öffentlichen Hand handelt.

[7] Eine genaue begriffliche Abgrenzung zwischen „Niederlassung" und „Zweigstelle" ist kaum möglich, auch im vorliegenden Zusammenhang nicht erforderlich.

[8] PVO. § 23 Abs. 5 schreibt vor, daß in dem Zulassungsbescheid die Betriebsart und die zugelassenen Räume genau zu bezeichnen sind.

[9] Also grundsätzlich, soweit der Bescheid keine Einschränkungen enthält, auch außerhalb des Bezirkes der Erlaubnisbehörde und ferner im Rahmen des § 11 Milch-G. auch an öffentlichen Orten und im Zubringedienst. Dabei ist allerdings § 14 Abs. 4 letzter Satz Milch-G. zu beachten.

[10] Z. B. gemäß §§ 10 und 12 Milch-G.

[11] D. h. derjenige, dem im Einzelfall nach öffentlichem oder bürgerlichem Recht oder nach der Satzung oder besonderer Bestallung die Gesamtleitung obliegt. Sind das mehrere Personen mit geteilten Geschäftsbereichen (z. B. für die Verwaltung, den kaufmännischen oder den technischen Betrieb), dann müssen die Voraussetzungen des Abs. 5 Nr. 1 bei allen erfüllt sein.

[12] D. h. er muß die Gewähr bieten, daß er genügend Kenntnisse (auch des einschlägigen Rechts), Erfahrungen und guten Willen mitbringt, um das gerade in Frage kommende Unternehmen (nach Art und Umfang) entsprechend den Gesetzen und Verwaltungsbestimmungen zu leiten. Mangelnde geistige Gesundheit, allzu große Jugend können Zweifel an der Zuverlässigkeit rechtfertigen.

Keiner besonderen Erwähnung bedarf, daß die Erlaubnis zum Milchhandel niemandem erteilt werden darf, der unter dem im Verwaltungswege erlassenen Verbot der Ausübung des Handels mit Gegenständen des täglichen Bedarfs steht (§ 35 b der Reichsgewerbeordnung in der Fassung des Gesetzes zum Schutz des Einzelhandels vom 12. Mai 1933 Artikel II Nr. 1 — RGBl. I S. 262), oder dem die Führung eines Betriebs, soweit er sich auf die Herstellung oder den Vertrieb von Lebensmitteln oder Bedarfsgegenständen bezieht, nach § 14 LMG. durch Gerichtsurteil untersagt ist (siehe HOLTHÖFER - JUCKENACK § 15 – S. 227f. –, Erg. 1936 S. 89 und HOLTHÖFER in Bd. I S. 1318).

Ausf.Best. § 24 erklärt hierüber hinaus insofern, als der dort näher bezeichnete Verdacht unreeller Geschäftsgebarung auf dem Gebiet des Lebensmittelverkehrs eine Unzuverlässigkeit bedeuten soll — vorausgesetzt, daß er durch Tatsachen belegbar ist. Ausf.Best. § 24 gibt nur ein Hauptbeispiel („insbesondere"). Grobe Verstöße gegen allgemein-gewerberechtliche, sozialpolitische, arbeitsrechtliche Vorschriften, namentlich wenn sie zu gerichtlicher Ahndung geführt haben, werden die Verneinung der erforderlichen Zuverlässigkeit rechtfertigen können. Ein Grund, mit LEFFMANN § 14 Anm. 4 — S. 134 — sozialpolitische und steuerrechtliche Verfehlungen auch gröbster Art grundsätzlich aus dem Kreis der Betrachtung auszuschließen, ist aus der Fassung des Gesetzes nicht zu entnehmen, ebensowenig aus der (den Begriff der „Zuverlässigkeit" nicht näher erörternden) Begr. zu § 14.

[13] Das kann bei kleineren Betrieben der Unternehmer selbst sein. Sonst kommt in Betracht, wer vom Unternehmer oder dem Leiter des Unternehmens (Abs. 2) zur Leitung des technischen Betriebes oder eines Teiles desselben (z. B. der Gewinnung, der Bearbeitung, des Vertriebs) oder seiner Beaufsichtigung bestellt ist (vgl. § 151 Gewerbeordnung, der wohl in gewissem Betracht hier zur Auslegung herangezogen werden kann).

[14] Zu beurteilen nach Art und Umfang des in Frage kommenden Unternehmens.

[15] Hier ist unzweifelhaft nur die milchwirtschaftliche (technische) Sachkenntnis gemeint. Gegensatz: die in § 14 Abs. 5 Nr. 1 erforderte allgemeine Zuverlässigkeit; siehe hierzu Anm. 12 am Ende.

Grundsätze hierüber können die Reichsregierung und, soweit sie es nicht tut, die Länder aufstellen (§ 53 Abs. 1 Nr. 1 und Abs. 2 Milch-G.). Reichsrechtliche Grundsätze liegen bisher nicht vor.

PVO. § 18 verlangt eine Nachprüfung der Sachkenntnis nicht, wenn eine dort näher bestimmte abgeschlossene Ausbildung oder eine praktische Betätigung von gewisser Dauer nachgewiesen wird oder ein dort geregelter Nachweis der Kenntnisse vor einem Sachverständigen erfolgt ist.

Bay.VO. § 40 verlangt einen nach der Größe der Betriebe abgestuften Nachweis der erforderlichen Sachkenntnis. Siehe auch die Bay.VO. über die Ausbildung von Melkern vom 15. Mai 1933 (GuVBl. S. 43).

[16] D. h. der ihnen (den leitenden Personen des technischen Betriebes) in dem gerade in Frage kommenden Betrieb obliegenden Tätigkeit. Es kommt hier darauf an, wieweit sie selbst unmittelbar oder mittelbar mit der Milch in Berührung kommen. Wird Unterpersonal entgegen dem § 13 beschäftigt, so kann das eine Zurücknahme der Erlaubnis (Abs. 8) wegen mangelnder Zuverlässigkeit (Abs. 5 Nr. 1) rechtfertigen.

[17] Für Preußen siehe PVO. §§ 19 und 20, für Bayern Bay.VO. §§ 36—38.

[18] Vgl. Anm. 17 und die Anmerkungen zu § 7 Milch-G.

[19] a) Diese Bestimmung, die unwirtschaftliche Zwergbetriebe ausschalten soll, ist erst durch den Reichstag in das Gesetz hineingelangt. Siehe hierzu Nathusius-Nelson § 14 Anm. 21 — S. 104.

b) Die Festsetzung kann sowohl in allgemeinen Bestimmungen, als auch von Fall zu Fall oder nach Grundsätzen, die einen gewissen Spielraum gestatten, erfolgen. Siehe PVO. § 21 und Bay.VO. §§ 41, 42, 43.

c) Inhaber schon vor dem 8. August 1930 betriebener Unternehmungen sind von der Erfüllung der Voraussetzungen des § 14 Abs. 5 Nr. 6 befreit. (Siehe Anm. 26.) Desgleichen Inhaber landwirtschaftlicher Betriebe im Rahmen des § 17 Milch-G.

[20] Widerspricht die tatsächlich in den Verkehr gelangende Menge dieser Annahme, so kann Zurücknahme der Erlaubnis (Abs. 8) erfolgen. So auch Nathusius-Nelson § 14 Anm. 21 — S. 105.

[21] Eine Ausnahme gilt für juristische Personen (siehe § 25 Ausf.Best.) und für die vorläufige Zulassung nach §§ 16.

[22] Das ist etwas anderes als die Zurücknahme nach Abs. 8 Milch-G. Vorläufige Zulassung auf Widerruf ist in § 16 Milch-G. zugelassen. Hingewiesen sei auch auf die Übergangsbestimmung in Artikel 2 § 1 Abs. 2 und 3 der InkraftsetzungsVO. (oben abgedruckt S. 516).

[23] Vgl. Anm. 5.

[24] Nachträglich bedeutet: nach Erteilung der Erlaubnis. Auch Umstände, die vor der Erlaubniserteilung vorhanden waren, aber erst nachträglich bekannt geworden sind, gehören hierher.

[25] Wenn durch die Fassung die Zurücknahme auch nicht ins Belieben der Zulassungsbehörde (für Preußen und Bayern siehe Anm. 4) gestellt ist, so bleibt die Erlaubnis doch so lange in Kraft, bis sie zurückgenommen wird.

Ohne förmliche Zurücknahme erlischt die Erlaubnis durch den Tod des Erlaubnisträgers (hier ist Stellvertretererlaubnis nach § 15 Abs. 2 Nr. 2 vorgesehen), bei juristischen Personen durch Aufhören ihres Bestehens und Zeitablauf (§ 25 Ausf.Best.) Auch förmlicher Verzicht gegenüber der Erlaubnisbehörde auf die Erlaubnis (nicht zu verwechseln mit tatsächlichem Nichtgebrauchmachen) wird als Erlöschungsgrund zu gelten haben.

Inwieweit Aufgabe des konkreten Unternehmens oder seine Veräußerung selbsttätig die Erlaubnis zum Erlöschen bringen, ist nach Lage des Einzelfalls unter besonderer Berücksichtigung des § 14 Abs. 4 Satz 1 und Abs. 5 Nr. 4 und 5 und § 16 zu beurteilen. (Die Erlaubnis wird einer bestimmten Person für ein bestimmtes Unternehmen unter Berücksichtigung der vorhandenen Räume, Einrichtungen und Gegenstände erteilt.)

[26] Von den Übergangsbestimmungen ist von dauernder Bedeutung der bei Anm. 19c erörterte Fall des § 1 Abs. 1 am Ende.

[27] Das ist der 1. Januar 1932 (siehe Artikel 3).

§ 15.

(1) Sollen die Befugnisse zum Betrieb eines Unternehmens, das nach § 14 der Erlaubnis bedarf, durch einen Stellvertreter [2] ausgeübt werden, so ist hierzu eine besondere Erlaubnis (Stellvertretererlaubnis) [1] der zuständigen [3] Behörde erforderlich.

(2) Die Stellvertretererlaubnis ist [5] natürlichen [1] Personen [4] zu erteilen, wenn

1. nach Erteilung der Erlaubnis [6] Umstände eingetreten sind, die den Inhaber [8] hindern, das Unternehmen persönlich zu betreiben, insbesondere [7] wenn er in der Verfügung über sein Vermögen beschränkt worden ist;

2. das Unternehmen nach dem Ableben des Inhabers [9] für [10] seine Witwe während ihres Witwenstandes oder für seine minderjährigen Erben [11] oder bis zur Beendigung [12] einer Nachlaßauseinandersetzung fortgeführt werden soll.

(3) Die Erlaubnis wird für⁴ einen bestimmten Stellvertreter¹³ erteilt. Die Vorschriften des § 14 Abs. 5 Nr. 1, Abs. 8 gelten entsprechend; ebenso gelten die Vorschriften des § 14 Abs. 5 Nr. 2 und 3 für den Stellvertreter entsprechend, wenn er für den milchwirtschaftlichen Betrieb des Unternehmens verantwortlich ist¹⁴.

(4) Die Erlaubnis ist⁵ zu versagen, wenn die⁵ Voraussetzungen der Abs. 2 und 3 nicht vorliegen.

Anmerkungen.

¹ Nach § 45 der Reichsgewerbeordnung „können die Befugnisse zum stehenden Gewerbebetriebe durch Stellvertreter ausgeübt werden; diese müssen jedoch den für das in Rede stehende Gewerbe insbesondere vorgeschriebenen Erfordernissen entsprechen".

Die Begr. zu § 15 Milch-G. führt aus: „Um einem Mißbrauch der dem Unternehmer nach § 45 der Gewerbeordnung zustehenden Befugnis vorzubeugen, seinen Betrieb durch Stellvertreter auszuüben, soll nach § 15 diese Befugnis einer behördlichen Erlaubnis (Stellvertretererlaubnis) bedürfen. Diese Erlaubnis soll auf die in Abs. 2 unter Nr. 1 und 2 aufgeführten Bedürfnisfälle beschränkt und ihre Erteilung von den gleichen behördlichen Anforderungen abhängig gemacht werden, die sich aus § 14 Abs. 5 Nr. 1—3 ergeben.

Eine entsprechende Einschränkung der Befugnis in § 45 der Gewerbeordnung ist auch in § 6 des Gaststättengesetzes vom 28. April 1930 (RGBl. I S. 146) erfolgt. Die durch das Milch-G. vorgesehene Regelung lehnt sich an die Fassung dieser Vorschrift an."

² Nach der umfangreichen Rechtsprechung zu § 45 Gewerbeordnung (s. insbesondere PrOVG. 12, 339 und ERG. 14, 240; 58, 130 und STENGLEIN, Gaststättengesetz § 6 Anm. 3 — S. 1301 — sowie MICHEL § 6 Anm. I — S. 102) ist Stellvertreter, wer das Unternehmen im ganzen oder die ihm anvertrauten Zweige desselben an Stelle des sich mit dem Unternehmen im ganzen oder dem betreffenden Zweige desselben nicht befassenden Geschäftsherrn für Rechnung und im Namen des Geschäftsherrn selbständig verwaltet, insbesondere die Rechtsgeschäfte vornimmt und die öffentlichrechtlichen Rechte und Pflichten wahrnimmt, die in dem betreuten Geschäftskreis fallen.

Über die strafrechtliche Verantwortlichkeit des Stellvertreters im Hinblick auf § 151 Gewerbeordnung siehe HOLTHÖFER-JUCKENACK Vorbemerkungen zu §§ 12—18, Anm. 9e — S. 198f.

Pächter und Nießbraucher sind nicht Stellvertreter. Siehe § 14 Anm. 2. Auch nicht Gewerbegehilfen, Geschäftsführer usw., welche unter Aufsicht und Leitung des Inhabers tätig sind (s. ROHRSCHEIDT § 6 Anm. 2 — S. 91).

³ Wegen der Zuständigkeit in Preußen und Bayern siehe § 14 Anm. 4.

⁴ Die Erteilung der Erlaubnis erfolgt gegenüber dem Vertretenen, nicht gegenüber dem Vertreter.

⁵ D. h. muß erteilt werden, wenn die Voraussetzungen der Abs. 2 und 3 vorliegen; sie muß versagt werden (Abs. 4), wenn auch nur eine der Voraussetzungen fehlt.

⁶ Oder der vorläufigen Erlaubnis (§ 16).

⁷ Rechtlich (z. B. bei Konkurseröffnung, Zwangsverwaltung, bei Entmündigung wegen Geisteskrankheit — § 105 BGB —, Vermögensbeschlagnahme infolge der Eröffnung eines Verfahrens wegen Hochverrates oder Landesverrats — § 93 StGB. — oder gemäß § 2 des Gesetzes über den Widerruf von Einbürgerungen und die Aberkennung der deutschen Staagsangehörigkeit vom 14. Juli 1933 — RGBl. I S. 480) oder tatsächlich (Krankheit, längere Abwesenheit im Ausland, Verbringung zur Schutzhaft).

⁸ Siehe § 14 Anm. 2.

⁹ Dem — wenn auch nur vorläufig (§ 16) — die Erlaubnis erteilt war.

¹⁰ Will die Witwe persönlich (und nicht durch einen Stellvertreter) das Unternehmen weiterführen, so bedarf sie für ihre Person einer neuen Zulassung. Hierbei ist zu beachten, daß die selbsttätig eintretende widerrufliche vorläufige Zulassung nach § 16 für die Witwe nur gilt, wenn sie zugleich Erbin oder Miterbin ist.

¹¹ Weil sie in aller Regel für die persönliche Führung des Betriebes noch nicht in Frage kommen. Über die Rechtslage beim Zusammentreffen minderjähriger und volljähriger Erben und in sonstigen besonderen Fällen siehe MICHEL, Gaststättengesetz § 6 Anm. III, 2 — S. 97.

¹² Einer Erbengemeinschaft als solcher kann eine endgültige Erlaubnis nach § 14 Abs. 2 nicht erteilt werden. Wenn auch jeder der Erben vorläufig nach § 16 Abs. 3 das Unternehmen weiterführen darf, so wird doch vielfach (z. B. wenn keiner der Erben an Ort und Stelle wohnt oder alle andere Berufe haben, oder wenn sie uneinig sind) ein Stellvertreter bis zur Beseitigung des Schonzustandes nötig werden.

¹³ In der Person des Stellvertreters müssen die nachbezeichneten Voraussetzungen erfüllt sein.

¹⁴ Die Stellvertretererlaubnis kann, wie sich aus der Nichtanführung des § 14 Anm. 6 ergibt, auf Zeit und mit dem Vorbehalt des Widerrufs erfolgen.

§ 16.

(1) Die zuständige Behörde[1] kann Personen, die ein Unternehmen der im § 14 bezeichneten Art von einem anderen übernehmen[2], zur Weiterführung des Unternehmens bis zur Erteilung der Erlaubnis widerruflich zulassen[3]. Die Zulassung soll nicht für eine längere Zeit als drei Monate erfolgen: diese Frist kann verlängert werden, wenn ein wichtiger Grund vorliegt. Die Entscheidungen sind endgültig.

(2) Die Vorschrift des Abs. 1 findet auf die vorläufige Zulassung eines Stellvertreters[4] entsprechende Anwendung.

(3)[5] Im Falle des Todes eines Unternehmers gilt der Erbe zur Weiterführung des Unternehmens ohne weiteres als widerruflich zugelassen. Diese Zulassung erlischt, falls dem Erben nicht binnen drei Monaten die Erlaubnis erteilt worden ist. Die Frist kann verlängert werden, wenn ein wichtiger Grund vorliegt.

Anmerkungen.

[1] Siehe § 14 Anm. 4.

[2] Gleichviel auf Grund welchen Rechtstitels (z. B. Kauf, Pacht, Zuschlag in der Zwangsvollstreckung); für den Erwerb durch Erbgang gilt die Sonderregelung des Abs. 3. Für Neugründungen ist eine vorläufige Zulassung nicht vorgesehen. Erlaubnis nach § 14 wird für bestimmte Unternehmen erteilt, ist also an die Person des Unternehmers gebunden. Deshalb Erlaubnis nach § 14 auch nötig für Übernahme eines bestehenden Geschäfts (PrOVG. in JW 1934. S. 1605).

[3] Die vorläufige Zulassung liegt im Ermessen der Behörde (Gegensatz: § 15 bei Anm. 5), desgleichen ihr Widerruf. Die Entscheidungen nach § 16 Abs. 1 unterliegen ferner keinem Rechtszuge. „Andernfalls würde neben dem eigentlichen Konzessionsverfahren gleichzeitig ein zweites, demselben Zwecke dienendes Verfahren laufen. Dies würde zu tatsächlichen und rechtlichen Unzuträglichkeiten führen" (so die Begr.).

[4] Sie kann z. B. erforderlich werden (§ 15), wenn die Beteiligten noch keine geeignete Person zur eigentlichen Stellvertretung gefunden haben oder behördliche Ermittlungen nach § 15 Abs. 3 über den benannten Stellvertreter eine gewisse Zeit beanspruchen, das Unternehmen aber alsbald einer Leitung bedarf.

[5] Siehe § 15 Anm. 10—12.

. § 17.

(1) Der Inhaber eines landwirtschaftlichen Betriebs[1] bedarf zur Abgabe der darin gewonnenen Milch der Erlaubnis[2], wenn er außerhalb der landwirtschaftlichen Betriebsstätte Milch unmittelbar an den Verbraucher abgibt. §§ 14 bis 16 gelten entsprechend, mit Ausnahme der Vorschrift im § 14 Abs. 5 Nr. 6[5].

(2) Die Ausführungsbestimmungen können Ausnahmen zulassen[2]; sie regeln, welche Betriebe als landwirtschaftliche Betriebe zu gelten haben[1].

Ausführungsbestimmungen.

Zu §§ 14—19 des Gesetzes.

§ 26.

(1) Der Inhaber eines landwirtschaftlichen Betriebs[1] bedarf zur Abgabe der darin gewonnenen Milch, auch wenn er außerhalb der landwirtschaftlichen Betriebsstätte[3] unmittelbar Milch an den Verbraucher abgibt, nicht der Erlaubnis,

1. wenn die Abgabe von Milch nur an vereinzelte Abnehmer oder nur in vereinzelten Fällen erfolgt;

2. soweit Milch an die in dem landwirtschaftlichen Betrieb oder in seinen Nebenbetrieben beschäftigten Personen oder an deren Angehörige zum eigenen Verbrauch abgegeben wird[4].

(2) Die obersten Landesbehörden können nähere Bestimmungen darüber erlassen, wann die Voraussetzungen des Abs. 1 vorliegen. Sie können in Gebieten mit zahlreichen kleinbäuerlichen Betrieben für Betriebe dieser Art weitere Ausnahmen von den Vorschriften des § 17 Abs. 1 des Gesetzes zulassen[2], wenn die

Durchführung der genannten Vorschriften zu einer unverhältnismäßigen Belastung der zuständigen Behörden führen würde [5, 6].

Anmerkungen.

[1] Begriff siehe Ausf.Best. § 20, abgedruckt hinter § 8.

§ 5 PVO. lautet: „In Städten gelegene Abmelkwirtschaften gelten nicht als landwirtschaftliche Betriebe, wenn sie den ausschließlichen Sonderzweck verfolgen, Kühe zur Mästung oder zur Milchnutzung zu halten, und das Vieh hauptsächlich oder überwiegend mit gekauftem oder auf gepachteten Ländereien gewonnenem Futter unterhalten wird."
Inhaber eines landwirtschaftlichen Betriebes ist derjenige, der ihn in der in § 14 Anm. 2 dargelegten Weise im eigenen Namen und für eigene Rechnung führt, also auch der Pächter eines landwirtschaftlichen Betriebes.

[2] Keine Erlaubnis ist erforderlich in den Fällen der Ausf.Best. § 26 Abs. 1.
Für Bayern (Bay.VO. § 34) sind weitergehende Ausnahmen in Gemeinden mit einer bestimmten Einwohnerzahl (unter 12000) zugelassen.
Alle diese Ausnahmen vom milchgesetzlichen Erlaubniszwang gelten nur für selbstgewonnene Milch. Für Abgabe zugekaufter Milch ist Erlaubnis nach § 14 erforderlich.

[3] Über Betriebsstätte siehe Nathusius-Nelson § 17 Anm. 3 —S. 116.

[4] Die sog. Deputatmilch.

[5] Die Zuständigkeit für Zulassung weiterer Ausnahmen ist für Preußen in PVO. § 22 geregelt.

[6] Strafbestimmung in § 46.

§ 18.

(1) Die obersten Landesbehörden[1] regeln das Verfahren für die nach §§ 14, 15 und 17 erforderlichen Entscheidungen. Vor der Entscheidung in erster Instanz sind S achverständige[2], darunter solche aus den Kreisen zu hören, in denen Milch gewonnen, vertrieben und verzehrt wird, wenn solche Sachverständige nicht bei der Entscheidung mitwirken.

(2) Das Verfahren muß den Vorschriften der §§ 20, 21, 21a der Gewerbeordnung für das Deutsche Reich genügen.

Anmerkungen.

[1] § 14 Anm. 4.

[2] Begr.: „Durch die Einschaltung milchwirtschaftlicher Sachverständiger soll eine Gewähr geboten werden, daß sich die an die Erlaubnispflichtigen zu stellenden Anforderungen in den Grenzen wirtschaftlicher Möglichkeiten halten."

§ 19.

(1) Soweit Gast- und Schankwirte innerhalb des ordnungsmäßigen[1] Gast- und Schankwirtschaftsbetriebs Milch abgeben, finden die Vorschriften der §§ 8, 11 Abs. 3, § 14[4] keine Anwendung[2].

(2) Dasselbe gilt, wenn Milch in Kantinen, Milchhäuschen oder sonst[3] zum Genuß an Ort und Stelle abgegeben wird. In diesen Fällen darf die Milch auch nach dem gesetzlichen Ladenschluß und an Sonn- und Feiertagen abgegeben werden[2c].

Anmerkungen.

[1] Ursprünglich im Reg.Entwurf § 21 lautete diese Bestimmung: „Soweit Gast- und Schankwirte Milch zum Genuß an Ort und Stelle abgeben." Die Fassung erschien aber zu eng, weil man z. B. auch die Abgabe an Eisenbahnreisende, die im Bahnhofsrestaurant kaufen, aber erst im Zuge verzehren, und weiterhin den sog. „Gassenschank" oder „Verkauf über die Straße" darunter begreifen wollte, wo er (wie z. B. in Süddeutschland) üblich ist.

[2] a) „Die Frage, welche Pflichten aus den andersartigen Gesichtspunkten des öffentlichen Schankwesens den Gastwirten, Schankwirten usw. obliegen, und inwieweit sie aus diesen Gesichtspunkten einer Erlaubnis bedürfen, wird durch die Ausnahmevorschriften des § 19 nicht berührt. Diese Fragen haben im Gaststättengesetz vom 28. April 1930 (RGBl. I S. 146) ihre Regelung gefunden, wobei insbesondere auf § 9 daselbst zu verweisen ist.
Die Begriffe „Gast- und Schankwirtschaft" werden im Milch-G. im gleichen Sinne gebraucht wie im Gaststättengesetz. (Begr.)
b) Grundsätzlich ist nach dem Gaststättengesetz auch für den Milchausschank eine Schankerlaubnis erforderlich. Vgl. auch Preußische Ausf.Best. zum Gaststättengesetz

(MBliV. 1930, Spalte 541). Eine Ausnahme gilt nach § 9 des Gaststättengesetzes, wo es heißt:

„(1) Der Ausschank von Milch in Räumen, die dem Milchverkauf dienen, bedarf während der für den Milchverkauf festgesetzten Verkaufszeit keiner Erlaubnis.

(2) Der Erlaubnis bedarf ferner nicht der Ausschank von Milch bei außergewöhnlichen Gelegenheiten" (z. B. in Versammlungen, bei Vorträgen im Freien und in umschlossenen Räumen).

c) Hat der Inhaber eines Milchausschanks (Schankwirtschaft, Kantine, Milchhäuschen) die Ausschankerlaubnis nach dem Gaststättengesetz oder bedarf er ihrer nicht (siehe zu b unter 2), so ist der Sonntagsausschank erlaubt. Auch gilt für den Ausschank nicht die Ladenschlußzeit, sondern je nachdem die Polizeistunde für Schankwirtschaften oder die besonders geregelte Polizeistunde. In Preußen ist für Eisdielen, Trinkhallen und Getränkewagen die Polizeistunde besonders geregelt. (VO. vom 8. Januar und 13. Juli 1934 — Pr.-Ges.-S S. 47 und 337)

[3] „Um eine ausdehnende Auslegung zu gewährleisten, sind in Abs. 2 die Worte „oder sonst" eingefügt worden. Unter die Befreiungsvorschrift fallen hiernach z. B. auch Krankenhäuser, Wohlfahrtseinrichtungen, Schulen usw., soweit sie Milch zum Genuß an Ort und Stelle abgeben" (Begr.).

[4] Siehe § 8 Anm. 5, § 11 Anm. 4, § 14 Anm. 1.

II. Vorschriften für Markenmilch[1].

§ 20.

(1) Unter der Bezeichnung[2] „Markenmilch" darf Milch[3] nur[4] angeboten[5], feilgehalten[5], verkauft[5] oder sonst in den Verkehr[5] gebracht werden,

1. wenn sie außer den allgemeinen Anforderungen[6], die Abschnitt I an die Milch stellt, den besonderen Anforderungen dieses Abschnitts entspricht (§§ 21 bis 25, 31 Abs. 1 Nr. 1 und § 32)[7],

2. wenn sie, außer der allgemeinen Überwachung des Verkehrs mit Milch nach § 43, hinsichtlich der Gewinnung, Beschaffenheit und Behandlung der in diesem Abschnitt geregelten besonderen Überwachung durch Überwachungsstellen unterstellt ist (§ 30),

3. wenn der Inhaber[8] des Betriebs[9], in dem die Milch gewonnen wird, und, falls die Milch erst außerhalb dieses Betriebs in die für den Verbraucher bestimmten Gefäße und Behältnisse (§ 25) abgefüllt wird, auch[10] der Unternehmer[8] des Abfüllbetriebs[9] die Genehmigung[8] der Überwachungsstelle zum Vertriebe[11] von Markenmilch erhalten hat.

(2) Der Bezeichnung „Markenmilch" kann ein bildlicher oder schriftlicher Zusatz[12] beigefügt werden, aus dem die überwachende Stelle ersichtlich ist.

Anmerkungen.

[1] I. a) Ein außerordentlich wichtiges Mittel, Qualität und Wettbewerbsfähigkeit von Waren zu steigern, ist ihre **Standardisierung**, d. h. die Schaffung von Warensorten, die in gleichbleibender Güte und gleichbleibender einprägsamer Aufmachung auf dem Markt erscheinen, dergestalt, daß eine bestimmte Aufmachung (Bezeichnung, Beschriftung, Ausstattung usw.) eine bestimmte Güte verbürgt. Wer Waren dieser Gattung kauft, weiß, was er erhält, auch ohne daß er die jeweils in Frage kommenden Mengen gesehen und geprüft hat.

Über die Entwicklung der Standardisierungsbestrebungen auf dem Gebiete der Milchwirtschaft im Ausland und Inland gibt Leffmann Einl. S. 17f eine übersichtliche Darstellung. Wissenschaftlich kann man unterscheiden freie Standards, die privater oder genossenschaftlicher Initiative entspringen, von Organen der Staatsgewalt (z. B. vonseiten des Reichsnährstandes und seiner Untergliederungen, vgl. RG. 7. März 1935 in JW 1935, S. 1696) eingerichtete und betreute und schließlich gesetzlich festgelegte Standards.

b) Zu den letzteren gehört die durch §§ 20—34 für das ganze Reich in ihren Grundzügen einheitlich festgelegte **„Markenmilch"**. Ergänzende Vorschriften für Preußen finden sich in PVO. §§ 25—30, für Bayern in Bay.VO. § 11.

Die Möglichkeit weitere Standards für Milch und Milcherzeugnisse rechtssatzmäßig anzuordnen, geben §§ 37, 52 Abs. 2, 40ff. Milch-G. Diese Möglichkeit haben benutzt das Reich für Butter und Käse (s. S. 546 und 553) und fernerhin z. B. Preußen (PVO. §§ 36 bis 47) und Bayern (Bay.VO. §§ 12—22) durch die Schaffung der Milchsorten **„Vorzugsmilch"**.

c) Nachdem das Milch-G. durch die vorbezeichneten Bestimmungen auf dem wichtigsten Gebiet der Milchwirtschaft mit der Schaffung bzw. Ermöglichung gesetzlicher Standardisierung vorangegangen war, wurde etwas später der Reichsregierung mit Zustimmung des Reichsrats die gleiche Möglichkeit für alle landwirtschaftlichen Erzeugnisse gegeben durch die VO. des Reichspräsidenten zur Sicherung der Wirtschaft und Finanzen vom 1. Dezember 1930 (RGBl. I S. 517) in Kapitel V des 8. Teils. Auf dieser rechtlichen Grundlage sind z. B. gesetzliche Handelsklassen geschaffen für Eier durch die EierVO. (s. unten S. 638), fernerhin für Getreide durch die VO. vom 3. August 1932 (RGBl. I S. 397) in Verbindung mit der VO. vom 29. Juli 1933 (RGBl. I S. 566) und für Kartoffeln durch die VO. vom 5. Dezember 1932 (RGBl. I S. 540).

II. Nach der Begr. soll „mit der Markenmilch keine Vorzugsmilch der sonst im Lebensmittelrecht üblichen Bedeutung geschaffen werden, sondern lediglich eine" (auch für den kleinen Mann erschwingliche) „gehobene Konsummilch in Flaschen .... Der Gedanke, eine solche Konsummilch zu schaffen, ist nicht neu. Die Landwirtschaftskammern haben vielmehr für diesen Zweck bereits verschiedentlich die nötigen Einrichtungen gebildet. Nunmehr soll für eine solche Vollmilch ein reichsgesetzlicher Standard geschaffen werden. Die Markenmilch unterscheidet sich von der gewöhnlichen Vollmilch einmal dadurch, daß neben der allgemeinen behördlichen Überwachung des milchwirtschaftlichen Verkehrs innerhalb regelmäßiger Zeitabschnitte auch noch eine solche durch die für die Markenmilch zu bildenden besonderen Überwachungsstellen stattfindet. Sodann sollen aber in den §§ 21 bis 25, § 31 Abs. 1 Nr. 1 und § 32, abgesehen von den auch für die Markenmilch geltenden Vorschriften des Abschnittes I des Entwurfs, noch besondere Anforderungen an die Beschaffenheit und Behandlung der Markenmilch gestellt werden, so daß sie sich auch stofflich und in ihrer Güte von der gewöhnlichen Vollmilch abheben wird.

Ein Zwang zur Einführung der Markenmilch soll nicht ausgeübt werden. Es bleibt der freien Entschließung jeder Landwirtschaftskammer oder sonstigen Berufsvertretung der Landwirtschaft überlassen, ob sie eine Überwachungsstelle für Markenmilch ins Leben rufen will." Über Überwachungsstellen siehe § 31.

² a) Diese Bezeichnung, ferner der in Abs. 2 erwähnte bildliche oder schriftliche Zusatz und die etwaige weitere äußere Ausstattung, die in Ausf.Best. oder von den Überwachungsstellen vorgeschrieben wird, sind rechsrechtlich geschützt. Ihre zur Irreführung geeignete Verwendung für andere Ware ist in § 42 Abs. 2 erboten, mag sie auf den Gefäßen, in Ankündigungen, Briefbogen oder sonst erfolgen.

b) Zuwiderhandlungen gegen das vorbezeichnete Verbot sind strafbar nach § 44 Abs. 1 Nr. 2 und Abs. 2 Milch-G. Auch können die mit höheren Strafdrohungen versehenen § 4 Nr. 3, § 12 LMG. und §§ 4 und 5 UnlautWettb.Gesetz statt des § 44 Milch-G. (s. § 47 Milch-G.) als verletzte Strafgesetzte in Betracht kommen; ferner §§ 14—16 des Warenzeichengesetzes (letzte Fassung bei Nathusius-Nelson S. 456).

c) Über die zivilrechtlichen Ansprüche wegen Verletzung der unter Nr. a dieser Anmerkung aufgeführten Schutzrechte siehe die ausführlichen Darlegungen und Literaturangaben bei Leffmann S. 169 unter III. In Betracht kommen hauptsächlich §§ 823, 826 BGB., §§ 1, 2, 13, 16, 26 UnlautWettbewerbsgesetz, §§ 14, 15, 18, 19 Warenzeichengesetz. § 42 Milch-G. wird als ein dem Schutz eines anderen bezweckenden Gesetzes i. S. des § 823 Abs. 2 BGB. anzusehen sein.

³ D. h. nur Kuhmilch, wenigstens zur Zeit. Siehe § 1 Anm. 1a.

⁴ Milch, die nicht den Voraussetzungen des § 20 Abs. 1 genügt, darf sich nicht „Markenmilch" nennen und keine darauf hindeutende Marke führen. Siehe Anm. 2a.

⁵ Die Ausdrücke bedeuten hier dasselbe wie im LMG. und im FlG. Siehe S. 956.

⁶ Siehe oben Anm. 1, II.

⁷ Siehe die Anmerkungen bei den betr. Paragraphen.

⁸ a) Siehe § 17 Anm. 1 und § 14 Anm. 2.

b) Die hier erforderliche Genehmigung der Überwachungsstelle zum Vertrieb von Markenmilch ist stets erforderlich, auch wenn für den Vertrieb von gewöhnlicher Milch eine behördliche Erlaubnis erteilt ist (§ 14) oder (z. B. im Falle des § 17) nicht erforderlich ist. Über die Erteilung der Genehmigung enthält Näheres § 33.

⁹ Aus der Begr. zu § 20: „Die Betriebe, die der Genehmigung der Überwachungsstelle bedürfen, sind in Abs. 1 Nr. 3 aufgeführt. Es würde verwaltungstechnisch schwer durchführbar sein, wollte man im ganzen Gesetz für alle Betriebe, die auf dem Wege vom Erzeuger bis zum Verbraucher mit der Behandlung der Markenmilch befaßt werden, die Erteilung einer Genehmigung vorschreiben. Daher wird dieses Erfordernis auf Unternehmen beschränkt, denen hierbei die größte Verantwortung zufällt."

Eine Begriffsbestimmung der „Abfüllbetriebe (§ 9 Abs. 3 Milch-G.)" gibt für Bayern Bay.VO. § 23 Abs. 5.

¹⁰ In diesem Falle bedürfen beide der Genehmigung der Überwachungsstelle.

¹¹ Über „Vertreiben" siehe § 11 Anm. 6.

¹² Bild und Schrift können miteinander verbunden sein. Siehe auch Anm. 2a.

§ 21.

Als Markenmilch darf nicht Milch von Kühen in den Verkehr gebracht werden, deren Gesundheitszustand Schutzmaßregeln im Sinne des § 4 erfordert[1].

§ 22.

Die Viehbestände, deren Milch als Markenmilch verwendet werden soll, müssen dem staatlich anerkannten Tuberkulosetilgungsverfahren[2] angeschlossen sein.

§ 23.

(1) Die Markenmilch soll innerhalb der einzelnen Lieferbezirke der Überwachungsstellen denjenigen Mindestfettgehalt[3] aufweisen, der bei sorgsamer und zweckmäßiger Behandlung des Milchviehs der beteiligten Erzeugerbetriebe für den betreffenden Lieferbezirk[4] betriebswirtschaftlich erreichbar ist.

(2) Desgleichen sind an die Markenmilch hinsichtlich des Keimgehalts[3] diejenigen Anforderungen zu stellen, die bei sorgsamer und zweckmäßiger Gewinnung und Behandlung der Milch in den beteiligten Unternehmen für den betreffenden Lieferbezirk betriebswirtschaftlich erreichbar sind.

§ 24.

In den Ausführungsbestimmungen können gesonderte Anforderungen für rohe und für erhitzte Markenmilch aufgestellt werden[5].

§ 25.

Markenmilch darf an den Verbraucher[6] nur in den im § 9 genannten Formen abgegeben werden. An Unternehmen, die größere Mengen für den eigenen Verbrauch[8] beziehen, wie[7] Krankenhäuser, Wohlfahrtsanstalten, darf die Abgabe auch in plombierten[10], leicht zu reinigenden Kannen erfolgen[9].

Anmerkungen zu §§ 21—25.

[1] Verbotswidriges Inverkehrbringen als Markenmilch ist strafbar nach § 3 und 44 Abs. 1 Nr. 1 Milch-G. (Vgl. STENGLEIN Erg.-Bd. 1933 S. 125, Anm. zu § 21.)

[2] Es handelt sich hier um ein an sich freiwilliges Verfahren, das staatlich anerkannt ist. Für Preußen sind die Mindestvorschriften in PVO. § 30 Abs. 2 zusammengestellt. Strafrechtliche Sicherung dieser Vorschrift fehlt. Siehe aber §§ 30 Abs. 1 Nr. 5 und § 33 Abs. 2 Milch-G.

[3] Die Festsetzungen erfolgen von den Überwachungsstellen (§ 31 Nr. 1 Milch-G.), die hierbei an die Zustimmung der obersten Landesbehörde gebunden werden können (§ 34 Abs. 1 Milch-G.). Als solche ist in PVO. § 31 der Oberpräsident, in Bay.VO. § 11 Abs. 2 das Staatsministerium bestimmt. Näheres hierzu bei NATHUSIUS-NELSON § 23 Anm. 4 (S. 128).

[5] Aus der Begr.: Es könnte zweifelhaft sein, ob innerhalb des rechsgesetzlichen Standards für Markenmilch „gewissermaßen zwei Untersorten — rohe und erhitzte Markenmilch — geschaffen werden dürften. Die Frage soll durch § 24 für die Markenmilch in bejahendem Sinne gelöst werden".

Bei der Abgabe von Markenmilch an Ort und Stelle ist ein behördlicher Erhitzungszwang in § 32 Abs. 2 Milch-G. für zulässig erklärt; sonst bestimmen darüber die Überwachungsstellen (§ 32 Abs. 1).

Preußen schreibt vor (PVO. § 33), daß rohe Markenmilch nur aus einem Bestand stammen darf. Ebenda befindet sich die Bestimmung, daß Markenmilch, die aus mehr als einem Bestande stammt, zusammengeschüttet und auf verkaufsfertige Packungen gefüllt wird, nur pasteurisiert an den Verbraucher abgegeben werden darf.

[6] Siehe § 2 Abs. 1 und 2 Milch-G.

[7] Krankenhäuser und Wohlfahrtsanstalten sind nur als Beispiele für die Großverbraucher angegeben, deren Bedarf den des Privathaushaltes übersteigt. Auch Hotels, Fremdenpensionen gehören hierher.

[8] Gegensatz (§ 2 Abs. 3 Milch-G.): Verzehr nicht innerhalb des betr. Großverbraucherbetriebs, sondern Abgabe auch außerhalb desselben.

[9] Daraus folgt, daß innerhalb des Großverbraucherbetriebs die Milch auch offen, z. B. in Tassen oder Kännchen, abgegeben werden darf. Mißbräuchen kann auf Grund des § 31 Abs. 1 Nr. 1 Milch-G. durch entsprechende Überwachungsmaßnahmen begegnet werden.

Über das Verhältnis einer behördlichen Anordnung nach § 10 (Abgabe zum Genuß an Ort und Stelle nur in verkaufsfertiger Packung) zu § 25 Satz 2 siehe § 10 Anm. 5.

[10] Über dieses Erfordernis nähere Ausführungen bei NATHUSIUS-NELSON § 25 Anm. 6 (S. 131).

§ 26.

(1) Die besondere[1] Überwachung der Markenmilch[2] geschieht durch die Überwachungsstellen[2]. Sie werden bei den gesetzlichen Berufsvertretungen der Landwirtschaft gebildet. Diese bestimmen, vorbehaltlich der Vorschriften des § 52,

1. wie sich die Überwachungsstelle im einzelnen zusammensetzt,

2. nach welchen Grundsätzen die Beschlußfassung in der Überwachungsstelle erfolgt,

3. welche Voraussetzungen für die Auflösung der Überwachungsstellen maßgebend sind.

(2) In der Überwachungsstelle sollen die Gemeinden und Gemeindeverbände der zu beliefernden Verbrauchergebiete insgesamt durch mindestens einen Beauftragten mit Stimmrecht vertreten sein. Auch soll der Überwachungsstelle mindestens je ein Vertreter der Kreise, die Milch vertreiben oder verzehren, mit Stimmrecht angehören.

(3) Die Festsetzungen auf Grund des Abs. 1 Nr. 1 und 2 bedürfen der Zustimmung der obersten Landesbehörde.

(4) Ob eine Überwachungsstelle gebildet werden soll, entscheidet die gesetzliche Berufsvertretung der Landwirtschaft.

§ 27.

(1) Innerhalb des Bezirkes einer gesetzlichen Berufsvertretung der Landwirtschaft können mehrere Überwachungsstellen gebildet werden.

(2) Desgleichen können mehrere solche Berufsvertretungen eine gemeinsame Überwachungsstelle bilden. Gehören diese Berufsvertretungen verschiedenen Ländern an, so muß die nach § 26 Abs. 3 erforderliche Zustimmung von den obersten Landesbehörden aller beteiligten Länder erteilt werden. Entstehen dabei Meinungsverschiedenheiten, so entscheidet der zuständige Reichsminister.

§ 28.

Die obersten Landesbehörden können bestimmen, daß in den Gebieten, in denen die Förderung der Milchwirtschaft durch Schaffung einheitlicher Sorten von Milch nicht Aufgabe der gesetzlichen Berufsvertretungen der Landwirtschaft ist, die für die Berufsvertretungen vorgesehene Mitwirkung durch die von den obersten Landesbehörden bestimmten Stellen erfolgt. Soweit gesetzliche Berufsvertretungen der Landwirtschaft vorhanden sind, sind Überwachungsstellen im Benehmen mit diesen zu bilden.

§ 29.

Die obersten Landesbehörden der nach den §§ 26, 27 beteiligten Länder können ständig oder für besondere Fälle Vertreter in die Überwachungsstellen entsenden. Die Vertreter haben das Recht, sich über die Tätigkeit der Überwachungsstellen zu unterrichten, und sind in den Sitzungen jederzeit zum Worte zuzulassen.

§ 30[3].

(1) Die Überwachungsstellen haben fortdauernd[3] darüber zu wachen[9], daß

1. die Milch von Kühen stammt, deren Gesundheitszustand die Beschaffenheit der Milch nicht nachteilig beeinflussen kann (§ 3)[4],

2. *die Milch sauber gewonnen, gereinigt[5], nach der Gewinnung entlüftet[5], gekühlt[5] und so aufbewahrt wird, daß sie keiner Verunreinigung ausgesetzt ist,*

3. *die Milch bei der Beförderung keiner nachteiligen Beeinflussung im Sinne des § 6[6] ausgesetzt ist,*

4. *das etwa[7] angewandte Erhitzungsverfahren oder ein gleichwertiges Verfahren[7] sachgemäß durchgeführt wird,*

5. *die besonderen gesetzlichen (§§ 21 bis 25) und die von den Überwachungsstellen oder der Behörde nach § 31 Abs. 1 Nr. 1 und § 32 vorgeschriebenen Anforderungen erfüllt werden.*

(2) Die nach Abs. 1 Nr. 1 und § 21 erforderliche Untersuchung der Milchkühe hat durch den beamteten Tierarzt oder durch andere von den Überwachungsstellen ständig damit betraute Tierärzte zu erfolgen.

§ 31.

(1) Zur näheren Durchführung der Vorschriften dieses Abschnitts und der zu ihrer Ausführung erlassenen Bestimmungen setzen die Überwachungsstellen fest,

1. *welche näheren Anforderungen an die Gewinnung, Behandlung und Beschaffenheit, insbesondere an den Fett- und Keimgehalt[8] der Markenmilch, und an die Überwachung[9] der beteiligten Unternehmen zu stellen sind,*

2. *inwieweit zur Deckung der Kosten für die Errichtung und Tätigkeit der Überwachungsstellen die beteiligten Unternehmer heranzuziehen sind.*

(2) Die Beitreibung der Beiträge der beteiligten Unternehmer (Abs. 1 Nr. 2) erfolgt im Wege des Verwaltungszwangsverfahrens. Das Nähere regeln die obersten Landesbehörden.

§ 32[10].

(1) Inwieweit Markenmilch einem Erhitzungsverfahren oder einem gleichwertigen Verfahren zu unterziehen ist, bestimmen, soweit dies nicht in den Ausführungsbestimmungen geregelt wird, die Überwachungsstellen.

(2) Ein behördlicher Zwang zur Durchführung einer Erhitzung oder eines gleichwertigen Verfahrens (§ 12 Abs. 1) ist jedoch zulässig, soweit Markenmilch in Gast- oder Schankstätten, Kantinen, Milchläden, Milchhäuschen oder sonst zum Genuß an Ort und Stelle abgegeben wird.

§ 33.

(1) Die Genehmigung (§ 20 Abs. 1 Nr. 3) erteilt die Überwachungsstelle; sie ist schriftlich zu erteilen.

(2) Die Genehmigung darf erst erteilt werden, wenn die Überwachungsstelle festgestellt hat, daß die Anforderungen der §§ 21 bis 25, 30, des § 31 Abs. 1 und des § 32 erfüllt werden.

(3) Die Überwachungsstelle kann die Genehmigung davon abhängig machen, daß der Erzeuger, aus dessen Unternehmen die Milch stammt, einer Liefergemeinschaft angehört, die über die zur Kühlung und sonstigen Bearbeitung sowie zur Beförderung geeigneten Einrichtungen verfügt.

(4) Die Genehmigung ist zurückzuziehen, sobald die sich aus Abs. 2 und 3 ergebenden Voraussetzungen nicht mehr gegeben sind.

(5)[24] Im übrigen bestimmen die Überwachungsstellen, aus welchen Gründen die Genehmigung zu versagen oder zurückzuziehen ist.

§ 34.

(1) Die Ausführungsbestimmungen regeln, inwieweit die Festsetzungen oder Bestimmungen nach § 31 Abs. 1, § 32 Abs. 1 und § 33 Abs. 5 der Zustimmung der obersten Landesbehörden bedürfen.

(2) Gegen Beschlüsse der Überwachungsstellen, die nicht Festsetzungen oder Bestimmungen nach § 31 Abs. 1, § 32 Abs. 1 und § 33 Abs. 5 sind, muß, vorbehaltlich der Vorschrift in Satz 3, die Entscheidung einer Behörde oder eine Entscheidung im schiedsrichterlichen Verfahren herbeigeführt werden können. Die Ausführungsbestimmungen treffen nähere Bestimmungen und regeln das Verfahren. Hierbei kann bestimmt werden, daß Beschlüsse der Überwachungsstelle auf Grund des § 33 endgültig sind.

Anmerkungen zu §§ 26—34.

[1] Es handelt sich um die in § 20 Abs. 1 Nr. 2 vorgesehene besondere Überwachung.

[2] a) Die **Überwachungsstellen** sind ein neuartiges Rechtsinstitut. Sie knüpfen in gewisser Hinsicht an die für freie Standards (§ 20 Anm. 1 a am Ende) aus privater oder genossenschaftlicher Initiative geschaffenen Überwachungsstellen an. Eine Überwachungsstelle ist da notwendig, wo Markenmilch gewonnen oder abgefüllt werden soll (§ 20 Abs. 3 Milch-G.). Jedoch stellt § 26 Abs. 4 (§ 28) Milch-G. es ins Ermessen der örtlich zuständigen gesetzlichen Berufsvertretung der Landwirtschaft, ob für ihren Bezirk a) keine oder b) eine oder mehrere eigene oder c) eine mit einem anderen Bezirk gemeinsame Überwachungsstelle (§ 27 Milch-G.) errichtet werden soll.

b) Die gesetzlichen Aufgaben der Überwachungsausschüsse sind teils festumschriebene Verwaltungstätigkeit (z. B. § 20 Abs. 1 Nr. 3, § 33, § 30). Zum andern Teil haben sie eine Anordnungsbefugnis innerhalb ihres sachlichen und räumlichen Wirkungskreises (z. B. § 31 Abs. 1, § 32), selbstverständlich in Unterordnung unter die von dem Reich und den Ländern aufgestellten Richtlinien. In gewissem Umfang sind sie Beratungsstellen (z. B. § 10). Sie können schließlich auch nach § 43 Abs. 3 mit lebensmittelpolizeilichen Befugnissen ausgestattet werden. Dafür, daß ihre Tätigkeit im Einklang mit der Staatsverwaltung bleibt, ist Vorsorge getroffen durch §§ 29 und 34.

[3] a) § 30 gibt eine übersichtliche programmartige Darstellung über den sachlichen Aufgabenkreis der Überwachungsstellen. Die Durchführung erfordert eine Fülle von Einzelanordnungen, z. B. über turnusmäßige und überraschende Kontrollen in den Stallungen, an den Abfüllstellen, unterwegs, beim Verbraucher; ferner über regelmäßige Einsendung von Proben, Statistiken über die Sauberkeit, den Fett- und Keimgehalt der Milch der einzelnen Lieferanten usw.

b) Es wird sich empfehlen, wenn die hier geforderte Überwachung der Markenmilch zur Vermeidung von Überschneidungen und unfruchtbarer Doppelarbeit durch Vereinbarungen in eine geordnete Verbindung mit der polizeilichen Überwachung nach §§ 6f. LMG. und § 43 Milch-G. gebracht wird.

[4] Siehe §§ 21—22, § 30 Abs. 2 Milch-G. Preußen verlangt weiterhin für die Melkpersonen und die sonstigen Personen, die bei der Gewinnung und Behandlung von roher Markenmilch tätig sind, regelmäßige ärztliche Untersuchungen durch den beamteten Arzt (§§ 30 und 45 in Vbdg. mit § 31 PVO.).

[5] Gemeint ist hier eine Reinigung, z. B. durch Seihen, nicht ein förmliches Reinigungsverfahren oder eine Tiefkühlung i. S. des § 23 Ausf.Best., abgedruckt bei § 12. Entlüftung bedeutet nach NATHUSIUS-NELSON Beseitigung der Stallgerüche durch Gewährung von Luftzutritt.

[6] Siehe die Anmerkung zu § 6 und oben Anm. 3b.

[7] Siehe §§ 32 und 12 Abs. 3 Milch-G. Als Erhitzungsverfahren kommen die in § 1 Abs. 3 Nr. 2 Ausf.Best. (s. oben S. 493) erwähnten in Frage. Ein gleichwertiges Verfahren hat die Reichsregierung bisher nicht bestimmt (§ 13 Ausf.Best. — s. S. 531).

[8] Siehe § 23 Anm. 3.

[9] Siehe § 30 Abs. 1 Nr. 5 und § 26 Anm. 2b, auch oben Anm. 3.

[10] Siehe § 24 Anm. 5 und oben Anm. 7.

III. Vorschriften für Milcherzeugnisse[1].

§ 35[2].

(1) Die Vorschriften des Abschnitts I gelten entsprechend[5] für den Verkehr mit Rahm[6], Magermilch[6], Buttermilch[6], Sauermilch[6], Joghurt[6] und Kefir[6].

(2) In den Ausführungsbestimmungen kann angeordnet werden, inwieweit die Vorschriften des Abschnitts I auf den Verkehr mit anderen[3] Milcherzeugnissen[1] Anwendung finden sollen. Eine Ausdehnung der Vorschriften der §§ 14 bis 18[4] auf den Verkehr mit Butter, Käse, Dauermilch[4] und Dauersahne[4] ist jedoch nicht zulässig.

Ausführungsbestimmungen.

Zu § 35 des Gesetzes.

§ 27³.

Die Vorschriften des Abschnitts I des Gesetzes finden auf den Verkehr mit Molke (§ 2 Nr. 5) entsprechende Anwendung.

Anmerkungen.

¹ „Milcherzeugnisse" sind lediglich die in Ausf.Best. § 2 (S. 493) reichsrechtlich als solche festgelegten. Nicht jedes Lebensmittel, bei dessen Herstellung Milch verwendet ist, ist Milcherzeugnis i. S. des Milch-G. — Siehe § 1 Anm. 2 b.

² Aus der Begr. zu § 35 Milch-G.: Milcherzeugnisse werden, soweit sie flüssig und infolgedessen gegenüber äußeren Einwirkungen ähnlich empfindlich wie die Milch sind, mit derselben Sorgfalt behandelt werden müssen wie die Milch selbst. ... Im Abs. 2 ist die Möglichkeit vorgesehen, den Kreis solcher Milcherzeugnisse mit Ausnahme der in Abs. 2 Satz 2 erwähnten noch zu erweitern. Dies ist schon deswegen nötig, weil mit der Möglichkeit gerechnet werden muß, daß in Zukunft Milcherzeugnisse bisher unbekannter Art auf den Markt kommen.

³ Das ist bisher durch Ausf.Best. § 27 nur für Molke geschehen. (Begriff: § 2 Nr. 5 Ausf.Best., oben S. 494.)

⁴ D. h. Unternehmen, die die Abgabe von Butter, Käse (im Milch-G. und Ausf.Best. begrifflich nicht festgelegt), Dauermilch und Dauersahne (Begriffe: § 2 Nr. 11 Ausf.Best., oben S. 494) betreiben, dürfen nicht dem Erlaubniszwang der §§ 14f. unterstellt werden, wenn ihm übrigen die Vorschriften des Abschnitts I des Milch-G. auf den Verkehr mit ihnen für anwendbar erklärt werden sollten.

⁵ D. h. (vgl. Anm. 2), soweit die Anwendung der Vorschriften des Abschnittes I und der dazu erlassenen Ausf.Best. auf die genannten Milcherzeugnisse nicht sinnwidrig wäre. Bei Sauermilch, Yoghurt und Kefir kommt z. B. ein Erhitzungsverfahren gemäß § 12 nicht in Frage. Dagegen werden die Vorschriften der §§ 14—19 im großen und ganzen anwendbar sein. Wo die gesetzlichen Bestimmungen behördlichen Anordnungen allgemeiner Art oder für den Einzelfall Spielraum lassen, steht einer unterschiedlichen Behandlung von Milch und einzelnen Milcherzeugnissen nichts im Wege. Bei Nathusius-Nelson § 35 Anm. 2 — S. 156 bis 158 — sind eine Anzahl von Bestimmungen des Abschnitts I und der Ausf.Best. auf ihre „entsprechende" Anwendbarkeit durchgeprüft.

⁶ Die Begriffe Rahm, Magermilch, Buttermilch, Sauermilch, Joghurt und Kefir und ihrer hier mitgemeinten Untersorten sind in Ausf.Best. § 2 Nr. 1, 2, 3, 4 6—10 rechtsverbindlich festgelegt.

IV. Nachmachen von Milch und Milcherzeugnissen.

§ 36¹.

(1) Es ist verboten, Milch und Milcherzeugnisse² zur Verwendung als Lebensmittel nachzumachen³ oder solche nachgemachten³ Lebensmittel anzubieten, feilzuhalten, zu verkaufen oder sonst in den Verkehr zu bringen¹.

(2) Dieses Verbot bezieht sich nicht auf die Herstellung von Margarine⁴.

Ausführungsbestimmungen.

Grundsätze für die Beurteilung⁵.

Verdorbene Milch und Milcherzeugnisse³ᶜ.

§ 6.

Als verdorben ist insbesondere anzusehen und in den Fällen der Nr. 1, 2, 4 auch bei Kenntlichmachung vom Verkehr ausgeschlossen:

1. Milch, die kurz vor oder in den ersten Tagen nach dem Abkalben gewonnen wird;

2. Milch, die in ihrem Geruch, Geschmack, Aussehen oder in ihrer sinnfälligen Beschaffenheit so verändert ist, daß ihr Genuß- oder Gebrauchswert erheblich beeinträchtigt ist, abgesehen von der Milch, die lediglich sauer geworden ist (Nr. 3);

3. Milch, die beim Aufkochen oder beim Vermischen mit gleichen Raumteilen Alkohol von 68 Raumhundertteilen gerinnt oder die lediglich sauer geworden ist;
4. Milch, die erheblich verschmutzt ist.

§ 7.

Als verdorben sind insbesondere anzusehen und in den Fällen der Nr. 1, 2, 4 auch bei Kenntlichmachung vom Verkehr ausgeschlossen:
1. Milcherzeugnisse, die unter Verwendung von verdorbener Milch im Sinne des § 6 Nr. 1, 2, 4 hergestellt sind;
2. Milcherzeugnisse, die in ihrem Geruch, Geschmack, Aussehen oder in ihrer sonstigen Beschaffenheit so verändert sind, daß ihr Genuß- oder Gebrauchswert erheblich beeinträchtigt ist, abgesehen von Magermilch, Sahne und Schlagsahne, die lediglich sauer geworden sind (Nr. 3);
3. Magermilch, Sahne und Schlagsahne, die lediglich sauer geworden sind;
4. Milcherzeugnisse, die verschmutzt sind.

Nachgemachte oder verfälschte Milch und Milcherzeugnisse[3a].
§ 8.

Als nachgemacht oder verfälscht ist insbesondere anzusehen und in den Fällen der Nr. 1, 3, 4, 5 auch bei Kenntlichmachung vom Verkehr ausgeschlossen:
1. Milch, die bei der Entnahme aus Gefäßen oder Behältnissen nicht gründlich durchgemischt ist[6];
2. Milch, die ganz oder teilweise entrahmt ist, sofern sie nicht als Magermilch bezeichnet wird;
3. Milch, der Wasser, Eis oder Milcheis zugesetzt ist;
4. Milch, der Magermilch zugesetzt ist;
5. Milch, der fremdartige Stoffe zugesetzt sind, sofern diese nicht für besondere diätetische Zwecke bestimmt sind;
6. Milch, der fremdartige Stoffe zu besonderen diätetischen Zwecken zugesetzt sind;
7. Milch, der Milch anderer Tierarten zugesetzt ist.

§ 9.

Als nachgemacht oder verfälscht sind insbesondere anzusehen und auch bei Kenntlichmachung vom Verkehr ausgeschlossen:
1. Milcherzeugnisse, die unter Verwendung von nachgemachter oder verfälschter Milch im Sinne des § 8 Nr. 1, 3, 5, 7 hergestellt sind;
2. Milcherzeugnisse, mit Ausnahme von Magermilch, Molke, geschlagener Buttermilch, gezuckerter Kondensmagermilch, Magermilchpulver, die unter Verwendung von ganz oder teilweise entrahmter Milch oder unter Verwendung von nachgemachter oder verfälschter Milch im Sinne des § 8 Nr. 4 hergestellt sind;
3. Buttermilch, wenn das dem Butterungsgut zugesetzte Wasser mehr als 10 vom Hundert des anfallenden Erzeugnisses oder, wenn statt Wasser Magermilch verwendet worden ist, die dem Butterungsgut zugesetzte Magermilch mehr als 15 vom Hundert des anfallenden Erzeugnisses beträgt;
4. Milcherzeugnisse, denen Wasser, Eis oder Milcheis zugesetzt ist;
5. Milcherzeugnisse, denen fremdartige Stoffe, insbesondere Verdickungsmittel zugesetzt sind;
6. Milcherzeugnisse, denen Milch anderer Tierarten oder Erzeugnise aus dieser zugesetzt sind.

Irreführende Bezeichnung, Angabe oder Aufmachung bei Milch und Milcherzeugnissen[3b].

§ 10.

Eine irreführende Bezeichnung, Angabe oder Aufmachung liegt insbesondere vor:

1. wenn ein nicht durch regelmäßiges, vollständiges Ausmelken gewonnenes Gemelk als Milch bezeichnet wird;

2. wenn Milch, die beim Aufkochen oder beim Vermischen mit gleichen Raumteilen Alkohol von 68 Raumhundertteilen gerinnt oder die gekocht oder sterilisiert ist, als frische Milch bezeichnet wird;

3. wenn Milch anderer Tierarten als Milch ohne Hinweis auf die Tierart bezeichnet wird;

4. wenn ein Erzeugnis als eine Milchsorte oder als eine zubereitete Milch, für die im § 1 Abs. 2, 3 eine Begriffsbestimmung aufgestellt ist, bezeichnet wird, ohne daß es dieser entspricht;

5. wenn Milch, die den von der obersten Landesbehörde an die Zusammensetzung von Vollmilch gestellten Mindestforderungen nicht genügt oder, soweit solche Mindestforderungen nicht gestellt werden, erheblich hinter der Zusammensetzung zurückbleibt, die die Milch des in Betracht kommenden Verbrauchergebiets durchschnittlich aufweist, nicht als Mindermilch, fettarme Milch oder gleichsinnig bezeichnet wird; die obersten Landesbehörden können bestimmen, welche Bezeichnungen gleichsinnig sind;

6. wenn zubereitete Milch als rohe Milch oder rohe Milch als zubereitete Milch bezeichnet wird;

7. wenn im Verkehr mit zubereiteter Milch nicht auf die Art der Zubereitung hingewiesen wird;

8. wenn im Verkehr mit Milch entgegen den Tatsachen auf eine besondere Frische, eine besonders gute Beschaffenheit oder eine besonders sorgfältige Gewinnung oder Behandlung hingewiesen wird;

9. wenn einer Milch entgegen den Tatsachen eine besondere diätetische oder gesundheitliche Wirkung zugeschrieben wird;

10. wenn Milch, die nicht Vorzugsmilch ist, oder Vorzugsmilch, die nicht in erster Linie als solche bezeichnet ist, als Kindermilch, Säuglingsmilch oder gleichsinnig bezeichnet wird.

§ 11.

Eine irreführende Bezeichnung, Angabe oder Aufmachung liegt insbesondere vor:

1. wenn ein Erzeugnis, das nicht im § 2 genannt ist, als Milcherzeugnis bezeichnet wird;

2. wenn ein Erzeugnis als ein Milcherzeugnis, für das im § 2 eine Begriffsbestimmung aufgestellt ist, bezeichnet wird, ohne daß es dieser entspricht;

3. wenn Magermilch als Milch bezeichnet wird;

4. wenn erhitzte Magermilch nicht als solche bezeichnet wird;

5. wenn homogenisierte oder erhitzte Sahne nicht als solche bezeichnet wird;

6. wenn sterilisierte Milch, sterilisierte Sahne oder sterilisierte Schlagsahne nicht als solche bezeichnet wird;

7. wenn Erzeugnisse, die aus Milch anderer Tierarten gewonnen oder unter Verwendung von Milch anderer Tierarten hergestellt sind, als Erzeugnisse aus Milch ohne Hinweis auf die Tierart bezeichnet werden;

8. wenn im Verkehr mit Milcherzeugnissen entgegen den Tatsachen auf eine besondere Frische, eine besonders gute Beschaffenheit oder eine besonders sorgfältige Gewinnung oder Behandlung hingewiesen wird;

9. wenn einem Milcherzeugnis entgegen den Tatsachen eine besondere diätetische oder gesundheitliche Wirkung zugeschrieben wird.

Besondere Bestimmungen.
§ 12.

Es ist verboten, Gegenstände oder Stoffe, die zur Nachmachung oder Verfälschung von Milch oder Milcherzeugnissen bestimmt sind, für diese Zwecke herzustellen oder in den Verkehr zu bringen.

§ 13.

(1) Ausreichende Erhitzung im Sinne des § 4 ist eine Erhitzung gemäß § 1 Abs. 3 Nr. 2.

(2) Die Reichsregierung bestimmt, was ein gleichwertiges Verfahren im Sinne des § 4 Abs. 1 des Gesetzes ist.

Anmerkungen zu § 36.

[1] Die Vorschrift des § 36, die im Reichstag lebhaft umstritten war (weil ein Antrag aus der Sozialdemokratischen Reichstagsfraktion die künstliche Herstellung nicht überall verbieten, sondern gegebenenfalls nur einem Kennzeichnungszwang unterwerfen wollte), lehnt sich in der Fassung an § 4 Nr. 1 und 2 LMG. an. Wegen der Begriffe anbieten, feilhalten, verkaufen und sonst in den Verkehr bringen kann auf S. 956 dieses Bandes und weiterhin auf HOLTHÖFER in Bd. I S. 1293 verwiesen werden.

[2] Das Nachmachen von Milch und Milcherzeugnissen (i. S. des § 2 Ausf.Best. oben S. 493), soweit sie als Lebensmittel, d. h. zum menschlichen Genuß verwendet werden sollen (Gegensatz: Verwendung als Viehfutter), ist schlechtweg verboten. Dieses Verbot erstreckt sich nicht auf den Bereich des Haushalts (§ 1 Milch-G.). Es kann mit NATHUSIUS-NELSON § 36 Anm. 4 — S. 162 — verständigerweise auch nicht auf die Milch und Milcherzeugnisse bezogen werden, die bei der Herstellung von Lebensmitteln (z. B. aufgelöstes Milchpulver zu Backwaren, Suppen, Puddings usw.) verwendet werden, welche nicht als Milch oder Milcherzeugnisse i. S. des § 2 Ausf.Best. — S. 493 —, sondern als selbständige Waren in den Verkehr gelangen.

Die Verwendung von Casein als Grundstoff oder Zusatz zu Sauermilchkäse oder zu Quark wird im Runderlaß des Reichs- und Preußischen Ministers des Innern vom 24. Juli 1935 (MBliV. S. 980f.) als verbotene Nachmachung bzw. Verfälschung bezeichnet.

[3] a) Nachmachen eines Lebensmittels bedeutet die stoffliche Herstellung eines zum Essen oder Trinken durch Menschen bestimmten Erzeugnisses derart, daß es einem bereits bekannten Erzeugnis (hier: Milch oder Milcherzeugnis i. S. des § 2 Ausf.Best.) in der äußeren Erscheinungsform verwechselbar ähnlich, aber nach Wesen und Gehalt nicht gleichwertig ist (ERG. 41, 205). Eine reichhaltige Kasuistik zu dieser Begriffsbestimmung findet sich bei HOLTHÖFER-JUCKENACK § 4, insbesondere auf S. 80, 91, 100. Dort und bei HOLTHÖFER in Bd. I S. 1295 ist auch dargelegt, daß die Begriffe nachmachen und verfälschen vielfach ineinander übergehen. Aus diesem Grunde sind in §§ 8 und 9 Ausf.Best., wo die Hauptfälle, in denen Erzeugnisse als nachgemacht oder verfälscht unter § 4 Nr. 2 LMG. fallen, rechtsverbindlich gemäß § 5 Nr. 4 LMG. a. F. festgestellt sind, die Begriffe ,,nachgemacht" und ,,verfälscht" nicht streng auseinandergehalten. Ds strikte Verbot des § 36 Milch-G. findet dadurch Berücksichtigung, daß unter anderem da, wo man an ein Nachmachen denken könnte, ein Inverkehrbringen auch bei Kenntlichmachung verboten ist (vgl. § 4 Nr. 2 LMG. letzter Satzteil).

b) Verpackung, Aufschrift, Namengebung und sonstige Aufmachung, die keine Einwirkung auf Stoff und Beschaffenheit in sich schließen, aber über Wesen und Gehalt der wirklich vertriebenen Ware irreführen, erfüllen weder den Begriff des Nachmachens noch den des Verfälschens. Sie sind nach § 4 Nr. 3 LMG. verboten und in §§ 10 und 11 Ausf.Best. gemäß § 5 Nr. 4 LMG. a. F. in ihren hauptsächlichen (,,insbesondere") Erscheinungsformen im Milchverkehr mit rechtsverbindlicher Wirkung (HOLTHÖFER-JUCKENACK § 5 LMG. Anm. 7 S. 140) als unter § 4 Nr. 3 LMG. fallend aufgeführt.

c) Mit der gleichen Rechtswirkung sind in §§ 6 und 7 Ausf.Best. die unter § 4 Nr. 2 LMG. als ,,verdorben" fallenden Milch und Milcherzeugnisse, die hauptsächlich (,,insbesondere") im Verkehr auftreten, zusammengestellt. Da das Verbot des § 4 Abs. 2 LMG. im Regelfall bei ausreichender Kenntlichmachung nicht gilt, sind auch hier — wie in §§ 8 und 9 Ausf.Best. — die Fälle unterschieden, in denen die Ware auch bei Kenntlichmachung nicht verkehrsfähig sein soll.

[4] Im ursprünglichen Text war neben Margarine auch Margarinekäse aufgeführt. Er ist durch VO. des Reichspräsidenten vom 23. März 1933 (RGBl. I S. 143) gestrichen, so ist die Ausnahmebestimmung des Abs. 2 jetzt nur noch für Margarine giltig. Das Margarinegesetz ist in Bd. IV dieses Werkes erläutert.

[5] Es handelt sich um Grundsätze i. S. des § 5 Nr. 4 LMG. a. F. (= § 5 Nr. 5 LMG. jetziger Fassung), die auch für den Richter bindend sind. (Vgl. Holthöfer in Bd. I S. 1299.)

[6] Vgl. hierzu OLG. Dresden 16. März 1932 in JW. 1932, S. 2459, wo Verfälschung von Milch durch Unterlassen ordnungsmäßiger Durchmischung angenommen wird.

V. Besondere Maßnahmen zur planmäßigen Ordnung der Milchwirtschaft[1].

§ 37.

Um einheitliche Sorten von Milch und Milcherzeugnissen[2] zu schaffen[1], können in den Ausführungsbestimmungen über den § 5 des Lebensmittelgesetzes hinaus[1] Anforderungen an die Gewinnung, Herstellung, Behandlung, Beschaffenheit, Verpackung, Kennzeichnung und sonstige Aufmachung[3] dieser Lebensmittel gestellt und kann darin bestimmt werden, wie die Einhaltung solcher Anforderungen zu gewährleisten ist[4,5].

Anmerkungen.

[1] Siehe hierzu die Ausführungen in Anm. 1 zu § 20. Aus ihnen ergibt sich die Bedeutung des § 37 für die nationale Milchwirtschaft. Er ermöglicht die Schaffung gesetzlicher **Standards.** Für ihre Fortbildung und ihre Einhaltung ist ein strenger Zusammenschluß der Milchwirtschaft, den § 38 vorsieht, von entscheidender Bedeutung. Zur Schaffung gesetzlicher Standards genügte § 5 LMG. in seiner 1930 geltenden Fassung nicht. Denn die Einführung und Weiterbildung von Standards erfordert — wie Nathusius-Nelson es in § 37 Anm. 1 treffend ausdrückt — gestaltende Vorschriften und nicht nur Maßnahmen, die den Verkehr mit vorhandenen Sorten ordnen.

[2] Siehe § 1 Anm. 2.

[3] Also z. B. Form der Gefäße, Farbe der Bezettelung, Aufdruck in Schrift und Bild. (Vgl. im einzelnen Holthöfer-Juckenack § 4 S. 80 und 107.)

[4] Z. B. durch Selbstkontrolle genossenschaftlicher Zusammenschlüsse, durch behördliche Aufsichtsmaßnahmen, durch Schutz der Ausstattungen usw. Unter diesem Gesichtspunkt sind auch die reichsrechtlichen Bestimmungen der §§ 38—42 des Milch-G. selbst zu verstehen.

[5] Strafvorschriften enthält § 44 Abs. 1 Nr. 3 und Abs. 2.

Soweit das Reich keine Standardisierungsbestimmungen erläßt, kann dies von seiten der Länder geschehen (§ 52 Abs. 1 und Abs. 2). Preußen und Bayern haben in der Anm. 1 b zu § 20 erwähnten DurchführungsVO. landesrechtliche Standards für „Vorzugsmilch" durch weit ins einzelne gehende Vorschriften geschaffen, von deren Inhalt die nachfolgende, der Bay.VO. vorausgestellte Inhaltsübersicht eine Anschauung vermittelt.

Abschnitt V. Vorzugsmilch.

§ 12 Allgemeine Anforderungen.	§ 17 Tierärztliche Überwachung.
§ 13 Anzeigepflicht.	§ 18 Fütterung, Haltung und Pflege der Kühe.
§ 14 Beschaffenheit und Zusammensetzung der Vorzugsmilch.	§ 19 Gesundheitszustand des Personals.
	§ 20 Melken.
§ 15 Beschaffenheit und Pflege des Stalles.	§ 21 Behandlung der Vorzugsmilch.
§ 16 Gesundheitszustand der Kühe.	§ 22 Beförderung der Vorzugsmilch.

§ 38[1].

(Die jetzige Fassung des § 38 ist festgelegt durch das Zweite Gesetz zur Änderung des Milch-G. vom 20. Juli 1933 — RGBl. I S. 527 — in Verbindung mit § 8 des Gesetzes über den vorläufigen Aufbau des Reichsnährstandes und Maßnahmen zur Markt- und Preisregelung für landwirtschaftliche Erzeugnisse vom 13. September 1933 — RGBl. I S. 616 —. § 38 lautet jetzt:)

(1) Der Reichsminister für Ernährung und Landwirtschaft kann Erzeugerbetriebe und Betriebe, die Milch oder Milcherzeugnisse bearbeiten oder verarbeiten, sowie Betriebe, die mit Milch oder Milcherzeugnissen handeln, zur Regelung der Verwertung und des Absatzes von Milch und Milcherzeugnissen zusammenschließen.

(2) Er hat dabei für größtmögliche Wirtschaftlichkeit Sorge zu tragen und Schädigungen der Gesamtwirtschaft und des Gemeinwohls zu verhindern.

(3) Der Reichsminister für Ernährung und Landwirtschaft kann insbesondere

1. die Rechte und Pflichten der Mitglieder und die sonstigen Rechtsverhältnisse der Zusammenschlüsse durch eine Satzung regeln und bestimmen, daß die Zusammenschlüsse rechtsfähig sind,

2. bestimmen, daß gegen Mitglieder, die gegen die Satzung oder die zu ihrer Ausführung erlassenen Bestimmungen des Zusammenschlusses verstoßen, Ordnungsstrafen festgesetzt werden können,

3. Betriebe an bereits bestehende Zusammenschlüsse von Betrieben gleicher Art anschließen und hierbei die Rechte und Pflichten der Mitglieder auch abweichend von den vertraglichen Vereinbarungen regeln.

(4) Der Reichsminister für Ernährung und Landwirtschaft kann ferner Zusammenschlüsse, die zur Regelung der Verwertung und des Absatzes von Milch und Milcherzeugnissen gebildet worden sind, untereinander zusammenschließen. Die Vorschriften in Abs. 2 und 3 finden entsprechende Anwendung.

(5) Der Reichsminister für Ernährung und Landwirtschaft kann vor endgültigen Maßnahmen gemäß Abs. 1 bis 4 einstweilige Anordnungen zur Regelung der Verwertung und des Absatzes von Milch und Milcherzeugnissen treffen.

(6) Er kann ferner die ihm nach Abs. 1 bis 5 zustehenden Befugnisse auf Beauftragte übertragen.

(7) Soweit der Reichsminister für Enrährung und Landwirtschaft von den in Abs. 1 bis 6 genannten Befugnissen keinen Gebrauch macht, haben die obersten Landesbehörden diese Befugnisse.

(8) Wenn von den nach Abs. 1 und 4 gebildeten Zusammenschlüssen Preise oder Handelsspannen für Milch oder Milcherzeugnisse festgesetzt werden sollen, so sind Preisausschüsse einzusetzen, die bei der Festsetzung wirtschaftlich angemessener Preise und Handelsspannen mitzuwirken haben. Bei der Bildung der Preisausschüsse sind die Erzeuger, die Betriebe, die Milch oder Milcherzeugnisse bearbeiten oder verarbeiten, der Handel mit Milch oder Milcherzeugnissen und die Verbraucher angemessen zu berücksichtigen[6].

(9) Eine Entschädigung durch das Reich oder ein Land wegen eines Schadens, der durch eine Maßnahme im Sinne der Abs. 1 bis 7 entsteht, wird nicht gewährt.

Artikel 2 und 3 des Gesetzes vom 20. Juli 1933 lauten:

Artikel 2.

(1) Die obersten Landesbehörden haben Anordnungen, die auf Grund des § 38 Abs. 5 Satz 3 des Milch-G. in der Fassung der Verordnung des Reichspräsidenten vom 2. März 1933 (RGBl. I S. 97)[1] vor dem Inkrafttreten dieses Gesetzes getroffen worden sind, außer Kraft zu setzen, sobald der Zusammenschluß, für dessen Gebiet die Anordnungen getroffen worden sind, Preise oder Handelsspannen für Trinkmilch festgesetzt hat. Sie können die Geltungsdauer solcher Anordnungen mit Zustimmung des Reichsministers für Ernährung und Landwirtschaft verlängern, bis die Zusammenschlüsse Preise oder Handelsspannen für Trinkmilch festgesetzt haben.

(2) Wenn von den Zusammenschlüssen Erzeugerpreise für Trinkmilch festgesetzt werden, können nach dem Inkrafttreten dieses Gesetzes die obersten Landesbehörden mit Wirkung für einen im Einvernehmen mit dem Reichsminister für Ernährung und Landwirtschaft zu bestimmenden Zeitraum die Handelsspannen für Trinkmilch mit Ausnahme von Markenmilch und Vorzugsmilch regeln. Solche Anordnungen sind außer Kraft zu setzen, sobald der Zusammenschluß, für dessen Gebiet sie getroffen worden sind, Preise oder Handelsspannen für Trinkmilch festgesetzt hat.

Artikel 3.

§ 28 der Ersten Verordnung zur Ausübung des Milchgesetzes vom 15. Mai 1931 (RGBl. I S. 150) tritt außer Kraft.

Anmerkungen.

[1] Auf Grund des § 38 Milch-G. in seiner hier abgedruckten Fassung und zugleich auf Grund der §§ 3, 9 und 10 des Reichsnährstandgesetzes vom 13. September 1933 (RGBl. I S. 626) hatte der Reichsminister für Ernährung und Landwirtschaft die alle Möglichkeiten des § 38 Milch-G. ausschöpfende „VO. über den Zusammenschluß der deutschen Milchwirtschaft" vom 27. März 1934 (RGBl. I S. 259) erlassen. Ihre §§ 13 und 14 waren durch VO. vom 26. Februar 1935 (RGBl. I S. 293) außer Kraft gesetzt, ihr § 23 (Strafbestimmungen) durch VO. vom 22. Januar 1936 (RGBl. I S. 42) neugefaßt worden. Die 69 Milchversorgungsverbände waren untereinander zu 15 Milchwirtschaftsverbänden und diese wiederum unter sich zu der deutschen Milchwirtschaftlichen Hauptvereinigung zusammengeschlossen. Diese Regelung hat jetzt nur noch Übergangsbedeutung. Denn mit Wirkung ab 1. April 1936 hat unterm 17. April 1936 (RGBl. I S. 324) der Reichsminister für Ernährung und Landwirtschaft eine neue „VO. über den Zusammenschluß der deutschen Milchwirtschaft" erlassen. Nach ihr werden in „Milchwirtschaftsverbänden" zusammengeschlossen: 1. die Betriebe, die Milch erzeugen (Erzeugergruppe), 2. die Betriebe die Milch bearbeiten oder Milcherzeugnisse herstellen oder verarbeiten (Verarbeitergruppe), 3. die Betriebe, die Milch oder Milcherzeugnisse verteilen (Verteilergruppe). Unter Milcherzeugnissen versteht die neue VO. (§ 11) Butter und Käse sowie die im § 2 Nr. 1—11 der I. Ausf.VO. zum Milch-G. (S. 493) genannten Erzeugnisse, ferner Kasein, Milchzucker und Kakaomilch.

Die Milchwirtschaftsverbände ihrerseits werden in § 2 zu der ihnen übergeordneten (§ 6) „Hauptvereinigung der deutschen Milchwirtschaft" zusammengeschlossen. Zur Erfüllung ihrer „Aufgabe, die Marktordnung auf dem Gebiet der Milchwirtschaft durchzuführen und die Versorgung der Verbraucher sicherzustellen", gibt § 4 der neuen VO. den Zusammenschlüssen unter anderem die wichtigen Rechte,

„1. die Erzeugung, die Erfassung, den Absatz, die Ablieferung, die Be- und Verarbeitung sowie die Verteilung von Milcherzeugnissen zu regeln,

2. Vorschriften über Kennzeichnung und Güteanforderungen von Milch und Milcherzeugnissen zu erlassen,

. . . .

5. volkswirtschaftlich gerechtfertigte Preise und Preisspannen festzusetzen."

Die Ermächtigung zu Zwangsmaßnahmen und Festsetzung von Ordnungsstrafen (§ 4 Abs. 2 Nr. 7 und §§ 7 und 8) sichert die Durchsetzung der getroffenen Anordnungen.

Über die durch die Einbeziehung der Marktordnungsorganisationen in den Reichsnährstand durch die 4. VO. über den vorläufigen Aufbau des Reichsnährstandes vom 4. Februar 1935 (RGBl. I S. 170) entstandene Rechtslage der Zusammenschlüsse schreibt Dr. MERKEL im „Recht des Reichsnährstandes" 1935 S. 77.

§ 39.

Soweit das Reich[2] Verbandszeichen[1b] für Sorten im Sinne des § 37 oder für die Markenmilch zur Eintragung in die Zeichenrolle anmeldet, ist die Zeichensatzung[1e] durch Verordnung festzusetzen. Die Anmeldung der Verbandszeichen und die Abwicklung der sich hieraus ergebenden Geschäfte besorgt eine vom zuständigen Reichsminister zu bestimmende Stelle.

§ 40.

(1) Bevor die Reichsregierung Verordnungen auf Grund von §§ 37, 39, erläßt, ist ein von dem zuständigen Reichsminister zu berufender Sachverständigenbeirat zu hören.

(2) Bevor die obersten Landesbehörden Vorschriften auf Grund vom § 37 erlassen, haben sie Sachverständige aus den beteiligten Wirtschaftskreisen zu hören.

§ 41.

(1) Neben dem Verbandszeichen des Reichs (§ 39) dürfen für dieselbe Warensorte andere Verbandszeichen nur in der Weise geführt werden, daß das Verbandszeichen des Reichs in erster Linie zur Geltung kommt[3].

(2) Macht das Reich von der Befugnis des § 39 keinen Gebrauch, so gilt die Vorschrift des Abs. 1 entsprechend für die Verbandszeichen von Körperschaften des öffentlichen Rechtes[1c] sowie von Verbänden[4] (Markenschutzverbänden), die von Körperschaften des öffentlichen Rechtes[1c] zur Führung von Verbandszeichen ermächtigt worden sind.

§ 42.

(1) Es ist verboten[5], die auf Grund des § 37 vorgeschriebenen Verpackungen, Kennzeichnungen und sonstige Aufmachung für andere Lebensmittel so zu verwenden, daß sie mit den nach § 37 festgesetzten Sorten verwechselt[6] werden können. Lebensmittel, deren äußere Ausstattung gegen dieses Verbot verstößt[8], dürfen nicht in den Verkehr gebracht werden[7].

(2) Das Entsprechende gilt für Markenmilch[9].

Anmerkungen.

[1] a) Grundsätzlich kann nach § 1 des Gesetzes zum Schutze der Warenbezeichnungen [vom 12. Mai 1894 in der Fassung der Neubekanntmachung vom 7. Dezember 1923 (RGBl. II S. 445) und der Abänderungen seiner §§ 14 und 15 vom 21. März 1925 (RGBl. II S. 115) und seines § 3 vom 26. März 1926 (RGBl. II S. 181)] ein Warenzeichen zur Eintragung in die Zeichenrolle anmelden, „wer in seinem Geschäftsbetrieb zur Unterscheidung seiner Waren von den Waren anderer eines Warenzeichens sich bedienen will".

Auch juristische Personen (z. B. Aktiengesellschaften) haben im Rahmen des von ihnen betriebenen Geschäfts dieses Recht.

b) Darüber hinaus gibt § 24a Abs. 1 des Warenzeichengesetzes „rechtsfähigen Verbänden, auch wenn sie einen auf Herstellung oder Vertrieb von Waren gerichteten Geschäftsbetrieb nicht besitzen", sofern sie „gewerbliche Zwecke verfolgen", die Möglichkeit „Warenzeichen anzumelden, die in den Geschäftsbetrieben ihrer Mitglieder zur Kennzeichnung der Ware dienen sollen **(Verbandszeichen)"**. Als hauptsächlichen Zweck des Verbandszeichens gibt die Denkschrift zum Gesetz vom 31. März 1913, das den § 24a in das Warenzeichengesetze eingefügt hat, an, „eine von dem Verband gebotene Gewähr für Güte und sonstige Beschaffenheit der Ware nach außen kundzutun". Diese Möglichkeit wird erst in neuerer Zeit durch das Bestreben nach Einführung von gütezeichenartigen Marken („RAL" und „DIN") stärker benutzt. Den ersten Ansatz zur gesetzlichen Einführung von Gütemarken macht das Milch-G. durch die Schaffung von Markenmilch.

Rechtsfähige Verbände der in § 24a bezeichneten Art sind z. B. die Zusammenschlüsse des § 38 Milch-G.

c) § 24a Abs. 2 des Warenzeichengesetzes lautet:

„(2) Die juristischen Personen des öffentlichen Rechts stehen den bezeichneten Verbänden gleich."

Solche juristischen Personen sind außer Reich, Ländern, Gemeinden, z. B. die Landwirtschaftskammern.

d) § 24a Abs. 3 lautet:

„Auf die Verbandszeichen finden die Vorschriften über Warenzeichen Anwendung, soweit nicht in §§ 24a—h ein anderes bestimmt ist."

Anwendbar sind also insbesondere die Vorschriften des § 4 Warenzeichengesetz über die Gestaltung des Warenzeichens überhaupt und insbesondere über die Benutzung von Staatswappen, staatlichen Hoheitszeichen, Wappen von Städten usw.

e) § 24b Warenzeichengesetz betrifft die **Zeichensatzung**. Er lautet:

„Der Anmeldung des Verbandszeichens muß eine Zeichensatzung beigefügt sein, die über Namen, Sitz, Zweck und Vertretung des Verbandes, über den Kreis der zur Benutzung des Zeichens Berechtigten, die Bedingungen der Benutzung und die Rechte und Pflichten der Beteiligten im Falle der Verletzung des Zeichens Auskunft gibt. Spätere Änderungen sind dem Patentamt mitzuteilen. Die Einsicht der Satzung steht jedermann frei."

[2] Also auch das Reich muß das Warenzeichen anmelden und Bestimmungen der unter Anm. 1e mitgeteilten Art festlegen. Die Besonderheit des § 39 besteht darin, daß diese Festlegung in der Form einer Recht setzenden Verordnung zu erfolgen hat. Nathusius-Nelson (§ 39 Anm. 2 — S. 175) spricht auch den Ländern das Recht zur Zeichensatzung in VO.Form zu, ohne sich damit auseinanderzusetzen, daß § 40 in seinem Abs. 2 im Gegensatz zu Abs. 1 den § 39 nicht miterwähnt.

[3] Etwa ein Reichsmarkenzeichen auf je nach den Ländern oder Provinzen verschiedenfarbigen (Landes- oder Provinzfarben) oder sonst unterschiedenen (Länder- oder Provinzwappen) Untergründen.

[4] Das können z. B. Genossenschaften und Zusammenschlüsse sein.

[5] Wegen des Strafschutzes und zivilrechtlicher Folgen des Verbotes siehe § 20 Anm. 2.

[6] Das ist Frage des einzelnen Falles. Entscheidend ist der Gesamteindruck auf das Verbraucherpublikum, das nicht sorgfältig zu lesen pflegt. Kasuistik bei Holthöfer-Juckenack § 4 Anm. 16 (S. 109).

[7] Begriff: § 3 Anm. 6.

[8] Anhaltspunkte über die zivilrechtliche Wirkung dieses Verbotes auf den Bestand und die Erfüllung von Verträgen, die verkehrsverbotene Ware zum Gegenstand haben, bei HOLTHÖFER-JUCKENACK § 3 Anm. 1 b (S. 59).

[9] Siehe § 20 Anm. 2.

VI. Überwachungs- und Strafbestimmungen.

§ 43.

(1) Die Überwachung[1] der Einhaltung der Vorschriften dieses Gesetzes erfolgt nach Maßgabe der Bestimmungen der §§ 7 bis 11 Abs. 1 und 2 des Lebensmittelgesetzes[5] auch insoweit, als die Vorschriften dieses Gesetzes über den Rahmen des Lebensmittelgesetzes hinausgehen[2].

(2) Der Vollzug des Gesetzes[1] liegt den Ländern ob. Die Ausführungsbestimmungen können vorschreiben, inwieweit[3] zur Unterstützung der für die Überwachung der Vorschriften des Lebensmittelgesetzes und dieses Gesetzes zuständigen Behörden milchwirtschaftliche Sachverständige im Hauptberufe zu bestellen sind.

(3) Soweit auf Grund des § 37 besondere Milchsorten geschaffen werden, kann in den Ausführungsbestimmungen geregelt werden[4], unter welchen Voraussetzungen den Überwachungsstellen für Markenmilch (§ 26) die Überwachung der Einhaltung der an diese Milchsorten zu stellenden Anforderungen übertragen werden kann.

Anmerkungen.

[1] Mit „Überwachung" ist hier die unmittelbare behördliche Beaufsichtigung gemeint. Ihre sachgemäße Einrichtung durch Bereitstellen der erforderlichen Personen und Anstalten sowie durch Erlaß der zu ihrem Tätigwerden nötigen Einzelanordnungen gehört zum Vollzug des Gesetzes (§§ 43 Abs. 2 Milch-G., § 11 LMG.). Er liegt den Landesregierungen ob, aber seit dem Gesetz über den Neuaufbau des Reichs vom 30. Januar 1934 (RGBl. I S. 75) nicht mehr als eigenes Hoheitsrecht. Die Landesregierungen verwalten nur mehr Hoheitsrechte des Reichs; sie sind auch im Einzelfall an etwaige Weisungen der Reichsregierung gebunden.

[2] Die „Überwachung" des Verkehrs mit Milch in dem in Anm. 1 Satz 1 gedachten Sinne ist in erster Linie Sache der Lebensmittelpolizei, das ist der ordentlichen Polizeibehörden, die damit besonders geeignete Beamte und Sachverständige bauftragen sollen (§§ 6, 7 LMG.). Der Lebensmittelpolizei steht unter anderem auch die Überwachung der gesetzlichen Standardisierungsvorschriften (§§ 37, 2o Milch-G.) und der Einhaltung der Erlaubnisvorschriften (§§ 14f. Milch-G.) zu, die über das LMG. hinausgehen.

Nach Artikel 2 des Rundschreibens des Reichsministers des Innern vom 21. Juli 1934 (Reichsgesundheitsblatt S. 590) betr. Durchführung des LMG. sind als Sachverständige der Polizeibehörden für den Verkehr mit Milch heranzuziehen im allgemeinen die Leiter und die mit amtlichen Aufgaben betrauten geprüften Lebensmittelchemiker der chemischen Untersuchungsanstalten, in den besonderen Fällen des Artikel 3 Abs. 3 daselbst die beamteten Tierärzte und die Veterinäruntersuchungsanstalten.

Ferner fallen den Amtsärzten Überwachungsaufgaben zu im Falle des Artikel 4 Abs. 6 des Rundschreibens (§ 13 Milch-G.) und überhaupt im Rahmen der Tätigkeit der Gesundheitsämter. Abschnitt IX §§ 31 und 32 der 3. DurchführungsVO. zum Gesetz über die Vereinheitlichung des Gesundheitswesens vom 30. März 1935 (Beilage zu Nr. 15 des Reichsgesundheitsblattes vom 10. April 1935 und die Nahrungsmittelrundschau 1935 S. 82) enthalten eine Zusammenstellung der Aufgaben des Gesundheitsamtes bei der Überwachung des Lebensmittelverkehrs.

Alle beteiligten Stellen müssen, wie in Artikel 5 des erwähnten Rundschreibens und in § 31 Abs. 3 der erwähnten DurchführungsVO. ausdrücklich betont wird, auf ein reibungsloses, ersprießliches Zusammenarbeiten bedacht sein.

[3] Von dieser Befugnis hat das Reich bisher keinen Gebrauch gemacht. Es handelt sich auch hier nur um eine Kann-Vorschrift, im Gegensatz zu § 21 Weingesetz, wo die Bestellung von Weinsachverständigen im Hauptberuf Muß-Vorschrift ist.

[4] Die Vorschrift erinnert an diejenige des § 6 letzter Absatz LMG. — Ausführungsbestimmungen, die eine solche Übertragung regeln, hat das Reich bisher nicht erlassen.

[5] Eingehende Kommentierung bei HOLTHÖFER-JUCKENACK S. 145—181. Kürzere Erläuterung bei HOLTHÖFER in Bd. I S. 1304—1313. In beiden Darstellungen findet sich (S. 150 bzw. S. 1304) eine Zusammenstellung, inwieweit a) im Rahmen der Strafprozeßordnung, b) als präventiv polizeiliche Maßnahme nach §§ 7—11 LMG. und c) im Rahmen der Gewerbeordnung behördlichen Organen ein Recht zusteht, Lebensmittelbetriebe zu betreten und in ihnen Nachschau zu halten.

§ 44[1, 2].

(1) Mit Gefängnis bis zu drei Monaten und mit Geldstrafe[7] oder mit einer dieser Strafen wird bestraft, wer vorsätzlich[5]

1. Milch den Vorschriften oder Verboten der §§ 3, 4, 6, 11 oder den auf Grund des § 12 erlassenen Anordnungen zuwider gewinnt, verpackt, aufbewahrt, anbietet, feilhält, abgibt, verwendet oder sonst in den Verkehr bringt[3],

2. den Vorschriften oder Verboten der §§ 7, 8, 9, 25, 36, 41, 42 oder den auf Grund des § 10 erlassenen Vorschriften zuwiderhandelt,

3. den auf Grund des § 37 an die Gewinnung, Herstellung, Behandlung, Beschaffenheit, Verpackung, Kennzeichnung oder sonstige Aufmachung von Milch und Milcherzeugnissen gestellten Anforderungen zuwiderhandelt[4].

(2) Ist die Zuwiderhandlung fahrlässig[6] begangen, so tritt Geldstrafe bis zu einhundertfünfzig Reichsmark ein[8].

§ 45[1].

(1) Wer vorsätzlich[5] dem § 13 zuwider bei der Gewinnung der Milch oder sonst im Verkehr mit Milch tätig ist, wird mit Gefängnis[10] und mit Geldstrafe[11] oder mit einer dieser Strafen bestraft.

(2) Ebenso wird bestraft, wer vorsätzlich[5] als Unternehmer, als Stellvertreter (§ 15) oder als Aufsichtsperson duldet[9], daß Personen dem § 13 zuwider bei der Gewinnung der Milch oder sonst im Verkehr mit Milch tätig sind.

(3) Ist die Zuwiderhandlung fahrlässig[6] begangen, so tritt Gefängnis bis zu einem Jahre und Geldstrafe[11] oder eine dieser Strafen ein.

§ 46[1].

(1) Wer vorsätzlich[5] oder fahrlässig[6] ohne die nach § 14 erforderliche Erlaubnis oder ohne die nach § 16 erforderliche Zulassung ein Unternehmen zur Abgabe von Milch betreibt oder ohne die nach § 17 erforderliche Erlaubnis Milch abgibt, wird mit Gefängnis bis zu drei Monaten und mit Geldstrafe[7] oder mit einer dieser Strafen bestraft.

(2) Ebenso wird bestraft, wer in einem Unternehmen zur Abgabe von Milch oder in einem nach § 17 erlaubnispflichtigen landwirtschaftlichen Betriebe ohne die nach § 15 erforderliche Erlaubnis als Stellvertreter tätig ist.

§ 47[12].

Die Strafvorschriften dieses Gesetzes finden nur Anwendung, sofern die Tat nicht nach anderen Vorschriften mit höherer Strafe bedroht ist.

§ 48.

In den Fällen der §§ 44 bis 46 kann[16] neben der Strafe[13] auf Einziehung der Gegenstände[14] erkannt werden, auf die sich die Handlung bezieht[16], auch wenn sie dem Verurteilten nicht gehören. Die Einziehung ist auch zulässig, wenn die Bestrafung nach § 47 auf Grund anderer Vorschriften erfolgt[15]. Im Falle des § 8 ist die Einziehung nur im Wiederholungsfalle[17] zulässig.

§ 49.

Die Vorschriften des § 44 Abs. 1 Nr. 1 und 2, Abs. 2 und der §§ 45 bis 48 gelten in gleicher Weise für die im § 35 oder auf Grund des § 35 bezeichneten Milcherzeugnisse[18].

§ 50.

(1) Die Vorschriften der §§ 17, 18 des Lebensmittelgesetzes gelten auch für die im § 43 vorgesehene Überwachung der Einhaltung der Vorschriften dieses Gesetzes[19].

(2) Die Vorschriften der §§ 20[20], 21[21] des Lebensmittelgesetzes gelten auch bei Strafverfolgungen auf Grund der Vorschriften dieses Gesetzes.

Anmerkungen zu §§ 44—50.

[1] a) Ein kurzer Abriß der strafrechtlichen Grundbegriffe, die für das LMG. und das Milch-G. von Bedeutung sind, (z. B. über Vorsatz, Fahrlässigkeit, fortgesetzte Handlung, strafbare Unterlassung, Beteiligung mehrerer an einer strafbaren Handlung — Mehrtäter, Mittäter, Gehilfe —, mittelbare Täterschaft, Ersatzfreiheitsstrafen, Verjährung, Strafregister) findet sich zusammenhängend dargestellt bei Holthöfer-Juckenack Vorbemerkungen vor §§ 12—18 (S. 181—201). Siehe auch Holthöfer in Bd. I über Vorsatz S. 1313 Anm. 2, über Fahrlässigkeit S. 1315 Anm. 15, über Versuch S. 1314 Anm. 7, über die Steigerungsmöglichkeit der bei einem Vergehen angedrohten Geldstrafe bei Begehung aus Gewinnsucht S. 1341 Anm. 5.

Strafbarkeit des Versuchs kennt das Milch-G. nicht.

b) Bei Vergehen (§ 44 Abs. 1, § 45 Abs. 1, § 46 Milch-G.) kann die Staatsanwaltschaft — nicht auch, wie bei Übertretungen, die Polizei — mit Zustimmung des Amtsrichters von der Erhebung der öffentlichen Klage (auch vom Erlaß eines amtsrichterlichen Strafbefehls) absehen, wenn die Schuld des Täters gering und die Folgen der Tat unbedeutend sind. Ist die Klage bereits erhoben, so kann das Gericht mit Zustimmung der Staatsanwaltschaft das Verfahren durch (unanfechtbaren) Beschluß einstellen (§§ 153 Abs. 2 und 3 der StPO. in der Fassung der Neubekanntmachung vom 22. März 1924 — RGBl. I S. 322).

c) Bei Übertretung (§ 44 Abs. 2) findet nach der NotVO. vom 6. Oktober 1931, 6. Teil, 1. Kapitel § 2 (RGBl. I S. 537f.) eine Verfolgung nur statt, wenn es das öffentliche Interesse erfordert. Nach Erhebung der Klage kann das Gericht mit Zustimmung der Staatsanwaltschaft das Verfahren wegen einer Übertretung einstellen, wenn das öffentliche Interesse die Verfolgung nicht erfordert. Bei leichten Übertretungen der hier gedachten Art kann bereits die Polizeibehörde von einer Anzeige bei der Staatsanwaltschaft oder dem Erlaß einer polizeilichen Strafverfügung absehen und sich nach § 59 des Preußischen Polizei-Verwaltungsgesetzes vom 1. Juni 1931 mit einer polizeilichen Warnung begnügen. Allgemeine Regeln, wann das öffentliche Interesse eine Strafverfolgung erfordert, lassen sich schwer geben. Kasuistik bei Holthöfer-Juckenack Vorbemerkungen vor §§ 12—18 Anm. 3 (S. 185).

[2] Nicht für alles, was im Milch-G. und den dazu erlassenen Ausf.Best. verboten ist, gibt auch das Milch-G. selbst in seinen §§ 44—50, 53 die erforderlichen Strafbestimmungen.

a) In weitem Umfang wird der Strafschutz nur durch das LMG. gewährt. Hierher gehört z. B. der Vertrieb derjenigen Milch und Milcherzeugnisse, die nach den in §§ 6—11 Ausf.-Best. aufgestellten Grundsätzen als verdorben, nachgemacht, verfälscht oder irreführend bezeichnet mit einer den Richter bindenden Wirkung (§ 5 Nr. 5, § 4, § 12 LMG.) zu gelten haben. Siehe § 36 Anm. 3 und 5.

Auch der Verstoß gegen einen Teil der ,,zum Schutz der Gesundheit'' unter Mitbezugnahme auf § 5 Nr. 1a, b, c, Nr. 2 LMG. a. F. erlassenen Vorschriften der Ausf.Best. § 3 (insbesondere Nr. 2 und 3) und § 5 steht unter der Strafdrohung des § 11 LMG., wenn nicht gar § 3 in Vbdg. mit § 11 LMG. in Betracht kommt. Siehe hierzu Holthöfer in Bd. I S. 1301 Anm. 5.

b) Vielfach werden Verstöße gegen das Milch-G. zugleich unter die Strafdrohungen der §§ 44—50 Milch-G. und die §§ 11, 12 LMG. fallen und vielleicht außerdem noch durch das Strafgesetzbuch (insbesondere §§ 263, 223f.; vgl. hierzu Holthöfer-Juckenack § 4 Anm. 17 — S. 114 — und § 12 Anm. 4 — S. 207) mit Strafe und Nebenfolgen (Einziehung, öffentliche Bekanntmachung) bedroht sein. In Fällen dieser Art ist § 47 (und § 48 Satz 2) Milch-G. zu beachten. Siehe Anm. 12—15.

c) Soweit die Ausf.Best. des Reichs lediglich das Milch-G. autoritativ (§ 52) erläutern und keine darüber hinausgehenden Pflichten begründen, werden sie durch die Strafbestimmungen des Abschnitts VI (§§ 44 f.) des Milch-G. ohne weiteres mitgedeckt (§ 53 Abs. 1).

Das gilt auch von denjenigen weitergehenden Vorschriften des Reichs oder der Länder, auf welche die Strafdrohungen des Milch-G. ausdrücklich ausgedehnt sind. Das ist in §§ 44 und 49 geschehen für die in §§ 10, 12, 37 und 35 Abs. 2 vorgesehenen Fälle.

§ 53 gibt die gesetzliche Grundlage und den Rahmen für Schaffung eines Strafschutzes auch für diejenigen Verfehlungen gegen Ausf.Best. des Reichs oder der Länder, die nach dem in den vorigen Sätzen Ausgeführten nicht nach Abschnitt VI des Milch-G. bestraft werden können.

Ein Beispiel für § 53 Abs. 1 enthält die Vorschrift des § 29 Abs. 3 Ausf.Best., abgedruckt hinter § 52 Milch-G.

Ermächtigungen für die obersten Landesbehörden der im § 53 Abs. 2 erwähnten Art finden sich z. B. in §§ 5, 11 Abs. 4, 13 Abs. 4. Namentlich aber gehört hierher die Generalermächtigung des § 52 Abs. 2. Als Beispiel für Ausnutzung der Ermächtigung in Preußen sei PVO. § 73 angeführt, in welcher mit dem Strafrahmen des § 53 Abs. 1 bedroht werden a) das Anbieten, Feilhalten oder Inverkehrbringen von Milch, die den gemäß § 6 der PVO.

(§ 5 Milch-G.) von den Regierungspräsidenten festgesetzten Mindestforderungen an die Zusammensetzung der Milch nicht genügt, und b) Zuwiderhandlungen gegen die sonstigen auf Grund der PVO. von den Regierungspräsidenten erlassenen Bestimmungen. Auch die Bay.VO. § 45 enthält weitgehende Strafdrohungen ähnlicher Art.

[3] Auf die Anmerkungen zu den angeführten Bestimmungen wird verwiesen. Verstöße gegen §§ 3 und 4 sind auch strafbar, wenn es sich um den Verkehr im Privathaushalt handelt (§ 1 Abs. 1).

[4] Hier handelt es sich um Standardmilch.

[5] Siehe S. 538.

[6] Siehe S. 538.

[7] Von 3 bis zu 10000 RM, bei Handeln aus Gewinnsucht (s. Anm. 1a am Ende) bis zu 100000 RM oder mehr. Bei Nichtbeitreibbarkeit der Geldstrafe tritt an ihre Stelle Gefängnisstrafe von 1 Tag bis zu 3 Monaten (§ 29 StGB.). — Siehe auch Anm. 1b.

[8] Ersatzfreiheitsstrafe: Haftstrafe von 1 Tag bis zu 6 Wochen.

[9] Aufsichtsperson: Wer nach Anstellungsvertrag oder durch besonderen Auftrag — wenn auch unter der Oberleitung eines anderen — zur Beaufsichtigung des Melkbetriebes, z. B. als Obermelker, bestellt ist.

[10] Von 1 Tag bis zu 5 Jahren (§ 16 StGB.).

[11] Siehe Anm. 7. Ersatzfreiheitsstrafe hier 1 Tag bis 1 Jahr Gefängnis.

[12] Insbesondere kommt hier das LMG. in Frage (§ 56 Milch-G.). Die Bedeutung des § 47 erschöpft sich nach STENGLEIN Erg.-Bd. 1933 S. 133 zu § 47 Milch-G. darin, daß er in Fällen der Gesetzeskonkurrenz nicht das Sondergesetz, sondern das die höhere Strafe ermöglichende Gesetz angewendet wissen wolle. STENGLEIN verweist dabei auf die andersartige Fassung des aus derselben Zeit stammenden § 31 des Weingesetzes (Erg.-Bd. 1933 S. 109 zu § 31 Weingesetz), durch welche auch für die Fälle der Tateinheit (Idealkonkurrenz) die Anwendung des § 73 StGB. derart ausgeschlossen werde, daß nur das eine oder das andere Gesetz als verletztes Gesetz in Frage kommen. NATHUSIUS-NELSON § 47 —S. 195 — legt auch den § 47 Milch-G. in diesem letzterwähnten weiten Sinn aus und meint: wenn ein anderes Gesetz für eine bestimmte Tat eine höhere Strafe androhe als das Milch-G., so brauche der Richter sich nicht auf die oft schwierige Frage einzulassen, ob Idealkonkurrenz oder Gesetzeskonkurrenz vorliege, sondern wende lediglich jenes härtere Gesetz an, ohne die Mitverletzung des Milch-G. im erkennenden Teil des Urteils mit zu erwähnen.

Auf die grundsätzlichen Bedenken gegen „Subsidiaritätsklauseln" der in § 47 Milch-G. und § 31 Weingesetz enthaltenen Art weist STENGLEIN Erg.-Bd. S. 109 unter Anführung von Beispielen hin.

[13] Trotzdem ist die Einziehung auch hier ebenso wie in § 13 LMG. keine Nebenstrafe, sondern sie ist als rechtspolizeiliche Sicherungsmaßnahme anzusehen. (Vgl. die zum alten Nahrungsmittelgesetz ergangenen ERG. 46, 131; 50, 386; 55, 13 und die eingehenden Darlegungen bei HOLTHÖFER-JUCKENACK § 14 Anm. 4 (S. 220f.). Daraus folgt unter anderem, daß der Einziehungsanspruch des Staates unberührt bleibt, wenn infolge persönlicher Strafausschließungsgründe (z. B. Amnestie, Niederschlagung des Strafverfahrens — ERG. 54, 12 — oder Jugend — ERG. 57, 208; 61, 266) die Bestrafung des Täters nicht erfolgen kann.

Ein sog. objektives Verfahren ist hier im Gegensatz zu § 13 Abs. 2 LMG. und § 28 FlG. (s. unten S. 974) nicht zugelassen.

[14] Vernichtung ist hier nicht miterwähnt wie in § 13 LMG. Durch die Einziehung geht das Eigentum an den ihr unterliegenden Gegenständen auf den Reichsjustizfiskus über — und zwar ex nunc vom Zeitpunkt der Rechtskraft ab. Es steht dann im Belieben desselben, ob er die Gegenstände vernichten lassen will. Das wird sich z. B. empfehlen, wenn ein Verkauf nicht lohnt oder Mißbrauch bei Veräußerung zu befürchten ist.

[15] Siehe auch Anm. 12.

[16] Über das Verhältnis der Einziehungsmöglichkeiten des § 13 LMG. zu §§ 40 (42) StGB. finden sich sehr eingehende Ausführungen bei HOLTHÖFER-JUCKENACK § 14 Anm. 5 (S. 222f) und eine kürzere Zusammenfassung bei HOLTHÖFER in Bd. I S. 1317 Anm. 4. Was dort gesagt it, gilt entsprechend für das Verhältnis des § 48 Milch-G. zu §§ 40 (42) StGB.

Die Einziehungsbefugnis nach § 48 geht sehr weit. Unzweifelhaft werden z. B. im Falle des § 7 die Gefäße, Geräte, Rohrleitungen und Beförderungsmittel, von denen die verbotene nachteilige Einwirkung auf die Milch ausgeht, einziehbar sein. Das Gleiche gilt im Falle des § 8 von den nicht vorschriftsmäßig gekennzeichneten Gefäßen, Milchwagen usw.; siehe wegen § 8 jedoch Anm. 17.

LEFFMANN erklärt auch (§ 48 Anm. 1 — S. 287) die Tiere, welche entgegen den Vorschriften der §§ 3 und 4 zur Milchgewinnung verwendet werden, als nach § 48 einziehbar. Da im Milch-G. aber nicht ihre Haltung, sondern nur das Inverkehrbringen der von ihnen stammenden Milch verboten ist, so dürfte nur die verbotswidrig gewonnene Milch als Gegenstand zu gelten haben, auf den sich die Zuwiderhandlung bezieht. Wohl aber kann die Einziehung dieser Tiere (als zu vorsätzlichen Vergehen gebrauchte Gegenstände) nach §§ 40, 42 StGB. in Betracht kommen; dann aber nur (im Gegensatz zu § 48 Milch-G.), soweit sie dem Täter oder Teilnehmer an der verbotenen Tat gehören.

Da § 40 StGB. ebenso wie § 48 Milch-G. die Einziehung nicht zwingend vorschreibt, sondern ins Ermessen des Gerichts stellt, so ist dadurch Gewähr gegeben, daß sie praktisch in tragbaren Grenzen bleibt, gleichviel wie weit man theoretisch ihre Zulässigkeit erstreckt.

[17] Hierzu sind nach den grundsätzlichen Ausführungen in ERG. 32, 349 — ergangen zu § 14 Abs. 2 des Margarinegesetzes — nicht erforderlich die Rückfall-Voraussetzungen, wie sie §§ 244, 250 Nr. 5, 261 und 264 StGB. in Verbindung mit § 245 StGB. aufstellen. Wohl aber bedarf es einer Wiederholung der Tat nach vorhergegangener rechtskräftiger Verurteilung wegen einer gleichen Tat. Denn nur durch eine solche wird ja unanfechtbar festgestellt, daß früher eine gleichartige Tat begangen ist. LEFFMANN behauptet (§ 48 Anm. 1 — S. 287), ohne sich mit ERG. 32, 349 auseinanderzusetzen, daß nicht einmal eine Verurteilung wegen der früheren gleichartigen Tat erforderlich sei.

[18] Natürlich nicht über den Rahmen hinaus, in dem die den hier erwähnten Strafvorschriften zugrunde liegenden Vorschriften des Abschnitts I auf die in § 35 erwähnten Milcherzeugnisse überhaupt Anwendung finden können. Siehe hierzu § 35 nebst Anmerkungen.

[19] Da nach § 43 die Vorschriften der §§ 6—10 LMG. auch auf die Überwachung der Vorschriften des Milch-G. Anwendung finden, gelten mit ihnen auch die Vorschriften des § 8 (Hilfeleistung der Inhaber usw. der kontrollierten Betriebe) und des § 9 LMG. (Verschwiegenheitspflicht der Kontrollorgane). Die zur Sicherung dieser Vorschriften erlassenen Strafbestimmungen der §§ 17 bezw. 18 LMG. a. F. (= §§ 16, 17 LMG. heutiger Fassung) werden ausdrücklich für anwendbar erklärt, auch soweit die Kontrollmaßnahmen die Einhaltung der über das LMG. hinausgehenden Vorschriften des Milch-G. betreffen. Siehe HOLTHÖFER in Bd. I S. 1321 zu §§ 17 und 18 LMG.

[20] § 20 LMG. a. F. (= § 18 heutiger Fassung) (Kosten der Lebensmitteluntersuchung) ist mitgeteilt und erläutert bei § 29 des FlG. Anm. 4 S. 975.

§ 16 LMG. a. F. (= § 15 heutiger Fassung) (öff. Bekanntmachung von Verurteilungen) ist im Milch-G. nicht für anwendbar erklärt.

[21] § 21 LMG. a. F. entspricht dem § 19 LMS. heutiger Fassung. Unzweifelhaft fallen nach der aus § 51 III Milch-G. entnommenen heutigen Fassung (über ihre Gründe siehe bei HOLTHÖFER in Bd. I S. 1322) auch die durch polizeiliche Strafverfügungen aufkommenden Geldstrafen unter § 19 LMG.

VII. Schlußbestimmungen.

§ 51.

Das Lebensmittelgesetz vom 5. Juli 1927 (Reichsgesetzbl. I S. 134) wird folgendermaßen geändert[1]:

I. Im § 5 wird

1. der Nr. 3 folgende Vorschrift als Buchstabe a eingefügt[2]:

„a) vorschreiben, daß bestimmte Lebensmittel an den Verbraucher nur in Packungen oder Behältnissen abgegeben werden,"

2. vor die bisherige Vorschrift der Nr. 3 der Buchstabe b gesetzt,

3. der Nr. 4 folgender neuer Absatz angefügt:

„Versuche, die mit Genehmigung der zuständigen Behörde[4] *angestellt werden, unterliegen nicht den auf Grund dieser Vorschriften getroffenen Bestimmungen."*

II. Im § 7 werden dem Abs. 3 folgende Worte angefügt:

„oder die vor Abgabe an den Verbraucher unterwegs sind".

III. § 21 erhält folgende Fassung:

§ 21[3].

Die auf Grund dieses Gesetzes auferlegten Geldstrafen sind nach näherer Anordnung der obersten Landesbehörden als Beihilfen für die Unterhaltung der öffentlichen Anstalten zur Untersuchung von Lebensmitteln zu verwenden.

Anmerkungen.

[1] Die weitergehenden Änderungen des LMG. durch Gesetz vom 11. Dezember 1935 sind oben S. 7 mitgeteilt und erläutert.

[2] Siehe auch § 37 Anm. 1.

[3] Siehe Anm. 21 zu § 50.

[4] Zuständig in Preußen PVO § 17, in Bayern BayVO. § 2.

§ 52.

*(1) Die Reichsregierung erläßt mit Zustimmung des Reichsrats und nach An-
hörung des zuständigen Ausschusses des Reichstags die erforderlichen Ausführungsbestimmungen[1]. Hierbei können insbesondere*

*1. Grundsätze dafür aufgestellt werden, wie die in milchwirtschaftlichen Unter-
nehmen tätigen Personen auszubilden[2] und welche Anforderungen an Fachschulen
zu stellen sind, ferner Grundsätze über die Eignung und Ausbildung der gemäß
§ 43 Abs. 2 zu bestellenden Sachverständigen,*

2. Vorschriften darüber erlassen werden,

a) daß Milch bestimmten Arten der Verwendung nur zugeführt werden darf[3],

*aa) wenn der Viehbestand, aus dem sie stammt, dem staatlich anerkannten
Tuberkulosetilgungsverfahren angeschlossen ist,*

*bb) wenn der Inhaber des Betriebes, in dem die Milch gewonnen wird, einem
Milchkontrollverein[4] oder einer ähnlichen Einrichtung angeschlossen ist,*

*b) ob und wie gesetzliche Bestimmungen, Anordnungen oder Unterweisungen
den in milchwirtschaftlichen Betrieben Beschäftigten oder den Verbrauchern durch
Aushang bekanntzumachen sind,*

*c) unter welchen Voraussetzungen milchwirtschaftliche Unternehmen bestimmte
Bezeichnungen, wie Molkerei, Meierei, führen dürfen[5].*

*(2) Soweit die Reichsregierung von den im Abs. 1 gedachten Befugnissen keinen
Gebrauch macht oder sich die Regelung bestimmter Gegenstände nicht ausdrücklich
vorbehält, können die obersten Landesbehörden Bestimmungen der dort erwähnten
Art erlassen[6].*

Ausführungsbestimmungen.

Zu § 52 des Gesetzes.

§ 29.

(1) Milchwirtschaftliche Unternehmen[5] dürfen die Bezeichnungen Molkerei,
Meierei, Sennerei nur führen, wenn sie im Durchschnitt eines Jahres täglich
mindestens 500 Liter Milch oder die entsprechende Menge Sahne[2] bearbeiten oder
verarbeiten und die hierfür erforderliche technische Einrichtung vorhanden ist.

(2) Milchwirtschaftliche Unternehmen dürfen die Bezeichnung Gutsmolkerei
nur führen, wenn sie im Durchschnitt eines Jahres täglich mindestens 300 Liter
Milch, die im eigenen landwirtschaftlichen Betrieb im Sinne des § 20 gewonnen
ist, bearbeiten oder verarbeiten und die hierfür erforderliche technische Einrichtung vorhanden ist.

(3) Wer vorsätzlich oder fahrlässig den Bestimmungen der Abs. 1, 2 zuwiderhandelt, wird mit Gefängnis bis zu drei Monaten und mit Geldstrafe oder mit
einer dieser Strafen bestraft.

Anmerkungen.

[1] Der Reichsrat ist durch Gesetz vom 14. Februar 1934 (RGBl. I S. 89) aufgehoben,
seine Mitwirkung in Rechtsetzung und Verwaltung fortgefallen. Auch die Mitwirkung eines
Ausschusses des Reichstags zum Erlaß von Ausführungsvorschriften (Rechts- oder
Verwaltungsvorschriften) ist durch die NotVO. des Reichspräsidenten vom 30. März 1933
(RGBl. I S. 147) beseitigt. Jetzt erläßt der Reichsminister für Ernährung und Landwirt-
schaft die erforderlichen Ausführungsbestimmungen.

[2] Bayern (Bay.VO. § 40) verlangt für den Leiter eines Milchgroßhandelsbetriebs (Bay.VO.
§ 36) Zeugnis über Ablegung der Meisterprüfung für das Molkerei- und Käsegewerbe oder eine
ihr gleichgestellte staatliche Schlußprüfung. Für Milchkleinhändler und Fachgehilfen gelten
geringere Anforderungen. Für Preußen trifft PVO. § 18 hierhergehörige Vorschriften.
Siehe § 14 Anm. 15.

Von Reichs wegen wird der Nachweis fachlicher Eignung für die technischen
Leiter von Molkereien und Gutsmolkereien geregelt in der 5. VO. zur Ausführung des
Milch-G. vom 25. April 1936 (RGBl. I S. 399). Statt „Sahne" in § 29 Abs. 1 hat diese
VO. die Worte gesetzt: „die entsprechende Menge Sahne".

[3] Nicht nur im Rahmen einer Standardisierung (§ 37), sondern auch ohne solche, z. B. zur Verwendung in Krankenhäusern, Heilstätten, als Kindermilch. Letztere erwähnt die Begr.

[4] Gedacht ist hier nach NATHUSIUS-NELSON an lose „Zusammenschlüsse einer Anzahl von Landwirten zum Zweck der Futterberatung und Milcherzeugungskontrolle. Die letztere wird in der Regel von einem von der Landwirtschaftskammer ausgebildeten Kontrollassistenten ausgeführt und erstreckt sich auf die Feststellung der Milchmenge, ihres Fettgehalts und ihrer sonstigen Beschaffenheit".

[5] Die Vorschriften des Reichs sind in Ausf.Best. § 29 enthalten. Die Bay.VO. § 23 gibt weiter Begriffsbestimmungen für Milchlieferstellen, Milchsammler, Milchsammelstellen, Milchverarbeitungsstellen, Abfüllbetriebe und bringt diese Begriffe in eine organische Verbindung mit den Vorschriften und Benennungen § 29 des Ausf.Best. § 23 Abs. 7 Bay.VO. schafft mit entsprechender Strafdrohung in § 45 Bay.VO. noch eine über § 29 Ausf.Best. hinausgehende Größenordnung, indem die Bezeichnungen Milchwerke, Milchhof, Milchzentrale, Milchfabrik, Butterwerke, Butterzentrale oder ähnliche Namen, die auf größere als die in § 29 Abs. 1 genannten Betriebe schließen lassen, nur geführt werden dürfe, wenn im Jahresdurchschnitt täglich mindestens 10000 Liter Milch oder hieraus gewonnene Rahmmengen be- oder verarbeitet werden.

Auch in Firmenbezeichnungen müssen neben den Vorschriften der §§ 17f. des Handelsgesetzbuches diejenigen des § 29 Ausf.Best. Milch-Ges. und der Bay.VO. beachtet werden (§ 18 Abs. 2 Handelsgesetzbuch).

[6] Und mit entsprechenden Strafdrohungen versehen (§ 53 Abs. 2). Wegen Übertragung der Befugnisse auf nachgeordnete Behörden siehe § 54 Abs. 2.

§ 53.

(1)[1] Die Reichsregierung kann, vorbehaltlich der Vorschrift im Abschnitt VI, mit Zustimmung des Reichsrats[5] bestimmen[3], daß mit Gefängnis bis zu drei Monaten und mit Geldstrafe[2] oder mit einer dieser Strafen bestraft wird, wer den auf Grund dieses Gesetzes[1] erlassenen Bestimmungen zuwiderhandelt.

(2) Dieselbe Befugnis haben die obersten Landesbehörden[4], soweit sie von einer der Ermächtigungen Gebrauch machen, die ihnen in diesem Gesetz übertragen sind.

Anmerkungen.

[1] Siehe § 44 Anm. 2c.
[2] Siehe § 44 Anm. 7.
[3] Das wird in der Regel durch „Ausführungsbestimmungen" (§ 52 Anm. 1) geschehen.
[4] Siehe § 44 Anm. 2c und § 52 Anm. 6.
[5] „Reichsrat" ist jetzt beseitigt. Siehe § 52 Anm. 1.

§ 54.

(1) Soweit dieses Gesetz Maßnahmen den zuständigen Behörden überträgt, bestimmen die obersten Landesbehörden, welche Behörden zuständig sind.

(2) Die obersten Landesbehörden können die ihnen auf Grund dieses Gesetzes zustehenden Befugnisse ganz oder zum Teil auf andere Behörden übertragen, soweit nicht Vorschriften des Reichs- oder Landesrechts entgegenstehen.

§ 55[1].

(1) Die Reichsregierung wird ermächtigt, den Schutz der Milch und Milcherzeugnisse vor nachteiliger Beeinflussung bei der Behandlung im Eisenbahnverkehr[2] und den Vollzug der hiernach zu erlassenden Bestimmungen abweichend von den Vorschriften dieses Gesetzes[3] zu regeln.

(2) Vorsätzliche oder fahrlässige Zuwiderhandlungen gegen die nach Abs. 1 erlassenen Vorschriften können mit den im § 53 vorgesehenen Strafen[4] bedroht werden.

Anmerkungen.

[1] Begr.: „Die vorgesehene Regelung des Milchverkehrs wird nach der Auffassung der Hauptverwaltung der deutschen Reichsbahn-Gesellschaft den besonderen Bedürfnissen des Eisenbahnverkehrs nicht allenthalben gerecht. Insbesondere wird auf Grund der §§ 6 und 7

der Erlaß von Ausführungsbestimmungen befürchtet, die die Reichsbahn zur Schaffung neuer Anlagen nötigt, deren Wirtschaftlichkeit bei den zur Zeit geltenden Tarifen für Milchbeförderung nicht gewährleistet ist. Auch gegen die Bestimmung des § 13, insbesondere seines Abs. 4, werden Bedenken mit Rücksicht auf die Eigenart des Eisenbahnbetriebes erhoben. Diesen Bedenken soll durch die Vorschrift des § 55 Rechnung getragen werden.“

[2] Gemeint ist hier die Beförderung der Milch auf Eisenbahnen jeder Art, auch Kleinbahnen, und das, was mit der Beförderung zusammenhängt (Einladen, Umladen, Ausladen usw.). Nicht in Betracht kommt hier die Abgabe von Milch auf Bahnsteigen, in Wartesälen, Speisewagen.

[3] Insbesondere werden Abweichungen in der Überwachung in Frage kommen können.

[4] Siehe § 53 Anm. 2 und § 44 Anm. 7.

§ 56.

Unberührt[1] bleiben andere den Verkehr mit Milch und Milcherzeugnissen treffende Vorschriften des Reichsrechts, insbesondere das Lebensmittelgesetz vom 5. Juli 1927 (Reichsgesetzbl. I S. 134), soweit nicht Vorschriften dieses Gesetzes entgegenstehen.

Anmerkungen.

[1] D. h. das Milch-G. tritt nicht etwa als Ganzes als Spezialgesetz auf dem Gebiete des Milchverkehrs an die Stelle des LMG. und des sonstigen einschlägigen Reichsrechts (z. B. des Viehseuchengesetzes — §§ 3 und 4 Anm. 1 —, der Gewerbeordnung, des Gaststättengesetzes — § 14 Anm. 3 —, des Wettbewerbsrechts — S. 534 und 535 Anm. 1 — usw.). Inwieweit im Einzelfall Vorschriften des Milch-G. allein oder neben anderem Reichsrecht anwendbar sind, ist nach den allgemeinen Rechtsregeln über Gesetzeskonkurrenz (s. HOLTHÖFER-JUCKENACK Anm. 7 vor §§ 12 bis 18 — S. 191) und auf strafrechtlichem Gebiet Idealkonkurrenz (s. oben §§ 44—50 Anm. 12) unter besonderer Berücksichtigung des § 47 Milch-G. zu entscheiden.

Siehe hierzu Anm. 2 zu §§ 44—50. Ferner NATHUSIUS-NELSON Einl. II — S. 9 — und STENGLEIN Erg.-Bd. 1933 (S. 137) Anm. zu § 56 Milch-G.

§ 57.

(1) Die Reichsregierung bestimmt mit Zustimmung des Reichsrats den Zeitpunkt des Inkrafttretens dieses Gesetzes; sie kann die einzelnen Vorschriften des Gesetzes zu verschiedenen Zeiten in Kraft setzen[1].

(2) Die Reichsregierung kann ferner mit Zustimmung des Reichsrats Übergangsbestimmungen zu diesem Gesetz erlassen[2], insbesondere bestimmen, inwieweit Unternehmen der im § 14 genannten Art, die bei Inkrafttreten des § 14 bereits bestehen, einer Erlaubnis (§ 14) bedürfen. § 53 Abs. 1 gilt entsprechend.

(3) Mit dem Inkrafttreten dieses Gesetzes tritt das Gesetz zur Regelung des Verkehrs mit Milch vom 23. Dezember 1926 (Reichsgesetzbl. I S. 528)[3] außer Kraft. Macht die Reichsregierung von der Befugnis Gebrauch, die einzelnen Vorschriften dieses Gesetzes zu verschiedenen Zeiten in Kraft zu setzen, so hat sie gleichzeitig zu bestimmen, inwieweit die entsprechenden Vorschriften des Gesetzes vom 23. Dezember 1926 außer Kraft gesetzt werden.

Ausführungsbestimmungen.

Abschnitt III.

§ 30.

(1) Die obersten Landesbehörden können zu den Bestimmungen im Abschnitt II ergänzende Bestimmungen treffen[4].

(2) Die obersten Landesbehörden können beim Vorliegen eines wichtigen Grundes zulassen, daß den Anforderungen in §§ 15, 18, 19[5] Nr. 1, 6 erst nach Ablauf einer angemessenen Übergangsfrist entsprochen zu werden braucht.

§ 31.

(1) Diese Verordnung tritt mit Ausnahme des § 28 am 1. Januar 1932 in Kraft [6].

(2) § 28 tritt am 15. Mai 1931 in Kraft.

Anmerkungen.

[1] Seit 1. Januar 1932 ist das ganze Gesetz in Kraft.
[2] Sie sind abgedruckt bei § 14 oben S. 515.
[3] Siehe Einleitung S. 491.
[4] Siehe § 52 Anm. 6.
[5] Siehe z. B. PVO. § 16 betr. Holzgefäße zu § 19 Ausf.Best.
[6] Es handelt sich um die Zwangszusammenschlüsse gemäß § 38 Milch-G. Der § 28 ist mittlerweile aufgehoben. Siehe oben S. 533.

Erste Verordnung zur Ausführung des Milchgesetzes [1].

Vom 15. Mai 1931 (RGBl. I S. 150).

Auf Grund der §§ 52, 53 des Milchgesetzes vom 31. Juli 1930 (RGBl. I S. 421) und auf Grund des § 5 Nr. 1 a, b, c, Nr. 2, 4 des Lebensmittelgesetzes vom 5. Juli 1927 (RGBl. I S. 134) wird nach Zustimmung des Reichsrats und nach Anhörung des zuständigen Ausschusses des Reichstags sowie, soweit erforderlich, des nach § 6 des Lebensmittelgesetzes verstärkten Reichsgesundheitsrats hiermit verordnet:

Abschnitt I.

Zu §§ 1, 3, 4 des Milchgesetzes und § 5 Nr. 1 a, b, c, Nr. 2, 4 des Lebensmittelgesetzes.

Begriffsbestimmungen.

Verbote zum Schutz der Gesundheit.

Grundsätze für die Beurteilung.

Abschnitt II.

Abschnitt III.

[1] Als Übersicht in der Form der in der VO. selbst enthaltenen Gliederung und Überschriften wiedergegeben unter Angabe der Seitenzahlen, wo die einzelnen Paragraphen abgedruckt sind.

II. Butter.

A. Allgemeines.

1. Butter und Käse sind zwar Milcherzeugnisse, das Milch-G. will jedoch die allgemeinen Vorschriften seines Abschnitts I auf Butter und Käse nicht angewendet wissen, behält vielmehr ihre Einbeziehung insoweit den Ausf.Best. vor (§ 35 Abs. 2 Milch-G.). Diese wiederum schließen von ihren Regelungen Butter und Käse ausdrücklich aus (§ 2 der 1. AusführungsVO. zum Milch-G., abgedruckt oben S. 493). Dagegen gelten Abschnitte IV—VII des Milch-G. auch für Butter und Käse, insbesondere das Nachmachungsverbot des § 36. Es bezieht sich nach § 36 Abs. 2 nicht auf die Herstellung von Margarine.

Nach wie vor fehlen für Butter und Käse gesetzliche Begriffsbestimmungen und sonstige Vorschriften gemäß § 5 LMG., die den Verkehr mit ihnen unter den Gesichtspunkten der §§ 3 und 4 LMG. maßgebend regelten.

Immerhin enthalten die lediglich auf § 1 Abs. 2, § 37, § 40 und § 52 des Milch-G. (nicht auch auf die HandelsklassenVO. vom 1. Dezember 1930 Achter Teil Kapitel V — RGBl. I S. 517, 602) gestützten beiden VO. vom 20. Februar 1934 über die Schaffung einheitlicher Sorten von Käse (RGBl. I S. 114) und von Butter (RGBl. I S. 117), die nachstehend mit den ihrer Ausführung dienenden Vorschriften des Reichs und der Länder Preußen und Bayern mitgeteilt und erläutert sind, auch Rechtsstoff, der lebensmittelrechtlich von Bedeutung ist. Denn die dort gegebenen Kennzeichnungsvorschriften klären und vereinfachen nicht nur, wie alle gesetzlichen Standards (vgl. Milch-G. § 20 Anm. 1 und § 37 Anm. 1), den Markt für Butter und Käse und regen zur Erzeugung höherer und besser bezahlter Gütestufen an; sie sind vielmehr auch unter dem Gesichtspunkt des § 4 Nr. 3, § 12 LMG. insofern von Bedeutung, als die Verwendung vorschriftswidriger Bezeichnungen, Angaben oder Aufmachungen eine Irreführung des Abnehmers über Eigenschaften der Ware in sich schließen kann und über Umstände, die für ihre Bewertung mitbestimmend sind.

2. Neben der erwähnten VO. vom 20. Februar 1934 gilt für Butter das Gesetz betr. den Verkehr mit Butter usw. (das sog. „Margarinegesetz") vom 15. Juni 1897 (RGBl. S. 475). Es soll in Bd. IV dieses Handbuches abgedruckt werden und hat bis dahin hoffentlich die erforderlichen zeitgemäßen Abänderungen erfahren.

Ferner ist für Butter von Wichtigkeit die auch in neueren Urteilen der Gerichte noch häufig zur Anwendung gelangende BundesratsVO. vom 1. März 1902 (RGBl. S. 64) über den Fett- und Wassergehalt der Butter. Sie lautet:

„Auf Grund des § 11 des Gesetzes betr. den Verkehr mit Butter, Käse, Schmalz und deren Ersatzmitteln vom 15. Juni 1897 (RGBl. S. 475) hat der Bundesrat beschlossen:

Butter, welche in 100 Gewichtsteilen weniger als 80 Gewichtsteile Fett oder in ungesalzenem Zustande mehr als 18 Gewichtsteile, in gesalzenem Zustande mehr als 16 Gewichtsteile Wasser enthält, darf vom 1. Juli 1902 ab nicht verkauft oder feilgehalten werden."

Den Strafschutz dieser VO. liefert § 18 des Margarinegesetzes (Übertretungsstrafe; im Wiederholungsfalle Geldstrafe bis zu 10000 RM, bei Handeln aus Gewinnsucht bis 100000 RM und mehr oder Haft bis zu 6 Wochen oder Gefängnisstrafe bis zu 3 Monaten).

3. Die ButterVO. enthält in § 14, die KäseVO. in § 16 eine Verweisung auf die **Strafbestimmungen** in § 44 Abs. 1 Nr. 3, § 47 und 48 des Milch-G. Auf die Erläuterungen zu jenen Strafvorschriften und zu § 56 Milch-G. (oben S. 536, 543) wird verwiesen.

4. Soweit die VO. vom 20. Februar 1934, das Margarinegesetz und die VO. vom 1. März 1902 keine lebensmittelrechtlichen Sondervorschriften geben, was — im Vergleich zu Verordnungen gemäß § 5 LMG. — nur in geringem Umfang der Fall ist, gelten für Butter und Käse die allgemeinen Vorschriften des Lebensmittelgesetzes. Dies gilt sowohl von den dem Schutz der Gesundheit dienenden Vorschriften des § 3 LMG., als auch von seinem § 4, der den Verkehr vor

Täuschung durch verdorbene, nachgemachte, verfälschte oder irreführend bezeichnete Lebensmittel schützen will. Die bisherige Rechtsprechung über Butter und Käse behält also noch in weitem Umfang Bedeutung. Auch in Zukunft wird für Sachverständigengutachten und Gerichte noch ein weiter Spielraum bleiben zur Feststellung, ob bestimmte im Verkehr auftretende Butter- und Käseerzeugnisse gesetzmäßig beschaffen sind. Redlicher Handelsbrauch und die Erwartung des Durchschnittsverbrauchers werden für Sachverständige und Gerichte — wie auch sonst bei der Anwendung der §§ 3 und 4 LMG., soweit VO. gemäß § 5 LMG. fehlen — nach wie vor als Maßstäbe in Betracht kommen (vgl. Holthöfer in Bd. I S. 1296 Anm. 11 I).

Die leitenden Rechtsregeln, die die Rechtsprechung über Butter und Käse in jahrzehntelanger Arbeit entwickelt hat, haben in den Beiträgen von Mohr (oben S. 238) und von Mezger und Umbrecht (oben S. 308) Erwähnung gefunden.

Die in §§ 1, 2 vorgesehene Prüfung der Butter zwecks ihrer Sortenkennzeichnung wird hoffentlich die Folge haben, daß Butter, die von vornherein gesetzwidrig beschaffen ist, weitgehend aus dem Verkehr ferngehalten wird.

5. a) Die Eingliederung von Butter und Käse in die marktregelnde Bewirtschaftung von Milcherzeugnissen, zu denen sie im Sinne der hierfür maßgebenden Vorschriften gehören, ist unter Anm. 1 b IV zu den Einleitungsworten des Milch-G. (oben S. 492) kurz gestreift und eingehend erörtert in dem Büchlein von Wegener „Nationale Fettwirtschaft Teil IV", Dezember 1934, Verlag der deutschen Molkereizeitung in Kempten.

b) In die milchwirtschaftlichen Zusammenschlüsse und dadurch mittelbar in den Reichsnährstand (vgl. Anmerkung zu § 38 Milch-G., oben S. 534) waren als besondere Organisationen die „Wirtschaftlichen Vereinigungen der Butter- und Käsegroßverteiler" unter Erteilung einer besonderen Satzung (RGBl. I 1934 S. 259 Anl. 5) eingegliedert. Als besonderer Zusammenschluß war ferner (a. a. O. Anl. 6) die „Wirtschaftliche Vereinigung der Schmelzkäsehersteller" unmittelbar der „Deutschen Milchwirtschaftlichen Hauptvereinigung" unterstellt.

Nach § 12 der seit dem 1. April 1936 geltenden „VO. über den Zusammenschluß der deutschen Milchwirtschaft vom 17. April 1936 (vgl. S. 534) sind diese Sonderzusammenschlüsse in die allgemeinen „Milchwirtschaftsverbände" bzw. in die „Hauptvereinigung der Deutschen Milchwirtschaft" übergeleitet.

B. Die einzelnen Verordnungen.

1. Verordnung des Reichsministers für Ernährung und Landwirtschaft über die Schaffung einheitlicher Sorten von Butter (Butterverordnung).

Vom 20. Februar 1934 (RGBl. I S. 117).

In der Fassung der VO. zur Änderung der ButterVO. vom 15. Dezember 1934 (RGBl. I S. 1264).

Auf Grund der §§ 37, 40 und 52 des Milchgesetzes vom 31. Juli 1930 (RGBl. I S. 421) in Verbindung mit der Verordnung des Reichspräsidenten zur Vereinfachung von Ausführungsvorschriften vom 30. März 1933 (RGBl. I S. 147) wird nach Anhörung eines Sachverständigenbeirats verordnet:

Beurteilungsgrundsätze.

§ 1.

(1) Die Beurteilung von Butter richtet sich nach der Zahl der Wertmale, die sie für Geschmack, Geruch, Ausarbeitung, Aussehen und Gefüge aufweist. Dabei sind die einzelnen Eigenschaften wie folgt zu bewerten:

a) bei Geschmack (Reinheit, Aroma, Salz):
hochfein . . . . 10 Wertmale
fein . . . . 9 ,,
gut . . . . 8 ,,
ausreichend . . . 7 ,,
abfallend . . . 5—6 ,,
schlecht . . . . 3—4 ,,
b) bei Geruch:
hochfein . . . . . 3 Wertmale
fein . . . . 2 ,,
genügend . . . . . 1 Wertmal
schlecht . . . . . 0 ,,

c) bei Ausarbeitung (Buttermilch- und Wassergehalt):
sehr gut . . . . 3 Wertmale
gut . . . . 2 ,,
ausreichend . . . 1 Wertmal
schlecht . . . . 0 ,,

d) bei Gefüge (Härtegrad, Streichbarkeit usw.):
gut (tadellos) . . 2 Wertmale
mangelhaft . . . 1 Wertmal
schlecht . . . . 0 ,,

e) bei Aussehen (Reinheit, Farbe, Schimmer):
gut (tadellos) . . . . . . 2 Wertmale
mangelhaft . . . . 1 Wertmal
schlecht . . . . 0 ,,

(2) Der Reichsminister für Ernährung und Landwirtschaft kann die in Abs. 1 bestimmten Wertmale anderweitig festsetzen.

Kennzeichnung.
a) Inländische Butter.
§ 2.

Inländische Butter darf nur angeboten, zum Verlauf vorrätig gehalten, feilgehalten, verkauft oder sonst in den Verkehr gebracht werden, wenn sie nach ihrer Sorte gekennzeichnet ist. Als Sortenbezeichnungen werden nur[1] zugelassen die Bezeichnungen Markenbutter, Feine Molkereibutter (Feine Meiereibutter), Molkereibutter (Meiereibutter), Landbuttter und Kochbutter.

§ 3.

Inländische Butter darf[2] gekennzeichnet werden
1. als „Markenbutter"[3] nur, wenn ihre Gewinnung, Herstellung, Behandlung, Beschaffenheit, Verpackung, Kennzeichnung und sonstige Aufmachung besonderen Vorschriften genügt, die von den vom Reichsminister für Ernährung und Landwirtschaft hierzu ermächtigten Stellen erlassen werden, und wenn sie mindestens 17 Wertmale, davon mindestens 9 Wertmale für Geschmack, aufweist und mit einer von solchen Stellen verliehenen Schutzmarke (Buttermarke) versehen ist;
2. als „Molkereibutter"[5] nur, wenn sie
a) in einem milchwirtschaftlichen Unternehmen im Sinne des § 29 der Ersten Verordnung zur Ausführung des Milchgesetzes vom 15. Mai 1931 (RGBl. I S. 150) hergestellt ist, in dem nach näherer Anordnung der obersten Landesbehörde eine laufende Überwachung der zur Verarbeitung gelangenden Milch oder Sahne auf Reinheit, Säuregrad und Fettgehalt sowie der anfallenden Butter auf Wassergehalt stattfindet[10], und
b) aus Sahne hergestellt ist, die einem anerkannten Erhitzungsverfahren unterworfen, sodann gekühlt und mit Reinkulturen gesäuert wurde, und
c) mindestens 15 Wertmale, darunter mindestens 7 Wertmale für Geschmack, aufweist.
Der Reichsminister für Ernährung und Landwirtschaft bestimmt den Zeitpunkt, von dem an die Voraussetzung unter b erfüllt sein muß. Butter, die den Anforderungen unter a—c entspricht, aber mindestens 16 Wertmale aufweist, kann als „Feine Molkereibutter"[4] bezeichnet werden;

3. als „Landbutter" nur, wenn sie mindestens 13 Wertmale, darunter mindestens 6 Wertmale für Geschmack, aufweist;

4. als „Kochbutter" nur, wenn sie mindestens noch zum Kochen, Backen oder Auslassen verwendet werden kann.

§ 4.
(Gestrichen.)

§ 5.

(1) Neben den nach §§ 2 und 3 vorgeschriebenen Kennzeichnungen muß Feine Molkereibutter und Molkereibutter mit dem Namen (der Firma) des Herstellers gekennzeichnet sein; daneben dürfen eingetragene Warenzeichen des Herstellers angebracht werden, wenn sie lediglich aus bildlichen Darstellungen bestehen.

(2) Wird Feine Molkereibutter oder Molkereibutter von einem anderen als dem Hersteller in den Verkehr gebracht, so darf sie dieser andere statt mit dem Namen (der Firma) und dem Warenzeichen des Herstellers mit seinem Namen (seiner Firma) kennzeichnen; er muß dies tun, wenn er solche Butter ausformt und sodann in den Verkehr bringt. Daneben kann er sein eingetragenes Warenzeichen anbringen, wenn es lediglich aus bildlichen Darstellungen besteht.

(3) Mischungen aus Molkereibutter und Feiner Molkereibutter sowie Mischungen aus Molkereibutter (Feiner Molkereibutter) verschiedener Hersteller, soweit sie nach § 12 Abs. 2 zulässig sind, müssen mit dem Namen (der Firma) desjenigen gekennzeichnet sein, der die Mischung vorgenommen hat; daneben darf sein eingetragenes Warenzeichen angebracht werden, wenn es lediglich aus bildlichen Darstellungen besteht. Die Angabe eines Herstellers der Butter ist unzulässig.

b) Ausländische Butter.
§ 6.

(1) Die §§ 2, 3 und 5 Absätze 2 und 3 gelten sinngemäß für ausländische Butter, und zwar § 3 mit der Einschränkung, daß die Sortenbezeichnung der ausländischen Butter nur von dem Vorhandensein der vorgeschriebenen Wertmale, nicht dagegen von dem Vorhandensein der übrigen im § 3 genannten Voraussetzungen abhängt.

(2) Butter, die bei der Einfuhr nicht nach Abs. 1 gekennzeichnet ist, muß spätestens durch den ersten Empfänger im Inland gekennzeichnet werden, bevor die Butter von ihm in den Verkehr gebracht wird.

c) Gemeinsame Vorschriften.
§ 7.

(1) Die nach §§ 2—6 vorgeschriebenen oder zugelassenen Kennzeichnungen müssen, soweit nichts anderes bestimmt ist, auf den Packungen, Behältnissen oder Umhüllungen, in denen die Butter enthalten ist, bei offenem Verkauf auch an den Unterlagen, ungekürzt in gut sichtbarer und haltbarer Weise angebracht sein.

(2) Die Kennzeichnungen der Sorte muß vor sonstigen Kennzeichnungen in erster Linie zur Geltung kommen.

§ 8.

(1) Soweit nicht nach den vorstehenden Bestimmungen (§§ 2—7) eine Kennzeichnung von Butter oder von Packungen oder Behältnissen, die Butter enthalten, vorgeschrieben oder zugelassen ist, ist jede Kennzeichnung von Butter oder von Packungen oder Behältnissen von Butter verboten. Als Kennzeichnung

gilt auch die Anbringung von Schildern an den Behältnissen der Butter oder ihren Unterlagen.

(2) Zulässig ist lediglich, auf Verpackungen oder Behältnissen anzubringen

1. die Angabe des Landes oder Wirtschaftsgebietes oder Ortes, in dem die Butter hergestellt ist,

2. die Gewichtsangabe,

3. Kenn-Nummern zu Kontrollzwecken,

4. die Angabe, ob die Butter gesalzen ist oder nicht,

5. bei Butter, die in das Zollinland eingeführt ist, die nach den gesetzlichen Bestimmungen des Ursprungslandes vorgeschriebene oder zugelassene Kontrollmarke sowie den Namen (die Firma) und das Warenzeichen des Herstellers.

§ 9.

Butter, deren Eigenschaften sich nachträglich so verändert haben, daß die Kennzeichnung nicht mehr zutrifft, ist neu zu kennzeichnen. Bei ausgeformter Butter genügt auch eine gut sichtbare und haltbare Berichtigung durch Klebezettel, Stempelaufdruck oder in sonstiger Weise.

Ausgeformte Markenbutter [8].

§ 10.

Im Kleinhandel darf inländische [7] Markenbutter nur ausgeformt in Stücken zu 500 Gramm, 250 Gramm, 125 Gramm und $62^1/_2$ Gramm, die handelsüblich in Pergamentpapier oder in anderer vom Reichsminister für Ernährung und Landwirtschaft zugelassener Weise verpackt sind, zum Verkauf vorrätig gehalten werden. Die Stücke müssen eine rechteckige Blockform und folgende Größen aufweisen, wobei Abweichungen bis zu 5 Millimeter zulässig sind:

die Stücke zu 500 Gramm eine Länge von 150 Millimeter, eine Breite von 100 Millimeter und eine Höhe von 35 Millimeter,

die Stücke zu 250 Gramm eine Länge von 100 Millimeter, eine Breite von 75 Millimeter, eine Höhe von 35 Millimeter,

die Stücke zu 125 Gramm eine Länge von 75 Millimeter, eine Breite von 50 Millimeter, eine Höhe von 35 Millimeter.

Dies gilt nicht für Packungen, die zu besonderen Zwecken (z. B. für den Ausflugsverkehr) bestimmt sind.

§ 11.

Das Ausformen von inländischer Markenbutter, die zur Abgabe an den Verbraucher im Kleinhandel bestimmt ist, darf nur im Betriebe des Herstellers der Butter vorgenommen werden. Dem Hersteller stehen gleich die Absatzzentralen, die von den vom Reichsminister für Ernährung und Landwirtschaft bestimmten Stellen errichtet sind, und wer von diesen Stellen zur Ausformung von inländischer Markenbutter besonders zugelassen ist.

Mischungen.

§ 12.

(1) Das Mischen von Butter ist verboten [6].

(2) Ausgenommen von dem Verbot des Abs. 1 ist lediglich das Mischen von Butter aus dem gleichen Erzeugungsgebiet, wenn es sich um Butter von der gleichen Sorte handelt, wobei in Abweichung von der Vorschrift des § 2 Feine Molkereibutter und Molkereibutter als eine Sorte gelten. Jedoch darf das Mischen, solange sich die Butter im Verkehr befindet, nur in Betrieben vorgenommen werden, die hierzu durch vom Reichsminister für Ernährung und Landwirtschaft bestimmte Stellen zugelassen sind.

Verpackung.
§ 13.

(1) Holz-[9] und Pappgefäße dürfen zur Verpackung von Marken- und Molkereibutter (Feiner Molkereibutter) nur verwendet werden, wenn sie noch ungebraucht und mit Pergamentpapier oder in anderer vom Reichsminister für Ernährung und Landwirtschaft zugelassener Weise ausgelegt sind. Dies gilt nicht für Packungen, die zugleich zum Versand verpackter Butter dienen.

(2) Der Reichsminister für Ernährung und Landwirtschaft oder die von ihm bestimmten Stellen können für bestimmte Fälle Ausnahmen[9] von den Vorschriften des Abs. 1 Satz 1 zulassen.

Schlußvorschriften.
§ 14.

Nach Maßgabe des § 44 Abs. 1 Nr. 3 und Abs. 2 und der §§ 47 und 48 des Milch-G. wird bestraft, wer vorsätzlich oder fahrlässig den Vorschriften dieser Verordnung zuwiderhandelt.

§ 15.

(1) Die Verordnung tritt mit Ausnahme der §§ 10 und 11 am 1. April 1934 in Kraft. Die §§ 10 und 11 treten am 1. Januar 1936 in Kraft; die obersten Landesbehörden können bestimmen, daß die §§ 10 und 11 schon vor diesem Zeitpunkt in Kraft treten.

(2) Die obersten Landesbehörden oder die von ihnen bestimmten Stellen können für die Zeit bis zum 31. Dezember 1934 solchen milchwirtschaftlichen Unternehmen, die den Anforderungen des § 29 Abs. 1 der Ersten Verordnung zur Ausführung des Milchgesetzes vom 15. Mai 1931 (RGBl. I S. 150) nicht entsprechen, im Durchschnitt eines Kalenderjahres aber mindestens 300 Liter Milch täglich oder die entsprechende Menge Sahne verarbeiten, in widerruflicher Weise gestatten, ihre Butter unter der Bezeichnung Molkereibutter in Verkehr zu bringen, wenn sie mindestens 15 Wertmale, darunter 7 Wertmale für Geschmack, aufweist.

(3) Verpackungen, die den Vorschriften dieser Verordnung nicht entsprechen, dürfen noch bis zum 30. Juni 1934 verwendet werden, wenn die vorgeschriebenen Kennzeichnungen durch Klebezettel, Stempelaufdruck oder auf sonstige Weise gut sichtbar angebracht werden.

2. Erste Bekanntmachung des Reichsministers für Ernährung und Landwirtschaft zur Ausführung der Butterverordnung.

Vom 28. März 1934 (Reichsanzeiger Nr. 75 vom 29. März 1934).

Zur Ausführung der Butterverordnung vom 20. Februar 1934 (RGBl. I S. 117) wird folgendes bestimmt:

Zu § 6 der Verordnung.
§ 1.

Bei Butter niederländischer Herkunft gilt die Vorschrift des § 6 Abs. 3 Satz 1[11] der Butterverordnung dann als beachtet, wenn die Butter in entsprechender Weise mit der niederländischen Ausfuhrkontrollmarke gekennzeichnet ist, die die Umschrift „Nederlandsche Botercontrole" trägt.

§ 2.

Bis zum 30. Juni 1934 wird übergangsweise zugelassen, daß
1. dänische Butter mit der Kennzeichnung „Danish Butter",
2. schwedische Butter mit der Kennzeichnung „Swedish Butter",

3. finnische Butter mit der Kennzeichnung „Finnish Butter Suomi Brand",
4. russische (ukrainische, sibirische Butter) mit der Kennzeichnung „Russian (Urkrainian, Sibirian) Butter"

in das Zollinland eingeführt oder im Zollinland angeboten, zum Verkauf vorrätig gehalten, feilgehalten oder sonst in den Verkehr gebracht wird.

§ 3.

Bis auf weiteres darf die in Finnland staatlich geprüfte, mit dem finnischen Qualitätsstempel versehene finnische Molkereibutter als „Finnische Markenbutter" und die ungestempelte finnische Molkereibutter als „Finnische Molkereibutter" bei der Einfuhr und beim Verkauf im Zollinland gekennzeichnet werden, wenn diese Buttersorten die entsprechende Zahl von Wertmalen aufweisen, die nach § 2 der Butterverordnung vorgeschrieben sind, und mit einer Bescheinigung der zuständigen amtlichen finnischen Stelle versehen sind, daß sie aus einem Betriebe stammen, der den für diese Sorten geltenden Anforderungen des § 3 der Butterverordnung entspricht.

Zu § 12 der Verordnung.
§ 4.

Zur Zulassung von Betrieben, in denen das Mischen von Butter im Rahmen des § 12 Abs. 2 Satz 1 der Butterverordnung gestattet ist, sind die Milchwirtschaftsverbände zuständig.

Zu § 13 der Verordnung.
§ 5.

(1) Molkereibutter (ausgenommen Feine Molkereibutter) darf auch in Holzgefäßen, die einmal zur Verpackung von Butter verwendet worden waren, verpackt werden, wenn diese Holzgefäße nach einem besonderen, vom Reichskommissar für die Vieh-, Milch- und Fettwirtschaft zugelassenen Verfahren nach der ersten Benutzung so behandelt worden sind, daß jede Verunreinigung und jede Behaftung mit Geruchs- und Geschmacksrückständen ausgeschlossen ist.

(2) Die Vorschriften des Lebensmittelgesetzes und die auf Grund des Lebensmittelgesetzes getroffenen Bestimmungen über die Anforderungen, die an die Verpackung von Lebensmitteln zu stellen sind, bleiben davon unberührt.

3. Die **Zweite Bekanntmachung** des Reichsministers für Ernährung und Landwirtschaft zur **Ausführung der Butterverordnung** vom 1. Juni 1934 (Reichsanzeiger Nr. 125 vom 1. Juni 1935) befaßt sich mit der Zulässigkeit der Kennzeichnung „Schwedische Markenbutter" für in Schweden staatlich geprüfte und mit der sog. Run-Marke versehene schwedische Butter.

4. Bayern hat durch VO. vom 26. März 1934 (GuVBl. S. 237) seine bisherigen VO. über Markenbutter vom 8. Juli 1932 und über den Verkehr mit Butter vom 24. Mai 1933 bzw. 8. Juni 1933 aufgehoben.

Bayern hat fernerhin zum Vollzug der ReichsVO. vom 24. Februar 1934 über Schaffung einheitlicher Sorten von Butter auf Grund des § 3 Abs. 1 Z 2a durch VO. des Staatsministeriums für Wirtschaft (Abt. Landwirtschaft) vom 27. April 1934 (MinBl. der Bayr. inneren Verwaltung S. 62) bestimmt, daß die dort vorgesehene laufende Überwachung den Milchwirtschaftsverbänden (vgl. S. 534) obliege, unbeschadet der Überwachung der Betriebe durch die Beamten und Sachverständigen der Lebensmittelpolizei.

Für Preußen ist eine AusführungsVO. nicht erlassen.

Anmerkungen zu B.

[1] a) Die Sortenkennzeichnungen bedeuten gewissermaßen den Verkehrsnamen, unter denen sie im Verkehr auftreten dürfen und müssen. Neben diesen Namen dürfen auf den

Verpackungen und Behältnissen allgemein die in § 8 aufgezählten Angaben angebracht werden.

Für „Molkereibutter" und „Feine Molkereibutter" sind bestimmte weitere Kennzeichnungen vorgeschrieben oder gestattet (§ 5).

Markenbutter unterliegt auch in dieser Hinsicht den besonderen Anordnungen der in § 3 Nr. 1 bezeichneten Stelle (vgl. Anm. 3). Wegen ausländischer Butter siehe § 6. Über Anbringung der Kennzeichnungen siehe § 7.

Verantwortlich für die Kennzeichnung ist jeweils derjenige, in dessen Verfügungsgewalt sich die Butter befindet, wenn er sie in einer der Rechtsformen des § 2 dem Verkehr darbietet oder in den Verkehr bringt.

b) Kennzeichnungen von Butter, die nicht ausdrücklich vorgeschrieben oder zugelassen sind, sind verboten. Unzulässig sind daher Phantasiebezeichnungen, ferner Bezeichnungen, die auf die Art der Viehhaltung und Fütterung (z. B. Stallbutter, Grasbutter, Rübenbutter, Bauernbutter) oder den Verwendungszweck (z. B. Teebutter, Tafelbutter, Backbutter, Ziehbutter) Bezug nehmen. Zulässig bleibt in Angeboten oder Rechnungen der nicht auf der Ware (namenartig) angebrachte schriftliche oder mündliche Hinweis, daß die Butter für diesen oder jenen Zweck besonders geeignet sei. „Kühlhausbutter" braucht und darf nicht als solche gekennzeichnet werden — im Gegensatz z. B. zu Kühlhauseiern (s. S. 643).

[2] Wer die Butter unter einer der vorgeschriebenen Sortenbezeichnungen dem Verkehr darbietet oder überläßt, ist dafür verantwortlich, daß die Butter zu dem betreffenden Zeitpunkt noch die für diese Sorte vorgeschriebene Beschaffenheit besitzt (vgl. § 9). Er verstößt sonst nicht nur gegen §§ 9, 14 ButterVO., sondern auch gegen § 4 Nr. 3, § 13 LMG. Selbstverständlich darf die Butter auch nicht verdorben sein (§ 4 Nr. 2 LMG.).

[3] a) „Markenbutter" muß den in § 3 Nr. 1 vorausgesetzten Vorschriften der vom Reichsminister für Ernährung und Landwirtschaft ermächtigten Stellen genügen, die durch § 3 Nr. 1 ihre sachliche Rechtsgrundlage erhalten. Die Befugnis zum Erlaß solcher Vorschriften wurde zunächst von dem Reichskommissar für die Milchwirtschaft ausgeübt. Durch VO. vom 14. März 1934 (RGBl. I S. 198) ging sie auf den Reichskommissar für die Vieh-, Milch- und Forstwirtschaft, auf Grund der VO. vom 17. April 1935 (RGBl. I S. 570) auf den Reichsnährstand über.

Einschlägiger Rechtsstoff findet sich bei Herrmann-Dörffel „Die Durchführungsbestimmungen des Reichskommissars für die Milchwirtschaft für die ButterVO. — Normung beim Butterabsatz" (Verlag Deutsche Molkereizeitung in Kempten, April 1934).

b) Entspricht die Butter nicht den Vorschriften des § 3 Nr. 1 und den dort in bezug genommenen weiteren Vorschriften, dann darf sie selbst dann nicht als Markenbutter gekennzeichnet werden, wenn der Hersteller etwa im Besitz eines eigenen eingetragenen Markenzeichens ist.

[4] Bei Molkereibutter ist, um den Antrieb zur Herstellung einer besonders feinen Molkereibutter zu fördern, die Untergruppe „Feine Molkereibutter" zugelassen.

[5] „Molkereibutter" muß bzw. darf außer dieser Kennzeichnung noch die in § 5 vorgesehenen weiteren Kennzeichnungen tragen.

[6] Dieses Verbot ist von lebensmittelpolizeilicher Bedeutung, weil gerade das Mischen dem Handel die Möglichkeit gab, minderwertige Ware in den Verkehr einzuschmuggeln. Vgl. hierzu § 4 der 1. Ausführungsbekanntmachung, abgedruckt unter B 2.

Über Rechtsfragen, die sich beim Mischen von ausländischer mit inländischer Butter ergeben können, spricht sich RG. im Urteil vom 16. Januar 1936 (Aktenzeichen: 3 D 915/1935 aus: Solche Mischung bedeutet nicht notwendig eine Verfälschung der inländischen Butter im Sinne des 4 Nr. 1 LMG.

[7] Die Beschränkung auf inländische Ware ist durch die ÄnderungsVO. vom 15. Dezember 1934 eingefügt.

[8] Der Ausformzwang soll die hygienischen Verhältnisse des Kleinhandels verbessern und zugleich mit den Normungen (vgl. Anm. 3) zur Hebung des Absatzes von wertvoller Butter dienen.

[9] Vgl. § 5 der 1. Ausführungsbekanntmachung, oben abgedruckt unter B 2. Zu § 5 dieser ministeriellen Ausführungsbekanntmachung hat der Reichskommissar für die Milchwirtschaft unterm 9. April 1934 (Rundschreiben Nr. 88 — Geschäftszeichen H/Jb/G) noch nähere Anordnungen erlassen.

[10] Vgl. hierzu die bayrische VollzugsVO. vom 27. April 1934, inhaltlich mitgeteilt oben unter B 4.

[11] Diese Bezugnahme zielt auf die ursprüngliche Fassung des § 6, wo Kennzeichnung ausländischer Butter mit dem Namen des Ursprungslandes gefordert war und § 6 Abs. 3. Satz 1 lautete: „Wird in das Zollinland eingeführte Butter angeboten usw., so muß sie nach ihrem Ursprungsland im Sinne des Abs. 1 gekennzeichnet sein (z. B. „Dänische Butter").

III. Käse.
A. Allgemeines.

Es kann hier auf das bei den „Ges. Bestimmungen" über Butter unter A (Allgemeines) Ausgeführte verwiesen werden, wo der Käse miterörtert ist (s. oben S. 545).

Nachmachen von Käse ist nach § 36 des Milch-G. ohne Ausnahme verboten. Denn die Ausnahme für die Herstellung von Margarinekäse, die in § 36 Abs. 2 ursprünglich enthalten war, ist nach der VO. des Reichspräsidenten vom 23. März 1933 (RGBl. I S. 143) beseitigt.

B. Die einzelnen Verordnungen.

1. Verordnung des Reichsministers für Ernährung und Landwirtschaft über die Schaffung einheitlicher Sorten von Käse (Käseverordnung).

Vom 20. Februar 1934 (RGBl. I S. 114—120).

Auf Grund des § 1 Abs. 2 der §§ 37, 40 und 52 des Milchgesetzes vom 31. Juli 1930 (RGBl. I S. 421) in Verbindung mit der Verordnung des Reichspräsidenten zur Vereinfachung des Erlasses von Ausführungsvorschriften vom 30. März 1933 (RGBl. I S. 147) wird nach Anhörung eines Sachverständigenbeirats verordnet:

Sachliches Geltungsgebiet.
§ 1.

Der im deutschen Zollgebiet gewerbsmäßig hergestellte, fertiggelagerte oder in den Verkehr gebrachte Labkäse und Sauermilchkäse aus Kuhmilch, Ziegenmilch und Schafmilch einschließlich der Schmelzkäse, Kochkäse und Zigerkäse unterliegt den Vorschriften dieser Verordnung.

Fettgehalt.
§ 2.

Nach dem Fettgehalt sind folgende Fettstufen der Käse[1] zu unterscheiden:

1. Doppelrahmkäse mit einem Mindestfettgehalt von 60 vom Hundert in der Trockenmasse (60 v. H. i. T.);
2. Rahmkäse mit einem Mindestfettgehalt von 50 v. H. i. T.;
3. Vollfettkäse mit einem Mindestfettgehalt von 45 v. H. i. T.;
4. Fettkäse mit einem Mindestfettgehalt von 40 v. H. i. T.;
5. Dreiviertelfettkäse mit einem Mindestfettgehalt von 30 v. H. i. T.;
6. Halbfettkäse mit einem Mindestfettgehalt von 20 v. H. i. T.;
7. Viertelfettkäse mit einem Mindestfettgehalt von 10 v. H. i. T.;
8. Magerkäse mit einem Fettgehalt von weniger als 10 v. H. i. T.

§ 3.

(1) Soweit in den Absätzen 2—5 für einzelne Käsesorten keine besondere Bestimmung getroffen ist, müssen alle Käsesorten mindestens als Halbfettkäse[2] in den Verkehr gebracht werden.

(2) Es dürfen in den Verkehr gebracht werden:

1. Käse wie Gervais sowie Käse nach Art des Gervais nur als Doppelrahmkäse;
2. Käse wie Bel Paese, Brie[2], Stilton und Imperial sowie Käse nach Art des Bel Paese (Butterkäse), Brie, Stilton und Imperial nur als Rahmkäse;

3. Emmentaler Käse (Schweizerkäse) und Käse nach Art des Emmentaler Käses nur als Vollfettkäse;

4. Käse, die nur mit Phantasienamen ohne nähere Sortenbezeichnung versehen sind, mindestens als Vollfettkäse;

5. Käse wie Camembert und Käse nach Art des Camembert mindestens als Fettkäse.

(3) Schichtkäse mit Ausnahme der Sahneschichtkäse, für die Abs. 1 gilt, müssen mindestens als Viertelfettkäse in den Verkehr gebracht werden bei allen Schichtkäsen wird der Fettgehalt in der Trockenmasse nach der Gesamttrockenmasse berechnet.

(4) Lederkäse[4] sowie weiche Labkäse, die als Quadratkäse[3] oder Stangenkäse in Zylinderform[6] hergestellt werden, können auch als Viertelfett- oder Magerkäse in den Verkehr gebracht werden, soweit unter diesen Bezeichnungen und in diesen Formen Käse hergestellt werden, die bisher schon[5] als Viertelfett- oder Magerkäse in den Verkehr gebracht wurden. Das gleiche gilt für Sauermilchkäse und Kochkäse, sofern sie eine Bezeichnung tragen, aus der ihre Art hervorgeht, z. B. Harzer Käse, Mainzer Käse, Thüringer Käse, Spitzkäse[6], Quark[7].

(5) Der Reichsminister für Ernährung und Landwirtschaft kann Ausnahmen von den Vorschriften der Absätze 1—4 zulassen.

§ 4.

(1) Schmelzkäse[8], der mit einem Hinweis auf eine bestimmte Käseart in den Verkehr gebracht wird[9], muß ausschließlich aus Käse dieser Art hergestellt sein; in bezug auf den Fettgehalt gelten für ihn die Vorschriften, die nach § 3 auf diese Käseart anzuwenden sind[10], mit der Maßgabe, daß Schmelzkäse aller Art mindestens als Halbfettkäse hergestellt werden muß. § 3 Abs. 2 Nr. 4 gilt für Schmelzkäse entsprechend.

(2) Bei Schmelzkäse, der aus vollfetten Hartkäsen hergestellt ist, sind Abweichungen im Fettgehalt aus technischen Gründen innerhalb einer Fehlergrenze von 2 vom Hundert in der Trockenmasse zulässig[10].

Kennzeichnung von Inlandkäse.
§ 5.

(1) Bevor der im deutschen Zollgebiet hergestellte und fertiggelagerte Käse, ausgenommen Magerkäse[12], in den Verkehr gebracht wird, ist[12] er nach Herkunft und Fettstufe unter Beachtung der §§ 6—10 in gut sichtbarer und haltbarer Weise zu kennzeichnen[11].

(2) Für Magerkäse[12] verbleibt es hinsichtlich der Bezeichnung bei den Vorschriften des § 3 Abs. 4. Für Quark, der mindestens als Viertelfettkäse hergestellt wird, gilt daneben von den Vorschriften der §§ 6—10 nur § 9.

§ 6.

Aller der Kennzeichnung gemäß § 5 Abs. 1 unterliegende Käse, mit Ausnahme der Hartkäse und halbfesten Schnittkäse, darf nur verpackt[13] in den Verkehr gebracht werden.

§ 7.

(1) Bei Hartkäsen und halbfesten Schnittkäsen, die unverpackt in den Verkehr gebracht werden, ist die Kennzeichnung auf dem Käse selbst anzubringen. Die Angaben können mittels Stempel, Schablone, Brand oder durch Befestigung einer Papier- oder Caseinmarke gemacht werden.

(2) Käse, die verpackt in den Verkehr kommen, sind durch Vordruck auf der Packung zu kennzeichnen. Bei Käsen, die in Schachteln verpackt werden, genügt die Kennzeichnung auf diesen.

§ 8.

Im übrigen gelten für die Kennzeichnung folgende Vorschriften:

1. Bei Hartkäsen, bei halbfetten Schnittkäsen und bei Weichkäsen, die in Quader- oder Würfelform in Stücken von mindestens 200 Gramm hergestellt werden, erfolgt die Kennzeichnung innerhalb einer rechteckigen Umrahmung.

a) Auf Zeile 1 ist das Land der Herstellung und die Fettstufe anzugeben. Die obersten Landesbehörden können anordnen oder zulassen, daß an Stelle oder neben der Angabe des Landes ein engeres Erzeugungsgebiet bezeichnet wird[16]. Wird der Käse nicht in dem Land oder Erzeugungsgebiet fertiggelagert, in dem er hergestellt ist, so ist statt des Landes der Herstellung oder des Erzeugungsgebietes das Land der Fertiglagerung anzugeben[15]; die Bezeichnung eines engeren Erzeugungsgebietes ist in diesem Falle unzulässig. Bei den im § 3 Abs. 2 genannten Käsesorten kann die Angabe der Fettstufe unterbleiben.

b) Auf Zeile 2 ist der Hundertsatz des Fettgehalts unter Beifügung des Vermerks „Fett i. T." anzugeben. Unbestimmte Angaben (z. B. „von ..... bis", „ca.") sind unzulässig.

c) Auf Zeile 3 ist in Ländern und Erzeugungsgebieten, in denen für die Hersteller und Fertiglagerer von Käse Kontrollnummern (§ 12) ausgegeben werden, die Kontrollnummer des Betriebes zu setzen, dem nach § 10 die Kennzeichnungspflicht obliegt. In Ländern und Erzeugungsgebieten, in denen keine Kontrollnummern ausgegeben werden, ist die Firma des Kennzeichnungspflichtigen anzugeben; diese Bezeichnung kann auch außerhalb der Umrahmung stehen, muß sich jedoch an deutlich sichtbarer Stelle befinden.

d) Die Buchstaben sind in leicht leserlicher Schrift anzubringen; Buchstaben und Ziffern müssen bei Hartkäsen eine Mindesthöhe von 2 Zentimeter, im übrigen eine Mindesthöhe von 0,3 Zentimeter haben.

e) Die Kennzeichnung ist nach folgendem Muster vorzunehmen:

> Bayer. Vollfettkäse
> 45% Fett i. T.
> 1200

2. Für die nicht unter Nr. 1 fallenden, der Kennzeichnung unterliegenden Käse gelten die vorstehenden Bestimmungen mit der Maßgabe, daß von der Umrahmung der Kennzeichnung abgesehen werden kann; die vorgeschriebene Angaben müssen aber vollständig und auffällig im Vordruck enthalten sein.

3. Schmelzkäse müssen außer den in Nr. 1 vorgeschriebenen Angaben in Zeile 1 auch die Bezeichnung „Schmelzkäse" tragen. Die obersten Landesbehörden können bestimmen[14], inwieweit die Angabe des Landes oder Erzeugungsgebietes zu unterbleiben hat, wenn der zu Herstellung des Schmelzkäses verwendete Käse nicht ausschließlich innerhalb des Landes oder Erzeugungsgebietes hergestellt ist.

§ 9.

(1) In offenen Ladengeschäften und Verkaufsständen, in den Schaufenstern der Läden auf und Märkten muß bei Käse, der zum Zwecke des Kleinverkaufs angeschnitten ist oder dessen gekennzeichnete Verpackungen geöffnet sind, die Fettstufe durch Anbringung von Zetteln oder Schildern deutlich sichtbar gemacht werden. Schmelzkäse muß auch als solcher kenntlich gemacht werden.

(2) Wird Käse in Gast- oder Schankstätten, Kantinen oder sonst zum Genuß an Ort und Stelle auf Preistafeln oder Preisverzeichnissen angeboten, so muß neben der Sorte des Käses auch die Fettstufe angegeben werden; Schmelzkäse ist auch als solcher zu bezeichnen. Das gleiche gilt für Zeitungsanzeigen schriftliche Angebote sowie für alle im Handelsverkehr üblichen Schriftstücke.

§ 10.

(1) Die Kennzeichnung ist bei den im deutschen Zollgebiet hergestellten Hartkäsen, halbfesten Schnittkäsen, Schmelzkäsen und Weichkäsen mit kurzer Reifungsdauer (z. B. Camembert, Feinkostkäse) durch den Hersteller vorzunehmen, bei den übrigen im deutschen Zollgebiet hergestellten Käsen durch denjenigen, der die Ware erstmals in genußreifem Zustand oder verpackt in den Verkehr bringt.

(2) Hat hiernach der Hersteller die Kennzeichnung vorzunehmen, so ist neben ihm der Fertiglagerer für die Richtigkeit der in der Kennzeichnung enthaltenen Angaben verantwortlich.

Verpackung und Gewicht der Schmelzkäse.

§ 11.

(1) Schmelzkäse darf nur verpackt in Blockform, Schachteln oder in kleinen Einzelstücken in den folgenden Gewichtsstufen[17] in den Verkehr gebracht werden:

1. in Blockform im Reingewicht von 1000 Gramm, 2000 Gramm, 2250 Gramm, 2500 Gramm und weiter in Abstufungen von je 250 Gramm aufwärts;

2. in Schachteln oder in Einzelstücken im Reingewicht von 62,5, 125, 250 und 500 Gramm; dies gilt nicht für Einzelstücke, die aus Schachteln verkauft werden. Zum Zwecke der Ausfuhr[18] darf Schmelzkäse auch in Schachteln im Reingewicht von 225 Gramm in den Verkehr gebracht werden. Diese Packung darf im deutschen Zollgebiet an Verbraucher nicht abgegeben werden.

(2) Das Gewicht darf bei Schmelzkäse

1. in Blockform nicht um mehr als 1 vom Hundert,

2. in Schachteln nicht um mehr als 3 vom Hundert,

3. in Einzelstücken nicht um mehr als 4 vom Hundert

von den im Abs. 1 vorgeschriebenen Gewichten abweichen. Bei Packungen, die sich noch im Herstellerbetrieb befinden, sind innerhalb der ersten vierzehn Tage nach der Einfüllung Unterschreitungen der im Abs. 1 vorgeschriebenen Gewichte unzulässig.

Kontrollnummern[19].

§ 12.

Die obersten Landesbehörden oder die von ihnen ermächtigten Stellen können anordnen, daß jeder, der im Landesgebiet oder in einem bestimmten Erzeugungsgebiet Käse herstellt oder fertiglagert, bei der zuständigen Stelle Antrag auf Erteilung einer Kontrollnummer zu stellen hat. Die Erteilung kann davon abhängig gemacht werden, daß der Antragsteller über die erforderlichen Einrichtungen und über geeignete Herstellungs- und Lagerräume verfügt. Die Kontrollnummer ist unübertragbar. Das Nähere bestimmen die obersten Landesbehörden.

Kennzeichnung von Auslandskäse.

§ 13.

(1) Bei der Einfuhr von Käse, der nicht im deutschen Zollgebiet hergestellt ist, ausgenommen Magerkäse, müssen die Packungen eine Kennzeichnung tragen die das Herkunftsland in deutscher Sprache[20] deutlich erkennbar enthält. Bei Käse, der unverpackt eingeführt wird, muß die Kennzeichnung auf dem Käse selbst angebracht sein.

(2) Käse, der bei der Einfuhr nicht nach Abs. 1 gekennzeichnet ist, darf, sofern er nicht zum persönlichen Verbrauch durch den Einführenden oder den Empfänger bestimmt ist, nur auf ein Zollager unter amtlichem Mitverschluß

gebracht werden. Die Kennzeichnung nach Abs. 1 kann auf dem Zollager bewirkt werden. Überführung von dem Zollager in den Verkehr des Zollinlandes steht der Einfuhr (Abs. 1) gleich.

§ 14.

Ausländischer Käse darf im Zollinland nur angeboten, zum Verkauf vorrätig gehalten, feilgehalten, verkauft oder sonst in den Verkehr gebracht werden, wenn er außer mit dem Namen des Herkunftslandes (§ 13) auch mit der Angabe des Fettgehaltes in der Trockenmasse in deutscher Sprache und in deutlich erkennbarer Weise gekennzeichnet ist [20]. Er darf mit dem Namen einer der im § 2 vorgesehenen Fettstufen oder mit einer gleichsinnigen fremdsprachigen Benennung nur dann bezeichnet werden, wenn sein Fettgehalt den für diese Stufe vorgesehenen Mindestfettgehalt erreicht.

§ 15.

Der Reichsminister für Ernährung und Landwirtschaft kann Ausnahmen zulassen, soweit ausländischer Käse mit Warenzeichen oder sonstigen Kennzeichnungen versehen ist, die den Vorschriften des § 13 Abs. 1 und des § 14 nicht völlig entsprechen, die Herkunft und den Fettgehalt in der Trockenmasse aber für den deutschen Verbraucher deutlich erkennen lassen [20].

Schlußbestimmungen.

§ 16.

Nach Maßgabe des § 44 Abs. 1 Nr. 3 und Abs. 2 und der §§ 47 und 48 des Milchgesetzes wird bestraft, wer vorsätzlich oder fahrlässig den Vorschriften dieser Verordnung zuwiderhandelt.

§ 17.

Die Vorschriften der §§ 1, 2 und 12 treten am 1. April 1934 in Kraft. Im übrigen bestimmt der Reichsminister für Ernährung und Landwirtschaft den Zeitpunkt des Inkrafttretens der Verordnung; er kann die einzelnen Vorschriften der Verordnung zu verschiedenen Zeiten in Kraft setzen [21].

2. Verordnung über das Inkrafttreten von Vorschriften der Käseverordnung.

Vom 12. April 1934 (RGBl. I S. 309).

Auf Grund des § 17 der Käseverordnung vom 20. Februar 1934 (RGBl. I S. 141) wird bestimmt:

Einziger Paragraph.

Die §§ 3—11, 13—16 der Käseverordnung treten am 1. Juli 1934 in Kraft.

3. Erste Bekanntmachung des Reichsministers für Ernährung und Landwirtschaft zur Ausführung der Käseverordnung.

Vom 8. Juni 1934 (Reichsanzeiger Nr. 132 vom 9. Juni 1934).

Zur Ausführung der §§ 3, 13, 14 und 15 der Käseverordnung vom 20. Februar 1934 (RGBl. I S. 114) wird folgendes bestimmt:

§ 1.

Von den Vorschriften des § 3 der Käseverordnung werden folgende Ausnahmen zugelassen:

1. Teller-Brie (auch Torten-Brie genannt), nicht in verkaufsfertigen Packungen,
a) mit einem Gewicht von 1750—2000 g und einem Durchmesser von 23 bis 25 cm,

b) mit einem Gewicht von 2500—3000 g und einem Durchmesser von 30 bis 32 cm darf auch als Vollfettkäse mit einem Mindestfettgehalt von 45 v. H. i. T. in den Verkehr gebracht werden.

2. Tilsiter Käse darf auch als Viertelfettkäse oder Magerkäse in den Verkehr gebracht werden

a) im Wege der Rücklieferung an einen landwirtschaftlichen Betrieb, der an die Käserei Milch geliefert hat, jedoch nur zum Zwecke des Verbrauchs in diesem landwirtschaftlichen Betrieb,

b) zur Verwendung in Schmelzkäsereien.

3. Weicher Labkäse, der unter Verwendung von Kümmel hergestellt ist, darf unter der Bezeichnung „Kümmelkäse" in Abweichung von § 3 Abs. 4 der Käseverordnung als Viertelfett- oder Magerkäse auch in runder Form oder in nichtzylindrischer Stangenform in den Verkehr gebracht werden.

§ 2.

(1) Bei Käse niederländischen Ursprungs gilt die Vorschrift des § 13 Abs. 1 und des § 14 Satz 1 der Käseverordnung dann als beachtet, wenn der Käse in entsprechender Weise mit der niederländischen Ausfuhrkontrollmarke versehen ist, die die Kennzeichnung des Fettgehalts in Hundertteilen und die Umschrift „Nederlandsche Kaascontrole-Onder Rijkstoezicht" enthält.

(2) Bei Käse italienischen und französischen Ursprungs gelten die in Abs. 1 genannten Vorschriften hinsichtlich der Kennzeichnung des Ursprungslandes dann als beachtet, wenn der Name dieses Landes durch das Wort „Italia" bzw. „France" ausgedrückt ist.

§ 3.

Diese Bekanntmachung tritt am 1. Juli 1934 in Kraft.

4. Von den **Durchführungsverordnungen der Länder** sei hier angeführt:

a) Die erste Durchführungs VO. des Preußischen Landwirtschafts-ministers vom 22. Juni 1934 (Ges.-S. S. 317). Sie hat vielen außerpreußischen Ländern als Vorbild gedient und lautet:

Auf Grund des § 8 Ziffer 1 der Käseverordnung wird verordnet:

§ 1. (1) An Stelle der Angabe des Landes ist in Preußen als Erzeugungs-gebiet der Bezirk des Milchwirtschaftsverbandes (Anlage 1 der Verordnung über den Zusammenschluß der deutschen Milchwirtschaft vom 27. März 1934 — RGBl. I S. 259) zu bezeichnen.

(2) Die Kennzeichnung ist nach folgendem Muster vorzunehmen:

MWV. Ostsee — Halbfettkäse 20% Fett i. T. Herstellerfirma	MWV. Ostpreußen — Vollfettkäse 45% Fett i. T. Herstellerfirma

§ 2. (1) Die Verordnung tritt am 1. Juli 1934 in Kraft.

(2) (Überholte Übergangsvorschrift.)

b) Die Zweite Preußische Durchführungs VO. vom 20. September 1934 (Ges.-S. S. 385) trifft auf Grund des § 12 der KäseVO. Vorschriften über Kontrollnummern, die beim zuständigen Milchwirtschaftsverband zu beantragen sind und bei der Kennzeichnung nach § 8 Nr. 1 c der KäseVO. an die Stelle der Firma des Kennzeichnungspflichtigen treten.

c) Die Bayrische Verordnung zur Ausführung der KäseVO. vom 30. Juni 1934 (GuVBl. S. 287) betrifft die Erteilung von Kontrollnummern und gestattet die Kennzeichnung von Käse aus dem Allgäu mit der Bezeichnung „Allgäu" statt „Bayern" gemäß § 8 Z. 1a. Sie hebt ferner die bayrische KäseVO. vom 15. September 1931 (GuVBl. S. 273) in der Fassung des § 46 der bayrischen MilchVO. vom 23. Dezember 1931 (GMVBl. S. 437) auf.

Anmerkungen zu B.

[1] Die Standardisierung ist, dem Vorbild der süddeutschen KäseVO. (Beispiel unter B 4c) folgend, auf dem Fettgehalt der Käse aufgebaut. In den süddeutschen KäseVO. gab es allerdings die Stufen Viertelfettkäse und Magerkäse nicht.

[2] Das ist die Regel, die nach zwei Richtungen hin von Ausnahmen durchbrochen wird. Ein höherer Mindestfettgehalt wird verlangt von den in § 3 Abs. 2 aufgezählten hochwertigen Käsesorten, wobei die Nr. 4 ersichtlich davon ausgeht, daß Phantasienamen in der Regel so gewählt werden, daß man ein hohen Ansprüchen genügendes Erzeugnis dahinter vermutet.

Sondervorschriften gelten für Teller-Brie nach der 1. Ausführungsbekanntmachung (abgedruckt oben unter B 3).

Geringere Mindestanforderungen als an Halbfettkäse werden an die in § 3 Abs. 3 und 4 behandelten Käse gestellt, denen unter gewissen Voraussetzungen im Wege der Ausnahmezulassung nach § 3 Abs. 5 durch die 1. Ausführungsbekanntmachung (abgedruckt unter B 3) „Tilsiter Käse" gleichgestellt ist. Für „Kümmelkäse" sind ebenda Abweichungen von der sonst in § 3 Abs. 4 vorgeschriebenen Form gestattet.

Eine besondere Behandlung findet in §§ 4 und 11 „Schmelzkäse".

[3] Nicht als Rechteck-Käse, wie die Limburger Käse, die den Vorschriften des § 3 Abs. 1 (§ 2 Nr. 6) genügen müssen.

[4] Über Tilsiter Käse siehe Anm. 2.

[5] Die Bildung neuer Sorten von Viertelfett- oder Magerkäsen soll verhindert, den im Verkehr befindlichen und den Verbrauchern vertrauten Sorten aber die Lebensmöglichkeit belassen werden.

[6] „Kümmelkäse" darf auch in runder Form als Viertelfett- oder Magerkäse im Verkehr auftreten. Vgl. Anm. 2.

[7] Beschaffenheitsvorschriften über Quark enthält weder das Milch-G. noch die KäseVO. Insoweit gilt für ihn das LMG.

Magerquark ist wie sonstiger Magerkäse von jeder Kennzeichnung gemäß der Käse-VO. befreit. Wird er als Viertelfettkäse hergestellt, so gilt für ihn nur eine Kennzeichnungspflicht gemäß § 9 (§ 5 Abs. 2 S. 2).

[8] Schmelzkäse, bei dem Täuschungs- und Irreführungsmöglichkeiten besonders nahe liegen, ist verschiedenen Sondervorschriften unterstellt worden, die in den Kauf genommen werden müssen, um eine einwandfreie Ware zu gewährleisten (Vgl. § 8 Nr. 3, § 9 Abs. 1 und 2, § 11). Der Förderung der Verwendung von inländischem Käse bei der Herstellung von Schmelzkäse dient die VO. des Reichspräsidenten vom 23. Februar 1933 Kapitel II (RGBl. I S. 80) in Verbindung mit der VO. vom 24. Februar 1933 (RGBl. I S. 81).

[9] Z. B. „Emmentaler ohne Rinde".

[10] Also „Emmentaler Schmelzkäse" (§ 9) darf nur als Vollfettkäse mit 43—45% Fett in der Trockenmasse in den Verkehr gebracht werden.

[11] Zusätzliche Kennzeichnungen, wie z. B. Sortennamen oder Phantasienamen sind — im Gegensatz zur ButterVO. — nicht verboten. (Beweis: § 8 Nr. 1a letzter Satz.) Sie gehören aber, abgesehen von den in § 3 Abs. 2 und 3 legalisierten Namen, die an Stelle der Fettstufenbezeichnung gewählt werden können, nicht in die rechteckige Umrahmung (§ 8 Nr. 1e).

[12] Die Kennzeichnung ist Pflicht. Magerkäse jedoch braucht nicht als „Magerkäse" — auch nicht mit Angabe seines Fettgehaltes oder mit einer Kontrollnummer — gekennzeichnet zu werden. Diese abwertende Bezeichnung würde seinem Absatz hindernd im Wege stehen.

[13] Der Packungszwang bezweckt, wie seine Begrenzung in §§ 6 und 7 erkennen läßt, nur die Sicherstellung der vorgeschriebenen Kennzeichnungen.

[14] Vgl. Anm. 8.

[15] Dadurch soll Verfälschungen und Irreführungen der Verbraucher vorgebeugt werden.

[16] Vgl. z. B. oben unter B 4a und c.

[17] Unzulässig also jetzt die Packungen zu 180 Gramm und dem Vielfachen dieser Gewichtsstufe.

[18] Mit Rücksicht auf das englische Pfund.

[19] Vgl. z. B. oben unter B 4b und c.

[20] Ausnahmen in § 2 der 1. Bekanntmachung zur Ausführung der KäseVO., abgedruckt oben unter B 3.

[21] Siehe VO. vom 12. April 1934, abgedruckt oben unter B, 2.

B. Ausländische Gesetzgebung.

Von

Oberregierungsrat Professor DR. E. BAMES - Berlin.

I. Milch.

In fast allen Ländern wird unter Milch Kuhmilch verstanden. Milch anderer Tiere, von Ziegen, Schafen usw., muß besonders als solche bezeichnet sein. Auch eine Regelung des Verkehrs mit Milch gibt es in allen hier aufgeführten Ländern; diese umfaßt die Gewinnung, Behandlung, Lagerung, Bearbeitung und Verarbeitung sowie den Vertrieb und die Kontrolle der in den Verkehr kommenden Milch. Die Gesetze greifen teils, wie das deutsche Milchgesetz, in die Haltung, Pflege, Fütterung und Unterbringung der Kühe ein, teils stellen sie auch Anforderungen an die zur Milchbearbeitung notwendigen Geräte. Die Ställe sollen sauber, luftig, hell sein, die Tiere gesund und in sauberem Zustand sich befinden; teilweise wird darauf hingewiesen, daß andere Tiere nicht in demselben Stalle ohne räumliche Trennung gehalten werden dürfen (Schweiz); vgl. auch die Ausführungsbestimmungen der Länder zum deutschen Milchgesetz. Die Reinigung der Ställe und Futterkrippen ist besonders vorgeschrieben. Alles soll geschehen, um die Milch nicht schon bei der Gewinnung ungünstig zu beeinflussen. Die Art des Melkens ist öfters vorgeschrieben; Anforderungen an Gesundheitszustand, Sauberkeit, Kleidung des Melkpersonals werden wiederholt gestellt. Meist wird verlangt das Waschen der Euter vor dem Melken, die Schweiz schreibt sogar besondere Anrüstmittel (zur Einreibung der Striche des Euters) vor. Nach dem Melken ist die Milch zu seihen (ausgenommen die an Sammelstellen, Molkereien usw., zu liefernde Milch), zu lüften und zu kühlen. Auch in den Aufbewahrungsräumen sowie bei der Fütterung der Kühe ist eine Reihe von Vorschriften zu beachten, besonders wenn es sich um besonders gute Milch (Vorzugsmilch, Kindermilch) handelt. Wiederholt wird für solche Milch eine regelmäßige tierärztliche Untersuchung der Kühe, auch besonderes Futter und besondere Behandlung der Milch vorgeschrieben, um sie hygienisch möglichst einwandfrei zu machen und zu erhalten. Während mehrere Länder Holzgefäße für die Aufbewahrung und Beförderung der Milch verbieten, sind diese in anderen Ländern gestattet. Milchkannen sollen sauber, nicht mit bleihaltigem Lot gelötet, nicht verbeult sein, sie müssen übergreifende Deckel haben. (Für besondere Arten von Milch sind in verschiedenen Ländern gesetzliche Bestimmungen über Reinigungs- und Erhitzungsverfahren mit anschließender Tiefkühlung, Fettgehalt, Trockenmasse, Pasteurisation, Homogenisierung, Sterilisierung festgelegt. Weiter kommen Kennzeichnungsfragen und Arten der Herstellung einzelner Sorten von Dauermilch, Kondensmilch, Blockmilch, Milchpulver in Frage. In einigen Ländern ist es gestattet, Kunstmilch aus Magermilch und Fremdfett herzustellen. Buttermilch, Magermilch, Molke werden bisweilen ebenfalls durch gesetzliche Vorschriften erfaßt.

1. Österreich.

Alle Sammelmilch muß mechanisch gereinigt, 3 Minuten auf 80⁰ oder 30 Minuten auf 63⁰ erhitzt, darauf auf 7⁰ gekühlt sein (gilt nur für Graz, Linz, Wien). Dies trifft nicht zu für Milch, die auf 7⁰ unmittelbar nach dem Melken gekühlt ist, sofern Personal, Tiere und Einrichtungen unter ständiger ärztlicher und tierärztlicher Aufsicht stehen und der Landeshauptmann bescheinigt, daß Gewinnung, Behandlung der Milch vom gesundheitlichen Standpunkt einwandfrei ist, solche Milch darf nicht als Kindermilch, Kurmilch, Vorzugsmilch in den Verkehr kommen. Pasteurisierung, Homogenisierung usw. sind zu kennzeichnen, desgl. Käufer über Art und Beschaffenheit aufzuklären, ob Milch homogenisiert, eingestellt, fettarm usw. ist.

Gesetze: die auf Grund der §§ 6 und 7 des allgemeinen Lebensmittelgesetzes vom 16. Januar 1896[1] erlassene Verordnung vom 25. März 1931, betreffend den Verkehr mit Kuhmilch[2]. Vgl. auch die Verordnung betreffend das Verbot der Versendung von Milch in unplombierten Kannen, vom 21. September 1921 (BGBl. Nr. 528).

2. Belgien.

Genaue Bezeichnung „lait entier" (Vollmilch), „lait écrémé" (abgerahmte Milch) mit Buchstaben von vorgeschriebener Größe. Namen und Wohnort des Erzeugers oder Verkäufers sind anzugeben; nicht notwendig ist die Angabe des Preises der Milch. Bei Vollmilch kann Fettgehalt angegeben sein, auch Sterilisation „cru aseptique", völlig frei von Mikroben. „Homogenisierte Milch" (lait homogenisé ou fixé) soll bezeichnet sein. Milchfettgehalt für Vollmilch mindestens 30 g auf 1 l. Für Aufbewahrung und Transport verboten sind Kannen, Behälter aus nicht verzinntem Kupfer oder Messing, Terrakotta ohne Glasur und aus Holz. Milch muß möglichst frei von Schmutz[3] sein. Besondere Vorschriften betreffen die Sauberhaltung von Gefäßen, Flaschen, Transportwagen, Kannen und Flaschenverschlüssen. Milch von kranken Tieren ist vom Verkehr ausgeschlossen, bei bestimmten Krankheiten aber nach Erhitzung zum Verkehr zugelassen. Eitrige, bittere, schleimige Milch ist im Verkehr verboten.

Kondensierte oder konzentrierte Milch mit oder ohne Zucker, Vollmilch oder Magermilch ist deutlich zu kennzeichnen nach Inhalt, Verdünnungsverhältnis, Namen und Wohnort des Herstellers oder Verkäufers. Die gleichen Vorschriften gelten für Milchpulver, Magermilchpulver. Die Bezeichnungen müssen auch auf allen Geschäftspapieren angegeben sein.

Gesetze: Kgl. Verordnung, betreffend die Milchgewinnung und den Verkehr mit Milch, vom 31. März 1925[4], vgl. Gesetz vom 4. August 1890[5], Erlasse vom 18. November 1894[6], 31. Oktober 1898[7] und 9. Januar 1899[8]. Rundschreiben des Ministers des Innern und der Hygiene, betr. Buttermilch vom 19. Januar 1931[9]. (Buttermilch mit weniger als 6,8 g fettfreier Trockenmasse in 100 ccm ist verfälscht.)

3. Dänemark.

Milch darf nur von gesunden Tieren stammen. Zusatz von Wasser, Eis, Konservierungsmitteln (Borsäure, Salicylsäure, Formaldehyd u. a.) ist verboten. Kein Schmutz, kein Farbstoff. Milch muß Alkoholprobe aushalten (Gleiche Teile Milch und 68%iger Alkohol dürfen nicht ausflocken). Vollmilch muß 3% Fett enthalten. Milch darf keinen Zusatz von zentrifugierter, abgerahmter, homogenisierter, pasteurisierter oder sonst erhitzter Milch erfahren. Jersey-Milch von Kühen der Jersey-Rasse muß mindestens 4,5% Fett enthalten. In sterilisierter Milch dürfen keine lebenden Keime vorhanden sein. Pasteurisierte Milch oder Sahne muß spätestens 24 Stunden nach dem Melken auf mindestens 80° erhitzt

---

[1] Vgl. Bd. I, S. 1326.   [2] Reichsgesundh.Bl. 1931, 6, 399.

[3] Rückstand nach 24stündigem Stehen nicht mehr als 0,5 ccm auf ½ l oder mehr als 12 mg je Liter (in Alkohol, Wasser oder Äther lösliche Stoffe). Vgl. Veröff. Reichsgesundh.-Amt 1891, 337.

[4] Reichsgesundh.-Bl. 1926, 1, 221.

[5] Veröffentl. Reichsgesundh.-Amt 1890, 719.

[6] Veröffentl. Reichsgesundh.-Amt 1895, 124.

[7] Veröffentl. Reichsgesundh.-Amt 1899, 70.

[8] Veröffentl. Reichsgesundh.-Amt 1899, 219.

[9] Reichsgesundh.-Bl. 1933, 8, 7, 940, 942.

und nachher auf 12° abgekühlt sein; mit Paraphenylendiamin darf eine Reaktion nicht eintreten (STORCHsche Reaktion). Andere Pasteurisierungsverfahren kann der Justizminister zulassen. Homogenisierte Milch darf nicht aufrahmen. Sahne muß mindestens 9% Fett enthalten. Sahne mit weniger als 13% Fett ist als „Sahne 3", mit mindestens 13% Fett als „Sahne 2", mit mindestens 18% „als Sahne 1", mit mindestens 30% als Schlagsahne (piske fløde) zu bezeichnen. Abgerahmte Milch muß als „skummet maelk" bezeichnet sein. Saure Milch ist als „sur", abgerahmte saure Milch als „sur skummet", gesäuerte Milch als „syrnet skummet maelk", gesäuerte Vollmilch als „Dickmilch" (Tykmaelk), geronnene als „oplagt maelk" zu bezeichnen. Yoghurt oder Kefir müssen die entsprechenden Kulturen enthalten.

Kindermilch (Bornemaelk) ist rohe Vollmilch von Kühen, die die Tuberkulinprobe vor höchstens einem Jahre bestanden haben und unter ständiger tierärztlicher Aufsicht sind. Als Buttermilch (Koernemaelk) gilt die beim Buttern zurückbleibende Flüssigkeit, Mindestgehalt 6,5% Trockenmasse. „Buttermilch 2" enthält weniger als 8,5% Trockenmasse, „Buttermilch 1" mindestens 8,5% Trockenmasse; trotzdem wird als Übertretung nur angesehen, wenn über 5% der vorgeschriebenen Trockenmasse fehlen.

Kondensierte oder konzentrierte Milch, abgerahmt oder nicht abgerahmt, gezuckert oder ungezuckert, muß richtig bezeichnet sein. Milchpulver oder Trockenmilch darf höchstens 8% Wasser enthalten. Vollmilchpulver muß mindestens 23% Fett enthalten. Zusatz von Zucker, Natrium bicarbonicum oder Natriumhydroxyd ist gestattet (Natronsalze bis zu 0,4%, berechnet als Na_2O). Sterilisierte oder homogenisierte Sahne kann als „Exportsahne" (Eksportfløde) bezeichnet werden.

Für die Ausfuhr sind besondere ähnliche Vorschriften ergangen; hier sind jedoch die Vorschriften bezüglich des Fettgehaltes nicht so streng; d. h. es ist gestattet, den in den einzelnen Ländern gültigen Fettgehalt (mit Genehmigung des Landwirtschaftsministers) zugrunde zu legen. Bei kondensierter Milch oder Sahne sowie bei Milchpulver muß genaue Kennzeichnung des Fettgehaltes, der Trockenmasse, der Ermächtigungsnummer des Herstellers, der Art der Ware, des Zuckerzusatzes, des Verdünnungsgrades oder der ursprünglich verwendeten Milchmenge erfolgen.

Gesetze: Verordnung des Justizministers über den Handel mit Milch, Sahne usw. vom 22. Oktober 1925 [1] (erlassen auf Grund des § 7 des Lebensmittelgesetzes vom 18. April 1910). Vgl. auch Verordnung vom 26. Oktober 1927 über die Erhaltung der Sauberkeit in den für die Herstellung von Milchkonserven zugelassenen Fabriken. — Gesetz Nr. 93 über die Ausfuhr von Milchkonserven vom 26. Oktober 1927 [2]. — Ausführungsbestimmung über die Sauberkeit in den Molkereien, vom 19. Januar 1928. — Gesetz Nr. 489 über die Ausfuhr von Trockenmilch, kondensierter Milch, sterilisierter Milch usw., vom 21. Dezember 1923 [3]. Ausführungsbestimmungen über die Sauberkeit in den vom Landwirtschaftsministerium für die Herstellung von behandelter Milch (Sahne) zugelassenen Fabriken, vom 12. April 1924 [4]. — Bekanntmachung über die Ausfuhr von behandelter Milch oder Sahne, vom 12. April 1924 [3]. — Bekanntmachung über Ausfuhrbeschränkung für Dosensahne (Güteüberwachung), vom 5. April 1933.

4. England.

Der Verkehr mit Milch unterliegt einer Erlaubnis des Gesundheitsministers oder einer von ihm beauftragten Stelle. Die Milch muß von gesunden Kühen stammen, muß in bezug auf Farbe, Geruch, Geschmack und Aussehen normal sein; sie darf keinen Zusatz von Farbstoff, Wasser, aufgelöster Trockenmilch,

---

[1] Reichsgesundh.-Bl. 1926, 1, 609.
[2] Daselbst 1928, 3, 220.
[3] Veröffentl. Reichsgesundh.-Amt 1925, 347.
[4] Veröffentl. Reichsgesundh.-Amt 1925, 348.

Kondensmilch oder Magermilch erhalten. In England gibt es eine Reihe besonders bezeichneter Milchsorten. „Certified Milk" ist die Milch von Kühen, die alle 6 Monate tierärztlich untersucht und dabei der Tuberkulinprobe unterzogen werden. Nur Tiere, die diese Probe überstanden haben, dürfen in die Herde eingestellt werden; die Tiere sind kenntlich zu machen und müssen in ein Verzeichnis aufgenommen werden. Von anderen Tieren sind diese Kühe fernzuhalten. In dem Gehöft ist die Milch in Flaschen zu füllen. Die Flaschen müssen mit dichtschließenden Scheiben und übergreifender Kappe verschlossen sein. Als Aufschrift ist Name und Anschrift des Erzeugers, der Herstellungstag und die Worte „Certified Milk" anzubringen. Weitere Angaben unterliegen der behördlichen Genehmigung. Nur in diesen Flaschen darf Milch an Verbraucher abgegeben werden. Die Milch darf in 1 ccm nicht mehr als 30000 Bakterien, in 0,1 ccm keine coliartigen Bacillen enthalten und darf nicht erhitzt sein.

Als „Grade A (Tuberculin tested) Milk" ist Milch zu bezeichnen, die wie die vorhergehende Sorte gewonnen, vom Erzeuger in Flaschen oder in luftdicht verschlossene Behälter gefüllt ist, die Namen und Anschrift des Erzeugers, Tag und Zeit der Gewinnung (Morgen-, Abendmilch) sowie die Bezeichnungen „Grade A" und „Tuberculin Milk" tragen. Die Milch muß in den Flaschen oder Behältnissen (diese nicht unter 2 Gallons Inhalt) abgegeben werden; sie darf in 1 ccm höchstens 200000 Bakterien, in $1/100$ ccm keine coliähnlichen Bacillen enthalten und darf nicht erhitzt sein.

„Grade A Milk" muß von Kühen stammen, die nicht auf Tuberkulin reagiert haben und die alle 3 Monate untersucht werden. Tuberkulöse Tiere sind zu ermitteln und auszuscheiden. Die Tiere für die Milchgewinnung sind kenntlich zu machen und in ein Verzeichnis aufzunehmen. Bezeichnung „Grade A Milk", übrige Angaben wie zuvor. Auf Grund besonderer Erlaubnis kann diese Milch pasteurisiert werden und sie ist alsdann als „Grade A milk pasteurised" in den Verkehr zu bringen. Sie darf in 1 ccm nicht mehr als 30000 Bakterien und in 0,1 ccm keine coliähnlichen Bacillen enthalten. „Pasteurised milk" ist mindestens $1/2$ Stunde auf $62,8^0$—$65,5^0$ zu erhitzen und darauf unmittelbar auf $12,8^0$ abzukühlen. Milch darf nur einmal erhitzt werden. Die Pasteurisierungseinrichtung unterliegt der Genehmigung der Lizenzbehörde. Die Milch darf in 1 ccm nicht mehr als 10000 Bakterien enthalten. Kondensierte Milch, Magermilch, Trockenmilch, Trockenmagermilch, gesüßt und ungesüßt, auch Pulver oder Massen mit 70% Trockenmilch müssen genau bezeichnet sein. Trockenvollmilch muß 26%, $3/4$fette Milch 20%, $1/2$fette Milch 14% und $1/4$fette Milch 8% Milchfett enthalten, sofern sie in Packungen von weniger als 10 Pfund Rohgewicht in den Verkehr kommt. Angaben sind nicht nur auf den Behältnissen anzubringen, sondern auch auf besonderem Zettel dem Käufer auszuhändigen. Die Deklaration muß in Umrahmung gedruckt sein und lauten „condensed Full Cream" oder „Dried Full cream milk" „sweetened" oder „unsweetened" für Vollmilch; „condensed machine skimmed milk" „dried partly skimmed milk ... cream" „dried machine skimmed milk" „sweetened" oder „unsweetened" für abgerahmte Milch; außerdem ist beizufügen „This Tin contains the equivalent of ... pints of milk" oder „of skimmed milk", bei gezuckerter Milch „with sugar added". Bei teilweise abgerahmter Milch ist anzugeben „should not be used for babies except under medical advice" (für Säuglinge nur auf ärztliche Anordnung zu verwenden), bei abgerahmter Milch „Unfit for babies" (ungeeignet für Säuglinge). Sind andere Stoffe als Zucker zugesetzt, so muß dies angegeben werden „with added ...". Name und Anschrift des Herstellers oder des Händlers, Fettgehalt und Trockenmasse sowie bei kondensierter Milch die Angabe, wieviel Milch mit einem Fettgehalt von ... % durch Verdünnung erzielt wird, müssen in der Aufschrift enthalten sein. Es darf nicht auf die Gleichwertigkeit kondensierter Milch mit frischer Milch hingewiesen werden. Die Räume für die Herstellung von Milchdauerwaren unterliegen besonderer Kontrolle.

Gesetze: Lebensmittelgesetz vom 3. August 1928[1]. Der § 7 des Gesetzes gibt die Ermächtigung zum Erlaß von Vorschriften über die Zusammensetzung von Milch, Butter, Käse u. dgl. Auch die §§ 21, 22, 23 des Teiles III enthalten Bestimmungen für die Verwaltung, betreffend den Verkehr mit Milch, Butter und Margarine. Begriffsbestimmungen für diese Lebensmittel sind in Teil V § 3 enthalten. — Weiter kommen in Betracht: Gesetz über Milch und Meiereien (Milk and Dairies [Consolidation] Act) vom 29. Juli 1915 mit Ergänzung (Milk and Dairies [Amendement] Act) vom 4. August 1922[2]. Gesetz über Kunstsahne (Artificial Cream Act) vom 10. Mai 1929. — Gesetz über Handelsmarken (Merchandise Marks Act) vom 15. Dezember 1926. — Gesetz über die öffentliche Gesundheitspflege (Public Health Act) von 1875 mit Änderungen von 1890 und 1907. — Verordnung des Gesundheitsministers, betr. den Verkehr mit kondensierter Milch vom 1. Mai 1923[3]. — Verordnung des Gesundheitsministers, betreffend Abänderung der Verordnung über den Verkehr mit kondensierter Milch, vom 14. November 1927[4]. — Verordnung des Gesundheitsministers, betreffend den Verkehr mit besonders bezeichneter Milch, vom 25. Mai 1923[5]. — Verordnung des Gesundheitsministers, betreffend den Verkehr mit Trockenmilch, vom 5. November 1923, geändert am 14. November 1927[4].

5. Frankreich.

Milch ist nur Kuhmilch von gesunden, gut genährten und gut gehaltenen Tieren. Sie muß vollständig ausgemolken, sauber, von normaler Farbe, gutem Geruch und Geschmack sein. Das Mischen von sauberer und unsauberer Milch sowie von Vollmilch mit abgerahmter Milch ist verboten. Milch mit 20 g Fett im Liter darf als „lait demiécrémé" in den Verkehr kommen. Kannen auf Transportwagen und in Betrieben sind zu bezeichnen mit Angaben auf rotem Grund für Milch; auf grünem Grund für halbabgerahmte Milch, auf blauem Grund für Magermilch. Pasteurisierte Milch darf keine pathogenen Keime enthalten. Pasteurisierungsverfahren werden vom Conseil Superieur d'hygiène public zugelassen. Sterilisierte Milch darf keine lebenden Keime enthalten. Wasser und nicht etwa vom Gesundheitsrat zugelassene Konservierungsmittel sind verboten. Reinigung von Geräten und Apparaten sind so vorzunehmen, daß Desinfektionsmittel nicht in die Milch gelangen. Kondensierte oder konzentrierte Milch oder Magermilch, mit oder ohne Zuckerzusatz, ist genau zu bezeichnen. Auf den Aufschriften ist Name des Herstellers, Firma und Ort, Datum (Jahr und Vierteljahr der Abfüllung), Nettogewicht in Gramm, Grad der Eindickung durch Angabe des Verdünnungsverhältnisses nach der Formel „Durch Zusatz von ... Gramm koch. Wassers zum Inhalt dieser Dose erhält man ... Liter ...Deziliter Milch, Magermilch mit ... Gramm Zucker". Trockenmilch, Milchpulver, Magermilchpulver mit oder ohne Zucker müssen gleichfalls genau bezeichnet sein und Namen Firma, Wohnort des Herstellers, Datum (Jahr und Vierteljahr), Nettogewicht in Gramm tragen. Zusätze zu konzentrierter Milch oder Milchpulver sind verboten, sofern nicht etwa der Gesundheitsrat und der Landwirtschaftsminister solche Stoffe zulassen sollten. Für Milchpulver ist als solcher Zusatz am 24. Januar 1910 Natriumbicarbonat gestattet worden. Empfehlung von kondensierter Milch oder Trockenmilch für die Ernährung von Kindern oder Kranken ist verboten; es muß auf diesen Waren vielmehr die Angabe angebracht sein: „Für Jugendliche oder für Kranke nur auf Anordnung des Arztes zu verwenden". (Aufschriften in französischer Sprache auch für Einfuhrware.) Auf medizinische oder Apothekerware finden diese Vorschriften keine Anwendung, aber auch auf diesen ist deutliche, wahre Kennzeichnung erforderlich, z. B. humanisierte, maternisierte, peptonisierte Milch usw. Käufer darf unter keinen Umständen getäuscht werden.

---

[1] Reichsgesundh.-Bl. 1932, 7, 327.   [2] Veröffentl. Reichsgesundh.-Amt 1924, 454.
[3] Veröffentl. Reichsgesundh.-Amt 1923, 800.   [4] Reichsgesundh.-Bl. 1929, 4, 317.
[5] Veröffentl. Reichsgesundh.-Amt 1924, 454.

Gesetze: Ausführungsbestimmungen zu dem Gesetze vom 1. August 1905[1], betreffend die Unterdrückung des Betruges beim Warenhandel und der Verfälschung von Lebensmitteln und landwirtschaftlichen Erzeugnissen, vom 31. Juli 1906 (Journ. officiel Nr. 207)[2]. Ausführungsbestimmungen zum gleichen Gesetz, betreffend Vorschriften über die chemische Untersuchung von Milch, vom 18. Januar 1907[3]. Rundschreiben des Landwirtschaftsministers an die Direktoren der Nahrungsmitteluntersuchungsämter, betreffend den Zusatz von Natriumbicarbonat zu Milch, vom 24. Januar 1910[4]. Verordnung der Regierung, betreffend die Bezeichnung von eingedickter Milch vom 21. Mai 1918[5]. — Verordnung des Präsidenten der Republik, betreffend die Anwendung des Gesetzes zur Unterdrückung des Betruges beim Warenhandel usw., vom 1. August 1905 auf den Verkehr mit Milch und Molkereierzeugnissen. Vom 25. März 1924[6].

6. Italien.

Nur Milch von gesunden Kühen darf in den Verkehr gebracht werden. Sie dürfen nicht mit Futter ernährt werden, das die Milch im Geruch oder Geschmack beeinflußt. Blaue, rote, bittere, schleimige oder verschmutzte Milch darf nicht verkauft werden. Saure oder beim Kochen gerinnende Milch ist gleichfalls vom Verkehr ausgeschlossen. Zusätze zur Konservierung oder zur Verdeckung von Mängeln — ausgenommen Zucker bei der Herstellung von kondensierter Milch — sind verboten. Gewässerte, entrahmte Milch darf nicht als „Milch" feilgehalten und in den Verkehr gebracht werden. Besondere Gesetze über Milch sind nicht ergangen, die vorstehenden Vorschriften sind in dem Gesetz, betreffend die Gesundheitspflege und den öffentlichen Gesundheitsdienst, vom 22. Dezember 1888, enthalten.

7. Jugoslawien.

Für die in den Verkehr kommende Kuhmilch ist vorgeschrieben, daß sie durch regelmäßiges tägliches Ausmelken von gut gepflegten, gesunden Tieren gewonnen ist und daß beim Melken, Aufbewahren und der Beförderung die größte Reinlichkeit beachtet wurde. Jede Fälschung von Milch ist verboten. Magermilch muß mit schwarzen oder blauen Buchstaben auf hellem Grunde gekennzeichnet sein. Pasteurisierte Milch ist nur mit der Aufschrift im Verkehr zulässig „Diese Milch ist bei ... Grad pasteurisiert". Buchstabengröße ist vorgeschrieben; Datum der Pasteurisierung, Name und Wohnort des Herstellers sind anzugeben. In entsprechender Weise ist sterilisierte Milch zu behandeln. Milch in den ersten 8 Tagen (in Deutschland 5 Tage) nach dem Kalben sowie Milch von Tieren, die mit Arzneimitteln behandelt sind, darf nicht in den Verkehr kommen. Kühe, deren Milch auf öffentlichen Märkten verkauft wird, können im Interesse der öffentlichen Gesundheit einer amtlichen Kontrolle unterworfen werden. Zusatz von Konservierungsmitteln ist verboten. Zur Feststellung von Milchfälschungen dienen Stallproben. Milch mit mehr als 9 Säuregraden ist als „saure Milch" zu verkaufen. Geräte für Gewinnung, Aufbewahrung, Mischung, Versand dürfen weder Kupfer noch Zink oder Blei an die Milch abgeben. Verkaufsräume müssen besonderen Anforderungen entsprechen. Personen mit ansteckenden Krankheiten sind vom Milchverkehr auszuschließen. Für den Verkehr mit Kindermilch und Krankenmilch ist eine besondere Erlaubnis erforderlich. Süße Sahne (skorup, Kajmak) muß mindestens 20% Fett, Schlagsahne mindestens 30% Fett enthalten; ebenso saure Sahne. Genaue Bezeichnung ist verlangt. Kefir, Yoghurt und ähnliche Erzeugnisse dürfen nur aus gekochter Milch hergestellt werden. Milch mit weniger als 2,3% Fett ist als Magermilch zu bezeichnen. Bei Milchkonserven muß genau angegeben werden, ob sie aus Voll- oder Magermilch hergestellt und

---

[1] Bd. I, S. 1334.   [2] Veröffentl. Reichsgesundh.-Amt 1906, 1038.
[3] Veröffentl. Reichsgesundh.-Amt 1907, 948.
[4] Veröffentl. Reichsgesundh.-Amt 1910, 722.
[5] Veröffentl. Reichsgesundh.-Amt 1919, 129.
[6] Veröffentl. Reichsgesundh.-Amt 1925, 153.

gezuckert oder ungezuckert sind. Für diese Waren sind besondere Anforderungen an die Herstellungs- und Verkaufsräume gestellt. Pasteurisierte und sterilisierte Milch darf auf offenem Markt nicht verkauft werden.

Gesetze: Ausführungsbestimmungen zum Lebensmittelgesetz vom 8. Februar 1930[1], die durch den Minister für Sozialpolitik und Volksgesundheit erlassen sind, vom 3. Juni 1930[2] Artikel 16—36.

8. Niederlande.

Kuhmilch muß, wie sie gewonnen wird, ohne Zusatz und ohne Entzug eines Stoffes in den Verkehr gebracht werden, Gehalt an Fett in der Trockenmasse muß mindestens 24% betragen, der Gefrierpunkt soll nicht näher als — 0,53° (bei entkeimter Milch — 0,52°) beim Nullpunkt liegen, das Spezifische Gewicht des Serums soll bei 15°/15° nicht unter 1,0240 betragen, der Brechungsindex nicht kleiner als 1,3420 bei 17,5° sein, die Säuregrade nicht über 9; Farbe, Geruch, Geschmack und Konsistenz sollen normal sein. Beim Kochen darf die Milch nicht gerinnen; beim Filtrieren durch Nesseltuch von mindestens 20 und höchstens 40 Öffnungen auf das Längenzentimeter dürfen nur Spuren von Schmutz vorhanden sein. Konservierungsmittel, Farbstoffe und schädliche Stoffe dürfen nicht zugesetzt werden, Streptokokken dürfen nur in geringer Zahl, pathogene Keime nicht vorhanden sein. Milch ist durch völliges Ausmelken gesunder Kühe zu gewinnen. Magermilch, abgerahmte oder Untermilch (ondermelk) hat einen Fettgehalt von 1% und weniger. Rahm (Sahne) Kaffeerahm muß mindestens 20% (in Deutschland 10%), Schlagrahm mindestens 40% (in Deutschland 28%) Fett enthalten. (Storchsche Reaktion muß negativ sein.) Buttermilch ist die beim Buttern von Rahm zurückbleibende, bisweilen mit Milchsäurebakterien versetzte Flüssigkeit und das Erzeugnis, das bei dem zweckentsprechenden Verarbeiten sauer gewordener Magermilch erhalten wird. Sie muß mehr als 7,3% Trockenmasse und mehr als 3,0% Milchzucker enthalten. Säuregehalt muß zwischen 20 und 40 liegen, Farbe, Geruch, Geschmack und Konsistenz müssen normal sein, eine Gasentwicklung darf nicht stattfinden. Yoghurt ist auf $^2/_3$ und mehr eingedampfte, mit Maya geimpfte und einige Stunden auf 40—50° erwärmte Milch. Andere Lebewesen als Bacillus bulgaricus und Streptococcus lacticus Kruse dürfen nur in geringer Menge vorhanden sein. Milch-Yoghurt ist die Bezeichnung für nicht oder um weniger als $^1/_3$ eingedampfte Milch. Kindermilch, Säuglingsmilch muß den Anforderungen an Milch entsprechen, darüber hinaus darf $^1/_2$ Liter beim Filtrieren durch Watte keinen sichtbaren Schmutz hinterlassen. Streptokokken dürfen nur in geringer Menge, pathogene Keime nicht vorhanden sein. Der Bodensatz darf nicht mehr als 0,2% betragen. Die Zusammensetzung und Beschriftung muß übereinstimmen; Kindermilch muß pasteurisiert oder sterilisiert und als solche bezeichnet sein. Sie muß in luftdicht verschlossenen Behältnissen verpackt sein, die nur durch Zerbrechen eines Siegels geöffnet werden können. Für pasteurisierte und sterilisierte Milch sind besondere Bestimmungen getroffen (Zahl der zuchtfähigen Keime, im Bodensatz keine stabförmigen Mikroorganismen in ungewöhnlicher Zahl).

Saure Milch hat mehr als 9 Säuregrade. Die Kennzeichnung muß deutlich sichtbar sein und mit dem Inhalt übereinstimmen. Die Behältnisse zur Aufbewahrung und zum Befördern der Milch müssen verzinnt oder emailliert sein; Metall für Milchkannen darf nicht über 1% Blei, das Innenlot darf nicht mehr als 20% Blei enthalten; Email darf bei $^1/_2$stündigem Kochen mit 4% Essigsäurelösung kein Blei abgeben. Hölzerne Milchfässer sind verboten. Größte Reinlichkeit im Milchverkehr ist zu beobachten.

---

[1] Vgl. Bd. I, S. 1338.   [2] Reichsgesundh.-Bl. 1932, **7**, 531.

Nicht unter die Milcherzeugnisse fallen, vorausgesetzt, daß sie unvermischt sind, eingedickte (gecondenseerde) Milch, eingedickte Magermilch, mit oder ohne Zucker, und Molken.

Für feste Milcherzeugnisse sind besondere Vorschriften erlassen. Man unterscheidet a) fettes Milchpulver (vette melkpoeder), b) Milchpulver (melkpoeder), c) teilweise entrahmtes Milchpulver (gedeeltelijk ontroomde melkpoeder) und d) mageres Milchpulver oder Magermilchpulver (magere melkpoeder oder taptemelkpoeder). Zusatz von Butter, Butterfett, Molken oder Rahm zu diesen Waren ist nicht gestattet. Sind andere Stoffe als Natriumcarbonat oder Natriumbicarbonat zugesetzt, so dürfen die Namen a—d nicht verwendet werden. Milchpulver a—d kann, wenn die Ware blockförmig ist, als Blockmilch (Blokmelk) bezeichnet werden. Fettes Milchpulver oder fette Blockmilch muß 42% Fett (Sahnepulver in Deutschland ebensoviel) in der Trockenmasse enthalten, Milchpulver, Blockmilch 25% (in Deutschland ebenso), teilweise entrahmtes Milchpulver 12,5%. Der Wassergehalt darf 6% nicht übersteigen (in Deutschland Walzenmilch 6% Wasser, Zerstäubungsmilch nur 4%). Zucker darf zugesetzt werden. Geruch, Geschmack und Beschaffenheit müssen normal sein. Der Säuregrad soll nicht unter 35 und nicht über 70 (mageres Milchpulver 80) sein. Außer Natriumcarbonat und -bicarbonat dürfen keine fremden Stoffe (Konservierungsmittel) zugesetzt werden. Asche darf nicht mehr als 30 ccm N.-Säure auf 100 g trockene Ware verbrauchen. Bezeichnung muß klar und deutlich sein; eingeführte Ware muß als „in Nederland ingevoerd" bezeichnet und mit Ursprungszeugnis von dem Besitzer versehen sien. Die zu diesen Waren verwendete Rohmilch muß den Anforderungen der Milchverordnung entsprechen.

Gesetze: Milchverordnung vom 13. Februar 1929[1] (St.Bl. Nr. 43) und vom 1. Februar 1930[2] (St.Bl. Nr. 43 und 370). — Kgl. Verordnung, betreffend Bezeichnungs- und Beschaffenheitsvorschriften für feste Milcherzeugnisse (Ausführungsbestimmungen zu Art. 14, 15 und 16 des Warengesetzes). Vom 19. Februar 1932, 7. November 1932[3]. — Kgl. Verordnung, betreffend Änderung der Milchverordnung vom 9. Februar 1933[3]. Vgl. Kgl. Verfügung, betreffend Abänderung der Verfügung vom 16. Dezember 1915[4], über die Behandlung und Beförderung von abgerahmter Milch, Buttermilch und Molken, vom 2. März 1917[5].

9. Norwegen.

Außer den lebensmittelpolizeilichen Bestimmungen des Strafgesetzbuches ist die Milchkontrolle in Norwegen keinen besonderen Vorschriften unterworfen. Sie wird im Rahmen der allgemeinen Nahrungsmittelkontrolle durch die Gesundheitskommission ausgeübt und von Tierärzten unterstützt. Während in den Städten eine recht straffe Kontrolle stattfindet, ist sie auf dem Lande zum Teil noch recht unvollkommen.

10. Schweden.

Auch in Schweden sind besondere gesetzliche Vorschriften für Milch nicht erlassen. Die Verordnung, betreffend das Verbot gewisser Anwendungen irreführender Bezeichnungen beim Handel mit Lebensmitteln, vom 29. Juni 1917[6] mit Änderung vom 14. Juni 1928[7] behandelt auch den Verkehr mit Milch. Nach dieser Verordnung ist die Anwendung irreführender Bezeichnungen für Milch verboten, wenn ihre Beschaffenheit in irgendeiner Weise von der der normalen Ware abweicht.

---

[1] Reichsgesundh.-Bl. 1929, 4, 642.   [2] Reichsgesundh.-Bl. 1930, 5, 763.
[3] Reichsgesundh.-Bl. 1933, 8, 894.
[4] Veröffentl. Reichsgesundh.-Amt 1916, 112.
[5] Veröffnetl. Reichsgesundh.-Amt 1917, 429.
[6] Veröffentl. Reichsgesundh.-Amt 1917, 605.
[7] Reichsgesundh.-Bl. 1928, 3, 687.

Die Konservierungsmittelfrage wird geregelt durch die Giftordnung vom 7. Dezember 1906, die zahlreiche Änderungen erfahren hat[1]. Nach dieser Verordnung sind die für Milch in Frage kommenden Konservierungsmittel als verboten anzusehen.

11. Schweiz.

Es bestehen recht ausführliche gesetzliche Vorschriften. Kuhmilch ist durch regelmäßiges ununterbrochenes und vollständiges Ausmelken von gesunden und richtig genährten Kühen zu gewinnen. Gewinnung, Behandlung, Aufbewahrung, Transport und Verkauf müssen mit größter Reinlichkeit vorgenommen werden. Milch zum unmittelbaren Verbrauch darf keine deutlich nachweisbaren Mengen von Schmutz enthalten; nicht mehr als 8 Säuregrade aufweisen. Sie muß nach dem Melken gekühlt werden. Die Verbrauchsmilch ist durchzuseihen, die Verarbeitungsmilch ungeseiht an Molkereien, Sammelstellen abzuliefern. Geschmack, Geruch, Farbe und Beschaffenheit der Milch müssen normal sein (keine Colostrummilch, kein Bodensatz der aus dem Euter stammt). Milch kranker Kühe oder mit bestimmten Arzneimitteln behandelter Tiere, darf nicht in den Verkehr kommen, jedoch kann die Milch von Kühen, die von Maul- und Klauenseuche befallen sind, nach dem Abkochen verwendet werden. Rahm aus solcher Milch ist auf 85° zu erwärmen. Milch muß bei 15° ein Spez. Gewicht von 1,030—1,033, 3% Mindestfettgehalt und mindestens 12% Trockenmasse haben. Ein Fehlbetrag von 0,4% an Trockenmasse muß durch mindestens $1/_2$ mal so großen Mehrbetrag an Fett ausgeglichen sein, sofern Gehalt an fettfreier Trockenmasse nicht weniger als 8,5% beträgt. Zweifelhafte Fälle sind durch Stallproben zu klären. Besondere Bestimmungen sind für den Milchverkehr, für den erlaubnispflichtigen gewerbsmäßigen Milchhandel vorgesehen. Gefäße müssen deutlich bezeichnet sein, Kannen müssen sauber, frei von schädigenden Metallen (gut verzinnt) sein. Besondere Vorschriften regeln den Verkehr mit Kinder- oder Krankenmilch, der einer besonderen Erlaubnis bedarf. Auch die Haltung und Pflege der Milchtiere, auch die beschäftigten Personen müssen hier Gewähr bieten, daß hygienisch einwandfreie Milch geliefert wird.

Die Bezeichnung der Milch muß der Wahrheit entsprechen. Magermilch muß deutlich gekennzeichnet sein.

Rahm durch Stehenlassen oder durch Zentrifugieren gewonnen, muß 35% Fett (Ausnahme „Rahm zur Weiterverarbeitung") enthalten (in Deutschland Sahne 10%, Schlagsahne 28%). Zusätze sind verboten.

Kefir, Yoghurt sind aus gekochter Milch herzustellen. Milchkonserven, als Kondensmilch oder Milchpulver, mit oder ohne Zucker gewonnen, müssen deutlich bezeichnet sein; anzugeben ist, woraus sie bestehen. Trockenvollmilch muß mindestens 25% Fett (in Deutschland ebenso) enthalten. Nachmachen von Milch und Milcherzeugnissen (ausgenommen Margarine und Kunstkäse) ist verboten.

Gesetze: Verordnung, betr. den Verkehr mit Lebensmitteln und Gebrauchsgegenständen, vom 23. Februar 1926[2] (Eidgen. Gesetzs-Nr. 6 S. 41). Artikel 20—38. Diese Bestimmungen sind abgeändert und ergänzt durch die Bundesratsbeschlüsse vom 14. April 1927[3], 21. Oktober 1927[4], 27. März 1928[4], 22. Juli 1930[5] und 20. November 1931[6].

12. Spanien.

Milch (leche) ist von gesunden, gut genährten Kühen zu gewinnen und erst wenn Bildung der Colostrummilch aufgehört hat, ohne jede Änderung

---

[1] Letzte Änderung: Reichsgesundh.-Bl. 1933, 8, 446.
[2] Reichsgesundh.-Bl. 1927, 2, 100.   [3] Reichsgesundh.-Bl. 1927, 2, 486.
[4] Reichsgesundh.-Bl. 1928, 3, 183.   [5] Reichsgesundh.-Bl. 1930, 5, 678.
[6] Reichsgesundh.-Bl. 1932, 7, 243.

ihrer Zusammensetzung in den Verkehr zu bringen. Herkömmliche Behandlungsweisen, Pasteurisieren, Sterilisieren, Abkühlen, Gefrierenlassen und Trocknen sind gestattet; verboten ist die Milch verschiedenartiger Tiere zu vermischen. Kondensierte Milch darf mit Wasser in angemessenem Verhältnis verdünnt werden, muß aber als „leche reconstituida" bezeichnet werden. Zusatz von Konservierungsmitteln ist verboten.

Gesetze: Verordnung, betr. die Verhütung der Verfälschung von Nahrungsmitteln vom 22. Dezember 1908, abgeändert durch die Kgl. Verordnung über Anforderungen an Lebensmittel sowie an die zugehörigen Papiere, Geräte und Gefäße vom 17. September 1920 mit Ergänzungen vom 26. April und 5. September 1922 und 25. Januar und 7. August 1923[1].

13. Vereinigte Staaten von Amerika.

Milch ungefähr entsprechend dem deutschen Gesetz das gesamte frische Gemelk von gesunden, sauber gehaltenen, guternährten Kühen, das 15 Tage vor und 5 Tage nach dem Kalben gewonnen ist. Begriffe wie Vollmilch, Markenmilch, Vorzugsmilch sind nicht vorhanden, dagegen Homogenisierte und Pasteurisierte Milch. Als Pasteurisierungsverfahren ist nur aufgeführt die Dauerpasteurisierung bei 142° F (61,1° C) auf die Dauer von mindestens 30 Minuten, dann auf mindestens 50° F (10° C) abgekühlt. Entgegen dem Deutschen Milchgesetz sind auch Ziegenmilch und Schafmilch als frische, saubere, colostrumfreie Gemelke von gesunden, gut ernährten und gehaltenen Tieren aufgeführt.

Als Milcherzeugnisse kommen in Betracht: Magermilch, Buttermilch (8,5% fettfreie Milchtrockensubstanz) daneben Kulturbuttermilch (Trockensubstanz wie zuvor) durch Säuerung von Magermilch mit Milchsäurebakterienkulturen gewonnen. Evaporierte Milch entspricht der deutschen ungezuckerten Kondensmilch (Gehalte an Fett mindestens 7,8, Milchtrockensubstanz 25,5, Summe beider mindestens 33,7%, gegenüber der deutschen Kondensmilch mit mindestens 7,5% Milchfett und 17,5% fettfreie Trockenmasse wesentlich höher). Gesüßte kondensierte Milch entspricht der deutschen gezuckerten Kondensmilch, auch hier ähnliche Gehalte an Milchfett 8 und 8,3% (Deutschland etwas höher) und an Milchtrockenmasse 28 und in Deutschland 27%. Weitere Begriffsbestimmungen betreffen Evaporierte Magermilch (mindestens 20% Trockensubstanz) und gesüßte kondensierte Magermilch (mindestens 24% Milchtrockensubstanz). Trockenmilch (mindestens 26% Milchfett, in Deutschland 25, Wassergehalt höchstens 5, in Deutschland 4%). Trockenmagermilch (höchstens 5, in Deutschland 6% Wasser). Eine weitere Begriffsbestimmung betrifft Malzmilch, ein Erzeugnis aus Vollmilch und einer Maische aus Gersten- oder Weizenmalz mit oder ohne Zusatz von Natriumchlorid, Natriumbicarbonat oder Kaliumbicarbonat (zur Entwicklung der enzymatischen Wirkung des Malzauszuges), Milchfettgehalt mindestens 7,5%, Wassergehalt höchstens 3,5%. Süße Sahne muß frisch und sauber sein und mindestens 18% Milchfett (in Deutschland 10) und höchstens 0,2% sauer reagierende Stoffe (als Milchsäure) enthalten. Schlagsahne muß mindestens 30% (in Deutschland 28) Milchfett enthalten. Es folgen 2 Begriffsbestimmungen, die im deutschen Gesetz fehlen, homogenisierte und evaporierte Sahne, das deutsche Gesetz hat dagegen eine Sterilisierte Sahne und Sterilisierte Schlagsahne.

Gesetze: Ausführungsbestimmungen zum Lebensmittel- und Drogengesetz[2] vom 15. November 1928[3], 29. August und 10. November 1931[4]. — Das Gesetz über die Einfuhr von Milch (Import Milk Act) vom 15. Februar 1927 mit Ausführungsbestimmungen vom 12. Juli 1927 bestimmt, daß Milch nur mit Genehmigung des Landwirtschaftssekretärs

---

[1] Veröffentl. Reichsgesundh.-Amt 1925, 502.   [2] Vgl. Bd. I, S. 1349.
[3] Reichsgesundh.-Bl. 1929, 4, 425.   [4] Reichsgesundh.-Bl. 1932, 7, 255.

in das Gebiet der Vereinigten Staaten eingeführt werden darf. Die Milch muß den Anforderungen der Vereinigten Staaten genügen und mit einem besonderen Zeugnis des Herkunftslandes versehen sein. — Ein Gesetz über Kunstmilch (Filled Milk Act) vom 4. März 1923 verbietet die Herstellung von Kunstmilch und Kunstsahne.

II. Butter.

Über Butter sind im allgemeinen wenige gesetzliche Bestimmungen ergangen. Meist wenden diese sich gegen die Verfälschungen von Butter durch Zusatz anderer oder ähnlicher Fette, durch Margarine, zu hohen Wassergehalt; in den meisten Ländern darf der Wassergehalt 16% nicht überschreiten (in Deutschland ungesalzene Butter 18%, gesalzene Butter 16% Wasser). Kochsalzzusatz ist gestattet, andere Konservierungsmittel sind im allgemeinen verboten. Butter darf nicht ranzig, talgig, schimmelig sein.

1. Österreich.

Das Österreichische Lebensmittelbuch behandelt in Heft 19 die Butter ausführlich, gibt eine Beschreibung der Beschaffenheit und Zusammensetzung der Butter, stellt die Kennzahlen und ihre Grenzwerte fest und bringt nach einer Aufzählung vier verschiedene Qualitäten, die als I Teebutter, II Tafel-, Tischbutter, III Kochbutter und IV (schlecht) Einschmelzbutter charakterisiert sind, eine Aufzählung der Butterfehler und Vorschriften für die chemische, mikroskopische und bakteriologische Untersuchung. Den Schluß bildet die Beurteilung auf Grund der Untersuchungsergebnisse, die Regelung des Verkehrs und die Verwendung beanstandeter Butter. Verfälscht ist Butter, die Fremdfett, über 3% Kochsalz, über 18% Wasser (Butterschmalz höchstens 5%), nicht zugelassene Farben und Konservierungsmittel enthält. Falsch bezeichnet ist Butter, deren Bezeichnung und Qualität nicht übereinstimmen, die nicht reine Kuhbutter ist oder „aufgefrischte" Butter enthält.

Gesetze: Bestimmungen aus dem Gesetz, betr. den Verkehr mit Butter, Käse, Butterschmalz, Schweineschmalz (Margarinegesetz), vom 25. Oktober 1901 [1] (RGBl. 1902, Nr. 26). Vorschriften aus dem Lebensmittelgesetz vom 16. Januar 1896 [2]. Vgl. auch die Ministerialverordnung vom 17. Januar 1906 (RGBl. Nr. 142) über Verwendung von Farben und gesundheitsschädlichen Stoffen in Lebensmitteln.

2. Belgien.

In Belgien darf nur kontrollierte Butter in den Verkehr kommen. Die Butter muß eine Reichert-Meissl-Zahl nicht unter 25; eine Refraktometerzahl bei 40° unter 44; eine kritische Auflösungstemperatur in Alkohol von 99,1° (Gay Lussac) unter 59°; ein Spez. Gewicht nicht unter 0,864 bei 100°; einen Gehalt an unlöslichen und festen Fettsäuren (Hehner) unter 89,5 und eine Verseifungszahl (Köttstorfer) über 221 haben. Butter, die an anderen Stoffen als Fett und Salz, mehr als 18% enthält, darf nur in den Verkehr kommen, wenn sie in bestimmten Packungen gehandelt wird (im Kleinhandel in Papier oder Karton kreuzweise verschnürt) und mit eingerahmter Bezeichnung in französischer und flämischer Sprache:

> Mit Wasser gemischte Butter.
> Anzeige:
> Diese Butter enthält ...% Wasser, Casein, Milchzucker.
> Eine reine Butter enthält davon nicht mehr als 18%.

---

[1] Veröffentl. Reichsgesundh.-Amt 1902, 506.
[2] Vgl. Bd. I, S. 1326.

Gesetze: Kgl. Verordnung vom 20. Oktober 1903[1] (Moniteur Belge S. 5321), betr. den Verkehr mit Butter, Margarine und Speisefetten, abgeändert am 18. September[2] und 21. November 1904[3] (Moniteur Belge S. 2903 und 5877). — Vgl. auch Kgl. Verordnung, betr. Bewilligungsverfahren für die Einfuhr von Tieren der Rinder-, Schweine- und Schafrassen, von Fleisch, Milch, Butter u. a. Milcherzeugnissen vom 22. Mai 1933[4] und ein dieselbe Angelegenheit betreffendes Rundschreiben des Finanzministeriums vom 25. Mai 1933. Siehe auch unter Margarine.

3. Dänemark.

Butter (smør) wird in Dänemark scharf überwacht. Dänische Qualitätsbutter ist mit der Hörnermarke (Lurmaerket) versehen. Für das Ausland bestimmte Butter muß die Worte „dansk smør" oder die entsprechende Übersetzung in der Sprache des Einfuhrlandes tragen. Auch auf Kontrollzetteln ist diese Bezeichnung anzubringen. Butter aus pasteurisierter Sahne ist besonders zu bezeichnen. Butter darf nicht mehr als 16% Wasser enthalten; enthält sie mehr Wasser (aber nicht über 20%), so ist sie als „Vandsmør" (Wasserbutter) zu bezeichnen. Nach Dänemark eingeführte Butter ist als ausländisch („Udenlandsk") zu kennzeichnen. Wird solche Butter in Dänemark umgepackt, so muß die als „Ikke dansk", „Not danish" oder „No danesa" gekennzeichnet werden. Werden die Bestimmungen der Verordnung und besonders die Kennzeichnungsvorschriften nicht genau befolgt, so wird dem Hersteller die Marke entzogen.

Gesetze: Gesetz Nr. 129 vom 12. April 1911[5], betr. den Handel mit Butter und landwirtschaftlichen Erzeugnissen ausländischen Ursprungs. Vgl. auch die Kgl. Verordnung vom 17. November 1911[6]. Bekanntmachung des Landwirtschaftsministers, betr. Kennzeichnung dänischer und ausländischer Butter vom 24. Juli 1925[7]. Änderung der Bekanntmachung des Landwirtschaftsministers vom 24. Juli 1925 über die Bezeichnung dänischer und ausländischer Butter, vom 25. April 1929[8]. Gesetz Nr. 109, betr. Ergänzung des Gesetzes, vom 12. April 1911, 10 April 1926[9] über den Handel mit Butter und landwirtschaftlichen Erzeugnissen ausländischen Ursprungs. Bekanntmachung, betr. die Ausfuhr von Butter, vom 29. Oktober 1926, Gesetz Nr. 338 über die gesetzliche Buchung des Handels mit Butter und landwirtschaftlichen Erzeugnissen ausländischen Ursprungs vom 28. Juni 1920.

4. England.

Die Minister für Landwirtschaft und für die öffentliche Gesundheit stellen Grundsätze darüber auf, was als Butter anzusehen ist, wie sie behandelt werden darf und welche Zusätze sie erhalten darf. In Butterbetrieben dürfen Stoffe, die zur Verfälschung dienen können, nicht vorhanden sein. Der Wassergehalt von Butter darf nicht über 16% betragen. Verbotene Konservierungsmittel dürfen in Butter nicht vorhanden sein. Salz und gewisse Farbstoffe dürfen Butter zugestzt werden. Neben Butter kennt das englische Gesetz „milchvermischte Butter", das ist ein durch Vermischen von Butter mit Milch oder Sahne (nicht kondensierter Milch oder kondensierter Sahne) oder durch Zusatz dieser Stoffe zu Butter gewonnenes Erzeugnis. Milchvermischte Butter muß genau bezeichnet sein, sie darf nicht mehr als 24% Wasser enthalten.

Gesetze: Gesetz, betr. Verfälschung der Lebensmittel und Arzneimittel, vom 3. August 1928[10]. Gesetz über den Verkehr mit Butter und Margarine vom Jahre 1907[11]. — Gesetz über die öffentliche Gesundheitspflege von 1875, mit Änderungen von 1890 und 1907. (Konservierungsmittel, Farben.) Zu diesem Gesetz: Vorschriften über Konservierungsmittel und Farben für Lebensmittel, vom 4. August 1925, 10. Dezember 1926, 25. Juni 1927[12].

---

[1] Veröffentl. Reichsgesundh.-Amt 1904, 209.
[2] Veröffentl. Reichsgesundh.-Amt 1904, 1300.
[3] Veröffentl. Reichsgesundh.-Amt 1905, 157.
[4] Reichsgesundh.-Bl. 1933, 8, 940.   [5] Veröffentl. Reichsgesundh.-Amt 1912, 751.
[6] Veröffentl. Reichsgesundh.-Amt 1912, 756.
[7] Reichsgesundh.-Bl. 1926, 1, 358.   [8] Reichsgesundh.-Bl. 1929, 4, 620.
[9] Reichsgesundh.-Bl. 1930, 5, 719.   [10] Vgl. Bd. I, S. 1333.
[11] Veröffentl. Reichsgesundh.-Amt 1908, S. 48.   [12] Vgl. unter Käse S. 576.

5. Frankreich.

Butter soll nur 18% Nichtfettbestandteile und höchstens 16% Wasser enthalten. Färbung mit pflanzlichen Stoffen ist gestattet, ebenso das Salzen mit reinem Handelssalz (Höchstmenge 10 g Salz auf 100 g Butter); derartige Butter muß aber als gesalzen gekennzeichnet sein. Daneben kommt halbgesalzene Butter (5 g auf 100 g) in Betracht. Zusatz einer kleinen Menge reinen Handelssalpeters und von Zucker ist nicht zu beanstanden. Wird Butter mit Milch und Natriumbicarbonat umgeknetet, so muß sie als „renovierte Butter" gekennzeichnet sein (nach deutschem Gesetz nachgemachte Butter). Zum Waschen der Butter darf nur Trinkwasser Verwendung finden. Andere Stoffe, als die zuvor genannten dürfen für die Herstellung und Haltbarmachung von Butter nicht verwendet werden.

Gesetze: Gesetz über die Unterdrückung des Betruges beim Warenhandel und die Verfälschung von Lebensmitteln und landwirtschaftlichen Erzeugnissen, vom 1. August 1905[1]. — Ausführungsbestimmungen zu dem Gesetz vom 23. Juli 1907 (Abänderung des Gesetzes vom 16. April 1897)[2], betr. die Unterdrückung des Betruges beim Butterhandel und bei der Herstellung von Margarine, vom 29. August 1907 (Journ. offic. vom 5. September 1907)[3]. — Rundschreiben der Generaldirektion der indirekten Steuern, betr. die Unterdrückung des Betruges beim Handel mit Butter und Margarine. Vom 20. September 1907[4]. — Verordnung des Präsidenten der Republik, betreffend die Anwendung des Gesetzes zur Unterdrückung des Betruges beim Warenhandel usw. vom 1. August 1905 auf den Verkehr mit Milch und Milcherzeugnissen. Vom 25. März 1924[5]. — Änderung des Gesetzes vom 16. April 1897/23. Juli 1907, betr. die Bekämpfung des Betruges beim Handel mit Butter und bei der Herstellung von Margarine vom 28. Februar 1931[6]. Vgl. auch die Verordnung, betr. Ursprungsbezeichnungszwang, vom 4. August 1933[7].

6. Italien.

Besondere Bestimmungen für den Verkehr mit Butter sind in Italien nicht erlassen. Der Verkehr wird lediglich durch Artikel 42 des allgemeinen Gesundheitsgesetzes[8] geregelt. Vgl. auch unter „Margarine".

7. Jugoslawien.

Butter ist ausschließlich aus Kuhmilch herzustellen. Schimmelige, ranzige, verdorbene Butter oder solche mit Säuregraden über 18 ist verboten (Teebutter höchstens 5 Säuregrade). Butter muß mindestens 80% Fett enthalten; Färben der Butter ist nicht gestattet; Kochsalz ist nur unter sichtbarer Kennzeichnung zulässig; Konservierungsmittel sind verboten. Hausierhandel mit Butter darf nicht stattfinden. Schmelzbutter (Maslo) ist geschmolzene und darauf wieder abgekühlte Butter (Maslac); sie muß mindestens 90% Fett enthalten. Ranzige oder mit Wasser bearbeitete Schmelzbutter darf nicht in den Verkehr gebracht werden, auch ihre Färbung ist verboten. Für Butter und Schmelzbutter dürfen fremde tierische oder pflanzliche Fette, Konservierungsmittel (Bor-, Benzoe- oder Salicylsäure, Formaldehyd usw.), Stoffe zur Erhöhung des Gewichts (Stärke, Mehl, zerdrückte Kartoffeln usw.) nicht beigemischt werden. Kochsalzgehalt höchstens 3%, Wassergehalt höchstens 16% (Schmelzbutter 5%).

Gesetze: Lebensmittelgesetz vom 8. Februar 1930[9]; Ausführungsbestimmungen zum Lebensmittelgesetz vom 3. Juni 1930[10]. — Vgl. auch Gesetz vom 31. Dezember 1931[11].

[1] Vgl. Bd. I, S. 1334. [2] Veröffentl. Reichsgesundh.-Amt 1900, 1123.
[3] Veröffentl. Reichsgesundh.-Amt 1907, 1142.
[4] Veröffentl. Reichsgesundh.-Amt 1908, 647.
[5] Veröffentl. Reichsgesundh.-Amt 1925, 153.
[6] Reichsgesundh.-Bl. 1931, 6, 658. [7] Reichsgesundh.-Bl. 1934, 9, 78.
[8] Vgl. Bd. I, S. 1338. [9] Vgl. Bd. I, S. 1338.
[10] Reichsgesundh.-Bl. 1932, 7, 531. — Deutsch. Handelsarch. 1932, 1166.
[11] Reichsgesundh.-Bl. 1933, 8, 840.

8. Niederlande.

Für den Verkehr mit Butter kommen außer den Bestimmungen des Gesetzes zur Regelung der Prüfung und Bezeichnung von Waren (Warengesetz) vom 19. September 1905[1], das Gesetz, betr. die Verhütung des Betruges im Butterhandel (Buttergesetz) vom 13. August 1908[2], der Erlaß, betr. Ausführungsbestimmungen zu Artikel 2, 5, 8 und 19 dieses Gesetzes, vom 28. Oktober 1909[3], die Verfügung des Ministers für Landwirtschaft, Gewerbe und Handel, betr. Vorschriften über die gerichtliche Untersuchung von Butter- und Margarineproben, vom 14. März 1910[4], desgleichen vom 18. März 1910[4]. Vgl. auch das Gesetz, betr. die Herstellung und den Vertrieb von Gemengen von Butter mit anderen Fetten vom 7. Juni 1919[5]. — Gesetz, betr. Maßnahmen gegen Verfälschung von Butter-Ersatzmitteln vom 19. Mai 1930[6].

9. Norwegen.

Der Butterverkehr wird in Norwegen durch Bestimmungen geregelt, die in verschiedenen Gesetzen enthalten sind. Das Gesetz über die Qualitätskontrolle für landwirtschaftliche Erzeugnisse, vom 8. August 1924[7] gibt die Ermächtigung zum Erlaß von Festsetzungen für Butter. Dies ist geschehen durch die Verordnung, betr. die Überwachung der Ausfuhr von Butter, Käse und Molkenkäse, vom 1. Februar 1930[7]. Die Kennzeichnung der norwegischen Butter ist das „Norsk firklöver" (norwegische 4 blättrige Kleeblatt). Ohne dieses Zeichen darf norwegische Butter nicht ausgeführt werden.

10. Schweden.

In Schweden sind Bestimmungen für die Regelung des Verkehrs mit Butter, soweit nicht das Strafgesetz in Frage[8] kommt, in der Verordnung, betr. das Verbot gewisser Anwendungen irreführender Bezeichnungen beim Handel mit Lebensmitteln, vom 29. Juni 1917[9] mit Änderung vom 14. Juni 1928[10] enthalten. Weiter kommen in Betracht: Bekanntmachung, betr. die Überwachung der Einfuhr von Butter und des Handels damit, vom 30. Juli 1927[11]; Bekanntmachung betr. Vorschriften für die Ausfuhr von Butter, vom 15. Dezember 1922[12], mit Änderung vom 5. März 1926[13], Verordnung über den zulässigen Wasserhöchstgehalt der Butter, vom 14. Juni 1928[14] (16% Wasser). Vgl. auch die Kundmachungen vom 7. April 1922, 30. November 1923, 18. Juni 1926, betr. Änderung der Giftverordnung, vom 7. Dezember 1906[15].

11. Schweiz.

Butter ist lediglich die aus Kuhmilch ohne Zusatz anderer Fette hergestellte Ware. Tafelbutter ist Butter mit vollkommen reinem Geschmack und Geruch, Säuregrade nicht über 5. Butter, die diesen Anforderungen nicht entspricht, muß als „Kochbutter" bezeichnet werden. Auf geformten („gemodelten") Stücken ist das Nettogewicht anzugeben (höchstens 3% Differenz geduldet).

---

[1] Vgl. Bd. I S. 1340.   [2] Veröffentl. Reichsgesundh.-Amt 1909, 40.
[3] Veröffentl. Reichsgesundh.-Amt 1910, 216.
[4] Veröffentl. Reichsgesundh.-Amt 1910, 441.
[5] Veröffentl. Reichsgesundh.-Amt 1919, 518.   [6] Reichsgesundh.-Bl. 1930, 5, 815.
[7] Reichsgesundh.-Bl. 1930, 5, 376.   [8] Vgl. Bd. I, S. 1343.
[9] Veröffentl. Reichsgesundh.-Amt 1917, 605.   [10] Reichsgesundh.-Bl. 1928, 3, 687.
[11] Deutsches Handelsarch. 1927, 2111.   [12] Reichsgesundh.-Bl. 1926, 1, 683.
[13] Reichsgesundh.-Bl. 1926, 1, 684.   [14] Reichsgesundh.-Bl. 1928, 3, 687.
[15] Veröffentl. Reichsgesundh.-Amt 1907, S. 662; Reichsgesundh.-Bl. 1928, 3, 508; 1929, 4, 761.

Fettgehalt mindestens 82%. Als Konservierungsmittel nur Kochsalz (höchstens 2%) unter der Bezeichnung „gesalzen" zugelassen. Gelbfärben ist gestattet; die Butter darf aber nicht als „Grasbutter" oder „Maibutter" verkauft werden. Behandlung mit Chemikalien, Natriumcarbonat ist verboten. Butter von maul- und klauenseuchekranken Tieren muß „eingesotten" werden, wenn der Rahm nicht zuvor pasteurisiert worden ist. Hausieren mit Butter ist verboten (Kantonale Ausnahmen).

Gesetze: Verordnung, betr. den Verkehr mit Lebensmitteln und Gebrauchsgegenständen, vom 23. Januar 1926[1], abgeändert durch Bundesratsbeschlüsse vom 14. April 1927[2], 21. Oktober 1927[3], 27. März 1928[4] und 22. Juli 1930[4].

12. Spanien.

Butter (mantequilla) nur Bezeichnung für Milchfett aus Kuhmilch (andere, z. B. Ziegen-, Schafbutter, müssen genau bezeichnet werden). Wassergehalt darf 16% nicht übersteigen. Säuregrade von Tafelbutter nicht über 8, bei Kochbutter nicht über 20. Rein mechanische und physikalische Behandlungsverfahren sind zulässig. Färbung ist gestattet, Kochsalzgehalt darf 10% betragen.

Gesetze: Kgl. Verordnung, betr. die Verhütung der Verfälschung von Nahrungsmitteln, vom 22. Dezember 1908, abgeändert durch Kgl. Verordnung über Anforderungen an Lebensmittel sowie an die zugehörigen Papiere, Geräte und Gefäße, vom 17. September 1920, mit Ergänzungen vom 26. April und 5. September 1922 und vom 25. Januar und 7. August 1923[5].

13. Vereinigte Staaten von Amerika.

Butter ist das unter diesem Namen im Handel bekannte ausschließlich aus Milch oder Sahne oder aus beiden genannten Stoffen mit oder ohne Zusatz von Speisesalz und Farbstoffen hergestellte Erzeugnis. Butter muß mindestens 80% Milchfett (unter Berücksichtigung der Fehlergrenze) enthalten. In Deutschland sind für gesalzene Butter 16, für ungesalzene 18% Wasser zugelassen.

Gesetze: Ausführungsbestimmungen zum Lebensmittel- und Drogengesetz vom 15. November 1928, 29. August und 10. November 1931[6]. Vgl. das Buttergesetz (Butter Standard Act) vom 4. März 1923. Das Gesetz über verfälschte und aufgefrischte Butter (adulterated Butter and Process or Renovated Butter Act) vom 9. Mai 1902 (solche Butter unterliegt einer besonderen Steuer.)

III. Käse.

Aus Milch durch Säuerung oder durch Lab ausgeschiedenes Casein in ungereiftem oder gereiftem Zustand wird in allen gesetzlichen Vorschriften als Käse bezeichnet; ist ein Teil des Fettes nicht aus Milch gewonnen, so muß der Käse als Margarinekäse bezeichnet werden. Ist für Käse andere Milch als Kuhmilch verwendet, so muß genaue Bezeichnung des Käses als Ziegen-, Schaf- usw. Käse erfolgen, sofern nicht aus dem Namen des Käses bereits hervorgeht, aus welcher Milchart er hergestellt ist (z. B. Roquefort, Käse aus Schafmilch).

1. Österreich.

Es sollen an Fett in der Trockenmasse mindestens enthalten:

	Überfette (Rahm-) Käse	Fett- (Vollfett-) Käse	³/₄fette Käse	¹/₂fette Käse	¹/₄fette Käse	Magerkäse
Fett	50	40	30	20	10	>10%

Schimmel (wo nicht besondere Kulturen des Käseschimmels besonders erwünscht sind, z. B. Gorgonzolakäse) bitterer Geruch, Geschmack, Fliegenmaden usw.

---

[1] Vgl. Bd. I, S. 1344. [2] Reichsgesundh.-Bl. 1927, 2, 486.
[3] Reichsgesundh.-Bl. 1928, 3, 183. [4] Reichsgesundh.-Bl. 1930, 5, 678.
[5] Vgl. Veröffentl. Kais. Gesundh.-Amt 1925, 502. [6] Vgl. unter Milch S. 569.

dürfen nicht vorhanden sein. Schädliche Metalle (ausgenommen etwas Kupfer im Parmesankäse) dürfen nicht enthalten sein.

Margarinekäse ist deutlich zu bezeichnen. Er muß mindestens 5% Sesamöl enthalten. Der Käse muß in Würfelform in den Verkehr kommen. Das neue österreichische Lebensmittelbuch II enthält die neuen Bestimmungen über Käse noch nicht.

Gesetze: Siehe unter Butter und Margarine.

2. Belgien.

Käse dürfen nur enthalten Salz, Farbstoff und Gewürze; alle anderen Stoffe müssen gekennzeichnet sein, z. B. Kartoffelkäse, Brotkäse, Oleomargarinekäse. Diese Vorschrift gilt nicht für Roquefortkäse, dem eine kleine Menge Brotkrumen zugesetzt wird. Andere Mineralstoffe als Kochsalz und Konservierungsmittel sind verboten. Kgl. Verordnung, betr. den Verkehr mit Käse, vom 31. August 1899[1].

3. Dänemark.

Der Verkehr mit Käse ist geregelt durch die Verordnung über Herstellung, die Ausfuhr und den Handel mit Käse, vom 2. Juni 1921[2], Neufassung vom 2. Juni 1928[3]. Weiter kommt in Betracht das Gesetz über die Ausfuhr von Käse, vom 11. März 1921[4]. Die Käse sind in verschiedene Typen geordnet, und zwar

a) Hartkäse müssen an Fett in der Trockenmasse mindestens und dürfen an Wasser höchstens enthalten:

Type	1	2	3	4	5	6 (Magerkäse)
Fett . . .	45	40	30	20	10	—%
Wasser . .	50	52	54	57	59	60%

Emmentaler und Cheddarkäse dürfen nur nach Type 1; dänischer Schweizerkäse nur nach Type 1, 2 und 3; Gouda, Edamer, Tilsiter, Steppe und Tafelkäse nur nach 1, 2, 3 und 4; Meiereikäse nach Type 3, 4 und 5 hergestellt werden.

b) Weichkäse müssen an Fett in der Trockenmasse mindestens und dürfen an Wasser höchstens enthalten.

Type	7	8	9
Fett	45	30	20%
Wasser . . .	60	60	60%

Camembert darf nur nach Type 7; Limburger nach Type 7, 8 und 9 hergestellt werden. Roquefort soll mindestens 50% Fett i. T. und höchstens 52% Wasser, Gervaiskäse 50% Fett i. T. und höchstens 60% Wasser im Käse enthalten. Rohcasein und Quark (frische Käsemasse darf höchstens 65% Wasser enthalten, Säurequark höchstens 70% Wasser). Für Molken-, Kloster-, Appetit-, grünen Käse und Rygeost, Sauermilchkäse sind Wassergehalte nicht vorgeschrieben. Für die Käse ist Kennzeichnung notwendig, Marke und die vom Landwirtschaftsminister verliehene Nummer, %-Gehalt des Fettes, Käsetyp, ausgenommen Magerkäse, Wochennummer (1—52) der Erzeugung. Für die Typen 1—5 sind 2 Stempel erforderlich (Stempel 1 Kontrollnummer der Meierei, Type und Fettgehalt, Stempel 2 Wochennummer der Herstellung) und zwar für Typen 1 und 5 dreieckige Stempel, für Typen 2, 3 und 4 sechs-, viereckig und kreisrund, Type 6 nur Nummer und Angabe der Meierei ohne Einrahmung. Rohcasein und Quark dürfen nur aus Zentrifugenmagermilch hergestellt werden; wenn sie gepreßt werden, so soll die Form zylindrisch sein.

---

[1] Veröffentl. Reichsgesundh.-Amt 1900, S. 26.
[2] Veröffentl. Reichsgesundh.-Amt 1922, 246.
[3] Reichsgesundh.-Bl. 1928, 3, 686.   [4] Veröffentl. Reichsgesundh.-Amt 1922, 245.

4. England.

Für Käse bestehen keine besonderen gesetzlichen Vorschriften; Käse darf nur aus Milch hergestellt sein; genau unterschieden werden muß zwischen Käse und Margarinekäse, welcher letztere genau gekennzeichnet sein muß. Zusatz von Farbstoff ist gestattet; die Verwendung von Konservierungsmitteln ist grundsätzlich verboten. Nicht unter den Begriff „Konservierungsmittel" im Sinne der Verordnung über Konservierungsmittel und Farben für Lebensmittel vom 4. August 1925[1], 10. Dezember 1926[2] und 25. Juni 1927 fallen Speisesalz, Salpeter, Zucker, Milchsäure, Essig, Essigsäure, Glycerin, Alkohol. Der Minister für Landwirtschaft und Fischerei kann Vorschriften über die Zusammensetzung von Käse erlassen. Vgl. Teil II des Gesetzes, betr. Verfälschung der Lebensmittel und Arzneimittel, vom 3. August 1928[3].

5. Frankreich.

Casein ist nach der Verordnung des Präsidenten der Republik, betr. die Anwendung des Gesetzes zur Unterdrückung des Betruges beim Warenhandel usw., vom 1. August 1905 und den Verkehr mit Milch und Molkereierzeugnissen vom 25. März 1924[4] der eiweißähnliche Stoff der Milch, der durch Trocknung des nach dem Abtropfen und Waschen gewonnenen Gerinnsels aus völlig abgerahmter Milch entsteht. Nur reines Casein kann für Genußzwecke in Frage kommen. Wenn die Menge der Salze 8% des Trockencaseins nicht übersteigt, sind Zusätze von Natriumbicarbonat und Natriumphosphat gestattet.

Käse muß richtig bezeichnet sein. Käse mit weniger als 15% Fett in der Trockenmasse ist als „Magerkäse" zu bezeichnen. Die Bezeichnung „fromage double crème" darf nur für Käse verwendet werden, der mindestens 60% Fett in der Trockenmasse enthält. Fettkäse, „fromage gras", „fromage à pâte grasse" müssen mindestens 40% Fett i. T. enthalten. Zusatz von reinem Salz, Aromastoff, Gewürz, Kulturen von Schimmel, pflanzlichen Farbstoffen sowie das Bestäuben mit natriumbicarbonathaltigem Kochsalz ist gestattet. Das Glasieren mit Paraffin oder gefärbtem Paraffin ist erlaubt (vgl. Vorschriften des Dekrets vom 15. April 1912[5]). Die Herstellung von Käse aus anderem Fett als Butter ist gestattet, wenn die Kennzeichnung „Margarinekäse", „mit Pflanzenfett hergestellt" für den Käufer deutlich erkennbar angebracht wird. Vgl. auch Rundschreiben des Landwirtschaftsministers an die Direktoren der Nahrungsmitteluntersuchungsanstalten, betr. die Anwendung von Konservierungsmitteln, insbesondere Borsäure, bei Käse und Lab vom 19. Juli 1910[6].

6. Italien.

Das Gesetz, betr. die Bekämpfung der Käseverfälschung, vom 17. Juli 1910[7] behandelt insbesondere Margarinekäse, der auf der Außenseite mit unzerstörbarer Farbe bestrichen und als „fromaggio margarinato" bezeichnet sein muß. Für die Färbung sind in dem Gesetz besondere Vorschriften in Aussicht gestellt. Die Ausführungsbestimmungen zu diesem Gesetz, vom 4. Juni 1911[8], schreiben vor, daß der Farbstoff aus Victoria Scharlachrot (rosso scarlato vittoria) bestehen und das Wort „Margarinato" durch Stempel aufgedruckt sein muß. Auch Untersuchungsvorschriften sind angegeben, unter anderen sollen Fettgehalt, Art des

---

[1] Veröffentl. Reichsgesundh.-Amt 1925, 968.
[2] Reichsgesundh.-Bl. 1927, 2, 454.   [3] Reichsgesundh.-Bl. 1929, 4, 327.
[4] Veröffentl. Reichsgesundh.-Amt 1925, 153.
[5] Veröffentl. Reichsgesundh.-Amt 1912, 878.
[6] Veröffentl. Reichsgesundh.-Amt 1910, 1069.
[7] Veröffentl. Reichsgesundh.-Amt 1910, 1146.
[8] Veröffentl. Reichsgesundh.-Amt 1911, 1210.

Fettes, REICHERT - MEISSL - Zahl bestimmt werden. Bei flüchtiger Säurezahl unter 18 ist Margarine vorhanden, bei 18—24 ist der Käse verdächtig, bei einer Zahl über 24 ist der Käse unverfälscht; Brechungsindex über 48 zeigt Margarine an.

7. Jugoslawien.

Käse muß genau gekennzeichnet sein und wenn nicht schon der Name angibt, daß es sich um Schafkäse oder Ziegenkäse handelt, auch nach der Milchart bezeichnet werden, aus der er hergestellt ist. Nach dem Fettgehalt werden nach ihrem Mindestfettgehalt in der Trockenmasse unterschieden:

	Sahnekäse	Vollfettkäse	$^3/_4$ Fettkäse	$^1/_2$ Fettkäse	$^1/_4$ Fettkäse
Fett . . .	55	45	35	25	15%

Käse, deren Fett nicht oder nur zum Teil aus Milch stammt, muß unter der Bezeichnung „Kunstkäse" in den Verkehr gebracht werden. Färbung des Käses ist erlaubt, Kunstkäse muß rot gefärbt sein. Maßgeblich für den Verkehr mit Käse sind die Ausführungsbestimmungen zum Lebensmittelgesetz vom 3. Juni 1930[1], Art. 37—43.

8. Niederlande.

Der Verkehr mit Käse wird geregelt durch die Käseverordnung vom 17. Dezember 1927 (St.Bl. Nr. 396)[2]. Das Gesetz, betr. Käsemarken, die von einer unter staatlicher Aufsicht stehenden Käsekontrollstation herrühren, vom 17. Juli 1911[3] ermächtigt den Minister für Landwirtschaft, Handel und Gewerbe, die Marken festzusetzen, die ausschließlich von den Mitgliedern der unter staatlicher Aufsicht stehenden Käsekontrollstation anzubringen sind. Änderungen vom 23. April 1918 und 1. Oktober 1919[4]. Margarinekäse vgl. Kgl. Verordnung vom 7. Juli 1932[5].

9. Norwegen.

Der Verkehr mit Käse ist besonderer Überwachung unterstellt; auch Norwegen hat besondere Typen von Käsesorten, nach denen die Käse gekennzeichnet sind und denen sie entsprechen müssen. Zu dem Gesetz, betr. die Qualitätskontrolle für landwirtschaftliche Erzeugnisse vom 8. August 1924[6] ist ein Erlaß des Landwirtschaftsdepartements, betr. die Überwachung der Ausfuhr von Butter, Käse, und Molkenkäse, vom 1. Februar 1930[6] ergangen. Wichtig sind auch die Bestimmungen des Gesetzes über Herstellung, Vertrieb sowie Ein- und Ausfuhr von Margarine, Margarinekäse, Kunstschmalz und Fettemulsion, vom 24. Juni 1931[7], in denen Kennzeichnung, besondere Herstellungs- und Lagerungsräume, Anmeldung usw. bei Margarinekäse und Margarinemolkenkäse gefordert werden. Auch Auslandsware muß gekennzeichnet sein.

10. Schweden.

Nach der Verordnung, betr. Kennzeichnung der Beschaffenheit von Käse, vom 23. Oktober 1925[8] muß vollfetter Käse mindestens 45% Fett und halbfetter 30% Fett in der Trockenmasse enthalten. Der vollfette Käse muß in der Mitte der Seitenkante, runder Käse rund um die Mitte einen roten, halbfetter Käse einen blauen 2 cm breiten Streifen haben. Ist der ganze Käse rot oder blau gefärbt, so muß der Kennzeichnungsrand eine deutlich davon abweichende andere Farbe haben. Auch auf der Umschließung ist der Kennzeichnungsrand anzubringen. Der wirkliche Fettgehalt ist anzugeben. Weiter

---

[1] Reichsgesundh.-Bl. 1932, 7, 531.　[2] Reichsgesundh.-Bl. 1928, 3, 828.
[3] Veröffentl. Reichsgesundh.-Amt 1911, 998.
[4] Veröffentl. Reichsgesundh.-Amt 1920, 628.
[5] Reichsgesundh.-Bl. 1933, 8, 230.　[6] Reichsgesundh.-Bl. 1930, 5, 376.
[7] Reichsgesundh.-Bl. 1932, 7, 52.　[8] Reichsgesundh.-Bl. 1926, 1, 766.

kommen in Betracht Vorschriften der Kgl. Landw. Verwaltung, betr. Kennzeichnung, Probenahme und Untersuchung von Käse für die Kontrolle des Käsehandels, vom 9. März 1926[1]. Die rote Farbe muß aus Eosin oder einem ähnlichen Farbstoff, die blaue aus Berlinerblau bestehen (vgl. Verordnung vom 23. Oktober 1925[2]. — Kgl. Verordnung, betr. Überwachung der Herstellung von Margarine, Margarinekäse, Fettemulsion und Kunstschmalz, sowie des Handels mit diesen Erzeugnissen, vom 30. Juni 1933/12. Mai 1933[3] schreibt vor, daß Margarinekäse mindestens 5% Sesamöl (auf den Fettgehalt berechnet) enthalten muß. Die Kennzeichnung „Margarinost", sowie Name des Herstelles muß in den Käse eingepreßt sein. Inlandskäse ist außen mit Aschenlauge und Orleans oder einem ähnlichen giftfreien Farbstoff dunkelrot zu färben.

11. Schweiz.

Käse aus anderer Milch als Kuhmilch muß gekennzeichnet sein, wenn nicht bereits der Name dies angibt (z. B. Roquefort). Schachtelkäse (Konservenkäse) ist die Bezeichnung für Schmelzkäse. Der Fettgehalt in der Trockenmasse muß mindestens betragen:

	Doppel-rahmkäse	Rahm-käse	Vollfett-käse	Fett-käse	$^3/_4$-Fett-käse	$^1/_2$-Fett-käse	$^1/_4$-Fett-käse
Fett . .	60	55	45	35	25	15%

Käse unter 15% Fett in der Trockenmasse ist als Magerkäse zu bezeichnen. Die Bezeichnung muß nicht nur auf der Umhüllung sondern auf allen Geschäftspapieren und Anpreisungen vorhanden sein. Käse wie Emmentaler, Gruyère, Parmesan muß, wenn er keine Fettgehaltsangabe trägt, vollfett sein. Kräuterkäse (Schabzieger) bedarf keiner Fettgehaltsangabe. Außer Kochsalz darf der Käse keine fremden Beimengungen enthalten (Ausnahme besondere Käsesorten, wie Kräuterkäse, Appenzeller-Käse, Roquefortkäse, Schachtelkäse usw., die den für die Spezialität üblichen Zusatz enthalten dürfen). Die Rinde darf nicht mit Mineralstoffen (Schwerspat usw.) beschwert sein. Das Hausieren mit Käse ist verboten (Kantonale Ausnahmen sind gestattet). Käse mit anderem als Milchfett müssen als „Kunstkäse" bezeichnet werden, die ganze Käsemasse muß deutlich rot gefärbt sein. Die übrigen für Margarine geltenden Vorschriften finden auf Kunstkäse entsprechende Anwendung. Die Vorschriften sind enthalten in der Verordnung, betr. den Verkehr mit Lebensmitteln und Gebrauchsgegenständen, vom 23. Februar 1926[4] mit mehreren Änderungen und Ergänzungen. Vgl. auch Bundesratsbeschluß vom 8. März 1923[5].

12. Spanien.

Käse (queso) muß aus Milch, Rahm oder abgerahmter Milch durch Lab oder durch Säuerung abgeschieden sein. Vorheriges Sterilisieren der Milch ist erlaubt. Zusatz von Farbstoff, von aromatischen, unschädlichen Stoffen ist gestattet. Die Benennung muß der Beschaffenheit des Käses entsprechen; so muß der Käse auch als „nachgemacht" (imitado) oder „künstlich" (estilo) in den Verkehr gebracht werden.

Gesetze: Kgl. Verordnung, betr. die Verhütung der Verfälschung von Nahrungsmitteln, vom 22. Dezember 1908[6], Neufassung vom 17. September 1920/26. April und 5. September 1922/5. Januar und 7. August 1923[7].

---

[1] Reichsgesundh.-Bl. 1926, 1, 684.   [2] Reichsgesundh.-Bl. 1926, 1, 766.
[3] Reichsgesundh.-Bl. 1933, 8, 49.   [4] Reichsgesundh.-Bl. 1927, 2, 100.
[5] Veröffentl. Reichsgesundh.-Amt 1923, 323.
[6] Veröffentl. Reichsgesundh.-Amt 1911, 359.
[7] Veröffentl. Reichsgesundh.-Amt 1925, 502.

13. Vereinigte Staaten von Amerika.

Käse ist das unverdorbene Erzeugnis aus Quark, der aus Milch oder aus teilweise oder vollständig entrahmter Milch von Kühen oder anderen Tieren, mit oder ohne Zusatz von Sahne durch Koagulieren des Käsestoffs mit Lab, Milchsäure oder anderen geeigneten Enzymen oder Säuren gewonnen ist. Käse kann auch durch Behandlung des Quarks durch Hitze oder Pressung oder durch eine Art der Reifung, durch besondere Schimmelbildung oder unter Zusatz von Gewürzen gewonnen sein. Unter „Käse" ohne nähere Bezeichnung wird Cheddar-Käse, Amerikanischer Käse, verstanden, im übrigen unterscheidet man Vollmilchkäse aus Vollmilch hergestellt, Halbfettkäse aus teilweise entrahmter Milch hergestellt und Magerkäse aus Magermilch. Zu den Vollmilchkäsen rechnen Cheddarkäse, gerührter oder süßer Quarkkäse (stirred curd cheese, sweet curd cheese), Ananaskäse (pineapple cheese) in Ananasform gepreßter Käse, Limburger Käse, Brick- (Ziegelstein-) Käse, Neufchatel- und Stiltonkäse mit mindestens 50% Milchfett in der Trockenmasse. Goudakäse muß mindestens 45, Sahnenkäse 65% Fett in der Trockenmasse enthalten. Für Roquefort- und Gorgonzolakäse ist ein Mindestfettgehalt nicht vorgeschrieben. Als Vollfett- oder halbfette Käse kommen in Betracht: Edamerkäse, Emmentaler Käse, Schweizerkäse (45% Fett i. T., Camembert (45% Fett i. T.), Briekäse, Parmesankäse. Magermilchkäse, Cottage-Käse, Schmierkäse, ungereifter Käse aus nicht erhitztem Quark aus Magermilch mit oder ohne Zusatz von Buttermilch durch Milchsäuregärung oder durch Milchsäure oder durch Lab oder durch Zusammenwirken dieser Mittel ausgeschieden. Bisweilen wird er mit Sahne versetzt, gesalzen und gewürzt. Molkenkäse (whey-cheese) aus Molken ist das Erzeugnis, das nach Entfernung von Fett und Casein aus der Milch beim Käsereiverfahren zurückbleibt, nach verschiedenen Verfahren hergestellt. Dieser Käse kommt unter verschiedenen Bezeichnungen „Ricotta, Zieger, Primost, Mysost usw." in den Verkehr. Als pasteurisierter Käse wird ein durch Mischen mehrerer zerkleinerter, sauberer Käsestücke zu einer homogenen plastischen Masse unter Anwendung von Hitze und Wasser hergestellter Käse bezeichnet. Der Käse muß den Festsetzungen für Cheddarkäse entsprechen, wenn er aus Cheddarkäse hergestellt ist, den anderen Arten, wenn er aus diesen gewonnen ist. Emulgierter Käse, Prozeßkäse ist wie Pasteurisierter Käse hergestellt nur mit dem Unterschied, daß 3% eines geeigneten emulgierenden Stoffes zugefügt werden dürfen. Emulgierter Käse ohne nähere Bezeichnung muß aus Cheddarkäse hergestellt sein; er enthält höchstens 40% Wasser und nicht weniger als 50% Fett in der Trockenmasse. Wird ein Emulgierter Käse mit dem Namen einer besonderen Käseart bezeichnet, so muß er aus diesem Käse hergestellt sein.

Als Kunstkäse ist jeder Käse zu bezeichnen, der aus Milch oder Magermilch unter Zusatz von Butterfett, von tierischen oder pflanzlichen Fetten oder Ölen hergestellt ist.

Gesetze: Ausführungsbestimmungen zum Lebensmittel- und Drogengesetz[1], vom 15. November 1928[2], 29. August und 10. November 1931[3]. Vgl. auch Gesetz über Kunstkäse (Filled Cheese Act) vom 6. Juni 1896.

---

[1] Vgl. Bd. I, S. 1349.
[2] Reichsgesundh.-Bl. 1929, 4, 425.
[3] Reichsgesundh.-Bl. 1931, 6, 255.

Eier.

Von

Professor **Dr. J. Grossfeld**-Berlin.

Mit 16 Abbildungen.

Von tierischen Eiern kommen für den Menschen als Nahrungsmittel außer den an anderer Stelle (S. 854) behandelten Fischeiern (Fischrogen) vor allem Vogeleier in Frage, unter denen an Erzeugung und Verbrauch Hühnereier bei weitem überwiegen.

I. Physiologie und Morphologie des Eies.

Das abgelegte Vogelei, wie es als Nahrungsmittel verwendet wird, ist von der Natur aus eigentlich dazu bestimmt, dem werdenden Vogel Nährstoffe und Schutzraum bei der embryonalen Entwicklung zu bieten. Die Entstehung, die Ausbildung und der Bau des Eies ist allein auf diese Aufgabe abgestimmt; seine Verwendung als Nahrungsmittel dagegen verdankt das Ei dem Nebenumstande, daß sein Inhalt aus hochwertigen Nährstoffen in konzentrierter und dabei doch leicht resorbierbarer Form besteht und von hervorragendem Wohlgeschmack ist. Von Einfluß auf diese Vorzüge des Eies sind auch die bei der Entstehung und Entwicklung des Eies ablaufenden physiologischen und morphologischen Vorgänge, weshalb zunächst deren Kenntnis zur Beurteilung des Eies als Lebensmittel wichtig erscheint.

1. Entstehung des Eies und Legevorgang[1].

a) Biologischer Werdegang des Eies.

Die Entstehung des Vogeleies beginnt mit dem Auswachsen des Eidotters im Eierstock. Auf diesem, einem drüsenartigen Organ, reifen die Eidotterkugeln aus anfangs milchigweißen stecknadelkopfgroßen Kügelchen heran, die bei 0,5 cm Durchmesser sich gelb zu färben beginnen, um schließlich nacheinander voll auszureifen. Bei der Legehenne ist das morphologische Aussehen eines Eierstockes mit den daran befindlichen Dotterkugeln in gewissem Sinne ähnlich einer Traube.

---

[1] Literatur: R. Blasius: Über die Bildung, Struktur und systematische Bedeutung der Eischale der Vögel. Leipzig 1867. — G. Seidlitz: Die Bildungsgesetze der Vogeleier. Leipzig 1868. Dort ältere Literatur von Aristoteles (Historia animalium, lib. VI, De generatione, lib. III) bis 1868. — W. Waldeyer: Eierstock und Ei. Leipzig 1870. — H. Wickmann: Die Entstehung und Färbung der Vogeleier. Münster i. W. 1893. — A. Szielasko: Die Bildungsgesetze der Vogeleier bezüglich ihrer Gestalt. Gera-Untermhaus 1902. — Derselbe: Untersuchungen über die Bildung und Gestalt der Vogeleier. Diss. Königsberg 1904. — H. Triepel: Lehrbuch der Entwicklungsgeschichte. Leipzig 1922. — W. Otte: Die Krankheiten des Geflügels. Berlin 1928. — R. Weissenberg: Grundzüge der Entwicklungsgeschichte des Menschen. Leipzig 1931. — G. Wieninger in F. Pfenningstorff: Unser Hausgeflügel. Berlin.

Nach R. FANGAUF[1] enthält die Grundmasse des Ovariums der Legehenne etwa 1000 bis 1500 Eizellen, von denen aber nur etwa bis zu 80% zur Abstoßung gelangen. Aus Wirtschaftlichkeitsgründen erstrebt der Hühnerzüchter diese Abstoßung, die in der Eiablage zum Ausdruck kommt, in möglichst hoher Zahl in den ersten Jahren zu erreichen, was durch Auswahl und Paarung geeigneter Rassen, sowie Licht- und Fütterungseinflüsse — bis zu einem gewissen Grade — erreicht werden kann.

Beim Heranreifen befinden sich die Dotterkugeln rings eingehüllt in einer mit einem Stiel an der Grundmasse festsitzenden Haut, die in erster Linie die Aufgabe hat, der Dotterkugel die notwendigen Nährstoffe zuzuführen. Das ganze Gebilde wird Eifollikel genannt. In den unreifen Follikeln findet man als Zellkern das Keimbläschen mit dem Keimfleck,

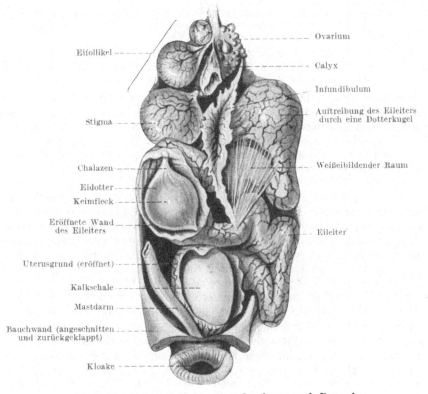

Abb. 1. Eierstock und Eileiter einer Legehenne nach DUVAL[2].

um den herum allmählich durch schichtenweise Ablagerung der Nahrungsdotter (Deuteroplasma) entsteht, der immer weiter anschwillt, an Gelbfärbung zunimmt und schließlich mit dem ebenfalls voll auswachsenden, aber kleiner bleibenden protoplasmaartigen Teil, dem Bildungsdotter, zu dem reifen Dotter (Vitellus) wird.

Nach völliger Ausreifung springt die Follikelhaut, in der Regel an einer vorgezeichneten gefäßlosen Stelle, dem Stigma, auf und entläßt die Dotterkugel.

Wie man heute annimmt, legt sich die obere Öffnung des Eileiters, das Infundibulum, an das reife Follikel und bringt die gespannte Haut ihrerseits durch Saugwirkung zum Platzen, wobei die Dotterkugel dann sofort in den Eileiter gleitet. Bisweilen kommt es bei diesem Vorgang zu Blutungen, die im späteren Ei als Blutgerinnsel oder Blutstreifen auftreten können. Von der Follikelhaut bleibt ein kelchartiger Rest (Calyx) zurück, der allmählich einschrumpft und resorbiert wird.

Der Eileiter ist äußerlich betrachtet ein darmartiges Gebilde (Legedarm), eine bei der Legehenne etwa 60—80 cm lange, vielfach gewundene, blaßweißliche

---

[1] R. FANGAUF: Deutsch. landw. Gefügelztg. 1927, **30**, 699.
[2] Nach BONNET: Lehrbuch der Entwicklungsgeschichte, 1907.

und sehr dehnbare Röhre. Als Hauptabschnitte unterscheidet man das Infundibulum, den weißeibildenden Raum, den Uterus und die Vagina. Um ein Bild von den Vorgängen im Eileiter zu erhalten, verfolgen wir in Gedanken die stetig rotierende Dotterkugel nach ihrem Eintritt in die Mündung:

Der biologisch wichtigste Vorgang im obersten Teile des Eileiters ist die Befruchtung, das Zusammentreffen der Eizelle mit etwaigen, vom Begattungsakte stammenden Spermatozoiden, die sich mit verhältnismäßig großer Geschwindigkeit zu vielen Millionen aufwärts bewegen und der Eizelle, d. h. der Dotterkugel, begegnen[1]. Aber nur ein einziges Spermatozoon (O. Hertwig 1875) dringt in die Eizelle ein und führt die Befruchtung, und zwar am Keimfleck der Dotterkugel, aus. Die Befruchtung, bestehend in der Verschmelzung von Eikern und Samenkern, führt durch mitotische Kernteilung zu einem Zellhaufen, der Morula; diese ist beim Hühnerei discoidal und bildet die Keimscheibe, die am gelegten Ei mit bloßem Auge erkannt werden kann.

Aus dem Infundibulum gelangt die Dotterkugel in den 40 cm langen Hauptabschnitt des Eileiters, den weißeibildenden Raum, an dem wieder drei Unterabschnitte unterschieden werden:

Der obere mit einer längsgefalteten nach hinten zu spiralig gedrehten Schleimhaut ausgekleidete Teil, die das Eiklar oder Weißei absondert. Dieses wird vom rotierenden Dotter ähnlich wie Schneeschichten bei einer Lawine angeklebt. Eine solche Umkleidung der Dotterkugel mit Eiklar nimmt etwa 3 Stunden in Anspruch. Bei diesem Vorgang entstehen auch die infolge der Drehungsbewegung spiralig aufgerollten Hagelschnüre oder Chalazen[2], deren physiologische Aufgabe für das Ei nicht völlig geklärt ist.

In dem nun folgenden kurzen, enger werdenden Isthmus nimmt die Ausbildung der Eihäute aus einem fadenziehenden, calciumglykogenathaltigen Sekret, das bei der Berührung mit Eiklar — ähnlich wie der Faden der Seidenraupe oder der Spinne an der Luft — fadenförmig erstarrt (Weidenfeld), seinen Ausgang. So kommt es zu einem dichten Gewebe mit ineinander verschlungenen Fäden, das das Eiklar in zwei Schichten rings umgibt. Gleichzeitig verdicken sich die vorher sehr zarten Hagelschnüre zu mit dem bloßen Auge erkennbaren Gebilden. Diese Vorgänge im Isthmus erfordern etwa 1—2 Stunden.

In dem nun folgenden Teile des Eileiters, dem Uterus oder der Camera calcigera, geht die Ausbildung der Eischale aus einer zähflüssigen, trüben, Kalkkörnchen enthalten Flüssigkeit vor sich. Etwa zur gleichen Zeit wandert aber durch einen osmoseähnlichen Vorgang Flüssigkeit durch die entstehende Schale und die gebildeten, aber noch nicht prallen, Eihäute hindurch und spannt diese. Dieses Prallwerden des Eies dauert etwa 1 Stunde, der ganze Aufenthalt des Eies im Uterus 5—6 Stunden, eine Zeit, die also zum größten Teil zur Ausbildung der Kalkschale benötigt wird. Die Fertigstellung der Kalkschale wird abgeschlossen durch eine charakteristische nach Vogelart verschiedene Färbung und Zeichnung, zu der die Farbstoffe aus dem Eileiter dem Ei auf seiner Wanderung folgen (Wickmann). Die eigentliche Pigmentbildung findet nach Giersberg[3] in besonderen Mesodermzellen (Lymphoblasten) statt, die sich um die Capillaren der Tube und des Eiweißteils ansammeln. Diese Mesodermzellen bilden sich bei ihrer Wanderung allmählich zu den Pigmenten um, die dann schließlich das Ei im Uterus erreichen. Auch weiße Eischalen enthalten Farbteilchen, die hier dann von weißer Farbe sind.

---

[1] E. Iwanow (Compt. rend. Biol. 1924, **91**, 54; Zeitschr. Tierzücht. u. Züchtungsbiol. 1929, 14, 315) nimmt an, daß die Befruchtung beim Huhn nicht im Eileiter, sondern im Eierstock erfolgt. Nach Iwanow sollen die Spermatozoiden imstande sein, die Follikelhaut zu durchdringen und selbst noch nicht voll ausgereifte Eier zu befruchten.

[2] ἡ χαλαζα = Hagelkorn (wegen des schmelzenden Hagelkörnern ähnlichen Aussehens).

[3] Giersberg: Biol. Zentralbl. 1921, 41, 263; 43, 167. — Nach Fischer u. Kögl: Zeitschr. physiol. Chem. 1923, **131**, 242.

Der insgesamt etwa 12—15 Stunden dauernde Durchgang des Eies durch den Eileiter erfolgt in Form von schraubenförmig-peristaltischer Bewegung, unabhängig vom Wollen der Henne, die aber am Schluß das Ei für einige Zeit im Uterus zurückhalten kann. Der Legevorgang selbst geht nach Beobachtungen von WICKMANN [1] so vor sich, daß sich die Vagina und die Kloake nach außen umstülpen und die Uterusöffnung soweit bloßlegen, daß das Ei, gewöhnlich mit dem spitzen Ende voran, herausfällt. Das Ei wird hiernach also „gelegt", nicht herausgepreßt und kommt weder mit der Vagina noch mit der Kloake in Berührung. So wird eine Infektion mit den in diesen Teilen oft reichlich vorhandenen Fremdkeimen fast völlig ausgeschaltet. Das frischgelegte Ei ist noch mit einer dünnen Schleimschicht überzogen, die aber bald eintrocknet.

b) Physiologisch-chemische Vorgänge bei der Entstehung des Eies.

Die Frage, in welcher Weise die im Ei aufzuspeichernden Nährstoffmengen aus dem mütterlichen Organismus herangeführt werden, ist nur zum Teil geklärt. E. G. SCHENK [2] verfolgte das Verhältnis Albumin : Globulin und fand es schon in den Eianlagen ähnlich wie im späteren Dotter gleich 1 : 1, während es sich im Eiklar etwa wie 1 : 10, im Hühnerblut wie 1 : 2 oder 1 : 3 verhält. Im Eileiter von Legehennen fanden sich 5,5% Albumin neben 1% Globulin und 1,27% Nucleoproteid. Aus der Zusammensetzung der verschiedenen Proteine von Ovarien, reifenden Follikeln, Eidotter, Eileiter und Eiklar kann abgeleitet werden, daß der Auf- und Abbau der Proteine über ähnliche Stufen und Wege geht.

Bei einseitiger Ernährung des Vogels mit einem bestimmten Eiweiß, das nicht die Bausteine der Eiproteine vollständig enthält, kann es nach Versuchen von C. B. POLLARD und R. H. CARR [3] (an Tauben) zu einer anormalen, allerdings unfruchtbaren Struktur des Eiproteins kommen. So fanden diese in Doppelversuchen den zum Tryptophangehalt in Beziehung stehenden Melaninstickstoff in Prozenten des Gesamt-Stickstoffes bei ausschließlicher Fütterung mit

Roggen	Weizen	Hafer	Gerste	Mais	Kaffernkorn	Hanf	Felderbse
zu 4,000–4,06	3,90–4,20	3,22–3,23	0,66–0,80	3,47–3,52	1,92–1,98	1,00–1,00	1,33–1,50%.

Auch die übrige Stickstoffverteilung zeigte Unterschiede. Aus diesen Versuchen läßt sich weiter der Schluß ziehen, daß die Proteine des Eies wahrscheinlich aus den Bausteinen der Futterproteine aufgebaut werden.

Die Heranführung der Fettsäuren für den Aufbau des Dotterfettes und der Phosphatide bedingt eine erhöhte Belastung des Blutes der Henne mit Fett während dieses Vorganges. D. E. WARNER und H. D. EDMOND [4] fanden für den Zusammenhang zwischen Blutfett und Eierproduktion:

Art und Zustand der Tiere	Zahl der Beobachtungen	Fettgehalt des Blutes	
		Mittel %	Schwankungen %
Legehennen mit durchschnittlich jährlich 163 Eiern	16	1,009	0,246—1,953
Nichtlegende Hennen	54	0,199	0,083—0,541
Hennen mit gebleichten Schnäbeln, Beinen und Aftern	18	0,816	0,131—1,953
Hennen mit gelben Schnäbeln, Beinen und Aftern .	32	0,196	0,066—0,448
Hähne	12	0,176	0,097—0,249

Die negative Korrelation zwischen Farbe von Schnabel, Beinen und After einerseits und Fettgehalt des Blutes andererseits erklärt sich daraus, daß nichtlegende Hennen in diesen Organen unter Gelbfärbung Fett ansammeln, während bei Legehennen das Fett aus den Körperdepots mobilisiert und zum Eierstock hingeführt wird.

---

[1] Vgl. auch M. SCHÖNWETTER: Ornithol. Monatsberichte 1932, 40, 73—76.
[2] E. G. SCHENK: Zeitschr. physiol. Chem. 1932, 211, 153.
[3] C. B. POLLARD u. R. H. CARR: Amer. Journ. Physiol. 1924, 67, 589.
[4] D. E. WARNER u. H. D. EDMOND: Journ. biol. Chem. 1917, 31, 281.

Von den Phosphatiden kann der weibliche Vogel den Phosphoranteil ganz aus anorganischen Phosphaten aufbauen. Nach Versuchen von G. FINGER-LING[1] an Legeenten ist es sogar gleichgültig, ob der Phosphor in organischer oder anorganischer Form zugeführt wird:

Ente	1		2		3	
Im Futter P_2O_5	an-organisch	organisch	an-organisch	organisch	an-organisch	organisch
Anzahl der Eier	138	117	115	97	102	177
In Tagen	173		160		153	
Produzierte Mengen Lecithin-P_2O_5 g	27,63	23,12	22,48	18,85	19,44	20,51
Entsprechend Lecithin g	302,3	253,0	246,0	206,2	212,7	224,4

Ähnliche Versuche von E. V. McCOLLUM, J. G. HALPIN und A. H. DRESCHER[2] haben gezeigt, daß auch die Henne die Phosphatide selbst aus fett- und lecithinfreien Stoffen (Magermilchpulver und Reis) bilden kann. Eigenartig bei diesen Versuchen war die niedrigere Jodzahl des Eifettes und der mit Aceton abgeschiedenen Phosphatide:

		Jodzahlen					
		Fette			Phosphatide		
Henne Nr.		1	2	3	1	2	3
Futter	Fast lipoidfrei	50,0	54,4	51,1	35,2	34,1	34,0
	Gewöhnliches Futter (Eier anderer Hennen)	63,2	65,5	—	63,7	63,1	—

Von dem im Lecithinmolekül enthaltenen Cholin vermuten POLLARD und CARR, daß es aus dem Futter stamme. G. ROSENFELD[3] beobachtete nach Fütterung von Gelatine eine Cholinzunahme im Hühnerkörper.

Der gelbe Farbstoff wird nach L. S. PALMER und H. L. KEMPSTER[4] bei den Hennen in verschiedenen Organen, vor allem im Körperfett, gespeichert und nach Bedarf dem werdenden Eidotter zugeführt. Ähnlich wird man sich auch die Speicherung und Verwertung der fettlöslichen Vitamine vorstellen müssen.

Von den Mineralstoffen ist besonders der Kalkgehalt des Blutes der legenden Henne erhöht.

2. Einfluß der Bebrütung auf das Ei.

Wohl kein Teil der Entwicklungsgeschichte ist in morphologisch-anatomischer Hinsicht so eingehend durchforscht worden, wie die Entwicklung des abgelegten Vogeleies zum jungen Vogel. Gerade auch das für unsere Ernährung wichtigste Hühnerei hat dank seiner überaus leichten Zugänglichkeit auf jeder gewünschten Entwicklungsstufe seit den ältesten uns überlieferten Forschungen von Aristoteles, der schon erstaunlich scharfe und richtige Beobachtungen angestellt hat, bis in die heutige Zeit diesem Zweck gedient. Für das Ei als Lebensmittel hat indes der Bebrütungsvorgang eine mehr nebensächliche Bedeutung. Ein angebrütetes Ei gilt bei uns als ungenießbar, selbst als ekelerregend. Wenn auch diese Auffassung von einigen asiatischen Völkern nicht geteilt wird, so entsteht doch für den Lebensmittelchemiker die Aufgabe, angebrütete Eier als solche zu erkennen, und der Wunsch, der Frage nachzugehen, inwieweit das Ei durch die Bebrütung morphologisch und stofflich verändert wird.

[1] G. FINGERLING: Biochem. Zeitschr. 1912, 38, 448.
[2] E. V. McCOLLUM, J. G. HALPIN u. A. H. DRESCHER: Journ. biol. Chem. 1913, 13, 219.
[3] G. ROSENFELD: Biochem. Zeitschr. 1930, 218, 48.
[4] L. S. PALMER u. H. L. KEMPSTER: Amer. Journ. Physiol. 1916, 41, 430.

Dieses Gebiet ist vor allem in den letzten Jahrzehnten eingehend, auch mit den Hilfsmitteln der physikalischen Chemie, nach den verschiedensten Richtungen hin durchforscht worden[1]. Auf die Einzelheiten kann an dieser Stelle nur kurz eingegangen werden.

a) Morphologische Entwicklung des Eies.

Der im gelegten Ei im Morulastadium als Keimscheibe schlummernde Keim kommt durch die Bruttemperatur von 38,5—39,5° zur weiteren Entwicklung. Diese Wärme kann außer durch die brütende Henne auch künstlich zugeführt werden, wie es in den Brutmaschinen und Brutöfen, oft in großem Maßstabe, der Fall ist. Die Bebrütungszeiten gibt WIENINGER, wie folgt, an:

Eier von	Haushuhn	Perlhuhn	Truthuhn	Hausente	Hausgans
Bebrütungszeit	20—21	25—27	28—30	26—28	29—33 Tage

Der erste Erfolg der Bebrütung äußert sich bereits nach wenigen Stunden in einer schnellen Vergrößerung der Keimscheibe, deren Fläche (von etwa 4—8 mm Durchmesser am ersten Tage auf das Dreifache, am zweiten Tage auf das Sechsfache anwächst, wobei sie sich immer über mehr die Dotteroberfläche ausbreitet. Dabei nimmt die anfangs runde Keimscheibe allmählich Birnenform an und als Zeichen der beginnenden Chordulation tritt ein Längsstreifen, der Primitivstreifen, auf, der oft die Gestalt einer Primitivrinne erkennen läßt. Der Primitivstreifen entspricht der Längsachse des Embryos. In rascher Folge entwickeln sich hieraus die Wirbelsäule (Chorda dorsalis), der Kopf und die verschiedenen Organe, bis die Entwicklung mit der Ausbildung der Zehen, deren Beschuppung, der Entstehung der Flaumhülle und des Anwachsens des sog. Eierzahns, mit welchem das Kücken schließlich die Schale durch Klopfen sprengt, abgeschlossen wird.

b) Physiologisch-chemische Vorgänge bei der Entwicklung.

Damit der verwickelte Mechanismus der Embryonalentwicklung ordnungsmäßig sich abspielen kann, damit an den Stellen des Bedarfs und genau zur rechten Zeit die Bausteine herangeschafft sind, die Abfallstoffe beseitigt werden können, dabei aber doch bei den begrenzten Vorratsmengen äußerste Sparsamkeit im Stoffverbrauch bei größter Enge des Raumes obwalten kann, und insbesondere die treibende Kraft des Ganzen, das Leben im Ei nicht zu Schaden kommt, bedarf es einer ungemein verwickelten Hilfseinrichtung physikalischer und chemischer Natur, wie wir sie im sich entwickelnden Ei in vollendeter Zweckmäßigkeit vorfinden.

Sobald die Übertragung der umzusetzenden Stoffmengen von Zelle zu Zelle nicht mehr ausreicht, bilden sich die Blutadern, die schon am zweiten Tage als mit wäßrigem Inhalt gefüllte Kanälchen vorhanden sind. Am Ende des dritten Tages ist schon das Herz als lebhaft pulsierender, dem bloßen Auge eben erkennbarer roter Punkt (Punctum saliens = springender Punkt von Aristoteles) zu erkennen. Am vierten Tage wird der Herzmuskel zweikammerig und die Adern differenzieren sich in Arterien und Venen. Für die nächste Aufgabe des Blutkreislaufes, dem Embryo Nährstoffe zum weiteren Aufbau zuzuführen, senkt sich ein Teil der Adern unter starker Verzweigung in den Dottersack. Das Eiklar wird dagegen intensiv erst vom Dotter aufgesogen und dann verwertet. Ein weiterer Stamm der Blutgefäße verläuft in den Harnsack (Allantois), der vom zweiten Tage ab als Harnbehälter und gleichzeitig als Organ zur Sauerstoffübertragung benutzt wird.

Die Atmung erfolgt nämlich zunächst durch den Aderhof, dann bis zum 16.—18. Tage durch die Allantois und nun erst durch die Lungen. Die durchsichtige, aus spindelförmigem

[1] Literatur: F. M. BALFOUR: Handbuch der vergleichenden Embryologie. Deutsch von B. VETTER. Jena 1880. — J. DANSKY u. J. KOSTENITSCH: Über die Entwicklungsgeschichte der Keimblätter und des WOLFFSCHEN Ganges im Hühnerei. Mém. Acad. Imp. Petersburg 1880, 27, Nr. 13. — M. DUVAL: Atlas d'Embryologie. Paris 1889. — F. KEIBEL u. K. ABRAHAM: Normentafel zur Entwicklungsgeschichte des Huhnes (Gallus domesticus). Jena 1900; dort auch ausgedehnte weitere Literaturübersicht. — M. ROUX: Die Entwicklungsmechanik. Leipzig 1905. — R. BONNET: Lehrbuch der Entwicklungsgeschichte. Berlin 1907. — J. NEEDHAM: Chemical Embryologie. London 1931. — Ferner die S. 580 genannte Literatur.

glattem Muskelgewebe bestehende Glashaut, die den Keim umgibt, nennt man Amnion; sie schließt das Fruchtwasser ein, in dem der Keim zunächst, gleichsam in einem Schwimmbehälter, eingeschlossen ist. Bei der Durchleuchtung des Eies erkennt man den im Amnion eingeschlossenen Keim auf der Dotterkugel dicht unter der Eischale.

Die chemischen Umsetzungen im sich entwickelnden Ei können wir in zwei große Gruppen, den Abbau der Eivorräte zu transportierbaren Spaltstücken und den anschließenden Aufbau der Körpersubstanz des werdenden Organismus aus diesen Spaltstücken zerlegen. Dabei wird ein Teil der Einährstoffe als Energiespender aufgebraucht. Nach F. TANGL und A. VON MITUCH[1] wurden für ein Ei im Durchschnitt etwa 23 Calorien als Entwicklungsarbeit in Wärme umgesetzt, 38 Calorien zum Aufbau des Körpers verbraucht, und 26 Calorien blieben im unverbrauchten Dotter zurück. Dieser Energieverbrauch äußert sich auch darin, daß das Eigewicht bis zum Schlüpfen auf etwa $^2/_3$ abnimmt.

Das Eiklar wird schon nach 12stündiger Bebrütung so dünnflüssig, daß der Dotter bis unter die Schale emporsteigt. Dabei nimmt aber sein Gehalt an Trockenmasse immer mehr zu, z. B. nach G. E. WLADIMIROFF[2]:

Brutdauer . . . . 2 3 4 5 6 7 10 15 20 Tage
Trockenmasse des Eiklars 13,1 14,3 16,0 20,2 27,8 28,8 33,0 40,2 41,5 %

Die anfangs verschiedene Reaktion von Dotter und Eiklar führt nach F. J. J. BUYTENDIJK und M. W. WOERDEMAN[3] etwa am 9. Tage zu einer Angleichung beim Neutralpunkt.

Von den verfügbaren Nährstoffen des Eiinhaltes wird zunächst der freie Zucker als Energiequelle verbraucht (s. nebenstehende Tabelle).

Die Hauptmenge an Energie wird jedoch bei der folgenden Bebrütung von dem in größerer Menge vorhandenen Fett geliefert.

Brut-dauer	Zuckergehalt im		Beobachtet von
	Eiklar	Eidotter	
Tage	%	%	
0	0,50	0,32	
11	0,03	0,07	J. D. GADASKIN[4]
17	0	0	
0	0,40—0,45	0,20	
10	nicht mehr bestimmbar	—	G. WLADIMIROFF und
14	—	0,05—0,07 (Kreatinin?)	A. SCHMIDT[5]

Die Resorption der Proteinstoffe, Phosphorverbindungen und Mineralstoffe im Ei erinnert in manchen Punkten an die Vorgänge bei der Verdauung im Magen und Darm. Zur Deckung des Kalkbedarfs für den wachsenden Organismus wird auch ein Teil der Eischale resorbiert. R. H. A. PLIMMER und J. LOWNDES[6] beobachteten eine Zunahme des Calciumgehaltes des Eiinhaltes von 0,04 auf 0,20—0,25 g. G. D. BUCKNER, J. H. MARTIN und A. M. PETER[7] fanden, daß diese Lösung der Eischale in Form von Calciumbicarbonat durch herangeführte Kohlensäure erfolgt.

3. Äußere Eigenschaften und die Teile des Eies.

Beim Vogelei, insbesondere auch beim Hühnerei, lassen sich wie in Abb. 2[8] halbschematisch dargestellt ist, als hauptsächliche Teile zunächst die im Verhältnis zu ihrer geringen Dicke und Masse außerordentlich feste Kalkschale, die das Ei als starrer Panzer umgibt, dabei aber doch dem Gasaustausch dient, darunter die Schalenhaut, ein Gewebe aus eng miteinander verfilzten Fasern gebildet, unterscheiden. Die Schalenhaut besteht aus zwei Schichten, zwischen denen beim

---

[1] F. TANGL u. A. VON MITUCH: Pflügers Arch. 1908, **121**, 437; C. 1908, I, 1301.
[2] G. E. WLADIMIROFF: Biochem. Zeitschr. 1927, **177**, 280.
[3] F. J. J. BUYTENDIJK u. M. W. WOERDEMAN: Arch. Entwicklungsmechanik 1927, **112**, 387.
[4] J. D. GADASKIN: Biochem. Zeitschr. 1926, **172**, 447.
[5] G. WLADIMIROFF u. A. SCHMIDT: Biochem. Zeitschr. 1926, **177**, 298.
[6] A. PLIMMER u. J. LOWNDES: Biochem. Journ. 1924, 18, 1163.
[7] G. D. BUCKNER, J. H. MARTIN u. A. M. PETER: Amer. Journ. Physiol. 1925, **72**, 253.
[8] Nach TRIEPEL: Entwicklungsgeschichte.

austrocknenden Ei sich am stumpfen Ende die Luftblase bildet. Unter dieser Schicht, sicher nach außen hin abgeschirmt, liegt das Eiklar (Weißei) und schließlich der von der dünnen Dotterhaut umgebene Dotter. An der Dotterhaut fest angewachsen findet man an beiden Seiten die Chalazen. Die Hauptmasse des Dotters bildet der gelbe Nahrungsdotter, der den weißen Dotter als keulen- oder urnenförmiges Gebilde umgibt, dessen nach oben sich erstreckender Stiel die Keimscheibe trägt. Der Zweck dieses weißen Dotters war lange unklar. Heute nimmt man an, daß sein Kern, Latebra genannt, gewissermaßen als Gegengewicht auf Grund des höheren Spezifischen Gewichtes den Gesamtdotter so drehen soll, daß der obere Teil, die Keimscheibe, stets der brütenden Henne zugekehrt wird. Teile des weißen Dotters durchsetzen auch in schalenförmigen dünnen Schichten konzentrisch die Dotterkugel (vgl. Abb. 2).

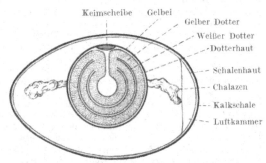

Abb. 2. Durchschnitt durch ein Hühnerei nach TRIEPEL.

Die Keimscheibe erscheint beim befruchteten Hühnerei dem Auge als weißlicher Fleck und wird im Volksmunde auch „Hahnentritt" genannt.

Die äußere Gestalt der Kalkschale bedingt infolge ihrer Starrheit auch gleichzeitig die Form des Eies selbst.

Diese Gestalt des Eies entspricht nun, wie schon J. STEINER[1] vermutet, A. SZIELASKO[2] aber durch eingehende Untersuchungen erwiesen hat, einem scharf charakterisierten mathematischen Gebilde. Legt man nämlich durch die Längsachse des Eies eine Ebene, so erscheint die Schnittlinie der Schale in Form einer Kurve (vgl. Abb. 3), die dem einen Zweig[3] eines sog. CARTESISCHEN Ovals[4] entspricht. Dieses Oval ist dadurch charakterisiert, daß von zwei Brennpunkten (F und G) an einen beliebigen Punkt P des Ovals gezogene Brennstrahlen (z. B. S_1 und S_2) der Funktion $S_1 + m S_2 = C$ entsprechen, wobei m und C Konstanten sind. Dadurch, daß SZIELASKO weiter[5] gezeigt hat, daß diese Konstanten m und C bestimmte, wenn auch verwickelte Funktionen des Längsdurchmessers, des größten Querdurchmessers und der Lage des Schnittpunktes beider sind, und Ablesungstabellen dafür angegeben hat, ist es nun möglich, die Eiform durch die drei Messungen scharf festzulegen.

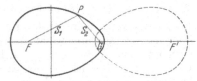

Abb. 3. CARTESISCHES Oval und Eikurve.

Eigene Versuche in Gemeinschaft mit H. SEIWERT[6] an 113 Hühnereiern haben nun gezeigt, daß m etwa zwischen 0,52—1,00 schwankte und im Mittel 0,78 bei einer mittleren Streuung von ± 0,09 betrug. Wird $m = 1$, so wird $S_1 + S_2 = C$ und die Kurve damit zu einer Ellipse, wie sie auch beim Hühnerei bisweilen gefunden wird.

Der Eikörper entspricht nun einem Gebilde, wie es durch Rotation des Ovals um die Längsachse entsteht. Der Gestalt nach könnte man das Hühnerei somit etwa als CARTESISches Ovaloid, in seltenen Fällen als Ellipsoid, bezeichnen.

[1] J. STEINER: Ber. Sächs. Ges. Wiss., math.-physikal. Kl. 1848, 58. — Nach SZIELASKO.
[2] A. SZIELASKO: Journ. Ornithol. 1905, 53, 273.
[3] Der andere Zweig ist der dazu symmetrische, in der Zeichnung schraffierte Teil.
[4] Von DESCARTES (CARTESIUS) zuerst beschrieben. Vgl. auch G. LORIA: Spezielle algebraische und transzendente Kurven. Deutsch von F. SCHÜTTE. Leipzig und Berlin 1910. Definition: „Ein CARTESISCHES Oval ist der Ort derjenigen Punkte, deren Abstände von zwei festen Punkten, multipliziert mit gegebenen Zahlen eine konstante Summe ergeben."
[5] A. SZIELASKO: Die Gestalten der normalen und abnormen Vogeleier. Berlin 1920.
[6] J. GROSSFELD und H. SEIWERT: Z. 1934, 67, 241.

Bei den gleichen Untersuchungen mit Hühnereiern wurde für das Verhältnis von Länge: Dicke = $L : B$ und das der beiden Abschnitte auf der Längsachse zueinander im Mittel gefunden:

$$L : B = 1{,}37 \pm 0{,}07 \qquad a : b = 1{,}16 \pm 0{,}07$$

Wie alle Gebilde der lebenden Natur können auch die Teile des Eies durch äußere Zufälligkeiten oder pathologische Störungen Abnormitäten aufweisen: So hat man beobachtet: Eier mit Mißbildungen der Schale, Eier ohne Schale (Windeier) als Gegensatz dazu Eier mit übermäßig dicker Schale (sog. Teufelseier), vollständig ausgebildetes Ei in einem anderen Ei. Durch Störungen in der Funktion des Eileiters entstehen sog. Schichteier, oft von außerordentlicher Größe, Eier ohne Dotter (Spureier oder falsche Eier). Fremdkörper verschiedenster Art können von außen her in den Eileiter geraten und dann mit der Kalkschale umhüllt werden. Selbst Teerfarbstoffe können über den Hennenorganismus in das Eiklar gelangen (H. Kreis[1], B. Szelinski[2]). Am Dotter werden nicht selten die S. 581 erwähnten Blutstropfen beobachtet, auch Eier mit Doppeldotter, selbst solche mit drei Dottern hat man gefunden. Nach Verzehr von übermäßigen Mengen von Maikäfern können durch Überladung mit Chlorophyll Eier mit grünem Dotter gebildet werden. Sog. Graseier mit grünlich getöntem Eiklar und grünlich braun oder oliv verfärbtem Dotter entstehen nach J. F. Payne[3] nach reichlicher Verfütterung von Cruciferen. Die Legeente soll nach reichlichem Verzehr von Fröschen Eier mit eigenartig braunem Dotter, nach Fütterung mit Eicheln beim Kochen schwarz werdenden Dotter liefern.

Ein eigenartiger Fehler tritt nach Verfütterung von Baumwollsaatmehl oder anderen Malvaceensamen ein. Nach F. W. Lorenz und H. J. Almquist[4] wird das Eiklar solcher Eier schwach rosa oder rötlich gefärbt, wenn es auch sonst normal bleibt. Die Farbe des anormal vergrößerten Dotters variiert von normal bis lachsfarbig oder nach Rot hin. Die Dottermasse ist bei Zimmertemperatur wäßrig, bei Kühlhaustemperatur gewöhnlich von Tonkonsistenz, gekocht gummiartig, wobei dann der Dotter normale Farbe annehmen und das Eiklar seine Rotfärbung verlieren kann. Auch mit Baumwollsamenöl (2% des Futters) ließ sich die Rosafärbung an nach dem Legen 3 Monate aufbewahrten Eiern hervorrufen, nicht aber die obige Dotterverfärbung. Da auch Kapoköl den Fehler hervorrief, scheint es sich um eine Wirkung des Stoffes zu handeln, der auch die positive Halphensche Reaktion bei diesen Ölen hervorruft.

4. Äußere Unterschiede der Eier verschiedener Vögel.

Die Eier verschiedener Vögel unterscheiden sich zunächst hinsichtlich ihres mittleren Gewichtes; dieses beträgt etwa für

Huhn	Ente	Gans	Truthuhn	Perlhuhn	Taube	Kiebitz	Möve
50—60	60—70	150—200	60—90	40—45	15—20	20—30	35—45 g

Da aber gerade beim Huhn sehr große Abweichungen in der Eigröße vorkommen, ist das Eigewicht zur Kennzeichnung und Unterscheidung weniger geeignet. Die durch Länge, Dicke und die Größe m (vgl. S. 587) gegebene Gestalt des Eies ist für die Eier mancher Vogelarten charakteristisch; doch kommen auch hier beim Hühnerei große Abweichungen von den Mittelwerten vor und der Bereich der Beobachtungen ist noch klein.

Von weiteren Kennzeichen ist die Farbe insofern von Bedeutung, als bei Hühnereiern gelbe oder braune Schalenfärbung auf asiatische Hühnerrassen oder deren Kreuzungen hindeutet, während alle Mittelmeerrassen (Italiener, Leghorn) weiße Eier legen. In England werden — wohl nur des Aussehens halber — braune Eier vorgezogen und im Handel daher höher bewertet[5]. Schöne und große, braune Eier werden besonders von Barnevelder und Welsumer Hühnern erhalten. Auch braun gesprenkelte Eier kommen bei Hühnern vor. Die Ente legt je nach Rasse überwiegend weißschalige (Khaki-Campbellenten bis zu 98%) oder grünschalige (weiße Laufenten über 50%) vereinzelt auch bräunliche Eier. Eier von Wildvögeln sind meist durch besondere Färbungen und Farb-

---

[1] H. Kreis: Jahresber. Kanton Basel-Stadt 1927, 12; Z. 1929, **57**, 251.
[2] B. Szelinski: Z. 1931, **61**, 108.
[3] Vgl. M. v. Schleinitz: Deutsch. landw. Geflügelztg. 1927, **30**, 320.
[4] F. W. Lorenz und H. J. Almquist: Ind. and Engin. Chem. 1934, **26**, 1311.
[5] Nach Eierbörse 1933, **24**, 244.

zeichnungen verziert, bezüglich deren Einzelheiten auf die oologische Literatur[1] verwiesen sei, die auch als weitere Unterscheidungsmerkmale G l a n z und K o r n f e i n h e i t und Schalendicke angeben. Die Schale des Hühnereies besitzt ein ziemlich grobes Korn und kann dadurch von der Schale des Enteneies unterschieden werden. Auch ist die Dicke der Schale im Verhältnis zum Eigewicht und damit die Festigkeit bei diesen Eiern wesentlich größer als bei Eiern der meisten Wildvögel.

5. Eierzeugung verschiedener Hühnerrassen und anderer Vogelarten.

In der Hühnerzucht zum Zwecke der Eiererzeugung lassen sich drei Zuchtziele unterscheiden: Die Erzeugung einer möglichst hohen jährlichen E i e r - z a h l, von möglichst g r o ß e n Eiern und Ausbildung von sog. W i n t e r l e g e r n, d. h. Hennen, die auch zur Zeit der höchsten Eierpreise im Winter noch erhebliche Mengen Eier legen. Die höchste Eierzahl wird besonders von den leichten Hühnerrassen, die weniger Brutlust zeigen, erreicht. P. SWEERS[2] fand für Huhngewicht und Eiablage folgende Beziehung:

Huhngewicht	1500—1900	1900—2700	2700—3100 g
Jährliche Eiablage. .	141,2—147,8	114,6—139,6[3]	65,0—92,5

Als bevorzugte Hühnerrasse in bezug auf den Eiertrag gilt das aus der italienischen Rasse hervorgegangene w e i ß e L e g h o r n h u h n. Aber auch von anderen Rassen lassen sich hohe Legeleistungen erzielen.

Bei einem amerikanischen Wettlegen waren nach R. RÖMER[4] 10 Hennen von Leghorn mit 301—335 Eiern, eine Rhodeländer mit 334 und 2 Plymouth-Hennen mit 308—311 Eiern an den Siegen beteiligt.

Der Durchschnittsertrag bei der gewerblichen Eiererzeugung ist natürlich geringer, aber durch Verbesserungen in Haltung, Pflege und Zucht der Tiere einer Steigerung fähig. So erzielte z. B. die Garather Geflügelfarm nach F. PFENNINGSTORFF[5] folgenden jährlichen Anstieg:

Jahr	1923/24	1924/25	1925/26	1926/27
Zahl der Hühner	218	220	588	1537
Mittlere Eierzahl je Huhn	114,0	125,2	150,2	166,8

Die Größe der Eier ist außer von der Rasse auch von der Fütterung und dem Alter der Henne abhängig. Asiatische Rassen (Brahma, Orpingtons, Plymouth Rocks u. a.) legen durchweg große Eier. Durch eiweißreiches Futter läßt sich das mittlere Eigewicht um mehrere Gramm steigern, während es durch eiweißarmes Futter stark sinkt (N. HANSSON[6]).

Das erstrebte W i n t e r l e g e n der Hühner läßt sich ebenfalls durch Auswahl und Züchtung geeigneter Rassen, unterstützt durch künstliche Mittel (Zufuhr von Licht und Vitaminen), in der Praxis bis zu einem gewissen Grade erreichen.

Von dem anderen Hausgeflügel hat in den letzten Jahren die gewerbliche Eierzeugung durch die E n t e beachtliche Fortschritte aufzuweisen. Bei höherem durchschnittlichen Eigewicht ist die Ente nach H. FRIESE[7] anspruchsloser in der Wartung, widerstandsfähiger gegen Krankheiten und nutzt auch das

---

[1] F. W. J. BAEDEKER: Die Eier der europäischen Vögel (mit viel naturfarbigen Abbildungen). Leipzig und Iserlohn 1863. — E. REY: Die Eier der Vögel Mitteleuropas. Lobenstein Reuß 1912. — F. GRAESSNER: Die Vögel von Mitteleuropa und ihre Eier. Dresden.

[2] P. SWEERS: Deutsch. Landw. Geflügelztg. 1925, **29**, 22.

[3] Mit Ausnahme der herausfallenden Gruppe von 2300—2400 g, in der 10 Hühner im Mittel 157,1 Eier legten.

[4] R. RÖMER: Deutsch. landw. Geflügelztg. 1929, **32**, 375.

[5] F. PFENNINGSTORFF: Deutsch. landw. Geflügelztg. 1928, **31**, 375.

[6] N. HANSSON: Arch. Geflügelkunde 1929, **3**, 50.

[7] H. FRIESE: Legeenten und Mastenten. Berlin 1931.

Futter besser aus als das Huhn. Der jährliche Eierertrag ist bei der weißen Laufente, von der FRIESE Durchschnittszahlen von 190—210 Eiern gefunden hat, noch höher als bei der Henne. Ähnlich hohe Eierträge liefert auch die Khaki-Campbellente. Das vielfach noch gegen den Genuß von Enteneiern bestehende Vorurteil ist wahrscheinlich auf Fütterungseinflüsse ungünstiger Art zurückzuführen; so soll die Ente nach reichlichem Verzehr von Froschlaich und Fröschen auch schlechtschmeckende Eier liefern. Vereinzelt beobachtete Infektionen von Enteneiern durch pathogene, besonders Ruhrkeime, sind durch Aufenthalt der Tiere auf infizierten Oberflächenwässern zurückzuführen, werden aber durch Kochen oder Backen der Eier unschädlich gemacht, wie überhaupt das Entenei in erster Linie für Backzwecke Verwendung findet.

Perlhühner legen jährlich etwa bis zu 120 Eier, Truthennen bis zu 50, bei eiweißreichem Futter auch mehr. Hausgänse (Emdener Gänse) legen im Jahre meist etwa 15—20, doch sind auch 40—50 Eier keine Seltenheit. Die Eierproduktion der Haustaube ist so gering, daß sie für die Ernährung kaum in Frage kommt.

II. Chemische Zusammensetzung der Eier.

1. Zusammensetzung des Eies. Anteile an Schale, Weißei und Dotter.

Das Vogelei läßt sich durch mechanische Trennung zunächst in die Hauptbestandteile Schale mit Schalenhaut, Weißei (Eiklar) und Dotter zerlegen, die in ihrer chemischen Zusammensetzung wesentlich voneinander verschieden sind. Nach verschiedenen Bearbeitern entsprechen diese Anteile für Eier verschiedener Vögel etwa der folgenden prozentualen Verteilung:

Eier von	Zahl der An- gaben	Gesamtinhalt		Weißei (Eiklar)		Eidotter		Schale	
		Mittel %	Schwan- kungen %	Mittel %	Schwan- kungen %	Mittel %	Schwan- kungen %	Mittel %	Schwan- kungen %
Huhn . .	126	89,9	80,3—93,7	58,1	42,1—76,5	31,8	24,4—46,8	10,1	6,3—19,7
Ente . .	14	88,5	87,3—90,3	50,4	42,1—57,1	38,1	31,0—46,8	11,5	9,7—12,7
Gans . .	10	87,6	85,0—89,6	53,4	43,3—58,8	35,2	30,3—44,5	12,4	10,3—15,0
Truthuhn	5	88,8	86,7—90,2	55,9	52,2—60,5	32,9	26,2—35,2	11,2	9,8—13.3
Perlhuhn	4	85,0	81,6—88,0	47,6	43,5—54,7	37,4	33,3—40,7	15,0	12,0—18,4
Taube . .	10	89,7	86,4—93,3	70,9	65,8—74,4	18,8	16 2—22,2	10,3	8,1—13,6
Kiebitz .	5	89,7	86,8—91,6	53,2	50,0—56,9	36,5	32,5—41,7	10,3	8,4—13,2
Möwe . .	6	91,1	89,9—92,1	64,1	59,9—67,5	27,0	23,9—30,0	8,9	7,9—10,1

Bezogen auf den Eiinhalt beträgt der Anteil des Eidotters im Mittel für

Eier von . . . . Huhn Ente Gans Truthuhn Perlhuhn Taube Kiebitz Möwe
Dotter in % des Inhaltes 35,4 43,1 40,2 37,1 44,1 20,9 40,6 29,6

Die Eier von Perlhuhn und Ente besitzen also einen verhältnismäßig großen, die der Taube und Möwe einen kleinen, das Hühnerei einen Dotter von mittlerer Größe. Die dickste (schwerste) Schale besitzt von den vorgenannten das Perlhuhnei, die dünnste das Möwenei.

Die allgemeine chemische Zusammensetzung des Eiinhaltes und seiner Anteile wurde von verschiedenen Untersuchern im Mittel, wie folgt, gefunden (s. nebenstehende Tabelle S. 591).

Die Tabelle bringt zunächst zum Ausdruck, daß Weißei und Dotter in ihrer Zusammensetzung wesentlich verschieden sind. Während das Eiklar eine praktisch fettfreie[1], wasserreiche Eiweißlösung darstellt, ist der Dotter eine

---

[1] Fettbestimmung unter Aufschluß mit Salzsäure liefert in der Regel weniger als 0,05% Fett. Höhere Werte nach den älteren Angaben dürften durch Unvollkommenheiten anderer Fettbestimmungsmethoden bedingt sein.

Zusammensetzung des Eiinhaltes.

Eier von	Zahl der Untersuchungen	In der natürlichen Substanz					In der Trockensubstanz	
		Wasser %	Stickstoffsubstanz %	Fett (Ätherextrakt) %	Stickstofffreie Extraktstoffe %	Asche %	Stickstoffsubstanz %	Fett (Ätherextrakt) %
A. Gesamtinhalt.								
Huhn	34	73,2 (67,1—74,8)	13,4 (10,8—15,9)	11,4 (10,2—14,1)	0,9 (0,2—3,0)	1,1 (0,7—1,4)	49,7 (41,3—53,8)	42,6 (38,0—50,6)
Ente	4	69,8 (68,6—71,1)	13,0 (12,2—13,6)	14,8 (13,7—15,5)	1,4 (0,7—2,7)	1,0 (0,8—1,2)	43,0 (42,4—45,1)	49,0 (45,7—53,6)
Gans	2	69,8 (69,5—71,3)	13,9 (13,8—14,1)	13,9 (12,2—14,4)	1,3 (1,2—1,3)	1,1 (1,0—1,2)	46,0 (45,2—49,1)	46,0 (42,2—47,2)
Truthuhn . .	1	73,7	13,4	11,2	0,8	0,9	50,9	42,6
Perlhuhn . .	1	72,8	13,5	12,0	0,8	0,9	49,6	44,1
Kiebitz . . .	3	74,4 (74,4—75,3)	10,8 (10,7—11,0)	11,2 (10,3—11,7)	2,4 (2,2—2,6)	0,9 (0,8—1,0)	42,8 (41,8—44,5)	44,3 (41,5—45,8)
B. Weißei.								
Huhn	39	86,6 (82,7—88,3)	11,6 (9,7—14,7)	(0,2) (0,0—0,6)	0,8 (0,1—2,5)	0,8 (0,6—1,0)	86,4 (78,3—93,2)	(1,4) (0,2—4,2)
Ente	3	87,2 (87,0—87,5)	10,3 (9,9—11,1)	0,0 (0,0—0,0)	1,9 (1,1—2,9)	0,6 (0,2—0,8)	80,5 (76,1—84,5)	0,2 (0,1—0,2)
Gans	2	87,1 (86,3—87,9)	11,2 (10,9—11,6)	0,0 (0,0—0,1)	0,9 (0,5—1,3)	0,8 (0,7—0,8)	87,0 (84,7—89,3)	0,3 (0,2—0,5)
Truthuhn . .	1	86,7	11,5	0,0	1,0	0,8	86,5	0,3
Perlhuhn . .	1	86,6	11,6	0,0	1,0	0,8	86,5	0,3
C. Dotter.								
Huhn	45	49,0 (44,9—53,8)	16,7 (14,8—19,5)	31,6 (28,8—36,2)	1,2 (0,0—2,6)	1,5 (0,5—2,0)	32,6 (29,3—37,8)	61,8 (58,7—68,6)
Ente	3	46,1 (43,7—49,5)	16,5 (15,3—18,4)	34,9 (33,3—36,5)	1,2 (0,4—1,6)	1,3 (1,1—1,5)	30,6 (27,9—32,7)	64,7 (62,2—69,2)
Gans	2	42,6 (41,1—44,1)	18,0 (17,3—18,7)	36,0 (35,7—36,2)	1,9 (1,1—2,7)	1,5 (1,3—1,7)	31,4 (31,0—31,7)	62,5 (60,7—64,3)
Truthuhn . .	1	48,3	17,4	32,9	0,2	1,2	33,6	63,6
Perlhuhn . .	1	49,7	16,7	31,8	0,6	1,2	33,2	63,2

außerordentlich fettreiche Emulsion, die nur etwa zur Hälfte aus Wasser besteht. Das Entenei enthält gegenüber dem Hühnerei deutlich mehr und fett-reichere Dottermasse, was in der allgemeinen Zusammensetzung des Eiinhaltes in dem um 3% (über 7% der Trockensubstanz) höheren mittleren Fettgehalt zum Ausdruck kommt.

Die wesentliche Verschiedenheit der Bestandteile von Eiklar, Dotter und Schale sowie die abweichende Zusammensetzung lassen es vorteilhaft erscheinen, diese getrennt voneinander zu betrachten.

2. Bestandteile des Weißeies (Eiklars).

Das Weißei bildet, oberflächlich betrachtet, eine schwach blaßgelbliche, in einem feinen Netzwerk eingeschlossene Flüssigkeit, die hierdurch zähflüssig bis gallertartig erscheint, in Wirklichkeit aber nach Beseitigung dieser Membran-

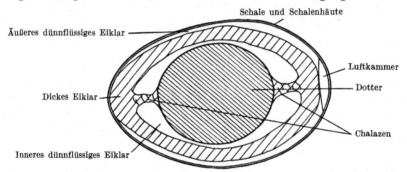

Abb. 4. Innerer Bau des Eiklars nach Almquist.

struktur, z. B. durch Schlagen und Filtrieren, ziemlich dünnflüssig ist. Die allgemeine Zusammensetzung ist bei verschiedenen Vogeleiern gemäß obiger Tabelle scheinbar die gleiche. Nach M. A. Rakusin und G. D. Flieher[1] ist das Eiklar eine mit Albumin gesättigte wäßrige Lösung. Das Spez. Gewicht gibt Rakusin[2] zu 1,0459—1,0515, die Spezifische Drehung zu — 38,6 bis — 39,7° an.

Eine eingehendere Prüfung läßt beim Eiklar mehrere Schichten, unter-schieden in ihrer Konsistenz, erkennen. Auf die äußere, mehr flüssige, folgt nach innen eine festere, die schließlich in der Nähe des Dotters nach R. Pearl und M. R. Curtis[3] wieder in eine dünnflüssigere übergeht.

Die Anordnung wird durch nebenstehende Zeichnung von H. J. Almquist[4] anschaulich wiedergegeben. Beim Ausgießen des Eiinhaltes auf eine flache Platte lassen sich die Teile des Eiklars unterscheiden. Getrennt werden sie nach Almquist und F. M. Lorenz[5] durch Aufgießen auf ein 14-Maschensieb[6]. Die mengenmäßige Verteilung der Schichten unterliegt starken Schwankungen, die nach Lorenz, L. W. Taylor und Almquist[7] sehr von Vererbungseinflüssen abhängig sind. Almquist und Lorenz fanden so die äußere Schicht zwischen 20—55, die innere zwischen 11—36, die mittlere dickflüssige zwischen 27—57% des gesamten Weißeies.

[1] M. A. Rakusin u. G. D. Flieher: Chem.-Ztg. 1923, 47, 66.
[2] M. A. Rakusin: Journ. Russ. Phys.-Chem. Ges. 1915, 47, 1050; C. 1916, I, 1032.
[3] R. Pearl u. M. R. Curtis: V. Journ. Exp. Zool. 12, 99; nach Almquist u. Lorenz, vgl. Anm. 5.
[4] H. J. Almquist: Agricult. Experim. Station Berkeley 1933, Bull. 561.
[5] H. J. Almquist u. F. M. Lorenz: Poultry Science 1933, 12, 83.
[6] 14 Maschen auf 1 Zoll, entsprechend 5,5 Maschen auf 1 cm.
[7] L. W. Taylor u. H. J. Almquist: Poultry Science 1934, 13, 14.

Die Dickflüssigkeit der mittleren Schicht ist nicht etwa durch höhere Konzentration an gelösten Stoffen schlechthin, sondern durch ein System von gequollenen Mucinfasern (E. McNally[1]) bedingt.

Nach den Untersuchungen von ALMQUIST und LORENZ beobachtet man allerdings bei ganz frisch gelegten Eiern meist (nicht immer) Unterschiede im Trockensubstanzgehalt; so fanden sie im Mittel von 7 Versuchen:

| | Gehalt an Trockensubstanz für 1 Tag alte Eier | | | | | Unterschied bei Eiern der gleichen Henne nach | |
	Äußere Schicht %	Innere Schicht %	Mittlere Schicht %	Vereinigte äußere und innere Schicht %	Unterschied beider Schichten %	3 Tagen %	5 Tagen %
Mittelwerte . .	10,90	12,25	11,65	11,60	1,35	0,51	0,27
Schwankungen .	11,25–13,45	10,95–12,65	10,80–12,68	10,80–12,55	0,00–2,50	0,00–1,20	0,00–0,70

Der Aschengehalt der Schichten erwies sich als praktisch konstant.

Ob auch die Hagelschnüre ebenfalls zu den Mucinfasern zu zählen sind oder Gebilde besonderer Art darstellen, scheint noch nicht völlig klargestellt zu sein; sie sind mit ihrem einen Ende an der Dotterhaut mit einer kleinen Fläche angewachsen, gehen aber nicht bis zur Schalenhaut, so daß sie nach dem Aufschlagen und Ausgießen des Eies immer am Dotter hängenbleiben.

Beim allmählichen Erhitzen wäßriger Lösungen von Weißei tritt bei bestimmter Temperatur Koagulation ein. K. MICKO[2] fand für Lösungen von Eiklar in Ammoniumsulfatlösung folgende Trübungspunkte:

| | Bei 25%iger Sättigung mit Ammoniumsulfat | | Bei 50%iger Sättigung mit Ammoniumsulfat | |
| Eiklar | Temperatur | | Temperatur | |
	der beginnenden Trübung	der Bildung eines feinflockigen Niederschlages	der beginnenden Trübung	der Bildung eines feinflockigen Niederschlages
Ursprüngliches . . .	68—69°	71—72°	68 —70°	68,5—73°
Einmal ausgesalzenes	65—67°	68—71°	64,5—69°	66 —71°

Die Koagulation des Eiklars und seiner Lösungen in Wasser tritt jedoch nur ein, wenn ein genügender Säuregrad vorhanden ist. W. PAULI und M. A. OMAR[3] beobachteten z. B., daß frisches Eiklar, im Vakuum bei 37° getrocknet, seine Hitzegerinnbarkeit verloren hatte. Es zeigte in 3,8%iger Lösung alkalische Reaktion ($p_H = 8,68$), indem offensichtlich bei der scharfen Trocknung ein Teil der Kohlensäure aus der Bicarbonatverbindung abgespalten und dadurch die p_H-Verschiebung eingetreten war.

Die Trübungstemperatur ist etwas von der Konzentration abhängig. Beim Erhitzen des unverdünnten Eiklars vom Hühnerei, z. B. im Ei selbst, gerinnt es zu einer weißen Gallerte. Das Eiweiß der Eier von Nesthockern bleibt hierbei jedoch durchsichtig, woraus J. TARCHANOFF[4] auf stoffliche Verschiedenheit der Albumine darin geschlossen hat; er nennt das durchsichtig bleibende Eiweiß „Tataeiweiß".

Im Weißei lassen sich folgende Bestandteile unterscheiden:

a) **Stickstoffverbindungen.** Diese bestehen fast ausschließlich aus Proteinstoffen. Nach Versuchen von M. E. PENNINGTON[5] sowie L. C. MITCHELL[6] war vom

---

[1] E. McNally: Proc. Soc. exper. Biol. a. Med. 1933, **30**, 254.

[2] K. MICKO: Z. 1911, **21**, 646.

[3] W. PAULI u. M. A. OMAR: Kolloid-Zeitschr. 1934, **68**, 203.

[4] J. TARCHANOFF: Pflügers Arch. 1883, **31**, 368; 1884, **34**, 303. — Die Benennung ist erfolgt nach einem 4jährigen Mädchen namens Tata, das TARCHANOFF zuerst auf das unterschiedliche Verhalten aufmerksam gemacht hat.

[5] M. E. PENNINGTON: Journ. biol. Chem. 1910, **7**, 109.

[6] L. C. MITCHELL: Journ. Assoc. official. agricult. Chem. 1932, **15**, 310.

Gesamt-Stickstoff des Weißeies der weitaus größte Teil koagulierbar. Aus den Ergebnissen berechnen sich folgende Mittelwerte:

Eiklar aus	Stickstoff in Form von		Entsprechend Protein (N × 6,25)		Vom Gesamt-protein sind koagu-lierbar	Untersucht von
	Gesamt-Stickstoff	Koagu-lierbarer wasser-löslicher Stickstoff (Rohalbu-min-N)	Gesamt-protein	Koagu-lierbares Protein (Roh-albumin)		
	%	%	%	%	%	
165 Eier von Plymouth Rocks	1,70	1,54	10,6	9,6	95,1	M. E.
69 Eier von Leghorn	1,68	1,54	10,3	9,6	93,3	Pennington
12 Eier von Plymouth Rocks, 2 Tage alt, unbefruchtet. .	1,80	1,45	11,3	9,1	81,3	
20 Eier von Schwarze Wyan-dotten, desgl.	1,62	1,27	10,1	7,9	78,5	
24 Eier von Weiße Leghorn, desgl.	1,76	1,37	11,0	8,6	78,0	L. C. Mitchell
24 Eier von Weiße Leghorn, befruchtet	1,65	1,35	10,3	8,4	81,9	
970 frische Handelseier . . .	1,72	1,38	10,8	8,6	79,8	

Die Ergebnisse von Mitchell beziehen sich auf mit 40%igem Alkohol koagulierbares Protein nach der amtlichen amerikanischen Vorschrift (Methods of Analysis).

Als einzelne Proteinarten werden unterschieden: 1. Krystallisierbares Ovalbumin. 2. Nichtkrystallisierbares, sog. Conalbumin. 3. Ovoglobulin. 4. Ovomucin. 5. Ovomucoid.

Krystallisiertes Ovalbumin ist zuerst von F. Hofmeister[1] aus halbgesättigter Ammoniumsulfatlösung durch Verdunstenlassen erhalten worden. Das zunächst in seiner Ausbeute mangelhafte Verfahren wurde von F. G. Hopkins und S. N. Pinkus[2] auf eine Ausbeute von mehr als 50% der im Eiklar enthaltenen Proteine verbessert. S. P. L. Sörensen und M. Höyrup[3] erhielten mittels einer Mischung von primärem und sekundärem Ammoniumphosphat krystallisiertes Eialbumin, wobei es zweckmäßig war, in der Nähe des iso-elektrischen Punktes des Albumins, nämlich bei $p_H = 4,8$ zu arbeiten, bei dem das Ovalbumin am wenigsten löslich ist. Eine Arbeitsvorschrift zur schnellen Gewinnung von krystallisiertem Albumin aus Hühnereiern hat W. La Rosa[4] angegeben.

Das Conalbumin unterscheidet sich außer durch seine Nichtkrystallisierbarkeit analytisch nur wenig vom krystallisierten Ovalbumin. Seine Darstellung kann so erfolgen, daß man das Filtrat von dem aus einer mit Ammoniumsulfat durch Halbsättigung von Globulin befreiten Lösung (vgl. unten) möglichst vollständig abgeschiedenen Krystallen des Ovalbumins der Dialyse unterwirft, wobei die Salze entfernt werden, und dann erhitzt. Auf diese Weise erhält man das Conalbumin allerdings in koaguliertem, also denaturiertem Zustand. Auch wird es so stets noch (unvermeidbare) Reste von der Krystallisation entgangenem Ovalbumin enthalten. — H. Wu und S. M. Ling[5] trennen Ovalbumin und Conalbumin durch Schütteln der mit dem neunfachen Volumen Wasser verdünnten Eiklarlösung, der sie auf je 100 ccm 0,6 ccm 0,1 N. Salzsäure zusetzten. Durch 1 Minute langes kräftiges Schütteln wurde so das Ovalbumin (einschließlich Globulin und Mucin) — anscheinend durch Wirkung der Schaumoberflächen — völlig koaguliert. Das Filtrat enthielt dann nur noch Conalbumin und Mucoid. Die Ausbeuten entsprachen praktisch den unten angegebenen, nämlich bezogen auf Stickstoff für Ovalbumin (+ Globulin + Mucin) 78,3, Conalbumin 9,4, Mucoid 12,3% des Gesamtstickstoffs.

[1] F. Hofmeister: Zeitschr. physiol. Chem. 1890, 14, 165; 1892, 16, 187.
[2] F. G. Hopkins u. S. N. Pinkus: Journ. Physiol. 1898, 23, 130.
[3] S. P. L. Sörensen u. M. Höyrup: Compt. rend. Carlsberg 1917, 12, 164.
[4] W. La Rosa: Chemist-Analyst 1927, 16, 3.
[5] H. Wu u. S. M. Ling: Chines. Journ. Physiol. 1927, 1, 431.

Ein Globulin schied L. LANGSTEIN[1] durch Halbsättigung des Weißeies mit Ammonium-sulfat ab, aus dem er dann wieder mit Kaliumacetat eine besondere Fraktion des Euglobulins abtrennen konnte; die Menge betrug etwa $2/3$ des gesamten Globulins. Diese Eiweißfraktion scheint mit Ovomucin, das T. B. OSBORNE und G. F. CAMPBELL[2] durch Verdünnen mit Wasser oder Dialyse in Höhe von 8% des Gesamt-Proteins als gummiartige, in Salzwasser lösliche, Masse erhielten, identisch zu sein und aus einem Gemisch von eigentlichem Globulin und Mucin zu bestehen. F. OBERMAYER und F. PICK[3] wollen in Eiklar vier verschiedene Globuline gefunden haben. Mit Sicherheit werden in der vorliegenden Proteinfraktion jedenfalls mindestens zwei Proteine angenommen, das Globulin und das Mucin. Zu ihrer Abscheidung und Trennung haben L. HEKTOEN und A. G. COLE[4] eine Vorschrift angegeben, die von M. SOERENSEN[5] nachgeprüft wurde.

Das nicht koagulierbare Ovomucoid stellt man dadurch dar, daß man die Eiweiß-lösung nach Zusatz von Essigsäure kocht und dann das albuminfreie Filtrat nach mäßiger Einengung mit Alkohol ausfällt. Durch Lösen in Wasser und erneutes Ausfällen mit Alkohol wird der Eiweißstoff gereinigt. — Zuerst von R. NEUMEISTER[6] beobachtet und für ein Pseudo-pepton gehalten, wurde das Ovomucoid später von E. SALKOWSKI[7] und besonders von C. TH. MÖRNER[8] untersucht. MÖRNER fand im Eiklar des Hühnereies im Durchschnitt 1,5%, im Eiklar anderer Vögel ähnliche Mengen Ovomucoid. Bemerkenswert ist die Reduk-tionswirkung dieses Proteins und sein beträchtlicher Gehalt an reduzierenden Stoffen nach der Hydrolyse; doch soll nach J. NEEDHAM[9] nur etwa die Hälfte davon, nämlich 11,5%, aus Zucker bestehen.

M. SOERENSEN erhielt aus Eiklar, bezogen auf das Gesamt-Protein, folgende Ausbeuten:

1. Krystallisierbares Ovalbumin . . 69,7%
2. Ovomucoid 12,7%
3. Conalbumin 9,0%
4. Globulin 6,7%
5. Ovomucin 1,9%

Für die genannten Proteine des Weißeies wird folgende mittlere Ele-mentarzusammensetzung angegeben (OSBORNE, CAMPBELL, LANGSTEIN, HOF-MEISTER u. a.):

Proteine aus Hühnereiklar	Kohlen-stoff %	Wasser-stoff %	Stick-stoff %	Schwefel %	Sauer-stoff %
Kryst. Ovalbumin . . .	52,4	7,0	15,5	1,7	23,4
Ovomucoid	48,9	6,8	12,5	2,2	29,6
Conalbumin	52,2	7,0	16,0	1,7	23,1
Lösliches Globulin . . .	51,4	7,0	15,2	1,7	24,7
Ovomucin (Euglobulin) .	50,4	6,9	14,4	2,5	25,8

Über den Bau des Ovalbumins und seinen Gehalt an Eiweißbausteinen vgl. Bd. I, S. 232 und 236.

Daß die genannten Eiweißstoffe in ihrer Konstitution verschieden sind, konnten L. HEK-TOEN und A. G. COLE[4] auf Grund der Präcipitinreaktion bestätigen. Krystallisiertes Ov-albumin, Ovomucin und Ovomucoid ließen sich völlig frei von anderen Proteinen erhalten. Nur die Präparate von löslichem Ovoglobulin waren mit Ovomucin und etwas krystallisier-barem Ovalbumin verunreinigt. Die Versuche zeigten auch, daß das Conalbumin dem Blutalbumin des Huhnes nahesteht, wenn es nicht damit identisch ist.

Ovoflavin. Eiklar enthält einen gelben stickstoffhaltigen zu den Flavinen gehörigen Farbstoff, der von seinen Entdeckern R. KUHN, P. GYÖRGY und

[1] L. LANGSTEIN: Beitr. chem. Physiol. u. Path. 1902, 1, 83.
[2] T. B. OSBORNE u. G. F. CAMPBELL: Journ. Amer. Chem. Soc. 1899, 21, 477; 1900, 22, 422.
[3] F. OBERMAYER u. F. PICK: Wiener klin. Rundschau 1902, Nr. 15.
[4] L. HEKTOEN u. A. G. COLE: Journ. of infectious Diseases 1928, 42, 1; C. 1929, I, 2546.
[5] M. SOERENSEN: Biochem. Zeitschr. 1934, 269, 271.
[6] R. NEUMEISTER: Zeitschr. Biol. 1890, 27, 309.
[7] E. SALKOWSKI: Zentralbl. med. Wiss. 1893, 513, 706.
[8] C. TH. MÖRNER: Zeitschr. physiol. Chem. 1912, 80, 430.
[9] J. NEEDHAM: Biochem. Journ. 1927, 21, 733.

Th. Wagner-Jauregg[1] Ovoflavin genannt wird. Dieser Farbstoff ist zwar nur in sehr kleiner Menge vorhanden aber von großer physiologischer Bedeutung, weil seine Wirkung der des wasserlöslichen Vitamins B_2 entspricht. Aus 30 kg getrocknetem Eiklar (= 10000 Eier) erhielten die genannten 30 mg Ovoflavin, dessen vorhandene Menge sie aber auf mindestens 180 mg schätzen. Auch Eidotter enthält Ovoflavin, vgl. S. 603.

Zur Darstellung des Ovoflavins wurde das Weißeipulver mit 80%igem Methylalkohol ausgezogen, aus der gelben, grün fluorescierenden Lösung der Farbstoff in saurer Lösung an Fullererde adsorbiert und das Adsorbat durch verdünntes Pyridin eluiert. Nach Wiederholung dieser Adsorption in neutraler Lösung wurde der Farbstoff mit Silbernitrat als braunrotes Silbersalz ausgefällt und dieses mit Schwefelwasserstoff zerlegt. Das Ovoflavin wurde dann, aus doppeltnormaler Essigsäure krystallisiert, in orange gefärbten, in Chloroform und Äther unlöslichen, in Wasser, Butyl- und Amylalkohol sowie Cyclohexanol löslichen Nadeln mit dem Zersetzungspunkt 265⁰ erhalten. Die Elementaranalyse ergab die Formel $C_{16}H_{20}O_6N_4$ oder $C_{17}H_{20}O_6N_4$.

Die maximalen molaren Extinktionskoeffizienten für Ovoflavin, entsprechend dem Molekulargewicht 360 in Wasser, sind:

$$x = 2{,}11 \times 10^4 \qquad 1{,}75 \times 10^4 \qquad 8{,}5 \times 10^4$$
$$\lambda = \quad 446 \ \mathrm{m}\mu \qquad 366 \ \mathrm{m}\mu \qquad 267 \ \mathrm{m}\mu$$

Das grüne Fluorescenzlicht erstreckt sich von 500 bis über 630 mμ.

b) Sonstige organische Stoffe. Über das Vorkommen von freiem Zucker im Eiklar, den man damals noch als Lactose ansah, wird bereits von F. L. Winckler[2] berichtet. Die vollständige Vergärbarkeit wurde zuerst von E. Salkowski[3] festgestellt. C. Th. Mörner[4] prüfte mit negativem Ergebnis auf Pentosen, Fructose und invertierbaren Zucker und schloß dann aus dem erhaltenen Phenylosazon und der Rechtsdrehung des Zuckers auf Glucose, die er auch im Eiklar von Eiern anderer Vögel nachweisen konnte. Nach seinen Untersuchungen scheint der Zuckergehalt des Eiklars bedeutenden Schwankungen zu unterliegen und von der Vogelart unabhängig zu sein. Für das Hühnerei wird der Zuckergehalt des Weißeies von verschiedenen Untersuchern zu 0,32—0,55, im Mittel zu 0,41% angegeben. M. Soerensen stellte mit der Orcinmethode fest, daß Eiklar 0,45% freien Zucker und zwar ausschließlich Glucose enthält.

Der Gehalt des Eiklars an gebundenem, erst nach Hydrolyse mit verdünnter Säure freiwerdendem Zucker, der von Glykogen, Kohlenhydratphosphaten oder Nucleoproteiden stammen kann, wird zu etwa 0,2% angegeben. Mit Fehlingscher Lösung erhält man etwa doppelt so hohe Beträge, die aber nach Needham durch andere Hydrolysenprodukte der Proteinstoffe erhöht sind. Auch ist die so ermittelte reduzierende Substanz nur zu etwa 50% vergärbar.

Enzyme. M. Halpern[5] und T. Koga[6] fanden im Eiklar eine Proteinase, die in ihrer Wirkung der des Pankreas entsprach und ihr Wirkungsoptimum in alkalischer Lösung hatte. Nach A. K. Balls und T. L. Swenson[7] handelt es sich dabei um echtes Trypsin, das seinen Sitz im dicken Eiklar hat und sich dort durch einen Abbau der Gerüstsubstanz, des Mucins, bemerkbar macht. Dieser Mucinabbau hat eine allmähliche Verflüssigung des dicken Eiklars bzw. eine Zunahme des dünnen Eiklars zur Folge, wie wir sie bei längerer Aufbewahrung von Eiern, insbesondere bei Kühlhauseiern vorfinden. Auch die Dottermembran wird durch dieses Ferment allmählich angegriffen und geschwächt.

[1] R. Kuhn, P. György u. Th. Wagner-Jauregg: Ber. dtsch. Chem. Ges. 1933, **66**, 317 u. 576; C. 1933, I, 2413 u. 3724.

[2] F. L. Winckler: Buchners Rep. f. d. Pharm. 1846, **42**, 46.

[3] E. Salkowski: Zentralbl. med. Wiss. 1893, **31**, 513.

[4] C. Th. Mörner: Zeitschr. physiol. Chem. 1912, **80**, 430.

[5] W. Halpern: Zeitschr. physiol. Chem. 1903, **39**, 377.

[6] T. Koga: Biochem. Zeitschr. 1923, **141**, 430.

[7] A. K. Balls u. T. L. Swenson: Ind. Engin. Chem. 1934, **26**, 570.

Dieser Trypsinwirkung steht im Eiklar ein Hemmungsstoff entgegen, der von verschiedenen Untersuchern beobachtet worden ist (S. G. HEDIN[1], H. M. VERNON[2], C. DELEZENNE und E. POZERSKI[3].

c) Mineralstoffe. Der Gehalt des Weißeies an den wichtigsten Mineralstoffen entspricht folgenden, aus Literaturangaben und eigenen Versuchen[4] berechneten Mittelwerten:

Eiklar		Kationen					Anionen		
		K·	Na·	Mg··	Ca··	Fe···	SO_4''	PO_4'''	Cl'
Frisch { in %		0,152	0,163	0,011	0,014	0,001	0,635	0,050	0,169
in Milliäquivalenten		3,89	7,09	0,91	0,70	0,05	13,22	1,58	4,76
Trocken- { in %		1,14	1,22	0,08	0,11	0,01	5,00	0,37	1,28
substanz { in Milliäquivalenten		29,0	52,9	6,7	5,2	0,4	104,1	11,7	35,6

	Frisches Weißei	Weißeitrockensubstanz
Summe der Kationen	12,64	94,2 Milliäquivalente
Summe der Anionen	19,56	151,4 „
Anionenüberschuß	6,92	57,2 Milliäquivalente

Die beiden Alkalien Kalium und Natrium sind somit der Gewichtsmenge nach in nahezu gleicher Größenordnung vorhanden, während an Äquivalenten das Natrium überwiegt. Der hohe Sulfatgehalt ist fast nur auf den Schwefelgehalt der Eiweißstoffe in organischer Bindung zurückzuführen. Nur unter gewissen Bedingungen, so durch oxydierende Veraschung bei hohem Alkaliüberschuß, erhält man so hohe Sulfatwerte; eine einfache Veraschung liefert nur etwa 0,015% SO_4''.

Den Kohlensäuregehalt des Eiklars von 4 frischen Eiern ermittelten J. STRAUB und C. M. DONCK[5] zu 0,145% CO_2, von Kühlhauseiern etwas niedriger zu 0,110%. Die Kohlensäure ist im Eiklar hauptsächlich als Bicarbonat gebunden. — Im Eidotter fanden sie keine Kohlensäure.

Von selteneren Mineralstoffen findet sich nach G. BERTRAND und A. AGULHON[6] Bor im Ei, hauptsächlich im Weißei, nämlich bezogen auf Trockenmasse etwa 0,1 mg-%; andere seltenere Bestandteile des Eies sind vorwiegend im Dotter enthalten. Vgl. S. 606.

3. Bestandteile des Dotters.

Die Verschiedenheit des Eidotters vom Weißei kommt nicht nur in der allgemeinen Zusammensetzung, sondern auch in der Natur der Bestandteile selbst zum Ausdruck. Man kann sagen, daß die wesentlichen Bestandteile des Dotters im Eiklar nicht vorkommen und umgekehrt die des Eiklars nicht im Dotter.

a) Stickstoffverbindungen. Der hauptsächlichste Eiweißstoff des Eidotters ist das Vitellin. Es ist unlöslich in Wasser, aber löslich in etwa 0,1%iger Salzsäure sowie in verdünnten Neutralsalzlösungen. Diese Löslichkeitsverhältnisse, die auch zu einer Isolierung benutzt werden, teilt das Vitellin mit den Globulinen. Es ist aber kein Globulin sondern, weil es bei der Pepsinverdauung ein Pseudonuclein liefert, ein Nucleoalbumin (HAMMARSTEN). Die Gerinnungstemperatur des Vitellins in Natriumchloridlösung liegt bei 70—75°, bei schnellem Erwärmen etwa bei 80°.

[1] S. G. HEDIN: Zeitschr. physiol. Chem. 1907, **52**, 412.
[2] H. M. VERNON: Journ. Physiol. 1904, **31**, 346.
[3] C. DELEZENNE u. E. POZERSKI: Compt. rend. Soc. biol. 1903, **55**, 935. — Nach BALLS.
[4] Vgl. J. GROSSFELD u. G. WALTER: Z. 1934, **67**, 510.
[5] J. STRAUB u. C. M. DONCK: Chem. Weekbl. 1934, **31**, 461.
[6] G. BERTRAND u. H. AGULHON: Bull. Soc. Chim. France 1913 [4], **13**, 824.

Zur Darstellung des Vitellins wird nach T. B. Osborne und D. B. Jones[1] der Eidotter durch ein Kolierbuch gepreßt, mit der gleichen Menge einer gesättigten Natriumchloridlösung vermischt und die Mischung mit Äther geschüttelt, der geringe Mengen Alkohol enthält. Hierdurch werden Fett und Lecithin entfernt, dann wird die wäßrige Lösung der Eiweißstoffe filtriert und dialysiert, bis das Vitellin ausfällt. Man löst es zur Reinigung in 10%iger Natriumchloridlösung, scheidet es wieder durch Dialyse ab und befreit es schließlich in einem Gemisch gleicher Teile Alkohol und Äther vom Wasser und von den letzten Resten Fett und Lecithin, worauf es nach Trocknen über Schwefelsäure ein farbloses Pulver bildet. Die Elementarzusammensetzung des Vitellins wurde, wie folgt, gefunden:

Kohlenstoff	Wasserstoff	Stickstoff	Schwefel	Phosphor	Sauerstoff
51,2%	7,2%	16,1%	1,0%	1,0%	23,6%

Über die Bausteine des Vitellins vgl. Bd. I, S. 236.

Nach R. H. A. Plimmer und F. H. Scott[2] ist die Phosphorkomponente des Vitellins sehr lose gebunden und wird mit 1%iger wäßriger Natronlauge bei 37° in 24 Stunden vollständig als Phosphorsäure abgespalten. Durch Verdauung mit Magensaft erhielt G. v. Bunge[3] ein Pseudonuclein, das nach seiner Auffassung in naher Beziehung zum Blutfarbstoff stehen soll und daher von ihm auch „Hämatogen" genannt wurde. Von diesem Hämatogen Bunges ausgehend gelangten Schwigel und Th. Posternack[4] durch Verdauung mit Pankreasauszug in natriumcarbonat-alkalischer Lösung zu drei phosphorhaltigen Polypeptiden, sog. Ovotyrinen:

1. Ovotyrin-α mit der Bruttoformel $C_{21}H_{43}O_{24}N_7P_4$.
2. Ovotyrin-β. — Dieses enthält das Eisen des Eidotters und ist in einen eisenfreien und einen eisenhaltigen Anteil von im übrigen gleicher Zusammensetzung zerlegbar, nämlich in Ovotyrin-β_1, $C_{24}H_{48}O_{26}N_8P_4$ und Ovotyrin-β_2, $(C_{24}H_{48}O_{26}N_8P_4)_3Fe_2$.
3. Ovotyrin-γ: $C_{46}H_{84}O_{40}N_{12}P_4$.

Die Ovotyrine sind weiße, außer Ovotyrin-β, in Wasser ziemlich leicht lösliche Pulver. Ovotyrin-α wird in Gegenwart von Mineralsäure durch Natriumchlorid gefällt. Sämtliche Ovotyrine geben die Biuretreaktion, aber nicht die von Millon, Ovotyrin-γ auch die von Molisch. Ovotyrin-β_2 löst sich in kalten Alkalien ohne Ausscheidung von Eisenhydroxyd, das aber beim Kochen rasch erscheint. Die Ovotyrine sind als verschiedene Abbaustufen des Vitellins aufzufassen, das von Trypsin an verschiedenen Stellen gespalten wird. Ovotyrin-β ist auch teilweise im Eidotter vorgebildet und kann daraus mit 5%iger Natriumcarbonatlösung in Mengen von 20% des Gesamt-Phosphors ausgezogen werden; durch Erwärmen von Eidotter, 10 Tage auf 38—40°, erhält man durch Wirkung eines proteolytischen Ferments im Dotter selbst sogar die doppelte Ausbeute.

Nach weiteren Versuchen von Schwigel und Posternack über die Molekülgröße der Ovotyrine erfordert die Anwesenheit von 3 Hexonbasen mit insgesamt 9 Atomen Stickstoff eine Verdreifachung der Molekularformeln, also z. B. für Ovotyrin-β_1: $C_{72}H_{144}N_{24}O_{78}P_{12}$.

Außer dem Vitellin enthält der Eidotter noch ein wasserlösliches Protein das von R. A. H. Plimmer[5] entdeckte Livetin. Es wurde von H. D. Kay und Ph. G. Marshall[6] in größerer Reinheit dargestellt. Nach ihren Versuchen entfielen auf 100% Gesamt-Protein im

	Hühnereidotter	Enteneidotter
Livetin. . . .	21,6%	21,0%

Das Livetin zeigt die Biuret-, Xanthoprotein- und Millonsche Reaktion, starke Glyoxylund schwache Molischsche Reaktion. Weiter wurde gefunden:

Asche	Stickstoff	Phosphor	Schwefel	Tyrosin	Tryptophan	Cystin
0,6%	15,35%	0,05%	1,80%	5,17%	2,14%	3,9%

$[\alpha]_{5461}^{20} = -55,5°$; Isoelektrischer Punkt: $p_H = 4,8$—5,0.

[1] T. B. Osborne u. D. B. Jones: Amer. Journ. Physiol. 1909, 24, 153.
[2] R. H. A. Plimmer u. F. H. Scott: Proc. Chem. Soc. 1908, 24, 200.
[3] G. v. Bunge: Zeitschr. physiol. Chem. 1885, 9, 49.
[4] Schwigel u. Th. Posternack: Compt. rend. Paris 1927, 184, 909.
[5] R. A. H. Plimmer: Journ. Chem. Soc. London 1908, 93, 1500.
[6] H. D. Kay u. Ph. G. Marshall: Biochem. Journ. 1928, 22, 1264.

b) Fett. Das Fett des Eidotters, das Eieröl, bildet ein gewöhnlich durch gelösten Eifarbstoff hell- bis dunkelgelb gefärbtes Öl, das etwa 5% Unverseifbares, zum größten Teil aus Cholesterin bestehend, daneben aber auch noch andere unverseifbare Stoffe (vgl. S. 602) enthält. Die übrige Zusammensetzung des Eieröls, im besonderen die Verteilung der gesättigten und ungesättigten Fettsäuren darin, scheint nicht unbeträchtlich von Fütterungseinflüssen abhängig zu sein. Auch enthält das mit Lösungsmitteln aus getrocknetem Eigelb direkt ausgezogene Fett stets beträchtliche Mengen Phosphatide, das nach Aufschluß mit Salzsäure erhaltene große Mengen freier Fettsäuren, die zum größten Teil aus den Phosphatiden stammen. Über die weitere Zusammensetzung des Eieröls und die darin ermittelten Kennzahlen vgl. Bd. IV.

c) Phosphatide[1]. Phosphorhaltige fettähnliche Stoffe wurden bereits zu Anfang des vorigen Jahrhunderts von französischen Forschern erwähnt.

Als der eigentliche Begründer des Lecithinbegriffes kann aber M. GOBLEY gelten, der 1847 aus Hühnereidotter eine phosphor- und stickstoffhaltige, aber noch stark mit Fett verunreinigte Substanz in Menge von 8,4% des Eigelbs darstellte und ihre Eigenschaften beschrieb; er spaltete sie in Fettsäuren und Glycerinphosphorsäure und nannte sie Lecithin[2].

Ein gereinigtes Lecithin wurde erst 1867 von DIAKONOW in geringer Ausbeute erhalten, der auch die Formel $C_{44}H_{90}NPO_9$ (Distearolecithin) aufstellte und als Spaltungsprodukte nur Glycerinphosphorsäure, Stearinsäure und Cholin fand. Die Auffassung von STRECKER, daß Lecithin eine esterartige Verbindung sei, und auch noch andere Fettsäuren enthalten könne, wurde alsdann für die Auffassung der chemischen Konstitution grundlegend. Die von ihm angegebene Lecithinformel $C_{42}H_{84}NPO_9$ (Palmitooleolecithin) galt lange als allgemein gültig, bis M. WINTGEN und O. KELLER[3] darauf hinwiesen, daß der durchweg zu hoch gefundene Stickstoffgehalt nur durch Anwesenheit weiterer Stickstoffverbindungen erklärt werden könne, H. MACLEAN[4] dann einen anderen stickstoffhaltigen Komplex feststellte und G. TRIER[5] in dem nach Abscheidung des Cholins verbleibenden Basenrest Aminoäthylalkohol oder Colamin auffand. Nach weiteren Versuchen von MACLEAN[4] sind nur etwa 66% des Stickstoffs der Eigelbphosphatide in Form von Cholin isolierbar. Heute wissen wir weiter, daß auch die Fettsäuren des Lecithins keineswegs ausschließlich aus Palmitinsäure und Ölsäure bestehen, sondern ebenso, wie es bei den tierischen Fetten der Fall ist, weitgehend variieren können.

In völlig reinem Zustande und bei genügend niedriger Temperatur (unter 0^0) bilden die Eidotterphosphatide, im besonderen das Eidotterlecithin, nach H. H. ESCHER[6] ein weißes krystallinisches Pulver, das aber außerordentlich hygroskopisch ist und bei höherer Temperatur oder durch Anziehung von Wasser bald zusammensintert und dann in eine bald gelb und braun werdende Masse übergeht. Die im Eidotter enthaltene, schlechthin als „Eilecithin" bezeichnete Substanz ist ein Gemisch verschiedener Phosphatide und bildet bei gewöhnlicher Temperatur eine wachsartige, knetbare, an der Luft sich durch Oxydation leicht zersetzende Masse, die in Alkohol, Äther, Chloroform, fetten Ölen und vielen anderen organischen Lösungsmitteln löslich ist, aber durch Aceton und Essigester in der Kälte gefällt wird. Die alkoholischen Lösungen liefern mit Platinchlorid und Cadmiumchlorid Niederschläge. Mit Wasser quillt das Eilecithin zunächst auf, um dann unter Schlierenbildung milchig bzw. kolloid in Lösung zu gehen (Myelinreaktion).

Die Konstitution des Lecithins wurde bereits in Bd. I, S. 252 und 318 beschrieben. Das Colaminlecithin, bei dem an die Stelle des Cholinradikals ·C_2H_4·N(CH_3)OH das des Aminoäthylalkohols ·$C_2H_4NH_2$ tritt, wird auch

---

[1] Literatur: H. MACLEAN: Lecithin and allied Substances. The Lipins. London 1918.

[2] Nach $\dot{\eta}$ $\lambda \acute{\epsilon} \varkappa \iota \vartheta o \varsigma$ = Eidotter.

[3] M. WINTGEN u. O. KELLER: Arch. Pharm. 1906, 244, 3.

[4] H. MACLEAN: Zeitschr. physiol. Chem. 1908, 55, 360; 1909, 59, 223.

[5] G. TRIER: Zeitschr. physiol. Chem. 1912, 76, 496; 1913, 86, 141.

[6] H. H. ESCHER: Helv. chim. Acta 1925, 8, 686.

Cephalin genannt. Weiter konnte O. BAILLY[1] die Vermutung von E. FOURNEAU und M. PIETTRE[2] bestätigen, daß Eilecithin ein Gemisch von zwei Isomeren:

α-Lecithin: $HO \cdot C_2H_4 \cdot N(CH_3)_3 \cdot O \cdot PO(OH) \cdot O \cdot CH_2 \cdot CHOR \cdot CH_2OR'$

β-Lecithin: $HO \cdot C_2H_4 \cdot N(CH_3)_3 \cdot O \cdot PO(OH) \cdot O \cdot CH\big<{}^{CH_2OR}_{CH_2OR'}$

ist, unter denen das erste mit dem asymmetrischen Kohlenstoffatom nur etwa 25% der Gesamtmenge ausmacht.

Versuche zur Aufteilung der Eiphosphatide sind verschiedentlich unternommen worden, haben aber meist nur zu einer Fraktionierung in schwerlösliche, mehr gesättigte und leichter lösliche, mehr ungesättigte, Anteile geführt. M. STERN und H. THIERFELDER[3] gewannen aus dem Ätherauszug des Eigelbs mittels Aceton drei Phosphatide, von denen das eine schwerlöslich in Alkohol (Cephalin), das zweite schwerlöslich in Äther (Diaminophosphatid), das dritte in beiden leichtlöslich (Lecithin) war. Die Präparate zeigten folgende Zusammensetzung:

Phosphatid	Kohlenstoff %	Wasserstoff %	Stickstoff %	Phosphor %	P : N	Jodzahl
In Äther schwerlöslich	68,13	12,14	2,77	3,22	1 : 1,9	34,3
In Alkohol schwerlöslich	65,66	11,54	1,37	3,96	1 : 0,77	70,4
In Alkohol und Äther leichtlöslich	64,63	10,96	2,08	3,97	1 : 1,16	48,7

Da bisher keine Methode bekannt geworden ist, das Eilecithin quantitativ von seinen natürlichen Begleitstoffen zu trennen, ist man zur Bestimmung des Gesamtgehaltes des Eidotters an Lecithin auf indirekte Wege angewiesen, indem man ähnlich wie bei der Umrechnung des Stickstoffgehaltes auf Protein summarisch auf ein bestimmtes Lecithin umrechnet und zwar gewöhnlich auf Palmitooleolecithin, bei höherer Jodzahl auch auf Dioleolecithin. Die folgende Tabelle enthält die wichtigsten nur wenig verschiedenen theoretischen Kennzahlen dieser beiden Verbindungen und zum Vergleich auch die für Palmitooleocephalin:

Kennzahlen	Palmito-oleolecithin (Cholin-Lecithin)	Dioleolecithin (Cholin-Lecithin)	Palmitioleo-cephalin (Colamin-Lecithin)
Formel	$C_{42}H_{84}NO_9P$	$C_{44}H_{86}NO_9P$	$C_{39}H_{76}NO_8P$
Molekulargewicht. . . .	777,7	803,7	717,7
Gehalt an P, %	3,991	3,862	4,325
desgl. an P_2O_5, % . . .	9,135	8,839	9,898
desgl. an N, %	1,801	1,743	1,925
Jodzahl	32,64	63,17	35,37
Verseifungszahl[4]	216,4	209,4	234,5
Umrechnungsfaktor für P	25,05	25,89	23,12
desgl. für P_2O_5	10,95	11,31	10,10

In der Regel berechnet man somit den Lecithingehalt aus der gefundenen Phosphorsäure (P_2O_5) mit dem Faktor 10,95.

Der so gefundene Lecithingehalt liegt für Hühnereidotter und Enteneidotter in etwa gleicher Höhe und wurde von verschiedenen Untersuchern, in Hühnereidottern, wie folgt, gefunden:

Zahl der Versuche	Lecithin-P_2O_5	Entsprechend Palmitooleolecithin
40	0,932 (0,78—1,07)%	10,2 (8,6—11,8)%

[1] O. BAILLY: Compt. rend. Paris 1915, **160**, 395.

[2] E. FOURNEAU u. M. PIETTRE: Bull. Soc. Chim. France 1912, [4] **11**, 805.

[3] M. STERN u. H. THIERFELDER: Zeitschr. physiol. Chem. 1907, **53**, 370.

[4] Entsprechend einem angenommenen Verbrauch von 3 Mol Kaliumhydroxyd für 1 Mol Lecithin.

Obwohl das Lecithin in Äther leichtlöslich ist, wird bei der Extraktion von Eidotter mit Äther nur ein Teil des vorhandenen Lecithins, das sog. „freie Lecithin" in Lösung gebracht. Zur Erklärung dieser Erscheinung nimmt man eine Bindung eines Teiles des Lecithins an das Vitellin des Dotters an und nennt diese Verbindung, die durch Alkohol zerlegt wird, Lecithalbumin. Ob es sich dabei um eine chemische Bindung oder eine kolloide Adsorption des Lecithins an das Eiweiß handelt, ist bisher noch nicht eindeutig entschieden. Für die letztere Auffassung spricht unter anderem, daß der Anteil des „freien" Lecithins je nach den Versuchsbedingungen (Extraktionstemperatur, Art des Lösungsmittels) stark variieren kann.

Durch Cholinbestimmungen in dem petrolätherlöslichen Anteil des mit Alkohol-Petroläther erhaltenen Auszuges aus Hühnereidotter fand W. Lintzel[1] an 19 Versuchen folgende Gehalte an eigentlichem (Cholin-) Lecithin:

	Petrolätherlöslicher Phosphor %	Entsprechend Gesamt-Phosphatid %	Petrolätherlöslicher Stickstoff %	Davon Cholinstickstoff %	Entsprechend Lecithin %	Sonstige Phosphatide %
Mittel. . . .	0,300	7,6	0,183	0,079	4,0	3,6
Schwankungen	0,271—0,336	6,8—8,4	0,144—0,224	0,074—0,087	3,5—4,4	2,7—4,1

Da bei dieser Berechnung Diaminophosphatide als Lecithin mitberechnet werden, dürfte der so ermittelte Gehalt an Cholinlecithin wahrscheinlich noch geringer sein.

F. E. Nottbohm und F. Mayer[2] bestimmten in 6 Eidottern von Hühnereiern den Cholingehalt zu 0,958—1,160, im Mittel zu 1,074% Cholin, gebunden als Cholinlecithin. Freies Cholin war nicht nachweisbar. Zwei frische Enteneidotter lieferten 1,062 und 1,016, im Mittel 1,039% Cholin.

d) Sterine. Das Unverseifbare des Eieröls besteht zum größten Teil aus Cholesterin. So fanden P. Berg und J. Angerhausen[3] für 6 Proben Eigelb nach dem Digitoninverfahren, bezogen auf das mit Äther gewonnene Öl: Unverseifbares 3,37—5,08, Cholesterin 3,00—4,44, sonstiges Unverseifbares 0,28—0,64%.

J. Tillmans, H. Riffart und A. Kühn[4] geben für den Ätherextrakt im Mittel 5,22%, für ein Ei 239 mg Cholesterin an. — Nach C. Serono und A. Palozzi[5] soll das Cholesterin im Eidotter zum Teil in gebundener, schwerverseifbarer Form vorliegen.

Von anderen Forschern wird der Gehalt an freiem Cholesterin im Eidotter bezogen auf das gesamte wie folgt angegeben:

G. W. Ellis und J. A. Gardner[6]	J. H. Mueller[7]	S. J. Thannhauser und H. Schaber[8]	H. Dam[9]
Freies Cholesterin . . 80,6	89,9	76,8	88,9%

Mittelwert: 84,1%.

Dam bemerkte beim Füttern von täglich 3 g Cholesterinpalmitat an Legehühner ein Ansteigen des veresterten Anteiles von 8 auf 16%, nach Aufhören der Fütterung wieder ein Fallen auf 12%, worauf der Wert konstant blieb.

[1] W. Lintzel: Arch. Tierern. u. Tierzucht 1931, 7, 42.
[2] F. E. Nottbohm u. F. Mayer: Z. 1933, 66, 585.
[3] P. Berg u. J. Angerhausen: Z. 1915, 29, 9.
[4] J. Tillmans, H. Riffart u. A. Kühn: Z. 1930, 60, 361. — Vgl. auch Riffart u. H. Keller: Z. 1934, 68, 114.
[5] C. Serono u. A. Palozzi: Arch. Farmacol. experim. 1911, 11, 553; C. 1911, II, 772.
[6] G. W. Ellis u. J. A. Gardner: Proc. Roy. Soc. London 1909 [B] 81, 129.
[7] J. H. Mueller: Journ. biol. Chem. 1915, 21, 26.
[8] S. J. Thannhauser u. H. Schaber: Zeitschr. physiol. Chem. 1923, 127, 278.
[9] H. Dam: Biochem. Zeitschr. 1929, 215, 475.

S. Fränkel und H. Matthis[1] zerlegten das Unverseifbare des Eieröls in weitere Bestandteile. Nach Abtrennung des Cholesterins erhielten sie ein unverseifbares Öl, dessen
Hauptmenge bei 192° und 0,8 mm Druck siedete. Es besaß bei 19° die Dichte 0,9556
und hatte die Jodzahl (v. Hübl) von 142. Es färbte konz. Schwefelsäure gelb, in der Wärme
rot und lieferte bei der Cholesterinreaktion mit Chloroform und Schwefelsäure einen gelben
Ring, nach dem Umschütteln Rotfärbung; auf Zusatz von Acetanhydrid färbte sich die obere
Schicht dunkelrot und die Schwefelsäure zeigte grüne Fluorescenz. Bei der Reaktion mit
Antimontrichlorid nach Carr und Price trat Violettfärbung ein. — Das Öl ist noch nicht
einheitlich, war aber durch Destillation nicht weiter trennbar.

Der Nachlauf des Öles erstarrte teilweise und lieferte aus Alkohol mit wenig Äther
lange dünne Nadeln vom Schmelzpunkt 75°, $[\alpha]_D^{15} = -6,33°$. Die Verbindung ist ein
Kohlenwasserstoff, Yolken genannt, und gibt ähnliche Reaktionen wie Cholesterylen,
mit dem es aber nicht identisch ist.

e) Farbstoff. Der Eidotterfarbstoff, das Lutein, gibt dem Hühnereidotter
seine charakteristische gelbrote Farbe. Es ist ebenso wie die anderen im Tier-
organismus, wie im Blutserum, Fettgewebe, Milchfett, in den Corpora lutea

vorkommenden gelben, in Alkohol,
Äther und Chloroform löslichen Farbstoffe, die auch wohl unter dem Sammelbegriff „Luteine" (Thudichum) zu-

Abb. 5. Absorptionsspektrum des Eigelbs in
Ätherlösung nach Lewin, Miethe und Stenger.

sammengefaßt werden, gegen Reduktion
und Oxydationsmittel sehr empfindlich.

Der Farbstoff wird im Lichte, vor allem durch ultraviolette Strahlen schnell
gebleicht. Eigenartig ist das Verhalten des Luteins gegen verdünnte Salpetrige
Säure, die ihn über ein rasch verschwindendes Blau, das bei kleinen Konzentrationen leicht der Beobachtung entgeht, schnell entfärbt. Beständig ist das
Lutein gegen Alkali und wird daher bei der Verseifung nicht zerstört.

Die Darstellung des Luteins aus Eidotter wurde vergeblich zuerst von G. Städeler[2]
versucht, der nur fand, daß es von Bilirubin verschieden ist. W. Kühne[3] beobachtete Krystalle und unterschied das Lutein durch sein Spektrum bereits dorgfältig von den carotin-
ähnlichen Pigment des Corpus luteum; er erhielt es aber noch nicht frei von stickstoffhaltigen Beimischungen. Eine Übereinstimmung des Spektrums des Luteins mit dem eines
Xanthophylls hat C. A. Schunck[4] beobachtet. Aber erst R. Willstätter und H. H. Escher[5]
gelang die Reindarstellung des Dotterfarbstoffes in Krystallen nach einem Verfahren, das
im wesentlichen auf Entwässerung mit Alkohol, Abscheidung der Phosphatide durch Aceton,
Auskrystallisation des Cholesterins und Krystallisation des rohen Luteins aus Petroläther beruht. Die Reinigung erfolgte durch Umkrystallisation aus Methanol oder Schwefelkohlenstoff.

Das Lutein krystallisierte in dunkelbraunroten oder ziegelroten Krystallen
(Prismen) mit blauem Oberflächenglanz und schmolz scharf bei 192—193°(korr.).
In seinen sonstigen Eigenschaften stimmte es mit dem bei 173,5—174,5° schmelzenden Xanthophyll überein. Das Absorptionsspektrum des Luteins und damit
auch des Eidotters ist je nach dem Lösungsmittel etwas verschieden. L. Lewin,
A. Miethe und E. Stenger[6] geben für verschiedene Lösungsmittel Zahlen für
die Absorptionsbanden an, die für Ätherlösung der obigen Abbildung 5 entsprechen.

Entgegen der Annahme von Willstätter und Escher haben nun weitere
Forschungen gezeigt, daß der Eidotterfarbstoff nicht einheitlicher Natur ist.
Nach R. Kuhn, A. Winterstein und E. Lederer[7] ist der Eidotterfarbstoff in
der Hauptsache ein Gemisch von Xanthophyll mit dem Schmelzpunkt 193°

[1] S. Fränkel u. H. Matthis: Helv. chim. Acta 1930, **13**, 492.

[2] G. Städeler: Journ. prakt. Chem. 1867, **100**, 418.

[3] W. Kühne: Untersuchungen aus dem physiologischen Institut der Universität Heidelberg 1878, **1**, 321; 1882, **4**, 169.

[4] C. A. Schunck: Proc. Royal Soc. 1903, **72**, 165.

[5] R. Willstätter u. H. H. Escher: Zeitschr. physiol. Chem. 1911/12, **76**, 214.

[6] L. Lewin, A. Miethe u. E. Stenger: Arch. f. Physiol. 1908, **124**, 585.

[7] R. Kuhn, A. Winterstein u. E. Lederer: Zeitschr. physiol. Chem. 1931, **197**, 141;
C. 1931, II, 251.

und Zeaxanthin mit dem Schmelzpunkt 207⁰. Für das erstere, das überwiegt, behalten sie die frühere Bezeichnung Lutein bei.

Die schwierige Zerlegbarkeit der Dotterfarbstoffe in Lutein und Zeaxanthin beruht auf Isomorphie der Krystalle. Ein Gemisch beider zeigt keine Schmelzpunktserniedrigung. Da man aber die Drehung des Zeaxanthins

$$[\alpha]\,^{18}_{Cd} = -55^0$$

kennt, kann man aus der Drehung eines Farbstoffpräparates aus Eidotter den Gehalt an beiden Bestandteilen berechnen. Hiermit übereinstimmende Werte fanden KUHN und A. SMAKULA[1] durch spektrometrische Analyse, nämlich ein Verhältnis von 70% Lutein und 30% Zeaxanthin.

Nun sind aber weiter nach Versuchen von H. v. EULER und E. KLUSSMANN[2] im Eidotter von tiefgelber Farbe noch 40 γ Carotin und 9 γ Vitamin A gefunden worden, mithin 4,0 bzw. 0,9 mg-%. Bei dem oben beschriebenen Aufbereitungsverfahren von WILLSTÄTTER und ESCHER bleiben diese Stoffe bei der Krystallisation gelöst und werden dadurch von Xanthophyll und Zeaxanthin getrennt.

A. E. GILLAM und I. M. HEILBRON[3] erhielten aus Eidotter durch Adsorption des Xanthophylls an Calciumcarbonat das Vitamin A frei von Carotinoiden und konnten seine Gegenwart durch die Antimontrichloridblauprobe sowie das charakteristische Absorptionsspektrum bei 328 mμ bestätigen. Die petrolätherlöslichen Carotinoide, erhalten durch Ausschütteln der wäßrig alkoholischen Lösung mit Petroläther nach WILLSTÄTTER, bestanden aus den Vitamin-A-aktiven Stoffen Kryptoxanthin und β-Carotin, ersteres war in erhöhter Menge nach Fütterung mit viel Mais (0,19 mg-%) oder Gras (0,14 mg-%) vorhanden.

Schließlich enthält der Eidotter ebenso wie das Eiklar noch Ovoflavin (vgl. S. 595). P. KARRER und K. SCHÖPP[4] erhielten das Ovoflavin aus Eidotter in langen, oft zu Büscheln vereinigten, Nadeln vom Schmelzpunkt 284⁰. Aus 1000 frischen Eiern wurden 15 mg des Flavins erhalten.

Die Menge des im Eidotter vorhandenen Gesamt-Farbstoffs ist nur klein. A. TERENYI[5] fand auf colorimetrischem Wege für je einen Hühnereidotter 1,49 bis 2,56, im Mittel 2,10 mg bzw. 0,0093—0,0186, im Mittel 0,0144% Lutein. Aus den obigen Zahlenangaben berechnen sich etwa folgende mittleren Gehalte des Hühnereidotters an den genannten Farbstoffen[6]:

Farbstoffgehalt von	Xanthophyll (Lutein)	Zeaxanthin	Carotin	Vitamin A	Ovoflavin
100 g Eidotter	7,3	3,1	4,0	0,9	0,1 mg
1 Eidotter (= 18,6 g) . . .	1,36	0,58	0,74	0,17	0,02 mg

Der Farbstoffgehalt des Eiweißes stammt normalerweise aus dem Futter, vorzugsweise aus dem Grünfutter, und läßt sich auch durch die Art der Fütterung beeinflussen.

Führt man der Legehenne ungenügende Mengen Farbstoff im Futter zu, so erschöpft sie zunächst den Farbstoffvorrat des eigenen Körpers und legt dann schließlich Eier mit blassem Dotter, eine Erscheinung, die besonders bei intensiv auf Eierproduktion hinarbeitenden Geflügelfarmen häufiger beobachtet wird. — Zwar vermag die Henne uach gewisse fettlösliche Teerfarbstoffe im Ei abzulagern, wenn man ihren Organismus mit diesen Farbstoffen überschwemmt. Derart erhaltene Eier sind aber dann als künstlich gefärbt anzusehen.

f) Sonstige organische Stoffe. J. STRAUB[7] glaubt auf Grund theoretischer Erwägungen und praktischer Versuche annehmen zu müssen, daß der Eidotter

---

[1] R. KUHN u. A. SMAKULA: Zeitschr. pyhsiol. Chem. 1931, **197**, 161; C. 1931, II, 252.

[2] H. v. EULER u. E. KLUSSMANN: Zeitschr. physiol. Chem. 1932, **208**, 50; 1933, **219**, 215; C. 1933, II, 2674; 1933, II, 2555.

[3] A. E. GILLAM u. I. M. HEILBRON: Biochem. Journ. 1935, **29**, 1064.

[4] P. KARRER u. K. SCHÖPP: Helv. chim. acta 1934, **17**, 735; C. 1934, II, 1483.

[5] A. TERENYI: Z. 1931, **62**, 566.

[6] Vitamin A ist für das Auge ungefärbt. Seine nahe Beziehung zum Carotin rechtfertigt aber seine Erwähnung in diesem Zusammenhange.

[7] J. STRAUB: Rec. Trav. chim. Pays-Bas 1929, **48**, 49.

des lebenden Eies im Gegensatz zum Eiklar zuckerfrei sei. Da andere Forscher im Mittel etwa 0,2% gefunden haben, müßte dieser Befund dann durch eine andere reduzierende Substanz verursacht sein. Ob dies der Fall ist und diese Substanz etwa das von E. Salkowski[1] und K. Kojo[2] nachgewiesene Kreatinin sein kann, bedarf noch der endgültigen Klarstellung. An gebundenem Zucker wies G. W. Pucher[3] im Eidotter 0,30% nach, von dem die Hälfte vergärbar war. — Der weiteren Ansicht von Straub, daß umgekehrt nur der Dotter, nicht das Eiklar, Milchsäure enthalte, steht der Befund von A. Bonnani[4] entgegen, der im Eiklar 0,0123—1,0122%, im Dotter 0,0053—0,0117% Milchsäure fand.

Für die biologische Entwicklung bedarf das Ei der Fermente (Enzyme), die nach J. Wohlgemuth[5] ihren Sitz im Eidotter haben.

Ein diastatisches Ferment haben J. Müller und Masuyama[6] darin nachgewiesen, V. Diamare[7] und T. Koga[8] bestätigt. Nach letzterem nimmt diese Diastase, die durch Natriumchlorid, noch mehr durch Blutserum, stark aktiviert wird, mit der Entwicklung des Eies zu. Ein glykolytisches Ferment, das bei Abwesenheit von Sauerstoff alkoholische Gärung und bei dessen Zutritt Milchsäurebildung hervorruft, fand O. Stepanek[9]. R. Ammon und E. Schütte[10] unterscheiden an Lipasen bzw. Esterasen im Hühnerei eine Tributyrinase, eine einfache Esterase (Methylbutyrase) und eine Cholinesterase, die Acetylcholin verseift. Im Gegensatz zu Koga fanden sie bei einer Prüfung von Glycerinextrakt aus dem Gelbei eines unbebrüteten Eies auf Tributyrin eine deutliche Spaltung, bei der doppelt soviel Buttersäure in Freiheit gesetzt wurde wie bei Einwirkung auf Methylbutyrat. Die Menge im Eidotter betrug 240 Einheiten Tributyrinase und 125 Einheiten Esterase. — Durch Bebrüten unbefruchteter Eier wurde keine Änderung im Lipasegehalt verursacht; dagegen stieg bei Bebrütung befruchteter Eier bis zum 15. Tage die Menge der Gesamtesterase auf das 10fache, der Cholinesterase auf das 8fache.

Von proteinspaltenden Enzymen enthält das Ei ein autolytisches und ein ereptisches. Im Eidotter befinden sich ferner Salicylase und Histozym, im Eiklar auch eine Oxydase. Wie in der Phosphatidfraktion der Nebennierenrinde fanden L. Utkin und R. Topstein[11] im Eidotterlecithin ein blutdrucksenkendes Phosphatid, das gegen hydrolytische Einwirkung von Säure beständiger war als andere Lecithinbestandteile und dadurch abgetrennt werden konnte. Die physiologische Wirkung ist cholinähnlich. Utkin und Topstein vermuten in dem Phosphatid die Muttersubstanz der von P. Marfori, G. de Nito und G. Aurisicchio[12] beschriebenen Lymphdrüsenhormons (Lymphoganglins, β-Methylcholinphosphorsaures Calcium).

Einen insulinartigen Stoff, der bei Kaninchen hypoglykämische Krämpfe auslöste, hat Y. Shikinami[13] isoliert. — Über die Vitamine des Eies vgl. S. 606.

g) Mineralstoffe. Der hohe Gehalt des Eidotters an Phosphor und Schwefel in organischer Bindung kommt bei der Veraschung in einem starken Überwiegen der Anionen zum Ausdruck. Aber auch sonst weicht die Mineralstoffzusammensetzung des Dotters von der des Weißeies beträchtlich ab.

Bezogen auf frischen Hühnereidotter wurden für die wichtigsten Mineralstoffe nach Literaturangaben und eigenen Versuchen[14] im Mittel folgende Zahlen gefunden:

[1] E. Salkowski: Zentralbl. med. Wiss. 1893, **31**, 513. — Nach Needham: Chemical Embryologie.
[2] K. Kojo: Zeitschr. physiol. Chem. 1911, **75**, 1.
[3] G. W. Pucher: Proc. Soc. exper. Biol. a. Med. 1928, **25**, 72. — Nach Needham.
[4] A. Bonnani: Arch. famacol. sperim. 1914, **17**, 374.
[5] J. Wohlgemuth: Zeitschr. physiol. Chem. 1905, **44**, 544.
[6] J. Müller u. Masuyama: Zeitschr. Biol. 1900, (N. F.) **21**, 542.
[7] V. Diamare: Über die Zusammensetzung des Eies in Beziehung auf biologische Fragen; nach C. 1910, I, 1732; 1912, I, 272.
[8] T. Koga: Biochem. Zeitschr. 1923, **141**, 430.
[9] O. Stepanek: Zentralbl. Physiol. 1904, **18**, 188.
[10] R. Ammon u. E. Schütte: Biochem. Zeitschr. 1935, **275**, 216; C. 1935, I, 2031.
[11] L. Utkin u. R. Topstein: Biochem. Zeitschr. 1934, **272**, 36; C. 1934, II, 3135.
[12] P. Marfori, G. de Nito u. G. Aurisicchio: Biochem. Zeitschr. 1934, **270**, 219; C. 1934, II, 1943.
[13] Y. Shikinami: Tohoku Journ. exper. Med. 1928, **10**, 1—25; C. 1929, II, 1020.
[14] J. Grossfeld u. G. Walter: Z. 1934, **67**, 510.

Eidotter		Kationen					Anionen		
		K·	Na·	Mg··	Ca··	.Fe···	SO₄''	PO₄'''	Cl'
Frisch { in %		0,115	0,049	0,017	0,131	0,008	0,665	1,850	0,178
{ in Milliäquivalenten		2,94	2,13	1,40	6,54	0,43	13,85	58,39	5,02
Trocken- { in %		0,23	0,09	0,03	0,26	0,02	1,31	3,78	0,35
substanz { in Milliäquivalenten		5,8	4,1	2,7	12,8	0,9	27,2	119,4	10,0

	Frischer Eidotter	Eidottertrockensubstanz
Summe der Kationen	13,44	26,3 Milliäquivalente
Summe der Anionen	77,26	156,6 ,,
Anionenüberschuß	63,82	130,3 Milliäquivalente

Verglichen mit dem Kationengehalt des Weißeies (S. 597) finden wir also im Dotter einen vielfach erhöhten Calcium- und Eisengehalt sowie ein Zurücktreten des Natriums. Von den Anionen machen die Phosphationen, stammend aus Phosphatiden und Vitellin, den Eidotter zu einem ausgesprochen physiologisch sauren Nahrungsmittel. Der Schwefelgehalt stimmt, auf die natürliche Substanz bezogen, praktisch mit dem des Weißeies überein.

Bei der vorstehenden Berechnung ist das Phosphation wie üblich als dreiwertig eingesetzt worden. Setzt man es entsprechend der Tatsache, daß bereits nach Absättigung der zweiten Stufe ein neutral, ja sogar ein schwach alkalisch reagierendes Salz entsteht, zweiwertig ein, so findet man nebenstehende Werte.

Eine sehr merkwürdige Erscheinung ist die zuerst von K. BIALASZEWICZ[1] beobachtete, dann von verschiedenen Beobachtern bestätigte und besonders eingehend von J. STRAUB und

Milliäquivalente	Frische Substanz von		Trocken- substanz von	
	Eiklar	Eidotter	Eiklar	Eidotter
Kationen	12,64	13,44	94,2	26,3
Anionen	19,03	57,80	147,5	116,8
Davon HPO₄''	1,05	38,93	7,8	79,6
Anionenüberschuß	6,39	44,36	53,3	90,5

M. J. J. HOOGERDUYN[2] untersuchte Gefrierpunktsdifferenz zwischen Eidotter und Eiklar, für die im Mittel von 26 Versuchen verschiedener Untersucher gefunden wurde:

	Eidotter	Eiklar	Differenz
Gefrierpunkt	0,589⁰	0,450⁰	0,139⁰

Nach Versuchen von P. WEINSTEIN[3] liegt beim frischen Ei die Gefrierpunktsdifferenz stets über 0,140⁰, nimmt aber dann beim Altern des Eies ab. Da der Gefrierpunkt in der Hauptsache eine Funktion der gelösten Salze, zum kleinen Teil auch des Zuckers und anderer organischer Stoffe ist, geht auch aus dieser Gefrierpunktsdifferenz die verschiedene Mineralstoffzusammensetzung von Eidotter und Eiklar hervor.

Einer Gefrierpunktsdifferenz von 0,139⁰ entspricht weiter ein Unterschied im osmotischen Druck von nicht weniger als $\frac{0,139}{1,85} \cdot 22,4 = 1,7$ Atmosphären.

Da die äußerst zarte Dotterhaut keineswegs imstande ist, einen solchen Druck auszuhalten, ohne zu platzen, bleibt nur die Möglichkeit anzunehmen, daß entweder durch besondere biologische Kräfte getragene Energieumsetzungen sich in der Dotterhaut auswirken oder daß die Messung unrichtige Werte ergibt. Da für letztere Annahme kein Grund besteht, nehmen STRAUB und HOOGERDUYN[2] ständige chemische Umsetzungen durch Verbrennung des Zuckers des Eiklars mit dem Sauerstoff der Luft zu Milchsäure an.

---

[1] K. BIALASZEWICZ: Arch. Entwicklungsmechanik 1912, **34**, 489.
[2] STRAUB u. HOOGERDUYN: Rec. Trav. chim. Pays-Bas 1929, 48, 49.
[3] P. WEINSTEIN: Z. 1933, **66**, 48.

Von sonstigen und selteneren Mineralstoffen in kleinen Mengen wurden im Eidotter an Kationen Aluminium 0,1–0,5, Mangan 0,05–0,07, Zink 5, Kupfer 0,6–1,0, Blei 0,2–1,0 mg-%, an Anionen Fluor 1,1, Kieselsäure 0,6, Arsenige Säure 0,02, Jod 0,001—0,10 mg-% gefunden. Der natürliche Jogdehalt kann nach verschiedenen Arbeiten durch Fütterung der Henne mit jodreichem Futter stark erhöht werden. J. STRAUB[1] beobachtet so Jodzunahme von 4,5 bis zu 2500 γ je Ei. Derartige jodreiche Eier werden für pharmazeutische Zwecke empfohlen.

h) Vitamine. Der Eidotter enthält reichliche Mengen Vitamin A und Vitamin D, wesentliche Mengen antineuritisches Vitamin B$_1$, Antipellagravitamin B$_2$ oder G (vgl. S. 596) und auch Vitamin E in nachweisbarer Menge. Dagegen fehlt das antiskorbutische Vitamin praktisch völlig. Über weitere Einzelheiten vgl. Bd. I, S. 819, 849, 864, 915.

Ferner ist Eidotter nach F. KÖGL[2] verhältnismäßig reich an der Bios-Komponente Biotin, das nach F. A. F. C. WENT als Phytohormon der Zellteilung anzusprechen ist. Allerdings gelang es KÖGL erst nach 3,1millionenfacher Konzentration des Eidotters Biotin in Krystallform zu gewinnen. Biotin enthält Stickstoff, ist aber frei von Schwefel und Phosphor.

Nach H. DAM[3] enthält Hühnereidotter auch merkliche Mengen antihämorrhagisches Vitamin (Vitamin K) und zwar im leichtlöslichen, nicht sterinartigen Anteil des Unverseifbaren. Dieses Vitamin hat eine gewisse Ähnlichkeit mit Vitamin E, das jedoch keinen Schutz gegen Hämorrhagie gewährt.

4. Zusammensetzung der Schale und der Eihäute.

Die Eischale besteht zum weitaus größten Teile aus Calciumcarbonat, dem kleine Mengen Magnesiumcarbonat und Phosphate sowie etwas erheblichere Mengen organischer Substanz beigemischt sind. Im Mittel von 9 Untersuchungen an Schalen von Eiern des Huhnes, der Ente und der Gans, die fast die gleiche Zusammensetzung zeigten, wurde, bezogen auf Trockensubstanz, gefunden:

	Calcium, berechnet als			Magnesium, berechnet als			Phosphorsäure P$_2$O$_5$ %	Organische Substanz %
	CaCO$_3$ %	CaO %	Ca %	MgCO$_3$ %	MgO %	Mg %		
Eischalen, Mittel	94,6	55,5	37,9	1,2	0,6	0,3	0,5	4,4
Schwankungen .	93,0–97,9	41,4–54,8	37,2–39,3	0,5–1,4	0,2–0,7	0,1–0,4	0,2–0,8	3,5–6,1

Die organische Substanz schließt auch die Schalenfarbstoffe (Bd. I, S. 629 und 632) ein, die manchen Vogeleiern ihr charakteristisches Aussehen verleihen. Auf spektroskopischem Wege hat SORBY[4] verschiedene solcher Farbstoffe nämlich Oorhodein, gelbliches und rötliches Ooxanthin und Oocyan festgestellt. Nach H. FISCHER und F. KÖGL[5] ist das Oorhodein ein Porphyrin und die Formel dieses Oorporphyrins C$_{34}$H$_{32}$N$_4$O$_4$. Auch weißschalige Hühnereier enthalten einen Schalenfarbstoff von weißer Farbe.

Die Schalenhäute des Eies und ebenso auch nach G. C. HERINGA und S. H. VAN KEMPE VALK[6] die Fibrillenstruktur des Eiklars bestehen aus Keratin. Zur Darstellung dieses Ovokeratins befreien R. H. A. PLIMMER und J. L. ROSEDALE[7] die Eimembrane durch Waschen mit sehr verdünnter Natronlauge zunächst von sonstigem (löslichem) Protein, dann mit verdünnter Salzsäure von Calciumcarbonat und trocknen schließlich mit Alkohol und Äther. Die Ausbeute aus einem Ei betrug 0,2 g. H. O. CALVERY[8] fand in Ovokeratin an Stickstoff 16,57, an Schwefel 3,78%.

---

[1] J. STRAUB: Z. 1933, **65**, 97.

[2] F. KÖGL: Ber. Dtsch. Chem. Ges. 1935 A, **68**, 16—28.

[3] H. DAM: Biochem. Journ. 1935, **29**, 1273.

[4] SORBY: Proc. Zool. Soc. London 1875, 351.

[5] H. FISCHER u. F. KÖGL: Zeitschr. physiol. Chem. 1923, **131**, 241; 1924, **138**, 262.

[6] G. C. HERINGA u. S. H. VAN KEMPE VALK: Koninkl. Akad. Wetensch. Amsterdam, Proceedings 1930, **33**, 530; C. 1930, II, 3797.

[7] R. A. H. PLIMMER u. J. L. ROSEDALE: Biochem. Journ. 1925, **19**, 1015.

[8] H. O. CALVERY: Journ. biol. Chem. 1933, **100**, 183.

5. Nähr- und Genußwert der Eier.

Der Nährwert des Hühnereies beruht zunächst auf der Ausnutzbarkeit, seiner Bestandteile, die im Mittel, wie folgt, gefunden wurde (LEHMANN, RUBNER LEBBIN, AUFRECHT):

Trocken-substanz	Stickstoff-substanz	Fett	Mineralstoffe
94,9%	97,2%	95,1%	76,0%

Nach R. J. MILLER[1] und Mitarbeitern bedingen Eier geringere Magensekretion als Fleisch und verlassen den Magen rascher. Enten- und Truthuhneier werden fast genau so gut verdaut wie Hühnereier.

Das Weißei kann im rohen Zustande, für sich allein genossen, schwere Verdauungsstörungen verursachen, wie von W. FALTA[2] beobachtet und von W. G. BATEMAN[3] bestätigt worden ist. In größeren Mengen in den Magen einge-führt, verursacht es Diarrhöe bei Hunden, Ratten, Kaninchen und auch beim Menschen, vor allem bei geschwächter Magenfunktion. Diese Giftwirkung wird aber durch sonstige Nahrungsmittel, die Fette und Kohlenhydrate enthalten, stark vermindert (F. MAIGNON[4]) oder ganz aufgehoben. Durch vorheriges Er-hitzen verschwindet diese Störung ebenfalls vollständig, wobei es für die Ver-daulichkeit nach E. G. YOUNG und J. G. MACDONALD[5] gleichgültig ist, ob das Ei 2 oder 30 Minuten auf 100° erhitzt wurde. Die Ursache für die Verdauungs-hemmung beim rohen Eiklar wird entweder in seiner starken serologischen Differenzierung oder in einem Antiferment (CH. G. L. WOLF und E. ÖSTERBERG[6]), einem „Antitrypsin", gesucht.

Der Eidotter wird im ungekochten Zustande ebenso gut wie im gekochten ausgenutzt. Die Befürchtung, daß das Freiwerden großer Mengen Phosphor-säure aus den Phosphatiden und dem Vitellin die Gefahr einer Übersäuerung des Organismus hervorrufen könne, hat B. REWALD[7] durch Verfütterung sehr reichlicher Mengen von Phosphatiden, allerdings pflanzlicher Herkunft, widerlegt. Merkwürdig ist auch, daß die beim Eigenuß freiwerdenden Cholin-mengen, die bei direkter Zuführung zu einer Vergiftung ausreichen würden, beschwerdefrei resorbiert werden. Über das Verhalten des Cholesterins im Organismus, dessen Nutzen oder Schaden in der Nahrung, ist nur wenig Sicheres bekannt.

Außer durch seine gute Verdaulichkeit ist das Ei durch die Hochwertig-keit seiner Hauptproteine, des Albumins und Vitellins, ausgezeichnet, von denen Versuche von TH. B. OSBORNE[8] und Mitarbeitern, R. BERG[9] und E. B. HART und E. V. MCCOLLUM[10] gezeigt haben, daß beide dem Bedürfnis des wachsenden Tieres genügen und nicht vollwertige Eiweißstoffe wie Zein und Gliadin ergänzen können. Diese Hochwertigkeit der Eiproteine, die allerdings vom Casein der Milch noch übertroffen wird, beruht auf dem reichen Gehalt an Lysin, Trypto-phan, Histidin, Tyrosin und Cystin (bzw. Cystein). Nach bisherigen Angaben können wir auf folgende mittleren Gehalte der Eiproteine an diesen Amino-säuren im Vergleich zu Casein schließen:

[1] R. J. MILLER: Amer. Journ. Physiol. 1919, **49**, 254; C. 1920, III, 852.
[2] W. FALTA: Verh. Ges. Deutsch. Naturf. u. Ärzte 1905, II, **2**, 40; C. 1906, IV, 1447.
[3] W. G. BATEMAN: Journ. biol. Chem. 1916, **26**, 263.
[4] F. MAIGNON: Compt. rend. Paris 1918, **166**, 919, 1008.
[5] E. G. YOUNG u. J. G. MACDONALD: Trans. Roy. Soc. Canada 1927, [3] **21**, 385.
[6] CH. G. L. WOLF u. E. ÖSTERBERG: Biochem. Zeitschr. 1912, **40**, 234.
[7] B. REWALD: Biochem. Zeitschr. 1928, **198**, 103.
[8] TH. B. OSBORNE, L. B. MENDEL u. E. L. FERRY: Zeitschr. physiol. Chem. 1912, **80**, 307.
[9] R. BERG: Die Vitamine. Leipzig 1927.
[10] E. B. HART u. E. V. MCCOLLUM: Journ. biol. Chem. 1914, **19**, 373.

Protein	Lysin %	Tryptophan %	Histidin %	Tyrosin %	Cystin %
Ovalbumin	5,1	1,4	1,6	5,1	1,2
Vitellin	5,0	1,3	0,9	3,6	3,5
Livetin	4,8	1,4	1,5	4,2	1,4
Weißeiprotein . . .	5,3	1,4	1,4	4,1	2,1
Casein	8,4	1,6	2,5	5,4	0,3

Für einen Eiinhalt berechnen sich etwa:

Lysin	Tryptophan	Histidin	Tyrosin	Cystin
350	100	100	310	130 mg

Der Reichtum des Eies an hochwertigen Nährstoffen erklärt auch seine ausgedehnte Verwendung in der Krankenkost.

Gesundheitsschädigungen durch Eigenuß können auf dreierlei Weise eintreten, nämlich durch:

a) Unzweckmäßige Anwendungsform der Einahrung, etwa bei individueller Abneigung gegen Eigenuß, die besonders auch bei Kindern unter 18 Monaten beobachtet worden ist, weiter bei gewissen Stoffwechselstörungen, bei denen die Zuführung großer Mengen von Eiweißstoffen oder Phosphorsäure Schädigungen hervorrufen kann. Hierhin gehört auch der übermäßige bzw. ausschließliche Eigenuß.

b) Die erwähnte Giftwirkung des rohen Eiklars, besonders bei ausschließlichem oder übermäßigem Verzehr.

c) Genuß von Eiern mit pathogenen Keimen, eine Gefahr, die bei Enteneiern (Enteritisinfektionen) größer ist als bei Hühnereiern, aber durch Kochen der Eier ausgeschaltet werden kann. Auch durch verdorbene Eier können, wie durch andere verdorbene Lebensmittel Gesundheitsschädigungen eintreten.

Die Beliebtheit der Verwendung von Eiern bei der Speisenzubereitung in der Küche, der Bäckerei, für Speiseeis, Eierlikör usw. hat ihren Grund weniger in dem hohen Nährwert als in dem Wohlgeschmack, der vielseitigen küchen- und backtechnischen Verwendbarkeit, der im Vergleich zu Milch und Fleisch verhältnismäßig großen Haltbarkeit und dem natürlichen Schutz des ganzen ungeöffneten Eies gegen Verschmutzungen. Der Vorteil der Vereinigung so vieler wertvoller Speiseeigenschaften im Ei ist so beträchtlich, daß es als Nahrungsmittel geradezu unentbehrlich erscheint. Nährwert, Wohlgeschmack und Bekömmlichkeit des Eies kommen besonders dann voll zur Geltung, wenn es anderen Speisen zugesetzt wird und dabei durch die auflockernde und emulgierende Wirkung von Weißei und Dotter eine starke Vergrößerung der Angriffsflächen für die Verdauungssäfte hervorbringt.

Das Schlagen des Eiklars zu einem feinen Schaum, dem sog. „Eierschnee", beruht auf der starken Herabsetzung der Oberflächenspannung durch das kolloid gelöste Eiweiß. Dabei werden die feinen Luftbläschen durch die dünnen Eiklarfilme mit den polar gerichteten Eiweißmolekülen stabilisiert. Durch rasche Zumischung dieses Eierschnees, etwa zu Kuchenteig, gelingt es so große Mengen Luft in feiner Verteilung einzuführen, die sich beim Backen ausdehnen, bis die Häutchen gerinnen und dadurch wieder das poröse Gebilde stabilisieren.

Wie das Eiklar die Oberflächenspannung zwischen Wasser und Luft vermindert, so gleicht das im Eidotter reichlich vorhandene Lecithin die Spannung zwischen Wasser und Fett weitgehend aus und liefert dabei ein ausgezeichnetes Schutzkolloid. Wie in der Milch ist das nichtpolare Ende des Lecithinmoleküls auf das Fett, der Cholinphosphorsäurerest auf die Eiweißlösung hingerichtet, so daß gleichsam eine Brücke zwischen dem Fett und dem Eiweiß als Stabilisator der Emulsion geschlagen ist.

Diese ausgezeichnete Emulgierwirkung des Eidotters hat wieder zur Folge, daß beim Genuß die schmeckenden Stoffe in großer Oberfläche an die Geschmacksnerven gelangen und dabei zu einer Ausprägung des Geschmackes einerseits der betreffenden Eierspeise, dann aber auch des Dotters selbst zum Ausdruck kommen. So erklärt sich der bedeutende Geschmacksunterschied von Zubereitungen aus wohlschmeckenden frischen und solchen aus alten, widerlich schmeckenden Eiern. Auch feinere Geschmacksunterschiede kommen auf diese Weise gerade beim Ei zur Geltung. Insbesondere ist die Art der Fettsäureradikale im Lecithin hier von großer Bedeutung und läßt es verständlich erscheinen, daß Eier nach Fütterung mit tranhaltigen Fischabfällen weniger wohlschmeckend sind als solche nach Körnerfutter.

Über den Küchenwert der Eier anderer Hausgeflügel hat A. WULF[1] festgestellt, daß auch bei Enteneiern der Geschmack stark von der Fütterung abhängig ist. Das Gänseei ist ähnlich wie das Hühnerei zu beurteilen, aber wegen seiner Größe nur in Form von Rührei oder Eierkuchen zu verwerten. Als besonders wohlschmeckend gelten die Eier des Perlhuhns, was vielleicht damit zusammenhängt, daß sich das Perlhuhn nicht in beschränkten Räumen halten läßt, sondern das dargereichte Futter durch eigene Suche im Garten und auf der Wiese ergänzen kann. Bei Truthühnern liegen ähnliche Verhältnisse vor, nur daß die Eier hier größer sind.

Von zubereiteten Eiern gibt das weichgekochte Ei, bei dem also nur das Protein des Weißeies, nicht das des Dotters, geronnen ist, den charakteristischen Wohlgeschmack des frischen Eies in feinster Abstufung wieder. Deswegen eignen sich hierfür nur ganz frische, sog. „Trinkeier". Das weichgekochte Ei bewirkt auch weniger Sättigungs- und Druckgefühl im Magen als das hartgekochte, mehlig schmeckende. Beim Rührei und Spiegelei wird der Eiinhalt durch das Bratfett, bei Eierpfannkuchen und Omeletten außerdem durch Kohlenhydrate (Mehl, Zucker) ergänzt; diese bilden den Übergang zu den Eierbackwaren und Eierteigwaren. Beim „verlorenen Ei" wird der Eiinhalt in siedendem Wasser unter Essigzusatz erhitzt. Weitere Zubereitungen sind der mit Fleischbrühe verrührte Eidotter, ferner der Eierlikör, eine Mischung des Eidotters mit Likör in bestimmten Verhältnissen. Bei den Mayonnaisen dient das nach H. M. SELL, A. G. OLSEN und R. E. KREMERS[2] nicht Lecithin, sondern das Lecithoprotein (Lecithalbumin) des Eidotters als Stabilisierungsmittel zur Aufrechterhaltung der Emulsion aus viel Öl mit wenig wäßriger Phase.

III. Veränderungen der Eier bei der Aufbewahrung.

Die natürliche Erhaltung eines Eies auf seinem ursprünglichen Frischezustand entspricht ungefähr der Lebensdauer des Keimes im Ei und erstreckt sich nur auf wenige Wochen. Dann treten Änderungen in der physikalischen, kolloidchemischen und chemischen Zusammensetzung des Inhaltes ein, die wir zusammenfassend als Altern des Eies bezeichnen. Diese Alterungsvorgänge sind verschieden von Zersetzungen durch Mikroorganismen, die meist weit rascher und eingreifender verlaufen und nebenher gehen können. Für die Erhaltung der Brauchbarkeit des Eies als Lebensmittel sucht man durch Konservierungsmittel und Haltbarmachungsverfahren die Schnelligkeit der Alterungsvorgänge zu hemmen und die Zersetzungen auszuschließen.

1. Veränderungen der Eier bei der offenen Lagerung.

a) Austrocknung.

Durch Wasserverdunstung durch die Poren der an sich starren Eischale tritt bei der Aufbewahrung der Eier im offenen Raum zunächst Gewichtsabnahme sowie Ausbildung und zunehmende Vergrößerung eines Hohlraumes im Eiinnern, der sog. Luftblase am stumpfen Eiende, ein. Die notwendige Folge der Gewichtabnahme bei gleichbleibendem Eivolumen ist ein ständiges Sinken des Quotienten Eigewicht/Eivolumen, also des Spezifischen Gewichtes des Eies. Diese Erscheinung ist oft zur Altersfeststellung von Eiern verwendet worden, sei es, daß man das Spezifische Gewicht oder seine Funktion, das leicht

---

[1] Privatmitteilung.
[2] H. M. SELL, A. G. OLSEN u. R. E. KREMERS: Ind. engin. Chem. 1935, **27**, 1222.

zu ermittelnde Eigewicht unter Wasser (J. GROSSFELD[1]), sei es, daß man die Größe oder Höhe der bei der Durchleuchtung des Eies zu erkennenden Luftblase zugrunde legt, wie es in der Eierverordnung vom 17. März 1932 vorgesehen ist. Die Brauchbarkeit dieser Methoden leidet jedoch an dem Mißstand, daß der Gewichtsverlust von vielen nicht klar zu übersehenden Umständen wie von der Art der Aufbewahrung, Temperatur, Luftbewegung und Luftfeuchtigkeit, verschiedener Dicke der Schale, abhängt. So ermittelte F. PRALL[2]:

Behandlung	Aufbewahrung im Keller	Desgl. bei wöchentlicher Umkehrung	Aufbewahrung im Eisschrank	Aufbewahrung im		Einbettung in Häcksel	Einbettung in Sand
				Kühlhaus für Eier	gewöhnlichen Kühlhaus		
Zahl der Beobachtungen . .	23	24	18	45	45	21	18
Tägliche mittlere Gewichtsabnahme in %	0,0695	0,0753	0,0470	0,0369	0,0726	0,0657	0,0686
Desgl. Schwankungen . . .	0,0474 bis 0,0914	0,0530 bis 0,1040	0,0335 bis 0,0602	0,0244 bis 0,0594	0,0495 bis 0,1355	0,0500 bis 0,1014	0,0538 bis 0,1051

A. BEHRE und K. FRERICHS[3] fanden an 26 Eiern, die sie von März bis September vom Tage des Legens an beobachteten, höhere tägliche Gewichtsabnahmen:

	Mittel	Schwankungen
Tägliche Abnahme des Gewichtes . . .	0,086	0,054 —0,167 g
Desgl. des Spezifischen Gewichtes . . .	0,0017	0,0010—0,0034

Bei einem Trinkei des Handels betrug die tägliche Abnahme der Dichte nur 0,0004. In Kühlhäusern, wo man der Austrocknung durch Aufrechterhaltung einer hohen relativen Luftfeuchtigkeit um 80% entgegenzuwirken sucht, war der Gewichtverlust der Eier nach L. RASMUSSON[4]:

In Monaten	1	2	3	4	5	6	7	8	9	10	11	12
Verlust in %	0,5-1	1-1,5	1,5-2	2-3	2-3,5	2,5-3,5	3-4	3-5	3-5	4-6	4-6	5-7

Die mittlere Abnahme beträgt hier somit monatlich etwa 0,4—0,6%, die tägliche 0,013—0,020%, entsprechend einer täglichen Dichteabnahme von 0,00013—0,00020, also nur etwa $^1/_{10}$ der bei Aufbewahrung im Keller.

b) Konzentrationsverschiebungen.

Neben dieser Wasserverdunstung nach außen verlaufen zwischen Eidotter und Eiklar Konzentrationsverschiebungen, verursacht durch den großen osmotischen Druckunterschied beider Eibestandteile (vgl. S. 605). Dieser Ausgleich, der sich auf verschiedene Weise verfolgen läßt, besteht darin, daß zu dem Ort der höheren Konzentration, also zum Eidotter Wasser hinwandert, der dafür gelöste Stoffe, Salze, an das Eiklar abgibt. L. PINE[5] hat die Zunahme des Wassergehaltes im Dotter direkt verfolgt und gefunden:

	Wassergehalt
Ganz frische Eier, einen Tag alt	47,56%
Frische Markteier	50,69%
Eier mit Dotter an der Schale, durch einmaliges Drehen noch zu lösen . .	51,44%
Eier mit Dotter an der Schale, erst durch wiederholtes Drehen zu lösen .	52,23%
Kühlhauseier, nach elf Monaten im Kühlhaus	53,74%

---

[1] J. GROSSFELD: Z. 1916, 32, 209.
[2] F. PRALL: Z. 1916, 14, 445.
[3] A. BEHRE und K. FRERICHS: Z. 1914, 27, 38.
[4] L. RASMUSSON: Zeitschr. Eis- u. Kälte-Ind. 1932, 25, 1.
[5] L. PINE: Journ. Assoc. Offic. agricult. Chemists 1924, 8, 57.

Noch deutlichere Unterschiede wird man bei Verfolgung des Wassergehaltes des fettfreien Dotteranteils finden.

Gefrierpunktsdifferenz. Wie bereits J. STRAUB und M. J. J. HOOGER-DUYN[1] bekannt war, nimmt die Gefrierpunktsdifferenz zwischen Dotter und Eiklar beim Altern des Eies ab. Anschließend hieran hat P. WEINSTEIN[2] die Gefrierpunktsdifferenz als Erkennungsmittel für das Eialter in die praktische Eiuntersuchung eingeführt, wobei er außer den eigentlichen Gefrierpunkten auch die nach Mischung des Dotters mit Kochsalzlösung (0,9 g in 100 g Wasser), vorzugsweise im Verhältnis 2 + 1 (2 Teile Dotter + 1 Teil Kochsalzlösung) ermittelt. WEINSTEIN fand so an Gefrierpunktsdifferenz[3] für:

Gefrierpunktsdifferenz	7 frische Eier	Ei von 3 bis 4 Wochen	Ei von 7 Wochen	Ei von 10 bis 11 Wochen	3 Kühlhauseier	3 frische Enteneier
Direkt	14,0—17,2	11,1	8,7	7,2	3,1—5,9	18,9—19,8
Mischung des Dotters mit Kochsalzlösung (2 + 1).	10,0—11,5	10,2	6,8	6,5	2,1—5,6	10,4—11,1

Ähnlich fand K. BRAUNSDORF[4] nach gleicher Arbeitsweise (mit Kochsalzlösung 2 + 1) folgende Abnahme:

Eialter. . . .	Bis 2 Wochen	4 Wochen	6 Wochen	7 Wochen	9 Wochen	12 Wochen	Kühlhauseier
Zahl der Eier .	16	6	4	4		3	16
Gefrierpunktsdifferenz . .	9,0—14,0	7,0—9,2	6,5—8,0	4,0—7,3	3,5—6,0	1,5—5,0	3,5—7,2

Brechungsindex. Die Konzentrationsverschiebungen zwischen Dotter und Weißei bedingen beim Altern auch eine wohl zuerst von C. BIDAULT[5] beobachtete, Änderung der Lichtbrechung beider, die sich viel leichter und mit weniger Substanz verfolgen läßt als die Gefrierpunktsdifferenz. A. JANKE und L. JIRAK[6] bestimmen den Brechungsindex mit dem ABBESCHEN Refraktometer und nennen den 1000fachen Wert der Brechungsdifferenz zwischen Dotter und Eiklar die Wertzahl des Eies:

$$WZ. = 1000\,([n_D]^D - [n_D]^K).$$

Noch einfacher ist die Beurteilung auf Grund des Brechungsindex des Dotters allein, für den JANKE und JIRAK je nach Arbeitstemperatur als untere Grenze angeben:

Temperatur .	15^0	16^0	$17,5^0$	18^0	20^0	22^0	24^0	26^0
$[n_D]^D$	1,4204	1,4203	1,4200	1,4199	1,4195	1,4190	1,4185	1,4182

Die 1000fache Abweichung hiervon nach unten[7] nennen sie Alterungszahl, also entsprechend der Formel

$$AZ. = 1000\,(1,4195 - [n_D]^D) \text{ bei } 20^0.$$

Die Wertzahl ist außer von der Alterung des Eies von seiner Wasserabgabe nach außen, seiner Austrocknung abhängig. Die Alterungszahl dagegen ist ein Ausdruck für die Wasseraufnahme, also die Konzentrationsabnahme des Dotters und damit ein besonders geeigneter Ausdruck für das Eialter.

---

[1] J. STRAUB u. M. J. J. HOOGERDUYN: Rec. Trav. chim. Pays-Bas 1929, 48, 49.
[2] P. WEINSTEIN: Z. 1933, 66, 48.
[3] Temperaturgrade mal 100.
[4] K. BRAUNSDORF: Z. 1934, 68, 59.
[5] C. BIDAULT: La revue génér. du Froid et des Industries frigorifiques 1928, 3, 80 (nach BAETSLÉ).
[6] A. JANKE u. L. JIRAK: Biochem. Zeitschr. 1934, 271, 309; vgl. Z. 1935, 68, 439.
[7] Abweichung nach oben wird mit 0 angegeben.

Bei frischen Eiern wurde die Wertzahl von JANKE und JIRAK zu 62,8—67,9, die Alterungszahl zu 0 gefunden. Ihre Änderungen mit dem Eialter zeigen folgende Mittelwerte von je 2—6 Eiern:

Eialter in Tagen	0	8	16	24	32	40
Eier von Leghorn { Wertzahl	66,5	63,6	61,3	58,0	59,7	57,5
Alterungszahl	0	0,7	2,4	3,9	2,6	3,9
Austrocknung in %	0	1,1	2,6	3,6	4,5	6,1
Eier von Rhodeländern { Wertzahl	65,6	64,3	62,3	60,9	60,0	55,5
Alterungszahl	0	0	1,5	1,5	2,7	5,9
Austrocknung in %	0	1,1	2,4	3,1	3,5	4,2

Für $8^1/_3$ Monate alte Kühlhauseier und 8 Monate alte bei 7—19° gelagerte Eier betragen

	Wertzahl	Alterungszahl	Austrocknung
6 Kühlhauseier	45,1—57,0	2,8—5,0	3,5—14,4%
4 gelagerte Eier	39,4—44,1	5,8—7,7	17,9—26,6%

Bei sehr weitgehender Austrocknung des Eies kann schließlich der Wassergehalt des Dotters auch wieder abnehmen und dadurch die Alterungszahl sinken.

Ein besonderer Vorzug der Alterungszahl ist, daß sie durch Einlegen der Eier in Flüssigkeiten nicht beeinflußt wird. Auch Wasserglaseier und Kalkeier zeigen daher sehr hohe Alterungszahlen.

c) Hydrolytische Vorgänge.

Neben diesen Konzentrationsverschiebungen ist die Eialterung durch eine Reihe von hydrolytischen Vorgängen gekennzeichnet, die durch die im Eiklar und Eidotter enthaltenen Enzyme verursacht werden (vgl. S. 596 und 604). Diese Hdyrolyse äußert sich in dem Auftreten oder in der Zunahme von einfachen Spaltungsprodukten und in einer allmählichen Änderung des morphologischen Baues des Eiinhaltes.

An hydrolytischen Spaltungsprodukten bei der Alterung des Hühnereies wurden bisher beobachtet:

1. Ammoniak. Die langsame Zunahme des Ammoniakgehaltes, auch bei Kühlhauseiern, ist vielfach zur Beurteilung ihrer Güte verwendet worden. Das Ansteigen zeigt ein Versuch von N. HENDRICKSON und G. C. SWAN[1] für den Inhalt von eben über dem Gefrierpunkt aufbewahrten Eiern:

	Nach 0	3	7	9 Monaten
Ammoniak-Stickstoff	1,5	2,1	3,0	4,0 mg-%

Der Grenzwert für die Brauchbarkeit eines Eies zum Weichkochen (Genuß-fähigkeit) liegt bei 4,5 mg Ammoniak bzw. 3,7 mg Ammoniakstickstoff in 100 g Eiinhalt.

Die Bestimmung des Ammoniaks wird nach FOLIN vorgenommen und ist, da zur vollen Austreibung des Ammoniaks große Luftmengen, nach A. W. THOMAS und M. A. VAN HAU-WAERT[2] in 5 Stunden 1200 Liter Luft, durchgeblasen werden müssen, ziemlich umständlich.

2. Aminosäuren. Die Zunahme der durch Formoltitration bestimmbaren Aminosäuren fanden R. BAETSLÉ und CH. DE BRUYKER[3] für 100 g Eiklar wie folgt:

Art des Eies	Aminosäuren-stickstoff in mg	Art des Eies	Aminosäuren-stickstoff in mg
Frisches Ei	12,2—32,4	Kühlhausei, noch 3 Wochen auf-bewahrt	31,3—42,5
3 Wochen altes Ei	22,1—39,9	Desgl. noch 1 Monat aufbewahrt	34,8—64,5
1 Monat altes Ei	28,9—49,4	Kalkei	38,9—57,1
2 Monate altes Ei	33,0—60,6	Wasserglasei	42,6—60,3
5 Monate gekühltes Ei	24,2—39,6	Stabilisiertes Ei	40,2—70,0

[1] N. HENDRICKSON u. G. C. SWAN: Journ. Ind. and. Engin. Chem. 1918, 10, 614.
[2] A. W. THOMAS u. M. A. HAUWAERT: Ind. and. engin. Chem. Analyt. Ed. 1934, 6, 338.
[3] A. BAETSLÉ u. CH. DE BRUYKER: Toezicht over Eieren. Ledeberg/Gent 1934.

Man erkennt zwar deutlich die spaltende Wirkung der proteolytischen Enzyme. Dabei sind aber auch die Streuungen so groß, daß sich die Zahlen praktisch nur schwer auswerten lassen.

3. Wasserlösliche Phosphorsäure.

Die Summe von anorganischer und Glycerinphosphorsäure fand L. Pine[1] nach einem von R. M. Chapin und W. C. Powick[2] ausgearbeiteten, von ihm verbesserten Verfahren für die Trockensubstanz des Eiinhaltes im Mittel für

Frische Eier	Eier mit an der Schale liegendem Dotter	Eier nach 11 Monaten im Kühlhaus	Eier mit Fäulnisgeruch
83,4	94,2	100,5	164,0 mg-%

Auch hier sind die Unterschiede verhältnismäßig gering, außer bei eingetretener Fäulnis, deren Erkennung nach S. 616 mit größerer Sicherheit möglich ist.

Von viel größerem Wert für die Beurteilung des Eialters ist das zuerst von K. Eble, H. Pfeiffer und R. Bretschneider[3] beobachtete Auftreten, richtiger gesagt, die auffallende Zunahme der anorganischen Phosphate im Eiklar des alternden Eies. Janke und Jirak[4] fanden an Phosphor für

6 Frischeier	6 Kühlhauseier ($8^{1}/_{3}$ Monate alt)	4 bei 7—19° 8 Monate gelagerte Eier
0,04—0,10	1,00—1,25	3,45—6,45 mg-%

T. Radeff[5] bestätigte die Angaben Ebles und fand mit dem Älterwerden von Eiern um 1—2 Wochen jedesmal den Gehalt an anorganischem Phosphat im Eiklar um das 3—4fache erhöht, wobei ohne Bedeutung war, ob die Eier an der Luft oder in Konservierungsflüssigkeiten gehalten wurden. So erhielt er:

Aufbewahrung im Zimmer			Aufbewahrung in Kalk- oder Wasserglaslösung		
Zahl der Eier	Aufbewahrungsdauer, Tage	Anorganischer Phosphor im Eiklar mg-%	Zahl der Eier	Aufbewahrungsdauer, Tage	Anorganischer Phosphor im Eiklar mg-%
				Kalkeier:	
20	1	0,09	10	90	0,80
10	9	0,26	10	114	0,88
10	16	0,35	10	149	1,00
				Wasserglaseier:	
10	37	0,40		90	1,13
10	54	0,67	10	115	1,30
10	90	1,13	10	147	1,25

Die Änderung des morphologischen Baues des Eiinnern beim Altern durch hydrolytische Vorgänge kommt in folgenden Erscheinungen zum Ausdruck:

1. Eiklar. Durch die allmähliche Verflüssigung des Mucins im dicken Eiklar (vgl. S. 596) wird von diesem vorher gebundenes Wasser frei, das dann den Mengenanteil des flüssigen Eiklars erhöht. Nach K. Beller und W. Wedemann[6] unterliegt dieser Vorgang aber so großen individuellen Schwankungen, daß man daraus keine Schlüsse auf das Eialter ziehen kann.

Die alte Erfahrung, daß sich Albuminkrystalle aus Eiklar von frischen Eiern erhalten ließen, wurde von C. Bidault und S. Blaignan[7] zur Unterscheidung frischer und alter Eier verwendet. R. Baetslé und Ch. de Bruyker[8] haben diese Versuche nachgeprüft und gefunden, daß frische Eier bis zum Alter von 15 Tagen, Kühlhauseier bis zu etwa 6 Monaten, sowie stabilisierte Eier noch krystallisierbares Ovalbumin enthielten. Dagegen

[1] L. Pine: Journ. Assoc. official. agricult. Chemists 1924, 8, 57.
[2] R. M. Chapin u. W. C. Powick: Journ. biol. Chem. 1915, 20, 97 u. 461.
[3] K. Eble, H. Pfeiffer u. R. Bretschneider: Z. 1933, 65, 102.
[4] A. Janke u. L. Jirak: Biochem. Zeitschr. 1934, 271, 309.
[5] T. Radeff: Zeitschr. Fleisch- u. Milchhyg. 1935, 45, 363.
[6] K. Beller u. W. Wedemann: Beih. z. Zeitschr. Fleisch- u. Milchhyg. 1934, 44, 3.
[7] C. Bidault u. S. Blaignan: Compt. rend. Soc. Biol. 1927, 337. — Nach Baetslé.
[8] R. Baetslé u. Ch. de Bruyker: Toezicht over Eieren. Ledeberg/Gent 1934.

lieferte ein 3 Wochen altes Ei bereits amorphen Niederschlag. Die Ursache dieser Vernichtung der Krystallisierbarkeit des Ovalbumins dürfte in einer leichten Fermentanätzung des Eiweißmoleküls zu suchen sein.

Wahrscheinlich eine Folge der Wirkung des Trypsins im Eiklar ist auch die Umwandlung der Chalazen in gequollene perlmutterglänzende Gebilde, die sich dann zu dünneren mehr porzellanartigen Strängen zusammenziehen, eine Erscheinung, die bei älteren Kühlhauseiern nicht selten ist. Auch die Schalenhaut wird fester und härter als bei frischen Eiern, während die Dotterhaut ihre Spannung verliert und erschlafft.

Bisweilen kommt es auch zu einer Farbänderung des Eiklars in Gelb oder Hellgrün bis Rosa, wobei es eine opalisierende oder körnigtrübe Beschaffenheit annehmen und in konzentrische Ringe zerfallen kann.

Die Umwandlung der kolloidchemischen Struktur des Eiklars äußert sich ferner in zunehmender Luminescenz im ultravioletten Licht. Das Weißei frischer Eier luminesciert nach J. E. H. Waegeningh und J. E. Heesterman[1] fast gar nicht, jedenfalls nicht stärker als eine 0,5%ige Gelatinelösung, nimmt aber beim Aufbewahren eine immer kräftiger werdende Luminescenz an, die mit der einer Gelatinelösung verglichen werden kann. Die benutzten Gelatinevergleichslösungen enthielten 0,05—0,10—0,25—0,50—1,0—2,5—5,0 bis 10% Gelatine. Nach Cl. Zäch[2] ist aber die Geschwindigkeit der Luminescenzzunahme stark von der Art der Aufbewahrung der Eier abhängig.

2. Eidotter. Die Verflüssigung des Eiklars durch Enzymwirkung hat ein Emporsteigen des spezifisch leichteren Dotters zur Folge. Deshalb beobachtet man beim alternden Ei im Durchleuchtungsbild eine immer deutlicher werdende Abzeichnung des Dotterschattens, schließlich eine Anlagerung des Dotters an die obere Wand der Eischale.

Nach R. Hanne[3] war bei noch nicht 24 Stunden alten Eiern keine Spur des Dotters zu erkennen, ein Schatten je nach Aufbewahrungstemperatur:

| Temperatur . . | 37⁰ | 22⁰ | 9⁰ |
| Schatten nach . | 24 Stunden | 4—5 Tagen | 14 Tagen (sehr schwach) |

Das Erschlaffen der Dotterhaut verbunden mit ihrer mechanischen Festigkeitsabnahme verfolgten P. F. Sharp und Ch. K. Powell[4] an der Abplattung des herauspräparierten Dotters auf einer flachen Unterlage. Der Abplattungsvorgang erwies sich als stark von der Aufbewahrungstemperatur abhängig; sie fanden das Verhältnis von Höhe/Durchmesser des Dotters bei 59 frischen Eiern zu 0,44—0,36. Ein Absinken auf 0,30 trat ein.

| bei Lagerungstemperatur . . | 37⁰ | 25⁰ | 16⁰ | 7⁰ |
| in Tagen . . . . | 3 | 8 | 23 | 65 |

Bei 2⁰ in 100 Tagen fiel die Zahl erst auf 0,34. Bei ihrem Sinken auf 0,25 bricht der Dotter beim Aufschlagen meistens auf; geschieht diese Zerbrechung der Dotterhaut schon im ungeöffneten Ei, so spricht man von sog. „rotfaulen" Eiern, die bald sauer und damit ungenießbar werden.

Beller und Wedemann bestätigten die Abnahme des Quotienten Dotterhöhe/Dotterbreite bei Gefrierhauseiern, fanden aber bei einzelnen Eiern so große Schwankungen, daß sich feste Regeln für die Abnahme des Quotienten nicht ableiten ließen.

Von weiteren bisher beobachteten Altersveränderungen ist das Auftreten des sog. Altgeschmackes, der besonders am weichgekochten Eidotter gut erkannt werden kann, eines der wichtigsten Beurteilungsmerkmale und wahrscheinlich auch durch Entstehung von Zersetzungprodukten noch unbekannter Art durch Hydrolysenvorgänge bedingt.

Entgegen früheren Annahmen hat sich das Lecithin im alternden Ei als sehr beständig erwiesen, die Abnahme ist, solange keine Bakterienfäulnis eintritt, außerordentlich klein (W. Lintzel[5], J. Tillmans, H. Riffart und A. Kühn[6], J. Grossfeld und J. Peter[7]).

[1] J. E. H. Waegeningh u. J. E. Heesterman: Chem. Weekbl. 1927, 24, 622.
[2] Cl. Zäch: Mitt. Lebensmittelunters. Hygiene 1929, 20, 209.
[3] R. Hanne: Arch. Hygiene 1928, 100, 9.
[4] P. F. Sharp u. Ch. K. Powell: Ind. and engin. Chem. 1930, 22, 908.
[5] W. Lintzel: Arch. Tierernährung u. Tierzucht 1931, 7, 42.
[6] J. Tillmans, H. Riffart u. A. Kühn: Z. 1930, 60, 361.
[7] J. Grossfeld: u. J. Peter: Z. 1935, 69, 16.

Auch die Hydrolyse der Dotterfettes erfolgt nur langsam. So fanden R. T. THOMSON und J. SORLEY[1] im Eidotterfett:

Nach dem Legen	1 Stunde	3 Monate	2 Jahre
Freie Säure	1,72	3,12	5,15%

Eine Erscheinung besonderer Art ist die Fluorescenz der äußeren Eischale unter der Quarzlampe. Diese ist beim frischen Ei lebhaft rot bis blauviolett mit samtartigem Glanz (G. GAGGERMEIER[2]) und nimmt beim Altern des Eies zu einem schwachen Violettblau ab. Schabt man jedoch bei älteren Eiern die Oberfläche ab, so tritt die stärkere Fluorescenz wieder in Erscheinung. Dieser Schalenfluorescenz liegt wahrscheinlich das Ooporphyrin zugrunde, mit dem die Eischale durchtränkt ist. Die Luminescenzabnahme wird auf Ausbleichung durch Licht zurückgeführt und ist dabei stark von Zufälligkeiten abhängig.

2. Veränderungen durch Pilze und Bakterien[3].

Die Infektion der Eier, wenigstens der Hühnereier, mit Fremdkeimen tritt vom Eileiter aus nur in selteneren Fällen ein. Frischgelegte Eier sind nach Kossowicz in der Regel keimfrei. J. SCHRANK[4] hat Eiklar und Dotter von frischen normalen Hühnereiern stets frei von Mikroorganismen gefunden. Doch ist neuerdings von E. FÜRTH und K. KLEIN[5] das Vorkommen von Ruhrbacillen im Eileiterschleim der Ente und von diesen sowie von WILLFÜHR, FROMME und H. BRUNS[6] sowie von O. MÜLLER und J. RODENKIRCHEN[7] über durch Genuß von Enteneiern verursachte Ruhrfälle berichtet worden. Den Hauptinfektionsweg für Fäulnis- und Schimmelkeime von außen her bilden aber die Poren der Schale. So ist auch Proteus vulgaris, einer der häufigsten Fäulniserreger, imstande, die Eischale, auch unter Bedingungen, wie sie der Aufbewahrung der Eier im Haushalt, beim Transport und in Verkaufsräumen entsprechen, zu durchdringen. Die Durchlässigkeit der Schale für Schimmelpilze wird durch Feuchtigkeit und Wärme begünstigt.

Einer besonders hohen Infektionsgefahr sind mit Hühnerkot verschmutzte Eier ausgesetzt. Entsprechend dessen hohem Gehalt an stark aktiven Keimen, die zudem im breiig feuchten Medium auf die Schale gelangen, ist nicht zu verwundern, daß eine große Zahl davon den Weg durch die Poren findet. Diese bakterielle Schädigung des Eies wird auch durch oberflächliche Entfernung des Kotes durch Abwaschen, Abbürsten oder Abreiben nicht beseitigt, weil dadurch die bereits eingedrungenen Keime nicht berührt werden. Selbst desinfizierende Flüssigkeiten sind dann nutzlos. Diesen Tatsachen entspricht die praktische Erfahrung, daß verschmutzt gewesene und wieder gereinigte Eier besonders häufig dem Verderben anheimfallen.

Bei Handelseiern pflegt die Zahl der Schmutzeier recht erheblich zu sein. P. S. SHARP[8] fand von 359 Eiern des New Yorker Marktes 17,5% verschmutzt, 21,4% gewaschen, 39,3% verschmutzt und dann gewaschen. Daß bei solchen Verhältnissen die Eier nicht noch leichter und in größerer Menge dem Verderben anheimfallen als es der Fall ist, beruht auf bakterientötenden Fähigkeiten des Weißeies, die erst durch sein Erhitzen aufgehoben werden.

Das Verderben der Eier durch Bakterien verläuft ähnlich wie bei der Fleischfäulnis und führt zur Bildung der bekannten Fäulnisprodukte, deren Art und

---

[1] R. T. THOMSON u. J. SORLEY: Analyst 1924, 49, 327.

[2] G. GAGGERMEIER: Arch. Geflügelkunde 1932, 6, 105.

[3] Literatur: A. KOSSOWICZ: Die Zersetzung und Haltbarmachung der Eier. Wiesbaden 1913.

[4] J. SCHRANK: Wien. med. Jahrb. 1888, 84 (3), 303.

[5] E. FÜRTH u. K. KLEIN: Veröff. Med.verw. 1933, 39, 363.

[6] WILLFÜHR, FROMME u. H. BRUNS: Veröff. Med.verw. 1933, 39, 339.

[7] O. MÜLLER u. J. RODENKIRCHEN: Veröff. Med.verw. 1933, 39, 377.

[8] P. S. SHARP: Ind. and Engin. Chem. 1932, 24, 941.

Menge aber je nach Art der Erreger und nach der Fäulnisstufe verschieden sein können.

Bei der Schwefelwasserstoffäulnis wird Schwefelwasserstoff frei. Das Eiklar ist dabei anfangs weißlichgrau, trübe und dünnflüssig, später verfärbt es sich über Saftgrün, Dunkelgrün in Schwarzgrün. Der Dotter wird mißfarbig, oliven- bis schwarzgrün; schließlich wird der ganze Eiinhalt dünnflüssig und schwarzgrün (Schwefeleisen). Der durch den widerlichen Geruch auffallende Schwefelwasserstoff bildet jedoch nur einen kleinen Teil der Fäulnisgase, die überwiegend aus Kohlendioxyd neben etwas Wasserstoff bestehen. In der Regel sind es Proteus-Arten, die diese Eifäulnis hervorrufen.

Bei der käsigen Zersetzung oder Fäkalfäulnis der Eier tritt kein Schwefelwasserstoff auf. Die Zersetzung beginnt ähnlich wie bei der ersten Gruppe, doch nimmt der Inhalt statt der grünen eine lichtockergelbe Färbung an. Dotter und Eiklar mischen sich bald, und der anfangs dünnflüssige Inhalt verwandelt sich schließlich in eine dicke, breiartige Masse. Zuweilen nimmt dabei nur das Eiklar eine grünliche Fluorescenz an. Als Erreger dieser häufiger als die erstgenannte vorkommenden Art von Eifäulnis dürfte eine ganze Reihe von Bakterien in Frage kommen, unter denen vielleicht Mesentericus-Arten eine wichtige Rolle spielen.

Als Produkte der Eierfäulnis fand U. Gayon[1] Ammoniak, Alkohol, Buttersäure, Trimethylamin, Leucin, Tyrosin, Cholesterin; Buttersäure tritt vor allem nach Befall der Eier mit Clostridium butyricum auf.

Die käsige Zersetzung, die auch meistens die Ursache der sog. rotfaulen Eier bildet, erteilt dem Eidotter bzw. dem Eiinhalt einen käsigen Geruch, der aber bei Verarbeitung solcher Eier zu Backwaren und anderen Zubereitungen durch deren Geschmacksstoffe überdeckt sein kann.

Chemisch ist die käsige Zersetzung nach J. Grossfeld und J. Peter[2] durch einen außerordentlich raschen Zerfall der Phosphatide des Eidotters in Glycerinphosphorsäure gekennzeichnet. Daneben läuft weiter ein weit langsamerer Abbau der Glycerinphosphorsäure zu anorganischer Phosphorsäure.

Peter und Grossfeld ermitteln in Eidotter oder Eiinhalt durch Behandeln mit wasserhaltigem Äthylalkohol nach bestimmter Vorschrift (vgl. S. 625) die Summe Lecithinphosphorsäure + Glycerinphosphorsäure, mit Isopropylalkohol nur die erstere und berechnen dann aus beiden den Zersetzungsquotienten

$$ZQ = 100 \; \frac{\text{Glycerinphosphorsäure-}P_2O_5}{\text{gesamte alkohollösliche } P_2O_5}.$$

Dieser Zersetzungsquotient wurde bei unverdorbenen Eiern unter 6 gefunden und ist vom Eialter an sich, solange keine Zersetzung vorliegt, praktisch unabhängig. Durch käsige Zersetzung steigt die Zahl sehr rasch und sehr stark an. So genügte ein Tag bei Sommertemperatur, um den Zersetzungsquotienten von Eidotter auf 18,5, von gemischtem Eiinhalt sogar auf 69,9 zu erhöhen.

Verschimmelte Eier zeigen meist eine viel weniger durchgreifende Veränderung des Eiinhaltes als durch Fäulnis angegriffene. In den meisten Fällen entstehen durch Schimmelbefall zunächst im Innern zwischen Schale und Eihaut olivgrüne oder schwarze, mehr oder minder dicke Pilzkolonien. Derartig veränderte Eier bezeichnet man, weil die Pilzkolonien bei der Durchleuchtung in Form von Flecken erscheinen als Fleckeier. Anzeichen von Fäulnis sind in solchen Eiern meistens nicht vorhanden. Die Reaktion des Eiklars bleibt wie beim normalen Ei alkalisch, die des Dotters neutral oder schwach sauer. Nur der oft aromatische oder schimmelige Geruch zeigt an, daß trotzdem Umsetzungen im Gange sind.

Lerche[3] zählt zu den Fleckeiern auch alte Eier mit an die Schalenhaut verklebten Dottern, die im Leuchtbild einen blauen Fleck und den Dotter als begrenzt beweglichen Schatten zeigen. Selbst bei ruckartiger Bewegung löst sich der Dotter nicht. Solche

---

[1] U. Gayon: Ann. scient. de l'école norm. supér. 1875, (5) 4, 205; nach Kossowicz.
[2] J. Grossfeld u. J. Peter: Z. 1935, 69, 16.
[3] Lerche: Zeitschr. Fleisch- u. Milchhyg. 1935, 45, 361.

Eier zeigen nach LERCHE in allen Fällen Abweichungen im Geruch und Geschmack (alt → dumpfig → dumpfig-schimmelig → faulig) oder Gerinnung des Eiklars und Breiigwerden des Dotters. Weil sich diese Veränderungen bei der Durchleuchtung in ihrem Grade nicht erkennen lassen, sieht LERCHE solche Eier mit festsitzendem Dotter stets als verdorben und genußuntauglich an.

3. Konservierungsverfahren.

Da die Eierproduktion der Legehenne im Frühjahr zu solcher Höhe ansteigt, daß eine völlige Verwertung des Eierertrages für die Ernährung kaum möglich ist, während im Herbst und Winter eine Knappheit und damit eine preissteigernde Nachfrage nach Eiern eintritt, ist die Haltbarmachung der Frühjahrseier wenigstens bis zum folgenden Winter von großer wirtschaftlicher Bedeutung. Die für diesen Zweck gemachten Vorschläge und ausgearbeiteten Verfahren sind ungemein zahlreich. Aber nur ein Teil von ihnen hat sich bewährt. Man kann die Konservierungsverfahren für die im Ei enthaltenen Nährstoffe in drei Gruppen einteilen:

a) Verfahren zur Keimfreihaltung der Eischale beim ganzen Ei.

b) Aufhebung der Lebensbedingungen der fremden Keime im Inhalt der aufgeschlagenen Eier durch Kälte, Konservierungsmittel oder Austrocknung.

c) Herstellung von Eiprodukten durch besonders geleitete Fermentationsvorgänge.

a) Für die Keimfreihaltung der Eioberfläche ist zunächst die Stärkung der natürlichen Abwehrkräfte der Eier, so durch Auswahl der Eier von zweckmäßig ernährten und gehaltenen Hühnern, Vermeidung von Verschmutzungen, Ausscheidung von älteren, angebrüteten oder schon schwach verdorbenen Eiern wichtig. Gesunde, sauber erhaltene Eier lassen sich bereits in trockener Luft bei Kellertemperatur monatelang genießbar erhalten. Gegen Bruchgefahr können Eier dabei durch Einbetten in Sand, Torfmull, Holzwolle oder durch Einwickeln in Papier geschützt werden; weniger bewährt hat sich eine längere Aufbewahrung in Kleie oder Häcksel, Stoffe, die oft viel Schimmelsporen enthalten. Einpacken in Holzasche kann durch Eindringen von Kaliumcarbonat in das Ei ein Verderben veranlassen.

b) Die Beobachtung, daß die Haltbarkeit der Eier durch trockene Kälte in der Nähe des Gefrierpunktes außerordentlich erhöht ist, hat zur Kühlhauslagerung der Eier geführt. Als Entdecker dieser heute weitaus wichtigsten Eikonservierung gilt der Franzose CH. TELLIER. Das Verfahren ist besonders in Nordamerika in großem Maßstabe zur Ausführung gelangt. Nach H. C. LYTHGOE[1] wurden in Massachusetts im Jahre 1926 218 Millionen Eier eingelagert. Der Höchstvorrat an Eiern in den Kühlhäusern betrug am 1. August 1926:

	Massachusetts	Vereinigte Staaten
Millionen Stück .	133	3544

Es sind etwa 10% der gesamten Eierzeugung, die so konserviert wurden. Von diesen wurden im Mittel der Jahre 1920—1924

eingelagert bis . .	1. April	1. Mai	1. Juni	1. Juli
	5	40	83	100%

entnommen bis. .	1. August	1. Sept.	1. Okt.	1. Nov.	1. Dez.	1. Januar	1. Februar
	2	10	22	60	63	82	95%

Heute wird der Anteil der Kühlhauseier am Gesamteierverbrauch in Amerika auf etwa 16% geschätzt.

In Deutschland scheinen die ersten Kühlhäuser für Eier in Hamburg eingerichtet zu sein. J. ANDERMANN[2] berichtet über Schätzungen, nach denen schon 1913 in Deutschland allein 30000 Quadratmeter Fläche mit gekühlten

---

[1] H. C. LYTHGOE: Ind. and Engin. Chem. 1927, **19**, 922.
[2] J. ANDERMANN: Das Hühnerei, Berlin.

Eiern belegt waren. Dieser Fläche entsprechen 240000 Kisten oder 345 Millionen Eier. Inzwischen ist die Errichtung von Kühlhäusern für Eier weiter fortgeschritten, und heute wird der Anteil der Kühlhauseier nach bei uns auf etwa 10% des Gesamtverbrauchs an Eiern geschätzt. Die Kosten der Kühllagerung für Eier sind gering; für eine sechsmonatige Lagerung in einem großstädtischen Kühlhaus werden für je 100 Eier berechnet[1] an Kühlraummiete, einschließlich Ein- und Auslagerung, 60—65, Lombardzinsen 22, insgesamt 82—85 Pfennige.

Da die Eier beim Abkühlen wegen der Schimmelgefahr nicht beschlagen dürfen, erfolgt die Einkühlung der frischen Eier und vor allem ihre Entnahme aus dem Kühlraum im Herbst und Winter ganz allmählich in besonderen Vorräumen des Kühlhauses mit künstlich getrockneter Luft, wobei sie gleichzeitig durchleuchtet und, wenn nötig, sortiert und umgepackt werden. Im Kühlraum selbst ist möglichste Konstanthaltung der Temperatur auf 0^0 bis -1^0, Einhaltung einer Luftfeuchtigkeit von 75—80% der Sättigung und sorgfältige Luftströmungsregulierung von größter Bedeutung. Über die Technik der Kühlhauskonservierung im einzelnen vgl. L. RASMUSSON[2].

Die Genußfähigkeit und Verwendbarkeit zum Kochen und Braten bleibt beim Kühlhausei 6—8 Monate erhalten. Dann nehmen die Eier einen alten, etwas an Erbsenmehl erinnernden Geschmack an. Verschiedentlich ist es gelungen, Eier im Kühlraum selbst 17—18 Monate lang gut zu erhalten. Außerhalb des Kühlraumes sind Kühlhauseier nur noch kurze Zeit haltbar.

Einen technischen Fortschritt in der Kältekonservierung der Eier scheint das Verfahren von F. LESCARDÉ[3] zu bedeuten, bei dem die Eier in geschlossenen Behältern im Kühlraum unter Kohlendioxyd gehalten werden. Die nach diesem Verfahren konservierten Eier, die im Handel als „stabilisierte" Eier bezeichnet werden, behalten nach FREITAG[4] ihren vollen Genußwert und bleiben auch nach der Entnahme aus der Gasatmosphäre im Gegensatz zu gewöhnlichen Kühlhauseiern längere Zeit frisch.

Die Eikonservierung durch Abdichtung der Eischale durch Überzüge, die die Austrocknung hemmen und gleichzeitig das Eindringen von Fremdkeimen verhindern sollen, hat sich nur im kleinen, etwa für den Einzelhaushalt, als nützlich erwiesen. Von den verschiedenen Überzugsmitteln hat man mit Vaseline die besten Ergebnisse erhalten. Ähnlich wirkt Überziehen mit Fett (Abreiben mit einer Speckschwarte), das auch schon bei Kühlhauseiern als Mittel gegen Austrocknung in Anwendung gekommen ist. A. JANKE und L. JIRAK[5] empfehlen eine aus 300 g Paraffin in 500 g Paraffinöl, 10—30 g eines Emulgators (Emulphor A) durch Auffüllung mit Wasser auf 1 kg bereitete Paste, wobei in der verwendeten Wassermenge ein mikrobicides Mittel (Borsäure, Choramin-HEYDEN, Nipagin) gelöst wird.

c) Von größerer Bedeutung ist lange Zeit die Eikonservierung durch Einlagerung in konservierende Flüssigkeiten gewesen, als welche sich vor allem Kalkwasser und Wasserglaslösung eingeführt haben. Die Behandlung mit Kalkwasser ist bis zur Einrichtung der neuzeitlichen Eierkühlhäuser wohl am häufigsten und im größten Maßstabe ausgeübt worden. Das Verfahren ist sicher, einfach und mit wenig Kosten und Arbeit verbunden. Es hat aber den Nachteil, daß die Schale leicht brüchig wird und der Eiinhalt bisweilen einen laugenhaften Geschmack und einen eigenartigen Geruch annimmt. Das Weißei der Kalkeier ist auch zum Schneeschlagen nicht geeignet. Das Eikonservierungsmittel Garantol besteht nach A. BEYTHIEN[6] und E. DINSLAGE[7] aus gelöschtem Kalk unter Zusatz von etwas Ferrosulfat, das aber durch

---

[1] Nach Eier-Börse 1933, **24**, 244.
[2] L. RASMUSSON: Zeitschr. Eis- u. Kälte-Ind. 1932, **25**, Heft 10, 1—7, Heft 11, 1—3.
[3] F. LESCARDÉ: L'oeuf de poule, Sa Conservation par le froid. Paris 1908.
[4] FREITAG: Zeitschr. Volkersn. u. Diätkunde 1932, **7**, 8.
[5] A. JANKE u. L. JIRAK: Z. 1935, **69**, 242.
[6] A. BEYTHIEN: Z. 1906, **12**, 468.
[7] E. DINSLAGE: Pharm. Zeitg. 1910, **55**, 971.

Einwirkung der Luft bald in Eisenhydroxyd übergeht; Garantol wirkt in der Hauptsache nur durch seinen Kalkgehalt.

Noch besser als die Kalkkonservierung hat sich, besonders für kleinere Mengen Eier, das Einlegen in Wasserglaslösung bewährt. Zur Ausführung wird die käufliche Wasserglaslösung von der Dichte 1,34 mit der zehnfachen Menge Wasser verdünnt und dann über die in einem Steintopf befindlichen Eier gegossen. Mit Wasserglas konservierte Eier lassen sich gut zu Schnee schlagen, müssen aber beim Kochen zur Vermeidung eines Platzens, da die Poren der Schale verschlossen sind, zuvor am stumpfen Ende mit einer Nadel angestochen werden.

Das zur Wasserglaskonservierung verwendete Wasserglas soll nach J. M. BARTLETT[1] auf einen Teil Na_2O etwa 2,7—3,5 Teile SiO_2 enthalten und mit dem gleichen Volumen Alkohol eine körnige nicht schmierige Fällung liefern. Größere Alkalimengen können in das Eiinnere diffundieren und dadurch ein Verderben hervorrufen. Kieselsäurereiches Wasserglas dringt als Kolloid nach R. BERGER[2] kaum durch die Eihaut und kann daher den Eiinhalt nicht schaden.

Vergleichende Versuche über die praktische Eikonservierung mit Wasserglas, Garantol und Kalkwasser stellte R. RÖMER[3] in großem Maßstabe an und fand:

Konservierungsmittel .	Wasserglas	Garantol	Kalkwasser
Konservierungsdauer . .	April—Mai bis Mitte November—Januar	Mai bis Dezember	Mai—Juni bis November–Dezember
Zahl der geprüften Eier	76 000	14 000	32 000
Verdorbene Eier	0,81%	3,03%	6,06%

Bei der Wasserglaskonservierung war allerdings infolge von Einkittungen der Abgang an Knickeiern (3,15%) größer als bei Garantol (1,39%) und Kalkeiern (0,84%); doch erscheint dieser Verlust durch geeignete Maßnahmen vermeidbar.

d) Über fermentierte Eier vgl. S. 622 unter f.

IV. Erzeugnisse aus Eiern.

Die durch die Zerbrechlichkeit und geringe Haltbarkeit der ganzen Eier bedingten Erschwernisse im Eierhandel und die damit verbundenen hohen Aufwendungen für Arbeitslöhne, Transportkosten und Packmaterial haben wohl den Anstoß zu Versuchen gegeben, aus dem Eiinhalt besondere, besser hantierbare und haltbarere Erzeugnisse herzustellen. Dazu kommt, daß einzelne Bestandteile des Eies auch für gewisse technische Zwecke, Verwertung gefunden haben und daher aus dem Eiinhalt im Großbetriebe gewonnen werden.

a) Trockenei. Beim Öffnen des Eies wird die natürliche Anordnung der Teile und damit auch der natürliche Schutz des Eiinhaltes gegen Infektion durch Fremdkeime gestört. Vor allem die empfindliche Dottermasse hält sich ohne weitere Maßnahmen außerhalb des Eies nur ganz kurze Zeit. Von den verschiedenen Mitteln, dieses Verderben zu verhindern, hat sich wie bei anderen Lebensmitteln auch beim Ei die Entziehung des Wassers, die Überführung in ein Trockenpulver, am besten bewährt. Vorzugsweise in China mit seinen außerordentlich niedrigen Eierpreisen hat die Haltbarmachung des Eiinhaltes und besonders des Dotters durch Trocknung einen großen Aufschwung genommen, als sich vor einigen Jahren seitens der Margarineindustrie ein großer Bedarf nach Eigelb eingestellt hatte, und dessen günstige Verwertung als Nebenprodukt bei der Albuminfabrikation in Aussicht stellte.

Nach M. WINKEL[4] sind Zerstäubungstrockner, wie sie vor 1914 in China eingerichtet worden sind, vielfach wieder stillgelegt worden, weil das in ihnen gewonnene Eipulver, sog.

---

[1] J. M. BARTLETT: Chem.-Ztg. 1912, **36**, 1311.

[2] R. BERGER: Zeitschr. Chem. u. Ing. Kolloide 1910, **6**, 172.

[3] R. RÖMER: Deutsch. landwirtsch. Geflügelztg. 1924, **27**, 515.

[4] M. WINKEL: Chem.-Ztg. 1925, **49**, 229.

Spray-Eigelb, zur Oxydation und zum Ranzigwerden des Fettes neigte, was auf die innige Berührung des feinzerstäubten Pulvers mit Luft beim Trocknungsvorgang zurückgeführt wird.

Demgegenüber besitzen Vakuumtrockner außer der Luftausschließung noch den Vorteil, daß die Trocknung bei niedriger Temperatur ausgeführt und die Zerkleinerung nur soweit getrieben wird, daß sie der Haltbarkeit des Pulvers noch nicht schadet. Eine mittlere Aufbereitungsanlage verarbeitet nach Winkel täglich (in 20 Stunden) etwa 150000 Eier.

In chinesischen Betrieben wurde das Eigelb vielfach auf Horden bei etwa 45—50° in Trockenkammern getrocknet. Das erhaltene Produkt, sog. Native-Ware, ist schlecht löslich, aber ziemlich haltbar und ist besonders für Eibackwaren und Eierteigwaren mit großem Erfolg verwendet worden.

Die mittlere Zusammensetzung von Trockeneipulver im Vergleich zu Trockeneigelb und Trockenalbumin aus Ei berechnet sich nach den Literaturangaben, wie folgt:

Trocken-	Zahl der Analysen	In der natürlichen Substanz					In der Trockensubstanz	
		Wasser	Stickstoffsubstanz	Fett	Stickstofffreie Extraktstoffe	Asche	Stickstoffsubstanz	Fett
		%	%	%	%	%	%	%
Vollei . .	5	6,4 (5,4—9,0)	44,7 (40,9—48,1)	40,1 (35,9—43,0)	5,2 (4,7—8,6)	3,6 (3,2—4,0)	47,8 (43,7—53,8)	42,8 (38,0—45,5)
Eigelb . .	5	5,0 (4,0—6,5)	34,7 (32,2—37,1)	53,6 (51,5—56,3)	3,3 (1,8—5,7)	3,4 (3,1—3,7)	36,5 (33,4—38,6)	56,4 (53,9—58,6)
Albumin .	2	12,5 (11,7—13,4)	73,4 (73,2—73,6)	0,3 (0,3—0,3)	8,6 (8,6—8,7)	5,2 (4,1—6,2)	83,9 (82,5—85,0)	0,3 (0,3—0,3)

Nach weiteren Angaben beträgt der Gehalt der Trockensubstanz an Gesamt- und Lecithin-Phosphorsäure:

	Trockenvollei	Trockeneigelb
Zahl der Analysen .	5	4
Gesamt-P_2O_5 . . .	1,86 (1,70—2,00)	2,59 (2,47—2,70) %
Lecithin-P_2O_5 . . .	1,27 (1,14—1,35)	1,68 (1,60—1,77) %

Die Haltbarkeit des Trockeneipulvers bei der Aufbewahrung ist, zumal bei nicht ganz sachgemäßer Herstellung und Lagerung, durch Zersetzungsvorgänge chemischer und bakterieller Natur bedroht. Chemische Zersetzungen bestehen in der allmählichen Oxydation des Fettes und Lecithins, die sich in dem Ranzigwerden des Eipulvers äußern. Bakterielle Verdorbenheit kann dann eintreten, wenn ein gewisser Feuchtigkeitsgehalt das Lecithin zur Quellung bringt und damit zu einem ausgezeichneten Nährboden für Fremdkeime macht. Das beginnende Verderben des Volleipulvers oder Trockeneigelbs äußert sich bei der Sinnenprüfung in der Regel in einem bitteren oder kratzenden Geschmack, chemisch in einer Zunahme des Säuregrades nach Koettstorfer über 40 (Th. Sudendorf und O. Penndorf[1]).

b) Albumin. Das Weißei wird zu Ernährungszwecken, auch nach Verarbeitung zu Eiweiß-Nährmitteln, diätetischen Mitteln, als Hilfsmittel bei der Speisenzubereitung mehr wohl noch in getrockneter Form als Eialbumin für technische Zwecke verwendet.

So dient es als Klärmittel für Wein, als Appreturmittel, zum Verdicken von Farbstoffen und Anstrichfarben, für Sonderkitte, Klebstoffe, Polituren, als Fixier- und Beizmittel in der Färberei, zur Herstellung photographischer Papiere. Die große Nachfrage nach diesem Albumin bedingt dessen im Vergleich zum Eidotter viel höheren, durch den Nährwert nicht begründeten Handelspreis.

---

[1] Th. Sudendorf u. O. Penndorf: Z. 1924, 47, 40.

Bei der Großherstellung des Albumins[1] wird nach Aufschlagen der Eier das gesammelte Eiklar zunächst in besonderen Siebvorrichtungen von den Zellhäuten und Strukturelementen befreit dann einer oft tagelangen Klärung in einem kühlen Raum unterworfen, wobei als Hilfsmittel zur Ausscheidung von Zellhautresten und Dotterbeimischungen auf jedes Liter Eiklar je 1,5–2,5 g Essigsäure und Terpentinöl benutzt werden. Das Eintrocknen erfolgt in Trockenschränken, am besten bei 40–45°, und dauert etwa 30–32 Stunden. Als Trockengefäße dienen Schalen aus hochpoliertem Zinkblech oder besser aus Glas, aus denen das trockene Albumin leicht abblättert. Das so erhaltene Albumin hat das Aussehen farbloser oder ganz schwach gelblicher, völlig durchsichtiger Blätter, die sich in Wasser nach vorhergehender Quellung klar lösen.

c) **Flüssiges Eigelb und Gefriereigelb.** Das flüssige Eigelb des Handels, wie es vorwiegend aus China bei uns eingeführt wurde, diente anfangs fast ausschließlich in der Ledergerberei als Emulgierungs- und Fettungsmittel. Ein großer Teil dieses Eigelbs stammte von den wohlfeileren und dabei doch dotter- und fettreicheren Enteneiern. Als Konservierungsmittel enthielt es große Mengen (13—15%) Kochsalz. Später, als es gelang, ohne Salz, nur mit Borsäure (1—2%), ein haltbares Eigelb herzustellen, fand es seinen Weg auch in das Nahrungsmittelgewerbe, so in Feinbäckereien und Teigwarenbetrieben. Als sich dann weiter zeigte, daß es vermöge seines hohen Lecithingehaltes der Margarine die Eigenschaft des Spritzens beim Erhitzen nimmt und sie ähnlich der Butter schön bräunen läßt, nahm die Margarineindustrie bedeutende Mengen flüssigen Eigelbs aus dem Handel. Für diesen Zweck wurde das Eigelb vielfach auch an Stelle der Borsäure mit dem harmloseren Natriumbenzoat in Verbindung mit mäßigen Mengen Kochsalz konserviert. Heute ist die Verwendung des Eigelbs zur Margarineherstellung großenteils durch das ebenso wirksame aber wohlfeilere Sojalecithin abgelöst worden.

Die chemische Zusammensetzung des flüssigen und gefrorenen Eigelbs entspricht, abgesehen von etwaigen Konservierungszusätzen, nicht ganz der Zusammensetzung des natürlichen Dotters. Denn bei der technischen Auftrennung des Eiinhaltes läßt sich nicht vermeiden, daß gewisse Reste des Eiklars im Dotter verbleiben, was am deutlichsten in einer Erhöhung des Wassergehaltes zum Ausdruck kommt. So fanden L. C. MITCHELL, S. ALFEND und F. C. NAIL[2] in 74 Proben Eigelb aus handelsmäßig aufgeschlagenen Eiern an

Wasser %	Gesamt-N %	Wasserl. N %	Fett %	P_2O_5 %
		In der Trockenmasse		
54,13	2,51	0,60	28,04	1,24
(51,94—56,56)	(2,40—2,58)	(1,14—1,30)	(26,10—29,54)	(1,14—1,30)

Aus dem Gehalt von reinem Eidotter und reinem Eiklar an Wasser läßt sich nach der Mischungsregel für die vorliegenden Proben ein mittlerer Weißeianteil von etwa 13—14% berechnen.

Oft sind flüssige Eikonserven mit Schimmelpilzen und Bakterien durchsetzt, von denen A. BRÜNING[3] und H. POPP[4] verschiedene Arten isolierten. Auch die bei dem aus China eingeführten Eigelb häufiger anzutreffende Gerinnung ist nach E. LAGRANGE[5] durch ein Kleinwesen, den Bacillus sinicus, verursacht.

Gefriereigelb besitzt insofern gewisse Nachteile, als beim Gefrieren das Lecithin ausflockt oder gelatiniert, eine Erscheinung, die O. M. URBAIN und J. N. MILLER[6] durch Zusatz von 10% Glykose oder Fructose (nicht geeignet ist

---

[1] Literatur: K. RUPRECHT: Die Fabrikation von Albumin und Eikonserven. Leipzig und Wien 1928.
[2] L. C. MITCHELL, S. ALFEND u. F. C. NAIL: Journ. Assoc. Offic. Agricult. Chem. 1933, 16, 247.
[3] A. BRÜNING: Z. 1908, 15, 414.
[4] H. POPP: Z. 1925, 50, 139.
[5] E. LAGRANGE: Ann. Inst. Pasteur 1926, 40, 242.
[6] O. M. URBAIN und J. N. MILLER: Ind. Engin. Chem. 1930, 32, 355.

Saccharose) zu verhindern suchen. Durch diesen Zusatz wird auch die wäßrige oder klebrige Beschaffenheit des Eigelbs beim Auftauen vermieden und eine Zersetzung aufgehalten. Nach A. W. THOMAS und I. BAILEY[1] ist die Gelatinierung des Gefriereies beim Auftauen eine Funktion der mechanischen Behandlung vor dem Gefrieren. Kolloidgemahlene Proben zeigten praktisch keine Gallertbildung. H. POPP[2] fand bei mehreren Proben Gefrierei in Kanistern Keimzahlen zwischen 500 und 1000 für je 1 g. Nach dem Auftauen stieg die Keimzahl so schnell an, daß die Ware schon innerhalb 2 Tagen nicht mehr verwendbar war.

Nach THOMAS und BAILEY war die mittlere Zusammensetzung von 10 Proben Gefrierei

Trockenmasse	Ätherextrakt	Lipoide	Lipoid-Phosphor	Gesamt-Phosphor	PH	$100 \times \frac{\text{Lipoid-P}}{\text{Gesamt-P}}$
27,18%	10,69%	13,27%	0,155%	0,229%	7,37	67,6
(26,75–27,57)	(10,42–11,50)	(12,89–13,78)	(0,151–0,160)	(0,220–0,238)	(7,22–7,48)	(66,1–69,0)

d) Lecithin. Zur fabrikmäßigen Gewinnung von Lecithin aus Eidotter sucht man durch geeignete Lösungs- und Fällungsmittel (Aceton, Essigester) das Lecithin von dem begleitenden Fett und Cholesterin zu trennen. Dabei hat es sich als besonders vorteilhaft erwiesen, durch Vakuum und Kälte die Zersetzung des leicht verderblichen Produktes aufzuhalten. Aber auch ein mit aller Vorsicht gewonnenes Lecithinpräparat ist wenig haltbar und nimmt an der Luft unter Braunfärbung bald ranzigen Geruch und Geschmack an. Für 10 Eilecithinpräparate des Handels wird folgendes Untersuchungsergebnis angegeben:

	Stickstoff %	Phosphor %	Molares Verhältnis P:N=1:
Handelslecithine { Mittel	2,12	3,56	1,33
{ Schwankungen .	1,75—2,51	2,97—3,94	1,06—1,56

Das Eilecithin hat heute nur noch für Nährpräparate und Stärkungsmittel Bedeutung. In den meisten Fällen kann es hier durch das Ei selbst oder seine küchenmäßigen Zubereitungen ersetzt werden.

e) Eieröl. Das Eieröl wird technisch aus dem bei der Albuminfabrikation abfallenden Eigelb nach STEUDEL[3] so gewonnen, daß man dieses zunächst durch Erhitzen im Wasserbade in eine bröckelige Masse verwandelt und dann zwischen erwärmten Platten abpreßt. Das ablaufende Öl wird darauf filtriert. Nach A. E. WILLIAMS[4] stellt man Eieröl auch durch Extraktion von Eipulver mit Benzin dar und reinigt es mit 3% aktiver Kohle. Verwendet wird Eieröl für Salbengrundlagen oder zur Seifenherstellung. Es kann auch zur Darstellung des seit kurzem zu Haarwuchsmitteln verarbeiteten Cholesterins dienen, doch liegt dafür in Wollfett eine ergiebigere Quelle vor.

Über die Zusammensetzung und Kennzahlen des Eieröls vgl. Bd. IV.

f) Sonstige Erzeugnisse. Eigenartige Nahrungsmittel werden in China durch besondere Fermentierungsverfahren aus Enteneiern hergestellt, die in gewisser Hinsicht mit unserer Käsebereitung aus Milch verglichen werden können. Nach JUN HANZAWA[5] unterscheidet man in den Provinzen Tschekiang und Kiangsu drei verschiedene Arten solcher Eikonserven: Pidan, bei dem die frischen Eier mit einem Gemisch aus roter Erde, Kalk und Wasser bedeckt 5—6 Monate einer Fermentation überlassen werden, Hueidan, zu dessen Gewinnung man die Eier 20 Tage in eine Mischung von roter Erde, Kochsalz und Wasser legt, bei dem die Eier in einen Topf mit Preßkuchen eingelegt und nach 5—6 Monaten verzehrt werden, Dsaudan, bei dem die Eier in einen Topf mit Preßkuchen eingelegt und nach 5—6 Monaten verzehrt werden. — Die wichtigste dieser Eikonserven ist Pidan, dessen Darstellung von E. TSO[6] ausführlicher beschrieben wird. Der Geschmack von Pidan ist charakteristisch, der Geruch ammoniakalisch, nicht nach Schwefelwasserstoff.

Ein besonderes Nahrungsmittel der Philippinen aus Eiern ist Balut, bestehend aus 14 Tage (Balut mamatoeng) oder 17—18 Tage (Balut sa puti) angebrüteten und dann hartgekochten Eiern (F. O. SANTOS und N. PIDLAOAN[7]).

---

[1] A. W. THOMAS u. I. BAILEY: Ind. and. Engin. Chem. 1933, 25, 669.
[2] H. POPP: Z. 1925, 50, 141.
[3] Nach C. WINTER: Zeitschr. Fleisch- u. Milchhyg. 1930, 40, 520.
[4] A. E. WILLIAMS: Chem. Trade Journ. 1932, 90, 353.
[5] JUN HANZAWA: Zentralbl. Bakteriol. II 1913, 36, 418.
[6] E. TSO: Biochem. Journ. 1926, 20, 17.
[7] F. O. SANTOS u. N. PIDLAOAN: Philippine Agriculturist 1931, 19, 659.

V. Handel mit Eiern und Eiererzeugnissen[1].

1. Bedeutung der Eier im Handel. Die Träger der Hühnerzucht sind in Deutschland vorwiegend die Klein- und Mittelbetriebe. Nach G. RUDOLPH[2] entfielen auf Betriebe bis zu 20 ha für das Jahr 1925 83,3%, auf Betriebe bis zu 50 ha sogar 94,5% des gesamten Hühnerbestandes. Das Wassergeflügel ist in größeren Betrieben etwas mehr vertreten.

Zur Abschätzung der Höhe der Eierproduktion kann man von der Zahl der Legehennen ausgehen, die für die Jahre 1927—1931, wie folgt, ermittelt wurde:

Jahr	1927	1928	1929	1930	1931	1932	1933	1924	
Hühnerbestand[3]	71,4	76,0	83,3	88,1	84,2	84,2	87,4	85,3	Millionen
Davon Legehennen	61,4	62,8	66,5	69,9	68,0	68,3	63,1	57,8	Millionen
In % des Hühnerbestandes	86,0	82,6	79,8	79,4	80,7	81,0	72,2	67,8	%

Die durchschnittliche Leistung einer Legehenne wird für Deutschland auf 70—110 Eier geschätzt. Bei Annahme des Mittelwertes von 90 Stück[4] erhalten wir für die genannten Jahre an gesamten Eiertrag für Deutschland

Jahr	1927	1928	1929	1930	1931	1932	1933	1934	
Eiertrag	5,5	5,6	6,0	6,3	6,1	6,1	5,7	5,2	Milliarden Stück

Nach RUDOLPH betrug die Eiereinfuhr für die Jahre 1927—1931

Einfuhr	2,70	2,90	2,75	2,64	2,33 Milliarden Stück

Hieran waren prozentual für das Jahr 1931 in Prozenten der Gesamt-Einfuhr folgende Länder beteiligt:

Niederlande	Bulgarien	Rumänien	Belgien	Rußland	Jugoslavien	Polen	Dänemark	Sonstige Länder
29,3%	11,1%	10,7%	7,8%	6,9%	6,0%	5,4%	5,3%	17,5%

Da die Ausfuhr von Eiern vernachlässigbar klein ist, berechnet sich der jährliche Eierverbrauch in Deutschland aus den angegebenen Zahlen:

Jahr	Selbsterzeugung		Einfuhr		Verbrauch	Auf den Kopf der Bevölkerung
1931	6,1	+	2,3	=	8,5 Milliarden	133 Stück

Von diesem Betrage wurden also nur rund 70% aus der inländischen Erzeugung gedeckt. Dabei ist der Eierverbrauch in Deutschland noch verhältnismäßig niedrig, was nicht zum wenigsten auch durch die starke Abnahme der Kaufkraft weiter Schichten unseres Volkes in der Nachkriegszeit bedingt war. So betrug nach Untersuchungen des Statistischen Reichsamtes[5] für eine Vollperson.

bei einem Einkommen von	800	100—1200	1500 Reichsmark
der jährliche Eierverbrauch	78	147	227 Stück

Für andere Länder werden z. B. (für 1930) folgende wesentlich höheren Zahlen je Person angegeben:

Belgien	Vereinigte Staaten	Irland	Kanada
180	200	273	330 Stück

Verglichen mit anderen Ländern ist aber auch die deutsche Eierzeugung noch sehr steigerungsfähig, sowohl in der Zahl der Hühner, als auch in der Legeleistung. So entfielen auf je 10 Einwohner

Deutschland	Polen	Belgien	Holland	Vereinigte Staaten	Kanada	Irland	Dänemark
13	17	29	31	37	56	60	61 Hühner

---

[1] Literatur: A. WALTER u. G. LICHTER: Die Deutsche Eierstandardisierung. Berlin 1932.
[2] G. RUDOLPH: Zeitschr. Volksern. u. Diätkunde.
[3] Einschließlich Hähne und Kücken, ohne Truthühner.
[4] Nach den Erhebungen des Institutes für Konjunkturforschung wurde eine Zunahme der Legeleistung einer Henne für 1925—1931 von 70 auf 80 Stück festgestellt.
[5] Vgl. Eier-Börse 1933, 24, 229.

Die Legeleistung einer Henne betrug für

Deutschland	England	Dänemark und Holland
90	100	150—160 Eier

2. Handelssorten. Nach der Eierverordnung (vgl. S. 639) werden unterschieden

a) **Gesetzliche Handelsklassen** von vollfrischen bzw. frischen Eiern, die wieder in folgende Gewichtsgruppen unterteilt werden:

Klasse	Sonderklasse	Große Eier	Mittelgroße Eier	Gewöhnliche Eier	Kleine Eier
Gewicht des einzelnen Eies .	65 und darüber	65—60	60—55	55—50	50—45
Durchschnittsgewicht der Eier in der Packung	mindestens 66	62—63	57—58	52—53	47—48

b) Normale frische, nicht unter die Handelsklassen fallende Hühnereier.

c) Kühlhauseier.

d) Konservierte Eier.

e) Sonstige Eier, wie Eier anderer Geflügelarten, beschädigte aber noch genießbare Eier, äußerlich angeschmutzte, Knick- und Brucheier.

Auch als Lebensmittel ungeeignete und verdorbene Eier, wie Eier mit Blutflecken und Blutringen, Eier mit fleckiger Schale (Fleckeier), rotfaule und schwarzfaule Eier, sowie angebrütete Eier gehören hierher und können zum Teil noch für technische Zwecke (Lederherstellung, Futtermittel) verwendet werden.

VI. Untersuchung und Kontrolle der Eier.

1. Untersuchung der Eier auf Zusammensetzung.

a) Ermittlung des Anteiles an Eidotter, Weißei und Schale. Man öffnet das gewogene Ei durch Aufschlagen auf eine harte, senkrecht zur Eiachse liegende Kante und versucht zunächst durch wiederholtes Umkippen den Dotter in die beiden Schalehälften von der größten Menge Eiklar zu befreien. Dann bringt man ihn auf ein Tuch oder Blatt Filtrierpapier, entfernt durch Hin- und Herrollen die letzten anhängenden Reste, schneidet mit einer Schere die Chalazen ab und bringt den Dotter zur Wägung. Diese Behandlung muß, um Wasserverdunstungen aus dem Dotter zu verhindern, so schnell wie möglich ausgeführt werden. Nun reinigt man die Schalenstücke durch Abwischen mit Filtrierpapier oder Watte ebenfalls vom Weißei und wägt die Schale. Die Menge Weißei in % des Eies erhält man aus der Differenz 100 — (Dotter + Schale). — Bei älteren Eiern mit geschwächter, beim Abtrennen leicht platzender Dotterhaut ist das vorstehende Trennungsverfahren oft nicht ausführbar. An seine Stelle kann ersatzweise eine Auftrennung des hartgekochten, durch Einlegen in Wasser abgekühlten Eies treten.

Die allgemeine Untersuchung der Eibestandteile erfolgt nach den in Bd. II beschriebenen Untersuchungsmethoden; doch ist dabei folgendes zu beachten:

b) Mineralstoffe. Die Mineralstoffe, besonders die des Dotters, werden zweckmäßig in der mit überschüssigem Magnesiumacetat (oder Calciumacetat) gewonnenen basischen Asche (Bd. II, S. 1220) bestimmt. Diese enthält dann auch sämtliche Phosphorsäure in Form von Orthophosphat. Für die Bestimmung des Schwefels empfiehlt sich ein Zusammenschmelzen von 1 g der getrockneten Eibestandteile mit 16 g Kaliumhydroxyd und 4 g Kaliumnitrat sowie 1 ccm Wasser in einem geräumigen[1] Silbertiegel. Man schmilzt zuerst Kaliumhydroxyd, Kaliumnitrat und Wasser zusammen, läßt erkalten, gibt dann die Substanz zu und erhitzt unter Rühren mit einem 2-mm-Silberdraht anfangs auf kleiner

---

[1] Von 6 cm Höhe und 6 cm oberem Durchmesser.

Flamme, bis das Schäumen aufhört, und schließlich kräftiger, bis die Schmelze keine dunklen Teile mehr enthält. Dann löst man die Schmelze in Wasser und bestimmt in bekannter Weise die entstandene Schwefelsäure als Bariumsulfat.

c) **Fettgehalt.** Der Fettgehalt des Eidotters wird nach Aufschluß mit Salzsäure zweckmäßig mittels Trichloräthylen (H. Popp[1]) bestimmt. Brauchbare Ergebnisse liefert auch das Verfahren von J. Grossfeld und W. Hoth[2] für Käse, das durch besondere Einfachheit ausgezeichnet ist.

d) **Wasserlösliches Protein.** R. Hertwig[3] scheidet es aus Eiern und Eiprodukten mit 40%igem Alkohol ab. Für die Bestimmung des Livetins haben H. D. Kay und P. G. Marshall[4] eine besondere Vorschrift angegeben.

e) **Lecithin.** Das Lecithin des Dotters wird aus seiner Verbindung mit Vitellin bereits durch kalten Alkohol völlig abgeschieden (R. Cohn[5]) und die Ausbeute durch vorheriges Erhitzen des Eidotters auf 103° nicht verringert. Es genügt daher, den zu prüfenden Eidotter zu trocknen und nach Pulverisierung einige Zeit (etwa 3 Stunden) in einer gut wirkenden Extraktionsvorrichtung mit absolutem Alkohol auszuziehen. Bei Gegenwart von viel Fett, das sich im Auszuge abscheidet und stört, empfiehlt sich ein Zusatz von Benzol zum Alkohol. B. Rewald[6] schlägt als Extraktionsflüssigkeit für Lecithin eine Mischung aus 4 Teilen Benzol mit 1 Teil Alkohol vor. Nach eigener Nachprüfung liefert diese Methode praktisch die gleichen Ergebnisse wie absoluter Alkohol. Auch eine Extraktion mit Methyl-, Propyl- und Isoprophylalkohol, auch in Mischung mit Benzol, ergab die gleiche Ausbeute an Lecithinphosphorsäure. In dem erhaltenen Auszuge wird die Lecithinphosphorsäure wieder zweckmäßig nach Woy, und zwar nach Eindampfen unter Zusatz von Magnesiumacetatlösung (Bd. II, S. 1259) bestimmt[7] und als P_2O_5 angegeben. Die entsprechende Menge Palmitooleolecithin erhält man mit dem Faktor 10,95 (vgl. S. 600). Statt einer Extraktion des getrockneten Eidotters bzw. Eiinhaltes kann man nach folgenden Vorschriften direkt vom flüssigen Ei ausgehen.

Glycerinphosphorsäure neben Lecithinphosphorsäure und Ermittlung des Zersetzungsquotienten nach J. Grossfeld und J. Peter[8]. Hierbei wird die Substanz ohne vorherige Trocknung einerseits mit wasserhaltigem Äthylalkohol, andererseits mit Isopropylalkohol ausgekocht und das vorhandene Fett durch Zugabe von Benzol in Lösung gehalten:

α) Bestimmung von Lecithinphosphorsäure + Glycerinphosphorsäure. Die in einem 100-ccm-Meßkolben abgewogene Substanz (von Eidotter etwa 1 g, von Eiinhalt etwa 2 g) wird mit 8 ccm Wasser durchgeschüttelt, dann in kleinen Anteilen nach und nach mit 70 ccm 95%igem Alkohol versetzt, auf dem Wasserbade an einen Rückflußkühler angeschlossen und 15 Minuten im Sieden gehalten. Dann wird noch warm mit Benzol unter Umschwenken etwa bis zur Marke aufgefüllt und auf Zimmertemperatur abkühlen gelassen. Nun wird mit Benzol genau auf die Marke eingestellt und umgeschüttelt. Nach Zufügung einer Messerspitze voll gereinigter Kieselguhr wird dann in einem Kapseltrichter (vgl. Bd. II, S. 841) durch ein trockenes Faltenfilter filtriert. Vom Filtrat werden die ersten Anteile verworfen, dann 50 ccm in einem 50-ccm-Meßkölbchen aufgefangen, unter Nachspülen mit etwas Alkohol in eine Platinschale übergeführt, 2,5 ccm Magnesiumacetatlösung (50 g in 100 ccm) zugefügt und auf dem Wasserbade vorsichtig zur Trockne verdampft. Um Verluste durch Spritzen auszuschließen, empfiehlt es sich, die Schale auf einem Uhrglas auf die Öffnung des siedenden Wasserbades zu stellen und erst gegen Schluß das

[1] H. Popp: Z. 1925, 50, 135.
[2] J. Grossfeld u. W. Hoth: Z. 1935, 69, 30.
[3] R. Hertwig: Journ. Assoc. official. agricult. Chemists 1926, 9, 348. — Vgl. auch Methods of Analysis 1930, S. 245.
[4] H. D. Kay u. P. G. Marshall: Biochem. Journ. 1928, 22, 1995.
[5] R. Cohn: Zeitschr. öffentl. Chem. 1911, 17, 203.
[6] B. Rewald: Chem.-Ztg. 1931, 55, 393.
[7] Vgl. J. Grossfeld: Z. 1933, 65, 318.
[8] J. Grossfeld und J. Peter: Z. 1935, 69, 16.

Uhrglas durch einen Porzellanring zu ersetzen. Nach dem Abdampfen wird die Schale bei etwa 150° erhitzt, dann auf einem Pilzbrenner geglüht und die Asche schließlich auf einem voll brennenden Teclubrenner weiß gebrannt. Die Asche wird dann in Salpetersäure gelöst und die Phosphorsäure nach WOY bestimmt.

b) Bestimmung der Lecithinphosphorsäure. In sinngemäß gleicher Versuchsanordnung wie bei a) wird die eingewogene Substanzmenge mit 5 ccm Wasser durchgemischt und dann mit 50 ccm Isopropylalkohol 15 Minuten am Rückfluß gekocht. Nun wird mit Benzol aufgefüllt und wie bei a) weiter verfahren.

Berechnung des Zersetzungsquotienten ZQ. Vermindert man die nach a) gefundene alkohollösliche Phosphorsäure um die nach b) gefundene Lecithinphosphorsäure, beide ausgedrückt als P_2O_5, so erhält man als Rest die Glycerinphosphorsäure. Ihre Menge, mal 100, dividiert durch die nach a) erhaltene Phosphorsäure ist der Zersetzungsquotient ZQ.

Zur Bestimmung von Lecithin neben Cephalin empfehlen H. RUDY und J. H. PAGE[1] es nach A. GRÜN und R. LIMPÄCHER[2] in ätherisch-alkoholischer oder besser in benzolisch-alkoholischer Kalilauge zu titrieren, wobei Cholinlecithin infolge innerer Absättigung neutral reagiert. Die Methode ist jedoch nur auf reine säurefreie Präparate anwendbar. Ein Verfahren von W. LINTZEL und S. FOMIN[3] zur quantitativen Bestimmung von Cholin neben Colamin in Phosphatiden beruht auf Oxydation mit Kaliumpermanganat in alkalischer Lösung, wobei das Cholin quantitativ in Trimethylamin das Colamin in Ammoniak übergeht. Die Messung beider Basen erfolgt auf Grund ihres verschiedenen Verhaltens gegen Formaldehyd. Das Verfahren ist so scharf, daß es sich auch für eine Mikromethode eignet, die von LINTZEL und G. MONASTERIO[4] näher beschrieben wird. F. E. NOTTBOHM und F. MAYER[5] titrieren nach besonderem Verfahren abgeschiedenes Cholin nach W. ROMAN[6], wobei das Cholin mit Jod als Perjodid gefällt und der Jodüberschuß mit Thiosulfatlösung zurückgemessen wird.

Die Vorschrift[7] lautet:

Etwa 2 g flüssiges oder 1 g trockenes Eigelb werden mit 10 ccm Salzsäure (Dichte 1,124) und 50 ccm Wasser bei 4,5 at. aufgeschlossen. Die ausgeschiedenen Fettsäuren werden gründlich mit heißem Wasser ausgewaschen. Nach dem Aufkochen mit Tierkohle wird auf ein Volumen von 20—50 ccm eingeengt. Die Hälfte der Flüssigkeit wird nach dem Verfahren von ROMAN weiter behandelt. Die Fällung des Enneajodids wird in einem starkwandigen Zentrifugenröhrchen von etwa 30 ccm Inhalt mit 4 ccm Jödlösung vorgenommen. Nach dem Jodzusatz zu der eisgekühlten Lösung rührt man mit einem Glasstab um und läßt etwa 15 Minuten in Eiswasser stehen. Der alsbald sich zeigende krystallinische Niederschlag wird zentrifugiert, wobei er sich am Boden zusammenballt. Die überstehende Flüssigkeit gießt man rasch durch den Asbestbelag eines ALLIHNschen Röhrchens und befreit die Fällung von anhängender Jodlösung durch Auswaschen mit etwa 10 ccm Eiswasser in kleinen Anteilen. Das Enneajodid wird in Alkohol gelöst, mit Wasser auf etwa 500 ccm aufgefüllt und mit 0,1 N.-Thiosulfatlösung titriert.

1 ccm 0,1 N.-Thiosulfatlösung entspricht 1,335 mg Cholin. 1 mg Cholin = 100 mg Eigelb.

f) **Cholesterin.** J. TILLMANS, H. RIFFART und A. KÜHN[8] haben zu seiner Bestimmung ein von A. v. SZENT-GYÖRGYI[9] angegebenes Mikroverfahren, das auch auf Eidotter anwendbar ist, ausgebaut. RIFFART und H. KELLER[10] sowie H. KLUGE[11] haben diese Vorschrift weiter verbessert und vereinfacht.

---

[1] H. RUDY u. J. H. PAGE: Zeitschr. physiol. Chem. 1930, **193**, 251.
[2] A. GRÜN u. A. LIMPÄCHER: Ber. Deutsch. Chem. Ges. 1927, **60**, 151.
[3] W. LINTZEL u. S. FOMIN: Biochem. Zeitschr. 1931, **238**, 438, 452.
[4] LINTZEL u. G. MONASTERIO: Biochem. Zeitschr. 1931, **241**, 273.
[5] F. E. NOTTBOHM u. F. MAYER: Chem.-Ztg. 1932, 56, 881; **Z.** 1933, 65, 55; **66**, 585.
[6] W. ROMAN: Biochem. Zeitschr. 1930, **219**, 218.
[7] Chem.-Ztg. 1932, **56**, 881.
[8] J. TILLMANS, H. RIFFART u. A. KÜHN: **Z.** 1930, **60**, 365.
[9] A. v. SZENT-GYÖRGYI: Biochem. Zeitschr. 1923, **136**, 107, 112.
[10] H. RIFFART u. H. KELLER: **Z.** 1934, **68**, 114.
[11] H. KLUGE: **Z.** 1935, **69**, 11.

g) Lutein. Der Dotterfarbstoff, das Lutein, kann nach A. Terényi[1] colorimetrisch im Vergleich mit Kaliumbichromatlösung bestimmt werden.

Zum Nachweis von Teerfarbstoff trennen J. Grossfeld und H. R. Kanitz[2] den Dotter vom Eiklar und nehmen ihn in einem Gemisch von 10 ccm 95%igem Alkohol und 30 ccm Äther auf. Nach gutem Durcharbeiten wird die gelb gefärbte Alkohol-Ätherlösung durch Filtrieren vom Rückstand getrennt. 5 ccm des Filtrats werden mit 1 ccm 5%iger Natriumnitritlösung und einigen Tropfen Salzsäure angesäuert und kräftig durchgeschüttelt. Die Salpetrige Säure bleicht dabei die natürlichen Dotterfarbstoffe aus, so daß etwa vorhandener Teerfarbstoff, insbesondere roter Sudanfarbstoff, sichtbar wird.

Der Farbstoff ließ sich auch auf Wolle ausfärben, wenn nach Verseifung des Fettes das mit Petroläther ausgeschüttelte Unverseifbare in 5 ccm heißem Alkohol aufgenommen, durch Abkühlen in Eis von der Hauptmenge des Cholesterins befreit, dann in mit Weinsäure angesäuertes Wasser gegossen und mit dieser Mischung ein Wollfaden behandelt wurde.

Zum Nachweis von Naturfarbstoffen, wie Capsanthin, Carotin und Bixin im Ei ist die Prüfung mit Salpetriger Säure nicht geeignet, weil diese Stoffe dabei wie Lutein fast völlig entfärbt werden.

2. Kontrolle der Handelseier.

a) Unterscheidung der Eierarten. Die Eier verschiedener Vögel unterscheiden sich zunächst in der Gestalt und Größe (Gewicht) des Eies, der Dicke, Glätte (Korn) und Farbe der Eischale und in dem prozentualen Verteilungsverhältnis von Dotter und Weißei. Die Gestalt der Eier ist durch ihre Länge, größte Dicke und die Konstante m (vgl. S. 587) gegeben. Mißt man z. B. mit einer Schublehre am Ei den Längsdurchmesser, den größten Querdurchmesser sowie den Abstand des letzteren von den beiden Polen, so kann daraus nach Tabellen von Szielasko[3] die Konstante m nebst Lage der Brennpunkte der Eikurve abgelesen werden. Inwieweit aber diese Messungen, deren Mittelwerte bei verschiedenen Vogelarten charakteristische Zahlen aufweisen, zur Feststellung der Art eines einzelnen Eies oder weniger Eier in Hinblick auf die wahrscheinlich beträchtlichen Streuungen verwendet werden können, bedarf noch der Nachprüfung an größeren Eiermengen.

Für den praktisch wichtigsten Fall der äußeren Unterscheidung des Enteneies vom Hühnerei können die größere Glätte des Enteneies und seine oft (nicht immer!) grünliche Schalenfärbung dienen. Weitere Anhaltspunkte bieten der etwas erhöhte Gehalt an Dotter und Fett im Vergleich zum Weißei (vgl. S. 592) und die oft stärker rötliche Färbung des Dotters. Eine exakte Unterscheidung des Enteneies vom Hühnerei gelingt nach H. Waterman[4] mittels geeigneter Eiweißantisera; sogar der Prozentgehalt des etwa in Eialbumin vorhandenen Enteneialbumins kann so abgeschätzt werden.

Die Eier des Kiebitz und der Nesthocker (Taube) unterscheiden sich vom Hühnerei, abgesehen vom Größenunterschied, auch durch das glasige Aussehen des geronnenen Eiklars im gekochten Ei (J. Tarchanoff[5], vgl. S. 593). Bei Wildvögeln ist außerdem die Farbe und Zeichnung der Eischale charakteristisch.

Aussortierungen, etwa der größten Eier aus einem Vorrat unsortierter Eier, können an Abweichungen von der Häufigkeitskurve nach Gausz erkannt werden, wenn die zu prüfende Eierzahl genügend groß ist (Daeves[6]).

b) Prüfung des Frischezustandes. Da der Zustand eines Eies wesentlich von der Art seiner Aufbewahrung abhängt, ist es nicht möglich, am Ei selbst

---

[1] A. Terényi: Z. 1931, **62**, 566.

[2] J. Grossfeld u. H. R. Kanitz: Z. 1935, **69**, 583.

[3] A. Szielasko: Die Gestalten der normalen und abnormen Vogeleier. Berlin 1920. Vgl. J. Grossfeld u. H. Seiwert: Z. 1934, **67**, 241.

[4] H. Waterman: Chem. Weekbl. 1914, **11**, 120; Z. 1919, **37**, 85.

[5] J. Tarchanoff: Pflügers Arch. 1883, **31**, 368; 1884, **34**, 303; 1886, **39**, 485.

[6] K. Daeves: Praktische Großzahlforschung. Berlin 1933, S. 12. — Vgl. Bd. II, S. 1442.

das zeitliche Alter festzustellen. Man spricht daher besser von dem Frische-zustand des Eies und versteht darunter die Beschaffenheit, die Eier bei normaler Aufbewahrung für eine gewisse Zeit im Durchschnitt annehmen. Im allgemeinen wirkt Kälte stark verzögernd auf die biologische Alterung, so daß Kühlhauseier bedeutend frischer erscheinen als ohne Küh-lung aufbewahrte. Zur Ermittlung des Frische-zustandes dienen folgende Prüfungen:

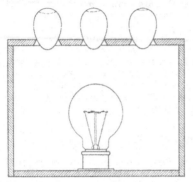

Abb. 6. Durchleuchtungskasten für Eier.

α) Prüfungen am ungeöffneten Ei.

αα) Aussehen und Farbe. Zu achten ist auf etwa vorhandene Schmutzflecken und Knickstellen sowie auf Ungleichmäßigkeiten, Schrammen u. dgl., wie sie durch Abschaben von Schmutzflecken oder Stempelaufdrucken zurückbleiben können. Die satte dunkel- bis hellrote, oft aber auch mehr violettbläuliche Färbung ganz frischer Eier im filtrierten ultravioletten Licht dauert nach G. GAGGER-MEIER[1] etwa bis zum 10. Tage, geht dann allmählich in blassere, blaue oder violette Farbtöne über, die etwa vom 30.—40. Tage ab stumpf werden. Angebrütete Eier zeigen nach 9tägiger Bebrütung nur noch schwache Fluorescenz. Beim Abschaben der Oberfläche älterer Eier tritt der im Schaleninnern haltbarere Farbstoff wieder hervor und liefert an den Schabestellen rote Flecken.

ββ) Schier- oder Klärprobe. Das Durchleuchten der Eier, im Eierhandel Schier- oder Klärprobe genannt, ist wegen seiner leichten und schnellen Aus-führbarkeit zur wichtigsten Untersuchungs-methode im Eierhandel geworden. Neuer-dings pflegt man die zur Einlagerung der Eier dienenden Kisten oder Einsätze so zu bauen, daß man die gesamte Lage der Eier über eine elektrische Glühlampe halten und durchprüfen kann. Für die Ausführung der Probe an einzel-nen Eiern sind Taschenlampen mit Aufnahme-vorrichtung für das Ei in Gebrauch. Für das Laboratorium eignet sich ein Kasten (Abb. 6), der im Innern eine elektrische Glühlampe und im Deckel kreisförmig ausgeschnittene Löcher zur Aufnahme der Eier besitzt. Die Prüfung erfolgt im abgedunkelten Zimmer. Ein Mangel derartiger Durchleuchtungsvorrichtungen ist die starke Lichtzerstreuung, die die Luftkammer von außen nur unscharf erkennen und begrenzen läßt. Eine neuartige Ovolux-Lampe[2] (Abb. 7) besitzt als optische Einrichtung einen elliptisch gekrümmten Reflektor. In dem einen Brennpunkt befindet sich die Lichtquelle, in den anderen wird das zu prüfende Ei gehalten. Dabei tritt das Licht zuerst vollständig in die Luftkammer ein um dann erst den flüssigen Einhalt zu durchlaufen. Hierdurch entsteht ein scharfer Kontrast zwischen Luftkammer und Weißei, der noch durch ein blaues Lichtfilter zwischen Lichtquelle und Ei verstärkt wird.

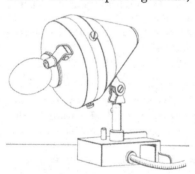

Abb. 7. Ovolux-Lampe.

---

[1] G. GAGGERMEIER: Arch. Geflügelkunde 1932, **6**, 105.
[2] Der Ovolux G. m. b. H. Leipzig C 1, Lagerhofstr. 2. Zu beziehen von Alfred Schnabel in Nürnberg O, Leipziger Str. 36.

Die Beobachtungen bei der Durchleuchtung erstrecken sich auf folgende Feststellungen:

An der Luftblase ermittelt man die in der Eierverordnung zugrunde gelegte Höhe, am einfachsten mittels eines mit Maßstab versehenen halbkreisförmigen Ausschnittes aus Papier oder Cellophankarton mit eingezeichneten Höhenmaßstäben (Abb. 8). Die Ovolux-Lampe (Abb. 7) besitzt für diesen Zweck eine Meßkappe (Abb. 9), die, wie folgt, benutzt wird: Man hält das Ei so an die Auflegeplatte 5, daß das Licht senkrecht in die

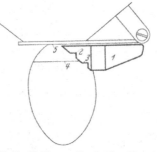

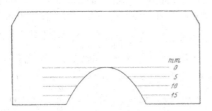

Abb. 8. Vorrichtung zur Messung der Luftblase. Abb. 9. Meßkappe für Ovolux-Lampe.

Luftkammer tritt, also die untere Grenze 4 der Luftkammer parallel zur Auflegeplatte liegt. Dann dreht man den Hebel 1, bis er dem Ei anliegt. Je nachdem, ob sich nun die Grenze 4 oberhalb oder unterhalb der beiden 5 mm bzw. 10 mm entsprechenden Kerben (2 bzw. 3) befindet, ergibt sich, welcher Güteklasse das Ei gegebenenfalls angehört.

Form und Lage des Dotters sowie die Schärfe seiner Umrisse. Ein Durchsteigen des Dotters nach oben (Annäherung an die Luftblase) zeigt alte oder mechanisch beschädigte Eier an.

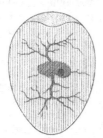  

Abb. 10.   Abb. 11.   Abb. 12.
Befruchtetes Ei am   Ei mit abgestorbenem Keim   Ei mit abgestorbenem Keim
6.—7. Tage.   und „Blutring".   am 14. Tage.

Vorliegen von Flecken. Die Flecken von Pilzwucherungen liegen meist unter der Schale, selten am Dotter. Bei sog. Coccidienfleckeiern erscheint nach K. BORCHMANN[1] das Eiklar bei der Durchleuchtung mit hellgrauen, leicht zu übersehenden, stecknadelkopfgroßen Flecken durchsetzt. — Sog. Heueier zeigen nur einen starken Schatten, der nach zweimaligem Umdrehen des Eies verschwindet. Faulige Eier werden mit zunehmender Zersetzung immer mehr lichtundurchlässig und schließlich ganz undurchsichtig. Bei sog. rotfaulen Eiern findet man den gesamten Eiinhalt schmutzig-gelbrot bis rötlichbraun verfärbt und schleierartig bis wolkig getrübt; dabei folgt die Luftblase wie eine Wasserblase jeder Bewegung des Eies.

---

[1] K. BORCHMANN: Zeitschr. Fleisch- u. Milchhyg. 1907, 17, 54.

Befruchtete und dann bebrütete Eier können bei der Durchleuchtung etwa vom 3.—4. Tage ab an den roten Blutäderchen erkannt werden. Schließlich wird das Ei beim Bebrüten undurchsichtig. Ein dunkler Fleck ohne Adern und ein sog. Blutring, zu dem die Adern zusammengelaufen sind, bedeuten, daß der Keim abgestorben ist. Das nähere Aussehen solcher Eier zeigen die Bilder von R. FANGAUF[1] (Abb. 10—12).

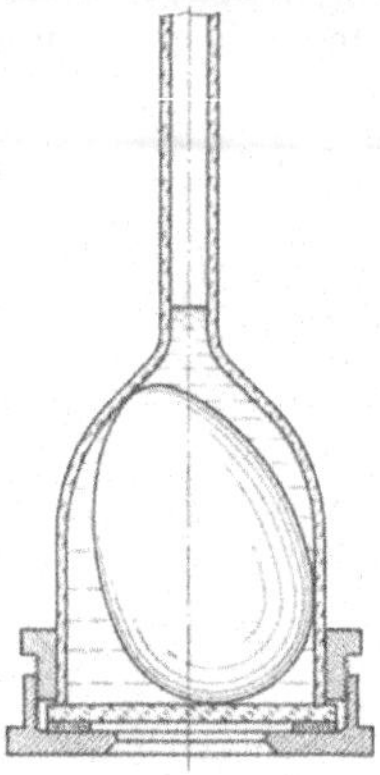

γγ) Zur Prüfung auf erfolgte künstliche Schmutzbeseitigung von Eiern durch Abwaschen benutzt P. F. SHARP[2] den Umstand, daß beim Abwaschen auch die auf dem unbehandelten Ei vorhandenen Kalium- und Chloridspuren entfernt werden, und gibt für deren Nachweis besondere Vorschriften an. Von diesen hat sich nach eigenen Versuchen besonders die Prüfung der Eioberfläche auf Kaliumsalze als brauchbar erwiesen, die wie folgt ausgeführt wird.

Das zur Prüfung dienende Reagens wird durch Mischen von 20 g krystallisiertem Kobaltnitrat [$Co(NO_3)_2 . 6 H_2O$], 25 g Natriumnitrit, 65 ccm Wasser und 10 ccm Eisessig bereitet. Nach Aufhören der Gasentwicklung wird die Lösung zum Sieden erhitzt, 24 Stunden erhalten gelassen, auf 150 ccm aufgefüllt und filtriert. Das Reagens ist nach SHARP höchstens 1 Monat haltbar. In eigenen Versuchen fanden wir aber bei Aufbewahrung im Dunkeln in vollgefüllter Flasche eine vielmonatige Haltbarkeit. Zur Prüfung auf Brauchbarkeit eignet sich dabei eine $1/_{500}$ normale Kaliumchloridlösung, von der ein Tropfen, mit einem Tropfen Reagens verrührt, spätestens in etwa 10 Minuten eine starke Kaliumreaktion liefern muß.

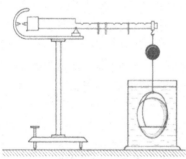

Abb. 13.
Eivolumenometer.

Zur Prüfung auf Abwaschung werden die Eier seitlich auf flache Eierbecher gelegt und ein großer Tropfen Wasser auf eine reine Stelle der Oberfläche jedes Eies gebracht, wo er 5 Minuten ungestört liegen bleibt. Nun dreht man das Ei halb um seine Längsachse, so daß der Tropfen unter dem Ei hängt und berührt damit die Oberfläche eines Objektträgers. Dann bewegt man das Ei 25mal auf und ab in Form einer tupfenden Bewegung. Den so auf dem Objektträger zurückbleibenden Tropfen benutzt man zur Prüfung, indem man einen Tropfen Reagens zufügt und mit einem Glasstab innig verreibt. Dann liefert ein normales, nicht abgewaschenes Ei nach etwa 5 Minuten, spätestens nach 20 Minuten eine gelbe Ausfällung von Kaliumkobaltnitrit, die besonders gut an den Reibstellen des Glasstabes über einem schwarzen Sammtuntergrund zu erkennen ist. Zum Vergleich empfiehlt es sich, den Versuch mit der $1/_{500}$ normalen Kaliumchloridlösung anzustellen.

Abb. 14.
Indirekte Bestimmung des Eivolumens.

δδ) Volumen und Spez. Gewicht des Eies. Das Volumen des Eies ist zunächst mit dem Eivolumenometer (Abb. 13[3]) direkt meßbar. Dieses besteht aus einem Glasbehälter mit aufschraubbarer Bodenplatte aus Glas, die sich nach oben zu einem Halse verengt, der in bestimmter Höhe eine Marke trägt[4].

---

[1] R. FANGAUF: Deutsch. landw. Geflügelztg. 1925, 28, 338.

[2] P. F. SHARP: Ind. Engin. Chem. 1932, 24, 941.

[3] J. GROSSFELD u. H. SEIWERT: Z. 1934, 67, 241.

[4] Der Apparat wurde auf meine Veranlassung von A. ZOBERBIER in Berlin N 65, Chausseestraße 88, hergestellt.

Man mißt zunächst durch Einfüllen von Wasser aus einer Bürette den gesamten Rauminhalt des Behälters aus, gibt dann nach Trocknung das Ei hinein und füllt wieder bis zur Marke mit Wasser an. Beim Versuch empfiehlt es sich, den Rand der Glasplatte mit Vaselin leicht einzufetten. — Eine andere Ausführungsform für ein Eivolumenometer hat L. W. JIRAK[1] angegeben.

Noch genauer und einfacher findet man das Volumen des Eies aus seinem Auftrieb unter Wasser, den man z. B. aus dem von mir[2] vorgeschlagenen „Eigewicht unter Wasser" leicht dadurch ermitteln kann, daß man dieses „Eigewicht unter Wasser" vom Gewicht in der Luft abzieht. Die Differenz entspricht dem Auftrieb, also für Wasser von 4° dem Volumen des Eies. Für Wasser von anderer Temperatur bei dem Versuch ist entsprechend seinem spezifischen Volumen der Auftrieb in g mit folgenden Faktoren zu multiplizieren:

Wassertemperatur	10°	15°	20°	25°
Faktor	1,00027	1,00087	1,00177	1,00294

Das „Eigewicht unter Wasser" kann mittels der WESTPHAL-schen Waage (Abb. 14) die für den Zweck mit einem Drahtkörbchen zur Aufnahme des Eies versehen wird, oder noch einfacher mittels der Eispindel gefunden werden. Während die Eierspindel direkt das „Eigewicht unter Wasser" anzeigt, erhält man diese mit der WESTPHALschen Waage aus der Differenz der Einstellung des Drahtkörbchens mit bzw. ohne Ei.

Schließlich finden GROSSFELD und SEIWERT das Eivolumen in guter Annäherung aus der Länge (L) und der größten Dicke (B) des Eies nach der Formel

$$\text{Eivolumen} = 0,519\, LB^2 \pm 0,5 \text{ ccm}$$

und geben eine Ablesungstabelle hierfür an.

Das Spezifische Gewicht des Eies erhält man, indem man das Volumen des Eies durch sein Gewicht dividiert. Statt des Spezifischen Gewichtes kann auch die Verhältniszahl

$$V = 100 \frac{\text{Eigewicht unter Wasser}}{\text{Eigewicht in Luft}}$$

Abb. 15.
Eierspindel.

als Maß für den Austrocknungsgrad der Eier dienen. Im Durchschnitt hat man bei gewöhnlicher Aufbewahrung der Eier mit dem Eialter etwa folgende Zahlen gefunden:

Eialter in Wochen	0	1	2	3	4	5	6
Spezifisches Gewicht . . .	1,09	1,07	1,06	1,05	1,04	1,03	1,01
Eigewicht unter Wasser g	4,3	3,7	3,1	2,5	1,9	1,3	0,7
Verhältniszahl V	8,0	6,9	5,8	4,8	3,6	2,6	1,4

Die Zahlen geben jedoch wegen der S. 610 dargelegten Schwankungen und der Beeinflussung durch die Aufbewahrungsumstände nur ungefähre Anhaltspunkte. Keineswegs ist es erlaubt, etwa aus der Höhe der Zahlen allein die Frische eines Eies abzuleiten, wenn auch umgekehrt eine niedrige Zahl in Verbindung mit der übrigen Untersuchung eine Bestätigung der Austrocknung und damit ein zuverlässiges Kennzeichen für ein Altsein der betreffenden Eier liefern kann.

β) Prüfungen am Eiinhalt.

Beim Öffnen des Eies ist auf Aussehen, Farbe und Konsistenz des Inhaltes und seiner Teile, die Größe der Luftblase und etwa vorhandene Schimmelbildung zu achten.

---

[1] L. W. JIRAK: **Z.** 1935, **69,** 431.
[2] J. GROSSFELD: Anleitung zur Untersuchung der Lebensmittel, S. 178. Berlin 1927. — J. GROSSFELD u. H. SEIWERT: **Z.** 1934, **67,** 241.

αα) Sinnenprüfung. Alte, noch nicht faulige Eier geben sich durch einen dumpfen, heuigen, faule Eier durch einen fauligen (nach Schwefelwasserstoff) oder käsigen (nach Buttersäure) Geruch zu erkennen. Auch Fremdgerüche, etwa nach Teer, Seife usw., die das Ei aus der Nachbarschaft beim Lagern aufgenommen hat, sind zu erkennen.

Der Dotter ist bei frischen Eiern prall, zentral gelegen und zeigt nach Ausgießen des Eies noch starke Wölbung, ein hohes Verhältnis Höhe/Durchmesser (vgl. S. 614), das nach P. F. Sharp und Ch. K. Powell[1] zahlenmäßig ausgedrückt werden kann. Vorliegen, Größe und Aussehen der Keimscheibe, die normal etwa Linsengröße hat (vgl. S. 585), zeigt an, ob das Ei unbefruchtet, befruchtet, etwa schon angekeimt ist oder bereits Aderbildung zeigt.

Das Eiklar ist beim frischen normalen Ei hell und klar, nicht wolkig getrübt. Mit dem Alter wird seine anfangs gallertartige Konsistenz immer mehr flüssig und oft auch dunkler, mehr grünlich, verfärbt. Im ultravioletten Licht nimmt seine Luminescenz immer mehr zu (vgl. S. 614).

Schale und Schalenhäute sind vor allem auf Pilzflecke hin zu prüfen.

ββ) Chemische Untersuchungen. Die Bestimmung des Ammoniakgehaltes, vorwiegend im Dotter wird nach Folin (Bd. II, S. 646) vorgenommen (vgl. S. 612). Die Destillation mit Magnesiumoxyd ergibt durch Zersetzungsvorgänge zu hohe Ergebnisse.

Zur Bestimmung der säurelöslichen Phosphorsäure (anorganischen und Glycerinphosphorsäure) werden nach L. Pine[2] (vgl. S. 613) 25 g Dotter (oder 50 g Ganzei) mit 200 ccm stark verdünnter Salzsäure (1 ccm konz. Salzsäure in 200 ccm Wasser) und 8 g Pikrinsäure (nach J. Greenwald[3]) 1 Stunde lang unter öfterem kräftigem Umschütteln (wenigstens alle 10 Minuten) stehen gelassen. Dann filtriert man schnell (höchste Dauer ³/₄ Stunden) und bestimmt in 150 ccm des Filtrates die Phosphorsäure. Pine mineralisiert für diesen Zweck mit Salpeter-Schwefelsäure, doch ist wahrscheinlich auch die S. 625 erwähnte Veraschung mit Magnesiumacetat geeignet. Eine Abänderung der Vorschrift von Pine unter Benutzung der Zentrifuge haben J. Fitelson und J. A. Gaines[4] angegeben; diese führt aber zu gleichen Ergebnissen.

K. Eble, H. Pfeiffer und R. Bretschneider[5] stellen das Auftreten von Phosphaten im Eiklar des alternden Eies mit folgender Farbreaktion fest: 2 ccm Eiklar und 8 ccm frisch destilliertes Wasser werden mit 5 ccm Hydrochinonlösung (20 g Hydrochinon unter Zusatz von 1 ccm konz. Schwefelsäure in Wasser zu 1 l) sowie 5 ccm Ammoniummolybdatlösung (25 g Ammoniummolybdat in N.-Schwefelsäure zu 500 ccm) versetzt. Nach 5 Minuten gibt man 25 ccm einer Carbonat-Sulfitlösung [1000 ccm Natriumcarbonatlösung (20%) aus wasserfreiem Natriumcarbonat, 250 ccm Wasser und 37,5 g Natriumsulfit] hinzu. Bei frischen Eiern (bis zu 2 Wochen) tritt, betrachtet in durchfallendem Licht, keine oder nur eine schwach grüne, bei älteren eine blaugrüne bis stark blaue Färbung auf. Die Reagenzien sind vorher durch Blindversuch auf Eignung zu prüfen. — Statt des Weißeies selbst eignet sich nach weiteren Versuchen von K. Eble und H. Pfeiffer[6] besonders das Dialysat aus Weißei. Mineralphosphatwerte unter 1,5 mg in 100 g Eiklar zeigen so mit ziemlicher Sicherheit vollfrische Eier an.

A. Janke und L. Jirak[7] verwenden folgende Lösungen:

1. Molybdänsäurelösung. 50 g reines Ammoniummolybdat werden bei Zimmertemperatur in 1000 ccm phosphorfreier n-Schwefelsäure gelöst. Beim Mischen mit der unter 2. angegebenen Hydrochinonlösung darf keine Färbung eintreten.

[1] P. F. Sharp u. Ch. K. Powell: Ind. Engin. Chem. 1930, 22, 908.
[2] L. Pine: Journ. Assoc. official. agricult. Chemists 1924, 8, 57.
[3] J. Greenwald: Journ. biol. Chem. 1913, 14, 369.
[4] J. Fitelson u. J. A. Gaines: Journ. Assoc. official. agricult. Chemists 1931, 14, 558.
[5] K. Eble, H. Pfeiffer u. R. Bretschneider: Z. 1933, 65, 102.
[6] K. Eble u. H. Pfeiffer: Z. 1935, 69, 228.
[7] A. Janke u. L. Jirak: Biochem. Zeitschr. 1934, 271, 309.

2. **Hydrochinonlösung.** 20 g Hydrochinon werden in 1000 ccm dest. Wassers gelöst, das einen Zusatz von 1 ccm konz. Schwefelsäure erhalten hat. Lösung gut verschlossen aufbewahren!

3. **Carbonatsulfitmischung.** 75 g Natriumsulfit werden in 500 ccm Wasser gelöst und zu 2000 ccm einer 20%igen Lösung von wasserfreiem Natriumcarbonat hinzugefügt. Die Lösung ist im filtrierten Zustande in gut verschlossenem Gefäße ungefähr 14 Tage haltbar.

Zur **Phosphatbestimmung** im Eiklar wird nun in folgender Weise verfahren: In einen 100 ccm fassenden Meßkolben bringt man genau 2 ccm Eiklar, das durch wiederholtes Aufziehen in der Pipette homogenisiert wurde, fügt 20 ccm dest. Wasser, 5 ccm Molybdänlösung und 5 ccm Hydrochinonlösung hinzu. Nach Verlauf von 25 Minuten werden 25 ccm Carbonatsulfitlösung zugesetzt, worauf man zur Marke auffüllt und kräftig durchmischt. Nach 10 Minuten wird innerhalb 30 Minuten photometriert, zweckmäßig in Cuvetten von 30 mm Schichtdicke bei Vorschaltung eines strengen Filters S 61 gegen destilliertes Wasser. Der Zusammenhang der am PULFRICH-Photometer abgelesenen i-Werte mit den in der Lösung sich vorfindenden mg-% P wird durch die nebenstehende Eichkurve (Abb. 16) wiedergegeben. Unter den genannten Arbeitsbedingungen entspricht die Trommelablesung $i = 10$ einer Konzentration von rund 10 mg-%.

$\gamma\gamma$) Der **Kochversuch** leistet besonders zur Geschmacksprüfung des Eies wertvolle Dienste, weil das Ei in seiner weichgekochten Form Geschmacksabweichungen besonders scharf erkennen läßt.

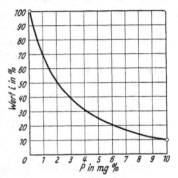

Abb. 16.
Eichkurve für den Phosphatnachweis
nach A. JANKE und L. JIRAK.

c) Prüfung auf Konservierung. α) **Kühlhauseier** unterscheiden sich von auf gewöhnliche Weise aufbewahrten Eiern nur dadurch, daß die Alterungsvorgänge in ihnen wesentlich langsamer verlaufen sind. Normale, nur wenige Monate eingekühlt gewesene Eier entsprechen daher in Beschaffenheit und Zusammensetzung frischen Eiern. Von welchem Zeitpunkt an die erfolgte Kühlhauslagerung chemisch, etwa durch Nachweis der Phosphorsäure im Weißei (vgl. S. 632), erkennbar wird, bedarf noch der Klärung.

Den zur Verminderung der Wasserverdunstung bei Kühlhauseiern bisweilen angebrachten **Ölüberzug** erkennt J. R. NICHOLLS[1] daran, daß sich das Ei beim Übergießen mit Wasser von 40° nicht benetzt und daß Alkohol bei Benetzung damit in Tropfenform an der Schale hängen bleibt. SHARP taucht die Spitze des Eies eine Sekunde in Äther und kann dann im hellen Licht am Rande des mit Äther behandelten Teiles einen Ölring erkennen. — Nach SHARP dient das Überziehen der Eier mit Öl oft auch dazu, eine erfolgte Abscheuerung von Schmutzflecken zu verdecken.

Eine **Stempelentfernung**, die zur Unkenntlichmachung von Kühlhauseiern zwecks Betruges damit verschiedentlich beobachtet worden ist, erfolgt entweder mechanisch durch Abscheuern oder Abreiben oder auch durch chemische Mittel wie Betupfen mit Säuren.

Nach Versuchen von K. BRAUNSDORF[2] leuchteten solche ehemaligen Stempelstellen im Ultralicht mattweiß und traten nach einstündiger Färbung mit Fuchsinlösung (vgl. S. 634) deutlich hervor. In anderen Fällen war die Stempelentfernung als mattweißer, unter der Quarzlampe roter bis blauer Fleck oder noch an Spuren orange leuchtender Stempelfarbe zu erkennen. Bisweilen führte Fuchsinlösung in Verbindung mit der Quarzlampe zur Erkennung. H. MOHLER und J. HARTNAGEL[3] beobachten das verdächtige Ei zunächst unter der Quarzlampe. Wurde das Ei behandelt, so heben sich dabei einzelne Stellen ab, deren Rand bei mechanischer Einwirkung zerfranzt (Kratzspuren), bei chemischer

[1] J. R. NICHOLLS: Analyst 1931, **56**, 383.
[2] K. BRAUNSDORF: Z. 1934, **67**, 451.
[3] H. MOHLER u. J. HARTNAGEL: Mitt. Lebensmittelunters. Hygiene 1934, **25**, 265.

Einwirkung zusammenhängend ist und nicht selten die Richtung, in der die Säure abgeflossen ist, erkennen läßt. Zum Nachweis der Säurebehandlung betupfen MOHLER und HARTNAGEL die Eioberfläche weiter mit Thybromollösung (50 ccm der Lösung nach GERBER + 1000 ccm 68%iger Alkohol), wobei die mit Säure behandelten Stellen weiß bleiben, die anderen blau werden. Nach Abreiben des mit Fuchsinlösung angefärbten Eioberhäutchens (vgl. unten) und nochmaliger Betrachtung unter der Quarzlampe werden Stempelrückstände nach MOHLER bisweilen zu starkem Leuchten gebracht.

β) Nachweis von Wasserglas und Kalk. NICHOLLS übergießt das Ei mit Wasser von 40°, gießt das Wasser nach 10—13 Minuten ab, fügt zu dem Auszuge 2 ccm einer Lösung von 2 g Ammoniummolybdat und 40 ccm N.-Schwefelsäure in 100 ccm und vergleicht die Färbung nach 15 Minuten mit einer solchen, die durch Zusatz von 0,07%iger Pikrinsäurelösung zu der gleichen Wassermenge entsteht. Werden nicht mehr als 0,2 ccm der Pikrinsäurelösung verbraucht, so ist keine Behandlung mit Wasserglas anzunehmen. J. J. J. DINGE-MANS[1] bürstet die Eier in destilliertem Wasser mit einer Metallbürste ab und prüft die Lösung mit Phenolphthalein zunächst auf Alkali (Wasserglas, Calciumhydroxyd), dann nach Einengen in bekannter Weise auf Kalksalze und Kieselsäure. Nach J. E. HEESTERMAN[2] geben aber auch nicht konservierte Eier bisweilen Kalk an Wasser ab; er läßt die Eier 1—2 Stunden mit 50—100 ccm Wasser stehen und weist die etwa von Wasserglaseiern abgegebene Kieselsäure im Auszuge durch 5 Tropfen 10%iger Ammoniummolybdatlösung unter Zugabe von 2 Tropfen 8 n-Salzsäure an der entstehenden Gelbfärbung nach, die mit 4 Tropfen alkalischer Zinnchlorürlösung in Dunkelblau übergeht. Nach Entfernung des Wassers werden die Eier dann mit einer Fuchsinlösung (1 ccm gesättigte alkoholische Fuchsinlösung auf 1 Liter Wasser unter Zusatz von 5 ccm Eisessig) übergossen und nach einer Stunde aus der Flüssigkeit genommen. Frische Eier (und Kühlhauseier) zeigen beim leichten Reiben mit dem Finger Eiweißhäutchen sowie Glasbläschen zwischen Häutchen und Kalkschale. Bei Kalkeiern fehlt das Eiweißhäutchen der Schale, die auch mit Fuchsin nicht angefärbt wird.

Ein wichtiges Kennzeichen der Eikonservierung mit Kalk oder Wasserglas ist weiter der dabei eingetretene Porenverschluß in der Eischale. Schon das beim Kochversuch oft sich zeigende Platzen des Eies, das dann gewöhnlich in gerader Linie vom spitzen zum stumpfen Ende des Eies verläuft, sobald die Temperatur über 70° steigt, deutet hierauf hin. Weitere Anhaltspunkte liefert die Untersuchung der Schalenstücke nach Öffnung des Eies. NICHOLLS prüft die Porosität der Schalen in einer besonderen Vorrichtung, indem er mittels Quecksilberdruck von 0,5 Atmosphären eine Methylenblaulösung aufpreßt. Unbehandelte Eier lassen diese innerhalb 5 Sekunden durchtreten, Wasserglas- und Kalkeier nicht. Weitere Teilchen der Schale werden in der Siedehitze 5 Sekunden mit 0,1%iger Methylenblaulösung gefärbt und dann gewaschen; dabei färben sich Schalen unbehandelter Eier blaßblau bis grünlichblau, solche von Wasserglaseiern außen tief indigoblau. Im gleichen Veruch färbt Congorot normale Eierschalen hell orangerot, solche von Wasserglas- und Kalkeiern blaß fleischfarbig.

Ebenfalls eine Prüfung auf Reaktion und Porosität der Schale stellt die Probe nach EBLE, PFEIFFER und BRETSCHNEIDER[3] dar: Nach kurzem Eintauchen mit der trockenen Spitze in Thybromollösung[4] bildet sich beim nicht konservierten Ei ein gelber, ziemlich scharf abgegrenzter, auch an den Rändern gleichmäßig

[1] J. J. J. DINGEMANS: Chem. Weekbl. 1931, 28, 350.
[2] J. E. HEESTERMAN: Chem. Weekbl. 1932, 29, 134.
[3] K. EBLE, H. PFEIFFER u. R. BRETSCHNEIDER: Z. 1933, 56, 100.
[4] Aus 50 ccm „Thybromolstammlösung" von GERBER und 1 l 68%igem Alkohol.

gelb gefärbter Farbfleck, der nur ganz allmählich eine gelbgrüne Färbung annimmt; Kalk- und Wasserglaseier zeigen zunächst einen gelben rasch nach abwärts fließenden, an den Auslaufrändern sofort blau gefärbten Farbfleck, der nach wenigen Sekunden völlig in Blau übergeht. Spült man nach 5 Minuten mit schwach alkalischem Wasser ($p_H = 7,4$, auch Leitungswasser) ab und legt das Ei 10 Minuten in solches Wasser, worauf man dieses zwei- bis dreimal erneuert, so hat nach Abtrocknen der Eier der Farbfleck bei nicht konservierten Eiern eine starke blaue Farbe angenommen, die auch bei längerem Abspülen ihre scharfe Umgrenzung nicht verliert. Bei Kalkeiern geht die anfangs stark blaue Farbe alsbald nach Hellblau über und wird abwaschbar, Wasserglaseier werden völlig farblos. Nach Aufschlagen zeigen nicht konservierte Eier den durch die Poren gedrungenen Farbstoff auf den Innenwandungen der Schale in Form dunkelblauer Flecke, Kalk- und Wasserglaseier nicht.

Ein weiterer Beweis für das Vorliegen von Wasserglaseiern ist durch die Bestimmung des Kieselsäuregehaltes der Schale zu führen. R. STROHECKER, R. VAUBEL und K. BREITWIESER[1] fanden für die Trockensubstanz der Eischale durch Wasserglaseinwirkung folgendes Ansteigen des Kieselsäuregehaltes:

Dauer der Wasserglasbehandlung	0	6	12	18	24 Tage
Kieselsäure (SiO_2)	5,68—8,51	171,5	180,8	257,3	315,0 mg-%

Kalkeier werden so, weil die Schale von Natur aus größtenteils aus Calciumcarbonat besteht, kaum zu erkennen sein. Dagegen kann der Kalkgehalt des Weißeies das Vorliegen von Kalkeiern anzeigen. J. RÖSZENYI[2] fand nach verschieden langer Einlagerung in Kalkmilch:

Dauer der Einwirkung	Nicht eingelegt	24 Stunden	13 Monate	35 Monate	Gekalktes Marktei
CaO der Asche des Weißeies	1,83	1,03	12,21	15,21	8,25%

Bei Einlegung in schwächere Kalklösungen, z. B. in Garantol, kann die Kalkaufnahme aber auch geringer sein.

d) Unterscheidung der Handelsklassen. Die gesetzlichen Handelsklassen (S. 624) werden, abgesehen von der Festsetzung der Gewichtsgruppen, in Vollfrische Eier (Gütegruppe G 1) und Frische Eier (Gütegruppe G 2) unterschieden.

An beide Gruppen werden folgende Anforderungen gestellt:

Schale	Normal, sauber, unverletzt, ungewaschen.
Weißei	Durchsichtig und fest.
Dotter	Nur schattenhaft sichtbar ohne deutliche Umrißlinie.
Keim	Nicht sichtbar entwickelt.
Geruch	Frei von schlechtem oder fremdem Geruch.

Als strengere Anforderungen an die vollfrischen Eier der Gütegruppe G 1 im Vergleich zur Gütegruppe G 2 wird gefordert.

Gütegruppe G 1	Gütegruppe G 2
Luftkammer: Höhe nicht über 5 mm unbeweglich.	Luftkammer: Höhe nicht über 10 mm unbeweglich.
Dotter: Muß beim Drehen des Eies in der zentralen Lage verharren.	Dotter: Darf sich beim Drehen des Eies nicht weit von der zentralen Lage entfernen.

[1] R. STROHECKER, R. VAUBEL u. K. BREITWIESER: Z. 1935, **70**, 351.
[2] J. RÖSZENYI: Chem.-Ztg. 1904, **28**, 621.

Gesetzgebung über Eier.

A. Deutsche Gesetzgebung.

Von

Dr. jur. Hugo Holthöfer - Berlin,

Oberlandesgerichtspräsident i. R.

A. Allgemeines.

1. Das Ei ist ein Schulbeispiel für die unmittelbar aus der belebten Natur gewonnenen Lebensmittel. Wie die Natur das Ei seit jeher darbietet, so erwartet es der Verbraucher. Und diese Erwartung des Verbrauchers ist denn auch die Norm, nach der das Ei unter den rechtlichen Gesichtspunkten der §§ 3 und 4 LMG. zu beurteilen ist. Die allgemeinen Bestimmungen des LMG. bilden das Recht des Eies. Freilich nicht ohne gewisse Ergänzungen durch Sonderrecht. Solches ist zwar nicht in einer VO. gemäß § 5 des LMG. niedergelegt. Aber ähnlich wie z. B. das Biersteuergesetz oder das Branntweinmonopolgesetz lebensmittelrechtliche Bestimmungen enthalten, die für die Anwendung der §§ 3 und 4 LMG. von maßgebender Bedeutung sind, so finden sich solche Vorschriften auch in der nachstehend unter B in ihrem neuesten Wortlaut abgedruckten „VO. über Handelsklassen für Hühnereier und über die Kennzeichnung von Hühnereiern". Sie werden nachstehend in den Anmerkungen zu dieser VO. ins Licht gestellt. Anlaß und Bedeutung der VO. im übrigen sind in Anm. 1 zu § 1 gewürdigt.

Eipulver (Volleipulver, Eidotterpulver) und ihre Ersatzmittel unterliegen nach § 1 Abs. 1 Nr. 11, § 2 Abs. 1 Nr. 1 und 2, Abs. 2 Nr. 8 der VO. „über die äußeren Kennzeichnung von Lebensmitteln" vom 8. Mai 1935 (RGBl. I S. 590) einer Kennzeichnung, sofern sie in Packungen der Behältnissen an den Verbraucher abgegeben werden.

Für Erzeugnisse aus Eiern, insbesondere **konserviertes Eigelb**, wird auch die in Vorbereitung befindliche VO. über Konservierungsmittel Vorschriften enthalten. Bis zu ihrem Inkrafttreten ist maßgebend, was der Verbraucher nach redlichem Handelsbrauch insoweit erwartet. Der Reichsminister des Innern hat in seinem Erlaß vom 1. April 1935 (MBliV. S. 559) über Fleischsalat die ihm unterstellten Behörden angewiesen, einen gewissen Zusatz von Benzoesäure zur Haltbarmachung von flüssigem Eigelb nicht zu beanstanden.

Da das Ei in mannigfacher Form bei der Herstellung der verschiedensten Lebensmittel Verwendung findet, so enthalten manche Verordnungen über andere Lebensmittel mittelbar Regelungen, die den Verbraucher vor Täuschungen über den Eigehalt schützen sollen. So z. B. die TeigwarenVO. (§ 1 Abs. 2, § 4 Nr. 2, 5 bis 7, § 5) vom 12. November 1934 (RGBl. I S. 1181) und die Speiseeis VO. vom 15. Juli 1933 (RGBl. I S. 510).

Das Weingesetz erwähnt in § 18 Abs. 1 den „Eierweinbrand". Er ist kein Weinbrand i. S. des Gesetzes, sondern ein Erzeugnis eigener Art, zu dessen Herstellung gesetzentsprechender Weinbrand verwendet sein muß. Als redliche Handelsware darf Eierweinbrand (vgl. Beythien in Nahrungsm.-Rundschau 1926 Nr. 26, S. 229 zu OLG. Dresden vom 27. Juni 1926 — JW. S. 2549) nur aus Weinbrand, Eigelb (mindestens 240 g auf 1 l — vgl. KG. 15. April 1929 —

und nicht mit Borsäure konserviert — RG. 27. März 1908 in JW. 1908 S. 600), Zucker und einem Zusatz von aromatischen Pflanzenstoffen bestehen. Sein Weingeistgehalt braucht nach § 21 der Techn. Bestimmungen von 1933 zum Branntweinmonopolgesetz nur 20 Raumhundertteile zu betragen.

2. Voraussichtlich wird sich die Rechtssprechung demnächst mit der Frage zu beschäftigen haben und sie verneinen müssen, ob Eier mit tiefgelben Eidottern ohne Kenntlichmachung vertrieben werden dürfen, wenn die Dotterfarbe in vivo dadurch erzielt ist, daß dem Legehuhn entsprechende künstliche Farbstoffe verabreicht worden sind. Solche Dotterfärbemittel (Minerva-Lebertran-Emulsion rot und Regina-rot) preist ein Aufsatz „Das Problem der Dotterfärbung gelöst" in der „Deutschen Landwirtsch. Geflügelzeitung" 1934, Nr. 39, S. 671 an. Mit der Frage befassen sich weiterhin: ein Aufsatz „Eine neue Art der Eierverfälschung?" von Froboese in Z. 1935 69, 14, fernerhin zwei Aufsätze von Roemmele „Beeinflussung der Dotterfarbe usw." in der Zeitschr. Fleisch- u. Milchhyg. 1934, 44, 147 und 45, 225. Hierzu nimmt in der gleichen Zeitschrift 1935, 45, 53 von Ostertag gleichfalls ablehnend dahin Stellung, daß sowohl das nachträgliche Färben, wie auch die Verfütterung künstlicher Farbstoffe als Verfälschungen zu unterbinden seien; denn beide Verfahrensarten seien geeignet, den Verbraucher Eigenschaften vorzutäuschen, die nicht vorhanden sind.

Holthöfer („Deutsch. Nahrungsm.-Rundschau" 1935, Nr. 13, S. 105—109) kommt in eingehenden rechtlichen Darlegungen zu dem Ergebnis, daß Eier, deren Dotter durch Verfütterung chemischer Farbstoffe dunkel gefärbt sind, schon nach dem geltenden Recht nicht ohne entsprechende Kenntlichmachung vertrieben werden dürfen, weil dadurch gegen § 4 Nr. 2 und 3 LMG. verstoßen werde. Der Durchschnittsverbraucher, dessen Vorstellung maßgebend sei, erwarte in dem Naturerzeugnis Ei keine künstliche Färbung. Sie täusche wertsteigernde Eigenschaften vor, die nicht vorhanden seien.

3. Im Zusammenhang mit Neuordnung der deutschen landwirtschaftlichen Märkte hat auch die Eierwirtschaft eine weitgehende Regelung unter Einbau in den Reichsnährstand erfahren. Die einschlägigen Bestimmungen hier vollzählig anzuführen, würde über den Zweck des vorliegenden Werkes hinausgehen. Sie finden sich nach dem Stand vom Juli 1934 in dem Buch von Schefold und Küthe: „Die Neuordnung der deutschen Eierwirtschaft", Berlin, Verlag Fritz Pfennigstorff 1934. Soweit die dort mitgeteilten Vorschriften auch lebensmittelrechtlich von Bedeutung sind, sind sie nachstehend unter C bis E (S. 649—651) abgedruckt.

Unterm 22. November 1933 (RGBl. I S. 1355) ist eine neue, am 1. Januar 1936 in Kraft tretende Verordnung über den Zusammenschluß der deutschen Eierwirtschaft veröffentlicht. Ihre §§ 1, 2, 4, 5, 10 lauten auszugsweise wie folgt:

„§ 1.

(1) Zu Eierwirtschaftsverbänden (Wirtschaftsverbänden) werden zusammengeschlossen

1. die Betriebe, die Eier, Schlachtgeflügel oder Honig erzeugen (Erzeugergruppe),

2. die Betriebe, die Eier, Schlachtgeflügel oder Honig bearbeiten (Bearbeitergruppe),

3. die Betriebe, die Eier, Schlachtgeflügel oder Honig vertreiben (Verteilergruppe).

(2) ......

(3) ...... Eier im Sinne dieser Verordnung sind Hühner- und Enteneier. Federwild gilt nicht als Geflügel.

§ 2.

(1) Die Wirtschaftsverbände werden zur Hauptvereinigung der deutschen Eierwirtschaft (Hauptvereinigung) zusammengeschlossen.

(2) Die Wirtschaftsverbände und die Hauptvereinigung sind rechtsfähig.

(3) Zahl, Namen und Grenzen der Wirtschaftsverbände ergeben sich aus den Satzungen.

§ 4.

(1) . . . . . .

(2) Zur Erfüllung ihrer Aufgabe können die Zusammenschlüsse insbesondere 1. die Erfassung, die Verteilung und den Absatz von Eiern, Schlachtgeflügel und Honig regeln, 2. vorschreiben, inwieweit die beim Erzeuger anfallenden Eier nach Maßgabe der Vorschriften der Eierverordnung vom 17. März 1932 in der Fassung des Gesetzes zur Änderung der Eierverordnung vom 17. Mai 1933 und der Verordnung zur Änderung der Eierverordnung vom 8. Juni 1934 zu kennzeichnen sind, 3. **in Abweichung vom § 17 der Eierverordnung Vorschriften über die Kennzeichnung von Inlandseiern nach der Herkunft erlassen**, 4. . . . . . .

§ 10.

(1) Die Verordnung über die Regelung des Eiermarktes vom 21. Dezember 1933 (RGBl. I S. 1103) in der Fassung der Verordnung über die Regelung des Eiermarktes vom 10. April 1934 (RGBl. I S. 303) sowie die Zweite Verordnung über die Regelung des Eiermarktes vom 3. Mai 1934 (RGBl. I S. 355) werden aufgehoben. Die auf Grund dieser Verordnungen getroffenen Anordnungen bleiben bestehen und gelten als auf Grund der vorliegenden Verordnung erlassen, solange und soweit sie nicht von dem zuständigen Zusammenschluß aufgehoben werden".

(Die Absätze 2 und 3 des § 10 enthalten Bestimmungen über die Überleitung der bisherigen Zusammenschlüsse in die neue Regelung.)

Nach § 10 Abs. 1 bleiben die nachstehend unter C bis E (S. 649—651) abgedruckten Anordnungen vorläufig bestehen, auch soweit sie auf die in § 10 Abs. 1 angeführten Verordnungen gestützt sind. Die unter C (S. 649) abgedruckte Anordnung vom 9. Mai 1934 ist nach ihren nicht mitabgedruckten Eingangsworten auf Grund der in § 10 Abs. 1 angeführten Verordnungen erlassen.

(4) Das Eierbuch, ein Handbuch für Eierfachleute, Kennzeichnungsstellen und Geflügelzüchter über Zusammensetzung, Nährwert, Entstehung, Frischhaltung, Kennzeichnung, Sortierung, Durchleuchtung, Lagerung, Verpackung und Versand von Eiern — mit 149 Abbildungen —, hat Dr. Bernhard Grzimek, Sachbearbeiter für Eierüberwachung im Verwaltungsamt des Reichsbauernführers, in 2. Aufl. im Verlag von Fritz Pfenningstorff in Berlin herausgegeben. Es unterrichtet übersichtlich über die einschlägigen Fragen.

B. Verordnung über Handelsklassen für Hühnereier und über die Kennzeichnung von Hühnereiern (Eierverordnung).

Vom 17. März 1932 (RGBl. I S. 146)

in der Fassung des Gesetzes vom 17. Mai 1933 (RGBl. I S. 273) und der VO. vom 8. Juni 1934 (RGBl. I S. 479)[1] sowie vom 17. April 1935 (RGBl. I S. 570).

Auf Grund der Verordnung des Reichspräsidenten zur Sicherung von Wirtschaft und Finanzen vom 1. Dezember 1930, Achter Teil Kapitel V (RGBl. I S. 517, 602)[1] und des Gesetzes über Zolländerungen vom 15. April 1930 Artikel 5 VIII (RGBl. I S. 131) wird hiermit nach Zustimmung des Reichsrats verordnet:

1. Abschnitt.
Gesetzliche Handelsklassen für Hühnereier.

§ 1.

Für Hühnereier werden die nachstehenden gesetzlichen Handelsklassen gebildet[2]:

Gütegruppe	Gewichtsgruppe	Gütegruppe	Gewichtsgruppe
G 1 (Vollfrische Eier)	S (Sonderklasse) A (Große Eier) B (Mittelgroße Eier) C (Gewöhnliche Eier) D (Kleine Eier)	G 2 (Frische Eier)	S (Sonderklasse) A (Große Eier) B (Mittelgroße Eier) C (Gewöhnliche Eier) D (Kleine Eier)

§ 2.

(1) Für die einzelnen Gütegruppen werden folgende Mindestanforderungen in bezug auf die Beschaffenheit der Eier festgelegt:

Güte-gruppe	Beschaffenheit					
	der Schale	der Luft-kammer	des Ei-weißes	des Dotters	des Keimes	Geruch
G 1 Vollfrische Eier	normal, sauber, unverletzt, un-gewaschen	nicht über 5 mm, un-beweglich	durch-sichtig und fest	nur schattenhaft sicht-bar, ohne deutliche Um-rißlinie; muß beim Dre-hen des Eies in zentraler Lage verharren	nicht sichtbar ent-wickelt	frei von schlechtem oder fremdem Geruch
G 2 Frische Eier	normal, sauber, unverletzt, un-gewaschen	nicht über 10 mm, un-beweglich	durch-sichtig und fest	nur schattenhaft sicht-bar, ohne deutliche Um-rißlinie; darf sich beim Drehen des Eies nicht weit von der zentralen Lage entfernen	nicht sichtbar ent-wickelt	frei von schlechtem oder fremdem Geruch

(2) Für die einzelnen Gewichtsgruppen werden folgende Mindestgewichte vorgeschrieben:

Gewichtsgruppe	Gewicht des einzelnen Eies (auch in der Packung) in Gramm	Durchschnittsgewicht (Reingewicht) der Eier in der Packung in Gramm
S (Sonderklasse) . .	65 und darüber	mindestens 66
A (Große Eier) . . .	unter 65—60	62/63
B (Mittelgroße Eier) .	„ 60—55	57/58
C (Gewöhnliche Eier)	„ 55—50	52/53
D (Kleine Eier) . . .	„ 50—45	47/48

Bei Großpackungen zu je 500, 360 und 180 Eiern dürfen bis zu 5 vom Hundert der Eier einzeln das Gewicht der nächst niedrigeren Gewichtsgruppe haben, wenn dabei das für die Gewichtsgruppe vorgeschriebene Durchschnittsgewicht der Eier in der Packung nicht unterschritten wird.

§ 3.

Als Eier gesetzlicher Handelsklassen dürfen nicht angeboten, zum Verkauf vorrätig gehalten, feilgehalten, verkauft oder sonst in den Verkehr gebracht werden

1. Eier anderer Geflügelarten sowie Hühnereier unter 45 g Gewicht;

2. Kühlhauseier[3]. Als Kühlhauseier sind Eier anzusehen, die in Räumen (Kühlhäusern, Kühlschiffen usw.) eingelagert worden sind, deren Temperatur künstlich unter 8° Celsius gehalten ist. Kühlwaggons sind nicht als Räume im Sinne dieser Bestimmung anzusehen. Als Kühlhauseier im Sinne dieser Verordnung gelten auch Eier, die mit Gas in Verbindung mit Kühllagerung behandelt worden sind;

3. konservierte Eier. Als konservierte Eier sind Eier anzusehen, die mit chemischen Mitteln (Kalk, Wasserglas usw.) oder auf andere Weise haltbar gemacht worden sind, soweit sie nicht nach Nr. 2 als Kühlhauseier anzusehen sind;

4. Schmutz-, Knick- und Brucheier;

5. Eier mit Blutflecken oder Blutringen;

6. Eier mit fleckiger Schale (Schimmel);

7. verdorbene, insbesondere rotfaule oder schwarzfaule Eier;

8. angebrütete Eier.

§ 4.

Gestrichen.

2. Abschnitt.

Kennzeichnung der Eier der gesetzlichen Handelsklassen.

§ 5.

(1) Eier dürfen unter der Bezeichnung einer der gesetzlichen Handelsklassen nur[2] angeboten, zum Verkauf vorrätig gehalten, feilgehalten, verkauft oder sonst in den Verkehr gebracht werden, wenn das einzelne Ei gemäß § 6 und die Verpackung gemäß § 7 gekennzeichnet sind.

(2) Werden Eier unter der Bezeichnung gesetzlicher Handelsklassen nicht in Packungen angeboten, zum Verkauf vorrätig gehalten, feilgehalten, verkauft oder sonst in den Verkehr gebracht, so sind die nach Abs. 1 gekennzeichneten Eier nach den verschiedenen Güte- und Gewichtsgruppen (§ 1) getrennt aufzubewahren und zum Verkauf anzubieten. Außerdem ist im Verkaufsraume durch Schilder, die an den Behältnissen der Eier oder auf ihren Unterlagen in deutlich sichtbarer Weise angebracht sind, zum Ausdruck zu bringen, um welche Güte- und Gewichtsgruppe es sich handelt. Die Schilder müssen mindestens 20 cm lang und 15 cm breit sein und in Buchstaben von mindestens 1,5 cm Höhe die ungekürzte Bezeichnung der im § 1 festgelegten Güte- und Gewichtsgruppen enthalten[4].

(3) Werden Eier, die als Eier gesetzlicher Handelsklassen nach Abs. 1 gekennzeichnet sind, nicht unter der Bezeichnung gesetzlicher Handelsklassen angeboten, zum Verkauf vorrätig gehalten, feilgehalten, verkauft oder sonst in den Verkehr gebracht, so ist im Verkaufsraun durch Schilder, die an den Behältnissen der Eier oder auf ihren Unterlagen in deutlich sichtbarer Schrift angebracht sind, zum Ausdruck zu bringen, daß die Eier nicht als Eier gesetzlicher Handelsklassen gelten sollen. Die Schilder, die den im Abs. 2 Satz 3 vorgeschriebenen Größen entsprechen müssen, haben die Worte „Keine Gewähr für gesetzliche Handelsklassen" zu enthalten.

§ 6.

(1) Zur Kennzeichnung[4] von im Inland erzeugten Eiern im Sinne des § 5 Abs. 1 darf nur das im Muster 1 der Anlage abgebildete Zeichen verwandt werden. Es besteht aus einem Kreise mit einem Durchmesser von mindestens 12 mm, in dem das Wort „Deutsch" in Buchstaben von mindestens 2 mm Höhe

und der die Gewichtsgruppe bezeichnende Buchstabe (§ 1) enthalten sein muß.
Zur Kennzeichnung von in das Zollinland eingeführten Eiern[5] im Sinne des
§ 5 Abs. 1 ist — unbeschadet der Bestimmung des § 16 — ein kreisrundes Zeichen
von mindestens 12 mm Durchmesser zu verwenden, das in der Mitte den die
Gewichtsgruppe (§ 1) bezeichnenden Buchstaben enthält.

(2) Die Kennzeichnung muß, wenn sie in der Zeit vom 15. März bis 31. August
vorgenommen wird, in schwarzer, wenn sie in der Zeit vom 1. September bis
14. März vorgenommen wird, in roter, unabwischbarer, kochechter, nicht gesundheitsschädlicher Farbe in deutlich lesbarem Aufdruck erfolgen.

§ 7.

(1) Sofern im Inland erzeugte Eier unter der Bezeichnung einer der gesetzlichen Handelsklassen in geschlossenen Packungen[15] angeboten, zum Verkaufe
vorrätig gehalten, feilgehalten, verkauft oder sonst in den Verkehr gebracht
werden, müssen an jeder Großpackung zwei mit gleicher Kontrollnummer versehene Banderolen, an jeder Kleinpackung eine Banderole angebracht sein.
Die Banderolen müssen in der Mitte die Abbildung eines stilisierten Reichsadlers
tragen (Muster 2 der Anlage). Die Banderolen müssen ferner an der linken Seite
oben die Aufschrift „Deutsche Eier", unten die genaue Anschrift des zur Kennzeichnung Berechtigten (Absenders), auf der rechten Seite oben die Güte- und
Gewichtsgruppe (§ 1), unten die Kontrollnummer und die Angabe des Packtages in deutlicher, unverwischbarer Aufschrift tragen. Die Grundfarbe der
Banderolen ist

für Gütegruppe G 1 = weiß,
für Gütegruppe G 2 = blau.

(2) Die Banderolen müssen von dem zur Kennzeichnung Berechtigten (§ 8)
so angebracht werden, daß sie beim erstmaligen Öffnen der Packungen zerstört
werden.

(3) In jede Packung ist obenauf ein Kontrollzettel zu legen, der an der linken
Seite das in Abs. 1 näher beschriebene Zeichen und die gleiche Kontrollnummer
wie die zur Abfertigung benutzte Banderole, die genaue Angabe der Güte- und
Gewichtsgruppe der in der Packung enthaltenen Eier, in der Mitte den Aufdruck
„Kontrollzettel", die vollständige Anschrift des zur Kennzeichnung Berechtigten,
die Namen der Personen, von denen die Eier durchleuchtet und verpackt worden
sind, sowie die Angabe des Packtages deutlich lesbar tragen muß (Muster 3 der
Anlage).

(4) Die zur Kennzeichnung Berechtigten haben die Banderolen und Kontrollzettel zu den vom Reichsminister für Ernährung und Landwirtschaft festgesetzten Preisen zu beziehen.

(5) Die Anbringung dieser Kennzeichnung auf Packungen von in das Zollinland eingeführten Eiern ist verboten.

§ 8.

Zur Anbringung einer Kennzeichnung im Sinne des § 5 Abs. 1 auf Eiern
oder Packungen von Eiern ist nur berechtigt, wer vom Reichsnährstand die
schriftliche Genehmigung nach Maßgabe der §§ 9 ,10, 11 erhalten hat.

§ 9.

Die Genehmigung im Sinne des § 8 darf nur erteilt werden
1. Einzelerzeugern mit einem Bestande von mindestens 400 Legehennen,

2. solchen Genossenschaften und anderen Zusammenschlüssen von Erzeugern sowie solchen Eierhandelsfirmen und Verbrauchergnossenschaften, die Gewähr für eine einwandfreie Durchführung der Kennzeichnung bieten.

Unterhalten Genossenschaften oder andere Zusammenschlüsse von Erzeugern, Eierhandelsfirmen oder Verbrauchergnossenschaften mehrere Betriebe für die Verpackung von Eiern („Packstellen"), so ist für jede Packstelle eine besondere Genehmigung erforderlich.

3. für in das Zollinland eingeführte Eier an Handelsfirmen, die im Jahre vor Stellung des Antrags auf Erteilung der Genehmigung nachweislich mindestens 2 Millionen Stück Eier in das Zollinland eingeführt haben.

§ 10.

(1) Der Antragsteller muß ferner alle für die Lieferung einwandfreier Eier erforderlichen Einrichtungen besitzen und die Gewähr dafür bieten, daß jeder Mißbrauch der zur Kennzeichnung bestimmten Geräte ausgeschlossen ist.

(2) Zu den erforderlichen Einrichtungen gehören insbesondere

1. Einrichtungen zum Einzeldurchleuchten der Eier vor einer künstlichen starken Lichtquelle,

2. Einrichtungen zum Sortieren nach Gewicht,

3. Einrichtungen zur Feststellung der Luftkammerhöhe der Eier,

4. Tafeln mit Durchleuchtungsbildern und mit Angabe der im § 2 für die einzelnen Handelsklassen festgelegten Mindestanforderungen. Die Tafeln sind zu den vom Reichsminister für Ernährung und Landwirtschaft festgesetzten Preisen von der Reichsstelle für Eier zu beziehen. Sie müssen in jedem Betrieb in genügender Anzahl vorhanden und so angebracht sein, daß alle bei der Durchleuchtung und Sortierung Beschäftigten sie von ihrem Arbeitsplatz aus sehen können.

§ 11.

Vor Erteilung der Genehmigung hat sich der Antragsteller schriftlich zu verpflichten:

1. zum Durchleuchten, Sortieren und Verpacken der Eier nur solche Personen zu verwenden, die die erforderlichen Kenntnisse besitzen,

2. sofern es sich um Genossenschaften oder andere Zussammenschlüsse von Erzeugern, um Eierhandelsfirmen oder Verbrauchergenossenschaften im Sinne des § 9 Nr. 2 handelt, dafür Sorge zu tragen, daß die Eier mindestens einmal in der Woche von den regelmäßig liefernden Erzeugern an die dafür bestimmten Sammelstellen geliefert oder von der Sammelstelle bei den Erzeugern abgeholt werden,

3. jedes für den Verkauf bestimmte Ei innerhalb zweier aufeinanderfolgender Werktage vor dem Weiterversande sorgfältig zu prüfen und einzeln zu durchleuchten,

4. zur Verpackung von im Inland erzeugten Eiern, die unter der Bezeichnung gesetzlicher Handelsklassen angeboten, zum Verkauf vorrätig gehalten, feilgehalten, verkauft oder sonst in den Verkehr gebracht werden, nach dem 31. März 1933 nur Großpackungen zu je 500, 360 oder 180 Stück oder Kleinpackungen zu je 60, 12 oder 6 Stück zu verwenden und in einer Packung nur Eier der gleichen Güte- und Gewichtsgruppe (§ 1) zu verpacken,

5. sich einer regelmäßigen Kontrolle zu unterwerfen,

6. im Falle des Widerrufs der Genehmigung (§ 12) die zur Kennzeichnung bestimmten Gegenstände (Stempel und Banderolen) der vom Reichsnährstand bestimmten Stelle unverzüglich und ohne Entschädigung abzuliefern,

7. sofern er Einzelerzeuger im Sinne des § 9 Nr. 1 ist, nur die in seinem eigenen Betriebe erzeugten Eier zu kennzeichnen,

8. auf Verlangen des Reichsnährstandes Eier auch für andere zu kennzeichnen,

9. die für die Genehmigung und Überwachung vom Reichsnährstand festgesetzten Gebühren zu entrichten.

§ 12.

Die Genehmigung zur Kennzeichnung von Eiern im Sinne des § 8 kann widerrufen werden, insbesondere, wenn sich nachträglich Umstände ergeben, die zur Zeit des Widerrufs eine Versagung rechtfertigen würden, oder wenn der Berechtigte eine der ihm auferlegten Verpflichtungen nicht erfüllt oder gegen die zur Regelung des Eiermarktes erlassenen Vorschriften verstößt.

§ 13.

(1) Die Einhaltung der in den §§ 6, 7, 9 bis 11 enthaltenen Vorschriften überwacht der Reichsnährstand.

(2) .... (aufgehoben durch VO. vom 17. April 1935).

(3) Der Reichsnährstand hat bei der Ausübung der ihm im Abs. 1 sowie der ihm sonst in dieser Verordnung übertragenen Befugnisse den Weisungen des Reichsministers für Ernährung und Landwirtschaft Folge zu leisten.

3. Abschnitt.
Sonstige Kennzeichnung von Hühnereiern [7].

§ 14.

(1) Wer Eier in Kühlräumen (§ 3 Nr. 2) einlagert [3], hat

1. jedes einzelne Ei mit einem deutlich erkennbaren Zeichen in schwarzer, unabwischbarer, kochechter, nicht gesundheitsschädlicher Farbe zu versehen, das die Form eines gleichseitigen Dreiecks mit mindestens 15 mm Seitenlänge hat und in der Mitte ein großes lateinisches K trägt (Muster 4 der Anlage);

2. auf den Stirnseiten der Packung das Wort „Kühlhauseier" in schwarzen Blockbuchstaben von mindestens 3 cm Höhe einzubrennen oder dauerhaft einzupressen.

Die Kennzeichnung ist spätestens vor der Auslagerung anzubringen.

(2) Werden Kühlhauseier nicht in Packungen für Genußzwecke angeboten, zum Verkauf vorrätig gehalten, feilgehalten, verkauft oder sonst in den Verkehr gebracht, so ist in dem Verkaufsraume durch Schilder, die an den Behältnissen Eier oder auf ihren Unterlagen in deutlich sichtbarer Weise angebracht sind, zum Ausdruck zu bringen, daß es sich um Kühlhauseier handelt. Die Schilder müssen mindestens 20 cm lang und 15 cm breit sein und in Buchstaben von mindestens 1,5 cm Höhe das Wort „Kühlhauseier" enthalten.

§ 15.

(1) Konservierte Eier (§ 3 Nr. 3) dürfen für Genußzwecke nur angeboten, zum Verkauf vorrätig gehalten, feilgehalten, verkauft oder sonst in den Verkehr gebracht werden, wenn

1. jedes einzelne Ei den Aufdruck „Konserviert" in schwarzer, unabwischbarer, kochechter, nicht gesundheitsschädlicher Farbe in lateinischen Buchstaben von mindestens 2 mm Höhe trägt,

2. auf den Stirnseiten der Packung die Worte „Konservierte Eier" in schwarzen Blockbuchstaben von mindestens 3 cm Höhe eingebrannt oder dauerhaft eingepreßt sind.

(2) Werden konservierte Eier nicht in Packungen für Genußzwecke angeboten, zum Verlauf vorrätig gehalten, feilgehalten, verkauft oder sonst in den Verkehr gebracht, so ist in dem Verkaufsraume durch Schilder, die an den Behältnissen der Eier oder auf ihren Unterlagen in deutlich sichtbarer Weise angebracht sind, zum Ausdruck zu bringen, daß es sich um konservierte Eier handelt. Die Schilder müsesn mindestens 20 cm lang und 15 cm breit sein und in Buchstaben von mindestens 1,5 cm Höhe die Worte „Konservierte Eier" enthalten.

§ 16.

(1) Bei der Einfuhr in das Zollinland müssen Eier, die dazu bestimmt sind, für Genußzwecke angeboten, zum Verkauf vorrätig gehalten, feilgehalten, verkauft oder sonst in den Verkehr gebracht zu werden, ebenso wie die Packungen, in denen sie enthalten sind, eine Kennzeichnung tragen, die in lateinischen Buchstaben den Namen des Ursprungslandes deutlich erkennbar enthält. Diese Kennzeichnung muß auf den einzelnen Eiern in unabwischbarer, kochechter, nicht gesundheitsschädlicher Farbe in Buchstaben von mindestens 2 mm Höhe angebracht, bei Kisten in Buchstaben von mindestens 3 cm Höhe eingebrannt oder dauerhaft eingepreßt, bei anderen Packungen in Buchstaben von mindestens 3 cm Höhe aufgedruckt sein. Die Bestimmungen der §§ 14, 15 bleiben unberührt[8].

(2) Die Kennzeichnung gemäß Abs. 1 muß bei Kühlhauseiern (§ 3 Nr. 2) und bei konservierten Eiern (§ 3 Nr. 3) in schwarzer Farbe, bei anderen Eiern in der Zeit vom 15. März bis 31. August in schwarzer, in der Zeit vom 1. September bis 14. März in roter Farbe angebracht sein. Eier, die nachweislich vor Beginn dieser Zeitabschnitte zum Versande gebracht worden sind, können mit der Farbe gekennzeichnet werden, die für den Zeitabschnitt des Absendetages gilt.

(3) Eier oder deren Packungen, die nicht bei der Einfuhr nach Abs. 1, 2 gekennzeichnet sind, dürfen, sofern sie nicht zum persönlichen Verbrauche durch den Einführenden oder den Empfänger bestimmt sind, nur auf ein Zollager unter amtlichem Mitverschlusse verbracht werden. Die Kennzeichnung gemäß Abs. 1 und 2 kann auf dem Zollager bewirkt werden. Überführung von dem Zollager in den Verkehr des Zollinlandes steht der Einfuhr in das Zollgebiet (Abs. 1) gleich.

(4) In das Zollinland eingeführte Eier dürfen für Genußzwecke nur angeboten, zum Verkauf vorrätig gehalten, feilgehalten, verkauft oder sonst in den Verkehr gebracht werden, wenn sie und die Packungen, in denen sie enthalten sind, nach den Bestimmungen in Abs. 1, 2 gekennzeichnet sind und keine Kennzeichnung tragen, die nach § 17 verboten ist.

§ 16a.

Der Reichsnährstand wird ermächtigt, vorzuschreiben, inwieweit Eier, die keine in dieser Verordnung vorgesehene Kennzeichnung tragen, als „aussortiert" gekennzeichnet werden müssen[16]. Die §§ 2, 3, 5 und 7[17] der Verordnung über die Regelung des Eiermarktes vom 21. Dezember 1933[1] (RGBl. I S. 1103) in der Fassung der Verordnung vom 10. April 1934 (RGBl. I S. 303) gelten entsprechend.

§ 17.

(1) Soweit nicht gemäß den vorstehenden Bestimmungen (§§ 5—8, 14—16a) eine Kennzeichnung von Eiern oder von Packungen von Eiern vorgeschrieben ist, ist jede Kennzeichnung von Eiern oder von Packungen von Eiern mit Ausnahme der als Bruteier bezeichneten Eier verboten[18]; als Kennzeichnung gilt

auch die Anbringung von Schildern an den Behältnissen der Eier oder auf ihren Unterlagen.

(2) Zulässig ist lediglich eine auf der Packung angebrachte Firmen- und Gewichtsbezeichnung, das Warenzeichen der Firmen, sowie auf dem einzelnen Ei oder auf der Packung

1. die Anbringung von Kenn-Nummern zu Kontrollzwecken [9, 10],

2. bei im Inland erzeugten Eiern, die nicht unter der Bezeichnung einer der gesetzlichen Handelsklassen angeboten, zum Verkauf vorrätig gehalten, feilgehalten, verkauft oder sonst in den Verkehr gebracht werden, die Angabe des Namens und Wohnorts des Erzeugers in rechteckiger Umrahmung,

3. bei Eiern, die in das Zollinland eingeführt werden, außerdem die nach den gesetzlichen Bestimmungen des Ursprungslandes vorgeschriebene oder zugelassene Kontrollmarke [10].

4. Abschnitt.
Straf- und Schlußbestimmungen [11].

§ 18.

(1) Mit Gefängnis bis zu 3 Monaten [14] und mit Geldstrafe [14] oder mit einer dieser Strafen wird bestraft, wer vorsätzlich [14]

1. als Eier gesetzlicher Handelsklassen Kühlhauseier, konservierte Eier, verdorbene Eier oder Eier, die nicht Hühnereier sind, anbietet, zum Verkauf vorrätig hält, feilhält, verkauft oder sonst in den Verkehr bringt,

2. Eier unter der Bezeichnung einer der gesetzlichen Handelsklassen anbietet, zum Verkauf vorrätig hält, feilhält, verkauft oder sonst in den Verkehr bringt, ohne daß das einzelne Ei gemäß § 6 oder bei im Inland erzeugten Eiern die Packung gemäß § 7 gekennzeichnet sind,

3. nichtverpackte Eier unter der Bezeichnung einer der gesetzlichen Handelsklassen anbietet, zum Verkaufe vorrätig hält, feilhält, verkauft oder sonst in den Verkehr bringt und hierbei einer der Bestimmungen im § 5 Abs. 2 und 3 zuwiderhandelt,

4. eine Kennzeichnung im Sinne des § 5 Abs. 1 auf Eiern oder Packungen von Eiern anbringt, ohne hierzu berechtigt zu sein (§§ 8, 12),

5. auf Packungen von in das Zollinland eingeführten Eiern die Kennzeichnung, anbringt, die nach § 7 für Packungen im Inland erzeugter Eier vorgeschrieben ist,

6. Kühlhauseier nicht den Vorschriften des § 14 Abs. 1 entsprechend kennzeichnet oder ohne die dort vorgeschriebene Kennzeichnung für Genußzwecke anbietet, zum Verkauf vorrätig hält, feilhält, verkauft oder sonst in den Verkehr bringt,

7. nichtverpackte Kühlhauseier für Genußzwecke anbietet, zum Verkauf vorrätig hält, feilhält, verkauft oder sonst in den Verkehr bringt, ohne in dem Verkaufsraume die nach § 14 Abs. 2 vorgeschriebenen Schilder in deutlich sichtbarer Weise anzubringen,

8. konservierte Eier ohne die nach § 15 Abs. 1 vorgeschriebene Kennzeichnung für Genußzwecke anbietet, zum Verkaufe vorrätig hält, feilhält, verkauft oder sonst in den Verkehr bringt,

9. nichtverpackte konservierte Eier für Genußzwecke anbietet, zum Verkauf vorrätig hält, feilhält, verkauft oder sonst in den Verkehr bringt, ohne in dem Verkaufsraume die nach § 15 Abs. 2 vorgeschriebenen Schilder in deutlich sichtbarer Weise anzubringen,

10. Eier, die dazu bestimmt sind, für Genußzwecke angeboten, zum Verkauf vorrätig gehalten, feilgehalten, verkauft oder sonst in den Verkehr gebracht zu werden, in das Zollinland einführt oder in das Zollinland eingeführte Eier für Genußzwecke anbietet, zum Verkauf vorrätig hält, feilhält, verkauft oder sonst in den Verkehr bringt, wenn die Eier oder die Packungen, in denen sie enthalten sind, nicht die nach § 16 Abs. 1, 2 vorgeschriebene Kennzeichnung tragen, oder wenn sie eine Kennzeichnung tragen, die nach § 17 verboten ist,

11. Eier oder Packungen von Eiern mit einer Kennzeichnung versieht, die nach § 17 Abs. 1 Satz 1 verboten ist oder mit einer solchen Kennzeichnung versehen anbietet, zum Verkauf vorrätig hält, feilhält oder sonst in den Verkehr bringt,

12. den vom Reichsnährstand auf Grund des § 16a erlassenen Vorschriften zuwiderhandelt.

(2) Ist die Zuwiderhandlung fahrlässig begangen, so tritt Geldstrafe bis zu 150 Reichsmark ein.

§ 19.

(1) Neben der Strafe ist in den Fällen des § 18 Nr. 4, 6, 8, 10, 11 bei vorsätzlicher Begehung auf Einziehung[12] der Gegenstände zu erkennen, auf die sich die Zuwiderhandlung bezieht, auch wenn die Gegenstände dem Verurteilten nicht gehören.

(2) Kann keine bestimmte Person verfolgt oder verurteilt werden, so kann auf die Einziehung selbständig erkannt werden, wenn im übrigen die Voraussetzungen hierfür vorliegen[13].

§ 20.

(1) Solchen Genossenschaften und anderen Zusammenschlüssen von Erzeugern sowie solchen Eierhandelsfirmen und Verbrauchergnossenschaften, die nachweislich im Jahre vor Stellung des Antrags auf Erteilung der Genehmigung eine Menge von mindestens 2 Millionen Stück deutscher Eier erfaßt haben und bei denen anzunehmen ist, daß sie in Zukunft auf Grund einer satzungsmäßigen Lieferpflicht oder laufender schriftlicher Lieferverträge mit Erzeugern jährlich die gleiche Menge erfassen werden, kann abweichend von der Bestimmung des § 9 Nr. 2 Abs. 1 die Genehmigung zur Kennzeichnung von Eiern im Sinne des § 8 für die Dauer eines Jahres dann erteilt werden, wenn der Antrag auf Erteilung der Genehmigung spätestens bis zum 1. Oktober 1932 bei dem zuständigen Überwachungsausschusse gestellt wird.

(2) Solchen Packstellen, die nachweislich im Jahre vor Stellung des Antrags auf Erteilung der Genehmigung eine Menge von mindestens 150.000 Stück deutscher Eier erfaßt haben und bei denen anzunehmen ist, daß sie in Zukunft auf Grund einer satzungsmäßigen Lieferpflicht oder laufender schriftlicher Lieferverträge mit Erzeugern jährlich die gleiche Menge erfassen werden, kann abweichend von der Bestimmung des § 9 Nr. 2 Abs. 2 die Genehmigung zur Kennzeichnung von Eiern im Sinne des § 8 für die Dauer eines Jahres erteilt werden, wenn der Antrag auf Erteilung der Genehmigung spätestens bis zum 1. Oktober 1932 bei dem zuständigen Überwachungsausschusse gestellt wird.

(3) Die Bestimmungen des § 12 finden entsprechende Anwendung.

§ 21.

Diese Verordnung tritt mit Ausnahme des § 17, des § 18 Nr. 10, soweit er sich auf § 17 bezieht, und des § 18 Nr. 11 vier Wochen nach dem Tage der Verkündung[16] in Kraft. § 17, § 18 Nr. 10, soweit er sich auf § 17 bezieht, und § 18 Nr. 11 treten am 1. Oktober 1932 in Kraft.

Anlage.

Muster 1 zu § 6 Abs. 1.   *Muster 4 zu § 14 Abs. 1 Nr. 1.*

Muster 2 zu § 7 Abs. 1.

DEUTSCHE EIER

Gütegruppe G 1
(Vollfrische Eier)
Gewichtsgruppe*): B
Durchschnittsgewicht*): 57/58 g

Absender*):
Eierverwertungsgenossenschaft
Adorf

Nr. 02536
Packtag*): 15. September 1931

*) Vom Absender auszufüllen.

Muster 3 zu § 7 Abs. 2.

Deutsche Eier

Banderole Nr.*): 02536
Gütegruppe*): G 1
Gewichtsgruppe*): B
Angebot und Vertrieb
von Eiern nach gesetzlichen
Handelsklassen unterliegen
den Bestimmungen der Verord-
nung über Handelsklassen für
Hühnereier und über die Kenn-
zeichnung von Hühnereiern
(Eierverordnung
vom 17. März 1932).

Kontrollzettel

Absender*):

Eierverwertungsgenossenschaft Adorf

Durchleuchtet von*): *Johann Müller*
Gepackt von*): *Peter Holz*
Packtag*): *15. September 1931*

Vermerk: Es wird gebeten, bei etwaigen Beanstandungen den
Kontrollzettel an obige Anschrift einzusenden.

*) Vom Absender auszufüllen.

Anmerkungen.

[1] Die ÄnderungsVO. vom 8. Juni 1934 nimmt ferner Bezug auf die §§ 2, 9 und 10 des Reichsnährstandgesetzes vom 13. September 1933 (RGBl. I S. 626), diejenige vom 17. April 1935 auf § 6 des Gesetzes über den Verkehr mit Eiern vom 20. Dezember 1933 (RGBl. I S. 1094).

a) Ein außerordentlich wichtiges Mittel, die Güte und Wettbewerbsfähigkeit — nicht zuletzt auch die Bevorschussung und Lombardierung — von Waren zu fördern, ist ihre Standardisierung, d. h. die Schaffung von Warensorten, die in gleichbleibender Güte unter gleichbleibender Bezeichnung und — wo sie in Verpackungen oder Umhüllungen auftreten — in gleichbleibender einprägsamer Aufmachung auf dem Markt auftreten. Über die Entwicklung dieser Bestrebungen für landwirtschaftliche Erzeugnisse in Deutschland finden sich Ausführungen in Anm. 1 I bei § 20 des Milch-G. — oben S. 522 — und in dem Aufsatz des Oberpräsidenten i. e. R. Dr. KUTSCHER in JW. 1933 S. 1981 „Rechtsgrundlagen für landwirtschaftliche Handelsklassen und ihre Entwicklung“.

b) Als erste EinzelVO. auf Grund der die Rechtsgrundlage für derartige Verordnungen schaffenden RahmenVO. des Reichspräsidenten vom 1. Dezember 1930 erging die Eier-Verordnung. Hier war die Notwendigkeit, Handelsklassen einzuführen, so vordringlich, daß man nicht auf den Erlaß allgemeiner Ausf.Best. zum Handelsklassengesetz warten konnte. Denn nach den damals geltenden Handelverträgen (Meistbegünstigungsklausel!) war der Markt mit billigen minderwertigen Eiern — zum Teil aus dem fernsten Osten — derart überschwemmt, daß sich inländische anständige Ware ihnen gegenüber nicht behaupten konnte. (Vgl. KUTSCHER in JW. 1933 S. 1981.)

c) Nunmehr sind auf Grund der HandelsklassenVO. bestimmte Handelsklassen für Eier — gleichgültig, ob es sich um deutsche oder ausländische Ware handelt — geschaffen. Gleichzeitig wurde auf Grund der besonderen Ermächtigung der Reichsregierung vorgeschrieben, daß alle aus dem Auslande nach Deutschland eingeführten Eier mit dem Namen des Ursprungslandes gestempelt sein müssen (s. §§ 6 und 16 Satz 1 EierVO.).

[2] Nur im Rahmen des § 3 der 2. Anordnung zur Regelung des Eiermarktes vom 9. Mai 1934 (D. Reichsanz. Nr. 107 — unten abgedruckt S. 649), der durch weitgehende Ausnahmen durchbrochen ist (s. unten S. 650 — § 4 der Anordnung vom 16. Juni 1934), besteht eine Pflicht zur Kennzeichnung von Eiern als Voraussetzung ihres Vertriebs als Handelsklassenware.

Aber auch dann ist niemand verpflichtet, so gekennzeichnete Eier als Handelsklassenware tatsächlich zu handeln. Tut er es nicht, so ist § 5 Abs. 3 zu beachten.

Werden aber Eier als Handelsklassenware gehandelt, so müssen sie den besonderen in der EierVO. aufgestellten Erfordernissen der betreffenden Handelsklasse entsprechen. Es gelten alsdann zivilrechtlich (nach § 2 der Notverordnung vom 1. Dezember 1930) die Eigenschaften der Ware als zugesichert, die sie nach der betreffenden Handelsklasse aufweisen muß.

Über den Fall, daß Eier die ursprünglich vorhandenen Voraussetzungen einer bestimmten Handelsklasse nachträglich einbüßen, siehe Anm. 4 II.

Die Begutachtung der Handelsklasseneier im Bedarfsfall ist gleichfalls einheitlich in § 6 der VO. vom 1. Dezember 1930 geregelt. Zur Durchführung des § 6 sind die Ausf.Best. über die Gutachterstellen für Handelsklassen vom 3. August 1932 (RGBl. I S. 399) von Reichs wegen erlassen.

[3] Eine Einlagerung ist nicht anzunehmen, wenn die Eier im laufenden Verkaufsgeschäft, insbesondere während der Geschäftspausen, an Sonntagen usw., in Kühlräume eingestellt werden. So die Richtlinien des Reichsernährungsministers für die Tätigkeit der Überwachungsausschüsse zu § 13 EierVO. im LMBl. 1932 S. 253.

[4] I. Hierzu führt Ministerialrat Narten „Die EierVO. mit Erläuterungen" (LMBl. 1933 Beilage zu Nr. 8 vom 25. Februar 1933) aus:

„Die Einreihung von Inlandseiern in eine der beiden Gütegruppen des § 2 findet nicht durch die Kennzeichnung des Eies gemäß § 5 Abs. 1 und § 6 statt. Die Kennzeichnung des Eies selbst ist, abgesehen von der Bezeichnung der Gewichtsgruppe, nur ein Herkunftszeichen, das jedoch nur den Handelsklasseneiern vorbehalten ist. Durch die Kennzeichnung des Eies wird nur der Nachweis geführt, daß es sich um inländische Hühnereier handelt. Da sich die Eier in ihrer Qualität verändern, insbesondere der Fall eintreten kann, daß Eier infolge Älterwerdens den Mindestanforderungen an Handelsklassenware nicht mehr genügen, verbot es sich, in der Kennzeichnung auf dem Ei die Gütegruppe zum Ausdruck zu bringen; es hätte sonst der Fall eintreten können, daß die Beschaffenheit des Eies mit dem Gütezeichen auf dem Ei nicht übereinstimmte.

Die Einreihung des Eies in eine der beiden Gütegruppen findet statt:

a) wenn die Eier in geschlossenen Packungen angeboten werden (in der Regel im Großhandel), durch Anbringung bestimmter Banderolen gemäß § 7; diese Kennzeichnungsart auf Packungen ausländischer Eier ist verboten (§ 7 Abs. 5 und § 18 Ziffer 2 und 5);

b) wenn die Eier nicht in geschlossenen Packungen, sondern offen angeboten werden (in der Regel im Kleinhandel), durch Beschilderung der Eier (§ 5 Abs. 2). Daß keine Verpflichtung besteht, die unter a und b bezeichneten Eier als Handelsklassenware zu handeln, ist in Anm. 2 ausgeführt."

II. Der Händler hat wie bei jedem sonstigen Lebensmittel, dessen Güte mit der Zeit abnimmt, die Pflicht, sich vor der Weiterveräußerung durch Stichproben zu überzeugen, ob die Eier noch die Eigenschaften der Gütegruppe haben, der sie nach ihrer Bezeichnung eingereiht sind. Tut er dies nicht, so handelt er fahrlässig (s. Holthöfer in Bd. I, S. 1315 Anm. 15), wenn er Eier noch unter der irreführenden Bezeichnung einer ihnen nicht mehr zukommenden Gütegruppe weiter in Verkehr bringt (§§ 4 Nr. 3, 13 LMG.).

Über die Möglichkeit einer — der noch vorhandenen Gütegruppe entsprechenden — Umbanderolierung ist das Erforderliche aus §§ 8—11 zu entnehmen. Bei Narten (oben Anm. 4) finden sich Ausführungen hierzu bei § 7 Anm. 2 und 3).

Falls Eier, die als Eier gesetzlicher Handelsklassen gekennzeichnet sind, nicht mehr als Handelsklasseneier gehandelt werden sollen — gleichviel aus welchem Grunde —, so gilt § 5 Abs. 3.

Eier deutscher Erzeugung, die den in § 2 der EierVO. genannten Mindestforderungen nicht entsprechen und deshalb den deutschen Handelsklassenstempel nicht bekommen können (etwa, weil sie unter 45 g wiegen, zu alt sind, kleine Blutflecken im Innern haben usw.), dürfen für Genußzwecke nur vertrieben werden, wenn sie als „aussortiert" nach Maßgabe der Anordnung des Reichskommissars vom 16. Juni 1934 (S. 640 unter E) gekennzeichnet sind. Ausnahmen sind im Rahmen des § 4 dieser Anordnung zugelassen.

[5] Siehe weiter über die Kennzeichnungspflicht ausländischer Eier durch Angabe des Ursprungslandes § 16.

[6] Im übrigen haben die Lebensmittelpolizeibehörden (§§ 7, 8f. LMG.) auch den Verkehr mit standardisierten Eiern und die Einhaltung der Vorschriften der EierVO. zu überwachen. Vgl. hierzu „die Anweisung an die von dem Kommissar des Reichs für das Preußische Landwirtschaftsministerium bestellten Sachverständigen zur Unterstützung der Lebensmittelpolizei und an die Ortspolizeibehörden" vom 18. Dezember 1932 und 1. April 1933 (LMBl. 1933 S. 39 und 135).

Für die Begutachtung zutreffender Einreihung in die Gütegruppen sind die Gutachterstellen (s. Anm. 2 letzter Absatz) zuständig.

[7] Die Nichtbeachtung der in §§ 14, 15 vorgeschriebenen Kennzeichnung nicht frischer Ware kann Bestrafung auch nach § 4 Nr. 2 und 3, § 13 LMG. nach sich ziehen, weil sich die Verbraucher darauf verlassen darf, daß Kühlhauseier und konservierte Eier dem geltenden Recht gemäß gekennzeichnet sind (das LMG. kann in Tateinheit mit § 18 Abs. 1 Nr. 6—9 verletzt werden). Übrigens kommen die physikalisch-chemischen und bakteriologischen Untersuchungen von BELLER, WEDEMANN und PRIEBE über den Einfluß der Kühlhauslagerung bei Hühnereiern zu dem Ergebnis, daß das in Deutschland vielfach bestehende Vorurteil gegen das richtig behandelte Kühlhausei wissenschaftlich nicht gerechtfertigt ist. Rechtlich maßgebend bleibt aber die Einstellung des Durchschnittsverbrauchers.

[8] D. h. sie sind neben denjenigen des § 16 anwendbar.

[9] Verboten ist hiernach auch die Angabe des Legetages auf dem Ei (etwa 10. Mai 1933). Man hat sie als durch Kontrollen nicht nachprüfbar bewußt nicht zugelassen.

[10] Damit man daran den Erzeuger oder Betrieb feststellen kann, durch den die Kennzeichnung erfolgt ist.

[11] Weitere Strafbestimmungen enthält § 9 der HandelsklassenVO. vom 1. Dezember 1930 (siehe die Einleitungsworte der EierVO.).

Auch § 263 StGB und §§ 12f. LMG. sind neben der EierVO. anwendbar.

[12] Die Einziehung ist hier Mußvorschrift. Sie ist hier — wie in § 28 FlG. und in § 48 Milch-G. — keine eigentliche Nebenstrafe, sondern polizeiliche Sicherungsmaßnahme. Was das bedeutet, ist bei HOLTHÖFER-JUCKENACK § 14 Anm. 4 — S. 226 — eingehend dargelegt.

[13] Siehe FlG. § 28 Anm. 1 letzter Absatz (S. 975).

[14] Das zu Milch-G. § 44 Anm. 1 und 7 (S. 538) Ausgeführte gilt auch hier.

[15] „Geschlossene Packungen" bedeutet, auf die besonderen Verhältnisse des Eierhandels zugeschnitten, etwa dasselbe wie „Packungen und Behältnisse" in § 5 Ziffer 3 LMG. und „Originalpackungen" im allgemeinen Sprachgebrauch.

Gemeint sind z. B. Kisten, Fässer, Lattenverschläge, welche die Ware derart umschließen, daß der Erwerber sie bei redlichem Geschäftsverkehr so erhält, wie sie der Hersteller der Packung hineingetan hat. Siehe hierzu HOLTHÖFER in Bd. I S. 1301 Anm. 11. „Geschlossene Packungen" bilden wie die „Packungen und Behältnisse" i. S. des § 5 Nr. 3 LMG. überhaupt eine Erleichterung des Verkehrs mit Standardwaren.

[16] Dies ist in der — unten S. 650 abgedruckten — Anordnung vom 16. Juni 1934 (Deutscher Reichsanz. Nr. 147) geschehen, die freilich nach ihrem § 4 durch weitgehende Ausnahmen (vgl. die beiden Anordnungen S. 650) durchbrochen ist.

[17] Nr. 7 ist durch VO. vom 17. April 1935 (RGBl. I S. 570) aufgehoben.

[18] Schilderaufschriften wie „Frische Landeier", „Tageseier", „Große Dänen", „Kocheier" sind nicht mehr zulässig. Die Rechtslage ist also hier ähnlich wie die bei Butter (S. 552 Anm. 1 b).

C[1].

Der Reichskommissar für die Vieh-, Milch- und Fettwirtschaft, dessen Bestellung durch die VO. vom 17. April 1935 (RGBl. I S. 570) aufgehoben ist, hat unterm 9. Mai 1934 (Deutscher Reichsanz. Nr. 107) als Beauftragter des Reichsministers für Ernährung und Landwirtschaft die

„Zweite Anordnung zur Regelung des Eiermarktes"

erlassen. Es heißt dort in § 3:

(1) Alle Hühnereier, die in den Verkehr gebracht werden, müssen durch denjenigen, der sie vom Hühnerhalter erwirbt, der Kennzeichnung zugeführt werden.

---

[1] Wegen der Fortgeltung dieser Anordnungen trotz Aufhebung der ihnen zugrunde liegenden Reichsverordnungen siehe oben unter A 3.

Ausgenommen sind Eier, die vom Hühnerhalter unmittelbar an den Verbraucher abgegeben werden. Als Verbraucher gilt, wer Eier zum persönlichen Genuß oder zur Verwendung im eigenen Haushalt bezieht. Als Verbraucher mit eigenem Haushalt gelten auch Krankenhäuser, Erziehungsanstalten, Wohlfahrtsanstalten und ähnliche Anstalten; Gast- und Schankwirtschaften, Hotels und ähnliche Betriebe gelten nicht als Verbraucher, soweit nicht der Bezirksbeauftragte Ausnahmen zuläßt.

(2) Die Bezirksbeauftragten können mit meiner Zustimmung Ausnahmen von der Kennzeichnungspflicht zulassen.

Von sämtlichen Bezirksbeauftragten sind auf Weisung des oben genannten Reichskommissars **Anordnungen** folgenden Wortlauts ergangen:

D. Anordnung[1].

Auf Grund des § 3, Abs. 2 der zweiten Anordnung zur Regelung des Eiermarktes vom 9. Mai 1934 (Deutscher Reichsanzeiger Nr. 107) und auf Grund der mir vom Reichskommisar verliehenen Befugnisse mache ich mit dessen Zustimmung für den Wirtschaftsbezirk . . . . von dem mir zustehenden Recht der Bewilligung von Ausnahmen in folgender Weise Gebrauch:

§ 1. (1) Der Kennzeichnung sind nur noch zuzuführen Eier, die von einem anderen als dem Erzeuger zum Zwecke der Abgabe an Wiederverkäufer großhandelsmäßig verpackt in den Verkehr gebracht werden. Als großhandelsmäßig verpackt gelten Eier, die in Kisten oder in anderer im Großhandel üblicher Verpackung verpackt sind. Eier, die in anderer als in vorgenannter Weise in den Verkehr gebracht werden, sind von der Kennzeichnungspflicht ausgenommen.

(2) Gast- und Schankwirtschaften, Hotels und ähnliche Betriebe gelten nicht als Wiederverkäufer.

§ 2. Die Anordnung tritt am 15. Februar 1935 in Kraft.

Der Vorsitzende.

E. Anordnung des Reichskommissars für die Vieh-, Milch- und Fettwirtschaft über die Kennzeichnung von Eiern, die nicht Eier gesetzlicher Handelsklassen sind[1].

Vom 16. Juni 1934. (Deutscher Reichsanzeiger Nr. 147.)

Auf Grund des § 16a der Eierverordnung vom 17. März 1932 in der Fassung der Verordnung vom 8. Juni 1934 (RGBl. I S. 479) in Verbindung mit § 7 der Verordnung über die Regelung des Eiermarktes vom 21. Dezember 1933 (RGBl. I S. 1103) wird angeordnet:

§ 1.

Eier deutscher Erzeugung, die den in § 2 der Eierverordnung genannten Mindestanforderungen an Eier gesetzlicher Handelsklassen nicht entsprechen, dürfen für Genußzwecke nur angeboten, zum Verkauf vorrätig gehalten, feilgehalten, verkauft oder sonst in den Verkehr gebracht werden, wenn sie nach Maßgabe der §§ 2 und 3 als „aussortiert" gekennzeichnet sind.

§ 2.

(1) Die Kennzeichnung „aussortiert" ist in den nach § 8 der Eierverordnung zugelassenen Kennzeichnungsstellen in der Weise anzubringen, daß

1. jede einzelne Ei den Aufdruck „aussortiert" in lateinischen Buchstaben von mindestens 2 mm Höhe trägt,

---

[1] Siehe Fußnote S. 649.

2. auf den Stirnseiten der Packung die Worte „Aussortierte Eier" in schwarzen Blockbuchstaben von mindestens 3 cm Höhe angebracht sind.

· (2) Die Kennzeichnung nach Abs. 1 Nr. 1 muß, wenn sie in der Zeit vom 15. März bis 31. August vorgenommen wird, in schwarzer, wenn sie in der Zeit vom 1. September bis 14. März vorgenommen wird, in roter, unabwischbarer, kochechter, nicht gesundheitsschädlicher Farbe in deutlich lesbarem Aufdruck erfolgen.

§ 3.

Wenn Eier, die nach § 1 als aussortiert zu kennzeichnen sind, nicht in Packungen für Genußzwecke angeboten, zum Verkauf vorrätig, gehalten, feilgehalten, verkauft oder sonst in den Verkehr gebracht werden, so ist in dem Verkaufsraum durch Schilder, die an den Behältnissen der Eier oder auf ihren Unterlagen in deutlich sichtbarer Weise angebracht sind, zum Ausdruck zu bringen, daß es sich um aussortierte Eier handelt. Die Schilder müssen mindestens 20 cm lang und 15 cm breit sein und in Buchstaben von mindestens 1,5 cm Höhe die Worte „Aussortierte Eier" enthalten.

§ 4.

(1) Die Vorschriften in den §§ 1—3 gelten nicht für
a) Kühlhauseier,
b) konservierte Eier,
c) Eier mit fleckiger Schale (Schimmel),
d) verdorbene, insbesondere rotfaule oder schwarzfaule Eier,
e) angebrütete Eier.

(2) Diese Vorschriften finden ferner keine Anwendung, soweit nach § 3 der Zweiten Anordnung zur Regelung des Eiermarktes vom 9. Mai 1934 (Deutscher Reichsanzeiger Nr. 107) Ausnahmen von der Kennzeichnungspflicht zugelassen sind.

§ 5.

Zuwiderhandlungen gegen die vorstehenden Anordnungen werden nach Maßgabe des § 18 Nr. 12 der Eierverordnung strafrechtlich verfolgt.

§ 6.

Diese Anordnung tritt am 1. August 1934 in Kraft.

B. Ausländische Gesetzgebung.

Von

Oberregierungsrat Professor Dr. E. Bames-Berlin.

Bei den Eiern handelt es sich zumeist um Hühner-, bisweilen um Enteneier. Nur wenige Länder haben besondere gesetzliche Bestimmungen für Eier oder für Eikonserven. Zumeist wird verlangt, daß ausländische Eier einen Stempel des Herkunftslandes tragen. Die nach Deutschland eingeführten Eier müssen bekanntlich ebenfalls mit dem Stempel des Herkunftslandes gekennzeichnet sein, damit der Käufer erkennen kann, woher jedes einzelne Ei stammt und welchen Weg es bereits zurückgelegt hat. Kühlhauseier müssen ein Dreieck mit einem „K" zeigen, konservierte Eier sind als „konserviert" zu bezeichnen.

1. Österreich. Der Verkehr regelt sich nach den Bestimmungen des Lebensmittelgesetzes, vom 16. Januar 1896[1] und der Ministerialverordnung vom

---

[1] Dieses Handbuch Bd. I, S. 1326.

17. Juli 1906. Eikonserven, flüssiges Ei, festes Ei, Gefrierei, flüssige Eikonserven dürfen mit Zucker, Kochsalz, Alkohol haltbar gemacht sein. Konservierungsmittel (Fluor, Bor-, Salicyl-, Benzoesäure und Formaldehyd) sowie Farbstoffe dürfen nicht enthalten sein. Eine neue Eierverkehrsordnung ist am 13. Juli 1932[1] von den beteiligten Bundesministerien erlassen worden. Die Verordnung umfaßt Hühner- und Enteneier. Auslandseier dürfen nur gewerbsmäßig in den Verkehr gebracht werden, wenn sie mit dem Namen des Ursprungslandes gekennzeichnet sind. (Bezeichnung auch vorgeschrieben für die Behältnisse.) Kennzeichnung von konservierten und Kühlhauseiern, wie oben angegeben. Die Verordnung läßt als Bezeichnungen zu: a) ,,Vollfrische Eier‘‘ (Trink-Teeeier), b) Frischeier (frische Eier), c) Kocheier. Die Bezeichnungen unter a) gelten nur für höchstens 8 Tage alte Eier. Anschrift oder registrierte Marke des Erzeugers oder der Erzeugervereinigung und Wochenzeichen, eine 2—3 stellige Zahl (z. B. 122 bedeutet 12. Woche des Jahres 1932), sind anzubringen (gilt nur für Inlandseier).

2. Belgien. Bestimmungen über Eier enthält das Gesetz vom 14. Juli 1930[2] über Einfuhr, Ausfuhr und Durchfuhr von Eiern. In diesem Gesetz handelt es sich, wie in der Kgl. Verordnung über Bewilligungsverfahren[3] für die Einfuhr von Geflügeleiern, lediglich um Bezeichnungsfragen; weiter vgl. die Kgl. Verordnung, betr. Regelung der Eiereinfuhr (Ursprungsbezeichnung), vom 13. November 1930[4] (Mon. belge Nr. 339 vom 15. Dezember 1930 S. 6541).

3. Dänemark. Der Verkehr mit Eiern wird geregelt durch die Bekanntmachung über die Aus- und Einfuhr von Eiern vom 12. Juni 1925, ergänzt am 17. September 1926. Gesetz Nr. 100 über die Aus- und Einfuhr von Eiern, sowie über den Handel mit diesen vom 3. März 1928. Bekanntmachung über die Aus- und Einfuhr von Eiern vom 30. April 1928 (19. März 1928). Bekanntmachung über das Verbot der Einfuhr bebrüteter Eier vom 25. Februar 1929. Alle diese Vorschriften haben im vorliegenden Falle geringe Bedeutung.

4. England. Besondere Vorschriften über Eier sind nicht vorhanden. Lediglich die Verordnungen über Handelsmarken bei eingeführten Waren vom 13. Juli 1928, 21. Dezember 1928 und 17. Dezember 1929, die auf Grund des Gesetzes über Handelsmarken, vom 15. Dezember 1926 ergangen sind, enthalten unter anderem über Eier Bestimmungen ähnlicher Art, wie sie in Deutschland bestehen.

5. Frankreich. Sondervorschriften über Eier sind nicht bekannt geworden. Vgl. Verordnung über Ursprungsbezeichnungszwang vom 4. August 1933[5].

6. Italien. Nach dem Reglement für den inneren Verkehr, betr. die sanitäre Überwachung der Nahrungsmittel, Getränke und häuslichen Gebrauchsgegenstände, vom 3. August 1890[6], Artikel 113, ist der Verkauf verdorbener oder mit schädlichen Stoffen gefärbter Eier verboten.

7. Jugoslavien. Enten- und Gänseeier sind besonders zu bezeichnen. Kalk-, Wasserglas-, Kühlhauseier sind (auch auf den Kisten und Behältnissen) kenntlich zu machen. Bei Eikonserven muß angegeben sein, um was für Ware es sich handelt; Konservierungsmittel sind verboten. Nicht ausschließlich aus Ei hergestellte Zubereitungen sind als ,,Eiersatz‘‘ zu kennzeichnen. — Vgl. Ausführungsbestimmungen zum Lebensmittelgesetz vom 3. Juni 1930[7].

8. Niederlande. Auch hier sind Sonderbestimmungen über Eier nicht bekannt.

---

[1] Reichsgesundh.-Bl. 1933, 8, 93.
[2] Reichsgesundh.-Bl. 1930, 5, 215.
[3] Vgl. Reichsgesundh.-Bl. 1933, 8, 913.
[4] Reichsgesundh.-Bl. 1933, 6, 215.
[5] Reichsgesundh.-Bl. 1934, 9, 78.
[6] Veröffentl. Reichsgesundh.-Amt 1890, S. 704.
[7] Reichsgesundh.-Bl. 1932, 7, 531.

9. Norwegen. Bestimmungen über Eier finden eine Grundlage in dem Gesetz über die Qualitätskontrolle für landwirtschaftliche Erzeugnisse vom 1. Februar 1930[1]. Nach diesem Gesetz können besondere Festsetzungen getroffen und eine besondere Überwachung eingerichtet werden.

10. Schweden. In Schweden enthält die Verordnung, betr. das Verbot gewisser Anwendungen irreführender Bezeichnungen beim Handel mit Lebensmitteln, vom 29. Juni 1917/14. Juni 1928 die Bestimmung, daß die Bezeichnung „Eier" nur für normale Ware verwendet werden darf. Vgl. auch Kgl. Bekanntmachung vom 19. Mai 1933[2].

11. Schweiz. Eier müssen vom Huhn stammen, andere (z. B. Enteneier) sind besonders zu bezeichnen. Ausländische Eier müssen bezeichnet sein „Import" (auch auf den Kisten und Behältnissen), wenn nicht bereits der Stempel des Herkunftslandes aufgestempelt ist. „Trinkeier" dürfen nicht über 8 Tage alt sein. Importeier sind keine Trinkeier. Verkäufer ungestempelter Eier müssen der Kontrolle ihre Bezugsquellen nachweisen und Angaben zur Feststellung der Herkunft machen. Kalk- und Wasserglaseier müssen entsprechend bezeichnet sein. Als „Brucheier" sind nur Eier zu bezeichnen, deren Inhalt nicht verdorben ist. — Eikonserven müssen ihrer Zusammensetzung nach (Ganzei, Eiweiß oder Eigelb) entsprechend bezeichnet sein. Auf 1 kg dürfen 500 mg Schwefeldioxyd oder Kochsalz (bis 10%) oder Zucker zugesetzt sein. Eiersatzmittel sind als solche zu bezeichnen und müssen Angaben der Hauptbestandteile und der Firma des Herstelles oder Verkäufers tragen. Vgl. Verordnung, betr. den Verkehr mit Lebensmitteln und Gebrauchsgegenständen, vom 23. Februar 1926[3] mit mehreren Änderungen.

12. Spanien. Besondere Bestimmungen über Eier sind nicht bekannt.

13. Vereinigte Staaten von Amerika. Im Verkehr mit Eiern sind auf Grund von Ermächtigungen Standardbestimmungen für Eier und andere Landwirtschaftserzeugnisse geschaffen worden, die sich mit dem deutschen Gesetz über Handelsklassen vergleichen lassen.

---

[1] Reichsgesundh.-Bl. 1930, **5**, 376.
[2] Reichsgesundh.-Bl. 1933, **8**, 751.
[3] Reichsgesundh.-Bl. 1927, **2**, 100, 486; 1928, **3**, 183; 1930, **5**, 678.

Fleisch und Fleischerzeugnisse.

Erster Teil.

Fleisch von Warmblütern.

Von

Professor Dr. A. Beythien - Dresden.

Mit 30 Abbildungen.

Unter den Nahrungsmitteln aus dem Tierreich nimmt das Fleisch die erste Stelle ein. Es macht nach Rubner nicht nur von dem ganzen Nährwert der Nahrung in Deutschland, England und Nordamerika den beträchtlichen Anteil von 16% aus, während auf die Erzeugnisse der Milchwirtschaft nur 13,8% entfallen, sondern es ist vor allem die wichtigste, wenn schon nicht billigste Eiweißquelle der Ernährung. Im Hinblick auf die überragende Bedeutung des Fleisches für den menschlichen Haushalt wird seine gute Beschaffenheit durch ein besonderes Reichsgesetz, das Gesetz betreffend die Schlachtvieh- und Fleischbeschau (Fleischbeschaugesetz) vom 3. Juni 1900, gewährleistet, das in § 4 und den dazu erlassenen Ausführungsbestimmungen D, § 1 folgende Definition aufstellt:

„Fleisch sind alle Teile von warmblütigen Tieren, frisch oder zubereitet, sofern sie sich zum Genusse für Menschen eignen. Als Teile gelten auch die aus warmblütigen Tieren hergestellten Fette und Würste. Als Fleisch sind daher insbesondere anzusehen: Muskelfleisch (mit oder ohne Knochen, Fettgewebe, Bindegewebe, Lymphdrüsen, Zunge, Herz, Lunge, Leber, Milz, Nieren, Gehirn), Brustdrüsen (Bröschen, Bries, Brieschen, Kalbsmilch, Thymus), Schlund, Magen-, Dünn- und Dickdarm, Gekröse, Blase, Milchdrüse (Euter), vom Schweine die ganze Haut (Schwarte), vom Rindvieh die Haut am Kopfe, einschließlich Nasenspiegel, Gaumen und Ohren, sowie die Haut an den Unterfüßen, ferner Knochen mit daran haftenden Weichteilen, frisches Blut;

Fette, unverarbeitet oder zubereitet, insbesondere Talg, Unschlitt, Speck, Liesen (Flohmen, Lünte, Schmer, Wammenfett), sowie Gekröse- und Netzfett, Schmalz, Oleomargarin (Premier jus, Margarin) und solche Stoffe enthaltende Fettgemische, jedoch nicht Butter und geschmolzene Butter (Butterschmalz);

Würste und ähnliche Gemenge von zerkleinertem Fleisch.

Andere Erzeugnisse aus Fleisch, insbesondere Fleischextrakte, Fleischpeptone, tierische Gelatine, Suppentafeln gelten bis auf weiteres nicht als Fleisch.“

Diese Begriffsbestimmung greift erheblich weiter als der übliche Sprachgebrauch, da man in der landläufigen Ausdrucksweise weder die abgetrennten Fette, noch auch Blut, Knochen, Haut und andere sog. Schlachtabfälle als Fleisch bezeichnet, sondern hierunter das Muskelfleisch der Schlachttiere, vor allem der Rinder, Kälber, Schweine, Schafe und Ziegen, im weiteren auch dasjenige anderer warmblütiger Tiere, wie Pferde, Wild (Hirsche, Rehe, Hasen) und Geflügel versteht.

Fleischverbrauch. Sieht man von den Fetten ab, so läßt sich der Fleischverbrauch Deutschlands auf das Jahr und den Kopf der Bevölkerung zu rund 50 kg angeben. Er ist mit der zunehmenden Industrialisierung in verhältnismäßig kurzer Zeit von 29,5 kg im Jahre 1873 auf 32,5 kg im Jahre 1892, auf 46,9 kg im Jahre 1900 und auf 52,8 kg im Jahre 1912 gestiegen. Nach einem starken Rückgang in der Kriegs- und Nachkriegszeit betrug er im Jahre 1931 wieder etwas über 51 kg.

Nach den Berechnungen P. ELTZBACHERs[1] entfielen von dem insgesamt 3,63 Millionen Tonnen betragenden Fleischverbrauch Deutschlands im Jahre 1912/13 auf:

	Mill. Tonnen	%		Mill. Tonnen	%
Schweine	2,03 =	56,0	Geflügel	0,13 =	3,6
Rinder	0,90 =	24,8	Kaninchen	0,01 =	0,3
Kälber	0,18 =	4,9	Wild	0,03 =	0,8
Schafe und Ziegen	0,08 =	2,2	Einfuhrüberschuß	0,23 =	6,3
Pferde und Hunde	0,04 =	1,1			

M. RUBNER gibt demgegenüber unter Außerachtlassung vom Wild und Geflügel folgende Zahlen an: Schweine 61,3%, Rinder 30,4%, Kälber 6,1%, Schafe 2,1%, aber auch diese bestätigen die Tatsache, daß unser Hauptverbrauch auf Schweinefleisch entfällt, eine Folge der von anderen Ländern abweichenden Eigenart der deutschen Fleischerzeugung. Für das Jahr 1932 ist der Fleischverbrauch auf den Kopf der Bevölkerung zu 48,94 kg berechnet worden.

Wesentlich andere, und nach Ansicht mancher Ernährungsphysiologen richtigere, Werte ergeben sich, wenn man den erfahrungsmäßig geringeren Fleischverbrauch der unteren und der höheren Altersstufen, sowie der erwachsenen Frauen berücksichtigt, und bei der Berechnung die Volksangehörigen vom 1.—15. Lebensjahre mit 0, diejenigen vom 15.—60. Lebensjahre mit 100% (weibliche mit 75%) und die über 60 Jahre alten mit 75% ansetzt, denn dann errechnen sich für die sog. **Vollverbraucher** 73,3 kg im Jahre 1913 und 67,2 kg im Jahre 1932, Zahlen, die dem von VOIT, RUBNER u. a. zu etwa 70 kg angegebenen **Fleischbedarf** einigermaßen entsprechen.

In den letzten Jahren macht sich ein Rückgang des Fleischverbrauchs bemerkbar, der nach Überwindung des Fleischmangels in den Kriegsjahren und der Inflationszeit vom Jahre 1925 an eine beständige Zunahme gezeigt hatte. Doch traten schon vom Jahre 1928 an gewisse Schwankungen ein, wie aus folgenden Feststellungen des Statistischen Reichsamtes hervorgeht:

Tabelle 1. Fleischverbrauch.

Jahr	Rind-fleisch	Kalb-fleisch	Schweine-fleisch	Schaf-, Ziegen- u. a. Fleisch	Ins-ge-samt	Jahr	Rind-fleisch	Kalb-fleisch	Schweine-fleisch	Schaf-, Ziegen- u. a. Fleisch	Ins-ge-samt
	Millionen Tonnen						kg je Kopf der Bevölkerung				
1913	0,84	0,15	1,86	0,10	2,95	1913	14,06	2,53	31,11	1,79	49,49
1925	0,90	0,18	1,62	0,10	2,80	1925	14,48	2,82	25,98	1,66	44,94
1926	0,91	0,18	1,66	0,10	2,85	1926	14,44	2,88	26,44	1,65	45,41
1927	0,92	0,18	1,97	0,09	3,16	1927	14,50	2,81	31,21	1,43	49,95
1928	0,96	0,20	2,11	0,09	3,36	1928	15,13	3,10	33,15	1,44	52,82
1929	1,04	0,20	1,96	0,10	3,30	1929	16,30	3,16	30,62	1,52	51,60
1930	0,94	0,19	2,02	0,09	3,24	1930	14,61	2,95	31,36	1,48	50,40
1931	0,88	0,19	2,15	0,08	3,30	1931	13,63	2,94	33,20	1,31	51,08
1932	0,90	0,20	2,00	0,08	3,18	1932	13,88	3,01	30,87	1,18	48,94[2]

[1] P. ELTZBACHER: Die deutsche Volksernährung und der englische Aushungerungsplan. Braunschweig: F. Vieweg & Sohn 1915.

[2] Der Fleischverbrauch je Kopf der Bevölkerung betrug im Jahre 1933: 49,24 kg; im Jahre 1934: 54,50 kg.

Hiernach erreichte der Fleischverbrauch im Jahre 1927 die Höhe des letzten Friedensjahres wieder, um dann im Jahre 1928 erheblich anzusteigen.

Dem im Jahre 1929 trotz steigenden Viehauftriebes und sinkender Preise einsetzenden Rückschlag, der in der Hauptsache auf die zunehmende Arbeitslosigkeit und die geschwächte Kaufkraft der Bevölkerung zurückzuführen ist, folgte im Jahre 1931 eine geringe Zunahme, die in der Hauptsache dem Verbrauch von Schweinefleisch zugute kam und durch die überaus niedrigen Preise und die Verbilligungsmaßnahmen der Reichsregierung (Einfuhr von Gefrierfleisch, Ausgaben von Fleischbezugsscheinen, Preisüberwachung) herbeigeführt wurde. Der Preisrückgang gegenüber dem Jahre 1930 betrug bei Rindfleisch 13—25%, bei Kalbfleisch 12—18% und bei Schweinefleisch 30%. Den im Jahre 1932 eingetretenen und auch 1933 anhaltenden abermaligen Verbrauchsrückgang führt die Fachpresse des Fleischergewerbes in erster Linie auf die hohen Gebühren der Schlachthöfe und die Einführung der Schlachtsteuer zurück. Er wird noch augenfälliger, wenn man den auf die Fleischvollverbraucher entfallenden Anteil mit 70,13 kg im Jahre 1931 und mit 67,20 kg im Jahre 1932 ins Auge faßt[1].

Von einigen anderen Umständen, die den Fleischverbrauch beeinflussen, ist unter anderem der Jahreszeiten zu gedenken, indem während der Wintermonate wegen der kälteren Witterung, des Mangels an frischem Gemüse und der auf dem Lande üblichen Hausschlachtungen mehr Fleisch verzehrt wird als im Sommer. Bekannt ist auch, daß die Bewohner der großen Städte mehr Fleisch verbrauchen als die Landbevölkerung. Von größter Bedeutung sind aber die Lebensgewohnheiten der verschiedenen Völker. So entfielen auf den Kopf der Bevölkerung nach der Statistik von 1913 jährlich in Argentinien 137,1 kg, in Australien 119,8 kg, in den Vereinigten Staaten 69,5 kg, in England 56,4 kg, in Deutschland 52,6 kg, in Frankreich 47,9 kg (nach anderen Angaben 33,6 kg), in Dänemark 44,5 kg, in Belgien 38,9 kg, in Holland 34,3 kg, in Österreich 29,0 kg, in Spanien 22,2 kg, in Rußland 21,8 kg, in Italien 10,4 kg. Sieht man von England ab, in dessen Zahl der hohe Verbrauch an Fischen mit enthalten sein soll, so steht auch jetzt noch Deutschland an der Spitze. Das hindert aber nicht, daß auch bei uns jede erzwungene Einschränkung von der Bevölkerung unliebsam empfunden wird und daher möglichst verhindert werden sollte.

Schlachtgewicht. Für die Bewertung der fleischliefernden Tiere ist das Verhältnis des sog. „Schlachtgewichtes" zum Lebendgewichte von ausschlaggebender Bedeutung. Seine gleichmäßige Ermittelung setzt einen bestimmten Ausschlachtungshergang voraus, der in den Wiegeordnungen der Schlachthöfe festgelegt ist. Das Verwiegen der Tiere darf nur auf den amtlichen Waagen und nur gegen an den Kassenstellen des Schlachthofes zu lösende Wiegegebührenscheine von den vereidigten Wiegern vorgenommen werden. Sofern Käufer und Verkäufer nicht ausdrücklich eine abweichende Vereinbarung getroffen und hiervon dem Wieger Mitteilung gemacht haben, müssen die zur Verwiegung gelangenden Tiere gemäß den in Abs. 3—6 festgesetzten Bestimmungen des Ministerialerlasses vom 9. Juli 1900 ausgeschlachtet sein. Um vergleichbare Unterlagen zu schaffen, hat schon im Jahre 1895 eine aus Vertretern der Schlachthausverwaltungen, des Fleischergewerbes und des Viehhandels bestehende Kommission Festsetzungen darüber getroffen, was unter Schlachtgewicht zu verstehen ist. Nach diesen Beschlüssen, die späterhin nahezu unverändert in die Wiegeordnungen der Schlachthöfe, z. B. die nachstehend abgedruckte Wiegeordnung von Frankfurt a. Main[2], übernommen worden sind, müssen vor der Gewichtsermittlung bei dem Ausschlachten folgende Teile vom Tiere getrennt werden:

---

[1] Fleischerverbands-Zeitung 1933, **27**, 377. — Die Fleischwaren-Industrie 1933, **13**, 189.

[2] Kuppelmayr: Schlachthofbetriebslehre durch Grüttner: Taschenbuch der Fleischwarenherstellung, 1932.

I. Rinder.

a) Die Haut, jedoch so, daß kein Fleisch oder Fett an ihr verbleibt; der Schwanz ist auszuschlachten, das sog. Schwanzfett darf nicht entfernt werden;

b) der Kopf zwischen dem Hinterhauptsbein und dem ersten Halswirbel (im Genick) senkrecht zur Wirbelsäule;

c) die Füße im ersten (unteren) Gelenke der Fußwurzeln über dem sog. Schienbeine;

d) die Organe der Brust-, Bauch- und Beckenhöhle mit den anhaftenden Fettpolstern (Herz- und Mittelfett), jedoch mit Ausnahme der Fleisch- und Talgnieren, welche mitzuwiegen sind;

e) die an der Wirbelsäule und dem vorderen Teile der Brusthöhle gelegenen Blutgefäße mit den anhaftenden Geweben sowie der Luftröhre und des sehnigen Teiles des Zwergfelles;

f) das Rückenmark;

g) der Penis (Ziemer) und die Hoden, jedoch ohne das sog. Sackfett bei den männlichen Rindern, das Euter und Voreuter bei Kühen und über die Hälfte tragenden Kalben.

II. Kälber.

a) Das Fell nebst den Füßen im unteren Gelenk der Fußwurzel;

b) der Kopf zwischen dem Hinterhauptsbein und dem ersten Halswirbel (im Genick);

c) die Eingeweide der Brust-, Bauch- und Beckenhöhle mit Ausnahme der Nieren;

d) der Nabel und bei männlichen Kälbern die äußeren Geschlechtsorgane.

III. Schafvieh.

a) Das Fell nebst den Füßen im unteren Gelenk der Fußwurzel;

b) der Kopf zwischen dem Hinterhauptsbein und dem ersten Halswirbel (im Genick);

c) die Eingeweide der Brust-, Bauch- und Beckenhöhle mit Ausnahme der Nieren;

d) bei Widdern und Hammeln die äußeren Geschlechtsteile, bei Mutterschafen die Euter.

IV. Schweine.

a) die Eingeweide der Brust-, Bauch- und Beckenhöhlen nebst Zunge, Luftröhre und Schlund, jedoch mit Ausnahme der Nieren und des Schmeres (Flomen, Liesen);

b) bei männlichen Schweinen die äußeren Geschlechtsteile.

Die Gewichtsermittlung hat bei den Rindern in ganzen, halben und viertel, bei Kälbern und dem Schafvieh in ganzen, und bei Schweinen in ganzen und halben Tieren zu erfolgen.

Erfolgt die Feststellung des Schlachtgewichtes bei den Rindern innerhalb 12 und bei den anderen Schlachttieren innerhalb 3 Stunden nach dem Schlachten, so ist von jedem angefangenen Zentner (50 kg) 1 Pfd. (0,5 kg) als sog. Warmgewicht in Abzug zu bringen.

Für die Feststellung des Lebendgewichtes gelten folgende Vorschriften:

a) Großvieh muß stets einzeln gewogen werden;

b) Kleinvieh und Schweine dürfen, soweit es die Größe der Waage zuläßt, zusammen verwogen werden;

c) unbedingt notwendige Anbindestricke sind mitzuverwiegen.

Sind auch noch die Nieren mit ihrem Fett aus dem Tierkörper herausgenommen, so spricht man vom Fleischgewicht. Der Gewichtsunterschied zwischen Lebendgewicht und Schlachtgewicht wird als Schlachtverlust bezeichnet. Der Schlachtverlust beträgt nach den Aufstellungen aus verschiedenen Städten durchschnittlich bei

Ochsen	Kühen	Kälbern	Schweinen
40—55	42—60	32—42	15—25%

des Lebendgewichtes.

Das Schlachtgewicht ist grundsätzlich abhängig vom Lebendgewichte, außerdem aber auch von Rasse, Ernährungszustand und Alter der Tiere. In gewisser Hinsicht wird es auch von wirtschaftlichen Verhältnissen beeinflußt, wie sich besonders in dem ersten Halbjahre 1923 und 1924 als Zeichen einer knappen Zeit durch Absinken des Reichsdurchschnittsgewichts für Ochsen auf 294 kg gegenüber 330 kg im Jahre 1913 äußerte.

Anatomischer Bau des Fleisches. Das im Handel befindliche „Fleisch" besteht, abgesehen von mehr oder weniger großen Mengen anhaftender oder

eingewachsener Knochen, Sehnen und Fettmassen (als handelsüblich gilt ein
Gehalt von etwa 8,5% Knochen, 8,5% Fettgewebe und 83% Muskelfleisch),
aus den Muskel- oder Fleischfasern, hohlen, meist quergestreiften, bisweilen
auch glatten Röhren oder Schläuchen, die mit Fleischsaft gefüllt und vom Bindegewebe umhüllt sind und entweder rot oder, in selteneren Fällen, weiß erscheinen.
Zwischen den einzelnen Fasern oder den durch Vereinigung mehrerer Fasern
gebildeten Muskelbündeln ist je nach dem Ernährungszustande der Tiere mehr
oder weniger Fett abgelagert.

Die glatten Fasern, die sich bei den unwillkürlichen Muskeln (mit Ausnahme des Herzens), also vorwiegend in der äußeren Haut und den Schleimhäuten, ferner in der Milz, den Lymphdrüsen und in der Wand der meisten Hohl-
organe (Verdauungstraktus) vorfinden, bilden langgestreckte, an beiden Enden
zugespitzte, membranlose Zellen, die rund, bandartig oder abgeplattet sind und
einen länglichen Kern enthalten.

Die quergestreiften Fasern der willkürlichen Muskeln und des Herzens
sind hohle, auf dem Querschnitte kreisrunde oder etwas abgeplattete, Röhren,
die sich von der Mitte aus etwas verjüngen und kurz zugespitzt oder abgestumpft
oder auch verästelt endigen. Ihre Länge übersteigt meist nicht 4—5 cm, ihre
Dicke schwankt, je nach der Art, dem Alter, dem Ernährungszustande, innerhalb weiter Grenzen (10—150 μ).

Die äußere Wandung (Membran) der Fasern, auch Stroma Sarkolemma
oder Myolemma genannt, ein allseitig geschlossenes, durchsichtiges, gegen
Alkalien und Säuren widerstandsfähiges Häutchen besteht aus einer den Nukleo-
proteinen nahestehenden Substanz (Elastin). Die inneren, quergestreiften
Muskelröhren (kontraktile Substanz) zeigen gegen Lackmus eine alkalische,
gegen braunes Kurkumapapier eine saure Reaktion und lassen unter dem
Polarisationsmikroskop abwechselnde Schichten isotroper und anisotroper
Substanz unterscheiden. Innerhalb der Muskelfasern, meist nahe unter dem
Sarkolemma, finden sich zahlreiche, spindelförmige Muskelfaserkerne.

Der Unterschied zwischen dem roten Muskelfleisch der meisten Schlachttiere
und dem weißen Fleisch des Kaninchens und der Brustmuskulatur des Geflügels
beruht darauf, daß die weißen Fasern dicker und kernreicher als die trüben,
größere Mengen Hämoglobin enthaltenden roten Fasern sind.

In der Jugend ist das Sarkolemma dünn und zart, und der Gehalt des
Fleisches an Bindegewebe gering. Mit dem Älterwerden der Tiere und bei schlechter Ernährung werden die Wandungen fester, das Bindegewebe nimmt zu, der
für den Wohlgeschmack des Fleisches bestimmende Saft ab. Auch körperliche
Arbeit macht das Fleisch fester und zähe. Bei den Säugetieren und Vögeln
ist das Fleisch der weiblichen Tiere in der Regel zarter und fetter, aber meist
weniger schmackhaft als dasjenige der männlichen, doch wird beim Schwein das
Fleisch beider Geschlechter gleich hoch geschätzt und bei der Gans dasjenige
der weiblichen Tiere bevorzugt.

Für die Verwendung des Fleisches im Haushalt ist unbedingt zu beachten,
daß sie nicht zu kurze Zeit nach dem Schlachten erfolgen darf, da sog. frischgeschlachtetes Fleisch infolge der bald nach dem Tode eintretenden Totenstarre unter dem Einfluß der schnell entstehenden Fleischmilchsäure steif,
hart und zäh und auch nach stundenlangem Kochen nicht weich wird. Erst
nach mehreren Tagen verschwindet der Quellungszustand und das „abge-
schlachtete Fleisch", das bei der Fingerdruckprobe eine längere Zeit bestehen
bleibende Vertiefung annimmt, ist zum Gebrauch geeignet.

A. Chemie und Physiologie des Fleisches.

1. Chemische Zusammensetzung.

Das Fleisch besteht aus Wasser, stickstoffhaltigen Stoffen, Fett neben sehr geringen Mengen anderer stickstofffreier Verbindungen und Mineralstoffen. Für das völlig vom äußerlich anhaftenden und zwischen den Muskelfasern befindlichen Fette befreite Fleisch läßt sich folgende mittlere Zusammensetzung angeben:

Wasser	Stickstoffsubstanz	Fett	Mineralstoffe
76	21,5	1,5	1,0%

1. Wasser.

Der Gehalt an Wasser, das als Lösungsmittel für die löslichen Bestandteile die chemischen Vorgänge innerhalb der Muskulatur vermittelt, schwankt innerhalb weiter Grenzen von 47—78% und hängt von zahlreichen Umständen, insbesondere dem Grade der Mästung, dem Alter der Tiere und der Tierart ab. Als allgemeine Regel läßt sich angeben, daß mit zunehmender Ablagerung von Fett der Gehalt an Wasser und den anderen Stoffen abnimmt, so daß z. B. nach SIEGERT von den einzelnen Teilen eines Ochsen das Halsstück mit 5,8% Fett 73,5% Wasser, das Lendenstück mit 16,7% Fett 63,4% Wasser und das Schulterstück mit 34,0% Fett nur 50,5% Wasser enthielt.

Auch aus der Veröffentlichung von A. BEYTHIEN[1]: „Über die chemische Zusammensetzung und den Nährwert verschiedener Fleischsorten" geht die Abhängigkeit des Wassergehaltes von dem Fettgehalte deutlich hervor.

Das vom anhaftenden und eingewachsenen Fett tunlichst befreite Fleisch zeigt aber bei den verschiedenen Tieren nur verhältnismäßig geringe Schwankungen des Wassergehaltes von 74—79%, wobei die höchsten Zahlen auf das Kalb und die meisten anderen jugendlichen Tiere, die niedrigsten auf das Schwein entfallen. Als Beispiel fettreiches und wasserarmes Fleisch liefernder Tiere sei die Gans hervorgehoben.

2. Stickstoffverbindungen.

An Stickstoffverbindungen finden sich im Muskelfleische neben echten Proteinen (Eiweißstoffen) leimgebendes Bindegewebe, Fleischbasen, Aminosäuren, sowie Spuren von Ammoniak, Harnstoff, Harnsäure, Zuckersäure und Phosphorfleischsäure.

Die **Proteine,** von denen das Fleisch etwa 13—18% in unlöslicher und 0,6 bis 4,0% in löslicher Form enthält, setzen sich zu rund 70% aus dem zu den Globulinen gehörenden **Myosin** zusammen, das nach dem Ausziehen mit kaltem Wasser und darauffolgender Entfernung des Bindegewebes durch Auskochen als Rückstand hinterbleibt. Es ist in Wasser unlöslich, löst sich aber in 10- bis 15%igen Salzlösungen. Beim Kochen gerinnt das Myosin und wird dann auch salzunlöslich.

Neben ihm finden sich in dem unlöslichen Rückstande noch das **Myogen,** ein bei 55—65° koagulierendes Protein, das zwischen dem Myosin und dem Albumin in der Mitte steht.

Nach der Entfernung aller in Wasser und Salmiaklösung löslichen Stickstoffverbindungen hinterbleibt das **Muskelstroma (Sarkolemma)** als ein unlösliches, in Ammoniumlösung nur aufquellendes Protein, das sich in verdünnter Alkalilauge zu Albuminat auflöst und wahrscheinlich zu den geronnenen Proteinen gehört, neuerdings aber auch als Nukleoprotein (Elastin) angesprochen wird.

---

[1] A. BEYTHIEN: Z. 1901, 4, 1.

In den Fleischsaft gehen etwa 0,6—4,0% Albumin über, das der Röhren-substanz verwandt, aber salzunlöslich ist.

Das **Bindegewebe**, das zu ungefähr 2—5% im frischen Fleische enthalten ist, gehört zu den leimgebenden Stoffen und geht bei anhaltendem Kochen mit Wasser infolge der Hydrolyse des Kollagens in Leim über. Besonders große Mengen des letzteren entstehen beim Braten des an Bindegewebe reichen Kalbfleisches.

Von den **Fleischbasen**, die in den Fleischpreßsaft oder den kalten wäßrigen Auszug (Fleischextrakt) übergehen, kommt dem Kreatin, bzw. Kreatinin, das etwa 0,05—0,40% des Fleisches ausmacht, die größte Bedeutung zu, weil es als charakteristischer, leicht faßbarer Bestandteil zur analytischen Bestimmung des Fleischextraktgehaltes von Brühwürfeln, Würzen u. dgl. dient. Neben ihm finden sich 0,2—0,3% Carnosin (β-Alanylhistidin), $C_9H_{14}N_4O_3$, sowie das isomere Ignotin, ferner Spuren von Carnomuscarin, Neosin, $C_6H_{17}NO_2$, Novain, $C_7H_{18}NO_2$, Oblitin, $C_{18}H_{38}N_2O_4$, Carnitin, $C_7H_{16}NO_3$, einer dem Betain oder Cholin verwandten Base, Inosinsäure, $C_{10}H_{13}N_4PO_4$, eine Nucleinsäure, die bei der Hydrolyse in je ein Molekül Phosphorsäure, Hypoxanthin und Pentose zerfällt, und Phosphorfleischsäure, ein Nucleon verwickelter Zusammensetzung, das bei der Spaltung Fleischsäure (eine Art Antipepton), Bernsteinsäure, Paramilchsäure, Phosphorsäure und ein Kohlen-hydrat liefert.

Neuerdings haben D. ACKERMANN, O. TIMPE und K. POLLER[1], ferner W. LINNEWEH, A. W. KEIL und F. A. HOPPE-SEYLER[2] sowie N. TOLKATSCHEWSKAIA[3] aus der Muskulatur von Gänsen und Hühnern eine als Anserin ($C_{10}H_{16}N_4O_3$) bezeichnete Substanz dargestellt, in der eine Amino-, Äthyl-, NCH_3- und eine Carboxylgruppe nachgewiesen wurden; sie ist wahrscheinlich N-Methylcarnosin.

Purinbasen. Von diesen insgesamt 0,10—0,25% betragenden Verbindungen sind neben 0,01—0,03% Sarkin oder Hypoxanthin noch Spuren Xanthin, Adenin und Guanin isoliert worden, sowie schließlich als Umwandlungs-produkte Harnsäure, Carnin (1,3 Methylharnsäure) und Harnstoff. Aus 100 g Fleisch können 0,18 g Harnsäure gebildet werden, von denen 0,10—0,12 g in den Harn übergehen.

Von **Aminosäuren** (Gesamtmenge 0,8—1,2%) sind im Fleischextrakte nach-gewiesen: Alanin, Valin, Asparaginsäure, Phenylalanin und im frischen Muskel-safte noch Diaminosäuren. Größere Mengen der letzteren bilden sich aber erst bei der Fäulnis. Über die Bestandteile des Kollagens (Leimes) des Ochsen- und Hühnermuskels siehe Bd. I, S. 226 und 237.

3. Fett.

Über die Zusammensetzung des vorwiegend aus den Glyceriden der Palmitin-, Stearin- und Ölsäure bestehenden tierischen Fettes siehe Bd. IV. Der Gehalt der Tierfette an Cholesterin beträgt 0,1—0,2%, der Lecithingehalt des frischen Fleisches 2,6—3,0%. Er kann in den inneren Organen durch Fütterung mit Phosphatiden stark erhöht werden[4].

4. Stickstofffreie Extraktstoffe.

Neben dem Glykogen, das im allgemeinen etwa 0,05—0,18% ausmacht und nur im Pferdefleisch in größerer Menge, bis zu 0,9% und insbesondere

---

[1] D. ACKERMANN, O. TIMPE u. K. POLLER: Zeitschr. physiol. Chem. 1929, **183**, 1.

[2] W. LINNEWEH, A. W. KEIL u. F. A. HOPPE-SEYLER: Zeitschr. physiol. Chem. 1929, **183**, 11.

[3] N. TOLKATSCHEWSKAIA: Zeitschr. physiol. Chem. 1929, **185**, 28.

[4] BR. REWALD: Biochem. Zeitschr. 1928, **198**, 103.

in der Leber zu 2,88—8,34% vorkommt[1], finden sich noch Spuren anderer Kohlenhydrate (Glucose, Maltose), die wahrscheinlich aus dem Glykogen durch Abbau entstehen.

Außerdem sind noch 0,03—0,06% Fleischmilchsäure sowie Spuren Ameisensäure, Essigsäure, Buttersäure und schließlich Inosit (Hexahydroxybenzol) zugegen.

5. Mineralstoffe.

Das Fleisch liefert 0,8—1,8% oder in der Trockensubstanz 3,2—7,5% Asche, die vorwiegend aus Kaliumphosphat neben geringen Mengen von Calciumphosphat, Magnesiumphosphat und Natriumchlorid, sowie Spuren anderer Stoffe, insbesondere Eisen, besteht. Für die quantitative Zusammensetzung der Fleischasche lassen sich folgende Durchschnittswerte anführen. Kaliumoxyd 37,04, Natriumoxyd 10,44, Calciumoxyd 2,42, Magnesiumoxyd 3,23, Eisenoxyd 0,71, Phosphorsäure (P_2O_5) 41,20, Schwefelsäure (SO_3) 0,98, Chlor 4,66, Kieselsäure 0,08%.

Die Schwefelsäure der Asche entsteht größtenteils erst beim Verbrennen des Fleisches aus dem Schwefelgehalte der Proteine, während im Fleische selbst „präformierte" Schwefelsäure nur in Spuren vorhanden ist. In der Fleischasche überwiegen die Säureionen.

6. Hämoglobin.

Die rote Farbe des Fleisches wird nicht durch einen Gehalt an Blut, sondern durch das in den Muskelfasern abgelagerte Hämoglobin verursacht, ein Chromoproteid, das sich bei der Hydrolyse in das Protein Globin und den eigentlichen Blutfarbstoff, das Hämochromogen, spaltet, das nach WILLSTÄTTER dem Chlorophyll nahe verwandt ist. Mit Sauerstoff verbindet sich Hämoglobin leicht zu Oxyhämoglobin, beim Erhitzen auf 70—80° wird es zerstört, und das gekochte oder gebratene Fleisch sieht daher grau aus.

7. Vitamine.

Das Fleisch enthält nur geringe Mengen Vitamin A und auch nur wenig mehr Vitamin B und C. Trotzdem reicht der Vitamingehalt im allgemeinen aus, die Mangelkrankheiten (Avitaminosen) zu verhüten, und der Skorbut, der nach andauerndem Genuß von Pökel- und Salzfleisch auftritt, wird sogar durch Zufuhr von frischem, namentlich rohem Fleische geheilt. Die inneren Organe, wie Leber, Nieren, Herz, Hirn, Bauchspeicheldrüse und Hoden, gelten als reicher an Vitamin, besonders A und B.

Grünfütterung der Tiere erhöht den Vitamingehalt des Fleisches; langes Kochen, starkes Braten verringert ihn. Beim Kochen mit sodahaltigem Wasser, Einpökeln, Räuchern und Trocknen werden die Vitamine zerstört.

In bezug auf den Vitamingehalt der einzelnen Fleischarten ist noch anzuführen, daß Rind- und Schweinefleisch nach Untersuchungen von A. HOAGLAND und G. G. SNIDER[2] verhältnismäßig arm an Vitamin A ist, während Hammelfleisch bisweilen weniger, bisweilen aber auch etwas mehr davon enthält. A. SCHEUNERT und HERMENDÖRFER[3] fanden, daß zwei Stunden lang gekochtes Pferdefleisch reich an Vitamin A, dagegen frei von Vitamin B war. Im übrigen siehe Bd. I, S. 768f.

---

[1] Compt. rend. Paris 1911, 153, 900; Z. 1917, 34, 413.
[2] A. HOAGLAND u. G. G. SNIDER: Journ. agricult. Res. 1925, 31, 201; Z. 1930, 59, 121.
[3] A. SCHEUNERT u. HERMENDÖRFER: Biochem. Zeitschr. 1925, 156, 58; Z. 1930, 59, 121.

8. Enzyme.

Als normale Bestandteile aller lebenden Zellen sind auch in dem frischen Fleische und den anderen Teilen des tierischen Körpers und, soweit sie Erhitzung überstehen, in den daraus hergestellten Fleischwaren Enzyme enthalten. Abgesehen von den Enzymen des Magen- und Darmsaftes, die bei der Schlachtung beseitigt werden, finden sie sich besonders reichlich in den inneren Organen, in zurücktretendem Maße aber auch ständig in der Muskulatur. Nach der Zusammenstellung von Waldschmidt-Leitz und Balls (Bd. I, S. 683) sind bis jetzt nachgewiesen worden von fettspaltenden Enzymen Lipase in Pankreas, Magen, Leber und Blut, Phosphatase in Pankreas, Niere und Darm; von Proteasen Dipeptidase, Aminopolypeptidase und Prolinase im tierischen Verdauungstrakt und tierischen Organen und Geweben; Trypsin in Pankreas und Darm; Pepsin im Magen; mehrere Nucleasen in Pankreas, Leber, Niere und Blut; Amylase in Pankreas und Leber; Arginase in Leber und Niere; Katalase in fast allen tierischen Geweben, besonders der Leber. Im Muskel sind vor allem einige Zymasen (Co-Zymase, Glyoxalase) enthalten, auf deren Wirkung die Umwandlung von Kohlenhydraten in Milchsäure zurückgeführt wird. Die Bedeutung dieses Prozesses für die Genußfähigkeit des Fleisches ist in dem Abschnitte Fleischreifung (S. 701) des näheren besprochen worden. Im Blute findet sich endlich das Thrombin oder Fibrinferment, durch das Fibrinogen in unlösliches Fibrin übergeführt wird.

II. Fleischarten.

Das Fleisch der einzelnen Tierarten erfährt eine verschiedenartige Wertschätzung, die von mannigfaltigen Umständen, wie Volksgewohnheiten, wirtschaftlichen und klimatischen Verhältnissen, geschmacklichen Rücksichten, oft aber auch Vorurteilen über Nährwert und Verdaulichkeit beeinflußt und bestimmt werden. Daß Wild und Geflügel vielfach als vornehme oder Luxusspeise angesehen werden, dürfte für unser Land hauptsächlich auf ihrer verhältnismäßigen Seltenheit und dem dadurch bedingten höheren Preise beruhen, während umgekehrt der überwiegende Verbrauch an Schweinefleisch, der in Deutschland etwa 65% des gesamten Fleischverbrauchs ausmacht, auf die Billigkeit dieser Fleischart zurückzuführen sein dürfte. Die infolge der intensiven Bodenkultur zurückgegangene deutsche Schafzucht hat zum Absinken des im Orient vielfach die Hauptquelle der Fleischnahrung bildenden Hammel- und Schafflleisches auf etwa 1,3% des gesamten Fleischverbrauches beigetragen. In rein sachlicher Hinsicht d. h. soweit physikalische und chemische Beschaffenheit in Betracht kommen, läßt sich über das Fleisch der einzelnen Tierarten folgendes angeben:

1. **Rindfleisch.** Das etwa 27% des deutschen Fleischverbrauchs (13,64 kg auf den Kopf der Bevölkerung im Jahre 1931) ausmachende Rindfleisch wird wegen seines dichteren Gefüges, seines vollen kräftigen Geschmacks und seines hohen Gehaltes an Nährstoffen von weiten Kreisen der Bevölkerung als das wertvollste und nahrhafteste angesehen, um so mehr, als es die mannigfaltigste Verwendung zu Suppen, Kochfleisch und Braten zuläßt.

Völlig ausgewachsene Schnittochsen in gutem Mästungszustande und im Alter von 4—6 Jahren liefern das beste Fleisch von zarter, aber nicht weichlicher Faser. Ihm nahe steht das Fleisch vorzüglich gemästeter erwachsener nicht trächtiger Rinder bis zum 8. Jahre, sowie gut gemästeter $1^1/_2$—2 Jahre alter Stiere. Vom 12.—14. Jahre an wird das Fleisch der Kühe minderwertig. Junges Fleisch gibt saftige und zarte Braten, aber wenig gehaltreiche Fleischbrühe, während beim Fleische ausgewachsener Tiere beides gut ist.

Je nach dem Alter und dem Geschlechte der Tiere hat das Rindfleisch eine wechselnde hellrote bis dunkelbraune Farbe. Während das Fleisch junger Rinder von $^1/_2$—2 Jahren blaßrot, wenig mit Fett durchwachsen, feinfaserig, elastisch und wenig saftig ist, liefern gesunde fette Ochsen ein lebhaft rotes bis braunrotes Fleisch, das mehr oder weniger mit Fett durchwachsen ist und infolgedessen wie marmoriert aussieht. Das Fleisch abgemolkener Kühe zeigt ein helleres und derberes Aussehen.

Das Verhältnis von Muskelfleisch zu Fett unterliegt bei dem Fleische verschiedener Körperstellen großen Schwankungen, während das vom anhängenden Fett tunlichst befreite Rindfleisch eine ziemlich gleichmäßige chemische Zusammensetzung aufweist. Der Einfluß des vom Ernährungszustande abhängigen Fettgehaltes macht sich in erster Linie bei der Feststellung des Schlachtgewichtes geltend, worunter man beim Rinde im allgemeinen das Gewicht der vier Viertel, d. h. Lebendgewicht nach Abzug von Blut, Haut,

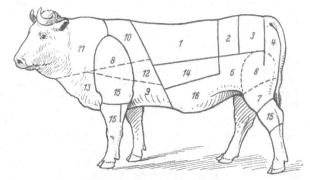

Abb. 1. Fleischklassen des Rindes.

Kopf, Füßen und Eingeweiden außer den Nieren versteht. Zur genaueren Festlegung dieses Begriffes haben die Vertreter der Schlachthausverwaltungen, der Landwirtschaft, des Fleischergewerbes und des Viehhandels aber noch Vereinbarungen getroffen, die in ihren Einzelheiten auf S. 657 mitgeteilt worden sind.

Für die einzelnen Teile des Tieres in Prozenten des Lebendgewichtes hat E. Wolff folgende Werte angegeben:

Tabelle 2. Gehalt des Ochsenkörpers an den einzelnen Teilen.

Mastzustand des Ochsen	Blut	Kopf	Zunge und Schlund	Herz	Lunge und Luftröhre	Leber	Milz	Därme	Fleisch ohne Knochen und Fett	Knochen	Fett		Abfälle
											im Fleisch	an Nieren, Netz, Darm	
	%	%	%	%	%	%	%	%	%	%	%	%	%
Mittelgenährt. .	4,7	2,8	0,6	0,4	0,7	0,9	0,2	2,0	36	7,4	2,0	4,3	38,0
Halbfett. . . .	4,2	2,7	0,6	0,5	0,7	0,8	0,2	1,5	38	7,3	7,9	5,4	30,2
Fett.	3,9	2,6	0,5	0,5	0,6	0,8	0,2	1,4	35	7,1	14,7	8,0	24,7

Wie hieraus hervorgeht, ist die Menge der Abfälle verhältnismäßig um so geringer, je fetter ein Tier ist. Das liegt daran, daß bei der Mästung einseitig Fleisch bzw. vorwiegend Fett ein- oder angelagert wird, während die Schlachtabgänge dem Gewichte nach dabei ziemlich unverändert bleiben.

Nach den Aufstellungen zahlreicher Städte beträgt der durchschnittliche Schlachtverlust bei Ochsen 40—55%, bei Kühen 42—60% des Lebendgewichtes.

Wenn demnach schon das gesamte Schlachtgewicht je nach dem Mästungszustande der Tiere großen Schwankungen unterliegt, so gilt dies in noch höherem Grade für die von den einzelnen Körperteilen gewonnenen Fleischstücke. Es ist daher üblich, die einzelnen Fleischstücke des Rindes in verschiedene Sorten (Klassen) einzuteilen, die allerdings, je nach den örtlichen Gepflogenheiten, mannigfache Abweichungen zeigen. Einen ungefähren Überblick gewährt nebenstehende Zeichnung (Abb. 1) nebst den für Berlin geltenden Klassen und Handelsbezeichnungen.

Klasse I	Klasse II	Klasse III	Klasse IV
1. Rinderbraten	7. Unterschwanzstück	10. Fehlrippe	14. Quernierenstück
2. Blume	8. Bug	11. Kamm	15. Hessen
3. Eckschwanzstück	9. Mittelbrust	12. Querrippe	16. Dünnung
4. Mittelschwanzstück		13. Brustkern	
5. Kugel			
6. Oberschale			

Eine etwas andere Einteilung gibt Grüttner[1], der die Obere Schicht, die nach Entfernung der oberen Schicht gewonnenen Stücke und die Innenfläche des Schenkels unterscheidet und noch folgende Handelsbezeichnungen anführt: Mohrend für das Schwanzstück, Spill für Kugel, ferner Sternenstück, Hüftenstück, Roastbeef, Deckel, Mäuschen, Zugenstück, Genickstück, Geschels, Nabelstück. Hinsichtlich der Lage sei auf die von Grüttner beigefügte Abbildung verwiesen.

Bezeichnet man den Wert der Klasse I mit 100, so ist Klasse II mit 75, Klasse III mit 60 und Klasse IV mit 40 anzusetzen.

Die Gruppierung in diese 4 Wertklassen wird einerseits durch den größeren oder geringeren Wohlgeschmack der einzelnen Partien, ferner ihre Ansehnlichkeit und ihre Eignung für die küchenmäßige Verwendung, besonders zur Herstellung von Braten bestimmt; daneben spielt aber auch der größere oder geringere Gehalt an Abfällen, besonders an Fettgewebe, eingewachsenen Sehnen, Knochen u. dgl., die für die Küche nur beschränkten Wert haben, eine wichtige Rolle. Unter Zugrundelegung der umfangreichen Untersuchungen von W. O. Atwater und Ch. D. Woods[2] sind für die vorstehenden vier Fleischklassen eines mittelfetten Rindes folgende ungefähren Mittelwerte berechnet worden:

Tabelle 3. Zusammensetzung der Rindfleischklassen.

Klasse	Abfälle Schwankungen %	Abfälle Mittel %	Zusammensetzung des eßbaren Teils Wasser %	Zusammensetzung des eßbaren Teils Stickstoffsubstanz %	Zusammensetzung des eßbaren Teils Fett %	Zusammensetzung des eßbaren Teils Asche %	In der Trockensubstanz Stickstoffsubstanz %	In der Trockensubstanz Fett %	In der Trockensubstanz Asche %	Preiswerteinheiten in 1 kg Eingekauftes Fleisch	Preiswerteinheiten in 1 kg Eßbarer Teil	Wärmewerte für 1 kg Eingekauftes Fleisch Cal.	Wärmewerte für 1 kg Eßbarer Teil Cal.
I	0—20	10,0	66,0	19,5	13,5	1,0	57,3	39,7	3,0	1260	1400	1978	2198
II	5—30	18,0	61,1	18,0	20,0	0,9	46,3	51,4	2,3	1230	1500	2239	2730
III	5—40	25,0	55,7	16,5	27,0	0,8	37,3	60,9	1,8	1226	1635	2482	3300
IV	15—65	35,0	62,1	18,5	18,5	0,9	48,8	48,8	2,4	962	1480	1700	2615

Aus diesen Befunden geht jedenfalls mit Sicherheit hervor, daß Fleisch der Klasse IV den anderen drei Klassen gegenüber erheblich nachsteht, weil es weit mehr Abfälle und dementsprechend geringeren Nährstoffgehalt hat. Hinsichtlich der drei anderen Klassen ist zu berücksichtigen, daß von Klasse I bis Klasse III der Gehalt an Stickstoffsubstanz und damit an sog. Nährwerteinheiten abnimmt, daß hingegen die geringeren Klassen wegen ihres ansteigenden Fettgehaltes einen höheren Wärmewert aufweisen. Das letztere tritt noch deutlicher zutage, wenn man die besseren Fleischsorten ohne Knochen und

---

[1] Grüttner: Taschenbuch der Fleischwaren-Herstellung 1932, S. 103.
[2] W. O. Atwater u. Ch. D. Woods: The chemical composition of american food materials. Washington 1896.

Sehnen in magere, mittelfette und fette Sorten zerlegt, denn dann steigen die Nährwerteinheiten von 1109 beim mageren auf 1225 beim mittelfetten und auf 1650 beim fetten Fleische, während gleichzeitig die Wärmewerte 1251, 1664 und 3195 betragen. Nach alledem besteht kein Zweifel, daß die besseren Sorten einen höheren Gehalt an Nährstoffen aufweisen.

Wesentlich anders stellt sich die für Zwecke der Massenverpflegung bedeutungsvolle Frage, in welchen Fleischsorten man die Nährwerteinheit oder das Protein am billigsten einkauft. Zu ihrer Beantwortung sind von A. BEYTHIEN[1] im Jahre 1900 Untersuchungen über die Fleischversorgung der Dresdener Arbeitsanstalt ausgeführt worden, von denen hier nur die für Rindfleisch erlangten Befunde angeführt werden mögen. Die Analyse der möglichst sorgfältig in Muskelfleisch und Fettgewebe getrennten Proben ergab im Durchschnitt folgende Werte:

Tabelle 4. Zusammensetzung von Muskelfleisch und Fettgewebe verschiedener Fleischsorten des Rindes.

Fleischsorte	Bestandteile			Muskelfleisch				Fettgewebe			
	Muskel-fleisch %	Fett-gewebe %	Knochen %	Wasser %	Protein %	Fett %	Asche %	Wasser %	Protein %	Fett %	Asche %
1. Keule . . .	64,26	19,59	16,15	71,96	21,91	5,04	1,09	13,59	4,74	81,46	0,21
2. Spannrippe.	43,03	46,67	10,30	73,98	20,30	4,64	1,08	13,89	3,27	82,63	0,21
3. Bauchfleisch	44,51	51,99	3,50	70,43	19,03	9,54	1,00	18,73	4,97	76,10	0,20

Unter Vernachlässigung des in den Knochen enthaltenen geringen Nährstoffgehaltes wurde hieraus die Zahl der in 1 kg des eingekauften Fleisches enthaltenen Nährwerteinheiten und Calorien berechnet und für 1 Mk. des damals von der Stadtverwaltung bezahlten Einkaufspreises angegeben.

Tabelle 5. Bewertung einzelner Fleischsorten des Rindes.

Fleischsorte	1 kg Fleisch enthält				1kg Fleisch kostet	Für 1 Mk. erhält man	
	Protein g	Fett g	Preiswert-einheiten	Calorien	Pfg.	Preiswert-einheiten	Calorien
1. Keule	150,08	191,98	1326,2	2401	130	1020	1852
2. Spannrippe. . .	102,61	405,60	1729,9	4193	100	1730	4193
3. Bauchfleisch . .	110,54	438,10	1867,0	4528	100	1867	4528

Zur Feststellung, wie teuer die Stickstoffsubstanz in den einzelnen Sorten zu stehen kommt, wurde der Wert des in 1 kg Fleisch enthaltenen Fettes nach dem damaligen Marktpreise von 80 Pf. für 1 kg Rindertalg berechnet und in Abzug gebracht. Es ergab sich dann, daß sich 100 g Stickstoffsubstanz in der Keule zu 74,0, in der Spannrippe zu 59,2 und dem Bauchfleisch zu 48,8 Pf. stellten. Obwohl die absoluten Zahlen zu den heutigen Marktpreisen (je 1 kg Keule 220, Spannrippe 160, Bauchfleisch 140, Rindertalg 40 Pf.) selbstredend nicht mehr passen, hat sich an dem Verhältnisse doch nichts wesentliches geändert, und es läßt sich daher angeben, daß man in den „geringeren" Fleischsorten für die Geldeinheit mehr Nährstoffe und mehr Eiweiß erhält. Wie schon angeführt wurde, sind bei dieser Art der Wertbemessung die zahlreichen Umstände, die im Kleinhandel auf den Preis des Fleisches bestimmend einwirken, wie Geschmacksrichtung der Verbraucher, Tauglichkeit zum Braten usw. außer

---

[1] A. BEYTHIEN: Z. 1901, 4, 1.

Acht geblieben, sie kann aber für Zwecke der Massenernährung eine gewisse Bedeutung erlangen.

2. Kalbfleisch. Die meist geringere Einschätzung des Kalbfleisches, die auch in dem Sprichwort „Kalbfleisch ist Halbfleisch" zum Ausdruck kommt, beruht zum Teil auf seinem höheren Gehalt an Wasser und Bindegewebe, zum Teil aber auch der irrigen Annahme der schlechteren Verdaulichkeit, die dadurch hervorgerufen wird, daß die Faser beim Zerkauen den Zähnen ausweicht, sich also schwerer zerkleinern läßt. Das Kalbfleisch ist im allgemeinen von blasser, grauer bis graurötlicher Farbe, sowie von feiner, aber etwas zäher Faser. Sein von demjenigen des Rindfleisches deutlich verschiedener Geruch ist charakteristisch und bei altschlachtenem Fleisch schwach säuerlich. Das Fett erscheint rötlichgelb bis weißgelb, schlaff und schmierig, das Knochenmark rosarot. Das Fleisch der mit Milch genährten Kälber ist auffallend blaß bis rein weiß. Für den Geschmacks- und Nährwert ist das Alter der Schlachttiere von ausschlaggebender Bedeutung. Als bestes gilt das Fleisch von 4—10 Wochen alten, gut gemästeten Tieren, während zu junge Tiere ein Fleisch von übermäßig hohem Wassergehalt (bis zu 80%) und geringer Konsistenz liefern. Nach der Schlachtordnung der meisten Städte sind daher Kälber im Alter von weniger als 10 bis 14 Tagen, nach anderen von weniger als 3 Wochen nicht als „schlachtfähig" anzusehen. Das Fleisch „nüchterner" bzw. unreifer, nur 1 bis 3 Tage alter, sowie zu früh oder

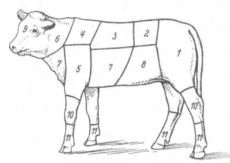

Abb. 2. Fleischklassen des Kalbes.

ungeborener Kälber ist vom Reichsgericht als verdorben beurteilt worden und überhaupt vom Verkehr auszuschließen. Es darf auch nicht zu Wurst verarbeitet werden.

Zur Bestimmung des Alters geht man vielfach von der Annahme aus, daß schlachtfähige Kälber mindestens 6 oder 8 Schneidezähne haben sollen. Da aber nach G. Schneidemühl[1] auch neugeborene Kälber oft 8 Schneidezähne haben, empfiehlt er, statt dessen die Beschaffenheit des Zahnfleisches heranzuziehen. Dieses umschließt unmittelbar nach der Geburt die Zähne fast vollständig, zieht sich nach einigen Tagen unter allmählichem Verblassen mehr und mehr zurück, läßt nach 10 Tagen die meisten Zähne frei und umgibt nach 4 Wochen die sämtlich freiliegenden Zähne als blaßrötlicher Wulst. Als weiteres Merkmal gilt die Beschaffenheit des Nabels, der 4—5 Tage nach der Geburt einzutrocknen beginnt und nach 8—12 Tagen meist abfällt, worauf unter allmählicher Verminderung der Anschwellung Vernarbung eintritt und nach 4 Wochen ihren Abschluß erreicht. Die Klauen endlich sind unmittelbar nach der Geburt weich und ohne jede Spur von Abnutzung. Einige Tage später wird das Horn fest und deutliche Abnutzung sichtbar.

Neben dem Alter bedingt auch die Art des Schlachtens den Nährwert. Zur Erzielung recht weißen Fleisches wird bisweilen durch starkes Ausblutenlassen möglichst alles Blut entzogen, während man in anderen Fällen das Blut und dessen wertvolle Salze darin beläßt. Das früher bisweilen beobachtete Aufblasen des Kalbfleisches ist als eine arge Verfälschung zu beurteilen. Zur Ermittlung des Schlachtgewichtes pflegt man die auf S. 657 angegebenen Teile als Abfall außer acht zu lassen.

Der Abfall ist im allgemeinen beim Kalbe verhältnismäßig größer als beim ausgewachsenen Rinde; das Schlachtgewicht beträgt etwa 30—40, im Mittel etwa 35%.

---

[1] G. Schneidemühl: Milch-Ztg. 1890, **19**, 61 u. 81.

Die Klasseneinteilung entspricht, wie aus vorstehender Abb. 2 hervorgeht, etwa derjenigen des Rindes. Man rechnet als

Klasse I	Klasse II	Klasse III	Klasse IV
1. Keule (Hinterschenkel, Schwanzstück)	3. Rücken	6. Hals	9. Kopf
2. Nierenbraten	4. Kamm	7. Brust	10. Füße
	5. Bug (Vorderbein)	8. Bauch	

Neben diesen Namen werden auch noch einige andere Bezeichnungen, wie Kalbskotelett für Teile des Kamms und des Rückens, Schulter für Bug, Frikandeau für den vorderen Abschnitt der Keule usw. angewandt.

Nach den vorliegenden Untersuchungen lassen sich für diese Fleischklassen von einem mittelfetten Kalbe folgende Werte anführen:

Tabelle 6. Zusammensetzung und Bewertung der Fleischklassen des Kalbes.

Klasse und Sorte	Abfälle		Zusammensetzung des eßbaren Teils				Preiswerteinheiten in 1 kg		Wärmewerte für 1 kg		Nh : Nf wie 1 :
	Schwankungen %	Mittel %	Wasser %	Protein %	Fett %	Asche %	Eingekauftes Fleisch	Eßbarer Teil	Eingekauftes Fleisch Cal.	Eßbarer Teil Cal.	
I. Keule	2—15	10	72,5	20,4	6,0	1,1	1080	1200	1390	1544	0,7
Nierenstück .	13—20	17	69,5	19,5	10,0	1,0	1058	1275	1554	1873	1,3
II. Klasse . . .	11—40	23	70,0	20,0	9,0	1,0	978	1277	1389	1804	1,1
III. „ . . .	15—45	25	69,0	19,5	10,5	1,0	967	1290	1439	1919	1,3
IV. „ . . .	20—64	50	73,6	19,8	5,5	1,1	577	1155	735	1469	0,7
Ganz mager . . .	—	—	77,8	20,0	1,0	1,2	—	1030	—	1060	0,1

Das Kalbfleisch ist in seiner chemischen Zusammensetzung weit weniger großen Schwankungen unterworfen wie das Rindfleisch, hauptsächlich wegen seines geringeren Fettgehaltes, der selbst bei einem fetten Kalbe kaum jemals über 20% hinausgeht. Der Wassergehalt ganz mageren Kalbfleisches steigt bis zu 79%, derjenige embryonalen Fleisches bis zu 85%. Der Gehalt an leimgebenden Stoffen ist größer als beim Rindfleisch und beträgt nach v. BIBRA, SCHLOSSBERGER und SIEGERT 2,5—3,0% neben 1,6% Albumin und 15,5% Muskelfaser. Im übrigen ist für die Preise der verschiedenen Stücke Kalbfleisch weniger die Zusammensetzung als der Geschmack maßgebend.

Abb. 3. Fleischklassen des Schafes.

3. **Hammel- oder Schaffleisch.** Das Hammelfleisch spielt in der deutschen Küche, im Gegensatz zu Frankreich, wo es dem Rindfleisch gleich geschätzt wird, nur eine untergeordnete Rolle. Seitdem durch den Übergang vom extensiven auf den intensiven landwirtschaftlichen Betrieb, die Schwierigkeit der Wolleverwertung und andere Ursachen die Schafzucht beständig zurückgegangen ist, bis auf 4 Millionen Stück im letzten Jahre, gibt es weite Landstriche, in denen der Genuß des Schaffleisches völlig unbekannt ist, und viele Volksgenossen, denen der eigenartige Geschmack nicht zusagt. Trotzdem bildet es ein wertvolles Nahrungsmittel, das, richtig zubereitet (gekocht oder gebraten) und möglichst heiß angerichtet, von vielen Personen als Delikatesse geschätzt wird.

Das Hammel-, Schaf- oder Schöpsenfleisch, bei jungen Tieren auch **Lamm-fleisch** genannt, hat feinere und dichtere Faserung als Rindfleisch und eine hell- bis ziegelrote in höherem Alter dunkel- bis braunrote Farbe. Eigentliche Durchwachsung kommt nicht vor, wohl aber zeigt sich bei gemästeten Tieren reichliche Fettablagerung zwischen den Muskeln, sowie in der Subcutis und der Nierenkapsel. Der Talg ist rein weiß, hart, fast spröde und geruchlos; das Knochenmark steif, leicht rötlich. Hammel liefern im Alter von 2—4 Jahren das beste Fleisch, und zwar besonders im Herbste. Um das Schlachtgewicht zu ermitteln, zieht man vom Lebendgewichte dieselben Teile wie beim Kalbe ab. Es ist selbstredend wie beim Rind um so größer, je fetter das Schaf ist, und kann nach den Feststellungen der deutschen Schlachthöfe im Durchschnitt zu etwa 53% des Lebendgewichtes angenommen werden.

Die Zerteilung erfolgt nach dem in Abb. 3 gezeichneten Schema. Die einzelnen Stücke werden in folgende drei Klassen unterschieden:

Klasse I	Klasse II	Klasse III
1. Rücken (Karré, Karbonade)	3. Bug (Vorderschenkel und Kamm)	4. Brust und Bauch
2. Keule (Hinterschenkel)		5. Hals
		6. Kopf

Daß auch hier wie bei den früher besprochenen Fleischsorten der Gehalt an Sehnen, Knochen und anderem Abfall bei den teureren Klassen am niedrigsten, und dementsprechend der Nährwert bei diesen am größten ist, geht wiederum aus folgender Zusammenstellung hervor:

Tabelle 7. Zusammensetzung und Bewertung der Fleischklassen des Hammels.

Klasse	Abfälle		Zusammensetzung des eßbaren Teils				Preiswerteinheiten in 1 kg		Wärmewerte für 1 kg		Nh : Nf wie 1 :
	Schwankungen	Mittel	Wasser	Protein	Fett	Asche	Eingekauftes Fleisch	Eßbarer Teil	Eingekauftes Fleisch	Eßbarer Teil	
	%	%	%	%	%	%			Cal.	Cal.	
I. Rücken .	9—15	11,5	47,5	15,2	36,5	0,8	1642	1855	3654	4129	6,0
Keule. .	5—20	17,5	63,0	18,5	17,5	1,0	1196	1450	2080	2522	2,3
II. Klasse .	14—26	21,0	51,0	14,5	33,6	0,9	1369	1733	3022	3825	5,8
III. Klasse .	17—35	25,0	58,5	16,5	24,1	0,9	1161	1548	2982	3042	3,6
Fett	—	—	52,3	17,0	29,8	0,9	—	1744	—	3593	4,2
Mager . . .	—	—	76,0	17,0	5,8	1,2	—	1024	—	1361	0,8

Obwohl auch hier die besseren Klassen in der Regel die nährstoffreicheren sind, wird doch ebenso wie beim Rind- und Kalbfleisch ihr höherer Preis mehr durch die Geschmacksrichtung der Verbraucher bestimmt. Daß man in den geringeren Sorten für die Geldeinheit mehr Nährstoffe erhält als in dem Fleisch der besseren Klassen geht aus folgenden Feststellungen von A. BEYTHIEN (vgl. S. 665) hervor.

Tabelle 8. Bestandteile der Fleischsorten des Hammels.

Fleischsorte	Bestandteile			Muskelfleisch				Fettgewebe			
	Muskelfleisch	Fettgewebe	Knochen	Wasser	Protein	Fett	Asche	Wasser	Protein	Fett	Asche
	%	%	%	%	%	%	%	%	%	%	%
Hinterkeule	54,16	30,45	15,39	74,02	18,86	6,14	1,08	11,16	3,11	85,50	0,23
Vorderblatt	56,61	25,38	18,01								
Hals, Kamm	43,81	45,17	18,09	72,70	20,54	5,75	1,01	8,27	2,92	88,62	0,19
Bauchfleisch	46,71	43,49	10,96								

Aus diesen Analysen berechnen sich unter Außerachtlassung des geringen Nährstoffgehaltes der Knochen für die Zusammensetzung des Fleisches und für die Summe der für 1 Mk. erlangten Preiswerteinheiten folgende Zahlen:

Tabelle 9. Zusammensetzung und Bewertung der Fleischsorten des Hammels.

Fleischsorte	1 kg Fleisch enthält				1 kg Fleisch kostet Pfg.	Für 1 Mk. erhält man	
	Protein g	Fett g	Preiswert- einheiten	Calorien		Preiswert- einheiten	Calorien
Hinterkeule . .	111,10	293,60	1436,3	3185	140	1026,7	2275
Vorderblatt . .	114,10	251,80	1325,9	2809	130	1019,9	2161
Hals, Kamm. .	103,30	425,50	1793,1	4381	140	1280,8	3129
Bauchfleisch . .	115,50	412,30	1814,4	4308	120	1512,0	3591

Wie beim Rindfleisch stellt sich also auch hier in dem weniger geschätzten Bauchfleisch die Nährwerteinheit und die Calorie am billigsten, und dasselbe gilt von dem Preise der Stickstoffsubstanz, von der 100 g in der Keule 101,3, im Vorderblatt, Hals, Kamm oder Rücken 93—98, im Bauchfleisch aber nur 71,7 Pf. kosten.

4. Ziegenfleisch. Hinsichtlich des Ziegenfleisches gilt im allgemeinen das für Hammelfleisch gesagte. Es spielt ebenfalls, im Gegensatze zum Orient, in Deutschland nur eine untergeordnete Rolle, zum Teil, weil die Ziege in Deutschland nicht als Schlachttier, sondern der Milcherzeugung wegen gehalten wird, zum Teil, weil es wegen seines eigenartigen Geruchs als minderwertig gilt. Der sog. Bocksgeruch ist aber nicht dem Fleische selbst eigentümlich, sondern tritt nach Untersuchungen von Rost[1], Honneker[2], H. Zeeb[3], Haase[4] und Betscher[5] nur dann auf, wenn die Tiere unsauber geschlachtet werden, so daß der Geruch von der mit Harn besudelten Haut auf das Fleisch übergeht. Die geringere Güte manchen Ziegenfleisches erklärt sich daraus, daß meist nur ältere trockenstehende Tiere zur Schlachtung kommen, hingegen sind junge, wenige Wochen alte Ziegenböcke (Kitze) zum Braten gut geeignet.

Das Ziegenfleisch ist im allgemeinen heller als Schaffleisch, doch wechselt die Farbe je nach dem Alter von hell- bis dunkelrot. Eigenartig ist das nahezu völlige Fehlen des dem Hammelfett ähnlichen Fettes in der Unterhaut und zwischen den Muskeln gegenüber der starken Fettanhäufung in der Bauchhöhle, besonders an den Nieren.

Der Schlachtabfall beträgt etwa 21—28%, für die Zusammensetzung der einzelnen Stücke fand J. König folgende Werte:

Tabelle 10. Zusammensetzung und Bewertung des Ziegenfleisches.

Fleischsorte	Abfälle (Knochen und Sehnen) %	Zusammensetzung des eßbaren Teils						Preiswerteinheiten in 1 kg		Wärmewerte für 1 kg	
		Wasser %	Protein %	Albumin %	Leimgebende Substanz %	Fett %	Asche %	Eingekauftes Fleisch	Eßbarer Teil	Eingekauftes Fleisch Cal.	Eßbarer Teil Cal.
1. Keule	22,3	74,20	20,56	2,61	3,61	3,76	1,29	886	1141	1044	1344
2. Rückenfleisch .	28,3	73,98	20,78	0,68	2,94	3,96	1,24	830	1158	984	1373
3. Nierenstück. .	21,0	73,41	20,99	1,11	3,77	4,15	1,23	927	1174	1007	1401
4. Bruststück . .	22,0	73,55	20,25	—	3,55	4,83	1,27	902	1157	1118	1428

[1] Rost: Ziegenzüchter 1908, Nr. 52.
[2] Honneker: Zeitschr. Fleisch- u. Milchhyg. 1909, 19, 252.
[3] H. Zeeb: Zeitschr. Fleisch- u. Milchhyg. 1909, 19, 309.
[4] Haase: Zeitschr. Fleisch- u. Milchhyg. 1909, 19, 355.
[5] Betscher: Zeitschr. Fleisch- u. Milchhyg. 1909, 19, 390.

Dem niedrigen Fettgehalte entsprechend ist der Wassergehalt weit höher als bei allen vorher besprochenen Fleischarten.

Infolge der klebrigen Beschaffenheit der Unterhaut bleiben beim Abhäuten der Ziegen an dem Fleische vielfach Haare kleben, an denen man die Herkunft leicht zu erkennen vermag.

5. Schweinefleisch. Das Schweinefleisch nimmt nach dem Rindfleische — in Deutschland, wo sein Verbrauch 65 % des ganzen Fleischverbrauchs ausmacht, sogar vor diesem — die erste Stelle ein. Das liegt einerseits daran, daß das Schwein überaus fruchtbar ist und zweimal im Jahre reichlichen Zuwachs bringen kann, ferner daran, daß es sich gegenüber anderen Haustieren leicht und billig mästen läßt, daß fast alle Teile des Tierkörpers, selbst die Haut und das Blut, zur menschlichen Ernährung geeignet sind, und daß sich das Fleisch bei seinem hohen Fettgehalte sehr leicht aufbewahren läßt.

Die Verwendung des Schweinefleisches läßt sich bis in das Altertum zurückverfolgen. Abgesehen von den Ägyptern, Juden und Mohamedanern, denen sein Genuß durch religiöse

Satzung, vielleicht auch aus sanitären Gründen, verboten war, erfreute es sich bei den meisten heidnischen Völkern großer Wertschätzung. In der Odyssee spendet Homer dem göttlichen Sauhirten Eumäus hohes Lob, und auch bei den alten Römern galt es als Delikatesse. Bei den Germanen läßt sich die Schweinezucht nach M. HEYNE[1] durch sprachliche Ableitung des Wortes swin bis in die ersten Anfänge ihrer Geschichte zurückverfolgen. Sie legten allerdings, so weit zu ersehen, auf Zuchtwahl und Rasse keinen besonderen Wert, sondern beschränkten sich meist auf die Vermehrung durch Hauszucht. Die Tiere wurden meist

Abb. 4. Fleischklassen des Schweines.

einfach in die Eichen- und Buchenwälder getrieben, um sie hier mit den abgefallenen Eicheln und Bucheckern zu mästen. Einzelne Gegenden der germanischen Lande waren in bezug auf Schweinezucht seit alters besonders bekannt, so die belgischen Niederlande, wo große Herden im Freien herumliefen und daher wie wild wurden, ebenso das Gebiet der Angelsachsen und Westfalen, das schon nach dem alten Rom seine Schinken lieferte. In vielen kleinen Ortschaften Nordwestdeutschlands und in anderen Ländern, wo frisches Rind- und anderes Fleisch nur selten zu haben ist, pflegt man noch jetzt in den Haushaltungen während des Winters eines oder mehrere Schweine zu mästen und zu schlachten, um von dem eingepökelten und geräucherten Fleische als Vorrat das ganze Jahr zu zehren.

Das Schweinefleisch macht in Form von Schinken, Speck und Würsten den wesentlichen Teil der Fleischdauerwaren aus und bildet auf diese Weise sowohl einen Leckerbissen für den Begüterten als ein wichtiges Nahrungsmittel der minderbemittelten Kreise.

Das Fleisch von nicht zu alten Mastschweinen ist blaß- bis rosarot, zum Teil weiß (blasse Muskeln), von geringer Konsistenz und feiner Faser. Es ist stark mit Fett durchwachsen, das auch die größeren Muskelbündel umhüllt, und an seiner derben, festen, feinkörnigen Struktur, sowie seiner rein weißen Farbe leicht erkannt werden kann. Die Muskeln des Schweins zeigen auffallender als bei anderen Tieren eine nach den Körpergegenden verschiedene, zwischen hell rosa bis dunkelrot schwankende Färbung, die je nach Alter, Geschlecht, Rasse und Ernährung der Tiere mehr oder weniger ausgeprägt sein kann.

Alte Eber liefern ein sehr dunkles, wenig durchwachsenes, grobfaseriges und zähes Fleisch mit nicht selten gelbem, harten oder gummiartigen Fett. Das Fleisch solcher Eber sowie dasjenige von Kryptorchiden (Innen- oder Spitzeber), bei denen die Hoden in der Bauchhöhle oder im Leistenkanal zurückgeblieben sind, besitzt oft einen unangenehmen Harn- oder Geschlechtsgeruch, der aber vielfach erst beim Kochen und Braten hervortritt.

Gekochtes Schweinefleisch unterscheidet sich von dem grauen bis dunkelgrauen gekochten Fleische der übrigen Schlachttiere durch seine weißgraue bis weißliche Farbe.

---

[1] M. HEYNE: Das Deutsche Nahrungswesen, S. 179. Leipzig: S. Hirzel 1901.

Für die Beschaffenheit, insbesondere den Wohlgeschmack des Fleisches ist gerade beim Schweine die Art des Futters von ausschlaggebender Bedeutung. Überwiegende Kartoffelnahrung liefert ein geschmackloses und wäßriges, Fütterung mit größeren Mengen Fleischfuttermehl, Fischmehl und Bucheckern ein tranig schmeckendes Fleisch.

Das Schwein hat unter allen Schlachttieren bei seinem hohen Fettgehalte das höchste Schlachtgewicht. Zu den Schlachtabfällen, die etwa 15—25, im Durchschnitt 20%, ausmachen, rechnet man handelsüblich a) die Eingeweide der Brust-, Bauch- und Beckenhöhle nebst Zunge, Luftröhre und Schlund, jedoch mit Ausnahme der Nieren und des Schmers (Flomen, Liesen), b) bei männlichen Schweinen die äußeren Geschlechtsteile.

Die einzelnen Fleischstücke werden, wie aus Abb. 4 hervorgeht, in nachstehende 4 Klassen und 8 Sorten eingeteilt:

Klasse I	Klasse II	Klasse III	Klasse IV
1. Schinken (Keulen)	4. Kamm	6. Bauch	7. Kopf mit
2. Rückenstück	5. Vorderschinken und		Backen
3. Koteletten	Bruststück		8. Beine

Die chemische Zusammensetzung der wesentlichsten Fleischsorten eines mittelfetten Schweines geht aus folgender Zusammenstellung hervor:

Tabelle 11. Zusammensetzung und Bewertung der verschiedenen Fleischklassen des Schweines.

Klasse und Sorte	Abfälle		Zusammensetzung des eßbaren Teils				Preiswerteinheiten in 1 kg		Wärmewerte für 1 kg	
	Schwankungen	Mittel	Wasser	Protein	Fett	Asche	Eingekauftes Fleisch	Eßbarer Teil	Eingekauftes Fleisch	Eßbarer Teil
	%	%	%	%	%	%			Cal.	Cal.
I. Schinken . .	11—58	42	62,8	18,5	17,7	1,0	844	1456	1473	2540
Rücken . . .	11—21	16	52,0	16,8	30,3	0,9	1464	1743	3049	3630
II. Klasse . . .	7—55	45	51,5	15,1	32,6	0,8	953	1733	2069	3761
III. „ . . .	50—70	55	52,5	16,2	30,6	0,7	778	1728	1633	3625
IV. „ . . .	50—75	65	45,3	12,7	41,3	0,7	656	1874	1559	4459
Fleisch, fett . .	—	—	47,5	14,5	37,3	0,7	—	1844	—	4170
Fleisch, mager. .	—	—	72,5	20,1	6,3	1,0	—	1194	—	1557

Wie bei dem Fleisch der übrigen Schlachttiere fällt auch hier im allgemeinen der Nährstoffgehalt von den Sorten der Klasse I bis zu denjenigen der Klasse IV.

Wie sich die Beurteilung aber bei gleichzeitiger Berücksichtigung des Einkaufspreises stellt, geht aus folgenden von A. Beythien[1], unter Berücksichtigung der S. 665 mitgeteilten Gesichtspunkte, ausgeführten Analysen hervor.

Tabelle 12. Gehalt verschiedener Fleischsorten des Schweins.

Fleischsorte	Bestandteile				Muskelfleisch				Fettgewebe			
	Muskelfleisch	Fettgewebe	Knochen	Schwarte	Wasser	Protein	Fett	Asche	Wasser	Protein	Fett	Asche
	%	%	%	%	%	%	%	%	%	%	%	%
1. Keule . . .	48,72	33,85	9,35	8,08	74,30	21,13	3,38	1,19	12,80	3,78	83,25	0,17
2. Vorderblatt	53,22	27,56	11,65	7,57								
3. Hals, Kamm	43,54	43,13	9,59	3,74	70,56	21,82	6,54	1,08	5,28	2,52	92,08	0,12
4. Rücken . .	36,54	51,79	6,51	5,16	64,93	19,75	14,37	0,95	5,04	1,84	93,02	0,10
5. Bauchfleisch	34,53	54,39	2,54	8,54	71,11	22,05	5,70	1,14	11,81	3,47	84,52	0,20

[1] A. Beythien: Z. 1901, 4, 1.

Läßt man die geringen, in den Knochen und der Schwarte enthaltenen Nährstoffmengen wiederum außer Ansatz, so berechnen sich unter Zugrundelegung der damals gezahlten Preise folgende Werte:

Tabelle 13. Bewertung verschiedener Fleischsorten des Schweins.

Fleischsorte	1 kg Fleisch enthält				1 kg Fleisch kostet	Für 1 M. erhält man		
	Protein g	Fett g	Preis-weitein-heiten	Calorien	Pf.	Preis-weitein-heiten	Calorien	Protein g
1. Keule	115,75	298,27	1463,6	3228,9	140	1046,8	2306,4	119,2
2. Vorderblatt . .	122,87	247,43	1356,6	2804,9	130	1043,6	2160,5	131,2
3. Hals, Kamm .	105,86	425,60	1806,1	4392,1	130	1389,3	3378,5	142,2
4. Rücken . . .	81,72	534,30	2011,5	5304,0	140	1436,8	3788,6	115,1
5. Bauchfleisch. .	95,01	479,38	1913,2	4847,8	120	1594,4	4039,8	182,8

Für die Massenernährung stellen sich demnach auch beim Schweinefleisch die geringeren Sorten, wenn man vom Geschmackswert absieht, als die Träger billigerer Nährstoffe. Auf die von BEYTHIEN für die entsprechenden Sorten geräucherten Schweinefleisches ermittelten Befunde, die sich in ähnlicher Richtung bewegen, kann nur verwiesen werden.

6. Pferdefleisch. Der bei den meisten Verbrauchern bestehende Widerwille gegen das Pferdefleisch beruht in erster Linie auf einem Vorurteil, dessen Ursprung durch die Geschichtsforschung völlig klargestellt worden ist.

Bei den alten Germanen war das Pferdefleisch sehr geschätzt[1] und bildete bei ihren Opferfesten sogar den Feiertagsbraten, bis es von den Bringern des Christentums zur Bekämpfung des Götterglaubens verächtlich gemacht, und schließlich von Papst Gregor III der Genuß verboten wurde. Erst als im Jahre 1825 eine französische Kommission und später 1856 Geoffroy St. Hilaire für die Verwendung des Pferdefleisches als eines guten Nahrungsmittels eingetreten war, wurde es auch in Deutschland wieder zu dem genießbaren Fleische gezählt. Mitbestimmend war dafür die Bemühung der Tierschutzvereine, die dadurch verhindern wollten, daß alte, krüppelhafte Pferde in tierquälerischer Weise bis zum äußersten Rest ihrer Kraft durch die Arbeit erschöpft wurden.

Trotzdem bleibt der andere sachliche Grund für die Abneigung gegen den Genuß von Pferdefleisch bestehen. Er liegt darin, daß die Aufzucht und Pflege des Pferdes gegenüber den anderen Haustieren viel zu kostspielig ist, um das Schlachten gesunder und wohlgenährter Tiere zu gestatten, und daß daher meist nur abgetriebene, ·alte oder durch Unglücksfälle aller Art (durch Krankheiten) beschädigte Tiere geschlachtet wurden. Seitdem aber in Deutschland alle Pferdeschlächtereien der tierärztlichen Kontrolle unterliegen, besteht keine Gefahr mehr, daß kranke oder sehr abgemagerte Tiere zum Handel zugelassen werden. Sicher steht soviel fest, und ich kann es aus eigener Erfahrung bestätigen, daß das Fleisch von einem jungen wohlgenährten Pferde, das vielleicht nur wegen Beinbruchs oder sonstiger, rein äußerlicher Beschädigung geschlachtet werden mußte, außerordentlich wohlschmeckend ist, und in Form von ,,Beefsteak'', Filetbraten usw. an Zartheit und Saftigkeit dem Rindfleisch durchaus ebenbürtig ist. Im Hinblick auf den schwach süßlichen Geschmack erscheint die Zubereitung als Sauerbraten besonders geeignet. Bei der ebenfalls sehr schmackhaften Pferdefleischbrühe empfiehlt sich die möglichste Entfernung des Fettes, da die gelben Fetttropfen einen ungewohnten Anblick hervorrufen.

Das Pferdefleisch hat im allgemeinen eine auffallende, dunkelrote, braunrote bis braune Farbe, die bei längerem Liegen einen bläulichen Schimmer erhält und in Schwarzbraun bis Schwarz übergeht. Die Fleischfasern sind fein, eng miteinander verbunden und leicht zerquetschbar. Das nicht eingewachsene,

---

[1] M. HEYNE: Das Deutsche Nahrungswesen, S. 171. Leipzig: S. Hirzel 1901.

sondern angelagerte Fett zeigt bei älteren Tieren eine weiche körnige Konsistenz und hellcitronengelbe bis dunkelgelbe Farbe, während es bei jüngeren, gut genährten Tieren mehr weiß und fest erscheint. Das Knochenmark ist wachsgelb und schmierig.

Um einen ungefähren Überblick über die Zusammensetzung des Pferdefleisches zu gewähren, seien mangels neuerer Untersuchungen einige Analysen aus älterer Zeit[1] angeführt·

Tabelle 14. Zusammensetzung von Pferdefleisch.

Art des Fleisches		Wasser %	Protein %	Fett %	N-freie Extraktstoffe %	Asche %
Von mageren Pferden	Schwankungen	73,2—79,3	18,9—23,3	0,5—2,0	—	—
	Mittel	75,8	21,7	1,2	1,3	1,0
Von gut genährtem Pferd	Hinterviertel	73,2	21,0	3,1	1,1	1,1
	Bruststück .	61,4	21,3	15,6	0,7	1,0

Wie hieraus ersichtlich wird, ist das Pferdefleisch durchweg fettarm, ähnelt aber im übrigen nach Zusammensetzung und Nährwert dem Fleische der Schlachttiere. Der Gehalt an Nährwerteinheiten beträgt bei den mageren Sorten 1060—1180, bei dem fetteren Fleische 2350, die Calorien erreichen 1130—1150 bzw. 1540. Als charakteristischen Bestandteil enthält das Pferdefleisch größere Mengen Glykogen als die übrigen Schlachttiere; seine Menge wird zu 0,3 bis 0,9%, entsprechend 1,2—5,1% der Trockensubstanz angegeben. Auch ist im Pferdefleische ein mäßiger aber deutlicher Gehalt an den Vitaminen A, B und C vorhanden.

Nach Angabe von PFLÜGER[2] soll ausschließliche Fütterung mit Pferdefleisch bei einem Hunde starke Durchfälle hervorgerufen haben, die erst nach Zugabe geringer Mengen Fett oder Reisbrei wieder verschwanden. Als Ursache dieser Erscheinung betrachtet er die Anwesenheit von Jecorin.

7. Geflügelfleisch. Als Geflügel, im engeren Sinne wohl auch Hausgeflügel, bezeichnet man alle Vogelarten, die zum Zwecke der Fleischgewinnung als Haustiere gezogen und geschlachtet werden. Man rechnet zu ihnen hauptsächlich das Huhn, die Gans, die Ente, die Taube, die Pute und das Perlhuhn, im weiteren Sinne bisweilen auch den Pfau und den Schwan.

Die Farbe des Fleisches zeigt je nach der Gattung, dem Alter, insbesondere aber der Körpergegend große Unterschiede. Das hellste Fleisch liefert die Brustmuskulatur, während die hinteren Extremitäten dunkleres Fleisch aufweisen. Nach diesen, auf dem wechselnden Hämoglobingehalte beruhenden Schwankungen pflegt man in der Praxis ganz allgemein das Geflügel in solches mit weißem Fleische (Haushuhn, Perlhuhn, Truthahn, Pfau) und in solches mit dunklerem sog. schwarzem Fleische (Gans, Ente, Taube) zu unterscheiden. Das weiße Fleisch gilt als leichter verdaulich und weniger nahrhaft als das schwarze Fleisch.

Die Beschaffenheit, insbesondere der Geschmack des Fleisches wird von zahlreichen Umständen beeinflußt.

Die Fütterung mit Fischfutter ruft bei Gänsen und Enten einen tranigen oder fischigen Geruch und Geschmack hervor, der auch bei dem Fleisch von Enten, die mit Küchenabfällen

---

[1] LEYDER u. PYRO: Journ. Méd. Bruxelles 1874, 463. — P. PETERSEN: Zeitschr. Biol. 1871, 7, 166. — J. KÖNIG u. L. MUTSCHLER: Chemische und technische Untersuchungen der Versuchsstation Münster 1877, S. 166. — VAN DEN DRIESEN: Pharm. Weekbl. 1909, 46, 1211; Z. 1911, 21, 114.

[2] PFLÜGER: Pflügers Archiv der gesamten Physiologie 1900, 80, 111.

und Fleischresten aufgezogen sind, hervortritt. Dagegen sollen gut entfettetes Tierkörpermehl und Fischmehl nach Gregger[1] keine ungünstige Wirkung äußern. Bei Puten sollen Ölkuchen, sowie Abfälle von Ölfabriken und Hanf, bei Tauben Leinsamen zur Entstehung tranigen Fleisches führen. Niebel[2] stellte das Auftreten eines bitteren Geschmacks nach übermäßiger Fütterung mit Kohlrüben fest.

Das Alter der Tiere äußert sich wie bei den Säugetieren in der Weise, daß junge Tiere ein zarteres, mürberes Fleisch haben, während ältere Tiere eine kräftigere Brühe geben. Von den Hühnern sind die 1jährigen die besten, obschon auch noch gut gehaltene 2jährige Tiere zum zarten Geflügel gerechnet werden. Ältere Hühner, deren Fleisch einen Stich ins Bläuliche aufweist, eignen sich nur noch zur Suppe. Mit dem Eintritt der Geschlechtsreife, bei Tauben bis zum 6., bei Hühnern bis zum 9. Monat, verliert das Fleisch an Zartheit und die Knochen werden härter.

Das Geschlecht hat denselben Einfluß wie bei den Säugetieren, indem das Fleisch der Männchen voller und kräftiger schmeckt, während das Fleisch der Weibchen zarter ist. Kastrierte Männchen (Kapaune) und kastrierte Weibchen (Poularde) vereinigen beide Eigenschaften.

Langdauernde Aufbewahrung in Kühl- und Gefrierräumen (Eisgänse, Russische Gänse) übt auf den Geschmack einen überaus ungünstigen Einfluß aus und soll bei nicht ausgenommenem Geflügel sogar zum Übergang giftiger Stoffe führen. Es empfiehlt sich daher, das Fleisch bald zu verwenden, da ein „Reifenlassen" überflüssig ist und die Zubereitung gleich nach dem Schlachten, wenn das Tier noch warm und die Muskelstarre noch nicht eingetreten ist, erfolgen kann.

Das Geflügelfleisch ist im großen und ganzen als eine teure Speise anzusehen, da einerseits die kostspielige Unterhaltung, andererseits der verhältnismäßig große Anteil an Knochen und anderen Abfällen den Preis ungünstig beeinflussen.

Über die Schlachtergebnisse von je 3 Gänsen und Enten machte Römer folgende Angaben:

Tabelle 15. Menge der einzelnen Teile von Gänsen und Enten.

Gewicht	Gänse			Enten		
	1. kg	2. kg	3. kg	1. kg	2. kg	3. kg
der lebenden Tiere	4,937	5,050	4,800	1,760	1,780	1,830
„ bratfähigen Tiere.	3,600	3,510	3,535	1,350	1,210	1,320
„ Abfälle	1,337	1,540	1,265	0,450	0,530	0,420
davon Kopf, Blut, Füße, Flügel. .	0,747	0,840	0,665	0,225	0,245	0,250
Schweißfedern, Flaum	0,262	0,260	0,210	0,075	0,095	0,090
Darm, Magen und Inhalt. . . .	0,330	0,440	0,390	0,150	0,190	0,170
	%	%	%	%	%	%
des bratfähigen Tieres	72,92	69,50	73,65	74,43	70,22	72,13
der Abfälle	27,08	30,50	26,35	25,57	29,78	27,87

J. König ermittelte das Gewicht der Abfälle bei fetter Gans zu 18,9, bei einem fetten Huhn zu 25,6 und bei einem jungen Hahn zu 29,6% des Lebendgewichtes, während Atwater für einen mittelfetten Truthahn 35,4 und für einen jungen, fast mageren Hahn sogar 41,6% angibt.

Die Zusammensetzung des Fleisches geht aus folgender, auf Grund der nicht besonders zahlreichen Analysen abgeleiteter Tabelle hervor, deren Werte größtenteils von J. König, C. Krauch und Allendorff[3], ferner von A. Stutzer[4] W. O. Atwater und Woods[5] u. a. ermittelt worden sind.

Die Stickstoffsubstanz des Geflügelfleisches enthält nach Schlossberger und v. Bibra nur wenig leimgebende Substanz (1,2—1,5%), und es bildet daher aus diesem Grunde, wie auch wegen seines hohen Gehaltes an Kreatin

---

[1] Gregger: Inaug.-Dissert. Bern 1910.

[2] Niebel: Zeitschr. Fleisch- u. Milchhyg. 1896, 6, 3.

[3] J. König: Chemie der menschlichen Nahrungs- und Genußmittel, Bd. I, S. 41. Berlin: Julius Springer 1903.

[4] A. Stutzer: Repert. analyt. Chem. 1882, 168.

[5] W. O. Atwater u. Woods: Bulletin Nr. 28, Washington 1896.

und anderen Fleischbasen, ferner seines angenehmen Geschmacks und der leichten Verdaulichkeit eine beliebte Zugabe der Krankenkost.

Tabelle 16. Schwankungs- und Mittelwerte von Geflügelfleisch.

Art des Geflügels	Wasser	Protein	Fett	Stickstoff- freie Extrakt- stoffe	Asche
	%	%	%	%	%
Haushuhn	65,2—76,5 72,22	18,5—24,5 21,33	1,4—14,4 4,55	0—2,5 0,75	0,9—1,4 1,15
Truthahn	49,5—66,1 55,50	18,9—23,9 20,60	8,7—30,7 22,90	— —	0,9—1,3 1,00
Ente (wilde) . . .	69,9—71,8 70,82	21,5—23,8 22,65	2,5— 3,7 3,11	1,7—3,0 2,33	0,9—1,3 1,09
Gans	37,9—46,7 40,9	9,8—16,3 14,21	36,2—51,6 44,26	— —	0,5—0,8 0,66
Taube	74,2—76,0 75,10	21,5—22,8 22,14	— 1,00	— 0,76	— 1,00

8. Wildfleisch. Von den jagdbaren Tieren liefern die meisten ein nährstoffreiches und meist als Delikatesse geschätztes Fleisch (Wildbret). Das Wild wird in die beiden Hauptabteilungen Haarwild und Feder- oder Flugwild unterschieden, von denen die erstere wiederum in die Untergruppen: Hochwild, Schwarzwild und Niederwild zerfällt. Zum Hochwild rechnet man: Elch (Elen), Edel- oder Rothirsch (Rotwild), Damhirsch (Damwild), Reh (Rehwild), Gemse, Mufflon; zum Schwarzwild: Wildschwein; zum Niederwild: Hase und Kaninchen, bisweilen auch Dachs, Fischotter, Biber, brauner Bär. Zum Federwild gehören: Rebhuhn, sibirisches Barthuhn, Steinhuhn, Birkhuhn, Rackelhuhn, Auerhuhn, Haselhuhn, Alpen- und Moorschneehuhn, Wasserhuhn, Edel-, Gold- und Silberfasan, Wild- und Saatgans, Wildente, Knäkente, Löffelente, Brandente, große Trappe, Zwergtrappe, Waldschnepfe, Bekassine, Wachtel, Krammetsvogel. Die Verwendung der kleinen Wildvögel, wie Sperlinge, Staare, Krähen u. dgl., die während der schwersten Kriegsnöte mehrfach empfohlen worden war, stieß schon damals auf Widerspruch[1] und hat mit dem Eintreten normaler Verhältnisse vollständig wieder aufgehört.

Die äußere Beschaffenheit des Wildbrets, durch die es sich augenfällig von dem Fleische der Schlachttiere unterscheidet, wird in hohem Grade von seinem, durch die mangelhafte Ausblutung bedingten stärkeren Blutgehalte beeinflußt. Es hat immer eine dunkle, rote bis braunrote Farbe und infolge seiner Faserung und geringen Entwicklung von Bindegewebe und Fettgewebe eine feste Konsistenz. Der Geschmack des Fleisches ist jeder Wildart eigentümlich und hängt außerdem in hohem Grade von dem Alter und Geschlecht der Tiere ab. Mit zunehmendem Alter leiden Wohlgeschmack und die Zartheit, weshalb z. B. Hasen von 3—8 Monaten, Rehe bis zu 3 Jahren besonders geschätzt werden. Das Fleisch männlicher Tiere zeigt den kräftigeren Wildgeschmack, dasjenige der Weibchen eine mürbere und zartere Faser. Als besonders wertvoll gilt der Hirsch als Hirschkalb oder Spießer und das höchstens 3jährige Reh. Schlechteren Geschmack hat das Fleisch von im Gehege mit Heu gefütterten oder von fleischfressendem Wild, ferner von in der Brunstzeit erlegten Springböcken und Keilern (Bocksgeruch und -geschmack) und von alten männlichen Hasen (Rammlern). Fleisch gehetzter oder lange Zeit nach dem Anschuß verendeter Tiere schmeckt meist bitter. Das Reifen des Wildbrets erfordert wegen des dichteren Gefüges eine weit längere Zeit als bei den Schlachttieren,

---

[1] A. BEYTHIEN: Volksernährung und Ersatzmittel. Leipzig: Chr. Herm. Tauchnitz 1922. S. 116.

und zwar mindestens bis zum Eintritt des sog. Hautgouts, der oft mit einer geringen Oberflächenfäulnis (etwa 1—2 mm tief) verbunden sein kann. Derartiges Fleisch zeigt eine dunkelbraun- bis schwarzrote Farbe, einen charakteristischen, angenehm pikanten, säuerlich-aromatischen, jedoch nicht fauligen Geruch und Geschmack, eine weiche Konsistenz und stark saure Reaktion, ist aber im Innern völlig frei von Ammoniak und Bakterien. Hinsichtlich der Fäulnis und der stinkenden sauren Gärung („Verhitztsein") kann im allgemeinen auf S. 702 verwiesen werden. Bei partiellem Verhitztsein, das bei Großwild in der Nachbarschaft der Bauch- und Brusthöhle, an den medialen Schenkelflächen, in der Tiefe entzündlicher Wunden und am laktierenden Euter beobachtet wird, kann das Fleisch noch teilweise für genußtauglich erklärt werden.

Die Zubereitung des Wildbrets erfolgt in der Regel wie beim Fleische der Schlachttiere (Braten, Ragout, Hasenpfeffer), doch empfiehlt A. STUTZER, die Stücke vor dem Braten mit wenig 94%igem Alkohol zu befeuchten, der in das Innere eindringt und beim Verdampfen eine Lockerung des Gewebes hervorruft.

Über die Schlachtabfälle sind keine Angaben in der Literatur aufzufinden.

Für die Zusammensetzung des Fleisches einiger Wildarten gibt J. KÖNIG auf Grund der im Abschnitte „Geflügelfleisch" (S. 674) mitgeteilten Quellen folgende Analysen:

Tabelle 17. Zusammensetzung des Fleisches von Wildarten.

Art des Wildes	Wasser %	Protein %	Fett %	Stickstofffreie Extraktstoffe %	Asche %
Reh . . . . {	74,6—76,9	19,2—20,3	1,92	—	1,13
	75,76	19,77	1,92	1,42	1,13
Hirschkeule[1]	73,09	25,67	3,85	—	1,03
Hase . . . . {	73,7—74,6	23,1—23,5	1,1—1,2	0—0,47	1,1—1,3
	74,16	23,34	1,13	0,19	1,18
Kaninchen, fett	66,85	21,47	9,76	0,75	1,17
Wildschweinskeule	74,50	21,57	2,36	—	1,17
Bärenschinken	65,14	28,01	5,41	—	1,44
Feldhuhn	71,96	25,26	1,43	—	1,39
Fasan, Brust[1]	73,47	26,15	0,98	—	1,16
Fasan, Schenkel	75,25	20,99	2,81	—	1,09
Krammetsvogel	73,13	22,19	1,77	1,39	1,52

Bei diesen Werten (abgesehen von dem gemästeten Kaninchen) fällt der für Wildbret ganz allgemein charakteristische geringe Gehalt an Fett auf. Auch der Gehalt an leimgebender Substanz ist auffallend niedrig und beträgt nach SCHLOSSBERGER und v. BIBRA beim Reh nur etwa 0,5% und bei der Wildente 1,23%, während für den Gehalt an Kreatin und anderen Fleischbasen hohe Zahlen ermittelt worden sind. Alle diese Gründe veranlassen, daß das Wildbret, wie auch das Geflügel eine wichtige Rolle in der Krankenernährung spielt.

Beim Ankaufe des Wildes ist große Vorsicht am Platze, da bisweilen in Schlingen gefangene oder sonstwie krepierte Tiere auf den Markt gebracht werden. Weidgerecht erlegtes Haarwild (Hase, Reh usw.) muß eine Schußwunde aufweisen, da sonst der Verdacht besteht, daß es in Schlingen oder Fallen gefangen oder in verendetem Zustande aufgelesen worden ist. Eine nach dem Tode in betrügerischer Absicht beigebrachte Schußwunde weist keine Blutunterlaufungen auf. Beim Federwild ist besonders auf das Aussehen des Steißes zu achten, der bei vor längerer Zeit geschossenem, nicht mehr ganz einwandfreiem Geflügel eine grünliche Farbe annimmt. Bei nicht erkennbarer Todesursache

---

[1] A. SPLITTGERBER: Jahresbericht 1914 des Städtischen Untersuchungsamtes Mannheim.

kann auch Vergiftung durch zur Vernichtung von Feldmäusen und Ratten ausgestreute Phosphorpillen oder Strychnin oder Arsenikpräparate in Frage kommen. Zur Erkennung des Alters beim Geflügel gibt die Beschaffenheit der Federn gute Anhaltspunkte. Bei jüngeren Tieren ist die ausgerissene Feder weich und noch mit Blut gefüllt, bei älteren hingegen hart und spröde. Bei Gänsen und Enten gilt die leichtere oder schwierigere Zerreißbarkeit der Schwimmhaut als Kennzeichen des Alters, beim Hasen in ähnlicher Weise diejenige der Ohren (Löffel). Bei jungen Hasen läßt sich außerdem der Brustkorb leicht eindrücken und das Flaumhaar ist an der unteren Bauchfläche noch sehr reichlich vorhanden. Beim Reh- und Damwild erkennt man das Alter am besten an der Beschaffenheit des Gebisses, bei männlichen Tieren am Geweih oder Gehörn, insbesondere der Stärke der Stangen und der Größe und Zahl der Schaufeln.

III. Schlachtabgänge.

Neben dem eigentlichen Muskelfleisch, dem „Fleische im engeren Sinne" liefern die Schlachttiere eine Reihe von Abfällen, sog. Schlachtabgängen, deren Menge durchschnittlich $1/_3$ des Lebendgewichtes ausmacht und bei schlechtgenährten Tieren verhältnismäßig größer als bei fetteren ist. Abgesehen von der Haut, die (mit Ausnahme der Schweineschwarte) nur zur Lederbereitung dient, werden alle diese Stoffe, insbesondere das Blut, die inneren Organe (Zunge, Lunge, Herz, Nieren, Leber, Milz, Gehirn, Drüsen, Magen), die Därme, Knochen und Knorpeln in irgendeiner Weise für die menschliche Ernährung verwertet, sei es direkt oder durch Verarbeitung zu Würsten.

1. Blut. Das etwa 3—7% des Lebendgewichtes ausmachende Blut, das nach HAMMARSTEN in gewisser Hinsicht als ein flüssiges Gewebe zu betrachten ist, besteht aus einer durchsichtigen Flüssigkeit, dem Blutplasma, in dem eine Unmenge fester Teilchen, die roten Blutkörperchen (Erythrocyten), die weißen (richtiger farblosen) Blutkörperchen (Leukocyten), ferner die Blutplättchen und die Elementarkörnchen suspendiert sind.

Die roten Blutkörperchen bilden weiche, elastische, kernlose Scheiben von glatter, schlüpfriger Oberfläche und kreisrunder oder elliptischer Umgrenzung. Die runden Blutkörperchen, die sich bei allen Säugetieren außer den Kamelen und Lamas finden, sind bikonkave, von wulstigen Rändern begrenzte und daher im Querschnitte biskuitförmig erscheinende Scheiben, deren Durchmesser zwischen 4 μ (bei der Ziege) und 6 μ (beim Schwein) schwankt, bei den Großtieren (Walen) aber bis zu 10 μ ansteigt.

Die elliptischen Blutkörperchen der Vögel, Amphibien, Reptilien und Fische sind bikonvex, besitzen einen großen Zellkern und weisen meist einen weit größeren Durchmesser von 50 μ und mehr auf.

Alle sog. roten Blutkörperchen, die vielfach in Geldrollenform aneinander gelagert sind, erscheinen einzeln gelblich oder gelbgrünlich, zeigen aber aufeinander liegend durch den Pleochroismus des Hämoglobins die rote Blutfarbe.

Die weißen Blutkörperchen sind kernhaltige, membran- und farblose Zellen von 4—14 μ Durchmesser. An Zahl treten sie hinter den roten Blutkörperchen weit zurück.

Für die Zusammensetzung des Blutes gibt J. KÖNIG folgende Werte an:

Wasser	76,9—83,9%;	Mittel 80,8%
Blutkörperchen	9,8—15,6%;	„ 11,7%
Albumin	2,6— 8,1%;	„ 6,0%
Fibrinogen	0,2— 0,4%;	„ 0,4%
Fett	0,1— 0,3%;	„ 0,2%
Extraktstoffe	0,0— 0,4%;	„ 0,03%
Salze	0,7— 1,3%;	„ 0,9%

Die Eiweißstoffe der Blutflüssigkeit sind hauptsächlich als Albumin und Globulin anzusprechen, neben denen in geringer Menge noch Fibrinogen vorhanden ist. Die Blutkörperchen bestehen zu etwa 80—90% der Trockensubstanz aus Hämoglobin. Von den Bausteinen der Proteine fehlt dem Blutalbumin das Glykokoll, während es einen auffallend hohen Gehalt an Leucin aufweist. Das Globin des Hämoglobins ist durch seinen hohen Histidingehalt charakterisiert.

Die Salze des Blutes bestehen vorwiegend aus Natriumchlorid und Kaliumphosphat, zum weit geringeren Teile aus Salzen des Calciums, Magnesiums und Eisens, sowie der Schwefelsäure.

Das Gerinnen des Blutes beruht auf der Wirkung eines Enzyms, des Thrombins oder Fibrinfermentes, durch die das Fibrinogen in unlösliches Fibrin übergeführt wird. Da letzteres auch die roten Blutkörperchen mit sich reißt („Blutkuchen"), muß das Blut zur Verwendung als Nahrungsmittel mit Metallruten geschlagen und dadurch vom Fibrin befreit werden. Es bildet dann wegen seines hohen Nährstoffgehaltes, der etwa 750 Calorien oder, auf Trockensubstanz berechnet, 3870 Calorien entspricht, ein wertvolles Ausgangsmaterial zur Herstellung von Blutwurst (S. 711), während die im Kriege befürwortete Verwendung zu Blutbrot wegen des wenig appetitlichen Aussehens solcher Brote wieder eingestellt worden ist.

Zur menschlichen Ernährung wird in der Praxis fast nur das Schweineblut benutzt, während das Blut der anderen Schlachttiere zur Herstellung von Futtermitteln und technischen Präparaten dient. Um Zersetzungen des Blutes zu verhindern, ist dauernde Kühlhaltung bis zur Verarbeitung oder auch Überführung in Blutpulver nach dem KRAUSE-Verfahren zu empfehlen, auch wird zu dem gleichen Zwecke Kochsalz und Salpeter zugesetzt, hingegen ist die Anwendung chemischer Konservierungsmittel, insbesondere der Benzoesäure vom Standpunkte der Hygiene und der Lebensmittelchemie zu verwerfen.

2. Innere Organe. Die inneren Organe, die unter der in Fleischerkreisen üblichen Bezeichnung „Kleinodien" oder „Innereien" sämtlich der menschlichen Ernährung zugeführt und zum Teil, wie besonders Zunge und Leber, hochgeschätzt werden, haben in qualitativer Hinsicht nahezu dieselbe Zusammensetzung wie das Muskelfleisch und daher auch annähernd den gleichen Nährwert. Die quantitativen Unterschiede werden hauptsächlich durch den wechselnden Wassergehalt, der bei Lunge und Gehirn besonders hoch ist, herbeigeführt, wie aus folgender, aus dem Buche von J. KÖNIG[1] entnommener Übersicht hervorgeht:

Tabelle 18. Zusammensetzung der inneren Organe.

Bezeichnung	Wasser	Stickstoffsubstanz	Fett	Kohlenhydrate	Asche	Ausnutzbare Calorien in 1 kg
	%	%	%	%	%	
Zunge	65,6	15,3	16,8	0,04	1,0	2188
Lunge	79,9	15,2	2,5	0,6	1,9	932
Herz	71,1	15,6	9,4	0,3	1,0	1523
Nieren	75,6	16,4	4,1	0,4	1,2	1072
Milz	75,5	17,8	4,2	1,0	1,6	1203
Leber	71,6	17,7	3,4	3,3	1,6	1175
Kalbshirn	81,0	8,8	8,2	—	1,4	1142
Kalbsmilch	70,0	26,8	0,4	—	1,6	1134

a) Die Zunge, die sowohl für sich allein im frisch gekochten, wie im gepökelten und geräucherten Zustande Verwendung findet, als auch zu feineren Wurstsorten

---

[1] J. KÖNIG: Nahrung und Ernährung des Menschen. Berlin: Julius Springer 1926.

verarbeitet wird, ist durch die für die einzelnen Tierarten charakteristischen „Zungenwärzchen" oder Papillen und durch besondere Geschmacksknospen und Drüsen gekennzeichnet. Auch zeigt sie gewisse Unterschiede der äußeren Form, die zur Identifizierung dienen können. So hat die Rinderzunge im Gegensatze zu der Pferdezunge einen starken Rückenwulst und eine schlankere Spitze, die Zunge des Schafes ist an der Spitze ausgekerbt, der Schweinezunge fehlt der Rückenwulst, auch hat sie eine längere Spitze und schärfere Ränder als die Zunge der Wiederkäuer (Kälber).

b) Die Lunge, die mit Herz, Schlund, Milz usw. als sog. Geschlinge meist nur vom Kalb, Hammel, Lamm und Schwein, seltener vom Ochsen Verwendung findet, besteht neben einigen glatten Muskelfasern vorwiegend aus elastischem und Bindegewebe. Sie ist in histologischer Hinsicht als ein drüsenartiges Parenchym anzusehen, das in 2—4 mm große, durch interlobulares Gewebe verbundene Läppchen zerfällt. Von der bevorzugten Kalbslunge kann die bisweilen untergeschobene Schweinelunge dadurch unterschieden werden, daß letztere an der rechten Seite 3—4 Lappen, die Kalbslunge hingegen 4—5 Lappen aufweist, während an der linken Seite beide Arten 2—3 Lappen haben. Um das Zusammenfallen der Lunge, das sie unansehnlich macht, zu verhindern, läßt man sie nach der Schlachtung mehrere Stunden im geschlossenen Brustkorb. Das Aufblasen der Lunge ist als unappetitlich und zur Täuschung geeignet zu verwerfen.

c) Das Herz, der einzige unwillkürliche Muskel mit quergestreiften Fasern, ist bei gesunden Tieren derb und mager, von braunroter Farbe und glattem, glänzendem Überzuge. Es wird meist mit dem Geschlinge zur Wurstbereitung, als Kalbs- oder Schweineherz, aber auch zur Herstellung selbständiger Gerichte benutzt.

d) Die Nieren, zusammengesetzte, tubulöse, von zahllosen Harnkanälchen durchzogene Drüsen, deren Ausführungsgänge strauchartig verästelt erscheinen, sind von der aus elastischem Bindegewebe aufgebauten Nierenkapsel umschlossen und besitzen eine rotbraune, nur bei hochgemästeten Rindern, Schafen und besonders Schweinen infolge von Fetteinlagerung graubraune Farbe. Die glatte glänzende Oberfläche ist mit zahlreichen roten Pünktchen besetzt, und auch die Schnittflächen zeigen denselben Glanz der Außenseite.

Das Gewicht der Nieren beträgt beim Pferd und Rind etwa $^1/_{300}$ des Körpergewichtes (= 1590 bzw. 950 g), beim Schwein etwa $^1/_{150}$ (= 420 g).

Von dem 6—8% ausmachenden Proteingehalte entfallen nach GOTTWALDT 1,3% auf Serumalbumin, 1,4% auf Leim, 3,7% auf Globulin und 1,5% auf in Natriumcarbonat unlösliche Stickstoffsubstanz, doch sollen die Nieren nach späteren Untersuchungen kein Albumin, sondern ein bei 52° gerinnendes Globulin enthalten, ferner ein Nucleoproteid, Lecithalbumin und eine mucinähnliche Substanz. Unter den Extraktstoffen sind nachgewiesen: Xanthinkörper, Harnstoff, Harnsäure, Glykogen, Inosit, Leucin, Tyrosin und Cystin.

e) Die Leber sämtlicher Haussäugetiere hat im gesunden Zustande eine zuerst bläulich schimmernde, dann rotbraune Grundfarbe. Unter einem dünnen Peritonäalüberzuge findet sich eine trockene Bindegewebsschicht und darunter das aus den rundlich-eckigen Leberläppchen oder Leberinseln aufgebaute, fettreiche, glänzende Parenchym. Von den Lebern sind diejenigen des Rehes, der Gans und der Ente als Delikatessen berühmt, aus ihnen wie aus der Leber des Kalbes und des Lammes werden selbständige Gerichte bereitet. Auch die Lebern der Hühner, Tauben und einiger Süßwasserfische erfreuen sich besonderer Wertschätzung, während Schweine-, Hammel- und Rindsleber vorwiegend zur Wurstbereitung dienen.

Das Gewicht der Leber ist bei den einzelnen Tieren, je nachdem die Schlachtung während der Verdauung oder nach längerem Hungern erfolgt, sehr verschieden. Es beträgt vom Körpergewichte beim Rind $^1/_{85}$ (3—8 kg), beim Schwein $^1/_{40}$ (1—2,5 kg), beim Schaf $^1/_{56}$ (0,4—0,9 kg), beim Pferd 3—4 kg. Die Lebern von Gänsen und Enten werden durch Mästung künstlich vergrößert.

Von den Stickstoffsubstanzen der Säugetierleber entfallen 3,0% auf Eiweiß, 10,6% auf unlösliche Stickstoffverbindungen und 4,8% auf Leimbildner. Auch sind darin außer dem bei 45° gerinnenden Albumin noch ein bei 75° gerinnendes Globulin und ein bei 70° gerinnendes Nucleoprotein, ferner ein Nucleoproteid mit 0,145% Phosphor und ein eisenhaltiger Proteinkörper, das „Ferratin" Schmiedeberg gefunden worden. Der Eisengehalt der Rindsleber wird zu 0,025—0,028% angegeben.

Unter den stickstoffhaltigen Extraktstoffen finden sich 0,20% Guanin, 0,14% Hypoxanthin und 0,12% Xanthin, weiter Adenin, Methylguanidin und Cholin, hingegen zum Unterschiede vom Muskelfleische kein Carnosin und Carnitin.

Als ätherlösliche Bestandteile sind anzuführen Lecithin (bis 2,35%) und geringe Mengen Cholesterin. Das bemerkenswerteste Kohlenhydrat ist das Glykogen, dessen Menge von der Art der Fütterung abhängt und bei ausschließlicher Fleischkost etwa 7%, bei reiner Pflanzennahrung aber bis zu 17% beträgt.

f) Als weitere innere Organe („Innereien"), die in der Regel für sich allein zubereitet werden, seien schließlich noch Gehirn, Thymusdrüse und Milz erwähnt.

α) Das besonders geschätzte Kalbsgehirn ist durch seinen verhältnismäßig hohen Fettgehalt von mehr als 8% ausgezeichnet, der aber von dem Gehirn anderer Tierarten noch übertroffen wird. Es enthält neben Albumin, Globulin und den gewöhnlichen Extraktstoffen des Fleisches als charakteristische Bestandteile noch Neuridin, Protagon und Cerebrin sowie viel Cholesterin.

β) Die als Kalbsmilch, Milchfleisch, Bries oder Bröschen bezeichnete Thymusdrüse des Kalbes (Glandula thymi) ist reich an Xanthinkörpern, besonders Adenin, von dem etwa 0,18% vorhanden sind.

γ) Die Milz besteht aus dem Gerüst und dem Milzparenchym sowie Gefäßen und Nerven. Das Gerüst setzt sich aus einem Peritonäalüberzuge (Tunica serosa) und einer eigenen Kapsel (Tunica albuginea), die außerordentlich viel elastische Fasern und glatte Muskelfasern in ihrem Bindegewebe enthält, zusammen. In dem dunkelrotbraunen Parenchym, der „roten Milzpulpa" finden sich stecknadelkopfgroße, weißliche Stellen, die „Milz- oder Malpighischen Körperchen". Die Gefäße, besonders die größeren Äste der Milzarterie, verzweigen sich in feine Verästelungen, die sog. Pinselarterien. Für die chemische Zusammensetzung gibt J. König als Mittel zweier nur wenig verschiedener Proben vom Rind und Schwein folgende Werte an: Wasser 75,47%, Stickstoffsubstanz 17,77%, Fett 4,19%, Stickstofffreie Extraktstoffe 1,01%, Asche 1,50%. Besonders charakteristisch für die Milz sind eisenhaltige Albuminate und eisenreiche Ablagerungen, die aus einer Umwandlung der roten Blutkörperchen hervorgehen. Die Milz wird nur selten in der Küche benutzt, meist dient sie mit dem Fleische zur Herstellung von Fleischbrühe oder Wurst.

g) Innereien des Geflügels. Nach älteren Untersuchungen von J. König ist folgende Zusammensetzung (Tabelle 19) ermittelt worden.

Vom Geflügel werden meist die gesamten inneren Teile verwertet.

Alle inneren Organe weisen einen erheblich höheren Vitamingehalt auf als das Muskelfleisch und sollten daher, wie A. Juckenack[1] an dem Instinkte der fleischfressenden Raubtiere begründete, weit mehr als bisher bei der Ernährung berücksichtigt werden.

---

[1] A. Juckenack: Fleischwaren-Industrie 1931, Nr. 21.

Tabelle 19. Innereien von Geflügel.

Innere Teile von	Gesamt-Gewicht g	Wasser %	Stick-stoff-substanz %	Fett %	N-freie Extrakt-stoffe %	Asche %
fettem Huhn	81,4	59,70	17,63	19,30	2,21	1,16
magerem Huhn	64,3	74,52	18,79	2,41	3,00	1,28
fetter Gans { Lunge, Leber, Herz .	108,7	70,63	15,13	6,62	6,37	1,25
{ Magen	182,6	71,43	20,84	5,33	1,44	0,96

3. Därme. Die Därme der Schlachttiere bestehen aus einer inneren Schleim-haut mit den verschiedenen Drüsen und Darmzotten, deren Form nach der Tierart wechselt, darüber der Submucosa, der Muskelhaut und der serösen Haut. Wegen ihres hohen Gehaltes an elastischem Bindegewebe bilden sie das ideale Material für Wursthüllen, werden aber auch vielfach, ebenso wie der Magen, als besonderes Gericht, sog. Kuttelflecken, zubereitet.

J. A. SMORODINZEW und W. W. PALMIN[1] geben für die Zusammensetzung des Schweinemagens (15 Proben) folgende Zusammensetzung an:

	Wasser	Stickstoffsubstanz	Reinprotein	Fett	Asche
Mittelwert . .	80,92	15,25	11,19	1,93	0,79%
Schwankungen	78,30—92	13,13—17,69	8,56—14,19	1,00—2,81	0,72—0,86%

4. Schweineschwarte. Sie wird mit frisch gekochtem oder gebratenem Fleisch unmittelbar genossen, außerdem aber zur Wurstbereitung benutzt und enthält im frischen Zustande durchschnittlich 51,8% Wasser, 25,2% Stickstoffsubstanz, 3,8% Fett und 9,2% Asche entsprechend 1613 Calorien. Die Stickstoffsubstanz geht bei andauerndem Kochen mit Wasser in Lösung und besteht demnach überwiegend aus leimgebendem Gewebe.

5. Knorpel und Knochen. Das Knorpelgewebe setzt sich aus einer Grund-substanz und darin eingebetteten Knorpelzellen zusammen. Die Grund-substanz besteht aus einer homogenen kittenden Masse und faserigen Elementen, nach deren Menge man hyalines, elastisches und fibröses Knorpelgewebe unterscheidet. Das hyaline Gewebe, das den Gelenkknorpel, den Schild- und Ringknorpel und die Basis des Kehlkopfknorpels, ferner die Knorpel der Luft-röhre und Bronchien, der Nase und die erste Anlage fast aller Skeletknochen bildet, umschließt die von einer Kapsel umgebenen kugeligen, eiförmigen, halbkugeligen oder linsenförmig abgeplatteten Knorpelzellen. Das „elastische Knorpelgewebe" einiger Teile des Kehlkopfes und der Ohren ist durch ein elasti-sches Netzwerk (daher „Netzknorpel") und kugelige Zellen ausgezeichnet, und das „fibröse Knorpelgewebe" (Faserknorpel, Bindegewebsknorpel), das sich in den Zwischenknorpeln der Gelenke, in der Wirbelsäule und der Kniescheibe vorfindet, enthält in spärlicher Grundsubstanz leimgebende Bindegewebsbündel, die bisweilen parallel liegen, bisweilen aber ein unregelmäßiges Flechtwerk bilden.

Das Knochengewebe ist in ähnlicher Weise wie das Knorpelgewebe aus einer Grundmasse mit eingelagerten Knochenzellen aufgebaut, enthält aber seiner Zweckbestimmung entsprechend eine weit mineralstoffreichere Grund-substanz, deren Anordnung zu Fibrillenbändern („Knochenlamellen") nach dem Einlegen in Salzsäure sichtbar wird. Die kürbisartig abgeplatteten Knochen-zellen entsenden zahlreiche Fortsätze in die das Gewebe durchsetzenden Knochen-kanäle, die ebenso wie die weiteren, die Knochen durchziehenden Kanäle, Röhren und Höhlen mit Mark gefüllt sind.

---

[1] J. A. SMORODINZEW u. W. W. PALMIN: Z. 1935, 70, 365.

In qualitativer Hinsicht zeigen Knorpel und Knochen nahezu die gleichen Bestandteile, nämlich leimgebendes Collagen, Ossein oder Chondrogen neben Fett und Mineralstoffen. Für die quantitative Zusammensetzung werden folgende Werte angegeben:

	Wasser %	Organische Substanz %	Stickstoff-substanz %	Fett %	Extrakt-stoffe %	Asche %	Calorien in 1 kg
Knorpel . .	63,84	35,32	20,47	10,51	4,34	0,84	1317
Knochen. .	50,00	38,00	12,00	15,00	11,00	22,00	1520

Es ist aber zu berücksichtigen, daß die Zusammensetzung der Knochen außerordentlich schwankt, indem mit der Größe der Knochen und dem Alter der Tiere der Gehalt an Mineralstoffen auf Kosten des Wassers und der organischen Bestandteile zunimmt. Als äußerste Grenzen lassen sich etwa angeben: Wasser 5—50%, Mineralstoffe 20—70%, Fett 1—30%, andere organische Stoffe, hauptsächlich Collagen, 15—50%.

Die Stickstoffsubstanzen sind im wesentlichen als Collagen anzusprechen, neben dem noch geringe Mengen eines Mucoids und eines anderen Albuminoids vorkommen. Das in ebenfalls großer Menge in den großen Röhrenknochen und den Markknochen abgelagerte Fett ist reich an Lecithin (0,3—1,2%) und Cholesterin. Die Mineralstoffe enthalten neben vorwaltendem Tricalciumphosphat geringe Mengen Magnesium, Kohlensäure, Chlor und Fluor.

Auf der Eigenschaft der Knochen, beim Kochen mit Wasser den aus dem Collagen entstehenden Leim und das Fett an die Flüssigkeit abzugeben, beruht ihre Verwendung zur Herstellung von Suppen, zu der sich aber besser die zelligen Knochen der Wirbelsäule und der Rippen als die schwer durchdringlichen Röhrenknochen eignen. Durch Behandlung mit gespanntem Wasserdampf oder im Autoklaven kann neben dem Fett ein weit größerer Anteil des Leims in die Knochenbrühe übergeführt werden, die nach Abscheidung des Fettes der Hydrolyse mit Säuren unterworfen wird und das Ausgangsmaterial für Würzen (S. 904) bildet.

6. Knochenmark. Die Röhren- (Lenden- und Bein-) Knochen enthalten in ihrem Innern mehr oder weniger beträchtliche Mengen des fast ganz aus Fett bestehenden Knochenmarkes. A. BOLLE[1] gibt für den Gehalt der Knochen des Menschen und verschiedener Tiere folgende Werte für Mark, Fett und Lecithin an:

Tabelle 20. Mark-, Fett- und Lecithingehalt von Knochen.

Be-zeichnung	Markgehalt		Fettgehalt des Markes		Lecithingehalt des Markes		Lecithingehalt des Fettes	
	Schwan-kungen %	Mittel %	Schwan-kungen %	Mittel %	Schwan-kungen %	Mittel %	Schwan-kungen %	Mittel %
Mensch .	3,0—25,0	12,33	18,05—82,71	54,34	0,23—1,99	0,67	0,33— 4,97	1,61
Rind. . .	4,0—25,0	16,32	(0,94)—87,66	38,69	0,13—1,36	0,46	0,17—22,79	2,96
Schwein .	4,3—25,0	14,70	12,51—84,39	53,78	0,16—0,85	0,43	0,22— 6,21	1,19
Schaf . .	3,5—25,0	12,34	3,79—92,87	66,63	0,18—0,56	0,40	0,29—11,36	1,72
Pferd . .	10,0—25,0	18,55	40,51—93,26	71,66	0,13—0,58	0,32	0,15—18,80	2,63
Hund . .	2,0— 8,0	5,00	56,83—94,04	78,43	0,58—1,53	0,83	0,76— 1,74	1,05
Katze . .	1,6— 4,5	3,11	34,86—67,80	55,67	0,76—2,19	1,17	1,27— 6,27	2,37

Das Mark der Röhrenknochen ist hellgelb und halbflüssig, während das die Zellräume der spongiosen Epiphysen der Knochen ausfüllende Mark teils flüssig, teils halbfest und infolge seines Blutgehaltes hellrot bis rot gefärbt ist.

---

[1] A. BOLLE: Biochem. Zeitschr. 1910, **24**, 179.

J. NERKING[1] gibt für das gelbe halbflüssige und das schwach rötliche festere (salbenartige) Mark von Rinderknochen folgende Zusammensetzung an:

Die Proteine des Knochenmarks konnten getrennt werden in Serumalbumin, Serumglobulin, Deuteroalbumosen, ein eisenhaltiges Nucleoproteid (pentosanhaltig) und Mucin. Die Prüfung auf Parahiston war unsicher, diejenige auf Myosin negativ.

Für die Eigenschaften des Fettes wurden folgende Werte ermittelt: Ölsäure im roten Mark 47,38%, im gelben Mark 77,95%; Stearinsäure

Tabelle 21. Zusammensetzung von Rinderknochenmark.

Bestandteile	Rotes Mark %	Gelbes Mark %
Wasser	5,17	3,63
Mineralstoffe	0,13	0,13
In kaltem Wasser löslich .	1,21	0,84
Ätherlösliche Stoffe . . .	92,11	98,10
Lecithin	0,2017	0,1841
Glykogen.	0,0398	—
Eisen	0,0144	0,0085

36,25% (14,22%); Palmitinsäure 16,36% (7,83%); Cholesterin 0,2853% (0,2968%); Verseifungszahl des Fettes 197,4 (190,1); Verseifungszahl der Fettsäuren 202,15 (189,26); REICHERT-MEISSL-Zahl des Fettes 0,55 (0,55), der Fettsäuren 0,247 (0,357); Hehnerzahl 96,1; Jodzahl des Fettes 40,0 (66,86), der Fettsäuren 47,7 (70,2); Acetylzahl 34,12.

Der Lecithingehalt, der in nahem Zusammenhange zu dem Eisengehalte des Knochenmarkes steht, nimmt nach A. BOLLE und GLIKIN mit zunehmendem Alter ab.

Von Purinbasen fand H. THAR[2] in 1000 g Knochenmark 0,3725 g Guanin, 0,1710 g Alanin, 0,0724 g Hypoxanthin und 0,0287 g Xanthin.

IV. Einflüsse auf die Zusammensetzung.

1. Physiologische Einflüsse.

Die Beschaffenheit des Fleisches wird von zahlreichen physiologischen Umständen beeinflußt, die zum Teil wie die Art, das Alter und das Geschlecht der Tiere naturgegeben sind, zum Teil aber auch wie die Züchtung geeigneter Rassen, die Fütterung und Viehhaltung usw. vom Erzeuger in eine bestimmte Richtung gelenkt werden können. Da die Einzelheiten dieser Umstände bereits im Abschnitte II „Fleischsorten" (S. 662) besprochen worden sind, sei hier nur noch ein zusammenfassender Überblick gegeben.

a) Gattung und Rasse. Das Fleisch jeder Tiergattung zeigt gewisse Eigenschaften der Farbe, Faserung und Konsistenz, sowie des Geruchs und Geschmacks, die zwar durch Züchtung und Tierhaltung in gewissem Grade beeinflußt werden können, aber doch stets als charakteristisch bestehen bleiben. So liefern von den Säugetieren besonders die Wiederkäuer und unter diesen in erster Linie Rinder und Kälber allgemein geschätztes nahrhaftes und wohlschmeckendes Fleisch, während das Schaffleisch sich zwar in südlichen Ländern, weniger aber in Deutschland, wegen abweichender Geschmacksrichtung, besonderer Beliebtheit erfreut, und Ziegenfleisch überhaupt geringer bewertet wird. Gegen den Genuß des Pferdefleisches besteht an vielen Orten wegen an anderer Stelle besprochener, zum Teil unbegründeter Vorurteile Abneigung. Das sehr wertvolle Schweinefleisch bildet in Deutschland den Hauptteil des Massenverbrauchs, während Geflügel und Wild hier mehr als Delikatessen gelten.

---

[1] J. NERKING: Biochem. Zeitschr. 1908, **10**, 167.
[2] H. THAR: Biochem. Zeitschr. 1910, **23**, 43.

Innerhalb des durch die Gattung begrenzten Rahmens ist es gelungen, durch zielbewußte Züchtung Rassen zu schaffen, die sich neben einer für die Schlachtung besonders geeigneten Form und der günstigsten Verteilung vom Fettgewebe und Muskelfleisch durch zartes und wohlschmeckendes Fleisch auszeichnen. Als Vertreter besonders geschätzter Rinderrassen sind die englischen Shorthorns, in Frankreich die Charolais und Limousins, in Deutschland verschiedene Schläge des Niederungs- und Höhenviehs, sowie das ungarische Rind anzuführen. Von Schweinerassen werden als besonders wertvoll die englischen Yorkshire-, Hampshire-, Suffolk- und Norfolk-Schweine, in Deutschland das deutsche Edelschwein und das veredelte Landschwein geschätzt. Je nach der Marktlage werden entweder Fettschweine oder Fleischschweine gezüchtet. Auch die Geflügelzucht hat in bezug auf die Fleischlieferung große Erfolge aufzuweisen.

b) Alter der Tiere. Die chemische Zusammensetzung, die Zartheit der Faser und damit der Nährwert sind in hohem Grade von dem Alter der Tiere abhängig. Zu junge Tiere, vor allem unreife und nüchterne Kälber, zeichnen sich durch übermäßig hohen Wassergehalt und weichliche Konsistenz aus. Mit zunehmendem Alter wird die Fleischfaser fester, der Nährwert nimmt zu und der Geschmack wird besser, bis schließlich der Höhepunkt der Verwertbarkeit erreicht ist. Die Zeit, innerhalb deren dieses Ziel erreicht wird, ist nach der Tierart verschieden. Während im ersten Jahre kastrierte Ochsen (sog. Schnittochsen) im Alter von 4—6 Jahren das beste Fleisch liefern, wird beim Hammel dasjenige der $1\frac{1}{2}$—2jährigen, beim Schwein dasjenige der 1—$1\frac{1}{2}$jährigen Tiere besonders geschätzt. Geflügelfleisch verliert seine zarte Beschaffenheit im Alter von höchstens 1 Jahr und mit Eintritt der Geschlechtsreife, während Hasen im Alter von 3—4 Monaten am besten sind. Bisweilen leidet mit zunehmendem Alter der Schlachttiere auch das Aussehen des Fleisches, indem z. B. bei alten Kühen intensiv gelbes Fett auftritt.

c) Geschlecht der Tiere. Im allgemeinen hat das Fleisch männlicher Tiere einen volleren und kräftigeren Geschmack als dasjenige der weiblichen Tiere, das dafür aber zarter ist. Besonders gilt dies von den in der Jugend kastrierten männlichen Tieren, die ein zartes und wohlschmeckendes Fleisch liefern. Beim Geflügel sind aber Alter und Mast im allgemeinen von größerer Bedeutung als das Geschlecht.

Abweichend von dieser allgemeinen Regel kann das Fleisch männlicher Tiere gewisse mit der geschlechtlichen Tätigkeit zusammenhängende ungünstige Eigenschaften aufweisen. So zeigt das Fleisch älterer Zuchteber häufig einen stark urinösen Geruch und widerlichen Geschmack, der unmittelbar nach der Schlachtung deutlich wahrnehmbar ist, beim Erkalten fast verschwindet, beim späteren Kochen oder Braten aber wieder deutlich hervortritt. Das Fleisch von Ebern, die zunächst zur Zucht benutzt und dann im Alter von etwa $1\frac{1}{2}$ Jahren kastriert wurden, zeigt nach Verlauf einiger Zeit diesen Geruch nicht mehr.

Auch an dem Fleische alter, besonders kräftiger vollfleischiger Bullen hat man bisweilen einen unangenehmen Geruch beobachtet, der den Hautausdünstungen der lebenden Tiere ähnlich ist und besonders beim Kochen deutlich hervortritt. Der am nicht ausgekühlten Fleische von Schafböcken oft wahrnehmbare eigenartige Geruch wird von vielen Verbrauchern als unangenehm empfunden, kann aber kaum als widerlich bezeichnet werden. Hingegen ist der ekelhafte „Bocksgeruch" des Ziegenfleisches nicht dem Fleische selbst eigentümlich, sondern eine Folge unsauberer Schlachtung.

d) Fütterung und Haltung der Tiere. Sowohl die Menge als auch die Art des bei der Mast gereichten Futters ist von ausschlaggebender Bedeutung für die Beschaffenheit des Fleisches. Daß zur Erzeugung festen Muskelfleisches beim wachsenden Tiere ausreichende Zufuhr eiweißhaltiger Kraftfuttermittel und zur Fettbildung reichliche Beigaben von Kohlenhydraten erforderlich sind, braucht hier nicht näher ausgeführt zu werden. Größere Fettmengen im Futter sind bei der Mästung der Rinder und Schweine nicht zu empfehlen, da sie die Beschaffenheit des Körperfettes und damit auch die des Fleisches im allgemeinen ungünstig beeinflussen; siehe dazu auch Bd. IV.

Die nachfolgende Besprechung des Einflusses der Fütterung auf die Beschaffenheit des Fleisches sei im wesentlichen auf die Besprechung solcher Futtermittel beschränkt, die erfahrungsgemäß einen ungünstigen Einfluß ausüben.

Als nachteilig, besonders bei der Schweinemast, hat sich eine zu starke Verabreichung von Kartoffeln ohne eine gewisse Menge von Milch oder Körnerfutter erwiesen, da sie ein wenig schmackhaftes wäßriges Fleisch liefert, sowie der in Amerika übliche Ersatz von Milch, Hülsenfrüchten, Gerste usw. durch größere Mengen Mais, der infolge seines verhältnismäßig hohen Ölgehaltes ein wäßriges Fleisch und ein weiches Fett zur Folge hat. Ähnliches ist der Fall bei der dauernden Verfütterung größerer Mengen wasserreicher Schlempen (Brennerei-, Stärkeschlempe) ohne hinreichende Mengen Trockenfutter.

Fast alle übelriechenden Futtermittel machen, namentlich wenn sie bis zum Schlusse der Mast in größeren Mengen gefüttert werden, sich in dem Fleische oder Fett unangenehm bemerkbar. Besonders auffallend soll dies nach reichlichen Gaben des in Frankreich angebauten Grünfutters Bocksdorn (Trigonella foenum graecum) der Fall sein, das dem Fleische der Rinder einen ekelhaften Geruch verleiht. Bei Schaflämmern, die mit in Gärung befindlichen Runkelrüben gefüttert worden waren, hat man einen ranzigen und seifigen Geruch und Geschmack des Fleisches festgestellt. Reichliche Fütterung mit eingesäuerten (?) Rübenschnitzeln soll nach Rossi bei gepökeltem Schweinefleisch einen eigentümlichen, an Menschenkot erinnernden Geruch hervorrufen, der im frischen Fleische nicht wahrzunehmen ist. Starke Verfütterung von Spülicht (wasserreichen Speiseresten und Küchenabfällen) bewirkt faden oder ranzigen Geruch und Geschmack, sowie weiche Konsistenz des Fleisches und Fettes. Bei dauernder Zufuhr von größeren Mengen Fischmehl oder Fischen nimmt das Fleisch und namentlich das Fett und die Leber einen tranigen Geruch und Geschmack an. Besonders auffällig tritt dies auch zutage bei Tauben, die Leinsamen fressen, Puten, die mit Ölkuchen, Gänsen und Enten, die mit Fischen gefüttert werden.

Gewisse Futtermittel rufen eine auffallende Färbung des Fettes hervor. So ist das Fett von Rindern, die vorwiegend auf der Weide gemästet sind, intensiv gelb; Schweine, die reichlich Mais oder Baumwollsaatmehl, Kälber, die Baumwollsaatmehl oder Erdnußkuchen erhalten haben, liefern ebenfalls ein gelbes Fett. Das Fett von mit Fischen oder Spülicht gefütterten Schweinen hat eine schwach graue oder graugelbliche Farbe.

Auch durch Aufnahme von Riechstoffen kann das Fleisch eine Geruchs- oder Geschmacksverschlechterung erleiden, sei es daß diese in Form von Medikamenten, wie Äther, Anis, Asa foetida, Baldrian, Benzin, Campher, Carbolsäure, Chlor, Chloroform, Fenchel oder zufällig durch Ablecken von Petroleum, Teeranstrichen (Reinsch) usw. in den Körper gelangen, oder in desinfizierten Ställen und Eisenbahnwagen eingeatmet werden.

Als allgemeine Folge der Viehhaltung ist zu erwähnen, daß Tiere, die zu dauernder Arbeitsleistung gehalten werden, ein grobfaseriges, trockenes und zähes Fleisch liefern.

Der Einfluß eines guten Mästungszustandes auf die chemische Zusammensetzung des Fleisches äußert sich neben dem Rückgang der Schlachtabfälle hauptsächlich in einer Abnahme des Wassergehaltes und des Gehaltes an Stickstoffsubstanz und einem Anwachsen des Fettgehaltes. Der Rückgang der Abfälle geht unter anderem aus der Tabelle 2 (S. 663), die Veränderung des Gehaltes an Wasser und Nährstoffen aus folgenden, von J. KÖNIG[1] mitgeteilten Analysen (Mittelwerten) hervor:

Tabelle 22. Zusammensetzung des Fleisches gemästeter und nicht gemästeter Tiere (Kalb und Schwein).

Fleischart	Wasser %	Stickstoff-substanz %	Fett %	Asche %	N in der Trocken-substanz %
Kalbfleisch, fett	72,84	18,88	7,41	1,33	11,02
Kalbfleisch, mager	78,84	19,86	0,82	(0,50)	15,01
Schweinefleisch, fett . . .	47,40	14,54	37,34	0,72	4,50
Schweinefleisch, mager . .	72,57	20,25	6,81	1,10	11,82

Auch einige Untersuchungen von L. ADAMETZ[2] über den Einfluß der Mästung auf die Zusammensetzung der Muskeln verschiedener Rinderrassen führten zu den gleichen Ergebnissen.

e) Krankheiten. Bei den meisten schwereren Erkrankungen der Tiere zeigen sich starke Veränderungen in der Beschaffenheit des Fleisches. So äußern sich fieberhafte Erkrankungen durch starke Abmagerung und graurote Verfärbung der Muskulatur. In anderen Fällen tritt starke Erhöhung des Wassergehaltes, bei gehetzten Tieren eine Geruchsverschlechterung und Verringerung der Haltbarkeit ein. Tuberkulose ruft in der unter V., 2 (S. 699) näher besprochenen Weise bacillenhaltige Knoten („Tuberkeln") in den Organen und Lymphdrüsen, sowie auf den Schleimhäuten hervor, während das Muskelfleisch meist frei davon ist. An letzterem zeigen sich daher in der Regel nur bei weit vorgeschrittener, mit starker Abmagerung verbundener Tuberkulose auffallende Veränderungen der Farbe und Faser. Am Fleische milzbrandkranker Rinder fällt neben der schlechten Ausblutung das schwarze, nicht gerinnende Blut und die oft stark vergrößerte, schwarzrote, erweichte Milz auf. Beim Schaf liegen die Verhältnisse ähnlich, während die Erscheinungen beim Schweine weniger auffallend sind. Bei Rauschbrand zeigen sich mehr oder weniger große Teile der Muskulatur mit schwarzem Blute durchsetzt und gasig zerklüftet. Auch die übrigen Infektionskrankheiten rufen infolge mangelhafter Ausblutung unansehnliche Beschaffenheit des ganzen Fleisches hervor, während der ungünstige Einfluß tierischer Schmarotzer (Leberegel, Lungenwürmer, Finnen, Trichinen usw.) sich meist auf die befallenen Organe beschränkt.

2. Einflüsse der Zubereitung.

Abgesehen von gewissen Fleischdauerwaren (Rauchfleisch, Dosenkonserven, Würsten), die ohne weiteres zum Genusse geeignet sind, wird das Fleisch in der Regel durch vorheriges Kochen oder Braten in eine für die menschliche Ernährung geeignete Form übergeführt. Damit soll zwar nach Untersuchungen von CHITTENDEN und COMMINS[3], E. JESSEN[4], M. POPOFF[5], A. STUTZER[6] u. a. eine Verlangsamung und Herabsetzung der Verdaulichkeit verbunden sein, aber die mit der Zubereitung erzielten Vorteile geschmacklicher Art überwiegen

---

[1] J. KÖNIG: Chemie der menschlichen Nahrungs- und Genußmittel, Bd. I, S. 15, 26. Berlin: Julius Springer 1903.
[2] L. ADAMETZ: Preuß. Landw. Jahrb. 1888, S. 577.
[3] CHITTENDEN u. COMMINS: Amer. Chem. Journ. 4, 318.
[4] E. JESSEN: Zeitschr. Biol. 1883, 19, 126.
[5] M. POPOFF: Zeitschr. physiol. Chem. 1890, 14, 524.
[6] A. STUTZER: Zentralbl. allg. Gesundheitspflege 1892, 11, 59.

doch so sehr, daß der von den Hunnen übernommene Genuß rohen Fleisches (Tatarenbeefsteak) mehr und mehr zurückgeht.

Voraussetzung für eine brauchbare Fleischspeise ist, daß das Fleisch erst nach Beendigung der Totenstarre und mehrtägigem Abhängen („abgeschlachtetes Fleisch") zur Verwendung kommt, da „frischgeschlachtetes Fleisch" nur schwer weich gekocht werden kann, sondern trotz stundenlangen Kochens hart und zähe bleibt.

Von den drei hauptsächlichsten Arten der Zubereitung: Kochen, Dünsten oder Dämpfen, Braten bezeichnet man als Kochen die Erhitzung des in Wasser eingelegten Fleisches auf freiem Feuer bis zur Siedetemperatur oder mittels die Gefäße umspülenden Wasserdampfes auf 70—90°. Beim Dünsten oder Dämpfen wird das Fleisch mit wenig Wasser angesetzt und unter Luftabschluß bei aufgelegtem Deckel oder im PAPINschen Dampftopf gar gekocht. Unter Braten versteht man ein Erhitzen ohne Wasser, aber mit Fettzusatz in trockener Wärme bei 120—130°, unter Rösten ein Erhitzen auf noch höhere Temperaturen von 160—190°.

Je nach der Art der Ausführung bringen diese Methoden verschiedene Veränderungen des Fleisches hervor.

a) Kochen und Dünsten. Legt man das Fleisch in kaltes Wasser ein und erhitzt es mit diesem zum Kochen und dann weiter, so dringt das Wasser in das Fleischstück und bringt den Fleischsaft in Lösung, wobei sich die in letzterem enthaltenen Eiweißstoffe zum Teil in Form von Schaum auf der Fleischbrühe ansammeln und später als Gerinnsel zu Boden setzen. Das Abschöpfen mit dem Schaumlöffel ist daher wegen der Entfernung wertvoller Nährstoffe unzweckmäßig. Wird demgegenüber das Fleisch in siedendes Wasser eingelegt und weitergekocht, so gerinnt das Eiweiß an der Außenseite und bildet eine mehr oder weniger undurchlässige Hülle für die inneren Schichten. Im ersteren Falle gehen also größere Mengen des Fleischsaftes in die Kochflüssigkeit über, während sie bei dem anderen Verfahren größtenteils beim Fleische verbleiben. Will man daher eine besonders kräftige Fleischbrühe (Bouillon, Suppe) herstellen, so wird man das Fleisch mit kaltem Wasser ansetzen, soll aber das Fleisch möglichst saftig bleiben, muß es in bereits siedendes Wasser eingelegt werden[1].

Mit dem Kochen und Dünsten des Fleisches ist ein erheblicher Gewichtsverlust verbunden, der bis zu 40% betragen kann und etwa zur Hälfte auf Wasser, zur anderen Hälfte auf die festen Bestandteile des Fleisches entfällt. Neben den löslichen Bestandteilen des Fleischsaftes findet sich in der Fleischbrühe auch ein Teil des aus dem Collagen des Bindegewebes entstandenen Leims, ferner des Fettes und des Albumins, das aber später gerinnt. Es ist daher verfehlt, den Schaum zu entfernen, da er die wertvollen Eiweißstoffe umschließt. Über die Eigenschaften der Fleischbrühe und des gekochten Fleisches seien auf Grund der bisherigen Untersuchungen noch folgende Angaben hinzugefügt.

α) **Zusammensetzung der Fleischbrühe.** Die Menge der gelösten Stoffe richtet sich selbstredend in erster Linie nach dem Verhältnisse von Fleisch zum Kochwasser, so daß die in den Haushaltungen üblichen Verfahren ganz verschiedene Konzentrationen ergeben können. Während J. KÖNIG aus 500 g Rindfleisch und 189 g Knochen 543 ccm kräftige Fleischbrühe mit 4,82% Trockenrückstand, davon 1,19% Stickstoffsubstanz, 1,48% Fett, 1,83% sonstigen organischen Extraktstoffen, 0,32% Asche, 0,15% Kali und 0,09% Phosphorsäure erhielt, fand A. PAYEN 1,59—2,79% Trockensubstanz, davon 1,25—1,68% organische und 0,32—1,11% anorganische Stoffe, und A. SCHWENKENBECHER[2]

---

[1] Vgl. auch D. I. LOBANOV u. S. W. BYKOWA: Z. 1935, **69**, 313 u. **70**, 150.
[2] A. SCHWENKENBECHER: Inaug.-Dissertation, Marburg 1900, 24.

0,35—0,80% Stickstoffsubstanz und 0,3—0,9% Fett entsprechend 40 bis 120 Calorien für 1000 g. Im Hinblick auf den geringen Gehalt an gelösten Stoffen ist demnach der eigentliche Nährwert der Fleischbrühe nur gering. Ihre hervorragende Bedeutung als anregendes Genußmittel verdankt sie vielmehr in erster Linie den sog. Fleischbasen und den Salzen, daneben aber auch ihrem angenehmen Geruch und Geschmack, an dem nach Untersuchungen von E. Waser[1] eine ganze Reihe von Stoffen beteiligt sind, deren Muttersubstanzen bereits in dem Kaltwasserauszuge enthalten sind, aber erst bei dauerndem Erhitzen auf 100° in die Aromastoffe übergehen.

β) Zusammensetzung des gekochten Fleisches. Beim Kochen oder Dünsten des Fleisches tritt, abgesehen von dem Pökelfleisch, eine sinnfällige äußere Veränderung ein, indem das Fleisch, infolge Gerinnens des Hämoglobins seine rote Farbe verliert und grau wird. Der hinterbleibende Fleischrückstand enthält noch die Fleischfaser, einen größeren oder geringeren Teil des Albumins, des Bindegewebes, Fettes, etwa 50% der Fleischbasen und 20% der Salze. Von dem etwa 28—43% betragenden Gewichtsverluste entfällt der Hauptteil auf den Wassergehalt, der von 74—80% im frischen Fleisch auf 50—60% im gekochten Fleisch der Warmblüter (weniger stark beim Fischfleisch) herunter geht. Beim Dünsten oder Dämpfen ist die Gewichtsabnahme im allgemeinen geringer als beim Kochen und schwankt meist zwischen .20 und 30%.

Nach älteren Analysen von Dettweiler, Renk, Prausnitz und Menicanti, A. Schwenkenbecher[2], K. E. Ranke[3] u. a. haben spätere Untersuchungen von H. G. Grindley und Timothy Mojonnier[4] als Mittel zahlreicher Analysen folgende Befunde ergeben:

Tabelle 23. Einfluß des Kochens auf das Fleisch.

Art des Fleisches	Frisches Fleisch				Gekochtes Fleisch				Verlust in % des frischen Fleisches				
	Wasser %	Stickstoff-substanz %	Fett %	Asche %	Wasser %	Stickstoff-substanz %	Fett %	Asche %	Gesamt %	Wasser %	Stickstoff-substanz %	Fett %	Asche %
Rind . .	71,25	21,14	6,17	1,05	60,32	30,02	8,59	0,83	35,17	32,15	1,84	0,64	0,51
Kalb . .	73,11	21,97	3,64	1,11	66,60	27,33	4,72	1,02	28,69	26,64	1,46	0,28	0,32
Hammel	62,85	19,57	17,48	0,98	55,81	26,31	17,52	0,92	34,93	26,87	1,49	6,26	0,38
Schwein	53,45	14,49	31,18	0,73	42,95	18,03	38,76	0,65	24,48	21,30	0,86	2,08	0,25
Huhn . .	—	—	—	—	59,05	34,20	3,75	3,00	—	—	—	—	—

Demnach werden dem Fleische hierbei vorwiegend die Fleischbasen und die Salze entzogen. Letztere kann man zwar zum Teil wieder künstlich ergänzen, aber das gekochte Fleisch erreicht doch nicht den Nährwert des Ausgangsmaterials und sollte daher nur gleichzeitig mit der Brühe genossen werden. Außer der Verbesserung des Geschmackes bewirkt das Kochen auch eine Lockerung der Fleischfaser und ihres Gefüges. Sie lassen sich in diesem Zustande leichter zerkauen, ein weiterer Grund für die Tatsache, daß gekochtes Fleisch im allgemeinen dem rohen Fleische vorgezogen wird.

b) Braten und Rösten. Abgesehen von den durch die hohe Temperatur beim Entstehen der harten Kruste verursachten Zerstörungen geringer Eiweiß-

---

[1] E. Waser: Z. 1920, 40, 289.
[2] A. Schwenkenbecher: Inaug.-Dissertation, Marburg 1900.
[3] K. E. Ranke: Zeitschr. Biol. 1900, 40, 322.
[4] H. G. Grindley u. Timothy Mojonnier: Experiments on Losses in Cooking meat. U. S. Depart. of Agricult. Washington 1904, Bulletin 141.

und Fettmengen, die das Kochen als ökonomischer erscheinen lassen[1], ist das Braten oder Rösten als die vollkommenere Zubereitungsform zu beurteilen. Denn hierbei verbleibt der überaus wertvolle Fleischsaft nahezu vollständig im Fleische, ohne daß die Lockerung des Fleischgefüges, der Fleischfasern eine Beeinträchtigung erleidet. Die beim Braten entstehende Kruste enthält die charakteristischen, durch Zersetzung von Fett und Eiweiß gebildeten Bratenstoffe, die den angenehmen Geruch und Geschmack des gebratenen Fleisches bedingen, in ihrer chemischen Natur aber noch nicht erforscht sind. Auch beim Braten tritt ein Gewichtsverlust ein, der zwar meist nicht so groß wie beim Kochen ist, aber immerhin 20—30% beträgt und bei starkem Braten noch höher ansteigen kann. So liefern 100 g rohes mageres Fleisch bei leichtem Braten 76—85 g, bei stärkerem Braten 57—70 g, unter Umständen auch wohl nur 52 g gebratenes Fleisch. Der Gewichtsverlust entfällt wie beim Kochen hauptsächlich auf den Wassergehalt, der von 70—80% im frischen Fleische auf 65—72% im leicht gebratenen und auf 55—65% im stark (gar) gebratenen Fleische heruntergeht. Die Abnahme der eigentlichen Nährstoffe ist beim Braten ohne Fett sehr gering, während beim Braten mit Fett nach den Untersuchungen von GRINDLEY[2] durchschnittlich 2,15% Stickstoffsubstanz und 3,07% Asche durch das Fett aufgenommen werden. Beim Rösten des Fleisches gingen 0,25—4,55% der Stickstoffsubstanzen, 4,53—57,49% des Fettes und 2,47—27,18% der im rohen Fleische enthaltenen Mineralstoffe in das Bratenfett über, je nach der Höhe der Temperatur und der Dauer ihrer Einwirkung. Fettreiche und große Fleischstücke verlieren unter sonst gleichen Umständen weniger von ihren Bestandteilen als fettarme und kleinere Stücke. Im Hinblick auf die mannigfache Art der Behandlung, insbesondere auch auf den Umstand, daß bei fettem Fleische Fett austritt, bei magerem Fleische aber Fett eintreten kann, unterliegt die Zusammensetzung natürlich sehr großen Schwankungen. Um aber doch einen gewissen Anhalt zu geben, seien nachstehend einige Analysen mitgeteilt.

Tabelle 24. Zusammensetzung von gebratenem Fleisch.

Nr.	Bezeichnung	Wasser %	Stick-stoff-substanz %	Fett %	Stickstoff-freie Extrakt-stoffe %	Asche %
1	Beefsteak	55,80	30,80	10,35	—	3,05
2	Rostbeef	69,25	25,50	2,75	—	2,50
3	Lendenbraten	68,39	25,90	3,46	—	2,25
4	Rinder- (Schmor-) Braten. .	57,00	30,65	7,55	—	4,80
5	Kalbsbraten	61,97	29,38	5,15	—	3,50
6	Kalbsschnitzel	61,00	22,30	6,00	3,20	(7,50)
7	Hammelbraten.	66,30	26,10	4,10	—	3,50
8	Hammelkotelett	65,60	19,15	11,60	0,80	2,85
9	Schweinebraten	55,67	28,53	13,50	—	2,30
10	Schweinskotelett	58,05	21,45	16,65	2,05	1,80
11	Rehbraten.	64,65	28,20	2,80	2,00	2,35
12	Rehschlegel, gespickt	55,40	29,70	9,40	—	(5,50)
13	Hasenbraten.	48,20	47,50	1,40	0,20	2,70
14	Hahnenbraten	53,75	38,10	3,95	1,05	3,15

Das Fett wird beim Braten zum Teil in Fettsäuren und Glycerin gespalten, das letztere teilweise in Akrolein übergeführt. Von den Vitaminen wird besonders das gegen Erhitzen bei Luftzutritt sehr empfindliche Vitamin A geschädigt.

---

[1] A. JUCKENACK: Was haben wir bei unserer Ernährung im Haushalt zu beachten? Berlin: Julius Springer 1923.
[2] J. KÖNIG: Chemie der menschlichen Nahrungs- und Genußmittel, Nachtrag zu Bd. I. Berlin 1919.

V. Fehlerhafte Beschaffenheit des Fleisches.

Die zahlreichen Abweichungen, die das Fleisch der geschlachteten Tiere von der allgemeinen Regel der normalen Beschaffenheit aufweisen kann, werden, abgesehen von den gesondert zu besprechenden Verfälschungen, durch eine Reihe natürlicher Ursachen, seien es solche physiologischer oder pathologischer Art hervorgerufen und daher meist in die beiden Gruppen der physiologischen und der pathologischen Abweichungen unterschieden. Dazu kommen dann noch die Veränderungen, welche das Fleisch nach dem Schlachten erfahren kann.

1. Physiologische Abweichungen.

Als wichtigste physiologische Zustände, die den Gebrauchswert des Fleisches beeinträchtigen, führt R. v. Ostertag[1] die folgenden an:

a) Unreife nennt man die Beschaffenheit des Fleisches zu junger Tiere, sei es, daß sie unmittelbar nach der Geburt („nüchterne Kälber"), sei es, daß sie vor genügender Entwicklung bis zum 8. oder 14. Lebenstage geschlachtet wurden. Im Zustande der Unreife kommen in gewissen Gegenden, besonders Norddeutschlands, hauptsächlich Kälber, seltener Ferkel, Schaf- und Ziegenlämmer in den Verkehr. Das Fleisch unreifer Tiere ist nach dem Fleischbeschaugesetz BBA § 40 Nr. 5 minderwertig.

Man erkennt es an der schlaffen, grauroten, schlecht entwickelten Muskulatur, namentlich der Hinterschenkel, dem dunkelroten, sulzigen Mark der Röhrenknochen, den schlecht entwickelten Nieren, die äußerlich und auf der Schnittfläche tief violettrote Farbe zeigen, dem sulzigen, grauroten Fettgewebe in der Umgebung der Nieren und dem noch nicht mumifizierten und verdickten Nabelstrang.

Unterstützt wird die durch den Tierarzt vorzunehmende Feststellung der Unreife durch gewisse für die Altersbestimmung wichtige Merkmale der Klauen, der Zähne, des Nabels und der Hornbildung.

b) Fötenfleisch, d. h. das Fleisch ungeborener Tiere, ist wie dasjenige todgeborener Tiere nach dem Fleischbeschaugesetz BBA § 33 (2) untauglich.

Es wird erkannt an der Atelektase der Lungen, der Eigenschaft, in Wasser unterzusinken, dem offenen Ductus Botalli, dem offenen Urachus, der weiten klaffenden Beschaffenheit der Nabelvene und der Nabelarterien sowie dem hohen Glykogengehalte der Muskulatur und den Eigenschaften des unreifen Fleisches.

c) Abmagerung macht das Fleisch, wenn sie durch Krankheit der Tiere verursacht ist, nach dem Fleischbeschaugesetz BBA § 33 (1) 17 zum Genusse untauglich, in anderen Fällen nach § 40, Nr. 4 minderwertig. Sie unterscheidet sich von dem physiologischen Zustande der „Magerkeit", bei der alle Organe normal entwickelt, nur fettarm sind, dadurch, daß der Ernährungszustand unter die Norm sinkt. Bei der infolge schwerer fieberhafter Erkrankungen schnell eintretenden Abmagerung zeigen sich unverkennbare Veränderungen: trübe Schwellungen an den Parenchymen der drüsigen Organe, rötliche Färbung und Verwischung des Baues des Fettgewebes. Bei chronischen Störungen des Stoffwechsels verschwindet nicht nur bei fetten Tieren das Mästungsfett, sondern es zeigt sich auch allgemeiner Schwund der Organe (Milz und Leber) und der Skeletmuskulatur. Vollständige Abmagerung, die, im Gegensatze zu der beginnenden Abmagerung, allein zur Beanstandung führt, ist mit seröser Durchtränkung des subcutanen retroperitonealen und intermuskulären Bindegewebes und der Muskulatur verbunden. An die Stelle des Fettgewebes tritt gallertähnliches Gewebe, die Muskulatur ist graurot verfärbt, der Wassergehalt auf Kosten von Fett, Eiweiß und Mineralstoffen erhöht.

---

[1] R. v. Ostertag: Lehrbuch der Schlachtvieh- und Fleischbeschau. Stuttgart: Ferdinand Enke 1932.

Das Fleisch magerer Tiere ist, im Gegensatz zu demjenigen „abgemagerter", unbeschränkt tauglich und für die Wurstherstellung unentbehrlich.

Die weiteren physiologischen Abweichungen, wie abnorme Färbung des Fettgewebes, unangenehmer Geruch des Fleisches infolge von Fütterungs- und Geschlechtsverhältnissen, sind bereits auf S. 670, 673 besprochen worden.

Die in den Kreisen der Gewerbetreibenden bisweilen verbreitete Ansicht, daß das Fleisch brünstiger oder hochträchtiger Tiere minderwertig sei, wird von R. v. OSTERTAG als unbegründet bezeichnet.

Hingegen ist das Fleisch krepierter Tiere selbstredend vom Verkehr aus- zuschließen.

2. Pathologische Abweichungen.

Da hinsichtlich der Organkrankheiten auf die Hand- und Lehrbücher der Fleischbeschau und der pathologischen Anatomie verwiesen werden muß, seien hier nur die Vergiftungen, die Invasionskrankheiten durch tierische Para- siten und die Infektionskrankheiten durch pflanzliche Mikroorganismen einer Besprechung unterzogen.

a) Fleisch vergifteter Tiere. Als häufigste Ursache einer Intoxikation der Schlachttiere ist die Aufnahme giftiger Futterpflanzen oder verdorbener Futter- mittel (verschimmelter, verfaulter Stoffe, gekeimter Kartoffeln) zu erwähnen. Dazu tritt in selteneren Fällen das Eindringen tierischer Gifte (Stiche der Kriebel- mücken oder Bienen, Schlangenbiß), die Aufnahme anorganischer Gifte (Blei, Arsen, Phosphor, Salpeter, Kalisalze) infolge ausgelegter Giftbrocken, durch Ablecken von Farbanstrichen u. dgl. sowie endlich durch unrichtige Anwendung von Arzneimitteln, wie Brechweinstein, Alkalisalze, Quecksilber, Säuren, Veratrin, Strychnin, Carbolsäure usw.

Der Nachweis einer Vergiftung wird entweder nach den Grundsätzen der Tierheilkunde durch Beobachtung der Symptome am lebenden Tiere oder der am Magen- und Darmkanal (scharfe, ätzende Gifte) oder am Blute (Kaliumchlorat, Chloroform, Phosphor) hervorgerufenen Veränderungen zu führen sein. Bei gewissen Vergiftungen durch reine Nervengifte, wie Morphin, Eserin, Strychnin, kann der Schlachtbefund völlig negativ sein, und in solchen, wie den meisten anderen Fällen ist die chemische Untersuchung unerläßlich; siehe Bd. II, S. 1273f.

Bei der Beurteilung der Genußfähigkeit des Fleisches vergifteter Tiere ist zu berücksichtigen, daß das einverleibte Gift sich in der Regel auf eine große Menge Fleisch verteilt und daher, abgesehen von Injektionsstellen, Magen- und Darmkanal, meist in zu geringer Menge vorhanden ist, um Schaden stiften zu können.

So fand SONNENSCHEIN[1] in dem Fleische einer Kuh, die $^1/_2$ Jahr lang täglich 1—4 g, im ganzen 506,5 g Arsenik verzehrt hatte, nur 0,01—0,19 mg As_2O_3 in 0,5 kg Muskelfleisch und 1 mg As_2O_3 in 0,5 kg Milz und Nieren, während als einmalige Höchstgabe 5 mg ver- ordnet werden dürfen.

LABO und MOSSELMANN[2] stellten in Nieren und Leber eines mit bleiweißhaltiger Harzfarbe gefütterten Stieres, der am 6. Tage verendete, 40 mg Bleisulfat fest, zugleich aber, daß wochenlange Verfütterung des Fleisches an einen Hund nicht die geringste Störung hervorrief.

Nach SPALLANZANI und HOFMEISTER, FESER sowie vor allem FRÖHNER und KNUDSEN haben sich nach der Verfütterung des Fleisches von Tieren, die mit Strychnin, Eserin, Pilocarpin, Veratrin, Apomorphin, Colchicin vergiftet worden waren, niemals Krankheitserscheinungen eingestellt. Zum Teil wird dies allerdings neben der Verteilung auf die große Masse des ganzen Tieres dadurch zu erklären sein, daß ein Teil des Giftes durch die Sekretionsorgane ausgeschieden, ein anderer durch die reduzierende Kraft des lebenden Organismus zerstört wird.

---

[1] SONNENSCHEIN: Arch. Pharm. [3] **3**, 455; C. 1873, 805.
[2] LABO u. MOSSELMNAN: Zeitschr. Fleisch- u. Milchhyg. 1893, **3**, Heft 7.

Allerdings scheint die Zeit zwischen der Einverleibung des Giftes und dem Schlachten des Tieres nicht ohne Bedeutung für die Beschaffenheit des Fleisches zu sein, denn JANSON, LEWIN und GERLACH beobachteten nach dem Verfüttern des Fleisches von Schlachttieren, die kurz vor der Tötung mit Strychnin behandelt worden waren, Vergiftungserscheinungen.

Auch ist die Art des Giftes und die Form der Einverleibung von Einfluß. So fand GERLACH, daß die Wirkung der organischen Arzneimittel früher verschwindet als diejenige der Metalle, daß weiter pflanzliche Pulver am langsamsten und nachhaltigsten, früher und schneller vorübergehend Lösungen von Giften, am schnellsten, aber auch am wenigsten nachhaltig, die reinen Giftstoffe für sich allein wirken. Pflanzengifte sind ohne Rücksicht auf die Form der Verabreichung schon nach 8 Tagen, Metalle erst nach etwa 4 Wochen aus dem Tierkörper verschwunden.

Die Organe vergifteter Tiere gelten im allgemeinen als unschädlich. Jedoch ist der Magen- und Darmkanal wegen seines giftigen Inhaltes stets als gesundheitsschädlich zu betrachten, sind doch nach dem Genusse durch Strychnin vergifteter Krammetsvögel, die stets mit dem Magen verzehrt werden, Erkrankungen eingetreten. Auch das Euter und die Injektionsstellen sind verdächtig. Nach dem Fleischbeschaugesetz BBA § 35 Nr. 17 müssen diejenigen Teile, die bei Vergiftungen oder Behandlung mit stark wirkenden Arzneimitteln das Gift in schädlicher Menge enthalten können (Magen, Darm, Injektionsstellen, Leber, Nieren, Euter u. dgl.) als untauglich behandelt werden. Schließlich ist das Fleisch solcher Tiere, die wegen zufälliger Vergiftungen notgeschlachtet werden mußten, als verdorben zu betrachten.

Autointoxikation nennt R. v. OSTERTAG Vergiftungen durch Sekrete oder Stoffwechselprodukte des eigenen Körpers, wie die Blutkrankheiten Cholämie, Urämie und vielleicht die rheumatische Hämoglobinämie. Bei Cholämie (Ikterus) ist nach dem Fleischbeschaugesetz BBA § 33 (1) 17 und 12 der ganze Tierkörper als untauglich anzusehen, wenn die Krankheit zu vollständiger Abmagerung des Tieres geführt hat, ferner wenn sämtliche Körperteile 24 Stunden nach der Schlachtung noch stark gelb oder gelbgrün gefärbt sind, oder wenn das Fleisch nach 24 Stunden bei der Koch- und Bratprobe einen widerlichen Geruch- oder Geschmack (jauche- oder fäkalartig) zeigt. Wenn diese Erscheinungen nach 24 Stunden nur noch mäßig vorhanden sind, ist das Fleisch nach § 40 als minderwertig, wenn sie unerheblich sind, als tauglich zu behandeln.

Bei Urämie ist nach dem Fleischbeschaugesetz BBA. § 33 (1) 16 der ganze Tierkörper als zum Genuß untauglich zu betrachten, wenn hochgradiger Harngeruch auch bei der 24 Stunden nach der Schlachtung vorzunehmenden Kochprobe und nach dem Erkalten noch besteht. Bei geringeren Graden ist das Fleisch als minderwertig zu beurteilen.

Hämoglobinämie macht das Fleisch immer minderwertig; ob es auch gesundheitsschädlich ist, muß durch die bakteriologische Untersuchung entschieden werden.

b) Fleisch mit tierischen Parasiten. Von den überaus zahlreichen tierischen Schmarotzern oder Zooparasiten der Schlachttiere kommen für die Fleischhygiene hauptsächlich diejenigen in Betracht, die in den als Lebensmittel benutzten Organen ihren Sitz haben und entweder durch den Fleischgenuß unmittelbar auf den Menschen übertragen werden können oder erst nach vorausgegangenem Wirtswechsel die menschliche Gesundheit zu schädigen geeignet sind. Von den ersteren sollen hier die Rinder- und Schweinefinne, sowie die Trichine, von den letzteren die Echinokokken und die Larven von Pentastomum taenioides besprochen werden, während bezüglich der von der Fleischbeschau ebenfalls zu berücksichtigenden Haut- und Haarschmarotzer, Protozoen, Helminthen usw. auf R. v. OSTERTAGS Lehrbuch verwiesen sei.

α) Die **Rinderfinne** (Cysticercus inermis) ist die fast nur beim Rinde, vereinzelt auch bei der Ziege und dem Reh vorkommende ungeschlechtliche Vorstufe eines sich im menschlichen Darm entwickelnden, ziemlich häufigen Bandwurms, Taenia saginata. Aus dem vom menschlichen Darm ins Wasser oder auf den Düngerhaufen geratenen Eiern entwickelt sich im Magen des Rindes ein Embryo, der durch die Magen- oder Darmwand in das Bindegewebe oder den Blutkreislauf gelangt und sich an geeigneten Stellen des Körpers festsetzt. Ihre Lieblingssitze haben sie beim Rinde in den Kaumuskeln, im Herzen, außerdem finden sie sich in Schlund und Zunge, den Nacken- und Halsmuskeln, dem muskulösen Teile des Zwerchfells, sowie den Intercostal- und Brustmuskeln, nur selten in den Eingeweiden. Die Finne ist ein je nach dem Entwicklungsstadium stecknadelkopf- bis erbsengroßes rundliches oder längliches Bläschen, das aus der äußeren bindegewebigen Organhaut, dem sog. Finnenbalge und dem Parasiten selbst besteht. Der letztere setzt sich zusammen aus dem Skolex (Kopf mit Hals) und der mit Flüssigkeit gefüllten Schwanzblase. Der Skolex, der in die Schwanzblase eingestülpt ist, schimmert als weißes kleines Gebilde durch den Balg hindurch und zeigt unter dem Mikroskope vier Saugnäpfe, sowie im Halse sehr zahlreiche Kalkkörperchen, während, zum Unterschiede von der Schweinefinne, Haken fehlen (daher „inermis"). Nach dem innerhalb von 18 Wochen erfolgenden völligen Entwicklung ist die Finne 4—8 mm lang und 3 mm breit. Um Verwechslungen mit dem ähnlichen Cysticercus tenuicollis und Echinokokken zu vermeiden, ist zu beachten, daß der erstere sich nur unter den serösen Häuten, nicht aber in den quergestreiften Muskeln vorfindet und überdies einen doppelten Hakenkranz aufweist, während die letzteren sich durch die runde Gestalt und den Mangel eines dem Skolex ähnlichen Gebildes unterscheiden.

Da sich aus der Finne im menschlichen Darm der Bandwurm entwickelt, ist finniges Fleisch gesundheitsschädlich, es kann aber unter Umständen noch zum Verkehr zugelassen werden, da die Finnen durch geeignete Behandlung abgetötet werden.

Nach dem Fleischbeschaugesetz BBA § 34, Nr. 2 ist der ganze Tierkörper, ausgenommen Fett (§ 37 I), als untauglich anzusehen, wenn das Fleisch wäßrig oder verfärbt ist, oder wenn die Schmarotzer auf einer größeren Anzahl der Schnitte verhältnismäßig häufig (mehr als eine Finne im Präparate) zutage treten. Die Eingeweide, Leber, Milz, Nieren, Magen, Darm, Gehirn, Rückenmark und Euter sind als uneingeschränkt genußtauglich anzusehen, wenn sie sich als finnenfrei erweisen, desgleichen Fett, das sonst bedingt tauglich ist:

Schwachfinniges Fleisch ist ganz allgemein als bedingt tauglich anzusehen, für genußtauglich ohne Einschränkung aber anzusehen, wenn es 21 Tage hindurch gepökelt oder in Kühlräumen aufbewahrt worden ist. In letzteren Fällen ist es durch Kochen oder Dämpfen brauchbar zu machen. Das Kochen in Wasser gilt nur dann als genügend, wenn das Fleisch in den innersten Schichten grau verfärbt und der von frischen Schnittflächen abfließende Saft nicht mehr rötlich ist, das Dämpfen nur dann, wenn auch die innersten Schichten 10 Minuten lang auf 80⁰ erhalten worden sind oder das nicht über 15 cm dicke Fleisch mindestens 2 Stunden lang bei ¹/₂ Atmosphäre Überdruck gehalten worden ist und Verfärbung des Fleisches und Saftes wie oben eintrat. Zur Pökelung sind die höchstens 2¹/₂ kg schweren Fleischstücke für mindestens 3 Wochen in Kochsalz zu verpacken oder in eine 25%ige Salzlösung einzulegen. Bei Einspritzung der Lake genügt eine 14tägige Aufbewahrung.

β) Die **Schweinefinne** (Cysticercus cellulosae) ist die ungeschlechtliche Vorstufe von Taenia solium, deren Entwicklung derjenigen der Rinderfinne ähnelt und 10—15 Wochen dauert. Sie findet sich vorwiegend beim Schwein, gelegentlich auch bei Schaf, Ziege, Hund, Katze, Kaninchen, Bär, Affe, steht aber hinsichtlich der Häufigkeit des Vorkommens hinter der Rinderfinne weit zurück und ist durch die intensive Fleischbeschau praktisch völlig beseitigt. Als Lieblingssitze der Finne sind die Bauchmuskeln, die muskulösen Teile des Zwerchfells, die Lenden-, Kau-, Zwischenrippen- und Nackenmuskulatur, das Herz, der Einwärtszieher der Hinterschenkel und die Brustbeinmuskeln zu nennen. Außerdem findet sie sich häufiger in dem Gehirn, den Lymphknoten und dem Paniculus adiposus, hingegen in den übrigen Eingeweiden nur ausnahmsweise, und zwar nur bei starken Invasionen.

In der Form gleicht sie sehr der Rinderfinne, doch schimmert der Skolex wegen des dünneren Balges deutlicher hindurch und ist auch durch den doppelten Hakenkranz (Abb. 5) unterschieden. Die 22—28 Haken haben eine gedrungene Form mit starker Wurzel und schwach gekrümmter Spitze, eine Länge von 0,16—0,18 mm bei den großen und von 0,11—0,14 mm bei den kleinen Haken. Auch kommen gelegentlich Stücke mit 6 Saugnäpfen vor, die zur Entwicklung des Bandwurms führen. Bei der Differentialdiagnose ist die Ähnlichkeit der Schweinefinnen mit dem früheren Entwicklungsstadium der dünnhalsigen Finne (Cysticercus tenuicollis) zu beachten, die sich aber von der schädlichen

Finne durch ihr ausschließliches Vorkommen an und in den Eingeweiden und unter der Überkleidung der Bauchmuskeln und des Zwerchfelles sowie durch den längeren Hals und die große Zahl (32—40) der Haken unterscheidet.

Finniges Schweinefleisch ist weit gesundheitsgefährlicher als finniges Rindfleisch, weil sich bei der Übertragung auf den Menschen nicht nur ein Bandwurm entwickelt, sondern auch mittelbar durch Selbstinfektion des Trägers mit der Brut dieses Bandwurms Finnen im menschlichen Körper entstehen können. Auch entwickeln sie sich hier nicht nur in den Muskeln, sondern mit Vorliebe in den Augen und dem Gehirn und können somit Erblindung, epileptische Krämpfe, Lähmung, Verblödung, ja selbst den Tod herbeiführen.

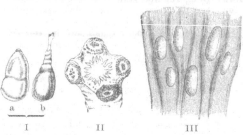

 Das finnige Schweinefleisch kann wie unter α) beschrieben durch Pökeln, Kochen, Dämpfen und Gefrierenlassen, nicht aber durch Aufbewahrung im Kühlraum unschädlich gemacht werden. Die Schweinefinne ist aber widerstandsfähiger als die Rinderfinne, stirbt erst bei 49° und überdauert den Tod ihres Trägers länger als 6 Wochen. Im

Abb. 5. Schweinefinnen. I Finnen, a mit eingestülptem, b mit vorgestrecktem Kopf. II Bandwurm oder Finnenkopf. III Schweinefleisch mit Finnen.

Gefrierraum von —8 bis —10° stirbt sie nach 4 Tagen ab, im übrigen gelten für die Brauchbarmachung die unter α) mitgeteilten Vorschriften.

γ) Die **Trichine** (Trichinella spiralis) gehört zu den Nematoden (Trichotracheliden) und schmarotzt als geschlechtsreifes Tier im Dünndarm (Darmtrichinen), während die Larven in die Muskulatur einwandern und sich hier einkapseln (Muskeltrichinen). Bei den eingekapselten Muskeltrichinen sind, abweichend von den Larven anderer Nematoden, die Geschlechtsorgane so differenziert, daß sie eine Unterscheidung in Männchen und Weibchen ermöglichen.

Die Trichine soll in den dreißiger Jahren des vorigen Jahrhunderts durch chinesische Schweine

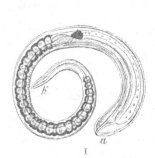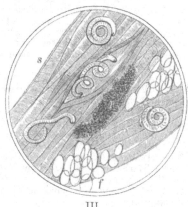

Abb. 6. Trichinen. I Weibliche Trichine (200fach). — II Eingekapselte Trichine. — III Fleischfasern mit wandernden und sich einkapselnden Trichinen: f Fettbläschen, p MIESCHERsche Körperchen, s Muskelfasern.

verschleppt worden sein. Sie ist zuerst im Jahre 1832 von HILTON in einer menschlichen Leiche, später 1847 von LEIDY im Schwein, 1845 von HERBST sowie 1849 von GURLT bei der Katze beobachtet worden. Der Entdecker der Trichinenkrankheit ist der Dresdener Arzt ZENKER, der anläßlich der ersten größeren Trichinenepidemie im Jahre 1860 die Trichine als Ursache der bis dahin als typhös angesehenen Krankheitserscheinungen erkannte.

Nach seinen eigenen und den Feststellungen LEUCKARTS und VIRCHOWS gelangt die Trichine, die wahrscheinlich vom Schweine durch das Fressen von Ratten aufgenommen wird, mit dem Schweinefleische in den menschlichen Organismus. Aus der sich im Magensafte lösenden Kapsel wandert die Muskeltrichine in den Darm, wo sich bereits am zweiten Tage die 3—4 mm langen Weibchen mit den 1,4—1,6 mm langen Männchen begatten. Jedes Weibchen stößt schubweise etwa 1500 Embryonen aus, die mit dem Lymphstrome in die Blutbahn und dann in die Muskeln gelangen, wo sie sich nach 7—8tägiger Wanderung an den Sehnen und Aponeurosen festsetzen. Nach Beendigung der Wanderung verfallen die anfangs etwa 0,1 mm langen Muskeltrichinen (Abb. 6) in einen Zustand der Ruhe, in dem sie wachsen und unter Verschwinden der anfänglichen Querstreifung und Zunahme der Muskelkerne in den von der Invasion befallenen Muskeln innerhalb von 3 Wochen ihre volle Länge von 0,8—1 mm erreichen. Sie nehmen alsdann unter spindelförmiger Ausweitung des Sarkolemmas eine verschiedenartig gekrümmte oder gewundene Form an. Im Verlaufe des zweiten Monats fallen die trichinenhaltigen Muskelfasern zusammen, und an den Polen der spindelförmigen Erweiterungen macht sich die erste Anlage der Kapseln bemerkbar, bis am Ende des dritten Monats die Trichinen völlig von den ovalen, in der Längsrichtung der Muskeln liegenden Kapseln (II) umgeben sind. Gleichzeitig tritt häufig an den Polen der Kapseln eine so starke Entwicklung von Fettgewebe auf, daß die Trichinen schon mit bloßem Auge sichtbar werden. Erst wenn die Kapsel völlig mit Kalksalzen inkrustiert ist, beginnen die Parasiten selbst zu verkalken, können aber noch mehr als 10 Jahre ihre Lebensfähigkeit und Übertragbarkeit beibehalten.

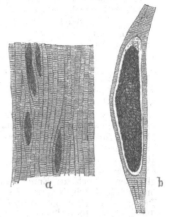

Als Lieblingssitze, die besonders zur Untersuchung heranzuziehen sind, werden angeführt: die Zwerchfellpfeiler, sodann die übrigen muskulösen Teile des Zwerchfells, die Kehlkopf- und Zungenmuskeln, sowie in weiterem Abstande die Bauch- und Zwischenrippenmuskeln.

Die nicht verkalkte, aber völlig entwickelte Muskeltrichine setzt sich aus der citronenförmigen, ovalen oder rundlichen, durchsichtigen, doppeltkonturierten Kapsel und dem spiralig eingerollten Wurm zusammen (II). Die Länge der Kapsel beträgt 0,28—0,68, die Breite 0,15—0,31, die Dicke der Kapselwand 0,05 mm, die Länge des Wurmes (I) 0,8—1 mm, seine größte Breite 0,03—0,05 mm.

Abb. 7. MIESCHERsche Schläuche. a schwach, b stark vergrößert.

Bei der ausgewachsenen Muskeltrichine ist das verjüngte vordere (I k) von dem verbreiterten hinteren Ende (I a) deutlich zu unterscheiden, auch bemerkt man die fast homogene Cuticula, den die ganze Körperlänge durchziehenden Darm mit Mund und After, den um den Schlund liegenden Zellkörper, der die halbe vordere Hälfte des Leibes einnimmt, den sog. FARRESchen Körnerhaufen und die noch unvollständige Anlage des Genitalsystems.

Zur Ermittelung der Trichinen diente ursprünglich nur die mikroskopische Untersuchung, während jetzt in zunehmendem Maße die Projektion herangezogen wird. Bei der ausreichenden und zweckmäßigsten 30—40fachen Vergrößerung sieht man die eingekapselten Muskeltrichinen (II) deutlich als citronenförmige Gebilde mit der Kapsel und dem spiralig oder brezelförmig aufgewundenen Wurm, während die wandernden oder ruhenden, aber noch nicht aufgerollten Trichinen (III) erst bei stärkerer Vergrößerung erkannt werden. Um die verkalkten Trichinen in konserviertem Schweinefleisch, besonders geräuchertem Schinken, sicher nachweisen zu können, empfiehlt es sich, die Muskelproben mehrere Minuten mit verdünnter Essigsäure oder die Präparate mit verdünnter Natronlauge zu behandeln.

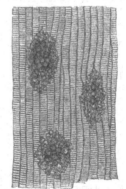

Zur Vermeidung von Irrtümern ist zu beachten, daß zwar nicht die eingekapselten und nicht verkalkten, wohl aber die verkalkten Trichinen mit einigen anderen Einlagerungen in der Muskulatur verwechselt werden können. Von diesen sind besonders folgende anzuführen:

1. Die MIESCHERschen Schläuche (Abb. 7) sind schon mit bloßem Auge wahrnehmbare, ziemlich kurze verkalkte Schläuche, die fast immer länger als die Trichinenkapseln sind, in der Längsachse einer etwas aufgetriebenen Muskelfaser liegen und an den Enden stumpf abgerundet erscheinen. Sie haben in einer bindegewebeartigen Hülle eine dunkelkörnige Masse, in der bisweilen auch S-förmige und spiralig gewundene Kalkablagerungen bemerk-

Abb. 8. Konkretionen zwischen den Muskelfasern.

bar sind. Sie unterscheiden sich von den Trichinenkapseln durch ihren körnigen Inhalt und durch ihre Form und Größe, sowie besonders dadurch, daß ihre Hülle durch Kalilauge gelöst wird, und daß die umgebenden Muskelfasern ihre Querstreifung behalten haben.

2. Konkretionen (Abb. 8), die oft schon mit bloßem Auge als kleine weiße Punkte im Fleische zu erkennen sind, erscheinen unter dem Mikroskope als länglich runde Haufen von der Größe einer Trichinenkapsel, unterscheiden sich aber durch die abweichende Form, die gleichmäßig dunkle Färbung und das Fehlen einer scharfen Begrenzung.

3. Verkalkte Finnen haben Hirse- bis Hanfkorngröße, so daß selbst die kleinsten von ihnen größer als verkalkte Trichinen sind. Weiter liegen sie nicht in, sondern zwischen den Muskelfasern, zeigen eine deutlich nachweisbare bindegewebige Kapsel und lassen

unter Umständen die charakteristischen Haken und die Kalkkörperchen des Finnenhalses erkennen. Auch kommen sie zum Unterschiede von den Trichinen, ebenso wie die MIESCHERschen Schläuche, auch im Herzen vor.

Die Trichinenkrankheit des Menschen verläuft in zwei Stadien. Das erste Stadium wird durch die Einbohrung der weiblichen Darmtrichinen in die Darmschleimhaut verursacht und äußert sich in Reizungserscheinungen des Darmes, Appetitlosigkeit, Übelkeit, Leibschmerzen, Durchfall und Erbrechen. Das zweite Stadium, das mit der Einwanderung der Embryonen in die Muskulatur zusammenhängt und mit der 2.—4. Woche nach der Aufnahme des trichinösen Fleisches beginnt, ist durch intermittierendes Fieber (bis 40 und 42°), Müdigkeit, heftige Magenschmerzen, Augenschmerzen, Schlingbeschwerden, Heiserkeit, Schmerzen beim Kauen und Ödeme der Augenlider, des Gesichts und der Gliedmaßen gekennzeichnet. Ist die Zahl der eingenommenen Trichinen sehr groß, so treten diese Erscheinungen so heftig auf, daß in 10—40% der Fälle der Tod erfolgt. Bei geringerem Befall hört die Erkrankung nach Einkapselung der Trichinen auf, oder tritt auch bisweilen überhaupt nicht ein.

Nach einer Aufstellung von REINHARD haben sich während der Jahre 1860—1875 in Sachsen 39 Trichinenepidemien mit 1267 Erkrankungen und 19 Todesfällen ereignet. Da aber in diesem Zeitraume 6,96 Millionen Schweine geschlachtet wurden, von denen nach den statistischen Erhebungen etwa 1000 trichinös gewesen sein müssen, so haben von 100 trichinösen Schweinen höchstens 4 Erkrankungen bei Menschen verursacht. Hierauf dürfte es zurückzuführen sein, daß viele Menschen jahrelang nicht an die Trichinengefahr glaubten. Noch zu Ende des vorigen Jahrhunderts veröffentlichte der alte Fleischermeister Kühn in den Dresdener Zeitungen alljährlich lange Annoncen, in denen er den Trichinen-Aberglauben verulkte und sich zum Verzehren von trichinösem Fleische erbot. Jetzt dürfte diese Torheit wohl endgültig überwunden sein.

Das einzige Mittel zur Verhütung der hohen Gefahren ist die Trichinenschau, d. h. die Untersuchung des Fleisches aller zur menschlichen Ernährung dienenden Trichinenträger, insbesondere Schweine, Wildschweine, Hund, Bär, Dachs und Fuchs. Sie ist von Reichswegen für alles in das Zollinland eingeführte Fleisch zwingend angeordnet, während für die Inlandsschlachtungen besondere landesrechtliche Vorschriften gelten. Hinsichtlich der Einzelheiten der Gesetze und der praktischen Durchführung der Überwachung sei auf die Handbücher der Fleischbeschau verwiesen.

Für die Beurteilung gelten folgende Grundsätze: Trichinöses Fleisch ist ein gesundheitsschädliches Lebensmittel. Nach dem Fleischbeschaugesetz BBA § 34 Nr. 4 muß daher der ganze Tierkörper, ausgenommen das Fett, als untauglich angesehen werden, wenn infolge der Einwanderung der Trichinen bei Schweinen sinnfällige Veränderungen des Muskelfleisches bestehen. Das Fett solcher Tiere ist als bedingt tauglich zu beurteilen. Liegen sinnfällige Veränderungen des Muskelfleisches nicht vor, so ist der ganze Tierkörper als bedingt tauglich zu behandeln. Die Brauchbarmachung des Fleisches erfolgt durch Kochen oder Dämpfen, doch genügt statt dessen bei Fett auch das Ausschmelzen, wenn es in offenen Kesseln vollkommen verflüssigt oder in Dampfapparaten auf mindestens 100° erhitzt worden ist. Das Fleisch muß in höchstens 10 cm dicken Stücken 2½ Stunden im kochenden Wasser gehalten oder beim Dämpfen auch in den innersten Schichten nachweislich einer Temperatur von 80° mindestens 10 Minuten ausgesetzt oder in 15 cm dicken Stücken bei ½ Atmosphäre Überdruck mindestens 2 Stunden lang gedämpft werden. Das Fleisch muß nach dem Erhitzen in den innersten Schichten grauweiß verfärbt sein, und der von Schnittflächen abfließende Saft darf nicht mehr rötlich sein.

Infolge der mustergültigen deutschen Trichinenschau sind die früher recht häufigen Trichinenepidemien so gut wie völlig beseitigt worden, und die Zahl der durch Trichinosis verursachten Todesfälle beläuft sich jährlich nur auf 1 oder 2. Die während der Kriegsjahre beobachteten größeren Zahlen (1915: 10; 1917; 15; 1918: 43) erklären sich nach R. v. OSTERTAG hauptsächlich durch den Genuß von nicht untersuchtem Fleische aus den besetzten östlichen Gebieten.

δ) **Echinokokken** oder **Hülsenwürmer** sind die in den Eingeweiden mehrerer Schlachttiere vorkommenden Finnenzustände des 3—4gliedrigen Hundebandwurms, Taenia echinococcus, die in zwei Variationen, als Echinococcus polymorphus s. unilocularis und als Echinococcus alveolaris s. multilocularis auftreten. Die beiden Formen, die als Vorstufe zweier Varietäten derselben Taenie anzusehen sind, unterscheiden sich hauptsächlich durch den Bau und die Länge der Haken.

Der Echinococcus polymorphus erscheint in Form kugelrunder Gebilde, an denen man zwei Hauptteile: die mit Flüssigkeit gefüllte Echinokokkenhaut und die nach der Einwanderung des Parasiten durch Reaktion der Umgebung entstandene Kapsel erkennt. An der Echinokokkenhaut sind zwei Schichten zu unterscheiden: die gestreifte oder geschichtete Cuticula und die Parenchymschicht. Die letztere ist ähnlich gebaut wie die Blase von Cysticercus und enthält auch Kalkkörperchen. Sie kann entweder im Innern glatt, nur mit Flüssigkeit gefüllt sein (unfruchtbarer, Echinococcus cysticus sterilis) oder auch

Brutkapseln erzeugen (E. cysticus fertilis). Die erstere Form kommt bei den Schlachttieren am häufigsten vor. Von kleinen Resten der Parenchymschicht, die zwischen den einzelnen Schichten der Cuticula der Mutterblase liegengeblieben sind, können sich nach außen oder innen vorgewölbte Tochterblasen und von diesen in gleicher Weise wieder fertile oder sterile Enkelblasen bilden. Die Größe der Geschwülste schwankt zwischen der eines Sagokorns und eines Männerkopfes. Besonders groß kann der Echinococcus hydatidosus beim Rinde werden, während er beim Pferde in der Regel nur Erbsengröße, in der Pferdeleber ausnahmsweise auch von Hühnerei- bis Kopfgröße erreicht. Der Echinococcus polymorphus findet sich häufiger beim Schafe, Rinde und Schweine, seltener bei der Ziege und dem Pferde, ausnahmsweise kann er auch durch Selbstinfektion beim Hunde, dem Träger des Bandwurms, zur Entwicklung kommen. Hauptsitze sind Leber, Lunge, Milz, Herz, Nieren, Bauchfell, Markhöhlen der Knochen, Lymphknoten, Schilddrüse, Gebärmutter und Euter, hingegen werden die Muskeln nur bei stärkster Invasion befallen. Bei Rindern wird am häufigsten die Lunge, bei Schweinen vorwiegend die Leber betroffen.

Der Echinococcus alveolaris bildet in der Leber, seltener in Milz, Lunge, Nieren, Lymphknoten und Knochen verschieden große Geschwülste, die der Regel nach ein stetiges Wachstum zeigen. Man kann an ihnen eine zentrale verkäste und zum Teil verkalkte, sowie eine unversehrte Randpartie unterscheiden. Sie fühlen sich mäßig fest an und sind nur selten hart, dann aber nicht durch starke Entwicklung des Bindegewebes (wie beim Menschen), sondern durch Verkalkung. Charakteristisch ist ein die ganze Geschwulst netzartig durchziehendes, ziemlich starkes Bindegewebegerüst, das sowohl die verkästen, als auch die jungen, durch Ausstülpung entstehenden Bläschen voneinander trennt.

Die Diagnose bietet nur Schwierigkeiten bei den abgestorbenen polymorphen und bei den alveolären Echinokokken wegen der Möglichkeit einer Verwechslung mit tuberkulösen Veränderungen. Von diesen unterscheidet sich der E. polymorphus durch das Fehlen von Veränderungen in den Lymphknoten, die leichte Ausschälbarkeit des Inhaltes aus der Organhaut und den lamellaren Bau der Cuticula der Echinokokkenhaut, während der E. alveolaris, der ebenfalls die Lymphknoten nicht verändert, am Rande frische Bläschen und Echinokokkenhäute mit lamellöser Cuticula erkennen läßt. Ihm ähnliche konglomerierte Tuberkeln besitzen eine trockenkäsige oder eiterartige Beschaffenheit im Gegensatze zu der elastischen, zähen Konsistenz des Echinococcus.

Trotz der schweren, oft tödlichen Erkrankung, die der durch Belecken von Hunden übertragene Parasit beim Menschen hervorruft (Wasserblasen), sind die mit Echinokokken durchsetzten Organe nicht gesundheitsschädlich, weil die in den Organen der Schlachttiere vorkommenden Larven, selbst wenn sie fruchtbar sind, sich beim Menschen nicht weiter entwickeln. Es genügt daher, möglichst viele der befallenen Organe durch sorgfältige Entfernung der Parasiten in den tauglichen Zustand zu versetzen.

Dies gelingt, wenn die Zahl und Verteilung der Echinokokken es zuläßt, nach Zerschneidung der Organe in schmale Scheiben. Die ausgeschnittenen Partien und die stark mit Echinokokken durchsetzten ganzen Organe sind untauglich und nach § 45 Abs. 1 und 2 BBA unschädlich zu beseitigen.

Zur vorbeugenden Bekämpfung empfiehlt R. v. OSTERTAG die Unterstellung sämtlicher Hausschlachtungen, namentlich von Schafen, unter den Beschauzwang, wodurch in Holland gute Erfolge erzielt worden sind. Weiter ist dafür zu sorgen, daß die erkrankten Organe nicht an Hunde und Katzen verfüttert, sondern vernichtet werden. Auch sind die Hunde regelmäßigen Bandwurmkuren zu unterwerfen und die hiernach abgesetzten Exkremente durch Verbrennen oder tiefes Vergraben zu beseitigen. Vor allem muß die Unsitte bekämpft werden, daß Menschen sich von Hunden belecken lassen.

ε) **Linguatula rhinaria**, der Zungenwurm, gehört zu den milbenartigen Spinnentieren (Arachnoidea) und wird deshalb auch als Wurmspinne oder Wurmmilbe bezeichnet. Der geschlechtsreife Parasit (Pentastomum taenioides), der 2—13 cm lang wird, findet sich in der Nasenhöhle des Hundes, Wolfes und Fuchses, seltener des Pferdes, Rindes, Schafes, der Ziege und gelegentlich auch beim Menschen, während die Larve (Pentastomum denticulatum) in den Eingeweiden beim Rinde, Schafe, Schweine, bei Ziegen, Rehen, Hasen und Kaninchen vorkommt. Die weißen, durchsichtigen, glatten, 4,5—5 mm langen Larven sind in etwa 80 Segmente eingeteilt, die reichlich mit nach hinten gerichteten stachel- und zahnförmigen Dornen besetzt sind. Unter der Mundöffnung befinden sich auf jeder Seite zwei schlitzförmige Öffnungen, aus denen je zwei Krallenspitzen hervorragen. Die Geschlechtsteile der Larven sind unentwickelt. Die Embryonen haben einen Bohrapparat in Form eines Stachels unterhalb der Mundöffnung, sowie an dem hinteren, geschwänzten Leibesende mehrere zur Fortbewegung dienende Stacheln. Die Embryonen dringen durch die Darmwand in die regionären Lymphknoten und von da in die Bauchhöhle. Auch kommen sie mit der Vena portae in die Leber, dann in die Lunge und von hier ins Herz und andere Organe. Schließlich wandern die Parasiten in den Darm zurück und gehen mit dem Kote ab.

Die Hauptsitze der Larven sind, abgesehen von der Darmwand, dem Bauchfell, der Leber und Lunge besonders in den Gekröselymphknoten, in denen sie hirsekorn- bis erbsengroße Herde von gelblicher, grüner oder grauer Farbe hervorrufen.

Da die Larven in der Regel beim Menschen keine Störungen verursachen, können die mit ihnen durchsetzten Organe im allgemeinen nicht als gesundheitsschädliche Lebensmittel beurteilt werden. Diese Organe sind aber als untauglich zu behandeln, wenn die Zahl oder Verteilung der Parasiten deren Entfernung nicht gestattet. Vorbeugend sind die für Echinokokken angegebenen Maßregeln anzuwenden.

c) Fleisch mit pflanzlichen Parasiten. Die durch pflanzliche Mikroorganismen (Bakterien) hervorgerufenen Infektionskrankheiten werden nach R. v. OSTERTAG vom Standpunkte der Fleischbeschau zweckmäßig in drei Gruppen eingeteilt, nämlich die Putride Intoxikation und Wundinfektionskrankheiten, ferner in diejenigen Infektionskrankheiten, die auf den Menschen übertragen, und in solche, die auf den Menschen nicht übertragen werden können.

α) Putride Intoxikation und Wundinfektion.

αα) Putride Intoxikation (Saprämie) ist die Intoxikation durch Fäulnisgifte saprophytischer Fäulnisbakterien, als deren Beispiel die Pericarditis traumatica angeführt sei. Sie äußert sich durch das Vorhandensein eines faulenden, übelriechenden Herdes, während andere Veränderungen fehlen können. Obwohl nach dem Genuß derartig zersetzten Fleisches Vergiftungen beobachtet worden sind und die Giftstoffe auch durch Kochen nicht immer zerstört werden, ist das Fleisch der erkrankten Tiere nicht ohne weiteres als gesundheitsschädlich anzusehen. Es kann vielmehr, wenn die unbedingt erforderliche bakteriologische Untersuchung dem nicht entgegensteht, als minderwertig behandelt werden. Nur wenn die Koch- und Bratprobe einen widerlichen Fäulnisgeruch ergibt, ist das Fleisch als untauglich zu bezeichnen. Dasselbe gilt für ödematös durchtränkte Teile.

ββ) Blutvergiftung (Pyämie und Septikämie). Pyämie ist eine durch Eitererreger verursachte Blutvergiftung, die sich an lokale Eiterungen anschließt und sowohl durch die gewöhnlichen Eitererreger, als auch durch Bakterien aus der Gruppe der Fleischvergifter, Paratyphus-Enteritis-Gruppe (Bac. enteritidis, Bac. breslaviensis, Bac. paratyphi) hervorgerufen wird. Sie äußert sich durch Auftreten von Metastasen in Form eitriger Entzündungen oder Abscessen in bestimmten Teilen.

Septikämie ist eine durch die gleichen Erreger hervorgerufene Blutvergiftung.

Ganz allgemein versteht man unter Blutvergiftung im Sinne des Fleischbeschaugesetzes BBA § 33 (1) 7 oder im sanitätspolizeilichen Sinne die durch Fleischvergiftungserreger verursachten Krankheiten der Schlachttiere. Verdacht auf solche liegt vor namentlich bei Notschlachtungen infolge von Entzündungen des Darmes, des Euters, der Gebärmutter, Gelenke, Sehnenscheiden, Klauen und Hufe, des Nabels, Lunge, des Brust- und Bauchfells und von Allgemeinkrankheiten im Anschluß an eitrige und brandige Wunden.

Die an Blutvergiftung erkrankten Tiere zeigen schwere Störungen des Allgemeinbefindens, insbesondere Fieber, Appetitlosigkeit, Hinfälligkeit und unter Umständen Abmagerung. Bei der Pyämie kommen Eiterungen und metastatische eitrige Prozesse hinzu, so daß der Schlachtbefund in der Regel eine lokale Eiterung ist, vergesellschaftet mit zahlreichen puriformen und purulenten Herden in den Eingeweiden oder Gelenken. Bei der Septikämie können grobanatomische Veränderungen fehlen, weshalb hier eine sorgfältige Prüfung auf feinere Abweichungen (Petechien unter den serösen Häuten, in den Schleimhäuten und Lymphknoten, unter Umständen mehr oder weniger ausgesprochen trübe Schwellung der Leber, des Herzens und der Nieren, leichte Schwellung der Milz und der Lymphknoten) vorzunehmen ist. Aber auch im Zusammenhalt mit den klinischen Erscheinungen vermag der Schlachtbefund im übrigen nur den Verdacht auf Blutvergiftung, nicht aber die Tatsache selbst zu begründen.

Die Beurteilung des Fleisches hat zu berücksichtigen, ob man es bei der Pyämie mit einer abgeheilten oder einer frischen (akuten) Erkrankung zu tun hat. Im ersteren Falle ist das Fleisch nach Entfernung der bindegewebig völlig abgekapselten Eiterherde als tauglich zu behandeln, während die veränderten Teile als untauglich gelten.

Bei der Blutvergiftung im engeren Sinne, also einer akuten Pyämie und allen Fällen des Verdachtes der Septikämie muß die bakteriologische Fleischuntersuchung (s. S. 782) folgen. Bei akuter Pyämie, die sich durch das Vorhandensein frischer infizierter Infarkte, eitriger Entzündung der serösen Häute und der Gelenke und die allgemeinen Merkmale der Blutvergiftung kennzeichnet, ist der ganze Tierkörper als untauglich anzusehen, wenn erhebliche sinnfällige Veränderungen des Muskelfleisches vorliegen oder beim Fehlen von solchen die bakteriologische Untersuchung nicht die Unbedenklichkeit des Fleisches ergibt. Beim Fehlen sinnfälliger Veränderungen ist außerdem die Koch- und Bratprobe anzustellen, da bei Anwesenheit stinkenden Eiters das Fleisch hierdurch untauglich werden kann.

Bei der Septikämie ist wie vorstehend zu verfahren, doch darf das Fleisch von Kälbern, die Fleischvergiftungserreger nur in den Organen, nicht aber im Fleische enthalten, nach Entfernung der befallenen Teile als bedingt tauglich behandelt werden. In allen Fällen ist der ganze Körper von im Verenden getöteten Tieren als untauglich anzusehen. Fleisch, das weder nach dem Fleischbeschaubefunde, noch nach der bakteriologischen Untersuchung als untauglich zu gelten hat, ist zwar als tauglich, aber wegen der unvollständigen Ausblutung als minderwertig in den Verkehr zu geben.

γγ) Malignes Ödem (Gasödem) ist die Infektion durch bestimmte zu der Gruppe der Gasödembacillen gehöriger Anaerobier, die sich im Anschluß an Verletzungen tiefer gelegener Teile einstellt. Dazu gehört ein Teil der Fälle des Geburtsrauschbrandes, ferner der Pseudorauschbrand des Pferdes und des Schafes („Scherbrand"), der Scheiden- und Gebärmutter-, sowie der Euterbrand. Das maligne Ödem äußert sich durch das Auftreten eines sich rasch ausbreitenden knisternden Gasödems in der Unterhaut mit Neigung der darüber liegenden Hautteile zu Gangrän. Hingegen sind die Eingeweide intakt.

Das Fleisch der an malignem Ödem erkrankten Tiere ist nicht gesundheitsschädlich, weil sich die Bacillen im Darminhalt gesunder Tiere als harmlose Sparophyten vorfinden und die Verfütterung infektiösen Materials keine Erkrankung zur Folge hat. Das Fleisch von Tieren, die wegen malignen Ödems notgeschlachtet wurden, muß aber nach Entfernung der veränderten Teile wegen der unvollkommenen Ausblutung als minderwertig behandelt werden, auch sind die Käufer darauf hinzuweisen, daß das Fleisch rasch verbraucht und vorher kühl aufbewahrt werden muß.

δδ) Starrkrampf (Tetanus) wird durch den Bacillus tetani hervorgerufen, und zwar am häufigsten bei Pferden nach zufälligen Verletzungen, ferner bei Ziegenböcken nach der Kastration und bei Kühen im Anschluß an die Zurückhaltung der Eihäute, seltener bei den übrigen Haustieren, auch dem Schwein. Die Infektion setzt eine tiefere Hautwunde oder einen Katarrh der Schleimhäute voraus, tritt aber bei neugeborenen Lämmern auch enzootisch von der offenen Nabelwunde her ein.

Das Fleisch der befallenen Tiere ist nicht gesundheitsschädlich, weil die Tetanusgifte durch die Salzsäure des Magensaftes unwirksam werden. Es ist aber untauglich, wenn die Ausblutung mangelhaft war und zugleich sinnfällige Veränderungen des Muskelfleisches (Verfärbung, abnorme Weichheit, fadsüßlicher Geruch) vorliegen, und minderwertig, wenn nur mangelhaftes Ausbluten in Frage kommt.

β) Auf den Menschen übertragbare Infektion.

Von Infektionskrankheiten, die bei den schlachtbaren Haustieren und beim Menschen vorkommen und von den Tieren auf den Menschen übertragen werden können, sind vor allem folgende zu berücksichtigen:

αα) Tuberkulose, die bei weitem wichtigste und bei den Schlachttieren häufigste Infektionskrankheit, findet sich bei allen Haustierarten, jedoch in verschiedener Häufigkeit. Während sie bei den Einhufern, dem Schafe und der Ziege zu den Seltenheiten gehört und auch beim Schwein nicht sehr oft auftritt, ist sie unter den Rindviehbeständen außerordentlich verbreitet. Die Zahl der im deutschen Reiche tuberkulös befundenen Rinder schwankte in den Jahren 1904—1928 zwischen 17,89 und 25,38%, diejenige der Kälber von 0,26—0,36%, der Schafe von 0,20—0,22%, der Pferde von 0,15—0,25%, der Ziegen von 0,69—1,04% und der Schweine von 2,17—2,46%. Im Jahre 1928 wurden für untauglich erklärt außer 68 Pferden, 20 Schafen und 135 Ziegen: 6198 Rinder, 160 Kälber und 1552 Schweine; für bedingt tauglich 4721 Rinder, 436 Kälber und 5599 Schweine; für minderwertig außer 10 Pferden, 56 Schafen und 110 Ziegen: 43761 Rinder, 2086 Kälber und 23688 Schweine. Der deutschen Volkswirtschaft erwächst dadurch, hauptsächlich wegen der Minderwertigkeitserklärung der Rinder, ein Verlust von etwa 12 Millionen Mark.

Die Tuberkulose äußert sich durch Bildung bacillenhaltiger Knoten bis zu Faustgröße („Tuberkeln") in den Organen, Lymphdrüsen und auf den Schleimhäuten (in letzterer Form beim Rinde als „Perlsucht" bekannt), während die Muskeln meist frei zu sein pflegen. Diese Knoten verkäsen oder verkalken in der Regel, gehen aber seltener auch wohl in Eiterung über. In den meisten Fällen beschränkt sich der Tuberkelbacillus auf örtliche Affektionen; zuweilen aber findet von den primären Herden aus durch Einbruch der Bacillen in die große Blutbahn eine allgemeine Überschwemmung des Körpers und die Bildung von Tuberkeln in allen Organen und im Fleische statt („generelle Tuberkulose"). Der Begriff der „äußerlich erkennbaren Tuberkulose", der für die Schlachtviehversicherung von Bedeutung ist, umfaßt die tuberkulösen Erkrankungen der Lunge, der Gebärmutter und des Darmes der Rinder, bei denen es zur Bildung tuberkulöser Geschwüre gekommen ist, die ihren Inhalt nach außen entleeren, also die „offene" Lungen-, Gebärmutter- und Darmtuberkulose. Außerdem gehört die Eutertuberkulose, die stets offen ist, zu der äußerlich erkennbaren Tuberkulose. Derartig erkrankte Tiere sind nach § 3 des Milchgesetzes von der Milchgewinnung auszuschließen.

Nachdem die Meinungen über die Infektion des Menschen durch tuberkulöses Fleisch lange Zeit auseinander gingen und auch R. Koch seine Auffassung mehrfach geändert hat, muß doch jetzt als feststehend angesehen werden, daß die Tuberkulose der Haustiere auf den Menschen durch Fleischgenuß übertragen werden kann. Denn es ist nicht nur erwiesen, daß sich der Mensch beim Hantieren mit tuberkulösem Fleische eine Hauttuberkulose durch Bacillen vom Typus bovinus zuziehen kann, sondern daß dieser Typus auch andere Formen der tuberkulösen Infektion beim Menschen hervorzubringen vermag.

Bei der Behandlung des Fleisches sind daher besondere Vorsichtsmaßregeln zu beachten. In erster Linie müssen mit Tuberkulose behaftete Organe nach dem Fleischbeschaugesetz BBA § 35 Nr. 4 als untauglich angesehen werden, auch wenn nur die zugehörigen Lymphknoten tuberkulöse Veränderungen aufweisen, ohne Rücksicht auf die Art und das Alter der letzteren. Bei Tuberkulose der Gekröselymphknoten ist der zugehörige Darmabschnitt und das zwischen Darm und Lymphknoten liegende Fettgewebe als tuberkulös zu beurteilen, beim Schweine aber nur, wenn die Knoten ältere käsige oder verkalkte Herde enthalten. Weiter ist untauglich der ganze Körper, wenn das Tier infolge der Tuberkulose vollständig abgemagert ist. Als bedingt tauglich, mit Ausnahme etwaiger untauglicher Teile, gilt der ganze Tierkörper, wenn, nach Feststellung von Tuberkulose mit den Erscheinungen einer frischen Blutinfektion, vollständige Abmagerung nicht vorliegt. Als bedingt tauglich sind auch, mit Ausnahme der besonderen Fälle, einzelne Fleischviertel oder Teile von solchen, in denen sich ein oder mehrere tuberkulös veränderte Lymphknoten befinden, anzusehen. Minderwertig, weil mit einem erheblichen Mangel behaftet, ist das Fleisch, wenn die Tuberkulose nicht auf ein Organ beschränkt ist und an den veränderten Teilen eine große Ausdehnung erlangt oder die Knochen ergriffen hat. Die Brauchbarmachung des bedingt tauglichen Fleisches muß durch Kochen, Dämpfen, Ausschmelzen nach den auf S. 693 angeführten Vorschriften erfolgen.

Zur vorbeugenden Bekämpfung der Rindertuberkulose wird bei äußerlich erkennbarer Tuberkulose Anschluß an ein staatlich anerkanntes Tuberkulosetilgungsverfahren und Tötung der Tiere angeordnet. Für den eintretenden Wertverlust wird eine Entschädigung gewährt. Auf diese Weise sind für die Gesundung von Milchviehbeständen bereits große Erfolge erzielt worden, während das Verfahren für den Verkehr mit Schlachtvieh keine Bedeutung hat.

ββ) Aktinomykose oder Strahlenpilzkrankheit ist eine durch den zu den Streptotricheen gehörenden Bacillus Actinomyces bovis (Israeli) hervorgerufene chronische Infektionskrankheit. Sie findet sich häufig bei Rindern und Schweinen besonders im Kopfe (der Zunge) und tritt fast nur als örtliche Erkrankung in Form chronisch-entzündlicher Granulationen (Aktinomykome) auf, die durch Aneinanderlagerung zu großen Geschwülsten werden können. Eine unmittelbare Übertragung der Aktinomykose vom Tier auf den Menschen ist bis jetzt nicht beobachtet worden, vielmehr beziehen beide den Erreger aus derselben Quelle (Getreidegrannen). Immerhin sind bei örtlicher Aktinomykose die veränderten Teile als untauglich anzusehen, bei den selteneren Fällen von Generalisation aber die veränderten Teile durch Zerlegung zu ermitteln und ebenfalls zu entfernen.

γγ) Milzbrand ist eine spezifische, durch den Bacillus anthracis verursachte Septikämie, die bei allen schlachtbaren Haustieren auftritt und durch den Genuß des Fleisches auf den Menschen übertragen wird. Die Krankheit, die beim Rinde unter hohem Fieber, schwerer Störung des Allgemeinbefindens, vielfach auch Blutaustritt aus Nase und After, verläuft und oft schnell zum Tode führt, äußert sich durch bedeutende Vergrößerung, schwarzrote Verfärbung und zerfließende Weichheit der Milz, ferner die schlechte Ausblutung und das schwarze, nicht gerinnende Blut. Beim Schafe sind die Erscheinungen ähnlich, beim Schweine aber weniger ausgeprägt. Der Milzbrand tritt besonders in Gegenden auf, in denen Gerbereien seit Jahren ausländische Häute verarbeiten und mit diesen den Boden und die Viehweiden verseuchen. Da die Übertragung mehr noch als durch den Fleischgenuß durch das bei der Schlachtung mögliche Eindringen von Keimen in Wunden erfolgt, ist es schon beim Verdachte auf Milzbrand verboten, die Tiere zu schlachten oder abzuhäuten. Der ganze Tierkörper ist als untauglich anzusehen und unschädlich zu beseitigen.

δδ) Rotz, eine durch den Bacillus mallei verursachte Krankheit der Einhufer, ruft Knötchen hervor, durch deren Zerfall auf den Schleimhäuten Geschwüre entstehen. Wegen der hohen Ansteckungsgefahr ist das Schlachten und Abhäuten verboten und die Beseitigung der Kadaver vorgeschrieben. Dasselbe gilt für an Tollwut erkrankte Tiere.

εε) Maul- und Klauenseuche (Aphthenseuche). Diese beim Klauenvieh recht verbreitete Krankheit wird durch ein ultramikroskopisches filtrierbares Virus verursacht, das in der Maulhöhle (Oberkiefer, Zunge, Backen, Gaumen), beim Schweine besonders am Rüssel, und an der Klauenspalte und dem Klauensaume mit klarer Flüssigkeit gefüllte Bläschen (Aphthen), hervorruft. Die Blasen platzen bald nach ihrer Entstehung und hinterlassen nässende Erosionen und nach deren Abheilung geschwürige, oft blutende Stellen. Die Tiere zeigen erhebliche Störungen des Allgemeinbefindens, anfangs Fieber, Mattigkeit, Appetitlosigkeit, gesunden aber bei gutartigem Verlaufe oft schon nach 1—2 Wochen. Die Seuche ist auf den Menschen übertragbar, doch sind nach dem Genuß des Fleisches befallener Tiere Erkrankungen beim Menschen noch nicht beobachtet worden. Es sind daher nur die erkrankten Stellen als untauglich zu bezeichnen und unschädlich zu machen, während Kopf, Zunge, Herz, Schlund, Magen, Darm und die Unterfüße, wenn sie in kochendem Wasser gebrüht sind, freigegeben werden.

ζζ) Pocken, die durch ein invisibles und filtrierbares Virus, hauptsächlich bei Kühen und Schafen hervorgerufene Krankheit, werden aus praktischen Gründen meist in Kuh- und Schafpocken unterschieden.

Die Kuhpocken sind ein selten auftretendes gutartiges Lokalleiden, das niemals eine Schlachtung der Tiere veranlaßt. Das Fleisch von Tieren, die zur Lymphegewinnung gedient haben, wird nach Entfernung der ödematös durchtränkten Unterhaut als tauglich beurteilt. Schafpocken, die gelegentlich noch aus dem Osten eingeschleppt werden, rufen bei den davon befallenen Tieren Störungen des Allgemeinbefindens, Schwellung und Rötung der Augenlider und auf der Haut zunächst flohstichartige Flecken hervor, die später zu verschorfenden flachen Knötchen von Erbsen- bis Bohnengröße werden.

Das Fleisch von Tieren mit gutartigen Pocken ist im Eruptions- und Reifungsstadium als minderwertig, im Stadium der Heilung als tauglich zu behandeln. Bei Aas- und Brandpocken ist mit dem Fleische wie bei Blutvergiftung zu verfahren.

ηη) Maltafieber und BANG-Bakterien-Infektion. Das Malta- oder Mittelmeerfieber ist eine durch Bacterium melitense hervorgerufene Seuche der Ziegen, die auf andere Haustiere und den Menschen übertragen werden kann. Das Bacterium stimmt morphologisch mit dem Bacillus abortus Bang überein und kann von diesem auch durch die Hilfsmittel der Bakteriologie nicht getrennt werden, unterscheidet sich von ihm aber epidemologisch dadurch, daß B. melitense hochpathogen für den Menschen ist, während der BANG-Bacillus nur ausnahmsweise unter ganz besonderen Bedingungen auf den Menschen übertragen wird.

Das Fleisch der an Maltafieber erkrankten Ziegen könnte, da das Bacterium durch 10 Minuten langes Erhitzen auf 68° abgetötet wird, als bedingt tauglich gelten, muß aber wegen der Übertragbarkeit beim Schlachten als untauglich behandelt werden. Bei dem durch BANG-Bakterien infizierten Vieh ist nur für unschädliche Beseitigung der Organe, die BANG-Bakterien in größeren Mengen enthalten können (Gebärmutter, Euter), sowie für Desinfektion der Schlachtgeräte zu sorgen, im übrigen das Fleisch ohne Einschränkung freizugeben.

γ) Auf den Menschen nicht übertragbare Krankheiten.

Zu den Infektionskrankheiten, die nur bei Tieren vorkommen und auf den Menschen durch Fleischgenuß nicht übertragen werden, gehören besonders Rinderpest, Lungenseuche und bösartiges Katarrhalfieber des Rindes, Wild- und Rinderseuche, Rauschbrand, Diphtherie des Kalbes, Schweinerotlauf, -seuche, -pest, Geflügelcholera, Hühnerpest und Geflügeldiphtherie (Geflügelpocken).

Das Fleisch von Tieren, die wegen dieser Krankheiten rechtzeitig geschlachtet wurden, ist gesundheitsunschädlich, aber als minderwertig zu behandeln. Tiere, die an Rinderpest, Wild- und Viehseuche oder Rauschbrand erkrankt sind, dürfen nach dem Viehseuchengesetz, wegen der Möglichkeit einer Seuchenverschleppung, überhaupt nicht in den Verkehr gebracht werden, auch ist nach dem Fleischbeschaugesetz BBA § 9 und § 33 Nr. 6 die Schlachtung der Tiere und die Verwertung des Fleisches verboten. Rotlaufkranke Tiere sind wegen der Übertragbarkeit durch das Blut an Orten zu schlachten, die eine sichere Desinfektion gestatten. Wenn erhebliche sinnfällige Veränderung nicht nur des Fettgewebes, sondern auch des Muskelfleisches vorliegt, ist der ganze Tierkörper und das Blut als untauglich anzusehen. In anderen Fällen ist das Fleisch bedingt tauglich und durch Kochen, Dämpfen oder Pökeln brauchbar zu machen. Die Abfälle sind stets zu vernichten. Ähnlich ist bei Schweineseuche und Schweinepest zu verfahren.

3. Postmortale Veränderungen.

Völlig gesundes Fleisch kann von dem Zeitpunkte der Schlachtung bis zum Genusse mannigfache Veränderungen erleiden, von denen die Toten- oder Muskelstarre und der darauffolgende Reifungsprozeß als normale Erscheinungen anzusehen sind. Kurze Zeit nach dem Abschlachten verlieren die Muskeln, ausgehend von den Kopf- und Nackenmuskeln, ihre weiche, elastische Beschaffenheit und ziehen sich zusammen, so daß die Gelenke unbeweglich und die Gliedmaßen steif werden. Die Anschauungen über die Ursache dieses Vorganges gehen auseinander. Während man früher allgemein annahm, daß die aus dem Glykogen entstehende Milchsäure eine Gerinnung des Eiweißes und damit eine Kontraktion der Fasern bewirkt, vertreten O. v. Fürth und E. Lengk[1] die Auffassung, daß es sich um kolloidale Veränderungen, namentlich des Quellungszustandes, handelt, indem die Muskelfasern unter der Einwirkung enzymatisch gebildeter Milchsäure durchlässig werden, durch Aufnahme von Wasser aus der Gewebeflüssigkeit quellen und dadurch eine Verkürzung erleiden.

Auf den schnell eintretenden Zustand der Totenstarre, in dem das Fleisch hart, zähe, von fadem Geschmack und zur menschlichen Ernährung ungeeignet ist, folgt im Verlaufe einiger Tage die sog. Reifung, bei der durch die Milchsäure und gewisse Enzyme Gerinnung der Eiweißstoffe, Auspressung von Wasser aus den Muskelfasern und damit Lösung der Starre und Weichwerden herbeigeführt wird. Infolge der Autolyse, die zur Entstehung von Aminosäuren, Nucleinbasen und Ammoniak, sowie zur teilweisen Überführung des Bindegewebes in Leim Anlaß gibt, wird der Zusammenhalt der Muskelbündel gelockert, das Fleisch leichter kaubar, den Verdauungssäften zugänglicher, mürber, schmackhafter und verdaulicher. Zur vollen Erzielung dieser erwünschten Wirkung ist es notwendig, das Fleisch genügend lange bei Kühlhaustemperatur abhängen zu lassen.

Neben dem normal verlaufenden Reifungsprozesse unterliegt das Fleisch aber auch einer Reihe ungünstiger Einflüsse, so daß hier nur die ungünstig wirkenden Einflüsse zu besprechen sind. Von diesen kommen, abgesehen von der durch unvorsichtiges Schlachten herbeigeführten Verunreinigung des Fleisches durch Galle, Eiter, Magen- oder Darminhalt sowie der Beimengung gesundheitsschädlicher Metalle für die Fleischhygiene hauptsächlich die stinkende saure Gärung, die Absorption von Gerüchen sowie die Ansiedlung von Insekten, Milben, Schimmelpilzen und Bakterien in Betracht.

a) Stinkende saure Gärung tritt nach Eber am Fleische von Schlachttieren und von Wild ein, wenn es lebenswarm verpackt wird, bei geschlachteten Tieren auch, wenn sehr gut genährte, besonders notgeschlachtete Tiere in schlecht gelüfteten Räumen ohne Spaltung der Wirbelsäule hängen. Dieser Zustand, der beim Wilde als „Verhitzung", bei den Schlachttieren als „Sticken" oder „Stickigkeit" bezeichnet wird, äußert sich in unangenehm faulig-säuerlichem Geruch, grüner Verfärbung der Unterhaut, kupferroter Farbe der Muskulatur, die auf den Schnittflächen unter der Einwirkung des Sauerstoffs nach Grau- bis Dunkelgrün umschlägt, und weicher Konsistenz des Fleisches. Auch lassen sich bei Wild die Haare leicht aus der Haut ziehen. Als Folge des als Autolyse bezeichneten Prozesses kann starke Säurebildung und Schwefelwasserstoff, aber kein Ammoniak nachgewiesen werden. Wenn auch bisher Gesundheitsstörungen nach dem Genusse solchen Fleisches nicht beobachtet worden sind, so ist es doch als verdorben oder bei geringerer Abweichung als minderwertig zu bezeichnen.

b) Fäulnis nennt man die durch Bakterien hervorgerufene, unter Bildung übelriechender Stoffe verlaufende Zersetzung, bei der nicht, wie man früher meinte, lediglich die Eiweißstoffe, sondern auch Fette und Kohlenhydrate angegriffen werden. Bei der spontanen, unter natürlichen Umständen verlaufenden Fäulnis entstehen hauptsächlich als Gase: Kohlensäure, Methan, Wasserstoff, Stickstoff, Ammoniak und Schwefelwasserstoff; ferner Fettsäuren (Ameisen-, Essig-, Butter-, Capron-, Baldrian-, Palmitinsäure); Oxy- und mehrbasische Säuren (Milch-, Bernstein-, Oxalsäure), sowie schließlich Aminosäuren, Amine, Leucin, Tyrosin, aromatische Säuren, Indol, Skatol, Peptone, Ptomaine und Toxine. Die Zusammensetzung der Fäulnisprodukte hängt außer von der Beschaffenheit des Materials besonders von der Art der Bakterien und der

---

[1] O. v. Fürth u. E. Lengk: Z. 1912, 24, 189.

Abwesenheit von Sauerstoff ab. Bei reichlichem Luftzutritt kommt es nicht zur Fäulnis, sondern zu einem als Verwesung bezeichneten raschen Zerfall in die einfachen gasförmigen Endprodukte.

Bei dem normalen Fleische geschlachteter gesunder Tiere beginnt die Fäulnis unter dem Einflusse der aus der Luft auf das Fleisch gelangten oder durch Fliegen übertragenen Bakterien an der Oberfläche und schreitet auf dem Wege der lockeren Bindegewebszüge in die Tiefe fort. Das Fleisch von krepierten und von septisch erkrankten Tieren fault viel schneller und zwar auch in der Tiefe. Auch tritt bei langer Agonie die Fäulnis im Tierkörper schneller auf als bei plötzlichem Tode, weil sich schon während der Agonie Bakterien, hauptsächlich vom Darme aus, verbreiten. Anfangs treten Coli- und Proteusarten in den Vordergrund, bis später Anaerobier die Oberhand erlangen. Höhere Temperaturen begünstigen die Fäulnis, und kleine Tierkörper, die sich schneller abkühlen, sind daher weniger gefährdet als die Kadaver großer Tiere. Aufbewahrung gut geschlachteter Tiere in Kühlräumen hält das Fleisch längere Zeit frisch.

Bei allen höheren Fäulnisgraden ist das Bindegewebe graulich verfärbt, teilweise zerfallen und schmierig. Die Farbe der Muskulatur wird graurot, schmutziggrau und graugrün, die Konsistenz weich und mürbe. Unter dem Mikroskop erscheinen die Muskelfasern durch die Ansiedlung zahlreicher Bakterien getrübt, zwischen den Muskelfasern können Krystalle von Tripelphosphat (Ammonium-Magnesium-Phosphat) vorkommen.

Charakteristisch ist der stinkende Geruch des faulen Fleisches. Hinsichtlich der chemischen Zersetzungsprodukte und ihres Nachweises siehe S. 776.

Faules Fleisch ist zum menschlichen Genusse ungeeignet, da es nicht nur Widerwillen erregt, sondern auch gesundheitsschädliche Stoffe enthalten kann. Als Ursache der nach dem Genusse faulen Fleisches beobachteten Gesundheitsstörungen hat man eine große Zahl von Mikroorganismen, unter anderem Bacillus putrificus, Bacillus perfringens, Proteus-Arten und coliähnliche Bakterien angesprochen, ohne jedoch den sicheren Zusammenhang erweisen zu können. Die weitere Annahme, daß durch die von BRIEGER aus faulendem Fleische isolierten Ptomaine Krankheitserscheinungen hervorgerufen würden, ist jetzt meist aufgegeben worden, weil die Ptomaine nur geringe Giftigkeit zeigen und die durch sie erzeugten Krankheitsbilder von den nach dem Genusse faulenden Fleisches auftretenden verschieden sind. Als giftig gelten aber allgemein die durch Bakterien gebildeten Toxine, die aber nur kurze Zeit als stark wirkend in dem Fleische vorhanden sind und nach einiger Zeit wieder verschwinden, woraus es sich erklärt, daß stark fauliges Fleisch oft ohne Schaden verzehrt wird. Die Toxine werden zum Teil durch kurzes Kochen zerstört; es gibt aber auch widerstandsfähigere, die zur Vernichtung langdauerndes Kochen erfordern.

Faulendes Fleisch ist daher als gesundheitsschädlich zu beurteilen. Eine Ausnahme gilt nur für oberflächliche Fäulnis, bei der das Abtragen der oberflächlichen Schicht oder bei Wild schon Abwaschen mit Essigwasser genügt, um das Fleisch in einen brauchbaren Zustand zu versetzen.

c) **Botulinus-Infektion.** Als eine besondere Art der Fleischvergiftung, die hauptsächlich nach dem Genusse von Wurst („Wurstvergiftung") oder anderem zubereiteten Fleisch (Schinken, Dosenwurst, besonders Dosenleberwurst) auftritt, ist die als Botulismus oder Allantiasis bezeichnete Erkrankung zu erwähnen, die sich von der Fäulnisintoxikation unterscheidet und durch Übelkeit, Leibschmerzen, Schwächegefühl, Erbrechen und Verstopfung, seltener Durchfall kennzeichnet. Daneben zeigen sich auch Schwindelgefühl, Sehstörungen, Schlingbeschwerden, Zunahme der Speichel- und Schleimabsonderung, häufig auch Atmungs- und Herzstörungen, hingegen nicht Fieber, Sensibilitäts- und Gehirnstörungen. Die charakteristischen Symptome, wie Mydriasis, Psoriasis usw. treten frühestens 12—24 Stunden nach dem Genusse des Fleisches auf, werden oft von vorübergehenden gastrointestinalen Erscheinungen eingeleitet, entwickeln sich allmählich und verschwinden erst nach Wochen. Ein Drittel der Fälle verläuft in der Regel tödlich.

Als Erreger der Krankheit ist im Jahre 1895 von VAN ERMENGEN aus rohem Schinken ein anaerober toxigener Saprophyt, der Bacillus botulinus, isoliert worden. Der Bacillus wächst am besten bei 20—30⁰, bei Körperwärme hingegen nur spärlich unter Bildung von Evolutionsformen, ohne Gift zu erzeugen. Seine Wirkung entfaltet er durch ein Toxin, das dem Tetanus- und Diphtherie-Toxin nahesteht und bereits rein dargestellt ist. Es hält sich in Schinken 17 Monate, in wäßriger, dunkel aufbewahrter Lösung 10 Monate lang, ist gegen Fäulnis sehr widerstandsfähig, wird nicht durch Säure, wohl aber augenblicklich durch Alkali und durch einstündiges Erhitzen auf 70⁰ zerstört. Die Sporen des Bacillus werden schon durch halbstündiges Erhitzen auf 80⁰ getötet.

Der Bacillus ist in der Natur weiter verbreitet, als früher angenommen wurde. Namentlich findet er sich im Schweinekot, wodurch sein Vorkommen im Boden und auf Gemüse, sowie seine Verschleppung durch Insekten, Spinnen, Vögel auf Stangenbohnen und Baumfrüchte erklärt wird. Die Bezeichnung „Wurstvergiftung" für Botulismus sollte daher aufgegeben werden.

Das von dem Bacillus befallene Fleisch, das vielfach bis auf einen scharfen, an Buttersäure erinnernden Geruch keine äußerlichen Veränderungen, namentlich keine Fäulniserscheinungen zeigt, ist gesundheitsschädlich; es müssen daher alle wirksamen Vorbeugungsmaßregeln getroffen werden. Als solche kommen bei Würsten sorgfältige Reinigung der Därme, gutes Kochen und Räuchern in Betracht, auch wird die Entwicklung des Bacillus durch Anwendung einer 10%igen Kochsalzlake verhindert. Im Verdachtsfalle sind Nahrungsmittel, die hauptsächlich der Anaerobiose ausgesetzt sind, nur gehörig gekocht zu verzehren oder ganz vom Genusse auszuschließen.

d) **Leuchtendes Fleisch.** Das Leuchten oder Phosphorescieren des Fleisches wird durch sog. Leuchtbakterien (Photobakterien) verursacht, die wohl in der Regel dem Meerwasser entstammen und durch Fische in Kühlräume und auf das dort befindliche Fleisch gelangen können. Als Arten der Leuchtbakterien im Seewasser und auf Seefischen werden angeführt: Photobacterium Pfluegeri und Bacterium phosphoreus (auf Seefischen überhaupt), Photobacterium Fischeri und balticum (Ostsee), Ph. indicum (Westindien), Ph. luminosum (Nordsee), Pseudomonas luminescens, photogens und phosphorescens (Stiller Ozean). Bei künstlicher Infektion beginnt das Leuchten nach 7—8 Stunden und verschwindet mit dem Eintritt der Fäulnis. Bei gleichzeitiger Anwesenheit von Schimmelpilzen nimmt die Leuchtkraft zu, doch werden die Leuchtbakterien durch ihre eigene Säurebildung bei p_H 5,6 abgetötet. Da die Bakterien in der Kälte besonders gut gedeihen, empfiehlt es sich, die Kühlräume und Geräte mit Essigsäure zu reinigen. Das Fleisch ist nicht gesundheitsschädlich, sondern höchstens unappetitlich, kann aber nach dem Abwaschen unbedenklich genossen werden.

e) **Sonstige bakterielle Veränderungen.** Die Rot- und Blaufärbung von Fleisch wird durch Wucherungen des Bacillus prodigiosus und des B. cyanogenes, die Entwicklung auffallender Geruchstoffe durch Ansiedlung von Aromabakterien hervorgerufen (davon zu unterscheiden sind die Gerüche, die das Fleisch aus Tabakrauch, aus ammoniakhaltiger Luft der Kühlräume, aus mit Phenol oder Carbolineum isolierten Eisenbahnwagen usw. absorbiert). Von anderen Mikroorganismen rufen gewisse Algen eine Grünfärbung des Hackfleisches hervor. Die durch derartige Mikroorganismen bedingten Veränderungen können durch Abtragen der oberflächlichen Fleischschicht ohne weiteres beseitigt werden, während absorbierte Riechstoffe das Fleisch unter Umständen als verdorben erscheinen lassen.

f) Verschimmeln des Fleisches. Auf der Oberfläche von Gefrierfleisch werden durch Verschimmeln häufig Veränderungen hervorgerufen, von denen die durch Cladosporium herbarum bedingte „Schwärze" oder „Schwarzfleckigkeit" besondere Beachtung verdient. Bei Würsten, die schlecht gestopft sind, kann die Verschimmelung die ganze Masse ergreifen und durch Erzeugung eines dumpfen oder multrigen Geruchs völlige Unbrauchbarkeit herbeiführen.

g) Ansiedlung von Insekten und Milben. Eine ganze Reihe von Fliegen suchen mit Vorliebe frisches, besonders lebenswarmes oder mindestens 17° warmes Fleisch auf, um dort ihre Eier oder Larven abzusetzen; hingegen wird gekühltes Fleisch von ihnen gemieden. Lieblingsstellen für die Ablage sind die Muskeltaschen und im übrigen solche Teile, die durch intensiven Geruch die Fliegen anlocken, wie Bauchhöhle, Nierengegend usw.

DEXLER beobachtete hauptsächlich folgende Dipteren: Lucilia sericata, Calliphora erythrocephala, Sarkophaga haemorrhoidalis und falculata, Phormia groenlandica, Muscina stabulans, Fannis canicularia und scalaris, hingegen sind Musca domestica und einige andere Fliegen nicht als eigentliche Sarkoparasiten anzusehen. Die Larven benötigen zu ihrer kräftigen Entwicklung Dunkelheit, Feuchtigkeit und Wärme. Unter 7° hört das Wachstum fast ganz auf.

Fleisch mit Dipterenlarven hat sich im rohen Zustande nach DEXLER als nicht unbedenklich für den menschlichen Genuß erwiesen, und aus diesem Grunde sowie zur Vermeidung der schweren wirtschaftlichen Verluste durch vermadetes Fleisch ist eine energische Bekämpfung der Fliegenplage unerläßlich. Hierfür wird neuerdings das Verstäuben des bekannten Mittels „Flit", einer Auflösung von Chrysanthemumöl in Petroleum in den Aufbewahrungsräumen und Stallungen empfohlen. Auch hilft Kühl- und Dunkelhalten, Luftzug, Anbringung von Gazefenstern, Fliegenfallen u. dgl. Als neuestes sehr wirksames Mittel werden elektrische Ozonisierungsanlagen angewandt.

Neben den Fliegen kommen als tierische Schädlinge noch einige Milben in Betracht. Das Vorkommen von Mehlmilben auf Schinken soll sich durch das am Niederrhein übliche Aufbewahren der Schinken in Mehl oder Kleie erklären. Die häufigsten Milbenarten: Tyroglyphus farinae, siro und longior, entwickeln auf der Oberfläche von Wurst, Speck und Schinken einen graugelben, mehlartigen Belag und können bei längerer Dauer Wursthüllen durchfressen, ohne jedoch in die Tiefe zu dringen. Die von ihnen befallenen Lebensmittel sind zwar nicht gesundheitsschädlich, aber als unappetitlich und verdorben anzusehen. Zur Fernhaltung der Milben aus den Räumen eignet sich Anwendung von Rauch oder Kalilauge, zur ihrer Beseitigung von Lebensmitteln Rauch, Pökellake und Holzessig.

VI. Fleischdauerwaren.

Zur Haltbarmachung des Fleisches, das wegen seines hohen Wassergehaltes und seines anatomischen Aufbaues leicht der zersetzenden Wirkung von Mikroorganismen, besonders Fäulniserregern, anheimfällt, hat man seit den ältesten Zeiten eine Reihe brauchbarer Verfahren angewandt, die in den letzten Jahrzehnten auf Grund der bakteriologischen Forschung vielfach verbessert und ergänzt worden sind. Sie alle verfolgen den Zweck, die Lebensbedingungen der schädlichen Keime so weit zu verändern, daß sie entweder abgetötet oder doch für längere Dauer in ihrer Entwicklung gehemmt werden. Der Erreichung dieses Zieles dienen sowohl physikalische Methoden, wie dauernde starke Abkühlung, Erhitzung auf höhere Temperaturen und Erniedrigung des Wassergehaltes, als auch sog. chemische Methoden, bei denen fäulniswidrige Mittel, oft auch in Verbindung mit physikalischen Agenzien, angewendet werden (Salzen und Pökeln, Räuchern).

Dazu tritt als vorbeugendes Mittel noch die Fernhaltung der Bakterien durch **aseptisches Schlachten.** Dieses Verfahren wurde zuerst von R. EMMERICH und DEICHSTÄTTER[1] empfohlen; es beruht auf der Forderung, daß der Zutritt von Kleinlebewesen zu dem von Natur keimfreien Fleische gesunder Tiere verhindert wird. Es vermeidet also vor allem, daß durch Anschneiden des Darmes Kot austritt, und daß weiter durch Ausspülen der Brust- und Bauchhöhle mit Wasser Infektion erfolgt, da selbst das reinste Quell- und Brunnenwasser gefährliche Fleischverderber wie den Bacillus fluorescens liquefaciens enthalten kann. Die Methode besteht also außer in der aseptischen Schlachtung in einem Fernhalten von Wasser, dafür aber in einem Besprühen der Schnittflächen bzw. der ganzen Fleischoberfläche mit Eisessig und schließlich sofortigem Einpacken der geschlachteten ganzen Tiere oder Fleischstücke in sterilisierte Sägespäne. Trotz seines richtigen Prinzips hat der Vorschlag EMMERICHs anscheinend keine weitere Verbreitung gefunden und jedenfalls die älteren Verfahren nicht verdrängt.

1. Gefrierfleisch.

Da die Fäulnisbakterien nur bei einer gewissen Wärme, am besten bei Bluttemperatur, gedeihen, von 15⁰ an aber in ihrer Entwicklung gehemmt werden und sich bei Abkühlung unter 0⁰, ohne abgetötet zu werden, nicht mehr vermehren, so läßt sich das Fleisch bei niederer Temperatur längere Zeit frisch erhalten. Hiervon hat man schon früher durch direktes Auflegen des Fleisches auf Eis oder Verbringen in Eiskeller Gebrauch gemacht, bedient sich aber neuerdings besonderer **Kühlhäuser** bzw. Kühlräume, die gut isoliert sind und mit Hilfe von Kältemaschinen (flüssige Schweflige Säure, Kohlensäure, Ammoniak) auf tiefer Temperatur erhalten werden. In besonders großem Umfange werden auf diese Weise mit **Kühlschiffen** aus fleischreichen Gegenden (Argentinien, Uruguay, Australien) ganze (Schafe) oder geteilte Tierkörper (Ochsen) nach Europa eingeliefert und dann in gekühlten Eisenbahnwagen weiter befördert. In Amerika benutzt man auch die als **Trockeneis** bezeichnete feste Kohlensäure, die den Vorteil hat, beim Verdunsten nicht die Feuchtigkeit der Luft zu erhöhen. Die Art der Vorbehandlung ist in den einzelnen Ländern verschieden, indem man das Fleisch entweder, wie in Chicago, 3 Tage bei — 20⁰ oder, wie in Australien, 12 Tage bei —6⁰ oder, wie in Südamerika, zuerst einige Zeit bei 0⁰, dann 5—10 Tage bei —8 bis —10⁰ gefrieren läßt und schließlich während des Transportes auf etwa —10⁰ erhält[2].

Das so behandelte Fleisch ist in seinem frischen Zustande unverändert geblieben, zeigt aber einige **Nachteile,** die gewisse Vorsichtsmaßregeln bei der Verwendung erforderlich erscheinen lassen. Einerseits tritt beim Gefrieren etwas Wasser durch die platzende Sarkolemma-Hülle aus, sammelt sich zwischen den Muskelbündeln, lockert diese, indem es dort gefriert, und zerreißt auch das Bindegewebe. Die Folge ist, daß beim Braten ein größerer Teil des Fleischsaftes in die Brühe geht und der Braten selbst wenig schmackhaft wird. Außerdem ist zu beachten, daß sich das Gefrierfleisch beim plötzlichen Verbringen in warme Räume mit Wasser und den daranhaftenden Luftkeimen beschlägt und infolgedessen leicht der Fäulnis anheimfällt und schneller verbraucht werden muß. Seitdem neuerdings das Auftauen ganz allmählich, bei langsam steigender Temperatur (4—5 Tage bei + 5 bis + 8⁰) vorgenommen wird, sind die früher geäußerten Klagen meist völlig verstummt.

---

[1] R. EMMERICH: Z. 1901, **4**, 17.
[2] Vgl. R. HEISS: Gegenwartsfragen der Konservierung. Konserven-Industrie 1931, **18**, 637.

2. Dosen-(Büchsen-)fleisch.

a) Nach dem 1809 von APPERT erfundenen, in der Folge vielfach vervollkommneten, aber in seinen Grundzügen unverändert gebliebenen Verfahren wird das Fleisch in zylindrische Weißblechdosen, ausnahmsweise wohl auch in Gläser, eingedrückt und nach Aufsetzen des luftdicht schließenden Deckels mit oder ohne Evakuierung im offenen Kessel oder im Autoklaven gekocht. Nach der für die einzelnen Dosengrößen und Fleischarten erfahrungsgemäß festgelegten Erhitzungsdauer ($^1/_4$ kg-Dosen 50—55, $^1/_2$ kg-Dosen 55—60, 1 kg-Dosen 70—80 Minuten), während welcher Temperaturen von 118—121^0 erreicht werden, ist die Dosenkonserve völlig keimfrei und, weil keine neuen Bakterien hinzutreten können, jahrelang, ja praktisch unbegrenzt haltbar.

Auf diese Weise werden nicht nur unter Verwendung von Salz und Gewürzen reine Fleischkonserven aus Rindfleisch (Corned beef aus Pökelrindfleisch mit Gelatinezusatz), Rindfleisch und Schweinefleisch (Gulasch), Hammelfleisch, Wild, Geflügel, Schinken, Zunge (meist nach vorherigem Pökeln und schwachem Räuchern), sondern auch Wurstkonserven (Leberwurst, Blutwurst, Brühwürstchen) und mannigfache speisefertige Mischungen von Fleisch mit Gemüse, wie Rindfleisch mit Weißkohl und Kartoffeln, Karotten und Kartoffeln, Wirsing, Spinat, Schweinefleisch mit weißen Bohnen, Erbsen, Sauerkraut usw. hergestellt.

Die Erzeugnisse der mustergültig eingerichteten deutschen Fleischwaren-Fabriken zeigen vortreffliche Beschaffenheit und sind, da sie sich in sofort gebrauchsfertigem Zustande befinden, für die Zwecke der Massenernährung, besonders des Heeres und der Marine, unentbehrlich, leisten aber auch bei der Verproviantierung von Passagierdampfern, Speisewagen und Hotelbetrieben gute Dienste. Der Hausfrau sind sie oft bei unerwartet einfallendem Besuch willkommene Nothelfer.

Um nachteilige Folgen ungenügender Sterilisation, bei der einzelne Keime der Vernichtung entgehen können, ferner eine Beschädigung oder ein Undichtwerden der Dosen zu verhindern, empfiehlt es sich, diese in einem kühlen, trockenen Raume aufzubewahren und vor Temperaturschwankungen zu schützen. Dosen, die infolge stärkerer Zersetzung und Gasbildung aufgetrieben erscheinen, sog. Bombage zeigen, müssen vom Verbrauche ausgeschlossen werden.

b) Zum Schutze des Fleisches gegen das Eindringen von Bakterien benutzte man früher bisweilen luftundurchlässige Überzüge von Talg, Harz, Paraffin, Gelatine, Gummi u. dgl. und erzielte dadurch allenfalls eine etwas verlängerte Haltbarkeit. Die moderne Fleischwaren-Industrie verwendet dieses Prinzip in der Weise, daß sie die Erzeugnisse, besonders Sülze in Weißblechdosen einfüllt und diese mit Falzdeckel verschließt. Für längere Transporte nach Übersee oder in den Tropen werden die in die Dosen gebrachten Massen mit geschmolzenem Fett übergossen, größere Fleischstücke (Schinken, Dauerwurst) wohl auch in trockenes Kochsalz, Kalkleinen, die torfmullartige Ostrüpa-Masse oder die helle Jela-Masse, ein Gemisch von Paraffin, Harz und Schlemmkreide verpackt.

3. Trockenfleisch.

Während bei allen vorstehenden Verfahren das Fleisch in seinem ursprünglichen Zustande ohne stoffliche Veränderungen oder doch, wie bei den Dosenkonserven, in der Beschaffenheit des üblich zubereiteten frischen Fleisches erhalten bleibt, treten bei den nunmehr zu besprechenden Konservierungsmethoden Veränderungen der Zusammensetzung und des Geschmacks ein, die aber in der Regel den Käufern erwünscht sind.

Nach dem in warmen Ländern, im Altertum schon von den Ägyptern, bis in die Jetztzeit noch in Südamerika und Indien angewandten Verfahren, wird das in Streifen geschnittene, möglichst vom Fett befreite Fleisch bei Sonnenwärme getrocknet (Charque oder Tessajo der Südamerikaner) oder danach wohl auch zu einem Pulver zerstoßen und mit Fett vermischt (Pemmikan der Inder). Um die Haltbarkeit zu erhöhen und den Wassergehalt unter die für Bakterienwachstum unerläßliche Mindestgrenze von 14% herabzudrücken, arbeitet man bisweilen auch mit künstlicher Wärme und erhält auf diesem Wege Erzeugnisse von der Art des Patentfleischmehls oder der Carne pura, die meist noch Zusätze von stärkemehlhaltigen Stoffen erfahren. Nach der Art der Herstellung, die bakterielle Zersetzungen während der ersten Zeit begünstigt, haftet diesen Waren meist ein für europäische Verbraucher wenig zusagender Geruch und Geschmack an, der ihre Verbreitung bis jetzt verhindert hat. Auch die einzigen deutschen Formen getrockneten Fleisches, das niedersächsische „Nagelholz" und die lediglich durch Trocknen konservierten thüringischen „Landjäger" haben nur örtlich beschränkte Bedeutung.

4. Pökelfleisch.

Beim Einsalzen und Pökeln werden die Fleischstücke entweder in eine 15—25%ige Kochsalzlösung eingelegt oder mit Kochsalz eingerieben und dann unter Bestreuen mit mehr oder weniger dicken Salzlagen in Fässern übereinandergeschichtet, wobei sich infolge Auflösung des Salzes in dem austretenden Fleischsafte ebenfalls eine Lake bildet.

Da hierbei der rote Farbstoff zerstört wird, verwendet man nach dem uralten Verfahren der Pökelung meist ein Gemisch von 100 kg Kochsalz mit je 1—2 kg Kalisalpeter und Zucker, wodurch nach Haldane[1] infolge Einwirkung des aus dem Salpeter entstehenden Nitrits auf den Fleischfarbstoff beständig-rotes Stickoxydhämoglobin gebildet wird; da dieses bei höherer Temperatur in das ebenfalls rotbleibende Stickoxydhämochromogen übergeht, bleibt gepökeltes Fleisch auch beim Kochen und Braten rot.

Mit dem Pökeln ist ein Gewichtsverlust und eine Abnahme des Nährstoffgehaltes verbunden, noch mehr mit dem Einlegen in Salzlake, auch werden die Vitamine zerstört, und nach lang dauerndem ausschließlichen Genusse von Pökelfleisch, wie er früher bei Seereisen üblich war, tritt daher oft Skorbut ein. Der eigenartige Geschmack, der nach einiger Zeit manchen Verbrauchern widersteht, wird von anderen Teilen der Bevölkerung besonders geschätzt.

5. Rauchfleisch.

Das Räuchern, ein ebenfalls seit dem Altertume bekanntes und auch von unseren germanischen Vorfahren geübtes Verfahren[2] beruht darauf, daß dadurch der Wassergehalt erheblich erniedrigt wird, und daß gleichzeitig mit dem Rauche antiseptisch wirkende Stoffe, insbesondere Essigsäure, Ameisensäure, Aceton, Methylalkohol, Formaldehyd, Guajacol, Phenole und Kresole in das Fleisch eindringen. Je nach der Art des zu konservierenden Fleisches wendet man die Kalträucherung oder die Heißräucherung an[3].

Bei dem für bereits vorkonserviertes Fleisch (Pökelfleisch) hauptsächlich in Betracht kommenden „Kalträuchern" wird der Rauch durch Verschwelen von trockenem Sägemehl aus Hartholz, meist Weißbuche, aber auch Erlenholz, sowie von Wacholderzweigen erzeugt, während Nadelholzrauch wegen seines

---

[1] Haldane: Journ. of Hyg. 1, 115; Z. 1903, 6, 326.
[2] M. Heyne: Das deutsche Nahrungswesen. Leipzig: S. Hirzel 1901.
[3] Konserven-Industrie 1932, 19, 416.

hohen Harzgehaltes einen terpentinartigen Geschmack hervorruft, und der Rauch von Torf, Stein- oder Braunkohlen das Fleisch ungenießbar macht. Der bei dem langsamen Verschwelen nur etwa 17—22⁰ warme Rauch durchzieht in mehreren Stockwerken angeordnete Räucherkammern, die entweder völlig voneinander getrennt (Braunschweiger Art) oder durch Gitterböden miteinander verbunden sind (Westfälische Art), und wirkt je nach der Art der Ware verschieden lange, z. B. bei ganzen Schinken bis zu 4 Wochen, auf die Fleischstücke ein. Bei Rohwürsten ist eine Vortrocknung im langsamen Luftstrome bei Zimmertemperatur, neuerdings wohl auch im Vakuum erforderlich.

Zum „Heißräuchern" benutzt man Räucheröfen, die mit frischem Hartholz oder Eiche geheizt werden und einen Rauch von 70—100⁰ ergeben. Die Heißräucherei wird in erster Linie für Brühwürstchen angewandt, die vor der Einführung in den Ofen auf dessen Raumwärme gebracht werden und dann bei allmählicher Steigerung der Temperatur nur wenige Stunden darin verbleiben.

Durch das Räuchern wird der Wassergehalt um etwa 10%, bei längerer Dauer sogar um bis zu 40% erniedrigt, und zwar besonders in den äußeren Schichten, die erfahrungsgemäß allein als Sitz von Bakterien in Betracht kommen. Unterstützt durch die chemischen Bestandteile des Rauches wird so eine gute Haltbarkeit erzielt. Der gleichzeitig eintretende Räuchergeschmack gibt Erzeugnisse besonderer Art, die eben deswegen von den Verbrauchern geschätzt werden.

Das neuerdings aufgekommene „Schnellräucherverfahren", bei dem man das Fleisch in rohen Holzessig taucht und dann an der Luft trocknen läßt, ist nur ein mangelhafter Ersatz, da es wegen der fehlenden Wasserentziehung nicht zu haltbaren Dauerwaren führt, und hat sich in Deutschland erfreulicherweise bis jetzt nicht durchsetzen können. Dasselbe gilt vom Eintauchen des Fleisches in Abkochungen von Ruß oder in Mischungen von Kreosotlösung mit Wacholderöl.

Die Vermischung von Wurstgut mit rauchig schmeckenden Flüssigkeiten, die lediglich den täuschenden Anschein einer Räucherung hervorrufen, ist geradezu als Verfälschung zu bezeichnen, ebenso der früher viel geübte Zusatz chemischer Konservierungsmittel, wie Borsäure, Schweflige Säure, die, wie späterhin auseinandergesetzt werden wird, schon jetzt größtenteils gesetzlich verboten sind und ausnahmslos verboten werden sollten.

VII. Fleischzubereitungen.

1. Wurstwaren.

Die Herstellung von Wurstwaren verfolgt einerseits den Zweck, frisches Fleisch, das nach dem Schlachten nicht gleich verzehrt werden kann, in eine haltbare Form überzuführen, andererseits die für sich allein weniger gut verwertbaren Schlachtabgänge (Blut, Leber, Lunge, Herz, Gehirn, Schweineschwarte usw.) durch Vermengen mit besserem Fleisch und Fett, sowie durch Zusatz von Gewürzen ansehnlicher und schmackhafter zu machen. Sie bestehen sonach im allgemeinen aus einem Gemisch der oben genannten, mit dem Hackmesser oder besonderen Maschinen (Fleischwolf, Blitz) zerkleinerten Teile, das in Därme gefüllt und dann entweder in frischem Zustande (Frischwurst) oder nach vorherigem Trocknen und Räuchern (Dauerwurst) verzehrt wird.

Die in einigen Ländern verbreitete Meinung, daß die Wurst eine deutsche Erfindung sei, eine Meinung, die uns bei den Franzosen den spöttischen Beinamen der „Wurstesser" eingetragen hat, beruht allerdings auf mangelhaften wissenschaftlichen und historischen Kenntnissen. In Wahrheit sind Würste seit dem Altertum bekannt und bei allen Kulturvölkern hergestellte Lebensmittel. Beim Gastmahl der Freier in Homers Odyssee gibt es Wurst und in dem Rom der Kaiserzeit kannte man eine ganze Reihe leckerer Gerichte in Darm-

hüllen, die als hillae, lucanicae, botuli, tomacula, tomacina, farcimina bezeichnet wurden[1].
Aber auch in Deutschland blickt die Wurst auf eine lange Geschichte zurück, und der nach
Form und Bildung sehr altertümliche Name, den Heyne[1] als ein das Drehen und Stopfen
andeutendes Gewerkswort betrachtet, bezeugt, daß man dabei selbständig, nach eigener
Technik und eigenem Geschmack verfahren ist. Wenn wir sonach auch keinen Anspruch
auf den Erfinderruhm erheben können, so steht doch immerhin soviel fest, daß die deutschen
Würste hinsichtlich ihrer Güte an der Spitze stehen und sich auch im Auslande steigender
Wertschätzung erfreuen.

Zweifellos ist die Herstellung der Wurstwaren vom volkswirtschaftlichen
Standpunkte aus recht zweckmäßig, denn einerseits ermöglichen sie nicht nur
die Verwertung kleiner, an sich schwer verkäuflicher Fleischstücke und Abfälle,
andererseits bieten sie dem Arbeiter und Beamten ein sofort genußfähiges
Nahrungsmittel, das sie an ihre Arbeitsstätte mitnehmen und zum Brote verzehren
können.

Wegen der unendlichen Mannigfaltigkeit der hierher gehörenden Erzeugnisse,
deren Form, Zusammensetzung, Nährwert und Geschmack in den einzelnen
Ländern und Landesteilen große Verschiedenheiten aufweist, hat es von jeher
die größten Schwierigkeiten verursacht, eine umfassende Begriffsbestimmung
und bindende Vorschriften für Wurstwaren aufzustellen, und erst in den Jahren
1909—1911 ist es gelungen, einigermaßen brauchbare Beurteilungsgrundsätze
zu schaffen. Es ist dies besonders den Vorarbeiten des Vereins Deutscher Lebensmittelchemiker zu verdanken, der auf Grund der in den Haushaltungen und
im reellen Gewerbe üblichen Gepflogenheiten nach dem vortrefflichen Berichte
von A. Reinsch[2] folgende Begriffsbestimmungen annahm:

„Würste sind Fleischwaren, zu deren Bereitung gehacktes Muskelfleisch
und Fett, ferner Blut und Eingeweide, d. h. Leber, Lunge, Herz, Nieren, Milz,
Rindermagen und Gekröse, sowie Gehirn, Zunge, Knorpel (Schweinsohr) und
Sehnen der verschiedensten Schlachttiere unter Zuhilfenahme von Salz, Gewürzen,
Zucker, Wasser, Bier und Wein, unter Umständen auch Milch und Eiern ver-
wendet werden. Als weitere Zutaten sind bei einzelnen Wurstarten Zwiebel,
Knoblauch, Schnittlauch, Citronenschalen, Trüffel, Sardellen usw. gebräuchlich.

Die Wurstmasse wird in Hüllen aus gereinigtem Darm, Magen oder Blase
(Rind, Schwein, Schaf und Bock) oder in Hüllen von Pergamentpapier eingefüllt.

Unter Verwendung von Teilen des Pferdes hergestellte Wurstwaren dürfen
nur unter entsprechender Bezeichnung feilgehalten und verkauft werden."

Allerdings hat diese ganz vernünftige Begriffsbestimmung, die so ungefähr
das treffen dürfte, was der normale Durchschnittsverbraucher sich unter Wurst
vorstellt, nicht gleich ungeteilte Zustimmung gefunden, sondern vielmehr in
den Kreisen der Gewerbetreibenden lebhaften Widerspruch erregt, der sich
besonders auf folgende, schon im Jahre 1902 auf dem deutschen Fleischertage
angenommene „Definition" stützte:

„Wurst ist nicht nur ein Nahrungs-, sondern auch ein Genußmittel, das den
Anforderungen, die an seine Schmackhaftigkeit und Bekömmlichkeit gestellt werden, in
erster Linie entsprechen muß. Aufgabe der Polizei- und Rechtsprechung kann und darf
es nicht sein, in die ortsübliche, den Wünschen des Publikums zusagende Herstellung
beschränkend einzugreifen."

Mit einer solchen „Definition", die überhaupt keine war und ebensogut
für Käse oder Bier wie für Wurst paßte, war natürlich nicht viel anzufangen,
und es kann nicht Wunder nehmen, daß die Rechtsprechung die Wortfassung
der Lebensmittelchemiker vorzog. Die letztere hat sich daher allmählich durchgesetzt und, von vereinzelten Punkten abgesehen, auch bei den Vertretern der
reellen Industrie Anerkennung gefunden.

---

[1] M. Heyne: Das Deutsche Nahrungswesen, S. 293. Leipzig: S. Hirzel 1901.
[2] A. Reinsch: Z. 1909, 18, 36; 1910, 20, 344; 1911, 22, 68.

Als wesentlicher Teil sei nochmals hervorgehoben, daß die Würste **Fleisch-waren** sind. Innerhalb dieser allgemeinen Begriffsbestimmung unterscheidet man nach den Hauptbestandteilen folgende Wurstsorten:

„1. **Fleischwürste**: Sie bestehen aus Schweine-, Kalb-, Schaf- oder Rind-fleisch. Je nach der Art ihrer Herstellung werden unterschieden:

a) Dauerwürste,

b) mit Wasser abgeriebene Würste, sog. Anrührwürste (Koch-, Brat- und Brühwürste, Bock- und Weißwürste nach Münchner Art).

Zu den ersteren gehören Zervelat-, Plock- oder Mettwurst, Salami, Gothaer Wurst und andere, zu den letzteren Frankfurter- und Wiener Würste, Knoblauch-wurst, Bockwurst, Knackwurst, Dünn- und Dickgeselchte u. a. m.

2. **Blutwürste**: Sie enthalten meist Schweineblut, auch Rinder-, Kalbs-und Schafblut, Schweinefleisch und Speck, manchmal auch Leber und Grütze (Grützwurst).

Hierher gehören die Blutwurst, auch Rotwurst genannt, Schwarzwurst, der Schwartenmagen und bei Anwendung von gepökelter oder abgekochter ganzer Schweinszunge die Zungenwurst.

3. **Leberwürste**: Sie enthalten außer Leber: Lunge, Nieren, Sehnen, Knorpel, das sog. Geschlinge und Fett des Schweines und Rindes, in manchen Gegenden gebrühte Rindsköpfe und Rindsmagen bei gewöhnlichen Leber-würsten.

4. **Weißwürste**: Sie enthalten Kalbfleisch oder Kalbs- oder Schweins-gekröse neben Schweinefleisch.

5. **Leberkäse**. Hierunter versteht man eine nicht in Hüllen gefüllte Wurst-masse, deren Hauptbestandteile rohe und feingewiegte Rinds-, Schweins-, Schaf- oder Bockleber, zuweilen auch Rind-, Schweine- und Kalbfleisch bilden. Für seine Herstellungsweise ist der jeweils ortsübliche Gebrauch maßgebend. In manchen Gegenden (Baden) rechnet man den Leberkäse nicht zu den Wurst-waren, sondern zu den pastetenartigen Nahrungsmitteln, und dort ist ein Zusatz von Mehl und Eiern üblich.

In ihrer Zusammensetzung den Würsten gleich oder ähnlich sind die **Fleischpasteten**. Sie werden zum Zwecke längerer Aufbewahrung nicht in Därme oder Membranen gefüllt, sondern in Metall- oder Porzellangefäßen luft-dicht verschlossen aufbewahrt. Für den alsbaldigen Gebrauch wird die Pasteten-masse in sog. Blätterteig (aus Mehl, Eiern, Butter) eingefüllt. Zur Bereitung von Pasteten und der ähnlich hergestellten „Pains" soll nur bestes Fleisch und Fett benutzt werden. Die bekannte Straßburger Gänseleberpastete besteht aus zerkleinerter Gänseleber, unter Umständen auch Gänsefleisch, Gänsefett, Trüffeln und Gewürzen.

Die Fleischwürste werden, wie schon oben angeführt, entweder geräuchert, gekocht oder gebraten, die übrigen Arten sämtlich in gekochtem Zustande und zwar entweder frisch oder geräuchert oder nachträglich gebraten genossen."

Für die **Zusammensetzung der Würste** lassen sich im Hinblick auf die überaus großen Schwankungen namentlich des Gehaltes an Muskelfleisch und Fett keine zuverlässigen Durchschnittswerte angeben. Um aber doch ein un-gefähres Urteil zu ermöglichen, seien wenigstens einige Analysen mitgeteilt.

Zu den Befunden für Leber und Blutwurst sei darauf hingewiesen, daß der hohe Gehalt an stickstofffreien Extraktstoffen auf einem Zusatze von Mehl oder Semmel beruht, der jetzt nicht mehr als zulässig gilt. Weitere Untersuchungen verschiedener in Dorpat angekaufter Wurstarten teilt A. J. SEUNING[1] mit.

---

[1] A. J. SEUNING: Dissertation Dorpat 1903; Z. 1904, **7**, 751.

Tabelle 25. Zusammensetzung von Wurstwaren[1].

Nr.	Bezeichnung		In der frischen Substanz					In der Trockensubstanz	
			Wasser	Stickstoffsubstanz	Fett	Stickstofffreie Extraktstoffe	Asche	Stickstoffsubstanz	Fett
			%	%	%	%	%	%	%
1	Weiche Mettwurst, Braunschweiger-, Schlack- oder Knackwurst	Min.	29,73	12,55	37,93	—	3,17	19,17	55,92
		Max.	43,44	23,00	50,31	—	7,08	33,71	75,99
		Mittel	34,51	16,68	44,57	—	4,24	25,46	68,07
2	Zervelat- oder Plockwurst	Min.	17,25	16,91	41,39	—	4,92	23,44	55,19
		Max.	29,43	27,74	55,03	—	6,60	37,00	68,51
		Mittel	23,63	22,08	48,28	—	5,98	29,00	63,18
3	Salami- oder Hartwurst	Min.	14,51	22,35	41,01	—	5,39	26,32	50,54
		Max.	20,38	32,31	57,08	—	7,85	39,79	67,12
		Mittel	16,56	25,36	51,53	—	6,40	30,44	61,70
4	Rindfleisch-Schlackwurst	Min.	43,17	18,21	22,50	—	3,56	35,05	47,45
		Max.	53,18	21,82	31,82	—	5,09	44,39	55,99
		Mittel	49,26	20,03	26,56	—	4,16	39,63	52,16
5	Jagdwurst	Min.	36,69	9,61	21,97	0	2,49	12,02	52,60
		Max.	61,18	14,86	49,21	1,20	3,64	37,38	77,74
		Mittel	47,73	12,51	38,00	0,17	2,74	23,93	72,70
6	Bratwurst	Min.	39,74	8,99	24,69	0	1,72	16,89	58,52
		Max.	57,81	17,10	45,86	2,94	4,47	37,94	76,10
		Mittel	48,33	12,99	36,00	0,53	2,59	31,18	69,67
7	Polnische Wurst . . .	Min.	58,40	11,75	20,79	0	2,12	30,13	57,69
		Max.	65,02	14,50	24,70	1,06	3,20	34,86	60,00
		Mittel	60,26	13,26	23,39	0,48	2,64	33,37	58,86
8	Dresdener Brühwürstchen	Min.	50,28	10,38	8,68	0	1,97	30,00	30,45
		Max.	74,12	30,19	34,72	3,00	5,29	62,90	69,14
		Mittel	62,82	14,41	19,47	0,60	2,93	38,79	52,37
9	Altdeutsche Wurst . .	Min.	57,35	12,40	11,45	0	2,37	32,82	28,58
		Max.	66,68	15,76	22,33	1,76	4,91	46,51	62,11
		Mittel	61,79	13,85	18,42	0,87	3,10	36,25	48,63
10	Wiener Wurst	Min.	53,00	11,82	14,10	0	1,75	29,36	45,37
		Max.	68,90	15,40	30,30	3,77	3,73	40,32	64,47
		Mittel	61,23	13,56	21,08	1,05	3,09	34,98	54,38
11	Knoblauchwurst. . . .	Min.	60,18	12,04	12,87	0	2,54	32,45	43,70
		Max.	70,55	15,65	22,05	1,79	3,91	49,23	55,40
		Mittel	63,35	13,64	19,15	0,73	3,22	37,22	51,98
12	Frankfurter Wurst . .	Min.	38,47	9,92	32,30	0,15	2,35	19,54	58,36
		Max.	51,84	12,77	35,91	0,38	3,40	23,04	68,23
		Mittel	47,32	10,40	34,49	0,25	2,80	21,70	65,79
13	Leberwurst	Min.	47,58	9,09	14,43	6,38	1,09	20.53	27,52
		Max.	55,73	15,93	26,33	20,71	2,66	31,05	51,33
		Mittel	49,95	12,20	20,16	14,66	1,77	24,26	40,07
14	Blutwurst	gute	49,93	11,81	11,48	25,09	1,69	23,59	22,90
		geringe	63,61	9,93	8,87	15,83	1,76	27,29	24,37

[1] Die Analysen Nr. 1—4 stammen von R. SENDTNER und A. JUCKENACK (Z. 1899, **2**, 177), Nr. 5—11 vom Chemischen Untersuchungsamte Dresden (Deutsch. Nahrungsm.-Rundschau 1931, 85), Nr. 12 von G. POPP und C. FRESENIUS (Zeitschr. öffentl. Chem. 1897, **3**, 155) und Nr. 13 und 14 von J. KÖNIG, B. FARWICK und C. KRAUCH (Zeitschr. Biol. 1876, **12**, 497; siehe auch J. KÖNIG: Chemie der menschlichen Nahrungs- und Genußmittel, 4. Aufl., Bd. 1, S. 76. Berlin 1903).

Wie schon aus dieser Zusammenstellung hervorgeht, ist der Nährwert der Würste recht beträchtlich. Er beträgt, in Calorien für 1 kg ausgedrückt, bei Blutwurst 1800—2500, bei Leberwurst 1900—3800, bei Brühwürstchen 1500 bis 3800, bei Kochwürsten 2600—5000, bei Fleischwürsten 2800—6400. Unter gleichzeitiger Berücksichtigung ihrer nahezu völligen Verdaulichkeit, ihres Gehaltes an biologisch wertvollem tierischen Eiweiß, ihrer Schmackhaftigkeit und der Eignung zum sofortigen Genuß ohne vorherige Zubereitung können die Würste daher auch, wennschon nicht zu den billigsten, so doch zu den preiswerten Nahrungsmitteln gerechnet werden. Voraussetzung dazu ist allerdings größte Sauberkeit und Sorgfalt bei der Herstellung und Aufbewahrung, weil sich sonst fehlerhafte Veränderungen und Mängel einstellen können.

Als Folge zu lockerer Stopfung zeigen sich Hohlräume (Luftblasen), von denen aus sehr leicht eine Zersetzung durch Schimmelbildung eintritt. Bei Verwendung mangelhaft gereinigter Därme nehmen Würste einen ekelhaften, fäkalartigen Geruch und Geschmack, sowie öfters eine grünliche Färbung an. Hingegen ist eine mit fortschreitendem Alter bisweilen eintretende Entfärbung (Grauwerden) nicht als Anzeichen der Zersetzung, sondern als eine normale Erscheinung anzusehen.

Bei fehlerhafter Aufbewahrung, namentlich in feuchten, dumpfigen, nicht genügend gelüfteten und starken Temperaturschwankungen ausgesetzten Räumen werden die Würste an ihrer Oberfläche schmierig und im Innern weich, das Fleisch verliert seine rote, frische Farbe und wird grau und fahl, das Fett mißfarbig, gelb oder grünlich, auch öfters ranzig, der Geschmack der Wurst sauer. Diese Mißstände können auch bei mangelhafter Räucherung auftreten, besonders der Schnellräucherung.

2. Sonstige Fleischzubereitungen.
(Pasteten, Pains, Fleischsalat, Sülze.)

Die in der Überschrift genannten Fleischzubereitungen, die in der Hauptsache aus zerkleinertem Fleische mit verschiedenen Zutaten hergestellt werden, stehen teils den Würsten, teils den Fleischdauerwaren nahe, werden aber doch zweckmäßig in einem besonderen Abschnitte behandelt, weil an ihre Beschaffenheit gewisse abweichende, zum Teil schon in Leitsätzen formulierte, Anforderungen gestellt werden.

a) Pasteten und Pains. Unter Pasteten versteht man eine gebackene Fleischmasse, deren Hauptbestandteile sich aus Fleisch und Fett meist vom Kalb oder Schwein, aber auch vom Geflügel (Gänseleberpastete) und Wild (Hasen-, Hirsch-, Wildschweinfleisch) zusammensetzen. Von den Würsten unterscheiden sie sich dadurch, daß zu ihrer Herstellung keine Schlachtabgänge und minderwertige Fleischstücke, sondern die geschätztesten Fleischteile und Fleischsorten Verwendung finden. Zum Unterschiede von den ähnlichen Pains, die aus größeren, in Fett eingebetteten Fleischstücken bestehen, ist bei den Pasteten ein Teil oder die ganze Fleischmasse in feinzerteiltem Zustande als Farce zugegen. In den Haushaltungen werden sie in einer Umhüllung von Backwerk (Blätterteig oder guter Butterteig) gereicht, von der Industrie hingegen in Steingutterrinen oder Blechdosen gefüllt in den Handel gebracht.

Gänseleberpastete, das verbreitetste Erzeugnis dieser Gattung, wird in der Regel in der Weise hergestellt, daß man einen Teil der Gänseleber mit Trüffeln, Fett und Gewürz in eine Farce überführt und dann in die Terrine, deren Boden mit Speck oder Fett bedeckt ist, abwechselnd Schichten dieser Farce und mit Trüffeln gespickter Leberstücken einfüllt, dann mit Fett bedeckt und je nach der Größe $1\frac{1}{2}$—2 Stunden im Ofen backt.

Um ein ungefähres Urteil über die Zusammensetzung von Pasteten zu geben, seien, in Ermangelung neuerer Untersuchungen, einige ältere Analysen[1] mitgeteilt. Von diesen beziehen sich Nr. 1 auf eine Gänseleberpastete von J. Fischer-Straßburg und Nr. 2—4 auf Erzeugnisse von Grosse & Blackwell-London: 2. Rindfleischpastete (Potted beef), 3. Schinkenpastete (Potted ham), 4. Zungenpastete (Potted tongue).

Tabelle 26. Zusammensetzung von Fleischpasteten.

Nr.	Bezeichnung der Pasteten	In der frischen Substanz						In der Trocken-substanz		
		Wasser	Stick-stoff-sub-stanz	Fett	Stick-stofffreie Extrakt-stoffe	Asche	Koch-salz	Stick-stoff-sub-stanz	Fett	Stick-stoff
		%	%	%	%	%	%	%	%	%
1	Gänseleberpastete .	46,04	14,59	33,59	2,67	3,11	2,22	27,04	62,25	4,33
2	Rindfleischpastete .	32,81	17,17	44,63	3,36	2,03	—	25,57	66,42	4,09
3	Schinkenpastete. .	25,57	16,88	50,88	—	6,78	5,72	22,68	68,36	3,63
4	Zungenpastete. . .	41,52	18,46	32,85	0,46	6,71	5,98	31,57	56,17	5,05

Wie hieraus ersichtlich, zeichnen die Pasteten sich durch einen hohen Fettgehalt aus, hinter dem die Fleischbestandteile zurücktreten.

Die Ableitung des Begriffes der normalen Beschaffenheit bietet bei diesen Erzeugnissen große Schwierigkeiten, da die Zusammensetzung nach den örtlichen Gepflogenheiten wechselt.

Die Fleischmasse und das Fett müssen im allgemeinen der gewählten Bezeichnung entsprechen, doch wird man sich in der Regel damit begnügen müssen, daß der namengebende Teil in überwiegender oder beträchtlicher Menge vorhanden ist. Nur bei der Gänseleberpastete ist zu fordern, daß sie ausschließlich aus Gänseleber und Gänsefett, allenfalls auch Gänsefleisch, und Trüffeln besteht[2]. Mehlzusatz wird in geringer Menge als zulässig angesehen, soll aber nach den internationalen Vereinbarungen[3] vom Jahre 1911 die Grenze von 5% nicht übersteigen, wie auch die mitgeteilten Analysen nur Stärkegehalte unter 3,4% ausweisen.

b) Fleischpasten (Wildpasten, Geflügelpasten), bisweilen ebenfalls wohl auch als Fleischpains bezeichnet, sind nach dem Beschlusse des Bundes deutscher Nahrungsmittelfabrikanten und -händler vom 2. Dezember 1925[4] in Fett eingekochte, feingemahlene Fleischteile mit oder ohne Gewürzzusatz. Ihr Fleischgehalt muß mindestens 75% betragen. Von dem Gesamtfleischgehalt müssen 60% aus dem Fleische der Tierart bestehen, nach der die Pasten benannt sind.

Gänseleberpasten müssen mindestens zu 75% aus Gänseleber bestehen.

Im übrigen sind an die Pasten die gleichen Anforderungen wie an die Pasteten und Pains zu stellen. Mehl und die im Fleischbeschaugesetze verbotenen (besser alle) Konservierungsmittel sollen in ihnen nicht vorhanden sein.

c) Fleischsalat. Die Herstellung des „Fleischsalats" verdankt ihre Entstehung dem Bestreben der Fleischer, die in ihren Geschäften anfallenden Abschnitte von Schinken, Braten u. dgl. durch Überführung in eine appetitliche Form

---

[1] Vgl. J. KÖNIG: Chemie der menschlichen Nahrungs- und Genußmittel, 4. Aufl., Bd. II, S. 522. Berlin: Julius Springer 1904.
[2] Deutsches Nahrungsmittelbuch, 3. Aufl., 1922, S. 377.
[3] P. CARLES: Ann. Falsif. 1911, 4, 154; Z. 1911, 22, 737.
[4] Deutsch. Nahrungsm.-Rundschau 1926, S. 2.

besser zu verwerten. Noch heute wird von dem Kleingewerbe Fleischsalat etwa nach folgendem Rezepte[1] zubereitet:

„Hierzu nimmt man Endstücke von gekochtem Schinken, Roastbeefs oder Braten, außerdem gute Schinkenwurstmasse, die tags zuvor abgekuttet und bereits durchgerötet ist. Man formt davon kleine Ballen und läßt sie im Kessel bei 82° C durchziehen. Sind die Fleischballen erkaltet, dann schneidet man sie samt den Fleischresten in 3—4 cm lange, aber recht schmale Streifen und vermischt sie reichlich mit Mayonnaise."

Etwa vom Jahre 1923 an wandte sich auch die Großindustrie der Herstellung des Fleischsalates zu, wobei sie aber die ganze Fleischmasse in die Form eines Art Wiegebratens überführte und diesen dann maschinell in dünne Platten und Streifen zerlegte. Die ersten derartigen Erzeugnisse[2], die auch ohne Zusatz von Mayonnaise unter der Bezeichnung Blockwurst in den Verkehr gelangten, enthielten sämtlich mehr oder weniger Mehl (bis zu 15%). Im Laufe der Jahre hatte sich dann eine weitere wesentliche Verschlechterung des fabrikmäßig hergestellten Fleischsalates in der Richtung herausgebildet, daß zur Herstellung der Fleischfarce auch Schlachtabfälle (Innereien) Verwendung fanden und der Gehalt an Fleisch durch Erhöhung des Mayonnaisenzusatzes, sowie durch Beimischung von Rüben- und Kohlarten und übermäßige Mengen von Gurken erheblich herabgedrückt wurde.

Es enthielten z. B. 20 Proben von im Jahre 1932 im Dresdener Untersuchungsamte untersuchten Fleischsalatproben 21,9—62,7% Fleisch, 3,4—22,0% Gurken und 21,3 bis 58,7% Mayonnaise.

Zur Beseitigung aller dieser auch von den reellen Fleischsalatherstellern unliebsam empfundenen Übelstände sind nach vorhergehenden anderweitigen Vereinbarungen[3] von den Fleischsalatherstellern in Verhandlungen mit dem Verein deutscher Lebensmittelchemiker am 23. Mai 1933 folgende Leitsätze für die Beurteilung von Fleischsalat und Mayonnaise aufgestellt worden, die somit als die Ansichten des reellen Handels und Verkehrs anzusehen sind:

1. Fleischsalat mit Mayonnaise.

a) Fleischsalat mit Mayonnaise ist eine Zubereitung aus einer Fleischgrundlage von Rind-, Kalb- oder Schweinefleisch mit Mayonnaise, bei fabrikmäßiger Herstellung aus frisch hergestellter, in Streifen geschnittener Fleischfarce von Rind-, Kalb- oder Schweinefleisch mit Mayonnaise. In der Regel sind dem Fleischsalat zerkleinerte Gurken, Gewürze und andere würzende Stoffe zugesetzt.

b) Der Anteil an Mayonnaise im Fleischsalat beträgt etwa 50%. Der übrige Teil des Fleischsalates hat mindestens zur Hälfte aus Fleischgrundlage zu bestehen. In Fleischsalat, der unter Bezeichnungen wie „Ia", „prima", „feinster" oder „Feinkost-Fleischsalat" in den Verkehr gebracht wird, beträgt der Anteil an Mayonnaise ebenfalls etwa 50%; der Fleischsalat muß aber im übrigen mindestens aus ²/₃ Fleischgrundlage bestehen.

c) Für alle Fleischsalate wird der Zusatz von Rübenarten, Blumenkohl, Kohlrabi, Sellerie, Kartoffeln, Kürbis oder Äpfeln für unzulässig erachtet.

d) Unter Fleischgrundlage ist nur das Fleisch vom Rind, Kalb oder Schwein zu verstehen, das höchstens 5% Schwarten als Bestandteil der verwendeten Fleischteile enthalten darf. Die Verwendung von Pansen, Lungen, Eutern und der gesonderte Zusatz von Sehnen zur Herstellung der Fleischgrundlage ist unzulässig. Ein Mehlzusatz zur Fleischgrundlage darf 2% nicht überschreiten.

---

[1] Fleischer-Verbands-Ztg. 1932, **26**, 137.

[2] Pharm. Zentralh. 1924, **65**, 258.

[3] Solche Vereinbarungen wurden bezüglich Mehlgehalt und Benzoesäuregehalt am 23. März 1925 (Konserven-Industrie 1924, 11, 194, vgl. auch 1926, **13**, 257) zwischen Vertretern des Reichsgesundheitsamtes und Fleischsalatherstellern getroffen und durch den Preußischen Ministerialerlaß vom 17. Juli 1925 (Volkswohlfahrt 1925, **6**, 312; Gesetze und Verordnungen betr. Nahrungs- und Genußmittel 1925, **17**, 122) und gleichlautende Erlasse der übrigen Landesregierungen (Sachsen 21. Juli 1925) den Nahrungsmittel-Untersuchungsanstalten zur Grundlage der Beurteilung vorgeschrieben. — Über den Gehalt des Fleischsalates an Fleisch, Gurken und Mayonnaise stellte die „Fachgruppe Fleischsalatfabriken" im Reichsverbande der deutschen Fleischwaren-Industrie am 5. Dezember 1932 Beurteilungsgrundsätze auf.

e) Gleichbedeutend mit Fleischsalat sind Bezeichnungen wie „Russischer Salat", „Italienischer Salat" und ähnliche.

f) Alle dem Fleischsalat ähnlichen Erzeugnisse, die den vorstehenden Begriffsbestimmungen nicht entsprechen, dürfen unter der Bezeichnung „Fleischsalat" weder feilgehalten noch verkauft werden. Soweit andere Zusätze, wie z. B. solche von Krabben erfolgen, sind die Erzeugnisse entsprechend ihrer Zusammensetzung zu kennzeichnen.

2. Mayonnaise.

a) Mayonnaise ist eine Zubereitung aus Eigelb und Speiseöl, der Salz und Gewürzessig zugesetzt sind.

b) Der Fettgehalt in der

α) als „Mayonnaise" schlechthin bezeichneten Zubereitung muß mindestens 83%,

β) als „Marinaden-Mayonnaise" oder „Salat-Mayonnaise" bezeichneten Zubereitung muß mindestens 65% betragen.

c) Die Verwendung von Mehl oder anderen Verdickungsmitteln, wie Tragant, Agar, ist unzulässig.

d) Der Verkauf von gestreckten mayonnaisenartigen Aufgüssen auch unter Phantasiebezeichnungen ist unzulässig. (Dies bezieht sich nicht auf fettarme Würztunken in Originalpackungen.)

d) Fleischsülze. Als Sülzen bezeichnet man seit alters her in Haushaltungen und Fleischereien Erzeugnisse, die durch Kochen von bindegewebereichen Fleischteilen, wie Schnauzen, Pfoten, Ohren und Schwarten des Schweins, Kopf, Herz und Füßen des Kalbes u. dgl., nicht aber Lunge, Haut und anderen Schlachtabgängen, durch Kochen mit Wasser unter Zusatz von Essig und Gewürzen, sowie nachfolgendes Zerschneiden der Fleischteile in Streifen oder Würfel hergestellt und durch Abkühlung in halbfeste Form übergeführt werden. Je nach dem Überwiegen der einen oder der anderen Bestandteile unterscheidet man meist „Schwartensülzen" und „Fleischsülzen". Die letzteren werden auch wohl in der Weise hergestellt, daß man Muskelfleisch ohne ausreichenden Gehalt an leimgebendem Bindegewebe für sich kocht, zerteilt und mit Gelatinelösung übergießt.

Für die Herstellung von Fleischsülzen werden in Haushaltungen und Gaststätten auch gelegentlich aus Gelatine, Kochsalz und Gewürzen bestehende Sülzepulver verwendet, aus denen man leicht, z. B. durch kurzes Aufkochen von 15 g in $1/2$ l Wasser und Zusatz von 30 ccm Essig eine Sülze herstellen kann. H. JESSER und H. RÖMERSPERGER[1] fanden neuerdings in 7 Proben solcher Sülzepulver 7,5—11,0% Wasser, 40,2—59,4% Stickstoffsubstanz (N × 5,56), 27,2—50,1% Asche mit 22,7—46,8% Natriumchlorid sowie an Gewürzen Pfeffer, Nelken, Lorbeerblätter, Thymian und Majoran.

B. Chemische Untersuchung des Fleisches.

Unerläßliche Voraussetzung für die Erlangung zuverlässiger Befunde ist die Herstellung einer guten Durchschnittsprobe. Man zerschneidet das von den Knochen befreite Fleisch in fingerdicke Stücke, die man mehrmals durch eine Fleischhackmaschine schickt, und mischt, bis die Masse völlig gleichartig ist. Därme werden mit der Schere möglichst fein zerschnitten. Bei der Untersuchung derber Fleischstücke mit größeren Mengen anhaftenden oder eingewachsenen Fettes empfiehlt es sich, das letztere möglichst abzutrennen, zu wägen und für sich zu analysieren.

Wegen der leichten Zersetzung des Fleisches und zur Erlangung einer guten Durchschnittsprobe empfiehlt es sich in vielen Fällen, eine lufttrockene größere Menge des Fleisches nach Bd. II, S. 551 herzustellen.

1. Wasser.

Nach dem Vorschlage von E. FEDER[2] werden 10 g der zerkleinerten Durchschnittsprobe in einer mit Sand und Glasstab gewogenen Schale mit Alkohol

---

[1] H. JESSER u. H. RÖMERSPERGER: Deutsche Nahrungsm.-Rundschau 1935, 147.

[2] E. FEDER: Z. 1913, **25**, 579.

durchfeuchtet und mit dem Sande vermengt, darauf zunächst auf dem Wasserbade bei 50⁰ vorgetrocknet und im Vakuumtrockenschranke bei 100⁰ oder
im elektrisch geheizten Lufttrockenschranke bei 105⁰ zu Ende getrocknet.

Neben diesem, für die meisten Zwecke ausreichenden Verfahren, das aber
nach A. BEYTHIEN[1] wegen der bei langdauernder Vortrocknung eintretenden
Fäulnis nicht immer übereinstimmende Werte liefert, kann auch mit Erfolg
die Destillation mit Toluol oder Xylol (Bd. II, S. 553) angewandt werden.

Auf indirektem Wege bestimmt H. KREIS[2] den Wassergehalt, indem er den im
gewogenen Kolben hinterbliebenen harten und krümeligen Destillationsrückstand bei auf-
gesetztem Steigrohre fünfmal mit je 40 ccm Benzol auskocht und die vorsichtig abgegossenen
Fettlösungen in einem 200-ccm-Meßkolben mit Benzol zur Marke auffüllt. Nach dem
Umschütteln dampft man 20 ccm in einem tarierten Kolben ein, erhitzt zur völligen Entfernung des Lösungsmittels in einem Glycerinbade unter Durchleiten von Luft auf 150⁰ und
wägt das Fett. In gleicher Weise wird der entfettete Rückstand bei 150⁰ getrocknet und
zur Wägung gebracht. Die Differenz des Fettes und der fettfreien Trockensubstanz von 100
ergibt den Wassergehalt.

2. Stickstoffverbindungen.

a) Gesamt-Stickstoff. Man wägt etwa 5 g der frischen oder 1 g der lufttrockenen
Substanz auf einem Schiffchen aus Stanniol oder stickstofffreiem Pergamentpapier genau ab, gibt das Schiffchen in einen KJELDAHL-Kolben und verfährt
weiter nach der Bd. II S. 575 beschriebenen Methode von KJELDAHL in der
Arbeitsweise von GUNNING-ATTERBERG.

Bei Anwesenheit von Nitraten, Nitriten usw. muß eine der Abänderungen
von JODLBAUER, FÖRSTER oder KRÜGER und MILBAUER (Bd. II S. 579) angewandt werden.

Wenn es sich lediglich um die rasche Untersuchung eines weniger gleichmäßig
beschaffenen Fleischstücks handelt, kann man auch 100 g der durch den Wolf getriebenen
Masse nach und nach in 100—200 ccm der für das KJELDAHL-Verfahren anzuwendenden
Schwefelsäure, die sich in einer geräumigen, vorher nebst Pistill gewogenen Porzellanschale
befindet, eintragen und auf mäßig erwärmtem Sandbade solange zerdrücken und verrühren,
bis auch die größeren Stücke völlig zergangen sind. Alsdann läßt man unter Bedecken der
Schale erkalten, bestimmt das Gesamtgewicht und wägt von dem tüchtig durchgerührten
gleichmäßigen Brei 20—30 g auf 0,01 g genau in einen KJELDAHL-Kolben ab und schließt
in üblicher Weise auf. Beim Abdestillieren des Ammoniaks muß dann wegen des erhöhten
Gehaltes an Schwefelsäure eine größere Menge Natronlauge — 100 bis 120 ccm — zugesetzt
werden.

Auf Grund der Tatsache, daß die wichtigsten tierischen Eiweißstoffe, mit
Ausnahme des Caseins, des Vitellins und besonders des Collagens, durchschnittlich
ungefähr 16% Stickstoff enthalten, hat sich der Brauch herausgebildet, die
durch Multiplikation des Stickstoffgehaltes mit 6,25 erhaltene Zahl als Stickstoffsubstanz oder Rohprotein zu bezeichnen. Dieser Wert gibt aber nur
einen ungefähren Anhalt für den Gehalt an wirklichen Eiweißstoffen, weil
der Faktor 6,25 nicht für alle Eiweißkörper zutrifft und weil außerdem das
Fleisch verschiedene, nicht eiweißartige Stickstoffverbindungen, wie Fleischbasen
(Kreatin, Xanthin), Aminosäuren,. Ammoniak, Nitrate usw., enthält. Die Vorschläge verschiedener Fachgenossen, andere Faktoren einzuführen (ALMEN[3] 5,34;
LILIENFELD[4] 6,006) sind nicht mehr begründet, als die Zahl 6,25, und die Anregung ATWATERs, die Differenz der aus Wasser, Fett und Asche erhaltenen Summe
von 100 als Stickstoffsubstanz anzusehen, berücksichtigt nicht den, wenn schon
mit Ausnahme von Pferdefleisch, Leber usw. meist nur geringen Gehalt an
stickstofffreien Bestandteilen wie Glykogen und Inosit. Immerhin ermöglicht
ein Vergleich dieses Wertes mit dem 6,25fachen Stickstoffgehalte eine gewisse

[1] A. BEYTHIEN: Z. 1901, 4, 3.
[2] H. KREIS: Chem.-Ztg. 1908, 32, 1043.
[3] ALMEN: Analyse des Fleisches einiger Fische. Upsala 1877.
[4] LILIENFELD: Pflügers Arch. ges. Physiol. 1904, 103, 367.

Kontrolle für die Richtigkeit der Analyse, da die Differenz beider Zahlen nicht groß sein darf.

Dem alten Brauche entsprechend wird daher auch jetzt noch die mit 6,25 berechnete Stickstoffsubstanz in der Analyse aufgeführt, daneben aber auch immer der gefundene Stickstoffgehalt angegeben.

Um einen besseren Einblick in die Art der vorhandenen Stickstoffverbindungen zu erlangen, muß man eine weitere Aufteilung vornehmen.

b) Trennung der Stickstoffverbindungen. α) *Reinprotein.* Die zur Trennung der eiweißartigen von den nichteiweißartigen Stickstoffverbindungen ausgearbeiteten Methoden beruhen darauf, daß man die letzteren, die sämtlich in Wasser löslich sind, durch Auswaschen entfernt, die löslichen Eiweißstoffe aber vorher durch besondere Fällungsmittel in unlösliche Form überführt.

Nach dem zur Zeit als maßgebend angesehenen Verfahren von F. BARNSTEIN werden 1—2 g der feingepulverten und durch ein Sieb von 1 mm Maschenweite getriebenen Substanz mit 50 ccm Wasser aufgekocht oder, bei Anwesenheit von Stärkemehl, 10 Minuten im Wasserbade erhitzt und darauf mit Kupfersulfat und Natronlauge versetzt. Bezüglich der Einzelheiten des Verfahrens und anderer Methoden sei auf Bd. II, S. 607 verwiesen.

Hier wird auch (S. 610) die Bestimmung der verdaulichen Stickstoffsubstanz besprochen.

β) *Wasserunlösliche Stoffe.* Nach E. KERN und H. WATTENBERG[1] werden 50 g des möglichst vom Fett befreiten und sorgfältig zerkleinerten Fleisches längere Zeit (oft mehrere Tage) bis zur Erschöpfung mit kaltem Wasser ausgezogen, filtriert, und die Filtrate zu 1 l aufgefüllt. Der unlösliche Rückstand wird in seine Bestandteile: Bindegewebe, Myosin und Muskelfaser zerlegt.

αα) Bindegewebe. Der Rückstand der Kaltwasserbehandlung wird mehrere Tage mit Wasser gekocht, wobei das zu den Leimbildnern gehörende Bindegewebe in Lösung geht, und in aliquoten Teilen der auf 1 l aufgefüllten Filtrate der Trockenrückstand und der Stickstoff (nach KJELDAHL) ermittelt. Unter der Annahme eines Stickstoffgehaltes von 18% im Bindegewebe erfährt man die Menge des letzteren durch Multiplikation des gefundenen Stickstoffs mit 5,55.

Nach E. SCHEPILEWSKI[2] zerreibt man 20—50 g (je nach dem Sehnengehalte mehr oder weniger) des in Streifen geschnittenen Muskelfleisches mit immer neuen Mengen Wasser im Mörser und gießt das Wasser jedesmal durch ein sehr feines Drahtsieb, wodurch der größte Teil der Muskelelemente entfernt wird, während das Bindegewebe als dichter weißer Filz auf dem Siebe zurückbleibt. Das Auswaschen wird fortgesetzt, bis das Wasser fast klar abläuft, und das auf dem Siebe befindliche Bindegewebe nochmals in gleicher Weise behandelt. Nunmehr verreibt man die Masse mit 5%iger Natronlauge, wodurch zurückgebliebenes Eiweiß gelöst, Fett verseift und der größte Teil des Mucins entfernt wird. Nach 15stündigem Stehen filtriert man die Flüssigkeit durch die gelochte Porzellanplatte, die mit einer dünnen Schicht gereinigter Watte überzogen ist, wäscht aus, bis das Filtrat nicht mehr opalisiert, bringt den Niederschlag mit der Watte in einen Kolben und erhitzt mit 0,5%iger Natronlauge 5—10 Minuten zum schwachen Sieden. Dabei geht das Collagen und noch vorhandenes Mucin in Lösung, so daß nur die elastischen Fasern zurückbleiben. Nach dem Filtrieren und Auswaschen mit heißem Wasser säuert man mit Essigsäure an und bestimmt in dem Filtrate vom ausgefällten Mucin den Stickstoff nach KJELDAHL. Durch Multiplikation mit 5,55 wurden so im Rindfleisch vom Gesäßmuskel 0,48%, vom Wadenmuskel 0,53—0,61% und vom Filet 0,19—0,21% Leim gefunden.

ββ) Myosin. Der nach αα) bei anhaltendem Kochen mit Wasser hinterbleibende Rückstand wird zur Auflösung des zu den Globulinen gehörenden Myosins längere Zeit mit 15%iger Ammoniumchloridlösung behandelt und die filtrierte Lösung mit viel Wasser gekocht, wodurch die Globuline wieder ausfallen. Oder man sättigt das Filtrat vollständig mit Natriumchlorid oder Magnesium-

---

[1] E. KERN u. H. WATTENBERG: Journ. Landwirtsch. 1878, 549; Vereinbarungen 1897, Bd. I, S. 30.

[2] E. SCHEPILEWSKI: Arch. Hyg. 1899, **34**, 348; Z. 1900, **3**, 27.

sulfat, wodurch die Globuline ebenfalls ausgeschieden werden. Die Fällung wird abfiltriert, genügend mit Wasser (oder im letzteren Falle mit konzentrierter Natriumchloridlösung) ausgewaschen, der Rückstand samt Filter in KJELDAHL-Schwefelsäure gelöst und in einem aliquoten Teile (20 ccm) der auf 100 ccm aufgefüllten Lösung der Stickstoff nach KJELDAHL bestimmt. Zur Berechnung des Myosins multipliziert man den Stickstoff mit 6,25.

Man kann die Bestimmungen unter $\alpha\alpha$) und $\beta\beta$) auch in umgekehrter Reihenfolge ausführen, d. h. den vom Kaltwasserauszug verbleibenden Rückstand erst mit 15%iger Natriumchloridlösung behandeln und den hierin unlöslichen Rest mit Wasser auskochen.

$\gamma\gamma$) **Unlösliche Muskelfaser (Sarkolemma).** In dem nach $\alpha\alpha$) und $\beta\beta$) verbleibenden Rückstande wird der Stickstoff nach KJELDAHL bestimmt und der Befund mit 6,25 multipliziert, oder man wägt den mit warmem Alkohol und Äther ausgezogenen und dann getrockneten Rückstand und bringt die Asche in Abzug.

γ) *Wasserlösliche Stickstoffverbindungen.* In dem Kaltwasserauszuge des Fleisches sind außer dem größten Teile der Salze und den stickstofffreien Extraktstoffen das Albumin, die Fleischbasen und Aminoverbindungen enthalten.

$\alpha\alpha$) **Albumin.** Das gesamte Filtrat von 200 g oder mehr Fleisch wird stark gekocht, das entstehende Gerinnsel durch ein gewogenes Filter abfiltriert, mit Wasser, Alkohol und Äther gewaschen, getrocknet und gewogen. Man kann aber auch den 6,25fachen Stickstoffgehalt als Albumin ansetzen.

$\beta\beta$) **Fleischbasen.** Man fällt in dem vom Albumin befreiten Filtrate die gesamten Xanthinbasen nach längerem Kochen mit verdünnter Schwefelsäure (1 : 3) durch Kupfersulfat und Natriumsulfit und im Filtrate hiervon das Kreatin und Kreatinin nach dem Verfahren von K. MICKO (S. 887). Aus dem Kupferniederschlage entfernt man das Kupfer durch Schwefelwasserstoff, fällt die Xanthinbasen aus dem Filtrate mit Silbernitratlösung in der auf S. 890 beschriebenen Weise und bestimmt den Stickstoffgehalt nach KJELDAHL.

Die Einzelheiten der Methode und das weitere Verfahren von FR. KUTSCHER sind im Abschnitte „Fleischextrakt" (S. 893) besprochen worden.

$\gamma\gamma$) **Aminosäuren.** In dem Filtrate vom Phosphorwolframsäure-Niederschlag wird der Überschuß an Phosphorwolframsäure sowie die Schwefelsäure durch Bariumhydroxyd, und der Überschuß an letzterem wieder durch Einleiten von Kohlensäure und durch Kochen entfernt, das klare Filtrat auf 500 ccm gebracht und zur Bestimmung des Gesamtstickstoffs nach KJELDAHL und der Aminosäuren nach den im Abschnitt Fleischextrakt (S. 879) beschriebenen Methoden untersucht. Da der letztere Wert aber kleiner als der Gesamt-Stickstoff ist, müssen noch andere Stickstoffverbindungen unbekannter Art vorhanden sein.

$\delta\delta$) **Ammoniak** ist im frischen Fleische nicht enthalten. Seine Bestimmung wird später auf S. 777 besprochen.

3. Extraktivstoffe.

Um die Gesamtmenge der wasserlöslichen Stoffe zu bestimmen, dampft man 200 oder 250 ccm des nach Ziffer 2 b β (S. 718) erhaltenen Kaltwasserauszuges auf dem Wasserbade ein und trocknet den Rückstand bei 105° im Trockenschranke oder bei 70° im Vakuum.

4. Fett.

Von den zahlreichen Methoden der Fettbestimmung erscheint das
a) **Verfahren von J. GROSSFELD**[1] für Fleisch besonders zweckmäßig:
10 g auf Aluminium- oder Zinnfolie abgewogenes Fleisch werden in einem Kolben, wie er zur Bestimmung der REICHERT-MEISSL-Zahl dient, mit 20 ccm

---

[1] J. GROSSFELD: Z. 1925, **49**, 286; vgl. auch Z. 1924, **47**, 420; 1923, **46**, 63.

38%iger Salzsäure bis zur völligen Lösung erhitzt. Nach dem Abkühlen gibt man genau 100 ccm Trichloräthylen hinzu, kocht 5 Minuten am BÖMERschen Rückflußkühler und läßt abermals erkalten. Danach gießt man die Kochflüssigkeit in einen Scheidetrichter und filtriert unter Vermeidung des Verdunstens einen Teil der unten im Scheidetrichter abgeschiedenen, auf Zimmertemperatur abgekühlten Fettlösung durch ein trockenes Filter. 25 ccm dieses Filtrats werden sodann in ein gewogenes Glasschälchen gebracht und auf dem Wasserbade eingedunstet. Das zurückbleibende Fett wird eine Stunde bei 100° getrocknet und nach dem Erkalten gewogen. Aus dem Gewichte des Rückstandes (a) berechnet sich der Fettgehalt des Fleisches in Prozenten zu $x = \dfrac{500\,a}{25 - \dfrac{a}{0,91}}$.

Statt nach dieser vereinfachten Arbeitsweise, die von W. KERP und G. RIESS[1] in die amtliche Vorschrift des Reichsgesundheitsamtes zur Bestimmung der FEDERschen Zahl aufgenommen worden ist, kann man auch nach dem ursprünglichen Vorschlage J. GROSSFELDS in der Weise verfahren, daß man die Fettlösung bei allseitig geschlossener Apparatur zunächst in ein Schüttelrohr bringt, dann in ein 25 ccm-Pyknometer filtriert und schließlich den Verdunstungsrückstand wägt. Hinsichtlich der Einzelheiten dieser Methode sei auf Bd. II, S. 829 verwiesen.

b) **Aufschlußverfahren.** Auch das acidbutyrometrische Verfahren GERBERs, das im Abschnitte „Milch" (S. 129) näher besprochen worden ist, eignet sich nach TOYOKICHI KITA[2] sehr gut zur Untersuchung von Fleisch, jedoch muß das letztere vorher 5—7mal durch eine Hackmaschine geschickt werden. Zur Auflösung verwendet man zweckmäßig eine etwas verdünntere Schwefelsäure (1 Volumen Schwefelsäure vom Spez. Gewicht 1,820—1,825 und 1 Volumen Wasser) und nimmt für einseitig offene Butyrometer 2,5 g, für beiderseitig offene hingegen 5 g Fleisch in Arbeit. Man setzt zu den 2,5 g Fleisch in dem einseitig offenen Butyrometer zunächst, um das Schütteln zu erleichtern, nur 8 ccm, zu den 5 g Fleisch im beiderseitig offenen Rohre hingegen 17 ccm der Schwefelsäure und stellt dann in ein Wasserbad von 60—70°. Sobald durch Schütteln nach 5—10 Minuten völlige Lösung eingetreten ist, läßt man 1 ccm Amylalkohol und noch soviel Schwefelsäure zufließen, daß die Fettschicht sich im Skalenrohr ansammeln kann, zentrifugiert 3—5 Minuten und liest nach nochmaligem Erwärmen im Wasserbade ab. Bei Verwendung von 5 g gibt der Stand der Skala gleich Prozente an.

Von anderen Methoden, die auf der Zerstörung oder Auflösung der Eiweißstoffe durch Behandlung mit Säuren und nachfolgender Extraktion des Fettes mit Fettlösungsmitteln beruhen, seien noch diejenige von E. POLENSKE bzw. BAUR und BARSCHALL[3] erwähnt, bei der mit Schwefelsäure und Äther gearbeitet wird, ferner die Verfahren von L. LIEBERMANN und S. SZEKELY[4], sowie M. KUMAGAWA und K. SUTO[5], die mit Natronlauge aufschließen, und das Verfahren von C. DORMEYER[6], der die Eiweißstoffe mit Pepsin und Salzsäure in Lösung bringt. Schließlich haben mehrere Autoren eine möglichst feine mechanische Zerteilung der Gewebemassen angestrebt, so C. LEHMANN und W. VÖLTZ[7] und später E. DIESSELHORST[8], die das Fleisch in Kugelmühlen mit Äther verreiben, O. POLINANTI[9], der 2 g Fleisch mit 2 g Quecksilber und 200 ccm Äther in einer Schüttelflasche schüttelt, und andere. Abgesehen von dem POLENSKEschen Verfahren, das aber jetzt durch die Vorschrift GROSSFELD verdrängt worden ist, scheint keine dieser Methoden Eingang in die Laboratorien gefunden zu haben, sei es, weil sie wie das von C. DORMEYER unreines Fett liefern, oder weil sie unnötig kompliziert und umständlich sind.

[1] W. KERP u. G. RIESS: Z. 1925, **49**, 245.
[2] TOYOKICHI KITA: Arch. Hygiene 1904, **51**, 165; Z. 1905, **10**, 360.
[3] BAUR u. BARSCHALL: Arb. Reichsgesundh.-Amt 1910, **33**, 563; 1909, **30**, 50.
[4] L. LIEBERMANN u. S. SZEKELY: Arch. ges. Physiol. 1898, **72**, 360; Z. 1899, **2**, 218.
[5] M. KUMAGAWA u. K. SUTO: Biochem. Zeitschr. 1908, **8**, 212.
[6] C. DORMEYER: Arch. ges. Physiol. 1897, **65**, 90.
[7] C. LEHMANN u. W. VÖLTZ: Arch. ges. Physiol. 1903, **97**, 606; Z. 1904, **8**, 360.
[8] E. DIESSELHORST: Arch. ges. Physiol. 1910, **134**, 496; Z. 1912, **24**, 409.
[9] O. POLINANTI: Arch. ges. Physiol. 1898, **70**, 360; Z. 1898, **1**, 556.

c) Extraktion im Soxhletschen Apparate. Bei diesem Verfahren, das für die Gewinnung größerer Fettmengen zur Bestimmung der Kennzahlen erforderlich werden kann, ist es notwendig, nach Entfernung der Hauptmenge des Fettes den Rückstand mit Seesand im Mörser fein zu zerreiben und dann weiter zu extrahieren, aber auch dann gelingt es nicht immer, der hornartigen Masse alles Fett zu entziehen. Es ist daher vielfach vorteilhafter, zur Vermeidung der mit langdauerndem Trocknen verbundenen Verhornung nach dem Vorschlage von G. Popp[1] das mit grobem Sand verriebene frische Fleisch mit so viel wasserfreiem Natriumsulfat zu mischen, daß eine pulverförmige, nicht mehr anhaftende Masse entsteht, und diese dann in den Extraktionsapparat einzuführen.

5. Glykogen.

Von den zur Bestimmung des Glykogens vorgeschlagenen Verfahren[2] empfehlen sich die beiden nachstehenden.

a) Verfahren von J. Mayrhofer[3] und E. Polenske[4]. 50 g vom anhaftenden Fett möglichst befreites, zerhacktes Fleisch werden in einem Becherglase von 450 ccm Inhalt mit 150 ccm alkoholischer Kalilauge (80 g Kaliumhydroxyd in 1 l Alkohol von 90 Vol.-% gelöst) bei aufgelegtem Uhrglase unter zeitweiligem Umrühren bis zur Lösung der Fleischfaser auf dem Wasserbade erwärmt. Die heiße Flüssigkeit versetzt man mit 100 ccm 50%igem Alkohol, filtriert nach dem Erkalten durch eine Wittsche Filterplatte, wäscht den Rückstand zunächst mit 30 ccm auf 50° erwärmter alkoholischer Kalilauge, alsdann mit 90%igem kaltem Alkohol so lange aus, bis das Filtrat durch einige Tropfen verdünnter Salzsäure nicht mehr getrübt wird, und erhitzt dann den Rückstand in einem 110 ccm-Kolben mit 50 ccm wäßriger Normalkalilauge $1/2$ Stunde auf dem Wasserbade, um das Glykogen zu lösen. Nach dem Erkalten wird mit konzentrierter Essigsäure angesäuert, mit Wasser zu 110 ccm aufgefüllt und filtriert. Zu 100 ccm des Filtrats fügt man 150 ccm absoluten Alkohol, filtriert das ausgeschiedene Glykogen nach 12 Stunden durch einen Gooch-Tiegel, wäscht mit 70%igem Alkohol, bis das Filtrat keinen Rückstand mehr hinterläßt, darauf mit absolutem Alkohol und schließlich mit Äther, trocknet zuerst bei 40°, dann bei 100° bis zum gleichbleibenden Gewicht und bringt den Aschengehalt in Abzug. Durch Multiplikation des gefundenen Wertes mit 2,2 erhält man den prozentischen Glykogengehalt des Fleisches, der auf fettfreie Trockensubstanz umzurechnen ist.

b) Verfahren von E. Pflüger[5]. Man erhitzt 100 g der zu untersuchenden Substanz mit 100 ccm 60%iger Kalilauge mindestens 3 Stunden im siedenden Wasserbade, füllt nach dem Abkühlen zu 500 ccm mit Wasser auf und fällt in einem größeren Becherglase mit 800 ccm Alkohol von 96 Vol.-%. Nach dem Absitzen des Niederschlages über Nacht wird die Flüssigkeit möglichst abgegossen und der Bodensatz mit viel Alkohol von 66 Vol.-%, der auf 1 l 1 ccm gesättigte Natriumchloridlösung enthält, lange und heftig gerührt. Das abgeschiedene Glykogen wird noch zweimal in gleicher Weise durch Dekantieren und Behandlung mit Alkohol gereinigt und erscheint nunmehr schneeweiß. Es wird in wenig heißem Wasser gelöst, mit Essigsäure schwach sauer gemacht und die filtrierte Lösung zu einem bestimmten Volumen aufgefüllt. Ein Teil der Lösung

---

[1] G. Popp: Zeitschr. öffentl. Chem. 1897, **3**, 189; vgl. G. Perrier: Ann. Chim. analyt. appl. 1909, **14**, 367; Z. 1911, **21**, 114.

[2] Andere Verfahren sind von Brücke und Külz (Zeitschr. Biol. 1886, **22**, 191) sowie von E. Pflüger und J. Nerking (Arch. ges. Physiol. 1899, **75**, 531; 1902, **93**, 163; **1903**, **96**, 1) vorgeschlagen.

[3] J. Mayrhofer: Z. 1901, **4**, 1101.

[4] E. Polenske: Arb. Kaiserl. Gesundh.-Amt 1906, **24**, 576; Z. 1907, **13**, 355. Vgl. auch A. Kickton u. R. Murdfield: Z. 1907, **14**, 501.

[5] E. Pflüger: Arch. ges. Physiol. 1906, **114**, 231; Z. 1908, **15**, 27.

dient zur Polarisation, ein anderer wird nach 3stündigem Erhitzen mit 5 ccm Salzsäure (1,19) im Wasserbade zur Bestimmung der Glucose nach ALLIHN benutzt. 1 g Glucose entspricht 0,927 g Glykogen. Da die spezifische Drehung des reinen Glykogens 196,6 beträgt, so berechnet sich nach der Formel $c = \dfrac{100\,\alpha}{l\,[\alpha]} = 0,509\,\dfrac{\alpha}{l}$ bei Anwendung eines 2 d - Rohres für den Halbschatten- apparat mit Kreisteilung der Gehalt an Glykogen in der angewandten Menge durch Multiplikation der abgelesenen Polarisation mit 2,55.

6. Inosit.

Diese früher wegen ihrer empirischen Formel $C_6H_{12}O_6$ zu den Kohlenhydraten gerechnete Verbindung ist in Wahrheit Hexahydroxybenzol $C_6H_6(OH)_6$ und reduziert dementsprechend weder alkalische Kupfer- noch Wismutlösung, ist optisch inaktiv, nicht vergärbar und gibt keine Lävulinsäure. Mit Jodwasser- stoff liefert sie Benzol und Trijodphenol. Der mit der sog. Dambose identische Inosit krystallisiert in großen, farblosen, rhomboedrischen Krystallen des monoklinen Systems mit 1 Molekül Krystallwasser, das bei längerem Liegen an der Luft sowie beim Erwärmen auf 110° entweicht (Schmelzpunkt 225°). Er löst sich in 7,5 Teilen Wasser zu einer süßlich schmeckenden Flüssigkeit, ist aber in starkem Alkohol und in Äther unlöslich.

Zu seiner Abscheidung entfernt man aus dem wäßrigen Fleischauszuge zu- nächst das Albumin durch Kochen, fällt darauf die abfiltrierte Lösung mit Bleiacetat und kocht das Filtrat von dem entstehenden Niederschlage mit Blei- essig. Nach 24 Stunden wird die, sämtlichen Inosit enthaltende Fällung in Wasser mit Schwefelwasserstoff zerlegt, das Filtrat vom Schwefelblei stark eingedampft, mit dem 2—4fachen Volumen heißem Alkohol versetzt und die Flüssigkeit von den dabei gewöhnlich ausfallenden zähen oder flockigen Stoffen rasch getrennt. Falls sich innerhalb 24 Stunden keine Krystalle abscheiden, setzt man Äther bis zur milchigen Trübung hinzu und läßt 24 Stunden stehen. Die so gewonnenen und die aus der alkoholischen Lösung direkt erhaltenen Krystalle werden durch Auflösung in sehr wenig siedendem Wasser und Zusatz von 2—4 Vol. Alkohol umkrystallisiert.

Man kann auch die vom Albumin befreiten Fleischauszüge mit Barytwasser fällen, den Überschuß an Barium durch Einleiten von Kohlensäure ausfällen und die filtrierte Lösung eindampfen. Das Filtrat vom auskrystallisierenden Kreatin wird dann mit Alkohol versetzt und wie oben weiter behandelt.

Zur Identifizierung des Inosits dienen noch außer den zu Anfang mitgeteilten Eigenschaften folgende Reaktionen:

SCHERERs Inositprobe: Dampft man etwas Inosit mit Salpetersäure (1,2) auf dem Platinblech bis fast zur Trockne, gibt etwas Ammoniak und einen Tropfen Calciumchloridlösung (10%) zu und dampft abermals ein, so entsteht eine schön rosarote Färbung von Rhodizonsäure.

SEIDEL verwendet statt des Calciumchlorids Strontiumacetat, wodurch eine Grün- färbung mit violettem Niederschlag entsteht. E. SALKOWSKI setzt neben dem Calcium- chlorid einen Tropfen Platinchloridlösung (1—2%) zu, die eine rosa- bis ziegelrote Färbung hervorruft; GALLOIS verdunstet die Lösung bis fast zur Trockene und befeuchtet den Rück- stand mit Mercurinitratlösung. Die beim Erhitzen der gelblichen Masse eintretende Rot- färbung, die beim Erkalten wieder verschwindet, zeigt Inosit an.

7. Fleischmilchsäure.

Von den drei isomeren Äthylidenmilchsäuren (α-Oxypropionsäuren) kommt beim Fleisch nur die Paramilchsäure, die Fleischmilchsäure, in Betracht.

Als Ausgangsmaterial zu ihrem Nachweise dient der Kaltwasserauszug des Fleisches, der zur Abscheidung des Albumins nach schwachem Ansäuern mit

Schwefelsäure gekocht wird. Die abfiltrierte Flüssigkeit versetzt man solange mit Bariumhydroxyd, als noch ein Niederschlag entsteht, leitet in die kochende Flüssigkeit Kohlensäure ein und dampft das Filtrat zum dünnen Sirup ein. Diesen verrührt man mit absolutem Alkohol, von dem nach und nach das 10fache Volumen des Sirups zugesetzt wird, gießt nach einiger Zeit die Flüssigkeit ab, löst den Rückstand in wenig Wasser und wiederholt die Behandlung mit Alkohol in gleicher Weise. Von den filtrierten Lösungen wird der Alkohol abdestilliert und auf dem Wasserbade völlig entfernt, der erkaltete hinterbleibende Sirup aber nach Zusatz des gleichen Volumens mäßig verdünnter Phosphorsäure in einem Schütteltrichter oder einem Perforator längere Zeit mit Äther ausgezogen. Nach dem Abdestillieren des Äthers löst man den Rückstand in Wasser, kocht die Lösung mit Zinkcarbonat, filtriert, wäscht mit heißem Wasser aus, dampft das Filtrat zu einem kleinen Volumen ein und läßt es zur Krystallisation stehen. Durch Zusatz von etwas Alkohol zu der Mutterlauge kann man noch weitere Krystalle erhalten. Durch Bestimmung des Zinkgehaltes wird die Milchsäure identifiziert, sie kann aber auch nach Zerlegung des Salzes mit Schwefelwasserstoff oder mit Schwefelsäure durch Ätherextraktion in Substanz abgeschieden werden.

Um auch die an andere Stoffe (Protein) gebundene Milchsäure zu erfassen, koaguliert J. MONDSCHEIN[1] 50 g des feinzerhackten, in Wasser suspendierten Fleisches durch Aufkochen, nutscht ab und wäscht mit kochendem Wasser bis zum Aufhören der sauren Reaktion aus. Das Filtrat wird mit 0,1 N.-Lauge gegen Phenolphthalein titriert.

Das Koagulum verteilt man in einem Becherglase mit 50 ccm Wasser, gibt 10 ccm Natronlauge (10%) zu, kocht auf, wodurch sich die Gallerte bis auf einige Klümpchen verflüssigt, kocht nach Zusatz von 100 ccm gesättigter Natriumchloridlösung nochmals auf und sättigt in der Siedehitze mit festem Natriumchlorid. Der klumpige Niederschlag wird abgesaugt, mit heiß gesättigter Natriumchloridlösung gewaschen und das Filtrat in einem 1/2-l-Meßkolben bis zur sauren Reaktion mit Schwefelsäure versetzt, wodurch der in Lösung gegangene Proteinrest gefällt wird. Von der gekochten und auf 400 ccm aufgefüllten Lösung, die etwa 1% Schwefelsäure enthalten muß, filtriert man die Hälfte durch ein trockenes Faltenfilter ab, erhitzt zum Sieden und versetzt nach O. v. FÜRTH und CHARNASS tropfenweise mit 0,1 N.-Kaliumpermanganatlösung. Der entstehende Acetaldehyd wird nach M. RIPPER (Bd. II, S. 1032) mit Bisulfit und 0,1 N.-Jodlösung titriert. 1 ccm der Jodlösung entspricht 0,005 g Milchsäure.

Auf diese Weise fand J. MONDSCHEIN rund 33% Milchsäure mehr als bei alleiniger Berücksichtigung der freien Milchsäure.

Hinsichtlich der Bestimmung der spurenweise im Fleische enthaltenen β-Oxybuttersäure sei auf die Arbeit von J. MONDSCHEIN verwiesen.

8. Mineralstoffe.

5 oder 10 g der lufttrockenen Fleischmasse werden in einer Platinschale vorsichtig verkohlt, indem man zur Ausschaltung der sauren Verbrennungsprodukte des Leuchtgases als Heizquelle einen Spiritusbrenner[2] oder einen elektrischen Verbrennungsofen oder zum mindesten, bei Verwendung von Gasbrennern eine schräggestellte durchlochte Asbestplatte[3] benutzt. Die Kohle wird mit heißem Wasser ausgezogen und verbrannt. Dazu gibt man das Filtrat hinzu, dampft es auf dem Wasserbade ein, glüht schwach und wägt.

Die Alkalität der Asche wird nach K. FARNSTEINER oder nach J. TILLMANS und A. BOHRMANN (Bd. II, S. 1216) bestimmt. Die Alkalität der Fleischasche ist infolge hohen Gehaltes an Pyrophosphaten negativ, wird aber durch starken Kochsalzzusatz zum Fleisch erhöht.

Beim Veraschen des mit 0,1 g Natriumcarbonat auf 10 g versetzten Fleisches findet infolge der Verhinderung von Verlusten an Chlor und Schwefelsäure eine Erhöhung der Asche statt. Da hierbei die negative Alkalität der sauren Phosphate des Fleisches stärker

---

[1] J. MONDSCHEIN: Biochem. Zeitschr. 1912, 42, 91, 105.
[2] A. BEYTHIEN: Das Leuchtgas als analytische Fehlerquelle. Z. 1903, 6, 497.
[3] H. LÜHRIG: Z. 1904, 8, 657.

zur Geltung kommt, so wird auch bei starkem Kochsalzgehalte die negative Aschenalkalität erhöht, und zwar beträgt diese Erhöhung gegenüber der durch direkte Veraschung erhaltenen Alkalität etwa 1,8.

Hinsichtlich der quantitativen Aschenanalyse sei auf Bd. II, S. 1223 verwiesen. Die Bestimmung des Kochsalzes, des Salpeters und einiger anorganischer Konservierungsmittel erfolgt nach den in Abschnitt C auf S. 744, 759, 760 angegebenen Methoden.

Anhang.
Untersuchung der Knochen und Knorpeln.
1. Chemische Untersuchung der Knochen.

Für die Untersuchung der Knochen wird folgender Analysengang empfohlen:

a) Wasser. Man befreit die gewogenen und in einzelne Stücke gesägten Knochen mechanisch von dem Marke, das für sich gesammelt und gewogen wird, spült die noch anhaftenden Fettreste mit Äther aus dem Röhrenknochen und vereinigt den Ätherrückstand mit der Hauptmenge des Fettes.

Die Knochenstücke werden gewogen und in einer Porzellanschale im Wassertrockenschranke getrocknet, wobei etwa ausschmelzendes Fett nach Wägung des Gesamtrückstandes mit dem zuerst gewonnenen Fett vereinigt wird. Die getrockneten Knochen bleiben einige Tage an der Luft liegen, werden in lufttrockenem Zustande wieder gewogen, in einem eisernen Mörser zerstoßen und in der Schrotmühle gemahlen.

5—10 g des Pulvers werden etwa 6 Stunden bei 140° im Luftbad bis zur Gewichtskonstanz getrocknet und gewogen. Die Berechnung des ursprünglichen Wassergehaltes erfolgt wie bei Fleisch (S. 716).

b) Stickstoff. Bei genügender Feinheit wird der Stickstoffgehalt in üblicher Weise in 1—2 g nach KJELDAHL bestimmt. Von gröberen und ungleichmäßigeren Stücken erwärmt man 10—15 g mit 150 ccm des Schwefelsäuregemisches solange in einer Porzellanschale unter Umrühren auf dem Wasserbade, bis sich alles zu einem flüssigen Brei gelöst hat, spült mit der Schwefelsäure in ein 200 ccm-Meßkölbchen; füllt nach dem Erkalten bis zur Marke auf und verwendet 20 ccm zur Stickstoffbestimmung nach KJELDAHL. Wenn sich nicht alles löst, verfährt man wie bei Fleisch (S. 717). Zur Berechnung des Leimgehaltes multipliziert man den Stickstoff mit 5,55.

c) Fett. 10 g des Knochenpulvers werden 2—3 Stunden im Dampftrockenschranke getrocknet und im SOXHLET-Apparat mit Äther extrahiert. Die hinterbleibende Masse verreibt man möglichst fein in einem trockenen Mörser, extrahiert von neuem und wiederholt diese Behandlung bis zur völligen Erschöpfung.

d) Kaltwasserauszug. Den fettfreien Rückstand läßt man 24 Stunden mit kaltem Wasser stehen, filtriert und verfährt noch zweimal in gleicher Weise. Die vereinigten Filtrate dampft man zur Trockene, trocknet bei 105°, wägt, glüht und wägt abermals. Der Glühverlust besteht aus löslichen Proteinen, stickstofffreien Extraktstoffen (darunter bisweilen Milchsäure), der Glührückstand aus Alkalichloriden, schwefelsauren, kohlensauren und phosphorsauren Alkalien sowie Spuren von Calcium- und Magnesiumverbindungen. Die Stoffe des Kaltwasserauszuges gehören nicht dem eigentlichen Knochengewebe selbst an, sondern entstammen den Blutgefäßen der Knochen, sowie den Zellen- und Röhrenmembranen der Knochenkörperchen und sind daher bei jungen Knochen in größerer Menge vorhanden als bei älteren. Will man ihre einzelnen Bestandteile gesondert bestimmen, so zieht man größere Mengen des Knochenpulvers mit Wasser aus, füllt die eingedampften Lösungen zu 1 l auf und benutzt aliquote Teile (100—200 ccm) zur Bestimmung des Stickstoffs, der Milchsäure, der Mineralstoffe usw.

e) Salzsäureauszug. Den mit Äther und kaltem Wasser ausgezogenen Rückstand behandelt man wiederholt mit Salzsäure (0,2—0,5%), bis alle anorganischen Bestandteile gelöst sind, füllt die eingeengten Auszüge auf ein bestimmtes Volumen auf und bestimmt in aliquoten Teilen Calcium, Magnesium, Phosphorsäure usw.

f) Kalkwasserauszug. Das nach der Behandlung mit Salzsäure hinterbleibende Knochengewebe (Collagen und Osteomucoid) wird durch fließendes Wasser, zuletzt durch Waschen mit destilliertem Wasser von der Salzsäure befreit und dann mit halbgesättigtem Kalkwasser (2—5 ccm auf je 1 g feuchte Substanz) behandelt. Sobald nach 48stündigem Stehen unter häufigem Umschütteln im geschlossenen Gefäße alles Osteomucoid gelöst ist, filtriert man die Lösung, fällt das Filtrat mit Salzsäure (0,2%), wäscht den Niederschlag durch Dekantieren mit schwach salzsaurem, danach mit reinem Wasser aus, reinigt durch nochmalige Lösung und Fällung, filtriert, wäscht mit Alkohol und Äther, trocknet und wägt. Für die Elementarzusammensetzung des Osteomucoids werden folgende Zahlen angegeben: 47,07% Kohlenstoff, 6,69% Wasserstoff, 11,98% Stickstoff und 2,41% Schwefel.

g) **Heißwasserauszug.** Den Rückstand von der Behandlung mit Kalkwasser übergießt man mit Salzsäure, wäscht das entstehende Calciumchlorid mit kaltem Wasser aus und kocht nun wiederholt je 1 Stunde mit Wasser aus, bis alles Collagen als Glutin gelöst ist. Den unslöslichen Rückstand kann man trocknen und wägen und das Collagen aus der Differenz berechnen oder auch in einem aliquoten Teile des Filtrates durch Eindampfen, Trocknen und Wägen direkt bestimmen.

h) **Asche.** Eine besondere Probe des Knochenpulvers wird entweder direkt oder nach vorherigem Ausziehen mit Alkohol und Äther verascht, der weiße Aschenrückstand mit Ammoniumcarbonatlösung befeuchtet, eingetrocknet, nochmals zur schwachen Rotglut erhitzt und nach dem Erkalten gewogen. Die Bestimmung der einzelnen Bestandteile erfolgt nach den in Bd. II, S. 1223 angegebenen Methoden. Für die Ermittelung des Fluorgehaltes ist besonders das Verfahren von A. GREEF und NOETZEL (Bd. II, S. 1247) zu empfehlen.

Zur Gewinnung der Mineralstoffe von Knochen und Zähnen ohne Anwendung von Glühhitze verfährt L. GABRIEL[1] folgendermaßen: Man erhitzt 10—15 g des getrockneten Knochenpulvers mit 75 ccm alkalischem Glycerin etwa 1 Stunde lang unter häufigem Umschütteln auf 200°, entleert die auf 150° abgekühlte Masse in eine Schale, in der sich 500 ccm siedendes Wasser befinden, läßt absitzen, zieht die überstehende Flüssigkeit mit einem mit Leinwand bespannten Heber ab und wiederholt diese Behandlung so lange, bis das Waschwasser keine alkalische Reaktion mehr zeigt. Der abfiltrierte, bei 100° getrocknete Rückstand, ein weißes, bisweilen schwach gelbstichiges, hygroskopisches Pulver, das beim Glühen keinerlei Bräunung zeigt und die Struktur der ursprünglichen Knochen getreu wiedergibt, löst sich leicht in Säuren. Die Untersuchung der Lösung erfolgt in üblicher Weise.

2. Chemische Untersuchung der Knorpeln.

Für die chemische Untersuchung wird die Substanz sehr fein zerhackt oder mit der Schere zerschnitten und dann, wie bei Fleisch beschrieben, zur Bestimmung des Wassers, der Stickstoffsubstanz, des Fettes und der Asche benutzt. Von besonderen Bestimmungen kommen hier noch folgende in Frage:

a) **Chondromucoid und Albuminoid.** Man behandelt die Knorpelmasse 1 bis 2 Wochen mit Salzsäure (0,1—0 2 %) bei 40°, bis sämtliches Collagen in Glutin umgewandelt und gelöst ist, wäscht die Salzsäure vollständig aus, zieht dann mit 0,05—0,10 %iger Kalilauge aus und filtriert von den ungelöst gebliebenen Knorpelzellen und dem Albuminoid ab. Aus dem Filtrate wird das Chondromucoid durch Säure (0,2—0,4 %) gefällt, durch Wiederauflösen mit Hilfe von wenig Alkalilauge und durch nochmalige Fällung mit Säure gereinigt, gesammelt, getrocknet und gewogen.

b) **Glutin und Albuminoid.** Umgekehrt kann man auch zuerst das Chondromucoid und die Chondroitinschwefelsäure durch Behandlung der Knorpel mit Kalilauge (0,2—0,5 %) lösen, das Alkali durch Auswaschen entfernen und das Collagen durch Dämpfen im Autoklaven bei 2—3 Atmosphären Druck in Lösung bringen. Beim Filtrieren bleibt jetzt das Albuminoid mit den Knorpelzellen auf dem Filter, während aus dem Filtrate, abgesehen von der Stickstoffbestimmung, der Leim durch Sättigen mit Natriumsulfat gefällt und nach dem Auflösen in Wasser durch Dialyse vom Salz getrennt werden kann. Der Stickstoffgehalt des Chondromucoids wird zu 12,58 %, der Schwefelgehalt zu 2,5 % angegeben.

c) **Chondroitinschwefelsäure (Chondroitsäure)**, eine kohlenhydrathaltige Ätherschwefelsäure, $C_{18}H_{27}NSO_{17}$, kann nach SCHMIEDEBERG[2] in folgender Weise isoliert werden. Man unterwirft die zerkleinerte Substanz zunächst der künstlichen Pepsinverdauung und behandelt den mit Wasser sorgfältig ausgewaschenen, ungelösten Rückstand mit Salzsäure (0,2—0,3 %). Die trübe Lösung wird mit einem Viertel ihres Volumens Alkohol gefällt, filtriert und mit reichlichen Mengen absol. Alkohols und etwas Äther versetzt. Den abfiltrierten Niederschlag wäscht man mit Alkohol und danach mit Wasser aus, löst ihn in alkalihaltigem Wasser und fällt die Alkaliverbindung der Chondroitsäure durch Alkohol, wobei das beigemengte Leimpeptonalkali gelöst bleibt. Der Niederschlag wird durch wiederholtes Auflösen in alkalihaltigem Wasser und Ausfällen mit Alkohol gereinigt oder zur völligen Entfernung des nach Abspaltung von Schwefelsäure entstehenden Chondroitins ($C_{18}H_{27}NO_{14}$), durch Zusatz von Kupferacetat, Kalilauge und Alkohol in die Kalium-Kupferverbindung der Säure übergeführt.

Auf ein umständlicheres Verfahren von C. MÖRNER[3] sowie von W. WINTER[4] kann nur hingewiesen werden.

[1] L. GABRIEL: Zeitschr. physiol. Chem. 1894, **18**, 257.
[2] SCHMIEDEBERG: Arch. exp. Pathol. Pharmakol. **28**.
[3] C. MÖRNER: Zeitschr. physiol. Chem. 1895, **20**, 358.
[4] W. WINTER: Biochem. Zeitschr. 1932, **246**, 10.

3. Mikroskopischer Nachweis von Fleischfasern, Knochen, Sehnen und Knorpeln.

Von

Dr. Fr. Bartschat - Münster i. W.

Gelegentlich kann es erforderlich sein, Lebensmittel, z. B. Fleischmehl, Fleischzwieback, auf Fleischteile und auf eine Beimischung von Knochenteilchen zu untersuchen. Obwohl solche Untersuchungen bei Lebensmitteln eine weit geringere Rolle spielen als bei der Untersuchung von Futtermitteln[1] (Fleisch-, Fisch-, Cadavermehlen usw.) möge doch im nachfolgenden das mikroskopische Verfahren zum Nachweise von Fleisch und Knochen und zur Unterscheidung von Säugetier- und Vogelknochen von Fischgräten kurz behandelt werden.

a) Trennung der Knochen von Fleisch- und Pflanzenteilen. Etwa 4—5 g des durch ein 1-mm-Sieb gegangenen Anteils der Probe gibt man in ein Reagensglas, füllt dieses bis zu $^3/_4$ mit Chloroform und setzt es bis zum beginnenden Sieden in kochendes Wasser. Nach kurzem Absitzenlassen filtriert man das Chloroform mit den darauf schwimmenden Anteilen durch ein kleines Filter, wäscht den Rückstand (I) mit Chloroform aus und läßt kurze Zeit an der Luft trocknen; oder man gießt das Chloroform mit den darauf schwimmenden Anteilen in ein Sammelgefäß und spült die an den Reagensglaswandungen noch haftenden Reste mit einigen ccm Chloroform ab. Darauf stellt man das Reagensglas mit dem Rückstand (II), der die Knochenteile enthält, in das Wasserbad zurück, um die letzten Reste von Chloroform zu verjagen.

b) Vorbereitung für die mikroskopische Untersuchung. α) Wenn es sich um den Nachweis von Fleischfasern, Sehnen und Knorpeln handelt, so hellt man den Filterrückstand (I) oder das Abgeschlämmte entweder mit verd. Salzsäure oder mit Chloralhydratlösung unter schwachem Erwärmen oder mit Jod-Carbol-Glycerin (mit krystallisierter Carbolsäure gesättigtes Glycerin mit einigen Kryställchen Jod) ohne zu erwärmen auf und mikroskopiert bei etwa 100facher Vergrößerung.

β) Für den Nachweis von Knochen gibt man eine geringe Menge von dem zurückgebliebenen feinen Pulver (II) auf den Objektträger, fügt eine genügend große Menge (etwa 0,5 ccm) Chloralhydratlösung (100 g Chloralhydrat + 62 ccm Wasser) hinzu und erhitzt durch ständiges Hin- und Herbewegen über dem Mikrobrenner solange, bis ein vollständiges Durchkochen der ganzen Flüssigkeit eintritt. Falls die Mischung hierbei zu trocken wird, ist nochmals Chloralhydratlösung hinzuzugeben. Nach dem Auflegen eines Deckglases wird mikroskopiert.

Zu diesen Ausführungen ist folgendes zu bemerken: Ein Erhitzen der Chloroformaufschlämmung im Wasserbade ist nicht immer erforderlich, leistet aber dort sehr gute Dienste, wo viel festes Fett vorhanden ist oder wo es sich um ein sehr fettreiches Knochenmaterial handelt. Je stärker insbesondere die Knochenteile entfettet werden, desto klarer und durchsichtiger wird das mikroskopische Bild nach der Aufhellung mit Chloralhydratlösung. Ich verwende, um ein genügendes Durchkochen der Chloralhydratlösung zu gewährleisten, Objektträger von 0,6 mm Dicke. Das Glas zerspringt wegen der geringen Stärke äußerst selten, insbesondere dann nicht, wenn auch der von der Lösung nicht benetzte Teil des Objektträgers, um Spannungsunterschiede zu vermeiden, schwach erhitzt wird[2].

---

[1] Vgl. R. Lucks: Landw. Vers.-Stationen 1915, **86**, 289. — Fr. Bartschat: Chem.-Ztg. 1927, **51**, 518. — Claussen: Zeitschr. Fleisch- u. Milchhyg. 1930, **40**, 158, 265; 1931, **41**, 137, 344. — Heyck: Zeitschr. Fleisch- u. Milchhyg. 1934, **44**, 444, 461. — G. Schweitzer: Mikroskopische Bilder der wichtigsten Futtermittel tierischer Herkunft. Stuttgart: E. Ulmer 1931. — F. Mach u. G. Claus in F. Honcamp: Das Fischmehl als Futtermittel, Bd. I, S. 41. Berlin: Paul Parey 1933.

[2] Zeitschr. angew. Chem. 1935, **48**, 549.

c) Mikroskopische Untersuchung. Für die mikroskopische Untersuchung genügt im allgemeinen eine etwa 100fache Vergrößerung.

α) **Untersuchung auf Fleischfasern, Sehnen und Knorpeln.** Im mikroskopischen Bilde erscheinen die **Fleischfasern** als Bündel von zusammenhängenden, beim Druck auf das Deckglas auseinanderfallenden Fasern von verschiedener Dicke (Abb. 9a). Bei stärkerer Vergrößerung (etwa 300 ×) ist in vielen Fällen die für Muskelfasern der Säugetiere charakteristische Querstreifung zu erkennen (Abb. 9b). — **Sehnen und Knorpelteile** erscheinen hierbei als farblose und durchsichtige, beim Aufhellen mit Jod-Carbol-Glycerin als deutlich gelb gefärbte unregelmäßige, schleimartige Massen ohne jede Struktur. — Die **Fischfleischfasern** verhalten sich genau wie die Fleischfasern der Säugetiere, sowohl hinsichtlich ihrer Beständigkeit gegen die Aufhellungsmittel, als auch in ihrem Aussehen; es läßt sich bei ihnen jedoch auch bei stärkerer Vergrößerung eine Querstreifung nicht erkennen. Eine sichere Unterscheidung

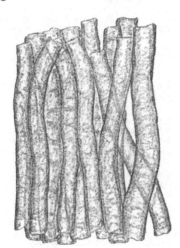

a (100×) b (300×)
Abb. 9. Fleischfasern.

der Fleischfasern der Säugetiere von denen der Fische dürfte jedoch auf Grund der mikroskopischen Untersuchung nicht mit Sicherheit möglich sein.

β) **Untersuchung auf Knochen und Unterscheidung von Säugetierknochen und Fischgräten.** Zum Nachweise von Knochen und Gräten und zu ihrer Unterscheidung dienen folgende Merkmale:

αα) **Säugetierknochen.** Die Knochen der **Landsäugetiere** (Abb. 10) geben sich durch ihre kleinen, charakteristisch geformten Öffnungen im Knochengewebe, „Lacunen" genannt, zu erkennen (a). Die Lacunen erscheinen bei der Durchleuchtung schwarz, während das eigentliche Knochengerüst bei genügender Aufhellung durchscheinend und farblos ist. Bei stärkerer Vergrößerung (b) betrachtet, gehen von den Lacunen zahlreiche Kanäle aus, durch die aneinanderliegende Lacunen miteinander verbunden sind. Je nach Lage des einzelnen Knochenstückchens sind die Lacunen reihenweise, zentrisch um eine Öffnung oder aber auch zerstreut angeordnet.

Die Knochen der **Seesäugetiere** (Wale) weisen zwar im allgemeinen, zum Unterschiede von den Knochen der Landsäugetiere, in der Gestalt der Lacunen insofern einen Unterschied auf, als das Lumen ihrer Lacunen vielfach etwas breiter ist und die Lacunen selbst zumeist nnregelmäßig zerstreut im Knochengerüst angeordnet sind, doch ist dieser Unterschied nicht so groß, daß man mit Sicherheit Walknochen als solche, namentlich in Gemischen mit Knochenteilen von Landsäugern, sicher erkennen kann.

ββ) **Geflügelknochen** (Abb. 11). Die Knochen von Geflügel unterscheiden sich insofern von den Knochen der Land- und Seesäugetiere, als die vorhandenen Lacunen derartig dicht nebeneinander in Reihen angeordnet sind, daß das ganze Knochenstückchen dadurch, auch nach genügender Aufhellung, dunkel und undurchsichtig erscheint; nur an sehr dünnen Bruchstückchen oder am Rande der Knochenstückchen sind die einzelnen Lacunen deutlich zu erkennen (a). Die Lacunen selbst (b) sind spindelförmig, kleiner und schmaler als die Lacunen der Säugetierknochen; auch zeigen sie, mit Ausnahme an den beiden Spitzen, keine Ausläuferkanäle; insbesondere sind Verbindungskanäle zwischen benachbarten Lacunen nicht wahrnehmbar.

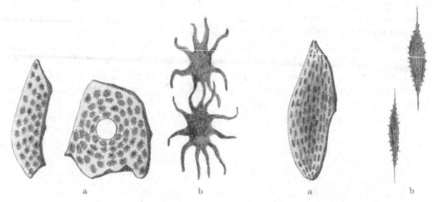

<table>
<tr><td>a</td><td>b</td><td>a</td><td>b</td></tr>
</table>

Abb. 10. Säugetierknochen.   Abb. 11. Geflügelknochen.
a Knochenstückchen mit Lacunen (100 ×),   a Knochenstückchen (100 ×),
b Lacunen (300 ×).   b Lacunen (300 ×).

γγ) Fischgräten. Dorsch (Abb. 12). Bei den Gräten handelt es sich bei Lupenbetrachtung um porzellanartige Bruchstücke und bei mikroskopischer Betrachtung um Splitter von Großgräten von unregelmäßiger Gestalt (a), die entweder vollkommen durchsichtig und lacunenfrei sind, oder aber es sind sehr feine Schraffierungen vorhanden, die bei stärkerer Vergrößerung als reihenweise angeordnete äußerst kleine Lacunen angesprochen werden können. Die Dorschschuppe (b) zeigt rechteckige, zumeist zentral angeordnete

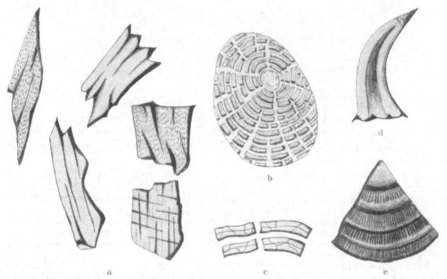

Abb. 12. Dorschgräten. a Grätenstückchen (100 ×), b Dorschschuppe (100 ×), c Schuppen-
auflagerung (300 ×), d Dorschzahn (100 ×), e Teil des Gehörknöchelchens (100 ×).

Verdickungen, die in c stärker vergrößert dargestellt sind. Charakteristisch für das Dorschgrätenpulver ist das Vorkommen von Dorschzähnen (d), die an der Spitze eine Verstärkung zeigen. Ebenfalls, wenn auch nur vereinzelt zu finden, sind Anteile des Gehörknöchelchens (e), die auch nach der Aufhellung noch dunkelbraun und undurchsichtig erscheinen und mit zentral angeordneten Verdickungen versehen sind.

Hering (Abb. 13). Die meisten Gräten weisen ähnlich den Säugetier- und Geflügel-knochen Lacunen auf, die ebenfalls entweder reihenweise oder aber zerstreut angeordnet sein können (a). Eine Verwechslung der Lacunen der Heringsgräten (b) mit solchen der Säugetierknochen ist aber mit einiger Übung ausgeschlossen. Es handelt sich beim Hering um zumeist sehr schmale, langgestreckte und mit langen, insbesondere an den beiden Enden ansetzenden Kanälen versehene Spaltöffnungen. Bei der Haupt- und Mittelgräte sind die Lacunen derartig dicht und reihenweise neben-einander angeordnet, daß ein solches Stück dadurch fast undurchsichtig erscheint. Weiter findet man im Grätenmehl vom Hering im Gegensatz zu dem des Dorsches Anteile der Bauch-gräten (d). Es sind dies lange zylindrische Bruchstücke, die entweder mit einem helleren Lumen ausgestattet sind und dann vereinzelte zerstreute Lacunen aufweisen, oder aber,

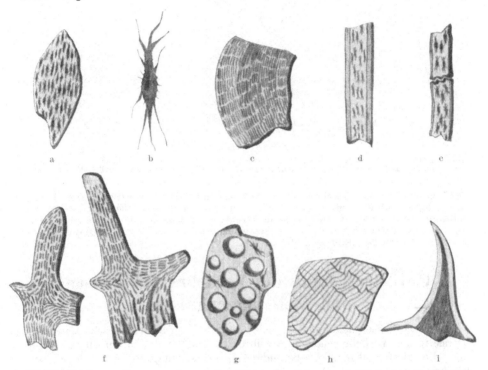

Abb. 13. Heringsgräten. a und c aus der Mittelgräte, b Lacune, d Stück einer Bauchgräte, e Stück einer Schwanz- und Flossengräte, f und g Kiemengräten, h Stück einer Heringsschuppe, i Heringszahn, (Vergr. b 300 ×, im übrigen 100 ×.)

in dünneren Stücken, einheitlich dunkel schraffiert erscheinen. Charakteristisch sind weiter-hin die Gräten des Schwanzes und der Flossen (e). Sie sind hinsichtlich ihrer Struktur den Bauchgräten ähnlich, besitzen jedoch zum Zwecke ihrer Beweglichkeit und Biegsamkeit in gewissen Abständen scharnierartige Verbindungen. Typisch für Herings-grätenmehl sind schließlich die Gräten der Kiemen (f), Bruchstücke mit einseitig, keulenförmigen Verlängerungen und reihenweiser Anordnung der Lacunen, und weiter-hin plattenförmige Bruchstücke (g) mit großen runden Öffnungen und ohne Lacunen. Abb. 13h zeigt ein Bruchstück einer Heringsschuppe, zum Unterschied von der Dorschschuppe, mit nur strichartigen Verdickungen. Der Heringszahn (i) unterscheidet sich ebenfalls vom Dorschzahn dadurch, daß an seiner Spitze eine Verstärkung nicht vorhanden ist.

Garnelenschalen (Abb. 14). Die Garnelenschalen verhalten sich infolge ihres hohen Mineralstoffgehaltes bei der Chloroformtrennung ebenso wie die Gräten- und Knochen-teile; sie können daher, z. B. als Verfälschung von Fischmehlen usw., als solche isoliert und mikroskopisch erkannt werden. Nach dem üblichen Aufschlußverfahren mit Säure und Lauge erscheinen die Panzerstücke (a) durchscheinend, ohne oder mit reihenweise angeordneten Atemlöchern und Haaransatzstellen versehen. Bei der Aufhellung mit Chloralhydratlösung sind auf den Panzerstücken krystallinische, rosettenartig angeordnete

Ablagerungen von Calciumcarbonat (d) deutlich zu erkennen. Charakteristisch für Garnelen-schalenmehl sind schließlich noch mit Scharnieren versehene Bruchstücke der Garnelen-fühler (b) und die federartigen Fühlerhaare (c).

Schalen von Hummern und Krebsen. Diese bei der Fischkonservenindustrie abfallenden Schalen werden gelegentlich zum Verfälschen von Fischmehlen verwendet.

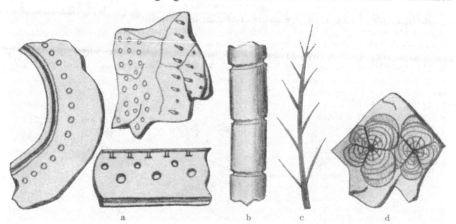

Abb. 14. Garnelenschale. a Schalenteilchen, b Fühlerteilchen und c Fühlerhaare (a—c mit Säure und Lauge aufgeschlossen), d Schalenteilchen (nur mit Chloralhydratlösung aufgehellt). Vergr. 150 ×).

Die Bruchstücke bieten sowohl nach dem Aufhellen mit Chloralhydratlösung als auch nach dem üblichen Aufschluß mit Säure und Lauge nichts Charakteristisches. Es handelt sich dabei um unregelmäßige vollständig undurchsichtige Bruchstücke, die man lediglich durch Absieben an einzelnen gröberen Bruchstücken mit der Lupe an ihrer einseitigen roten Färbung als solche erkennen kann.

C. Überwachung des Verkehrs mit Fleisch und Fleischerzeugnissen.

In diesem Abschnitte handelt es sich darum, Fleisch und Fleischerzeugnisse, wie sie in den Verkehr gelangen, auf ihre einwandfreie Bschaffenheit zu prüfen und die hierfür dienenden besonderen Untersuchungsverfahren näher zu-beschreiben.

Für die Überwachung des Verkehrs mit Fleisch und Fleischerzeugnissen kommen außer dem Lebensmittelgesetz vom 5. Juli 1927 (Bd. I, S. 1284) das Gesetz über die Schlachtvieh- und Fleischbeschau (Fleischbeschau-gesetz) vom 3. Mai 1900 (S. 944) und das Gesetz über die Verwendung salpetrigsaurer Salze im Lebensmittelverkehr (Nitritgesetz) vom 19. Juni 1934 (S. 995) sowie einzelne Länder- und örtliche Verordnungen in Betracht. Vielfach stellen die Zuwiderhandlungen gegen das Fleischbeschau-gesetz auch gleichzeitig solche gegen das Lebensmittelgesetz dar.

Von großer Bedeutung für die einwandfreie Beschaffenheit des Fleisches und der Fleischerzeugnisse ist die durch § 1 des Fleischbeschaugesetzes vor-geschriebene Schlachtviehbeschau, die Fleischbeschau und die Markt-kontrolle; sie werden daher in dem nachfolgenden Abschnitte I zuerst behandelt. Es folgen dann in Abschnitt II (S. 737—774) der Nachweis der Verfäl-schungen und in Abschnitt III (S. 774—781) der Nachweis der Verdorben-heit, worauf in den Abschnitten IV (S. 781—792) die bakteriologische Untersuchung und in Abschnitt V (S. 792—818) die histologische Unter-suchung systematisch bearbeitet werden.

I. Schlachtbefund und Marktkontrolle.

1. Schlachtbefund.

Zur Verhinderung von Schädigungen der menschlichen Gesundheit, die durch Genuß von Fleisch hervorgerufen werden können, bestimmt § 1 des Schlacht-vieh- und Fleischbeschaugesetzes vom 3. Juni 1900, daß „Rindvieh, Schweine, Schafe, Ziegen, Pferde und Hunde, deren Fleisch zum Genusse für Menschen verwendet werden soll, vor und nach der Schlachtung einer amtlichen Unter-suchung unterliegt." Durch die Bekanntmachung des Bundesrats vom 10. Juli 1902 ist der Untersuchungszwang auch auf Esel, Maultiere und Maulesel ausge-dehnt worden, er gilt aber für die sog. Hausschlachtungen, bei denen das Fleisch ausschließlich im eigenen Haushalte des Besitzers Verwendung finden soll, unter normalen Verhältnissen nicht, sondern nur dann, wenn die Tiere Merkmale einer die Genußtauglichkeit des Fleisches ausschließenden Erkrankung zeigen, oder wenn sich nach der Schlachtung solche Merkmale ergeben.

Diese Einschränkung wird seit Jahren aus gesundheitlichen und gewerblichen Gründen bekämpft, von den Vertretern der Gesundheitspflege, weil bei Hausschlachtungen in der Regel die Merkmale einer Erkrankung nicht erkannt werden, von den Vertretern des Fleischer-gewerbes, weil das aus Hausschlachtungen herrührende Fleisch erfahrungsgemäß oft dem Handel zugeführt wird und wegen der geringeren Unkosten (Ersparung der Schlachtsteuer, der Schlachthofgebühren) billiger angeboten werden kann. Es haben daher schon mehrfach die Landesregierungen, von der ihnen in § 24 des Gesetzes erteilten Ermächtigung Gebrauch machend, weitergehende Bestimmungen erlassen.

So sind in Berlin, Hamburg, den Regierungsbezirken Magdeburg und Schneidemühl und der Provinz Hessen-Nassau sämtliche Hausschlachtungen dem Beschauzwang unterworfen, im Regierungsbezirk Oppeln alle mit Ausnahme von Kälbern, Schafen, Ziegen und Hunden, im Kreise Saarbrücken alle außer Ferkeln und Lämmern unter 6 Wochen. Ferner unterliegen in ganz Preußen, Württemberg, Braunschweig, Lippe-Detmold, Mecklenburg und Thüringen in allen Gemeinden mit Schlachthofzwang sämtliche in den Schlachthof gelangenden Tiere der Untersuchung vor und nach der Schlachtung. Hinsichtlich weiterer Ausnahmen sei auf R. v. Ostertag: Handbuch der Schlachtvieh und Fleischbeschau, S. 163, verwiesen.

Wild, Geflügel, Fische usw. unterliegen nicht dem Untersuchungszwange, doch ist für sie von den süd- und mitteldeutschen Landesregierungen und am 3. Mai 1927 auch von Preußen[1] eine regelmäßige tierärztliche Überwachung angeordnet worden[2]. Die Unter-suchung vor der Schlachtung darf nur bei Notschlachtungen und gewissen anderen in § 2 des Gesetzes angeführten Fällen unterbleiben.

Zu verbieten ist die Schlachtung nach § 9 Anweisung A der Ausführungsbestim-mungen, wenn bei dem Tiere Milzbrand, Rauschbrand, Rinderseuche, Rotz, Rinderpest oder der Verdacht auf eine dieser Seuchen festgestellt wird.

In anderen Fällen ist die Schlachtung unter gewissen, in §§ 11—15 der Anweisung A mitgeteilten Vorschriften zu gestatten.

Die im Fleischbeschaugesetz vorgeschriebene Untersuchung der lebenden Tiere, die „Schlachtviehbeschau", erfolgt nach den Grundsätzen der Veterinärmedizin, deren Besprechung den Rahmen dieses Handbuches über-schreiten würde. Es sollen daher hier nur diejenigen Gesichtspunkte behandelt werden, die während oder nach der Schlachtung in Ausübung der „Fleisch-beschau" zu berücksichtigen sind. Der für diese Fragen zuständige Tierarzt hat die Untersuchung nach dem Fleischbeschaugesetz BBA §§ 17—29 auf folgende Punkte auszudehnen:

1. Besichtigung aller Organe und Teile;
2. Durchtastung einzelner Teile wie Lunge, Leber, Milz, Gebärmutter, Euter, Zunge;
3. Anschneiden von Lymphdrüsen, Muskeln, Hohlorganen und verdächtigen oder kranken Teilen;
4. Ausdrücken von Gängen oder Hohlorganen (Gallengänge der Leber, Lungenschnitt-flächen).

---

[1] Gesetze und Verordnungen, betr. Lebensmittel, 1927, 18, 46.

[2] Nach der Verordnung des Reichsinnenministers vom 10. August 1933 (RGBl. I, S. 579; Reichsgesundheitsblatt 1933, 8, 691) wird auch eingeführtes Bärenfleisch der Untersuchung auf Trichinen unterworfen, die Einfuhr des Fleisches von Katzen, Füchsen, Dächsen u. a. aber verboten.

Die weiter unter Umständen erforderlich werdenden chemischen und bakteriologischen Untersuchungen sind in den Abschnitten II—V angeführt worden, so daß hier nur der eigentliche Schlachtbefund ins Auge zu fassen ist. Zu seiner Feststellung soll der Sachverständige am zweckmäßigsten der Schlachtung beiwohnen, um eine Beseitigung krankhaft veränderter Teile zu verhüten, und, wenn irgend möglich, die Besichtigung bei Tageslicht vornehmen.

Als wichtigste Merkmale der normalen oder pathologischen Beschaffenheit der Organe sind Größe, Farbe, Glanz, Deutlichkeit oder Undeutlichkeit sowie Gleichmäßigkeit oder Ungleichmäßigkeit des makroskopisch erkennbaren Baues, der Blutgehalt der Schnittfläche und die Konsistenz anzusehen. Auf diese Merkmale ist bei jedem Organe zu achten. Im übrigen sind nach § 23 BBA besonders zu berücksichtigen: 1. Blut; 2. Kopf mit Nasenspiegel, Lippen, Zahnfleisch, Gaumen, Rachenhöhle, Zunge, Kaumuskeln, Rachen-, Ohr- und Kehlgangslymphknoten; 3. Lungen und Lymphknoten an der Lungenwurzel, sowie im Mittelfelle; 4. Herzbeutel und Herz; 5. Zwerchfell; 6. Leber und Lymphknoten an der Leberpforte; 7. Magen und Darmkanal, Gekröse, Magen- und Gekröselymphknoten, Netz; 8. Milz; 9. Nieren mit renalen Lymphknoten sowie Harnblase; 10. Gebärmutter mit Scheide und Scham; 11. Euter und dessen Lymphknoten; 12. Muskelfleisch einschließlich des zugehörigen Fett- und Bindegewebes, der Knochen und Gelenke, des Brust- und Bauchfells und der Lymphknoten.

Der Sachverständige muß es sich zur Regel machen, die Untersuchung der einzelnen Teile stets in der vorstehenden Reihenfolge vorzunehmen, damit nicht der eine oder andere Teil einmal übergangen wird.

Je nach dem Ausfall der Untersuchung hat der Tierarzt dann den ganzen Tierkörper oder das einzelne Organ in eine der nachfolgenden Gruppen einzureihen.

a) **Taugliches Fleisch.** Als „tauglich" — gleichbedeutend mit dem „bankwürdigen" Fleische der älteren Fleischbeschauverordnungen — ist nach der Begründung des Gesetzentwurfes dasjenige Fleisch anzusehen, das „von normaler Beschaffenheit ist und in gesundheitlicher Hinsicht zu Bedenken keinen Anlaß gibt".

Das normale „taugliche" Fleisch zeigt folgende wichtigste äußere Merkmale:

1. Die Haut geschlachteter Schweine, die allein als Lebensmittel in Betracht kommt, zeichnet sich durch ihre rein weiße Farbe und elastische Konsistenz aus. Bei Saugferkeln kann sie nach dem Brühen eine stark gelbe Färbung annehmen. Bei alten Mutterschweinen besitzt die Haut eine gleichmäßig derbe, bei alten Ebern zu beiden Seiten der Brust eine knorpelartige Konsistenz.

2. Das Blut ist scharlachrot in den Arterien, dunkelrot in den Venen, nimmt aber auch hier bei Berührung mit der Luft einen hellen Farbton an. Es hat die Eigenschaft einer kräftigen Deckfarbe, ist in dünner Schicht undurchsichtig, von alkalischer Reaktion und spezifischem, auf Zusatz von Schwefelsäure noch deutlicher hervortretendem Geruche. Das entleerte Blut gerinnt. Auch im Herzen und in den größeren Gefäßen toter Tiere gerinnt das Blut, wennschon langsamer, nur das entleerte Capillarblut toter Tiere gerinnt nicht.

3. Magen. Der Überzug ist glatt, glänzend, feucht und weißgrau. Der Pansen der Wiederkäuer ist stets gefüllt, der Netzmagen und das „Buch" (3. Magen) zuweilen leer, der letztere aber nur, wenn die Tiere vor dem Schlachten gehungert haben.

4. Darmkanal. Der Überzug ist glatt, glänzend, bläulichgrau schimmernd. Das Fehlen der durchgängig vorhandenen Füllung in den hinteren Darmabschnitten deutet auf Verschluß des Lumens hin, wie bei Inkarzeration, Invagination, Umschlingung und Abschnürung.

5. Die Milz ist bei den verschiedenen Haustieren, wie auch Tieren derselben Gattung von wechselnder Beschaffenheit.

a) Beim Pferde ist sie sensenförmig, dreikantig, frisch bläulichviolett, später rotbraun. Die braunrote Schnittfläche zeigt die eingesprengten weißen Milzkörperchen, die allerdings in der Regel makroskopisch nicht zu erkennen sind. Die Konsistenz ist schlaff, der Rand mäßig gerundet. Die Länge beträgt 45 cm, die Breite 15—25 cm, die Höhe 2,5 cm, das Gewicht 500—750 g, kurze Zeit nach der Verdauung oft erheblich mehr.

b) Rind. Die etwa 50 cm lange und 13 cm breite Milz hat die Form eines langgezogenen, zweiflächigen Ovals. Im übrigen zeigt sie bei männlichen und weiblichen Rindern Unterschiede. Sie ist bei Bullen und Mastochsen rotbraun, ziemlich fest und dick; beide Flächen sind gewölbt, die bis hanfkorngroßen Follikeln deutlich hervortretend, die Ränder mäßig gerundet. Das Gewicht beträgt bei Bullen 0,8, bei Ochsen 1,1 kg. Bei der Kuh ist die Milz graubläulich, schlaff und durch platte Flächen begrenzt; der Rand scharf.

c) Kalb. Die Milz ist rotbraun bis bläulichrot, zeigt mäßig gewölbte Flächen, gerundete Ränder und weich elastische Konsistenz. Die Follikel treten nicht deutlich hervor.

d) Schaf und Ziege. Die rotbraune, später dunkelrot werdende Milz zeigt die Form eines kurzen und breiten Ovals, ziemlich stark gewölbte Flächen und Ränder, sowie weiche bis elastische Konsistenz. Das Gewicht beträgt etwa 60 g.

e) Schwein. Die Milz hat Zungenform, hellrote, später dunkelrot werdende Farbe, schlaffe Konsistenz und ziemlich deutliche Follikel.

6. Die Lebern aller Haustiere zeigen zuerst bläulich schimmernde, dann rotbraune Grundfarbe, glänzendes Parenchym, festweiche Konsistenz, Blutleere der zahlreichen Blutgefäße auf dem Durchschnitt und mäßig scharfe Ränder. Bei Saugkälbern, gemästeten Jungrindern, Mastochsen, sowie sehr fetten Hammeln und Schweinen ist die Leber gelbbraun, getrübt und vergrößert. Im übrigen ist sie bei den einzelnen Tierarten sehr verschieden gestaltet.

a) Pferd: dreilappig, ohne Gallenblase, Gewicht 3—8 kg;

b) Rind: undeutlich zweilappig, am linken Teile des Lobus Spigelii ein über die Leberpforte hängender Fortsatz; kein Schlundausschnitt und kein mittleres und sichelförmiges Band; Gallenblase birnenförmig; Gewicht etwa 4,7 kg bei Kühen, 5,9 kg bei Bullen, 7,6 kg bei Ochsen.

c) Schaf und Ziege: wie beim Rinde undeutlich zweilappig, wodurch sie sich von der bisweilen untergeschobenen 5—6lappigen Hundeleber unterscheidet, Gewicht 375 bis 875 kg;

d) Schwein: vier größere und ein kleinerer (dreieckiger SPIEGELscher) Lappen, durch große Lobuli und das stark entwickelte interlobuläre Bindegewebe leicht von der Kalbsleber zu unterscheiden; Gewicht 1—2,45 kg.

7. Lunge. Wesentlichste Merkmale der normalen Lunge sind der geringe Blutgehalt und die gleichmäßig elastische Konsistenz. Die Farbe ist rosarot, die Oberfläche glatt und glänzend. Von der Schnittfläche läßt sich weißer oder leicht geröteter Schaum abstreifen. Nach der Herausnahme aus dem Brustkorbe kollabiert die normale Lunge, weshalb die Fleischer die Kälberlunge, um ein großes Volumen zu erhalten, möglichst lange im Thorax belassen. Bei den einzelnen Tierarten zeigen sich folgende Unterschiede:

a) Pferd. Die Lunge besitzt links einen vorderen und hinteren Hauptlappen, rechts außerdem noch einen mittleren pyramidenförmigen Lappen.

b) Wiederkäuer. Die Lunge zeigt links 2—3, rechts 4—5 Lappen sowie starkes interlobuläres Bindegewebe. Der vorderste Lappen der rechten Hälfte erhält zum Unterschied von der Pferdelunge seinen Bronchus selbständig aus dem unteren Ende der Trachea. Das mittlere Gewicht beträgt bei der Kuh 2,9, beim Bullen 3,3, beim Ochsen 3,9 kg.

c) Schwein. Die Lunge hat links 2—3, rechts 4—5 Lappen.

8. Das Herz ist ausgezeichnet durch rotrote Farbe, glatten glänzenden Überzug (Epikard) und ebensolche Auskleidung (Endokard) und feste Konsistenz. Der Durchschnitt durch das Myokard zeigt Glanz und sehr geringen Blutgehalt, während der rechte und linke Ventrikel auch nach guter Ausblutung oft spärliche Blutgerinnsel enthält. Das Herz ist entweder rund oder kegelförmig, je nachdem, ob es in der Diastole oder Systole zum Stillstand gekommen ist. Sein mittleres Gewicht beträgt mit einem 5 cm langen Stumpf der Gefäße bei Ochsen 3,01, bei Bullen 2,59, bei Kühen 2,2 und bei Jungrindern 1,89 kg. Das Rinderherz besitzt im Faserring der Aorta statt der Knorpel 2 Herzknochen, die sich auch bei anderen Tieren im hohen Alter bilden können.

9. Die Nieren sind von rotbrauner Farbe, fester Konsistenz und glatter glänzender Oberfläche mit zahlreichen roten Punkten (Glomeruli), die auf dem Querschnitt der Rindenschicht noch deutlicher hervortreten. Bei hochgemästeten Tieren (Schweinen) kann die Farbe infolge von Fettinfiltration graubraun und trübe werden.

a) Pferd. Die Nieren sind rechts herzförmig, links bohnenförmig und besitzen nur ein Nierenwärzchen. Das Gewicht beider Nieren beträgt im Mittel 1500 g.

b) Rind. Die Niere hat beiderseits ovale Form, besteht aber aus 15—25 verschieden großen, miteinander verwachsenen Lappen (Renculus), von denen jeder ein Nierenwärzchen trägt. Das Gewicht schwankt sehr und soll im Mittel 952 g, nach KLINGNER aber bei Bullen 680, bei Ochsen 750, bei Kühen 600 und bei Jungrindern 480 g betragen.

c) Schaf und Ziege haben bohnenförmige, ungelappte Nieren mit einem Nierenwärzchen.

d) Schwein. Die Nieren sind bohnenförmig ungelappt, mit 6—11 Nierenwärzchen besetzt und stets fetthaltig. Das Mittelgewicht beträgt 420 g.

10. Brust- und Bauchfell zeigen glattes, durchsichtiges und glänzendes Aussehen. Die Pleura kann durch Eindringen von Blut beim Schlachten gerötet erscheinen, das Bauchfell infolge des Anschneidens der Gallenblase eine grüne oder gelbe Färbung erhalten.

11. Die Zunge der Haustiere ist durch folgende unterschiedlichen Merkmale charakterisiert:

a) Die Rinderzunge unterscheidet sich von der Pferdezunge durch ihren starken Rückenwulst, die schlankere Spitze, die mit Hornscheide umkleideten stachligen und nach rückwärts gebogenen Papillae filiformes, sowie durch die größere Zahl (10—14 auf jeder Seite) umwallter Wärzchen, gegenüber nur einem beim Pferde. Die Papilla foliata fehlt. Nicht selten ist die Rinderzunge schwarz gefleckt.

b) Die Schweinezunge hat keinen Rückenwulst. Die fadenförmigen Papillen sind fein und sammetartig, von umwallten Papillen zwei auf jeder Seite vorhanden.

c) Die Schaf- und Ziegenzungen sind in der Mitte der Spitze ausgekerbt und bei farbigen Schafen ganz schwarz gefleckt. Die fadenförmigen Papillen sind stumpf und nicht verhornt, umwallte Wärzchen beim Schafe 18—24, bei der Ziege 12 auf jeder Seite vorhanden.

d) Die Hundezunge ist flach, nicht mit Seitenflächen, sondern mit Seitenrändern versehen. Die fadenförmigen Papillen stehen in den ersten zwei Dritteln dicht gedrängt mit nach rückwärts gekehrter Spitze. Die Rückenfläche zeigt eine mediane Furche, die untere Seite in der Mitte der Spitze einen hohlen, spindelförmigen Knorpel (Lyssa).

12. Knochen. Das für die sanitätspolizeiliche Beurteilung besonders wichtige Mark wird in das rote (lymphoide) und das weiße oder gelbe Fett- und Gallertmark unterschieden. Rotes Mark findet sich beim ungeborenen und neugeborenen Tiere in sämtlichen Knochen, macht dann in den mit Markhöhle versehenen Röhrenknochen der Extremitäten dem Fettmark Platz, erhält sich aber in scharf abgegrenzten Herden im Mark des Caput femoris, in der Diaphyse des Femur und Humerus, in den flachen Knochen des Schädels, der Wirbelsäule, den Rippen, dem Brustbein, Becken und den Schulterblättern. Das rote Mark ist fettreich, das Fettmark weich, aber nicht so flüssig, daß es ausfließt.

13. Die Lymphknoten sind für die Beurteilung von größter Wichtigkeit, da sich nach ihrer Beschaffenheit das Verfahren bei der häufigsten Krankheit, der Tuberkulose richtet, und da Schwellungen der Lymphknoten zu den Merkmalen der Sepsis gehören. Ein Teil der letzteren ist bei den betreffenden Krankheiten angeführt worden, bezüglich weiterer Einzelheiten muß auf die Spezialliteratur verwiesen werden.

14. Das Fettgewebe ist trübe, weiß oder gelb, blutarm und von azinösem Bau. Die Konsistenz wechselt je nach dem Schmelzpunkte und der Höhe der Lufttemperatur. Rinder- und Schaftalg erstarrt z. B. auch im Sommer, Schweinefettgewebe hingegen nicht. Pathologisch verändertes Fett verliert seine ursprüngliche Farbe und seinen azinösen Bau, fast alle Eigenschaften werden von der Fütterung beeinflußt. So färbt Weidegang das Fettgewebe der Rinder gelb; Milch, Kartoffeln und Gerste erzeugen den besten Speck; Mais macht bei Tieren über 60 kg den Speck weich; Fischfütterung ruft tranigen Geruch und graue Verfärbung hervor.

15. Die Skeletmuskulatur ist der wichtigste Teil des Körpers der Schlachttiere. Die quergestreiften Muskeln haben dunkelrote Farbe (Hämoglobin oder Myoglobin) und fettreiche Konsistenz. Es gibt aber auch blasse hämoglobinarme Muskeln, so beim Kaninchen und Schwein, beim Kalbe bis zum 6. Monat, die Hautmuskeln beim Rinde, Muskeln bei Fischen und Vögeln. Die Farbe ist unabhängig von der Blutmenge und wird lediglich durch den Gehalt an Hämoglobin bedingt, auch von Alter, Rasse, Geschlecht, Fütterung, Arbeitsleistung usw. beeinflußt.

Die frischen Muskeln zeigen festweiche, elastische Konsistenz sowie hohen Glanz. Mit Eintritt der Muskelstarre, die an den Kau-, Gesichts- und Nackenmuskeln beginnt und dann zum Rumpf und den Vorderextremitäten fortschreitet, werden sie hart, trübe, und undurchsichtig. Hohe Außentemperatur beschleunigt, Kälte verzögert den Eintritt der Starre, die einen bis mehrere Tage anhält und sich meist bei denjenigen Tieren am schnellsten wieder löst, bei denen sie frühzeitig eintritt.

Die Reaktion des ganz frischen Fleisches ist schwach alkalisch oder amphoter, geht aber bei Rindern, Schweinen und Pferden bei Sommerwärme nach etwa $1^1/_2$ Stunden, bei kühler Witterung hingegen nach 3—$3^1/_2$ Stunden unter Bildung von Fleischmilchsäure und freien Fettsäuren in eine saure über. Bei Schafen tritt die saure Reaktion langsamer, zum Teil erst nach 7 Stunden, bei notgeschlachteten Tieren oft erst nach 2—3 Tagen oder gar nicht ein. Die dabei eintretenden chemischen Vorgänge sind unter „Reifung" (S. 701) besprochen worden.

Zur Unterscheidung des Fleisches der einzelnen Tierarten sind folgende anatomischen Merkmale zu beachten:

Pferdefleisch hat eine dunkelrote Farbe, die bei längerem Liegen an der Oberfläche einen bläulichen Schimmer erhält und stark nachdunkelt. Die Konsistenz ist fest, die Fleischfaser ziemlich fein, eng verbunden, nicht mit Fett durchwachsen, der Geruch süßlich, das Fett der jungen Tiere fest, weißgelb, dasjenige älterer Tiere, weich, körnig, gelb bis citronengelb.

Rindfleisch ist je nach dem Alter und Geschlecht der Tiere blaßrot bis ziegelrot und rotbraun, das Muskelgewebe mit Fett durchwachsen, daher wie marmoriert aussehend, bei älteren, abgetriebenen Tieren aber fettarm oder fettfrei, der Geruch schwach und nicht unangenehm. Die Fleischfaser ist bei jungen, gemästeten Tieren saftig und weich, bei älteren grob, derb und fest.

Kalbfleisch hat blaßrote, feine und etwas zähe Faser, weiche Konsistenz und charakteristischen Geruch.

Schweinefleisch zeigt je nach Rasse, Alter usw. zwischen blaß- und dunkelrot wechselnde Farbe. Die Faser junger Tiere ist zart, diejenige älterer dunkler und gröber; der Speck derb, fest, feinkörnig und reinweiß; der Geruch im allgemeinen nicht näher definierbar, bei älteren Ebern oft ekelhaft urinös.

Schaffleisch von jungen, gut genährten Tieren ist hellrot bis ziegelrot, von mäßig fester Konsistenz und feinen Fasern. Zwischen den einzelnen Muskeln, besonders in der Subcutis, und in der Fettkapsel der Nieren findet sich reichliches Fettgewebe. Ältere Zuchttiere haben dunkelrotes und festeres, nicht durchwachsenes Fleisch. Der spezifische, leicht ammoniakalische Geruch erinnert an denjenigen des Panseninhaltes oder häufiger des Schafstalles.

Ziegenfleisch ist dem Schaffleisch ähnlich von hellerer Farbe. Kennzeichnend ist der Mangel an Fett in der Unterhaut und die starke Entwicklung des Nierenfettgewebes. Die klebrige Beschaffenheit der Unterhaut hält leicht Haare fest, die zur Identifizierung dienen können. Der dem Fleisch des Ziegenbocks anhaftende „Bocksgeruch" wird beim Schlachten von der Haut übertragen.

Hundefleisch zeigt je nach Rasse, Alter, Ernährung der Tiere große Unterschiede. Die Farbe ist meist dunkelrot, die Muskulatur feinfaserig, wenig mit Fett durchwachsen, die Konsistenz weich. Das Fett gut genährter Tiere ist, namentlich zwischen den Muskeln, schmierig, weiß bis weißgrau, der Geruch des Fleisches und Fettes, namentlich älterer Hunde, widerlich.

Über weitere unterscheidende Merkmale, besonders in bezug auf die chemische Zusammensetzung siehe S. 662 ff.

b) **Untaugliches Fleisch.** Als „untauglich" ist dasjenige Fleisch anzusehen, das wegen der mit seinem Genusse verbundenen Gefahren für die menschliche Gesundheit von der Verwertung als Lebensmittel unbedingt ausgeschlossen werden muß, weiter aber auch solches Fleisch, das ohne gesundheitsschädlich zu sein, so hochgradig verändert ist, daß es sich zur Ernährung nicht eignet.

Die zahlreichen Arten untauglichen Fleisches sind durch das Fleischbeschaugesetz BBA. §§ 33—36 bezeichnet. Die Merkmale des Fleisches ungeborener und verendeter Tiere sind folgende:

Ungeborene und todgeborene Tiere enthalten im Darm nicht Milchkot, sondern Darmpech, kein Milchgerinnsel im Magen. Das Knochenmark ist rot, die Lunge braunrot, zusammengefallen, luftleer und daher in Wasser untersinkend (Alectase).

Verendete oder im Verenden getötete Tiere haben mehr oder weniger stark bluthaltiges, dunkel gefärbtes, meist stärker durchfeuchtetes, mürbes Fleisch. Die Venen der Eingeweide, namentlich der Unterhaut und Leber, sind auffallend stark mit Blut gefüllt. Scheinbare Schlachtung liegt vor, wenn die Ränder der Schnitt- oder Stichwunde am Halse nicht mit Blut durchtränkt sind.

c) **Bedingt taugliches Fleisch.** „Bedingt tauglich" ist solches Fleisch, das in seinem natürlichen Zustande zum menschlichen Genusse ohne Gesundheitsgefährdung nicht verwendbar ist, jedoch durch entsprechende Behandlung seiner gefährlichen Eigenschaften entkleidet werden kann, z. B. finniges, trichinöses und ähnliches Fleisch. Die Art der Behandlung (Kochen, Dämpfen, Pökeln, Durchkühlen) ist für jeden Fall im Fleischbeschaugesetz BBA. § 37 besonders vorgeschrieben.

d) Im Nahrungs- und Genußwert erheblich herabgesetztes Fleisch. Als im Nahrungs- und Genußwerte erheblich herabgesetzt (minderwertig) gilt solches Fleisch, das mit mäßigen Abweichungen in bezug auf Haltbarkeit, Zusammensetzung, Geruch, Farbe usw. behaftet ist. Solche Mängel werden im Fleischbeschaugesetz BBA. § 40 aufgeführt.

Das für minderwertig erklärte Fleisch darf nicht ohne weiteres in den freien Verkehr gebracht werden, sondern ist in entsprechender Weise zu kennzeichnen und unter Umständen wie das bedingt taugliche Fleisch brauchbar zu machen und im übrigen nach den besonderen landesrechtlichen Bestimmungen zu behandeln.

2. Marktkontrolle.

Die vorstehend besprochene sog. ordentliche Fleischbeschau ist nach dem Fleischbeschaugesetz auf die Haussäugetiere beschränkt, erstreckt sich aber nicht auf Wild, Geflügel, Fische usw. und auch nicht auf das als „tauglich oder als brauchbar gemacht" dem Handel übergebene Fleisch. Da aber auch der Verkehr mit diesem Fleische der Überwachung bedarf, haben die Landesregierungen mehrfach von der ihnen eingeräumten Befugnis, die Fleischkontrolle weiter auszubilden, Gebrauch gemacht und eine sog. außerordentliche Fleischbeschau eingerichtet, die sich mit der Kontrolle des Fleisches nach Ausführung der „ordentlichen Fleischbeschau" und auch der Fleischzubereitungs-, Aufbewahrung- und Verkaufsräume befaßt.

Die Württembergische Ministerialverfügung vom 1. Februar 1903 stellt in den §§ 52 bis 61 und 78—83 Vorschriften über die Beaufsichtigung des Geschäftsbetriebes der Metzger, Wildbret-, Geflügel- und Fischhandlungen auf.

Die Bayerische Verordnung vom 21. November 1906 verpflichtet die Bezirkstierärzte, alljährlich 5 volle Geschäftstage auf die Kontrolle der Metzgereien, Wurstereien, Fleischwarenhandlungen und ähnlicher Betriebe zu verwenden und dabei auch die Geschäftsinhaber über die zweckentsprechende Einrichtung und Instandhaltung der Arbeits- und Verkaufsräume zu beraten.

Die Sächsische Ausführungsverordnung vom 27. Januar 1903 bestimmt in § 8, daß die Beschauer Übelstände oder Unregelmäßigkeiten, die sie in Schlächtereien, Fleischaufbewahrungsräumen usw. bei Ausübung der Beschau wahrnehmen, der Ortspolizeibehörde anzuzeigen haben.

Die Thüringische Dienstanweisung für beamtete Tierärzte vom 18. Dezember 1924 ordnet die regelmäßige Revision der in Betracht kommenden Betriebe an, und zwar sind Fleischverkaufsstellen auf öffentlichen Märkten mindestens einmal im Monat, Fleischereien, Wurstereien, Fleischwaren-, Feinkost-, Wildbret-, Fisch- und Geflügelhandlungen mindestens zweimal im Jahre zu besichtigen. Die Revision der Gast- und Speisewirtschaften, Hotelküchen und Kantinen richtet sich nach den örtlichen Verhältnissen.

Sehr eingehende Vorschriften stellen die Polizeiverordnungen für den Regierungsbezirk Magdeburg vom 22. Februar 1927 und für Berlin vom 10. Dezember 1927 auf. Die Rechtsgültigkeit der letzteren ist vom Kammergericht in dem Urteile vom 12. Oktober 1928 anerkannt worden.

Das Lebensmittelgesetz ermächtigt in § 7 die beauftragten Polizeibeamten und Sachverständigen, in allen Herstellungs-, Verkaufs-, Lagerräumen usw. Besichtigungen vorzunehmen und nach den Vorschriften der Landesbehörden Anordnungen zu treffen. Die außerordentliche Fleischkontrolle wird, abgesehen von der laufenden Entnahme von Proben durch Polizeibeamte und Lebensmittelchemiker in der Regel durch beauftragte Tierärzte ausgeübt, die vor allem auf die Sauberkeit der Betriebsräume und Gerätschaften und auf die pflegliche Behandlung der vorhandenen Fleischwaren zu achten haben. Falls ihnen dabei verdächtige Vorräte aufstoßen, so entnehmen sie davon Proben zur eigenen Untersuchung oder, falls Verfälschung durch Zusatz von Wasser, Farbe, Konservierungs- und Bindemitteln usw. in Frage kommt, zur Weitergabe an das zuständige chemische Untersuchungsamt. Besondere Aufmerksamkeit ist dabei auch auf das Vorhandensein typischer Verfälschungsmittel wie Farbstofflösungen, Konservierungsmittel, unzulässiger Nitritpökelsalze usw. zu richten, die unter Umständen beschlagnahmt werden können.

Die zur Untersuchung anzuwendenden chemischen, bakteriologischen und histologischen Methoden sind in den Abschnitten II—V behandelt.

3. Einfuhr von Fleisch.

Die Einfuhr von Fleisch und Fleischerzeugnissen ist durch die §§ 12—17 des Fleischbeschaugesetzes (S. 957) geregelt.

Während des Krieges wurde zur Ermöglichung von Fleischzufuhren der § 12 praktisch aufgehoben. Die nachgelassenen Erleichterungen sind aber mit dem Wiedereintritt geordneter Verhältnisse allmählich wieder beseitigt worden, bis mit dem Gesetze über Zolländerungen vom 1. Juli 1930 die alten Vorschriften nahezu gänzlich, lediglich mit folgenden Ausnahmen wieder in Kraft getreten sind: Erlaubt ist die Einfuhr frischer Innereien von Rindern, Schweinen, Schafen und Ziegen, ferner frischer Köpfe und Spitzbeine von Schweinen und von Gefrierlebern von Rindern, Schweinen, Schafen und Ziegen, wenn sie in ganzen Organen einzeln verpackt sind und einigen weiteren Bedingungen entsprechen.

Über die Begriffe Fleisch, Frisches Fleisch, Zubereitetes Fleisch usw. bei der „Untersuchung und gesundheitspolizeilichen Behandlung des in das Zollinland eingehenden Fleisches" (ABD.) siehe S. 977.

II. Prüfung auf Verfälschungen.
(Chemische Untersuchungen.)

Als Verfälschungen des Fleisches und der Fleischerzeugnisse kommen hauptsächlich folgende Zusätze in Betracht:

1. Minderwertige Fleischarten (Pferde-, Hundefleisch und andere) (S. 738),
2. Wasser zu Hackfleisch (S. 741) und Wurstwaren (S. 763),
3. Verbotene Konservierungsmittel (S. 742),
4. Künstliche Farbstoffe (S. 755),
5. Bindemittel zu Wurstwaren (S. 763),
6. Minderwertige und untaugliche Fleischteile zu Hackfleisch und Wurstwaren (S. 792).

Gleichzeitig mit den Verfahren zum Nachweise dieser Verfälschungen sind im Nachfolgenden auch noch sonstige Untersuchungsverfahren, welche bei der Überwachung des Verkehrs mit Fleisch und Fleischerzeugnissen in Frage kommen, beschrieben.

1. Prüfung der Tierart.

Die Unterschiebung von Pferdefleisch, sowie von Esel-, Maulesel- oder Maultierfleisch verstößt gegen § 18 des Fleischbeschaugesetzes (S. 965), wenn sie nicht deutlich kenntlich gemacht[1] werden.

Die Aufbewahrung oder Abgabe dieser oder anderer Fleischarten unter falschem Namen, z. B. Pferdefleisch als Rindfleisch, Fohlenfleisch als Kalbfleisch, Ziegenfleisch als Schafffleisch, Rindfleisch als Hirschfleisch, Schaf- als Rehfleisch, Hunde- als Schweinefleisch, Kaninchen-, Katzen- oder Hundefleisch

---

[1] Die Bestimmung des § 18 Abs. 4, „daß diese Fleischsorten nicht in Räumen gleichzeitig mit dem Fleische anderer Tiere feilgehalten werden dürfen", schließt zugleich den Vertrieb von aus Einhuferfleisch und Rindfleisch oder Schweinefleisch hergestelltem Hackfleisch, Würsten, Sülzen u. dgl. aus.

als Hasenfleisch ist auf Grund von § 4 Nr. 3 des Lebensmittelgesetzes wegen irreführender Bezeichnung zu beanstanden.

In früheren Jahren, vor Erlaß des neuen Lebensmittelgesetzes sind auch mehrfach Verurteilungen wegen Betrugs auf Grund von § 263, 49 StGB. erfolgt, unter anderem vom L.G. Magdeburg am 13. März 1898, A.G. Dresden 1902[1] und Nürnberg 1900[2].

In der Entscheidung des A.G. Kontopp vom 19. Juni 1915[3] sind geschlachtete Katzen, die durch Entfernung der Köpfe und Füße kaninchenähnlich gemacht worden waren und als Kaninchen verkauft werden sollten, als nachgemacht beurteilt worden.

Nachweis der Tierart (Nachweis von Pferdefleisch). Die Unterscheidung des Fleisches verschiedener Tierarten mit Hilfe der anatomischen Merkmale (S. 732), die durch den tierärztlichen Sachverständigen erfolgen muß, bietet meist große Schwierigkeiten, besonders wenn es sich um knochenfreies, zerkleinertes oder zubereitetes Fleisch handelt, während bei anhaftenden Knochen durch deren oft charakteristische Form die Feststellung erleichtert wird. In gewissen Fällen, in denen, wie besonders bei dem klebrigen Ziegenfleische, noch Haare an der Oberfläche haften, können diese zur Kennzeichnung herangezogen werden.

Zur Ermittlung des für die küchenmäßige Verwendung wichtigen Alters der Tiere können einige äußerliche Merkmale wertvolle Hilfe leisten. So benutzt man beim Kalbe das Aussehen des Zahnfleisches, des Nabels und der Klauen, weniger zuverlässig die Schneidezähne. Beim Federwild sind die Federn junger Tiere weich und noch mit Blut gefüllt, bei den Gänsen ist die Schwimmhaut, bei den Hasen sind die Ohren um so leichter zerreißbar, je jünger das Tier ist.

Die sichere Erkennung untergeschobener oder beigemischter minderwertiger Fleischarten ermöglicht aber beim Versagen der anatomischen Untersuchung das biologische Verfahren, das in gewissen Fällen durch einige chemische Bestimmungen unterstützt werden kann.

a) Serologisches Verfahren. Das Bd. II, S. 680 näher beschriebene Verfahren, für dessen praktische Durchführung A. Brüning und B. Kraft[4] eine überaus zweckmäßige Apparatur und empfehlenswerte Handgriffe angegeben haben, eignet sich sowohl für frisches, als auch für getrocknetes und gepökeltes, ja selbst faules Fleisch, es versagt aber meist bei gekochtem oder sonstwie auf höhere Temperatur erhitztem Fleische, weil sich bei diesem in der Regel nicht die zur Ausführung der Reaktion erforderlichen löslichen Eiweißstoffe gewinnen lassen.

In solchen Fällen kann unter Umständen an Stelle des Präcipitinverfahrens dasjenige der Komplementbindung (Bd. II, S. 700) zum Ziele führen.

b) Untersuchung des Fettes. Die abweichende Beschaffenheit des Körperfettes der einzelnen Tierarten ist bislang hauptsächlich zum Nachweise von Pferdefleisch herangezogen worden, doch kann sie auch mit Hilfe des Bömerschen Verfahrens (Bd. IV) bisweilen zur Unterscheidung des Rind- oder Kalbfleisches vom Schweinefleisch dienen.

Das Pferdefett ist gegenüber dem Körperfett der anderen Tiere durch eine erhöhte Jodzahl und eine höhere Refraktion ausgezeichnet, doch scheinen die für letztere in den Handbüchern angegebenen Grenzwerte von 51—69 (bei 40⁰) auf einem Druckfehler zu beruhen, da J. Pritzker und R. Jungkunz[5] bei vier selbstausgelassenen Pferdefetten nur Refraktionen von 51,3—53,1 fanden, und auch die frühere Ausgabe des Schweizerischen Lebensmittelbuches 51—59 anführte. Bei Refraktionen der übrigen tierischen Fette von etwa 44—52

[1] Bericht Untersuchungsamt Dresden 1902, S. 9.
[2] Bericht Untersuchungsamt Nürnberg 1900, S. 13.
[3] Gesetze und Verordnungen, betr. Lebensmittel 1915, 7, 374.
[4] A. Brüning u. B. Kraft: Z. 1927, 54, 347.
[5] J. Pritzker u. R. Jungkunz: Z. 1932, 63, 30.

hat sonach diese Kennzahl erheblich an Bedeutung verloren. Auch für die Jodzahl, die früher zu 65—94[1] angegeben wurde und in den Handbüchern zu 71—90 bzw. 86 verzeichnet wird, ermittelten J. PRITZKER und R. JUNGKUNZ wesentlich niedrigere Werte von 74,4—78,5 und H. SCHLEGEL[2] Jodzahlen unter 70. Immerhin ist der Unterschied zwischen der Jodzahl des Pferdefettes und derjenigen anderer tierischer Fette (Rinderfett 33—45, Hammelfett 30—46, Schweinefett 46—77) doch so erheblich, daß daraus gewisse vorsichtige Schlüsse gezogen werden können.

Am einfachsten gestaltet sich die Untersuchung natürlich, wenn dem Fleische noch größere Fettstücke anhaften; da solche Fälle aber zu den Seltenheiten gehören, und bei der Unterschiebung von Pferdefleisch entweder möglichst fettfreie oder in anderes Fett eingebettete Stücke genommen werden, so ist es zweckmäßig, das anhaftende Fett zu beseitigen und das zwischen den Muskelfasern eingelagerte Fett abzuscheiden. Die amtliche Anweisung[3] für die chemische Untersuchung von Fleisch und Fetten gibt hierfür folgende Vorschrift:

„1. Verfahren, das auf der Bestimmung des Brechungsvermögens des Pferdefettes beruht. Aus Stücken von 50 g möglichst mit fetthaltigem Bindegewebe durchsetztem Fleische wird das Fett durch Ausschmelzen bei 100° oder, falls dies nicht möglich ist, durch Auskochen mit Wasser gewonnen und im ZEISS-WOLLNYschen Refraktometer zwischen 38 und 42° geprüft. Wenn die erhaltene Refraktometerzahl, auf 40° umgerechnet, den Wert 51,5 übersteigt, so ist auf die Gegenwart von Pferdefleisch zu schließen.

2. Verfahren, das auf der Bestimmung der Jodzahl des Pferdefettes beruht. Aus Stücken von 100—200 g möglichst mit fetthaltigem Bindegewebe durchsetztem Fleische wird das Fett in der gleichen Weise wie beim Verfahren unter 1 gewonnen und seine Jodzahl bestimmt. Unter den vorliegenden Umständen ist die Anwesenheit von Pferdefleisch als erwiesen anzusehen, wenn die Jodzahl des Fettes 70 und mehr beträgt."

Die in der früheren amtlichen Anweisung enthaltene Vorschrift, das Fett aus dem bei 100° getrockneten Fleische mit Petroläther auszuziehen, ist, wie oben ersichtlich, abgeändert worden, weil R. HEFELMANN und MAUZ[4] gezeigt hatten, daß auf diese Weise ein Fett mit weit höherer Refraktion aber erniedrigter Jodzahl erhalten wird. Aber auch die neuere Vorschrift muß mit großer Vorsicht behandelt werden, da die Kennzahlen der Fette weit größeren Schwankungen unterliegen, als früher angenommen wurde. Auch die in der Vorbemerkung gemachte Angabe: „Der Nachweis ist nur dann als erbracht anzusehen, wenn beide Verfahren zu einem positiven Ergebnis geführt haben", vermag diese Nachteile nicht völlig zu beseitigen, und das Verfahren ist sonach lediglich als eine Vorprüfung zu bewerten. Für Mischungen verschiedener Fleischarten und für Würste ist es nach A. HASTERLIK[5] überhaupt ungeeignet, weil sich Refraktion und Jodzahl durch allmähliche Sauerstoffaufnahme verändern.

Das früher für den Nachweis von Pferdefleisch angewendete Verfahren des Nachweises bzw. der Bestimmung von Glykogen (S. 721) ist für diese Zwecke auch in der Verbindung mit einer Glucosebestimmung wertlos, einmal weil der Glykogengehalt bei derselben Tierart in den verschiedenen Fleischstücken sehr schwankt und sodann, weil das Glykogen nach dem Schlachten verschieden schnell in Glucose übergeführt wird. — Vgl. auch FRÜHLING: Zeitschr. angew. Chem. 1896, 9, 352 u. G. BAUMERT: Zeitschr. angew. Chem. 1896, 9, 412; ferner NIEBEL: Zeitschr. Fleisch- und Milchhyg. 1895, 5, 130.

---

[1] NUSSBERGER: Chem. Rundschau 1896, S. 61; Zeitschr. analyt. Chem. 1897, 36, 269.
[2] H. SCHLEGEL: Bericht Untersuchungsamt Nürnberg 1905, S. 8.
[3] Anlage d zu den abgeänderten Ausführungsbestimmungen des Fleischbeschaugesetzes vom 22. Februar 1908.
[4] R. HEFELMANN u. MAUZ: Zeitschr. öffentl. Chem. 1906, 12, 63; Z. 1906, 12, 743.
[5] A. HASTERLIK: Forschungsber. über Lebensmittel 1894, 1, 127; Z. 1902, 5, 156.

2. Prüfung von frischem Fleisch (Hackfleisch).

a) Fleisch in ganzen Stücken, wie sie zum Kochen und Braten dienen, wird, abgesehen von den später zu behandelnden Fällen der Verdorbenheit oder Gesundheitsschädlichkeit kaum jemals zu einer Beanstandung wegen Verfälschung Anlaß geben.

Die in früheren Jahren bisweilen beobachtete Unsitte, Kalbfleisch oder Geflügel mit dem Munde aufzublasen, ist von mehreren Gerichten als Verfälschung (LG. Kassel am 7. März 1887) oder wegen der Möglichkeit einer Übertragung pathogener Keime auch wohl als gesundheitsschädigend beurteilt worden (RG. vom 27. Mai 1887; LG. Gleiwitz 6. Oktober 1889).

Gefrierfleisch muß als solches gekennzeichnet werden. Zu seinem Nachweis entnimmt man nach Malzean[1] dem Innern des Fleischstückes ein wenig Blut oder Fleischsaft und prüft, bevor die Flüssigkeit eintrocknet, zwischen zwei Glasplatten unter dem Mikroskope. Bei frischem Fleische sieht man zahlreiche normale rote Blutkörperchen in einem farblosen Serum schwimmen. Bei Fleisch, das gefroren war und wieder aufgetaut wurde, sind die Blutkörperchen sämtlich mehr oder weniger deformiert und völlig entfärbt, während die umgebende Flüssigkeit eine dunkle Farbe besitzt.

Möglicherweise lassen sich auch aus der Quellungskurve Schlüsse auf das Vorliegen von Gefrierfleisch ziehen.

Von weiteren Veröffentlichungen über diesen Gegenstand seien noch erwähnt: A. D. Emmett und H. S. Grindley[2]: Untersuchungen über die Einwirkung kalter Aufbewahrung auf Rindfleisch und Geflügel; H. Conradi[3]: Eiskonservierung und Fleischvergiftung; W. D. Richardson und E. Scherubel[4].

b) Hackfleisch (Schabefleisch, Gewiegtes). Im Gegensatze zu dem Fleische in ganzen Stücken unterliegt das zerkleinerte Fleisch mehreren Arten der Verfälschung. Unter „Hackfleisch“ und den anderen obenstehenden Bezeichnungen versteht man nach allgemeinem Sprachgebrauch im reellen Handel und Verkehr lediglich zerkleinertes Fleisch, d. h. die quergestreiften Muskeln des tierischen Körpers, die „Muskulatur“, ohne irgendwelche Zusätze. Auch Würzung durch Kochsalz und Pfeffer gilt, abgesehen von einem geringen Kochsalzzusatz zu Schweinehackfleisch nicht als üblich.

Als Verfälschungen kommen vorwiegend Zusätze von Wasser[5] und von Gefrierfleisch, minderwertigem Fleisch und von Fleischabfällen in Betracht; seltener dürften Zusätze von Mehl, Kartoffeln usw. in Frage kommen, die gelegentlich beobachtet sind. Durch alle diese Zusätze wird der Nährwert des Hackfleisches herabgesetzt.

In diesem Sinne entschieden bei Wasserzusätzen von 10% LG. Breslau am 25. November 1904[6] 13% LG. Bochum am 20. Mai 1922 und OLG. Hamm am 23. September 1922[7], 20% LG. Essen am 16. Januar 1923 und OLG. Hamm am 22. August 1923[8].

Minderwertiges Fleisch und Fleischabfälle, welche als Zusätze zu Hackfleisch in Frage kommen, sind z. B. Haut, Sehnen, Bänder, Lunge, Maulschleimhaut

---

[1] Malzean: Journ. Pharm. Chim. 1892, [5] **25**, 348; Vierteljahresschr. Nahrungs- u. Genußm. 1892, **7**, 123.

[2] A. D. Emmett u. H. S. Grindley: Journ. Ind. engin. Chem. 1909, **1**, 413, 580; C. 1910, I, 49.

[3] H. Conradi: Münch. med. Wochenschr. 1909, S. 909; Jahrsber. Beckurts 1909, **19**, 76.

[4] W. D. Richardson u. E. Scherubel: Journ. Amer. Chem. Soc. 1908, **30**, 1515; C. 1908, II, 2027.

[5] Wasserzusätze werden heute viel seltener beobachtet als früher. Unter 102 dem Untersuchungsamte Dresden im Jahre 1922 eingelieferten Hackfleischproben (Z. 1922, **44**, 344) waren nur zwei Proben vorhanden, die eingestandenermaßen gewässert waren (Feder-Zahlen 4,3 und 5,0).

[6] Auszüge aus gerichtl. Entscheidungen 1908, **7**, 606.

[7] Gesetze u. Verordnungen, betr. Lebensmittel 1923, **15**, 153.

[8] Gesetze u. Verordnungen, betr. Lebensmittel 1923, **15**, 152.

und Speicheldrüsen. Ein Zusatz der drei letzteren ist vom LG. Dresden am 3. März und 4. Juni 1916 und ein Zusatz von Haut, Sehnen und Bändern vom LG. Chemnitz am 12. März 1913[1] als Verfälschung beurteilt worden. Gefrierfleischzusatz ist vom LG. Berlin am 29. Mai 1922 und vom KG. am 1. September 1922[2] als Verfälschung bezeichnet worden.

Der Zusatz von Konservierungsmitteln, der früher sehr häufig und auch jetzt noch geübt wird, sowie von Farbstoffen aller Art, ist nach dem Fleischbeschaugesetz verboten; siehe S. 742 und 755.

α) **Nachweis des Wasserzusatzes.** Ein solcher läßt sich wegen der starken Schwankungen in der Zusammensetzung des Fleisches meist nicht aus dem absoluten Wassergehalte ableiten. Eine durchaus zuverlässige Grundlage bildet aber nach dem Vorschlage von E. FEDER[3] das Verhältnis der fett- und aschefreien Trockensubstanz, des sog. organischen Nichtfettes (ONF) zum Wassergehalte (W). Liegt dieses Verhältnis, in der Folge als FEDERsche Zahl bezeichnet, bei Rindfleisch über 4,0 und bei Schweinefleisch über 4,5, so besteht der Verdacht auf Wässerung, der durch wiederholte Kontrollen und Untersuchung von Vergleichsmaterial nachzuprüfen ist. Der Gehalt an zugesetztem Wasser in 100 g Fleisch („Mindest-Fremdwassergehalt") berechnet sich zu $x = W - 4$ (bzw. 4,5) ONF; die Menge des auf 100 g ursprünglichen Fleisches zugesetzten Wassers zu $\dfrac{100\,x}{100 - x}$.

Gegen die FEDERsche Methode ist, namentlich von tierärztlicher Seite, eine Reihe von Einwendungen erhoben worden, die sich einerseits auf die beim Fleische schlechtgenährter Tiere beobachteten Überschreitungen der Werte 4 bzw. 4,5 stützen, andererseits den nicht berücksichtigten Wassergehalt des Fettgewebes hervorheben. Da die Zahl dieser Veröffentlichungen und der von seiten der Lebensmittelchemiker verfaßten Entgegnungen bereits im Jahre 1925 die Zahl 80 überschritt, ohne daß Einigung erzielt werden konnte, hat das Reichsgesundheitsamt unter Zuziehung von beamteten Tierärzten, Lebensmittelchemikern und Fleischermeistern in 12 größeren deutschen Städten umfangreiche Untersuchungen veranlaßt, über deren Ergebnisse W. KERP und G. RIESS[4] einen zusammenfassenden Bericht erstattet haben. Aus den Versuchen, die sich auf 75 Proben erstreckten, geht hervor, daß das Fleisch normal ernährter Rinder, Stiere, Bullen, Kühe und Kälber in keinem Falle eine FEDERsche Zahl über 4 aufwies und daß von 18 Proben Schweinefleisch nur 5 eine geringe Überschreitung der Zahl 4—4,5 zeigten. Beim Fleische anormal ernährter oder kranker Tiere (12 Proben) wurden dagegen in 3 Fällen Werte von 4,0—4,15 und in 5 Fällen Werte von 4,5—5,0 gefunden; hier handelte es sich aber um Fleisch, das seiner äußeren Beschaffenheit nach schon als unbrauchbar zu verwerfen war.

Auf Grund dieser Befunde hat das Reichsgesundheitsamt das FEDERsche Verfahren als wohlbegründet bezeichnet und „Grundsätze für die Beurteilung eines Wasserzusatzes zu Hack- oder Schabefleisch, sowie zu Fleischbrühwürsten und Fleischkochwürsten" sowie Erläuterungen dazu herausgegeben, die durch den Preußischen Ministerialerlaß vom 18. April 1925 den zuständigen Behörden sowie den Untersuchungsämtern zur Nachachtung übergeben worden sind. Unter Berücksichtigung der gleichzeitig bekanntgegebenen Vorsichtsmaßregeln ist somit sichere Gewähr geleistet, daß unberechtigte Beanstandungen nicht vorkommen.

---

[1] Auszüge aus gerichtl. Entscheidungen 1921, **9**, 694.
[2] Gesetze u. Verordnungen, betr. Lebensmittel 1922, **14**, 144.
[3] E. FEDER: Z. 1913, **25**, 577.
[4] W. KERP u. G. RIESS: Z. 1925, **49**, 217.

Das ergibt sich auch aus einer Veröffentlichung von Pannwitz und Harder[1], die bei 100 dem freien Handel entnommenen Proben gehackten Rindfleisches Federsche Zahlen unter 4 fanden, während 2 weitere Proben mit den Werten 4,2 und 5,02 zugestandenermaßen gewässert waren.

Zur Vereinfachung der Untersuchung ist von C. Baumann und J. Grossfeld[2] und später nochmals von J. Grossfeld[3] vorgeschlagen worden, an Stelle des organischen Nichtfettes den Gehalt an Stickstoffsubstanz ($N \times 6{,}25$) der Rechnung zugrunde zu legen, und dieser Vorschlag erscheint recht zweckmäßig. Zwar geht aus den Untersuchungen von Pannwitz und Harder[1] hervor, daß diese Werte nicht immer übereinstimmen, sondern Abweichungen von $+ 1{,}1$ bis $- 2{,}4$ im Höchstfalle aufweisen können, aber die mit Hilfe der Stickstoffsubstanz errechneten Werte sind in der Regel wahrscheinlich genauer als die anderen und jedenfalls bei gleichzeitiger Anwesenheit von stärkehaltigen Stoffen allein maßgebend.

β) Über den histologischen Nachweis von minderwertigem Fleisch und Fleischabfällen siehe S. 792, über denjenigen von Konservierungsmitteln S. 742 und den von Farbstoffen S. 755.

Um den Gewerbetreibenden den Anreiz zur Verwendung der Konservierungsmittel zu nehmen, haben einige Verordnungen, so neben der Sächsischen die Preußische vom 2. März 1926[4], die Bremische Verordnung vom 23. Dezember 1928[5] und die Thüringische vom 3. Juli 1933[6] bestimmt, daß Hackfleisch nicht in größerer, den für einige Stunden zu erwartenden Verbrauch übersteigender Menge hergestellt werden darf.

Auch die Schweiz verbietet in ihrem Fleischbeschaugesetze vom 29. Januar 1909[7] und in der Lebensmittelverordnung vom 23. Februar 1926[8] für frisches Fleisch jeden konservierenden Zusatz und für andere Fleischwaren die Verwendung aller Konservierungsmittel außer Zucker und kleinen Mengen reinen Salpeters.

Das neue Österreichische Lebensmittelgesetz (Codex alimentarius austriacus II) endlich bezeichnet auf S. 111 die Ameisensäure als unzulässig für Hackfleisch, nachdem schon früher die Ministerialverordnung vom 22. März 1911 die Einfuhr aller Aluminiumhydrat oder Ameisensäure enthaltender Fleischkonservierungsmittel verboten hatte.

Salpeterzusatz, der bei Fleischdauerwaren zur Erzielung der sog. Salzungsröte als zulässig gilt, ist bei frischem Hackfleisch als Verfälschung anzusehen. In diesem Sinne haben LG. Elberfeld am 14. Januar 1910, OLG. Düsseldorf am 12. März 1910[9] und LG. Frankfurt a. O. am 24. Juni 1911[10] und am 13. September 1912[11] entschieden.

Auch Zusatz von Kochsalz bedingt eine Abweichung von der normalen Beschaffenheit und damit eine Verfälschung bei gehacktem Rindfleisch, nicht bei gehacktem Schweinefleisch.

3. Prüfung auf verbotene Konservierungsmittel.

Nach den auf Grund des § 21 des Fleischbeschaugesetzes vom 3. Juni 1900 erlassenen Verordnungen des Reichsministers des Innern vom 30. Oktober 1934 und 9. Mai 1935 (S. 969) ist bei der gewerbsmäßigen Zubereitung von Fleisch die Verwendung folgender Stoffe und solche enthaltender Zubereitungen uneingeschränkt, also auch bei Kenntlichmachung, verboten:

---

[1] Pannwitz u. Harder: Z. 1922, **44**, 344.
[2] C. Baumann u. J. Grossfeld: Z. 1916, **32**, 489.
[3] J. Grossfeld: Z. 1923, **45**, 253.
[4] Reichsgesundheitsblatt 1926, 1, 447.
[5] Reichsgesundheitsblatt 1929, 4, 69.
[6] Fleischerverbands-Ztg. 1933, 27, 1323.
[7] Veröff. Kaiserl. Gesundheitsamt 1909, **33**, 684.
[8] Reichsgesundheitsblatt 1927, 2, 114.
[9] Gesetze u. Verordnungen, betr. Lebensmittel 1910, 2, 472.
[10] Auszüge aus gerichtl. Entscheidungen 1912, 8, 980.
[11] Auszüge aus gerichtl. Entscheidungen 1921, 9, 689.

a) Alkali-, Erdalkali- und Ammonium-Hydroxyde und -Carbonate[1],

b) Benzoesäure und deren Verbindungen sowie Abkömmlinge der Benzoesäure (einschließlich der Salicylsäure) und deren Verbindungen,

c) Borsäure und deren Verbindungen,

d) Chlorsaure Salze,

e) Fluorwasserstoff und dessen Verbindungen,

f) Formaldehyd und solche Stoffe, die bei ihrer Verwendung Formaldehyd abgeben,

g) Schweflige Säure und deren Verbindungen sowie unterschwefligsaure Salze,

h) Farbstoffe jeder Art[1],

i) Säuren des Phosphors, deren Salze und Verbindungen,

k) Aluminiumsalze und Aluminiumverbindungen.

Als Behandlung des Fleisches mit diesen Konservierungsmitteln ist auch anzusehen und auf Grund des Fleischbeschaugesetzes zu beanstanden, wenn in den zur Aufbewahrung des Fleisches dienenden Räumen von Schwefliger Säure, Formaldehyd u. dgl. verbreitet werden und an die Oberfläche des Fleisches gelangen; unter Umständen ist darin auch eine Verfälschung im Sinne des Lebensmittelgesetzes zu erblicken.

Durch das Nitritgesetz vom 19. Juni 1934 (S. 995) ist auch die Verwendung salpetrigsaurer Salze mit Ausnahme der Verwendung von Nitritpökelsalz bei Fleischwaren — ausgenommen Hackfleisch — und bei Wurstwaren im Lebensmittelverkehr verboten.

Durch die vorstehenden gesetzlichen Verbote sind die früheren Meinungsverschiedenheiten über die Zulassung der genannten Konservierungsmittel beseitigt. Nur über die Zulässigkeit einiger neuerdings aufgetauchten, nicht ausdrücklich verbotenen Konservierungsmittel, wie Ameisensäure, Zimtsäure[2], Natriumacetat usw. bestehen heute noch verschiedene Ansichten.

Zu beachten ist aber hierbei, daß die Zusätze von Konservierungsmitteln zu Fleisch und Fleischerzeugnissen auch meist Zuwiderhandlungen gegen das Lebensmittelgesetz darstellen. Ganz besonders ist dies der Fall z. B. beim Zusatz von Präservesalz (Natriumsulfit) zu Hackfleisch, bei dem dadurch die rote Farbe, ein Kennzeichen der Frische des Fleisches, längere Zeit erhalten wird; damit wird älterem Hackfleisch der Schein einer besseren Beschaffenheit verliehen[3].

Nach der nunmehrigen fast vollständigen Verdrängung der schwefligsauren Salze als Konservierungsmittel für Fleisch hat man versucht, solche als „Scheuer"- oder „Reinigungssalze" für die Reinigung der Geräte den Fleischern anzubieten. Solche Salze dürfen natürlich auch nicht mit dem Fleische in Berührung kommen.

Vor dem Verbote der Benzoesäure und ihrer Verbindungen durch die Verordnung vom 30. Oktober 1934 wurde Natriumbenzoat, auch im Gemische mit anderen Salzen den Fleischern ausdrücklich zur Fleischrötung unter den verschiedensten Phantasiebezeichnungen wie Hacko, Hackolit, Tho Seeths neues Hacksalz, Protektor, Triumph, Curtin u. a. angeboten, mit dem Hinweise, daß diese Verbindungen das Bakterienwachstum zu hemmen vermöchten. Dieses ist bei den benzoesauren Salzen in wäßrigen Lösungen zwar der Fall, findet aber bei der Schwierigkeit der gleichmäßigen Verteilung der Salze im Hackfleisch nur in beschränktem Maße statt[4].

---

[1] Alkali-, Erdalkali- und Ammonium-Hydroxyde und -Carbonate sind natürlich keine Konservierungsmittel, sondern Neutralisationsmittel für Fette; sie werden in Bd. IV behandelt. — Über die Verwendung von Farbstoffen siehe S. 755.

[2] C. MASSATSCH u. E. SCHNEIDER: Deutsche Nahrungsm.-Rundschau 1935, 161.

[3] Vgl. dazu die Denkschrift des Kaiserl. Gesundheitsamts vom Oktober 1898 (Druck von B. Paul, Berlin SW).

[4] Vgl. dazu die Untersuchungen von A. REINSCH (Z. 1908, 15, 411), A. BEYTHIEN (Pharm. Zentralhalle 1908, 49, 261), O. MEZGER und Mitarbeitern (Z. 1908, 15, 715 und Chem.-Ztg. 1912, 36, 1357), ferner das Gutachten der Preußischen Deputation für das Medizinalwesen (Gesetze u. Verordnungen, betr. Lebensmittel, 1913, 5, 509) und die neuere umfangreiche Untersuchung des Reichsgesundheitsamtes durch R. MEYER (Zeitschr. Fleischu. Milchhyg. 1932, 43, 21 u. 41).

Gegenüber dem für andere Konservierungsmittel erhobenen, aber auch auf Benzoesäure übertragbaren Einwande, daß die Konservierungsmittel nicht geeignet seien, verdorbenem oder doch verfärbtem Fleische den Anschein der Frische wieder zu verleihen, ist folgende grundsätzliche Entscheidung des Reichsgerichts von entscheidender Bedeutung:

„Verfälschung liegt nicht nur dann vor, wenn minderwertigem Fleisch ein besseres Aussehen, der Schein einer besseren Beschaffenheit verliehen werden soll, sondern auch dann, wenn vollständig frischem und gut aussehendem Fleische Präservesalz zugesetzt wird, um demselben das gute Aussehen für längere Zeit zu erhalten, als es dieses Aussehen ohne den Zusatz behalten haben würde."

Nachweis und Bestimmung der Konservierungsmittel. Bei der Untersuchung auf verbotene Konservierungsmittel ist nach der amtlichen Anweisung so zu verfahren, daß man beim Vorliegen des Verdachtes für die Anwesenheit eines bestimmten Stoffes zunächst auf diesen prüft. Liegt ein solcher Verdacht nicht vor, so muß zunächst auf Borsäure und deren Salze, und wenn diese nicht vorhanden sind, noch auf einen der übrigen verbotenen Stoffe geprüft werden.

Bei der Prüfung auf die verbotenen Konservierungsmittel ist zu beachten, daß dabei auch die zu prüfenden Fleischmengen genau innezuhalten sind, weil bei Steigerung der Empfindlichkeit durch Anwendung größerer Substanzmengen, z. B. bei der Borsäure die geringen Mengen dieser Säure in manchen Kochsalzarten und bei Formaldehyd die geringen durch die Räucherung entstehenden Formaldehydmengen nachgewiesen werden können, die nicht als Zusätze verbotener Konservierungsmittel im Sinne des Fleischbeschaugesetzes anzusehen sind.

a) Borsäure. α) Nachweis (Amtliche Vorschrift[1]): „50 g der fein zerkleinerten Fleischmasse werden in einem Becherglase mit einer Mischung von 50 ccm Wasser und 0,2 ccm Salzsäure (1,124) zu einem gleichmäßigen Brei gut durchgemischt. Nach ½stündigem Stehen wird das mit einem Uhrglase bedeckte Becherglas unter zeitweiligem Umrühren ½ Stunde im siedenden Wasserbade erhitzt. Alsdann wird der noch warme Inhalt des Becherglases auf ein Gazetuch gebracht, der Fleischrücktsand abgepreßt und die erhaltene Flüssigkeit durch ein angefeuchtetes Filter gegossen. Das Filtrat wird nach Zusatz von Phenolphthalein mit 1/10 N.-Natronlauge schwach alkalisch gemacht und bis auf 25 ccm eingedampft. 5 ccm von dieser Flüssigkeit werden mit 0,5 ccm Salzsäure (1,124) angesäuert, filtriert und auf Borsäure mit Curcuminpapier[2] geprüft. Dies geschieht in der Weise, daß ein etwa 8 cm langer und 1 cm breiter Streifen geglättetes Curcuminpapier bis zur halben Länge mit der angesäuerten Flüssigkeit durchfeuchtet und auf einem Uhrglase von etwa 10 cm Durchmesser bei 60—70° getrocknet wird. Zeigt das mit der Flüssigkeit befeuchtete Curcuminpapier nach dem Trocknen keine sichtbare Veränderung der ursprünglichen gelben Farbe, dann enthält das Fleisch keine Borsäure. Ist dagegen eine rötliche oder orangerote Färbung entstanden, dann betupft man das Papier mit einer 2%igen **Lösung von wasserfreiem Natriumcarbonat.** Entsteht hierdurch ein rotbrauner Fleck, der sich in seiner Farbe nicht von dem rotbraunen Fleck

---

[1] Abgeänderte Ausführungsbestimmungen D vom 22. Februar 1908, Anlage d II, 1; Zentralbl. f. d. Deutsche Reich, S. 89.

[2] Das Curcuminpapier wird durch einmaliges Tränken von weißem Filtrierpapier mit einer Lösung von 0,1 g Curcumin in 100 ccm Alkohol (90%) hergestellt. Das getrocknete Curcuminpapier ist in gut verschlossenen Gefäßen, vor Licht geschützt, aufzubewahren.

Das Curcumin wird in folgender Weise hergestellt:

30 g feines, bei 100° getrocknetes Curcumawurzelpulver (Curcuma longa) werden im Soxhlet zunächst 4 Stunden lang mit Petroläther ausgezogen. Das so entfettete Pulver wird alsdann in demselben Apparate mit heißem Benzol 8—10 Stunden lang, unter Anwendung von 100 ccm Benzol erschöpft. Zum Erhitzen des Benzols kann ein Glycerinbad von 115—120° verwendet werden. Beim Erkalten der Benzollösung scheidet sich innerhalb 12 Stunden das für die Herstellung des Curcuminpapiers zu verwendende Curcumin ab.

unterscheidet, der durch die Natriumcarbonatlösung auf reinem Curcumin-papier erzeugt wird, oder eine rotviolette Färbung, so enthält das Fleisch ebenfalls keine Borsäure. Entsteht dagegen durch die Natriumcarbonatlösung ein blauer Fleck, dann ist die Gegenwart von Borsäure nachgewiesen. Bei blauvioletten Färbungen und in Zweifelsfällen ist der Ausfall der Flammenreaktion ausschlag-gebend.

Die Flammenreaktion ist in folgender Weise auszuführen: 5 ccm der rückständigen alkalischen Flüssigkeit werden in einer Platinschale zur Trockne verdampft und verascht. Zur Herstellung der Asche wird die verkohlte Substanz mit etwa 20 ccm heißem Wasser ausgelaugt. Nachdem die Kohle bei kleiner Flamme völlig verascht ist, fügt man die aus-gelaugte Flüssigkeit hinzu und bringt sie zunächst auf dem Wasserbade, alsdann bei etwa 120° C zur Trockne. Die so erhaltene lockere Asche wird mit einem erkalteten Gemisch von 5 ccm Methylalkohol und 0,5 ccm konz. Schwefelsäure sorgfältig zerrieben und unter Benutzung weiterer 5 ccm Methylalkohol in einen Erlenmeyer von 100 ccm Inhalt gebracht. Man läßt den verschlossenen Kolben unter mehrmaligem Umschütteln ¹/₂ Stunde lang stehen, alsdann wird der Methylalkohol aus dem Wasserbade bei 80—85° vollständig abdestilliert. Das Destillat wird in ein Gläschen von 40 ccm Inhalt und etwa 6 cm Höhe gebracht, durch dessen zweimal durchbohrten Stopfen 2 Glasröhren führen. Die eine Röhre reicht bis auf den Boden des Gläschens, die andere nur bis in den Hals. Das ver-jüngte äußere Ende der letzteren Röhre wird mit einer durchlochten Platinspitze ver-sehen und durch die Flüssigkeit hierauf ein getrockneter Wasserstoffstrom derart geleitet, daß die angezündete Flamme 2—3 cm lang ist. Ist die bei zerstreutem Tageslichte zu beobachtende Flamme grün gefärbt, so ist Borsäure im Fleische enthalten.‟

Fleisch, in dem Borsäure nach diesen Vorschriften nachgewiesen ist, ist im Sinne der Ausführungsbestimmungen D § 5 Nr. 3 als mit Borsäure behandelt zu betrachten.

Bei Ausführung der Flammenfärbung muß die Anwesenheit von Kupfer an den Apparaten, sowie die Entstehung von Chlormethyl sorgfältig vermieden werden. Bezüglich der weiter zu beachtenden Vorsichtsmaßregeln sei auf Bd. II, S. 1265 verwiesen.

β) Bestimmung. 50 g der gut zerkleinerten und gemischten Fleischprobe werden mit Natronlauge sorgfältig verrührt und dann völlig eingetrocknet. Der harte Rückstand wird im Mörser zerrieben und nach und nach in kleinen Portionen in eine geräumige Platinschale eingetragen und verascht, die Asche mit Wasser ausgezogen und weiß gebrannt. Die erhaltene Asche nimmt man mit verd. Schwefelsäure auf, erwärmt zur Vertreibung der Kohlensäure einige Zeit gelinde (auf 60°) in einem mit Uhrglas bedeckten ERLENMEYER-Kolben, neutralisiert die abgekühlte Lösung mit 0,1 N.-Lauge genau gegen Phenol-phthalein und verfährt weiter nach den Verfahren von G. JÖRGENSEN (Bd. II, S. 1266) unter Beachtung der von A. BEYTHIEN und H. HEMPEL[1] angegebenen Vorsichtsmaßregeln. Als selbstverständliche Voraussetzung sei noch hinzu-gefügt, daß ausgekochtes Wasser, durch Barytzusatz von Kohlensäure befreite Natronlauge, sowie völlig neutrales Glycerin und neutraler Alkohol benutzt werden müssen.

Hinsichtlich des zur Bestimmung kleiner Borsäuremengen sehr geeigneten colorimetrischen Verfahrens von A. HEBEBRAND[2], sowie des kaum noch benutzten Perfo-rationsverfahrens von A. PARTHEIL und J. ROSE[3], bei dem man die Borsäure in Substanz erhält, sei auf Bd. II, S. 1267 verwiesen.

b) Chlorsaure Salze. Nachweis (Amtliche Vorschrift): „30 g der zerkleinerten Fleischmasse werden mit 100 ccm Wasser 1 Stunde lang kalt ausgelaugt, alsdann bis zum Kochen erhitzt. Nach dem Erkalten wird die wäßrige Flüssigkeit abfiltriert und mit Silbernitratlösung im Überschusse versetzt. 50 ccm der von dem entstandenen Niederschlage abfiltrierten klaren Flüssigkeit werden mit

---

[1] A. BEYTHIEN u. H. HEMPEL: Z. 1899, **2**, 842.

[2] A. HEBEBRAND: Z. 1902, **5**, 55.

[3] A. PARTHEIL u. J. ROSE: Z. 1901, **4**, 1172; 1902, **5**, 1050.

1 ccm einer 10%igen Lösung von schwefligsaurem Natrium und 1 ccm konz. Salpetersäure versetzt und hierauf bis zum Kochen erhitzt. Ein hierbei entstehender Niederschlag, der sich auf erneuten Zusatz von kochendem Wasser nicht löst und aus Chlorsilber besteht, zeigt die Gegenwart chlorsaurer Salze an.

Fleisch, in dem nach vorstehender Vorschrift chlorsaure Salze nachgewiesen sind, ist im Sinne der Ausführungsbestimmungen D § 5 Nr. 3 als mit chlorsauren Salzen behandelt zu betrachten."

Gegen dieses Verfahren ist von POPP und BECKER[1] der Einwand erhoben worden, daß es bei gewissen Sorten von Pökelfleisch versage, weil bei diesen durch Zusatz von Silbernitrat zu dem Fleischauszuge eine milchige, unfiltrierbare Trübung hervorgerufen werde. Sie empfehlen daher, an Stelle der amtlichen Vorschrift eine andere, allgemein anerkannte, etwa folgende von LAFITTE und TIAGÉS[2] anzuwenden: Man setzt zu der Lösung einige Tropfen Anilinwasser (1 ccm in 40 ccm Wasser) und darauf bis zur Verdoppelung des Volumens Salzsäure vom Spez. Gewicht 1,18. Bei Gegenwart von Chloraten erscheint eine rotviolette Farbe, die in ein intensives Dunkelblau übergeht und nach einiger Zeit in Grün umschlägt. Wenn nur sehr wenig Chlorat vorhanden ist, treten die Farben erst allmählich auf. Freies Chlor und Hypochlorite geben die gleichen Erscheinungen, hingegen nicht Chloride, Perchlorate, Ferricyanid, Zucker, Arsenate und Molybdate. Die Reaktion ist derjenigen mit Anilinsulfat überlegen und gestattet noch den Nachweis von 0,00006 g Chlorat in einer kalt gesättigten Salpeterlösung.

c) Fluorwasserstoff und dessen Salze. α) Nachweis (Amtliche Vorschrift):

„25 g der zerkleinerten Fleischmasse werden in einer Platinschale mit einer hinreichenden Menge Kalkmilch durchknetet. Alsdann trocknet man ein, verascht und gibt den Rückstand nach dem Zerreiben in einen Platintiegel, befeuchtet das Pulver mit etwa drei Tropfen Wasser und fügt 1 ccm konz. Schwefelsäure hinzu. Sofort nach dem Zusatze der Schwefelsäure wird der behufs Erhitzens auf eine Asbestplatte gestellte Platintiegel mit einem großen Uhrglase bedeckt, das auf der Unterseite in bekannter Weise mit Wachs überzogen und beschrieben ist. Um das Schmelzen des Wachses zu verhüten, wird in das Uhrglas ein Stückchen Eis gelegt. Sobald das Glas sich an den beschriebenen Stellen angeätzt zeigt, so ist der Nachweis von Fluorwasserstoff im Fleische als erbracht, und das Fleisch im Sinne der Ausführungsbestimmungen D § 5 Nr. 3 als mit Fluorwasserstoff oder dessen Salzen behandelt anzusehen."

Bequemer, wenn schon weniger empfindlich, ist das Verfahren von RUPP, der das in einem Platin- oder Bleitiegel befindliche veraschte Material mit 3 Tropfen Wasser und 1 ccm Schwefelsäure befeuchtet und den Tiegel danach mit einem Gummistopfen verschließt, durch dessen Bohrung ein Glasstab 3 mm tief hineinragt. Die so gebildete Kuppe ist mit einem hängenden Wassertropfen versehen. Nach 20—30 Minuten langem Erhitzen auf dem Wasserbade zeigt sich die Glaskuppe bei Gegenwart von Fluor bereift oder angeätzt.

β) Bestimmung. Nach dem Vorschlage von O. NOETZEL[3] versetzt man 50 bis 100 g der fein zerkleinerten Fleischmasse mit Natronlauge bis zur schwach alkalischen Reaktion, vermischt mit 1—2 g frisch gebranntem, zum Brei verriebenen Kalk im Mörser und verascht in gewogener Platinschale unter Ausziehen mit Wasser. Die Asche wird mit einem feinen Spatel soweit als möglich aus der Schale entfernt, der Rückstand mit wenig Wasser unter Erwärmen zusammengespült und nach schwachem Glühen ebenfalls aus der Schale zu der Hauptmenge gebracht, und schließlich die Schale mit einem feuchten Filter ausgewischt, das verascht und mit der Gesamtasche vereinigt wird. Durch Wägung der Schale kontrolliert man die quantitative Entfernung der Asche. Die letztere wird im Achatmörser sehr fein zerrieben, mit 5—7 g feinem Quarzsand vermischt und in einen 200-ccm-Rundkolben gebracht. Die weitere

---

[1] POPP und BECKER: Z. 1905, 9, 474.
[2] LAFITTE u. TIAGÉS: Chem.-Ztg. 1903, 27, 585; vgl. J. F. VIRGILI: Ann. Chim. analyt. 1909, 14, 85; Z. 1910, 19, 500.
[3] O. NOETZEL: Z. 1925, 49, 31.

Bestimmung erfolgt nach dem Bd. II, S. 1247 beschriebenen titrimetrischen Verfahren von GREEF.

d) Schweflige Säure und deren Verbindungen sowie unterschwefligsaure Salze.

α) Nachweis (Amtliche Vorschrift): „30 g fein zerkleinerte Fleischmasse und 5 ccm Phosphorsäure (25%) werden möglichst auf dem Boden eines ERLENMEYER-Kölbchens von 100 ccm Inhalt durch schnelles Zusammenkneten gemischt. Hierauf wird das Kölbchen sofort mit einem Korke verschlossen. Das Ende des Korkes, das in den Kolben hineinragt, ist mit einem Spalt versehen, in dem ein Streifen Kaliumjodatstärkepapier so befestigt ist, daß dessen unteres, etwa 1 cm lang mit Wasser befeuchtetes Ende ungefähr 1 cm über der Mitte der Fleischmasse sich befindet. Die Lösung zur Herstellung des Jodstärkepapiers besteht aus 0,1 g Kaliumjodat und 1 g löslicher Stärke in 100 ccm Wasser.

Zeigt sich innerhalb 10 Minuten keine Bläuung des Streifens, die zuerst gewöhnlich an der Grenzlinie des feuchten und trockenen Streifens eintritt, dann stellt man das Kölbchen bei etwas loserem Korkverschluß auf das Wasserbad. Tritt auch jetzt innerhalb 10 Minuten keine vorübergehende oder bleibende Bläuung des Streifens ein, dann läßt man das wieder fest verschlossene Kölbchen an der Luft erkalten. Macht sich auch jetzt innerhalb $1/2$ Stunde keine Blaufärbung des Papierstreifens bemerkbar, dann ist das Fleisch als frei von schwefliger Säure zu betrachten. Tritt dagegen eine Bläuung des Papierstreifens ein, dann ist der entscheidende Nachweis der Schwefligen Säure durch nachstehendes Verfahren zu erbringen:

αα) 30 g der zerkleinerten Fleischmasse werden mit 200 ccm ausgekochtem Wasser in einem Destillierkolben von etwa 500 ccm Inhalt unter Zusatz von Natriumcarbonatlösung bis zur schwach alkalischen Reaktion angerührt. Nach einstündigem Stehen wird der Kolben mit einem 2mal durchbohrten Stopfen verschlossen, durch den zwei Glasröhren in das Innere des Kolbens führen. Die erste Röhre reicht bis auf den Boden des Kolbens, die zweite nur bis in den Hals. Die letztere Röhre führt zu einem LIEBIGschen Kühler; an diesen schließt sich luftdicht mittels durchbohrten Stopfens eine PELIGOTsche Röhre. Man leitet durch das bis auf den Boden des Kolbens führende Rohr Kohlensäure, bis alle Luft aus dem Apparate verdrängt ist, bringt dann in die PELIGOTsche Röhre 50 ccm Jodlösung (erhalten durch Auflösen von 5 g reinem Jod und 7,5 g Kaliumjodid in Wasser zu 1 l; die Lösung muß sulfatfrei sein), lüftet den Stopfen des Destillierkolbens und läßt, ohne das Einströmen der Kohlensäure zu unterbrechen, 10 ccm einer 25%igen wäßrigen Lösung von Phosphorsäure einfließen. Alsdann schließt man den Stopfen wieder, erhitzt den Kolbeninhalt vorsichtig und destilliert unter stetigem Durchleiten von Kohlensäure die Hälfte der wäßrigen Lösung ab. Man bringt nunmehr die Jodlösung, die noch braungefärbt sein muß, in ein Becherglas, spült die PELIGOTsche Röhre gut mit Wasser aus, setzt etwas Salzsäure zu, erhitzt das Ganze kurze Zeit und fällt die durch Oxydation der schwefligen Säure entstandene Schwefelsäure mit Bariumchloridlösung (1 Teil kryst. Bariumchlorid in 10 Teilen destilliertem Wasser gelöst). Im vorliegenden Falle ist eine Wägung des so erhaltenen Bariumsulfats nicht unbedingt erforderlich. Liegt jedoch ein besonderer Anlaß vor, den Niederschlag zur Wägung zu bringen, so läßt man ihn absitzen und prüft durch Zusatz eines Tropfens Bariumchloridlösung zu der über dem Niederschlage stehenden klaren Flüssigkeit, ob die Schwefelsäure vollständig ausgefällt ist. Hierauf kocht man das Ganze nochmals auf, läßt 6 Stunden in der Wärme stehen, gießt die klare Flüssigkeit durch ein Filter von bekanntem Aschengehalte, wäscht den im Becherglase zurückbleibenden Niederschlag wiederholt mit heißem Wasser aus, indem man jedesmal absitzen läßt und die klare Flüssigkeit durch das Filter gießt, bringt zuletzt den Niederschlag auf das Filter und wäscht so lange mit heißem Wasser, bis das Filtrat mit Silbernitrat keine Trübung mehr gibt. Filter und Niederschlag werden getrocknet, in einem gewogenen Platintiegel verascht und geglüht; hierauf befeuchtet man den Tiegelinhalt mit wenig Schwefelsäure, raucht letztere ab, glüht schwach, läßt im Exsiccator erkalten und wägt.

Lieferte die Prüfung ein positives Ergebnis, so ist das Fleisch im Sinne der Ausführungsbestimmungen D § 5 Nr. 3 als mit Schwefliger Säure, schwefligsauren Salzen oder unterschwefligsauren Salzen behandelt zu betrachten. Liegt ein Anlaß vor, festzustellen, ob die Schweflige Säure unterschwefligsauren Salzen entstammt, so ist in folgender Weise zu verfahren:

$\beta\beta$) 50 g der zerkleinerten Fleischmasse werden mit 200 ccm Wasser und Natrium-carbonatlösung bis zur schwach alkalischen Reaktion unter wiederholtem Umrühren in einem Becherglase eine Stunde ausgelaugt. Nach dem Abpressen der Fleischteile wird der Auszug filtriert, mit Salzsäure stark angesäuert und unter Zusatz von 5 g reinem Natrium-chlorid aufgekocht. Der erhaltene Niederschlag wird abfiltriert und solange ausgewaschen, bis im Waschwasser weder Schweflige Säure noch Schwefelsäure nachweisbar sind. Alsdann löst man den Niederschlag in 25 ccm Natronlauge, fügt 50 ccm gesättigtes Bromwasser hinzu und erhitzt bis zum Sieden. Nunmehr wird mit Salzsäure angesäuert und filtriert. Das vollkommen klare Filtrat gibt bei Gegenwart von unterschwefligsauren Salzen im Fleische auf Zusatz von Bariumchloridlösung sofort eine Fällung von Bariumsulfat."

Nach A. BEYTHIEN und P. BOHRISCH[1] ist es zweckmäßig, den Kohlensäurestrom durch zwei mit angesäuerter Kupfersulfatlösung gefüllte Waschflaschen zu schicken, da er sonst wegen des Vorhandenseins eingesprengter Sulfide im Marmor oft Schwefelwasserstoff enthält. Unter Umständen empfiehlt es sich, die Kohlensäure zur Zerstörung organischer Schwefelverbindungen mit Kaliumpermanganatlösung zu waschen.

Zum Nachweise von Sulfiten neben Thiosulfaten und Thionaten kann auch das Verfahren von E. VOTOCEK[2], sowie von Thiosulfat allein das Verfahren von A. GUTMANN[3] oder von C. ARNOLD und C. MENTZEL[4] herangezogen werden.

β) Bestimmung. Diese erfolgt am besten durch Überführung der Schwefligen Säure in Schwefelsäure durch Oxydation mit Jod und Fällung als Bariumsulfat nach der unter α angegebenen Vorschrift, jedoch empfiehlt es sich, zur Aus-schaltung verschiedener Fehlerquellen erst bei einem Gehalte von mehr als 4 mg oder bei zwiebelhaltigem Fleische, von mehr als 5 mg SO_2 in 100 g Fleisch einen Zusatz als erwiesen anzusehen und Beanstandung auszusprechen.

e) Salpetrigsaure Salze. (Amtliche Vorschrift[5]): „Bei gepökeltem Fleisch werden von den Außenseiten der mit Wasser gut abgespülten Fleischstücke an mehreren Stellen flache Scheiben von etwa 1 cm Dicke abgetrennt, zweimal durch einen Fleischwolf getrieben und gut durchgemischt. Wenn möglich ist auch eine Probe des verwendeten Pökelsalzes zu entnehmen. Hackfleisch sowie Wurstmasse werden vor der Probenahme gut durchgemischt (wenn nötig ebenfalls unter Benutzung eines Fleischwolfes), falls nicht ein besonderer Anlaß zur Ent-nahme der Proben aus einzelnen Teilen vorliegt.

α) Nachweis von salpetrigsauren Salzen. 10 g der Durchschnittsprobe werden in einem Meßkolben von 200 ccm Inhalt mit etwa 150 ccm Wasser, dem zur Erzielung einer schwach alkalischen Reaktion etwa 6 Tropfen einer 25%igen Sodalösung zugesetzt sind, gut durchgeschüttelt. Nach $1\frac{1}{2}$stündigem Stehen unter zeitweiligem Umschütteln wird der Inhalt des Kolbens mit Wasser auf 200 ccm gebracht, nochmals umgeschüttelt und filtriert. 10 ccm des Filtrates werden mit verdünnter Schwefelsäure und Jodzinkstärkelösung versetzt. Tritt

---

[1] A. BEYTHIEN u. P. BOHRISCH: Z. 1902, 5, 403.

[2] E. VOTOCEK: Ber. Deutsch. Chem. Ges. 1906, 40, 414; Z. 1908, 15, 115.

[3] A. GUTMANN: Z. 1907, 13, 261.

[4] C. ARNOLD u. C. MENTZEL: Z. 1903, 6, 550.

[5] Preuß. Ministerialerlaß vom 3. März 1919, Min.-Bl. f. Mediz. Angel. 1919, 19, 83; Gesetze u. Verordnungen, betr. Lebensmittel 1920, 12, 76; F. AUERBACH u. G. RIESS: Arb. Reichsges.-Amt 1919, 51, 532; Z. 1920, 39, 49.

keine Blaufärbung der Lösung ein, so ist das Fleisch als frei von salpetrigsauren Salzen anzusehen. Färbt sich dagegen die Lösung innerhalb einiger Minuten deutlich blau, so ist der Gehalt an salpetrigsauren Salzen gemäß dem folgenden Abschnitt quantitativ zu ermitteln. In zweifelhaften Fällen ist die Prüfung mit dem nach dem folgenden Abschnitt entfärbten Fleischauszuge zu wiederholen.

β) **Bestimmung der salpetrigsauren Salze.** 75 ccm des filtrierten Fleischauszuges werden in einem 100 ccm fassenden Meßkölbchen allmählich tropfenweise (zweckmäßig unter Benutzung einer Bürette) und unter ständigem Umschütteln mit 20 ccm einer kolloidalen Eisenhydroxydlösung versetzt, die durch Verdünnen von 1 Raumteil dialysierter Eisenoxychloridlösung (Liquor ferri oxychlorati, DAB 6) mit 3 Raumteilen Wasser hergestellt ist. Die Mischung wird mit Wasser auf 100 ccm gebracht, durchgeschüttelt und filtriert. Zu 50 ccm des farblosen Filtrates — entsprechend 1,88 g Fleisch — gibt man 1 ccm einer 10%igen Natriumacetatlösung, 0,2 ccm 30%iger Essigsäure, 1 ccm einer möglichst farblosen Lösung von m-Phenylendiaminchlorhydrat (hergestellt aus 0,5 g des Salzes mit 100 ccm Wasser und einigen Tropfen Essigsäure).

Je nach dem Gehalte der Lösung an salpetrigsaurem Salz färbt sie sich nach kürzerer oder längerer Zeit gelblich bis rötlich. Zum Vergleich wird eine Reihe von Lösungen in gleichartigen Gefäßen hergestellt, die in je 50 ccm Wasser verschiedene Mengen von reinem Natriumnitrit, z. B. 0,05—0,1—0,2—0,3 mg enthalten. Zweckmäßig geht man dabei von einer 1%igen Natriumnitritlösung aus, deren Gehalt mittels Kaliumpermanganat in üblicher Weise nachgeprüft worden ist, verdünnt einen Teil davon unmittelbar vor dem Gebrauche auf das Hundertfache und bringt von dieser 0,01%igen Lösung (deren Gehalt bei längerem Stehen sich verändert) die erforderliche Menge auf das Volumen von 50 ccm. Jede dieser Lösungen wird mit 0,25 g Natriumchlorid und sodann in gleicher Weise wie der Fleischauszug und möglichst zu gleicher Zeit wie dieser mit der Natriumacetatlösung, der Essigsäure und der m-Phenylendiaminchlorhydratlösung versetzt. Nach mehrstündigem Stehen (womöglich über Nacht) wird die Färbung des Fleischauszuges mit denen der Vergleichsreihe verglichen und danach der Gehalt des Fleischauszuges an Nitrit geschätzt. Kommt es nur darauf an, zu ermitteln, ob eine Fleischprobe sicher weniger als 15 mg Natriumnitrit in 100 g Fleisch enthält (vgl. den nachstehenden Abschnitt „Beurteilung"), so genügt der Vergleich mit einer Lösung, die in 50 ccm 0,28 mg Natriumnitrit enthält.

Zur genaueren Feststellung des Gehaltes wird der Fleischauszug mit der ihm in der Farbe am nächsten kommenden Vergleichslösung in einem Colorimeter verglichen und danach sein Nitritgehalt berechnet. Zur Vermeidung von Fehlerquellen empfiehlt es sich, eine größere Reihe von Ablesungen, auch bei verschiedenen Schichthöhen und nach Vertauschung der zu vergleichenden Lösungen im Colorimeter vorzunehmen.

Bei stärkeren roten Färbungen (in Lösungen, die in 50 ccm mehr als 0,3 mg Natriumnitrit enthalten) ist der Farbenvergleich erschwert; in solchen Fällen werden weitere 20 ccm des entfärbten Fleischauszuges — entsprechend 0,75 g Fleisch — auf 50 ccm verdünnt, 0,15 g Kochsalz und die übrigen Zusätze in den vorgeschriebenen Mengen hinzugefügt; die Farbe dieser Lösung wird dann mit derjenigen gleichzeitig hergestellter Vergleichslösungen verglichen.

Beurteilung. Wird nach diesem Verfahren ein Gehalt des Fleisches an salpetrigsauren Salzen gefunden, der, auf 100 g Fleisch berechnet, 15 mg Natriumnitrit übersteigt, so besteht der Verdacht, daß das Fleisch mit salpetrigsauren Salzen behandelt worden ist.

Ob letztere in der Form des gesetzlich zugelassenen Nitritpökelsalzes (S. 995) oder in stärkeren Konzentrationen oder gar in Form reiner Nitrite ("Stangensalpeter") angewandt worden sind, läßt sich aus der Analyse des Fleisches nicht mit Sicherheit ableiten. Außerdem ist zu berücksichtigen, daß bei längerer Aufbewahrung das Nitrit ganz oder teilweise verschwindet, und daß auch bei Gehalten von weniger als 15 mg möglicherweise ein Zusatz von Nitrit in Frage kommt. Man wird daher versuchen müssen, im Verdachtsfalle die benutzten Pökelsalze selbst in die Hand zu bekommen und für sich zu untersuchen[1].

Pökelsalze u. dgl. können in der gleichen Weise wie der entfärbte Fleischauszug auf einen Gehalt an salpetrigsauren Salzen untersucht werden. Dabei ist zu berücksichtigen, daß der synthetische Salpeter (Natriumnitrat) geringe Mengen von salpetrigsaurem Natrium enthält, das jedoch als technisch nicht vermeidbare Verunreinigung anzusehen ist, sofern seine Menge 0,5% des Salpeters nicht übersteigt."

Demgegenüber heißt es in dem späteren Runderlaß des Reichsinnenministers vom 9. Mai 1935[2]: "Nach dem Fortschritt der Technik ist dieser Nitritgehalt (0,5%) viel zu hoch; nach Arbeiten, die im Reichsgesundheitsamt ausgeführt worden sind, ist als technisch nicht vermeidbarer Nitritgehalt nur noch 0,001% anzusehen (berechnet als Salpetrigsaures Natrium). Wenn neuerdings Salpeter mit einem Nitritgehalt von 0,3% als solcher oder in Form von Konserven- oder Pökelsalz für Lebensmittel Verwendung findet oder vertrieben wird, so liegt ein Verstoß gegen § 1 des Nitritgesetzes vom 19. Juni 1934 vor. Die Bezeichnung derartiger Erzeugnisse als "Nitritfreies Schnellpökelsalz" ist überdies im Sinne des § 4 Nr. 3 LMG. irreführend.

Um festzustellen, ob das vorgefundene Nitrit in Form des gesetzlich erlaubten "Nitritpökelsalzes" (S. 995) oder in Form von verbotenem reinem Natrium- oder Kaliumnitrit oder einer unzulässigen Mischung mit höherem Nitritgehalte zugesetzt worden ist, muß das Verhältnis des Kochsalzes zum Nitrit herangezogen werden. Auf 100 Teile Kochsalz dürfen nicht mehr als 0,6 Teile Natriumnitrit entfallen. Bei gleichzeitiger Verwendung von Salpeter, die nur zum Pökeln von Fleisch in größeren Stücken (Schinken u. dgl.) gestattet ist, darf auf 100 Teile Nitritpökelsalz, entsprechend 99,4 Teile Kochsalz und 0,6 Teile Natriumnitrit höchstens 1 Teil Salpeter zugegen sein.

Zur Untersuchung der **Pökelsalze**, deren Erlangung im Verdachtsfalle unbedingt angestrebt werden muß, sind folgende einfacheren Methoden empfohlen worden:

Bestimmung des Nitritgehaltes nach G. Stamm[3]. Man löst 50 g Nitritpökelsalz in Wasser zu 500 ccm, pipettiert 100 ccm davon in einen Jodierungskolben, gibt 10 ccm verdünnte Schwefelsäure (1 Vol. + 9 Vol.) hinzu und titriert sofort mit Kaliumpermanganatlösung (9,1598 g in 1 l), bis eine schwache, etwa 3 Minuten anhaltende Rotfärbung entsteht. Bei dieser Konzentration entspricht 1 ccm der Permanganatlösung 0,1% Natriumnitrit im ursprünglichen Salz. Zur Kontrolle gibt man zu 100 ccm der Salzlösung die im Versuche verbrauchte Permanganatmenge auf einmal und dann sofort 10 ccm der Schwefelsäure hinzu und titriert schnell zu Ende. Vorher ist das Pökelsalz selbstredend auf Abwesenheit von Schwefliger Säure und anderen oxydierbaren Stoffen zu prüfen. Nach den mitgeteilten Beleganalysen gibt das Verfahren mit der amtlichen Methode befriedigend übereinstimmende Werte.

---

[1] Vgl. G. Riess, R. Meyer u. W. Müller: Z 1928, 55, 325.
[2] Gesetze u. Verordnungen, betr. Lebensmittel 1935, 27, 28.
[3] G. Stamm: Deutsch. Nahrungsm.-Rundschau 1932, S. 90.

Schnellbestimmung von Natriumnitrit. Nach dem Vorschlage von J. Peltzer[1] wägt man in einen Erlenmeyer 10 g des Pökelsalzes, löst in etwa 150 ccm Wasser und neutralisiert die zuweilen alkalisch reagierende Flüssigkeit gegen Phenolphthalein. Dann setzt man 15 ccm 0,1 N.-Schwefelsäure und etwas Bimsstein hinzu, kocht bis zum Verschwinden der Stickoxyde und titriert mit 0,1 N.-Lauge zurück. Nach der Gleichung:

$$3\ NaNO_2 + H_2SO_4 = Na_2SO_4 + NaNO_3 + 2\ NO + H_2O$$

entspricht 1 ccm 0,1 N.-Schwefelsäure 0,01035 g Natriumnitrit. Das Verfahren soll auch für die ambulante Kontrolle geeignet sein.

Zum qualitativen Nachweise der Nitrite eignen sich nach Emöd von Migray[2] auch einige der bekannten Indigofarbstoffe der I. G. Farbenindustrie und der Durand & Huguenin A. G. Versetzt man z. B. 100 ccm der zu prüfenden wäßrigen Lösung mit 5 Tropfen einer 10%igen wäßrigen Lösung von Indigosol 04 B und 5 ccm Schwefelsäure (1:4), so entsteht bei Anwesenheit von 1 mg N_2O_3 in 1 l sofort eine dunkelblaue Färbung, bei Anwesenheit größerer Mengen ein flockiger blauer Niederschlag. Bei noch kleineren Mengen salpetriger Säure tritt die blaue Farbe langsamer nach Verlauf einiger Sekunden ein, und es ist dann zweckmäßig, eine Vergleichslösung zur Beurteilung der Farbennuance heranzuziehen. Die Reaktion kann auch zur colorimetrischen Bestimmung benutzt werden. Sie wird durch Nitrate und Chlorate nicht gestört, tritt aber mit Ferrisalzen und Chromaten in gleicher Weise wie mit Nitriten ein.

Zur schnellen Untersuchung von Nitritpökelsalz kann auch nachstehendes Verfahren von B. Stempel[3] mit Vorteil herangezogen werden. Man gibt zu 40 ccm 0,05 m-Hydrazinsulfatlösung in einen Erlenmeyer-Kolben 20 ccm der zu untersuchenden, gegen Neutralrot neutralen Nitritlösung und erwärmt 20 Minuten auf dem Wasserbade. Nach dem Abkühlen setzt man 15 ccm neutraler Formaldehydlösung (30—40%) sowie 5 Tropfen Phenolphthaleinlösung hinzu und titriert mit 0,1 N.-Lauge bis zum Farbenumschlag. Zur Bestimmung des Wirkungswertes der Hydrazinsulfatlösung werden 40 ccm davon nach Zusatz von 15 ccm der Formaldehydlösung und 5 Tropfen Phenolphthaleinlösung mit 0,1 N.-Lauge titriert. Reagiert die Nitritlösung alkalisch, so titriert man sie mit 0,1 N.-Salzsäure bis zum Farbenumschlag von Neutralrot und bringt bei der Berechnung eine der Salzsäure äquivalente Menge Hydrazinsulfatlösung in Abzug. Da der Umsetzung von 1 Mol $(N_2H_4)H_2SO_4$, das mit 1 Mol $NaNO_2$ unter Bildung von 1 Mol $NaNH_4SO_4$ reagiert, bei der indirekten Formaldehydtitration ein Verbrauch von 2 Mol NaOH entspricht, und da hierbei weiter das entstehende 1 Mol $NaNH_4SO_4$ ebenfalls 1 Mol NaOH verbraucht, so zeigt ein Titrationsverbrauch von 1 Mol NaOH 1 Mol $NaNO_2$ an, d. h. 1 ccm 0,1 N.-Lauge entspricht 6,9 mg Natrium- oder 8,511 mg Kaliumnitrit.

Bei Gegenwart von Sulfit titriert W. Plücker[4] 10 ccm 0,1 N.-Jodlösung nach Zusatz von 1 g Calciumcarbonat mit der Lösung des Pökelsalzes bis zum Verschwinden des Jods, gibt dann 12 ccm 0,1 N.-Silbernitratlösung hinzu, fällt den Überschuß an Silber durch Natriumchloridlösung, füllt zu 100 ccm auf, filtriert und bestimmt in 50 ccm das Nitrit mit Permanganat. Nach einem anderen Verfahren bestimmt man in der alkalischen Lösung zunächst das Sulfit, dann nach dem Ansäuern mit Schwefelsäure das Nitrit mit Permanganat und subtrahiert den gesondert, mit Jodlösung, bestimmten Sulfitgehalt. Sind neben dem Nitrit Sulfite und Zucker zugegen, so wendet man zuerst die obige verbesserte Sulfitbestimmung an und titriert dann das Nitrit nach Raschig.

K. Madhusadanan Pandalai und G. Gopalarao[5] bezeichnen es zur Erlangung brauchbarer Werte nach der jodometrischen Methode als unerläßlich, vor dem Ansäuern der Flüssigkeit den Sauerstoff und nach dem Ansäuern das gebildete Stickoxyd sofort zu beseitigen. Sie geben deshalb zu 20 ccm der Nitritlösung 4 g Natriumbicarbonat, danach 5 g Kaliumjodidlösung (10%) und etwas lösliche Stärke hinzu und leiten 10 Minuten lang einen starken Strom von Kohlensäure durch die Flüssigkeit. Dann setzt man 10 ccm einer sauerstofffreien 5 N.-Schwefelsäure zu und titriert mit 0,0002 N.-Natriumthiosulfatlösung. Das Verfahren soll noch die Bestimmung von 0,028 mg Nitritstickstoff in 100 ccm Lösung mit einer Fehlergrenze von 0,25% des Wertes ermöglichen.

f) Phosphorsäuren, deren Salze und Verbindungen. Für den Nachweis dieser Konservierungsmittel, die sich in Tho Seeths Hacksalz, in Protektor und anderen Präparaten finden, sind bisher amtliche Anweisungen nicht erlassen.

[1] J. Peltzer: Chem.-Ztg. 1932, **56**, 383.
[2] Emöd von Migray: Chem.-Ztg. 1933, **57**, 94.
[3] B. Stempel: Zeitschr. analyt. Chem. 1933, **91**, 415.
[4] W. Plücker: Z. 1934, **68**, 187.
[5] K. Madhusadanan u. G. Gopalarao: Journ. prakt. Chem. 1934, **140**, 240.

Der Nachweis läßt sich z. B. für Natriumphosphat nur auf Grund der quantitativen Aschenanalyse und auch dann nur mit verhältnismäßig geringer Sicherheit führen. Für die Zusammensetzung der Asche von reinem und von konserviertem Hackfleisch ermittelte A. Beythien[1] nebenstehende Werte.

Bezeichnung	K_2O %	Na_2O %	P_2O_5 %	Cl %
Hackfleisch, rein	29,84	10,52	28,00	6,00
„ „	31,77	13,78	23,73	5,93
„ „	27,97	9,81	26,23	2,46
„ mit Natriumbenzoat	29,52	16,10	21,60	6,40
„ „ Natriumphosphat	24,19	21,20	37,23	6,40

Obwohl hiernach, wie ja selbstverständlich, der Zusatz der Salze eine Erhöhung des Natriumgehaltes und beim Natriumphosphat auch des Phosphorsäuregehaltes der Asche hervorruft, bietet das Verfahren für die in der Praxis angewandten geringen Mengen von Konservierungsmitteln nur geringe Aussicht auf Erfolg, da die Schwankungen in der Zusammensetzung natürlicher Fleischaschen die hier festgestellten Werte oft noch erheblich überschreiten. Es wird sich daher empfehlen, wenn irgend möglich, die Konservierungsmittel selbst zu der Analyse heranzuziehen.

g) Aluminiumsalze und -verbindungen. Für den Nachweis dieser Konservierungsmittel, die früher in dem sog. Döbbelingschen Hacksalze und in Form von Aluminiumacetat, neuerdings neben Natriumbenzoat und -phosphat in Tho Seeths Hacksalz sich finden, ist eine amtliche Anweisung bisher nicht erlassen. Der Nachweis kann durch Bestimmung des Aluminiumgehaltes der Asche, der im Fleische praktisch gleich Null ist, und bei Aluminiumacetat durch Überführung der abdestillierten Essigsäure in den Äthylester nachgewiesen werden.

h) Benzoesäure. Zur Abtrennung der Benzoesäure und zu ihrer Überführung in wäßrige Lösung verrührt man nach dem Vorschlage von J. Grossfeld[2] 250 g Hackfleisch oder Wurstmasse mit 1 g Calciumcarbonat und 175 ccm Wasser, bringt die Aufschwemmung in einen 200-ccm-Meßkolben, macht unter Zusatz von einem Tropfen alkoholischer Phenolphthaleinlösung (1%) mit verdünnter Natronlauge schwach alkalisch und erhitzt 10—15 Minuten im kochenden Wasserbade. Nach dem Erkalten setzt man je 1 ccm Kaliumferrocyanidlösung (150 g in 1 l) und Zinksulfatlösung (300 g in 1 l) hinzu, schüttelt nach jedem Zusatze kräftig um, füllt zur Marke auf und filtriert (Lösung A).

α) Nachweis. 100 ccm der Lösung A werden in einem Scheidetrichter mit 1 ccm verdünnter Schwefelsäure (1 + 3) angesäuert und mit 50 ccm Äther kräftig etwa $^1/_2$ Minute ausgeschüttelt. Nach Trennung der Schichten entfernt man die untere, schüttelt den Äther noch zweimal mit 5 ccm Wasser und läßt Teile des ätherischen Auszuges in Porzellanschälchen, andere in Reagensgläsern eindunsten. Der hinterbleibende Rückstand wird zur Anstellung einiger der in Bd. II, S. 1126 beschriebenen Reaktionen mit Eisenchlorid oder Kupfersulfat, der Mohlerschen Reaktion mit Hydroxylamin, der Äthylesterprobe nach A. Röhrig, der Salicylsäureprobe nach K. Fischer und O. Gruenert oder der Benzaldehydprobe benutzt. Von diesen haben sich uns die 3 letzteren als besonders brauchbar erwiesen.

Hinsichtlich einiger älterer Methoden zur Isolierung der Benzoesäure aus Fleischwaren sei auf die Veröffentlichungen von W. v. Genersich[3], K. Fischer und O. Gruenert[4] u. a. verwiesen. — Siehe Bd. II, S. 1128.

---

[1] A. Beythien: Pharm. Zentralh. 1907, 48, 122; Z. 1907, 13, 648.
[2] J. Grossfeld: Z. 1927, 53, 479; vgl. C. Baumann u. J. Grossfeld: Z. 1915, 29, 397; 30, 272.
[3] W. v. Genersich: Z. 1908, 16, 222.
[4] K. Fischer u. O. Gruenert: Z. 1909, 17, 721.

β) **Bestimmung.** 50 ccm der Lösung A säuert man im Scheidetrichter mit 1 ccm verdünnter Schwefelsäure (1 + 3) an und schüttelt etwa $^1/_2$ Minute lang kräftig mit 50 ccm Benzol aus. Nach dem Ablassen der unteren Schicht schüttelt man das Benzol mit soviel 0,1 N.-Natronlauge (meist unter 1 ccm) aus, bis die vom Phenolphthalein herrührende Rotfärbung dauernd bestehen bleibt, gibt den alkalischen Auszug in ein Reagensglas, stellt dieses in ein siedendes Wasserbad und verdampft unter Aufblasen eines Luftstromes zur Trockne. Den Rückstand behandelt man genau wie zur MOHLERschen Reaktion und vergleicht die entstehende Rotfärbung mit derjenigen von Rhodaneisen. Die Einzelheiten der Bestimmung sind in Bd. II, S. 1128 beschrieben worden.

Die Frage, ob Benzoesäure in freier Form oder als Natriumbenzoat zugesetzt worden ist, könnte möglicherweise dadurch entschieden werden, daß man zuerst aus der ursprünglichen Substanz die freie Benzoesäure und dann erst nach dem Ansäuern die an Natrium gebundene Benzoesäure mit Äther oder Benzol ausschüttelt, doch liegen darüber entscheidende Angaben nicht vor. Über die Heranziehung des Natriumgehaltes siehe S. 755.

Von Derivaten der Benzoesäure kommen hauptsächlich die Methyl-, Äthyl- und Propylester der Para-Oxybenzoesäure sowie die Para-Chlorbenzoesäure, auch in Form ihrer Natriumverbindungen in Betracht. Zu ihrem Nachweise können außer der Säure selbst auch die vorhandenen Alkohole herangezogen werden. Siehe Bd. II, S. 1130.

i) Salicylsäure und deren Salze. *α*) **Nachweis** (Amtliche Vorschrift): „50 g der fein zerkleinerten Fleischmasse werden in einem Becherglase mit 50 ccm 2%iger Natriumcarbonatlösung zu einem gleichmäßigen Brei gut durchgemischt und $^1/_2$ Stunde lang kalt ausgelaugt. Alsdann setzt man das mit einem Uhrglase bedeckte Becherglas $^1/_2$ Stunde lang unter zeitweiligem Umrühren in ein siedendes Wasserbad. Der noch warme Inhalt des Becherglases wird auf ein Gazetuch gebracht und abgepreßt. Die abgepreßte Flüssigkeit wird alsdann mit 5 g Chlornatrium versetzt und nach dem Ansäuern mit verdünnter Schwefelsäure bis zum beginnenden Sieden erhitzt. Nach dem Erkalten wird die Flüssigkeit filtriert und das klare Filtrat im Schütteltrichter mit einem gleichen Raumteile einer aus gleichen Teilen Äther und Petroläther bestehenden Mischung kräftig ausgeschüttelt. Sollte hierbei eine Emulsionsbildung stattfinden, dann entfernt man zunächst die untere klar abgeschiedene wäßrige Flüssigkeit und schüttelt die emulsionsartige Ätherschicht unter Zusatz von 5 g pulverisiertem Natriumchlorid nochmals mäßig durch, wobei nach einiger Zeit eine hinreichende Abscheidung der Ätherschicht stattfindet. Nachdem die ätherische Flüssigkeit zweimal mit je 5 ccm Wasser gewaschen worden ist, wird sie durch ein trockenes Filter gegossen und in einer Porzellanschale unter Zusatz von etwa 1 ccm Wasser bei mäßiger Wärme und mit Hilfe eines Luftstromes verdunstet. Der wäßrige Rückstand wird nach dem Erkalten mit einigen Tropfen einer frisch bereiteten 0,05%igen Eisenchloridlösung versetzt. Eine deutliche Blauviolettfärbung zeigt Salicylsäure an.

Fleisch, in dem Salicylsäure nach dieser Vorschrift nachgewiesen ist, ist im Sinne der Ausführungsbestimmungen D § 5 Nr. 3 als mit Salicylsäure oder deren Verbindungen behandelt zu betrachten.“

β) **Bestimmung.** Zur Isolierung der Salicylsäure schüttelt E. SPAETH[1] die mit Phosphorsäure angesäuerte Substanz mit einem Gemische von drei Teilen leicht siedendem, frisch destilliertem Petroläther und zwei Teilen Chloroform viermal aus, entzieht dem Lösungsmittel durch Schütteln mit alkalischem Wasser die Salicylsäure und titriert nach einem der bromometrischen Verfahren von W. F. KOPPESCHAR, H. P. KAUFMANN[2] u. a. In der Regel werden auch

---

[1] E. SPAETH: Z. 1901, **4**, 924; Süddeutsche Apoth.-Ztg. 1906, Nr. 1—3.
[2] H. P. KAUFMANN: Z. 1926, **51**, 3.

durch direktes Eintrocknen bei niedriger Temperatur (unter 80°) hinreichend genaue Werte erhalten. Hingegen ist die colorimetrische Bestimmung mittels Eisenchlorid durch Vergleichung mit selbst hergestellten Lösungen von bekanntem Salicylsäuregehalte nur bei Mengen von weniger als 2 mg Salicylsäure anwendbar. Die Einzelheiten der Methoden sind in Bd. II, S. 1137 näher angegeben worden.

k) Formaldehyd. α) **Nachweis** (Amtliche Vorschrift)[1]: „30 g der zerkleinerten Fleischmasse werden in 200 ccm Wasser gleichmäßig verteilt und nach halbstündigem Stehen in einem Kolben von etwa 500 ccm Inhalt mit 10 ccm 25%iger Phosphorsäure versetzt. Von dem bis zum Sieden erhitzten Gemenge werden unter Einleiten von Wasserdampf 50 ccm abdestilliert. Das Destillat wird filtriert. Bei nicht geräuchertem Fleische werden 5 ccm des Destillates mit 2 ccm frischer Milch und 7 ccm Salzsäure (1,124), die auf 100 ccm 0,2 ccm 10%iger Eisenchloridlösung enthält, in einem geräumigen Probiergläschen gemischt und etwa ½ Minute lang in schwachem Sieden erhalten. Durch Vorversuche ist festzustellen einerseits, daß die Milch frei von Formaldehyd ist, andererseits, daß sie auf Zusatz von Formaldehyd die Reaktion gibt. Bei geräucherten Fleischwaren ist ein Teil des Destillates mit der 4fachen Menge Wasser zu verdünnen und ein Teil der Verdünnung (5 ccm) in derselben Weise zu behandeln. Die Gegenwart von Formaldehyd bewirkt Violettfärbung. Tritt letztere nicht ein, so bedarf es einer weiteren Prüfung nicht. Im anderen Falle wird der Rest des Destillates mit Ammoniak im Überschuß versetzt und in der Weise unter zeitweiligem Zusatze geringer Mengen Ammoniak zur Trockne verdampft, daß die Flüssigkeit immer eine alkalische Reaktion behält. Bei Gegenwart von nicht zu geringen Mengen Formaldehyd hinterbleiben charakteristische Krystalle von Hexamethylentetramin. Der Rückstand wird in etwa 4 Tropfen Wasser gelöst, von der Lösung je ein Tropfen auf einen Objektträger gebracht und mit den beiden folgenden Reagentien geprüft:

1. mit 1 Tropfen einer gesättigten Quecksilberchloridlösung. Es entsteht hierbei sofort oder nach kurzer Zeit ein regulärer krystallinischer Niederschlag; bald sieht man drei- und mehrstrahlige Sterne, später Oktaeder;

2. mit 1 Tropfen einer Kaliumquecksilberjodidlösung und einer sehr geringen Menge verdünnter Salzsäure. Es bilden sich hexagonale sechsseitige, hellgelb gefärbte Sterne.

Die Kaliumquecksilberjodidlösung wird in folgender Weise hergestellt: Zu einer 10%igen Kaliumjodidlösung wird unter Erwärmen und Umrühren so lange Quecksilberjodid zugesetzt, bis ein Teil desselben ungelöst bleibt; die Lösung wird nach dem Erkalten abfiltriert.

In nicht geräucherten Fleischwaren darf die Gegenwart von Formaldehyd als erwiesen betrachtet werden, wenn der erhaltene Rückstand die Reaktion mit Quecksilberchlorid gibt. In geräucherten Fleischwaren ist die Gegenwart des Formaldehyds erst dann nachgewiesen, wenn beide Reaktionen eintreten.

Fleisch, in dem Formaldehyd nach diesen Vorschriften nachgewiesen ist, ist im Sinne der Ausführungsbestimmungen D § 5 Nr. 3 als mit Formaldehyd oder solchen Stoffen, die Formaldehyd abgeben, behandelt zu betrachten."

Hinsichtlich der zahlreichen weiteren Reaktionen sei auf Bd. II, S. 1036 verwiesen.

β) **Bestimmung.** Im Verlaufe der amtlichen Fleischkontrolle wird kaum jemals die Menge des Formaldehyds zu bestimmen sein. Sollte die Ermittlung aber ausnahmsweise erforderlich werden, so benutzt man die nach α hergestellte Lösung zu einer der bekannten Methoden. Von diesen verdient die Jodmethode nach G. ROMIJN[2] den Vorzug bei reinen Lösungen. Daneben kann auch bei starken unreinen Lösungen die Wasserstoffsuperoxydmethode von BLANK und

---

[1] Abgeänderte Ausführungsbestimmungen D vom 22. Februar 1908, Anlage d II [1].
[2] G. ROMIJN: Zeitschr. analyt. Chem. 1897, **36**, 18; 1900, **39**, 60. — Siehe Bd. II, S. 1041.

FINKENBEINER[1] Anwendung finden. Ausschlaggebend bei Gegenwart anderer Aldehyde ist aber allein die Cyankaliummethode von G. ROMIJN[2].

1) **Natriumacetat,** das früher als Bestandteil verschiedener sog. Hacksalze, unter anderem des Zeoliths, aufgefunden worden ist und neuerdings nach dem Verbote der Benzoate und Phosphate anscheinend in zunehmendem Maße Anwendung findet, erhöht sowohl den Natriumgehalt als auch ganz besonders die Alkalität der Fleischasche[3].

Mit 1 g krystallisiertem Natriumacetat ($NaC_2H_3O_2 + 3 H_2O$) fügt man dem Fleische 0,228 g Na_2O bei und erhöht gleichzeitig, da 1 g des Acetates beim Glühen 0,39 g Natriumcarbonat (Na_2CO_3) liefert, den Aschengehalt um 0,39%. Der Gehalt der Asche an Natriumoxyd wird dadurch von 9,8—13,8 auf 17,1—17,4% erhöht, das Verhältnis des Kaliumoxyds zum Natriumoxyd von 23,1—28,5 auf 11,8—13,2 : 10 erniedrigt. Die Fleischasche reagiert normalerweise sauer und die nach FARNSTEINER bestimmte Alkalität der Asche ist demnach negativ, und zwar auf Grund der Untersuchungen von A. KICKTON[4] zu ungefähr— 4,55 anzunehmen. Durch Zusatz von 1 g krystallisiertem Natriumacetat zu 100 g Fleisch wird infolge der Verbrennung zu Natriumcarbonat der Aschengehalt um 0,39 g und der Gehalt an Natriumoxyd um 0,228 g erhöht. Da letzterem Wert eine Alkalität von 7,36 entspricht, ergibt sich rein rechnerisch eine positive Alkalität von + 2.

In Wahrheit liegen aber die Verhältnisse weit komplizierter, da beim Veraschen von Fleisch mit alkalischen Zusätzen, wie Natriumcarbonat, ein Teil der sonst verlorengehenden Schwefelsäure und Salzsäure in der Asche verbleibt und somit die Säureäquivalente erhöht. Nach den, allerdings vereinzelten, Analysen KICKTONs ist die Erhöhung des Chlorgehaltes der Asche zu 2,51%, entsprechend 0,71 mg, diejenige des Schwefelgehaltes zu 4,03%, entsprechend 1,0 mg-Äquivalent anzusetzen, so daß nur ein geringer Basenüberschuß verbleibt. Ob dieser, unterstützt durch eine positive Reaktion auf Essigsäure ausreicht, um den Zusatz von Natriumacetat als erwiesen anzunehmen, muß durch weitere Veraschungen von Fleisch mit und ohne Zusatz von Natriumacetat festgestellt werden.

4. Prüfung auf künstliche Färbung.

Zur künstlichen Färbung von Hackfleisch und Fleischwürsten, die nach dem Fleischbeschaugesetz (S. 969) verboten ist, finden, abgesehen von dem bisweilen benutzten Paprika, hauptsächlich oder wohl ausschließlich rote künstliche Farbstoffe und Carmin Anwendung. Zur Außenfärbung der Darmhüllen dienen bisweilen als Kesselrot bezeichnete orangerote Teerfarbstoffe; auch hat TH. MERL[5] die künstliche Färbung von Blutwurst beobachtet.

Die künstliche Färbung stellt außer einer Zuwiderhandlung gegen das Fleischbeschaugesetz bei fehlender Kennzeichnung auch eine Verfälschung im Sinne des Lebensmittelgesetzes dar. Soweit es sich um Teerfarbstoffe handelt, ist diese Tatsache unbestritten; es möge daher genügen, die verurteilenden Erkenntnisse über Rotalin und Rougine des LG. I Berlin vom 20. November 1924[6], des LG. III Berlin vom 9. Juli 1925 und des KG. vom 28. September 1925[7] sowie des LG. Prenzlau vom 8. Dezember 1925[8] anzuführen, von denen die ersteren sich auf Hackfleisch und das letzte auf Kasseler Rippespeer beziehen.

---

[1] BLANK u. FINKENBEINER: Ber. Deutsch. Chem. Ges. 1898, **31**, 2979; Zeitschr. analyt. Chem. 1900, **39**, 62; s. Bd. II, S. 1040.

[2] G. ROMIJN: Zeitschr. analyt. Chem. 1897, **36**, 22.

[3] A. BEYTHIEN: Pharm. Zentralh. 1935, **76**, 546.

[4] A. KICKTON: Z. 1908, **16**, 561.

[5] TH. MERL: Z. 1926, **52**, 323.

[6] Gesetze u. Verordnungen, betr. Lebensmittel, 1925, **17**, 98.

[7] Gesetze u. Verordnungen, betr. Lebensmittel, 1925, **17**, 202.

[8] Gesetze u. Verordnungen, betr. Lebensmittel, 1926, **18**, 20.

Auch Paprikazusatz, der bei Wurst, wie S. 767 näher ausgeführt, in geringer Menge als erlaubtes Gewürz angesehen werden kann, ist bei Hackfleisch, weil bei diesem nicht üblich, als verbotene Färbung im Sinne des Fleischbeschaugesetzes und als Verfälschung im Sinne des Lebensmittelgesetzes anzusehen.

Zum Nachweise von künstlichen Farbstoffen und Carmin ist in erster Linie folgende amtliche Vorschrift[1] anzuwenden:

„50 g der zerkleinerten Fleischmasse werden in einem Becherglase mit einer Lösung von 5 g Natriumsalicylat in 100 ccm eines Gemisches aus gleichen Teilen Wasser und Glycerin gut durchgemischt und $\frac{1}{2}$ Stunde lang unter zeitweiligem Umrühren im Wasserbade erhitzt. Nach dem Erkalten wird die Flüssigkeit abgepreßt und filtriert, bis sie klar abläuft. Ist das Filtrat nur gelblich und nicht rötlich gefärbt, so bedarf es einer weiteren Prüfung nicht. Im anderen Falle bringt man den dritten Teil der Flüssigkeit in einen Glaszylinder, setzt einige Tropfen Alaunlösung und Ammoniakflüssigkeit in geringem Überschusse hinzu und läßt einige Stunden stehen. Carmin wird durch einen rot gefärbten Bodensatz erkannt. Zum Nachweise von Teerfarbstoffen wird der Rest des Filtrates mit einem Faden ungebeizter entfetteter Wolle unter Zusatz von 10 ccm 10%iger Kaliumbisulfatlösung und einigen Tropfen Essigsäure längere Zeit im kochenden Wasserbade erhitzt. Bei Gegenwart von Teerfarbstoffen wird der Faden rot gefärbt und behält die Färbung auch nach dem Auswaschen mit Wasser.

Fleisch, in dem nach vorstehender Vorschrift fremde Farbstoffe nachgewiesen sind, ist im Sinne der Ausführungsbestimmungen D § 5 Nr. 3 als mit fremden Farbstoffen oder Farbstoffzubereitungen behandelt zu betrachten."

Wie von A. Kickton und W. Koenig[2], ferner von A. Merl[3] u. a. sowie besonders von E. Spaeth[4] nachgewiesen worden ist, führt die amtliche Methode nicht immer zum Ziele, und zwar liegt das nach Spaeth daran, daß sie eine Kombination seiner Natriumsalicylatmethode mit der Bujard-Klingerschen Glycerinmethode darstellt, die sich gegenseitig stören, und daß jede der Originalmethoden mehr leistet als ihre Vereinigung. Die Anwesenheit des Glycerins erschwert nach seinen Untersuchungen sowohl die Ablösung der Farbstoffe von der tierischen Faser als auch ihre Fixierung auf der Wolle, und er empfiehlt daher die Rückkehr zu seinem ursprünglichen Vorschlage, nach dem der Farbstoff aus der entfetteten Fleischmasse durch 1—2stündiges Erwärmen mit Natriumsalicylatlösung (5%) ausgezogen und nach dem Ansäuern mit etwas verdünnter Schwefelsäure auf Wolle niedergeschlagen wird. Hinsichtlich der Einzelheiten dieses Verfahrens sei auf Bd. II, S. 1180 verwiesen. Die von A. Reinsch[5] u. a. empfohlene Entfernung der anfangs sich ausscheidenden Salicylsäure ist unnötig, da sie sich beim folgenden Erhitzen doch wieder löst. Hingegen muß unbedingt der Farbstoff auf Wolle fixiert werden. Die gleiche Forderung gilt auch bei der Anwendung anderer Lösungsmittel, wie Äthyl- oder Amylalkohol, da diese nach H. Weller und M. Riegel[6] bisweilen auch bei Abwesenheit künstlicher Farbstoffe rötliche Lösungen ergeben.

Künstlich gefärbte Blutwurst gab nach Th. Merl[7] bei der Prüfung nach der amtlichen Anweisung nur Wollfäden mit jenem silbergrauen Farbton, wie er oft durch Behandlung der Wolle in einer heißen wäßrigen Aufschwemmung von Tierkohle auch bei Abwesenheit eines Farbstoffs zustande kommt. Es gelang aber, durch Ausziehen der Wursthüllen mit 50%igem heißen Alkohol den Farbstoff aus der mit Kaliumbisulfat versetzten Lösung mit

---

[1] Zentralbl. f. d. Deutsche Reich 1908, **36**, Nr. 10, 92.

[2] A. Kickton u. W. Koenig: Z. 1909, **17**, 434.

[3] A. Merl: Pharm. Zentralh. 1909, **50**, 215.

[4] E. Spaeth: Z. 1909, **18**, 588; 1901, **4**, 1020.

[5] A. Reinsch: Zeitschr. öffentl. Chem. 1900, **6**, 485.

[6] H. Weller u. M. Riegel: Forschungsber. über Lebensm. 1897, **4**, 204.

[7] Th. Merl: Z. 1926, **52**, 323.

grünlichem Tone auf Wolle niederzuschlagen. Kleine Stückchen der Hülle färbten sich außerdem beim Befeuchten mit konz. Salzsäure violett.

Carmin kann nach H. Bremer[1] aus dem mit Glycerin (50%) unter Zusatz von etwas Salz- oder Weinsäure erhaltenen Auszuge durch Alaun und Ammoniak als Lack gefällt werden. Paprika weist E. Polenske[2] auf mikroskopischem Wege nach, indem er 10 g Hackfleisch mit 100 ccm Natronlauge (2%) bis zur Lösung der Muskelfaser erwärmt und dann absitzen läßt oder zentrifugiert. Im Bodensatze finden sich die charakteristischen Öltropfen, Gekrösezellen usw. Beim Erhitzen paprikahaltigen Fleisches mit Alkohol färbt dieser sich rötlichgelb.

Nach O. Noetzel und A. Pawletta[3] kann man die geschmolzene Fettlösung des Farbstoffes vor dem Spektralapparate untersuchen. Bei Abwesenheit von Paprika zeigt sich ein ähnliches Absorptionsband wie beim Oxyhämoglobin im Gelb (Wellenlänge 567—584), während Paprika ein ganz anderes Spektrum hervorruft.

5. Prüfung von Fleischdauerwaren.

Die Prüfung der Fleischdauerwaren auf Verfälschungen erfolgt im allgemeinen nach den unter 1—4 angegebenen Verfahren. In einzelnen Fällen sind jedoch der Eigenart der Fleischdauerwaren entsprechend besondere Prüfungen erforderlich.

a) Dosenkonserven.

Bei diesen ist zunächst zu berücksichtigen, ob der Inhalt der Dose gleichmäßig breiartig ist und ganz genossen wird, oder ob er aus einzelnen festen Stücken Fleisch in Saft, Öl, Gallerte usw. besteht. In ersterem Falle kann die breiige Masse nach gehörigem Durcheinandermischen — womöglich noch unter weiterer Zerkleinerung durch Zerhacken oder Zerstoßen — unmittelbar zu den Untersuchungen benutzt werden. Im letzteren Falle muß in der Regel eine getrennte Untersuchung der festen Stücke und der flüssigen oder geleeartigen Einbettungsmasse erfolgen, vor allem wenn nur der feste Anteil genossen wird. Nur wenn es sich um die Frage handelt, ob der Inhalt verbotene oder schädliche Stoffe enthält, können sämtliche Teile zusammen untersucht werden. Man ermittelt alsdann zunächst das Gewicht der von der Einbettungsmasse befreiten festen Anteile in feuchtem Zustande (D) und ebenso das Gewicht der Einbettungsmasse (M), wägt von ersterem (D) eine aliquote Menge g (etwa 50 g) ab und berechnet die zugehörige Menge Einbettungsmasse nach der Gleichung $x = \dfrac{g \times M}{D}$.
Letztere Menge wird mit dem abgewogenen Teile der festen Fleischmasse vereinigt und die sorgfältig gemischte Masse zu der Analyse benutzt.

Bei getrennter Untersuchung der Fleischstücke und der Einbettungsmasse erfolgt die Untersuchung der Fleischstücke nach den bei Fleisch (S. 716) angegebenen Verfahren. Für die Untersuchung der Einbettungsmasse (Pökellake, Brühe, Gelee) kommen folgende Verfahren in Frage: Alle Proben sind nach S. 742 auf Konservierungsmittel zu prüfen. Ferner sind gegebenenfalls bei den einzelnen Einbettungsmassen noch folgende Untersuchungen auszuführen:

α) Pökellake. In die Pökellake treten nach den Gesetzen der Endosmose und Exosmose lösliche Bestandteile des Fleisches: Albumin, Myosin, Fleischbasen, stickstofffreie Extraktstoffe, Kaliumsalze und Phosphate über, während andererseits Kochsalz und Salpeter, und zwar von ersterem mehr, in das Fleisch eindringen. Ein Teil des Salpeters verschwindet infolge der Reduktion zu

---

[1] H. Bremer: Forschungsber. über Lebensm. 1897, 4, 45.
[2] E. Polenske: Arb. Kaiserl. Gesundh.-Amt 1904, 20, 567.
[3] O. Noetzel u. A. Pawletta: Pharm. Zentralh. 1934, 75, 361.

Salpetriger Säure bis zum freien Stickstoff, nicht aber zu Ammoniak, das von einer Zersetzung des Fleisches herrührt. Die Analyse hat sich daher auf folgende Bestandteile zu erstrecken.

αα) Stickstoffverbindungen. Zur Bestimmung des Gehaltes an Gesamt-Stickstoff dampft man einen aliquoten Teil der Lake (50 oder 100 ccm) in einem langhalsigen Kolben zur Trockne und bestimmt in dem Rückstande den Stickstoff nach KJELDAHL unter den bei Anwesenheit von Nitraten oder Nitriten anzuwendenden Vorsichtsmaßrege'n.

Ein anderer aliquoter Teil der Lake wird gekocht, das Gerinnsel von Albumin abfiltriert und in dem Filterinhalt der Stickstoff nach KJELDAHL bestimmt. Das Filtrat wird zur Bestimmung der Albumosen, Aminosäuren und Fleischbasen benutzt.

Zur Bestimmung der Salpetersäure dampft man die Pökellake unter Zusatz von Kalkmilch auf ein kleines Volumen ein, filtriert und benutzt entweder das ganze Filtrat oder einen aliquoten Teil zu der Bestimmung nach SCHLOESING in der Abänderung von W. STÜBER (Bd. II, S. 654) oder nach dem Nitronverfahren von BUSCH (Bd. II, S. 658) oder eine der colorimetrischen Methoden von J. TILLMANS und A. SPLITTGERBER (Bd. II, S. 659); nicht anwendbar aber sind Reduktionsverfahren.

Bei gleichzeitiger Anwesenheit von Nitrit muß letzteres in folgender Weise zerstört werden: Man kocht 15 ccm der mit Liquor ferri oxychlorati geklärten Lösung (S. 749) mit 2 ccm verdünnter Schwefelsäure und 0,3 g Harnstoff auf, füllt zu 20 ccm auf und verwendet 10 ccm davon zur colorimetrischen Bestimmung mit Brucin.

ββ) Zucker. Als besonders geeignet hat sich das Verfahren von E. POLENSKE (S. 761) bewährt.

γγ) Mineralstoffe. Die Bestimmung der Mineralstoffe bereitet einige Schwierigkeiten, denn da bei dem hohen Kochsalzgehalte und der Anwesenheit freier Säuren (Schwefel- und Phosphorsäure), sowie der Zersetzlichkeit des Salpeters leicht Verluste eintreten, so liefert die übliche Veraschung keinen richtigen Ausdruck für die Gesamtmenge der Mineralstoffe. Am besten ist es wohl, die mit Hilfe basischer Zusätze hergestellte Asche für die einzelnen Bestimmungen zu verwenden. Zur Prüfung auf Schwermetalle, die durch Berührung mit Blei-, Messing- oder verzinnten Röhren und Gerätschaften in die Pökellake gelangen können, zerstört man die organische Substanz durch Kochen mit Schwefelsäure, bisweilen auch unter Zusatz von Salpetersäure.

β) Einmachebrühen. Diese bestehen teils aus Kochsalzwasser (Dosenwürste), teils aus Fleischbrühe und Essigwasser (letzteres hauptsächlich bei Fischdauerwaren). Die Brühen werden durch ein Gazeläppchen abfiltriert und in derselben Weise wie die Pökellake näher untersucht.

γ) Gelee. Das die Fleischstücke umhüllende Gelee wird vorsichtig abgehoben und zunächst auf seine Konsistenz und seinen Geruch und Geschmack geprüft. Nach Feststellung seines Gesamtgewichtes wird der Gehalt an Wasser, Asche und Stickstoff ermittelt. Der letztere muß 17—18% der aschefreien Trockensubstanz betragen.

Weiter ist auf die Anwesenheit von Essigsäure, Farbstoffen und Konservierungsmitteln, besonders von Schwefliger Säure Rücksicht zu nehmen.

δ) Prüfung auf Verdorbenheit. Sie wird im allgemeinen nach den S. 774 näher beschriebenen Merkmalen erkannt, doch ist hier zu beachten, daß die Farbe und überhaupt das Aussehen bei der Verarbeitung des Fleisches zu Dauerwaren Veränderungen erleidet, und daß bei Anwesenheit von Essig oder anderen Säuren die Reaktion nicht mehr maßgebend ist. Bei in Fett eingebetteten Fleischstücken ist darauf zu achten, ob das Fett nicht etwa ranzig oder sonst verdorben ist, bei Geleeumhüllungen, ob diese sich nicht teilweise verflüssigt haben.

Bei Dosenkonserven gilt eine Aufbeulung der Dosen (Bombage) als Verdachtsmoment auf Zersetzungserscheinungen, doch ist durch nähere Prüfung festzustellen, ob die Dosen infolge von Bakterienwirkung oder infolge reiner Wasserstoffentwicklung („Chemische Bombage") aufgetrieben sind. Unter Umständen kann auch sog. „stramme Packung" als Ursache in Frage kommen. Sicheren Aufschluß ergibt in solchen Fällen die Prüfung der austretenden Gase auf Wasserstoff (Brennbarkeit), Kohlensäure (Trübung von Barytwasser), Ammoniak, Schwefelwasserstoff usw., sowie die chemische und bakteriologische

Untersuchung des Inhalts. Zur Feststellung, ob die Ware bereits in verdorbenem Zustande eingefüllt wurde oder erst später infolge von Undichtigkeiten der Dosen infiziert und verdorben ist, empfiehlt es sich, die letzteren in kochendes Wasser einzutauchen, wobei etwa vorhandene feine Öffnungen in den Blechen sich durch das Auftreten von Bläschen zu erkennen geben.

Die Annahme, daß doppelt verlötete Dosen verdächtig seien, ist zwar in vielen Fällen zutreffend, weil bombierte Dosen bisweilen zur Austreibung der Gase angebohrt und dann wieder zugelötet werden. Es kommt aber nach H. SERGER[1] auch vor, daß im regelmäßigen Fabrikationsgange etwas von dem Außenlote in das Innere der Dosen gelangt.

Vom Verlöten der Dosen in das Fleisch hineingelangte Metallkügelchen werden mit Hilfe der Lupe ausgelesen und zur Bestimmung des Blei- und Zinngehaltes benutzt.

Beim Auftreten kleiner weißlicher Körnchen, die mehrfach bei in Lake eingelegten Lebern und bisweilen auch im geräucherten Schweinefleisch aufgefunden und gelegentlich fälschlich als Trichinen angesehen werden, ist zu prüfen, ob es sich nicht um Tyrosin-Ablagerungen handelt. Diese zeigen unter dem Mikroskope nach der Aufhellung mit Glycerin einen undurchsichtigen gelben Kern, von dem feine helle, bündelförmig dicht aneinander liegende Nadeln nach der Peripherie ausstrahlen, und geben mit Salpetersäure eine grünliche, beim Erhitzen rot werdende Lösung. Da diese Ablagerungen wohl nur durch nachträgliche Zersetzung entstanden sein können, werden sie in der Regel als Anzeichen der Verdorbenheit angesehen. In faulendem Fleische bisweilen beobachtete Krystalle von Ammonium-Magnesium-Phosphat (Tripel-Phosphat) sind mikroskopisch an ihrer Sargdeckelform zu erkennen.

b) Gepökelte Fleischwaren.

Seit altersher finden Kochsalz, Salpeter und Zucker zur Herstellung gepökelter Fleischwaren Verwendung und sind daher auch jetzt noch als erlaubt anzusehen.

In neuerer Zeit ist durch das Nitritgesetz (S. 995) an Stelle von Kochsalz- und Salpeter bei der Zubereitung von Fleisch sowie von Fleisch- und Wurstwaren auch die Verwendung von Nitritpökelsalz erlaubt. Bei Fleisch in großen Stücken darf neben diesem außerdem bis zu 1 kg Salpeter auf 100 kg Nitritpökelfleisch verwendet werden.

α) **Kochsalz.** Die Prüfung auf Kochsalz erscheint im allgemeinen entbehrlich. Sie ist aber erforderlich bei frischem Hackfleisch, das keinen Zusatz von Kochsalz oder Gewürz erhalten darf, und zur Entscheidung der Frage, ob frisches oder zubereitetes Fleisch vorliegt. Nach § 3 Ziff. 2 der Ausführungsbestimmungen D zum Fleischbeschaugesetze in der Fassung vom 22. Februar 1908 hat nämlich als zubereitetes Fleisch u. a. das durch Pökelung, wozu auch starke Salzung zu rechnen ist, behandelte Fleisch zu gelten. Als genügend starke Pökelung (Salzung) ist aber nur eine solche Behandlung anzusehen, nach der das Fleisch auch in den innersten Schichten mindestens 6% Kochsalz enthält.

Für den Nachweis und die neuerdings erforderliche Bestimmung (Bd. II, S. 1240) findet sich im Fleischbeschaugesetz BB.Da § 13 zu den erwähnten amtlichen Ausführungsbestimmungen folgende Vorschrift:

αα) **Nachweis.** Von dem Fleische wird ein aus den inneren Schichten entnommenes haselnußgroßes, etwa 2 g wiegendes Stück in ein mit 20 g ammoniakalischer Silberlösung (100 ccm einer 2%igen Silbernitratlösung mit 100 ccm N.-Ammoniakflüssigkeit vermischt) beschicktes Reagensgläschen gebracht und darin einige Male kräftig geschüttelt. Wenn ein weißer, bei Tageslicht schnell

[1] H. SERGER: Z. 1913, **25**, 465.

schwärzlich werdender Niederschlag entsteht, ist das Fleisch gesalzen, wenn nicht, so ist es frisch.

$\beta\beta$) Bestimmung. „2 g Fleisch werden mit chlorfreiem Seesand und 2 bis 3 ccm Wasser in einer Porzellanschale zu einem gleichmäßigen Brei zerrieben. Dieser wird mit geringen Mengen Wasser in einen Maßkolben von 110 ccm Inhalt gespült, der über der 100-ccm-Marke noch einen Steigraum von mindestens 10 ccm hat. Darauf wird zu der Mischung Wasser hinzugefügt, bis die 100-ccm-Marke erreicht ist. Hierauf stellt man den Kolben, nachdem sein Inhalt tüchtig durchgeschüttelt ist, 10 Minuten lang in kochendes Wasser. Hierbei gerinnt das Eiweiß, und die Flüssigkeit wird fast farblos. Nunmehr wird der Kolbeninhalt durch Einstellen in kaltes Wasser schnell abgekühlt, nochmals durchgeschüttelt und filtriert. Von dem klaren, fast farblosen Filtrate werden je 25 ccm, wenn nötig, mit Natronlauge unter Anwendung von Lackmus als Indicator neutralisiert. In der neutralisierten Flüssigkeit wird nach Zusatz von 1 bis 2 Tropfen einer kalt gesättigten Lösung von Kaliumchromat durch Titrieren mit $^1/_{10}$ N.-Silbernitratlösung der Kochsalzgehalt ermittelt. (Jeder Kubikzentimeter verbrauchter Silbernitratlösung entspricht 0,00585 g Kochsalz, NaCl)."

Zu dieser Vorschrift, die, obwohl rein chemischer Natur, merkwürdigerweise nicht in die Anlage d — Anweisung für die chemische Untersuchung — sondern in die Anlage a — Anweisung für die tierärztliche Untersuchung — Aufnahme gefunden hat, ist zu bemerken, daß die Bestimmung des Kochsalzgehaltes eine Reihe von Schwierigkeiten darbietet, die den Nichtchemiker leicht zu Irrtümern führen können. In erster Linie versagt die zugrunde liegende Mohrsche Methode bei Anwesenheit alkalisch reagierender Stoffe, wie Kaliumcarbonat u. dgl., und man wird daher in solchen Fällen, wie überhaupt bei genaueren Analysen, die Lösung mit Salpetersäure ansäuern, mit einer abgemessenen überschüssigen Menge Silberlösung versetzen und den Überschuß an letzterer nach J. Volhard mit Rhodanammoniumlösung unter Verwendung von Eisenoxydammonalaun als Indicator zurücktitrieren, oder aber nach E. Votocek (Bd. II, S. 1240) arbeiten.

An Stelle der amtlichen Vorschrift, die für die Beurteilung auf Grund des Fleischbeschaugesetzes unbedingt innezuhalten ist, hat G. Meszaros[1] für einige andere Zwecke, insbesondere die ernährungsphysiologische Bewertung von Fleischwaren, folgende vereinfachte Arbeitsweise empfohlen:

40—50 g des zu untersuchenden Fleisches werden fein zerhackt und gut gemischt. Dann wägt man davon 2—3 g ab, schüttelt 8—10 Minuten lang mit 200 ccm Wasser, pipettiert vorsichtig 20 ccm in einen kleinen Erlenmeyer-Kolben ab und titriert nach Mohr mit 0,1 N.-Silbernitratlösung. In einer anderen Probe wird der Wassergehalt des Fleisches ermittelt und der Natriumchloridgehalt auf Trockensubstanz umgerechnet. Da zwischen zwei Proben desselben Fleisches Unterschiede bestehen lönnen, empfiehlt es sich, die Bestimmung doppelt oder dreifach auszuführen. Das Verfahren ist rasch und einfach und entspricht den technischen Ansprüchen, insbesondere für die Aufgaben der Krankenernährung in ausreichendem Maße. Es wird auch zur Auslese verdächtiger Proben im Wege der amtlichen Lebensmittelkontrolle herangezogen werden können.

β) **Salpeter.** Der Nachweis und die Bestimmung der Salpetersäure müssen stets in dem wäßrigen Auszuge des Fleisches erfolgen, da die in Betracht kommenden Nitrate beim Veraschen zerstört werden.

$\alpha\alpha$) Zum Nachweise zieht man 20 g des vorher entfetteten Fleisches mit heißem Wasser aus, filtriert und prüft das Filtrat mit Hilfe der Diphenylamin- oder besser der Brucin-Reaktion (Bd. II, S. 650). Bei positivem Ausfall ist zu beachten, daß geringe Mengen Salpetersäure auch aus dem beim Schlachten und Verarbeiten benutzten Wasser in das Fleisch gelangen können.

$\beta\beta$) Die Bestimmung erfolgt in dem wäßrigen Auszuge des Fleisches entweder nach dem von W. Stüber modifizierten Schloesingschen Verfahren oder nach der Nitronmethode von M. Busch in der Ausführung von C. Paal und G. Mehrtens oder endlich nach der Methode von J. Tillmans und A. Splittgerber, die sämtlich in Bd. II, S. 652—660 näher beschrieben worden sind.

---

[1] G. Meszaros: **Z.** 1932, **64**, 491.

Zur Herstellung der erforderlichen wäßrigen Auszüge kocht W. STÜBER 50 g Fleisch mehrmals mit Wasser aus und dampft die Lösungen, deren Volumen ungefähr 250 ccm beträgt, ganz oder in aliquoten Teilen bis auf etwa 10 ccm ein. Für die Nitronmethode werden 50 g feinzerhacktes Fleisch 1—2 Stunden unter häufigem Umrühren mit lauwarmem destilliertem Wasser digeriert, dann aufgekocht und schließlich mehrmals mit kleinen Mengen Wasser unter stetem Erhitzen bis zum Verschwinden der Diphenylaminreaktion ausgelaugt. Von den zu 500 ccm aufgefüllten Auszügen dampft man 250 ccm mit festem Ätznatron (1 g) auf dem Wasserbade zu 60 ccm ein, säuert mit 25%iger Schwefelsäure schwach an, filtriert, wäscht aus und fällt die auf 100 ccm aufgefüllte siedende Lösung mit Nitron.

J. TILLMANS und A. SPLITTGERBER endlich kochen 50 g des gehackten Fleisches mit 200 ccm Wasser $\frac{1}{2}$ Stunde aus, filtrieren nach dem Erkalten die Lösung ab, behandeln den Rückstand nochmals in gleicher Weise mit 100 ccm Wasser und füllen die vereinigten Filtrate zu 500 ccm auf. 50 ccm der trüben Flüssigkeit werden mit dem gleichen Volumen Quecksilberchlorid-Salzsäure (gleiche Teile 5%iger Quecksilberchloridlösung und 2%iger Salzsäure) gefällt, und die durch ein doppeltes quantitatives Filter filtrierten, völlig eiweißfreien Lösungen zur Anstellung der Brucin- und der Diphenylaminreaktion benutzt.

Die erstere verdient bei Einzelproben wegen der geringeren Verdünnung den Vorzug, während die letztere bei Massenuntersuchungen bequemer ist.

Die übrigen, zum Teil vortrefflichen Methoden zur Bestimmung der Salpetersäure (z. B. von ULSCH, Bd. II, S. 655) können bei der Untersuchung von Fleisch nicht benutzt werden, weil bei ihnen auch aus anderen stickstoffhaltigen Substanzen Ammoniak abgespalten wird.

γ) **Zucker.** Zur Bestimmung der Saccharose im Fleische eignet sich weder das übliche gewichtsanalytische, noch das titrimetrische Verfahren mit FEHLINGscher Lösung, weil das Kupferoxydul sich nur langsam absetzt und leicht durch das Filter geht. Recht brauchbar ist hingegen die Methode von PAVY[1] in der Ausführungsweise von PESKA[2], der E. POLENSKE[3] folgende Gestalt gegeben hat:

200 g fein zerhacktes Fleisch werden mit 600 ccm Wasser und etwas Essigsäure bis zur sauren Reaktion versetzt, gleichmäßig verrührt, nach $\frac{1}{2}$ Stunde zum Sieden erhitzt und 2 Minuten darin erhalten. Halb erkaltet wird die Masse durch ein dünnes Flanelltuch geseiht, der ausgepreßte Rückstand noch zweimal in gleicher Weise mit je 200 ccm Wasser behandelt und die Flüssigkeit durch ein nasses Filter filtriert. Nach Zusatz von einem Eßlöffel Tierkohle dampft man auf 250 ccm ein, filtriert, wäscht mit 250 ccm siedendem Wasser aus, dampft das Waschwasser auf 50 ccm ein und vereinigt mit dem Filtrate. Die erkaltete saure Flüssigkeit wird mit Ammoniak schwach übersättigt, auf 300 ccm aufgefüllt, filtriert und mit einigen Tropfen Eisessig neutralisiert. 100 ccm davon dienen zur Zuckerbestimmung direkt, weitere 100 ccm nach dem Invertieren mit 2 ccm Salzsäure (1,124). Die dazu benutzte Lösung I enthält in 500 ccm 6,927 g Kupfersulfat und 160 ccm Ammoniak (25%), die Lösung II 34,5 g Seignettesalz und 10 g NaOH. Je 50 ccm beider Lösungen werden im Becherglas vereinigt, sogleich mit einer 0,5 cm hohen Schicht von farblosem Paraffinöl bedeckt und auf 85° erhitzt. Dazu läßt man aus einer Bürette soviel von der zu prüfenden Fleischlösung fließen, als zur Entfärbung nötig ist, und wiederholt den Versuch, indem man die annähernd ermittelte Menge auf einmal zugibt. Die genauesten Werte ergeben sich bei Lösungen, die 0,5% Zucker enthalten. Frisches zuckerfreies Rindfleisch gibt nach der Inversion einen Zuwachs von 0,06—0,13%, Schweinefleisch etwa 0,1%, Kalbfleisch 0,1—0,16% und Pferdefleisch 0,16%. Zusätze von 0,5% Saccharose machen sich also bereits deutlich bemerkbar.

δ) **Nitritpökelsalz.** Über den Nachweis und die Bestimmung von Salpetriger Säure im Fleisch und Fleischerzeugnissen siehe S. 748.

---

[1] PAVY: Chem. News 1879, **39**, 77; Zeitschr. analyt. Chem. 1880, **19**, 98.
[2] PESKA: Bull. Int. Acad. l'empereur Francois Joseph I 1895, **2**, 91.
[3] E. POLENSKE: Arb. Kaiserl. Gesundh.-Amt 1898, **14**, 149; Z. 1898, 1, 782. — Vgl. LÖWENSTEIN u. DUNE: Journ. Amer. Chem. Soc. 1908, **30**, 1461.

Es ist bis jetzt nicht, wenigstens nicht durch Gerichtsurteile, nachgewiesen, daß Fleisch dem Verbote zuwider anstatt mit Nitritpökelsalz mit Nitriten allein oder mit nitrithaltigen Gemischen anderer Zusammensetzung behandelt worden ist. Wohl aber sprechen verschiedene Anzeichen mit nahezu völliger Sicherheit dafür, daß dieses im geheimen dennoch vielfach geschieht.

So ist vom Dresdener Untersuchungsamte festgestellt worden, daß der Vertreter einer Bremer Firma unter der Hand ein sog. Prager Exportsalz vertrieb, das neben Kochsalz und 2,7% Zucker 3% Natriumnitrit, also das Fünffache der erlaubten Menge enthielt. Nachdem bereits an 189 Dresdener und 59 auswärtige Fleischer insgesamt 300 Zentner abgesetzt worden waren, gelang es noch, einen größeren Vorrat zu beschlagnahmen. Das AG. Dresden hat den Agenten wegen Vergehens gegen das Lebensmittelgesetz in Verbindung mit der Verordnung über Nitritpökelsalz zu einer Geldstrafe von 500 RM verurteilt, aber ausgerottet ist der Unfug damit noch keineswegs. Wird doch sogar neuerdings den Fleischern reines Kaliumnitrit unter der harmlosen Bezeichnung „Stangensalpeter" zu unsinnigen Preisen, bis zu 70 RM für 1 kg, aufgedrängt.

Von besonderer Bedeutung sind die Vorschriften des Nitritgesetzes in den §§ 3—5 (S. 996) über die Herstellung, Verpackung, Aufbewahrung usw. des Nitritpökelsalzes.

In subjektiver Hinsicht erscheint zur Beurteilung eines Verschuldens die Beobachtung von H. Diller und W. Wirth[1] von Bedeutung, daß Nitritpökelsalz, bei luftdichtem Verschluß aufbewahrt, lange Zeit unverändert bleibt, bei nicht luftdichtem Verschluß dagegen in einem halben Jahre Verluste von 31—37% des Nitrits erleidet. Das Salz ist daher nicht wie bisher in Papierbeuteln, sondern in Weißblechdosen aufzubewahren, in denen es sich 9 Wochen hält.

Umgehung des Nitritgesetzes. Gegenüber der von einer österreichischen Firma verbreiteten Behauptung, daß die Verwendung phosphorigsaurer und unterphosphorigsaurer Salze als Zusatz zu Pökelsalzen erlaubt sei und daß „nach der erfolgten Patentierung in Deutschland unmittelbar die Genehmigung durch die deutsche Gesundheitsbehörden bevorstehe", hat A. Beythien[2] darauf hingewiesen, daß gerade das Gegenteil richtig ist.

§ 1 (2) des Nitritgesetzes verbietet ausdrücklich die Herstellung von Gemischen und Lösungen, die Salpetrige Säure enthalten oder bei deren bestimmungsmäßiger Verwendung sich infolge eines Gehaltes an reduzierenden Stoffen Salpetrige Säure bilden kann. Nach der dem Gesetze beigegebenen Begründung bezieht sich die Vorschrift gerade auf Gemische von Salpeter und Phosphiten, die demnach verboten sind.

6. Prüfung von Wurstwaren.

Wurstwaren sind Fleisch im Sinne des Fleischbeschaugesetzes und daher den Vorschriften dieses Gesetzes unterworfen. Für sie gilt daher, abgesehen von den Maßnahmen gegen die Verwendung untauglichen Fleisches (S. 735) das Verbot der Einfuhr aus dem Auslande, von Farbstoffen und gewissen Konservierungsmitteln. Darüber hinaus unterliegen sie auch dem Lebensmittelgesetze, und ihrer Beurteilung ist daher der „Begriff der normalen Beschaffenheit" zugrunde zu legen, wie er sich aus den Leitsätzen des Vereins Deutscher Lebensmittelchemiker (S. 711) ergibt.

Die entnommenen Proben, deren Menge in der Regel nicht unter 250 g betragen soll, werden zunächst einer Prüfung auf ihre äußere Beschaffenheit unterzogen, wobei besonders auf schmierige Oberfläche, weiche Konsistenz, üblen Geruch, Schimmelanflug und auffallende Farbe des Darmes zu achten ist, darauf von der Hülle befreit und entweder, bei Weichwürsten, in der Reibschale gut durcheinandergearbeitet oder bei Hartwürsten oder Anwesenheit grober Fleisch- und Fettstücke mit dem Fleischwolf sorgfältig zerkleinert und gemischt.

Von den wichtigsten bislang in der Praxis beobachteten Fällen abweichender Beschaffenheit oder gesetzlicher Verstöße seien folgende angeführt.

---

[1] H. Diller u. W. Wirth: Z. 1934, 67, 316.
[2] A. Beythien: Fleischer-Verbands-Ztg. 1934, 28, 163.

a) Wasserzusatz. Der Wassergehalt der Wurst selbst bildet selbstredend die Grundlage für die Ableitung des Nährwertes der Wurst, hat aber im übrigen für die Beurteilung eines Wasserzusatzes zur Wurst nur relative Bedeutung, da er innerhalb weiter Grenzen schwankt. Immerhin wird er bei Dauerwürsten 60%, bei Frisch- und Anrührwürsten 70% nicht übersteigen. Für die Ableitung eines Wasserzusatzes, der nur für sog. Anrührwürste innerhalb gewisser Grenzen zulässig ist, bildet die FEDERsche Zahl (S. 741) die wissenschaftlich einwandfreie Grundlage.

Zu den eigentlichen Fleischwürsten darf Wasser überhaupt nicht zugesetzt werden. Unter Verwendung von Wasser hergestellte Fleischwürste sind daher wegen der Verringerung des Nährwertes als verfälscht zu beanstanden.

Demgegenüber gilt bei den sog. Anrührwürsten ein gewisser Wasserzusatz als üblich und zulässig. Der „Fremdwassergehalt" nach FEDER darf aber die nach den örtlichen Gepflogenheiten festzusetzende Höchstgrenze nicht um mehr als 2% überschreiten, doch soll eine Beanstandung erst dann erfolgen, wenn durch wiederholte Kontrolle des Betriebes oder durch andere Beweismittel eine wiederholte Überschreitung nachgewiesen worden ist.

Nach A. BEHRE[1] waren bis 1928 folgende behördliche Festsetzungen für den höchstzulässigen Fremdwassergehalt von Kochwurst (1), Brühwurst (2) und Dosenwurst (3) erlassen worden:

Sachsen am 15. Februar 1926: 1 15%, 2 25%; Baden am 22. Mai 1928: 1 10%, 2 15%, 3 15%; Hessen am 30. März 1928: 1 16%, 2 16%; Mecklenburg-Schwerin am 9. Dezember 1927: 1 12%, 2 20%, 3 12% bzw. 20% vor dem Einlegen; Braunschweig, Anhalt am 19. Juni 1928 bzw. 15. Februar 1926: 1 10%, 2 15%, Bremen am 18. November 1928: 1 15%, 2 18%, 3 30%; Lübeck am 27. August 1927: 1 7%, 2 17%; Provinz Ostpreußen am 14. April 1928: 1 12%, 2 14%, 3 14% beim Einlegen; Regierungsbezirke Schwaben und Neuburg am 10. Februar 1927: 1 10%, 2 20%, 3 29%; Mittelfranken am 1. August 1927, Pfalz am 24. September 1928: 1 10%, 2 15%, 3 25%; Unterfranken und Aschaffenburg am 4. Dezember 1928: 1 10%, 2 12%; Oberpfalz und Regensburg am 6. Juni 1929: 1 12%, 2 16%, 3 25%; Schneidemühl am 27. Februar 1927: 1. 6—16%, 2 13%; Stettin am 20. April 1927: 1 12%, Erfurt am 28. März 1928: 1 10%, 2 10%; Schleswig am 30. Dezember 1927: 1 12%, 2 20%, 3 30%; Wiesbaden am 7. Januar 1929: 1 10%, 2 20%; Oppeln: 1 6%, 2 17%; Städte Augsburg am 2. Februar 1923: 1 10%, 2 20%; Stuttgart am 13. Oktober 1925: 1 8%, 2 10%.

Dabei zählen nach der Sächsischen Verordnung zu den Fleischkochwürsten: Jagdwurst, Mortadella, Schinkenwurst, Bierwurst, Lyoner und Göttinger Wurst, zu den Brühwürsten: Frankfurter, Halberstädter, Wiener, Hofer, Regensburger, Vogtländer und Altdeutsche Würstchen, ferner Dosenwürste, Brühmettwurst und Knoblauchwurst.

Ähnliche Werte haben auch die Gerichte solcher Orte, an denen noch keine gesetzliche Regelung erfolgt war, ihrer Beurteilung zugrunde gelegt und bei Überschreitungen Verfälschung angenommen, unter anderem:

LG. Landsberg a. W. am 29. Mai 1922 und KG. am 15. September 1922[2] (Schinkenwurst mit FEDER-Zahlen von 6,4 bzw. 13,8, entsprechend 30 bzw. 44% Fremdwasser, höchstzulässig 20%). — LG. Würzburg am 3. September 1923[3] (Fleischwurst mit 30 und 35% Wasserzusatz).

b) Bindemittel. Als Bindemittel für Wurstwaren werden stärke- und eiweißhaltige Stoffe verwendet.

α) Nachweis und Bestimmung stärkehaltiger Bindemittel αα) Nachweis[4]. Die frische Schnittfläche der Wurst wird mit Jod-Jodkaliumlösung betupft oder, besser, die erkaltete wäßrige Abkochung von 10 g Wurst mit

---

[1] A. BEHRE: Kurzgefaßtes Handbuch der Lebensmittelkontrolle, Bd. I, S. 294. Leipzig: Akademische Verlagsgesellschaft 1931.

[2] Gesetze u. Verordnungen, betr. Lebensmittel 1922, **14**, 147.

[3] Gesetze u. Verordnungen, betr. Lebensmittel 1923, **15**, 161.

[4] „Vereinbarungen" Bd. I, S. 40. — A. REINSCH: **Z.** 1909, **18**, 36.

Jod-Jodkaliumlösung vermischt. Bei Anwesenheit von Stärke zeigt sich eine
deutliche blaue Färbung. Eine schwache Stärkereaktion, d. h. das Auftreten
einzelner kleiner schwarzblauer Pünktchen in der fettfreien Wurstmasse oder
eine schwache Bläuung der Abkochung kann auch durch Gewürzstärke hervorgerufen werden. Es ist daher erforderlich, den Befund durch die mikroskopische
Untersuchung zu bestätigen und tunlichst die Art der Stärke zu bestimmen.

  $\beta\beta$) Bestimmung. Die zahlreichen, zur Bestimmung des Stärkegehaltes
von Wurstwaren in Vorschlag gebrachten Methoden lassen sich in 4 Hauptgruppen
einteilen. Nach den Methoden der ersten Gruppe scheidet man die Stärke in
Substanz ab und bringt sie als solche zur Wägung; nach den Methoden der
zweiten Gruppe führt man die Stärke durch geeignete Behandlung in Glucose
über und bestimmt letztere nach ALLIHN; nach denjenigen der dritten Gruppe
wird die Stärke in lösliche Form gebracht und polarisiert, und eine vierte Gruppe
beruht auf der colorimetrischen Vergleichung der in Stärkelösung durch Jod
erzeugten Blaufärbung.

  Das zu der ersten Gruppe gehörende Verfahren von J. MAYRHOFER[1] ist
bereits in Bd. II, S. 913 eingehend beschrieben worden, desgleichen von den
Methoden der zweiten Gruppe die Verfahren von MÄRCKER[2], REINKE[3] u. a.
in Bd. II, S. 923, und die polarimetrische Methode (Bd. II, S. 919); P. LEHMANN
und E. SCHOWALTER[4] haben letztere Methode der Untersuchung von Wurstwaren
angepaßt.

  An dieser Stelle seien daher nur das von J. GROSSFELD abgeänderte Verfahren
von J. MAYRHOFER, die colorimetrische Vorprüfung nach AMBÜHL und die
Trennung von Stärke und Glykogen beschrieben.

  Verfahren von J. GROSSFELD[5]. 25 g der möglichst fein zerkleinerten Wurst
werden in einem 100-ccm-Kölbchen mit 50 ccm alkoholischer 8%iger Kalilauge
auf dem Wasserbade unter Umschwenken erhitzt, bis alle Fleisch- und Fett-
teile in Lösung gegangen sind. Den Inhalt gibt man auf ein Filterröhrchen,
das mit einem Bausch Glaswolle und darüber befindlicher Asbestschicht beschickt
ist und mittels eines durchbohrten Korkes ganz in einen ERLENMEYER-Kolben
hineinhängt (Bd. II, S. 914, Abb. 9) und stellt die Vorrichtung nach Auflegen
eines Uhrglases auf ein heißes Wasserbad, so daß der Inhalt leicht siedet. Sobald
alles durchgetropft ist, spült man das Kölbchen mit Alkohol aus und gibt diesen
solange auf das Filter, bis die Tropfen farblos erscheinen. Nach völligem Abtropfen stellt man das Filter auf das 100-ccm-Kölbchen, setzt unter Umrühren
25%ige Salzsäure hinzu, wobei die Filterschicht mit in das Kölbchen gestoßen
wird, spült mit Salzsäure nach, fügt eine Messerspitze Kieselgur hinzu, füllt
nach völliger Lösung des Stärkekaliums mit Salzsäure (25%) zur Marke auf,
filtriert und polarisiert im 200-mm-Rohr. 1 Kreisgrad = 0,99% Stärke.

  Bei Blutwurst empfiehlt es sich bisweilen, das Filtrat vor dem Polarisieren
mit Salzsäure (25%) zu verdünnen.

  Annähernde Bestimmung nach AMBÜHL[6]. Man verreibt 5 g der Durchschnittsprobe
dreimal mit je 20 ccm Wasser, kocht jedesmal auf, filtriert die vereinigten Auszüge nach
dem Erkalten durch ein loses Baumwollfilter in einen 500-ccm-Kolben, wäscht aus und füllt
zur Marke auf. Gleichzeitig bereitet man eine Stärkelösung, indem man 0,1 g der gleichen,
in der Wurst mikroskopisch festgestellten Mehlsorte mit Wasser aufkocht und zu 500 ccm
auffüllt. 50 ccm jeder Lösung werden dann in zwei genau gleichen Meßzylindern von
200 ccm Inhalt tropfenweise unter Umschütteln mit stark verdünnter Jod-Jodkaliumlösung

  [1] J. MAYRHOFER: Forschungsber. über Lebensmittel 1896, **3**, 141, 429; **Z.** 1901, **4**, 1101.
  [2] MÄRCKER: Handbuch der Spiritusfabrikation 1886, 4. Aufl., S. 94, 111.
  [3] O. SAARE: Die Fabrikation der Kartoffelstärke, S. 491. Berlin 1897.
  [4] P. LEHMANN u. E. SCHOWALTER: **Z.** 1912, **24**, 325.
  [5] J. GROSSFELD: **Z.** 1921, **42**, 29.
  [6] AMBÜHL: Schweizer. Lebensmittelbuch, 2. Aufl., S. 47, 1909.

versetzt, bis stärkste Blaufärbung erreicht ist. Zum Schluß verdünnt man die stärker gefärbte Lösung bis zur Gleichfärbung. Bezeichnet man das Volumen der Wurstlösung mit a, dasjenige der Vergleichslösung mit b, so enthält die Wurst $\dfrac{2a}{b}$% Mehl.

$\gamma\gamma$) **Trennung von Stärke und Glykogen.** Da durch die vorstehend beschriebenen Verfahren neben der Stärke auch das Glykogen mit erfaßt wird und letzteres in der Leber in größeren Mengen vorhanden ist, so kann es bei der **Bestimmung von Stärke in Leberwurst** unter Umständen erforderlich sein, Glykogen und Stärke getrennt zu bestimmen. Man verfährt zu diesem Zwecke, wie folgt: Von dem nach dem POLENSKE-MAYRHOFERschen Verfahren erhaltenen Glykogen- (S. 721) oder dem nach dem MAYRHOFERschen Verfahren erhaltenen Stärkeniederschlag (Bd. II, S. 913) löst man 0,3—0,5 g in 30 ccm Wasser und versetzt mit 11 g festem, feinst gepulvertem Ammoniumsulfat. Die hierbei ausgeschiedene Stärke wird abfiltriert und mit einer Lösung von 11 g Ammoniumsulfat in 30 ccm Wasser ausgewaschen. Aus dem 60 ccm betragenden Filtrate fällt man nach Zusatz von 300 ccm Wasser das Glykogen mit 500 ccm Alkohol aus und filtriert. Der Stärkeniederschlag wird nun durch Waschen mit Alkohol (50%) vom anhaftenden Ammoniumsulfat befreit und, wie auch der Glykogenniederschlag, im Wassertrockenschranke getrocknet und gewogen.

Zur Vermeidung hierbei eintretender Stärkeverluste haben A. KICKTON und MURDFIELD[1] empfohlen, die Stärke gesondert nach dem MAYRHOFERschen Verfahren zu bestimmen und von der oben erhaltenen Summe: Glykogen + Stärke abzuziehen.

Der ermittelte Stärkegehalt schließt auch denjenigen der meist vorhandenen **Gewürze** ein. Man pflegt daher, zur Ausschaltung dieser **Gewürzstärke**, von dem erlangten Befunde 0,5% abzuziehen, obwohl nur selten mehr als 0,1 bis 0,2% Gwürzstärke zugegen sein werden. Falls die Stärke in Form von Getreidemehl zugesetzt ist, multipliziert man das Resultat zur Umrechnung auf Mehl mit 1,67.

β) **Nachweis eiweißhaltiger Bindemittel.** Zum Nachweise der zur Zeit hauptsächlich angebotenen Präparate aus **Magermilch** (Mellin, Milpu, Mekro) ziehen H. KREIS und E. ISELIN[2] sowohl den Gehalt an Casein, wie an Calcium heran.

$\alpha\alpha$) **Casein-Nachweis.** Man verknetet 10 g Wurstmasse gründlich mit 50 ccm 0,1 N.-Natronlauge, filtriert und versetzt 10 ccm des Filtrats mit 20 ccm Wasser und 1 ccm Essigsäure (10%). Nach dem Umschütteln zeigen normale Würste nur opalisierende Trübung, während bei Anwesenheit von Casein-Bindemitteln sofort ein flockiger Niederschlag entsteht.

$\beta\beta$) **Calcium-Nachweis.** Man verknetet 10 g Wurst mit 50 ccm 0,1 N.-Salzsäure, filtriert und versetzt 20 ccm des Filtrates mit 0,5 ccm Ammoniak (10%), worauf bei normalen Würsten nur eine Trübung, bei solchen mit Milpu-Zusatz dagegen eine flockige Fällung von Calciumphosphat entsteht. Säuert man jetzt mit 2 ccm Essigsäure (10%) an, filtriert und setzt 1 ccm gesättigte Ammoniumoxalatlösung hinzu, so entsteht nach dem Umschütteln nur bei Anwesenheit von Milpu ein kräftiger krystallinischer Niederschlag.

$\gamma\gamma$) E. FEDER[3] zieht zu dem gleichen Zwecke die quantitative Bestimmung des Kalkgehaltes heran, der in den Casein-Bindemitteln etwa 2%, in fettfreiem Fleisch aber nur 0,06—0,13% beträgt. Er löst daher die Asche von 10 g fettfreier Wurstmasse in Salzsäure, entfernt die Phosphorsäure durch Zusatz von Eisenchlorid und Natriumacetat und nachfolgendes Kochen und fällt den Kalk aus dem schwach ammoniakalischen Filtrate als Oxalat. Der Gehalt der fettfreien Trockenmasse an Calciumoxyd wird durch Zusatz von je 1% der Bindemittel um etwa 0,1% erhöht.

Außerdem bestimmt FEDER die Aschenalkalität nach K. FARNSTEINER, die bei normalem Schweinefleisch nur etwa 8 ccm N.-Lauge für 100 g fettfreie

[1] A. KICKTON u. MURDFIELD: Z. 1907, 14, 501.
[2] H. KREIS u. E. ISELIN: Private Mitteilung und Mitt. Lebensm.-Unters. u. Hygiene 1930, 21, 234.
[3] E. FEDER: Z. 1909, 17, 191.

Trockensubstanz ausmacht, durch Zusatz von 1% eines käuflichen Bindemittels aber auf 20 erhöht wurde.

Der Vorschlag von J. SANARENS[1], 10—20 g der mit wenig Wasser versetzten und mit Alkali neutralisierten Masse 3—4 Minuten zu kochen, wobei Casein eine milchige Trübung des Filtrates hervorrufen soll, wird von H. W. DE KRUYFF und G. L. VOERMANN[2], obwohl er bisweilen gute Ergebnisse liefert, als unzuverlässig und für gekochtes Fleisch unbrauchbar bezeichnet.

Hühnereiweiß und anderes tierisches Albumin kann unter Umständen auch mit Hilfe des serologischen Verfahrens (Bd. II, S. 695) erkannt werden, doch bietet ihre Trennung von den Fleischproteinen große Schwierigkeiten.

Pflanzeneiweiß (Gluten, Kleber, Aleuronat) glaubt A. BEHRE[3] durch mikroskopische Untersuchung der durch ein feines Sieb geriebenen Wurstmasse erkennen zu können.

A. SCHMID[4] behandelt die wäßrige Auskochung mit Formaldehyd oder konzentrierter Essigsäure, worauf bei Gegenwart von 1% Aleuronat starke Trübung eintritt. Möglicherweise führt auch Ausziehen mit 60—70%igem Alkohol, worin Aleuronat teilweise löslich ist, zum Ziele.

c) Konservierungsmittel. Die Verwendung der im Fleischbeschaugesetze bzw. der dazu erlassenen Verordnung (S. 969) aufgeführten Stoffe ist ohne Einschränkung, d. h. auch unter Kenntlichmachung verboten.

Das gilt hinsichtlich der Schwefligen Säure auch dann, wenn die Wurstmasse infolge Schwefelung der fertigen Wurst nur eine sehr geringe Menge des Konservierungsmittels enthält (vgl. Urteile des LG. Bonn vom 2. Januar 1915 und des RG. vom 27. März 1915)[5]. In gleichem Sinne ist auch die Außenbehandlung von Wurst mit Dämpfen von Formaldehyd als unzulässig anzusehen.

Salpetrige Säure darf nur in der durch das gesetzlich zugelassene Nitritpökelsalz hineingelangten Menge zugegen sein, hingegen ist die Verwendung von Nitriten in jeder anderen Form verboten.

Von den im Fleischbeschaugesetze nicht aufgeführten Konservierungsmitteln gelten Kochsalz und Salpeter als seit altersher übliche und zulässige Hilfsmittel der Wurstfabrikation.

Da alle ohne Salpeter hergestellten Koch- und Brühwürste nicht rot, sondern grau aussehen, wird durch die Behandlung mit Salpeter nicht eine bessere Beschaffenheit vorgetäuscht[6], sondern lediglich die den Verbrauchern vom Schinken und Pökelfleisch bekannte Salzungsröte hervorgerufen. In Übereinstimmung mit dieser Auffassung bestimmt das Nitritgesetz (S. 996) in § 6, daß Nitritpökelsalz bei Wurstwaren an Stelle von Salpeter benutzt werden darf. Der Salpeterzusatz sollte aber nach K. BRAUNSDORF[7] so weit beschränkt werden, daß der Gehalt der Wurst an Natriumnitrit ($NaNO_2$) keinesfalls 0,015% übersteigt.

Alle anderen chemischen Konservierungsmittel, von denen lediglich die Ameisensäure[8] neuerdings eine gewisse praktische Bedeutung erlangt hat, müssen vom Standpunkte der Lebensmittelkontrolle als unerwünscht bezeichnet werden. Eine technische Notwendigkeit für ihre Anwendung besteht nicht.

---

[1] J. SANARENS: Ann. Falsif. 1914, 7, 243; Z. 1917, **33**, 505.
[2] A. W. DE KRUYFF u. G. L. VOERMANN: Chem. Weekbl. 1926, **23**, 296; Z. 1930, **59**, 122.
[3] A. BEHRE: Bericht Chemnitz 1907, S. 14; Z. 1908, **16**, 360.
[4] A. SCHMID: Bericht Thurgau 1907, S. 7; Z. 1908, **16**, 360.
[5] Gesetze u. Verordnungen, betr. Lebensmittel 1915, 7, 301.
[6] Wie das LG. Leipzig in seinem Urteil vom 4. Mai 1928 angenommen hat. Vgl. dazu A. BEYTHIEN: Fleischwaren-Industrie 1929, **9**, 211.
[7] K. BRAUNSDORF: Deutsch. Nahrungsm.-Rundschau 1935, S. 113.
[8] Das neue Österr. Lebensmittelgesetz verbietet den Zusatz aller Konservierungsmittel, insbesondere auch der Ameisensäure zu Wurst.

Räuchermittel. Unter Bezeichnungen wie Teewurstwürze, Dauer- wurstwürze, Rauchwürze, Schmokin usw. werden von einigen kleineren Fabriken nahezu gleich zusammengesetzte braune Flüssigkeiten angeboten, die in chemischer Hinsicht als wäßrige Auflösungen von 4—5% Ameisensäure und bisweilen etwas Essigsäure, sowie von empyreumatischen, stark rauchartig riechenden und schmeckenden Destillationsprodukten der Holzver- kohlung anzusprechen sind und nach Angabe eines der Hersteller durch Ver- schwelen von Wachholdersträuchern gewonnen werden. Ganz abgesehen von dem Gehalte an dem unzulässigen Konservierungsmittel Ameisensäure sind diese Erzeugnisse schon wegen ihres Rauchgeschmackes und des damit erstrebten Zweckes zu verwerfen.

Durch den Zusatz dieser dem Begriffe der normalen Beschaffenheit fremden Stoffe wird in den Käufern die berechtigte Erwartung erregt, daß sie eine im Wege der üblichen Räucherung hergestellte Fleischware erhalten, während tatsächlich eine gewöhnliche, gar nicht oder nur schwach geräucherte Wurst von höherem Wassergehalte vorliegt. Der Wurst wird sonach der täuschende Anschein einer besseren Beschaffenheit verliehen, womit das Tatbestandsmerkmal der Verfälschung gegeben ist.

d) Künstliche Färbung. Nach dem Fleischbeschaugesetz ist die Verwendung von „Farbstoffen jeder Art" (S. 755) auch bei Wurstwaren verboten.

Der Zusatz von Farbstoffen zu Würsten stellt aber auch eine Verfälschung nach dem Lebensmittelgesetz dar, da durch den Zusatz eine bessere Be- schaffenheit (höherer Fleischgehalt) vorgetäuscht wird (Entscheidung des RG. vom 8. März 1901 und 28. November 1916[1] sowie des KG. vom 24. November 1901[2]).

Die längere Zeit strittige Frage, ob die Färbung der Därme mit sog. Kesselrot gegen das Fleischbeschaugesetz verstößt, ist neuerdings vom Kammergericht bejaht worden, nachdem es seine anfangs entgegenstehende Auffassung nach einer kritischen Darlegung der Verhältnisse durch A. Juckenack aufgegeben hatte. In der Tat kann nach den überzeugenden Ausführungen Juckenacks kein Zweifel bestehen, daß die Darmhüllen sowohl Fleisch im Sinne des Fleischbeschaugesetzes, als auch, weil sie in der Regel mit- gegessen werden, Lebensmittel sind. In Übereinstimmung hiermit hat das LG. III Berlin am 22. September 1925[4] die Darmfärbung von Jagdwurst als Verfälschung beurteilt. Der weitere Einwand, daß die Außenfärbung von Brühwürstchen und ähnlichen Anrühr- würsten unter die für Gelbwürste nachgelassene Ausnahme falle, ist von den Dresdener Gerichten mehrfach als unbeachtlich zurückgewiesen worden, weil diese Ausnahme lediglich für die bekannten süddeutschen, ausgesprochen citronengelben „Gelbwürste" gilt, während es sich bei der, übrigens nicht herkömmlichen Außenfärbung der Brühwürstchen um die Verwendung oranger oder roter Farben („Kesselrot") handelt, die außerdem nicht ohne weiteres als künstliche erkennbar ist, sondern eine Räucherung vortäuscht.

Aus denselben Gründen ist natürlich die von Th. Merl beobachtete künst- liche Braunfärbung von Blutwurst zu beanstanden.

Nach dem klaren Wortlaute der zum Fleischbeschaugesetze erlassenen Ausführungsbestimmung „Farbstoffe jeder Art" besteht kein Zweifel, daß nicht nur die ausgesprochenen Farbstoffe, wie künstliche Farbstoffe und Carmin usw., unter das Verbot fallen, sondern daß auch von Natur farbige Gewürze, wie Safran und Paprika als Farbstoffe angesehen werden können.

Sie sind aber nicht unter allen Umständen als solche zu beanstanden, sondern nur dann, wenn durch Verwendung übermäßig großer, für die Würzung nicht erforderlicher Mengen eine sichtbare Farbwirkung herbeigeführt wird. Diese von A. Beythien[5] mehrfach begründete Auffassung hat im großen und ganzen die Zustimmung der Fachgenossen, der Gewerbe- treibenden und der Rechtsprechung gefunden. Nach dem Urteile des LG. Dresden vom 2. Juli 1927[6] ist der Zusatz geringer Mengen Paprika (höchstens 0,5%) zu Wurst nicht auf

---

[1] Gesetze u. Verordnungen, betr. Lebensmittel 1917, **9**, 194.
[2] Auszüge aus gerichtl. Entscheidungen 1905, **6**, 449, 451.
[3] A. Juckenack: Gesetze u. Verordnungen, betr. Lebensmittel 1925, **17**, 1.
[4] Gesetze u. Verordnungen, betr. Lebensmittel 1925, **17**, 205.
[5] A. Beythien: Deutsch. Nahrungsm.-Rundschau 1928, S. 66; 1930, S. 21; 1931, S. 31.
[6] Gesetze u. Verordnungen, betr. Lebensmittel 1928, **20**, 107.

Grund des Lebensmittelgesetzes oder des Fleischbeschaugesetzes zu beanstanden und der Verkauf eines paprikahaltigen Wurstgewürzsalzes nicht als Beihilfe zur Verfälschung anzusehen. Größere Zusätze, besonders von capsaicinarmem „edelsüßem" Paprika müssen aber unter allen Umständen vermieden werden, da sie vom OLG. Dresden am 19. Februar 1930 und vom KG. in seinem Urteil vom Jahre 1932 als verbotswidrige Färbung beurteilt worden sind.

Nachweis der künstlichen Färbung.

Der Nachweis von künstlichen Farbstoffen und Carmin erfolgt nach den S. 755 gegebenen Anweisungen. Zusatz größerer Mengen Paprika äußert sich durch Gelb- bzw. Orangefärbung des Fettes, sein sicherer Nachweis bietet aber, da der Paprikafarbstoff nach den bekannten Methoden nicht vom Fette getrennt werden kann, außerordentliche Schwierigkeiten.

Nach einem neuen Vorschlage von W. PLAHL und A. ROTSCH[1] schüttelt man 5—10 g der Wurstmasse bis zur völligen Entfärbung mit Äther oder Petroläther aus und dunstet die filtrierte Lösung in einem gewogenen Kölbchen ein. Der gewogene Rückstand wird mit 0,5 N.-Kalilauge (25 ccm auf 1—2 g) 15 Minuten auf dem Wasserbade gelinde erhitzt, die erkaltete Seifenlösung in einem 100-ccm-Meßkolben auf 100 ccm mit Wasser verdünnt, ein aliquoter Teil (10 ccm) mit 0,5 N.-Salzsäure gegen Phenolphthalein titriert und die übrige Menge (90 ccm) mit der berechneten Säuremenge neutralisiert. Die Lösung erhitzt man dann zur Verjagung des Alkohols auf dem Wasserbade, setzt zur Behebung einer etwaigen Trübung etwas Alkohol und Wasser zu, trägt dann sofort festes Calciumchlorid ein, bis keine Kalkseife mehr ausfällt, filtriert, wäscht mit heißem Wasser aus und erhitzt den Niederschlag in einem Extraktionskölbchen 15 Minuten mit Alkohol (96%). Die nach dem Erkalten filtrierte Flüssigkeit wird auf 15° abgekühlt, nochmals filtriert und eingedampft. Bei Anwesenheit von Paprika hinterbleiben rote Farbstofftröpfchen, die mit konz. Schwefelsäure sofort blau werden.

Zur Unterstützung dient die mikroskopische Auffindung der charakteristischen Formelemente (Gekrösezellen) des Paprikas.

e) Pferdefleisch und sonstige minderwertige Fleischsorten. Als minder wertvoll gilt in erster Linie das Pferdefleisch, daneben auch das wohl nur ausnahmsweise verarbeitete Fleisch von Hunden, Katzen, Walen, Robben und Fischen. Da nach dem Urteile des KG. vom 11. November 1886[2] im Handel und Verkehr unter Schlack- oder Mettwürsten nur Erzeugnisse aus Rind- und Schweinefleisch verstanden werden, so sind aus den oben genannten Fleischsorten ganz oder zum Teil hergestellte Würste als nachgemacht oder verfälscht anzusehen. In diesem Sinne haben auch, von vereinzelten Ausnahmen abgesehen, die Gerichte meist entschieden, und es wird daher genügen, aus der großen Zahl der ergangenen Urteile diejenigen des RG. vom 12. Mai 1891 (Hundefleisch) und vom 2. März 1908 (Pferdefleisch)[3] anzuführen.

Außerdem bestimmt § 18 des Fleischbeschaugesetzes, daß Pferdefleisch nur unter einer Bezeichnung vertrieben werden darf, die in deutscher Sprache das Fleisch als Pferdefleisch erkennbar macht. Von der Befugnis, diese Vorschrift auch auf Esel, Maulesel, Hunde und sonstige seltener zur Schlachtung gelangenden Tiere auszudehnen, hat die Regierung bislang keinen Gebrauch gemacht.

Auch die Verwendung solcher Teile der bekannten Schlachttiere, die zwar unverdorben, aber doch nach allgemeiner Verkehrsauffassung minderwertig, unappetitlich oder ekelerregend sind, hat als Verfälschung zu gelten, weil sie dem Begriffe der normalen Beschaffenheit zuwiderläuft. Als derartige Teile werden in erster Linie die Harnblase und die Geschlechtsteile (Stierhoden, Bulleneier, Trachten weiblicher Schweine, d. i. die Gebärmutter), ferner Darm und Schlund, Hautfleisch, die Augen angesehen. In Bayern sind diese Stoffe durch amtliche Verordnung geradezu verboten, in anderen Teilen Deutschlands durch die Rechtsprechung ausgeschaltet worden.

[1] W. PLAHL und A. ROTSCH: Z. 1933, 65, 452.
[2] C. A. NEUFELD: Der Nahrungsmittelchemiker als Sachverständiger, S. 175.
[3] Gesetze u. Verordnungen, betr. Lebensmittel 1910, 2, 83.

LG. I Berlin am 23. Juli 1897 (Geschlechtsteile und Eingeweide)[1]. — LG. Frankfurt
a. M. am 9. April 1897 (Darm zu Leberwurst verhackt). — LG. Hagen am 2. August 1899
(Harnblase, Faselsack)[2]. — LG. München am 28. November 1910 (Stierhoden, Schwarten,
Darmreste)[3]. — LG. Bautzen am 25. Mai 1917 (Schweinetracht, Därme, Bulleneier, Gehörgang zu Leberwurst)[4].

Würste, in denen die vorgenannten unzulässigen Bestandteile überwiegen, sind von den
Gerichten mehrfach als nachgemacht beurteilt worden, so unter anderem Schwartenmagen, der statt aus Fleisch, Schwarten und Speck im wesentlichen aus Kuttelflecken und
Fett oder aus Leim und Haut bestand, nach den Urteilen des RG. vom 15. Mai 1882[5], ferner
des LG. Trier vom 10. August 1906 und des OLG. Köln vom 27. Oktober 1906[6].

Nähere Angaben hierüber finden sich im Abschnitt Histologische Untersuchung, S. 792.

Umarbeitung alter Würste zu neuen Würsten ist im allgemeinen als
Verfälschung und nur in ganz vereinzelten Ausnahmen unter besonderen Vorsichtsmaßregeln als erlaubt anzusehen.

So hält es das Dresdener Untersuchungsamt im Einvernehmen mit der Fleischerinnung
allein für zulässig, wenn beim Kochen zerplatzte oder sonst verunglückte Blut-, Leber-
oder Brühwurst innerhalb höchstens 24 Stunden nach dem Abwaschen und völliger Entfernung der Schale zur Herstellung von Würsten der gleichen Art benutzt werden, und in
diesem Sinne ist auch das Urteil des LG. Bonn am 3. Juni 1910[7] ergangen. In demselben
Urteil wird aber die Umarbeitung 8 Tage alter Würste als Verfälschung bezeichnet, und
ebenso hat auch das LG. München am 28. November 1910[8] und das LG. Braunschweig
am 17. Oktober 1932 entschieden. Das große Schöffengericht Dresden verurteilte am 21. Oktober 1927[9] einen Fabrikanten, der aus alter Blutwurst die Speckgrieben ausgewaschen
und zur Herstellung neuer Wurst benutzt hatte.

Daneben können an die einzelnen Wurstsorten noch besondere Anforderungen,
je nach den örtlichen Gepflogenheiten, gestellt werden.

So ist z. B. für die Stadt Dresden durch Vereinbarung des Wohlfahrtspolizeiamtes mit
der Fleischerinnung am 18. April 1932 als Ortsgebrauch festgestellt worden, daß die an sich
zulässigen Schlachtabgänge: Lunge, Magen und Darm in Kalbs-, Delikateß-, Trüffel-,
Sardellen-, Schalotten- und ausgesprochen teurer Leberwurst nicht enthalten sein dürfen.
Für Fleischwurst wird die Verwendung dieser Abgänge wohl allgemein als unzulässig, für
andere Würste nur in beschränktem Maße als erlaubt angesehen.

Für Dosenwürstchen hat der Reichsverband der deutschen Fleischwaren-
industrie folgende Begriffsbestimmung aufgestellt[10]:

„Die Grundlage für Dosenwürstchen — gleichgültig unter welcher Bezeichnung sie in den Verkehr gebracht werden — besteht aus gekuttertem Rind-
oder Kalbfleisch und Schweinefleisch mit den erforderlichen Gewürzen. Unzulässig ist die Verwendung von Innereien jeder Art und der gesonderte Zusatz
von Schwarten, Sehnen und Präparaten daraus sowie von sonstigen Binde-
mitteln und anderen Stoffen.“

Diese Begriffsbestimmung hat inzwischen seitens der Vertreter der zuständigen
Behörden usw. Anerkennung gefunden und ist auch sämtlichen Handelskammern
und Untersuchungsämtern sowie der gesamten Fachpresse der Abnehmerkreise
zur Kenntnisnahme zugeleitet worden. Sie hat daher als die Ansicht des reellen
Verkehrs und der Überwachungsorgane zu gelten und dient bei etwaigen Beanstandungen von Dosenwürstchen als Grundlage für gutachtliche Äußerungen.

---

[1] Auszüge aus gerichtl. Entscheidungen 1900, 4, 193.
[2] Auszüge aus gerichtl. Entscheidungen 1902, 5, 341.
[3] Gesetze u. Verordnungen, betr. Lebensmittel 1913, 5, 173.
[4] Gesetze u. Verordnungen, betr. Lebensmittel 1917, 9, 646.
[5] Auszüge aus gerichtl. Entscheidungen 1900, 4, 485.
[6] Auszüge aus gerichtl. Entscheidungen 1908, 7, 635.
[7] Auszüge aus gerichtl. Entscheidungen 1912, 8, 1026.
[8] Gesetze u. Verordnungen, betr. Lebensmittel 1913, 5, 173.
[9] Fleischer-Verbands-Ztg. 1932, 26, 1911.
[10] Die Fleischwaren-Industrie 1933, 13, 349; Fleischer-Verbands-Ztg. 1933, 27, 1538.

Prüfung auf Pferdefleisch und andere minderwertige Fleischarten.

Nach A. Juckenack zeigen mit Pferdefleisch hergestellte Würste beim Durchbrechen eine eigentümlich faserige Struktur, die einen gewissen Anhalt gibt. Die chemische Untersuchung des Fettes hat nur dann einen Zweck, wenn aus der Wurst größere Stücke unvermischten Fettes abgesondert werden können.

Der sicherste Nachweis von Pferdefleisch und anderen minderwertigen Fleischarten (Hundefleisch, Fischfleisch) kann nur nach dem serologischen Verfahren (Bd. II, S. 688) geführt werden. Auch gibt die Form der bei der mikroskopischen Untersuchung unter Umständen festzustellenden Haare[1] bisweilen wertvolle Aufschlüsse über verwendete fremde Fleischarten.

Über die bei der Herstellung von Wurstwaren nicht selten verwendeten minderwertigen Fleischteile (Schlachtabgänge) und ihren histologischen Nachweis siehe S. 792 und die Handbücher von Ellenberger und Schumacher (Literatur S. 925).

Knorpeln und Sehnen sollen nach G. Popp[2] vor der Analysenquarzlampe stark bläulich fluoreszieren, während Muskelfleischstücke rot bleiben.

f) Pflanzliche Zusätze usw. Der Nachweis von Stärke kann — außer nach S. 763 — ebenso wie derjenige von sonstigen pflanzlichen Beimengungen (Gewürze usw.) durch die mikroskopische Untersuchung der entfetteten Wurstmasse erfolgen.

Trüffelwurst mit Rothäubchen (Tubiporus rufus Schff.), die nach den Angaben von M. Brüllau[3] durch die Form der Sporen von der echten Trüffel (Tuber bromale) unterschieden werden können, ist als verfälscht oder nachgemacht zu beurteilen.

Durch röntgenologische Untersuchung können Eisensplitter (von einem beschädigten Fleischwolf herrührend) und andere Metallteile in Wurstwaren nachgewiesen werden[4].

g) Verdorbenheit. Abgesehen von den allgemeinen Merkmalen der Verdorbenheit durch faulige Zersetzung (S. 702) haben auch solche Würste, die aus unappetitlichen Stoffen hergestellt worden sind und daher das Gefühl des Ekels zu erregen vermögen, als verdorben zu gelten, also, um nur einige in der Praxis beobachtete Vorkommnisse anzuführen: Würste, die in kothaltige Därme eingefüllt oder im mangelhaft gesäuberten Waschkessel gekocht worden sind[5], ferner mit schmutzigem Abwasser bespülte Würste u. dgl. In gleicher Weise erfüllt das Vorhandensein unverdaulicher Stoffe, wie Schweinsborsten, Holzstückchen, das Tatbestandsmerkmal der Verdorbenheit, und schließlich sind auch alle unter Verwendung verdorbenen, kranken oder ekelhaften Fleisches (S. 735) hergestellten Würste als verdorben bzw. gesundheitsschädlich anzusehen.

Untersuchung auf Verdorbenheit.

Zur Untersuchung auf Verdorbenheit durchschneidet man die Würste der Länge nach und stellt dann das Aussehen, die Farbe, die Konsistenz, sowie den Geruch und Geschmack fest. Verdorbenheit äußert sich durch schmierige Beschaffenheit, Lockerung der Wurstmasse, zuweilen unter Auftreten von Hohlräumen, Verfärbung des Fleisches, gelbliches oder grünlichgraues Aussehen des Fettes, Schimmelbildung, sauren, fauligen oder sonst unangenehmen Geruch und Geschmack.

---

[1] Litterscheid u. Lambardt: Die Erkennung der Haare unserer Haussäugetiere. Hamm 1920.
[2] G. Popp: Z. 1926, **52**, 165.
[3] M. Brüllau: Z. 1933, **65**, 645.
[4] E. Reuchlin: Jahresbericht Frankfurt a. O. 1932, S. 20.
[5] Urteil des OLG. Dresden vom 2. Februar 1933.

α) Die Reaktion wird durch Betupfen von neutralem Lackmuspapier mit einem wäßrigen Auszuge der Wurst festgestellt.

β) Zur Bestimmung der Säuregrade des Fettes werden nach der Vorschrift des Schweizerischen Gesundheitsamtes[1] 5—8 g des herausgesuchten Fettes mit Sand verrieben und mit Äther extrahiert. Die filtrierte Lösung wird zu 50 ccm aufgefüllt, ein Teil davon (5 ccm) im ERLENMEYER-Kolben eingedampft und nach $^3/_4$stündigem Trocknen im Wassertrockenschranke gewogen, der Rest (45 ccm) nach Zusatz von 45 ccm Alkohol (45%) mit 0,1 N.-Natronlauge gegen Phenolphthalein titriert. Bezeichnet man das Gewicht des in 5 ccm enthaltenen Fettes in Grammen mit a, die ccm verbrauchter 0,1 N.-Lauge mit b, so ist der Säuregrad $S = \dfrac{10\,b}{a}$.

γ) Der Nachweis von Fäulnisstoffen (Ammoniak, Schwefelwasserstoff usw.) erfolgt nach den S. 777 angegebenen Verfahren.

δ) Bakteriologische Untersuchung. Über die Bedeutung der Keimzahl für die Beurteilung der Wurstwaren und ihre Bestimmung siehe S. 781. BREKENFELD[2] hat aber neuerdings auf die Bedeutung der Untersuchung von Mikrotomschnitten auf Bakterien und Bakteriennestern für die hygienische Beurteilung des Fleisches und insbesondere der Wurstwaren hingewiesen. Er konnte in 80% der Proben von Wurst-, Hack- und Pökelfleisch eine Übereinstimmung zwischen dem Grade der Betriebshygiene und dem Ergebnisse der bakterioskopischen Untersuchung feststellen.

Die für die bakterioskopische Untersuchung erforderlichen Mikrotomschnitte stellt BREKENFELD, wie folgt, her:

I. Schnellgefrierschnitt: a) Herausschneiden mehrerer Würfel von 1—3 qcm Seitenfläche; b) Kochen der Stücke für 3 Minuten in Formaldehydlösung (10%); c) Schneiden mit dem Kohlensäuregefriermikrotom; d) Nach dem Entwässern Färben mehrerer Schnitte mit Methylenblau (Bakterienfärbung) und nach VAN GIESON (Bindegewebe rot, Muskelfasern gelb).

II. Gefrierschnitt: In weniger eiligen Fällen bei Material, das nicht gekocht werden darf: a) wie Ia; b) 6—24 Stunden in Formaldehyd (10%) härten; c) 1 Stunde wässern; d) wie Ic und d.

III. Paraffinschnitt (Dauerpräparat): a) und b) wie IIa und b; c) je 24 Stunden entwässern in Alkohol von 60, 96 und 100 Raum-%; d) Einlegen für 1—2 Stunden in Xylol, bis die Stücke durchscheinend sind; e) Einlegen für 1 Stunde in gesättigte Paraffin-Xylolmischung; f) $1^1/_2$ Stunden in Paraffin von 54° Schmelzpunkt; g) 1—2 Stunden in Paraffin von 54 und 59° Schmelzpunkt gemischt; h) Endgültige Paraffineinbettung zum Schneiden usw.

Von gleichmäßig aussehenden Würsten nimmt man aus der Wurstmitte und dem Zipfelstück, und zwar sowohl aus dem Innern als auch an der Darmwand Material, von anderen Fleischstücken aus der Mitte und vom Rande, von Dosenkonserven aus dem oberen, mittleren und unteren Teil.

Aus einwandfreiem Fleisch hergestellte Würste zeigen in Reihen von Schnitten in jedem Gesichtsfeld bei etwa 1000facher Vergrößerung gar keine oder nur sehr wenige, vereinzelt liegende Bakterien.

In einwandfreien Rohwürsten vereinzelt liegende Bakterien können sich unter Einwirkung der Räuchertemperatur (30—40°) zu Bakteriennestern auswachsen. Diese Nester werden sich dann ebenfalls nur vereinzelt in den Schnitten finden.

Aus nicht mehr einwandfreiem Fleisch hergestellte Würste zeigen je nach der Schnelligkeit des Räucherns in den meisten Gesichtsfeldern massenhaft gleichmäßig verteilte Einzelbakterien oder „Nester". Es wimmelt von ihnen besonders im Bindegewebe, erst später auch in den Muskelfasern.

---

[1] Schweizer. Wochenschr. Chem. Pharm. 1910, 48, 481.
[2] BREKENFELD: Zentralbl. Bakteriol. II 1928, 75, 481; Z. 1929, 57, 338; 1934, 67, 577.

Aus einwandfreiem Fleisch, aber unsauber hergestellte Wurst zeigt meist nur in einigen Schnitten starke Durchsetzung mit Einzelbakterien oder, nach dem Räuchern, mit Nestern. (Auch sauber und frisch hergestelltes Hackfleisch enthält nur vereinzelte Bakterien.)

Findet man an wenigstens drei Stellen einer Wurst die Mehrzahl der Schnitte stark von Bakterien durchsetzt, so muß die Wurst als verdorben bezeichnet werden.

Abb. 15 zeigt eine bakterioskopisch einwandfreie Landwurst, während Abb. 16 eine nicht einwandfreie Jagdwurst darstellt.

Bei Leberwürsten ist das Verfahren wegen ihres hohen Fettgehaltes nicht anwendbar.

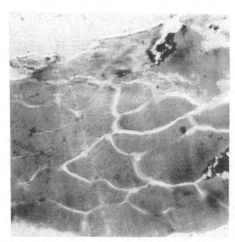 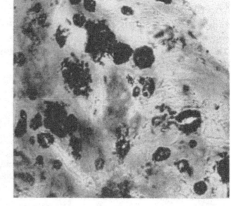

Abb. 15. Einwandfreie Landwurst. Nur an drei Stellen finden sich Bakteriennester (1 : 360).

Abb. 16. Nicht einwandfreie Jagdwurst. Das ganze Gesichtsfeld ist von einer großen Zahl Bakteriennestern durchsetzt (1 : 360).

7. Sonstige Prüfungen.

a) Prüfung auf extrahiertes Fleisch. Solches Fleisch, das unter anderem als Rückstand der Fleischextraktfabrikation trockenem Fleischpulver zugesetzt oder auch zur Herstellung von Rauchfleisch benutzt worden sein soll, kann am ersten an der veränderten Zusammensetzung der fettfreien Trockensubstanz erkannt werden. Normales Fleisch enthält in der fettfreien Trockensubstanz neben 75—77% unlöslicher Muskelfaser etwa 23—25% wasserlösliche Extraktivstoffe, darunter 6—7% Eiweiß, 10—11% nicht eiweißartige Stickstoffverbindungen (Fleischbasen und andere) und 7% Salze. Ein Gehalt von weniger als 10% nicht eiweißartiger Stickstoffverbindungen und von weniger als 7% Salzen würde demnach auf eine Extraktion mit Wasser hindeuten, während das Eiweiß durch das Trocknen, Räuchern oder Sterilisieren des Fleisches völlig unlöslich geworden sein kann.

L. GERET[1] zieht zur Feststellung, ob eine Fleischware aus extrahiertem Fleisch hergestellt worden ist, eine abgewogene Menge der Probe sechsmal mit dem gleichen Gewicht Wasser aus, klärt die Lösung durch Kochen (bei Corned beef unter Zusatz von Essigsäure), filtriert, dampf zum Extrakt ein und löst diesen zum ursprünglichen Gewicht des Fleisches. In der Flüssigkeit bestimmt man den Gehalt an Gesamt-Kreatinin (a), Phosphorsäure (b) und kochsalzfreier Reinasche (c) und berechnet aus 12,2 a; 11 b; 4,4 c den Trockenextrakt (TE), der sich aus allen 3 Werten für einen Standard-Fleischextrakt mit 20% Wasser zu

[1] L. GERET: Mitt. Schweiz. Ges.-Amt 1934, **25**, 191.

80% ergibt. Bei Durchschnittsfleisch beträgt TE = 3,2 oder, auf fettfreie Trockensubstanz berechnet = 16%. Nach diesem Verfahren ergab sich, daß in 2 Proben Corned beef südamerikanischer Herkunft 43 bzw. 34,5% des ursprünglichen Gehaltes an TE fehlten, während ein Schweizer Erzeugnis noch 93—98% davon enthielt, ein Zeichen, daß ohne Verminderung des Extraktgehaltes ein schmackhaftes, schnittfestes Corned beef hergestellt werden kann.

b) Fleischsalat und Mayonnaise. Über die an diese Zubereitungen zu stellenden Anforderungen siehe S. 715.

α) Fleischsalat. Die Überwachung des Verkehrs mit Fleischsalat hat sich zu erstrecken:

αα) **Auf den Anteil an Fleischgrundlage** und Mayonnaise, Gurken und sonstigen würzenden Stoffen, ferner an verbotenen pflanzlichen Lebensmitteln wie Rüben, Kartoffeln, Äpfeln, Kürbis usw.

Zur Ermittelung des Gehaltes an festen Stoffen bringt man eine abgewogene Menge Fleischsalat auf ein feines Drahtsieb, läßt die Mayonnaise unter Durchrühren mit einem Pinsel ablaufen und benutzt sie zur näheren Untersuchung, insbesondere auf den Fettgehalt. Der auf dem Siebe verbliebene Rückstand wird durch Abspülen mit Wasser von anhaftender Mayonnaise befreit, nach dem Abpressen zwischen Fließpapier gewogen und unter Zuhilfenahme der Pinzette in Fleisch, Zucker usw. zerlegt.

ββ) **Auf den Gehalt an Schwarten,** der höchstens 5% der verwendeten Fleischteile betragen darf.

γγ) **Auf den Gehalt an Mehl,** dessen Zusatz 2% der Fleischgrundlage nicht überschreiten darf.

β) **Mayonnaise.** αα) Der Gehalt an „Fett" muß mindestens 83% bzw. bei Marinaden-Mayonnaise mindestens 65% betragen.

An die Art des Öles werden keine bestimmten Anforderungen gestellt, man wird aber annehmen dürfen, daß darunter nur die handelsüblichen „Tafelöle" wie Olivenöl, Erdnußöl, Sesamöl und andere, nicht aber gewöhnliche „Speiseöle" nach Art des Leinöls oder Rüböls zu verstehen sind. Die Trennung in zwei Fettgehaltsstufen von 83 und 65% erscheint nach dem Verwendungszweck berechtigt. Die Begriffsbestimmung gilt nicht nur für die zur Herstellung von Fleischsalat benutzte, sondern auch für die als selbstständige Handelsware in den Handel kommende Mayonnaise, sowie nach dem Preußischen Ministerialerlaß vom 3. April 1926[1] für Salattunke, Remouladentunke, Salatsauce und andere der Mayonnaise ähnliche Zubereitungen, nicht aber für fettarme Würztunken in Originalpackungen.

ββ) **Das Verbot aller Verdickungsmittel,** zu denen außer Mehl auch Pflanzenschleime[2] gehören, verhindert auch die Verwendung der neuerdings angepriesenen Edelsoja wegen ihres hohen Gehaltes an Kohlenhydraten[3], während natürlich gegen ihren Gebrauch in Haushaltungen selbstredend nichts einzuwenden ist.

γγ) **Prüfung auf Konservierungsmittel.** Fleischsalate und Mayonnaisen sind auch auf Konservierungsmittel, namentlich auf Bor- und Benzoesäure, zu prüfen, deren Verwendung auf Grund des § 21 des Fleischbeschaugesetzes verboten ist, nachdem das Reichsgericht in seinem Urteil vom 7. Juli 1905 Richtlinien gegeben hat, nach denen es sich bei Fleischsalat mit Mayonnaise nicht um eine fleischhaltige küchenmäßige Zubereitung, sondern um zubereitetes Fleisch handelt.

Soweit Mayonnaise aus konserviertem Eigelb hergestellt wird, enthält sie vielfach aus letzterem herrührende Borsäure.

An diesen Grundsätzen sind in letzter Zeit einige wesentliche Abänderungen vorgenommen worden. Einerseits bezeichnet es der Runderlaß des Innenministeriums vom

---

[1] Gesetze u. Verordnungen, betr. Lebensmittel 1926, 18, 54.
[2] Fleischer-Verbands-Ztg. 1932, 26, 2292.
[3] D. KALTSCHEWA: Z. 1932, 64, 540.

3. April 1935[1] als zulässig, zur Herstellung von Fleischsalat eine benzoesäurehaltige Mayonnaise zu verwenden, weil Fleischsalat nicht zubereitetes Fleisch, sondern eine fleischhaltige Zubereitung sei. Die Benzoesäure darf aber nur in der Mayonnaise, nicht direkt zugesetzt werden.

In dem Runderlaß des Innenministeriums vom 7. Oktober 1935[2] wird aus volkswirtschaftlichen Gründen der Fettgehalt der Mayonnaise auf 60%, derjenige der Marinadenmayonnaise auf 45% herabgesetzt und die Verwendung von 7% Mehl als Streckungsmittel erlaubt. Derartige Mayonnaisen dürfen aber nicht als „Ia", „Prima-" oder „Feinkost-Mayonnaise" bezeichnet werden. Auch soll diese Regelung nur vorübergehend sein.

c) Fleischsülzen. α) Seit einiger Zeit finden sich im Handel fabrikmäßig hergestellte Erzeugnisse, die das Aussehen von Fleischsülze haben, indem sie aus durchsichtiger Gallertmasse und darin eingebetteten würfelförmigen Stücken von $1^1/_2$ cm Kantenlänge bestehen. Die Würfel sind aber nicht kompakte Fleisch- oder Fettstücke, sondern in der Hauptsache aus konzentrierter Gallertmasse und kleineren Mengen durch den Wolf zerkleinerter Fleischteile, darunter vorwiegend Lunge, Haut-, Darm- und Magenwandteilen von Wiederkäuern (Flecken) zusammengesetzt. Die Direktion des Dresdener Vieh- und Schlachthofes hat diese „Sülze" als verfälscht und wegen irreführender Bezeichnung beanstandet[3].

β) Die Verwendung künstlich rot gefärbter Gelatine, deren Herstellung an und für sich erlaubt ist (s. S. 654), bei der Zubereitung von Fleisch- oder Schwartensülze verstößt gegen § 21 des Fleischbeschaugesetzes, weil es sich hier um einen in der Bekanntmachung vom 18. Februar 1902 verbotenen Farbstoff handelt.

Ein Fleischermeister, der dieser Vorschrift zuwidergehandelt hatte, ist von der Strafkammer beim Amtsgericht Eberswalde am 19. September 1929[4] zu Geldstrafe verurteilt worden.

Auch zum Überziehen ganzer Fleischstücke, z. B. sog. Sülzkoteletts darf gefärbte Gelatine nicht benutzt werden.

Das gleiche Verbot gilt auch für Gelatine mit Konservierungsmitteln, insbesondere Schwefliger Säure.

d) Feines Würzfleisch (Ragout fin), zu dessen Herstellung nach einer Mitteilung von FRICKINGER[5] Pansenteile benutzt worden sind, hat nach ZUMPE als verfälscht zu gelten, weil der Käufer in einer ihm als Feinkostgericht dargebotenen Speise so geringwertige und oft als Lebensmittel überhaupt abgelehnte Eingeweideteile nicht vermuten kann und sonach in seinen berechtigten Erwartungen getäuscht wird.

III. Prüfung auf Verdorbenheit.

Infolge seines hohen Gehaltes an Wasser und Stickstoffverbindungen verschiedener Art erleidet das Fleisch bei der Aufbewahrung eine Reihe meist durch Fäulnisbakterien verursachter verschiedenartiger Veränderungen, die nicht nur seinen Genußwert verringern, sondern auch zur Entstehung gesundheitsschädlicher Stoffe führen können und deren möglichst frühzeitige Erkennung daher von größter Bedeutung ist.

Außer dem durch diese „faulige Veränderung" des normalen Fleisches entstehenden verdorbenen Fleisch ist auch solches Fleisch als „verdorben" zu bezeichnen, welches durch die Entwickelung von an sich unschädlichen Mikro-

---

[1] Gesetze u. Verordnungen, betr. Lebensmittel 1935, **27**, 29; vgl. A. BEYTHIEN: Z. 1925, **50**, 42.

[2] Gesetze u. Verordnungen, betr. Lebensmittel 1935, **27**, 79.

[3] Vgl. KNÖSEL: Fleischer-Verbands-Ztg. 1932, **28**, 255.

[4] Gesetze u. Verordnungen, betr. Lebensmittel 1930, **22**, 80.

[5] FRICKINGER: Histologische Untersuchung von Fleischgemengen. Berlin 1928.

organismen — Schimmelpilze[1], Leuchtbakterien (Bacillus phosphorescens), Rotbakterien (Bacillus prodigiosus) — unappetitlich aussieht oder durch die Annahme von fremden Gerüchen (Petroleum-, Carbol-, Phosphorgeruch usw.) in seinem Genußwerte erheblich herabgesetzt ist.

Daneben gibt es noch eine weitere Gruppe von „verdorbenem" Fleisch, nämlich solches, das zwar bakteriell unverändert und frisch sein kann, aber nach dem Fleischbeschaugesetz als „untauglich" oder nur als „bedingt tauglich" (S. 735) zur menschlichen Ernährung zu bezeichnen ist.

Schließlich gehören hierher auch die Fälle, in denen Fleisch infolge unappetitlicher Behandlung geeignet ist, bei den Verbrauchern Ekel zu erregen, z. B. von Mäusen angefressenes Fleisch (LG. Kempten vom 3. Januar 1912[2]), Fleisch von übrig gebliebenen Speiseresten in Gastwirtschaften (LG. II Berlin vom 14. Oktober 1899, LG. München II vom 30. Oktober 1900, LG. Dresden vom 19. November 1915[3]) usw.

Ob ein verdorbenes Fleisch gleichzeitig auch als „gesundheitsschädlich" bzw. als „die Gesundheit zu schädigen geeignet" zu bezeichnen ist, kann nur von Fall zu Fall entschieden werden. Das Fleisch schwer erkrankter Tiere, Abdeckereifleisch sowie stark bakteriell zersetztes Fleisch ist von den Gerichten in der Regel als gesundheitsschädlich bzw. als die Gesundheit zu schädigen geeignet bezeichnet worden.

Solche Entscheidungen sind z. B. ergangen von den Landgerichten Frankfurt a. O. am 8. März 1895 (Faules Fleisch)[4]; Konitz am 6. Juli 1897 (Schwein mit Rotlauf)[5]; Potsdam am 10. Februar 1897 (Krepierter Ochse)[5]; Kottbus am 19. Juni 1897 (Tuberkulöses Rind)[6]; Magdeburg am 2. Januar 1896 (Abdeckereifleisch)[6].

Ferner sind unter anderen folgende Fleische als verdorben und daraus hergestellte Fleischwaren (Würste) als verfälscht bezeichnet worden:

Unreifes Fleisch: RG. 3. Januar 1882[7] und 27. September 1883[8], LG. Gleiwitz 9. April 1891, LG. Glatz 18. März 1891,
Fleisch kranker Tiere: RG.[9], LG. Gera 3. Dezember 1900, LG. Schweinfurt 12. Mai 1899,
Fleisch erstickter Tiere: LG. München I 7. Dezember 1879,
Fleisch abgemagerter Tiere: RG. 5. Juli 1883 und 22. Februar 1898,
Fleisch mit Blasenwürmern: LG. I Berlin 6. Mai 1901,
Fleisch mit üblem Geruch: LG. Deggendorf 2. Januar 1904 (Geschlechts- und Harngeruch); OLG. München 31. Oktober 1908 (Phosphorgeruch)[10].

Der Nachweis schädlicher Parasiten (Trichinen usw.) erfolgt nach den S. 692 angegebenen Verfahren der Veterinärmedizin, die Auffindung pathogener Keime mit den S. 782 beschriebenen bakteriologischen Methoden.

Alleinige Aufgabe des Lebensmittelchemikers ist die Prüfung auf akute flüchtige, alkaloidische und metallische Gifte (Bd. II, S. 1273), sowie auf Ptomaine und Toxine. Ob die aufgefundenen Stoffe geeignet sind, die menschliche Gesundheit zu schädigen, hat der medizinische Sachverständige zu entscheiden.

Die hygienische Beurteilung, soweit sie die Verwendung und saubere Verarbeitung einwandfreien Fleisches betrifft, stützt sich in erster Linie auf die Betriebsrevision, die aber durch Feststellung der Keimzahl (S. 782) ergänzt werden kann.

---

[1] Rauchfleisch, das zur Beseitigung von Schimmelbelag und üblem Geruch äußerlich gereinigt und dann von neuem geräuchert worden war, hat das LG. München am 12. Juni 1893 als verfälscht beurteilt, weil ihm ohne Beseitigung des Verwesungsprozesses lediglich der täuschende Anschein einer besseren Beschaffenheit verliehen worden war.
[2] Auszüge aus gerichtl. Entscheidungen 1912, 8, 973.
[3] Gesetze u. Verordnungen, betr. Lebensmittel 1916, 8, 445.
[4] Auszüge aus gerichtl. Entscheidungen 1900, 4, 193.
[5] Auszüge aus gerichtl. Entscheidungen 1900, 4, 186.
[6] Auszüge aus gerichtl. Entscheidungen 1900, 4, 187.
[7] Auszüge aus gerichtl. Entscheidungen 1900, 4, 287.
[8] Auszüge aus gerichtl. Entscheidungen 1900, 4, 34.
[9] Auszüge aus gerichtl. Entscheidungen 1900, 4, 444; 18, 137.
[10] Auszüge aus gerichtl. Entscheidungen 1912, 8, 975.

Nachweis der bakteriellen Verdorbenheit.

Da diese Veränderungen des Fleisches durch Mikroorganismen verursacht werden, ist für den Nachweis der Verdorbenheit und insbesondere der Gesundheitsschädlichkeit die bakteriologische Untersuchung (S. 781) von größter Bedeutung. Über die Prüfung von Wurstwaren auf Verdorbenheit siehe S. 777.

Die wichtigsten postmortalen Veränderungen des Fleisches sind die sog. stinkende saure Gärung und die Fäulnis.

Die stinkende saure Gärung tritt nach Eber am Fleische auf, wenn es lebenswarm verpackt wird; man bezeichnet sie in der Praxis beim Wilde als „verhitzt" und bei den Schlachttieren meist als „stickig". Sie äußert sich in dem Auftreten einer graurötlichen Färbung und eines unangenehm säuerlichen Geruchs, ferner in einer grünlichen Verfärbung der Unterhaut, unter Umständen auch der Muskulatur und in einer weichen Konsistenz.

Chemisch ist sie gekennzeichnet durch das Auftreten von Schwefelwasserstoff, der nach Budagjan (S. 780) im frischen Fleische nicht vorkommt, und in starker Bildung von Säure, die aber nicht als Milchsäure, sondern als freie flüchtige Fettsäure anzusprechen ist.

Nicht zu verwechseln mit dieser stinkenden sauren Gärung ist die regelrechte saure Gärung des Fleisches, die mit der Lösung der Muskelstarre durch Zunahme der Milchsäureabspaltung sowie mit der Entstehung primären Kaliumphosphats beginnt und das „Reifen" des Fleisches bewirkt.

Als Fäulnis bezeichnet man die wichtigste und am häufigsten beobachtete postmortale Veränderung des Fleisches, die erst nach der Reife einsetzt und durch die Tätigkeit eiweißzersetzender Keime, der Fäulnisbakterien, hervorgerufen wird. Gesundes Fleisch sauber geschlachteter Tiere ist von Natur keimfrei und fault an der Oberfläche infolge der Verunreinigung durch aus der Luft auffallende Bakterien, die sich dort wegen der günstigen Lebensbedingungen, besonders bei höherer Temperatur schnell vermehren, durch Aufbewahrung in der Kälte aber in ihrem Wachstum gehemmt werden können.

Bei krepierten, septisch erkrankten oder nicht bald nach dem Schlachten ausgeweideten Tieren geht zuerst der überaus bakterienreiche Darminhalt in Fäulnis über (Innenfäulnis, Leichenfäulnis), die sich zuerst in einer Grünfärbung der den Därmen anliegenden Bauchdecken äußert und weiter auf das Fleisch übergreift.

Über den Nachweis der Fäulnisbakterien siehe S. 782.

Die Fäulnis ist in den meisten, einigermaßen fortgeschrittenen Fällen durch die Sinnenprobe (Aussehen und Geruch) erkennbar. Dieser Befund kann jedoch durch die Prüfung auf bei der Fäulnis entstehende chemische Verbindungen, wie Ammoniak, Schwefelwasserstoff, Aminosäuren und die Prüfung auf die Reaktion des Fleisches in vielen Fällen ergänzt werden.

Nach C. Mai[1] sind bei der Fleischfäulnis folgende Stufen zu unterscheiden:

1. Zunächst sind keine chemisch zu kennzeichnenden Zersetzungsprodukte nachzuweisen, doch beginnt nach 3—4 Tagen das Verhältnis des Ammoniaks zum Gesamt-Stickstoff sich zu verschieben.

2. Es treten nachweisbare Mengen von aliphatischen Aminbasen, besonders Trimethylamin auf; auch Aminosäuren lassen sich leicht nachweisen.

3. Der Zerfall ist schon äußerlich erkennbar. Die Aminosäuren verschwinden wieder, an ihre Stelle treten flüchtige Fettsäuren, zuweilen auch Indol und Skatol. Die Amine haben sich stark angereichert; auch Ptomaine, z. B. Putrescin sind nachweisbar.

4. Die genannten Stoffe verschwinden wieder, indem mit fortschreitender Zersetzung immer einfachere basische Stoffe entstehen, bis zuletzt nur Ammoniak übrig bleibt.

a) Sinnenprüfung. Die Oberflächenfäulnis äußert sich zunächst in einer schmierigen Beschaffenheit der Außenseite, einer Lockerung des Bindegewebes

---

[1] C. Mai: Z. 1901, 4, 19.

und einer grauen oder grünlichen Verfärbung. Das Fleisch erscheint auf der Schnittfläche porös, von Luftblasen durchsetzt, das Fett wird grünlich, das Knochenmark weich und grünlich bis braun. Der alsbald auftretende unangenehme **Fäulnisgeruch**, der bei zu kaltem, unmittelbar dem Kühlhaus entnommenem Fleische nicht immer gut wahrnehmbar ist, wird deutlicher, wenn man das Fleisch erwärmt oder besser der **Kochprobe** unterwirft. Auch ein sonstiger abnormer, z. B. traniger oder fischiger Geruch des Fleisches gibt sich hierbei zu erkennen. Die Kochprobe wird, wie folgt, ausgeführt: Ein Stück des Fleisches wird in einem völlig reinen, nicht riechenden und mit gut schließendem Deckel versehenen Kochtopf mit soviel kaltem Wasser übergossen, daß es gerade vom Wasser bedeckt ist, und dann wird zum Sieden erhitzt. Beim Beginn des Siedens lüftet man den Deckel und prüft den Geruch des ausströmenden Dampfes. Wenn das Fleisch eine fehlerhafte Beschaffenheit besitzt, so tritt sie hierbei deutlicher als beim rohen Fleische hervor.

b) Prüfung der Reaktion. Die chemischen Veränderungen bei der Fleischzersetzung werden schon bei der Feststellung der Reaktion erkannt, die bei frischem normalem Muskelfleisch deutlich sauer ist, bei der Fäulnis aber meist alkalisch wird. Es ist zwar zu berücksichtigen, daß auch gewisse Organe und Blut, ferner Pökelfleisch, Schinken, Krebskonserven alkalisch reagieren, und daß andererseits bei einigen Arten der Fäulniserreger amphotere oder saure Reaktion eintreten kann, aber immerhin ist alkalische Reaktion als Verdachtsmoment anzusehen.

Zur Prüfung auf die Reaktion macht man mit einem blanken Messer Schnitte in die Fleischstücke, schiebt in diese neutrales oder blaues Lackmuspapier und preßt von beiden Seiten schwach zusammen. Oder man legt das Papier auf ein trockenes Uhrglas und deckt darauf das Fleisch unter schwachem Andrücken. Nach 10 Minuten stellt man die Färbung des Papiers fest. Normales frisches Muskelfleisch besitzt eine **saure** Reaktion.

Wasserstoffionenkonzentration. Da bei der üblichen colorimetrischen Bestimmung sowohl die Färbung der meist trüben Fleischauszüge als auch die Anwesenheit der Eiweißstoffe und ihrer Abbauprodukte Störungen hervorruft, empfehlen R. HERZNER und O. MANN[1] das elektrometrische Verfahren unter Verwendung des Gaskettenapparates nach LÜERS (Bd. II, S. 143). Zur Herstellung des Kaltwasserauszuges werden 30 g Fleisch mit 15 g Seesand gut verrieben, in einem 500 ccm fassenden STOHMANN-Kolben mit 300 ccm Wasser versetzt und 2 Stunden lang in der Maschine geschüttelt. Mit der filtrierten Lösung wird der Elektrodenbehälter dreimal ausgespült und nach halbstündigem Stehen die elektromotorische Kraft (π) gemessen. Zur unmittelbaren Untersuchung des Fleisches selbst bedient man sich besser der Chinhydronelektrode (Bd. II, S. 152), indem man 8 g des fein zerkleinerten („hachierten") Fleisches mit 1 g Seesand und 0,5 g Chinhydron gut verreibt und die Ablesung des π-Wertes nach 15—25 Minuten vornimmt.

p_H-Werte von 6,0—6,2 sollen nicht mehr einwandfreies, solche über 6,2 verdorbenes Fleisch anzeigen.

c) Prüfung auf Ammoniak. Ammoniak tritt als Zerfallsprodukt des Eiweißes erst bei weiter vorgeschrittener Zersetzung auf und ist daher für den Nachweis beginnender Fäulnis nicht recht geeignet. Es tritt auch nicht allein bei der Fäulnis, sondern auch bei anderen bakteriellen Zersetzungen, z. B. im Eiter, und bei Pökelfleisch infolge der Reduktion des Salpeters zu Ammoniak auf. Nach F. GLAGE kommt es sogar vor, daß beim Verderben des Fleisches überhaupt kein Ammoniak entsteht. Trotz aller dieser Vorbehalte ist die EBERsche

---

[1] R. HERZNER u. O. MANN: **Z.** 1926, **52**, 215.

Probe auf Ammoniak als Vorprobe recht wohl geeignet, einen gewissen Anhalt zu gewähren.

α) **Nachweis des Ammoniaks.** Dieser wird nach W. EBER, wie folgt, ausgeführt: In ein mit Fuß versehenes Reagensglas von 2 cm Durchmesser und 10 cm Länge bringt man 1 ccm einer Mischung aus 1 Teil Salzsäure (25%), 3 Teilen Alkohol (96%) und 1 Teil Äther, verkorkt darauf das Gläschen und schüttelt einmal um. An das untere Ende eines durch einen durchbohrten Gummistopfen geführten Glasstabes bringt man nun eine Probe des zu untersuchenden Fleisches, öffnet das Reagensglas und setzt schnell den Stopfen mit Glasstab wieder auf, so daß die Fleischprobe, ohne die Wandung zu berühren, 1 cm über der Flüssigkeit steht. Wenn nun das Röhrchen gegen einen dunklen Hintergrund gehalten wird, so zeigen sich bei Gegenwart von Ammoniak weiße Salmiaknebel, die sich von der Fleischprobe heruntersenken. Die Prüfung ist mehrmals mit Fleischpartikeln von verschiedenen Stellen und aus verschiedenen Tiefen zu wiederholen, kann aber immer in demselben Glase ohne Neufüllung ausgeführt werden.

β) **Bestimmung des Ammoniaks.** Ihr wird zur Zeit meist nur eine geringe Bedeutung zugelegt, seitdem C. MAI[1] zeigte, daß die bei der Zersetzung entstehende Ammoniakmenge großen Schwankungen unterliegt und anfangs steigt, dann sich vermindert, um später wieder zuzunehmen. MAI hat daher empfohlen, der Beurteilung das Verhältnis des Ammoniak-Stickstoffs zum Gesamt-Stickstoff, das in frischem Fleische etwa 10% beträgt, nach 3—4 Tagen aber beträchtlich ansteigt, zugrunde zu legen.

Die Ausführung der Bestimmung kann nach dem Verfahren von FOLIN-GRÜNHUT (Bd. II, S. 646) erfolgen, doch ist dazu auch das Verfahren von J. TILLMANS und R. OTTO[2] mit Vakuumdestillation geeignet.

d) **Bestimmung der Aminosäuren.** α) **Verfahren von H. RIFFART[3].** Man verreibt 10 g des fein zerkleinerten Fleisches in einer Reibschale innig mit Wasser, gibt den Brei in eine Diffusionshülse und spült die Schale mit soviel Wasser nach, daß insgesamt 50 ccm Wasser verbraucht sind. Die Hülse wird an ihrer Außenseite sorgfältig in laufendem Wasser abgespült, an einem Stativ befestigt und in ein Becherglas von 5,5 cm Durchmesser und 7,5 cm Höhe eingehängt. In das Becherglas gibt man 50 ccm Wasser, versetzt Innen- und Außenflüssigkeit mit je 2 ccm Toluol, nimmt nach 24 Stunden die Hülse heraus und bestimmt möglichst genau die Menge der Innen- und Außenflüssigkeit. 25 ccm des Destillates werden zur Entfernung des Ammoniaks mit etwa 1 g reiner Magnesia in einem 100 ccm fassenden langhalsigen Kölbchen versetzt und bis zu $^1/_4$ des Volumens im Vakuum destilliert. Nach Filtration durch ein doppeltes Filter wäscht man Kolben und Filter so lange mit wenig Wasser nach, bis das Filtrat wieder 25 ccm beträgt, und bestimmt in 2 ccm die Aminosäuren nach dem **Ninhydrinverfahren** (Bd. II, S. 624).

Nach den Feststellungen RIFFARTs ist der Aminosäurengehalt frischen (1 Tag alten) Fleisches der einzelnen Tierarten verschieden (Ochsenfleisch 76, Kalbfleisch 50, Pferdefleisch 38 mg-%, argentinisches Gefrierfleisch 80 mg-%). Den gleichen Gehalt weist die Fleischbrühe auf. Der Gehalt an Aminosäuren steigt im allgemeinen mit der Dauer der Aufbewahrung, doch sind die Ergebnisse nicht eindeutig, da auch Abnahme vorkommt.

β) **Verfahren von D. OTTOLENGHI[4].** Nach der vereinfachten Arbeitsweise von G. BRODZU[5] füllt man in ein 25 mm weites, starkwandiges Reagensglas 20—30 g Fleisch, erhitzt es nach dem Verschließen mit einem festgebundenen

---

[1] C. MAI: **Z.** 1901, **4**, 19.
[2] J. TILLMANS u. R. OTTO: **Z.** 1924, **47**, 25.   [3] H. RIFFART: **Z.** 1922, **44**, 230.
[4] D. OTTOLENGHI: **Z.** 1913, **26**, 728.   [5] G. BRODZU: **Z.** 1932, **63**, 503.

Gummistopfen $^1/_2$ Stunde im Wasserbade und filtriert nach dem Abkühlen. 5 ccm dieses Fleischsaftes werden mit 2 g Bariumchlorid, 1 ccm wäßrig-alkoholischer Phenolphthaleinlösung und nach und nach so viel 0,2 N.-Baryt-lauge versetzt, bis Rotfärbung eintritt. Nach Zusatz von weiteren 5 ccm der Barytlauge bringt man mit Wasser auf 50 ccm, filtriert nach einiger Zeit, neutralisiert mit 0,2 N.-Salzsäure und kontrolliert die Reaktion mit Lackmus-papier. Dann titriert man in 4 Stufen, indem man 1. 0,2 N.-Natronlauge bis zur leichten Rotfärbung, 2. 0,2 N.-Natronlauge bis zur intensiven Rotfärbung zugibt. Darauf setzt man 3. 10 ccm mit Natronlauge gegen Phenolphthalein neutralisierte Formaldehydlösung (40%) hinzu und titriert mit 0,2 N.-Natron-lauge bis zur leichten und schließlich 4. bis zur starken Rotfärbung. Die Zahl der bei der Formaldehydtitration verbrauchten ccm 0,2 N.-Natronlauge mal 2,8 ergibt den Gehalt an Aminosäuren-Stickstoff in mg. Die auf 100 ccm berechnete Menge wird der in 100 g Fleisch enthaltenen gleichgesetzt.

Ein Gehalt von 300—350 mg Aminosäuren-Stickstoff in der 3. Stufe, berechnet für 100 g des bei 70° getrockneten Fleisches, soll einen Fäulniszustand anzeigen, doch wird diese Ansicht von Riffart bestritten.

e) Verfahren von J. Tillmans, R. Strohecker und W. Schütze[1]. Das Fleisch wird mehrere Male durch eine Hackmaschine getrieben, sorgfältig gemischt und für folgende drei Proben benutzt:

α) Sauerstoffverfahren. In zwei Winklersche Sauerstoffflaschen gibt man je 5 g der Mischung, füllt mit Wasser von 23° auf, verschließt die Flaschen, ohne daß Luft hineingekommen oder darin verblieben ist, schüttelt gut durch und stellt sie in den auf 23° geheizten Brutschrank. Die eine Flasche nimmt man nach 2, die andere nach 4 Stunden heraus und bestimmt sofort den noch vor-handenen Sauerstoff nach Winkler.

Zu dem Zwecke öffnet man den Stopfen und läßt je 1 ccm Manganchlorür-lösung (80%) und Natronlauge (33%) einfließen, setzt den Stopfen auf und schüttelt um. Nach dem Absitzen des Niederschlages gibt man einige Körnchen Kaliumjodid und 5 ccm rauchende Salzsäure zu, verschließt wieder, schüttelt bis zur Lösung des Niederschlages und titriert sofort mit 0,1 N.-Thiosulfat-lösung. 1 ccm = 0,8 mg Sauerstoff. Man berechnet den Sauerstoffgehalt auf 1 l, indem man vom Inhalte der betreffenden Flasche 2 ccm für zugesetzte Reagenzien abzieht.

Ergibt sich die Abwesenheit von Sauerstoff, so ist das Fleisch als verdorben anzusehen.

β) Salpeterreduktion. Je 10 g Fleisch werden in zwei etwa 60 ccm fassende Glasstöpselflaschen eingewogen, dann mit einer auf 37° erwärmten Nitratlösung, die 3,5 mg N_2O_5 in 1 l enthält, aufgefüllt, nach dem Verschließen gut durchgeschüttelt und für 2 bzw. 4 Stunden in einen Brutschrank von 37° gestellt. Zu einem Teile der filtrierten Flüssigkeit gibt man die gleiche Menge Quecksilberchlorid-Salzsäure (100 ccm Quecksilberchloridlösung [5%], 92 ccm Wasser und 8 ccm Salzsäure vom Spez. Gewicht 1,125), filtriert vom ausge-schiedenen Eiweiß ab und läßt zu genau 1 ccm des Filtrates 4 ccm Diphenyl-amin-Schwefelsäure (s. Milch, S. 175) hinzufließen. Zeigt sich nach einstündigem Stehen der kurz durchgemengten Probe I oder II in kaltem Wasser keine Salpetersäurereaktion, so enthält das Fleisch so große Mengen Nitrat zerstörender Bakterien, daß es für den menschlichen Genuß nicht mehr geeignet ist.

γ) Methylenblau-Reduktion. 5 g des gut gemischten Fleisches werden in eine Glasstöpselflasche von etwa 60 ccm Inhalt gebracht, mit Wasser von 40° aufgefüllt und mit 1 ccm Methylenblaulösung (5 ccm gesättigte alkoholische

---

[1] J. Tillmans, R. Strohecker und W. Schütze: Z. 1921, 42, 65.

Methylenblaulösung und 195 ccm Wasser) versetzt. Nach Aufsetzen des Stopfens stellt man die Flasche in ein Wasserbad von 45° und beobachtet, innerhalb welcher Zeit Entfärbung eintritt. Fleisch, das nach weniger als 1 Stunde Reduktion des Methylenblaus bewirkt, befindet sich im fortgeschrittenen Zersetzungsstadium.

Für Fleischkonserven, bei denen diese Methoden versagen, ist folgendes Verfahren anzuwenden:

f) Verfahren von J. TILLMANS, P. HIRSCH und A. KUHN[1]. α) Untersuchung des Eisenserums. Man digeriert 110 g Fleisch mit 1 l Wasser 2 Stunden lang, coliert durch Gaze, wäscht bis 1000 ccm aus, setzt zu der auf 60° erhitzten Flüssigkeit 100 ccm Liquor ferri oxydat. dialys. „Merck" DAB. V, erwärmt auf 70° und filtriert nach dem Abkühlen. 100 ccm des Serums werden mit 50 ccm Schwefelsäure (2,5%) und einigen Bimssteinstückchen versetzt und darauf 100 ccm abdestilliert und mit 0,1 N.-Natronlauge gegen Phenolphthalein titriert. Hierbei zeigt sich bei Rindfleisch mit dem Altern ein regelmäßiges Ansteigen der Titrationszahlen. Werte über 0,6 deuten auf Zersetzung.

Alsdann bringt man das neutralisierte Destillat zur Trockne und Wägung und bestimmt das Molekulargewicht der Säuren. Es beträgt bei frischem Fleische etwa 170, fällt aber bei leicht schweißigem Fleische auf 100 bis 75.

Beim Behandeln des Abdampfrückstandes mit verdünnter Schwefelsäure tritt bei schweißigem Fleische ein unangenehmer Geruch nach Buttersäure auf.

Beim Versetzen des Eisenserums mit NESSLERs Reagens tritt eine Gelbfärbung ein, deren Intensität mit der Dauer der Aufbewahrung steigt. Um sie colorimetrisch zu erfassen, verdünnt man das Serum so stark, daß 20 ccm der Verdünnung mit 1 ccm NESSLERs Reagens keine Fällung oder Trübung mehr geben. Die nach 7 Minuten auftretende Farbe wird mit 0,1 N.-Kaliumbichromatlösung verglichen und der Verbrauch an letzterem auf 20 ccm Eisenserum berechnet. Die Zahlen, die am ersten Tage schon 1,8—3,6 betragen, steigen fortwährend an, überschreiten aber, solange das Fleisch nach der Sinnenprüfung noch frisch ist, nicht 10.

β) Isonitrilreaktion. Man gibt zu 1—3 g des gemahlenen Fleisches in einem Reagensglase 1—2 ccm heiße alkoholische konzentrierte Kalilauge und 3—4 Tropfen Chloroform, gießt nach dem Umschütteln den ganzen Inhalt des Reagensglases weg, spült es einmal mit kaltem Wasser nach und prüft den Geruch. Frisches Fleisch gibt aromatische, esterartige Gerüche, nicht ganz frisches, aber noch nicht schweißiges Fleisch leicht unangenehmen Geruch, Fleisch in beginnender Zersetzung Isonitrilgeruch.

Die Gefrierpunktserniedrigung der Fleischauszüge, ihre Refraktion und Leitfähigkeit, die Stufentitration des Eisenserums, die Oberflächenspannung und die Menge der Katalase geben kein Urteil über beginnende Fleischzersetzung.

g) Schwefelwasserstoffnachweis nach F. BUDAGJAN[2]. Man bringt 10—15 g des feinzerkleinerten Fleisches locker verteilt in das erweiterte Ende einer kleinen Röhre von der Form des ALLIHNschen Calciumchloridröhrchens und verschließt letztere mit einem Korkstopfen, in den ein mit etwas alkalischer Bleiacetatlösung befeuchteter Streifen Filtrierpapier eingeklemmt ist, und der eine Einkerbung oder Durchbohrung zum Durchlassen von Gasen hat. Der auf das Papier gesetzte Tropfen darf nicht mehr als 2 mm Durchmesser haben und die Glaswand nicht berühren. Man verbindet den verengerten Teil des Rohres mit dem Kohlensäureapparat und leitet die durch eine Kupfervitriollösung (6%) gewaschene Kohlensäure so schnell durch das mit der weiten Öffnung nach oben gestellte Rohr,

---

[1] J. TILLMANS, P. HIRSCH u. A. KUHN: **Z.** 1927, **53**, 44.
[2] F. BUDAGJAN: **Z.** 1932, **64**, 226.

daß man die Blasen noch zählen kann. Wenn das Papier nach halbstündigem Durchleiten von Hellbraun über Dunkelbraun bis zum völligen Schwarz gehende Färbung angenommen hat, ist die Reaktion als positiv anzusehen.

Das frische Fleisch von Säugetieren und Kaltblütern spaltet hierbei keinen Schwefelwasserstoff ab. Eine positive Reaktion ist daher, abgesehen von Knoblauch enthaltenden oder stark erhitzt gewesenen Fleischwaren, ein regelmäßiges Anzeichen für mangelnde Frische bzw. Beginn der Fäulnis (F. GLAGE[1]). Hingegen kann das Ausbleiben der Reaktion nicht als Beweis für frische Beschaffenheit dienen, weil auch die Möglichkeit anderer, nicht fäulnisartiger Zersetzung besteht, bei der sich kein Schwefelwasserstoff entwickelt.

h) Prüfung auf Säuerung. Zur Entscheidung der Frage, ob Fleisch — das nicht mit Essig oder saurer Milch behandelt worden ist — sich im Zustande der Säuerung befindet, bestimmt H. KAEMMERER[2] die wasserlösliche Säure. Er digeriert 25 g der zerkleinerten Masse dreimal am Rückflußkühler mit Wasser, filtriert, wäscht bis zum Verschwinden der sauren Reaktion aus, titriert mit 0,1 N.-Lauge gegen Phenolphthalein und berechnet die Zahl der ccm verbrauchter Lauge auf 100 g Substanz. Er erhielt so für frisches Schweinefleisch 4,0, für geräuchertes Ochsenfleisch 8,0, für der Schnellräucherung verdächtige Rohwurst 8,0 und 9,5 ccm.

Für Untersuchungen auf Schnellräucherung mittels Holzessigs oder Holzteers empfiehlt Verfasser die getrennte Bestimmung der flüchtigen und nichtflüchtigen Säuren.

i) Bestimmung des Quellungsvermögens. Im Anschlusse an vorstehende Methoden sei noch ein Verfahren angeführt, das zwar nicht über Zersetzungen, aber doch über gewisse Zustandsänderungen Aufschluß gibt, die mit dem Alter des Fleisches oder der Art seiner Aufbewahrung zusammenhängen. Es ist von O. v. FÜRTH und E. LENK[3] ausgearbeitet und beruht auf der Eigenschaft des Muskels, nach dem Absterben eine steigende Menge Wasser oder Neutralsalzlösung aufzunehmen, die nach einer bestimmten Zeit wieder mehr oder weniger jäh abfällt.

Zur Bestimmung des Quellungsvermögens schneidet man mit einem Doppelmesser von festem Klingenabstande aus einer Fleischprobe scharf begrenzte Würfel heraus, wägt sie in einem Wägegläschen und überträgt sie dann in die Quellungsflüssigkeit (Wasser oder Neutralsalzlösung). Nach Verlauf einer bestimmten Zeit (mindestens einer Stunde) wird der Würfel vorsichtig mit Hilfe eines Spatels aus der Flüssigkeit auf gehärtetes Filtrierpapier übertragen und nach vorsichtigem Abtupfen wiederum gewogen. Wägt man denselben Würfel nach verschieden langem Verweilen in der Flüssigkeit immer von neuem und trägt die Zeit als Abszisse, die prozentische Gewichtsveränderung als Ordinate ein, so erhält man die Quellungskurve, deren Verlauf überaus charakteristisch ist.

Eine andere Kurve ergibt sich, wenn man Würfel derselben Fleischprobe gleichzeitig in Salzlösungen von verschiedener Konzentration (0,9, 5, 10, 15, 20, 25, 30%) einlegt und die nach 2 Stunden bestimmte prozentische Gewichtsveränderung als Ordinaten, den Prozentgehalt der Salzlösung als Abszissen einträgt.

Bei frischem Fleische zeigt sich infolge der fortschreitenden Anhäufung von Milchsäure zunächst ein Anwachsen des Quellungsvermögens, dem erst nach dem Überwiegen der Eiweißgerinnung ein Absteigen folgt. Gleichzeitig vermag frisches Fleisch dem osmotischen Drucke einer mehr oder weniger konzentrierten Salzlösung zu widerstehen, und auch diese Fähigkeit wächst mit dem Anwachsen der Säure bzw. der Dauer der Aufbewahrung.

IV. Bakteriologische Untersuchung.

Die bakteriologische Untersuchung des Fleisches und der Fleischerzeugnisse kann unter verschiedenen Gesichtspunkten erfolgen. Die einfachste Aufgabe hierbei ist die Feststellung der Keimzahl und die Prüfung auf Verdorbenheit (Fäulnisbakterien); ferner kommt die Prüfung auf die sog. nichtspezifischen Fleischvergifter in Frage, während die Feststellung der spezifischen Fleisch-

---

[1] F. GLAGE: Z. 1901, 4, 1169.
[2] H. KAEMMERER: Bericht über die 6. Versammlung der Freien Vereinigung Bayer. Vertreter der angew. Chem. 1887, S. 14. Berlin: Julius Springer.
[3] O. v. FÜRTH u. E. LENK: Z. 1912, 24, 189.

vergifter (Bakterien der Enteritisgruppe und Botulismus) zu den schwierigsten Aufgaben der bakteriologischen Fleischuntersuchung gehört.

Besonders wichtig ist für die bakteriologische Fleischuntersuchung eine sachgemäße **Probenahme,** bei der eine nachträgliche Infektion vermieden werden muß. Über die Probenahme von frischem Fleisch, das auf Fleischvergifter untersucht werden soll, siehe S. 785.

Bei Fleischdauerwaren kann die Art des zu untersuchenden Materials besondere Maßnahmen zweckmäßig erscheinen lassen; so ist es beim Vorhandensein größerer Fettmengen meist vorteilhaft, diese vorher durch mechanische Abtrennung oder durch Fettlösungsmittel zu entfernen.

1. Bestimmung der Keimzahl.

Die Feststellung der absoluten Keimzahl gibt zwar keinen Anhalt für den Grad einer etwaigen Verdorbenheit von Fleisch und Fleischerzeugnissen, sie kann aber immerhin als Grundlage für die hygienische Beurteilung mit verwendet werden.

Die Bestimmung geschieht, wie folgt:

Man verreibt eine abgewogene Menge der Probe mit sterilem Seesand oder Glasstaub steril in einem Mörser, verdünnt mit einer bestimmten Menge steriler Bouillon oder physiologischer Kochsalzlösung (je nach dem erwarteten Keimgehalt 1 : 100, 200, 500, 1000) und entnimmt nach gründlichem Durchschütteln in einer sterilen Flasche mit Glasperlen steril eine abgemessene Menge (z. B. 1 ccm). Man vermischt sie mit verflüssigtem, auf 42⁰ abgekühltem Agar und gießt in eine Petri-Schale aus. Nach dem Erstarren des Nährbodens überschichtet man ihn zweckmäßig zur Verhinderung von Oberflächenwachstum mit einer dünnen Schicht desselben Nährbodens, bewahrt die Platten bei Brutschrank- und Zimmertemperatur auf und zählt nach der erforderlichen Zeit die Kolonien in bekannter Weise. Es sind aerobe und anaerobe Kulturen anzulegen und getrennt auszuzählen.

Über die bakterioskopische Untersuchung des Fleisches siehe S. 783.

2. Untersuchung auf Fäulnisbakterien.

Jedes Fleisch des Handels enthält allgemein in der Natur verbreitete Vertreter verschiedener physiologischer Bakteriengruppen, die sich bei längerer Aufbewahrung im Fleische vermehren und tiefgreifende Zersetzungen der Eiweißstoffe hervorrufen, bei denen stinkende Stoffe entstehen (Fäulnis). Wird Fleisch unzerlegt aufbewahrt, so dringen die an der Oberfläche haftenden Bakterien nur langsam in die Tiefe, wennschon bei höheren Temperaturen diese Wanderung schneller zu erfolgen scheint. Nach Meyer[1] sind bei 14—18⁰ in 48 Stunden pathogene und nichtpathogene Bakterien je nach der Art 4—11 cm tief eingedrungen, ohne daß das Fleisch verändert war. In zubereitetem, insbesondere im gehackten Fleische, sind die Keime von Anfang an in der ganzen Masse verteilt und vermehren sich infolge des reichlichen Luftzutritts auch im Innern sehr schnell, so daß Zersetzungen viel schneller eintreten.

Auch im sorgfältig zubereiteten Hackfleische sind nach Zweifel[2] stets Vertreter der Proteus- und der Coli-Typhus-Gruppe enthalten. Bei der gewöhnlichen Fäulnis tritt eine große Zahl aerober, sowie fakultativ und obligat anaerober Arten auf. So fanden Lange und Poppe[3] außer verschiedenen Kokken zur Proteusgruppe gehörige, proteusähnliche, coliähnliche und den Heubacillen

[1] Meyer: Zeitschr. Fleisch. u. Milchhyg. 1910, **20**, 109.
[2] Zweifel: Zentralbl. Bakteriol. I Orig. 1911, **58**, 115.
[3] Lange u. Poppe: Arb. Kaiserl. Gesundh.-Amt 1910, **33**, 127.

zuzurechnende Keimarten. BIENSTOCK[1] gibt als anaeroben Fäulniserreger den
Bacillus putrificus an, und auch SALUS[2] und RETTGER[3] sind der Ansicht, daß
nur Anaerobier echte Fäulnis zu erzeugen vermögen. MARXER[4] fand während
der ersten Tage in den oberflächlichen Fleischschichten von Aerobiern nur
Staphylokokken, dann Coli-Bakterien und später Proteus-Arten. Es ist daher
für die Praxis zu beachten, daß bei der Fäulnis immer Keimgemische auftreten,
und zwar bei der gewöhnlichen Fäulnis vorherrschend aerobe oder fakultativ
anaerobe Arten, bei der Leichenfäulnis vorwiegend obligate Anaerobier, und daß
bei ersterer der Artenreichtum weit größer ist.

Die bakteriologische Untersuchung, die meist nur in den ersten Stufen
der Zersetzung vorgenommen wird, erfolgt zweckmäßig durch Anfertigung von
Platten aus gewöhnlichem und gefärbtem Agar. Von der Oberfläche und von
tieferen Schichten des Fleisches sind Ausstrich- und Klatschpräparate herzustellen
und mit den üblichen Farbstofflösungen (LÖFFLERS Methylenblau, Carbolthionin,
Carbolmethylenblau) zu färben. Die Zahl der Keime wird festgestellt (S. 782)
und soweit als möglich auch ihre Art durch Kulturverfahren auf besonders
geeigneten Nährböden ermittelt. Als solche empfiehlt RETTGER[3] neben gewöhnlichen Agar-, Gelatine-, Blutserumplatten vor allem einen Hühnereiweiß-
Schweinefleischwasseragar mit 1% Glucose, der sich bei der Untersuchung
von Pökelfleisch bewährt hat. Im allgemeinen kann die spezielle Artbestim-
mung, als viel zu zeitraubend, unterbleiben, um so mehr, als es sichere Test-
bakterien für die Fäulnis nicht gibt.

3. Untersuchung auf nicht spezifische Fleischvergifter.

Neben den Enteritis-Bakterien betrachtet man noch die Vertreter verschiedener anderer Gruppen als Ursache einiger auf postmortale Infektion
zurückzuführender Fleischvergiftungen, die besonders im Sommer nach dem
Genusse von Hackfleisch oder nicht genügend erhitzten Fleischwaren auftreten
und einen schnellen, meist günstigen Verlauf zeigen. Diese Bakterien, die zu den
Fäulnisbakterien gehören, sind weit verbreitet und in geringer Zahl wohl in
jedem Fleische zu finden, so daß ihre Auffindung allein zur Erklärung gesundheitsschädlicher Wirkungen nicht ausreicht, sondern durch den Nachweis etwaiger
hitzebeständiger Gifte unterstützt werden muß. Auch empfiehlt es sich, etwaige
Fäulnis zur Zeit des Genusses festzustellen und Fütterungsversuche bei Mäusen
vorzunehmen.

Die Erreger dieser Art von Fleischvergiftung, die auf einer Intoxikation
mit gleichzeitiger Infektion zu beruhen scheint, gehören fast alle zu den Gruppen
des Bacterium proteus und des Bacterium coli, neben denen gelegentlich
von LUBENAU[5] ein zur Gruppe der milchpeptonisierenden Sporenbildner
gehörendes Stäbchen, Bacillus peptonificans und Bacillus faecalis
alcaligenes gefunden worden sind.

Zum Nachweise dieser sämtlich an der Luft wachsenden Bakterien verarbeitet man aus der Mitte des verdächtigen Fleischstückes entnommene
Teile zu Gußplatten von Fleischwasser-Peptongelatine und -agar und legt
überdies noch Oberflächenplatten auf Endo- oder DRIGALSKI-Agar an.

Die einzelnen in Betracht kommenden Gruppen zeigen folgendes Verhalten.

a) Proteus vulgaris oder Bacterium vulgare (HAUSER) bildet 1,6—4 μ lange und
0,4—0,5 μ dicke Stäbchen mit zahlreichen peritrichen Geißeln, erscheint aber oft in langen,

---

[1] BIENSTOCK: Arch. Hygiene 1899, **36**, 335.
[2] SALUS: Arch. Hygiene 1904, **51**, 97.
[3] RETTGER: Zentralbl. Bakteriol. I Orig. 1907, **40**, 353.
[4] MARXER: Fortschr. der Veterinärhygiene 1904, **1**, 328.
[5] LUBENAU: Zentralbl. Bakteriol. I Orig. 1905, **40**, 435.

spiralig gewundenen Fäden. Der Bacillus zeigt bald positive, bald negative Gramfärbung, wächst gleich gut bei Luftzutritt und -abschluß und bildet keine Sporen.

Auf Gelatineplatten sieht man bei 60facher Vergrößerung runde, feinkörnige, graugelbe, glattrandige Innenkolonien und zarte, farblose, wellig gelappte Außenkolonien mit lebhafter Bewegung im Innern. Die Gelatine wird verflüssigt, wobei die Kolonien unregelmäßige Form erhalten. Gelatinestich erscheint anfangs fadenförmig, uncharakteristisch, später schlauchförmig verflüssigend unter sofortigem schalenförmigem Einsinken der Oberfläche. Agarplatten zeigen bei 60facher Vergrößerung rundliche, stark krümelige Innenkolonien und zart durchscheinende fein gekörnte, in der Mitte gelbliche, am Rande farblose Oberflächenkolonien, deren Rand infolge des Ausschwärmens alle möglichen unregelmäßigen Formen annimmt. In Bouillonkulturen tritt starke Trübung und starker Bodensatz auf. Milch gerinnt in 2—3 Tagen, später entsteht unter Lösung des Caseins ein gelbliches, schwach saures Serum. Kartoffelkulturen zeigen einen spärlichen, weißgelben, matten bis fettglänzenden Belag.

In chemischer Hinsicht werden Eiweißstoffe unter Gestankbildung, Entwicklung von Schwefelwasserstoff, Indol und alkoholischer Reaktion faulig zersetzt. Der Bacillus vergärt Glucose und Saccharose, nicht aber Lactose, spaltet Harnstoff, bildet aus Aminovaleriansäure Buttersäure, aus Leucin Amylalkohol, aus Asparagin Bernsteinsäure, Ammoniak und Kohlensäure. Auch entstehen giftige Stoffwechselprodukte.

Durch $^1/_4$—$^1/_2$stündiges Erhitzen werden die Kulturen getötet.

Die beiden nahe verwandten Arten: P. mirabilis und Zenkeri unterscheiden sich von P. vulgaris dadurch, daß Proteus mirabilis Gelatine nur langsam verflüssigt und große kuglige und birnenförmige Evolutionsformen bildet und daß Proteus Zenkeri weder Gelatine verflüssigt noch Zooglöen, sondern auf der Gelatine dicke, weißliche, schmierige Beläge bildet.

b) Bacterium coli (Escherich) bildet 2—3 μ lange, 0,4—0,6 μ dicke, manchmal auch isodiametrische Stäbchen mit 4—8 peritrichen Geißeln, seltener Fäden, aber keine Sporen. Der gramnegative Bacillus wächst am besten aerob, aber auch anaerob, bei Zimmertemperatur und bei 37°.

Auf Gelatineplatten beobachtet man bei 70facher Vergrößerung auf wellig erhabener Oberfläche mit starken Strichen durchscheinende, gelappte, in der Mitte gelbliche Oberflächenkolonien und runde bis wetzsteinförmige Innenkolonien. Gelatinestich erscheint fadenförmig, weißlich; die Oberflächenkolonie durchscheinend, rundlich, gelappt, ohne Verflüssigung. Agarplatten zeigen bei 60facher Vergrößerung rundliche, glattrandige, feinkörnige, in der Mitte gelbliche Oberflächenkolonien und oft von der Mitte ausgehende dunkelgelbe gewundene Linien, sowie runde bis wetzsteinförmige, glattrandige, undurchsichtige Innenkolonien. Auf Endo- und Drigalski-Platten entstehen rote Kolonien. Milch wird bei Zimmertemperatur nach 4—10, bei 37° nach 1—4 Tagen durch Säurebildung koaguliert. Kartoffelkulturen zeigen gelblich weiße, später bräunliche, meist glänzend saftige, seltener trockene, matte Auflagerung.

Chemisch erzeugt das Bacterium in Peptonlösung Indol, Schwefelwasserstoff und etwas Mercaptan, auch spalten manche Stämme Harnstoff. Eiweißstoffe werden anscheinend nicht angegriffen, wohl aber Glucose und Lactose zu Kohlensäure, Wasserstoff, Essig-, Propion-, Ameisen- und Milchsäure vergoren. Auch werden Fructose, Galactose, Maltose, Xylose, Arabinose und Mannit vergoren, nicht aber Raffinose, Dulcit und Erythrit.

Die wichtigsten differentialdiagnostischen Merkmale sind Schwärmfähigkeit, Fehlen gelatinelösender Enzyme, Wachstum auf Kartoffel, Indolbildung aus Pepton und Vergärung von Lactose. Doch gibt es eine ganze Anzahl von Stämmen, denen die eine oder andere dieser Eigenschaften fehlt. Nur das Verhalten gegen Gelatine ist dasselbe.

c) Bacterium alcaligenes (Bacillus faecalis alcaligenes Petruschky). Dieser von Poppe[1] auch in Eiern aufgefundene Bacillus unterscheidet sich vom Bacterium coli durch polare Begeißelung, Alkalibildung in Milch und daher Ausbleiben der Gerinnung, Blaufärbung von Lackmusmolke, Bildung blauer Kolonien auf Drigalski-Agar, farbloser Kolonien auf Endoagar, Fehlen von Gasgärung in Glucose- und anderen Zuckerlösungen.

4. Untersuchung auf Enteritis-Bakterien.

Diese Untersuchung bezweckt in erster Linie den Nachweis zu erbringen, ob das Fleisch verdächtiger Tiere Keime der als Erreger von Fleischvergiftungen bekannten Bakterien der Enteritis-Gruppe (Bacterium paratyphi, B. enteritidis) enthält. Fleischvergifter sind auch mehrfach in Fleischdauerwaren, wenn auch nur in unschädlichen Mengen, aufgefunden worden.

---

[1] Poppe: Arb. Kaiserl. Gesundh.-Amt 1910, **34**, 186.

Hinsichtlich der Frage, ob beim lebenden Tiere, abgesehen von dem stets keimhaltigen Inhalt der Verdauungsorgane, auch in den übrigen Organen und der Muskulatur Bakterien, insbesondere solche der Enteritidis-Gruppe, vorhanden sind, haben lange Zeit widerstreitende Anschauungen geherrscht. Während früher vielfach intravital infiziertes Fleisch als die Hauptquelle der Fleischvergiftungen angesehen wurde, so von BOLLINGER u. a., scheint man neuerdings nach den Untersuchungen von BUGGE und KIESSIG[1] anzunehmen, daß es sich lediglich um eine postmortale Infektion handelt.

Nach BUGGE und KIESSIG ist die Muskulatur gesunder, steril getöteter Tiere bis auf wenige Proben (3,2%) bei der Anreicherungsmethode CONRADIS keimfrei. Die gefundenen Mikroorganismen sind mit Sicherheit auf eine Außeninfektion während der Zerteilung der Tiere unter den üblichen Verhältnissen zurückzuführen. Lunge und Leber, die mit der Außenwelt in natürlicher enger Verbindung stehen, sind in einem verhältnismäßig hohen Prozentsatz keimhaltig. In Herz, Nieren, Milz, Gehirn, Hoden und Röhrenknochen konnten in keinem Falle nach der Anreicherung Mikroorganismen nachgewiesen werden. Eine intravitale Infektion ist bei allen diesen Organen ausgeschlossen. Aus der Keimfreiheit dieser in sich abgeschlossenen Organe ergibt sich die Keimfreiheit des Gesamtorganismus. Durch weitere Versuche haben die Genannten nachgewiesen, daß die Außeninfektion bereits bei der Blutentleerung beginnt, da bei der Eröffnung des Adersystems infolge des negativen Druckes in den an- oder durchgeschnittenen Jugularen eine Ansaugung von Bakterien und damit ihre weitere Verteilung im Organismus stattfinden kann. Es können also bei der gewerbsmäßigen Schlachtung die in die Schlachtwunde gelangten, von der Hand des Schlachters, den Instrumenten, der Haut des Schlachttieres oder bei Eröffnung des Schlundes aus diesem stammenden mannigfachen Verunreinigungen in den Körper verschleppt werden. Dafür spricht auch die große Mannigfaltigkeit der in einem Organe und in einzelnen Muskelteilen gefundenen Bakterien. TRAWINSKI hat 2000 Muskelfleischproben nebst Fleischlymphknoten gesunder Schlachttiere untersucht und in keiner auch nur paratyphusähnliche Keime nachweisen können.

Die bakteriologische Untersuchung auf Fleischvergifter kann nur in Ausnahmefällen, etwa bei Notschlachtungen, an Ort und Stelle, erfolgen und wird sich dann auf einfache Vorprüfungen, etwa das Anlegen von Ausstrichen auf Deckgläsern oder Objektträgern beschränken, während die maßgebende Untersuchung in besonderen, entsprechend ausgestatteten Laboratorien vorzunehmen ist. Das Untersuchungsmaterial muß daher, besonders bei Notschlachtungen auf dem Lande zu den Laboratorien gesandt werden.

a) Entnahme und Versand der Proben. Für die Entnahme, Konservierung, Verpackung und den Versand der Proben sind daher besondere Vorsichtsmaßregeln zu beachten.

Von den verschiedenen hierfür geeigneten Vorschriften sei nachstehend die vom Reichsgesundheitsamte ausgearbeitete „Amtliche Anweisung für die Ausführung der bakteriologischen Fleischuntersuchung"[2] angeführt.

„1. Zur Vornahme der bakteriologischen Untersuchung des Fleisches sind von einem Vorder- und Hinterviertel je ein etwa würfelförmiges Stück Muskelfleisch von etwa 6—8 cm Seitenlänge aus Muskeln, die von Fascien umgeben sind (am besten Beuger oder Strecker des Vorderfußes und Strecker des Hinterfußes), und aus den beiden anderen Vierteln je ein Fleischlymphknoten (Bug- oder Achsellymphknoten, mit dem sie umgebenden Blut- oder Fettgewebe), ferner die Milz, eine Niere, die Leber oder ein Leberteil und ein kürzerer Röhrenknochen, mit Instrumenten, die durch Auskochen sterilisiert oder jedenfalls gründlich gereinigt worden sind, zu entnehmen. Die einzusendenden Lymphknoten, Milzen und Nieren dürfen nicht angeschnitten sein.

2. Teile des Tierkörpers, die, abgesehen von den Eingeweiden, nach Lage des Falles besonders verdächtig sind, gesundheitsgefährliche Bakterien zu

---

[1] BUGGE u. KIESSIG: Zeitschr. Fleisch- u. Milchhyg. 1921, 31, 212.
[2] R. v. OSTERTAG: Die Ausführungsbestimmungen A zum Reichsfleischbeschaugesetz nach der Verordnung des RMdI. vom 10. August 1922. 5. Aufl., S. 52. Berlin: Richard Schoetz 1929.

enthalten, insbesondere Muskel- und sonstige Gewebeteile, die verdächtige Veränderungen (z. B. Blutungen, seröse Infiltrationen oder sonstige Schwellungen) aufweisen, sind ebenfalls als Proben zu verwenden.

Kann die bakteriologische Untersuchung der Proben nicht unmittelbar nach der Entnahme erfolgen, so sind sie ohne Verzug an die zuständige Untersuchungsstelle zu senden. Als zweckdienlich hat sich die Verpackung in Sägemehl oder Kleie erwiesen. Bei Beförderungen durch die Post sind die Proben als Eilsendungen aufzugeben. Den Sendungen ist ein kurzer Begleitbericht mit Angaben über Gattung des Tieres und über Ort und Tag der Schlachtung, sowie über die Befunde bei der Schlachtvieh- und Fleischbeschau beizufügen. Bei Notschlachtungen, bei denen eine Schlachtviehbeschau nicht stattfand, ist statt des hierbei zu erhebenden Befundes ein Vorbericht über das Verhalten des Tieres vor der Schlachtung einzusenden."

Durch diese amtliche Vorschrift, die in der Hauptsache auf den Vorschlägen von Müller [1] beruht, sind die umständlicheren Methoden von Conradi [2], Zwick und Weichel [3] u. a. überflüssig geworden.

b) Ausführung der bakteriologischen Untersuchung. Für die bakteriologische Untersuchung selbst gibt die amtliche Anweisung folgende Vorschrift:

„Die Oberfläche der entnommenen Teile ist in geeigneter Weise abzubrennen, und die Teile sind mit sterilisierten Messern zu halbieren. Aus der Mitte jeder Probe sind mit einem sterilisierten geeigneten Instrumente Teile abzuschaben, in je eine Petri-Schale zu bringen, mit flüssigem Agar zu übergießen und in diesem zu verteilen. Ferner sind aus der Mitte der Teile unter Verwendung einer sterilisierten Pinzette und Schere etwa bohnengroße Stücke herauszuschneiden und auf eine Drigalski-, Conradi- oder Endosche Fuchsinagar- sowie auf eine Malachitgrünplatte auszustreichen. Wenn zwischen Schlachtung und Beginn der Untersuchung nur so kurze Zeit verstrichen ist, daß mit einer nachträglichen erheblichen Vermehrung der Keime in den Proben selbst nicht gerechnet werden kann, ist ferner ein Stück Muskulatur in Bouillon zu verbringen. Von dem Inhalt des Bouillonröhrchens sind nach ungefähr 6stündigem und erforderlichenfalls 12stündigem Verweilen im Brutschrank je 2—3 Öfen auf eine Agar-, eine Drigalski-, Conradi- oder Endosche Fuchsinagar- und auf eine Malachitgrünplatte überzuimpfen. Die Untersuchung der etwa auf den Platten gewachsenen Kolonien ist in üblicher Weise (bei Kolonien, die verdächtig sind, solche von Fleischvergiftungsbakterien zu sein, Differenzierung mit gefärbten Nährböden und durch Agglutination) vorzunehmen."

Das vorgeschriebene Verfahren bezweckt, wie ersichtlich, in erster Linie die Feststellung von Fleischvergiftern durch Aussaat auf Anreicherungs- und differenzierenden Spezialnährböden, hauptsächlich solchen, die der Entwicklung der Paratyphusbacillen förderlich sind, diejenige ähnlicher Bakterien (wie der Colibakterien) dagegen hemmen — Brillant- oder Malachitgrünnährboden — ferner auf solchen Nährböden, die durch Farbenveränderungen das Vorhandensein von Bakterien der Paratyphus-Enteritisgruppe anzeigen — v. Drigalski-Conradischer Lackmusnährboden, Endo-Fuchsinnährboden, Chinablaumalachitgrünagar, Wasserblaumetachromgelbagar usw. Die Aussaat darf sich aber nicht auf diese differenzierenden Nährböden beschränken, sondern muß auch auf gewöhnlichem Nährboden erfolgen, da außer den Fleischvergiftungsbakterien auch die Erreger der typischen Seuchen (Milzbrand, Rotlauf, Wild- und Rinderseuche usw.) nachgewiesen werden müssen, denn die praktischen Erfahrungen der Fleischbeschau haben ergeben, daß nicht selten mit dem

---

[1] Müller: Zeitschr. Fleisch- u. Milchhyg. 1909, **19**, 377; 1910, **20**, 145.
[2] Conradi: Zeitschr. Fleisch- u. Milchhyg. 1909, **19**, 341.
[3] Zwick u. Weichel: Arb. Kaiserl. Gesundh.-Amt 1912, **38**, 357.

allgemeinen Beschaubefunde der Septikämie ohne weitere, auf das Vorliegen einer bestimmten Seuche hinweisende Veränderungen die Erreger typischer Seuchen, insbesondere Milzbrandbacillen nachgewiesen werden. Ferner soll sich die Untersuchung nicht nur auf die Ermittelung etwaiger aerober, sondern auch auf den Nachweis anaerober Bakterien erstrecken. Das Vorhandensein einzelner solcher Bakterien ist zwar ohne Bedeutung, das Auftreten in sehr großer Zahl deutet aber darauf hin, daß der Tierkörper nicht gleich nach dem Schlachten ausgeweidet wurde, die anaeroben Darmbakterien also in das Fleisch eindringen konnten.

α) Für die **Herstellung der Spezialnährböden** seien folgende Vorschriften angefügt:

„1. Lackmus-Milchzuckeragar nach v. Drigalski und Conradi[1]: Man übergießt 1 kg fettfreies, feingehacktes Pferdefleisch mit 2 l Wasser, läßt einen Tag im Eisschrank stehen und preßt dann in der Fleischpresse ab. Nach Zusatz von 10 g Kochsalz und 2 g Pepton Witte, Nutrose oder Tropon wird die Flüssigkeit 1 Stunde gekocht, durch Leinwand filtriert, auf 2 l ergänzt, alsdann mit 60—70 g Agar 3 Stunden im Dampftopfe gekocht, gegen Lackmus schwach alkalisch gemacht, filtriert und ½ Stunde im Dampftopfe sterilisiert. Zu dem etwas abgekühlten aber noch heißen Agar gibt man eine Lackmusmilchzuckerlösung, die durch 10 Minuten langes Kochen von 260—300 ccm Kahlbaumscher Lackmuslösung, Zusatz von 30 g Milchzucker, abermaliges 15 Minuten langes Kochen und Abpressen vom Bodensatze hergestellt worden ist. Das Gemisch von Agar und Lackmuslösung wird mit 10%iger Sodalösung schwach alkalisch gemacht, darauf mit 6 ccm einer sterilen, warmen 10%igen Sodalösung und 20 ccm einer frischen Lösung von 0,1 g Krystallviolett 0 chemisch rein Höchst in 100 ccm Wasser versetzt, in Flaschen von höchstens 200 ccm Inhalt abgefüllt und vorsichtig sterilisiert.

2. Fuchsinagar nach Endo[2]. 1 l 3%iger neutraler Fleischwasserpeptonagar wird mit 10 ccm 10%iger Sodalösung schwach alkalisch gemacht, mit 5 ccm gesättigter alkoholischer Fuchsinlösung und dann mit 25 ccm frisch bereiteter 10%iger Natriumsulfitlösung versetzt. Der heiß schwach rosagefärbte, kalt fast farblose Nährboden wird nach dem Abfüllen 30 Minuten im strömenden Dampfe sterilisiert und unter Abschluß von Licht und Luft aufbewahrt.

3. Malachitgrünagar nach Löffler, Lentz und Tietz[3]: 3%iger neutraler Fleischwasserpeptonagar wird am Schlusse des Sterilisierens mit 5 ccm N.-Alkali und 100 ccm 10%iger Nutroselösung auf 1 l versetzt und in Flaschen von Jenaerglas durch Absitzen geklärt. Zum Gebrauche versetzt man 100 ccm des verflüssigten, auf 45° abgekühlten Agars mit 3 ccm durch Kochen sterilisierter Rindergalle, 1,9 ccm einer 2%igen Lösung von Malachitgrün kryst. chem. rein Höchst (in destilliertem Wasser ohne Erhitzen gelöst) und gießt mit der Mischung sofort Platten.

4. Neutralrotagar nach Rothberger-Scheffler[4]. Zu 100 ccm verflüssigtem gewöhnlichen 0,3%igen Traubenzuckeragar gibt man 1 ccm einer kalt gesättigten wäßrigen, im Dampfstrome sterilisierten Neutralrotlösung. Der Nährboden wird zur Reduktionsprobe in Stich- und Schüttelkultur angewandt.

5. Lackmusmolke nach Petruschky[5]. Milch wird auf 40—50° erhitzt, mit der gleichen Menge Wasser und soviel Salzsäure oder Chlorcalciumlösung versetzt, daß alles Casein ausfällt, nach dem Filtrieren mit Soda genau neutralisiert, 1—2 Stunden im Dampftopf gekocht und filtriert. (Statt dessen kann man das Casein auch mit Lab fällen.) Zu 100 ccm dieser Molke gibt man 5 ccm sterile Lackmuslösung, tönt den Farbton durch Alkali oder Säurezusatz auf neutralviolett ab, filtriert und sterilisiert.

6. Malachitgrün-Safranin-Reinblauagar nach Löffler. 3%iger neutraler Agar wird zum Schluß der Sterilisierung mit 5 ccm N.-Alkali und 100 ccm 10%iger Nutroselösung für 1 l versetzt und in Flaschen von Jenaer Glas aufbewahrt. Zum Gebrauche gibt man zu 100 ccm des verflüssigten, auf 45° gekühlten Agars 3 ccm durch Kochen sterilisierte Rindergalle, 1 ccm 0,2%iger wäßriger Lösung von „Safranin rein Dr. Grübler", 3 ccm 1%iger wäßriger Lösung von „Reinblau doppeltkonzentriert Höchst" und 3 bzw. 4 ccm 0,2%iger wäßriger Lösung von „Malachitgrün chem. rein Höchst". Nach gutem Mischen wird der Agar zu Platten ausgegossen.

7. Brillantgrünagar nach Conradi[6]. Fleischwasserpeptonagar wird mit soviel N.-Natronlauge oder Phosphorsäure versetzt, daß 100 ccm zur völligen Neutralisierung

---

[1] v. Drigalski u. Conradi: Zeitschr. Hygiene 1902, **39**, 283.

[2] Endo: Zentralbl. Bakteriol. I Orig. 1904, **35**, 109.

[3] Löffler, Lentz u. Tietz: Zeitschr. Hygiene 1909, **63**, 110.

[4] Rothberger-Scheffler: Zentralbl. Bakteriol. 1900, **28**, 199.

[5] Petruschky: Zentralbl. Bakteriol. 1889, **6**, 657.

[6] Conradi: Münchener med. Wochenschr. 1908, **55**, 1523.

gegen Phenolphthalein noch 3 ccm N.-Natronlauge verbrauchen. Hierauf gibt man von einer 1%igen wäßrigen Lösung von „Brillantgrün Krystall extra rein" und von einer 1%igen wäßrigen Pikrinsäurelösung je 10 ccm zu 1¹/₂ ccm Agar und gießt nach guter Durchmischung in Schalen.

8. Malachitgrünagar nach PADLEWSKI[1]. 3%iger neutraler Fleischwasserpeptonagar wird mit 3% Ochsengalle, die im Dampftopfe sterilisiert und durch Watte filtriert worden war, und mit 1% Milchzucker (in etwas Wasser gelöst) versetzt. Die Reaktion soll gegen Lackmus schwach alkalisch sein. Zum Gebrauche versetzt man 100 ccm des verflüssigten, auf 60—65⁰ abgekühlten Agars mit 0,5 ccm einer 1%igen wäßrigen Lösung von „Malachitgrün kryst. chem. rein Höchst" und 0,75—1 ccm einer 10%igen Natriumsulfitlösung. Das Gemisch muß durchsichtig und von schwach grüner Farbe sein.

β) Vor Anlegung der Kulturen wendet man vielfach sog. **Anreicherungsverfahren** an, von denen dasjenige CONRADIS hier angeführt werden möge:

Anreicherungsverfahren nach CONRADI[2]. Man nimmt die sofort nach der Schlachtung im Ölbade und darauf in Quecksilberchloridlösung gehaltenen Stücke mit einer im Ölbad sterilisierten Brennschere aus der Lösung heraus, überträgt sie in ein horizontal gehaltenes, mit übergreifendem Deckel versehenes und bei 165⁰ sterilisiertes Spitzglas und stellt dieses sofort mit dem Deckel nach unten auf eine ebene Fläche. Dann wird in den übergreifenden Deckel eine heiße Mischung von 75 Tln. Colophonium und 100 Tln. gelbem Wachs, die vorher eine Stunde lang im Autoklaven sterilisiert worden ist, gebracht. In dieser nach dem Erstarren des Colophoniums luftdicht verschlossenen, sterilen und feuchten Kammer beläßt man das Fleischstück 12—16 Stunden bei 37⁰, taucht dann den Deckel einen Augenblick in heißes Öl, wobei er sich sofort lüftet, überträgt das Stück in eine sterile Doppelschale und verarbeitet es bakteriologisch.

Über das Verhalten der Enteritis-Bakterien auf den Spezialnährböden im Vergleich mit Bacterium typhi und coli gibt folgende Übersicht Aufschluß:

Nährboden	Bacterium typhi	Bacterium enteritidis und Bacterium paratyphi B.	Bacterium coli
Glucose	keine Gasbildung	Gasbildung	Gasbildung
Milch	nicht koaguliert; geringe Säurebildung	nicht koaguliert; nach 14 Tagen aufgehellt, alkalisch, Gelbfärbung	koaguliert; starke Säurebildung
Lackmusmolke	klar, sauer, rötlich	anfangs sauer, dann alkalisch, erst rotviolett, dann blau	trüb, sauer, rot
Neutralrotagar	keine Entfärbung	Fluorescenz, Gasbildung	Fluorescenz, Gasbildung
ENDO-Fuchsinagar	farblose Kolonien	farblose Kolonien	rote Kolonien
DRIGALSKI-Agar	blaue Kolonien	blaue Kolonien	rote Kolonien
Malachitgrünagar LÖFFLERS	zartes Wachstum ohne Verfärbung	kräftiges Wachstum, Gelbfärbung	kein oder schlechtes Wachstum
Malachitgrünagar PADLEWSKIS	farblose Kolonien	farblose Kolonien	grüne Kolonien
Malachitgrün-Safranin-Reinblauagar LÖFFLERS	flache bläuliche Kolonien mit Metallglanz	bläuliche Kolonien mit Metallglanz	dicke, saftige, rot werdende Kolonien

Für den schnellen Nachweis der Enteritis-Bakterien im Fleische ist die Verwendung der elektiven Nährböden unerläßlich, während zur Prüfung auf andere Bakterien gewöhnliche Nährböden zu nehmen sind. Man verfährt in der Weise, daß man mit entsprechender Vorsicht entnommene Fleischproben auf Platten der „bunten" Nährböden ausstreicht, wozu man sich entweder eines zu einem Dreieck gebogenen Platindrahtes oder eines sterilisierten rechtwinklig gebogenen Glasstabes bedient, und zwar streicht man, ohne wieder zu sterilisieren, 3—4 Platten nacheinander aus, wodurch entsprechende Verdünnungen erhalten

---

[1] PADLEWSKI: Zentralbl. Bakteriol. I Orig. 1908, **47**, 540.
[2] CONRADI: Zeitschr. Fleisch- u. Milchhyg. 1909, **19**, 341.

werden. Von den elektiven Nährböden werden stets mehrere, z. B. DRIGALSKI-, LÖFFLERS Malachitgrün- und PADLEWSKI-Platten nebeneinander angewandt.

Ferner verteilt man etwas Fleisch in sterilen PETRI-Schalen, gießt 40° warmen Nähragar hinzu und läßt erstarren, auch ist von BUGGE[1] empfohlen worden, einige erbsen- bis linsengroße Stücke im Zusammenhang zu lassen, da in ihrer Nähe infolge der Sauerstoffabsorption durch das lebende Gewebe anaerobe Keime zur Entwicklung gelangen. Luftblasen sind beim Herstellen der Platten, zu denen am besten 10—15 ccm Agar genommen werden, zu vermeiden, da aus ihnen mit Wasser gefüllte Dellen entstehen, von denen aus sich schnell wuchernde Keime (besonders Proteus-Arten) über die ganze Platte verbreiten können.

Die beimpften Platten bleiben, die Deckel nach unten, 20 Stunden bei 37° oder, nach BUGGE besser, bei 39° stehen. Alsdann werden von den verdächtigen Kolonien (auf DRIGALSKI-Agar blau, auf Malachitagar gelb) Präparate nach GRAM gefärbt und im hängenden Tropfen auf Form und Beweglichkeit geprüft. Sprechen die Befunde für Enteritisbakterien, so werden von den Kolonien nochmals nach entsprechender Aufschwemmung geringer Mengen in sterilisiertem Wasser Ausstriche auf gefärbten Nährböden angelegt. Sind auf den Fleischausstrichplatten genügend isolierte Kolonien vorhanden, so kann man zwecks Diagnose schon jetzt Impfungen in verschiedene Nährböden vornehmen. Besteht über die Reinheit der Kolonien noch ein Zweifel, so verschiebt man dies bis auf das Heranwachsen zweifellos reiner Kolonien auf der zweiten Plattenreihe. Auf jeden Fall aber prüft man schon am ersten Tage mikro- und makroskopisch mit spezifischem Serum (Paratyphus B.- und GÄRTNER - Serum) in verschiedenen Verdünnungen auf Agglutinierbarkeit (vgl. S. 790). Dabei ist aber zu berücksichtigen, daß manche Stämme erst nach mehrfachem Überimpfen eine spezifische Agglutinierbarkeit zeigen. Sprechen morphologisches, kulturelles und serologisches Verhalten für die Enteritisgruppe, so kann schon jetzt ein Urteil im positiven Sinne abgegeben werden.

Außer den Ausstrichen auf Agarplatten können vorteilhaft auch noch Fleischteilchen in Bouillonröhrchen bei 37° bebrütet werden. Nach 3, 6 und 9 Stunden werden Präparate nach GRAM und im hängenden Tropfen angefertigt und unter Umständen Platten von gefärbten Nährböden mit 1—3 Ösen ausgestrichen. Ein weiteres Stück Fleisch kann in hochgeschichtetem Glucoseagar zur Züchtung anaerober Keime bei 37° aufbewahrt werden.

γ) **Prüfung auf Agglutination.** Nach der Anweisung des Reichsgesundheitsamtes sollen verdächtige Kolonien auch auf ihr Agglutinationsvermögen geprüft werden. Der Wert dieses Verfahrens für den Nachweis der Fleischvergifter ist allerdings nach R. v. OSTERTAG zweifelhaft, immerhin sollen seine Grundzüge wenigstens kurz mitgeteilt werden[2].

Unter Agglutination (Bd. II, S. 672) versteht man die Eigenschaft des Blutserums eines gegen eine pathogene Bakterienart immunisierten Tieres, noch in starker Verdünnung lebende oder abgetötete Bakterien derselben Art aus einer Aufschwemmung auszufällen, indem sie miteinander zu Häufchen verkleben. Diese Reaktion ist bis zu einem gewissen Grade spezifisch und daher zur Artunterscheidung der Bakterien geeignet. In Anschwemmungen nahe verwandter Arten bringt solches Serum erst in größeren Konzentrationen und in solchen nicht verwandter überhaupt nicht oder erst in sehr starken Konzentrationen Agglutination hervor. Da auch Normalserum häufig merkliche Mengen von Agglutininen enthält, so hat eine Agglutination nur dann diagnostischen Wert, wenn sie in so starken Verdünnungen eintritt, in denen Normalserum im allgemeinen nicht agglutiniert.

αα) Herstellung von Immunserum. Agglutinierende Sera werden durch Einspritzung lebender oder durch möglichst schonende Eingriffe, wie einstündiges Erhitzen auf 60° oder Zusatz von Formaldehyd, abgetöteter Bakterien in geeignete Versuchstiere hergestellt. Man injiziert kleineren Tieren (Meerschweinchen, Kaninchen) in Abständen von 7—10 Tagen steigende Mengen (etwa 1, 3, 5, 10 Ösen) abgetöteter 48stündiger Agarkulturen intravenös und intraperitoneal. Die Injektionen dürfen erst wiederholt werden, nachdem sich das Tier erholt hat, insbesondere der nach der Einspritzung eingetretene Gewichtsverlust sich ausgeglichen hat. Eine etwa 7 Tage nach der letzten Einspritzung entnommene kleine Blutprobe wird auf ihre agglutinierende Wirkung in der weiter unten geschilderten Weise geprüft. Darauf entnimmt man das Blut durch Eröffnen der freigelegten Carotis und läßt es 24 Stunden bei Zimmertemperatur zur Abscheidung des Serums stehen, füllt dieses mit sterilisierten Pipetten in sterilisierte Röhrchen ab und bewahrt diese nach Zusatz von $1/10$ Volum 5%iger Carbolsäurelösung kalt auf. Agglutinierende Sera sind zum Teil von den hygienischen Instituten käuflich zu beziehen.

ββ) Titerbestimmung. Die Titrierung soll zeigen, bis zu welcher Verdünnung das Immunserum das zu der Immunisierung benutzte Bacterium noch agglutiniert. Zu ihrer

---

[1] BUGGE: Zeitschr. Fleisch- u. Milchhyg. 1909, **19**, 165.
[2] Auch DE NOBÈLE (Ann. Soc. med. Gand 1901) und M. MÜLLER (Zentralbl. Bakteriol. I Orig. 1912, **66**, 222) haben die Agglutinationsprobe zur Entscheidung der Frage, ob Fleisch intravital oder postmortal mit Enteritisbakterien infiziert worden ist, empfohlen.

Ausführung verfährt man beim Vorliegen ausreichender Serummengen in folgender Weise: Mit einer in 0,1 ccm geteilten 10-ccm-Pipette, die in einem mit 0,85%iger steriler Natriumchloridlösung gefüllten Zylinder steht, so daß sie von selbst vollläuft, bringt man in drei mit I, II und III bezeichnete, gleich weite Reagensgläser (0,5—0,8 cm weit, 6—8 cm lang) je 9 ccm der Natriumchloridlösung. Dann gibt man mit einer in 0,1 ccm geteilten 1-ccm-Rekordpravatzspritze mit langer Hohlnadel 1 ccm Serum in Röhrchen I, wäscht die Spritze zweimal mit der Natriumchloridlösung aus, mischt die Flüssigkeit in I durch öfteres Aufsaugen und Ausspritzen, überträgt dann 1 ccm aus I in II, säubert die Spritze und mischt die Flüssigkeit in II wie oben, überträgt schließlich 1 ccm aus II nach III und verfährt wieder wie vorher. Aus diesen Hauptverdünnungen I : 10, II 1 : 100 und III 1 : 1000 stellt man weitere Verdünnungen her, indem man mit der Spritze 1,0, 0,4, 0,2 in drei mit 10, 25, 50 bzw. 100, 250, 500 oder 1000, 2500, 5000 bezeichnete Röhrchen bringt und mit Natriumchloridlösung zu 1 ccm auffüllt.

Wenn nur ganz wenig Serum zur Verfügung steht, kann man kleinere Mengen von 0,5 bis 0,05 ccm mit der Natriumchloridlösung auf das Zehnfache verdünnen, oder auch mit der Platinöse 1 Öse Serum mit 24 Ösen Natriumchloridlösung mischen und aus dieser Verdünnung durch Mischung mit weiteren Mengen der Lösung auf einer Glasplatte weitere Verdünnungen herstellen.

γγ) Die Prüfung auf agglutinierende Wirkung erfolgt auf mikroskopischem und makroskopischem Wege. Im ersteren Falle mischt man von einer Aufschwemmung einer kleinen Öse (etwa 2 mg) einer 24stündigen Agarkultur in 0,5 ccm Natriumchloridlösung eine Öse mit einer Öse Serumverdünnung und legt hängende Tropfen an, die mit nicht zu starken Systemen beobachtet werden. Bei schneller Reaktion büßen die beweglichen Bakterien in wenigen Augenblicken die Beweglichkeit ein und verkleben zu unregelmäßigen Klumpen. Bei schwächerer Serumwirkung tritt diese Erscheinung erst im Verlaufe von 10 Minuten bis zu einer Stunde ein, weshalb man in solchem Falle die Präparate in den Brutschrank bringt. Reaktionen nach 2 Stunden sind nicht mehr zu verwerten. Die geringste zur Agglutination erforderliche Serummenge ist der Titer für den Tropfenversuch.

Zur makroskopischen Untersuchung mischt man 0,5 ccm obiger Bakterienaufschwemmung mit 0,5 ccm der Serumverdünnung im Röhrchen oder man verreibt eine kleine Öse Agarkultur mit 1 ccm Serum bis zur gleichmäßigen Trübung, bringt die Röhrchen in den Brutschrank und besichtigt sie von Zeit zu Zeit, nach 20, 60 oder 120 Minuten, indem man sie schräg gegen die Decke hält, so daß das seitlich einfallende Licht eine Art Dunkelfeldbeleuchtung bewirkt. Im Falle der Agglutination tritt eine mit bloßem Auge oder mit der Lupe erkennbare Flockenbildung ein. Zur bequemeren Feststellung der verschiedenen Abstufungen sind auch besondere Instrumente (Agglutinoskop von PH. KUHN und WOITHE) konstruiert worden. Die geimpfte Menge, die zur Agglutination erforderlich ist, ergibt den Titer für den Röhrenversuch. Er soll mindestens 1 : 1000 betragen.

δδ) Prüfung einer verdächtigen Bakterie. Für die Prüfung gebraucht man: 1. Paratyphus B- und GÄRTNER-Immunserum mit möglichst hohem Titer. 2. Normales Serum von einem Tiere derselben Art, der das Immunserum entstammt. Der Titer dieses Serums, der in gleicher Weise wie derjenige des Immunserums bestimmt wird, soll erheblich niedriger sein und im allgemeinen nicht mehr als 1 : 20 betragen. 3. 0,85%ige Natriumchloridlösung. 4. Eine etwa 20stündige Agarkultur des zu prüfenden Bacteriums.

Man stellt in der früher beschriebenen Weise Verdünnungen des Immunserums mit Natriumchloridlösung, z. B. 1 : 200, 1 : 300, 1 : 500, 1 : 1000 her und geht bis zum Titer des Serums. In der am meisten Serum enthaltenden Mischung soll das Immunserum mindestens 10mal so verdünnt sein wie der Titer des normalen Serums. In 1 ccm dieser Mischungen wird in engen Röhrchen eine kleine Öse Agarkultur möglichst fein zerrieben, auch stellt man von der Mischung hängende Tropfen her. Ferner wird eine Aufschwemmung der gleichen Kulturmenge in 1 ccm einer Mischung von Natriumchloridlösung und so viel Normalserum, daß letzteres darin in seiner halben Titermenge enthalten ist, und in der Natriumchloridlösung ohne Serumzusatz zum Nachweise etwaiger spontaner Agglutination hergestellt. Alle Röhrchen und hängenden Tropfen werden in den Brutschrank gebracht und, wie oben beschrieben, von Zeit zu Zeit besichtigt.

Falls die verdächtigen Kolonien auf den mit Fleischstücken geimpften Farbenagarplatten noch nicht groß genug sind, um die Agglutinationsprobe makroskopisch auszuführen, so beschränkt man sich auf die mikroskopische Untersuchung, indem man eine Nadelspitze des Kulturröhrchens in einem Tröpfchen Immunserumverdünnung verreibt und im hängenden Tropfen beobachtet.

Tritt bei den Versuchen in beiden Seren oder in der Kochsalzlösung allein Agglutination ein, so ist die Bakterienart durch die Agglutinationsprobe nicht festzustellen; es kann sich in diesem Falle um Bakterien mit sehr geringer Virulenz handeln. Ist Agglutination in allen Röhrchen mit Ausnahme der Kochsalz- und Normalserumröhrchen eingetreten, so ist das Bacterium mit den das Immunserum erzeugenden identisch. Dies gilt auch für den Fall, daß in den stärksten Verdünnungen die Agglutination ausbleibt oder verspätet eintritt. Zeigt sich dagegen Agglutination nur noch bei stärkeren Serumkonzentrationen, so handelt es sich um eine verwandte Art. Im Hinblick auf das anscheinend häufigere Vorkommen von Bakterien der sog. Paratyphus-C-Gruppe hat HEIMANN [1] die Anwendung polyvalenter, d. h. mehrere Gruppen der Enteritisbakterien agglutinierenden Sera vorgeschlagen.

ð) **Tierfütterungsversuch.** Der früher vielfach, namentlich in dem BASENAU-FORSTERschen Untersuchungsverfahren, zum Nachweise geringer Infektionen von Fleisch mit Enteritisbakterien empfohlene Fütterungsversuch an Hausmäusen besitzt nicht die Vorteile, die man sich von ihm versprochen hatte. Denn einerseits erfordert er für die Praxis der Fleischbeschau bei Notschlachtungen auf dem Lande zu viel Zeit, da die Tiere erst nach 3—7 Tagen oder noch später sterben. Vor allem aber hat sich gezeigt, daß der Darm völlig gesund erscheinender Mäuse Bakterien der Enteritisgruppe enthält, und daß mehrtägige Fleischkost die Virulenz dieser Darmbakterien erheblich steigert, bis diese tödlich verlaufende Septicämien der Versuchstiere hervorrufen und auf diese Weise Infektionen des Fleisches vortäuschen [2]. Weiter kommt noch hinzu, daß Mäuse nach Verfütterung von Fleisch, das Fleischvergifter enthält, nicht zu erkranken brauchen, da ein Typ der Fleischvergifter, das Paratyphus-B-Bacterium nicht fütterungspathogen für Mäuse ist. Der Fütterungsversuch kann somit nach der positiven und der negativen Seite irreführen und ist daher zum Nachweise von Fleischvergiftern unbrauchbar. Er besitzt nur wissenschaftliches Interesse zur Differenzierung der Paratyphus-B- und Enteritisbakterien.

5. Untersuchung auf Bacillus botulinus.

Der postmortal auf Fleischdauerwaren und -zubereitungen (Wurst, Schinken, Konserven) wachsende Bacillus läßt die befallenen Fleischwaren, abgesehen von einem schwachen Buttersäuregeruche, äußerlich unverändert, ruft aber durch das von ihm erzeugte Botulismustoxin die Erscheinungen der Wurstvergiftung hervor. Die Untersuchung der verdächtigen Fleischwaren erstreckt sich auf den kulturellen Nachweis des Bacillus, Verfütterung des Fleisches an Mäuse, Verimpfung eines wäßrigen Fleischauszuges und eines durch BERKEFELD- oder Tonkerzenfilter hergestellten keimfreien Filtrates einer mehrtägigen Bouillonkultur des Bacillus an Meerschweinchen und Kaninchen, um die charakteristischen Krankheitserscheinungen hervorzurufen.

Vor der Entnahme des Untersuchungsmaterials wird die Oberfläche des Fleischstückes durch Abbrennen oder durch Eintauchen in das CONRADIsche Ölbad desinfiziert, dann mittels sterilisierter Messer aus der Mitte eine bohnengroße Probe herausgeschnitten und in etwas steriler Bouillon zerquetscht. Dann legt man mit einer Öse der Emulsion Hochkulturen in Glucoseagar und -gelatine, und in gleicher Weise nach 10 Minuten langem Erwärmen der Emulsion auf 70° noch eine zweite Reihe an. Daneben ist auch die Anlage von Gußplatten im Kulturvakuum zu empfehlen. Die unter diesen anaeroben Verhältnissen wachsenden Kolonien werden in entsprechender Weise auf ihre Eigenschaften geprüft.

Der Bacillus botulinus ist ein 4—6 μ langes und 0,9—1,2 μ dickes Stäbchen mit abgerundeten Enden und 4—8 ziemlich langen, peritrichen Geißeln. In Bouillon bei 37° bildet er lange Fäden und hat endständige, seltener mittelständige ovale Sporen. Er färbt sich, bei vorsichtiger Entfärbung, nach GRAM. Die Stichkultur in Glucosegelatine ist nicht besonders charakteristisch, zeigt aber starke Gasentwicklung und Verflüssigung der Gelatine. Glucose, hingegen nicht Saccharose und Lactose, wird vergoren, Milch koaguliert. Das Temperaturoptimum liegt bei 18—25°. Ein Natriumchloridgehalt von 6% wirkt entwicklungshemmend. Die Sporen werden durch halbstündiges Erwärmen auf 80° getötet.

[1] HEIMANN: Zentralbl. Bakteriol. I Orig. 1912, **66**, 211.
[2] ZWICK u. WEICHEL: Arb. Kaiserl. Gesundh.-Amt 1910, **33**, 250. — HOLTZ: Zentralbl. Bakteriol. I Orig. 1909, **49**, 611. — ROMMLER: Zentralbl. Bakteriol. I Orig. 1909, **50**, 50. — SCHELLHORN: Zentralbl. Bakteriol. I Orig. 1910, **54**, 428.

Der Bacillus erzeugt ein spezifisches Toxin, das Pupillenerweiterung, Akkomodationsstörung, Lähmung der Schluck- und Atemmuskulatur hervorruft, kommt aber anscheinend in der Umgebung des Menschen nicht häufig vor.

Nach beendeter Drucklegung ist in der Verordnung des Reichsinnenministers vom 7. November 1935[1] eine neue amtliche Anweisung für die bakteriologische Fleischuntersuchung erlassen worden, die in mehreren Einzelheiten bezüglich der Probenahme, der Herstellung der Nährböden usw. von den früheren Vorschriften abweicht. Auf sie kann nur eindringlich hingewiesen werden.

V. Histologische Untersuchung.

Von

Stadtveterinärrat Dr. med. vet. A. Zumpe - Dresden.

Es kann aus mannigfachen Gründen erwünscht sein, zur Beurteilung von Fleisch- und Wurstwaren neben der grobsinnlichen, chemischen, serologischen und bakteriologischen Untersuchung auch den mikromorphologischen Befund mit heranzuziehen. Der Wert der letztgenannten Untersuchungsmethode wird um so größer sein, je mehr es gelingt, dabei die einzelnen Bestandteile des Untersuchungsobjekts in ihrer ursprünglichen Lage zueinander zu erhalten. Dann gewinnen wir mit diesem Verfahren nicht nur ein genaues Bild über die gewebliche Zusammensetzung der Fleisch- und Wurstwaren, sondern auch einen wertvollen Einblick in den vorhandenen Keimgehalt selbst dann noch, wenn die bakteriologische Untersuchung aus besonderen Gründen (Erhitzung des Untersuchungsobjektes, Behandlung mit Konservierungsmitteln usw.) versagt.

Die Kenntnis der geweblichen Zusammensetzung, wie sie durch die mikroskopische Untersuchung gewonnen wird, ist nach E. Seel, E. Zeeb und K. Reihling[2] für die Begutachtung der Fleisch- und Wurstwaren der chemischen Analyse in mancher Hinsicht überlegen und nach E. Seel und K. Reihling[3] in forensischen Fällen unerläßlich. Ohne sie ist ein zutreffendes Urteil über die Güte und Preiswürdigkeit einer Wurst nicht denkbar (Klimmeck[4]). Sie ist vor allem aber wichtig bei der Feststellung von Verfälschungen der Fleisch- und Wurstwaren durch solche tierische Gewebe, die weder chemisch noch serologisch feststellbar sind (G. Biermann[5]). Man kann mit Timmke[6] drei Gruppen derartiger Verfälschungen unterscheiden:

1. Ersatz von hochwertigem Fleisch durch geringwertiges Fleisch,
2. Verarbeitung von Fleischteilen, die nach dem Fleischbeschaugesetz und seinen Ausführungsbestimmungen als untauglich zum menschlichen Genuß gelten,
3. Verarbeitung von pathologisch verändertem oder verunreinigtem Fleisch.

Bei Begutachtung der ersten Gruppe von geweblichen Verfälschungen ist von der Frage auszugehen, ob die Ware die ihrer Bezeichnung entsprechenden und vom Käufer erwarteten Bestandteile überhaupt und ausschließlich enthält.

Zu den Verfälschungen dieser Gruppe sind beispielsweise zu zählen die Verarbeitung von Lunge, Herzmuskel oder Mundschleimhaut in Hackfleisch, von Sehnen, Knorpeln, Haut in Rohwurst (Mett-, Salami-, Zervelat-, Plockwurst u. a.), von Lunge, Euter, Kaldaunen (Flecken), Schweinsmagen, Darmwand in

---

[1] Reichsministerialbl. 1935, 826; Reichsgesundheitsbl. 1936, 11, 17.
[2] E. Seel, E. Zeeb u. K. Reihling: Z. 1919, 37, 1.
[3] E. Seel u. K. Reihling: Zeitschr. Fleisch- u. Milchhyg. 1918, 28, 327.
[4] Klimmeck: Zeitschr. Fleisch- u. Milchhyg. 1925, 35, 121.
[5] G. Biermann: Deutsch. tierärztl. Wochenschr. 1928, 814.
[6] Timmke: Berliner tierärztl. Wochenschr. 1931, 91.

bessere Sorten von Blut- und Leberwurst oder in Sülze, die Herstellung von Leberwurst unter Fortlassen des Leberzusatzes, die Mitverwendung von Pansen, Schweinsmagen, Euter, Mundschleimhaut bei Brühwurst oder bei dem die Fleischgrundlage des fabrikmäßig hergestellten Fleischsalates bildenden Fleischkloß, der Zusatz von Rüben oder anderen Gemüsearten zu letzterem, die Unterschiebung gewöhnlichen Muskelfleisches an Stelle der Zungenstücke bei Zungenwurst u. a. m.

Die zweite Gruppe geweblicher Verfälschungen umfaßt vornehmlich die Fleischteile, die in § 36 der Ausführungsbestimmungen A zum Fleischbeschaugesetz genannt sind. Die angeführte Bestimmung lautet in der Fassung vom 28. Juli 1928 [1].

„Geschlechtsteile, bei Schweinen einschließlich des Nabelbeutels, und Afterausschnitte, soweit sie nicht als sog. „Krone" am Mastdarm verbleiben, sowie Hundedärme sind stets als untauglich zum Genuß für Menschen anzusehen.

Augen und Ohrausschnitte dürfen in keiner Form als Nahrungsmittel für Menschen verwendet werden. Sie sind unschädlich zu beseitigen. Ist dies nicht bei der Fleischbeschau geschehen, so hat die unschädliche Beseitigung dieser Teile durch den Besitzer der geschlachteten Tiere zu erfolgen."

Finden sich in Fleisch- und Wurstwaren die genannten Fleischteile vor, dann ist die Verfälschung ohne weiteres erwiesen und die Bestrafung auf Grund des Lebensmittelgesetzes möglich [2].

Zu den Geschlechtsteilen gehören Penis, Samenstränge, akzessorische Geschlechtsdrüsen, Hoden, Scham, Scheide, Gebärmutter, Eierstöcke, Harnröhre, Harnleiter, zu den Augen Augapfel mit Bindehaut und Augenlidern, zu den Ohrausschnitten der äußere Gehörgang vom Eingang des Tierohres bis zum Trommelfell [3]. Die sog. „Krone", d. h. die am Mastdarmende gelegene quergestreifte Muskulatur samt Fettgewebe und äußerer Haut, wird nur deshalb am Mastdarm des Schweines belassen, weil sie bei der Verwendung dieses Darmstückes („Fettdarm") als Wursthülle aus technischen Gründen nicht entbehrt werden kann. Sie verhindert das Abgleiten der Aufhängeschnur an derartigen Würsten. Obwohl sie aus diesem Grunde aus den Bestimmungen des § 36 herausgenommen ist, darf sie doch ebensowenig in die Wurstfüllung verarbeitet werden wie etwa der Mastdarm selbst. Sie gilt stets als ekelerregend. Somit würde ihr Vorhandensein in der Wurstfüllung als Verfälschung nach Art der dritten Gruppe zu beurteilen sein.

Für die Begutachtung der dritten Gruppe von Verfälschungen der Fleisch- und Wurstwaren durch tierische Gewebe bestehen in der Regel keine Schwierigkeiten, wenn die objektive Feststellung ergeben hat, daß die Ware krankhaft veränderte oder beschmutzte Fleischteile enthält. Es sind dabei neben den Bestimmungen des Lebensmittelgesetzes zumeist auch die für den Einzelfall einschlägigen Vorschriften des Fleischbeschaugesetzes und seiner Ausführungsverordnungen anwendbar.

Zu den pathologischen Prozessen, die sich auch an den zu Fleisch- und Wurstwaren verarbeiteten Geweben durch die mikroskopische Untersuchung noch feststellen lassen, rechnen Tuberkulose, Durchsetzung mit tierischen Schmarotzern (MIESCHERsche Schläuche, Leberegel, Blasenwürmer), akute und chronische Entzündungen von Organen, Abscesse, leukämische Infiltrationen, gewisse Arten von Tumoren (insbesondere epitheliale Geschwülste). Zwar sind die mit den genannten Krankheiten behafteten Fleischteile bei der Fleischbeschau zu

---

[1] Reichsministerialbl. 1928, **56**, 523.
[2] R. VON OSTERTAG: Die Ausführungsbestimmungen A zum Reichsfleischbeschaugesetz, 6. Aufl., S. 106. Berlin 1934.
[3] Verordnung des Sächsischen Wirtschaftsministers vom 3. Oktober 1928, in EDELMANN: Vorschr. Sächs. Vet.-Wesen 1928, **23**, 111.

beschlagnahmen, sie können aber aus Hausschlachtungen (die nicht der Fleischbeschau unterzogen worden sind) oder Schwarzschlachtungen stammen, vielleicht
auch aus den Konfiskaten entwendet worden sein. Als verunreinigte oder
mangelhaft gereinigte Teile finden sich im Hackfleisch Mundschleimhaut,
Mageninhalt, Bodenschmutz, in der Wurst u. a. Lungen mit Brühwasser oder
Mageninhalt, schlecht gereinigte Kaldaunen oder Därme, mit Schmutz, Mageninhalt und Speichel durchsetztes Kopffleisch vom Rind, mit Haaren und Schmutz
behaftete Haut vom Schwein, Kalb oder Rind[1] (Flotzmaul).

Das histologische Bild gibt, wie schon erwähnt, auch einen wertvollen Einblick in den Keimgehalt der Fleisch- und Wurstwaren[2]. Es gehört aber große
Übung und Erfahrung dazu, die Befunde für die Fäulnisfeststellung in zutreffender Weise zu verwerten. Eine Fäulnis gilt im allgemeinen erst dann als
festgestellt, wenn die Fäulnisursache (Bakterien) und die Fäulnisprodukte
(Veränderungen chemischer und physikalischer Natur durch die Keime) nachgewiesen sind (WEICHEL[3]). Die Zahl und Anordnung der Keime (zu Häufchen,
d. i. Kolonien) allein ist für Fäulnis nur beweisend im Innern von kompakten
Fleischstücken, da normales Fleisch bei sachgemäßer Aufbewahrung wochenlang
(mindestens 4 Wochen) im Innern keimfrei bleibt. Bei Würsten, deren Material
mehr oder minder fein zerkleinert und durcheinandergemischt ist, sind die am
verarbeiteten Fleisch stets vorhandenen Oberflächenkeime morphologisch nicht
mehr von den Tiefenkeimen zu unterscheiden. Es kann sich daher auch in sinnlich
einwandfreien, frischen Würsten eine größere Zahl von harmlosen Luftkeimen
verschiedener Art finden, ohne daß an eine Zersetzung zu denken ist. Ja, diese
Keime können sogar in tadellosen, frischen Würsten nesterweise zwischen den
einzelnen Fleischteilchen angeordnet sein, so daß die Annahme einer Keimvermehrung innerhalb der fertigen Wurst nahe liegt. Das ist nach eigenen Erfahrungen bei geräucherten Rohwürsten (Mett-, Tee-, Zervelat-, Salamiwurst usw.)
regelmäßig der Fall. Diese Saprophyten-Bakterien-Kolonien sind aber in ihrer
Lebensfähigkeit durch Austrocknen der Wurst, durch Kochsalz- und ähnliche
konservierende Einwirkung so geschwächt, daß sie bei wochenlanger sachgemäßer
Aufbewahrung sich nicht weiter vermehren und auch in der Kultur nur in geringer
Zahl aufgehen. Näheres bei J. BONGERT[4]. Mit vollem Recht warnt daher
GRUSCHKE[5] davor, Grenzzahlen für die Beurteilung des Keimgehaltes von Wurst-
waren festzusetzen. Auch die Folgerung von BREKENFELD[6] ist zu weitgehend,
daß eine starke Durchsetzung mehrerer Schnittpräparate mit Bakterien die
Wurst als verdorben und gesundheitsschädlich kennzeichne. BREKENFELDS
Auffassung wird auch von L. LUND und E. SCHRÖDER[7], R. HOCK[8], GRUSCHKE[5]
sowie F. SCHÖNBERG[9] zurückgewiesen. Wenn also die histologische Untersuchung

---

[1] Nicht ganz frische rohe sowie gesalzene oder getrocknete Häute sind unter gewöhnlichen
Verhältnissen zum Genuß für Menschen untauglich (EDELMANN: Vorschr. sächs. Veter.-
Wesen 1909, **3**, 21).
[2] In einfacherer Weise führt allerdings oft zum gleichen Ziel das von BONGERT (Bakteriologische Diagnostik der Tierseuchen, 2. Aufl., S. 17, Leipzig 1908) sowie von SCHMIDT
und FRÖHLICH (in BEYTHIEN, HARTWIG, KLIMMERs Handbuch der Nahrungsmitteluntersuchung, Bd. III, S. 176, 312) beschriebene bakterioskopische Untersuchungsverfahren.
Im Regelfall soll daher die histologische Untersuchung für die Zwecke der Keimgehalts-
bestimmung nicht empfohlen werden. Wenn sie aber aus anderen Gründen ausgeführt werden
muß, läßt sie sich gleichzeitig auch für die Prüfung auf Bakterien verwenden. In diesem Sinne
seien die nachfolgenden Erörterungen verstanden.
[3] WEICHEL: Arch. wissensch. u. prakt. Tierheilk. 1915, **41**, 341.
[4] J. BONGERT: Veterin. Lebensm.-Unters. Berlin 1930, S. 255.
[5] GRUSCHKE: Diss. Berlin 1929.
[6] BREKENFELD: Zentralbl. Bakteriol. II 1928, **75**, 481.
[7] L. LUND u. E. SCHRÖDER: Tierärztliche Wurstuntersuchungen, S. 75. Hannover 1930.
[8] R. HOCK: Tierärztl. Rundschau 1929, **1**, 214.
[9] F. SCHÖNBERG: Zeitschr. Fleisch- u. Milchhyg. 1933, **43**, 325.

der Fleisch- und Wurstwaren uns in vielen Fällen nicht von den sonstigen Methoden des Fäulnisnachweises entbindet, so bildet sie doch ein geeignetes Verfahren zur Ermittelung der in der Ware enthaltenen lebenden und abgetöteten Keime und somit ein willkommenes, objektives Hilfsmittel nicht nur für den Zersetzungsnachweis, sondern auch für die Beurteilung der hygienischen Verhältnisse im Betriebe des Herstellers (BREKENFELD [1]).

Das histologische Untersuchungsverfahren ist neben den vorgenannten Zwecken auch zur objektiven Prüfung der Fleischgüte, die nicht zuletzt den um die Fleischversorgung bemühten Tierzüchter interessiert, unter anderen von C. H. HEIDENREICH [2] und F. OTT [3] mit Erfolg herangezogen worden.

1. Methodik der histologischen Untersuchung.

Wenn man mit der mikroskopischen Untersuchung der Fleisch- und Wurstwaren einwandfreie und umfassende Ergebnisse erzielen will, dann ist die Anfertigung guter Schnittpräparate und die dem jeweiligen Zweck entsprechende Färbung der letzteren unerläßlich. Die früher von JUNACK [4], KLIMMECK [5], GREGOR [6], SEEL [7] und anderen empfohlene einfache Methode, Proben des Untersuchungsmaterials im Trichinenkompressorium zu zerquetschen und ungefärbt oder behelfsmäßig gefärbt mit dem Mikroskop oder Trichinoskop zu durchmustern, genügt keineswegs zur Bestimmung sämtlicher in einer Wurst enthaltenen Bestandteile. Die Methoden, wie sie in der normalen und pathologischen Histologie zur Herstellung von Gewebsschnitten im Gebrauch sind [8] (Gefrier-, Paraffin-, Celloidinschnitte), lassen sich auch für Fleisch- und Wurstuntersuchungen verwenden und sind tatsächlich seit längerer Zeit (JAEGER [9] u. a.) benutzt worden, aber sie haben für unsere Zwecke doch mitunter erhebliche Nachteile. Einfache Gefrierschnitte sind bei auseinanderfallendem Material (Hackfleisch, Blut-, Leber-, Mettwurst usw.) kaum empfehlenswert. Paraffin- und Celloidinschnitte sind für häufige Untersuchungen zu umständlich, brauchen zu viel Zeit und die hierfür erforderlichen Einbettungsarten wirken durch die fettlöslichen und stark wasserentziehenden Durchtränkungsmittel schädigend auf das zumeist fett- und wasserreiche Untersuchungsmaterial ein. Es haben sich deshalb einige unseren Zwecken besonders angepaßte Verfahren herausgebildet, von denen vorerst die von mir selbst seit vielen Jahren erprobte Technik kurz beschrieben und im Anschluß daran das Wichtigste der von anderer Seite empfohlenen Methodik angeführt sei.

Das Untersuchungsmaterial wird zunächst zur Erzielung der zum Schneiden erforderlichen Konsistenz und einer einwandfreien Färbbarkeit fixiert und gehärtet am besten in verdünnter Formaldehydlösung (1 Teil etwa 40%iger Formaldehyd auf 4 Teile Wasser). Das Material ist in 5 mm dicke Scheiben zu zerlegen. Aus Hackfleisch empfiehlt es sich, Fleischkugeln vom Umfang etwa einer Haselnuß auszurollen. Die derart vorbereiteten Objekte legt man in Glasschalen mit der 10—20fachen Menge der Fixierungsflüssigkeit ein, deckt die Schalen zu und läßt 12—24 Stunden stehen. In der Regel wird das Material infolge seines

[1] BREKENFELD: Arch. Hygiene 1932, 107, 193.
[2] C. H. HEIDENREICH: Arch. Tierernähr. u. Tierzucht 1931, 6, 366.
[3] F. OTT: Landw. Jahresber. Bayern 1933, 23, 58.
[4] JUNACK: Deutsche Schlachthof-Ztg. 1919, 323.
[5] KLIMMECK: Zeitschr. Fleisch- u. Milchhyg. 1925, 35, 122.
[6] GREGOR: Zeitschr. Vet.-Kunde 1926, 38, 327.
[7] E. SEEL: Zeitschr. Fleisch- u. Milchhyg. 1928, 38, 116.
[8] G. SCHMORL: Die pathologisch-histologische Technik, 12. Aufl. München-Berlin 1928. — B. ROMEIS: Taschenbuch der mikroskopischen Technik, 7. Aufl., 1920.
[9] A. JAEGER: Zeitschr. Fleisch- u. Milchhyg. 1910, 20, 361.

Fettgehaltes auf der Flüssigkeit schwimmen. Dann empfiehlt sich zum Zwecke gleichmäßigen Durchdringens seine Belastung mit Fließpapier oder Watte bis zum Untertauchen. Nach beendetem Fixieren schneidet man aus dem Untersuchungsmaterial Stückchen etwa in Würfelform von 1—2 qcm Fläche heraus. Die Stückchen (mindestens 3) sollen aus möglichst verschiedenen oder aus makroskopisch bereits verdächtigen Stellen des fixierten Materials entnommen werden.

Die Fixierung kann im Brutofen bei 37° beschleunigt werden. Für die Schnelldiagnose hat W. RENNER[1] das Kochen des Untersuchungsmaterials in der Fixierungsflüssigkeit nach der Methode von K. WALZ[2] für brauchbar gefunden. Dünne Wurstscheiben (1—2 mm dick) oder die für die Untersuchung zurechtgeschnittenen Würfel sind auf diese Weise schon in 1—2 Minuten fixiert.

Die ausfixierten Stückchen lassen sich nach kurzem, etwa einstündigem Auswaschen in mehrfach gewechseltem Wasser (zur Entfernung des den Färbeverfahren oft nachteiligen Formaldehyds) in manchen Fällen unmittelbar auf dem Gefriermikrotom in Schnitte von 10 μ zerlegen[3]. Das gelingt in der Regel bei nicht zu fetten kompakten Fleischstückchen und bei wenig fetthaltigen Würsten mit guter Bindung (Brühwürste, Fleischklöße usw.). In vielen Fällen erzielt man aber auf diese Weise keine brauchbaren Schnitte, sei es, daß das Material beim Schneiden ganz oder teilweise zerfällt (Leberwurst usw.), sei es, daß sich infolge zu großen Fettgehaltes die Schnitte beim Anfertigen zusammenschieben und kaum wieder auseinanderfalten lassen. Dann ist die Einbettung des Materials vor dem Schneiden erforderlich.

Zum Einbetten von Fleisch- und Wurstwaren eignet sich am besten die Gelatine (SEEL, ZEEB und REIHLING[4], GLAMSER[5], LUND und SCHRÖDER[6], FRICKINGER[7] u. a.). Man verfährt am vorteilhaftesten nach der von GRÄFF[8] abgeänderten GASKELLschen[9] Methode, die kurz folgendermaßen vor sich geht:

1. Auswaschen des Formaldehyds aus den fixierten Würfeln in fließendem Wasser. Dauer 12—24 Stunden. Die Objekte werden hierbei am besten in Tee-Eier aus vernickeltem Metall oder Porzellan, auch in Porzellanschwimmsiebe, die für diesen Zweck im Handel sind, eingeschlossen. Der Formaldehyd muß vollständig ausgewaschen werden, da zurückgebliebene Spuren schon genügen, die Gelatine zu härten und am gleichmäßigen Eindringen in den Gewebswürfel zu hindern.

2. Einlegen der Würfel in dünne Carbolgelatinelösung (etwa 12%ige Gelatinelösung in 1%igem Carbolwasser) auf 3—24 Stunden im Brutschrank bei 37°.

3. Übertragen der Würfel in dicke Carbolgelatinelösung (25%ige Gelatinelösung in 1%igem Carbolwasser) für 3—24 Stunden bei Brutschrankwärme (37°).

4. Einbetten in 25%ige Carbolgelatinelösung, Erstarrenlassen (vorteilhaft im Kühlschrank) etwa $1/2$ Stunde.

5. Härten in Formaldehydlösung 1 : 4 (12—24 Stunden).

6. Abschneiden der überstehenden Gelatineschicht, etwa einstündiges Wässern.

7. Schneiden des Blocks auf dem Gefriermikrotom.

Als Gelatine empfiehlt sich die pulverförmige, käufliche „Einbettungsgelatine". Die Carbolgelatinelösungen werden auf dem Wasserbade möglichst ohne Kochen hergestellt und sollen in nur kleinen Gläsern vorrätig gehalten werden, da öfteres Schmelzen die Erstarrungsfähigkeit verschlechtert.

---

[1] W. RENNER: Diss. Berlin 1923.

[2] K. WALZ: Zentralbl. f. Pathol. 30, 442.

[3] Das Zerlegen der Schneideblöcke auf den Mikrotomen (Kohlensäuregefriermikrotom bzw. Paraffinmikrotom) in mikroskopische Schnitte gehört zu den Grundlagen der histologischen Technik und muß hier als bekannt vorausgesetzt werden.

[4] E. SEEL, E. ZEEB u. K. REIHLING: Z. 1919, 37, 1.

[5] GLAMSER: Zeitschr. Fleisch- u. Milchhyg. 1926, 36, 287.

[6] L. LUND: Grundriß der pathologischen Histologie der Haustiere. Hannover 1931. — L. LUND u. E. SCHRÖDER: Deutsch. tierärztl. Wochenschr. 1928, 36, 40.

[7] H. FRICKINGER: Zeitschr. Fleisch- u. Milchhyg. 1928, 38, 317. — Die histologische Untersuchung von Fleischgemengen. Berlin 1928.

[8] S. GRÄFF: Münch. med. Wochenschr. 1916, 63, 1482.

[9] J. F. GASKELL: Journ. of Path. and Bakt. 17.

Die von W. BRAUNERT[1] angewendete Einbettungsart in 4%ige filtrierte Agarlösung und das von M. MAYER[2] geübte Verfahren, die oben erwähnte dicke Carbolgelatinelösung durch eine Mischung aus je 10 Teilen Gelatine und Agar, gelöst in 100 Teilen Wasser, zu ersetzen, bedingen die Verwendung des Paraffinschrankes und schädigen somit fettreiches Gewebe.

Die GASKELL-GRÄFFsche Gelatineeinbettung erfordert, wenn sie einwandfreie Ergebnisse liefern soll, mehrere Tage Zeit. Diesen Nachteil umgehen die Untersuchungsverfahren von E. BREUSCH[3], E. ESCHER[4], A. HADI[5] und HINTERSATZ[6]. Die ersteren drei Methoden sind Schnelleinbettungen. Der letztgenannte Autor verzichtet auf jegliches Einbetten und sucht haltbare Schnitte unmittelbar auch von brüchigem Material zu gewinnen.

BREUSCH[3] vermischt 10—15 g Untersuchungsmaterial im ERLENMEYER-Kolben mit physiologischer Kochsalzlösung und erhitzt im Wasserbade auf 80—90⁰. Das aufsteigende Fett wird entfernt. Nach Abseihen der Flüssigkeit durch ein Coliertuch kommt der Rückstand mit 20%iger Gelatinelösung aufs Wasserbad von 60—80⁰, wird mit Hilfe eines besonders konstruierten Drahtsiebes zum Schneideblock gegossen, in 10%iger Formaldehydlösung gehärtet und auf dem Gefriermikrotom in Schnitte zerlegt.

ESCHER[4] schüttelt 100 g Untersuchungsmaterial zur Entfettung mit Äther aus und filtriert durch Gazestreifen. Bei großem Fettgehalt des Materials wird dieses Auswaschen mit Äther mehrfach wiederholt. Zur Bestimmung des Fettgehaltes soll die abfließende Äther-Fettlösung in einer gewogenen PETRI-Schale aufgefangen und bis zum völligen Verdampfen des Äthers in den Brutschrank gestellt werden. Der auf dem Gazestreifen verbleibende Rückstand wird nach Ausdrücken über der PETRI-Schale auf Fließpapier gesammelt und bis zum Verdunsten des Äthers in den Brutschrank gestellt. Dann verrührt man den Rückstand in einem niedrigen Reagensglas vermittels eines Glasstabes mit Carbolgelatinelösung (20% Gelatine gelöst in physiologischer Kochsalzlösung + 1% Carbolsäure und einige Tropfen Glycerin) auf dem kochenden Wasserbade. Letzteres läßt man 5 Minuten lang einwirken und zentrifugiert die Masse 10 Minuten lang in angewärmten Zentrifugengläsern. Nach Erstarren wird die Masse durch Zertrümmern des Zentrifugenglases herausgelöst und, soweit sie die durch das Zentrifugieren eng aneinandergelagerten Fleischteilchen enthält, in passende Stücke geteilt. Eine Auswahl dieser Stücke aus möglichst verschiedenen Stellen der Masse kommt zum Härten in verdünnte Formaldehydlösung und kann dann auf dem Gefriermikrotom in Schnitte zerlegt werden.

HADI[5] legt die nicht über 10—15 mm dicken Untersuchungsproben für 1 Stunde in Aceton, das nach 1/2 Stunde erneuert wird. Nach weiterer einstündiger Behandlung mit Aceton-Benzol überträgt man die Objekte in reines Benzol so lange, bis sie durchsichtig sind. Stark fetthaltige Proben kommen aus dem Aceton-Benzol 1 Stunde lang in Chloroform. Aus dem Aceton-Benzol oder (bei erforderlicher Entfettung) aus dem Chloroform verbringt man die Objekte in geschmolzenes Paraffin und stellt 1—1$\frac{1}{2}$ Stunden in den Paraffinofen ein. Sodann wird in neues Paraffin eingebettet und der Block geschnitten.

Die angeführten drei Schnelleinbettungen ermöglichen zwar erheblichen Zeitgewinn, sie haben aber den gemeinsamen Nachteil, daß sie die Fetteile mehr oder minder vollständig ausscheiden, das ursprüngliche Gefüge des Untersuchungsmaterials zerstören und die einzelnen Bestandteile um so mehr entmischen, je feiner zerkleinert letztere sind. Sie eignen sich für Schnelldiagnosen, bei denen es gilt, in möglichst kurzer Zeit einen bestimmten Verdacht auf das Vorhandensein unzulässiger Bestandteile in Fleisch- und Wurstwaren zu klären, machen aber im allgemeinen die GASKELL-GRÄFFsche Einbettungsmethode nicht entbehrlich, die einen umfassenderen und oft auch in quantitativer Hinsicht genaueren histologischen Untersuchungsbefund als die vorerwähnten Schnelleinbettungsmethoden gewährleistet.

Auf ganz neuem Wege sucht HINTERSATZ[4] das histologische Untersuchungsverfahren zu beschleunigen. Er empfiehlt das von SCHULTZ-BRAUNS[7] in die

[1] W. BRAUNERT: Diss. Berlin 1921.
[2] M. MAYER: Zeitschr. Fleisch- u. Milchhyg. 1923, 33, 27.
[3] E. BREUSCH: Zeitschr. Fleisch- u. Milchhyg. 1930, 40, 430.
[4] E. ESCHER: Zeitschr. Fleisch- u. Milchhyg. 1930, 41, 120.
[5] A. HADI: Berliner tierärztl. Wochenschr. 1930, 46, 261.
[6] HINTERSATZ: Zeitschr. Fleisch- u. Milchhyg. 1931, 41, 306.
[7] SCHULTZ-BRAUNS: Klin. Wochenschr. 1931, 10, 113.

allgemeine histologische Technik eingeführte neue Gefriermikrotom mit Messer-tiefkühlung für die Schnelluntersuchung von Fleisch- und Wurstwaren. Auf diesem Mikrotom lassen sich Proben, selbst die unter gewöhnlichen Verhältnissen leicht zerfallenden Wurstfüllungen (z. B. Leberwürste) und Fleischgemenge ohne vorhergehende Einbettung schneiden.

Das Mikrotom hat zwei Kohlensäurezuleitungen. Die eine Zuleitung führt (wie bei den bisherigen Kohlensäuremikrotomen) nach dem Objekttisch, auf dem das Untersuchungs-material eingefroren wird. Die andere Zuleitung kühlt das Mikrotommesser so weit ab, daß der angefertigte Schnitt nicht (wie bei gewöhnlichen Gefriermikrotomen) sofort auftaut, sondern im gefrorenen Zustande, ohne auseinanderzufallen, sich auf den Objektträger über-tragen läßt, auf dem er durch Capillarattraktion festhaftet.

Die Methode ist für viele Objekte brauchbar, aber, wie auch H. LIST[1] anführt, für Massenuntersuchungen infolge des hohen Kohlensäureverbrauchs teuer und liefert nicht immer gute Schnitte.

Das Färben der Gefrierschnitte kann entweder unaufgezogen in niedrigen Glasdosen oder nach Aufziehen auf Objektträger in Cuvetten erfolgen. Paraffin-schnitte zieht man vor dem Färben immer auf Objektträger auf. Zum Zwecke des Aufziehens breitet man Gefrierschnitte zunächst in einer Schale mit kaltem Wasser, Paraffinschnitte in lauwarmem Wasser von etwa 45⁰ ohne Falten und Luftblasen mit Hilfe einer gebogenen Präpariernadel aus und fängt sie von unten her, an einem Rande beginnend, mit dem gut gereinigten, absolut fett-losen Objektträger so auf, daß sie letzterem glatt anliegen. Mitunter empfiehlt sich zum besseren Haften der Schnitte das Auftragen eines ganz dünnen Hauches von Eiweißglycerin (Filtrat von schneeig geschlagenem Eier-Eiweiß mit der gleichen Menge Glycerin gemischt) auf die Stelle des Objektträgers, auf die der Schnitt zu liegen kommen soll, und sodann das Anwärmen dieser Stelle auf etwa 70⁰ (sog. japanische Aufklebemethode). Nach Auffangen des Schnittes wird das überschüssige Wasser vom Objektträger mit Fließpapier vorsichtig abgesogen. Die beschickten Objektträger bringt man auf 3—4 Stunden zum Antrocknen der Schnitte in den Brutschrank. Aus Paraffinschnitten muß vor dem Färben das Paraffin durch Eintauchen in Xylol (5—10 Minuten) gelöst und das Xylol durch absoluten Alkohol wieder entfernt werden. Die Färbbarkeit der unaufgezogenen Gefrierschnitte aus Wurstproben ist zumeist besser als die der aufgezogenen Schnitte. Um nichtaufgezogene Gefrierschnitte für das Übertragen in die einzelnen Farblösungen, das mittels gebogener Präpariernadel geschieht, besser haltbar zu machen, bringt man sie aus dem Wasser zunächst auf 10 Minuten oder länger in 50%igen Alkohol.

Von den Färbemethoden eignet sich zur Erzielung klarer Übersichtsbilder nach eigener Erfahrung am meisten die Hämatoxylin-Eosin-Färbung. Sie wird als Universalmethode auch von den meisten anderen Autoren, so von MAYER[2], LUND und SCHRÖDER[3], FRICKINGER[4], RUIZ-MARTINEZ[5] u. v. a. empfohlen und ist folgendermaßen auszuführen:

1. Färben der Schnitte mit FRIEDLÄNDERschem Hämatoxylin (2 g Hämatoxylin in 100 ccm 96%igem Alkohol 24 Stunden stehen lassen, dazu 100 ccm Wasser, 100 ccm Glycerin, 2 g Kalialaun und unter öfterem Umrühren mit Glasstab in offenem Gefäß, vor Staub geschützt, 1—2 Monate reifen lassen) 1—5 Minuten.

2. Wässern, bis der Schnitt schwarzblau erscheint.

3. Differenzieren in salzsaurem Alkohol (0,25 ccm Salzsäure DAB. 6 auf 100 ccm 70%igen Alkohol) 10 Sekunden und länger, bis sich vom Schnitt keine rotbraunen Farbstoffwolken mehr lösen.

[1] H. LIST: Diss. Hannover 1933.
[2] MAYER: Zeitschr. Fleisch- u. Milchhyg. 1923, **33**, 27.
[3] L. LUND u. E. SCHRÖDER: Deutsch. tierärztl. Wochenschr. 1928, **36**, 124.
[4] H. FRICKINGER: Die histologische Untersuchung von Fleischgemengen. Berlin 1928, S. 7.
[5] C. RUIZ-MARTINEZ: Rev. Hyg. y San. pec. 1931, **21**, 439.

4. Wässern in Leitungswasser, bis der Schnitt deutlich blauen Farbenton erlangt hat.

5. Färben in Eosin (0,1%ige oder noch schwächere wäßrige Lösung) 10—60 Sekunden.

6. Wässern.

7. Aufhellen in Glycerin und (falls der Schnitt noch unaufgezogen ist) Auflegen auf den Objektträger, Abtupfen des Glycerins mit Fließpapier.

8. Bedecken des Schnittes mit 1 Tropfen verflüssigter Glyceringelatine (7 g feinste Gelatine in 42 ccm Wasser 2 Stunden lang weichen lassen, 50 ccm Glycerin und 0,5 g Carbolsäurekrystalle hinzu, auf dem Wasserbade 10—15 Minuten unter Umrühren erwärmen und durch Glaswolle filtrieren) und Auflegen des Deckglases.

Bei dieser Färbung erscheint das Chromatin der Kerne distinkt blauschwarz (Hämatoxylinfärbung) und das Protoplasma mattrot (Eosinwirkung). Die Färbung ist jahrelang haltbar.

Eine für unsere Zwecke sehr brauchbare Methode ist auch die VAN GIESON-Färbung, bei der sich das Chromatin der Zellkerne dunkelbraun, die Muskulatur (quergestreifte, glatte und Herz-Muskulatur) gelb und das Bindegewebe leuchtend rot darstellen.

Die Schnitte werden

1. mit Hämatoxylin überfärbt,

2. gewässert,

3. in VAN GIESON-Lösung (Gemisch aus gesättigter wäßriger Säurefuchsinlösung, etwa 3 ccm, und gesättigter wäßriger Pikrinsäurelösung, etwa 150 ccm, mit graurotem Farbenton, am besten von Dr. Grübler, Leipzig, fertig zu beziehen) 3—5 Minuten übertragen,

4. kurz gewässert (½—1 Minute),

5. in Glycerin aufgehellt, auf den Objektträger gebracht, mit Glyceringelatine und Deckglas abgeschlossen. Leider hält sich die Färbung in ihrer ursprünglichen Schönheit oft nur wenige Tage.

Will man die Fettzellen besonders zur Darstellung bringen, so empfiehlt sich die Scharlachrotfärbung. Die Gefrierschnitte werden aus dem 50%igen Alkohol in eine heißgesättigte Lösung von Scharlachrot in 70%igem Alkohol, die vor dem Gebrauch stets filtriert werden muß, für 10—30 Minuten übertragen, in 50%igem Alkohol abgespült, mit Hämatoxylin nachgefärbt, gewässert, in Salzsäure-Alkohol differenziert (s. oben), gründlich gewässert, durch Glycerin auf den Objektträger gebracht und mit Glyceringelatine und Deckglas verschlossen. Das Chromatin der Kerne färbt sich blauschwarz, das Fett orangerot.

Zur spezifischen Darstellung der einzelnen Gewebe oder Gewebsbestandteile sind noch viele andere Färbemethoden verwendbar. Da sie keine Allgemeinbedeutung für die Histologie der Fleisch- und Wurstwaren besitzen, kann ihre Durchführung hier im einzelnen nicht geschildert, sondern muß in den oben genannten Spezialwerken über histologische Untersuchungsmethoden nachgelesen werden. Es sei nur noch erwähnt, daß sich die Stärkekörner in Schnittpräparaten bei Verdacht auf Mehlzusatz durch Färbung in LUGOLscher Lösung (1 g Jod, 2 g Kaliumjodid in 300 g Wasser), die mit der 10fachen Menge Wasser verdünnt wird, tiefblau hervorheben lassen. Über den Bakteriengehalt in Schnittpräparaten unterrichtet uns am einfachsten die Methylenblaufärbung entweder 3 bis 5 Minuten lang in wäßriger Methylenblaulösung (1—2 g Methylenblau in 100 ccm Wasser) oder besser in LÖFFLERschem Methylenblau (30 g konz. alkoholische Methylenblaulösung und 100 g einer 0,001%igen Kalilauge), mit nachfolgendem Differenzieren in 0,5%iger Essigsäurelösung, und Abspülen in Wasser. Sehr schön gelingt die Bakterienfärbung in Schnittpräparaten auch mit der WEIGERTschen Anilinwasser-Gentianaviolettfärbung und Vorfärbung mit Carmalaun, wozu am besten Paraffinschnitte zu verwenden sind. Näheres bei G. SCHMORL [1] oder B. ROMEIS [2].

2. Auswertung des histologischen Bildes.

Bei der Deutung der histologischen Bilder in Schnittpräparaten von Fleisch- und Wurstwaren muß die Kenntnis der normalen und pathologischen Histologie der Schlachttiere vorausgesetzt werden. Die Grundlagen hierfür findet man

---

[1] G. SCHMORL: Die pathologisch-histologischen Untersuchungsmethoden, 7. Aufl. 1920.

[2] B. ROMEIS: Taschenbuch der mikroskopischen Technik. München-Berlin 1928.

bei W. ELLENBERGER[1], ELLENBERGER-TRAUTMANN[2], E. JOEST[3], K. NIEBERLE-
P. COHRS[4] und L. LUND[5]. Darüber hinaus bereiten dem Anfänger die Strukturveränderungen zunächst gewisse Schwierigkeiten, die die Gewebe und Organe
in Fleisch- und Wurstwaren durch Konservieren (Kochen, Austrocknen, Pökeln,
Räuchern, Gefrieren), mechanische Bearbeitung (maschinelles Zerkleinern,
Durchmischen, Verquellen) und postmortale Einflüsse (Fäulnis, Mazeration)
erleiden. Auch die oft absonderliche Schnittrichtung, in der die Einzelteile sich
im histologischen Wurstbild darbieten können, gibt bisweilen Rätsel auf, die nur
durch Übung und Erfahrung zu lösen sind. Daraus ist ohne weiteres zu entnehmen, daß die histologische Fleisch- und Wurstuntersuchung nur vom tierärztlich vorgebildeten Spezialisten durchgeführt werden kann.

Im folgenden sei kurz dargestellt, inwieweit es unter Berücksichtigung der
genannten Gestaltsveränderungen möglich ist, die einzelnen Bestandteile der
Fleisch- und Wurstwaren durch die histologische Untersuchung zu ermitteln.

Den Hauptbestandteil der Fleisch- und Wurstwaren soll das Fleisch im
engeren Sinne, das Muskelfleisch, bilden. Anatomisch gehört es zu dem
Gewebe aus quergestreiften Muskelfasern. Es gibt bekanntlich zweierlei Arten
von quergestreiften Muskelfasern, die Skelet- und die Herzmuskelfasern. Den
quergestreiften Muskelfasern stehen die glatten Muskelfasern gegenüber. Im
histologischen Bild erkennt man die Skeletmuskelfaser bekanntlich an der
Querstreifung der Faser und der Randständigkeit des Kernes, die Herzmuskel-
faser an der Querstreifung, die dichter ist als bei der Skeletmuskelfaser, und
der zentralen Lage des Kernes und die glatte Muskelfaser an dem Fehlen der
Querstreifung und am zentral gelegenen Kern. Die Färbbarkeit des Muskel-
plasmas und des Kernes bleibt bei der gewerbsmäßigen Konservierung und
Zubereitung (Austrocknen, Kochen, Pökeln, Räuchern, Durchfrieren) und auch
in den ersten Stadien bakterieller Zersetzung gut erhalten. Es ist also stets
möglich, die Muskelfaser von anderen Geweben zu unterscheiden. Im Zweifels-
falle kann man die VAN-GIESON-Färbung zur elektiven Darstellung der Muskelfasern verwenden (s. S. 799). Von Wichtigkeit ist es nun, auch die genannten
drei Arten von Muskelfasern auseinanderhalten zu können. Zwar beginnt die
Querstreifung nach längerem Kochen zu schwinden, aber in mehr oder minder
zahlreichen Fasern bleibt sie doch erhalten. Im histologischen Bilde von Fleisch-
und Wurstwaren kommt es nun selten darauf an, die Muskelfasern als Einzel-
gebilde erkennen zu müssen. Vor allem die glatte Muskulatur und die Herz-
muskulatur widerstehen auch dem feinsten gewerbsmäßigen Zerkleinerungsprozeß
so erfolgreich, daß die Muskelfasern zumeist zu Bündeln, also zu kleinen Stückchen
Muskelgewebe vereinigt bleiben. Hier kann man für die Diagnose neben den
Zelleigenheiten auch die charakteristische Lagerung der Fasern im Gewebs-
verband mitverwenden.

Die Skeletmuskulatur zeigt im Querschnitt runde, ovale oder eckige
Felder (COHNHEIMsche Felder Abb. 19 bei b), die durch lockeres Bindegewebe
(Perimysium) zusammengehalten werden, im Längsschnitt lose aneinander-
liegende, hier und da leicht eingeschnürte, durch Perimysium verbundene
Muskelschläuche. In der Regel begegnet man von der Skeletmuskulatur

[1] W. ELLENBERGER: Handbuch der vergleichenden mikroskopischen Anatomie der
Haustiere, 3 Bände. Berlin 1906 und 1911.
[2] ELLENBERGER u. TRAUTMANN: Vergleichende Histologie der Haussäugetiere, 5. Aufl.
Berlin 1921.
[3] E. JOEST: Handbuch der speziellen pathologischen Anatomie der Haustiere, 5 Bände.
Berlin 1923/29.
[4] K. NIEBERLE u. P. COHRS: Lehrbuch der speziellen pathologischen Anatomie der
Haustiere. Jena 1931.
[5] L. LUND: Grundriß der pathologischen Histologie der Haustiere. Hannover 1931.

nur parallelfaserigen Bündeln. Das Ganze ist entweder jeweils im Querschnitt oder Längsschnitt oder Schrägschnitt getroffen oder größere Skeletmuskelstückchen setzen sich gleichzeitig aus quer- und längsgetroffenen Bündeln zusammen. Dabei zeigt aber immer jedes der Bündel verhältnismäßig große Breite im histologischen Bild. Treffen wir jedoch Fleischstückchen an, deren Bündel aus Skeletmuskelfasern teils breit, teils schmal sind, sich in verschiedenster Richtung durchflechten, im Schnitt also bunt durcheinander longitudinal, vertikal und transversal getroffen, aber dennoch scharf durch Bindegewebe und Fettzellen voneinander getrennt sind, dann handelt es sich mit Sicherheit um Zungenmuskulatur. Hat man Querschnitte von Skeletmuskelfleisch zur Verfügung, so lassen sich nach E. KALLERT[1] aus gewissen Struktureigenarten Schlüsse auf die Konservierungs- oder Zubereitungsart (Trocknen, Pökeln, Salzen, Räuchern, Einbüchsen, Gefrieren, Kochen, Braten, Dämpfen) ziehen, der das Fleisch unterlegen hat. Denn „durch die gebräuchlichen Verfahren der Konservierung und Zubereitung werden im Muskelfleisch ausgeprägte, für die Eigenart der erfolgten Einwirkung kennzeichnende Strukturveränderungen geschaffen, die auf colorimetrischen Vorgängen beruhen". Für die Lebensmittelkontrolle wichtig ist vor allem die Unterscheidung zwischen Gefrierfleisch und Frischfleisch. Im gefroren gewesenen Fleisch finden sich im Gegensatz zu frischem Fleisch mehr oder minder große, unregelmäßige Lücken zwischen den einzelnen Muskelfasern, Dehnung und teilweise auch Zerreißung der Bindegewebsfasern in diesen Lücken. H. WEIS[2] macht aber darauf aufmerksam, daß diese Struktureigenarten des Gefrierfleisches durch die Hackmaschine auch an frischem Fleisch hervorgerufen werden, so daß sie sich zur histologischen Feststellung zwar von unverarbeitetem Gefrierfleisch, nicht aber von Gefrierfleisch in Hackfleisch oder Wurst verwenden lassen.

In Stücken vom Herzmuskel, in dem die Muskelfasern in der mannigfachsten Weise verlaufen, findet man nur selten reine Quer- oder Längsschnitte, sondern Kombinationen von beiden. Hier sind die Muskelfasern zumeist schmäler als in der Skeletmuskulatur und oft durch Züge aus elastischen Fasern auseinandergedrängt. Das Gewebe aus glatten Muskelfasern ist in der Histologie der Wurstwaren vor allem insoweit von Bedeutung, als es von Gefäßwänden oder aus den Wandungen des Magen-Darmkanals und des weiblichen Geschlechtsapparates stammt. Die Gefäßwandteile, soweit sie elastisches Gewebe enthalten, sind wohlcharakterisiert durch den zirkulären bzw. parallelfaserigen Verlauf der dicht aneinanderliegenden und oft durch ebenso parallel verlaufende Züge elastischer Fasern unterbrochenen glatten Muskelfasern. Je nach Mächtigkeit der Wandungen, Enge des Lumens, Verhältnis zwischen dem bindegewebigen, muskulösen und elastischen Anteil kann man unter den Gefäßen häufig auch Arterien von Venen unterscheiden. Selbst die Endothelzellen erhalten sich meist gut färbbar und ermöglichen es, die capillären Gefäße als einfache Lage flacher, spindelförmiger Endothelien mit gut färbbarem Kern zu erkennen. Einprägsam und für den Geübten leicht und sicher erkennbar sind auch die Bilder, die das aus den Wandteilen des Magen-Darmkanals stammende Gewebe aus glatter Muskulatur darbietet. Hier wechselt zumeist im gleichen Gewebsstückchen eine Ringschicht von glatten Muskelfasern mit einer Längsschicht ab. In der Gebärmutterwand ist dies beispielsweise zwar auch der Fall, aber zur Unterscheidung zwischen Darmwand und Uteruswand dienen später zu erwähnende andere Gewebsmerkmale (Drüsen usw.).

Neben dem Muskelgewebe begegnet uns in Fleisch- und Wurstwaren am häufigsten das Bindegewebe. Von den verschiedenen Arten des dem Normal-

[1] E. KALLERT: Zeitschr. Fleisch- u. Milchhyg. 1931, 41, 297 f.
[2] H. WEIS: Diss. Hannover 1931.

histologen bekannten Bindegewebes spielen hier nur 3 Arten eine Rolle: das
formlose fibrilläre Bindegewebe (Interstitialgewebe), das geformte fibrilläre
Bindegewebe (Sehnengewebe) und das Fettgewebe.

Das formlose lockere Bindegewebe als zusammenhängendes Balken-
gerüst in Muskelfleisch und Organen, als Ausfüll- und Verbindungsgewebe
zwischen den Organen behält sein normalhistologisches Aussehen (Bündel von
sich durchkreuzenden Bindegewebsfasern mit platten Bindegewebszellen und
chromatinarmen, spindelförmigen Kernen, eingelagerten Fettzellen, Gefäßen
und Nerven) in rohen Fleisch- und Wurstwaren. Beim Anrühren, Brühen und
Kochen können die Bindegewebsfasern erheblich aufquellen und Collagen
(Tierleim) als homogene, wie die Fibrillen selbst färbbare Masse zwischen sich
ausscheiden. Hierbei kann auch die Färbbarkeit der Bindegewebskerne etwas
leiden, so daß es sich empfiehlt, derartiges Material nach Hämatoxylinfärbung
nur vorsichtig in stark verdünntem Salzsäure-Alkohol zu differenzieren. Immer
aber bleibt die Erkennbarkeit des lockeren Bindegewebes gewahrt, in Zweifelsfällen ganz einwandfrei durch die van Gieson-Färbung (S. s. 799).

Das geformte (straffe) Bindegewebe bildet den Hauptbestandteil der
Sehnen, Bänder, bindegewebigen Häute, also ausnahmslos geringwertiger
Fleischteile. Es wird in seinem dichten, meist parallelfaserigen Gefüge samt
seinen eingelagerten elastischen Fasern durch Zubereitung und Verarbeitung
fast gar nicht beeinflußt, so daß es im histologischen Bild immer gut erkennbar
und von anderen Geweben unterscheidbar bleibt.

Das Fettgewebe (Abb. 19 bei c, Abb. 25 bei c) ist lockeres Bindegewebe,
in dem Fettzellen zu Gruppen angehäuft liegen. Die Fettzelle erscheint im
histologischen Bild, falls sie nicht besonders gefärbt wird, als Vakuole innerhalb einer Bindegewebszelle. Diese Vakuole kann bald klein, bald größer, bald
rund oder oval sein. Sie wird in ihrer äußeren Form in Fleisch- und Wurstwaren
durch keine der gebräuchlichen Behandlungsarten, und färberisch nur durch
fettlösende Mittel beeinträchtigt.

Die ebenfalls zu den Stützgeweben des tierischen Körpers zu zählenden
Knorpel- und Knochengewebe bleiben bei allen Fleisch- und Wurstwaren
in ihrer Struktur erhalten. Das Knorpelgewebe spielt eine gewisse Rolle bei der
Feststellung der Mitverarbeitung des genußuntauglichen Ohrausschnittes
(s. S. 793), dessen Hauptbestandteil Netzknorpel (elastischer Knorpel) ist. Es
sei aber betont, daß das Vorkommen von Netzknorpel in Wurst an sich noch
keinen Beweis für die genannte verbotene Beimischung liefert. Denn Netzknorpel findet sich auch in anderen Teilen des tierischen Körpers (Epiglottis,
Kehlkopf, Ohrmuschel), deren Verarbeitung zwar eine qualitative Verschlechterung der Wurst, aber keinen Verstoß gegen das Fleischbeschaugesetz bedingt.
Das Vorhandensein von Ohrausschnitten ist erst dann als festgestellt anzusehen,
wenn neben dem Netzknorpel oder in Verbindung mit ihm andere dem äußeren
Gehörgang eigentümliche Gewebsteile (Cutis des Gehörganges, Trommelfell,
Ohrschmalz) vorgefunden werden. Einzelheiten über diesen Nachweis sind in
den histologischen Handbüchern zu finden. Über die mikroskopische Erkennung
der Knochen siehe auch S. 726.

Das Epithelgewebe, das in seinen verschiedenen Formen als ein- oder
mehrschichtiges Platten-, kubisches oder Zylinderepithel ein kennzeichnender
Bestandteil von äußerer Haut, Schleimhaut, Drüsen, Drüsenausführungsgängen,
Augenbindehaut, Linsenkapsel und epithelialen Neubildungen (Tumoren) ist,
bleibt auch in Wurstwaren immer gut darstellbar. Gewisse Schwierigkeiten
ergeben sich für den Ungeübten nur bisweilen daraus, daß die zufällig vorliegende,
in der Normalhistologie selten oder nie gewählte und daher ungewohnte Schnittrichtung ganz eigenartige Schichtanordnungen von den epithelialen Geweben

liefern kann. Hier ist die Kenntnis des geschulten Histologen ausschlaggebend, die die Zugehörigkeit des Epithels zu den einzelnen Körperteilen fast immer so weit zu lösen vermag, als sie für die Beurteilung der Fleisch- und Wurstwaren von Bedeutung ist. Bezüglich der Strukturverhältnisse der einzelnen Arten des Epithelgewebes sei auf die histologischen Handbücher verwiesen. Es soll nur noch hervorgehoben werden, daß die in Wurstwaren verarbeiteten Teile der äußeren Haut (Schwarte, Haut gebrühter Kalbsköpfe, Rinds- und Kalbsfüße, Haut am Vorderteil des Rindskopfes) histologisch immer leicht und zuverlässig erkennbar sind an dem mehrschichtigen verhornten Plattenepithel mit dem derben bindegewebigen Corium, welch letzteres auch den Papillarkörper bildet, die Haarwurzeln und Haarbälge sowie die Talg- und Schweißdrüsen enthält. Zahlreiche anatomische Eigenarten, die die äußere Haut an verschiedenen Stellen des Tierkörpers aufweist und über deren Einzelheiten die histologischen Handbücher unterrichten, gestatten bisweilen sogar die Feststellung, von welcher Körperstelle das Hautgewebe stammt.

Vom Nervengewebe sind die Nervenfasern, also die peripheren Nerven mit ihren Hüllen (Achsenzylinder mit Markscheide und Neurilemm), wobei auch manchmal Markscheide oder Neurilemm fehlen kann, immer gut erkennbar, aber für die Beurteilung von Fleisch- und Wurstwaren von untergeordneter Bedeutung. Die nackten Achsenzylinder und die Gewebe des Zentralnervensystems (Gehirn und Rückenmark) hingegen werden durch die Kochung oft schwer in ihrer Färbbarkeit beeinträchtigt, so daß man sie in Kochwürsten, für die sie gewerbsmäßig Verwendung finden, mit den gegenwärtig bekannten Methoden nur in Ausnahmefällen feststellen kann.

Das Blut findet man in rohen Fleisch- und Wurstwaren unverändert vor, so daß man also hier ohne Schwierigkeit in der Lage ist, durch die histologische Untersuchung ein Urteil über den Blutgehalt und den etwaigen Verdacht der Verarbeitung blutigen oder ungenügend ausgebluteten Fleisches zu gewinnen. Bei Kochwürsten ist das Blutserum geronnen. Es bildet mit den roten Blutkörperchen dann zumeist eine homogene oder schollig zerrissene Masse, die insgesamt die Färbung der Erythrocyten annimmt, bei geeigneter Abblendung aber stellenweise noch die Umrisse der roten Blutzellen zeigt und mehr oder minder zahlreiche weiße Blutkörperchen mit gut färbbarem Kern einschließt. Wenn also zwar das normalhistologische Bild sich hier gewandelt hat, so ist für den Geübten das Blut wohl feststellbar, selbst in Form kleinerer Blutinseln, und mit keinem anderen Gewebe zu verwechseln. Unter den weißen Blutzellen besitzen die Eosinophilen für die Beurteilung parasitärer Gewebsveränderungen erhebliche Bedeutung. Es ist in diesem Sinne von Interesse, daß die eosinophilen Granula auch in Kochwürsten ihre Färbbarkeit nicht völlig verlieren, sondern daß mehr oder minder zahlreiche Leukocyten als Eosinophile erkennbar bleiben. In Brühwürsten, deren Inhalt im Kutter ausgerührt und nach Füllung in die Hülle mindestens zweimalige Erhitzung (durch Heißräuchern und Brühen) erlitten hat, ist die sichere Feststellung des Blutgehaltes zuweilen unmöglich.

Das Lebergewebe kann im gekochten Zustande, in dem es in Fleisch- und Wurstwaren (Leberwurst, Leberkäs) wohl ausschließlich erscheint, in den meisten Fällen ohne Mühe festgestellt werden. Es kennzeichnet sich durch die von der Zentralvene radiär ausstrahlenden Leberzellbalken und durch die die einzelnen Läppchen abgrenzenden GLISSONschen Kapseln (beim Schwein) oder GLISSONschen Dreiecke (beim Rind oder Kalb, siehe Abb. 19 bei a) in unverkennbarer Weise und gestattet durch die eben erwähnte Form des interlobulären Bindegewebes sogar die Unterscheidung der Schweinsleberstückchen von denen der Wiederkäuerleber. Aber in manchen Fällen ist es, worauf schon

Junack[1] hingewiesen hat, nicht ganz so einfach, die Frage nach dem Vorhandensein oder Fehlen des Lebergewebes zu beantworten. Wenn beispielsweise Gefrierleber verarbeitet worden ist, in der nach den Untersuchungen von E. Kallert[2] schon durch den Gefrierprozeß eine mehr oder minder große Zahl von Leberzellen zugrunde gehen kann, suchen wir in den gekochten Wurstwaren bisweilen vergeblich nach den bekannten Läppchenformen. Ebenso verhält es sich nach eigenen Erfahrungen bei der Verwendung von Salzleber, die oft besonders brüchig ist und deshalb bei weitgehender maschineller Zerkleinerung (Kuttern) die fast vollständige Aufspaltung der Läppchen in Bruchstücke von Leberzellbalken bedingen kann. Dann ist es dem geübten Auge zumeist zwar noch möglich, mit stärkerer Vergrößerung die Leberzellreihen in mehr oder weniger schlechter Färbbarkeit und ohne Zusammenhang mit anderem Gewebe zu ermitteln. Einfacher jedoch führt das Aufsuchen des durch die Arterien, Venen und Gallengänge deutlich gekennzeichneten interlobulären Bindegewebes, das immer gut färbbar bleibt und an seinen Rändern gewöhnlich noch einzelne erkennbare Leberzellen festgehalten hat, zum gewünschten sicheren Ziel.

Das Milzgewebe läßt sich zumeist nur dann, wenn es in größeren Stücken vorliegt, mit Sicherheit erkennen. Kleinere Stückchen haben bisweilen mit Lymphknotenteilchen große Ähnlichkeit, so daß die Unterscheidung unmöglich sein kann. Diese Frage spielt aber bei der Beurteilung von Wurst eine unbedeutende Rolle.

Wichtig ist es für die Feststellung gewisser Wurstverfälschungen, bestimmte Teile des Verdauungstraktus im histologischen Bild zu ermitteln.

Die Mundschleimhaut (Abb. 27 bei *a*), eine cutane Schleimhaut mit typisch geschichtetem Plattenepithel, hat einen gut entwickelten Papillarkörper und bildet an vielen Stellen makroskopische Vorsprünge (Papillen). Sie hat keine Muscularis mucosae und in ihrer Propria keine Drüsen, aber Ausführungsgänge von tiefer gelegenen Drüsen der Mundhöhle.

Vielfach sind in Würsten, zu denen Kopffleisch verwendet worden ist, Speicheldrüsen zu finden. Sie bleiben fast immer gut färbbar und lassen sich durch die zentrale Lage des kugeligen Kernes in seröse Drüsen oder durch die basale Lagerung des abgeplatteten Zellkernes in mucöse Drüsen leicht unterscheiden. Auch gemischte Drüsen kommen vor.

Die Wand der Speiseröhre besteht aus einer cutanen Schleimhaut, Muskelhaut und Faserhaut. Die in viele Falten gelegte cutane Schleimhaut hat zwischen der drüsenfreien Propria und der Submucosa eine Muscularis mucosae, deren glatte Muskelfasern längs verlaufen. Die Muskelhaut setzt sich beim Rind ganz, beim Schwein vorwiegend aus quergestreiftem Muskelgewebe zusammen. Nur kurz vor dem Mageneingang mischen sich bei letzterer Tierart mehr und mehr glatte Muskelfasern unter die quergestreiften.

Der Magen-Darmkanal (Vormagen und Drüsenmagen der Wiederkäuer, Schweinsmagen, sowie Dünn- und Dickdarm) kann hier im Zusammenhang betrachtet werden. Denn in Wurstwaren sind die einzelnen Stückchen des Magen-Darmkanals in der Regel so stark zerkleinert, daß die anatomischen Merkmale, die die Unterscheidung der einzelnen Wandteile voneinander gestatten, nicht immer auffindbar sind. Für die Lebensmittelkontrolle ist das kein großer Nachteil, denn bei der Qualitätsbeurteilung der Wurst sind die gesamten Teile des Magen-Darmkanals gleich zu bewerten. Deshalb genügt es zumeist für unsere Zwecke, wenn wir feststellen können, daß überhaupt Gewebsstücke aus der Magen-Darmwand vorliegen, gleichviel, ob sie vom Vormagen, Magen, Dünn- oder Dickdarm stammen. Am einfachsten lassen sich die Darmeigendrüsen

[1] Junack: Deutsche Schlachthof-Ztg. 1925, **25**, 367.
[2] E. Kallert: Zeitschr. Fleisch- u. Milchhyg. 1924, **34**, 265.

(LIEBERKÜHNschen Drüsen) und die Magendrüsen an ihrer einprägsamen, sonst nirgends im Tierkörper wieder vorkommenden handschuhfingerartigen Form erkennen. Sie treten im histologischen Bild fast bei allen Färbungen markant hervor (Abb. 24 bei a). Charakteristisch im Wurstbild für die Verarbeitung von Magen-Darmwand ist ferner das Auftreten größerer oder zahlreicher Stückchen von glatter Muskulatur mit jeweiligen Längs- und Ringfaserbündeln (Abb. 23 bei a, Abb. 28 bei a). Nicht selten gelingt es, auch Schleimhautteile aus den Vormagenwandungen der Wiederkäuer (d. h. von den „Flecken" oder „Kaldaunen") aufzufinden. Ihre zumeist mächtige drüsenlose Submucosa bildet die bekannten, umfangreichen Erhebungen (Zotten, Leisten und Blätter) über die allgemeine Schleimhautoberfläche (Falten), deren Form absolut kennzeichnend für die einzelnen Vormagenabteilungen ist (Abb. 26 bei a). Die Zotten des Pansens bestehen nur aus Submucosa und geringen Resten von Epithelzellen an der Oberfläche. (Der Hauptteil des Epithelbelages muß bei sauber vorgerichteten Kaldaunen durch „Abschaben" entfernt sein. Er bildet das höchst unsaubere, als ungenießbar geltende „Geschabsel", s. S. 813 und 814). In den schmalen, meist durch kleinere sekundäre (warzenartige) Vorsprünge ausgezeichneten Leisten der Haube besitzt die Submucosa den axialen Muskelbalken aus Bündeln glatter Muskulatur. Die Psalterschleimhaut besitzt im Gegensatz zu Pansen und Haube eine Muscularis mucosa, die sich auch in die Falten, die Psalterblätter, mit ausstülpt. Da das Psalterblatt außerdem eine Fortsetzung der Muscularis externa als ihren axialen Teil einschließt, haben wir hier drei durch Bindegewebe getrennte Muskelblätter, nämlich das axiale Blatt und die beiden erwähnten, der Muscularis mucosae angehörenden Seitenblätter. Auch die Feststellung des „Geschabsels" ist nicht schwierig. Wir finden es vor in Form langer, schmaler, zusammengefalteter Streifen aus mehrschichtigem, oberflächlich verhorntem Plattenepithel, dessen Oberfläche stellenweise von einer Schleimschicht überzogen und dessen Unterfläche stark ausgefranst, wie abgerissen erscheint. An der Schleimhaut des Drüsenmagens und des Dünndarms sind auch die nur hier in dieser Form auftretenden Grübchen und Zotten ein deutlicher Hinweis für die Herkunft fraglicher Gewebsstückchen. Ferner sei auf die Lymphknötchen der Darmwand hingewiesen, die als Solitärfollikel oder PEYERsche Platten in der Tunica propria liegen und, die Tunica propria durchbrechend, oft mit ihrem größeren Anteil in die Submucosa hineinragen. Auch diese Verhältnisse liegen nur in der Darmwand vor.

Das Pankreas, eine tubulo-alveoläre Drüse, ist in der Wurst nur von anderen Eiweißdrüsen zu unterscheiden, wenn die Feststellung der als „LANGERHANSsche Inseln" bekannten intertubulären Zellhaufen gelingt. Es besitzt für unsere Belange keine besondere Bedeutung.

Das Lungengewebe (Abb. 22 bei a) bietet, wenn es rohem Fleisch beigemengt ist, das normale histologische Bild der feinnetzigen, in das Insterstitialgewebe eingelagerten Alveolenläppchen mit zahlreichen Quer-, Längs- und Schrägschnitten der feineren oder gröberen, knorpelhaltigen Bronchien. In Material, das gekocht worden ist, kann das Alveolengewebe atelektatisch sein. Es läßt sich aber auch dann immer mit Sicherheit erkennen, zumal die Bronchien auch in zubereitetem Fleisch sich kaum verändern.

Die Schilddrüse wird in ihrem charakteristischen Aussehen durch den Zubereitungsprozeß nicht beeinflußt und ist immer mit Sicherheit feststellbar. Ihre Follikel mit kubischem, einschichtigem Epithel enthalten in ihrem Lumen zumeist eine homogene, colloidale Masse, die hohe Affinität zur Eosinfarbe besitzt und sich bei Hämatoxylin-Eosin-Färbung leuchtend rot hervorhebt.

Bei der Thymusdrüse (Bries, Bröschen), die kaum Bedeutung bei der Wurstuntersuchung besitzt, aber einen integrierenden Bestandteil des feinen

Würzfleisches (Ragout fin) bilden soll (s. S. 774), ermöglichen die Hassalschen Körperchen (das sind in Gruppen, oft in kugeligen Massen in der Marksubstanz auftretende Epithelzellen) die Unterscheidung von Lymphknotenteilen, mit denen kleinere Briesstückchen bisweilen Ähnlichkeit haben.

Wie alle epithelialen Gewebe behält auch die Niere bei allen Zubereitungsverfahren ihr typisches histologisches Aussehen bei und kann selbst in kleineren Stückchen an der bekannten Gruppierung der Nierenkörperchen und Harnkanälchen (s. Abb. 17 bei a) ohne Mühe innerhalb der Wurstbestandteile gesichert werden.

Die Harnleitungswege (Nierenbecken, Harnleiter, Harnblase und Harnröhre) gelten allgemein als ekelerregende, genußuntaugliche Fleischteile, deren Verarbeitung in Wurst nur selten vorkommt und als unzulässig zu gelten hat. Das Nierenbecken trägt ebenso wie Harnleiter und Harnblase ein Übergangsepithel. Die Muskelhaut des Nierenbeckens ist aus einer schwachen Längs- und einer breiteren Kreisfaserschicht von glatter Muskulatur zusammengesetzt, während die Muskelhaut des Harnleiters sich durch drei Schichten glatter Muskelfaserbündel (aufeinanderfolgend: Längsmuskelschicht, Kreismuskelschicht, dünne oft bindegewebig durchbrochene Längsmuskelschicht) auszeichnet. Die Muskelhaut der Harnblase unterscheidet sich nur wenig von der des Harnleiters durch die unregelmäßige Anordnung, stellenweise auch unvollständige Ausbildung der drei Faserschichten. Die Harnröhre ist zumeist mit Teilen des Schwellkörpers (auch bei weiblichen

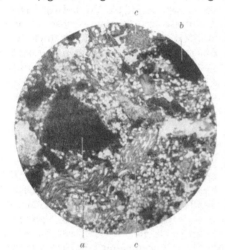

Abb. 17. Leberwurst mit Nierengewebe, 1:100. a Nierengewebe, b Lebergewebe, c Skeletmuskulatur.

Tieren) verbunden. Die Schwellkörperteile bilden ein Maschenwerk aus glatter Muskulatur und fibrillär-elastischem, gefäßreichem Bindegewebe, das von unregelmäßig gestalteten Hohlräumen (Kavernen) durchsetzt ist.

Das Hodengewebe (Abb. 20 bei a) ist auch an kleinsten Stückchen leicht erkennbar an den einzeln liegenden oder zu Läppchen verbundenen, fast lumenlosen Hodenkanälchen mit mehrschichtigem Drüsenepithel, an dem bei geschlechtsreifen Hoden die vegetativen und germinativen Samenzellen mit den verschiedenen Stadien der Spermatogenese sichtbar sind.

Der drüsige Bau der Samenblase, der Prostata und Harnröhrenzwiebel macht dann, wenn nur kleine Stückchen vorliegen, die Unterscheidung von ähnlichen drüsigen Organen nicht leicht. Über die zahlreichen, hierbei zu beachtenden Einzelheiten geben die Handbücher der Normalhistologie Aufschluß.

Ovarialgewebe läßt sich in Wurst leicht nachweisen, wenn man Teile der Parenchymschicht auffinden kann. Hier sind richtungweisend die in ein gefäßhaltiges, bindegewebig-elastisches, mit glatten Muskelfasern durchsetztes Stroma eingelagerten Eifollikel in ihren verschiedenen Stadien der Entwicklung (Primärfollikel, Graafsche Follikel) und die gelben Körper (geplatzte Follikel).

Das Gewebe der Uteruswand hat, wenn nur kleine Stückchen vorliegen, gewisse Ähnlichkeit mit der glatten Muskulatur der Vormagenwände. Die Muskelbündel verlaufen aber in der mit der Schleimhaut verbundenen Kreisfaserschicht hier in mehr durchflochtener Weise als in den Magenwandungen und sind in der Regel reicher an Blutgefäßen. Völlig gesichert wird die Diagnose durch das Auffinden von Schleimhaut des Uterus, die ein einschichtiges Epithel aus kegelförmigen, schmalen Zylinderzellen trägt und zahlreiche lange, verästelt und geschlängelt verlaufende, in dieser Form nur im Uterus auftretende Drüsen (Uterindrüsen) einschließt (Abb. 21 bei *a*).

Eine schwierige Aufgabe ist die Festellung von Scheidengewebe in der Wurst. Die Schleimhaut ist drüsenlos, besteht aus derbem, elastische Fasern führendem Bindegewebe, hat schwach entwickelten Papillarkörper und mehrschichtiges Plattenepithel. Sie bildet größere Falten. Die Muskelhaut ähnelt der Uterusmuskulatur. Somit bildet also das histologische Bild kaum charakteristische Merkmale. Der Beweis für Scheidengewebe ist aber erbracht, wenn es gelingt, die im Scheidenvorhof und in der Clitoris vorkommenden Corpora cavernosa (Venengeflechte) aufzufinden.

Das Milchdrüsengewebe behält bei allen Zubereitungsverfahren seine bekannte histologische Struktur aus Drüsenschläuchen und verästelten Ausführungsgängen, die durch bindegewebiges Stroma in Läppchen und Lappen zusammengeschlossen werden. Bei ruhendem Euter ist das Drüsenepithel bisweilen einschichtig, bei älteren Kühen mehrschichtig, das Stroma reichlich vorhanden und mit vielen Fettzellen, Leukocyten und Plasmazellen durchsetzt. Im sezernierenden Zustande finden sich in den hohen Drüsenzellen und in den Drüsenlumina viele Fetttröpfchen. Das Stroma zwischen den Drüsenschläuchen ist dann bisweilen so gering, daß die Alveolenwände sich berühren.

Augenteile erkennt man im histologischen Bilde leicht an den Pigmenthäuten der Chorioidea (Lamina fusca sclerae), der Iris (Stratum pigmenti iridis), der Retina (Pigmentepithel der Pars optica) u. a.

Es sei noch auf die wichtige Tatsache hingewiesen, daß auch pathologische Gewebsveränderungen bei den Zubereitungsmethoden vielfach nur gering oder gar nicht in ihrer Erkennbarkeit beeinflußt werden. Das gilt vor allem für die Tuberkulose. Das epithelioide Gewebe der infiltrierenden Tuberkuloseformen (vornehmlich lobuläre infiltrierende Milchdrüsentuberkulose), tuberkulöse Knötchen und Knötchenkonglomerate in verschiedenen Organen, ferner eitrige Milchdrüsenentzündung, parasitäre Prozesse in Lunge und Leber, Nierenentzündungen, lymphatische Infiltrationen, epitheliale und sarkomatöse Neubildungen konnten bei der histologischen Untersuchung von Wurstwaren wiederholt ohne besondere Mühe ermittelt werden.

Vegetabilische Zusätze zur Wurst, wie Gewürze (Abb. 19 bei *d*), Mehl, Rüben, Gemüse u. a., kommen im histologischen Bild besonders gut zur Geltung und können in der Regel gut voneinander unterschieden werden.

Schließlich ist noch kurz auf die Frage einzugehen, welcher Wert der histologischen Untersuchung der Fleisch- und Wurstwaren für die quantitative Ermittelung der Bestandteile zukommt. Absolute Genauigkeit ist hierbei selbstverständlich weder denkbar noch notwendig. Man braucht sich keineswegs aber auf oberflächliche, subjektiv beeinflußbare Schätzung der Menge der einzelnen mikroskopisch sichtbar gemachten Bestandteile zu beschränken. Begnügt man sich nicht mit der schon zuverlässigeren, weil objektiveren Auszählung der Einzelteile in zahlreichen Gesichtsfeldern, so stehen in dem Ausmessen mit dem Okularmikrometer noch bessere Möglichkeiten zur Verfügung, dieGenauigkeit (volumanalytisch, nicht gewichtsanalytisch) bis zum jeweils erforderlichen Grade zu steigern. Dabei ist natürlich Voraussetzung, daß die Wurst ihre Einzelbestandteile in annähernd gleichmäßiger Verteilung enthält. Dieser Vorbehalt gilt für jede Art von Analyse in gleicher Weise. Nach langjährigen eigenen Erfahrungen ist die Durcheinandermischung der Wurstbestandteile, die mehr und mehr auf maschinellem Wege (Kutter, Mengmaschine) erfolgt, zumeist sehr gut. Dennoch muß man in jedem Falle fordern, daß die histologische Untersuchung sich nicht auf eine oder auf wenige, sondern auf möglichst zahlreiche und verschiedene Stellen der Probe erstreckt. Verfasser hat es zur Regel gemacht, bei jeder histologischen Wurstanalyse 6 verschiedene Stellen zu berücksichtigen[1].

In diesem Zusammenhang und zugleich als Gradmesser für die Zuverlässigkeit des Auffindens verdächtiger Gewebsarten in Wurst sind die Ergebnisse von Interesse, die L. Lund und E. Schröder[2] auf experimentellem Wege erzielt haben. Sie berichten, daß sie gekochte und zerkleinerte Gewebsarten (Hoden, Uterusgewebe usw.), die sie in verschiedenen Verdünnungen der Leberwurstmasse zugesetzt hatten, bei Mengenverhältnissen von 1 : 50 beinahe in jedem Schnitt, von 1 : 100 in fast jedem zweiten Schnitt wiederfanden.

3. Die wichtigsten geweblichen Verfälschungen der Fleisch- und Wurstwaren.

Die nachstehend angeführten, in der geweblichen Zusammensetzung begründeten Verfälschungen der Fleisch- und Wurstwaren sind zum Teil seit langem bekannt. Sie konnten aber früher mangels geeigneter Untersuchungsmethoden nur selten aufgedeckt werden. Denn ihr sicherer Nachweis an der fertigen Ware ist wohl kaum auf anderem Wege zu erbringen als durch die exakte histologische Untersuchung. Dieses Untersuchungsverfahren, das also die Voraussetzung für die erfolgreiche Bekämpfung der nachgenannten geweblichen Verfälschungen ist, verdient bei der Kontrolle der Fleisch- und Wurstwaren eine weitergehende Berücksichtigung als es bisher im allgemeinen geschieht. Dann werden auch auf diesem Gebiet des Lebensmittelmarktes, auf dem noch vieles im argen liegt, geordnete Verhältnisse geschaffen werden, sehr zum Nutzen des reellen Gewerbes und des zumeist ahnungslosen Verbrauchers.

a) Hackfleisch.

α) Hackfleisch mit Lunge. Nach allgemeingültiger Auffassung versteht man unter Hackfleisch weitgehend zerkleinertes Skeletmuskelfleisch ohne jeden Zusatz. Demnach ist der nicht hinreichend gekennzeichnete Zusatz von Lungengewebe ohne weiteres als Verfälschung anzusehen. Auf diesen Standpunkt stellen sich auch in der Regel die Gerichte. Aber selbst dann, wenn das Lungengewebe deklariert würde, sollte der Sachverständige aus gewichtigen hygienischen Gründen eine Mischung zwischen rohem Hackfleisch und rohem Lungengewebe nicht dulden. Denn das rohe Lungengewebe enthält in seinen zahllosen kleinen und kleinsten Hohlräumen immer massenhaft Keime und sonstige Verunreinigungen (Reste von Brüh- oder Spülwasser, feine Mageninhaltpartikel, Schleim, s. auch S. 811 und 813), die sich beim Zerkleinern herauspressen und dem Hackfleisch beimischen. Auf diese Weise wird das in seiner Haltbarkeit ohnedies höchst empfindliche Hackfleisch durch rasche Steigerung seines Keimgehaltes in kürzester Zeit zu einem verdorbenen Lebensmittel. Außerdem erfolgt die Beigabe von Lungengewebe zum Hackfleisch in der Regel in der betrügerischen Absicht, das Aussehen des Hackfleisches durch das hellrote Lungengewebe zu verbessern, teils um den Eindruck der Frische auch bei beginnender Fäulnis noch zu erhalten, teils um recht fettgewebsreiche Ware magerer erscheinen zu

---

[1] Von jeder dieser 6 Stellen werden wiederum mehrere Präparate gefärbt und durchgemustert. Die während des Druckes des vorliegenden Bandes als Anlage 3 zu der Verordnung über die amtliche tierärztliche Lebensmitteluntersuchung in den Veterinäruntersuchungsanstalten (Reichsministerialbl. 1936, **64**, 5) erschienene „Anweisung für die Durchführung der histologischen Untersuchung von Wurst und Fleischgemengen" schreibt vor, daß von jeder Untersuchungsprobe insgesamt mindestens 20 Präparate anzufertigen sind.

[2] L. Lund u. E. Schröder: Deutsche tierärztliche Wochenschr. 1928, **36**, 128.

lassen, also Beweggründe, die sich kaum jemals hinreichend deklarieren lassen.

Die Menge des dem Hackfleisch zur Verfälschung zugesetzten Lungengewebes haben G. BUGGE und W. KIESSIG[1] in einem von ihnen beobachteten Falle auf etwa 5 Volumprozent geschätzt. Verfasser konnte in einigen Fällen die doppelte Menge (10 Vol.-%) feststellen.

β) **Hackfleisch mit Herzmuskulatur.** Da die Herzmuskulatur nicht zur Skeletmuskulatur gehört und auch geringeren Wert besitzt als jene, ist ein stillschweigender Zusatz zum Hackfleisch als erhebliche Qualitätsminderung und somit als Verfälschung zu begutachten.

γ) **Hackfleisch mit Mundschleimhaut.** Mundschleimhautteile geraten nicht allzu selten dann in das Hackfleisch, wenn letzteres aus dem Fleische des Rindskopfes hergestellt wird. Leider gibt es gegenwärtig kaum eine gesetzliche Handhabe, die höchst unerwünschte Verwendung des besonders leicht verderblichen Kopffleisches des Rindes zur Hackfleischbereitung schlechthin zu verbieten. Der gewissenhafte Gewerbetreibende verzichtet freiwillig auf diese Verwendungsart des Rindskopffleisches. Auf jeden Fall muß aber gefordert werden, daß rechtzeitig vor der Verarbeitung des rohen Rindskopffleisches die Mundschleimhaut mit Hilfe des Messers entfernt wird, da sie selbst bei der sorgfältigsten Reinigung mit kaltem oder nur lauwarmem Wasser nie restlos von dem ihr anhaftenden zähen Speichelüberzug befreit werden kann. Rindskopffleisch mit Mundschleimhaut ist im Rohzustande also immer mit Speichelresten verunreinigt, daher ekelerregend und verdorben. Überdies ist Mundschleimhaut keine Skeletmuskulatur und somit ein fremder Zusatz zum Hackfleisch.

b) Rohwurst.

Rohwurst mit Zusatz von Sehnen, Haut und Knorpel. Die Füllung der gewöhnlichen Rohwurst (geräucherte Mettwurst, Bauernbratwurst usw.) setzt sich in herkömmlicher Weise aus zerkleinertem Skeletmuskelfleisch, Fettgewebe und Gewürz zusammen. Dabei darf sie die Art und Menge der Gewebsteile mitenthalten, die zu den natürlichen Bestandteilen des verarbeiteten Skeletmuskelfleisches gehören. Das sind im wesentlichen die in das Fleisch eingewachsenen fibrillären Bindegewebsteile, Sehnen, Gefäße und Nerven. Die Erhöhung der Menge durch besonderen Zusatz der eben genannten Teile bedeutet ebenso wie jeder Zusatz von Haut und Knorpel (abgesehen von versehentlich hineingeratenen winzigen Teilchen) eine Verfälschung der Wurst.

Bei besseren Sorten von Rohwurst (Zervelat-, Salami-, Plockwurst u. ä.) läßt sich in dieser Beziehung ein noch strengerer Maßstab anlegen. Es ist allgemeiner Brauch, daß die zu besserer Rohwurst verwendeten Fleischteile vorher von allen gröberen Sehnen- und Sehnenhautteilen zu befreien sind, daß also nur gut „ausgeputztes" Fleisch verarbeitet wird. Zwar kann man das Vorfinden derjenigen Menge von sehnigen Teilen, die durch das unterlassene Ausputzen des Fleisches in die Wurst gekommen ist, nicht immer schon als Beweis einer Verfälschung, sondern lediglich als das Merkmal einer Qualitätsverminderung ansehen, es ist aber dann als ein Verstoß gegen das Lebensmittelgesetz anzunehmen, wenn diese Rohwürste unter Superlativbezeichnungen (Ia Zervelatwurst usw.) in den Verkehr gebracht worden sind. Die Frage, wo die Grenze des zulässigen Bindegewebsgehaltes besserer Rohwurstsorten zu ziehen ist, kann nicht durch Zahlenangaben beantwortet werden, sondern ist nur durch Erfahrung und Übung zu entscheiden. Für Haut und Knorpel gilt bei besseren Rohwurstarten das gleiche, das bei gewöhnlicher Rohwurst angeführt wurde.

---

[1] G. BUGGE u. W. KIESSIG: Zeitschr. Fleisch- u. Milchhyg. 1911, **22**, 1.

c) Blutwurst.

α) **Blutwurst mit Kaldaunen oder Schweinsmagen.** In der Füllung gewöhnlicher Blutwurstsorten werden mitunter gargekochte, in Stücke von Kirschkern- bis Haselnußgröße geschnittene Pansenteile vom Rind oder Magenwandteile vom Schwein vorgefunden. Diese Zusätze können nur dann geduldet werden, wenn sie ortsüblich und dem Käufer daher allgemein bekannt sind. Wo, wie in Sachsen, diese Voraussetzung nicht vorliegt, bedingen diese Pansen- und Schweinsmagenstücke eine Verfälschung der Blutwurst. Denn sie täuschen dem Käufer, der den wahren Sachverhalt nicht zu erkennen vermag, Magerfleischstücke vor und geben so der Wurst den Anschein einer besseren Beschaffenheit, die sie in Wirklichkeit nicht besitzt.

β) **Blutwurst mit Brühwurststücken.** In ähnlicher Weise wie bei der vorerwähnten Verfälschung der Blutwurst findet man nicht allzu selten einen Teil der Magerfleischstücke durch entsprechende Stücke aus Brühwurstmasse ersetzt.

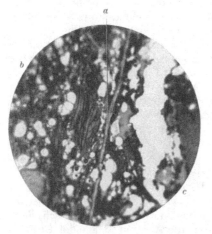

Abb. 18. Blutwurst, die mit Brühwurstwürfeln samt Brühwursthülle verfälscht ist. 1 : 170. *a* Brühwursthülle, *b* Brühwurstmasse, *c* koaguliertes Blut.

Hier besteht zunächst der Verdacht, daß es sich um eine Umarbeitung solcher Brühwurst handelt, die wegen ihrer Beschaffenheit nicht mehr verkaufsfähig oder bereits verdorben ist. Nach den Vereinbarungen, die die Zwangsinnung der Schweinemetzger und Wurstmacher in München zur Herbeiführung ehrlicher Gepflogenheiten bei der Wurstherstellung getroffen hat und die vielfach als richtunggebend bei der Lebensmittelkontrolle angesehen werden, gilt folgendes[1]: Fertige Würste sowie Wurstabfälle, die bereits zum Verkauf gestellt waren, dürfen zur Herstellung neuer Wurst nicht wieder verwendet werden. Würste, die wegen eines Formfehlers bei der Herstellung mangelhaft sind, dürfen höchstens noch am nächsten Tage verarbeitet werden. — Zur Klärung der Frage, ob die Brühwurststücke von Würsten stammen, die unzulässigerweise wiederverarbeitet (zu alt oder verdorben) waren, wird neben der eingehenden bakterioskopischen Untersuchung durch Klatschpräparate (s. S. 794) auch das auf Bakterien gefärbte histologische Präparat (s. S. 799) wesentlich beitragen. Ist der Keimgehalt der Brühwurststücke sehr hoch oder ist gar, wie es bisweilen geschieht, die Brühwursthülle an den Stückchen noch vorhanden (eigene Beobachtung, s. Abb. 18 bei *a*), dann gilt die gesamte Blutwurst als ekelerregend, verdorben und genußuntauglich. Bei dieser Begutachtung kann man sich auch auf die Entscheidung des Reichsgerichtes vom 27. März 1914[2] stützen, dergemäß die Wiederverarbeitung alter Wurst in frische Wurst die letztere zu einem verdorbenen, genußuntauglichen, unter Umständen gesundheitsschädlichen Lebensmittel macht.

Abgesehen von den vorerwähnten Fällen bedeutet der Zusatz von Brühwurst an sich eine Verfälschung der Blutwurst. Der Käufer wird die Brühwurstwürfel irrtümlich für kompaktes Magerfleisch halten und demnach der Blutwurst einen

---

[1] R. v. OSTERTAG: Lehrbuch der Schlachtvieh- und Fleischbeschau. Stuttgart 1932, S. 1028.   [2] Deutsche Schlachthof-Ztg. 1914, **14**, 200.

höheren Wert beimessen als er ihr tatsächlich zukommt. Dabei ist ferner zu berücksichtigen, daß Brühwurst stets mit Wasserzusatz hergestellt wird, ein Wasserzusatz zur Blutwurst aber nicht herkömmlich und daher auch dann unberechtigt ist, wenn er indirekt mit Hilfe mehr oder minder zahlreicher Brühwurstteile erfolgt.

γ) **Bessere Blutwurstsorten mit Lunge oder Euter.** Der Zusatz von Lungengewebe oder Milchdrüsenteilen zu billigen Blutwurstsorten ist vielfach herkömmlich und dem Käufer bekannt. Anders liegen die Verhältnisse, wenn die Blutwurst zu einem höheren Preis oder unter Bezeichnungen, die eine bessere Zusammensetzung versprechen, beispielsweise als prima Blutwurst, „Fleischwurst" (in Sachsen üblich), Zungenwurst, feilgehalten oder in den Verkehr gebracht wird. Dann bilden die geringwertigen Lungen- und Milchdrüsenteile, die doch einen Teil des höherwertigen Fleisches im engeren Sinne (Skeletmuskelfleisch und Fettgewebe) ersetzen, eine wesentliche Verschlechterung der Blutwurstqualität und mithin eine Verfälschung. Es ist ferner dabei zu erwägen, daß die Lunge, die wegen ihres schwammigen, durch zahllose kleine und kleinste Hohlräume mit der Außenwelt in Verbindung bleibenden Aufbaues fast immer verunreinigt ist und niemals in zuverlässiger Weise gereinigt werden kann (s. S. 808 und 813), auch aus hygienischen Gründen von vielen Käufern abgelehnt wird. Diese Käufer, die gerade deshalb bessere Blutwurst kaufen, weil sie aus hygienischen Erwägungen Lunge nicht wünschen und in besserer Ware nicht erwarten, müssen vor Fälschungen geschützt werden.

δ) **Zungenwurst, verfälscht durch andere Fleischstücke.** Als Zungenwurst wird in herkömmlicher Weise eine Blutwurst bezeichnet, in deren Füllsel aus Blut, gekochten Schwarten, Speckwürfeln und Gewürz eine oder mehrere von ihrer Schleimhaut befreite Zungen vom Rind, Schwein oder Kalb so eingeschoben sind, daß die Wurst in ihrer ganzen Länge von den Zungen durchsetzt wird. Diese Definition entspricht im wesentlichen der Kennzeichnung, die auch E. SCHRÖDER[2] für die Zungenwurst gibt. Die Zunge ist also der wesentliche Bestandteil, der der fraglichen Wurst auf der Schnittfläche das charakteristische gute Aussehen, die gute Qualität, den besonderen Genußwert und die Berechtigung des meist hohen Preises verleiht. Wenn eine Wurst, die neben oder anstatt Zungenstücken andere eingeschobene Magerfleischstücke enthält, als Zungenwurst feilgehalten oder in den Verkehr gebracht wird, liegt eine Verfälschung vor (E. SCHRÖDER[1], C. GRÜNBERG[2]). Der Käufer ist nicht imstande, die Zungenstücke und andere Magerfleischstücke voneinander zu unterscheiden, sondern wird durch letztere in den Glauben versetzt, lediglich die durch keine andere Fleischart in ihrem Genußwert ersetzbaren Zungenteile vor sich zu haben. Er wird also getäuscht. Es kann zwar, wie auch SCHRÖDER[2] betont, dem Fleischergewerbe nicht verwehrt werden, der Zungenwurst ähnliche Würste herzustellen, deren eingeschobene Fleischstücke zum Teil aus Zunge, zum Teil aus anderen Skeletmuskelteilen (Lendchen, Carbonade, Lachsschinkenfleisch usw.) oder lediglich aus letzteren bestehen, aber die Ware darf dann nicht als Zungenwurst, sondern muß unter hinreichender Deklaration der Abweichung etwa als „Zungenwurst mit Fileteinlage", „Lendchenwurst", „imitierte Zungenwurst" usw. angeboten und verkauft werden.

d) Leberwurst.

α) **Leberwurst ohne Leber.** Wenn eine Wurst, die keine nachweisbare Menge von Lebergewebe enthält, im Handel und Verkehr als Leberwurst

---

[1] E. SCHRÖDER: Zeitschr. Fleisch- u. Milchhyg. 1929, **40**, 5.
[2] C. GRÜNBERG: Der juristische Ratgeber für das Fleischergewerbe, S. 143. Berlin.

bezeichnet wird, dann gilt sie zweifellos als verfälscht bzw. als irreführend
bezeichnet. Schöffengericht und Strafkammer Saarbrücken haben nach den
Angaben VON HORSTIGs[1] diese Auffassung bestätigt und gefordert, daß auch
die „billige Leberwurst so viel Leber enthalten muß, daß dies geschmacklich
und mikroskopisch einwandfrei festzustellen ist". v. HORSTIG[1] findet auf Grund
einer Probeanfertigung, die er mitbeobachtet hat, die untere Grenze der beiden
Forderungen und somit die Bezeichnung als Leberwurst zweiter Sorte berechtigt
bei einem Lebergehalt von etwa 10%. Durch die histologische Untersuchung
sind für den Geübten bei Berücksichtigung der auf S. 803 dargelegten Gesichtspunkte in Leberwurst auch wesentlich geringere Mengen von Lebergewebe als
10% einwandfrei nachzuweisen. Die Bedingung, der Leberzusatz solle erst dann
genügen, wenn er auch geschmacklich einwandfrei zu ermitteln sei, ist allzusehr

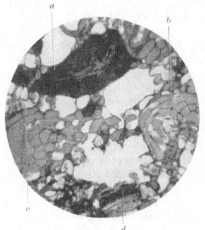
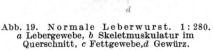
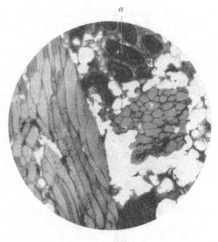

Abb. 19. Normale Leberwurst. 1 : 280.   Abb. 20. Leberwurst, mit Bullenhoden
a Lebergewebe, b Skeletmuskulatur im   (bei a) verfälscht. 1 : 280.
Querschnitt, c Fettgewebe, d Gewürz.

von der subjektiven Empfindung abhängig und durch mancherlei äußere Umstände (Würzung usw.) beeinflußbar. Auch wirtschaftliche Gründe, von denen
unter anderen E. SEEL[2] berichtet sprechen dafür, die Anforderungen an den
Lebergehalt der Leberwurst nicht zu hoch zu stellen und auch nicht in ein starres
Zahlenschema zu zwingen. Somit empfiehlt es sich für den Sachverständigen, in
jeder Leberwurst zwar histologisch nachweisbare Leber zu verlangen (s. Abb. 19),
im übrigen die Höhe des Leberzusatzes aber als Qualitätsfrage anzusehen.

    β) Leberwurst mit Geschlechtsteilen usw. Die Leberwurst eignet sich
aus technischen Gründen infolge der weitgehenden Zerkleinerung ihrer Bestandteile und der geringen Anforderungen, die hier an die Bindigkeit des Materials
gestellt werden, am besten für die heimliche Mitverwendung von Geschlechtsteilen (s. S. 793), Augen-, Ohr- und Afterausschnitten. Sie wird von gewissen-
losen Fleischern in der Tat mit diesen Teilen verfälscht (HENSCHEL[3], K. MÜLLER[4],
BRENNER[5], L. LUND und E. SCHRÖDER[6], eigene Beobachtungen aus der Kriegs-

---

[1] VON HORSTIG: Deutsche Schlachthof-Ztg. 1926, **26**, 126.
[2] E. SEEL: Deutsche Schlachthof-Ztg. 1926, **26**, 127.
[3] HENSCHEL: Zeitschr. Fleisch- u. Milchhyg. 1906, **16**, 77.
[4] K. MÜLLER: Zeitschr. Fleisch- u. Milchhyg. 1906, **16**, 142.
[5] BRENNER: Zeitschr. Fleisch- u. Milchhyg. 1926, **37**, 74.
[6] L. LUND u. E. SCHRÖDER: Deutsche tierärztl. Wochenschr. 1928, **36**, 50.

zeit) (Abb. 20 und 21), die nach § 36 der Ausführungsbestimmungen A zum Fleischbeschaugesetz genußuntauglich sind. Im Interesse des Fleischergewerbes muß aber betont werden, daß derartige ekelerregende Vorkommnisse keineswegs häufig sind, sondern immer nur von gewissen Außenseitern des Gewerbes herrühren. Dennoch ist es notwendig, daß die Lebensmittelkontrolle dauernd die Aufmerksamkeit auf diese Schmutzereien richtet.

γ) Leberwurst mit „Geschabsel". Als Geschabsel[1] wird, wie schon auf S. 805 erwähnt, in der Handwerkersprache die Masse des Epithels bezeichnet, die man von der Schleimhaut der Rindervormagen (Flecke, Kaldaunen) im Anschluß an das Brühen durch Schlagen und Abschaben loslöst. Die Geschabsel werden deshalb von der Wand der Rindervormagen entfernt, weil sie zum erheblichen Teil aus verhorntem Epithel (Keratin) bestehen und mit reichlichen Schmutzteilen in Form von fein zerriebenem, in die Lücken und Vertiefungen eingeschlemmten Mageninhalt behaftet sind. Der Schmutz ist zumeist schon mit bloßem Auge erkennbar. Kaldaunen, denen diese natürliche Oberfläche der Schleimhaut noch anhaftet, sehen auch für den Laien höchst unsauber aus und würden in diesem Zustande unverkäuflich sein. Damit ist wohl die Wesensart und der hygienische Zustand des Geschabsels hinreichend gekennzeichnet. Das Geschabsel ist ein Schlachtabfall ähnlich wie Schweinshaare und Klauen, aber kein Lebensmittel. Und doch gibt es Fleischer, die diesen konzentrierten Schmutz als Zusatz zur Leberwurst verwenden, weil sie glauben, daß die Zusammensetzung der Wurst ihr eigenes Geheimnis bleibt. Ein Fleischer, den ich der Verarbeitung von Geschabsel in Leberwurst überführt hatte, gab zu, dieses Verfahren jahrelang geübt zu haben, gewiß ein sprechendes Beispiel dafür, welches Dunkel es durch die histologische Untersuchung der Fleisch- und Wurstwaren noch zu lichten gilt. Leberwurst, die Geschabsel enthält, ist ein gröblich verfälschtes, verdorbenes, ekelerregendes, genußuntaugliches Lebensmittel. Gesundheitsschädlichkeit kann das Geschabsel der Ware erst dann verleihen, wenn es neben den stets vorhandenen Verunreinigungen auch Zersetzungsvorgänge aufweist.

δ) Bessere Leberwurst mit Lunge oder Magendarmwand. Lunge und gewisse Teile der Magendarmwand (Vormagen und Drüsenmagen der Wiederkäuer, Schweinsmagen, Kalbsgekröse) gelten zwar als genießbare Teile der Schlachttiere, sie stehen aber an Geld-, Nähr- und Genußwert dem Fleisch im engeren Sinne, d. h. dem Skeletmuskelfleisch erheblich nach. Vor allem beurteilt den Genußwert dieser Eingeweide ein großer Teil der Verbraucher aus hygienischen Gründen so gering, daß er den Verzehr aus Ekel überhaupt ablehnt. Dieser Standpunkt muß als berechtigt anerkannt werden. Er findet seine Gründe darin, daß die genannten Eingeweide physiologisch mit dem ekelerregenden Mageninhalt in unmittelbare Berührung kommen und durch keine der bisher bekannten Behandlungsmethoden vollkommen gereinigt werden können.

Die Verunreinigung der Lunge wurde schon auf S. 808 und 811 erwähnt. Bei Wiederkäuern ist das Erbrechen bekanntlich physiologisch. Es wird bei den meisten Schlachttieren dieser Art während des Schlachtens ausgelöst. Dadurch gelangt Mageninhalt in Mundhöhle und Kehlkopf und wird mit den letzten reflektorischen Atemzügen während des Todeskampfes in die Luftäste eingesogen. Auf ähnliche Weise wie beim Wiederkäuer der Mageninhalt kommt beim Schwein das immer mit Schmutzteilen verunreinigte Brühwasser in die Hohlräume der Lunge. Zwar sind bei der Fleischbeschau die Lungen, die beim vorgeschriebenen Querschnitt durch das untere Drittel der Lungenflügel (§ 23 Nr. 3 der Ausführungs-

---

[1] In anderen Gegenden sind möglicherweise für das fragliche Abfallprodukt andere Bezeichnungen gebräuchlich.

bestimmungen A zum Fleischbeschaugesetz) das Vorhandensein von Mageninhalt oder Brühwasser mit bloßem Auge erkennen lassen, als genußuntauglich zu beschlagnahmen. Von dieser Maßnahme werden naturgemäß aber nur die gröberen Verunreinigungen der Lunge erfaßt, die sich bei der erwähnten Stichprobe dem Auge darbieten. Feiner verteilte, mit bloßem Auge nicht sichtbare Schmutzteile, auch Speichel- oder dünnere Schleimmassen sind dennoch in den meisten, der Beschlagnahme nicht unterliegenden Lungen vorhanden. Sie lassen sich auch bei dem handwerksmäßig stets gebotenen Aufschneiden der größeren Luftäste und Auswaschen mit Wasser nicht völlig beseitigen, sondern dringen oft mit dem Spülwasser noch tiefer in die feineren Bronchien ein.

Die Rindermagen werden nach dem Aufschneiden und Ausschütten des Mageninhaltes in kaltem Wasser abgewaschen. Dabei bleibt nicht nur der zwischen den unzähligen feineren Falten der Schleimhaut liegende, mit zähem

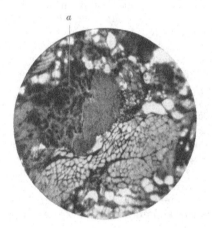 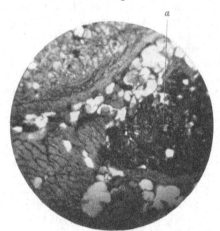

Abb. 21. Leberwurst, mit Gebärmutterwand (bei *a*) verfälscht. 1:170.   Abb. 22. „Prima Leberwurst", mit Lungengewebe (bei *a*) verfälscht. 1:200.

Magenschleim vermischte Schmutz haften, vielmehr werden auch die auf der äußeren (Serosa-) Seite der Magenwandungen befindlichen rauhen, zerklüfteten Talggewebsteile so erheblich mit Mageninhalt beschmiert, daß sie nach dem Waschen meist graugrünlich (anstatt wie vorher grauweiß) aussehen. In diesem Zustande kommen die Magenwandungen der Rinder in heißes Wasser, um gebrüht zu werden. Dieses Wasser, das natürlich schon im ersten Augenblick des Eintauchens der Rindermagen eine Aufschwemmung von Mageninhalt und Schleim ist, dringt unvermeidlich durch die Millionen Saftlücken, Gefäße, Lymphspalten und sonstigen Gewebsspalten in das Gewebe der Magenwandungen hinein und kann durch keine der nachfolgenden Reinigungsmethoden, auch nicht durch die neuesten Pansenreinigungsmaschinen[1] mehr völlig daraus entfernt werden. Es verleiht auch den im fertigen Zustande äußerlich sauber aussehenden Kaldaunen den spezifischen, leicht an Mageninhalt erinnernden Geruch und Geschmack, der, wenn er nicht an kalten Kaldaunen hervortritt, doch beim Kochen deutlich wahrnehmbar ist. Die auf das Brühen folgende Behandlung beseitigt nur noch Äußerlichkeiten. Der nunmehr gelockerte Epithelbelag der Schleimhaut (das Geschabsel, s. S. 805) wird durch Klopfen und Abschaben entfernt, das beschmutzte Talggewebe samt der Serosa abgezogen, die unsaubere Schnittfläche, die vom Aufschneiden der Magen herrührt, weggeschnitten. Nach kurzem

---

[1] SCHNEIDER: Zeitschr. Fleisch- u. Milchhgy. 1931, **42**, 11.

Wässern erfolgt dann das „Härten", d. h. nochmaliges Brühen bis zum Steif-werden der Kaldaunen.

Die Vorbereitung der Schweinemagen, die in die Wurstmasse (nicht zu Wursthüllen!) verarbeitet werden sollen, geschieht auf ähnliche Weise wie die der Rindermagen. Nur wird hier zur Entfernung des zähen, schwer in Wasser löslichen Schleimes der Magenschleimhaut im Verlauf der Reinigung noch das Abschleimen mit Kochsalz eingeschoben.

Das Kalbsgekröse, das aus den Kälbermägen und dem am Gekrösefett verbleibenden Darmkanal samt Netzfett besteht, wird zunächst „gerissen", d. h. die Magendarmwandungen werden mit dem Messer der Länge nach aufge-schnitten und ihres Inhaltes entledigt. Nach gründlichem Abwaschen und Aus-streifen der Schleimbeläge kommen die Eingeweide für mehrere Stunden in

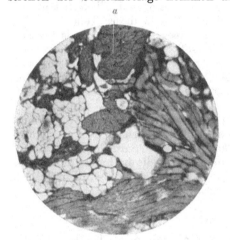

Abb. 23. Sardellenleberwurst, mit Pansenwand vom Rind (bei *a*) verfälscht. 1 : 280.

Abb. 24. Kalbsleberwurst, bei *a* mit Darmwand (Kalbsgekröse) verfälscht. 1 : 280.

fließendes kaltes Wasser, worauf das „Härten" ähnlich wie bei den Kaldaunen erfolgt. Hier bleibt also die gesamte Darmschleimhaut erhalten, weil sie sich von dem weichen Gewebe des übrigen Darmrohres nicht trennen läßt. Die zwischen den massenhaften Falten, Zotten und Krypten der Schleimhaut sitzenden Kotteilchen und Darmbakterien, deren Entfernung auf keinerlei Weise gelingt, werden durch das von ihnen verunreinigte Brühwasser ähnlich wie bei den Kal-daunen zum Teil in die Gewebsspalten der übrigen Gekröseteile verschleppt. Mag das Kalbsgekröse nach Fertigstellung äußerlich noch so sauber aussehen, so kann man mit geeigneten Methoden, auch histologisch, doch immer erhebliche Verunreinigungen genannter Art an ihm feststellen.

Auch die Reinigung der übrigen Därme (Dünn- und Dickdarm von Rind, Schwein und Schaf) kann, falls man ihnen die Schleimhaut beläßt, nicht besser, aber bei genügender Mühe auch nicht schlechter vor sich gehen, als es bei den Kalbsgekrösen geschieht. Die Verwendung der letztgenannten Darmabschnitte als Zusatz in die Wurstfüllung ist in der Regel nicht üblich, aber nur deshalb, weil man sie größtenteils (mit Ausnahme der Schafdickdärme, die zumeist als unverwertbar für menschliche Nahrung gelten) zu anderen Zwecken (Wurst-hüllen, Saitlinge usw.) braucht. Hygienisch sind die mit Schleimhaut behafteten Därme dieser Art nicht anders zu beurteilen als das Kalbsgekröse (H. List[1]).

[1] H. List: Diss. Hannover 1933.

Welche Mengen von Kot selbst in gut gereinigten Därmen zurückbleiben, zeigen die interessanten Untersuchungen von Schilling[1]. Sie bekunden, daß in je 1 m Schweinedünndarm 2,16 g, in 1 m Schweinedickdarm 4,98 g, in 1 m Rinderdünndarm 2,47 g, in 1 m Rinderdickdarm 5 g Kotteile enthalten waren.

Wenn also aus den soeben angeführten Gründen Lunge, Kaldaunen, Schweinsmagen und Kalbsgekröse zwar für viele Verbraucher als unsauber und ekelerregend gelten, so werden sie von anderen Käufern doch gewohnheitsmäßig verzehrt. Daraus ergibt sich ohne Schwierigkeit die Rechtslage, daß diese Eingeweide nur demjenigen Volksgenossen verkauft werden dürfen, der sie verlangt oder den Umständen nach annehmen muß, daß er sie stillschweigend erhält. Mithin ist beispielsweise ihre Verwertung in billigen Leberwurstsorten nicht zu beanstanden. Denn jederman weiß, daß sich diese gewöhnliche Ware zu niedrigem Preis nur unter Zuhilfenahme der geringwertigen Eingeweide liefern läßt. In besseren Leberwurstsorten hingegen ist jeder Zusatz dieser Teile eine Verfälschung, es sei denn, daß er dem Käufer bekanntgegeben wird oder als örtlicher Brauch allgemein vertraut ist. Letztere Voraussetzung trifft wohl nur für wenige Gebiete des Deutschen Reiches (für Sachsen nicht) zu. Diese Auffassung wird auch in einem Gutachten[2] des Preußischen Landesveterinäramtes vom 10. Juli 1910, das sich allerdings nur mit der Verwertung des Kalbsgekröses befaßt, ausgesprochen.

In Dresden ist vor Jahren eine klare Rechtslage in dieser Frage durch Verständigung zwischen dem Rat der Stadt und den Vertretern der Fleischerinnung dahin getroffen worden, ,,daß Kalbs-, Delikateß-, Trüffel-, Sardellen-, Schalottenund die ausgesprochen teure Leberwurst keine Bestandteile der Lunge, des Magens und Darmes enthalten dürfen''. Die Dresdener Gerichte sind bisher in allen ihnen vorgelegten Fällen dieser Auffassung gefolgt.

e) Brühwurst.

α) **Brühwurst mit Pansen, Schweinsmagen oder Euter.** In der sog. angerührten Wurst (Wiener, Altdeutsche, Knoblauchwurst, Brühpolnische, Jagdwurst usw.) erwartet der Verbraucher allenthalben, ein Erzeugnis aus reinem Skeletmuskelfleisch mit Fettgewebe, Gewürz und der zur Erzielung guter Bindung erforderlichen Wasserschüttung zu erhalten. Demnach gelten andere Zusätze, insbesondere Eingeweide jeder Art, falls sie nicht oder nicht ausreichend gekennzeichnet werden, als Verfälschung. Für die Begründung der Verfälschung spielen neben der Fremdartigkeit fernerhin noch die Gesichtspunkte der Geringwertigkeit von Pansen, Schweinsmagen usw. und Euter sowie des berechtigten Ekelgefühls vieler Käufer gegenüber Magen-Darmwand (s. oben) eine gewichtige Rolle. R. Hock[3] hat einen krassen Fall der in großem Maßstabe ausgeübten Verfälschung von Dosenwürstchen mit Rinderpansen beschrieben. Das Erzeugnis war unter den hochtönendsten Anpreisungen in den Verkehr gebracht worden. Auch Verfasser hat mehrfach durch die histologische Untersuchung Pansen, Schweinsmagen oder Milchdrüsengewebe in Brühwürsten feststellen und die gerichtliche Bestrafung der Hersteller dieser Ware erwirken können.

β) **Brühwurst mit Mundschleimhaut vom Rind.** Es ist bereits auf S. 809 dargelegt worden, daß Mundschleimhaut sich von den ihr immer anhaftenden Speichel- und Schmutzteilen durch Behandlung mit kaltem oder mäßig warmem Wasser niemals gründlich reinigen läßt. Zwar ist das Ziel durch Brühen zu erreichen, aber Rindskopffleisch, das ja stets zahllose Schnittflächen

---

[1] Schilling: Deutsche med. Wochenschr. 1900, **26**, 602.

[2] Jahresber. Vet.-Med. 1912, **32**, 339.

[3] R. Hock: Zeitschr. Fleisch- u. Milchhyg. 1930, **41**, 3f.

aufweist, würde durch das Brühwasser, dem sich die Verunreinigungen der Schleimhaut mitteilen, in allen seinen Teilen beschmutzt werden und so nicht minder zu einem ekelerregenden, verdorbenen Lebensmittel werden. Zur Brühwurst wäre überdies gebrühtes Rindskopffleisch nicht verwendbar, weil es durch

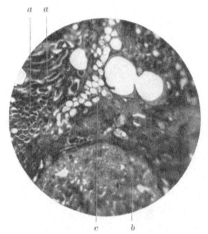

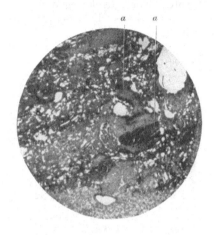

Abb. 25. Normale Brühwurst (Knoblauchwurst). 1:200. *a* Ausgerührte (gequollene) Skeletmuskulatur, *b* gequollenes Bindegewebe (Collagen), *c* Fettgewebe.

Abb. 26. Brühwurst, mit Kaldaunen verfälscht. 1:100. *a* Haubenleiste vom Rind.

das heiße Wasser größtenteils seine an sich nicht besonders gute Bindekraft verliert und somit ein zähes, brüchiges, unbrauchbares Erzeugnis liefern würde. Es ist also mit Sicherheit anzunehmen, daß jedes in Brühwurst vorhandene

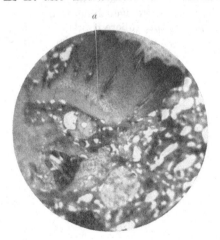

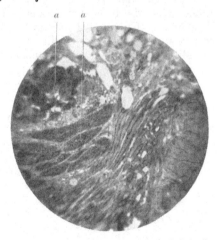

Abb. 27. Brühwurst, mit Mundschleimhaut (bei *a*) verfälscht. 1:200.

Abb. 28. Fleischkloßmasse aus Fleischsalat, verfälscht mit Kaldaunen. 1:170. *a* Pansenwand vom Rind.

Rindskopffleisch in rohem Zustande verarbeitet worden ist. Dann gilt aber die Forderung, daß die Mundschleimhaut vorher mit dem Messer sauber abzutragen ist. Sollte der Hersteller sich damit herausreden wollen, daß er die Mundschleimhaut durch Brühen gesäubert und das technische Meisterstück guter Bindung der Wurstmasse dennoch erzielt habe, dann gilt die Ware aus den oben angeführten

Gründen eben durch das gebrühte Rindskopffleisch als verunreinigt. Die Feststellung von Mundschleimhaut des Rindes in Brühwurst führt mithin natur-
notwendig zu der Folgerung, daß die Ware wegen Verunreinigung mit Speichel
und den letzterem immer anhaftenden Bakterienmassen und Schmutzteilen als
ein verdorbenes, ekelerregendes und
genußuntaugliches Lebensmittel zu
begutachten ist.

Die zur Herstellung von Fleischsalat bestimmte Fleischkloßmasse

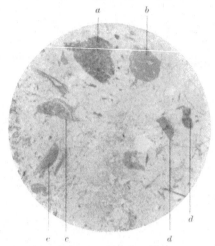

Abb. 29. Sülze, verfälscht durch nachgemachte
Fleischwürfel.

Abb. 30. Nachgemachter Fleischwürfel
aus der in Abb. 29 dargestellten Sülze. 1 : 80.
a Kuheuter, *b* Pansenwand vom Rind,
c Skeletmuskulatur, *d* äußere Haut.

wird bisweilen mit Kaldaunen verfälscht. Die nebenstehende Abb. 28 läßt bei *a*
die Pansenwand vom Rind erkennen.

In Sülze hat Verfasser mehrfach wie Fleischwürfel aussehende Gebilde
aufgefunden, die in Wahrheit aus viel Collagen und wenigen fein zerkleinerten
Fleischteilen (Kuheuter, Kaldaunen, Skeletmuskulatur, äußere Haut) zusammengesetzt waren. Abb. 29 zeigt die verkleinerte Ansicht einer solchen Sülze, Abb. 30
das Mikrophotogramm eines nachgemachten Würfels aus dieser Sülze.

Zweiter Teil.

Fleisch von Kaltblütern.

Von

Professor DR. A. BEHRE - Altona.

Mit 1 Abbildung.

A. Fische.

Erst seit wenigen Jahrzehnten läßt sich von einer deutschen Fischwirtschaft sprechen, vorher nur von Fischerei und Fischmärkten. Der Aufschwung, den die planmäßige Versorgung der Bevölkerung mit Fischen seit kurzer Zeit genommen hat, ist als ein ungeheurer zu bezeichnen und entfällt hauptsächlich auf die Tätigkeit der Seefischwirtschaft, während die Küsten- und Binnenfischerei eine ruhigere Entwicklung genommen hat.

Amtlich wird die Fischwirtschaft in Seefischerei, Binnenfischerei und Teichwirtschaft (Fischzuchtanstalten) getrennt; der Fischverkehr teilt die Fische nach ihrer Herkunft, ihrem Fang oder ihrem Aufenthaltsort in Seefische und Süßwasserfische. Diese Einteilung ist aber nicht ausnahmslos durchführbar, denn z. B. der Lachs wird außer in den Flußläufen unter anderem auch in der Ostsee, der Zander außer in Seen auch in salzärmeren Teilen der Ostsee, der Aal zwar nur in Flüssen und Seen gefangen, verbringt aber große Zeiten seines Lebens hindurch im Meer.

Die Seefischwirtschaft läßt sich einteilen in Hochseefischerei, Küstenfischerei, Fischgroß- und Fischkleinhandel, Fischindustrie und die Abfälle verwertenden Betriebe nämlich Fischmehlfabriken. Die Belange der Seefischwirtschaft einschließlich der Küstenfischerei werden durch den deutschen Seefischerei-Verein, die der Binnenfischwirtschaft durch den deutschen Fischerei-Verein vertreten, deren Sitz Berlin ist, und die beide mit dem Reichsministerium für Ernährung und Landwirtschaft engstens zusammenarbeiten. Die Aufgabe dieser Vereine ist es, die Fischwirtschaft zu heben und die vielen zwischen Fischerei, Fischhandel und Fischindustrie bestehenden Gegensätze zu überwinden, weiter auf den Mehrverbrauch von Fischen und Fischereierzeugnissen hinzuwirken.

Durch die Verordnung über den Zusammenschluß der deutschen Fischwirtschaft vom 1. April 1935[1] sind im Rahmen des Reichsnährstandes alle Zweige der Fischwirtschaft, nämlich die Betriebe der Hochseefischerei, Küstenfischerei, Binnenfischerei einschließlich der Fischzucht, Fischsalzereien und Klippfischfabrikation, der Fischindustrie, der Fischmehlherstellung und des Fischmehlgroßhandels, des Großhandels mit Fischen und Fischerzeugnissen, ausgenommen Fischmehl, sowie die Betriebe des Einzelhandels mit Fischen (Verteilergruppe) zu einer Hauptvereinigung der deutschen Fischwirtschaft zusammen-

---

[1] RGBl. 1935 I, S. 542; siehe auch Satzung der Hauptvereinigung der deutschen Fischwirtschaft. Anordnung des Reichsbauernführers vom 13. Juni 1935; vgl. auch die deutsche Fischwirtschaft 1935, 2, Heft 25.

geschlossen. Zweck und Aufgabe der Hauptvereinigung ist es, die **Marktord-nung** auf dem Gebiete der Fischwirtschaft durchzuführen und zu diesem Zweck die Gewinnung, die Verwertung und den Absatz von Fischen und Fisch-erzeugnissen sowie von Schal- und Krustentieren und deren Erzeugnissen zu volkswirtschaftlich gerechtfertigten Preisen durch Zusammenfassung aller be-teiligten Betriebe unter Förderung der Belange der deutschen Fischwirtschaft so zu regeln, daß die Versorgung der Verbraucher sichergestellt ist.

a) Die **wirtschaftliche Bedeutung** der deutschen Seefischerei geht aus folgender Zusammenstellung von Dr. E. Eichelbaum[1] hervor:

Das Fangergebnis der deutschen See- und Küstenfischerei mit Einschluß der Haffe betrug nach den Ermittlungen des Statistischen Reichsamtes

1934: 4011145 dz im Werte von 71,568 Mill. RM,
1933: 3873459 dz im Werte von 60,246 Mill. RM.

Hiervon entfielen 1934 auf:

Dampfhochseefischerei: 2654000 dz im Wert von 43,2 Mill. RM (1933: 2702000 dz = 83,1 Mill. RM),

Fischleber und Fischtran: 34000 dz im Werte von 0,8 Mill. RM (1933: 28000 dz = 0,7 Mill. RM),

die **große Heringsfischerei:** 537000 dz im Werte von 14,6 Mill. RM (1933: 419000 dz = 9,8 Mill. RM),

Kutterhochseefischerei (mit Grund- und Heringsschleppnetz sowie Wade außerhalb der Küstengewässer): 37000 dz im Werte von 1,5 Mill. RM (1933: 37000 dz = 1,5 Mill. RM),

Küstenfischerei (einschließlich der Fänge der Hochseekutter an Hering, Sprott und Butt aus den Küstengewässern): 749000 dz im Werte von 11,5 Mill. RM (1933: 687000 dz = 10,1 Mill. RM),

davon auf die **Nordsee:** 352000 dz im Werte von 2,9 Mill. RM (1933: 341000 dz = 2,6 Mill. RM),

auf die **Ostsee:** 397000 dz im Werte von 8,6 Mill. RM (1933: 346000 dz = 7,5 Mill. RM).

Die **Gesamt-Einfuhr** an Seefischen betrug im Jahre 1934 etwa 4,9 Mill. dz im Werte von etwa 90 Mill. RM, woran in erster Linie Norwegen mit etwa 0,4 Mill. dz, England mit etwa 0,24 Mill. dz Heringen und Sprotten, Dänemark, Island und Norwegen mit Schellfisch und Kabeljau beteiligt waren. Auch die Niederlande führen erhebliche Mengen von Heringen und Sprotten hier ein.

Die **Anlandungen** an Seefischen betrafen in abnehmender Reihe die wichtig-sten deutschen Nordsee-Fischereihäfen Wesermünde, Altona, Cuxhaven, Ham-burg und Bremerhaven. Die bedeutendsten Fischereiplätze der Ostsee sind Kiel-Eckernförde, Lübeck (Schlutup), Saßnitz, Stralsund, Stettin, Stolpmünde, Leba, Danzig und Pillau.

Über die Fangergebnisse der **Binnenfischerei** in den deutschen Seen, Teichen und Flüssen liegen keine gleichartigen umfassenden statistischen An-gaben vor. In der Einfuhr (besonders von Aalen, Karpfen und Zander) stehen bzw. standen Dänemark mit Aalen und Hechten, die Vereinigten Staaten von Amerika und Canada mit Lachs an erster Stelle.

b) **Seefischerei.** Als Fangplätze für Seefische dienten in früheren Jahr-zehnten die Unterläufe der Flüsse und Flußmündungen. Seit Mitte oder Ende des 19. Jahrhunderts aber, als die Schiffahrt zunahm, die Flüsse durch Abgänge aller Art aus den Großstädten verseucht und die Laichplätze an den Ufern der Flüsse zerstört wurden, mußte die Fischerei weiter fortgelegene Fangplätze auf-suchen und fand sie zunächst in der Nordsee, dann auch bei Island, bei der Bäreninsel und in der Barentssee. Die Aus- und Rückreise zu den Fangplätzen in der Nordsee dauert je etwa 3 Tage, nach Island aber je etwa 5 Tage und

---

[1] Vgl. Jahresbericht über die Deutsche Fischerei 1934. Herausgeg. vom Reichs- und Preußischen Ministerium für Ernährung und Landwirtschaft, August 1935. Berlin: Gebr. Mann und Die deutsche Fischwirtschaft 1935, **2**, Heft 51, Finzel: Der Fisch in der Ernährung von heute.

nach dem Weißen Meer je etwa 10 Tage, die eigentliche Fangzeit etwa 8 Tage, so daß die zuerst gefangenen Fische gegenüber den kurz vor der Rückfahrt gefangenen Fischen älter sind und hinter ihnen auch bezüglich ihrer marktmäßigen Beschaffenheit zurückstehen. Der Frischezustand der angelandeten Fische hängt also von der Länge der Fahrt und des Fanges, von der Jahreszeit, sowie auch von der Behandlung der Fische während der Fahrt ab.

Die Großfische (Kabeljau, Köhler oder Blaufisch, Schellfisch, Lengfisch, Katfisch, Plattfische usw.) werden sofort nach dem Trawlfang an Bord geschlachtet und zwischen Eis im Kühlraum am Bug des Schiffes verpackt. Der Hering, der wichtigste Fisch des deutschen Marktes, stirbt kurz nach dem Fang ab. Er wird nicht geschlachtet, sondern möglichst bald nach dem Fang zwischen Eis, zum Teil auch in Körben oder Kisten verfrachtet. Durch Bestreuen mit Salz findet eine schwache Salzung statt. Beim Heringsfang unterscheidet man die Schleppnetz- oder Trawlfischerei und die Loggerfischerei mit Treibnetzen, bei welch letzterer Art die gefangenen Heringe an Bord meist stark eingesalzen werden. Neben den von deutschen Fischdampfern gefangenen Heringen wurden und werden auch heute noch große Mengen norwegische, holländische und englische Heringe eingeführt, doch geht das Bestreben der deutschen Seefischwirtschaft dahin, sich mehr und mehr von dieser Einfuhr frei zu machen und Dampfer zu bauen, die es ermöglichen, hinreichende Heringsmengen zu fangen, sie auf hoher See zu salzen oder sie in Deutschland frisch anzulanden. Der Heringsfang mit der Ringwade, die bisher hauptsächlich in den nordischen Ländern und in Island angewendet wurde, wird neuerdings auch von der deutschen Fischerei, besonders auch in der Ostsee, betrieben. Dabei wird der Hering sofort nach dem Fang gekehlt, gesalzen und gepackt.

Die in den deutschen Häfen gelandeten Seefische werden schon jetzt einer Kontrolle durch Sachverständige unterworfen. Diese Kontrolle in allen großen Nordseehäfen (Wesermünde, Altona-Hamburg, Cuxhaven) gleichmäßig zu gestalten, ist eine der Aufgaben der nationalen Regierung auf dem Gebiete der Fischwirtschaft. Es muß verhindert werden, daß verdorbene oder dem Verderben nahe Fische auf den Fischmärkten, in die Fischläden oder in die Fischkonservenfabriken gelangen. Auch die Preisfragen, die in der Seefischwirtschaft wegen der leicht verderblichen Waren und des großen Wettbewerbs eine größere Rolle spielen, als auf fast allen anderen Gebieten der Lebensmittelwirtschaft, sowie die Normung der Packungen[1] bei Fischdauerwaren, insbesondere die Begrenzung der Größe und Form der Dosen mögen hier erwähnt werden.

Die mit der Seefischwirtschaft zusammenhängenden Fragen bedürfen noch sehr der Aufklärung. Zu diesem Zwecke sind Institute errichtet worden, die sich mit den Fragen des Seefischfanges, der Fischverwertung, sowie mit fischereibiologischen Fragen zu beschäftigen haben, nämlich die Fischereibiologischen Institute auf Helgoland und in Hamburg, die sich hauptsächlich mit den Fischarten, Fischwanderungen, Fangplätzen, Laichplätzen, Fischkrankheiten beschäftigen, die Institute für Seefischerei in Wesermünde und für die Fischindustrie in Altona, deren Hauptaufgabe die Förderung der mit der Seefischerei zusammenhängenden Fragen bzw. die Kontrolle der fischindustriellen Betriebe ist[2].

Von der Fischwirtschaft nicht zu trennen ist der Fang und die Verarbeitung von Krebsen und Weichtieren (S. 861). Auch der Wal-Fang wird als Teilgebiet der Fischereibiologie und Fischereiwirtschaft in Anspruch genommen.

---

[1] Über die vom Normenausschuß im Juli 1935 festgesetzten verbindlichen Normen für Dosen der Fischindustrie vgl. S. 849 und Die deutsche Fischwirtschaft 1936, 3, 89 (neue Vereinbarungen, gültig ab 1. Juni 1936).
[2] Vgl. A. BEHRE: Die deutsche Fischwirtschaft 1935, 2, Heft 30.

c) Binnenfischerei. Sie ist aus naheliegenden Gründen nicht in der gleichen Weise zentralisiert wie die Seefischerei; sie umfaßt etwa $1\frac{1}{4}$ Millionen Hektar Binnengewässer. Die Aufgaben der Binnenfischerei liegen mehr noch als die der Seefischerei außer auf wirtschaftlichem, vor allem landwirtschaftlichem, besonders auch auf wissenschaftlichem Gebiet. Während der Fangreichtum der Meere fast unerschöpflich und durch Menschenhand kaum oder vielleicht nur durch internationale Festlegung von Schonzeiten beeinflußbar zu sein scheint, bedarf die Binnenfischerei in Flüssen und Seen stärkster Beaufsichtigung bezüglich der chemischen und biologischen Beschaffenheit des Wassers, der Ufer, der Laich- und Brutplätze, des Brutaussatzes, der Fischarten, der Fütterung, der Witterung, der Fangzeiten, der Verhinderung des Überhandnehmens von Raubfischen, der Fangapparate usw. Der breiteren Öffentlichkeit ist wenig bekannt, daß in Deutschland sich mehrere Institute[1], vor allem die Landesanstalt für Fischerei in Friedrichshagen, mit mustergültig eingerichteten Laboratorien und Versuchsanstalten, mit diesen Fragen beschäftigen. Die Fischzucht ist von größter national-wirtschaftlicher Bedeutung und das um so mehr, als sie die billigste Erzeugung von Eiweiß ist, denn die Fische verwerten unter geregelten Verhältnissen in schneller Weise die Abfallstoffe, die den Wasserläufen zufließen. Auch durch Fütterung, z. B. bei der Karpfenzucht, läßt sich in billiger Weise hochwertige Eiweißnahrung gewinnen (vgl. S. 828).

Fischverbrauch. Der Verzehr von Fischen und der daraus hergestellten Erzeugnisse hat in den letzten Jahrzehnten außerordentlich zugenommen, was im größten Interesse der deutschen Wirtschaft liegt. Diese Zunahme entfällt hauptsächlich auf den Seefischverbrauch, der sich auch besser statistisch erfassen läßt als der Verbrauch an Süßwasserfischen. Letzterer vollzieht sich bis in die entlegensten Märkte des Reiches. Besonders stark soll der Verbrauch an Süßwasserfischen z. B. auch in Berlin sein. Der Seefischverbrauch ist für 1933 und 1934 bei einer Bevölkerungszahl von etwa 65 Millionen auf 8,9 kg, im Jahre 1931 auf 9,5 kg je Kopf der Bevölkerung festgestellt worden, wobei der Verbrauch lediglich aus deutschen Fängen 1934 auf 5,9 kg geschätzt wird. In Anbetracht des erheblichen Gehaltes der Fische an Gräten sowie des Abfalles wären die Fischverbrauchszahlen für schieres Fischfleisch auf etwa die Hälfte zu erniedrigen. Der Fleischverbrauch betrug demgegenüber etwa 55 kg je Kopf der Bevölkerung im Jahre 1934.

I. Anatomie, Physiologie und Chemie der Fische und Fischerzeugnisse.

1. Anatomie und Physiologie.

Fische sind in Wasser lebende, durch Kiemen atmende kaltblütige Wirbeltiere, mit meist beschupptem Körper sowie unpaar- oder paarigen Flossen an Stelle der Gliedmaßen der Warmblüter. Die Skeletteile sind bei einem Teil der Fische knorpelig (z. B. Hai, Rochen), bei der überwiegenden Zahl der Fische bestehen sie aber aus echten Knochen. Die Verdauungsorgane, die Mundöffnung, Magen, Mittel-, Dick- und Enddarm umfassen, werden bei den küchenmäßig vorbehandelten Fischen, wie auch bei den fabrikmäßig zubereiteten Fischen zumeist entfernt, sie bleiben aber bei geräucherter Ware (z. B. Bückling, Sprott) vielfach erhalten und setzen dadurch die Haltbarkeit dieser Waren wesentlich herab.

---

[1] Vgl. Die deutsche Fischwirtschaft 1935, **2**, Heft 21.

Der äußere Bau des Fischkörpers, der auch die Unterscheidungsmerkmale bei Fischen umfaßt, ist aus Abb. 1 nach S. F. HILDEBRANDT[1] zu entnehmen. Besonders bilden Sitz, Zahl und Beschaffenheit der Flossen, sowie der Flossenstrahlen und die Beschaffenheit der Schuppen neben dem ganzen Bau des Körpers die wichtigsten Unterscheidungsmerkmale. Es liegt außerhalb des Rahmes dieses Werkes, auf anatomische Einzelheiten einzugehen, auch ist aus dem gleichen Grunde von der bildlichen Darstellung der wichtigsten Fische Abstand genommen worden. Billige Fachbücher geben hierüber weitgehendsten Aufschluß[2].

Die Fasern des Muskelfleisches sind quergestreift und dicker als die der Warmblüter, sowie infolge des meist weißen Blutes oder des geringen Blutgehaltes des Fischfleisches weiß gefärbt. Rotfarbiges Blut besitzen Stör, Karpfen

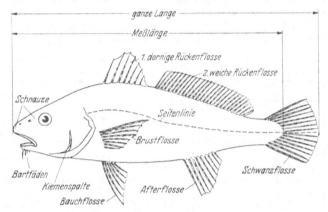

Abb. 1. Schematische Darstellung des Fischkörpers.

und vor allem Lachs, in geringerem Maße gelegentlich auch andere Fische oder diese unter bestimmten Umständen. In ernährungsphysiologischer und technischer Beziehung spielt die Leber mancher Fische (der Haie, Dorsche) eine besondere Rolle. Die Geschlechtsorgane bestehen meist aus paarigen Säcken, die sich in der Leibeshöhle zu beiden Seiten der Wirbelsäule befinden. Ihr Inhalt, nämlich bei weiblichen Tieren die Eier (Rogen, Kaviar), bei den männlichen das Sperma („Milch") gehören zu den vollwertigsten und zum Teil beliebtesten Lebensmitteln. Die Fruchtbarkeit der Fische ist eine ungeheure, ein Lachs erzeugt bis 20000, ein Kabeljau bis 9 Millionen Eier.

Über das Alter der Fische gibt es nur wenige genaue Angaben. Einige Fische wie die Sardelle werden nur etwa 2 Jahre alt; die Mitteilungen über 100jährige Karpfen und Hechte werden bezweifelt. Riesenexemplare von Welsen (karpfenähnliche) sollen allerdings ein ähnlich hohes Alter aufweisen. Die Lebenszähigkeit von Fischen ist zum Teil sehr groß, wie beim Aal allgemein bekannt ist; auch die Scholle lebt noch lange nach dem Fang außerhalb des Wassers. Manche Meeresfische wie z. B. der Hering sind aber sehr empfindlich und sterben kurz nach dem Fang ab. Dem Salzgehalt des Wassers gegenüber scheinen sehr viele Fische nur wenig empfindlich zu sein (z. B. Aale, Stichlinge, Hechte).

[1] In Marine Products of Commerce the chemical catalog Company. New York 1923, S. 201.
[2] Vgl. Seefisch-Bilderbuch von Prof. Dr. H. HENKING, 27. Aufl. Druck von Th. Keitel A.G., Berlin SO 16 und die wichtigsten Seefische in Bildern von Prof. Dr. E. EHRENBAUM. herausgeg. vom Staatl. Fischmarkt Cuxhaven 1930. — Vgl. auch E. EHRENBAUM: Naturgeschichte und wirtschaftliche Bedeutung der Seefische Nordeuropas. Bd. II des Handbuchs der Seefische Nordeuropas. Stuttgart: E. Schwarzenbartsche Buchhandlung 1936.

2. Chemische Zusammensetzung.

Das Muskelfleisch der Fische ist gegenüber dem der Warmblüter im allgemeinen wasserreicher und fettärmer; nur die fettreichen Fische, Flußaal, Lachs und Hering, sind wasserärmer. Als fettreich ist auch das Fleisch der Makrelen, des Knurrhahns, der Katfisches, sowie das von Haifischen zu bezeichnen (s. Tabelle 2). Ruhende Fische sind im allgemeinen fettärmer als wandernde; auch Alter und Laichzeit haben Einfluß auf die chemische Zusammensetzung des Fischfleisches. Zwischen den Laichzeiten pflegt der Fettgehalt am höchsten zu sein. Das Fischfleisch besitzt meist eine geringere Menge Fleischsaft als das Warmblüterfleisch.

Über die chemische Zusammensetzung des Fleisches einiger Fische haben J. König und A. Splittgerber[1] eingehende Untersuchungen angestellt und dabei insbesondere auch seinen Gehalt an verschiedenen Stickstoffverbindungen (Albumin, Leim, Kreatin, Kreatinin und Xanthinbasen nach dem Verfahren von K. Micko, S. 887) bestimmt; sie fanden in der natürlichen Substanz:

Tabelle 1. Gehalt des Fischfleisches an Leim, Albumin und Fleischbasen.

Fischart	Wasser %	Stickstoffsubstanz (N × 6,25) %	Fett %	Asche %	Wasserlösliche Stoffe %	Leim %	Albumin %	Kreatin %	Kreatinin %	Xanthinbasen %	Gesamt-Schwefel %
Schellfisch .	76,18	23,94	0,27	0,84	0,43	0,94	0,84	0,003	0,065	0,081	1,22
Heilbutt . .	76,77	20,59	2,54	1,13	3,13	0,60	1,65	—	0,083	0,079	0,94
Hecht . . .	78,73	20,87	0,31	1,04	5,29	1,39	2,53	0,041	0,060	0,015	0,92
Karpfen . .	73,34	20,50	6,21	1,22	3,60	1,15	1,45	0,045	0,053	0,039	1,34
Lachs . . .	67,15	23,02	8,82	1,20	4,66	0,79	1,19	0,009	0,068	0,045	1,45
Hering . . .	77,98	18,59	3,44	1,35	3,39	2,29	1,23	—	—	—	0,86

Hiernach unterscheidet sich das Fischfleisch in seiner Zusammensetzung nicht wesentlich von dem Warmblüterfleisch; nur der Gehalt des Fischfleisches an wasserlöslichen Stoffen und insbesondere an Fleischbasen ist anscheinend etwas niedriger.

Die Zusammensetzung der Stickstoffsubstanz des Fischfleisches unterscheidet sich nicht wesentlich von der des Fleisches der Warmblüter. Sie enthält aber Trimethylamin, das den eigenartigen, vielen Menschen unangenehmen Geruch der Fische verursacht. Im Extrakt der Seefische fanden F. A. Hoppe-Seyler und W. Schmidt[2] Trimethylaminoxyd, während dieser Stoff im Fleisch der Süßwasserfische (Flußlachs, Flußaal, Flußbarsch, Weißfische) nicht nachweisbar war. Seine Anwesenheit im Fischfleisch wird auf die Fischnahrung zurückgeführt, z. B. auch auf den Seetang, der diesen Stoff enthält. Nach R. Kapeller-Adler und J. Krael[3] ist aber Trimethylaminoxyd ein wichtiges Stoffwechselprodukt der Seefische. Bei der Zersetzung des Fischeiweißes entsteht viel schneller Ammoniak als beim Warmblüterfleisch. Nach S. Schmidt-Nielsen[4] enthält frisches Dorschfleisch 9,8 mg, Schollenfleisch 5,7 mg Ammoniak in 100 g Fleisch. 3 Tage nach der Schlachtung nimmt dieser Gehalt schnell zu. Das

[1] J. König u. A. Splittgerber: Z. 1909, 18, 497 und 516 und die Schrift „Die Bedeutung der Fischerei für die Fleischversorgung im Deutschen Reich", S. 115f. Berlin: Paul Parey 1909.
[2] F. A. Hoppe-Seyler u. W. Schmidt: Zeitschr. Biol. 1927, 87, 59; C. 1928, II, 1782.
[3] R. Kapeller-Adler u. J. Krael: Biochem. Zeitschr. 1930, 224, 364; C. 1931, II, 732.
[4] S. Schmidt-Nielsen: Kong. Norske Vidensk. Selsk. Förhandl. 1931, 4, 70—74; C. 1932, I, 3190.

Fleisch der Selachier (Haifisch, Rochen) bildet bei Aufbewahrung an der Luft in sehr kurzer Zeit freies Ammoniak[1], besonders in der Haut und den benachbarten Fischteilen; bei Luftabschluß dagegen wird kaum Ammoniak entwickelt. Dieses Fischfleisch enthält einen erheblichen Anteil an Harnstoff, der beim Katzenhai 1,95% des Muskelfleisches betragen soll. Die Haie gehören zu den im Meere lebenden Tieren, bei denen der innere osmotische Druck, der dem der Umgebung gleich ist, nicht nur durch Blutsalze wie Natriumchlorid, sondern etwa zur Hälfte durch Harnstoff bedingt ist. Nach dem Tode dieser Fische spaltet sich der Harnstoff sehr schnell in Ammoniak und Kohlensäure.

Über die Einwirkung der Salzung und Räucherung auf die Eiweißstoffe siehe weiter unten[2].

Der Fettgehalt des Fischfleisches ist sehr verschieden: Während das Fleisch von Lachs, Hering, Sprotte, Sardelle, Neunauge, Aal, Makrele usw. viel Fett enthält, ist das Fleisch von Schellfisch, Hecht, Seezunge usw. sehr fettarm, weshalb diese fettarmen Fische meist mit Butter oder Ölzusatz genossen werden.

Über die Eigenschaften und die Zusammensetzung der Fischfette siehe Bd. IV.

Der Phosphatidgehalt (Lecithingehalt) des Heringsfleisches wurde von B. REWALD[3] bestimmt. Es wurde gefunden, daß der Phosphorgehalt des Fischeiweißes gleich dem des Warmblütereiweißes (1,1%) ist. Der Lipoidgehalt des Heringsfleisches betrug 1,19%, der des frischen Heringsrogens (Fischeier) 4,88% (= 13,88% der Trockensubstanz), der der frischen Heringsmilch (Sperma) 3,89% (= 10,29% Trockensubstanz), der der Heringsleber 5,04%. O. BÄHR[4] fand in 15 verschiedenen Seefischen in der Trockensubstanz einen Phosphatidgehalt von 0,10—0,67%. Nach Alter und Geschlecht sollen Schwankungen vorkommen.

Der Mineralstoffgehalt des Fischfleisches ist gegenüber dem der Warmblüter bei den Seefischen wenig erhöht; er schwankt zwischen etwa 1—1,5%. Nach J. KÖNIG ist der Natriumanteil gegenüber dem Kaliumanteil bei Fischfleisch höher als bei Warmblüterfleisch. Entsprechend dem erhöhten Gehalt des Meerwassers an Fluorsalzen ist auch der Fluorgehalt der Fische ein verhältnismäßig hoher; er beträgt bei Haiknorpeln 0,59% Fluor.

Über den Jodgehalt des Fischfleisches liegen nur wenige völlig zuverlässige Mitteilungen vor; erwähnt seien die Feststellungen von S. LUNDE und K. CLOSS[5], die im Dorsch-Klippfisch 0,56—0,68 mg in 100 g fanden, wovon in Wasser 0,19—0,21 mg löslich waren.

Über den Vitamingehalt von Fischen sei auf Bd. I S. 814 verwiesen. Auffallend bei den Feststellungen SCHEUNERTs[6] ist, daß in geräucherten Fischen ein höherer Vitamingehalt gefunden wurde, als bei den entsprechenden frischen Fischen (Wassergehalt!). Nach S. SCHMIDT-NIELSEN[7] ist der Gehalt an Vitamin A und D

---

[1] Vgl. S. 829 und 859.

[2] Vgl. auch Bd. I, S. 1263 und 1267. Verlust bei der Zubereitung durch Garkochen und Zubereitungsverlust beim Braten von Fischfleisch.

[3] B. REWALD: Biochem. Zeitschr. 1919, 206, 275.

[4] O. BÄHR: Fischwirtschaft 1931, 7, 113 und Fische und Fischwaren 1932, 57 und 171.

[5] S. LUNDE u. K. CLOSS: Tidskr. Kemi Bergvaesen 8, 33—34, 1; C. 1928, II, 163.

[6] Siehe auch A. SCHEUNERT: Seefische als wertvolle Vitaminträger, veröffentlicht vom Reichsseefischausschuß 1933. Vgl. weiter O. NEYNABER: Deutscher Lebertran. Fischwirtschaft 1927, 3, 140 und S. N. MATZKO: Gehalt an Vitamin D in den Fetten einiger Fische. Biochem. Zeitschr. 1929, 215, 381.

[7] S. SCHMIDT-NIELSEN: Tidskr. Kemi Bergvaesen 11, 63—86 u. 84—88; C. 1932, II, 1466.

schwankend und hängt mit der Nahrung der Fische zusammen. H. v. Euler, N. Gard und H. Hallström[1] haben im Rogen einen Carotingehalt festgestellt.

Die Zusammensetzung des Fleisches der wichtigsten Fischarten geht aus Tabelle 2 hervor.

Über neuere Untersuchungen über die Zusammensetzung der Körpersubstanz einiger Seefische vgl. die Arbeit von H. Metzner und E. Röhler[2].

Tabelle 2. Zusammensetzung des Fischfleisches der wichtigsten Fische[3].

Bezeichnung	Wasser	Stick- stoff- substanz	Fett	Asche
	%	%	%	%
Aal — Flußaal I. . .	58,21	12,24	27,48	0,87
Flußaal II[4] . .	(51,5)	(13,3)	(34,3)	—
Meeraal . .	72,90	17,96	7,82	1,00
oder Seeaal [4] .	(76,8)	(15,7)	(6,4)	—
Alse	70,43	18,76	9,45	1,35
Barsch	79,48	18,93	0,70	1,29
Brasse	78,70	16,18	4,09	1,02
Dornhai	68,30	23,00	8,50	—
Felchen	79,34	16,09	3,54	1,03
Flunder	84,00	14,03	0,69	1,28
Forelle (Bachforelle) .	77,51	19,18	2,10	1,21
Gründling	78,95	16,66	1,86	2,39
Hecht	79,63	18,42	0,53	0,96
Heilbutt	75,24	18,53	5,16	1,06
Hering	75,09	15,44	7,63	1,64
Kabeljau	82,42	15,97	0,31	1,29
Karpfen gefüttert . .	73,47	18,96	8,73	1,22
Karpfen nicht gefüttert . . .	77,91	16,18	1,85	1,28
Knurrhahn	74,22	—	—	1,20
Lachs — Rheinlachs (Salm) . . .	64,00	21,14	13,53	1,22
Elblachs . . .	67,15	—	—	1,20
Lachsforelle	80,05	17,52	0,74	0,80
Maifisch	63,90	21,88	12,85	1,26
Makrele	70,80	18,93	8,85	1,38
Meeräsche	79,30	18,32	1,22	1,09
Merlan	90,70	16,15	0,46	1,44
Plötze[4]	80,50	16,39	1,08	1,23
Köhler	76,78	—	—	1,07
Rochen	77,87	19,51	0,91	1,21
Sardelle	73,10	22,12	2,33	1,88
Sardine				
Schellfisch	81,50	16,93	0,26	1,31
Schleie	80,00	17,47	0,39	1,66
Scholle (Kliesche) . .	80,83	16,49	1,54	1,00
Seehecht	80,10	17,84	0,36	0,97
Seezunge	82,67	14,60	0,53	1,42
Steinbutt	77,60	18,10	2,28	0,74
Stint	81,50	15,72	1,00	0,76
Stör	78,59	18,08	0,90	1,43
Strömling	74,44	19,36	4,92	1,47
Ucklei	72,80	16,81	8,13	3,25
Zander (getrocknet und gesalzen	20,55	60,33	1,92	17,62

3. Einflüsse auf die Zusammensetzung und Beschaffenheit.

Unter den zahlreichen Einflüssen auf die Zusammensetzung und Beschaffenheit des Fischfleisches seien folgende erwähnt:

a) **Fischart.** Das Fleisch der Raubfische ist im allgemeinen schmackhafter als das der Friedfische, das Fleisch fettreicher Fische (Karpfen, Lachs, Hering) schmackhafter als das fettärmer (Schellfisch, Kabeljau, Blaufisch, gemeine Seezunge), auch die Selachier (Haie, Rochen) liefern ein geschmacklich und daher auch marktmäßig geringwertigeres Fleisch, das auch in seiner Haltbarkeit sich von anderem Fischfleisch ungünstig unterscheidet (s. S. 825 u. 829). Einzelne Fischarten haben einen ihnen eigenartigen Geruch, z. B. die Äsche, die einen Gurkengeruch aufweist. Auch der Grätengehalt des Fischfleisches spielt für seine Bewertung eine große Rolle. Die karpfenartigen Fische haben ein besonders grätenreiches Fleisch, weiter der Flußbarsch und der Hecht.

---

[1] H. v. Euler, N. Gard u. H. Hallström: Svensk Kem. Tidskr. 1932, **44**, 191; C. 1932, II, 2201.

[2] H. Metzner u. E. Röhler: Der Fischerbote, Altona, 1931, Heft 16.

[3] Hierzu ist zu bemerken, daß die Zusammensetzung nach Alter, Herkunft, Jahreszeit und Geschlechtszustand schwankt.

[4] Untersuchungen von A. Behre u. H. Schaake (bisher nicht veröffentlicht).

b) Jahreszeit[1], Laichzeit, Wanderung. Vor der Laichzeit und zwischen zwei Laichperioden pflegt das Fleisch der Fische am schmackhaftesten zu sein. Kurz nachher ist es wäßrig und minderwertig. Mit der Laichzeit hängen auch die für bestimmte Fische festgesetzten Schonzeiten zusammen. Das Fleisch älterer Fische ist trockener und zäher und meist fettreicher als das junger Fische. Karpfen werden z. B. am liebsten als drei- und vierjährige gekauft. Das Alter der Fische zu bestimmen, ist sehr schwierig. Während der Wanderung nehmen die Fische naturgemäß an Fett ab.

c) Umgebung, Wasser, Abwasser. Wie bekannt, können manche Fische (S. 819 und 821) nur in stark fließenden, andere nur in stehenden Gewässern leben. Auch die Beschaffenheit des Untergrundes, und der Ufer spielen dabei eine bedeutende Rolle. Auffallend ist, daß der Salzgehalt des Wassers nicht immer von ausschlaggebender Bedeutung für das Gedeihen der Fische ist, wie das Aufsteigen mancher Meeresfische in die Flüsse beweist. Von bedeutendem Einfluß ist selbstverständlich die Beschaffenheit des Wassers. Zuflüsse zum Teich- oder zum Flußwasser, die ihm Abfallstoffe zuführen, können bei geringer Verunreinigung günstig wirken, bei größerer schädigen. Nach K. SCHIEMENZ[2] unterscheidet man a) eine direkt tötende Wirkung durch Säuren, Alkalien, organische Gifte z. B. Kresolverbindungen, faulende Abwässer, b) die vertreibende Wirkung, die durch geringere Verunreinigungen hervorgerufen wird, c) eine sauerstoffzehrende Wirkung infolge organisch verschmutzter Abwässer, die besonders im Sommer und bei einer Eisdecke gefährlich wird, d) eine betriebliche Schädigung dadurch, daß sich die Fanggeräte der Fischer mit Abwasserpilzen völlig überziehen und dadurch verschlammen.

Nach J. KÖNIG[3] stellen die einzelnen Fischarten sehr verschiedene Anforderungen an ein Wasser. Sie lieben im allgemeinen ein klares, helles Wasser, die Forellen kühles und stark fließendes Quellwasser, Karpfen und Schleie ein sumpfiges, stehendes Teich- oder Seewasser; die Karausche kommt sogar in Grabenwässern vor, die Kloakenzufluß aufweisen. Das Wasser hat auch einen Einfluß auf die Beschaffenheit des Fischfleisches, so daß die in sumpfigem Wasser lebenden Fische den Geruch ihrer Umgebung annehmen. Deshalb pflegt man solche Fische vor dem Schlachten einige Zeit in frischem Wasser zu halten, wobei sich der störende Geruch und Geschmack des Fischfleisches verliert. Petroleum- oder Teergeruch des Wassers teilt sich leicht dem Fischfleisch mit.

Beim Fischsterben, das besonders häufig in den Sommermonaten nach starken Regengüssen beobachtet wird, spielen Schlammablagerungen in den Kiemen der Fische eine Rolle, zu anderen Jahreszeiten wird auch das Algenwachstum damit in Verbindung gebracht, wobei auch der zu niedrige Sauerstoffgehalt des Wassers eine besondere Rolle spielen dürfte. Schließlich können auch Infektionskrankheiten die Ursache sein. Wenn aber verschiedene Fischarten und verschiedene Altersklassen an dem Fischsterben beteiligt sind, muß die Ursache meist in Zuflüssen giftiger Art gesucht werden.

d) Nahrung. Nach der Art der Nahrung unterscheidet man Raubfische und Friedfische oder besser Großtierfresser, Kleintierfresser, Grünweidefische. Auch die Friedfische ernähren sich von kleinen und kleinsten im Wasser lebenden Lebewesen. Die künstliche Fütterung z. B. der Karpfen und Forellen mit fettreichem, pflanzlichem Futter beeinflußt den Geschmack des Fischfleisches ungünstig. Der sog. Fischgeruch, der frischen Fischen anhaftet, entsteht durch

---

[1] Der Volksmund hat den Spruch geprägt, daß man in Monaten ohne „r" Dorsch nicht essen soll.

[2] K. SCHIEMENZ: Zeitschr. Fischerei 1906, **13**, 79—80; vgl. auch H. HELFER: Giftwirkungen auf Fische. Kleine Mitt. d. Landesanstalt f. Wasser- usw. Hygiene 1936, Nr. 1/4.

[3] J. KÖNIG: Die Untersuchung landwirtschaftlich und gewerblich wichtiger Stoffe. 5. Aufl. Berlin: Paul Parey 1926 und Die Verunreinigung der Gewässer, 5. Aufl., Bd. 1, S. 813. Berlin: Julius Springer 1923.

Zersetzung der Schleimschicht, mit der die Haut der Fische meist überzogen ist und die reichlichen Bakterienansatz besitzt. Über den Einfluß der Fütterung auf die Zusammensetzung des Fischfleisches, insbesondere den Fettgehalt und die Beschaffenheit des Fettes, berichten Fr. Lehmann[1] sowie J. König, A. Thienemann und R. Limprich[2]. Durch Fütterung von Karpfen mit Mais und Fischmehl bzw. Mais und Lupinen nahm ihr Fettgehalt von 2,6% auf 8,7% zu, wobei die Zunahme aber hauptsächlich auf das Eingeweidefett entfällt, das als Genußfett keine Verwendung findet. Die Beschaffenheit des Fettes wird durch die Futterfette meist ungünstig beeinflußt. Phytosterin ließ sich aber in dem Karpfenfett der künstlich gefütterten Fische nicht nachweisen. Es muß daher das Bestreben der Karpfenzüchter sein, die Naturnahrung in den Teichen günstig zu beeinflussen, um fettreichere Karpfen zu erzielen.

4. Fischarten.

Die auf dem Fischmarkt gehandelten Fische reiht man zoologisch im 3. Unterkreis der Tiere (Wirbeltiere, Craniota) folgendermaßen ein[3]:

Systematik der Fische.
1. Stamm: Rundmäuler (Cyclostomata). Familie: Neunaugen (Petromyzontidae)
2. Stamm: Kiefermäuler (Gnathostomata).
   Klasse: Fische (Pisces)
   1. Unterklasse: Knorpelfische (Chondrichthyes)
      1. Ordnung: Haie (Selachii)
      2. Ordnung: Rochen (Batoidei)
      3. Ordnung: Seedrachen (Holocephali)
   2. Unterklasse: Knochenfische (Osteïchthyes)
      3. Ordnung: Störartige (Chondrostei)
      6. Ordnung: Echte Knochenfische (Teleostei)
         1. Unterordnung: Karpfenähnliche (Cypriniformes): Familien Karpfen (Cyprinidae), Welse (Siluridae)
         2. Unterordnung: Heringsfische (Clupeiformes): Familien Heringe (Clupeidae), Lachse (Salmonidae)
         3. Unterordnung: Hechtartige (Esociformes): Familien Hechte (Esocidae), Sandaale (Ammodytidae)
         4. Unterordnung: Aalartige (Anguilliformes): Familien Aale (Anguillidae), Muränen (Muraenidae)
         6. Unterordnung: Stichlingsartige (Gastrosteiformes): Familie Seenadeln (Syngnathidae)
         8. Unterordnung: Meeräschenartige (Mugiliformes): Familien Aehrenfische (Atherinidae), Meeräschen (Mugilidae)
         9. Unterordnung: Stachelflosser (Acanthopterygii)
            3. Abteilung: Barschartige (Perciformes): Familien Brassen (Sparidae), Seebarben (Mullidae), Barsche (Percidae), Lippfische (Labridae)
            4. Abteilung: Meergrundelartige (Gobiiformes): Familie Meergrundeln (Gobiidae)
            6. Abteilung: Panzerwangen (Scorpaeniformes): Familien Seehähne (Triglidae), Groppen (Cottidae), Scheibenbäuche Cyclopteridae)
            7. Abteilung: Schleimfischartige (Blenniiformes): Familien Drachenfische (Trachinidae), Schleimfische (Blennidae), Gebärfische (Zoarcidae), Anglerfische (Lophiidae)
            8. Abteilung: Makrelenartige (Scombriformes): Familien Goldköpfe (Bramidae), Stachelmakrelen (Carangidae), Makrelen (Scombridae)
            10. Abteilung: Plattfischartige (Zeorhombiformes): Familien Petersfische (Zeidae), Schollen (Pleuronectidae)
         10. Unterordnung: Dorschartige (Gadiformes): Familien Dorsche (Gadidae), Langschwänze (Macruridae).

[1] Siehe J. König: Chemie der Nahrungs- und Genußmittel, 5. Aufl., 1920, 2, 281.
[2] J. König, A. Thienemann u. R. Limprich: Z. 1912, 23, 177.
[3] Diese Zusammenstellung ist mir von einem Fischereibiologen zur Verfügung gestellt worden. Eine etwas andere Einteilung sieht das Österreichische Lebensmittelbuch, 2. Aufl., 1932, Heft 30—32, vor; vgl. auch E. Röhler: Die Süßwasserfische Deutschlands, 5. Aufl. Berlin: Verlag des Deutschen Fischerei-Vereins 1932 und Fußnote 2 S. 823.

Die wirtschaftlich wichtigsten Fische, ihre zoologische Bezeichnung und die hauptsächlichste Herkunft für die in Deutschland gehandelten Fische sind in Tabelle 3 zusammengestellt.

Einer besonderen Besprechung bedürfen die Vertreter einiger Fischfamilien, die eine hervorragende Bedeutung für die Ernährung der Menschen besitzen, oder deren Fleisch besondere Eigentümlichkeiten aufweisen, nämlich Haifische, lachsartige Fische, heringsartige Fische, schellfischartige Fische, Plattfische und Aale.

a) Haifische. Der Fang von Haifischen als Speisefische und die Verwendung des Fleisches dieser Fische hat einen in den letzten Jahren zunehmenden Umfang angenommen. Die größte Anzahl wird im englischen Kanal, in der Nordsee, bei Irland und Schottland gefangen. Als Vertreter dieser Familien kommen in erster Linie Dornhai und Heringshai in Frage. Der Dornhai (Acanthias vulgaris) wird selten mehr als 1 m lang. In enthäutetem Zustande wird er wegen seiner aalartigen Form fälschlich als „Seeaal" bezeichnet (s. unten)[1]. Unter der gleichen Bezeichnung kommt er mariniert in Gelee oder geräuchert in den Handel. Der Heringshai (Lamna cornubica), wird zumeist in der Nordsee als Begleiter der Heringsschwärme gefangen und besitzt durchschnittlich ein Gewicht von 0,5—1,5 dz. Das Fleisch wird als Fischkarbonade, fälschlich auch als Seestör oder Störkarbonade, gehandelt und ist dem Kalbfleisch ähnlich.

Das Vorurteil gegen den Genuß von Haifischfleisch ist so eingebürgert oder, besser gesagt, die Unkenntnis des Sachverhalts ist so groß, daß es selbstverständlich ganz ausgeschlossen ist, das Fleisch dieser Fische als Haifischfleisch im Handel zu bezeichnen. Es ist die Bezeichnung Kalbfisch oder Dornfisch (für Dornhai) in Vorschlag gebracht worden[2].

Das Fleisch der Haifische (und auch das der Rochen) hat die Eigentümlichkeit, daß es viel leichter als das Fleisch anderer Fische unter Abspaltung von Ammoniak eine alkalische Reaktion annimmt, ohne deshalb ungenießbar zu werden. Durch kurzes Einlegen des Fleisches in verdünnten Essig wird Ammoniak schnell gebunden. Als Ursache für den Ammoniakgehalt dieses Fleisches wird ein Gehalt des Fleisches an Harnstoff angenommen, der nicht auf einem pathologischen, sondern physiologischen Vorgang beruht[3].

Die Flossen der Haifische bilden im getrockneten Zustande in China ein beliebtes Nahrungsmittel.

b) Lachs. Der Lachs (Salmo salar) und die Meerforelle (Salmo trutta), die sich von ersterem nur durch die geringere Größe (bis 50 cm) unterscheidet, und geschmacklich noch geschätzter ist als der Lachs, gehören zu den Wanderfischen. Sie steigen aus der Nord- und Ostsee, dem Eismeer oder den Küstengebieten des Atlantischen Ozeans zum Laichen in die Flüsse auf und kehren dann wieder ins Meer zurück. Der in der Ostsee im Frühjahr gefangene junge Lachs heißt Speitzken. Der Lachs war vor Jahrzehnten ein im Rhein und in der Elb- und Wesermündung viel gefangener Fisch, wird dort aber jetzt nur noch selten angetroffen. Der größte Teil des in Deutschland verarbeiteten Lachses wird in gesalzenem Zustande aus Norwegen und besonders aus Amerika (Alaskalachs, Oncorhynchus nerka), gelegentlich auch aus Rußland (Amur- oder Ketalachs, O. keta, gorbusche usw.) in Seiten eingeführt. Der letztere ist geringwertig. Der gesalzene Lachs wird oft wochen- oder monatelang gelagert, und vor der Verarbeitung gewässert und geräuchert.

Die Lachseinfuhr betrug im Jahre 1932 etwa 14 000 dz.

---

[1] Vgl. S. 838 und auch S. 847, Fußnote 2, „Schillerlocken".

[2] Das Fleisch verschiedener Fische (Hai, Rochen, Kabeljau, Seelachs usw.) wird als Fischfilet im Kleinhandel verkauft. Es wäre zu fordern, daß die Herkunft des Fischfleisches hinzugefügt würde, z. B. „Filet vom Dornfisch". Das gleiche gilt für Fischkarbonade (S. 857).

[3] Vgl. D. O. MARTIN: Zeitschr. Milch- u. Fleischhygiene 1920, **60**, 48 und oben S. 825.

Tabelle 3. Die wirtschaftlich wichtigsten Arten von See- und Süßwasserfischen.

Nr.	Deutscher Name	Zoologische Bezeichnung	Familie (Gattung)	Hauptsächliche Herkunft für deutsche Waren	Bemerkungen
			a) Seefische.		
1	Anchovis	—	—	—	Bezeichnung für Sprott, s. Sardelle (zubereitet)
2	Angler	—	—	—	s. Seeteufel
3	Blaufisch	—	—	—	s. Köhler
4	Blauleng	Molva byrkelange	Dorsche	Nordsee, Island	—
5	Brisling	—	—	—	s. Sprotte
6	Butt	Pleuronectes flesus	Plattfische	Nordsee, Ostsee, Brackwasser der Flüsse	auch als Flunder, Struffbutt, Elbbutt, Weserbutt
7	Dornhai	Acanthias vulgaris	Haie	Nordsee	fälschlich auch als Seeaal
8	Echte Rotzunge. .	—	—	—	s. Limande
9	Finte.	Clupea finta	Heringe	Nordsee, besonders in den Flußmündungen zum Laichen	auch als Perpel (ähnlich Maifisch)
10	Flunder	—	—	—	s. Butt
11	Glattrochen. . . .	Raja batis	Rochen	Nordsee	—
12	Goldbarsch	—	—	—	s. Rotbarsch
13	Goldbutt	—	—	—	s. Scholle
14	Hechtdorsch . . .	Merluccius vulgaris	Dorsche	Nordsee, Atlantik	auch als Seehecht
15	Heilbutt	Hippoglosuss vulgaris	Plattfische	Nordsee, Island	dänisch: Helleflynder
16	Hering	Clupea harengus	Heringe	Nördliche Meere, Nordsee, Ostsee	—
17	Heringshai	Lamna cornubica	Haie	Nordsee	als Karbonadenfisch
18	Kabeljau	Gadus morrhua	Dorsche	Nordsee, Island, weißes Meer	in der Ostsee Dorsch
19	Katfisch	Anarrhichas lupus	Schleimfische	Nordsee	auch als Seewolf, Austernfisch, Steinbeißer
20	Kleist	—	—	—	auch Glattbutt, s. Tarbutt
21	Grauer Knurrhahn.	Trigla gurnardus	Seehähne	Nordsee	—
22	Roter Knurrhahn .	Trigla hirundo	Seehähne	Nordsee	—
23	Köhler	Gadus virens	Dorsche	Nordsee, Island	auch als Seelachs
24	Leng.	Molva vulgaris	Dorsche	Nordsee, Island	auch als Langfisch
25	Limande, Echte Rotzunge. . . .	Pleuronectes microcephalus	Plattfische	Nordsee	auch echte Rotzunge
26	Lumb, Brosme . .	Brosmius brosme	Dorsche	Nordsee	—
27	Makrele	Scomber scomber	Makrelenartige	Nordsee	—
28	Maifisch	Clupea alosa	Heringe	Nordsee, besonders in den Flußmündungen zum Laichen	auch als Alse (ähnlich Finte)
29	Meeraal	Conger vulgaris	Aale	Nordsee	Fleisch geringwertig
30	Meerbrasse	Pagellus centrodontus	Brassen	Nordsee	—

Tabelle 3 (Fortsetzung).

Nr.	Deutscher Name	Zoologische Bezeichnung	Familie (Gattung)	Hauptsächliche Herkunft für deutsche Waren	Bemerkungen
31	Merlan	—	—	—	s. Wittling
32	Petermännchen . .	Trachinus draco	Drachenfische	Nordsee, Skagerrak	—
33	Pollak	Gadus pollachius	Dorsche	Nordsee	—
34	Rochen (Nagelrochen).	Raja clavata	Rochen	Nordsee	—
35	Rotbarsch	Sebastes norvegicus	Drachenköpfe	Nordsee, Island, Weißes Meer	—
36	Rotzunge, Hundszunge	Pleuronectes cynoglossus	Plattfische	Nordsee	—
37	Sardelle	Engraulis encrasicholus	Heringe	Nordsee, Atlantik bis Mittelmeer	= Anchovis
38	Sardine.	Clupea pilchardus	Heringe	Westküste Europas	auch als Pilchard
39	Scharbe	Pleuronectes limanda	Plattfische	Nordsee, Ostsee	auch als Kliesche
40	Scheefsnut	Zeugopterus megastoma	Plattfische	Nordsee	auch als Migram oder Flügelbutt
41	Schellfisch	Gadus aeglefinus	Dorsche	Nordsee	—
42	Scholle	Pleuronectes platessa	Plattfische	Nord- und Ostsee	auch als Goldbutt
43	Seehase	Cyclopterus lumpus	Scheibenbäuche	Nord- und Ostsee	—
44	Seehecht	—	—	—	s. Hechtdorsch
45	Seelachs	—	—	—	s. Köhler
46	Seeteufel	Lophius piscatorius	Anglerfische	Nordsee, Island	auch als Angler
47	Seezunge	Solea vulgaris	Scholle	Nordsee, selten im Brackwasser	—
48	Sprotte.	Clupea sprattus	Heringe	Nord- und Ostsee	auch als Brisling, Breitling
49	Steinbeißer	—	—	—	s. Katfisch
50	Steinbutt.	Rhombus maximus	Plattfische	Nord- und Ostsee	—
51	Tarbutt	Rhombus laevis	Plattfische	Nord- und Ostsee	auch als Kleist und Glattbutt
52	Thunfisch.	Thynnus vulgaris	Makrelen	Nordsee, Atlantik Mittelmeer	—
53	Unechte Rotzunge.	Drepanopsetta platessoides	Plattfische	Nordsee	auch als Rauhe Scholle oder Scharbzunge
54	Wittling	Gadus merlangus	Dorsche	Nordsee	auch als Merlan (kleine Fische enthalten bis zu 20% Schellfische)
55	Zunge	—	—	—	s. Seezunge

b) Süßwasserfische[1].

Nr.	Deutscher Name	Zoologische Bezeichnung	Familie (Gattung)	Hauptsächliche Herkunft für deutsche Waren	Bemerkungen
1	Aal, Flußaal . . .	Anguilla vulgaris	Aale	Flüssen	Aufsteigen als Glasaale in die Flüsse (Steigaale)
2	Ährenfische. . . .	Atherina presbyter	Meeräschenartige	in seichten Küstengewässern	selten
3	Äsche	Thymallus vulgaris	Lachsartige	in schnellfließenden Gewässern, Nord- und Mitteleuropa	—

---

[1] Vgl. E. RÖHLER: Fußnote 3 S. 828.

Tabelle 3 (Fortsetzung).

Nr.	Deutscher Name	Zoologische Bezeichnung	Familie (Gattung)	Hauptsächliche Herkunft für deutsche Waren	Bemerkungen
4	Aland (Nerfling, Orfe, Jese) . . .	Idus melanotus	Karpfenartige (Weißfische)	in schnellfließenden Gewässern, Nord- und Mitteleuropa	gelbrote Abart Gold-orfe (Fleisch gering-wertig)
5	Barbe, Barbine . .	Barbus fluviatilis	Karpfenartige (Weißfische)	in fließenden Gewässern	Rogen besonders zur Laichzeit giftig
6	Barsch -	Perca fluviatilis	Barsche	desgl.	Mindestmaß 15 cm
7	Blaufelchen . . .	Coregonus Wartmanni	Lachsartige	Bodensee und Alpen	im Chiemsee als Ranke, Mindestmaß 20—22 cm
8	Blei	Abramis brama	Karpfenartige	Mittel- und West-europa, in Teichen und Flüssen	auch als Brachse oder Brasse
9	Brasse	—	—	—	s. Blei
10	Döbel	Squalius cephalus	Karpfenartige (Weißfische)	in fließenden Gewässern	auch als Aitel (Fleisch geringwertig
11	Ellritze	Phoxinus laevis	Karpfenartige (Weißfische)	im Rhein als Rümpchen	—
12	Edelmaräne. . . .	Coregonus generosus	Lachsartige	in norddeutschen Teichen	—
13	Finte.	Alosa finta	Heringe	Nordsee, geht in die Flüsse	ähnlich Maifisch, aber kleiner
14	Forellen:				
	Bachforelle . . .	Salmo trutta forma fario	Lachsartige	in klarem, fließen-dem Wasser	echte Forelle, spitze Schnauze
	Regenbogenforelle	Salmo irideus	Lachsartige	desgl.	In Amerika heimisch, in Deutschland ein-gebürgert
	Meerforelle . . .	Salmo trutta	Lachsartige	desgl.	stumpfe Schnauze, Mindestmaß 20 cm, fälschlich als Lachs oder Bachforelle
	Seeforelle. . . .	Salmo trutta forma lacustris	Lachsartige	desgl.	auch als Lachsforelle
	Bachsaibling . .	Salmo fontinalis	Lachsartige	Seen	In Amerika heimisch, in Deutschland ein-gebürgert
15	Flußneunauge (Pricke)	Petromyzon fluvialitis	Neunaugen	Nord- und Ostsee	aalartig, auch gesal-zen, geräuchert und mariniert (Nord-deutschland)
16	Forellenbarsch . .	Grystes salmoides	Barsche	Seen	In Amerika heimisch, in Deutschland ein-gebürgert
17	Frauennerfling . .	Leuciscus virgo	Karpfenartige (Weißfische)	in fließenden Ge-wässern (Donau)	auch als Frauenfisch, Fleisch geringwertig
18	Gangfisch.	Coregonus macrophthalmus	Lachsartige	desgl. (Bodensee)	auch als Silberfelchen
19	Groppe.	Cottus gobio	Groppen	desgl.	—
20	Gründling	Gobio fluviatilis	Karpfenartige (Weißifsche)	in fließenden und stehendenGewässern	Fleisch geringwertig
21	Güster	Blicca björkna	Karpfenartige (Weißfische)	desgl.	auch als Blicke, ähn-lich dem Blei, Min-destmaß 18 cm, Fleisch grätig

Tabelle 3 (Fortsetzung).

Nr.	Deutscher Name	Zoologische Bezeichnung	Familie (Gattung)	Hauptsächliche Herkunft für deutsche Waren	Bemerkungen
22	Hasel	Leuciscus leuciscus	Karpfenartige (Weißfische)	in fließenden und stehenden Gewässern	auch als Weißfisch (geringwertig)
23	Hecht	Esox lucius	Hechte	desgl.	junge Tiere (= Gras-hechte), Fleisch oft finnig, Mindestmaß 28 cm
24	Huchen	Salmo hucho	Lachsartige	Donau und Alpenflüssen	Fleisch wohlschmek-kend, Mindestmaß 50 bis 54 cm
25	Jese	—	—	—	s. Aland
26	Karausche	Carassius vulgaris	Karpfenartige (Weißfische)	in fließenden Gewässern	auch als Giebel, Schneiderkarpfen, Mindestmaß 15 cm
27	Karpfen	Cyprinus carpio	Karpfenartige (Weißfische)	in fließenden und stehenden Gewässern	meist in Teichwirt-schaften gemästet, wilde Karpfen sind freilebende, Mindest-maß 28 cm
28	Kaulbarsch	Acerina cernua	Barschartige	in fließenden Gewässern	billiger Fisch, dient zur Herstellung von Suppen
29	Kilch	Coregonus acronius	Lachsartige	Alpseen	auch als kleine Bo-denrenke
30	Lachs	Salmo salar	Lachsartige	Rhein und Weser, Nord- und Ostsee (Weidelachs)	auch als Salm, Fleisch nach der Laichzeit weniger gut
31	Maifisch	Alosa vulgaris	Heringe	Rhein, Weser, Elbe	auch als Alse, Else (s. Finte)
32	Mairenke	Alburnus mento	Karpfenartige (Weißfische)	Seen des Donau-gebietes	Fleisch geringwertig
33	Maräne, große . .	Coregonus lavaretus	Lachsartige	Seen des Ostsee-gebietes	auch als Ostsee-Schnäpel, Renken
34	Maräne, kleine . .	Coregonus albula	Lachsartige	desgl.	Mindestmaß 15 cm
35	Meer-Neunauge (Lamprete) . . .	Petromyzon marinus	Neunaugen	Nordsee, Atlantik, Küstengewässer	aalartig, Fleisch fett
36	Moderlieschen . . .	Leucaspius delineatus	Karpfenartige (Weißfische)	Kleine Gewässer Europas	wirtschaftlich bedeu-tungslos
37	Nase	Chondrostama nasus	Karpfenartige (Weißfische)	Flußgebiete Mittel-europas	am Rhein fälschlich als Makrele, Mindest-maß 20 cm
38	Nordseeschnäpel. .	Coregonus lavaretus var. oxyrhynchus	Lachsartige	Nordseeküste	auch als Schaase
39	Ostseeschnäpel . .	—	—	—	s. Maräne
40	Perlfisch	Leuciscus Meindingeri	Karpfenartige (Weißfische)	Bayrische Seen	Weißfisch, gering-wertig
41	Plötze	Leuciscus rutilus	Karpfenartige (Weißfische)	fließende und ste-hende Gewässer	auch als Rotauge, grätenreich, klein, Fleisch trocken
42	Quappe	Lota vulgaris	Dorsche (ein-ziger Süßwas-serfisch aus der Fam. Dorsche)	desgl. (Alpen bis 2000 m)	auch als Aalquappe oder Aalraute, Fleisch und Leber wohl-schmeckend, Mindest-maß 24—28 cm (Fleisch grätenlos)

Tabelle 3 (Fortsetzung).

Nr.	Deutscher Name	Zoologische Bezeichnung	Familie (Gattung)	Hauptsächliche Herkunft für deutsche Waren	Bemerkungen
43	Rapfen	Aspius rapax	Karpfenartige (Weißfische)	Mittel- und Osteuropa	Mindestmaß 35 cm, Fleisch grätig
44	Rotfeder	Scardinius erythrophthalmus	Karpfenartige (Weißfische)	überall	sehr gemein
45	Saibling	Salmo salvelinus	Lachsartige	in Gebirgsseen	auch als Seesaibling s. auch Forelle, Mindestmaß 22 cm
46	Salm	—	—	—	s. Lachs
47	Sandfelchen	Coregonus fera	Lachsartige	Seen Süddeutschlands	auch als Silber- oder Weißfelchen
48	Schleie	Tinca vulgaris	Karpfenartige (Weißfische)	schlammige Flüsse und Teiche	Fleisch geschätzt, im Winter am besten
49	Schleischnäpel. . .	Coregonus lavaretus	Lachsartige	Nordseeküste	—
50	Schmerle	Cobitis barbatula forma baltica	Schmerlen	Bäche und Seen Europas	auch als Bartgründel, Fleisch wohlschmeckend
51	Schnäpel	—	—	—	s. Nordseeschnäpel
52	Sterlett	Acipensor ruthenus	Störe	Rußland und Südeuropa	Fleisch hochgeschätzt
53	Stint	Osmerus eperlanus	Lachsartige	Flußmündungen der Nord- und Ostsee	größerer Stint, auch Seestint genannt (riecht frisch nach Gurken)
54	Stör	Acipenser sturio	Störe	meist Rußland	meist in gefrorenem Zustand eingeführt, Mindestmaß 100 cm, Fleisch grob, hochwertig
55	Uklei, Uckelei. . .	Alburnus lucidus	Karpfenartige (Weißfische)	Seen ganz Europas und in den Haffen	Fleisch geringwertig, Perlenessenz aus den silberglänzenden Schuppen
56	Wanderschnäpel . .	Coregonus lavaretus forma typica	Lachsartige	Ostseeküste	—
57	Wels	Silurus glanis	Welsartige	Flüsse und Seen	auch als Waller, oft Schlammgeschmack
58	Zährte	Abramis vimba	Karpfenartige (Weißfische)	Nordostseeflüssen	auch als Blaunase, Mindestmaß 15 cm, grätenreich
59	Zander [1]	Lucioperca sandra	Barsche	auch in salzarmen Teilen der Ostsee, nicht in Weser und Rhein	auch als Schill, Mindestmaß 35 cm
60	Ziege	Pelecus cultratus	Karpfenartige (Weißfische)	Ostseehaffe, Donau	Fleisch geringwertig
61	Zobel	Abramis sapa	Karpfenartige (Weißfische)	Donau	fälschlich als Halbbrachsen, wirtschaftlich unbedeutend
62	Zope	Abramis ballerus	Karpfenartige (Weißfische)	Ostsee, Haffe, norddeutsche Seen, Elbe Weser	Fleisch sehr grätig

[1] Seezander kommt aus Süßwasserseen.

c) **Heringartige Fische.** Der Hering (Clupea harengus)[1] ist der in Deutschland besonders in der Fischindustrie am häufigsten gebrauchte Fisch. Im Jahre 1932 stammten etwa 3 Mill. dz Heringe (einschließlich Salzheringen) aus deutschem Fang, etwa 3 Mill. dz wurden eingeführt, davon der größte Teil aus Großbritannien und Norwegen, erhebliche Mengen auch aus Dänemark, Schweden und den Niederlanden. Der Hering kommt vor von der Westküste Frankreichs bis zum weißen Meer. Zur Laichzeit rückt er in riesigen Schwärmen zu den Laichplätzen in den Norwegischen Schären. Je nach Fangzeit und -ort unterscheidet man Frühjahrs-, Sommer-, Herbst- und Winterhering, nach der Laichzeit oder Geschlechtsreife Matjeshering, Vollhering und Hohlhering, nach der Fangart den Trawl- oder Dampferhering und den Loggerhering[2]. Im Frühjahr werden größere Fänge des mageren und daher weniger brauchbaren Elbherings an der Nordseeküste, weiter der mittelfette schottische Lochfine- und Stornowayhering, weiter der Norweger Frühjahrshering und der dänische und schwedische Skagerrakhering, französischer Hering, Heringe aus der Kiel-Travemünder Bucht und der geringwertige Holländer Hering verarbeitet. Der Hering ist in dieser Zeit mager bis mittelfett. Im April bis Juni werden Norweger, Holländer und Schottlandhering (Lerwickheringe) gefangen. Die Hauptperiode der deutschen Heringsfischerei beginnt im Juli mit der Trawl-Fischerei am Fladengrund bei Schottland, die einen besonders fetten, für Räucherzwecke geeigneten Rohstoff liefert[3]. Dazu kommt meist vorher der im Treibnetz (Logger) gefangene und auf See gesalzene Hering, der vielleicht bestimmt ist, künftig eine besondere industrielle Bedeutung zu gewinnen sowie der bei Island gefangene Hering. Im Oktober und November wird der Hering von Lowestoft-Yarmouth, im November und Dezember der kleine norwegische Fetthering verarbeitet. Der Ostseehering (kleinste Form heißt Strömling) gilt im allgemeinen als besserer Rohstoff für Fischkonserven.

Die Unterscheidung der Heringsarten nach Herkunft ist, besonders in verarbeitetem Zustande, schwierig und dem Fachmann zu überlassen. Für die Nordseefischerei kommen nach LISSNER nur 3 Heringsrassen in Frage, von denen nur eine, nämlich die des Herbstlaiches, in der Nordsee geboren ist. Sie werden an der Summe der Wirbel erkannt.

Matjeshering[4] (von Maid) ist der Hering, der noch nicht gelaicht hat und mild gesalzen wird (8—10% Salz), Vollhering derjenige, der Milch (Sperma) oder Rogen (Eier) enthält, Hohlhering oder Ihle, der nach dem Laichen gefangene Hering, Jagerhering der in schnellen Schiffen (Jagern) gelandete Sommerhering, grüner Hering der frische, nicht entweidete, nur angesalzene (2—3% Salz) und daher nicht lange haltbare Fisch.

In zubereitetem Zustande kommen für den Hering folgende Bezeichnungen in Frage: Bücklinge sind geräucherte, schwach gesalzene, nicht ausgenommene Fettheringe, als bester Rohstoff dafür dient der Hering vom Fladengrund (Juli bis September). Heringsbückling ist ausgeweideter Lachsbückling (groß, gesalzen). Der in England aus frischen oder gepökelten Heringen geräucherte Fisch heißt Bloaters, Reds oder Kippers. Fleckheringe sind große Heringe mit Kopf, die vom Rücken aus gespalten und entweidet werden, wobei die Gräten nicht entfernt werden. Frühstücksfisch (Edelbückling) ist der gleiche

---

[1] Vgl. E. EHRENBAUM: Die Heringsuntersuchungen der deutschen wissenschaftlichen Kommission und der fischereibiologischen Abteilung Hamburg 1930—33. D.W.K. Berichte Nr. I, Bd. 7, Heft 3. Die Bezeichnung „Sild" ist gleichbedeutend.

[2] Siehe oben S. 821.

[3] Vgl. A. BEHRE: Mit dem Fischdampfer beim Fladengrund. Der Fischerbote 1933, Heft 6.

[4] Bisher wurden nur schottische oder isländische nicht laichreife Heringe als Matjes bezeichnet, die Wirtschaftslage drängt wohl dazu, künftig auch entsprechend behandelte Trawlheringe nach Matjesart zu salzen.

Fisch, vom Bauch aus aufgeschnitten und entgrätet. Beide werden in aufgeklapptem Zustande geräuchert.

Die Sprotte (Clupea sprattus), auch Brisling oder Breitling, ist ungefähr so verbreitet wie der Hering, sie geht im Norden nicht über die Lofoten hinaus, im Süden aber bis zum Mittelmeer. In besonders großen Mengen wird sie in der Ostsee (Kieler, Eckernförder, Danziger Bucht) gefangen, aber auch in den Wintermonaten in der Elbe und an den Nordseeküsten. Die norwegische und dänische Bezeichnung Brisling hat sich auch in Deutschland eingebürgert, aus Norwegen ist aber auch der Brauch nach Deutschland gelangt, die Sprotte in besonderer Verarbeitung als „Anchovis" zu bezeichnen, während der Name Anchovis als frischer Fisch nur der Sardelle (s. unten) zukommt. Für die Sprotte ist in Norwegen auch die Bezeichnung Sardine gebraucht worden (s. unten). Die Sprotten werden in Deutschland allgemein zur Herstellung von Appetitsild verwendet, wogegen Gabelbissen[1] aus Matjeshering hergestellt werden. Die Sprotte wird an den auch an der Bauchseite vorhandenen Schuppen erkannt.

Die Sardelle oder echte Anchovis (Engraulis enchrasicholus) wird nur in Deutschland als Sardelle, in allen anderen Ländern als Anchovis (Anchojis) gehandelt. Sie kommt in holländischen, französischen, spanischen und deutschen Küstengewässern sowie im Mittelmeer vor, ist ein besonders schmackhafter Fisch und kommt nach Deutschland nur in gesalzenem Zustande.

Die Sardine (Clupea pilchardus)[2] kommt an der Küste Frankreichs, Spaniens, Portugals und der angrenzenden Meere vor. Sie wird in großem Umfange in Olivenöl zu sterilen Waren in Dosen stramm verpackt. Gelegentlich werden auch Sardinen in Kühlwagen in Deutschland eingeführt. In Dänemark lautet die Bezeichnung Pilchard und in Holland Pelser. Mit der Bezeichnung „Sardine" wird im Handel viel Mißbrauch getrieben. Es werden oft junge Heringe, Sprotten oder junge Makrelen, in Öl eingelegt, als Sardinen in Öl vertrieben. In einem bekannten Prozeß hat das Reichsgericht[3] die Verwendung von Ersatzfischen für Sardinen, insbesondere norwegische Sprotten, für solche Waren als unzulässig erklärt.

Leider ist es üblich geworden, norwegische und deutsche Kleinheringe (Elbheringe) im Handel als Kronsardinen oder Russische Sardinen zu bezeichnen. Dieser Brauch soll sich bis Mitte des vergangenen Jahrhunderts zurückführen lassen. Die Bezeichnung „Kronensild" ist als Ersatz vorgeschlagen worden[4].

Die Einfuhr von Sardinen in Öl und anderen solchen Fischzubereitungen betrug im Jahre 1934 etwa 138000 dz.

d) Schellfischartige Fische. Die hierher gehörigen fettarmen Fische werden meist in der Nordsee, bei Island, der Bäreninsel und im Weißen Meer gefangen und dienen in erster Linie der Versorgung der Bevölkerung mit Frischfischen. An Stelle von Schellfisch (Gadus aeglefinus), dessen Fang gegenüber früheren Jahrzehnten erheblich zugunsten des Kabeljaus und Köhlers zurückgegangen ist, wird häufig der Wittling oder Merlan (G. Merlangus) geliefert, der sich von ersterem durch einen schwächeren seitlichen Bauchstrich unterscheidet und im allgemeinen nicht so groß wird wie der Schellfisch. Der Kabeljau (G. morrhua)[5] wird in der Jugendform und in der besonderen, in dänischen

---

[1] Vgl. dazu S. 851. Eine Kennzeichnung der aus deutscher Ware hergestellten Gabelbissen wird angestrebt.

[2] Spanische Sardinen sollen oft eine Beimischung von Stöckermakrelen enthalten, vgl. auch S. 850.

[3] Vgl. Fußnote 4 S. 852.

[4] Auch die Ostseefischerei behauptet, ein Anrecht auf die Bezeichnung von kleinen Ostseeheringen als Ostsee-Kronsardinen oder sogar Ostsee-Sardinen zu haben.

[5] An der Ostsee auch Pomuchelskopf genannt.

Gewässern und der Ostsee vorkommenden Zwergform Dorsch genannt. Der Köhler (Kohlmuhl, Blaufisch, Gadus virens) wird seit vor dem Kriege auch fischereistatistisch als Seelachs bezeichnet[1]. Sein Fleisch hat in der Faserung und Schichtung eine gewisse Ähnlichkeit mit dem Lachsfleisch, unterscheidet sich von ihm aber durch geringeren Fettgehalt, höheren Wassergehalt und viel geringere Schmackhaftigkeit. Dieses Fleisch wurde von der Fischindustrie für besonders geeignet gefunden, in gefärbtem Zustande und in Scheiben geschnitten sowie in Öl gelegt, den Schnittlachs in Dosen zu ersetzen.

Das Landgericht Altona[2] hat in seinem Urteil vom 7. Juni 1928, das am 11. Februar 1929 die Billigung des Reichsgerichts gefunden hat, dahin entschieden, daß die Bezeichnung „Seelachs" für den Köhler handelsüblich und nicht zu beanstanden ist. Wenn jemand aber aus ungefärbtem Seelachs durch Behandlung rot gefärbtes, dem Lachs ähnliches Fischfleisch in Scheiben herstelle, so müsse das dem Käufer in deutlicher Weise bekannt gegeben werden, z. B. käme die Bezeichnung „Bester Flußlachsersatz" in wesentlich kleinerer Schrift und an anderer Stelle als auf der eigentlichen Aufschrift praktisch der Verschweigung der Tatsache, daß es sich hier um eine Nachahmung handele, gleich. In allerletzter Zeit hat allerdings das Landgericht Duisburg mit Billigung des Oberlandesgerichts in Düsseldorf (Urteil vom 22. Juli 1931) einen viel schärferen Standpunkt eingenommen und die Verwendung dieser Bezeichnung für Köhler allgemein für unzulässig erklärt.

Der Hechtdorsch (Merluccius vulgaris) wird zur Zeit im Fischhandel allgemein als Seehecht, der Lengfisch (Molva vulgaris)[3] als „Seeaal" in den Handel gebracht. Der Name „Seehecht" ist abzulehnen, weil Hechte, soweit sie uns als Nahrungsmittel dienen, Fische der Binnengewässer sind. Wenn sich auch bei diesem Fisch der Name Seehecht eingebürgert hat (auch BREHM, Teil 2, benutzt den Namen Seehecht oder Meerhecht), so sollte doch im Interesse reinlicher Benennung der Fische von dem Namen Seehecht für den Hechtdorsch Abstand genommen werden, zumal die vorgeschlagene Bezeichnung Hechtdorsch als eine durchaus wohlklingende anzusehen ist. Für den Lengfisch kann aus den oben angeführten Gründen lediglich der Name Leng oder Lengfischfleisch in Frage kommen; die Bezeichnung „Seeaal" muß abgelehnt werden.

e) Plattfische. Neben den schellfischartigen Fischen sind die Plattfische für den deutschen Seefischfrischmarkt die wichtigsten. Beide Augen befinden sich auf einer Seite des unsymmetrischen Körpers. Die Hauptvertreter dieser Klasse sind: Scholle oder Goldbutt (Pleuronectes platessa), hauptsächlich in der Nordsee, Rotzunge (Pl. cynoglossus), in der nördlichen Nordsee, bei Island usw., Flunder (Pl. flesus, Strufbutt, Graubutt, Elbbutt, Weserbutt). Weniger in Frage kommen Limande oder echte Rotzunge (Pl. microcephalus), Rauhe Scholle oder Heilbuttzunge (auch Doggerscharbe) (Drepanopsetta platessoides), Kliesche oder Scharbe (Pl. limanda) und Scheefsnut oder Migram, auch Flügelbutt (Zeugopterus megastoma), der die Augen linksseitig hat. Als teure Tafelfische kommen noch in Frage: Seezunge (Solea vulgaris), Steinbutt (Rhombus maximus), Heilbutt (Hypoglossus vulgaris) und Glattbutt, Tarbutt oder Kleist (Rhombus laevis).

f) Aale. Der Aal (Anguilla vulgaris) ist zur Zeit der Geschlechtsreife ein Tiefseefisch. Über die Fortpflanzung, die lange Zeit unbekannt gewesen ist, wurde von dem Dänen J. SCHMIDT festgestellt, daß die kleineren Männchen in den Flußmündungen bleiben, während die größeren weiblichen Aale in die Flüsse aufsteigen. Die unreifen Aale (Gelbaale oder Freßaale) sind auf dem Rücken graugrün bis braun und unten gelbweiß, sie nehmen bei beginnender Geschlechtsreife (Blankaal oder Silberaal) eine braune bis schwarze Färbung auf dem Rücken

---

[1] Vgl. auch W. LUDORFF: Deutsch. Nahrungsm.-Rundschau 1934, Heft 7 und das Österreichische Lebensmittelbuch 1932, Heft 30, S. 88.

[2] Vgl. A. BEHRE: Z. 1932, 64, 460.

[3] Verwandt mit dem Leng ist die im Süßwasser, in den Haffen und der östlichen Ostsee vorkommende Aalquappe oder Aalrutte (Lota vulgaris).

Tabelle 4. Übersicht über fälschliche und richtige Handelsbezeichnungen von Fischen[1].

Nr.	Name	Fälschliche Bezeichnung	Richtige Bezeichnung
1	Dornhai (Acanthias vulgaris)	Seeaal, Steinaal	Dornfisch (als Vorschlag), Pinade (in Gelee), Schillerlocken (geräucherte Bauchlappen)
2	Heringshai (Lamna cornubica)	Seestör, Wildstör, Störfilet, Klippenstör, seltener als Thunfisch	Kalbsfisch (als Vorschlag), Karbonadenfisch in Stücken
3	Rochen (Raja clavata und radiata)	Französischer oder belgischer Steinbutt	Rochen
4	Köhler, Blaufisch (Gadus virens)	gleichzeitig geräuchert und gefärbt als Seelachs	Köhler, Blaufisch, frisch und geräuchert als Seelachs, gefärbt als Lachsersatz
5	Wittling oder Merlan (Gadus merlangus)	Schellfisch	Wittling (bei kleinen Schellfischen bis 20% Wittlinge gestattet)
6	Seehecht (Merluccius vulgaris)	Seehecht	Hechtdorsch (als Vorschlag)
7	Leng (Molva vulgaris)	Seeaal und Seelachs (geräuchert selten)	Leng, Lengfisch
8	Angler oder Seeteufel (Lophius piscatorius)	Forellenstör	Angler
9	Katfisch, Austernfisch, Seewolf (Anarrhichaslupus)	Klippenstör	Katfisch, Austernfisch, Steinbeißer
10	Petermännchen (Trachinus draco)	Seeforelle	Petermännchen
11	Grauer Knurrhahn (Trigla gurnadus)	Seeforelle	Knurrhahn
12	Roter Knurrhahn (Trigla hirundo)	Seeforelle	Knurrhahn
13	Rotbarsch (Sebastes norvegicus)	Seekarpfen, Seezander	Rotbarsch, Goldbarsch
14	Makrele (Scomber scomber)	Lachsforelle (gesalzen[2] und geräuchert)	Makrele
15	Rotzunge (Pleuronectes cynoglossus)	Zunge, Seezunge	Rotzunge
16	Kliesche oder Scharbe (Pleuronectes limanda)	Scholle, Limande	Kliesche (Flunder, geräuchert)
17	Scholle oder Goldbutt (Pleuronectes platessa)	—	Scholle oder Goldbutt (Flunder, geräuchert)
18	Scheefsnut oder Migram (Zeugopterus megastoma)	Scholle	Scheefsnut, Braunzunge (Flügelbutt)
19	Rauhe Scholle (Drepanopsetta platessoides)	Scholle	Scharbzunge, Heilbuttzunge
20	Hering (kleiner) (Clupea harengus)	Russische Sardine, Kronsardine, Sekundasprott (geräuchert), auch Anchovis als Salzkräuterware	Hering, Sild
21	Sprott oder Brisling (Clupea sprattus)	Sardine, Anchovis[3]	Sprott, Brisling, Breitling, Appetitsild

[1] Vgl. A. BEHRE: Z. 1932, 64, 460.
[2] Vgl. Entscheidung des Reichsgerichts vom 4. November 1913. — Gesetze und Verordnungen betr. Lebenmittel (Beilage zur Z.) 1915, 7, 215.
[3] Vgl. die Ausführungen S. 851.

und eine silberweiße Färbung in der Bauchgegend an. Die aus den Eiern geschlüpften Aale (Aallarven) sind glashell und nach Art eines Weidenblattes seitlich zusammengedrückt. Sie wurden früher für eine besondere Fischart (Leptocephalus brevirostris K.) gehalten. Nach längerem Aufenthalt an den Laichplätzen im Meere wandern sie als runde Glasaale in drei getrennten Zügen zu den Küsten, wo sie in die Flüsse und Seen aufsteigen (Steigaale). Der Aal wird auch in großen Mengen in der Ostsee, an der norwegischen, west- und südeuropäischen Küste gefangen. Der deutsche Aal laicht nordöstlich der amerikanischen Küste. Sein Fang in Deutschland wird auf über 15000 dz jährlich geschätzt, in Europa auf über 100000 dz. Der deutsche Ostsee-Aal ist der beste unter den Sommeraalen (Gelb- oder Braunaal, d. i. unreifer Aal). Der Winter-aal (Blank- oder Silberaal, d. i. geschlechtsreifer Aal) ist meist schwedischen oder dänischen Ursprungs. Auch italienischer, ägyptischer und besonders amerikanischer Aal wird, und zwar als Gefrieraal, eingeführt.

Hier wäre auch noch ein Wort über die Begriffe „Gefrieraal" und „tief-gekühlter Aal" zu sagen. Der Ministerialerlaß vom 11. Mai 1934 ordnet an, daß eine ausreichende Kenntlichmachung dieser Ware im Handel erfolgen muß. Die Begriffsbestimmungen der Wirtschaftlichen Vereinigung der Fischindustrie[1] weisen auch ausdrücklich daraufhin, daß der bei einer Temperatur unter — 7⁰ gekühlte Aal als „tiefgekühlt" zu bezeichnen ist. Es handelt sich dabei also um schnellgekühlte Ware. Ergänzend muß hinzugefügt werden, daß der Gefrier-aal, d. h. der zwischen 0 bis — 7⁰ langsam gekühlte Aal entsprechend auch als „Gefrieraal" kenntlich zu machen ist[2]. Die letztere Ware unterliegt beim Auftauen sehr schnell der Zersetzung.

Was vorstehend vom Aal gesagt worden ist, gilt in gleicher Weise vom Stör.

Es gibt auch einen Meeraal oder Seeaal (Conger vulgaris), der zur Familie der Aale gehört und z. B. an der Nordseeküste gefangen wird. Er wird bis über 1 m lang, sein Fleisch ist geringwertig.

Wegen der Unklarheiten, die in den beteiligten Kreisen noch über die Handelsbezeichnungen von Fischen bestehen, wird vorstehend (Tabelle 4) eine Übersicht über fälschliche und richtige Handelsbezeichnungen von Fischen gegeben.

5. Eßbarer Anteil, Verdaulichkeit und Bewertung.

a) Eßbarer Anteil. Der Gehalt an eßbarem Anteil ist bei Fischen geringer als bei den Warmblütern.

Während beim Rindfleisch der Abfall im Kleinhandel etwa 30% beträgt, kann er bei Fischen bis zu 50% betragen, bei kopflos eingekauften Fischen aber nur 10—15%. Hierüber sind vor Jahrzehnten umfangreiche Feststellungen von W. O. Atwater und Chr. Ulrich[3] gemacht worden, neuerdings auch ergänzende Feststellungen von H. Metzner und E. Röhler[4]. Aus nach-stehender Zusammenstellung (Tabelle 5) sind die wichtigsten Zahlen zu ersehen.

In einzelnen Fällen gehen die Angaben ziemlich weit auseinander, so beim Karpfen, woraus geschlossen werden muß, daß noch weitere Untersuchungen zur Klärung dieser Frage erforderlich sind. Über Seefische liegen noch keine brauchbaren Zahlen vor.

---

[1] Vgl. Fußnote 2 S. 844.   [2] Vgl. Fußnote 2 S. 857.

[3] Vgl. J. König: Chemie der menschlichen Nahrungs- und Genußmittel, Bd. II, S. 482 und Nachtrag zu Bd. I, 1919, S. 81.

[4] H. Metzner u. E. Röhler: Der Fischerbote, Heft 16. Altona 1931.

Tabelle 5. Eßbarer Teil und Abfall.

Nr.	Art des Fisches	Vom Gesamt-Gewicht entfielen auf den		Untersuchung von
		eß-baren Anteil %	Abfall %	
1	Aal	62,7	37,3	H. METZNER und E. RÖHLER
2	Alse	49,9	50,1	J. KÖNIG
3	Blei	55,5	44,5	,,
4	Elblachs . .	68,9	31,1	,,
5	Flunder . .	43,0	57,0	,,
6	Forelle . . .	65,9	34,1	H. METZNER und E. RÖHLER
	,,	51,9	48,1	W. O. ATWATER
7	Flußbarsch .	37,3	62,7	,,
8	Hecht . . .	62,5	37,5	H. METZNER und E. RÖHLER
	,,	57,3	42,7	W. O. ATWATER
9	Heilbutt . .	82,3	17,7	J. KÖNIG
10	Karpfen . .	60,1	39,9	H. METZNER und E. RÖHLER
	,,	43,6	56,4	J. KÖNIG
11	Lachs . . .	64,7	35,3	W. O. ATWATER
12	Meeraal . . .	79,8	20,2	J. KÖNIG
13	Plötze . . .	66,6	33,4	H. METZNER und E. RÖHLER
14	Schleie . . .	39,0	61,0	J. KÖNIG
15	Stör	85,6	14,4	,,

b) Verdaulichkeit. Die Verdaulichkeit (Ausnutzbarkeit) des Fischfleisches ist die gleiche wie beim Warmblüterfleisch, wie durch zahlreiche Versuche, besonders die von J. KÖNIG und A. SPLITTGERBER[1] nachgewiesen worden ist. Das Fischfleisch unterliegt aber im Körper einer schnelleren Verdauung als das Fleisch von Warmblütern, wodurch auch ein geringerer Sättigungswert des Fischfleisches bedingt ist. Nach K. B. LEHMANN kommen auf 100 Tle. Eiweiß im Rindfleisch etwa 350 Tle. Wasser, im Fischfleisch aber 450 Tle. Wasser. Beim Kochen verliert das Fischfleisch nur 15% und schrumpft dabei weniger ein als das Rindfleisch, das dabei 41—45% Wasser verliert.

c) Bewertung. Über die Frage der Preiswürdigkeit der Fische haben J. KÖNIG und A. SPLITTGERBER[2] im Jahre 1909 folgende Berechnung angestellt:

	Fleisch einschließlich Abfälle RM je kg	Schieres Fleisch nach Entfernung der Abfälle RM je kg
Seefische (Schellfisch, Kabeljau)	0,60—0,80	1,00—1,30 (40% Abfall)
Süßwasserfische (Karpfen, Schleie) . . .	1,20—1,60	2,00—2,66 (40% Abfall)
Rind- und Kalbfleisch	1,60—2,00	2,10—2,70 (25% Abfall)

Wenn die doppelte Menge Fischfleisch gekauft würde, wären die Preise also ungefähr gleich. Diese Preisberechnung dürfte auch jetzt noch ungefähr zutreffen. Im übrigen schwanken ja die Preise gerade bei Fischfleisch sehr, je nach den Fängen oder der Zufuhr.

Wesentlich günstiger stellt sich die Rechnung bei bestimmten Fischkonserven, wie aus nachfolgenden Angaben, die auf heutiger Preisbasis fußt, ersichtlich wird. Es kostet 1 kg

Bückling 0,76—1,50 RM, Salzhering 0,80 RM.

Danach ist eine Mahlzeit aus 0,5 kg Bückling oder Salzhering, die etwa 300 g schierem Fischfleisch entsprechen, und Kartoffeln die billigste und dabei eine völlig ausreichende Mittagsmahlzeit.

Die Bewertung des Fischfleisches im Handelsverkehr hängt von der geschmacklichen Beschaffenheit des Fleisches der einzelnen Fischarten ab; weiter kommen unter anderem in Frage die Laichzeiten, die Seltenheit und der Frischezustand der Fische. Manche Fische kommen in lebendem Zustand auf den Markt,

---

[1] J. KÖNIG u. A. SPLITTGERBER: Z. 1909, 18, 497 und Sonderschrift aus den Landw. Jahrb. 1909, 38, Ergänzungsheft IV. Berlin: Paul Parey. Vergl. auch O. WILLE: Fischwirtschaft 1929, 5, 148.

[2] Nach J. KÖNIG: Chemie der menschlichen Nahrungs- und Genußmittel, Nachtrag zu Bd. I, 1909.

wie Karpfen und viele andere Süßwasserfische, unter den Seefischen auch Schollen; der größte Teil, besonders fast alle Seefische, werden dagegen in totem Zustande gehandelt. Da es in letzterem Falle oft schwer äußerlich feststellbar ist, ob die Fische noch einen genügenden Frischezustand besitzen, spielt die Ermittlung des Frischezustandes im Marktverkehr und in der Lebensmittelkontrolle eine große Rolle (s. weiter unten)[1]. Ein großer Teil der Fische, besonders wieder die Seefische, werden vor dem Verkauf entweidet, jedoch wird z. B. der Hering in manchen Handelswaren (als grüner Hering und Bückling) auch mit den Eingeweiden verkauft, desgleichen auch Sprott (in Öl), Anchovis, Sardellen, Zander und Dorsch.

6. Fehlerhafte Beschaffenheit des Fischfleisches.

Nicht alle Fische eignen sich für den Genuß, ganz abgesehen davon, daß manche Menschen von vornherein eine Abneigung oder Überempfindlichkeit (Idiosynkrasie und Anaphylaxie) gegen den Genuß von Fischfleisch besitzen. Hier wirkt das Fischfleisch als Allergen. Manche Fische enthalten auch durch ihren ganzen Körper hindurch oder in einzelnen Körperteilen Giftstoffe, weiter Schmarotzer oder solche Stoffe, die als Krankheitsstoffe anzusehen sind. Schließlich kommen Veränderungen des Fischfleisches nach dem Tode in Betracht, die seinen Genuß als bedenklich oder sogar gesundheitsschädlich erscheinen lassen. Danach wird man eine physiologisch, pathologisch und postmortal bedingte veränderte Beschaffenheit, die marktmäßig als fehlerhafte Beschaffenheit bezeichnet werden muß, unterscheiden.

a) Physiologische Zustände. Als giftig ist, soweit es mit offenen Wunden unmittelbar z. B. beim Fang oder bei der Zubereitung in Berührung kommt, das Blut oder Blutserum von Aal, Meeraal, Flußneunauge, Tunfisch, Muräne, Karpfen, Schleie, Hecht anzusehen. Es löst die Erythrocyten des Menschenblutes und des Blutes einiger Tiere auf. Aalblut ruft auch im Auge des Menschen heftige Bindehautentzündung hervor. Die Wirkung wird auf einen Giftstoff (Ichthyotoxin) zurückgeführt. Bei der Aufnahme des Blutes durch den Magen tritt keine schädliche Wirkung ein, durch Kochen wird das Gift zerstört. Nach L. Lewin[2] hängt die Giftigkeit des Fischblutes mit der Nahrung nicht zusammen[3].

Eine große Anzahl von Fischen, besonders ausländischen (z. B. Hobo-Japan, Laffisch-Ostindien, Synanceia-Malakka), seltener heimischen Vorkommens, sind mit Giftstacheln ausgerüstet, die von einer oder mehreren Giftdrüsen gespeist werden. Von den einheimischen Fischen kommen in Frage der Dornhai und Rotbarsch mit einem Giftstachel auf dem Rücken, der Rochen mit Stacheln am Schwanz, der Meeraal mit Stacheln am Gaumen, die Muräne an der Gaumenschleimhaut, der Knurrhahn an den Kiemendeckeln, das Petermännchen an der vorderen Rückenflosse, der Stichling mit 9—11 Stachelstrahlen vor der Rückenflosse, der Drachenkopf (Scorpaena scrofa) mit vielen scharfen Stacheln. Beim Fang und Schlachten auf hoher See wird diesem Umstand seitens der Schiffsbesatzung größte Aufmerksamkeit gezollt. Giftstacheln müssen vor dem Verkauf entfernt werden. Vergiftungen hierdurch bei Käufern sind kaum je bekannt geworden.

Unter den einzelnen inneren Organen, die auch gelegentlich genossen werden, sind als giftig bekannt der Rogen der Barben und Brassen sowie der

---

[1] Über den Begriff „Frische Fische" vgl. S. 857, Fußnote 2.

[2] L. Lewin: Gifte und Vergiftungen, S. 989f., 1019 und 1040. Berlin: Georg Stilke 1929. Dort sehr umfangreiche Angaben über Fischvergiftungen, weiter Starkenstein-Rost-Pohl: Toxikologie, S. 8 u. 141. Berlin u. Wien: Urban & Schwarzenberg 1929.

[3] Auch die Haffkrankheit, die gewisse Ähnlichkeit mit der Aalvergiftung zeigen soll, ist in ihrer Ursache noch nicht geklärt. L. Lewin führt sie auf flüchtige Arsenverbindungen zurück. Vgl. auch F. Flury: Klin. Wochenschr. 1935, 14, 1273 und Chem.-Ztg. 1936, 60, 138.

Laich der Weißfische, Hechte und anderer Fische, die aber kaum als Nahrungsmittel in Frage kommen, sowie auch die Leber ausländischer Fische. Einzelne Fische sollen zu gewissen Zeiten, z. B. im Frühjahr giftig sein.

Im allgemeinen wird gesagt werden können, daß Vergiftungen durch den Genuß von frischen Fischen in unseren Breitengraden nicht vorkommen. Zahlreiche von Ärzten als Fischvergiftung festgestellte Erkrankungen haben bei näheren Nachforschungen auf andere Ursachen zurückgeführt werden müssen.

b) Pathologische Veränderungen. In gesundheitlicher Beziehung kommt hauptsächlich die Finne der breiten Bandwürmer oder des Grubenkopfes (Bothriocephalus latus) in Frage, die im Muskelfleisch von Hecht, Barsch, Zander, Lachs, Nutte, Forelle, Äsche, Muräne u. a. lebt. Beim Genuß von ungenügend gekochtem Fisch kann sie sich im Darm des Menschen zum gefährlichen Schmarotzer entwickeln. Die Larven des Katzenegels (Opiothorchis felineus) kommt in der Plötze vor. Die eigentlichen Infektionskrankheiten[1] oder Seuchen (z. B. Furunkulose bei Salmoniden, Rotseuche des Aales, Rotseuche bei Karpfen, Beulenkrankheit der Barben, Blutparasiten, Geschwüre und Flecken, Hautschmarotzer, Verpilzung der Haut der Schuppen) spielen gesundheitlich für den Menschen keine Rolle, da deren Erreger bei der Zubereitung vernichtet werden. Soweit dadurch die Beschaffenheit der Fische schon äußerlich stark verändert erscheint, sind sie genußuntauglich oder als verdorben zu bezeichnen. Zu erwähnen ist nur noch die Nematode[2] (Ascaris), die besonders bei den Gadusarten (Kabeljau), aber auch bei Heringen gelegentlich gefunden wird. Sie ist als ganz unbedenklich zu beurteilen, soweit sie sich in den Eingeweiden befindet und ist in der Muskulatur dann nicht zu beanstanden, wenn sie dort vereinzelt auftritt.

An Aalen, Stinten und Butten ist nachgewiesen worden, daß sie Typhusbacillen durch das Wasser aufnehmen, die aber beim Kochen des Fischfleisches sicher abgetötet werden.

Wegen Einzelheiten wird auf das angegebene Schrifttum verwiesen.

Zu erwähnen ist hier schließlich noch die gelegentlich beobachtete Vergiftung durch Genuß von Fischen, die durch Kokkelskörner (beim Angeln) getötet worden sind. Besonders Barben sollen dabei leichter als andere Fische Pikrotoxin aufnehmen. Solche Fische schmecken bitter.

c) Postmortale Veränderungen. Infolge des hohen Eiweiß -und Wassergehaltes entstehen durch Zersetzung und Fäulnis der Eiweißstoffe des Fischfleisches ebenso wie beim Warmblüterfleisch giftige Stoffe[3]. Das ganze Gebiet der Fischvergiftungen bedarf noch einer gründlichen Durcharbeitung, da sich im Schrifttum die widersprechendsten Angaben finden. Jedenfalls handelt es sich bei den Fischvergiftungen stets um bakterielle Veränderungen. Dabei kommt vor allem der Befall durch 4 Gruppen von Fleischvergiftern von außen her in Frage, die als stark gifterzeugend bekannt sind, nämlich die Gruppen des Bacillus botulinus, der Proteus-Arten, der Typhusbakterien und schließlich die Pyratyphusbacillen.

---

[1] Vgl. v. Ostertag: Handbuch der Fleischbeschau, Bd. II, 1923. — L. Brühl: Die Rotseuche der Aale. Der Fischmarkt 1933, Heft 10. — F. Schönberg: Berl. tierärztl. Wochenschr. 1931, **47**, 65; Zeitschr. Fleisch- u. Milchhyg. 1931, **42**, 5. — W. Schaperclaus: Der Biologe 1932/33, S. 186.

[2] Vgl. W. Schnackenbeck: Fadenwürmer bei Seefischen. Fischerbote 1934, Heft 1. Altona-Blankenese: J. Kröger.

[3] Aus faulen Dorschen sind als Fäulnisbasen Neuridin, Äthylendiamin, Muskarin, Gardinin und Sardinin gewonnen worden. Nach L. Lewin (s. oben) sollen in Fischkonserven 0,2—0,6 g Ptomain im kg festgestellt sein; 2 Tage nach dem Öffnen der Dosen nahm dieser Gehalt zu. — Vgl. auch J. Bongert: Obergutachten über Fischvergiftung. Tierärztliche Rundschau 1933, **39**, Nr. 47.

Es sind daher möglichst Vorkehrungen zu treffen, damit eine Infektion von außen her vermieden wird und zwar sowohl beim Fang als auch bei der Aufbewahrung und Zubereitung sowie beim Versand der Fische.

Beim Schleppen der F a n g n e t z e werden die zuerst gefangenen Fische vielfach verletzt oder sterben ab. Von der Schnelligkeit der Verarbeitung (Schlachtung) der im Netz gehobenen Fische, und ihrer Einlegung auf Eis, von der Beschaffenheit der Kühlräume auf den Schiffen und der des gemahlenen Eises, in das die Fische zum Teil direkt eingelagert werden, sowie von der Zeit der Dampferlagerung hängt die Beschaffenheit der angelandeten Fische ab. Nur wenige Fischdampfer besitzen neuzeitliche Kühleinrichtungen (vgl. S. 821).

Weitere V e r f a h r e n d e r H a l t b a r m a c h u n g bestehen im Einfrieren bei niedrigen Wärmegraden, Trocknen, Räuchern, Salzen (Marinieren), Einlegen in Öl und Sterilisieren.

Schließlich werden an dieser Stelle auch die Verfahren der K o n s e r v i e r u n g frisch gefangener und entweideter Fische vermittels Konservierungsmittel wie Benzoesäure (z. B. Verfahren von EGEBERG-Norwegen) oder mit verd. Salzsäure (Verfahren von TALGREEN-Finnland) sowie die Aufbewahrung oder Verpackung von Fischen in Eis, das mit Chlor (Chloramin), Kaporit, Wasserstoffsuperoxyd, Hexamethylentetramin, Benzoesäure oder anderen organischen Säuren behandelt worden ist, erwähnt werden müssen. Eine ungünstige Einwirkung dieser Zusätze auf die Genußfähigkeit solchen Fischfleisches ist nicht ausgeschlossen.

Der F r i s c h e z u s t a n d d e r F i s c h e b e i m V e r k a u f ist von besonderer Bedeutung für die Beurteilung des Fischfleisches. Damit in Zusammenhang steht auch die Art des Schlachtens, der beim Fischfang größere Aufmerksamkeit gewidmet werden sollte, als es bisher zu geschehen pflegte. Auf den Fischdampfern werden die Großfische durch einen Stich getötet, dann werden durch einen Schnitt auf der Bauchseite die Eingeweide freigelegt und herausgenommen. Die Marktfische betäubt man durch Schlag mit einem stumpfen Gegenstand auf den Kopf, knickt den Kopf ab oder durchschneidet die Wirbelsäule. Schwierig ist bekanntlich die Tötung der Aale. Vielfach läßt man sie sich in Salz totlaufen, was von manchem als nicht zulässig angesehen wird. Am besten betäubt man sie durch wuchtiges Aufschlagen auf den Boden und schneidet ihnen dann das Rückenmark durch, was indessen wieder von Fischkennern als nicht durchführbar bezeichnet wird. Die Frage des Schlachtens der Fische ist sicherlich eine solche, die noch einer besonderen Regelung bedarf[1]. So erscheint auch die Erörterung der Frage notwendig, ob man den Verkauf sog. lebender Schollen, die während des Verkaufs in mehr oder minder großer Anzahl absterben, zulassen soll (s. auch § 4, 2 der Verordnung).

L e u c h t e n d e r F i s c h e[2]. Leuchtbakterien sind bei Fleisch von Warmblütern, wie beim Fischfleisch und Hummerfleisch, festgestellt worden. Das Seewasser selbst enthält solche Bakterien. An Bakterienarten sind festgestellt: Photobacterium pfluegeri, B. phosphorescens (auf Seefischen), Ph. fischeri und balticum (Ostsee), P. indicum (Westindisches Meer) und Ph. luminosum (Nordsee). Ein bestimmter Kochsalzgehalt (3%) des Fleisches scheint Vorbedingung für das Wachstum dieser Bakterien zu sein. Die Beseitigung des Leuchtens kann durch Behandlung mit Essigsäurelösung erfolgen. Leuchtendes Fischfleisch ist keineswegs immer als verdorben oder gar gesundheitsschädlich zu beurteilen, es ist vielmehr festgestellt, daß bei fortgeschrittener Zersetzung des Fleisches das Leuchten aufhörte. Auch in Schlachthäusern, Markthallen und Eiskellern werden oft Leuchtbakterien beobachtet, die zu den verbreitesten Bakterien gehören sollen.

---

[1] Vgl. die neue Verordnung über das Schlachten und Aufbewahren von lebenden Fischen und anderen kaltblütigen Tieren vom 14. Januar 1936 (RGBl. I, 13) und S. 857, Fußnote 2.
[2] R. v. OSTERTAG: 1923, Bd. I, S. 770.

Nach der Statistik über die Verbreitung der anzeigepflichtigen Krankheiten im Deutschen Reich[1] wurden in den Jahren 1930—1932 folgende Anzahl von Erkrankungen bzw. Sterbefällen an Fleisch-, Wurst- und Fischvergiftungen gemeldet:

	Erkrankungen	Sterbefälle
1930 . . .	1789	49
1931 . . .	1848	56
1932 . . .	2477	54

Auf 100000 Lebende entfielen im Jahre 1932 z. B. bei Diphtherie 99, Scharlach 85,3, Ruhr 7,5, Fleisch- und Wurstvergiftungen 3,8 Erkrankungen. Nach den Feststellungen des Reichsseefischausschusses ist in den wenigen Fällen von Erkrankungen durch Fischgenuß meistens Paratyphus die Ursache gewesen. Bei einer Anzahl von Meldungen über angebliche Fischvergiftungen, die stets von dem Ausschuß bis zu ihrem Ursprung verfolgt zu werden pflegen, ist einwandfrei festgestellt worden, daß sie nicht zutrafen. Verfasser hat selbst in einer Anzahl von Fällen dieser Art festgestellt, daß von Ärzten ohne irgendwelche sichere Unterlagen der Fischgenuß als die Ursache von Erkrankungen angegeben wurde.

7. Fischdauerwaren (Halb- und Vollkonserven)[2].

Die Fischkonservenindustrie umfaßte in der Zeit vom 1. April 1931 bis 31. März 1932 435 Betriebe (Fischräuchereien, Marinieranstalten, Bratereien, Kochereien, Lachs-, Aal- und Maränenräuchereien). Die Zahl der darin beschäftigten Personen ist, nach der Jahreszeit schwankend, auf 6—11000 angegeben worden. Von 471 im Jahre 1930 angegebenen Betrieben befanden sich in Altona-Hamburg-Harburg 76, in Wesermünde, Bremerhafen und Bremen 46, in Cuxhaven 17, in Kiel 21, in Eckernförde 23, im übrigen Schleswig-Holstein 24, in Lübeck 37, in Stralsund 17, Ostpommern 29, in Berlin und Umgegend 31 und im Rheinland-Westphalen 36 Betriebe.

Die Behandlung der Fische und ihrer Teile für den Zweck längerer Aufbewahrung geschieht durch Abkühlung (Gefrieren), Trocknen, Salzen[3], Räuchern (und Salzen), Einlegen in Essig, Braten in heißem Öl, Kochen und Einlegen in Gelatine mit Essigzusatz, Einlegen in Öl (Halb- und Vollkonserven) sowie Einlegen mit oder ohne Essig oder Gemüseteilen in Dosen, die sterilisiert werden (Vollkonserven). Von letzteren müssen diejenigen in Dosen mit Essig, Gelatine usw. eingelegten, vorbehandelten (gekochten oder gebratenen) Fischdauerwaren, die besser als Halbkonserven oder Präserven bezeichnet werden, unterschieden werden. Alle die genannten Verfahren bezwecken, das an sich bakterienfreie Fischfleisch auch bakterienfrei zu erhalten oder eingedrungene Kleinlebewesen abzutöten, das Fleisch also für einen bestimmten Zeitabschnitt haltbar zu machen.

Bei der Herstellung der Fischdauerwaren treten erhebliche Veränderungen und Verluste ein, wodurch ihr Nährwert vermindert wird (s. weiter unten).

Die deutsche Fischindustrie hat im letzten Jahrzehnt einen großen Aufschwung genommen, besonders die Herstellung der Halbkonserven (Kalt-, Brat- und Kochmarinaden). Erst in den allerletzten Jahren ist die Herstellung von Vollkonserven durch die deutsche Fischindustrie in Angriff genommen worden und hat ebenfalls zu einem großen Erfolg geführt. Die hauptsächlich verarbeiteten Fische sind Heringe und Sprotten, weiter der geräucherte Lachs und der zur Herstellung von Lachsersatz verwendete Köhler (Seelachs), geräuchert, in Scheiben

---

[1] Vgl. Reg.-Rat Dr. Dronedden in Reichsgesundheitsblatt 1932, 7, 400.

[2] Vgl. A. Behre: Begriffsbestimmungen für Fische und Fischzubereitungen. Die deutsche Fischwirtschaft 1935, 2, Heft 20, 45 und 49 (im Anschluß an die Leitsätze über Begriffsbestimmungen des Vereins der Fischindustriellen Deutschlands 1933) und Beschlüsse der Wirtschaftlichen Vereinigung der Fischindustrie über Begriffsbestimmungen bei fischindustriellen Erzeugnissen, ebenda Heft 20.

[3] Die Behandlung der Salzheringe mit Hydrochinon zur Verhinderung der Vertranung ist unstatthaft.

geschnitten, gefärbt und in Öl gelegt. Neuerdings werden aber auch Fische und Fischzubereitungen (Filethering, Bückling, Sprott, Makrele usw. in Tomaten- und anderen Tunken, mit oder ohne Öl) zu Vollkonserven verarbeitet, die als Konsum- und Feinkostwaren vertrieben werden. Daneben ist eine große Einfuhr von Vollkonserven besonders von Sardinen in Öl aus Spanien und Portugal, Sprotten in Tomaten sowie Anchosen (Appetitsild, Gabelbissen usw.) aus Norwegen und Schweden zu verzeichnen. Es ist heute die Aufgabe der Fischindustrie, durch Herstellung gleichartiger und gleichwertiger Erzeugnisse den deutschen Markt von der Einfuhr solcher Waren möglichst unabhängig zu machen. Dies ist um so mehr notwendig, als der deutschen Fischindustrie die Ausfuhr von Halb- und Vollkonserven nach europäischen und amerikanischen Ländern, die in den letzten Jahren einen großen Aufschwung genommen hatte, fast abgeschnitten ist. Der Umfang der Herstellung, Einfuhr und Ausfuhr in den letzten Jahren ist aus den folgenden Zahlen zu ersehen. Der Gesamtwert der deutschen Erzeugung von Halb- und Vollkonserven betrug 1931/32 96 Mill. RM, wovon auf Räucher- waren 45,8, auf Marinaden 47,3 und auf Vollkonserven 2,9 Mill. RM entfielen. Deutschland importierte 1932 für 12,5 Mill. RM Vollkonserven.

a) Kühlverfahren. Die Kühlung der Seefische beginnt kurz nach dem Fang bzw. dem Schlachten auf den Fischdampfern in der Weise, daß die Fische in abgeschotteten Abteilungen im Vorderschiff, die mit einem Raum für mitgeführtes zerkleinertes Eis in Verbindung stehen, eingelagert werden. Diese Räume müssen gegen Wärmezutritt gut geschützt sein. Hier werden die Fische lagenweise mit Eis verpackt, das mit etwas Salz bestreut wird. Heringe werden möglichst in Körbe oder Kisten zwischen Eis derart verpackt, daß die infolge der Bewegung des Schiffes drohende Verletzung der Fischhaut vermieden wird. Nur wenige Fischdampfer sind mit technischen Kühlanlagen zur Einhaltung ganz bestimmter Wärmegrade versehen. Bei wenig über 0⁰, welche Temperatur meist im Kühl- raum herrscht, ist die Haltbarkeitsdauer der Fische infolge bakterieller Ein- flüsse nur eine kurze, besonders in den Sommermonaten. Nach der Anlandung werden die Fische für den Frischfischgenuß in Kisten, Körbe oder auch lose in besondere Kühlwagen verpackt und gehen als Eilgut an ihren Bestimmungs- ort, wozu im äußersten Fall etwa 24 Stunden erforderlich sind[1].

Es sind Verfahren ersonnen worden, die Haltbarkeit der geschlachteten, aus- geweideten und entbluteten Fische durch Gefrierenlassen[2] zu verlängern. Bei langsamem Gefrieren an kalter Luft bilden sich aber große Eiskrystalle, wo- durch das Muskelgewebe des Fischfleisches gesprengt wird. Beim Auftauen solcher Fische tritt ein starker Saftverlust ein. Bei schnellem Gefrierenlassen der Fische kann dieser Übelstand vermieden werden. Das bekannteste und beste Verfahren dieser Art ist das von OTTESEN[3], wobei der gereinigte und möglichst frische Fisch in einer auf — 21⁰ abgekühlten Salzsohle 1—2 Stunden hindurch bewegt wird. Das Eindringen von Kochsalz wird durch osmotische Vorgänge verhindert. Nach anderen Verfahren wird auch das von Gräten befreite Fisch- filet schnell eingefroren.

Von besonderer Bedeutung ist die Aufbewahrung der verkaufsfertigen Fische in den Fischläden. In bezug hierauf bestehen manche Mängel; es fehlt zumeist

---

[1] Auf die Tätigkeit des Ausschusses für die Forschung in der Lebensmittelindustrie im Verein deutscher Ingenieure (und deutschen Kälte-Verein) kann hier nur hingewiesen werden.

[2] Vgl. die Erlasse des Reichsministers des Innern vom 26. April 1934 und des Preußischen Ministers des Innern, betr. den Verkehr mit gefrorenen Aalen vom 11. Mai 1934 (Ministerialbl. Preuß. inn. Verw. 1934, **95**, 741; Gesetze u. Verordnungen, betr. Lebensmittel 1934, **26**, 48): Gefrorene Aale sind von geringerer Qualität (vgl. S. 837 u. 839).

[3] Vgl. PLANK, EHRENBAUM u. REUTER: Die Konservierung von Fischen durch Gefrier- verfahren. Abhandlungen zur Volksernährung 1916, Heft 5.

an geeigneten Kühlvorrichtungen, weshalb der ausgesprochene, vielen Menschen widerliche und daher dem Absatz nicht förderliche Fischgeruch meist auch das sichere Kennzeichen eines Fischladens ist[1].

b) Trocknen. Das Trocknen von Magerfischen (Kabeljau, Schellfisch, Köhler) gehört in Norwegen zu den ältesten Verfahren. Zur Gewinnung von Stockfisch (ungesalzenem Fisch) wird der entweidete und gut gesäuberte Fisch im Freien bei Wind und Sonne zum Trocknen aufgehängt. Man unterscheidet Titling, runden Fisch und Rotscheer, gespaltenen Fisch. Zur Herstellung von Klippfisch[2] wird der entgrätete Fisch zunächst stark gesalzen und dann an der Küste zum Trocknen ausgebereitet. Die an den Küsten bakterienarme Luft begünstigt die Herstellung eines haltbaren Erzeugnisses. In Deutschland hat man Klippfischwerke in den größten Fischereihäfen der Nordsee eingerichtet, wo die oben genannten von deutschen Dampfern gefangenen Fische einer künstlichen Trocknung unterworfen werden. Man bedient sich dabei der Klippfischmaschinen, die die Mittelgräte herausschneiden. Der auseinander geklappte Fisch wird in Salz eingebettet, wobei er etwa 20% Salz aufnimmt. Nach wiederholter Umpackung und darauffolgendem Salzen und Pressen wird möglichst viel Wasser entfernt. Die Trocknung erfolgt in Trockenkammern mit schwach angewärmter Luft. Das fertige Erzeugnis wird, in Säcken und Kisten verpackt, hauptsächlich nach Italien, Portugal, Spanien und Südamerika versandt. Der nach Art der Salzheringe in Lake gesalzene Kabeljau wird als Laberdan bezeichnet.

Vor dem küchenmäßigen Gebrauch dieser Fische wird das Salz durch längeres Wässern wieder entfernt. Neuerdings sollen russische Dampfer mit Klippfischmaschinen zur Herstellung von Klippfisch auf hoher See und gleichzeitig mit Maschinen zur Herstellung von Fischmehl ausgerüstet worden sein.

Fette Fische eignen sich nicht zur Herstellung von Klippfisch, da das Fischfett bei dem geschilderten Vorgang tranig wird.

c) Salzen. Einer Salzung werden zumeist die Fische der Heringsklassen unterzogen, um den Überschuß der großen Fangzeiten für die Ernährung zu sichern. Daneben bezweckt das Salzen auch einen Reifungsvorgang, durch den der Genußwert dieser Fische wesentlich erhöht wird. Über die Vorgänge bei dieser Reifung liegen verschiedene Arbeiten vor, die aber noch keine völlige Klärung dieser Vorgänge gebracht haben[3].

Die Salzung ist je nach Art, Zweck, Menge, Frischezustand, Fettgehalt, Reifezustand und Größe der Fische sowie nach äußeren Umständen, z. B. der Wärme, verschieden. Die Fische werden zunächst gekehlt, d. h. es werden mit einem kurzen spitzen Messer durch einen Stich Kiemen, Herz, Magen und der größte Teil der Eingeweide herausgerissen. Dabei bleibt ein Teil des Enddarmes erhalten, dessen Enzyme bei dem späteren Reifungsvorgang eine wesentliche Rolle spielen sollen. Man läßt die Fische gut ausbluten und unterwirft sie dann der Salzung. Als Matjeshering wird ein mild gesalzener Fisch mit 8—10% Salz bezeichnet. Durch mittelstarke Salzung wird der Salzhering gewonnen, die stärkste Salzung erfahren die auf den Loggern (s. S. 821) gesalzenen Fische. Man spricht dabei von Seepackung, wobei etwa auf $^3/_4$ Teile Hering $^1/_4$ Teil Salz kommt. Der größte Teil der in den deutschen Fischereihäfen gelandeten Heringe wird nur schwach angesalzen und nach der Anlandung von der Fischindustrie sofort verarbeitet. Einer starken Salzung unterliegt der

---

[1] Vgl. Die deutsche Fischwirtschaft 2, Heft 11, 12 u. 17. Berlin 1935.
[2] Klippfisch deutet nicht auf Klippen, sondern auf das norwegische Wort „klippa" = schneiden hin.
[3] G. Drücker: Z. 1927, 54, 253f. — B. Glassmann: Z. 1928, 55, 231. — W. Uglow u. O. Donetzky: Z. 1931, 61, 479.

amerikanische Lachs, der früher für die Herstellung von Fischkonserven in
großer Menge in Form gesalzener Lachsseiten eingeführt wurde, und der zu
Lachsersatz verarbeitete Köhler (Seelachs).

Als Salz verwendet man Steinsalz, dann aber auch Siedesalz (Salinensalz),
dieses hauptsächlich für die Lake. Zur Trockensalzung wird ein Gemisch von
Salzen verschiedener Körnung verwendet. Je härter und gröber das Salz ist,
um so langsamer löst es sich und dringt ein[1].

Salzheringe. Die Heringe werden möglichst bald nach dem Fang entweder
gekehlt oder ungekehlt unter Salzzugabe in Tonnen gepackt und durch Lagerung
salzreif gemacht. Der so behandelte Hering wird zu Marinaden und Räucherwaren verwendet, dient aber auch zum unmittelbaren Genuß. Man unterscheidet
deutsche, englische, holländische, norwegische, isländische und schwedische
Salzheringe. Salzheringe aller Herkunft werden nach Größe sortiert und in
Fässern mit bestimmter Stückzahl in den Verkehr gebracht. Diese führen in
den verschiedenen Ländern festgelegte Markenbezeichnungen. Als Vollheringe
bezeichnet man solche mit Rogen bzw. Milch, als Ihlen abgelaichte (leere) Fische.

Salzheringe sind Dauerwaren, die ohne besondere Frischhaltungsmaßnahmen
monatelang haltbar sind, während Matjesheringe im Kühlhaus gelagert werden
und nach dem Herausnehmen aus dem Kühlhaus bald verbraucht werden müssen.

Matjesheringe sind mild gesalzene (8—10% Salz), nicht laichreife (Jungfern-)
Heringe oft schottischer Herkunft. Nach Ansicht von Fischereibiologen sollen
auch isländische Heringe als Matjesheringe in Frage kommen. Die in anderen
Gegenden, z. B. am Fladengrund gefangenen, nicht laichreifen Heringe, werden
im Handel als mild gesalzene und nicht als Matjesheringe verkauft (vgl. S. 835).
Grüne Heringe sind meist Trawlheringe, mild gesalzen (2—3% Salz), aber
auch Elbheringe und Ostseeheringe.

Sardellen (Engraulis encrasicholus) werden salzreif gemacht.

d) Räuchern. Man unterscheidet Kalt- und Heißräucherung, erstere dauert
2—3 Tage, gelegentlich auch länger, bei nicht über 20°, letztere 2—4 Stunden
bei etwa 100° und darüber. Kaltgeräuchert werden nur salzgare Fische wie
Lachshering, Lachs, Lachsersatz (Köhler, Seelachs) gelegentlich auch Schellfisch, der vorher gepökelt ist. Als Lachs kommt zumeist nur der amerikanische
oder russische gesalzene Lachs oder Gefrierlachs in Frage. Das Räuchern bezweckt
hier lediglich, der salzgaren Ware den besonderen Geschmack und die besondere
Farbe zu verleihen. Die kalt geräucherten Fische besitzen eine größere Haltbarkeit. In England, Holland und anderen Ländern herrscht diese Art der Räucherung vor, wogegen in Deutschland zumeist heiß geräuchert wird. Die
beliebtesten Waren dieser Art sind Hering als Bückling, Sprotten, Makrelen,
Schellfisch, Plattfische (z. B. Schollen), Stückenfische (Kabeljau, Seelachs,
Schellfisch, Hai[2]- und Rochenfleisch, Stör usw.) sowie Aal. Diese Fische werden
möglichst frisch vor der Räucherung einer kurzen Behandlung im Salzbade
unterworfen. Das Räuchern bei hohen Wärmegraden bezweckt das Gar-
machen des Fisches und die Durchdringung mit den Rauchstoffen des Räucher-
mittels. Solche Waren besitzen eine wesentlich geringere Haltbarkeit als kalt-
geräucherte Fische. Beim Bückling rechnet der Handel nur mit einer Haltbarkeit
von 4—7 Tagen, wenigstens in den Sommermonaten. Den besten Bückling liefert
der frische Fladengrundhering im Juli bis September, aber auch der Ostseehering. Beim Räuchern verlieren die frischen Fische etwa 25—30% Wasser.

Die Räucherung geschieht in jetzt meist geschlossen gebauten Räucheröfen,
wo die Fische, z. B. Heringe, durch die Kiemen oder das Maul auf spitze Eisen-

---

[1] Vgl. P. BUTTENBERG: Z. 1913, 26, 61.
[2] Als Schillerlocken bezeichnet man die Bauchlappen des Dornhaies, die sich beim
Räuchern zusammenrollen (vgl. S. 829).

stäbe gespießt, in mehreren Reihen übereinander hängen. Als Räuchermittel werden trockene Hauspäne aus Laubholz verwendet, nicht aus Nadelholz. Dabei färbt sich die Fischhaut schön goldgelb, oft fließt Fett von den oberen Lagen auf die unteren herab. Es ist beobachtet worden, daß bei Bücklingen besonders in den Sommermonaten eine kurze Nachräucherung (10—20 Minuten) mit einem Formaldehyd enthaltenden Mittel vorgenommen wird, ein Verfahren, das nicht gebilligt werden kann. Zur Erhöhung der Haltbarkeit solcher Ware hat H. Metz-ner[1] eine kurze Vorbehandlung der Fische im Milchsäurebade vorgeschlagen. Nach Beendigung des Räuchervorganges und Abkühlung der Fische werden sie zumeist in Kisten verpackt. Das Bestreichen des Packpapiers mit einem form-aldehydhaltigen Mittel, was sich vielenorts eingeschlichen hat, kann ebenso wie die Benutzung dieses Mittels beim Räuchern nicht als statthaft angesehen werden.

Die Kistenpackung solcher geräucherter Fischwaren gilt nicht als Packung im Sinne der Kennzeichnungsverordnung.

Hinsichtlich der Bezeichnung von Dornhai in geräuchertem Zustande als „Seeaal" wird auf S. 829 und 838 verwiesen. Die Frage der Zulässigkeit dieser Bezeichnung kann nur im Verordnungswege auf der Grundlage der Bestimmungen des Lebensmittelgesetzes entschieden werden. In gleicher Weise wird entschieden werden müssen, ob neben den geräucherten Stücken von Seelachs (Köhler) auch solche von Kabeljau und Lengfisch unter dem Sammelnamen „Seelachs" gehandelt werden dürfen.

Unter diesem Abschnitt taucht weiter die für den Handel wichtige Frage auf, welche Ware als „Kieler Sprotten" und „Kieler Bücklinge" bezeichnet werden darf. Man kann bei dieser Frage eine Regelung dahingehend befür-worten, daß darunter nur frisch gefangene Fische der Ostsee, die in Kiel geräuchert worden sind, verstanden werden sollten. Dabei wäre auch die Ortsbezeichnung „Kiel" festzulegen. Eine endgültige Stellungnahme müßte davon abhängig gemacht werden, ob die in der Kieler Bucht und den näheren Teilen der Ostsee gefangenen Heringe und Sprotten von einer gleichen Beschaffenheit in fischerei-biologischer Hinsicht sind, wie lange die Anfuhr bis zur Verarbeitungsstätte dauert, sowie schließlich, ob und wodurch die Kieler Räucherung sich von der Räucherung in anderen Orten unterscheidet. Man wird der Bezeichnung „Kieler Bückling" oder „Kieler Sprotten" oder „Schlutuper Bratung" den Wert einer Herkunftsbezeichnung zuerkennen müssen, etwa wie der Bezeichnung „Berliner Rollmops" oder „Frankfurter Würstchen".

e) Marinieren (Marinaden, Halbkonserven). Unter Marinaden faßt man Fisch-zubereitungen zusammen, die mit Salz unter Zugabe oder Bildung von Säure, zum Teil auch unter Verwendung von Wärme hergestellt werden. Diese Waren, die oft mit besonderen Aufgüssen versehen sind und in fest verschlossenen Dosen gepackt werden, besitzen nur eine begrenzte Haltbarkeit, deren Dauer von der Art der Ware, der Jahreszeit, der Herstellung und der Art der Aufbewahrung abhängig ist. Salz und Essig (meist nicht mehr als 3%) genügen zur Herbei-führung einer längeren Haltbarkeit nicht. Auch die besonders bei Kaltmarinaden und Bratmarinaden üblichen Beilagen, Zwiebeln und Gurken, setzen die Halt-barkeit der Waren herab.

Die Verderbniserreger, die zu den Gruppen der Bakterien, Hefen und Schimmelpilze gehören, können auch durch den Zusatz von Konservierungsmitteln[2] auf die Dauer

---

[1] H. Metzner: Monatsschr. des Vereins der Fischindustriellen Deutschlands 1930, Heft 9 (Januar).

[2] Vgl. zugelassene Konservierungsmittel S. 860. Das viel verwendete Hexamethylen-tetramin ist zweifellos mehr Härtungs- als Konservierungsmittel, hat sich aber als besonders wirksam erwiesen. Vgl. A. Behre u. G. Ulex: Konservierungsmittelversuche bei Fisch-dauerwaren. Z. 1931, **62**, 58. — A. Behre: Technische Hilfsmittel bei der Herstellung von Lebensmitteln. Chem.-Ztg. 1930, **54**, 346.

nicht unterdrückt werden. Gleichwohl hat man eine beschränkte Anzahl solcher Mittel zugelassen. Als besondere Ursache der leichteren Verderbnis dieser Waren wird auch der Umstand angesehen werden müssen, daß die Räumlichkeiten in vielen kleinen Fischkonservenfabriken noch sehr beschränkt sind, so daß schon bei Abkühlung der gefüllten Dosen vor ihrem Verschluß Keime in die Ware hineingelangen können. Auch spielt selbstverständlich der Frischezustand der Fische und ihre Behandlung durch Menschenhand dabei eine beachtliche Rolle. Bei manchen dieser Waren wurde früher Zucker zur Geschmacksverbesserung hinzugefügt, der Entwurf einer Verordnung über Essig sieht eine Abänderung der Süßstoffverordnung vom 4. August 1926 dahin vor, daß bei Marinaden in geschlossenen Dosen ein Süßstoffzusatz ohne Kenntlichmachung künftig gestattet sein soll.

Die Fische werden zunächst von den Schuppen befreit und gewaschen, zumeist auch entweidet und entgrätet sowie in einer 3—5% Kochsalz enthaltenden Lösung entblutet. Dem Entblutbad pflegt eine geringe Menge Wasserstoffsuperoxyd zugesetzt zu werden. Die Anschauungen über die Notwendigkeit und Zulässigkeit dieses Zusatzes gehen auseinander.

Der ungünstige Einfluß bei der Schlachtung, Vorbehandlung und Packung der Fische durch zumeist weibliche Hilfskräfte wird vielfach dadurch zu beseitigen versucht, daß die Fische in Entgrätungsmaschinen verarbeitet werden, aus denen die Ware ohne Berührung mit den Händen entnommen wird.

Die Länge der Haltbarkeit dieser Halbkonserven ist auch durch die Art der Lagerung im Groß- und Kleinhandel und während des Versandes bedingt. Die beteiligte Industrie hat für ihre Kundschaft Richtlinien über die einwandfreie Lagerung solcher Waren herausgegeben[1]. In der Kennzeichnungsverordnung vom 29. September 1927 war die Angabe der Herstellungszeit auf den Dosen vorgesehen, durch die Lebensmittel-Kennzeichnungsverordnung vom 8. Mai 1935 ist diese Bestimmung dahin abgeändert worden, daß auf den Dosen der Vermerk anzubringen ist „Kühl aufbewahren, zum alsbaldigen Verbrauch bestimmt".

Von großer Bedeutung für die geschmackliche Beschaffenheit und die Haltbarkeit der Waren ist auch die Beschaffenheit der verwendeten Konservendosen[2]. Zum Schutz gegen den Einfluß von Säuren werden vernierte Weißbleche zur Herstellung der Dosen verwendet. Die Vernierung besteht aus einer eingebrannten Lackschicht. Der luftdichte Verschluß wird durch Falze mit Gummidichtungsringen (seltener Papierdichtungsringen) bewirkt. Die Seitennaht wird gelötet, wobei etwa das in das Innere der Dose eingedrungene Lot nicht mehr als 10% Blei enthalten darf. Der Verschluß der Dosen erfolgt vermittels Verschlußmaschinen. Die Fischindustrie hat Richtlinien über Normaldosen (DIN-Format)[3] aufgestellt, die vor kurzer Zeit gesetzlich festgelegt worden sind. Ein Schmerzenskind der Fischindustrie ist die Herrichtung der Dosen derart, daß eine leichte Öffnung mit beigegebenen Schlüsseln durch den Verbraucher erfolgen kann. Die bisher benutzten Verfahren (Aufreißvorrichtungen) können noch nicht als mustergültig bezeichnet werden.

α) Kaltmarinaden. Die sachdienliche Behandlung der Heringe im Garmachebad ist für ihre geschmackliche Beschaffenheit von besonderer Bedeutung. Im allgemeinen wird bei Kaltmarinaden eine Lösung von 6% Essig und 8% Salz bei einem Verhältnis von 2 Tln. Fisch auf 1 Tl. Bad verwendet. Vielfach wird diesem Bade auch ein Konservierungsmittel zugesetzt. Die gar gemachten Fische werden mit Aufgüssen oder Tunken, sowie auch mit geschnittenen Zwiebeln, Gurken oder Gewürzen versehen. Die verwendeten Gurken müssen ausgereift sein, da sie sonst Bombagen (S. 851) hervorrufen, die Zwiebeln werden vorher im Salz-Essigbade behandelt. Es kommen in erster Linie Bismarckheringe, Rollmops, Kräuterheringe und sog. Kronsardinen in Frage.

---

[1] Der Verein der Fischindustriellen Deutschlands hat „Grundregeln für den Bezug und die Aufbewahrung nicht sterilisierter Fischkonserven" aufgestellt. Danach ist bei Marinaden nur mit 8—10tägiger Haltbarkeit in den Sommermonaten zu rechnen.
[2] Vgl. auch den Erlaß des Preuß. Ministeriums für Volkswohlfahrt, betr. betrügerisch aufgemachte Packungen bei Fischkonserven vom 30. Januar 1933.
[3] DK 664,95 : 672,46, 2. Ausg. Juli 1935. Vgl. S. 821.

Es ist hierzu zu bemerken, daß die Frage der Bezeichnung von frischen kleinen deutschen, norwegischen oder schwedischen Heringen als „Kron-Sardinen" (auch Ostsee-Kron-Sardinen) oder russische Sardinen noch einer Regelung bedarf. Vorgeschlagen ist für solche Ware die Bezeichnung „Kron-Sild" (s. auch unter 7.: „Sardinen in Öl")[1].

Strittig erscheint bedauerlicherweise auch noch die Frage zu sein, ob die Bezeichnung „Ostsee-Marinaden" z. B. Ostsee-Bismarckheringe oder -Bratheringe auch für die Heringe verwendet werden darf, die in Betrieben an der Ostsee aus deutschen Trawlheringen oder englischen Heringen hergestellt worden sind. Zur Vermeidung von Irrtümern bei den Käufern muß ich dafür eintreten, daß unter Ostsee-Marinaden nur solche Ware gehandelt werden darf, die aus in der Ostsee gefangenen frischen Fischen hergestellt ist (s. S. 848: „Kieler Sprott").

Weiter wäre eine Bestimmung über die Menge der Beigaben (Gewürze, Gurken, Zwiebeln) bei Rollmops erwünscht, als welche der Satz von 15% vorgeschlagen wird. Die Begriffsbestimmungen der Wirtschaftlichen Vereinigung der Fischindustrie sehen allerdings 20% vor. Schließlich wird hier auf den Rückgang des Fischgewichtes bei Dosenware infolge längerer Lagerung hingewiesen, der auf Grund von Versuchen bei Fettheringen bis höchstens 10%, bei mageren Heringen gelegentlich auch bis 20% betragen kann.

Neben essigsauren und würzigen Aufgüssen werden Tunken verschiedenster Zusammensetzung (z. B. Senf- oder Tomatentunke), vor allem auch solche von Mayonnaise und Remoulade benutzt. Über die Zusammensetzung von sog. „Marinaden-Mayonnaise" gibt der Entwurf von Leitsätzen[2] für die Beurteilung dieser Waren an, daß der Fettgehalt mindestens 40% betragen soll. Der Verkauf von gestreckten mayonnaiseartigen Aufgüssen auch unter Phantasiebezeichnungen ist unzulässig.

β) Bratmarinaden. Die vorbereiteten Fische werden in Paniermehl umgedreht und durch Braten oder Eintauchen in hoch erhitztes Öl (Fett-Ölgemisch) gar gemacht, wobei die Fische auf Sieben in das Öl eingetaucht werden. Diese Erzeugnisse werden mit ähnlichen Aufgüssen wie bei Kaltmarinaden versehen. Als Paniermehl wird meist ein Gemisch gleicher Teile von Weizen- und Roggenmehl[3] verwendet, das heute vielfach auch rot gefärbt wird, was ohne Kenntlichmachung nicht als zulässig bezeichnet und auch nicht als notwendig anerkannt werden kann. Als Fettgemisch dient eine Mischung von Talg, Cocosfett, Soja-, Baumwollsaat- oder Erdnußöl. Als Bratmarinaden werden hauptsächlich Brathering, und Bratschellfisch hergestellt. Bei längerer Aufbewahrung der Dosenware nimmt das Fischgewicht zu.

γ) Kochmarinaden. Die Fische oder Fischteile werden in einer Essig-Salzlösung gekocht und in flüssige Gelatinelösung gelegt, die im Laufe von etwa 24 Stunden erstarrt. Die verwendete Gelatinelösung enthält etwa 5% Gelatine[4] mit einem Zusatz von etwa 2% Essig und 3% Salz sowie 0,004% Süßstoff, gelegentlich auch Gewürze oder Gewürzauszüge. Sehr gefürchtet ist bei diesen Kochmarinaden die sog. „Geleekrankheit", die in dem Wachstum bestimmter Bakterienkolonien in Kugelform besteht. Ihrer Bekämpfung dient ein Zusatz

---

[1] Vgl. Fußnote 4 S. 852.

[2] A. Behre: Z. 1933, 66, 118. — Durch Ministerial-Erlaß vom 13. Dezember 1935 ist der Fettgehalt bei Marinier-Mayonnai en zur Zeit aus wirtschaftlichen Gründen vorübergehend auf 40% herabgesetzt und ein Zusatz von 7% Mehl oder 4% Gelatine ohne Kenntlichmachung gestattet worden.

[3] Das Reichsgesundheitsamt hat am 20. Dezember 1935 die Verwendung von hygienisch einwandfreien Weizennachmehlen mit höchstens 4,5% Aschengehalt für zulässig erklärt.

[4] Über Gelatine vgl. H. Stadlinger: Zeitschr. für Kunstdünger und Leim 1932, 425; Abhandlungen des Instituts für Seefischerei, Heft 2, 1929. Dr. H. Moll u. K. Struve: Geleekrankheit.

von 0,1—0,2% Wasserstoffsuperoxydlösung (30%ig) zur Gelatinelösung, wobei ein Überschuß dieses Mittels wegen der Gefahr der Vertranung der Fische vermieden wird (s. Konservierungsmittel S. 860). Die bekanntesten Vertreter dieser Gruppe von Halbkonserven sind Hering, Sprotte, Aal, Dornhai (fälschlich als Seeaal) und Makrele in Gelee.

Von größter Bedeutung sowohl für den Hersteller als auch für den Käufer solcher Waren sind die Aufbauchungen oder Bombagen der Dosen, die bei der geschilderten Herstellungsart dieser Waren nicht zu verhindern sind. Im allgemeinen rechnet man wenigstens in den Sommermonaten nur mit einer Haltbarkeitsdauer der Marinaden von wenigen Wochen (s. S. 849). Man unterscheidet nach H. LENGERICH[1] Wärme-, Kälte-, Quellungs-, Gärungs-, Fäulnis- und chemische Bombagen, wobei in allen Fällen Veränderungen in der Beschaffenheit des Doseninhalts in Frage kommt, sowie Packungs- und Stauchungsbombagen, denen keine Veränderung des Doseninhaltes zugrunde liegt. Der Zerfall wird von LENGERICH auf Wärmezerfall, Kältezerfall, Diffusionszerfall und Essigzerfall zurückgeführt. Die Prüfung der bei Bombagen entstehenden Gase[2] soll über die Art der Veränderung des Inhalts Aufschluß geben können. Unter den Veränderungen spielen auch die Verfärbungen des Fischfleisches eine Rolle, als deren Ursache im allgemeinen eine bakterielle Zersetzung des Fischfleisches in Frage kommt, weiter auch Gewürze[3]. Halbkonserven sollten vom Kleinhandel nur in solchen Mengen beschafft werden, daß sie einem Bedarf von etwa 8—10 Tagen entsprechen, auch sollten sie nicht als Schaufensterauslagen benutzt werden. Für diese Zwecke müßten leere Schaustücke zur Verfügung stehen.

f) Anchosen. Unter diesem Namen versteht die Fischindustrie Salz-Kräuterwaren nach Art von Anchovis, Appetitsild und Gabelbissen. Die verwendeten „Kräuter" sind Gewürzmischungen aus Pfeffer, Zimt, Nelken, Muskatnuß, Dill, Thymian, Sandelholz usw. und Salpeter. Weiter erfolgt ein Zusatz von Zucker und Borsäure, für die ein vollgültiger Ersatz durch ein unschädliches Konservierungsmittel bisher nicht gefunden worden ist. Diese Feinkostwaren sind zuerst in Norwegen, Schweden und Dänemark hergestellt worden, werden jetzt aber in gleich guter Beschaffenheit auch in Deutschland hergestellt. Als Rohstoff kommen in erster Linie die Sprotte, dann aber auch der Hering in Frage, und zwar nur ausgesuchte und frische Ware. Als Anchovis[4] werden kleine Sprotten im Handel bezeichnet, die in einer Salz-Gewürz-Zuckerlösung bei etwa 5°C 2 Monate hindurch gelagert wurden, wobei ein Reifungsvorgang eintritt. Die fertige Ware wird in kleine Dosen oder Gläser mit Schraubdeckel gelegt und mit einem Gewürzauszug versehen, der etwa 4% Zucker, 10% Salz und 0,5% Borsäure enthält. Appetitsild sind aus filetierten Sprotten hergestellt; Gabelbissen sind in Streifen geschnittene Filets von Matjesheringen[5]. Die Aufgüsse sind die gleichen wie bei Anchovis, vielfach wird auch Wein dem Aufguß hinzugefügt.

g) Halbkonserven in Öl. Zur Verarbeitung auf Halbkonserven in Öl gelangen hauptsächlich echter Lachs, Lachsersatz (Köhler, Seelachs), weniger Lachshering und gerollte Anchovisfilets. Zur Herstellung von Lachs in Öl wird zumeist der

---

[1] H. LENGERICH: Z. 1928, **55**, 568. — O. SAMMET: Über verdorbene Fischkonserven in Büchsen, Dissertation Zürich 1909; siehe auch Chem.-Ztg. 1933, **37**, 623.
[2] P. BUTTENBERG: Z. 1910, **20**, 315.
[3] Über die Marmorierung der Innenfläche der Dosen vgl. W. D. BORGATZKI u. Mitarbeiter: Z. 1929, **58**, 506.
[4] Der Name „Anchovis" für die aus Sprotten hergestellte Ware hat sich in Deutschland eingebürgert, während Anchovis oder Sardelle eigentlich der Name für Engraulis enchrasicholus ist (s. S. 847). Tonnenware soll nach Ansicht des Handels bis zu 6% kleine Heringe enthalten dürfen.
[5] Vgl. S. 835 und 847.

aus Amerika in Seiten eingeführte stark gesalzene oder auch gefrorene Lachs verwendet, der gewässert, getrocknet und geräuchert wird. Der in dünne Scheiben geschnittene Lachs wird in Dosen derart verpackt, daß die einzelnen Schnitten mit Öl (meist Ölgemisch) bestrichen werden. Die Dose wird schließlich mit Öl so aufgefüllt, daß Lufträume vermieden werden. Zur Herstellung von Lachs-ersatz in Öl[1], gefärbt, werden verschiedene Magerfische (Köhler oder Seelachs, Kabeljau, Schellfisch) benutzt. Der möglichst frische Fisch wird nach Entfer-nung der Gräten stark eingesalzen und längere Zeit gestapelt gelagert. Nach der Entsalzung wird der Fisch wie der echte Lachs geräuchert und in Scheiben geschnitten. Das Einlegen der Scheiben in Dosen erfolgt wie beim echten Lachs. Die Erfahrung hat gelehrt, daß bei diesen Waren die Haltbarkeit nur eine sehr begrenzte ist. Sie ist von der Beschaffenheit des Fisches, dem Salzgehalt und der Art der Herstellung, besonders aber auch von der Witterung bei der Herstellung abhängig.

Die Industrie kann vorläufig angeblich ohne ein Konservierungsmittel nicht auskommen. Sie hat bisher zumeist Salicylsäure[2] verwendet, das sich allerdings in diesem Falle als ein gutes Mittel erwiesen hat. Die mit Hilfe des Verfassers angestellten Versuche haben aber ergeben, daß auch andere unbedenkliche Konservierungsmittel Erfolg versprechen (s. Fußnote 2 S. 848).

h) **Vollkonserven.** Zur Herstellung von Vollkonserven müssen ausgesucht frische Rohstoffe verwendet werden. Es handelt sich bei diesen Waren vielfach um Feinkostwaren (vgl. S. 845). Die Schwierigkeit ihrer Herstellung besteht darin, die Fische durch Dämpfen, Räuchern, Vorkochen in Salzlösung, Essigsalzlösung oder Öl so vorzubehandeln, daß sie bei der nachfolgenden Sterilisation der Dosen im Dampfautoklaven bei etwa 110° eine gute Konsistenz behalten. Die Aufgüsse oder Tunken, besonders Tomatentunken mit und ohne Öl, die bei diesen Waren meist von besonderer Feinheit oder besonderem Geschmack sind, bedürfen ebenfalls besonderer Behandlung. Zu berücksichtigen ist, daß bei der Sterili-sation die Fische etwa 15% dadurch an Gewicht verlieren, daß sie einen Teil ihres Wassers oder auch des Fettes an die Tunke abgeben. Das ist bei der Prüfung der Richtigkeit der Gewichtsangaben auf den Dosen zu berück-sichtigen[3].

Man unterscheidet Vollkonserven (Heringe, Sprotten, Sardinen, Makrelen usw.) in saurer Tunke, Tomatenaufguß und Öl, zuweilen mit Zutaten von Gurken oder anderem Gemüse, Mayonnaise, Sahne usw. Weisen die Bezeich-nungen für die Aufgüsse auf bestimmte Rohstoffe oder besondere Zubereitungs-arten hin, so müssen diese Angaben den Tatsachen entsprechen. Hors d'oeuvre (d. i. appetitanregende Fischvorspeise) sind Fische besserer Sorten, wie Sardinen, Stör, Lachs, Tunfisch usw., mit Beigaben einer ganzen Kirsche oder Olive, Mixed Pickles, Pilzen usw. Ersatzerzeugnisse aus Heringen mit Beilagen von Rüben, Gurken und anderem sollten ausreichend kenntlich gemacht werden.

Die Herstellung der Ölsardinen[4] in Frankreich, Spanien und Portugal erfolgt in der Weise, daß die vom Kopf befreiten Fische gesalzen, getrocknet und in

---

[1] Vgl. S. 837 und 838.

[2] Die rechtliche Beurteilung eines Salicylsäurezusatzes bei Lachs und Lachsersatz ist zur Zeit die, daß ohne Beanstandung bei deutlicher Kenntlichmachung erfolglos ist (s. Urteil des OLG. Düsseldorf vom 22. Juli 1931).

[3] Vgl. G. Ulex: Über Gewichtsangaben bei Fischdauerwaren. Die Konserven-Industrie 1932, Nr. 20 (Beilage).

[4] Nach Angaben der Fischereibiologen ist bei Sardinen in Öl spanischer Herkunft mit einem geringen Gehalt an kleinen Makrelen (sog. Stockmakrelen) zu rechnen. Die Verwendung des Namens Sardine (Clupea pilchardus) für Sprott ist nach einem Urteil des Reichsgerichtes vom 4. Juni 1920 unzulässig. Auch für England soll ein gleiches höchst-instanzliches Urteil vorliegen. Sardinen in Olivenöl dürfen außer Olivenöl kein anderes

auf 110⁰ erhitztes Öl getaucht werden. Dann werden sie in Dosen stramm
gepackt und mit heißem Öl übergossen. Die geschlossenen Dosen werden noch
eine Stunde im Autoklaven erhitzt. Meist wird Olivenöl verwendet, es sollen
aber auch Pflanzenöle anderer Art, besonders Erdnußöl und Sojaöl, sowie Fischöle verwendet werden. Erst nach längerer Lagerung ist die Ware geschmacklich als vollwertig anzusehen. Nach etwa 4 Monaten hat ein vollständiger
Ausgleich zwischen dem Fett der Fische und dem Aufgußöl stattgefunden
(vgl. S. 836, 849 und 859).

Bei der Beurteilung der vorschriftsmäßigen Kenntlichmachung des Fischgewichtes auf den Dosen ist zu berücksichtigen, daß § 2b der Lebensmittel-
Kennzeichnungsverordnung vom 8. Mai 1935 ((RGBl. I, S. 590) die Angabe des
Gewichtes der zubereiteten Fische zur Zeit der Füllung vorschreibt. Es
ist häufig schwer, dieses Gewicht festzustellen (s. o.).

8. Fischzubereitungen.

a) Fischklöße (Fischklops, Fiskeboller)[1]. Sie werden aus Filet vom Kabeljau
und von Sardellen mit zerriebenen Zwiebeln, eingeweichtem Brot, Butter oder
Margarine, Pfeffer, Salz und Kapern hergestellt. Auch Zutaten wie Kartoffel-
mehl, Milch und Muskatnuß werden verwendet. Die zu ovalen Klößen geformte Masse wird in gewürztem Salzwasser gekocht. Als Aufguß in den
Dosen dient eine Tunke aus Mehl und Butter oder Margarine, Fischwasser,
Zucker, Citronensaft und Gewürzen.

b) Fischpasten. In besonderen Passier- und Mischmaschinen wird der sorgfältig entgräte Fisch fein zerkleinert, mit Salz und Gewürzen gemischt in Tuben,
Dosen oder Gläser gefüllt. Ein geringer Zusatz von Schmalz gilt als üblich. Solche
Art Pasten pflegen im Haushalt mit Schmalz oder Butter gemengt zu werden.
Eine andere Art von Pasten wird mit Fetten und insbesondere mit Butter gemischt in den Handel gebracht. Soweit sie als Anchovis-, Sardellen- und Lachs-
butter bezeichnet werden, dürfen andere Fettzusätze nicht erfolgen. Ebenso ist
eine Färbung im allgemeinen unzulässig.

Der Verein der Fischindustriellen (Sitz Altona) hat im Jahre 1932 unter
anderem auch Richtlinien für Fischpasten[2] aufgestellt; nach diesen werden
die pastenartigen Zubereitungen unterteilt in Pasten ohne Fettzusatz und in
solche mit Fettzusatz. Die letzteren werden unterteilt in solche mit Butterzusatz[3] und solche mit anderen Fetten.

An diese Pastengruppen werden folgende Anforderungen gestellt:

1. Pasten ohne Fettzusatz dürfen nur die reinen Fleischteile (Filets)
der verwendeten Fische enthalten. Als solche sind zu nennen Anchovis, Lachs
und Sardellen.

2. Pasten mit Butterzusatz. Zur Verarbeitung dürfen auch nur die
Fleischteile (Filets) Verwendung finden. Der Zusatz darf nur aus Butter

---

zugesetztes Öl enthalten. Auf die stramme Packung bei Sardinen in Öl wird noch besonders
hinzuweisen sein. Bei Sardinen, aber nur bei diesen, genügt an Stelle der Gewichtsangabe
die Angabe der Zahl der eingefüllten Fische (s. Kennzeichnungsverordnung [vgl. S. 859]).
Die Bezeichnung „Sprott-Sardinen" muß als unzulässig angesehen werden, wohl aber
könnte die Angabe „Deutsche Sprotten in Öl, nach Sardinenart" als zulässig angesehen
werden.

[1] Über Fischpudding, Fischklops und Fischwurst vgl. P. Buttenberg u. v. Noël:
Z. 1909, 18, 145.
[2] Der Bund deutscher Nahrungsmittel-Fabrikanten und -Händler (Deutsches Nahrungsmittelbuch, 3. Aufl. 1922, S. 372) hat abweichende Richtlinien aufgestellt, die aber in
manchen Punkten überholt sind.
[3] Über Sardellenbutter vgl. P. Buttenberg u. W. Stüber: Z. 1906, 12, 340. —
A. Behre u. K. Frerichs: Z. 1912, 24, 676.

bestehen. Die Paste soll mindestens 50% des Fisches enthalten, nach dem sie bezeichnet wird.

3. **Pasten mit Zusatz anderer Fette.** Die Zubereitung der Pasten erfolgt unter Zusatz von Schmalz und ähnlichen Fetten. Auch hier müssen in der Paste zumindest 50% des Fischfleisches enthalten sein, nach dem die Paste benannt wird. Eine Färbung der Paste ist bei Kenntlichmachung erlaubt.

4. **Krebsbutter** ist ein Auszug von Krebsen mit Butter und wird meist in Dosen sterilisiert. Die Ware wird leicht angefärbt (Kennzeichnungszwang), als Fett darf nur Butter und etwa 25% Nierenfett Verwendung finden.

c) Fischwurst. Zur Herstellung dient entgrätetes, fein zerkleinertes Fleisch von Magerfischen, das mit Fett und Gewürzen vermicht in Därme gefüllt wird. Die Wurst wird geräuchert und muß vor dem Genuß in Wasser aufgekocht werden. Nach A. Reinsch enthält sie 67,3% Wasser, 3,9% Asche, 3,2% Stickstoff und 9,5% Fett. Neuerdings wird auch durchgeräucherte Ware hergestellt.

d) Heringssalat. Über Heringssalat besagen die mit der Industrie vereinbarten Leitsätze des Vereins Deutscher Lebensmittelchemiker vom Mai 1933[1], daß sich die Bestandteile nach dem Geschmack der Verbraucher in den einzelnen Bezirken des Reiches richten. Jedoch muß der Heringsanteil mindestens 30% der festen Bestandteile betragen. Wird der Heringssalat als „Heringssalat mit Mayonnaise" vertrieben, dann muß er mit 20% Mayonnaise[2] angemacht sein.

9. Fischeier und Fischsperma.

a) Fischeier (Rogen, Kaviar). Unter **Kaviar**[3] ohne nähere Bezeichnung versteht man im Handel die Eier (den Rogen) verschiedener **Stör-Arten** (Beluga oder Hausen und Sterlet). Das Wort stammt aus dem Italienischen (caviale). Störe kommen in größerem Umfange hauptsächlich im Kaspischen Meer (Hauptort Astrachan) vor, von wo auch der Stör in gefrorenem Zustande zur Herstellung von geräuchertem Störfleisch hier eingeführt wird. Gelegentlich werden auch noch in der Elbe, der Eider oder dem Stör, einem Nebenfluß der Elbe, unterhalb Hamburgs, Störe gefangen. Man unterscheidet bei russischem Kaviar Beluga, Schip, Ossiotr und Sewruga, unter denen der Beluga der großkörnigste und teuerste ist. Silbergraues Korn wird am höchsten bezahlt. Beluga-Kaviar kommt in Blechbüchsen als „Beluga-Malosol" (= wenig Salz) mit 1,6 kg Inhalt in den Handel. Ein Stör liefert etwa 15—20 kg Kaviar, gelegentlich aber auch viel mehr. Schip- und Ossiotr-Kaviar ist feinkörniger und wird vielfach als Faßware oder als Preßkaviar verkauft. Der Sewruga-Kaviar ist der kleinste und häufigst vorkommende Kaviar. Er wird sowohl in Dosen als auch in Fässern verpackt, muß aber mehr gesalzen werden als Malosol. Guter Kaviar muß bis zum Verzehr kühl aufbewahrt werden (0—2°). Der Kaviar, der von im Winter gefangenen Stören stammt, wird als „Parnaja-Malosol" bezeichnet. Die Salzung dieser leicht verderblichen Lebensmittel bezweckt eine Wasserentziehung, wobei auch eine Gerinnung des Eiweißes eintritt. Vor dem Kriege wurden in Rußland etwa 5000 dz Kaviar jährlich gewonnen. Heute erfolgt ein großer Teil des russischen Handels mit Kaviar über Riga.

Der reguläre Handel mit Deutschland findet heute fast lediglich mit besonderer Flotte von Hamburg aus statt.

Nach dem Stör liefert auch der sibirische **Lachs-Kaviar**[4], der als solcher aber im Handel gekennzeichnet werden muß. Dieser Kaviar ist rot und grob-

---

[1] A. Behre: Z. 1933, **66**, 125.
[2] Über die zur Zeit zulässige Zusammensetzung von Mayonnaise siehe Fußnote 2 S. 850.
[3] P. Buttenberg: Z. 1922, **43**, 79. Vgl. auch die Deutsche Fischwirtschaft 1935, **2**, Heft 5.
[4] Vgl. H. Lengerich: Der Fisch, Bd. II, S. 214. Lübeck: Verlag „Der Fisch" 1924 und M. Stahmer: Fischhandel und Fischindustrie, S. 369. Stuttgart: Ferdinand Enke 1925.

körnig. In Deutschland kommt er heute als roter **Keta-Lachs-Kaviar** in den Handel. Seine Behandlung erfolgt im wesentlichen wie die des Stör-Kaviars. Vor dem Kriege wurde von Rußland aus auch der Rogen der **Plötze** (aus dem Kaspischen Meer), **Wobla**, gehandelt, der auch mit dem Rogen von Brachsen und Güster vermischt wurde. Die rote Farbe solcher Rogen wird durch Salpeterzusatz hervorgerufen. Schließlich wird in Rußland auch Rogen (Kaviar) aus Zander (Galagan), Hecht, Plötzen und Meeräschen hergestellt und nach entsprechender Zubereitung z. B. auch mit Öl viel gegessen. Auch in Amerika wird aus Meeräschen sowie Tunfisch Rogen gewonnen und verzehrt.

Als **Kaviarersatz** wird in Deutschland der Rogen von Kabeljau, Kattfisch, Seehasen, Dorsch und Heringen in den Handel gebracht, der meist aus Dänemark bezogen wird. Besonders wird hierzu der von Natur rote und ziemlich große Seehasen-Rogen benutzt (auch der Dorschrogen ist rot).

Der Rogen, der völlig frisch sein muß, wird auf den Schiffen in Fässern gesammelt und gesalzen. An Land wird er in den Fischfabriken durch ein feinmaschiges Sieb gerieben, um die Körner von den Häuten und

Tabelle 6. Zusammensetzung von Fischrogen und Fischsperma.

Bezeichnung	Wasser %	Stick-stoff-sub-stanz %	Fett %	Asche %	Na-trium-chlorid %
Russischer ⎱ frisch . .	62,8	23,2	9,2	1,74	—
Kaviar ⎰ gepreßt .	36,6	36,2	16,0	8,09	6,2
Elbkaviar	50,3	23,2	11,4	10,1	8,1
Kabeljaurogen . . .	72,2	23,4	1,5	1,8	—
Heringsrogen. . . .	69,2	26,3	3,2	1,4	—
Karpfenrogen	66,2	27,7	2,5	1,4	—
Heringssperma	75,6	17,8	4,4	2,2	—
Karpfensperma. . . .	78,5	16,0	3,2	2,3	—

Fäden zu befreien. Der Rogen wird dann gesalzen, schwarz gefärbt und mit einem Bindemittel (meist Tragant) vermengt. Es werden zur Zeit in Deutschland bereits ausgezeichnete Kaviarersatzerzeugnisse hergestellt. Die vorläufig für solche Erzeugnisse als genügend angesehene Bezeichnung lautet: Seefischrogen-Kaviar, gefärbt.

b) Fischsperma. Fischsperma, auch Fischmilch genannt, wird ebenso wie der Rogen z. B. beim geräucherten Hering mitgegessen. Es kommt auch in gesalzenem Zustande in Dosen in den Handel, und wird vielfach zur Herstellung sog. Milchtunke (Milchnertunke) als Aufguß bei Fischkonserven in Dosen benutzt.

Die chemische Zusammensetzung von Fischrogen und Fischsperma nach J. KÖNIG ist aus Tabelle 6 zu ersehen.

10. Sonstige Erzeugnisse aus Fischen.

a) Nährpräparate. Es gibt eine große Anzahl von Verfahren, nach denen Fischabfälle durch Behandlung mit Dampf, Laugen, Säuren, Hefen usw. aufgeschlossen werden, wobei es hauptsächlich darauf ankommt, die Leimsubstanz des Fisches zu entfernen. Diese Erzeugnisse werden zum Teil mit Lebertran, Malzextrakt u. a. m. gemischt. Auch **Fischwürzen** werden aus dem hydrolysierten Eiweißstoffen unter Zusatz von Gemüse- und Gewürzextrakten hergestellt. Aus der Pankreasdrüse der Haifische wird auch das als Heilmittel gegen Zuckerkrankheit bekannte Insulin gewonnen.

b) Fischöle[1]. Fischöle werden hauptsächlich aus Heringen (Norwegen, Schottland), Menhaden (Amerika) und Sardinen (Portugal, Spanien) hergestellt, aus Walen und Robben werden Specktrane gewonnen. Wale werden zumeist auf großen Dampfern (neuerdings auch deutschen), die mit allen für die Extraktion

---

[1] Über die Verwertung der Walfische vgl. J. LUND: Chem.-Ztg. 1928, **52**, 241.

erforderlichen Einrichtungen versehen sind, unmittelbar nach dem Fang verarbeitet. Die gewonnenen Öle werden gereinigt und raffiniert. Der Waltran
wird in großen Mengen gehärtet und zur Herstellung von Margarine benutzt.

Lebertrane werden aus der Leber von Magerfischen, besonders Dorsch,
aber auch aus der Leber von Haien und Rochen gewonnen. Sie unterscheiden
sich von den Fischölen durch ihren hohen Gehalt an Vitamin A und D. Die
Reinigung und Raffination des hauptsächlich zu medizinischen Zwecken
benutzten Dorschlebertrans muß sehr vorsichtig (Schleudern, Auskühlen, Auspressen) geschehen, um die Vitamine dabei nicht zu zerstören.

Über die Zusammensetzung der Fischöle siehe Bd. IV.

c) Fischmehle[1]. In keiner Industrie spielt die Frage der schnellsten Beseitigung
der Abfälle eine solche Rolle wie in der Fischindustrie. An allen Plätzen, an denen
sich große Fischmärkte oder große fischindustrielle Unternehmungen befinden,
sind daher auch Fischmehl- und Fischtranwerke errichtet worden, denen die Verarbeitung der Fischabfälle obliegt. Diese Fabriken pflegen erhebliche Belästigungen durch ihre starken Geruchsausdünstungen nicht nur für ihre nähere Umgebung, sondern oft für ganze Stadtteile, sowie durch ihre Abwässer in den Stadtsielen zu verursachen und bieten daher für die Aufsichtsbehörden häufig Anlaß,
sich mit ihnen zu beschäftigen. Ihre Verlegung in die äußersten, in der vorwiegenden Windrichtung liegenden Stadtteile ist daher erforderlich.

An Frischfischabfällen muß bei Magerfischen mit 50—60% gerechnet werden. Die Abfälle sind möglichst frisch zu verarbeiten. Sie werden durch Maschinen fein zerrissen,
vom Fett (Tran) befreit und schließlich in Trommeln mit Dampfmantel im Vakuum getrocknet. Das Fischmehl wird heute lediglich als Futtermittel besonders für Jungtiere zur Mast,
als Geflügelfutter und für Teichfische, früher wurde es auch als Düngemittel (Fischguano)
verwendet. Man unterscheidet heute Dorschmehl (luftgetrocknet und dampfgetrocknet),
Fischmehl, Heringsmehl und Sardinenmehl, für die bestimmte Gehaltszahlen vorgeschrieben sind. Dorschmehl enthält etwa 50—60% Protein, 15—20% Calciumphosphat,
3—5% Fett und 1—3% Natriumchlorid. Heringsmehl enthält meist weniger Calciumphosphat (8—10%) und 5—15% Fett. Der Jodgehalt wurde bei Dorschmehl zu 8 mg im kg
festgestellt. Fischmehl (einschließlich Walmehl) wird in viel größeren Mengen eingeführt
als in Deutschland selbst hergestellt wird, nämlich etwa 1 Mill. dz jährlich.

II. Chemische Untersuchung der Fische und Fischerzeugnisse.

Hinsichtlich der allgemeinen Verfahren der chemischen Untersuchung des
Fischfleisches, besonders der Feststellung des Gehalts an Wasser, Stickstoffsubstanzen, Fett, Extraktstoffen, Enzymen und Vitaminen sowie Mineralstoffen (insbesondere Jod) kann auf die entsprechenden Abschnitte bei „Fleisch
von Warmblütern" verwiesen werden. Für die Vorbereitung des Fischfleisches zur Analyse wird auf die ausführliche Arbeit von J. König und
A. Splittgerber[2] bezug genommen, desgleichen für die Feststellung des Gehalts
an Albumin und Fleischbasen (Kreatin, Kreatinin und Xanthinbasen).

III. Überwachung des Verkehrs mit Fischen und Fischerzeugnissen.

Die Überwachung des Verkehrs mit Fischen und Fischerzeugnissen hat auf
Grund des Lebensmittelgesetzes vom 17. Januar 1936 (RGBl. I, S. 17), neue
Fassung, sowie der Lebensmittel-Kennzeichnungsverordnung vom 8. Mai 1935
(vgl. S. 17) zu erfolgen.

Vom Verein der Fischindustriellen Deuschlands (Sitz Altona)[3] sind im Jahre
1933 Richtlinien über den Verkehr mit Seefischen und deren Zubereitungen,

---

[1] Vgl. Futtermittelgesetz vom 22. Oktober 1926 (RGBl. I, S. 525), §§ 51f.

[2] J. König u. A. Splittgerber: Z. 1909, 18, 497.

[3] Jetzt: Fachgruppe Fischindustrie der Wirtschaftsgruppe Lebensmittelindustrie in
der Hauptgruppe 7 der deutschen Wirtschaft.

vom Fischereiverein in Berlin Richtlinien über den Verkehr mit Süßwasserfischen aufgestellt worden, die als Grundlage einer auf Grund des § 5 Ziff. 5
LMG. (neue Fassung vom 17. Januar 1936) zu erlassenden Verordnung über
den Verkehr mit Fischen und deren Zubereitungen dienen sollen[1]. Ein großer
Teil des Inhalts dieser Begriffsbestimmungen ist in den vorstehenden Abschnitten
bereits berücksichtigt worden. In den Richtlinien werden auch Begriffsbestimmungen über lebende, frische, gefrorene oder tief gekühlte Fische gegeben
werden[2]. Bei der noch ungeklärten Sachlage wird aber darauf verzichtet, die
gesamten Richtlinien hier aufzuführen.

1. Feststellung der Fischart.

In der praktischen Lebensmittelkontrolle wird gelegentlich die Fischart
festzustellen und insbesondere zu prüfen sein, ob echter Lachs oder Lachsersatz
(Köhler, Seelachs), Sprott oder Hering, Aal oder Dornhai vorliegt, oder ob es
sich um Ostsee-, norwegische, englische usw. Heringe handelt. Bei Fischfilet
und Fischkarbonade, zu deren Herstellung das Fleisch verschiedener Fische verwendet wird (s. Fußnote 2 S. 829)), wird oft zu prüfen sein, ob Fleisch vom Hai,
Rochen, Katfisch, Kabeljau usw. vorliegt. Die Feststellung der Fischart wird
in Zweifelsfällen fischereibiologischen oder besonderen, auf diesem Gebiet tätigen
Sachverständigen überlassen werden müssen. (Vgl. auch Art. 3 der Verordnung
zur Durchführung des Lebensmittelgesetzes vom 10. August 1934).

2. Prüfung von Fischen auf Frische.

In Ermangelung analytisch einwandfreier Verfahren für den Nachweis der
Frische bzw. Verdorbenheit der Fische kommt in vielen Fällen der auf längerer
Erfahrung fußenden Sinnenprüfung eine besondere Bedeutung zu. Ich folge

---

[1] Vgl. Fußnote 2 S. 844.

[2] Neue Vorschläge. 1. Lebende Fische. Als lebende Seefische werden Fische dann
bezeichnet, wenn ein großer Teil lebend ist und die nicht mehr lebenden Fische die Merkmale
des blutfrischen Fisches aufweisen. Süßwasserfische sind solche Süßwasserfische, die im
Wasser durch normale Gleichgewichtslage ihre volle Lebensfähigkeit erweisen. Lebende
Süßwasserfische, die die natürliche Gleichgewichtslage nicht mehr einhalten, sondern auf
der Seite oder auf dem Rücken schwimmen, sind als mattlebend zu bezeichnen.

2. Lebendfrische und blutfrische Fische. Die Bezeichnungen lebendfrische und
blutfrische Fische sind gleichbedeutend und sollen auf einen besonders guten Frischezustand
von See- und Süßwasserfischen hindeuten. Ein lebendfrischer oder blutfrischer Fisch
ist erkenntlich an dem unverblaßten kräftigen Farben- und Schuppenkleid, an frischen
roten Kiemen, glasklaren Augen, festem Fleisch und geringem Fischgeruch.

3. Als frische Fische werden solche Fische bezeichnet, die nicht lebend (ausgeweidet
oder nicht ausgeweidet) in den Verkehr kommen und nötigenfalls durch geeignete Maßnahmen, z. B. Vereisung, Kühlung, leichte Salzung (2—4% Salz) zum Zwecke des Transports,
vor Verderben oder Wertminderung geschützt worden sind.

4. Gefrorene Fische sind solche Fische, die lebendfrisch an der Luft entweder in der
Natur oder im Gefrierraum (bei etwa — 4°) gefroren sind. Sie sind auch in Zubereitungen
als „gefrorene Fische" zu bezeichnen.

5. Tiefgekühlte Fische sind solche Fische, die durch Tiefkühlvorrichtungen zum
schnellen Gefrieren unter eine Temperatur von minus 7° gebracht worden sind. Sie sind
auch in Zubereitungen als „tiefgekühlt" zu bezeichnen.

6. Zubereitete Fische sind Fische oder Fischteile, die nach entsprechender Vorbereitung (z. B. Kehlen, Entgräten) einem Zubereitungsverfahren (z. B. Trocknung, Salzung,
Räucherung, Erhitzung, Essigbehandlung) unterworfen worden sind.

Nach einer Entscheidung des Reichsministers der Finanzen vom 22. August 1935
gelten als frische Fische lebende und unbearbeitete nicht lebende Fische, gekehlte und
entweidete, von Kopf, Schwanz und Flossen befreite, geeiste, gekühlte oder gefrorene,
mit scharfer Pökellauge übergossene, mit Salz bestreute sowie aufgeschnittene und entgrätete
Fische. Nicht zu den frischen Fischen gehören: marinierte, geräucherte, getrocknete, gesalzene Fische (mit Ausnahme der Salzheringe), Fischfilets und Fischmarinaden und entgrätete Fische. Vgl. die „Deutsche Fischwirtschaft" 1935, Heft 30.

in Nachstehendem im wesentlichen den Ausführungen des Österreichischen Lebensmittelbuches[1].

a) Sinnenprüfung. α) Geruch. Frisch gefangene oder frisch entweidete Fische besitzen keinen ausgesprochenen Fischgeruch. Dieser ist auf Zersetzungserscheinungen des Fischeiweißes (Ammoniak, Trimethylamin u. a.) sowie des Fischfettes (traniger Geruch) zurückzuführen. Besonders übelriechend sind Kiemen, Eingeweide und Geschlechtsorgane fauliger Fische. Über die schnelle Bildung von Ammoniak bei Haifisch- und Rochenfleisch vgl. S. 825 und 829. Die frischen Fische sind vor der Sinnenprüfung durch Abspülen ihrer Oberfläche mit fließendem Wasser von anhaftenden Schmutzteilen zu befreien und mit einem sauberen Tuch abzutrocknen. Gefrorene Fische sind in kaltem Wasser aufzutauen. Stark gesalzene Fische sind küchenmäßig zu wässern.

β) Totenstarre[2]. Die Totenstarre tritt bei Fischen nach einigen Stunden ein und verschwindet ebenso nach einigen Stunden wieder. Zur Prüfung legt man die Fische auf die flache Hand und beobachtet, ob sie sich biegen. Starre Fische sind danach genußtauglich, weiche Fische aber noch nicht immer genußuntauglich.

γ) Kochprobe. Von mehreren Stellen des Fisches werden Stücke abgeschnitten und nach Entfernung der Schuppen und der Haut in einem reinen Topf mit Deckel mit wenig Wasser bis kurz vor dem Sieden erhitzt. Der entweichende Wasserdampf wird möglichst von mehreren Personen geruchlich geprüft. Mit der Geruchsprobe wird häufig eine Geschmacksprobe Hand in Hand gehen müssen.

δ) Schwimmprobe. Im Wasser gehen frische Fische unter, faulige schwimmen oben. Bei ausgeweideten Fischen ist dieses Verfahren aber nicht anwendbar. Tote Fische, die im Wasser schwimmen, sind stets verdorben, andererseits können aber auch Fische, die untersinken, verdorben sein.

ε) Haut. Die Haut verliert infolge des Belages mit einer bakterienreichen Schleimschicht bei fortgeschrittener Zersetzung ihren Glanz, die Schuppen sind leicht zu entfernen, die Muskulatur wird weich, Fingereindrücke bleiben bestehen, wobei jedoch zu beachten ist, daß eisgekühlte Fische nach dem Auftauen ein ähnliches Verhalten zeigen, ohne daß sie deshalb als verdorben anzusehen wären. Die Haut ist bei fauligen Fischen leicht abzuziehen. Farbänderungen treten im allgemeinen erst nach 3 Tagen ein.

ζ) Augen. Bei fauligen Fischen sind die Augen meist eingefallen und matt ohne Glanz (Cornea getrübt). Auch hier werden bei gefrorenen Fischen Ausnahmen beobachtet.

η) Kiemen. Sie zeigen bei frischen Fischen meist eine lebhafte rote Farbe (Ausnahme z. B. bei den im Netz verendeten Fischen).

ϑ) Eingeweide. Diese gehen zuerst und zwar sehr bald nach dem Tode in Fäulnis über. „Vollständige Zersetzung äußert sich in einem Schwappen und in einer bläulichen Veränderung des Bauches. Wenn man beim Aufschneiden des Fisches den Inhalt in eine breiige, rötliche, von Fetttropfen durchsetzte Masse umgewandelt sieht und die Rippen sich spontan aus der Muskulatur auslösen, ist der Fisch sicher faul." Besonders die Leber ist leicht zersetzlich.

b) Prüfung des Fleisches. Das frische Fischfleisch besitzt meist eine schwach alkalische Reaktion gegen Lackmus, selten wird es schwach sauer gefunden. Infolge Autolyse des Fischfleisches tritt sehr schnell eine starke alkalische Reaktion ein. Die alkalische Reaktion des Fischfleisches ist also kein sicheres

---

[1] Siehe Österr. Lebensmittelbuch Heft 30, S. 128; vgl. Fußnote 3 S. 828.
[2] Vgl. K. SCHLIE: Über die Totenstarre bei Fischen usw. Die Kälte-Industrie 1934, **31**, 115.

Anzeichen einer Verdorbenheit. Gelegentlich wird eine Bestimmung des Alkalitätsgrades z. B. bei Haifischfleisch erforderlich sein. Eine bestimmte Menge des Fischfleisches wird mit erwärmtem Wasser geschüttelt und dieses filtriert. Eine Gegenprobe mit frischem Fleisch der gleichen Fischart ist dabei unbedingt erforderlich[1].

Die Reaktion nach EBER auf Ammoniak (s. S. 825 und Fußnote S. 829) fällt im allgemeinen bei Fischfleisch positiv aus, sie wird unter Benutzung von Vergleichsproben gelegentlich mit Erfolg herangezogen werden können, ebenso die Bleiacetatprobe auf Gehalt an Schwefelwasserstoff, die nicht bei jeder Art der Zersetzung von Fischfleisch und auch später als die Ammoniakprobe eintritt.

3. Prüfung von Fischdauerwaren und -zubereitungen.

a) Prüfung nach der Kennzeichnungsverordnung. Nach der Lebensmittel-Kennzeichnungsverordnung vom 8. Mai 1935 (s. S. 17) unterliegen dieser Verordnung die folgenden Fischerzeugnisse, sofern sie in Packungen oder Behältnissen an den Verbraucher abgegeben werden:

„2. Dauerwaren von Fischen, einschließlich Marinaden, sowie Fischpasten, Sardellenbutter.

3. Dauerwaren von Krustentieren."

Zu der früheren Kennzeichnungsverordnung vom 29. September 1927/28. März 1928 sind seitens der Preußischen Ministerien für Volkswohlfahrt usw. im Einverständnis mit dem Reichsminister des Innern unter dem 22. August 1928 und 12. Februar 1929 zwei Runderlasse zur Auslegung des § 2 Abs. 2 Nr. 2 ergangen, die auch unter der neuen Kennzeichnungsverordnung noch Gültigkeit haben:

α) Der Erlaß vom 22. August 1928[2] weist darauf hin, daß bei durch Erhitzen haltbar gemachten Fischdauerwaren (Sterilwaren) in stramm gepackten Büchsen zu dem anzugebenden „Gewicht der zubereiteten Fische" auch die Zusätze von Olivenöl, Tomaten oder anderen würzenden und geschmackgebenden Zutaten gehören, ferner daß bei Rollmöpsen und ähnlichen Fischmarinaden (Halbkonserven) die in die Rollmöpse eingewickelten Gurken, Zwiebeln und Gewürze sowie die Holzstäbchen ebenfalls zur der Zubereitung gehören und daher in das Gewicht der Rollmöpse eingerechnet werden dürfen.

β) Der Erlaß vom 12. Februar 1929[3] weist darauf hin, daß bei deutschen Fisch- und Fleischdauerwaren gegen die Zulassung der Einrechnung von gewissen würzenden und geschmackgebenden Zutaten, wie Tomaten, Pilze, Zwiebeln, in das anzugebende Gewicht Bedenken nicht bestehen, wobei davon ausgegangen wird, „daß bei Bemessung der Zutaten das zur Erzielung eines besonderen Geschmackes und einer würzenden Wirkung erforderliche Maß nicht überschritten wird."

γ) Dagegen ist nach dem Preußischen Ministerialerlaß vom 9. Januar 1929 bei Heringen in Gelee das reine Fischgewicht ohne die Geleemasse anzugeben.

b) Prüfung auf Frische. Die Prüfung gesalzener, geräucherter, gebratener, marinierter und in Öl gelegter Fische, besonders die der Halb- und Vollkonserven, auf Frischzustand ist wesentlich schwieriger als die der frischen Fische. Sie erfordert eine große Sachkenntnis und Erfahrung. Im allgemeinen wird der Ausfall der Geruchs- und Geschmacksprobe maßgebend sein. Das Fleisch fauliger Fische dieser Art zeigt oft eine rötliche Verfärbung. Über die bei der Salzung vor sich gehenden Veränderungen wird auf S. 846 und über die Prüfung von Bombagen bei Marinaden auf S. 851 verwiesen. Im allgemeinen werden bombierte Halbkonserven als gesundheitlich bedenklich vom Verkehr auszuschließen sein, nach P. BUTTENBERG[4] soll der Bestimmung des Ammoniakgehalts (Destillation unter Zusatz von Magnesiumoxyd) Bedeutung beigemessen

---

[1] Vgl. auch F. LÜCKE u. W. GEIDEL: Z. 1935, 70, 441. Bestimmung des flüchtigen basischen Stickstoffs in Fischen als Maßstab für ihren Frischezustand.

[2] Reichs-Gesundheitsbl. 1928, 3, 642. — Vgl. auch MERRES daselbst S. 69.

[3] Gesetze u. Verordnungen, betr. Lebensmittel, 1929, 21, 76. — Vgl. auch MERRES daselbst S. 69.

[4] P. BUTTENBERG: Z. 1922, 43, 79. Über Formaldehydgehalt frischer Fische vgl. Z. 1932, 63, 466.

werden können. Es muß hierzu aber gesagt werden, daß die bei der Zubereitung der Fische und ihrer Aufbewahrung vor sich gehenden Veränderungen noch nicht hinreichend aufgeklärt sind. Bombagen bei Vollkonserven sind ohne weiteres zu beanstanden. Zur Beurteilung ihrer ordnungsmäßigen Herstellung werden diese Waren mehrere Tage im Brutofen bei 37⁰ geprüft.

c) **Prüfung des Öles.** Die Untersuchung der in Öl gelegten Fische, besonders der Sardinen in Öl, auf die Art des benutzten Öles erfolgt nach den bekannten Untersuchungsverfahren. Wegen der Beurteilung · der Ergebnisse kann auf die Veröffentlichung von C. Massatsch[1] bezug genommen werden, der bei Olivenölfüllung Refraktometerzahlen nicht über 69 und Jodzahlen nicht über 110 annimmt. Es werden auch noch qualitative Prüfungen auf Erdnußöl, Baumwollsaatöl usw. vorgenommen werden müssen; darüber siehe Bd. IV. In Spanien und Portugal soll auch Fischöl zur Füllung der Dosen verwendet werden, dessen Nachweis vorläufig nicht möglich ist, ebenso der Nachweis von Sojabohnenöl.

d) **Prüfung auf Konservierungsmittel.** Amtlich erlaubt sind Konservierungsmittel zur Zeit für die Herstellung von Fischdauerwaren und -zubereitungen außer Borsäure und Hexamethylentetramin nicht; vielfach sind aber andere (Benzoesäure, Salicylsäure usw.) in Gebrauch. Es werden bei Appetitsild, Anchovis und Gabelbissen bis zu 0,5% Borsäure, bei Kaviar ebenfalls 0,5 g Borsäure oder 0,1 g Hexamethylentetramin und bei Krabben bis 0,9 g in 100 g bei Kenntlichmachung geduldet[2].

Der Entwurf (1932) einer Verordnung über Konservierungsmittel sieht bei Fischdauerwaren und -zubereitungen — unter Kenntlichmachung — die Zulassung folgender Konservierungsmittel in den angegebenen Mengen vor:

Lebensmittel	Konservierungsmittel	Höchstzulässiger Zusatz zu 100 g L.M. mg
1. Kaltmarinaden	Ester[3]	50
	Hexamethylentetramin	25
	oder	
	desgl. + Ester	75
2. Bratmarinaden	Ester	50
3. Kochmarinaden (im Gelee)	Ester	50
	Wasserstoffsuperoxyd (30%)	200
4. Lachs und Lachsersatz	Ester	25
	oder	
	Benzoesäure + p-Chlor-benzoesäure (auch Na-Salz)	50
5. Appetitsild, Anchovis, Gabelbissen . . .	Borsäure	500
	oder	
	Benzoesäure	500
6. Krebsschwänze und -scheren	Hexamethylentetramin	50
	oder	
	Benzoesäure	500
7. Fischrogen:		
a) Deutscher Fischrogen-Kaviar	Hexamethylentetramin	100
b) Kaviar	desgl.	100
	oder	
	Borsäure	500
8. Krabben, Krabbenkonserven	Borsäure	(750) 900

[1] C. Massatsch: Deutsch. Nahrungsm.-Rundschau 1933, II, S. 133.
[2] Preußische Ministerialerlasse vom 31. Oktober 1925 und 30. April 1928. Beide Erlasse sind im Einverständnis mit dem Reichsminister des Innern ergangen. Eine Kenntlichmachung aller verwendeten Konservierungsmittel ist auf Packungen nach § 4 Ziff. 2 LMG. zu fordern, die der Borsäure auch bei offen verkaufter Ware (Erlaß vom 3. Januar 1934).
[3] „Ester" = p-Oxybenzoesäure-äthyl- und -propylester, auch als Natriumsalze und in Mischungen.

Der Nachweis und die Bestimmung der Konservierungsmittel erfolgt zweckmäßig nach den in den Ausführungsbestimmungen zum Fleischbeschaugesetz (S. 742—754) vorgeschriebenen Verfahren bzw. bei den Estern der p-Oxybenzoesäure nach Bd. II, S. 1130 [1].

e) Bakteriologische Untersuchung. Das Fleisch lebender und gesunder Fische ist bakterienfrei und bleibt es auch bei guter Aufbewahrung der Fische einige Tage, sogar bei Zubereitung (Räuchern, Salzen). Die Bakterien wandern von außen durch die Haut in das Fischinnere, aber auch von innen aus dem Darm heraus.

Die Untersuchung auf Fäulnisbakterien und Fleischvergifter geschieht wie beim Warmblüterfleisch (S. 782 u. 791).

B. Krusten-, Weich-, Kriechtiere und Lurche.

In der Fischindustrie wird noch eine Anzahl zeitweise im Wasser lebender Tiere zu menschlichen Lebensmitteln verarbeitet, die zwar nicht zu den Fischen zu zählen sind, aber nach den gleichen Verfahren bearbeitet und verarbeitet zu werden pflegen, wie sie bei Fischwaren gebräuchlich sind, nämlich [2]:

Krusten-(Krebs-)tiere: Garnele, Languste, Flußkrebs, Hummer, Taschenkrebs, Strandkrabbe und Wollhandkrabbe.

Weichtiere: Auster, Weinbergschnecke, Miesmuschel, Herzmuschel, Tintenfisch,

Kriechtiere: Schildkröte,

Lurche: Frosch.

Die chemische Zusammensetzung der aus diesen Tieren hergestellten wichtigsten Erzeugnissen ist aus der Tabelle 7 (S. 865) ersichtlich.

1. Krusten-(Krebs-)tiere (Crustaceae).

Die Krustentiere sind kiemenatmende Kaltblüter; ihr Körper ist mit einem Chitinpanzer umgeben, der aus Segmenten besteht. Sie sind getrenntgeschlechtlich; das Weibchen trägt die Eier am Hinterleib. Sie sind Wasserbewohner mit Ausnahme des Flußkrebses, der auch auf dem Lande lebt. Man unterscheidet unter den hier nur in Frage kommenden zehnfüßigen Krebstieren die langschwänzigen Krebse, nämlich Garnelen (schwimmende) und eigentlichen Krebse (Kriechtiere), wozu Languste, Flußkrebs und Hummer gehören, sowie kurzschwänzige Krebse oder Krabben, nämlich Taschenkrebs, Meerspinne und Wollhandkrabbe. Die Bezeichnung „Krabbe", die als Handelsbezeichnung die Garnele umfaßt, ist also zoologisch unrichtig, andererseits die Bezeichnung von Garnelenmehl oder Garnelenextrakt als Krebsmehl oder Krebsextrakt unzulässig, desgleichen der Verkauf von Erzeugnissen der Wollhandkrabbe als Krebserzeugnisse. Der zoologischen Bezeichnung kann in lebensmittelchemischer Beziehung hier keine Bedeutung beigemessen werden, vielmehr muß als allein maßgebend die Handelsbezeichnung oder die Auffassung der Verbraucher angesehen werden.

Nach B. Havinga [3] stellen die Krustentiere, die im Lebensmittelhandel und -verkehr eine Rolle spielen, die 14. Ordnung im System der Krebse dar, die als Decapoden bezeichnet werden. Diese werden wieder in zwei Gruppen geteilt, nämlich die Gruppe A,

---

[1] Vgl. F. Weiss: Z. 1928, **55**, 24 und 1930, **59**, 417.
[2] Vgl. auch A. M. Groening: Hummer, Austern, Krebse und Kaviar. Die deutsche Fischwirtschaft 1935, **2**, Heft 15, wo besonders die Marktverhältnisse geschildert werden.
[3] H. Lübbert u. E. Ehrenbaum: Handbuch der Seefischerei, Bd. 3, Heft 2. Stuttgart: E. Schweizerbart 1929.

Natantia (schwimmende), zu denen die Garnelen (Carididea oder Eucyphidea), nämlich Nordseegarnele oder Granat (Crangon vulgaris) und Ostseegarnele (Leander adspersus) gehören und die Gruppe B, Reptantia (kriechende), die aus 1. den Panzerkrebsen, z. B. Languste (Palinurus vulgaris), 2. den hummerartigen, nämlich Hummer (Homarus vulgaris), Amerikanischem Hummer (Homarus americanus), Flußkrebs (Astacus fluviatilis) und dem norwegischen Krebs oder Kaisergranat (Nephrops norwegicus), 3. Anomura (z. B. Einsiedlerkrebs) und 4. den kurzschwänzigen oder Krabben, nämlich Taschenkrebs (Cancer vulgaris) und Strandkrabbe (Carcinus maenas) besteht.

a) Garnelen (Handelsbezeichnung: „Krabben") (Granaten, Crevetten)[1]. Die wichtigtsten Garnelen-Arten sind die gemeine Nordsee-Garnele (Crangon vulgaris) und die Ostsee-Garnele (Leander adspersus); daneben gibt es noch die rote Nordsee-Garnele (Pandalus montagui) und die Norwegische Garnele (Pandalus borealis), eine rote große Tiefseegarnele, die aber beide geringere Bedeutung als Lebensmittel haben. Abbildungen dieser vier Garnelen bringt O. Steinhaus[2].

Die Nordsee-Garnele (Crangon vulgaris), die in scheinbar unerschöpflicher Menge im Wattenmeer der Nordsee lebt und dort von Fischmotorbooten das ganze Jahr über mit Ausnahme der kältesten Monate mit Schleppnetzen gefangen werden, werden bis zu 8 cm lang, haben kurz gestielte Augen und eine dunkelpunktierte Schwanzflosse. Sie haben eine graue Farbe, die sich beim Kochen, das auf den Booten in großen Kesseln unmittelbar nach dem Fang geschieht, in ein schwach rotes Grau verwandelt. Es findet ein Salzen meist unter Zusatz von Borsäure statt.

Die Ostsee-Garnele (Leander adspersus) ist größer als die Nordsee-Garnele, besitzt einen stark hervorstehenden Stirnstachel, eine große Anzahl von Fühlfäden, länger gestielte Augen und eine hellrote Schwanzflosse. Beim Kochen nimmt sie eine rötlichere Farbe an als die Nordsee-Garnele[3].

Die Verarbeitung des Krabbenfleisches geschieht nach Entfernung des Panzers in Heimarbeit[4] in Fabriken meist unter Zusatz von Borsäure[5], da das Krabbenfleisch von Natur aus schwach alkalisch und daher besonders leicht der Zersetzung ausgesetzt ist. Es gibt verschiedene Verfahren, die Krabben auch in Dosen ohne Konservierungsmittel zu sterilisieren, indessen wird auf diese Weise eine trockene Ware erzielt. Ein anderes patentiertes Verfahren arbeitet mit Kohlensäure. Neuerdings sind Versuche im Gange, an Stelle der Borsäure andere Mischungen von Konservierungsmitteln zu verwenden. Bei Krabben mit Borsäure in Dosen, die kaum auf 100° erhitzt worden sind, wird nur eine Haltbarkeit von höchstens 3 Monaten gewährleistet. Zweifellos ist auch die Unmöglichkeit, den Darmkanal völlig zu entfernen, mit die Ursache der geringen

---

[1] Dem Frischverzehr wurden im Geschäftsjahr 1934/35 nur etwa 30000 dz Garnelen zugeführt, während etwa 270000 dz (Futtergarnelen) zu Futtermehl verarbeitet wurden. Die Haupthandelsplätze für Garnelen sind Cuxhaven und Marne in Holstein.

[2] O. Steinhaus: Z. 1908, 16, 110.

[3] Neuerdings wird von dem häufigeren Vorkommen der Dorngarnele (Leander longiirostris) in der Nordsee berichtet, die größer ist als die gewöhnliche Nordseegarnele und m Handel fälschlich auch als „Hummerkrabbe" bezeichnet worden ist. Vgl. Die deutsche Fischwirtschaft 1925, 2, Heft 20 und 24 (vgl. S. 864).

[4] Durch die Verordnung über das Krabbenschälen in der Heimarbeit vom 13. Juli 1935 (RGBl. 1935 I, S. 1025; Gesetze u. Verordnungen, betr. Lebensmittel 1935, 27, 50) sind besondere hygienische Anforderungen an das Krabbenschälen gestellt worden.

[5] P. Buttenberg (Z. 1908, 16, 92) fand in 22 Proben in den Jahren 1907 und 1908 untersuchter Dosenkonserven 0,57—2,28% Borsäure; nach ihm sind in früheren· Jahren Zusätze von 4—5% Borsäure vorgekommen.

Nach einem Rundschreiben des Reichsministers des Innern an die Landesregierungen vom 3. Januar 1934 (Reichs-Gesundh.-Bl. 1934, 9, 70; Gesetze u. Verordnungen, betr. Lebensmittel 1934, 26, 58) sind einstweilen borsäurehaltige Garneelen und Garneelenkonserven wegen ihres Borsäuregehaltes nur dann zu beanstanden, wenn dieser mehr als 0,9 g in 100 g Ware beträgt und nicht ausreichend kenntlich gemacht ist.

Haltbarkeit dieser Ware. Bei längerer Aufbewahrung gekochter Garnelen in feucht-
warmer Luft sind häufig giftige Eigenschaften bei dieser Ware beobachtet worden.

P. BUTTENBERG[1] hat sich eingehend mit dem Fang und der Verarbeitung
der Garnelen zu Dosenkonserven nach den verschiedenen Verfahren beschäftigt.
Bei dem Schälen der gekochten Garnelen in der Heimarbeit erhält man 30
bis 38% Garnelenfleisch. Es wird in den Konservenfabriken alsbald mit
Borsäurepulver eingepudert und in mit Pergament ausgelegte Konservendosen
verpackt. Diese werden nach dem Anfalzen des Deckels bei 250-g-Dosen
20 Minuten — bei größeren Dosen länger — in siedendem Wasser sterilisiert.
P. BUTTENBERG hat auch eingehende Untersuchungen über die Haltbarkeit
von Garnelen in der Schale und als Dosenkonserven angestellt und gefunden,
daß für die Beurteilung neben dem äußeren (Farbe, Gefüge, Geruch,
Geschmack) und dem bakteriologischen Befund der Gehalt der Konserven an
Ammoniak wertvolle Anhaltspunkte gibt. Es enthalten 100 g mehr oder
weniger frische Konserven etwa 10—50 mg Ammoniak, solche mit über 100 mg
sind von zweifelhafter Beschaffenheit und solche mit 200 mg und darüber
sind verdorben.

Zur Bestimmung des Ammoniaks verfährt P. BUTTENBERG wie folgt:
50 g Garnelenfleisch werden mit 250 ccm Wasser im Porzellanmörser fein
angerieben, eine Stunde lang im verschlossenen Kolben unter häufigem Umschütteln stehengelassen und durch ein unten ziemlich fest und oben locker
gestopftes Wattefilter gegossen. Vom Filtrat verdünnt man 50—100 ccm mit
200 ccm Wasser und unterwirft das Gemisch nach Zusatz von 5 g Magnesiumoxyd in üblicher Weise der Destillation, wobei man 25 ccm 0,1 N.-Schwefelsäure
vorlegt.

Sollen Garnelen in der Schale untersucht werden, so sind sie vor dem
Anreiben mit einer Schere fein zu zerschneiden.

b) **Languste** (Palinurus vulgaris). Er ist ein scherenloser Krebs; sein Rücken
zeigt Dornen. Er wird bis 40 cm lang, oft mehrere kg schwer und liefert bei
gleichem Lebendgewicht mehr Fleisch als der Hummer.

c) **Flußkrebs** (Astacus fluviatilis). Der Flußkrebs wird bis 15 cm lang und
nur bis 140 g schwer; er besitzt Scheren. Seine Geschlechtsreife erhält er erst
im 5. oder 6. Lebensjahre. Am schmackhaftesten ist der Flußkrebs in der Zeit
vom Mai bis August. Verschiedene Abarten, die sich auch hinsichtlich ihrer
Schmackhaftigkeit unterscheiden, sind bekannt (Oderkrebs usw.). Nach dem
Genuß von Krebsen entstehen bei manchen Menschen Hautausschläge (Urticaria).
Beim Kochen wird die vorher dunkelgraue Farbe der Schale rot.

Das Töten[2] der Krebse geschieht dadurch, daß die Tiere in stark siedendes
Wasser gelegt werden, wobei der Tod sofort eintritt, und der Schwanz angezogen
wird. Man erkennt an letzterem, ob ein Krebs noch lebend abgekocht worden ist.

Die Krebsschwänze und Krebsscheren werden vielfach abgetrennt
und für sich als Konserven (mit Hexamethylentetramin konserviert) in den
Handel gebracht. Über Krebsbutter vgl. S. 854.

Völlige Unklarheit besteht im Handel und Gewerbe noch über die normale
Beschaffenheit und Bezeichnung der Feinkostwaren Krebspulver, Krebsextrakt und Krebssuppen[3]. Der rote Farbstoff der Schale scheint eng mit

---

[1] P. BUTTENBERG: Z. 1908, 16, 92 u. 1909, 18, 311.

[2] Das Töten von Krebsen und Hummern darf nach § 2 der Verordnung vom 14. Januar
1936 (RGBl. I, S. 13) nur dadurch geschehen, daß sie möglichst einzeln in stark kochendes
Wasser geworfen werden.

[3] Vgl. E. BAIER u. H. BARSCH: Krebssuppen. Z. 1929, 58, 224. — A. JUCKENACK:
Deutsch. Nahrungsm.-Rundschau 1928, Nr. 19. — G. MEYER: Deutsch. Nahrungsm.-Rund-
schau 1926, Nr. 2. — FR. SCHIKORA: Deutsch. Nahrungsm.-Rundschau 1926, Nr. 8 u. 9.

dem Aroma verbunden zu sein, er verschwindet beim Lagern der Waren und mit ihm auch das Aroma[1]. Die künstliche Färbung erscheint also bei solchen Waren als besondere Fälschungsabsicht. Bei Zusatz von Fett (Nierenfett) soll sich die natürliche Färbung längere Zeit halten. Zur Herstellung von Krebspulver und Krebssuppen sollten die ganzen Krebse unter Mitverwendung der Krebsschwänze und Krebsscheren, aber nach Entfernung der Eingeweide benutzt werden. Der Nachweis der künstlichen Färbung kann nach der Vorschrift zum Fleischbeschaugesetz (S. 755) oder mit Alkohol erfolgen.

d) **Hummer** (Homarus vulgaris). Der Hummer wird bis 40 cm lang und bis 1,5 kg schwer. Der Fang erfolgt in Körben oder Kästen. Im März bis Juni werden die schmackhaftesten Hummern gefangen. Die beste Sorte sind die norwegischen Hummern, weniger gut die holländischen, die hellere Farbe besitzen. Zu den Hummern gehört auch der **Kaisergranat** oder norwegische Krebs (Nephrops norvegicus), der besonders in England zu Konserven verarbeitet wird und neuerdings auch als frische Hummerschwänze oder in Dosen als „Schlanker Hummer" erscheint. Der Zusatz „Kaisergranat" ist zum mindesten erforderlich.

e) **Krabben** (Kurzschwanzkrebse). Hierzu gehören **Taschenkrebs, Wollhandkrabbe, Meerspinne** und **Strandkrabbe**. Die letztere wird an der Küste der Nordsee gefangen und verspeist. Die Meerspinne (Maja squinado) kommt in größerer Menge nur im Mittelmeer vor. Von größerer Handelsbedeutung, aber auch von großer Gefahr für die Fischerei ist die seit etwa 20 Jahren in Europa eingebürgerte chinesische **Wollhandkrabbe** (Eriocheir sinensis)[2] geworden, die im Frühjahr in die Flüsse aufsteigt und bis in den entferntesten Binnenseen (z. B. Bodensee, Masurischen Seen) angetroffen wird. Im Herbst erfolgt die Rückwanderung in die Meere. Sie wird dann im Brackwasser der Flußmündungen z. B. bei Brunsbüttelkoog in der Elbmündung in großen Massen gefangen und zu Krabbenextrakt verarbeitet.

Im Handel findet man gelegentlich eine **j**apanische Krabbenkonserve, die als „Kronen-Krebs", „Hummer-Krebs" oder „Japanischer Krebs" bezeichnet wird. Dieser Ware steht die Bezeichnung „Japanisches Krabbenfleisch" zu.

Taschenkrebs (Cancer pagurus) und **Strandkrabbe** (Carcinus maenas) spielen als Lebensmittel keine bedeutende Rolle, sie werden meist lebend, gelegentlich auch abgekocht verkauft.

Dosenwaren von Krebstieren sollen nach Loock[3] stets etwas freies Ammoniak enthalten. Wenn der Gehalt daran 0,2 g je kg übersteigt, soll es sich um überjährige Ware handeln.

Die aus Nordseekrabben (Garnelen) hergestellten **Extrakte** werden vielfach unzulässigerweise als Krebsextrakte bezeichnet. Zulässig ist dagegen die Bezeichnung „Krabbenextrakt, hergestellt aus Nordseekrabben".

Vorschläge zur einheitlichen Bezeichnung von Krustentieren. Zur Behebung der im Handel mit Krustentieren hinsichtlich der Bezeichnung entstandenen Schwierigkeiten ist der Hauptvereinigung der Deutschen Fischwirtschaft vorgeschlagen worden, an die dem Käufer geläufigen Bezeichnungen **Krabben** (für Garnelen), **Langusten** (für Krebse ohne große Scheren), **Krebse** (für kleine Scherenkrebse), **Hummern** (für große Scherenkrebse) und **Taschenkrebse** (für echte Krabben) anzuknüpfen und alle neuen Handelswaren dieser Art künftig in diese 5 Gruppen einzureihen, nämlich die **Dorngarnele** als

---

[1] Vgl. Grandmougin: Krebsfarbstoff. Z. 1913, **26**, 157 und Chem.-Ztg. 1912, **36**, 1377.
[2] Vgl. A. Panning: Die chinesische Wollhandkrabbe in Deutschland, Akademische Verlagsgesellschaft 1933 und der Fischerbote 1934, Heft 1, Verlag Altona-Blankenese.
[3] Loock: Zeitschr. öffentl. Chem. 1900, **6**, 417. Über Formaldehydgehalt vgl. Chem. Zentralbl. 1926, I, 2, 2983.

Tabelle 7. Chemische Zusammensetzung.

Name	Wasser %	Stickstoff-substanz %	Fett %	Asche %
1. Fleisch von Krustentieren.				
Garnele (Krabbe) { frisch	79,29	14,14	0,73	2,84
Garnele (Krabbe) { abgekocht	70,80	—	0,91	—
Garnele (Krabbe) { getrocknet	15,66	69,58	2,35	6,45
Flußkrebs { frisch	81,22	15,20	0,42	1,31
Flußkrebs { gesalzen	72,74	13,63	0,36	13,1
Hummer { frisch	81,84	14,49	1,84	1,71
Hummer { rohes Fleisch	76,61	18,31	1,17	—
Hummer { innere weiche Masse	84,31	11,69	1,44	—
Wollhandkrabbe[1]	69,88	12,41	4,57	—
Gemeine Krabbe	76,5	17,98	0,87	1,21
Krebspulver { aus ganzen Krebsen	5,04	37,63	—	35,31
Krebspulver { aus Schalen	5,91	25,67	—	47,14
Wollhandkrabben-Pulver [1]	7,7	35,5	8,3	29,0
2. Fleisch von Weichtieren.				
Weinbergschnecke	80,5	16,34	1,38	1,33
Miesmuschel	82,2	11,25	1,21	1,30
Auster { Flüssigkeit und Fleisch	87,30	5,93	1,15	2,03
Auster { Flüssigkeit	95,76	1,43	0,03	2,09
Auster { Fleisch	80,52	8,67	1,86	1,96
Tintenfisch	70,16	25,38	1,40	0,90
3. Fleisch von Kriechtieren.				
Schildkröte	79,78	19,84	0,53	1,20
4. Fleisch von Lurchen.				
Froschfleisch	81,62	—	—	—
Froschschenkel (in Salzwasser)	63,64	24,17	0,91	8,46
5. Extrakte.		N-freie Extraktstoffe		
Krebsextrakt	44,79	33,13	4,64	17,44
Krabbenextrakt[1]	41,30	44,23	0,54	5,2
Muschelextrakt (Nordseemuscheln)	35,35	25,13	19,58	19,94
Schildkrötenextrakt	7,40	5,00	47,50	4,50

„Dornkrabbe" oder auch als „Königskrabbe" wegen ihrer Größe, den Kaiser-granat als „Granathummer", die Wollhandkrabbe als „Wollhand-Taschen-krebs" und die Japanische Krabbe als „Japanischer Taschenkrebs" zu bezeichnen. Auch bei den aus Krustentieren hergestellten Erzeugnissen (Pulvern, Extrakten) wären diese Bezeichnungen zu verwenden, also Krabbenextrakt, Wollhand-Taschenkrebs-Extrakt, Krabbenpulver, Taschenkrebs-Suppen usw.

2. Weichtiere (Mollusca).

In Süd- und Westdeutschland (hauptsächlich Württemberg) wird die Wein-bergschnecke und Seemuschel (Helix)[2], zu Schneckensalat verarbeitet, vielfach verzehrt, desgleichen in Frankreich. Die Miesmuschel (Mytilus edulis)[3] wird

---

[1] Nach Mitteilungen aus dem Forschungsinstitut für die Fischindustrie, Altona. Weiter Jodgehalt bei: Krabbenextrakt 0,65 mg-%, Krabbenfleisch, getrocknet 13,6 mg-%, Kaviar 0,13 mg-% (Verfahren von PFEIFFER: Z. 1934, 67, 110).

[2] Daneben sollen in anderen Ländern die Wasserbewohner Wallhornschnecke (Buccinum undatum) und die Strandschnecke (Littorina littorea) eine Rolle als Lebens-mittel spielen.

[3] Die eßbaren Muscheln werden lebensmittelchemisch auch als Schaltiere bezeichnet.

in der Nordsee in besonders guter Beschaffenheit gefischt (September bis Februar) und gekocht genossen oder in Gelee eingelegt.

Die Ursache der gelegentlich beobachteten Giftigkeit der Miesmuscheln ist nicht sicher bekannt. Sie wird meist auf verunreinigtes Wasser zurückgeführt. Selbst beim Erhitzen verlieren giftige Muscheln nicht ihre Giftigkeit. Eine Entgiftung soll in reinem Salzwasser gelingen. Giftige Muscheln lassen sich unter ungiftigen nicht sicher feststellen, das Fleisch der giftigen Muscheln soll heller sein als das einwandfreier Ware. Die Leber soll oft der Sitz des Giftes sein.

Neben der Miesmuschel ist nur noch die Herzmuschel (Cardium edule) von geringerer wirtschaftlicher Bedeutung.

Die Austermuschel (Ostrea edulis) gemeine Auster, besitzt zwei ungleichmäßig gewölbte, blaue kreisförmige Schalen, die mittels des Schlosses zusammenhängen. Mantel und Kiemen bilden den „Bart". Die Austern leben in Kolonien auf Austernbänken, besonders zahlreich an den vom Golfstrom berührten Küsten, z. B. auch an der schleswig-holsteinischen Küste (Norddeich und Sylt). Die Auster kann bis zu 30 Jahre alt werden, ist am schmackhaftesten aber zwischen dem 3. und 5. Lebensjahre. Die Austern werden auch in besonderen Bassins (Parks), die mit dem Meere in Verbindung stehen, gezüchtet. Die mit besonderen Gerätschaften losgerissenen Austern werden in Kühlanlagen gesäubert, sortiert und in Säcke oder Salzfässer verpackt.

Die als frische Auster gehandelte Muschel darf nur in lebendem Zustande auf den Markt gelangen. An der geschlossenen Schale ist die Genußfähigkeit der Auster zu erkennen. Die beste Qualität besitzen die englischen (natives), dann die holländischen und die deutschen Austern. In den Monaten Mai bis September (während ihrer Geschlechtsreife) sind sie ungenießbar. Über die Ursache ihrer Giftigkeit gilt das bei Miesmuscheln Gesagte. Bei akut verlaufenden Erkrankungen nach dem Genuß von Austern soll schlechtes Eiweiß des Tierleibes die Ursache sein. Es sollte verboten sein, Muscheln in Körben auf der Straße feilzuhalten.

Strandausternfleisch[1] wird auch zu Pasteten verarbeitet.

Auch der Tintenfisch (Sepia officinalis), der zu den Weichtieren gehört, und gelegentlich in der Nordsee mitgefangen wird, dient nach Entfernung des Tintensacks, der Oberhaut und der Eingeweide als Nahrung.

3. Kriechtiere.

Das grünliche Fleisch der Schildkröte (Chelonia mydas) dient zur Herstellung von Ragout und Suppen. Zur Herstellung nachgemachter Schildkrötensuppen, sog. Mockturtlesuppen, wird Kalbfleisch oder auch Kalbsmilch unter Zusatz von Südwein verwendet. Das Fleisch nicht frisch geschlachteter Schildkröten ist zurückzuweisen.

4. Lurche.

Von Fröschen wird in Deutschland (Süddeutschland) nur das sehr zarte Fleisch der Hinterschenkel des grünen Wasserfrosches (Rana esculenta) verzehrt. Diese werden auch in Salzwasser eingelegt. Das Froschfleisch ist im Herbst am schmackhaftesten. Frösche sind durch schnelles Abschneiden des Kopfes zu töten[2]. Erst hiernach dürfen die Schenkel abgetrennt werden.

---

[1] Vgl. P. Buttenberg: Z. 1911, **22**, 81.
[2] § 2 der Verordnung vom 14. Januar 1936 (RGBl. I, S. 13).

Dritter Teil.

Erzeugnisse aus Fleisch.

Von

Professor DR. A. BEYTHIEN - Dresden.

I. Fleischsaft.

Unter „Fleischsaft" versteht man einen aus Fleisch, und zwar aus rohem Fleische gewonnenen Saft, d. h. den im rohen Fleische enthaltenen flüssigen Anteil, der möglichst wenig verändert, vor allem nicht auf höhere Temperaturen erhitzt worden ist und infolgedessen noch die löslichen und noch gerinnbaren Eiweißstoffe enthält. Diese rein sprachlich unanfechtbare Begriffsbestimmung ist bereits im Jahre 1909 in den Vereinbarungen der staatlichen Untersuchungsanstalten der Vereinigten Staaten von Nordamerika[1] anerkannt worden, in denen es heißt:

„Fleischsaft ist der flüssige Teil der Muskelfaser, der durch Auspressen oder auf sonstige Weise erhalten wird und bei einer Temperatur unter dem Gerinnungspunkte der löslichen Eiweißstoffe durch Eindampfen konzentriert werden kann. Die Trockensubstanz enthält nicht mehr als 15% Asche, nicht mehr als 2,5% Natriumchlorid, aus dem gesamten Chlor berechnet, nicht mehr als 4% und nicht weniger als 2% Phosphorsäure und nicht weniger als 12% Stickstoff. Die stickstoffhaltigen Stoffe enthalten nicht weniger als 35% gerinnbares Eiweiß und nicht mehr als 40% Fleischbasen."

1. Zusammensetzung.

Um ein Urteil über die Zusammensetzung derartiger Fleischsäfte zu gewähren, seien nachstehend die Analysen zweier, von BIGELOW und COOK[2] selbst, durch kalte und warme (60°) Pressung hergestellter Erzeugnisse angeführt.

Tabelle 1. Zusammensetzung von Fleischsaft.

Art der Pressung	Wasser	GesamtStickstoff	Proteine		Proteosen	Peptone	Aminoverbindungen	Fett	Milchsäure	Asche	Phosphorsäure	Chlor
			unlösliche	gerinnbare								
	%	%	%	%	%	%	%	%	%	%	%	%
Kalt . .	86,31	1,91	1,41	7,35	0,41	0,85	0,97	0,28	0,29	1,70	0,34	0,16
Warm .	91,21	1,13	0,97	2,91	0,35	0,69	1,09	0,42	0,18	1,32	0,33	0,17

Den Fleischsäften wird von seiten der Ärzte vielfach ein besonderer Wert für die Ernährung von Kranken und Rekonvaleszenten beigelegt, und infolgedessen kommen zahlreiche als „Suc de viande", „Fluid beef", „Meat juice" bezeichnete oder auch mit Phantasienamen wie Puro, Vero, usw. belegte Erzeugnisse in den Handel. Trotz des hohen Preises, der durch die schwierige Herstellung eines schmackhaften, hinreichend haltbaren Präparates bedingt

---

[1] A. E. LEACH: Food Inspection and Analysis, S. B. New York 1909.
[2] BIGELOW u. COOK: Meat Extract and similar Preparations. U. S. Department of Agriculture. Washington 1908, Bulletin Nr. 114, S. 18.

wird, haben sich zahlreiche dieser Fabrikate als grob verfälscht, ja geradezu als völlige Nachmachungen erwiesen.

Als hauptsächlichste Arten der Verfälschung kommen Zusätze von Glycerin, Zucker, Dextrin, Kochsalz, Fett usw. in Betracht, doch sind auch Kunstprodukte beobachtet worden, in denen das lösliche Fleischeiweiß (Muskelprotein) ganz oder teilweise durch Fleischextrakt, Eieralbumin oder Blutserum ersetzt war. Einige Analysen derartiger Falsifikate sind S. 873 mitgeteilt.

2. Untersuchung.

Die Untersuchung von Fleischsäften muß sich, gestützt auf die Arbeiten von K. Micko[1] vor allem auf den Nachweis ihrer wertvollsten Bestandteile, d. h. der genuinen, gerinnbaren Eiweißstoffe des Muskels und die Feststellung ihrer Identität erstrecken. Zur Entscheidung, welcher Abkunft die gerinnbaren Eiweißstoffe sind, kann sowohl das chemisch-physikalische Verhalten als auch die biologische Methode herangezogen werden. Das erstere vermag darüber Aufschluß zu gewähren, ob die vorhandenen Eiweißstoffe dem Muskel, dem Ei oder dem Blutserum entstammen, während das biologische Verfahren die Tierart feststellt.

a) **Nachweis des Hämoglobins.** Die Untersuchung mit Hilfe des Spektralapparates erfolgt an der ursprünglichen, je nach Bedarf verdünnten Probe in ammoniakalischer Lösung, und zwar vor und nach der Behandlung mit Stockscher Lösung (Ferrosulfat, Weinsäure und Ammoniak). In Präparaten, die das Hämoglobin in geronnenem Zustande enthalten, wird der Blutfarbstoff durch Erwärmen des ausgewaschenen Filterrückstandes mit Natronlauge in Lösung gebracht, wobei die braune Farbe bereits in Rot übergeht.

Die Anwesenheit von Hämoglobin ist für die Beurteilung wesentlich, denn Lösungen von z. B. Fleischextrakt geben kein kennzeichnendes Absorptionsspektrum, während alle echten Fleischsäfte Hämoglobin enthalten. Hämoglobinfreie Flüssigkeiten können daher, selbst wenn sie reich an gerinnbaren Proteinen sind, nicht als Fleischsaft anerkannt werden. Dem Nachweise des Hämoglobins kommt zustatten, daß es sowohl beim Erwärmen auf 60^0 als auch bei teilweiser Ausscheidung der gerinnbaren Proteine in Lösung bleibt und sonach nicht nur in den warm hergestellten Präparaten, sondern auch in den Filtraten der zur Hälfte mit Ammoniumsulfat gefällten Lösung nachgewiesen werden kann.

b) **Bestimmung des Gerinnungspunktes.** Die Gesamtmenge der koagulierbaren Eiweißstoffe kann in üblicher Weise durch Kochen der Lösung und Abfiltrieren des Gerinnsels bestimmt werden. Die Unterscheidung der einzelnen Albumine erfolgt nach Micko mit Hilfe des Gerinnungspunktes. Fleischsaft beginnt bereits bei niedrigen Temperaturen, selbst unter 40^0 zu gerinnen. Da er aber ein kompliziertes Gemisch verschiedener Eiweißstoffe darstellt, deren Gerinnungspunkte verschieden sind, lassen sich nach E. Salkowski[2] etwa 3 Temperaturen feststellen (56, 65, 75[0]), bei denen die Abscheidung von Eiweißstoffen in Form eines dichten Gerinnsels erfolgt. Da diese Gerinnungstemperatur unter anderem von dem Salzgehalte der Lösung abhängt, so setzt K. Micko so viel einer gesättigten Ammoniumsulfatlösung hinzu, daß einerseits der Salzgehalt der Präparate selbst ausgeschaltet wird und andererseits vergleichbare Lösungen entstehen.

Man löst 10 oder 20 g der zu untersuchenden Probe in Wasser zu 100 ccm, vermischt einen Teil der Lösung mit dem gleichen Volumen gesättigter Ammoniumsulfatlösung und filtriert (Lösung A).

---

[1] K. Micko: Z. 1910, **20**, 537. — Vgl. auch Bd. II, S. 603.
[2] E. Salkowski: Praktikum der physiologischen und pathologischen Chemie. S. 97. Berlin 1900.

Ein Teil des Filtrates wird mit dem gleichen Volumen Wasser verdünnt (Lösung B).

Zur Bestimmung des Gerinnungspunktes gibt man die Lösungen A und B in 2 cm weite Reagensgläser, deren Öffnung mit einem Korkstopfen lose verschlossen ist, und erwärmt im Wasserbade, indem man mit einem durch den Kork gesteckten Thermometer beständig umrührt. Alsdann beobachtet man, bei welcher Temperatur die Trübung der Flüssigkeit beginnt (Unterer Gerinnungspunkt), und bei welcher Temperatur ein feinflockiger Niederschlag entsteht (Oberer Gerinnungspunkt).

Die von K. MICKO selbst auf kaltem Wege und in der Wärme (bei 60⁰) bereiteten Muskelfleischpreßsäfte zeigten:

	Auf kaltem Wege hergestellt		In der Wärme hergestellt	
	Unterer Gerinnungspunkt	Oberer Gerinnungspunkt	Unterer Gerinnungspunkt	Oberer Gerinnungspunkt
Lösung A:	28,5—31,5⁰	46—56⁰	43—46⁰	56—58,5⁰
Lösung B:	38 —39⁰	42—44⁰	59⁰	63⁰

Charakteristisch ist, abgesehen von der überhaupt niedrigen Temperatur, bei der Gerinnung eintritt, besonders der große Unterschied zwischen den Lösungen A und B, indem der obere Gerinnungspunkt der verdünnteren Lösung fast 10⁰ tiefer liegt als derjenige der konzentrierteren.

Frisches und getrocknetes Eieralbumin zeigte demgegenüber folgende Gerinnungspunkte:

Eieralbumin		Unterer Gerinnungspunkt	Oberer Gerinnungspunkt
frisches {	Lösung A	etwa 67⁰	etwa 70⁰
{	Lösung B	,, 67⁰	,, 69⁰
getrocknetes {	Lösung A . .	etwa 61,5—64⁰	etwa 66—70⁰
{	Lösung B . .	,, 63 —66⁰	,, 66,5⁰

Mischungen von Eieralbuminlösungen mit dem gleichen Volumen Fleischextraktlösung 1 : 2 verhielten sich ganz analog, nur waren hier die Gerinnungstemperaturen noch etwas erhöht. Das wesentliche Merkmal des Hühnereiweißes ist, abgesehen von dem absolut höheren Gerinnungspunkte, vor allem der Umstand, daß die Differenz zwischen dem oberen und dem unteren Gerinnungspunkte meist nur wenige, 2—3⁰ beträgt, und daß andererseits die Lösungen A und B nahezu gleiche Gerinnungspunkte zeigen.

Wieder anders verhält sich das Serumalbumin:

	Unterer Gerinnungspunkt	Oberer Gerinnungspunkt
Lösung A:	63—65⁰	75—76⁰
Lösung B:	74—75⁰	79—80⁰

Das Serumalbumin unterscheidet sich demnach von den vorhergehenden in erster Linie durch die absolute Höhe des oberen Gerinnungspunktes, die 75⁰ und mehr beträgt. Am auffallendsten ist aber der Umstand, daß nach dem Verdünnen mit dem gleichen Volumen Wasser der obere Gerinnungspunkt der Lösung B bis auf 80⁰ in die Höhe schnellt, und zwar auch bei Anwesenheit von Fleischextrakt.

In späteren Versuchen zog K. MICKO[1] auch noch das Milchalbumin und das Serumglobulin heran, indem er verschiedene Konzentrationen der Eiweißlösungen von 0,05—1,5% vor und nach dem Aussalzen bei 50%iger und 25%iger Sättigung mit Ammoniumsulfat prüfte. Das Serumglobulin mußte, weil es bei 50%iger Sättigung mit Ammoniumsulfat ausgesalzen wurde, bei 25%iger und bei 12,5%iger Sättigung untersucht werden. Für die Lösungen, die 0,1% Eiweiß enthielten, wurden folgende Werte erhalten:

---

[1] K. MICKO: Z. 1911, 21, 646.

Tabelle 2. Prüfung von Eier-, Milch-, Serumalbumin und Globulin.

Art des Eiweißes	Art der Behandlung	50%ige Sättigung mit Ammonsulfat		25%ige Sättigung mit Ammonsulfat	
		Unterer Gerinnungspunkt Grad	Oberer Gerinnungspunkt Grad	Unterer Gerinnungspunkt Grad	Oberer Gerinnungspunkt Grad
Eieralbumin . .	ursprüngliches	69	71,5	68	69,5
	einmal ausgesalzen	67	71,0	66,5	68,5
Milchalbumin. .	ursprüngliches	68,5	77	90	95
	einmal ausgesalzen	48,5	56	80	88,5
Serumalbumin .	ursprüngliches	70,0	74,5	77,5	80,5
	einmal ausgesalzen	56,5	71	75	78,5
	zweimal ausgesalzen	56,5	72	73,5	78,5
Globulin. . . .		25%ige Salzlösung		12,5%ige Salzlösung	
	ursprüngliches	65	73,5	67	74
	einmal ausgesalzen	65,5	72,5	68,5	74

Die Beziehungen zwischen den Unterschieden in den Gerinnungspunkten der einzelnen Eiweißlösungen wurden in der Konzentration von 0,05—1,5 g in 100 ccm der Lösung nicht wesentlich geändert. Dagegen zeigt sich nach dem Aussalzen der Eiweißstoffe aus ihrer ursprünglichen Lösung eine Erniedrigung der Gerinnungspunkte, die bei Serum- und Milchalbumin am größten ist.

Die beträchtlichen Unterschiede ermöglichen festzustellen, ob Fleischsaft oder anderes lösliches Eiweiß vorliegt.

c) **Verhalten gegen Essigsäure.** Zur Unterstützung des Befundes kann noch das Verhalten gegen Essigsäure in folgender Weise herangezogen werden: Man versetzt die nach b) mit dem gleichen Volumen Ammoniumsulfat vermischte und, wenn nötig, filtrierte Lösung der Substanz mit dem gleichen Volumen 4-, 10- und 20%iger Essigsäure.

Fleischsäfte zeigen hierbei je nach der Konzentration sofort oder nach längstens einer Minute eine deutliche mehr oder weniger starke Trübung, die beständig zunimmt und nach einigen Minuten als Niederschlag ausfällt. Die anfängliche Trübung ist mit 20%iger Essigsäure stärker als mit 4%iger Säure.

Serumalbumin gibt wesentlich schwächere Trübungen, auf deren Entstehung auch die Stärke der Säure ohne Einfluß ist. Die gesamte Säuremenge muß hier auf einmal zugesetzt werden, da bei langsamem Zusatze zunächst eine erst allmählich wieder verschwindende starke Trübung entsteht.

Eieralbuminlösungen bleiben bei gleicher Behandlung, auch wenn Fleischextrakt zugegen ist, auf Zusatz von 4%iger Essigsäure selbst nach $^1/_4$ Stunde noch völlig klar (Unterschied vom Fleischsaft). Hingegen erzeugt 20%ige Essigsäure innerhalb einer Minute Trübung (Unterschied vom Serumalbumin).

d) **Prüfung auf Proteosen** (Albumosen). Nach Abscheidung sämtlicher gerinnbarer Proteine wird das Filtrat hiervon bis zu dem ursprünglich angewandten Volumen der Fleischsaftlösung eingedampft, so daß man eine gesättigte Lösung von Ammoniumsulfat erhält. Die daraus beim Erkalten sich ausscheidenden oder durch Zusatz von noch etwas mehr Ammoniumsulfat ausgeschiedenen Proteosen werden abfiltriert, in Wasser gelöst und mit so viel Magnesia behandelt, bis alles Ammoniak ausgetrieben ist. In dem Rückstande bestimmt man den Proteosen-Stickstoff nach KJELDAHL. Oder man teilt die auf ein bestimmtes Volumen gebrachte Lösung in zwei Teile, bestimmt in der einen Hälfte den Gesamt-Stickstoff nach KJELDAHL und in der anderen Hälfte den Ammoniak-Stickstoff und erfährt den Proteosen-Stickstoff aus der Differenz.

Da die Ausschaltung des in sehr großen Mengen vorhandenen Stickstoffs sehr umständlich ist, kommt man meist einfacher zum Ziele, wenn man in den gesamten gerinnbaren Proteinen, die sich durch Auswaschen vom Ammoniak befreien lassen, den Stickstoff bestimmt, dann in einer zweiten Probe die gerinnbaren Proteine + Proteosen ausfällt und im Niederschlag den Stickstoff nach KJELDAHL bestimmt. Die Differenz beider Bestimmungen ergibt den Proteosen-Stickstoff.

e) **Prüfung auf Peptone.** Man verdünnt 10—20 g Substanz mit Wasser auf 50 ccm, säuert mit verd. Schwefelsäure an und sättigt mit festem Zinksulfat. Das Filtrat macht man mit starker Natronlauge stark alkalisch, bis sich das zuerst ausgeschiedene Zinkhydroxyd wieder gelöst hat, und prüft mit Hilfe der Biuretreaktion (Bd. II, S. 612) auf Peptone.

f) **Bestimmung des Gesamt-Kreatinins.** Nach K. MICKO scheidet man zunächst, wie unter b) angegeben ist, die gerinnbaren genuinen Proteine ab, wäscht mit heißem Wasser aus, verdampft die Filtrate, nimmt den Rückstand mit 50 ccm 0,5 N.-Salzsäure auf und erhitzt 6 Stunden auf dem Wasserbade. Die Lösung wird dann nach dem Verfahren von BAUR und BARSCHALL (S. 886) auf den Gehalt an Kreatinin untersucht.

g) **Prüfung auf Fett.** Etwa vorhandenes Fett wird wie bei Fleischextrakt mit ÄtherPetroläther ausgeschüttelt.

h) **Prüfung auf Glycerin.** Im Hinblick auf den häufig beobachteten Zusatz von Glycerin zu Fleischsäften hat K. MICKO zu dessen Bestimmung noch folgendes Verfahren ausgearbeitet: Eine Lösung von 10 g Substanz in Wasser wird zur Gerinnung der genuinen Proteinkörper zum Sieden erhitzt, das auf Zimmertemperatur abgekühlte Filtrat mit so viel Gerbsäure unter Vermeidung eines zu großen Überschusses versetzt, bis kein Niederschlag mehr entsteht, und das Ganze auf 250 ccm gebracht. Die abfiltrierte Lösung wird gemessen, bis zur Sirupdicke eingedampft, mit gelöschtem Kalk vermengt und die alkalisch gewordene Masse mit heißem Alkohol ausgezogen. Den Destillationsrückstand von den vereinigten alkoholischen Auszügen nimmt man mit 20 ccm absol. Alkohol auf, setzt sodann 30 ccm Äther hinzu, filtriert am nächsten Tage und wäscht mit einem Gemische von 20 ccm absol. Alkohol und 30 ccm Äther aus. Die vereinigten Filtrate versetzt man vorsichtig und tropfenweise mit verd. Schwefelsäure, worauf in der Regel ein beträchtlicher Niederschlag entsteht, und fährt nach dem Absitzen so lange mit dem Zusatze der Schwefelsäure fort, bis ein Tropfen der letzteren in der über dem Niederschlage stehenden klaren Flüssigkeit keine Trübung mehr hervorruft. Der Niederschlag wird abfiltriert, wieder mit dem Alkohol-Äthergemisch ausgewaschen und das bis auf etwa 15 ccm abdestillierte Filtrat zur Neutralisation der freien Säure mit etwas Calciumcarbonat versetzt. Der nach dem Verjagen des Alkohols hinterbleibende Rückstand wird mit 20 ccm absol. Alkohol aufgenommen und mit 30 ccm Äther vermischt, die Flüssigkeit nach mehreren Stunden filtriert und der Destillationsrückstand des Filtrates mit 30 ccm des Alkohol-Äthergemisches, also ohne vorherige Aufnahme mit absol. Alkohol, behandelt. Die letzte Behandlung wird wiederholt und die nach mehreren Stunden filtrierte Flüssigkeit in ein gewogenes Glycerinkölbchen gebracht und in üblicher Weise wie bei Wein weiterbehandelt.

Bei glycerinfreien Fleischsäften erhielt K. MICKO aus 10 g Substanz 0,03 bis 0,07 g eines halbfesten, teilweise krystallisierten Rückstandes; bei glycerinhaltigen Präparaten waren die Rückstände dickflüssig. Zur Reinigung kann das Glycerin im Vakuum destilliert werden; auch empfiehlt es sich, damit die Identitätsreaktionen (Acrolein) anzustellen.

i) **Prüfung auf Kohlenhydrate.** Zur Bestimmung von Zucker und Dextrin scheidet man, wie bei der Glycerinbestimmung, die gerinnbaren Proteine zweckmäßig vorher aus, indem man etwa ein halbes oder gleiches Volumen Alkohol zu der Flüssigkeit hinzusetzt, filtriert, das Filtrat nach dem Verdampfen des Alkohols auf ein bestimmtes Volumen bringt, so daß eine 1%ige Lösung entsteht, und in aliquoten Teilen den Zucker vor und nach der Inversion ermittelt.

k) Biologische Untersuchung. Nach Untersuchungen von T. Horinchi[1] weichen die Eiweißstoffe des Rinderblutserums von denjenigen der Organe (Muskel, Milz, Niere, Leber) in ihrer Konstitution wesentlich ab. Die Antisera dieser Organe reagieren sowohl mit den eigenen Antigenen als auch mit denjenigen der anderen Organe, aber nicht mit dem Antigen des Rinderblutserums. Man kann daher mit einem Antiorganserum, z. B. dem Antifleischserum in den Fleischextrakten und Fleischsäften auch die Eiweißstoffe anderer Organe derselben Tierart nachweisen. Die Untersuchung von 19 verschiedenen Nährpräparaten mit Hilfe dieses Verfahrens führte zu folgenden Feststellungen:

Mit Antirindfleischserum reagierten positiv: Liebigs Fleischextrakt, Liebigs Pepton, Oxi, Somatose, flüssige Somatose, Armours fester Fleischextrakt of beef, Vigoral und Wittes Pepton. Mit Antirindfleischbouillonserum reagierten schwach, außer Vigoral, alle vorgenannten Präparate, aber auch der angebliche Pflanzenextrakt Marmite; mit Antirinderserum schwach positiv die beiden Liebigschen Präparate, Somatose und wieder Marmite. Gegen die Antigene vom Pferde verhielten sich alle Präparate indifferent. Die Pflanzenextrakte Ovos, die Fleischextrakte Cibils, Bovril und Armours (flüssig) waren auch indifferent gegen die Rinderantigene. Durch das Ausbleiben der Reaktion bei den letztgenannten Präparaten wird aber keineswegs die Herkunft vom Rind sicher ausgeschlossen, weil möglicherweise bei ihrer Herstellung infolge eingreifender Behandlung des Fleisches die letzte Spur von rindspezifischen Agenzien zerstört worden ist. Die Versuche lassen weiter den Schluß zu, daß auch das Globulin des Hämoglobins, wie die Eiweißstoffe des Blutserums vom Fleischeiweiß verschieden sind, daß ferner Pferdeserumantigen Präcipitin für Rinderserum und Rinderhämoglobin erzeugt, daß aber umgekehrt Antirinderserum das Pferdeserum nicht präcipitiert. Die Präparate Puro und Robur enthalten keine Spur von unverändertem Rindfleischeiweiß und auch kein anderes Rinderorganeiweiß; das native Eiweiß beider ist vielmehr Hühnereiweiß.

Dieser biologische Befund stimmt vollständig mit den Ergebnissen der chemischen Untersuchung überein, denn wie K. Micko fand auch L. Geret[2], daß die Gerinnungstemperatur des Präparates „Puro" bei 60—61° lag, während sie von L. Geret bei Fleischsäften zu 40—41° ermittelt wurde. Vermischte er aber Eieralbumin bzw. Blutalbuminlösungen im Verhältnisse 14:25 mit Fleischextrakt, so fingen die Eiweißstoffe der Eieralbuminmischung bei 60°, diejenigen der Blutalbuminmischung bei 70° an, zu gerinnen. Die Mischungen verhielten sich ganz wie das seinerzeit viel besprochene Präparat „Puro", das daher als ein Gemisch von minderwertigem Fleischextrakt mit Eier- bzw. Blutalbumin anzusprechen ist.

l) Prüfung auf Verdorbenheit. Die sehr leicht eintretende Zersetzung der Fleischsäfte wird sich meist schon durch den schlechten oder gar fauligen Geruch zu erkennen geben. Zur Unterstützung des Befundes kann noch der Nachweis von Schwefelwasserstoff, Ammoniak und sonstigen Fäulnisprodukten (S. 777), sowie vor allem die Untersuchung auf Bakterien und höhere Pilze (Schimmel, Hefe usw.) herangezogen werden.

Der Nachweis der Konservierungsmittel und der übrigen Bestandteile, von denen besonders Asche, Phosphorsäure und Natriumchlorid wichtig sind, erfolgt wie bei Fleisch (S. 742, 723, 759).

3. Beurteilung.

Nach der Begriffsbestimmung (S. 867) ist Fleischsaft lediglich die durch Pressen oder sonstwie erhaltene und bei niedriger Temperatur mehr oder weniger eingedickte Fleischflüssigkeit ohne Zusatz irgendwelcher anderer Stoffe. Daraus ergeben sich für die durch die Untersuchung ermittelten Befunde nachstehende Folgerungen:

---

[1] T. Horinchi: Münch. med. Wochenschr. 1908, **55**, 960; C. 1908, I, 1901; Z. 1910, **19**, 340. [2] L. Geret: Münch. med. Wochenschr. 1908, **55**, 902.

An den Wassergehalt lassen sich keine bestimmten Anforderungen stellen, weil die Fleischsäfte flüssig bleiben sollen, und der Grad des Eindampfens sich nach der wechselnden Beschaffenheit des Fleisches richtet.

Der Stickstoffgehalt der aschefreien Trockensubstanz beträgt durchschnittlich 15%. Werte unter 14% deuten auf Zusatz stickstofffreier organischer Stoffe hin.

Albumosenstickstoff macht nur wenige Prozente des Gesamt-Stickstoffs, gegenüber 17—22% bei Fleischextrakt aus.

Gerinnbare Proteine bilden mindestens 35%, Fleischbasen höchstens 40% der Gesamt-Trockensubstanz. Der Aschengehalt beträgt nicht mehr als 15%, davon höchstens 2,5% Natriumchlorid berechnet aus dem gesamten Chlorgehalt, und mindestens 2 bis höchstens 4% Phosphorsäure.

Als fremde Zusätze kommen hauptsächlich fremde gerinnbare Proteine, Fleischextrakte und Würzen, Zucker, Glycerin und Dextrin, Kochsalz und andere Mineralstoffe, sowie Konservierungsmittel in Betracht.

Tabelle 3. Zusammensetzung von Fleischsäften des Handels.

Bestandteile	1. Carnine Lefranco	2. Armours Fluid Beef	3. Bovril	4. Brand Meat Juice	5. Valent. Meat Juice	6. Wyeth Beef Juice	7. Karsan	8. Carvis
	%	%	%	%	%	%	%	%
Wasser	61,76	29,54	57,76	22,75	34,91	40,44	47,64	10,11
In der Trockensubstanz:								
Organische Substanz	98,51	43,30	69,62	58,73	67,08	59,22	72,10	75,66
Gesamt-Stickstoff	1,59	4,91	10,87	8,04	9,01	7,47	9,72	12,31
Unlösliche Stickstoffsubstanz .	0,28	1,59	10,36	—	—	0,32	6,95	—
Gerinnbare Stickstoffsubstanz .	5,72	—	—	6,92	0,12	8,22	0,22	—
Proteosen	0,14	6,57	18,08	3,29	1,25	0,97	13,84	31,19
Gesamt-Kreatinin	0,39	1,96	4,32	5,33	3,27	2,36	4,41	3,16
Ammoniak	—	0,26	0,45	—	—	—	0,46	—
Fett	—	2,91	—	—	—	—	—	—
Zucker	71,71	—	—	—	—	—	—	—
Stärke (Dextrin), Glykogen . .	—	3,52	—	—	—	—	—	—
Asche.	1,49	56,70	30,38	41,27	32,92	40,78	27,90	24,34
Phosphorsäure	0,49	2,57	4,98	5,61	11,14	8,09	4,65	3,70
Natriumchlorid	0,08	45,36	17,23	25,30	4,35	19,39	12,67	15,05
In der Asche:								
Natriumchlorid	5,38	80,00	56,73	61,30	13,21	47,56	45,41	61,87
In der organischen Trockensubstanz:								
Gesamt-Stickstoff	1,61	11,34	15,61	13,70	13,43	12,61	13,49	16,28
Unlösliche Stickstoffsubstanz .	0,29	3,67	14,89	—	. —	0,55	9,63	—
Gerinnbare Stickstoffsubstanz .	5,81	—	—	11,79	0,19	13,88	0,30	—
Proteosen	0,14	15,17	25,97	5,61	1,87	1,64	19,19	41,22
Gesamt-Kreatinin	0,39	4,54	6,20	9,08	4,87	3,98	6,11	4,18
Fett	—	6,72	—	—	—	—	—	—
Zucker	72,80	—	—	—	—	—	—	—
Stärke (Dextrin), Glykogen . .	—	8,13	—	—	—	—	—	—
Vom Gesamt-Stickstoff:								
Unlöslicher Stickstoff.	2,84	5,17	15,26	—	—	0,70	11,43	—
Gerinnbarer „	57,56	—	—	13,17	0,22	18,03	0,36	—
Proteosen- „	1,43	21,45	26,61	6,56	2,23	2,09	22,77	40,54
Kreatinin- „	22,93	14,87	14,75	24,63	13,47	11,73	16,85	9,54
Ammoniak- „	—	4,31	3,41	—	—	—	3,93	—

Einen Anhalt für die Beurteilung gewähren die von K. Micko veröffentlichten Analysen verschiedener Handelspräparate (s. Tabelle 3), neben denen zum Vergleiche die in der Einleitung mitgeteilten Ergebnisse der Untersuchung echter, selbst hergestellter Fleischsäfte (S. 867) heranzuziehen sind.

Aus diesen Analysen zieht K. Micko folgende Schlüsse:

1. „Carnine Lefranco, suc de viande crue préparé à froid, Paris" besteht aus einem aromatisierten, mit Zucker und Glycerin versetzten Fleischsafte;

2. „Armours Fluid Beef seasonned, Chicago" hat im allgemeinen die Zusammensetzung eines Fleischextraktes, dem vegetabilische Würzen und Kochsalz zugesetzt sind.

3. „Bovril, a combination of the extractives and albumen and fibrine of beef, Limited London" ist ein gewürzter, mit Fleischmehl und Kochsalz versetzter Fleischextrakt, dessen Gehalt an Albumosen erhöht ist.

4. „Brand et Co's Meat juice, prepared by Brand et Co. Vauxhall, London" besteht aus einem mit Glycerin und Kochsalz versetzten Fleischsaft, dessen Gehalt an gerinnbaren Eiweißstoffen aber im Verhältnis zu den stickstoffhaltigen Extraktivstoffen sehr gering ist.

5. „Valentins Meat Juice, founded in the United States, Richmond, Virginia" ist wegen des fast gänzlichen Fehlens gerinnbarer Eiweißstoffe kein Fleischsaft, sondern eine mit Glycerin versetzte Lösung von Fleischextraktivstoffen.

6. „The perfect Wyeth Beef Juice, John Wyeth Brother Philadelphia" ist ein mit Kochsalz versetzter Fleischsaft, dessen Gehalt an gerinnbaren Eiweißstoffen allerdings aus nicht erkennbaren Ursachen zu gering ist.

7. „Fleischsaft Karsan, 35% Fleischeiweiß, W. Pick, München" enthält nur geringe Mengen gerinnbarer Eiweißstoffe neben viel Albumosen und besteht daher nur zum geringen Teile aus Fleischsaft, dem überdies noch Glycerin und Kochsalz zugesetzt sind.

8. „Carvis, Dr. Brunnengräbers sterilisierter Fleischsaft, Rostock" ist aus Fleischsaft durch Peptonisierung der Eiweißstoffe hergestellt worden und enthält infolgedessen keinen Blutfarbstoff, wohl aber eine erhebliche Menge von Albumosen und außerdem Peptone. Außerdem ist etwas Kochsalz zugesetzt worden.

Keines der vorstehenden Erzeugnisse hat demnach Anspruch auf die Bezeichnung Fleischsaft. Sie sind vielmehr alle mehr oder weniger grob verfälscht oder als völlige Nachmachungen zu beurteilen.

Ein von E. Treue[1] untersuchter „Fleischsaft Vero" war sehr arm an gerinnbaren Proteinen, dafür aber reich an Albumosen und Peptonen und jedenfalls kein Fleischsaft, sondern mit Glycerin und Kochsalz versetzter Fleischextrakt. Vero war als „Ersatz für frischen Fleischsaft" bezeichnet.

Gerichtliche Entscheidungen sind bis jetzt nur hinsichtlich des von der Firma Dr. Scholl in München vertriebenen „Fleischsaftes Puro" ergangen, der nach den von Neustätter und v. Gruber, später auch von Micko, Geret u. a. mit Hilfe des biologischen Verfahrens angestellten Untersuchungen gar keinen Fleischsaft, sondern Hühnereiweiß neben Fleischextrakt enthielt. Er wurde vom RG. am 11. April 1910 und vom LG. München I am 27. Oktober 1910 als nachgemacht beurteilt. Analysen des angeblichen Fleischsaftes sind von Ehrmann und Kornauth[2] sowie von W. Westphalen[3] veröffentlicht worden.

II. Fleischextrakt.

Unter Fleischextrakt versteht man den eingedickten albumin-, leim- und fettfreien Wasserauszug des frischen Fleisches. Er verdankt seine Entstehung einer Anregung Justus v. Liebigs, der zuerst im Jahre 1847 die Bedeutung der einzelnen Bestandteile des Fleisches für die Ernährung klarstellte und besonders auf den hohen diätetischen Wert der sog. Extraktivstoffe (Fleischbasen und Salze) und die Möglichkeit, durch ihre Gewinnung die ungeheuren südamerikanischen Fleischvorräte dem europäischen Verbraucher zugänglich zu machen, hinwies.

Nachdem in den Jahren 1850—1852 zuerst unter Leitung v. Pettenkofers in der Hofapotheke zu München Versuche angestellt worden waren, die zur Verarbeitung von im ganzen etwa 1 Zentner Fleisch führten, wurde im Jahre 1864 die erste Fleischextraktfabrik in Fray-Bentos in Uruguay, sowie im Jahre

---

[1] E. Treue: Bericht Bielefeld 1913, S. 22; Z. 1915, 29, 445.
[2] Ehrmann u. Kornauth: Z. 1900, 3, 738.
[3] W. Westphalen: Chem.-Ztg. 1904, 28, Repertorium 117.

1905 eine größere Fabrik in Colon-Entre Rios in Argentinien gegründet. Die Fleischextrakte von Fray Bentos wurden der wissenschaftlichen Prüfung LIEBIGs und v. PETTENKOFERs unterstellt. Aus dieser Fabrik ist die heutige LIEBIG-Gesellschaft hervorgegangen, die nach ihrer Angabe noch heute in derselben .Weise wie ursprünglich aus großen Mengen täglich geschlachteten Rindviehs den Fleischextrakt herstellt.

Weitere Fabriken sind später in St. Elena in Argentinien (KEMMERICHs Verfahren), Montevideo in Uruguay (BUSCHENTHALs Verfahren) entstanden, deren Erzeugnisse keine nennenswerten Unterschiede aufweisen. Der in Australien gemachte Versuch, Schaffleisch zu verarbeiten, soll sich wegen des eigenartigen Geschmacks der so gewonnenen Extrakte nicht bewährt haben. Dasselbe gilt von der Verwertung des Pferdefleisches.

A. Herstellung.

Zur Herstellung des Fleischextraktes[1] wird das durch Maschinen zerkleinerte magere Fleisch, das möglichst frei von Fett und Sehnen ist, in Batterien, nach Art der in den Zuckerfabriken benutzten Diffuseure, nach dem Gegenstromprinzip durch Diffusion mit etwa 90⁰ warmem Wasser ausgelaugt. Hingegen muß Kochen vermieden werden, weil sonst zu viel aus dem Bindegewebe entstehender Leim in den Extrakt übergeht. Die Brühe wird von den Fleischteilen durch Siebe abgelassen, darauf durch Fettseparatoren und Klärkessel von Fett, Albumin und Fibrin getrennt, durch Filterpressen filtriert und schließlich zuerst in Vakuumapparaten, dann in offenen, mit Rührwerk versehenen Pfannen eingedampft, bis ein dicker, infolge teilweisen Anbrennens brauner Extrakt entsteht, der in 50-kg-Dosen nach Antwerpen gesandt und dort in die bekannten runden Steinzeugtöpfe abgefüllt wird. Der ausgezogene Fleischrückstand kommt in getrocknetem und gemahlenem Zustande als amerikanisches Fleischmehl oder Fleischpulver in den Handel, das als Futtermittel oder zur Gewinnung von Eiweißpräparaten (Somatose usw.) Verwendung findet.

Das verarbeitete Fleisch soll in der Regel von mindestens 4 Jahre alten Rindern stammen, weil jüngere Tiere einen fade und pappig schmeckenden Extrakt liefern. Der Extrakt von Ochsenfleisch ist von dunkler Farbe und kräftigem Geschmack, der Extrakt von Kuhfleisch heller und milder im Geschmack.

Nach LEBBIN sollen zur Gewinnung von 1 kg LIEBIGschem Fleischextrakt 18—26, im Durchschnitt 23 kg, nach U. KLUENDER 25 kg und nach J. KÖNIG sogar 30—32 kg mageres Rindfleisch erforderlich sein.

B. Zusammensetzung.

Die chemische Zusammensetzung des Fleischextraktes entspricht nach der Art der Herstellung derjenigen einer eingedickten fett- und leimfreien Fleischbrühe. Als Hauptbestandteile sind darin die Fleischbasen enthalten, von denen in verschiedenen Proben bisher folgende isoliert worden sind: Carnosin oder Ignotin, Carnomuscarin, Neosin, Novain (Carnitin) und Oblitin, Cholin, Neurin, Methylguanidin, Phosphorfleischsäure (Nucleinsäure). Die Purinbasen bestehen hauptsächlich aus Hypoxanthin neben kleineren Mengen Xanthin, Carnin, Guanin und Adenin. Als charakteristischste Base ist das Kreatin bzw. Kreatinin zu erwähnen, das auch zur Bestimmung des Fleischextraktes in Gemischen dient. Von weiteren stickstoffhaltigen Bestandteilen finden sich noch geringe Mengen von Proteosen und Ammoniak, größere Anteile von Aminosäuren, während Peptone und Leim wahrscheinlich gar nicht zugegen sind. Als organische Säuren werden Milchsäure und Bernsteinsäure, als sonstige stickstofffreie Extraktstoffe noch Glykogen und Inosit angeführt.

[1] U. KLUENDER (Chem.-Ztg. 1920. 44, 837) gibt eine eingehende Beschreibung der Herstellung in der Fabrik Colon, deren Chefchemiker er 6 Jahre war.

Die Angaben über die quantitative Zusammensetzung gehen stark auseinander. Es seien daher zur Gewährung eines annähernden Urteils nur folgende Analysen[1] mitgeteilt, von denen diejenigen der ersten Spalte sich auf LIEBIGschen Fleischextrakt, diejenigen der zweiten Spalte auf die Marken: „Neuer Fleischextrakt mit der Flagge", „Fleischextrakt Prairie", „Armours Fleischextrakt" und einige weitere amerikanische Erzeugnisse, diejenigen der dritten Spalte aber auf flüssige Extrakte: „Cibils flüssiger Fleischextrakt", „Armours Vigoral und Beef Juice" beziehen.

Tabelle 4. Zusammensetzung von Fleischextrakten.

Bestimmungen	LIEBIGS Extrakt %	Andere feste Extrakte %	Flüssige Extrakte %
Wasser	16,94—23,00	12,39—26,60	55,12—68,80
Organische Stoffe	57,50—62,50	47,28—69,98	16,17—32,57
Gesamt-Stickstoff	8,49— 9,60	6,02—10,01	2,47— 5,21
Ammoniak-Stickstoff	0,30— 0,98	0,20— 0,71	—
Albumosen-Stickstoff	0,98— 2,01	0,77— 2,78	0,28— 1,91
Kreatinin-Stickstoff	1,14— 2,42	0,24— 1,14	0,47
Purinbasen-Stickstoff	0,70	0,03— 0,80	0,15— 0,61
Ätherextrakt	0,03— 1,06	0,43— 1,30	0,35— 1,20
Asche	18,27—22,33	12,75—31,68	10,39—16,27
Natriumchlorid (NaCl)	2,62— 3,81	2,13—18,60	1,42—11,20
Phosphorsäure (P_2O_5)	2,40— 7,93	1,75— 5,01	2,58— 3,58

Über den Gehalt an Aminosäuren haben sich in der Literatur keine Angaben finden lassen, obwohl diese Stoffe zweifellos vorhanden sind[2] und von namhaften Autoren, unter anderen TILLMANS, als Träger oder richtiger als Maßstab des aromatischen Geschmacks, des Würzwertes, angesehen werden.

Vom Phosphor des Fleischextraktes sind nach Untersuchungen H. BREHMERS etwa 72% unorganisch und 28% organisch gebunden, so daß von dem meist gegen 7% betragenden Gehalt an analytisch bestimmter Phosphorsäure 5% auf vorgebildete Phosphorsäure und 2%, entsprechend 0,90% Phosphor auf organischen Phosphor entfallen. Diesem Phosphorgehalte würden etwa 2—3% Stickstoff in Form von Phosphorfleischsäure entsprechen, doch ist diese Zahl wahrscheinlich zu hoch, weil noch mit anderen Phosphorverbindungen im Fleische zu rechnen sein wird.

Der Kreatiningehalt, der in den älteren Analysen, anscheinend infolge mangelhafter Methodik vielfach recht niedrig ausgefallen ist, wurde von E. BAUR und G. TRÜMPLER[3] nach neueren Verfahren in 12 selbst hergestellten Extrakten zu 7,50—8,95%, in 14 Fleischextrakten des Handels hingegen nur zu 2,18 bis 7,00% ermittelt.

Neben ihm soll nach R. KRIMBERG und ISRAILSKY[4] noch eine verwandte Base: Kreatosin vorhanden sein, deren Goldsalz die Formel $C_{11}H_{28}N_3O_4 \cdot AuCl_8$ hat.

Die Mineralstoffe bestehen in Prozenten der Reinasche aus 32,23—46,53, Mittel 42,26% Kaliumoxyd; 9,53—18,53, Mittel 12,74% Natriumoxyd; Spur bis 1,07, Mittel 0,62% Calciumoxyd; 2,22—4,64, Mittel 3,15% Magnesiumoxyd; 0,06—0,77, Mittel 0,28% Eisenoxyd; 23,32—38,08, Mittel 30,59% Phosphorsäure; 0,12—3,88, Mittel 2,03% Schwefelsäure; 0—2,97, Mittel 0,81% Kieselsäure; 7,01—14,16, Mittel 9,63% Chlor.

---

[1] Nach J. KÖNIGS Chemie der menschlichen Nahrungs- und Genußmittel, Bd. I, Nachtrag A, 1919, S. 132. [2] Vgl. K. BECK u. H. BECK: Z. 1929, 58, 409.
[3] E. BAUR u. G. TRÜMPLER: Z. 1914, 27, 697.
[4] R. KRIMBERG u. ISRAILSKY: Zeitschr. physiol. Chem. 1913, 88, 324; Z. 1916, 31, 195.

Im Gegensatze zu vorstehenden Ausführungen und den Angaben der LIEBIG-Gesellschaft hat LEBBIN[1] auf Grund der Untersuchung selbst hergestellter Fleischextrakte die Meinung geäußert, daß der LIEBIGsche Fleischextrakt durch Hydrolysierung des Fleisches mit Salzsäure und nachfolgende Neutralisation hergestellt werde. Demgegenüber ist aber von L. GERET[2] darauf hingewiesen worden, daß die LEBBINschen Vergleichspräparate aus dem Fleische geschächteter, also völlig ausgebluteter Tiere gewonnen und sonach weniger Chlor enthalten mußten als normal geschlachtetes Fleisch. Auch hat KIESGEN[3], ein Schüler von TILLMANS, durch Stufentitration nachgewiesen, daß die jetzt im Handel befindlichen LIEBIG-Extrakte nicht hydrolysiert sind.

Nach seiner ganzen Zusammensetzung, insbesondere im Hinblick auf das Fehlen eigentlicher Nährstoffe, wie Eiweißverbindungen, Fett und Kohlenhydraten ist der Fleischextrakt nicht als ein Nahrungsmittel anzusprechen, wohl aber bildet er ein wertvolles Genußmittel, das durch seinen Gehalt an Fleischbasen und Salzen anregend auf das Verdauungssystem und die Nerven wirkt. Die früher mehrfach geäußerte Befürchtung, daß der Fleischextrakt gesundheitsschädlich oder geradezu giftig sei, ist natürlich ebenso abwegig wie die von Fanatikern gelegentlich aufgestellte Behauptung, daß der Fleischgenuß überhaupt gesundheitsschädlich sei. In seiner Bedeutung als Küchenhilfsmittel ist der immerhin teure Fleischextrakt zwar seit der Einführung der billigeren und ausgiebigeren Maggi-Würze wesentlich zurückgetreten, aber zur Herstellung von Fleischbrühwürfeln u. dgl. nach wie vor unentbehrlich geblieben. Vgl. JUCKENACK[4]: „In welchem Verhältnis stehen Fleischextrakt und Hefeextrakt stofflich, rechtlich und auch anderweitig zueinander?"

C. Untersuchung.

1. Allgemeiner Analysengang.

Als wichtigste normale Bestandteile des Fleischextraktes sind nach dem vorher Gesagten neben dem Gesamt-Stickstoffgehalte die Proteosen, Aminosäuren und Fleischbasen, von letzteren besonders das Kreatinin, und die Mineralbestandteile anzuführen, während von Fremdstoffen in erster Linie unlösliche und koagulierbare Eiweißstoffe (Fleischmehl und Albumin), ferner Leim und Fett, sowie übermäßige Kochsalzmengen, unter Umständen auch Stärke, Dextrin und andere Kohlenhydrate in Betracht kommen.

Unter Berücksichtigung dieser Verhältnisse ist folgender Analysengang zu empfehlen:

Von Fleischextrakten, die sich wie das reine LIEBIGsche Erzeugnis klar in kaltem Wasser lösen, wägt man 10—20 g oder von flüssigen Extrakten 25—50 g ab, löst sie in kaltem Wasser, füllt zu 500 ccm auf und verwendet aliquote Teile davon für die einzelnen Bestimmungen. Verbleibt dagegen ein unlöslicher Rückstand, so muß dieser für sich bestimmt werden.

a) **Unlösliche Stoffe.** Man filtriert durch ein getrocknetes und gewogenes Filter, wäscht mit kaltem Wasser gut aus, trocknet bei 100⁰ und wägt. Der unlösliche Rückstand wird mikroskopisch auf das Vorhandensein von Fleischfasern, Stärkekörnern usw. geprüft und dann nach KJELDAHL verbrannt. Der gefundene Stickstoff ergibt, mit 6,25 multipliziert, die Menge der vorhandenen unlöslichen oder koagulierten Eiweißstoffe.

b) **Wasser.** In eine mit 40 g reinem Seesand und einem Glasstäbchen beschickte Porzellanschale, die, nach dem Trocknen genau gewogen, etwa 50 g wiegt, gibt man eine 1—2 g Trockensubstanz entsprechende Menge Fleischextrakt oder, bei völlig löslichen Präparaten einen aliquoten Teil der Lösung, verrührt,

[1] LEBBIN: Neue Untersuchungen über Fleischextrakt. Berlin: August Hirschwald 1915.
[2] L. GERET: Z. 1918, **35**, 412.   [3] KIESGEN: Inaug.-Diss. Frankfurt a. M. 1925.
[4] A. JUCKENACK: Deutsche Nahrungsm.-Rundschau 1933, S. 9.

nötigenfalls unter Zusatz von etwas Wasser, und erwärmt anfangs unter ständigem Umrühren auf dem Wasserbade in der Weise, daß keine Klümpchenbildung eintritt, sondern ein völlig homogenes sandiges Pulver entsteht. Schließlich trocknet man bis zur Gewichtskonstanz im Wassertrockenschranke oder auch wohl im Vakuum.

c) Gesamt- und Protein-Stickstoff. α) Gesamt-Stickstoff. In einer höchstens 1 g Trockensubstanz enthaltenen Menge der ursprünglichen Substanz (auf Stanniolschiffchen abgewogen) oder der klaren Lösung wird der Stickstoff in üblicher Weise nach Kjeldahl bestimmt.

β) Koagulierbares Protein (Albumin). Ein 5—10 g Fleischextrakt entsprechender Teil der Grundlösung wird nach schwachem Ansäuern mit Essigsäure gekocht, die flockige Ausscheidung von Albumin durch Papier oder einen Gooch-Tiegel filtriert, mit heißem Wasser gewaschen und kjeldahlisiert. Der gefundene Stickstoff mal 6,25 ergibt die Menge des koagulierbaren Eiweißes.

γ) Proteosen[1]. Das Filtrat von der Albuminfällung oder, bei Abwesenheit einer solchen, ein aliquoter Teil der Grundlösung, der ungefähr 1 g Trockensubstanz enthält, wird, um einen zu großen Verbrauch an Zinksulfat zu vermeiden, auf 30—40 ccm eingedampft und nach schwachem Ansäuern (etwa 1 ccm verd. Schwefelsäure 1 + 4) so lange mit kleinen Mengen feinstgepulvertem Zinksulfat (etwa 70 g auf 50 ccm Flüssigkeit) verrührt, bis sich bei längerem Stehen (über Nacht) wieder krystallisiertes Salz abscheidet. Die auf der Oberfläche abgeschiedenen Proteosen werden abfiltriert, mit kaltgesättigter Zinksulfatlösung unter Bedeckthalten des Trichters ausgewaschen, und darin der Stickstoff nach Kjeldahl bestimmt. Nach Abzug des Filterstickstoffs, der meist vernachlässigt werden kann, ergibt sich durch Multiplikation mit 6,25 der Gehalt an Proteosen.

Bei Anwesenheit größerer Ammoniakmengen bestimmt man in einem anderen genau ebenso hergestellten Zinksulfatniederschlag das Ammoniak durch Destillation mit Magnesia und bringt den gefundenen Stickstoff in Abzug.

δ) Peptone (+ Fleischbasen). Das Filtrat von der Albumosenfällung wird zunächst mit Hilfe der Biuretreaktion auf Peptone und nach der Vorschrift unter d) auf Fleischbasen geprüft. Bei Anwesenheit beider, die zusammen bestimmt werden müssen, versetzt man 100 ccm des auf 250 ccm aufgefüllten Filtrates so lange mit einer stark angesäuerten Lösung von Natriumphosphorwolframat (120 g Natriumphosphat und 200 g Natriumwolframat in 1 l Wasser gelöst und mit 100 ccm Schwefelsäure 1 : 3 vermischt), als noch eine Fällung entsteht, filtriert nach 12stündigem Stehen bei Zimmertemperatur den Niederschlag ab, wäscht mit verdünnter Schwefelsäure (1 : 3) aus und verbrennt noch feucht nach Kjeldahl. Auch hier ist etwa vorhandener Ammoniak-Stickstoff wie oben gesondert zu bestimmen und abzuziehen. Durch Multiplikation mit 6,25 erhält man bei Abwesenheit von Fleischbasen den Gehalt an Pepton, andernfalls gibt man das Resultat lediglich als „Stickstoff in Form von Pepton und Fleischbasen" an.

Da nach J. König und A. Bömer[2] reine Fleischextrakte kein oder nur Spuren von Pepton enthalten, wird der so gefundene Stickstoff in der Regel auf Fleischbasen entfallen.

ε) Ammoniak. 100 ccm der Grundlösung werden mit frisch gebrannter Magnesia in bekannter Weise destilliert.

ζ) „Stickstoff in anderer Form". Mit diesem Namen bezeichnet man den nach Abzug des Stickstoffs in Form von koagulierbarem Eiweiß, Proteosen, Pepton + Fleischbasen und Ammoniak vom Gesamt-Stickstoff verbleibenden Rest.

---

[1] A. Bömer: Z. 1898, 1, 106.
[2] J. König u. A. Bömer: Zeitschr. analyt. Chem. 1895, 34, 548.

d) Fleischbasen. α) Nachweis. Zur Prüfung auf Fleischbasen versetzt man das Filtrat von der nach c γ) erhaltenen Zinksulfatfällung mit Ammoniak bis zur deutlich alkalischen Reaktion, filtriert von einem etwa entstehenden Niederschlage (Phosphate) ab und gibt zu dem Filtrate Silbernitratlösung (2,5%). Der Eintritt einer Fällung ist beweisend für die Anwesenheit von Xanthinbasen. Bleibt ein Niederschlag aus, so darf man allerdings nicht auf die Abwesenheit von organischen Basen schließen. Weil aber die Xanthinbasen im Pflanzen- und Tierreiche am weitesten verbreitet sind, so deutet das Ausbleiben einer Fällung mit Silbernitrat zum mindesten darauf hin, daß der Gehalt an organischen Basen nur gering ist. Man kann alsdann, wenn gleichzeitig eine deutliche Reaktion auf Peptone eingetreten ist, den durch Natriumphosphorwolframat gefällten Stickstoff vorwiegend als Peptonstickstoff ansetzen.

Bei normalem Fleischextrakt, der keine Peptone enthält, schließt der mit Phosphorwolframsäure erhaltene Niederschlag fast nur die Fleischbasen ein. J. KÖNIG und A. BÖMER konnten nach 8—9tägigem Stehen 90%, E. BAUR und H. BARSCHALL[1] bei 2tägigem Stehen 80% des Gesamt-Stickstoffs vom Fleischextrakt durch einen großen Überschuß des Reagens (75 ccm auf 1 g Extrakt) abscheiden.

β) Die Bestimmung und Trennung der einzelnen Fleischbasen erfolgt nach den unter 2 S. 886 angegebenen Methoden.

e) Aminosäuren. Die stets im Fleischextrakte in wechselnder, meist recht erheblicher Menge enthaltenen Aminosäuren werden durch Phosphorwolframsäure nicht gefällt, sondern finden sich in dem Filtrate von dem Fleischbasen-bzw. Peptonniederschlage, in dem sie nach dem Verfahren von E. BAUR und H. BARSCHALL[2] durch Fällen mit dem von E. FISCHER und BERGELL[3] für diesen Zweck vorgeschlagenen β-Naphthalinsulfochlorid bestimmt werden können. Die Reaktion verläuft für das Glykokoll-Natrium nach der Gleichung

$$CH_2 \cdot NH_2 \cdot COONa + C_{10}H_7 \cdot SO_2 \cdot Cl + NaOH = CH_2 \cdot NH \cdot SO_2 \cdot C_{10}H_7 \cdot COONa + NaCl + H_2O.$$

Außerdem eignet sich für diesen Zweck das Verfahren der Formoltitration nach S. P. L. SÖRENSEN und die Stufentitration nach J. TILLMANS.

α) Verfahren von E. BAUR und H. BARSCHALL. Man säuert die 10%ige wäßrige Lösung des Fleischextraktes mit Schwefelsäure an, gibt auf 15 g Extrakt (oder 10 g Pepton) 125 ccm der Natriumphosphorwolframatlösung, die einen Zusatz von 45 ccm verdünnter Schwefelsäure (1 : 3) hat, hinzu, filtriert nach mindestens 2tägigem Stehen und wäscht mit verdünnter Schwefelsäure aus. Das Filtrat wird neutralisiert, auf je 1 l mit 4 g Natriumhydroxyd versetzt, so daß die Lösung höchstens 0,1 N.-Alkalilauge entspricht, und von dem sich abscheidenden Calciumphosphat abfiltriert. Das Filtrat schüttelt man 18 Stunden mit 150 (bzw. 300) ccm einer ätherischen 5%igen Lösung von β-Naphthalinsulfochlorid, trennt die Schicht vom Äther ab, übersättigt mit Salzsäure und läßt einen Tag stehen. Der entstandene Niederschlag wird auf einem Filter von bekanntem Stickstoffgehalte gesammelt, das Filtrat nötigenfalls bis zur gänzlichen Klärung mit Äther ausgezogen, der Ätherrückstand mit dem Niederschlage vereinigt und das Ganze nach KJELDAHL verbrannt. Als Korrektur für die in Lösung gebliebenen Anteile addiert man auf je 100 ccm 0,002 g N. Nach dieser Methode wurden 0,69—0,96% Aminosäuren-Stickstoff im Fleischextrakt gefunden.

Für die Praxis werden die folgenden beiden neueren Methoden bevorzugt.

β) Formoltitration nach S. P. L. SÖRENSEN[4] in der Ausführung von L. GRÜNHUT[5]: Von Fleischextrakt und pastenartigen Würzen werden 2—2,5 g, von Suppenwürfeln und flüssigen Würzen 4—5 g in etwa 10 ccm warmem

---

[1] E. BAUR u. H. BARSCHALL: Arb. Kaiserl. Gesundh.-Amt 1906, **24**, 552; Z. 1907, **13**, 353.   [2] E. BAUR u. H. BARSCHALL: Arb. Kaiserl. Gesundh.-Amt 1906, **24**, 552.
[3] E. FISCHER u. BERGELL: Ber. Deutsch. Chem. Ges. 1902, **35**, 3779.
[4] S. P. L. SÖRENSEN: Biochem. Zeitschr. 1908, **7**, 45.   [5] L. GRÜNHUT: Z. 1919, **37**, 304.

Wasser gelöst und von etwa vorhandenem Fett durch Filtration über Glaswolle und Auswaschen befreit. In der Lösung bestimmt man das Ammoniak und in der vom Ammoniak befreiten Flüssigkeit den Aminosäurenstickstoff nach dem Bd. II, S. 617 beschriebenen Verfahren.

γ) **Stufentitration nach J. TILLMANS und J. KIESGEN**[1]. Die Tropaeolin-Titration und die alkoholische Titration erfolgt in der wie unter a hergestellten ammoniakfreien Lösung, wie in Bd. II, S. 623 näher beschrieben ist.

Hinsichtlich der von H. RIFFART[2] vorgeschlagenen Anwendung des colorimetrischen Ninhydrinverfahrens[3] und des von J. KÖNIG und SPLITTGERBER[4], sowie von K. BECK und B. SCHNEIDER[5] empfohlenen gasometrischen Verfahrens mit Salpetriger Säure sei auf die Originalabhandlungen und auf Bd. II, S. 620 und 624 verwiesen.

f) Phosphorfleischsäure. Zur Bestimmung dieser von M. SIEGFRIED[6] im lebenden Muskel und auch im Fleischextrakt aufgefundenen phosphor- und stickstoffhaltigen Verbindung verfahren BALKE und IDE[7] in folgender Weise: Man löst eine 50 g Trockensubstanz entsprechende Menge Fleischextrakt in wenigstens 1 l Wasser, filtriert, wenn nötig, kocht zur Ausscheidung des Albumins und filtriert abermals. Das Filtrat wird unter fortwährender Neutralisation der entstehenden sauren Reaktion so lange mit Calciumchlorid und Ammoniak versetzt, bis bei ganz schwach alkalischer Reaktion nichts mehr auf Zusatz von Calciumchlorid ausfällt, dann wird filtriert, das Filtrat gekocht, neutralisiert und mit einer Eisenchloridlösung (1%), die man aus einer Bürette zufließen läßt, gefällt. Durch fortwährendes Tüpfeln mit Kaliumrhodanid sucht man einen größeren Überschuß an Eisenchlorid zu vermeiden, läßt, wenn Ferrireaktion eintritt, ein paar Minuten kochen, und hört erst dann mit dem Zusatze von Eisenchloridlösung auf, wenn die Ferrireaktion nach dem Kochen bestehen bleibt. Die Flüssigkeit wird dann mit dem Niederschlage von Carniferrin in ein größeres Gefäß übergeführt, der Niederschlag bis zum Aufhören der Salzsäurereaktion mit Wasser dekantiert, zentrifugiert und schließlich mit Alkohol und Äther behandelt. In dem bei 105° getrockneten Niederschlage bestimmt man den Stickstoff nach KJELDAHL und rechnet ihn durch Multiplikation mit 6,1237 auf Phosphorfleischsäure um.

g) Leim. Die Ansichten über einen etwaigen Leimgehalt des Fleischextraktes haben längere Zeit geschwankt, weil die früheren Methoden zur Entscheidung dieser Frage nicht ausreichten. Nach neueren Untersuchungen kann nicht wohl bezweifelt werden, daß ziemlich erhebliche Anteile an Leimstickstoff vorhanden sind. Für seine Bestimmung kommen hauptsächlich folgende Methoden in Betracht:

α) **Verfahren von A. STRIEGEL**[8]. 2,5—5 g der leimgebenden bzw. leimhaltigen Masse werden in einem 500-ccm-Kolben mit 200 ccm Wasser 4 bis 5 Stunden am Rückflußkühler gekocht und dann, nach Zusatz von 1 g Weinsäure, noch $\frac{1}{2}$ Stunde gekocht. Die Lösung wird mit Natronlauge bis zur ganz schwach sauren Reaktion und darauf mit 10—20 ccm gesättigter Zink- oder Kupfersulfatlösung versetzt, nach einiger Zeit mit Wasser bis zur Marke aufgefüllt und filtriert. In 100 ccm des Filtrates bestimmt man den Stickstoff nach KJELDAHL und daraus durch Multiplikation mit 5,61 den Gehalt an Leim.

Bei Anwesenheit von Amiden, wie im Fleischextrakt, verfährt man in folgender Weise:

[1] J. TILLMANS u. J. KIESGEN: Z. 1927, **53**, 126; 1928, **55**, 418.
[2] H. RIFFART: Z. 1922, **44**, 225.   [3] Biochem. Zeitschr. 1922, **131**, 78.
[4] J. KÖNIG u. SPLITTGERBER: Z. 1909, **18**, 523.
[5] K. BECK u. B. SCHNEIDER: Z. 1923, **45**, 307.
[6] M. SIEGFRIED: Zeitschr. physiol. Chem. 1896, **21**, 360.
[7] BALKE u. IDE: Zeitschr. physiol. Chem. 1896, **21**, 380.
[8] A. STRIEGEL: Chem.-Ztg. 1917, **41**, 313.

β) **Verfahren von K. Beck und W. Schneider**[1]. 50 ccm einer wäßrigen Lösung, die etwa 10% Extrakt enthält, werden auf 250 ccm verdünnt und zunächst unter Ersatz des verdampfenden Wassers 4—5 Stunden, dann, nach Zusatz von 2,5 g Weinsäure noch $^1/_2$ Stunde gekocht. Die erkaltete Lösung wird von etwa ausgefallenem koaguliertem Eiweiß (Niederschlag I) abfiltriert, das Filtrat mit Natronlauge neutralisiert, mit 25 ccm bei Zimmertemperatur gesättigter Zinksulfatlösung versetzt und auf 300 ccm aufgefüllt. Entsteht eine Fällung, so läßt man absitzen und filtriert ab (Niederschlag II: Proteosen). Das Filtrat wird zur Fällung der Glucose mit 25 ccm einer Lösung von 7 g Tannin (stickstofffrei!) in 100 ccm Wasser und 3 g Essigsäure versetzt, der klar abgesetzte Niederschlag (Niederschlag III: glutinartige Stoffe) abfiltriert und das Filtrat auf 300 ccm aufgefüllt. Durch Stickstoffbestimmung nach Kjeldahl in den drei Niederschlägen und einem aliquoten Teile des Filtrats erfährt man den Stickstoff in Form von koagulierbarem Eiweiß (I), Proteosen (II) und Leim (III).

Auf die Fällung mit Ammoniummolybdat nach Schmidt[2], mit Quecksilberchlorid oder mit einer Lösung von Quecksilberjodid in Alkohol oder Aceton nach J. König, W. Greifenhagen und A. Scholl[3] und mit Pikrinsäure nach Berrar[4], die nur annähernde Werte liefern, sei verwiesen.

h) Harnstoff. Obwohl Harnstoff kein normaler Bestandteil von Fleischextrakt ist, muß doch unter Umständen, da er in einer grob verfälschten gekörnten Fleischbrühe (vgl. S. 912) angetroffen worden ist, seine quantitative Bestimmung ausgeführt werden. Zu diesem Zwecke dampft man 50 ccm der filtrierten, etwa 10%igen Substanzlösung auf etwa 3 ccm ein, fällt die Eiweißstoffe mit heißem Alkohol und filtriert. Der Rückstand wird noch je zweimal mit wenig Wasser aufgenommen und wieder mit heißem Alkohol gefällt. Die nach Zusatz von Infusorienerde filtrierten alkoholischen Lösungen werden eingedampft, mit 70%iger Essigsäure zu 100 ccm gelöst und 10 ccm davon mit etwa 14 ccm Alkohol und 12 ccm einer alkoholischen Xanthydrollösung (5%) versetzt. Das ausgeschiedene Kondensationsprodukt wird nach dem Stehen über Nacht durch einen Glasfiltertiegel abgesaugt, mit einem Gemische gleicher Teile Essigsäure (70%) und Alkohol und schließlich mit Wasser ausgewaschen und nach dem Trocknen bei 115° gewogen. Durch Multiplikation mit 0,143 erhält man das Gewicht des Harnstoffs. Zur Identifizierung wird der Schmelzpunkt des Kondensationsproduktes bestimmt, der bei 261° (korr.) liegen muß.

i) Fett. Fleischextrakt, der sich klar in Wasser löst, ist praktisch fettfrei. Entsteht aber eine trübe oder undurchsichtige Lösung, die Fett enthalten kann, so schüttelt man die angesäuerte wäßrige Flüssigkeit mit Äther oder Petroläther aus. Scheidet sich aus der wäßrigen Lösung beim Kochen ein Niederschlag von Albumin aus, so kann man diesen, der das ganze Fett einschließt, nach dem Erkalten abfiltrieren, mit kaltem Wasser auswaschen und nach dem Trocknen mit Äther extrahieren. Die direkte Extraktion des mit Sand eingetrockneten Fleischextraktes liefert keine genauen Ergebnisse.

k) Zucker und Dextrin. Zur Bestimmung dieser als Verfälschungsmittel in Betracht kommenden Kohlenhydrate fällt man die vom Albumin befreite Lösung mit Bleiessig, entfernt aus dem Filtrate das überschüssige Blei mit Natriumphosphat und ermittelt nach Allihn das Reduktionsvermögen vor und nach der Inversion. Die Differenz wird auf Saccharose berechnet.

Zur Bestimmung des Dextrins wird die zur Sirupdicke eingedampfte wäßrige Lösung mit Alkhol (95%) verrührt, und die von der Flüssigkeit befreite

---

[1] K. Beck u. W. Schneider: Z. 1923, **45**, 307.   [2] Schmidt: Chem.-Ztg. 1910, **34**, 839.
[3] J. König, W. Greifenhagen u. A. Scholl: Z. 1911, **22**, 723.
[4] Berrar: Pharm. Zentralh. 1914, **55**, 955.

Fällung nochmals in wenig Wasser gelöst und in gleicher Weise mit Alkohol behandelt. Die gefällten Dextrine werden in Wasser zu 150 ccm gelöst und je 50 ccm der Lösung mit 150 ccm Wasser und 20 ccm Salzsäure (1,125) versetzt. Die erste Lösung kocht man eine Stunde, die zweite 2 Stunden und die dritte 3 Stunden am Rückflußkühler im Wasserbade, kühlt rasch ab, neutralisiert mit Natronlauge, bis die Reaktion nur noch schwach sauer ist, und verdünnt so weit, daß jede Lösung höchstens 1% Glucose enthält. In 25 ccm jeder Lösung wird die Glucose nach ALLIHN bestimmt und das höchste Resultat als das richtige angenommen. Durch Multiplikation des Glucosegehaltes mit 0,9 erhält man die Dextrinmenge.

l) **Glykogen,** das ein normaler Bestandteil des Fleischextraktes ist, wird nach dem Vorschlage von E. BAUR und H. BARSCHALL[1] in der Weise bestimmt, daß man 50 g Fleischextrakt mit 50 ccm Kalilauge (60%) versetzt und dann nach den S. 721 näher beschriebenen Methoden weiter verarbeitet.

m) **Alkoholextrakt.** Nach dem Vorschlage LIEBIGs werden 2 g Extrakt in einem Becherglase in 90 ccm Wasser gelöst und darauf mit 50 ccm Alkohol von 93 Vol.-% versetzt. Die Flüssigkeit wird von der fest am Glase haftenden Ausscheidung abgegossen, letztere dreimal mit Alkohol (80 Vol.-%) gewaschen, die vereinigte Lösung auf dem Wasserbade bei 70° eingedampft und der Rückstand bis zur Gewichtsbeständigkeit bei 100° getrocknet. Die Methode, die nur noch historisches Interesse besitzt, gibt wenig übereinstimmende Werte.

n) **Stickstofffreie organische Säuren.** An stickstofffreien Säuren sind im Fleischextrakte bis jetzt Essigsäure, Milchsäure und Bernsteinsäure nachgewiesen worden, von denen die Milchsäure als Rechts- oder Paramilchsäure einen normalen Bestandteil des Fleisches bildet, während die Essigsäure als ein Produkt bakterieller Zersetzung von Kohlenhydraten angesehen wird. Hinsichtlich der Bernsteinsäure gehen die Ansichten darüber noch auseinander, ob sie durch Hydrolyse der Phosphorfleischsäure während des üblichen Fabrikationsganges oder durch Fäulnis entsteht. Die Lävulinsäure ist neben Ameisensäure als hydrolytisches Spaltungsprodukt von Kohlenhydraten in Fleischextrakt-Ersatzmitteln aufgefunden worden.

α) **Freie Gesamtsäure.** Man titriert einen aliquoten Teil der Grundlösung mit 0,25 N.-Lauge unter Tüpfeln auf Lackmuspapier.

β) **Essigsäure** wird durch Wasserdampfdestillation von 15—20 g Extrakt oder Würze nach dem Ansäuern mit Phosphorsäure bestimmt.

γ) **Milchsäure.** Die durch Kochen vom Albumin befreite wäßrige Lösung von 10 g Fleischextrakt wird, wenn nötig, durch Wasserdampfdestillation von flüchtigen Säuren befreit, der Rückstand mit Bariumhydroxyd so lange versetzt, wie noch ein Niederschlag entsteht, das überschüssige Bariumhydroxyd durch Einleiten von Kohlensäure in die siedende Lösung ausgeschieden und die filtrierte Lösung auf dem Wasserbade bis auf etwa 10 ccm zum dünnen Sirup eingedampft. Die weitere Behandlung erfolgt zweckmäßig nach der amtlichen Weinvorschrift (Bd. VII).

Leim-, Hefenextrakte[2] usw. haben als nachgemacht zu gelten und müssen deutlich, z. B. als Hefenextrakt, bezeichnet werden. Das gleiche gilt von aus Pökelbrühe hergestellten Extrakten, als deren Vertreter LEBBIN ARMOURs Fleischextrakt anführt, da sie nicht, wie der Begriff der normalen Beschaffenheit erfordert, aus frischem Fleische hergestellt sind.

Verdorbenheit wird im allgemeinen sicherer an den sinnlich wahrnehmbaren Veränderungen als an den Ergebnissen der chemischen Analyse erkannt.

---

[1] E. BAUR u. H. BARSCHALL: Arb. Kaiserl. Gesundh.-Amt 1906, **24**, 552.
[2] Vgl. A. JUCKENACK: Deutsche Nahrungsm.-Rundschau 1933, S. 9.

Die auf den Arbeiten von KUTSCHER und STEUDEL beruhende Annahme LEBBINs, daß die Bernsteinsäure als Fäulnisprodukt anzusehen sei und nicht in Menge von mehr als 0,35% zugegen sein dürfe, ist von E. BAUR und H. BARSCHALL als unwahrscheinlich bezeichnet worden, weil die Bernsteinsäure auch aus den bei zu hoher Temperatur durch Hydrolyse von Proteinen entstehenden Aminosäuren (Asparaginsäure) hervorgehen könne. Auch die Angabe SIEGFRIEDs, daß der prozentische Gehalt des Gesamtphosphors an organischem Phosphor in normaler Ware mindestens 9,3—11,6% betrage und durch Fäulnis stark erniedrigt werde, bedarf noch der Bestätigung.

Hingegen wird man einen mehr als 4% des Gesamt-Stickstoffs betragenden Gehalt an Ammoniak-Stickstoff wohl als Anzeichen bakterieller Zersetzung bewerten müssen.

Verschimmelte, verfaulte, unangenehm riechende, bitter schmeckende und aus verfaultem Fleische hergestellte Extrakte haben selbstredend als verdorben zu gelten.

δ) **Bernsteinsäure.** Der Rückstand, der bei der Filtration der alkoholischen Lösung des Bariumlactats auf dem Filter zurückgeblieben ist, wird nach Zugabe der im Meßzylinder noch anhaftenden Teile mit etwa 80 ccm Alkohol von 80 Vol.-% ausgewaschen, mit heißem Wasser in eine 200 ccm fassende Porzellanschale gespült und auf dem Wasserbade auf 30 ccm eingeengt. Die weitere Behandlung erfolgt wie bei der Weinvorschrift (Bd. VII).

Nach dem Verfahren von FR. KUTSCHER und H. STEUDEL[1], das in etwas abgeänderter Form auch von E. BAUR und H. BARSCHALL übernommen worden ist, wird die Lösung von 50 g Extrakt in 300 ccm Wasser durch Sättigung mit festem Ammoniumsulfat ausgesalzen, die durch Filtration und Auswaschen des Niederschlages mit gesättigter Ammoniumsulfatlösung erhaltene Flüssigkeit mit 20 ccm konzentrierter Schwefelsäure versetzt und mit Äther ausgeschüttelt oder perforiert. Den nach Verdunstung des Äthers verbleibenden Rückstand nimmt man mit wenig Wasser auf, filtriert und fällt das schwach ammoniakalisch gemachte Filtrat mit neutraler Silbernitratlösung (20%). Der entstandene Niederschlag von Silbersuccinat wird abfiltriert, wegen seiner nicht völligen Unlöslichkeit mit nur wenig Wasser und darauf mit Alkohol gewaschen und mit heißer überschüssiger Salzsäure zerlegt, die vom Silberchlorid abfiltrierte Flüssigkeit aber zur Trockne verdampft, mit Wasser aufgenommen und mit Tierkohle entfärbt. Die beim Einengen auskrystallisierende Bernsteinsäure wird abgesaugt, mit Alkohol-Äther gewaschen, getrocknet und gewogen. Zur Identifizierung dient der Schmelzpunkt von 180°, die Sublimation in charakteristischen Nadeln und der durch ihre Dämpfe hervorgerufene Hustenreiz.

ε) **Lävulinsäure.** Nach L. GRÜNHUT[2] wird die wäßrige Lösung mit Phosphorsäure angesäuert und mit Äther mehrere Stunden lang perforiert, indem man in das Kölbchen außer dem Äther etwas Lauge gibt. Den Inhalt des Kölbchens bringt man in einen Scheidetrichter, läßt die wäßrige Schicht ab, wäscht den Äther mehrmals mit alkalischem Wasser nach und dampft die vereinigten Flüssigkeiten zur Trockne. Die wäßrige Lösung des Rückstandes wird zu einem bestimmten Volumen aufgefüllt und in aliquoten Teilen zur Prüfung auf Lävulinsäure und zur Bestimmung der Ameisensäure und Lävulinsäure benutzt.

Zur Prüfung auf Lävulinsäure versetzt man die Lösung mit Nitroprussidnatrium. Eine in alkalischer wie in essigsaurer Lösung beständige Rotfärbung beweist die Anwesenheit von Lävulinsäure.

Die **Ameisensäure** bestimmt man nach dem Verfahren von H. FINCKE (Bd. II, S. 1077), wobei man nach Beendigung der Reduktion Salzsäure zusetzt und den Mercurochloridniederschlag mit salzsäurehaltigem Wasser auswäscht.

---

[1] FR. KUTSCHER u. K. STEUDEL: Zeitschr. physiol. Chem. 1903, **38**, 101; Z. 1904, **8**, 298.
[2] L. GRÜNHUT: Z. 1921, **41**, 261.

Weitere 30 ccm der Lösung (0,10—0,17 g Lävulinsäure enthaltend) werden mit 25 ccm N.-Kaliumbichromatlösung und 30 ccm konz. Schwefelsäure 2 Stunden am Rückflußkühler erhitzt. Von dem auf 100 ccm aufgefüllten Reaktionsgemische destilliert man im Wasserdampfstrome 50 ccm ab und titriert die übergegangene Essigsäure mit 0,1 N.-Lauge gegen Phenolphthalein. 1 ccm 0,1 N.-Lauge entspricht 0,1 Millimol = 11,606 mg Lävulinsäure ($C_5H_8O_3$).

In dem Reste des Oxydationsgemisches wird das unverbrauchte Kaliumbichromat durch Zusatz von Kaliumjodid und Titration mit Natriumthiosulfat bestimmt. Von der Zahl der ccm verbrauchter N.-Kaliumbichromatlösung werden für jedes Millimol gefundener Ameisensäure 2 ccm abgezogen. Der Rest ergibt durch Division mit 14 die Menge der Lävulinsäure in Millimol. Das Ergebnis muß mit der Titration der Essigsäure übereinstimmen.

Über die bei gleichzeitiger Anwesenheit von Essigsäure und Milchsäure zu treffenden Maßnahmen hat L. GRÜNHUT weitere Versuche angestellt, die infolge seines frühzeitigen Todes nicht zum Abschluß gekommen sind.

o) Mineralstoffe. 5—10 g des Extraktes werden wie üblich in Platinschalen eingetrocknet und unter Beachtung der für kochsalzreiche Stoffe geltenden Vorsichtsmaßregeln verascht. In der Asche bestimmt man in der Regel Chlor und Alkalien, um festzustellen, ob Kochsalz zugesetzt worden ist.

α) **Phosphor und Phosphorsäure.** Nach M. SIEGFRIED enthält Fleischextrakt stets eine in Form von Phosphorfleischsäure (S. 660) vorhandene Menge organisch gebundenen Phosphors, die in normaler Ware rund 10% des Gesamt-Phosphors ausmacht. Die Phosphorfleischsäure wird indes bei der Hydrolyse durch Säuren oder Alkalien leicht unter Bildung von Phosphorsäure zersetzt, und es empfiehlt sich deshalb, den Gehalt an organischem Phosphor zur Beurteilung einer etwaigen Verdorbenheit heranzuziehen. Für diese Bestimmung haben SIEGFRIED und SINGERWALD[1] folgendes Verfahren vorgeschlagen:

αα) **Gesamt-Phosphor.** 6,96 g Fleischextrakt werden zu 250 ccm gelöst und 100 ccm der Lösung in einer Silberschale eingedampft und mit etwa 4 g Ätznatron und 2 g Salpeter verschmolzen. Die Schmelze löst man in salpetersäurehaltigem Wasser und bestimmt in der, wenn nötig, filtrierten Lösung die Phosphorsäure nach der Molybdänmethode. Die zehnfache Menge des gefundenen Magnesiumpyrophosphats in Grammen entspricht dem prozentischen Gesamt-Phosphorgehalt.

ββ) **Organischer Phosphor.** 15,47 g Fleischextrakt werden in einem 500-ccm-Meßkolben mit 250 ccm Wasser gelöst und die Phosphate mit 10%iger Bariumchloridlösung (meist 50 ccm) und 10%igem Ammoniak (meist 10 ccm) gefällt. Von der nach dem Auffüllen zur Marke filtrierten Flüssigkeit dampft man genau 450 ccm in einer Silberschale mit Ätznatron und Salpeter ein, schmilzt und verfährt weiter wie unter αα. Das doppelte Gewicht des Magnesiumpyrophosphats in Grammen entspricht dem prozentischen Gehalte des Extraktes an organischem Phosphor.

β) **Schwefel und Schwefelsäure.** Da der Gehalt an organisch gebundenem Schwefel einen Anhalt für den Gehalt an schwefelhaltigen Proteinen bzw. Amiden (Taurin usw.) geben kann, empfiehlt sich unter Umständen auch dessen Bestimmung.

αα) **Gesamt-Schwefel.** Man dampft 5—10 g Extrakt mit 6 g Ätznatron und 4 g Salpeter in einer Silberschale ein, schmilzt, verdampft die Schmelze mit Salzsäure zur Trockne, nimmt den Rückstand mit salzsäurehaltigem Wasser auf und fällt in der, wenn nötig, filtrierten Lösung die Schwefelsäure mit Bariumchlorid. $BaSO_4 \times 0,1373$ = Schwefel.

---

[1] SIEGFRIED u. SINGERWALD: Z. 1905, 10, 521.

$\beta\beta$) **Fertig gebildete Schwefelsäure.** Die gleiche wie unter $\alpha\alpha$) benutzte Menge der klaren, wenn nötig, filtrierten Extraktlösung wird mit Salzsäure angesäuert und mit Bariumchlorid gefällt. Die Differenz des so gefundenen Schwefels vom Gesamt-Schwefel ergibt die Menge des organisch gebundenen Schwefels. Sie kann auch in dem Filtrate von der Bariumsulfatfällung durch Eindampfen mit Ätznatron und Salpeter und Schmelzen direkt ermittelt werden. In LIEBIGschen Fleischextrakten sind 0,135—0,45% organisch gebundener Schwefel gefunden worden.

p) Prüfung auf Hefenextrakte. Die zur Verfälschung von Fleischextrakt geeigneten Hefenextrakte enthalten, wie der Fleischextrakt selbst, erhebliche Mengen von Xanthinkörpern und Aminosäuren, sind aber von letzteren durch das Fehlen von Kreatin und Kreatinin, sowie das Vorhandensein eines Gummis unterschieden.

α) **Nachweis von Gummi nach K. MICKO**[1]. Man löst 1 Tl. Extrakt in 3 Tln. heißen Wassers und versetzt mit Ammoniak in mäßigem Überschusse. Das Filtrat von dem entstandenen Niederschlage wird nach dem Abkühlen auf gewöhnliche Temperatur mit frisch bereiteter natronhaltiger ammoniakalischer Kupfersulfatlösung (100 ccm Kupfersulfatlösung [13%], 150 ccm Ammoniak, 300 ccm Natronlauge [14%]) im Überschusse vermischt. In den Lösungen von Hefenextrakten entsteht hierbei sofort ein dicker Niederschlag, der sich alsbald zu einem Klumpen zusammenballt, während Lösungen von reinem Fleischextrakt selbst nach mehreren Stunden klar bleiben.

Zur näheren Prüfung bringt man die Ausscheidung auf Leinwand, preßt möglichst gut ab, löst in verd. Salzsäure und vermischt mit dem dreifachen Volumen Alkohol. Das nunmehr gefällte Gummi wird abfiltriert, mit Alkohol sowie Äther gewaschen und über Schwefelsäure bzw. im Vakuum getrocknet. Es bildet dann nach E. SALKOWSKI[2] ein sehr feines, weißes, nicht merklich hygroskopisches Pulver von der Formel $C_{12}H_{22}O_{11}$, das sich leicht und klar in Wasser löst, ein starkes Klebevermögen besitzt und die spezifische Drehung $[\alpha]^D = 90,1$ zeigt. Durch Säuren wird das Hefengummi in einen reduzierenden, gärungsfähigen, schwach rechtsdrehenden Zucker übergeführt. Die wäßrige 1—2%ige Lösung wird zum Unterschiede vom Gummi arabicum sofort, ohne Zusatz von Natronlauge, durch FEHLINGsche Lösung (1%) gefällt, während die Lösung, ebenfalls im Gegensatze zum Gummi arabicum, mit dem gleichen Volumen Salzsäure (Spez. Gew. 1,12) und Phosphorwolframsäurelösung (5%) völlig klar bleibt. Weiter wird die Lösung des Hefengummis durch basisches Bleiacetat und Ammoniak, sowie durch Eisenchlorid und Ammoniak gallertartig gefällt, und mit Barytwasser entsteht ein zäher klebriger Niederschlag.

Die Hefe enthält in der Trockensubstanz 7% Gummi, und noch mit 10% Hefenextrakt vermischte Fleischextrakte geben nach diesem Verfahren starke Fällungen. Durch Hydrolyse von 75 ccm Gummilösung (5%), mit 2 ccm konz. Schwefelsäure im siedenden Wasserbade erhitzt, ist festgestellt worden, daß dabei nur Mannose und Glucose entsteht. Während aber MEIGEN und SPRENG[3] doppelt so viel Mannose wie Glucose erhielten, fanden EISLER und FODOR[4] das Verhältnis von Mannose zu Glucose wie 1:1 oder 4:3.

β) **Verfahren von M. WINTGEN**[5]. 10 ccm der frisch bereiteten 10%igen Lösung werden mit 2 ccm Schwefelsäure (1 + 4) angesäuert und mit gepulvertem Zinksulfat ausgesalzen. Nach 1—2tägigem Stehen filtriert man ab und gießt nur die ersten Anteile auf das Filter zurück. Fleischextrakte liefern hierbei klare

[1] K. MICKO: Z. 1904, 8, 225. [2] E. SALKOWSKI: Ber. Deutsch. Chem. Ges. 1894, 27, 499.
[3] MEIGEN u. SPRENG: Zeitschr. physiol. Chem. 1908, 55, 48.
[4] EISLER u. FODOR: Zeitschr. physiol. Chem. 1911, 72, 339.
[5] M. WINTGEN: Arch. Pharm. 1904, 242, 537; Z. 1905, 10, 254.

Lösungen, während bei Anwesenheit von 20—30% Hefenextrakt trübe Filtrate erhalten werden. Bei langem Stehen tritt allerdings auch in den letzteren Klärung ein, und die Prüfung muß daher bald vorgenommen werden.

γ) Verfahren von C. M. W. GRIEB[1]. Auf Grund eines Vorschlages von SEARL[2] empfiehlt Verfasser folgende Arbeitsweise: 30 g der abgeänderten FEHLINGschen Lösung (12,25 g Kupfersulfat und 16 g neutrales Natriumtartrat in 120 g Wasser gelöst, dazu eine Lösung von 16 g Natriumhydroxyd in 120 ccm Wasser) werden 5 Minuten lang gekocht, darauf filtriert und noch kochend zu einer Lösung von 0,6 g des Extraktes in 60 ccm Wasser, die ebenfalls zum Sieden erhitzt ist, zugegeben. Nach nochmaligem $1^1/_2$—2 Minuten langem Kochen scheiden sich bei Anwesenheit von nur 1% Hefenextrakt gelblich-graue flockige Massen ab. Zur Verschärfung der Reaktion kann man auch den vorher mit Methylalkohol ausgefällten Teil des Extraktes benutzen.

Die Methode ist von H. E. DAVIES[3] als ungeeignet bezeichnet worden, wurde aber von SEARL aufrecht erhalten. ARNOLD und MENTZEL haben gefunden, daß zwar auch reine Fleischextrakte geringe Niederschläge geben, daß man aber doch bei einiger Übung Zusätze von 20% Hefenextrakt erkennen kann. Ähnliche Beobachtungen sind auch von uns gemacht worden.

Jedenfalls gilt das Verfahren von K. MICKO zur Zeit als das zuverlässigste.

δ) Prüfung unter der Analysenquarzlampe. Nach Mitteilung von G. POPP[4] sieht Fleischextrakt im Bereiche der Lampe hellgelb-bräunlich aus, während Hefenextrakte grau erscheinen.

2. Bestimmung der einzelnen Fleischbasen.

Die neben dem unter *a* beschriebenen Verfahren zur Bestimmung des Gesamt-Kreatinins unter *b* und *c* angegebenen Verfahren von K. MICKO und FR. KUTSCHER sind weniger für eine Bestimmung der Menge der einzelnen Fleischbasen geeignet, sondern vorwiegend präparativer Art.

a) Gesamt-Kreatinin. Zur Bestimmung des Gesamt-Kreatinins ($C_4H_7N_3O$) im Fleischextrakt empfiehlt sich besonders folgende Methode von E. BAUR und H. BARSCHALL[5] in der Ausführungsweise von TH. SUDENDORF und O. LAHRMANN[6]:

Je nach dem vorhandenen Gehalte an Fleischextrakt wird eine 10%ige oder stärkere Lösung der zu untersuchenden Masse (Fleischextrakt, Fleischbrühwürfel) hergestellt und zur Entfernung von Fett filtriert. 10—20 ccm des klaren Filtrates verdampft man mit 10 ccm N.-Salzsäure in einer kleinen Porzellanschale von etwa 75 ccm Inhalt in einer Zeit von etwa 2 Stunden zur Trockne, nimmt den durchweg schwarzbraunen Rückstand mit Wasser auf und neutralisiert mit 0,5 N.-Lauge unter Tüpfeln auf Lackmuspapier. Die in ein weithalsiges ERLENMEYER-Kölbchen übergespülte und auf etwa 75 ccm verdünnte Lösung wird so lange tropfenweise mit Kaliumpermanganatlösung (1%), die 2,5% Natriumchlorid enthält, versetzt, bis eine braunrote, an Malagawein erinnernde Färbung einen Überschuß anzeigt. Falls bei reichlichem Verbrauch von Kaliumpermanganatlösung ein braunschwarzer Brei entstehen sollte, ist eine weitere Verdünnung vorzunehmen. Andernfalls setzt man, sobald die Färbung einige Minuten bestehen bleibt, tropfenweise Wasserstoffsuperoxydlösung (3%), die auf

[1] C. M. W. GRIEB: Pharmac. Journ. 1908, **26**, 441.
[2] SEARL: Pharmac. Journ. 1903, **21**, 516; Z. 1910, **19**, 101.
[3] H. E. DAVIES: Pharmac. Journ. 1904, **22**, 86; Z. 1904, 8, 750.
[4] G. POPP: Z. 1926, **52**, 167.
[5] E. BAUR u. H. BARSCHALL: Arb. Kaiserl. Gesundh.-Amt 1906, **24**, 552; Z. 1907, **13**, 353.
[6] TH. SUDENDORF u. O. LAHRMANN: Z. 1915, **29**, 1. — Vgl. K. BECK u. H. BECK: Z. 1929, **58**, 409; sowie K. PFITZENMAIER u. S. GALANOS: Z. 1922, **44**, 29.

100 ccm 1 ccm Eisessig enthält, hinzu, bis zwischen den zusammengeballten Mangansuperoxydflocken eine stroh- bis höchstens weingelbe Flüssigkeit sichtbar wird, und erhitzt dann 5—10 Minuten auf dem Wasserbade, bis sich das Mangansuperoxyd völlig, entweder am Boden oder auch teilweise an der Oberfläche abgeschieden hat. Die Flüssigkeit wird mit Hilfe der Saugpumpe durch ein Asbestfilter filtriert und nach dem Auswaschen des Niederschlages — bis zum Aufhören der Chlorreaktion — auf dem Wasserbade eingeengt. Die konzentrierte Lösung spült man mit wenig Wasser in einen 500-ccm-Meßkolben, bis die Flüssigkeitsmenge etwa 20 ccm beträgt, setzt 10 ccm einer gesättigten Pikrinsäurelösung (etwa 1,5%) hinzu und füllt nach 5 Minuten zur Marke auf. Die bei etwaiger Abscheidung von etwas Mangansuperoxyd nochmals zu filtrierende Flüssigkeit wird im Colorimeter von DUBOSQ (Bd. I, S. 406) mit 0,5 N.-Kaliumbichromatlösung (24,54 g Kaliumbichromat in 1 l) verglichen, die in 8,0 mm hoher Schicht genau 8,1 mm einer Lösung von 10 mg reinem Kreatinin in 500 ccm entspricht. Besteht also bei a mm Schichtdicke Farbengleichheit, so beträgt der Kreatiningehalt der in 500 ccm Lösung enthaltenen Substanzmenge $\dfrac{81}{a}$ mg. Die im Colorimeter abgelesene Schichthöhe soll zwischen 5 und 13 mm liegen, anderenfalls ist der Versuch mit einer abgeänderten Substanzmenge zu wiederholen.

Bei Fleischextrakt-Surrogaten, die infolge der Verwendung von Hefeauszügen stark kohlenhydrathaltig sind, ist besonders auf die Erzielung einer wein- bis strohgelben Lösung zu achten. Sie werden besser mit starker Salzsäure eingedampft und ergeben dann einen erheblichen schwarzen Rückstand sowie beim Aufnehmen mit Wasser eine dunkelrötlich braune Lösung mit einem ungelösten Rückstand von Huminstoffen. Dieser wird zweckmäßig vor dem Neutralisieren kalt abfiltriert und mit kaltem Wasser ausgewaschen, weil hierdurch sehr an Kaliumpermanganat gespart wird.

Ist der Abdampfrückstand nicht schwarz, sondern dunkelbraun und hat die mit 20 ccm Wasser erhaltene Flüssigkeit keine störende dunkle oder rötliche Farbe, so kann die Oxydation mit Kaliumpermanganat unterbleiben. Wenn aber eine Aufhellung erforderlich ist, so darf auf keinen Fall Kohle benutzt, sondern nur mit Kaliumpermanganat gearbeitet werden.

Das vorstehende Verfahren ist auch von W. MÜLLER [1] als brauchbar bezeichnet worden.

S. OCHOA und I. G. VALDECASAS [2] haben eine Mikromethode zur Bestimmung des Kreatinins ausgearbeitet, und H. RIFFART und H. KELLER sowie A. VERDINO [3] ziehen zur Ermittlung der Pikrat- farbe das Stufenphotometer von Zeiß heran.

Die Chemie der JAFFÉschen Reaktion ist durch J. GREENWALD [4] durch Isolierung der roten Verbindung aufgeklärt worden.

b) Verfahren von K. MICKO [5]. Das Prinzip des Verfahrens besteht darin, daß man die Lösung der Fleischbasen zur Überführung des Kreatins in Kreatinin mit verd. Salzsäure erhitzt, dann durch Zusatz von Kupferbisulfit die übrigen Fleischbasen ausfällt und im Filtrat das Kreatinin bestimmt.

α) **Gesamt-Kreatinin (Kreatin + Kreatinin).** 10—20 g fester oder 20—40 g flüssiger Fleischextrakt werden in 100 ccm Wasser gelöst, bei Zimmertemperatur mit so viel Bleiessig versetzt, daß kein Niederschlag mehr entsteht, und dann auf 1 l bzw. 2 l aufgefüllt. Nach mehrstündigem ruhigem Stehen filtriert man die Flüssigkeit, ohne den Filterrückstand auszuwaschen, dampft das Filtrat nach Zusatz von Salzsäure auf dem Wasserbade ein und filtriert vom

[1] W. MÜLLER: Mitt. Schweizer. Gesundheitsamt über Lebensmittel u. Hygiene 1927, 18, 112; Z. 1932, 63, 467.
[2] S. OCHOA u. I. G. VALDECASAS: Journ. biol. Chem. 1929, 81, 351; Z. 1934, 67, 462.
[3] H. RIFFART u. H. KELLER: Z. 1934, 68, 127; 1936, 71, 225.
[4] J. GREENWALD: Journ. Biol. Chem. 1929, 80, 103; Z. 1934, 68, 569.
[5] K. MICKO: Z. 1910, 19, 426. — Vgl. auch K. MICKO: Z. 1902, 5, 193 und 1903, 6, 781.

ausgeschiedenen Bleichlorid ab. Nach dem Auswaschen mit kaltem Wasser wird das Filtrat eingeengt und mit dem mehrfachen Volumen heißen Alkohols vermischt, worauf sich das Blei während des Abkühlens bei angemessenem Überschuß von Salzsäure vollständig abscheidet. Das bleifreie Filtrat wird zur Verjagung des Alkohols und der überschüssigen Salzsäure ganz eingedampft, der Rückstand mit 80—100 ccm Wasser aufgenommen, die mit Natronlauge vorher neutralisierte Flüssigkeit mit 10 bzw. 20 ccm einer Lösung von 200 g pulverigem Natriumbisulfit in 1 l und 10 bzw. 20 ccm einer Lösung von 130 g Kupfersulfat in 1 l Wasser aufgekocht, nach ruhigem Stehen und Abkühlen auf Zimmertemperatur filtriert und der Niederschlag mit kaltem, vorher ausgekochtem Wasser gewaschen.

Aus dem von Xanthinbasen befreiten Filtrate wird die Schweflige Säure durch Eindampfen mit Salzsäure entfernt und darauf das Kupfer durch Schwefelwasserstoff gefällt. Zur Beseitigung der Alkalichloride wird das zur Trockne gebrachte kupferfreie Filtrat mit heißem Alkohol ausgezogen, die alkoholische Lösung filtriert, nach dem Eindampfen wieder mit Alkohol gelöst und diese Behandlung mehrmals wiederholt. Gleichzeitig müssen die Salzrückstände so lange mit Alkohol gewaschen werden, bis sie keine oder nur noch eine geringe Reaktion nach Jaffé geben.

Der erhaltene Sirup wird mit etwa 50 ccm verd. Schwefelsäure (1 : 3) und soviel Phosphorwolframsäurelösung (30%) versetzt, daß kein Niederschlag mehr entsteht, und nach 2stündigem Stehen filtriert. Als Waschflüssigkeit benutzt man eine stark verdünnte, mit Schwefelsäure angesäuerte Phosphorwolframsäurelösung. Der bis zum Nachlassen der stärkeren Chlorreaktion gewaschene, an der Luftpumpe abgesaugte Niederschlag wird in heißem Wasser aufgeschwemmt und unter ständigem Umrühren mit so viel heißer gesättigter Bariumhydroxydlösung in geringem Überschuß versetzt, daß die alkalische Reaktion deutlich bestehen bleibt. Ein größerer Überschuß an Bariumhydroxyd ist zu vermeiden, weil sonst ein Verlust an Kreatinin eintreten kann. Der Niederschlag wird abfiltriert, mit heißem Wasser gewaschen, das Filtrat mit verd. Schwefelsäure neutralisiert, wobei das überschüssige Barium ausfällt, und die neutrale filtrierte Lösung zum Sirup eingedampft. Zur Überführung des gleichzeitig vorhandenen Kreatins, das sich durch die Einwirkung des Bariumhydroxyds aus einem Teile des Kreatinins gebildet hat, in Kreatinin löst man den Sirup in 10—15 ccm 0,5 N.-Schwefelsäure und 50 ccm Wasser, dampft auf dem Wasserbad ein, nimmt den Rückstand von neuem mit 50 ccm Wasser auf und dampft nochmals ein. Jetzt wird der Sirup mit Hilfe von möglichst wenig Wasser in einen Kolben gebracht, mit heißem Alkohol vermischt und die klare Flüssigkeit nach eintägigem Stehen vom Ungelösten abgegossen. Nach dem Abdestillieren des Alkohols vermischt man den Rückstand abermals mit heißem Alkohol und gießt nach eintägigem Stehen wiederum ab. Um auch die kleinen, beim Ungelösten verbliebenen, Kreatininmengen zu gewinnen, löst man die am Boden der Kolben festhaftenden Rückstände mit möglichst wenig Wasser, vermischt mit siedendem Alkohol und vereinigt die nach einem Tage klar abgegossene Lösung mit der Hauptmenge. Von letzterer wird der Alkohol abdestilliert, der Rückstand mit 25—30 ccm Wasser zum Sieden erhitzt und die Mischung nach Zusatz von Bleihydroxyd bis zur deutlich alkalischen Reaktion mit dem mehrfachen Volumen heißen Alkohols versetzt. Zur Entfernung gelösten Bleies leitet man in die vom Alkohol befreite Lösung Schwefelwasserstoff ein, filtriert und dampft zum Sirup ein. Die bei Verwendung von reinem Fleischextrakt krystallinisch erstarrende Masse wird mit 30—40 ccm Pikrinsäurelösung (1,2%) aufgenommen, durch Reiben mit dem Glasstabe die Ausscheidung des Kreatininpikrates beschleunigt und letzteres abfiltriert. Das Filtrat wird im Vakuum zum Sirup eingedampft, wieder in Pikrinsäurelösung aufgenommen und die ganze Operation so lange wiederholt, bis nur noch Spuren Kreatininpikrat ausfallen. Die vereinigte Krystallmasse wird mit verd. Salzsäure erwärmt, durch Schütteln mit Toluol von der Pikrinsäure befreit und die Lösung zur Verjagung der Salzsäure eingedampft. Nach der Entfärbung mit Tierkohle bringt man sie durch Einengen zur Krystallisation, übergießt nach dem Abkühlen die feuchte Krystallmasse mit einem Gemisch von $1/_3$ Aceton und $2/_3$ absol. Alkohol, sammelt sie rasch auf einem Filter und wäscht mit demselben Gemisch nach. In gleicher Weise werden die noch in der Mutterlauge verbliebenen Reste gewonnen. Die durch einmaliges Umkrystallisieren aus Wasser analysenrein gewonnene Substanz wird bei 100^0 getrocknet, gewogen und zur Bestimmung des Schmelzpunktes und des Stickstoffgehaltes benutzt. Der Schmelzpunkt des reinen Kreatininchlorids liegt bei 243—244^0, der Stickstoffgehalt beträgt, entsprechend der Formel [$C_4H_7N_3O \cdot HCl$], 28,09%.

Das Kreatinin oder Glykolylmethylguanidin $HN = C {<}^{NH—CO}_{N(CH_3)—CH_2}$ ist das Anhydrid oder Lactam des Kreatins und reduziert wie dieses Quecksilberoxyd unter Bildung von Methylguanidin. Es scheidet sich aus heiß gesättigten Lösungen in farblosen, glänzenden, wasserfreien (monoklinoedrischen) Prismen von stark ätzendem Geschmack ab, aus kalt gesättigten Lösungen dagegen in großen Tafeln oder Prismen mit 2 Molekülen Krystallwasser, die leicht verwittern. Das Kreatinin ist in heißem Wasser sehr leicht, in 11,5 Tln. kaltem Wasser, in 102 Tln. absolutem Alkohol (leichter in heißem), sehr wenig in Äther löslich. Es reagiert nur schwach alkalisch, treibt aber Ammoniak aus seinen Verbindungen aus und gibt mit Säuren gut krystallisierende, sauer reagierende Salze, z. B. mit Salzsäure $C_4H_7N_3O \cdot HCl$, eine Verbindung, die durch Zinkchlorid erst auf Zusatz von Natriumacetat gefällt wird. Auf Zusatz von Phosphormolybdän- oder Phosphorwolframsäure entstehen selbst in stark verdünnten Lösungen (1 : 10000) krystallinische Niederschläge (KERNER[1], HOFMEISTER[2]). Von Mercurinitrat wird das Kreatinin wie der Harnstoff gefällt. Mercurichlorid sowie Pikrinsäure fällen es ebenfalls.

Die wichtigste Fällungsreaktion ist diejenige mit Zinkchlorid. Versetzt man eine genügend konzentrierte alkoholische Kreatininlösung mit einer konzentrierten, möglichst schwach sauren Lösung von Zinkchlorid, so entsteht die in Wasser schwerlösliche Verbindung $(C_4H_7N_3O)_2ZnCl_2$, die charakteristische Krystalle bildet und sich auch zur Bestimmung eignet.

Infolge seiner reduzierenden Eigenschaft scheidet das Kreatinin aus Quecksilberoxyd metallisches Quecksilber und bei anhaltendem Kochen aus überschüssigem Kupfersalz freies Oxydul ab. Hingegen wird eine alkalische Wismutlösung nicht reduziert, und bei Gegenwart von Kreatinin kann daher nur die letztere, nicht aber Kupferlösung zum Nachweise von Zucker benutzt werden.

Von den Farbenreaktionen sind besonders folgende charakteristisch: αα) Reaktion von WEYL[3]: Setzt man einer verd. Kreatininlösung einige Tropfen einer frisch bereiteten, stark verdünnten Nitroprussidnatriumlösung (Spez. Gew. 1,003) und dann einige Tropfen Natronlauge hinzu, so wird die Flüssigkeit rubinrot, aber nach kurzer Zeit wieder gelb. Verwendet man zu der Reaktion statt der Natronlauge Ammoniak, so kommt die rote Farbe nicht zum Vorschein (Unterschied von Aceton und Acetessigsäure, LE NOBEL[4]). Versetzt man die gelb gewordene Lösung mit überschüssiger Essigsäure, oder nach dem Vorschlage von COSANTI mit Ameisensäure, und erhitzt, so färbt sie sich erst grünlich und dann blau unter Bildung eines Niederschlages von Berlinerblau (E. SALKOWSKI[5]).

ββ) Reaktion von JAFFÉ[6]: Versetzt man eine wäßrige, durch vorheriges Kochen von etwa vorhandenem Aceton befreite Kreatininlösung mit etwas wäßriger Pikrinsäurelösung und einigen Tropfen Natronlauge, so tritt sogleich schon bei Zimmertemperatur eine mehrere Stunden anhaltende rote Färbung auf, die nach Säurezusatz in Gelb übergeht. Aceton gibt eine mehr rotgelbe, Glucose erst in der Wärme eine rote Färbung.

Die letztere Reaktion ist von FOLIN[7] sowie später VAN HOOHENGHUZE und VEEPLOCH[8] zu einer quantitativen colorimetrischen Methode ausgestaltet worden, die in den Arbeiten

---

[1] KERNER: Pflügers Arch. 2, 220.

[2] HOFMEISTER: Zeitschr. physiol. Chem. 1881, 5, 120.

[3] WEYL: Ber. Deutsch. Chem. Ges. 1878, 11, 2175.

[4] LE NOBEL: Malys Jahresber. 13, 238.

[5] E. SALKOWSKI: Zeitschr. physiol. Chem. 1880, 4, 133; 1885, 9, 127.

[6] JAFFÉ: Zeitschr. physiol. Chem. 1886, 10, 399.

[7] FOLIN: Zeitschr. physiol. Chem. 1904, 41, 223.

[8] VAN HOOHENGHUZE u. VEEPLOCH: Zeitschr. physiol. Chem. 1905, 46, 415.

des Kaiserlichen Gesundheitsamtes durch E. BAUR und H. BARSCHALL[1] eine eingehende Besprechung gefunden hat. Das Entstehen der roten Färbung beruht nach A. CHASTON CHAPMANN[2] darauf, daß die Pikrinsäure durch Kreatinin zu Amidotrinitrophenol und Diaminonitrophenol reduziert wird. Eine praktische Ausführungsform ist unter a) (S. 887) mitgeteilt worden.

Will man das Kreatin für sich allein bestimmen, so kocht man nach dem Vorschlage von C. NEUBAUER[3] die wäßrige Lösung des Fleischextraktes oder den kalt hergestellten Fleischauszug zur Abscheidung des Albumins, fällt das Filtrat von dem Gerinnsel durch vorsichtigen Zusatz von Bleiessig, entbleit das neue Filtrat vorsichtig mit Schwefelwasserstoff und konzentriert dann auf ein kleines Volumen. Das nach längerem Stehen in der Kälte auskrystallisierende Kreatin wird nach etwaigem vorherigen Umkrystallisieren auf gewogenem Filter gesammelt, mit 88%igem Alkohol gewaschen, getrocknet und gewogen.

Das Kreatin ($C_4H_9N_3O_2$) oder Methylguanidinessigsäure $C(NH)\begin{smallmatrix}NH_2\\ N(CH_3)\cdot CH_2\cdot COOH\end{smallmatrix}$ mit 32,10% Stickstoff (1 Tl. Stickstoff = 3,115 Tle. Kreatin) krystallisiert mit 1 Molekül Wasser in farblosen, harten, monoklinen Prismen, die beim Trocknen über Schwefelsäure weiß und undurchsichtig werden. Sie besitzen einen bitteren, kratzenden Geschmack, sind in Äther unlöslich, lösen sich bei gewöhnlicher Temperatur in 74 Tln. Wasser und in 9419 Tln. Alkohol, leichter in der Wärme. Die alkalisch reagierende wäßrige Lösung wird durch Bleiessig und Phosphorwolframsäure nicht gefällt, gibt aber mit Mercurinitrat, nach dem Abstumpfen der sauren Reaktion, einen weißen flockigen Niederschlag, mit Zinkchlorid, besonders nach Zusatz von Alkohol, Fällungen bzw. harte, warzige Krystalle, mit Cadmiumchlorid eine entsprechende, aber sehr lösliche Verbindung. Durch Kochen mit Formaldehyd kann es in leicht krystallisierendes Dioxymethylenkreatinin übergeführt werden. Am kennzeichnendsten ist es, daß Kreatin beim Kochen der wäßrigen Lösung mit gefälltem Quecksilberoxyd unter gleichzeitiger Bildung von Oxalsäure und widrig riechendem Methylamin (Methylguanidin) metallisches Quecksilber ausscheidet. Nach dem Erhitzen mit verd. Salzsäure gibt es die vorstehend beschriebenen Reaktionen des Kreatinins.

β) **Bestimmung der Xanthinbasen** (Adenin, Guanin, Hypoxanthin, Xanthin). Den bei der Kreatininbestimmung nach α) (S. 887) erhaltenen Kupferniederschlag wäscht man mit kaltem, vorher ausgekochtem Wasser aus, erhitzt ihn darauf im siedenden Wasserbade mit etwas Wasser und einigen ccm verd. Salzsäure, indem man zur Zerteilung des Filters mehrfach umschüttelt, und fällt dann das Kupfer durch Schwefelwasserstoff. Das Filtrat wird zur Trockne verdampft, der Rückstand in heißem Wasser und nötigenfalls etwas (möglichst wenig) Salzsäure gelöst und die etwa 40—50 ccm betragende Lösung mit so viel überschüssigem Ammoniak und darauf mit Silbernitratlösung versetzt, daß alles Silberchlorid gelöst wird, was sich durch Umschlag der Färbung und Bildung einer flockigen Ausscheidung zu erkennen gibt. Nach eintägigem Stehen filtriert man den Niederschlag ab, wäscht erst mit verd. Ammoniak, und darauf zur Verdrängung des letzteren mit Wasser bis zum Aufhören der Salpetersäure- bzw. Silberreaktion aus, trocknet das Filter und verbrennt nach KJELDAHL. 1 Tl. Stickstoff = 2,711 Tle. Xanthin $C_5H_4N_4O_2$ (mit 36,9% N) = 6,838 Tle. Xanthinsilber, $C_5H_4N_4O_2Ag_2O$. Da die anderen Xanthinbasen einen noch höheren Stickstoffgehalt als Xanthin haben, fällt die so berechnete Menge etwas zu hoch aus. Man gibt daher vielfach den erhaltenen Wert nur als „Stickstoff in Form von Xanthinbasen" an.

γ) **Trennung der einzelnen Xanthinbasen**[4]. Im Hinblick auf die geringe Menge, in der einige der Basen vorhanden sind, nimmt man 300 g Fleischextrakt oder eine entsprechende Menge Fleischauszug in Arbeit, erhitzt sie mit 2250 ccm Wasser und 250 ccm Schwefelsäure (1 : 3) drei Stunden am

---

[1] E. BAUR u. H. BARSCHALL: Arb. Kaiserl. Gesundh.-Amt 1906, **24**, 552.
[2] A. CHASTON CHAPMANN: Analyst 1909, **34**, 475; Z. 1910, **20**, 467.
[3] C. NEUBAUER: Zeitschr. analyt. Chem. 1863, **2**, 26.
[4] K. MICKO: Z. 1903, **6**, 781 u. 1904, **7**, 223, 257.

Rückflußkühler und neutralisiert mit Natronlauge. Wie bei der Kreatininbestimmung beschrieben (S. 886), fällt man dann mit je 900 ccm der Natriumbisulfit- und Kupfersulfatlösung und befreit den am nächsten Tage abfiltrierten Niederschlag vom Kupfer. Die kupferfreie Lösung wird aber nach dem Eindampfen nicht wie unter β) mit ammoniakalischer Silbernitratlösung, sondern lediglich mit Ammoniak in nicht zu großem Überschuß versetzt, und der nach und nach entstehende Niederschlag (Fraktion I: Guaninfraktion) nach 24 Stunden abfiltriert und mit möglichst wenig stark verd. Ammoniak gewaschen.

αα) **Bestimmung des Guanins.** Der Niederschlag wird in heißem Wasser unter Zusatz der notwendigsten Natronlauge gelöst und die Lösung mit Essigsäure angesäuert. Den am nächsten Tage abfiltrierten Niederschlag löst man in heißer verd. Salzsäure, entfärbt mit möglichst wenig Tierkohle und versetzt die heiße Flüssigkeit mit Ammoniak in nicht zu großem Überschusse. Der nun erhaltene und abfiltrierte Niederschlag von Guanin wird getrocknet und gewogen und durch qualitative Reaktion und Stickstoffbestimmung identifiziert. (Das aus Fraktion III später erhaltene Guanin wird hinzugerechnet.)

$$\text{Guanin } C_5H_5N_5O = \begin{array}{c} \text{NH—CO—C—NH} \\ | \quad \quad \| \quad \quad \rangle\text{CH} \\ (NH_2)\text{—C}=\text{N—C—N} \end{array}, \text{ seiner Konstitution nach ein}$$

Aminoxanthin, ist ein farbloses, gewöhnlich amorphes Pulver, das aus seiner Lösung in konz. Ammoniak, sowie aus einer verdünnten, alkalischen, mit ungefähr $^1/_3$ Volumen Alkohol und überschüssiger Essigsäure versetzten Lösung in krystallisiertem Zustande erhalten werden kann. In Wasser, Alkohol und Äther ist es unlöslich, während es von Mineralsäuren und Alkalien leicht gelöst wird. Kaltes Ammoniak löst das Guanin nur wenig (nach WULFF[1] z. B. lösen sich in 100 ccm Ammoniaklösung von 1,3 und 5% NH_3 nur 9,15 und 19 mg Guanin), heißes Ammoniak löst relativ weit leichter. Das salzsaure Salz krystallisiert in langen büschelförmigen Krystallen und ist wegen seines charakteristischen Verhaltens im polarisierten Lichte von KOSSEL[2] zum mikroskopischen Nachweise des Guanins empfohlen worden. Mit Pikrinsäure sowie mit Metaphosphorsäure geben selbst verdünnte Guaninlösungen Niederschläge, die zur quantitativen Bestimmung benutzt werden können. Die Silberverbindung wird von siedender Salpetersäure sehr schwer gelöst, und beim Erkalten krystallisiert die Doppelverbindung aus. Mit einer konzentrierten Lösung von Kaliumchromat gibt Guanin eine krystallinische orangerote, mit konz. Ferricyankaliumlösung eine krystallinische braungelbe Fällung (CAPRANICA[3]). Bei der Salpetersäureprobe verhält sich das Guanin ähnlich wie Xanthin; die beim Erwärmen mit Ammoniak eintretende Färbung ist aber mehr blauviolett. Die WEIDELsche Reaktion gibt es nicht.

Das essigsaure und das ammoniakalische Filtrat vom Guanin wird mit dem Filtrate von der Fraktion I vereinigt und darauf in dünnem Strahle unter beständigem Umrühren in ammoniakalische Silberlösung gegossen. Den nach mehreren Stunden abfiltrierten Niederschlag wäscht man so lange mit stark verd. Ammoniak, bis das Filtrat keine Salpetersäurereaktion mit Diphenylamin mehr gibt, schwemmt ihn darauf mit Wasser und etwas verd. Salzsäure auf und leitet Schwefelwasserstoff ein. Die vom Silber befreite und durch Eindampfen konzentrierte Lösung wird mit heißer Pikrinsäurelösung (11 : 100) vermischt und der nach allmählichem Abkühlen auf 25° ausgeschiedene Niederschlag (Fraktion II: Adeninfraktion) abgesaugt und mit möglichst wenig Wasser gewaschen.

ββ) **Bestimmung des Adenins.** Das so erhaltene Adeninpikrat wird in heißer verd. Salzsäure gelöst, die Pikrinsäure mit Toluol ausgeschüttelt und die Lösung schwach ammoniakalisch gemacht. Die Base wird, wie vorhin das Guanin (s. oben), mit Silberlösung gefällt, der gelatinöse Niederschlag in siedendheißem Wasser aufgeschwemmt und ohne Zusatz von Salzsäure durch Schwefelwasserstoff zersetzt. Das durch Eindampfen vom Schwefelwasserstoff befreite,

---

[1] WULFF: Zeitschr. physiol. Chem. 1893, **17**, 505.
[2] KOSSEL: Über die chemische Zusammensetzung der Zelle. Verh. physiol. Ges. Berlin 1890/91, Nr. 5 u. 6. [3] CAPRANICA: Zeitschr. physiol. Chem. 1880, **4**, 233.

meist bräunliche Filtrat wird in der Siedehitze mit Bleiessig unter Zusatz von Ammoniak bis zum Auftreten eines Niederschlages entfärbt. Aus dem Filtrate krystallisiert beim Eindampfen das Adenin aus. Die Mutterlauge und die Waschwässer werden vereinigt, so weit eingedampft, daß die Lösung nach langsamer Abkühlung bis auf 25⁰ sich zu trüben beginnt, dann mit einem Kryställchen Adenin geimpft und die ausgeschiedenen Krystalle mit der Hauptmenge vereinigt, getrocknet und gewogen.

Adenin (6-Aminopurin) $C_5H_5N_5 = \begin{smallmatrix} N==C(NH_2)-C-N \\ | \quad\quad\quad || \quad\quad \\ CH=N------C-NH \end{smallmatrix} \Big\rangle CH$, oder Amino-Hypo-

xanthin krystallisiert mit 3 Molekülen Krystallwasser in langen Nadeln, die an der Luft allmählich, viel rascher aber beim Erwärmen undurchsichtig werden. Erwärmt man die Krystalle langsam in einer zur Lösung ungenügenden Menge Wasser, so werden sie bei 53⁰ plötzlich getrübt — eine für das Adenin charakteristische Reaktion. Das Adenin löst sich in 1086 Tln. kalten Wassers, leichter in warmem Wasser und sehr leicht in Säuren und Alkalien. In Ammoniak ist es leichter als Guanin, aber schwerer als Hypoxanthin löslich; in Äther ist es unlöslich, in heißem Alkohol etwas löslich. Die Silberverbindung geht mit warmer Salpetersäure nur schwer in Lösung, aus der sich beim Erkalten ein krystallinisches Gemenge mehrerer Silbernitrat-Doppelsalze ausscheidet. Mit Pikrinsäure entsteht eine schwerlösliche Verbindung $C_5H_5N_5 \cdot C_6H_2(NO_2)_3OH$, die sich leichter als das Hypoxanthinpikrat ausscheidet und zur Bestimmung des Adenins benutzt werden kann. Es gibt auch ein Adeninquecksilberpikrat. Mit Metaphosphorsäure gibt das Adenin einen im Überschusse des Fällungsmittels löslichen Niederschlag. Charakteristisch ist das Golddoppelsalz, das sich auf Zusatz von Goldchlorid zu einer salzsauren Lösung von Adenin entweder in blattförmigen Aggregaten oder in Form würfelförmiger oder prismatischer Krystalle, oft mit abgestumpften Ecken, abscheidet und die Formel $C_5H_5N_5 \cdot (HCl)_2 \cdot AuCl_3 + H_2O$ besitzt.

Bei halbstündigem Erwärmen des Adenins mit Zink und Salzsäure tritt nach KOSSEL eine vorübergehende schöne Purpurfärbung auf, und nach Zusatz überschüssiger Natronlauge wird die Flüssigkeit beim Stehen an der Luft langsam, schneller beim Schütteln erst rubinrot, später braunrot (Azulminprobe). Die für Xanthin charakteristische Salpetersäure- und WEIDELsche Reaktion gibt das Adenin nicht.

γγ) Bestimmung des Xanthins. Das Filtrat von der Fraktion II wird nach entsprechendem Eindampfen mit Toluol ausgeschüttelt und zur Entfernung der überschüssigen Salzsäure auf dem Wasserbade zur Trockne gebracht, der Rückstand in heißem Wasser gelöst und mit Ammoniak in mäßigem Überschusse versetzt. Am nächsten Tage wird das ausgeschiedene Guanin abfiltriert, wie Fraktion I gereinigt und gewogen und der Hauptmenge zugerechnet.

Das Filtrat vom Guanin dampft man ein, fällt die darin enthaltenen Basen mit Silbernitratlösung und behandelt die vom Silber befreite Lösung, wie oben, mit Bleiessig. Der Niederschlag wird in Essigsäure gelöst, entbleit, und die bleifreie Lösung eingedampft, wobei sich das Xanthin ausscheidet. Man kann es entweder auf gewogenem Filter sammeln und nach dem Trocknen wägen oder auch seinen Stickstoffgehalt nach KJELDAHL bestimmen. Da es 36,90% Stickstoff enthält, entspricht 1 Tl. N 2,71 Tln. Xanthin.

Zur Identifizierung dienen folgende Eigenschaften:

Xanthin $C_5H_4N_4O_2 = \begin{smallmatrix} NH \cdot CO \cdot C-NH \\ | \quad\quad\quad || \quad\quad \\ CO \cdot NH \cdot C-N \end{smallmatrix} \Big\rangle CH$ ist amorph oder bildet körnige Massen

von Krystallblättchen, die in Alkohol und Äther unlöslich sind, von Säuren schwer, von Alkalien aber leicht gelöst werden. In Wasser ist es sehr wenig löslich, nämlich in 14151 bis 14600 Tln. von 16⁰ und in 1300—1500 Tln. bei 100⁰. Mit sehr wenig Natronlauge gibt es eine leicht krystallisierende Verbindung, die von mehr Alkali leicht gelöst wird, und mit Salzsäure eine krystallisierende, schwer lösliche Verbindung. Eine ammoniakalische Lösung gibt mit Silbernitratlösung einen gelatinierenden Niederschlag von Xanthinsilber $C_5H_4N_4O_2 \cdot Ag_2O$, der von heißer Salpetersäure gelöst wird. Eine wäßrige Xanthinlösung wird durch Kupferacetat beim Kochen gefällt. Bei gewöhnlicher Temperatur wird das Xanthin durch Quecksilberchlorid und durch ammoniakalischen Bleiessig, hingegen nicht durch Bleiessig allein gefällt.

Beim Eindampfen von Xanthin mit Salpetersäure hinterbleibt ein gelber Rückstand, der auf Zusatz von Natronlauge erst rot und dann beim Erwärmen purpurrot gefärbt wird. Verrührt man in einer Porzellanschale etwas Natronlauge mit Chlorkalk und trägt darauf das Xanthin ein, so bildet sich um die Xanthinkörnchen ein erst dunkelgrüner, dann braun werdender Hof, der nach einiger Zeit wieder verschwindet (HOPPE-SEYLER). Wird etwas Xanthin mit Chlorwasser und einer Spur Salpetersäure erwärmt und eingetrocknet, so färbt sich der Rückstand, wenn er unter einer Glasglocke mit Ammoniakdämpfen in Berührung kommt, rot oder purpurviolett (Reaktion von WEIDEL; Murexidprobe). E. FISCHER führt die WEIDELsche Reaktion in der Weise aus, daß er im Reagensgläschen mit Chlorwasser oder mit Salzsäure und ein wenig Kaliumchlorat kocht, darauf die Flüssigkeit vorsichtig verdampft und den Rückstand mit Ammoniak prüft.

$\delta\delta$) **Bestimmung des Hypoxanthins.** Die von dem Bleiessigniederschlage abfiltrierte, entbleite Lösung wird auf ein kleines Volumen eingeengt, mit Alkohol versetzt und das ausgeschiedene **Hypoxanthin** mit Alkohol gewaschen, getrocknet und gewogen. Zur weiteren Reinigung von geringen Mengen Guanin und anorganischen Salzen kann man dieses „Rohhypoxanthin" mit einer über das Löslichkeitsverhältnis des Hypoxanthins in kaltem Wasser hinausgehenden Wassermenge kochen, am nächsten Tage vom Ungelösten (Guanin) abfiltrieren und das Filtrat nochmals mit Silberlösung behandeln.

Im Filtrate vom Rohhypoxanthin finden sich nur noch geringe Mengen von Xanthinbasen (Hypoxanthin und Adenin). Um auch diese annähernd zu bestimmen, fällt man sie aus der mit verd. Salpetersäure angesäuerten Lösung mit Silbernitratlösung aus und behandelt den Niederschlag mit verd. ammoniakalischer Silberlösung. Der unlösliche Rückstand wird bei 120° getrocknet und gewogen und die nach dem Veraschen hinterbleibende Asche in Abzug gebracht.

Man kann auch den Stickstoffgehalt des Rohhypoxanthins nach KJELDAHL bestimmen. 1 Tl. Stickstoff = 2,425 Tle. Hypoxanthin (mit 41,23% N).

Hypoxanthin oder Sarkin $C_5H_4N_4O = $
$$\begin{array}{c} N=CH-C-NH \\ | \quad \quad \| \quad \quad \rangle CH, \\ CO-NH-C-N \end{array}$$
bildet farblose, sehr kleine Krystallnadeln. Es löst sich schwer in kaltem, aber bereits in 70—80 Tln. siedendem Wasser. In Alkohol löst es sich fast gar nicht, leicht hingegen in verdünnten Alkalien und Säuren. Die Verbindung mit Salzsäure krystallisiert, ist aber weniger schwer löslich als die entsprechende Xanthinverbindung. Die Silberverbindung löst sich schwer in siedender Salpetersäure, und beim Erkalten der Lösung scheidet sich ein aus zwei Hypoxanthin-Silbernitratverbindungen bestehendes Gemenge von nicht konstanter Zusammensetzung ab, aus dem durch Erwärmen mit Ammoniak und überschüssiger Silbernitratlösung eine konstant zusammengesetzte Verbindung abgeschieden werden kann. Diese hat nach dem Trocknen bei 120° die Formel $2 (C_5H_2Ag_2N_4O) \cdot H_2O$ und eignet sich zur Bestimmung des Hypoxanthins. Das Hypoxanthinpikrat ist schwer löslich und gibt in siedender Lösung mit neutraler oder schwachsaurer Lösung von Silbernitrat eine fast quantitative Fällung von der Zusammensetzung $C_5H_3AgN_4O \cdot C_6H_2(NO_2)_3OH$. Mit Metaphosphorsäure liefert Hypoxanthin keine schwer lösliche Verbindung.

Die für Xanthin charakteristische Salpetersäure- und WEIDELsche Reaktion gibt das Hypoxanthin nicht, wohl aber die bei Adenin beschriebene Azulminprobe nach KOSSEL-FISCHER.

c) Verfahren von FR. KUTSCHER. Zu einer weiteren Aufteilung des Fleischextraktes und zur Trennung seiner wichtigsten Bestandteile kann man sich des folgenden, zuerst von FR. KUTSCHER und H. STEUDEL[1] ausgearbeiteten und von R. ENGELAND[2] vereinfachten Verfahrens bedienen: 450 g Fleischextrakt werden in $2^1/_2$ l Wasser gelöst und so lange mit Tannin versetzt, bis nach Verwendung von etwa 500—600 g Tannin eine Probe der filtrierten Flüssigkeit auf weiteren Zusatz klar bleibt oder nur noch eine schwache Trübung annimmt. Man läßt 24—48 Stunden an einem kühlen Orte stehen, wobei der voluminöse Niederschlag zu einer pechartigen Masse zusammensintert, filtriert ab und

---

[1] FR. KUTSCHER u. H. STEUDEL: Z. 1905, **10**, 528; 1906, **11**, 582.

[2] R. ENGELAND: Z. 1908, **16**, 658.

wäscht oberflächlich aus. Das Filtrat wird mit einer 50⁰ warmen, bei 50⁰ gesättigten Bariumhydroxydlösung versetzt, bis sich an der Oberfläche der Flüssigkeit ein rötlicher Schaum zeigt, und der Niederschlag mit Hilfe einer Nutsche abgesaugt. Zur Entfernung der letzten Tanninreste trägt man in die mit Schwefelsäure schwach angesäuerte Flüssigkeit frischgefälltes Blei- oxyd ein und filtriert. Das klare braungefärbte Filtrat wird zu einem dünnen Sirup eingeengt und der nach 24—48stündigem Stehen an einem kühlen Orte entstehende Krystallbrei, der größtenteils aus Kreatin und Kreatinin besteht, scharf abgesaugt und mit möglichst wenig kaltem Wasser gewaschen.

Zur weiteren Fällung benutzt KUTSCHER Silbernitrat, ENGELAND hingegen Quecksilberchlorid.

α) Nach der Methode des ersteren wird das Filtrat mit Hilfe von Schwefel- säure entbleit und die bleifreie Lösung mit Silbernitratlösung (20%) ausgefällt. Nach 24 Stunden saugt man den Niederschlag ab, versetzt das Filtrat so lange mit Silberlösung, bis eine Probe in gesättigtem Barytwasser keinen weißen, sondern sofort einen braunen Niederschlag liefert, und fügt dann der silber- haltigen Flüssigkeit so lange kaltgesättigtes Barytwasser zu, bis keine Fällung mehr entsteht.

αα) Die abgesaugten, mit kaltem Wasser gewaschenen Silberverbindungen werden mit Wasser unter Zusatz von einigen Tropfen Schwefelsäure verrieben und darauf durch Einleiten von Schwefelwasserstoff in der Wärme unter Druck vom Silber befreit. Das zum Sirup eingedickte Filtrat vom Schwefelsilber wird zur Entfernung des Kreatinins mehrfach mit Alkohol ausgekocht, der unlösliche Rückstand in Wasser gelöst, mit Tierkohle entfärbt und von neuem zum Sirup eingeengt. Nach dem Überschichten mit Alkohol scheidet sich eine dem Carnosin isomere Base ($C_9H_{14}N_4O_3$) ab, die FR. KUTSCHER Ignotin nennt und die folgende Reaktionen gibt:

Pikrinsäure, Pikrolonsäure, Kalium-Cadmiumjodid, Kalium-Mercurijodid, Platinchlorid und 30%ige Goldchloridlösung lassen die Substanz unverändert, Kalium-Wismutjodid erzeugt auf vorsichtigen Zusatz eine Trübung, aus der sich nach einiger Zeit granatrote Platten abscheiden. Im Überschusse von Kalium-Wismutjodid löst sich die Trübung wieder auf. Durch Silbernitrat und Ammoniak sowie durch Silbernitrat und Barytwasser wird eine weiße, in Wasser kaum lösliche Verbindung von konstanter Zusammensetzung gefällt ($C_9H_{12}Ag_2N_4O_3$), die sich in Salpetersäure und Ammoniak leicht löst. Auch mit Phosphorwolframsäure liefert Ignotin einen schwerlöslichen Niederschlag und mit Nitro- prussidnatrium und Natronlauge eine hellgelb gefärbte Flüssigkeit. Bei schnellem Erhitzen zersetzt sich Ignotin unter Aufschäumen bei 248⁰.

ββ) In einem anderen Versuche empfiehlt FR. KUTSCHER, die obenerwähnte Silberfällung nach der Entfernung des Silbers durch Schwefelwasserstoff mit Schwefelsäure anzusäuern, die stark eingeengte Lösung mit Silbernitratlösung (20%) zu fällen und das Filtrat von dem Niederschlage wiederum so lange mit Silbernitratlösung zu versetzen, bis eine Probe mit gesättigter Barytlauge sofort einen braunen Niederschlag gibt. Jetzt wird die Hauptmasse vorsichtig mit Barytwasser versetzt, bis ein Tropfen der Flüssigkeit mit einem Tropfen ammo- niakalischer Silberlösung an der Berührungsstelle nur noch eine schwache Trübung liefert. Aus dem Filtrate von dem fast quantitativ gefällten Kreatin- und Ignotin- Silber scheidet man den Rest der Basen durch überschüssiges Barytwasser ab, zersetzt die abgesaugte Silberverbindung mit Schwefelwasserstoff und dampft das Filtrat vom Schwefelsilber ein. Nach Entfernung von etwas Bariumcarbonat und Zusatz von Salpetersäure erhält man das Nitrat des Methylguanidins ($C_2H_7N_3 \cdot HNO_3$). Es bildet rechtwinklige, rhombische Täfelchen, die in Alkohol und in kaltem Wasser schwer, in heißem Wasser leicht löslich sind und bei 155⁰ schmelzen.

γγ) Das Filtrat von dem Silberniederschlage wird durch Salzsäure vom Silber, durch Schwefelsäure vom Barium befreit und dann nach starkem Ansäuern mit Schwefelsäure mit so viel Phosphorwolframsäure (für 450 g Fleischextrakt ungefähr die aus 750—1000 g Natriumwolframat nach DRECHSELs Vorschrift gewonnene Menge) versetzt, daß eine herausgenommene Probe auf erneuten Zusatz 1—2 Minuten klar bleibt. Der nach 24 Stunden abgesaugte Niederschlag wird mit Barytwasser zersetzt, aus dem Filtrate vom Bariumwolframat der überschüssige Baryt durch Kohlensäure gefällt und die filtrierte Lösung eingedampft. Von dem auskrystallisierten Kreatin, Kreatinin und Kaliumcarbonat wird abfiltriert, die nach dem Waschen mit wenig kaltem Wasser erhaltene Mutterlauge nochmals zum Sirup eingeengt, und letzterer zur Abscheidung von anorganischen Salzen (KCl) mit viel konz. Salzsäure und Alkohol versetzt. Das Filtrat von diesem Niederschlage wird nach entsprechender Konzentration mit alkoholischer Quecksilberchloridlösung gefällt, der Niederschlag nach 24—48 Stunden abgesaugt und mit gesättigter alkoholischer Quecksilberchloridlösung ausgewaschen. Nach Zersetzung des Niederschlages mit Schwefelwasserstoff und Fällung der vom Quecksilbersulfid abfiltrierten Flüssigkeit mit alkoholischer Platinchloridlösung erhält man die Platinate dreier Basen, von denen dasjenige des Carnomuscarins in Wasser schwer löslich ist, während die beiden Basen mit löslichen Platinaten, das Neosin ($C_6H_{17}NO_2$) und das Novain ($C_7H_{18}NO_2$), durch fraktionierte Fällung mit Goldchlorid gewonnen werden können. (In einem Falle hat FR. KUTSCHER aus den Goldsalzen an Stelle des Neosins nur Neurin und Cholin abscheiden können.)

δδ) Aus dem Filtrate vom Quecksilberniederschlage schließlich scheidet sich nach starkem Eindampfen eine krystallinische Substanz ab, die, wie oben mit Schwefelwasserstoff vom Quecksilber befreit und mit Platinchloridlösung gefällt, das Platinat einer Base ($C_{18}H_{38}N_2O_4$), von FR. KUTSCHER Oblitin genannt, liefert. Das Oblitinchlorid gibt mit Platinchlorid und Goldchlorid Fällungen und mit Kalium-Wismutjodid eine Trübung, aus der sich bald zinnoberrote Nadeln abscheiden.

β) ENGELAND empfiehlt zur weiteren Fällung statt des Silbernitrates Quecksilberchlorid. Er versetzt das Filtrat vom Kreatin und Kreatinin abwechselnd mit heißer, gesättigter, wäßriger Quecksilberchlorid- und Natriumacetatlösung, bis keine Trübung mehr auftritt, läßt längere Zeit stehen und filtriert ab. Der mit einer kalten Mischung der beiden Fällungsmittel gewaschene Niederschlag wird in heißes salzsäurehaltiges Wasser gebracht und längere Zeit damit in der Hitze digeriert, wobei ein großer Teil der Fällung mit tiefbrauner Farbe in Lösung geht. Vom Ungelösten wird abgesaugt und das Filtrat durch Einleiten von Schwefelwasserstoff vom Quecksilber befreit. Die vom Quecksilbersulfid abfiltrierte Flüssigkeit engt man auf dem Wasserbade bis zum Auftreten einer reichlichen Krystallisation ein, läßt erkalten und nimmt mit Methylalkohol auf, wobei die anorganischen Salze zurückbleiben. Von ihnen wird abgesaugt, das Filtrat eingedampft, der Rückstand in heißem Wasser gelöst und durch Kochen mit gereinigter Tierkohle energisch entfärbt und die geklärte Flüssigkeit zum Sirup eingeengt. Die hierbei auftretende reichliche Krystallisation von Kreatininchlorid verreibt man mit absol. Alkohol, worin sie sich nicht löst, filtriert ab, dampft wieder ein, nimmt nochmals mit Alkohol auf und fällt die schließlich erhaltene Lösung heiß mit gesättigter alkoholischer Quecksilberchloridlösung und mit gepulvertem Quecksilberchlorid. Der entstandene Niederschlag (Quecksilberfällung I) wird nach 24 Stunden abgesaugt und mit gesättigter kalter alkoholischer Quecksilberchloridlösung gewaschen, darauf in heißem Wasser unter Zusatz von Salzsäure gelöst und mittels Schwefelwasserstoff vom Quecksilber befreit. Das Filtrat von dem Niederschlage liefert beim

Eindampfen nochmals Krystalle von Kreatininchlorid, von denen nach Zusatz von absol. Alkohol abgesaugt wird. Aus der alkoholischen Lösung fällt man mit alkoholischer Platinchloridlösung unter Vermeidung eines Überschusses, saugt den voluminösen Niederschlag, der drei verschiedene Stoffe Neosin, Carnitin und Vitiatin enthält, ab und wäscht mit absol. Alkohol aus. Zur Trennung der drei Basen löst man den Niederschlag in heißem Wasser unter Zusatz von Salzsäure, filtriert und dampft bei 80^0 ein, wobei ein Platinat, möglicherweise des Carnomuscarins, auskrystallisiert. Das Filtrat vom letzteren wird mit Schwefelwasserstoff vom Platin befreit, die so gewonnene Lösung zum dünnen Sirup eingeengt und die zum Teil krystallisierende Masse mit Goldchloridlösung. (30%) fraktioniert gefällt. Die erste Fraktion besteht aus dem Golddoppelsalz des von GULEWITSCH und KRIMBERG[1] entdeckten Carnitins ($C_7H_{16}NO_3 \cdot AuCl_3$) vom Schmelzpunkte 152^0, die andere kleinere Krystallisation aus dem Golddoppelsalz des Neosins ($C_6H_{16}NOCl \cdot AuCl_3$) vom Schmelzpunkte 150—152°. Das Filtrat von der Platinfällung wird eingedampft, der Rückstand mit heißem Wasser aufgenommen und mit Schwefelwasserstoff vom Platin befreit. Die abfiltrierte und zum dünnen Sirup eingeengte Lösung scheidet auf Zusatz von Goldchloridlösung (30%) ein in gelbroten Platten krystallisierendes Goldsalz des Vitiatins ($C_5H_{14}N_6 \cdot 2$ HCl $\cdot 2$ AuCl_3) ab.

Die nach dem Abfiltrieren der Quecksilberfällung I erhaltene Lösung fällt man ebenfalls durch abwechselnden Zusatz von konz. alkoholischer Quecksilberchlorid- und Natriumacetatlösung. Der abgesaugte und mit der Fällungsflüssigkeit gewaschene Niederschlag, „Quecksilberfällung II", enthält drei verschiedene Stoffe. Er wird nach dem Lösen in heißem Wasser und etwas Salzsäure mit Schwefelwasserstoff behandelt, das Filtrat vom Quecksilbersulfid wird eingedampft und die hierbei auskrystallisierende Masse, die aus Histidindichlorid ($C_6H_9N_3O_2 \cdot 2$ HCl) vom Schmelzpunkte 228—230° besteht, mit absol. Alkohol gewaschen. Die mehrfach eingedampfte und mit Alkohol wieder aufgenommene Lösung fällt man mit Platinchloridlösung, filtriert, leitet Schwefelwasserstoff ein, verdampft die vom Platinsulfid befreite Flüssigkeit und nimmt den Rückstand mit absol. Alkohol auf, wobei noch erhebliche Mengen Histidin abgeschieden werden.

Die alkoholische Lösung wird nach dem Verfahren von FR. KUTSCHER[2] mit heißgesättigter alkoholischer Cadmiumchloridlösung und feingepulvertem Cadmiumchlorid versetzt, der Niederschlag (Cadmiumfällung I) abgesaugt, mit der Fällungsflüssigkeit gewaschen, in Wasser gelöst, mittels Schwefelwasserstoff vom Cadmium befreit und das Filtrat nach dem Eindampfen mit Goldchloridlösung gefällt. Der Niederschlag besteht aus dem Goldsalze des Methylguanidins ($C_2H_7N_3 \cdot$ HCl $\cdot$ AuCl_3; F. P. 198°). Das Filtrat von der Cadmiumfällung I gibt auf Zusatz von Natriumacetat nochmals. einen Niederschlag, aus dem nach Entfernung des Cadmiums mit Schwefelwasserstoff und weiterer Behandlung mit Platinchlorid das Platinsalz des Alanins [($C_3H_7NO_2)_2 \cdot 2$ HCl $\cdot$ PtCl_4] isoliert werden kann.

Carnosin ($C_9H_{14}N_4O_3$) bestimmt F. M. KUEN[3] in Form der charakteristischen Kupferverbindung oder, nach der Hydrolyse als Histidinpikrolonat. Ein weiteres Verfahren ist von W. M. CLIFFORD und V. H. MOTTRAM[4] ausgearbeitet worden.

[1] GULEWITSCH u. KRIMBERG: Zeitschr. physiol. Chem. 1905, 45, 326.
[2] FR. KUTSCHER: Zentralbl. Physiol. 1908, 21, 586; Z. 1910, 19, 100.
[3] F. M. KUEN: Biochem. Zeitschr. 1927, 189, 60; Z. 1932, 63, 467. Vgl. L. BROUDE: Zeitschr. physiol. Chem. 1928, 173, 1; Z. 1933, 65, 594.
[4] W. M. CLIFFORD u. V. H. MOTTRAM: Biochem. Journ. 1928, 22, 1246; Z. 1934, 67, 462.

D. Beurteilung.

Fleischextrakt ist der eingedickte Kaltwasserauszug des vom Fett befreiten frischen Fleisches, an den LIEBIG ursprünglich folgende Anforderungen stellte:

1. Er soll kein Albumin und höchstens 1,5% Fett (Ätherextrakt) enthalten;
2. der Wassergehalt darf 21% nicht übersteigen;
3. in Alkohol von 80 Vol.-% sollen etwa 60% löslich sein;
4. der Stickstoffgehalt soll 8,5—9,5% betragen;
5. der Aschengehalt soll zwischen 15 und 25% liegen und neben geringen Mengen Kochsalz vorwiegend aus Phosphaten bestehen.

Neben diesen, auch jetzt noch geltenden Anforderungen ist nach neueren Untersuchungen auch für flüssige Extrakte die Erfüllung folgender weiterer Bedingungen als wünschenswert zu bezeichnen:

6. Unlösliche Stickstoffsubstanzen (Fleischmehl) dürfen nur in Spuren zugegen sein;
7. von dem Gesamt-Stickstoff dürfen nur mäßige Mengen in Form von durch Zinksulfat ausfällbaren löslichen Eiweißstoffen vorhanden sein (etwa 6—8% Proteosen-Stickstoff, berechnet auf den Gesamt-Stickstoff). Dieser Anteil entfällt nahezu ausschließlich auf Albumosen (5—10%), während Peptone wahrscheinlich gar nicht zugegen sind;
8. der Ammoniakgehalt soll nur gering sein und nicht mehr als 0,4—0,6%, entsprechend 3—4% des Gesamt-Stickstoffs betragen;
9. der Gehalt an Gesamt-Kreatinin beträgt etwa 4,5—6%;
10. Fleischextrakt mit mehr als 15% Chlor (als Natriumchlorid berechnet) in der Asche soll als mit Kochsalz versetzt bezeichnet werden.

Auf Grund eigener Untersuchungen hat LEBBIN[1] späterhin noch folgende Abänderungen und Ergänzungen vorgeschlagen:

Der Aschengehalt von Rindfleischextrakt liegt zwischen 16 und 21,6% und soll 27% der Trockensubstanz nicht übersteigen; die früher von LIEBIG angegebenen Grenzen 15 bis 25% bezeichnet LEBBIN als viel zu weit.

Der Chlorgehalt, berechnet als Natriumchlorid, beträgt nicht mehr als 10% der Asche;
Der Phosphorsäuregehalt der Asche beträgt 30—40%. Werte unter 29 und über 41% deuten auf abweichende Beschaffenheit.

Der Gesamt-Stickstoff in der fettfreien organischen Substanz soll wenigstens 14 und höchstens 17% betragen.

Der Gehalt an Gesamt-Kreatinin, bezogen auf Extrakt mit 20% Wasser, beträgt 4,5—6%, im Mittel 4,87%; wenigstens 12,5% des Gesamt-Stickstoffs sollen auf Kreatinin entfallen.

Ammoniak-Stickstoff darf nicht mehr als 3%, Albumosen-Stickstoff nicht mehr als 25% des Gesamt-Stickstoffs betragen.

Aminosäuren sind stets in nennenswerter Menge vorhanden.
Milchsäure soll in Menge von etwa 10% vorhanden sein[2].

Schließlich haben noch K. BECK und W. SCHNEIDER[3] eingehende Untersuchungen über die Zusammensetzung der Stickstoffsubstanz angestellt. Danach entfallen von dem Gesamt-Stickstoff auf

Albumosen bzw. Proteosen (Zinksulfatfällung) etwa 4,4—7,2%, bei weit abgebauten Extrakten 0;

Glutin-Stickstoff (Tanninfällung) 18—22%, entsprechend 12% Leim oder Gelatine im normalen Fleischextrakt;

Ammoniak-Stickstoff 2,8—5,2, im Mittel 4,2%;

Aminosäuren-Stickstoff 12,9—15,9%.

Die Summe des Ammoniak- und Aminosäuren-Stickstoffs wurde in Hefenextrakten zu 31%, in Krabbenextrakten zu 52%, in Würzen und Saucen bis zu 70 und 90% des Gesamt-Stickstoffs ermittelt.

Zu den einzelnen analytischen Bestimmungen sei noch folgendes angeführt:

Der Wassergehalt soll auch nach der heutigen Anschauung die schon von LIEBIG festgesetzte Grenze von 21% nicht überschreiten. Höhere Werte deuten auf unvollständiges Eindampfen hin, während absichtlicher Wasserzusatz bis jetzt noch nicht beobachtet worden ist und auch technische Schwierigkeiten

---

[1] LEBBIN: Neuere Untersuchungen über Fleischextrakt. Berlin: August Hirschwald 1915.
[2] Vgl. T. CROSBIE WALSH: Food manufacture durch Braunschw. Konserven-Ztg. 1933, Nr. 3, S. 6.   [3] K. BECK u. W. SCHNEIDER: Z. 1923, 45, 307.

darbieten dürfte. Eher könnte er bei flüssigen Extrakten und Würzen in Frage kommen und ist dann durch eine vergleichende Analyse der Originalpräparate nachzuweisen.

Der Gesamt-Stickstoff ist, ebenfalls in Übereinstimmung mit der ursprünglichen Auffassung LIEBIGs, zu 8,5—9,5% anzusetzen. Die von LEBBIN vorgeschlagenen Werte: 14—17% in der fettfreien organischen Trockensubstanz stimmen damit überein.

Von dem Gesamt-Stickstoff entfällt ein wesentlicher Teil auf Proteosen, Leim, Fleischbasen und Aminosäuren, ein kleiner Teil auf Ammoniak. Auch sind nicht unbeträchtliche Mengen bislang nicht erforschter Stickstoffverbindungen vorhanden.

Proteosen sind normale Bestandteile des Fleischextraktes und ständig, mit Ausnahme stark abgebauter Extrakte, vorhanden. Die früher angegebenen Werte von 5—10% der Substanz und die Annahme LEBBINs, daß bis zu 25% des Gesamt-Stickstoffs auf Proteosen entfallen, sind aber nach den neueren Forschungen nicht mehr haltbar, weil sie wahrscheinlich den Leimstickstoff mit einschließen. Auf Grund der Untersuchungen von K. BECK und W. SCHNEIDER entfallen nur 4,4—7,2% des Gesamt-Stickstoffs auf Proteosen, so daß der Extrakt etwa 2,4—4,3% Proteosen enthalten würde.

Nach denselben Autoren ist, im Gegensatze zu der früher vertretenen Auffassung, damit zu rechnen, daß Leim ein normaler Bestandteil des Fleischextraktes ist, und zwar in Menge von etwa 12%, so daß 18—22% des Gesamt-Stickstoffs auf Leim entfallen. Erheblich höhere Werte würden auf einen Zusatz von Leim oder Gelatine hindeuten.

Peptone sind nach den übereinstimmenden Untersuchungen zahlreicher Autoren im Fleischextrakt nicht vorhanden, so daß die Phosphorwolframsäurefällung im wesentlichen auf Rechnung von Fleischbasen zu setzen ist.

Der für den Nachweis und die Bestimmung des Fleischextraktes besonders wichtige Gehalt an Gesamt-Kreatinin beträgt normalerweise 4,5—6, im Mittel 4,87%.

Der bei vollständiger Stickstoffbilanz hinterbleibende Rest, der bis zu 40% des Gesamt-Stickstoffs betragen kann, entfällt nach Ansicht K. MICKOs [1] auf andere eiweißartige Abbauprodukte, nämlich Polypeptide, die keine Biuretreaktion geben.

Für den Natriumchloridgehalt empfiehlt es sich, den äußersten Wert von 15% der Asche beizubehalten, da die niedrigeren Zahlen LEBBINs (10%) wahrscheinlich durch Verarbeitung völlig ausgebluteten Fleisches verursacht worden sind. Fett, Zucker und Dextrin kommen im Fleischextrakt nicht vor, hingegen sind Glykogen und Inosit normale Bestandteile.

Die vorstehenden Angaben werden in der Regel zum Nachweise etwaiger fremder Zusätze, die dem Begriffe der normalen Beschaffenheit zuwiderlaufen, ausreichen, also insbesondere von unlöslichen Stickstoffsubstanzen (Fleischmehl), Casein, Albumin, Leim, Gelatine, Zucker, Dextrin und anderen Kohlenhydraten, Harnstoff, Kochsalz und Hefenextrakten. Schwierigkeiten wird vielleicht der Nachweis indifferenter Pflanzenauszüge bieten, auf deren Anwesenheit aber aus dem ganzen Analysenbilde geschlossen werden kann. In der Praxis sind diese Stoffe, deren Zusatz selbstredend als Verfälschung zu beurteilen ist, bislang nicht angetroffen worden. Die Besprechung eines Harnstoffzusatzes zu gekörnter Fleischbrühe findet sich auf S. 912.

---

[1] K. MICKO: Z. 1902, 5, 205; 1904, 8, 230.

III. Fleischbrühwürfel und Würzen.

Zur Erleichterung der küchenmäßigen Zubereitung und zur Verbesserung von Suppen, Saucen oder anderen Speisen werden schon seit mehreren Jahrzehnten Präparate von fester, pastenartiger oder flüssiger Form angeboten, deren Grundlage ursprünglich der Fleischextrakt bildete, während neuerdings an seiner Stelle oder neben ihm auch aus anderen Stoffen hergestellte Erzeugnisse Verwendung finden. Als wichtigste Gruppen dieser Erzeugnisse sind die Fleischbrühwürfel und die Fleischbrüh-Ersatzwürfel, sowie die Würzen zu erwähnen.

A. Fleischbrühwürfel und Fleischbrühextrakte.

1. Fleischbrühwürfel oder, wie sie vor der Verdeutschung meist genannt wurden, „Bouillonwürfel" sind der sprachlichen Ableitung und allgemeiner Verkehrsauffassung entsprechend in Würfelform gebrachte Mischungen von organischen Auszügen mit Kochsalz, die beim Auflösen in heißem Wasser „Bouillon", d. h. Fleischbrühe ergeben, also eine Flüssigkeit, die ihren charakteristischen Geschmack und ihre anregende Wirkung auf den menschlichen Organismus den löslichen Bestandteilen des Fleisches, in erster Linie den sog. Fleischbasen, verdankt.

An der anregenden Wirkung und dem fleischbrühähnlichen Geschmack der Fleischbrühwürfel hat daneben ihr Gehalt an aminosäurereichen Suppenwürzen (S. 903) einen erheblichen Anteil. Da der Fleischextrakt die löslichen Bestandteile des Fleisches in konzentrierter Form enthält, insbesondere auch wegen seines spezifischen Geschmacks, wird man unter Fleischbrühwürfeln oder gleichsinnig bezeichneten Erzeugnissen (Bouillonwürfeln, Bouillonkapseln, gekörnte Fleischbrühe) „Gemische von Fleischextrakt mit Kochsalz, Fett, Gemüseauszügen und sonstigen Würzen" erwarten. In Übereinstimmung mit dieser Begriffsbestimmung des alten Codex alimentarius austriacus Bd. I, S. 347 hat auch der Verband Deutscher Nahrungsmittelfabrikanten und -händler am 4. April 1914 folgende Definition aufgestellt[1]:

„Bouillonwürfel (Kapseln und ähnliche Präparate) sind Gemische von Fleischextrakt oder eingedickter Fleischbrühe, Fetten, Suppenwürzen, Gemüseauszügen, Gewürz und Kochsalz",

während es in dem neuen Österreichischen Lebensmittelbuche[2], der 2. Auflage des „Codex", heißt:

„Rindssuppenwürfel bestehen aus einem getrockneten Gemenge von Rindfleischextrakt, Rinderfett, Kochsalz, Suppenwürze und auch Gewürz."

Obwohl schon durch das Urteil des LG. Frankfurt a. M. vom 4. April 1911[3] entschieden worden war, daß ohne jeden Zusatz von Fleischextrakt hergestellte „Fleischbrühwürfel" nachgemacht seien, gingen die Ansichten über die Menge, den erforderlichen Mindestgehalt an Fleischextrakt weit auseinander, und manche Fabrikanten vertraten allen Ernstes den Standpunkt, daß schon der homöopathisch kleinste Zusatz die Bezeichnung Fleischbrühwürfel rechtfertige. Das ist natürlich nicht haltbar; Fleischextrakt ist zur Herstellung von Fleischbrühwürfeln bzw. von Fleischbrühe (Bouillon) oder derartigen Getränken unentbehrlich. Aber Fleischextrakt allein gibt auch beim Zusatz von Kochsalz und etwas Fett kein angenehmes Getränk, selbst bei Anwendung von solchen Mengen, die wirtschaftlich untragbar wären. So wie die Hausfrau auch bei Anwendung von wenig Fleisch durch geeigneten Zusatz von Gemüse und Suppenkräutern eine

---

[1] Deutsch. Nahrungsm.-Rundschau 1914, **12**, 162.
[2] Heft XIX, S. 12. Wien: Julius Springer 1932.
[3] Gesetze u. Verordnungen, betr. Lebensmittel 1914, **6**, 376.

Fleischbrühe herstellen kann, die viel besser ist als etwa eine Auflösung von
Fleischextrakt mit Kochsalz und Fett, müssen Fleischbrühwürfel bei Verwendung der nicht zu entbehrenden Menge Fleischextrakt mit Zusatz der geeigneten Gemüseauszüge und Würzen sowie Kochsalz und Fett Getränke ergeben,
die angenehm und fleischbrühartig schmecken. Bei der Bemessung des vorzu-
schreibenden Mindestgehaltes an Fleischextrakt spielt, sowohl aus geschmacklichen als aus volkswirtschaftlichen Gründen, die anregende physiologisch wertvolle Eigenschaft guter Suppenwürzen eine erhebliche Rolle. Sie ermöglicht
es — immer natürlich unter Einhaltung einer gewissen Mindestmenge an Fleischextrakt — Erzeugnisse herzustellen, die besser schmecken und physiologisch
ebenso wertvoll sind wie Erzeugnisse, die nur mit Fleischextrakt, Kochsalz und
Fett hergestellt wären. Von diesen Erwägungen ist die Verordnung vom 25. Oktober 1917 (S. 1002) ausgegangen, zu deren Erlaß sich die Reichsregierung veranlaßt sah, weil mit dem Fortschreiten des Krieges eine ständig zunehmende
Verschlechterung der Brühwürfel, besonders der aus dem Ausland (Dänemark)
eingeführten, eintrat.

Um ein Urteil über die damals im Handel befindlichen „Fleischbrühwürfel" zu ermöglichen, seien nachstehend einige vom Dresdener Untersuchungsamte und anderen Fachgenossen ausgeführte Analysen[1] mitgeteilt:

Tabelle 5. Zusammensetzung von Fleischbrühwürfeln.

Fabrikmarke		Wasser	Gesamt-Stick-stoff	Kreati-nin	Fett	Asche	Koch-salz	Zucker
		%	%	%	%	%	%	%
Maggi-Würfel	I	—	4,32	1,16	5,88	58,30	54,41	0
	II . . .	1,80	4,20	0,67	8,52	—	51,68	0
	III . . .	4,52	3,10	0,46	10,26	63,20	62,50	0
Kronen-Würfel	I . . .	6,06	2,88	0,18	6,03	—	64,30	0
	II . .	3,63	2,38	0,32	8,26	—	66,69	0
	III . .	3,95	2,26	0,63	6,54	—	65,47	0
Rindu		5,68	1,82	0,03	7,63	72,63	70,20	0
Weilers Hühner-Brühe . .		8,24	1,24	0,28	6,88	—	72,10	0
Larum		1,74	1,06	0,02	5,12	86,40	85,95	0
Irmgard		5,94	0,84	0,33	7,59	—	58,04	0
Rinder-Bouillon		5,27	0,76	0,31	—	76,40	74,96	vorhanden
Tadellos		—	0,50	0,20	—	—	78,06	—
Rex		3,87	0,47	0,20	5,17	—	74,57	vorhanden
Transit		4,20	0,45	0,15	5,15	65,20	63,88	9,29
Dansk		5,44	0,29	0,10	6,42	74,20	73,58	7,62
Merkur		4,54	0,12	0,07	3,51	79,25	78,30	8,75

Hiernach wiesen nur die ersten drei Proben einen Stickstoffgehalt von mindestens 3%
und nur vier Proben einen Kreatiningehalt von mehr als 0,45% auf, während bei den übrigen
Proben der Gehalt an Fleischextrakt auf 2, 1 und 0,5% heruntersank. 11 weitere Brühwürfel, die in die Tabelle nicht aufgenommen worden sind, enthielten keine Spur von Kreatinin
bzw. Fleischextrakt. Daß sie trotzdem bisweilen einen ziemlich beträchtlichen Stickstoffgehalt aufwiesen, ist auf die Verwendung von Extrakten aus Knochen (Knochenbrüh-
würfel), Hefe und anderen Ersatzmitteln für Fleischextrakt oder auch von Trockenhefe,
Leguminosenmehl u. dgl. zurückzuführen.

Obwohl mit dieser Verordnung zunächst eine brauchbare Handhabe zur
Bekämpfung der gröbsten Mißstände geschaffen worden war, so erwies sie sich
doch auf die Dauer nicht als völlig ausreichend. Wie R. MURDFIELD[2] des näheren
darlegte, ließ sich bei dem Fehlen einer präzisen Vorschrift über die Form, in
der bei den Ersatzwürfeln der Stickstoff vorhanden sein mußte, gegen die

[1] A. BEYTHIEN: Z. 1917, **34**, 129; Volksernährung u. Ersatzmittel, 1922, S. 178. —
J. KÖNIG: Chemie der menschlichen Nahrungs- und Genußmittel, Nachtrag A zu Bd. I,
S. 152, 565.   [2] R. MURDFIELD: Z. 1919, **37**, 295.

Verwendung von Leim wie auch von unlöslichen Stickstoffverbindungen (Hefe, Leguminosenmehl, ausgekochtem Fleischmehl), ja selbst gegen den Zusatz völlig wertloser und unbrauchbarer Stoffe, wie Kohlrübenmehl, nicht einschreiten. Daß aber derartige Stoffe tatsächlich verarbeitet worden sind, ist damals von allen Untersuchungsanstalten zur Genüge festgestellt worden. Zur Ausfüllung dieser Lücke war daher eine weitere Vorschrift über den Gehalt an den besonders wertbestimmenden Stoffen, als welche nach den unter „Würzen" (S. 903) auseinandergesetzten Gründen die Aminosäuren anzusehen sind, erforderlich. Sie wurde durch die Bestimmung in der Bekanntmachung von Grundsätzen für die Erteilung und Versagung der Genehmigung von Ersatzlebensmitteln (Art. I, Nr. 13) vom 30. September 1919[1] geschaffen, daß die Fleischbrühersatzwürfel in warmem Wasser löslich sein, ferner mindestens 1% Aminosäuren-Stickstoff enthalten müssen, aber nicht mehr als 1,5% Gesamt-Zucker enthalten dürfen.

Als Zeichen, daß die Verordnung nicht unwirksam gewesen ist, seien hierunter die Analysen einiger später untersuchter Ersatzwürfel angeführt.

Tabelle 6. Zusammensetzung von Fleischbrüh-Ersatzwürfeln.

Bezeichnung	Wasser %	Gesamt-Stick-stoff %	Amino-Stick-stoff %	Fett %	Asche %	Koch-salz %	Leim
Rindox, feste Würze . .	10,21	6,37	3,17	0,29	47,36	47,02	vorhanden
Teston	21,63	4,69	1,14	2,95	49,02	47,70	—
Plantox	4,22	4,35	2,10	1,14	67,02	63,24	—
Fino	11,02	4,24	1,80	1,37	58,80	56,12	—
Ersatzwürfel	2,58	4,04	1,19	3,45	64,57	62,03	—
Ohsena.	8,69	3,88	1,77	1,68	63,88	63,40	vorhanden
Maggis Ersatzwürfel . . .	4,99	3,48	2,00	4,27	64,72	65,15	—
Schreibers „ . . .	4,97	3,99	0,87	3,96	61,72	59,30	vorhanden
Prachto „ . . .	3,45	3,47	1,96	—	64,82	62,08	—
Hammonia „ . . .	4,63	3,39	1,11	1,87	67,94	67,08	—
Tedagg „ . . .	5,97	2,58	0,85	2,06	64,17	59,70	—

Hiernach entsprechen die Erzeugnisse ganz oder doch nahezu den Vorschriften der Verordnung und bei ihrer ganz brauchbaren Beschaffenheit hätte daher vielleicht erwartet werden können, daß sie mit der Zeit die Oberhand über die reinen Schwindelprodukte gewinnen würden. Leider kam aber auch diese Regelung, wie die meisten Richtlinien des Ernährungsamtes post festum, denn als sie sich auszuwirken begann, war der Krieg zu Ende, und das Verlangen der Bevölkerung nach diesen immerhin noch recht kümmerlichen Surrogaten schwand rasch dahin.

Die echten Fleischbrühwürfel bilden aber auch jetzt noch ein beliebtes Hilfsmittel bei der küchenmäßigen Zubereitung von Lebensmitteln und einen wichtigen Handelsartikel.

Der **Beurteilung** kann auch jetzt noch die vorstehend mitgeteilte Kriegsverordnung zugrunde gelegt werden, da sie, obwohl formell nicht mehr in Kraft befindlich, doch den Grundsätzen der reellen Industrie und den berechtigten Erwartungen der Verbraucher entspricht. Da die Fleischbrühe selbst durch ihren Geschmack und durch ihre Inhaltsstoffe anregend auf den Organismus wirken soll und hierin ihre physiologische Bedeutung findet, so muß in erster Linie die Anwesenheit der löslichen Fleischbestandteile, sei es in Form von Fleischextrakt, sei es von eingedickter Fleischbrühe gefordert werden, und zwar in einer ausreichenden, aber andererseits auch volkswirtschaftlich tragbaren Menge. Diesen beiden Erfordernissen entspricht die Festsetzung eines Kreatiningehaltes von 0,45%, die einen Zusatz von rund 7,5% Fleischextrakt gewährleistet. Neben dem Fleischextrakte sind, wie bereits erwähnt, zur Erzielung

---

[1] Reichsanzeiger 1919, Nr. 225.

eines guten Geschmacks auch gute Suppenwürzepasten (eingedickte Suppenwürzen) besonders geeignet, weil sie einen hohen Gehalt an „den Genußwert
bedingenden" Stickstoffverbindungen in Form von Aminosäuren aufweisen
und spezifisch anregend wirken. Zur Sicherung dieser Forderung ist der
Gesamt-Stickstoffgehalt zu 3% festgesetzt worden. Beide Zahlen geben Mindestmengen an; bei ihrer Unterschreitung kommt eine Abweichung von der normalen
Beschaffenheit in Frage, deren rechtliche Bedeutung am Ende dieses Abschnittes
besprochen werden wird.

Während von den als Fleischbrühwürfel schlechthin bezeichneten Erzeugnissen hinsichtlich der Art des verarbeiteten Fleisches oder Fleischextraktes
lediglich zu fordern ist, daß sie dem Fleische schlachtbarer Tiere entstammen
müssen, ist an solche Fleischbrühwürfel, die nach einer bestimmten Tierart
benannt sind, die Forderung zu stellen, daß ihr Gehalt an Fleischextrakt und an
Fett ausschließlich oder doch zum überwiegenden Teile der namengebenden
Tierart entstammen.

In diesem Sinne schreibt das Österreichische Lebensmittelbuch vor, daß
Rindssuppenwürfel nur Fleischextrakt und Fett vom Rinde enthalten dürfen,
und die gleiche Forderung vertreten A. BEHRE und E. SCHÜNEMANN[1] auch
hinsichtlich der Hühnerbrühwürfel.

Es erscheint fraglich, ob man bei letzteren so weit gehen soll, denn wenn auch zuzu-
geben ist, daß gerade im Verkehr mit sog. Hühnerbrühwürfeln arge Mißbräuche vorgekommen
sind, so wird man doch berücksichtigen müssen, daß auch in bürgerlichen Haushalte nach
den Rezepten der besseren Kochbücher zur Herstellung von Geflügelsuppe oft noch anderes
Fleisch (Rind- oder Kalbfleisch) mit hinzugenommen wird. Man könnte sich daher zur
Bekämpfung der gröbsten Mißstände vielleicht mit der Vorschrift des Österreichischen
Lebensmittelbuches begnügen: „Vom Fleischextrakt und Fett der diesbezüglichen Tierart
müssen solche Mengen enthalten sein, daß die Lösung der Würfel in warmem Wasser den
Geruch und Geschmack der aus dem frischen Fleische derselben Tierart zubereiteten Suppe
in ausreichendem Maße auch dann aufweist, wenn bei der Erzeugung Rindfleischextrakt
mit zur Verwendung gelangt."

2. Fleischbrühextrakte. Seit einigen Jahren werden neben den Fleischbrühwürfeln pastenförmige Erzeugnisse in den Verkehr gebracht, die zu dem gleichen
Zwecke, nämlich durch Auflösen von etwa 5 g eine Tasse Fleischbrühe zu liefern,
angeboten werden und in der Regel neben Phantasienamen Aufschriften wie
konzentrierte Fleischbrühe, Kraftfleischbrühe usw. tragen.

Für mehrere derartige Fabrikate ergab die im Chemischen Untersuchungsamte der Stadt Dresden ausgeführte Analyse folgende Zusammensetzung:

Tabelle 7. Zusammensetzung von Fleischbrühextrakten.

Bezeichnung	Wasser %	Fett %	Stick-stoff %	Stick-stoff × 6,25 %	Kreati-nin %	Fleisch-extrakt %	Asche %	Koch-salz %	Stärke	Salz- und fettfreie Substanz %
Konz. Natur-Fleischbrühe .	5,05	73,39	0,35	2,18	0,043	0,72	21,20	19,68	Spur	6,93
Rindox	0,32	70,42	0,73	4,81	0,185	3,08	23,12	21,88	0	7,74
Krabu a . . .	10,35	49,77	2,42	15,10	0,41	6,83	29,18	25,18	vorh.	25,05
„ b . . .	6,45	46,65	1,64	10,28	0,45	7,50	29,06	27,27	0	26,08
„ c . . .	6,03	38,76	2,92	18,26	0,853	14,20	35,62	31,10	0	30,14
Akrona a . . .	7,42	38,14	2,66	16,64	0,61	10,20	40,20	37,71	0	23,25
„ b . . .	1,35	35,82	2,80	17,01	0,81	13,50	39,31	35,57	0	31,61

An diesen Erzeugnissen fällt zunächst der überaus hohe Fettgehalt auf, der mit dem
Wesen einer Fleischbrühe nicht in Einklang steht, denn wenn möglicherweise auch einzelne
Personen den Wert der „Bouillon" nach den oben aufschwimmenden Fettaugen beurteilen
mögen, so weiß doch die erfahrene Hausfrau, daß Rindertalg und Fleischbrühe zweierlei sind.

---

[1] A. BEHRE u. E. SCHÜNEMANN: Deutsch. Nahrungsm.-Rundschau 1931, S. 73.

An zweiter Stelle lehrt ein Blick auf die Werte für Stickstoff und Kreatinin, daß der Gehalt an Extraktivstoffen des Fleisches nur recht gering ist. Die beiden ersten Proben enthalten Stickstoffsubstanz und Fleischextrakt nur in homöopathischen, praktisch überhaupt nicht in Betracht kommenden Spuren. In den anderen Proben ist zwar etwas mehr von diesen wertbestimmenden Stoffen vorhanden, aber auch bei ihnen entfällt von der salz- und fettfreien Masse nur ein Teil ($^1/_4$—$^1/_2$) auf Fleischextrakt, so daß die Hälfte bis $^3/_4$ anderen Quellen als dem Fleische entstammen müssen.

Es handelt sich demnach nicht um eingedickte Fleischauszüge, sondern um dünne Auskochungen von etwas Fleisch mit sehr viel Fett und anderen organischen Stoffen. Ob die letzteren in Form von Würzepasten zugesetzt worden sind, wird sich durch die Bestimmung des Gehaltes an Aminosäuren-Stickstoff entscheiden lassen.

Zu ihrer Beurteilung kann man die Verordnung über Fleischbrühwürfel nicht ohne weiteres anwenden, da diese sich nur auf „Erzeugnisse in loser oder fester Form (Würfel, Tafeln, Kapseln, Körner, Pulver)" bezieht, die zur Zeit ihres Erlasses unbekannten Pasten oder Extrakte, richtiger Fettschmieren, aber noch nicht berücksichtigt. Die Verordnung ist aber durchaus geeignet, zur Ableitung des Begriffes der normalen Beschaffenheit zu dienen, da sie, aus der Not der Zeit geboren, nur das Mindestmaß der zur Herstellung einer Art Fleischbrühe bestimmten Erzeugnisse festsetzt. Man muß daher auch von diesen Extrakten auf alle Fälle verlangen, daß sie mindestens 7,5% Fleischextrakt, entsprechend 0,45% Kreatinin enthalten, daß außerdem aber von dem 3% betragenden Gesamtstickstoff etwa 1,8% auf die den Genußwert bedingenden Aminosäuren entfallen.

Gehaltarme Erzeugnisse der vorbezeichneten Art, die diesen Anforderungen nicht entsprechen, haben keinen Anspruch auf die Bezeichnung „Fleischbrühe", „Kraftfleischbrühe" oder gar „Konzentrierte Fleischbrühe", vor allem, wenn noch an Rinder oder Ochsen anklingende Zusätze wie Brüh-Ox, Bull-Ox, Ochsengrog, Ochsolo, Ochsupp, Oxella, Oxi, Oxil, Rindama, Rindex, Rindoxo usw. gemacht werden. Einige diesbezügliche Gerichtsurteile sind S. 913 mitgeteilt.

B. Würzen, Extrakte, Saucen.

1. Begriffe.

Als Speisewürzen oder Suppenwürzen bezeichnet man meist flüssige, bisweilen aber auch pastenförmige Erzeugnisse, die dazu benutzt werden, Suppen oder anderen Speisen (Saucen, Gemüsen) einen charakteristischen aromatischen Geschmack zu verleihen, der aber nicht den Eigengeschmack dieser Speisen überdecken, sondern eher hervorheben und verfeinern soll.

Nach der Art der Ausgangsstoffe und der Herstellung lassen sie sich in zwei Gruppen unterscheiden, von denen die erste die wertvolleren Erzeugnisse umfaßt.

a) Würzen, schlechthin oder eigentliche Würzen, als deren Prototyp die bekannte „Maggische Suppenwürze" zu gelten hat, sind in erster Linie durch einen hohen Gehalt an Aminosäuren gekennzeichnet, die als Träger des fleischbrühartigen Geschmacks erkannt worden sind. Sie stehen in dieser Hinsicht dem Fleischextrakt nahe. Ihre Herstellung beruht auf der schon im Jahre 1831 von BERZELIUS beobachteten Tatsache, daß bei der Hydrolyse von Fleischeiweiß und nachfolgender Neutralisation mit Calciumcarbonat ein fleischbrühähnlicher Geruch auftritt, eine Beobachtung, die später von E. FISCHER[1] auch für andere Eiweißstoffe (Casein, Seidenfibroin) bestätigt und dahin gedeutet wurde, daß die hierbei entstehenden Gemische von Aminosäuren die Träger des charakteristischen Geruchs sind. Diese Entdeckung fand zuerst durch JULIUS

---

[1] E. FISCHER: Untersuchungen über Aminosäuren, Polypeptide und Proteine. Berlin: Julius Springer 1906.

Maggi praktische Verwertung für die Lebensmittel-Industrie, als er in den achtziger Jahren die nach ihm benannte Maggi-Würze in den Verkehr brachte.

Als Ausgangsmaterial kann jedes genußtaugliche, d. h. in erster Linie hygienisch einwandfreie Eiweiß benutzt werden, also vor allem Casein, aber auch Hefe, Kleber oder anderes pflanzliches Protein. Zur Hydrolyse bringt man die Eiweißstoffe nach W. Schellens[1] in mit Deckeln versehene Steinzeuggefäße, die in einem Wasserbade stehen, oder in Autoklaven und erhitzt bei einem schwachen Überdrucke von $1/2$—1 Atmosphäre mit reiner Salzsäure, bis mit Phosphorwolframsäure nur noch eine geringe Fällung von Peptonen hervorgerufen wird. Dann wird mit einer Natronbase annähernd neutralisiert, wodurch zugleich das zur Geschmacksbildung und zur Haltbarkeit erforderliche Natriumchlorid entsteht, darauf blank filtriert und die so gewonnene Rohwürze mit Gewürz- und anderen Pflanzenauszügen aromatisiert. Die Herstellung derartiger Auszüge (Essenzen) erfolgt in verschiedener Weise: So werden nach J. Schwytzer[2] Mischungen aus Blumenkohl, Sellerie, Spargel, Tomaten, Zwiebeln, Lorbeerblättern, Knoblauch, Muskat, Karotten und Petersilie langsam mit Salzsäure bis zur beginnenden Bräunung erhitzt, mit Wasser verdünnt und neutralisiert („Küchenkräuter-Extrakt"), oder es werden zerkleinerte Pilze mit Salzsäure und Wasser 8—10 Stunden bei mäßiger Temperatur digeriert, aufgekocht, bis zur Bildung eines gelatinösen Sirups neutralisiert, heiß filtriert und im Vakuum eingedampft („Pilz-Extrakt").

Außer dem Casein und der Hefe sind, besonders während der Kriegszeit, als Stickstoffsubstanzen leim- (Knochen, Knorpel) und keratinhaltige Substanzen (Hufe, Horn, Haare), ferner Lupinen, Akazien- und andere Leguminosensamen benutzt worden. R. Viollier[3] berichtete noch vor kurzem über eine aus Seidenabfällen (Fibroin) hergestellte Würze.

b) Auszüge oder Extrakte. Diese zu den gleichen Zwecken wie die „Würzen" benutzten Zusätze werden ohne Hydrolyse durch einfaches Ausziehen von Suppenkräutern, Gewürzen und Pilzen usw. und durch Eindunsten unter Zusatz von Kochsalz, oder aus Hefe, die mit Wasser oder Essigsäure gewaschen ist, durch Dämpfen unter Zusatz von Gewürz- und Kräuterauszügen, sowie Kochsalz hergestellt. Beide Arten kommen auch in halbfester (pastenartiger) oder trockener Form in den Handel.

c) Käufliche Saucen. Den Auszügen oder Extrakten verwandt, aber von ihnen meist durch einen besonders scharfen oder pikanten Geschmack unterschieden sind die besonders in Ostasien (China, Japan), aber auch in England und Amerika beliebten fertigen Saucen, die neben pflanzlichen Extrakten vielfach noch Auszüge von Fisch- oder anderem Fleisch sowie Zucker und Kochsalz enthalten.

α) Die bekannte Worcestershire Sauce, die auch in Deutschland Eingang und Anklang gefunden hat, wird durch Ausziehen von zerkleinerten Gewürzen (Piment, Nelken, Pfeffer, Ingwer, Curcuma, Paprika, Senf, Schalotten) mit heißem Weinessig und Zusatz von Kochsalz, Zucker, Tamarinden, Caramel und Sherry hergestellt.

β) Die als Soya oder Soja, auch wohl Shoya oder Shoyu bezeichnete Sauce ist ein durch proteolytischen Abbau mit Hilfe von Schimmelpilzen gewonnenes Erzeugnis.

Als Grundmasse zu ihrer Darstellung dient das Koji und eine kleinkörnige hellgelbe Sojabohne.

---

[1] W. Schellens: Enzyklopädie der technischen Chemie von Fritz Ullmann, 2. Aufl., Bd. IX. Wien u. Leipzig: Urban & Schwarzenberg 1932.
[2] J. Schwytzer: Die Fabrikation pharmazeutischer und chemisch-technischer Produkte. Berlin 1931. [3] R. Viollier: Bericht des Kantonschemikers Basel 1932.

Koji wird nach O. Kellner [1] in der Weise gewonnen, daß man entschälten Reis dämpft, verkleistert, auf Strohmatten ausbreitet und bei 28⁰ mit den durch Abklopfen gewonnenen Sporen von Aspergillus (Eurotium) Oryzae Cohn vermischt. Die geimpfte Masse bleibt 24 Stunden in einem Raume von etwa 20⁰, wobei die Temperatur infolge der Entwicklung des Pilzes bis auf etwa 40⁰ steigt, und wird dann auf kleine kästchenartige Tabletten verteilt, die man in einem wärmeren Teile des Kellers übereinanderschichtet und nach je 12 oder 24 Stunden durchknetet. Nach 3—3$\frac{1}{2}$ Tagen, vom Dämpfen des Reises an gerechnet, hat dieser sich mit einem rein weißen Mycel überzogen und ist jetzt zum weiteren Gebrauche fertig. Dieses Koji enthält ein sehr kräftiges Enzym, das auch Saccharose und Maltose invertiert und daher in seiner Wirkung weitergeht als die Diastase des Malzes oder das Invertin der Hefe.

Zur Bereitung der Soya impft man mit dem Koji Weizen, und zwar $\frac{1}{4}$ der zu verarbeitenden Menge, die gröblich zerkleinert, gedämpft und nach der Impfung in kästchenartigen Tabletten zur Gärung gebracht wird. Der Rest des Weizens wird in eisernen Pfannen hellbraun geröstet und auf Handmühlen gemahlen. Die Sojabohnen werden in Fässern mit siebartig durchlöchertem Boden halb weich gekocht und grob zerstoßen und alle drei Bestandteile (gegorene Weizenkörner, geröstetes Weizenmehl, abgekühlter Sojabohnenbrei) alsdann gemischt und 3 Tage lang bei 20—25⁰ der Reifung überlassen, wobei der Kojipilz die ganze Masse mit seinem Mycel durchsetzt und bedeckt. Man bringt die mit Kochsalz und Wasser vermischte Masse in große, bis zu 30000 l fassende, offene Bottiche und rührt darin täglich einmal, im Sommer aber 2—4mal um. Während der nur langsam verlaufenden, 8 Monate bis 5 Jahre dauernden Gärung wird die Masse allmählich dünnflüssiger, nimmt dabei eine dunkelbraune Farbe und einen feinen lieblichen Geruch an und wird dann durch leinene oder baumwollene Beutel, zuletzt unter Zusatz von Salzwasser filtriert und abgepreßt. Die ersten Filtrate geben die besten Soja-Saucen, auch werden diejenigen am höchsten geschätzt, deren Gewinnung 3—5 Jahre erforderte. Diese Shoya bildet in Japan selbst ein hervorragendes Nahrungs- und Genußmittel, das zu fast allen Speisen genossen wird und zum Teil das Fleisch ersetzen muß.

γ) Die chinesische Soja oder Tao - Yu (Bohnenöl) wird nach H. C. Prinsen-Geerligs [2] aus schwarzen Sojabohnen hergestellt, indem man die Bohnen kocht, nach dem Abgießen des Wassers auf Tellern von geflochtenem Bambus einen halben Tag an der Sonne trocknet, dann im Schatten abkühlt und mit den Blättern von Hibiscus tiliaceus bedeckt. Dabei entwickelt sich ein Aspergillus, der auf keinem anderen Lebensmittel vorkommt. Sobald er Sporen, kenntlich an der bräunlich-grünen Farbe der Conidienträger, gebildet hat, werden die Bohnen während einiger Tage getrocknet und in eine kalte Salzlösung gebracht, dann mit dieser Flüssigkeit 8 Tage in die Sonne gestellt und schließlich gekocht. Man gießt die Flüssigkeit ab und hebt sie auf, kocht die Bohnen noch einige Male bis zur Beseitigung des Salzgeschmacks mit Wasser und vereinigt sämtliche Auszüge. Diese werden durch ein feines Sieb gegeben, gekocht, mit Palmenzucker, Sternanis und gewissen Kräutern (sog. Sojakräutern) versetzt und so lange eingekocht, bis sich an der Oberfläche Salzkrystalle abscheiden. Die so erhaltenen gebrauchsfertigen Sorten chinesischer Soja, von denen die dickflüssigen als die besten gelten, bilden schwarzbraune, klare, angenehm riechende Flüssigkeiten, die sich beim Verdünnen mit Wasser trüben, auf Zusatz von Salz aber wieder klar werden. Bisweilen findet sich in ihnen ein zäher Bodensatz.

d) Miso. Als ähnliche Erzeugnisse finden noch das japanische und chinesische Miso zur Bereitung von Suppen und Speisen Anwendung, über dessen Herstellung O. Kellner, bzw. Prinsen-Geerligs folgende Angaben machen.

---

[1] O. Kellner: Chem.-Ztg. 1895, 19, 97, 120. Vgl. Food manufacture 1933, 8, 161, durch Allg. d. Kons.-Ztg. „Kons.-Ind." 1933, 20, 562.

[2] H. C. Prinsen-Geerligs: Chem.-Ztg. 1896, 20, 67.

α) **Japanisches Miso** oder **Nuka Miso** wird aus 5 Raum-Tln. Sojabohnen, 3,25 bis 6 Tln. Reis- oder Gerstenkoji, 1,5—2 Tln. Kochsalz und etwa 1 Tl. Wasser in der Weise hergestellt, daß man zunächst die Bohnen wie zur Shoyabereitung dämpft, gröblich zu Brei zerstößt, mit dem Salz und Wasser vermischt und mehr oder weniger abkühlen läßt. Zur schnelleren Gewinnung (innerhalb 4 Tage) läßt man die Temperatur nur auf 70—80⁰ sinken und verwendet viel Koji (6 Tle.), aber nur wenig Salz (1,5 Tle.). Falls aber die Reife langsam, innerhalb eines halben Jahres, eintreten soll, versetzt man die völlig erkalteten Bohnen mit wenig Koji und Salz, schlägt die Mischung in Fässer, legt einen mit Steinen beschwerten Deckel auf und läßt unter häufigem Umrühren an einem kühlen Orte stehen. Von wesentlichem Einflusse auf die Güte der Sauce ist, wie beim Weine, das Faß, das niemals gewaschen wird und mit zunehmendem Alter an Wertschätzung gewinnt.

β) **Chinesisches Miso** (**Tao-tjung** oder **Bohnenbrei**). Zu seiner Herstellung läßt man die Bohnen der weißen Soja mehrere Tage in kaltem Wasser quellen, entfernt die Hülsen, kocht die Bohnen und breitet sie zur Abkühlung auf Bambustellern aus. Weiter wird ein Gemisch gleicher Teile Reis und Klebreismehl in einer eisernen Schale leicht geröstet, nach dem Abkühlen mit den Bohnen verrührt und das Gemisch in einen Korb gegeben, der mit den Blättern von Hibiscus tiliaceus ausgekleidet ist. Dann bedeckt man den Inhalt des Korbes mit Blättern und einem Deckel und überläßt ihn 2 Tage der Ruhe. Unter dem Einflusse des hierbei sich entwickelnden Aspergillus, der die Stärke verzuckert, nimmt das Gemisch feucht-klebrige Beschaffenheit und süßlichen Geschmack an, wird dann in einen Topf mit Salzlösung gebracht und darin belassen, bis eine herausgenommene Bohne salzig schmeckt. Das nach Zusatz von etwas Palmzucker genußfertige Gericht bildet einen zähen, gelblichen bis rötlichen Brei, der sehr salzig und säuerlich schmeckt und noch Bruchstücke von Bohnen enthält.

ε) In ähnlicher Weise werden auf **Java** noch andere Pilze benutzt, um Leguminosensamen verdaulicher zu machen, z. B. zum Aufschließen der Preßrückstände von der Erdnußölgewinnung der Pilz **Rhizopus Oryzae** und eine **Oospora-Art**, deren Mycelfäden durch die Zellhäute dringen und diese unter Löslichmachung des Zellinhaltes zum Zerfall bringen.

2. Zusammensetzung.

Die Zusammensetzung der Würzen, Auszüge (Extrakte) und Saucen zeigt bei der abweichenden Art der Herstellungsmethoden und der Ausgangsmaterialien außerordentlich große Unterschiede, doch haben sich innerhalb der einzelnen drei Gruppen bestimmte Typen von ziemlich gleichmäßiger Beschaffenheit herausgebildet.

Als kennzeichnendes Merkmal der durch Hydrolyse von Eiweißstoffen gewonnenen Würzen läßt sich anführen, daß ihr ziemlich beträchtlicher Stickstoffgehalt, abgesehen von geringen Mengen Proteosen und Ammoniak, fast ausschließlich auf Diaminosäuren entfällt, während Vertreter der Purinbasen (Xanthine) nur in sehr geringer Menge, Kreatin oder Kreatinin aber überhaupt nicht zugegen sind. Etwa vorhandenes Kreatinin könnte nur von mitverarbeitetem Fleischextrakt herrühren.

a) Würzen. Ein ungefähres Urteil über die Zusammensetzung derartiger Würzen möge folgende Übersicht gewähren, in die neben der als Vorbild anzusehenden Maggi-Würze auch einige andere Präparate aufgenommen sind.

Tabelle 8. Zusammensetzung von Würzen.

Bezeichnung	Spez. Gewicht	Wasser %	Organische Substanz %	Stickstoff %	Asche %	Kochsalz %
Maggi-Würze 1911—1914 . . .	1,2689	51,78	29,31	4,48	18,91	16,25
„ Mittel 1927 . . .	1,2698	50,93	29,85	4,27	19,22	16,88
„ „ 1928 . . .	1,2699	50,67	30,50	4,42	18,83	16,86
„ „ 1929 . . .	1,2698	50,67	30,63	4,44	18,70	16,58
„ „ 1930 . . .	1,2700	50,78	30,36	4,36	18,86	16,83
„ „ 1931 . . .	1,2707	50,64	30,78	4,57	18,58	16,74
Andere Würzen I, Mittel . . .	1,2490	56,72	24,05	3,35	19,24	17,08
„ „ II, „ . . .	1,2557	55,20	22,24	3,81	22,56	18,95

Den Gehalt der Würzen an Aminosäuren-Stickstoff bestimmte K. MICKO[1] für Maggi-Würze vom Jahre 1913 zu 2,72%, entsprechend 53,94% des Gesamt-Stickstoffs, für einige andere, zum Teil von ihm selbst hergestellte Würzen zu 1,18—2,09, entsprechend 43,17—64,34% des Gesamt-Stickstoffs.

Nach einigen älteren Analysen von J. GRAFF, der Versuchsstation Münster und von A. STUTZER[2] entfallen von dem 3,12—4,63% betragenden Gesamt-Stickstoff der Maggi-Würzen 0,10—0,13, im Mittel 0,113% auf Proteosen (3,18% des Gesamt-Stickstoffs), ferner 1,23—1,64%, im Mittel 1,40% auf Basen (37,89% des Gesamt-Stickstoffs), 0,54—0,77, im Mittel 0,65% auf Ammoniak (17,64% des Gesamt-Stickstoffs) und 1,20—2,18, im Mittel 1,53% auf Aminoverbindungen (41,40% des Gesamt-Stickstoffs).

b) Auszüge oder Extrakte zeigen naturgemäß eine außerordentlich wechselnde Zusammensetzung. Immerhin sind auch sie durch einen höheren Gehalt an Aminosäuren, der denjenigen der Würzen oft noch übersteigt, gekennzeichnet, und die aus Hefe hergestellten weisen überdies einen erheblichen Gehalt an Xanthinbasen auf. Der Stickstoffgehalt der organischen Trockensubstanz beträgt meist 8—11% und bleibt demnach hinter demjenigen der Würzen (13—15%) etwas zurück. Bei dem ständigen Verschwinden alter und dem Auftauchen neuer Handelsnamen oder Fabrikmarken hat die Mitteilung von Analysen keinen Zweck, und es sei daher in dieser Hinsicht auf die Zusammenstellungen in der Literatur, besonders in dem Ergänzungsband zu KÖNIG[2] und in dem Buche von BEYTHIEN[3] verwiesen.

c) Hefenextrakte. Die Erzeugnisse aus Hefe haben eine etwas größere Bedeutung erlangt; es mögen daher einige Analysen von solchen hier angeführt werden. Dabei sind der besseren Übersichtlichkeit halber, die flüssigen Extrakte von den festen bzw. pastenartigen getrennt worden.

Tabelle 9. Zusammensetzung von Hefenextrakten.

Bezeichnung	Wasser %	Organische Substanz %	Gesamt-Stickstoff %	Proteosen %	Pepton %	Basen %	Ammoniak %	Asche %	Kochsalz %	Phosphorsäure %
Flüssige Extrakte:										
Bovos . . .	61,67	20,82	2,27	0,27	—	—	0,12	17,51	11,71	2,44
Vir	76,60	8,70	0,69	0,24	—	0,09	0,06	14,70	12,67	0,69
Obron . .	63,84	16,72	2,43	0,30	0,25	0,35	0,11	19,44	15,96	2,15
Ovos . . .	71,09	11,51	2,97	0,29	1,38	0,41	0,15	17,40	10,70	3,29
Sitogen . .	62,33	17,01	2,01	—	—	—	0,22	20,66	17,30	1,66
Feste Extrakte:										
Bovos . .	28,65	45,43	4,84	0,61	—	0,89	0,24	25,92	15,45	4,76
Ovos . . .	24,90	50,22	5,75	1,20	0,33	1,89	0,28	24,88	14,04	5,62
Sitogen . .	30,77	51,10	6,22	1,42	1,82	—	1,34	18,13	11,76	5,64
Siris . . .	28,41	52,31	6,97	0,50	2,68	0,77	0,27	19,28	5,24	6,18
Wuk . . .	28,41	45,80	6,14	—	—	—	—	25,79	11,58	5,45

Diese Erzeugnisse enthalten in der Regel nur wenig Fett, dessen Menge 0,2—0,3% nicht übersteigt. Der in den älteren Analysen nicht bestimmte Gehalt an Aminosäuren-Stickstoff wird, als Differenz berechnet, bei den flüssigen Extrakten zwischen 0,90 und 1,50%, bei den festen Erzeugnissen zwischen 2,50 und 3,10% liegen.

[1] K. MICKO: Z. 1914, **27**, 489.
[2] J. KÖNIG: Chemie der menschlichen Nahrungs- und Genußmittel, Nachtrag A zu Bd. I, S. 165. Berlin: Julius Springer 1919.
[3] BEYTHIEN: Volksernährung und Ersatzmittel. Leipzig: Chr. Herm. Tauchnitz 1922.

Von den Xanthinbasen sind nach K. MICKO[1] Adenin (0,83—1,47%) und Guanin (0,86—2,01%) vorherrschend, während Hypoxanthin (0,24—0,47%) und Xanthin (0,01—0,20%) zurücktreten und Kreatin und Kreatinin völlig fehlen. Im Gegensatze dazu bestehen die Xanthinbasen des Fleischextraktes vorwiegend aus Hypoxanthin neben sehr geringen Mengen Adenin und Guanin.

d) Käufliche Saucen. Diese Erzeugnisse ostasiatischen Ursprungs (Soja, Miso) enthalten infolge der Einwirkung der Mikroorganismen mannigfache Abbauprodukte der in den Ausgangsstoffen vorhandenen Stickstoffsubstanzen und Kohlenhydrate, darunter auch Alkohol und freie Säure. Für die wichtigsten Gruppen der Bestandteile lassen sich nach den Analysen von O. KELLNER und H. C. PRINSEN-GEERLIGS (S. 905), ferner von TAHARA und KITAO[2], NAGAI und MURAI u. a. folgende Werte angeben:

Tabelle 10. Zusammensetzung von käuflichen Saucen.

Bezeichnung	Spez. Gewicht	Wasser %	Fett %	Gesamt-Stickstoff %	Gesamt-Zucker %	Dextrin %	Rohfaser %	Freie Säure als Essigsäure %	Asche %	Kochsalz %
Japanische Soja .	1,15 bis 1,19	60,1 bis 70,8	—	0,7 bis 1,5	1,3 bis 9,3	0,7 bis 4,7	—	0,3 bis 0,9	14,9 bis 25,3	7,6 bis 23,0
Desgl. Mittel . .	1,17	63,29	—	1,33	3,50	1,30	—	0,72	19,45	15,86
Chinesische Soja .	1,25	57,12	—	1,20	15,00	—	—	—	18,76	17,11
Japanisches Miso.	—	48,5 bis 59,3	5,1 bis 7,9	1,6 bis 2,3	4,4 bis 11,6	—	1,8 bis 2,7	0,1 bis 0,3	7,8 bis 15,6	6,0 bis 12,9
Chinesisches Miso	—	62,86	1,21	2,03	10,0	—	3,78	—	—	6,71

Unter den Umsetzungsstoffen der Proteine finden sich erhebliche Mengen Ammoniak (0,17% Ammoniak-Stickstoff) sowie aromatisch riechende Stickstoffverbindungen (mit 0,46% Stickstoff). Ferner sind Asparaginsäure, Leucin, Tyrosin und Glieder der Xanthingruppe nachgewiesen worden. Als Träger des aromatischen Geruchs isolierten TAHARA und KITAO eine krystallisierende Substanz mit 49,84% C, 9,66% H, 11,84% N und 28,66% O, die in Wasser, Äther, Chloroform und Schwefelkohlenstoff unlöslich, in absol. Alkohol schwer, hingegen in 90%igem Alkohol leicht löslich ist und beim Erwärmen mit Ätzkali ein alkalisch reagierendes Gas mit dem Geruch nach Trimethylamin liefert. Bei der Soja sind etwa 30—60%, bei dem chinesischen Miso etwa 35% des Stickstoffs in alkohollöslicher Form vorhanden. Der in Alkohol unlösliche Teil ist als Legumin anzusprechen.

Die freie Säure ist zum größeren Teile in nichtflüchtiger Form (0,14—0,83% als Milchsäure berechnet), zum kleineren Teile in flüchtiger Form (0,02—0,16% als Essigsäure berechnet) zugegen. In der Asche findet sich neben vorwiegendem Kochsalz 0,15—0,74, im Mittel 0,48% Phosphorsäure (P_2O_5).

Festlegung des Begriffes der normalen Beschaffenheit. Abgesehen von den käuflichen Saucen, die für den deutschen Handel nur untergeordnete Bedeutung haben und, nach den im Ursprungslande üblichen Gepflogenheiten in wechselnder Zusammensetzung hergestellt werden, hat es sich als notwendig erwiesen, für die übrigen Erzeugnisse dieser Gruppe (Würzen und Auszüge) Begriffsbestimmungen aufzustellen, um gar zu arge Übervorteilungen des Publikums zu verhindern. Besonders zwangen hierzu die während des Krieges

---

[1] K. MICKO: Z. 1904, **7**, 257; 8, 225.
[2] TAHARA u. KITAO: Revue internationale des falsifications 1889, **2**, 159.

eingerissenen Mißstände, die sich im Auftauchen zahlloser Schwindelprodukte ohne jeglichen Nähr- oder Genußwert, aber oft mit hochtrabenden, irreführenden Namen äußerten. Nach den zahlreichen von A. BEYTHIEN[1] u. a. mitgeteilten Analysen fanden sich darunter angebliche Würzen, die neben viel Kochsalz nur 6—7, ja nur 2,2% Organische Stoffe, 0,3 bis zu 0,04% Gesamt-Stickstoff und keinen Aminosäuren-Stickstoff enthielten und oft, wie z. B. eine „Deutsche Edelwürze", nichts als verunreinigtes Salzwasser waren.

In der Bekanntmachung der Reichsregierung vom 8. April 1918[2] mit den dazu am 30. September 1919[3] getroffenen Abänderungen wurden folgende Vorschriften erlassen:

a) Durch Abbau von Eiweiß und eiweißähnlichen Stoffen hergestellte Erzeugnisse, die zum Würzen von Suppen, Tunken, Gemüsen bestimmt sind („Würzen"), müssen den nachstehenden Anforderungen entsprechen:

1. Zum Abbau des Eiweißes und der eiweißähnlichen Stoffe dürfen Salzsäure und Schwefelsäure nur als technisch reine, arsenfreie Säuren verwendet sein; Kaliumverbindungen dürfen bei der Herstellung nicht verwendet sein, Calciumverbindungen nur zur Neutralisation und Fällung von Schwefelsäure oder zur Fällung von Sulfaten, Ammoniak oder Ammoniumverbindungen nur zum Abbau, nicht aber zur Neutralisation der Säure oder als nachträglicher Zusatz.

2. In 100 g der fertigen Würze sollen, je nachdem sie in flüssiger oder pastenartiger Form in den Verkehr gebracht wird, enthalten sein:

	Flüssige Würze	Pastenartige Würze
Organische Stoffe, mindestens	18,0 g	32,0 g
Gesamt-Stickstoff, mindestens	2,5 g	4,5 g
Aminosäuren-Stickstoff, mindestens	1,0 g	1,8 g
Kochsalz, höchstens	23,0 g	50,0 g

Die Erzeugnisse müssen, abgesehen von einem etwaigen Fettgehalt und einem etwaigen geringen Rückstand, in warmem Wasser löslich sein.

Für trockene Würzen gelten die gleichen Mindestgehalte wie für pastenartige; ihr Kochsalzgehalt soll 55% nicht übersteigen. Sofern trockene Würzen diesen Anforderungen nicht entsprechen, können sie noch zugelassen werden, wenn sie den Bestimmungen unter B 13[4] genügen[5], also unter anderem in ihrer Bezeichnung das Wort Ersatz enthalten.

b) Durch Ausziehen pflanzlicher oder tierischer Stoffe hergestellte Erzeugnisse, die zum Würzen von Suppen, Tunken, Gemüse bestimmt sind, aber den Anforderungen unter A 2 nicht entsprechen, dürfen nicht als „Würze" — für sich oder in Wortverbindungen — bezeichnet sein, als „Auszüge" oder „Extrakt" dürfen sie nur dann bezeichnet sein, wenn zugleich der Rohstoff angegeben ist, aus dem sie durch Ausziehen hergestellt sind. Ihr Kochsalzgehalt darf den bei Würze entsprechender Form zugelassenen nicht übersteigen.

c) Würzen und Auszüge (Extrakte), die bei der Geschmacksprüfung einen unzulänglichen Würzewert aufweisen, sind nicht zuzulassen. Zur Geschmacksprüfung sind bei flüssigen Erzeugnissen 3,5 g, bei pastenartigen Erzeugnissen 2,0 g in 100 ccm warmem Wasser, gegebenenfalls unter Zusatz von Kochsalz aufzulösen.

Diese Richtlinien haben den Nachteil, daß sie das früher übliche Verhältnis zwischen Extrakt und Würze umkehren und den Würzen den ersten Rang zuweisen. Nur für diese gelten die schärferen Vorschriften über Aminosäuren- und Gesamt-Stickstoff, während an die als Extrakte bezeichneten, abgesehen von der unter c) aufgeführten Geschmacksprobe lediglich die Anforderung gestellt wird, daß ihr Kochsalzgehalt eine gewisse Höhe nicht überschreitet und in ihrem Namen die Ausgangsstoffe angegeben werden müssen. Daß damit die Gefahr einer Täuschung des Publikums verbunden ist, kann nicht bezweifelt werden, denn die Mehrzahl der Käufer wird unter einem „Fleischextraktersatz aus Knochen oder Muskelfleisch, wahrscheinlich etwas besseres erwarten als unter einer „Salox-Würze".

---

[1] A. BEYTHIEN: Volksernährung und Ersatzmittel, S. 173.

[2] Reichsanzeiger Nr. 84 von 1918; Gesetze u. Verordnungen, betr. Lebensmittel 1919, 11, 8.

[3] Reichsanzeiger Nr. 225 von 1919; Gesetze u. Verordnungen, betr. Lebensmittel 1920, 12, 24.

[4] Der Bekanntmachung vom 30. September 1919.   [5] Vgl. Fleischbrühwürfel, S. 900.

Trotzdem läßt sich nicht verkennen, daß die Verordnung recht segensreich gewirkt hat, und es ist nur zu bedauern, daß sie nicht mehr zu Recht besteht. Immerhin erscheint es durchaus berechtigt, sie zur **Ableitung des Begriffs der normalen Beschaffenheit** heranzuziehen, da sie noch weit geringere Anforderungen stellt, als der als Vorbild zu betrachtenden Maggi-Würze entsprechen würden.

Auch sei noch angeführt, daß in dem neuen Österreichischen Lebensmittelbuche höhere Grenzwerte für die wichtigsten Bestandteile festgesetzt werden. 100 g flüssiger Würze müssen hiernach mindestens 20 g organische Substanz, 3 g Gesamt-Stickstoff und 1,8 g Aminosäuren-Stickstoff enthalten, wobei der Gesamt-Stickstoff mindestens 13% in der organischen Substanz betragen muß. Weiter dürfen nur 20 g Chlor, als Natriumchlorid berechnet, und höchstens 1 g Ammoniak-Stickstoff vorhanden sein. Teerfarbstoffe und Konservierungsmittel außer Kochsalz dürfen nicht zugesetzt werden; Stoffe, die FEHLING-sche Lösung vor oder nach der Inversion reduzieren, nur in den geringen Mengen, wie solche aus den Zusätzen von Gemüseauszügen stammen, vorhanden sein.

Eine Lösung von 3 ccm Würze in 250 ccm warmem Wasser muß einen deutlichen fleischbrühartigen Geschmack besitzen. Suppenwürzen, die infolge ihres höheren Eisengehaltes eine Schwarzfärbung der Speisen herbeiführen, sind zum menschlichen Genusse ungeeignet.

Für pastenförmige Würzen ist ein Gehalt von mindestens 80% Trockensubstanz vorgeschrieben. Ihr Gehalt an organischen Stoffen, Gesamt-Stickstoff und Aminosäuren-Stickstoff, Kochsalz und Ammoniak muß den für flüssige Würzen festgesetzten Grenzzahlen (berechnet auf Trockenmasse) entsprechen.

Die durch Extraktion oder Pressen gewonnenen Erzeugnisse („Auszüge" und „Extrakte" der deutschen Verordnung) müssen in bezug auf Kochsalz, organische Substanz, Teerfarbstoffe und Konservierungsmittel die gleichen Bedingungen erfüllen wie die Würzen.

3. Untersuchung.

Die meisten der für die Beurteilung wichtigen Bestimmungen können nach den in den Abschnitten „Fleisch" (S. 716) und „Fleischextrakt" (S. 877) beschriebenen Methoden ausgeführt werden. Hier seien lediglich einige besondere Angaben über die anzuwendende Substanzmenge usw. wiedergegeben.

a) Spezifisches Gewicht. Die Bestimmung wird bei den flüssigen Würzen mit Hilfe des Pyknometers bei 15° ausgeführt.

Die Maggi-Gesellschaft hat für die Untersuchung ihrer Präparate, deren Spez. Gewicht nur wenig, zwischen 1,269 und 1,271, schwankt, sehr genaue kleine Senkspindeln konstruiert.

b) Trockensubstanz. Etwa 1—2 g der festen oder pastenförmigen, oder etwa 2 g der flüssigen Erzeugnisse werden mit Seesand, wie auf S. 877 beschrieben, eingetrocknet.

c) Gesamt-Stickstoff. Die Bestimmung erfolgt nach KJELDAHL in einer höchstens 1 g Trockenmasse entsprechenden Substanzmenge.

d) Fleischbasen. Neben dem auf S. 879 besprochenen Verfahren kann für die Bestimmung der Gesamtmenge des Xanthinbasen-Stickstoffs noch die Methode von K. MICKO[1] herangezogen werden, die auf der Fällung mit Kupferbisulfit beruht und in das Österreichische Lebensmittelbuch Aufnahme gefunden hat.

e) Gesamt-Kreatinin. Zur Bestimmung dieser für einen etwaigen Gehalt an Fleischextrakt besonders charakteristischen Base bedient man sich zur Zeit wohl ausschließlich der colorimetrischen Vergleichung der mit Pikrinsäure versetzten Lösung, die sich bei Fleischextrakt ausgezeichnet bewährt hat (S. 886).

f) Leim. Neben den S. 880 besprochenen Methoden kann noch folgendes Verfahren Anwendung finden, das von H. MOHLER, E. HELBERG und F. ALMASY[2] durch Kombination der Vorschriften von STRIEGEL und von BECK-SCHNEIDER zum Nachweise von Gelatine in Brühwürfeln ausgearbeitet worden ist: Man kocht 5 g der pulverisierten Substanz im 500-ccm-Kolben mit 200 ccm Wasser und etwas Bimsstein 3 Stunden am Rückflußkühler, versetzt mit 15 ccm Weinsäurelösung (10%), kocht nochmals genau 30 Minuten, neutralisiert nach schneller Abkühlung nahezu mit N.-Natronlauge, gibt 25 ccm bei Zimmertemperatur gesättigte Zinksulfatlösung hinzu und filtriert. Das die Gelatine als Glutose enthaltende Filtrat wird mit 25 ccm Tanninlösung (35 g Tannin in 500 ccm Wasser und 15 ccm Eis-

---

[1] K. MICKO: Z. 1902, **5**, 193; 1903, **6**, 781.
[2] H. MOHLER, E. HELBERG u. F. ALMASY: Z. 1933, **66**, 602.

essig) versetzt, geschüttelt und filtriert, der Niederschlag mit Wasser gewaschen, der Stickstoff nach KJELDAHL bestimmt und nach Abzug eines mit 1 g Tannin angestellten blinden Versuchs auf Glutin umgerechnet.

Auf diese Weise ermittelten die Verfasser in einer Probe 4,36—4,49% Gelatine. Zur Unterstützung des Befundes angestellte Bestimmungen der Extinktionskurve nach HENRI bestätigten die Anwesenheit von Gelatine, die mit Natronlauge-Pikrinsäure reagiert und daher bei der FOLIN-JAFFÉschen Methode Kreatinin vortäuschen kann.

g) Ammoniak- und Aminosäuren-Stickstoff. Die Bestimmung erfolgt nach einer der auf S. 879 besprochenen Methoden.

Das Österreichische Lebensmittelbuch empfiehlt an erster Stelle das der Stufentitration nach TILLMANS-KIESGEN ähnliche Verfahren von MARTENS[1], für das sich folgende Arbeitsweise sehr gut bewährt hat:

Man verdünnt 5 g der Würze mit 15 ccm Wasser, setzt 4 ccm 2 N.-Bariumchloridlösung zu und nach und nach unter Umschütteln 20 ccm $^1/_3$ N.-Silbernitratlösung hinzu, füllt auf 50 ccm auf, filtriert und neutralisiert mit N.-Lauge gegen Azolithminpapier. 5 ccm hiervon werden mit 60 ccm Alkohol und 4 Tropfen einer 0,25%igen alkoholischen Thymolphthaleinlösung versetzt und bis zur auftretenden Blaufärbung mit 0,2 N.-Natronlauge titriert. (Der Verbrauch an 0,2 N.-Lauge (A ccm), vermindert um die bei einem Leerversuche mit der gleichen Menge Wasser und Alkohol verbrauchte Lauge zeigt den Gehalt an Carboxylgruppen an.) Nunmehr gibt man zu der Flüssigkeit 4 Tropfen Methylrotlösung (0,2 g Methylrot, 60 ccm Alkohol, 40 ccm Wasser) hinzu und titriert mit 0,2 N.-Salzsäure bis zum Umschlag nach Rot. Als Vergleichslösung dient eine Mischung von 0,5 ccm einer $^1/_{15}$ molaren Dinatriumphosphatlösung (11,876 g Na$_2$HPO$_4$, 2 H$_2$O in 1 l) und 9,5 ccm einer $^1/_{15}$ molaren Monokaliumphosphatlösung (9,078 g KH$_2$PO$_4$ in 1 l), die mit Wasser auf das Volumen der untersuchten Flüssigkeit gebracht und mit 4 Tropfen Methylrotlösung versetzt wird. Der Verbrauch an 0,2 N.-Säure (B), vermindert um den Verbrauch bei einem Leerversuche, entspricht der Summe des Aminosäuren- und des Ammoniakstickstoffs. Der letztere wird gesondert durch Destillation mit Magnesiumoxyd bestimmt und abgezogen.

h) Mineralstoffe. 2—3 g fester oder flüssiger Substanz werden in üblicher Weise verascht; zur Feststellung, ob die Neutralisation mit Kaliumcarbonat ausgeführt worden ist, muß die Trennung des Kaliums und Natriums vorgenommen werden.

4. Beurteilung.

Die Deutung der analytischen Befunde bietet im allgemeinen keine Schwierigkeit. Insbesondere wird sich bei den Fleischbrühwürfeln, den Würzen und Auszügen (Extrakten) ohne weiteres feststellen lassen, ob ihre Zusammensetzung den oben S. 900, 909 mitgeteilten Verordnungen oder Richtlinien entspricht. Abweichungen von diesen werden je nach den Umständen die Tatbestandsmerkmale der Verfälschung, Nachmachung oder irreführenden Bezeichnung erfüllen. Im besonderen sind bei den drei Gruppen von Erzeugnissen folgende Gründe zu einer Beanstandung zu berücksichtigen.

a) Fleischbrühwürfel. Da die Kriegsverordnung vom 25. Oktober 1917 sich noch in Kraft befindet und auch bei einer etwaigen Umarbeitung zu einer Ausführungsbestimmung im Sinne von § 5 LMG. sicher keine Abschwächung erfahren wird, so sind die hier aufgestellten Mindestforderungen scharf innezuhalten.

In erster Linie gilt dies von dem Gehalte an Fleischextrakt, der mindestens 7,5%, entsprechend 0,45% Kreatinin, betragen muß. Wird dieser schon reichlich niedrig bemessene Gehalt unterschritten, so kommt nicht nur eine Zuwiderhandlung gegen die Verordnung, sondern darüber hinaus, wegen Fortlassung eines wertbestimmenden Bestandteils, eine Verfälschung in Frage.

Im Sinne dieser Auffassung hat bereits das LG. II Berlin am 11. Dezember 1913 (KG. am 24. Februar 1914)[2] ein Erzeugnis mit 0,48% Fleischextrakt als verfälscht beurteilt, weil nach der Auffassung der Verkehrskreise ein Gehalt von 14% als normal anzusehen sei. — Gleiche Entscheidungen fällten die Landgerichte LG. Dresden am 27. Mai 1915[3]; LG. II

---

[1] MARTENS: Bull. Soc. Chim. biol. 1927, **9**, 454; Ber. ges. Physiol. 1927, **42**, 35.
[2] Gesetze u. Verordnungen, betr. Lebensmittel 1914, **6**, 374.
[3] Gesetze u. Verordnungen, betr. Lebensmittel 1915, **7**, 564.

Berlin am 3. Mai 1916[1]; LG. I Berlin am 1. Mai 1917[2]; LG. II Berlin am 24. Juli 1917[3]; LG. I Berlin am 30. Mai 1918 und das KG. am 30. August 1918[4].

In mehreren dieser Urteile ist überdies ein zu hoher Kochsalzgehalt (67—70%) als unzulässig beurteilt worden, weil durch diesen geringwertigen Stoff eine Verschlechterung, d. h. eine Verfälschung herbeigeführt wird.

Der Gehalt an Gesamt-Stickstoff muß mindestens 3%, entsprechend 18,75% Stickstoffsubstanz betragen. Gegen diese Vorschrift sind anscheinend keine Zuwiderhandlungen vorgekommen, wenigstens finden sich in der Literatur keine darauf bezüglichen Gerichtsurteile verzeichnet.

Nicht immer ist aber beachtet worden, daß dieser Stickstoffgehalt nur als Bestandteil „der den Genußwert bedingenden Stoffe", das sind neben dem Fleischextrakt lediglich die löslichen Abbauprodukte des Eiweißes in Form von Würzen, Auszügen und Extrakten, nicht aber Fleischpulver, Trockenhefe, Leguminosenmehl usw. zugegen sein darf. Zur Ausschließung derartiger Stoffe ist in der späteren Bekanntmachung vom 30. September 1919[5] für „Ersatzbrühwürfel" bestimmt worden, daß diese in warmem Wasser löslich sein müssen. Das gleiche muß natürlich für die richtigen Fleischbrühwürfel erst recht gefordert werden.

Als besonders grobe Verfälschung durch eine fremde, unzulässige Stickstoffverbindung ist in Dresden der Zusatz von Harnstoff zu der gekörnten Fleischbrühe eines kleinen Winkelbetriebes beobachtet worden, die noch verwerflicher dadurch wurde, daß auf der Umhüllung auf den im Verhältnis zu anderen namhaften Fabrikmarken überaus hohen Eiweißgehalt (berechnet aus dem Gesamt-Stickstoff, einschließlich des Harnstickstoffs durch Multiplikation mit 6,25!) hingewiesen wurde.

Das gegen den Fabrikanten der Brühwürfel wegen irreführender Bezeichnung eingeleitete Strafverfahren mußte eingestellt werden, weil dieser unwiderlegt behauptete, der Harnstoff sei gegen seinen Willen von dem Lieferanten des benutzten Pflanzenextraktes zugesetzt worden. Der letztere wurde aber vom LG. Koblenz am 31. März 1931[6] wegen Lebensmittelverfälschung verurteilt.

Das Fett der Fleischbrühwürfel muß nach den Beschlüssen des Bundes Deutscher Nahrungsmittel-Fabrikanten und -Händler tierischen Ursprungs sein.

Diese Vorschrift ist zwar in die amtliche Bekanntmachung nicht mit aufgenommen, da sie aber mit den Gepflogenheiten des Haushalts übereinstimmt, wird man einen Zusatz von Cocosfett und gehärteten Fetten als Abweichung von der normalen Beschaffenheit und somit als Verfälschung zu beurteilen haben. Gegen einen übermäßig hohen Fettzusatz, der für die Verwendbarkeit der Brühwürfel unerwünscht ist, wird sich zur Zeit nur schwer einschreiten lassen. Es wäre aber zweckmäßig, bei einer gesetzlichen Regelung der Frage, den Fettgehalt, einer Anregung der Versuchsstation für die Konservenindustrie in Braunschweig entsprechend, auf höchstens 9% zu begrenzen.

Zusatz von Zucker und Sirup ist unzulässig und nach der Entscheidung des LG. Dresden vom 27. Mai 1915[7] als Verfälschung zu beurteilen.

Das gleiche gilt von dem Zusatze von Farbstoffen (auch Safran) und Konservierungsmitteln, doch liegen darüber anscheinend gerichtliche Entscheidungen nicht vor.

Fleischbrühwürfel, die gar keinen oder nur unwesentliche Mengen Fleischextrakt enthalten, sondern in der Hauptsache aus fremden Stoffen zusammengemischt sind, haben nach den Urteilen des LG. Frankfurt a. M. vom 4. April

---

[1] Gesetze u. Verordnungen, betr. Lebensmittel 1918, **10**, 211.
[2] Gesetze u. Verordnungen, betr. Lebensmittel 1918, **10**, 212.
[3] Gesetze u. Verordnungen, betr. Lebensmittel 1921, **13**, 176.
[4] Gesetze u. Verordnungen, betr. Lebensmittel 1921, **13**, 170.
[5] Reichsanzeiger 1919, Nr. 225.
[6] Gesetze u. Verordnungen, betr. Lebensmittel 1931, **23**, 90.
[7] Gesetze u. Verordnungen, betr. Lebensmittel 1915, **7**, 564.

1911[1], des LG. Hamburg vom 19. April 1917 und des OLG. Hamburg vom 25. Juli 1917 (Plantox-Würfel, Prachto-Würfel[2]) und mehreren anderen der oben angeführten Urteile als nachgemacht im Sinne des Lebensmittelgesetzes zu gelten.

Fleischbrühwürfel, deren Bezeichnung auf die Verwendung einer bestimmten Fleischsorte hindeutet, wie z. B. Rindfleischbrühwürfel, Hühnerbrühwürfel, müssen, abgesehen von den an alle Fleischbrühwürfel zu stellenden Anforderungen, auch den besonderen durch ihre Bezeichnung hervorgerufenen Erwartungen entsprechen. Daß Hühnerbrühwürfel, zu deren Herstellung Hühnerfleisch entweder gar nicht oder doch nur in ganz geringer Menge benutzt worden ist, als nachgemacht zu gelten haben, ist bereits in den Urteilen des AG. Berlin-Mitte vom Jahre 1915[3] und des LG. I Berlin vom 18. November 1918[4] entschieden worden, die sich auf Erzeugnisse bezogen, von denen 10000 Stück aus 2—3 Suppenhühnern hergestellt worden waren. Aber man wird darüber hinaus noch die weitergehende Forderung stellen müssen, daß sie ausschließlich oder doch der Hauptsache nach aus dem namengebenden Fleische bereitet sind. Wenn man auch, in Übereinstimmung mit den Gewohnheiten der Haushaltungen, die Festsetzungen des Österreichischen Lebensmittelbuches als ausreichend anerkennen kann, muß doch die neuerdings befürwortete Verwendung von Pflanzenfetten und Hartfetten als unzulässig bezeichnet werden. Hühnerbrühwürfel, deren ihre Eigenart bedingenden Stoffe, nämlich der Fleischextrakt und das Fett nicht überwiegend (d. h. zu mindestens 50%) dem Huhne entstammen und den Geschmack nach Hühnerbrühe nicht deutlich erkennen lassen, sind wegen irreführender Bezeichnung zu beanstanden.

b) Fleischbrühextrakte. Die pastenartigen, auch wohl als „Konzentrierte Fleischbrühe" oder ähnlich bezeichneten Fettschmieren, fallen nicht ohne weiteres unter die Verordnung über Fleischbrühwürfel, da diese nur von Erzeugnissen in fester oder loser Form spricht. Ihrer Zweckbestimmung entsprechend sind aber nach den allgemeinen Grundsätzen des Lebensmittelrechts an sie mindestens die gleichen Anforderungen zu stellen wie an die Fleischbrühwürfel, soweit sie die Bezeichnung „Konzentrierte Fleischbrühe" tragen, sogar noch höhere.

Auf alle Fälle sind daher Erzeugnisse, die weniger als 0,45% Gesamt-Kreatinin, 3% Gesamt-Stickstoff und 1,8% Aminosäuren-Stickstoff enthalten und nicht durch Eindicken einer in üblicher Weise gewonnenen Fleischbrühe hergestellt worden sind, als verfälscht oder doch wegen irreführender Bezeichnung auf Grund von § 4 LMG. zu beanstanden.

Diese Auffassung hat zunächst nicht die Zustimmung aller Gerichte gefunden. Das verurteilende Erkenntnis des LG. Hamburg vom Jahre 1930 (kl. St. III 902/30) gegen den Hersteller eines solchen Extraktes ist vom OLG. Hamburg (R. II 100/31) wieder aufgehoben worden, obwohl nach dem Fettgehalte von 46,5%, dem Stickstoffgehalte von 0,65% und dem Kreatiningehalte von 0,06 bzw. 0,45% nichts weniger als eine eingedickte Fleischbrühe vorlag. Vom chemischen Untersuchungsamte der Stadt Dresden sind aber mehrfach die Verkäufer derartiger Fettschmieren verwarnt worden, und einige neuere richterliche Urteile, so z. B. des AG. Bremen vom 8. Februar 1933 und der LG. Saarbrücken und Düsseldorf, haben dieser den Erwartungen des Publikums besser Rechnung tragenden Auffassung zugestimmt. Es ist zu erwarten, daß bei einer gesetzlichen Regelung die Vorschriften der Brühwürfelverordnung auf die „Fleischbrühextrakte" in verschärfter Form ausgedehnt werden.

c) Fleischbrühersatzmittel müssen den Vorschriften der noch in Kraft befindlichen Verordnung vom 25. Oktober 1917 entsprechen, d. h. mindestens 2%

---

[1] Gesetze u. Verordnungen, betr. Lebensmittel 1914, **6**, 377.
[2] Gesetze u. Verordnungen, betr. Lebensmittel 1918, **10**, 305.
[3] Pharm.-Ztg. 1915, **60**, 576.
[4] Gesetze u. Verordnungen, betr. Lebensmittel 1922, **14**, 150.

Gesamt-Stickstoff (als Bestandteil der den Genußwert bedingenden Stoffe), ferner mindestens 1% Aminosäuren-Stickstoff enthalten und in warmem Wasser, abgesehen von einem etwaigen Fettgehalte und geringem Rückstande, löslich sein. Der Kochsalzgehalt darf 70%, der Gehalt an FEHLINGsche Lösung reduzierenden Stoffen nach der Inversion 1,5% nicht überschreiten. Zucker und Sirup dürfen bei der Herstellung nicht benutzt werden.

Abweichungen von diesen Vorschriften können nur auf Grund der Verordnung, nicht aber auf Grund des LMG. beanstandet werden.

d) Würzen. Obwohl die Bekanntmachung vom 8. April 1918 (S. 909), die bestimmte Anforderungen für flüssige und pastenartige Würzen aufstellt, nicht mehr in Kraft ist, empfiehlt es sich doch, die darin enthaltenen Vorschriften der Beurteilung zugrunde zu legen, da diese den Gepflogenheiten des reellen Handels entsprechen und damit den Begriff der normalen Beschaffenheit festlegen. Abweichungen von ihnen rechtfertigen daher eine Beanstandung auf Grund des Lebensmittelgesetzes.

Als hauptsächlichste Verfälschungen sind Zusatz von Wasser und, wenn es sich um bestimmte Fabrikmarken handelt, Zusatz der fremden Würze einer anderen Firma zu nennen. Beide Arten der Verfälschung sind von der Nahrungsmittelkontrolle mehrfach beobachtet und von den Dresdener Gerichten stets durch Bestrafung der Täter gesühnt worden.

Als weitere Zuwiderhandlung gegen die Bekanntmachung wurde neuerdings die Verwendung von Kaliumcarbonat zur Neutralisation der freien Säure beobachtet, durch die nicht unerhebliche Mengen Kaliumchlorid in die Würze hineingelangen. Abgesehen von dem Umstande, daß die Kaliumverbindungen vielfach als gesundheitlich bedenklich gelten, wird durch diesen Zusatz das Spezifische Gewicht der Würze, das allerdings an sich kein Wertmesser ist, aber doch bisweilen als Maßstab für den Gehalt der Würze an wertbestimmenden Stoffen dient, erhöht und somit der täuschende Anschein einer besseren Beschaffenheit hervorgerufen. Damit ist aber das Tatbestandsmerkmal der Verfälschung gegeben.

Am häufigsten von allen Zuwiderhandlungen wird die Unterschiebung fremder Würzen an Stelle der als Vorbild und noch heute als bestes Erzeugnis anzusehenden Maggi-Würze beobachtet. Vielfach verführt durch die Anpreisungen redegewandter Geschäftsreisender, daß ihre Ware ebensogut oder besser als alle Konkurrenzfabrikate, verabfolgen manche Kleinhändler dem „Maggi" verlangenden Käufer eine andere Würze und verstoßen dadurch, ganz abgesehen von der ebenfalls zu bejahenden Frage der Nachmachung, gegen § 4 Nr. 3 LMG., der den Verkauf unter irreführender Bezeichnung verbietet. Bei dem Abfüllen in die vom Käufer mitgebrachte, charakteristisch geformte Maggi-Flasche kommt noch die irreführende Aufmachung hinzu. In diesem Sinne ergingen Urteile des AG. Bochum am 22. Juni 1928, des AG. Hagen am 1. Februar 1929 und des LG. Essen am 5. Juli 1930. Schon das Aufbewahren fremder Würze in einer Maggi-Standflasche ist als Feilhalten unter irreführender Aufmachung strafbar. (Vgl. A. BEYTHIEN: Deutsche Nahrungsm.-Rundschau 1929, Nr. 18.)

IV. Gelatine.

Die Speisegelatine des Handels ist ein gereinigter Leim, der wegen seiner Verwendung für Ernährungszwecke aus hygienisch einwandfreien Rohstoffen von geschlachteten — nicht von krepierten — Tieren mit besonderer Sorgfalt hergestellt werden muß.

Da die wichtigste Eigenschaft der Gelatine von ihrem Gehalte an Glutin abhängt, geht man zu ihrer Herstellung jetzt wohl allgemein von völlig frischen, sorgsam ausgelesenen Kälberknochen oder anderen reinen Knochen aus, weil diese die leimgebende Substanz, das Collagen, in reinster Form zu etwa 30—35% enthalten. Die Knochen werden mit verd. Salzsäure aufgeschlossen, darauf mit Dampf oder Wasser ausgekocht und die vom Fett befreiten, sorgfältig geklärten Brühen in dünner Schicht auf polierte Marmor- oder Schieferplatten ausgegossen. Nach dem Erstarren werden die Tafeln oder Blätter zum Trocknen auf Netze gelegt, woher die meist sichtbaren netzartigen Eindrücke herrühren, und entweder in dieser Form oder auch wohl in gemahlenem Zustande als „Gelatinepulver" in den Handel gebracht. Da aber die so gewonnene Gelatine auch bei völliger Klarheit noch eine schwach gelbe Färbung oder doch einen gelblichen Stich zeigt, wird sie entweder, zum geringeren Teile, mit Teerfarbstoffen rot gefärbt oder zur Erzielung völliger Farblosigkeit einer Behandlung mit Schwefliger Säure unterworfen, bei der ein Teil dieser Säure in der Masse verbleibt. Nach Angabe der Fabrikanten soll dieses Verfahren, abgesehen von dem Vorteile der Bleichung, auch zur Erhöhung der Haltbarkeit notwendig sein.

In chemischer Hinsicht besteht gute Gelatine in der Hauptsache aus Glutin. Ihr Stickstoffgehalt beträgt 14,8—15,7%, der Aschengehalt 1,0—2,7%, der Wassergehalt bei Tafelgelatine 13,0—17,5%, bei Gelatinepulver 11—12%.

Die Höhe des Gehaltes an Schwefliger Säure unterliegt großen Schwankungen. Während H. LEFFMANN und CH. H. LA WALL[1] unter 86 Proben Handelsgelatine nur 2 mit mehr als 0,005%, in den meisten übrigen aber weniger als 0,001% Schweflige Säure fanden und daraus den Schluß zogen, daß es möglich sei, die Gelatine so gut wie frei von Schwefliger Säure herzustellen, haben die deutschen Chemiker durchweg viel höhere Werte gefunden. So berichteten P. BUTTENBERG und W. STÜBER[2] über die Untersuchung von 36 Gelatinepulvern mit 0,0236—0,1323% Schwefliger Säure. W. LANGE[3] ermittelte in 32 Proben Speisegelatine Werte von 0,002—0,467%, in 10 zum Weinklären bestimmten und zu Kapseln verarbeiteten Gelatineproben aber nur 0,014—0,080%. Auch A. MÜLLER[4] fand in 3 Proben Blattgelatine nur 0,014—0,082% und A. BEYTHIEN[5] in einer größeren Zahl Proben noch niedrigere Gehalte von 0,025—0,044% Schwefliger Säure.

Von bedenklicheren Stoffen ist noch das Arsen zu erwähnen, das von O. KÖPKE[6] bei 12 Proben in Menge von geringen Spuren bis zu 0,003% bestimmt wurde. Es rührt entweder aus den benutzten Säuren oder dem Kalk oder bei etwaiger Verarbeitung von Leder aus den Häuten her. KRZIZAN[7] fand in belgischer und französischer Gelatine 0,014 bzw. 0,025% Kupfer, das in Form von Kupfersulfat zur Grünfärbung zugesetzt worden war.

1. Untersuchung.

Die chemische Untersuchung erstreckt sich auf die Bestimmung des Nährwertes und der erwähnten Verunreinigungen, besonders aber auf die Feststellung der Gelierfähigkeit und die sonstige Eignung für die erstrebten Zwecke.

a) Wasser. Durch Zerschneiden der Blätter erhaltene 2 cm breite Streifen im Gewichte von etwa 10 g werden nach W. LANGE in senkrechter Lage, die eine gute Durchlüftung gestattet, in ein 2,5 cm hohes und 9 cm breites Wägegläschen gegeben und bei 100° bis zur Gewichtsbeständigkeit getrocknet. Bei der Wägung des sehr hygroskopischen Rückstandes muß die Luft sorgfältig ferngehalten werden.

[1] H. LEFFMANN u. CH. H. LA WALL: Analyst 1911, 35, 211; Z. 1912, 23, 277.
[2] P. BUTTENBERG u. W. STÜBER: Z. 1906, 12, 408.
[3] W. LANGE: Arb. Kaiserl. Gesundh.-Amt 1909, 32, 144.
[4] A. MÜLLER: Arb. Kaiserl. Gesundh.-Amt 1910, 34, 164; Z. 1911, 22, 521.
[5] A. BEYTHIEN: Kunstdünger- u. Leim-Ind. 1931, 28, 516.
[6] O. KÖPKE: Arb. Kaiserl. Gesundh.-Amt 1911, 38, 290.
[7] KRZIZAN: Zeitschr. öffentl. Chem. 1909, 15, 34; Z. 1910, 19, 103.

b) Stickstoff-Verbindungen. α) Gesamt-Stickstoff. Man bestimmt in 1 g der fein zerschnittenen oder pulverförmigen Gelatine den Stickstoff nach Kjeldahl und rechnet diesen durch Multiplikation mit 5,555 auf Glutin um. Die Summe von Glutin, Asche und Wasser beträgt bei guter Gelatine nahezu 100; stellen sich mehrere Prozente weniger heraus, so können noch andere Bestandteile vorhanden sein, während höhere Werte auf die Anwesenheit von Abbauprodukten (Aminosäuren, Ammoniak) hindeuten.

β) Albumin, das bisweilen in geringer Menge vorhanden ist, kann durch längeres Erhitzen der mit Essigsäure angesäuerten heißen wäßrigen Lösung oder durch Fällung der mit Essigsäure angesäuerten Lösung mit Ferrocyankalium abgeschieden und nach dem Filtrieren und Trocknen gewogen werden.

γ) Reststickstoff. Als Reststickstoff bezeichnet Th. v. Fellenberg[1] den nach folgendem Verfahren gelöst bleibenden Stickstoff: Man fällt die wäßrige Lösung einer abgewogenen Gelatinemenge mit einer nach I. Bang hergestellten Lösung von 5 g Phosphormolybdänsäure, 15 g Schwefelsäure, 5 g Natriumsulfat und 0,25 g Glucose. Zur Darstellung dieser Lösung wird die entsprechende Menge Natriumphosphormolybdat, das stets ammoniakhaltig ist, mit Natriumsulfat und etwas Natronlauge in konzentrierter Lösung 15 Minuten gekocht, dann mit der Schwefelsäure und der Glucose vereinigt und zu 1 l aufgefüllt. In dem Filtrate von dem Niederschlage wird der „Reststickstoff" bestimmt.

δ) Glutin und Glutose. Da bei der üblichen fabrikmäßigen Gewinnung der Gelatine nach J. Herold jun.[2] ein Teil des die Gelierfähigkeit bedingenden Glutins in Glutose umgewandelt wird, hat er für die indirekte Bestimmung des Glutins folgendes Verfahren empfohlen: Man bestimmt einerseits den Schmelzpunkt[3] einer 20%igen Gallerte der zu untersuchenden Gelatine und darauf den Schmelzpunkt einer 10%igen Gallerte reiner Emulsionsgelatine „hart" der deutschen Gelatine-Fabriken in Höchst, mit 17% Wasser, 1% Asche, 82% Rest-Glutin, beider Proben nach halbstündigem Stehen im Thermostaten bei 19⁰. Die Differenz beider Schmelzpunkte sei a. Da die Schmelzpunktsdifferenz einer 20%igen und einer 10%igen Gallerte der reinen Gelatine 1,2 beträgt, so ergibt sich nach der Proportion: $a : 1,2 = x : 82$ der Gehalt an Glutin zu $x = 68,3\,a\,\%$. Durch Abzug dieses Wertes von der aschenfreien Trockensubstanz erhält man den Gehalt an Glutose.

Für einige Gelatineproben des Handels erhielt J. Herold folgende Werte:

	a	Glutin	Glutose
Sehr gute Speisegelatine	1,0⁰	68%	12,5%
Helle, sehr klare Knochengelatine	0,9⁰	61%	21,5%
Technische Gelatine	0,6⁰	41%	38,0%
Geringe leimartige Gelatine	0,2⁰	13,5%	68,0%

c) Fett. Etwa vorhandenes Fett wird wie bei Käse nach Bondzynski-Ratzlaff bestimmt.

d) Asche. Zur Bestimmung der Asche verwendet man die getrocknete Gelatine, weil sie weniger aufbläht als wasserhaltige. Die sehr poröse Kohle wird mit Wasser ausgezogen und weiter verbrannt. Sollen Phosphorsäure und Schwefelsäure bestimmt werden, so verascht man unter Zusatz von Natriumcarbonat.

e) Schweflige Säure. Nach W. Lange läßt man 10—20 g zerschnittener Gelatine in einem 750-ccm-Rundkolben 15 Minuten lang mit 500 ccm Wasser aufquellen und bringt sie durch gelindes Erwärmen auf dem Wasserbade unter häufigerem Umschwenken in Lösung, doch so, daß nicht an den Wandungen des

---

[1] Th. v. Fellenberg: Z. 1927, **54**, 481.   [2] Z. 1912, **23**, 469; Chem.-Ztg. 1911, **35**, 93.
[3] Ein für die Bestimmung des Schmelzpunktes geeigneter Apparat ist von Dr. Bender & Dr. Hobein in Karlsruhe zu beziehen.

unteren Kolbenteils feste Gelatine haften bleibt, die beim späteren Erhitzen ein Springen des Kolbens verursachen könnte. Zur Vermeidung des Schäumens fügt man auf je 10 g Gelatine 2—3 g, in wenig Wasser gelöstes Tannin hinzu, das eine flockige, anfangs auf der Flüssigkeit schwimmende, später in Lösung gehende Ausscheidung bildet und ebenfalls die Gefahr des Anbrennens verringert. Man verdrängt nun durch Einleiten von Kohlensäure die Luft aus dem Kolben und Kühler, setzt 20 ccm Phosphorsäure (Spez. Gewicht 1,15) hinzu, erwärmt vorsichtig unter häufigem Umschütteln zum Sieden und destilliert schließlich im langsamen Kohlensäurestrome 200—250 ccm in eine Jodlösung enthaltende Vorlage ab. In der von etwa übergegangen Fettsäuren abfiltrierten Lösung wird die Schwefelsäure als Bariumsulfat bestimmt. Die in ungeschwefelter Gelatine vorkommenden Schwefelverbindungen lieferten hierbei 0,7—1,1 mg-% Schweflige Säure, die unter Umständen in Abrechnung zu bringen sind.

f) Arsen. Zur Prüfung auf Arsen schließt O. Köpke[1] 10 g Gelatine in einem 700 ccm fassenden Jenaer Rundkolben mit 20 ccm Schwefelsäure und 50 ccm rauchender Salpetersäure, die in kleinen Anteilen zugesetzt werden, auf, engt die klare, farblose Flüssigkeit unter mehrfacher Ergänzung des Wassers bis zur völligen Entfernung der Salpetersäure ein und prüft im Marshschen Apparate.

g) Geruchsprobe. Um Gelatine von unreinem Leim zu unterscheiden, dessen Geruch bei Anwesenheit von Aromastoffen nicht leicht erkennbar ist, erwärmt H. Kühl[2] die Substanz 2 Stunden im Wassertrockenschranke, unter Umständen nach vorheriger Befeuchtung mit Alkohol, und verrührt dann mit Wasser, wobei der stinkende Leimgeruch deutlich hervortritt.

h) Osmotischer Druck und Viscosität. Von weiteren zur praktischen Prüfung der Gelatine, insbesondere ihrer Gelierfähigkeit, empfohlenen Methoden sei noch die Bestimmung des Osmotischen Drucks[3] in Wasser (Quellungsvermögen) und der Viscosität[4] erwähnt. In der Regel wird die Feststellung genügen, bei welchem Gehalte an Gelatine eine nicht mehr aus dem Reagensglase ausfließende Gallerte entsteht. Gute Gelatine soll schon in 1%iger Lösung gelatinieren.

Nach dem Konserventechnischen Taschenbuch von Serger und Hempel[5] quillt Gelatine mit kaltem Wasser auf, ohne sich zu lösen, gibt beim Erwärmen eine kolloidale, klebrige, neutral reagierende klare oder leicht opalisierende Flüssigkeit, die beim Erkalten noch im Verhältnisse 1 : 100 gallertartig erstarrt. Die erhaltene Gallerte schmilzt bei 31—33°. Der Gehalt an Gelatine beträgt bei sehr weichen Gallerten 3—4%, bei mittelweichen 4—6,5%, bei mittelharten 6—8% und bei harten Gallerten 8—10%. Durch den Gehalt an Säuren und Salzen wird die Gelierfähigkeit herabgesetzt. Bei längerer Erwärmung, besonders auf höhere Temperaturen und bei Gegenwart von Säure (Essig) nimmt sie ab und verschwindet schließlich ganz. Auch werden die Gallerten durch gewisse Bakterien (bei Bombagen) verflüssigt.

i) Prüfung auf Verdorbenheit. Für die Erkennung etwaiger Zersetzungen, sei es durch mangelhafte Fabrikationsmethoden, sei es durch die Tätigkeit von Mikroorganismen, haben Davis, Oakes und Browne[6] die Beobachtung herangezogen, daß die Viscosität einer Gelatinelösung mit dem Alter ansteigt und nach 24 Stunden einen Höchstwert erreicht. Sinkt sie früher, so soll das auf bakterielle Zersetzung hindeuten.·

[1] O. Köpke: Arb. Kaiserl. Gesundh.-Amt 1911, **38**, 290.
[2] H. Kühl: Chem.-Ztg. 1917, **41**, 431.
[3] Davis, Oakes u. Browne: Journ. Amer. Chem. Soc. 1921, **43**, 1350.
[4] Journ. Amer. Chem. Soc. 1921, **43**, 1526; Z. 1924, 47, 222.
[5] Serger u. Hempel: Konserventechnisches Taschenbuch. Braunschweig 1932.
[6] Davis, Oakes u. Browne: Journ. Amer. Chem. Soc. 1921, **43**, 1350.

TH. V. FELLENBERG betrachtet höhere Gehalte an „Reststickstoff'' als Anzeichen bakterieller Zersetzung. In guter Gelatine fand er 0,55—1,56%, in
unbrauchbarer 4,4—6,5% Reststickstoff.

J. HEROLD jun. endlich zieht zu dem gleichen Zwecke die Bestimmung
der Glutose heran, die in bester Gelatine überhaupt nicht, in noch brauchbaren
Sorten bis etwa 21,5%, in technischer und leimhaltiger Gelatine aber bis zu
68% zugegen ist.

2. Beurteilung.

Für die Beurteilung auf Grund des Lebensmittelgesetzes kann in Übereinstimmung mit der Auffassung der Industrie die Forderung vertreten werden,
daß Speisegelatine nicht mehr als 2% Asche und kein Arsen enthalten darf.
Eine künstliche Färbung und eine Bleichung mit Schwefliger Säure ist
zulässig, weil Gelatine nicht Fleisch im Sinne des Fleischbeschaugesetzes ist.
Derartige Gelatine darf aber nicht zur Herstellung von Fleischwaren benutzt
werden. Über den zulässigen Höchstgehalt an Schwefliger Säure gehen die
Anschauungen noch auseinander, denn während in dem Taschenbuche von
SERGER und HEMPEL die äußerste Grenze von 0,010—0,015% angegeben war,
sieht der vom Reichsgesundheitsamte herausgegebene Entwurf einer Verordnung
über Konservierungsmittel die Zulassung von 0,125% vor.

Gelatine, die infolge der Verarbeitung mangelhafter Rohstoffe oder infolge
bakterieller Zersetzung nicht geliert, hat als verdorben im Sinne des Lebensmittelgesetzes zu gelten.

Anhang.

Suppen in trockener Form.

Unter Bezeichnungen wie Suppenwürfel, Suppenpulver, Kondensierte Suppen,
Gemischte Suppen usw. werden Erzeugnisse in den Verkehr gebracht, die durch
Vermengen von stärkereichen Mehlen mit Fett und Gewürzen, vielfach auch
unter Zusatz von Gemüsen, Pilzen, Fleisch, Fleischextrakt oder Würzen hergestellt werden und dazu dienen sollen, durch einfaches Kochen mit Wasser eine
gebrauchsfertige Speise in Suppen- oder Breiform zu liefern. Sie bezwecken
sonach eine Erleichterung der Küchenarbeit. Ihr Vorbild, die im Kriege von
1870/71 berühmt gewordene „Erbswurst'' von SCHÖRKE in Radebeul bei
Dresden, war vorwiegend für die Massenverpflegung, die Verproviantierung von
Heer, Marine usw. bestimmt. Nachdem nunmehr große Lebensmittelfabriken
dazu übergegangen sind, trockene Suppen in großer Auswahl nach eigenen
Rezepten herzustellen, finden sie jetzt vorwiegend in Haushaltungen und Groß-
küchen Anwendung.

Bei der großen Mannigfaltigkeit dieser Erzeugnisse und ihrer nach der
Art der Ausgangsmaterialien wechselnden Zusammensetzung bietet eine Einteilung in Untergruppen große Schwierigkeiten, es sei aber des historischen
Interesses wegen angeführt, daß J. KÖNIG folgende Unterscheidung vorgeschlagen hat:

1. Gemische von Fleisch mit Mehl, Gemüsen und Fett. Hierhin rechnet er
z. B. die bekannte Rumfordsuppe aus 13,5% groben Fleischstücken, 31,8% Graupen,
44,7% Mehl und 10% Kochsalz, ferner Fleischbiskuit, Fleischzwieback usw.

2. Gemische von Fleischextrakt mit Mehl, Fett und Gewürzen (Suppentafeln nach KNORR u. a.).

3. Gemische von Mehl mit Fett allein und Gewürzen (Kondensierte Suppentafeln, Erbswurst).

Als Vorbild der fleischhaltigen Erzeugnisse bezeichnet J. KÖNIG die sog. Rumfordsuppe,
an die sich später in Südamerika aus trockenem Fleischpulver (Carne pura) und verschiedenen Mehlsorten hergestellte Mischungen sowie ähnliche Fabrikate der Firmen Dennerlein

& Co. Berlin, Ad. Brandt-Altona, L. Lejeune-Berlin, Ferd. Flörken-Mayen, die Fleischteigwaren von Scheurer-Kestner, J. Nessler u. a. anschlossen. Zu den unter Ersatz des Fleisches durch Fleischextrakt gewonnenen Präparaten rechnet J. König die „kondensierten Suppentafeln" von Lejeune-Berlin und C. H. Knorr-Heilbronn, die Hafer- und Kartoffeldauerwaren der russischen Armee (Narodnoc Prodowolstwo), die Fleischextrakt-Zwiebacke von Gail Booden, Thiel, Falck u. a., zu den nur aus Mehl, Fett und Gewürzen bestehenden Dauerwaren die Suppenmehle von Rud. Scheller-Hildburghausen und die Leguminosentafeln von Alexander Schörke & Co. in Görlitz.

Da fast alle diese Erzeugnisse schon seit Jahrzehnten aus dem Handel verschwunden sind, kann von der Anführung der auf sie bezüglichen Analysen abgesehen und die Besprechung auf die neueren, vor dem Weltkriege in den Verkehr gebrachten Erzeugnisse beschränkt werden.

1. Herstellung.

Über deren Herstellung und Zusammensetzung haben besonders H. Wagner und J. Clement[1], sowie E. Remy[2] eingehende Mitteilungen gemacht, denen folgendes zu entnehmen ist:

Die Herstellung der Suppenkonserven im großen soll ungefähr die gleiche sein, wie diejenige der Privatküche im kleinen. Es werden je nach der Eigenart der Suppe genau dieselben Grundstoffe und Zutaten angewandt wie im Haushalte, nur wird die Handarbeit der Privatküche hier größtenteils von sinnreich erdachten Präzisionsmaschinen übernommen, wodurch nicht nur eine größere Sauberkeit, sondern auch eine weit gründlichere Zerkleinerung und bessere Mischung gewährleistet ist. Die Gemüse und andere Ausgangsmaterialien werden durch besondere Apparate und Maschinen gewaschen, geschält, geputzt und zerkleinert; teilweise wie die Leguminosen und Cerealien durch das Hochmüllereiverfahren auf das feinste vermahlen und zum Zwecke vollständiger Aufschließung gewissen Darrprozessen unterworfen. Andere Rohstoffe werden gebrüht, gedämpft oder geröstet, wodurch ebenfalls eine Art Aufschließung erzielt, die Dauer des nachherigen Kochens verringert und die Konserve leichter verdaulich gemacht wird. Im weiteren Verlauf werden die Bestandteile in Vakuumapparaten auf einen geringen Feuchtigkeitsgehalt gebracht, wodurch die Haltbarkeit der durch das Dämpfen oder Rösten schon teilweise steril gemachten Stoffe eine weitere Steigerung erfährt. Dann wird die Suppenmasse mit den entsprechenden Würzezutaten und dem nötigen Fett in großen Rührmaschinen gemischt, wodurch eine innige Bindung erzielt wird, und gelangt schließlich, ebenfalls maschinell, durch große Fülltrichter in die Matrizenhöhlen der Suppenwürfel- bzw. Wurstformpressen. Die Mischungen sind natürlich je nach der Art der Suppensorte verschieden und gründen sich auf allgemeine küchentechnische und geschmackliche Regeln. Stets werden von einer Fabrikation zuvor kleine Versuchsproben angestellt, an denen Sachverständige den Geschmack und die übrigen wertbestimmenden Eigenschaften prüfen. Die so gewonnenen Erzeugnisse bedürfen nur eines Aufkochens mit Wasser, um in kurzer Zeit eine schmackhafte, nährkräftige Suppe zu erzielen. Als Beweis für den außerordentlichen Umfang dieser Darstellung von Suppenkonserven führen H. Wagner und J. Clement an, daß eine einzige Firma (wahrscheinlich die Maggi-Gesellschaft) auf ihren eigenen Gütern jährlich allein weit über eine Million kg Gemüse zieht und dazu noch bedeutende Mengen von anderer Seite beschaffen muß.

2. Zusammensetzung.

H. Wagner und J. Clement haben 101 Proben der gangbarsten Suppenwürfel von den fünf großen deutschen Firmen: Maggi, Hohenlohe, Klopfer,

---

[1] H. Wagner u. J. Clement: Z. 1909, 18, 314.
[2] E. Remy: Pharm. Zentralh. 1913, 54, 1238.

Knorr und Kaiser-Otto untersucht und die erlangten Befunde mitgeteilt. Das Gewicht der einzelnen Würfel schwankte zwischen 34,5 (Pilzsuppe) und 112 g (Tapioka-Julienne), der Verkaufspreis zwischen 10 und 30 Pf. Hinsichtlich der Einzelanalysen sei auf die Originalabhandlung verwiesen und in nachfolgender Übersicht nur eine Zusammenstellung der für die verbreitetsten Suppenwürfel erhaltenen Mittelwerte angeführt. Die letzten 10 Analysen der Tabelle entstammen der Veröffentlichung von E. REMY[1], mit Ausnahme der 4 von Maggi-Suppen, die vom Chemischen Untersuchungsamte in Konstanz ausgeführt worden sind.

Von den nachstehend angegebenen Mittelwerten weichen die an den Einzelproben erlangten Befunde je nach der Art besonderer Zusätze oder den Gepflogenheiten der Hersteller bisweilen erheblich ab. So schwankt der Gehalt an Stickstoffsubstanz bei den 6 Erbsensuppen der Firma Maggi zwischen 16,36% (Erbsensuppe mit Sago) und 21,87% (Erbssuppe), der Fettgehalt zwischen 7,82% (Erbsensuppe mit Reis) und 17,79% (Erbsensuppe mit Speck). Bei den Grünkernsuppen der 5 Firmen schwankt der Gehalt an Stickstoffsubstanz zwischen 9,24 (Klopfer) und 10,58% (Kaiser-Otto), der Fettgehalt zwischen 4,59% (Knorr) und 19,18% (Klopfer). Die Abweichungen sind aber für die Wertbestimmung nicht so wesentlich, daß sie die Zugrundelegung der Durchschnittsgehalte für die allgemeine Beurteilung ausschlössen.

Der Gehalt an Stickstoffsubstanz ist in erster Linie von der Art der benutzten Mahlprodukte abhängig und demnach bei den Erzeugnissen aus Leguminosen am höchsten (18,44—22,90%), wesentlich niedriger bei den aus Getreidemehlen hergestellten (10,19 bis 11,45%) und sehr niedrig bei den Suppen aus Sago, Reis, Kartoffeln, Gemüse usw. (2,22—9,31%). Erhöht wird er selbstredend durch Zusätze tierischer Stoffe (Fleischextrakt) wie bei Ochsenschwanz- oder Mockturtlesuppe (13,51—17,55%).

Die sehr hohen Schwankungen im Fettgehalte (2,07—21,80%) werden hauptsächlich durch besondere Zusätze von Speck oder Fett hervorgerufen. Die Art der vorhandenen Fette — ob Schweinefett oder Rindertalg — beeinflußt wesentlich den Geschmack.

Der Natriumchloridgehalt aller untersuchten Proben liegt zwischen 6,09 und 17,13%, mit 12 Ausnahmen von 121 Proben unter 15%.

Während des Krieges trat ein völliger Umschwung der Verhältnisse ein. Durch die Beschlagnahme der Getreidemehle und anderer mehlhaltiger Stoffe (Kartoffel, Leguminosen) sowie durch das Fehlen ausländischer Rohstoffe (Reis, Mais, Tapioka) wurde die Herstellung von Suppen in trockener Form in der bisher üblichen Beschaffenheit für die allgemeine Fabrikation außerordentlich erschwert, so daß sie eigentlich nur noch solchen Betrieben möglich war, die von den betreffenden Reichsstellen (Reichsgetreidestelle, Reichshülsenfruchtstelle, Reichsfuttermittelstelle, Reichsstelle für Speisefette usw.) beliefert wurden. Die Folge war die üppige Entwicklung einer Industrie, deren Erzeugnisse zu den schlimmsten Schwindelprodukten gehörten. Wie aus den zahlreichen Veröffentlichungen der Untersuchungsämter[2] hervorgeht, wurden sog. Suppenmehle, Kraftsuppen, auch unter Bezeichnungen wie Kraftkost, Volkskraft usw., in den Handel gebracht, die an Stelle nährstoffreicher Mehle alle möglichen, sonst nicht unterzubringenden Abfallprodukte: muffiges Getreidenachmehl und Spelzmehl, minderwertige Kartoffelwalzmehle, Wicken- und Lupinenmehle, Getreidekeimmehle, Holzstreumehle, Kohlrübenmehl u. dgl. enthielten. Wurden doch sogar Proben angetroffen, die bis zu 19% Kreide oder 80% Kochsalz enthielten oder fast ganz aus Rübenmehl bestanden.

Diese großen Mißstände veranlaßten den Verein Deutscher Nahrungsmittelchemiker, auf seiner Hauptversammlung in Berlin am 27. September 1918 nach dem Referate von R. R. MURDFIELD[3] eine Reihe von Leitsätzen aufzustellen, die zur Verhinderung der gröbsten Verfälschungen geeignet schienen. Sie erhielten in der Bekanntmachung des Reichswirtschaftsministers betr. Grundsätze für die Erteilung und Versagung der Genehmigung von Ersatzlebensmitteln vom 30. September 1919[4] folgende Fassung:

[1] E. REMY: Pharm. Zentralh. 1913, 54, 1238.

[2] M. MANSFELD: Bericht der Untersuchungsanstalt des Allg. Österr. Apotheker-Vereins 1915 und 1916; Z. 1916, 31, 260; 1918, 36, 293. — RÖHRIG: Bericht Leipzig 1916 und 1918; Z. 1918, 35, 389; 1920, 40, 158. — LUDWIG: Bericht Erfurt 1917 und 1918; Z. 1918, 36, 294; 1920, 40, 158. — BEYTHIEN: Volksernährung und Ersatzmittel, S. 332. Leipzig: Chr. Herm. Tauchnitz 1922.   [3] R. R. MURDFIELD: Z. 1919, 37, 322.

[4] Reichsanzeiger 1919 Nr. 225; Gesetze u. Verordnungen, betr. Lebensmittel 1920, 12, 24.

Tabelle 11. Zusammensetzung von Suppen in fester Form.

Bezeichnung	Mittel aus Proben	Wasser %	Protein %	Fett %	N-freie Extraktstoffe %	Rohfaser %	Asche %	Natriumchlorid %	Phosphorsäure %
Bohnensuppe	3	7,90	18,44	12,47	45,77	2,09	13,33	10,41	0,751
Erbsensuppe von { Hohenlohe	3	8,45	19,90	14,77	43,47	1,05	12,36	10,09	0,706
Kaiser-Otto	6	10,35	20,92	8,89	44,81	1,08	13,95	11,16	0,852
Klopfer	5	7,80	19,42	21,80	41,81	0,95	8,16	6,09	0,770
Knorr	2	12,33	22,90	8,38	44,27	1,04	11,08	9,61	0,844
Maggi	6	8,66	19,79	11,16	44,89	1,13	14,37	12,07	0,802
Gersten- und Grießsuppe	6	10,12	10,85	4,22	60,62	0,37	13,82	12,58	0,386
Grünkernsuppe	6	9,22	10,19	7,47	58,92	0,82	13,38	11,32	0,627
Hafersuppe	4	9,22	11,45	10,29	55,91	0,88	12,25	11,07	0,842
Hausmachersuppe	3	12,37	17,70	6,03	47,50	1,23	15,17	12,89	0,699
Kartoffelsuppe	4	10,02	7,71	9,23	57,39	1,58	14,35	11,96	0,484
Krebssuppe	3	10,72	12,61	12,54	47,21	1,07	15,85	13,74	0,585
Linsensuppe	4	9,38	21,73	9,93	42,23	2,15	14,49	12,06	0,612
Mockturtlesuppe	3	13,19	13,51	9,95	45,60	1,36	16,39	14,04	0,584
Ochsenschwanzsuppe	3	11,05	14,91	10,03	44,83	1,55	17,63	15,03	0,673
Pilzsuppe	3	10,70	10,64	8,54	54,49	0,99	14,64	12,60	0,443
Reissuppe	2	9,78	6,81	4,91	58,82	1,00	18,68	17,13	0,289
Reis-Julienne	7	10,75	7,93	4,71	58,60	1,57	16,44	14,65	0,319
Rumfordsuppe	3	10,14	16,99	8,65	50,26	1,48	12,48	10,06	0,688
Sagosuppe	3	11,38	2,22	2,85	70,93	0,16	12,46	11,83	0,132
Tapioka-Julienne	6	10,55	2,56	4,13	66,61	0,31	15,84	14,94	0,101
Tomatensuppe	3	16,13	5,90	4,43	55,75	1,06	16,73	15,11	0,280
									Refraktion des Fettes
Knorrs:									
Französische Gemüsesuppe	1	13,68	4,75	4,88	54,28	5,58	16,83	13,63	52,1
Hausmachersuppe	1	14,65	17,67	4,74	46,67	0,97	15,30	12,78	56,5
Krebssuppe	1	10,70	8,61	5,96	57,54	0,29	16,90	15,84	52,5
Mockturtlesuppe	1	16,02	17,55	5,79	41,45	1,42	17,77	15,14	52,1
Ochsenschwanzsuppe	1	11,00	17,38	5,61	46,66	1,58	17,77	14,83	54,7
Reis-Julienne	1	14,34	7,09	2,07	58,50	0,52	17,48	16,17	46,0
Maggis:									
Blumenkohlsuppe	1	9,81	9,54	7,33	60,70	0,70	11,92	11,51	—
Eiernudelnsuppe	4	8,82	16,18	6,87	58,46	0,50	9,30	8,00	—
Erbsensuppe	1	11,54	23,63	8,91	41,93	1,10	12,89	10,64	—
Erbs- mit Reissuppe	1	9,96	15,02	7,95	53,43	1,00	12,64	11,11	—
Erbs- mit Schinkensuppe	1	11,56	22,94	7,09	44,48	1,14	12,79	10,01	—
Gerstensuppe	1	9,33	10,06	5,51	60,76	0,56	13,78	12,07	—
Grießsuppe	1	10,80	11,13	5,85	59,20	0,42	12,60	11,12	—
Grünkernsuppe	1	8,43	10,49	11,16	57,44	1,28	11,20	9,65	—
Hausmachersuppe	1	9,28	22,27	6,21	48,72	0,80	12,72	10,38	—
Mockturtlesuppe	1	9,63	19,75	9,70	45,25	1,10	14,57	12,07	—
Reissuppe	1	10,43	7,88	6,89	67,60	0,50	6,70	5,73	—
Reis- mit Tomatensuppe	1	11,37	9,13	6,05	62,49	0,50	10,46	9,19	—
Rheinische Suppe	1	10,24	21,85	8,07	45,51	1,22	13,11	10,53	—
Rumfordsuppe	1	11,01	22,44	5,79	47,67	1,00	12,09	9,65	—
Spargelsuppe	1	12,75	10,06	8,59	56,43	0,60	11,57	10,88	—
Tapioka-echt-Suppe	1	10,33	4,04	6,52	70,51	0,10	8,50	7,69	—
Tapioka-Juliennesuppe	1	8,87	3,25	5,42	72,51	1,12	8,83	7,90	—

Suppen in trockener Form. Suppenpulver, Suppenwürfel, Suppentafeln und ähnliche Erzeugnisse sind nur zuzulassen, wenn sie folgenden Anforderungen genügen:

a) Die für einen Teller Suppe (250 ccm) bestimmte Menge muß mindestens 25 g betragen; sofern das Erzeugnis bestimmt ist, in kleinen Packungen an den Verbraucher abgegeben zu werden, darf der Inhalt der kleinsten Packung nicht weniger als 50 g wiegen.

b) Die Erzeugnisse müssen mindestens zur Hälfte aus Getreidemehl oder solchen mehlartigen Stoffen bestehen, die geeignet sind, Getreidemehl für diesen Zweck zu ersetzen.

c) Der Wassergehalt darf 15% nicht übersteigen.

d) Der Gehalt an Kochsalz darf in der für einen Teller Suppe bestimmten Menge 3 g nicht übersteigen.

e) Die aus den Erzeugnissen bereiteten Suppen müssen einen der Bezeichnung entsprechenden Geruch und Geschmack aufweisen.

Mit dem Verschwinden der minderwertigsten Kriegserzeugnisse, die nach dem Wiedereintritt normaler Handelsverhältnisse selbstredend völlig unverkäuflich wurden, ist auch diese Bekanntmachung außer Kraft getreten. Ihre wesentlichsten Grundsätze können aber noch immer zur Ableitung des Begriffes der normalen Beschaffenheit dienen und werden von der reellen Industrie in diesem Sinne beachtet. Dabei wird man als „mehlartige Stoffe, die geeignet sind, Getreidemehl zu ersetzen", lediglich Kartoffelflocken, schalenfreies Kartoffelwalzmehl, Bohnen-, Erbsen- und Linsenmehl, Kartoffelstärkemehl, Sojabohnenmehl, ferner Maniok- und Tapiokamehl, Reis, Sago usw., nicht aber Kleie, Lupinen-, Wicken- oder Kohlrübenmehl verstehen. Der Gehalt an Kochsalz ist zweckmäßig in Prozenten der Substanz anzugeben und zu höchstens 15% festzusetzen. An Stelle des Leitsatzes unter e) muß im Einklang mit den Vorschriften in § 4 Nr. 3 LMG. die Forderung aufgestellt werden, daß nicht nur der Geruch und der Geschmack der fertigen Suppe, sondern die Zusammensetzung des Suppenpräparates der gewählten Bezeichnung zu entsprechen hat. Eine Erbsensuppe darf demnach an mehlhaltigen Stoffen nur Erbsen, eine „Erbsensuppe mit Speck" muß Speck, eine Spargelsuppe Spargel, eine Krebssuppe Krebsfleisch enthalten. Wie viel im Einzelfalle von dem namengebenden Bestandteil zugegen sein muß, unterliegt noch besonderer Regelung. Im allgemeinen wird man sich vielleicht damit begnügen, daß er den Geruch und Geschmack der fertigen Speise maßgebend beeinflußt, bei anderen Suppen aber auch wohl schärfere Anforderungen stellen. So haben z. B. für Krebssuppe bzw. Krebssuppenpulver, in Übereinstimmung mit A. Juckenack, E. Baier und H. Barsch[1] sowie G. Büttner und A. Miermeister[2] vorgeschlagen, daß die für einen Teller Suppe bestimmte Menge die Trockensubstanz von 2—3 g ganzen Krebsen (nicht Krabben!), aber keine künstlichen Farbstoffe enthalten soll, und damit die Zustimmung der Fachgenossen gefunden.

3. Untersuchung.

Da die gemischten Suppen sich durchweg im trockenen, gepreßten Zustande in besonderen Päckchen befinden, bietet die Vorbereitung für die Analyse keine Schwierigkeiten. Man zerdrückt den Inhalt von 5—10 Päckchen erst gröblich und zerkleinert das Pulver dann weiter in einer Reibschale. In anderen Fällen kann man sich auch einer Kartoffelreibe oder, wenn das Pulver nicht gar zu fett ist, einer Mahlmühle bedienen.

a) **Bestimmung des Nährstoffgehaltes.** Die hierfür in Betracht kommenden Bestandteile werden nach den allgemein üblichen Verfahren ermittelt, nämlich nach Bd. II: α) Wasser S. 539, β) Stickstoff nach Kjeldahl S. 575, γ) Fett S. 826, δ) Kohlenhydrate (Stärke) S. 912, ε) Pentosane S. 928, ζ) Rohfaser S. 936, η) Asche, Kochsalz, Sand S. 1209.

b) **Ermittelung der Mischbestandteile.** Die Art der organisierten pflanzlichen und tierischen Bestandteile kann auf mikroskopischem, diejenige der übrigen Zusätze auf chemischem Wege ermittelt werden.

α) **Mikroskopische Untersuchung.** Um die Art des vorhandenen Mehles festzustellen, entfettet man vorher zweckmäßig mit Äther und untersucht den Rückstand mikroskopisch sowohl direkt auf die Form der Stärke als auch nach Aufhellung oder Aufschließung auf Gewebselemente.

---

[1] E. Baier u. H. Barsch: **Z.** 1929, **57**, 224.
[2] G. Büttner u. A. Miermeister: **Z.** 1929, **57**, 431.

Zum Nachweise etwa zugesetzten Fleisches behandelt man den entfetteten Rückstand behufs Entfernung der Stärke nur mit verd. Salzsäure oder mit Diastase und untersucht die hinterbleibenden Gewebeteile, unter denen sich die quergestreiften Muskelfasern unschwer erkennen lassen.

β) Chemische Untersuchung. Die Art des verarbeiteten Fettes läßt sich unter Umständen durch die Bestimmung der Verseifungszahl, Jodzahl, REICHERT-MEISSL-Zahl und der übrigen Kennzahlen, sowie durch die Phytosterinacetat-Probe feststellen, für welchen Zweck das mit Petroläther ausgezogene Fett durch Schmelzen und Filtrieren gereinigt werden muß.

Fleischextrakt gibt sich durch den Nachweis von Kreatinin (S. 886), Hefenextrakt durch die Reaktion auf Hefengummi (S. 885), Zusatz von Würzen durch die Bestimmung des Aminosäuren-Stickstoffs (S. 879) zu erkennen.

c) **Konservierungsmittel** werden nach den S. 742f. beschriebenen Methoden des Fleischbeschaugesetzes nachgewiesen und bestimmt.

d) **Prüfung auf Verdorbenheit.** Besondere Sorgfalt ist bei der Untersuchung solcher Präparate anzuwenden, die mehr als 15% Wasser enthalten, weil bei ihnen Schimmelpilze und Bakterien auftreten können. Aber auch bei niedrigerem Wassergehalte ist die Anwesenheit von Schimmelpilzen und anderen Mikroorganismen nicht ausgeschlossen, da sie durch Verarbeitung schlechter oder verdorbener Rohstoffe oder durch fehlerhafte Zubereitung und Aufbewahrung in die Erzeugnisse hineingelangt sein können.

Neben der Feststellung eines etwaigen dumpfen, schimmeligen oder ranzigen Geruchs und Geschmacks, der in vielen Fällen schon auf Verdorbenheit hinweist, sind hauptsächlich folgende Bestimmungen auszuführen:

α) Zahl und Art der Mikroorganismen. Man entnimmt aus dem Innern der Päckchen oder Behälter 1 g der Substanz und verfährt damit nach den im Bd. II, S. 1592 angegebenen Methoden.

β) Säuregrad des Fettes. Eine größere Menge der Masse wird mit Äther extrahiert, so daß man 5—10 g Fett erhält, und das letztere in üblicher Weise mit Alkalilauge gegen Phenolphthalein titriert.

γ) Säuregrad des Mehles. Man schüttelt 10 g der zerkleinerten Durchschnittsprobe mit 100 ccm Wasser gleichmäßig an, filtriert nach einer Stunde und titriert 50 ccm des Filtrates mit 0,1 N.-Natronlauge gegen Phenolphthalein bis zur schwachen Rotfärbung. Als Säuregrad bezeichnet man die Zahl der für 100 g verbrauchten ccm Normallauge.

δ) Prüfung auf Zersetzungsprodukte von Stickstoffsubstanzen. Als solche kommen in erster Linie Ammoniak und Amide in Betracht, die nach den im Abschnitte Fleisch (S. 777) gegebenen Anweisungen bestimmt werden können. Die nur aus Mehl, Fett und Gewürzen hergestellten Suppenpulver enthalten normalerweise nur Spuren Ammoniak und nicht mehr als 25% des Gesamt-Stickstoffs in Form von Amiden bzw. Nichtprotein. Eine erhebliche Überschreitung dieser Werte deutet also eine Zersetzung an. Bei Anwesenheit von Fleisch oder Fleischextrakt oder Würzen versagen diese Anhaltspunkte aber in der Regel und müssen durch die übrigen Befunde gestützt und ergänzt werden.

4. Beurteilung.

Die Deutung der analytischen Befunde bietet im allgemeinen keine Schwierigkeiten, und insbesondere kann die Bestimmung des Nährwertes und die Identifizierung der einzelnen Bestandteile mit hinreichender Sicherheit erfolgen.

Zur Ableitung des Begriffs der normalen Beschaffenheit ist nach den in der Einleitung gemachten allgemeinen Ausführungen davon auszugehen, daß diese Suppenpräparate, zum Unterschiede von den Fleischbrühwürfeln, zur Herstellung einer nährenden Speise bestimmt sind und daher nur diesem Zwecke dienende Bestandteile enthalten dürfen. Als solche kommen neben Fleisch, Fleischextrakt, Würzen, Fett, Dörrgemüse und stärkereiche Stoffe in Betracht. Der Gehalt an letzteren soll nicht unter 50%, derjenige an Wasser und Kochsalz nicht mehr als je 15% betragen.

Im übrigen sind an die Zusammensetzung zahlenmäßige Anforderungen nicht zu stellen, es ist aber zu fordern, daß die Wesensbeschaffenheit mit der gewählten Bezeichnung in Einklang steht. „Suppen mit Fleisch", „Suppenwürfel mit Fleischextrakt", „Erbssuppen mit Speck" usw. müssen also auch wirklich einen greifbaren, den Geschmack bedingenden Zusatz von Fleischextrakt, Fleisch oder Speck erhalten haben, „Krebssuppen" der von A. JUCKENACK gegebenen Anregung entsprechen. Als Bohnen-, Erbsen-, Linsen- oder Reissuppe bezeichnete Waren dürfen als mehlhaltige Grundmasse nur die genannten Stoffe enthalten.

Unbedingt auszuschließen sind selbstredend alle Zusätze ohne eigentlichen Nährwert, wie die in den Kriegsersatzmitteln angetroffenen Holz- und Spreumehle, Gips, Kreide, sowie 15% übersteigende Kochsalzmengen. Auch zur menschlichen Ernährung wenig geeignete und in der Regel nicht benutzte Stoffe, wie Lupinen und Wicken, ferner chemische · Konservierungsmittel, können als normale Bestandteile nicht anerkannt werden.

Abweichungen von vorstehenden Grundsätzen bedingen je nach den besonderen Umständen den Tatbestand der Verfälschung, Nachmachung oder irreführenden Bezeichnung.

Aus hygienischen Gründen ist ferner zu fordern, daß die Suppenwürfel aus einwandfreien, gut gereinigten Rohstoffen in appetitlicher Weise hergestellt, sauber verpackt sowie trocken und sauber aufbewahrt werden. Sie dürfen keinerlei Anzeichen von Verdorbenheit aufweisen und insbesondere keinen dumpfigen oder schimmeligen Geruch besitzen.

Nach vorstehenden Grundsätzen hergestellte Erzeugnisse erfüllen zweifellos eine volkswirtschaftlich wichtige Aufgabe für die Volksernährung, wie zum Schluß noch durch folgende Sätze A. JUCKENACKs[1] belegt werden möge: „Mit den trockenen Suppen kann sich in der heutigen Zeit, die beruflich die höchste Arbeitsleistung verlangt, jeder in kurzer Zeit mit geringen Unkosten für Heizung eine Suppe herstellen. Die Industrie kann sich die geeignetsten Rohstoffe beschaffen, sie kann diese im großen für die in Rede stehenden Zwecke verarbeiten und daher fertige Suppen billiger liefern, als wenn die Hausfrau sich erst alle erforderlichen Bestandteile zu jeder Jahreszeit beschaffen muß. Den aus trockenen Suppen hergestellten Zubereitungen können auch Gemüse- und Kartoffelreste mit Wasser zur Verwertung dieser Reste zugesetzt werden."

---

[1] A. JUCKENACK: Was haben wir bei unserer Ernährung im Haushalt zu beachten? Heft 6 der „Volksernährung". Berlin: Julius Springer 1923.

Buch-Literatur.

J. Bongert: Veterinäre Lebensmittelüberwachung. Berlin: Richard Schoetz 1930.

R. Edelmann: Fleischbeschau, in Weyls Handbuch der Hygiene, 2. Aufl. Leipzig: Johann Ambrosius Barth 1915.

R. Edelmann: Lehrbuch der Fleischhygiene, 5. Aufl. Jena: Gustav Fischer 1923.

W. Ellenberger: Handbuch der vergleichenden mikroskopischen Anatomie der Haussäugetiere, 3 Bände. Berlin: Paul Parey 1906—1911.

W. Ellenberger u. A. Trautmann: Vergleichende Histologie der Haussäugetiere, 5. Aufl. Berlin: Paul Parey 1921.

H. Frickinger: Die histologische Untersuchung von Fleischgemengen. Berlin: Richard Schoetz 1928.

Grüttner: Taschenbuch der Fleischwaren-Herstellung. Braunschweig: Dr. Serger & Hempel 1932.

B. Haringa: Krebse und Weichtiere. Stuttgart: E. Schweizerbart 1929.

J. Iversen: Die Fabrikation feiner Fleisch- und Wurstwaren sowie Konserven. Nordhausen: H. Killinger 1924.

E. Joest: Handbuch der speziellen pathologischen Anatomie der Haustiere, 5 Bände. Berlin: Richard Schoetz 1923—1929.

E. Kallert u. R. Standfuss: Fleischhygiene in M. Rubners Handbuch der Hygiene. Berlin: S. Hirzel 1922.

H. Koch: Die Fabrikation feiner Fleisch- und Wurstwaren. Berlin.

J. König u. A. Splittgerber: Die Bedeutung der Fischerei für die Fleischversorgung im Deutschen Reich. Berlin: Paul Parey 1909.

P. Koenig: Dauerwurst und Dauerfleisch zur Versorgung von Volk und Heer. Berlin: Zentral-Einkaufsgesellschaft 1916.

G. Lebbin: Neuere Untersuchungen über Fleischextrakt. Berlin: August Hirschwald 1915.

H. Lübbert u. E. Ehrenbaum: Handbuch der Seefischerei Norddeutschlands, Bd. 3. Stuttgart: E. Schweizerbart 1929.

L. Lund: Grundriß der pathologischen Histologie der Haustiere. Hannover: M. u. R. Schaper 1931.

L. Lund u. E. Schröder: Tierärztliche Wurstuntersuchungen. Hannover: M. u. R. Schaper 1930.

A. Möller u. H. Rievel: Fleisch- und Lebensmittelkontrolle, 2 Bände. Hannover: M. u. R. Schaper 1921.

K. Nieberle u. P. Cohrs: Lehrbuch der speziellen Anatomie der Haustiere. Jena: Gustav Fischer 1931.

R. v. Ostertag: Handbuch der Fleischbeschau, 7./8. Aufl. Stuttgart; Ferdinand Enke 1922 u. 1923.

R. v. Ostertag: Lehrbuch der Schlachtvieh- und Fleischbeschau. Stuttgart: Ferdinand Enke 1932.

A. Reinsch: Fleisch und Fleischwaren, in K. v. Buchkas Lebensmittelgewerbe. Leipzig: Akademische Verlagsbuchhandlung 1914.

E. Röhler: Die Süßwasserfische Deutschlands, 5. Aufl. Berlin: Deutscher Fischereiverein 1932.

B. Romeis: Taschenbuch der mikroskopischen Technik, 12. Aufl. München u. Berlin: R. Oldenbourg 1928.

W. Schellens: Die Würzen in Ullmanns Enzyklopädie, Bd. 9. Berlin u. Wien: Urban & Schwarzenberg 1932.

G. Schmorl-P. Geipel: Die pathologisch-histologischen Untersuchungsmethoden. 16. Aufl. Berlin: Julius Springer 1934.

Schumacher: Histologie der Haussäugetiere. Berlin: Paul Parey 1914.

M. Stahmer: Fischhandel und Fischindustrie. Stuttgart: Ferdinand Enke, 2. Aufl. 1923.

A. Stutzer: Fleisch, in Weyls Handbuch der Hygiene, Bd. 3. Leipzig: Johann Ambrosius Barth 1913.

Vierter Teil.

Gesetzgebung über Fleisch und Fleischerzeugnisse.

A. Deutsche Gesetzgebung.

Von

DR. JUR. HUGO HOLTHÖFER - Berlin

Oberlandesgerichtspräsident i. R.

Literatur und Abkürzungen.

ABF . . . . Ausf.Best. F — Verzeichnis der Einlaß- und Untersuchungsstellen für das in das Zollinland eingehende Fleisch.

Amtl.Begr. . . . . . . Amtliche Begründung zum Fleischbeschaugesetz (Fundort derselben ist S. 944 mitgeteilt) oder zu sonstigen aus dem Zusammenhang ersichtlichen Gesetzen.

Auszüge . . . . Auszüge aus gerichtlichen Entscheidungen betr. den Verkehr mit Nahrungsmitteln, Genußmitteln und Gebrauchsgegenständen (Jahrgang, **Band,** Seitenzahl).

Bay.ObL . . . . Bayrisches Oberstes Landesgericht, Sammlung der Entscheidungen (Band- und Seitenzahl).

BR . . . . Bundesrat (BRV. = Bundesratsverordnung).

BRETTREICH-VOLZ . . . FRIEDRICH BRETTREICH und FRIEDRICH VOLZ: Gesetz betr. Schlachtvieh- und Fleischbeschau. München: Beck 1914.

Brühw.VO. . . . . . . VO.über Fleischbrühwürfel und deren Ersatzmittel vom 25. Oktober 1917 (RGBl. S. 969).

ERG. . . . . Entscheidungen des Reichsgerichts in Strafsachen (Band- und Seitenzahl), herausgegeben von Mitgliedern des Reichsgerichts und der Reichsanwaltschaft. Berlin-Leipzig: Walter de Gruyter & Co.

FlG. . . . . Gesetz betr. Schlachtvieh- und Fleischbeschau vom 3. Juni 1900 (RGBl. S. 547) in der Fassung des Ges. vom 13. Dezember 1935 (RGBl. I S. 1477).

Fleischbeschau-Zollordnung . . . . Reichskanzler-Bekanntmachung betr. die Fleischbeschau-Zollordnung vom 5. Februar 1903 (Zentralbl. für das Deutsche Reich S. 32); neueste Fassung bei SCHRÖTER-HELLICH S. 456.

GOLTDAMMER . . . . . Goltdammers Archiv für Strafrecht (Band- und Seitenzahl).

Höchstrichterliche Rechtsprechung . . . . . . Vereinigte Entscheidungssammlung Berlin: Walter de Gruyter & Co. (Jahrgang und Seitenzahl.)

HOLTHÖFER in Bd. I . . Oberlandesgerichtspräsident i. R. HOLTHÖFER, „Deutsches Lebensmittelgesetz" in Bd. I dieses Handbuches, S. 1285f.

HOLTHÖFER-JUCKENACK . HUGO HOLTHÖFER und ADOLF JUCKENACK: Lebensmittelgesetz, Kommentar, 2. Aufl. Berlin: Carl Heymann 1933.

HOLTHÖFER-JUCKENACK
Erg. 1936 . . . . . . Ergänzungsband 1936 zu dem vorerwähnten Buch.

JW. . . . . Juristische Wochenschrift (Jahrgang und Seitenzahl). Leipzig: W. Moeser.

KG. . . . . Kammergericht in Berlin.

KGJ. . . . . Jahrbuch der Entscheidungen des Kammergerichts in Sachen der freiwilligen Gerichtsbarkeit, in Kosten-, Stempel- und Strafsachen (Band- und Seitenzahl). Berlin: Vahlen.

KGJErg . . . . wie vor, Ergänzungsbände.

LEBBIN-BAUM . . . . GEORG LEBBIN und GEORG BAUM: Handbuch des Nahrungsmittelrechts. Berlin: Verlag Gutentag 1907.

LMinBl . . . . Ministerialblatt des Preußischen Landwirtschaftsministeriums.

LMG. . . . . Lebensmittelgesetz nach der Neufassung vom 17. Januar 1936 (RGBl. I S. 17). — S. 11.

LMG.a.F. . . . . Fassung des LMG. vor der vorerwähnten Neufassung.

NMR. . . . . Deutsche Nahrungsmittel-Rundschau (Jahrgang und Seitenzahl).

OLG. . . . . Oberlandesgericht.

v. OSTERTAG . . . . . s. S. 489.

OVG. . . . . Preußisches Oberverwaltungsgericht, Sammlung der Entscheidungen (Band- und Seitenzahl).

Pr.Ausf.G. . . . . . . Preußisches Gesetz betr. Ausführung des Schlachtvieh- und Fleischbeschaugesetzes vom 28. Juni 1902 — in der Ende 1933 geltenden Fassung abgedruckt bei SCHRÖTER-HELLICH, S. 516.

Pr.Ausf.Best. . . . . . Preußische Ausführungsbestimmungen betr. Schlachtvieh- und Fleischbeschau, einschließlich Trichinenschau vom 20. März 1903 (MiBl.iV. 1903, S. 56); in der Ende 1933 geltenden Fassung abgedruckt bei SCHRÖTER-HELLICH, S. 541.

RG. . . . . Reichsgericht.

RGBl. . . . . Reichsgesetzblatt (RGBl. I = Reichsgesetzblatt Teil I).

RGesundh.Bl. . . . . ., . Reichsgesundheitsblatt, herausgegeben vom Reichsgesundheitsamt (Jahrgang und Seitenzahl).

RIESS u. LUDORFF . . . Gesetz über die Verwendung salpetrigsaurer Salze im Lebensmittelverkehr (Nitritgesetz) mit Anmerkungen von G. RIESS und W. LUDORFF. Berlin: R. v. Decker 1934.

RMinBl. . . . .   Reichsministerialblatt (Jahrgang und Seitenzahl).
SCHRÖTER-HELLICH . . .   HELLICH, BACKHAUS u. KLIMMEK: Das Fleischbeschaugesetz
                          nebst den Ausführungsbestimmungen, dem preußischen Aus-
                          führungsgesetz und Schlachthausgesetz, 5. Aufl. Berlin: Richard
                          Schoetz 1934.
STENGLEIN . . . . . .   M. STENGLEINS Kommentar zu den strafrechtlichen Nebengesetzen
                          des Deutschen Reichs, 5. Aufl. Berlin: Liebmann 1928—1931.
                          (Bearbeiter des FlG. und Milch-G. ist Reichsanwalt SCHNEIDEWIN.)
STENGLEIN Erg.-Bd. 1933 wie vor, Ergänzungsband 1933.
StGB. . . . .   Reichsstrafgesetzbuch.
StPO. . . . .   Reichsstrafprozeßordnung.

I. Allgemeines.

A. Rechtsstoff.

1. Fleisch und Fleischerzeugnisse unterliegen, weil sie Lebensmittel sind,
den Vorschriften des Lebensmittelrechts, also insbesondere denjenigen des
Lebensmittelgesetzes. Weil sie Waren sind, gelten für sie die Vorschriften,
die für Waren überhaupt gelten, also namentlich auch das Gesetz gegen den
Unlauteren Wettbewerb und das Gesetz zum Schutz der Warenbezeichnungen
(vgl. HOLTHÖFER-JUCKENACK S. 261, Nr. 57 und 58 und ebenda Erg. 1936 S. 99).

Daneben gelten Sondergesetze. Das wichtigste Sondergesetz lebensmittel-
rechtlicher Art für Fleisch ist das Fleischbeschaugesetz mit den dazu erlassenen Ausführungsvorschriften, die in dem Verzeichnis der Abkürzungen S. 926
übersichtlich zusammengestellt sind. Das Fleischbeschaugesetz ist deswegen auch
im folgenden ausführlich erläutert. Eine allgemeine Würdigung der Tragweite
dieses Gesetzes findet sich auf S. 944. Weiterhin sind von größerer Bedeutung:

Das Gesetz über die Verwendung salpetrigsaurer Salze im Lebensmittelverkehr (Nitritgesetz) vom 19. Juni 1934 (RGBl. I S. 513). Es ist S. 995
nebst seiner Begründung abgedruckt und kurz erläutert.

Ferner die VO. über Fleischbrühwürfel und deren Ersatzmittel vom
25. Oktober 1917 (RGBl. S. 969). Sie ist mehrfach Gegenstand von Meinungsverschiedenheiten geworden und deshalb auf S. 1002 eingehender besprochen.

Die S. 17 mit kurzen Erläuterungen abgedruckte VO. über die äußere
Kennzeichnung von Lebensmitteln bezieht sich unter anderem auch auf
Dauerwaren von Fleisch oder mit Fleischzusatz in luftdicht verschlossenen
Behältnissen, auf Fleischpasten (§ 1 Abs. 1 Nr. 1 in Verbindung mit § 2 Abs. 2
Nr. 1) sowie auf Fleischextrakt, auf Erzeugnisse in fester oder loser Form
(Würfel, Tafeln, Körner, Pulver) aus Fleischextrakt, eingedickte Fleischbrühe
sowie die Ersatzmittel der genannten Erzeugnisse (§ 1 Abs. 1 Nr. 9).

Von Rechtsverordnungen, die gemäß § 5 LMG. in Aussicht genommen
sind und bereits in veröffentlichten Entwürfen (Berlin: Julius Springer) vorliegen, haben für das Lebensmittel Fleisch besondere Bedeutung diejenigen
über Konservierungsmittel (1932, Heft 15) und über Bindemittel bei Wurstwaren (1931, Heft 12).

Weiterer Rechtsstoff, der sich auf den Verkehr mit Fleisch und Fleischerzeugnissen bezieht, ist in den Anmerkungen zum Fleischbeschaugesetz mitgeteilt.

2. Obwohl für die Zwecke dieses Handbuches nicht von unmittelbarer
Bedeutung, sei hier auch die volkswirtschaftlich wichtige VO. zur Regelung
des Verkehrs mit Schlachtvieh vom 27. Februar 1935 (RGBl. I S. 301)
erwähnt. Sie ist geändert (§ 2) durch VO. vom 4. Juli 1935 (RGBl. I S. 1405)
und (§ 27) durch § 3 der VO. vom 7. Januar 1936 (RGBl. I S. 5); weitere nicht
unerhebliche Änderungen und Ergänzungen enthält die während des Druckes
erschienene 3. VO. zur Regelung des Verkehrs mit Schlachtvieh vom 8. April
1936 (RGBl. I S. 365). Die Befugnisse des früheren Reichskommissars für die

Vieh-, Milch- und Fettwirtschaft sind auf Reichsernährungsminister und Reichsnährstand übergegangen (VO. vom 17. April 1935 RGBl. I S. 570). Die VO. zur
Regelung des Verkehrs mit Schlachtvieh enthält marktregelnde Vorschriften
über den Zusammenschluß der deutschen Schlachtviehwirtschaft, über den
Handel nach Lebendgewicht, Schlachtwertklassen und Schlußscheinzwang, über
Viehgroßmärkte, über Preisverzeichnisse usw. Sie ermächtigt (§ 27 Abs. 4) die
obersten Landesbehörden (in Preußen die Oberpräsidenten, in Berlin den Staats-
kommissar, mit vorheriger Zustimmung des Reichsministers für Ernährung und
Landwirtschaft, für die im Preisverzeichnis aufzuführenden Fleischarten auch
Gütebezeichnungen vorzuschreiben. § 27 in der Fassung vom 7. Januar 1936
bezieht sich auch auf das Feilhalten von Gefrierfleisch, dessen Eigenschaft
als Gefrierfleisch kenntlich gemacht werden muß.

Die erwähnte VO. über den Verkehr mit Schlachtvieh ist unter anderem
gestützt auf das **Gesetz über den Verkehr mit Tieren und tierischen
Erzeugnissen** vom 23. März 1934 (RGBl. I S. 224). Dieses Gesetz ermöglicht
weitgehende marktregelnde Eingriffe zum Schutze des deutschen Viehmarkts.
Die Durchführungs-VO. vom 24. März 1934 (RGBl. I S. 228) — in Verbindung
mit der ihren § 8 Abs. 1 Nr. 5 und 7 abändernden 2. Durchführungs-VO. vom
18. Mai 1934 (RGBl. I S. 397) und der ihren § 2 abändernden 3. Durchführungs-
VO. vom 4. Oktober 1935 (RGBl. I S. 1235) — nimmt aber vorerst noch wichtige
Tiergruppen und tierische Erzeugnisse von dem Zwang aus, nur durch die Reichsstelle für Tiere und tierische Erzeugnisse in den Verkehr gebracht werden zu dürfen.
Daneben sind zu einzelnen Paragraphen des Gesetzes mehrere Einzelverord-
nungen erlassen, die nach dem Stande vom April 1935 in dem Büchlein von
FRESE und ADERMANN: Führer durch das Reichsnährstandsrecht, S. 45, zusam-
mengestellt sind.

Das **Gesetz über den Verkehr mit Vieh und Fleisch** vom 10. August
1925 (RGBl. I S. 186) nebst seinen späteren Abänderungen ist durch § 33 Abs. 6
der VO. zur Regelung des Verkehrs mit Schlachtvieh vom 27. Februar 1935
aufgehoben worden.

B. Einzelheiten zur rechtlichen Beurteilung von Fleisch und Fleischerzeugnissen.

Die Grundsätze, welche Sachverständige und Gerichte aus dem zu A mitgeteilten Rechtsstoff für die Beurteilung der einzelnen Fleischwaren heraus-
gearbeitet haben, sollen nachstehend an wichtigeren Beispielen dargelegt werden.
Wer hier nicht alles findet, was er vielleicht sucht, mag daran denken, daß
die Rechtsprechung über das wichtige Volksnahrungsmittel Fleisch so umfangreich ist, daß nur das wichtigste gebracht werden kann und man darüber streiten
kann, was dazu gehört. Auch mußte davon abgesehen werden, die zahlreichen
örtlichen Polizeiverordnungen auf dem Gebiet des Fleischverkehrs zu berücksichtigen, die Gegenstand gerichtlicher Nachprüfung geworden sind.

Höchstrichterliche Entscheidungen über einige einschlägige Polizeiverordnungen, z. B. über Sauberkeit in Fleischereien, über die Herstellung von Hackfleisch erst unmittelbar vor Abgabe an den Verbraucher, über Herstellung und
Vertrieb von Hackfleisch auf Märkten, über den Verkauf von Gefrierfleisch
außerhalb geschlossener Räumlichkeiten, sind bei HOLTHÖFER-JUCKENACK in
den Vorbemerkungen vor §§ 5—11 Anm. 3 inhaltlich mitgeteilt.

1. Begriffsabgrenzung von Fleisch und Fleischerzeugnissen.

Hierzu finden sich Ausführungen in den Anmerkungen bei § 4 FlG., S. 948.
Von dem, was als Fleisch und Fleischerzeugnis hiernach in Betracht kommt,

werden die Fette in den nachstehenden Ausführungen nicht mitbehandelt; sie erscheinen in Band IV. Die Ausführungen beziehen sich auf Fleisch in frischem und zubereitetem Zustand; von den Fleischerzeugnissen kommen dabei namentlich Fleischdauerwaren und Würste in Betracht.

2. Gesundheitsschädliches Fleisch.

Es steht unter den durch die hohe Strafdrohung in § 11 LMG. geschützten Herstellungs- und Vertriebsverboten des § 3 LMG. Dabei ist es gleichgültig, ob das Fleisch schon, wie es vom Schlachttier kommt, die menschliche Gesundheit zu schädigen geeignet ist oder ob es diese Eignung infolge natürlicher Einflüsse, zugesetzter Stoffe oder Behandlungsweisen (etwa ungenügender Erhitzung von Konserven) erlangt.

Die Begutachtung, wann Gesundheitsschädlichkeit vorliegt, gehört in erster Linie zum Geschäftskreis der medizinischen Sachverständigen. Über die Grenzgebiete der Begriffe „gesundheitsschädlich" und „verdorben" siehe auch unten S. 936. Im allgemeinen wird als gesundheitsschädlich zu beurteilen sein Fleisch, das sich im Zustand der Fäulnis befindet, sowie Fleisch, das lebende krankheiterzeugende Keime enthält. Fleisch von Tieren, die an Blutvergiftung gelitten haben oder kurz vor der Schlachtung Fleischvergiftungserreger ausgeschieden haben, unterliegt jedenfalls dem Verdacht der Gesundheitsschädlichkeit. Aus der Zusammenstellung in §§ 33—37 der ABA., in welchen Fällen Fleisch bei der Beschau für „untauglich" zu erklären ist, lassen sich weitere Beispiele entnehmen, in denen zugleich Gesundheitsschädlichkeit gemäß § 3 LMG. in Betracht kommen kann.

Bei Verwendung gesundheitsschädlicher Grundstoffe, etwa zu Fleischdauerwaren oder Wurst, wird in der Regel auch das Verarbeitungserzeugnis als gesundheitsschädlich, zumindestens aber „verdorben" zu beurteilen sein. Vgl. hierzu ERG. 23 S. 409, z. Teil im Wortlaut unten S. 938 mitgeteilt.

3. Schlechthin verbotene Stoffe und Verfahren.

a) Um möglichen Gesundheitsgefahren vorzubeugen, aber auch, um die Verbraucherschaft vor Fleischwaren zu schützen, deren Minderwertigkeit (Verfälschung, Verdorbenheit) durch Verleihung des täuschenden Anscheins guter Beschaffenheit verdeckt wird (§ 21 Abs. 3 FLG.), verbietet § 21 FlG. in Verbindung mit den VO. vom 30. Oktober 1934/9. Mai und 7. November 1935 (abgedruckt bei § 21 Anm. 11) schlechtweg die Verwendung bestimmt bezeichneter Stoffe und Verfahren bei der Be- und Verarbeitung von Fleisch und weiterhin den Vertrieb der entgegen diesen Verboten hergestellten Fleischwaren. Daß erfahrungsmäßig mit der Verwendung gewisser Stoffe oder Verfahren Gefahren der in Rede stehenden Art verbunden sind, bildet lediglich den gesetzgeberischen Grund der Verbote. Einmal erlassen, gelten sie aber — gewissermaßen unter unwiderleglicher Vermutung der ihren Erlaß begründenden Gefahren — ohne Rücksicht darauf, ob im Einzelfall wirklich eine solche Gefahr vorliegt oder nicht. Die hier in Rede stehenden Verbote nehmen im Rahmen des Lebensmittelrechts etwa dieselbe Stellung ein wie die in der neueren Gesetzgebung für einzelne Lebensmittel auf Grund des § 5 Nr. 1 LMG. erlassenen Verbote. (Vgl. hierzu Holthöfer-Juckenack § 5 Anm. 4 S. 136.) Zuwiderhandlungen stehen unter besonderer Strafdrohung, ohne daß gegebenenfalls die Mitanwendung der §§ 3 4, 11 und 12 LMG. ausgeschlossen wäre. Siehe § 21 Anm. 13 FlG.

Der Geltungsbereich der Verbote gemäß § 21 FlG. beschränkt sich auf „gewerbsmäßige Zubereitung". Über diesen Begriff s. § 21 Anm. 3 und 4.

b) **Konservierungsmittel, Entsäuerungsmittel und Farbstoffe.** Sie sind im Bereich des § 21 FlG. durch die ihn ergänzende VO. in ihrer heutigen Gestalt so weitgehend verboten, daß für die erlaubte Verwendung solcher Mittel und Verfahren nur ein engbegrenzter Spielraum bleibt.

Über die Art und Wirkung der hiernach verbotenen Stoffe und Verfahren (S. 969) finden sich eingehende Ausführungen in dem Aufsatz von E. Rost: Konservierungsmittel, künstliche Farbstoffe und sonstige besondere Zusatzstoffe und Bestandteile" in Bd. I, S. 993, dieses Handbuches.

Auf diesen Aufsatz sei zur Vermeidung von Wiederholungen hier im allgemeinen verwiesen. Es handelt sich zum größten Teil um seit Jahren eingebürgerte Verbote, deren Geschichte in § 21 FlG. Anm. 11b und 12 kurz gestreift wird.

Hier sei, weil für die heutige Praxis von besonderer Bedeutung, folgendes hervorgehoben:

1. Benzoesäure und deren Verbindungen sowie Abkömmlinge der Benzoesäure (einschließlich Salicylsäure) und deren Verbindungen sind seit dem 1. April 1935 durch § 1 Abs. 1 Nr. 1b der VO. von 1934 in jeder Form und unter jedem Namen aus der gewerbsmäßigen Verwendung bei Fleisch- und Fleischerzeugnissen jeder Art verbannt.

2. Das gleiche gilt seit der ergänzenden VO. vom 9. Mai 1935 für Säuren des Phosphors, deren Salze und Verbindungen sowie für Aluminiumsalze und Aluminiumverbindungen, also auch für Phosphorsaures Natrium, Essigsaure Tonerde und Aluminiumsulfat. Sie wurden nach dem Aufsatz von A. Beythien „über fleischrötende Chemikalien" in NMR. 1935 S. 77 ebenso wie Benzoesäure mehr oder weniger zur Herstellung von Hackfleisch, Schabefleisch, Gewiegtem usw. als Bestandteile von „Hacksalzen", und „Präservesalzen" angeboten und verwendet.

Unter solchen und ähnlichen Bezeichnungen, allein oder in Verbindung mit Firmenzusätzen oder Phantasienamen, versteckten sich vielfach die vorerwähnten Chemikalien.

Da ihre Verwendung jetzt schlechtweg verboten ist, bedarf es keiner eingehenden Erörterungen mehr, inwieweit den zu 1 und 2 erwähnten Stoffen die Fähigkeit innewohnt, Bakterien zu töten oder ihre Entwicklung zu hemmen, oder inwieweit sich ihre Wirkung darin erschöpft, dem Frischfleisch — namentlich in zerkleinertem Zustande — den äußeren Anschein der Frische länger zu erhalten, als das Fleisch dieses Aussehen sonst behalten hätte. Wenn dies letztere der Fall war, so wurde der Verbraucher über eine wesentliche Eigenschaft des Fleisches, seine Frische, getäuscht; es wurde ihm die Möglichkeit vorenthalten, die mangelnde Frische an ihren warnenden natürlichen Anzeichen zu erkennen. (Vgl. hierzu RG. 3. Oktober 1911 in Auszüge 1921, 9, 687; OLG. Kiel 23. Juni 1904 in Auszüge 1908, 7, 606; KG. 17. März 1908 in Auszüge 1912, 8, 978.) Solches Fleisch war also verfälscht i. S. des § 4 LMG. und durfte nur unter deutlicher Erkennbarmachung der die Täuschung bewirkenden Mittel vertrieben werden. Hierzu reichten vielfach die verwendeten Ladenanschläge nicht aus, weil sie die wirksamen Bestandteile verschleierten oder in irreführender Weise (§ 4 Nr. 3 LMG.) verharmlosten.

Über diese Fragen, die in den letzten Jahren in Gutachten und Gerichtsurteilen eine große Rolle spielten, findet sich Material bei Beythien (NMR. 1935, S. 77). Auch Rost geht in Bd. I des Handbuches S. 1027 auf die Fragen ein.

3. Das vorerwähnte Material kann wieder Bedeutung gewinnen für die rechtliche Beurteilung neu aufkommender Konservierungsmittel, die noch nicht durch VO. gemäß § 21 FlG. schlechthin verboten sind. So berichten Dr. Eble und Dr. Friedenberger in einem Aufsatz in der „Zeitschr. Fleisch- u. Milchhyg." vom 1. Oktober 1935, Heft 1 über einen neuerdings aufgetauchten „Konservierungszusatz Animalin" („mit Rauch" und „ohne Rauch"), der Ameisensäure und Weinsäure als wirksame Bestandteile enthält, die nicht durch die VO. zu § 21 FlG. verboten sind und von denen nicht feststeht, wieweit ihre Verwendung bei Fleischerzeugnissen durch die in Vorbereitung befindliche Konservierungs-VO. betroffen werden wird.

4. Salpetrigsaure Salze, die durch die am 14. Dezember 1916 (RGBl.
S. 1359) geänderte Fassung der VO. zu § 21 FlG. (s. § 21 Anm. 12) verboten
worden waren, sind aus der VO. in ihrer heutigen Fassung verschwunden. Die
Frage ihrer Zulässigkeit hat jetzt eine nicht mehr auf Fleisch beschränkte,
sondern auf den gesamten Lebensmittelverkehr abgestellte Lösung in dem sog.
Nitritgesetz vom 19. Juni 1934 (RGBl. I S. 513) gefunden. Wortlaut, amtl.
Begründung und kurze Erläuterung dieses Gesetzes finden sich auf S. 995f.

Nach § 6 des Nitritgesetzes darf Nitritpökelsalz, dessen Begriffsbestim-
mung in § 3 ebenda gegeben ist, nur bei der „Zubereitung von Fleisch sowie von
Fleisch- und Wurstwaren" verwendet werden, nicht aber bei zerkleinertem
Fleisch (Schabefleisch, Hackfleisch, Hackepeter).

5. Salpeter und Salz befinden sich nicht unter den durch § 21 FlG. und die zugehörige
VO. verbotenen Stoffen. Die in Nr. 47 des Reichsanzeigers für 1902 (1 Beilage) wieder-
gegebene technische Begründung der VO. vom 18. Februar 1902 hat Kochsalz, Salpeter
und die beim Räuchern entstehenden Produkte als „durch lange Übung eingebürgerte
Konservierungsmittel" in Gegensatz zu allen anderen chemischen Konservierungsmitteln
gestellt, denen man mißtrauisch gegenüberstehen müsse, bis ihre Unschädlichkeit erwiesen
sei. (Siehe hierüber weiteres unter Nr. 6.) Die Verwendung von Salpeter und Salz darf
indessen nur bei den Fleischerzeugnissen erfolgen, die dadurch nicht nach der Verkehrsanschauung zu verfälschten i. S. des § 4 LMG. werden; das wäre z. B. der Fall, wenn „Hack-
oder Schabefleisch" im Fleischerladen, wo unter solchen Bezeichnungen frisches Fleisch
ohne jeden Zusatz erwartet wird, mit Zusatz von Salpeter und (oder) Salz verkauft würde.
In diesem Sinne haben entschieden z. B. LG. Elberfeld 14. Januar 1910 und OLG.
Düsseldorf 12. März 1910 (Auszüge 1912, 8, 999) und LG. Frankfurt a. O. 28. Juni 1911 und
13. September 1912 (Auszüge 1912, 8, 980 und 1921, 9, 689).

6. α) „Farbstoffe jeder Art" sind im Wirkungsbereich des § 21 FlG.
durch § 1 Abs. 1 Nr. 1h der VO. vom 30. Oktober 1934 schlechtweg verboten.
Ausgenommen sind lediglich gesundheitsunschädliche Farbstoffe zur Gelbfärbung
von Margarine und der Hüllen derjenigen Wurstsorten, bei denen die Gelbfärbung
herkömmlich und als solche ohne weiteres als künstlich erkennbar ist. Gedacht
ist dabei an die in Süddeutschland herkömmlichen „Gelbwürste", Leberwürste
mit citronengelben dickwandigen Häuten, die ein Durchdringen der Farbe in
das Füllsel nicht gestatten, auch nicht mitgegessen werden.

Da auch die als Wursthüllen verwendeten Därme, gleichviel ob sie mitgegessen werden oder nicht, nach § 4 FlG. in Verbindung mit ABD. § 1 und § 3
Abs. 4 (abgedruckt S. 977) zur Wurst und damit zum Fleisch gehören, erstreckt
sich das Verbot der Verwendung von Farbstoffen nicht nur auf Fleisch in ganzen
Stücken oder in gehacktem Zustand und auf die Füllmasse der Wurst, sondern
auch auf ihre Darmhülle. Sonst wäre die auf die Gelbfärbung von Wursthüllen
abgestellte Ausnahmevorschrift in § 1 Abs. 2 der VO. vom 30. Oktober 1934
nicht erforderlich gewesen. Vgl. hierzu die eingehenden Darlegungen von
Juckenack in Z. Beil. 1925, 17, 1. Diese enthalten auch (zum Teil im Wortlaut)
das wesentliche aus der Amtl. Begr. des § 1 Abs. 2 der VO. zu § 21 in ihrer Fassung
vom 4. Juli 1908, die insoweit mit der heutigen sachlich übereinstimmt.

Verboten ist somit durch § 1 Abs. 1 Nr. 1h der VO. auch die Verwendung
sog. „Räucherfarben" zur Außenfärbung von sog. Brüh- und Räucher-
würsten, als da sind: Saitenwürstchen, geräucherte Bratwürste, Frankfurter
Würste, Wiener Würstchen (KG. 31. August 1925 in Z. Beil. 1925, 17, 133),
Mettwürste, Knackwürste usw.

Bei Würsten dieser Art handelt es sich nämlich nicht um eine ausgesprochene
Gelbfärbung; die Färbung ist bei ihnen auch nicht herkömmlich und schließlich
nicht als künstlich ohne weiteres erkennbar. Es wird vielmehr durch die Färbung
vorgetäuscht, daß gar nicht oder nur schwach geräucherte Würste einer
wirkungsvollen Räucherung und der Vorzüge einer solchen teilhaftig geworden
wären, nämlich größerer Dauerhaftigkeit und eines gewissen Wasser-Gewichts-

verlustes. Deshalb bedeutet die Verwendung von Räucherfarben in der Regel zugleich auch (§ 21 FlG. Anm. 13) eine gegen §§ 4, 12 LMG. verstoßende Verfälschung. Vgl. hierzu LG. III Berlin 22. September 1925 über durch Darmfärbung verfälschte „Jagdwurst" in Z. Beil. 1925, **17**, 205; siehe auch RG. 28. November 1916 in Z. Beil. 1917, **9**, 194.

Die **Braunfärbung** oder **Schwarzfärbung** der Hüllen von **Blutwurst** muß der gleichen Beurteilung unterliegen.

Der rechtliche Gesichtspunkt der Verfälschung war vor dem glatten Verbot der Verwendung von Farbstoffen durch die VO. zu § 21 ausschlaggebend für die strafrechtliche Behandlung der **Räucherfarben** (s. z. B. KG. 1. November 1907 in Z. Beil. 1925, **17**, 4 und Auszüge 1912, **8**, 1011).

β) Nach dem Entwurf der in Aussicht genommenen VO. über Konservierungsmittel soll (§ 2) der „beim Räuchern entstehende Rauch" nicht zu den verbotenen Konservierungsmitteln gehören (s. hierzu auch oben unter Nr. 5). Dadurch soll nach der Begründung zu § 2 zum Ausdruck gebracht werden, daß nur der Rauch als solcher, aber nicht die hierbei entstehenden wirksamen Stoffe (Formaldehyd, Kresol usw.) unmittelbar und losgelöst von einem Räuchervorgang Verwendung finden dürfen. Es soll also verboten sein „z. B. das Bestreichen der Fleischwaren mit künstlichen Räuchermitteln, wie Holzessig (sog. Schnellräucherverfahren), wodurch **vielfach** nur eine Räucherung vorgetäuscht werden soll." Unter Bezeichnungen wie **Teewurstwürze, Dauerwurstwürze, Rauchwürze, Schmokin** usw. sind im Verkehr nahezu gleich zusammengesetzte braune Flüssigkeiten angeboten worden, die in chemischer Hinsicht als wäßrige Auflösungen von 4—5% Ameisensäure und bisweilen etwas Essigsäure sowie von empyreumatischen, stark rauchartig riechenden und schmeckenden Destillationsprodukten der Holzverkohlung anzusprechen sind und nach Angabe eines der Hersteller durch Verschwelen von Wacholdersträuchern gewonnen werden.

Für die derzeitige rechtliche Beurteilung von „Räucheressenzen", die zumeist ja nicht nur der Zunge, sondern auch dem Auge eine sachgemäße Räucherung vortäuschen, gilt sinngemäß das vorstehend zu α) Ausgeführte. Immerhin wäre es denkbar, daß ein Zusatz von in andere Form übergeführten wirksamen Bestandteilen natürlichen Räucherrauchs als Würze zum Wurstgut, das selbst nur geringer Räucherung ausgesetzt wurde, besonderen Geschmacksrichtungen der Verbraucherschaft Rechnung trüge. Ein solches Erzeugnis lediglich aus Gründen vereinfachender Folgerichtigkeit als verfälscht in seiner Verkehrsfähigkeit zu beschränken, hieße dem Bedarf deckenden und erzeugenden Erfindergeist unberechtigte Fesseln anlegen.

γ) Erwähnt seien in diesem Zusammenhang die „**Naturindärme**", über welche sich ein Rundschreiben des Reichsministers des Innern vom 22. Oktober 1934 — II 3315/12.6 — und ein Runderlaß des Landwirtschaftsministers vom 5. November 1934 verhält (LWiMiBl. 1934 S. 745; siehe auch RGesundh.Bl. 1934 S. 946). Es heißt dort:

„Als Ausgangsmaterial für die Herstellung von Naturin-Därmen dienen die bei der Verarbeitung von Rinderhäuten anfallenden Spalthäute, die bekanntlich auch für die Gelatinegewinnung verwertet werden. Zur Verarbeitung kommen nur frische und naß gepökelte bzw. gesalzene Häute. Trockenhäute werden, da angeblich zu diesem Zwecke unbrauchbar, nicht verwendet. Bei der Verarbeitung ausländischen Rohmaterials werden die gesundheitlichen Belange insofern gewahrt, als nur solche Häute verarbeitet werden, die von einem tierärztlichen Gesundheitszeugnis begleitet sind. Der aus dem Rohmaterial nach besonderen Verfahren gewonnene künstliche Darm wird durch Behandeln mit einer Räucherflüssigkeit gehärtet und dann im Luftstrom getrocknet. Diese enthält zwar geringe Mengen von Formaldehyd, ohne daß aber ein unmittelbarer Zusatz von Formaldehyd oder anderen chemischen Stoffen zu der Räucherflüssigkeit stattfindet. Die Mengen sind, da außerordentlich gering, völlig bedeutungslos; sie lassen sich übrigens, wie diesbezügliche vergleichende

Untersuchungen ergeben haben, auch in im natürlichen Darm geräucherten Würsten nachweisen; die Spuren gelangen beim üblichen Räucherungsprozeß in die Räucherwaren.

Nach diesen Befunden bestehen also vom lebensmittelpolizeilichen Standpunkt gegen die Verwendung von Naturin-Därmen, sofern sie aus Häuten von gesunden Rindern hergestellt sind, keine Bedenken."

Werden künstliche Wursthüllen (ABD. § 3 Abs. 4, unten S. 978) so behandelt, daß sie eine Räucherung vortäuschen, so kann für sie nichts anderes gelten als für natürliche Därme — vollends nicht, wenn sie natürlichen Därmen verwechselbar ähnlich sehen.

δ) Außer in Fällen, wo eine Räucherung vorgetäuscht wurde, hatte die Rechtsprechung das Verbot des § 1 Abs. 1 Nr. 1h der VO. vom 30. Oktober 1934 auch noch auf andere Fälle anzuwenden: So hat AG. Spandau 18. Januar 1928 (2 D 449/27) Rote Gelatine in Schweinesülze als verbotenen Farbstoff mißbilligt. Anläßlich der Aushebung einer großen Fälscherzentrale in Dresden, die eine wäßrige Auflösung von sog. Korallenrot unter der Bezeichnung „Rotalin" oder „Rougine" nach allen Teilen Deutschlands an Fleischermeister vertrieb, verurteilte LG. Dresden am 26. Januar 1927 und 10. Oktober 1928 die Farbstofflieferanten wegen Anstiftung bzw. Beihilfe zur Nahrungsmittelverfälschung. Es befindet sich damit in Einklang mit dem Rotalin-Urteil des KG. 28. September 1925 (Z. Beil. 1925, 17, 204; vgl. auch Z. Beil. 1925, 17, 98).

ε) Auch durch Verwendung an sich erlaubter Gewürze, denen von Natur eine gewisse Farbwirkung innewohnt, kann gegen das Verbot der Verwendung von „Farbstoffen jeder Art" verstoßen werden (z. B. Safran, Paprika). Eine verständige, dem Sinn und Zweck des Verbots gerecht werdende Auslegung wird aber das Verbot nur dann auf sie erstrecken, wenn die Gewürze in einem über den Würzzweck hinausgehenden Maße „als Farbstoffe", d. h. zur Erzielung einer Farbwirkung verwendet werden. Diese von Beythien vertretene Auffassung (NMR. 1928, 66; 1930, 21; 1931, 31) hat im großen und ganzen die Zustimmung seiner Fachgenossen, der Gewerbetreibenden und der Rechtsprechung gefunden. So hat LG. Dresden 2. Juli 1927 — Z. Beil. 1928, 20, 107 — den Zusatz eines geringe Mengen Paprika enthaltenden Wurstgewürzsalzes zu Wurst (0,5%) nicht beanstandet. Größere Zusätze, besonders capsaicinarmen „edelsüßen" Paprikas, haben OLG. Dresden 12. Februar 1930 (NMR. 1931, 31) und KG. in 1 S 435/1932 (Fleischer-Verbands-Ztg. 1932, 26, 2233) als verbotswidrige Färbung beurteilt. Desgleichen LG. Leipzig 19. Mai 1913 „Rosenpaprika" in Auszüge 1921, 9, 700.

ζ) Kochsalz und Salpeter, seit alters her übliche und der Verbraucherschaft als solche bekannte Hilfsmittel zur Herstellung von Fleischdauerwaren, namentlich von Schinken und Pökelfleisch, bewirken eine Rötung des Fleisches, die sog. Salzungsröte (vgl. hierzu S. 1001, Anm. 6). Soweit die Verwendung des neueren Nitrits und damit folgerichtig auch des althergebrachten Salpeters in § 6 des Nitritgesetzes erlaubt ist, muß auch die als ihre naturgemäße Folge eintretende Farbwirkung in den Bereich des Erlaubten fallen und kann nicht unter das Verbot des § 1 Abs. 1 Nr. 1h der VO. vom 30. Oktober 1934 gebracht werden. Wie denn auch die durch erlaubte Räucherung als ihre Folge eintretende Färbung des Erzeugnisses nicht verboten sein kann (s. hierzu weiter S. 933). In der Zusammenschau müssen die verschiedenen Vorschriften eines Rechtsgebietes und letzten Endes des in einem Staatsgebiet geltenden Rechtes überhaupt eine sich wechselseitig ergänzende sinnvolle Einheit bilden.

Von der Ausnahmegestattung der Verwendung von Nitritpökelsalz (und damit auch der Verwendung von Salpeter) in § 6 des Nitritgesetzes ist nun nur „frisches Fleisch (Schabefleisch, Hackfleisch und Hackepeter)" ausdrücklich ausgeschlossen, während die Verwendung im übrigen „bei der Zubereitung von

Fleisch sowie von Fleisch- und **Wurstwaren**" erfolgen „**darf**". Also kann auch die Verwendung von Nitrit (Salpeter) bei Kochwurst und Brühwurst (s. hierzu auch S. 940) jedenfalls nach § 1 Abs. 1 Nr. 1 h der VO. vom 30. Oktober 1934 nicht **deshalb** schlechtweg verboten sein, weil sie eine Farbwirkung mit sich bringt.

Wenn im Einzelfall minderwertiges, nicht mehr frisches Fleisch hinter der Salzungsröte versteckt wird, so kann nach den Vorschriften des allgemeinen LMG. (§ 4) Bestrafung unter dem Gesichtspunkt der Herstellung oder des Vertriebs eines verdorbenen oder verfälschten Lebensmittels in Frage kommen.

Und wenn, was gerade bei **Brühwürsten** nicht selten beobachtet worden ist, die Verwendung von **Nitritpökelsalz** oder **Salpeter und Salz** in einer Art erfolgt, daß das Lebensmittel unverhältnismäßig **hohe Mengen Natrium-nitrit** enthält, so kann ein Einschreiten wegen Gesundheitsgefährlichkeit gemäß § 3 LMG. geboten sein. Auf Grund chemischer Untersuchungen hat Dr. K. Braunsdorf in der NMR. 1935, Nr. 14, S. 113 „zur Frage des Nitrit-gehalts in Wurstwaren, insbesondere Brühwürsten" Stellung genommen mit dem Ergebnis, daß die Festlegung einer Grenze für den zulässigen Salpeter-zusatz, insbesondere für Frischwurstwaren, dringend erforderlich sei. Er schlägt vor, daß der Höchstnitritgehalt für Fleisch und Wurstwaren ganz allgemein auf 15 mg-% (als Natriumnitrit berechnet) festgesetzt werde.

Ein Urteil des LG. Leipzig 4. Mai 1928 (Z. Beil. 1928, **20**, 108) hat, gestützt auf mehrere Gutachten, die Frage der Zulässigkeit von Salpeter bei Frischwurstwaren, ins-besondere bei Brühwürstchen, verneint. Denn Wurstwaren, die schnell abgesetzt würden und verbraucht werden sollten, könnten solchen Zusatz entbehren, falls nur frisches und einwandfreies Fleisch verwendet werde. Dieses Urteil hat nicht nur in Fleischerkreisen (z. B. „Fleischwaren-Industrie" 1928, Nr. 39, S. 601) Widerspruch gefunden. Es ist auch von Beythien mehrfach (z. B. Fleischwaren-Industrie 1929, S. 211) angegriffen worden mit der Begründung: alle ohne Salpeter und Kochsalz hergestellte Kochwurst habe die graue Farbe gekochten Fleisches. Solcher Wurst die „Salzungsröte" zu verleihen, sei ein alt-hergebrachter mit Zustimmung der Lebensmittelchemiker geübter Gewerbebrauch, der den Wünschen und Erwartungen der Verbraucherschaft entspreche. Ob und inwieweit das tatsächlich in den einzelnen Verbraucherbezirken der Fall ist, also eine erlaubte Schönung i. S. von ERG. **48**, 358 (teilweise abgedruckt bei Holthöfer-Juckenack S. 93) in Betracht kommt, ist die für die Zulässigkeit des in Rede stehenden Verfahrens entscheidende und wohl weitgehend zu bejahende Frage, solange es an einer Rechtssatzregelung fehlt.

4. Begriffsbestimmungen und Beschaffenheitsvorschriften durch Gewerbekreise.

Nur für wenige Fleischwaren haben die beteiligten Gewerbekreise Begriffs-bestimmungen und Beschaffenheitsvorschriften vereinbart, die nach KG. 24. Januar 1930 und 15. April 1929 (vgl. Holthöfer-Juckenack § 4 Anm. 3 b, S. 83) als das Mindestmaß dessen zu gelten haben, was der Verbraucher erwartet.

a) So hat die Fachabteilung Rohwurstfabriken der Fachgruppe Fleischwaren-industrie im Jahre 1934 unter Billigung des Reichsministeriums des Innern und des Reichsgesundheitsamtes folgende Begriffsbestimmung für **Rohwurst** auf-gestellt (vgl. Fleischwaren-Industrie 1935, Nr. 24, S. 278 und Nr. 35, S. 116):

„Rohwurst ist eine Zubereitung aus ungekochtem, zerkleinertem Muskel-fleisch und tierischem Fett unter Zusatz von Speisesalz und natürlichen Gewürzen. Zuweilen werden Salpeter, Rohr- oder Rübenzucker oder Nitrit-pökelsalz zugesetzt. Ein Zusatz von Schwarten, Sehnen oder sonstigen Binde-mitteln ist unzulässig. Die Rohwurstmasse wird in natürliche oder künstliche Därme gefüllt, getrocknet und meist geräuchert.

Als Rohwürste sind insbesondere anzusehen: Zervelat-, Schlack-, Salami-, Plock-, Schinken-, Mett- und Teewurst."

b) In der gleichen Weise vereinbarte Beschaffenheitsvorschriften für **Dosen-würstchen** finden sich in der „Fleischwarenindustrie" 1933, S. 349. Sie lauten:

„Die Grundlage für Dosenwürstchen — gleichgültig unter welcher Bezeichnung sie in den Verkehr gebracht werden — besteht aus gekuttertem Rind-
oder Kalbfleisch und Schweinefleisch mit den erforderlichen Gewürzen. Unzulässig ist die Verwendung von Innereien jeder Art und der gesonderte Zusatz von
Schwarten, Sehnen und Präparaten daraus sowie von sonstigen Bindemitteln
und anderen Stoffen."

c) Ferner gehören hierher die neuerdings geänderten Leitsätze für die
Beurteilung von **Fleischsalat** mit **Mayonnaise**, die in ihrer im Oktober 1935
geltenden Gestaltung in der „Fleischwaren-Industrie" 1935, Nr. 41, S. 484
mitgeteilt sind. — Hierbei sei auch auf die Runderlasse des Reichs- und Preußischen Ministeriums des Innern vom 7. Oktober und 13. Dezember 1935 (in
MBliV. 1935 S. 1213 und S. 1497) über den Fettgehalt von Mayonnaise hingewiesen.

5. Verdorbene Fleischwaren.

a) Daß „**Verdorbenheit**" (§ 4 LMG.) und „**Gesundheitsschädlichkeit**" (§ 3
LMG.) eng aneinandergrenzen, ist an der Stufenleiter der unangenehmen Ein-
drücke eines Lebensmittels auf den Genießenden abzulesen: Widerwillen, Ekel,
Würgen, leichtes Erbrechen, starkes länger dauerndes Erbrechen, Schlechtwerden,
in Ohnmacht Fallen. Nähere Ausführungen hierzu finden sich bei Holthöfer-
Juckenack (§ 3 Anm. 3b, S. 63) und in JW. 1933, S. 1590 sowie S. 2594.
An der letzterwähnten Stelle wird von Holthöfer unter anderem ausgeführt:

Ein Lebensmittel kann der menschlichen Gesundheit nicht nur gefährlich
werden durch die von ihm durch Kleinlebewesen oder chemische Stoffe aus-
gehenden unmittelbaren Angriffe. Auch mittelbar durch Vorstellungen, die das
Lebensmittel durch seinen äußeren Eindruck oder seine Geschichte von seiner
Entstehung bis zu seinem Verzehr hervorruft, können in dem gesunden Körper
Reaktionen mobilisiert werden, die den durch jene unmittelbaren Einwirkungen
hervorgerufenen gleichen — wie Ekel, Würgen, Erbrechen. Freilich ist nicht
schon jede Verursachung von aufsteigender Übelkeit und Ekel, vorübergehender Schmerzempfindung oder Mißbehagen eine Schädigung der Gesundheit. Ob eine solche vorliegt, ist Sache der tatsächlichen Würdigung im Einzelfall.
Siehe hierzu weiter unter b), 4.

b) 1. Inwieweit Fleisch, das als „**untauglich**" oder „**bedingt tauglich**" i. S.
der §§ 9—11 FlG. nach den Vorschriften des FlG. vom Verkehr ausgeschlossen
ist oder Verkehrsbeschränkungen unterliegt, zugleich als „verdorben", wenn
nicht gar als „gesundheitsschädlich" i. S. des LMG. zu gelten hat, ist von praktisch
untergeordneter Bedeutung, da die entsprechenden Verkehrsverbote und -ein-
schränkungen des FlG. mit eigenem Strafschutz ausgestattet sind.

2. **Fleisch ungeborener** (vgl. ABA. § 33 Abs. 2) oder **neugeborener Tiere**
(„unreifes Fleisch") hat nach älteren Urteilen des RG. vom 3. Januar 1882 und
27. September 1883 (ERG. 5, 287 und 343 und Rechtsprechung des RG. 4, 8;
5, 532) einen herabgesetzten Nahrungswert und ist deshalb als verdorben
beurteilt worden.

3. **Mäßige Abmagerung** eines Tieres bedingt nicht Verdorbenheit seines
Fleisches (Rechtsprechung des RG. 5, 510), wohl aber Abmagerung in Folge
gewisser Krankheiten oder in einem Grade, daß das Fleisch erheblich an Wert
verloren hat (RG. 22. März 1898, bei Goltdammer 46, 138). Um Fleisch gehetzter,
verendeter (gefallener, umgestandener, krepierter) oder erstickter Tiere („untauglich" gemäß ABA. § 33 Abs. 2) in den Bereich eines verdorbenen Nahrungsmittels zu versetzen, genügt nicht der bloße Umstand, daß das Tier ohne
Schlachtung gestorben ist. Es muß hinzukommen, daß es durch die erwähnten
Umstände im Nährwert herabgesetzt oder sonst nach allgemeinem Empfinden

zum Genuß von Menschen minder geeignet geworden ist (vgl. RG. 12. Januar 1882 in ERG. 5, 343). Sehr eingehend werden die hierher gehörigen Fragen unter Heranziehung der einschlägigen Rechtsprechung erörtert in RG. 31. Mai 1916 (Auszüge 1921, 9, 685).

4. Daß überhaupt eine Fleischware in den Bereich des verdorbenen Lebensmittels dadurch kommen kann, daß sie zwar rein stofflich (vom chemischen Standpunkt aus) normal geblieben ist, aber Einwirkungen ausgesetzt gewesen ist, die sie dem Durchschnittsverbraucher ekelhaft macht, ergibt sich aus dem zu a) Ausgeführten. Dies gilt auch dann, wenn der Verbraucher von jenen Einwirkungen nichts „weiß, sie nicht schmeckt, riecht oder sonst wahrnimmt. Denn gerade die Täuschung ist es ja, der die Strafbestimmung entgegentreten will. Es ist also die Schätzung entscheidend, die dem Nahrungs- oder Genußmittel zugestanden würde, wenn seine wahre Beschaffenheit bekannt wäre". (So: ERG. 23, 409 auf S. 411 unter Nr. 3; vgl. auch KG. 12. August 1926 in Z. Beil. 1927, 19, 83). In den „Entscheidungen des OLG. München in Strafs." Bd. 6, S. 244 wird Fleisch als verdorben beurteilt, in das mit dem Munde Luft eingeblasen war. Ferner gehört hierher Fleisch, das von Mäusen angefressen ist (LG. Kempten — Auszüge 1912, 8, 923) oder von einem Hund beleckt ist; Fleisch, das in Gasthäusern einem Gast vorgesetzt wird, obwohl es Reste der einem früheren Gast zur freien Verfügung überlassenen Portion enthält (vgl. KG. 23. Juni 1927 in 3 S 167/27, mitgeteilt bei Holthöfer-Juckenack S. 98); Würste, die im — noch dazu mangelhaft gesäuberten — Waschkessel gekocht sind (OLG. Dresden 2. Februar 1933) oder die mit schmutzigem Abwasser abgespült sind oder die von Handwerkern hergestellt sind, die mit ekelerregenden Gebresten behaftet sind usw.

5. Übler Geruch kann Fleisch, schon wie es vom Tiere kommt, zum verdorbenen Lebensmittel machen.

So Phosphorgeruch (Oberstes Landgericht München 31. Oktober 1908 — Auszüge 1912, 8, 975) oder Geschlechtsgeruch (vgl. die Verf. vom 14. November 1934 in LandwMiBl. S. 762 und im RGesundh.Bl. 1934, S. 1018); ferner RdEd. des RuPrMdI. v. 24. Januar 1936 in MinBliV. 1936 S. 178.

Daß übler Geruch als Begleiterscheinung beginnender Fäulnis (haut goût) wie als Folge ungeeigneter Behandlung und Lagerung (z. B. Geruch nach Petroleum, Carbol) die Genußtauglichkeit einer Fleischware bis zur Verdorbenheit, ja Gesundheitsschädlichkeit herabsetzen kann, ist eine allgemein bekannte Tatsache.

6. Als verdorben kommen auch Fleischwaren in Betracht, die verschmutzt oder verschimmelt sind oder sonst unappetitlich aussehen, z. B. die infolge Anwesenheit des Bacillus phosphorescens leuchten oder mit einem roten Überzug von Bacillus prodigiosus behaftet sind usw.

Wurst, die in ungenügend gereinigte — oder gar noch kothaltige — Därme eingefüllt ist, ist als verdorben zu beurteilen.

7. Ungeeignete Fütterung eines Tieres (z. B. fortgesetzte Fütterung eines Schweines mit unentöltem Fischmehl) kann seinem Fleisch eine für Auge und Zunge des Menschen so widerliche Beschaffenheit verleihen, daß das Fleisch als verdorbenes Lebensmittel zu beurteilen ist. Vgl. hierüber den Aufsatz „Das Fischmehl als Futtermittel" in der „Fleischwarenindustrie" 1936, S. 31.

8. Die Verwendung verdorbenen Fleisches zur Herstellung einer Fleischzubereitung, etwa zu Wurst, wird diese Zubereitung in aller Regel gleichfalls zum „verdorbenen" Lebensmittel machen. Wie wenig Raum für eine anderweitige Beurteilung, vollends bei Fleischwaren, bleibt, mag nachstehende Stelle aus ERG. 23, 409 auf S. 413 (Urteil vom 30. Januar 1893) beleuchten. Es handelt sich dort um Bier, in dem versehentlich eine Katze, Ratte oder Maus mitgesotten war.

„Werden alle diese ungehörigen Beimischungen nicht durch den Klärungs- und Gärungs-
prozeß entweder in Elemente des normalen Bieres umgewandelt oder vollständig ausgeschieden und genügt das Zurückgebliebene, die Tauglichkeit des Bieres zum Genuß nach
allgemeiner (nicht auf chemische und medizinische Gesichtspunkte beschränkter) Anschauung zu vermindern (wenn auch nur durch Ekelerregung) so liegt, wenn solches Bier
unter Verschweigung seiner Verunreinigung verkauft wird, der objektive Tatbestand des
§ 10 des (alten) Nahrungsmittelgesetzes unzweifelhaft vor, ohne weitere Rücksicht auf die
Art und den Grund und das Maß der Verunreinigung."

6. Nachgemachte oder verfälschte Fleischwaren.

Hiervon ist bereits in dem Vorstehenden mehrfach die Rede gewesen.
Denn Zuwiderhandlungen gegen die dort. erörterten Verbote der Herstellung
und des Vertriebs gesundheitlich bedenklicher (2, 3) oder verdorbener (5 ff.)
Fleischwaren berühren sich vielfach mit Verstößen gegen die in § 4 Nr. 2 und 3
LMG. enthaltenen Vorschriften, die Täuschungen in Handel und Verkehr durch
den Vertrieb nachgemachter und verfälschter Waren zu hindern bestimmt sind.

Die Begriffe „nachgemacht" und „verfälscht" bedeuten auf dem Gebiete
der Fleischwaren nichts anderes als sonst. Siehe hierzu S. 531.

Wo keine unbedingten Verkehrsverbote bestehen (vgl. oben unter 2 und 3),
dürfen nachgemachte, verfälschte und verdorbene Waren nur unter deutlicher
Kenntlichmachung vertrieben werden (§ 4 Nr. 2 LMG.).

a) Als Verfälschung kommt in Betracht die **Beimischung von Fremdstoffen**
zu Fleischwaren, insbesondere zu Wurst, die — nach der an redlichem Hand-
werks- und Handelsbrauch gebildeten Verkehrsanschauung der Verbraucherschaft
— in Ware dieser Art nicht hineingehören.

1. Stärkehaltige Stoffe. „Hackfleisch", „Schabefleisch", „Gewiegtes" wird durch Zusatz von Mehl, der allerdings in neuerer Zeit kaum
mehr beobachtet ist, verfälscht. Das gleiche gilt vom Zusatz von Kartoffeln,
über den LG. I in Berlin 8. März 1919 (in **Z.** Beil. 1922, **14**, 146) zu befinden hatte.
Das Sächsische Innenministerium hat sich unter dem 4. Februar 1925 (**Z.** Beil.
1925, **17**, 41) gegen den Vertrieb von „Corned beef hash", ein Erzeugnis amerikanischen Ursprungs mit einem Zusatz von 50% gekochter Kartoffeln, gewendet.

Über die Nichtzulässigkeit eines Zusatzes von Salpeter und Salz siehe oben
S. 932 unter 5.

Denn „Hackfleisch" usw. ist nach der Verkehrsanschauung lediglich
zerkleinertes Fleisch der quergestreiften Muskeln von Rind, Schwein oder Kalb
ohne jeglichen Zusatz. Wer dagegen „Beefsteak tartare" oder „Hackepeter"
verlangt, erwartet ein mit Salz, Pfeffer, Zwiebeln und den sonst üblichen Zutaten
gewürztes genußfertiges Hackfleisch.

2. Grütze, Semmel, Mehl und sonstige stärkehaltige Pflanzenstoffe
gehören auch grundsätzlich nicht in Wurstwaren; sie verfälschen dieselben.
Es sei denn, daß es sich um Wurstsorten handelt, die das Vorhandensein derartiger Zusätze in ihrer Bezeichnung klar zum Ausdruck bringen (z. B. Semmel-
wurst, Semmelleberwurst, Grützwurst, Reiswurst, Kartoffelwurst, Blutwurst mit
Graupen, Wurstbrot) oder sich unter ortsüblichen Namen in ortsüblicher
Beschaffenheit an einen mit dieser Beschaffenheit vertrauten Verbraucherkreis
wenden. Die Amtl. Begr. zu § 2 Nr. 3 des Entwurfs einer „VO. über Bindemittel für Wurstwaren" (1931 in Berlin im Verlag Julius Springer erschienen)
nennt als Beispiel die in Berlin bekannte „frische Blut- oder Leberwurst",
die außerhalb Groß-Berlins mindestens den Zusatz „Berliner frische Blutwurst"
tragen müsse, um den Käufer auf eine besondere Beschaffenheit dieser Wurstart
hinzuweisen und vor Täuschung zu bewahren. Auf die erwähnte Amtl. Begr.,
die weitere Einzelheiten zu der hier erörterten Frage bringt, sei im übrigen verwiesen.

„Erbswurst", Pilzwurst" und ähnliche Lebensmittel, die lediglich in Wurstform hergestellt werden, bringen durch ihre Bezeichnungen dem hierüber hinreichend unterrichteten Verbraucherkreis zum Ausdruck, daß sie im wesentlichen pflanzliche Erzeugnisse enthalten und nicht Fleisch mit den üblichen Zutaten.

3. Sonstige Wurstbindemittel.

Über die derzeitige Rechtslage auf diesem Gebiet finden sich bei HOLTHÖFER-JUCKENACK Erg 1936, S. 45 folgende Ausführungen:

Der Entwurf der VO. über Bindemittel für Wurstwaren (Fundort siehe vorstehend unter Nr. 2) will **Eigelb** aus unversehrten frischen Eiern oder Kühlhauseiern ausdrücklich als Bindemittel zulassen, **Eiereiweiß** (Eiklar) aber ebenso wie **Magermilchpulver** oder **Casein** ausschließen. Dabei wird in der Amtl. Begr. ausgeführt, daß im Nährwert von Fleischeiweiß und Casein kein erheblicher Unterschied besteht, aber kein Käufer diese Stoffe in der Wurst vermutet und der Zusatz solcher Bindemittel es möglich machen würde, den Wurstwaren beträchtliche Mengen Wasser einzuverleiben sowie schlechtbindiges minderwertiges Fleisch zu Wurst zu verarbeiten und der Ware gleichwohl eine — wertvollere Beschaffenheit vortäuschende — Schnittfestigkeit zu verleihen.

Über die Frage der Zulassung von Eiweißbindemitteln aus Milch konnte noch keine allgemeine Einigkeit erzielt werden. Es ist dabei gegenüber den vorerwähnten für ihre Ablehnung vorgebrachten Gründen auch der Gedanke ins Spiel gebracht worden, daß Magermilchpulver und Casein, die aus der Milch stammten, dem Wurstgut schließlich doch artnäher seien als Hühnereier. Beides auszuschließen, könnte aber die Wurstversorgung der Bevölkerung beeinträchtigen in Zeiten, wo für die nicht zum sofortigen Verzehr gelangenden Wurstarten auch das schlechtbindende Fleisch alter Kühe mitverwendet werden muß.

Solange es an einer reichsrechtlichen Regelung fehlt, bleibt die durch redlichen Gewerbegebrauch beeinflußte Erwartung der jeweils in den verschiedenen Gegenden des Reichs in Frage kommenden Verbraucherkreise die maßgebende Norm. Die herrschende Meinung in der Rechtsprechung betrachtet die Verwendung von Eiweißbindemitteln, abgesehen von frischen Eiern, als den Genußwert verschlechternde Verfälschung. So z. B. Oberstes Landesgericht München 17. April 1909 und OLG. Karlsruhe 19. Juni 1909 (LMZ. Beil. 1912, 4, 77 u. 81). Diese herrschende Meinung kommt auch zum Ausdruck in dem Urteil des RG. vom 27. November 1934 (III. Zivilsenat Nr. 153/34), das sich mit einem Wurstbindemittel zu befassen hatte, das im wesentlichen aus Knochenbrühe und Magermilch — beide eingetrocknet — bestand. Es heißt dort: „Wenn behauptet werde, die Verwendung dieses Erzeugnisses laufe auf eine Streckung der aus Fleisch hergestellten Erzeugnisse hinaus, es sei ein gegenüber Fleisch- und Wurstwaren geringer zu bewertender Stoff, so werde nach den Feststellungen des Kammergerichts diese Auffassung des Reichsgesundheitsamtes von Sachverständigen und Gerichten geteilt; sie habe auch bei einer Besprechung des Reichsgesundheitsamts mit berufenen Vertretern der deutschen Fleischwarenindustrie, des Fleischergewerbes und der Handels- und Hausfrauenorganisationen sowie bei einer Beratung im Reichsgesundheitsrat Billigung gefunden."

In dem gleichen Urteil behandelt das Reichsgericht die Frage der **ausreichenden Kenntlichmachung** (§ 4 Nr. 2 LMG.) einer durch ein Bindemittel der vorbezeichneten Art verfälschten Wurst. Es hält mit dem Kammergericht die Bezeichnung des Zusatzes als „Trockenprodukt aus Fleischextraktivstoffen und fettfreier Frischmilch" wegen ihrer reklamehaften, irreführenden Aufmachung für ungenügend. Dann heißt es weiter: „Eine unzweideutige Aufklärung der Käufer von Wurst über die wirklichen Bestandteile (des Bindemittels) würde aber ersichtlich den Absatz der einen Zusatz davon enthaltenden

Wurst so sehr beeinträchtigen, daß sich die Verwendung (des Bindemittels) nicht mehr lohnte. Eine solche Kennzeichnung kommt also praktisch ... nicht in Frage.

Unverständlich ist es, wenn die Revision ausführt, das Gesetz selbst gehe von der Durchführbarkeit der Kenntlichmachung aus, wenn es diese vorschreibe; andernfalls wäre das Gesetz unsinnig ... Das LMG. nimmt aber selbstverständlich nicht an, daß bei allen verfälschten Lebensmitteln eine (die Verfälschung hinreichend ersichtlich machende) Kenntlichmachung möglich sei. Nur wo sie möglich ist und dann auch wirklich vorgenommen wird, entfällt die Strafbarkeit. Zu den Lebensmitteln, bei denen eine ausreichende Kenntlichmachung von Zusätzen nicht angängig ist, gehört nach der Auffassung des Berufungsgerichts Wurst."

4. **Wasserzusatz** zu Hack- oder Schabefleisch ist unzulässig und als Verfälschung anzusehen.

„Hingegen ist ein Wasserzusatz (Schüttung) bei der Herstellung von Fleischbrühwürsten, wie z. B. Wiener-, Bock-, Frankfurter Würstchen, herkömmlich und zulässig. Die Höhe der Schüttung ist je nach der Wurstart, den örtlichen Gebräuchen und der Art des verwendeten Fleisches verschieden.

Auch bei Fleischkochwürsten, wie z. B. Schinken-, Lyoner-, Mortadellawurst, ist ein Wasserzusatz vielfach ortsüblich und in solchen Fällen zulässig; er ist jedoch erheblich geringer als bei den Fleischbrühwürsten.

Da sich für den höchstzulässigen Wasserzusatz bei allen hier in Betracht kommenden Wurstarten einheitliche Festsetzungen nicht treffen lassen, so gelten bis auf weiteres die örtlichen Festsetzungen und in Ermangelung solcher der örtliche Brauch des reellen Gewerbes. Maßgebend für die Beurteilung eines unzulässigen Wasserzusatzes ist nicht die dem Wurstgut zugesetzte Wassermenge, sondern der in der verkaufsfertigen, feilgehaltenen oder verkauften Ware vorhandene übermäßige Wassergehalt."

So lauten die „Allgemeinen Grundsätze", die mit dem Erlaß der Preußischen Minister für Volkswohlfahrt, für Landwirtschaft und für Handel und Gewerbe vom 18. April 1925, ergänzt durch den Erlaß vom 24. August 1925 (Z. Beil. 1925 S. 84 und S. 121), den Preußischen Regierungspräsidenten mitgeteilt worden sind. Dem Erlaß waren außerdem beigefügt eine Anweisung zur Probeentnahme und chemischen Untersuchung von Hack- und Schabefleisch, von Fleischbrühwürsten und Fleischkochwürsten für die Feststellung und Beurteilung ihres Wassergehaltes und eine Erläuterung des Reichsgesundheitsamtes hierzu und zu den „Grundsätzen".

Dieser Preußische Erlaß bezweckte zunächst eine Nachprüfung der Zuverlässigkeit der sog. Federschen Zahl, die auch heute noch als das führende Hilfsmittel zur Ermittlung der Höhe des Fremdwasserzusatzes gilt — trotz mancher dagegen gerichteter Angriffe, von denen LG. Schwerin 13. August 1931 und die Besprechung dieses Urteils in der „Fleischwaren-Industrie" 1931, S. 467 Kunde geben.

Die oben aus dem Erlaß der Preußischen Minister mitgeteilten Sätze geben die heutige Rechtslage, bei welchen Wurstarten Fremdwasserzusatz nicht ohne weiteres eine Verfälschung bedeutet, zutreffend wieder. Eine gewisse Rechtssicherheit über die zulässige Höhe des Fremdwasserzusatzes ist dadurch herbeigeführt worden, daß behördliche Festsetzungen ihn für die Gebiete einzelner Länder oder Bezirke der größeren Länder zahlenmäßig festgelegt haben — und zwar unterschiedlich für „Kochwürste" und „Brühwürste", zum Teil mit weiterer Abstufung für „Dosenwürste". Die zugelassenen Werte schwanken zwischen 6 und 16% höchstzulässigem Fremdwasserzusatz im verkaufsfertigen Erzeugnis bei Kochwurst, zwischen 10 und 25% bei Brühwurst.

Eine Zusammenstellung der bis jetzt bestehenden behördlichen Festsetzungen findet sich bei A. BEHRE, Kurzgefaßtes Handbuch der Lebensmittelkontrolle, Bd. I, S. 294. Leipzig: Akademische Verlagsgesellschaft 1931.

Soweit solche behördlichen Maßnahmen fehlen, hat die Rechtsprechung die Beurteilung innerhalb ähnlicher Grenzen vorgenommen. Unter anderem hat RG. 16. September 1926 (Z Beil. 1926, 18, 148) gebilligt, daß eine Knoblauchwurst mit 29% Fremdwasser vom LG. Gleiwitz als verfälscht beurteilt worden ist. OLG. Breslau 18. Mai 1923 (Z Beil. 1923, 15, 156) hat eine Knoblauchwurst mit 34% Fremdwasser in der gleichen Weise beurteilt. In beiden Urteilen ist die Höchstgrenze zulässigen Fremdwassers mit 20% angenommen. Hiervon geht auch KG. 15. September 1922 (Z. Beil. 1922, 14, 147) bei Schinkenwürsten aus, die — entsprechend Federzahlen von 6, 4 bzw. 13,8 — 30 bzw. 44% Fremdwasser aufwiesen.

Für Fleischwurst nimmt LG. Würzburg 3. September 1923 (Z. Beil. 1923, 15, 161), für Knackwurst LG. Altona 13. September 1923 (Z. Beil. 1924, 16, 16) gleichfalls eine Höchstgrenze von 20% an.

LG. Koblenz 26. Oktober 1927 (Z. Beil. 1928, 20, 113), das über eine Fleischwurst mit 30% Fremdwasser zu urteilen hatte, kam zur Annahme einer Verfälschung, weil höchstens 17% Fremdwasser als zulässig anzusehen sei.

Nach Mitteilungen von BEYTHIEN (NMR. 1931, S. 85) können sich die Fleischermeister mit behördlichen Festsetzungen und gerichtlichen Urteilen der mitgeteilten Art wohl abfinden.

5. Daß z. B. in Trüffelwurst Trüffel keine unzulässigen Fremdstoffe sind, sondern im Gegenteil hineingehören, bedarf keiner näheren Erörterung. „Trüffelwurst" mit Rothäubchen ist von M. BRÜLLAU (Z. 1933, 65, 645) beobachtet worden; sie ist als nachgemacht oder verfälscht zu beurteilen.

b) Die Verwendung **minderwertiger Fleischarten** oder Tierteile macht die Wurstsorten, in denen sie nach redlichem Gewerbebrauch (vgl. z. B. über Rohwurst, Dosenwurst oben S. 935) von der Verbraucherschaft nicht erwartet werden, zu verfälschten oder nachgemachten Lebensmitteln.

1. So ist, weil unter „Wurst" von normaler Beschaffenheit lediglich ein Gemenge von Kalb-, Rind- oder Schweinefleisch mit Blut und Gewürzen zu verstehen sei, vom RG. 22. Juni 1917 (Auszüge 1921, 9, 698) eine „Sparwurst" wegen der Verwendung von Walfischfleisch als nachgemacht beurteilt worden. Nachgemacht oder verfälscht ist auch Wurst, die Ziegen-, Einhufer- oder gar Hundefleisch (ERG. 21, 437) enthält. Sie darf also nur unter deutlicher Kennzeichnung ihrer von der Norm abweichenden Beschaffenheit vertrieben werden.

2. Häufiger sind Fälle zur gerichtlichen Entscheidung gelangt, in denen Wurst durch Mitverwendung von Körperteilen der üblichen Schlachttiere, die als unappetitlich oder minderwertig gelten, gegenüber einer Normalware verschlechtert war.

Geschlechtsteile, bei Schweinen einschließlich des Nabelbeutels, und Afterausschnitte, die nach der heutigen Fassung des § 36 ABA. stets als zum menschlichen Genuß untauglich anzusehen sind, ferner Augen und Ohrenausschnitte, die nach der gleichen Vorschrift in keiner Form zum menschlichen Genuß verwendet werden dürfen, machen jede Fleischzubereitung und jede Wurstart, in der sie mitverarbeitet sind, zum verfälschten, wenn nicht gar zum verdorbenen Lebensmittel. Verfälschung bei Verwendung von Ohrausschnitten (Ohrmuscheln) zur Herstellung von Schwartemagen nimmt z. B. an OLG. Stuttgart 6. Oktober 1913 (Auszüge 1921, 9, 706).

Über die Verwendung solcher Teile zu organtherapeutischen Zwecken siehe SCHRÖTER-HELLICH I 6 A, Anm. 2 zu ABA. § 36 und RdErl. des RuPrMdI. v. 27. Mai und 3. Dezember 1935 („Fleischwarenindustrie" 1936 Nr. 15 S. 174).

3. Rohwurst (Begriff: S. 935) wird durch Hinzunahme von Innereien zum Wurstgut verfälscht. Bei Leber-, Blut- und Sülzwurst gehören Teile des Tierkörpers zur normalen Beschaffenheit, deren Verwendung bei anderen Wurstsorten eine Verfälschung bedeutet.

Bei der Beurteilung der Konsumwurstsorten spielen örtliche Gepflogenheiten und die dadurch bedingte Erwartung der Verbraucherschaft eine entscheidende Rolle. So ist z. B. für die Stadt Dresden am 28. April 1932 durch Vereinbarung des Wohlfahrtspolizeiamtes mit der Fleischerinnung als Ortsgebrauch festgestellt worden, daß die an sich zulässigen Schlachtabgänge, Lunge, Magen und Darm, in Kalbs-, Delikateß-, Trüffel-, Sardellen-, Schalotten- und ausgesprochen teurer Leberwurst nicht enthalten sein dürfen.

Für Fleischwurst wird die Verwendung dieser Abgänge wohl allgemein als unzulässig erachtet, für andere Würste nur in beschränktem Maße als erlaubt angesehen.

Schwartemagen, der statt aus Fleisch, Schwarten und Speck im wesentlichen aus Kuttelflecken und Fett oder aus Leim und Haut bestand, ist — weil diese Bestandteile überwogen — in den Urteilen des RG. 15. Mai 1882 (Auszüge 1900, 4, 485) und des OLG. Köln 27. Oktober 1906 (ebenda 1908, 7, 635) sogar als nachgemachtes Nahrungsmittel beurteilt worden. Näheres hierüber im Abschnitt: Histologische Untersuchung S. 792.

c) Inwieweit **Fleischabfälle** aus der Werkstatt (z. B. von der Schinkenzurichtung) oder aus dem Laden (z. B. bei der Herrichtung eines bratfertigen Lendenstücks) zur Bereitung von Wurst verwendbar sind, ohne diese zum verdorbenen oder verfälschten Erzeugnis zu machen, läßt sich nur nach den Umständen des Falles beurteilen. Man mag dabei beispielsweise denken an Aufbewahrung im Abfallkorb unter dem Ladentisch, an sorglich beiseite gelegte trockene Anschnittstellen, an sonst einwandfreie, lediglich zur Formgebung abgeschnittene Randstücke usw.

d) **Umarbeitung alter Würste** zu neuen Würsten bedeutet im allgemeinen mindestens eine Verfälschung der neuen Würste. Nur in begrenzten Ausnahmefällen läßt sich eine günstigere Beurteilung rechtfertigen. So hält es z. B. das Dresdener Untersuchungsamt nur für zulässig, wenn beim Kochen zerplatzte oder sonst verunglückte Blut-, Leber- oder Brühwurst innerhalb höchstens 24 Stunden nach dem Abwaschen und völliger Entfernung der Schale zur Herstellung von Würsten der gleichen Art benutzt werden. In dieser Begrenzung will auch LG. Bonn 3. Oktober 1910 (Auszüge 1912, 8, 1026) eine Umarbeitung alter Wurst zulassen, während es die Umarbeitung 8 Tage alter, teils angelaufener, teils zerfallener und klebriger Leberwurst mit Strafe belegte. Auch RG. 4. Januar 1915 (Auszüge 1921, 9, 709) und LG. München 28. November 1910 (Z. Beil. 1913, 5, 173) behandeln ähnliche Fälle. Neben Verfälschung ist hier auch Verdorbenheit und Gesundheitsschädlichkeit in den Bereich der rechtlichen Betrachtung gezogen worden. Das große Schöffengericht Dresden verurteilte am 21. Oktober 1927 (Fleischer-Verbandszeitung 1932, 26, 1911) einen Fabrikanten, der aus alter Blutwurst die Speckgrieben ausgewaschen und zur Herstellung neuer Wurst benutzt hatte.

7. Irreführende Bezeichnung oder Aufmachung

an sich einwandfreier Fleischwaren steht nicht nur unter dem lebensmittelrechtlichen Verbot des § 4 Nr. 3 (Strafbest. § 12) LMG. Sie kann auch unter allgemeinen warenrechtlichen Gesichtspunkten nach den Vorschriften des Gesetzes gegen den unlauteren Wettbewerb und des Gesetzes zum Schutz der Warenbezeichnung Verpflichtung zum Schadensersatz und Strafe nach sich ziehen.

In dem Urteil vom 5. April 1935 — II 306/34 — (JW. 1935 S. 2272), dem sog. Essig-Urteil, weist R.G. nicht zum ersten Male darauf hin, daß die Beurteilung der zulässigen Bezeichnung eines Lebensmittels nach § 4 Nr. 3 LMG. zu keinem anderen Ergebnis führen kann als nach § 3 UnlWettbG., da beide Vorschriften im wesentlichen übereinstimmen. § 4 Nr. 3 LMG. schützt nämlich neben dem Verbraucher auch den redlichen Mitbewerber, und § 3 UnlWettbG. dient neben dem Schutz des Mitbewerbers auch dem Schutz der Verbraucherschaft. Vgl. hierzu HOLTHÖFER in JW. 1935 S. 2274; ferner R.G. 23. Juli 1935 in „Gewerblicher Rechtsschutz und Urheberrecht" 1935, S. 982 sowie in der „Übersicht über Schrifttum und Rechtssprechung" (Beilage zur „Deutschen Justiz") 1936 S. 38 Nr. 424.

Gegen die Verbote irreführender Bezeichnung oder Aufmachung verstößt z. B., wer Ziegenfleisch als Schaffleisch, Rindfleisch als Hirschfleisch, Schaffleisch als Rehfleisch, Hundefleisch als Schweinefleisch, Kaninchen- oder Katzenfleisch als Hasenfleisch — mehr oder weniger zubereitet — in Handel und Verkehr vertreibt.

Besondere Vorsorge trifft § 18 FlG., um die Unterschiebung von Pferdefleisch in den Fleischverkehr zu verhindern. Es muß positiv als solches gekennzeichnet werden. Wer also „Sauerbraten" aus Pferdefleisch als „Sauerbraten" schlechthin in einer Speisewirtschaft vertreibt, macht sich strafbar.

In einem Falle, wo an sich einwandfreie „Roßwürste" als „Dresdener Brühwürstchen" verkauft waren, hat R.G. 4. April 1917 (Auszüge 1921, 9, 704) den Tatbestand des § 2 der BRVO. vom 26. Juni 1916, des heutigen § 4 Nr. 3 LMG., festgestellt.

Über Würste, die zum Teil mit Pferdefleisch hergestellt sind, vgl. § 18 FlG Anm. 4.

Bei „Kasseler Rippenspeer", „Wiener Schnitzel", „Königsberger Klops" wird niemand eine Herstellung in den betreffenden Städten annehmen. Diese Bezeichnungen sind Gattungsbezeichnungen und daher für Ware einer bestimmten Art (nach § 5 UnlWettbG.) zulässig. Das gleiche nimmt KG. (28. September 1929 in 10 U 3776/29 in Z. Beil. 1929, 21, 158; siehe auch „Markenschutz und Wettbewerb" 1931, 48) für „Wiener Würstchen", an, verneint es aber für „Frankfurter Würstchen", von denen nach der Verkehrsanschauung verlangt werden müsse, daß sie im Wirtschaftsgebiet der Stadt Frankfurt a. M. hergestellt seien, selbst wenn es richtig sein sollte, daß sie eigentlich ihren Namen von einem Mann namens „Frankfurter" herleiteten. Nach CALLMANN, „Der Unlautere Wettbewerb" (2. Aufl. Mannheim-Berlin-Leipzig: J. Bensheimer 1932), S. 261, Anm. 6 rechnet auch die Bezeichnungen „Frankfurter Würstchen" ebenso wie diejenige „Westfälischer Schinken" heute zu den Gattungsbezeichnungen.

Im allgemeinen neigt die neuere Verkehrsauffassung — im Gegensatz zu einer älteren, oft allzu weitherzigen Richtung — dazu, örtliche Herkunftsangaben als das, was sie ursprünglich waren, anzusehen, nämlich als Hinweise darauf, daß der Stoff der Ware aus einem bestimmten geographischen Bezirk stamme oder die Ware das Arbeitserzeugnis des Bezirks sei (vgl. HOLTHÖFER-JUCKENACK § 4 Anm. 16 b I). Das wird man in Zweifelsfällen zu berücksichtigen haben.

So hat z. B. KG. 4. Juli 1914 (2 O 85/14 und R.G. 28. September 1915 (in Auszüge 1921, 9, 709) den Vertrieb von Wurstwaren, die nach Braunschweiger Art in Hildesheim hergestellt waren, unter der Angabe „Braunschweiger Wurst- und Fleischwarenfabrik XY, G. m. b. H. in Hildesheim" als Verstoß gegen § 3 UnlWettbG. mißbilligt, weil der Durchschnittsleser dadurch den irreführenden Eindruck erhalte, die Waren seien in Braunschweig hergestellt, dessen Wursterzeugnisse sich einer besonderen Wertschätzung erfreuen.

II. Reichsgesetz, betr. die Schlachtvieh- und Fleischbeschau.

Vom 3. Juni 1900 (RGBl. S. 547 in der Fassung des Gesetzes vom 13. Dezember
1935 RGBl. I S. 1447).

(Berücksichtigt ist ferner Art. 179 Abs. 2 der Reichsverfassung in Verbindung mit § 3
des Übergangsgesetzes vom 4. März 1919 (RGBl. S. 285) und dem Gesetz über die Aufhebung des Reichsrats vom 14. Februar 1934 (RGBl. I S. 89). „Bundesrat" ist hiernach
im Gesetzestext durch die Angabe des zuständigen „Reichsministers" ersetzt.)

*Wir Wilhelm, von Gottes Gnaden Deutscher Kaiser, König von Preußen usw.
verordnen im Namen des Reichs, nach erfolgter Zustimmung des Bundesrats und
des Reichstags, was folgt:*

Anmerkungen.

1. Geschichtliches. Die Gründe, welche eine reichsgesetzliche Regelung der Schlacht-
vieh- und Fleischbeschau für das Reichsgebiet erforderlich machten, sind in der sehr ausführlichen und mit reichem statistischem Material ausgestatteten Amtl. Begründung zu dem
Gesetzentwurf (erschienen 1899 in Carl Heymanns Verlag in Berlin W — Verlags-
archiv Nr. 2992) mustergültig zusammengetragen. Abgedruckt sind dort auch auf S. 31f.
die „Technischen Erläuterungen" zu dem Gesetz, die im Kaiserlichen Gesundheitsamt
bearbeitet waren.

Wie das Reichsgericht in ERG. 48, S. 8 ausführt, bildet „das FlG. nach seiner Entstehungsgeschichte im wesentlichen eine Ergänzung des Nahrungsmittelgesetzes vom
14. Mai 1879". Um den erheblichen Gefahren, die der Genuß verdorbenen oder von kranken
Tieren herrührenden Fleisches für die menschliche Gesundheit in sich birgt, wirksam
zu begegnen, genügten ebensowenig die ihrer Natur nach nur stichprobenweise möglichen
Kontrollen auf Grund des alten Nahrungsmittelgesetzes von 1879 wie die allgemeinen mit
Strafdrohungen versehenen Bestimmungen dieses Gesetzes und des § 367 Z. 7 des Strafgesetzbuches.

Zwar hatten im letzten Viertel des 19. Jahrhunderts, wie im Auslande, so auch im
Deutschen Reich, die einzelnen Länder (vgl. die Zusammenstellung in der Amtl. Begr.
S. 66—77) für ihr Gebiet oder Teile desselben durch Gesetze oder Polizeiverordnungen
eine mehr oder weniger ausgedehnte Untersuchung von Schlachttieren eingeführt. In
Preußen fehlten indessen allgemeinverbindliche Vorschriften. Die umfassendste Vorschrift
war eine vom Oberpräsidenten für die Provinz Hessen-Nassau unterm 1. Juli 1892 erlassene
Polizeiverordnung.

Schrittmacher für eine allgemeine obligatorische Fleischbeschau war das Preußische
Gesetz betreffend Errichtung öffentlicher — ausschließlich zu benutzender — Schlachthäuser vom 18. März 1868 (Pr. Ges. Samml. S. 277) und vom 9. März 1881 (Pr. Ges. Samml.
S. 273). Hiernach konnte in den Gemeinden, die öffentliche Schlachthäuser errichtet hatten,
durch Gemeindebeschluß Schlachthauszwang für die Schlachtungen im Gemeindebezirk
angeordnet werden. Darüber hinaus konnte unter anderem a) eine Muß-Untersuchung des
Schlachtviehs vor der Schlachtung im Schlachthaus und b) allen im Gemeindebezirk feil-
gebotenen (gleichviel wo geschlachteten) frischen Fleisches angeordnet werden. Von diesen
Befugnissen haben viele Gemeinden Gebrauch gemacht. In Preußen gab es 1899 mindestens
321 öffentliche Schlachthäuser.

Die Einführung einer einheitlichen für das ganze Reichsgebiet verbindlichen Fleischbeschau war schon 1875 von einem Ärztetag und in der Folge von Konsumenten, Produ-
zenten sowie vom Fleischergewerbe verlangt und auch vom Preußischen Abgeordneten-
hause befürwortet worden. Die Beschlüsse der betreffenden Organisationen sind auf S. 10
der Amtl. Begr. zusammengestellt. Sie hatten zur Folge eingehende Beratungen im Reichsgesundheitsamt, aus denen schließlich das jetzt noch geltende Reichsgesetz vom 3. Juni
1900 hervorging.

Die Fundorte der Verhandlungen des Reichstags über das FlG. sind bei Stenglein
S. 802, Fußnote, zusammengestellt.

Durch das Gesetz vom 13. Dezember 1935 (RGBl. I S. 1447) hat § 5 einen neuen Abs. 4
erhalten, § 14 Abs. 1 ist anderweitig gefaßt worden, hinter § 25 ist ein neuer § 25a eingefügt worden. Die amtl. Begr. dieser Änderungen — abgedruckt im Reichsanzeiger 1935
Nr. 304 vom 31. Dezember 1935 — ist in den Anmerkungen zu den betreffenden Paragraphen
mitgeteilt.

2. Der Hauptinhalt des Fleischbeschaugesetzes ist folgender: Für im Inland erfolgende
Schlachtungen sind — mit gewissen Ausnahmen bei Notschlachtungen (§ 1) und Hausschlachtungen (§ 2) — zwei Beschauen vorgeschrieben, eine am lebenden Vieh und eine
am geschlachteten Tierkörper. Sie erfolgen durch approbierte Tierärzte oder geprüfte Laien-

beschauer (§§ 1—7). Es folgen Bestimmungen über die Behandlung des bei der Untersuchung als tauglich, untauglich und bedingt tauglich befundenen Fleisches (§§ 8—11).

Sonderbestimmungen für aus dem Ausland eingeführtes Fleisch enthalten §§ 12—17, über Pferdefleisch § 18.

Die Kenntlichmachung (Stempelung) des Untersuchungsergebnisses behandelt § 19. Verteuernden und den Verkehr erschwerenden Doppeluntersuchungen wirkt § 20 entgegen. Gesundheitsschädliche Zusätze und Zubereitungsarten von Fleisch verbietet § 21.

Vorbehalte für Landesrecht (über Trichinenschau usw.) enthält § 24.

Die Strafbestimmungen finden sich in §§ 26—28.

3. a) Zahlreiche **Ausführungsbestimmungen** des Reichs und der Länder sind zu dem FlG. ergangen, und eine große Anzahl anderer Gesetze und Verordnungen berühren sich in ihrem Wirkungsbereich mit dem des FlG. An den einschlägigen Stellen der Anmerkungen zum FlG. ist auf die wichtigsten derselben hingewiesen. Aus dem Verzeichnis der Abkürzungen (oben S. 926) ergibt sich der Inhalt der Ausführungsbestimmungen A bis F des Bundesrats. Im Wortlaut zum Abdruck gelangt ist (S. 977) nur die ABD. (Ausführungsvorschrift D), welche die Untersuchung und gesundheitspolizeiliche Behandlung des in das Zollinland eingehenden Fleisches betrifft. Von den vier Anlagen zur ABD. wiederum ist in der vorliegenden Abhandlung nur die Anlage c im Wortlaut abgedruckt (S. 992); sie enthält eine Anweisung für die Probenentnahme zu chemischen Untersuchungen von Fleisch einschließlich Fett und für die Vorprüfung zubereiteter Fette. Der wesentliche Inhalt der übrigen Ausführungsbestimmungen des Reichs ist, soweit es für den Zweck des vorliegenden Handbuchs erforderlich erschien, in die Anmerkungen zu den einzelnen Gesetzesparagraphen eingearbeitet. Die Ausführungsbestimmungen des Reichs sind vollständig in ihrer Ende 1933 geltenden Fasung abgedruckt bei SCHRÖTER-HELLICH, 5. Aufl.

Dort finden sich unter anderem auch die Reichsfleischbeschau-Zollordnung (S. 456), die Vorschriften über Einfuhr von Fleisch und über die Fleischbeschau im Postverkehr (S. 498), ferner das Pr. Ausf.-Gesetz und die einschlägigen preußischen Ausführungsbestimmungen, die Gebührenvorschriften sowie die neu unterm 26. Juni 1933 (RMinBl. S. 352) ergangene VO. über die Schlachtvieh- und Fleischbeschau bei Veredlungs- und Ausfuhrschlachtungen (S. 507). An sich würden für die letzteren die für Inlandschlachtungen geltenden Vorschriften, insbesondere die ABA. maßgebend sein. Nun haben aber einzelne Auslandsstaaten, z. B. die Niederlande, für die Einfuhr von Fleisch Vorschriften erlassen, die bei voller Durchführung der für Inlandschlachtungen im deutschen Reich geltenden Vorschriften das in Deutschland geschlachtete Fleisch einfuhrunfähig machen würden. Deshalb hat man durch die VO. vom 26. Juni 1933 Vorschriften für Veredlungs- und Ausfuhrschlachtungen erlassen, die einerseits nach Möglichkeit eine einwandfreie und gesundheitsunschädliche Beschaffenheit des zur Ausfuhr gelangten Fleisches sicherstellen und andererseits Maßnahmen vermeiden, die das Fleisch nach dem Recht des Empfangsstaates von der Einfuhr dortselbst ausschließen würde.

b) Die bayrischen Belange sind in dem seit 1914 nicht neu aufgelegten Buch von BRETT-REICH-VOLZ besonders berücksichtigt.

§ 1[1].

Rindvieh[2], Schweine[2], Schafe[2], Ziegen[2], Pferde[2] und Hunde, deren Fleisch[4] zum Genusse für Menschen verwendet werden soll[5], unterliegen vor und nach der Schlachtung[6] einer ` amtlichen Untersuchung[7]. Durch den Reichsminister des Innern kann die Untersuchungspflicht auf anderes Schlachtvieh ausgedehnt werden[3].

Bei Notschlachtungen[8] darf die Untersuchung vor der Schlachtung unterbleiben.

Der Fall der Notschlachtung liegt dann vor, wenn zu befürchten steht, daß das Tier bis zur Ankunft des zuständigen Beschauers verenden oder das Fleisch durch Verschlimmerung des krankhaften Zustandes wesentlich an Wert verlieren werde, oder wenn das Tier infolge eines Unglücksfalls sofort getötet werden muß.

Anmerkungen.

[1] Die grundsätzliche Regelung in § 1 und in den auf § 1 aufbauenden §§ 2, 3, 7—11, 18 betrifft zunächst nur inländische Schlachtungen und das aus solchen gewonnene Fleisch. Sonderrecht für ausländisches Fleisch enthalten §§ 12—17, 18 Abs. 2, 25.

[2] Auch die Jungtiere (Kälber, Bullen, Ochsen, Färsen, Stärken; Spanferkel — d. h. saugende Ferkel —; Ferkel; Lämmer; Zickel; Fohlen) fallen darunter. Zeburinder und Büffel sind fleischbeschaulich wie Rinder zu behandeln; vgl. SCHRÖTER-HELLICH, S. 57.

[3] Das ist durch die BRVO. vom 10. Juli 1902 (RGBl. S. 242) geschehen, nach deren Nr. 1 „der amtlichen Untersuchung vor und nach der Schlachtung auch Esel, Maultiere und Maulesel unterliegen und die Bestimmungen in § 18 des Gesetzes auch auf Esel, Maultiere und Maulesel anzuwenden sind." S. ferner § 3 und § 24 FlG.

⁴ Begriffsbestimmung für das FlG. befindet sich in § 4 FlG.

⁵ Maßgebend ist, ob die Absicht der Verwendung zum menschlichen Genuß bei der Schlachtung oder Tötung vorliegt. Ist dies der Fall, so ist damit die Pflicht auch zur zweiten Beschau (der des Fleisches) begründet, auch wenn infolge der bei der Schlachtung erkannten Genußuntauglichkeit eine anderweitige Verwendung des Tierkörpers in Aussicht genommen wird (ERG. 42, 230). Verzichtet der Besitzer auf die Verwendung zum menschlichen Genuß nach der ersten (Lebend-) Beschau, aber vor der Tötung, so ist eine zweite (Fleisch-) Beschau nicht erforderlich. So KG. vom 8. Mai 1931 bei GOLTDAMMER 75, 377 und die Kommentare, die sich dabei auf §§ 12, 11 Abs. 2 ABA. berufen. ABA. § 12 sieht jedoch eine polizeiliche Überwachung des Verbleibs des Tieres vor. Auf die insoweit maßgebenden Bestimmungen, insbesondere das Reichsgesetz über die Beseitigung von Tierkadavern vom 17. Juni 1911 (RGBl. S. 248), weist SCHRÖTER-HELLICH S. 75 hin. Vgl. auch unten § 9 Anm. 14 am Ende.

⁶ Schlachtung im Sinne des FlG. ist jede willkürliche (vgl. aber Anm. 9) Tötung, nicht nur die Schlachtung im engeren Sinne, bei der ein Ausbluten nach außen erfolgt. Vgl. STENGLEIN § 1 Anm. 7.

Durch das Gesetz über das Schlachten von Tieren vom 21. April 1933 (RGBl. I S. 203) und die dazu ergangene VO. des Reichsministers des Innern vom 21. April 1933 (RGBl. I S. 212), deren § 10 Abs. 2 durch VO. vom 14. November 1934 (RGBl. I S. 1163) abgeändert ist, sind für das Reichsgebiet eingehende Vorschriften über das Schlachten von Tieren, insbesondere über ihre Betäubung vor der Blutentziehung, gegeben. Eine VO. vom 14. Januar 1936 (RGBl. I S. 13) betrifft das Schlachten und Aufbewahren von Fischen und anderen kaltblütigen Tieren. Die Begriffsbestimmung des Schlachtens in § 1 der erwähnten VO. ist auf die Zwecke des Gesetzes vom 21. April 1933 zugeschnitten.

Das Schächten (Halsschnitt ohne vorherige Betäubung) ist hiernach — wie schon früher in der Schweiz — jetzt in Deutschland grundsätzlich verboten.

Die Untersuchung vor der Schlachtung heißt Schlachtviehbeschau, die nach der Schlachtung Fleischbeschau.

Die Vorschrift der Untersuchung vor der Schlachtung findet nach der amtlichen Begründung S. 53 unter anderem ihre Rechtfertigung in folgendem:

a) Verschiedene Krankheitszustände sind nur am lebenden Tier zu erkennen, weil sie augenfälligere Veränderungen am Fleisch nicht hervorrufen, z. B. manche Vergiftungen, die Tollwut, gewisse Fälle von Fieber und Starrkrampf.

b) Andere auch für Menschen gefahrbringende Tiererkrankungen schließen die Verwendung der befallenen Tiere als Schlachtvieh ohne weiteres aus.

c) Noch andere Krankheiten erfordern besondere Vorsichtsmaßregeln bei oder nach der Schlachtung.

d) Gewisse auf andere Tiere übertragbare Tierkrankheiten, die veterinärpolizeiliches Einschreiten erfordern, sind schon am lebenden Tier zu erkennen.

e) Abgetriebene, ermüdete und sonst in einem zur Schlachtung nicht geeigneten Zustand befindliche Tiere können durch zweckentsprechende Maßnahmen, z. B. Gewährung einer Erholungszeit, die Eignung zur Schlachtung wiedergewinnen.

Über die Pflicht der Anmeldung zur Schlachtvieh- und Fleischbeschau siehe ABA. § 1 und Pr. Ausf. Best. §§ 20—22. Nichtmeldung als solche ist nicht mit Strafe bedroht; nur das Inverkehrbringen des vorschriftswidrig ununtersucht gebliebenen Fleisches.

⁷ Nur eine amtliche Untersuchung, vorgenommen von einer dazu berufenen sachlich und örtlich zuständigen Person mit dem bewußten Zweck, eine amtliche Schlachtvieh- oder Fleischbeschau vorzunehmen, genügt dem Gesetz. ERG. 42, 230. Eine seuchenpolizeiliche Untersuchung durch einen Tierarzt ist kein gültiger Ersatz. So unter Bezugnahme auf ERG. 42, 230 das Bayrische OblG. 28. Februar 1927 in JW. 1927, 2059.

Wer zur Ausübung der amtlichen Beschau befugt ist, ergibt sich aus den Anmerkungen zu § 5 FlG.

⁸ Über das Verhältnis der Notschlachtungen zu den Hausschlachtungen siehe § 2 Anm. 1.

⁹ Die Rechtsprechung (ERG. 40, 231; 42, 322), die Kommentare (SCHRÖTER-HELLICH ABA. § 2 Anm. 1 — S. 59; STENGLEIN § 1 Anm. 7 — S. 803; BRETTREICH-VOLZ § 1 Anm. 3) und ABA. § 2 sind darüber einig, daß den in § 1 Abs. 3 FlG. aufgezählten Fällen der Notschlachtung nach dem Sinn und Zweck des Gesetzes gleichzustellen sind die Fälle, in denen der Tod durch Schädel- oder Halswirbelbruch, Blitzschlag, Verblutung oder Erstickung (z. B. durch Erwürgen in der Kette) oder nach ähnlichen äußeren Einwirkungen ohne vorherige Krankheit plötzlich eingetreten ist. Auch hier ist also eine Schau (die Fleischbeschau) erforderlich und genügend, sobald die Absicht vorliegt, das Fleisch der so ums Leben gekommenen Tiere dem menschlichen Genuß zuzuführen. Die Anmeldung hierzu (vgl. im übrigen Anm. 6 letzter Satz) hat sofort nach der „Ausweidung" zu erfolgen, die in diesem Falle gewissermaßen an die Stelle der „Schlachtung" tritt (ABA. § 2).

Oft wird bei Notschlachtungen der Verdacht naheliegen, daß infolge Krankheit im Verenden begriffene Tiere geschlachtet oder bereits verendete Tiere scheinbar geschlachtet worden sind. In Fällen dieser Art wird häufig eine bakteriologische Fleischuntersuchung angezeigt sein. Siehe ABA. § 29. Über die Ausführung derselben vgl. Schröter-Hellich in den Anmerkungen zu ABA. § 29 — S. 98f. § 29 hat durch VO. vom 10. August 1933 (RMinBl. S. 419) einen bei Schröter-Hellich schon berücksichtigten neuen Wortlaut erhalten. Er ist weiterhin geändert durch VO. vom 7. November 1935 (RMinBl. S. 826), die als Anlage 4 auch eine genaue Anweisung für die bakteriologische Fleischuntersuchung enthält.

§ 2 [1].

Bei Schlachttieren[2], deren Fleisch ausschließlich im eigenen Haushalte[7] des Besitzers[3] verwendet werden soll[1, 6], darf, sofern sie keine Merkmale einer die Genußtauglichkeit[4] des Fleisches ausschließenden Erkrankung zeigen[5], die Untersuchung vor der Schlachtung und, sofern sich solche Merkmale auch bei der Schlachtung nicht ergeben[5], auch die Untersuchung nach der Schlachtung unterbleiben.

Eine gewerbsmäßige Verwendung[6] von Fleisch, bei welchem auf Grund des Abs. 1 die Untersuchung unterbleibt, ist verboten.

Als eigener Haushalt[7] im Sinne des Abs. 1 ist der Haushalt der Kasernen, Krankenhäuser, Erziehungsanstalten, Speiseanstalten, Gefangenenanstalten, Armenhäuser und ähnlichen Anstalten sowie der Haushalt der Schlächter, Fleischhändler, Gast-, Schank- und Speisewirte nicht anzusehen.

Anmerkungen.

[1] § 2 behandelt die sog. Hausschlachtungen, die im Regelfall von jeder Beschau befreit sind. Das gilt auch für Notschlachtungen ,wenn sie Hausschlachtungen sind. Eine Hausschlachtung mit den Vergünstigungen des § 2 FlG. liegt — sei sie eine gewöhnliche oder eine Notschlachtung — nur dann vor, wenn die Absicht bei der Schlachtung ernstlich und uneingeschränkt dahin geht, das Fleisch nur im eigenen Haushalt zu verwenden.

Eine Ausdehnung des Beschauzwanges für Hausschlachtungen kann landesrechtlich gemäß §§ 3 und 24 FlG. angeordnet werden.

In Preußen ist das durch § 4 des Pr.Ausf.Ges. vom 28. Juni 1902 (Ges.S. S. 229) für alle in Gemeinden mit Schlachthauszwang in öffentlichen Schlachthäusern geschlachteten Tiere geschehen.

Ferner besteht in Preußen Beschauzwang für Hausschlachtungen von Rindvieh von 3 Monaten und darüber (Schröter-Hellich Anm. 8 zu § 2 ABA. — S. 61) und die Möglichkeit (§ 13 Pr.Ausf.Ges.), durch örtliche Politeiverordnungen den Beschauzwang noch weiter auszudehnen.

[2] Gemeint sind die in § 1 FlG. und in Anm. 3 zu § 1 aufgezählten Tiere.

[3] Besitzer ist der, welcher die unmittelbare tatsächliche Verfügungsgewalt über das Tier hat. Vgl. KG. J 42, C 429 und OLG. Karlsruhe 31. Oktober 1935 (Deutsche Justiz 1936 S. 148).

[4] Vgl. Anm. 1 zu § 9 FlG.

[5] Zeigen sich solche Merkmale (was namentlich bei „Notschlachtungen" häufig der Fall sein wird), so wird dadurch — je nachdem wann sie sich zeigen — die in § 1 geregelte Pflicht zur Beschau des Tieres, von Tier und Fleisch oder des Fleisches begründet (ABA. § 2 Nr. 2). Sie kann auch hier nicht dadurch beseitigt werden, daß der Besitzer das Fleisch nach der Schlachtung zu einer anderen Verwendung als zum menschlichen Genuß (etwa zum Hühnerfutter) bestimmt. Vgl. § 1 Anm. 5 und die dort angeführte ERG. 42, 230.

[6] Fleisch aus beschaulosen Hausschlachtungen darf nicht in irgendeinem Gewerbebetrieb, sei es auch nur ausnahmsweise, verwendet werden. Auch nicht in Betrieben von Genossenschaften, wo wie in einem Gewerbebetrieb verarbeitet, verkauft und gekauft wird. Vgl. hierzu die grundsätzlichen Ausführungen von Holthöfer in der „Deutschen Justiz" 1935 S. 598 und in Z. 1933, **65**, Heft 3, S. 1. Vgl. auch § 21 Anm. 4.

Wird vor der Schlachtung in Aussicht genommen, Teile des Fleisches an nicht dem Haushalt zugehörige Personen abzugeben (auch in und zu nicht gewerbsmäßiger Verwendung), so müssen die in § 1 FlG. vorgeschriebenen Untersuchungen stattfinden. Ob dies der Fall ist, wird vielfach aus häufigeren Schlachtungen aus dem tatsächlichen Verhalten des Besitzers bei früheren Schlachtungen zu folgern sein (vgl. Brettreich-Volz § 2 Anm. 5). Wird nach der Schlachtung der Entschluß gefaßt, von dem Fleisch an andere Personen als Haushaltsangehörige (z. B. an Pfarrer, Lehrer, Nachbarn) abzugeben — entgeltlich oder unentgeltlich, aber nicht in oder zu gewerbsmäßiger Verwendung —, so ist das nicht strafbar. So wohl mit Recht Stenglein § 2 Anm. 5 und Brettreich-Volz § 2 Anm. 5; zu eng meines Erachtens Schröter-Hellich (S. 5) § 2 Anm. 6 am Schluß.

Bei gewerbsmäßiger Verwendung ist nicht nur der abgebende Hausschlächter, sondern auch der Erwerber strafbar (§ 27 Nr. 4 FlG.).

[7] Über den Begriff des eigenen Haushalts vgl. jetzt § 5 der Durchf.VO. zum Schlachtsteuergesetz vom 24. März 1934 (RGBl. I S. 238) vom 29. März 1934 (RMinBl. S. 301). Es gehören dazu die Haushaltsangehörigen, Familienmitglieder und das vom Tierbesitzer verpflegte Personal einschließlich derjenigen Wanderarbeiter und zusätzlichen Tagelöhner, die aus dem Haushalt verpflegt werden. Auch zahlende Kostgänger (Goltdammer **56**, 262) und Hausgäste, selbst wenn sie zu besonderen Gelegenheiten in großer Zahl geladen sind (Goltdammer **56**, 105 und **58**, 238). Nicht aber Personen, die von dem Hausschlachtenden Kostgeld oder, wie Instleute eines Landgutes, Naturalien zur Verwendung im eigenen Haushalt als Teil ihrer Entlohnung erhalten. Hinsichtlich der Arbeiter, die freie Kost erhalten, aber nicht in die häusliche Gemeinschaft des Hausschlachtenden aufgenommen sind, gehen die Meinungen auseinander. Vgl. hierzu die bei Stenglein § 2 Anm. 3 — S. 804 — mitgeteilten Entscheidungen. Stenglein a. a. O. und Schröter-Hellich Anm. 8 zu § 2 ABA. verneinen die Frage.

Sog. Massenhaushalte, wie sie § 2 Abs. 3 FlG. beispielsweise aufführt, gelten nach ausdrücklicher Gesetzesvorschrift nicht als Haushalt i. S. des § 2. Man wird aber hier das Küchen- und Bedienungspersonal, soweit es nicht zu den Anstaltsinsassen gehört, ausnehmen müssen, wenn es vom Unternehmer des Massenhaushalts in häuslicher Gemeinschaft verpflegt wird.

„Schlachtungen von Tieren, die im Miteigentum mehrerer Personen stehen und deren Fleisch in den mehreren Haushalten der Miteigentümer verwendet werden soll, sind nicht als Hausschlachtungen i. S. des § 2 Abs. 1 FlG. anzusehen. Auf die Notwendigkeit dieser engen Auslegung weist auch die einschränkende Vorschrift in § 2 Abs. 3 hin." So **Bay. ObLG.** 21. April 1932 — Rev. Register II Nr. 206/1932 — im Einklang mit Stenglein § 2 Anm. 3 und Brettreich-Volz § 2 Anm. 2.

Schlächter, Fleischhändler, Gast-, Schank- und Speisewirte sind von den Vergünstigungen des Hausschlachtens für sich, für ihre Familie und ihr Personal schlechtweg ausgeschlossen. Bei ihnen besteht immer die Gefahr gewerbsmäßiger Verwertung (§ 2 Abs. 2) des Geschlachteten.

§ 3.

Die Landesregierungen[1] sind befugt[2], für Gegenden und Zeiten, in denen eine übertragbare Tierkrankheit herrscht, die Untersuchung aller der Seuche ausgesetzten Schlachttiere[3] anzuordnen[4].

Anmerkungen.

[1] Gemeint sind die Zentralbehörden, die jedoch ihre Befugnisse delegieren können. Die Pr.Ausf.Best. vom 20. März 1903 (MBliV. S. 56) fordern in § 66 für Anordnungen nach § 3 FlG. eine Ermächtigung des Innenministers, während sie sonst die den Landesregierungen zugewiesenen Befugnisse auf die Landespolizeibehörden delegiert haben.

[2] Es liegt im pflichtmäßigen — vom Gericht nicht nachprüfbaren — Ermessen, ob sie das Herrschen einer übertragbaren Tierkrankheit annehmen und welche nach § 3 zugelassenen Anordnungen sie bejahendenfalls treffen wollen.

[3] Die Anordnung kann den Kreis der in § 1 in Verbindung mit Anm. 3 zu § 1 aufgezählten Schlachttiere erweitern, z. B. die Beschaupflicht auch auf Geflügel, Kaninchen usw. erstrecken, wenn sie dieselben als der Seuche ausgesetzt erachtet. Sie kann auch Hausschlachtungen für beschaupflichtig erklären.

Maßnahmen nach § 3 stehen selbständig neben etwaigen seuchenpolizeilichen Untersuchungen.

[4] Strafbestimmungen enthalten § 27 Nr. 2 und 3.

§ 4.

Fleisch im Sinne dieses Gesetzes sind Teile[3] von warmblütigen Tieren[2], frisch[4] oder zubereitet[4], sofern sie sich zum Genusse für Menschen eignen[5]. Als Teile gelten auch die aus warmblütigen Tieren hergestellten Fette[7] und Würste[8], andere Erzeugnisse[6] nur insoweit, als der Reichsminister des Innern dies anordnet.

Anmerkungen.

[1] Die Begriffsbestimmung für Fleisch ist auf die Zwecke des Fleischbeschaugesetzes abgestellt; sie kann und will nicht unbedingt, nicht für alle sonstigen Rechtsgebiete Geltung beanspruchen. Beiläufig sei bemerkt, daß die nach § 1 FlG. vorgeschriebene Beschau — auch die „Fleischbeschau" nach der Schlachtung — sich auf das ganze Tier erstreckt, nicht nur auf das, was i. S. des § 4 als „Fleisch" anzusehen ist. Nach Schröter-Hellich (§ 4

Anm. 1) enthält die Begriffsbestimmung des § 4 jedenfalls negativ diejenigen Merkmale, bei deren Nichtvorhandensein Tierteile als Fleisch nicht angesehen werden können.

Nähere Begriffsbestimmungen für Fleisch, Fette, Würste, für die Begriffe frisches Fleisch und zubereitetes Fleisch, Schinken, Speck, Därme enthalten die §§ 1—3 der ABD. Sie sind allerdings zu § 13 FlG. (Einfuhrfleisch) erlassen, aber durch ihre — wenn auch nicht erschöpfende („insbesondere") — Vergegenständlichung des in § 4 aufgestellten Rahmenbegriffs „Fleisch" auch von gewisser allgemeiner Bedeutung. Vgl. jedoch unten Anm. 4.

[2] Zu ergänzen ist hier „getöteter" Tiere. In Frage kommen dabei nicht nur die in § 1 und Anm. 3 zu § 1 aufgezählten Tiergattungen, sondern auch andere warmblütige Tiere (vgl. § 3), die getötet zur menschlichen Nahrung geeignet sind, also auch Wild und Geflügel, nicht aber Fische, Krusten- und Schaltiere. Milch und Eier sind kein Fleisch (vgl. unten Anm. 6).

[3] Siehe Anm. 1 und unten § 1 ABD. (S. 977).

Häute, Felle und Knochen behalten den Fleischcharakter, solange sie mit genießbaren Teilen noch in natürlichem Zusammenhang stehen. Vgl. LEBBIN-BAUM S. 265 und ERG. 55, 64 in einer zu § 21 FlG. ergangenen Entscheidung. In dem dort behandelten Fall waren madige Kopfhäute von Rindern und Kälbern zur Sülzebereitung verwandt worden; die Felle, d. h. die noch mit Haaren behafteten Häute, waren einer Kalkbehandlung unterzogen worden.

Knochen, von Weichteilen befreit und ohne nennenswerten Markinhalt, sind dagegen kein Fleisch mehr (vgl. SCHRÖTER-HELLICH S. 239).

Getrockneten und obendrein aufgeschnittenen Pferdedärmen, die sich in dieser Form zwar noch zur Saitenfabrikation, aber nicht mehr zum menschlichen Genuß eignen, hat ERG. 45, 422 die Eigenschaft des Fleisches abgesprochen.

[4] Einer begrifflichen Abgrenzung zwischen frischem und zubereitetem oder in der Zubereitung befindlichem Fleisch bedarf es für die Zwecke des § 4 FlG. nicht. Dieser will durch diesen Zusatz nur klarstellen, daß das Fleisch vom Zeitpunkt der Tötung des Tieres bis zum menschlichen Genuß (sofern und solange es diese Eignung hat) von dem allgemeinen Fleischbegriff umfaßt sein soll. Die auf eingeführtes Fleisch abgestellte Begriffsbestimmung des Frischfleisches in ABD. § 2 (§ 3) kann keine allgemeine Geltung beanspruchen. Dort wird z. B. geräuchertes, getrocknetes, in Gefrierzustand gebrachtes Fleisch zum frischen Fleisch gerechnet, während es i. S. des § 2 des Preuß. Schlachthausgesetzes vom 18. März 1868 — Ges.S. S. 277 — (abgeändert durch die Gesetze vom 9. März 1881 — Ges.S. S. 273 — und 29. Mai 1902 — Ges.S. S. 162 —) nach KG. J 8, 186; 31, C 42 nicht als frisches Fleisch anzusehen ist. Daß der Begriff der „Zubereitung" im § 12 ganz verschieden von dem in § 21 ist, wird in ERG. 37, 345 dargelegt. Auf wichtige Unterschiede des Begriffes „Frische" für die Zollbehandlung und die Fleischbeschau weist SCHRÖTER-HELLICH ABD. § 3 Anm. 2 — S. 244 — hin.

[5] Hierzu eignet sich (§ 17 FlG.) auch das Fleisch, welches zwar nicht für den menschlichen Genuß bestimmt ist, aber dazu verwendet werden kann.

[6] Erzeugnisse, die das lebende Tier hervorbringt, wie Milch und Eier, gehören, wenn sie vom Tier getrennt sind, überhaupt nicht unter den Fleischbegriff des § 4 LMG.; vgl. oben Anm. 2. Da die Grenze zwischen zubereitetem Fleisch und neuen selbständigen Industrieprodukten, deren Grundstoffe aus Fleisch bestehen, flüssig ist, so bestimmt § 4 FlG. ausdrücklich, daß zwar Fette und Würste seinem Fleischbegriff zugerechnet werden sollen, andere Fleischerzeugnisse aber nur infolge besonderer Anordnung der Reichsregierung.

Hiernach haben Fleischextrakte, Fleischpeptone, tierische Gelatine, Suppentafeln bis auf weiteres nicht als Fleisch zu gelten. § 1 Abs. 2 ABD. hebt das ausdrücklich für das eingeführte Fleisch hervor.

[7] Die in Anm. 3 erwähnte ABD. rechnet (wieder zunächst auf § 12, 13 FlG. abgestellt) zu den — unverarbeiteten oder zubereiteten — Fetten „insbesondere" Talg, Unschlitt, Speck, Liesen (Flohmen, Lünte, Schmer, Wammenfett), sowie Gekrös- und Netzfett, Schmalz, Oleomargarin, Premier jus, Margarine und solche Stoffe enthaltende Fettgemische, jedoch nicht Butter und geschmolzene Butter (Butterschmalz).

[8] „Würste" sind nach § 12 FlG. und ABD. § 3 Abs. 4 (S. 978) Gemenge aus zerkleinertem Fleisch, die in Därme oder künstlich hergestellte Wursthüllen eingeschlossen sind. Über „Naturin-Därme" s. oben S. 933.

§ 5.

Zur Vornahme der Untersuchungen sind Beschaubezirke[1] zu bilden; für jeden derselben ist mindestens ein Beschauer[2] sowie ein Stellvertreter zu bestellen[3].

Die Bildung der Beschaubezirke[1] und die Bestellung der Beschauer erfolgt durch die Landesbehörden. Für die in den Armeekonservenfabriken vorzunehmenden

Untersuchungen können seitens der Militärverwaltung besondere Beschauer bestellt werden.

Zu Beschauern sind approbierte Tierärzte[3] *oder andere Personen*[4], *welche genügende Kenntnisse nachgewiesen haben, zu bestellen.*

In Gemeinden über 5000 Einwohner sollen mit der Leitung der öffentlichen Schlachthäuser nur approbierte Tierärzte beauftragt werden, das gleiche gilt für Schlacht- und Viehhöfe, die einen einheitlichen Betrieb darstellen[5].

Anmerkungen.

[1] Über ihre Bildung in Preußen vgl. §§ 1—9 der Pr.Ausf.Best.

[2] Die Bestellung erfolgt in Preußen, soweit nicht Satz 2 des Abs. 2 eingreift, durch die in § 3 der Pr.Ausf.Best. in der Neufassung vom 9. Juni 1933 (MBliV. Teil II S. 246) genannten Stellen (Gemeindebehörden bzw. Ortspolizeibehörden bzw. Landräte). Nach § 5 a. a. O. sind sie eidlich zu verpflichten. Aber auch ohne Beeidigung sind die ordnungsmäßig bestellten Fleischbeschauer Beamte nach dem Begriff des § 359 StGB. (ERG. **63**. 290; **40**, 341; **39**, 284; **38**, 349). Wer unbefugt das Amt ausübt, begeht eine nach § 132 StGB. strafbare Amtsanmaßung (RG. bei Goltdammer **56**, 82). Zu den Schauern des § 266 Nr. 3 des StGB., der die Untreue behandelt, zählen die Fleischbeschauer dagegen nicht (RG. 30. Januar 1920 bei Goltdammer **74**, 206). Die Kennzeichen, die der Fleischbeschauer gemäß § 43 ABA. auf dem Fleisch anbringt, sind öffentliche Urkunden i. S. des § 348 StGB., durch die nicht nur bekundet wird das Ergebnis der Untersuchung, sondern auch die Tatsache, daß der Fleischbeschauer selbst die Untersuchung des Fleisches vorgenommen, nicht aber auch — wie ERG. **63**, 290 darlegt — die weitere Tatsache, daß er die Lebendbeschau des Schlachttieres vorgenommen hat.

Drückt der Fleischbeschauer ohne eigene Fleischuntersuchung seinen Stempel auf, so macht er sich auch dann einer falschen Beurkundung schuldig, wenn die Stempelung dem wirklichen Zustand des Fleisches entspricht (ERG. **38**, 349).

[3] a) **Approbierten Tierärzten** ist von Reichs wegen die Vornahme der Beschau vorbehalten allgemein bei Pferden (§ 18 Abs. 1 FlG.) und bei dem ins Zollinland eingehenden Fleisch (ABD. § 11).

b) In gewissen anderen Fällen hat ein zunächst tätig gewordener Laienfleischbeschauer die Untersuchung zu unterbrechen und die weitere Untersuchung und Entscheidung über die Tauglichkeit auf einen tierärztlichen Beschauer überzuleiten (ABA. § 21 Abs. 3; für Preußen ist durch Pr.Ausf.Best. § 28 das Verfahren dieser Überleitung geregelt). Vom Reich geregelte Fälle dieser Art ergeben sich aus §§ 5 Abs. 2, 11, 18, 30, 31 ABA.

c) Für Preußen vgl. § 6 Pr.AG. in Verbindung mit §§ 10, 11 Pr.Ausf.Best.

d) Wo die Beschau durch den tierärztlichen Beschauer gesetzlich vorgeschrieben ist (Fälle zu a und c), ist eine vom Laienbeschauer vorgenommene Beschau unwirksam, dergestalt, daß sie überhaupt nicht als Beschau gilt.

In den unter b) genannten Fällen ist die Beschau und Entscheidung, die der Laienbeschauer unter Verkennung oder bewußtem Überschreiten seiner Zuständigkeit vornimmt, dem Betroffenen gegenüber wirksam, sofern sie nicht mit Erfolg mit Beschwerde angegriffen ist. Vgl. Stenglein § 9 Anm. 2. — S. 809; § 18 Anm. 3 — S. 817 —; § 24 Anm. 8 und ferner RG. 14. Oktober 1929 zu § 348 Abs. 1 StGB. in „Höchstrichterlicher Rechtsprechung" 1930 Nr. 361, wo es unter anderem heißt:

„Die Beurkundung des Fleischbeschauers über eine Beschau, die er nach den Ausführungsvorschriften dem Tierarzt hätte überlassen müssen, ist nicht deshalb falsch, weil sie den Anschein erwecken könnte, als seien die tatsächlichen Voraussetzungen gegeben gewesen, unter denen der Laienbeschauer die Beschau selbst hätte vornehmen dürfen."

[4] Welche Kenntnisse nachzuweisen sind, ergibt sich aus der die „Prüfungsvorschriften für die Fleischbeschauer" enthaltenden ABB., die gemäß § 22 Nr. 1 FlG. für das Reich erlassen ist. Eine „gemeinfaßliche Belehrung für Beschauer, welche nicht als Tierarzt approbiert sind", enthält die auf Grund § 22 Nr. 2 FlG. erlassene ABC., deren Nr. 17 durch die VO. vom 10. August 1933 (RMinBl. S. 420) neu gefaßt ist.

[5] Der Abs. 4 ist durch Gesetz vom 13. Dezember 1935 (RGBl. I S. 1447) neu angefügt. Die amtl. Begr. dazu — enthalten im Reichsanzeiger Nr. 304 vom 31. Dezember 1935 — lautet:

„Zu I. Öffentliche Schlachthäuser sowie Schlacht- und Viehhöfe sind Einrichtungen, die zum Unterbringen, Schlachten, Untersuchen und Verwerten von Schlachttieren und der von diesen gewonnenen Teile geschaffen sind. Sie sind in erster Linie hygienische Anlagen, die neben wirtschaftlichen Zwecken der Volksgesundheit dienen. Außerdem fällt ihnen eine wichtige veterinärpolizeiliche Aufgabe bei der Tierseuchenbekämpfung zu.

Der Leiter eines öffentlichen Schlachthauses und eines Schlacht- und Viehhofes muß deshalb das Gebiet der Fleischbeschau, der Bakteriologie, der tierischen Lebensmittelkunde, des Kühlhaus- und Freibankwesens, der Veterinärpolizei, der Futtermittelkunde, der Abfall-

und Tierkörperverwertung, der Tierwirtschaft und des Tierschutzes beherrschen. Daneben muß er mit der Organisation der Schlacht- und Viehhöfe sowie mit den für die Verwaltung dieser Betriebe maßgebenden Bestimmungen vertraut sein.

Nur der tierärztliche Bildungsgang sieht die für die Leitung eines öffentlichen Schlachthauses und eines Schlacht- und Viehhofes erforderliche Ausbildung vor. Deshalb ist für die Leitung solcher Anlagen nur der Tierarzt geeignet. Aus diesem Grunde sind auch bisher als Leiter von Schlachthäusern und Schlacht- und Viehhöfen fast überall nur Tierärzte tätig.

Eine entsprechende reichsgesetzliche Regelung der Angelegenheit ist notwendig, da trotzdem in jüngster Zeit an einigen Schlachthöfen Nichttierärzte mit der Leitung betraut worden sind.

Von einem Eingriff in die bestehenden Verträge, durch die Nichttierärzte zu Leitern von Schlacht- und Viehhöfen bestellt sind, ist im Hinblick auf die zur Zeit noch nicht sehr große Zahl solcher Verträge abgesehen worden.

Es ist ferner davon abgesehen worden, Gemeinden unter 5000 Einwohnern mit Schlachthäusern die Bestellung eines Tierarztes als Schlachthausleiter vorzuschreiben. Es besteht auch wie bisher die Möglichkeit, daß Gemeinden über 5000 Einwohnern mit Schlachthäusern, deren Betrieb nicht so umfangreich ist, daß eine hauptamtliche Tätigkeit und Vollbeschäftigung für einen Schlachthofleiter gegeben ist, einen Tierarzt nebenamtlich mit der Leitung beauftragen."

§ 6.

Ergibt sich bei den[1] Untersuchungen[2] das Vorhandensein oder der Verdacht einer Krankheit, für welche die Anzeigepflicht besteht, so ist nach Maßgabe der hierüber geltenden Vorschriften zu verfahren.

Anmerkungen.

[1] Also sowohl bei der Beschau des lebenden Tieres wie bei der des Fleisches.

[2] Die Seuchen, bei denen oder bei deren Verdacht nach §§ 14, 32 ABA. der Polizeibehörde sofort Anzeige zu erstatten ist, sind in §§ 9 und 15 ABA. zusammengestellt. Die Anzeigepflicht ergibt sich aus § 4 des Rinderpestgesetzes vom 7. April 1869 — Bundesgesetzblatt S. 105 — und aus §§ 9,10 des Viehseuchengesetzes vom 26. Juni 1909 — RGBl. S. 519.

§ 7.

Ergibt die Untersuchung des lebenden Tieres[1] keinen Grund zur Beanstandung der Schlachtung, so hat der Beschauer sie unter Anordnung der etwa zu beobachtenden besonderen Vorsichtsmaßregeln[3] zu genehmigen[2, 4].

Die Schlachtung des zur Untersuchung gestellten Tieres darf nicht vor der Erteilung der Genehmigung und nur unter Einhaltung der angeordneten besonderen Vorsichtsmaßregeln stattfinden[6].

Erfolgt die Schlachtung nicht spätestens zwei Tage nach Erteilung der Genehmigung[5], so ist sie nur nach erneuter Untersuchung und Genehmigung zulässig.

Anmerkungen.

[1] Sie hat — abgesehen von den in § 1 Abs. 2 und § 2 nachgelassenen Ausnahmen — in aller Regel zu erfolgen. Über die Art ihrer Ausführung bestimmen ABA. §§ 6—16 (§ 15 hat einen neuen Abs. 2 durch VO. vom 10. August 1933 — RMinBl. S. 419 — erhalten). Eine Zusammenstellung der Gesundheitszeichen des lebenden Tieres enthält ABC Erster Abschnitt unter I.

[2] Für die Genehmigung ist reichsrechtlich keine besondere Form vorgeschrieben. § 13 ABA. fordert nur eine Mitteilung der Genehmigung, die jedoch in öffentlichen Schlachthöfen unter gewissen Voraussetzungen unterbleiben kann. Preußen schreibt als Regel (§ 26 Pr.Ausf.Best.) die Erteilung eines Schlachterlaubnisscheins vor, begnügt sich jedoch für bestimmte Fälle mit einer mündlichen Mitteilung oder mit stillschweigender Genehmigung.

[3] Als solche Vorsichtsmaßregeln kommen z. B. in Betracht die Anordnung sofortiger Schlachtung (§ 11 Abs. 1, 3, 4; § 15 ABA.), Schlachtung in bestimmten Räumlichkeiten, Schlachtung nur in Gegenwart des Beschauers (§ 26 Abs. 3 Pr.Ausf.Best.).

[4] Gegen die sachliche Entscheidung des Beschauers ist Beschwerde gegeben, die in § 46 ABA. und § 68 Pr.Ausf.Best. näher geregelt ist.

[5] Ist die Genehmigung z. B. am 10. Oktober erteilt, so muß die Schlachtung spätestens bis zum Ablauf des 12. Oktober erfolgen. Vgl. §§ 187, 188 Abs. 1 BGB.

Erfolgt die Schlachtung später ohne neue Untersuchung und Genehmigung, so steht sie einer ohne Beschau erfolgten gleich.
[6] Zuwiderhandlungen sind in § 27 Nr. 4 mit Übertretungsstrafe bedroht. Auch § 27 Nr. 2 in Verbindung mit § 1 kommt in Frage.

§ 8.

Ergibt die Untersuchung nach der Schlachtung[1], daß kein Grund zur Beanstandung des Fleisches vorliegt, so hat[2] der Beschauer[3] es als tauglich[4] zum Genusse für Menschen zu erklären[5].

Vor der Untersuchung dürfen Teile eines geschlachteten Tieres nicht beseitigt werden[6, 7].

Anmerkungen.

[1] §§ 8—10 behandeln die sog. zweite Beschau, die Fleischbeschau, geschieden nach den Ergebnissen der Untersuchung. Die Vorschriften für die Ausführung der zweiten Beschau überhaupt finden sich in ABA. §§ 17—29, diejenigen über die Behandlung und Kennzeichnung des bei der Beschau als tauglich befundenen Fleisches in §§ 40, 42f. ABA. Eine Zusammenstellung der Gesundheitszeichen der Schlachttiere in geschlachtetem Zustand enthält ABC Erster Abschnitt unter II.

[2] Gibt er sachlich zu beanstandendes Fleisch aus Fahrlässigkeit bei Vornahme der Untersuchung als tauglich für den Verkehr frei, so macht er sich nach § 27 Nr. 3 FlG. strafbar. So ERG. 62, 99. Das Urteil bezieht sich auf einen Tierarzt, der nicht nach den letzten Krankheitserscheinungen der fraglichen Kuh gefragt und die nach Lage des Falles gebotene bakteriologische Untersuchung nicht herbeigeführt hatte.

[3] Über die Zuständigkeitsverteilung zwischen tierärztlichem und Laienbeschauer vgl. § 5 Anm. 3.

[4] Eine Sonderart des tauglichen Fleisches ist das in § 24 FlG. erwähnte, in § 40 ABA. näher beschriebene und nach § 43 ABA. mit einem besonderen Stempel (kreisrund, von einem Viereck umschlossen) zu kennzeichnende „in seinem Nahrungs- und Genußwert erheblich herabgesetzte (minderwertige) Fleisch".

Nicht jeder Minderwert (etwa die Tatsache, daß das Fleisch von einem ungemästeten oder älteren Tier herrührt) genügt, um es „minderwertig" in dem hier in Rede stehenden Sinne zu machen. Nach § 40 ABA. liegt ein erheblicher Minderwert in diesem Sinne z. B. vor, wenn das Tier an Tuberkulose genauer beschriebener Grade gelitten hat, wenn es unvollkommen ausgeblutet ist, wenn es völlig abgemagert ist, wenn das Fleisch einen unangenehmen Geruch oder Geschmack hat — z. B. Harngeruch, Geschlechtsgeruch, Geruch nach Arznei oder Desinfektionsmitteln, nach Fisch oder Tran. — Über die Beurteilung von Fleisch mit Geschlechtsgeruch verhält sich die Rundverf. des Landwirtschaftsministers vom 14. Nobember 1934 (LMBl. S. 762), in der ein einschlägiges Gutachten des Reichsgesundheitsamtes zur Beachtung empfohlen wird. § 24 FlG. läßt landesrechtliche Vorschriften über den Vertrieb und die Verwendung minderwertigen Fleisches zu. Hiervon hat Preußen in Pr.AG. § 7 in der Art Gebrauch gemacht, daß es auf dieses Fleisch § 11 Abs. 1 FlG. für entsprechend anwendbar erklärt (Vertrieb nur unter einer seine Beschaffenheit erkennbar machenden Bezeichnung) und die Landespolizeibehörde ermächtigt hat, Beschränkungen der in § 11 Abs. 2 und 3 FlG. vorgesehenen Art auch für das mindertaugliche Fleisch anzuordnen. Anweisungen an die Landespolizeibehörden, wie sie von dieser Ermächtigung Gebrauch zu machen haben, finden sich in § 34f. Pr.Ausf.Best., die durch Einfügung eines neuen § 35b, eines neuen Abs. 3 im § 36 und durch Einfügung eines neuen § 37a unterm 9. Juni 1933 (MBliV. Teil II S. 246, 254) nicht unerheblich geändert sind. Die Änderungen sind bei Schröter-Hellich, 5. Aufl. bereits eingearbeitet.

[5] Für die Erklärung ist keine besondere Form vorgeschrieben. Sie wird in der Regel in der nach § 19 FlG. vorgeschriebenen Kennzeichnung (kreisrunder Tauglichkeitsstempel) ihren Ausdruck finden.

[6] D. h. nicht in eine Lage gebracht werden, daß sie dem Beschauer bei der Untersuchung des zur Untersuchung stehenden Tieres nicht zur Verfügung stehen. Vgl. ERG. 37, 347, wo im Vertauschen von Tierteilen eine Beseitigung i. S. des § 8 gefunden worden ist. Ordnungsvorschriften über den Zerlegungszustand, in dem das geschlachtete Tier dem Beschauer vorgelegt werden darf, finden sich in §§ 17, 18 ABA. Ihre Nichtbefolgung ist für sich allein nicht strafbar, sondern nur, wenn sie zugleich eine nach § 27 Nr. 4 FlG. mit Strafe bedrohte „Beseitigung" in sich schließt. Vgl. Stenglein § 8 Anm. 7 — S. 809.

[7] Sinngemäß ist Abs. 2 auch für die in §§ 9 und 10 FlG. geregelten Fälle anwendbar, wenn auch die Vorschrift in gesetzestechnisch nicht ganz glücklicher Weise bei dem (das zahlenmäßig überwiegende Untersuchungsergebnis der Tauglichkeit behandelnden) § 8 eingestellt ist.

§ 9.

Ergibt die Untersuchung, daß das Fleisch zum Genusse für Menschen untauglich ist[1], so hat der Beschauer[2] es vorläufig zu beschlagnahmen[3], den Besitzer hiervon zu benachrichtigen[4] und der Polizeibehörde sofort Anzeige zu erstatten[5].

Fleisch, dessen Untauglichkeit sich bei der Untersuchung ergeben hat[6], darf als[7] Nahrungs- oder Genußmittel für Menschen nicht in Verkehr gebracht werden[8].

Die Verwendung des Fleisches zu anderen Zwecken[9] kann[10] von der Polizeibehörde[10] zugelassen werden, soweit gesundheitliche Bedenken nicht entgegenstehen. Die Polizeibehörde[10] bestimmt, welche Sicherungsmaßregeln[10] gegen eine Verwendung des Fleisches zum Genusse für Menschen zu treffen sind[11].

[12] Das Fleisch darf nicht vor der polizeilichen Zulassung und nur unter Einhaltung der von der Polizeibehörde[10] angeordneten Sicherungsmaßregeln in Verkehr gebracht werden[8].

Das Fleisch ist[13] von der Polizeibehörde[10] in unschädlicher Weise[14] zu beseitigen, soweit seine Verwendung zu anderen Zwecken (Abs. 3) nicht zugelassen wird.

Anmerkungen.

[1] Die Fälle, in denen der Beschauer für den ganzen Tierkörper oder einzelne Teile desselben Untauglichkeit anzunehmen hat, sind in §§ 33—36 ABA. zusammengestellt. Durch VO. vom 10. August 1933 — RMinBl. S. 419 — sind neugefaßt §§ 33 und 35. Diese Neufassung ist bei Schröter-Hellich, 5. Aufl. bereits berücksichtigt. Noch nicht aber die Neufassung des § 36 vom 9. August 1934 (RMinBl. S. 572), die diesem § 36 folgenden Wortlaut gibt: „Geschlechtsteile, bei Schweinen einschließlich des Nabelbeutels, Afterausschnitte, soweit sie nicht als sog. „Krone" am Mastdarm verbleiben, Ohrenausschnitte (die inneren knorpeligen Teile der äußeren Gehörgänge) und Augen sowie Hundedärme sind stets als untauglich zum Genuß für Menschen anzusehen."

§ 33 Nr. 7a hat durch die VO. vom 7. November 1935 (RMinBl. S. 826) einen Hinweis auf die der VO. beigegebenen „Anweisung für die bakteriologische Fleischuntersuchung" erhalten.

[2] Der Begriff „Beschauer" des FlG. umfaßt sowohl die Fleischbeschautierärzte wie die Laienbeschauer. (Siehe Preuß. Runderlaß vom 9. Juni 1933 Nr. 8 — MBliV. Teil II S. 246.) Über die Zuständigkeitsverteilung zwischen tierärztlichem und Laienbeschauer vgl. § 5 Anm. 3.

[3] Um die vorläufige Beschlagnahme wirksam zu machen, genügt der irgendwie deutlich erkennbar gemachte Wille des zuständigen Beschauers. Die durch § 19 FlG. vorgeschriebene Kennzeichnung ist in ABA. §§ 42—44 näher ausgestaltet. ABA. § 42 Abs. 1 Satz 2 hat durch die VO. vom 10. August 1933 (RMinBl. S. 419) eine neue Fassung erhalten. Sie ist bei Schröter-Hellich (5. Aufl., S. 142) bereits abgedruckt.

Die endgültige (mit dreieckigem Stempel) oder vorläufige Kennzeichnung (in Preußen s. § 36 Ausf.Best. in der Fassung vom 9. Juni 1933 — MBliV. Teil. II S. 246, 253) untauglichen oder beanstandeten Fleisches ist zwar nicht Voraussetzung der Beschlagnahme (vgl. RG. bei Goltdammer 56, 317 und Bay.ObLG. 25, 78).

Sie ist aber bei unklarer Lage immerhin nicht ohne Bedeutung für die Feststellung, ob der Beschauer wirklich beschlagnahmen wollte oder nur — wie in dem JW. 1913 S. 11 behandelten Falle — Bedenken gegen die Genußtauglichkeit zum Ausdruck bringen wollte, die ihn veranlaßten, von eigener Entscheidung abzusehen und diejenige des tierärztlichen Beschauers in die Wege zu leiten.

Schon die vorläufige Beschlagnahme stellt das beschlagnahmte Fleisch unter den Schutz des § 137 StGB., der in seiner jetzt gültigen Fassung lautet:

„Wer Sachen, welche durch die zuständigen Behörden oder Beamten gepfändet oder in Beschlag genommen sind, vorsätzlich beiseite schafft, zerstört oder in anderer Weise der Verstrickung ganz oder teilweise entzieht, wird mit Gefängnis bis zu einem Jahre oder mit Geldstrafe bestraft."

[4] Auch hierfür ist keine Form vorgeschrieben.

[5] Der Polizeibehörde liegt die endgültige Entscheidung über die Aufrechthaltung der Beschlagnahme und die weitere Behandlung des Fleisches ob (§§ 41, 38, 39, 45 ABA.). Auch sie kann hierbei nur solche Maßregeln anordnen, die für Fleisch, das aus bestimmten Gründen beanstandet ist, überhaupt vorgesehen sind (vgl. auch Anm. 12a. Ende). Der vom Beschauer festgestellte Beanstandungsgrund bleibt auch für die Polizeibehörde maßgebend, bis die Entscheidung des Beschauers auf Beschwerde oder im Aufsichtswege abgeändert ist (§ 42 Abs. 4 ABA.).

[6] Auch wenn die Beschlagnahme noch nicht ausgesprochen, die Untauglichkeit aber klargestellt ist.

[7] „als", d. h. mit der ausdrücklichen oder aus den Umständen zu entnehmenden Bestimmung, von Menschen genossen zu werden.

[8] Die Bestimmung dient wie § 3 LMG. zum Schutz der Gesundheit. Deshalb ist dort wie hier auch die Abgabe an Familien- und Haushaltsangehörige verboten.

„Inverkehrbringen" bedeutet jedes Überlassen an einen anderen, durch welches dieser in die Lage versetzt wird, über den betreffenden Gegenstand in einer seiner Bestimmung entsprechenden Weise zu verfügen (ERG. 7, 412; 14, 36; 16, 191; 54, 168; 56, 126, 62, 388; KGJ. ERG. 11 S. 37 und Bay.ObLG. Samml. 29, 150). Ob die Überlassung zur Weiterveräußerung oder zum Selbstverbrauch, ob sie entgeltlich oder unentgeltlich erfolgt, ist gleichgültig. In Verkehr bringt auch der, der das untaugliche Fleisch mit dem Bewußtsein liegen läßt, daß es ein anderer nimmt, oder wer sonst die selbständige Entnahme durch einen anderen duldet. Denn alle diese Fälle enthalten einen mit dem Willen des bisher Verfügungsberechtigten erfolgenden Wechsel der Verfügungsgewalt.

Vernichtung des Fleisches nach der Untersuchung bedeutet kein Inverkehrbringen, kann aber, wenn es beschlagnahmt war, einen Verstrickungsbruch (§ 137 StGB. — oben Anm. 3) darstellen.

Unter die Strafbestimmung des § 137 StGB. kann auch ein Inverkehrbringen „zu anderen Zwecken" als zum menschlichen Genuß fallen. Vgl. die folgenden Anmerkungen, insbesondere Anm. 12. Ein besonderer Fall des Inverkehrbringens ist bei § 8 Anm. 2 behandelt.

[9] D. h. zu anderen Zwecken denn als Nahrungs- oder Genußmittel für Menschen, z. B. als Futter für Hunde, Schweine, Geflügel, Menagerietiere oder zu technischen Zwecken, wie zur Herstellung von Schmierfetten, Seife, Lichten, Leim, Knochenpulver u. dgl. — Die Verwendung zu „anderen Zwecken" kann auf einzelne Tierteile beschränkt werden.

[10] Richtlinien für die Ausübung des Ermessens der Polizeibehörde gibt für Preußen § 39 Pr.Ausf.Best. in Verbindung mit § 45 ABA.

Die hier fraglichen Befugnisse der Polizeibehörden stehen in Preußen an sich den Ortspolizeibehörden zu, können dort aber (nach § 67 Pr.Ausf.Best. in der Fassung vom 9. Juni 1933 — MBliV. Teil II S. 246, 259) unter gewissen Voraussetzungen beamtetem Beschaupersonal übertragen werden.

[11] Z. B. durch Einspritzung von Farbstoffen, die von der Fleischfarbe abweichen, durch dichte Bestempelung mit dem dreieckigen Untauglichkeitsstempel (§ 45 Abs. 3 ABA.), durch polizeiliche Beaufsichtigung der anderweitigen Verwendung.

[12] Strafbestimmungen bei wissentlichen (d. i. vorsätzlichen) Zuwiderhandlungen § 26 Nr. 1, bei fahrlässigen Zuwiderhandlungen § 27 Nr. 1 FlG.

Ist das Fleisch (vorläufig oder endgültig) beschlagnahmt, so kann in Tateinheit mit dem FlG. wegen der Entziehung des Fleisches aus der amtlichen Verstrickung auch § 137 StGB. verletzt sein.

Auch können (§ 29 FlG.) in Tateinheit zugleich §§ 3, 4, 11, 12 LMG. verletzt sein. Andererseits kann, auch wenn das FlG. in allen Stücken beachtet ist und deshalb insoweit keine Strafe verwirkt ist (z. B. bei irrtümlich für tauglich erklärtem Fleisch, das aber objektiv gesundheitsschädlich oder minderwertig ist) das Inverkehrbringen nach §§ 3, 4, 11, 12 LMG. verboten und strafbar sein (RG. 15. Januar 1932 in JW. 1933 S. 1590, Nr. 11).

Die Behandlung für untauglich erklärtes Fleisches ist durch das Reichsrecht und das preußische Landesrecht für Preußen so vollständig geregelt, daß Polizeiverordnungen, die generell die Pflicht auflegen, das untaugliche Fleisch bestimmten Abdeckereien zuzuführen, unzulässig sind. So für Preußen KG. J 36, C 88). Die Aufgabe der Polizeibehörde erschöpft sich, worauf auch der Wortlaut des § 9 FlG. hinweist, in Maßnahmen im Einzelfall innerhalb des Rahmens der reichs- und landesrechtlichen allgemeinen Vorschriften.

[13] Mußvorschrift.

[14] Über die Art, wie die unschädliche Beseitigung (Vergraben, Verbrennen usw.) zu erfolgen hat, verhalten sich § 45 ABA. und (für Einfuhrfleisch) § 28 ABD. — siehe S. 990 — in Verbindung mit § 39 Pr.Ausf.Best. Siehe auch ABC, Anhang 1.

Über das Verhältnis des § 9 FlG. zu dem Viehseuchengesetz vom 26. Juni 1909 (RGBl. S. 519) in der Fassung vom 18. Juli 1928 (RGBl. I S. 289), vom 10. Juli 1929 (RGBl. I S. 133) und vom 13. November 1933 (RGBl. I S. 969) der viehseuchenpolizeilichen Anordnung vom 1. Mai 1912 (Reichs- u. Staatsanz. Nr. 105 vom 1. Mai 1912) und dem Reichsgesetz vom 17. Juni 1911 über die Beseitigung von Tierkadavern (RGBl. S. 248), sowie den hierzu erlassenen Bekanntmachungen des Reichskanzlers vom 29. März 1912 (RGBl. S. 230) und vom 5. Mai 1916 (RGBl. S. 361) spricht sich KG. 18. Juli 1922 in KG J Erg.-Bd. 1, 180 folgendermaßen aus: Auf die Kadaver zu Schlachtzwecken getöteter Tiere finde das vorbezeichnete Gesetz vom 17. Juni 1911 keine Anwendung; nach der Begründung dieses Gesetzes seien unter „Kadavern" nur die zum menschlichen Genuß nicht bestimmten und nicht geeigneten Leichen totgeborener, gefallener oder getöteter Tiere zu verstehen. In § 6 des Gesetzes von 1911 sei ausdrücklich bestimmt, daß unberührt blieben die Vorschriften über die Beseitigung von Tierkadavern, die sich in den Reichsgesetzen über die Bekämpfung der Rinderpest und anderer Viehseuchen sowie über Schlachtvieh- und Fleischbeschau und in den Ausführungsbestimmungen zu diesen Gesetzen befinden.

Über die Verwendung eines zu Schlachtzwecken getöteten Tieres als Futtermittel im eigenen Wirtschaftsbetrieb siehe KG. vom 8. November 1932 in GOLTDAMMER 77, 219.

§ 10[1].

Ergibt[1] die Untersuchung, daß das Fleisch[2] zum Genusse für Menschen nur bedingt tauglich[3] ist, so hat der Beschauer es vorläufig zu beschlagnahmen, den Besitzer hiervon zu benachrichtigen und der Polizeibehörde sofort Anzeige zu erstatten. Die Polizeibehörde bestimmt, unter welchen Sicherungsmaßregeln das Fleisch zum Genusse für Menschen brauchbar gemacht werden kann.

Fleisch, das bei der Untersuchung als nur bedingt tauglich erkannt worden ist, darf als Nahrungs- und Genußmittel für Menschen nicht in Verkehr gebracht werden, bevor es unter den von der Polizeibehörde angeordneten Sicherungsmaßregeln zum Genusse für Menschen brauchbar gemacht worden ist[4, 5].

Insoweit eine solche Brauchbarmachung unterbleibt, finden die Vorschriften des § 9 Abs. 3—5 entsprechende Anwendung[4, 6].

Anmerkungen.

[1] Vgl. die Anmerkungen zu § 9, insbesondere Anm. 6 daselbst.

[2] D. i. der ganze Tierkörper oder einzelne Teile desselben.

[3] Die Fälle, in denen bedingte Tauglichkeit anzunehmen ist, sind in § 37 ABA. zusammengestellt, deren Nr. 7 von III durch VO. vom 10. August 1933 (RMinBl. S. 419) gestrichen ist. Bedingt taugliches Fleisch (zu unterscheiden von dem bei § 8 Anm. 4 behandelten, in seinem Nahrungs- und Genußwert erheblich herabgesetzten — minderwertigen — Fleisch) ist Fleisch, das so, wie es vorliegt, nicht tauglich ist, aber durch bestimmte Behandlung zum Genuß für Menschen brauchbar gemacht werden kann, z. B. durch Kochen, Dämpfen, Pökeln, Durchkühlen. Vgl. hierzu ABA. §§ 38, 39. In ABA. § 38 Abs. 1 IIa ist jetzt die Nr. 4 gestrichen, Nr. 5 ist neu gefaßt (RMinBl. 1933 S. 419).

[4] Strafbestimmungen § 26 Nr. 1 und § 27 Nr. 1; im einzelnen vgl. § 9 Anm. 12.

[5] Ist das Fleisch brauchbar gemacht, so unterliegt es im Verkehr trotzdem den in § 11 angeordneten Beschränkungen.

[6] Ist es nicht brauchbar gemacht, so steht es untauglichem und nicht zu anderen Zwecken nach § 9 Abs. 3 FlG. zugelassenem Fleisch gleich.

§ 11[1].

Der Vertrieb[2] des zum Genusse für Menschen brauchbar gemachten[3] Fleisches (§ 10 Abs. 1) darf nur unter einer diese Beschaffenheit erkennbar machenden Bezeichnung[4] erfolgen.

Fleischhändlern, Gast-, Schank- und Speisewirten ist der Vertrieb und die Verwendung[5] solchen Fleisches nur mit Genehmigung der Polizeibehörde[6] gestattet; die Genehmigung ist jederzeit widerruflich[7]. An die vorbezeichneten Gewerbetreibenden darf derartiges Fleisch nur abgegeben werden, soweit ihnen eine solche Genehmigung erteilt worden ist[8]. In den Geschäftsräumen[10] dieser Personen muß an einer in die Augen fallenden Stelle durch deutlichen Anschlag besonders erkennbar gemacht werden[9], daß Fleisch der im Abs. 1 bezeichneten Beschaffenheit zum Vertrieb oder zur Verwendung kommt.

Fleischhändler dürfen das Fleisch nicht in Räumen[11] feilhalten[13] oder verkaufen[14], in welchen taugliches Fleisch (§ 8) feilgehalten oder verkauft wird[12, 15].

Anmerkungen.

[1] § 11 verwirklicht auf dem Gebiet des Fleisches den Grundsatz der Warenehrlichkeit, den — in umfassenderer allgemeiner Art — § 4 LMG. für das gesamte Gebiet des Lebensmittelverkehrs ausspricht.

Landesrechtlich kann der Verkehr mit beanstandetem Fleisch, wozu auch Fleisch der in §§ 10—11 gemeinten Art gehört, weitergehenden Beschränkungen unterworfen werden (§ 24 Nr. 3 FlG.). Z. B. kann — wie in Preußen (Pr.AG. §§ 8—12 und Pr.Ausf.Best. §§ 35, 35a und 35b, welch letzterer unterm 9. Juni 1933 — MBliV. Teil II S. 246 — neu eingefügt ist und sich auf Freibankfleisch bezieht, das keinen Absatz gefunden hat) — bestimmt werden, daß unter gewissen Voraussetzungen (Schlachthauszwang, gewisse Größe von Gemeinden) „Freibänke" einzurichten sind, d. h. besondere Verkaufsstellen mit der Wirkung, daß nur in ihnen minderwertiges Fleisch (vgl. § 8 Anm. 4) und Fleisch der in § 11 Abs. 1 FlG. bezeichneten Art zum Verkauf gebracht werden darf. Statt solcher „Freibänke" können auch — worauf Schröter-Hellich in Anm. 2 zu § 35 Pr.Ausf.Best. (S. 593) hinweist — freibankähnliche Einrichtungen eingerichtet werden, deren Benutzung durch die Besitzer von Fleisch der hier gedachten Art freiwillig ist. Auch fliegende Freibänke, die nicht an einen bestimmten Ort gebunden sind, sondern innerhalb eines bestimmten Bezirks nach Bedarf den Ort wechseln können, werden durch den bei Schröter-Hellich S. 593 abgedruckten Erlaß vom 17. August 1907 — LMBl. S. 362 — empfohlen.

Wegen der Ausfuhr bedingt tauglichen und minderwertigen Fleisches nach anderen Orten vgl. § 35a Pr.Ausf.Best.

Die Strafbestimmungen für alle Verstöße gegen die Vorschriften des § 11 und der weitergehenden landesrechtlichen Vorschriften gibt § 27 Nr. 4 FlG.

[2] Unter „Vertrieb" i. S. der §§ 11, 20 Abs. 2, 24 FlG. ist nach Sinn und Zweck dieser Bestimmungen zu verstehen jede Tätigkeit (auch Ankündigen, Feilhalten, Vermitteln), die darauf abzielt, den Übergang des Fleisches in die tatsächliche Verfügungsgewalt eines anderen herbeizuführen. Daß dies gewerbsmäßig oder entgeltlich geschieht, gehört nicht zum Begriff des Vertreibens. Die Verwendung im eigenen Haushalt dagegen ist kein „Vertreiben" i. S. des FlG.

So jetzt Bay.ObLG. 24. Oktober 1932 in JW. **1933**, 707 (unter Abweichung von seiner früheren in Bay.ObLG. Samml. 14, 40 mitgeteilten Stellungnahme); ferner Stenglein — S. 811 — § 11 Anm. 2 und mit eingehender Begründung Holthöfer in JW. 1933, 707 in einer Besprechung des Urteils Bay.ObLG. 24. Oktober 1932. Abgabe im eigenen Haushalt ist zwar kein „Vertreiben" i. S. FlG. und des § 14 LMG., wohl aber ist sie ein „Inverkehrbringen" i. S. der zum Schutz der Gesundheit (nicht nur zum Schutz von Übervorteilungen) erlassenen § 3 LMG. und des § 9 FlG.

[4] Die Bezeichnung muß — ebenso wie die in § 4 Nr. 2 LMG. vorgeschriebene Kenntlichmachung — so sein, daß die jeweils als Abnehmer in Betracht kommenden Kreise einwandfrei erkennen können, was sie vor sich haben. Hierzu wird die Stempelung gemäß §§ 43, 44 ABA., die ja nur auf Teilen des Tierkörpers angebracht wird, nicht immer genügen (ABA § 44 Abs. 1 Ziff III hat durch die VO. vom 7. November 1935 — RMinBl. S. 826 — eine Erweiterung erfahren). Beim Verkauf auf einer Freibank werden Einzelbelehrungen weniger erforderlich sein als unter anderen Verkaufsumständen.

[5] Neben dem Vertrieb ist hier auch die Verwendung verboten, d. h. sowohl die Verarbeitung zu gewerblichen Zwecken, wie die Abgabe, die Verarbeitung und Zubereitung im eigenen Haushalt. Ohne dieses weitgehende Verbot wäre die Umgehung des Verbots in Betrieben dieser Art gar zu verführerisch und leicht.

[6] Zuständig ist in Preußen in der Regel die Ortspolizeibehörde, die ihre Befugnisse in diesem Fall nicht auf untere Behörden und Beamte übertragen darf. Ausnahmsweise kann sogar die Zuständigkeit der Landespolizeibehörde oder des Landrats angeordnet werden (§ 67 Abs. 6 Pr.Ausf.Best.).

[7] Die Genehmigung kann dauernd oder für bestimmte Einzelfälle erteilt werden.

[8] Der — entgeltlich oder unentgeltlich — Abgebende hat die Pflicht, sich über das Vorhandensein der Genehmigung zu vergewissern. Schuldhafte — vorsätzliche oder fahrlässige — Abgabe an Fleischhändler usw., die die Genehmigung nicht besitzen, ist nach § 27 Nr. 4 FlG. strafbar.

[9] Die allgemeine (§ 11 Abs. 1 FlG.) Pflicht zur Erkennbarmachung ist für Betriebe der hier in Frage kommenden Art umschrieben.

[10] D. h. wo Fleisch der in Rede stehenden Art — unzubereitet, zubereitet oder verarbeitet — abgegeben wird. Auch Marktstände gehören hierher, nicht aber — wie Brettreich-Volz § 11 Anm. 8 erwähnt — auch offene Tische auf Märkten, bei denen nur Abs. 1 des § 11 in Frage kommt. Ob ein Anschlag genügt, oder ob mehrere erforderlich sind, richtet sich nach der Gestaltung der Räumlichkeiten. Ein bestimmter Wortlaut ist nicht vorgeschrieben.

[11] Für Fleischhändler (nicht auch für Gast-, Schank- und Speisewirte) gilt die besondere Zusatzbestimmung des Abs. 3. Den Anschlag gemäß Abs. 2 Satz 3 wird man hier nur in den Räumen verlangen können, wo das brauchbar gemachte Fleisch feilgehalten oder verkauft wird. Diese Räume müssen von denjenigen, in denen taugliches Fleisch (§ 8) feilgehalten und verkauft wird, so getrennt sein, daß ein unauffälliges Herüber- und Hinüberreichen der Waren ausgeschlossen ist (vgl. Stenglein § 11 Anm. 15). Dafür, wie

diese Trennung praktisch gestaltet werden kann, werden die Grundsätze betreffend Trennung von Geschäftsräumen von Butter und Margarine vom 15. Juni 1897 (RGBl. S. 475) ein Vorbild abgeben können.

[12] „wird" bedeutet, wo ein Feilhalten oder Verkauf bedingt tauglichen Fleisches regelmäßig oder im Einzelfall stattfindet.

[13] „Feilhalten" bedeutet ein Bereithalten zum Verkauf; die Verkaufsabsicht muß jedoch (im Gegensatz zum bloßen Vorrätighalten) irgendwie erkennbar gemacht sein; hierzu genügt Vorhandensein in einem dem Publikum zugänglichen Ladenraum oder in einem in entsprechender räumlicher Verbindung stehenden Kühlraum, Ausstellung im Ladenfenster, Aufnahme in eine Preistafel usw. (ERG. 14, 428/436; 25, 241; 40, 150, KGJ. Erg.-Bd. 11, 389).

[14] „Verkaufen" bedeutet hier, wie im LMG. und ähnlichen Gesetzen, nicht nur — wie im Bürgerlichen Gesetzbuch — den obligatorischen Verpflichtungsvertrag zur entgeltlichen Beschaffung einer Sache, sondern diesen Vertrag und außerdem die Übertragung der tatsächlichen Verfügungsgewalt auf den Käufer (vgl. ERG. 63, 164; 54, 168; 42, 180; 39, 66; 36, 424; 23, 242).

[15] Wegen der Strafbestimmungen vgl. Anm. 1 am Ende.

§ 12[1, 2].

Die Einfuhr[3] von Fleisch[4] in luftdicht verschlossenen Büchsen oder ähnlichen Gefäßen[5], von Würsten und sonstigen Gemengen aus zerkleinertem Fleische[6] in das Zollinland[3] ist verboten[7].

Im übrigen[8] gelten für die Einfuhr von Fleisch in das Zollinland bis zum 31. Dezember 1903 folgende Bedingungen:

1. Frisches Fleisch[10] darf in das Zollinland[3] nur in ganzen Tierkörpern[11], die bei Rindvieh, ausschließlich der Kälber, und bei Schweinen in Hälften zerlegt sein können, eingeführt werden[9].

Mit den Tierkörpern müssen Brust- und Bauchfell, Lunge, Herz, Nieren, bei Kühen auch das Euter in natürlichem Zusammenhange verbunden sein; der Reichsminister des Innern ist ermächtigt, diese Vorschrift auf weitere Organe auszudehnen[12].

2. Zubereitetes Fleisch[13] darf nur eingeführt[14] werden, wenn nach der Art seiner Gewinnung und Zubereitung Gefahren für die menschliche Gesundheit erfahrungsgemäß ausgeschlossen sind oder die Unschädlichkeit für die menschliche Gesundheit in zuverlässiger Weise bei der Einfuhr sich feststellen läßt. Diese Feststellung gilt als unausführbar insbesondere bei Sendungen von Pökelfleisch, sofern das Gewicht einzelner Stücke weniger als vier Kilogramm beträgt; auf Schinken[15], Speck[16] und Därme[17] findet diese Vorschrift keine Anwendung.

Fleisch, welches zwar einer Behandlung zum Zwecke seiner Haltbarmachung unterzogen worden ist, aber die Eigenschaften frischen Fleisches im wesentlichen behalten hat oder durch entsprechende Behandlung wieder gewinnen kann, ist als zubereitetes Fleisch nicht anzusehen; Fleisch solcher Art unterliegt den Bestimmungen in Ziffer 1.

Für die Zeit nach dem 31. Dezember 1903 sind die Bedingungen für die Einfuhr von Fleisch gesetzlich von neuem zu regeln. Sollte eine Neuregelung bis zu dem bezeichneten Zeitpunkte nicht zustande kommen[18], so bleiben die im Abs. 2 festgesetzten Einfuhrbedingungen bis auf weiteres maßgebend[19].

Anmerkungen.

[1] Um eine sachgemäße Beschau des aus dem Ausland eingeführten Fleisches sicherzustellen, waren eine Reihe von Sonderbestimmungen (§§ 12—17 FlG.) für das Einfuhrfleisch erforderlich — schon aus dem Gesichtspunkt heraus, daß ja bei dem Einfuhrfleisch nicht wie bei den Inlandschlachtungen ein frischgeschlachteter Tierkörper mit allen seinen Teilen (vgl. § 8 Abs. 2 FlG.) dem Beschauer vorgelegt werden kann und daß eine Lebendbeschau mit ihren besonderen Erkenntnismöglichkeiten (§ 1 Anm. 6) nicht in Frage kommt.

[2] Wenn Fleisch in einem Verarbeitungs- und Zerlegungszustande eingeht, daß an ihm eine ordnungsmäßige Untersuchung unmöglich geworden oder stark erschwert ist, so muß seine Einfuhr verhindert werden. Dieser Gedanke liegt dem § 12 FlG. zugrunde. Im Weltkrieg hat der Bundesrat durch die Bekanntmachung vom 4. August 1914 (RGBl. S. 350)

auf Grund des Artikels 3 des Gesetzes betreffend vorübergehende Einfuhrerleichterungen usw. vom 4. August 1914 (RGBl. S. 338) gewisse Lockerungen des § 12 Abs. 2 für vertretbar gehalten. Nach und nach sind diese Einfuhrerleichterungen wieder abgebaut worden, zuletzt durch das Gesetz über Zolländerungen vom 15. April 1930 (RGBl. I S. 131, 151) und die VO. vom 30. September 1932 (RGBl. I S. 492). Jetzt ist § 12 FlG. in seiner ursprünglichen (hier abgedruckten) Fassung wieder in Geltung. Einfuhrerleichterungen bestehen nur noch für frische innere Organe von Rindern, Schweinen, Schafen, Ziegen und für frische Köpfe und Spitzbeine von Schweinen gemäß der Bekanntmachung vom 4. August 1914 (RGBl. S. 350). Wegen Schweinelebern vgl. z. B. Tarif Nr. 103 des Zolltarifs in seiner Neufassung vom 15. März 1935 (RGBl. I S. 378). Für Gefrierfleisch aus Südamerika gilt jetzt die VO. über die Einfuhr von Rindergefrierfleisch vom 27. Dezember 1935 (RGBl. I S. 1592) nebst einer Anweisung für die Untersuchung des Rindergefrierfleisches (ebenda S. 1592). Ausnahmen für Post-Geschenksendungen an Unbemittelte siehe bei § 14 Anm. 4.

Näheres über die Entwicklung der Rechtslage siehe bei Schröter-Hellich § 12 Anm. 1. S. 14f.

[3] a) Die Einfuhr in das Zollinland ist rechtlich vollendet schon mit dem Herüberschaffen über die Zollgrenze, setzt sich jedoch fort bis zu dem Zeitpunkt, zu dem die Ware an dem Ort ihrer endgültigen Bestimmung im Inland zur Ruhe gekommen ist (ERG. 57, 359; 55, 138; 52, 23 und 236; 51, 400; 67, 348). Vgl. § 13 Anm. 3.

b) Zollausschlüsse sind staatsrechtlich Inland, gelten aber in zollrechtlicher Beziehung als Ausland, z. B. das Hamburger Freihafengebiet ERG. 56, 44). Die Vorschriften der §§ 12—17, 18 Abs. 2 FlG. finden folgerichtig auf die Verbringung in das Zollausschlußgebiet keine Anwendung. Bei Schlachtungen innerhalb der Zollausschlußgebiete besteht wie sonst im Inland die Pflicht zur Lebend- und Fleischbeschau, denn das Reich hat von der Ermächtigung des § 25 bisher keinen Gebrauch gemacht.

[4] Der Begriff des „Fleisches" ist bei § 4 FlG. erläutert. Hier kommen alle Warmblüter, nicht nur die in § 1 FlG. genannten, in Frage mit den in § 14 FlG. behandelten Ausnahmen.

Der allgemeine Fleischbegriff ist durch Anführung der Haupterscheinungsformen des Fleisches in § 1 der ABD. für die Einfuhrpraxis näher erläutert.

Über Häute, Felle, Knochen vgl. § 4 Anm. 3. Über das Verbot der Einfuhr von Hundefleisch und zubereitetem Einhuferfleisch vgl. § 15 FlG.; über das Einfuhrverbot von Fleisch, das entgegen dem § 21 FlG. behandelt ist, vgl. § 21.

[5] Hierzu gehören nicht gewöhnliche Fässer, die nicht luftdicht verschlossen sind. So RG. bei Goltdammer 51, 55.

[6] Grund und Grenze des Verbots ergeben sich daraus, daß je nach dem Maß der Zerkleinerung eine ordnungsmäßige Untersuchung erschwert oder ausgeschlossen ist (RG. bei Goltdammer 51, 55). Vgl. Anm. 14.

[7] Die Einfuhrverbote des § 12 Abs. 1 FlG. sind Einfuhrverbote auch nach § 134 Vereinszollgesetz; § 12 Abs. 1 FlG. ist ein besonderes Gesetz i. S. dieser Vorschrift. Das gilt auch von den Verboten gemäß §§ 15 und 21 FlG. — vgl. vorstehende Anm. 4.

Ein und dasselbe Stück Fleisch kann unter Umständen von verschiedenen selbständig nebeneinander bestehenden Einfuhrverboten betroffen werden, von denen das eine (§ 6 des Viehseuchengesetzes) den Schutz des inländischen Viehbestandes, das andere (§ 12 Abs. 1 des FlG.) das anders geartete Rechtsgut der menschlichen Gesundheit schützen will. In diesem Falle wären durch ein und dieselbe Handlung sowohl die Strafbestimmungen des Viehseuchengesetzes und diejenigen des FlG. verletzt und die Bestrafung hätte nach § 73 StGB. aus dem Viehseuchengesetz als dem härteren Strafgesetz zu erfolgen.

Daneben hätten noch § 134, 158 des Vereinszollgesetzes in Anwendung zu kommen, die — zum Schutz noch anderer Rechtsgüter bestimmt — gleichfalls verletzt wären.

Hierüber und insbesondere über das Verhältnis der „Konfiskation" nach § 134 des Vereinszollgesetzes zu der Einziehung des § 28 des Fleischbeschaugesetzes verhält sich ERG. 49, 127. Hierzu wären jetzt noch § 3 Abs. 2, 418 der Reichsabgabenordnung vom 22. Mai 1931 (RGBl. I S. 161) heranzuziehen (vgl. ERG. 65, 344).

Die Strafbestimmungen zu § 12 Abs. 1 enthält § 26 Nr. 2 FlG.

Über den Unterschied des „inneren Tatbestandes" bei § 26 Nr. 2 FlG. und § 134 Vereinszollgesetz vgl. Stenglein § 26 Anm. 4 — S. 823.

[8] Nach OLG. Dresden Urteil 30. September 1930 in JW. **1931**, 332 Nr. 9 haben die in § 12 Abs. 2 Ziff. 1 und § 13 FlG. aufgestellten Bedingungen, von denen die Einfuhr des frischen Fleisches abhängig gemacht ist, die Bedeutung, daß sie den Vollzug der gesundheitlichen Untersuchungsmaßnahmen erleichtern und vereinfachen sollen. Durch diese Maßnahmen sollte jedoch die Einfuhr frischen Fleisches nicht grundsätzlich verboten oder begrenzt werden.

Verboten ist diese nur für den Einzelfall und erst dann, wenn bei der Untersuchung sich ein Anlaß zur Beanstandung des Fleisches findet.

Demnach faßt OLG. Dresden a. a. O. die „bedingungswidrige" Einfuhr (Straf-
bestimmung enthält § 27 Nr. 4 FlG.) nicht auch zugleich als Konterbande nach § 134
Vereinszollgesetz auf, sondern allenfalls als Defraudation (§ 135 Vereinszollgesetz) in Tat-
einheit mit § 27 Nr. 4 FlG. Auf diesem Standpunkt steht auch die in TROJES Zoll- und
Steuerbibliothek Bd. II enthaltene Auslegung des Vereinszollgesetzes, bearbeitet von
DRESKY-DÜFFE und HANISCH, § 134 Anm. 26 und 34 — S. 241 und 242.

[9] Über die aus der Kriegszeit und Nachkriegszeit noch bestehenden Erleichterungen
des § 12 Abs. 2 Nr. 1 vgl. die Gesetzesanführungen in Anm. 2. Soweit hiernach innere
Organe (Zungen rechnen nicht dazu — vgl. SCHRÖTER-HELLICH ABD § 6 Anm. 5 — S. 257)
ohne Zusammenhang mit Tierkörpern eingeführt werden dürfen, müssen die zugehörigen
Lymphdrüsen unangeschnitten anhaften (Erlaß vom 18. April 1928 in LMBl. S. 241).
Erleichterungen in der Untersuchung bestehen nicht (Erlaß vom 19. Juni 1930 — LMBl.
S. 351).

[10] Was i. S. des § 12 Abs. 2 Nr. 1 als frisches Fleisch entsprechend den Zwecken der
Bestimmung (Ermöglichung einer sachgemäßen Fleischuntersuchung) aufzufassen ist,
bestimmt § 2 ABD.

[11] Was darunter zu verstehen ist, ist in ABD. § 2 Abs. 3 umschrieben.

[12] Von dieser Ermächtigung ist Gebrauch gemacht. Vgl. ABD. § 6 (unten S. 979);
weitere Einzelheiten bei SCHRÖTER-HELLICH § 12 Anm. 7.

[13] Über den Begriff „zubereitetes Fleisch" vgl. zunächst § 4 Anm. 4. Die in ABD.
§ 3 gegebene Begriffsabgrenzung ist auf die Zwecke des § 12 Abs. 2 Nr. 2 FlG. zugeschnitten.
Sie kann nicht ohne weiteres als maßgebend auch für andere Gesetze gelten, nicht einmal
für § 21 FlG.

[14] Soweit es nicht überhaupt verboten ist.
Solche Verbote sind enthalten in § 12 Abs. 1 FlG.; in § 21 FlG.; ferner in den bei § 15
Anm. 1 angeführten Verordnungen (für Hundefleisch und zubereitetes Einhuferfleisch
sowie für Fleisch von Katzen, Füchsen, Dächsen und anderen fleischfressenden Tieren,
die Träger von Trichinen sein können). Der Gesetzgeber will hier — unter Verzicht auf
Kasuistik, die auch in ABD. nicht nachgeholt ist — den Einzelfall unmittelbar aus dem
deutlich herausgestellten Grund und Zweck der ganzen Bestimmung beurteilt wissen.
Nur für Pökelfleisch, das weder Schinken, noch Speck, noch Darm ist, wird in § 12 Abs. 2
Satz 2 positiv bestimmt, daß es in Stücken von weniger als 4 kg als fleischbeschaulich un-
kontrollierbar zu gelten hat und deshalb nicht einführbar ist.
(Die im Krieg und in der Nachkriegszeit nachgelassene Einfuhr von Pökelfleisch auch
in Stücken unter 4 kg ist jetzt wieder aufgehoben.)
Vgl. aber den § 14 Abs. 1 FlG in seiner Fassung vom 13. Dezember 1935.

[15] Begriff i. S. des FlG. vgl. ABD. § 3, im Wortlaut unten S. 977 mitgeteilt. Rollschinken (ohne Knochen) ist i. S. dieser Bestimmung kein Schinken, sondern Pökelfleisch,
genießt also nicht die für Schinkensendungen geltende Befreiung von der in ABD. § 14
Abs. 2 geregelten chemischen Untersuchung.

[16] Die Begriffsbestimmung für Speck in ABD. § 3 Abs. 4 (s. unten S. 977) deckt sich
nicht völlig mit der zolltechnischen und allgemein üblichen, welch letztere auch den stärker
mit Muskelfleisch durchwachsenen Magerspeck darunter fallen lassen. Für den (fetten)
Speck i. S. des fleischbeschaulichen Speckbegriffs gilt die in ABD. § 14 Abs. 2b nachgelassene Befreiung von der chemischen Untersuchung; auch die Trichinenschau ist einfacher
geregelt (ABD. Anl. b §§ 5 und 9). Diese fleischbeschaulichen Erleichterungen wären
für den stärker mit Muskelfleisch durchwachsenen (mageren) Speck nicht vertretbar.

[17] Vgl. oben Anm. 14 und §§ 4 Anm. 3; 15 Anm. 1. Über Embryonalhüllen und Därme,
die nicht nur zur Goldschlägerei (Goldschlägerhäutchen), sondern auch als Hüllen
für Lachsschinken usw. Verwendung finden, macht SCHRÖTER-HELLICH ABD. § 3 Anm. 13 —
S. 249 — nähere Ausführungen und führt einschlägige Ministerialerlasse an.

[18] Eine gesetzliche Neuregelung hat bisher nicht stattgefunden.

[19] Wegen der Strafbestimmungen siehe oben Anm. 7 und 8.

§ 13.

*Das in das Zollinland eingehende Fleisch unterliegt bei der Einfuhr[3] einer amt-
lichen Untersuchung[1] unter Mitwirkung der Zollbehörden[2]. Ausgenommen[6] hiervon
ist das nachweislich im Inlande bereits vorschriftsmäßig untersuchte[4] und das
zur unmittelbaren Durchfuhr[5] bestimmte Fleisch.*

*Die Einfuhr von Fleisch darf nur über bestimmte Zollämter erfolgen. Der
Reichsminister des Innern bezeichnet diese Ämter sowie diejenigen Zoll- und
Steuerstellen, bei welchen die Untersuchung des Fleisches stattfinden kann[7, 8].*

Anmerkungen.

[1] Die Beschau des eingeführten Fleisches (eine solche des lebenden Tieres kommt ja hier nicht in Frage) ist in ihren Grundzügen der sog. zweiten Inlandbeschau (§ 16; § 8 Abs. 1, §§ 9—11 FlG.) angepaßt. Ihre Ausgestaltung im einzelnen aber weist mannigfache Abweichungen auf, die zum Teil im Gesetz selbst (§§ 14—16 FlG.), zum Teil in der ABD. angeordnet sind. Von diesen Abweichungen seien hier zusammenfassend als wichtigste hervorgehoben:

a) Die §§ 12, 13 FlG. finden auch auf Renntiere und Wildschweine und in gewissem Umfang auf Bärenfleisch Anwendung (vgl. unten § 14 Anm. 1);

b) Die Beschau ist (unter Ausschluß der Laienbeschauer) in aller Regel approbierten Tierärzten vorbehalten, die die Beschau nach Maßgabe der ABD. Anl. a vorzunehmen haben (§§ 11, 16 ABD.);

c) Bei Schweinefleisch und Bärenfleisch muß eine Untersuchung auf Trichinen stattfinden, zu deren Ausführung aber ebenso wie zu der Finnenschau auch sondergeprüfte Laien herangezogen werden können (ABD. § 13 Abs. 1a, § 14 Abs. 1e; ABD. b; ABE.).

d) Das eingeführte Fleisch ist in gewissen Fällen, vor allem unter den Gesichtspunkten der §§ 18 und 21 FlG., einer chemischen Untersuchung zu unterwerfen, die in der Regel von einem besonders hierzu verpflichteten Nahrungsmittelchemiker vorzunehmen ist (ABD. §§ 11 Abs. 3; 13 Abs. 2; 14 Abs. 1b, Abs. 2, Abs. 4; s. unten S. 981). Besonders eingehende Vorschriften sind in § 15 ABD. für die Untersuchung des „zubereiteten Fettes" (§ 3 Abs. 3 ABD.) gegeben.

Die Probeentnahme in den hier unter d) gedachten Fällen kann sowohl von dem Chemiker als auch von dem beschauenden Tierarzt vorgenommen werden. Bei zubereiteten Fetten kann außerdem auch noch Probeentnahme und Vorprüfung in die Hände anderer Personen gelegt werden, die genügende Kenntnisse nachgewiesen haben. Deshalb sind zur übersichtlichen Zusammenfassung der jeweils in Betracht kommenden Stoffgebiete in getrennter Form ergangen:

I. ABD. c als Anweisung für die Probeentnahme zur chemischen Untersuchung von Fleisch einschließlich Fett sowie für die Vorprüfung zubereiteter Fette und für die Beurteilung der Gleichartigkeit der Sendungen. Sie ist unten S. 992 im Wortlaut abgedruckt.

II. ABD. d als Anweisung für die chemische Untersuchung von Fleisch und Fetten.

e) Weitere Besonderheiten in der Bewertung und Behandlung des Einfuhrfleisches gegenüber dem Inlandfleisch sind unten bei § 16 Anm. 1—3 zusammengefaßt.

[2] Im Interesse aller Beteiligten sind die gesundheitspolizeiliche Beschau und die zollamtliche Behandlung des Einfuhrfleisches, von denen jede ihren zweckbestimmten besonderen Regeln zu folgen hat, in eine gewisse verwaltungstechnische Verbindung miteinander gebracht derart, daß kein Fleisch ins Inland gelangt, ohne nach beiden Richtungen hin geprüft zu sein.

Das Miteinanderarbeiten der beteiligten Stellen ist durch die Fleischbeschau-Zollordnung vom 5. Februar 1903 (Zentralblatt für das Reich S. 32) geregelt. Sie ist in ihrer jetzigen Fassung bei Schröter-Hellich S. 456 abgedruckt. Sie enthält eine handliche Zusammenfassung dessen, was die Beamten der Fleischbeschau und des Zolls von ihren wechselseitigen Aufgaben wissen müssen, und stimmt ihre Arbeit aufeinander ab. Auch sachlich ist ihr manches für die Auslegung des FlG. zu entnehmen.

In diesem Zusammenhang sei auch der „Vorschriften über die Einfuhr von Fleisch und über die Fleischbeschau im Postverkehr" gedacht. Sie sind unterm 14. März 1909 im Amtsblatt des Reichspostamts S. 67 veröffentlicht und bei Schröter-Hellich S. 496f. unter Hinweis auf zwischenzeitliche Änderungen abgedruckt.

[3] Da nach § 13 der Fleischbeschau-Zollordnung (vgl. Anm. 2) „der Verfügungsberechtigte die Wahl hat, ob er die Untersuchung bei der Beschaustelle des Eingangsamtes, sofern daselbst eine für die vorzunehmende Untersuchung befugte Stelle vorhanden ist, oder bei einer anderen zuständigen Beschaustelle im Innern vornehmen lassen will", so wird der Vorschrift des § 13 FlG. genügt, wenn die Beschau vor der Beendigung der zollamtlichen Untersuchung vorgenommen ist. So auch Stenglein § 13 Anm. 4.

An sich gehört — wie in ERG. 49, 346 an einem Süßstoffall klargelegt wird — „zur Einfuhr auch die Einfuhr zum Zweck der Wiederausfuhr, also der Durchfuhr, soweit nicht ein anderes ausdrücklich bestimmt ist oder aus dem Zusammenhang und Zweck der Einzelvorschrift erhellt". Eine solche anderweitige Bestimmung enthält § 13 Abs. 1 Satz 2 FlG. (vgl. Anm. 5).

[4] D. h. das in unverändertem Zustand vom Inland über das Ausland nach dem Inland gesandte und vorher im Inland vorschriftsmäßig untersuchte Fleisch (z. B. Fleisch, das aus Königsberg über den polnischen Korridor nach Berlin gesandt wird). Vgl. im einzelnen ABD. § 8 (s. unten S. 980) und Fleischbeschau-Zollordnung §§ 4 Nr. 1; 10 und 26.

In diesem wie in dem in Anm. 5 behandelten Fall ist die Ausnahme von der Beschaupflicht auch als Ausnahme von den in § 12 gegebenen Einfuhrverboten und -beschränkungen ausdehnend auszulegen. Das entspricht dem Sinn des Gesetzes und wird sowohl in ABD.

§ 10 wie auch von den Kommentaren (SCHRÖTER-HELLICH Fleischbeschau-Zollordnung § 4 Anm. 3 — S. 462 — und STENGLEIN § 13 Anm. 6 — S. 815 —) angenommen. SCHRÖTER-HELLICH weist darauf hin, daß die Entstehungsgeschichte des erst vom Reichtsag in das Gesetz eingefügten § 12 FlG. ein Redaktionsversehen wahrscheinlich mache, durch das die Ausnahmebestimmung des § 13 Abs. 1 S. 2 FlG. nicht ausdrücklich auch auf § 12 erstreckt worden sei.

[5] Begriff ABD. § 10 (abgedruckt unten S. 980).

Auch die Einfuhrverbote des § 12 (15) FlG. gelten nicht für Ware, die zur unmittelbaren Durchfuhr bestimmt ist (vgl. Anm. 4).

[6] Weitere Ausnahmen von der Untersuchungspflicht bei der Einfuhr sind in §§ 14 und 17 enthalten.

[7] Das im Laufe der Zeit oft geänderte Verzeichnis der Einlaß- und Untersuchungsstellen, geordnet nach Provinzen, ist in der ABF. enthalten und bei SCHRÖTER-HELLICH 5. Aufl., S. 431 nach der Lage von Ende Dezember 1933 mitgeteilt.

[8] Die Strafbestimmung zu § 13 Abs. 1 enthält § 27 Nr. 3. Die Straftat besteht hier nicht im Unterlassen gebotener Beschau, sondern im Inverkehrbringen beschaupflichtigen, aber unbeschauten Fleisches.

Die Strafbestimmung zu § 13 Abs. 2 steht in § 27 Nr. 4.

§ 14.

Auf Wildbret und Federvieh[1], *auf das zum Reiseverbrauch mitgeführte Fleisch*[2] *sowie*[4] *auf Fleischwaren, die aus dem Ausland im Postverkehr nachweislich als Geschenk für Unbemittelte zum eigenen Gebrauch eingehen und deren Gesamtgewicht 5 kg nicht übersteigt, finden die Bestimmungen der §§ 12 und 13 nur insoweit Anwendung, als der Reichsminister des Innern dies anordnet*[1].

Für das im kleinen Grenzverkehre sowie im Meß- und Marktverkehre des Grenzbezirkes eingehende Fleisch können durch Anordnung der Landesregierungen Ausnahmen von den Bestimmungen der §§ 12 und 13 zugelassen werden[3].

Anmerkungen.

[1] Nach Nr. 3 der Anordnung des Bundesrats vom 10. Juli 1902 (RGBl. S. 242) finden „die Bestimmungen in §§ 12, 13 des Gesetzes auch auf Renntiere und Wildschweine Anwendung; erstere werden dem Rindvieh, letztere mit der Maßgabe den Schweinen gleichgestellt, daß bei der Einfuhr frischen Fleisches Lunge, Herz und Nieren in den Tierkörpern fehlen dürfen".

ABD. § 4 nimmt hierauf Bezug und stellt den positiven Inhalt des § 14 Abs. 1 durch folgenden Zusatz klar:

„Anderes Wildbret einschließlich warmblütiger Seetiere" (Walfische, Robben und folglich auch der aus ihnen gewonnene Tran) „sowie Federvieh unterliegen weder den Einfuhrbeschränkungen in §§ 12, 13 des Gesetzes noch der amtlichen Untersuchung bei der Einfuhr; das gleiche gilt für das zum Reiseverbrauche mitgeführte Fleisch.

Büffel unterliegen denselben Vorschriften wie Rindvieh."

Neuerdings ist durch VO. vom 10. August 1933 (RGBl. I S. 579) die Untersuchung von frischem oder zubereitetem Bärenfleisch bei der Einfuhr auf Trichinen angeordnet worden.

Natürlich steht es der Reichsregierung weiter frei, in besonderen Fällen (z. B. bei dauernder oder vorübergehender Verseuchung eines Auslandstaates) diese bisher bestehenden Befreiungen durch Anordnungen gemäß § 14 Abs. 1 FlG. zu beseitigen.

[2] Fleisch mit dieser Zweckbestimmung und in der durch diese Zweckbestimmung begrenzten Menge darf (bis zum Erlaß etwaiger entgegenstehender Anordnungen) eingeführt werden und braucht nicht untersucht zu werden, gleichviel von welchen Tieren es stammt und wie es zubereitet ist — mit alleiniger Ausnahme des entgegen § 21 FlG. zubereiteren Fleisches, für welches das dort (in § 21) gegebene Einfuhrverbot nicht durch § 14 FlG. beseitigt ist. (Vgl. die Fassung des Eingangs des § 4 der Fleischbeschau-Zollordnung, wo nicht auf § 1 Nr. 3 der Fleischbeschau-Zollordnung Bezug genommen ist.)

In § 4 Nr. 2 der Fleischbeschau-Zollordnung ist über das als Schiffsproviant von Schiffen mitgeführte Fleisch noch genauere Bestimmung getroffen.

Fleisch, das in angemessenen Grenzen in Speisewagen zur Verpflegung der Reisenden und des Begleitpersonals mitgeführt wird, rechnet zum Reiseverbrauch (vgl. SCHRÖTER-HELLICH Anm. 5 der ABD. — S. 252).

Fleisch in Postpaketen genießt keine Vergünstigung (STENGLEIN § 14 Anm. 3 — S. 815), abgesehen von dem in Anm. 4 behandelten Fall.

³ Preußen hat zugunsten des Meß- und Marktverkehrs des Grenzbezirks keine
derartigen Ausnahmen angeordnet.

Über die für den kleinen Grenzverkehr in Preußen zugelassenen Ausnahmen finden
sich ins einzelne gehende Angaben bei Schröter-Hellich § 14 Anm. 4 und 5 — S. 19
und 20.

⁴ a) Abs. 1 hat durch Gesetz vom 13. Dezember 1935 (RGBl. I S. 1447) gegenüber
der bisherigen Fassung eine Erweiterung erfahren durch Einbeziehung „der Fleischwaren,
die aus dem Ausland im Postverkehr nachweislich als Geschenke für Unbemittelte zum
eigenen Gebrauch eingehen und deren Gesamtgewicht 5 kg nicht übersteigt".

Hierzu führt die amtl. Begr. (Reichsanzeiger Nr. 304 vom 31. Dezember 1935) aus:
„Zu II. Bei der Einfuhr von Liebesgabensendungen, die Fleisch- und Wurstwaren enthalten, haben sich mit Rücksicht auf die Bestimmungen des § 12 des FlG. (a. a. O.) in den
Nachkriegsjahren mehrfach Schwierigkeiten ergeben. § 12 Abs. 1 des FlG. verbietet die
Einfuhr von Fleisch in luftdicht verschlossenen Büchsen oder ähnlichen Gefäßen sowie
von Würsten und sonstigen Gemengen aus zerkleinertem Fleisch, ohne die Möglichkeit
der Bewilligung von Ausnahmen vorzusehen, und § 12 Abs. 2 Nr. 2 läßt die Einfuhr von
zubereitetem Fleisch nur dann zu, wenn die Unschädlichkeit des Fleisches für die menschliche Gesundheit bei der Einfuhr in zuverlässiger Weise sich feststellen läßt; diese Feststellung gilt jedoch insbesondere bei Sendungen von Pökelfleisch als unausführbar, wenn
das Gewicht der einzelnen Stücke weniger als 4 kg beträgt. Auch hier sind Ausnahmen
nur für Schinken und Speck, soweit diese den Begriffsbestimmungen des § 3 Abs. 4 der
Ausführungsbestimmungen D zum FlG. entsprechen, vorgesehen.

Die Vorschriften des § 12 des FlG. haben auch auf die vielfach aus dem Ausland eingehenden Geschenksendungen Anwendung zu finden. Soweit solche Sendungen nicht
einfuhrfähige Fleisch- oder Wurstwaren enthalten, sind diese entweder auf Kosten des
Empfängers in das Herkunftsland zurückzusenden, oder sie sind, falls der Empfänger die
hierfür erforderlichen Kosten nicht aufzubringen bereit oder in der Lage ist, zu vernichten.
Bei der diesen Bestimmungen entsprechenden Behandlung von Liebesgabensendungen
haben sich an den Zolleingangsstellen, denen die Prüfung der Postsendungen auf ihre Ein-
fuhrfähigkeit obliegt, vielfach unerfreuliche Auftritte abgespielt, die in Zeiten der Not
oder des Mangels besonders peinlich wirkten. Mehrfach erfolgte Aufklärungen über die
gesundheitspolizeiliche Bedeutung des Einfuhrverbots haben sich als wirkungslos erwiesen;
die durch § 12 des FlG. vorgeschriebene Behandlung der Liebesgabenpakete gab vielfach
Anlaß zu abfälligen Bemerkungen in der Tagespresse über das Vorgehen der Behörden,
und auch im Ausland machte sich nach den Berichten der deutschen Vertretungen bei den
Absendern von Liebesgabensendungen Mißstimmung bemerkbar, wenn die in bester Absicht
an bedürftige Verwandte gerichteten Sendungen, die der Linderung der Not dienen sollten,
zurückkamen.

Um diese bei der Behandlung der Liebesgabensendungen zutage getretenen Unzuträglichkeiten für die Zukunft zu vermeiden, erscheint es angezeigt, für Fleischwaren, die aus
dem Auslande im Postverkehr nachweislich als Geschenk für bedürftige Empfänger zugehen,
zu deren Verbrauch im eigenen Haushalt bestimmt sind und deren Gesamtgewicht 5 kg
nicht übersteigt, die Möglichkeit zur Bewilligung von Ausnahmen von dem Einfuhrverbot
des § 12 des FlG. vorzusehen."

b) Auf Grund des neuen Abs. 1 des § 14 ist ergangen folgende

Verordnung über die Einfuhr von Fleischwaren.
Vom 13. Dezember 1935 (RGBl. I S. 1449).

Auf Grund des § 14 Abs. 1, § 25a des Gesetzes, betreffend die Schlachtvieh- und Fleischbeschau, vom 3. Juni 1900 (RGBl. S. 547) in der Fassung vom 13. Dezember 1935 (RGBl. I
S. 1447) wird verordnet:

§ 1.

Die Vorschriften des § 12 Abs. 1 und, soweit es sich um zubereitetes Schweinefleisch
handelt, des § 12 Abs. 2 Nr. 2 des Gesetzes, betreffend die Schlachtvieh- und Fleischbeschau, finden keine Anwendung auf Fleischwaren, die aus dem Auslande im Postverkehr
nachweislich als Geschenk für Unbemittelte zum eigenen Verbrauch eingehen und deren
Gesamtgewicht 5 kg nicht übersteigt.

§ 2.

Die im § 1 bezeichneten Sendungen unterliegen, soweit es sich um Fleisch in luftdicht
verschlossenen Büchsen oder ähnlichen Gefäßen, Würste oder sonstige Gemenge aus zerkleinertem Fleisch (§ 12 Abs. 1 des FlG.) handelt, keiner amtlichen Untersuchung.

Bei zubereitetem Schweinefleisch (§ 12 Abs. 2 Nr. 2 des FlG.) ist von der allgemeinen
Fleischbeschau abzusehen; es hat jedoch die Untersuchung auf Trichinen durch eine Aus-
landsfleischbeschaustelle zu erfolgen.

§ 15.

Der Reichsminister des Innern ist ermächtigt, weitergehende[1] Einfuhrverbote und Einfuhrbeschränkungen, als in den §§ 12 und 13 vorgesehen sind, zu beschließen[2].

Anmerkungen.

[1] Von dieser Ermächtigung ist Gebrauch gemacht
a) in der unter anderem auch auf 15 FlG. Bezug nehmenden Bundesrats-VO. vom 10. Juli 1902 (RGBl. S. 242), geändert zuletzt durch die Bekanntmachung vom 21. Juni 1912 (RGBl. S. 403), heißt es unter Nr. 4:

„Die Einfuhr von Hundefleisch sowie von zubereitetem Fleische (mit Ausnahme der Därme), das von Pferden, Eseln, Maultieren, Mauleseln oder anderen Tieren des Einhufergeschlechtes herrührt, ist verboten.“

Die Worte „mit Ausnahme der Därme“ sind durch die erwähnte Bekanntmachung von 1912 eingefügt. Diese Ausnahme bezieht sich, wie ERG. 46, 337 klarstellt, nur auf „zubereitete“ (getrocknete und eingesalzene) Därme, während die Einfuhr von frischen Pferdedärmen nach wie vor in Verbindung mit dem ganzen Tierkörper zulässig ist.
b) Weiter gehört hierher die VO. des Reichsministers des Innern vom 10. August 1933 (RGBl. I S. 579) betreffend Einfuhr von Fleisch von Bären, Katzen usw. Nach dieser VO. ist Bärenfleisch bei der Einfuhr auf Trichinen zu untersuchen; einer allgemeinen Beschau wird es nicht unterstellt. Die Einfuhr von „Fleisch von Katzen, Füchsen, Dächsen und anderen fleischfressenden Tieren, die Träger von Trichinen sein können“, wird schlechthin verboten.

[2] Die Strafbestimmung enthält § 27 Nr. 4. Daneben kann auch hier (vgl. § 12 Anm. 7) das Vereinszollgesetz als verletztes Gesetz in Frage kommen. So auch STENGLEIN — S. 816 — Anm. 2 und 3 zu § 15.

Die gemäß § 15 erlassenen Vorschriften des Bundesrats bzw. des an seine Stelle getretenen Reichsministers werden als blankettausfüllende Normen anzusehen sein. D. h. Irrtümer über ihr Vorhandensein oder ihre Auslegung stehen Irrtümern über Tatumstände i. S. des § 59 StGB. gleich und schließen den Vorsatz aus. Ist die Unkenntnis durch Fahrlässigkeit verschuldet, so kann Bestrafung wegen fahrlässiger Zuwiderhandlung erfolgen. (Vgl. unten § 21 Anm. 5 und die allgemeinen Ausführungen bei HOLTHÖFER in Bd. I S. 1314 — Anm. 3 zu § 12 a. F. LMG.)

§ 16.

Die Vorschriften des § 8 Abs. 1 und der §§ 9—11 gelten auch für das in das Zollinland eingehende Fleisch[1]. An Stelle der unschädlichen Beseitigung des Fleisches oder an Stelle der polizeilicherseits anzuordnenden Sicherungsmaßregeln[2] kann[4] jedoch, insoweit gesundheitliche Bedenken nicht entgegenstehen, die Wiederausfuhr des Fleisches[3] unter entsprechenden Vorsichtsmaßnahmen zugelassen werden.

Anmerkungen.

[1] Praktisch kommen von den beim Inlandfleisch möglichen Untersuchungsergebnissen für Einfuhrfleisch nicht in Frage das in §§ 10, 11 FlG. behandelte „bedingt taugliche“ Fleisch und das eine Untergruppe des tauglichen Fleisches bildende „in seinem Nahrungs- und Genußwert erheblich herabgesetzte (minderwertige) Fleisch“ (§ 8 Anm. 4). Denn in der ABD. der gemäß § 22 Nr. 2 FlG. aufgestellten Grundsatzregelung für „die Untersuchung und gesundheitspolizeiliche Behandlung des in das Zollinland eingehenden Fleisches“, sind Untersuchungsergebnisse dieser Art nicht vorgesehen.

Vorgesehen sind in ABD.:
a) taugliches Fleisch (§ 23),
b) beanstandetes Fleisch (§ 17).

Mit dem letzteren ist unbeschadet weitergehender Maßnahmen, welche auf Grund veterinärpolizeilicher oder strafrechtlicher Bestimmungen (z. B. Beschlagnahme nach §§ 94f. der Strafprozeßordnung) angeordnet werden, nach Maßgabe der ABD. §§ 18—21 zu verfahren.

[2] I. In ABD. §§ 18 bis 21 sind — getrennt nach frischem Fleisch, zubereitetem Fleisch und Fetten — je nach dem sachlichen Grund der Beanstandungen vorgesehen:
a) unschädliche Beseitigung der ganzen Sendung, einzelner Tierkörper oder Tierteile (wegen trichinösen Bärenfleisches siehe § 15 Anm. 1 b);
b) Zurückweisung von der Einfuhr für die ganze Sendung oder einzelne Tierkörper.

Bei zubereitetem Fett ist nur Zurückweisung vorgesehen, weil hier durch die Zubereitung und Verpackung die gesundheitlichen und veterinären Gefahren in aller Regel

nicht vorliegen, die bei sonstigem Fleisch naheliegen und durch die obligatorische unschädliche Beseitigung ausgeräumt werden sollen.

II. In gewissen Fällen (ABD. §§ 18 Abs. 1 II B und 19 Abs. 1 II C) kann die Zurückweisung
eingeschränkt werden, wenn der Beanstandungsgrund durch Beseitigung und Vernichtung
der krankhaft veränderten Teile behoben wird. Dann wird das übrige Fleisch für tauglich
erklärt.

III. Ferner kann in bestimmten Fällen (§ 12 Abs. 4 ABD.) der Beanstandung die Sendung
vom Verfügungsberechtigten „freiwillig zurückgezogen werden".

IV. Wo an sich unschädliche Beseitigung des Fleisches erfolgen müßte (§§ 18, 19 ABD.),
kann statt ihrer Zurückweisung des Fleisches erfolgen (ABD. § 20), wenn die das Fleisch
beanstandende Stelle im Ausland liegt. Hierbei war die Erwägung maßgebend, daß dieses
Fleisch gar nicht ins Inland gelangt und dort an Menschen und Vieh keinen Schaden
anrichten kann. Auch könnten hier und da den deutschen Behörden, wenn sie die unschädliche Beseitigung im Ausland durchführen wollten, praktisch und rechtlich Schwierigkeiten
erwachsen.

[3] I. Zurückgewiesenes (Anm. 2 I b und IV) oder freiwillig zurückgezogenes (Anm. 2 III)
Fleisch ist von der Polizeibehörde unter entsprechenden Vorsichtsmaßregeln zur Wieder-
ausfuhr zu bringen (§ 24 ABD.). Ziel der Vorsichtsmaßregeln ist, daß das betreffende Fleisch
nicht anderweitig zur Wiedereinfuhr gelangt unter Verschleierung der bereits erfolgten
Zurückweisung. Die Wiederausfuhr hat daher unter Zollverschluß oder zollamtlicher
Begleitung zu erfolgen. (§ 19 der Fleischbeschau-Zollordnung — s. oben § 13 Anm. 2.)

Ist der Verfügungsberechtigte mit der Vernichtung einverstanden oder lehnt er seine
Mitwirkung zur Wiederausfuhr ab, so kann — nach den Darlegungen bei Schröter-
Hellich ABD. § 21 Anm. 2 (S. 296) — die Vernichtung des Fleisches erfolgen.

Vernichtung geht noch weiter als unschädliche Beseitigung. Durch die Vernichtung
werden auch die Rückstände zu jeder technischen Verwendung unbrauchbar gemacht
(§§ 7 und 22 Fleischbeschau-Zollordnung).

II. Zurückgewiesenes oder freiwillig zurückgezogenes Fleisch (nicht auch unschädlich
zu beseitigendes, also in diesem Falle auch nicht das unter Anm. 2 IV erwähnte Fleisch)
kann nach § 22 ABD. im Rahmen des § 29 ABD. zur Einfuhr zugelassen werden, wenn es
zu anderen Zwecken als zum menschlichen Genuß verwendet werden soll (vgl. § 17 Anm. 1).

[4] Den Beschauern und den Zollstellen ist durch ABD. — für sie verwaltungsrechtlich
bindend — vorgeschrieben, wie sie je nach Lage des Falles von dieser Kannvorschrift
Gebrauch zu machen haben. Auf die in Anm. 2 und 3 gegebene Zusammenstellung der
einschlägigen Vorschriften wird verwiesen.

§ 17.

*Fleisch, welches zwar nicht für den menschlichen Genuß bestimmt ist, aber
dazu verwendet werden kann, darf[1] zur Einfuhr ohne Untersuchung zugelassen
werden[2], nachdem es zum Genusse für Menschen unbrauchbar gemacht ist[1, 3, 4].*

Anmerkungen.

[1] Auf § 4 Ziff. 4 der Fleischbeschau-Zollordnung (s. § 13 Anm. 2; abgedruckt bei Schröter-
Hellich S. 461) wird verwiesen.

Diese Vorschrift enthält trotz ihrer Fassung keine rechtssatzmäßige Einschränkung
der gesetzlichen Einfuhrverbote, sondern nur eine die Amtsstellen behördenrechtlich gegenüber ihren Vorgesetzten bindende Anweisung, wie von der „Darf"-Vorschrift des § 17 FlG.
Gebrauch zu machen ist. Ebenso Stenglein § 17 Anm. 1 (S. 816).

Im Hinblick auf die unter § 13 Anm. 2 und 3 mitgeteilten Gründe hat man die Sicherstellung der Unbrauchbarmachung in gewissen Fällen der erfolgten Unbrauchbarmachung gleichgestellt. § 29 ABD. — unten S. 990 abgedruckt — gibt Einzelvorschriften
über die Unbrauchbarmachung. In den Anmerkungen bei Schröter-Hellich zu ABD.
§ 29 (S. 311) sind beide Fälle eingehend behandelt. Unterm 28. Februar 1936 (MBl.i. V.
S. 311) ist ein Runderlaß des Reichs- und Preußischen Ministers des Innern ergangen betr.
Überwachung der Unbrauchbarmachung tierischer Fette und Talge für den menschlichen
Genuß, die zu technischen Zwecken in das Zollinland eingeführt worden sind.

[2] Zuständig ist in Preußen grundsätzlich die Ortspolizeibehörde, die in gewisen Fällen
der Genehmigung der Landespolizeibehörde bedarf (§§ 16, 22 der Pr.Ausf.Best. vom 21. April
1903 — MBliV. S. 129 —, in der jetzt gültigen Fassung bei Schröter-Hellich S. 762).

[3] Nach § 22 ABD. kann auch zurückgewiesenes oder freiwillig zurückgezogenes Fleisch
(vgl. § 16 Anm. 2 und 3) unter den in § 29 ABD. (vgl. Anm. 1) bezeichneten Voraussetzungen
zur Einfuhr zugelassen werden, wenn es zu anderen Zwecken als zum Genusse für Menschen
Verwendung finden soll.

[4] Die Strafbestimmungen enthält § 26 Nr. 2 FlG.; vielfach wird Tateinheit mit §§ 3,
4 Nr. 2 und 3; 11; 12 LMG. gegeben sein.

§ 18[1].

Bei Pferden muß[2] die Untersuchung (§ 1) durch approbierte Tierärzte vorgenommen werden.

Der Vertrieb[3] von Pferdefleisch[4] sowie die Einfuhr solchen Fleisches in das Zollinland[5] darf nur unter einer Bezeichnung erfolgen, welche in deutscher Sprache[6] das Fleisch als Pferdefleisch erkennbar macht.

Fleischhändlern, Gast-, Schank- und Speisewirten ist der Vertrieb und die Verwendung[7] von Pferdefleisch nur mit Genehmigung der Polizeibehörde gestattet[8]; die Genehmigung ist jederzeit widerruflich[8]. An die vorbezeichneten Gewerbetreibenden darf Pferdefleisch nur abgegeben[9] werden, soweit ihnen eine solche Genehmigung erteilt worden ist. In den Geschäftsräumen[10] dieser Personen muß an einer in die Augen fallenden Stelle durch deutlichen Anschlag besonders erkennbar gemacht werden, daß Pferdefleisch zum Vertrieb oder zur Verwendung kommt.

Fleischhändler[11] dürfen Pferdefleisch nicht in Räumen feilhalten oder verkaufen, in welchen Fleisch von anderen Tieren feilgehalten oder verkauft wird[11].

Der Reichsminister des Innern ist ermächtigt anzuordnen, daß die vorstehenden Vorschriften auf Esel, Maulesel, Hunde und sonstige, seltener zur Schlachtung gelangenden Tiere entsprechende Anwendung finden[1, 12, 13].

Anmerkungen.

[1] Zunächst gelten für die Inlandbeschauen (§§ 1—3, 5, 7—11) wie für die Einfuhr (§§ 12—17) bei Pferden, Eseln, Mauleseln und Maultieren (vgl. § 18 Abs. 5 und § 1 Anm. 3) die allgemeinen auch für die übrigen Tierarten maßgebenden Vorschriften. Eine Erstreckung des § 18 auf Hunde ist nicht erfolgt; die Einfuhr von Hundefleisch ist schlechtweg verboten (§ 15 Anm. 1).

§ 18 hat für Pferde, Esel, Maulesel und Maultiere, deren Fleisch nicht immer leicht von anderem Fleisch, besonders von Rindfleisch, zu unterscheiden ist, und nun einmal im Verkehr — gleichviel ob zu Recht oder zu Unrecht — als minderwertig gilt, in zweifacher Hinsicht Erschwerungen festgesetzt, nämlich a) Beschau nur durch tierärztlichen Beschauer und b) Kenntlichmachungszwang in Anlehnung an die in § 11 für nicht vollwertiges Fleisch verordnete Art der Kenntlichmachung.

[2] Vgl. die Ausführung zu § 5 Anm. 3.

[3] Vgl. § 11 Anm. 2.

[4] Hierunter fallen auch Würste, die nur zum Teil aus Pferdefleisch, Eselfleisch usw. hergestellt sind (ERG. 41, 149).

[5] Vgl. § 12 Anm. 3.

Wichtige Sonderbestimmungen für die Einfuhr von Pferdefleisch (hierunter ist das Fleisch von Eseln, Mauleseln, Maultieren mit zu verstehen):

a) Mit dem einzuführenden Fleisch der Pferde usw. müssen die Haut und gewisse Organe verbunden sein.

b) Einfuhr von zubereitetem Pferdefleisch usw. (mit Ausnahme der Därme) ist verboten. — Bundesrats-VO. vom 3. Juni 1900 (RGBl. S. 242) in der Fassung vom 21. Juni 1912 (RGBl. S. 403).

c) In gewissen Fällen ist als Ergänzung der biologischen Untersuchung (ABD. a § 16) bei Verdacht verbotswidriger Einfuhr von zubereitetem Einhuferfleisch chemische Untersuchung vorgeschrieben (ABD. § 14 Abs. 2a).

d) Der Stempel für Pferdefleisch usw. hat unter anderem die Aufschrift „Pferd" zu tragen.

[6] Vgl. § 11 Anm. 4. Hier ist noch außerdem die Benutzung der deutschen Sprache ausdrücklich vorgeschrieben. Benutzung bildlicher Kennzeichnung oder einer ausländischen Sprache genügt also in keinem Falle.

Im Falle des § 11 (bedingter Tauglichkeit) bedarf es außerdem der dort vorgeschriebenen Kennzeichnung.

[7] Vgl. § 11 Anm. 5.

[8] Vgl. § 11 Anm. 6 und 7.

[9] Vgl. § 11 Anm. 8.

[10] Vgl. § 11 Anm. 9 und 10.

[11] Vgl. § 11 Anm. 11 und 12.

[12] Über die reichsrechtliche Einbeziehung von Eseln, Maultieren und Mauleseln vgl. § 1 Anm. 3 und § 18 Anm. 1 und 5. Preußen hat in Ansehung des Fleisches der in § 18

bezeichneten Arten, soweit ersichtlich, von der Ermächtigung des § 24 Nr. 3 FlG. keinen Gebrauch gemacht.

[13] Strafvorschriften: § 27 Nr. 2 und 4 FlG.

§ 19.

Der Beschauer[1] *hat*[2] *das Ergebnis der Untersuchung an*[3] *dem Fleische kenntlich zu machen*[4]. *Das aus dem Ausland eingeführte Fleisch ist außerdem als solches kenntlich zu machen*[4].

Der Reichsminister des Innern bestimmt die Art der Kennzeichnung[4, 5].

Anmerkungen.

[1] D. i. die ordnungsmäßig zum Beschauer bestellte Persönlichkeit — gleichviel ob geprüfter Laie oder Tierarzt. Vgl. hierzu § 5 Anm. 3.

[2] Obwohl die hier vorgeschriebene Kennzeichnung als regelmäßige Beurkundung der stattgehabten (zweiten) Beschau des Fleisches und ihres Ergebnisses vorgeschrieben ist, beeinträchtigt ihr Unterbleiben doch nicht die Wirksamkeit der Beschau und der getroffenen Entscheidung.

[3] Auch die „vorläufige Kennzeichnung", die bei Protest des Besitzers gegen die Beanstandung vorgesehen ist (ABA. § 42 — Neufassung bei § 9 Anm. 3 — und Pr.Ausf.Best. § 36 in der Neufassung vom 9. Juni 1933 — MBliV. Teil II S. 246, 253) ist durch Auflegen dünnen Papiers mit entsprechender Aufschrift auf dem feuchten frischen Fleisch haltbar zu befestigen. Vgl. auch ABD. § 24 für Einfuhrfleisch.

[4] In welcher Form und an welchen Stellen des Fleisches die Kenntlichmachung zu erfolgen hat, bestimmen: für Inlandfleisch ABA. § 42—44 (§ 42 in der Fassung bei § 9 Anm. 3, § 44 in der Fassung bei § 11 Anm. 4), für Einfuhrfleisch ABD. §§ 25—27 (s. unten S. 988), für eingeführtes Bärenfleisch, das auf Trichinen untersucht ist, die VO. vom 10. August 1933 (vgl. § 15 Anm. 1 b), für Ausfuhr- und Veredlungsschlachtungen die VO. vom 26. Juni 1933 (RMinBl. S. 352).

Hier wie dort ist die Kennzeichnung durch Farb- oder Brandstempel vorgeschrieben. Die Stempel unterscheiden sich durch Form und Aufdruck voneinander, so daß sie dem Eingeweihten in nicht mißzuverstehender Weise das Ergebnis der Schau und weiterhin die Tatsache vermitteln, ob es sich um Inlandfleisch oder Einfuhrfleisch, um Bären- oder Pferdefleisch handelt.

Über den Charakter der Stempel als öffentliche Urkunden vgl. § 5 Anm. 2 und 3.

[5] Wo der zuständige Fleischbeschauer sachlich Unrichtiges beurkundet (vgl. § 5 Anm. 2 und 3), hat er als öffentlicher Beamter Bestrafung nach den allgemeinen strengen Vorschriften des § 348 StGB. verwirkt. Dritte, nichtbeamtete Personen können im Rahmen des § 271 StGB. strafbar sein, wie STENGLEIN § 26 Anm. 13 — S. 824 — hervorhebt.

Die Strafbestimmung in § 26 Nr. 3 bedroht dagegen mit Strafe — insoweit als Sonderrecht für Fleischbeschau-Kennzeichen unter Ausschluß der §§ 267f. StGB. —:

a) denjenigen, der unbefugt Kennzeichen anbringt oder an befugt angebrachten Kennzeichen Handlungen vornimmt, die ihnen einen anderen Sinn geben, auch ohne daß er von den Fälschungen Gebrauch macht.

(Die Beseitigung von Kennzeichen fällt unter die Strafbestimmung des § 136 oder des § 274 StGB. — vgl. ERG. 39, 369 —.)

b) Denjenigen, der zwar selbst die unter a) bezeichneten Fälschungen oder die Beseitigung von Kennzeichen nicht vorgenommen hat, aber um diese Behandlung der Kennzeichnung weiß oder mit ihnen rechnet und trotzdem das betreffende Fleisch feilhält oder verkauft.

Über die Begriffe „Feilhalten" und „Verkaufen" unterrichtet Anm. 13 und 14 zu § 11.

[6] Schriftliche — im Gesetz und den von zuständiger Stelle erlassenen Ausf.Best. nicht vorgesehene — Zeugnisse über die Untersuchungsergebnisse sind keine öffentlichen Urkunden i. S. des Strafgesetzes. So ERG. 39, 284.

Dagegen hat ERG. 40, 341 die vom Beschauer zu führenden Tagebücher (vgl. ABA. § 47, ABD. § 31) als öffentliche Register i. S. des § 348 StGB. angesehen.

§ 20[1].

Fleisch, welches innerhalb des Reichs der amtlichen Untersuchung nach Maßgabe der §§ 8—16 unterlegen hat, darf einer abermaligen amtlichen Untersuchung[2] *nur zu dem Zwecke unterworfen werden, um festzustellen, ob das Fleisch inzwischen verdorben ist oder sonst eine gesundheitsschädliche Veränderung seiner Beschaffenheit erlitten hat.*

Landesrechtliche Vorschriften[2], *nach denen für Gemeinden mit öffentlichen Schlachthäusern der Vertrieb frischen Fleisches Beschränkungen*[3], *insbesondere dem Beschauzwang innerhalb der Gemeinde unterworfen werden kann, bleiben mit der Maßgabe unberührt, daß ihre Anwendbarkeit nicht von der Herkunft des Fleisches abhängig gemacht werden darf*[4].

Anmerkungen.

[1] § 20 bezieht sich nur auf die im FlG. vorgeschriebene amtliche Fleischbeschau. Ganz selbständig stehen daneben a) die Untersuchungen, die beim Verdacht strafbarer Handlungen von der Polizei (§ 163 der Strafprozeßordnung) oder im Strafverfahren von den Justizorganen veranlaßt werden und b) die Untersuchungen, die im Rahmen der allgemeinen Kontrolle des Lebensmittelverkehrs nach §§ 6, 7 LMG. erfolgen (vgl. § 29 FlG. und ERG. 48, 261). Über die Beteiligung der Gesundheitsämter und der Veterinäruntersuchungsanstalten an der letzteren vgl. HOLTHÖFER-JUCKENACK Erg. 1936, S. 73—75.

[2] a) Das Preußische Ausführungsgesetz bestimmt in § 5 folgendes: „Frisches Fleisch, welches einer amtlichen Untersuchung durch approbierte Tierärzte nach Maßgabe der §§ 8—16 des Reichsgesetzes unterlegen hat, darf einer abermaligen Untersuchung auch in Gemeinden mit Schlachthauszwang nur zu dem Zweck unterworfen werden, um festzustellen, ob das Fleisch inzwischen verdorben ist oder sonst eine gesundheitsschädliche Veränderung seiner Beschaffenheit erlitten hat. Die Vorschriften im Artikel 1 § 2 Abs. 1 Nr. 2 und 3 des Gesetzes zur Abänderung und Ergänzung des Gesetzes vom 18. März 1868, betreffend die Errichtung öffentlicher ausschließlich zu benutzender Schlachthäuser (Ges.Samml. S. 277), vom 9. März 1881 (Ges.Samml. S. 273) und die auf Grund dieser Vorschriften gefaßten Gemeindebeschlüsse finden auf das vorstehend bezeichnete frische Fleisch keine Anwendung. Eine doppelte Untersuchung auf Trichinen ist in allen Fällen ausgeschlossen."

b) § 2 Abs. 1 Nr. 2 und 3 des vorbezeichneten Preußischen Schlachthausgesetzes vom 18. März 1868 in der Fassung des Gesetzes vom 9. März 1881 lautet:

„Durch Gemeindebeschluß kann nach Errichtung eines öffentlichen Schlachthauses angeordnet werden:

1. ......

2. daß alles nicht im öffentlichen Schlachthause ausgeschlachtete frische Fleisch in dem Gemeindebezirke nicht eher feilgeboten werden darf, bis es einer Untersuchung durch Sachverständige gegen eine zur Gemeindekasse fließende Gebühr unterzogen ist,

3. ......,

4. daß sowohl auf den öffentlichen Märkten als in den Privatverkaufsstätten das nicht im öffentlichen Schlachthause ausgeschlachtete frische Fleisch von dem daselbst ausgeschlachteten Fleisch gesondert feilzubieten ist.

5. ......"

Durch diese Vorschriften in ihrem Zusammenwirken war in Preußen die Regelung der Nachuntersuchung tierärztlich untersuchten frischen Fleisches durch Gemeindebeschluß unmöglich geworden.

Man hat in der Folge in Preußen versucht, im Wege örtlicher Polizeiverordnungen allgemeine Vorschriften über die Nachuntersuchung bereits untersuchten Fleisches zu treffen.

Darüber, ob angesichts der mitgeteilten Gesetzesstellen eine allgemeine Regelung, insbesondere durch Polizeiverordnung, rechtlich zulässig ist, oder ob eine solche Nachuntersuchung nur von Fall zu Fall zum Zwecke der nach Lage des Falles angezeigten Feststellung, ob das Fleisch inzwischen verdorben sei oder eine gesundheitsschädliche Veränderung erlitten habe, angeordnet werden kann, steht die Rechtsprechung des Reichsgerichts (ERG. 48, 261), die solche Polizeiverordnungen für zulässig erklärt, in bis zuletzt unüberbrücktem Gegensatz zu der Rechtsprechung des KG. (vgl. insbesondere KG. J 33, C 78; 35, C 45, und 41, C 433 und Urteile des KG. vom 17. März 1931 in JW. 1931, 1982, Nr. 15 vom 7. Juni 1932 in JW. 1932, 2457 Nr. 13), das derartigen Polizeiverordnungen die Rechtsgültigkeit abspricht.

Stenglein (§ 20 Anm. 1 — S. 813 —, wo weiteres Material aus der Rechtsprechung angeführt wird) stellt sich auf den Standpunkt des Reichsgerichts. Schröter-Hellich (§ 20 Anm. 3 — S. 26) läßt die Rechtsfrage offen, verneint aber ein praktisches Bedürfnis für derartige Polizeiverordnungen.

Besonderes gilt in Preußen für die Trichinenschau (vgl. § 24 Anm. 2).

Das Bay.ObLG. hat ursprünglich auf dem Standpunkt des KG. gestanden (Bay.ObLG. Samml. 13, 455; 14, 36; 15, 133). Es ist aber durch die ERG. 48, S. 261 bedenklich geworden (Bay.ObLG. Bd. 23, S. 12). Neuere Entscheidungen mit positiver Stellungnahme des Bay. ObLG. sind nicht bekannt geworden.

[3] Wegen Erhebung einer Ausgleichsabgabe für eingeführtes Fleisch in Schlachthausgemeinden s. § 23 Anm. 2.

[4] Strafbestimmungen zu § 20 sind reichsrechtlich nicht erlassen.

§ 21[1, 2].

Bei der gewerbsmäßigen[4] Zubereitung[3] von Fleisch dürfen Stoffe oder Arten des Verfahrens[5], welche der Ware eine gesundheitsschädliche Beschaffenheit zu verleihen vermögen, nicht angewendet werden. Es ist verboten, derartig zubereitetes[6] Fleisch aus dem Ausland einzuführen[7], feilzuhalten[8], zu verkaufen[9] oder sonst in Verkehr zu bringen[10].

Der Reichsminister des Innern bestimmt die Stoffe und die Arten des Verfahrens, auf welche diese Vorschriften Anwendung finden[11, 12].

Der Reichsminister des Innern ordnet an, inwieweit die Vorschriften des Abs. 1 auch auf bestimmte Stoffe und Arten des Verfahrens Anwendung finden, welche eine gesundheitsschädliche oder minderwertige Beschaffenheit der Ware zu verdecken geeignet sind[11, 13].

Anmerkungen.

[1] § 21 FlG. ist durch die VO. vom 10. Februar 1902 ab 1. Oktober 1902 in Kraft gesetzt worden.

„Um die Haltbarkeit des Fleisches zu erhöhen oder demselben ein besseres Aussehen zu geben, werden nicht selten Stoffe zugesetzt oder Verfahren angewandt, welche geeignet sind, den Gesundheitszustand des Konsumenten nachträglich zu beeinflussen oder eine minderwertige oder gesundheitsschädliche Beschaffenheit des Fleisches zu verdecken." (Aus der Amtl. Begr. S. 65.)

Um diese möglichen Gefährdungen weitgehend auszuschließen, ist in § 21 FlG., ähnlich wie es § 5 Nr. 1 LMG. für Lebensmittel überhaupt vorsieht, der Reichsregierung die Möglichkeit gegeben, bestimmte Stoffe und Zubereitungsarten, die erfahrungsgemäß gesundheitsschädlich werden können, schlechtweg zu verbieten. Es ist also strafrechtlich ganz gleichgültig, ob im Einzelfall die verwendeten Stoffe und Verfahrensarten nach Art und Menge eine Gesundheitsschädigung mit sich gebracht haben oder mit sich bringen konnten (vgl. ERG. 38, 38; 55, 64).

[2] Selbständig bleiben daneben die Vorschriften der §§ 3, 5 Nr. 1, 5 LMG. bestehen (§ 29 FlG.). Sollte eine nach § 5 Nr. 1 LMG. erlassene Vorschrift denselben Inhalt haben wie eine nach § 21 FlG. getroffene Regelung, so würde insoweit Gesetzeseinheit vorliegen und § 21 FlG. als Sondergesetz allein anwendbar sein. (Vgl. zum letzten Satz Stenglein § 21 Anm. 11 — S. 820). Im übrigen können die Strafvorschriften des LMG. und § 21 FlG. in Tateinheit verletzt werden. Vgl. Anm. 5.

Ein weiteres Beispiel hierfür ist KG. vom 20. Januar 1931 in KGJ. Erg.-Bd. 11, 376 und 384.

[3] Zubereitung i. S. des § 21 FlG. ist nach seinem Sinn und Zweck jede — handwerksmäßige, fabrikmäßige und küchenmäßige — Behandlung des Fleisches, die es in eine für den menschlichen Genuß geeignete Form oder Vorform bringt. Hierher gehört z. B. die Durchschwefelung des Raumes, in dem ganze Tierkörper oder Fleischstücke den Schwefeldämpfen ausgesetzt sind (ERG. 37, 344), die Kalkbehandlung von Kopfhäuten, aus denen Sülze gemacht werden soll (ERG. 55, 64), das Einlegen von Würstchen in borsäurehaltige Salzbouillon zur besseren Haltbarmachung (ERG. 38, 142).

[4] Gewerbsmäßig bedeutet hier dasselbe wie in § 2 Anm. 6.

[5] Nur diejenigen Stoffe und Verfahrensarten, die nach der ursprünglichen Fassung der Bundesrat (jetzt „der Reichsminister des Innern") ausdrücklich bestimmt — vgl. Anm. 11 — fallen unter die Verbote des § 21 Abs. 1 und 2. Die so getroffenen Bestimmungen sind anzusehen, als ob sie in § 21 FlG. selbst getroffen wären (ERG. 37, 342).

Deshalb würde sich niemand damit entschuldigen können, er habe die Verbote der Bundesratsbestimmungen nicht gekannt. Solcher Irrtum könnte ihm nicht nach § 59 StGB. zugute gehalten werden. Vgl. Stenglein § 21 Anm. 8 — S. 819.

Würde dagegen jemand bei der Zubereitung von Hackfleisch schweflig-saures Salz — etwa enthalten in einem Industrieerzeugnis mit Phantasienamen — verwenden, ohne daß ihm die schweflig-saure Eigenschaft des Salzes bekannt geworden wäre, so würde Irrtum über eine Tatsache in Frage kommen, der — je nach dem Grade der von ihm zu verlangenden Einsicht und Sorgfalt — eine Verurteilung wegen nur fahrlässiger Zuwiderhandlung gegen § 21 FlG. oder gar Freisprechung rechtfertigen könnte. Vgl. ERG. 48, 251. In diesem Urteil ist auch ausgeführt, daß eine und dieselbe Handlung gleichzeitig eine fahrlässige Verletzung des § 21 FlG. und ein (eventual-) vorsätzliches Vergehen gegen § 3 Nr. 1a LMG. enthalten kann. Vgl. ferner KG. 27. September 1932 und die Ausführungen von HOLTHÖFER zu diesem Urteil in JW. **1933**, S. 480, Nr. 21.

⁶ Hier kommt es nur darauf an, ob das Fleisch überhaupt unter Verwendung der verbotenen Stoffe oder Verfahrensarten zubereitet ist. Ob die Zubereitungstätigkeit gewerbsmäßig erfolgt ist (vgl. § 21 Satz 1 FlG.), ist gleichgültig.

⁷ Vgl. § 12 Anm. 3.

⁸ Vgl. § 11 Anm. 13.

⁹ Vgl. § 11 Anm. 14.

¹⁰ Vgl. § 9 Anm. 8.

¹¹ Die heute geltenden Bestimmungen finden sich in der
a) hier abgedruckten VO. vom 30. Oktober 1934, deren Buchstaben i und k dem § 1 Abs. 1 durch die Änderungs-VO. vom 9. Mai 1935 zugesetzt sind (mit Wirkung vom 1. Juli 1935 ab) und deren § 1 Abs. 3 durch die 3. VO. über unzulässige Zusätze und Behandlungsverfahren bei Fleisch und dessen Zubereitungen vom 7. November 1935 seine heutige Fassung erhalten hat:

Verordnung über unzulässige Zusätze und Behandlungsverfahren bei Fleisch und dessen Zubereitungen.

Vom 30. Oktober 1934 (RGBl. I S. 1089) in der Fassung der VO. vom 9. Mai 1935 (RGBl. I S. 593) und vom 7. November 1935 (RGBl. I S. 1291).

Auf Grund des § 21 Absätze 2, 3 des Gesetzes, betreffend die Schlachtvieh- und Fleischbeschau, vom 3. Juni 1900 (RGBl. S. 547) wird verordnet:

§ 1.

(1) Die Vorschriften des § 21 Abs. 1 des Gesetzes finden Anwendung

1. auf die folgenden Stoffe sowie auf die solche Stoffe enthaltenden Zubereitungen:

a) Alkali-, Erdalkali- und Ammonium-Hydroxyde und -Karbonate,

b) Benzoesäure und deren Verbindungen sowie Abkömmlinge der Benzoesäure (einschließlich der Salicylsäure) und deren Verbindungen,

c) Borsäure und deren Verbindungen,

d) Chlorsaure Salze,

e) Fluorwasserstoff und dessen Verbindungen,

f) Formaldehyd und solche Stoffe, die bei ihrer Verwendung Formaldehyd abgeben,

g) schweflige Säure und deren Verbindungen sowie unterschwefligsaure Salze,

h) Farbstoffe jeder Art,

i) Säuren des Phosphors, deren Salze und Verbindungen,

k) Aluminiumsalze und Aluminiumverbindungen;

2. auf Verfahren, die zur Befreiung tierischer Fette von Geruchsstoffen, Geschmacksstoffen, Farbstoffen und freien Fettsäuren dienen.

(2) Das Verbot des Abs. 1 Nr. 1b findet keine Anwendung auf die Verwendung von Benzoesäure und benzoesaurem Natrium bei der Herstellung von Margarine. Das Verbot unter Abs. 1 Nr. 1h findet keine Anwendung auf die Verwendung von gesundheitsunschädlichen Farbstoffen zur Gelbfärbung der Margarine und der Hüllen derjenigen Wurstarten, bei denen die Gelbfärbung herkömmlich und als künstliche ohne weiteres erkennbar ist.

(3) Der Reichsminister des Innern kann Ausnahmen zulassen. Die Ausnahmebewilligung kann jederzeit ohne Entschädigung zurückgenommen werden.

§ 2.

(1) Diese Verordnung tritt, vorbehaltlich des Abs. 2, am 1. Dezember 1934 in Kraft. Gleichzeitig tritt die Verordnung über gesundheitsschädliche und täuschende Zusätze zu Fleisch und dessen Zubereitungen vom 18. Februar 1902 (Reichsgesetzbl. S. 48) in der Fassung vom 4. Juli 1908, 14. Dezember 1916, 21. März 1930 und 19. April 1934 (RGBl. 1908 S. 470, 1916 S. 1359, 1930 I S. 100, 1934 I S. 316) außer Kraft.

(2) Das Verbot der Verwendung von Benzoesäure und ihren Salzen tritt am 1. April 1935 in Kraft.

b) Die technische Begründung der ursprünglichen VO. von 1902 ist im Reichsanzeiger Nr. 47, 1. Beilage, vom 24. Februar 1902 veröffentlicht worden.

Die Begründung des § 1 Abs. 2 ergibt sich aus dem Preußischen Runderlaß vom 24. Juli 1908 (Ministerialbl. der Preuß. Landwirtsch. Verwaltung usw. 1908, 32. Jahrgang, S. 982) und der Bekanntmachung des Württembergischen Medizinalkollegiums vom 6. September 1909 (Amtsbl. S. 325; Veröffentl. des Kaiserl. Gesundh.-Amts 1909, S. 1424; Z. Beil. 1925, 17, 2).

§ 1 Abs. 3, der erst im Jahre 1934 in etwas engerer Fassung als heute eingefügt wurde, hing mit der im Jahre 1933 im Rahmen der nationalen Fettwirtschaft aufgenommenen Extraktion mit nachfolgender Raffination von Schweinefett zusammen. Er lautete damals: „Der Reichsminister des Innern kann hinsichtlich der im Abs. 1 Nr. 1a und Nr. 2 bezeichneten Stoffe und Verfahren Ausnahmen" usw.

[12] In früheren Fassungen der unter Anm. 11 in ihrer heutigen Fassung mitgeteilten VO. gemäß § 21 Abs. 2 und 3 FlG. waren auch salpetrigsaure Salze enthalten. Ihre Verwendung ist jetzt durch das selbständige — weder auf § 21 FlG. noch auf § 5 LMG. gestützte — „Gesetz über die Verwendung salpetrigsaurer Salze im Lebensmittelverkehr (Nitritgesetz) vom 19. Juni 1934 (RGBl. I S. 513) enthalten. Das Nitritgesetz ist unten S. 995 nebst Amtl. Begr. abgedruckt.

[13] Die Strafbestimmungen enthalten:
§ 26 Nr. 1 für wissentliche (d. i. vorsätzliche) Zuwiderhandlungen,
§ 27 für fahrlässige Zuwiderhandlungen. Vgl. auch oben Anm. 5.

Über das Zusammentreffen von Straftaten gegen § 21 FlG. mit solchen gegen das LMG. vgl. die vorstehenden Anm. 2 und 5 und Holthöfer in JW. 1933, S. 1590, Nr. 11.

Eine Polizeiverordnung, die bei Abgabe von rohem Hackfleisch „Zusätze jeglicher Art" verbietet, hat KGJ. Erg. Bd. 8, 433f. für rechtsunwirksam erklärt, weil §§ 3, 4 LMG. und § 21 FlG. diese Materie vollständig regeln und für Polizeiverordnungen keinen Raum mehr lassen. §§ 3, 4 LMG. und § 21 FlG. verbieten Zusätze, die gesundheitsgefährlich sind oder täuschen können, andere Zusätze jedoch nur, soweit sie in den Verordnungen gemäß § 21 Abs. 2 FlG. ausdrücklich untersagt sind. Vgl. indessen oben S. 938 unter 6a über Hackfleisch.

§ 22.

Der Reichsminister des Innern ist ermächtigt[1],

1. Vorschriften über den Nachweis genügender Kenntnisse der Fleischbeschauer zu erlassen[2],

2. Grundsätze aufzustellen, nach welchen die Schlachtvieh- und Fleischbeschau auszuführen und die weitere Behandlung des Schlachtviehs und Fleisches im Falle der Beanstandung stattzufinden hat[3],

3. die zur Ausführung der Bestimmungen in dem § 12 erforderlichen Anordnungen[4] zu treffen und die Gebühren für die Untersuchung des in das Zollinland eingehenden Fleisches festzusetzen[5].

Anmerkungen.

[1] Ursprünglich war die Ermächtigung dem „Bundesrat" erteilt.

[2] Die Vorschriften sind enthalten in ABB. (vgl. § 5 Anm. 4) und in ABE. (insbesondere für die Trichinenschau).

[3] Solche Grundsätze finden sich in ABA., ABC. und ABD. mit den Anlagen ABD. a, b, c, d. Siehe ferner wegen Bärenfleischs die VO. vom 10. August 1933 (RGBl. I S. 579) — vgl. § 15 Anm. 1b — und die VO. über die Schlachtvieh- und Fleischbeschau bei Veredelungs- und Ausfuhrschlachtungen vom 26. Juni 1933 (RMinBl. S. 352). Sie ist mit Erläuterungen abgedruckt bei Schröter-Hellich S. 507.

[4] Die Anordnungen finden sich in ABD.

[5] a) Die „Gebührenordnung für die Untersuchung des in das Zollinland eingehenden Fleisches vom 15. Februar 1924 (RMinBl. S. 48)" ist in ihrer jetzt geltenden Fassung abgedruckt bei Schröter-Hellich S. 440.

Die Gebühren für die Untersuchung des Einfuhrfleisches werden in Preußen zur Staatskasse vereinnahmt, die ihrerseits sämtliche Ausgaben für die Untersuchung ausländischen Fleisches leistet. Die Gebührenberechnung obliegt der Beschaustelle (Chemiker, Tierarzt). So Schröter-Hellich § 22 Anm. 5 — S. 32.

b) Unabhängig von den Untersuchungsgebühren ist die jetzt durch Gesetz vom 24. März 1934 (RGBl. I S. 238), abgeändert in § 3 Ziff. 3 und 4 durch VO. vom 21. März 1935 (RGBl. I S. 391), für das ganze Reich geregelte **Schlachtsteuer**. Sie ist eine echte **Steuer**. Zur Durchführung des Schlachtsteuergesetzes ist ergangen die Durchführungs-VO. vom 29. März 1934 (RMinBl. S. 301), abgeändert durch VO. des Reichsministers der Finanzen vom 23. März 1935 (RMinBl. S. 320).

§ 23[1].

Wem die Kosten der amtlichen Untersuchung (§ 1) zur Last fallen, regelt sich nach Landesrecht[2]. Im übrigen werden die zur Ausführung des Gesetzes erforderlichen Bestimmungen, insoweit nicht der Reichsminister des Innern für zuständig erklärt ist oder insoweit er von einer durch § 22 erteilten Ermächtigung keinen Gebrauch macht, von den Landesregierungen erlassen[3, 4].

Anmerkungen.

[1] Hier handelt es sich um die Inlandbeschauen. Wegen des Einfuhrfleisches vgl. § 22 Anm. 5.

[2] Dem Landesrecht sind durch § 1 Abs. 2 des Reichsgesetzes über die Gebühren der Schlachtviehmärkte, Schlachthäuser und Fleischgroßmärkte vom 5. Mai 1933 (RGBl. I S. 242) mit der Änderung des § 1 Abs. 8—11 vom 27. Februar 1935 (RGBl. I S. 301/306 § 29) und des § 3 vom 23. März 1934 (RGBl. I S. 224 auf S. 225 § 13) reichsrechtlich gewisse Grenzen gesetzt worden. § 1 Abs. 2 des erwähnten Gesetzes lautet:

„Die Gebühren für die Untersuchung

a) des in das öffentliche Schlachthaus gelangenden Viehs vor und nach dem Schlachten,

b) des nicht im öffentlichen Schlachthaus ausgeschlachteten frischen Fleisches,

c) des von auswärts bezogenen frischen Fleisches

sind, soweit die Untersuchung und Gebührenerhebung zu b) und c) nach Landesrecht zulässig sind, so zu bemessen, daß sie die Kosten dieser Untersuchung nicht übersteigen."

§ 1 Abs. 9 daselbst lautet (Fassung vom 27. Februar 1935):

Der Reichsminister für Ernährung und Landwirtschaft und, soweit er von dieser Ermächtigung keinen Gebrauch macht, die obersten Landesbehörden werden ermächtigt, vorzuschreiben, daß bei frischem Fleisch, das den Gemeinden aus einer Schlachtung außerhalb des Gemeindebezirks zugeführt wird, eine vom Reichsminister für Ernährung und Landwirtschaft oder der obersten Landesbehörde festzusetzende Ausgleichsabgabe erhoben wird. Sie ist zur Senkung der Gebühren des Abs. 1—3 zu verwenden."

§ 3 daselbst lautet:

Der Reichsminister für Ernährung und Landwirtschaft erläßt die zur Durchführung und Ergänzung dieses Gesetzes erforderlichen Rechts- und Verwaltungsvorschriften. Soweit er von der Befugnis, Durchführungsbestimmungen zu erlassen, keinen Gebrauch macht, können die obersten Landesbehörden solche Vorschriften erlassen.

[3] Solange das Reich nicht die auf das Reich durch das Gesetz vom 30. Januar 1934 (RGBl. I S. 75) übergegangenen Hoheitsrechte der Länder selbst ausübt, werden sie nach wie vor — allerdings nunmehr im Auftrag und Namen des Reichs — von den Landesbehörden wahrgenommen. Die obersten Landesbehörden haben im Rahmen ihres Aufgabenbereichs den Anordnungen der zuständigen Reichsminister allgemein und in Einzelfällen Folge zu leisten (vgl. die Erste VO. über den Neuaufbau des Reichs vom 2. Februar 1934 — RGBl. I S. 81).

[4] Strafbestimmungen zu § 23 fehlen, der Rechtsnatur dieser Vorschriften entsprechend, die sich nicht mit selbständigen Geboten und Verboten an die Allgemeinheit wenden.

§ 24.

Landesrechtliche Vorschriften[1] über die Trichinenschau[2] und über den Vertrieb[4] und die Verwendung[4] von Fleisch, welches zwar zum Genusse für Menschen tauglich, jedoch in seinem Nahrungs- und Genußwert erheblich herabgesetzt ist[3], ferner landesrechtliche Vorschriften, welche mit Bezug auf

1. die der Untersuchung zu unterwerfenden Tiere[5],

2. die Ausführung der Untersuchungen durch approbierte Tierärzte[6],

3. den Vertrieb beanstandeten Fleisches oder des Fleisches von Tieren der im § 18 bezeichneten Arten

weitergehende Verpflichtungen[7] als dieses Gesetz begründen, sind mit der Maßgabe zulässig, daß ihre Anwendbarkeit nicht von der Herkunft des Schlachtviehs oder des Fleisches abhängig gemacht werden darf[8].

Anmerkungen.

[1] Über das derzeitige grundsätzliche staatsrechtliche Verhältnis des Reichs zu den Ländern siehe § 23 Anm. 3 und oben S. 4. In § 24 handelt es sich um eine den Landesregierungen gewährte Befugnis, in gewissen Grenzen für ihren Bereich das sachliche Reichsrecht durch (erschwerendes) allgemeinverbindliches Landesrecht zu erweitern. Für das so geschaffene Landesrecht gibt § 27 Nr. 2—4 die erforderlichen Strafbestimmungen.

[2] Praktisch hat der landesrechtliche Vorbehalt über die Trichinenschau nur für Fleisch aus Inlandschlachtungen Bedeutung. Denn für Einfuhrfleisch ist — unter Beschränkung allerdings auf Schweinefleisch und neuerdings auch auf Bärenfleisch (s. oben § 15 Anm. 1 b) — im Rahmen des § 22 FlG. die Trichinenschau vorgeschrieben (ABD §§ 11 Abs. 1, 13 Abs. 1 d, 14 Abs. 1 e), die Technik ihrer Vornahme geregelt (ABD Anlage b), eine Prüfungsvorschrift für Trichinenschauer erlassen (ABE.) und über die Verwendung trichinösen Fleisches Bestimmung getroffen (ABD. § 18 Abs. 1 I B; 19 Abs. 1 I c; 25 Abs. 2; 28 Abs. 2).

Auch für die Beurteilung und Behandlung trichinösen Fleisches aus Inlandschlachtungen sind von Reichs wegen im Rahmen der ihm zustehenden (vgl. § 22 Anm. 1) Grundsatzregelung gewisse Bestimmungen getroffen in ABA. § 33 Abs. 1 Nr. 15, § 34 Nr. 4, § 37 III 5, § 38 Abs. 1 unter II a 2, § 39 Nr. 2, § 45 Abs. 3.

Soweit hiernach von Reichs wegen noch nicht Bestimmung getroffen ist, bleibt den Ländern Raum für die Schaffung zusätzlichen Rechts. Hier genügt der Hinweis, daß jetzt in allen Ländern des deutschen Reichs — neuerdings auch in Baden und Bayern — eine Trichinenschau vorgeschrieben ist, wenn auch noch nicht überall in gleichem Umfang.

[3] Über die Voraussetzungen, unter denen Fleisch als minderwertig anzusehen, und wie es alsdann zu kennzeichnen ist, hat die Reichsregierung im Rahmen des § 22 FlG. grundsätzliche Bestimmungen in ABA. (§§ 40, 43) getroffen. Über die weitere Behandlung (Vertrieb und Verwendung) derartig festgestellten und gekennzeichneten Fleisches darf das Landesrecht bestimmen.

Einzelheiten in dieser Beziehung siehe unter § 8 Anm. 4 und (namentlich wegen der „Freibänke") § 11 Anm. 1.

[4] „Vertrieb" ist unter § 11 Anm. 2 erklärt, „Verwendung" unter § 11 Anm. 5.

[5] Die in Preußen erlassenen Vorschriften sind unter § 2 Anm. 1 mitgeteilt; sie können zugleich als Beispiele für die Tragweite des § 24 Abs. 1 Nr. 1 dienen.

[6] Die preußische Regelung ergibt sich aus § 5 Anm. 3 in Verbindung mit Pr.AG. § 6.

[7] Für Preußen siehe § 11 Anm. 1 und 2.

Während bei mindertauglichem Fleisch (§ 24 im Anfang) Vertrieb und Verwendung genannt sind (über die von Reichs wegen keine Bestimmungen erlassen sind — vgl. vorstehende Anm. 3), kommt für Nr. 3 nur die Anwendung weiterer Vertriebserschwerungen in Frage (z. B. Freibankzwang).

[8] Über die Strafbestimmungen vgl. Anm. 1 am Ende.

§ 25.

Inwieweit die Vorschriften dieses Gesetzes auf das in die Zollausschlüsse[1] eingeführte Fleisch Anwendung zu finden haben, bestimmt die Reichsregierung.

Anmerkung.

[1] Vgl. § 12 Anm. 3 b.

§ 25a.

Der Reichsminister des Innern erläßt die zur Durchführung oder Ergänzung dieses Gesetzes erforderlichen Rechts- und Verwaltungsvorschriften und kann Ausnahmen von den Vorschriften dieses Gesetzes zulassen.

Anmerkung.

§ 25 ist durch Gesetz vom 13. Dezember 1935 in das Gesetz eingefügt. Die amtl.Begr. (mitgeteilt in Nr. 304 des Reichsanzeigers vom 31. Dezember 1935) lautet: „Zu III. Abs. 3 bringt die in den neueren Gesetzen übliche allgemeine Ermächtigung zu Durchführungs- und Ergänzungsvorschriften. Die vorgesehenen Ausnahmebewilligungen können sowohl allgemein wie auch für den Einzelfall erteilt werden.‟

§ 26.

Mit Gefängnis bis zu sechs Monaten und mit Geldstrafe oder mit einer dieser Strafen wird bestraft[1]:

1. wer wissentlich[3] den Vorschriften des § 9 Abs. 2, 4 des § 10 Abs. 2, 3 des § 12 Abs. 1[4] oder des § 21 Abs. 1, 2[5] oder einem auf Grund des § 21 Abs. 3 ergangenen Verbote zuwiderhandelt,

2. wer wissentlich Fleisch, das den Vorschriften des § 12 Abs. 1 zuwider eingeführt oder auf Grund des § 17 zum Genusse für Menschen unbrauchbar gemacht worden ist, als Nahrungs- oder Genußmittel für Menschen in Verkehr bringt[6];

3. wer Kennzeichen[7] der im § 19 vorgesehenen Art fälschlich anbringt oder verfälscht, oder wer wissentlich Fleisch, an welchem die Kennzeichen fälschlich angebracht, verfälscht oder beseitigt worden sind, feilhält[8] oder verkauft[9].

Anmerkungen.

[1] Die in § 26 mit Strafe bedrohten Handlungen sind Vergehen i. S. des Strafgesetzbuches. Daraus folgt unter anderem:

a) Der Versuch ist nicht strafbar. Da das „Unternehmen" einer Straftat i. S. des § 134 Vereinszollgesetzes schon Handlungen umfaßt, die noch keinen Versuch darstellen, so kann ein Unternehmen der verbotenen Einfuhr und der Versuch einer solchen nach dem Vereinszollgesetz als Unternehmen der verbotenen Einfuhr strafbar sein, ohne daß gleichzeitig eine Bestrafung nach §§ 12 Abs. 1, 26 Abs. 1 FlG. verwirkt ist. Vgl. STENGLEIN § 26 Anm. 4 — S. 823.

b) Wie bei allen Vergehen, so kann auch bei Vergehen gegen § 26 nach § 153 Abs. 2 und 3 der Strafprozeßordnung die Staatsanwaltschaft (nicht auch — wie bei Übertretungen — die Polizei) mit Zustimmung des Amtsrichters von der Erhebung der öffentlichen Klage (auch vom Erlaß eines amtsrichterlichen Strafbefehls) absehen, wenn die Schuld des Täters gering und die Folgen der Tat unbedeutend sind. Ist die Klage bereits erhoben, so kann das Gericht mit Zustimmung der Staatsanwaltschaft das Verfahren durch (unanfechtbaren) Beschluß einstellen.

c) Die Strafverfolgung verjährt in fünf Jahren (§ 67 Abs. 2 StGB.).

[2] Als Nebenfolgen der Tat können ausgesprochen werden Einziehung (§ 28 FlG.) und Veröffentlichung (§ 29 FlG.).

[3] Wissentlich — hier gleichbedeutend mit vorsätzlich — handelt, wer bei seinem verbotenen Handeln davon ausgeht, daß er durch sein Tun den strafbaren Tatbestand verwirklichen werde, wer z. B. im Falle des § 9 Nr. 2 weiß, daß Fleisch bei der Untersuchung als untauglich befunden wurde, und trotzdem einem anderen die Verfügungsgewalt darüber überträgt in der Voraussicht, daß es zum menschlichen Genuß gebracht werden wird. Wie sonst, so steht auch hier bedingter Vorsatz dem Vorsatz und dem Wissen gleich. So ERG. 55, 204 ganz allgemein in Anknüpfung an den Tatbestand der Hehlerei. Ferner ERG. 66, 298 und 304 für die Verbrauchssteuergesetze.

Bedingter Vorsatz liegt vor, wenn der Täter der Auffassung ist, daß er möglicherweise durch sein Tun den strafbaren Tatbestand verwirklichen werde, aber trotzdem auf diese Gefahr hin handelt. ERG. **33**, 4; **59**, 2; **67**, 424.

[4] Vgl. § 12 Anm. 7.

[5] Vgl. § 21 Anm. 5 und 13.

[6] Mit §§ 3, 4, 11, 12 LMG. ist tateinheitliches Zusammentreffen möglich. Was das bedeutet, zeigen § 12 Anm. 7 und § 21 Anm. 5 und 13.

[7] Vgl. § 19 Anm. 4 und 5.

[8] Vgl. § 11 Anm. 13.

[9] Vgl. § 11 Anm. 14.

§ 27.

Mit Geldstrafe bis zu einhundertfünfzig Reichsmark oder mit Haft wird bestraft[1]:

1. wer eine der im § 26 Nr. 1 und 2 bezeichneten Handlungen aus Fahrlässigkeit[2] begeht;

2. wer eine Schlachtung vornimmt[3], bevor das Tier der in diesem Gesetze vorgeschriebenen oder einer auf Grund des § 1 Abs. 1 Satz 2, des § 3, des § 18 Abs. 5 oder des § 24 angeordneten Untersuchung unterworfen worden ist;

3. wer Fleisch in Verkehr bringt[4], bevor es der in diesem Gesetze vorgeschriebenen oder einer auf Grund des § 1 Abs. 1 Satz 2, des § 3, des § 14 Abs. 1, des § 18 Abs. 5 oder des § 24 angeordneten Untersuchung unterworfen worden ist;

4. wer den Vorschriften des § 2 Abs. 2, des § 7 Abs. 2, 3, des § 8 Abs. 2, des § 11, des § 12 Abs. 2, des § 13 Abs. 2 oder des § 18 Abs. 2 bis 4, ingleichen wer den auf Grund des § 15 oder des § 18 Abs. 5 erlassenen Anordnungen oder den auf Grund des § 24 ergehenden landesrechtlichen Vorschriften über den Vertrieb und die Verwendung von Fleisch zuwiderhandelt[5].

Anmerkungen.

[1] Sämtliche in § 27 mit Strafe bedrohten Handlungen sind Übertretungen. Daraus folgt:

a) Ihr Versuch ist nicht strafbar.

b) Beihilfe zu ihnen ist rechtlich unmöglich, wohl aber Anstiftung zu ihnen (§§ 48, 49 StGB.).

c) Ihre Strafverfolgung verjährt in 3 Monaten (§ 67 StGB.).

d) Wie alle Übertretungen, so werden auch Übertretungen des § 27 FlG. nach der Notverordnung vom 6. Oktober 1931 (RGBl. I S. 537) 6. Teil, Kapitel 1, § 2 nur verfolgt, wenn es das öffentliche Interesse erfordert.

Nach Erhebung der Klage kann das Gericht mit Zustimmung der Staatsanwaltschaft das Verfahren wegen einer Übertretung einstellen, wenn das öffentliche Interesse die Verfolgung nicht erfordert. Auch der Polizeibehörde kann bei Übertretungen der hier gedachten Art von einer Anzeige bei der Staatsanwaltschaft oder den Erlaß einer polizeilichen Strafverfügung absehen und in Preußen (§ 59 des Polizeiverwaltungsgesetzes vom 1. Juni 1931 in der Fassung des Gesetzes vom 27. Dezember 1933 — Pr.Ges.S. S. 134 S. 3 —) statt oder neben einer polizeilichen Strafverfügung eine gewöhnliche polizeiliche Verfügung erlassen oder eine polizeiliche Verwarnung erteilen.

Allgemeine Regeln, wann das öffentliche Interesse eine Strafverfolgung erfordert, lassen sich schwer geben. Kasuistik bei Holthöfer-Juckenack 2. Aufl. in den Vorbemerkungen zu §§ 12—18 Anm. 3 — S. 185.

e) Nr. 1 betrifft nur fahrlässig begangene Straftaten.

Nr. 2—4 sind als Straftaten polizeilicher Art strafbar sowohl bei vorsätzlicher wie bei fahrlässiger Begehung. Vgl. Holthöfer-Juckenack an dem unter d) angeführten Ort S. 186 und ERG. 49, 116, 118f.; 53, 237, 241; 58, 306; auch Stenglein § 27 Anm. 2 und 3 — S. 825.

[2] Fahrlässig handelt, wer bei Anwendung derjenigen Sorgfalt, die ihm nach den Umständen des Falles und nach seinen persönlichen Kenntnissen und Fähigkeiten billigerweise zugemutet werden konnte, den Verlauf seiner Handlung bis zu ihrem im Strafgesetz festgesetzten Erfolg hätte voraussehen können, aber infolge Außerachtlassung jener Sorgfalt zu dieser Voraussicht und Erkenntnis nicht gelangt ist (unbewußte Fahrlässigkeit), oder wer den Verlauf der Handlung und ihren Erfolg zwar als möglich vorausgesehen, aber darauf vertraut hat, daß der Erfolg nicht eintreten werde (bewußte Fahrlässigkeit). Vgl. ERG. 56, 343.

[3] Täter ist regelmäßig, wer im wirtschaftlichen Sinne Unternehmer der Schlachtung ist, wer sie bewirken läßt, auch wenn er die Schlachttätigkeit nicht eigenhändig vornimmt und nicht Eigentümer des Schlachttieres ist. Vgl. Stenglein § 27 Anm. 2 — S. 825 —, KGJ. 42, C 413; KGJ. Erg.-Bd. 11, 384.

Die Nichtanmeldung zur Beschau des Schlachtviehs ist für sich allein nicht strafbar. Vgl. § 1 Anm. 6

[4] Über in Verkehr bringen vgl. § 9 Anm. 8.

Auch hier ist das Unterlassen der Fleischbeschau für sich allein nicht strafbar.

Täter kann nicht nur sein, wer die Fleischbeschau zu bewirken hatte, sondern auch jeder später darüber Verfügende, wenn seine Verfügung ein „in den Verkehr bringen" darstellt.

[5] Vgl. § 12 Anm. 8 — auch wegen der Möglichkeit der Verletzung anderer Gesetze.

§ 28.

In den Fällen des § 26 Nr. 1 und 2 und des § 27 Nr. 1[1] ist[3] neben der Strafe[1] auf die Einziehung[2] des Fleisches zu erkennen. In den Fällen des § 26 Nr. 3 und des § 27 Nr. 2—4 kann[4] neben der Strafe auf die Einziehung des Fleisches oder des Tieres erkannt werden. Für die Einziehung ist es ohne Bedeutung, ob der Gegenstand dem Verurteilten gehört oder nicht.

Ist die Verfolgung oder Verurteilung einer bestimmten Person nicht ausführbar, so kann auf die Einziehung selbständig erkannt werden[1, 5].

Anmerkungen.

[1] Die Einziehung hat in allen Fällen sachlich zur Voraussetzung, daß jemand einen der der in § 28 genannten strafbaren Tatbestände schuldhaft — vorsätzlich oder fahrlässig — erfüllt hat.

Schuldig, aber nicht verfolgbar oder nicht verurteilbar kann z. B. jemand sein, weil er abwesend, unbekannt, gestorben ist (vgl. ERG. 53, 181), oder weil die Strafverfolgung gegen ihn verjährt ist (ERG. 30, 194), oder weil er jugendlich ist (ERG. 57, 208; 61, 266). In Fällen dieser Art greift Abs. 2 ein, d. h. die Einziehung ist auch ohne Verhängung einer Strafe zulässig. Ob dazu ein besonderes Verfahren nötig ist (§§ 430—432 der Strafprozeßordnung), oder ob die Einziehung in Verbindung mit einem (auch freisprechenden oder einstellenden) Urteil in der Hauptsache erfolgen kann, ist eine Frage für sich. Hierüber findet sich Genaueres bei HOLTHÖFER-JUCKENACK § 14 Anm. 7b — S. 224.

[2] a) Die Einziehung ist nicht Nebenstrafe, sondern eine Nebenfolge der Straftat, die den Charakter einer polizeilichen Sicherungsmaßnahme hat. Dafür spricht auch § 28 Abs. 1 Satz 3 FlG. Welche Bedeutung das hat, ist bei HOLTHÖFER-JUCKENACK § 14 Anm. 4 — S. 220 — eingehend dargelegt.

b) Über das Verhältnis der Einziehung zur Konfiskation des § 134 Vereinszollgesetzes vgl. § 12 Anm. 7.

c) Über den Vollzug der Einziehung vgl. jetzt HOLTHÖFER-JUCKENACK Erg 1936 S. 86f. Dort ist auf S. 87 das Wesentliche aus der neuen „Strafvollstreckungsordnung", die für das Reichsgebiet gilt, mitgeteilt.

[3] In diesen Fällen muß auf die Einziehung erkannt werden, wodurch aber das Recht der Polizeibehörde nicht berührt wird, in den gebotenen Fällen (vgl. § 9 Abs. 5 FlG.) das Fleisch in unschädlicher Weise zu beseitigen. Das nämlich ist eine unnachgiebige, im gesundheitspolizeilichen Interesse vorgeschriebene Maßnahme, die auch dadurch nicht beeinträchtigt wird, daß von der Rechtskraft des Einziehungsausspruchs ab das Eigentum an der eingezogenen Sache auf den Reichsjustizfiskus übergeht.

Kommt etwa ein Erlös des nach der Rechtskraft veräußerten Einziehungsgegenstandes in Frage, so gebührt er dem vorgenannten Fiskus.

Ist der einzuziehende Gegenstand vor Rechtskraft des auf Einziehung lautenden Urteils veräußert, so darf nicht der Erlös statt des Gegenstandes eingezogen werden (ERG. 52, 127; 66, 85).

[4] „Kann", d. i. es steht hier im Ermessen des Richters.

[5] Ob auch Werkzeuge, Verpackungsmaterial, ferner Fleisch, das erst zur Begehung einer Straftat bestimmt war, Erzeugnisse der Straftat der Einziehung unterliegen, bestimmt sich nach §§ 40, 42 StGB., die neben § 28 FlG. anwendbar bleiben. Auf die eingehenden Ausführungen hierzu bei HOLTHÖFER-JUCKENACK § 14 Anm. 5 — S. 222 — wird verwiesen.

§ 29[1].

Die Vorschriften des Gesetzes, betreffend den Verkehr mit Nahrungsmitteln, Genußmitteln und Gebrauchsgegenständen, vom 14. Mai 1879 (RGBl. S. 145) bleiben unberührt[2]. Die Vorschriften des § 16[3, 4] des bezeichneten Gesetzes finden auch auf Zuwiderhandlungen gegen die Vorschriften des gegenwärtigen Gesetzes Anwendung[5].

Anmerkungen.

[1] Nach der Neufassung des LMG ist § 29 FlG. jetzt folgendermaßen zu lesen:

„Die Vorschriften des Gesetzes über den Verkehr mit Lebensmitteln und Bedarfsgegenständen (Lebensmittelgesetz) in der Fassung vom 17. Januar 1936 (S. 11) bleiben unberührt. Die Vorschriften der §§ 15 und 18 des bezeichneten Gesetzes finden auch auf Zuwiderhandlungen gegen die Vorschriften des gegenwärtigen Gesetzes Anwendung."

² In Satz 1 wird ausdrücklich hervorgehoben, daß das FlG. auf dem Sondergebiet des Fleisches nicht etwa als Ganzes an die Stelle des LMG. tritt, daß vielmehr beide nebeneinander anwendbar bleiben, und daß deshalb in der Regel strafrechtliche Verstöße, die beide Gesetze verletzen, im Verhältnis der Tateinheit (Idealkonkurrenz) zueinander stehen, so daß nach § 73 StGB. die Strafe aus demjenigen der beiden oder der etwa sonst noch in Frage kommenden Gesetze zu entnehmen ist, das für die in Frage kommende Verfehlung die schwerste Strafe androht.

Sollte allerdings für ein Teilgebiet des LMG. und des FlG. die Rechtssatzregelung inhaltsgleich sein, so würde der Fall der Gesetzeskonkurrenz vorliegen und nur das FlG. als Sondergesetz anwendbar sein.

Beispiele bei § 12 Anm. 7 und § 21 Anm. 2 und 13.

Darauf, daß die allgemeine — nur stichprobenweise mögliche, aber auch auf Räume und Einrichtungen erstreckbare — Lebensmittelkontrolle im Rahmen des LMG. ergänzend neben der obligatorischen Fleischbeschau bestehen bleibt, ist bereits in § 20 Anm. 1 hingewiesen.

³ § 15 LMG. betrifft die Zulässigkeit der öffentlichen Bekanntmachung der Verurteilung. Er lautet:

„In den Fällen der §§ 11, 12 kann neben der Strafe angeordnet werden, daß die Verurteilung auf Kosten des Schuldigen öffentlich bekanntzumachen ist. Auf Antrag des freigesprochenen Angeklagten kann das Gericht anordnen, daß der Freispruch öffentlich bekannt zu machen ist; die Staatskasse trägt in diesem Falle die Kosten, soweit sie nicht dem Anzeigenden auferlegt worden sind (§ 469 der Strafprozeßordnung).

In der Anordnung ist die Art der Bekanntmachung zu bestimmen; sie kann auch durch Anschlag an oder in den Geschäftsräumen des Verurteilten oder Freigesprochenen erfolgen.“

Es kann also (nicht muß) in den Fällen der §§ 26, 27 FlG. öffentliche Bekanntmachung angeordnet werden. Sie hat im Gegensatz zur Einziehung (§ 28) Strafcharakter und kann nur im gerichtlichen Urteil oder gerichtlichen Strafbefehl (nicht auch in polizeilichen Strafverfügungen) erkannt werden.

Unter „Freispruch“ ist gleichfalls nur die Freisprechung nach stattgehabter Hauptverhandlung, nicht auch Einstellung des Verfahrens vor oder nach der Hauptverhandlung zu verstehen.

Weitere Einzelheiten über die Art der Bekanntmachung (Überschrift, Festlegung des Wortlauts, Frist, innerhalb deren sie zu erfolgen hat usw.) siehe bei Holthöfer-Juckenack Erg. **1936** S. 91.

⁴ § 18 LMG. lautet:

„Wenn im Verfolg der behördlichen Untersuchung von Lebensmitteln oder von Bedarfsgegenständen eine rechtskräftige strafrechtliche Verurteilung eintritt, fallen den Verurteilten die der Behörde durch die Beschaffung und Untersuchung der Proben erwachsenen Kosten zur Last. Sie sind zugleich mit den Kosten des gerichtlichen Verfahrens festzusetzen und einzuziehen.“

Gemeint sind hiermit technische Untersuchungen, die von Behörden innerhalb ihres Geschäftsbereichs veranlaßt sind, also namentlich auch die nach dem FlG. und den Ausführungsbestimmungen veranlaßten chemischen, mikroskopischen, bakteriologischen und biologischen (ABD. § 16 und ABD. Anlage a § 16) Untersuchungen. Vgl. auch § 6 der Gebührenordnung für die Untersuchung des in das Zollinland eingehenden Fleisches vom 15. Februar 1924 (RMinBl. S. 48), in der neuesten Fassung bei Schröter-Hellich S. 440 abgedruckt.

Zu den Kosten der Beschaffung und Untersuchung gehören auch die Reisekosten der betreffenden Beamten.

Es ist nicht nötig, daß zwischen behördlicher Untersuchung und verurteilender Gerichtserkenntnis ein streng ursächlicher Zusammenhang besteht. Es genügt, wenn die Untersuchung nicht gerade den vermuteten strafrechtlichen Tatbestand ergeben hat, sondern wenn sich eine anderweitige zur Verurteilung führende Gesetzesverletzung dabei ergeben hat. (So die ständige Rechtsprechung des KG. und das Bay.OLG. und Holthöfer-Juckenack Anm. 5 und 6 zu § 20 — S. 242.)

Natürlich können schon von den Behörden vereinnahmte Kosten nicht nochmals von der Justizverwaltung vereinnahmt werden, die ja derartige Einnahmen an die sachlich forderungsberechtigten Behörden abzuführen hat.

Weitere Einzelheiten bei Holthöfer in Bd. I S. 1322 dieses Werkes, insbesondere auch über die Nichtnotwendigkeit eines ausdrücklichen Anspruchs der in §§ 20 LMG., 29 FlG. geregelten Kostenpflicht im Urteil.

⁵ § 19 n. F. = § 21 a. F. LMG. (Zuweisung der Geldstrafen an die öffentlichen Anstalten zur Untersuchung von Lebensmitteln) ist im FlG. nicht für anwendbar erklärt. Vgl. in Bd. I S. 1323.

§ 30¹.

Diejenigen Vorschriften dieses Gesetzes, welche sich auf die Herstellung der zur Durchführung der Schlachtvieh- und Fleischbeschau erforderlichen Einrichtungen beziehen, treten mit dem Tage der Verkündigung dieses Gesetzes in Kraft.

Im übrigen wird der Zeitpunkt, mit welchem das Gesetz ganz oder teilweise in Kraft tritt, durch Kaiserliche Verordnung mit Zustimmung des Bundesrats bestimmt.

Anmerkung.

¹ Seit dem 1. April 1903 ist das FlG. in seinem ganzen Umfang im gesamten Reichsgebiet in Kraft mit Ausnahme der Zollausschlüsse (vgl. insoweit § 12 Anm. 3 b).

Ausführungs-Bestimmungen D.

Untersuchung und gesundheitspolizeiliche Behandlung des in das Zollinland eingehenden Fleisches.

Vom 30. Mai 1902 (Zentralblatt für das Deutsche Reich, Beilage zu Nr. 22 S. 115) in der Fassung der Beilage zu Nr. 52, S. 55f. des Jahrgangs 1908 des Zentralblattes für das Deutsche Reich und der späteren Abänderungen.

Allgemeine Bestimmungen.
§ 1.

(1) Fleisch sind alle Teile von warmblütigen Tieren, frisch oder zubereitet, sofern sie zum sich Genusse für Menschen eignen. Als Teile gelten auch die aus warmblütigen Tieren hergestellten Fette und Würste. Als Fleisch sind daher insbesondere anzusehen:

Muskelfleisch (mit oder ohne Knochen, Fettgewebe, Bindegewebe und Lymphdrüsen), Zunge, Herz, Lunge, Leber, Milz, Nieren, Gehirn, Brustdrüse (Bröschen, Bries, Brieschen, Kalbsmilch, Thymus), Schlund, Magen, Dünn- und Dickdarm, Gekröse, Blase, Milchdrüse (Euter), vom Schweine die ganze Haut (Schwarte), vom Rindvieh die Haut am Kopfe, einschließlich Nasenspiegel, Gaumen und Ohren, sowie die Haut an den Unterfüßen, ferner Knochen mit daran haftenden Weichteilen, frisches Blut;

Fette, unverarbeitet oder zubereitet, insbesondere Talg, Unschlitt, Speck, Liesen (Flohmen, Lünte, Schmer, Wammenfett) sowie Gekrös- und Netzfett, Schmalz, Oleomargarin, Premier jus, Margarine und solche Stoffe enthaltende Fettgemische, jedoch nicht Butter und geschmolzene Butter (Butterschmalz);

Würste und ähnliche Gemenge von zerkleinertem Fleische.

(2) Andere Erzeugnisse aus Fleisch, insbesondere Fleischextrakte, Fleischpeptone, tierische Gelatine, Suppentafeln gelten bis auf weiteres nicht als Fleisch.

§ 2.

(1) Als frisches Fleisch ist anzusehen Fleisch, welches, abgesehen von einem etwaigen Kühlverfahren, einer auf die Haltbarkeit einwirkenden Behandlung nicht unterworfen worden ist, ferner Fleisch, welches zwar einer solchen Behandlung unterzogen worden ist, aber die Eigenschaften frischen Fleisches im wesentlichen behalten hat oder durch entsprechende Behandlung wieder gewinnen kann.

(2) Die Eigenschaft als frisches Fleisch geht insbesondere nicht verloren durch Gefrieren oder Austrocknen, ausgenommen bei getrockneten Därmen (§ 3 Abs. 4),

durch oberflächliche Behandlung mit Salz, Zucker oder anderen chemischen Stoffen,

durch bloßes Räuchern,

durch Einlegen in Essig,

durch Einhüllung in Fett, Gelatine oder andere, den Luftabschluß bezweckende Stoffe,

durch Einspritzen von Konservierungsmitteln in die Blutgefäße oder in die Fleischsubstanz.

(3) Als ganzer Tierkörper ist unbeschadet der Sonderbestimmung im § 6 das geschlachtete, abgehäutete und ausgeweidete Tier anzusehen; der Kopf vom ersten Halswirbel ab, die Unterfüße einschließlich der sog. Schienbeine und der Schwanz dürfen vorbehaltlich derselben Sonderbestimmung fehlen.

§ 3.

(1) Als zubereitetes Fleisch ist anzusehen alles Fleisch, welches infolge einer ihm zuteil gewordenen Behandlung die Eigenschaften frischen Fleisches auch in den inneren Schichten verloren hat und durch eine entsprechende Behandlung nicht wieder gewinnen kann.

(2) Hierher gehört insbesondere das durch Pökelung, wozu auch starke Salzung zu rechnen ist, oder durch hohe Hitzegrade (Kochen, Braten, Dämpfen, Schmoren) behandelte Fleisch. Als genügend starke Pökelung (Salzung) ist nur eine solche Behandlung anzusehen, nach der das Fleisch auch in den innersten Schichten mindestens 6% Kochsalz enthält; auf Speck findet diese Bestimmung insofern Anwendung, als der angegebene Mindestgehalt an Kochsalz nur in den etwa eingelagerten schwachen Muskelfleischschichten enthalten sein muß.

(2) Als zubereitetes Fett sind anzusehen ausgeschmolzenes oder ausgepreßtes Fett mit oder ohne nachfolgende Raffinierung, insbesondere Schmalz, Oleomargarin, Premier jus und ähnliche Zubereitungen; ferner die tierischen Kunstspeisefette im Sinne des § 1 Abs. 4 des Gesetzes, betreffend den Verkehr mit Butter, Käse, Schmalz und deren Ersatzmitteln, vom 15. Juni 1897 (RGBl. S. 475), sowie Margarine.

(4) Im Sinne des § 12 des Gesetzes und im Sinne der gegenwärtigen Ausführungsbestimmungen sind anzusehen:

als Schinken die von den Knochen nicht losgelösten oberen Teile des Hinter- oder Vorderschenkels vom Schweine mit oder ohne Haut;

als Speck die zwischen der Haut und dem Muskelfleische, besonders am Rücken und an den Seiten des Körpers liegende Fettschicht vom Schweine mit oder ohne Haut, auch mit schwachen, in der Fettschicht eingelagerten Muskelschichten;

als Därme der Dünn- und der Dickdarm sowie die Harnblase vom Rindvieh, Schweine, Schafe und von der Ziege, vom Pferde, Esel, Maultier, Maulesel oder von anderen Tieren des Einhufergeschlechts, der Magen vom Schweine sowie der Schlund vom Rindvieh;

als Würste und sonstige Gemenge aus zerkleinertem Fleische insbesondere alle Waren, welche ganz oder teilweise aus zerkleinertem Fleische bestehen und in Därme oder künstlich hergestellte Wursthüllen eingeschlossen sind, ferner Hackfleisch, Schabefleisch, Mett, Brät, Sülzen aus zerkleinertem Fleische, Fleischpulver, Fleischmehl (ausgenommen Fleischfuttermehl) mit oder ohne Zusätze;

als luftdicht verschlossene Büchsen oder ähnliche Gefäße insbesondere Büchsen, Dosen, Töpfe (Terrinen) und Gläser jeder Form und Größe, deren Inhalt mit oder ohne anderweitige Vorbehandlung durch Luftabschluß haltbar gemacht worden ist.

§ 4.

(1) Die Vorschriften der §§ 12 und 13 des Gesetzes sowie die gegenwärtigen Ausführungsbestimmungen finden auch auf Renntiere und Wildschweine Anwendung, und zwar dergestalt, daß, unbeschadet der Bestimmungen im § 6 Abs. 4 und im § 27 unter A II, erstere dem Rindvieh, letztere den Schweinen gleichgestellt werden. Anderes Wildbret einschließlich warmblütiger Seetiere sowie Federvieh unterliegen weder den Einfuhrbeschränkungen in §§ 12, 13 des Gesetzes noch der amtlichen Untersuchung bei der Einfuhr; das gleiche gilt für das zum Reiseverbrauche mitgeführte Fleisch.

(2) Büffel unterliegen denselben Vorschriften wie Rindvieh.

Beschränkungen der Ein- und Durchfuhr.
§ 5.

In das Zollinland dürfen nicht eingeführt werden:

1. Fleisch in luftdicht verschlossenen Büchsen oder ähnlichen Gefäßen sowie Würste und sonstige Gemenge aus zerkleinertem Fleische;

2. Hundefleisch sowie zubereitetes Fleisch (mit Ausnahme der Därme), welches von Pferden, Eseln, Maultieren, Mauleseln oder anderen Tieren des Einhufergeschlechts herrührt;

3. Fleisch, welches mit einem der folgenden Stoffe oder mit einer solche Stoffe enthaltenden Zubereitung behandelt worden ist:

a) Borsäure und deren Salze,

b) Formaldheyd und solche Stoffe, die bei ihrer Verwendung Formaldehyd abgeben,

c) Alkali- und Erdalkali-Hydroxyde und -Carbonate,

d) Schweflige Säure und deren Salze sowie unterschwefligsaure Salze,

e) Fluorwasserstoff und dessen Salze,

f) Salicylsäure und deren Verbindungen,

g) Chlorsaure Salze,

g) I Salpetrigsaure Salze,

h) Farbstoffe jeder Art, jedoch unbeschadet ihrer Verwendung zur Gelbfärbung der Margarine, sofern diese Verwendung nicht anderen Vorschriften zuwiderläuft.

§ 6.

(1) Frisches Fleisch darf in das Zollinland nur in ganzen Tierkörpern (vgl. § 2 Abs. 3), die bei Rindvieh, ausgenommen Kälber, und bei Schweinen in Hälften zerlegt sein können, eingeführt werden. Als Kälber gelten Rinder im Fleischgewichte von nicht mehr als 75 kg. Mit den Tierkörpern müssen Brust- und Bauchfell, Lunge, Herz, Nieren, bei Kühen auch das Euter, mit den zugehörigen Lymphdrüsen in natürlichem Zusammenhange verbunden sein. In Hälften zerlegte Tierkörper müssen nebeneinander verpackt und mit Zeichen und Nummern versehen sein, welche ihre Zusammengehörigkeit ohne weiteres erkennen lassen. Die Organe und sonstigen Körperteile, auf welche sich die Untersuchung zu erstrecken hat (vgl. §§ 6—12 der Anlage a), dürfen nicht angeschnitten sein, jedoch darf in die Mittelfelldrüsen und in das Herzfleisch je ein Schnitt gelegt sein.

(2) Bei Rindvieh, ausgenommen Kälber (vgl. Abs. 1), muß auch der Kopf oder der Unterkiefer mit den Kaumuskeln, bei Schweinen auch der Kopf mit Zunge und Kehlkopf in natürlichem Zusammenhange mit den Körpern eingeführt werden; Gehirn und Augen dürfen fehlen. Bei Rindern darf der Kopf getrennt von dem Tierkörper beigebracht werden, sofern er und der Tierkörper derart mit Zeichen oder Nummern versehen sind, daß die Zusammengehörigkeit ohne weiteres erkennbar ist.

(3) Bei Pferden, Eseln, Maultieren, Mauseln und anderen Tieren des Einhufergeschlechts müssen, außer den im Abs. 1 aufgeführten Teilen, Kopf, Kehlkopf und Luftröhre sowie die ganze Haut mindestens an einer Stelle mit dem Körper noch in natürlichem Zusammenhange verbunden sein.

(4) Bei Wildschweinen, die im übrigen den Schweinen gleich zu behandeln sind, dürfen Lunge, Herz und Nieren fehlen.

§ 7.

(1) Pökel- (Salz-) Fleisch, ausgenommen Schinken, Speck und Därme, darf in das Zollinland nur eingeführt werden, wenn das Gewicht der einzelnen Stücke nicht weniger als 4 kg beträgt.

(2) Geräuchertes Fleisch, welches einem Pökelverfahren unterlegen hat, ist als Pökelfleisch zu behandeln.

(3) Die der Untersuchung zu unterziehenden Lymphdrüsen dürfen nicht fehlen oder angeschnitten sein, jedoch darf in die Mittelfelldrüsen und in das Herzfleisch je ein Schnitt gelegt sein.

§ 8.

Das nachweislich im Inlande bereits vorschriftsmäßig untersuchte und nach dem Zollauslande verbrachte Fleisch ist im Falle der Zurückbringung der amtlichen Untersuchung nicht unterworfen.

§ 9.

Auf das im kleinen Grenzverkehr sowie im Meß- und Marktverkehr des Grenzbezirkes eingehende Fleisch finden die Vorschriften in §§ 12, 13 des Gesetzes sowie die gegenwärtigen Ausführungsbestimmungen Anwendung, soweit die Landesregierungen nicht Ausnahmen zulassen.

§ 10.

(1) Die unmittelbare Durchfuhr ist als Einfuhr im Sinne des Gesetzes nicht zu betrachten.

(2) Unter unmittelbarer Durchfuhr ist derjenige Warendurchgang zu verstehen, bei dem die Ware wieder ausgeführt wird, ohne im Inland eine Bearbeitung zu erfahren und ohne aus der zollamtlichen Kontrolle oder — im Postverkehr — aus dem Gewahrsam der Postverwaltung zu treten.

(3) Bei der Überführung von Fleisch auf ein Zollager gilt der Fall der unmittelbaren Durchfuhr nur dann als vorliegend, wenn, abgesehen von den im Abs. 2 bezeichneten Voraussetzungen, bereits bei der Anmeldung des Fleisches zur Niederlage sichergestellt wird, daß eine Abfertigung des Fleisches in den freien Verkehr ausgeschlossen ist.

Grundsätze für die gesundheitliche Untersuchung des in das Zollinland eingehenden Fleisches.

§ 11.

(1) Für die Untersuchung des in das Zollinland eingehenden Fleisches ist als Beschauer ein approbierter Tierarzt und als dessen Stellvertreter ein weiterer approbierter Tierarzt zu bestellen. Zur Ausführung der Trichinenschau und zur Unterstützung bei der Finnenschau können andere Personen, welche nach Maßgabe der Prüfungsvorschriften für Trichinenschauer genügende Kenntnisse nachgewiesen haben, bestellt werden.

(2) Die Herrichtung des Fleisches für die tierärztliche Untersuchung (Herausnahme der Eingeweide, Loslösen der Liesen [Flohmen, Lünte, Schmer, Wammenfett], Zerlegung der Schweine in Hälften, Aufhängen oder Auflegen der Fleischteile im Untersuchungsraum) erfolgt nach Anweisung des Tierarztes, und zwar

soweit der Verfügungsberechtigte nicht selbst eine Hilfskraft stellt, gegen Entrichtung einer besonderen Gebühr nach Maßgabe der hierüber ergehenden Anweisung durch die Beschaustelle.

(3) Die chemischen Untersuchungen sind von einem besonders hierzu verpflichteten Nahrungsmittelchemiker, und nur wenn ein solcher nicht zur Verfügung steht, von einem in der Chemie hinreichend erfahrenen anderen Sachverständigen vorzunehmen. Die Vorprüfung der Fette ist von dem Chemiker oder dem Fleischbeschauer vorzunehmen. Ausnahmsweise können hiermit andere Personen, welche genügende Kenntnisse nachgewiesen haben, betraut werden.

§ 12.

(1) Die Untersuchung des Fleisches hat sich insbesondere auf die in §§ 13 bis 15 aufgeführten Punkte zu erstrecken.

(2) Sie ist bei frischem Fleische an jedem einzelnen Tierkörper, bei zubereitetem Fleische, und zwar bei Därmen und Fetten an den einzelnen Packstücken, im übrigen an den einzelnen Fleischstücken vorzunehmen, soweit nicht eine Beschränkung der Untersuchung auf Stichproben nach den Bestimmungen des folgenden Absatzes zulässig ist.

(3) Bei Sendungen von zubereitetem Fleische kann die Untersuchung auf Stichproben beschränkt werden, und zwar bei Fett und Därmen die gesamte Prüfung, bei sonstigem Fleische die Prüfung auf

a) Behandlung mit verbotenen Stoffen (§ 5 Nr. 3 und § 14 Abs. 1 unter b),
b) Mindestgewicht (§ 7 Abs. 1 und § 14 Abs. 1 unter c),
c) Durchpökelung oder sonstige genügende Zubereitung (§ 3 Abs. 1, 2 und § 14 Abs. 1 unter d).

Die Beschränkung der Untersuchung auf Stichproben ist jedoch nur insoweit zulässig, als die Sendung nach Inhalt der Begleitpapiere (Rechnungen, Frachtbriefe, Konnossemente, Ladescheine u. dgl.) eine bestimmte gleichartige, aus derselben Fabrikation stammende Ware enthält, die auch äußerlich nach der Art der Verpackung oder Kennzeichnung (vgl. Anlage c unter D) als gleichartig angesehen werden kann. Die Auswahl der Stichproben erfolgt nach den Bestimmungen im § 14 Abs. 3, 4 und § 15 Abs. 5.

(4) Führt die Untersuchung bei einer Stichprobe zu einer Beanstandung, so hat die Beschaustelle die Untersuchung zu unterbrechen und den Verfügungsberechtigten sofort unter Angabe des Beanstandungsgrundes zu benachrichtigen. Binnen einer eintägigen Frist nach der Benachrichtigung kann der Verfügungsberechtigte die Sendung, insoweit nicht eine unschädliche Beseitigung (§ 19 Abs. 1 unter I) oder eine Zurückweisung (§ 19 Abs. 1 unter II und § 21) erforderlich wird, vor der weiteren Untersuchung freiwillig zurückziehen (vgl. jedoch § 25 Abs. 3). Erfolgt die Zurückziehung nicht, so sind zunächst sämtliche nach § 14 Abs. 3, 4 und § 15 Abs. 5 entnommenen Stichproben auf den Beanstandungsgrund weiter zu untersuchen. Sofern nicht diese Untersuchung wegen Beanstandung aller Stichproben nach § 19 Abs. 1 unter II A oder § 21 Abs. 3 die Zurückweisung der ganzen Sendung zur Folge hat, ist der Verfügungsberechtigte zunächst wiederum von dem Ergebnisse der Untersuchung zu benachrichtigen. Binnen einer zweitägigen Frist nach dieser Benachrichtigung steht ihm erneut das Recht zu, den nicht beanstandeten Rest der Sendung freiwillig zurückzuziehen. Macht er auch von dieser Befugnis keinen Gebrauch, so ist die Untersuchung auf den Beanstandungsgrund bei Därmen und Fetten an der Gesamtheit der Packstücke, im übrigen aber an jedem einzelnen Fleischstücke des Restes der Sendung auszuführen. Die chemische Untersuchung ist jedoch in diesem Falle — abgesehen von Fetten — in der Weise fortzusetzen, daß aus allen noch zu untersuchenden Packstücken oder als solche zu behandelnden Sendungsteilen

Proben nach § 14 Abs. 4 entnommen werden. Mit den nach diesem Absatz erforderlichen Benachrichtigungen ist ein Hinweis auf die dem Verfügungsberechtigten zustehenden Befugnisse und auf die sonstigen aus den Beanstandungen sich ergebenden Folgen, insbesondere auf die bei Ausdehnung der Stichprobenuntersuchung eintretenden Gebührenerhöhungen zu verbinden.

§ 13.

(1) Bei frischem Fleische ist zu prüfen:

a) ob es den Angaben in den Begleitpapieren entspricht:

b) ob es unter die Verbote im § 5 fällt;

c) ob es den Bestimmungen im § 6 entspricht.

d) ob es in gesundheits- oder veterinärpolizeilicher Beziehung zu Bedenken Anlaß gibt. Insbesondere ist Schweinefleisch auf Trichinen zu untersuchen.

(2) Eine chemische Untersuchung des frischen Fleisches hat stattzufinden, wenn der Verdacht vorliegt, daß es mit einem der im § 5 Nr. 3 aufgeführten Stoffe behandelt worden ist.

§ 14.

(1) Bei zubereitetem Fleische, ausgenommen Fette, ist zu prüfen:

a) ob die Ware den Angaben in den Begleitpapieren entspricht:

b) ob die Ware unter die Verbote im § 5 fällt;

c) ob die Ware der Vorschrift im § 7 Abs. 1 entspricht;

d) ob die Fleischstücke vollständig durchgepökelt (durchgesalzen), durchgekocht oder sonst im Sinne des § 3 Abs. 1 zubereitet sind,

e) ob die Ware in gesundheits- oder veterinärpolizeilicher Beziehung zu Bedenken Anlaß gibt. Insbesondere ist Schweinefleisch auf Trichinen zu untersuchen.

(2) Bei der gemäß Abs. 1 unter b vorzunehmenden Prüfung hat auch eine chemische Untersuchung stattzufinden:

a) zur Feststellung, ob dem Verbot im § 5 Nr. 2 zuwider Pferdefleisch unter falscher Bezeichnung einzuführen versucht wird, wenn der Verdacht eines solchen Versuchs besteht und die biologische Untersuchung (Anlage a § 16) nicht zu einem entscheidenden Ergebnisse führt;

b) zur Feststellung, ob das Fleisch mit einem der im § 5 Nr. 3 aufgeführten Stoffe behandelt worden ist; bei Schinken in Postsendungen bis zu 3 Stück, bei anderen Postsendungen im Gewichte bis zu 3 kg, bei Speck und bei Därmen sowie bei Sendungen, die nachweislich als Umzugsgut von Ansiedlern und Arbeitern eingeführt werden, jedoch nur, wenn der Verdacht einer solchen Behandlung besteht.

(3) Liegen die Voraussetzungen des § 12 Abs. 3 für eine Beschränkung der Untersuchung auf Stichproben vor, so hat sich die dort erwähnte Prüfung bei Sendungen, die aus 1 oder 2 Packstücken bestehen, auf jedes Packstück, bei Sendungen von 3—10 Packstücken auf mindestens 2 Packstücke, bei größeren Sendungen auf mindestens den 10. Teil der Packstücke zu erstrecken. Besteht die Sendung aus unverpackten Schinken oder sonstigen Fleischstücken, so sind bis zu 20 Stück als ein Packstück zu rechnen. Aus den hiernach auszuwählenden Packstücken oder als solche zu behandelnden Sendungsteilen ist zum Zwecke der Untersuchung — mit Ausnahme der im Abs. 4 geregelten chemischen Untersuchung nach Abs. 2 unter b — mindestens der 10. Teil des Inhalts, bei eigentlichen Packstücken aus verschiedenen Lagen, zu entnehmen. Auf weniger als 2 Fleischstücke aus jedem einzelnen Packstück oder als solches zu behandelnden Sendungsteile darf die Untersuchung nicht beschränkt werden.

(4) Zu der nach Abs. 2 unter b erforderlichen regelmäßigen chemischen Untersuchung sind aus jedem der nach Abs. 3 ausgewählten Packstücke oder

als solche zu behandelnden Sendungsteile mindestens eine Mischprobe und, wenn ein Packstück mehr als 30 Fleischstücke enthält, mindestens 2 Mischproben aus möglichst vielen Fleischstücken und bei eigentlichen Packstücken aus verschiedenen Lagen zu entnehmen. Außerdem ist aus den ausgewählten Packstücken, falls das Fleisch von Pökellake eingeschlossen ist oder äußerlich die Anwendung von Konservesalz erkennen läßt, noch je eine Probe der Lake oder, wenn möglich, des Salzes zu entnehmen. Besteht bei gleichartigen Sendungen von Speck oder Därmen der Verdacht einer Behandlung mit einem der im § 5 Nr. 3 aufgeführten Stoffe, so hat die zur Aufklärung dieses Verdachts nach Abs. 2 unter b) erforderliche chemische Untersuchung mindestens an Stichproben zu erfolgen, die nach vorstehenden Grundsätzen auszuwählen sind. Jedoch bedarf es bei Därmen — abgesehen von den danach etwa zu untersuchenden Lake- oder Konservesalzproben — nur der Untersuchung je einer Mischprobe, die aus den zur Stichprobenuntersuchung ausgewählten Packstücken, und zwar aus verschiedenen Lagen zu entnehmen ist.

§ 15.

(1) Die Untersuchung des zubereiteten Fettes zerfällt in eine Vorprüfung und in eine Hauptprüfung.

(2) Die Vorprüfung hat sich darauf zu erstrecken:

a) ob die Packstücke den Angaben in den Begleitpapieren entsprechen und gemäß den für den Inlandsverkehr bestehenden Vorschriften bezeichnet sind („Margarine", „Kunstspeisefett");

b) ob das Fett in den Packstücken eine der betreffenden Gattung entsprechende äußere Beschaffenheit hat, wobei insbesondere auf Farbe und Konsistenz, Geruch und nötigenfalls auf Geschmack, ferner auf das Vorhandensein von Schimmelpilzen oder Bakterienkolonien auf der Oberfläche oder im Innern sowie auf sonstige Anzeichen von Verdorbensein zu achten ist.

(3) Die Hauptprüfung ist nach folgenden Gesichtspunkten vorzunehmen:

a) es ist zu prüfen, ob äußerlich am Fette wahrnehmbare Merkmale auf eine Verfälschung oder Nachmachung oder sonst auf eine vorschriftswidrige Beschaffenheit hinweisen;

außerdem ist:

b) zu prüfen, ob das Fett verfälscht, nachgemacht oder verdorben ist, unter das Verbot des § 3 des Gesetzes vom 15. Juni 1897, betreffend den Verkehr mit Butter, Käse, Schmalz oder deren Ersatzmitteln, fällt oder ob es einen der im § 5 Nr. 3 der gegenwärtigen Bestimmungen aufgeführten Stoffe enthält;

c) Margarine auf die Anwesenheit des gemäß dem Gesetze vom 15. Juni 1897 und der Bekanntmachung, betreffend Bestimmungen zur Ausführung dieses Gesetzes, vom 4. Juli 1897 (RGBl. 1897 S. 591) vorgeschriebenen Erkennungsmittels (Sesamöl) zu prüfen;

d) Schweineschmalz mit dem ZEISS-WOLLNYschen Refraktometer zu untersuchen.

(4) Die Proben für die Hauptprüfung sind nach Maßgabe der Bestimmungen in Anlage c zu entnehmen und unverzüglich der zuständigen Stelle zu übermitteln. Bei Postsendungen und bei Warenproben im Gewichte bis zu 3 kg, ferner bei Sendungen, die nachweislich als Umzugsgut von Ansiedlern und Arbeitern eingeführt werden, hat die Hauptprüfung nur im Verdachtsfalle zu erfolgen.

(5) Liegen die Voraussetzungen des § 12 Abs. 3 für eine Beschränkung der Untersuchung auf Stichproben vor, so haben sich die Vorprüfung und die unter Abs. 3a, c und d fallenden Untersuchungen der Hauptprüfung mindestens auf 2 Packstücke, bei 40 und mehr Packstücken bis zu 100 auf 5 vom Hundert.

vom Mehrbetrage bis zu 500 Packstücken auf 3 vom Hundert, von einem weiteren
Mehrbetrag auf 2 vom Hundert zu erstrecken.

(6) Die nach Abs. 3 unter b vorzunehmende Hauptprüfung ist unter gleicher
Voraussetzung auf eine geringere Zahl der für die Hauptprüfung entnommenen
Proben zu beschränken, und zwar sind dazu

von weniger als 6 Proben 2,
von weniger als 18 Proben 3,
von weniger als 28 Proben 6

und von weiteren je 6 Proben eine auszuwählen.

§ 16.

Für die Ausführung der Untersuchungen sind maßgebend[1]:

1. die Anweisung für die tierärztliche Untersuchung des in das Zollinland
eingehenden Fleisches (Anlage a);

2. die Anweisung für die Untersuchung des Fleisches auf Trichinen und
Finnen (Anlage b);

3. die Anweisung für die Probenentnahme zur chemischen Untersuchung
von Fleisch einschließlich Fett sowie für die Vorprüfung zubereiteter Fette
und für die Beurteilung der Gleichartigkeit der Sendungen (Anlage c);

4. die Anweisung für die chemische Untersuchung von Fleisch und Fetten
(Anlage d).

Behandlung des Fleisches nach erfolgter Untersuchung.

§ 17.

Unbeschadet der weitergehenden Maßregeln, welche auf Grund veterinärpolizeilicher oder strafrechtlicher Bestimmungen angeordnet werden, ist das
beanstandete Fleisch nach den Vorschriften in §§ 18—21 zu behandeln.

§ 18.

(1) Für frisches Fleisch gelten folgende Grundsätze:

1. In unschädlicher Weise zu beseitigen sind:

A. alle Tierkörper der betreffenden Sendung, soweit nach der gemeinsamen
Herkunft, der Art der Beförderung oder den sonstigen Umständen angenommen
werden kann, daß eine Übertragung des Krankheitsstoffs stattgefunden hat,
wenn auch nur an einem Tierkörper Rinderpest, Milzbrand, Rauschbrand,
Rinderseuche, Schweinepest, Schweineseuche (die letztgedachte Seuche jedoch
nur im Falle einer Allgemeinerkrankung), Pockenseuche, Rotz (Wurm) oder der
begründete Verdacht einer dieser Krankheiten vorliegt;

B. der einzelne Tierkörper, wenn Tollwut, Rotlauf der Schweine, Septikämie,
Pyämie, Texasfieber, Ruhr oder der begründete Verdacht einer dieser Krankheiten
vorliegt, ferner, wenn beim Schweine Trichinen oder beim Rindvieh und Schweine
in größerer Zahl Finnen (beim Rindvieh Cysticercus inermis, beim Schweine
Cysticercus cellulosae) nachgewiesen sind; an Stelle der unschädlichen Beseitigung
ist die Wiederausfuhr solcher trichinösen Schweine zu gestatten, bei welchen
durch die Untersuchung von 14 aus den Zwerchfellpfeilern, beim Vorhandensein
nur eines Zwerchfellpfeilers aus diesem, entnommenen Präparaten in weniger
als 6 Präparaten oder durch die Untersuchung von 28 aus dem Rippenteile des
Zwerchfells oder den Bauchmuskeln entnommenen Präparaten in weniger als
12 Präparaten Trichinen festgestellt sind, wenn das Fleisch vorher der für schwach
trichinöses Fleisch von Schweinen bei Schlachtungen im Inland vorgeschriebenen
Behandlung unterworfen ist.

C. die veränderten Teile (sofern die in I unter A und B erwähnten Fälle nicht
vorliegen)

---

[1] Hier ist nur die Anlage c (unten S. 992) im Wortlaut mitabgedruckt.

a) bei Durchsetzung von Eingeweiden mit vereinzelten, auf den Menschen nicht übertragbaren tierischen Schmarotzern;

b) bei örtlicher Strahlenpilzerkrankung;

c) bei Tuberkulose, wenn nur die Lymphdrüsen an der Lungenwurzel, im Mittelfell und (für den Fall der Miteinführung der Leber) an der Leberpforte oder wenn sie an einer der vorbezeichneten Stellen Veränderungen aufweisen, und wenn die tuberkulösen Herde wenig umfangreich und trocken, verkäst oder verkalkt sind, ferner — jedoch nur unter der Voraussetzung, daß in natürlichem Zusammenhang mit den Tierkörpern Leber und Milz eingeführt und mit ihren Lymphdrüsen frei von Tuberkulose befunden werden — wenn die Lymphdrüsen im Kehlgang allein oder gleichzeitig mit den Lymphdrüsen an der Lungenwurzel und im Mittelfell oder mit einer dieser Drüsen in der angegebenen Weise tuberkulös verändert sind, oder wenn in den Lungen allein oder bei gleichzeitigem Vorliegen tuberkulöser Veränderungen der angegebenen Art in den Lymphdrüsen an der Lungenwurzel und im Mittelfell oder an einer dieser Drüsen tuberkulöse Herde vorhanden sind, die nicht auf dem Wege des Blutkreislaufs entstanden, wenig umfangreich und trocken, verkäst oder verkalkt sind; die Organe, zu denen die erkrankten Lymphdrüsen gehören, sind in allen vorbezeichneten Fällen ganz zu vernichten;

d) bei Lungenseuche oder dem begründeten Verdachte dieser Krankheit;

e) bei Schweineseuche oder Nesselfieber (Backsteinblattern) oder dem begründeten Verdacht einer dieser Krankheiten;

f) bei oberflächlicher und geringgradiger Fäulnis und ähnlichen Zersetzungsvorgängen, Besetzung mit Insekten und unerheblicher Beschmutzung.

II. Von der Einfuhr zurückzuweisen sind:

A. alle Tierkörper der betreffenden Sendung, von denen anzunehmen ist, daß auf sie eine Übertragung des Krankheitsstoffes stattgefunden hat, wenn auch nur bei einem Tierkörper Lungenseuche oder Schweineseuche (die letztgedachte Krankheit mit Ausnahme des unter I A bezeichneten Falles) oder Maul- und Klauenseuche oder der begründete Verdacht einer dieser Krankheiten vorliegt, bei Lungenseuche, Schweineseuche oder dem Verdacht einer dieser Krankheiten nach unschädlicher Beseitigung der veränderten Teile (vgl. I unter C d und e);

B. die einzelnen Tierkörper, die auf Grund der nach § 13 ausgeführten Prüfung beanstandet sind, soweit sie nicht nach I unter A und B unschädlich beseitigt werden müssen. Liegt einer der Fälle zu I unter C a, b, c oder f vor, so hat die Zurückweisung zu unterbleiben, sofern der Beanstandungsgrund durch Beseitigung und Vernichtung der veränderten Teile behoben wird.

Insbesondere muß, unbeschadet dieser Ausnahmen, die Zurückweisung erfolgen:

a) wenn die Ware den Angaben in den Begleitpapieren nicht entspricht;

b) wenn die Beschaffenheit des Fleisches einen schlechten Ernährungszustand des Tieres bekundet;

c) wenn das Fleisch auffällige Abweichungen in bezug auf Farbe, Geruch, Geschmack und Konsistenz oder wenn es fremdartige Einlagerungen zeigt;

d) wenn das Fleisch durch Fäulnis, Verschimmelung, Insekten, Beschmutzung oder dergleichen in seiner Genußtauglichkeit beeinträchtigt oder wenn Luft in dasselbe eingeblasen ist;

e) wenn sich an den Lymphdrüsen eine Schwellung mit oder ohne Blutung, Verkäsung oder Verkalkung zeigt;

f) wenn Tuberkulose oder Nesselfieber (Backsteinblattern) oder der begründete Verdacht einer dieser Krankheiten vorliegt;

g) wenn vereinzelte Finnen (beim Rindvieh Cysticercus inermis, beim Schweine Cysticercus cellulosae) nachgewiesen sind;

h) wenn Organe der sonstigen Körperteile, auf welche sich die Untersuchung zu erstrecken hat, den Bestimmungen des § 6 zuwider fehlen oder angeschnitten sind.

(2) Die Zurückweisung kann bei Beanstandungen auf Grund der Bestimmung im Abs. 1 unter II B a unterbleiben, wenn nachträglich für die Ware entsprechende Begleitpapiere beigebracht werden.

§ 19.

(1) Für zubereitetes Fleisch, ausgenommen Fette, gelten folgende Grundsätze:

I. In unschädlicher Weise zu beseitigen sind:

a) alle zu der betreffenden Sendung gehörigen Packstücke, soweit nach der gemeinsamen Herkunft, der Art der Verpackung und Beförderung oder den sonstigen Umständen angenommen werden kann, daß eine Übertragung des Krankheitsstoffs stattgefunden hat, wenn auch nur an einem Fleischstück eine der im § 18 Abs. 1 unter I A aufgeführten Krankheiten oder der begründete Verdacht einer derselben nachgewiesen ist;

b) das einzelne Packstück, wenn an einem Fleischstücke Rotlauf der Schweine, Septikämie, Pyämie, Texasfieber, Ruhr oder der begründete Verdacht einer dieser Krankheiten nachgewiesen ist;

c) das einzelne Fleischstück, wenn in demselben Trichinen oder Finnen nachgewiesen sind;

d) die veränderten Teile bei oberflächlicher und geringgradiger Fäulnis und ähnlichen Zersetzungsvorgängen, Besetzung mit Insekten, unerheblicher Beschmutzung, Durchsetzung von Organen mit Schmarotzern, die durch den Fleischgenuß auf den Menschen nicht übertragen werden können (Leberegeln, Hülsenwürmern usw.);

wenn die Zahl oder Verteilung dieser Schmarotzer deren gründliche Entfernung nicht gestattet, sind die ganzen Organe zu vernichten, andernfalls sind die Schmarotzer auszuschneiden und die Organe freizugeben.

II. Von der Einfuhr zurückzuweisen ist das Fleisch, soweit es nicht nach I unschädlich beseitigt werden muß, und zwar

A. die ganze Sendung,

a) wenn sämtliche daraus entnommenen Stichproben (§ 14 Abs. 3, 4) bei der Prüfung auf die Behandlung mit verbotenen Stoffen (§ 5 Nr. 3, § 14 Abs. 1 unter b) oder, abgesehen von Därmen, auf die Durchpökelung usw. (§ 3 Abs. 1, 2, § 14 Abs. 1 unter d) wegen desselben Grundes beanstandet worden sind;

b) wenn auch nur ein Fleischstück als Hundefleisch oder als Fleisch von Einhufern (§ 5 Nr. 2) erkannt ist.

B. das ganze Packstück,

a) wenn die Ware den Angaben in den Begleitpapieren nicht entspricht;

b) wenn, abgesehen von dem Falle unter A a, auch nur eine aus dem Packstück entnommene Probe wegen Behandlung mit verbotenen Stoffen (§ 5 Nr. 3, § 14 Abs. 1 unter b) beanstandet ist;

c) wenn in dem Packstücke Därme gefunden sind, die in veterinär- oder gesundheitspolizeilicher Beziehung zu Bedenken Anlaß geben, soweit nicht im Falle zu I unter d der Mangel durch Beseitigung der veränderten Teile behoben wird;

d) wenn, abgesehen von dem Falle unter A a, sämtliche aus dem Packstück entnommenen Proben (§ 14 Abs. 3) wegen unvollständiger Pökelung usw. (§ 3 Abs. 1, 2, § 14 Abs. 1 unter d) beanstandet sind;

e) wenn auch nur einem an Fleischstück Erscheinungen der Lungenseuche oder der Maul- und Klauenseuche vorliegen oder der begründete Verdacht dieser Krankheiten besteht.

Bei Sendungen unverpackter Fleischstücke ist als Packstück im Falle zu b der nach § 14 Abs. 3 einem Packstücke gleichzuerachtende Teil einer Sendung anzusehen; in den anderen Fällen unter B hat sich bei unverpackten Fleischstücken die Beanstandung nur auf das einzelne Fleischstück zu erstrecken.

C. das einzelne Fleischstück, das — abgesehen von den Fällen unter A und B — auf Grund der Prüfung nach § 14 Abs. 1 beanstandet ist, insbesondere wenn der Bestimmung des § 7 zuwider die der Untersuchung zu unterziehenden Lymphdrüsen fehlen oder angeschnitten sind, ferner wenn sich bei der Prüfung einer der im § 18 Abs. 1 unter II B b bis f aufgeführten Mängel ergibt und dieser nicht im Falle zu I unter d des gegenwärtigen Paragraphen durch Vernichtung der veränderten Teile gehoben wird.

(2) Die Zurückweisung kann bei Beanstandungen auf Grund der Bestimmungen im Abs. 1 unter II B a unterbleiben, wenn nachträglich für die Ware entsprechende Begleitpapiere beigebracht werden.

§ 20.

In den Fällen der §§ 18, 19 kann an Stelle der unschädlichen Beseitigung des Fleisches die Zurückweisung treten, wenn die das Fleisch beanstandende Beschaustelle im Auslande liegt.

§ 21.

(1) Zubereitetes Fett ist zurückzuweisen

I. auf Grund der Vorprüfung:

a) wenn die Ware den Angaben in den Begleitpapieren nicht entspricht oder die zugehörige Packung nicht den für den Inlandsverkehr bestehenden Vorschriften entsprechend bezeichnet ist („Margarine", „Kunstspeisefett");

b) wenn das Fett mit einem ranzigen, sauer-ranzigen, fauligen oder sauer-fauligen Geruch oder Geschmack behaftet oder innerlich mit Schimmelpilzen oder Bakterienkolonien durchsetzt oder sonst verdorben befunden wird;

c) wenn das Fett in einem Packstück äußerlich derart mit Schimmelpilzen oder Bakterienkolonien besetzt ist, daß der Inhalt des ganzen Packstücks als verdorben anzusehen ist;

II. auf Grund der Hauptprüfung:

a) in den unter I a bis c angegebenen Fällen;

b) wenn eine Probe einen der im § 5 Nr. 3 aufgeführten Stoffe enthält;

c) wenn eine Probe als verfälscht oder nachgemacht befunden wird;

d) wenn eine Probe Margarine den Bestimmungen des Gesetzes vom 15. Juni 1897 oder den auf Grund desselben erlassenen Bestimmungen (RGBl. 1897 S. 475 und 591) nicht entspricht.

(2) Die Zurückweisung kann bei der Vorprüfung und Hauptprüfung in den Fällen zu Abs. 1 unter I a unterbleiben, wenn nachträglich das Packstück mit den vorgeschriebenen Bezeichnungen versehen oder die Übereinstimmung mit den Begleitpapieren herbeigeführt wird.

(3) Die Zurückweisung hat sich auf alle zu einer Sendung gehörigen Packstücke einer Fabrikation zu erstrecken, wenn die Untersuchung sämtlicher davon entnommenen Stichproben (§ 15 Abs. 5) zu einer gleichen Beanstandung geführt hat (§ 12 Abs. 4). Im übrigen hat sich die Zurückweisung nur auf die einzelnen beanstandeten Packstücke zu erstrecken.

Weitere Behandlung des Fleisches.

§ 22.

Zurückgewiesenes oder freiwillig zurückgezogenes Fleisch kann unter den im § 29 bezeichneten Voraussetzungen zur Einfuhr zugelassen werden, wenn es zu anderen Zwecken als zum Genusse für Menschen Verwendung finden soll.

§ 23.

Die Beschaustelle hat Fleisch, welches einen Anlaß zur Beanstandung auf Grund der Bestimmungen in §§ 13 bis 15 nicht gibt, als tauglich zum Genusse für Menschen zu erklären.

§ 24.

(1) Die Beschaustelle hat beanstandetes Fleisch vorläufig zu beschlagnahmen und mit einem Erkennungszeichen zu versehen, welches leicht wieder entfernbar ist. Die erfolgte Beschlagnahme ist dem Verfügungsberechtigten, der Zoll- oder Steuerstelle sowie der Polizeibehörde unter Angabe des Beanstandungs- grundes sofort mitzuteilen.

(2) Die Polizeibehörde hat alsdann über die weitere Behandlung des Fleisches gemäß §§ 18—21 Entscheidung zu treffen und hiervon sofort den Verfügungs- berechtigten sowie nach Ablauf der Beschwerdefrist die Beschaustelle zu benachrichtigen.

(3) Die Polizeibehörde hat die Wiederausfuhr oder die unschädliche Beseitigung des Fleisches unter den erforderlichen Sicherungsmaßregeln zu veranlassen und im Benehmen mit der Zoll- oder Steuerstelle zu überwachen.

(4) Für Grenzstationen auf ausländischem Gebiete können besondere An- ordnungen erlassen werden.

Kennzeichnung des Fleisches.

§ 25.

(1) Die Beschaustelle hat auf Grund des endgültigen Ergebnisses der Unter- suchung (vgl. §§ 23 und 30) das Fleisch zu kennzeichnen.

(2) In den Fällen des § 19 Abs. 1 unter I darf die Kennzeichnung der ein- zelnen Fleischstücke unterbleiben, wenn die unschädliche Beseitigung anderweit sichergestellt ist; dasselbe gilt, wenn im Falle des § 18 Abs. 1 unter I B die Wiederausfuhr von Fleisch schwach trichinöser Schweine gestattet wird und die dort vorgeschriebene Behandlung stattgefunden hat. Sendungen, welche zurückzuweisen wären, weil die Ware nicht den Angaben in den Begleitpapieren entspricht (§ 18 Abs. 1 unter II B a; § 19 Abs. 1 unter II B a, § 21 Abs. 1 unter I a und II a) oder weil das Packstück nicht den für den Inlandsverkehr bestehenden Vorschriften entsprechend bezeichnet ist (§ 21 Abs. 1 unter I a und II a), sind im Falle einer nachträglichen Behebung dieser Anstände nur nach dem Ausfalle der Untersuchung der Ware selbst zu kennzeichnen.

(3) Teile von Sendungen, die im Falle des § 12 Abs. 4 zurückgezogen werden, sind gleichfalls zu kennzeichnen; nicht geöffnete Packstücke jedoch nur an der Außenseite der Behälter (§ 27 unter B Abs. 2). Bei anderen freiwillig zurück- gezogenen Sendungen hat eine Kennzeichnung der nicht untersuchten Teile zu unterbleiben.

§ 26.

(1) Die Kennzeichnung des Fleisches und der Behälter erfolgt mittels Farb- stempels oder mittels Brandstempels nach Wahl der Verfügungsberechtigten.

(2) Jeder Stempel trägt als Aufschrift die Worte „Ausland" sowie das Zeichen der Zoll- oder Steuerstelle, bei welcher die Untersuchung vorgenommen wird. Der Stempel für Fleisch von Pferden und anderen Einhufern trägt außerdem die Aufschrift „Pferd".

(3) Der Reichskanzler ist ermächtigt, nähere Bestimmungen über die bei den einzelnen Zoll- oder Steuerstellen zu benutzenden Zeichen zu erlassen sowie darüber zu bestimmen, welche Bezeichnung anzuwenden ist, wenn eine gemein- same Beschaustelle für mehrere Zoll- oder Steuerstellen errichtet ist.

(4) Die Stempel sind für das bei der Untersuchung tauglich befundene Fleisch von sechseckiger Form mit 2,5 cm Länge der einzelnen Seiten, für Fleisch von

Pferden und anderen Einhufern von viereckiger Form mit 5 und 2,5 cm Seitenlänge, für das bei der Untersuchung beanstandete sowie für freiwillig zurückgezogenes Fleisch von dreieckiger Form mit 5 cm Seitenlänge. Sie tragen bei
dem zurückgewiesenen Fleische die weitere Aufschrift „Zurückgewiesen", bei
dem unschädlich zu beseitigenden Fleische die weitere Aufschrift „Zu beseitigen",
bei freiwillig zurückgezogenem Fleische den Buchstaben „Z".

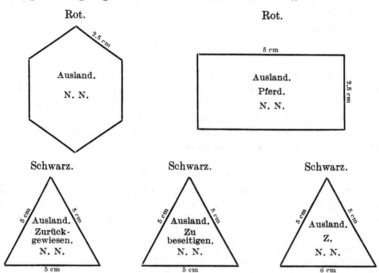

(5) Die Brandstempel sind von gleicher Form wie die Farbstempel, dürfen
jedoch größer sein. Auch die Farbstempel dürfen, insoweit sie zur Abstempelung
der Packstücke an den Außenseiten dienen, die im Abs. 4 angegebenen Maße
überschreiten.

(6) Im Falle der Kennzeichnung mittels Farbstempels ist für beanstandetes
oder freiwillig zurückgezogenes Fleisch eine schwarze, für das übrige Fleisch eine
rote, nicht gesundheitsschädliche, haltbare Farbe zu verwenden.

(7) An jedem Stempel müssen die Schriftzeichen und die Ränder scharf ausgeprägt sein.

§ 27.

Für die Kennzeichnung des Fleisches gelten folgende Bestimmungen:

A. Frisches Fleisch.

Die Stempelabdrücke sind an jeder Körperhälfte mindestens an den nach-
verzeichneten Körperstellen anzubringen, und zwar:

I. Bei Rindvieh, ausschließlich der Kälber, sowie bei Pferden und anderen
Einhufern:

1. auf der Seitenfläche des Halses,
2. an der hinteren Vorarmfläche,
3. auf der Schulter,
4. auf dem Rücken in der Nierengegend,
5. auf der inneren und
6. auf der äußeren Fläche des Hinterschenkels,
7. an der Zunge und am Kopfe,

II. Bei Kälbern, Renntieren und Wildschweinen, erforderlichenfalls nach
Lostrennung der Haut an den betreffenden Stellen:

1. auf der Schulter oder an der
   hinteren Vorarmfläche,
2. neben dem Nierenfett oder auf dem
   Rücken,
3. auf der Brust,
4. auf der Keule, am Becken oder
   am Unterschenkel.

III. Bei Schweinen:

1. am Kopfe,
2. auf der Seitenfläche des Halses,
3. auf der Schulter,

4. auf dem Rücken,
5. auf dem Bauche,
6. auf der Außenfläche des Hinterschenkels.

IV. Bei Schafen und Ziegen, erforderlichenfalls nach Lostrennung der Haut an den betreffenden Stellen:

1. auf dem Halse,
2. auf der Schulter,

3. auf dem Rücken,
4. auf der inneren Fläche des Hinterschenkels.

V. Statt der vorstehend unter Nr. II und IV vorgeschriebenen Kennzeichnung genügt bei nichtenthäuteten Kälbern, Lämmern, Renntieren und Wildschweinen die Stempelung in der Nähe des Schaufelknorpels und neben dem Nierenfett oder an den Innenflächen der Hinterschenkel.

VI. Außerdem ist bei allen Tiergattungen auf jedem Eingeweidestücke noch mindestens ein Stempelabdruck anzubringen.

B. Zubereitetes Fleisch.

(1) Bei gepökeltem (gesalzenem), gekochtem oder sonst zubereitetem Fleische sind die Stempelabdrücke an zwei Stellen jedes Fleischstücks, und zwar bei Schinken und Speck tunlichst auf der Schwarte anzubringen.

(2) Außen an dem Behälter (Kübel, Faß, Kiste u. dgl.) sind die Stempel gleichfalls an zwei Stellen anzubringen. Bei zubereiteten Fetten und Därmen hat die Kennzeichnung nur an den Behältern zu erfolgen.

Unschädliche Beseitigung des beanstandeten Fleisches.
§ 28.

(1) Die unschädliche Beseitigung des Fleisches hat zu erfolgen entweder durch höhere Hitzegrade (Kochen oder Dämpfen bis zum Zerfall der Weichteile, trockene Destillation, Verbrennen) oder auf chemischem Wege bis zur Auflösung der Weichteile. Die hierdurch gewonnenen Erzeugnisse können technisch verwendet werden.

(2) Wo ein derartiges Verfahren untunlich ist, erfolgt die Beseitigung durch Vergraben tunlichst an Stellen, welche von Tieren nicht betreten werden und an welchen Viehfutter oder Streu weder gewonnen noch aufbewahrt wird; trichinöses Fleisch ist stets nach Maßgabe der Bestimmungen im Abs. 1 zu beseitigen, soweit nicht nach § 18 Abs. 1 unter I B die Wiederausfuhr gestattet wird. Vor dem Vergraben ist das Fleisch mit tiefen Einschnitten zu versehen und mit Kalk oder feinem, trockenen Sande zu bestreuen oder mit Teer, rohen Steinkohlenteerölen (Carbolsäure, Kresol) oder Alpha-Naphthylamin in fünfprozentiger Lösung zu übergießen. Die Gruben sind so tief anzulegen, daß die Oberfläche des Fleisches von einer wenigstens 1 Meter starken Erdschicht bedeckt wird.

(3) Der Reichskanzler ist ermächtigt, weitere Mittel zur unschädlichen Beseitigung zuzulassen.

(4) Das Verpackungsmaterial ist zu verbrennen oder, sofern ein solches Verfahren nicht angängig ist, anderweitig unschädlich zu beseitigen oder zu desinfizieren.

Nicht zum Genusse für Menschen bestimmtes Fleisch.
§ 29.

(1) Fleisch, welches zwar nicht für den menschlichen Genuß bestimmt ist, aber dazu verwendet werden kann, darf ohne vorherige Untersuchung zur

Einfuhr zugelassen werden, wenn die Unbrauchbarmachung für den menschlichen Genuß entweder im Wege der fabrikationsmäßigen Behandlung durch geeignete Kontrollmaßregeln sichergestellt wird oder durch besondere Behandlung herbeigeführt ist.

(2) Diese besondere Behandlung hat zu erfolgen:

a) bei Fleisch, ausgenommen zubereitete Fette, durch Anlegen von tiefen Einschnitten und Zusetzen von Kalk, Teer oder rohen Steinkohlenteerölen (Carbolsäure, Kresol), bei getrockneten Schafdärmen auch von Kampfer oder Naphthalin,

b) bei zubereiteten Fetten durch Vermischen mit gewöhnlichem, stark riechenden Brennpetroleum, mit Teer, rohen Steinkohlenteerölen (Karbolsäure, Kresol), Gerbertran, rohem Birkenöl (Birkenteer), stark riechendem oder tief dunkel gefärbtem Maschinenschmieröl (Zylinderöl) oder mit flüssigem Terpineol von der Dichte 0,938 bis 0,940 bei 15° C und dem Siedepunkte unter gewöhnlichem Drucke bei 216 bis 219° C.

(3) Auf je 100 kg Fett sind zur Unbrauchbarmachung folgende Gewichtsmengen der einzelnen Mittel zu verwenden: 1 kg gewöhnliches, stark riechendes Brennpetroleum, 2 kg Teer, 2 kg rohe Steinkohlenteeröle (Karbolsäure, Kresol), 10 kg Gerbertran, 5 kg rohes Birkenöl (Birkenteer), 5 kg stark riechendes oder tiefdunkel gefärbtes Maschinenschmieröl (Zylinderöl), 1 kg flüssiges Terpineol von den in Abs. 2 angegebenen Eigenschaften.

(4) Für das Verfahren bei der Unbrauchbarmachung der Fette sind die zollamtlichen Vorschriften über das Ungenießbarmachen von Fetten maßgebend.

(5) Der Reichskanzler ist ermächtigt, noch weitere Mittel zur Unbrauchbarmachung zuzulassen.

Rechtsmittel.
§ 30.

(1) Gegen die seitens der Beschaustelle im Falle des § 12 Abs. 4 vorgenommene Beanstandung einer Stichprobe sowie gegen die von der Polizeibehörde im Falle der §§ 18 bis 21 getroffene Entscheidung kann von dem Verfügungsberechtigten innerhalb einer eintägigen Frist nach der Benachrichtigung (§ 12 Abs. 4 und § 24 Abs. 2) Beschwerde eingelegt werden. Dieses Rechtsmittel ist in ersterem Falle bei der Beschaustelle anzumelden und hat auf Antrag des Beschwerdeführers die Aufschiebung der weiteren Untersuchung zur Folge; in letzterem Falle ist es bei der Polizeibehörde anzumelden und hat stets aufschiebende Wirkung. Über die Beschwerde entscheidet eine von der Landesregierung zu bezeichnende höhere Behörde, und zwar, sofern das Rechtsmittel gegen das technische Gutachten gerichtet ist, nach Anhörung mindestens eines weiteren Sachverständigen. Die durch unbegründete Beschwerde erwachsenden Kosten fallen dem Beschwerdeführer zur Last.

(2) Von der endgültigen Entscheidung hat die höhere Behörde den Beschwerdeführer, die Beschaustelle, die Polizeibehörde sowie die Zoll- oder Steuerstelle sofort in Kenntnis zu setzen.

Fleischbeschaubuch.
§ 31.

(1) An jeder Beschaustelle für ausländisches Fleisch ist ein Fleischbeschaubuch nach beifolgendem Muster[1] von dem Beschauer zu führen, in welches alle Untersuchungen und deren Ergebnisse sowie die endgültige Entscheidung einzutragen und jedesmal mit der Unterschrift des Beschauers zu versehen sind. Die näheren Bestimmungen hierüber werden vom Reichskanzler erlassen.

---

[1] Hier nicht mit abgedruckt.

(2) Wo das Bedürfnis besteht, kann für frisches und zubereitetes Fleisch, namentlich Fette, sowie für die einzelnen Tiergattungen ein besonderes Beschaubuch geführt werden.

(3) Das Fleischbeschaubuch ist für jedes Kalenderjahr neu anzulegen; das abgeschlossene ist mindestens zehn Jahre lang aufzubewahren.

Anlage c.
zu den Ausf.Best.
des Bundesrats D.

Anweisung
für die Probenentnahme zur chemischen Untersuchung von Fleisch einschließlich Fett sowie für die Vorprüfung zubereiteter Fette und für die Beurteilung der Gleichartigkeit der Sendungen.

In der Fassung der Bekanntmachung des Reichskanzlers vom 22. Februar 1908 (Zentralblatt für das Deutsche Reich S. 85) und der Bekanntmachung des Reichsministers des Innern vom 22. Februar 1921 (Zentralblatt S. 165).

A. Probenentnahme zur chemischen Untersuchung von Fleisch, ausgenommen zubereitete Fette.

(Vgl. §§ 11—14 und 16 der Ausführungsbestimmungen D.)

Die Probenentnahme geschieht, soweit angängig, durch den mit der Untersuchung betrauten Chemiker, sonst durch den als Beschauer bestellten approbierten Tierarzt.

I. Die Auswahl der Proben geschieht nach folgenden Grundsätzen:

1. Bei frischem Fleische (§ 13 Abs. 2 der Ausführungsbestimmungen D):

Es ist von jedem verdächtigen Tierkörper eine Durchschnittsprobe in der Weise zu entnehmen, daß an mehreren (etwa 3—5) Stellen Proben im Gesamtgewichte von etwa 500 g abgetrennt werden. Die einzelnen Proben sind möglichst der Außenseite in Form dicker Muskelstücke an saftigen Stellen des Tierkörpers zu entnehmen.

2. Bei zubereitetem Fleische:

a) zur Feststellung, ob dem Verbote des § 5 Nr. 2 der Ausführungsbestimmungen D zuwider Pferdefleisch unter falscher Bezeichnung einzuführen versucht wird, ist aus dem verdächtigen Fleischstück eine Durchschnittsprobe im Gesamtgewichte von 500 g zu entnehmen, wobei möglichst Stellen mit fetthaltigem Bindegewebe auszusuchen sind.

b) Zur Untersuchung, ob das Fleisch mit einem der im § 5 Nr. 3 der Ausführungsbestimmungen D verbotenen Stoffen behandelt worden ist, sind die Proben nach folgenden Grundsätzen zu entnehmen:

α) Durchschnittsproben im Gesamtgewichte von 500 g sind zu entnehmen:

Bei gleichartigen Sendungen im Sinne des § 12 Abs. 3 der Ausführungsbestimmungen D nach den Grundsätzen des § 14 Abs. 3, 4 ebenda,

im übrigen aus jedem einzelnen Fleischstücke, bei Speck jedoch nur aus etwaigen verdächtigen Stücken und bei Därmen nur aus etwaigen verdächtigen Packstücken.

Führt die chemische Untersuchung auch nur bei einer Probe aus einer gleichartigen Sendung zu einer Beanstandung, so ist gemäß § 12 Abs. 4 ebenda zu verfahren.

Die Durchschnittsprobe ist, abgesehen von Därmen, so auszuwählen, daß neben möglichst großen Flächen der Außenseite auch tiefere Fleisch- oder Fettschichten mitgenommen werden.

Sind an der Außenseite Anzeichen von Konservierungsmitteln wahrnehmbar, so sind diese Stellen bei der Probenentnahme zu berücksichtigen.

β) Bei Fleisch, welches von Pökellake eingeschlossen ist oder äußerlich die Anwendung von Konservesalz erkennen läßt (vgl. § 14 Abs. 4 ebenda), wird außerdem eine Probe der Lake (mindestens 200 ccm) oder, wenn möglich, des Salzes (bis zu 50 g) entnommen.

c) Aus Schinken in Postsendungen bis zu 3 Stück, aus anderen Postsendungen im Gewichte bis zu 3 kg, ferner aus Sendungen, die nachweislich als Umzugsgut von Ansiedlern und Arbeitern eingeführt werden, sind Proben nur im Verdachtsfalle zu entnehmen.

II. Die weitere Behandlung der Proben geschieht nach folgenden Grundsätzen:

1. Die Proben sind dergestalt zu kennzeichnen, daß ohne weiteres festgestellt werden kann, aus welchen Packstücken sie entnommen wurden.

2. In einem besonderen Schriftstücke sind genaue Angaben zu machen über die Herkunft und Abstammung des Fleisches sowie über den Umfang der Sendung, der die Proben entnommen wurden. Werden bei der Probenentnahme besondere Beobachtungen gemacht, welche vermuten lassen, daß das Fleisch unter die Verbote im § 5 Nr. 2 und 3 der Ausführungsbestimmungen D fällt, oder wurde die Probenentnahme auf Grund derartiger Beobachtungen veranlaßt, so ist eine Angabe hierüber gleichfalls in das Schriftstück aufzunehmen. Bei gesalzenem Fleische ist zugleich anzugeben, ob dasselbe in Pökellake oder Konservesalz eingehüllt lag.

3. Zur Verpackung sind sorgfältig gereinigte und gut verschlossene Gefäße aus Porzellan, Steingut, glasiertem Ton oder Glas zu verwenden; in Ermangelung solcher Gefäße dürfen auch Umhüllungen von starkem Pergamentpapier zur Verwendung gelangen.

4. Die Aufbewahrung oder Versendung der Pökellake erfolgt in gut gereinigten, dann getrockneten und mit neuen Korken versehenen Flaschen aus farblosem Glase.

5. Konservesalz wird ebenfalls in Glasgefäßen aufbewahrt und verschickt.

6. Die Proben sind, sofern nicht ihre Beseitigung infolge Verderbens notwendig wird, so lange in geeigneter Weise aufzubewahren, bis die Entscheidung über die zugehörige Sendung getroffen ist.

B. Probenentnahme zur chemischen Untersuchung zubereiteter Fette.
(Vgl. §§ 15 und 16 der Ausführungsbestimmungen D.)

1. Auf die Probenentnahme findet die Bestimmung unter A Abs. 1 Anwendung. Ausnahmsweise können hiermit andere Personen, welche genügende Kenntnisse nachgewiesen haben, betraut werden.

2. Durchschnittsproben im Gesamtgewichte von 250 g sind zu entnehmen:

a) wenn die Sendung aus einem oder zwei Packstücken besteht, oder wenn sie aus mehr als zwei Packstücken besteht, ohne daß eine gleichartige Sendung im Sinne des § 12 Abs. 3 der Ausführungsbestimmungen D vorliegt, aus jedem Packstücke;

b) wenn die Sendung aus mehr als zwei Packstücken besteht und im vorgenannten Sinne gleichartig ist, aus jedem gemäß § 15 Abs. 5 ebenda auszuwählenden Packstücke;

c) wenn die Untersuchung infolge einer Stichprobenbeanstandung ausgedehnt werden muß, gemäß § 12 Abs. 4 ebenda aus allen Packstücken der gleichartigen Sendung.

Die Durchschnittsproben sind an mehreren Stellen des Packstücks zu entnehmen; zweckmäßig bedient man sich hierbei eines Stechbohrers aus **Stahl**.

Aus Postsendungen und Warenproben im Gewichte bis zu 3 kg, ferner bei Sendungen, die nachweislich als Umzugsgut von Ansiedlern und Arbeitern eingeführt werden, sind Proben zur Untersuchung gemäß § 15 Abs. 3 ebenda nur im Verdachtsfalle zu entnehmen.

3. Die Durchschnittsproben sind dergestalt zu kennzeichnen, daß ohne weiteres festgestellt werden kann, aus welchen Packstücken sie entnommen wurden.

4. In einem besonderen Schriftstücke sind genaue Angaben zu machen über die Herkunft und Abstammung des Fettes, über den Namen und Wohnort des Empfängers, über Zeichen, Nummer und Umfang der Sendung, der die Proben entnommen wurden, über die bei der Entnahme der Probe gemachten Beobachtungen und schließlich darüber, ob die Probenentnahme zur ständigen Kontrolle oder auf Grund eines besonderen Verdachts stattfand.

Außerdem ist den Proben eine kurze Angabe über das Ergebnis der Vorprüfung beizufügen.

5. Die Aufbewahrung oder Versendung der Proben erfolgt in gut verschlossenen und sorgfältig gereinigten Gefäßen aus Porzellan, glasiertem Ton, Steingut (Salbentöpfe der Apotheker) oder von dunkelgefärbtem Glas, welche möglichst luft- und lichtdicht zu verschließen sind.

6. Die Proben sind so lange aufzubewahren, bis die Entscheidung über die zugehörige Sendung getroffen ist.

C. Vorprüfung zubereiteter Fette.

(Vgl. § 15 Abs. 2 und § 16 der Ausführungsbestimmungen D.)

Die Packstücke müssen den Angaben in den Begleitpapieren entsprechen und die für den Handelsverkehr vorgeschriebene Bezeichnung tragen („Margarine", „Kunstspeisefett").

Die Fette müssen ein der betreffenden Gattung im unverdorbenen und unverfälschten Zustande zukommendes allgemeines Aussehen haben. Insbesondere ist auf Farbe, Konsistenz, Geruch und Geschmack Rücksicht zu nehmen.

Folgende Gesichtspunkte müssen hierbei besonders beobachtet werden:

1. Bei Gegenwart von Schimmelpilzen oder Bakterienkolonien ist festzustellen, ob diese

a) als unwesentliche örtliche äußere Verunreinigung (z. B. infolge kleiner Schäden der Verpackung),

b) als wesentlicher äußerer Überzug der Fettmasse oder

c) als Wucherungen im Innern des Fettes

vorliegen.

2. Bei der Beurteilung der Farbe ist darauf zu achten, ob das Fett eine ihm nicht eigentümliche Färbung oder eine Verfärbung aufweist, oder ob es sonst sinnlich wahrnehmbare fremde Beimengungen enthält.

3. Bei der Prüfung des Geruchs ist auf ranzigen, sauer-ranzigen, fauligen oder sauer-fauligen, talgigen, öligen, dumpfigen (mulstrigen, grabelnden), schimmeligen Geruch zu achten.

4. Bei der Prüfung des Geschmacks ist festzustellen, ob ein bitterer oder ein allgemein ekelerregender Geschmack vorliegt. Auch ist darauf zu achten, ob fremde Beimengungen durch den Geschmack erkannt werden können.

5. Ist Schimmelgeruch oder -geschmack festgestellt, so ist zu prüfen, ob derselbe nur von geringfügigen äußeren Verunreinigungen des Fettes oder des Packstücks herrührt.

D. Beurteilung der Gleichartigkeit von Sendungen zubereiteten Fleisches.
Probenentnahme in zweifelhaften Fällen.

Bei Anwendung des § 12 Abs. 3 der Ausführungsbestimmungen D ist nach folgenden Grundsätzen zu verfahren:

1. Bei Verschiedenheit der Verpackung darf Gleichartigkeit einer Sendung nur angenommen werden:

a) bei Fett, wenn und insoweit die Kennzeichnung gleich ist und eine äußerliche Prüfung des Inhalts keinen Verdacht verschiedener Fabrikation erregt,

b) bei sonstigem Fleische, einschließlich Därmen, wenn und insoweit die Art der Kennzeichnung und eine äußerliche Prüfung des Inhalts auf eine gleiche Fabrikation schließen lassen.

2. Als gleiche Kennzeichnung gilt bei Fett eine einheitliche Fabrikmarke. Neben der Fabrikmarke angebrachte Buchstaben und Nummern bleiben bei Beurteilung der Gleichartigkeit einer Sendung unberücksichtigt, soweit sich aus ihnen ein Verdacht verschiedener Fabrikation nicht ergibt. Fehlt ein Fabrikzeichen, so darf bei Fett eine gleichartige Sendung nur insoweit angenommen werden, als die Verpackung gleich ist, auch die Art der sonstigen Kennzeichnung keinen Verdacht verschiedener Fabrikation ergibt.

3. Insoweit nach den vorstehenden Grundsätzen über die Gleichartigkeit der Sendungen von zubereiteten Fetten wegen verschiedener Verpackung oder verschiedener Kennzeichnung einzelner Teile Zweifel entstehen, ist die Probenentnahme nach § 15 Abs. 5 der Ausführungsbestimmungen D so einzurichten, daß mindestens aus jedem dieser Teile eine Probe zum Zwecke der Vorprüfung und der Prüfung gemäß § 15 Abs. 3a, c und d ebenda entnommen wird.

4. Wird bei der nach vorstehendem Absatze vorgenommenen Prüfung der Verdacht der Ungleichartigkeit nicht bestätigt, so hat die Auswahl der Stichproben für die weitere Prüfung nach den Vorschriften im § 15 Abs. 5 und 6 ebenda zu erfolgen.

III. Gesetz über die Verwendung salpetrigsaurer Salze[1] im Lebensmittelverkehr (Nitritgesetz).

Vom 19. Juni 1934 (RGBl. I S. 513).

Die Reichsregierung hat das folgende Gesetz beschlossen, das hiermit verkündet wird:

§ 1.

(1) Vorbehaltlich der Vorschriften der §§ 2, 6 ist verboten, salpetrigsaure Salze (Nitrite)[2, 5]

1. für die Gewinnung, Herstellung oder Zubereitung[3] von Lebensmitteln[4] herzustellen, zu verpacken, zum Verkaufe vorrätig zu halten, anzubieten, feilzuhalten, zu verkaufen oder sonst in den Verkehr zu bringen;

2. bei der Gewinnung, Herstellung oder Zubereitung[3] von Lebensmitteln[4] zu verwenden;

3. in Räume von Lebensmittelbetrieben[4] zu verbringen oder in diesen aufzubewahren.

(2) Das Verbot des Abs. 1 gilt auch für Gemische und Lösungen, die salpetrige Säure, frei oder gebunden, enthalten oder bei denen bestimmungsgemäßer Verwendung sich infolge eines Gehaltes an reduzierenden Stoffen salpetrige Säure, frei und gebunden, bilden kann.

§ 2.

Das Verbot des § 1 findet keine Anwendung auf

1. salpetrigsaures Natrium (Natriumnitrit), das für die Herstellung von Nitritpökelsalz (§ 3) bestimmt ist;

2. Nitritpökelsalz (§ 3) für den im § 6 angegebenen Zweck;

3. Pökellaken, die unter Verwendung von Nitritpökelsalz (§ 3) oder von Kochsalz und Salpeter [6] hergestellt worden sind.

§ 3.

Nitritpökelsalz ist ein ausschließlich aus Speisesalz (Steinsalz, Siedesalz) und salpetrigsaurem Natrium (Natriumnitrit) bestehendes gleichmäßiges Gemisch, das höchstens 0,6 und mindestens 0,5 Hundertteile salpetrigsaures Natrium (berechnet als $NaNO_2$) enthält [7]. Das Nitritpökelsalz darf nur in Mischmaschinen hergestellt werden, die eine gleichmäßige Durchmischung gewährleisten.

§ 4.

Die Herstellung von Nitritpökelsalz bedarf der Genehmigung [8] des Reichsministers des Innern. Die Genehmigung kann jederzeit ohne Entschädigung zurückgenommen werden.

§ 5.

(1) Salpetrigsaures Natrium, das zur Herstellung von Nitritpökelsalz bestimmt ist, sowie Nitritpökelsalz dürfen nur in dichten, festen und gut verschlossenen Behältnissen oder dauerhaften Umhüllungen aufbewahrt, befördert, zum Verkaufe vorrätig gehalten, angeboten, feilgehalten, verkauft oder sonst in den Verkehr gebracht werden.

(2) Die Behältnisse und Umhüllungen für salpetrigsaures Natrium, das zur Herstellung von Nitritpökelsalz bestimmt ist, müssen an mindestens zwei in die Augen fallenden Stellen die deutliche, nicht verwischbare Aufschrift „Salpetrigsaures Natrium. Vorsicht! Trocken aufzubewahren!" tragen.

(3) Die Behältnisse und Umhüllungen für Nitritpökelsalz müssen an mindestens zwei in die Augen fallenden Stellen die deutliche, nicht verwischbare Aufschrift „Nitritpökelsalz. Trocken aufzubewahern!" sowie den Namen oder die Firma des Herstellers und die Angabe des Ortes seiner gewerblichen Hauptniederlassung tragen. Zugleich müssen sie mit zwei bandförmigen Streifen von roter Farbe versehen sein, die bei Behältnissen oder Umhüllungen bis zu 50 Zentimeter Höhe mindestens 2 Zentimeter, im übrigen mindestens 5 Zentimeter breit sind.

§ 6.

Nitritpökelsalz (§ 3) darf nur bei der Zubereitung von Fleisch sowie von Fleisch- und Wurstwaren, mit Ausnahme von zerkleinertem frischem Fleisch (Schabefleisch, Hackfleisch, Hackepeter), verwendet werden. Die gleichzeitige Verwendung von Salpeter neben Nitritpökelsalz ist verboten, jedoch darf bei Fleisch in großen Stücken [10] Salpeter neben Nitritpökelsalz verwendet werden, sofern höchstens 1 Kilogramm Salpeter auf 100 Kilogramm Nitritpökelsalz kommt [9].

§ 7[11].

(1) Wer vorsätzlich einem der Verbote des § 1 zuwiderhandelt, wird mit Gefängnis und mit Geldstrafe oder mit einer dieser Strafen bestraft.

(2) Der Versuch ist strafbar.

(3) Ist durch die Tat eine schwere Körperverletzung oder der Tod eines Menschen verursacht worden, so tritt an Stelle des Gefängnisses Zuchthaus bis zu zehn Jahren.

(4) Neben der Freiheitsstrafe kann auf Verlust der bürgerlichen Ehrenrechte, neben Zuchthaus auch auf Zulässigkeit von Polizeiaufsicht erkannt werden.

(5) Ist die Zuwiderhandlung fahrlässig begangen, so tritt Geldstrafe und Gefängnis oder eine dieser Strafen ein.

§ 8.

(1) Wer vorsätzlich einer der Vorschriften des § 3 Satz 2, der §§ 4, 5, 6 zuwiderhandelt, wird mit Gefängnis bis zu sechs Monaten und mit Geldstrafe oder mit einer dieser Strafen bestraft.

(2) Ist die Zuwiderhandlung fahrlässig begangen, so tritt Geldstrafe bis zu einhundertfünfzig Reichsmark oder Haft ein.

§ 9.

(1) In den Fällen des § 7 ist neben der Strafe auf Einziehung oder Vernichtung der Gegenstände, auf die sich die Zuwiderhandlung bezieht, zu erkennen, auch wenn die Gegenstände dem Verurteilten nicht gehören. In den Fällen des § 8 kann dies geschehen.

(2) Kann keine bestimmte Person verfolgt oder verurteilt werden, so kann auf die Einziehung oder Vernichtung der Gegenstände selbständig erkannt werden, wenn im übrigen die Voraussetzungen hierfür vorliegen.

§ 10.

(1) Ergibt sich in den Fällen der §§ 7, 8, daß dem Täter die erforderliche Zuverlässigkeit fehlt, so kann ihm das Gericht in dem Urteil die Führung eines Betriebes ganz oder teilweise untersagen oder nur unter Bedingungen gestatten, soweit er sich auf die Herstellung oder den Vertrieb von Lebensmitteln oder Bedarfsgegenständen erstreckt. Vorläufig kann es eine solche Anordnung durch Beschluß treffen.

(2) Die zuständige Verwaltungsbehörde kann die nach Abs. 1 Satz 1 getroffene Anordnung aufheben, wenn seit Eintritt der Rechtskraft des Urteils mindestens drei Monate verflossen sind.

(3) Wer der Untersagung zuwiderhandelt, wird mit Gefängnis und mit Geldstrafe bestraft.

§ 11.

(1) In den Fällen der §§ 7, 8 kann neben der Strafe angeordnet werden, daß die Verurteilung auf Kosten des Schuldigen öffentlich bekanntzumachen ist. Auf Antrag des freigesprochenen Angeklagten kann das Gericht anordnen, daß der Freispruch öffentlich bekanntzumachen ist; die Staatskasse trägt in diesem Falle die Kosten, soweit sie nicht nach § 469 der Strafprozeßordnung dem Anzeigenden auferlegt worden sind.

(2) In der Anordnung ist die Art der Bekanntmachung zu bestimmen; sie kann auch durch Anschlag an oder in den Geschäftsräumen des Verurteilten oder Freigesprochenen erfolgen.

§ 12.

Die Vorschriften des Lebensmittelgesetzes vom 5. Juli 1927 (RGBl. I S. 134) in der Fassung vom 31. Juli 1930 (RGBl. I S. 421) bleiben unberührt.

§ 13.

Der Reichsminister des Innern erläßt die zur Durchführung und Ergänzung dieses Gesetzes erforderlichen Rechts- und Verwaltungsvorschriften.

§ 14.

(1) Dieses Gesetz tritt, vorbehaltlich des Abs. 2, mit dem auf die Verkündung folgenden Tage in Kraft. Gleichzeitig tritt die Verordnung über Nitritpökelsalz vom 21. März 1930 (RGBl. I S. 100) außer Kraft.

(2) §§ 4, 5 Abs. 1, 2 treten am 1. August 1934 in Kraft.

Amtliche Begründung.

(Deutscher Reichsanzeiger 1934 Nr. 144 — R.Gesundh.Bl. 1934 S. 588.)

Durch die Verordnung über gesundheitsschädliche und täuschende Zusätze zu Fleisch und dessen Zubereitungen vom 18. Februar 1902 (RGBl. S. 48) in der Fassung vom 14. Dezember 1916 (RGBl. S. 1359) ist die Verwendung salpetrigsaurer Salze als solcher sowie die Verwendung der diese Stoffe enthaltenden Zubereitungen bei der gewerbsmäßigen Verarbeitung von Fleisch aus gesundheitlichen Gründen allgemein verboten worden. Von diesem Verbote wurde später durch die Verordnung über Nitritpökelsalz vom 21. März 1930 (RGBl. I S. 100) die Ausnahme gemacht, daß salpetrigsaures Natrium in Form des Nitritpökelsalzes von vorgeschriebener Zusammensetzung (vgl. § 1 Abs. 1 a. a. O.) zum Pökeln von Fleisch sowie zum Salzen von Fleischwaren einschließlich Wurstwaren an Stelle von Salpeter und Speisesalz verwendet werden darf. Der Anlaß zu dieser Ausnahme war wirtschaftlicher Art; denn durch Verwendung von Natriumnitrit, in der angegebenen Mischung mit Kochsalz, an Stelle von Salpeter und Kochsalz läßt sich eine wesentliche Abkürzung der Pökeldauer erzielen. Dies beruht darauf, daß die Rötung des Fleisches beim Pökeln auf die Wirkung von Nitriten zurückzuführen ist, die sich bei Anwendung von Salpeter erst im Laufe der Pökelverfahrens durch Abbau des Salpeters bilden müssen, während sie bei der Pökelung mit Nitritpökelsalz unmittelbar zugesetzt werden. Durch eingehende Versuche im Reichsgesundheitsamt wurde festgestellt, daß bei Verwendung von Nitritpökelsalz in der angegebenen Zusammensetzung und in den durch den Geschmack — wegen der bei zu großem Zusatz eintretenden Übersalzung der Ware — begrenzten Mengen der Nitritgehalt in der verkaufsfertigen gepökelten Fleisch- oder Wurstware nicht größer, meist sogar geringer als bei Anwendung von Salpeter ist, und daß daher vom gesundheitlichen Standpunkt gegen die Verwendung des Nitritpökelsalzes keine Bedenken geltend gemacht werden können (vgl. hierzu die Begründung zu dem Entwurf einer Verordnung über Nitritpökelsalz, Reichsrats-Drucksache Nr. 99 von 1929).

Schon bald nach Erlaß der Verordnung über Nitritpökelsalz wurden durch die Lebensmittelkontrolle offensichtliche Umgehungen und Verstöße gegen die Vorschriften der Verordnung festgestellt. Es hat sich in wachsendem Maße der Mißbrauch herausgebildet, auch solchen Fleisch verarbeitenden Betrieben, die nicht über geeignete maschinelle Einrichtungen zur Herstellung des Nitritpökelsalzes verfügen, und von denen nicht feststeht, daß sie hinsichtlich sachgemäßer Abwägung, Vermischung und Aufbewahrung des Nitrits die erforderliche Sicherheit bieten, Natriumnitrit zur Selbstherstellung von Pökelsalzen oder zum unmittelbaren Zusatz zur Pökellake anzubieten. Auch werden Schlächtern vielfach nitrithaltige Pökelsalze mit wesentlich höherem als dem erlaubten Nitritgehalt angeboten, und zwar oft unter täuschenden Bezeichnungen, wie Scheuersalz oder Reinigungssalz, die den wirklichen Verwendungszweck, nämlich den des Pökelns, nicht oder nur verschleiert erkennen lassen. Auch Kaliumnitrit wird den Schlächtern vielfach unter der bewußt unrichtigen Bezeichnung Stangensalpeter angeboten, worin eine besondere Gefahr für die menschliche Gesundheit zu erblicken ist.

Die derzeitige Rechtslage bietet keine ausreichende Handhabe, um gegen Herstellung, Vertrieb und Verwendung solcher Erzeugnisse einzuschreiten.

Weder die inzwischen seitens der Landesregierungen (vgl. unter anderem den Preußischen Ministerialerlaß, betreffend Gesundheitsschädigungen durch verfälschte Lebensmittel, vom 1. Februar 1932 — Ministerialblatt für Landwirtschaft, Domänen und Forsten, Spalte 62 —) erlassenen Veröffentlichungen noch die wiederholten Warnungen des Fleischergewerbes und der Fleischwaren-industrie vor der mißbräuchlichen Verwendung von Nitriten haben die ein-gerissenen Mißstände wirksam bekämpfen können. Im Interesse der Volks-gesundheit ist es deshalb dringend notwendig, daß die zum Schutz der Ver-braucher erlassenen Bestimmungen der Verordnung über Nitritpökelsalz eine Verschärfung erfahren.

Zu § 1.

Abs. 1 Nr. 1. Das bisherige grundsätzliche Verbot des § 1 Abs. 1 der Ver-ordnung über Nitritpökelsalz bezieht sich lediglich auf Gemische, die salpetrig-saures Natrium enthalten. Um Umgehungen zu verhindern, ist das Verbot auf alle salpetrigsauren Salze (Nitrite) sowie auf Lösungen, die Nitrite enthalten, ausgedehnt worden. Hierdurch wird künftighin insbesondere auch das salpetrig-saure Kalium (in irreführender Weise auch „Stangensalpeter" genannt) aus-geschlossen.

Abs. 1 Nr. 2. Das Verbot der Verwendung salpetrigsaurer Salze ist nach der Verordnung über gesundheitsschädliche und täuschende Zusätze zu Fleisch und dessen Zubereitungen auf Fleisch und Fleischzubereitungen beschränkt. Es erscheint zweckmäßig, das Verbot vorbeugend auf die Herstellung aller Lebens-mittel auszudehnen.

Abs. 1 Nr. 3. Ein Verbot, salpetrigsaure Salze sowie Gemische und Lösungen, die diese Salze enthalten, in Betriebe zu verbringen, in denen irgendwelche Handhabungen mit Lebensmitteln vorgenommen werden, ist aus gesundheit-lichen Gründen notwendig geworden, um Verwechslungen, z. B. mit Speise-salz oder Gewürzmischungen, zu vermeiden und um zu verhindern, daß Nitrite als solche oder in anderer Form als der des Nitritpökelsalzes bei der Zubereitung von Lebensmitteln verwendet werden. Durch das Verbot der Nr. 3 werden alle Nitrite schlechthin getroffen, d. h. auch solche, die nicht zur Gewinnung, Her-stellung oder Zubereitung von Lebensmitteln bestimmt sind, sondern etwa zu technischen Zwecken, wie z. B. zur Reinigung, zum Scheuern von Geräten usw., dienen sollen.

Abs. 2. Neuerdings wurden im Verkehr Pökelsalze angetroffen, die neben Kochsalz und Salpeter reduzierende Stoffe, wie Natriumhypophosphit (NaH_2PO_2 $+ H_2O$) enthalten. Durch solche Stoffe kann der Salpeter zu Nitrit reduziert werden. Auf diese Weise können unter Umständen gesundheitlich bedenkliche Mengen Nitrit in das Fleisch gelangen. Es ist daher geboten, auch derartige, zur Umgehung der Vorschriften geeignete Mischungen den Verboten des § 1 zu unterwerfen.

Zu § 2.

Die Ausnahmebestimmungen des § 2 sind erforderlich um die Herstellung und Verwendung von Nitritpökelsalz (§ 3) sowie von Pökellaken, die in her-gebrachter Weise durch Auflösen von Kochsalz und Salpeter oder von Nitrit-pökelsalz in Wasser gewonnen werden, zu ermöglichen.

Zu § 3.

Die Vorschriften über die Herstellung und Zusammensetzung des Nitrit-pökelsalzes entsprechen den geltenden Bestimmungen des § 1 Abs. 2 Satz 2, 3 der Verordnung über Nitritpökelsalz. In der Praxis wird für die Herstellung des Nitritpökelsalzes meistens nicht reines Natriumnitrit, sondern technisch reines, d. h. 94—98prozentiges Natriumnitrit verwendet, wogegen keine Bedenken zu erheben sind, sofern das Natriumnitrit praktisch frei von Arsen und sonstigen gesundheitsschädlichen Stoffen ist. Zur Klarstellung, daß die vorgeschriebenen Grenzwerte (0,5—0,6 vH) sich auf 100prozentiges Natriumnitrit beziehen, dienen die Worte „berechnet als NaNO$_2$". Die Grenzzahlen für den Nitritgehalt entsprechen der geltenden Vorschrift, sie verbürgen den gesundheitlichen Schutz der Verbraucher gegen Schädigungen durch Nitrit. Damit eine gleichmäßige Mischung gewährleistet wird, muß das Gemisch in besonderen Mischmaschinen hergestellt werden, die mechanisch angetrieben und jedesmal so lange in Gang gehalten werden, bis ein gleichmäßiges Gemisch entstanden ist. Dies kann leicht durch zeitweilige Kontrollanalysen festgestellt werden. Das Mischen mit der Hand oder mit anderen unzureichenden Hilfsmitteln genügt nicht und muß ausgeschlossen werden.

Zu § 4.

Um den herrschenden Mißständen im Verkehr mit Nitrit enthaltenden Pökelsalzen wirksam entgegenzutreten und die gesundheitlichen Belange hinreichend zu wahren, soll die Herstellung des Nitritpökelsalzes auf besonders zugelassene Betriebe beschränkt werden, die ausreichende Gewähr für genaue Befolgung der gesetzlichen Vorschriften bieten. Da die Möglichkeit besteht, daß sich noch nachträglich Mängel ergeben, muß die Genehmigung jederzeit, ohne Entschädigung, widerrufen werden können. Die Genehmigung muß nach einheitlichen Gesichtspunkten erteilt werden; sie erfolgt daher zweckmäßig durch den Reichsminister des Innern.

Zu § 5.

Die Vorschriften über die Verpackung und Kennzeichnung des Nitritpökelsalzes entsprechen den geltenden Bestimmungen des § 4 der Verordnung über Nitritpökelsalz, die aber zum Schutz gegen Verwechslungen auf das für die Herstellung von Nitritpökelsalz bestimmte salpetrigsaure Natrium ausgedehnt werden sollen. Sie gelten für größere Gefäße, wie Tonnen, Fässer, Kisten und Säcke, wie auch für für kleinere Umhüllungen aus Pappe, Papier u. dgl.

Zu § 6.

Die Bestimmungen entsprechen sachlich denjenigen des § 2 der Verordnung über Nitritpökelsalz.

Zu §§ 7—11.

Diese Vorschriften sind den §§ 12—16 des Lebensmittelgesetzes angepaßt[11].

Zu § 14.

Die Bestimmungen der §§ 4, 5 Abs. 1, 2 (Konzessionspflicht, Vorschriften über die Verpackung von salpetrigsaurem Natrium), die in der bisherigen Verordnung über Nitritpökelsalz nicht enthalten waren, erfordern eine angemessene Übergangsfrist.

Anmerkungen.

[1] Auf den Kurzkommentar zu diesem Gesetz von Riess und Ludorff (s. Literaturverzeichnis) wird hingewiesen. Er enthält unter anderem auch den Inhalt der Amtl. Begr. zu der Vorläuferin dieses Gesetzes, nämlich der Verordnung über Nitritpökelsalz vom 21. März 1930 (RGBl. I S. 100). Die Gesetzesform ist gewählt worden, weil nicht alle Vorschriften des Gesetzes durch die VO.-Ermächtigung des § 5 LMG. in seiner damaligen Fassung zweifelsfrei gedeckt waren.

[2] Vgl. § 21 Abs. 2 FlG.

[3] Über den Begriff „Zubereitung": § 21 Anm. 3 FlG.

[4] Das Verbot bezieht sich auf Lebensmittel aller Art und geht insofern hinaus über das nur auf Fleisch anwendbare Verbot „salpetrigsaurer Salze" in der früheren Fassung der in Anm. 11a zu § 21 FlG. abgedruckten VO. auf Grund des § 21 Abs. 2, 3 FlG.

⁵ Von Interesse ist der Runderlaß des Reichs- und Preußischen Ministers des Innern vom 9. Mai 1935, berichtigt durch Runderlaß vom 19. Juni 1935 (R.Gesundh.Bl. S. 570 sowie MBliV. S. 671 [688] u. 811), wo es heißt:

„1. In dem Rundschreiben des Reichskanzlers — Reichsamt des Innern — vom 1. November 1918 — II 7468 (nicht veröffentlicht) sowie im Runderlaß vom 3. März 1919 (VMBl. S. 83, LwMBl. S .134) war als technisch nicht vermeidbarer Gehalt an Nitrit in synthetischem Salpeter 0,5 v. H. angegeben. Nach dem Fortschritt der Technik ist dieser Nitritgehalt viel zu hoch; nach Arbeiten, die im Reichsgesundheitsamt ausgeführt worden sind, ist als technisch nicht vermeidbarer Nitritgehalt nur noch 0,003 v. H. anzusehen (berechnet als salpetrigsaures Natrium). Wenn neuerdings Salpeter mit einem Nitritgehalt von 0,3 v. H. als solcher oder in Form von Konserve- oder Pökelsalz für Lebensmittel Verwendung findet oder vertrieben wird, so liegt ein Verstoß gegen § 1 des Nitritgesetzes vom 19. Juni 1934 (RGBl. I S. 513) vor. Die Bezeichnung derartiger Erzeugnisse als „Nitritfreies Schnellpökelsalz" ist überdies im Sinne des § 4 Nr. 3 des Lebensmittelgesetzes irreführend.

2. Ich bitte, die mit der Überwachung des Lebensmittelverkehrs betrauten Chemischen Untersuchungsanstalten anzuweisen, solche Erzeugnisse gemäß § 1 Abs. 1, 2 des Nitritgesetzes zu beanstanden."

⁶ Denn auch hier „wird Kaliumnitrat (Salpeter) während des Einsalzens zu Nitrit reduziert, das mit dem Blutfarbstoff bei Anwesenheit von Sauerstoff (Luft) Stickoxydhämoglobin bildet. Aus diesem entsteht beim Kochen des gepökelten Fleisches das carminrote beständige Stickoxydhämochromogen (die Salzungsröte). Daher sieht Pökelfleisch nach dem Kochen anders wie frisches Fleisch, und zwar mehr oder weniger carminrot statt grau aus. ..."

(So Juckenack in „Was haben wir bei unserer Ernährung im Haushalt zu beachten?".)

⁷ Über Versuche über die Haltbarkeit des vorgeschriebenen Nitritgehaltes bei trockener Lagerung s. Riess und Ludorff S. 20.

⁸ Die Bedingungen, unter denen die Genehmigung erteilt werden kann, enthält das Rundschreiben des Reichsministers des Innern vom 5. Juli 1934. Es ist veröffentlicht im Reichsanzeiger Nr. 155 vom 6. Juli 1934, abgedruckt in R.Gesundh.Bl. 1934 S. 590 und auch bei Riess u. Ludorff S. 21, wo sich auch noch einige erläuternde Bemerkungen dazu finden.

⁹ Hierzu führte die Amtl. Begr. zu § 2 der VO. vom 21. März 1930 — s. Anm. 1 — aus:

„Die Verwendung von Salpeter neben Nitritpökelsalz ist im allgemeinen nicht notwendig. Nur bei größeren Fleischstücken, z. B. Rollschinken, kann es vorkommen, daß das Nitrit des zugesetzten Nitritpökelsalzes schon zersetzt ist, bevor das Salz den innersten Kern des Fleischstückes erreicht hat. In solchen Fällen soll, soweit notwendig, neben Nitritpökelsalz auch Salpeter zugelassen werden, dessen rötende Wirkung noch einsetzen kann, wenn das mit dem Nitritpökelsalz zugesetzte Nitrit bereits abgegeben ist. Da man beim Pökeln des Fleisches mit 2 kg Salpeter auf 100 kg Speisesalz im allgemeinen auskommt, ist nach praktischen Erfahrungen neben Nitritpökelsalz die halbe Menge, also 1 kg Salpeter auf 100 kg Nitritpökelsalz ausreichend. Salpeter kann, soweit er überhaupt zugelassen ist, auch in Form von salpeterhaltigem Pökelsalz verwendet werden. Es bleibt unbenommen, neben dem Nitritpökelsalz noch Speisesalz, andere Pökelsalze, die frei von Nitrit und Salpeter sind, oder auch Gewürze anzuwenden."

Alle diese Pökelsalze dürfen jedoch — worauf Riess und Ludorff S. 28 hinweisen — mit dem Nitritpökelsalz nicht vermischt und insbesondere nicht in Form solcher Mischungen vertrieben werden.

¹⁰ Z. B. Schinken; aber nicht dünne Bauchlappen, auch wenn sie lang und breit sind. Auch nicht Würste, die ja aus zerkleinertem Fleisch zusammengegeben worden sind.

¹¹ §§ 7—11 enthalten die dem LMG. angepaßten Strafbestimmungen. §§ 20 und 21 LMG. a. F. sind — anscheinend versehentlich — nicht mit übernommen. Ein Grund dafür ist nicht ersichtlich; auch die Begr. spricht nicht sich darüber aus. Vgl. hierzu Holthöfer in JW. 1934 S. 1770 „Nitrit im Lebensmittelverkehr".

IV. Verordnung über Fleischbrühwürfel und deren Ersatzmittel.

Vom 25. Oktober 1917 (RGBl. S. 969).

Der Bundesrat hat auf Grund des § 3 des Gesetzes über die Ermächtigung des Bundesrats zu wirtschaftlichen Maßnahmen usw. vom 4. August 1914 (RGBl. S. 327) folgende Verordnung erlassen[1]:

Anmerkungen.

[1] Diese VO., deren § 4 die Grundlage zu einer unter § 4 mitgeteilten „Zweiten VO. über Fleischbrühwürfel und deren Ersatzmittel" vom 11. November 1924 (RGBl. I S. 743) gebildet hat, ist formell und inhaltlich eine Kriegsverordnung. Ihre Fortgeltung ist durch Art. I Abs. 2 der VO. vom 22. Dezember 1919 (RGBl. S. 2138) außer Zweifel gestellt. So ist sie denn auch in der Amtl. Begr. zu § 24 LMG. a. F. unter dem in Geltung befindlichen Rechtsstoff ausgeführt, der für eine Umwandlung in eine VO. gemäß § 5 Nr. 4 LMG. a. F. in Frage kommt. Eine solche Umwandlung ist bisher nicht erfolgt.

Festzuhalten ist bei der Auslegung der Verordnung, daß die in § 1 näher bezeichneten Industrierzeugnisse nach Bestandteilen und Namen rechtssatzmäßig festgelegt sind und die im Handel unter diesem Namen (Fleischbrühe, Kraftbrühe usw.) auftretenden Erzeugnisse an dieser gesetzlichen Vorschrift, nicht an einer beim Abkochen von Fleisch mit bestimmtem Wasserzusatz gewonnenen (Ideal-) Brühe, als Norm zu messen sind.

[2] Literatur: Stenglein: Kommentar zu den Strafrechtlichen Nebengesetzen des Deutschen Reichs, 5. Aufl., Bd. I, S. 908f. Berlin 1928.

§ 1.

Erzeugnisse in fester oder loser Form[1] (Würfel, Tafeln, Kapseln, Körner, Pulver), die bestimmt sind[2], eine der Fleischbrühe ähnliche[3] Zubereitung zum unmittelbaren Genuß oder zum Würzen von Suppen, Soßen, Gemüse oder anderen Speisen zu liefern, dürfen auf der Packung oder dem Behältnis[4], in denen[4] sie an den Verbraucher[5] abgegeben werden, nur dann die[6] Bezeichnung „Fleischbrühe" oder eine gleichartige Bezeichnung (Brühe, Kraftbrühe, Bouillon, Hühnerbrühe[7] usw.) ohne das Wort „Ersatz" enthalten, wenn[8]

1. sie aus Fleischextrakt oder eingedickter Fleischbrühe und aus Kochsalz mit Zusätzen von Fett oder Würzen oder Gemüseauszügen[9] oder Gewürzen bestehen;

2. ihr Gehalt an Gesamtkreatinin mindestens 0,45 vom Hundert und an Stickstoff (als Bestandteil der den Genußwert bedingenden Stoffe) mindestens 3 vom Hundert beträgt;

3. ihr Kochsalzgehalt 65 vom Hundert nicht übersteigt;

4. Zucker und Sirup jeder Art zu ihrer Herstellung nicht verwendet worden sind.

Anmerkungen.

[1] Erzeugnisse in flüssiger oder halbfester Form, wie sie z. B. Fleischextrakte oder Pasten aufweisen, hat man bei Schaffung der VO. nicht in die VO. einbezogen. Es heißt im Eingang der amtl. Begr. (Bundesrats-Drucksache Nr. 273 der Session 1917): „Infolge des Mangels an Fleischextrakt herrschen schon seit mehreren Monaten im Verkehr mit Fleischextrakt und insbesondere im Verkehr mit fleischextrakthaltigen Zubereitungen arge Mißstände. Soweit es sich um verfälschten Fleischextrakt handelt, bieten §§ 10 und 11 des Nahrungsmittelgesetzes vom 14. Mai 1879 und die Bekanntmachung vom 26. Juni 1916 gegen irreführende Bezeichnungen ausreichende Handhaben zur Bekämpfung der betreffenden Mißstände. Anders hingegen verhält es sich mit den sog. Bouillonwürfeln und deren Ersatzmitteln..." Hätten damals Erzeugnisse in halbfester (Pasten-) Form im Verkehr eine nennenswerte Rolle gespielt, so hätte man sie wohl, da ihr Bestimmungszweck genau derselbe ist wie derjenige der in § 1 der VO. aufgezählten Erzeugnisse, den gleichen Vorschriften unterstellt. Solange aber der Gesetzgeber sie nicht ausdrücklich einbezogen hat, muß ihre Beurteilung nach den allgemeinen Vorschriften und Grundsätzen des LMG. erfolgen. Hierbei gibt den Ausschlag die Erwartung des Verbrauchers. Er erwartet von den flüssigen und halbfesten Erzeugnissen in wesentlichen denselben Gehalt an wertgebenden Stoffen wie von den in § 1 aufgezählten Erzeugnissen in loser oder fester Form, für die der Gesetzgeber festgelegt hat, was der Verbraucher mindestens erwarten kann (vgl. Anm. 8b).

LMG. und die Kennzeichn.-VO. vom 8. Mai 1935 (RGBl. I S. 590) gelten übrigens auch für die von der VO. betroffenen Erzeugnisse dergestalt, daß ihren Anforderungen neben denen der VO. zugleich genügt sein muß (vgl. § 6).

Die Kennzeichnungs-VO. fordert in § 1 Abs. 1 Nr. 9 in Verbindung mit Abs. 2: Es dürfen, wenn sie in Packungen oder Behältnissen an den Verbraucher abgegeben werden, ohne die vorgeschriebene (§ 2) Kennzeichnung nicht feilgehalten usw. werden:

„Fleischextrakt, Hefeextrakt und Extrakte aus anderen eiweißhaltigen Stoffen, Erzeugnisse in fester und loser Form (Würfel, Tafeln, Körner usw.) aus Fleischextrakt, Hefeextrakt oder Extrakten aus anderen eiweißhaltigen Stoffen, eingedickte Fleischbrühe sowie die Ersatzmittel der genannten Erzeugnisse, kochfertige Suppen in trockener Form."

Daß auch das Wettbewerbsgesetz, das Warenzeichengesetz usw. von Bedeutung werden können, sei nur beiläufig erwähnt.

² „bestimmt", d. h. ausdrücklich oder in sonst erkennbarer Weise.

³ D. h. eine Zubereitung, die in einer Form dargeboten und die verwendet wird wie richtige Fleischbrühe.

⁴ D. h. wenn sie in Packungen oder Behältnissen an den Verbraucher abgegeben werden. Ein Packungszwang i. S. des § 5 Nr. 4a LMG. wird für die Erzeugnisse, die sämtliche unter § 1 Nr. 1—4 geforderten Voraussetzungen erfüllen, nicht verordnet. Wohl besteht ein solcher Packungszwang für die in § 2 der VO. behandelten Erzeugnisse.

„Packungen oder Behältnisse" bedeutet dasselbe wie Originalpackung. Vgl. hierzu die eingehenden Ausführungen zu § 5 Anm. 11b LMG. in Bd. I dieses Handbuchs.

⁵ Dazu gehören außer dem Kleinverbraucher, der zum persönlichen Verbrauch oder für den Familienhaushalt bezieht, auch die sog. Großverbraucher, wie Gastwirte, Schankwirte, Krankenhäuser, Erziehungsanstalten, Wohlfahrtsanstalten, Gewerbetreibende für ihre Kantinen usw.

⁶ I. Die Erzeugnisse, die allen in § 1 unter Nr. 1—4 aufgestellten Voraussetzungen entsprechen, sind durch ein Bezeichnungsverbot für alle übrigen Erzeugnisse vor diesen privilegiert. Sie genießen als gewissermaßen vom Gesetzgeber durch Zubilligung des Namens „Fleischbrühe" ehrlich gemachte Ware volle Verkehrsfreiheit.

II a) Erzeugnisse, die die Forderungen des § 1 Nr. 1—4 nicht voll erfüllen, aber den in § 2 aufgestellten Mindesterfordernissen entsprechen, müssen — entsprechend dem in § 4 Nr. 2 LMG. zum Ausdruck gelangten Gedanken — als Ersatzware kenntlich gemacht werden.

b) Erfüllen sie stofflich nicht die in § 2 verlangten Mindesterfordernisse oder fehlt die Kenntlichmachung als Ersatzware, so sind sie schlechtweg vom Handel und Verkehr ausgeschlossen.

⁷ Da neben der VO. die allgemeinen Vorschriften des LMG. gelten, so darf die Bezeichnung „Hühnerbrühe" natürlich nur verwendet werden, wenn sie wahr ist, d. h. wenn Hühnerfleisch verwandt ist.

⁸ a) Zu den unter Nr. 1—4 aufgestellten Erfordernissen führt JUCKENACK in Anlage 1 zu den „Mitteilungen des Vereins Deutscher Lebensmittelchemiker" 2/32 aus:

Die Verordnung stellt an die Beschaffenheit der in § 1 behandelten Erzeugnisse bestimmte „Anforderungen (Fleischextrakt nicht weniger als 7,5%, d. h. Gesamtkreatinin nicht weniger als 0,45% oder entsprechende Mengen eingedickter Fleischbrühe; Stickstoff als Bestandteil der den Genußwert bedingenden Stoffe nicht weniger als 3%; Kochsalz nicht mehr als 65%; frei von Zucker und Sirup jeder Art). Die Forderungen sind in bezug auf Fleischextraktivstoffe Mindestmengen. Damals, ebenso wie heute, verlangte die allgemeine Wirtschaftslage an Fleischextraktivstoffen nur das Mindeste dessen, was zur Erreichung des Bestimmungszweckes erforderlich ist. Darüber, wie dies festgestellt wurde, gibt die Begründung des Verordnungsentwurfes Aufschluß. In ihr ist auf die Nürnberger Beschlüsse des Bundes Deutscher Nahrungsmittel-Fabrikanten und -Händler vom 29. Mai 1916 (vgl. Deutsche Nahrungsmittel-Rundschau vom Nr. 22/23 vom 1. Dezember 1916 S. 136) Bezug genommen worden. In diesen Beschlüssen ist ebenfalls wenigstens 7,5% Fleischextrakt und 3% Stickstoff = 18,75% Stickstoffsubstanz sowie übrigens als Fett nur — auch wohl selbstverständlich — tierisches Fett verlangt worden. Weiter sind hier als Bestandteil der Fleischbrühwürfel und ähnlichen Präparate noch ausdrücklich (aus nachstehenden Gründen) „Suppenwürzen" aufgeführt worden.

In der Verordnung ist — zur Vermeidung von Streitigkeiten — der Mindestgehalt an Fleischextraktivstoffen durch den entsprechenden mittleren Wert für Gesamtkreatinin (0,45%) zum Ausdruck gekommen, der allerdings nur eine analytische Bedeutung hat, da Kreatin und Kreatinin nicht den Genußwert des Fleischextraktes bedingen. Fleischextraktivstoffe bestehen aber zum Teil — ebenso wie die wirklichen Suppenwürzen, die durch chemischen Abbau von Eiweiß gewonnen werden — aus Aminosäuren, die für den Genußwert von besonderer Bedeutung sind. Daher wurde z. B. unter der Herrschaft der Ersatzmittelverordnung vom 7. März 1918 verlangt, daß derartige Würzen in flüssiger Form mindestens 1%, in Pastenform (die es bei Würzen damals schon gab) mindestens 1,8% Aminosäurenstickstoff als Hauptbestandteil der den Genußwert bedingenden Stoffe enthielten. Nimmt man bei der Herstellung von Fleischbrühwürfeln nur die Mindestmenge von Fleischextrakt oder eingedickter Fleischbrühe, jedoch nicht zugleich Würze der genannten Art, so bekommt man nur etwa 0,6—0,8% Aminosäurenstickstoff im fertigen Erzeugnis; der Aminosäurenstickstoff würde also nicht der Verordnung entsprechen; mithin würden die Fleischbrühwürfel einen unzulänglichen Genußwert insoweit haben. Daher muß man bei Verwendung der Mindestmenge (7,5%), sogar noch bei 15% Fleischextrakt, zugleich Würze der genannten Art zum „Würzen" mitverwenden. Dies kommt alles im § 1 Nr. 2 der Verordnung zum Ausdruck.

b) Zu den in Anm. 1 erwähnten pastenförmigen Erzeugnissen, auf welche die VO. nicht unmittelbar anwendbar ist, führt Juckenack im Anschluß an das im vorigen Absatz Abgedruckte folgendes aus: „Wenn pastenförmige Erzeugnisse zur Herstellung von Fleischbrühe, sog. Fleischbrühextrakte, von denen etwa 5 g auf eine Tasse (an Stelle eines Bouillonwürfels zu 4 g) Verwendung finden, Getränke liefern sollen, die noch die Bezeichnung „Fleischbrühe" verdienen, so müssen sie nach dem Vorhergesagten ebenfalls mindestens 7,5% Fleischextrakt bzw. 0,45% Gesamtkreatinin sowie 3% Stickstoff als Bestandteil der den Genußwert bedingenden Stoffe enthalten, davon etwa 1,8% Aminosäurenstickstoff entsprechen (vgl. z. B. auch „das österreichische Lebensmittelbuch" — Codex aliment. austriac.—11. Aufl. (1932) Heft 28—32 S. 14). Obwohl diese pastenförmigen Erzeugnisse aus den schon angegebenen Gründen in der Verordnung vom 25. Oktober 1917 formell noch nicht berücksichtigt werden konnten, gibt doch diese Verordnung das Mindeste dessen an, was verlangt werden muß und der Käufer zu erwarten berechtigt ist, weil den Herstellern der Brühextrakte für deren Verwendungszweck die in der Verordnung aufgeführten Erzeugnisse als Vorbild gedient haben. Die Beurteilungsnorm ist also jedenfalls durch die Verordnung gegeben, obwohl bis zur Neufassung der Verordnung strafrechtlich § 4 des Lebensmittelgesetzes Anwendung zu finden hat. Sind demnach derartige Erzeugnisse minderwertiger, d. h. nicht geeignet, als Getränk usw. das zu liefern, was der Käufer nach der Verordnung mindestens zu erwarten berechtigt ist, so tragen sie irreführende Bezeichnungen oder Angaben, sind sie unter Umständen zugleich verfälscht oder nachgemacht im Verhältnis zu einwandfreien Fleischbrühextrakten."

[9] Über die Bedeutung des Eiweißstickstoffgehaltes für den Wert einer Suppenwürze s. LG. Koblenz 31. März 1931 in Z. Beil. 1931, 23, 91, wo die Verwendung von synthetischem Harnstoff (der sehr stickstoffhaltig ist) zu Suppenwürze als Täuschung nach § 4 Nr. 3 LMG. beurteilt ist.

§ 2.

Erzeugnisse[1] *der im § 1 genannten Bestimmung in fester oder loser*[2] *Form, die den Anforderungen im § 1 Nr. 1—3 nicht entsprechen*[3], *dürfen nur*[8] *gewerbsmäßig hergestellt*[4], *feilgehalten*[5], *verkauft*[6] *oder sonst in Verkehr*[7] *gebracht werden, wenn ihr Gehalt an Stickstoff (als Bestandteil der den Genußwert bedingenden Stoffe) mindesten 2 vom Hundert beträgt, ihr Kochsalzgehalt 70 vom Hundert nicht übersteigt, Zucker und Sirup jeder Art zu ihrer Herstellung nicht verwendet worden sind und sie auf der Packung oder dem Behältnis, in denen sie an den Verbraucher abgegeben werden, in Verbindung mit der handelsüblichen Bezeichnung in einer. für den Verbraucher leicht erkennbaren Weise das Wort „Ersatz" enthalten*[9, 10, 11].

Anmerkungen.

[1] Vgl. § 1 Anm. 6. In § 2 werden die in § 1 Anm. 6 II unter a und b erwähnten Erzeugnisse näher behandelt.

[2] Vgl. § 1 Anm. 1.

[3] In irgendeiner oder in allen Beziehungen.

[4] In seinem Privathaushalt kann sich jeder zum unmittelbaren Genuß oder auf Vorrat als Ersatz für Fleischbrühe herstellen, was ihm gefällt. Gewerbsmäßige Herstellung bedeutet hier wie in §§ 2, 21 des FlG. jede in irgendeinem oder für irgendeinen Gewerbebetrieb erfolgende Herstellung.

[5] Vgl. FlG. § 11 Anm. 13 oben S. 957.

[6] Vgl. FlG. § 11 Anm. 14 oben S. 957.

[7] Vgl. FlG. § 9 Anm. 8 oben S. 933.

[8] Fehlt der hier verordnete Mindestgehalt an Stickstoff, der nur zählt, soweit er Bestandteil der den Genußwert bedingenden Stoffe ist (vgl. § 1 Anm. 8), oder beträgt der

Kochsalzgehalt mehr als 65% oder sind Zucker oder Sirup zur Herstellung verwendet oder ist auf der Packung oder dem Behältnis die vorgeschriebene Kennzeichnung als „Ersatz" nicht vorgenommen, dann gilt, sobald auch nur eine dieser 4 Voraussetzungen fehlt, das Verbot der gewerbsmäßigen Herstellung, des Feilhaltens usw. Ausnahme von der Kennzeichnung als „Ersatz" siehe bei § 4.

[9] Für Ware, die zwar nicht den Voraussetzungen des § 1 entspricht, die aber den Vorschriften des § 2 entspricht, wird hiermit ein Packungs- und Bezeichnungszwang derart vorgeschrieben, daß seine Nichtbeachtung die Ware überhaupt vom Verkehr ausschließt.

Daß die Ware außerdem die der Kennzeichnungs-VO. entsprechenden weiteren Kennzeichnungen tragen muß, ergibt sich aus dem zu § 1 Anm. 1 Ausgeführten.

[10] Über die Begriffe „Packung oder Behältnis" und „Verbraucher" vgl. § 1 Anm. 4 und 5.

[11] Strafvorschrift: § 5 Nr. 2 der VO. Daß gleichzeitig auch andere Vorschriften, insbesondere die Kennzeichnungs-VO. und die für dieselbe geltende Strafdrohung des § 12 LMG. verletzt werden können, auch das Wettbewerbs- und Warenzeichengesetz, ergibt sich aus § 1 Anm. 1.

§ 3.

Bei Erzeugnissen der in den §§ 1, 2 genannten Art[1], die bestimmt[2] sind, in kleinen Packungen an den Verbraucher abgegeben zu werden, darf der Inhalt ohne die Packung nicht weniger als 4 Gramm wiegen.

Anmerkungen.

[1] In Frage kommen die Erzeugnisse, die in § 1 Anm. 6 I und II a aufgeführt sind, nicht auch die dort unter II b gedachten verkehrsunfähigen Erzeugnisse. Ihr Inverkehrbringen ist ja schlechtweg nach § 5 Nr. 2 unter Strafe gestellt. Verletzungen der Mindestgewichtvorschrift des § 4 ist durch § 5 Nr. 3 mit Strafe bedroht.

[2] Die Vorschrift gilt dann, wenn sich aus der Darbietungsform objektiv oder aus der für den Einzelfall vorgenommenen Widmung die hier gemeinte Bestimmung ergibt.

§ 4.

Der Reichskanzler kann Ausnahmen von den Vorschriften dieser Verordnung zulassen[1].

Anmerkungen.

[1] Der Reichsminister des Innern, der nach dem Übergangsgesetz vom 4. März 1919 (RGBl. S. 285) § 5 an die Stelle des Reichskanzlers getreten ist, hat von dieser Ermächtigung (erleichternde) Ausnahmen von den Regelvorschriften der Verordnung zuzulassen, bisher nur Gebrauch gemacht durch Erlaß der

„Zweiten Verordnung über Fleischbrühwürfel und deren Ersatzmittel vom 11. November 1924 (RGBl. I S. 743)."

Sie lautet:

„Auf Grund des § 4 der Verordnung über Fleischbrühwürfel und deren Ersatzmittel vom 25. Oktober 1917 (RGBl. S. 969) wird folgende Ausnahme zugelassen: Erzeugnisse nach § 2 brauchen auf der Packung oder dem Behältnis, in denen sie an den Verbraucher abgegeben werden, das Wort „Ersatz" neben der handelsüblichen Bezeichnung nicht zu tragen, wenn ihre den Genußwert bedingenden Stoffe dem Hefeextrakt entstammen und dies aus der Bezeichnung deutlich hervorgeht."

Alle anderen Voraussetzungen, die an verkehrsfähige Waren in § 2 gestellt werden (vgl. § 2 Anm. 8), müssen erfüllt sein; insbesondere besteht auch hier Packungs- und Bezeichnungszwang — so zwar, daß an die Stelle der Bezeichnung als „Ersatz" der Hinweis auf den Hefeextrakt zu treten hat. Der Gesetzgeber fordert — in Anwendung des allgemeinen gesetzgeberischen Gedankens, der in § 4 Nr. 2 LMG. zum Ausdruck gekommen ist — Klarstellung, was dem Käufer angeboten wird. Dem Verlangen eines „deutlichen" Hinweises auf die Verwendung von Hefeextrakt (wenn das Wort „Ersatz" vermieden wird) wird nicht genügt, wenn jener Hinweis durch Haupt-, Neben- oder Mitbezeichnungen oder sonstige Angaben verwischt wird, die den Eindruck erwecken, als ob aus Fleisch stamme, was tatsächlich aus Hefe gewonnen ist.

In der VO. über die äußere Kennzeichnung von Lebensmitteln vom 8. Mai 1935 (RGBl. I S. 590) § 1 Abs. 1 Nr. 9 sind die Hefeerzeugnisse neben den Fleischerzeugnissen als Erzeugnisse eigener Art kennzeichnungspflichtig gemacht, nicht mehr nur als Ersatzmittel für Fleischbrühwürfel.

§ 5.

Mit Gefängnis bis zu sechs Monaten und mit Geldstrafe oder mit einer dieser Strafen wird bestraft[1],

1. wer der Vorschrift im § 1 zuwider Erzeugnisse mit einer unzulässigen Bezeichnung versieht oder solche mit unzulässiger Bezeichnung versehenen Erzeugnisse feilhält, verkauft oder sonst in Verkehr bringt[2,4];

2. wer der Vorschrift im § 2 zuwiderhandelt;

3. wer der Vorschrift des § 3 zuwider Erzeugnisse gewerbsmäßig herstellt, feilhält, verkauft oder sonst in Verkehr bringt[3].

Neben der Strafe[4] kann auf Einziehung der Erzeugnisse erkannt werden, auf die sich die strafbare Handlung bezieht, ohne Unterschied, ob sie dem Täter gehören oder nicht.

Im Urteil kann ferner angeordnet werden, daß die Verurteilung auf Kosten des Schuldigen öffentlich bekanntzumachen ist[5].

Anmerkungen.

[1] Die hier mit Strafe bedrohten Handlungen sind Vergehen i. S. des StGB. Der Versuch ist nicht strafbar.

Das in Anm. 1 b und c zu § 26 FlG. Gesagte gilt auch hier. Strafbar ist vorsätzliche wie fahrlässige Zuwiderhandlung.

[2] Über die geringe praktische Bedeutung der Strafbestimmung in Nr. 1 gegenüber derjenigen in Nr. 2 verbreitet sich Stenglein § 5 Anm. 1 — S. 911.

[3] Über Feilhalten, Verkaufen, in Verkehr bringen vgl. die Hinweise bei § 2 Anm. 5—7.

[4] Über die Einziehung vgl. das zu § 28 FlG. Ausgeführte. Bei Vergehen gegen § 5 der VO. ist die Einziehung überall ins Ermessen des Gerichts („Kann") gestellt.

Stenglein § 5 Anm. 7 — S. 912 — weist darauf hin, daß auch hier gemäß der Bekanntmachung vom 22. März 1917 (RGBl. S. 255) auf die Einziehung selbständig erkannt werden kann, wenn die Verurteilung oder Verfolgung einer bestimmten Person nicht ausführbar ist.

[5] Auf § 29 Anm. 3 FlG. kann auch hier verwiesen werden mit der Maßgabe, daß die öffentliche Bekanntmachung der Freisprechung hier nicht vorgesehen ist. Dagegen hat auch hier (vgl. ERG. **53**, 98 auf S. 100) das Urteil auch über Art, Form und Frist der Bekanntmachung zu bestimmen.

§ 6.

Die Vorschriften der Verordnung über die äußere Kennzeichnung von Waren vom 18. Mai 1916 (RGBl. S. 380)[1] bleiben unberührt.

Anmerkungen.

[1] An ihre Stelle ist die Kennzeichnungs-VO. vom 8. Mai 1935 getreten, die oben (S. 17) mitgeteilt und kurz erläutert ist.

§ 7.

Diese Verordnung tritt am 1. Dezember 1917 in Kraft. Der Reichskanzler bestimmt den Zeitpunkt des Außerkrafttretens[1].

Anmerkung.

[1] An die Stelle des Reichskanzlers ist jetzt der Reichsminister des Innern getreten (vgl. oben § 4 Anm. 1).

Im übrigen wird auf die Anmerkung zur Überschrift der vorliegenden Verordnung verwiesen.

B. Ausländische Gesetzgebung.

Von

Oberregierungsrat Professor DR. E. BAMES - Berlin.

Der Verkehr mit Fleisch ist in einigen Ländern durch besondere gesetzliche Bestimmungen geregelt. Diese geben an, was unter Fleisch zu verstehen ist, daß vor und nach der Schlachtung durch den Tierarzt eine Besichtigung des Schlachtviehs und des Fleisches vorzunehmen ist, daß untaugliches Fleisch ausgeschieden, bedingt taugliches vor dem Verkaufen tauglich gemacht werden muß, untaugliches zu vernichten ist. Für den Chemiker ist von besonderer Wichtigkeit die Behandlung von Fleisch mit Konservierungsmitteln und die Zulässigkeit von fremden Stoffen bei der Bearbeitung von Fleisch.

1. Österreich.

Ein Schlachtvieh- und Fleischbeschaugesetz ist nicht vorhanden. Die Verordnung über Vieh- und Fleischbeschau im Verkehr mit Fleisch vom 6. September 1924 (RGBl. Nr. 342)[1] stützt sich auf das Gesetz, betr. die Abwehr und Tilgung von Tierseuchen, vom 6. August 1909 (RGBl. Nr. 177)[2], auf das Gesetz, betr. die Organisation des öffentlichen Sanitätsdienstes, vom 30. April 1870 (RGBl. Nr. 68) und auf das Lebensmittelgesetz vom 16. Januar 1897 (RGBl. Nr. 89)[3]. Die gesetzlichen Vorschriften sind ähnlich denen des deutschen Gesetzes, betr. die Schlachtvieh- und Fleischbeschau, vom 3. Juni 1900 und seiner Ausführungsbestimmungen. Zu beachten ist auch die Verordnung, betr. die Herstellung, das Verkaufen und Feilhalten von aus rohem Schweinefleisch hergestellten Lebensmitteln, die zum Genuß in ungekochtem oder ungebratenem Zustande bestimmt sind, vom 6. Oktober 1924 (RGBl. Nr. 377)[4], in welchem von der Trichinenschau und der Verwendung von ungekochtem Schweinefleisch zu Wurst die Rede ist. Für Schweineschmalz, das im deutschen Gesetz zum Fleisch gerechnet wird, ist in Österreich das Gesetz, betr. den Verkehr mit Butter, Käse, Butterschmalz, Schweineschmalz und deren Ersatzmitteln, vom 25. Oktober 1901, maßgeblich. Vgl. auch die Bekanntmachung des Bundesministeriums der Finanzen, betr. Einschränkung der Ermächtigung der Zollämter zur Erteilung von Einfuhrbewilligungen für Schweineschmalz vom 9. Januar 1933[5]. Bundesgesetz über die Regelung des Verkehrs mit Schlachttieren, Fleisch und Fleischwaren (Viehverkehrsgesetz) vom 30. Oktober 1931[6].

2. Belgien.

Gesetzliche Vorschriften für Fleisch und Fleischwaren sind im Lebensmittelgesetz vom 4. August 1890[7] enthalten. Außerdem kommen in Betracht: Die Verordnung, betr. Vorschriften über den Handel mit zubereitetem Fleisch und aus Fleisch gewonnenen Erzeugnissen, vom 28. Mai 1901 (Moniteur belge S. 2541)[8] Den Verkehr mit Schweineschmalz regelt die Verordnung vom 20. Oktober 1903 (Moniteur belge S. 5324)[9]. Kgl. Verordnung, betr. Kennzeichnung der Fleisch-

---

[1] Veröffentl. Reichsgesundh.-Amt 1925, 492.
[2] Veröffentl. Reichsgesundh.-Amt 1909, 1469.   [3] Vgl. Bd. I, S. 1326.
[4] Veröffentl. Reichsgesundh.-Amt 1925, 15 und Reichsgesundh.-Bl. 1926, 1, 682.
[5] Reichsgesundh.-Bl. 1933, 8, 356.   [6] Reichsgesundh.-Bl. 1932, 7, 136.
[7] Vgl. Bd. I, S. 1330.   [8] Veröffentl. Reichsgesundh.-Amt 1901, 837.
[9] Veröffentl. Reichsgesundh.-Amt 1904, 210.

waren in den Fleischgeschäften, ihrer Herkunft nach, als inländisches, frisches, ausländisches oder Gefrierfleisch; vom 26. Januar 1932[1]. Vgl. auch die Kgl. Verordnung betr. Bewilligungsverfahren für die Einfuhr von Tieren der Rinder- und Schweinerasse, von frischem Rind- und Schweinefleisch sowie von gefrorenem Schlachtfleisch und Butter; vom 23. März 1932[2] und Rundschreiben des Finanz- ministers Nr. D 4652, betr. tierärztliche Zulassung als Vorbedingung für die Zollabfertigung von Tieren und Fleisch zur Einfuhr sowie deren Einfuhr-Zoll- behandlung; vom 26. März 1932[3]. Rundschreiben des Finanzministers Nr. 36416, betr. Bewilligungsverfahren für die Einfuhr von Vieh, Fleisch, Milch, Sahne und Butter; weitere Ausführungsbestimmung vom 30. Juni 1933[4] und Kgl. Ver- ordnung, betr. Bewilligungsverfahren für die Einfuhr von Tieren der Rinder-, Schweine- und Schafrassen, von Fleisch, Milch, Butter und anderen Milch- erzeugnissen; vom 22. Mai 1933[5].

3. Dänemark.

Für das Inland gilt das Gesetz Nr. 104 über die Fleischkontrolle, vom 13. Mai 1911[6]; daneben besteht eine Reihe von Gesetzen und Verordnungen über Schlachtvieh, Geflügel, Fleisch und Fleischwaren und deren Kontrolle: Gesetz Nr. 245 über die Ausfuhr von Fleisch, vom 27. Mai 1908[7], Vorschriften für die nach diesem Gesetz mit der Fleischuntersuchung beauftragten Tierärzte vom 15. September 1921, Vorschriften für die bei den Exportschlächtereien zur Kon- trolle angestellten Tierärzte vom 24. Juli 1925, Vorschriften für die zur Beauf- sichtigung der Exportschlächterien, Konserven- und Wurstfabriken, sowie der Salzereien, angestellten Aufseher vom 24. Juli 1925, Verordnung über die Be- zeichnung von Fleisch- und Schlachtabfällen von Pferden, Rindvieh, Schafen, Ziegen und Schweinen dänischen Ursprungs vom 5. November 1908[8], Gesetz Nr. 425 über die Verwendung verendeter Tiere, vom 30. Juni 1922, Bekannt- machung Nr. 151, betr. die Ausfuhr von Haustieren und von Erzeugnissen aus diesen, vom 12. April 1924[9], mit Änderung vom 14. Mai 1924. Bekanntmachung Nr. 320 über die Ausfuhr von Pferde-, Rind-, Schaf-, Ziegen- und Schweine- fleisch vom 20. Dezember 1924, mit Änderungen vom 27. März 1926, 22. Mai 1929, 1. Juni 1929, 29. März 1930. Bekanntmachung Nr. 216 über die Ein- und Ausfuhr von Fleisch und Fleischabfällen ausländischen Ursprungs sowie über den Handel hiermit, vom 24. Juli 1925[10], mit Änderung vom 23. Mai 1929[11]. Dazu kommen noch mehrere Verordnungen[12] über Geflügel sowie Verordnungen über die Reinlichkeit in öffentlichen Schlachthäusern und Wurstfabriken (Gesundheitszustand der dort beschäftigten Arbeiter). Gesetz Nr. 15, betr. gesundheitliche Überwachung der Ausfuhr von lebenden Haustieren, Wild und gewissen tierischen Erzeugnissen, vom 31. Januar 1931[13]. Verordnung vom 17. Mai 1918 (Mehlgehalt von Fleischwürsten).

4. England.

Eine besondere, der Lebensmittelkontrolle ähnliche Organisation der Fleisch- beschau, die durch Sanitätsinspektoren, Tierärzte und Fleischbeschauer ausgeübt wird, ist in England noch nicht vorhanden. Dagegen besteht eine besondere

---

[1] Reichsgesundh.-Bl. 1932, 7, 453.   [2] Reichsgesundh.-Bl. 1932, 7, 515.
[3] Reichsgesundh.-Bl. 1932, 7, 595.   [4] Reichsgesundh.-Bl. 1932, 7, 942.
[5] Reichsgesundh.-Bl. 1932, 7, 940.   [6] Veröffentl. Reichsgesundh.-Amt 1912, 901.
[7] Veröffentl. Reichsgesundh.-Amt 1909, 43.
[8] Veröffentl. Reichsgesundh.-Amt 1909, 857.   [9] Reichsgesundh.-Bl. 1928, 3, 307.
[10] Reichsgesundh.-Bl. 1926, 1, 360.   [11] Reichsgesundh.-Bl. 1929, 4, 760.
[12] Vgl. Reichsgesundh.-Bl. 1929, 4, 675 und 1930, 5, 938.
[13] Reichsgesundh.-Bl. 1931, 6, 353.

Verordnung, betr. die gesundheitliche Kontrolle der eingeführten Lebensmittel (Statutory Rules and Orders 1925 Nr. 273), vom 23. März 1925[1] in den Bestimmungen über Fleisch, Überseefleisch, verbotenes und bedingt zuzulassendes Fleisch enthalten sind. Vgl. auch die Verordnung des Gesundheitsministers, betr. Verkehr und Einfuhr von Nahrungsmitteln, denen Erhaltungsmittel oder Farbstoffe zugesetzt sind, vom 10. Dezember 1926[2]. Gesetz über den Verkehr mit Pferdefleisch (Sale of Horseflesh etc. Regulation Act) von 1889. Nach der Verordnung des Gesundheitsministers, betr. das Färben und Konservieren von Lebensmitteln, vom 4. August 1925/25. Juni 1927[3] darf der Wurst und dem Wurstfleisch, wenn rohes Fleisch, Cerealien und Gewürze darin enthalten sind, Schweflige Säure 450 Gewichtsteile Schwefeldioxyd auf eine Million Teile zugesetzt werden.

5. Frankreich.

Für den Verkehr mit Fleisch und Fleischwaren gelten die Bestimmungen des Lebensmittelgesetzes vom 1. August 1905[4]. Auf Grund dieses Gesetzes ist ergangen die Verordnung des Präsidenten der Republik, betr. den Verkehr mit Lebensmitteln, insbesondere Fleisch, Wurstwaren, Obst, Gemüsen, Fischen und Konserven, vom 15. April 1912 (Journ. officiel S. 5710)[5]. Vgl. auch das Rundschreiben des Landwirtschaftsministers, betr. des Verbot der Anwendung von Konservierungsflüssigkeiten zum Waschen der Seefische, vom 18. Juli 1910[6] und das Gesetz, betr. die Einfuhr von Fischkonserven, vom 28. Juni 1913[7]. Schlachthausgesetz, vom 8. Januar 1905 mit Ausführungsbestimmungen vom 24. August 1908[8].

6. Italien.

Vorschriften über den Verkehr mit Fleisch sind enthalten in Kapitel XII des Gesetzes, betr. die Gesundheitspflege und den öffentlichen Gesundheitsdienst, vom 22. Dezember 1888[9] und zwar in den Artikeln 107, 109, 110, 111, 112, 115, 116, 117, 118 und 119[10]. Die Bestimmungen erstrecken sich auch auf eingeführtes Fleisch, Wildbret, Fische, Austern, Miesmuscheln usw.

7. Jugoslawien.

Die Prüfung des Fleisches, des Geflügels, Wildes, der Fische, Krebse und Muscheln wird auf Grund der Vorschriften ausgeführt, die in den „Richtlinien für die Beschau des Schlachtviehs und des Fleisches" angeführt sind, die vom Ministerium für Land- und Wasserwirtschaft (unter Nr. 8749) 1925 erlassen und in den Službene Novine vom 23. Oktober 1925 veröffentlicht wurden. Die Beschau wird von den dazu ernannten Sachverständigen ausgeführt. Auch die Ausführungsbestimmungen zum Lebensmittelgesetz vom 3. Juni 1930[11] enthalten Vorschriften, betr. Fische, Krebse, Frösche und Fischkonserven. Mit Sprengstoff getötete Fische usw., desgleichen vergiftete oder mit unerlaubten Mitteln gefangene Tiere dürfen nicht in den Verkehr gebracht werden. Fischkonserven, die mit gesundheitsschädlichen Konservierungsmitteln versetzt, mit verbotenen Farbstoffen gefärbt sind oder mehr als 3% Blei enthalten, dürfen nicht in den Verkehr kommen.

---

[1] Reichsgesundh.-Bl. 1929, 4, 796.   [2] Reichsgesundh.-Bl. 1927, 2, 454.
[3] Veröffentl. Reichsgesundh.-Amt 1925, 968. — Reichsgesundh.-Bl. 1928, 3, 448.
[4] Vgl. Bd. I, S. 1334.   [5] Veröffentl. Reichsgesundh.-Amt 1912, 878.
[6] Veröffentl. Reichsgesundh.-Amt 1911, 160.
[7] Veröffentl. Reichsgesundh.-Amt 1914, 440.
[8] Veröffentl. Reichsgesundh.-Amt 1909, 250.   [9] Vgl. Bd. I, S. 1338.
[10] Veröffentl. Reichsgesundh.-Amt 1901, 791.
[11] Reichsgesundh.-Bl. 1932, 7, 531. — Deutsches Handelsarchiv 1932, 1166.

8. Niederlande.

Fleisch und Fleischwaren fallen nur insoweit unter das Warengesetz (Lebensmittelgesetz)[1], als ihre Prüfung chemischer Art ist. Auf Grund dieses Gesetzes sind ergangen die Fleischwarenverordnung vom 20. Juni 1924 (Staatsblad Nr. 315)[2], abgeändert am 31. Juli 1926 (Staatsblad Nr. 281)[3], die Fleischextraktverordnung vom 23. August 1924 (Staatsblad Nr. 428)[4], abgeändert am 31. Juli 1926 (Staatsblad Nr. 281)[3]. Für die Fleischbeschau, die den Tierärzten obliegt, besteht das Gesetz vom 25. Juli 1919 (Staatsblad Nr. 524)[5], zu dem verschiedene Ausführungsbestimmungen[6] erlassen sind, die hier übergangen werden können.

Wurst darf 0,2% Kaliumnitrat enthalten. In gekochten Würsten darf Mehl, Brot, Zwieback, Reis, Hafer, Roggen und Stärkemehl bis zum Höchstgehalt von 4% wasserfreiem Stärkemehl enthalten sein. Leberwurst darf Borsäure oder borsaure Salze (Höchstmenge 0,3% als Borsäure berechnet) enthalten; Farbstoffzusatz ist verboten. Verhältnis des prozentualen Wassergehaltes zum prozentualen Gehalt an organischem Nichtfett darf außer bei Knackwurst und Kopfkäse (Hoofdkaas, Preßkopf, Sülze) nicht größer als 4 sein. Für „Balkenbrij" und Blutwurst ist keine Begrenzung des Stärkemehl- und Wassergehaltes festgesetzt. Backleberwurst (bakleverworst) darf 4—12% wasserfreies Stärkemehl enthalten. Auch Fleischwaren in luftdicht verschlossenen Dosen dürfen bis zu 4% wasserfreies Stärkemehl und 0,2% Salpeter enthalten. Außer Kochsalz sind weitere Konservierungsmittel nicht zugelassen.

Fleischextrakt darf höchstens 20%, flüssiges Fleischextrakt 68%, „konsommée" 85% Wasser enthalten. Der Gehalt an Kreatinin muß betragen bei Fleischextrakt 6%, bei flüssigem Fleischextrakt 1,5%, bei Fleischbrühwürfeln 0,5% (Kochsalzgehalt nicht mehr als 65%).

9. Norwegen.

Die Fleischkontrolle unterliegt den Tierärzten. Gesetz über kommunale Schlachthäuser und Fleischkontrolle vom 27. Juni 1892, abgeändert am 27. Juli 1895, 6. August 1897, 25. Juli 1910, 14. Juli 1914[7]. Für Städte über 4000 Einwohner ist die Fleischkontrolle durch Tierärzte vorgeschrieben. Zu dem Gesetz ist eine Reihe von Ausführungsbestimmungen ergangen, die sich auf die Einfuhr von Fleisch und dessen Untersuchung beziehen und andere[8]. Vgl. auch das Gesetz über die Kennzeichnung von luftdicht eingelegten Fischwaren vom 14. Juli 1916[9], mit Verordnungen vom 16. Juli 1926[10] und vom 22. Juni 1928[10]. Vgl. Gesetz Nr. 4 vom 16. Juni 1933[11].

10. Schweden.

Der Verkehr mit Fleisch wird geregelt durch das Gesetz, betr. die Schlachtbeschau und Schlachthäuser, vom 10. Oktober 1913, dazu Bekanntmachung, betr. Vorschriften über die Untersuchung und Kennzeichnung von Fleisch, vom 10. Oktober 1913. Verordnung, betr. Ausfuhrschlächtereien und andere der öffentlichen Aufsicht unterstellte Schlächtereien, vom 10. Oktober 1913.

---

[1] Vgl. Bd. I, S. 1340.   [2] Reichsgesundh.-Bl. 1929, 4, 2.
[3] Reichsgesundh.-Bl. 1929, 4, 34.   [4] Reichsgesundh.-Bl. 1929, 4, 3.
[5] Reichsgesundh.-Bl. 1932, 7, 703.
[6] Vgl. Reichsgesundh.Bl. 1928, 3, 551 und 1929, 4, 833; 1930, 5, 603, 604; 1932, 7, 704; 1933, 8, 375.
[7] Vgl. Veröffentl. Reichsgesundh.-Amt 1898, 9; 1910, 1205; 1914, 905.
[8] Vgl. Reichsgesundh.-Bl. 1930, 5, 282, 833.
[9] Veröffentl. Reichsgesundh.-Amt 1916, 572.   [10] Reichsgesundh.-Bl. 1928, 3, 631.
[11] Reichsgesundh.-Bl. 1933, 8, 952.

Verordnung, betr. die Kontrolle bei der Ausfuhr von Fleisch, vom 10. Oktober 1913. Verordnungen mit Vorschriften über die Untersuchung und Stempelung von frischem Fleisch, Gefrierfleisch und tierischen Fetten, vom 12. Dezember 1913, 17. Januar 1919, 1. März 1919, 26. April 1919, 21. Mai 1919, 31. Mai 1919, 30. September 1921[1], 21. Oktober 1927[2] und 13. September 1928[3].

11. Schweiz.

Vorschriften über Fleisch und Fleischwaren enthalten die Artikel 80—84 der Verordnung, betr. den Verkehr mit Lebensmitteln und Gebrauchsgegenständen, vom 23. Februar 1926[4], die Verordnung, betr. das Schlachten, die Fleischbeschau und den Verkehr mit Fleisch und Fleischwaren, vom 29. Januar 1909[5]. Diese Verordnung erstreckt sich auch auf den Verkehr mit Geflügel, Wildbret, Fischen, Krusten- und Weichtieren, Fröschen und Schildkröten. Als Sachverständige kommen in Betracht Fleischbeschauer, Ortsexperten und Tierärzte. Vgl. auch die Verordnung, betr. die Untersuchung der Einfuhrsendungen von Fleisch und Fleischwaren, vom 29. Januar 1909[6] und mehrere Verfügungen des Eidgenössischen Veterinäramts[7].

12. Spanien.

Die Fleischbeschau unterliegt der Veterinärinspektion, die den Gesundheitszustand der Tiere beim Schlachten kontrollieren muß und außerdem darauf zu achten hat, daß nur gutes Fleisch in den Verkehr kommt. In allen Schlachthäusern soll eine Veterinärinspektion vorhanden sein. Vgl. Kgl. Verordnung, betr. die Verhütung der Verfälschung von Nahrungsmitteln, vom 22. Dezember 1908[8] und Kgl. Verordnung, über Anforderungen an Lebensmittel sowie an die zugehörigen Papiere, Geräte und Gefäße, vom 17. September 1920/26. April und 5. September 1922/25. Januar und 7. August 1923[9]. Vgl. auch Vorschriften für die Einfuhr von Fleisch- und Wurstwaren vom Jahre 1929[10].

13. Vereinigte Staaten von Amerika.

Bestimmungen über Fleisch- und Fleischerzeugnisse sind enthalten in der Bekanntmachung der Secretary of Agriculture über Begriffsbestimmungen und Festsetzungen für Lebensmittel vom 15. November 1928[11]. Zu dem Fleischbeschaugesetz (Meat Inspection Law) vom 30. Juni 1906 und 25. Juli 1906[12] in der Fassung vom 4. März 1907, einem Ergänzungsgesetz zum Lebensmittel- und Drogengesetz, sind unter dem 1. November 1922 Ausführungsbestimmungen erlassen. Nach diesen Ausführungsbestimmungen wird die Fleischbeschau auch auf Pferde ausgedehnt. Im Gesetz über Pferdefleisch vom 24. Juli 1919 wird die Kenntlichmachung dieses Fleisches bestimmt. Die Ausführungsbestimmungen zum Fleischbeschaugesetz enthalten auch die Bestimmungen, daß Wursthüllen nur unter Kenntlichmachung des Farbzusatzes gefärbt werden dürfen und nur so, daß kein Farbstoff in das Innere eindringt. Würste dürfen bis zu 3,5% Bindemittel (Stärkemehl, Milch, Trockenmilch, Malzmilch und ähnliches) enthalten.

---

[1] Veröffentl. Reichsgesundh.-Amt 1922, 680.   [2] Reichsgesundh.-Bl. 1928, 3, 220.
[3] Reichsgesundh.-Bl. 1929, 4, 176, 213, 396, 397, 785, 896.
[4] Reichsgesundh.-Bl. 1927, 2, 100.
[5] Veröffentl. Reichsgesundh.-Amt 1909, 684.
[6] Veröffentl. Reichsgesundh.-Amt 1909, 689; 1929, 395.
[7] Reichsgesundh.-Bl. 1931, 6, 313; 1933, 8, 296, 787, 877, 954, 956, 957; 1934, 9, 206.
[8] Bd. I, S. 1346.   [9] Veröffentl. Reichsgesundh.-Amt 1925, 502.
[10] Reichsgesundh.-Bl. 1929, 4, 742.   [11] Reichsgesundh.-Bl. 1929, 4, 425.
[12] Veröffentl. Reichsgesundh.-Amt 1907, 453. Vgl. Veröffentl. Reichsgesundh.-Amt 1916, 272.

Fleisch. Das Amerikanische Gesetz umfaßt unter dem Begriff Fleisch den reinen, unverdorbenen, eßbaren Teil der quergestreiften Muskulatur von Tieren, und zwar Säugetieren, Geflügel, Fischen, Krustentieren, Weichtieren und allen anderen Tieren, deren Fleisch als Lebensmittel Verwendung findet. Im Deutschen Gesetz über Schlachtvieh- und Fleischbeschau[1] gelten als Fleisch nur Teile von warmblütigen Tieren. Als Fleisch (meat) gilt das ordnungsmäßig ausgeschlachtete Fleisch (flesh) von genügend reifen, gesunden Rindern, Schweinen, Schafen und Ziegen (in Deutschland auch Pferde und Hunde), aber es ist beschränkt auf die quergestreifte Muskulatur, das Fleisch der Zunge, des Zwerchfells, des Herzens, oder der Speiseröhre, schließt nicht das Fleisch der Lippen, der Schnauze oder der Ohren mit oder ohne ein- oder aufgelagertes Fett ein, und die Teile von Knochen, Haut, Sehnen, Nerven und Blutgefäßen, die sich von Natur aus im Fleisch finden und die bei seiner Herrichtung zum Verkauf nicht entfernt werden. Frisches Fleisch (fresh meat) darf vom Zeitpunkt des Schlachtens ab in seiner Beschaffenheit keine wesentliche Veränderung erfahren haben, Rindfleisch (beef) von mehr als einjährigen Tieren, Hammelfleisch (mutton) von mehr als einjährigen Schafen, Lammfleisch (lamb) von einjährigen und jüngeren Schafen, Schweinefleisch (pork) und Wildbret (venison) sind nicht besonders definiert. Fleischnebenausbeute: einwandfreie, ordnungsmäßig ausgeschlachtete andere Teile als Fleisch von Rindern, Schweinen, Schafen oder Ziegen. Zubereitetes Fleisch (prepared meat) ist reines einwandfreies zerkleinertes, getrocknetes, gesalzenes, geräuchertes, gekochtes, gewürztes oder mehreren dieser Verfahren unterzogenes Fleisch. Gesalzenes Fleisch (cured meat) mit Speisesalz oder Salzlösung mit oder ohne Zusatz von Natriumnitrit oder Natrium (Kalium) -nitrat, Sirup, Zucker, Honig und Gewürz behandeltes Fleisch. Es wird unterschieden zwischen trocken gesalzenem Fleisch (dry salt meat), zu welchem auch das mit Salzlösung oder Lake gespritzte Fleisch zählt, und Pökelfleisch (corned meat) in Salzlösung oder Lake gepökeltem Fleisch; eine besondere Art Pökelfleisch ist das süßgepökelte Fleisch (sweet pickled meat). Getrocknetes Fleisch (dried meat) ist frisches oder gesalzenes, mit oder ohne künstliche Hitze getrocknetes Fleisch, geräuchertes Fleisch (smoked meat) mit Rauch aus brennendem Holz oder aus ähnlichen brennenden Stoffen behandeltes Fleisch, Büchsenfleisch (canned meat) frisches oder zubereitetes, in luftdichten Behältnissen verpacktes, meist sterilisiertes Fleisch, Hamburger steak zerkleinertes frisches Rindfleisch mit oder ohne Zusatz von Fett und Gewürz. Gewürztes Fleischgericht (potted meat, deviled meat) ist aus gekochten, meist gewürzten Fleischstücken in luftdicht verschlossene Dosen verpacktes Fleisch. Wurstfleisch (sausage meat auch bulk meat) zerkleinertes frisches oder zubereiteres Fleisch oder ein Gemisch von beiden, darf keine Teile der Fleischnebenausbeute (s. oben) enthalten.

Fleischwaren (meat food products) sind keine Fleischzubereitungen, bestehen aber überwiegend aus Teilen des Rindes, Schweines, Schafes und der Ziege. Fleischbrot (meat loaf) ist aus gehacktem Fleisch, Gewürz und Mehl, Milch, Eiern in eine Form gepreßt und gekocht. Schweinefleischwurst (pork sausage) ist gehacktes Schweinefleisch mit Gewürz, Salz (Natriumnitrit- oder Natriumnitratzusatz gestattet) und anderen würzenden Zutaten (Zucker, Essig) hergestellte frische, getrocknete, geräucherte oder gekochte Wurst. Sülze (brawn), aus gehackten und gekochten eßbaren Teilen vom Schwein (Kopf, Pfoten, Schenkeln) mit oder ohne Zusatz der gehackten Zunge hergestellt. Sülze-Ersatz (headcheese, mock brawn) ähnlich der Sülze aus Schweine- und anderem Fleisch zuweilen mit Zusatz von Fleischnebenausbeute (s. oben).

---

[1] Vgl. S. 948.

Gepökeltes (souse, aus Fleisch und Fleischnebenausbeute hergestellt, nach dem Kochen in Dosen verpackt und mit Essig bedeckt. Hackfleisch (scrapple) ist ein Erzeugnis aus Fleisch oder Fleischnebenausbeute mit Mehl und Gewürz hergestellt, gekocht und dann in Formen gegossen.

Schmalz (lard) ist frisches von gesunden Schweinen gewonnenes Fett, das nicht mehr als 1% andere Stoffe als Fett und Fettsäuren enthält, Liesenschmalz (leaf lard) bei mäßig hoher Temperatur aus dem inneren Bauchfett des Schweines (ausgenommen dem Gekrösefett) gewonnen, dessen Jodzahl nicht höher als 60 ist, Neutral-Schmalz (neutral lard) bei niedrigen Temperaturen gewonnenes Schmalz.

Einige Gesetze[1] ermöglichen die Beaufsichtigung des Verkehrs mit landwirtschaftlichen Erzeugnissen und den Erlaß von Standardisierungsbestimmungen, so z. B. das Gesetz zur Beaufsichtigung landwirtschaftlicher Erzeugnisse (Farm Product Inspection Law) vom 18. Januar 1927, das Gesetz über den Handelsverkehr mit landwirtschaftlichen Erzeugnissen (Agricultural Marketing Act) vom 15. Januar 1929. Für verschiedene landwirtschaftliche Erzeugnisse, so für Fleisch- und Fleischwaren, Geflügel, Käse, Eier bestehen Standardbestimmungen.

---

[1] Zusammenstellungen der Lebensmittelgesetzgebung der Vereinigten Staaten in Compilation of Laws, 12. Ausgabe, Washington, D. C. 1931, Standard Remedies Publishing Co. Dunn's Food and Drog Laws Band 1—3 New York, United States Corporation Company 1927/1928.

Nährmittel.

Von

Professor DR. A. BEYTHIEN - Dresden.

Unter der Bezeichnung Nährmittel oder Nährpräparate werden seit einiger Zeit Erzeugnisse der chemischen Industrie in den Handel gebracht, die gewisse, für die Ernährung besonders wichtige Nährstoffe entweder in aufgeschlossener und daher leichter resorbierbarer Form oder in erhöhter Konzentration enthalten, im weiteren Sinne auch wohl solche, die für bestimmte Zwecke nach den Grundsätzen der Ernährungslehre zusammengestellt sind und bei der Ernährung von Säuglingen und Greisen, schwächlichen oder genesenden Personen, schwangeren oder stillenden Frauen und bei gewissen Krankheitszuständen (z. B. Verdauungsstörungen, nervösen Störungen, Tuberkulose, Diabetes und Bleichsucht) Verwendung finden („Diätetische Nährmittel").

Obwohl in diesem Sinne auch die sog. Kindermehle, sowie Vitamin- und andere Präparate zu den Nährmitteln gehören, sollen hier nur die Proteinnährmittel und die Lecithinpräparate behandelt werden.

I. Proteinnährmittel.

Entsprechend dem oben angegebenen Zwecke teilt man die Proteinnährmittel in zwei Gruppen, nämlich in solche, die das Eiweiß in unlöslichem, mehr oder weniger natürlichem Zustande enthalten, und in solche, bei denen die Proteine aufgeschlossen, d. h. in eine in Wasser lösliche Form übergeführt worden sind.

Beide Arten werden aus den verschiedensten tierischen oder pflanzlichen eiweißreichen Rohstoffen, wie Fleisch, Abfällen der Fleischextraktfabrikation, Blut der Schlachttiere, Magermilch und Casein, dem Kleber von der Weizenstärke-, dem Protein bzw. Glutin von der Reis- und Maisstärkefabrikation usw. hergestellt, wodurch die nutzbringende Verwertung mancher, nicht ohne weiteres für Ernährungszwecke geeigneter Abfallstoffe ermöglicht wird.

1. Nährmittel mit nur unlöslichen Proteinen.

Diese hauptsächlich zur Anreicherung einer stickstoffarmen, vorwiegend aus Pflanzen bestehenden Kost mit Protein bestimmten Präparate lassen sich nach der Art des Ausgangsmaterials in mehrere Unterabteilungen einordnen.

a) Erzeugnisse aus Fleischabfällen. α) Das zu diesen gehörende Tropon FINKLERs wird, soviel sich aus der Patentbeschreibung im einzelnen entnehmen läßt, in der Weise hergestellt, daß man die zerkleinerten oder sonstwie aufgeschlossenen Rohstoffe (etwa $^1/_3$ Fleischfuttermehl, $^2/_3$ entbitterte Lupinen) mit sehr verdünnter, etwa 0,2—2%iger Natronlauge, worin die meisten Proteinstoffe bis auf die unverdaulichen Nucleine löslich sind, behandelt und aus der Lösung die Proteinstoffe mit Säure wieder ausfällt. Zur Beseitigung von Farbstoffen, sowie unangenehm wirkenden Riech- und Geschmacksstoffen wird der

Niederschlag mit Oxydationsmitteln wie Unterchloriger Säure, 10%iger Wasserstoffsuperoxydlösung u. dgl. oder mit reduzierend wirkenden Stoffen, wie Phosphoriger Säure behandelt, dann durch Einwirkung sehr verdünnter Salzsäure vom Leim und durch Auswaschen mit Wasser, Alkohol und Äther oder Benzin vom Fett befreit.

Das fertige Produkt bildet ein ziemlich feines trockenes Pulver von gelbbrauner Farbe, ohne charakteristischen Geschmack, das neben 8,6% Wasser, 1,0% Asche, sowie Spuren Fett und stickstofffreien Extraktstoffen 89,4% Stickstoffsubstanz, darunter aber keinen Leim enthält, und ist daher als fast reines, unlösliches Eiweiß anzusprechen.

Das Tropon wird für sich allein und im Gemische mit Suppenmehlen (Tropon-Sano, Tropon-Kindernahrung) als Kräftigungsmittel benutzt. Seiner allgemeinen Verwendung zur Hebung des Eiweißverbrauchs der minderbemittelten Bevölkerungskreise stand von Anfang an der verhältnismäßig hohe Preis entgegen.

β) Soson wird durch Entfetten von Fleisch oder Fleischabfällen (Rückständen der Fleischextraktfabrikation), darauf folgende Erhitzung mit dem 3—4fachen Gewichte 70—80%igen Alkohols unter Druck und schließlich, zur Entfernung färbender sowie unangenehm riechender und schmeckender Begleitstoffe, durch Behandlung mit Ammoniak oder Schwefliger Säure hergestellt. Das rein weiße Pulver, in dem unter dem Mikroskope noch die Muskelfasern erkennbar sind, enthält 9,2% Wasser, 0,2% Fett, 0,6% Asche und 90,0% Stickstoffsubstanz. Vor dem Tropon hat es den Vorzug des rein animalischen Ursprungs, kann aber gleich diesem wegen seines hohen Preises als billige Eiweißquelle für den Massenverbrauch nicht in Frage kommen.

b) Erzeugnisse aus Blut. Der Wunsch, die Nährstoffe des vielfach ungenutzt fortlaufenden Schlachtblutes, besonders der Rinder, der menschlichen Ernährung dienstbar zu machen, hat zur Erfindung zahlloser Präparate geführt, von denen nachstehend nur einige der bekannter gewordenen angeführt werden mögen.

α) Roborin. Das von einer Berliner Fabrik aus sorgfältig aufgefangenem Blute hergestellte schwach alkalische dunkelbraune Pulver enthält 6,7% Wasser, 0,2% Fett, 3,4% Extraktstoffe, 12,4% Asche und 77,3% Protein. Das letztere ist im wesentlichen als Calciumalbuminat anzusprechen. Das Roborin soll nach ärztlicher Vorschrift in Gaben von 1,5—3,0 g täglich genossen werden, wird aber nach Lebbin auch mit anderen Nahrungsmitteln, wie Milch, in größeren Mengen bis zu 100 g täglich gut vertragen.

β) Protoplasmin. Aus dem defibrinierten Blute entfernt man nach einem besonderen Verfahren die Blutkörperchen, erhitzt das klare Serum, reinigt das geronnene Protein durch Waschen, sterilisiert es 1 Stunde lang bei 105—110°, trocknet es im Vakuum und siebt nach dem Mahlen. Das graue Pulver, dessen schwacher Geruch und Beigeschmack durch Beigabe von Gewürz verdeckt wird, quillt mit Wasser nach kurzer Zeit auf und kann in diesem Zustande verschiedenen Speisen zugesetzt werden. Die dem Protoplasmin ähnliche Hämose hat eine dem Eisenoxyd ähnliche rotbraune Farbe und soll vorwiegend als Mittel gegen Blutarmut, Bleichsucht usw. dienen.

γ) Hämoglobin besteht aus dem Blutkörperchenbrei, der bei 35—40° getrocknet, dann gelöst und in geeigneter Weise in Lamellenform gebracht wird.

δ) Hämatin-Albumin. Zu seiner Gewinnung wird frisches Blut in üblicher Weise vom Fibrin befreit, mit der 6fachen Menge Wasser, das 5 g Citronensäure auf 1 l Blut enthält, verdünnt und auf 90° erhitzt. Das hierbei gerinnende Eiweiß wird abgeseiht, gewaschen, ausgeschleudert, getrocknet und gepulvert. Aus 6 kg Blut erhält man so 1 kg eines rotbraunen, geruch- und geschmacklosen Pulvers, das, wie Kakaopulver mit Wasser aufgeschlämmt, in Menge von 2 bis 3 Teelöffel voll täglich verabreicht werden soll.

ε) Hämogallol (KOBERT). Stromafreie konzentrierte Blutlösung vom Rinde wird mit einer konz. wäßrigen Pyrogallol-Lösung im Überschusse versetzt, der rotbraune Niederschlag, ein Reduktionsprodukt des Blutfarbstoffs, unter Luftabschluß zuerst mit Wasser, dann mit Alkohol gewaschen und schließlich bei möglichst niedriger Temperatur getrocknet. Das Hämogallol bildet ein rotbraunes, in Wasser unlösliches und geschmackloses Pulver, das 45—50% Hämoglobin enthalten soll.

ζ) Hämol. Stromafreie, nicht zu konzentrierte Blutlösung vom Rinde wird mit chemisch reinem Zink- oder Eisenstaub geschüttelt, wobei der gesamte Blutfarbstoff ausfällt, der Niederschlag so lange mit Wasser gewaschen, wie sich noch etwas löst, dann feucht vom Filter genommen und in destilliertes Wasser eingetragen, worin das ungelöst gebliebene Zink rasch zu Boden sinkt und abgeschlämmt werden kann. Der letzte Rest des vom Hämoglobin gebundenen Zinks (Zinkperhämoglobin) wird durch Ammoniumcarbonat und Schwefelammonium beseitigt, das ausgefällte Schwefelzink abfiltriert, das Filtrat durch einen Luftstrom vom Schwefelammonium befreit und durch vorsichtiges Neutralisieren mit Salzsäure gefällt. Der ausgewaschene und scharf getrocknete Niederschlag kommt als wasserunlösliches, äußerlich dem Hämogallol ähnliches Pulver in den Handel.

η) Eisenhämol wird durch Behandlung von Blutlösung mit einer Eisenoxydulsalzlösung unter Zusatz von Alkalicarbonat erhalten.

Andere unlösliche Blutalbuminpräparate mit hohem Gehalte an resorbierbarem Eisen gewinnt man aus defibriniertem Blut durch Behandlung mit anorganischen oder organischen Calciumverbindungen.

Die Mehrzahl der letzteren Präparate wird besser zu den Eisenpräparaten als zu den Protein-Nährmitteln gerechnet.

Besonders gilt dies von Hommels Hämatogen, das durch Erwärmen von defibriniertem Rinderblut mit Glycerin während 24 Stunden auf 60° erhalten wird und neben geringen Geschmackszusätzen 28% Glycerin und 20% Hämoglobin enthält.

Als eigentliche Protein-Nährmittel seien noch Hämose und Sanguinin erwähnt.

c) **Erzeugnisse aus Magermilch.** Die Mehrzahl dieser Präparate wird aus Casein hergestellt, während bei einigen anderen das Albumin der Milch entweder allein oder neben Casein zur Verwendung gelangt. Alle Glieder dieser Gruppe gelten als gute Nährmittel, weil ihr Gehalt an besonderen Aminosäuren und an Phosphaten eine gute Ausnutzung im Organismus gewährleistet und das Fehlen von Extraktivstoffen und Abbauprodukten Reizlosigkeit gegenüber den Verdauungsorganen bedingt. Bei der großen Zahl der hierher gehörenden Präparate können nur die wichtigsten berücksichtigt werden.

α) Plasmon oder Caseon (Siebolds Milcheiweiß). Das mit 50%iger Essigsäure aus pasteurisierter Magermilch ausgefällte und dann auf einen Wassergehalt von etwa 50% abgepreßte Casein wird in einer Knetmaschine mit einer zur Neutralisation eben ausreichenden Menge Natriumbicarbonat bei 70° unter Zuleitung von Kohlensäure durchgearbeitet, der schneeige lockere Quark durch einen trockenen Luftstrom bei 40—50° getrocknet und mit Walzenstühlen und Mahlgängen gepulvert. Das im wesentlichen aus Caseinnatrium bestehende Plasmon enthält neben 70% Eiweiß noch etwas Fett und Milchzucker sowie 7—8% Mineralstoffe.

β) Kalkcasein, ein gelblich weißes, in Wasser unlösliches Pulver wird in der Weise hergestellt, daß man das Casein der Milch mit Kalkwasser löst und wieder mit einer äquivalenten Menge Phosphorsäure fällt.

γ) Als weitere unlösliche Milchpräparate werden noch erwähnt Eulaktol (Gemisch von Milcheiweiß mit Leguminosenmehl), Lactarin (reines Casein) und Nutrium. Auch gehört hierher das Milchpulver selbst, sowie das aus einem Gemische von Trockenmilch mit Lecithin und Vitellin bestehende Biocitin[1] (7,73% Wasser, 39,24% Protein, 4,74% Fett, 7,23% Asche).

d) Erzeugnisse aus pflanzlichen Abfällen. Als Ausgangsmaterialien dienen die stickstoffreichen Abfälle von der Verarbeitung des Getreides und der Hülsenfrüchte auf Mehl und Stärke, sowie neuerdings besonders die Hefe.

α) Roborat ist nahezu reiner Weizenkleber, der nach dem sorgfältigen Auswaschen der Stärke möglichst frisch, bevor er in Säuerung übergeht, in dünne Scheiben ausgewalzt und durch einen warmen Luftstrom getrocknet wird.

β) Aleuronat nennt die Firma Hundhausen-Hamm ein in gleicher Weise gewonnenes gelblich-weißes pulverförmiges Nährpräparat, das besonders zur Herstellung von Diabetikerbrot, sog. Aleuronatbrot empfohlen wird.

γ) Gleichen Ursprung haben sog. Weizeneiweiß oder Pflanzeneiweiß, während Energin aus Reis hergestellt wird.

δ) Glidin, ein früher von Dr. Klopfer hergestelltes Nährpräparat, bestand aus Kleber und etwas Lecithin.

ε) Conglutin besteht aus dem unlöslichen Eiweiß der Lupinen, Sarton aus demjenigen der Sojabohne.

ζ) Plantose wird ein aus Rapskuchen durch Behandlung mit Wasser und Koagulation der Lösung hergestelltes Protein-Nährmittel genannt, das 12—13% Stickstoff enthält, in Wasser unlöslich ist, aber vom Menschen gut ausgenutzt wird.

e) Trockenhefe. Von Eiweißträgern pflanzlichen Ursprungs hat die Hefe die größte Bedeutung erlangt. Zwar bildete die aus den Zellen von Saccharomyces cerevisiae bestehende Masse, soweit sie als Abfallprodukt der Bierbrauerei entstand, in den Jahren vor dem Weltkriege nur ein wenig geschätztes Futtermittel, dessen Verwendbarkeit noch dazu durch den hohen Wassergehalt und die dadurch bedingte geringe Haltbarkeit und Versandfähigkeit verringert wurde. Aber die ersten, zur Beseitigung dieses Übelstandes gemachten Versuche zur Trocknung der Hefe mit Walzentrocknern, die in das Jahr 1910 fallen, hatten doch so günstige Erfolge, daß bis 1914 bereits 18 Trocknereien mit einer Jahresleistung von 20000 t Trockenhefe im Betrieb waren[2]. Der Verkaufspreis von 100 kg getrockneter Hefe betrug damals 25 M. Demgegenüber wurde die Gesamterzeugung an feuchter Bierhefe zu 70000 t geschätzt, aus denen etwa 10000 t Trockenhefe hergestellt werden konnten.

Dieser verhältnismäßig hohe Ertrag an Hefe und ihr beträchtlicher Gehalt an Nährstoffen, besonders an Eiweiß, legte im Kriege den Gedanken nahe, die Hefe der menschlichen Ernährung nutzbar zu machen, und zur Sicherung dieses wichtigen Materials wurde daher in der Verordnung des Bundesrats vom 10. Dezember 1916[3] verfügt, daß die Brauereien ihre ganze Bottichhefe, und zwar auf 100 kg verarbeitetes Malz mindestens 0,8 kg Hefetrockenmasse an die unter staatlicher Aufsicht arbeitenden Trocknungsanstalten abzuführen hatten.

Der einer unmittelbaren Verwendung zur menschlichen Ernährung entgegenstehende bittere (Hopfen-)Geschmack wurde durch Waschen mit kaltem Wasser, darauf folgende Behandlung mit 30—35° warmer Borax-Natriumcarbonatlösung und schließlich mit weinsäure- und kochsalzhaltigem Wasser, oder auch durch ein der Lehr- und Versuchsanstalt für Brauerei in Berlin patentiertes vereinfachtes Entbitterungsverfahren durch Neutralisation mit Alkali[4] beseitigt.

Als mit der Einschränkung der Biererzeugung auch die Menge der anfallenden Bierhefe immer geringer wurde, ging man zur Herstellung der sog. Mineralhefe über, die auf der

---

[1] A. BEYTHIEN: Pharm. Zentralh. 1911, 52, 514.
[2] HAYDUCK: Zeitschr. angew. Chem. 1915, 28, III, 94, 697.
[3] Gesetze u. Verordnungen, betr. Lebensmittel 1917, 9, 122.
[4] Zeitschr. angew. Chem. 1917, 30, I, 29.

schon früher von ADOLF MAYER u. a. gemachten Beobachtung beruhte, daß man in verdünnten Zuckerlösungen unter Zusatz von Ammoniumsalzen und Mineralsalzen (Kaliumphosphat usw.) rasch große Mengen schnell wachsender Hefe züchten kann, wenn man durch
starke Lüftung die Bildung von Alkohol und Kohlensäure verhindert. Die Hefe vergärt
dann nicht den Zucker, sondern mästet sich auf seine Kosten als alleiniger Kohlenstoffquelle
und führt gleichzeitig das Ammoniak in Eiweiß über. Als Kohlenstoffquelle sind später auch
andere organische Stoffe (Melasse, Glucose, Abwässer der Zucker- und Stärkefabrikation,
Sulfitlauge), als Stickstoffquelle neben dem Ammoniak auch Kalkstickstoff, Harnstoff usw.
empfohlen und angewandt worden. Trotz mannigfacher Angriffe namhafter Agrikultur-
chemiker, die sich namentlich gegen die reklameartige Anpreisung als „Eiweiß aus Luft"
wandten, hat die sog. Nährhefe während des Krieges zweifellos eine nützliche Rolle gespielt.

Die nach dem einen oder anderen Verfahren gewonnene Trockenhefe ist
reich an dem antineuritischen Vitamin B; das Hefenfett enthält auch Vitamin A.
Das in Menge von etwa 45—60% vorhandene Hefenprotein ist in Gemeinschaft
mit Butter für das Wachstum und die Fortpflanzung von Ratten ausreichend
(OSBORNE), dagegen nach anderen Versuchen für den Menschen biologisch
minderwertig, indem nur 10—25% des Nahrungsproteins durch Hefenprotein
ersetzt werden können.

Für die chemische Zusammensetzung der vorstehend erwähnten Nährmittel
mit unlöslichem Protein lassen sich auf Grund der veröffentlichten Analysen
folgende Werte anführen.

Tabelle 1. Zusammensetzung von Nährmitteln mit nur unlöslichem Protein.

Bezeichnung	Wasser %	Stickstoff-substanz %	Fett %	Stickstoff-freie Ex-traktstoffe %	Rohfaser %	Asche %
Tropon	8,41	90,57	0,15	—	—	0,87
Soson	4,82	93,75	0,35	—	—	1,08
Roborin	6,74	77,38	0,15	3,37	—	12,36
Protoplasmin	6,09	92,90	0,21	0,31	—	1,19
Hämoglobin	5,17	87,37	0,53	0,85	—	6,08
Hämogallol	10,06	87,78	1,04	—	—	1,12
Hämol	8,85	74,93	0,77	6,24	—	9,21
Hämose	11,70	86,62	0,42	—	—	1,26
Sanguinin	9,69	89,44	0,10	—	—	0,77
Hämatin-Albumin . .	8,71	87,60	0,30	2,23	—	1,16
Plasmon	11,94	70,12	0,67	9,73	—	7,54
Kalk-Casein	7,69	57,28	1,99	11,40	—	22,18
Roborat	9,46	82,25	3,67	3,04	0,19	1,39
Aleuronat { rein . . .	8,53	86,07	0,51	4,00	—	0,89
Aleuronat { unrein . .	9,05	77,72	1,17	10,71	0,20	1,15
Weizenprotein	8,59	84,07	1,40	4,84	—	1,10
Reisprotein	6,99	89,95	1,04	1,12	Spur	0,91
Energin	9,09	83,75	4,54	0,67	0,27	1,03
Nährhefe { I	9,16	48,52	1,10	28,05	—	13,17
Nährhefe { II	6,02	58,43	0,45	23,35	—	9,75

Obwohl die Untersuchungen der einzelnen Autoren starke, durch das Ausgangsmaterial bedingte Abweichungen zeigen, wird doch so viel ersichtlich, daß
die aus Milch und Hefe hergestellten Präparate durch besonders hohen Gehalt
an Kohlenhydraten, die rein pflanzlichen Produkte (Kleber) durch einen, wenn
schon geringen Rohfasergehalt charakterisiert sind.

2. Nährmittel mit vorwiegend löslichen Proteinen.

Die hierhin zu rechnenden Präparate, die älter als die im vorigen Abschnitte
besprochenen Nährmittel mit unlöslichen Proteinen sind, finden hauptsächlich

als diätetische Mittel in der Krankenernährung Anwendung. Mit ihrer Darreichung bezweckt der Arzt, Patienten mit geschwächtem Verdauungsapparat (Magen- oder Darmkrankheiten), mit Blutarmut, nervösen Leiden usw. durch Zufuhr leicht resorbierbarer Eiweißstoffe die Ernährung zu erleichtern. Ihre Herstellung besteht demnach in einer Art künstlicher Verdauung, indem isolierte Eiweißstoffe mit Hilfe chemischer oder physikalischer Einwirkung oder durch Pepsin und andere proteolytische Enzyme in eine lösliche Modifikation übergeführt werden.

Je nach der Art des Aufschließungsverfahrens unterscheidet J. KÖNIG folgende drei Gruppen:

a) Durch chemische Mittel löslich gemachte Nährmittel. Die Herstellung dieser Präparate, deren Eiweißstoffe sich am wenigsten von den natürlichen Proteinen entfernen, ist auf den bereits von LIEBIG gemachten Vorschlag zurückzuführen, das fein zerkleinerte frische Fleisch mit Wasser, etwas Salzsäure und Kochsalz anzusetzen, dann abzupressen und die mit löslichen Eiweißstoffen angereicherte Flüssigkeit kalt zu genießen. An Stelle dieser Säurebehandlung ist späterhin mehr die Anwendung von Alkalien oder Alkalisalzen getreten, mit deren Hilfe besonders das Casein in lösliches Casein-Alkali übergeführt wird, das von E. SAL-KOWSKI und RÖHMANN an Stelle von Peptonen zur Krankenernährung empfohlen wurde.

Von bekannteren Milchpräparaten seien folgende angeführt:

α) Nutrose (Caseinnatrium), ein lösliches Proteinnährmittel der Farbwerke vorm. Meister, Lucius & Brüning in Höchst a. M., wird durch Vermischen des trockenen Caseins mit der berechneten Menge Ätznatron und nachfolgendes Kochen mit Alkohol (94%) hergestellt. Das weiße, geruch- und geschmacklose Pulver ist nahezu reines wasserlösliches Caseinnatrium.

β) Sanatogen. Nach dem Verfahren der Firma Bauer & Co. in Berlin wird das frisch gefällte, noch feuchte Casein mit 5% Natriumglycerinphosphat vermischt, mit Äther ausgezogen und bei gelinder Temperatur getrocknet. Es bildet dann ein schneeweißes Pulver, das beim Verrühren mit wenig kaltem Wasser stark aufquillt und sich beim Erwärmen zu einer milchigen Flüssigkeit völlig löst.

γ) Eucasin wird nach DRP. Nr. 84682 (SALKOWSKI und MAJERT) von der Firma Majert & Ebers in Berlin-Grünau in der Weise hergestellt, daß man über trockenes Casein Ammoniakgas leitet oder das Casein in Alkohol, Äther, Benzin, Benzol oder anderen nicht lösenden Flüssigkeiten verteilt und dann bis zur Sättigung Ammoniak einleitet. Eucasin, ein weißes, geruchloses, etwas fade schmeckendes Pulver, das sich in kaltem Wasser löst, ist in chemischer Hinsicht als Casein-Ammonium anzusprechen.

δ) Galaktogen. Das von Thiele & Holzhausen in Barleben vertriebene weiße Pulver wird durch Behandlung von ausgepreßtem Quark mit irgendeinem Kalisalze hergestellt.

ε) Eulaktol wird nach Dr. RIEGELs Vorschrift von den Rheinischen Nährmittelwerken in Köln durch Zusatz von Kohlenhydraten und teilweise durch Alkalien löslich gemachten pflanzlichen Proteinen (Legumin), sowie von Calciumphosphat, Natriumchlorid und Natriumbicarbonat zu Milch und Eindampfen des Gemisches hergestellt und bildet ein gelbliches Pulver von fettiger Beschaffenheit und angenehmem Geruch.

ζ) Milcheiweiß Nicol. Das von Oskar Nicolai in Jüchen in den Verkehr gebrachte Präparat wird durch Auflösen von frischem Casein in Natriumcarbonatlösung und Fällung mit Salzsäure, sowie durch abwechselnde Behandlung des getrockneten Niederschlages mit Salzsäure und Natriumcarbonat hergestellt, so daß die gelblichweiße Masse eine Casein-Chlornatrium-Verbindung von neutraler bis ganz schwach saurer Reaktion bildet.

η) Sanitätseiweiß Nicol ist ein Gemisch des vorigen mit einem aus Rinderblut hergestellten Protein, in dem sich das Eisen nur organisch gebunden vorfindet.

Als Blut- bzw. Eisenpräparate haben folgende eine größere Verbreitung erlangt:

ϑ) Fersan wird nach den Angaben des Erfinders A. Jolles-Wien von den Chemischen Werken vorm. Dr. H. Byk-Berlin in der Weise hergestellt[1], daß man frisches Rinderblut mit dem doppelten Volumen Kochsalzlösung (1%) zentrifugiert, den ausfallenden Brei von Blutkörperchen mit Äther ausschüttelt und die ätherische Lösung mit konz. Salzsäure behandelt, wobei ein eisen- und phosphorhaltiges Protein ausfällt. Dieses wird abfiltriert, mit absol. Alkohol gewaschen, im Vakuum bei 60—70° über Natronkalk getrocknet und pulverisiert. Das Fersan bildet ein dunkelbraunes, geruchloses Pulver von säuerlichem Geschmack, das in verd. Alkohol völlig, in Wasser nahezu vollständig löslich ist und beim Kochen nicht gerinnt.

ι) Das ähnliche Globon soll durch Spaltung eines Nucleoproteids bzw. Nucleoalbumins mit Alkalien gewonnen werden.

$\varkappa$) Sicco (Schneider), auch Hämatogen siccum genannt, wird ebenfalls aus frischem Blut gewonnen, indem man es defibriniert, entfettet, reinigt und im Vakuum eindampft. Das schwarzbraune Pulver ist geruch- und geschmacklos und gibt mit kaltem Wasser eine beim Kochen gerinnende Lösung.

λ) Hämoglobin-Albuminat von Dr. Theuer-Breslau und Hämalbumin (Dahmen) sind lösliche Blutpräparate, deren Herstellungsweise nicht bekannt geworden ist. Das erstere enthält neben löslichem Protein Alkohol und Zucker, das letztere soll aus 49,2% Hämatin + Hämoglobin, 49,2% Serumalbumin + p-Globulin und 4,6% Blutsalzen bestehen.

μ) Ferratin, ein künstliches eisenhaltiges Protein-Nährmittel, das der von Schmiedeberg aus Schweinelebern isolierten Eisen- oder Ferrialbuminsäure nachgebildet ist, wird nach dem der Firma Böhringer & Söhne durch DRP. 72168 und 74533 geschützten Verfahren durch Fällen von Hühnereiweißlösung mit Ferrikaliumtartrat und Reinigung des Niederschlages hergestellt. Das trockene, rötliche bis rotbraune Pulver kommt in zweierlei Form, als freies in Wasser unlösliches und als die in Wasser leicht lösliche Natriumverbindung in den Handel.

ν) Mutase wird von der Rheinischen Nährmittel-Fabrik vorm. Weiler ter Meer in Uerdingen in der Weise hergestellt, daß sie Rohstoffe der verschiedensten Art in Zentrifugen mit Wasser wäscht, dann durch Quetsch- und Mahlvorrichtungen zu einem gleichmäßigen Brei verarbeitet, diesen bei niedriger Temperatur von den löslichen Proteinen, Kohlenhydraten und Salzen trennt und die klare Lösung im Vakuum zur Trockne verdampft.

Die Zusammensetzung dieser Präparate geht aus der Übersicht in Tabelle 2 hervor.

Zu den Analysen, die natürlich, wegen der wechselnden Beschaffenheit der Rohstoffe, nur ein ungefähres Urteil ermöglichen sollen, ist noch zu bemerken, daß der hohe Gehalt einiger der Proben an stickstofffreien Extraktstoffen auf Zucker entfällt (Eulaktol 25,04% Milchzucker; Hämoglobin-Albuminat 33,11%, Mutase 11,36% Saccharose), während die lösliche Stickstoffsubstanz zum Teil aus durch Zinksulfat fällbaren Proteosen besteht (Eulaktol 13,68%, Mutase 3,94%). Hämoglobin-Albuminat enthält 8,13% Alkohol.

Die vorgenannten Stoffe kommen auch, gemischt mit Mehl, Kakao, Zucker, unter den mannigfaltigsten Bezeichnungen, wie Hämoglobin-Kakao, Perdynamin,

---

[1] Z. 1901, 4, 172.

Hämakolade usw. in den Handel, doch bietet die ständig wechselnde Zusammensetzung dieser Präparate kein Interesse.

Tabelle 2. Zusammensetzung von durch chemische Mittel löslich gemachten Nährmitteln.

Bezeichnung	Wasser	Stickstoffsubstanz		Fett	Stickstofffreie Extraktstoffe	Asche
		Gesamt	Lösliche			
	%	%	%	%	%	%
Nutrose.	10,06	82,81	78,67	0,40	3,04	3,68
Sanatogen	8,82	80,87	73,18	0,89	3,85	5,57
Eucasin	10,71	77,60	65,63	0,10	6,43	5,16
Galaktogen	8,18	75,67	72,59	1,11	8,90	6,14
Eulaktol	5,93	30,41	18,18	13,63	43,70	4,34
Milcheiweiß-Nicol . . .	13,84	77,28	49,10	0,59	2,05	6,14
Sanitätseiweiß-Nicol . .	12,74	78,48	55,19	0,25	2,28	6,25
Fersan	7,98	84,01	71,39	0,27	4,22	3,52
Sicco	8,49	88,32	82,12	0,32	—	2,87
Hämoglobin-Albumin. .	46,70	9,50	8,61	—	33,11	0,34
Hämalbumin	10,87	81,56	70,06	0,53	5,03	2,01
Ferratin	8,24	68,50	64,75	0,13	8,96	14,17
Mutase	9,81	54,36	17,75	1,82	25,14	8,07

b) Durch überhitzten Wasserdampf — mit oder ohne Chemikalien — löslich gemachte Nährmittel. In diese Gruppe gehören vor allem die sog. Fleischlösungen oder Fleischsäfte (Fluid beef, Meat juice usw.), deren Ursprung auf eine schon von Fr. Wöhler gemachte Entdeckung zurückzuführen ist, daß Fibrin beim Erhitzen mit Wasser im zugeschmolzenen Rohre gelöst wird. Spätere Untersuchungen zahlreicher physiologischer Chemiker, so u. a. von Neumeister, E. Salkowski verschafften teilweise Aufklärung über die Natur der entstehenden Spaltungsprodukte, die in der Hauptsache den durch die Verdauungsenzyme gebildeten Proteosen und Peptonen nahestehen und hinsichtlich des Nährwertes wie diese zu beurteilen sind.

Von den bekannteren Erzeugnissen dieser Nährmittel seien folgende besprochen.

α) Leube-Rosenthalsche Fleischlösung. Zu ihrer Herstellung werden 1000 g völlig von Fett und Knochen befreiten Rindfleisches fein zerhackt, in einen Ton- oder Porzellantopf gebracht und mit 1000 ccm Wasser + 20 ccm reiner Salzsäure versetzt. Das Gefäß stellt man in einen Papinschen Topf, legt einen festschließenden Deckel auf, erhitzt 10—15 Stunden zum Kochen, nimmt die Masse dann heraus und verreibt sie in einem Mörser bis zur gleichmäßigen Emulsion. Hierauf wird sie noch 15—20 Stunden, ohne Lüften des Deckels gekocht, mit Natriumcarbonat bis fast zur Neutralisation versetzt, zum dicken Brei eingedampft und auf 4 luftdicht schließende Büchsen verteilt.

β) Toril, ein Erzeugnis der Eiweiß- und Fleischextrakt-Co. in Altona, sowie der „Sterilisierte Fleischsaft" von Dr. Brunnengräber in Rostock werden in ähnlicher Weise nach einem geheimgehaltenen Verfahren hergestellt.

Eine Reihe anderer Nährpräparate dieser Gruppe sollen aus Fleisch oder Rückständen der Fleischextraktfabrikation durch Behandlung mit Wasserdampf unter Druck ohne oder mit Zusatz von etwas Natriumcarbonat oder Salzsäure gewonnen werden, so unter anderem Fleischsaft Karsan, Johnstones Fluid beef, Valentines Meat juice, Savorys und Moores fluid beef, Brand & Co.s Fluid beef, Kemmerichs, Kochs, Boleros Fleischpepton, Mietose von der Eiweiß- und Fleischextrakt-Co. in Altona.

γ) Somatose, ein von den Farbenfabriken von Friedr. Bayer & Co.- Elberfeld in den Handel gebrachtes Nährmittel wird wahrscheinlich durch Behandlung von Fleischmehl (von der Fleischextrakt-Fabrikation) mit verd. Ammoniumphosphatlösung und darauffolgenden Zusatz von Magnesiumoxyd hergestellt als ein in Wasser völlig lösliches geruch- und geschmackloses gelblich- graues Pulver, das auch im Gemische mit Kakao (Somatose-Kakao) in der Krankenernährung Verwendung findet. Weiter gehören hierher noch Bios, angeblich peptonisiertes Pflanzeneiweiß, Sanose, angeblich aus 80% Casein und 20% Albumose hergestellt, und die der Mutase ähnliche Alkarnose. Nicht hierhin gehört der seinerzeit sehr berühmte angebliche Fleischsaft Puro, der, wie auf S. 872 näher ausgeführt worden ist, lediglich aus Fleisch- extrakt und Eieralbumin bestand.

Nach den in der Literatur mitgeteilten Analysen haben diese Erzeugnisse folgende Zusammensetzung.

Tabelle 3. Zusammensetzung von durch überhitzten Wasserdampf — mit und ohne Chemikalien — löslich gemachten Nährmitteln.

Bezeichnung	Wasser %	Gesamt-Stickstoff %	Von den Stickstoffverbindungen			Fett %	Stickstofffreie Extraktstoffe %	Asche %	Phosphorsäure %
			unlöslich und gerinnbar %	Proteosen %	Peptone und Basen %				
Leube-Rosenthals Fleischlösung	73,44	2,86	—	10,00	4,15	1,51	6,56	2,10	0,46
Toril	27,55	6,64	0,19	12,75	33,16	—	—	26,35	4,50
Fleischsaft Karsan	52,36	4,63	3,31	6,59	2,10	—	—	—	2,22
Johnstones Fluid beef	44,27	6,19	—	18,14	18,57	2,04	7,94	9,04	2,04
Valentines Meat juice	62,07	2,75	—	2,01	15,17	5,76	4,97	10,52	3,76
Savory-Moores Fluid beef	27,01	8,77	—	5,42	2,74	52,73		12,10	1,49
Brand & Co.'s Fluid beef	89,19	1,48	—	2,25	6,21	1,04		1,31	0,19
Kemmerichs { a) fest	32,28	9,95	1,28	27,84	26,79	0,31	2,61	8,89	2,65
Fleischpepton { b) flüssig	62,19	3,17	0,18	9,67	7,76	0,97	1,56	17,67	1,63
Kochs Fleischpepton	39,75	7,86	1,45	30,46	14,65	0,79	6,11	6,77	—
Boleros Fleischpepton	27,29	10,21	1,70	24,77	37,44	1,36	0,69	6,75	2,46
Mietose	9,94	14,31	—	82,00	3,95	—	—	6,09	—
Somatose	10,91	12,94	0	79,56	4,28	2,13		4,11	0,10
Bios	26,52	7,05	0,15	1,10	39,00	—	9,10	20,32	5,82
Sanose	9,63	13,24	37,79	13,31	—	—	—	2,52	—
Alkarnose	—	—	—	23,60	—	17,70	55,30	3,40	—

Einige der Proben weisen einen höheren Kochsalzgehalt auf, so Karsan 6,04%, Toril 16,03%, Kemmerichs Pepton, flüssig 12,66%, Bios 8,57%. Am- moniak ist nur in Spuren von 0—0,27%, nur bei Bios in etwas größerer Menge von 0,61% zugegen. Alle Proben sind frei von Vitamin A und C, hingegen ist Vitamin B in den ersten 9 Proben der Tabelle vorhanden.

c) Durch proteolytische Enzyme löslich gemachte Nährmittel. Nach der Art der einwirkenden Enzyme (Pepsin und Salzsäure, Pankreatin oder Trypsin, Pflanzenenzyme) unterscheidet man die Peptone in drei Gruppen, die unter- einander wesentliche Unterschiede zeigen.

α) Pepsin-Peptone werden durch Behandlung von fein zerhacktem fett- und sehnenfreiem Fleisch mit salzsäurehaltigem Wasser und Pepsin (frische Magen- saftlösung oder trockenes Pepsinpulver) bei 50°, Neutralisation der filtrierten Lösung mit Natriumcarbonat und Eindampfen im Vakuum bis zur Trockene hergestellt, wobei 1 kg Fleisch etwa 250 g trockenes Pepton liefert. Da die hierbei mit entstehenden Leimpeptone den Protein-Peptonen an Nährwert nachstehen, überdies auch die Fleischbasen und der hohe Gehalt an Salzen als nachteilig für die Krankenernährung gelten, so wird das Fleisch vielfach vorher mit Wasser ausgekocht und dieser Rückstand oder auch gleich das Fleischmehl der Fleischextrakt-Fabrikation verarbeitet. Ein Teil der Basen und Salze (Kaliumphosphat) kann nach Bedarf wieder zugesetzt werden. Zur Milderung des mit steigendem Peptongehalte immer bitterer werdenden Geschmacks hat TH. WEYL einen Zusatz von Fleischextrakt empfohlen. Von den früher bekanntesten Fabrikmarken: Witte's, Denayer's und Cornelis Pepton ist das letztere mit Pepsin-Weinsäure, das erstere mit Pepsin-Salzsäure hergestellt worden. Statt des Fleisches finden auch andere Eiweißstoffe (Casein) als Ausgangsmaterial Verwendung.

β) Pankreas-Peptone. Durch Einwirkung des neben Diastase und Lipase in dem Pankreassaft enthaltenen Trypsins auf Eiweißstoffe in (durch Natriumcarbonat oder Kalkwasser) alkalischer Lösung werden die Proteine gelöst, aber in andere Abbauprodukte übergeführt als bei der Pepsin-Verdauung. Zur Darstellung des Enzyms pflegt man die zerriebene Pankreasdrüse mit Glycerin auszuziehen und die Lösung mit Alkohol zu fällen, oder man erzeugt in dem mit Wasser verdünnten Pankreassafte durch Collodiumlösung einen voluminösen Niederschlag, der das Trypsin mechanisch mit niederreißt, und entfernt das Collodium später durch Äther-Alkohol. Eine weitgehende Reinigung des Trypsins läßt sich auch durch kombinierte Aussalzung mit Kochsalz und Magnesiumsulfat oder durch Dialyse der mit Wasser und 0,5—1,0% Chloroform angesetzten feinzerteilten Drüse gegen fließendes Wasser unter Zusatz von Toluol erzielen.

Mit Hilfe der Pankreas-Verdauung sollen die Handelspeptone von SANDERS-ENZ, E. MERCK, sowie TH. WEYL und E. MERCK aus Casein hergestellt worden sein.

γ) Pflanzenpepsin-Peptone. Von pepsinähnlichen Enzymen des Pflanzenreichs hat besonders das im Melonenbaume, Carica Papaya, enthaltene Papayotin oder Papain zur Herstellung löslicher Eiweißpräparate Verwendung gefunden. Zu seiner Gewinnung läßt man den ausgepreßten und mit Wasser verdünnten Milchsaft der Früchte einige Tage mit Wasser stehen, filtriert von den harzartigen Stoffen ab und fällt das Enzym mit Alkohol. Der Niederschlag wird in leinenen Beuteln gesammelt, gut ausgepreßt und bei mäßiger Wärme getrocknet. Zur Reinigung des in dieser Form zu uns kommenden Präparates pflegt man es in Wasser zu lösen, nochmals mit Alkohol zu fällen und das nach dem Trocknen erhaltene Pulver mit Mehl oder Zucker zu mischen. Außer der Carica Papaya sollen auch andere Pflanzenstoffe pepsinartige Enzyme enthalten, so der Saft der Agave, ferner nach A. BRAUN der Sauerteig, nach v. GORUP-BESANEZ und H. WILL die Samen der Wicke und verschiedene Keimlinge. Das am besten erforschte Papain wirkt nicht, wie tierisches Pepsin, in 0,2%iger Salzsäurelösung, vermag dagegen in 0,15—0,20%iger Kalilösung oder in 0,2%iger Milchsäurelösung bei 50° in wenigen Stunden das 70—85fache seines Gewichts an Fleisch aufzulösen. Das Papain ist zuerst von CIBILS in Amerika, später von Dr. ANTWEILER in Deutschland zur Herstellung von Peptonen benutzt worden, indem sie das zerkleinerte Fleisch zuerst mit reichlichem Wasser auspreßten, den leimfreien Rückstand mit Papain behandelten und dem fertigen Erzeugnisse der besseren Haltbarkeit wegen Kochsalz zusetzten.

Nach einem nicht näher bekannten Verfahren soll schließlich der Nährstoff Heyden aus Eiereiweiß entweder durch eine Art Vorverdauung oder unter gleichzeitigem Zusatz eines proteolytischen Enzyms hergestellt werden. Das feine gelbliche, nicht hygroskopische Pulver von schwach brenzligem Geruche, aber ohne wesentlichen Beigeschmack, soll weniger als Nährmittel, sondern zur Anregung der Verdauung genommen werden.

Für die bekannter gewordenen Peptone werden folgende Analysen mitgeteilt:

Tabelle 4. Zusammensetzung von durch proteolytische Enzyme löslich gemachten Nährmitteln.

Bezeichnung	Wasser %	Gesamt-Stickstoff %	Unlösliche Proteine %	Proteosen %	Peptone und Basen %	Amide %	Fett %	Asche %
Witte's Pepton	6,37	14,37	—	47,93	39,80	—	—	6,48
Corneli's Pepton.	6,46	13,56	1,07	6,98	69,52	7,18	1,21	5,95
Denayer's Pepton	84,20	2,19	—	8,10	4,59		0,57	2,24
Mocquera's Pepton.	34,57	6,72	—	11,04	40,44		2,48	11,47
Mercks Pepton a) Sirup . .	32,42	9,01	Spur	10,75	27,94	24,67	0,39	3,83
b) Pulver. .	6,91	13,26	0,63	23,00	32,49	30,01	0,61	6,33
c) aus Milch	3,87	12,59	Spur	Spur	68,44	15,00		12,69
Cibils Papaya-Pepton . .	26,77	9,51	0,27	5,27	39,45	13,20	0,35	14,97
flüssige Fleischlösung. .	62,33	3,16	0,09	2,63	14,45	1,27	—	19,31
feste Fleischlösung. .	23,75	8,45	0,43	3,52	34,76	10,94	—	26,98
Antweiler's Pepton	6,92	12,85	3,22	14,54	60,15	1,20	0,54	13,31
Nährstoff Heyden	7,96	12,73	37,50	—	—	—	0,10	4,75

Die Peptone haben schon seit Jahren viel von ihrem ursprünglichen Ansehen eingebüßt, da, ganz abgesehen von ihrem bitteren, überaus unangenehmen Geschmack, nach den Untersuchungen E. ABDERHALDENs ihr Nährwert wesentlich geringer eingeschätzt wird als früher. Sie können, im Gegensatze zu den Proteosen im Körper nicht unmittelbar, sondern erst nach weiterem Abbau zu Aminosäuren in Proteine zurückverwandelt werden und vermögen daher nicht proteinbildend, sondern wie der Leim nur proteinsparend zu wirken.

Alles in allem sind die Nährmittel mit unlöslichem Protein, mit Ausnahme der für Blutarme bestimmten Eisenpräparate, lediglich nach dem Preise der in ihnen enthaltenen Eiweißstoffe zu bewerten, der meist denjenigen der natürlichen Nahrungsmittel weit übersteigt. Hingegen muß die Verwendung der Protein-Nährmittel mit löslichen Proteinstoffen, die als diätetische oder kräftigende Mittel für Kranke bei Verdauungsstörungen, Blutarmut usw. bestimmt sind, mehr nach ärztlichen Gesichtspunkten beurteilt werden. Immer wird man die Nährwirkung derjenigen am höchsten einzuschätzen haben, bei denen die löslichen Proteinstoffe sich am wenigsten von dem natürlichen Zustande entfernen.

Untersuchung.

Die Untersuchung, die nach den auf S. 922 beschriebenen üblichen Methoden ausgeführt werden kann, hat folgende allgemeine Gesichtspunkte zu berücksichtigen.

1. **Nährmittel mit nur unlöslichem Protein.** Die Bestimmung des Wassers, Gesamt-Proteins (Stickstoff × 6,25), Fettes und der Asche erfolgt in bekannter Weise. Die Summe dieser Bestandteile muß bei reinen Protein-Nährmitteln etwa 100 (bis auf 2—4%) ergeben. Bei größeren Abweichungen sind die Kohlenhydrate, die aus Zucker (z. B. Milchzucker bei Caseinpräparaten) oder Stärke bestehen können, zu berücksichtigen. Zum Nachweise der Stärke und ihrer Art empfiehlt sich die mikroskopische Untersuchung.

Wichtig für die Beurteilung ist auch die Prüfung auf Mikroorganismen, da pathogene Keime selbstredend überhaupt nicht zugegen sein dürfen, und auch

Schimmelpilze, Hefen und unschädliche Bakterien soweit als irgend möglich ferngehalten werden sollten. Größere Mengen von Schimmelpilzen würden auf einen zu hohen Wassergehalt von mehr als 14%, zahlreiche Bakterien auf die Verwendung unreiner Rohstoffe oder auf unsaubere Verarbeitung und Aufbewahrung hindeuten.

2. Nährmittel mit löslichem Protein. Für die Erzeugnisse aller drei Gruppen tritt zu den vorstehend genannten Bestimmungen noch die Ermittelung des löslichen Proteins hinzu: Zu diesem Zwecke verrührt man 2—3 g Substanz mit 50—100 ccm kaltem Wasser, filtriert durch ein Papierfilter von bekanntem Stickstoffgehalte oder durch einen GOOCH-Tiegel mit Asbesteinlage, wäscht mit kaltem und zuletzt mit heißem Wasser bis zur völligen Erschöpfung aus und verbrennt den Rückstand samt Filter nach KJELDAHL. Die Differenz zwischen Gesamt-Stickstoff und unlöslichem Stickstoff, multipliziert mit 6,25, ergibt die Menge des löslichen Proteins.

Bei den weiter aufgeschlossenen Nährmitteln sind außerdem die Abbauprodukte: Proteosen, Peptone, Aminosäuren und Ammoniak nach den im Abschnitte Fleischextrakt (S. 878) angegebenen Methoden zu bestimmen. Zur Entscheidung der Frage, ob ein Erzeugnis aus natürlichem Fleisch, Fleischrückständen oder anderen Rohstoffen hergestellt worden ist, kann die Bestimmung des Kreatinins dienen. Der bisweilen zur Konservierung zugesetzte Alkohol wird in bekannter Weise, das in einigen Nährmitteln, wie z. B. Sanatogen enthaltene Glycerin nach der für Fleischsaft (S. 871) angegebenen Methode bestimmt.

Beurteilung.

Obwohl besondere gesetzliche Vorschriften für diese Nährmittel bislang noch nicht erlassen worden sind und auch die Aufstellung eines bestimmten Begriffs der normalen Beschaffenheit Schwierigkeiten bietet, sind sie doch zum mindesten den allgemeinen Vorschriften des Lebensmittelgesetzes unterworfen. Sie müssen also in erster Linie völlig frei von pathogenen Keimen und möglichst frei von anderen Bakterien sowie Schimmelpilzen sein, da andernfalls das Tatbestandsmerkmal der Verdorbenheit gegeben ist. Etwaige Angaben, die auf einen bestimmten Rohstoff hindeuten, wie z. B. „Nährmittel aus Fleisch" müssen der Wahrheit entsprechen, wenn eine Beanstandung auf Grund von § 4 Nr. 3 des Lebensmittelgesetzes wegen irreführender Bezeichnung vermieden werden soll. Schließlich ist auch nach den allgemeinen Grundsätzen des Lebensmittelrechts die Verwendung chemischer Konservierungsmittel und der Zusatz aller für die Ernährung wertloser Stoffe, also z. B. Holzmehl, Kleie u. dgl. als unzulässig, und zwar als Verfälschung zu beurteilen.

Darüber hinaus lassen sich, der Zweckbestimmung als Proteinnährmittel entsprechend, noch einige besondere Anforderungen vertreten. So muß die organische Substanz bis auf geringe, 2—4% betragende Reste aus Proteinen bestehen, Zusatz größerer Mengen Kohlenhydrate, wie Zucker, Stärkemehl, aber deutlich gekennzeichnet werden. Fremde Mineralstoffe sollten nur insofern zugegen sein, als sie unschädlich und zur technischen Herstellung (Fällung der Proteine aus ihrer Lösung) erforderlich sind. Der von J. KÖNIG vorgeschlagenen Begrenzung des Wassergehaltes für die festen unlöslichen Proteine auf 12% ist durchaus zuzustimmen, da sonst keine genügende Haltbarkeit erwartet werden kann. Dieser Forderung entsprechen übrigens auch die festen mit Chemikalien aufgeschlossenen Präparate, so daß sich die Ausdehnung der Vorschrift auf diese empfiehlt. Von den durch Wasserdampf oder proteolytische Enzyme aufgeschlossenen Mitteln muß gefordert werden, daß ein erheblicher

Teil der Proteine in löslicher und abgebauter Form vorliegt, doch lassen sich bestimmte zahlenmäßige Angaben in dieser Hinsicht nicht machen.

Gerichtliche Entscheidungen über diese Erzeugnisse sind nicht bekannt geworden. Zahlreiche während des Krieges als Eiweißnährpräparate angebotene Schwindelprodukte, wie Fleischersatz, Kriegsfleisch, Kunstfleisch, Kraftpulver usw., die größtenteils nur aus Getreide- und Leguminosenmehlen, Kartoffeln u. dgl. bestanden, sind mit dem Eintritt normaler Verhältnise wieder verschwunden [1].

II. Lecithinnährmittel.

Im Hinblick auf die hohe Bedeutung der Lecithine für die Entwicklung und das Wachstum der lebenden Organismen, wie für die bioplastischen Vorgänge überhaupt, hat man schon seit längerer Zeit versucht, sie für die Zwecke der menschlichen Ernährung, besonders als nervenstärkende und wachstumfördernde Mittel heranzuziehen und sie zu diesem Zwecke in eine konzentrierte Form zu bringen.

A. Herstellung und Arten.

Die Lecithine (Phosphatide), deren chemische Konstitution und allgemeine Eigenschaften in Bd. I, S. 317 näher besprochen worden sind, finden sich in zahlreichen Stoffen des Tier- und Pflanzenreiches, besonders reichlich im Eigelb, das nach A. Juckenack [2] 0,823% Lecithin-Phosphorsäure, entsprechend 9,35% Distearinlecithin oder 9,03% Palmitinstearinlecithin oder 9,0% Oleinpalmitinlecithin enthält. Ferner findet es sich im Fischrogen oder Kaviar (3—9%), im Gehirn, in der Retina des Ochsenauges (2—3%), im Blute, in der Milch (0,05%) und in der Butter (0,15—0,17%). Von pflanzlichen Stoffen sind besonders lecithinreich die Leguminosensamen: Sojabohnen (1,64%), Lupinen (1,64%), Wicken, Erbsen und Linsen (1,03—1,89%), Bohnen (0,81%), weniger reich die Getreidekörner (0,25—0,57%), der Buchweizen (0,53%), die Samen von Lein (0,73%), Hanf (0,85%) und Baumwolle (0,94%). Daß die Ölkuchen weniger Lecithin (0,20—0,49%) enthalten als die Samen, erklärt sich daraus, daß ein Teil des Lecithins in das Öl übergeht oder bei der Verarbeitung zersetzt wird. Nach Stocklasa [3] endlich findet sich das Lecithin in allen Pflanzenteilen, besonders in den Keimlingen, Blättern und Blüten und übt dort einen wichtigen Einfluß auf den Lebensvorgang in den Pflanzen aus.

Für die technische **Gewinnung** des Lecithins oder lecithinreicher Nährpräparate kommen in erster Linie Eigelb und Sojabohnen, außerdem auch billige Abfallprodukte der Müllerei (Leguminosen, Getreidekeime und -kleie) in Betracht. Die dazu im Laboratorium und im Großbetriebe benutzten Methoden beruhen auf dem Verhalten des Lecithins gegen verschiedene Lösungsmittel, insbesondere seiner Leichtlöslichkeit in Alkohol, Äther, Chloroform und seiner Schwerlöslichkeit in Aceton und Essigester; ferner wird sein Verhalten gegen Wasser, in dem es nur aufquillt, und seine Fällbarkeit durch Metallsalze (Blei, Cadmium, Kupfer) herangezogen. Wichtig ist auch die Eigenschaft seiner Verbindungen mit Eiweiß (Lecithalbumin, Vitellin), durch heißen Alkohol gespalten zu werden. Die zahlreichen, zum größten Teile patentierten Verfahren unterscheiden sich hauptsächlich dadurch, daß bei der einen Gruppe das Lecithin unmittelbar mit Alkohol oder Methylalkohol in Lösung gebracht wird, während bei der anderen eine Entfernung des Fettes vorausgeht.

---

[1] Vgl. A. Beythien: Volksernährung und Ersatzmittel 1922, S. 130.
[2] A. Juckenack: Z. 1899, 2, 905.
[3] Stocklasa: Landw. Vers.-Stationen 1896, 29, 2761.

1. Handelslecithine.

a) Lecithine aus tierischen Stoffen.

α) **Eierlecithin (Ovolecithin)** wird im Großbetriebe wohl meist in der Weise hergestellt, daß man Eigelb längere Zeit mit der gleichen Menge Methylalkohol schüttelt, der vor dem Äthylalkohol neben der größeren Billigkeit den Vorzug hat, das Lecithalbumin schon in der Kälte zu spalten und weniger Fett zu lösen. Die abfiltrierte Lösung wird im Vakuum eingedampft, der Rückstand in Äther gelöst und das Lecithin, wie weiter unten beschrieben, mit Aceton gefällt. Das nach diesem Verfahren von J. D. RIEDEL[1] gewonnene Lecithin („Lecithol") soll frei von Cholesterin und körperfremdem Eiweiß sein.

In einfacherer Weise behandelt H. MARTIN[2] nach DRP. 286907 das Eigelb direkt mit heißem Äthylalkohol und dampft den Auszug zur Trockne.

H. E. ESCHEN[3] extrahiert das entwässerte Eigelb mit Fettlösungsmitteln und behandelt den stark eingeengten Auszug mit Aceton, wobei die Phosphatide als Acetonadditionsprodukte in Form von Klümpchen oder eines schmierenden Öls ausfallen. Zur weiteren Reinigung wird der Niederschlag mehrmals gelöst und mit Aceton wieder gefällt, vom Aceton durch Auskneten möglichst befreit, dann in der fünffachen Menge absol. Alkohols gelöst und stark abgekühlt. Der bei — 35⁰ gelöst bleibende Anteil beträgt etwa 75 % der gesamten Phosphatide. Nach dem Abdestillieren des Alkohols wird der Rückstand in Äther gelöst und durch Ausfrieren der Lösung in besonderen Kältethermostaten fraktioniert zerlegt, worauf bei — 30⁰ ein schneeweißer krystallinischer Bodensatz auftritt, der nach mehrmaligem Umfällen einen Schmelzpunkt von 244—245⁰, eine Jodzahl von 50 und auf reines Lecithin passende Stickstoff- und Phosphorgehalte aufweist.

Aus vorher mit Bimsstein verrührtem und dann im Vakuum unter 50⁰ getrocknetem Eigelb entfernt C. BARRO[4] mit Aceton das Fett und extrahiert dann dreimal mit je 300 ccm Alkohol (95%). Der Verdampfungsrückstand wird nochmals mit Aceton behandelt und im Vakuum über Schwefelsäure getrocknet. Außer Spuren Kephalin und Lutein sind keine Verunreinigungen zugegen.

P. A. LEVENE und L. P. ROLF[5] endlich verrühren frische Eier zu einer gleichmäßigen Masse, seihen diese durch und gießen sie in das doppelte Volumen heißen Alkohols (95%). Aus dem abgekühlten Auszuge wird das Lecithin durch eine kaltgesättigte Lösung von Cadmiumchlorid in Methylalkohol gefällt und hierdurch zum größten Teile von dem Kephalin getrennt. Zur völligen Entfernung des dem Lecithin sehr ähnlichen, aber von ihm durch den Eintritt der Aminoäthylalkoholgruppe an Stelle des Cholinrestes unterschiedenen Kephalins schüttelt man die gefällten Cadmiumsalze mit Äther aus, suspendiert sie dann in heißem Alkohol und zersetzt mit Ammoniumcarbonat. Das beim Abkühlen auf — 10⁰ ausfallende Lecithin wird schließlich mit Chloroform-Aceton gereinigt. Die Behandlung mit Cadmiumchlorid ist der von W. KOCH und H. S. WOODS[6] empfohlenen mit Bleiacetat vorzuziehen, für die Zwecke der Großindustrie, die so weit gereinigter Präparate meist nicht bedarf, aber zu kompliziert.

Für einige andere tierische Rohstoffe, die für die Praxis nur geringere Bedeutung haben, sind folgende Methoden vorgeschlagen worden:

---

[1] J. D. RIEDEL: Riedel's Berichte 1912, S. 24; Z. 1914, **27**, 544.
[2] H. MARTIN: Patentbl. 1915, **36**, 1360; Z. 1920, **40**, 214.
[3] H. E. ESCHEN: Helv. Chim. Acta 1925, **8**, 686; Z. 1930, **59**, 111.
[4] C. BARRO: Giorn. Pharm. Chim. **75**, 59; Z. 1930, **60**, 450.
[5] P. A. LEVENE u. L. P. ROLF: Journ. Biol. Chem. 1927, **72**, 587; Z. 1931, **62**, 609.
[6] W. KOCH u. H. S. WOODS: Journ. Biol. Chem. **1**, 203; Z. 1907, **13**, 274.

β) **Hirnsubstanz** wird von LEVENE und ROLF[1] zerkleinert und im Vakuum getrocknet, dann mit Aceton behandelt, der Rückstand mit heißem Alkohol (95%) extrahiert und die Lösung, wie oben, mit Cadmiumchlorid gefällt.

γ) **Leber** extrahieren die gleichen Autoren nach dem Zerkleinern und Trocknen mit Alkohol (95%) und lassen den auf $^1/_3$ eingeengten Auszug über Nacht im Kühlschranke stehen. Von dem auskrystallisierenden Lecithin wird abfiltriert und der Rest aus dem Filtrate mit Cadmiumchlorid gefällt.

δ) **Fischrogen** extrahiert J. GROSSFELD[2] nach dem DRP. 357081 mit organischen Lösungsmitteln, die das Fett und Cholesterin entfernen, und zerlegt den Rückstand, der hauptsächlich Lecithalbumin enthält, nach bekannten Methoden in freies Lecithin und Eiweiß.

Bei der Gewinnung des Lecithins aus pflanzlichen Rohstoffen ist im allgemeinen eine etwas weitergehende Reinigung erforderlich, weil sonst durch beigemengte Bitterstoffe, Kohlenhydrate usw. ein unangenehmer Geschmack verursacht werden kann.

b) Lecithine aus pflanzlichen Stoffen.

α) **Getreidelecithin.** Zur Verarbeitung von Getreide werden nach dem Dr. ERNST ZIEGLER[3] in Charlottenburg erteilten DRP. 179591 die getrockneten Körner mit Aceton, Petroläther, Schwefelkohlenstoff oder Äther entfettet und dann mit 90—95%igem Äthyl- oder Methylalkohol extrahiert. Den nach Entfernung des Lösungsmittels hinterbleibenden Rückstand löst man in Alkohol (60—80%) und versetzt mit Salzsäure, Schwefelsäure oder Essigsäure, bis zu einem Säuregehalte von 1%, wodurch das Lecithin gefällt wird, während die Bitterstoffe in Lösung bleiben.

Zu dem gleichen Zwecke emulgiert H. BUER in Köln (DRP. 291494)[4] das Lecithin mit Aceton und Natriumbicarbonat aus Getreide und Leguminosen. Übrigens soll nach allen bislang mitgeteilten Erfahrungen das Lecithin aus Getreide nur wenig geeignet sein, während dem

β) **Sojalecithin** allein praktische Bedeutung zukommt.

Zu seiner Herstellung extrahiert man die Sojabohnen nach besonderem Verfahren (System BOLLMANN) nicht mit Benzin, sondern mit Alkohol-Benzol und scheidet aus der Lösung das Lecithin nach DRP. 382912 ab[5].

Zusammensetzung.

Die in der Literatur veröffentlichten Analysen von Handelslecithinen beschränken sich, abgesehen von vereinzelten Wasserbestimmungen meist auf die Angabe des Gehaltes an Stickstoff und Phosphor sowie des Verhältnisses von Stickstoff zu Phosphor. Während das reine Distearyllecithin entsprechend der Formel $C_{44}H_{90}NPO_9$ 1,73% Stickstoff und 3,84% Phosphor enthält und demnach das Verhältnis N : P sich wie 1 : 2,22 verhält, ergibt die Analyse der Handelspräparate mehr oder weniger starke Abweichungen, die zum Teil durch unvollständige Reinigung der Substanz, zum Teil aber auch durch Unterschiede in der Konstitution der einzelnen Lecithine (Art der Fettsäuren, Gehalt an Cholin usw.) bedingt werden. Die besonders auffallende Erscheinung, daß die pflanzlichen Lecithine bisweilen einen zu hohen Gehalt an Stickstoff und ein zu niedriges Verhältnis N : P aufweisen, erklären WINTGEN und KELLER aus der Anwesenheit lecithinähnlicher Verbindungen.

[1] P. A. LEVENE u. L. P. ROLF: Journ. Biol. Chem. 1927, **72**, 587; Z. 1931, **62**, 609.
[2] J. GROSSFELD: Pharm. Ztg. 1922, **67**, 1000.
[3] ERNST ZIEGLER: Patentbl. 1907, **28**, 548; Z. 1908, **15**, 239; 1922, **44**, 260.
[4] H. BUER: Pharm. Ztg. 1919, **64**, 510.   [5] Pharm. Ztg. 1928, **73**, 1377.

In nachstehender Tabelle sind einige Analysen von G. FENDLER[1], M. WINTGEN und O. KELLER[2], J. NERKING[3], sowie H. MATTHES und G. BRAUSE[4] zusammengestellt worden:

Tabelle 5. Zusammensetzung von Handelslecithinen.

Bezeichnung	Wasser %	Stick-stoff %	Phosphor %	N : P = 1 :	Phyto-sterin %
Lecithin-Riedel („Lecithol")[5]	4,35	2,11	3,76	1,78	—
Lecithin-Riedel („Lecithol")[6]	—	2,13	3,51	1,65	—
Eierlecithin-Blattmann[5]	2,19	1,93	3,83	1,99	—
Eierlecithin-Häußler[7]	—	2,50	3,69	1,48	—
Eierlecithin[8]	—	2,37	3,78	1,59	—
Ovolecithin-Merck[6]	—	2,10	3,54	1,70	—
Agfa-Lecithin[6]	—	1,98	3,55	1,79	—
Lecithin-Kahlbaum[6]	—	1,75	2,97	1,70	—
Ovolecithin-Billon[6]	—	1,88	3,94	2,10	—
Pflanzenlecithin, rein[5]	2,55	0,97	1,11	1,14	—
desgl. roh[5]	8,55	0,57	0,47	0,83	—
„ aus brauner Soja[7]	—	1,90	2,96	1,56	—
„ aus schwarzer Soja[7]	—	1,84	2,51	1,27	—
„ A. G. für med. Produkte[8]	2,53	0,88	2,30	2,61	1,71
„ C. H. Boehringer, Nieder-Ingelheim[8] .	4,92	0,94	2,53	2,69	0,65
„ Gehe & Co., Dresden[8]	2,66	1,51	3,45	2,28	0,97
„ Hansa-Mühle, Hamburg[8]	2,19	0,72	2,30	3,19	0,79
„ E. Merck, Darmstadt[8]	2,29	0,84	2,29	2,74	0,69

Die außerordentlich starken Abweichungen der aus Pflanzen (Sojabohnen) hergestellten Präparate von der Zusammensetzung des Eierlecithins, bzw. der Formel $C_{44}H_{90}NPO_9$ haben mehrere Autoren zu der Überzeugung geführt, daß es sich bei ihnen nicht um Lecithin, sondern lediglich um dem Lecithin ähnliche Phosphatide handelt. Diese zuerst von WINTGEN (1906) und später von MATTHES (1927) geäußerte Ansicht, die zur Erweiterung der Analyse durch die Bestimmung der Jodzahl und der freien Fettsäuren führte, ist dann später durch F. E. NOTTBOHM und F. MAYER[9] an der Hand der Cholinbestimmung bestätigt worden. Da das zu den Monoaminophosphatiden gehörende Lecithin neben Fettsäuren je 1 Mol. Cholin und Glycerinphosphorsäure, also auf 1 Atom N 1 Atom P enthält, müßte die Berechnung des Lecithingehaltes aus dem Cholin und der Phosphorsäure die gleichen Werte ergeben. In Wirklichkeit ergeben sich bei den Sojapräparaten aber aus dem Cholin viel geringere Lecithinmengen als aus dem Stickstoff und dem Phosphor, ein Zeichen, daß durch Alkohol auch andere phosphorhaltige Substanzen ausgezogen werden, und daß überdies stickstoffhaltige Verunreinigungen zugegen sein müssen. NOTTBOHM und MAYER schließen daraus, daß es sich zwar bei den Pflanzenlecithinen auch um phosphatidartige Stoffe handelt, die aber anders aufgebaut sind als die Eierlecithine. Daß es derartige Verbindungen tatsächlich gibt, ist nicht zu bezweifeln, führt doch THUDICHUM[10] folgende möglichen Formen an:

[1] G. FENDLER: Apoth.-Ztg. 1905, 20, 488; Z. 1906, 12, 356.
[2] M. WINTGEN u. O. KELLER: Arch. Pharm. 1906, 244, 3; Z. 1907, 13, 192.
[3] J. NERKING: Hyg. Rundschau 1910, 20, 116; Z. 1911, 21, 568.
[4] H. MATTHES u. G. BRAUSE: Arch. Pharm. 1927, 265, 711; Z. 1930, 60, 549.
[5] G. FENDLER: Apoth.-Ztg. 1905, 20, 488; Z. 1906, 12, 356.
[6] J. NERKING: Hyg. Rundschau 1910, 20, 116; Z. 1911, 21, 568.
[7] M. WINTGEN u. O. KELLER: Arch. Pharm. 1906, 244, 3; Z. 1907, 13, 192.
[8] H. MATTHES u. G. BRAUSE: Arch. Pharm. 1927, 265, 711; Z. 1930, 60, 549.
[9] F. E. NOTTBOHM u. F. MAYER: Chem.-Ztg. 1932, 56, 881.
[10] THUDICHUM: Die chemische Konstitution des Gehirns der Tiere. Tübingen 1901.

	Phosphor	Stickstoff
Monoaminophosphatide	mit 1 Atom	auf 1 Atom
Diaminophosphatide	„ 1 „	. 2 Atome
Triaminophosphatide	„ 1 „	„ 3 „
Monoaminodiphosphatide	„ 2 Atome	„ 1 Atom
Diaminodiphosphatide	., 2 „	„ 2 Atome
Triaminodiphosphatide	„ 2 „	„ 3 ,.

Dazu kommt noch, daß das Cholin durch andere Aminoverbindungen ersetzt werden kann, z. B. im Kephalin durch Aminoäthylalkohol, in Pflanzenpräparaten durch Colamin. Es können also zahlreiche Verschiedenheiten zwischen den tierischen und pflanzlichen Lecithinen vorkommen, und die schon von WINTGEN erhobene Forderung, daß die letzteren eine unterscheidende Bezeichnung tragen sollten, wie auch die von NOTTBOHM und MAYER gegen ihre schrankenlose Verwendung geäußerten Bedenken erscheinen daher nicht unbegründet. Der demgegenüber von B. REWALD[1] vertretenen Meinung, daß es auf die Art der vorhandenen Base überhaupt nicht ankomme, daß vielmehr Lecithin ein Sammelbegriff geworden sei, kann jedenfalls vom Standpunkte des Chemikers aus nicht zugestimmt werden[2].

2. Lecithinhaltige Präparate.

Neben den vorstehend besprochenen in möglichster Reinheit dargestellten Lecithinen bzw. „Pflanzenlecithinen" kommen zahlreiche andere Erzeugnisse, die noch größere Mengen anderer Bestandteile des Ausgangsmaterials (Eiweiß. Fett) enthalten oder durch Vermischen der rein dargestellten „Lecithine" mit medikamentösen Stoffen oder Lebensmitteln gewonnen werden, in den Handel. Von der ersteren Gruppe sind folgende drei Glieder anzuführen.

a) Lecithalbumin. Im Eidotter findet sich das Lecithin an Eiweiß gebunden in Form einer gegen die üblichen Fettlösungsmittel beständigen Verbindung, die erst durch heißen Alkohol gespalten wird. Zu ihrer Gewinnung extrahiert man Eidotter mit Essigester oder besser nach C. MASSATSCH[3] mit Leichtbenzin im Vakuum bei 60⁰ und dampft den hinterbleibenden Rückstand vorsichtig ein. Die so erhaltene trockene krümelige Masse (das sog. Lecithalbumin Blattmann) enthält nach einer Analyse von G. FENDLER[4] 7,88% Wasser, 5,37% Asche, 12,92% Fett, 54,12% Eiweiß, 4,22% freies Lecithin und 16,83% gebundenes Lecithin.

b) Heliocithin nennt die Aktiengesellschaft für medizinische Produkte in Berlin ein reines Eidotterextrakt, das durch warme, innerhalb der Vitamin-Schontemperatur liegende Extraktion vom Eiweiß befreit worden ist und sonach neben dem Fett nur noch Lipoide (Cholesterin) und Phosphatide (Lecithin) enthält. Der Lecithingehalt wird zu rund 77% angegeben. Nach den Untersuchungen von STEUDEL und MASSATSCH[5] ist das Heliocithin reich an den Vitaminen A und D, die sich in der Cholesterinfraktion vorfinden. Das Mittel findet, abgesehen von der Nährmittelindustrie bei der Margarinefabrikation ausgedehnte Verwendung an Stelle des früher benutzten Eigelbs, vor dem ihm folgende Vorzüge nachgerühmt werden[6]: Es wirkt als guter Emulgator, verhindert das Spritzen in der Pfanne und ruft ein Schäumen und Bräunen wie bei Butter hervor. Außerdem ist es praktisch keimfrei.

[1] B. REWALD: Chem.-Ztg. 1933, 57, 373.
[2] Vgl. K. DRAGENDORFF: Chem.-Ztg. 1933, 57, 493.
[3] C. MASSATSCH: Pharm. Ztg. 1929, 74, 94.
[4] G. FENDLER: Apoth.-Ztg. 1905, 20, 488; Z. 1906, 12, 352.
[5] STEUDEL u. MASSATSCH: Margarine-Industrie 1927, Nr. 13; 1928, Nr. 16.
[6] Deutsche Margarine-Zeitschr. 1927, 16, Nr. 8.

c) **Sojalecithin.** Das von der Hansa-Mühle in Hamburg hauptsächlich für die Herstellung von Teigwaren in den Handel gebrachte flüssige Präparat ist in praktischer Hinsicht als eine vom Eiweiß befreite Lösung von Phosphatiden in Fett (Sojaöl) anzusehen. Zu seiner Gewinnung extrahiert die Hansa-Mühle zunächst die Sojabohnen mit einem Gemische von Alkohol und Benzol oder Benzin (z. B. 1000 kg Sojabohnen mit einem Gemische von 75 Tln. Benzol und 25 Tln. 96%igen Alkohols) bei etwa 30°, destilliert die Hauptmenge des Lösungsmittels ab und erwärmt den Rückstand auf 103°. Alsdann wird das „Lecithin" nach DRP. 382912 durch 15 Minuten langes Einblasen von entspanntem Wasserdampf ausgefällt, durch sofortiges Zentrifugieren abgetrennt und im Vakuum vom Wasser befreit. Das auf diese Weise erhaltene Produkt enthält neben 0,8% Wasser die gesamten Phosphatide, während der Rest aus Sojaöl besteht, in dem sich Pflanzenfarbstoffe, Spuren von Eiweiß und etwas Phytosterin vorfinden.

Je nach dem größeren oder geringeren Gehalte an beigemengtem Sojaöl zeigt die Zusammensetzung der Handelspräparate erhebliche Schwankungen, wie aus den nachstehenden Analysen, von denen die beiden ersten im Chemischen Untersuchungsamte der Stadt Dresden[1], die beiden letzteren von H. DILLER[2] ausgeführt worden sind, hervorgeht:

Tabelle 6. Zusammensetzung von Sojalecithinen der Hansa-Mühle.

Ausgeführte Bestimmungen	I von 1927	II von 1930	III von 1929	IV von 1932
Wasser	0,70%	1,20%	3,15%	1,35%
Ätherextrakt (Fett)	99,13%	—	89,60%	80,20%
Refraktion bei 40°	69,15	60,55	60,00	60,00
Verseifungszahl	196,3	194,2	—	—
Jodzahl	122,4	84,7	—	110,0
Freie Fettsäuren	—	—	4,86	—
Säuregrade	—	—	—	8,2
Asche	2,12%	3,54%	—	—
Stickstoff	0,24%	0,44%	—	—
Alkohollösliche Phosphorsäure . .	1,54%	3,76%	0,896%	2,12%
Lecithin, berechnet aus P_2O_5 . .	17,50%	42,58%	10,19%	24,10%

Der hiernach zwischen 10,19 und 42,58% liegende „Lecithingehalt" soll neuerdings bis auf 65% gesteigert worden sein. Daß es sich dabei aber, wie schon nach den Arbeiten F. E. NOTTBOHMs wahrscheinlich ist, nicht um ein mit Ovolecithin identisches Phosphatid handelt, geht auch hier aus dem Stickstoffgehalt hervor, nach dem sich der Lecithingehalt der beiden ersten Proben nur zu 13,7 bzw. 25,4% berechnen würde.

Im Hinblick auf die Verwendung des Sojalecithins zur Herstellung gewisser Lebensmittel hat sich das Vorhandensein des Sojaöls als störend erwiesen.

Besonders gilt dies für die Einführung in die Teigwaren- und Schokoladen-Industrie. Nach der Verordnung über Teigwaren vom 12. November 1934[3] ist zwar bei eifreien Teigwaren ein Zusatz von lecithinhaltigen Erzeugnissen, insbesondere von Sojalecithin, gestattet; falls aber solche Teigwaren dadurch eine gelbe Farbe erhalten, müssen sie als „gefärbt" bezeichnet werden.

Der aus technischen Gründen überaus zweckmäßigen Beimischung geringer Lecithinmengen (0,25—0,30%) zu Schokoladenüberzugsmasse, die der Hansa-Mühle durch DRP. 530187 geschützt ist, steht das Verbot aller Fremdfette für Schokoladewaren entgegen. Die hiernach erforderliche Entfernung des Sojaöls aus dem Lecithinpräparat kann entweder

---

[1] Deutscher Teigwaren- und Keks-Fabrikant 1932, **28**, Nr. 20.
[2] H. DILLER: Z. 1932, **64**, 536.
[3] Reichsgesetzbl. 1934, I, 1181; Gesetze u. Verordnungen, betr. Lebensmittel 1934, **26**, 81.

durch Behandlung mit Aceton oder Essigester oder auch durch wiederholtes Auswaschen mit Kakaobutter unter Erwärmen erreicht werden. Auf diese Weise soll es nach einer privaten Mitteilung von B. REWALD gelingen, Präparate mit einem Lecithingehalt von 97—98% und einer praktisch belanglosen Verunreinigung von 2—3% Sojaöl herzustellen. Da derartiges, nahezu fettfreies Lecithin nur geringe Haltbarkeit besitzt, wird es mit einem anderen, für die angestrebte Verwendung erlaubten Fett vermischt und so in den Handel gebracht. Zur Teigwarenfabrikation dient ein Gemisch von Sojalecithin mit farblosem Erdnußöl, zur Schokoladenfabrikation ein Gemisch von Sojalecithin mit Kakaobutter. Für sonstige technische Verwendung in der Textil- oder Lederindustrie sowie der Margarinefabrikation erscheint die so weitgehende Reinigung selbstredend überflüssig.

d) Lecithin-Mischungen. Durch Vermischen von Lecithin mit anderen Stoffen werden zahlreiche arzneiliche oder diätetische Präparate hergestellt, von denen nachstehend nur einige der bekannteren Formen angeführt seien:

α) Lecithinpillen aus 10 Tln. Ovolecithin und 2 Tln. Rhabarber mit so viel Hefenextrakt, als für 100 Pillen erforderlich ist.

In ähnlicher Weise werden auch Lecithinpillen bzw. Tabletten unter Zusatz von Jod (Jodocitin-Tabletten), Brom, Arsen, Kupfer, Quecksilber, Eisen usw. hergestellt.

β) Bioson ist mit Eierlecithin versetzter Kakao oder nach der Untersuchung von A. BEYTHIEN[1] wahrscheinlich ein Gemisch von 30% Kakao mit 1,1% Lecithin und 69% aufgeschlossenem Casein (Wasser 7,33%, Fett 6,72%, Protein 65,99%, davon wasserlöslich 35,55%, Asche 4,23%, Lecithin 1,08%, Kohlenhydrate 14,35%, Eisen 0,15%).

γ) Glykolecithin ist lecithinhaltige Schokolade.

δ) Eiweiß-Lecithin-Nährsalzpräparat wird von LEO HÄUSLER[2] in Ludwigshafen nach DRP. 223876 in der Weise hergestellt, daß er 100 g Casein mit 2 g Natriumhydroxyd und der erforderlichen Menge Wasser löst, damit 8 g Lecithin bis zur völligen Emulsion verreibt und dann nach Zusatz geeigneter Colloide durch Elektrolyte zur Ausflockung bringt.

ε) Leciferrin besteht aus Ovolecithin mit Zusatz von Eisenverbindungen.

ζ) Lecin stellt Dr. Laves-Hannover nach DRP. 173013 aus Eier-Lecithalbumin her, indem er dieses auf übliche Weise in die entsprechende Eisenalbuminverbindung überführt und dann durch Zusatz von Eisenoxydsaccharat wasserlöslich macht. Es kommt auch in Tablettenform mit Zusätzen von Calciumglycerophosphat, Arsen, Chinin usw. in den Handel.

η) Biocitin, nach A. JUCKENACK und C. GRIEBEL[3] ein Gemisch von 75% Magermilchpulver mit 25% Lecithin und Lecithalbumin enthält 10% Gesamt-Lecithin.

e) „Wasserlösliche" Lecithinpräparate können nach R. COHN[4] nur schwierig hergestellt werden, da Lecithin sich zwar in wenig Wasser zu einer colloidalen, durch Papier filtrierbaren Emulsion löst, aber eine nicht beständige Lösung liefert. Haltbarere Lösungen erhält man, wenn man eine alkoholische Lecithinlösung allmählich unter Umrühren in Wasser einträgt. Die so erhaltenen Präparate, die etwa 0,3 g Lecithin in 100 ccm Alkohol (15%) enthalten, sind aber, streng genommen, nicht „wasserlöslich". Völlig unzulässig ist es, diese Bezeichnung solchen Erzeugnissen beizulegen, die wie einige Handelspräparate durch Verseifen von Lecithin und Abscheidung der Fettsäuren gewonnen worden sind und demnach neben Wasser und Kochsalz nur die Abbauprodukte Glycerinphosphorsäure und Cholin enthalten. Zur Erkennung dieser Verfälschung genügt es, den Verdampfungsrückstand des alkoholischen Auszuges mit Äther oder Chloroform zu behandeln, wobei nur Lecithine, nicht aber dessen Abbauprodukte in Lösung gehen.

[1] A. BEYTHIEN: Pharm. Zentralh. 1906, **47**, 170.
[2] LEO HÄUSLER: Patentbl. 1910, **31**, 1592; Z. 1912, **24**, 748.
[3] A. JUCKENACK u. C. GRIEBEL: Z. 1909, **17**, 81.   [4] R. COHN: Pharm. Ztg. 1913, **58**, 407.

Hydrocithin (RIEDEL), ein nach dem Prinzipe der Fetthärtung gewonnenes hydriertes Lecithin, wird als ein weißes, krystallines, geruch- und geschmackloses Pulver, das wie Lecithin Verwendung finden soll, aber haltbarer ist, in den Handel gebracht.

B. Untersuchung.

Für die Bestimmung des Lecithingehaltes ist zu beachten, daß im Lecithinmolekül ein Glycerinphosphorsäurerest und ein Cholinrest enthalten sind, daß also auf 1 Atom Phosphor 1 Atom Stickstoff entfällt. Zur Ausschaltung von anderen stickstoffhaltigen Verbindungen (Eiweiß) sowie von anorganischen Phosphaten, freier Glycerinphosphorsäure usw. muß das Lecithin vorerst aus der Substanz isoliert werden.

Zu diesem Zwecke läßt R. COHN [1] das fein gepulverte Präparat mehrere Stunden mit 100 ccm Alkohol (96%) unter wiederholtem Umschütteln stehen, saugt die Flüssigkeit ab und bringt den Rückstand in den Kolben zurück. Darauf erwärmt man mehrere Stunden mit 100 ccm Alkohol auf schwach siedendem Wasserbade am Rückflußkühler, saugt wieder ab, verreibt das Ungelöste mit Sand und wiederholt das Erwärmen mit Alkohol und Absaugen. Der dann verbleibende Rückstand wird mit 100 ccm Chloroform 2 Stunden am Rückflußkühler erwärmt. (Bei fettreichen Präparaten wird die Chloroformbehandlung gleich an die kalte Alkoholdigestion angeschlossen.) Von den vereinigten Auszügen wird der Alkohol und das Chloroform abdestilliert, der Rückstand mit 100 ccm Chloroform am Rückflußkühler erhitzt, die filtrierte Lösung eingedampft und mit Magnesiumoxyd oder -acetat verascht.

1. Phosphorsäure. Sie kann in bekannter Weise oder, bei Anwesenheit sehr kleiner Mengen, vorteilhafter nach dem Vorschlage von TILLMANS, RIFFART und KÜHN [2] mit Strychnin und Molybdänsalpetersäure gefällt werden, da 1 mg P_2O_5 39 mg Niederschlag entspricht. Im Hinblick auf den hohen Faktor müssen alle Reagenzien, insbesondere das Wasserstoffsuperoxyd (!) auf völlige Abwesenheit von Phosphor geprüft werden.

2. Stickstoff. Der Gehalt des Chloroformauszuges und der ursprünglichen Substanz an Stickstoff wird nach KJELDAHL bestimmt.

3. Verfahren von BRAUNS und MAC LANGHLIN [3]. Zur Ausschaltung fremder Phosphatide, die an Stelle des Cholins andere Gruppen, beispielsweise wie das Kephalin Aminoäthylalkohol, enthalten, wird außer der alkohollöslichen Phosphorsäure noch der Gehalt an Cholin und an Aminosäuren-Stickstoff bestimmt. Man extrahiert hierzu die Substanz mit Äther und dann mit Alkohol, dampft zur Trockne und wäscht die ätherische Lösung des Rückstandes zur Entfernung anorganischer Phosphate mit konz. Kochsalzlösung. Die mit wasserfreiem Natrium- und Calciumsulfat getrocknete Lösung dient zur Phosphorbestimmung. Zur Cholinbestimmung werden die Phosphatide sauer hydrolysiert. Das Cholin wird als Chloroplatinat, und im Filtrate davon der Amino-Stickstoff nach VAN SLYKE bestimmt. In gleicher Weise bestimmt man noch an dem Chloroplatinat haftende Spuren von Amino-Stickstoff und rechnet letzteren auf Kephalin, das Cholin aber auf Lecithin um.

4. Cholinbestimmung nach F. E. NOTTBOHM und F. MAYER [4]. Die Substanz wird wiederholt mit Alkohol ausgekocht und 1 g des nach dem Eindunsten verbleibenden Rückstandes mit 10 ccm Salzsäure (1,124) und 50 ccm Wasser

---

[1] R. COHN: Zeitschr. öffentl. Chem. 1913, **19**, 54; Z. 1914, **27**, 342.
[2] TILLMANS, RIFFART u. KÜHN: Z. 1930, **60**, 377.
[3] BRAUNS u. MAC LANGHLIN: Journ. Amer. Chem. Soc. 1920, **42**, 2238; Pharm. Ztg. 1921, **66**, 1098.
[4] F. E. NOTTBOHM u. F. MAYER: Chem.-Ztg. 1932, **56**, 881; Z. 1933, **65**, 55, 57 und **66**, 588.

bei $4^1/_2$ Atmosphären im Autoklaven erhitzt. Nach gründlichem Auswaschen der Fettsäuren mit heißem Wasser wird das Filtrat mit Tierkohle gekocht, filtriert und zu 100 ccm aufgefüllt. 20 ccm der Lösung pipettiert man in ein starkwandiges Zentrifugenröhrchen von 30 ccm Inhalt, gibt zu der eisgekühlten Lösung 6 ccm starke Jodlösung (157 g Jod und 200 g Kaliumjodid in 1 l), rührt um und läßt 15 Minuten in Eiswasser stehen. Dann wird zentrifugiert, die obenstehende Flüssigkeit rasch durch den Asbestbelag einer kleinen Nutsche abgegossen und der Niederschlag auf dem Filter mit 11 ccm Eiswasser in 3 Portionen ausgewaschen. Man bringt ihn dann samt dem Asbestbelag in eine geräumige Reibschale und verrührt ihn mit Wasser und 1 g Silberoxyd, führt nach $^1/_2$ Stunde das Reaktionsgemisch in einen 200 ccm fassenden Scheidetrichter über und schüttelt kräftig durch. Die dann abgelassene Lösung der freien Base nebst dem Waschwasser wird mit Salzsäure angesäuert, vom Silberchlorid abfiltriert und das im Vakuum auf 20 ccm eingedampfte Filtrat in gleicher Weise wie oben mit Jod gefällt. (Unter Umständen kann die Reinigung mit Silberoxyd unterbleiben.) Zum Schluß löst man das jetzt rein ausfallende Enneajodid in Alkohol und titriert mit 0,1 N.-Thiosulfatlösung. Da das Enneajodid der Cholinverbindung 9 Atome Jod enthält, entspricht 1 ccm 0,1 N.-Thiosulfatlösung 1,335 mg Cholin. Nach dem Molekulargewichte von 806 für Lecithin und von 121 für Cholin ($C_5H_{15}NO_2$) erhält man aus dem Cholingehalte durch Multiplikation mit 6,661 das Lecithin.

Aus der Tatsache, daß sich aus dem Cholingehalte bei den sog. Pflanzenlecithinen nur halb so viel Lecithin berechnet als aus dem Gehalte an alkohollöslicher Phosphorsäure, schließen F. E. NOTTBOHM und F. MAYER, daß es sich zwar bei den Pflanzenlecithinen auch um phosphatidhaltige Stoffe handelt, daß diese aber anders zusammengesetzt sind als die Eierlecithine.

Besondere Schwierigkeiten bietet vielfach die Bestimmung des Lecithins in medizinischen Präparaten, die sehr viel fettes Öl enthalten (z. B. Lecithin-Lebertran, Heliocithin). Von diesen pflegte man früher meist 100—200 g direkt oder mittels eines Dochtes aus Filtrierpapier zu verbrennen und dann den Rückstand weiter zu verarbeiten. In solchen Fällen führt unter Umständen nachstehendes Verfahren auf einfachere Weise zum Ziel:

5. Verfahren von W. FRESENIUS und GRÜNHUT[1]. 50 g des Öls werden in einem 200-ccm-Meßzylinder mit 100 ccm absol. Alkohol übergossen und nach Aufsetzen des Stopfens 20 Minuten lang mit der Schüttelmaschine nicht zu kräftig geschüttelt. Sobald nach einigen Stunden völlige Klärung eingetreten ist, liest man das Volumen der unteren öligen und der oberen alkoholischen Schicht (o_1 und a_1) ab. Von letzterer pipettiert man 75 ccm (v) zur ersten Phosphorbestimmung (p_1) ab, spritzt die entleerte Pipette außen und innen in den Zylinder ab und ergänzt den Inhalt mit absol. Alkohol zum ursprünglichen Gesamtvolumen. Nach abermaligem Schütteln liest man wieder bei Zimmertemperatur die Volumen der beiden Schichten (o_2 und a_2) ab und entnimmt nochmals 75 ccm (v) der alkoholischen Phase zur zweiten Phosphorbestimmung (p_2). Die Phosphorsäure ist möglichst genau nach N. v. LORENZ (Bd. II, S. 1258) zu bestimmen. Nach der Formel:

$$x = \frac{p_1^2 a_1 o_1 + p_1 p_2 (o_1 a_2 - o_2 a_1)}{v (p_1 o_1 - p_2 o_2)}$$

ergibt sich die in der eingewogenen Substanz enthaltene Menge alkohollöslicher Phosphorsäure (P_2O_5) in Grammen. Der Verteilungskoeffizient

$$k = \frac{p_1 o_1 - p_2 o_2}{p_2 a_2}.$$

---

[1] W. FRESENIUS u. GRÜNHUT: Zeitschr. analyt. Chem. 1911, **50**, 90.

Wenn beim Ausschütteln keine Volumänderung eintritt, also $o_1 = o_2$; $a_1 = a_2$ ist, dann vereinfachen sich die Formeln zu

$$x = \frac{p_1^2 a}{v(p_1 - p_2)}; \qquad k = \frac{o(p_1 - p_2)}{a\,p_2^2}.$$

6. Unterscheidung von tierischem und pflanzlichem Lecithin. Abgesehen von den bereits erwähnten Abweichungen der Gehalte an Phosphor, Stickstoff und Cholin kann nach dem Vorschlage von H. MATTHES und G. BRAUSE[1] der Gehalt der Pflanzenlecithine an Phytosterin herangezogen werden. Zu seinem Nachweise werden 2,0—2,5 g des Präparates in einer Porzellanschale in 15 ccm Alkohol (96%) gelöst und mit 1 g Kaliumhydroxyd in 10 ccm Alkohol zur Trockne verdampft. Den Rückstand löst man in Wasser, spült ihn mit 50 ccm Wasser in einen Scheidetrichter und schüttelt nach Zusatz von 10 ccm Alkohol erst mit 50, dann 25 und zuletzt 15 ccm Äther aus. Die ätherischen Lösungen werden mit 10 ccm Wasser + 3 ccm N.-Salzsäure, darauf mit 7 ccm Wasser, 1 ccm N.-Kalilauge, 2 ccm Alkohol und einigen Tropfen Phenolphthaleinlösung geschüttelt und über Nacht der Ruhe überlassen. Den nach dem Abdunsten des Äthers hinterbleibenden Rückstand löst man in 5 ccm Alkohol, fällt mit einer warmen Lösung von 0,2 g Digitonin in 20 ccm Alkohol, läßt $1/4$ Stunde bei 60—70° stehen, filtriert nach Zusatz von 25 ccm Chloroform das Digitonid durch einen GOOCH-Tiegel, wäscht mit Chloroform und Äther, trocknet 10 Minuten bei 100°, wäscht nochmals mit Äther und trocknet zu Ende. Dann wird, wie üblich, acetyliert und der Schmelzpunkt bestimmt. Er beträgt bei Cholesterinacetat aus Eierlecithin 115°, bei Sterinacetat aus Pflanzenlecithin 131,5—133,5°. Bei mehreren Proben Sojalecithin erhielten MATTHES und BRAUSE 0,65—1,71% Phytosterin.

H. KLUGE[2] endlich empfiehlt die Heranziehung des Verhältnisses vom Sterin zur Lecithinphosphorsäure, das im Eidotter 1 : 1,79, im Hartweizengrieß 1 : 1,1 und im Weizenmehl 1 : 0,5 beträgt, in 3 Sorten Pflanzenlecithin (Vitamin, Planticin, Hansa) zwischen 1 : 0,08 und 1 : 0,2 schwankte. Berechnet man auf der Grundlage, daß Eidotter 1,5% Sterin enthält, den Eigehalt und vergleicht diesen mit dem der JUCKENACKschen Tabelle für Lecithinphosphorsäure entnommenen Werte, so ist letzterer bei Zusatz von Pflanzenlecithin erhöht. Zur Unterstützung muß man noch die Bestimmung der Jodzahl, der Refraktometerzahl und des Cholingehaltes heranziehen.

Von MEZGER, JESSER und VOLKMANN[3] angestellte Versuche zur serologischen Unterscheidung haben zu keinem Erfolge geführt.

C. Beurteilung.

Der wertbestimmende Bestandteil aller vorbesprochenen Präparate ist das Lecithin, dessen Gehalt aus der Stickstoff-, Phosphor- und Cholinbestimmung abgeleitet werden kann. Stimmen die auf diese Weise berechneten Werte überein und ist der Verdampfungsrückstand des Alkoholauszuges in Chloroform löslich, so kann die Anwesenheit von reinem Lecithin (Eierlecithin) angenommen werden. Als wertvollste Beurteilungsgrundlagen sind die Gehalte an Phosphor und Cholin anzusehen, da F. E. NOTTBOHM auch bei reinen Eigelbpräparaten aus dem Stickstoffgehalte meist zu hohe Werte erhielt, wahrscheinlich wegen der Anwesenheit eiweißhaltiger Verunreinigungen.

Falls die Werte für Stickstoff, Phosphor und Cholin nicht auf die Lecithinformel passen, ist mit der Anwesenheit lecithinähnlicher Phosphatide zu rechnen.

---

[1] H. MATTHES u. G. BRAUSE: Arch. Pharm. 1927, **265**, 708; Z. 1930, **60**, 549.
[2] H. KLUGE: Z. 1935, **69**, 9.   [3] MEZGER, JESSER u. VOLKMANN: Z. 1933, **65**, 49.

So berechnete NOTTBOHM bei einigen „Sojalecithinen" aus dem Cholingehalte nur 13—21%, aus dem Stickstoffgehalte hingegen 42—59% Lecithin. Gleichzeitig entfielen bei diesem auf 1 Atom N nicht, wie der Lecithinformel entspricht, 1, sondern 1,20—1,25 Atome P. Die hierdurch hervorgerufene Annahme, daß „Pflanzenlecithin" vorliegt, wird in der Regel durch die Bestimmung des Phytosterins bestätigt werden können.

Es kann nicht zweifelhaft sein, daß als tierisches oder Ovolecithin bezeichnete Präparate tierischen Ursprungs sein oder dem Eigelb entstammen müssen. Aber die gleiche Forderung wird vielfach auch für die als „Lecithin" schlechthin bezeichneten Mittel aufgestellt, und man wird ihr vom rein chemischen Standpunkte, wenigstens soweit es sich um diätetische Mittel handelt, zustimmen müssen und eine Kennzeichnung der „Pflanzenlecithine" fordern.

Eine etwas andere Stellung zu dieser Frage hat neuerdings R. ROSENBUSCH[1] in seiner Abhandlung: „Systematik und Nomenklatur der Phosphatide" eingenommen. Um in die wahllose Anwendung der Bezeichnungen „Phosphatide" und „Lecithine" etwas Ordnung zu bringen, definiert er die Phosphatide als gemischte Ester der Phosphorsäure mit acidylierten Alkoholen oder Aminoalkoholen einerseits und mit Aminoalkoholen oder von ihnen ableitbaren quartären Basen andererseits und schließt damit sowohl die sog. „phosphorfreien Phosphatide" als auch die Phosphatidsäuren aus. Als Hauptgruppen werden die Glycerin-Phosphatide und die Sphingosin-Phosphatide unterschieden, von denen die ersteren (Lecithine) als Abkömmlinge der Glycerinphosphorsäure nach dem basischen Rest in die Cholinlecithine und die Colaminlecithine (Kephaline) zerfallen, beide mit den Untergruppen der Monoacidyl- und der Diacidyl-Cholin- bzw. Colaminlecithine. Von dem Sphingosin-Phosphatid leitet sich das Cholin-Sphingosin-Phosphatid (Sphingomyeline) und von diesem das Stearyl-Sphingomyelin usw. ab. Da auch die Sphingosin-Phosphatide von Alkohol gelöst werden, sollte die Bezeichnung der alkohollöslichen Phosphorsäure als „Lecithinphosphorsäure" und ihre Umrechnung auf Lecithin unterbleiben. Aber auch die Umrechnung des Cholins auf Lecithin ist wegen der überaus verschiedenen Molekulargröße der einzelnen Phosphatide unzulässig, vor allem auch deshalb, weil auch die Sphingomyeline den Cholinrest enthalten. Es empfiehlt sich daher, lediglich den Cholingehalt anzugeben. Für zulässig hält es ROSENBUSCH aber, ein Stickstoff und Phosphor (3,97% P) enthaltendes Produkt, das in trockenem und ölfreiem Zustande in kaltem Aceton unlöslich, in Äther aber klar löslich ist, als Lecithin zu bezeichnen.

---

[1] R. ROSENBUSCH: Z. 1934, 67, 258.

Sachverzeichnis.

VERLAG VON JULIUS SPRINGER / WIEN

Handbuch der Milchwirtschaft

In Verbindung mit **Walter Grimmer**, Königsberg i. Pr., und **Hermann Weigmann**, Kiel

herausgegeben von

Willibald Winkler

Wien

Jeder Teilband ist einzeln käuflich.

Erster Band / I. Teil: **Die Milch. Zusammensetzung. Eigenschaften. Veränderungen. Untersuchung.** Bearbeitet von J. B a u e r - Hamburg, B. B l e y e r - München, K. J. D e m e t e r - Weihenstephan, W. E r n s t - München, W. G r i m m e r - Königsberg i. Pr., W. K i e f e r l e - Weihenstephan, F. L ö h n i s - Leipzig, M. S c h i e b l i c h - Leipzig, A. S c h e u n e r t - Leipzig. Mit 69 Abbildungen. X, 413 Seiten. 1930.
RM 36.—, gebunden RM 39.—

II. Teil: **Die Milchproduktion. Die Milchviehzucht. Fütterung, Haltung und Pflege der Milchtiere. Entstehung, Gewinnung und Behandlung der Milch.** Bearbeitet von H. v. F a l c k - Berlin, Th. H e n k e l - München, E. H i e r o n y m i - Königsberg i. Pr., B. L i c h t e n b e r g e r - Kiel, B. M a r t i n y - Halle a. S., E. N e r e s h e i m e r - Wien, G. W i e n i n g e r - Wien, W. W i n k l e r - Wien. Mit 229 Abbildungen. X, 482 Seiten. 1930.
RM 46.—, gebunden RM 49.—

Zweiter Band / I. Teil: **Die Milchversorgung der Städte und größeren Konsumorte.** Bearbeitet von F. T r e n d t e l - Altona, B. L i c h t e n b e r g e r - Kiel, W. W e s t p h a l - Kiel, H. W e i g m a n n - Kiel, A. B e y t h i e n - Dresden, W. E r n s t - München. Mit 165 Abbildungen und 4 Tafeln. VIII, 488 Seiten. 1931.
RM 48.—, gebunden RM 51.—

II. Teil: **Butter. Käse. Milchpräparate und Nebenprodukte.** Bearbeitet von A. B u r r - Kiel, K. J. D e m e t e r - Weihenstephan, W. G r i m m e r - Königsberg i. Pr, F. L ö h n i s - Leipzig, O. R a h n - Ithaca, N. Y., F. T r e n d t e l - Altona, H. W e i g m a n n - Kiel. Mit 74 Abbildungen. X, 470 Seiten. 1931.
RM 48.—, gebunden RM 51.—

Dritter Band: **Milchwirtschaftliche Betriebslehre.**

I. Teil: **Milchwirtschafts- und Molkereibetrieb.** Bearbeitet von G. A l b r e c h t - Wien, H. B a u e r - Weihenstephan, F. B e n t z - Linz, H. B ü n g e r - Kiel, J. F r a h m - Stettin, E. H o f m a n n - Linz, M. P o p p - Oldenburg, H. Q u a s t - Kiel, M. W i t t w e r - Kempten, K. Z e i l e r - Weihenstephan. Mit 15 Abbildungen. VIII, 316 Seiten. 1935.
RM 36.60, gebunden RM 39.60

II. Teil: **Organisation der Milchwirtschaft. Handel und Verkehr mit Milch und Molkereiprodukten. Geschichte der Milchwirtschaft.** Bearbeitet von W. v. A l t r o c k - Wiesbaden, W. C l a u s s - Berlin, M. E r t l - Wien, M. R e i s e r - München, C. R e u t e r - Berlin, W. R i e d e l - Wangen, H. R o e d e r - Königsberg, A. S c h i n d l e r - Berlin, O. V o p e l i u s - Berlin, W. W i n k l e r - Wien, M. W i t t w e r - Kempten. Mit 153 Abbildungen. XI, 757 Seiten. 1936.
RM 86.—, gebunden RM 89.80

Zu beziehen durch jede Buchhandlung.

Printed in the United States
By Bookmasters